Zytologie Histologie Mikroskopische Anatomie

Sobotta

Welsch

Lehrbuch Histologie

Tab. 1-2 Färbungen. (Aus [1])

	Färbung	Kerne	Zytoplasma	Kollagenfasern	Elastische Fasern
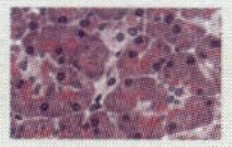	**H. E.** (Hämatoxylin-Eosin)	blauviolett	rot; Ribosomen- und RER-reiche Regionen blauviolett	rot	ungefärbt bis rosa
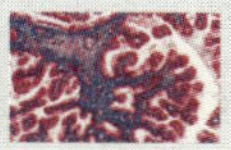	**Azan** (Azokarmin/Anilinblau/Orange G)	leuchtend rot	blass-rosarot bis schwach bläulich	blau	ungefärbt (nur in größeren Mengen wie bei elastischen Membranen und Bändern: rot bis rotblau)
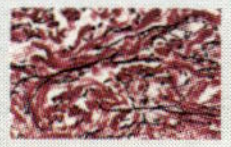	**Elastika-Färbung** (Resorcin-Fuchsin oder Orcein)	–	–	–	schwarzviolett (Resorcin-Fuchsin), rotbraun (Orcein)
	**van Gieson** (Eisenhämatoxylin/Pikrinsäure/Säurefuchsin)	blauschwarz	gelb bis hellbräunlich	rot	nicht speziell gefärbt (nur in starken Verdichtungen wie elastischen Membranen und Bändern: gelb)
	**Trichrom-Färbung nach Goldner** (Eisenhämatoxylin/Azophloxin/Lichtgrün)	braunschwarz	ziegelrot	grün	oft nicht speziell gefärbt, z.T. grünlich bis hellrot
	**EH** (Eisenhämatoxylin) nach Heidenhain (besonders geeignet zur Darstellung einiger zellulärer Strukturen wie auch der Querstreifung der Muskulatur)	Heterochromatin und Nukleolus blauschwarz	einzelne Komponenten, z.B. Zentriolen, Kinozilien und Intermediärfilamentbündel, treten tiefschwarz hervor	nicht speziell gefärbt oder grau-gelblich	schwach grau
	Histochemische Färbungen				
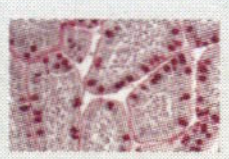	**PAS-Reaktion** (Perjodsäure-Schiff-Reaktion)	Färbung rot-violett. Kohlenhydrathaltige Komponenten, z.B. Glykoproteine, Schleime, Glykogen			
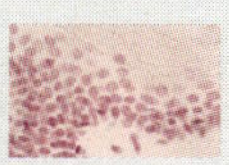	**Feulgen-DNA-Färbung**	violett	–	–	–
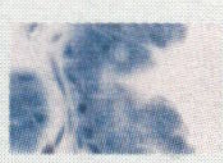	**Toluidinblau** (selektive Basophilie)	blau	ribosomenreiche Regionen: blau, Mastzellen: purpur (Metachromasie)	–	–
	**Alzianblau**	Färbung blau. Unterschiedliche elektrisch negativ geladene Komponenten (Polyanionen), z.B. sulfatierte Schleime, Glykosaminoglykane, Hyaluronsäure			
	**Fettfärbungen** (z.B. Sudan III; Sudanschwarz, Ölrot)	Je nach Farbstoff z.B. orange-rot oder braun. Lipide, z.B. Triglyzeride oder Lipide der Markscheiden			

Zytologie Histologie Mikroskopische Anatomie

Sobotta

Welsch

Lehrbuch Histologie

Mit 823 Abbildungen
und 21 Tabellen

2., völlig überarbeitete Auflage

ELSEVIER
URBAN & FISCHER

URBAN & FISCHER München

Zuschriften und Kritik an:
Elsevier GmbH, Urban & Fischer Verlag, Lektorat Medizinstudium, Alexander Gattnarzik, Hackerbrücke 6, 80335 München, E-Mail: medizinstudium@elsevier.de

Anschrift des Verfassers:
Prof. Dr. med. Dr. rer. nat. Ulrich Welsch
Anatomische Anstalt, Lehrstuhl II
der Ludwig-Maximilians-Universität
Pettenkoferstr. 11
80336 München

Bibliografische Information Der Deutschen Bibliothek
Die Deutsche Bibliothek verzeichnet diese Publikation in der Deutschen Nationalbibliografie; detaillierte bibliografische Daten sind im Internet unter http://dnb.ddb.de abrufbar.

1. Auflage 2003
2. Auflage 2006, 1. Nachdruck 2006, 4. Nachdruck 2009

Der Urban & Fischer Verlag ist ein Imprint der Elsevier GmbH.

Programmleitung: Dr. med. Dorothea Hennessen
Teamleitung: Alexander Gattnarzik
Lektorat: Dr. rer. nat. Andrea Beilmann
Redaktion: Dr. med. Marie Trendelenburg, Olching
Herstellung: Peter Sutterlitte
Druckvorstufe: Kösel, Krugzell
Druck und Bindung: Stürtz GmbH, Würzburg
Zeichnungen: Michael Budowick; Stefan Elsberger, Planegg
Umschlaggestaltung: Spieszdesign Büro für Gestaltung, Neu-Ulm

Printed in Germany
ISBN 978-3-437-44430-2

Aktuelle Informationen finden Sie im Internet unter www.elsevier.de und www.elsevier.com

Vorwort zur 2. Auflage

Die Neuauflage des Buches bot die Möglichkeit, einer ganzen Reihe von kritischen Zuschriften Rechnung zu tragen. Diese Zuschriften kamen insbesondere von Studentinnen und Studenten, die sich mit dem Buch auseinander gesetzt haben.

1. Die klinischen Hinweise wurden überarbeitet und ausgebaut; dabei wurden auch Krankheiten berücksichtigt, deren molekularer Hintergrund aufgeklärt wurde.

2. Es zeigte sich, dass einige Studenten Schwierigkeiten haben, sich in transmissionselektronenmikroskopische Fotos einzusehen. Ich habe deswegen einige dieser Abbildungen ausgetauscht, aber ihre Zahl nicht wesentlich verändert. Das Studium dieser Bilder ist oft besonders aufschlussreich und macht sogar Spaß, weil man viel mehr auf ihnen entdecken kann, als in der Legende angegeben ist. Einige neue transmissionselektronenmikroskopische Abbildungen illustrieren physiologisch und klinisch wichtige Zusammenhänge, wie z.B. die Verknüpfung von glatten Muskelzellen durch Gap junctions oder die Existenz der Lamellenkörper in der Epidermis, deren lipidreicher Inhalt hier zur Barrierebildung in den Interzellularräumen beiträgt.

3. Um das Verständnis für zelluläre Prozesse zu erleichtern, sind vermehrt zell- bzw. molekularbiologische Schemazeichnungen aufgenommen worden. Diese entstammen zum großen Teil dem amerikanischen Buch „Histology and Cell Biology. An Introduction to Pathology“ von Abraham L. Kierszenbaum. Ich bin dem Verlag sehr dankbar, dass er es möglich gemacht hat, diese sehr informativen Abbildungen nutzen zu können und sie für den deutschen Leser etwas bearbeiten zu lassen. Dadurch hat sich zwar der Umfang des Buches vermehrt, aber ich denke, dass dieser Aspekt des modernen Histologieunterrichtes berücksichtigt werden musste. Herrn Prof. Kierszenbaum bin ich dafür dankbar, dass er der Idee, ausgewählte Abbildungen für dieses Buch zu übernehmen, großzügig zugestimmt hat. Die molekularbiologische Ebene spielt eine stetig zunehmende Rolle in allen Bereichen der Medizin, in der AO für Ärzte und in den Prüfungen. Außerdem werden in der Vorklinik zunehmend integrierte Veranstaltungen angeboten, die von den verschiedenen biochemischen, molekularbiologischen, genetischen, physiologischen und morphologischen Disziplinen gemeinsam gestaltet werden und die die prinzipielle Einheit des Stoffes für die Ausbildung zum Arzt sichtbar machen.

4. Der gesamte Text wurde aktualisiert, bearbeitet und z.T. neu gegliedert. Der Text des Kapitels „Immunsystem“ wurde nach modernen klinischen Konzepten umgearbeitet. Im Kapitel „Endokrine Organe“ wurde – vielfachem Wunsch entsprechend – vermehrt auf die Funktionen der Hormone eingegangen, wodurch auch die Beziehung zwischen Vorklinik und Klinik intensiviert wird.

München, Sommer 2005 *Ulrich Welsch*

Vorwort zur 1. Auflage

„Wissenschaft ist als Erkenntnis verschwunden, wenn sie in Resultaten erstarrt."

Karl Jaspers (1883–1969)

Ziel des Medizinstudiums ist die Ausbildung zum Arzt, und es gibt kaum einen Beruf, der mehr Verantwortungs- und Pflichtbewusstsein erfordert als der des Arztes, aber auch kaum einen, der mehr Chancen zur Entfaltung bester menschlicher Fähigkeiten bietet. Die Bemühungen des Arztes, dem Kranken zu helfen, erfordern technisches Geschick, wissenschaftliche Kenntnisse und menschliches Verständnis.

Wissenschaft und Menschlichkeit sind die wesentlichen Wurzeln des ärztlichen Berufs. Ethische Grundsätze kommen nicht aus der Medizin selbst, sondern aus anderen, oft einander widersprechenden Bereichen. Es wäre schön, wenn das Studium das Gewissen für Menschlichkeit und Verpflichtung zu echter Wissenschaftlichkeit weckte und dauerhaft wach hielte.

Es gibt nicht nur einen Weg in die Welt der Wissenschaft, und dementsprechend gibt es heute eine ganze Reihe verschiedener Lehrmittel. Unter diesen nimmt das klassische Lehrbuch einen herausgehobenen Platz ein, da es nicht nur Tatsachen, Ideen und Konzepte vermittelt, sondern immer auch Grenzen und Unvollständigkeit des Wissens deutlich machen kann. Es hat praktische Größe und kann überall hin mitgenommen werden. Das Lehrbuch ist jederzeit zur Hand und verträgt Anstreichungen und Notizen. Es scheint dem Intellekt des modernen Menschen, dem im Rahmen des neuronalen Netzwerks für die Sprache auch ein zerebrales Lesezentrum zur Verfügung steht, besonders angemessen zu sein. Schließlich lassen sich heute Fotos mikroskopischer Präparate in einem Buch in viel besserer Qualität wiedergeben als in anderen Medien. Damit wird sicherlich bei manchem Studenten bzw. bei mancher Studentin ein Gefühl für die Ästhetik biologischer Strukturen geweckt.

Das vorliegende Lehrbuch der Zytologie, Histologie und mikroskopischen Anatomie des Menschen hat das Ziel, das Verständnis für Struktur und Funktion normaler, d.h. gesunder, Zellen, Gewebe und Organe zu fördern und entsprechendes Wissen zu vermitteln. Oft unterschätzen Medizinstudenten und Mediziner die Kenntnis und den Eigenwert des Gesunden, da sie gleich Kranke behandeln und heilen wollen. Krankheiten lassen sich aber nur im Hinblick auf das Gesunde definieren.

Es ist durchaus mühsam und zeitaufwendig, das Gesunde zu studieren und zu verstehen. Man sollte jedoch nicht aus zeitbedingten Motiven heraus die Lehre des Gesunden auf eine Einführungsstunde für klinische Veranstaltungen zurückdrängen. Erfolgreiche Medizin beruht auf einer soliden theoretischen Grundlagenausbildung in Hinsicht auf Anatomie, Physiologie und Biochemie einschließlich der Molekularbiologie. Dieses Grundlagenwissen ermöglicht es dem Arzt auch nach dem Studium, neue Erkenntnisse und Änderungen von Therapiekonzepten einzuordnen und nachzuvollziehen.

Kurzsichtig und den Interessen und Bedürfnissen des tätigen Arztes zuwiderlaufend sind die Bestrebungen, die Morphologie im Medizinstudium ständig weiter zurückzudrängen. Form und Funktion muss man im engen Zusammenhang betrachten. „Alle Funktionen haben ohne Bezug zur Struktur etwas Geisterhaftes, Form ohne Funktion ist dagegen etwas Totes" (Vogel und Wainright, 1969).

München, Herbst 2002 *Ulrich Welsch*

Danksagung

Auch bei der Bearbeitung der 2. Auflage dieses Histologiebuches habe ich viel Hilfe erfahren, für die ich sehr dankbar bin. Der Dank gilt in ganz besonderem Maße den Mitarbeiterinnen und Mitarbeitern am eigenen Lehrstuhl für unermüdliche und exzellente Hilfe sowohl bei der Herstellung zahlreicher neuer Präparate als auch bei den verschiedenen Arbeiten am Computer. Gern nenne ich Frau S. Derfuß, Frau U. Fazekas, Frau S. Herzmann, Frau C. Köhler, Herrn B. Riedelsheimer, Frau B. Reyerman, Frau A. Sulz, Herrn E. Thielke, Frau S. Tost, Frau P. Unterberger. Für viele fachliche Erörterungen danke ich insbesondere Herrn Prof. H. Bartels. Besonders hervorzuheben sind viele Fragen, Hinweise, Verbesserungsvorschläge und weiterführende Gedanken von Studentinnen und Studenten der Medizin und Zahnmedizin in München und vielen anderen Universitäten im Lande bis hin nach Kiel und Greifswald. Wertvolle und konkrete Anregungen kamen von Herrn stud. med. T. Lahmer (München), den ich ebenso wie Frau E. Kramer (Jena) stellvertretend für die Studenten nennen möchte. Das E-Mail-System hat sich auch hier als schnelle Kommunikationsmöglichkeit mit niedriger Hemmschwelle herausgestellt. Herzlichen Dank schulde ich auch vielen Kollegen an anatomischen Instituten oder anderen vorklinischen und klinischen Einrichtungen, die dem Verlag oder mir kritische Zuschriften zustellten. Ich kann hier nicht alle Kollegen nennen, möchte aber stellvertretend namentlich danken: Prof. R. Bock (Homburg), Prof. St. Reuss (Mainz) und PD M. Trepel (Freiburg/Breisgau). Herrn Prof. F.-J. Kaup, Deutsches Primatenzentrum Göttingen, bin ich für großzügige und unkomplizierte Überlassung von Gewebematerial sehr dankbar.

Die Zusammenarbeit mit dem Elsevier Urban & Fischer Verlag gestaltete sich außerordentlich vernünftig, effektiv und harmonisch. Dies gilt im besonderen Maße für Frau Dr. A. Beilmann, der ich für ihre konstruktive Betreuung des Buches sehr dankbar bin. Ebenso danke ich Frau Dr. D. Hennessen, Herrn A. Gattnarzik, Frau Dr. M. Trendelenburg und Herrn P. Sutterlitte für ihr engagiertes Mitdenken und ihre Geduld bei unvermutet und im letzten Augenblick auftauchenden Änderungswünschen des Autors. Herr St. Elsberger hat zahlreiche neue Zeichnungen hergestellt, an bestehenden Zeichnungen Verbesserungen ausgeführt und an neuen Zeichnungsvorlagen notwendige Korrekturen ausgeführt, wofür ich ihm sehr dankbar bin. Frau A. Asikoglu danke ich für sorgfältige und geduldige Erstellung des Manuskriptes.

Inhaltsverzeichnis

1 Begriffe und Methodik

Zur Orientierung

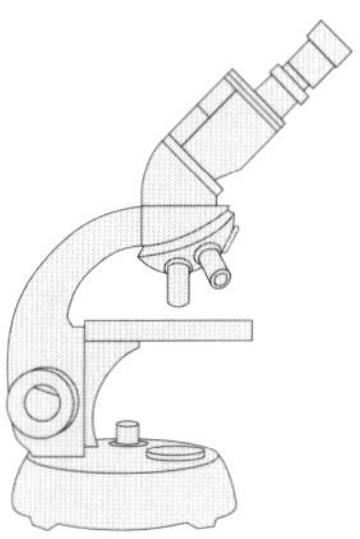

Das vorliegende Buch behandelt die Bereiche Zelle (Zellenlehre/Zellbiologie), Gewebe (Histologie) und Organe (mikroskopische Anatomie) des Menschen. Diese Bereiche stellen die mittlere Ebene der Morphologie zwischen Makroskopie und Biochemie dar. Die Gesetzmäßigkeiten dieser Ebene erschließen sich dem Verständnis und der Forschung vor allem mit Hilfe des Licht- und Elektronenmikroskops. Im vorliegenden Kapitel werden vorwiegend methodische Aspekte behandelt, die für die kritische Beurteilung der licht- und elektronenmikroskopischen Präparate wichtig sind.

1.1 Zellenlehre/Zellbiologie, Histologie und mikroskopische Anatomie

1.1.1 Zellenlehre/Zellbiologie

Die Lehre von der Zelle wird heute oft Zellbiologie genannt und behandelt Struktur und Funktion der **Zelle.** Die **Zellstruktur** erkennt man im Detail vor allem mit Hilfe der modernen Elektronenmikroskopie. Die Zellfunktion lässt sich mit den vielen zellbiologischen Methoden, darunter immunhistochemischen und zytochemischen Techniken, darstellen. Die wesentlichen Details von Zellstruktur und -funktion sind in Kapitel 2 zusammenfassend dargestellt, wobei die Zellbiologie in allen Kapiteln eine wichtige Rolle spielt: Sie ist ein wesentlicher Schlüssel zum Verständnis aller Gewebe- und Organfunktionen. Der Begriff „Zytologie", der früher mit Zellenlehre gleichgesetzt wurde, ist in diesem Zusammenhang zunehmend ungebräuchlich geworden.

1.1.2 Histologie

Die Histologie im eigentlichen Sinne ist die **Gewebelehre.** Die Gewebe entsprechen einer mittleren Organisationsebene des Körpers und sind dem Studium mit dem Mikroskop besonders gut zugänglich. Die Gewebe sind „Verbände gleichartig differenzierter Zellen und ihrer Abkömmlinge, der extrazellulären Substanzen" (W. Bargmann, 1957), die sich nach bestimmten Kriterien einteilen lassen. Heute werden vier Grundgewebe unterschieden: **Epithelgewebe, Binde-**

gewebe (einschließlich der Stützgewebe), **Muskelgewebe** und **Nervengewebe**. Diese Einteilung geht auf Albert v. Kölliker (1817–1905) zurück. Andere Einteilungsmöglichkeiten sind aufgrund modernerer zellbiologischer und entwicklungsgeschichtlicher Kenntnisse möglich; so sind z.B. die Grenzen zwischen den typischen Zellen des Bindegewebes, den Fibroblasten, und einigen Zellen des Muskelgewebes, den glatten Muskelzellen, fließend: sog. Myofibroblasten besitzen spezifische Merkmale der Fibroblasten einerseits und der glatten Muskelzellen andererseits. Quergestreifte Skelettmuskelzellen können Epithelzellen sein, Nervengewebe besitzt spezifische Übereinstimmungen mit Epithelgewebe. Alle Organe bestehen aus spezifischen Varianten der vier Grundgewebe.

1.1.3 Mikroskopische Anatomie

Die mikroskopische Anatomie wird auch „Organhistologie" genannt, da sie das Wissen aus Zellenlehre und Histologie voraussetzt und auf die Organe anwendet. Es geht ihr um das Verständnis der **Organfunktionen** unter konkreter Berücksichtigung der licht- und elektronenmikroskopischen morphologischen Gegebenheiten. Natürlich hat die mikroskopische Anatomie auch eine **praktisch-diagnostische Seite**; sie vermittelt die Kenntnisse der normalen, gesunden mikroskopischen Struktur der Organe, die gründlich und auch in ihrer Entwicklung und in der Breite ihrer Variabilität beherrscht werden müssen, um krankhafte Veränderungen zu erkennen und möglichst auch zu verstehen.

1.2 Mikroskope

Mikroskope sind die wichtigsten Hilfsmittel, um allgemeine Prinzipien und spezielle Besonderheiten hinsichtlich des Aufbaus von Zellen, Geweben und Organen zu erkennen und zu verstehen. Die Mikroskope öffnen Dimensionen, die dem bloßen Auge nicht zugänglich sind. Im 17. Jahrhundert wurde das Lichtmikroskop erfunden (Antoni van Leeuwenhoek, 1632–1723) und seither ständig weiterentwickelt. Es erlaubt eine bis 1000fache Vergrößerung. Das Elektronenmikroskop geht auf die Entwicklung in den 30er Jahren des 20. Jahrhunderts zurück und brachte eine erhebliche Erweiterung der optischen Auflösung. Es ermöglicht in der Routinepraxis Vergrößerungen von weit über 100000fach. Die folgenden Angaben orientieren sich an den praktischen Interessen eines Medizinstudenten.

Tab. 1-1 Beispiele für Größenordnungen verschiedener Zellen und Zellbestandteile.

Ausdifferenzierte Eizelle	ca. 250–300 µm
Darmepithelzellen (Höhe)	ca. 20–25 µm
Leberepithelzellen (je nach Funktionszustand)	ca. 15–30 µm
Lymphozyten	ca. 8 µm
Erythrozyten	ca. 7,6 µm
Mitochondrien (Länge)	ca. 2–5 µm
Mikrovilli (Dünndarm)	ca. 1–1,5 µm
Bakterien	ca. 1–2 µm
Viren	ca. 10–100 nm
Glykogenpartikel (β-Partikel)	ca. 20 nm
Keratinfilamente	ca. 10 nm

1.2.1 Größenbereiche

Das **bloße Auge** hat die Grenze seines Auflösungsvermögens bei ca. 0,08 mm, kann also Strukturen, die gut 100 µm groß sind, noch erkennen.

Das **Lichtmikroskop** hat seine Auflösungsgrenze bei ca. 0,3 µm (in der Routinepraxis bei gut 1000facher Vergrößerung), mit ihm lassen sich gut Zellen und Bakterien erkennen. Die Auflösungsgrenze ist in der Wellenlänge des Lichts begründet.

Die üblichen Größenordnungen der **Lichtmikroskopie** liegen zwischen wenigen Millimetern (mm) und einigen Mikrometern (µm, 1 mm = 1000 µm).

Das **Elektronenmikroskop** hat seine Auflösungsgrenze bei ca. 0,3 nm; somit erlaubt es das Studium von Viren und der Ultrastruktur der Zellen und großer Proteinaggregate (zytoplasmatischer Filamente) oder Biopolymere (z.B. Glykogen).

Die Größenordnungen der Routine-**Elektronenmikroskopie** liegen zumeist zwischen mehreren Mikrometern und wenigen Nanometern (nm, 1 µm = 1000 nm).

Die Tabelle **1-1** gibt eine Übersicht über die Größenordnung verschiedener Zellen und Zellbestandteile.

1.2.2 Lichtmikroskopie

Das normale Lichtmikroskop ist unverändert das wichtigste Gerät im histologischen Unterricht, in der klinischen und pathologischen Diagnostik und in der zellbiologischen Forschung. Es arbeitet mit einer elektrischen Lichtquelle, die das Präparat von unten durchstrahlt (**Durchlichtmikroskopie**).

Ein Lichtmikroskop besteht im Wesentlichen aus einer im **Mikroskopfuß** eingebauten Lichtquelle, deren Licht von unten durch die Linsensysteme des Mikroskops und durch das Präparat hindurch strahlt, einem

Kondensorlinsensystem, einem **Mikroskoptisch**, auf dem das histologische Präparat zur Untersuchung zu liegen kommt, **Objektiven** (zumeist 3 oder 4, die abwechselnd in den Strahlengang gedreht werden können) und einem **Okular. Blendensysteme** erhöhen die Klarheit des Präparats. Die gebräuchliche Vergrößerung der Objektive ist in Histologiekursen 4-, 10-, 20- und 40fach. Das von den Objektiven erzeugte vergrößerte Bild wird durch das Okular noch einmal vergrößert. Das Okular ist der oberste Teil des Mikroskops, in den man hineinschaut. Die Vergrößerung des Okulars ist meistens 10fach. Die Gesamtvergrößerung, mit der ein Praparat betrachtet werden kann, ergibt sich aus dem Produkt aus Objektiv- und Okularvergrößerung, also bei dem oben genannten Beispiel $40(=4\times10)$-, $100(=10\times10)$-, $200(=20\times10)$- und $400(=40\times10)$fach.

Spezielle Mikroskope werden in der Forschung eingesetzt.

Phasenkontrastmikroskopie Das Phasenkontrastmikroskop ist bei der Betrachtung lebender (ungefärbter) Zellen (Zellkultur, lebende Protozoen) besonders hilfreich. Es verstärkt den Kontrast von zellulären Strukturen, die im normalen Durchlichtmikroskop kaum erkennbar sind. Das Objekt (Präparat) selbst wirkt als Zerteiler des Lichtstrahls zur Ergänzung interferenzfähiger Wellenzüge des Lichts.

Interferenzmikroskopie Bei der Interferenzmikroskopie (nach Nomarski) wird der Lichtstrahl vor Eintritt in das Präparat durch spezifische optomechanische Einrichtungen geteilt. Auch das Interferenzmikroskop ist besonders geeignet, lebende Zellen zu untersuchen. Es kann aber auch gut bei der Betrachtung von immunhistochemischen Präparaten eingesetzt werden, in denen nur Einzelzellen gefärbt sind und deren Umgebung ungefärbt ist.

Fluoreszenzmikroskopie Mit Hilfe des Fluoreszenzmikroskops können Zellstrukturen mit Eigenfluoreszenz oder nach Bindung von Fluorochromen analysiert werden. Besonders effektiv ist die Auflicht-(Epi-) Fluoreszenzmikroskopie, bei der die Erregerstrahlung von oben auf das Objekt trifft. Die indirekte Immunfluoreszenztechnik verbindet die hohe Empfindlichkeit der Fluoreszenzmikroskopie mit der Spezifität immunhistochemischer Methoden. Ein Nachteil kann das rasche Verblassen des Fluoreszenzbildes sein.

Polarisationsmikroskopie Polarisiertes (in einer Ebene schwingendes) Licht wird im Polarisationsmikroskop genutzt, um streng geordnete Strukturen – wie z.B. parallel angeordnete Kollagenfibrillen oder Pakete parallel verlaufender Myosinfilamente in den A-Banden der Skelett- und Herzmuskulatur – aufzuspüren und zu analysieren. Solche hochgeordneten Strukturen verhalten sich im polarisierten Licht doppelbrechend (anisotrop). Sie leuchten hell auf, wenn sie zwischen zwei gekreuzten Polarisationsfiltern diagonal verlaufen. Ungerichtet angeordnete Strukturkomponenten verhalten sich einfach brechend (isotrop) und bleiben im Polarisationsmikroskop immer dunkel.

Videomikroskopie Die Videomikroskopie erfolgt mit Hilfe einer hochauflösenden Videokamera. Das auf einem Bildschirm sichtbare Bild kann elektronisch manipuliert werden; z.B. können sehr schwache und kleine Lichterscheinungen (Signale) verstärkt werden. Das Verfahren wird „Video-enhanced-differential-interference-contrast" (VE-Dic) genannt. Es kann auch gut an lebenden Zellen eingesetzt werden und z.B. die Wanderung kleinster Partikel in der Zelle verfolgen lassen.

Konfokale Lasermikroskopie Die konfokale Lasermikroskopie ist eine Weiterentwicklung der Auflichtfluoreszenzmikroskopie. Ein Laserstrahl (meist ein Krypton-Argon-Laser) rastert das Präparat ab. Die Auswertung erfolgt mit Hilfe der elektronischen Bildverarbeitung. Die spezielle Struktur des Mikroskops erlaubt die Analyse dicker Präparate, die optisch in viele Ebenen zerlegt werden können (Mikrotomographie). Die Bilder der Einzelebenen lassen sich technisch zu einem dreidimensionalen Bild zusammenbauen.

1.2.3 Elektronenmikroskopie

Es lassen sich folgende Typen des Elektronenmikroskops unterscheiden:

- Transmissionselektronenmikroskop,
- Rasterelektronenmikroskop,
- Rastertunnelelektronenmikroskop.

Das **Transmissionselektronenmikroskop** erlaubt Auflösungen, die weit über die des Lichtmikroskops hinausgehen. Dies ist möglich, da statt des sichtbaren Lichts mit seiner naturgegebenen Wellenlänge Elektronenstrahlen benutzt werden, deren Wellenlänge viel kürzer ist. Der Strahlengang in Licht- und Elektronenmikroskop ist im Prinzip ähnlich. Statt Glaslinsen werden sog. Elektronenlinsen verwendet. Elektronenquelle ist eine Kathode, der Elektronenstrahl wird durch Hochspannung beschleunigt und verläuft im Hochvakuum. Das Bild wird durch eine binokulare Lupe auf einem fluoreszierenden Leuchtschirm betrachtet.

Mit Hilfe des klassischen Transmissionselektronenmikroskops (TEM) können aufwendig hergestellte kleine (1–3 mm^2) sehr dünne (30–80 nm) Gewebeschnitte (Ultradünnschnitte, Dünnschnitte) analysiert werden, praktisch in Fortsetzung der Lichtmikroskopie. Das TEM erlaubt auch die Analyse der hauchdünnen Abdrücke (Replicae), die im Rahmen der Gefrierbruchmethode hergestellt werden.

Rasterelektronenmikroskop Im Rasterelektronenmikroskop (Raster-EM) werden natürliche (oder auch künstliche) Oberflächen von Objekten (Epithelien, Zellen, extrazellulären Fasern, Hartsubstanzen, Organen, ganzen Tieren usw.) betrachtet. Das Objekt muss vor Betrachtung im Raster-EM getrocknet und mit einem dünnen Edelmetallfilm beschichtet werden (Sputtern). Das Raster-EM arbeitet ohne abbildende Linsen. Ein Präparat wird mit einem gebündelten Elektronenstrahl zeilenförmig abgetastet (gerastert). Der Bildentstehung dienen Rückstreuelektronen (Sekundärelektronen). Detektor ist ein Szintillatorscheibchen. Die Lichtsignale dieses Scheibchens werden durch Photomultiplier verstärkt und in elektrische Signale rückverwandelt. Das Bild im Raster-EM, das wieder auf einem Leuchtschirm betrachtet wird, entsteht sukzedan über einen Zeilenraster.

Rastertunnelelektronenmikroskop Das Rastertunnelelektronenmikroskop erlaubt die Analyse von Oberflächen bei atomarer Auflösung. Hierbei können nur winzige Rasterflächen (ca. 1 μm^2) untersucht werden.

1.3 Präparatherstellung

Die im Folgenden kurz dargestellten lichtmikroskopischen Methoden werden bei der Herstellung der üblichen histologischen Präparate im Routinebetrieb der Anatomie, Pathologie sowie der klinischen Forschung und im Histologiekurs eingesetzt. Ein Einblick in diese Techniken soll auch Methodenbewusstsein und Methodenkritik fördern. Die hier beschriebenen methodischen Schritte folgen einander (Abb. 1-1):

- Fixieren,
- Einbetten,
- Anfertigen der Schnitte,
- Färben.

1.3.1 Fixierung

Fixierung hat zum Ziel:

- Gewebe so weit wie möglich in naturgetreuem Zustand zu erhalten und seinen Zerfall bzw. seine Autolyse zu verhindern,
- Material zu härten und damit eine bessere Schneidbarkeit zu bewirken,
- vorhandene Bakterien oder andere Krankheitserreger im Untersuchungsgut abzutöten.

Viele Fixierungsmittel, z.B. 5%ige neutrale Formaldehydlösung, Pikrinsäure, Sublimat und Alkohol, sind erhebliche Eiweißfäller und Eiweißvernetzer. Durch Veränderungen der Eiweißstruktur und andere Auswirkungen der Fixierungsmittel wird der Ausgangszustand der Zelle verändert, und es kommt zu mehr oder weniger deutlichem Umbau der natürlichen Struktur der lebenden Zelle. Es ergibt sich ein sog. Äquivalenzbild mit konstanten Charakteristika, mit denen es sich – so zeigt es jahrzehntelange Erfahrung – verlässlich arbeiten lässt. Man sollte jedoch nie vergessen, dass man tote und chemisch veränderte Zellen betrachtet und dass man gedanklich die Ergebnisse vieler verschiedener Methoden zusammenbringen muss, um ein Bild der lebendigen Zelle und ihrer Dynamik zu erhalten. Oft werden Gewebeproben einfach in die Fixierungslösungen eingelegt (**Immersionsfixierung**). Eine bessere Fixierung gelingt mit Hilfe der **Perfusionsfixierung**, mit der das zu fixierende Organ über sein eigenes Gefäßsystem mit Fixierungsmittel durchspült und fixiert wird.

1.3.2 Einbettung

Die Herstellung von dünnen Schnitten (ca. 5–8 μm bei den lichtmikroskopischen Routinepräparaten) aus fixierten Organstücken erfolgt mit Hilfe von speziellen Maschinen (Mikrotomen). Die fixierten Gewebeproben werden in geeignete Lösungsmittel gebracht, um in erstarrendes Paraffin eingebettet und zusammen mit diesem geschnitten werden zu können. Als **Lösungsmittel** dient eine schrittweise, in der Konzentration ansteigende Alkoholreihe, die nicht nur zum völligen Wasserentzug und damit zu einer weiteren Härtung des Objekts führt, sondern zugleich auch die meisten Lipide aus den Zellen und Geweben herauslöst. In dieser Phase der Präparatherstellung gibt es vielseitige Möglichkeiten für die Entstehung von Artefakten, wie Schrumpfungen und Zerreißungen des Gewebes. Als **Einbettungsmedium** ist in der Lichtmikroskopie das **Paraffin** oder besser das **Paraplast** gebräuchlich. Besonders schöne lichtmikroskopische Präparate erhält man, wenn ein **Kunstharz** (z.B. Methacrylat) zur Einbettung verwendet wird. Im folgenden Text und in den Bildlegenden sind solcherart eingebettete Präparate mit dem Wort „Plastik" gekennzeichnet. Plastikschnitte sind nur 1–2 μm dick und zeigen zelluläre und gewebliche Strukturen viel klarer als die 5–8 μm dicken Paraffinschnitte, in denen sich zahlreiche Strukturen überlagern.

Bei der **Kryomikroskopie** erreicht man durch Einbringen von frischen Organstücken in flüssigen Stickstoff und anschließendes Schneiden auf einem speziellen Gefriermikrotom ebenfalls die Verfestigung der Gewebeprobe, vermeidet aber den Wasserentzug mit

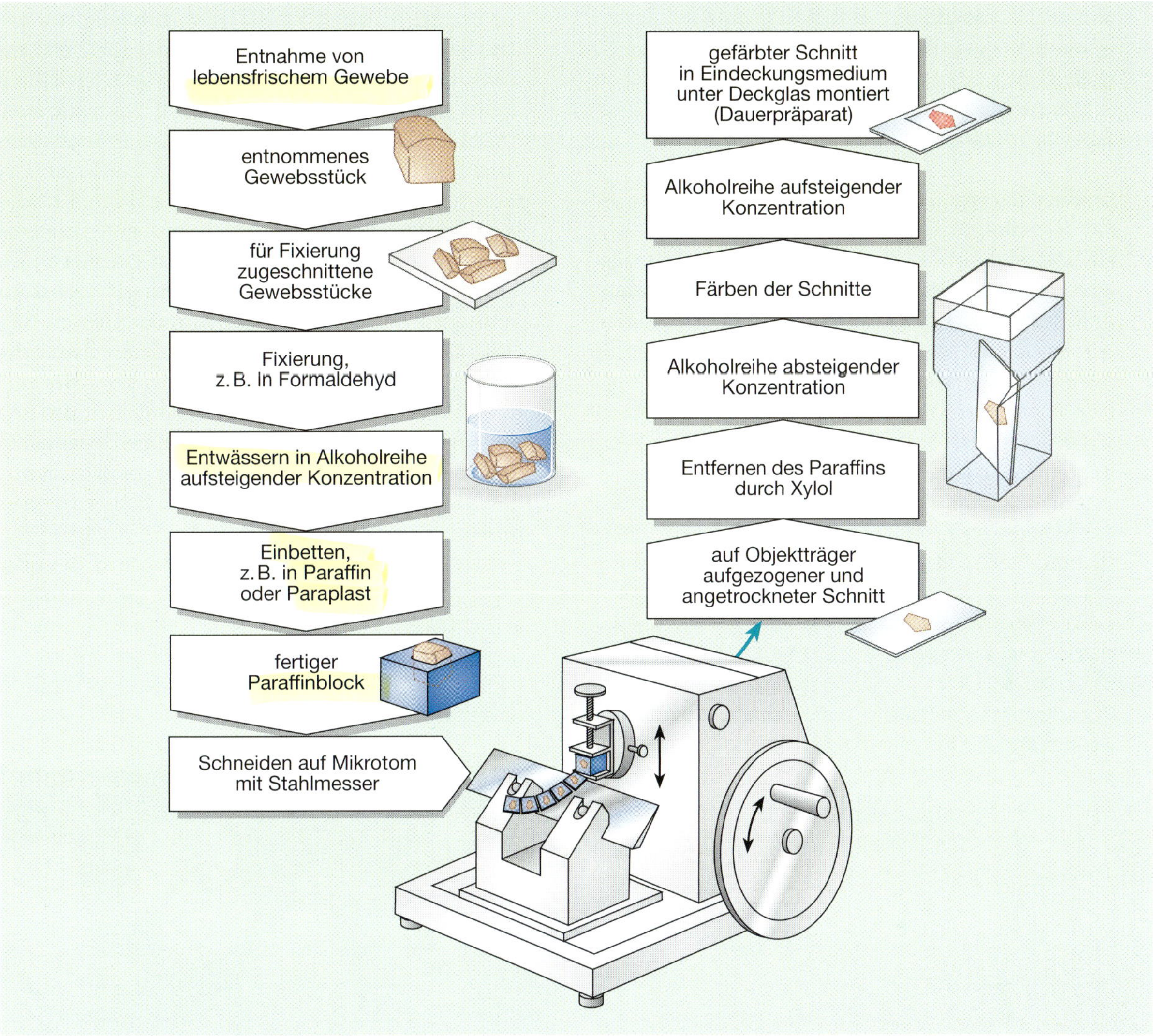

Abb. 1-1 Präparatherstellung. Darstellung der aufeinander folgenden Präparationsschritte, die erforderlich sind, um von frisch entnommenem Gewebe einen gefärbten und für die lichtmikroskopische Untersuchung geeigneten histologischen Schnitt (Dicke: 5–8 µm) zu erhalten. (Nach [1])

der Gefahr der Gewebeschrumpfung und die fettlösenden Lösungsmittel. Damit bleiben im Gewebe viele molekulare Komponenten in natürlicher Konfiguration erhalten, die dann mit histochemischen Methoden nachgewiesen werden können, z.B. Enzyme der Atmungskette. Die Anfertigung von Gefrierschnitten kann sehr rasch erfolgen, so dass z.B. intraoperativ eine histologische Diagnose gestellt werden kann.

1.3.3 Schnitte und Färbungen

Die mit Hilfe eines Mikrotoms (Abb. 1-1) ca. 5–8 µm dünn geschnittenen und auf Objektträgern fest aufgebrachten Präparate müssen zur besseren Kontrastierung der einzelnen Zell- und Gewebsbestandteile gefärbt werden. Die meisten der gebräuchlichen Farblösungen sind aber wässrige Lösungen. Daher muss der Schnitt wieder entparaffiniert und über weitere Zwischenstufen in Wasser gebracht werden. Die verschiedenen Zell- und Gewebselemente nehmen nach dieser Vorbehandlung aus den Farblösungen die Farbstoffe mit unterschiedlicher Affinität auf, wobei oft elektrostatische Kräfte zwischen den Farbstoffen und den Zell- und Gewebekomponenten eine entscheidende Rolle spielen. Komponenten mit negativen elektrischen Ladungen (anionische Komponenten), z.B. die DNA, nehmen basische (kationische) Farbstoffe, z.B. das Hämatoxylin, auf und werden **basophil** genannt. Basophil sind z.B. Zellkern und Nissl-Schollen. Zell- und Gewebekomponenten mit positiven elektrischen Ladungen, also kationische Komponenten, nehmen saure (anionische) Farbstoffe auf und werden **azido-**

phil oder eosinophil genannt, weil der am häufigsten gebrauchte saure Farbstoff Eosin heißt. Saure Farbstoffe färben z.B. Erythrozyten und Kollagen. Neben einigen wenigen Routinefärbungen gibt es eine Vielzahl von Spezialfärbungen.

Routinefärbungen Die typische Routinefärbung ist die **Hämatoxylin-Eosin-(H.E.-)Färbung** (Abb. 1-2). Hämatoxylin färbt Zellkerne und Zytoplasmaanteile, die reich an rauem endoplasmatischen Retikulum sind, blau-violett. Eosin färbt andere Zytoplasmaanteile sowie viele faserige extrazelluläre Komponenten rot. Die Blau-Violett-Färbung beruht auf dem Vorkommen negativ geladener Anteile im Präparat (Kernsäuren [DNA, RNA], manche Muzine und extrazelluläre Proteoglykane).

Weitere Routinefärbungen (Tab. 1-2) sind die **Azan-**, die **Masson-Trichrom-** (Abb. 1-3) und die **Goldner-Färbung** (Abb. 1-4), die insbesondere die Verteilung des Kollagens klar erkennen lassen.

Die **Elastika-Färbungen** machen das Elastin der elastischen Fasern sichtbar (Abb. 1-5).

Histochemische Methoden Unter den Spezialfärbungen nehmen die histochemischen Methoden eine vorrangige Stellung ein; Tabelle 1-2 zeigt häufig verwendete Färbungen. Mit Hilfe der Substrat- und Enzymhistochemie gelingt es, eine Fülle der verschiedensten definierten chemischen Substanzen, wie zahlreiche Enzyme, Glykogen, Ribo- und Desoxyribonukleinsäuren, Proteine, Proteoglykane, Lipide etc., am Ort ihres natürlichen Vorkommens in Zellen und Geweben nachzuweisen, wodurch man einen guten Einblick in das dynamische Zellgeschehen erhält (Abb. 1-6).

Eine besondere Entfaltung hat in der jüngeren Vergangenheit die **Immunhistochemie** erfahren. Mit Hilfe dieser Methodik können spezifische chemische Verbindungen, insbesondere Peptide und Proteine, mit einer Antigen-Antikörper-Reaktion nachgewiesen werden (Abb. 1-7). Im Einzelnen existieren verschiedene Techniken. Das Wesentliche ist jedoch immer, dass ein Gewebeschnitt, in dem eine bestimmte chemische Komponente, ein Antigen, nachgewiesen werden soll, mit einer Lösung inkubiert wird, in der ein spezifischer Antikörper gegen das gesuchte Antigen enthalten ist. Der Antikörper bindet sich an die Stellen in Zellen oder im extrazellulären Raum, an denen das Antigen vorkommt, und weist es somit in loco nach.

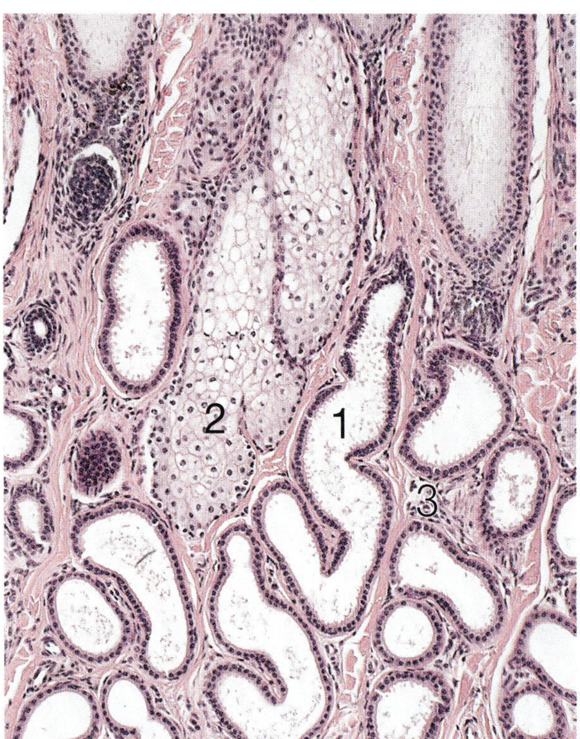

Abb. 1-2 Hämatoxylin-Eosin-(H.E.-)Färbung, Zellkerne dunkelblau-violett, Zytoplasma und interzelluläre Substanzen rot. Hautdrüsen einer Antilope (*Aepyceros melampus*). **1** apokrine Duftdrüsen; **2** holokrine Talgdrüsen; **3** Bindegewebe. Vergr. 250fach.

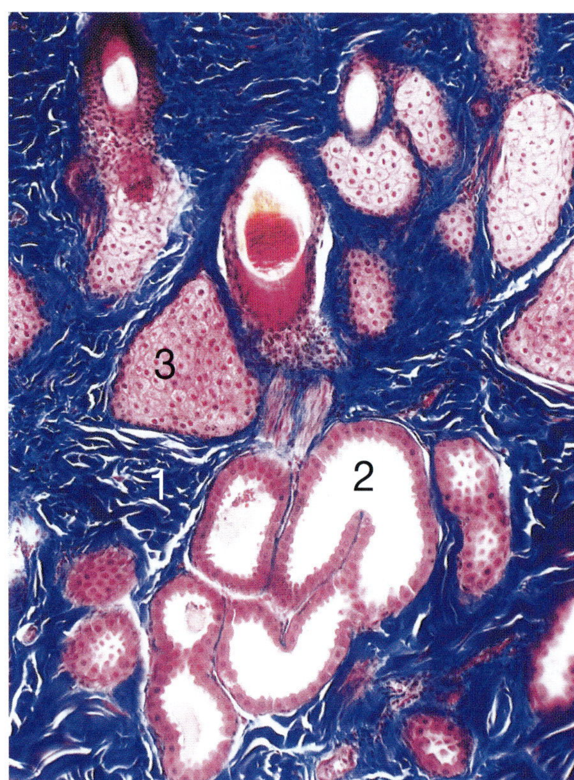

Abb. 1-3 Masson-Trichrom-Färbung, ähnlich der Azan-Färbung. Kollagenfasern des Bindegewebes (**1**) tiefblau, zelluläre Bestandteile in verschiedenen Rottönen. Hautdrüsen einer Antilope (*Aepyceros melampus*). **2** apokrine Duftdrüsen; **3** holokrine Talgdrüsen. Vergr. 250fach.

Tab. 1-2 Färbungen. (Aus [1])

Färbung	Kerne	Zytoplasma	Kollagenfasern	Elastische Fasern
H.E. (Hämatoxylin-Eosin)	blauviolett	rot; Ribosomen- und RER-reiche Regionen blauviolett	rot	ungefärbt bis rosa
Azan (Azokarmin/Anilinblau/Orange G)	leuchtend rot	blass-rosarot bis schwach bläulich	blau	ungefärbt (nur in größeren Mengen wie bei elastischen Membranen und Bändern: rot bis rotblau)
Elastika-Färbung (Resorcin-Fuchsin oder Orcein)	–	–	–	schwarzviolett (Resorcin-Fuchsin), rotbraun (Orcein)
van Gieson (Eisenhämatoxylin/Pikrinsäure/Säurefuchsin)	blauschwarz	gelb bis hellbräunlich	rot	nicht speziell gefärbt (nur in starken Verdichtungen wie elastischen Membranen und Bändern: gelb)
Trichrom-Färbung nach Goldner (Eisenhämatoxylin/Azophloxin/Lichtgrün)	braunschwarz	ziegelrot	grün	oft nicht speziell gefärbt, z.T. grünlich bis hellrot
EH (Eisenhämatoxylin) nach Heidenhain (besonders geeignet zur Darstellung einiger zellulärer Strukturen wie auch der Querstreifung der Muskulatur)	Heterochromatin und Nukleolus blauschwarz	einzelne Komponenten, z.B. Zentriolen, Kinozilien und Intermediärfilamentbündel, treten tiefschwarz hervor	nicht speziell gefärbt oder grau-gelblich	schwach grau
Histochemische Färbungen				
PAS-Reaktion (Perjodsäure-Schiff-Reaktion)	Färbung rot-violett. Perjodsäure bildet Aldehydgruppen an Glykogen und an Zuckerkomponenten von Glykoproteinen. Das Schiff-Reagens färbt diese rot-violett.			
Alzianblau	Färbung blau. Unterschiedliche elektrisch negativ geladene Komponenten (Polyanionen), z.B. sulfatierte Schleime, Glykosaminoglykane, Hyaluronsäure			
Fettfärbungen (z.B. Sudan III; Sudanschwarz, Ölrot)	Je nach Farbstoff z.B. orange-rot oder braun. Lipide, z.B. Triglyzeride oder Lipide der Markscheiden			
Feulgen-DNA-Färbung	Färbung purpur. HCl bildet Aldehydgruppen an Desoxyribose, dem Zucker der DNA. Die Aldehydgruppen reagieren mit dem Schiff-Reagens, das DNA-haltiges Chromatin selektiv purpur anfärbt.			
Toluidinblau (selektive Basophilie)	Färbung blau. Toluidinblau, ein basischer Farbstoff, bindet selektiv an die negativ geladenen Phosphatgruppen der DNA und der RNA. Es färben sich daher Chromatin (DNA), Nukleolus und Ribosomen (RNA).			

Die Sichtbarmachung der Reaktion erfolgt auf unterschiedliche Art und Weise, z.B. kann der Antikörper mit einer fluoreszierenden Substanz markiert sein, oder der Antikörper wird in einem zweiten Reaktionsschritt mit einem weiteren Antikörper, der mit einem Enzym (oft Peroxidase) markiert wird, nachgewiesen. Der Enzymnachweis erfolgt dann mit klassischen enzymhistochemischen Methoden.

Bei der **Autoradiographie** werden Versuchstieren radioaktive Vorstufen von DNA (^{3}H-Thymidin) oder

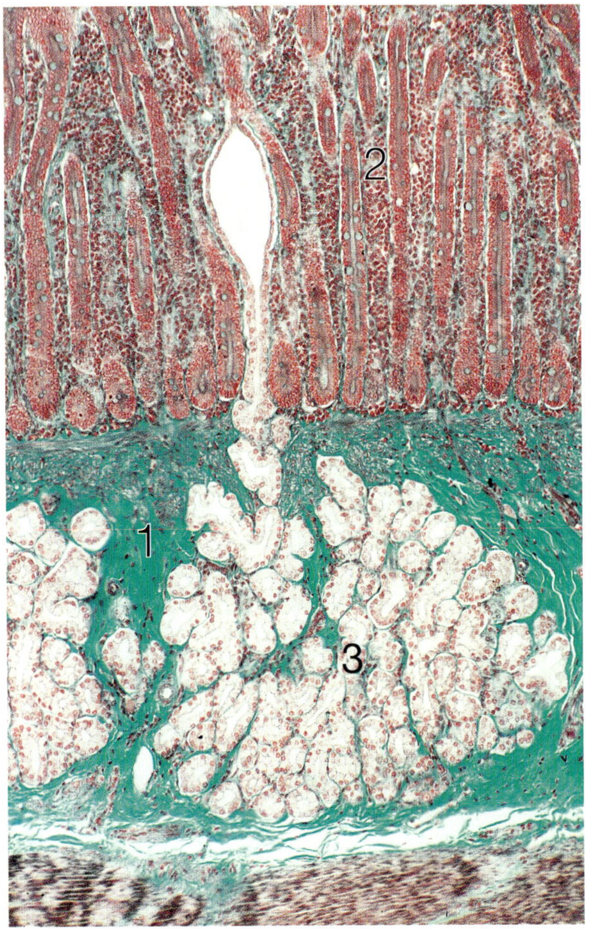

Abb. 1-4 Goldner-Färbung, gebräuchliche Trichrom-Färbung, die Kollagenfasern im Bindegewebe (**1**) türkisgrün und zelluläre Anteile rotviolett bis rotbraun anfärbt. Duodenum einer Katze. **2** Schleimhaut (= Mukosa); **3** Brunner-Drüsen in der Submukosa. Vergr. 200fach.

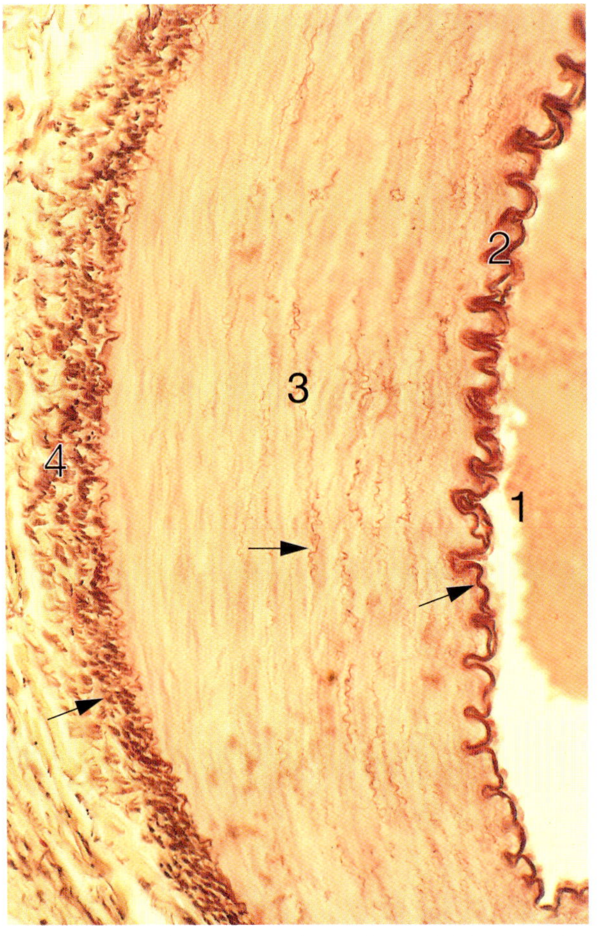

Abb. 1-5 Elastika-Färbung (Resorcin-Fuchsin), selektive Darstellung elastischer Membranen und Fasern (➔). Muskuläre Arterie, Mensch. **1** Gefäßlumen; **2** Elastica interna, besteht aus kräftiger, gewellt verlaufender elastischer Membran; **3** Media; **4** Adventitia. Vergr. 400fach.

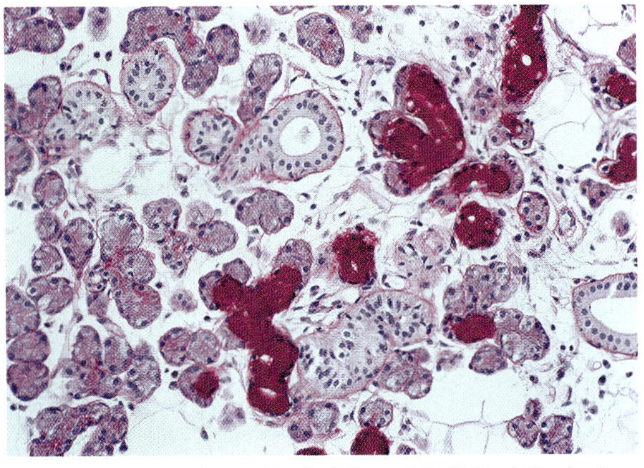

Abb. 1-6 PAS-Färbung (Perjodsäure-Schiff-Reaktion), Darstellung neutraler Glykoproteine und Schleime sowie Glykogen. Hier ist der Schleim in den mukösen Drüsenzellen der Gl. submandibularis (Mensch) intensiv purpurrot angefärbt, andere glykoproteinhaltige Strukturen, darunter Basalmembranen, treten schwächer hervor. Gegenfärbung der Zellkerne mit Hämalaun (ähnlicher Farbton wie der des Hämatoxylins). Vergr. 200fach.

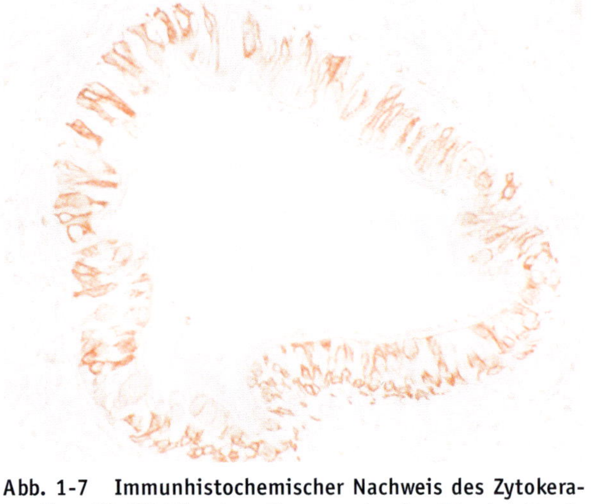

Abb. 1-7 Immunhistochemischer Nachweis des Zytokeratins 19 (CK19), einer Komponente des Zytoskeletts, in einem kleinen Bronchus des Menschen. Nur ein Teil der Epithelzellen reagiert positiv (Braunfärbung); es handelt sich mehrheitlich um basal gelegene oder nachwachsende Zellen. Vergr. 250fach.

RNA (^{3}H-Uridin) i.v. injiziert. Diese Vorstufen werden in Kerne (DNA) oder Nukleolus bzw. Ribosomen (RNA) eingebaut. Gewebeschnitte werden mit einer photographischen Emulsion bedeckt, deren silberhaltige Kristalle durch die Radioaktivität geschwärzt werden und Stellen des Einbaus der jeweiligen Vorstufen markieren. Im Falle der DNA-Markierung werden Kerne in der S-Phase dargestellt. Mit dieser Methode kann auch die Geschwindigkeit des Zellumsatzes bestimmt werden.

Bei der **In-situ-Hybridisierung** können Nukleinsäuren im histologischen Schnitt durch komplementäre Proben (Oligonukleotide von RNA oder DNA, die radioaktiv oder nicht radioaktiv markiert sind) lokalisiert werden. Mit In-situ-Hybridisierung lassen sich im Schnitt spezifische DNA- oder RNA-Sequenzen nachweisen. Die Methode kann auch an Chromosomen, an Zellausstrichen oder an Ganzkörperpräparaten kleiner Tiere durchgeführt werden.

1.3.4 Artefakte

Aus verschiedenen Gründen (z.B. schlechte Fixierung, alte Farblösungen, Scharten im Mikrotommesser)

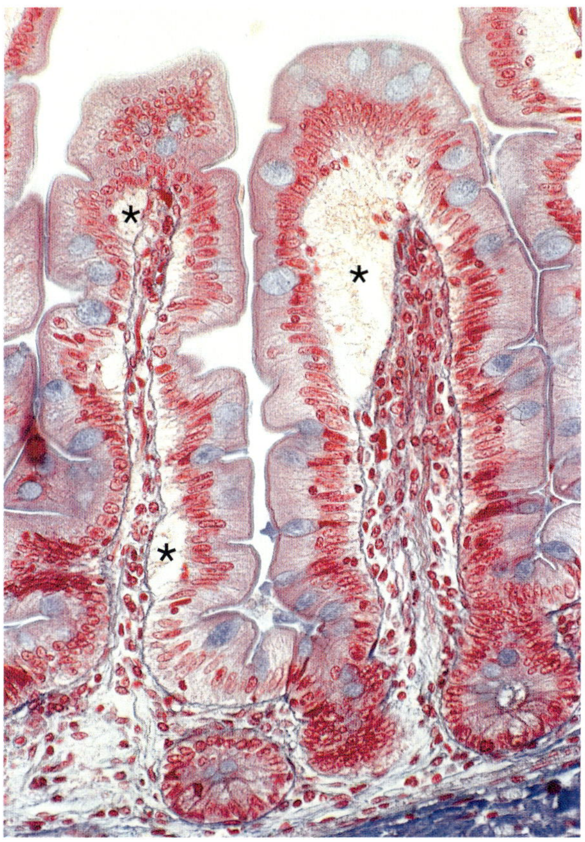

Abb. 1-8 Schrumpfspalten (*) zwischen Epithelbasis und Bindegewebssockel der Dünndarmzotten, sog. Grünhagen-Räume (Jejunum, Mensch). Färbung: Azan; Vergr. 270fach.

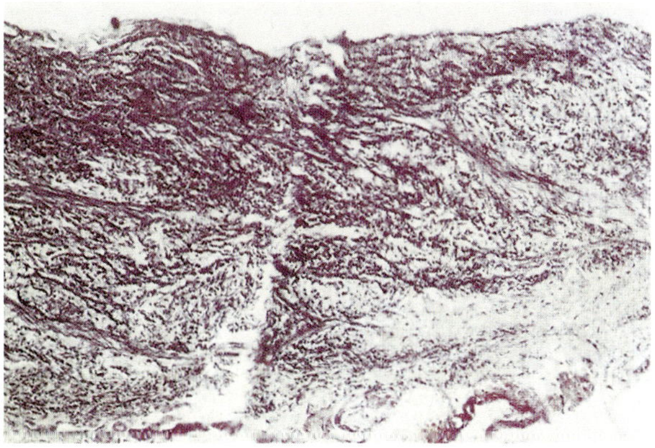

Abb. 1-9 Schnittdefekt. Durch eine Scharte im Mikrotommesser hervorgerufene kleinere Zerreißungen des Gewebes (Aortenklappe, Mensch). Färbung: Resorcin-Fuchsin; Vergr. 100fach. (Aus [1])

können Veränderungen in den histologischen Präparaten auftreten (Abb. **1-8**, **1-9**), die rein technisch bedingt sind und Artefakte genannt werden. Die Kenntnis solcher Artefakte ist bei der Beurteilung eines Präparats sehr wichtig.

1.3.5 Lebendpräparate

Auch lebende Zellen und Gewebe können mit dem Mikroskop untersucht werden, was leider in Histologiekursen aus Zeitmangel zumeist nicht möglich ist. In der Forschung hat die Mikroskopie lebender Zellen, z.B. in der Zellkultur, einen starken Aufschwung erfahren. Dies vor allem dadurch, dass spezielle Mikroskopierverfahren wie Phasenkontrast- und Interferenzmikroskopie entwickelt wurden, die den Kontrast der lebendigen Zellstrukturen verstärken (Abb. **1-10**). Im Routine-Durchlichtmikroskop ist dieser Kontrast sehr schwach. Durch farb- oder fluoreszenzfarbstoffmarkierte Substanzen ist es so u.a. möglich, die Dynamik von Endozytosevorgängen oder Umstrukturierung von Zellfortsätzen zu verfolgen. Varianten der Lebendmikroskopie sind z.B. Einsatz von ultraviolettem Licht, Polarisationsmikroskopie und Dunkelfeldmikroskopie.

1.4 Spezielle Techniken der Elektronenmikroskopie

1.4.1 Transmissionselektronenmikroskopie

Für die Transmissionselektronenmikroskopie sind besonders schonende Fixierungsverfahren nötig, um ein möglichst naturgetreues Abbild der Struktur lebender

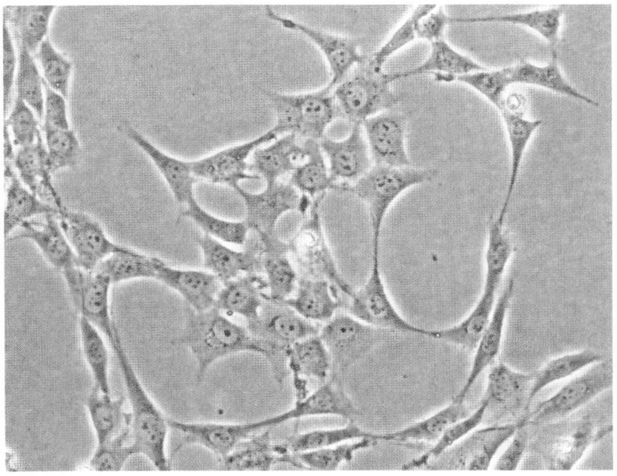

Abb. 1-10 Lebende Fibroblasten in Zellkultur, Phasenkontrastmikroskopie. Außer dem Zellkern, einzelnen granulären Zellorganellen und dem Gesamtumriss der Zellen sind kaum Details des Aufbaus dieser Zellen zu erkennen. Vergr. 450fach.

Zellen zu gewinnen. Das Gewebe muss zeitnah, möglichst sofort oder zumindest innerhalb weniger Minuten, nach Entnahme oder Tod in die Fixierungslösung verbracht werden. Arbeitet man mit Versuchstieren, ist Perfusionsfixierung des narkotisierten Tiers optimal. Fixierungslösung ist gepuffertes Glutaraldehyd, dem eine Nachfixierung mit Osmiumtetroxid folgt. Das Schwermetall Osmium bindet an Lipide und erhöht z.B. den Kontrast von biologischen Membranen. Einbettung (nach Entwässerung) erfolgt in Kunstharzen wie Araldit oder Epon. Auf Ultramikrotomen werden 30–80 nm dicken Schnitte hergestellt. Diese Schnitte sind so dünn, dass die in ihnen vorhandenen Zellstrukturen kontrastiert („gefärbt") werden müssen (Abb. **1-11**) und zwar mit Uranylacetat, Bleizitrat und u.U. Phosphorwolframsäure.

Bei experimenteller Untersuchung können metallgekoppelte (Gold, Eisen, Kupfer) Substanzen eingesetzt werden. Die Metalle besitzen im transmissions-

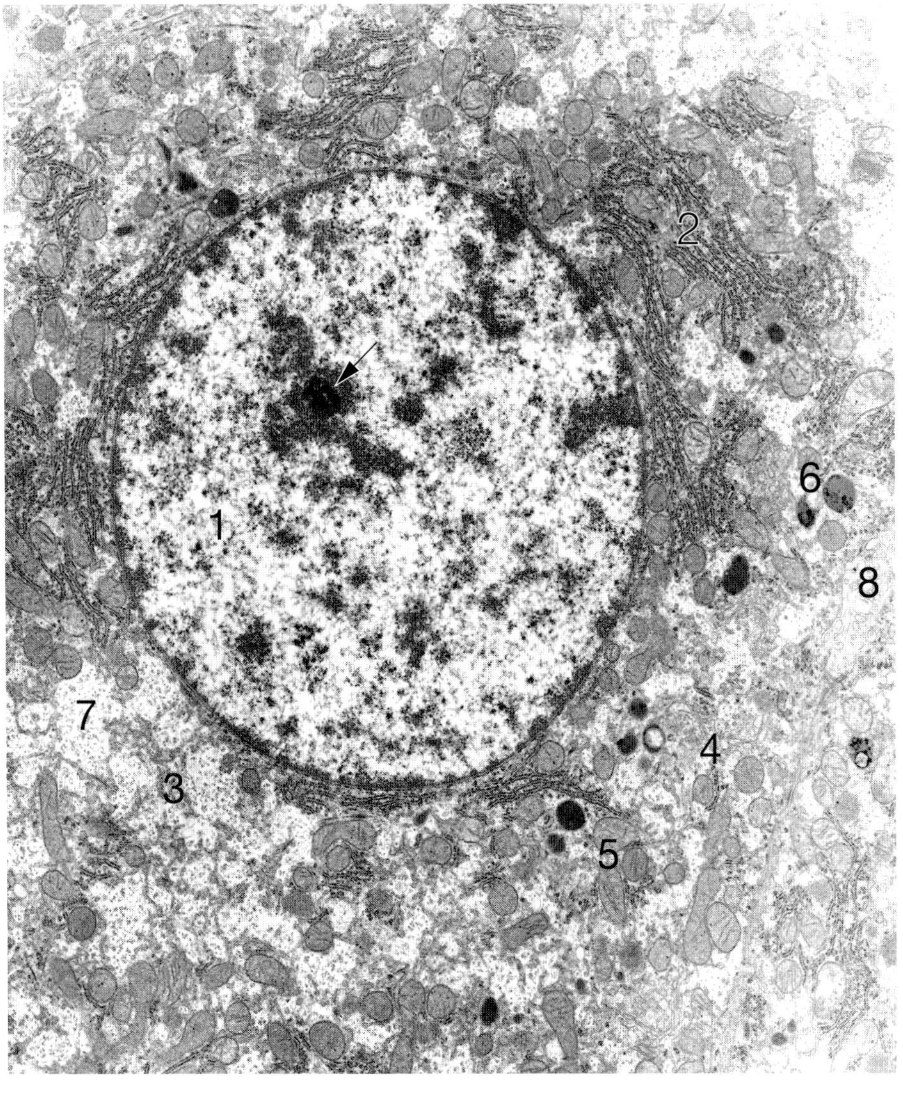

Abb. 1-11 Zell-Ultrastruktur im Transmissionselektronenmikroskop. Leberepithelzelle der Ratte mit großem Zellkern (**1**) und typischen Zellorganellen. **2** raues endoplasmatisches Retikulum; **3** glattes endoplasmatisches Retikulum; **4** Golgi-Apparat; **5** Mitochondrien; **6** Lysosomen. Als Einschlüsse enthält diese Zelle viel Glykogen (**7**). An der Oberfläche zum Gallenkanälchen (**8**) bildet die Zelle Mikrovilli aus. ➔ Nukleolus. Vergr. 12 000fach.

elektronenmikroskopischen Präparat einen hohen Kontrast und sind daher gut zu erkennen. Damit kann z.B. in einer zeitlichen Untersuchungsserie der Weg einer an sich unsichtbaren Komponente, z.B. eines Glykoproteins, von der Aufnahme in die Zelle bis zum Abbau verfolgt werden. Des Weiteren lassen sich definierte molekulare Komponenten genau mit Hilfe verschiedener Methoden lokalisieren, so z.B. Proteoglykane bzw. Glykosaminoglykane.

Bei der **Immunelektronenmikroskopie** können z.B. goldmarkierte Substanzen im Transmissionselektronenmikroskop in situ nachgewiesen werden.

Bei einem Spezialverfahren, der **Negativkontrastierung**, können Zellpartikel, Bakterien oder Viren auf einen hauchdünnen transparenten Film aufgetragen werden. Die Objekte werden mit Schwermetallsubstanzen umgeben, wodurch sie hell in dunkler Umgebung erscheinen.

Bei der **Gefrierbruchmethode** werden freigelegte Flächen tiefgefrorener kleiner Gewebeproben mit einem hauchdünnen Metallfilm bedampft. Der so gewonnene Abdruck wird im Transmissionselektronenmikroskop betrachtet (siehe S. 20, 32, 34, 38). Zelluläre Membranen brechen entlang der hydrophoben Mittelschicht, so dass die **Innenansichten** der äußeren und inneren Membranhälften freiliegen und analysiert werden.

1.4.2 Rasterelektronenmikroskopie

Die Rasterelektronenmikroskopie beruht auf eigenen Prinzipien und erlaubt die Analyse von echten zellulären und epithelialen Oberflächen (Abb. 1-12).

1.5 Interpretation histologischer Schnittpräparate

Um die Aussage und Beweiskraft histologischer Schnittpräparate kritischer beurteilen zu können, sollte man sich immer eine Reihe einfacher Tatsachen vor Augen halten:

- Das histologische Schnittpräparat liefert stets nur ein durch den Fixierungsprozess entstandenes **Momentbild** von einem im ständigen Wandel befindlichen lebendigen Ganzen.
- Die überwiegende Mehrzahl aller Schnittpräparate stellt nur eine **hauchdünne Scheibe** von einem meist kleinen Teil eines u.U. sehr großen Organs, wie z.B. der Leber, dar. Inhomogenität in der Verteilung bestimmter Strukturen kann dazu führen, dass diese nicht zwangsläufig in jedem Schnitt vorhanden sein müssen.
- Das Schnittpräparat entwirft ein flächenhaftes, **zweidimensionales Bild** von den immer dreidimensionalen Zellen und Geweben, von deren Räumlichkeit man sich nur bei Einsatz bestimmter Techniken (wie z.B. der Verwendung dicker Schnitte) einen Eindruck verschaffen kann, in diesem Fall durch das sog. Durchfokussieren der Schnitte.

Unmittelbare Rückschlüsse auf die wahre Gestalt der Bauelemente von Zellen und Geweben oder höher organisierten Formationen sind aber am Einzelschnitt nur in Ausnahmefällen möglich und nur mit Vorsicht zu ziehen. Das sollen einige einfache Beispiele deutlich machen (Abb. 1-13). Zur Erleichterung des Verständnisses stelle man sich Schnitte in verschiedenen Ebe-

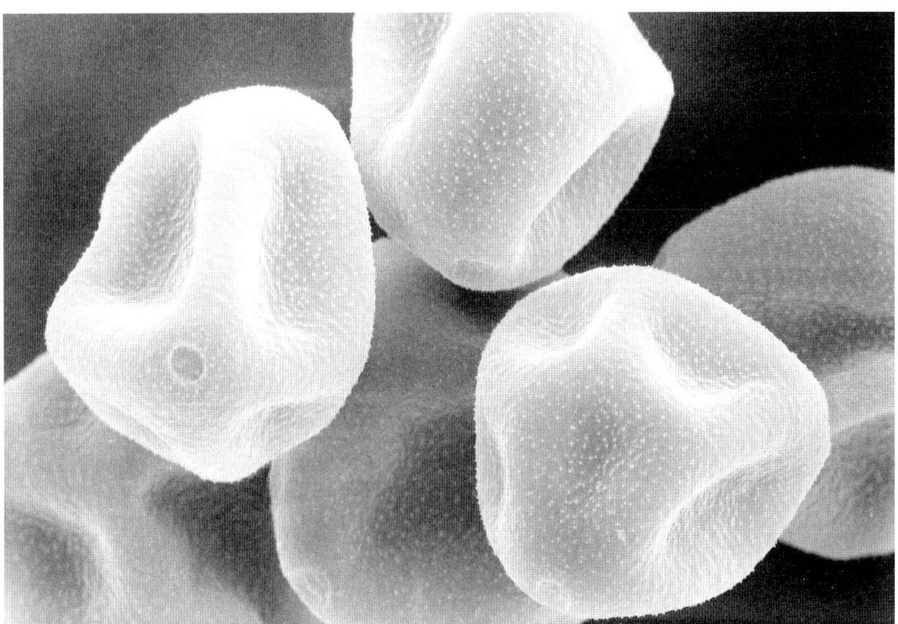

Abb. 1-12 Rasterelektronenmikroskopische Aufnahme von Haselnusspollen. Vergr. 1700fach.

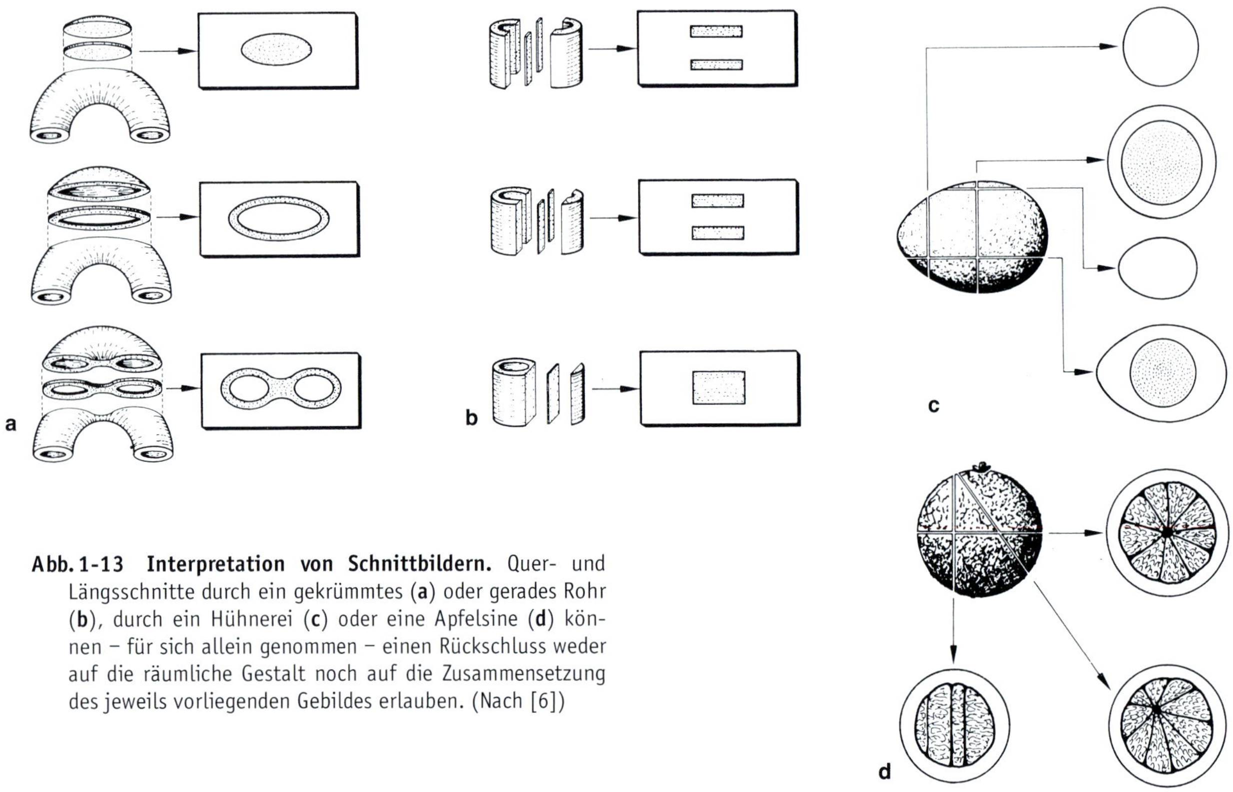

Abb. 1-13 Interpretation von Schnittbildern. Quer- und Längsschnitte durch ein gekrümmtes (**a**) oder gerades Rohr (**b**), durch ein Hühnerei (**c**) oder eine Apfelsine (**d**) können – für sich allein genommen – einen Rückschluss weder auf die räumliche Gestalt noch auf die Zusammensetzung des jeweils vorliegenden Gebildes erlauben. (Nach [6])

nen durch gut bekannte Gegenstände vor. Schneidet man z. B. ein hart gekochtes Ei im Bereich eines seiner beiden Pole quer, oder legt man einen sehr peripheren Längsschnitt durch das Ei, so wird in keinem dieser Schnitte der zentrale Dotter enthalten sein, was aber nicht gegen dessen Existenz spricht. Auch Längs- und Querschnitte durch einen geraden oder gekrümmten Schlauch ergeben sehr unterschiedliche Bilder in Abhängigkeit davon, wo und wie diese das Rohr treffen. Ganz ähnliche Schnittbilder sind zu erwarten, wenn es um biologische Röhren, wie z. B. die Blutgefäße oder die Harnkanälchen, geht. Auch eine mit den sekretbildenden Endstücken (Azini) von Drüsen grob vergleichbare Apfelsine (Orange) ergibt je nach der Schnittrichtung genau wie jene sehr unterschiedliche Bilder.

Kreisförmige Schnittprofile, ganz gleich ob in der licht- oder elektronenmikroskopischen Dimension, könnten z.B. durch Querschnitte von Zylindern, Kugeln, Ellipsoiden oder Kegeln zustande kommen. Sind alle Profile in einem Präparat gleich groß, so spräche dies am ehesten für das Vorliegen von parallel angeordneten Zylindern des gleichen Durchmessers, da es unwahrscheinlich ist, dass die anderen möglichen Gebilde, wie z. B. Kugeln oder Kegel, alle vom Schnitt an der gleichen Stelle ihres Umfangs getroffen werden.

Das Vorkommen von zwei Kernanschnitten in einer Zelle ist noch lange kein Beweis für die Zweikernigkeit, sondern kommt fast immer durch einen gekrümmten Kern zustande, der zweimal vom Schnitt getroffen wurde.

1.6 Grundregeln zur Diagnosestellung

Um ein unbekanntes histologisches Schnittpräparat mit Sicherheit erkennen und dessen Differentialdiagnose erstellen zu können, sollten einige Grundregeln beachtet werden:

- Das Präparat sollte zuerst immer mit **bloßem Auge** betrachtet werden, da sich bestimmte Organe bei typischer Schnittrichtung schon jetzt mit hohem Wahrscheinlichkeitsgrad diagnostizieren lassen, wie z. B. ein Medianschnitt durch die Hypophyse, ein Querschnitt durch die Nebenniere oder ein Längsschnitt durch den Dünndarm.
- Anschließend wird das Präparat mit der schwächsten Vergrößerung des Mikroskops betrachtet. Man sucht nach bestimmten **Gliederungsprinzipien**: Findet sich eine Innen- und Außenzone (entsprechend Mark und Rinde)? Findet sich eine natürliche (epithelbedeckte) Oberfläche oder eine Kapsel? Finden sich Bezirke, die sich färberisch ganz unterschiedlich verhalten? Findet sich eine Lichtung? Finden sich regelmäßige Erhebungen der Oberfläche, wie z. B. Falten?

- Bei schwächster Vergrößerung den **gesamten Schnitt durchmustern**, d.h., man muss alle seine freien Ränder gesehen haben, denn nur dann ist eine der wichtigsten Fragen zur Differentialdiagnose mit Sicherheit zu entscheiden, nämlich: **Ist irgendwo in dem Präparat ein Epithel vorhanden?** Wenn ja, so wird als Erstes das **Epithel genau diagnostiziert**, da sich daraus schon eine bestimmte Zielrichtung der Differentialdiagnose ergibt.

Das sei an einem Beispiel erläutert: Findet sich ein „einschichtiges prismatisches Epithel", so wäre theoretisch entweder ein Schnitt durch einen Teil des Magen-Darm-Kanals oder durch die Tuba uterina bzw. durch die Gebärmutter denkbar. Um die erste dieser beiden Verdachtsdiagnosen zu erhärten, wird nach der typischen Schichtengliederung des Darmrohres gesucht, und bei Nachweis derselben kann das Präparat mit Sicherheit als aus dem Magen-Darm-Kanal stammend eingestuft werden. Fehlt hingegen die typische Schichtengliederung, so trifft die zweite der beiden Verdachtsdiagnosen zu. Um dies zu bestätigen, wird das Epithel nach möglichen Kinozilien abgesucht – typisch für die Tuba uterina und die Gebärmutterschleimhaut in bestimmten Zyklusphasen. Damit werden die übrigen Bauelemente des Schnittpräparats in Beziehung gesetzt, wie z.B. reich verzweigte Falten (Tuba uterina) und das Einsenken des Epithels zu Drüsenschläuchen (Uterusschleimhaut). Fehlen Kinozilien und tubuläre Drüsen und sind an der Oberfläche schlanke, mit einschichtigem prismatischem Epithel bedeckte Falten ausgebildet, so muss die Gallenblase differentialdiagnostisch in Betracht gezogen werden.

Die Diagnose eines histologischen Schnittpräparats kann oft schon mit schwächster, höchstens aber einer mittleren Vergrößerung gestellt werden. Auch das mag ein Beispiel erläutern: Bei der Differentialdiagnose der serösen Drüsen muss auch das Pankreas in die Überlegungen mit einbezogen werden. Da aber die sonst als differentialdiagnostisches Kriterium so zuverlässigen Langerhans-Inseln im Kopfbereich des Pankreas und dessen Proc. uncinatus selten sind und auf manchen Schnitten vollends fehlen, muss an das, gerade beim Menschen, reiche Vorkommen der sog. zentroazinären Zellen als gutes Unterscheidungsmerkmal gegen alle übrigen serösen Drüsen gedacht werden. Gerade aber diese Zellen als solche zu erkennen, und dazu bedarf es einer relativ hohen Auflösung und auch einiger Erfahrung, fällt dem Anfänger meist schwerer, als ein einfaches differentialdiagnostisches Kriterium zu erkennen, nämlich das völlige Fehlen von Streifenstücken im Pankreas. Das wird aber bei der Verwendung hoher Vergrößerungen wegen des zu kleinen Präparateausschnittes oft übersehen, und das Präparat kann fehldiagnostiziert werden.

! Grundregeln zur Diagnose eines histologischen Schnittes:

- Präparat erst mit bloßem Auge betrachten. – Frage: kompaktes Organ, Hohlorgan, künstliche (gerade) Schnittkanten oder natürliche Oberflächen?
- Betrachtung dann mit schwächster Vergrößerung unter dem Mikroskop. – Frage: Gibt es eine bestimmte Gliederung, z.B. in Rinde/Mark, in Läppchen, oder bestimmte Konfigurationen von Lumina, welche Epithelien finden sich an natürlichen Oberflächen?
- Durchmusterung des ganzen Schnittes bei kleiner und mittlerer Vergrößerung. Sorgfältige spezifische Gewebediagnosen, Erkennen von Flach- bzw. Tangentialschnitten und Artefakten.
- Hohe Vergrößerung nur für zelluläre Details, z.B. bei der Unterscheidung von Kinozilien und Bürstensaum.

2 Die Zelle

Zur Orientierung

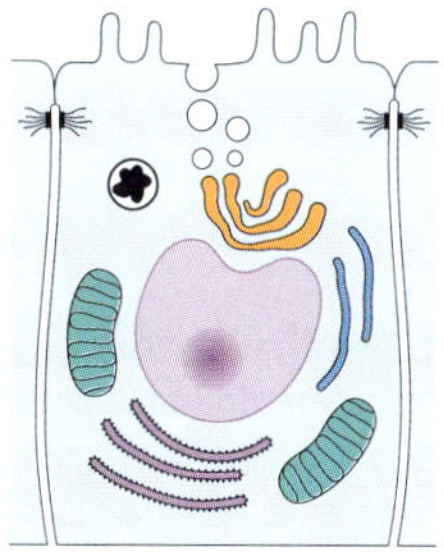

Zellen sind die Grundbausteine aller Gewebe und Organe des Menschen und aller anderen Organismen. Sie entstanden vor ca. 3,5 Milliarden Jahren. Die ersten Zellen waren kleine prokaryotische Zellen, die schon eine Zellmembran, aber noch keinen Kern und keine intrazellulären Membransysteme besaßen. Beispiele für solche Zellen sind die Archae- und Eubakterien, die heute noch sehr erfolgreich existieren. Vor ca. 1,5 Milliarden Jahren entstanden aus prokaryotischen Zellen die eukaryotischen Zellen, zu denen auch die Zellen des Menschen zählen. Sie sind durchschnittlich 10–20 µm groß und besitzen eine Zellmembran, einen Kern, der die DNA enthält, und das Zytoplasma. Das Zytoplasma besteht aus Grundzytoplasma (Zytosol), hochdifferenzierten Membransystemen, die die Zellorganellen aufbauen, Zelleinschlüssen und dem Zytoskelett (Abb. 2-1). Die eukaryotischen Zellen bauen Gewebe und Organe der Pflanzen, Pilze und Tiere auf. In diesen drei großen Organismengruppen gibt es aber nicht nur vielzellige Formen, die bei Tieren Metazoen genannt werden, sondern auch einzellige Formen, die bei Tieren Protozoen heißen (Beispiel: *Plasmodium* [Malariaerreger]). Die Zellen des Metazoenorganismus sind in viele verschiedene Typen differenziert; beim Menschen unterscheidet man gut 200 Zelltypen.

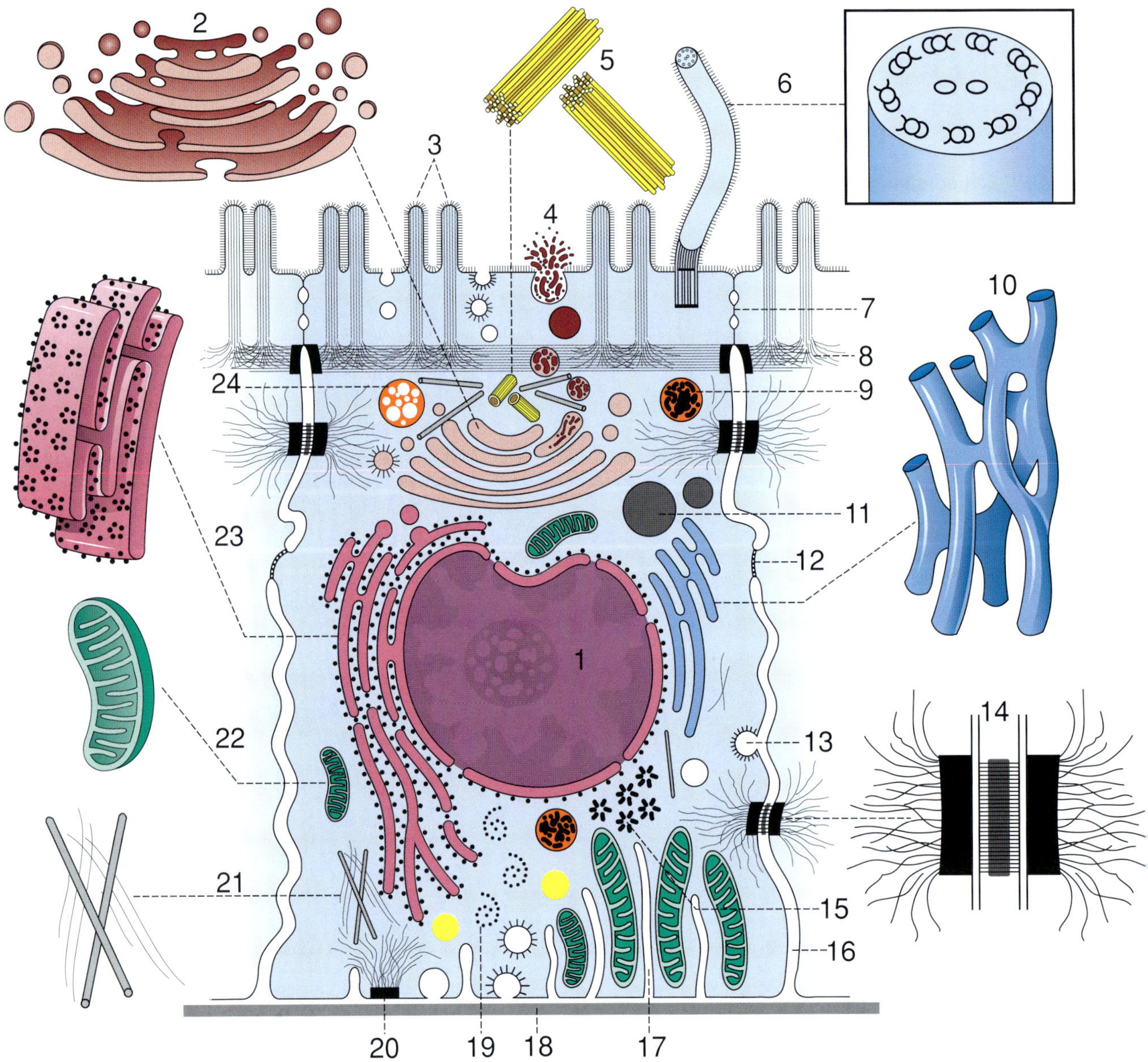

Abb. 2-1 Epithelzelle. Schematische Darstellung der wichtigsten Organellen und typischen Oberflächendifferenzierungen. Einige der Zellbestandteile, die im Schnittpräparat zweidimensional erscheinen, sind zum besseren Verständnis dreidimensional und vergrößert herausgezeichnet. **1** Kern mit Hetero- (dunkel) und Euchromatin (heller) sowie Nukleolus; **2** Golgi-Apparat; **3** Mikrovilli (mit Glykokalyx); **4** Sekretgranulum (mit Exozytose); **5** Zentriolen; **6** Kinozilie; **7** Zonula occludens; **8** terminales Netz mit Zonula adhaerens; **9** Lysosom; **10** glattes endoplasmatisches Retikulum (glattes ER); **11** Peroxisom; **12** Gap junction (Nexus); **13** clathrinbedeckte Endozytosefigur; **14** Desmosom; **15** Glykogen; **16** Interzellulärspalt; **17** Einfaltung des basalen Labyrinths; **18** Lamina densa der Basallamina; **19** Polysomen; **20** Hemidesmosom; **21** Mikrotubuli und Keratinfilamente; **22** Mitochondrium; **23** raues endoplasmatisches Retikulum (raues ER); **24** multivesikulärer Körper. (Aus [1])

Der Körper des erwachsenen Menschen besteht aus ca. 10^{13} Gewebezellen. Insgesamt können gut 200 Zelltypen unterschieden werden. Größe, Binnenstruktur und Gestalt dieser Zelltypen variieren erheblich (Abb. 2-2, 2-3, 2-4, 2-5), was im Allgemeinen gut mit der jeweiligen Funktion korreliert werden kann, wie es in folgenden Sentenzen zum Ausdruck kommt: „Form follows function“ (Sullivan, 1934) bzw. „Anatomy does determine physiology“ (Montagna et al. 1992).

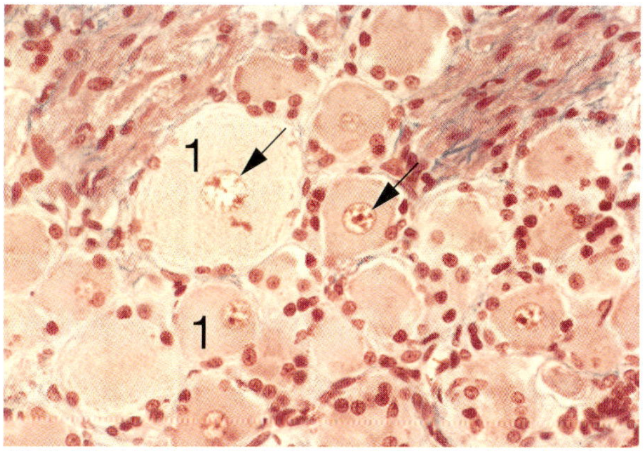

Abb. 2-2 Spinalganglienzellen des Menschen. Die Zellkörper (Perikaryen, **1**) erscheinen im Schnittpräparat rundlich bis oval; der helle Zellkern (➔) ist auch rundlich und glattrandig, er enthält einen kräftig gefärbten Nukleolus. Den Ganglienzellen liegen flache Mantelzellen an, die den Schwann-Zellen der Nervenzellfortsätze entsprechen. Die Kerne der Mantelzellen (= Satellitenzellen) sind klein, rundoval und relativ dunkel. Färbung: Azan; Vergr. 380fach.

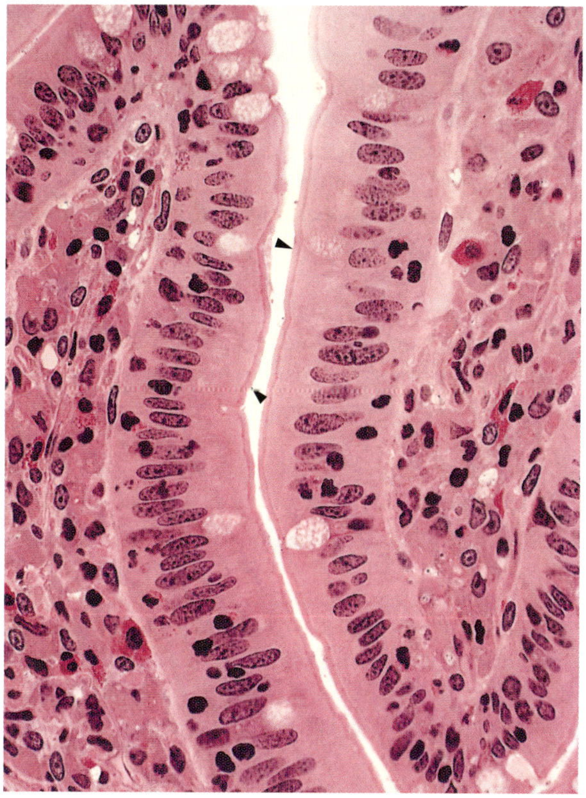

Abb. 2-4 Resorbierendes Darmepithel des Menschen. Das Epithel besteht aus einer Schicht prismatischer Zellen mit Bürstensaum (▶); zwischen diesen Zellen kommen einzelne Becherzellen (helles „schaumiges" Zytoplasma) vor. In das Epithel sind einige Lymphozyten (rundliche, kräftig schwarz-rot gefärbte Kerne) eingewandert. Färbung: H.E.; Vergr. 500fach.

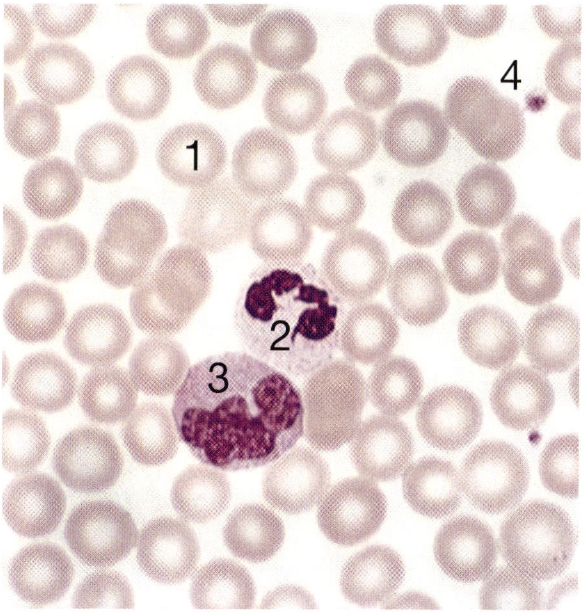

Abb. 2-3 Blutzellen des Menschen im Ausstrichpräparat. **1** Erythrozyten; **2** neutrophiler Granulozyt; **3** Monozyt; **4** Thrombozyt. Färbung: nach Pappenheim; Vergr. 1250fach.

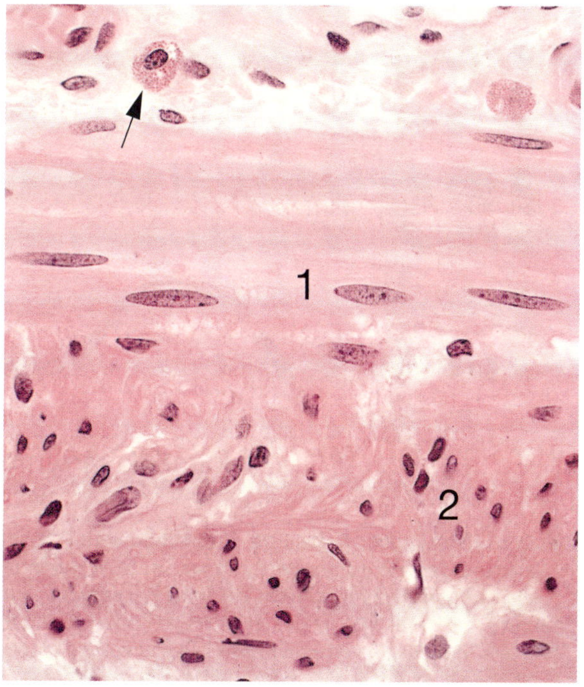

Abb. 2-5 Glatte Muskelzellen, Uterus, Mensch. Oben: längs geschnitten (**1** längliche, zigarrenförmige Kerne), unten: quer oder schräg angeschnitten (**2** kleine, unterschiedlich große, rundliche Kernanschnitte). Beachte, dass das Erscheinungsbild der Kerne der glatten Muskelzellen in Korrelation mit der Anschnittrichtung wechselt. ➔ Mastzelle. Plastikschnitt; Färbung: H.E.; Vergr. 600fach.

2.1 Zellmembran

Eine eukaryotische Zelle wird von einer Zellmembran (Plasmamembran, Plasmalemm) umgeben und durch diese Membran gegen ihre Umgebung abgegrenzt (Abb. 2-6). Die Membran ist ca. 10 nm dick und besteht aus einer **Doppelschicht von Phospholipiden** und aus **Proteinen**, die häufig **Oligosaccharid-** (Zucker-)**Ketten** tragen (Abb. 2-6). Solche Membranen werden **Biomembranen** genannt. Sie sind stabile, flexible, dynamische, fluide („flüssige") Strukturen, in denen die meisten Einzelkomponenten lateral beweglich sind („fluid-mosaic model"). Das Ausmaß der Fluidität hängt von der Temperatur und der Lipidzusammensetzung ab. Typischerweise besteht die Membran zu 45% aus Lipiden, zu 45% aus Proteinen und zu 10% aus Kohlenhydraten.

Die Zellmembran grenzt die Zelle nicht nur gegen ihre Umgebung ab, sondern vermittelt über Transportstrukturen auch Kontakt und Austausch zwischen dem Zytoplasma einer Zelle und ihrer Umwelt. Sie ist selektiv permeabel und enthält Erkennungsstrukturen für Signale aus der Umgebung sowie Strukturen für die Signalleitung.

Auch im Zytoplasma treten verbreitet Biomembranen auf. Sie begrenzen hier die typischen Zellorganellen und sind so am Aufbau vieler unterschiedlicher Kompartimente (funktionell und strukturell charakterisierter Räume in der Zelle) im Zytoplasma beteiligt. Wie die Zellmembran sind die intrazellulären Membransysteme Barrieren, besitzen aber auch Strukturen des Stofftransports, der Signalerkennung und der Signalverarbeitung. Die Biomembranen sind stets in sich geschlossen, d. h., sie bilden immer bläschenförmige Strukturen. Biomembranen sind außerdem immer unsymmetrisch. Ihre zur Umwelt weisende Seite wird **externe (extraplasmatische Seite, E-Seite, äußeres Blatt)**, ihre dem Zytoplasma anliegende Seite wird **protoplasmatische Seite (P-Seite, inneres Blatt)** genannt. Die beiden Seiten haben unterschiedliche strukturelle und funktionelle Eigenschaften. Membranbegrenzte Organellen können über zwischengeschaltete Vesikel miteinander in Kontakt treten. Intrazelluläre membranbegrenzte Vesikel (z. B. Sekretionsgranula) können mit der Zellmembran verschmelzen. Die Dynamik zwischen verschiedenen Organellen und ihren Membranen und zwischen Organellen und Zellmembran wird auch durch den Begriff **Membranfluss**

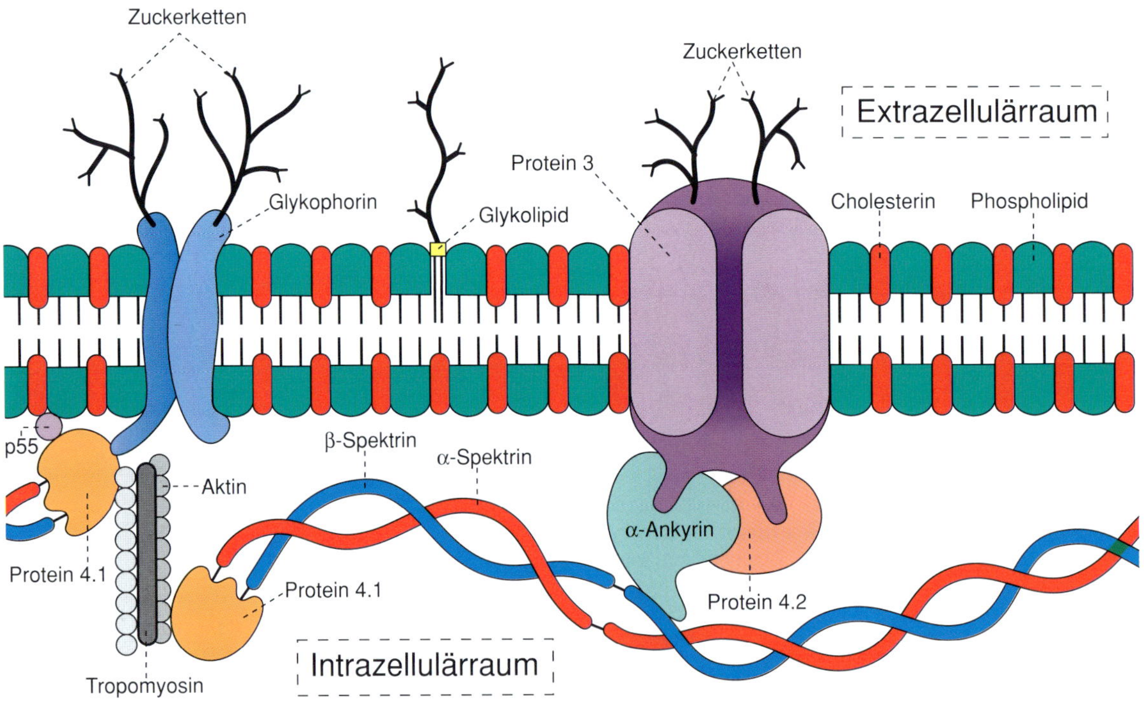

Abb. 2-6 Molekularer Aufbau der Zellmembran eines Erythrozyten. Protein 4.1, Aktin, Spektrin und Tropomyosin bilden ein laminäres Netzwerk unter der Zellmembran. Glykophorin und Protein 3 (Bande-3-Protein, anionentransportierender Kanal, erlaubt Transport von Bikarbonat durch die Membran im Austausch gegen Chlorid) durchqueren die Membran. Glykophorin, Protein 3 und bestimmte Lipide tragen außen Zuckerketten. Ankyrin und Protein 4.2 verbinden Spektrin mit Protein 3. Protein 4.1 ist mit Glykophorin verbunden. Die Membran enthält unterschiedliche Phospholipide, die sich in der inneren und äußeren Membranhälfte unterscheiden, außen finden sich insbesondere Sphingomyelin und Phosphatidylcholin. (Verändert nach [7])

gekennzeichnet. Die Bausteine der Biomembranen entstehen im endoplasmatischen Retikulum. Mitochondrien synthetisieren ihre Membranlipide und einen Teil der Membranproteine selbst.

2.1.1 Lipiddoppelschicht

Die Phospholipide der Zellmembran trennen zwei wasserreiche Kompartimente, das extra- und das intrazelluläre Kompartiment. Sie sind an der inneren und äußeren Membranoberfläche hydrophil und im Membraninneren hydrophob. Außer verschiedenen Phospholipiden enthält die Lipiddoppelschicht auch Cholesterin und Glykolipide (Abb. 2-7). Bei 37 °C hält Cholesterin die Membranfluidität im physiologischen Bereich und verhindert eine zu hohe Fluidität. Bei niedrigen Temperaturen verhindert Cholesterin, dass die Fluidität zu stark abnimmt. Die Lipiddoppelschicht ist relativ undurchlässig für Wasser und wasserlösliche Stoffe. O_2, CO_2 und eine Reihe kleinerer lipidlöslicher Substanzen können durch die Lipiddoppelschicht hindurch diffundieren.

2.1.2 Membranproteine

Die Membranproteine erfüllen die große Mehrzahl spezifischer Membranfunktionen und machen 45% der Membranmasse aus. Sie können z.B. mit der Gefrierbruchmethode direkt sichtbar gemacht werden (Abb. 2-8). Es lassen sich integrale und periphere Membranproteine unterscheiden (Abb. 2-9). Die meisten integralen Membranproteine sind **Transmembranproteine.** Diese erstrecken sich über beide Lipidschichten und besitzen hydrophile Anteile sowohl an der Außen- als auch an der Innenseite der Membran. Die meisten Transmembranproteine durchqueren die Membran mit einer oder mehreren α-Helices. Sie haben vielfältige Funktionen.

Ionenkanäle Ein Teil der Proteine mit mehreren α-Helices kann tunnelförmige Gebilde mit hydrophilem Lumen – Ionenkanäle – aufbauen, mit deren Hilfe Ionen durch die Membran transportiert werden können. Ionenkanäle transportieren Ionen mit großer Geschwindigkeit und sind hochselektiv. Sie sind nicht ständig offen. Einige Ionenkanäle öffnen sich nach Bindung eines Signalmoleküls: ligandengesteuerte Ionenkanäle. Andere öffnen sich bei Änderung des elektrischen Potentials der Membran: spannungsgesteuerte Ionenkanäle. Ionenkanäle in der Membran von Sinneszellen können sich durch mechanische Stellungsänderungen der Sinneshaare öffnen und schließen.

Klinik Ein Defekt des Bande-3-Transmembranproteins (des Anionenkanals der Erythrozytenmembran)

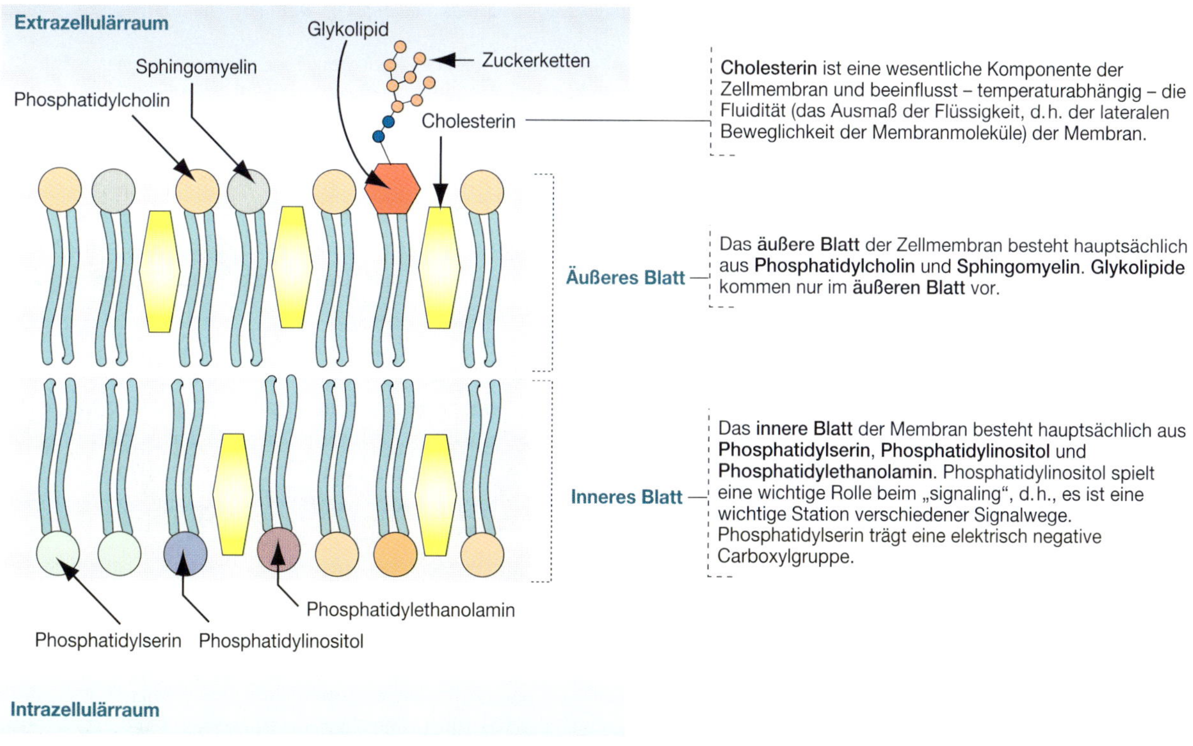

Abb. 2-7 Phospholipide und Cholesterin in der Zellmembran. (Aus [12])

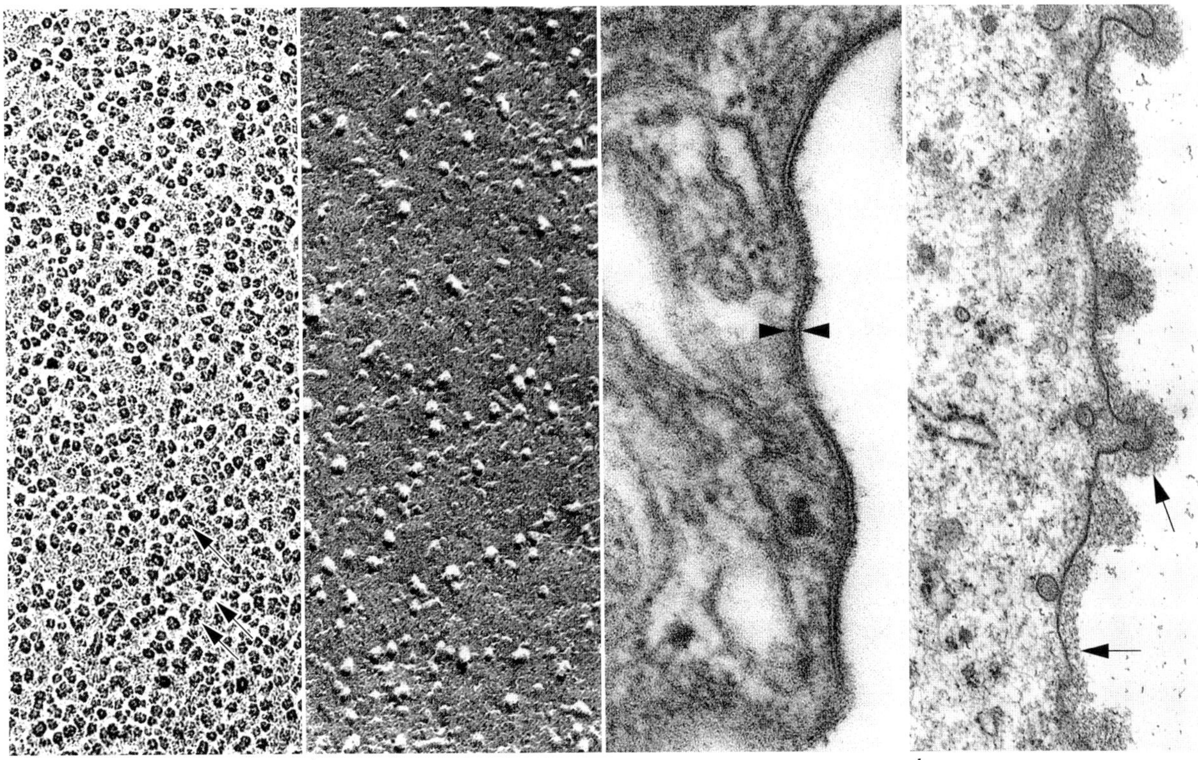

Abb. 2-8 Zellmembran im Elektronenmikroskop. a, b) Gefrierbruchpräparate, c, d) Dünnschnittpräparate. Bei den Gefrierbruchpräparaten wird die Membran in ihrer hydrophoben Mitte in ein äußeres (externes) und ein inneres (protoplasmatisches) Blatt geteilt, deren Innenansichten freigelegt werden.

a) Protoplasmatische Membranhälfte eines Erythrozyten des Menschen (rotationsbedampft), zahlreiche Membranpartikel (➔), die Membranproteinen (vor allem dem Bande-3-Protein) entsprechen. Vergr. 162 000fach.

b) Äußere Membranhälfte (E-face) einer Erythrozytenmembran (schräg bedampft), weniger Membranpartikel. Vergr. 156 200fach.

c) Apikale Zellmembran (zwischen den ▶◀) einer Epithelzelle des Harnleiters des Menschen. Innere und äußere Membranhälfte sind als dunkle Linie erkennbar, dazwischen hydrophobe helle Region im Inneren der Membran. Vergr. 168 000fach.

d) Apikale Membran mit Mikrovilli einer Sammelrohrzelle (Niere, Mensch). Die Membran ist mit einem dichten feinfädigen Besatz aus Oligosaccharidketten versehen, die Teil von Glykoproteinen sind (Glykokalyx, ➔). Vergr. 37 000fach.

oder der ihm angelagerten Proteine α-Ankyrin bzw. Spektrin (Abb. 2-6) aufgrund einer Genmutation führt zu mehr oder weniger kugeliger Gestalt der Erythrozyten (Kugelzellen, Sphärozyten), die eine Anämie zur Folge hat (siehe S. 209). Bei der **zystischen Fibrose** (Mukoviszidose) liegt ein Defekt eines großen, komplexen Transmembranproteins, des Cystische-Fibrose-Transmembranregulator-Proteins (CFTR-Proteins) vor. Dieses Protein hat die Funktion eines Chloridkanals, reguliert andere Ionenkanäle und kommt in der Zellmembran vieler Epithelien vor. Die Symptome, die der Defekt dieses Proteins bewirkt, sind in den einzelnen Organen verschieden: chronische Atemwegserkrankungen mit zähem, sekundär eitrigem Schleim, Insuffizienz des exokrinen Pankreas, intestinale und urogenitale Funktionsstörungen, gestörte Schweißdrüsenfunktion. Alle diese Symptome beruhen auf abnormer Ionentransportfunktion. Für das CFTR-Gen sind zahlreiche Mutationen beschrieben.

Adhäsive Membranproteine Adhäsive Proteine (Adhäsionsproteine) sind spezifische Transmembranproteine in der Zellmembran, die der Verbindung benachbarter Zellen oder der Verbindung von Zellen mit der umgebenden Matrix dienen (siehe Abb. **2-18**).

Aquaporine Im Dienste des Wassertransports stehen die Aquaporine. Es handelt sich um eine Gruppe von Kanalproteinen, die in der Membran verschiedener Zelltypen vorkommen, z. B. vieler Epithelzellen (unter anderem der Sammelrohre des Nierenmarks, Abb. **2-10**), Endothelzellen, Erythrozyten, Muskelzellen und Astrozyten. In den Atemwegen und Alveolen konnte

Zellmembran: periphere und integrale Proteine

Integrale Membranproteine sind in die Lipiddoppelschicht eingebaut.

Periphere Membranproteine sind über Protein-Protein-Interaktionen indirekt mit der Membran verbunden.

Der extrazelluläre Teil der Proteine ist meist glykosyliert. Der intrazelluläre Teil ist im Allgemeinen mit dem Zytoskelett verbunden.

Die meisten integralen Membranproteine sind Transmembranproteine, die mit α-helikalen Anteilen durch die ganze Membran hindurchziehen.

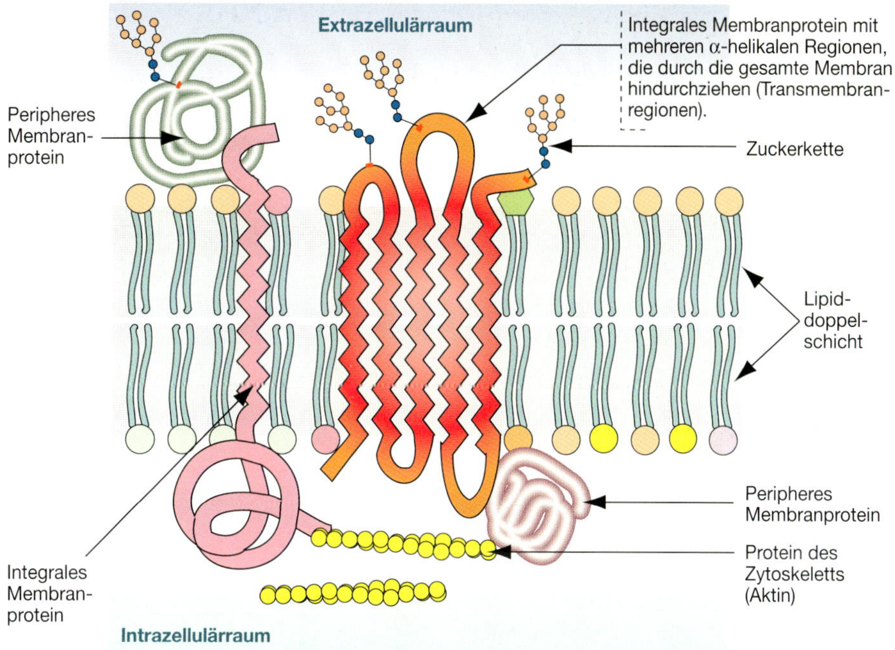

Abb. 2-9 Periphere und integrale Proteine in der Zellmembran. (Aus [12])

nachgewiesen werden, dass bestimmte Aquaporine (Aquaporin 1, 2, 3 usw.) für jeweils bestimmte Abschnitte des Bronchialbaums des Alveolarepithels und des Kapillarendothels typisch sind. Aquaporine sind primär Monomere, die sich aber wohl immer zu Tetrameren zusammenlagern. Ca. 3×10^9 Wassermoleküle können pro Sekunde den Kanal eines Monomeren passieren. Sie werden durch $HgCl_2$ spezifisch gehemmt.

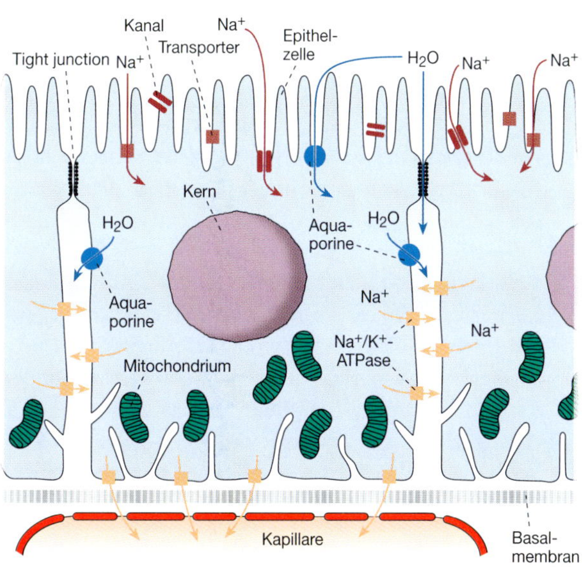

Abb. 2-10 Verschiedene Transmembranproteine in Zellen eines transportierenden Epithels. Basolateral pumpt Na^+/K^+-ATPase (■) gegen einen Gradienten Na^+ aus der Zelle heraus. Aquaporine (●) sind Wasserkanäle. Apikal befinden sich Ionenkanäle (Kanäle, II) oder Transportproteine (Transporter, ■), durch die Ionen in die Zelle einströmen können (Näheres s. Text).

Carrierproteine (Transportproteine, Transporter) Diese Transmembranproteine transportieren unter Konformationsänderung kleine hydrophile Moleküle (z. B. Zucker, Aminosäuren) entlang einem Konzentrationsgradienten, d. h. von einer höheren zu einer niedrigeren Konzentration („bergab" = engl. „downstream"). Da für solche Transportvorgänge keine Energie aufgewendet werden muss, spricht man von passivem Membrantransport. Stoffe können allein (Uniport) oder zu zweit (Symport) transportiert werden. Werden zwei Stoffe in entgegengesetzter Richtung transportiert, spricht man von Antiport.

Membranpumpen sind Transmembranproteine, die Ionen gegen einen Konzentrationsgradienten, also „bergauf" (engl. „upstream") transportieren. Dieser Transportvorgang verbraucht Energie (sog. primär-aktiver Transport). Die Membranpumpen gewinnen diese Energie durch Hydrolyse von ATP, weshalb sie auch Transport-ATPasen genannt werden. Ein Beispiel ist die Na^+/K^+-ATPase .

Rezeptorproteine Diese Transmembranproteine binden ein spezifisches extrazelluläres Signalmolekül, z. B. ein Hormon, das eine bestimmte zelluläre Reaktion auslöst. Manche dieser Rezeptormoleküle sind an G-Proteine gekoppelt (siehe S. 412).

2.1.3 Oligosaccharidketten

Viele Membranproteine tragen Oligosaccharidketten, die in den Extrazellulärraum ragen. Ist der Kohlenhydratanteil des Moleküls kleiner als der Proteinanteil, bezeichnet man es als Glykoprotein, ist der Kohlenhydratanteil größer als der Proteinanteil, bezeichnet man das Molekül als Proteoglykan. Die Oligosaccharidketten bilden die Glykokalyx (Abb. **2-8d**). Deren Funktionen sind vielfältig: Ihre zahllosen Oligosaccharidketten schützen die Zelloberfläche und machen sie für viele spezifische Zell-Zell-Interaktionen besonders geeignet, z. B. bei zeitweisen Zelladhäsionsvorgängen, wie bei der Lymphozytenrezirkulation (siehe Kap. 4.3.2) und dem Anhaften von Leukozyten am Endothel von Venolen bei Entzündungen.

2.1.4 Differenzierungen der Zelloberfläche

Die Zellmembran ist an der Bildung folgender Oberflächendifferenzierungen beteiligt: Kinozilien, Mikrovilli, Stereozilien, Mikroplicae, Invaginationen und Caveolae.

Kinozilien

Kinozilien (Zilien) sind bewegliche, feine, haarförmige Zellfortsätze (Abb. **2-11a**). Ihre Länge wechselt von 10 bis weit über 100 µm, ihr Durchmesser beträgt ca. 0,25 µm. Sie gehören vermutlich zur Grundausstattung der eukaryoten Zelle.

Vorkommen Epithel der Atemwege, Epithel der Tuba uterina, Epithel der Ductuli efferentes (Nebenhoden), Ependym, Spermien.

Funktion Einzellern und Spermien dienen Kinozilien als Fortbewegungsorgan, an der Oberfläche von Epithelien bewegen sie Flüssigkeits- oder Schleimfilme. Der Bewegungsablauf einer typischen Zilie dauert ca. 0,1 – 0,2 sec und besteht aus einem kraftvollen Vorwärtsschlag in gestrecktem Zustand, der die Flüssigkeit bewegt, und einem Rückwärtsschlag, bei dem sich die Zilie krümmt und mit dessen Hilfe sie in die Ausgangsposition zurückgeführt wird.

Aufbau Im Inneren der Zilien befindet sich ein komplexes und regelhaft angeordnetes System von Mikrotubuli mit assoziierten Proteinen, das insgesamt als **Axonema** bezeichnet wird. Die **Mikrotubuli** (Aufbau siehe Kap. 2.5.1) sind folgendermaßen angeordnet: In der Peripherie findet sich ein Ring aus neun Doppeltubuli und im Zentrum ein Paar von Einzeltubuli. Dieses universell verbreitete Muster wird 9 + 2-Muster genannt (Abb. **2-11b**). Die eng verbundenen peripheren Doppeltubuli bestehen aus einem vollständigen A-Tubulus, der aus 13 Untereinheiten aufgebaut ist, und einem unvollständigen B-Tubulus, der halbmondförmig am A-Tubulus befestigt ist und aus 11 Untereinheiten besteht. Die zwei getrennten zentralen Mikrotubuli sind jeweils vollständig (Abb. **2-12**). Zilien können auch Rezeptorstrukturen sein, so ist z. B. das Außenglied der Lichtsinneszellen ein modifiziertes Zilium. Solchen Sinneszilien fehlen oft die zwei zentralen Mikrotubuli (9 + 0-Muster).

An den Doppeltubuli finden sich verschiedene **assoziierte Proteine**, die

- den peripheren Ring insgesamt zusammenhalten (Nexin),
- die Kraft für die Zilienbewegung erzeugen,
- die Form der Bewegung kontrollieren.

Wichtigstes assoziiertes Protein ist das ziliäre **Dynein**, das regelmäßig entlang den Doppeltubuli vorkommt und das ein sehr großer Proteinkomplex (ca. 2 000 000 D) aus ca. 10 Polypeptidketten ist. Der Schwanz dieses Komplexes ist im A-Tubulus verankert, und sein Kopf (mit ATPase-Funktion) kann reversibel mit dem benachbarten Doppeltubulus Kontakt aufnehmen, was potentiell zu einer Gleitbewegung zwischen den benachbarten Doppeltubuli führt. Da diese aber über das Nexin mechanisch fest verbunden sind, wird die Gleitbewegung in eine Beugung des Axonemas umfunktioniert. Der Dynein-Kopf kann sich ATP-abhängig an den B-Tubulus des – im Uhrzeigersinn – benachbarten Doppeltubulus binden, und wenn sein gebundenes ATP hydrolysiert wird, bewegt er sich zum Minusende des B-Tubulus, wobei die Kraft zur umfunktionierten Gleitbewegung entsteht. Im fixierten elektronenmikroskopischen Präparat ist die Existenz des Dyneins in Form der Dynein-Ärmchen erkennbar.

Verankerung und Entstehung Zilien sind in **Basalkörpern** verankert (Abb. **2-11**). Diese bestehen, wie Zentriolen, aus kleinen zylinderförmigen Strukturen im Zentrosom (siehe S. 64), aus neun Dreiergruppen (Tripletts) kurzer, peripherer Mikrotubuli, Zentraltubuli fehlen. Bei der Entstehung und Regeneration von Zilien wachsen die Doppeltubuli von zwei der drei Tubuli der Tripletts aus.

Klinik Es gibt verschiedene angeborene **Ziliendefekte** (Syndrome der immobilen [immotilen] Zilien), die zu chronischen Krankheitsbildern führen, weil die Zilien ihre Funktionen nur unvollkommen erfüllen können. Am häufigsten wirkt sich dies in den Atemwegen aus, in denen Schleime nicht in ausreichendem Maß abtransportiert werden, so dass chronische Entzündun-

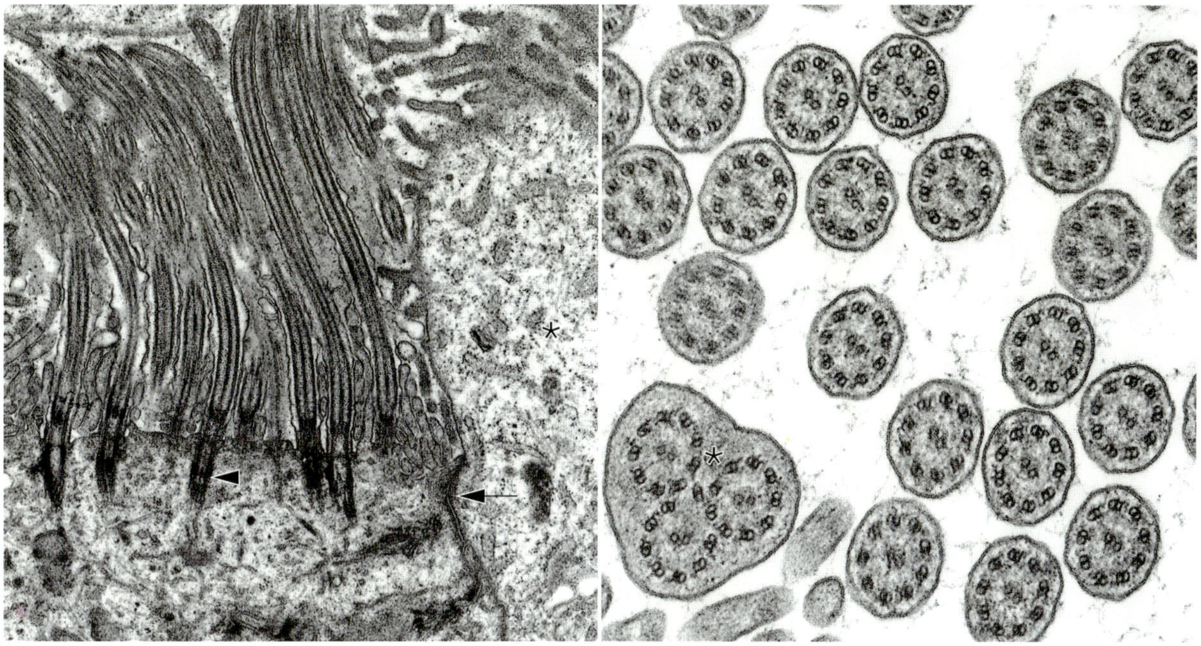

Abb. 2-11 Kinozilien (Flimmerhaare).

a) Längsschnitt von Kinozilien auf dem Apex einer Epithelzelle der Tuba uterina des Menschen. An den Basalkörpern (▶) befinden sich feine Wurzelstrukturen, die der Verankerung dienen; Nachbarzelle (✻) mit Mikrovilli, aber ohne Zilien; ➔ Zellkontakt. Vergr. 15 285fach. (Aus [1])

b) Im Querschnitt lassen die Kinozilien (Bronchus, Mensch) ihre komplexe Binnenstruktur erkennen. Diese besteht aus zwei getrennten, zentralen Mikrotubuli und neun peripheren Mikrotubuluspaaren (= Doubletten), die in konstantem Abstand voneinander kreisförmig angeordnet sind. Diese Binnenstruktur, insgesamt als Axonem bezeichnet, ist fast allen Kinozilien gemeinsam und wird „9+2"-Struktur genannt. ✻ atypische Riesenzilie mit drei z.T. unvollständigen Mikrotubulussätzen, links unten: Mikrovilli. Vergr. 35 000fach.

gen entstehen. Bei Kindern mit chronischen Bronchitiden und Sinusitiden ist der Verdacht auf einen angeborenen Ziliendefekt gegeben, was sich oft im Elektronenmikroskop bestätigen lässt. Von solchen Defekten sind dann auch die Spermien betroffen. Auch Zigarettenrauch beeinträchtigt die Zilienleistung erheblich.

Mikrovilli

Mikrovilli (Abb. 2-13) dienen der Oberflächenvergrößerung, was vor allem im Dienste der Resorption, aber auch der Ionensekretion stehen kann. Sie sind ca. 1 μm lang und 0,08 μm dick. Sie werden innen von einem Bündel aus 20–30 Aktinfilamenten stabilisiert, die untereinander durch Villin und Fimbrin verbunden und an der Zellmembran über Myosin I und Calmodulin befestigt sind (Abb. **2-14**). Mikrovilli sind im **terminalen Netz** (Spektrin, Myosin und Intermediärfilamente, Abb. **2-73b**) verankert und tragen eine gut ausgeprägte Glykokalyx. Sehr dicht stehende Mikrovilli (ca. 3000 pro Zelle im Dünndarmepithel) bilden einen **Bürstensaum**, der besonders gut im resorbierenden Darmepithel (Abb. **2-4**, **2-13** und **10-52**) und in den proximalen Nierentubuli (Abb. **2-15a**) ausgebildet ist.

Vorkommen Als Einzelstrukturen weit verbreitet, in Form der Bürstensäume auf dem Epithel der resorbierenden Zellen des Dünndarms und auf dem Epithel der proximalen Nierentubuli. Zahlreich auch auf dem Epithel der Plexus choroidei.

Stereozilien

Stereozilien sind relativ lange, z. T. verzweigte und flexible Mikrovilli (**Stereovilli**), die im histologischen Präparat oft zu einem Schopf verklebt sind (Artefakt). Sie haben nichts mit Kinozilien zu tun.

Vorkommen Auf dem Apex der Nebenhodengangszellen (siehe Abb. **13-23**).

Stereozilien auf Sinneszellen

Stereozilien auf Sinneszellen des Innenohrs (Sinneshaare) sind kräftige und steife Mikrovilli, die ca. 100

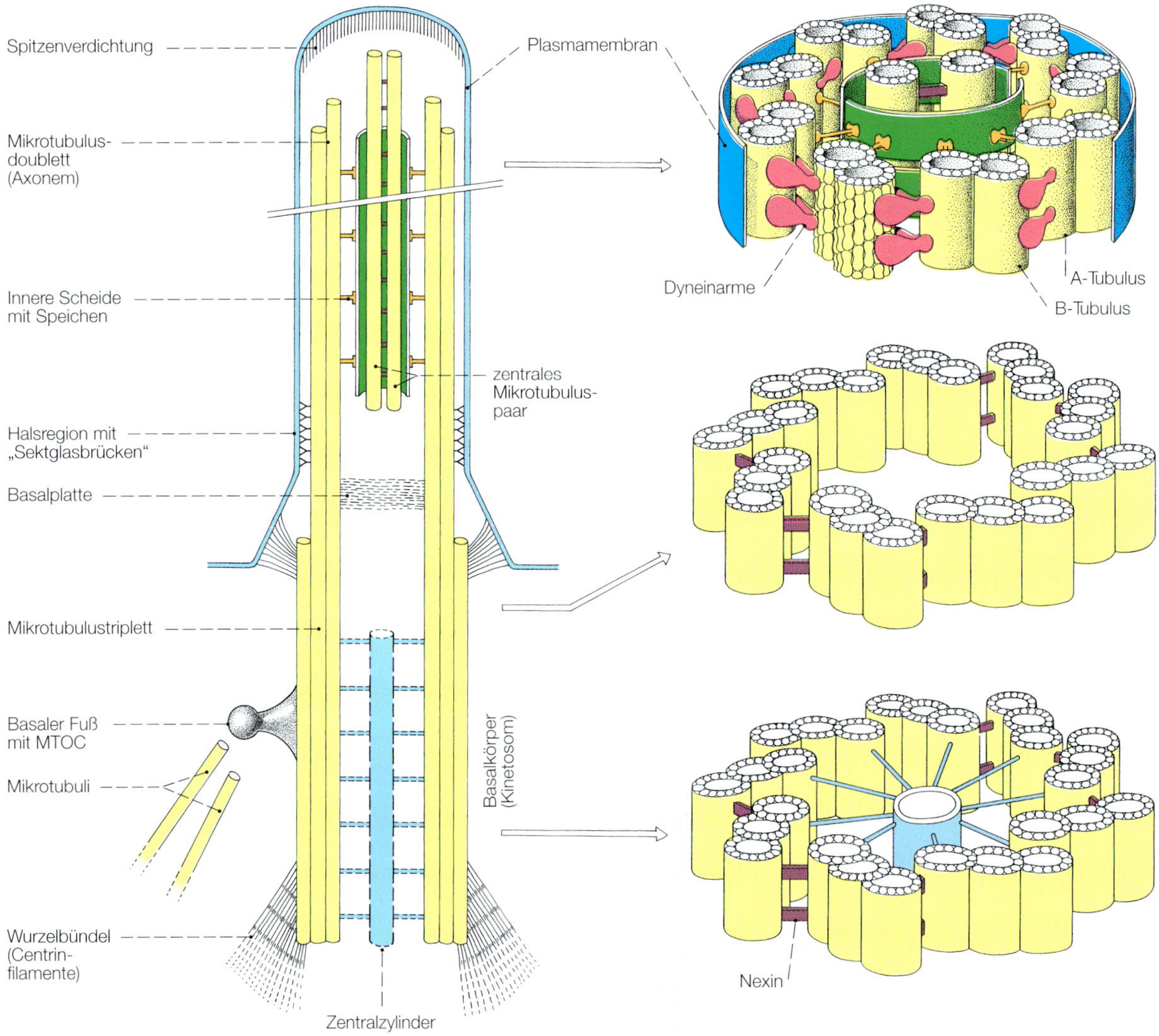

Abb. 2-12 Ultrastruktur einer Kinozilie. Schematische Darstellung samt ihrem Basalkörper. MTOC: mikrotubulusorganisierendes Zentrum. (Aus [3])

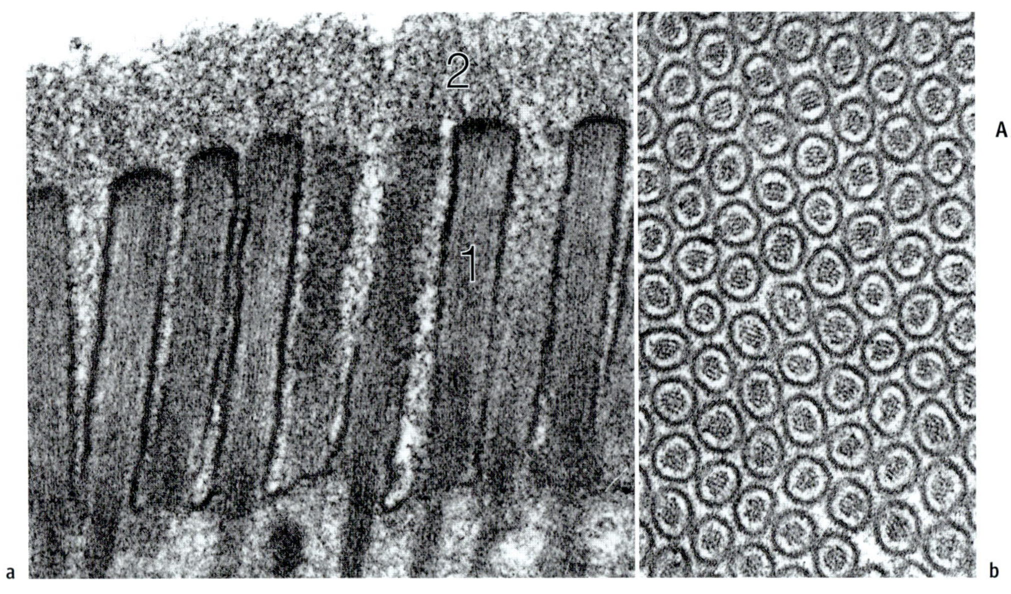

Abb. 2-13 Mikrovilli der resorbierenden Epithelzellen im Ileum (Mensch). Längs- (a) und Querschnitt (b). Beachte insbesondere die feinen, streng parallel im Zentrum der Mikrovilli verlaufenden Aktinfilamente (1), die in das apikale Zytoplasma einstrahlen. 2 Glykokalyx der Mikrovilli. Vergr. 68000fach.

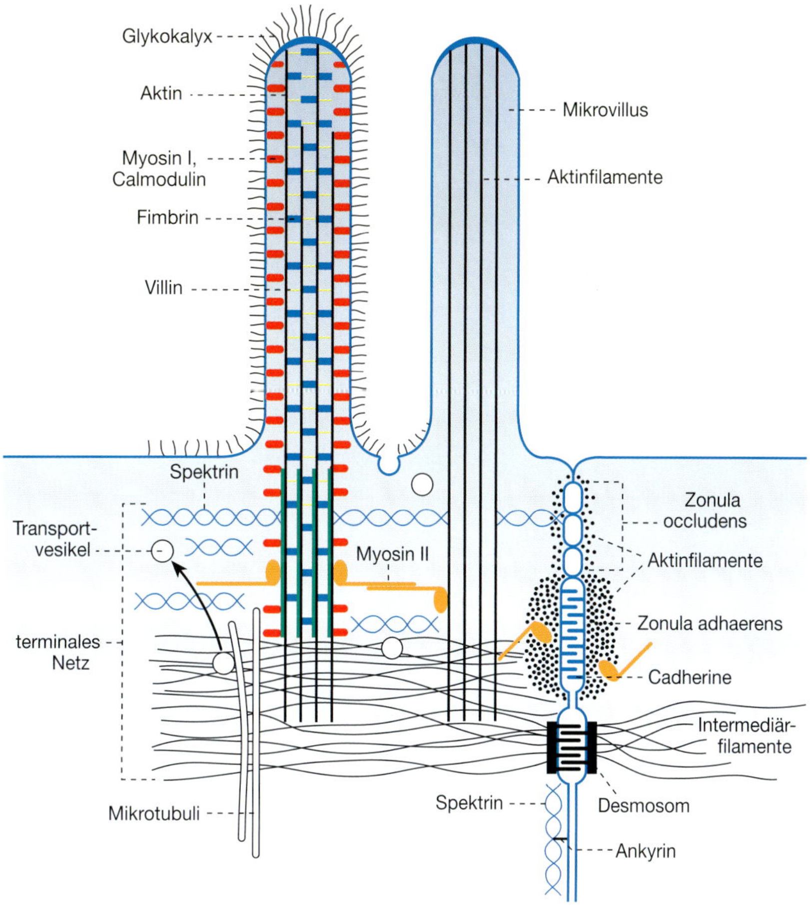

Abb. 2-14 Mikrovilli am Zellapex von Enterozyten mit Zellkontakten und Anteilen des Zytoskeletts. Im Zentrum der Mikrovilli verläuft ein Bündel von Aktinfilamenten, das im terminalen Netz (Spektrin, Myosin II und in der Tiefe Intermediärfilamente) verankert ist. Die Aktinfilamente sind sowohl miteinander als auch mit der Membran der Mikrovilli in spezifischer Weise verbunden. Die Zonula adhaerens besteht auf der zytoplasmatischen Seite aus verschiedenen Proteinen und einem gut ausgeprägten Bündel aus Aktinfilamenten. Mit dem Desmosom stehen Intermediärfilamente (Keratine) in Kontakt.

besonders dicht gepackte Aktinfilamente enthalten. Ihre Anordnung auf den Sinneszellen ist genau festgelegt, ihre Länge variiert in genau abgestufter Art und Weise (siehe S. 574). Sie sind bis zu 10 µm lang sowie 0,2 µm dick, ihre Basis ist schlanker als ihr Schaft. Sie sind durch feine Filamente, sog. Tip-Links, miteinander verbunden (siehe S. 580).

Durch einen mechanischen Reiz können sie an ihrer schlanken Basis hin- und herbewegt werden. Diese Ablenkung aus der senkrechten Stellung ist eine wesentliche Komponente bei der Entstehung der Erregung der Sinneszellen.

Mikroplicae

Mikroplicae sind schmale Auffaltungen der Zellmembran. Sie können apikal auf Epithelzellen oder seitlich zwischen Epithelzellen („Verzahnungen") ausgebildet sein.

Vorkommen Z. B. auf der Oberfläche der apikalen Epithelzellen der Stimmfalten im Kehlkopf. Seitlich zwischen Epithelzellen der Ziliarzotten (Auge) oder zwischen Epithelzellen von Nierentubuli.

Invaginationen

Invaginationen (Membraneinfaltungen) sind unterschiedlich tiefe blattförmige oder tubuläre Einsenkungen vor allem der basolateralen Zellmembran von Epithelzellen in Anpassung an vermehrten Ionen- und Wassertransport. Sie sind zusammen mit den Mitochondrien die wichtigste Komponente des **basolateralen Labyrinths** (Abb. 2-15). Dieses ist für transportierende Epithelien kennzeichnend und für ihre Funktion entscheidend.

Vorkommen Tubuläre Invaginationen finden sich z. B. an quergestreiften Muskelzellen (T-Tubuli), blattförmige Invaginationen basal in Epithelzellen der Nierentubuli und der Streifenstücke der Speicheldrüsen und der Plexus choroidei.

2.1.5 Endozytosemechanismen

Die Zellmembran besitzt die Fähigkeit, sich lokal zu einer kleinen Grube einzustülpen und am Ende dieses Vorgangs ein Bläschen abzuschnüren, das dann im Zytoplasma zielgerichtet wandert. Dieser Prozess wird

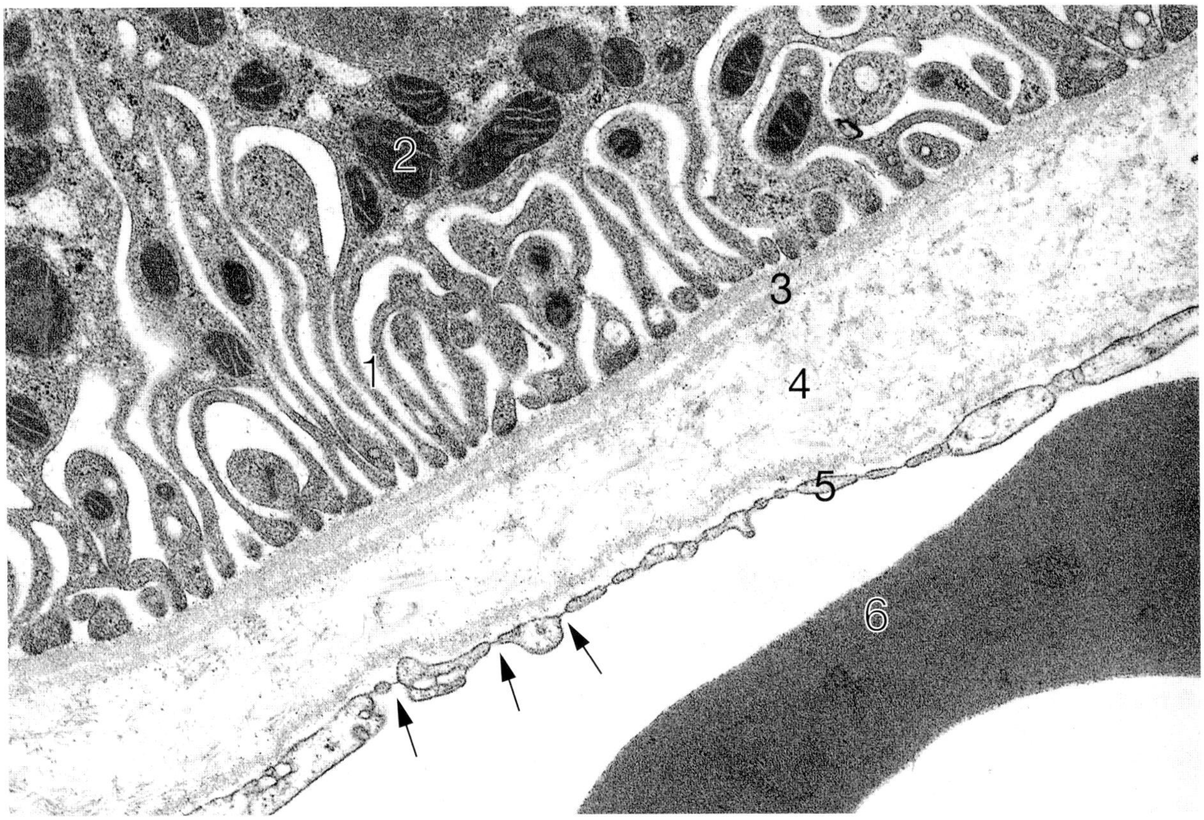

Abb. 2-15 Basales Labyrinth einer Epithelzelle des proximalen Tubulus in der Niere (Mensch). **1** Einfaltungen der basalen Zellmembran; **2** Mitochondrien; **3** Basallamina (z. T. verdoppelt); **4** Bindegewebsraum; **5** fenestriertes Endothel einer Blutkapillare mit Basallamina; **6** Erythrozyt. ➔ Fenestrationen im Endothel. Vergr. 20700fach.

Endozytose genannt und dient dazu, Stoffe in die Zelle aufzunehmen. Es lassen sich verschiedene Formen der Endozytose unterscheiden (Abb. **2-16**):

Pinozytose Die Pinozytose ist die Aufnahme von löslichen Stoffen mittels kleiner Membranbläschen (Durchmesser 50–100 nm). Diese entwickeln sich aus zunächst grubenförmigen Einsenkungen der Membran und wandern vielfach zu Endosomen (siehe S. 52), von wo aus die Stoffe an das lysosomale System weitergegeben werden (Abb. **2-16**, **2-50**). Die Pinozytose erfolgt in zweierlei Art und Weise:

1. **Unspezifische Endozytose:** Die Membranvesikel transportieren flüssigkeitsgelöste Moleküle, sie sind außen glatt. Sie entstehen in Membranbezirken, die besonders reich an Cholesterin sind („lipid rafts"). Hier lagert sich der zytoplasmatischen Seite der Membran das Protein Caveolin an. Es entstehen dann grubenförmige Einsenkungen, die z. T. Caveolae genannt werden und in manchen Zellen, z. B. glatten Muskelzellen, stationäre Bildungen sind. In den meisten Zellen schnüren sie sich als Vesikel ab.
2. **Rezeptorvermittelte Endozytose** Diese Membranvesikel transportieren an Membranrezeptoren gebundene Liganden (z. B. LDL-Cholesterin, Transferrin und Wachstumsfaktoren) und tragen auf ihrer dem Zytoplasma zugewandten Seite einen Belag aus **Clathrin** (Stachelsaumbläschen, clathrin coated vesicles, Abb. **5-16b**). Clathrin ist ein großes Protein, das Trimere (Triskelions) bildet. Diese lagern sich zu einem Geflecht aus Penta- und Hexagonen zusammen, die das Vesikel wie ein Korbgeflecht umhüllen. Adaptin vermittelt die Bindung des Clathrins an die Vesikelmembran. Clathrinbedeckte Vesikel entstehen auch aus den Zisternen der Transregion des Golgi-Apparats. Hier handelt es sich um Vesikel, die lysosomale Enzyme enthalten. Vesikel, die vom RER zum Golgi-Apparat wandern, und solche, die von der cis- zur trans-Seite des Golgi-Apparats wandern, sind mit dem „coat protein" (COP) bedeckt.

Es ist das Schicksal der Vesikel, mit anderen Membranen zu verschmelzen. Abbildung **2-17** zeigt die dabei beteiligten molekularen Mechanismen.

Transzytose Unter diesem Begriff versteht man den Transport von Stoffen mittels Pinozytosebläschen durch eine Zelle hindurch.

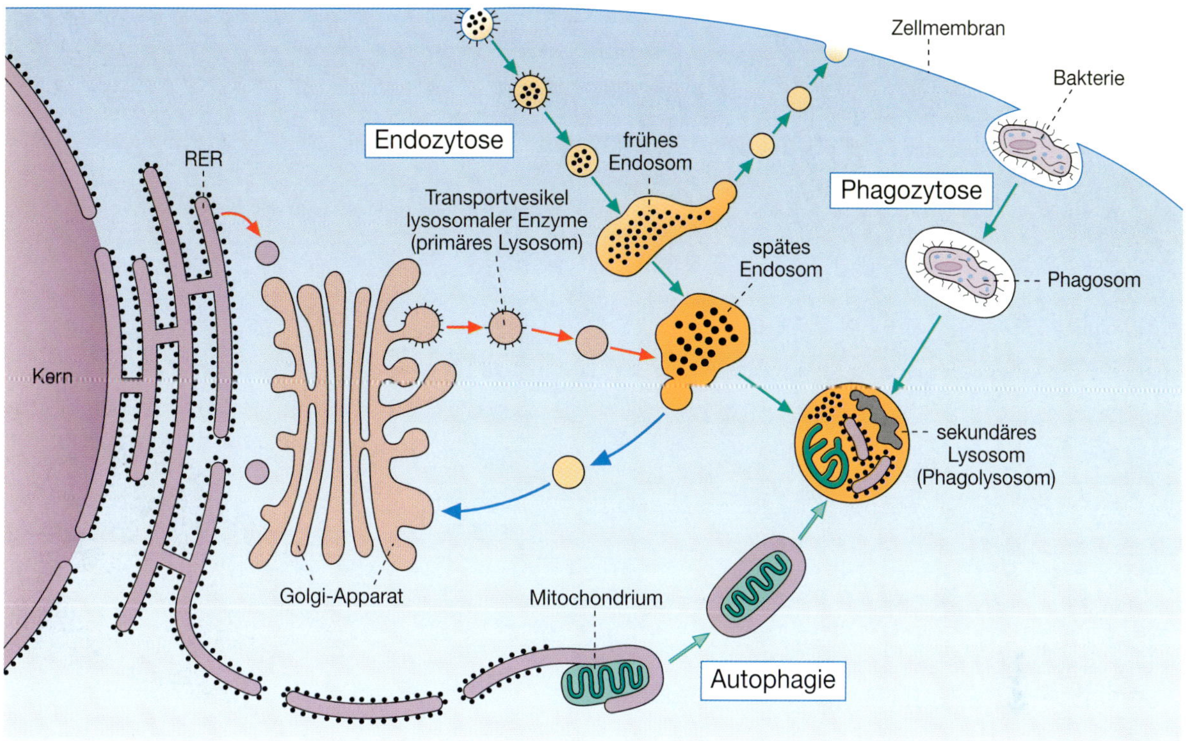

Abb. 2-16 Abbau von aus dem Extrazellulärraum aufgenommenen Makromolekülen bzw. Partikeln oder von Zellorganellen durch die Zelle. Makromoleküle aus dem Extrazellulärraum werden mit Hilfe von Vesikeln in die Zelle aufgenommen (**Endozytose,** Bildmitte). Die Vesikel werden zu frühen Endosomen. Sie verschmelzen mit Transportvesikeln aus dem Golgi-Apparat, die lysosomale Enzyme (saure Hydrolasen) enthalten, zu späten Endosomen (Endolysosomen). In diesen beginnt bei einem pH von 5–6 der Abbau der Makromoleküle durch die lysosomalen Enzyme. Mit fortschreitendem Abbau entwickeln sich späte Endosomen zu Lysosomen, deren Inhalt heterogen ist und deren pH bei ca. 5 liegt.
Bakterien, Zellfragmente und Fremdkörper werden von Makrophagen und Granulozyten durch Einstülpung der Zellmembran aufgenommen (**Phagozytose,** rechte Bildhälfte). Intrazellulär schließt sich die Einstülpung zu einer Vakuole, die als Phagosom bezeichnet wird. Sie nimmt lysosomale Enzyme auf und entwickelt sich mit fortschreitendem Abbau der Partikel zu einem Lysosom.
Der Abbau überalterter oder geschädigter Zellorganellen **(Autophagie)** beginnt mit der Umhüllung des Organells durch Membranen des endoplasmatischen Retikulums (ER, unten). Mit diesem Komplex, dem Autophagosom, verschmelzen späte Endosomen. Mit fortschreitendem Abbau der Organellen entstehen Lysosomen. (Aus [1])

Phagozytose Hierunter versteht man die Aufnahme von größeren Partikeln (Bakterien, Zellfragmenten, Fremdkörpern) mittels Membranvakuolen, die sich aus größeren Einstülpungen entwickeln (Abb. **2-16**). Solche Vakuolen mit aufgenommenen größeren Partikeln heißen **Phagosomen.** Nur wenige Zellen können phagozytieren: Makrophagen, Neutrophile, Eosinophile, Pigmentepithelzellen der Retina.

Klinik Manche phagozytotisch aufgenommenen Bakterien, z.B. manche Salmonellen und die Mykobakterien (Erreger der Tuberkulose), überleben in Phagosomen, indem sie die Aufnahme lysosomaler Enzyme in das Phagosom verhindern.

2.1.6 Zelladhäsionsmoleküle und Zellkontakte

Zelladhäsionsmoleküle

Zellen stehen untereinander und mit der extrazellulären Matrix über spezifische Membranmoleküle in strukturellem und funktionellem Kontakt, wodurch ein koordiniertes Zusammenspiel aller Komponenten des Gesamtorganismus erst möglich wird. Die verschiedenartigen Membranmoleküle, die die Wechselwirkungen zwischen Zellen vermitteln, werden **Zellverbindungsmoleküle** oder **Zelladhäsionsmoleküle im weiteren Sinne** genannt. Zu diesen zählen auch die Moleküle, aus denen die als Nexus (siehe Abb. **2-18** und S. 31) bzw. Zonulae occludentes (siehe Abb. **2-18** und S. 34) bezeichneten Zellkontakte bestehen. Zu den Zelladhäsionsmolekülen im engeren Sinne gehören die letztgenannten Moleküle aber nicht. Zelladhäsionsmo-

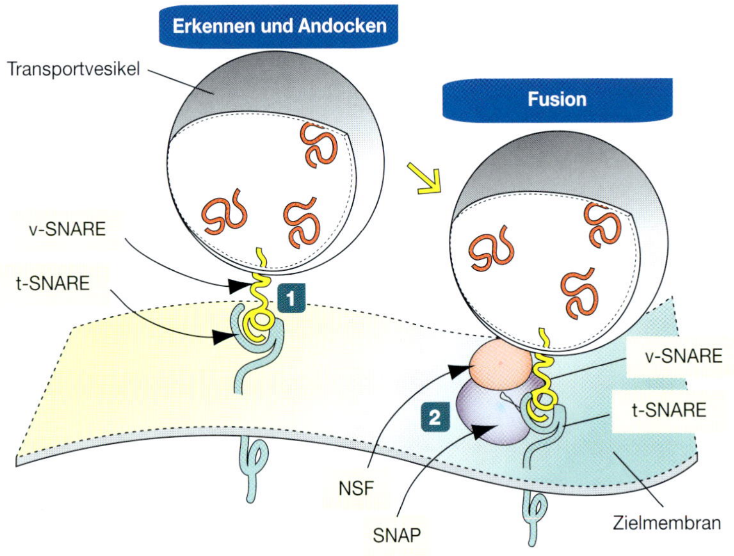

Die Fusion der Vesikel erfolgt in zwei Schritten:

1 Das **Erkennen** der „richtigen" Zielmembran erfolgt durch einen Rezeptor auf dem Vesikel (**v-SNARE**) und durch einen Rezeptor an der **Zielmembran** (**t-SNARE**).
SNARE = soluble N-ethylmaleimide sensitive attachment protein receptor.
t-SNARE = target (Ziel) SNARE; v-SNARE: vesicular SNARE.

2 Die **Fusion** der Vesikel mit der Zielmembran. An der Fusion sind zwei Proteine beteiligt: a) **NSF** (**N**-ethylmaleimide-**s**ensitive-**f**usion), b) **SNAP** (**s**oluble **NSF**-**a**ttachment-**p**rotein). NSF und SNAP werden durch die SNARE-Proteine rekrutiert, um die Fusion von Vesikel- und Zielmembran zu bewerkstelligen.

Abb. 2-17 Fusion von Vesikeln mit einer Zielmembran. (Aus [12])

leküle im engeren Sinne sind Transmembranproteine. Sie sind an spezifischen Stellen der Membran, in den mechanischen Zellkontakten, lokalisiert oder kommen, ohne eine morphologisch definierte Struktur zu bilden, in der gesamten Zellmembran vor. Zum Teil werden sie nur in bestimmten Funktionszuständen einer Zelle exprimiert. Sie werden in zwei Klassen eingeteilt:

1. kalziumabhängige Moleküle, zu denen die Cadherine und Selektine zählen,
2. kalziumunabhängige Moleküle, zu denen die Integrine und die Adhäsionsmoleküle der Immunglobulin-Superfamilie gehören.

Cadherine sind Bausteine von bestimmten Zellkontakten (Desmosomen, Zonulae adhaerentes, Abb. 2-18) und an der Zelldifferenzierung beteiligt. Zu den Cadherinen gehören mehr als 40 verschiedene Moleküle. Cadherine in Epithelien (E-Cadherine) bilden Dimere, die sich kalziumabhängig mit gleichartigen Dimeren der Nachbarzellen verbinden (Abb. 2-18 und 2-22). N-Cadherine finden sich im Nervengewebe, in der Linse, in Skelett- und Herzmuskelzellen. Sie sind mit Plaqueproteinen und Proteinen des Zytoskeletts verbunden.

Selektine (Abb. 2-18) verbinden sich mit zuckerhaltigen Erkennungsdomänen anderer Membranproteine oder -lipide (sind somit Lektine). Sie sind an der Bindung von Leukozyten an Endothelzellen im Rahmen ihrer Auswanderung aus Blutgefäßen beteiligt, z. B. bei der Wanderung neutrophiler Granulozyten zu einem Entzündungsherd oder der Wanderung von Lymphozyten in Lymphknoten oder andere Zielgewebe („homing").

- P-Selektine finden sich auf Blutplättchen und aktivierten Endothelien,
- E-Selektine auf aktivierten Endothelien,
- L-Selektine auf Leukozyten.

Klinik Bei der Entzündung vermitteln L-und E-Selektine den ersten Kontakt zwischen Neutrophilen sowie Monozyten und dem Endothel, was schließlich zu einer festeren Verbindung führt, die von Integrinen vermittelt wird und zur Auswanderung der Neutrophilen und Monozyten zum Entzündungsherd führt. Die Expression der Selektine wird durch Mediatoren, die früh im Entzündungsprozess aktiv werden (z. B. Histamin und Tumornekrosefaktor α), stimuliert.

Integrine sind entscheidend am Kontakt zwischen Zelle und interzellulärer Matrix beteiligt (Abb. 2-18). Sie sind Heterodimere, d. h., sie bestehen aus zwei verschiedenen Untereinheiten (α und β, Abb. 2-19), und

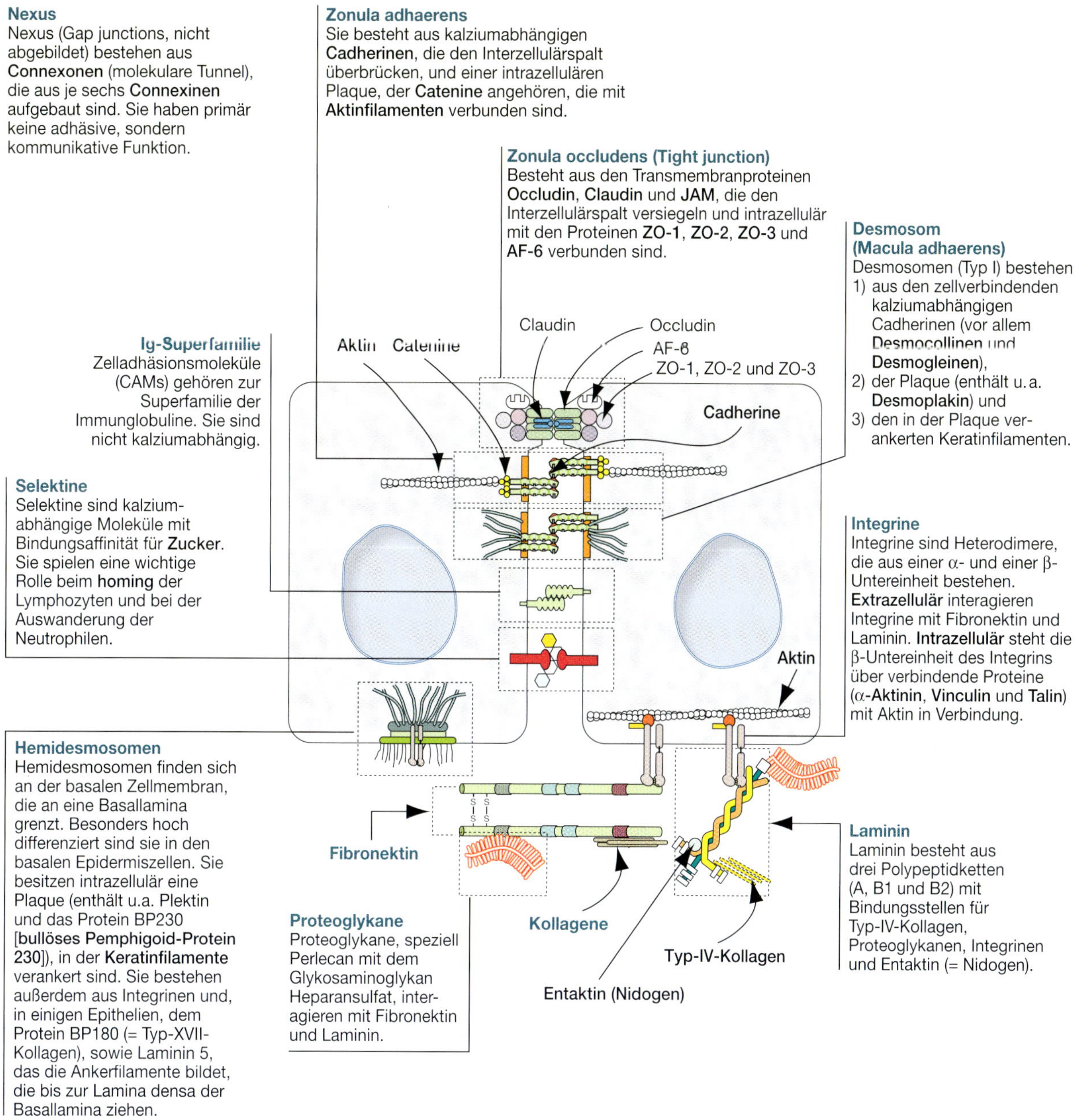

Abb. 2-18 Zusammenfassende Darstellung der Zellkontakte und Zelladhäsionsmoleküle. (Aus [12])

binden gleichzeitig intra- und extrazelluläre Proteine. Über intrazelluläre Verbindungsproteine (Vinculin, α-Aktinin, Talin) stehen sie in Beziehung zu Aktin. Wichtige extrazelluläre Bindungspartner sind Laminin und Fibronektin, die beide ihrerseits mit verschiedenen Kollagentypen (z.B. Kollagen Typ IV), Heparansulfat-Proteoglykanen und Entaktinen (Nidogenen) interagieren. Integrine können auf intrazelluläre Signale reagieren und ihre Verbindung mit der Matrix ändern („inside-out signaling"), und sie können auf extrazelluläre Reize hin intrazelluläre Signalwege induzieren.

Die Integrin-vermittelte Verbindung von Zellen und interzellulärer Matrix kann durch kleine Peptide, die **Disintegrine,** gelöst werden. Disintegrine bestehen aus mehreren Domänen:

- der RGD-Domäne, die an Integrin bindet,
- einer Metallo-Protease-Domäne, die Matrix abbaut und Zellwanderungen ermöglicht,
- einer Fusionspeptid-Domäne, die z.B. die Fusion von Myoblasten und von Spermium und Eizelle induziert.

Integrine und Disintegrine spielen bei Zellwanderungen in der Embryonalzeit eine wichtige Rolle.

Integrine unterscheiden sich in folgender Hinsicht von anderen Zelladhäsionsproteinen:
1) Sie bestehen aus **zwei Untereinheiten**.
2) Sie besitzen eine Doppelfunktion: Sie binden sowohl an extrazelluläre Matrixkomponenten als auch an intrazelluläre Zytoskelettanteile.

Die α-Untereinheit eines Integrinproteins baut sich aus zwei Ketten auf, die durch eine Disulfidbrücke verbunden sind. Weiterhin besitzt diese Untereinheit einen Kopfanteil, der Bindungsstellen für bivalente Kationen besitzt. Die β-Untereinheit hat zwei wichtige Eigenschaften:
1) Die extrazelluläre Kette enthält repetitive cysteinreiche Regionen.
2) Der intrazelluläre Anteil interagiert mit Aktinfilamenten mit Hilfe dreier Verbindungsproteine: **Talin**, **Vinculin** und **α-Aktinin**.

Der extrazelluläre Anteil des Integrins bindet an die Tripeptidsequenz RGD (Arginin-Glycin-Asparaginsäure) sowohl von Laminin als auch von Fibronektin, die ihrerseits mit Kollagenen – vor allem Typ-IV-Kollagen –, Heparansulfat-Proteoglykanen und Entactin (= Nidogen) verbunden sind.

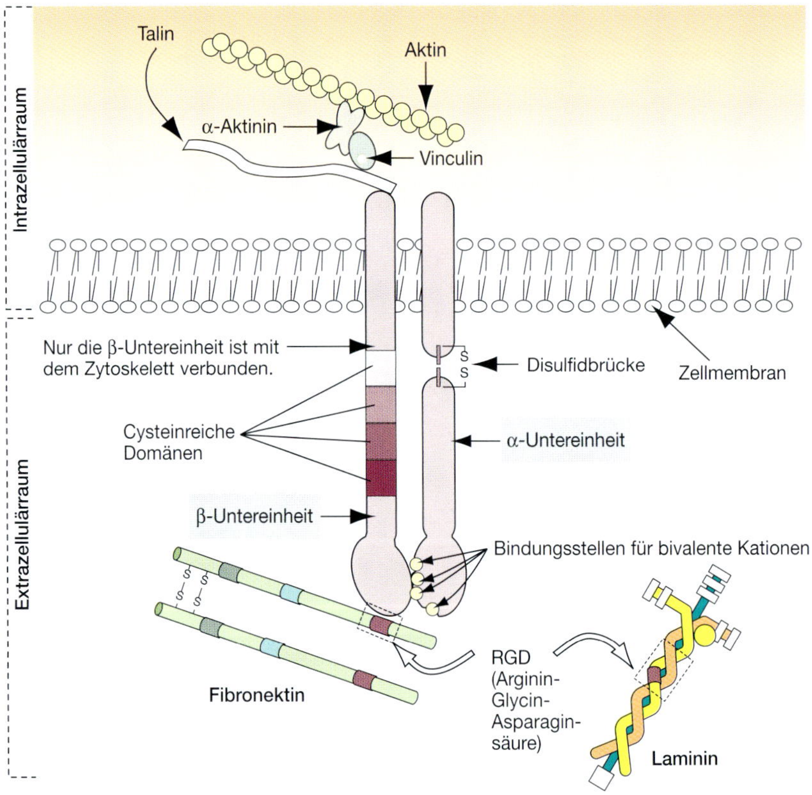

Abb. 2-19 Integrine. (Aus [12])

Integrine vermitteln darüber hinaus Zell-Zell-Interaktionen, z.B. die Verbindung von Leukozyten und Endothel bei der Leukozytenemigration aus Gefäßen.

Zelladhäsionsmoleküle (CAMs) der Immunglobulin-Superfamilie (Abb. 2-18) sind z.T. zusammen mit Integrinen am Zustandekommen des Kontaktes von antigenpräsentierenden Zellen und zytotoxischen T-Lymphozyten beteiligt. Sie besitzen mehrere immunglobulinähnliche Domänen und können sich mit identischen Molekülen auf anderen Zellen verbinden.

Zellkontakte

Zellkontakte (Zelljunktionen, Junktionen) sind spezifische, strukturell und funktionell charakterisierte Kontaktstrukturen zwischen benachbarten Zellen (Abb. 2-18, 2-20). Sie können entweder gürtelförmig entlang der gesamten Zellmembran ausgebildet sein und werden dann **Zonulae** genannt oder punktförmige Gebilde sein, die als **Maculae** bezeichnet werden. Es lassen sich bei Säugetieren und Mensch drei große Gruppen von Zellkontakten unterscheiden:

- Kontakte, die der **mechanischen Verbindung** benachbarter Zellen dienen oder die die Verankerung der Zellen an der extrazellulären Matrix vermitteln. Hierher gehören insbesondere die Desmosomen, Hemisdesmosomen und die Zonula adhaerens.
- **Kommunikationskontakte**: Kontakte, die der Kommunikation mittels chemischer oder elektrischer Signale zwischen benachbarten Zellen dienen. Hierher gehören Nexus (Gap junctions) und elektrische Synapsen.
- **Verschlusskontakte**: Kontakte, die den Interzellulärraum zwischen benachbarten Epithelzellen verschließen (versiegeln). Hierher gehört die Zonula occludens (Tight junction).

Kontakte mit Funktionen der mechanischen Verbindung

Solche Kontakte werden auch Verankerungs-Junktionen, Adhärens-Junktionen oder Adhäsionskontakte genannt. Hierzu zählen vor allem: Desmosomen, Hemidesmosomen und Zonulae adhaerentes (Abb. **2-20a–d**). Diese Kontakte sind in den Epithelien besonders gut ausgebildet, kommen aber auch anderswo vor. Die eigentliche Verbindung zwischen den benachbarten Zellen übernehmen die oben beschriebenen Zelladhäsionsmoleküle. Der in den Extrazellulärraum ragende Anteil des Zelladhäsionsmoleküls tritt in Kontakt mit einem ebensolchen Protein der Nachbarzelle, der zytoplasmatische Anteil des Proteins ist in einer Matte (Anheftungsplaque, Plaque) intrazellulärer **Anheftungsproteine** verankert, in denen auch die Filamente des Zytoskeletts befestigt sind (Abb. **2-20**, **2-21**). Diese zytoplasmatischen Filamente sind wesentliche Komponenten dieser Zellkontakte.

Es lassen sich zwei Gruppen solcher mechanischen Kontakte unterscheiden: 1. Kontakte, in deren Anheftungsplaque **Aktinfilamente** verankert sind, und 2. Kontakte, in deren Anheftungsplaques **intermediäre Filamente** (Keratinfilamente) verankert sind.

Kontakte, in deren Anheftungsplaque Aktinfilamente verankert sind

Hierzu zählen Zonula adhaerens und Punktdesmosomen.

- In der 0,1–0,5 μm breiten gürtelförmigen **Zonula adhaerens** bleibt der Interzellulärspalt ca. 20–40 nm weit (Abb. **2-20a**), er enthält als Verbindungsproteine zwischen den benachbarten Zellen Cadherine (Abb. **2-22**). Auf der zytoplasmatischen Seite befinden sich Plaqueproteine sowie ein Bündel von Aktinfilamenten, zwischen denen auch Myosinfilamente vorkommen. Der durch Kontraktion erzeugte Tonus des Aktinbündels führt zu Verfestigung, kann aber z.B. in Endothelien auch den Interzellulärspalt erweitern. Zu den Plaqueproteinen zählen α-Aktinin, Vinculin, α- und β-Catenine und Plakoglobulin. Im Lichtmikroskop entspricht diesem Kontaktgürtel das Schlussleistennetz, was z.B. in Flachschnitten durch das Darm- oder Gallenblasenepithel gut zu erkennen ist.
- Fokale aktinassoziierte Kontakte zwischen benachbarten Zellen werden als **Punktdesmosomen** (Typ-II-Desmosomen) bezeichnet. Sie sind weit verbreitet und kommen sogar in Synapsen vor. Die Verbindungsproteine sind Cadherine bei Zell-Zell-Kontakten und Integrine bei Kontakten zwischen Zellen und interzellulärer Matrix. Solche Zell-Matrix-Kontakte heißen auch Fokalkontakte. Hierbei sind die Integrine intrazellulär mit Aktinfilamenten verbunden, die Plaque enthält u.a. Vinculin und α-Aktinin (siehe Abb. **2-19**). Zell-Matrix-Kontakte kommen u.a. auf Herz- und Skelettmuskelzellen und auf Endothelzellen von Arterien vor.

Kontakte, in deren Anheftungsplaques intermediäre Filamente verankert sind

Hierher gehören die fleckförmigen Desmosomen und Hemidesmosomen.

- Die **Desmosomen** (Maculae adhaerentes, Typ-I-Desmosomen) kommen vor allem in Epithelien (Abb. **2-20a**), aber auch anderswo, z.B. zwischen Herzmuskelzellen und den Zellen der Arachnoidea vor. Desmosomen sind ca. 0,1–0,5 μm groß, der Interzellulärspalt ist in ihrem Bereich 20–40 nm weit. An Zelladhäsionsmolekülen finden sich auch hier Cadherine (Desmocolline und Desmogleine [Abb. **2-23**], Pemphigus-vulgaris-Antigen). Die Plaqueproteine (Plakoglobin, Desmocalmin, Desmoplakine, Plektin u.a.) sind reich entwickelt (Abb. **2-20b**, **2-21**) und verankern intermediäre Filamente, in Epithelien also Keratine. Die intermediären Filamente als wesentliche Stützkomponente des Zytoskeletts sind in benachbarten Zellen über die Desmosomen verbunden und fangen Scherkräfte und andere Belastungen, die auf das gesamte Epithel einwirken, ab.
- Ähnlich verhalten sich die **Hemidesmosomen**, die die Epithelzellen an der Basallamina befestigen (Abb. **2-18**, **2-20d**, **2-24**). Als Zelladhäsionsmoleküle finden sich hier Integrine.

Klinik Das **bullöse Pemphigoid** ist eine blasenbildende Autoimmunkrankheit der Haut. Es liegen IgG-Autoantikörper gegen das Bullöse-Pemphigoid-Antigen 1 oder 2 vor. Diese Antigene sind Transmembranproteine und neben Integrin normale Bestandteile der Zellmembran im Bereich von Hemidesmosomen und hier an der Verbindung von Zellmembran und Basallamina beteiligt. Sie werden zur Familie der Kollagene gezählt. Beim bullösen Pemphigoid führen Komplexe aus IgG und Antigen zur Bildung von Komplementkomplexen, die die Haftfunktion der Hemidesmosomen schädigen. Außerdem werden zuerst Mastzellen, dann Eosinophile angelockt. Enzyme (Proteasen) der Eosinophilen lösen die Ankerfilamente der Hemidesmosomen auf, so dass an der Grenze zwischen Dermis und Epidermis Blasen entstehen.

Kommunikationskontakt: Nexus (Gap junction)

Nexus sind fleckförmige „kommunikative" Kontakte unterschiedlicher Größe (Abb. **2-20c**, **2-25**). Sie kommen in vielen Geweben vor, sind aber am besten in Epithelien und Herzmuskelzellen untersucht. In ihrem Bereich ist der Interzellullärraum auf ca. 2–5 nm verengt, in hohen elektronenmikroskopischen Vergrößerungen gerade noch als Spalt (gap) erkennbar (Abb. **2-26**). Der Interzellulärraum wird durch zahlreiche sog. **Tunnelproteine** überbrückt, deren hydrophile Kanäle (Poren) die benachbarten Zellen direkt verbinden (Abb. **2-26**). Der verbindende Tunnel besteht aus zwei zusammengekoppelten Proteinkomplexen, die **Connexone** genannt werden. Jede der beiden verbundenen Zellen bildet ein Connexon, und beteiligt sich so am Aufbau des durchgehenden Kanals. Die Zahl der Connexone pro Nexus variiert zwischen einigen wenigen (theroretisch einem) und einigen Hundert. Jedes Connexon besteht aus 6 Proteinen

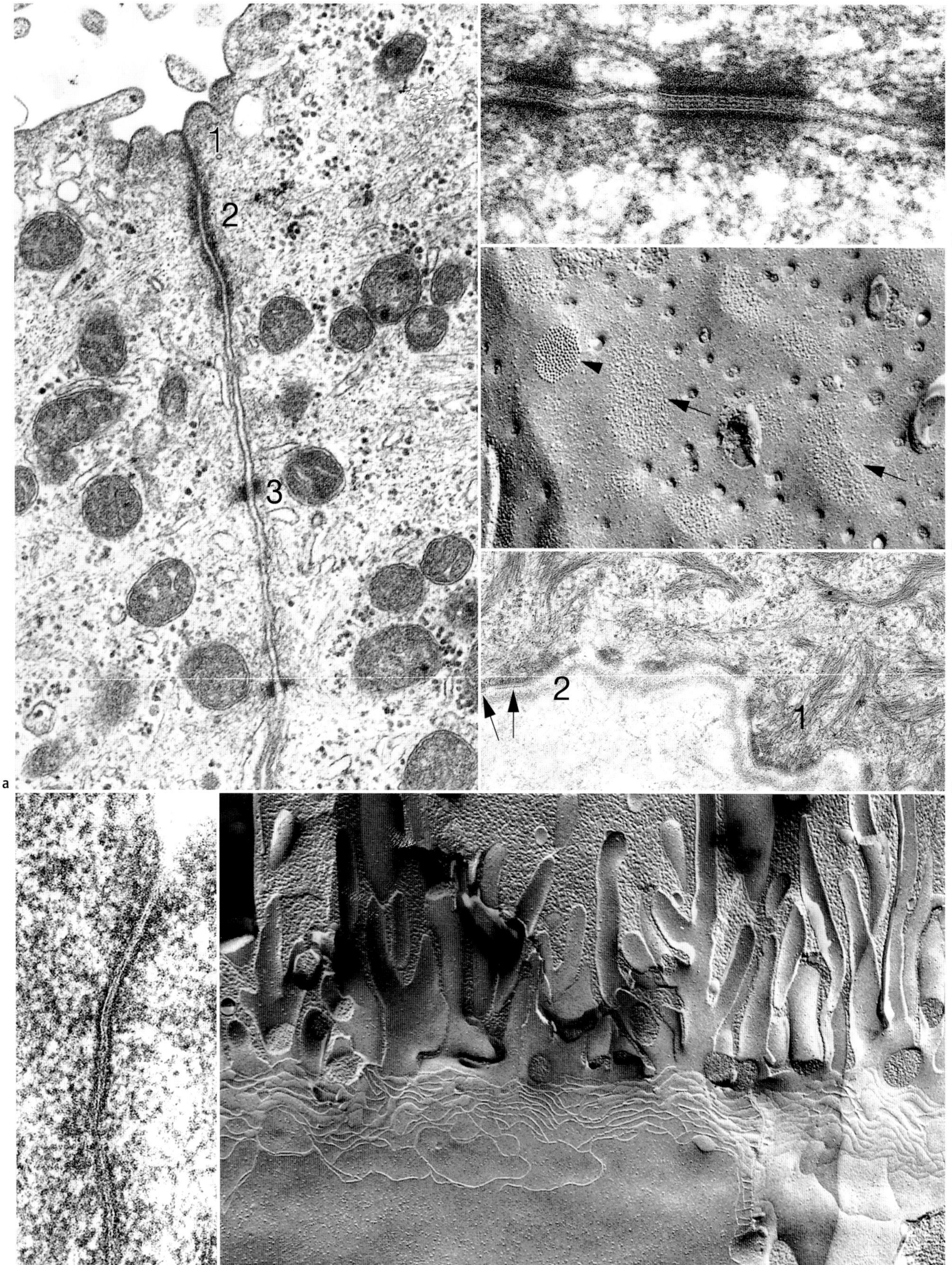
1
2
3
b
c
2
1
a
d
e
f

◀ **Abb. 2-20 Zellkontakte** im elektronenmikroskopischen Schnitt (a, b, d, e; aus [1]) und Gefrierbruchpräparat (c, f; Präparate Prof. Dr. med. Helmut Bartels, München).

a) Haftkomplex (junctional complex) zwischen zwei Deckzellen im Epithel des Harnleiters des Menschen. Dieser Komplex besteht aus einer zuoberst liegenden Zonula occludens (**1**), einer darunter gelegenen Zonula adhaerens (**2**) und an unterster Stelle Desmosomen (**3**). Vergr. 36 500fach.

b) Desmosomen (Macula adhaerens), Dünndarmepithel, Mensch; im Interzellulärraum strukturiertes Material (besteht vor allem aus Cadherinen); der Zellmembran sind auf der zytoplasmatischen Seite Anheftungsproteine angelagert, in denen Keratinfilamente verankert sind. Vergr. 92 000fach.

c) Membran von Chordazellen eines Neunauges (*Lampetra fluviatilis*), freigelegte protoplasmatische Membran. ➔ Desmosomen, ▶ Nexus. Beachte die unterschiedliche Morphologie dieser zwei Zellkontakte. Vergr. 48 000fach.

d) Hemidesmosomen an der basalen Zellmembran der Basalzellen in der Epidermis des Menschen. In die Membranverdichtungen der Hemidesmosomen strahlen Keratinfilamentbündel (**1**) ein. Zwischen basaler Zellmembran und Lamina densa der Basallamina (**2**) befindet sich im Bereich der Hemidesmosomen der Epidermis elektronendichtes Material (➔). Vergr. 36 600fach.

e) Zonula occludens (Tight Junction) zwischen zwei Kolonepithelzellen des Menschen. Die äußeren Blätter der Zellmembran verschmelzen in Form von anastomosierenden Leisten (im Schnittpräparat oft schwer zu erkennen) und versiegeln den Interzellulärraum. Vergr. 115 000fach.

f) Im Gefrierbruchpräparat tritt das netzartige Leistenmuster der Zonula occludens in der Zellmembran deutlich hervor. Anordnung und Ausdehnung der Leistensysteme bestimmen die funktionellen Eigenschaften – v.a. die Durchlässigkeit – der Zonula occludens. Trachealepithel, Mensch. Vergr. 32 000fach.

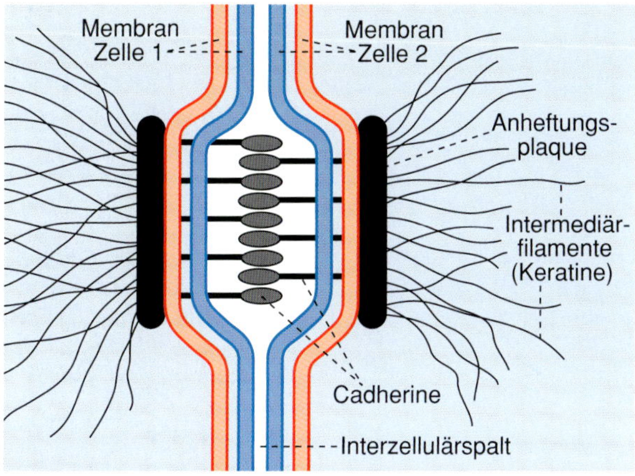

Abb. 2-21 Schematische Darstellung eines Typ-I-Desmosoms.

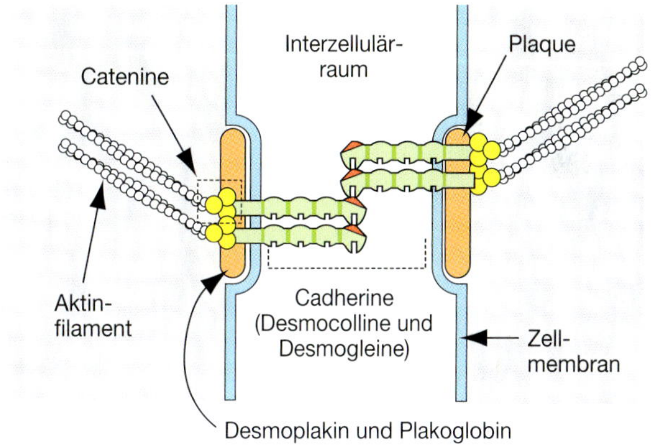

Abb. 2-22 Zonula adhaerens. (Aus [12])

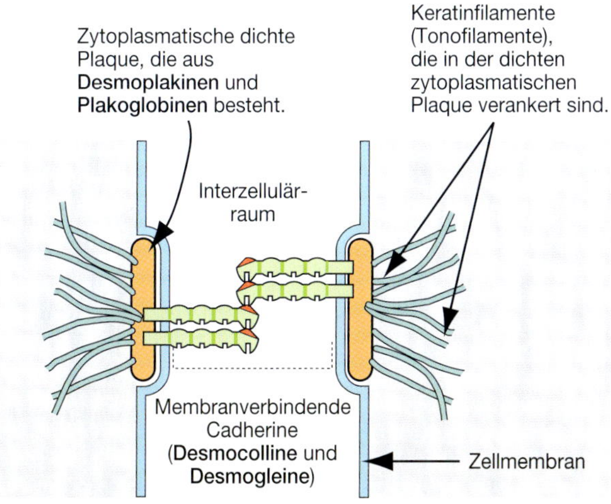

Abb. 2-23 Macula adhaerens (Typ-I-Desmosom) mit molekularen Komponenten. (Aus [12])

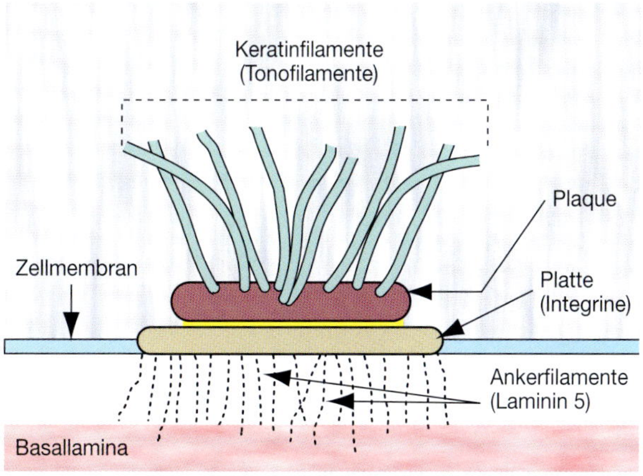

Abb. 2-24 Hemidesmosom. (Aus [12])

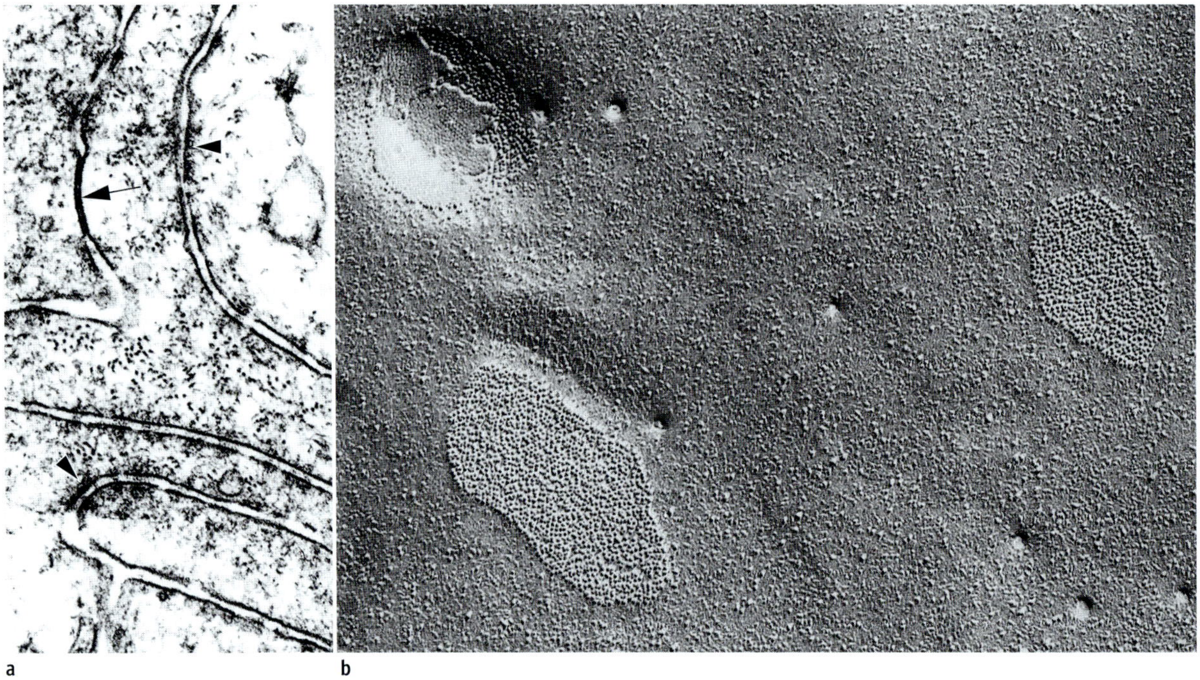

Abb. 2-25 Nexus.
a) Chorda dorsalis eines Hais *(Scyliorhinus torazame)*. Chordaepithelzellen sind über einzelne Nexus (Gap junctions, ➔) und zahlreiche Desmosomen (▶) verbunden. Vergr. 50 000fach.
b) Im Gefrierbruchpräparat besteht die Gap junction aus einem Feld sehr dicht gelagerter großer Membranpartikel in der Zellmembran, die den Connexonen entsprechen. In den anderen Membranarealen locker verteilte Membranpartikel. Es sind drei Nexus in der Membran einer Herzmuskelzelle einer fetalen Ratte zu erkennen. Vergr. 80 000fach. (Gefrierbruchpräparat Prof. Dr. med. Helmut Bartels, München)

(**Connexinen**). Die Connexin-Gen-Familie hat zahlreiche Mitglieder, die jeweils in verschiedenen Zellen exprimiert und nach ihrem Molekulargewicht bezeichnet werden. So hat Connexin 50 ein Molekulargewicht von 50 kD. Die Weite der Kanäle variiert zwischen 1,5 und 2 nm, ihre Länge misst ca. 20 nm. Diese Kanäle erlauben den Durchtritt von wasserlöslichen kleineren Molekülen bis hin zu einem Molekulargewicht von ca. 1000 D, z.B. Kalzium, cAMP und anderen Ionen. Die Kanäle können geöffnet und geschlossen werden; zu hohe Kalziumkonzentrationen oder pH-Abfall führen zu ihrem Verschluss. Bei einer Zellverletzung strömt Kalzium blitzartig vermehrt in eine Zelle ein, und es ist dann sinnvoll, dass die Verbindungen zu Nachbarzellen unterbrochen werden.

Die Funktionen der Nexus sind zahlreich, sie dienen der chemischen und elektrischen Kopplung. Über sie können auch Phänomene wie der Zilienschlag benachbarter Zellen koordiniert werden. In der Herzmuskulatur kommt ihnen eine besondere Bedeutung zu, weil sie die Weitergabe der Erregung rasch und synchron vermitteln.

Vorkommen In den meisten Geweben, häufig in Epithelien und zwischen Herzmuskelzellen und Astrozyten. Sie fehlen in der Skelettmuskulatur und sind zwischen Neuronen selten, kommen aber im Bereich der Schmidt-Lantermann-Einkerbungen der Myelinscheiden vor.

Verschlusskontakt: Zonula occludens (Tight junction)

Durch Zonulae occludentes entsteht im Epithel eine Barriere, so dass größere und auch kleinere Moleküle nicht einfach unkontrolliert durch den schmalen Spaltraum zwischen den Epithelzellen von der einen Seite des Epithels auf die andere diffundieren können. Die Zonula occludens ist eine gürtelförmige Kontaktzone, die fast nur in Epithelien zu finden ist. Der Interzellulärraum wird hier durch ein unterschiedlich komplexes System anastomosierender Verschlussleisten verschlossen, wie es besonders eindrucksvoll in elektronenmikroskopischen Gefrierbruchpräparaten erkennbar ist (Abb. 2-20**e**, **f**). Die Verschlussleisten werden aus dicht aneinander gereihten Proteinen gebildet, insbesondere Occludin und Claudinen, die in die Zellmembran integriert sind und sich direkt mit entsprechenden Proteinen in der Nachbarzelle verbin-

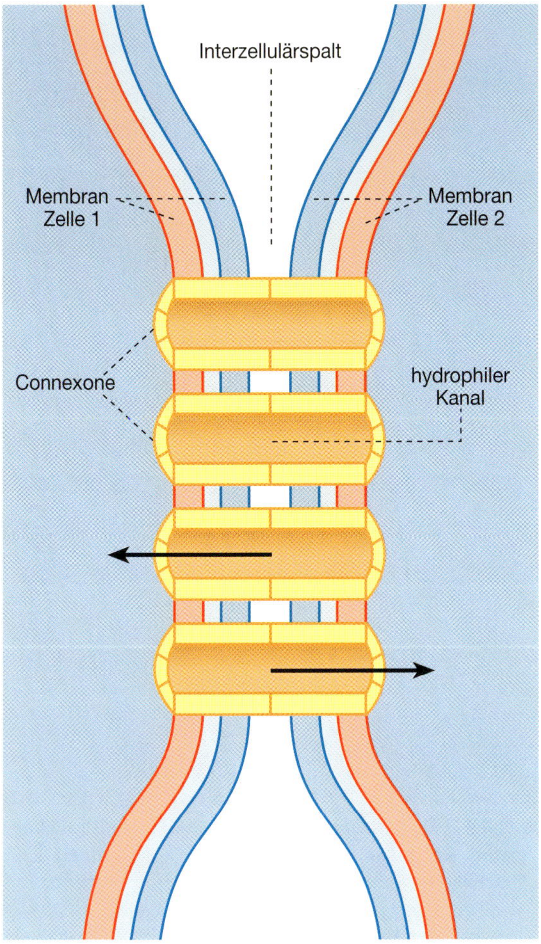

Abb. 2-26 Schematische Darstellung eines Nexus (einer Gap junction). Jeweils zwei Connexone verbinden die benachbarten Zellen. Ein Connexon besteht aus 6 identischen Untereinheiten (Connexinen).

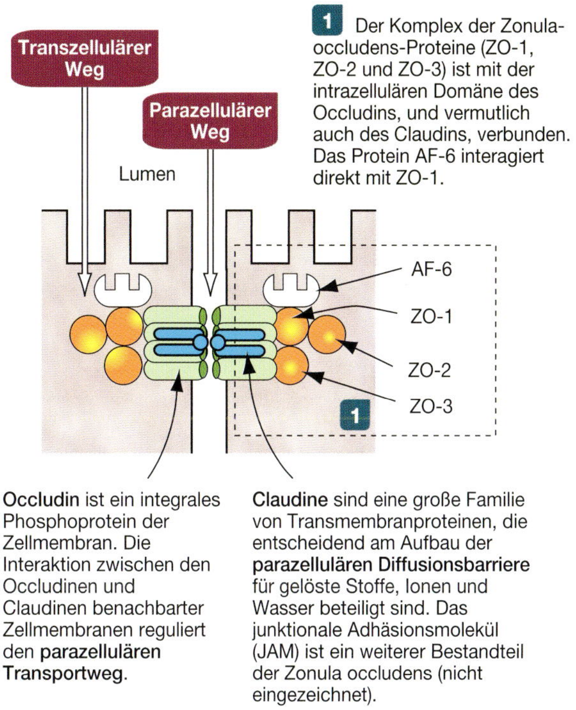

Abb. 2-27 Zonula occludens. (Aus [12])

den (Abb. 2-27, 2-28). Auf der zytoplasmatischen Seite sind diesen Proteinen verschiedene Strukturproteine, z.B. die Zonula-occludens-(ZO-)Proteine (Abb. 2-27) und auch Aktin, angelagert. Der elektrische Widerstand zwischen Apikalregion und Basis des Epithels ist an die Zahl der Verschlussleisten gekoppelt. Elektrisch dichte Zonulae occludentes besitzen viele (bis zu ca. 10) Verschlussleisten, elektrisch durchlässigere nur 2 bis 3 (z.B. in Endothelien). Die Zonula occludens trennt auch funktionell den apikalen und basolateralen Bereich der Zellmembran und verhindert die laterale Diffusion von Membrankomponenten aus der Apikalmembran in die basolaterale Region. Dadurch wird die Polarität einer Epithelzelle als Bedingung für gerichtete Transportprozesse gewährleistet. Zonulae occludentes sind an jeder funktionell wichtigen Barriere im Organismus beteiligt (nur in der Plazenta ist ein Synzytium ausgebildet). Ihre funktionellen Eigenschaften variieren in den einzelnen Organen; im Epithel der Harnblase sind sie ca. 10000mal dichter in Bezug auf kleine anorganische Ionen als im Darmepithel. Offenbar kann ihre Dichte auch reguliert und Stoffwechselbedürfnissen angepasst werden. Trotz ihrer abdichtenden Barrierefunktion ist ein kontrollierter Transport durch sie hindurch möglich und wird **parazellulärer** Transport genannt. Claudin ist im Wesentlichen das Protein, das die parazelluläre Barriere aufbaut (Abb. 2-27).

Vorkommen In Epithelien.

Vorübergehend bestehende Kontakte

Leukozyten bauen oft mit Hilfe von L-Selektin oder Integrinen (siehe S. 213) vorübergehend bestehende Kontakte zu anderen Zellen auf.

Klinik Bei Mutationen von Claudin 16 in der Zonula occludens kommt es zum seltenen Krankheitsbild des renalen Magnesium-Verlust-Syndroms. Veränderungen der E-Cadherine und Catenine fördern die Entwicklung bösartiger Tumorerkrankungen. Verlust von Cadherinen spielt eine wichtige Rolle bei der Metastasierung. Mutierte Connexingene führen zu mehreren Krankheiten. So führt die Mutation des Gens für Connexin 26, das insbesondere in der Cochlea exprimiert ist, zu Taubheit, die Mutation von Connexin 50 zu angeborener Linsentrübung (Katarakt) und Blindheit. Autoantikörper gegen Desmoglein 1 führen zu einer

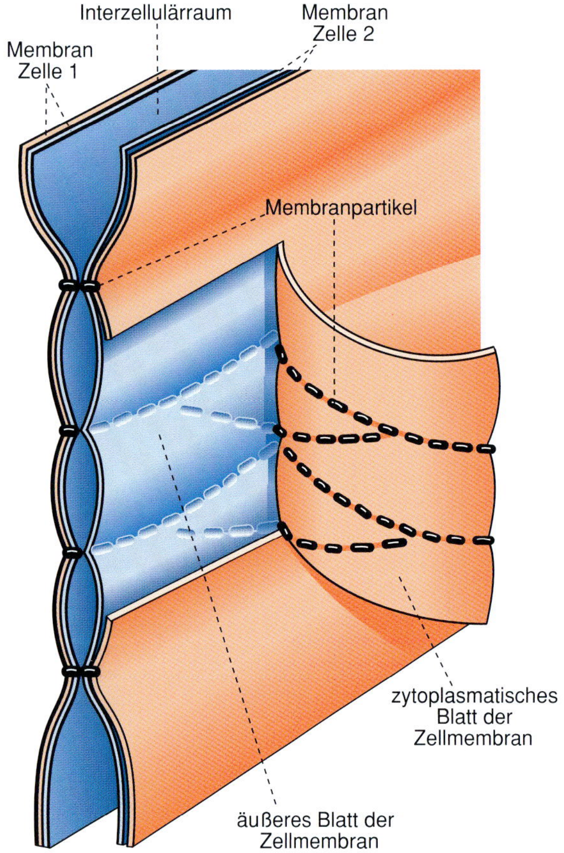

Abb. 2-28 Schematische Darstellung einer Zonula occludens (Tight junction). Im Gefrierbruchpräparat (z.B. Abb. 2-20f) wird, wie schematisch angedeutet, eine Zellmembran in zwei Blätter gespalten, und deren Innenseiten werden betrachtet.

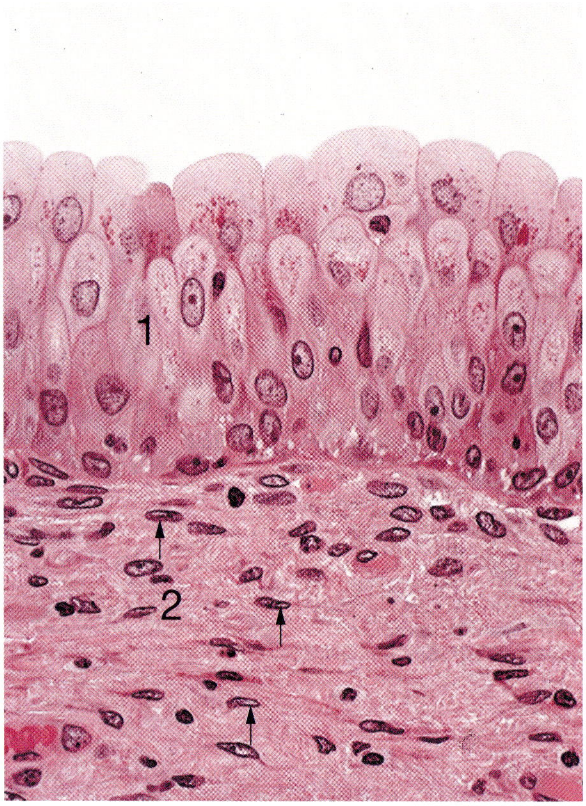

Abb. 2-29 Kernmorphologie in einem Ausschnitt aus der inneren Wand der Harnblase (Mensch). **1** Epithel; **2** subepitheliales Bindegewebe. Beachte die zunehmende Größe der Kerne der ganz dicht beieinander liegenden Epithelzellen (von der Basis zur Oberfläche des Epithels) und die kleineren, flachen, dunkleren Kerne der Fibrozyten (➔) des Bindegewebes. Die Fibrozyten sind durch Bindegewebsmatrix getrennt. Plastikschnitt; Färbung: H. E.; Vergr. 500fach.

blasenbildenden Hautkrankheit, dem Pemphigus foliaceus, weil die Adhäsionskraft der Desmosomen in der Epidermis verloren geht.

2.2 Zellkern (Nukleus)

Auffälligste Struktur einer eukaryotischen Zelle ist der Zellkern. Typischerweise hat jede Zelle einen Kern; sekundär geht er in den ausdifferenzierten Erythrozyten verloren. Selten sind Zellen mehrkernig (z. B. Osteoklasten und Skelettmuskelzellen). Der Kern nimmt ca. 15% des Zellvolumens ein. Die Gestalt und Struktur des Kerns sind für jeden Zelltyp kennzeichnend, und es ist daher sehr oft die Kernmorphologie, die die Diagnose eines Zelltyps ermöglicht (Abb. 2-3, 2-4, 2-29, 2-30). Auch funktionelle Kernphasen lassen sich gut sichtbar machen (Abb. 2-31, 2-32). Die Hauptbestandteile eines Kerns sind

- die Kernhülle,
- das Chromatin, ein Komplex aus DNA (deoxyribonucleic acid = Desoxyribonukleinsäure, in der die Information für die Synthese sämtlicher Proteine des Körpers gespeichert ist) und Proteinen, der in der Mitose in Gestalt der Chromosomen erscheint,
- der Nukleolus und
- das Kernskelett.

2.2.1 Kernhülle

Die Kernhülle ist ein spezieller Teil des rauen endoplasmatischen Retikulums (RER), mit dem es in Verbindung stehen kann. Sie besteht aus einer äußeren und einer inneren Kernmembran, zwischen denen sich die ca. 20 nm weite Perinuklearzisterne befindet (Abb. 2-33). Die **äußere Kernmembran** trägt oft Ribosomen. Der **inneren Kernmembran** liegt innen die Kernlamina (Lamina nuclearis) an (siehe Abb. 2-35), eine 30–100 nm dicke Schicht aus Intermediärfila-

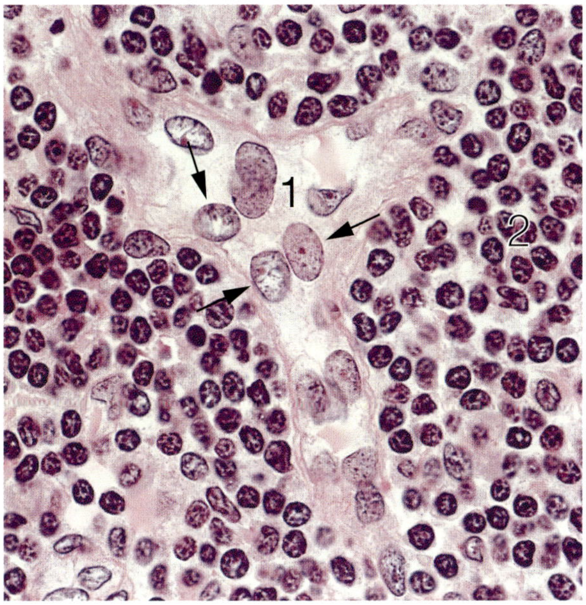

Abb. 2-30 Zellkerne in einem Ausschnitt aus der parafollikulären Zone eines Lymphknotens (Mensch). Die hochendothelialen Venolen (**1**) besitzen ein Endothel mit kennzeichnenden ovalen, hellen Kernen (**➔**). Die Kerne der benachbarten Lymphozyten (**2**) sind kleiner, eher rundlich und besitzen ein dichteres Chromatin. Färbung: H.E.; Vergr. 750fach.

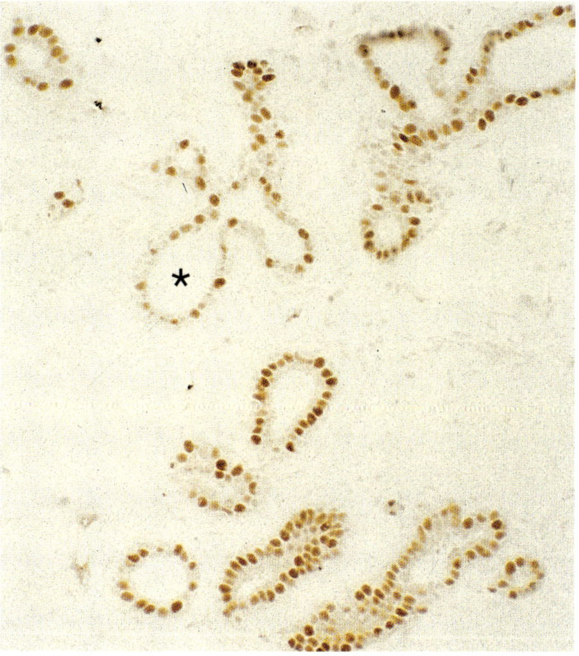

Abb. 2-32 Zellkerne der Epithelzellen. Immunhistochemischer Nachweis des Östrogenrezeptors in den Kernen der Epithelzellen (Braunfärbung) einer nichtlaktierenden Brustdrüse (*, Mensch). Vergr. 240fach.

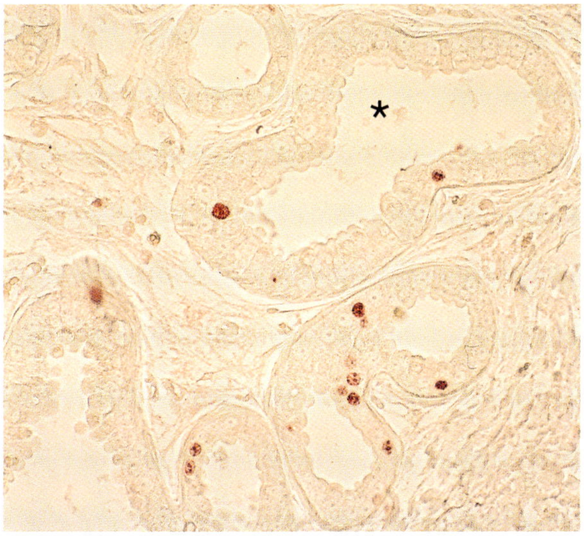

Abb. 2-31 Proliferierende Zellkerne reagieren mit dem KI67-Antikörper (Braunfärbung). Apokrine Duftdrüsen (*), Achselhöhle, Mensch. Vergr. 450fach.

menten (den Laminen, siehe Kap. 2.5.3). Die innere Kernmembran ist außerdem mit dem Chromatin verbunden.

Die Kernhülle weist Porenbildungen, die **Kernporen** (= **Kernporenkomplex**) auf (Abb. **2-33, 2-34**). Ihre Zahl liegt typischerweise bei 1000–4000; bei weniger stoffwechselaktiven Zellen ist ihre Zahl deutlich niedriger. Sie setzen sich aus ca. 50 Proteinen, den Nucleoporinen, zusammen und bestehen aus folgenden Komponenten (Abb. **2-35**):

- dem zentralen zylindrischen Porenkomplex, bestehend aus einem ca. 9 nm weiten und 15 nm langen Transportkanal (Säulenkomponenten) und 8 radiären Speichen,
- einem inneren und einem äußeren oktagonalen Ring, die aus je 8 Proteinkomplexen bestehen,
- vom äußeren Ring ausgehenden (zytoplasmatischen) Proteinfibrillen,
- einer vom inneren Ring ausgehenden korbähnlichen Struktur, dem Kernkorb.

Durch die Kernporen hindurch erfolgt der bidirektionale Stoffaustausch („trafficking“) zwischen Zytoplasma und Kern. Kleinere Moleküle (< 5 kD) diffundieren durch die Kernporen. Proteine mit dem Zielort Zellkern, z. B. Histone, sind mit einer Kernerkennungssequenz (Pro-Lys-Lys-Lys-Arg-Lys-Val) versehen. Sie werden mit Hilfe eines energieabhängigen Mechanismus, der ATP und GTP erfordert, durch die Kernporen in den Kern importiert. Vermittelt wird dieser Transport durch das zytosolische Protein Importin, das aus zwei Untereinheiten – Importin-α und -β – besteht. Der Transport ist sehr effektiv: Durch eine einzelne Pore können ca. 100 Histonmoleküle pro Mi-

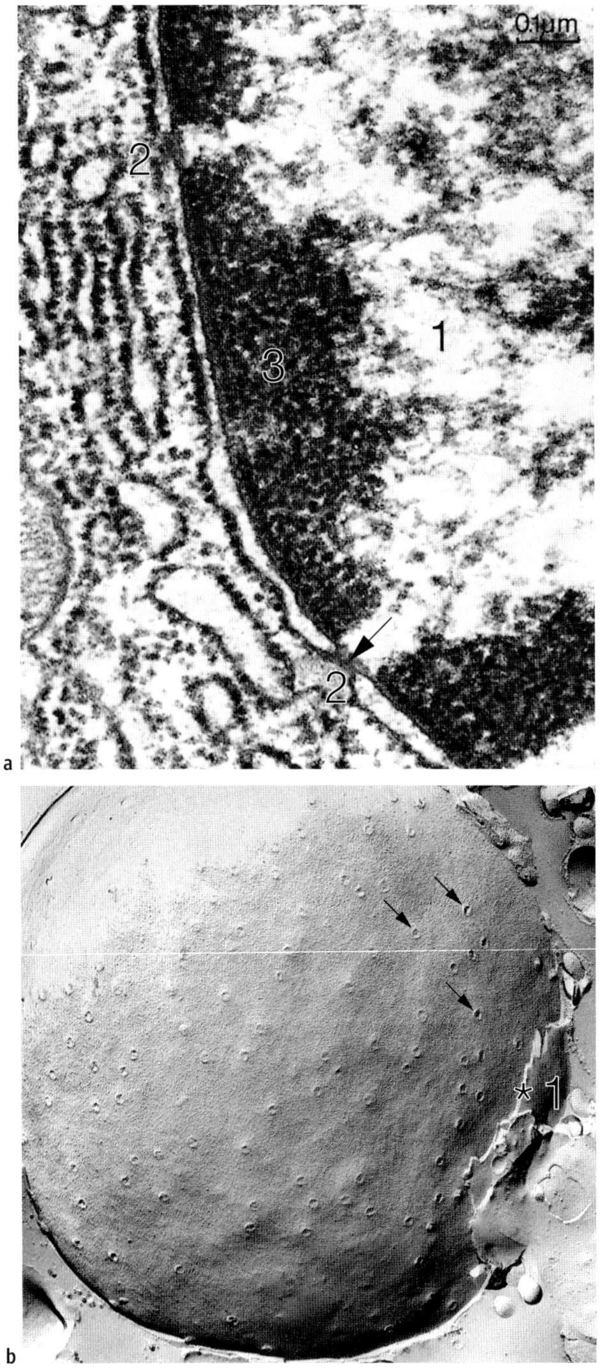

Abb. 2-33 Kernhülle.
a) Anschnitt eines Kerns einer exokrinen Pankreaszelle (**1**) der Ratte mit zwei Kernporen (**2**), in deren Bereich innere und äußere Kernmembran ineinander übergehen, so dass punktförmig die perinukleäre Zisterne verschlossen wird (➔). Im Bereich der Kernporen sind komplex gestaltete Strukturen ausgebildet (siehe Abb. 2-28). **3** Heterochromatin. Vergr. 78000fach. (Aus [1])
b) Gefrierbruchpräparat der Oberfläche des Zellkerns einer Follikelepithelzelle der Schilddrüse. Der Blick fällt auf die innere Kernmembran, ➔ deuten auf die Kernporen. ✻ Perinuklearzisterne, **1** äußere Kernmembran. Meerschweinchen. Vergr. 19000fach.

nute geschleust werden. Das Protein, das in den Kern transportiert werden soll, bindet an Importin-α. Importin-β bindet diesen Komplex an den äußeren oktogonalen Ring. Nun wird Importin-α mit dem für den Kern bestimmten Protein durch den zentralen Porenkomplex geschleust. Importin-β dissoziiert vom Porenkomplex ab und bleibt im Zytoplasma. Im Kern dissoziiert das Protein von Importin-α ab, induziert durch Ran-GTP. Ran ist ein Signalmolekül, das durch Bindung von GTP aktiviert wird und das die Energie für den Transportvorgang durch Hydrolyse von GTP aufbringt (GTPase-Funktion). Am Export von Proteinen aus dem Kern ist ebenfalls Ran-GTP beteiligt: Es induziert die Bindung des zu transportierenden Proteins an das Protein Exportin. GTP ist also die wesentliche treibende Kraft sowohl für den Kernimport als auch für den Kernexport.

2.2.2 Chromatin

DNA bildet im Zellkern zusammen mit den Histon- und anderen Proteinen das Chromatin.

Aufbau

Um einen hohen Komprimierungsgrad der DNA zu erreichen, ist die DNA mit Proteinen assoziiert: Sie ist abschnittsweise um Histon-Proteine gewickelt. Jeweils acht dieser basischen, d. h. positiv geladenen Proteine – je 2 Moleküle der Histone H2A, H2B, H3 und H4 – bilden ein kugelförmiges, positiv geladenes Gebilde, das Histon-Oktamer (= Nukleosomenkern). Um dieses legt sich die negativ geladene DNA-Doppelhelix in ca. 1,5 Windungen. Die Histon-Proteine und die DNA bilden zusammen ein **Nukleosom** (Abb. **2-35**). Die zwischen Nukleosomen liegenden kurzen DNA-Abschnitte bezeichnet man als Linker-DNA. Sie sind mit Histon-Proteinen der Klasse H1 assoziiert. Nukleosomen und Linker-DNA bilden gemeinsam eine **Chromatinfibrille.** Diese ist je nach Zellzyklusphase unterschiedlich stark kondensiert (Abb. **2-36**): Während der Mitose ist sie stark kondensiert und bildet ein Chromosom, im Interphasekern ist sie mehr oder weniger aufgelockert.

Mit dem Nukleosom sind Nicht-Histon-Proteine, vor allem Enzyme, assoziiert, so z. B. Histon-Acetyltransferase, Histon-Deacetylase, Histon-Methyltransferase, Histonkinasen und ATPasen. Sie spielen eine wesentliche Rolle bei der Nukleosom-Ummodellierung (Abb. **2-37**). Dieser Begriff bringt zum Ausdruck, dass die Nukleosomen dynamische Strukturen sind. So kann die DNA vom Nukleosomenkern abgehoben und damit zu Linker-DNA werden.

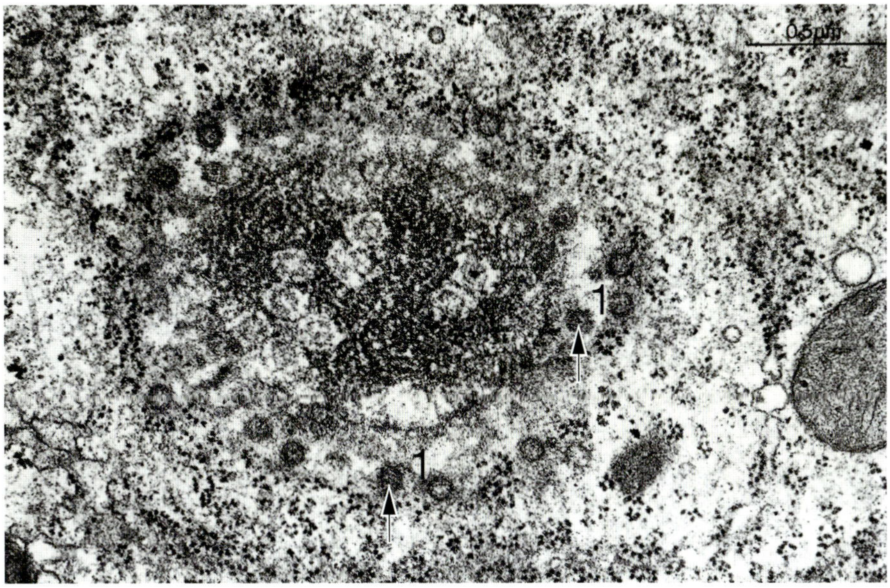

Abb. 2-34 Kern mit zahlreichen Kernporen (**1**) einer Leberzelle (Ratte). Flachschnitt durch die Peripherie. Die Kernporen sind meist kreisförmig (lichte Weite hier ca. 35 nm) und zeigen bei geeigneter Schnittführung eine zentrale punktförmige Verdichtung (➔). Weitere Einzelheiten dieser Kommunikationsorte zwischen Kern und Zytoplasma sind jedoch wegen zu geringer Auflösung nicht erkennbar. Vergr. 48000fach. (Aus [1])

Chromosomen: Eine besondere Organisationsform des Chromatins

Die Chromatinfibrillen sind auf die Chromosomen verteilt, die man aber nur während der Mitose bzw. Meiose erkennen kann.

Zahl und Art der Chromosomen

In den somatischen Zellen des Menschen finden sich 46 Chromosomen, die 23 Paare bilden (doppelter Chromosomensatz = diploider Zustand). Die jeweils zusammengehörigen 2 Chromosomen eines Chromosomenpaars werden homologe Chromosomen genannt und stammen von der Mutter bzw. dem Vater. Man unterscheidet **44 Autosomen** (22 Autosomenpaare, die von 1–22 durchnummeriert werden) und **2 Geschlechtschromosomen (Gonosomen:** X und Y). Der Karyotyp, d.h. Anzahl und Art der Chromosomen, lautet bei einer normalen Frau „46 XX", bei einem normalen Mann „46 XY".

In reifen Keimzellen des Menschen finden sich nur 23 Chromosomen (einfacher Chromosomensatz = haploider Zustand). Auf diesen 23 Chromosomen liegen beim Menschen ca. 32000 Gene, die insgesamt aus gut 3 Milliarden Basenpaaren bestehen. Ein Chromosom besitzt ca. 700–4000 Gene, wobei es kleine Gene aus z.B. 1500 Basenpaaren und große Gene aus z.B. 2 Millionen Basenpaaren gibt. Bemerkenswert ist, dass im menschlichen Genom nur ca. 5% der DNA Gene sind, also Information über Proteine oder Ribonukleinsäuren enthalten.

Klinik Anomalien der Chromosomenzahl entstehen durch Fehler bei den meiotischen Teilungen und sind für zahlreiche Aborte verantwortlich. Bei Monosomie liegt in der befruchteten Eizelle nur eines der homologen Chromosomen vor, z.B. beim Turner-Syndrom der Frau nur 1 X-Chromosom (X0). Bei Trisomien liegt ein bestimmtes Chromosom (z.B. Nr. 21 bei der relativ häufigen Trisomie 21 [Down-Syndrom]) in der befruchteten Eizelle in dreifacher Ausfertigung vor.

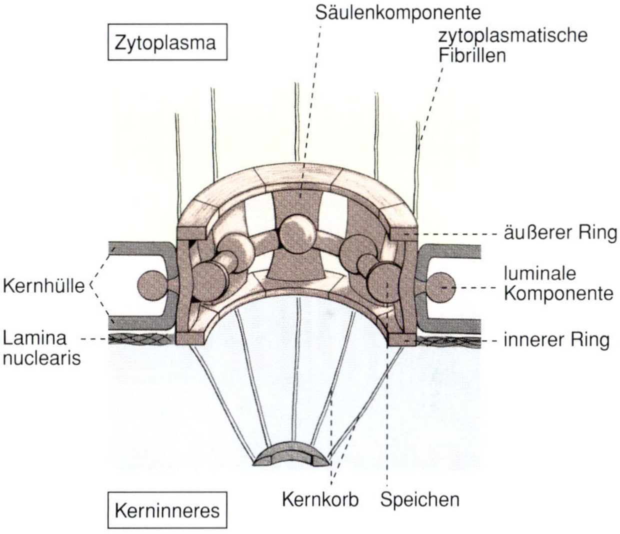

Abb. 2-35 Schematische Darstellung wichtiger Komponenten einer Kernpore in der Kernhülle.

Kondensationsgrad des Chromatins bzw. der Chromosomen

Im Interphasekern liegen die Chromosomen in aufgelockertem Zustand vor. Der Grad der Auflockerung ist unterschiedlich:

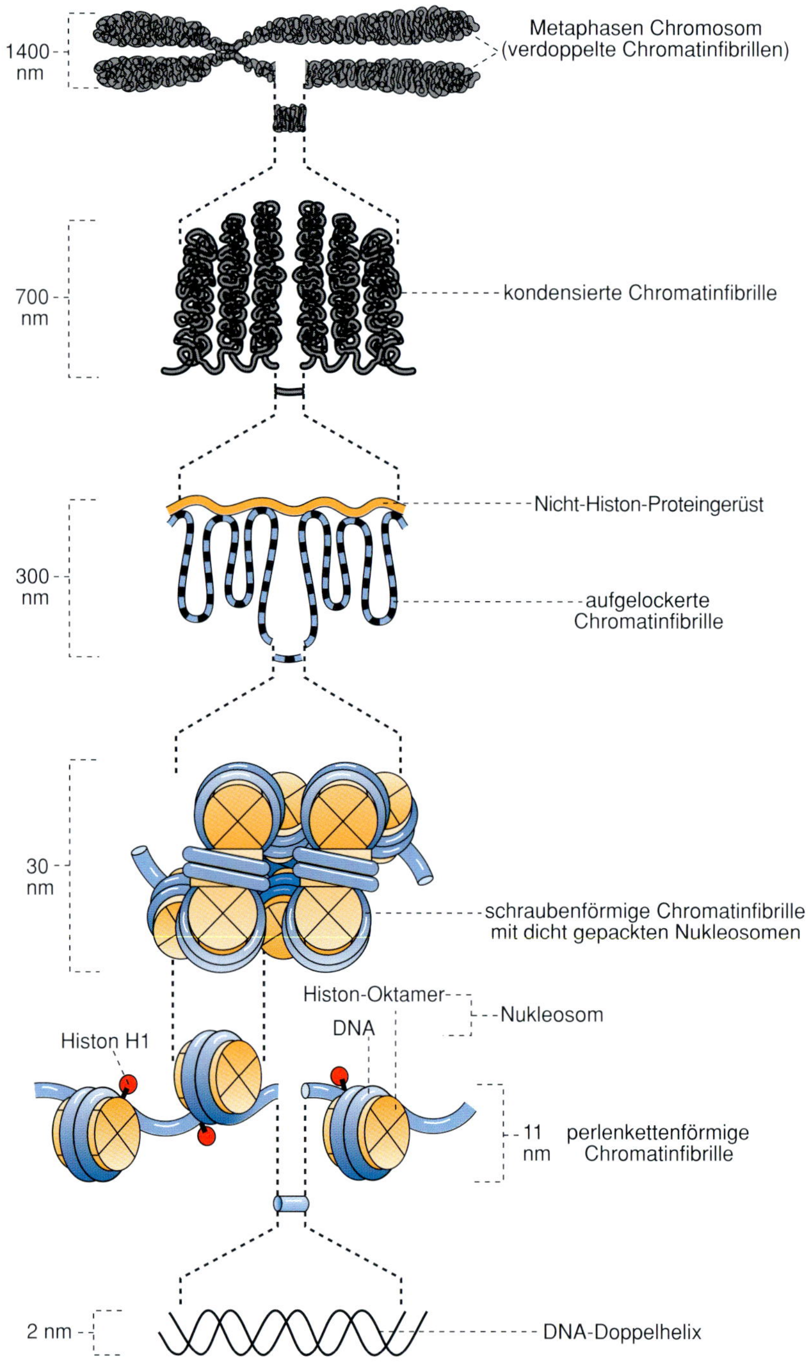

Abb. 2-36 Aufbau des Chromatins und seine Veränderungen bei zunehmender Kondensierung vor der Zellteilung. Die DNA-Doppelhelix (unten) verläuft entweder frei („linker-DNA") oder ist in regelmäßigen Abständen um Histon-Oktamere gewickelt. DNA und Histon-Oktamere bilden die Nukleosomen. So entsteht eine Chromatinfibrille, in der die Nukleosomen wie Perlen in einer Perlenkette liegen. Die Chromatinfibrille kann kondensiert werden – in zunehmender Packungsdichte bis sie als Chromosomen (oben) sichtbar werden. Vor der Zellteilung verknüpft das Protein Kondensin schleifenförmige Gebilde, so dass die Chromatinfibrillen stark kondensiert sind. Im Interphasekern sind die Chromatinfibrillen wenig kondensiert und bilden weit auseinander liegende Schleifen.

- Stark aufgelockertes Chromatin (siehe Abb. **2-38**) wird **Euchromatin** genannt; es macht oft gut 10% des Gesamtchromatins aus. Die DNA des Euchromatins wird in RNA umgeschrieben (transkribiert). Dabei entstehen alle RNA-Formen mit Ausnahme von ribosomaler RNA (rRNA), die im Nukleolus transkribiert wird (s. u.). Am Euchromatin entstehen also z. B. messenger-RNA (mRNA) und transfer-RNA (tRNA), die an der Proteinsynthese beteiligt sind, small nuclear RNAs (snRNAs), die u. a. am Splicing der prä-mRNA beteiligt sind, und small nucleolar RNA (snoRNA), die rRNA modifiziert.
- Kondensiertes Chromatin (siehe Abb. **2-38**) wird **Heterochromatin** genannt; es kann bis zu 90% des Gesamtchromatins ausmachen. Die DNA des Heterochromatins wird nicht transkribiert.

Im histologischen Präparat ist die Trennung in Eu- und Heterochromatin immer sehr klar erkennbar. Molekular ist die Trennung wohl weniger scharf. Das morphologische Muster, das Eu- und Heterochromatin in einem Kern bilden (Chromatinmuster), ist für die einzelnen Zelltypen recht konstant und typisch und ist ein sehr wichtiges diagnostisches Kriterium für das Erkennen eines Zelltyps.

Bei der Frau wird in den somatischen Zellen eines der beiden X-Chromosomen inaktiviert, während in der Keimzelllinie (Oozyten) beide aktiv bleiben. Welches der X-Chromosomen inaktiviert wird, bleibt dem Zufall überlassen. Das inaktive X-Chromosom ist in vielen Zellen als Barr-Körperchen an der inneren

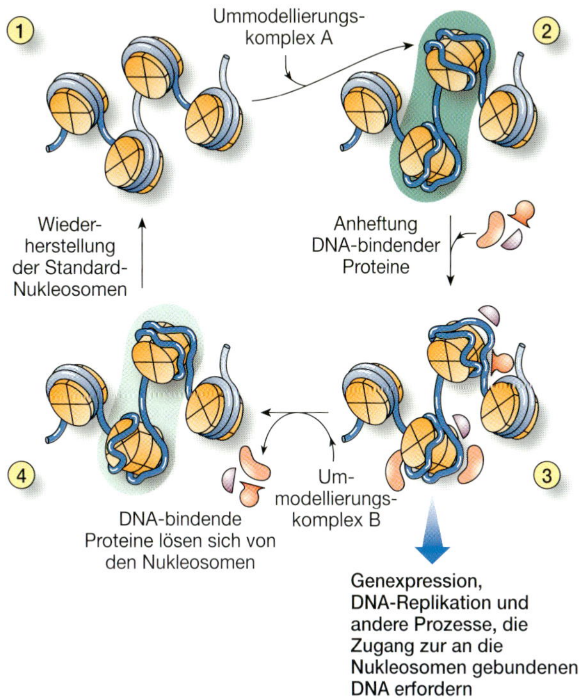

Abb. 2-37 Modell der zyklischen Veränderungen (①–④) der Nukleosomen. Diesem Modell zufolge verändern und restaurieren verschiedene Ummodellierungskomplexe (grüne Felder) die Nukleosomenstruktur. Möglicherweise kann aber auch ein einzelner Komplex beide Reaktionen katalysieren. Die DNA-bindenden Proteine können bei der Genexpression, der DNA-Replikation und der DNA-Reparatur eine Rolle spielen. In manchen Fällen könnte ihre Bindung zum Zerfall des Nukleosomenkerns führen, so dass nukleosomenfreie DNA-Abschnitte entstehen. (Modifiziert nach [13])

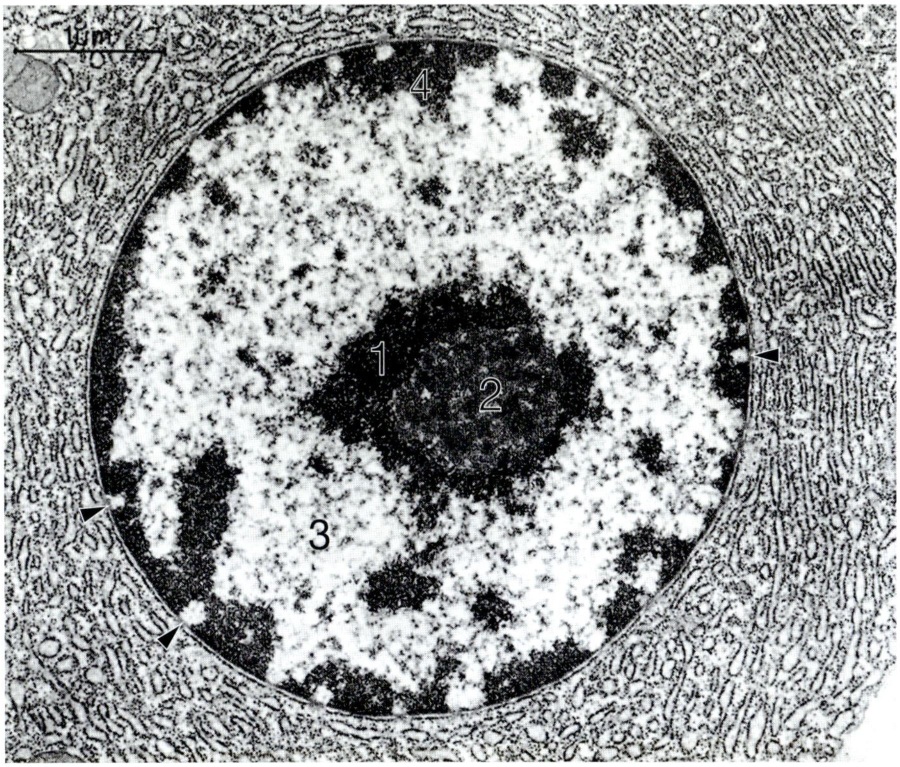

Abb. 2-38 Kugelförmiger Zellkern mit glatter Oberfläche und deutlichem Kernkörperchen (Nukleolus, **2**) aus einer exokrinen Zelle des Pankreas der Ratte. Das elektronendichte, feingranuläre Material im Kern entspricht kondensiertem, inaktivem Chromatin (= Heterochromatin), das sowohl als nukleolusassoziiertes Heterochromatin (**1**) als auch der Kernhülle innen angelagert vorkommt und hier wie auch im übrigen Kern unregelmäßig gestaltete Körper bildet. Aufgelockerte, helle Kernbezirke bestehen aus Euchromatin (**3**). Das randliche Heterochromatin ist im Bereich der Kernporen (E) unterbrochen. Die äußere Membran der Kernhülle trägt sehr oft Ribosomen, der inneren Kernmembran liegt (innen) das Heterochromatin (**4**) an, weswegen sie oft schwer zu erkennen ist. Zwischen innerer und äußerer Kernmembran befindet sich die Perinuklearzisterne, die mit dem rauen ER kommunizieren kann. Vergr. 19000fach. (Aus [1])

Kernmembran sichtbar, am Kern der Neutrophilen als Trommelschlägel.

Struktur der Chromosomen

Jedes Chromosom weist ein **Zentromer** auf. Hier liegt die sog. **primäre Einschnürung,** die das Chromosom in einen kurzen und einen langen Arm teilt. An ihr entsteht das **Kinetochor,** die Ansatzstelle der Spindelmikrotubuli bei der Zellteilung. Das Zentromer ist also der DNA-Abschnitt, der bei der Zellteilung dafür sorgt, dass je eine der verdoppelten Chromatinfibrillen in eine Tochterzelle gelangt. Das Zentromer liegt in einem Heterochromatinabschnitt. Die Chromosomen 13, 14, 15, 21, 22 und Y heißen **akrozentrisch,** weil bei ihnen das Zentromer fast am Chromosomenende liegt. Auf den kurzen Armen der akrozentrischen Autosomen liegt die **Nukleolus-Organisator-Region (NOR)** mit rRNA-Genen. Hier entsteht nach erfolgter Kernteilung der Nukleolus (s. u.). Der distal von ihr gelegene Endabschnitt der kurzen Arme dieser Chromosomen wird **Satellit** genannt. Die DNA der Satellitenregion enthält keine Gene und ist polymorph.

Der Endabschnitt der Chromosomenarme heißt **Telomer.** Die Telomere bestehen aus einer nichtkodierenden (keine Information für die Proteinsynthese enthaltenden), kurzen, sich häufig wiederholenden (repetitiven) Sequenz. Beim Menschen lautet diese Sequenz GGGTTA und wird gut 1500-mal wiederholt. Da bei jeder Replikation einige Nukleotide am Telomer nicht repliziert werden, kommt es zu stetigen DNA-Verlust. Solange nur die nichtkodierenden Sequenzen der Telomere nicht repliziert werden, hat dies keine Konsequenzen. Werden jedoch schließlich Teile von Genen nicht mehr repliziert, führt dies zum Zellteilungsstopp und zum Tod der Zelle. Embryonale Zellen exprimieren ein Enzym, das die Telomere verlängert, die Telomerase. Die normalen Zellen des erwachsenen Menschen exprimieren die Telomerase nicht, so dass sich die in der Embryonalzeit angelegten Telomere schrittweise verbrauchen, was zum Tod der Zelle und schließlich des Gesamtorganismus führt. Die ursprüngliche Länge der Telomere bestimmt möglicherweise auch die Lebensdauer jedes Individuums. Die Zellen einiger Tiere (z. B. Fische, Reptilien, manche Vögel) exprimieren die Telomerase ständig, ebenso Tumorzellen des Menschen; sie sind daher potentiell unsterblich. Bei manchen Tieren verkürzen sich die Telomere zwar in den ersten Lebensphasen, bleiben dann aber jahrelang konstant lang. Bei einzelnen langlebigen Vögeln (z. B. Kormoranen, sie werden bis zu 60 Jahre alt) wurde sogar eine Verlängerung der Telomere im Erwachsenenalter beobachtet.

Während der Mitose zeigen Chromosomen nach Färbung mit verschiedenen Techniken ein spezifisches **Querbandenmuster.** So weisen sie nach Giemsa-Färbung mit kurzer Trypsinisierung die sog. G-Bänderung auf. Die G-Banden entsprechen spät replizierenden Bereichen bzw. heterochromatischen Abschnitten.

2.2.3 Nukleolus

Der Nukleolus (= Kernkörperchen) ist eine kleine kugelige Struktur im Zellkern (Abb. 2-2, 2-38, 2-39). Er enthält die Gene, die für ribosomale RNA (rRNA) kodieren. Beim Menschen liegen im diploiden Genom ca. 400 Kopien der rRNA-Gene vor. Sie sind auf fünf Paare homologer Autosomen (der akrozentrischen Autosomen, s. o.) verteilt und jeweils im Bereich einer sog. sekundären Einschnürung zur Nukleolus-Organisator-Region (NOR) zusammengefasst. Die Chromosomen liegen dicht beieinander, so dass im Mikroskop meistens nur ein Nukleolus vorliegt. Im Nukleolus erfolgt die Transkription der rRNA-Gene durch die RNA-Polymerase I.

Es gibt vier eukaryotische rRNA-Typen, die alle Komponenten der Ribosomen sind:

- Mit dem 18S-rRNA-Molekül lagern sich ca. 30 Proteine im Nukleolus zur kleinen ribosomalen Untereinheit (40S) zusammen.
- Mit den 5.8S-, 28S- und 5S-rRNA-Molekülen lagern sich ca. 45 Proteine im Nukleolus zur großen ribosomalen Untereinheit (60S) zusammen.

Die Proteine der Ribosomen werden aus dem Zytoplasma in den Nukleolus importiert. Die zwei ribosomalen Untereinheiten verlassen getrennt den Kern und lagern sich erst im Zytoplasma zum Ribosom zusammen.

Strukturell lassen sich im Nukleolus drei Hauptkomponenten unterscheiden, die im transmissionselektronenmikroskopischen Präparat meist deutlich erkennbar sind:

- relativ helle fibrilläre Zentren (fibrilläre Lakunen), die aus dem Chromatin der NOR bestehen, die also im Wesentlichen DNA enthalten,
- relativ dichte Fibrillen (Pars fibrosa), die Komplexe aus prä-rRNA und spezifischen Proteinen entsprechen,
- eine granuläre Komponente (Pars granulosa), die den ribosomalen Untereinheiten entspricht.

Die Größe des Nukleolus ist positiv mit der Zellaktivität korreliert.

2.2.4 Kernskelett

Der Aufbau und sogar die Existenz des Kernskeletts sind noch umstritten. Es besteht vermutlich aus einem

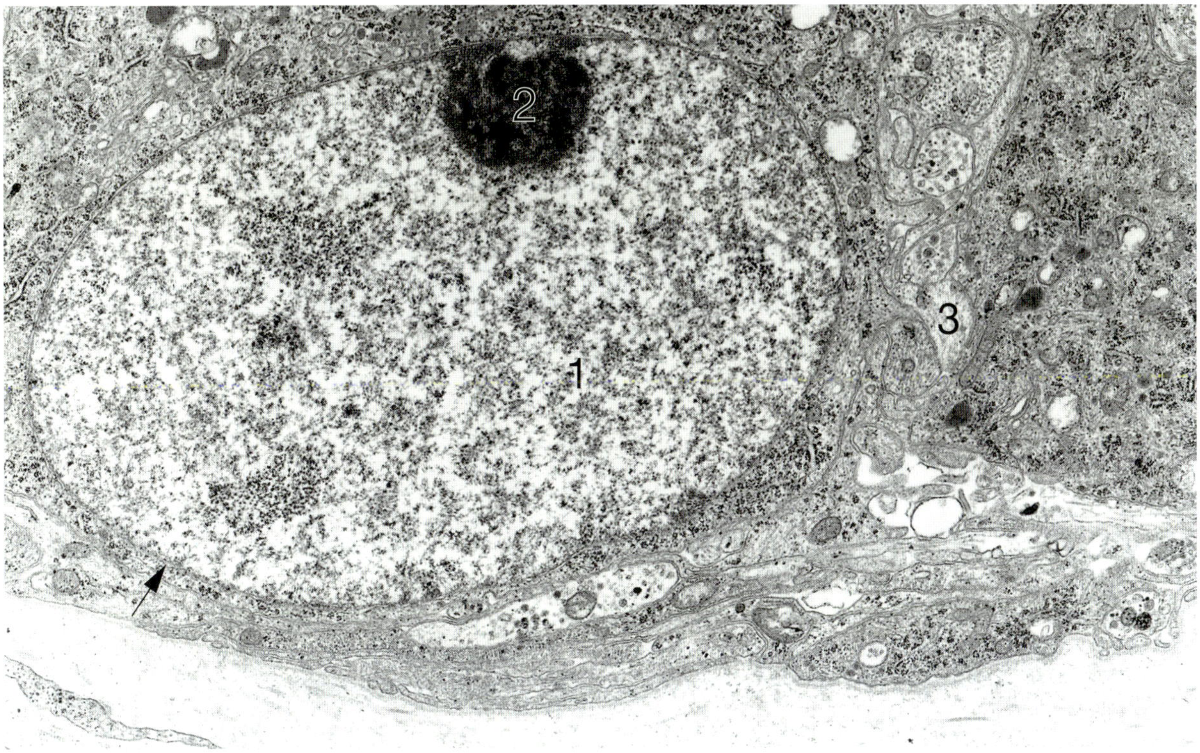

Abb. 2-39 Nukleolus (2) in einem großen, glatt konturierten Kern (**1**) in einer Nervenzelle (Meissner-Plexus, Submukosa des Dünndarms, Mensch). Der Kern enthält fast ausschließlich Euchromatin. **2** großer Nukleolus mit netziger Struktur (Nukleolonema); **➔** Kernhülle; **3** Nervenendigungen am Perikaryon. Vergr. 11000fach.

dreidimensionalen Netzwerk aus 9–13 nm langen Filamenten, die aus Proteinen (u.a. Topoisomerase II) und RNA bestehen. Dem Kernskelett werden auch Proteine zugerechnet, die an bestimmte DNA-Sequenzen, die sog. matrix- oder gerüstassoziierten Regionen (MARs = SARs), binden. Solche Sequenzen finden sich vermutlich am Fuß von DNA-Schleifen oder befestigen DNA an der Kernlamina. Möglicherweise helfen Proteine des Kernskeletts bei der Regulation des Organisationszustands der Chromosomen, bei der DNA-Replikation sowie beim Auffinden von Genen durch Signalmoleküle.

2.3 Zellorganellen

Das Zytoplasma enthält eine Reihe membranbegrenzter Strukturen mit spezifischen Funktionen, die Zellorganellen genannt werden. Die Ribosomen werden aus funktionellen Gründen den Zellorganellen zugezählt, obwohl sie nicht von einer Membran begrenzt sind; sie können jedoch an die Membran des endoplasmatischen Retikulums angelagert sein. Die typischen membranbegrenzten Organellen besitzen eine spezifische Ultrastruktur, die im elektronenmikroskopischen Präparat gut zu analysieren ist.

2.3.1 Ribosomen

Die Ribosomen sind die zytoplasmatischen Strukturen, an denen die Proteinsynthese stattfindet. In einer eukaryotischen Zelle gibt es bis zu 1 Milliarde Proteinmoleküle, die sich auf bis zu 10000 verschiedene Proteine verteilen. Ungefähr 10 Millionen Ribosomen bewerkstelligen in aktiven Zellen die Aufgabe der Proteinsynthese. Ein Protein wird meist in einigen Minuten hergestellt.

Ribosomen besitzen keine Membran. Sie kommen frei im Zytoplasma vor oder sind mit der Membran des endoplasmatischen Retikulums (ER) verknüpft (s.u.). Freie Ribosomen können membrangebunden werden (s.u.), und membrangebundene Ribosomen können in das Zytoplasma zurückkehren. Freie und membrangebundene Ribosomen sind strukturell und funktionell gleichartig: Jedes Ribosom besteht aus ca. 80 meist in der Peripherie liegenden Proteinen und vielen im Zentrum konzentrierten rRNA-Molekülen. Es besteht zu einem Drittel aus Protein und zu zwei Dritteln aus rRNA. Proteine und rRNA verteilen sich auf zwei Untereinheiten: eine kleine (40S) und eine große (60S). Die kleine Untereinheit bindet mRNA, die die Information zur Aminosäuresequenz eines Proteins trägt. Anschließend verbinden sich die beiden

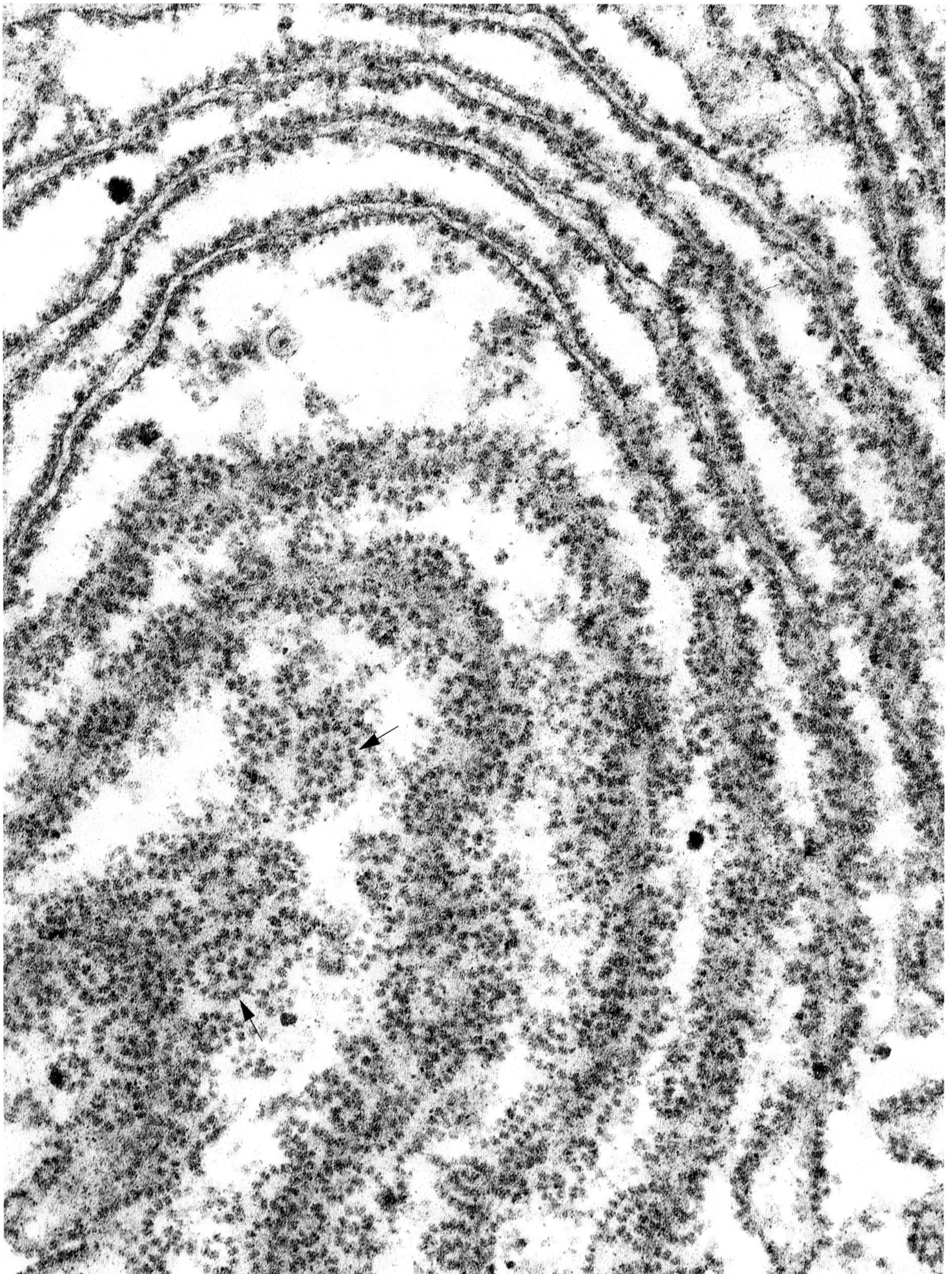

Abb. 2-40 Spiralförmige Polyribosomen (→) am rauen endoplasmatischen Retikulum (RER) in einer proteinbildenden Drüsenzelle (Reichensperger-Organ in der Seelilie, *Metacrinus rotundus*). Diese Polyribosomen werden durch mRNA zusammengehalten und erst in Tangentialschnitten durch die Wand des RER gut erkennbar. Vergr. 66 650fach.

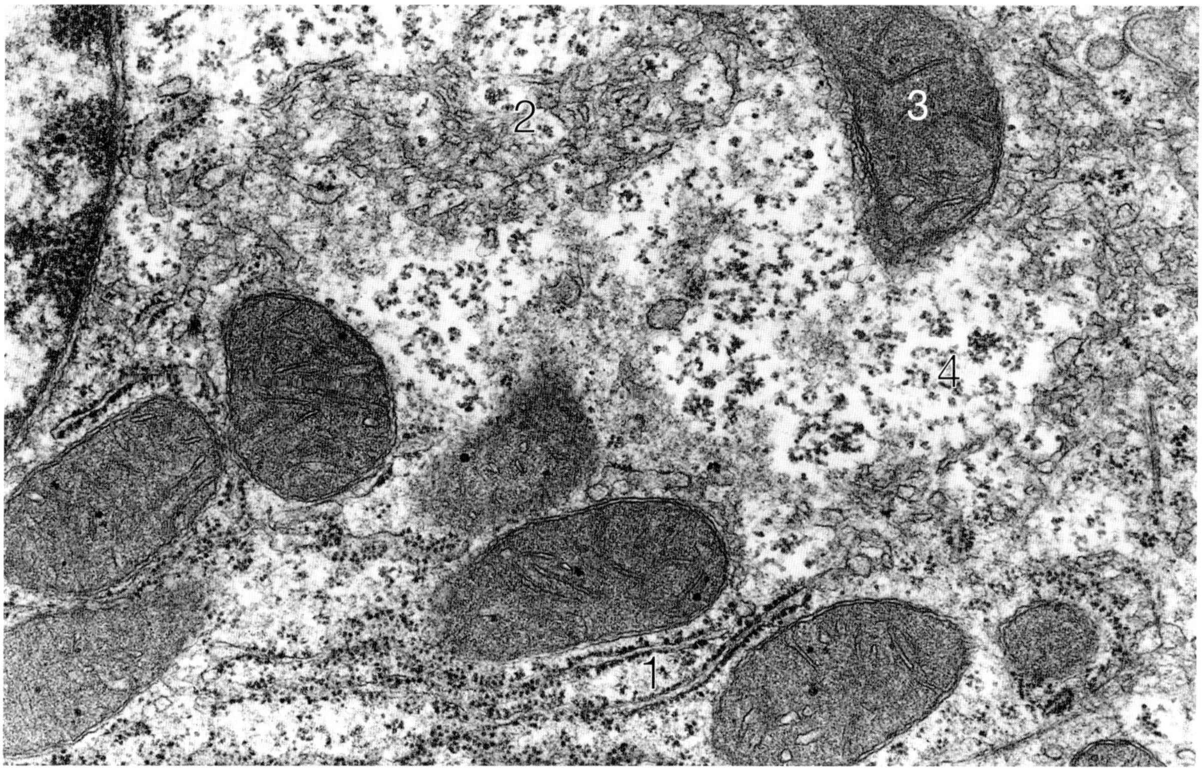

Abb. 2-41 Raues (1) und glattes (2) endoplasmatisches Retikulum in der Leberepithelzelle einer Ratte. **3** Mitochondrien; **4** Glykogen. Vergr. 36600fach.

Untereinheiten zum Ribosom, das als ca. 20 nm großes Partikel im elektronenmikroskopischen Präparat sichtbar ist (Abb. **2-40**). Anschließend bindet tRNA, die die zur mRNA passende Aminosäure zum Ribosom transportiert, an die kleine Untereinheit, und die große Untereinheit katalysiert die Verknüpfung dieser Aminosäure mit der vorhergehenden durch eine Peptidbindung.

Freie und membrangebundene Ribosomen haben zwar dieselbe Struktur und Funktion, aber die an ihnen synthetisierten Proteine erfüllen unterschiedliche Aufgaben: An **freien Ribosomen** gebildete **Proteine** erfüllen verschiedene Aufgaben im **Zytoplasma,** im **Zellkern,** in **Mitochondrien** und **Peroxisomen.** An **membrangebundenen Ribosomen** gebildete **Proteine** sind für die Sekretion, die Zellmembran oder die **Lysosomen** bestimmt (s.u.). Die Synthese der letztgenannten Proteine beginnt an einem freien Ribosom mit der Bildung eines Signalpeptids, das an ein Signalerkennungspartikel (SRP) bindet. Das SRP leitet das wachsende Protein mitsamt dem Ribosom zur Membran des ER. Dort heftet sich das Ribosom, vermittelt durch den SRP-Rezeptor, an und synthetisiert das restliche Protein.

Ribosomen sind stets mit mRNA verbunden; oft sind mehrere Ribosomen mit einer mRNA verknüpft. Solcherart verbundene Ribosomengruppen heißen (egal, ob im Zytoplasma liegend oder an der ER-Membran angeheftet) **Polyribosomen** (Polysomen, Abb. **2-40**).

2.3.2 Endoplasmatisches Retikulum (ER)

Das endoplasmatische Retikulum ist ein in den einzelnen Zelltypen verschiedenartig angeordnetes System von membranbegrenzten Zisternen oder Schläuchen im Zytoplasma (Abb. **2-41**). Wenn das ER außen mit Ribosomen besetzt ist, wird es ribosomenbesetztes oder **raues ER** (RER, englisch: rough ER) genannt; fehlen ihm Ribosomen, heißt es **glattes ER** (GER, englisch: smooth ER). Das endoplasmatische Retikulum spielt eine wesentliche Rolle bei der Protein- und Lipidsynthese; hier entstehen auch die Lipide und fast alle Transmembanproteine der Organellen und der Zellmembran.

Raues endoplasmatisches Retikulum (RER)

Proteine, die von Ribosomen am RER gebildet werden,

- sind für die Sekretion bestimmt und wandern über den Golgi-Apparat, wo sie in Granula verpackt wer-

den, an die Zelloberfläche, wo sie per Exozytose freigesetzt werden;
- wandern ebenfalls über den Golgi-Apparat in die Lysosomen. Es handelt sich hierbei um die lysosomalen Enzyme;
- werden in die Zellmembran transportiert (Membranproteine).

Die Proteine für die verschiedenen Bestimmungsorte sind jeweils durch spezielle **Signalsequenzen** gekennzeichnet.

Die an den Ribosomen des RER gebildeten Proteine werden über spezifische hydrophile Porenstrukturen (Translocatoren) der RER-Membran in das Lumen des RER transportiert. Ein Translocator ist ein Kanal, der von einem Multiproteinkomplex aufgebaut wird. Entsprechend der Vielfalt der Proteine, ihrer Struktur und ihrer Destinationen gibt es im Detail verschiedene Transportmechanismen in das RER. Im Lumen wird das Signalpeptid von einer Signalpeptidase abgespalten. Weiterhin können einige Modifikationsreaktionen erfolgen:
- Disulfidbindungen werden gebildet,
- Proteine werden unter Mithilfe von Faltungskatalysatoren (Chaperon-Proteinen) korrekt gefaltet,
- Proteinuntereinheiten werden zu größeren Komplexen zusammengefügt,
- die Glykosylierung der Proteine beginnt,
- Proteine können bereits im Lumen des RER wieder gespalten werden.

Glykosylierung und Spaltung sind Modifikationen, die dann noch verstärkt im Golgi-Apparat durchgeführt werden.

Von besonderem Interesse ist, dass die korrekte Proteinfaltung und die Zusammenlagerung der Untereinheiten überprüft werden. Nicht korrekt gefaltete Proteine werden z. B. im Lumen des RER zurückgehalten, wo sie in Form von Aggregaten oder an andere Komponenten gebunden zurückgehalten werden, oder sie werden in das Zytosol zurücktransportiert, wo sie in Proteasomen abgebaut werden, oder sie werden zwar zunächst in den Golgi-Apparat transportiert, von hier aber in das RER-Lumen zurückgeschickt.

Die zukünftigen Transmembranproteine werden nicht in das Lumen abgegeben, sondern bleiben in der ER-Membran und werden in Form kleiner, abgeschnürter Vesikel – nach Passage durch den Golgi-Apparat – in die Zellmembran inkorporiert.

Das RER ist in den einzelnen Zellformen unterschiedlich entwickelt (Abb. **2-41**, **2-42**). In eiweißsynthetisierenden Drüsenzellen füllen dicht gelagerte RER-Zisternen oft die ganze basale Zellhälfte (lichtmikroskopisch: **basophiles Ergastoplasma**) aus, so z. B. im exokrinen Pankreas (Abb. **2-43**) oder in der laktierenden Milchdrüse. In vielen großen Nervenzellen bildet das RER mehrere größere Membranstapel, die **Nissl-Substanz** genannt werden (Abb. **2-44**) – benannt nach dem Heidelberger und Münchner Neurologen und Psychiater Franz Nissl, 1860–1919. Im Bereich des RER werden außer den genannten Proteinen fast alle Lipide der Zelle gebildet, auch die Lipide des Milchfetts in den Drüsenzellen der Milchdrüse.

Vorkommen Das RER kommt in allen Zellen vor, in besonders umfangreicher Menge z. B. im exokrinen Pankreas (Abb. **2-43**), in der Parotis und in der laktierenden Milchdrüse.

Glattes endoplasmatisches Retikulum (GER)

Das GER steht oft in kontinuierlicher Verbindung mit dem RER, kann aber auch unabhängig von ihm auftreten. Es bildet meist tubuläre Strukturen (Abb. **2-45**), die in einzelnen Zellen, z. B. den steroidhormonbildenden Zellen, das Zytoplasma weitgehend ausfüllen können. Das GER hat verschiedenartige Aufgaben, von denen einige genannt seien:
- In Muskelzellen ist es Kalziumspeicher und baut in Skelett- und Herzmuskelzellen das longitudinale SR-System auf (SR: smooth reticulum, gemeint ist das GER in den quergestreiften Muskelzellen).
- In den endokrinen Zellen des Ovars, der Hoden und der Nebennierenrinde enthält es Enzyme, die zusammen mit mitochondrialen Enzymen die Steroidhormone aufbauen. Ein Teil der Syntheseschritte der Steroide erfolgt im GER. In solchen Zellen umgeben oft viele Lagen des GER Lipidtropfen, die das Ausgangsmaterial der Cholesterinsynthese enthalten.
- Das GER hat auch entgiftende Funktionen, z. B. in den Leberepithelzellen. Hier können z. B. Medikamente oder Drogen inaktiviert werden. Dies erfolgt durch Hydroxylierung in Anwesenheit von Cytochrom P-450, einer Familie von Oxidasen mit verschiedenen Funktionen in der Membran des GER. Die Substanzen werden durch die Hydroxylierung löslicher und können in der Niere leichter ausgeschieden werden. Bei Belastung mit Medikamenten – besonders bekannt ist die Belastung mit Barbituraten – nimmt das GER in den Leberzellen an Menge zu. Zum Teil können potentiell karzinogene Substanzen durch die Hydroxylierung in aktive Karzinogene umgewandelt werden.

Vorkommen Das GER kommt in größerem Umfang in steroidproduzierenden Zellen, in Skelett- und Herzmuskelzellen und in variabler Ausbildung in Leberzellen vor.

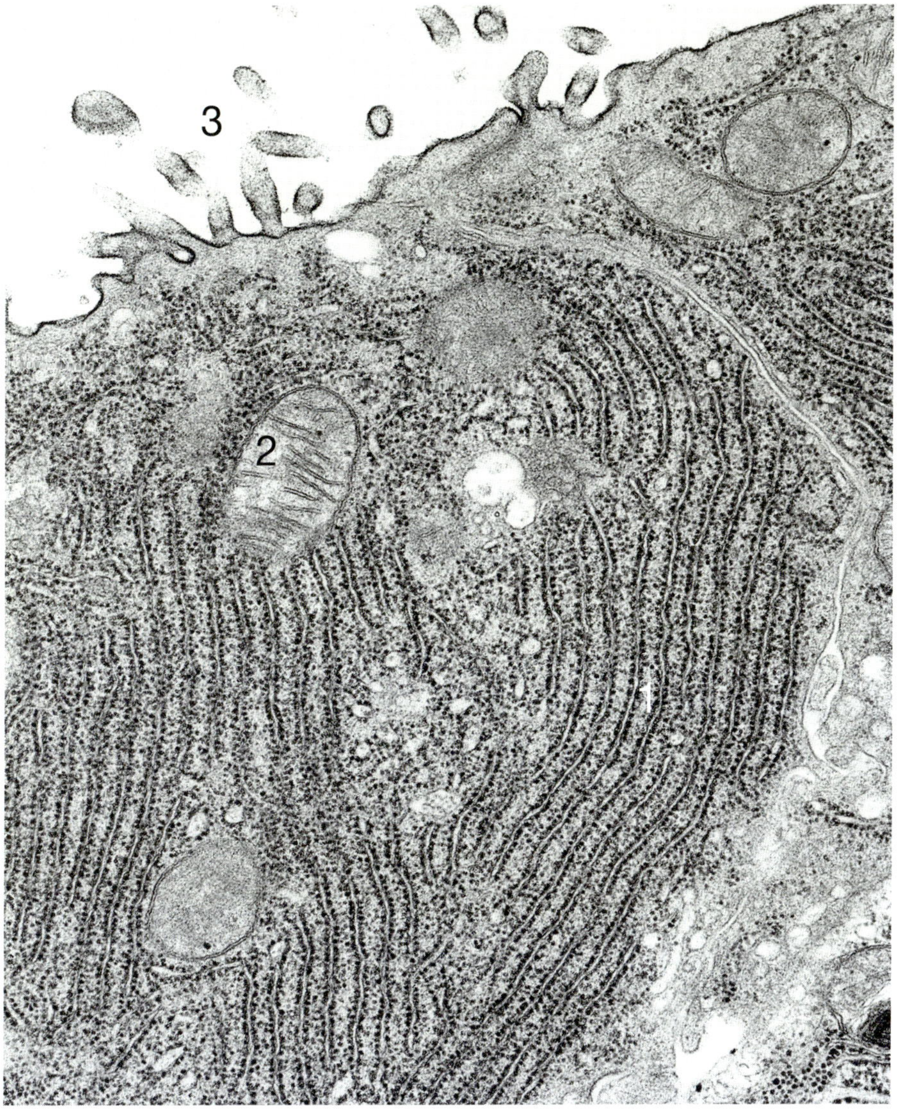

Abb. 2-42 Dicht gelagerte Zisternen des rauen endoplasmatischen Retikulums (1) in einer Drüsenzelle (laktierende Milchdrüse einer Ratte). **2** Mitochondrium; **3** Mikrovilli. Vergr. 36 600fach.

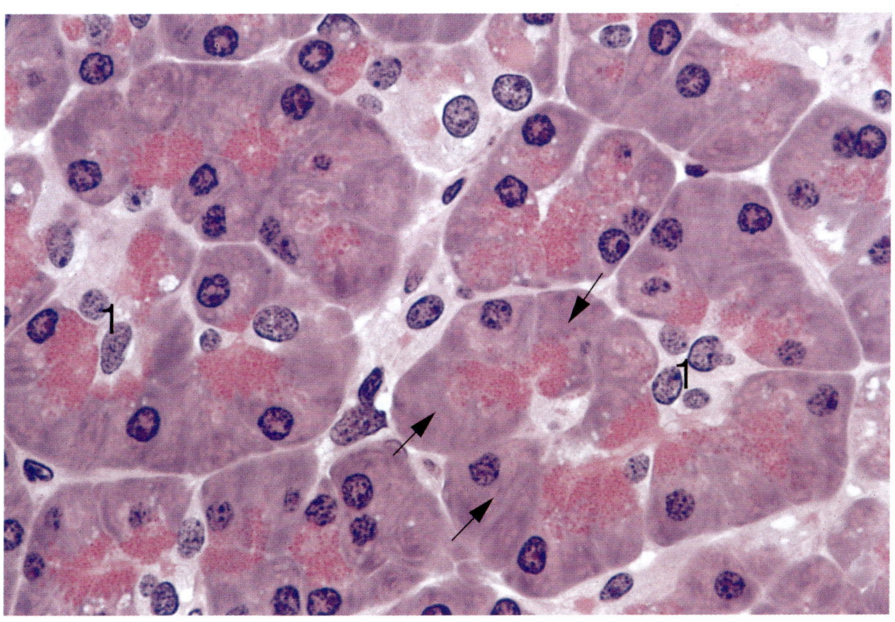

Abb. 2-43 Ergastoplasma. In den Epithelzellen des exokrinen Pankreas und anderer eiweißbildender Drüsen ist das Zytoplasma der basalen Zellhälfte deutlich basophil und blau-lila gefärbt (➔, Ergastoplasma, entspricht Stapeln des rauen endoplasmatischen Retikulums). Der Zellapex enthält rötlich gefärbte Sekretionsgranula. **1** zentroazinäre Zellen. Pankreas, Mensch. Plastikschnitt; Färbung: H. E.; Vergr. 420fach.

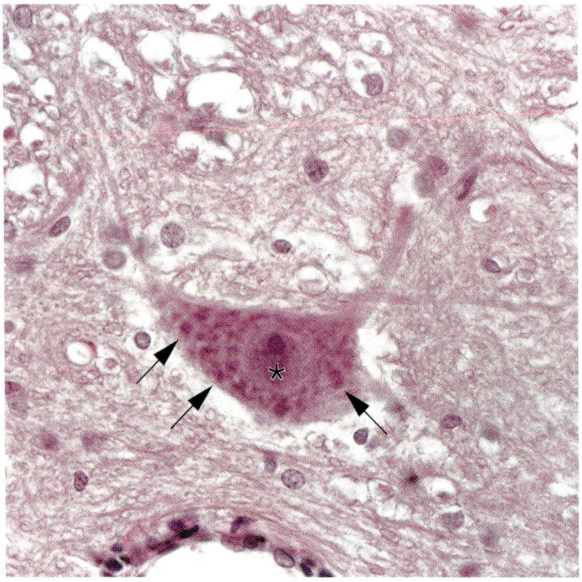

Abb. 2-44 **Fleckförmig verteilte Nissl-Substanz (→)** im Zytoplasma des Perikaryons einer motorischen Vorderhornzelle (Rückenmark, Mensch). ✻ Zellkern mit Nukleolus. Färbung: H.E.; Vergr. 500fach.

2.3.3 Golgi-Apparat

Proteine, die im RER gebildet wurden, wandern mit Hilfe von Transportvesikeln zum Golgi-Apparat (nach Camillo Golgi [1843–1926, Pathologe, Pavia, 1906 Nobelpreis für Medizin] benannt), einem spezifischen Membrankomplex jeder Zelle, wo sie strukturell modifiziert (Phosphorylierung, Sulfatierung, Glykosylierung, Modifikation einer schon im RER erfolgten Glykosylierung u.a.) und nach Zielorten sortiert werden.

Der Golgi-Apparat besteht aus einem Stapel membranbegrenzter Zisternen (Abb. 2-**46**) und diesen funktionell zugeordneten kleinen Vesikeln. Dieser Membranstapel besitzt einen **polaren Aufbau,** der von Mikrotubuli und einem dynamischen Gerüst von Matrixproteinen aufrechterhalten wird. Eine Seite, die oft konvex gewölbt ist, nimmt die Vesikel aus dem RER auf und wird **cis-Seite** genannt. Ihr gegenüber liegt die oft konkave **trans-Seite,** in deren Bereich das modifizierte Protein in Vesikel oder Sekretionsgranula verpackt wird. Die trans-Seite ist oft besonders stark in

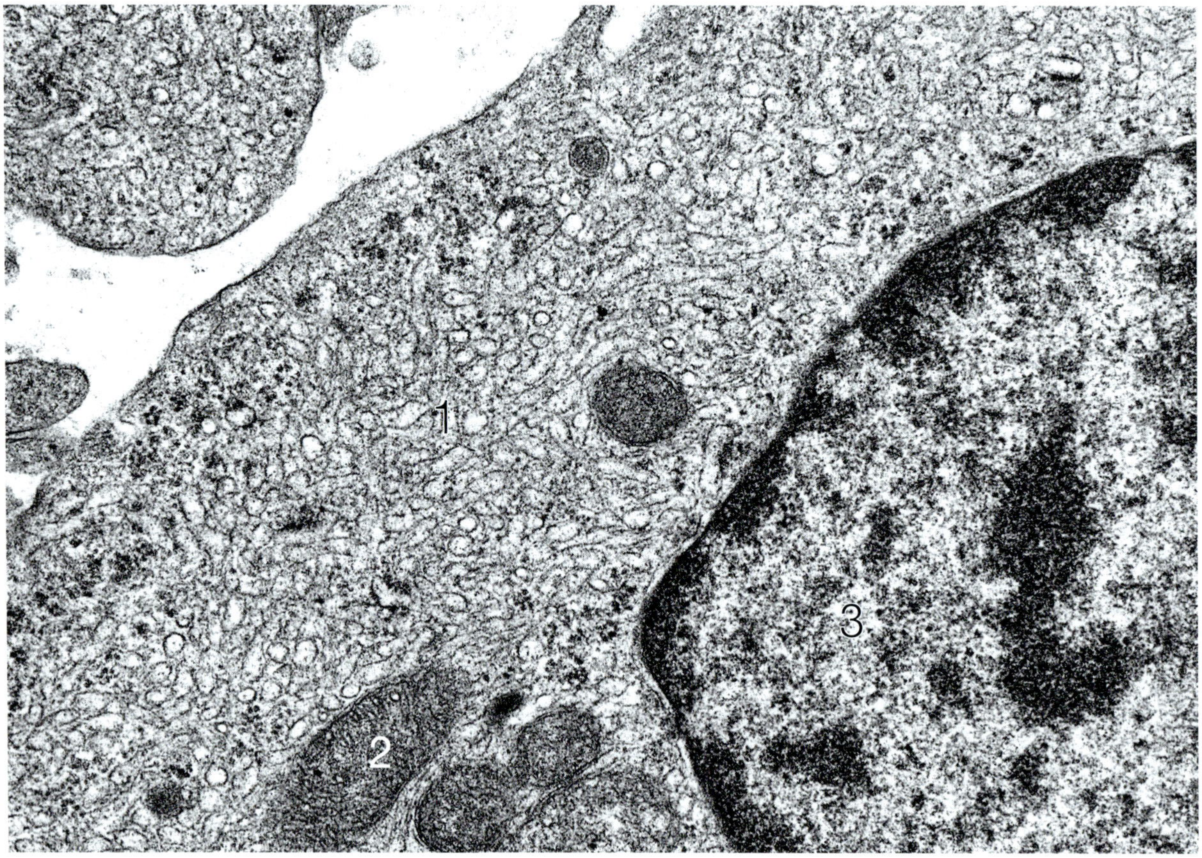

Abb. 2-45 **Reich entwickeltes, schlauchförmiges glattes endoplasmatisches Retikulum (1)** in einer Leydig-Zelle im Hoden des Menschen. Die dicht gelagerten Schläuche des GER sind quer, schräg und längs angeschnittern. **2** tubuläre Mitochondrien; **3** Zellkern. Vergr. 35 700fach.

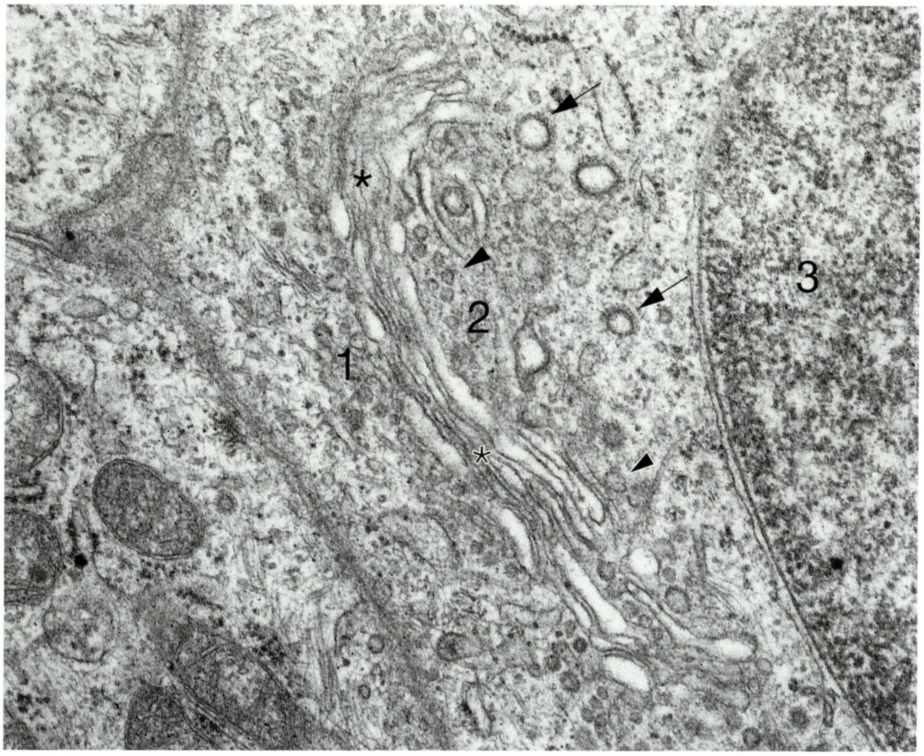

Abb. 2-46 Golgi-Apparat (✻) in einer Epithelzelle des Nebenhodens des Menschen. **1** cis-Seite; **2** trans-Seite; ▶ glatte Vesikel; ➔ Stachelsaumbläschen; **3** Zellkern. Vergr. 36 610fach.

Zisternen und unterschiedlich große Vesikelstrukturen aufgegliedert und wird auch Trans-Golgi-Netzwerk (TGN) genannt. Die in der Mitte gelegenen Zisternen werden auch als mediale Zisternen bezeichnet. Die abgestuften Schritte des Umbaus und der Modifikation (Prozessierung) der in den Golgi-Apparat eintretenden Proteine erfolgt geordnet von der cis- zur trans-Seite. Zum Stofftransport durch den Golgi-Apparat existieren zwei Hypothesen:

1. Die Zisternen sind weitgehend stationäre Strukturen. Der Stofftransport erfolgt mittels lateral abgeschnürter Vesikel (Abb. **2-47a**).
2. Die Zisternen selbst wandern von der cis- zur trans-Seite und werden auf der cis-Seite aus Vesikeln des RER ständig neu gebildet (Abb. **2-47b**).

Sicher ist, dass lateral am Golgi-Apparat zu findende Vesikel Stoffe von der trans- zur cis-Seite zurücktrans-

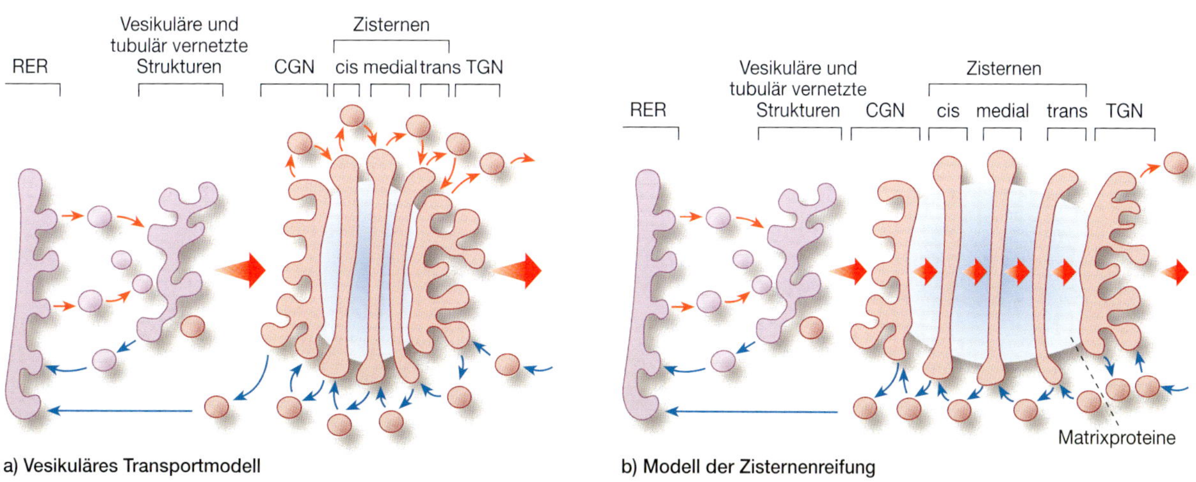

Abb. 2-47 Modelle für den Stofftransport durch die Zisternen des Golgi-Apparats. RER: raues endoplasmatisches Retikulum. CGN: cis-Golgi-Netzwerk, TGN: trans-Golgi-Netzwerk. Rote Pfeile: Wanderungsrichtung von cis nach trans. Blaue Pfeile: Wanderungsrichtung von trans nach cis. (Modifiziert nach [13])

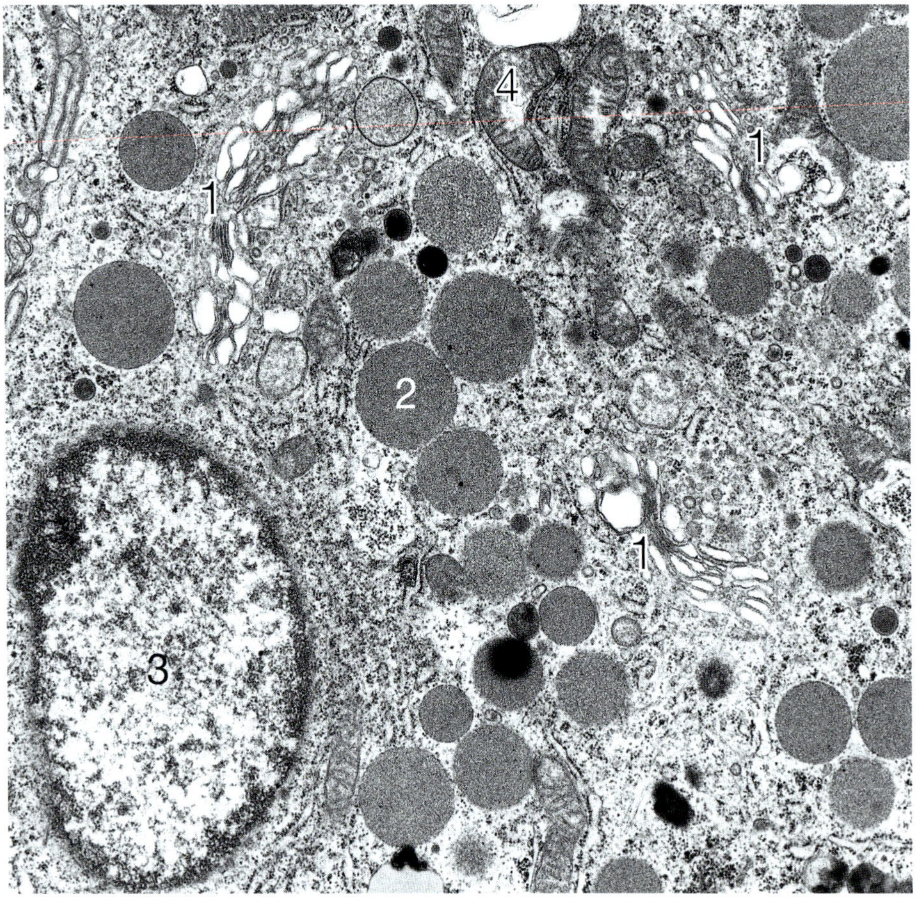

Abb. 2-48 Golgi-Apparat (1) und Sekretionsgranula (2); drei Anschnitte durch den Golgi-Apparat in einer serösen Drüsenzelle der Bronchialdrüsen des Menschen. Aus dem Golgi-Apparat gehen die Sekretionsgranula (**2**) hervor, deren Inhalt sich außerhalb des Golgi-Apparates noch verdichten kann. **3** Zellkern; **4** Mitochondrium. Vergr. 15 300fach.

portieren, z. B. Enzyme, die für die Modifikationsprozesse der aus dem RER kommenden Proteine nötig sind. Es können sogar Proteine aus dem RER, die bis zur trans-Seite gelangt sind, zum RER zurücktransportiert werden.

Ein Beispiel für die spezifische Funktion des Golgi-Apparats ist die Phosphorylierung eines Mannoserests in Glykoproteinen am C6-Atom zu Mannose-6-Phosphat, die die Glykoproteine für den Zielort „Lysosom" markiert. In der trans-Region binden die so markierten Proteine an Mannose-6-Phosphat-Rezeptoren und werden in Vesikel aufgenommen, die sie zu primären Lysosomen (s. Kap. 2.3.4) transportieren.

Golgi-Apparate sind in Drüsenzellen besonders groß, sie verpacken die Sekrete in Granula (Abb. **2-48**). In manchen Zellen, z. B. den multipolaren Neuronen im Vorderhorn des Rückenmarks, treten mehrere Golgi-Apparate auf (Abb. **2-49**), die dann z. T. als Diktyosomen bezeichnet werden.

Vorkommen Alle Zellen. Drüsenzellen haben besonders große Golgi-Apparate. In großen Zellen, z.B. in Leberzellen und in den multipolaren Neuronen im Vorderhorn des Rückenmarks treten mehrere Golgi-Apparate auf.

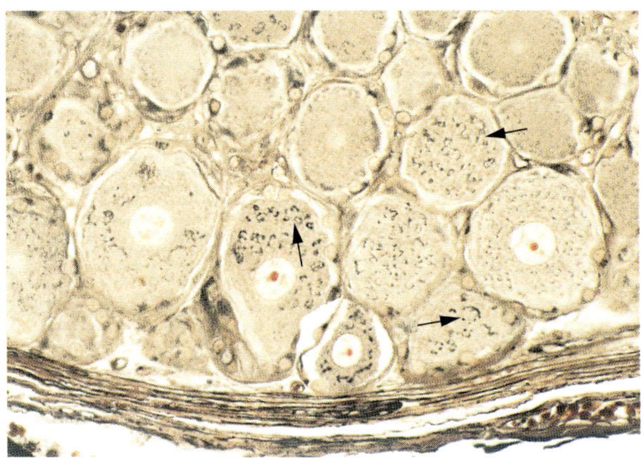

Abb. 2-49 Golgi-Apparat einer Spinalganglienzelle (Katze), der durch Osmiumsäure in Form schwärzlicher ösen-, haken- und schleifenförmiger Figuren hervortritt (➔). Färbung: Osmierung nach Kolatschev und Gegenfärbung mit Safranin; Vergr. 500fach.

2.3.4 Lysosomen

Lysosomen sind membranbegrenzte, zumeist kugelige Zellorganellen (Abb. **2-50**), die durch ihren Gehalt an sauren Hydrolasen und ihren sauren pH-Wert von 4,5–5 gekennzeichnet sind. Der saure pH-Wert wird mittels einer ATP-abhängigen membranständigen Protonenpumpe geschaffen. Es sind 40–50 **saure Hydrolasen** bekannt, z.B. Proteasen (Cathepsine), Lipasen, Esterasen, Nukleotidasen, Glukuronidasen, saure Phosphatasen, Sulfatasen, Elastase und Kollagenasen, die ihr Aktivitätsoptimum im sauren Bereich haben und die alle wichtigen Substrate abbauen und verdauen können. Die Lysosomenmembran enthält außer der Protonenpumpe auch Transportproteine (lysomales Glykoprotein A und B), die Abbauprodukte aus dem Lysosom in das Zytoplasma verlagern, wo sie für Syntheseprozesse wiederverwendet werden können. Dies betrifft z.B. Aminosäuren und Zucker.

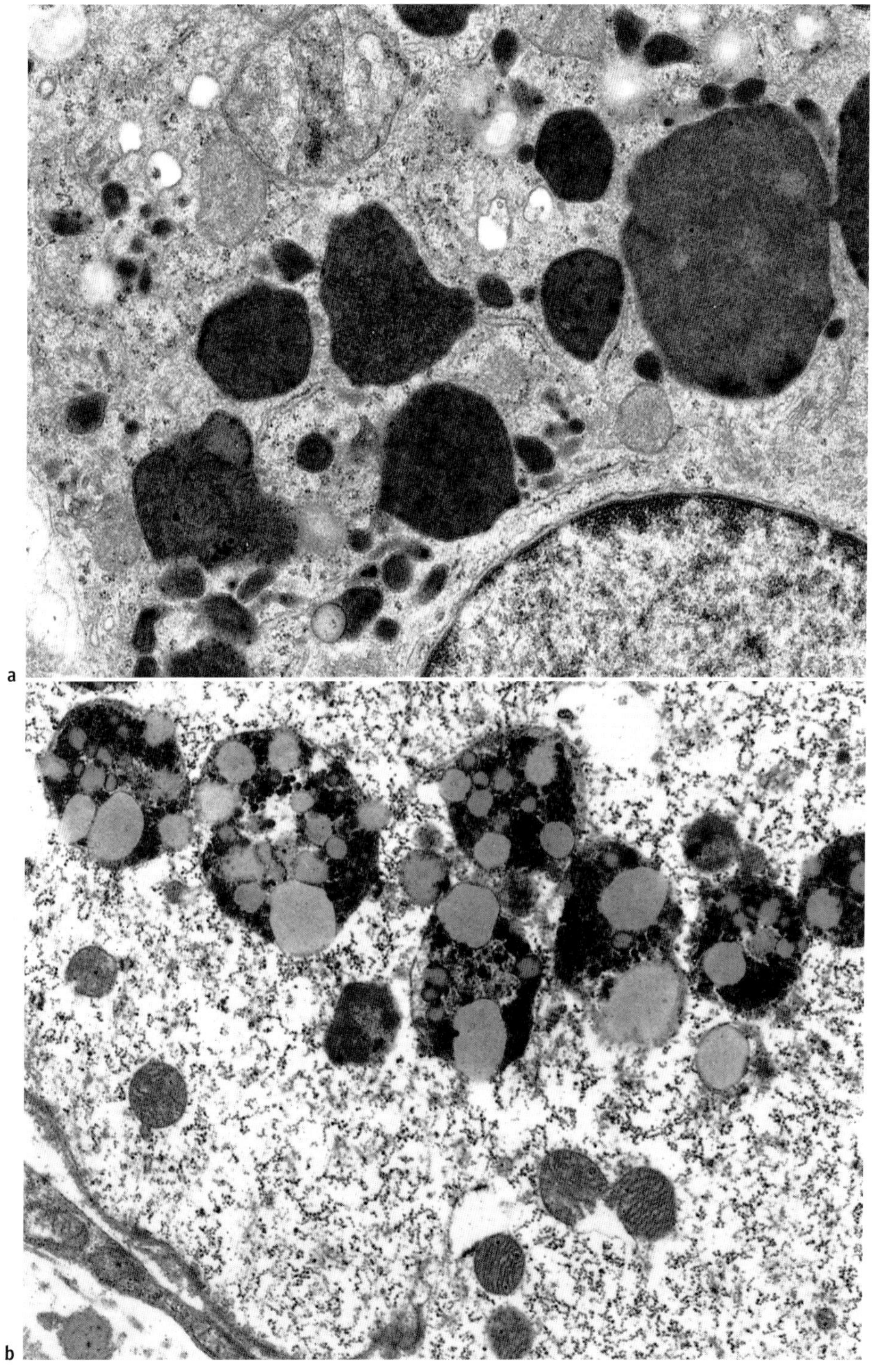

Abb. 2-50 Lysosomen.
a) Primäre (klein, homogener dunkler Inhalt) und sekundäre (groß, heterogener Inhalt) Lysosomen in einem Makrophagen des Kolons des Menschen. Vergr. 15300fach.
b) Sekundäre Lysosomen (Lipofuszingranula) in einer Herzmuskelzelle des Menschen. Vergr. 12000fach.

Die lysosomalen Enzyme werden im RER synthetisiert und gelangen in den Golgi-Apparat, wo in ihre Oligosaccharidketten Mannose-6-Phosphat (M6P) eingefügt wird. Sie werden auf der trans-Seite an membranständige Mannosephosphat-Rezeptoren gebunden. Die Mannosephosphatreste der Enzyme sind das Signal, das diese Proteine in das lysosomale Kompartiment dirigiert. An die Rezeptoren gebunden, verlassen sie in Clathrin-bedeckten Vesikeln den Golgi-Apparat. Solche Vesikel verlieren den Clathrinbelag und geben den Mannosephosphat-Rezeptor an das trans-Golgi-Netzwerk zurück. Sie werden als **Transportvesikel lysosomaler Enzyme oder primäre Lysosomen** bezeichnet, üben aber noch keinerlei verdauende Tätigkeit aus. Sie verschmelzen mit Vesikeln, die Makromoleküle aus dem Extrazellulärraum (frühe Endosomen, s.u.) enthalten. Dann beginnt der Abbau extrazellulärer bzw. der Umbau intrazellulärer Makromoleküle durch die lysosomalen Enzyme. Mit fortschreitendem Abbau entwickeln sich typische (= **sekundäre oder Hetero-) Lysosomen** (s.u.).

Funktionen Lysosomen besitzen verschiedenen Funktionen:
Ihre Hauptfunktion ist der **Abbau von Makromolekülen,** die durch **rezeptorvermittelte Endozytose in die Zelle gelangt** sind (Abb. **2-16, 2-51**). Diese Makromoleküle werden mitsamt dem Zellmembranrezeptor, der die Endozytose vermittelt hat, in Endozytosevesikeln in die Zelle aufgenommen. Aus den Endozytosevesikeln entwickeln sich **frühe Endosomen** (pH 6,5), die mit Transportvesikeln lysosomaler Enzyme (primären Lysosomen) zu **späten Endosomen (Endolysosomen)** verschmelzen. In diesen hält eine Protonenpumpe in der Membran den für die Funktion der lysosomalen Enzyme nötigen niedrigen pH von 5,5–5

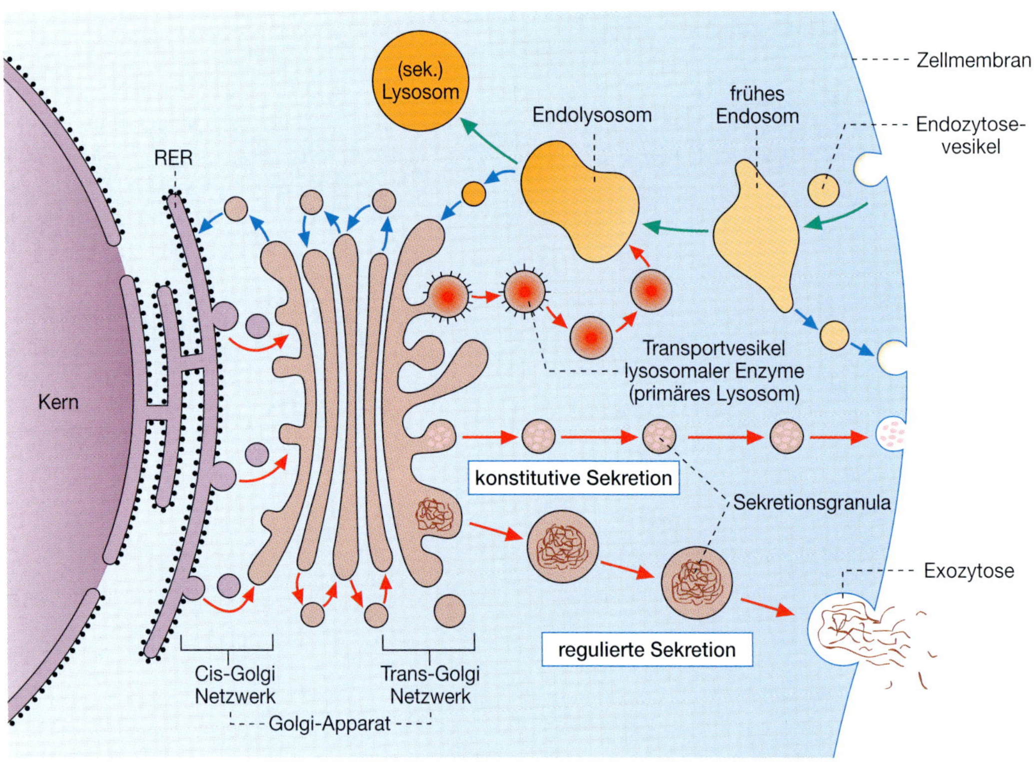

Abb. 2-51 An Biosynthese, Sekretion sowie Endozytose beteiligte intrazelluläre Kompartimente. Die verschiedenen Kompartimente kommunizieren mittels Transportvesikeln. Die Wege der **Biosynthese und Sekretion** sind durch rote Pfeile markiert; hier werden Proteinmoleküle vom RER über den Golgi-Apparat in Vesikeln bzw. Granula zur Zelloberfläche transportiert oder in Transportvesikel verpackt (lysosomale Enzyme). Die zur Zelloberfläche wandernden Proteine werden in die Zellmembran eingebaut oder per Exozytose freigesetzt. Konstitutive Sekretion: kontinuierliche Sekretion ohne auslösendes Signal; regulierte Sekretion: durch ein Exozytosesignal ausgelöste Sekretion. **Endozytose**vesikel (obere Bildhälfte) mit den aus dem Extrazellulärraum aufgenommenen Makromolekülen und ihrem Zellmembranrezeptor schnüren sich von der Zellmembran ab und werden zu frühen Endosomen (pH 6,5). Diese verschmelzen mit den Transportvesikeln lysosomaler Enzyme (primären Lysosomen) zu späten Endosomen (Endolysosomen), in denen ein pH-Wert von 5–6 herrscht. In den späten Endosomen löst sich die Verbindung zwischen endozytierten Molekülen und ihrem Rezeptor, und der Abbau der Moleküle beginnt. Mit fortschreitendem Abbau entwickeln sich späte Endosomen zu typischen (sekundären) Lysosomen, deren Inhalt heterogen ist und deren pH bei ca. 5 liegt. Zwischen den einzelnen Kompartimenten gibt es auch Rücktransportvorgänge (blaue Pfeile). (Aus [1])

aufrecht. Bevor der Abbau der Makromoleküle beginnt, werden diese von ihrem Zellmembranrezeptor getrennt, d.h., der Molekül-(Ligand-)Rezeptor-Komplex wird gespalten, und der Rezeptor gelangt mittels vesikulären Transports zurück in die Zellmembran. Mit fortschreitendem Abbau der Makromoleküle entwickeln sich die späten Endosomen zu den typischen **(sekundären oder Hetero-) Lysosomen.** Ihr Inhalt ist heterogen (Abb. **2-50;** daher „Heterolysosom"), weil sie nicht weiter verdaubare Reste enthalten, und ihr pH liegt bei ca. 5. Endpunkt der Entwicklung sind **Residualkörper.** Diese haben häufig eine im Lichtmikroskop gut erkennbare bräunliche Eigenpigmentierung und enthalten Lipide, die oft nur unvollständig abgebaut werden können. Deshalb heißen Residualkörper auch **Lipofuszinkörner** (lat. fuscus = schwarzbraun).

Lysosomen spielen auch eine wichtige **Rolle im Stoffwechsel:** So werden die Schilddrüsenhormone T_3 und T_4 in Lysosomen der Schilddrüsenepithelzellen aus dem Speicherprotein Thyreoglobulin freigesetzt.

In den proximalen Nierentubuli nehmen sie die kleinen Proteine auf, die im Glomerulus filtriert und von den Tubulusepithelzellen mittels Endozytose in die Zelle rückresorbiert wurden. Solche Proteine werden in den Lysosomen abgebaut, die resultierenden Aminosäuren werden dem Organismus wieder zur Verfügung gestellt.

In Lysosomen können auch ganze Zellen oder Krankheitserreger, z.B. Bakterien, abgebaut werden. Makrophagen besitzen dementsprechend ein hochentwickeltes Lysosomensystem. Das Bakterium wird mittels eines aufwendigen Endozytosemechanismus, der wegen der Größe der beteiligten Strukturen **Phagozytose** genannt wird, in ein sog. **Phagosom** aufgenommen, das lysosomale Enzyme aufnimmt und sich mit fortschreitendem Abbau des Bakteriums zu einem Lysosom entwickelt (Abb. **2-16**). Die Phagozytose wird dadurch erleichtert, dass die Bakterien mit Antikörpern und Komplement bedeckt sind. Für das Abtöten der aufgenommenen Bakterien wesentlich ist der sog. **respiratory burst** (oxidative burst). Der respiratory burst ist durch die explosionsartige Freisetzung von Sauerstoffradikalen (O_2^-, H_2O_2, $\cdot OH$, HOCl) gekennzeichnet, bei deren Entstehung die nicht-mitochondriale NADPH-Oxidase die wesentliche Rolle spielt.

Lysosomen können auch im Rahmen von Umbauten in einer Zelle Organellen oder ganze Zytoplasmaanteile abbauen, z.B. Hormongranula in den Prolaktinzellen des Hypophysenvorderlappens, wenn akut abgestillt wird. Auch beim Umbau von Drüsen, z.B. der Milchdrüse nach der Laktation, sind Lysosomen zentral beteiligt.

Ein anderes Organell, das Proteine abbaut, ist das **Proteasom.** Es handelt sich um einen großen Proteasenkomplex, der Proteine abbaut, die eine Markierung durch Ubiquitin erhalten haben oder durch andere Veränderungen gekennzeichnet wurden. Das Proteasom ist im Gegensatz zu den Lysosomen nicht von einer Membran begrenzt.

Vorkommen Alle Zellen, besonders zahlreich in Makrophagen, Neutrophilen, Leberzellen, Epithelzellen des proximalen Nierentubulus, Enterozyten des Dünndarms, Follikelepithelzellen der Schilddrüse und vielen Nervenzellen.

Klinik Es gibt gut 30 Krankheiten, die auf genetischer Basis durch lysosomale Defekte bedingt sind: lysosomale Speicherkrankheiten, z.B. Mukopolysaccharidosen, Lipidspeicherkrankheiten, Mukolipidosen, Glykogenspeicherkrankheiten u.a. Meist fehlt ein bestimmtes funktionstüchtiges Enzym, so dass sich langsam nicht abgebaute Substrate in den Lysosomen ansammeln. Manche dieser Krankheiten tragen bekannte Eigennamen wie z.B. Morbus Gaucher, Morbus Pompe, Morbus Fabry u.v.a. Viele dieser Krankheiten gehen mit geistiger Behinderung einher, viele verlaufen früh tödlich. Da die genetische Basis der Defekte oft bekannt ist, ist das Bemühen um eine Gentherapie verständlich.

2.3.5 Multivesikuläre Körper

Multivesikuläre Körper sind größere membranbegrenzte Vakuolen, die kleinere Vesikel enthalten (Abb. 2-52). Die kleineren Vesikel entstehen durch Einstülpung und Abschnürung der Membran der Vakuolen. Es sind möglicherweise Transportstrukturen, die zwischen frühen und späten Endosomen vermitteln und somit im weiteren Sinn zum lysosomalen System gehören. In ihrer Matrix kommen saure Hydrolasen vor. Im Einzelnen ist ihre Funktion noch nicht gut bekannt; es gibt Zellen, in denen sie regelmäßig und recht zahlreich vorkommen, z.B. in Hepatozyten und den Epithelzellen des Ductus epididymidis. In Pneumozyten II gehen aus ihnen offensichtlich die Lamellenkörper hervor.

Vorkommen Zahlreich in Hepatozyten (Leberzellen), Epithelzellen des Ductus epididymidis und Pneumozyten II.

2.3.6 Annulierte Lamellen

Annulierte Lamellen sind seltene Organellen, die z.B. in sich schnell teilenden Zellen, wie frühen Stadien der Keimzellen und manchen Krebszellen, auftreten. Es handelt sich um Stapel parallel angeordneter, flacher

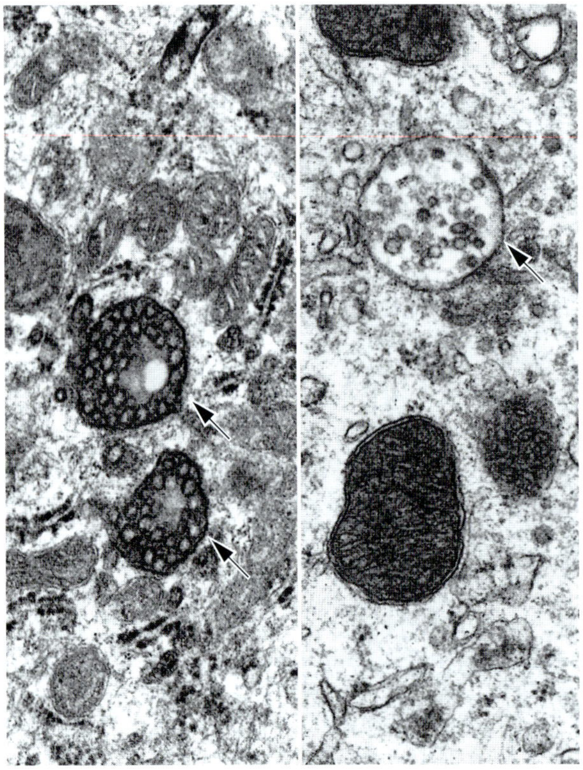

a b

Abb. 2-52 Multivesikuläre Körper (→).
a) Dunkler Typ (Enterozyt, Duodenum, Mensch).
b) Heller Typ (Leberzelle, Ratte). Vergr. 35700fach.

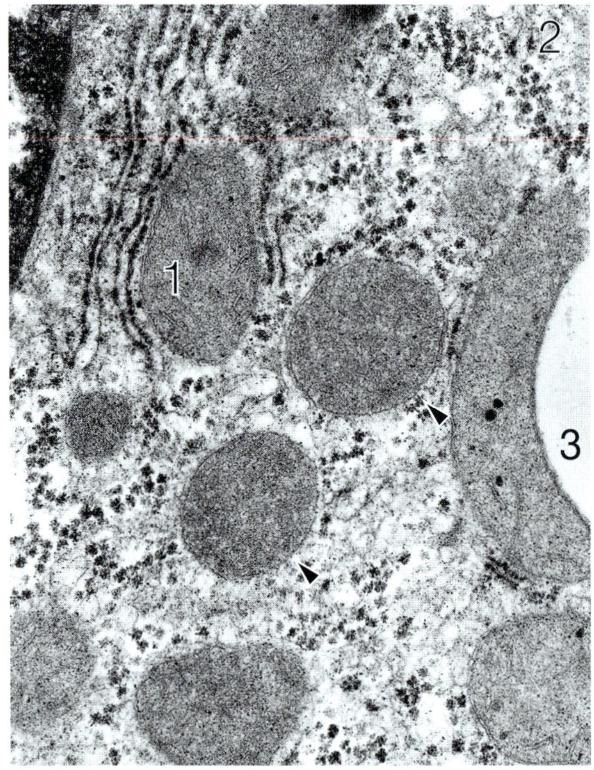

Abb. 2-53 Peroxisomen (▶) in einer Leberepithelzelle des Menschen. Diese membranbegrenzten Organellen besitzen beim Menschen und bei anderen Primaten eine homogene feinkörnige Struktur. **1** Mitochondrium; **2** Glykogenpartikel; **3** Lipidtropfen. Vergr. 27170fach. (Aus [1])

membranbegrenzter Zisternen, in deren Verlauf Poren auftreten (siehe Abb. 13-45). Dies erinnert an die Kernhülle mit ihren Poren, und es gibt die Vermutung, dass solche annulierten Membranen Vorstufen von Kernhüllen oder Speicherorte von RNA sind.

2.3.7 Peroxisomen

Peroxisomen sind membranbegrenzte, oft kugelförmige Organellen. Im Transmissionselektronenmikroskop besitzen sie einen feingranulären homogenen Inhalt (Abb. 2-53), in den bei manchen Säugetieren, aber nicht bei Mensch und Tierprimaten, eine scharf begrenzte kristalline Struktur eingelagert ist, die aus Uratoxidase besteht. Wesentliche Komponente des Inhalts der Peroxisomen sind **Oxidasen.** Diese katalysieren verschiedene Reaktionen, einschließlich der Oxidation sehr langkettiger Fettsäuren. Viele der Oxidationsprozesse führen zur Bildung von H_2O_2. Dieses giftige Produkt wird durch peroxisomale Katalase beseitigt. Die Entgiftung von Alkohol ist oft an diese Katalaseaktivität gekoppelt. Peroxisomen der Leber und der Nierentubuli bauen eine ganze Reihe von giftigen Substanzen, die in das Blut eingedrungen sind, ab.

Der Enzymgehalt von Peroxisomen variiert je nach Zelltyp. Peroxisomen passen sich schnell an unterschiedliche physiologische Bedingungen an. Sie sind besonders zahlreich in der Leber, wo sie an einer Reihe von Stoffwechselprozessen beteiligt sind, vor allem der β-Oxidation der Fettsäuren (diese β-Oxidation erfolgt bei Säugetieren sowohl in Mitochondrien als auch in Peroxisomen). In Peroxisomen findet außerdem die α-Oxidation der ungeradzahligen Fettsäuren statt. Sie sind auch an der Synthese komplexer Lipide, z. B. der Plasmalogene (Phospholipide) in der Myelinscheide und in den Talgdrüsen, beteiligt. Bei der Oxidation von Fettsäuren in Peroxisomen entstehen Acetylgruppen, die in das Zytosol gelangen und hier z. B. für die Synthese von Cholesterin verwendet werden.

Abbildung 2-54 zeigt, wie die peroxisomalen Enzyme in die Peroxisomen gelangen. Peroxisomen vermehren sich durch Wachstum und Teilung.

Vorkommen Alle Zellen, besonders zahlreich in der Leber, den proximalen Nierentubuli und in den Talgdrüsen der Haut.

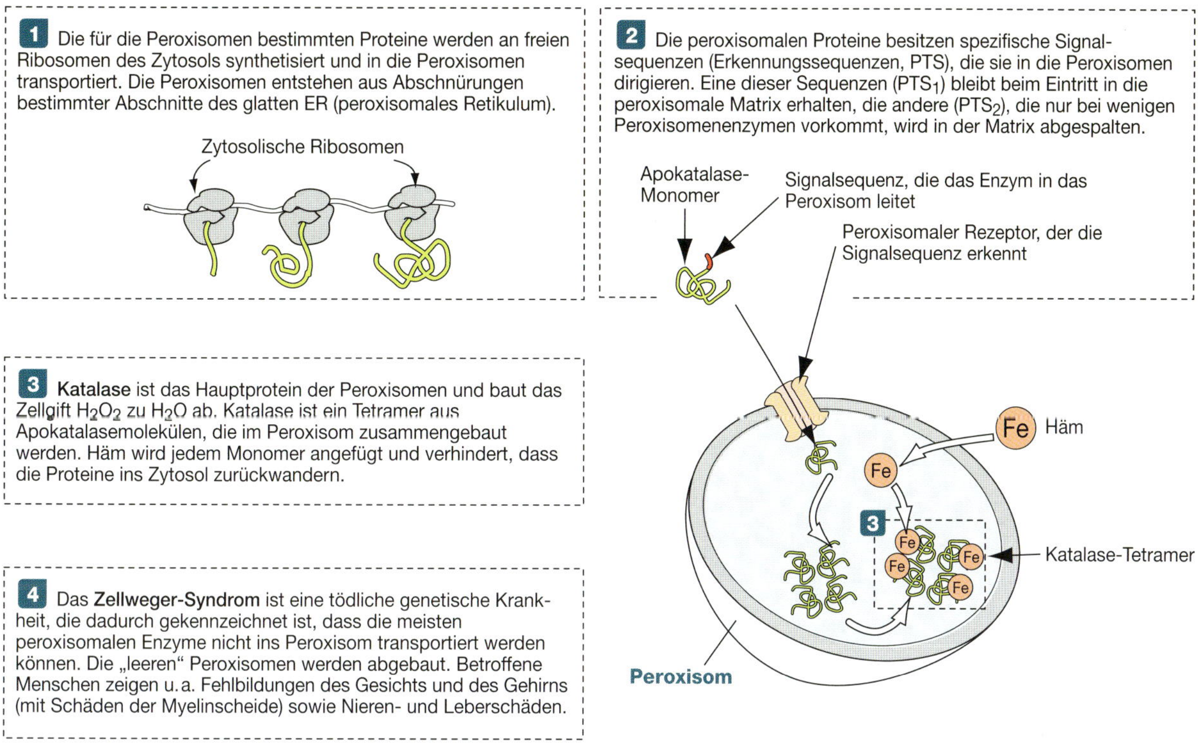

Abb. 2-54 Aufbau und Funktionen von Peroxisomen. (Aus [12])

Klinik Einzelne Krankheitsbilder, z.B. das autosomal-rezessive Zellweger-Syndrom, sind durch das Fehlen von funktionsfähigen Peroxisomen gekennzeichnet. Es kommt zu einer Akkumulation langkettiger Fettsäuren, verschiedenen neurologischen Symptomen (Abb. 2-54) und frühem Tod in der Kindheit.

2.3.8 Mitochondrien

Die Mitochondrien versorgen die Zelle mit Energie – sie bilden am Tag ca. 40 kg ATP und im Laufe des Lebens ca. 1000 Tonnen ATP – und besitzen viele weitere Funktionen, z.B. erfolgen hier die ersten Syntheseschritte des Hämoglobins. In stammesgeschichtlicher Hinsicht handelt es sich bei diesen semiautonomen Organellen (mit eigener ringförmiger DNA und eigener RNA) um ehemalige Prokaryoten, die als Symbionten in die eukaryotische Zelle aufgenommen wurden (Endosymbionten-Theorie). Mitochondrien sind sehr dynamische Strukturen, die sich ständig bewegen, ihre Gestalt verändern, sich teilen und miteinander verschmelzen können. In lebenden Zellen bewegen sie sich sehr lebhaft. Sie fusionieren ständig, bilden ganze Netzwerke und sogar Ringe. Dynamin-verwandte Proteine und vermutlich auch Aktin spielen eine Rolle bei der Teilung, die wohl im Bereich der Innenmembran beginnt. Dynamin ist eine GTPase, die auch bei der Abschnürung von coated vesicles – z.B. aus der Membran von trans-Golgi-Zisternen – mitwirkt.

Mitochondrien spielen auch eine Rolle bei der Apoptose (siehe S. 81): Das Protein Bax veranlasst Cytochrom c, ein essentielles mitochondriales Enzym, aus den Mitochondrien in das Zytoplasma überzutreten, wo es Proteasen aktiviert, die zum Zelltod führen.

Aufbau Gestalt und Größe der Mitochondrien in einer Zelle und in verschiedenen Zelltypen sind recht variabel. Die Organellen besitzen aber kennzeichnenderweise zwei begrenzende Membranen (Abb. 2-55), eine glatte **Außenmembran** und eine **Innenmembran.** Die Innenmembran bildet leisten- oder röhrenförmige Ausstülpungen, die in das Innere dieser Organellen vorspringen. In den meisten Zellen sind Mitochondrien mit Leisten (Cristae) anzutreffen. Man nennt sie Mitochondrien vom **Crista-Typ** (Abb. 2-56, 2-57a). Sind wie in steroidbildenden Zellen Röhren (Tubuli) ausgebildet, spricht man von Mitochondrien vom **Tubulus-Typ** (Abb. 2-57).

Mitochondriale Funktionen Der Raum zwischen den zwei Membranen wird **intermembranöser Raum** genannt, er setzt sich auch ins Innere der Cristae bzw. Tubuli fort. Der Raum im Inneren der Mitochondrien (Matrixraum) enthält die **mitochondriale Matrix.** In ihr werden Pyruvat und Fettsäuren zu Acetyl-Co-

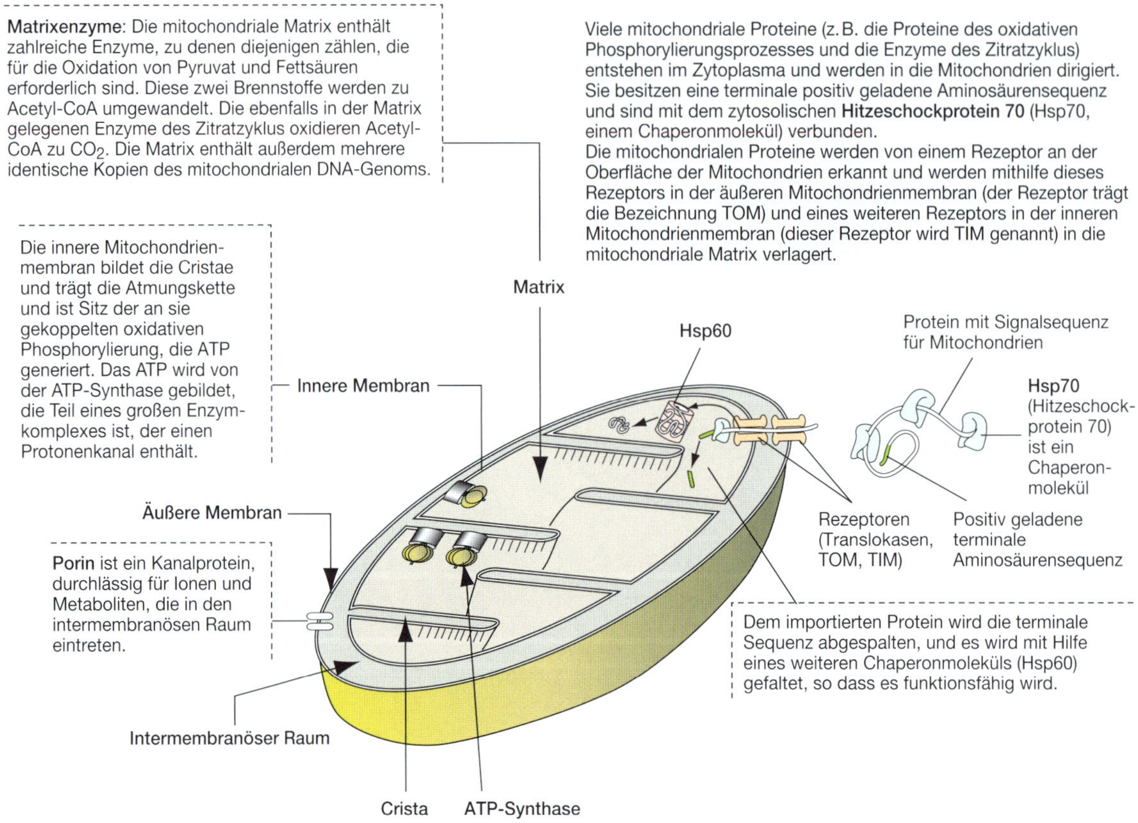

Abb. 2-55 Aufbau eines Mitochondriums. (Aus [12])

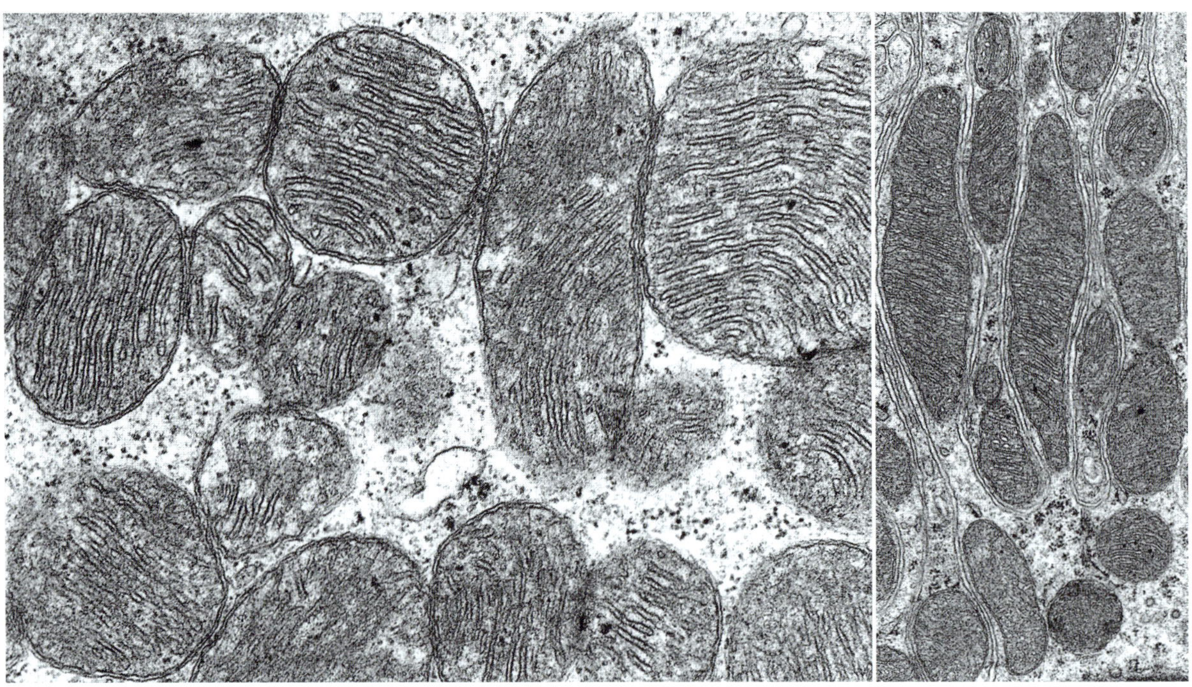

Abb. 2-56 Mitochondrien vom Crista-Typ in verschiedenen Zelltypen.
a) Gruppe kompakter Mitochondrien mit dicht gelagerten Cristae in einer Herzmuskelzelle eines Meerschweinchens. Vergr. 40000fach.
b) Große längliche Mitochondrien mit dicht gestellten Cristae in einer Epithelzelle des distalen Tubulus der Rattenniere. Vergr. 20000fach.

enzym A umgewandelt, das in den Tricarbonsäurezyklus (Zitratzyklus) eingespeist wird. Die entstehenden NADH und $FADH_2$ sind die Hauptquelle für die Elektronen, die für die **Enzyme der Atmungskette** benötigt werden, die Komponenten der inneren Mitochondrienmembran sind. Der Elektronentransfer entlang den Enzymen der Atmungskette ist an die Bildung eines elektrochemischen Protonengradienten über die innere Mitochondrienmembran gekoppelt, der die **ATP-Bildung** antreibt. Zu den Enzymen der Atmungskette und der ATP-Bildung kommen noch Proteine, die für den Austausch von Metaboliten Kanäle bilden. Damit ist die innere Mitochondrienmembran die proteinreichste Membran der Zelle. Die äußere Mitochondrienmembran erlaubt der Mehrzahl kleinerer Moleküle (< 10000 D), in den intermembranösen Raum einzutreten. Der Transport von Proteinen in den Matrixraum erfolgt an Kontaktstellen zwischen innerer und äußerer Mitochondrienmembran, durch die das Protein mit seinem Signalpeptid unter ATP-Verbrauch hindurchgeschleust wird. Das Signalpeptid wird erst in der Matrix abgespalten. Im Bereich der Kontaktstellen sind mit Rezeptorproteinen verbundene Kanalproteine sowohl in der äußeren als auch in der inneren Mitochondrienmembran ausgebildet, die das zu transportierende Protein binden und durch beide Membranen hindurchschleusen (Abb. 2-55). Diese Proteinkomplexe heißen in der äußeren Membran TOM (Translokase der äußeren Mitochondrienmembran), in der inneren Membran TIM (Translokase der inneren Mitochondrienmembran). Der TOM-Komplex besteht aus Rezeptor und Tunnelprotein. In der Innenmembran existieren zwei TIM-Komplexe (TIM22 und TIM23) und der OXA-Komplex. Der TIM23-Komplex besitzt eine α-helikale Domäne, die mit der äußeren Membran verbunden ist. Porine sind Tunnelproteine der äußeren Membran (Abb. 2-55).

Die mitochrondriale Matrix enthält auch sog. **Matrixgranula**, die wahrscheinlich Ansammlungen zweiwertiger Kationen darstellen. Mitochondrien können offensichtlich Kalzium in nicht-ionisierter Form sequestrieren.

Mitochondriales Genom In der Matrix kommen des Weiteren DNA, Ribosomen und andere Komponenten der Proteinsynthese vor. Das mitochondriale Genom besteht aus 16569 Basenpaaren und kodiert ribosomale RNA der mitochondrialen Ribosomen sowie Transfer-RNA und bestimmte Zytochromuntereinheiten. Die meisten mitochondrialen Proteine werden aber von Genen des Zellkerns kodiert. Diese Pro-

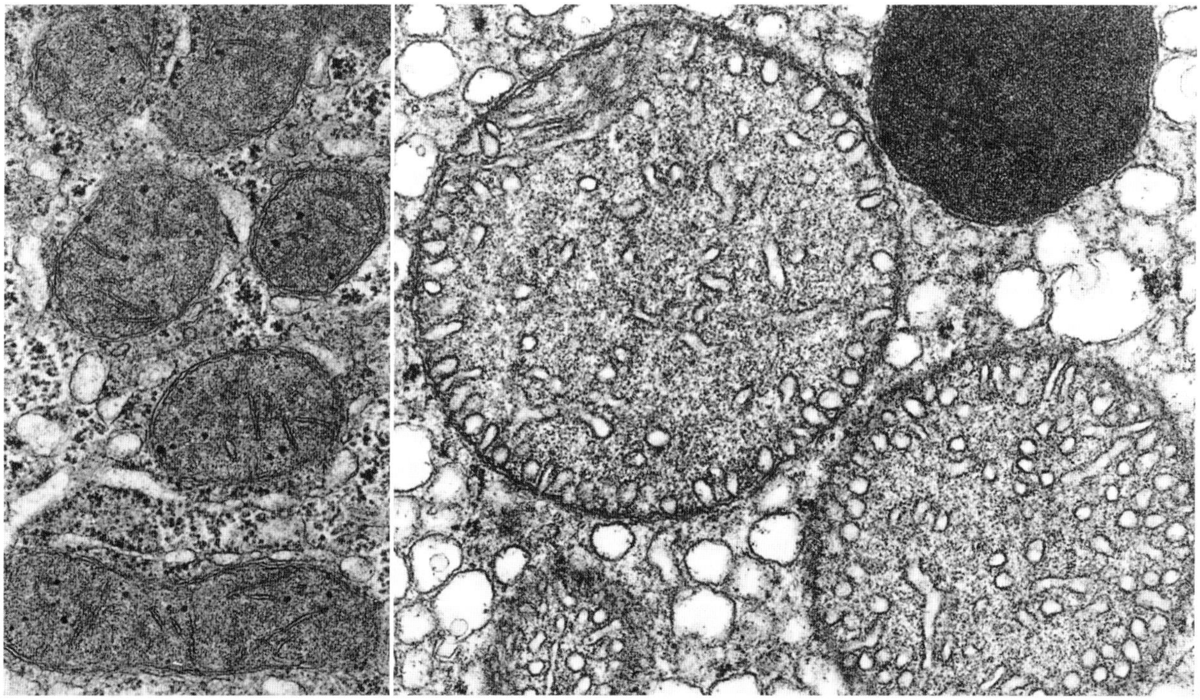

Abb. 2-57 Weitere Mitochondrienformen.
a) Kleine abgerundete Mitochondrien mit wenigen Cristae und gut entwickelter Matrix in einem Hepatozyten der Ratte. Vergr. 35700fach.
b) Rundliche Mitochondrien vom Tubulus-Typ in einer Zelle der Zona reticularis in der Nebennierenrinde des Menschen, die Innenmembran bildet nicht nur Tubuli, sondern auch kleine sackförmige Strukturen. Vergr. 47000fach.

teine werden in zytoplasmatischen Polysomen mit einer besonderen Signalsequenz versehen, die diese Proteine in die Mitochondrien dirigiert (s.o.). Die Neubildung von Mitochondrien geht von existierenden Mitochondrien aus und erfordert die mitochondriale und zytoplasmatische Proteinsynthese. Die Mitochondrien entstammen der mütterlichen Eizelle, mitochondriale Krankheiten haben daher einen mütterlichen Erbgang. Die Analyse der mitochondrialen DNA eignet sich gut für die Klärung von Fragen evolutionärer Verwandtschaft.

Vorkommen Alle Zellen, besonders mitochondrienreich sind die Belegzellen des Magens, die Epithelzellen der Nierentubuli, quergestreifte Muskelzellen, braune Fettzellen und viele Nervenzellen.

Klinik Eine Reihe von Muskelkrankheiten ist mit abnormen Mitochondrien korreliert. Diese mitochondrialen Myopathien haben z.T. eine genetische Basis und verlaufen im Allgemeinen schwer. Bei der primären biliären Leberzirrhose, einer Autoimmunerkrankung, treten antimitochondriale Antikörper auf. Spezifische mitochondriale Veränderungen finden sich bei der Wilson-Krankheit, die durch Mangel des Plasmakupferproteins Coeruloplasmin und toxische Kupferüberladung vieler Organe gekennzeichnet ist.

2.3.9 Melanosomen

Melanosomen sind membranbegrenzte Organellen (Abb. **2-58**, **2-59**), die primär nur in bestimmten Neuronen, im Pigmentepithel der Retina und in Melanozyten (Abb. **16-10**) vorkommen. Sie sind mit Lysosomen verwandt (saurer pH-Wert, lysosomale Enzyme). Aus den Melanozyten der Epidermis werden sie in die Keratinozyten übertragen. Melanosomen machen einen kennzeichnenden Differenzierungsprozess durch und besitzen als ausgereifte Organellen ein filamentäres Grundgerüst und eine aktive Tyrosinase. Dieses Enzym spielt eine wesentliche Rolle bei der Synthese des **Melanins,** des photoprotektiven braunen Pigments der Melanosomen. Melanin liegt in zwei Formen vor: **Eumelanin** (dunkelbraun) und **Phäomelanin** (rötlich). Letzteres ist in roten Haaren und Sommersprossen dominant.

2.4 Zelleinschlüsse

Organellen wie Golgi-Apparat, Lysosomen und Peroxisomen, sind metabolisch aktive Strukturen mit spezifischen wesentlichen (essentiellen) Funktionen. Einschlüsse, die auch paraplasmatische Einschlüsse oder Paraplasma genannt werden, sind dagegen **metabolisch weitgehend inaktive Strukturen**. Bei ihnen handelt es sich um gespeicherte Nährstoffe, inaktive Nebenprodukte des Stoffwechsels oder Ansammlungen von endo- oder exogenen Stoffen, die eine Eigenfärbung (Pigmentierung) aufweisen.

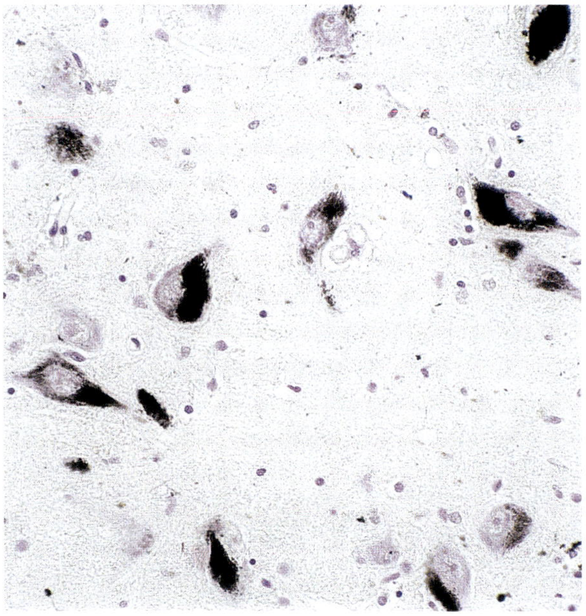

Abb. 2-58 Melanin (schwarzes Pigment) im Zytoplasma von Neuronen der Substantia nigra im Gehirn des Menschen. Färbung: nach Nissl; Vergr. 300fach.

2.4.1 Glykogenpartikel

Glykogenpartikel (Abb. **2-60**), die einem Polymer der D-Glukose entsprechen, liegen in Form von 10–30 nm großen Partikeln (**β-Partikel**) im Zytoplasma (Abb. **2-53**) vor. Oft bilden 10–15 dieser Partikel, die auch Enzyme für den Auf- und Abbau der Partikel enthalten, größere Aggregate (Rosetten, **α-Partikel,** Abb. **2-61**). Glykogenpartikel liegen oft in enger Nachbarschaft des GER, in dessen Membranen in Leberzellen Glukose-6-Phosphatase vorkommt, die das Phosphat vom Glukose-6-Phosphat abspaltet, woraufhin die Glukose die Zelle verlassen kann und als Energiequelle für viele andere Zellen zur Verfügung steht. Glykogen liegt im Zytoplasma (Abb. **2-60**), kann aber bei Diabetes mellitus und einigen anderen Krankheiten auch im Kern auftreten.

Vorkommen Vereinzelt in vielen Zellen, in größerer Menge z.B. in Leberepithelzellen, Knorpelzellen, Neutrophilen und Herzmuskelzellen.

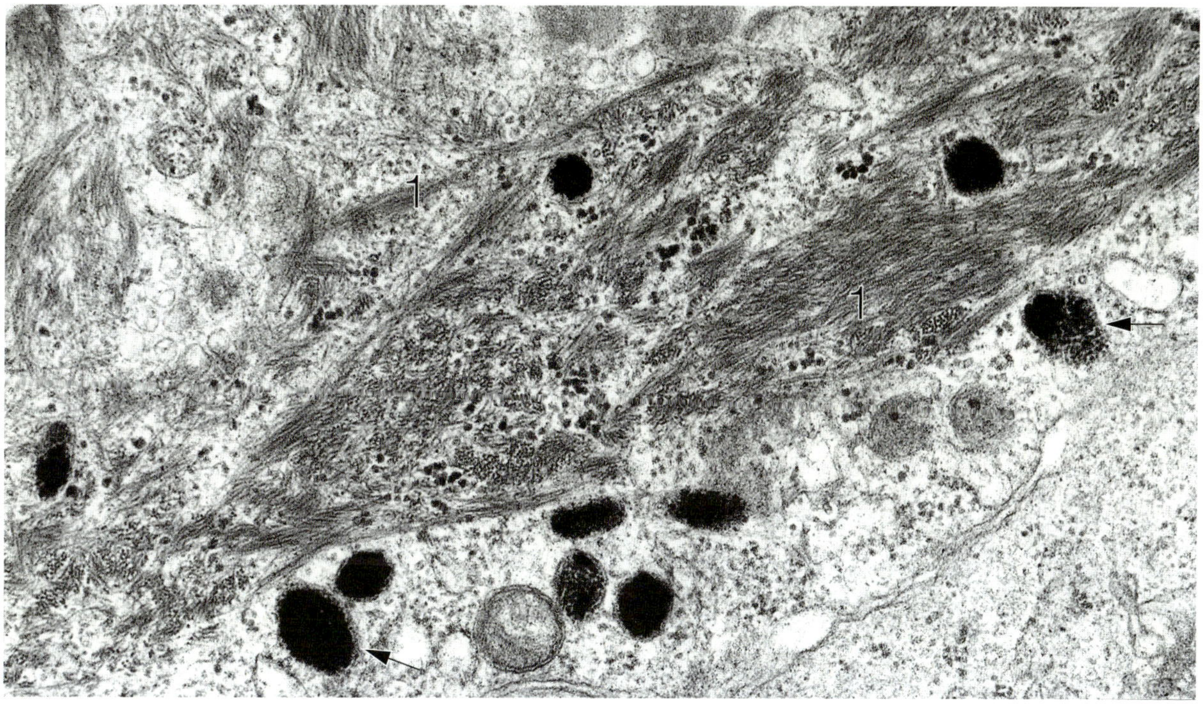

Abb. 2-59 Melanosomen (→) in einer Epidermiszelle des Menschen. **1** Keratinfilamentbündel. Vergr. 48 000fach.

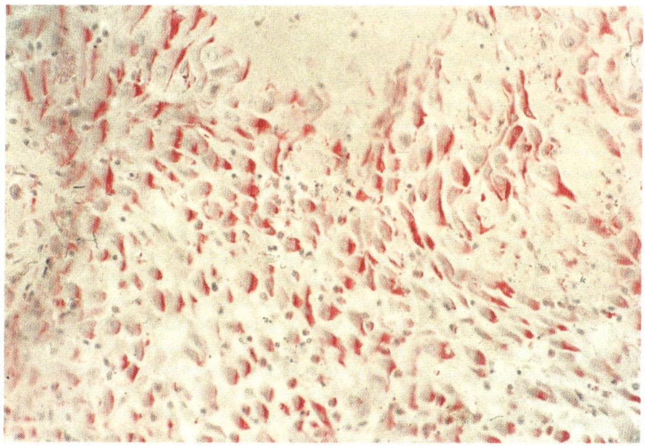

Abb. 2-60 Darstellung des intrazellulären Glykogens in Form granulärer bis kleinscholliger Partikel (hier rot gefärbt). Deziduazellen, Uterus einer schwangeren Frau. Färbung: Best-Glykogenfärbung; Vergr. 600fach.

2.4.2 Intrazelluläre Fetttropfen

Intrazelluläre Fetttropfen bestehen weitgehend aus Triglyzeriden und entstehen im Bereich des RER. Der Abbau von Triglyzeriden erfolgt in enger Beziehung zu Mitochondrien. Die Fettsäuren, die aus den Fetttropfen freigesetzt werden, verbinden sich zunächst mit Coenzym A der äußeren Mitochondrienmembran. Sie werden danach über die innere Mitochondrienmembran in die Matrix transportiert, wo sie zu Acetyl-Coenzym A oxidiert werden, das dann in den Fettsäureabbauzyklus (Tricarboxylzyklus) eintritt.

Sie werden nicht von einer Membran umgeben (Abb. 2-62, 2-63), können aber im Fettgewebe von Vimentinfilamenten umgeben sein. Das Auftreten von Fetttropfen kann auch Stoffwechselstörungen anzeigen (Abb. 2-64).

Vorkommen Fetttropfen kommen vornehmlich in Fettzellen oder Drüsenzellen der laktierenden Milchdrüse vor, einzeln aber auch in vielen anderen Zellen.

2.4.3 Kristalline Einschlüsse

Kristalline Einschlüsse treten selten auf und entsprechen vermutlich Aggregaten von Proteinen. Sie kommen meistens im Zytoplasma vor, können aber auch im Kern zu finden sein.

Vorkommen Kristalline Einschlüsse liegen beispielsweise in Form von Reinke-Kristallen in den Leydig-Zellen des Hodens vor (Abb. 2-65).

2.4.4 Pigmentierte Zellstrukturen

Pigmentierte Zellstrukturen sind heterogener Natur und eigentlich keine Einschlüsse, sondern oft nur relativ inaktive Organellen (terminale Lysosomen).

Lipofuszingranula In Zellen mit langer Lebenszeit (Herzmuskelzellen, Nervenzellen) treten öfter Li-

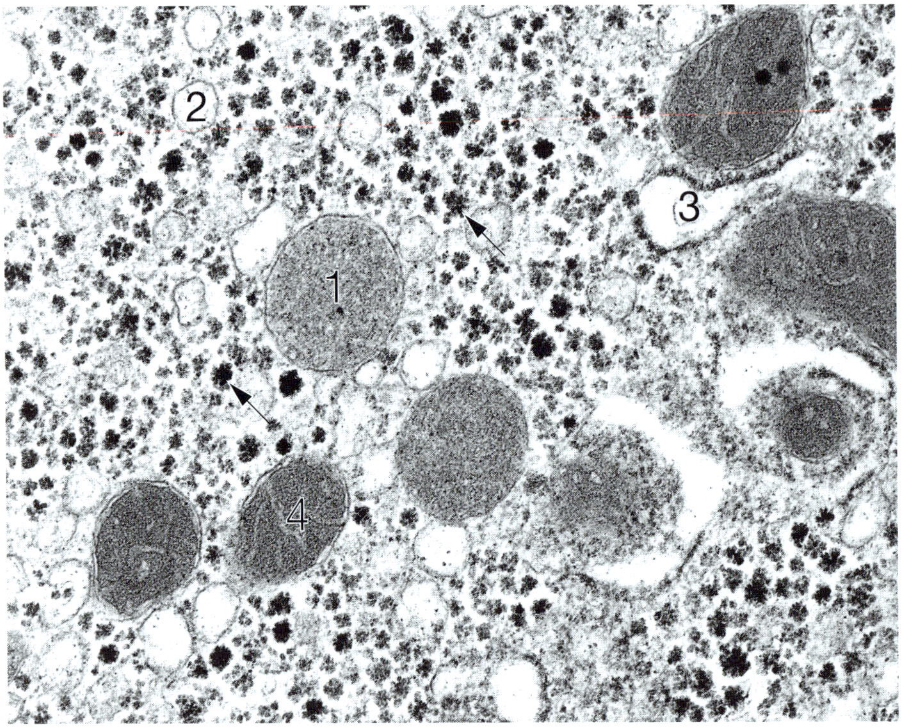

Abb. 2-61 Glykogenpartikel (→ α-Partikel) im elektronenmikroskopischen Präparat einer Leberzelle des Menschen. **1** Peroxisom; **2** glattes ER; **3** raues ER; **4** matrixreiches Mitochondrium. Vergr. 50000fach.

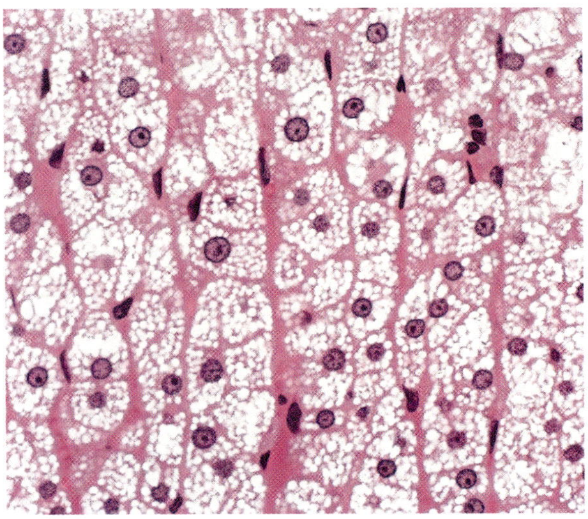

Abb. 2-62 Kleine Lipideinschlüsse (helle Punkte) in den steroidhormonbildenden Epithelzellen der Nebennierenrinde des Menschen. Das Fett ist aus den Zellen präparationsbedingt herausgelöst, die verbleibenden Vakuolen verleihen dem Zytoplasma ein „schaumiges" Aussehen. Plastikschnitt. Färbung: H.E.; Vergr. 450fach.

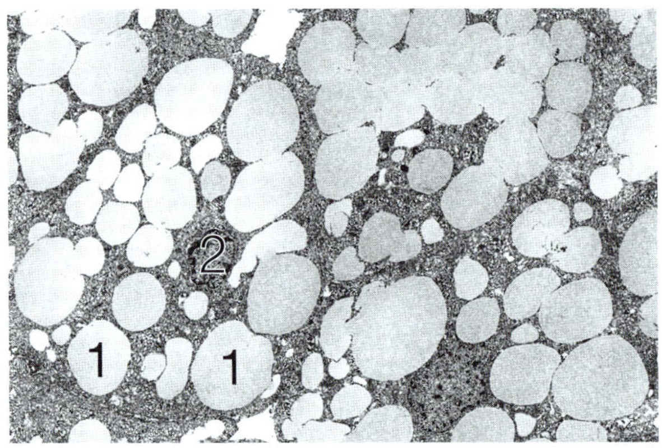

Abb. 2-63 Zahlreiche hell erscheinende Lipideinschlüsse (1) in der elektronenmikroskopischen Aufnahme von Talgdrüsenepithelzellen des Menschen. **2** Zellkern. Vergr. 2840fach. (Aus [1])

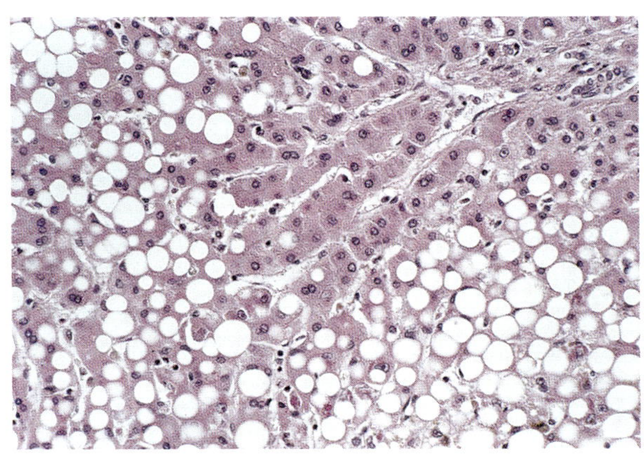

Abb. 2-64 Krankhafte Einlagerung von Lipidtropfen in Leberzellen des Menschen bei toxisch-nutritivem Leberschaden. Färbung: H.E.; Vergr. 200fach. (Aus [1])

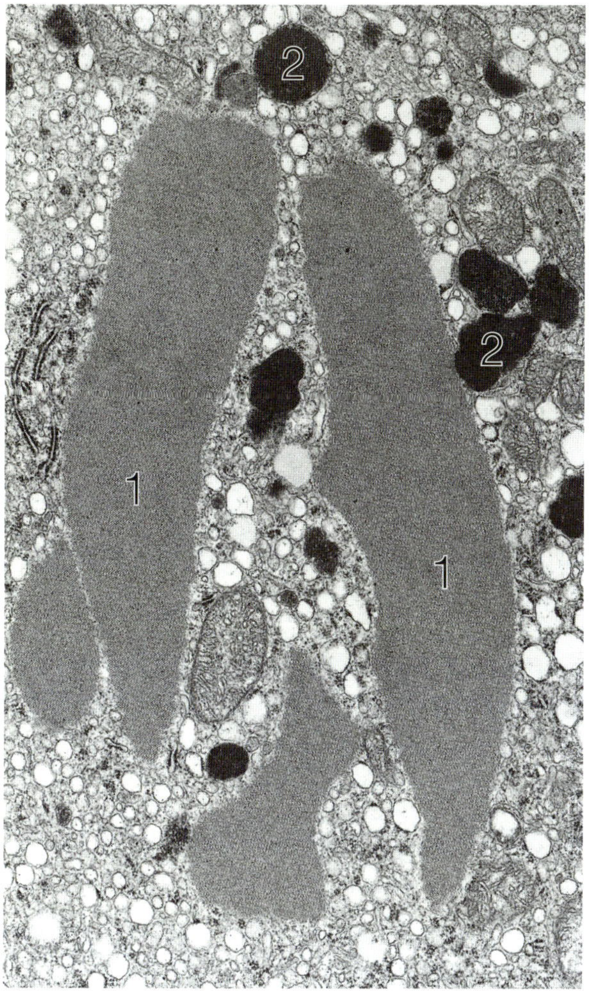

Abb. 2-65 Elektronenmikroskopische Aufnahme von kristallinen Einschlüssen (**1** Reinke-Kristalle) in einer Leydig-Zelle im Hoden des Menschen. **2** Lipofuszingranula. Vergr. 15 300fach.

pofuszingranula auf, die Endstadien von Lysosomen entsprechen, also Zellorganellen sind (Abb. 2-50, 2-66).

Hämosiderin Abbauprodukte des Hämoglobins, insbesondere Hämosiderin, werden auch in Lysosomen akkumuliert und verleihen den Zellen, in denen sie vorkommen, eine gelbbraune Farbe (Milzmakrophagen, Abb. 2-67; oft Kupffer-Zellen). Bei Eisenüberschuss, z. B. nach Blutungen oder Störungen des Eisenstoffwechsels, kann Hämosiderin auch in vielen anderen Organen, z. B. Pankreas, Herz, Synovialmembranen und der Hypophyse auftreten.

Kohlenstaub Die Ablagerung von Kohlenstaub findet sich normalerweise auch in Lysosomen von Makrophagen, speziell in der Lunge und in Lymphknoten (Abb. 2-68).

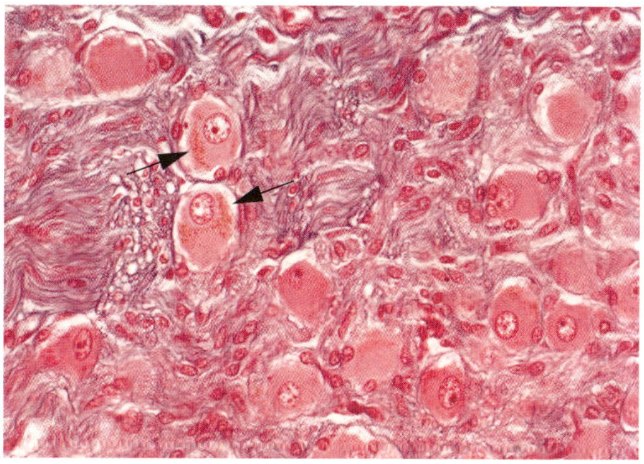

Abb. 2-66 Große Ansammlungen von gelbbraunen Lipofuszingranula (→) in Spinalganglienzellen (Mensch). Färbung: Azan; Vergr. 450fach.

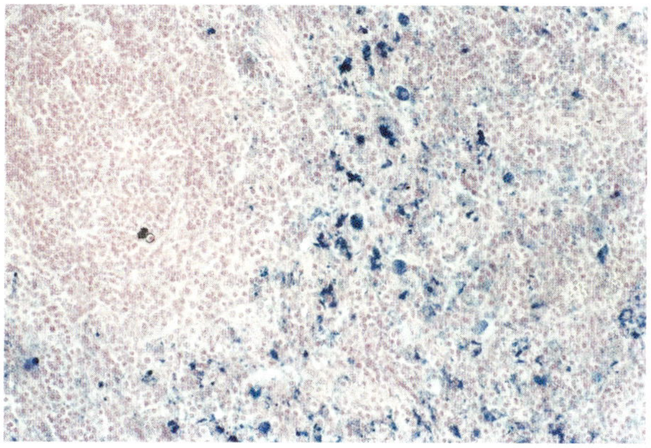

Abb. 2-67 Makrophagen in der Milz des Menschen. Die Zellen enthalten eisenreiches Hämosiderin (blau gefärbt durch Eisennachweis mit Berliner Blau), ein Pigment, das vom Hämoglobinabbau herrührt. Die Makrophagen sind weitgehend auf die rote Pulpa beschränkt. Färbung: Berliner Blau, Kernfärbung mit Kernechtrot; Vergr. 260fach.

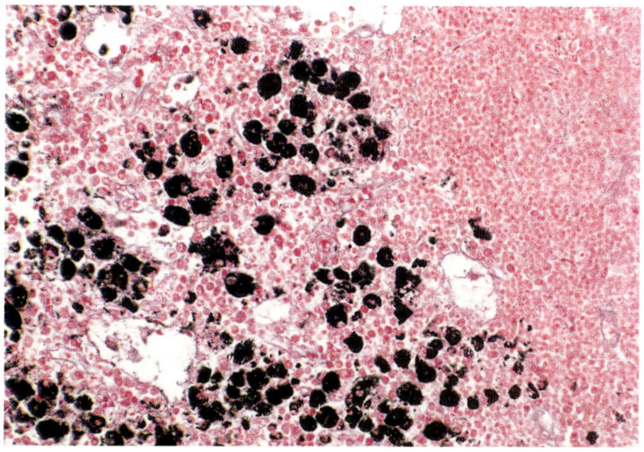

Abb. 2-68 Zahlreiche mit Rußpartikeln beladene Makrophagen in einem Ausschnitt aus dem Markbereich eines Hiluslymphknotens (Lunge, Mensch). Die Beladung des Lymphknotens mit schwarzen Rußpartikeln wird Anthrakose (anthrax = Kohle) genannt. Färbung: Azan; Vergr. 380fach.

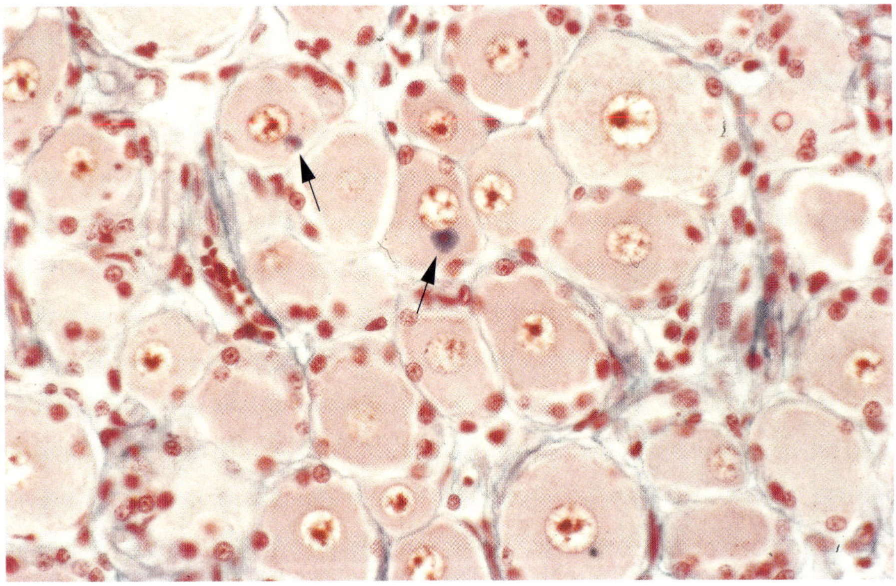

Abb. 2-69 Viruseinschlüsse (→) im Perikaryon von Nervenzellen (Spinalganglion einer Katze). Färbung: Azan; Vergr. 450fach.

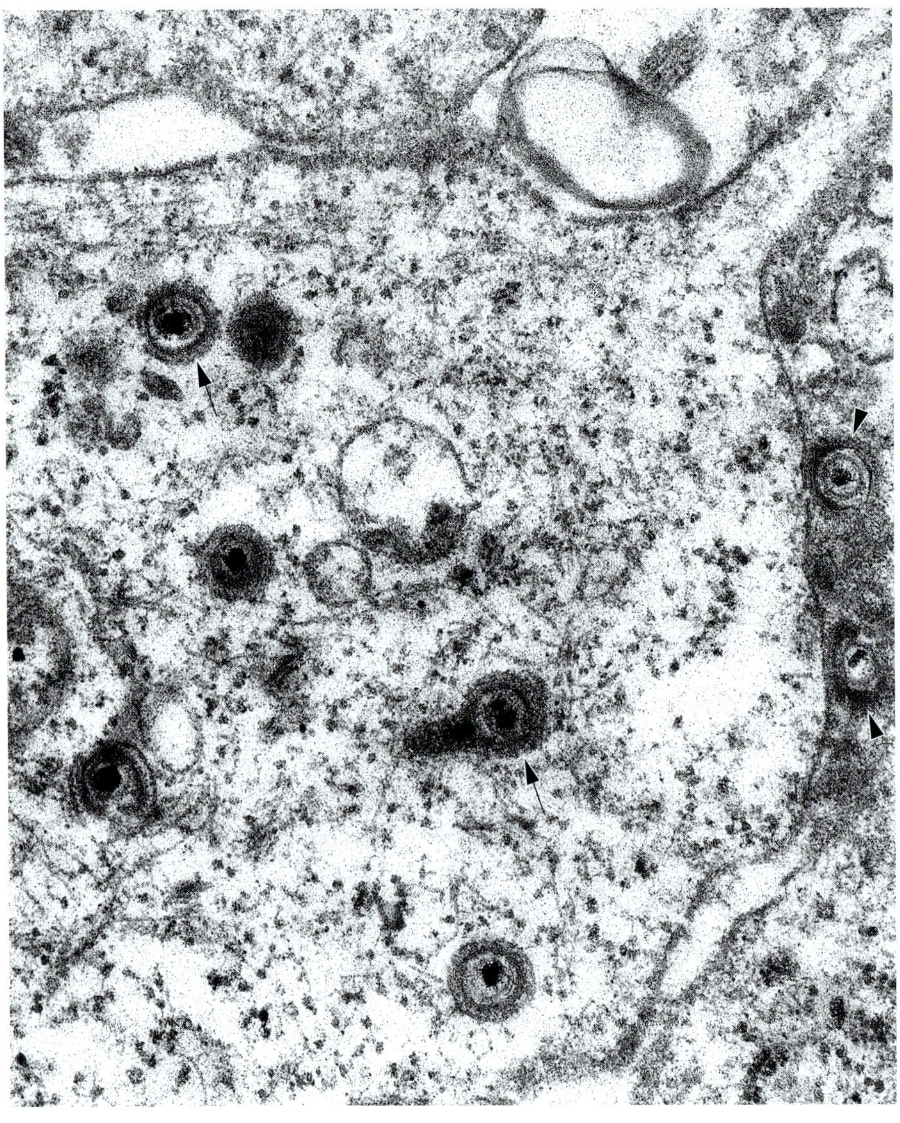

Abb. 2-70 Viruspartikel (→ Herpesviren) in Epidermiszellen eines Pinselohräffchens.
▶ im Extrazellulärraum gelegene Viruspartikel. Vergr. 50000fach.

Viruspartikel Zum Teil entsprechen Einschlusskörper auch Viruspartikeln (Abb. **2-69**, **2-70**).

Melanosomen Melanosomen sind echte Zellorganellen (siehe Kap. 2.3.9).

2.5 Zytoskelett

Das Zytoskelett ist für die dynamisch-räumliche Organisation einer Zelle verantwortlich. Es besteht im Wesentlichen aus drei Komponenten: Mikrotubuli, Aktinfilamenten und Intermediärfilamenten. Hierzu gehören auch die Myosinfilamente, die an Bewegungsprozessen in vielen Zellen beteiligt, aber am höchsten in Muskelzellen differenziert sind.

Diese Strukturen sind fadenförmige Polymere, die aus Tausenden identischer Proteinmoleküle aufgebaut sind. Funktionsfähig werden diese Proteinpolymere aber erst mit Hilfe zahlreicher akzessorischer Proteine.

2.5.1 Mikrotubuli

Mikrotubuli sind polar gebaute, röhrenförmige Elemente des Zytoskeletts (Abb. **2-71**), die ubiquitär verbreitet sind und in Beziehung zu Stützfunktion und Bewegungen stehen. Sie sind die wesentliche Komponente der Kinozilien und der Spermienschwänze. Mikrotubuli sind keine permanenten Strukturen, ihre Halbwertszeit beträgt ca. 10 min. Mikrotubuli können mehrere µm lang werden. Sie besitzen, ähnlich wie die Aktinfilamente, einen polaren Aufbau und stehen im Gleichgewicht mit globulären Untereinheiten im Zytoplasma. Diese globulären Untereinheiten sind α- und β-Tubulin, die Dimere bilden (Abb. **2-72**). In jedem Mikrotubulus bilden die Untereinheiten (freies Tubulin) lange Ketten, Protofilamente, von denen sich 13 zu einem Mikrotubulus zusammenlagern. Der Außendurchmesser eines Mikrotubulus beträgt 20 bis 25 nm, der Innendurchmesser 15 nm. Mikrotubuli besitzen ein **Plusende,** das rasch wachsen kann und in der Zellperipherie liegt, sowie ein **Minusende,** das langsam wächst und leicht Untereinheiten verliert, wenn es nicht stabilisiert wird.

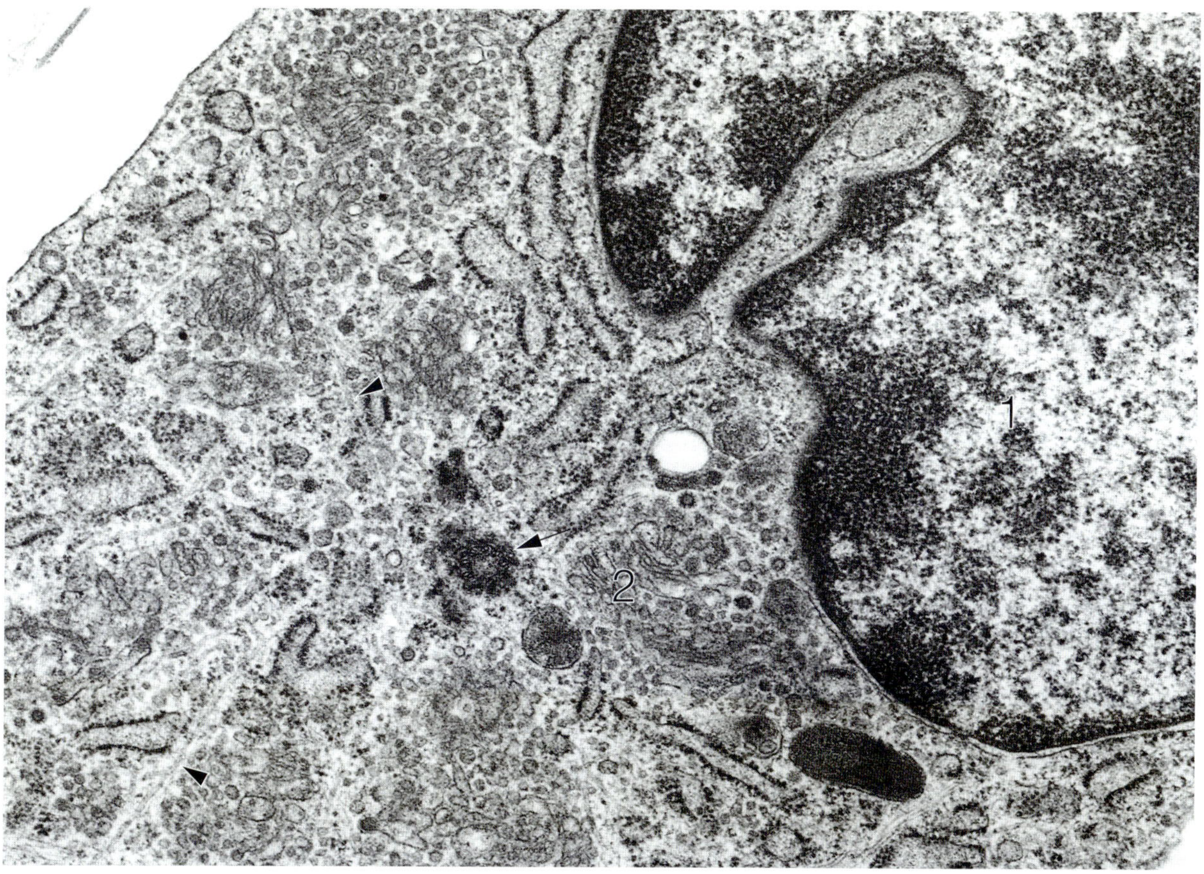

Abb. 2-71 Mikrotubuli (▶) im Zellzentrum eines Fibroblasten (Herz, Meerschweinchen). **1** Zellkern; **2** Golgi-Apparat; ➔ Zentriol mit assoziiertem dichtem Material. Vergr. 36 600fach.

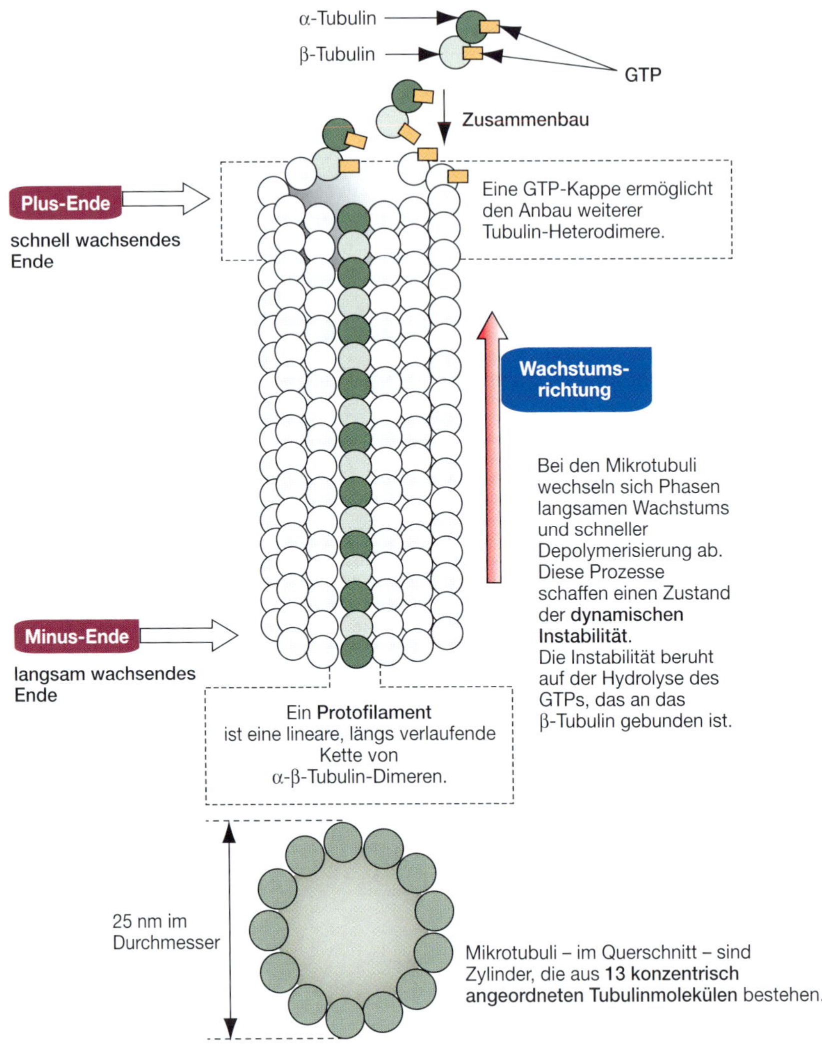

Abb. 2-72 Aufbau eines Mikrotubulus. (Aus [12])

Die Minusenden sind dadurch stabilisiert, dass sie in ein besonders strukturiertes Zellareal, das **Zentrosom**, eingebettet sind. Das Zentrosom besteht aus einer Matrix und einem Zentriolenpaar. Es liegt in Kernnähe, ungefähr in der Mitte der Zelle (Abb. 2-71). Von ihm strahlen Hunderte von unterschiedlich langen Mikrotubuli in alle Richtungen aus; sie können an ihren Plusenden wachsen, aber hier auch nach einer funktionellen Umstimmung Untereinheiten verlieren und sich so verkürzen. Beim Wachstum werden GTP enthaltende Tubulinmoleküle dem freien Ende zugefügt. Nach Polymerisation und Wachstum erfolgt Hydrolyse des GTP am β-Tubulin wodurch die Verbindung der Untereinheiten geschwächt wird, was schließlich zu Depolymerisierung führt. Das freie Ende kann aber auch durch Capping-Proteine stabilisiert werden.

Die dynamische Instabilität der Mikrotubuli spielt eine wichtige Rolle bei der Morphogenese der Zellen. Mikrotubuli sind außerdem die wesentlichen Komponenten des **Spindelapparats**, der bei der Zellteilung aufgebaut wird (Abb. 2-73a). Während des Teilungsvorgangs strahlen Mikrotubuli von den zwei Zentriolenpaaren aus, die sich an den gegenüberliegenden Zellpolen gebildet haben (s. u.). Mikrotubuli sind Leitschienen für Transportprozesse in Zellen. Dies wird am Beispiel des axonalen Transports in Abbildung 2-74 dargestellt.

Zentriolen Zentriolen sind paarige Strukturen in den meisten Zellen. Sie besitzen eine zylindrische Struktur, sind ca. 0,3–0,6 µm lang, und ihr Durchmesser beträgt ca. 0,2 µm. Die Wand ist aus neun leicht gegeneinander versetzten Baueinheiten aufgebaut, von denen jede aus drei kurzen Mikrotubuli (Tripletts) besteht. Die zwei Zentriolen stehen rechtwinklig aufeinander. In der „Matrix", einem zytoplasmatischen Areal, das die

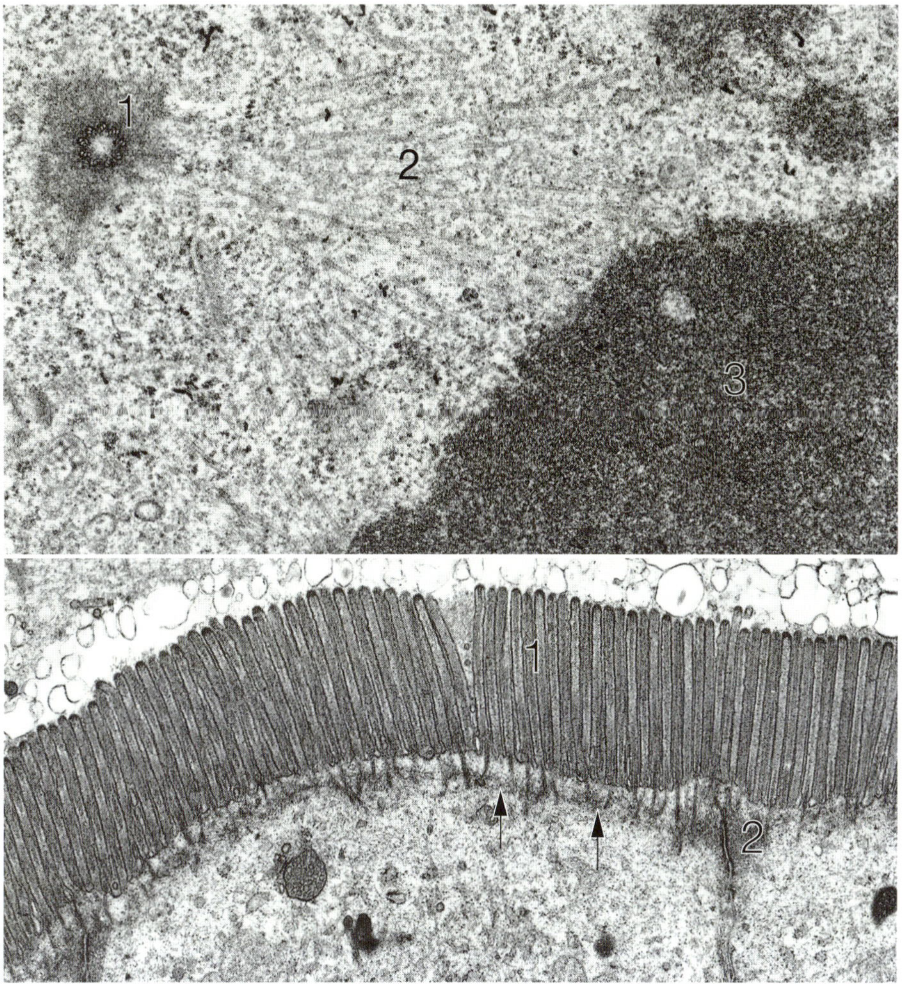

a

b

Abb. 2-73 Elemente des Zytoskeletts.
a) Ausschnitt aus einer Teilungsspindel einer Mitosefigur in einer Follikelepithelzelle im Ovar des Menschen. **1** Zentriol mit assoziiertem dichtem Material; **2** Mikrotubuli der Spindel; **3** Chromosom. Vergr. 27 000fach.
b) Terminales Netz (➔) unter dem Mikrovillisaum (**1**) in einer Epithelzelle des Dünndarms des Menschen. Das terminale Netz besteht u.a. aus Spektrin und Keratinfilamenten. Es steht mit den Zonulae adhaerentes (**2**) in Verbindung. In ihm sind die Aktinfilamentbündel der Mikrovilli verankert. Vergr. 17 000fach.

Zentriolen umgibt und das aus spezifischen Proteinen aufgebaut ist, entstehen die neuen Mikrotubuli (mikrotubulusorganisierendes Zentrum, MTOC). Das Plusende der Mikrotubuli liegt in der Peripherie, das Minusende im Zentrosom. Zu den Matrixproteinen zählen u.a. Strukturproteine und mikrotubulusassoziierte Motorproteine. In der Matrix liegen auch die γ-Tubulin-Ringkomplexe, an denen die Mikrotubuli aufgebaut werden. γ-Tubulinringe kommen auch bei Pflanzen und Pilzen vor, denen Zentriolen fehlen. Aus den Zentriolen gehen die Basalkörper von Kinozilien hervor; außerdem sind sie am Aufbau der Teilungsspindel beteiligt (Abb. 2-73a).

Transport entlang der Mikrotubuli, Motorproteine Stabilisierte Mikrotubuli verbinden sich mit spezifischen mikrotubulusassoziierten Proteinen (MAPs), unter denen Motorproteine (Dyneine, Kinesine) besonders wichtig sind. Sie nutzen die Energie von ATP, um sich unidirektional entlang den Mikrotubuli zu bewegen, was sie jedoch nicht als Selbstzweck tun, sondern sie bewegen bestimmte „Frachten“ (Granula, Organellen), mit denen sie sich verbunden haben. **Dyneine** bewegen ihre Fracht zum Minusende (i.A. aus der Zellperipherie zum Zellzentrum, retrograder Transport in Neuronen), **Kinesine** bewegen sie zum Plusende (also vom Zellzentrum zur Zellperipherie, anterograder Transport in Neuronen, Abb. 2-74). Mitochondrien und membranbegrenzte Vesikel können am gleichen Mikrotubulus in beide Richtungen wandern.

Motorproteine, zu denen auch Myosine zählen, sind also im Wesentlichen für die räumliche Anordnung der Organellen und deren gerichtete Bewegung in der Zelle verantwortlich.

Klinik Substanzen, die die Polymerisation oder den Abbau von Mikrotubuli hemmen, werden als **Mikrotubulusgifte** bezeichnet. Colchicin (Alkaloid aus der Herbstzeitlose) und Vinca-Alkaloide (aus verschiedenen Vinca- und Catharantus-Arten) binden an Tubulindimere und verhindern ihre Polymerisation zum

Mikrotubulus. Taxane (aus der Rinde der pazifischen Eibe) binden an Mikrotubuli und verhindern ihren Abbau. Manche dieser Substanzen werden in der Krebstherapie eingesetzt, da sie den Mitoseablauf stören. Colchicin hilft auch bei einem Gichtanfall. Es hemmt die Beweglichkeit der Neutrophilen und deren Phagozytosefähigkeit. Wenn die Neutrophilen nicht an der Phagozytose von Natriumuratkristallen, wie sie bei der Gicht anfallen, gehindert werden, werden diese Kristalle in Lysosomen aufgenommen, wo sie aber nicht enzymatisch abgebaut werden können. Sie sammeln sich in größerer Zahl an, und bei Bewegungen der Zellen kann die Lysosomenmembran zerreißen. Die frei werdenden lysosomalen Enzyme schädigen die Zelle und das umliegende Gewebe, was schließlich zu einer schmerzhaften Entzündungsreaktion führt. Alle diese Prozesse werden durch die Gabe von Colchicin erheblich eingedämmt.

2.5.2 Aktinfilamente (Mikrofilamente)

Aktinfilamente kontrollieren Gestalt und Bewegungen von Zellen. In Mikrovilli haben sie eine versteifende Funktion (Abb. 2-13, 2-73b). Die Aktinfilamente messen ca. 6–7 nm im Durchmesser und sind unterschiedlich lang. In Zellfortsätzen und in der Zellperipherie (Abb. 2-75) bilden Aktinfilamente sehr oft ein dreidimensionales Netzwerk, das Membranskelett, das

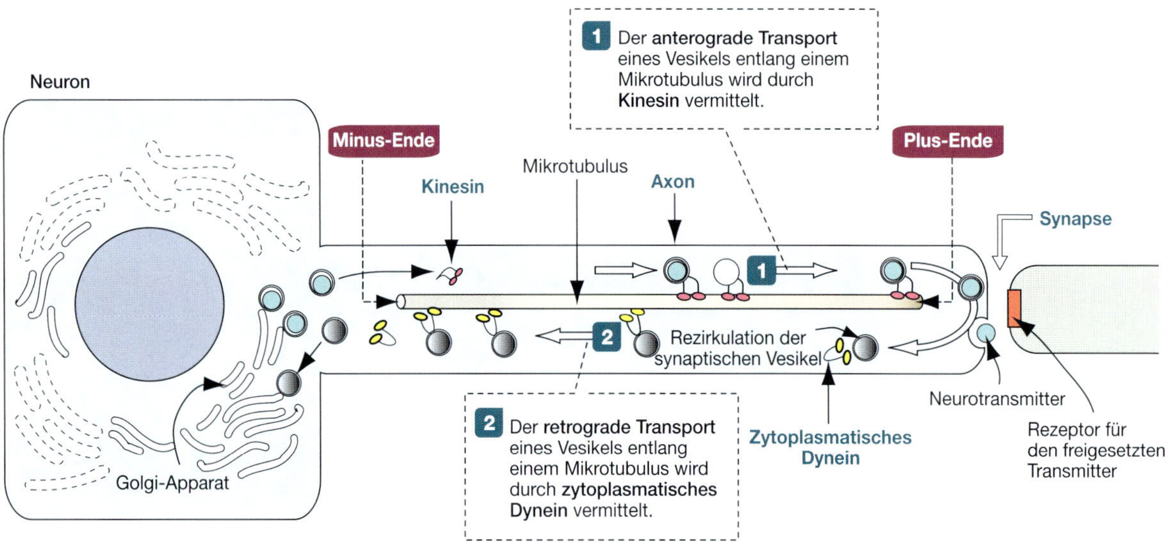

Abb. 2-74 Axonaler Transport. Wesentlich für den bidirektionalen Transport von Organellen in einem Axon sind Kinesin und Dynein. (Aus [12])

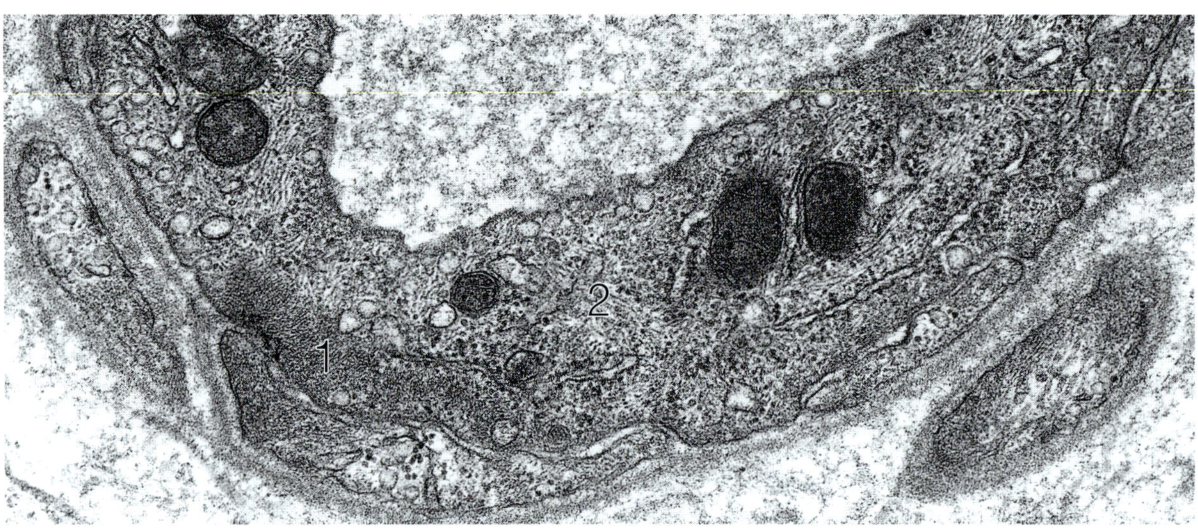

Abb. 2-75 Bündel von Aktinfilamenten (1) im Endothel einer Venole im Harnleiter des Menschen. **2** Intermediärfilamente (Vimentinfilamente). Vergr. 50000fach.

die Zellmembran stabilisiert und Membranproteine an bestimmter Stelle befestigen kann. Aktinbündel sind ein wichtiger Teil von gürtelförmigen Adhärens-Junktionen (Zonulae adhaerentes, siehe Kap. 2.1.6) und kleinen fokalen Kontakten (Typ-II-Desmosomen) der Zelle mit anderen Zellen und der extrazellulären Matrix. In Zellfortsätzen dirigieren sie die Wanderung von Zellen. In manchen Zellen, speziell in Zellkulturzellen, können sie durch Fascin vernetzt werden und kräftige zytoplasmatische Bündel aufbauen, die **Stressfasern** genannt werden. In den Muskelzellen sind Aktinfilamente wichtigster Partner der Myosinfilamente (siehe Kap. **3.3.1**, **3.3.2**).

Aktinfilamente entstehen durch gerichtete Polymerisation und Depolymerisation des **globulären G-Aktins.** Ca. 250 G-Aktin-Moleküle lagern sich zu einer Kette zusammen, die als **filamentäres F-Aktin** bezeichnet wird. Zwei F-Aktin-Ketten winden sich helikal umeinander und bilden ein **Aktinfilament.** Aktinfilamente besitzen ein Plusende, an dem sie durch Anlagerung von G-Aktin-Molekülen wachsen, und ein Minusende, an dem G-Aktin-Moleküle abdissoziieren. Die Anlagerung von G-Aktin erfolgt unter ATP-Verbrauch.

Die Polymerisation bzw. Depolymerisation von G-Aktin, die Zusammenlagerung der Aktinfilamente zu Bündeln oder Netzen sowie die Anheftung der Aktinfilamente an die Zellmembran kontrollieren und regulieren verschiedene **aktinassoziierte Proteine:**

- Die Proteine Thymosin, Profilin und Gelsolin sind an Auf- und Abbau der Aktinfilamente beteiligt. **Thymosin** fängt G-Aktin-Moleküle ein und blockiert ihren Einbau in Aktinfilamente. **Profilin** spielt eine Doppelrolle. Einerseits bindet es an G-Aktin-Moleküle und blockiert ihren Einbau in die Filamente. Andererseits kann es den Einbau von G-Aktin in die Filamente fördern, indem es den Austausch des gebundenen ADP gegen ATP fördert. Nur wenn G-Aktin ein ATP-Molekül gebunden hat, kann es in ein Aktinfilament eingebaut werden. Nach Einbau wird ATP hydrolysiert, und das F-Aktin trägt ADP. **Gelsolin** hat auch eine Doppelfunktion. Es ist einerseits ein capping-Protein und kann Verlust und Anbau von G-Aktin-Molekülen verhindern. Andererseits fördert es in Anwesenheit von Kalzium die Fragmentierung von Aktinfilamenten und bindet an die Plusenden, so dass weiteres Wachstum verhindert wird.
- **Tropomyosin** stabilisiert (neben Bindung des Troponinkomplexes) die Aktinfilamente quergestreifter Muskelzellen, und zwar über eine Strecke von 7 G-Aktin-Molekülen.
- **Fimbrin, Villin** und andere Proteine bilden Brücken zwischen parallel verlaufenden Aktinfilamenten, die somit zu Bündeln zusammengefasst werden. **Filamin** ist am Aufbau flexibler dreidimensionaler Netze beteiligt. **α-Aktinin** reguliert den Aufbau von Aktinfilamentbündeln in kontraktilen Zellen, in denen sie mit Myosin II zusammenwirken. α-Aktinin ist Hauptbestandteil der Z-Scheiben in der quergestreiften Muskulatur.
- **Vinculin, α-Aktinin, Talin** und z. T. auch **Myosin I** und **Calmodulin** befestigen Aktinfilamente an der Zellmembran. **Spektrin** (in Erythrozyten) und **Dystrophin** (in Skelettmuskelzellen) verknüpfen Aktin der Zellperipherie mit der Zellmembran. α-Aktinin ist in allen Typen der Muskulatur an der Befestigung der Aktinfilamente in der Zellmembran beteiligt. Bei rasch erfolgender Neubildung von Zellfortsätzen, z. B. in Makrophagen, werden Aktinfilamente schnell umgebaut und z. T. für kurze Zeit an der Zellmembran befestigt. Hierbei spielen Proteine der **ERM-Familie** (Ezrin, Rhadixin und Moesin) eine wichtige Rolle.

Klinik Einige Naturstoffe aus Pilzen (meist Alkaloide) **beeinträchtigen** z. T. mit tödlichen Folgen das **Aktinfilamentsystem.** So bindet **Phalloidin** aus dem Knollenblätterpilz *Amanita phalloides* fest an Aktinfilamente und verhindert deren Depolymerisierung. **Cytochalasine** (entstammen verschiedenen Pilzen) binden an das Plusende der Aktinfilamente und verhindern deren Wachstum. Die **Latrunculine** (aus dem Meeresschwamm *Latrunculia magnifica*) zerstören Aktinfilamente durch Bindung an G-Aktin und induzieren die Depolymerisation des F-Aktins.

2.5.3 Intermediärfilamente

Intermediärfilamente (intermediäre Filamente) sind 10 nm dicke Proteinfilamente, die in allen Zellen komplexe passive Stützstrukturen bilden und ihnen Zugfestigkeit verleihen (Abb. 2-76). Sie sind mit den **Desmosomen** und **Hemidesmosomen** verbunden (Abb. **2-20**). Grundbaueinheit der Intermediärfilamente sind Monomere, die sich zu Di- und Tetrameren zusammenlagern. Tetramere lagern sich End zu End zu Protofilamenten zusammen. Protofilamentpaare bilden Protofibrillen, von denen jeweils vier ein Intermediärfilament aufbauen. Als Monomere dienen in den verschiedenen Zelltypen unterschiedliche, aber verwandte Proteine: In **Epithelzellen** sind dies **Keratine** (Abb. 2-77), in **Fibroblasten** und verwandten Zellen **Vimentin** (Abb. 2-78), in **Muskelzellen** ist es **Desmin.** Weitere Proteine bauen die Intermediärfilamente in Glia- und Nervenzellen und in der Kernlamina auf (s. u.). Intermediärfilamente sind biegsame, sehr feste, aber auch durchaus dynamische Strukturen. Ihr Auf-

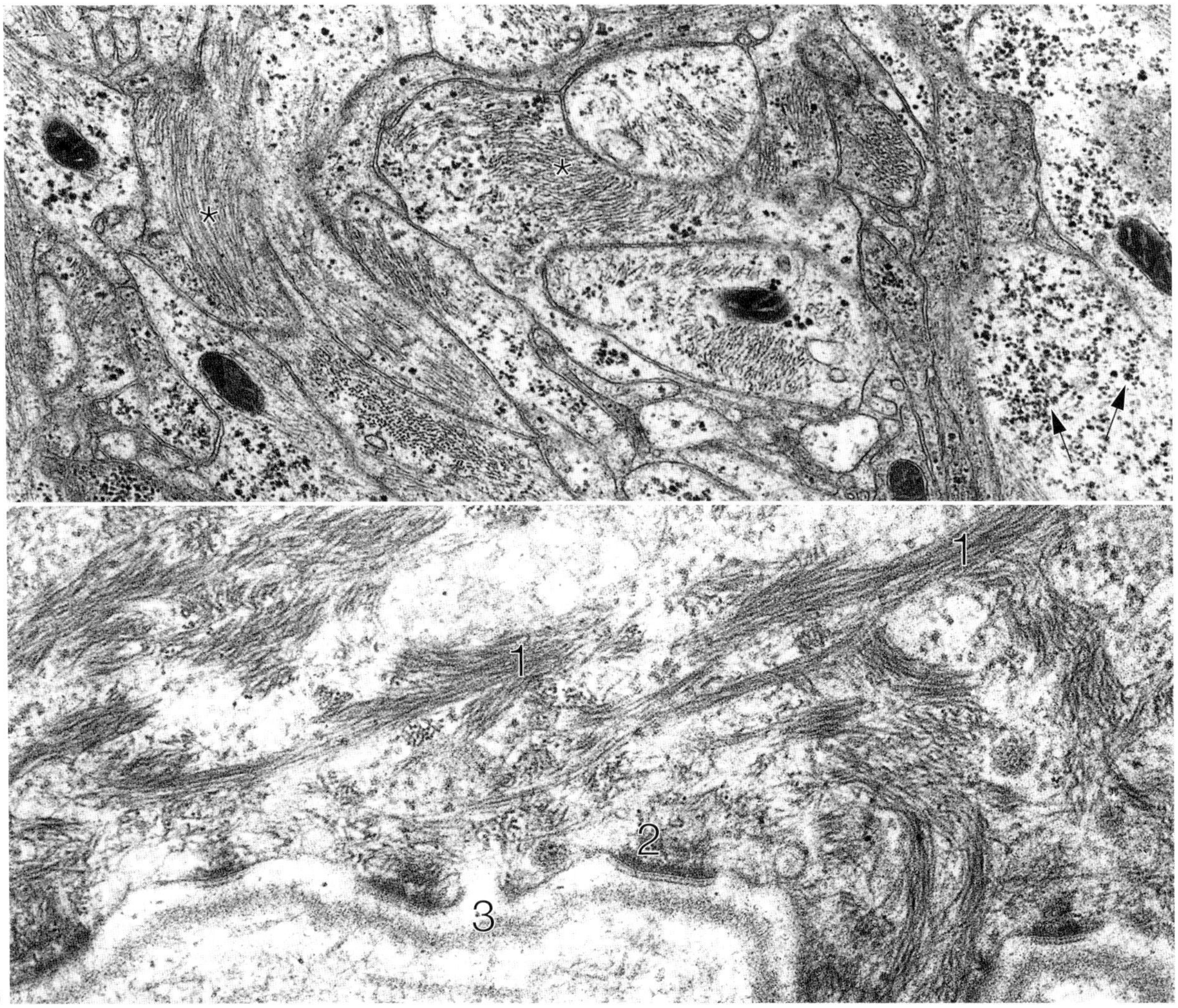

Abb. 2-76 Intermediärfilamente.
a) Gliafilamente (*) in den dicht gepackten Astrozytenfortsätzen in der oberflächlichen Schicht der Großhirnrinde des Menschen. ➔ Glykogenpartikel. Vergr. 28000fach.
b) Basale Epidermiszelle des Menschen mit kompakten Keratinfilamentbündeln (**1**). **2** Hemidesmosom; **3** Basallamina. Vergr. 66600fach.

und Abbau wird über Phosphorylierung (Abbau) und Desphosphorylierung (Aufbau) reguliert.

Mit den Monomeren der Intermediärfilamente sind weitere Proteine assoziiert, z.B.:

- Filaggrin vermittelt in den Epidermiszellen die Bildung von Keratinfilamentbündeln.
- Plectin vernetzt Intermediärfilamente.

Keratinfilamente Ihre Monomere, die Keratine (Zytokeratine, CK), lassen sich in zwei große Gruppen einteilen: saure und basische Zytokeratine. Diese bilden immer Heterodimere im Verhältnis 1 : 1, die dann die Keratinfilamente aufbauen. Bestimmte Zytokeratine sind für feste Strukturen kennzeichnend, z.B. die Hornschicht der Epidermis und für die Haare und Nägel.

Bündel von Keratinfilamenten in Epithelzellen, speziell in der Epidermis, entsprechen den **Tonofilamenten** der Lichtmikroskopie (Abb. **2-76b**). In Epithelzellen unterschiedlichen Differenzierungsgrades werden verschiedene Keratine exprimiert, ebenso bilden verschiedene Epithelien unterschiedliche Keratine; sie sind daher auch diagnostisch von Interesse.

Neurofilamente Die Intermediärfilamente der Nervenzellen (Abb. 2-79) sind Heteropolymere aus drei Polypeptidketten: NF-L, NF-M und NF-H, die sich in ihrem Molekulargewicht unterscheiden. Neurofilamente spielen auch eine wichtige Rolle beim Dickenwachstum von Axonen.

Gliafilamente Dies sind die Intermediärfilamente der Gliazellen (Abb. **2-76a**). In Astrozyten bestehen die

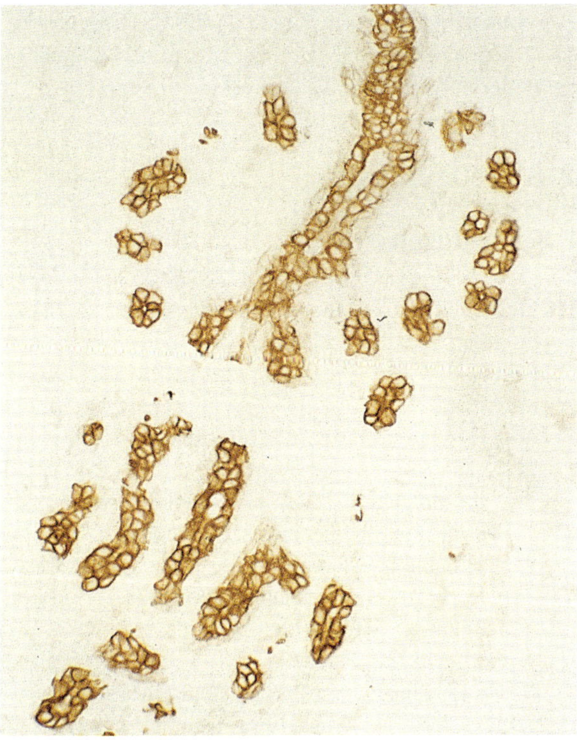

Abb. 2-77 Immunhistochemischer Nachweis von Zytokeratin 7 (CK7, Braunfärbung) in den Epithelzellen der Drüsenläppchen der nicht-laktierenden Milchdrüse (Mensch). Vergr. 140fach.

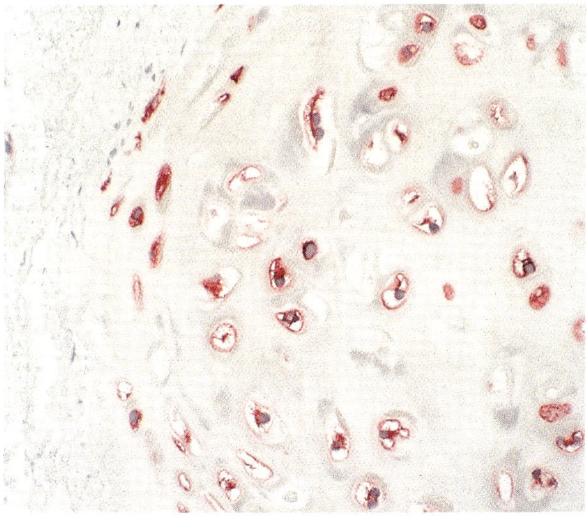

Abb. 2-78 Immunhistochemischer Nachweis des Vimentins (Rotfärbung) in hyalinen Knorpelzellen (Bronchus, Mensch). Vergr. 260fach.

Filamente aus dem sauren Gliafibrillenprotein (gliafibrillar acidic protein, GFAP), das auch in Schwann-Zellen des peripheren vegetativen Nervensystems vorkommt. In markscheidenbildenden Schwann-Zellen bestehen die Filamente aus Vimentin.

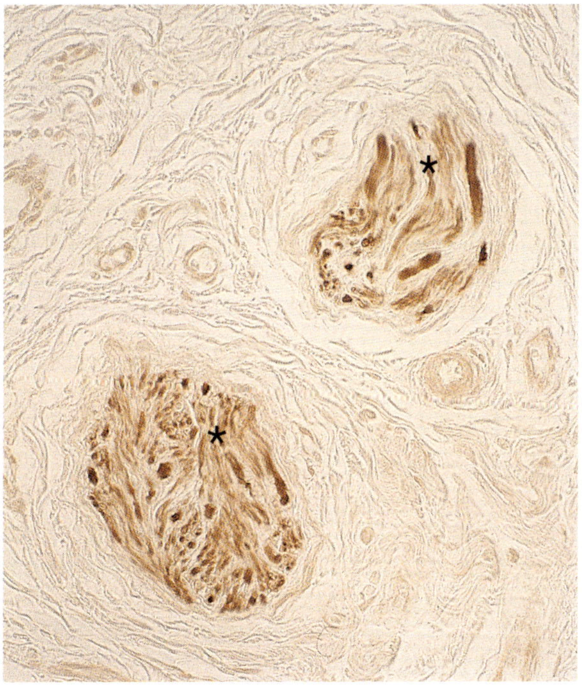

Abb. 2-79 Immunhistochemischer Nachweis von Neurofilamenten (Braunfärbung) in den Nervenzellfortsätzen zweier peripherer Nerven (*). Haut des Menschen. Vergr. 260fach.

Klinik Der **immunhistochemische Nachweis** der Proteine, aus denen die Intermediärfilamente der verschiedenen Zellformen aufgebaut sind, kann **in Tumorgewebe** helfen, die Natur der Tumorzellen aufzuklären, also ob sie epithelialer, neuronaler, glialer, muskulärer oder bindegewebiger Herkunft sind. Dies kann dann bei der Entscheidung für eine bestimmte Therapieform eine Rolle spielen. Es sind zahlreiche **Mutationen von Keratingenen** bekannt: Eine Mutation der Gene für Keratin 1 und 10 führt zu überschießender Verhornung der Epidermis (epidermolytische Hyperkeratose). Eine Mutation des Keratin-9-Gens führt zu Fragmentierung der Epidermis von Hand- und Fußsohlen. Eine Mutation der Gene für Keratin 5 oder Keratin 14 führt schon bei schwachen Verletzungen der Haut (leichte Stöße) zu Blasenbildungen (Epidermolysis bullosa simplex).

Laminfilamente Dies sind Intermediärfilamente, die in der Interphase ein Netzwerk an der inneren Kernmembran bilden. Dieses unterschiedlich dicke Netzwerk – oft ist es ca. 20 nm dick – wird Kernlamina (Lamina nuclearis) genannt. Es ist zum einen an der inneren Kernmembran, zum anderen an Chromosomen befestigt. Bausteine der Laminfilamente sind die Proteine Lamin A, B und C.

Während der Mitose werden die Lamine von der Cyclin-B-aktivierten Cdc2-Proteinkinase phosphoryliert, was zur Entstehung freier Lamindimere und zur Auflösung der Kernlamina führt. Vesikel der fragmentierten Kernhülle bleiben an Lamin B gebunden, während die Lamine A und C frei im Zytoplasma verbleiben. Nach der Mitose werden die Lamine dephosphoryliert und die an Lamin B gebundenen Membranvesikel an Chromatin befestigt. Die Vesikel fusionieren und die Kernlamina baut sich wieder auf. Anschließend entspiralisieren sich die Chromosomen wieder.

2.5.4 Myosin

Dem Zytoskelett lässt sich auch das Myosin zuordnen, das in Muskelzellen ca. 15 nm dicke Filamente bildet. Es existieren verschiedene molekulare Formen des Myosins, die zusammen die Superfamilie der Myosine bilden.

- **Myosin I** kommt in allen Zellen vor. Es liegt im Gegensatz zu Myosin II (s.u.) ausschließlich als Monomer vor. Myosin I spielt wahrscheinlich wie Myosin II eine Rolle als Motorprotein, hat aber auch eine membranbindende Domäne und ist an der Formgebung der Zelloberfläche und der Organisation des Zellinnern beteiligt.
- Isoformen des **Myosins II** treten im Zytoplasma vieler Zelltypen auf, in denen sie meistens an Bewegungsvorgängen beteiligt sind. Eine wesentliche Rolle spielt Myosin II in Muskelzellen. Es bildet immer Doppelmoleküle mit zwei Köpfen (jeder mit aktinbindender und ATPase-Domäne). Die beiden Schwanzregionen sind umeinander gewickelt und bilden eine stabförmige Struktur. Zwei solcher Doppelmoleküle lagern sich mit den Schwanzregionen aneinander, so dass ein polar gebautes Aggregat entsteht, an dessen Enden jeweils die Doppelköpfe liegen. In dieser Form liegt Myosin II z.B. auch in der A-Bande der Skelettmuskulatur vor.

2.6 Zellzyklus

2.6.1 Zyklusphasen

Eine Zelle kann in ihrem Leben verschiedene Phasen durchlaufen, die insgesamt den **Zellzyklus** bilden (Abb. **2-80**). Der Zellzyklus wird in folgende Phasen untergliedert: M-, G_1-, S-, G_2- und G_0-Phase. G_1-, S- und G_2-Phase werden als **Interphase** zusammengefasst.

- Während der **M-Phase** (Mitosephase) werden die Chromosomen, die ihre DNA repliziert (verdoppelt) haben, getrennt und mit Hilfe der Mitose auf zwei neue Kerne verteilt (Karyokinese). Auch das Zytoplasma wird geteilt (Zytokinese) und auf zwei Tochterzellen verteilt.
- Die **G_1-Phase** (gap-1-Phase, Präsynthesephase) ist eine Phase des Wachstums, während der die Zelle ihre kennzeichnenden Funktionen erfüllt und entscheidet, ob und wann sie mit der DNA-Synthese beginnt.
- **Die S-Phase** (DNA-Synthese) ist die Phase, während der die DNA verdoppelt (repliziert) wird. Während der S-Phase wird der DNA-Doppelstrang geöffnet, wobei u.a. DNA-Helikasen und DNA-Einzelstrang-Bindungsproteine eine Rolle spielen. An verschiedenen Stellen des Genoms, die ca. 100000 Nukleotidpaare voneinander entfernt sind, beginnt die Replikation (Verdoppelung). Die Polymerisierung wird durch DNA-Polymerase und DNA-Primase katalysiert und erfolgt mit einer Geschwindig-

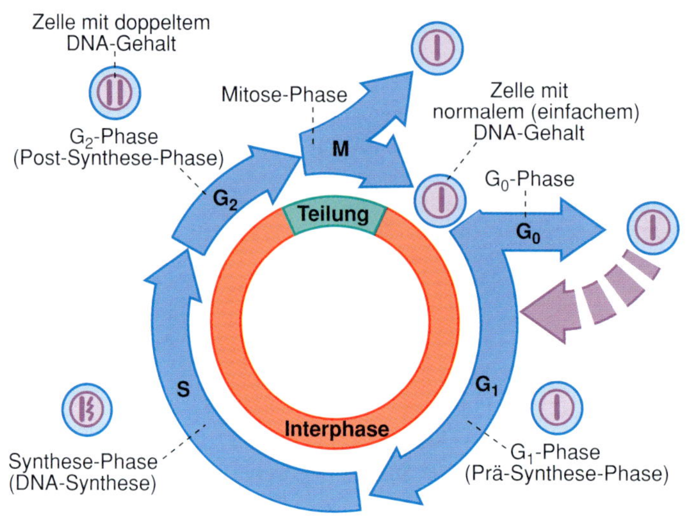

Abb. 2-80
Schematische Darstellung des Zellzyklus. Einzelheiten siehe Text.

keit von ca. 50 Nukleotiden pro Sekunde. Eventuell auftretende Fehler werden mit Hilfe verschiedener Mechanismen repariert. Es wird sichergestellt, dass jede DNA-Region nur einmal repliziert wird. Die speziellen terminalen Nukleotidsequenzen der Chromosomen-Enden, der Telomere, werden in Keimzellen und manchen Krebszellen durch ein besonderes Enzym, die Telomerase, repliziert.

- Die **G_2-Phase** (gap-2-Phase, prämitotische Phase) ist die Phase, während der die Exaktheit der DNA-Replikation überprüft wird und Fehler korrigiert werden.
- **G_0-Phase:** Am Ende der M-Phase können Zellen nicht nur in die G_1-Phase, sondern auch in eine G_0-Phase eintreten. Dies ist in Bezug auf den Zellzyklus eine stabile, lang anhaltende Arbeitsphase, in der sich viele Zellen des Körpers befinden und in der sie ihre jeweiligen Funktionen erfüllen. Sie verlieren jedoch meist ihre Teilungsfähigkeit nicht, sondern können z. B. bei einem Zellverlust in ihrem jeweiligen Organ rasch wieder in die G_1-Phase übertreten und sich dann teilen, um den Defekt zu beheben. Wichtige Zellen, die sich normalerweise in der G_0-Phase befinden, sind Leberepithelzellen, Pankreasepithelzellen, Nierenepithelzellen, Fibroblasten und Gefäßendothelzellen. Manche Zellen (die allermeisten Nervenzellen, Herzmuskelzellen und praktisch auch die Skelettmuskelzellen) bleiben lebenslang in der G_0-Phase und können nicht in die G_1-Phase zurückkehren.

Die Existenz der G_0-Phase und der dazugehörigen Zellen hat zu folgender **Einteilung von Zellpopulationen** geführt:

- Zellen, die sich kontinuierlich teilen, also rasch von Mitose zu Mitose schreiten und somit kurzlebig sind, werden auch **labile Zellen** genannt. Zu diesen gehören Stammzellen in vielen Epithelien, z. B. in mehrschichtigen Plattenepithelien der Epidermis, der Mundhöhle und der Vagina, im Übergangsepithel und im Epithel der Darmschleimhaut (zu Stammzellen siehe auch Kap. 2.6.2).
- Zellen, die sich in der teilungsruhigen G_0-Phase befinden, werden auch **stabile Zellen** genannt. Sie können auf einen Stimulus hin wieder in den Zellzyklus eintreten.
- Zellen, die sich nicht mehr teilen, die also aus dem Zellzyklus austreten und sich nicht regenerieren können, werden auch **permanente Zellen** genannt. Hierher gehören Nerven- und Herzmuskelzellen. Wenn sie untergehen, können sie nicht mehr ersetzt werden, ihre Stelle nimmt ein bindegewebiges Narbengewebe ein. Skelettmuskelgewebe hat eine sehr eingeschränkte Regenerationsfähigkeit.

Den zeitlichen Ablauf und das sequentiell korrekte Einsetzen der einzelnen Zyklusphasen überwacht ein sehr komplexes **Zellzyklus-Kontrollsystem.** Es ist in Abbildung **2-81** vereinfacht dargestellt. Es besitzt Flexibilität und Anpassungsmöglichkeiten an spezifische Zelltypen und Umweltveränderungen. Es enthält Sicherungssysteme für den Fall, dass Fehler unterlaufen. Das Kontrollsystem kann den Zellzyklus an spezifischen Kontrollpunkten (check-points) anhalten. Wichtige Kontrollpunkte liegen vor Beginn der Mitose (G_2-Kontrollpunkt), vor Einsetzen der Anaphase (Metaphase-Kontrollpunkt) und vor Beginn der S Phase (G_1-Kontrollpunkt). Vor Einsetzen der Mitose wird z. B. überprüft, ob die DNA-Replikation korrekt abgeschlossen ist. Vor Einsetzen der Anaphase der Mitose wird überprüft, ob alle Chromosomen an der Spindel befestigt sind. Vor Einsetzen der S-Phase wird am Ende der G_1-Phase geprüft, ob die DNA-Replikation einsetzen soll.

Eine wesentliche Rolle im Kontrollsystem des Zellzyklus spielt eine Familie von Proteinkinasen, die **cyclinabhängige Kinasen (Cdks)** genannt werden. Die Aktivität dieser Kinasen ändert sich im Verlauf der Zyklusphasen. Dadurch kommt es zu zyklischen Änderungen der Phosphorylierung derjenigen intrazellulären Proteine, die den Ablauf der wichtigsten Stationen des Zellzyklus regulieren. Die Cdk-Aktivität wird von zahlreichen Enzymen und anderen Proteinen reguliert. Die wichtigsten **Regulationsproteine der Cdks** sind

- die **Cycline** (G_1/S-Cyclin, S-Cyclin, M-Cyklin). Zyklischer Auf- und Abbau der Cycline führt zur zyklischen Bildung und Aktivierung von Komplexen aus Cyclin und cyclinabhängigen Kinasen (Abb. **2-81**). Diese Aktivierung setzt dann Vorgänge im Zellzyklus in Gang.
- das Protein **p53** („Wächter des Genoms"). Bei einem DNA-Schaden veranlasst p53 entweder die Reparatur der DNA oder die Apoptose der Zelle.

Klinik In **Krebszellen** ist das **Zellzyklus-Kontrollsystem beeinträchtigt:** Die Kontrolle über den Ablauf (= die Progression) der G_1-Phase und den Beginn der S-Phase ist gestört. Eine wichtige Rolle spielt hier das Retinoblastoma-Protein (Rb), ein Hemmer der G_1-Progression. Verlust beider Kopien des Rb-Gens führt zu unkontrollierter Zellproliferation in der embryonalen Retina. p53 ist Ziel vieler Tumorviren, und p53-Mutationen sind die häufigsten genetischen Veränderungen im Krebsgewebe.

Mitose

Die Mitose ist der wesentliche Vorgang der M-Phase des Zellzyklus und umfasst die verschiedenen Phasen

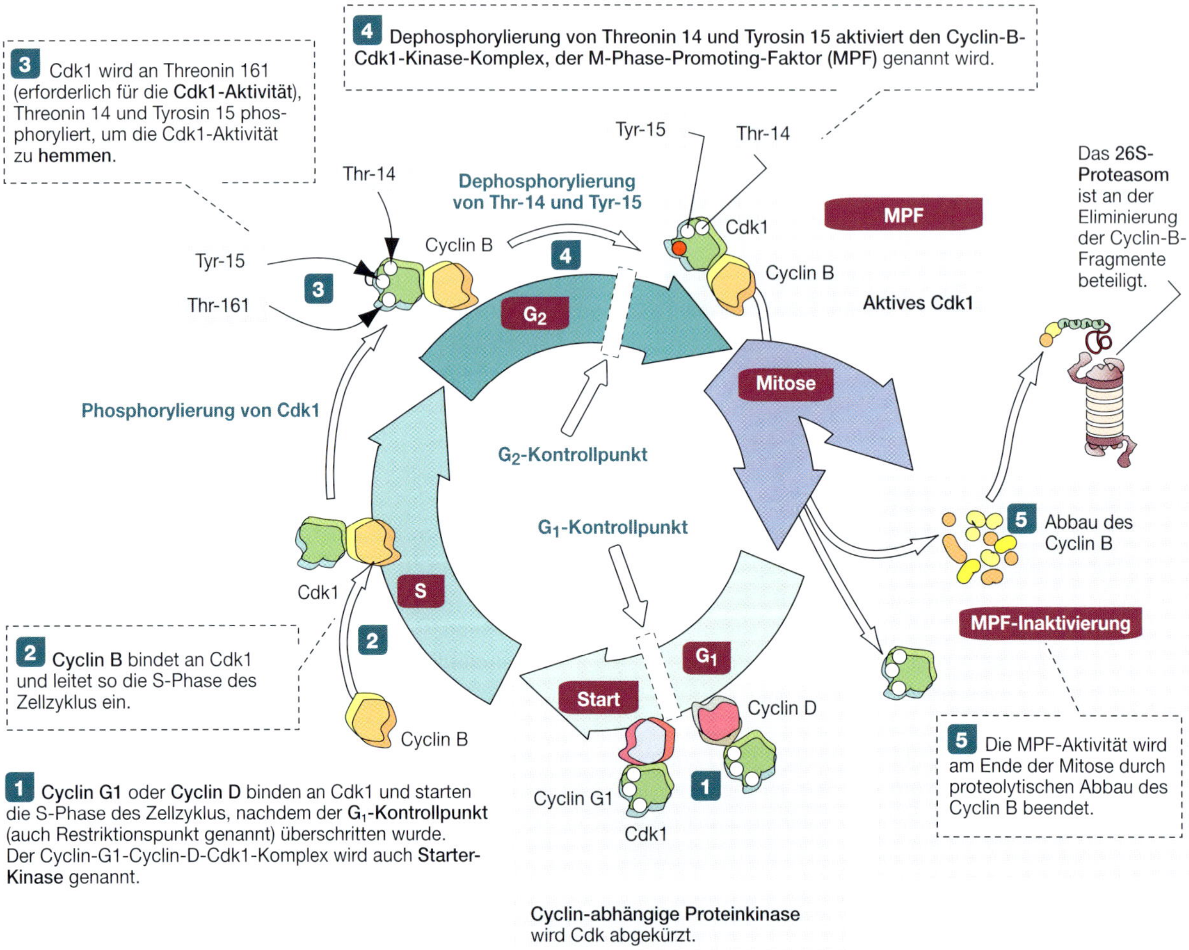

Abb. 2-81 Regulation des Zellzyklus. (Aus [12])

Abb. 2-82 Chromosomen und Chromatin im lichtmikroskopischen Präparat.

a) Das sog. Sexchromatin (➔) entspricht einem der beiden X-Chromosomen der Frau, das auch in der Interphase kondensiert bleibt, also Heterochromatin ist. Zu seiner färberischen Darstellung werden Abstriche z. B. von der Wangenschleimhaut auf Objektträger angefertigt und mit einem Farbstoff behandelt, der die DNA spezifisch erfasst (z. B. Thionin oder das Leukofuchsin der Feulgen-Reaktion). Das Sexchromatin ist dann als diskretes, stärker gefärbtes Körperchen meist dicht an der Kernmembran erkennbar. Vergr. 960fach. (Aus [2])

b–h) Verschiedene Stadien der Karyokinese (= Kernteilung) mit entsprechenden Mitosestadien aus der Wurzelspitze eines Bohnenkeimlings (*Vicia faba*). (Aus [1])

b) Übersicht über mehrere, dicht beieinander liegende Zellen, deren Kerne unterschiedliche Phasen der Mitose zeigen. In der oberen Zellreihe liegen rechts neben einer beginnenden Telophase (➔, vgl. Bild h) sowie links neben einer späten Metaphase (vgl. dazu Bild e) je zwei Zellen, die nur halb so groß wie die übrigen sind und daher als die beiden aus einer vollständig abgelaufenen Mitose hervorgegangenen Tochterzellen angesprochen werden können. Färbung: Eisenhämatoxylin; Vergr. 500fach.

c) Am unteren Bildrand zwei noch frühe Prophasen mit deutlich erkennbarem Nukleolus (➔), darüber eine Metaphase in Aufsicht.

d) Von der Seite gesehene Metaphase mit Einstellung der Chromosomen in der Äquatorialebene des Zellleibes (in Aufsicht ergäbe sich das Bild des sog. Monasters, vgl. Bild c. Die „Fasern" (= Mikrotubuli) der deutlichen Mitosespindel verbinden die Kinetochore (liegen am Zentromer) der Chromosomen mit den an die Zellpole gewanderten Zentriolen (hier nicht vorhanden, da Zellen höherer Pflanzen keine Zentriolen besitzen).

e) Späte Metaphase, von schräg seitlich gesehen und daher kein ideales Bild eines Monasters bietend. Vor allem bei der rechten unteren Teilungsfigur beginnen sich die beiden aus einem Chromosom durch identische Reduplikation hervorgegangenen Tochterchromatiden schon zu trennen (➔). Sie sind die definitiven Chromosomen der späteren Tochterzellen.

f) Frühe Anaphase mit „Diaster" (Tochtersterne). Alle Chromosomen sind in ihre Chromatiden gespalten und diese mit ihrem Scheitel schon eine Strecke weit polwärts gezogen.

g) Spätere Anaphase mit einer gerade erkennbaren und zwischen den Zellpolen verlaufenden Zentralspindel.

h) Beginnende Telophase mit zunehmender Verklumpung der Chromosomen zu einer homogenen, stark färbbaren basophilen Masse: Die Zentralspindel ist noch gut erkennbar. Färbungen c–h: Eisenhämatoxylin; Vergr. c–h: 1250fach. ▶

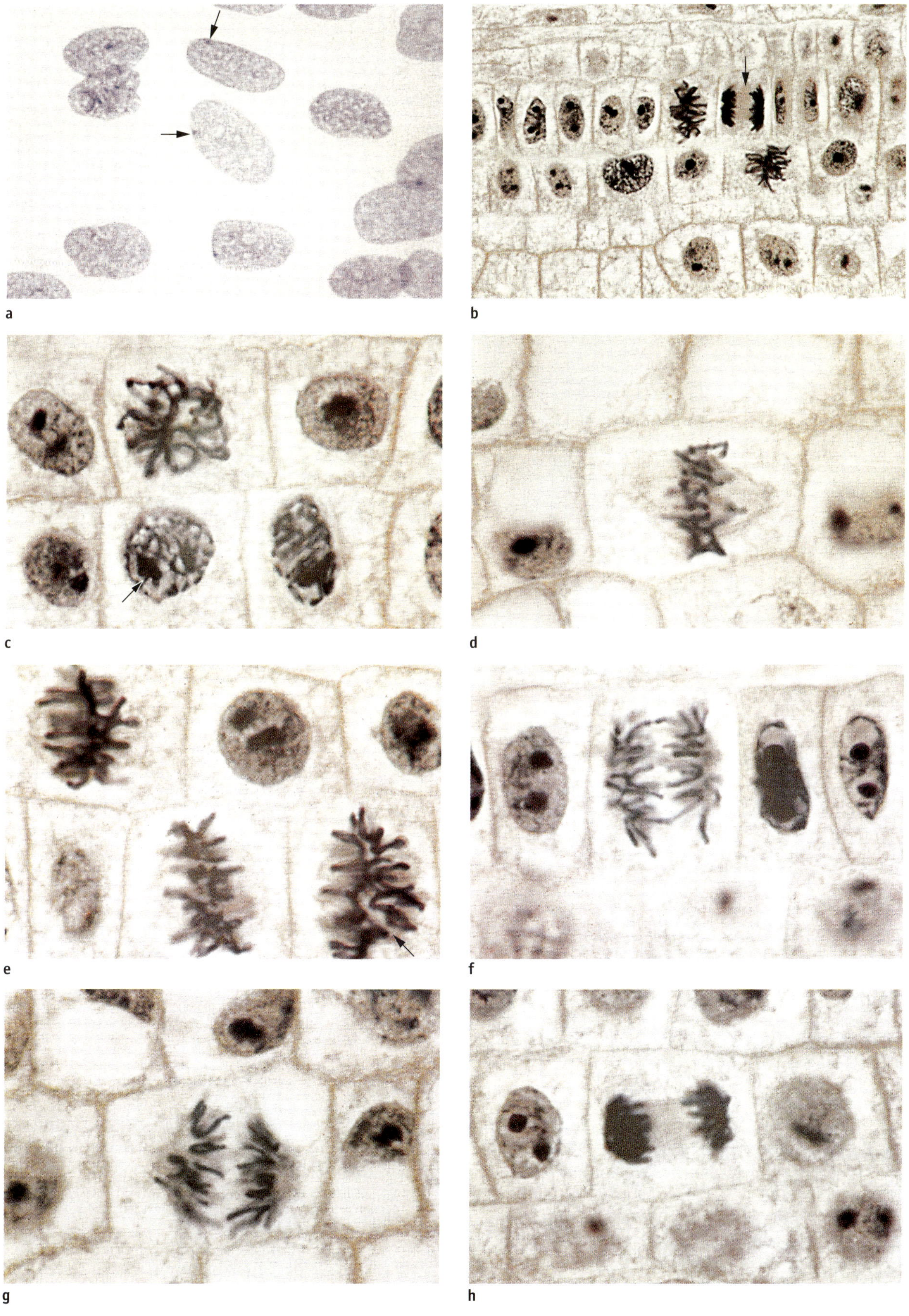

a b c d e f g h

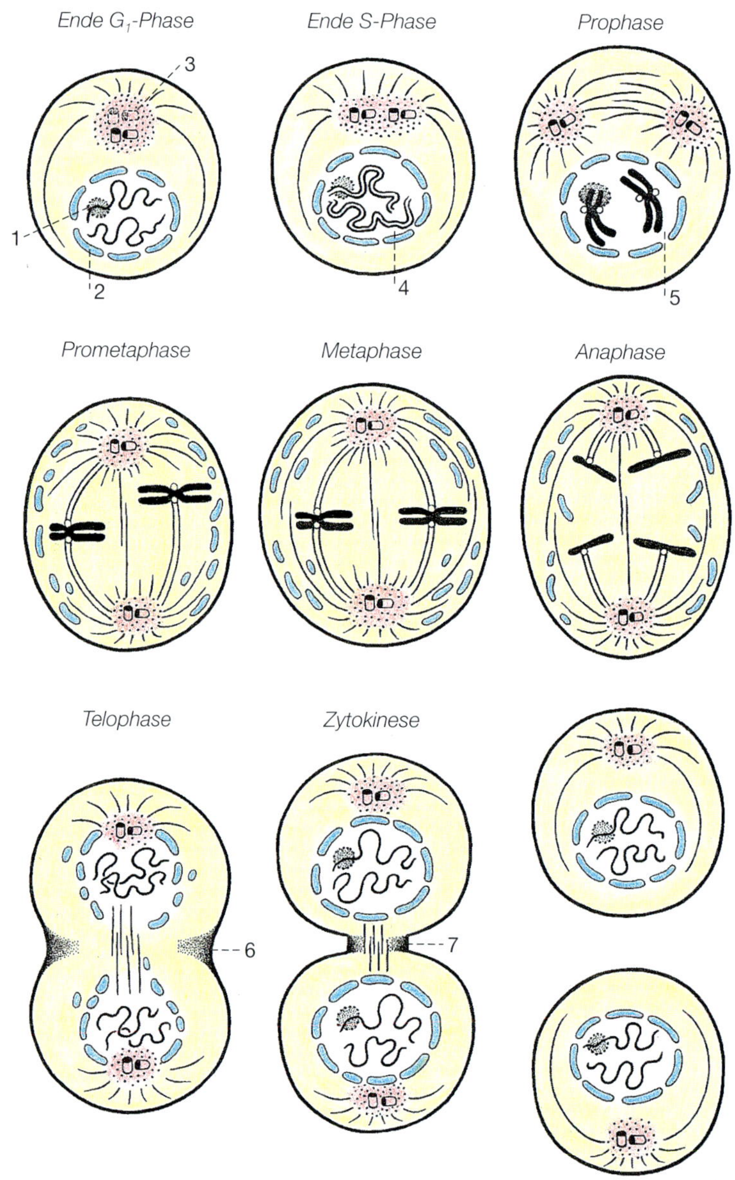

Abb. 2-83 Stadien der Mitose, während der der verdoppelte Chromosomensatz auf zwei Tochterzellen verteilt wird. G- und S-Phasen sind Phasen des Zellzyklus. In den G-Phasen (G_1- und G_2-Phase, G = gap [Lücke]) erfolgt keine DNA-Synthese, diese findet während der zwischen G_1 und G_2 liegenden S-Phase (S = Synthese) statt. **1** Nukleolus an Organisator-Region eines Chromosoms; **2** Kernhülle; **3** Zentrosom mit sich verdoppelnden Zentriolenpaaren und ausstrahlenden Mikrotubuli; **4** verdoppelte DNA; es entstehen „Doppelchromosomen", die am Zentromer verbunden bleiben. Die beiden identischen Hälften der „Doppelchromosomen" heißen Chromatiden; **5** kondensierte „Doppelchromosomen" mit Zentromer (Kinetochor); **6** kontraktiler Schnürring; **7** Zytoplasmabrücke mit Mittelkörper. (Aus [3])

der Kernteilung, der **Karyokinese** (Abb. 2-82, 2-83): Prophase, Prometaphase, Metaphase, Anaphase, Telophase. Die anschließende Zellteilung wird **Zytokinese** genannt.

Die Mitose findet jedes Mal statt, wenn sich eine **somatische Zelle** (eine Nicht-Keimzelle) im Laufe des normalen Wachstums, nach Gewebeverletzungen oder im Laufe von Differenzierungsprozessen teilt, wobei von jedem Gen eine identische Kopie gemacht und somit identische Gene auf die Tochterzellen verteilt werden. Es entstehen also Tochterzellen, die die identische genetische Ausstattung wie die Mutterzelle haben.

Prophase In der Prophase kommt es zunehmend zur Kondensation des Chromatins, bis schließlich die

Chromosomen individuell erkennbar werden. Die Kondensation wird mit Hilfe von Proteinen bewerkstelligt, die Condensine heißen. Jedes **Chromosom** hatte sich in der vorhergehenden S-Phase verdoppelt und besteht nun aus zwei miteinander verbundenen sog. **Schwesterchromatiden.** An der Verbindung der Schwesterchromatiden sind Cohesine beteiligt, größere Proteinkomplexe. Jede dieser Chromatiden besitzt ein Zentromer mit einem speziellen DNA-Abschnitt, der dann für die korrekte Trennung der zwei Chromatiden wichtig ist. An jedem Zentromer entwickelt sich ein spezieller, sehr komplexer Proteinkomplex, der **Kinetochor** genannt wird. Jeder Schwesterchromatidenkomplex hat also zwei Kinetochore. Der Nukleolus verschwindet langsam. Gegen Ende der Prophase lösen sich die zytoplasmatischen Mikrotubuli auf, und es entsteht stattdessen die **Mitosespindel**, die wesentliche Struktur des Mitoseapparats (Abb. 2-84). Sie besteht aus Mikrotubuli und assoziierten Proteinen und hat zwei sog. Spindelpole, die Zentrosomen mit jeweils zwei Zentriolen entsprechen – das normale Zentriolenpaar im Zentrosom hat sich verdoppelt, und die zwei Zentriolenpaare wandern an sich gegenüberliegende Pole der Zelle. Den Zentrosomen von Pflanzenzellen fehlen die Zentriolen. Die Spindel entwickelt sich zuerst außerhalb des Kerns.

Prometaphase Die Prometaphase beginnt abrupt mit dem rasch erfolgenden Abbau der Kernhülle, die jedoch nicht verschwindet, sondern in Form von einzelnen Vesikeln, die nicht von ER-Vesikeln zu unterscheiden sind, außerhalb der Spindel erhalten bleibt. Die Mikrotubuli dringen jetzt in den Kern ein, und einige von ihnen befestigen sich an den ausgereiften Kinetochoren; sie werden **Kinetochormikrotubuli** genannt (Abb. 2-84). An einem Kinetochor befestigen sich 30–40 Mikrotubuli. Man spricht auch vom „Einfangen" der Chromosomen durch die Kinetochor-Mikrotubuli. In der Peripherie der Spindel befindliche Mikrotubuli heißen **polare Mikrotubuli,** sie treten nicht mit Chromosomen in Kontakt (Abb. 2-84, s. u.). Weitere Mikrotubuli, die auch vom Spindelpol ausgehen, aber nicht am Aufbau der Spindel beteiligt sind, sondern nach außen weisen, heißen **Astralmikrotubuli.** Die Büschel von Mikrotubuli, die von jedem Spindelpol ausgehen, werden auch mit dem Begriff „Aster" (Pl. Asteren; Stern) bezeichnet. Alle Mikrotubuli sind mit ihrem Minusende im Spindelpol verankert. Die Kinetochormikrotubuli üben eine gewisse Kraft auf die Chromosomen aus, die dadurch in Bewegung geraten.

Metaphase In dieser Phase, die ungefähr 50% der Mitosedauer einnimmt, werden die Chromosomen mit Hilfe der Kinetochormikrotubuli in einer Ebene in der Mitte zwischen den Spindelpolen angeordnet. Durch diese Form der Anordnung entsteht die sog. **Metaphasenplatte.** Die beiden Kinetochore der zwei Geschwisterchromatiden liegen sich gegenüber und sind jeweils mit einem der zwei sich gegenüberliegenden Spindelpole verbunden.

Anaphase Die Anaphase wird durch Aktivierung eines Molekülkomplexes ausgelöst, der proteolytische

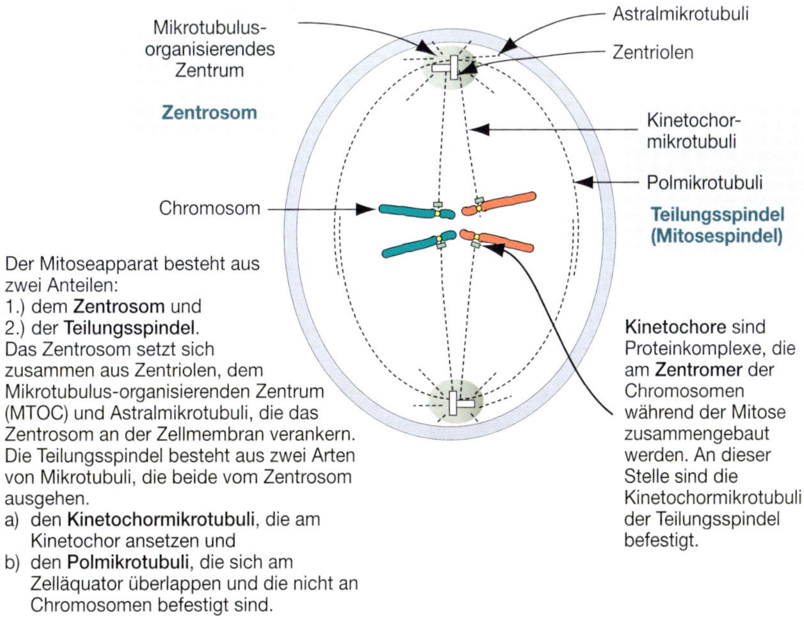

Abb. 2-84 Der Mitoseapparat. (Aus [12])

Funktion hat und „Anaphase-fördernder Komplex" (engl. anaphase promoting complex = APC) genannt wird. Dieser Komplex inaktiviert das M-Phase-Cyclin (Cyclin B) und damit die zugehörige M-CdK (Mitose-Cyclin-abhängige Kinase) und aktiviert ein proteolytisches Enzym, die Separase, die die Cohesinkomplexe zwischen den Chromatiden spaltet. Die Schwesterchromatiden werden getrennt und können nun zu jeweils dem Spindelpol wandern, dem ihr Kinetochor zugewandt ist. Die auseinander weichenden Chromatiden werden jetzt wieder **Chromosomen** genannt. Jedes Chromosom wird mit einer Geschwindigkeit von ungefähr 1 µm pro Minute zu seinem zugehörigen Spindelpol gezogen. Die Bewegung besteht aus zwei Komponenten, jedoch sind die Vorstellungen zum Bewegungsmechanismus z. T. noch hypothetisch.

In der **Anaphase A** verkürzen sich die Kinetochormikrotubuli und ziehen die Chromosomen zum Spindelpol. Die Anaphase A beruht wahrscheinlich auf der Tätigkeit von Motorproteinen, die im Bereich der Kinetochore tätig sind und deren Aktivität vom Abbau der Mikrotubuli begleitet wird, ohne dass der funktionelle Zusammenhalt zwischen Kinetochor und Mikrotubuli verloren geht.

In der **Anaphase B** verlängern sich die polaren Mikrotubuli und schieben somit die Spindelpole auseinander. Um dies möglich zu machen, treten die von den sich gegenüberliegenden Spindelpolen ausgehenden polaren Mikrotubuli an ihren freien Plusenden überlappend miteinander in Kontakt und verlängern sich hier. Im Überlappungsbereich werden multimere Motorproteine der Kinesinfamilie tätig; sie schieben die sich verlängernden Mikrotubuli auseinander. Zusätzlich treten weitere Motorproteine in Aktion, die sich einerseits innen an der Zellmembran anheften und andererseits mit den Astralmikrotubuli, die vom Spindelpol nach außen zeigen, in Kontakt treten und die Spindelpole auseinander ziehen. An der Wanderung in der wenige Minuten dauernden Anaphase sind also im Prinzip drei Komponenten beteiligt: Verkürzung der Kinetochormikrotubuli, Verlängerung der polaren Mikrotubuli und Verkürzung der Astralmikrotubuli.

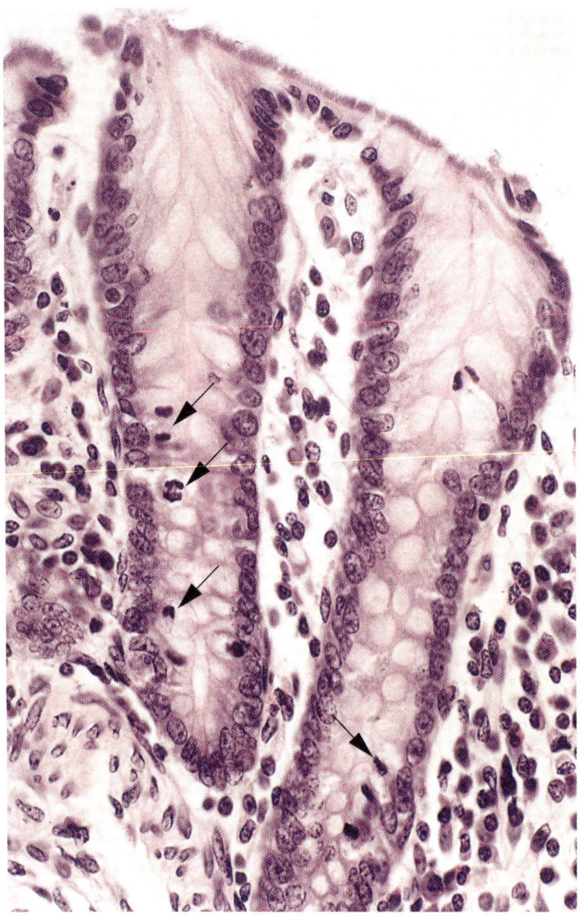

Abb. 2-85 Mitosefiguren (→) in einem histologischen Routinepräparat, hier in zwei Kolokrypten, Kolon, Mensch. Färbung: H. E.; Vergr. 500fach.

Telophase In der Telophase kommen die Chromosomen (d.h. die getrennten ehemaligen Schwesterchromatiden) am jeweiligen Spindelpol an (Abb. 2-82, 2-83, 2-85), und die Kinetochormikrotubuli sind abgebaut. Die polaren Mikrotubuli verlängern sich noch weiter; eine Kernhülle bildet sich um die getrennten Chromosomen; das kondensierte Chromatin lockert sich wieder auf; in jedem Kern entsteht wieder ein sichtbarer Nukleolus. Die Mitose ist beendet.

Zellteilung Im Anschluss an die Kernteilung erfolgt die Zellteilung, die jedoch schon in der Anaphase beginnt. Es entsteht eine um die Mitte der Zelle herumlaufende Furche, die im Allgemeinen rechtwinklig zur Achse der Spindel verläuft. Die Lage der Teilungsebene wird von den Astraltubuli bestimmt. Auf der Innenseite der Furche, im Zytoplasma, befindet sich ein Ring aus den kontraktilen Proteinen Aktin und Myosin II, der die Kraft für die Furchenbildung entwickelt. Diese Furche vertieft sich zunehmend, bis sie auf die zentral liegenden Reste der polaren Mikrotubuli (zwischen den zwei neuen Kernen) stößt. Diese restlichen Pakete an Mikrotubuli heißen **Mittelkörper** oder Flemming-Körper (Walther Flemming, 1843–1905, Prag, Kiel, Zytologe, Entdecker der Mitose). Die Mittelkörper werden kurze Zeit später ausgestoßen, so dass sich die ursprüngliche Mutterzelle endgültig in zwei Tochterzellen teilen kann.

Die Abbildungen **2-85** und **2-86** zeigen typische licht- und elektronenmikroskopische Präparate von Mitosestadien in Zellen vom Menschen.

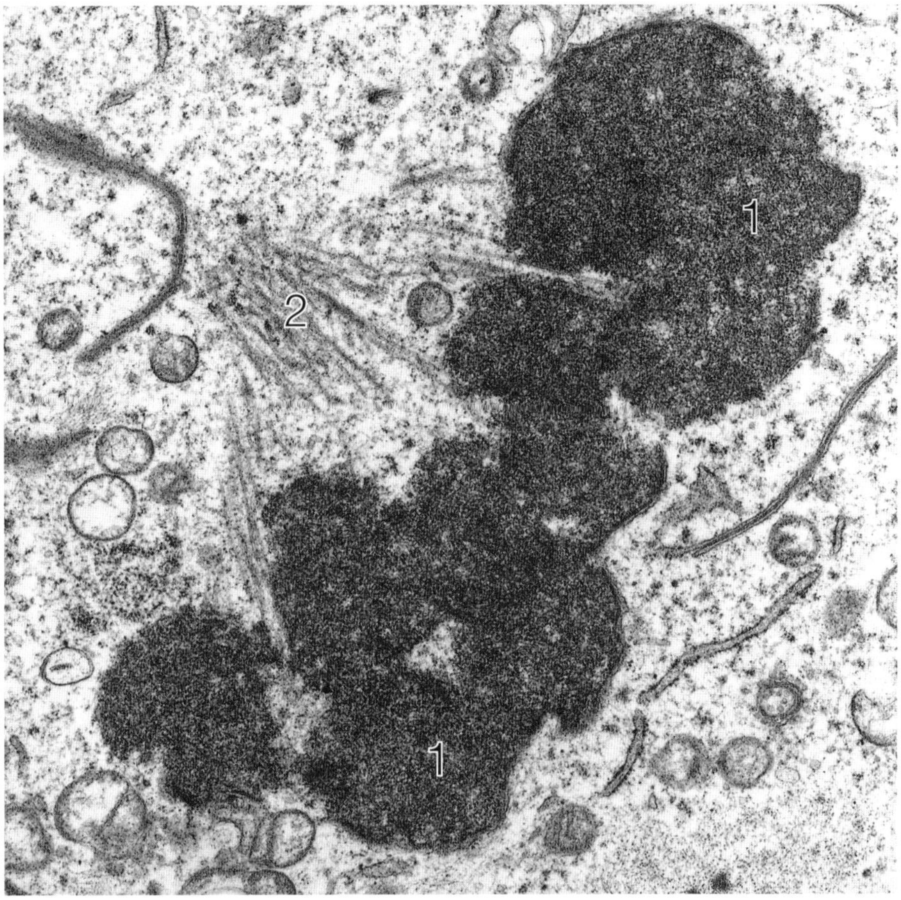

Abb. 2-86 Elektronenmikroskopisches Präparat von kondensierten Chromosomen (1), vermutlich frühe Metaphase. **2** Mikrotubuli (Kinetochormikrotubuli) der Spindel. Ovar, Mensch, Follikelepithelzelle. Vergr. 20700fach.

2.6.2 Stammzellen und Tochterzellen

Zellen, die sich regelmäßig teilen, sind undifferenziert (**Stammzellen**), endgültig ausdifferenzierte Zellen teilen sich nicht mehr. Stammzellen bilden Tochterzellen, die entweder neue Stammzellen werden oder sich ausdifferenzieren (Abb. 2-87). Stammzellen unterscheiden sich von differenzierten Zellen durch unterschiedliche Genexpressionsmuster, wobei eine große Zahl von Faktoren (Hormone, Matrixfaktoren, Oxidation, Strahlung u. v. a.) mit dem jeweiligen zellspezifischen Genexpressionsprogramm interagieren kann.

Es werden folgende Stammzelltypen unterschieden:

- **Embryonale Stammzellen.** Unter diesem Begriff versteht man (bei Säugetier und Mensch) insbesondere die Zellen der inneren Zellmasse, dem Embryoblasten, (s. a. Abb. 2-88) der Blastozyste (Abb. 2-88), die noch ein sehr breites Entwicklungsspektrum besitzen. Aus diesem kleinen Zellhaufen entwickelt sich der Embryo, während sich aus den Zellen der Blastozystenwand der Trophoblast entwickelt. Im Laufe der weiteren Frühentwicklung engt sich die Entwicklungspotenz der frühen Embryonalzellen zunehmend ein, es entstehen z. B. Zellen, die die Stammzellen für alle Blutzellen (hämatopoetische Stammzelle) oder für alle neuronalen Zellen (neuronale Stammzelle) sind. Solche Zellen mit zwar eingeschränkten, aber immer noch relativ weiten Entwicklungsmöglichkeiten werden auch **pluripotente Stammzellen** genannt.
  Auch beim Erwachsenen existieren noch pluripotente Stamzellen; es sind insbesondere die Stammzellen der Hämatopoese (Blutzellbildung). Im Experiment können solche hämatopoetischen Stammzellen dazu gebracht werden, auch andere Zellen als Blutzellen zu bilden, z. B. Muskelzellen. Daher besteht an solchen Zellen großes medizinisches Interesse.
  Mit embryonalen Stammzellen, speziell denen des Embryoblasten, wird experimentell im Rahmen des sog. therapeutischen Klonens gearbeitet. Ziel solcher Forschungsansätze ist die Gewinnung von Zellen, die Gewebe neu aufbauen können, die infolge von Krankheiten zugrunde gegangen sind.
- **Adulte Stammzellen.** Hierunter versteht man Zellen in den Organen des erwachsenen Organismus, von denen ständig Ersatz verbrauchter Zellen aus-

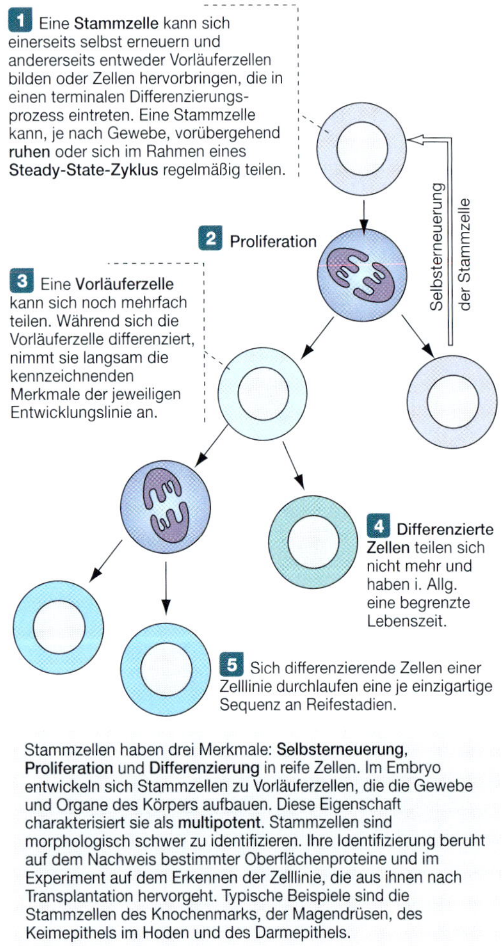

Abb. 2-87 Merkmale von Stammzellen. (Aus [12])

geht. Solche Stammzellen ersetzen die ein oder zwei Zelltypen, die die ausdifferenzierte Gewebestruktur kennzeichnen, in der diese Stammzellen vorkommen. In der Epidermis gibt es z. B. unipotente Stammzellen, von denen die Regeneration der ständig an der Oberfläche abschilfernden toten Epithelzellen ausgeht. Die Epidermiszellen leben ca. vier Wochen. In den Krypten der Dünndarmepithelzellen sitzen die Stammzellen, die das Zottenepithel, das einen raschen Zellumsatz hat, regenerieren. In manchen Epithelien ist die Regenerationskraft geringer, kann aber z. B. bei Verletzungen beschleunigt werden. Nach Verletzungen kann es auch in Muskel- und Nervengewebe zu regenerativen Prozessen kommen, wo ansonsten Regeneration nur selten vorkommt. Im Skelettmuskelgewebe gibt es eigene, meist ruhende Stammzellen, die Satellitenzellen (siehe S. 166).

2.7 Meiose

Der Prozess der Meiose setzt ein, wenn **genetische Information von einem Organismus auf seine Nachkommen** übertragen wird, er findet also **nur in den Keimzellen** statt. Die Meiose umfasst zwei aufeinander folgende Teilungen, in deren Verlauf nur einmal DNA repliziert und ingesamt **das genetische Material verringert** wird (Abb. 2-89). Aus einer unreifen, anfänglich diploiden Geschlechtszelle entstehen vier haploide Tochterzellen (Gameten).

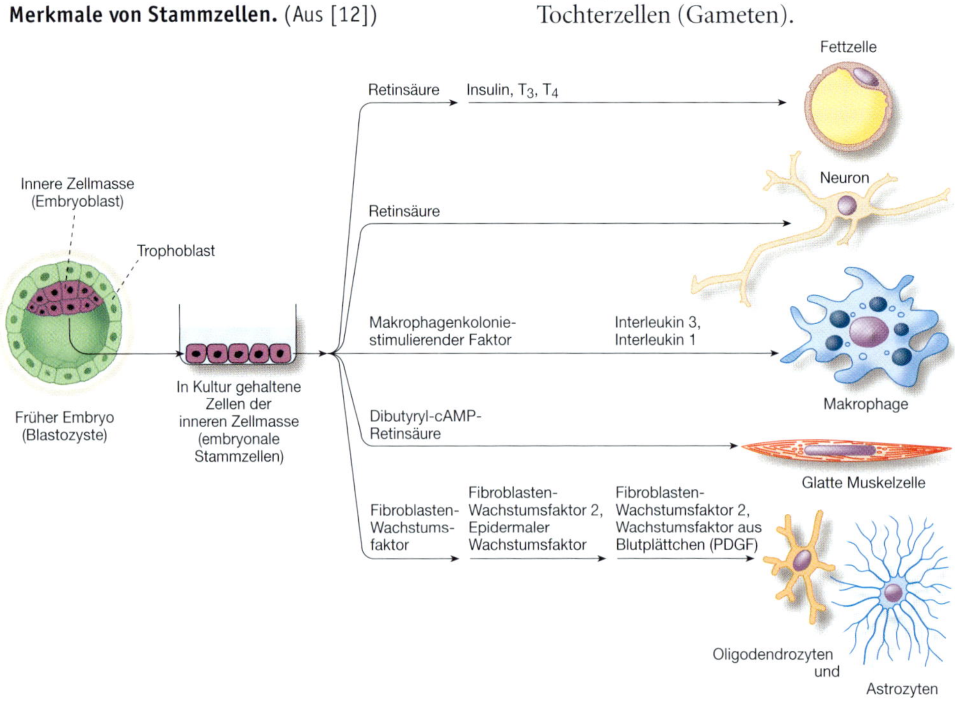

Abb. 2-88 Entwicklung verschiedener differenzierter Zellen aus embryonalen Stammzellen der Maus in Zellkultur. Beachte die verschiedenen Faktoren, die bei der Differenzierung eine Rolle spielen.

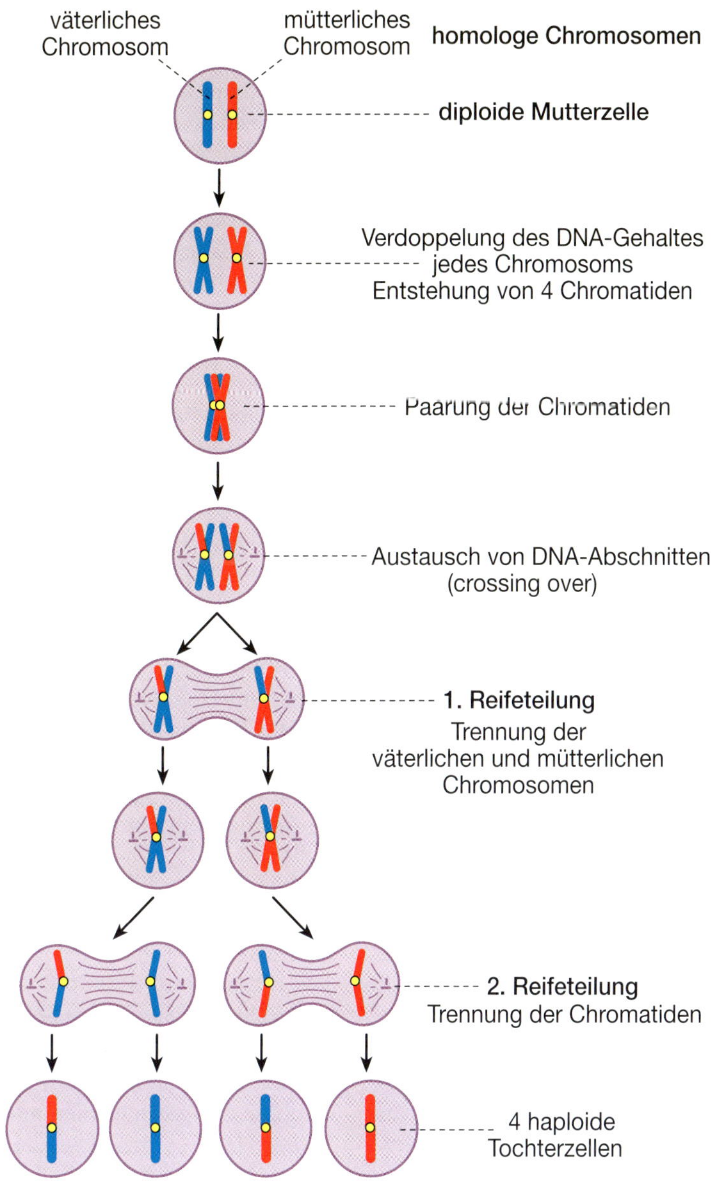

Abb. 2-89 Schematische Darstellung der Meiose. Nur jeweils eines der 23 mütterlichen und 23 väterlichen Chromosomen ist dargestellt. Die diploide Mutterzelle besitzt also insgesamt 46 Chromosomen. Am Ende der ersten Reifeteilung besitzt jede Tochterzelle nach crossing over nur den halben Chromosomensatz (also insgesamt nur 23 Chromosomen). Das crossing over erfolgt noch ohne Beteiligung des Spindelapparats. Dieser bildet sich erst nach abgeschlossenem crossing over. In der zweiten Reifeteilung (ohne S-Phase) werden die zwei Schwesterchromatiden der Chromosomen getrennt, und in den Tochterzellen (den Gameten) werden die Chromatiden wieder Chromosomen genannt. Beachte, dass der Begriff Chromatide nur in bestimmten Phasen gebräuchlich ist und inhaltsgleich mit dem Begriff Chromosom ist.

Bei der Meiose ordnen sich zunächst die **46 Chromosomen** des Menschen in einer noch unreifen Keimzelle zu **23 Paaren** zusammen. Jedes Paar besteht aus zwei homologen Chromosomen, von denen eines von der Mutter stammt, das andere vom Vater. Im weiteren Verlauf der Meiose werden die zwei homologen Partnerchromosomen getrennt und auf verschiedene **Gameten** (ausdifferenzierte Geschlechtszellen, d.h. Spermien und Eizellen) verteilt. Die Meiose reduziert also die Zahl der Chromosomen von 46 auf 23, jeder Gamet erhält nur ein Chromosom der 23 Paare (**haploide Chromosomenzahl**). Die Verteilung erfolgt zufällig, so dass jeder Gamet eine unterschiedliche Kombination mütterlicher und väterlicher Chromosomen erhält. Die Verschmelzung eines haploiden weiblichen und eines haploiden männlichen Gameten bei der Befruchtung führt zur Entstehung eines neuen Organismus mit 46 Chromosomen (**diploide Chromosomen-**

zahl). Die zufällige Verteilung der Chromosomen auf die Gameten (Spermatozoen, Eizelle) bei der Meiose schafft eine unendliche Vielfalt unter den Genotypen der Nachkommen. Für alle 23 Chromosomenpaare gibt es 2^{23} verschiedene Chromosomenkombinationen, die in einem Gameten auftreten können. Die Wahrscheinlichkeit, dass ein Elternpaar zwei Nachkommen mit identischer Chromosomenausstattung hervorbringt, ist 1 zu 2^{23} oder 1 zu 8,4 Millionen (außer im Falle monozygoter Zwillinge). Die enorme genetische Verschiedenheit der einzelnen Menschen wird zusätzlich noch durch das Phänomen der **genetischen Rekombination** gesteigert, die durch Austausch von DNA zwischen den homologen Chromosomen gekennzeichnet ist.

Erste meiotische Teilung (Meiose I)

Ein wesentliches Merkmal der ersten Teilung der Meiose ist, dass es zu einer **Paarung der homologen (mütterlichen und väterlichen) Chromosomen** kommt, wobei unklar ist, wie sich die beiden erkennen. Vor der Paarung verdoppelt jedes Chromosom (wie bei der Mitose) seinen DNA-Gehalt, so dass jedes Chromosom aus **zwei Schwesterchromatiden** besteht. Diese zwei Chromatiden verhalten sich wie eine einheitliche Struktur und trennen sich nicht. Die Paarung erfolgt während einer langen Prophase mit verschiedenen Unterphasen (s. u.) praktisch zwischen zwei Chromosomen aus insgesamt vier Chromatiden. Solche Gebilde werden auch Tetraden genannt.

Prophase Die sehr komplexe Prophase der ersten meiotischen Teilung dauert mehrere Tage, kann sich aber in der Ontogenese des weiblichen Geschlechts über viele Jahre erstrecken. Sie lässt sich in fünf Unterphasen gliedern:

1. Leptotän,
2. Zygotän,
3. Pachytän,
4. Diplotän,
5. Diakinese.

Beim Menschen kommt es durchschnittlich zu zwei oder drei Austauschvorgängen (**crossing over**) pro Homologenpaar während dieser Prophase. Es werden dabei korrespondierende Teile zwischen jeweils einem mütterlichen und einem väterlichen Chromatid ausgetauscht. Die Region, an der so ein crossing over erfolgt, ist auch im Lichtmikroskop erkennbar und wird **Chiasma** (Pl. Chiasmata) genannt.

Der Beginn der Paarung (**Synapsis**) erfolgt im **Zygotän** unter Ausbildung einer komplexen Verbindungsstruktur, des **synaptonemalen Komplexes**, der dann im mehrere Tage dauernden **Pachytän** voll ausgebildet ist. Möglicherweise spielen spezielle Proteinkomplexe, Rekombinationsknoten, im synaptonemalen Komplex eine wichtige Rolle beim Chromatidenaustausch und damit bei der genetischen Rekombination. Die Rekombinationsknoten sind große Multienzymaggregate, und ihre Zahl entspricht der der Chiasmata. Ihnen kommt eine ähnliche Rolle wie den Zentromeren während der Mitose zu, bei der ersten meiotischen Teilung halten sie die homologen Chromosomen zusammen. Die Chiasmata spielen aber auch eine wichtige Rolle bei der Trennung der Homologenpaare. Vor dieser Trennung entstehen (wie bei der Mitose) Kinetochoren, die jedoch bei den zwei Schwesterchromatiden eines homologen Chromosoms verschmelzen, so dass dann in der Anaphase väterliches und mütterliches homologes Chromosom getrennt werden und nicht die Schwesterchromatiden, wie bei der Mitose und der Meiose II.

Auch zwischen den Geschlechtschromosomen kommt es zur Paarung, was im Fall von zwei X-Chromosomen einfach verständlich ist. Wenn in einer Keimzelle ein X- und ein Y-Chromosom vorliegen, dann paaren diese sich auch, und zwar entlang einem kurzen homologen DNA-Abschnitt an einem Ende dieser Chromosomen.

Metaphase Im Anschluss an die Prophase folgt die Metaphase, in der sich die homologen Chromosomen in einer Ebene in der Teilungsspindel anordnen.

Anaphase, Telophase und Zytokinese In der **Anaphase** werden die zwei Homologen (jedes aus zwei Chromatiden bestehend) getrennt und wandern in der **Telophase** auf gegenüberliegende Zellpole zu. Nach der **Zytokinese** entstehen zwei Tochterzellen, die nur noch 23 Chromosomen enthalten. Jedes dieser Chromosomen ist einer der zwei homologen Partner der Mutterzelle und besteht aus zwei zusammenhängenden Chromatiden.

Zweite meiotische Teilung (Meiose II)

Die Entstehung der definitiven Gameten erfolgt in der zweiten meiotischen Teilung ohne vorausgehende DNA-Replikation. Die zwei Schwesterchromatiden teilen sich wie in einer Mitose, was jeweils zur Entstehung von **zwei Zellen mit haploidem Chromosomensatz** führt.

Bei der Meiose II organisiert sich der verschmolzene Kinetochor neu, es entstehen an entgegengesetzten Stellen jeweils eigene Kinetochoren an jeder Schwesterchromatide, die dann ihre Trennung in entgegengesetzte Richtung dirigieren.

Klinik Mitunter verläuft die Meiose fehlerhaft, und die homologen Chromosomen trennen sich nicht, ein Phänomen, das **Non-Disjunction** genannt wird. Dabei können Gameten entstehen, die ein Chromosom zu viel oder zu wenig haben. Embryonen, die sich u. U. aus solchen Gameten entwickeln, sterben früh ab. Manche bleiben aber am Leben; ein Beispiel bietet das Down-Syndrom des Menschen, dem eine zusätzliche Kopie des Chromosoms 21 zugrunde liegt, die durch Non-Disjunction entweder bei der ersten oder der zweiten meiotischen Teilung zustande kommt.

2.8 Allgemeine Anpassungen von Zellen, Zelltod

2.8.1 Zellanpassungen

Hypertrophie Alle Zellen können sich in gewissem Umfang an unterschiedliche Bedingungen anpassen. Unter Hypertrophie versteht man Leistungssteigerung, die mit Zellvergrößerung einhergeht. In einem hypertrophen Gewebe oder Organ sind die Einzelzellen vergrößert, ihre Zahl ist nicht vermehrt. Die Ursachen der Hypertrophie sind vielfältig und betreffen i.A. immer nur einzelne Gewebe oder Zellen. Hypertrophie der Herzmuskulatur erfolgt durch gesteigerte funktionelle Anforderung, Hypertrophie der Skelettmuskulatur kann z.B. durch endokrine Stimulation durch anabole Steroide erfolgen.

Atrophie Atrophie ist das Gegenteil von Hypertrophie, z.B. infolge von Nichtgebrauch (Muskelzellen) oder fehlender hormonaler Stimulation (Menopause oder in Hungerperioden). Die Zellen werden kleiner, ihre Zahl vermindert sich nicht. Hypertrophie und Atrophie sind zunächst reversibel. Nach Überschreiten einer Grenze kommt es jedoch zu irreversibler Zellschädigung und Zelltod.

Hyperplasie Wenn sich in einem Organ die Zellzahl vermehrt, spricht man von Hyperplasie. Sie entwickelt sich oft zusammen mit Hypertrophie.

Klinik Physiologische Hyperplasie zeigt z.B. die Milchdrüse in der Schwangerschaft. Zu kompensatorischer Hyperplasie kommt es bei Verlust oder Erkrankung eines Organteils oder eines ganzen Organs.

Pathologische Hyperplasie, z.B. bei hormonalem Ungleichgewicht zwischen Östrogen und Progesteron in der Brustdrüse, kann u.U. Voraussetzung für bösartiges Wachstum sein.

Metaplasie Unter Metaplasie versteht man die potentiell reversible Umwandlung eines differenzierten Gewebetyps in einen anderen differenzierten Gewebetyp.

Dysplasie Dysplastische Zellen sind histologisch veränderte (transformierte), zumeist epitheliale Zellen, welche abnormes Wachstum aufweisen und das Potential einer bösartigen Entartung besitzen.

Klinik Bei chronischem Rauchen wandelt sich das respiratorische Epithel (siehe S. 308) in ein mehrschichtiges Plattenepithel um. Bei weiter anhaltender Einwirkung der schädlichen Gifte im Tabakrauch kann aus dem metaplastischen Gewebe bösartiges Tumorgewebe entstehen; die häufigste Form des Atemwegkrebses ist das Plattenepithelkarzinom.

2.8.2 Zelltod

Regelmäßig finden sich auch im normalen Gewebe geschädigte und zugrunde gehende Zellen. Solche Zellen weisen einen auffälligen Kern auf. Die zwei Formen des Zelltods sind die Nekrose und die Apoptose.

Nekrose Unter Nekrose versteht man den Zelltod, der durch irreversible exogene Schädigung verursacht wird. Allgemeine Merkmale sind Zellschwellung, Denaturierung der zytoplasmatischen Proteine, Zerstörung der Zellorganellen und typische Kernveränderungen, die alle auf unspezifischem DNA-Abbau beruhen und nach verschiedenen Mustern verlaufen können:

- Schrumpfung und verstärkte Basophilie (Pyknose),
- Abnahme und Verlust der Basophilie (Karyolyse),
- Fragmentierung des pyknotischen Kerns (Karyorrhexis).

Der Kern verschwindet im Allgemeinen nach 1–2 Tagen. Die Proteindenaturierung führt zu vermehrter Eosinophilie des Zytoplasmas.

Apoptose Apoptose ist der „programmierte" Zelltod, der im Laufe physiologischer (und auch pathologischer) Prozesse auftritt, z.B.

- während der Embryo- und Organogenese,
- bei hormonabhängigen physiologischen Umstellungs- oder Rückbildungsprozessen, z.B. Abbauvorgänge des Endometriums während des Menstruationszyklus oder Rückbildung der Milchdrüse nach dem Abstillen,
- bei der Eliminierung von ausgereiften Zellen, z.B. an den Spitzen der Darmzotten,
- bei der Beseitigung autoreaktiver T-Lymphozyten im Thymus.

Das Zytoplasma solcher Zellen ist eosinophil, Endonukleasen werden aktiviert, das Heterochromatin kondensiert typischerweise zu peripheren großen Schollen, schließlich zerfällt der Kern (Abb. **2-90**, **2-91**). Die Zellen schrumpfen und schnüren peripher Zytoplasmafragmente (apoptotische Körper) ab, die phagozytiert werden. Das Zytoskelett wird abgebaut. In der Umgebung solcher Zellen findet keine Entzündungsreaktion statt. Die Apoptose ist ein komplexer Vorgang, u.a. gibt es pro- und antiapoptotische Gene und Proteine in jeder Zelle, deren jeweiliges Überwiegen entweder den apoptotischen Zelltod einleitet (z.B. das Gen *bax)* oder verhindert (z.B. das Gen *bcl-2*). Die proapoptotischen Proteine aktivieren insbesondere die Caspasen (Abb. **2-92**). Dies sind die „Effektorproteine" der Apoptose. Sie sind Cystein-Proteasen, die verschiedene Strukturen in der apoptischen Zelle abbauen. Trophische Faktoren verhindern die Apoptose. Bekannt sind z.B. die Neurotrophine, denen u.a. der Nervenwachstumsfaktor (NGF, engl. nerve growth factor) angehört.

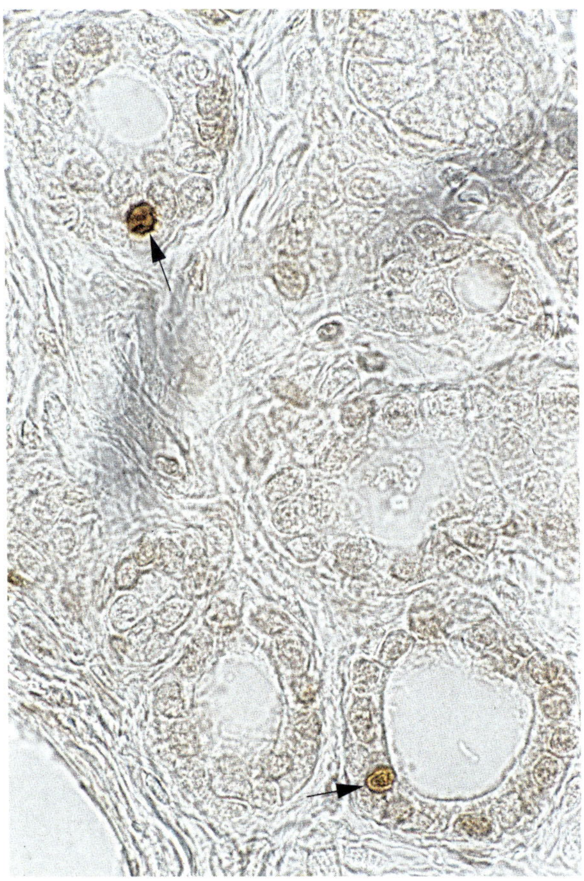

Abb. 2-90 Apoptotische Zellkerne (kräftig braun gefärbt, ➔) im Epithel der laktierenden Milchdrüse des Afrikanischen Elefanten *(Loxodonta africana)*. TUNEL-Reaktion; Vergr. 460fach.

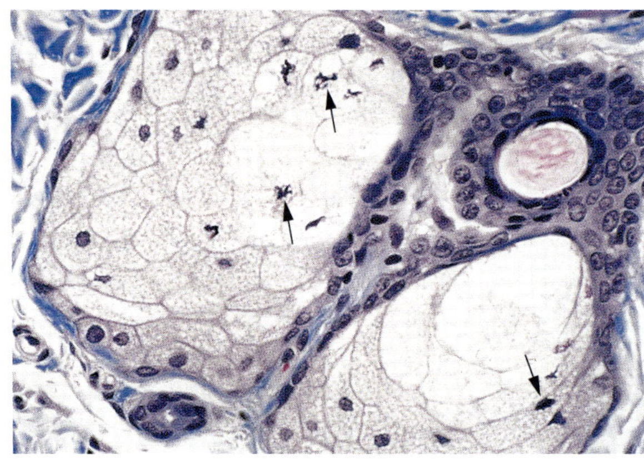

Abb. 2-91 Apoptotische, zerfallende Zellkerne (➔) in den ausgereiften Zellen einer Talgdrüse des Menschen. Färbung: H.E.; Vergr. 500fach.

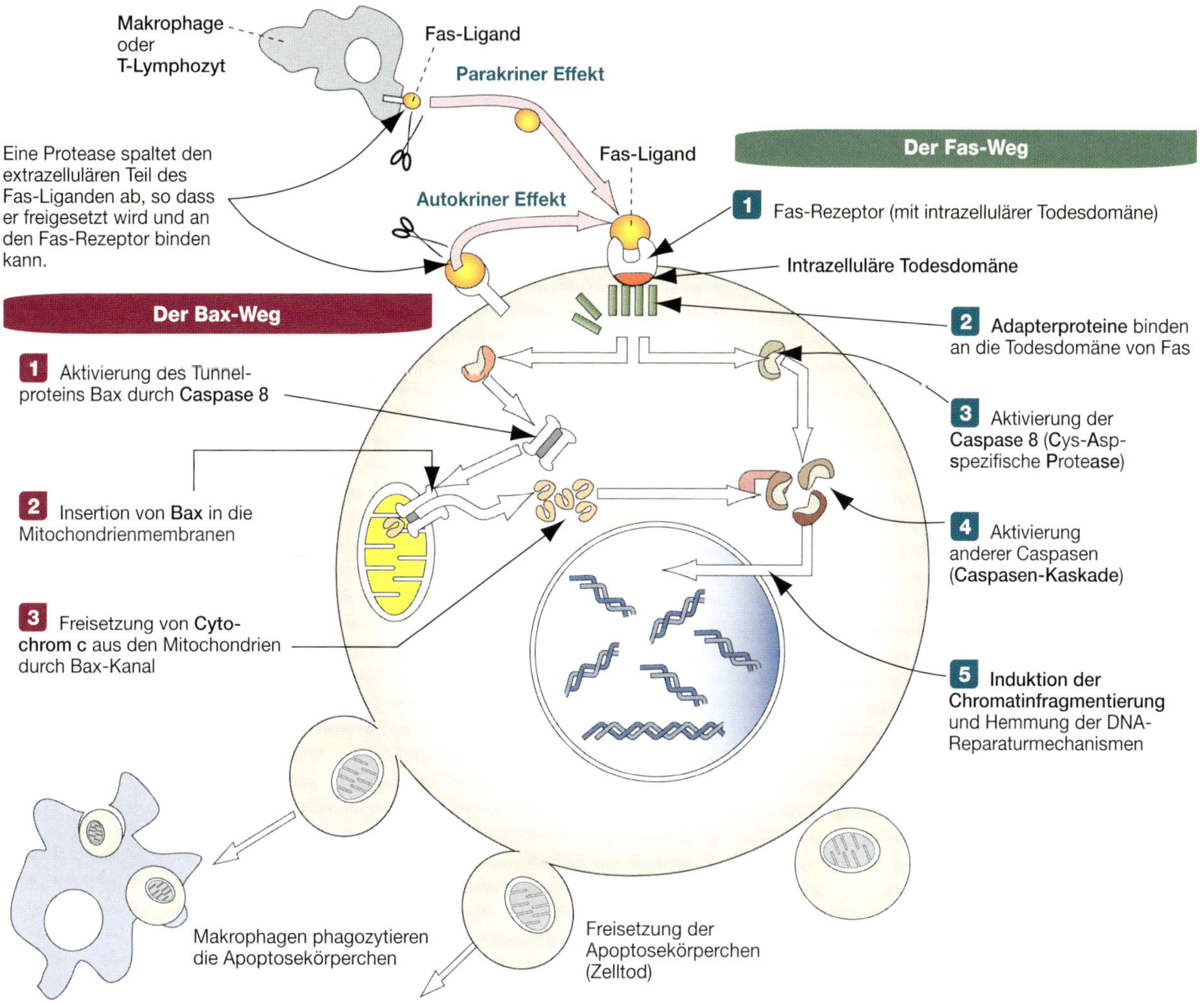

Der **programmierte Zelltod (Apoptose)** ist ein aktiver Vorgang, der auf zwei miteinander in Beziehung stehenden Wegen zum Ziel führt.
1. Dem **Fas-Weg** und
2. dem **Bax-Weg**.

Am Ende beider Wege kommt es zur Aktivierung von Proteasen, die **Caspasen** genannt werden, weil sie Proteine an der Cys-Asp-Verbindung spalten. Es entstehen Zellfragmente, die Apoptosekörperchen.
Beim **Fas-Weg** wird der **Fas-Ligand** (ein homotrimeres Protein) gebildet, der an den Fas-Rezeptor bindet. Der Fas-Ligand wird von anderen Zellen (z.B. Makrophagen oder T-Lymphozyten, **parakriner Effekt**) oder von der in Apoptose gehenden Zelle selbst (**autokriner Effekt**) produziert. Nach Ligandenbindung wird ein Adapterprotein an die intrazelluläre Domäne des **Fas-Rezeptors**, die sog. Todesdomäne, angekoppelt, was zur Aktivierung der **Caspase 8** führt. Diese Caspase aktiviert weitere Caspasen, die mit dem Abbau der Zelle beginnen. Beim **Bax-Weg** wird Bax, ein Kanalprotein, in die Mitochondrienmembranen inseriert, wodurch **Cytochrom c** aus den Mitochondrien austritt und Caspasen im Zytoplasma aktiviert.
Der Zelltod tritt ein, wenn Chromatin fragmentiert wird und Strukturbestandteile der Zelle in die Apoptosekörperchen verpackt werden. Makrophagen räumen die Apoptosekörperchen ab.

Abb. 2-92 Apoptose (programmierter Zelltod). (Aus [12])

3 Gewebe

Zur Orientierung

Die Gewebe sind das Baumaterial des Körpers. Nach der Definition von Wolfgang Bargmann (1906–1976) sind Gewebe „Verbände gleichartig oder ähnlich differenzierter Zellen samt deren Abkömmlingen, den Extrazellularsubstanzen". Struktur und Funktion dieser Zellverbände erforscht die Histologie (Gewebelehre im strengen Sinn). Der Begriff „Histologie" (Gewebelehre) entstand in einer Zeit, als noch nicht bekannt war, dass die Zelle der Grundbaustein der Organismen ist. Marie François Xavier Bichat (1771–1802) beispielsweise unterschied ohne optische Hilfsmittel 21 verschiedene Gewebe im menschlichen Körper. Seit ca. 100 Jahren unterscheidet man vier Grundgewebe, die sämtliche Organe des Körpers in jeweils spezifischer Ausformung aufbauen. Die heutige Einteilung in vier Grundgewebe geht auf den Schweizer Biologen Albert von Kölliker (1817–1906) zurück, der viele Jahre in Würzburg lehrte. Dieser große Wissenschaftler unterschied:

1. Epithelgewebe (Kap. 3.1),
2. Bindegewebe, einschließlich Stütz- (= Knorpel und Knochen) und Fettgewebe (Kap. 3.2),
3. Muskelgewebe (Kap. 3.3),
4. Nervengewebe (Kap. 3.4).

Der wissenschaftliche Fortschritt hat ergeben, dass diese Einteilung nicht mehr dem Stand der Forschung entspricht. Zum Beispiel gibt es ganz enge Übereinstimmungen zwischen Teilen des Binde- und Muskelgewebes; außerdem hat sich gezeigt, dass das Nervengewebe in den Grundzügen seines Aufbaus mit dem Epithelgewebe übereinstimmt und dass bei vielen Tieren Muskelzellen Epithelzellen sind. Da sich aber die Einteilung in vier Grundgewebe bis heute als praktisch gut brauchbar erwiesen und als didaktisches Konzept bewährt hat, dient sie auch in diesem Buch als Grundlage.

3.1 Epithelgewebe

Zur Orientierung

Epithelien sind geschlossene Zellverbände, die äußere und innere Oberflächen bedecken oder Hohlorgane auskleiden (Oberflächenepithelien). Die Epithelzellen sind über verschiedene Zellkontakte verknüpft, unter denen Desmosomen und Zonulae adhaerentes dem mechanischen Zusammenhalt dienen und Zonulae occludentes für die Barrierefunktion der Epithelien verantwortlich sind. Die Intermediärfilamente der Epithelien bestehen aus Keratinen. Epithelzellen sind polar strukturiert, mit einem Apex, der an die Oberfläche grenzt, und einer Basis, die an das Bindegewebe grenzt. Unmittelbar unter einem Epithel befindet sich eine extrazelluläre Basallamina, die aus Kollagen vom Typ IV, Laminin und Proteoglykanen aufgebaut ist und die Epithel und Bindegewebe verbindet. Eine besondere Gruppe von Epithelien sind die Drüsenepithelien. Eine weitere Epithelform sind Sinnesepithelien. Blutgefäße dringen nicht in Epithelien ein. Die typischen Funktionen der Epithelien sind an die Leistungen der Epithelzellen gebunden und nicht an die der extrazellulären Substanzen wie im Bindegewebe. Die spezifischen Leistungen der verschiedenen Organe werden zumeist von Epithelien erbracht, sie bilden das sog. Organparenchym.

3.1.1 Allgemeine Kennzeichen

Epithelgewebe besteht aus Verbänden dicht gelagerter Zellen, die Schichten aufbauen. Der Interzellulärraum ist auf ganz schmale, ca. 20 nm weite Spalträume, die im Lichtmikroskop i.A. nicht erkennbar sind, beschränkt. Die benachbarten Epithelzellen sind durch unterschiedliche, klar definierte Zellkontakte verbunden (S.30). Die einzelne Epithelzelle hat ebenso wie der epitheliale Gesamtverband, das Epithel, primär einen **polaren Bau,** d.h., es liegen ein apikaler (oberer) Pol und ein basaler (unterer) Pol der Zelle vor. Der **apikale Pol** grenzt an die Oberfläche, z.B. einer Lichtung eines Gang- oder Hohlraumsystems, während der **basale Pol** an das Bindegewebe grenzt, das unter dem Epithel liegt. Alle Strukturen und Funktionen des apikalen Pols werden auch unter dem Begriff „apikale Domäne" zusammengefasst. Dieser apikalen Domäne wird die basolaterale Domäne gegenübergestellt, da die Eigenschaften der lateralen (seitlichen) Zellmembran weitgehend mit denen der basalen Zellmembran übereinstimmen. Die Grenze zwischen apikaler und basolateraler Domäne ist die Region der Zonula occludens.

An der Basis des Epithels wird eine (extrazelluläre) Basallamina ausgebildet (Abb. **3.1-1**). Blutgefäße dringen nicht in Epithelien ein, können sich aber von unten her mehr oder weniger tief in die Epithelien vorwölben, durchbrechen dabei aber nicht die Basallamina; nur in der Stria vascularis des Ductus cochlearis (S.581) und im Corpus luteum finden sich intraepitheliale Kapillaren.

Epithelien sind sowohl phylogenetisch als auch ontogenetisch (im Laufe der Embryonalentwicklung) die ersten sich bildenden Gewebe.

In Epithelien findet stetiger Zellumsatz statt, d.h., es sterben ständig Zellen ab (i.A. mittels Apoptose, S.81), und parallel dazu kommt es zu stetiger Zellneubildung. Neubildung und Absterben stehen normalerweise im Gleichgewicht. Die Neubildung geht von Stammzellen aus, die in sog. labilen Epithelien kontinuierlich neue Zellen bilden, z.B. im Epithel des Magen-Darm-Traktes, der Atemwege und in der Epidermis (Abb. **3.1-2**). In stabilen Epithelien erfolgt der Zellersatz langsam, wird aber bei Verletzungen stimuliert, z.B. in Nieren- und Leberepithelien.

In den meisten Organen sind Epithelzellen die spezifischen Träger der jeweiligen Organfunktion, z.B. in Lunge, Leber, Pankreas und Niere. Diese Epithelien werden das **Parenchym** dieser Organe genannt, während das gefäß- und nervenführende Bindegewebe in den entsprechenden Organen das **Stroma** bildet.

Basallamina An der Basis des Epithels wird eine 50 bis 150 nm dünne (extrazelluläre) Basallamina ausgebildet (Abb. **3.1-1**). Über die Basallamina sind die Epithelzellen mit dem subepithelialen Bindegewebe verbunden. Die Basallamina wird im Wesentlichen vom Epithel selbst gebildet und besteht im transmissionselektronenmikroskopischen Präparat (Abb. **3.1-1**) aus zwei Unterschichten, der **Lamina rara (Lamina lucida)** und der **Lamina densa.**

Die Basallamina ist ein flächiges Netzwerk, das vor allem aus Typ-IV-Kollagen, dem Glykoprotein Laminin, dem Glykoprotein Nidogen (= Entaktin) und dem Proteoglykan Perlecan besteht. **Typ-IV-Kollagen** ist ein nicht-fibrilläres Kollagen, das ein flexibles, flaches molekulares Netzwerk bildet. Es existiert in verschiedenen gewebespezifischen Isoformen. **Laminin** ist ein großes Glykoprotein, das aus 3 Polypeptidketten besteht. Das Gesamtmolekül hat asymmetrisch kreuzförmige Gestalt. Es existieren mehrere Isoformen des Laminins, das typische Laminin der Basalla-

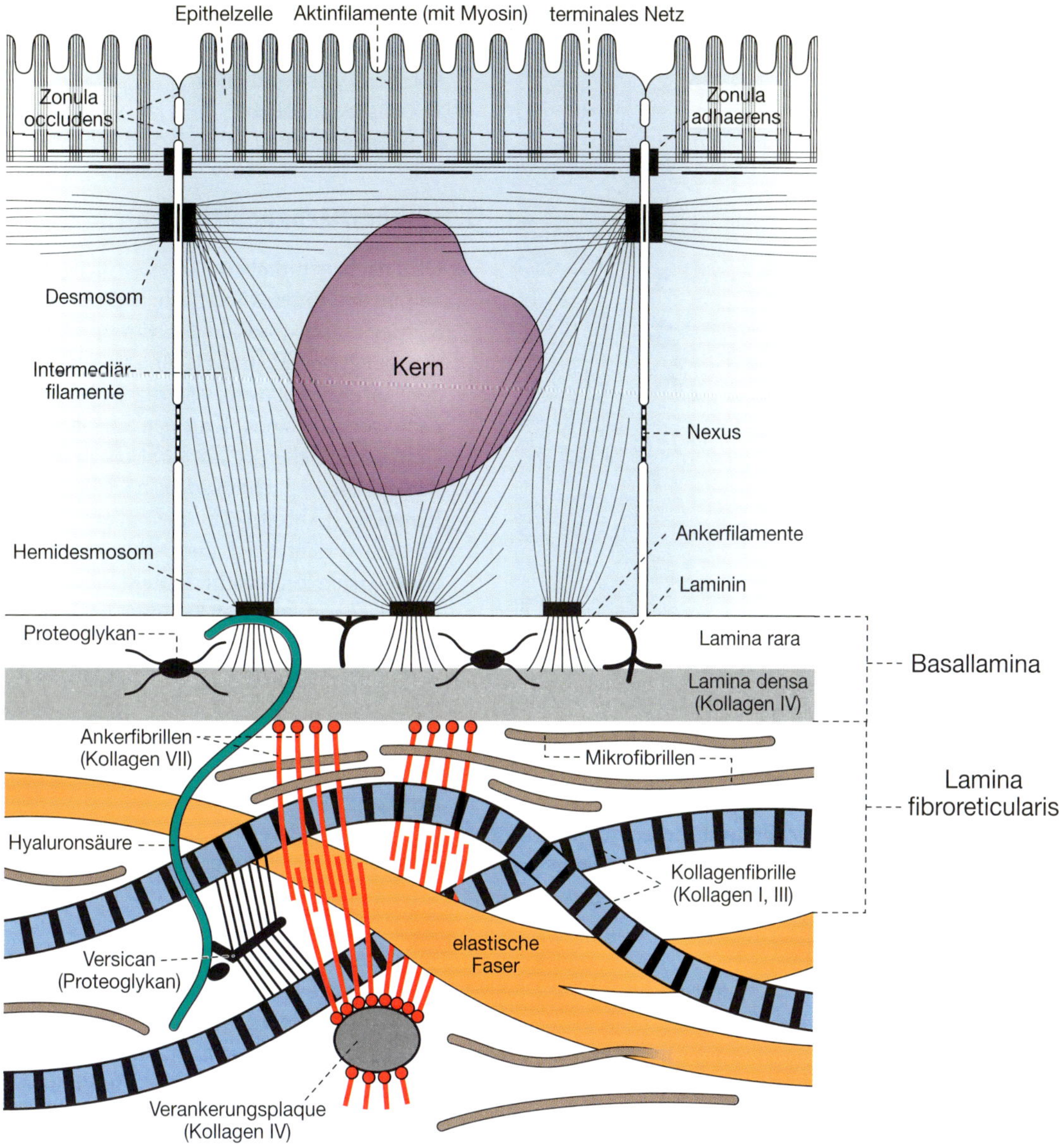

Abb. 3.1-1 Epithel. Schematische Darstellung von Epithelzellen, der epithelialen Basallamina und des subepithelialen Bindegewebes mit einigen der zahlreichen makromolekularen Komponenten. Die Basallamina und die weniger scharf begrenzte Lamina fibroreticularis (extrazelluläre Bindegewebskomponenten unmittelbar unter der Basallamina) bilden die lichtmikroskopisch sichtbare Basalmembran. Mikrofibrillen treten allein – z. B. als Komponente der Lamina fibroreticularis – oder als Bestandteil von elastischen Fasern auf (siehe Abb. **3.2-19**). (Aus [1])

mina ist Laminin-1. Es hat mehrere funktionelle Domänen. Es bindet an Perlecan, an Nidogen und an zwei oder mehr Laminin-Rezeptorproteine in der Zellmembran, die der Integrinfamilie angehören. Ein weiterer Membranrezeptor des Laminins ist in Skelettmuskelzellen das Dystroglykan. Außerdem sind die Lamininmoleküle untereinander verbunden und bilden ein lockeres Netz. Nidogen und Perlecan sind sowohl mit Laminin als auch mit Typ-IV-Kollagen verbunden, so dass ein komplexer molekularer Filz entsteht. Laminin ist in der Entwicklung das erste entscheidende und lange Zeit dominante Molekül der Basallamina. **Perlecan** enthält Heparansulfat, trägt also negative elektrische Ladungen.

Basallaminae haben multiple **Funktionen.** Sie sind verbindende und trennende Grenzstrukturen zwischen Epithel und Bindegewebe, sie verhindern z. B. Kontakt zwischen Fibrozyten und Epithelzellen, sie behindern aber nicht das Eindringen von Makrophagen und Lymphozyten in Epithelien. Im Glomerulus der Niere ist die Basallamina eine wichtige Filterstruktur. Sie spielt eine wichtige Rolle bei Wundheilung,

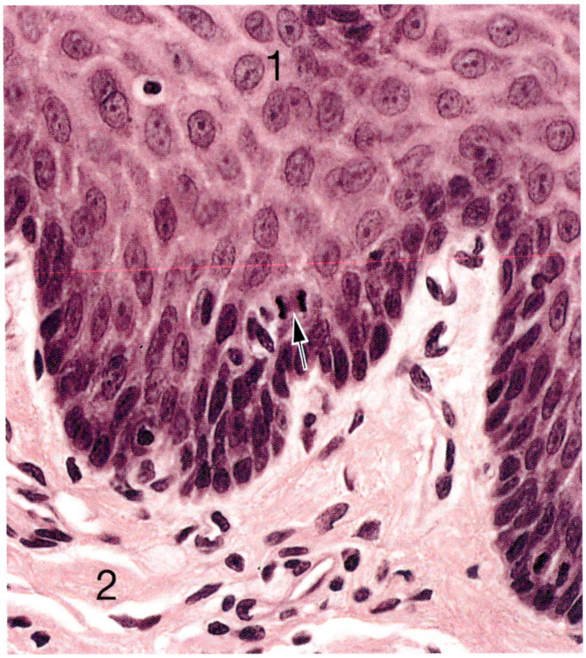

Abb. 3.1-2 Mitosefigur. Telophase (➔) etwas oberhalb der Basalschicht des Ösophagusepithels (**1**; Mensch). **2** subepitheliales Bindegewebe. Färbung: H. E.; Vergr. 500fach.

Wanderung von Epithelzellen und Aufrechterhaltung der epithelialen Polarität. Basallaminae umgeben außerdem Fett- und Muskelzellen. Auch Schwann-Zellen werden von einer Basallamina umhüllt.

Lamina fibroreticularis Das Bindegewebe unmittelbar unter der Basallamina enthält spezielle Komponenten, z.B. Kollagen vom Typ III, VI und VII sowie Mikrofibrillen, und wird als Lamina fibroreticularis abgegrenzt. Sie übernimmt speziell die mechanische Verbindung zwischen dem tieferen Bindegewebe und dem Epithel sowie dessen Basallamina.

Basalmembran Basallamina und Lamina fibroreticularis sind im Lichtmikroskop nicht zu trennen, sondern bilden eine gemeinsame Linie, die Basalmembran genannt wird. Basalmembran ist also ein Begriff der Lichtmikroskopie. Die Basalmembran kann mit Hilfe der PAS-Reaktion (periodic acid Schiff reaction, Abb. 1-6) sichtbar gemacht werden. Eine besonders dicke Basalmembran, z. B. unter dem Epithel der Atemwege, wird oft „Glashaut" genannt.

Klinik Bösartiges und unkontrolliertes Wachstum von Epithelzellen führt zur Entstehung von **Karzinomen**. Karzinome bestehen also immer aus Epithelzellen. Gegensatz: Bösartige Wucherungen von Bindegewebszellen werden **Sarkome** genannt.

Es lassen sich drei große Gruppen an Epithelien unterscheiden:
- Oberflächenepithelien,
- Drüsenepithelien,
- Sinnesepithelien.

3.1.2 Oberflächenepithelien

Oberflächenepithelien (Deckepithelien) grenzen an äußere und innere Oberflächen, d. h., sie bedecken den Körper außen und kleiden innere Hohlorgane, z. B. Darm, Atemwege und Harnblase, aus. Ihre Basis liegt dem Bindegewebe auf. Oberflächenepithelien werden nach verschiedenen Kriterien klassifiziert; nach der Gestalt der Zellen (platt, kubisch, prismatisch), nach der Zahl der Schichten sowie nach speziellen weiteren Kriterien (Abb. 3.1-3). Bei allen mehrschichtiges Epithelien richtet sich die Definition nach der Gestalt der obersten Zellschicht. Besteht diese z. B. aus platten Zellen, handelt es sich um ein mehrschichtiges Plattenepithel, obwohl die tiefer liegenden Epithelzellen kubisch, polygonal oder sogar prismatisch sind.

Plattenepithelien

Kennzeichnend für Plattenepithelien sind flache Epithelzellen, deren Breitendurchmesser größer als ihr Höhendurchmesser ist. Plattenepithelien können ein- oder mehrschichtig sein.

Einschichtige Plattenepithelien

Einschichtige Plattenepithelien bestehen aus nur einer dünnen Schicht flacher Epithelzellen, von denen im histologischen Präparat oft nur der flache Kern erkennbar ist (Abb. 3.1-4, 3.1-5). Funktionell wichtigster Zellkontakt ist eine – oft durchlässige – Zonula occludens.

Vorkommen Einschichtiges Plattenepithel kommt in der innersten Schicht des Herzens sowie der Blut- und Lymphgefäße, als inneres Epithel der Hornhaut, als Innenauskleidung der natürlichen Körperhöhlen und als Auskleidung der Lungenalveolen vor. Das Plattenepithel des Herz-Kreislauf-Systems wird **Endothel** genannt, das der Körperhöhlen **Mesothel** oder je nach Körperhöhle **Peritoneal-**, **Perikard-** und **Pleuraepithel**.

Mehrschichtige Plattenepithelien

Plattenepithelien können auch mehrschichtig sein, nur die oberste Zellschicht besteht aus Plattenepithelzellen. Man unterscheidet mehrschichtige unverhornte und mehrschichtige verhornte Plattenepithelien.

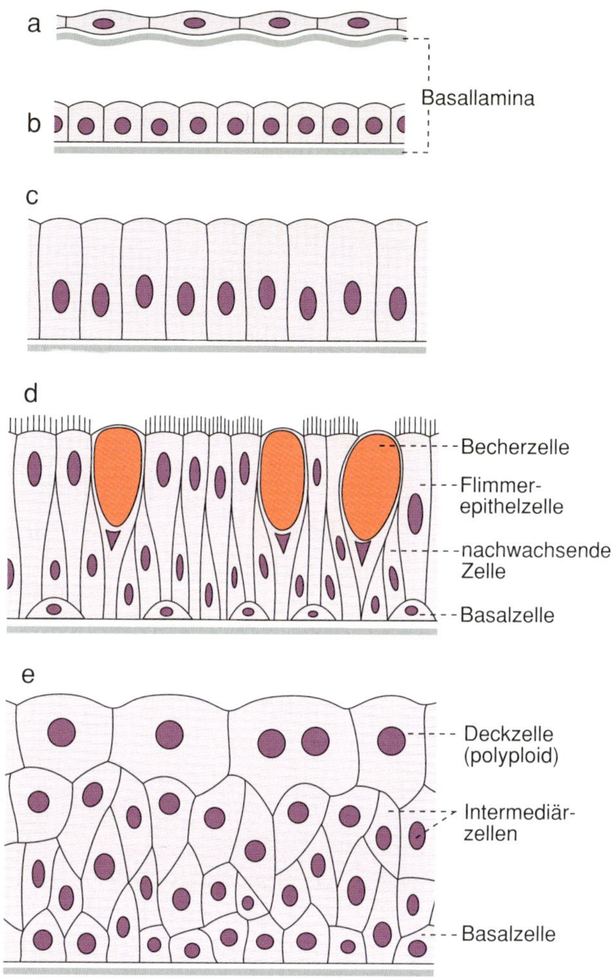

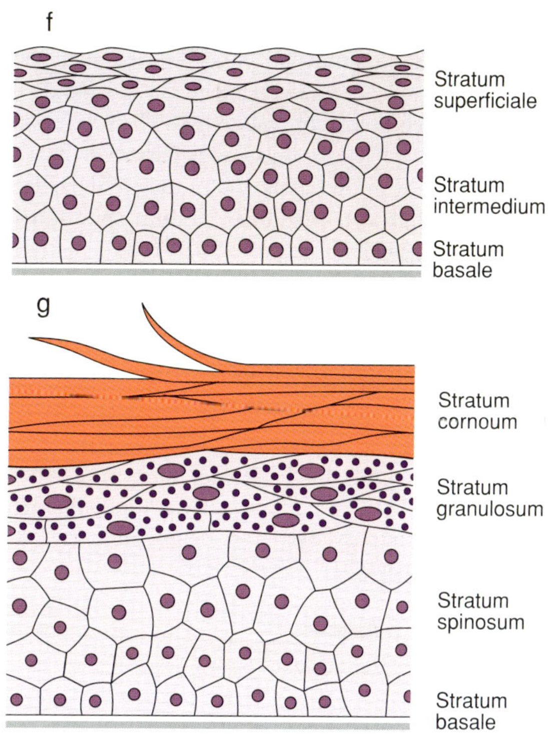

Abb. 3.1-3 Schematische Darstellung der verschiedenen Epitheltypen.
a) Einschichtiges Plattenepithel.
b) Einschichtiges kubisches (isoprismatisches) Epithel.
c) Einschichtiges prismatisches Epithel.
d) Mehrreihiges (respiratorisches) Epithel.
e) Urothel (Übergangsepithel).
f) Mehrschichtiges unverhorntes Plattenepithel.
g) Mehrschichtiges verhorntes Plattenepithel.

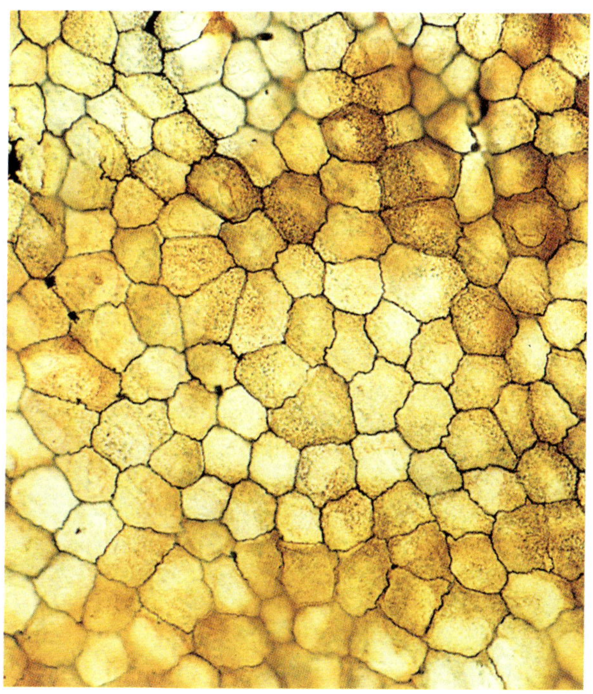
a

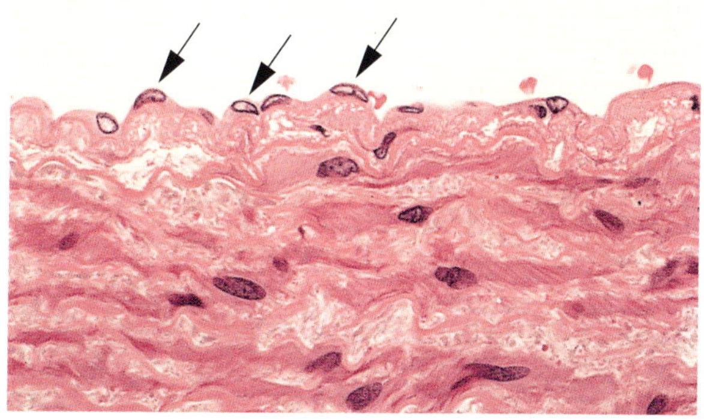
b

Abb. 3.1-4 Plattenepithel.
a) Häutchenpräparat, Aufsicht. Peritonealepithel (Mensch), die Zellgrenzen treten bei einer Versilberung als ein schwarzbraunes Netzwerk hervor.
b) Schnittpräparat. Aorta (Mensch) mit dünnem Epithel, das hier und in anderen Gefäßen Endothel genannt wird und das die Gefäß- und Herzinnenräume auskleidet; von den Plattenepithelzellen sind nur die abgeflachten Kerne erkennbar (➔). Färbung: H.E.; Vergr. 460fach.

Mehrschichtiges unverhorntes Plattenepithel

Es besteht aus 5–6 (äußeres Epithel der Hornhaut) bis zu ca. 15 (Vagina) Zellschichten. Die Zellen verändern von basal nach apikal ihre Gestalt. Basal sind sie kubisch oder prismatisch, apikal abgeflacht. Die basale Schicht wird Stratum basale, die mittleren Schichten werden Stratum intermedium (Stratum spinosum), die obersten Schichten Stratum superficiale genannt.

Der Zellkern verändert sich parallel zu den Veränderungen der Zellgestalt. Basal ist er rundlich oder oval und euchromatinreich. In den obersten Zellschichten flacht er ab und ist heterochromatinreich, er kann gelegentlich sogar zerfallen, bleibt aber bis in die oberste Schicht erkennbar (Abb. **3.1-6**).

Die Zellen sind durch zahlreiche Desmosomen (Kap. 2.1.6) verknüpft und reich an Keratinfilamenten sowie oft auch an Glykogen. Ihre Zellmembranen verlaufen häufig gewellt.

Vorkommen Außenseite der Hornhaut, Mundhöhle, Ösophagus, Vagina, stellenweise im Analkanal.

Mehrschichtiges verhorntes Plattenepithel

Im mehrschichtigen verhornten Plattenepithel sind die obersten Zellschichten aus toten, flachen, kernlosen, verhornten Zellen aufgebaut, was mechanischen Schutz verleiht und Schutz vor Austrocknung bietet. Die oberflächliche Schicht heißt **Stratum corneum**. Das mehrschichtige verhornte Plattenepithel ist das typische Epithel der Haut (die Epidermis, siehe Kap. 16). Die Schichten im verhornten mehrschichtigen Plattenepithel heißen von basal nach apikal (Abb. **3.1-7**, **3.1-8**):

- Stratum basale,
- Stratum spinosum,
- Stratum granulosum,
- Stratum lucidum (nur in der Leistenhaut),
- Stratum corneum.

Vorkommen Gesamte Epidermis.

Stratum basale Die basale Zellschicht (Stratum basale) lagert der Basallamina auf und besteht aus läng-

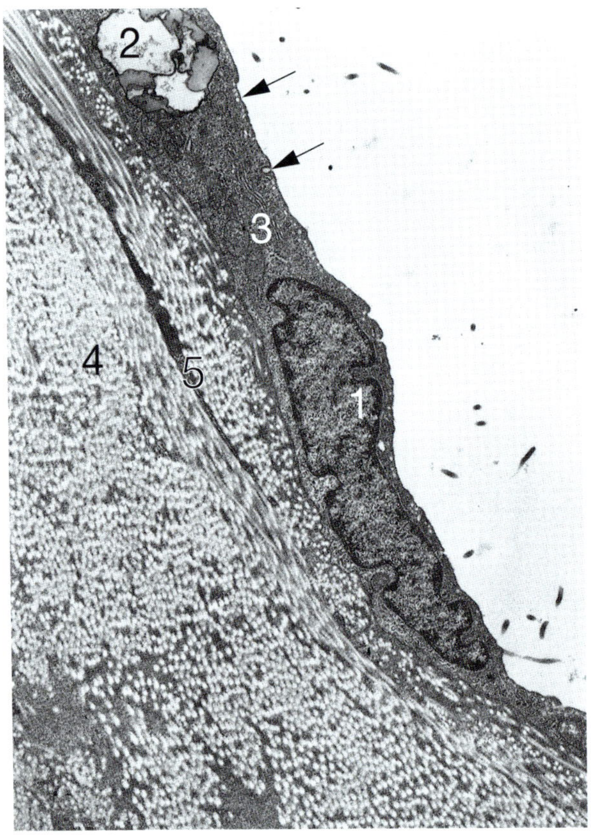

Abb. 3.1-5 Beispiel für ein einschichtiges Plattenepithel. Transmissionselektronenmikroskopisches Präparat des parietalen Peritonealepithels (**1**; Mensch). **2** intrazelluläre Vakuole; ➔ verschiedene Pinozytosevesikel; **3** Golgi-Apparat; **4** dicht gepackte Kollagenfibrillen; **5** Fortsatz eines Fibrozyten. Vergr. 8870fach.

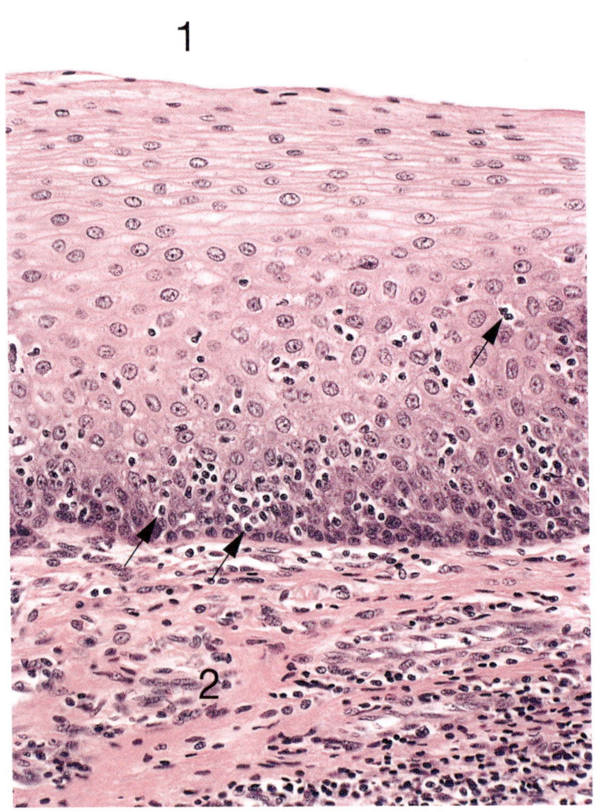

Abb. 3.1-6 Mehrschichtiges unverhorntes Plattenepithel, Analkanal (Mensch). **1** Lumen; ➔ ins Epithel eingedrungene Lymphozyten; **2** subepitheliales Bindegewebe. Färbung: H. E.; Vergr. 260fach.

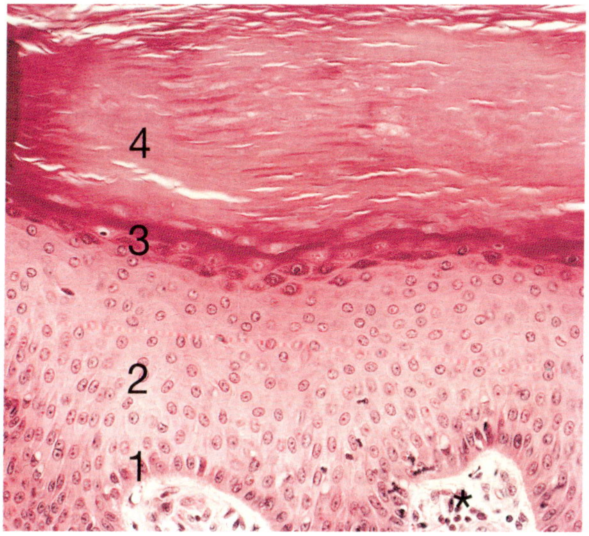

Abb. 3.1-7 Mehrschichtiges verhorntes Plattenepithel, Handfläche (Mensch). **1** Stratum basale; **2** Stratum spinosum; **3** Stratum granulosum; **4** Stratum corneum; * subepitheliales Bindegewebe. Färbung: H. E.; Vergr. 160fach.

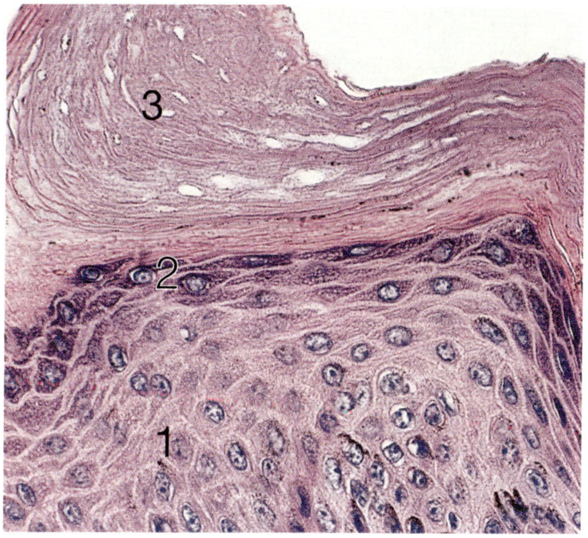

Abb. 3.1-8 Mehrschichtiges verhorntes Plattenepithel, Handfläche (Mensch), höhere Vergrößerung. **1** Stratum spinosum (z. T. enthalten die Keratinozyten Pigmentgranula); **2** Stratum granulosum; **3** Stratum corneum. Färbung: H. E.; Vergr. 500fach.

lichen oder annähernd kubischen Zellen. Diese bilden feine, basalwärts gerichtete Zellfortsätze („Wurzelfüßchen") aus, die Hemidesmosomen besitzen und der mechanischen Befestigung an Basallamina und Bindegewebe dienen. Oberhalb der Dermispapillen befinden sich im Stratum basale Stammzellen, von denen die Erneuerung dieses Epithels ausgeht (siehe S. 551). Kennzeichnende Komponente aller Epithelzellen der Epidermis sind zahlreiche Bündel aus Keratinfilamenten, die in kräftigen Desmosomen verankert sind.

Stratum spinosum Das Stratum basale geht kontinuierlich in das Stratum spinosum über. Dessen Zellen sind polygonal und bilden viele Mikrofalten und Mikrovilli, die sich in den Interzellulärraum erstrecken („Stachelzellen"). Die Zellen besitzen in großen Mengen Keratinfilamente (Abb. 2-59) und sind durch zahlreiche Desmosomen verknüpft (Abb. 2-20). Die Interzellulärräume sind etwas erweitert und reich an Hyaluronsäure und Wasser.

Stratum basale und Stratum spinosum werden gemeinsam auch **Stratum germinativum** genannt, da in beiden Mitosefiguren auftreten können (Abb. 3.1-2).

Stratum granulosum Auf das Stratum spinosum folgt eine Schicht aus noch kernhaltigen, flach spindelförmigen Zellen, die mit basophilen Einschlüssen (Abb. 3.1-8), den sog. Keratohyalingranula, angefüllt sind. Diese sind das erste morphologische Anzeichen für die Verhornung (siehe Kap. 16). Die Zellschicht besitzt außerdem lipidhaltige Lamellenkörper (siehe S. 553). Diese für das mehrschichtige verhornte Plattenepithel besonders typische Schicht heißt wegen der Keratohyalingranula Stratum granulosum; sie fehlt im mehrschichtigen unverhornten Plattenepithel.

Stratum lucidum Das Stratum lucidum ist eine Übergangsschicht zwischen Stratum granulosum und Stratum corneum. Der Übergang von den noch lebenden Zellen des Stratum granulosum zu den toten Zellen des Stratum corneum erfolgt sehr rasch, ohne dass der abgebaute Kern und die ebenfalls aufgelösten Organellen Spuren hinterlassen. Am Untergang von Kern und Organellen sind Apoptosemechanismen beteiligt. Diese Schicht ist nur in der Leistenhaut erkennbar (siehe Abb. 16-2).

Stratum corneum Das folgende Stratum corneum besteht aus toten, kern- und organelllosen Zellen, die noch über Desmosomen verknüpft sind und die nur Keratinfilamente und eine Proteinmatrix enthalten. Die Interzellulärräume des Stratum corneum sind mit spezifischen wasserabweisenden Lipiden ausgefüllt, die den Lamellenkörpern im Stratum granulosum entstammen.

Kubische Epithelien

Die kubischen Epithelien sind im Körper des Menschen meistens einschichtig. Längs- und Breitendurchmesser der einzelnen Epithelzellen sind annähernd gleich. Die Zellen sind über verschiedene Zellkontakte (Zonula occludens, Zonula adhaerens, Nexus und

Desmosomen) verknüpft. Der Zellkern ist im Anschnitt rundlich (Abb. 3.1-9).

Vorkommen Viele kleinere Ausführungsgänge von exokrinen Drüsen, Schilddrüse von Erwachsenen, Nierenkanälchen, kleinere Sammelrohre der Niere, Plexus choroideus, Pigmentepithel der Retina, vorderes Linsenepithel, Amnionepithel.

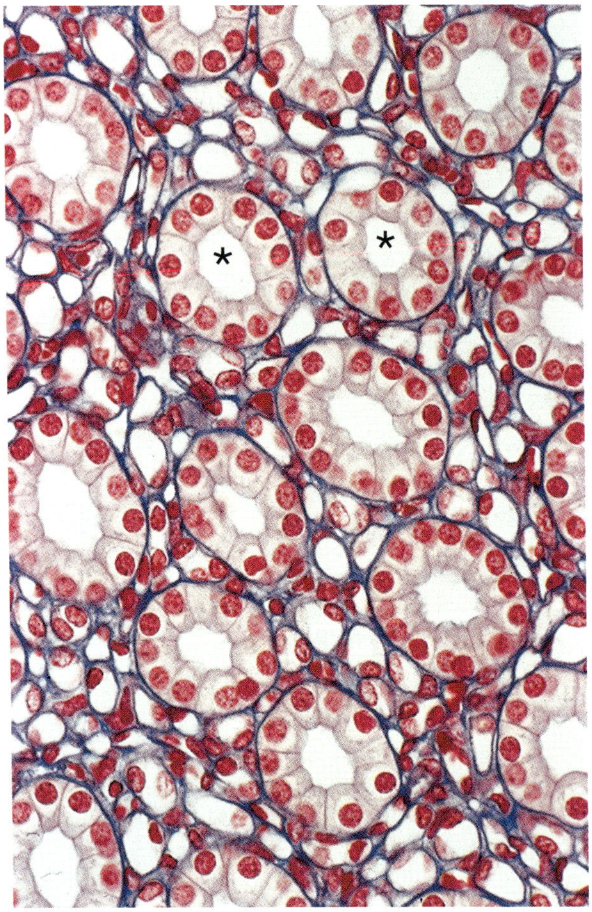

Abb. 3.1-9 Annähernd kubisches Epithel. Sammelrohre (*) der Niere (Katze). Färbung: Azan; Vergr. 500fach.

Prismatische Epithelien

Die prismatischen Epithelien bestehen aus hohen Zellen, deren Längsdurchmesser größer als der Breitendurchmesser ist (Abb. 3.1-10, 3.1-11). Sie heißen auch **Zylinderepithelien** und sind meistens einschichtig, mehrschichtige prismatische Epithelien sind selten. Der Zellkern der prismatischen Epithelzellen ist längsoval. Die Zellen sind über verschiedene Zellkontakte verknüpft (Zonula occludens, Zonula adhaerens, Nexus und Desmosomen). Sie besitzen oft kennzeichnende apikale Differenzierungen wie Bürstensäume oder Kinozilien (Abb. 2-11, 2-13). In prismatischen Epithelien kommen oft verschiedene Zelltypen vor.

Vorkommen

- Einschichtige prismatische Epithelien: Schleimhaut von Magen, Dünndarm, Dickdarm, Gallenblase, Tuba uterina und Uterus, einige größere Drüsenausführungsgänge, periphere Atemwege, große Sammelrohre, Ependym.
- Mehrschichtige prismatische Epithelien: mittlere Abschnitte der Harnröhre (Urethra, Abb. 3.1-12), im Fornix der Konjunktiva.

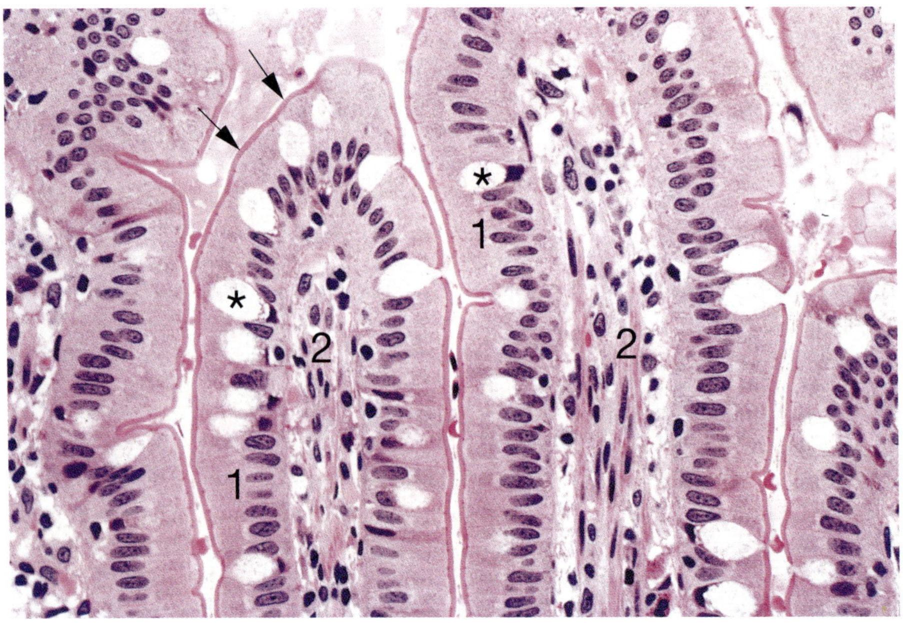

Abb. 3.1-10 Einschichtiges prismatisches Epithel (1). Dünndarm (Mensch). * Mit Schleim gefüllte Becherzellen; → Bürstensaum der resorbierenden Epithelzellen; **2** Bindegewebe (Lamina propria) mit glatten Muskelzellen der Darmzotten. Plastikschnitt; Färbung: H. E.; Vergr. 380fach.

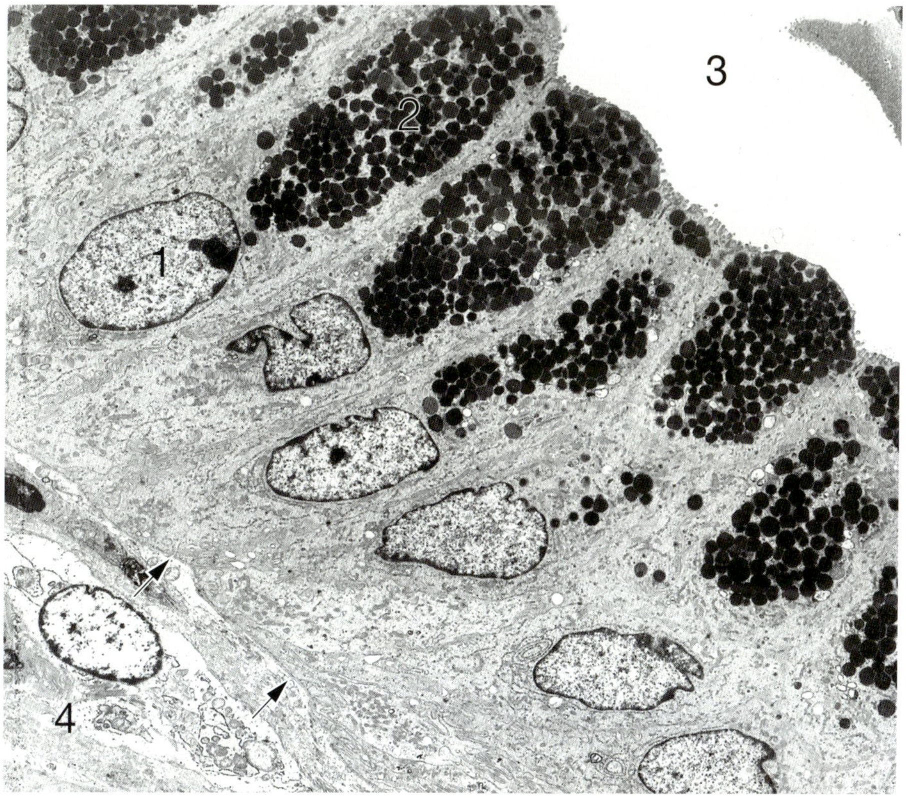

Abb. 3.1-11
Beispiel für ein prismatisches Epithel. Transmissionselektronenmikroskopische Aufnahme des Oberflächenepithels des Magens (Mensch). **1** Zellkern der Epithelzelle; **2** Schleimgranula im Zytoplasma oberhalb des Kerns; **3** Magenlumen; **➔** Basallamina; **4** subepitheliales Bindegewebe.
Vergr. 2860fach.

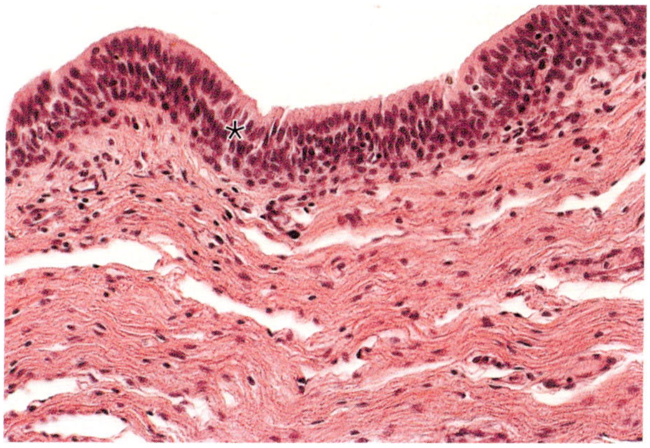

Abb. 3.1-12 Mehrschichtiges prismatisches Epithel (*), weibliche Harnröhre (Urethra, Mensch). Die obersten prismatischen Zellen sind für die spezielle Klassifikation dieses Epithels verantwortlich. Färbung: H. E.; Vergr. 250fach.

Sonderformen der prismatischen Epithelien

☐ Mehrreihige Epithelien

In mehrreihigen Epithelien treten unterschiedlich große Zellen auf, die alle der Basallamina aufsitzen, aber nur z. T. die Epitheloberfläche erreichen (Abb. 3.1-3). Es entsteht der Eindruck, dass im Epithel mindestens zwei, meistens aber mehr Reihen von Zellkernen übereinander liegen. Die oberste Kernreihe gehört zu prismatischen ausgereiften Zellen, die von der Epithelbasis bis an die Oberfläche des Epithels reichen. Die mittleren Kernreihen gehören zu nachwachsenden, noch nicht ausdifferenzierten Zellen. Die Kernreihe an der Basis des Epithels gehört zu kleinen Basalzellen, die vor allem der Regeneration dienen.

Vorkommen

- Zweireihiges Epithel des Nebenhodenganges (Abb. **3.1-13**): Basal befinden sich kleine rundliche bis ovale Ersatzzellen, die Masse der Zellen ist prismatisch und erstreckt sich von der Basallamina bis zur Lichtung des Ganges.
- Mehrreihiges Epithel der Atemwege (respiratorisches Epithel, Abb. **3.1-14**): In diesem Epithel sind die hohen ausgereiften Zellen Flimmerepithel- und Becherzellen.

☐ Übergangsepithel (Urothel)

Dieses mehrschichtige (z. T. wohl auch – speziell bei kleinen Säugetieren – mehrreihige) Epithel (mit 3–8 Schichten) kommt in den ableitenden Harnwegen vor. Diese Organe können unterschiedliches Volumen besitzen, ihre Wand ist dehnungsfähig. Das Urothel kann sich den unterschiedlichen Dehnungszuständen anpassen und ist im ungedehnten Zustand deutlich (Abb. **3.1-15**) höher als im gedehnten (Abb. **3.1-16**). Dieser

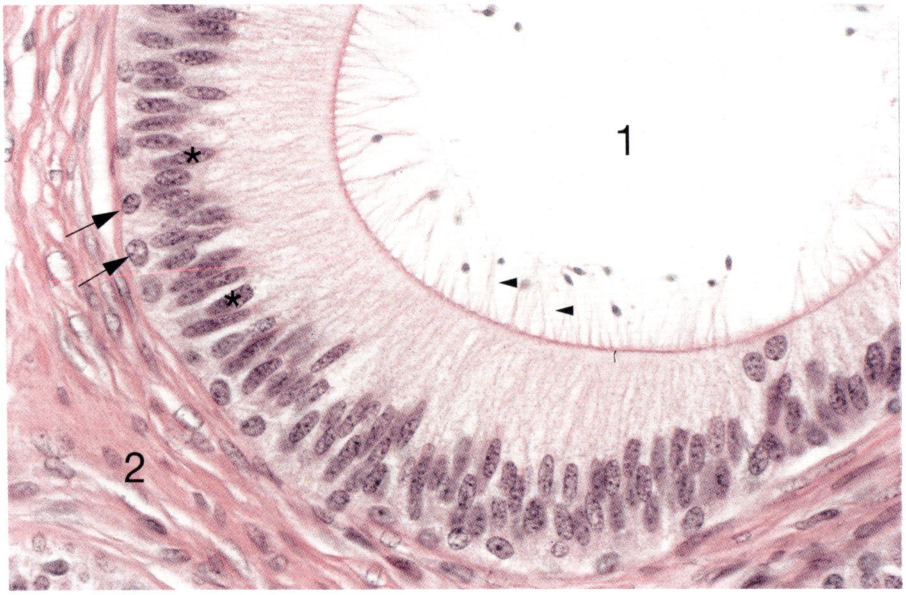

Abb. 3.1-13 Zweireihiges prismatisches Epithel mit Stereozilien, Nebenhodengang (Mensch). **1** Lumen des Ganges; ✻ Kerne der prismatischen ausdifferenzierten Epithelzellen; ➔ Basalzellen; ▶ Stereozilien; **2** subepitheliales Bindegewebe. Den Stereozilien sind einzelne Spermien (kleine ovale Punkte) angelagert. Färbung: H. E.; Vergr. 500fach.

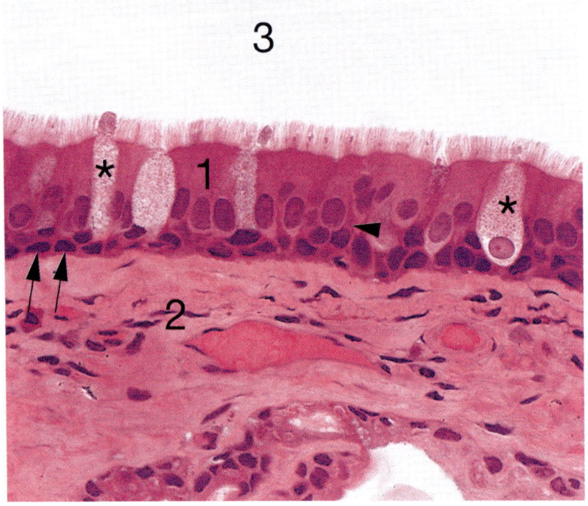

Abb. 3.1-14 Mehrreihiges prismatisches Epithel mit Kinozilien und Becherzellen. Respiratorisches Epithel der Trachea (Rhesusaffe). Die ausgereiften prismatischen Zellen (Flimmerzellen, **1**) tragen Kinozilien, die Basalkörpern entspringen. ✻ Becherzellen; ➔ Basalzellen; ▶ nachwachsende intermediäre Zelle; **2** subepitheliales Bindegewebe; **3** Lumen. Plastikschnitt; Färbung H. E.; Vergr. 500fach.

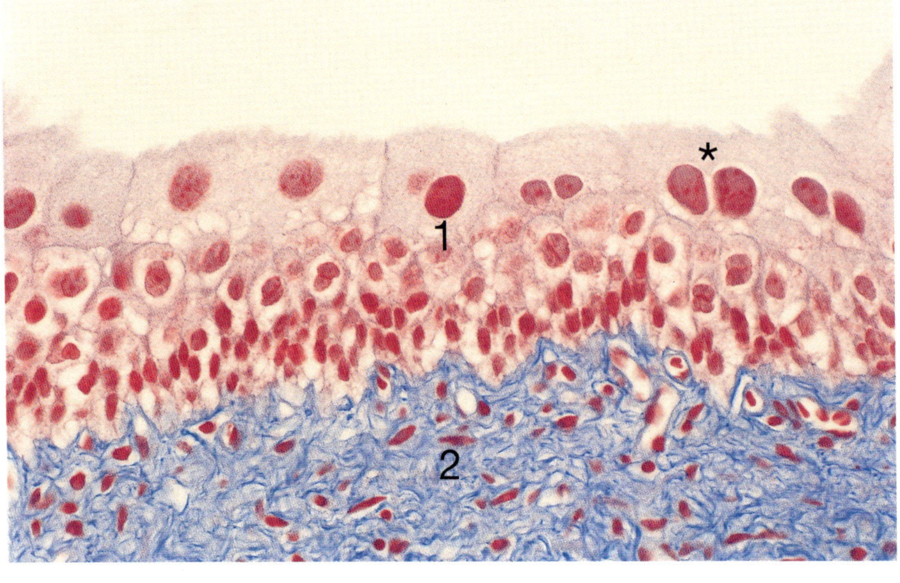

Abb. 3.1-15 Übergangsepithel (1), ungedehnt. Harnblase, Tenrek *(Echinops telfairi)*. ✻ zweikernige Deckzelle; **2** subepitheliales Bindegewebe. Färbung: Masson-Trichrom; Vergr. 500fach. (Präparat Prof. Dr. H. Künzle, München)

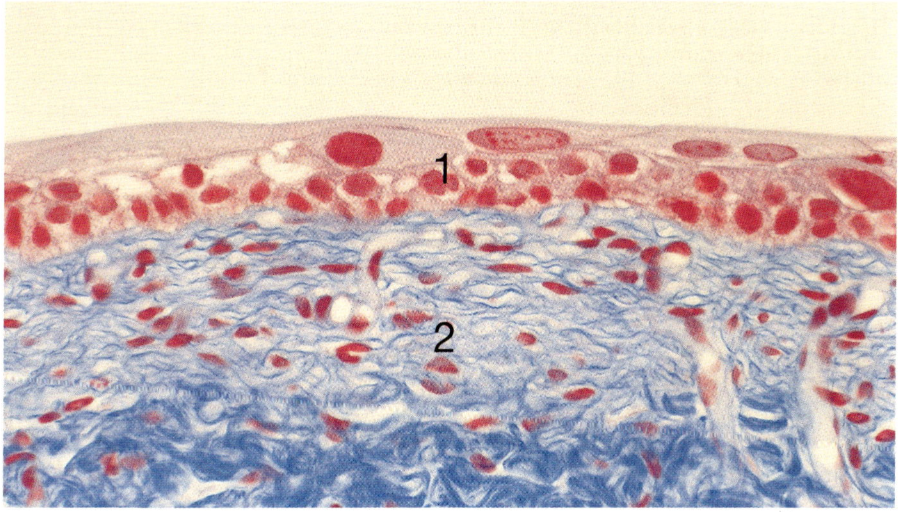

Abb. 3.1-16 Übergangsepithel (1), gedehnt. Harnblase, Tenrek *(Echinops telfairi)*. **2** subepitheliales Bindegewebe. Färbung: Masson-Trichrom; Vergr. 500fach. (Präparat Prof. Dr. H. Künzle, München)

Dehnungsfähigkeit entsprechen viele spezielle Anpassungen (Membranreserven). Typisch ist die abschließende apikale Schicht aus sehr großen, z. T. zweikernigen **Deckzellen** (Abb. 3.1-15). Im ungedehnten Zustand sind die meisten Zellen des Übergangsepithels prismatisch, z. T. sogar die Deckzellen. Im gedehnten Zustand flachen alle Zellen ganz erheblich ab. Eine auffällige Erscheinung ist, dass die basalen Zellen diploid, die mittleren tetraploid und die apikalen Deckzellen oktoploid sind. Apikal sind Deckzellen durch Zonulae occludentes, Zonula adhaerentes und Desmosomen verbunden. Die tiefen Zellen sind über Desmosomen verknüpft, Nexus kommen vereinzelt vor (siehe auch Kap. 2.1.6).

Vorkommen Ableitende Harnwege: Nierenkelche, Nierenbecken, Ureter, Harnblase, Anfang der Urethra.

In Tabelle **3.1-1** sind wichtige Kennzeichen der Oberflächenepithlien aufgeführt, und in Tabelle **3.1-2** sind Organe aufgelistet, deren Oberfläche verschiedene Epithelien trägt.

3.1.3 Drüsenepithelien

Einzelne Drüsenepithelzellen treten in vielen Epithelien auf. Epithelien, die ausschließlich oder weitgehend aus Drüsenzellen bestehen, heißen Drüsenepithelien.

Drüsenzelle

Eine Drüsenzelle ist eine Zelle, deren wesentliche Funktion darin besteht, ein spezielles Produkt, ein **Sekret,** zu bilden und nach außen abzugeben (Abb. 3.1-17). Das Sekret erfüllt seine Funktion außerhalb

Tab. 3.1-1 Gliederung der verschiedenen Formen von Oberflächenepithelien. (Aus [1])

I. **Platt**	1. *einschichtig*	vor allem Meso- und Endothelien, hinteres Korneaepithel u. a.
	2. *mehrschichtig*	a) verhornt, Epidermis b) unverhornt, z. B. in Mundhöhle, Vagina, Kornea, Ösophagus
II. **Kubisch** (= isoprismatisch)	*einschichtig*	Epithel vieler kleiner Drüsengänge, Peritonealepithel des Ovars, Follikelepithel der Schilddrüse, viele Tubulusepithelzellen der Niere, Amnionepithel u. a.
III. **Prismatisch**	1. *einschichtig*	a) mit Kinozilien: Tube, Uterus b) ohne Kinozilien: gesamter Magen-Darm-Kanal, Gallenblase
	2. *mehrschichtig*	selten: Fornix conjunctivae, Teile der männlichen Urethra
	3. *mehrreihig*	a) ohne Zilien: bestimmte Abschnitte von Drüsenausführungsgängen (selten) b) mit Kinozilien: Respirationstrakt c) mit Stereozilien: Ductus epididymidis, Ductus deferens
IV. **Übergangsepithel**		je nach Dehnungszustand unterschiedlich hoch, aber stets mehrschichtig, die apikale Zellschicht besteht aus großen polyploiden, z. T. zweikernigen Deckzellen: Nierenbecken, Harnleiter, Harnblase

Tab. 3.1-2 Tabellarische Übersicht jener Körperregionen, die mehrere Oberflächen mit meist unterschiedlichen Epithelien aufweisen. (Aus [1])

	Epithelwechsel	Bestandteile des zentralen Gewebesockels
Lippe	mehrschichtiges verhorntes Plattenepithel (Epidermis) mit Anhangsgebilden → mehrschichtiges unverhorntes Plattenepithel	Skelettmuskulatur (M. orbicularis oris)
Uvula	mehrschichtiges unverhorntes Plattenepithel → respiratorisches Epithel	Skelettmuskulatur (M. uvulae)
Epiglottis	mehrschichtiges unverhorntes Plattenepithel → respiratorisches Epithel	elastischer Knorpel
Augenlid	mehrschichtiges verhorntes Plattenepithel (ohne Haare) → mehrschichtiges unverhorntes Plattenepithel	Skelettmuskulatur (M. orbicularis oculi), Tarsus, Meibom-Talgdrüsen
Nasenflügel	mehrschichtiges verhorntes Plattenepithel mit „freien" Talgdrüsen → mehrschichtiges verhorntes Plattenepithel mit Haaren (Vibrissae) und Drüsen → respiratorisches Epithel	hyaliner Knorpel
Ohrmuschel	kein Epithelwechsel; beide Oberflächen zeigen gleiches Epithel (verhorntes mehrschichtiges Plattenepithel mit Anhangsgebilden)	elastischer Knorpel
Portio vaginalis uteri	mehrschichtiges unverhorntes Plattenepithel (außen) → einschichtiges prismatisches Epithel (im Zervixkanal)	glatte Muskulatur

der Drüsenzelle. Sekrete sind z. B. Verdauungsenzyme, Schleime, Hormone und Milch. Die Prozesse der Sekretbildung und der Sekretabgabe sind nicht auf typische Drüsenzellen beschränkt, sondern treten auch in sehr vielen anderen Zellen auf, stehen hier aber nicht so auffallend im Vordergrund. Drüsensekrete werden zumeist in **Granula** (Sekretionsgranula) verpackt, die an die Zelloberfläche wandern, hier mit der Zellmembran verschmelzen, sich öffnen und ihren Inhalt ausschleusen. Diese weit verbreitete Art und Weise der Sekretionsabgabe wird **Exozytose** genannt (siehe S. 28).

Myoepithelzellen

Myoepithelzellen sind schlanke oder verzweigte kontraktile Zellen basal im Drüsenepithel, die glatten Muskelzellen ähneln und dem Auspressen des Sekrets dienen. Sie sind untereinander durch Desmosomen und Gap junctions verbunden und stehen über Desmosomen mit den sekretorischen Zellen in Verbindung. Sie sind adrenerg innerviert (Ausnahme Milchdrüse, in der sie auf Oxytocin reagieren).

Vorkommen In Schweiß- und Duftdrüsen der Haut, in der Milchdrüse, in der Parotis und den serösen Anteilen von Glandula submandibularis und Glandula sublingualis sowie in den Drüsen der Atemwege.

Die Tabelle **3.1-3** fasst die Gliederungsprinzipien exokriner Drüsen zusammen.

Drüsentypen

Ist ein ganzes Organ aus Drüsenzellen aufgebaut, spricht man von einer **Drüse.** Man unterscheidet nach dem Weg der Sekretabgabe exokrine und endokrine Drüsen. Drüsen, die ihr Sekret über einen Gang oder unmittelbar an eine innere oder äußere Oberfläche abgeben, werden **exokrine Drüsen** genannt. Drüsen, die ihr Sekret in den Blutstrom abgeben, werden **endokrine Drüsen** genannt. Den endokrinen Drüsen ist das Kapitel 11 gewidmet.

Vorkommen
- Exokrine Drüsen: z. B. Bauchspeicheldrüse, Bronchialdrüsen, Milchdrüse,
- Endokrine Drüsen: z. B. Hypophysenvorderlappen, Schilddrüse (siehe Kap. 11).

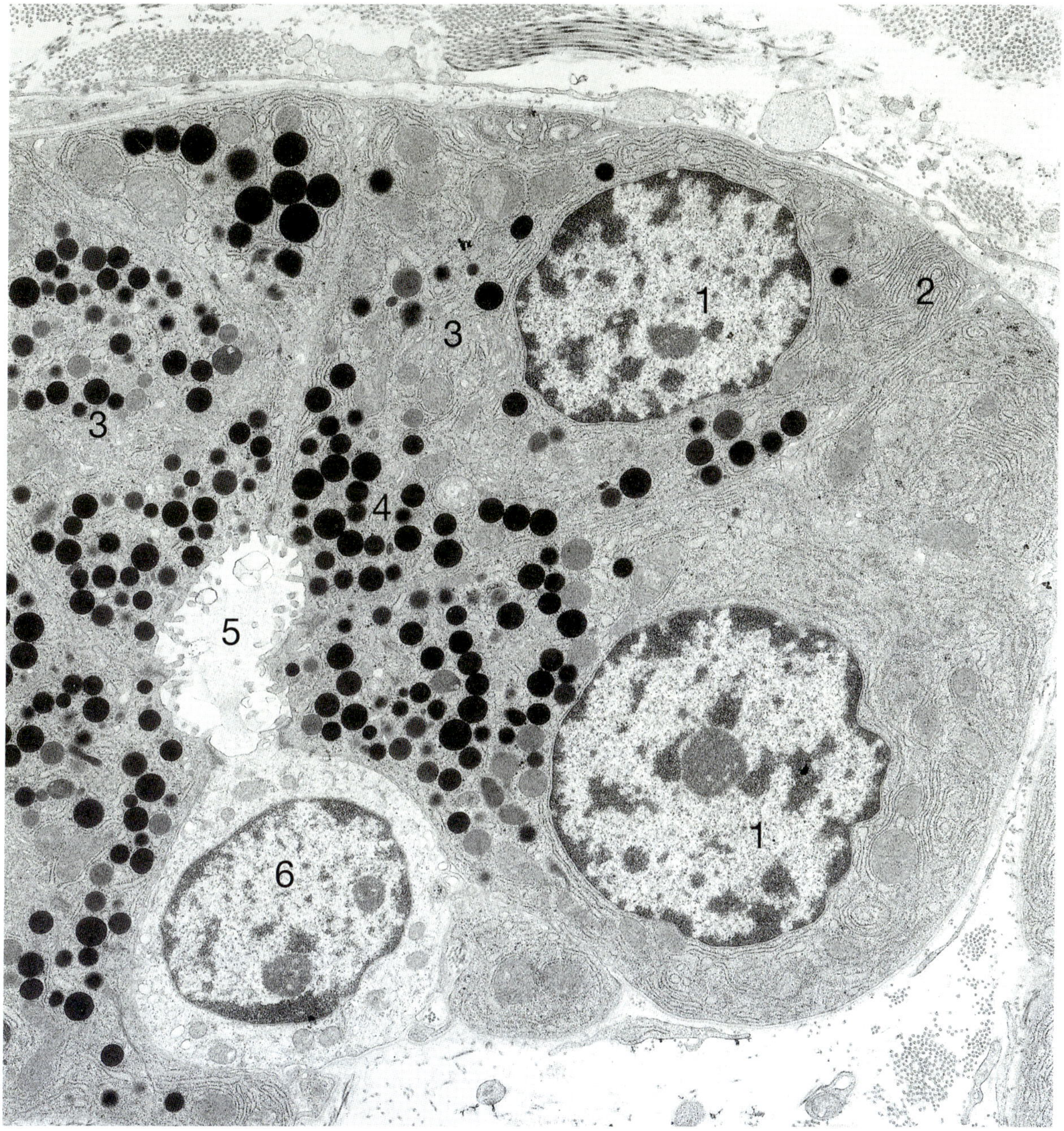

Abb. 3.1-17 Elektronenmikroskopische Aufnahme exokriner Drüsenzellen. Pankreas, Mensch. **1** Zellkern; **2** raues ER; **3** Golgi-Apparat; **4** Sekretionsgranula; **5** Lumen des Drüsenazinus; **6** zentroazinäre Zelle. Vergr. 6740fach.

Exokrine Drüsen

Exokrine Drüsen geben ihr Sekret an innere (z. B. die an das Lumen grenzende Darmoberfläche) oder äußere Oberflächen ab.

Die Drüsenzellen können sich als Einzelzellen oder zu kleinen Gruppen im Verband des Oberflächenepithels befinden. Kleine Gruppen von Drüsenzellen im Oberflächenepithel nennt man **endoepitheliale Drüsen.** Sie sind selten. Meistens bestehen Drüsen aus zahlreichen Zellen und sind unter das Oberflächenepithel verlagert, mit dem sie aber über einen Gang oder direkt verbunden sind: **Exoepitheliale Drüsen.** Solche Drüsen werden zumeist etwas vereinfachend exokrine Drüsen genannt.

Einzelne exokrine Drüsenzellen im Epithel von Dünn- und Dickdarm sowie der Atemwege nennt man **Becherzellen.** Sie besitzen die Gestalt eines Kelchs oder Glases mit schmalem Fuß und produzieren vor allem Schleim (Abb. **3.1-18**). In der schmaleren Basis der Zellen liegen der relativ dunkle Zellkern, das raue endoplasmatische Retikulum und der oft recht große Golgi-Apparat. Der bauchige mittlere und obere Teil

Tab. 3.1-3 Gliederungsprinzipien exokriner Drüsen. (Aus [1])

Morphologisches Kriterium	Klassifizierung	Beispiele
1. Zahl der sezernierenden Zellen	einzellige Drüsen (= einzeln auftretende Drüsenzellen)	Becherzellen
	mehrzellige Drüsen	Speicheldrüsen
2. Lage der sezernierenden Zellen zum Oberflächenepithel	endoepitheliale Drüsen	im Epithel der Nasenschleimhaut
	exoepitheliale Drüsen	alle großen exokrinen Drüsen
3. Sekretionsmechanismus	merokrine (= ekkrine) Drüsen	die meisten exokrinen Drüsen
	apokrine Drüsen	Duftdrüsen, Milchdrüse
	holokrine Drüsen	Talgdrüsen
4. Art des Sekrets und Morphologie der sezernierenden Zellen	seröse Drüsen	Parotis, Pankreas, Tränendrüse
	muköse Drüsen	Ösophagusdrüsen, Brunner-Drüsen
	Mischformen: seromuköse Drüsen	viele Speicheldrüsen, Atemwegsdrüsen
5. Gestalt der sezernierenden Endstücke	tubulöse Drüsen	Kolonkrypten, Uterusdrüsen
	azinöse Drüsen	Gl. parotis, Pankreas
	alveoläre Drüsen	Milchdrüse
	Mischformen: tubuloazinös	Gl. submandibularis
	tubuloalveolär	z.T. laktierende Mamma
6. Vorkommen und Wuchsform (verzweigt oder nicht) des ausführenden Gangsystems	Einzeldrüsen (jedes Endstück mündet mit einem Gang selbständig auf einer epithelialen Oberfläche)	Schweißdrüsen
	verzweigte oder verästelte Drüsen (mehrere Endstücke münden in einen unverzweigten Ausführungsgang)	Brunner-Drüsen
	zusammengesetzte Drüsen (die sezernierenden Endstücke münden in ein reich verzweigtes Gangsystem)	alle großen Speicheldrüsen

der Zelle ist von membranbegrenzten Schleimgranula ausgefüllt, die sich mit der PAS-Reaktion rotviolett anfärben lassen (Abb. **3.1-19**), im H.E.-Präparat aber relativ blass bleiben oder zart graublaue Färbung annehmen. Die Sekretabgabe erfolgt kontinuierlich über Exozytose und kann auf verschiedene Art und Weise stimuliert werden. Im Darm werden diese Zellen nur vier bis fünf Tage alt. Zerrissene apikale Zellmembranen und große intrazelluläre Schleimmassen sind ebenso präparationsbedingte Artefakte wie die bauchige Gestalt der oberen Zellanteile, die nach der Gewebeentnahme durch Wassereinstrom anschwellen, weil Membranpumpen ausgefallen sind. Mehrzellige **endoepitheliale (= intraepitheliale) Drüsen** der Nasenschleimhaut sind in Abbildung **3.1-20** gezeigt.

Vorkommen Becherzellen in Dünn- und Dickdarm sowie Atemwegen; mehrzellige endoepitheliale Drüsen: Nasenschleimhaut.

Typische (exoepitheliale) exokrine Drüsen

Die vielzelligen exokrinen Drüsen werden nach verschiedenen Kriterien klassifiziert:

- nach Gestalt der Drüsenendstücke (Abb. **3.1-21**),
- nach der Struktur der Drüsengänge (Abb. **3.1-21**),
- nach dem Sekretionsmodus (Abb. **3.1-26**),
- nach der chemischen Beschaffenheit des Sekrets.

Die sekretbildenden vielzelligen Drüsen bilden unterschiedliche Formationen, die **Drüsenendstücke** (Endkammern) heißen und in unterschiedlich ausgestaltete **Drüsengänge** übergehen. Die Endstücke bilden das Sekret, die Gänge leiten das Sekret ab und können es noch modifizieren (z.B. Elektrolyte entziehen). In geringem Maße können die Gänge auch sekretorisch tätig sein (siehe auch Kap. 10, 15).

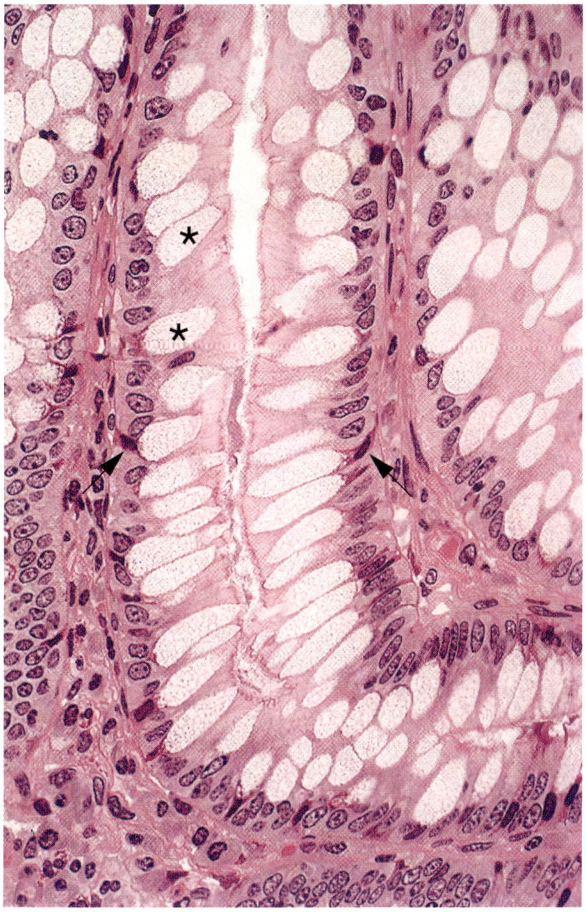

Abb. 3.1-18 Becherzellen im Epithel des Kolons (Mensch). Beispiel einzelliger, intraepithelial gelegener Drüsen. Bei der H. E.-Färbung bleibt das schleimhaltige Sekret (✻) der Becherzelle oft ungefärbt. Die Kerne der Becherzellen sind zumeist dunkel (➔). Beachte auch den deutlichen Bürstensaum der resorbierenden Zellen des Epithels. Färbung: H. E.; Vergr. 600fach.

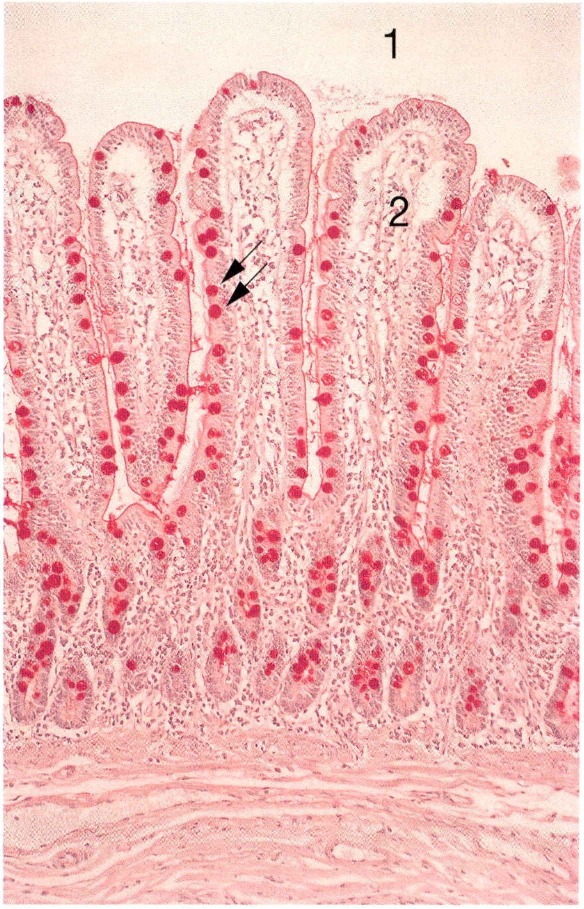

Abb. 3.1-19 Becherzellen im Epithel des Dünndarms (Mensch). Die dicht gelagerten Schleimgranula in den Becherzellen sind mit der PAS-Reaktion purpurrot gefärbt (➔); **1** Darmlumen; **2** Darmzotte. Vergr. 120fach.

☐ Klassifikation nach der Gestalt der Drüsenendstücke

Folgende Formen der Endstücke werden unterschieden (Abb. 3.1-21):

- **azinöse** (beerenförmige, Abb. 3.1-22),
- **alveoläre** (säckchenförmige, Abb. 3.1-23),
- **tubulöse** (tubuläre, röhrchenförmige, Abb. 3.1-24).

Mitunter kommen Mischformen vor, z. B. tubuloalveoläre Endstücke. Die Endstücke bestehen ganz überwiegend aus einem einschichtigen Drüsenepithel (monoptyche Endstücke). Selten, wie in den Talgdrü-

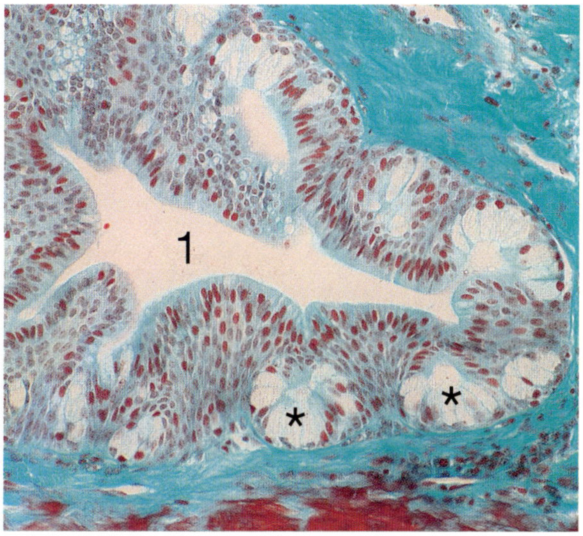

Abb. 3.1-20 Mehrzellige endoepitheliale Drüsen (✻). Epithel der Nasenschleimhaut (Mensch). **1** Lichtung der Nasenhöhle. Färbung: Goldner; Vergr. 250fach.

sen des Menschen, kann das Drüsenepithel vielschichtig sein (polyptyche Endstücke). Verbreitet treten basal im Epithel der Endstücke glatte Muskelzellen auf, die als **Myoepithelzellen** bezeichnet werden und oft vielfältig verzweigt sind (Korbzellen).

☐ Klassifikation nach der Struktur der Drüsengänge

Drüsen, deren Endstücke die Oberfläche unmittelbar (z.B. Kolonkrypten) oder mit einem **unverzweigten Gang** (z.B. Schweißdrüsen) erreichen, nennt man **exoepitheliale Einzeldrüsen** („einfache" Drüsen). Solche Einzeldrüsen sind beim Menschen meistens tu-

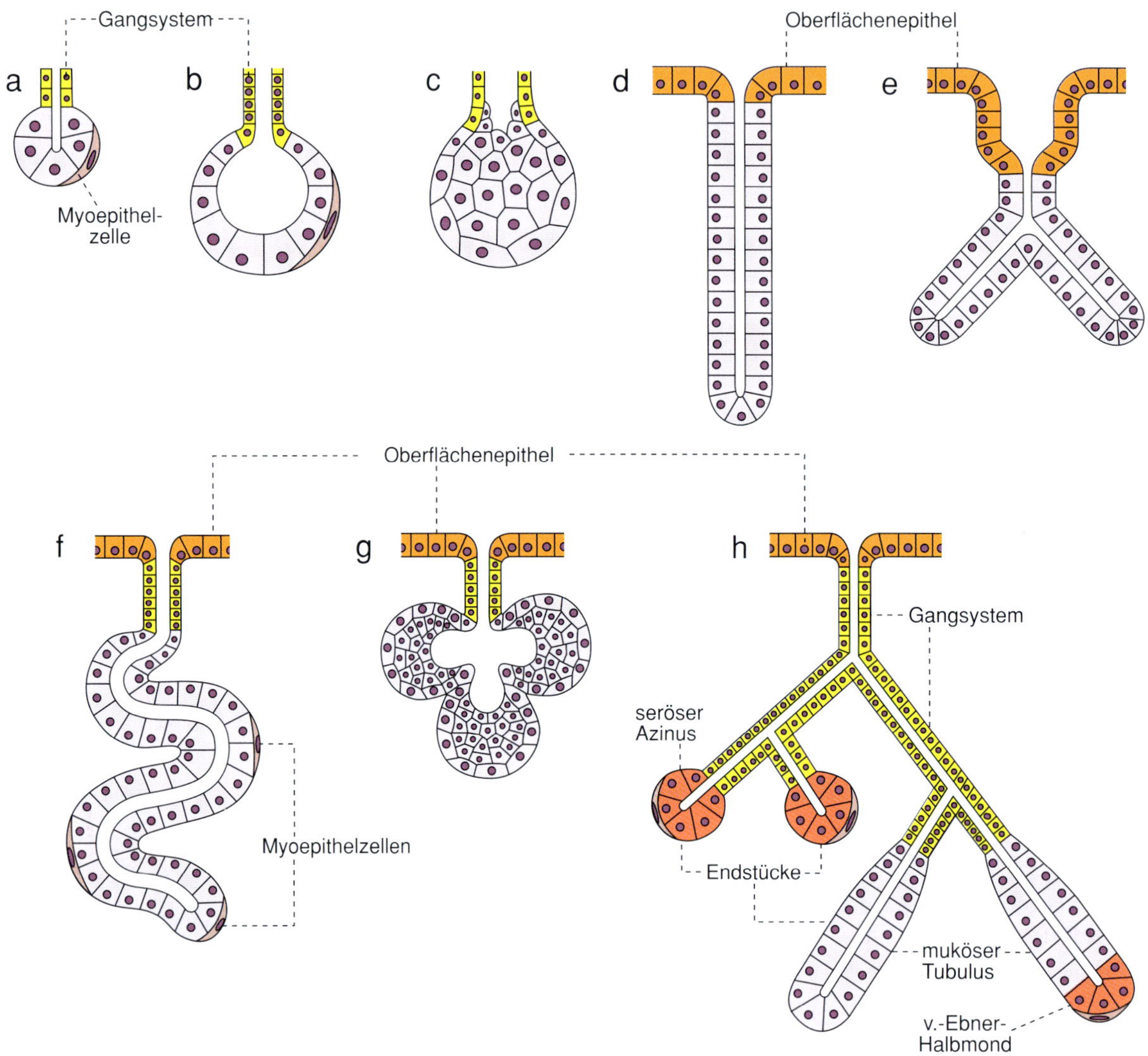

Abb. 3.1-21 Exokrine Drüsentypen.
a–c Verschiedene Endstücktypen (Endstücke violett, Gänge gelb).
a) Azinus.
b) Alveolus.
c) Alveolus, dessen Lichtung mit Drüsenepithelzellen gefüllt ist (Talgdrüse).
d–h Verschiedene exokrine Drüsentypen.
d) Einfache tubulöse Drüse ohne eigenen Gangabschnitt (z.B. Kolonkrypten).
e) Verzweigte tubulöse Drüse ohne eigenen Gangabschnitt (z.B. Pylorusdrüsen).
f) Einfache tubulöse Drüse mit eigenem Gangabschnitt (ekkrine Schweißdrüsen).
g) Verzweigte alveoläre Drüse mit eigenem Gangabschnitt (Talgdrüse).
h) Zusammengesetzte gemischt tubuloazinöse Drüse. In einer zusammengesetzten Drüse ist das Gangsystem verzweigt. Links: Drüsenanteil mit Azini; rechts: Drüsenanteil mit Tubuli; dem Ende des rechten Tubulus sitzt ein v.-Ebner-Halbmond (umgeformter Azinus) auf. Die Azini sind serös, die Tubuli mukös.

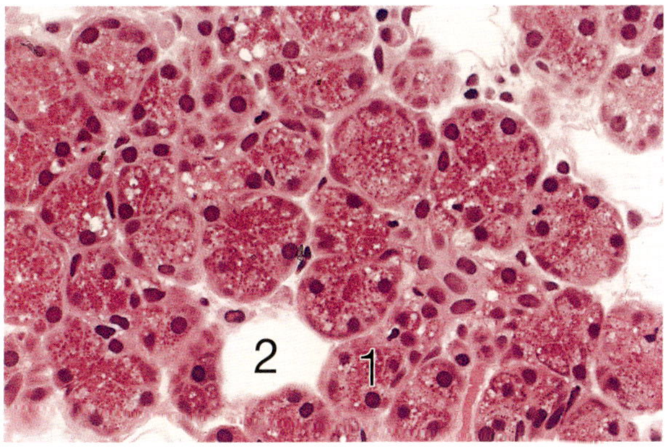

Abb. 3.1-22 Azinöse Endstücke. Gl. submandibularis (Mensch). Nach ihrer beerenförmigen Gestalt mit kaum erkennbarem Lumen werden solche Endstücke Azini genannt. **1** seröser Azinus; **2** Fettzelle. Plastikschnitt; Färbung: H. E.; Vergr. 500fach. (Aus [1])

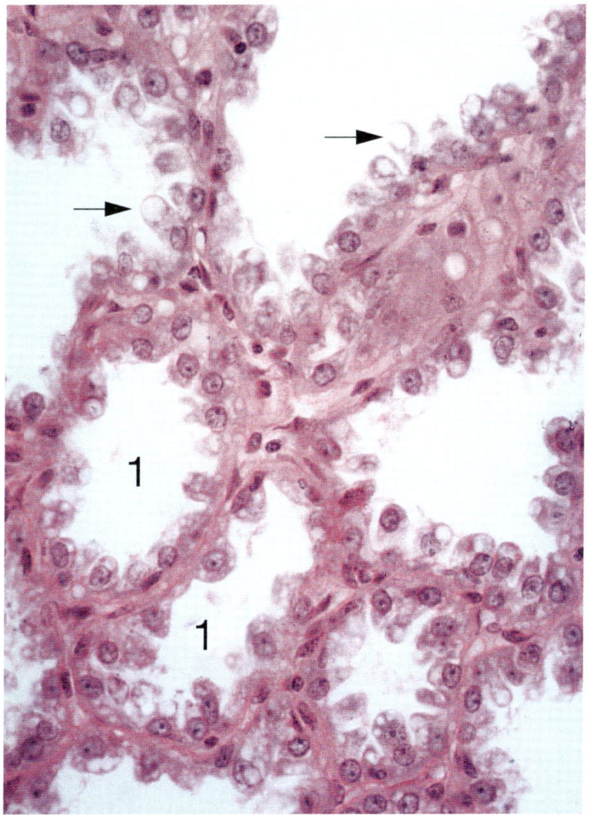

Abb. 3.1-23 Alveoläre Endstücke (1). Laktierende Milchdrüse (Mensch). Beachte das weite Lumen und die Vorwölbungen des Zellapex der Drüsenzellen (→), die einen Fetttropfen enthalten (apokrine Sekretion). Färbung: H. E.; Vergr. 250fach.

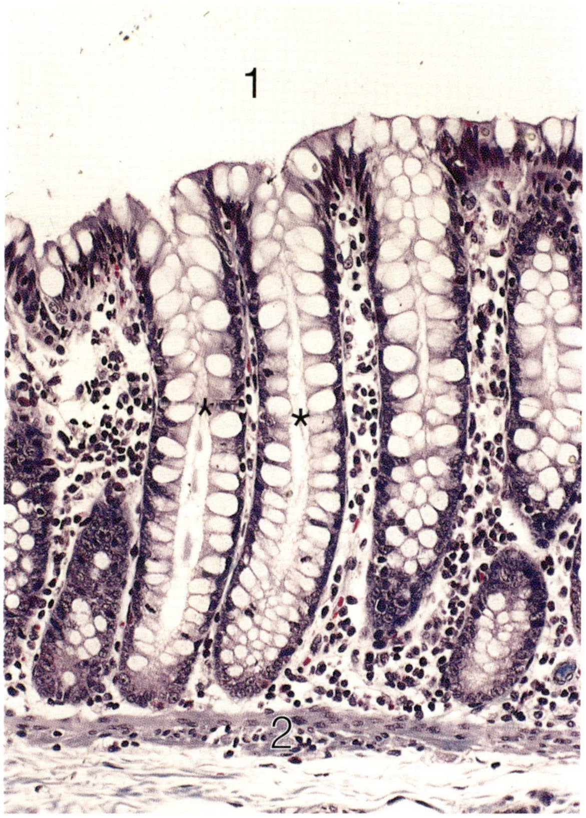

Abb. 3.1-24 Tubulöse Endstücke (*). Kolon (Rhesusaffe). **1** Darmlumen; **2** Muscularis mucosae. Färbung: H. E.; Vergr. 250fach.

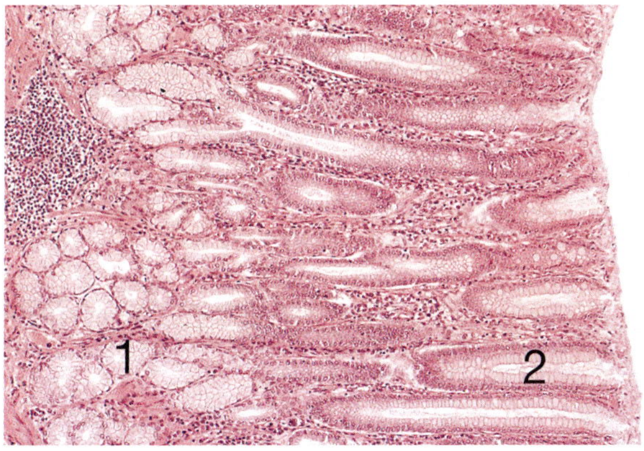

Abb. 3.1-25 Verzweigte tubulöse Drüsen ohne eigenen Gangabschnitt (1). Pars pylorica des Magens (Mensch). Die geknäuelten Drüsenschläuche nehmen den unteren Teil der Schleimhaut ein, sie sind vielfach quer oder schräg angeschnitten. Der obere Teil der Schleimhaut wird von den tiefen Foveolae gastricae (**2**) eingenommen. Diese für das ganze Oberflächenepithel des Magens typischen Foveolae sind mit hochprismatischen Drüsenzellen ausgekleidet. Färbung: H. E.; Vergr. 100fach. (Aus [1])

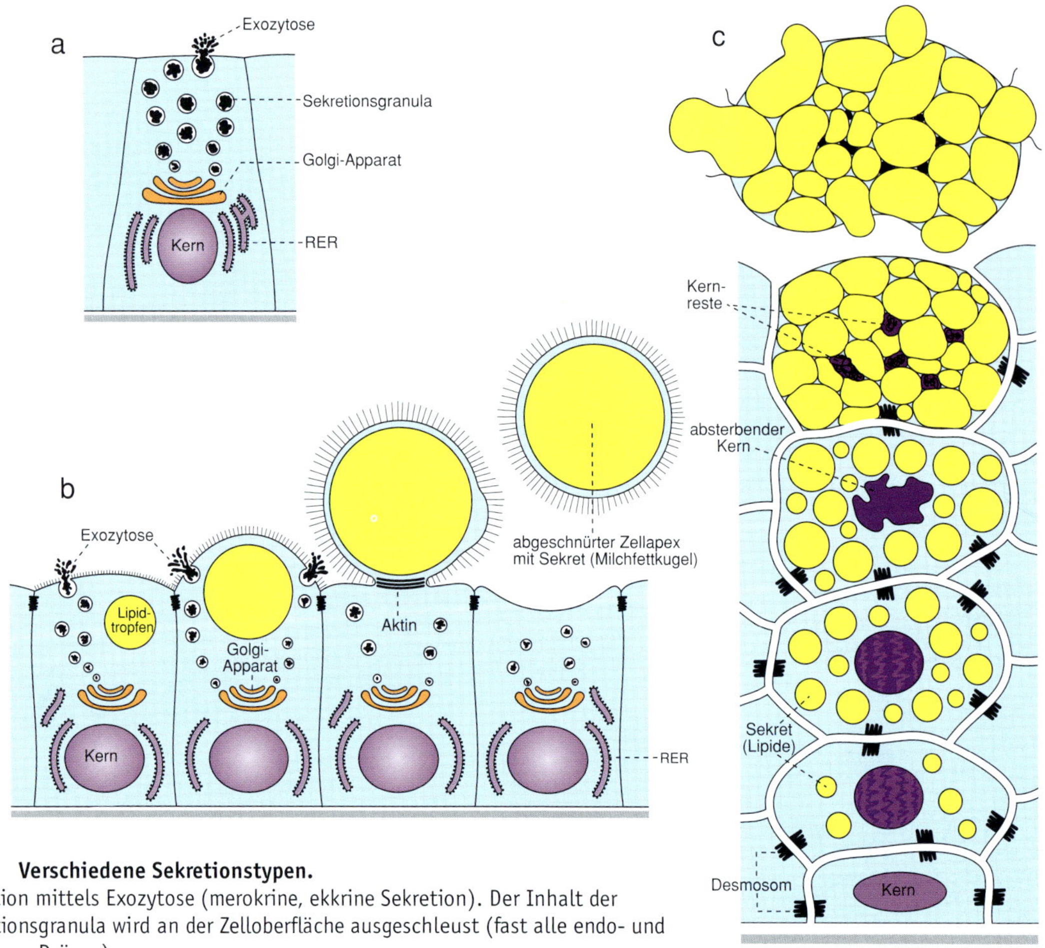

Abb. 3.1-26 Verschiedene Sekretionstypen.
a) Sekretion mittels Exozytose (merokrine, ekkrine Sekretion). Der Inhalt der Sekretionsgranula wird an der Zelloberfläche ausgeschleust (fast alle endo- und exokrinen Drüsen).
b) Apokrine Sekretion. Eine apikale Zellkuppe mit Sekret wird abgeschnürt (Milchdrüse). Zusätzlich sezernieren apokrine Drüsenzellen mittels Exozytose.
c) Holokrine Sekretion. Die ganze, mit lipidhaltigem Sekret gefüllte Drüsenzelle geht zugrunde, löst sich auf und setzt so das Sekret frei (Talgdrüsen).

bulöse Drüsen, d.h., ihr Endstück ist tubulös (Abb. **3.1-21**). Wenn mehrere Drüsenendstücke in einen einfachen Ausführungsgang münden, spricht man von **verästelten** bzw. **verzweigten Drüsen.** Hierzu zählen z.B. die Brunner-Drüsen in der Submukosa des Zwölffingerdarms (Abb. **3.1-34**); man rechnet ihnen aber oft auch die Magendrüsen (Abb. **3.1-25**) und die Endometriumsdrüsen zu, obwohl diese keinen eigenen Gang besitzen. Eine **zusammengesetzte Drüse** besitzt ein mehrfach aufgeteiltes Gangsystem (Abb. **3.1-21**).

☐ Klassifikation nach dem Sekretionsmodus

Nach dem Mechanismus der Sekretabgabe (Abb. **3.1-26**) werden Drüsen bzw. Drüsenzellen unterschieden in:

- merokrine Drüsen(zellen),
- apokrine Drüsen(zellen),
- holokrine Drüsen(zellen).

Merokrine Drüsenzellen In merokrinen (z.T. auch **ekkrin** genannten) Drüsenzellen wird das Sekret im Golgi-Apparat in membranbegrenzten Granula (Sekretgranula) verpackt (Abb. **3.1-27**) und mittels **Exozytose** nach außen abgegeben. Bei der Exozytose verschmelzen die Membran des Granulums und die Zellmembran. Dabei öffnet sich das Granulum und der Inhalt tritt in das Drüsenlumen über. Die Signalsequenz des sekretorischen Peptids führt zu seiner Verpackung in Granula, Kalziumanstieg führt zu „Andocken" und Verschmelzung der Membranen des Granulums und der Zelle. Als Folge der Fusion öffnet sich das Granulum. Man unterscheidet eine **konstitutive** (= kontinuierliche) Sekretion, bei der ein Sekret kontinuierlich und ohne auslösendes Signal per Exozytose abgegeben wird (Beispiele: Kollagensekretion durch Fibrozyten und Abgabe der Immunglobuline durch Plasmazellen), von einer **regulierten** Sekretion,

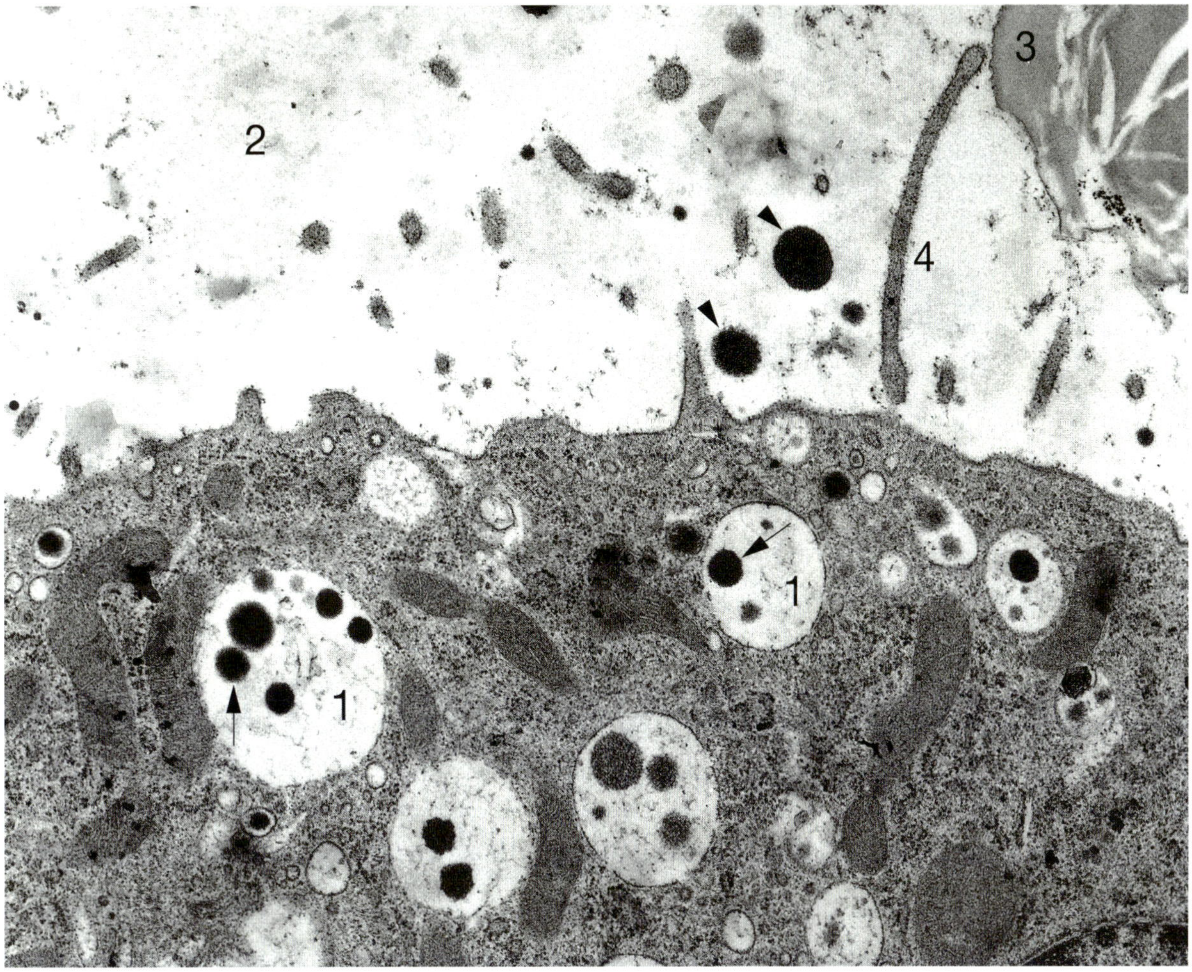

Abb. 3.1-27 Elektronenmikroskopische Aufnahme von Sekretgranula (1). Drüsenepithelzelle der laktierenden Milchdrüse (Kamel). Die Granula enthalten u. a. Kaseinmizellen (➔), die exozytotisch ausgeschleust werden (▶) und so ins Lumen (**2**) der Alveolen gelangen; **3** Lipidtropfen im Drüsenlumen; **4** Mikrovillus. Vergr. 20700fach.

bei der das Sekret erst auf ein Exozytosesignal freigesetzt wird (Beispiel Sekretion des exokrinen Pankreas).

! Merokrine Sekretion mittels Exozytose ist die häufigste Form der Sekretabgabe in exokrinen und endokrinen Drüsenzellen.

Apokrine Drüsenzellen Apokrine Drüsenzellen bilden eine apikale Vorwölbung, in der sich bestimmte, für die Sekretion vorgesehenen Proteine und – wie im Fall der Milchdrüse – auch Lipide ansammeln (Abb. **3.1-28**). Diese Vorwölbung schnürt sich dann mit Hilfe kontraktiler Proteine ab und zerfällt im Drüsenlumen. Die abgeschnürten Zytoplasmaanteile werden auch Aposomen genannt. Die Sekretionsproteine besitzen keine Signalsequenz und werden nicht in Granula verpackt. Die Höhe der Epithelzellen wechselt je nach Phase des Sekretionsprozesses ganz erheblich. Regelmäßig findet man in den apokrinen Drüsenzellen auch merokrine Sekretabgabe. Im Falle der Milchdrüse bleibt die Zellmembran um die apokrin abgeschnürte Milchfettkugel lange Zeit erhalten und wird erst im Dünndarm des Säuglings abgebaut (siehe Kap. 15). Apokrine Drüsenzellen bilden immer eine Reihe verschiedener Sekrete, von denen ein erheblicher Teil exozytotisch abgegeben wird.

Vorkommen Typische apokrine Drüsen sind die Duftdrüsen der Haut (z. B. in Achselhöhle, Gehörgang, Augenlidern, Brustwarzen, großen Schamlippen, Mons pubis und Analkanal). Sie stehen in Beziehung zu Haaren. In der Milchdrüse wird das Fett, oft zusammen mit geringen Zytoplasmaanteilen, apokrin abgegeben. Apokrine Sekretion zeigen aber auch die Drüsen des männlichen Genitaltrakts (Prostata und Samenblase).

Exosomen In einzelnen Zellen wurde die Abschnürung kleiner Vesikel (Durchmesser 50–60 nm), sog. Exosomen, beschrieben. Diese kleinen Vesikel entstehen in großen Vesikeln, die multivesikulären Körpern (siehe Kap. 2.3.5) ähneln. Möglicherweise repräsentieren Exosomen eine eigene Form der Sekretion.

Holokrine Drüsenzellen Im vielschichtigen Epithel holokriner Drüsen (beim Menschen nur die Talgdrüsen) werden apikal ganze, mit Sekret gefüllte Zellen aus dem Verband des Drüsenepithels ausgestoßen und gehen danach zugrunde. Das Sekret besteht im Wesentlichen aus komplexen Lipiden, die intrazellulär in Tröpfchenform abgelagert werden. Die basale (= periphere) Zellschicht bildet stetig neue Zellen. Von der Epithelbasis bis zum Zentrum der Drüse lassen sich zwei deutliche Veränderungen erkennen: 1) stetige Zunahme der Lipidtropfen und 2) typische Veränderungen des Kerns: Basal ist der Kern oval mit grobem Chromatinmuster. In der nächsthöheren Schicht ist der Kern kugelig und hell. In den oberen (apikalen) Zellschichten wird der Kern zunehmend dichter, schrumpft und zerfällt in Einzelstücke. Der Vorgang der Schrumpfung und Verdichtung des Kerns wird als **Pyknose** bezeichnet und kennzeichnet absterbende Zellen (Abb. **2-91**).

Vorkommen Holokrine Drüsen sind die vielgestaltigen Talgdrüsen der Haut. Sie stehen zumeist mit Haaren in Beziehung (Haarbalgdrüsen, Abb. **3.1-29**), können aber auch ohne Beziehung zu einem Haar vorkommen (z. B. Augenlid, Schleimhautseite der Lippen, Nasenflügel, kleine Schamlippen, Anus, z. T. Vorhaut des Penis).

Klassifikation nach der chemischen Beschaffenheit des Sekrets

Eine weitere Klassifikation der exokrinen Drüsen(zellen), die auf die chemische Beschaffenheit des Sekrets abzielt, ist in mancher Beziehung unbefriedigend und beschränkt sich auf die Unterteilung:

- serös,
- mukös.

Wichtige histologische Unterschiede zwischen serösen und mukösen Drüsen(zellen) sind in Tabelle **3.1-4** zusammengefasst.

Seröse Drüsenzellen In serösen Drüsenzellen werden Proteine, oft Enzyme, gebildet. Die Zellen besitzen einen runden, euchromatinreichen Kern, der meist im unteren Drittel der Zelle liegt. Des Weiteren zeichnen die serösen Drüsenzellen ein basophiles, RER-reiches,

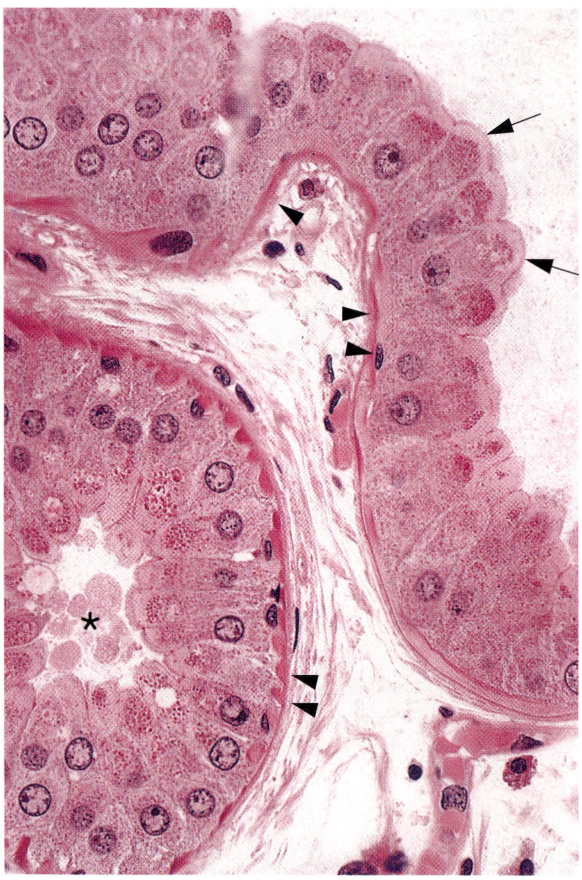

Abb. 3.1-28 Drüsenepithel in zwei tubulösen Endstücken. Duftdrüse aus der menschlichen Achselhöhle. Die apikalen apokrinen Zellkuppen (➔) können in die weite Drüsenlichtung vorragen und abgeschnürt werden (Aposomen, ✻), ein beträchtlicher Teil des Sekrets (beachte das fein granulierte apikale Zytoplasma) wird auch mittels Exozytose abgegeben. ▶ Myoepithelzellen. Färbung: H. E.; Vergr. 460fach.

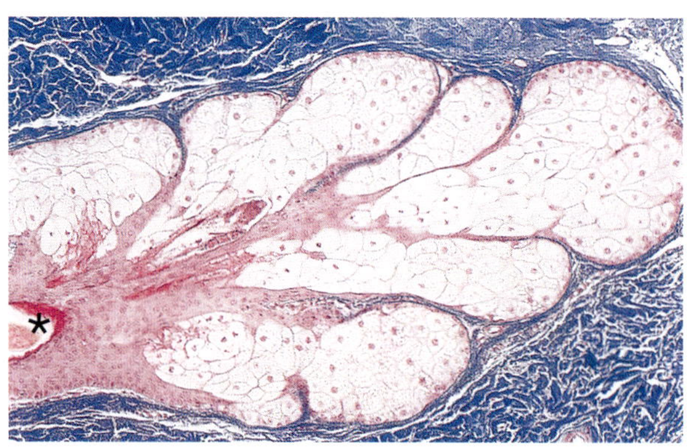

Abb. 3.1-29 Talgdrüse aus der Achselhöhlenhaut (Mensch). Die Lichtung der verzweigten alveolären Drüse wird von sich allmählich in Sekret umwandelnden Zellen ausgefüllt (holokriner Sekretionsmechanismus). Beachte die Umwandlung der Zellen von der Peripherie zum Zentrum der Alveolen und den Untergang der Kerne. ✻ Ausführungsgang. Färbung: Masson-Trichrom; Vergr. 100fach. (Aus [1])

Tab. 3.1-4 Unterschiede zwischen serösen und mukösen Drüsenzellen.

	Seröse Drüsenzellen	Muköse Drüsenzellen
Zellform	prismatisch, basal breiter als apikal	hochprismatisch
Kern	rundlich, hell; basale Zellhälfte	abgeflacht und relativ dunkel; Zellbasis
Zytoplasma	im H. E.-Präparat untere Zellhälfte basophil (blau), obere Zellhälfte eosinophil (rot)	Zellbasis basophil, oberhalb des Kerns hell
Funktion	Proteinbildung	Schleimbildung

basales Zytoplasma (Abb. 3.1-30), ein großer supranukleärer Golgi-Apparat und membranbegrenzte Granula im apikalen Zellpol (Abb. 3.1-31) aus. In einem Endstück aus serösen Drüsenzellen wird parazellulär (im Interzellulärraum zwischen den Zellen) oft auch Natrium in das Lumen des Endstücks transportiert; dem Natrium folgt dann osmotisch Wasser. Seröse Drüsenendstücke besitzen oft basal Myoepithelzellen (fehlen im exokrinen Pankreas). Sekretkapillaren sind feine Kanälchenbildungen der serösen Drüsenzellen. Es sind im Prinzip zarte, z. T. verästelte Einstülpungen der Zellmembran, die dem Abstrom des Sekrets dienen.

Vorkommen Seröse Drüsen sind Pankreas und Parotis, Spüldrüsen der Zunge und der Riechschleimhaut, auch die Tränendrüse wird hierzu gezählt.

Seröse Anteile besitzen Tracheal- und Bronchialdrüsen sowie die Glandulae sublingualis und submandibularis. Diese Drüsen besitzen auch Schleim bildende (muköse) Anteile und werden daher auch als gemischte Drüsen (seromuköse Drüsen, wenn der seröse Anteil überwiegt, mukoseröse Drüsen, wenn der muköse Anteil überwiegt, s. u.) bezeichnet.

Muköse Drüsenzellen In mukösen Drüsenzellen werden Schleime (Muzine) gebildet. Muzine sind Glykoproteine: Das zentrale, fädige Protein trägt bis zu 200 Zuckerketten, in denen Sialinsäuremoleküle und oft auch sulfatierte Zucker vorkommen, so dass das Gesamtmolekül viele negative elektrische Ladungen trägt. Es wurden über 10 verschiedene spezifische Muzine (Abkürzung MUC) beschrieben. Im Magenschleim kommen z. B. MUC 5AC und MUC 6 vor. Manche Muzine sind membranständig und somit Teil der Glykokalyx. Die einzelnen Drüsenzellen besitzen einen basalen, relativ dunklen, oft abgeflachten Kern und basales RER sowie einen supranukleären Golgi-Apparat. Der größte Teil des Zytoplasmas ist mit dicht

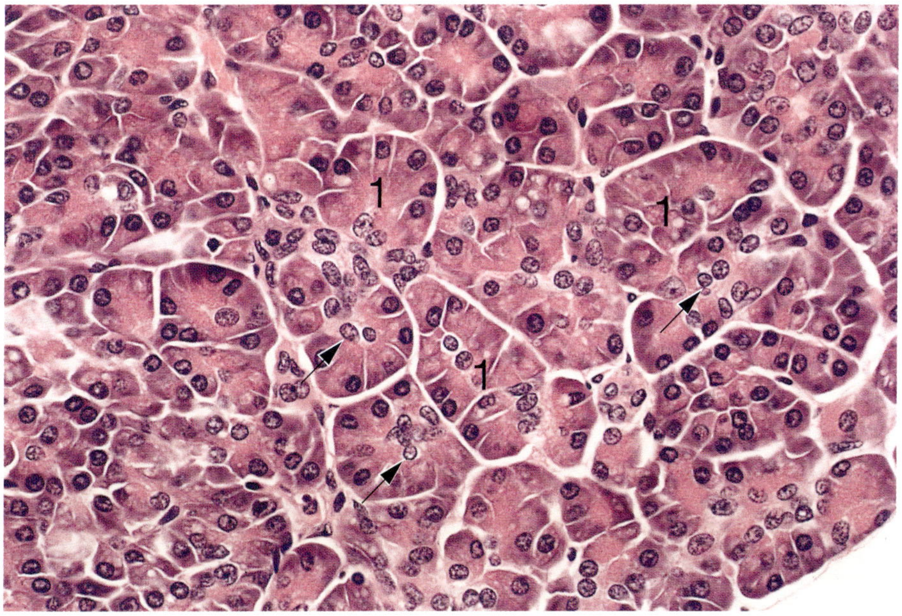

Abb. 3.1-30
Seröse Azini (1). Pankreas (Mensch). → zentroazinäre Zellen. Färbung: H. E.; Vergr. 450fach.

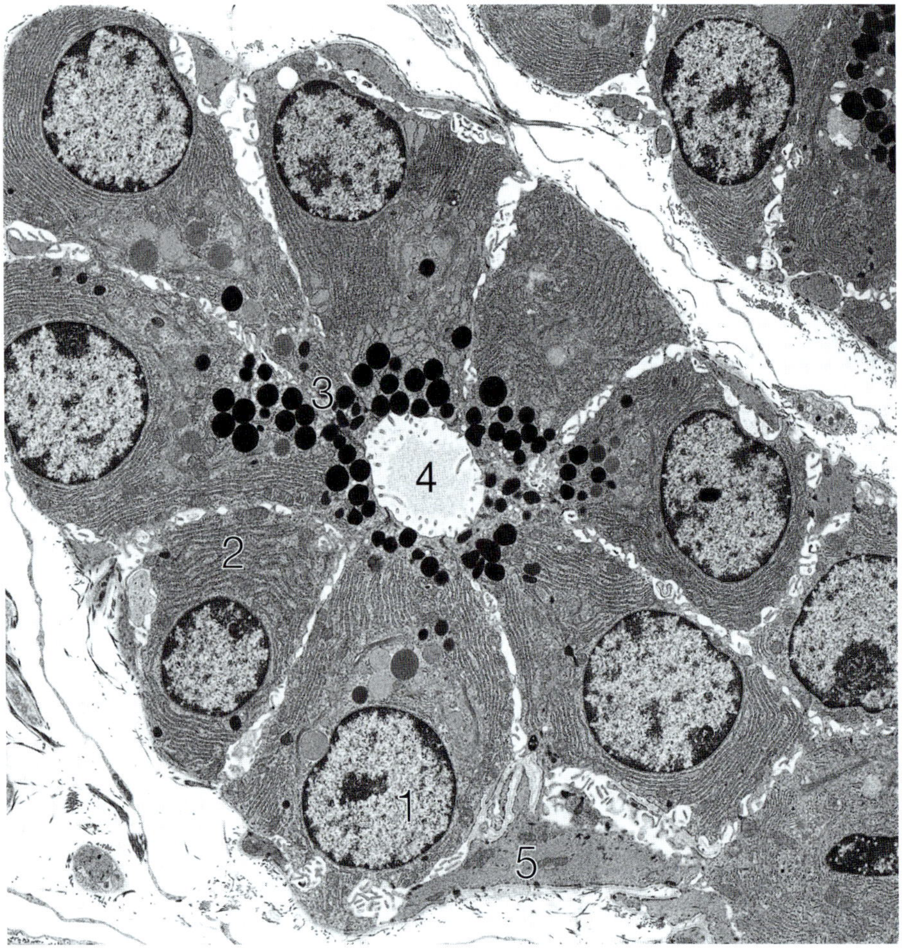

Abb. 3.1-31
Ultrastruktur eines serösen Azinus. Ohrspeicheldrüse (Mensch) im elektronenmikroskopischen Präparat. **1** Zellkern; **2** raues ER; **3** Sekretionsgranula; **4** Lumen des Azinus; **5** Myoepithelzelle. Mensch. Vergr. 4430fach.

gelagerten Schleimgranula ausgefüllt. Die Schleime sind im H.E.-Präparat blassblau oder ungefärbt (Abb. **3.1-32**). Mit der PAS-Reaktion färben sie sich violettrot an (Abb. **3.1-19**). Die Anfärbbarkeit der Muzine mit kationischen Farbstoffen (z.B. Alcianblau) beruht auf endständigen Sialinsäuremolekülen oder Sulfatresten. Die Funktion der Schleime ist vielfältig und unterscheidet sich in den einzelnen Drüsen.

In **gemischten (seromukösen) Drüsen** kommen sowohl muköse als auch seröse Drüsenzellen vor. Die mukösen Anteile sind tubulös. Die serösen Anteile sitzen den mukösen Tubuli außen kappen- bzw. halbmondartig an (v.-Ebner- bzw. Gianuzzi-Halbmonde) oder liegen in Form von typischen serösen Azini vor (Abb. **3.1-33**).

Vorkommen Muköse Drüsen sind die kleinen tubulösen Zungendrüsen und die oralen Gaumendrüsen. Ihnen werden u.a. auch die Brunner-Drüsen (Abb. **3.1-34**), die Ösophagusdrüsen, die Drüsen von Kardia und Pylorus des Magens und die Bulbourethraldrüsen zugezählt. Die Mehrzahl der Drüsen der Mundhöhle und alle Drüsen der Atemwege sind gemischt, also seromukös. Dazu zählen die große vordere Zungendrüse, die Gll. sublingualis und submandibularis sowie die Tracheal- und Bronchialdrüsen.

3.1.4 Sinnesepithelien

In Epithelien können Sinneszellen vorkommen. Sind in einem Epithel Sinneszellen das bestimmende Zellelement, spricht man von Sinnesepithelien. Aber auch andere Epithelien, wie das respiratorische Epithel der Atemwege oder das Darmepithel, enthalten einzelne Zellen mit spezifischer Sinnesfunktion.

Vorkommen Riechschleimhaut (siehe Kap. 17.4.1), Retina (siehe Kap. 17.2.3), Corti-Organ des Innenohrs (siehe Kap. 17.1.3) oder Geschmacksepithelien der Zunge (s. Kap. 17.3.1).

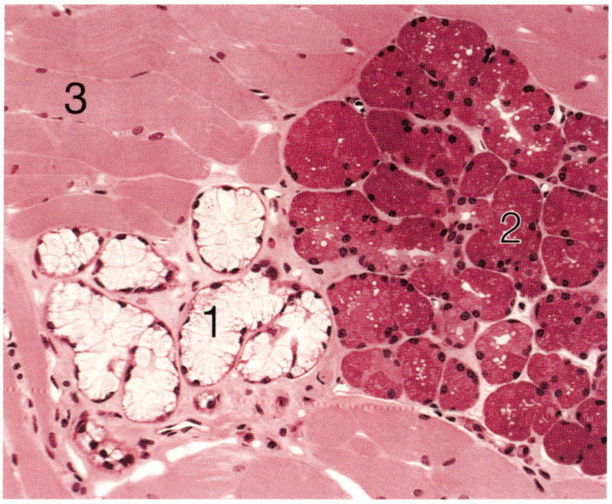

Abb. 3.1-32 Muköse Drüsen (1). Zungengrund (Mensch). **2** seröse Drüsen; **3** Zungenmuskulatur. Plastikschnitt; Färbung: H. E.; Vergr. 230fach.

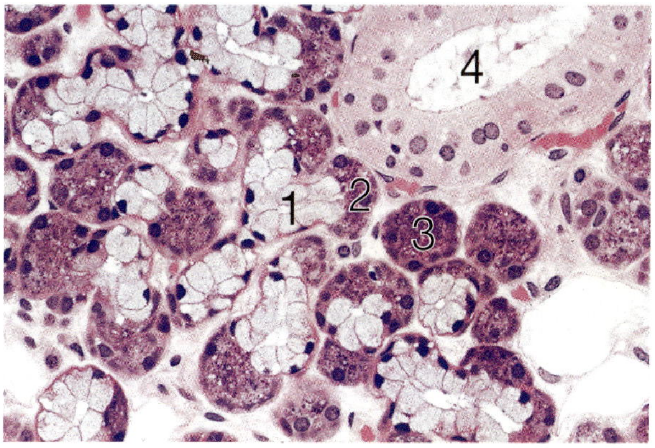

Abb. 3.1-33 Gemischte seromuköse Endstücke. Gl. submandibularis (Mensch). Nach der Gestalt der Endstücke ist die Drüse tubuloazinös. Den tubulösen mukösen Anteilen (**1**) sitzen die serösen Endstücke z.T. halbmondförmig auf (v.-Ebner-Halbmonde, **2**), andere seröse Azini (**3**) münden unabhängig von den mukösen Tubuli in Schaltstücke. **4** Streifenstück. Plastikschnitt; Färbung: H. E.; Vergr. 500fach. (Aus [1])

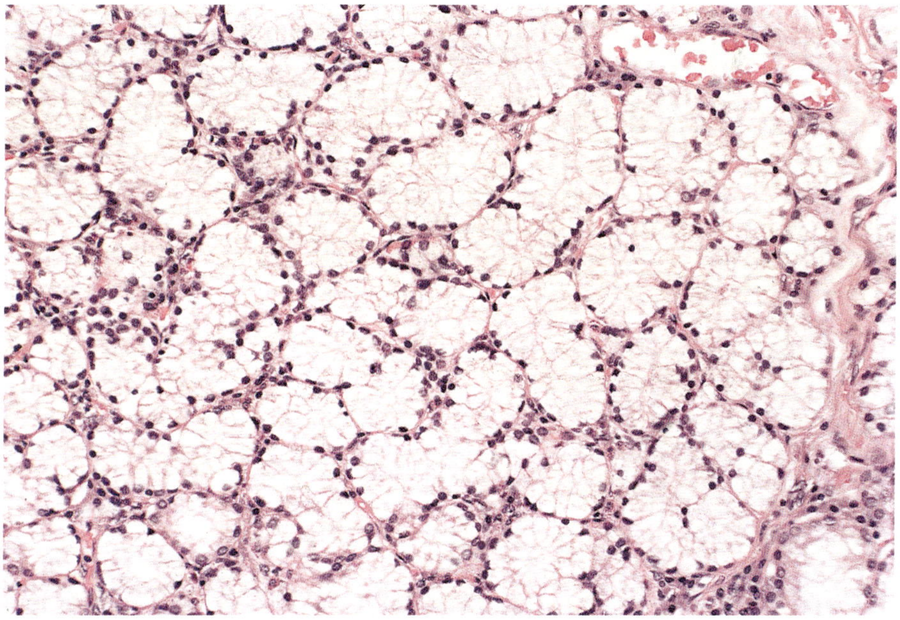

Abb. 3.1-34 Brunner-Drüsen. Duodenum (Mensch). Diese tubulösen Drüsen bilden Schleime. Färbung: H. E.; Vergr. 250fach.

3.2 Bindegewebe

Zur Orientierung

Im Bindegewebe liegen die Zellen nicht eng aneinander wie im Epithel, sondern sind durch extrazelluläre Substanzen mehr oder weniger weit voneinander getrennt. Es sind diese extrazellulären Substanzen, die die Funktion und Eigenschaften der Bindegewebe bestimmen (Tab. 3.2-1). Sie werden von Fibrozyten und verwandten Zellen, wie Knorpelzellen (Chondrozyten) und Knochenzellen (Osteoblasten, Osteozyten), produziert. Die wichtigsten extrazellulären Substanzen sind verschiedene Fasertypen (v.a. Kollagen- und elastische Fasern), die eine Gerüstfunktion haben, und Proteoglykane, die Wasser binden und somit Diffusionsräume schaffen. Im Bindegewebe mit spezieller Skelettfunktion, dem Knochengewebe, verkalkt die Extrazellulärsubstanz. Sog. mobile (freie) Zellen des Bindegewebes haben verschiedene Funktionen, insbesondere bei der Abwehr von Krankheitserregern. Bindegewebe bildet das Stroma der Organe.

Die vielfältigen Erscheinungsformen der Gewebe, die heute als Bindegewebe (engl. connective tissue) zusammengefasst werden, und eine unterschiedliche Nomenklatur, die z.T. auch noch gleichen Begriffen verschiedene Bedeutung unterlegt, machen es schwer, ein leicht zugängliches Verständnis für Struktur und Funktion des Bindegewebes zu schaffen. Es besteht auch keine einheitliche Auffassung darüber, welche Gewebeformen dem Bindegewebe zuzurechnen sind (Abb. 3.2-1). Manche Autoren beispielsweise zählen aus entwicklungsgeschichtlichen und zellbiologischen Gründen die gesamte Muskulatur hinzu, manche nur die glatte Muskulatur. Zum Teil werden Fettgewebe und Blut als eigene Grundgewebe geführt. Es hat sich in Vorklinik und Klinik als praktikabel erwiesen, folgende Gewebetypen zum Bindegewebe zu zählen:

- lockeres (kollagenfaseriges) Bindegewebe (Kap. 3.2.5),
- straffes Bindegewebe (Kap. 3.2.6),
- retikuläres Bindegewebe (Kap. 3.2.7),
- gallertiges Bindegewebe (Kap. 3.2.8),
- spinozelluläres Bindegewebe (Kap. 3.2.9),
- Knorpelgewebe (ein Stützgewebe, Kap. 3.2.11),
- Knochengewebe (ein Stützgewebe, Kap. 3.2.12),
- Fettgewebe (Kap. 3.2.13).

Blut als „flüssiges Bindegewebe" wird nicht an dieser Stelle beschrieben, sondern im Kapitel „Blut und Blutbildendes Gewebe" (Kap. 4).

3.2.1 Bindegewebsentwicklung

Die verschiedenen Bindegewebsformen und auch die Muskulatur entwickeln sich aus dem sog. Mesenchym, das oft auch embryonales Bindegewebe genannt wird. Dieses Gewebe ist ein morphologisch undifferenziertes embryonales Gewebe, das überwiegend mesodermalen, aber zu beträchtlichem Anteil auch neuroektodermalen Ursprungs ist, also aus der Neuralleiste stammt. Es besteht aus mehr oder weniger dicht gela-

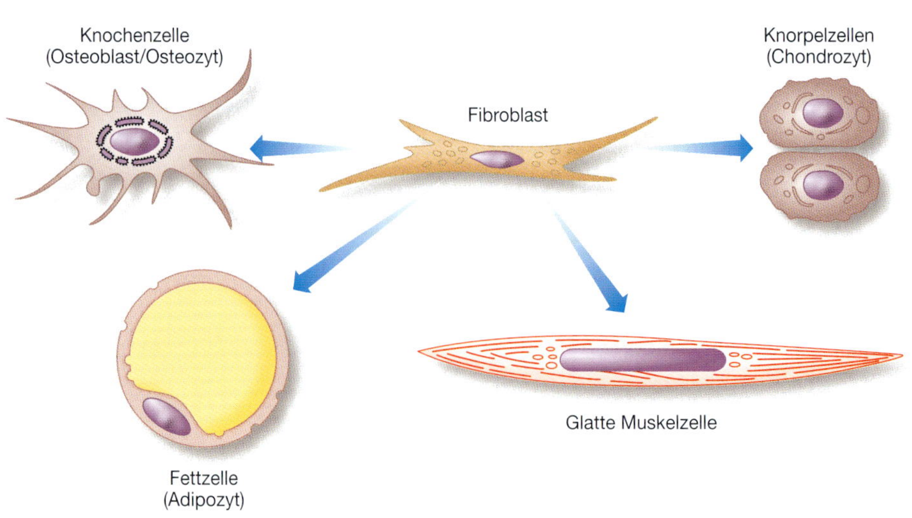

Abb. 3.2-1 Die Familie der Bindegewebszellen. Die Pfeile deuten die wahrscheinlichen Entwicklungsrichtungen in dieser Zellfamilie an. Möglicherweise existieren verschiedene Fibroblastentypen. Die glatten Muskelzellen lassen sich sowohl dieser Zellfamilie als auch dem Muskelgewebe zurechnen. (Modifiziert nach [13])

Tab. 3.2-1 Binde- und Stützgewebe.

Bindegewebe	Bestandteile	Ungefährer Anteil (in % Trockengewicht)	Kennzeichen und Funktionen
Dermis (Lederhaut), Ligamente, Sehnen	Typ-I-Kollagen	80	50–90 nm dicke Fibrillen, Gerüstfunktion
	Typ-III-Kollagen	5–15	20–40 nm dicke Fibrillen, Gerüstfunktion
	Typ-IV-Kollagen, Laminin, Nidogen	< 5	in Basallamina unter Epithelien und Gefäßendothelien
	Typ-V-, Typ-VI- und Typ-VII-Kollagen	< 5	dünne Filamente, verschiedene Funktionen
	Elastin	< 5	Elastizität
	Fibrillin	1	Teil der elastischen Fasern oder allein vorkommend
	Fibronektin	< 5	mit Kollagenfibrillen und Zelloberflächen verbunden
	Proteoglykane und Hyaluronan	0,5	binden Wasser, schaffen Diffusionsräume, fangen Druck auf, u. a. m.
Knochen (entmineralisiert)	Typ-I-Kollagen	90	komplexe Fibrillensysteme
	Proteoglykane	1	verbinden Kollagenfibrillen
	Osteonektin, Osteokalzin, Osteopontin, α_2-Glykoprotein, Sialoproteine	1–5	vermutlich Funktion bei Einleitung der Mineralisation und Regulierung der Mineralisation
Aorta	Typ-I-Kollagen	20–40	fibrilläres Netzwerk
	Typ-III-Kollagen	20–40	dünne Fibrillen
	Elastin	20–40	Elastizität
	Typ-IV-Kollagen, Laminin, Nidogen	< 5	Bestandteile der Basallamina
	Proteoglykane	< 3	binden Wasser, schaffen Diffusionsräume, fangen Druck auf, u. a. m.
Knorpel	Typ-II-Kollagen	40–50	Arkaden und andere Formationen dünner Fibrillen
	Typ-IX-Kollagen	5–10	an der Oberfläche von Typ-II-Fibrillen
	Typ-X-Kollagen	5–10	in der Umgebung hypertropher Knorpelzellen
	Typ-XI-Kollagen	< 10	Teil von Typ-II-Fibrillen
	Proteoglykane und Hyaluronan	15–50	binden Wasser, schaffen Diffusionsräume, fangen Druck auf, u. a. m.

gerten fortsatzreichen Zellen, die in eine umfangreiche visköse und hyaluronsäurereiche Extrazellulärsubstanz mit wenigen dünnen Kollagenfibrillen eingebettet sind (Abb. 3.2-2). Die Zellen sind über Nexus und kleine, der mechanischen Verbindung dienende Zellkontakte verbunden. Die Zellen sind beweglich und teilungsfreudig. Dichte Ansammlungen solcher Mesenchymzellen heißen **Blasteme**. Aus ihnen entwickeln sich Organe oder Organteile. Interessant ist, dass die ganz frühen mesodermalen Strukturen, aus denen das Mesenchym hervorgeht, primär epithelial organisiert sind, das trifft z. B. weitgehend für die Somiten (Ursegmente der Embryonalentwicklung) zu.

3.2.2 Grundzüge des Bindegewebsaufbaus

Bindegewebe ist dadurch gekennzeichnet, dass seine mehr oder weniger locker verteilten Zellen in eine umfangreiche **extrazelluläre Matrix** (extrazelluläre Substanz oder Interzellulärsubstanz) eingebettet sind. Es ist diese extrazelluläre Matrix, die Struktur und Funktion der jeweiligen Bindegewebstypen spezifisch cha-

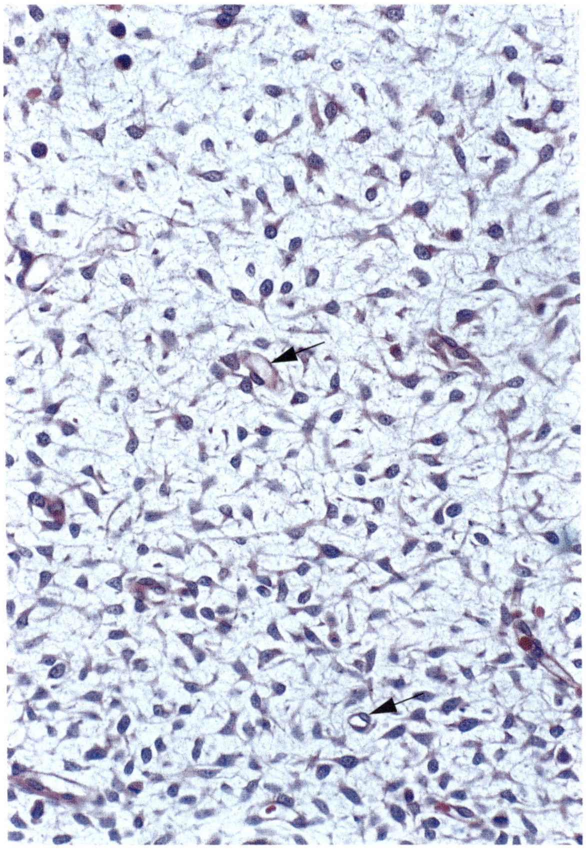

Abb. 3.2-2 Mesenchym. Embryo (Mensch). ➔ Blutgefäße. Färbung: H.E.; Vergr. 250fach.

rakterisiert. In der klinischen Literatur wird die extrazelluläre Substanz oft mit dem Begriff „Bindegewebe" gleichgesetzt. Bindegewebe umhüllt epitheliale Organstrukturen und enthält Blut- und Lymphgefäße sowie Nerven. Es bildet formgebende Stützstrukturen und schafft aufgrund seines Wassergehalts Diffusionsräume vor allem für Sauerstoff, Nährstoffe, CO_2 und auch Endprodukte des Stoffwechsels. In ihm spielen sich viele Krankheitsprozesse ab, z.B. die Entzündungsreaktionen.

3.2.3 Bindegewebszellen

Die Bindegewebszellen werden unterschieden in:

- ortsständige (fixe) und
- mobile (freie) Zellen.

Ortsständige Zellen

Zu den ortsständigen Zellen gehören:

- Fibrozyten und verwandte Zellen, wie Chondrozyten und Osteozyten, und
- Fettzellen.

Fibrozyten

Die Fibrozyten sind langlebige Zellen, die die extrazelluläre Substanz (Matrix) bilden und deren Menge und Zusammensetzung kontrollieren. Mitunter werden besonders aktive Fibrozyten **Fibroblasten** genannt und eher ruhende Fibrozyten einfach als Fibrozyten bezeichnet. Fibroblasten besitzen einen eher rundlichen, hellen Kern und umfangreiches Zytoplasma mit gut entwickeltem rauem ER und großem Golgi-Apparat, von dem aus zahlreiche Vesikel zur Zelloberfläche wandern (Sekretion der Matrixkomponenten). Die Zellfortsätze sind relativ breit und kurz. Die Gestalt der Fibrozyten variiert und hängt z.T. von der Architektur der Matrix ab. Oft liegen sie parallel zu Kollagenfasern und sind spindelförmige Zellen mit langen, schlanken, meist verzweigten Fortsätzen (Abb. **3.2-3**), über die sie vermutlich zumindest funktionell in Beziehung stehen können. In einzelnen Geweben wurde beobachtet, dass die Fibrozyten durch Nexus und einfache mechanische Kontakte verbunden sind.

Der Zellkern der Fibrozyten ist länglich (Abb. **3.2-4**) und relativ heterochromatinreich (dunkel). Die Menge an Zellorganellen hängt von deren Aktivitätszustand ab. Das raue ER beispielsweise ist in Zellen, die viel Kollagen, Elastin, Fibrillin oder Proteoglykane bilden, reich entwickelt. In eher ruhenden Zellen sind die Organellen dagegen nur in mäßigem Umfang oder spärlich ausgebildet. Das Zytoskelett ist hoch differenziert. Aktin und α-Aktinin sind in der Zellperipherie konzentriert, Myosin ist ebenfalls nachgewiesen. Diese Strukturelemente ermöglichen den Fibrozyten, sich mit einer Geschwindigkeit von 1 µm/min fortzubewegen. Sie sind über ihre membranständigen Integrine mit Matrixkomponenten wie dem Fibronektin verbunden. Diese Verbindung ist relativ schwach; sie entsteht leicht und kann sich auch wieder leicht lösen.

Es ist auffällig, dass die Fibrozyten in verschiedenen Organen unterschiedliche Gestalt besitzen können. Dem entsprechen vermutlich, neben ihren allgemeinen Funktionen, spezielle organspezifische Aufgaben; in der Niere gibt es z.B. Fibrozyten mit endokriner Funktion (Erythropoetinbildung).

Klinik Pathologische Überaktivität von Fibrozyten, z.B. im Rahmen chronischer entzündlicher Prozesse, führt zu Kollagenvermehrung (Fibrose, Sklerose) und damit zu Funktionseinbußen von Geweben und Organen.

Fettzellen

Fettzellen sind auf Synthese und Speicherung von Fetten spezialisierte Zellen. Vermutlich sind sie mit Fibrozyten verwandt, schlagen aber früh einen eigenen Entwicklungsweg ein. Wahrscheinlich bilden die braunen

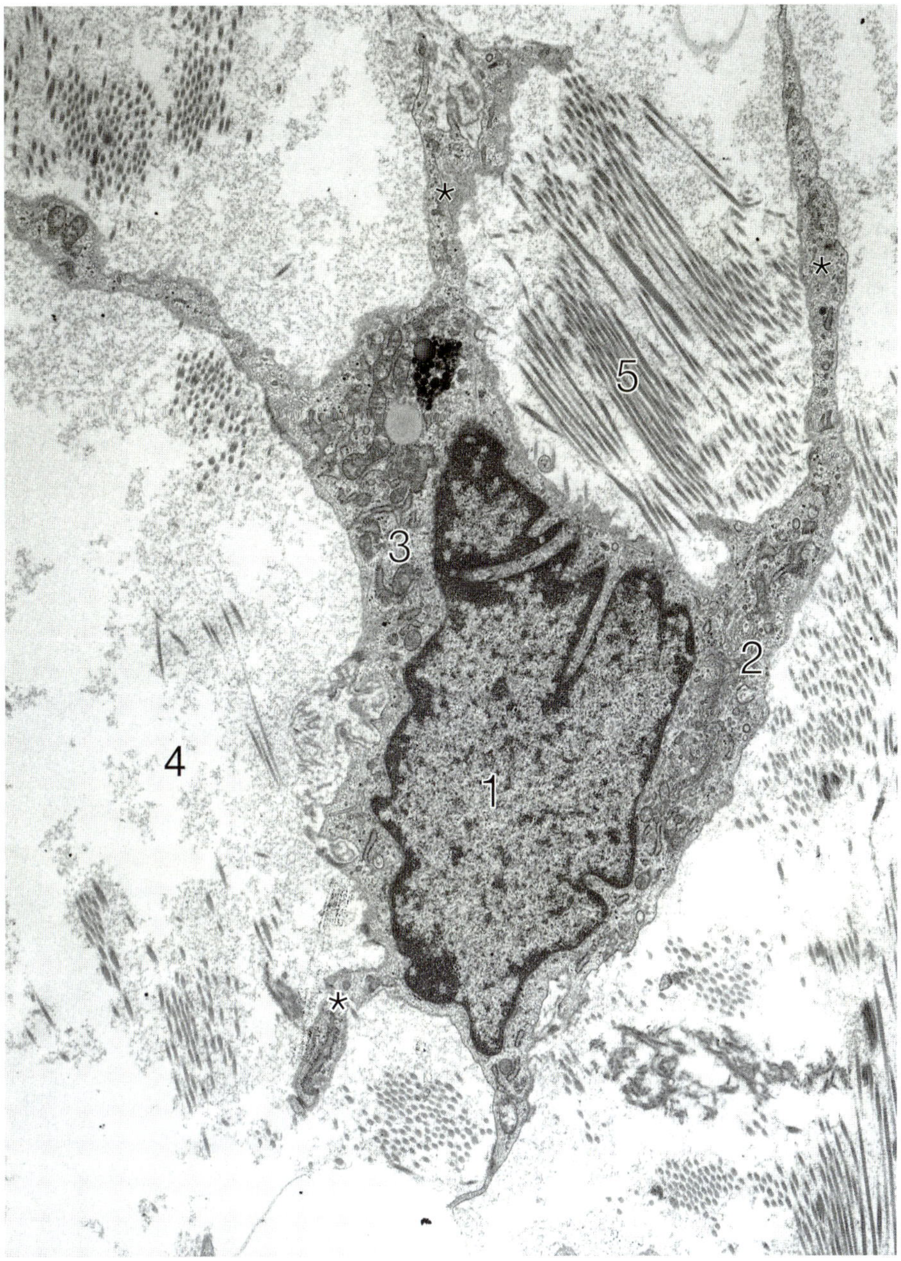

Abb. 3.2-3 Fibrozyt im elektronenmikroskopischen Präparat. Lange Fortsätze (*) und gut entwickelte Zellorganellen: **1** Zellkern; **2** Golgi-Apparat; **3** raues endoplasmatisches Retikulum; **4** amorphe Matrix; **5** Kollagenfibrillen. Nabelschnur, Mensch. Vergr. 6000fach.

und die weißen Fettzellen jeweils eine eigene Differenzierungslinie (siehe S. 147).

Mobile (freie) Zellen

Zu den mobilen Zellen gehören:

- Makrophagen,
- eosinophile Granulozyten,
- Lymphozyten,
- Plasmazellen,
- Mastzellen und
- Melanozyten.

Die Menge an freien Bindegewebszellen wechselt von Organ zu Organ und auch innerhalb eines Organs erheblich. Während verschiedener Funktionsphasen eines Organs können sich Menge und prozentuale Zusammensetzung der freien Zellen erheblich voneinander unterscheiden. Neben den typischen mobilen Zellen können bei Krankheiten oder lokalen Prozessen zusätzliche mobile Zellen auftreten.

Makrophagen

Makrophagen bilden im gesunden Organismus eine locker verteilte, eher seltene und im H.E.-Routinepräparat nicht leicht zu erkennende Zellgruppe, die

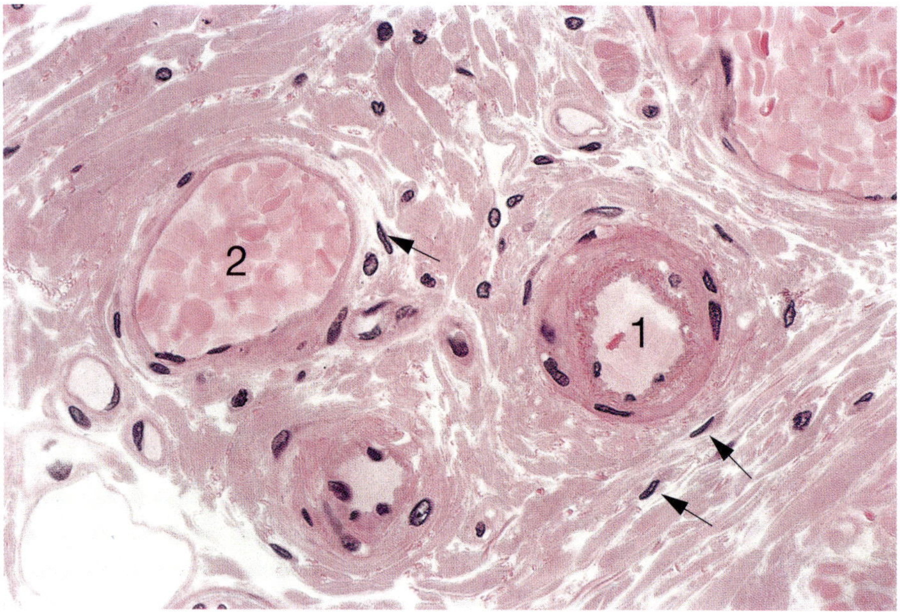

Abb. 3.2-4 Fibrozyten (→) im lockeren Bindegewebe. Harnblase (Mensch). **1** Arteriole; **2** Venole. Plastikschnitt; Färbung: H. E.; Vergr. 450fach.

sowohl im Bindegewebe als auch in der Leibeshöhle (Peritonealmakrophagen) oder auch in den Lungenalveolen (Alveolarmakrophagen) auftritt. Häufig kommen sie in lymphatischen Organen und in der Darmschleimhaut vor. Sie leiten sich von Monozyten her und sind darauf spezialisiert, Reste abgestorbener Zellen, gealterte Matrix, Fremdkörper, antikörperbedeckte Bakterien, Tumorzellen u.v.a. zu phagozytieren. Dabei spielt ihr hoch entwickeltes System an Lysosomen und verwandten Strukturen eine wesentliche Rolle (siehe Kap. 2.3.4). Makrophagen haben aber viele weitere Funktionen im Rahmen von Immun- und Abwehrprozessen, darunter Antigenpräsentation für T-Zellen, wofür MHC-Klasse-II-Moleküle (siehe S. 265) an ihrer Oberfläche Voraussetzung sind, und die Sekretion von Faktoren wie Zytokinen, die eine zentrale Rolle bei der antigenspezifischen Aktivierung von B- und T-Zellen spielen. Eine ganze Reihe von sekretorisch abgegebenen Produkten bewirkt pro- und antientzündliche Effekte und reguliert andere Zellen.

Makrophagen lassen sich entsprechend unterschiedlichen Aktivitätszuständen in „residente", nicht-stimulierte („fixe") Makrophagen (Histiozyten) und aktivierte („freie") Makrophagen gliedern.

Nicht-stimulierte Makrophagen sind im Bindegewebe locker verteilt, scheinen aber entlang den Blutgefäßen stärker konzentriert zu sein. Morphologisch sind sie von Fibrozyten aufgrund ihres relativ großen, hellen und eher rundlichen Kerns und ihres höheren Gehalts an Lysosomen zu unterscheiden. Sicher lassen sie sich heute mit Hilfe immunhistochemischer Reaktionen (antikörperbindende Fc-Rezeptoren, Rezeptoren für die C3-Komponente des Komplements, CD68-Protein u.a.) nachweisen (Abb. 3.2-5). Besondere ortsständige Makrophagen in der Milz und in der Wand der Lebersinusoide (Kupffer-Zellen) phagozytieren täglich 10^{11} gealterte Erythrozyten.

Aktivierte Makrophagen nehmen sehr variable Gestalt an; außer Pseudopodien, mit deren Hilfe sie sich fortbewegen, bilden sie undulierende Falten (Lamellipodien) und mikrovilliähnliche Fortsätze (Abb. 3.2-6). Sie sind funktionell durch überaus aktive Phago- und Pinozytose gekennzeichnet, was sich an ihren zahlreichen Lysosomen, Phagosomen und Phagolysosomen ablesen lässt. Außerdem nimmt im Vergleich zu nicht-stimulierten Makrophagen die Menge

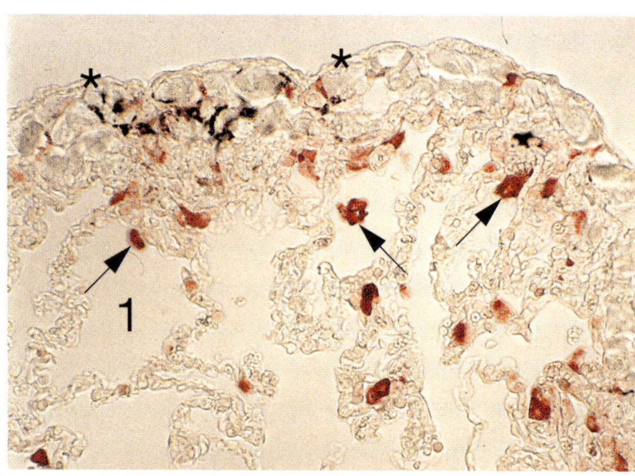

Abb. 3.2-5 Makrophagen (→) in der Lunge (Mensch). **1** Alveolen; ✻ Pleura visceralis. Die Makrophagen sind mittels des immunhistochemischen Nachweises des CD68-Proteins dargestellt. Vergr. 230fach.

an RER zu, der Kern ist relativ groß und hell und besitzt einen deutlichen Nukleolus (Abb. 3.2-6).

Klinik Makrophagen spielen eine wichtige Rolle im Rahmen jeder Entzündung. Bei bestimmten Krankheiten können Makrophagen dicht gelagerte Verbände bilden („Epitheloidzellen"). Um einen Fremdkörper können mehrere Makrophagen zu mehrkernigen Synzytien verschmelzen („Fremdkörperriesenzellen").

Mononukleäres Phagozytensystem (MPS) Makrophagen sind die wesentliche Komponente eines Systems phagozytierender Zellen, die sich von Monozyten herleiten oder mit ihnen relativ eng verwandt sind und in vielen Organen – oft an spezifischen Stellen – wichtige Funktionen im Rahmen von Abräumvorgängen und Abwehr erfüllen. Dieses Zellsystem wird als mononukleäres Phagozytensystem bezeichnet. Ältere Bezeichnungen wie Makrophagensystem und retikuloendotheliales System entsprechen diesem. Für die vielkernigen lysosomenreichen Chondro- und Osteoklasten, die in Knorpel und Knochen abbauende Funktionen wahrnehmen, ist eine relativ eigenständige Herkunft aus dem Knochenmark nachgewiesen, sie beteiligen sich auch nicht an der Phagozytose von Fremdstoffen bzw. Bakterien und Zelltrümmern. Folgende Zellen gehören dem mononukleären Phagozytensystem an:

- Monozyten und ihre Vorstufen,
- ruhende und aktive Bindegewebsmakrophagen,
- Kupffer-Zellen der Lebersinusoide (v.-Kupffer-Sternzellen),
- Alveolarmakrophagen der Lunge (Abb. 3.2-5, 3.2-6),
- Lymphknotenmakrophagen (Abb. 3.2-7),
- Makrophagen der Milz,
- Makrophagen seröser Häute (Pleura- und Abdominalhöhle),
- Makrophagen des Zentralnervensystems (Mikroglia),
- Makrophagen der Haut,
- Typ-A-Zellen (= M-Zellen) der Gelenkkapseln und
- im weiteren Sinne auch Osteoklasten und Chondroklasten, die spezifische Abbauvorgänge körpereigenen Skelettmaterials ausführen.

Eosinophile Granulozyten

Eosinophile Granulozyten (siehe Kap. 4.3.1) sind normale Bestandteile des Bindegewebes. Sie sind relativ langlebig, und ihre Effektivität wird durch verschiedene chemotaktische Faktoren erhöht. Solche Faktoren werden u.a. von Endothelzellen, Makrophagen, Mastzellen, T-Lymphozyten und Thrombozyten gebildet. Biologisch scheint ihre Hauptfunktion primär in der Abwehr von Würmern (Schistosomen, Askariden, Trichinen u.Ä.) zu liegen. Zahlreiche weitere Funktionen sind bekannt (siehe S. 214).

Vorkommen Besonders häufig in der Schleimhaut der Atemwege und des Verdauungstrakts.

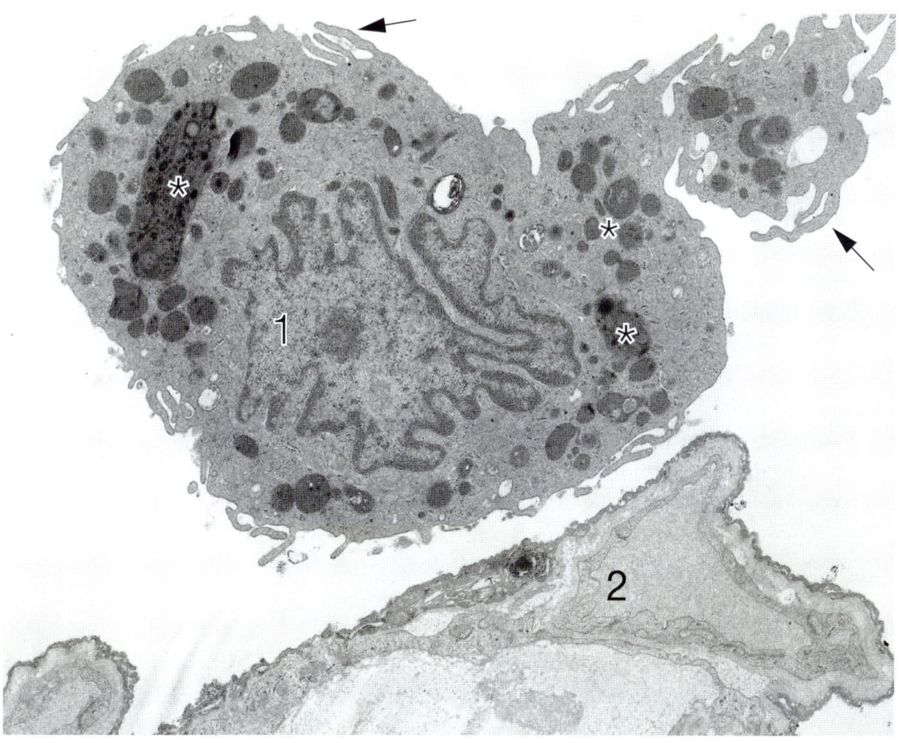

Abb. 3.2-6 Makrophage (1) aus einer Lungenalveole (Mensch). Beachte die unregelmäßig gestalteten, oft lamellenförmigen Zellfortsätze (Pseudopodien und Lamellipodien, ➔) und die vielgestaltigen lysosomalen Stukturen (✻) im Zytoplasma. **2** Kapillare im Alveolarseptum. Vergr. 20700fach. (Aus 1])

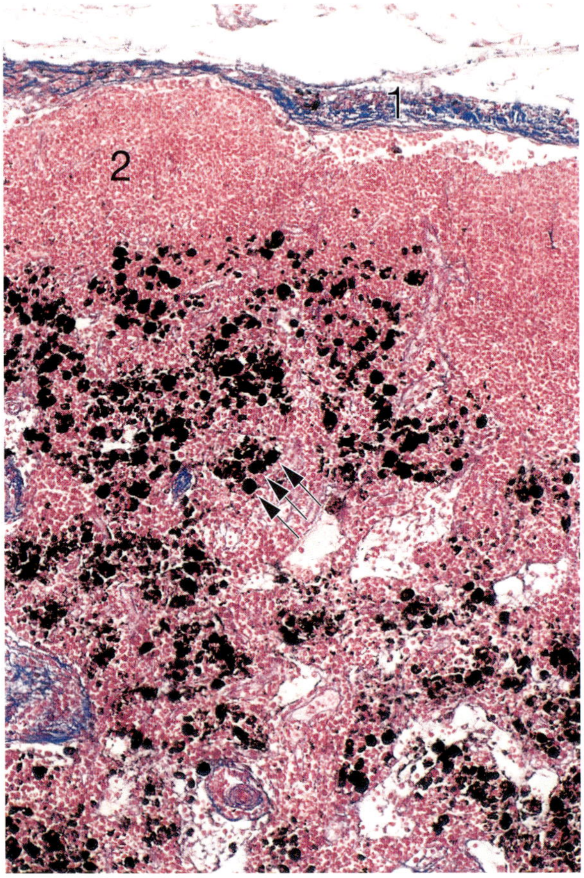

Abb. 3.2-7 Kohlestaubbeladene Makrophagen (schwarz, ➔) im Lymphknoten (Mensch). Die Makrophagen kommen überwiegend im Markbereich vor. **1** Kapsel des Lymphknotens; **2** Lymphfollikel in der Rinde. Färbung: Azan; Vergr. 120fach.

Lymphozyten

Die Lymphozyten sind regelmäßig im Bindegewebe der Atemwege und in der Schleimhaut des Darmtrakts zu finden. Sie stehen im Dienst des Immunsystems und sind in Kapitel 4.3.2 und 6 ausführlich dargestellt.

Vorkommen Ubiquitär, besonders zahlreich in den Schleimhäuten des Darmtrakts sowie der Atemwege und natürlich in den lymphatischen Organen.

Plasmazellen

Plasmazellen sind besonders häufig in der Darmschleimhaut, in lymphatischen Organen, in der Schleimhaut der Atemwege, aber auch z. B. in der laktierenden Milchdrüse, den Speicheldrüsen oder der Tränendrüse zu finden. Sie sind ovale Zellen mit exzentrisch gelagertem Kern, der ein typisches Chromatinmuster („Radspeichenkern") besitzt, das durch randständige, große Heterochromatinschollen und einen zentralen Nukleolus mit assoziiertem Chromatin gekennzeichnet ist (Abb. **3.2-8**). Der große Golgi-

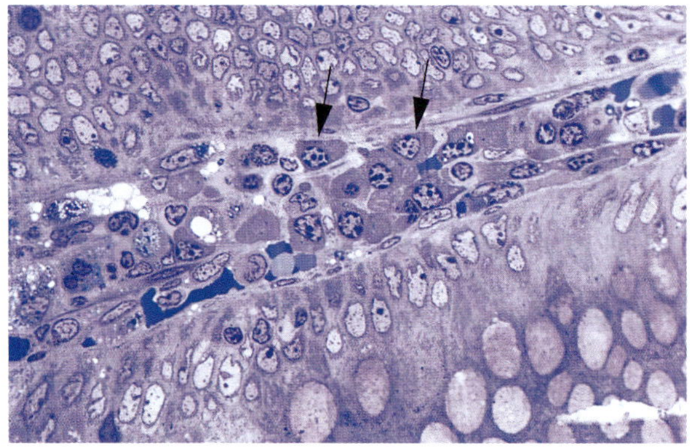

Abb. 3.2-8 Plasmazellen (➔) in der Lamina propria des Kolons (Mensch). Typisch ist der exzentrisch gelegene rundliche Kern mit der „Radspeichenstruktur" des Chromatingerüsts: Peripher und im Zentrum des Kerns liegen mehrere grobe Heterochromatinschollen. Semidünnschnitt; Färbung: Toluidinblau; Vergr. 600fach.

Apparat liegt neben dem Kern und ist im Lichtmikroskop als Aufhellung zu erkennen. Das umfangreiche basophile Zytoplasma ist mit dicht gelagerten rauen ER-Zisternen ausgefüllt (Abb. **3.2-9**).

Plasmazellen sind ausdifferenzierte B-Lymphozyten, die Immunglobuline (Ig, Antikörper) produzieren. Die Immunglobuline repräsentieren den humoralen Arm der Immunreaktionen (siehe S. 262) und gehören verschiedenen Klassen an. Sie sind glykosylierte Proteine, die aus zwei leichten und zwei schweren Ketten bestehen. Diese Ketten werden kovalent durch Disulfidbindungen verbunden und bilden zusammen ein Y-förmiges Molekül. Alle vier Ketten haben kennzeichnende konstante (C) und variable (V) Anteile, die variablen binden die Antigene. Das Ende der konstanten Anteile der zwei schweren Ketten, die sog. **Fc-Region**, ist der Ort, mit dem die Immunglobuline sich an Rezeptoren bestimmter freier Zellen, z. B. von Makrophagen, von Lymphozyten und von Neutrophilen, binden. Die variablen Regionen des Moleküls bilden die antigenbindende Region (**Fab-Fragment**, fragment antigen binding). Weitere Einzelheiten zu Antikörpern siehe S. 262.

Vorkommen Darmschleimhaut, lymphatische Organe, Schleimhaut der Atemwege, laktierende Milchdrüse, Speicheldrüse und Tränendrüse.

Mastzellen

Mastzellen entstehen im Knochenmark und finden sich als ausgereifte Zellen verbreitet in Haut und Schleimhäuten und im tieferen Bindegewebe in der Nähe von Venolen. Die Zellen sind groß, oft oval oder abgerundet (Abb. **3.2-10**), können aber auch lang gestreckt sein. Der rundliche Kern besitzt ein feines Heterochroma-

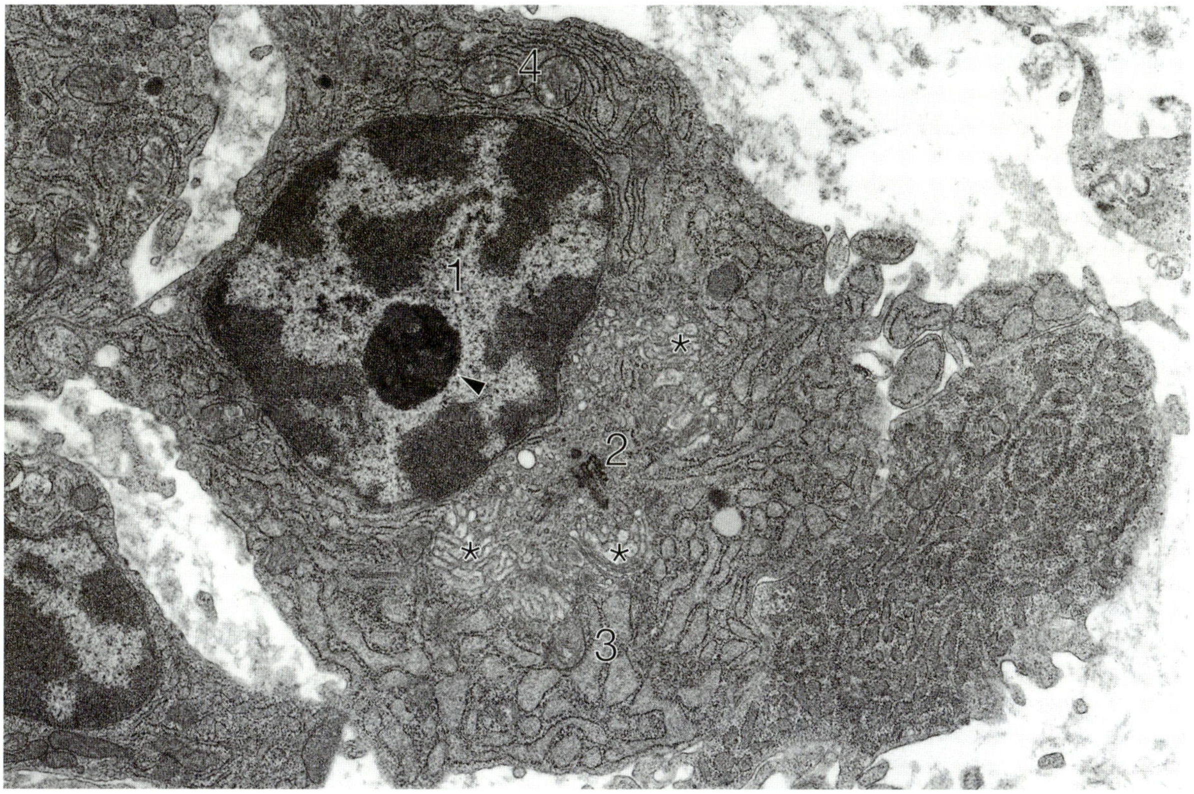

Abb. 3.2-9 Ultrastruktur einer Plasmazelle aus der Lamina propria im Magen (Mensch). **1** Zellkern mit Nukleolus (▶) und typischem Chromatinmuster; ✻ Golgi-Apparat; **2** Zytozentrum mit Zentriol; **3** raues ER; **4** Mitochondrien. Vergr. 12 000fach.

tinmuster. Im Zytoplasma kommen die kennzeichnenden basophilen Granula vor (Abb. **3.2-11a**). Aufgrund ihres Gehalts an Polyanionen wie Heparin lassen sie sich mit Alzianblau spezifisch anfärben. Mit Farbstoffen wie dem tiefblauen Toluidinblau färben sie sich metachromatisch, d. h. in diesem Fall purpurviolett.

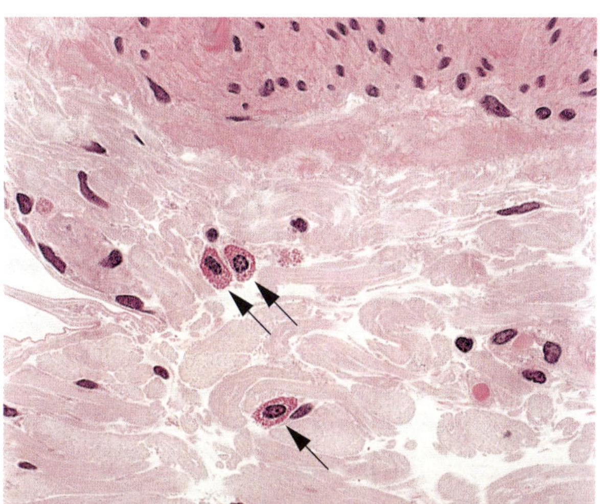

Abb. 3.2-10 Mastzellen (→) in der Submukosa des Jejunums (Mensch). Plastikschnitt; Färbung: H. E.; Vergr. 450fach.

Vermutlich gibt es verschiedene Phänotypen dieser Zellen. In der Schleimhaut (Mukosa) der Lunge, des Darms und der ableitenden Harnwege existieren Mastzellen, die Tryptase bilden. Tryptase ist ein Enzym mit verschiedenartigen Funktionen, z. B.:

- Sensibilisierung glatter Muskulatur (speziell der Bronchien) gegen Histamin,
- Anregung der Sekretion von chemotaktischen Stoffen für eosinophile Granulozyten,
- Induktion der Bildung von Kininen,
- Stimulation der Proliferation von Fibroblasten, glatten Muskelzellen und Epithelzellen.

Dagegen produzieren die Mastzellen in der Submukosa des Darms und der Submukosa der Atemwege, der Haut, der Lymphknoten und der Brustdrüse nicht nur Tryptase, sondern vor allem Chymase und Carboxypeptidase. Die nur Tryptase bildenden Mastzellen in Lunge, Darmschleimhaut und Schleimhaut der Harnwege besitzen in ihren Granula kennzeichnende kristalline Strukturen, die an aufgewickelte Schriftrollen („scrolls") erinnern (Abb. **3.2-11b**). Die Granula der Mastzellen mit mehreren Proteasen haben dagegen einen überwiegend feingranulären Inhalt und besitzen nur selten die Schriftrollenfiguren. Diesen Unterschieden entsprechen auch funktionelle Ver-

Tab. 3.2-2 Immunglobuline.

	IgG	IgA	IgM	IgD	IgE
Molekulare Form	Monomer	Monomer, Dimer	Pentamer, Hexamer	Monomer	Monomer
Molekulare Masse (kD)	150	160, 400	950, 1150	175	190
Durchschnittlicher Gehalt im Blut (Erwachsene, g/l)	8–15	0,9–3,2	0,45–1,5	0–0,08	> 0,00025
Bindung über Fc an folgende Zellen	Makrophagen, Neutrophile, große granulierte Lymphozyten, Eosinophile	Lymphozyten	Lymphozyten	keine	Mastzellen, Basophile, B-Zellen, Eosinophile
Biologische Eigenschaften	sekundärer Antikörper gegen die meisten Krankheitserreger; plazentagängig	sekretorische Antikörper	primäre Antikörperantwort	markiert reife B-Zellen	Allergien, antiparasitäre Reaktionen

schiedenheiten hinsichtlich ihrer Abhängigkeit von T-Lymphozyten. Mastzellen enthalten viele weitere aktive Komponenten, z.B. Histamin, saure Hydrolasen, Lipidmediatoren wie Prostaglandine sowie Leukotriene und zahlreiche Zytokine. Viele dieser Substanzen sind Entzündungsmediatoren, die sehr schnell freigesetzt werden können und die bei der Immunantwort und bei Allergien vom Soforttyp von Bedeutung sind. Die vielen Mastzellmediatoren beeinflussen Leukozyten, Fibrozyten, Matrixproteine und die Mikrozirkulation. Unter normalen physiologischen Bedingungen sind Mastzellen an der Regulierung der Gefäßdurchlässigkeit und des Tonus der glatten Muskulatur des Bronchialbaums beteiligt. Das Heparin ist ein wichtiges Thromboseschutzmolekül.

Vorkommen Knochenmark, Haut, Schleimhäute und Bindegewebe in der Nähe von Venolen.

Klinik Wegen ihrer Beteiligung an allergischen Reaktionen kommt Mastzellen großes medizinisches Interesse zu. Bei allergischen Reaktionen spielt IgE eine wesentliche Rolle. IgE-Bildung wird durch ein Antigen, das **Allergen** genannt wird, ausgelöst. Die Mastzellen haben an ihrer Oberfläche hochaffine IgE-Rezeptoren. Erster Kontakt von IgE, das bei Allergikern oft deutlich erhöhte Werte aufweist, mit diesen Rezeptoren wird **Sensibilisierung** genannt. Diese Sensibilisierung bereitet die Zellen auf antigenspezifische **Aktivierung** vor. Die α-Kette des Rezeptors bindet das IgE, die Signaltransduktion übernehmen die β- und γ-Ketten des IgE-Rezeptors. Die Aktivierung erfolgt beim zweiten Kontakt mit dem Antigen, wobei die gebundenen IgE vernetzt werden. Manche Substanzen aktivieren Mastzellen direkt. Die Aktivierung führt zunächst zum Einstrom von Kalziumionen und dann zur Freisetzung verschiedener Substanzen, die Mediatoren genannt werden. Der Prozess der Freisetzung erfolgt z.T. mittels Exozytose, z.T. mit Hilfe anderer Mechanismen. Freisetzung von Histamin und der verschiedenen Lipidmediatoren erhöht die Durchlässigkeit der Venolenwände, was u.a. zum Einstrom von Plasmaproteinen ins Bindegewebe führt; andere Faktoren führen zur Einwanderung von Leukozyten. Cysteinyl-Leukotriene, aber auch Histamin bewirken die Kontraktion der glatten Muskulatur der Atemwege (Asthma). Viele Mastzellreaktionen erfolgen im Zusammenspiel mit T-Zellen. Typische Symptome, die auf Mastzellen zurückzuführen sind, sind Hautjucken, Hautschwellung, Hautrötung, Schwellung der Nasenschleimhaut und Abgabe wässrigen Nasensekrets, Spasmen und vermehrte Schleimsekretion der Atemwege.

Melanozyten

An einzelnen Stellen des Körpers, vor allem in der Iris, kommen im Bindegewebe Melanozyten vor. Es sind verzweigte Zellen, die in eigenen Organellen, den Melanosomen, das braune Pigment Melanin bilden (Näheres Kap. 2.3.9).

3.2.4 Extrazelluläre Matrix

Die extrazelluläre Matrix des Bindegewebes lässt sich in zwei funktionell eng verbundene Komponenten gliedern:

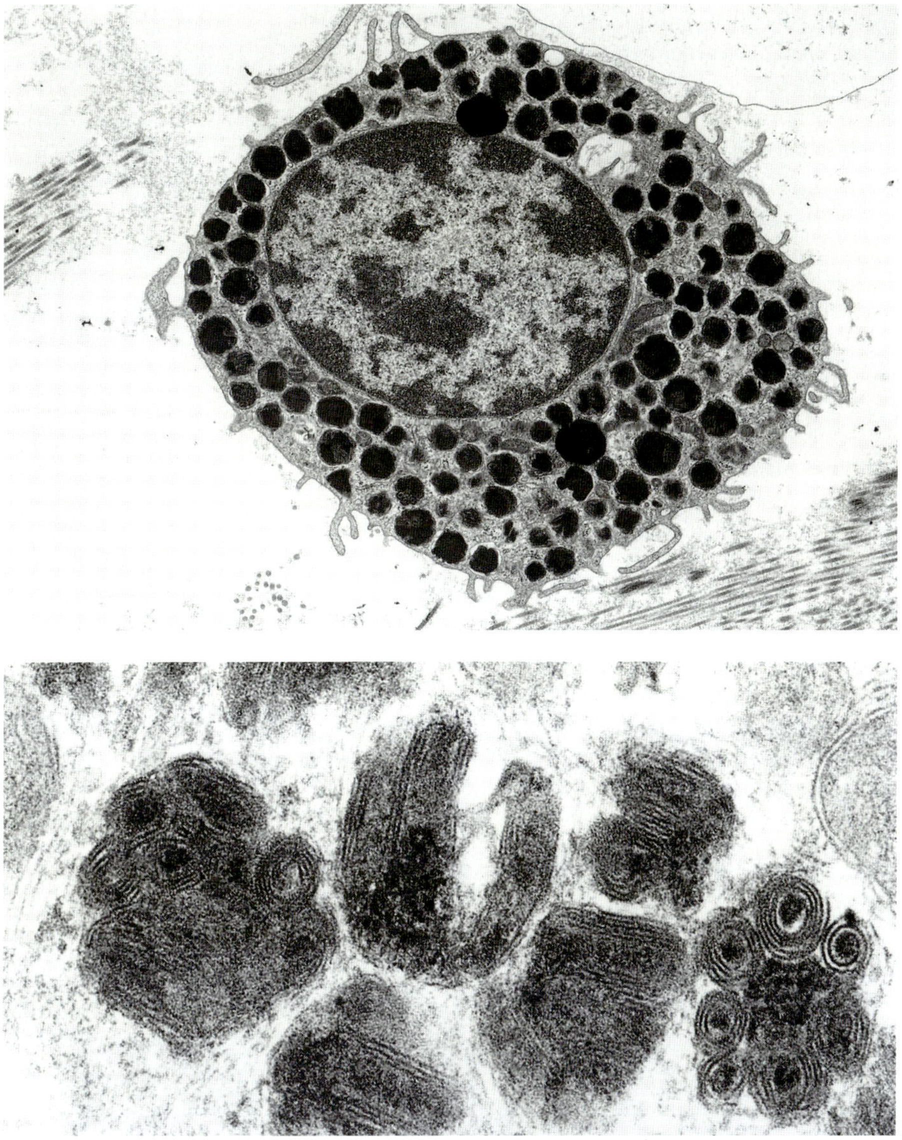

Abb. 3.2-11
Ultrastruktur von Mastzellen.
a) Bindegewebe des Harnleiters (Mensch). Die Mastzellen besitzen unregelmäßig gestaltete Zellfortsätze und dicht gepackte Granula in ihrem Zytoplasma. Vergr. 9200fach. (Aus [1])
b) Mastzellengranula (Mensch), höhere Vergrößerung. Kennzeichnend ist die heteromorphe Struktur vieler Granula mit zylindrischen, eng aufgerollt erscheinenden Membranfiguren („Schriftrollenfiguren") sowie feinpartikulären Anteilen. Andere Granula besitzen eine dichte Matrix, z. T. mit zentraler Aufhellung, in der lineare Strukturen auftreten. Vergr. 90300fach. (Aus [1])

- amorphe Grundsubstanz und
- Bindegewebsfasern.

Amorphe Grundsubstanz

Die Grundsubstanz ist ein in hohem Maße hydratisiertes Gel, das vor allem einen Raum für den Transport von Gasen, Metaboliten, Nährstoffen und Abbauprodukten schafft. Aufgrund ihres hohen Wassergehalts erscheint sie in den lichtmikroskopischen Routinepräparaten hell und unstrukturiert („amorph"). Auf biochemischer Ebene besitzt die Grundsubstanz eine komplexe molekulare Struktur. Wichtige molekulare Komponenten sind **Hyaluronan** (Hyaluronsäure), **Proteoglykane** und verschiedene **Glykoproteine**.

Hyaluronan (Hyaluronsäure)

Dies ist ein riesiges, freies Glykosaminoglykanmolekül ohne Verbindung mit einem Core-Protein.

Proteoglykane

Die Proteoglykane werden wie das Hyaluronan von den **Fibrozyten** synthetisiert und sezerniert. Sie bestehen aus einem **Core-(Kern-)Protein**, das viele lange Seitenketten aus Glykosaminoglykanen (GAGs) trägt. Glykosaminoglykane sind im Wesentlichen lange Ketten aus Disacchariden, die durch negative elektrische Ladungen gekennzeichnet sind. Proteoglykane sind somit Polyanionen, die große Mengen Wasser binden können. Typische Glykosaminoglykane sind: Chondroitinsulfat, Dermatansulfat, Heparansulfat und Hyaluronan. In gut fixierten Präparaten sind diese molekularen Anteile mit Alzianblau nachweisbar. Weit verbreitete Proteoglykane sind:

- Aggrecan,
- Dekorin, Biglykan, Fibromodulin,
- Syndecan.

Aggrecan Aggrecan ist das **Hauptproteoglykan des Knorpels.** Die Seitenketten des Core-Proteins sind die stark negativ geladenen Glykosaminoglykane Chondroitinsulfat und Keratansulfat. Aggrecan hat über 100 dieser Seitenketten und eine Masse von ca. $3 \cdot 10^6$ D. Nach Sekretion durch die Knorpelzellen bindet ein Aggrecan-Monomer an zwei Verbindungsproteine (engl. linker proteins). Dieser Komplex verbindet sich dann nicht kovalent mit einem langen Hyaluronanmolekül. Dieses Aggregat bindet Wasser und kleine Ionen und schafft damit einen Quelldruck und Elastizität im Knorpel.

Dekorin, Biglykan, Fibromodulin Dekorin, Biglykan und Fibromodulin sind kleinere Proteoglykane. Sie verbinden sich mit Kollagenfibrillen (Typ I, II oder III) und spielen wahrscheinlich eine Rolle bei der räumlichen Ausrichtung der Kollagenfibrillen. Fibomodulin und Biglykan binden auch an elastische Fasern. Biglykan kommt auch perizellulär vor und kann Wachstumssignale übertragen.

Syndecan Syndecan ist Komponente der Zellmembranen, bindet u.a. Wachstumsfaktoren und hat eine Funktion bei der Signaltransduktion und der Wanderung von Zellen entlang den Kollagenfibrillen. Es beeinflusst auch die Zelldifferenzierung.

Perlecan ist Teil von Basallaminae.

Vesican ist weit verbreitet in der Matrix verschiedener Bindegewebe. Es bindet an Kollagenfibrillen und Hyaluronan.

Glykoproteine

Wichtige Glykoproteine der Grundsubstanz sind z.B. Nidogen, Laminin und Fibronektin und im Knochen besonders Osteonektin, Osteokalzin, Osteopontin u.a. Die Verbindung solcher Proteine zur Zelle stellen oft **Integrine** her, die Membranproteine mit Rezeptorfunktion sind.

Fibronektin ist ein dimeres Protein, dessen zwei identische Einzelkomponenten durch Disulfidbrücken verbunden sind. Fibronektin kommt in zwei Formen vor, dem Plasmafibronektin und dem sog. fibrillären Fibronektin. Ersteres wird in der Leber gebildet und findet sich im Blut gelöst. Es ist u.a. an Blutgerinnung und Wundheilung beteiligt. Das fibrilläre Fibronektin wird von Fibrozyten gebildet. Mehrere Moleküle sind an Zelloberflächen oder in der Matrix zu feinen fibrillären Strukturen verbunden. Es hat spezielle Bindungsorte für viele Matrixkomponenten (z.B. Kollagen, Fibrin, Proteoglykane und Heparin) sowie für die Integrine.

Nidogen (= Entaktin) und **Laminin** sind typische Glykoproteine der Basallamina.

Osteonektin, Osteokalzin und **Osteopontin** sind Komponenten der nicht-kollagenen Knochenmatrix, die z.T. vermutlich eine Rolle bei der Mineralisierung und bei der Bindung der mineralischen Phase an die Matrix spielen. Osteonektin ähnelt Fibronektin und ist über Integrine mit den Knochenzellen verbunden.

Bindegewebsfasern

Die Bindegewebsfasern sind die strukturgebenden Elemente des Bindegewebes (Tab. 3.2-3). Die zwei wesentlichen Fasertypen des Bindegewebes sind:

- Kollagenfasern inkl. retikulärer Fasern und
- elastische Fasern.

Kollagenfasern

Kollagenfasern sind zugfest und kaum dehnbar, so dass sie ein ideales Material für Bänder, Faszien, Sehnen, Organkapseln, Sklera, Lederhaut (Dermis) und das Stroma der Organe sind. Sie sind außerdem wichtige Bestandteile von Knochen, Dentin und Knorpel. Die Fasern bestehen aus **Kollagenmolekülen**, die von Fibrozyten produziert werden und sich im extrazellulären Raum in einer Art Polymerisationsprozess (self-assembly process) zu Fibrillen (Abb. 3.2-12) oder, wie im Falle des Kollagens Typ IV, zu einem zweidimensionalen feinfilamentösen Netzwerk zusammenlagern.

Kollagen ist das quantitativ wichtigste Protein des Körpers. Beim Kochen bildet es eine klebrige Masse, die als Leim verwendet werden kann (gr. Kolla, der Leim). Kollagen ist ein glykosyliertes Protein.

Im lichtmikroskopischen Präparat sind Kollagenfasern 1–10 µm (selten bis ca. 20 µm) dick und verlaufen leicht gewellt (Abb. 3.2-13, 3.2-17). Die Faseranordnung ist der Form und Funktion der jeweiligen Organe oder Strukturen, in denen sie vorkommen, angepasst. Zum Beispiel verlaufen sie in Sehnen leicht gewellt und parallel, in der Sklera und Kornea bilden sie Schichten, in denen ihre Ausrichtung um ca. 90° wechselt, in Faszien bilden sie Scherengitter. Die Kollagenfasern färben sich je nach Färbemethode unterschiedlich an (siehe auch Tab. 1-2):

- rot mit H.E.,
- blau mit Azan,
- blau mit Masson-Trichrom,

Tab. 3.2-3 Verschiedene biologische, färberische und lichtoptische Eigenschaften der Bindegewebsfasern. (Nach [1])

	Typische Kollagenfasern	Elastische Fasern	Retikuläre Fasern Sonderform der Kollagenfasern
Anordnungsweise	Geflechte unterschiedlicher Webformen oder parallele Bündel (Sehnen)	echte Netze oder gefensterte Lamellen (z. B. Lamina elastica interna der Arterien)	feinste Netze (oft gelegen an der Grenze zwischen lockerem Bindegewebe und den Parenchymzellen eines Organs), typisch für lymphatische Gewebe
Struktur im Transmissionselektronenmikroskop	Fibrillen (Durchmesser 50–90, selten bis 200 nm) mit Querstreifung (67-nm-Periodik)	1) amorphe Komponente (Elastin) 2) Mikrofibrillen (Durchmesser 10 nm, bestehen aus Fibrillin)	Fibrillen (Durchmesser 20–40 nm) mit Querstreifung (67-nm-Periodik)
Makromolekularer Aufbau	Polymerisationsprodukt von Typ-I-Kollagen	Aggregat aus polymeren Elastinmolekülen und Mikrofibrillen aus Fibrillin	Polymerisationsprodukt von Typ-III-Kollagen mit Anteil von Typ-I-Kollagen
Mechanisches Verhalten	zugfest, nur um ca. 5% dehnbar	um 150% reversibel dehnbar	ähnlich Kollagenfasern aus Typ-I-Kollagen

Abb. 3.2-12 Kollagenfibrillen im Elektronenmikroskop.
a) Die Kollagenfibrillen vom Typ I weisen eine kennzeichnende periodisch gegliederte Querstreifung auf (D-Periode von ca. 67 nm), die auf die regelhafte Anordnung der Kollagenmoleküle in der Fibrille zurückgeht. (Mamma, Mensch). Vergr. 46700fach.
b) Hohe Vergrößerung von Kollagenfibrillen eines Haarsterns (*Antedon bifida*). Vergr. 120000fach. (Präparat Dr. med. Dr. jur. R. Erlinger)

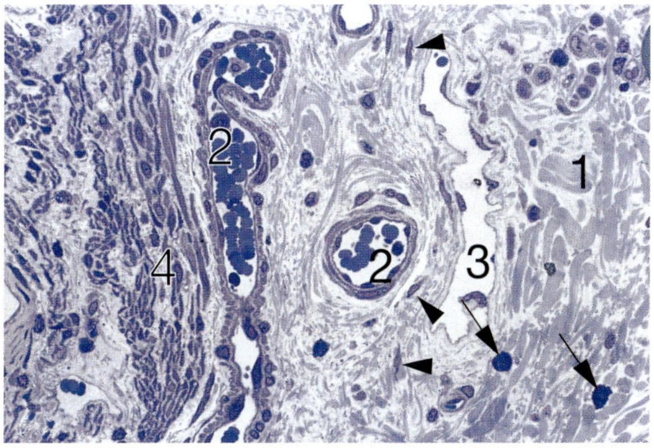

Abb. 3.2-13 Lockeres Bindegewebe im Semidünnschnitt (Dicke ca. 1 µm) durch das Bindegewebe der Submukosa des Kolons (Mensch). **1** breite, an Haarsträhnen erinnernde Kollagenfasern. Die tiefblau, purpur granulierten Zellen sind Mastzellen (➔), während die übrigen Kerne überwiegend zu Fibrozyten (▶) gehören. **2** Arteriolen; **3** Lymphgefäß; **4** Muscularis mucosae. Färbung: Methylenblau-Azur II; Vergr. 450fach.

- türkisgrün mit Goldner,
- rot mit van Gieson.

Im Elektronenmikroskop zeigt sich, dass die Kollagenfasern (des Typs I) aus zahlreichen, meistens 50–90 nm dicken, quergestreiften **Kollagenfibrillen** bestehen. Das Muster der Querstreifung wiederholt sich alle 67 nm (D-Periode, Abb. **3.2-12**) und beruht auf der Art der Zusammenlagerung der Kollagenmoleküle. Mit Hilfe experimenteller Methodik wird erkennbar, dass die Kollagenmoleküle zuerst ca. 10 nm dicke sog. Protofibrillen bilden, die sich dann zu den Fibrillen zusammenlagern.

Fibrillenbildung Die wichtigsten Schritte der Kollagensynthese und der Fibrillenbildung sind in Abbildung **3.2-14** gezeigt.

Kollagen bildet eine Familie nah verwandter, aber genetisch eigenständiger Proteine. Alle Kollagene bestehen aus Kollagenmolekülen, die sich aus drei Polypeptidketten aufbauen, die **α-Ketten** heißen und die je ein Molekulargewicht von ca. 100 000 D haben. Drei α-Ketten bilden eine Tripelhelix, in der sie durch Wasserstoffbindungen zusammengehalten werden. Jede α-Kette besteht aus ca. 1000 Aminosäuren, von denen jede dritte Glyzin ist. Häufige andere Aminosäuren sind Prolin und Hydroxyprolin. Die Hydroxylierung von Prolin erfordert Ascorbinsäure (Vitamin C). Die α-Ketten unterscheiden sich in ihrer Aminosäurenzusammensetzung und Sequenz in den einzelnen Kollagentypen. Es sind derzeit ca. 25 verschiedene Typen bekannt, von denen aber manche selten vorkommen und offenbar hoch spezialisierte Funktionen erfüllen.

Klinik Bei Vitamin-C-Mangel (z.B. Skorbut) ist die Hydroxylierung von Prolin gestört. Aufgrund der eingeschränkten Kollagensynthese heilen daher Wunden schlecht, es kommt zu Blutungen der Mundschleimhaut, Schwellung des Zahnfleischs, Lockerung der Zähne und zahlreichen anderen Symptomen der Haut und innerer Organe.

Kollagentypen Wichtige Kollagentypen sind in der folgenden Aufstellung zusammengestellt.

- **Typ I:** häufigstes Kollagen, besteht aus zwei identischen α_1(I)-Ketten und einer α_2(I)-Kette (Abb. **3.2-12**). Der Fibrillendurchmesser beträgt 50–90 nm.
- **Typ II:** fibrilläres Kollagen des Knorpels, besteht aus drei identischen α_1(II)-Ketten. Die resultierenden Fibrillen sind meist relativ dünn (Abb. **3.2-27, 7-4**).

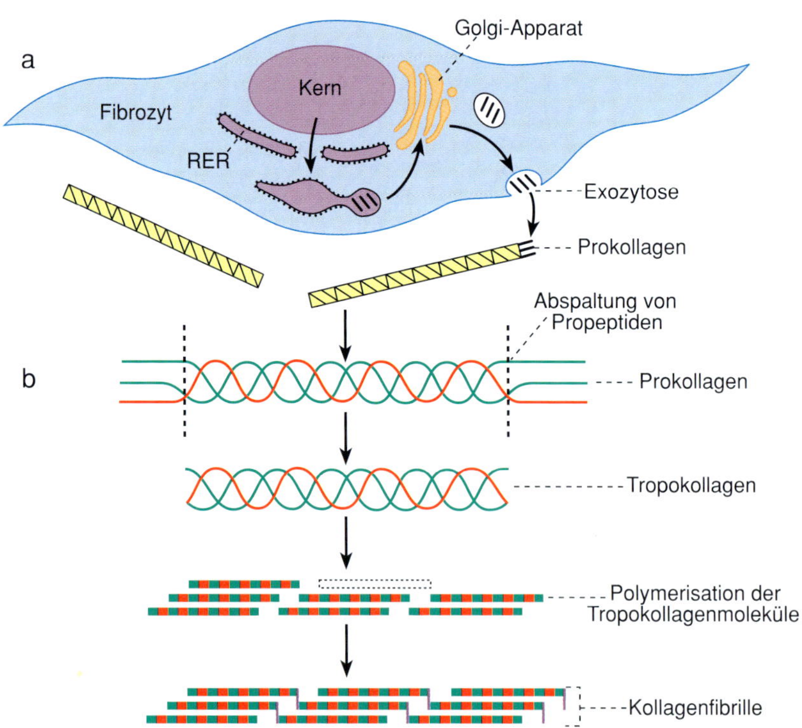

Abb. 3.2-14 Kollagensekretion und Entstehung der Kollagenfibrillen. Das Prokollagen wird intrazellulär im Fibrozyten aufgebaut. Extrazellulär werden dem Prokollagen die Propeptide abgespalten, es entsteht Tropokollagen (Kollagen, Kollagenmonomer), das sich in einem Polymerisationsprozess zu Kollagenfibrillen zusammenlagert. Einige Hydroxylysinreste sind glykosyliert.

Im Gelenkknorpel variiert der Fibrillendurchmesser zwischen ca. 10 und 200 nm.

- **Typ III**: in geringen Mengen neben Typ I in vielen Organen, besteht aus drei identischen α_1(III)-Ketten und bildet Netze aus relativ dünnen Fasern, Typ-III-Kollagen lässt sich mit Silbersalzen zu tiefschwarzen Fasern imprägnieren und bildet die sog. retikulären Fasern (Abb. **3.2-16**). Fibrillen aus Typ-III-Kollagen enthalten i.A. auch Typ-I-Kollagen und messen 20–40 nm im Durchmesser.
- **Typ IV**: nicht-fibrilläres Kollagen, mit tripelhelikalen und globulären Domänen im Molekül. Es baut in der Basallamina ein komplexes zweidimensionales Netzwerk auf (Abb. **3.1-1**), das Epithel- und Muskelzellen mit der extrazellulären Matrix verbindet und im Nierenglomerulus eine funktionell sehr wichtige Filterstruktur bildet.

Zahlreiche weitere Kollagentypen existieren, insgesamt sind es etwa 25. Manche davon sind Begleitmoleküle anderer Kollagene, manche sind sogar Transmembranproteine.

Vorkommen

- **Typ I**: Haut, Ligamente, Sehnen, Knochen, Dentin, Sklera, Faszien, Anulus fibrosus der Zwischenwirbelscheibe, Organkapseln, Organstroma der meisten Organe, Dura mater,
- **Typ II**: Knorpel, Sklera und Nucleus pulposus der Zwischenwirbelscheibe, Glaskörper,
- **Typ III**: lymphatische Organe, in der Wand von Gefäßen, in der Darmschleimhaut, im Disse-Raum, an der Oberfläche von Fettzellen und Muskelzellen, in der Lamina fibroreticularis (kommt oft gemeinsam mit Typ-I-Kollagen vor, z.T. sogar in einer Fibrille),
- **Typ IV**: Basallamina.

Kollagenfibrillen Kollagenfibrillen (Abb. **3.2-12**) haben bei Erwachsenen nur einen langsamen Umsatz (Neubildung, Wachstum und Abbau). Eine Ausnahme sind die Fibrillen im Knochen, die beim ständigen Umbau auch mit ab- und neu aufgebaut werden. Ein höherer Umsatz ist während des Wachstums zu beobachten. Abbau erfolgt v.a. durch Kollagenasen in Leukozyten, Fibrozyten, synovialen B-Zellen und verwandten Zellen.

Einige der nicht-fibrillären Kollagene (z.B. Typ IX am fibrillären Typ II oder Typ VI am fibrillären Typ I) lagern sich den fibrillären Kollagentypen an und beeinflussen ihr Dickenwachstum und verhindern ihre Verschmelzung miteinander. Es können auch verschiedene fibrilläre Kollagene in einer Fibrille polymerisieren. Regelmäßig finden sich an der Oberfläche der Fibrillen Proteoglykane.

Klinik Massiver Kollagenabbau erfolgt bei **Hungerperioden**, Immobilisation oder lang anhaltender Abwesenheit der Schwerkraft.

Auch bei rheumatoider **Arthritis** erfolgt Abbau. Therapie mit hohen Cortisongaben über einen längeren Zeitraum hemmt die Kollagensynthese.

Bei **Wundheilung** kann es zu überschießender Typ-I-Kollagen-Synthese (Narbenbildung) kommen.

Vermehrte Kollagenbildung ist auch Kennzeichen der Leberzirrhose, Lungenfibrose, Atherosklerose und Nephrosklerose. Die Begriffe **Sklerose** und **Fibrose** beziehen sich generell auf das vermehrte Typ-I-Kollagen.

Es gibt eine ganze Reihe angeborener Krankheiten mit defekt aufgebauten Kollagenmolekülen, was zu Funktionseinschränkungen führt. Ein Beispiel ist die **Osteogenesis imperfecta** (reduzierte Knochenmasse, brüchige Knochen u.a.) mit Mutationen in einem der zwei Gene, die für Typ-I-Prokollagen kodieren.

Ein anderes bekanntes Beispiel ist das **Ehlers-Danlos-Syndrom** (hyperelastische Haut, überdehnbare Gelenke). In bestimmten Subtypen dieses Syndroms wurden Mutationen im Gen, das die α_1(V)-Kette des Typ-V-Kollagens kodiert, entdeckt. Dieses Kollagen ist mit Typ-I-Kollagen assoziiert. Andere Subtypen haben Defekte in anderen Kollagenen.

Im Krankheitsbild der **Chondrodysplasie** (Zwergwuchs, abnorme Körperproportionen) liegen vererbliche Defekte des Typ-II-Kollagens vor.

Retikuläre Fasern Retikuläre Fasern (Retikulumfasern, Gitterfasern) sind netzartig verbundene, sich verzweigende Fasern aus Typ-III-Kollagen (Abb. **3.2-15**, **3.2-16**). Die relativ dünnen Fasern bestehen aus Fibrillenbündeln, die weit verbreitet sind. Nur in lymphatischen Organen sind sie von scheidenartig ausgebildeten dünnen Zytoplasmafortsätzen umhüllt. Die Kollagenfibrillen der retikulären Fasern sind dünner als die der Typ-I-Fibrillen und messen ca. 20–40 nm im Durchmesser.

Elastische Fasern

Elastische Fasern sind dehnbar und haben somit Eigenschaften von Gummi. Sie bilden meist unregelmäßige, netzartige Strukturen (Abb. **3.2-17**) oder perforierte lamellenartige Gebilde. Elastische Bänder sind beim Menschen selten und kommen nur im Bereich der Wirbelsäule vor (Lig. nuchae, Ligg. flava zwischen den Wirbelbögen, Abb. **3.2-18**). In speziellen Hautarealen wie in der Brustwarze bilden elastische Fasern kleine sehnenartige Strukturen für komplex angeordnete glatte Muskelzellen (myoelastisches System). Elastische Fasern sind immer mit den nicht-elastischen Kollagenfasern verknüpft, die ihre Dehnbarkeit begrenzen. Elastische Fasern lassen sich mit speziellen

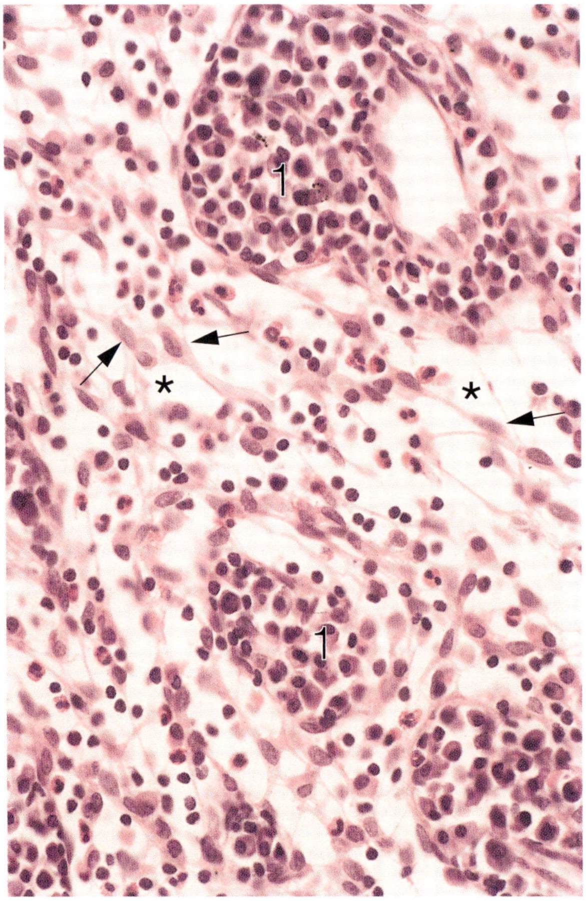

Abb. 3.2-15 Faserbildende Retikulumzellen im Mark eines Lymphknotens (Makak). In den Marksinus (✻) erkennt man deutlich die sternförmig verzweigten faserbildenden Retikulumzellen (➔), deren Fortsätze zarte retikuläre Fasern (= Retikulin-, Gitterfasern) umscheiden. Die vielen kugeligen, kräftig rot gefärbten Zellkerne gehören zu Lymphozyten. **1** Markstränge mit Plasmazellen und Lymphozyten. Färbung: H. E.; Vergr. 460fach.

Färbungen, sog. **Elastika-Färbungen** (Resorcinfuchsin, Aldehydfuchsin, Orcein, Verhoeff-Färbung) selektiv darstellen, in der H. E.-Färbung sind sie rot, treten aber nur bei erheblicher Dicke der elastischen Elemente deutlich hervor (z. B. Elastica interna der Arterien). Elastische Fasern enthalten zwei molekulare Komponenten, Fibrillin und Elastin.

Fibrillin Im Elektronenmikroskop sind elastische Fasern von homogener Struktur (Abb. 3.2-19), besitzen aber oft am Rand einen Saum aus 10 nm dicken sog. **Mikrofibrillen**, die aus verschiedenen Glykoproteinen, v. a. aus **Fibrillin**, bestehen. Diese Mikrofibrillen werden von Fibrozyten und glatten Muskelzellen gebildet und sind eine Art Gerüst, in das hinein das kennzeich-

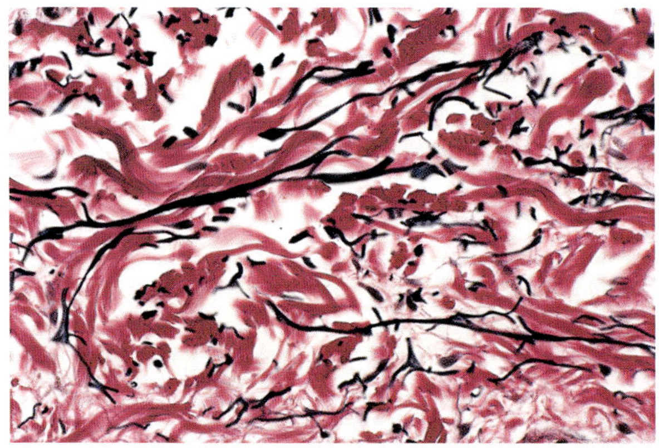

Abb. 3.2-17 Kollagene und elastische Fasern aus der Dermis (Mensch). Die kräftig rotbraun gefärbten, breiten Kollagenfasern werden in allen Richtungen des Raums von schwärzlich gefärbten elastischen Fasernetzen durchquert. Färbung: Elastika (Resorcinfuchsin nach Weigert), keine Kerngegenfärbung; Vergr. 450fach.

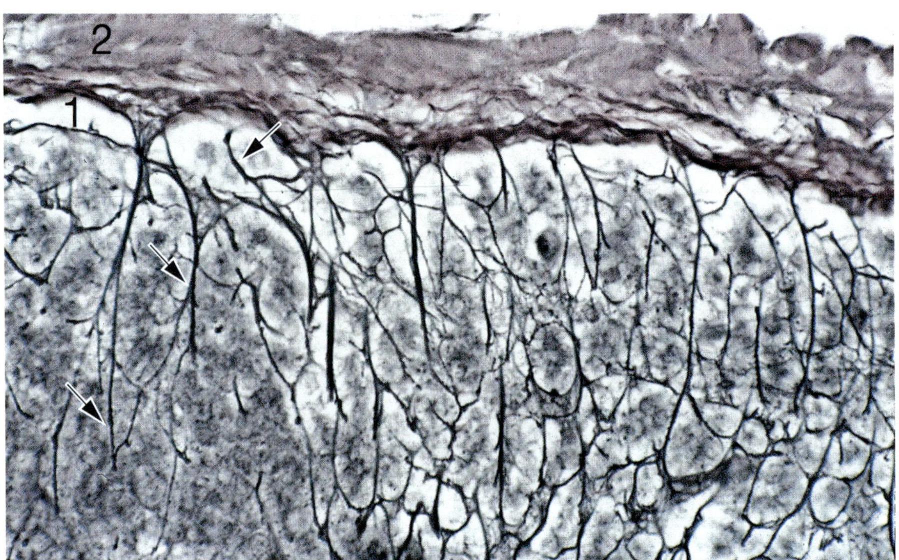

Abb. 3.2-16 Retikuläre Fasern in der Rinde eines Lymphknotens (Mensch). Die retikulären Fasern (schwarz, ➔) sind verzweigt und vernetzt. Sie bestehen aus Typ-III-Kollagen und ziehen durch das Lumen des Randsinus (**1**) hindurch bis in die Kapsel (**2**) hinein. Diese besteht ganz überwiegend aus typischen (hier bräunlich gefärbten) Kollagenfasern (Kollagen-Typ-I). Färbung: Versilberung nach Bielschowsky; Vergr. 240fach.

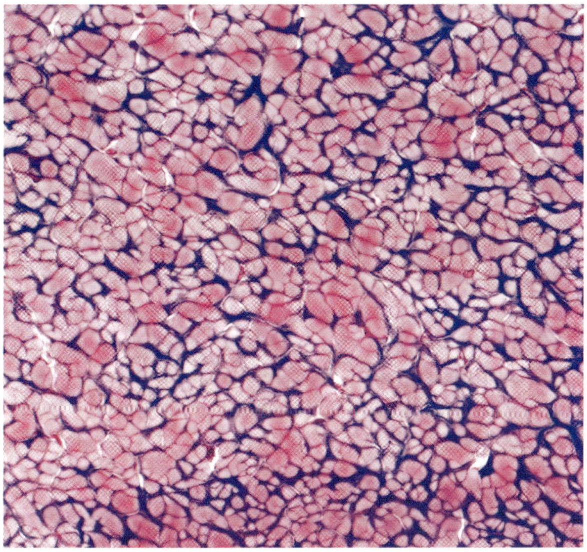

Abb. 3.2-18 Elastische Ligamenta flava der Wirbelsäule (Pavian), Querschnitt. Die reich entwickelten elastischen Anteile sind rot, die kollagenen Anteile blau gefärbt. Färbung: Masson-Trichrom; Vergr. 450fach.

nende Protein der elastischen Fasern, das Elastin, abgelagert wird. Mikrofibrillen können auch für sich allein vorkommen, z. B. an der Oberfläche glatter Muskelzellen, in den Linsenfasern und in der Lamina fibroreticularis der Basalmembran. In der Entwicklung erscheinen die Mikrofibrillen vor dem Elastin. Reine Mikrofibrillenbündel werden auch Oxytalanfasern genannt. Sie lassen sich mit Aldehydfuchsin anfärben.

Elastin Elastin ist ein polymeres, sehr hydrophiles, nicht-glykosyliertes Protein, dessen Einzelmoleküle sich aus je einer einzelnen Polypeptidkette aufbauen, in denen wie im Kollagen viele Glyzin- und Prolinreste vorkommen. Lösliches Tropoelastin ist die Vorstufe des Elastins, die von Fibrozyten oder glatten Muskelzellen in den Interzellularraum sezerniert wird. Die Tropoelastinmoleküle werden intensiv miteinander verknüpft, so dass ausgedehnte molekulare Netzwerke entstehen, die die elastischen Fasern und Lamellen (in Gefäßwänden) aufbauen. Vermutlich bilden Teile des Moleküls im Ruhezustand gewundene Strukturen, die bei Dehnung reversibel gestreckt werden (Abb. **3.2-20**).

Klinik Beim **Marfan-Syndrom** haben die Patienten lange, dünne Extremitäten mit Arachnodaktylie (Arachne gr., nlat.: Spinne, Finger sind lang und dünn, was an die Beine einer Spinne erinnert), Sehstörungen und Aortenaneurysma. Die Sehstörungen treten durch die Dislokation der Linse auf, da die Linsenfasern aus Fibrillin bestehen. Es liegen molekulare Defekte im Fibrillin vor, dessen Gene auf den Chromoso-

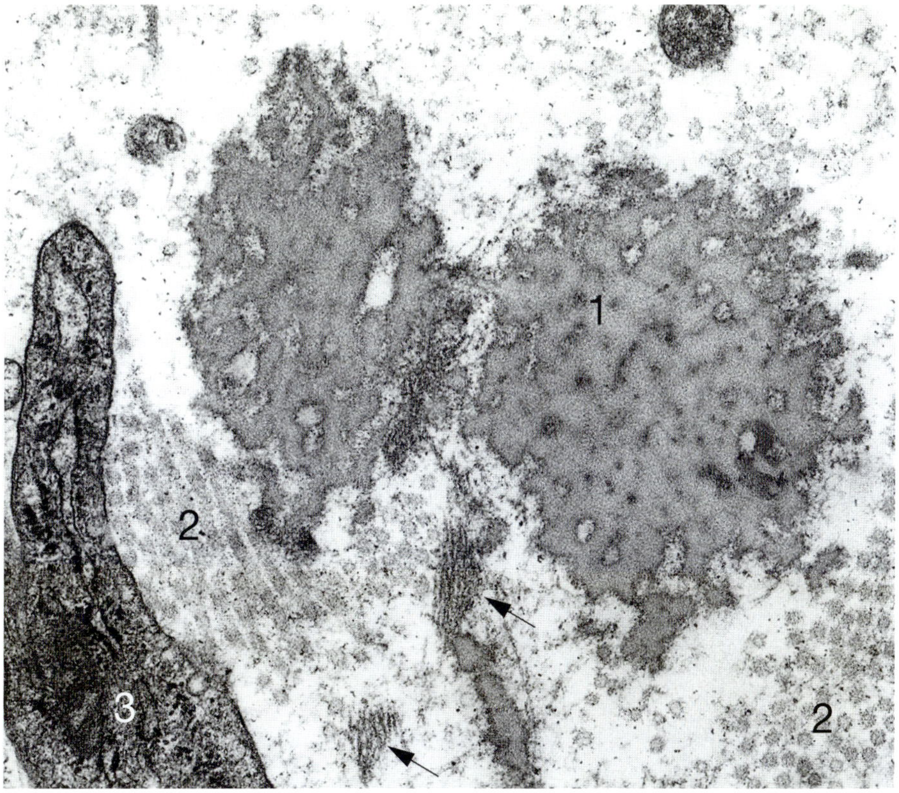

Abb. 3.2-19 Ultrastruktur einer elastischen Faser, Bronchus (Mensch). Erkennbar sind der amorphe Anteil aus Elastin (**1**) und die Mikrofibrillen (➔). **2** Kollagenfibrillen; **3** Fibroblast. Vergr. 43 000fach. (Aus [1])

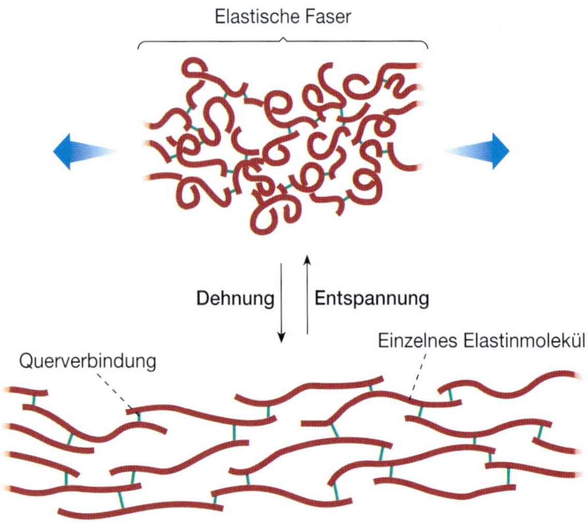

Abb. 3.2-20 Elastin. Hypothetischer Aufbau einer Elastinfaser. Elastinmoleküle sind quer verbunden. Elastische Fasern besitzen Gummieigenschaften: Bei Dehnung strecken sich die Moleküle. Bei Nachlassen der Dehnung nehmen die Moleküle spontan eine geknäuelte Konformation an, was zur Verkürzung der Fasern führt. (Modifiziert nach [13])

men 15, 5 und 7 liegen. Es existieren mehrere molekulare Varianten des Marfan-Syndroms. Möglicherweise litt der Komponist und Geiger Niccolò Paganini (1782–1840) an einer Form des Marfan-Syndroms.

Vorkommen Elastische Fasern sind weit verbreitet. Besonders reich entwickelt sind sie in der Lunge, in Arterien vom elastischen Typ und in den Ligamenta flava der Wirbelsäule.

3.2.5 Lockeres Bindegewebe

Im lockeren Bindegewebe liegen locker verteilte Kollagenfasern (Abb. 3.2-21) und einzelne zarte elastische Fasern vor, die durch Räume mit amorpher Grundsubstanz getrennt sind. In diesen Räumen liegen Blut- und Lymphgefäße, Nerven sowie fixe und freie Zellen. Das lockere Bindegewebe bildet typischerweise das Stroma der Organe.

Vorkommen Stroma der meisten Organe, Mukosa (relativ feine Fasern) und Submukosa (etwas größere, scherengitterförmig angeordnete Fasern) im Magen-Darm-Trakt (Abb. 3.2-21).

3.2.6 Straffes Bindegewebe

Im straffen Bindegewebe überwiegen die Kollagenfasern im Vergleich mit der amorphen Grundsubstanz. Zellen sind vergleichsweise selten. Man unterscheidet zwischen dem geflechtartigen und parallelfaserigen Typ.

Straffes geflechtartiges Bindegewebe

Im straffen geflechtartigen Bindegewebe bilden Kollagenfasern Bündel, die dicht gepackt sind und in verschiedener Richtung verlaufen. Von den Fibrozyten sind meist nur relativ dunkle abgeflachte Kerne zu sehen. Im Elektronenmikroskop wird aber sichtbar, dass sie hier sehr lange und flache Fortsätze bilden können.

Vorkommen Lederhaut, Sklera des Augenbulbus (Abb. 3.2-22), Kornea, Dura mater, viele Organkapseln.

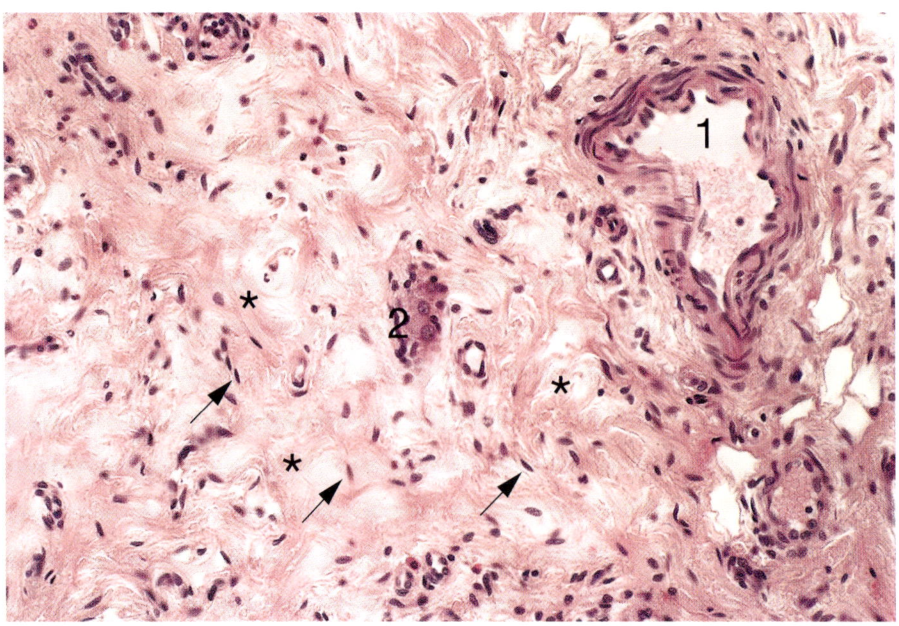

Abb. 3.2-21 Lockeres Bindegewebe in der Submukosa des Jejunums (Mensch) mit zahlreichen Fibrozyten (→) und gewellt verlaufenden lockeren Kollagenfaserbündeln (*). **1** Arteriole; **2** kleines Ganglion des Meissner-Plexus. Färbung: H. E.; Vergr. 250fach.

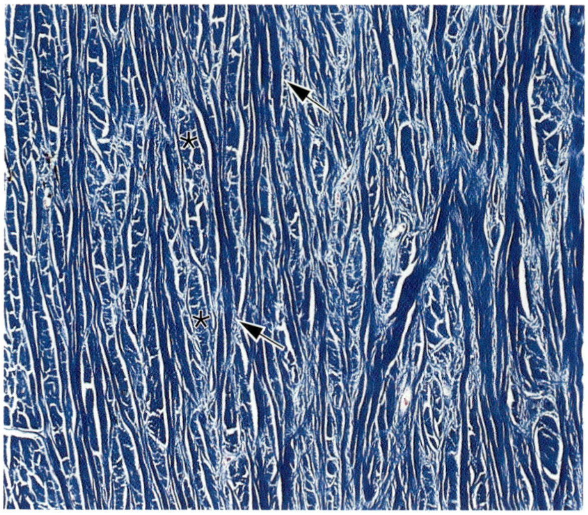

Abb. 3.2-22 Straffes geflechtartiges Bindegewebe, äußere Augenhaut (Sklera; Rind). ✻ quer getroffene Kollagenfasern; ➔ längs geschnittene Kollagenfasern. Färbung: Masson-Trichrom; Vergr. 150fach.

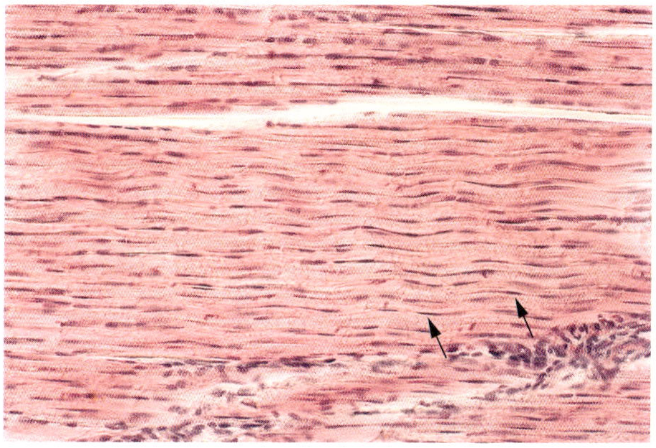

Abb. 3.2-23 Straffes parallelfaseriges Bindegewebe. Längsschnitt einer Sehne (Mensch). Von den Sehnenzellen sind nur die flachen Kerne (➔) erkennbar. Der leicht gewellte Verlauf der Fasern ist sehr charakteristisch, findet sich jedoch auch an Längsschnitten markhaltiger Nerven. Färbung: H.E.; Vergr. 95fach.

Straffes parallelfaseriges Bindegewebe

Im straffen parallelfaserigen Bindegewebe verlaufen die Kollagenfasern dicht gelagert und sind parallel ausgerichtet (Abb. 3.2-23).

Vorkommen Sehnen, Bänder.

3.2.7 Retikuläres Bindegewebe

Retikuläre Fasern sind weit verbreitet, aber als retikuläres Bindegewebe wird heute nur das Bindegewebe der sekundären lymphatischen Organe (Lymphknoten, Milz, Peyer-Plaques) und des Knochenmarks bezeichnet. Die oft sternförmigen Fibrozyten dieses Gewebes werden auch **fibroblastische Retikulumzellen** oder einfach Retikulumzellen genannt (Abb. 3.2-15). Sie bilden einen dreidimensionalen netzartigen Verband und produzieren Kollagenfasern aus Typ-III-Kollagen (**retikuläre Fasern**). Die retikulären Fasern werden von scheidenartigen Fortsätzen der fibroblastischen Retikulumzellen umhüllt, wobei Fibronektin die Verbindung vermittelt. Die Kerne der Retikulumzellen sind relativ groß, oval und weisen einen deutlichen Nukleolus auf. In den Lücken zwischen den Retikulumzellen sind vorwiegend Lymphozyten, aber auch andere Zellen, wie z. B. Makrophagen und antigenpräsentierende Zellen, angesiedelt. Hier existiert eine spezielle Mikroökologie für die Differenzierung und Vermehrung der Lymphozyten.

Vorkommen Lymphknoten (Abb. 3.2-16), Milz, Tonsillen, Peyer-Plaques, Knochenmark.

3.2.8 Gallertiges Bindegewebe

Das gallertige Bindegewebe kennzeichnet die Nabelschnur und enthält verzweigte Fibrozyten, die noch an Mesenchymzellen (siehe Kap. 3.2.1) erinnern. Sie scheiden die umfangreiche hyaluronsäure- und wasserreiche Grundsubstanz und einzelne Kollagenfasern ab (**Wharton-Sulze**, Abb. 3.2-24). Auch die Zahnpulpa enthält ein Bindegewebe, das dem gallertigen Bindegewebe ähnelt.

Vorkommen Nabelschnur, Pulpa der Zähne, Hahnenkamm und auffallende Sexualhaut mancher Tierprimaten.

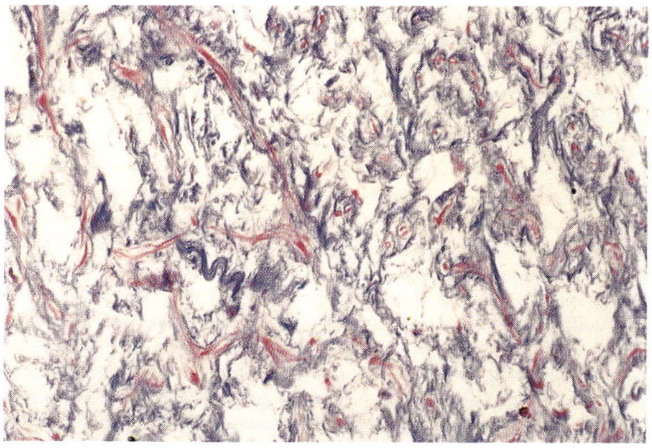

Abb. 3.2-24 Gallertiges Bindegewebe. Wharton-Sulze der Nabelschnur (Mensch). Die Fibroblasten (rötlich) treten zugunsten der Interzellularsubstanz in den Hintergrund. Die Interzellularsubstanz besteht aus der amorphen Grundsubstanz (u. a. Hyaluronsäure, Proteoglykane, verschiedene Glykoproteine, ungefärbt) und den geformten Elementen (Kollagenfasern, z. T. stark gewellt, blau gefärbt). Färbung: Azan; Vergr. 380fach.

3.2.9 Spinozelluläres Bindegewebe

Das spinozelluläre Bindegewebe ist das typische Bindegewebe des Ovars. Dies enthält in seiner Rinde dicht gelagerte Fibrozyten mit hellen Kernen, die „fischzugähnliche“ Formationen bilden (Abb. 3.2-25) und noch an Mesenchymzellen erinnern. Die extrazelluläre Substanz ist auf relativ schmale Räume zwischen den Fibrozyten beschränkt und enthält nur wenig Kollagenfasern vom Typ III (Abb. 3.2-26). Zum Teil wird auch das Bindegewebe der Uterusschleimhaut, das Endometrium, hierzu gezählt.

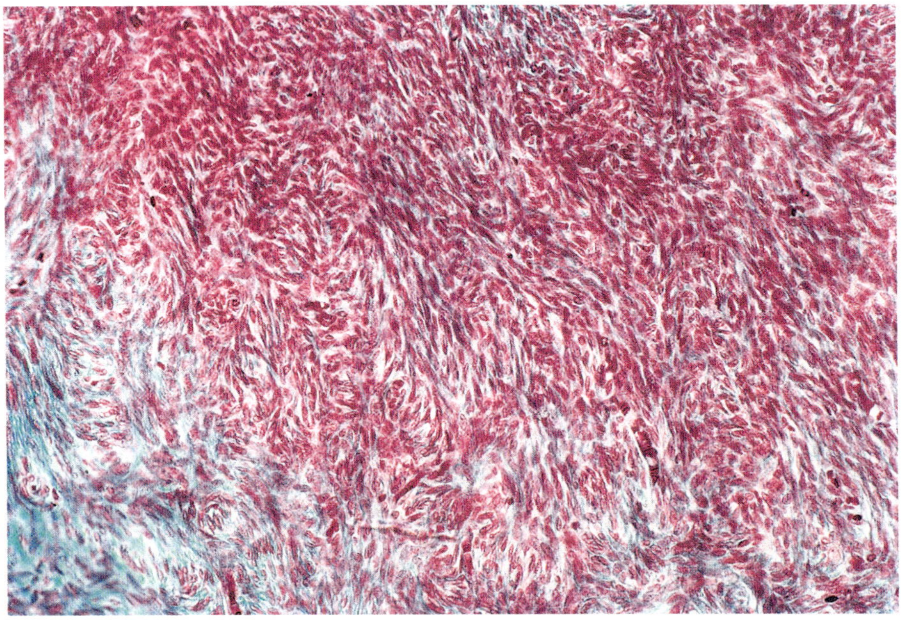

Abb. 3.2-25 Spinozelluläres Bindegewebe in der Rinde des Ovars einer Frau. Die Kerne der zahlreichen Fibrozyten sind weinrot gefärbt, die spärlichen Kollagenfasern blaugrün. Färbung: Lichtgrün-Kernfärbung; Vergr. 250fach.

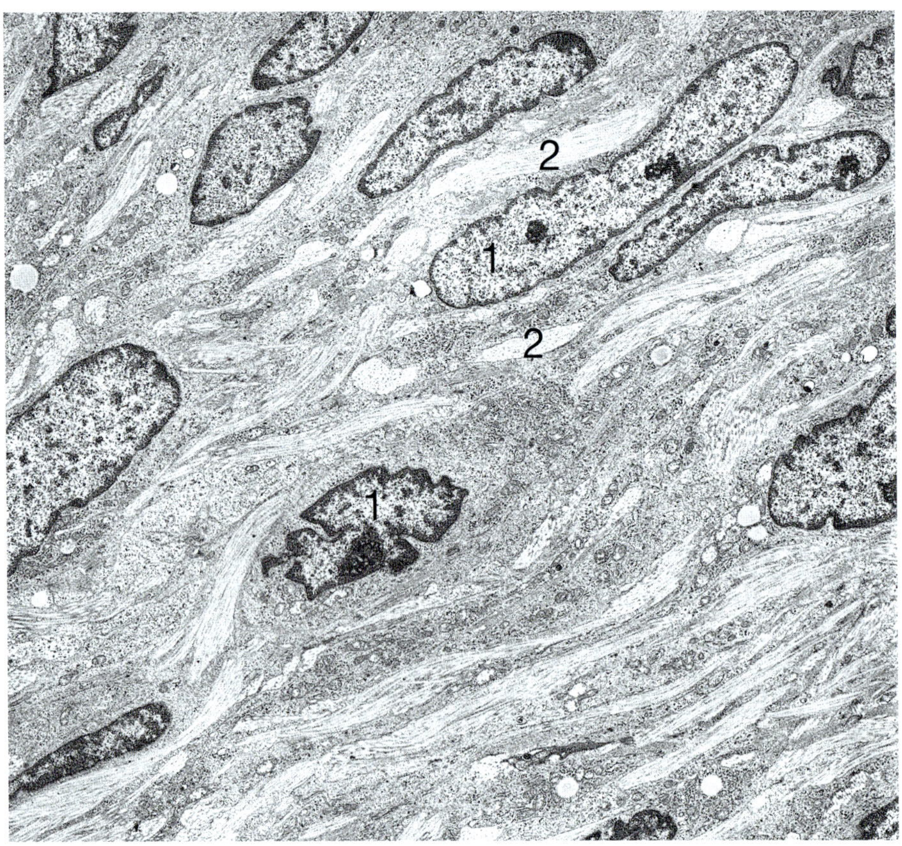

Abb. 3.2-26 Elektronenmikroskopisches Präparat des spinozellulären Bindegewebes in der Rinde des Ovars einer Frau. **1** dicht gelagerte ribosomen- und relativ RER-reiche Fibrozyten; **2** schmale Kollagenfibrillenbündel in der Matrix. Vergr. 5100fach.

Vorkommen Ovar (Kortex) und Uterusschleimhaut (Endometrium). Die zahlreichen Besonderheiten des Endometriums (z.B. zyklische Veränderungen, Deziduabildung in der Schwangerschaft) führen nicht selten dazu, dass es als eigener Bindegewebstyp geführt wird.

3.2.10 Sonderformen des Bindegewebes

Sehr faserarme Bindegewebe sind die Gewebe des Glaskörpers und des Nucleus pulposus (in der Zwischenwirbelscheibe). Als zell- und faserfreies Bindegewebe lässt sich die Gelenkflüssigkeit ansehen. Auch das Blut wird manchmal als flüssiges Bindegewebe bezeichnet.

3.2.11 Knorpelgewebe

Das Knorpelgewebe ist ein spezielles Bindegewebe mit **Stützfunktion**, dessen Eigenschaften von den Komponenten der Matrix bestimmt werden. Knorpel ist fest, elastisch verformbar und schneidbar. Während der Entstehung und des Wachstums des Skeletts spielt der Knorpel eine wichtige Rolle, denn in der Embryonalentwicklung werden die meisten Skelettelemente zunächst knorpelig angelegt. Knorpelgewebe entsteht aus dem Mesenchym. Die Verwandtschaft der Knorpelzellen mit Fibrozyten belegen Zellkulturexperimente, die zeigen, dass je nach physikalischen oder chemischen Kulturbedingungen entweder Knorpelzellen oder Fibrozyten entstehen können.

Vorkommen Beim Erwachsenen Atemwege, Ohrmuschel, Rippenknorpel, Gelenkknorpel.

Knorpelzelle

Die spezifischen Knorpelzellen werden **Chondrozyten** (oder **Chondroblasten**) genannt. Sie besitzen gut entwickeltes raues ER und einen großen Golgi-Apparat sowie viele Vesikel, die Zeichen ihrer sekretorischen Tätigkeit sind (Abb. **3.2-27**). Intermediäre Filamente, die aus Vimentin aufgebaut sind, sind reich entwickelt. Häufig enthalten die Zellen Glykogen und nicht selten auch, z. T. große, Lipidtropfen.

Knorpelmatrix

Die Knorpelzellen produzieren die weiträumige Matrix, die aus Kollagen vom Typ II (bildet kennzeichnende dünne Fibrillen), Kollagen vom Typ IX (verbindet Typ-II-Fibrillen), Kollagen vom Typ X (umgibt hypertrophe Zellen), Kollagen vom Typ XI (unbekannte Funktion), Hyaluronsäure und mit ihm verbunden das Proteoglykan Aggrecan (Kap. 3.2.4) gebildet wird. Insbesondere die Keratan- und Chon-

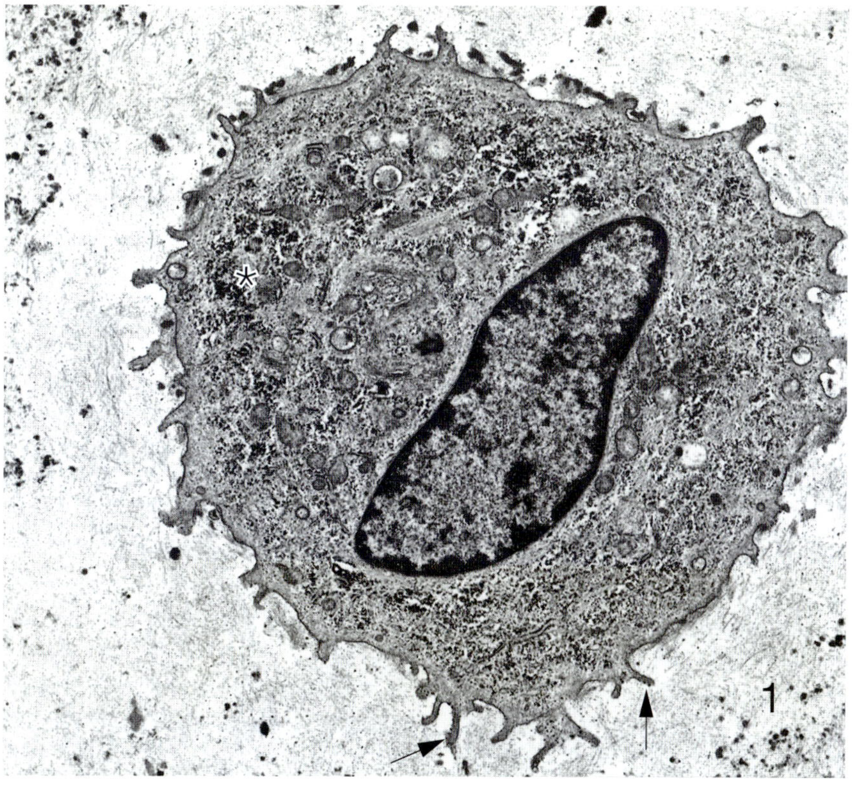

Abb. 3.2-27
Chondrozyt (Knorpelzelle) im hyalinen Bronchialknorpel (Mensch). Die Oberfläche bildet zahlreiche unregelmäßig geformte Mikrovilli (➔), die in die Matrix (**1**) hineinragen. Im Zytoplasma sind die Zellorganellen gut entwickelt (Golgi-Apparat, Zentriol, Mitochondrien, RER), daneben sind aber auch in reichem Maße Glykogen (✻) und oft Lipidtropfen vorhanden. Die Matrix enthält feine Kollagenfibrillen vom Typ II, kleine dichte Verkalkungsherde und Proteoglykane, deren Glykosaminoglykan vor allem Chondroitinsulfat ist. Unmittelbar an der Oberfläche der Zellen (= perizellulär) finden sich feine Fibrillen, die aus seltenen Kollagenen bestehen und die Zellen vor mechanischem Druck schützen. Vergr. 7830fach. (Aus [1])

droitinsulfatketten des Aggrecans binden Wasser, eine wesentliche Voraussetzung für die Schaffung der kennzeichnenden elastischen Festigkeit des Knorpels. Hyaluronsäure und zahlreiche mit ihr verbundene Aggrecanmoleküle bilden einen riesigen Molekülkomplex, der 3–4 mm groß sein kann. Diese Aggregate machen den größten Anteil des Knorpels aus und geben ihm seine gelartige Konsistenz. Auf sie geht auch die Formstabilität des Knorpels zurück. Dieses einzigartige Material kann in Form des Gelenkknorpels das ganze Körpergewicht tragen. Ein wichtiges Bindeglied zwischen Matrix und Knorpelzellen ist das **Chondronektin** in der Membran der Knorpelzellen, ein fibronektinähnliches Protein.

Typisch ist, dass die Knorpelzellen in kleinen Gruppen beieinander liegen, die durch eine oder zwei mitotische Teilungen aus einer Mutterzelle entstanden sind (**isogene Zellgruppe**). Die Matrix in der unmittelbaren Umgebung der Knorpelzellen enthält intensiv sulfatierte Glykosaminoglykane und wird **Knorpelhof** genannt. Dieser Hof färbt sich im H.E.-Präparat intensiv blauviolett an (Abb. **3.2-28**). Knorpelzellgruppe und Hof bilden ein **Knorpelterritorium** (= **Chondron**). Die Matrix zwischen den Territorien wird **Interterritorium** genannt. Sie enthält keine Zellen und ist blass gefärbt.

Die Knorpelzellen liegen in einer Lakune (**Knorpelzellhöhle**) der Matrix, deren Wand, also die unmittelbare Umgebung der Knorpelzelle, auch **Knorpelkapsel** genannt wird. Der kapsuläre Bereich besitzt oft eine **perizelluläre Schicht**, der vermutlich eine besondere Schutzfunktion der Knorpelzellen gegen Druck und Zug zukommt. Im histologischen Präparat sind die Knorpelzellen in ihrer Lakune oft artifiziell geschrumpft.

Wachstum erfolgt durch Abscheidung der Matrix im Innern der Knorpelstücke (interstitielles oder intussuszeptionelles Wachstum) und durch Neubildung am Rande (appositionelles Wachstum).

Der ausgereifte Knorpel besitzt keine Nerven und meistens keine Blutgefäße. Die Ernährung der Knorpelzellen erfolgt über Diffusion durch die wasserreiche Matrix hindurch. Der Stoffwechsel ist zu erheblichem Teil anaerob.

Perichondrium Ein Knorpelstück wird von einem unscharf begrenzten Bindegewebe, dem Perichondrium, umgeben (Abb. **3.2-30**). Dies ist am Rande des Knorpels zellreicher (Stratum cellulare) als weiter entfernt (Stratum fibrosum). In der Zone, die an das Perichondrium grenzt, ist der Knorpel noch nicht in Chondrone gegliedert. Vom Perichondrium kann in beschränktem Umfang Knorpelregeneration ausgehen. Insgesamt ist die Regenerationskraft des Knorpels beim Erwachsenen schlecht.

Knorpeltypen

Es lassen sich vier Knorpelformen unterscheiden:
- fetaler Knorpel,
- hyaliner Knorpel,
- elastischer Knorpel,
- Faserknorpel.

Fetaler Knorpel

Der fetale Knorpel kann Blutgefäße enthalten. Die zahlreichen spindelförmigen, rundlichen oder auch sternförmigen Knorpelzellen sind gleichmäßig verteilt. Es sind noch keine Chondrone gebildet (Abb. **3.2-29**).

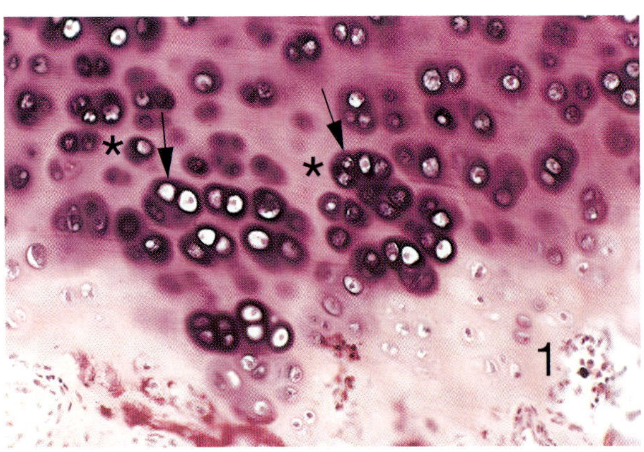

Abb. 3.2-28 Chondrone im hyalinen Knorpel (Kehlkopf, Rhesusaffe). Die Knorpelzellen bilden Gruppen (Chondrone = Territorien, →) und sind in eine besonders basophile chondroitinsulfatreiche Matrix eingebettet, so dass sich die Territorien (lila) von der blasseren, sog. interterritorialen Matrix (✻) gut abheben. **1** Randzone des Knorpels. Färbung: H.E.; Vergr. 200fach.

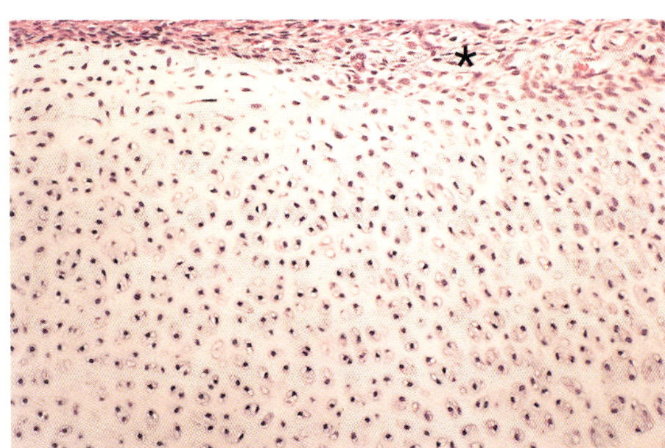

Abb. 3.2-29 Fetaler Knorpel (Extremitätenskelett, Mensch). Fetaler Knorpel ist durch dicht gelagerte, einzeln oder paarweise liegende Chondrozyten gekennzeichnet. ✻ Perichondrium mit Blutgefäßen. Färbung: H.E.; Vergr. 240fach.

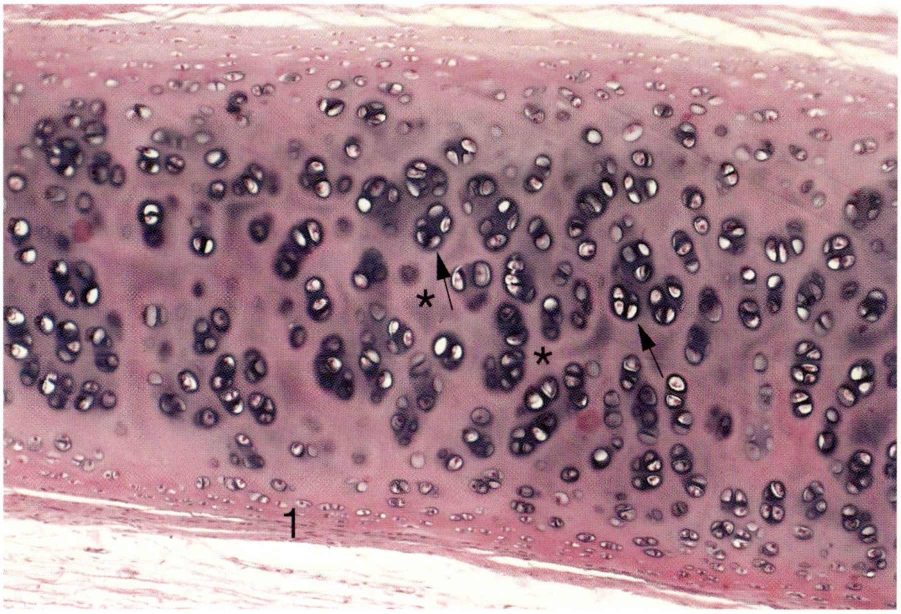

Abb. 3.2-30 **Hyaliner Knorpel** (Trachea, Rhesusaffe). Beachte die Territorien (→), die interterritoriale Matrix (*) und den Übergang vom Bindegewebe in das Knorpelgewebe im Bereich des Perichondriums (**1**). Plastikschnitt; Färbung: H. E.; Vergr. 200fach.

Hyaliner Knorpel

Der hyaline Knorpel ist der verbreitetste Knorpeltyp beim Erwachsenen. Er ist glasig, in dünnen Scheiben durchscheinend (gr. hyalos = Glas) und von weißbläulicher Färbung. Im mikroskopischen Präparat zeigt der hyaline Knorpel die typische Gliederung in Territorien und Interterritorien (Abb. 3.2-30). Die Territorien bestehen je nach Anschnitt aus zwei bis sechs Knorpelzellen, die in eine stark basophile territoriale Matrix eingebettet sind. Die interterritoriale Matrix ist hell. Die Kollagenfibrillen sind im Lichtmikroskop nicht sichtbar, da sie „maskiert" sind und sich optisch verhalten wie die Grundsubstanz. Im Elektronenmikroskop sind die Kollagenfibrillen gut erkennbar und bilden einzelne 15–45 nm dicke Typ-II-Kollagenfibrillen.

Im Gelenkknorpel verlaufen solche Fibrillen parallel zur Oberfläche und bilden arkadenförmige, in die Tiefe ziehende Strukturen (Kap. 7).

Vorkommen Atemwege, Teile des Nasenskeletts, Ansatz der Rippen, am Brustbein und auf den Gelenkflächen.

Klinik Im Alter zeigt dieser Knorpel oft degenerative Veränderungen, es kommt u.a. zu Wasserverlust und Veränderungen der Proteoglykane, zu Demaskierung der Kollagenfibrillen („Asbestfaserung"), zu Verkalkungen und Zelluntergang.

Elastischer Knorpel

Der elastische Knorpel kommt in der Ohrmuschel, der Tuba auditiva, der Epiglottis, lokal im Kehlkopf und in kleinen Bronchialknorpeln vor. Er hat leicht gelbliche Farbe und ist elastisch. Er ist grundsätzlich wie hyaliner Knorpel aufgebaut. Der elastische Knorpel besitzt aber zusätzlich elastische Fasernetze, die Chondrone umspinnen, durch die interterritoriale Matrix verlaufen (Abb. 3.2-31, 3.2-32) und mit elastischen Fasern im Perichondrium in Verbindung stehen. Die Chondrone sind oft kleiner als im hyalinen Knorpel, und die Knorpelzellen sind oft in einer Reihe angeordnet.

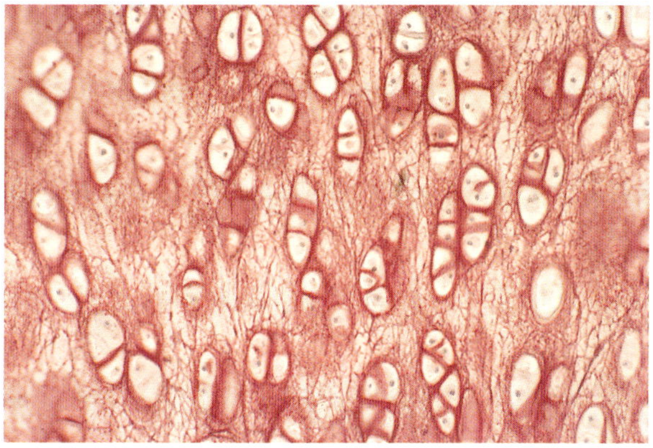

Abb. 3.2-31 **Elastischer Knorpel** aus dem Schweineohr, dessen Knorpelzellen z.T. geschrumpft sind, aber deutlich ihren runden Kern erkennen lassen. Die Chondrone sind zwei- bis vierzellig und oft in einer Längsreihe angeordnet. Beachte das zartfaserige, aber dichte elastische Fasernetz. Färbung: Resorcin-Fuchsin; Vergr. 250fach.

Vorkommen Ohrmuschel, Tuba auditiva, Epiglottis, lokal im Kehlkopf (Cartilago corniculata und Carti-

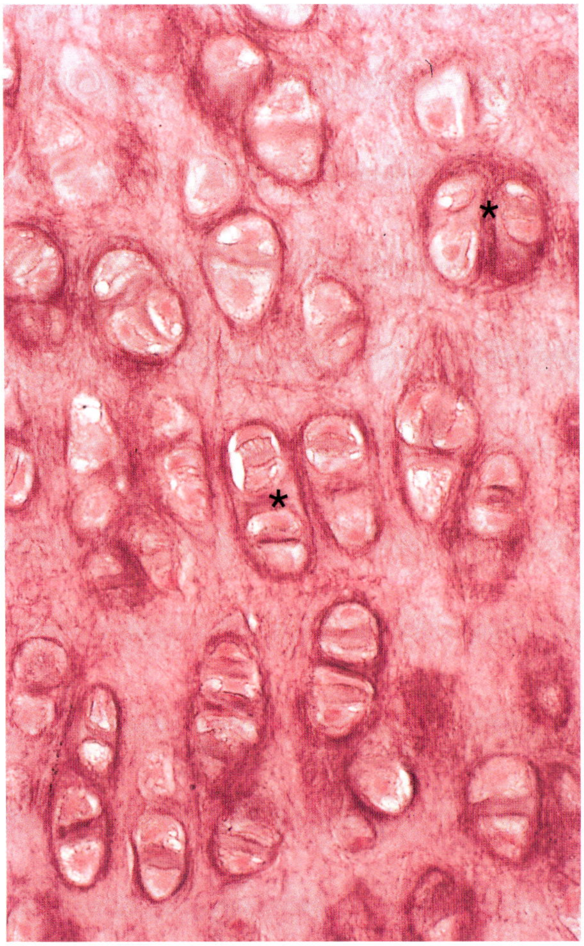

Abb. 3.2-32 **Höhere Vergrößerung des elastischen Knorpels** (Ohrmuschel, Mensch). Beachte die Verdichtung elastischer Fasern in den Territorien (✻). Färbung: Resorcin-Fuchsin, H. E.; Vergr. 450fach.

lago cuneiformis, Proc. vocalis des Stellknorpels (Cartilago arytenoidea) und kleine Bronchialknorpel.

Faserknorpel

Faserknorpel ähnelt straffem Bindegewebe durch seinen Reichtum an nicht-maskierten Bündeln von Kollagenfasern (Typ I). In Lücken zwischen diesen Fasern liegen kleine Chondrone oder einzelne Knorpelzellen in einer Knorpelmatrix mit Kollagen vom Typ II (Abb. 3.2-33, 3.2-34).

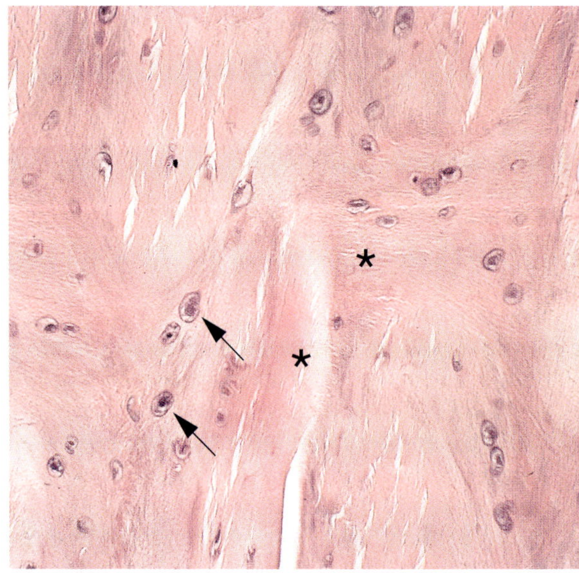

Abb. 3.2-34 **Faserknorpel in der Innenzone des Anulus fibrosus** der Zwischenwirbelscheibe (Mensch). Die Territorien bestehen überwiegend aus Einzelzellen (➔), zwischen denen dichte Kollagenfaserbündel (✻) verlaufen. Färbung: H. E.; Vergr. 250fach.

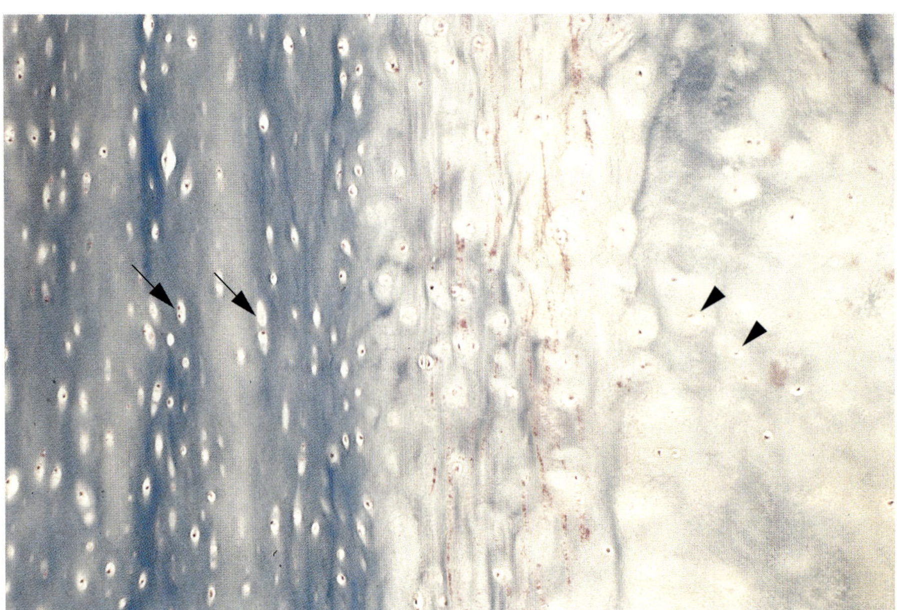

Abb. 3.2-33 **Faserknorpelgewebe.** Übergangsbereich vom Anulus fibrosus (links) zum Nucleus pulposus (rechts) in der Zwischenwirbelscheibe eines Pavians. Die kleinen Chondrone sind in der Innenzone des Anulus fibrosus locker in Reihen angeordnet (➔). In Nähe des Nucleus pulposus treten nur noch spärlich einzelne Knorpelzellen auf (▶). Färbung: Masson-Trichrom; Vergr. 140fach.

In den Zwischenwirbelscheiben geht der Faserknorpel innen ohne Grenze in das hyaluronsäure- und wasserreiche, gelatinöse, zellarme Gewebe des Nucleus pulposus über, in dem wieder Typ-II-Kollagen vorkommt.

Vorkommen Innere Anteile des Anulus fibrosus der Zwischenwirbelscheiben, Symphysis pubis, Menisci und Disci von Gelenken, Gelenkknorpel einzelner Gelenke (z.B. Kiefergelenk) sowie der Bereich der Sehnenansätze am Knochen.

3.2.12 Knochengewebe

Knochengewebe ist ein in Hinsicht auf Stütz- und Skelettfunktion spezialisiertes Bindegewebe, dessen besondere Eigenschaften wiederum auf der Zusammensetzung seiner Matrix beruhen, in die Kalziumsalze eingelagert werden („Verkalkung").

Knochengewebe ist wesentlicher Teil des **Bewegungsapparats.** Es schützt und umschließt im Kopf Sinnesorgane und das Gehirn. Das Knochengewebe hat auch eine zentrale **metabolische Funktion**, u.a. als Kalziumspeicher. Kalzium ist wesentliches Ion bei vielen Körperfunktionen (Muskelkontraktion, Sekretion, Blutgerinnung u.v.a.). Im Knochen werden außerdem Magnesium-, Phosphor-, Natrium- und andere Ionen gespeichert.

Knochen besitzt hohe Zug- und Druckfestigkeit, eine gewisse Elastizität und effiziente Leichtbauweise. Er ist ein dynamisches Material, das einen bemerkenswerten Stoffumsatz besitzt, reich durchblutet ist und ständig umgebaut wird. Verletzungen heilen (gut behandelt) leicht.

Knochen ist chirurgischen Maßnahmen zugänglich. Nach Brüchen besitzt er ein hohes Heilungsvermögen. Geringer Gebrauch des Bewegungsapparats führt zu Atrophie.

Die Zusammensetzung und Strukturierung der Knochen unterliegen vielfältigen hormonalen, metabolischen und nutritiven Einflüssen. Im Prinzip ist Knochen ein Material, das sich aus zwei Phasen zusammensetzt, einer festen, **mineralischen Phase** und einer eng mit ihr verbundenen Phase aus **organischer Matrix**, die zu 90–95% aus Kollagen vom Typ I besteht. Dieses Material ist ideal, um mechanischen Belastungen standzuhalten.

Knochenmatrix

Die spezifischen Merkmale und Eigenschaften eines Knochens beruhen auf den Eigenschaften der Knochenmatrix. Da sie verkalkt ist, verleiht sie dem Knochen hohe Druck- und Zugfestigkeit. Die besondere Zusammensetzung der Matrix aus Kollagenfibrillen und anorganischen Salzen (im Wesentlichen Kalziumphosphat in Form des Hydroxylapatits) erlaubt auch erhebliche Torsions- und Biegebeanspruchung. Die Matrix hat nicht nur Stützfunktion, sondern auch metabolische Aufgaben. Sie ist der wesentliche Kalziumspeicher des Körpers. Aufgrund der guten Durchblutung sind Anpassungen an unterschiedliche Bedingungen, Reparatur und Regeneration der Matrix sehr erleichtert. Zahnbein (Dentin) hat einen grundsätzlich ähnlichen Aufbau wie Knochen (siehe S.345).

Die Knochenmatrix besteht zu:

- ca. 35% aus organischem Material (v.a. Kollagenfasern, Knochenproteinen und Proteoglykanen) und zu
- 65% aus anorganischen Salzen.

Organische Bestandteile

Das Kollagen macht ca. 90% des organischen Knochenmaterials aus. Es gehört dem Typ I an, weist aber einige molekulare Unterschiede zum Typ I des lockeren Bindegewebes auf. In einer Lamelle des typischen Lamellenknochens des Erwachsenen sind die Kollagenfasern parallel zueinander angeordnet, ihre Menge und vor allem ihre Ausrichtung wechseln aber in benachbarten Lamellen, was polarisationsmikroskopisch gut analysiert werden kann. In den Lamellen eines Osteons laufen die Kollagenfasern helikal um die Gefäßachse des Osteons. Der Steigungswinkel dieser helikalen Fasern wechselt von Lamelle zu Lamelle.

Weitere Knochenproteine sind das Osteokalzin, Osteopontin (ein Phosphorprotein), Osteonektin (fibronektinähnlich), Knochensialoprotein, Thrombospondin u.a. Die Synthese der Knochenproteine wird in Osteoblasten durch viele Wachstumsfaktoren, Somatomedine, z.T. Vitamin D_3 u.a. stimuliert. Die Funktion dieser Matrixproteine ist erst teilweise bekannt, einige spielen bei der Mineralisierung eine Rolle, andere regulieren die Osteoklastendifferenzierung.

Anorganische Bestandteile

Das anorganische Material besteht aus einer kristallinen Ablagerungsform des Kalziumphosphats, und zwar aus Hydroxylapatit ($Ca_{10}[PO_4]_6[OH]_2$). Die nadelförmigen Apatitkristalle sind ca. 40 nm lang und 1,5–3 nm dick. Die Mineralisierung beginnt am Kollagen, wo initial in regelmäßigen Abständen Apatitkristalle angelagert werden. Welche Faktoren in vivo die Mineralisation bewirken, ist bisher unbekannt. Vermutlich spielen auch die Knochenproteine Osteokalzin, Osteonektin und Osteopontin eine Rolle bei der Entstehung der Apatitkristalle. Ein weiterer Mechanismus der Verkalkung besteht wahrscheinlich in der Bildung kleiner Vesikel, die Apatit enthalten und sich von Osteoblasten abschnüren (Matrixvesikel). Außerdem kommen in der anorganischen Matrix u.a. Zitrat- und Carbonationen vor. Die Hydroxylgruppe des Apatits ist oft durch ein Fluoridion ersetzt. Auch Magnesium und Natrium kommen im Knochen vor. Beide werden dort in gewissem Ausmaß gespeichert. Die Kalziumionen des Knochens können durch Blei-, Strontium- und Radiumionen substituiert werden. Unter den bei Kernwaffenexplosionen entstehenden knochengängigen radioaktiven Elementen ist Strontium das gefährlichste, da es Knochen und Zellen des Knochenmarks schädigt.

Klinik Es existieren zahlreiche Knochenkrankheiten (Osteopathien).

Bei **Osteomalazien** (Knochenerweichungen) sinkt der anorganische Anteil auf Werte bis zu 35%; Gründe können Vitamin-D-Mangel oder nicht ausreichendes Angebot an Kalzium und Phosphat in der Nahrung sein (bei Kindern: Rachitis).

Lokaler oder generalisierter Schwund von Knochengewebe wird **Osteoporose** genannt, die häufigste Form tritt nach der Menopause bei Frauen auf.

Unter **Osteosklerose** versteht man eine umschriebene oder allgemeine Hypertrophie des Knochens mit Zunahme der Härte und Abnahme der dynamischen Belastbarkeit. Ein Beispiel ist die Marmorknochenkrankheit mit erhöhter Sprödigkeit und Frakturneigung.

Das **Osteosarkom** ist der häufigste bösartige Knochentumor zwischen dem 10. und 25. Lebensjahr.

Das **Ewing-Sarkom** ist ein weiterer nicht seltener maligner Knochentumor von Kindern und Jugendlichen, der wahrscheinlich aus neuroektodermalen Zellen hervorgeht.

Kompakta und Spongiosa

Hinsichtlich der **makroskopischen Struktur** des Knochengewebes lassen sich mit bloßem Auge zwei Typen des Knochengewebes unterscheiden, die ohne scharfe Grenze ineinander übergehen:

- kompakter Knochen und
- spongiöser Knochen.

Kompakter Knochen

Kompakter Knochen (**Substantia corticalis** oder **compacta**) erscheint als solide, feste Masse und ist in der Peripherie der einzelnen Knochen des Skeletts zu finden, z.B. außen in den Röhrenknochen der Extremitäten.

Spongiöser Knochen

Spongiöser Knochen (**Substantia spongiosa**) findet sich als dreidimensionales System feiner, sich verzweigender Knochenbälkchen (**Trabekel**) im Innern eines Skelettknochens, zwischen denen weite Räume für Blut bildendes Gewebe oder Fettgewebe frei bleiben (Abb. **3.2-35**, **3.2-36**). Die Ausrichtung der Trabekel erfolgt parallel zur größten Druckbeanspruchung (Wirbelkörper) oder Biegebeanspruchung (proximales Femurende), wobei große mechanische Robustheit mit sparsamem Materialverbrauch und geringem Gewicht kombiniert wird.

Histologische Knochenstruktur

Die **histologische Struktur** des ausgereiften Knochengewebes ist in Kompakta und Spongiosa gleichartig und wird mit dem Begriff **Lamellenknochen** beschrieben. In der Entwicklung entsteht zuerst Geflechtknochen (siehe S. 141), der sich dann in Lamellenknochen umstrukturiert.

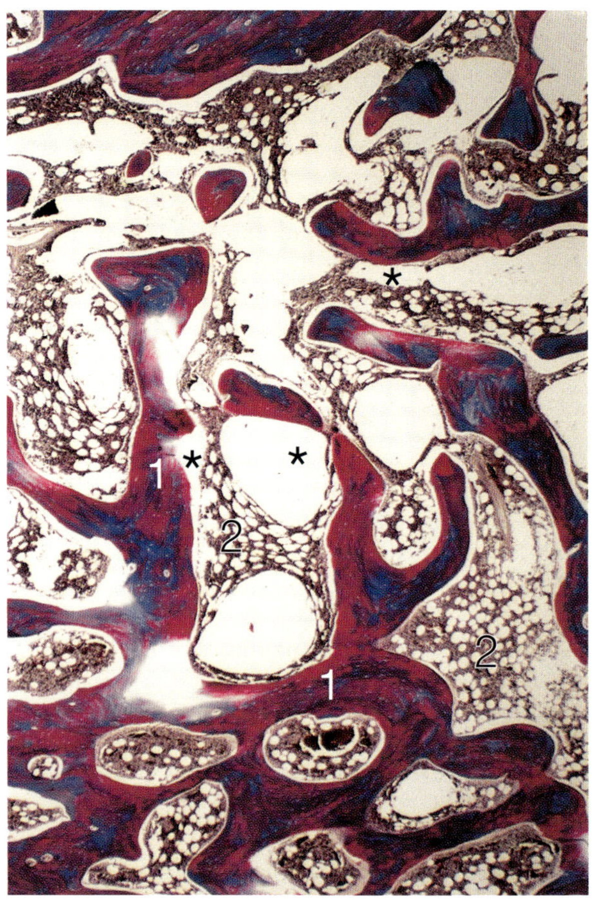

Abb. 3.2-35 Spongiöser Knochen. Neuralbogen eines Wirbels (Pavian). **1** Knochenbälkchen; **2** Knochenmark mit Fettzellen, Blut bildendem Gewebe und Blutgefäßen; * Schrumpfspalten. Färbung: Masson-Trichrom; Vergr. 60fach.

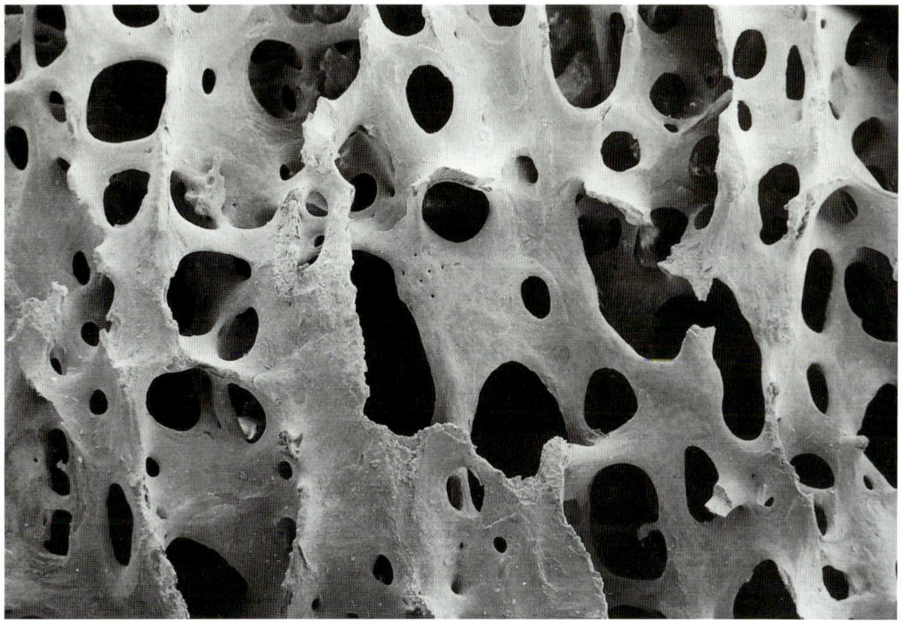

Abb. 3.2-36 Spongiosa, Tibiaplateau (Mensch). Präparat PD Dr. med. Stefan Milz. Vergr. 35fach.

Baueinheiten des reifen Knochengewebes sind 3 bis 7 µm dicke Knochenlamellen (Speziallamellen, Abb. 3.2-37), die vor allem in Regionen der Kompakta feine Röhrensysteme, **Osteone**, aufbauen. Lamellenknochen kann mit Hilfe zweier verschiedener Präparationstechniken untersucht werden. Entweder werden von

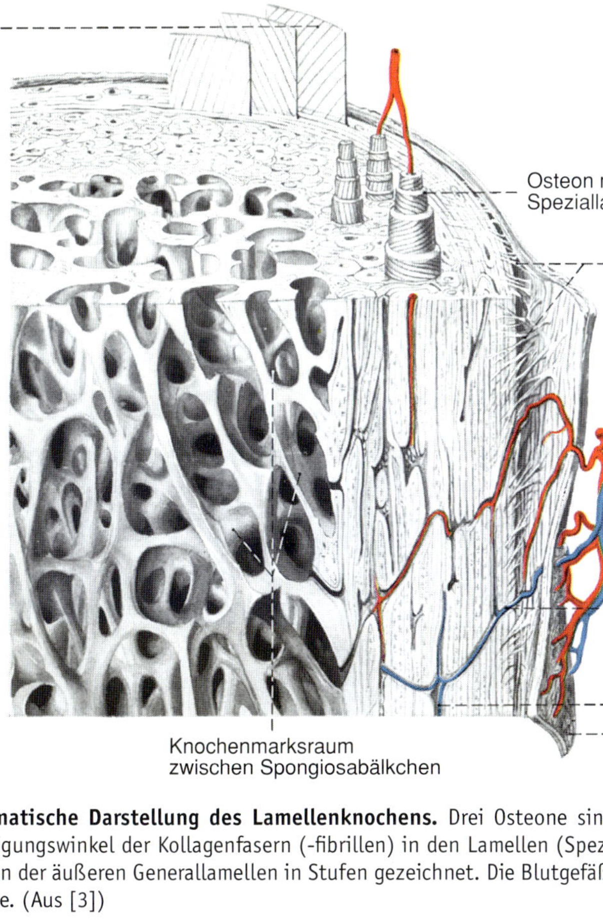

Abb. 3.2-37 Schematische Darstellung des Lamellenknochens. Drei Osteone sind teleskopartig dargestellt, um den unterschiedlichen Steigungswinkel der Kollagenfasern (-fibrillen) in den Lamellen (Speziallamellen) zu zeigen. Zum gleichen Zweck sind drei Lamellen der äußeren Generallamellen in Stufen gezeichnet. Die Blutgefäße gelangen vom Periost durch Volkmann- in die Havers-Kanäle. (Aus [3])

gereinigtem, mazeriertem Knochen dünne **Schliff**präparate hergestellt, die vor allem die Verteilung und Anordnung des kalziumreichen anorganischen Materials zeigen, oder es werden entkalkte **Schnitt**präparate studiert, die das organische Material, z.B. Kollagen und Zellen und Gefäße, zeigen.

Lamellensysteme und Knochenzellen

Die miteinander verbundenen Lamellen bestehen aus verkalkter Matrix, in der linsenförmige Lakunen ausgespart sind, die die Knochenzellen (**Osteozyten**) beherbergen. Im Schliffpräparat ist zu erkennen, dass von diesen Lakunen zahlreiche feine Kanälchen ausgehen. Die Knochenkanälchen stehen über Anastomosen mit benachbarten Lakunen in Verbindung. Die Kanälchen sind bevorzugt so ausgerichtet, dass sie auf eine innere oder äußere Oberfläche zulaufen. Die Lakunen und ihre Kanälchen sind ein Abbild der Osteozyten (siehe S. 136), die einen Zellleib mit Kern (in der Lakune) und zahlreiche Fortsätze (in den Kanälchen) besitzen. Über die Fortsätze stehen die Osteozyten über Nexus untereinander in Kontakt. Über die Kanälchen und Fortsätze erfolgt ihre Ernährung. Die Diffusion von Nährstoffen durch die Matrix, wie im Knorpel, ist durch die Kalzifizierung der Matrix nicht möglich.

Osteone, Schaltlamellen, Generallamellen

Die Mehrheit der Lamellen ist konzentrisch um längs verlaufende Gefäße angeordnet und bildet hier zylindrische Baueinheiten, die **Osteone** oder **Havers-Systeme** heißen (Abb. **3.2-38**, **3.2-39**). Die Osteone sind im Querschnitt rund, oval oder auch unregelmäßig gestaltet; sie sind mitunter verzweigt und können miteinander anastomosieren. Der Durchmesser der Osteone variiert zwischen 100 und 400 µm. Sie können einige Zentimeter lang werden. Die Zahl der Lamellen eines Osteons schwankt zwischen vier und 20. Die Lamellen der Osteone werden auch Speziallamellen (Abb. **3.2-37**) genannt. In ihnen verlaufen in helikaler Anordnung Kollagenfibrillen (siehe S. 131). Zwischen den Osteonen liegen Reste alter abgebauter Osteone, die den Raum zwischen den intakten Osteonen wie mit „Schotter" ausfüllen („Breccienbau", **Schaltlamellen**, interstitielle Systeme). Die Grenzen der Osteone

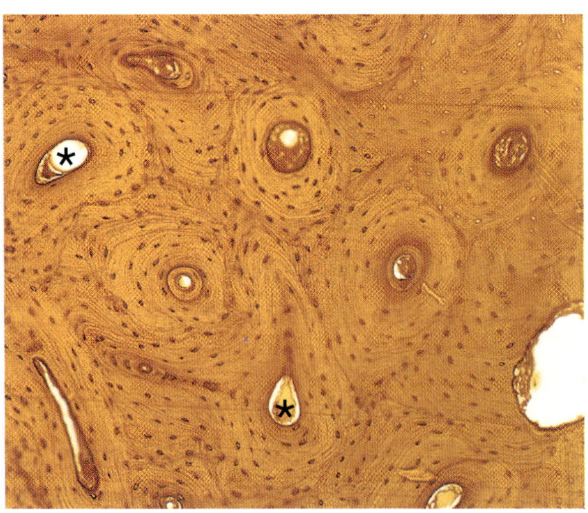

Abb. 3.2-38 Kompakta eines Röhrenknochens (Fibula, Mensch). Querschnitt mit zahlreichen quer getroffenen, konzentrisch um eine Lichtung (= Havers-Kanal, ✻) geschichteten Lamellensystemen (= Havers-Systeme = Osteone = Speziallamellen). Färbung: Thionin-Pikrinsäure nach Schmorl; Vergr. 120fach.

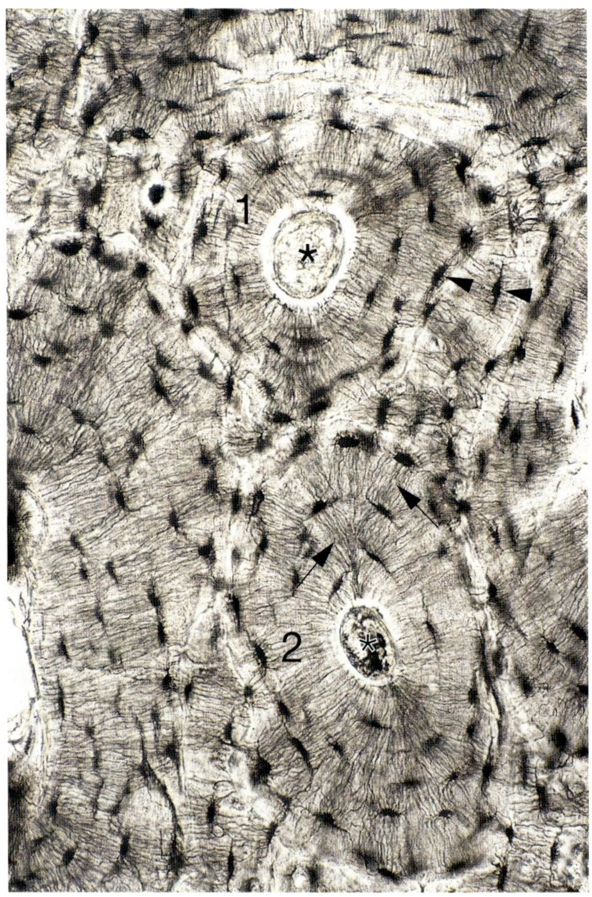

Abb. 3.2-39 Osteone im ungefärbten Knochenschliff. Querschnitt der Kompakta der Femurdiaphyse (Mensch). Die zwei vollständig sichtbaren Osteone (**1**, **2**) sind aus je drei bis vier Knochenlamellen aufgebaut und von unvollständig angetroffenen Osteonen umgeben. Der Schliff wird vom nicht entkalkten Knochen angefertigt, der mazeriert wurde und kein Weichgewebe mehr enthält. Zu sehen ist also nur die Hartsubstanz. Erkennbar sind Havers-Kanäle (✻), Knochenhöhlchen (▶) und -kanälchen (➔). In den konzentrisch zum Havers-Kanal angeordneten Knochenhöhlchen liegen die Zellleiber der Osteozyten. In den radiär zum Havers-Kanal angeordneten feinen Knochenkanälchen liegen Fortsätze der Osteozyten. Vergr. 260fach.

und interstitiellen Systeme sind scharf durch sog. **Zementlinien** (= Kittlinien, enthalten viele Proteoglykane) markiert. An ihrer äußeren und inneren Oberfläche sind kompakte Knochenpartien durch Lamellen gekennzeichnet, die das ganze Knochenelement umgeben (außen) bzw. die Markhöhle auskleiden (innen) und die **äußere** und **innere Generallamellen** (Abb. **3.2-37**) genannt werden. Auf einem Querschnitt durch die Mitte des Femurs des Menschen wurden ca. 5000 Osteone gezählt.

Die Trabekel der Spongiosa bestehen aus gefäßlosem Lamellenknochen, der hier unregelmäßig gestaltete Lamellen bildet.

Havers-Kanal Im Innern der meist längs verlaufenden Osteone befindet sich der Havers-Kanal (Durchmesser 20–30 µm), dessen Hauptbestandteil ein bis zwei Kapillaren, postkapilläre Venolen oder gelegentlich auch Arteriolen sind. Oft finden sich ein oder zwei, seltener drei Blutgefäße in einem Havers-Kanal (Abb. **3.2-40**, **3.2-41**). Die Gefäße sind in ein lockeres Bindegewebe eingelagert. Die Gefäße können sich verzweigen, den Havers-Kanal verlassen und dann eine Richtung einschlagen, die schräg oder quer zur Längsrichtung der Havers-Gefäße angeordnet ist. Solche Gefäße verlaufen dann in Kanälen, die man **Volkmann-Kanäle** nennt. Die Grenzfläche zur verkalkten Knochenmatrix wird vom lückenhaften Endost gebildet und besteht aus flachen Knochendeckzellen (bone lining cells), zu denen mesenchymale Stammzellen, Osteoblastenvorläuferzellen, ruhende Osteoblasten und ruhende Osteoklasten zählen. Ein vergleichbares Endost kleidet den ganzen inneren Markraum aus.

Gefäße des Knochens Arteriae nutriciae dringen ohne Verzweigungen durch die Substantia compacta in den Markraum vor und versorgen Knochenmark und Substantia spongiosa. Einige Gefäße laufen vom Markraum zurück in die Corticalis und speisen die kleinen Gefäße der Osteone (Havers-Gefäße), die auch Verbindung zu den Gefäßnetzen des Periosts haben. Querverbindungen zwischen den Havers-Gefäßen heißen Volkmann-Kanäle.

Knochenzelltypen

Knochenzellen treten in vier verschiedenen Typen auf:
- Osteoprogenitorzellen,
- Osteoblasten,
- Osteozyten und
- Osteoklasten.

Die Knochenzellen sind besonders gut am intensiv wachsenden Geflechtknochen der Embryonalzeit zu erkennen (Abb. **3.2-42**). Osteoprogenitorzellen, Osteoblasten und Osteozyten stellen verschiedene funktionelle Phasen eines Zelltyps dar.

Osteoprogenitorzellen

Osteoprogenitorzellen (Vorläuferzellen der Osteoblasten) differenzieren sich ständig aus mesenchymalen Stammzellen und entwickeln sich zu Osteoblasten weiter (Abb. **3.2-42**). Sie finden sich auch noch bei Erwachsenen und sind als schmale, hellkernige Zellen im

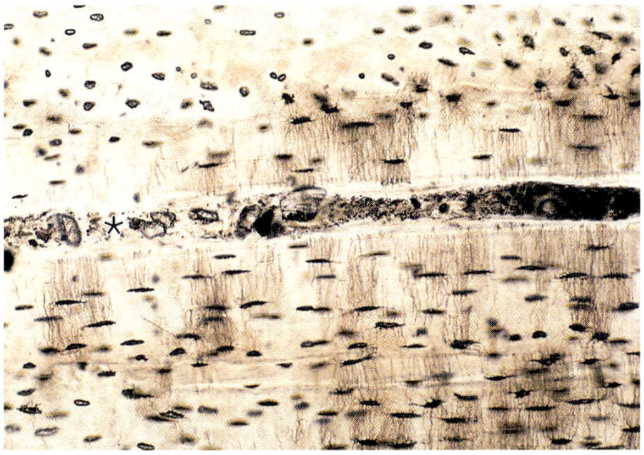

Abb. 3.2-40 Ungefärbter Knochenschliff parallel zur Längsachse eines Havers-Kanals (*; Fingerphalanx, Mensch). Die durch Doppelbrechung schwarz erscheinenden Lakunen (Knochenhöhlchen) und die von ihnen ausgehenden, radiär zum Havers-Kanal verlaufenden Knochenkanälchen geben getreu die Gestalt der Osteozyten mit ihren Fortsätzen wieder. Vergr. 100fach.

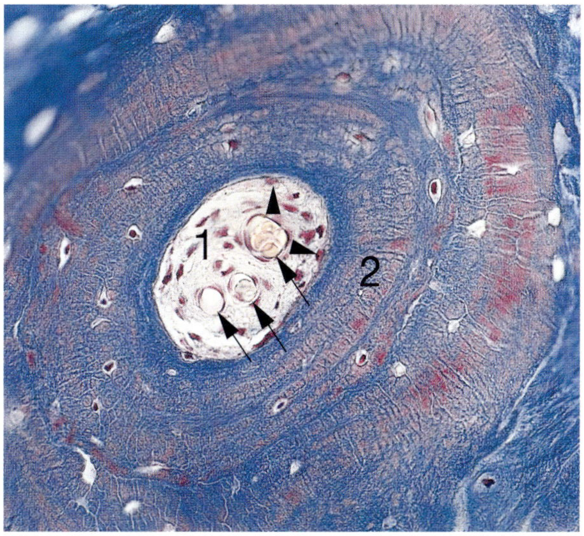

Abb. 3.2-41 Osteon mit Havers-Kanal (1). Im Havers-Kanal sind drei kleine Blutgefäße (➔) in ein zellreiches lockeres Bindegewebe eingebettet. An der Grenze zu den verkalkten Knochenlamellen (**2**) befinden sich flache Knochendeckzellen (engl. bone lining cells ▶). Os petrosum einer Weddellrobbe. Färbung: Masson-Trichrom; Vergr. 450fach.

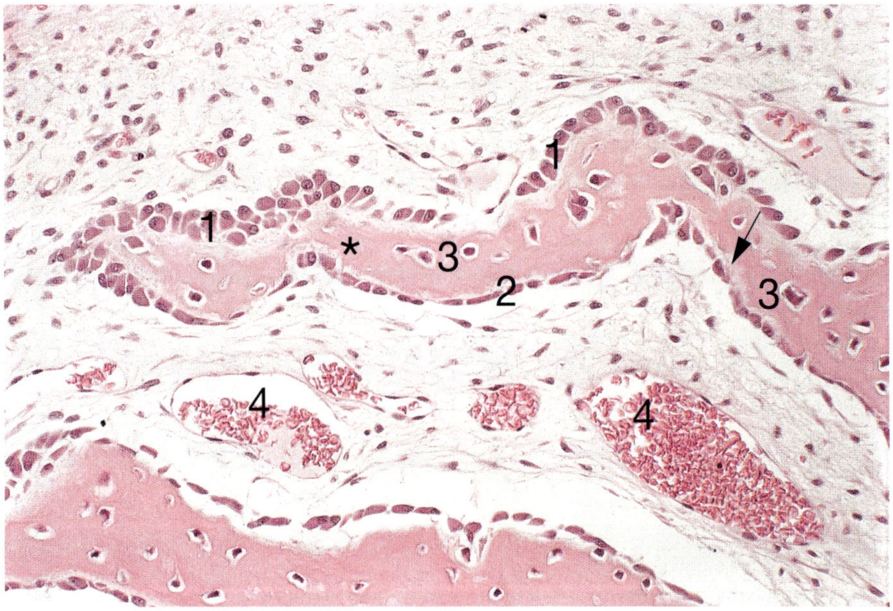

Abb. 3.2-42 **Knochenzellen in der frühen Phase der direkten Knochenbildung** (Unterkiefer, Mensch). Knochenbälkchen (*) mit aktiven Osteoblasten (**1**) und wenig aktiven Osteoblasten (**2**). **3** Osteozyten; ➔ Osteoidsaum; **4** dünnwandige venöse Gefäße. Färbung: H. E.; Vergr. 250fach.

Endost und Periost lokalisiert. Bei Frakturen können sie aktiviert werden und teilen sich.

Osteoblasten

Osteoblasten (Abb. 3.2-42 – 3.2.44) sind die knochenmatrixbildenden Zellen wachsender und ausgereifter Knochen. Bei aktivem Wachstum liegen sie in epithelähnlicher Anordnung auf der Matrixoberfläche und besitzen kubische oder sogar prismatische Form. Es sind aktiv sezernierende Zellen mit großem, hellem Kern, reich entwickeltem RER (Basophilie), vielen freien Ribosomen und großem Golgi-Apparat. Osteoblasten sind über Nexus verbunden. Neben der Sekretion von Kollagen, Proteoglykanen, Osteokalzin, Osteopontin, Osteonektin und anderen Proteinen produzieren sie para- und autokrin auch Wachstumsfaktoren und haben Rezeptoren für eine Reihe von Hormonen, Zytokinen und Vitaminen (Abb. 3.2-45).

Die initial von den Osteoblasten abgeschiedene Matrix ist noch nicht verkalkt und wird Osteoid genannt (Abb. 3.2-42).

Osteoblasten spielen auch eine Rolle beim Knochenabbau, indem sie den schmalen Osteoidsaum, der stets an der Oberfläche der Matrix erhalten bleibt, abbauen können und damit für die Osteoklasten den Weg zur verkalkten Matrix frei machen. Osteoblasten besitzen als einzige Knochenzellen Rezeptoren für Parathormon, das die Knochenresorption einleitet. Die Osteoblasten bilden nach Parathormonbindung osteoidabbauende Enzyme und osteoklastenstimulierende Zytokine, die die Osteoklasten aktivieren. Osteoblasten entwickeln sich zu Osteozyten oder gehen per Apoptose zugrunde.

Osteozyten

Die Osteozyten (Abb. 3.2-42, 3.2-46) sind in Lakunen der Matrix eingelagerte, morphologisch veränderte Osteoblasten. Ihre zahlreichen Fortsätze bilden mit Fortsätzen benachbarter Osteozyten Nexus aus. An der Oberfläche der Osteozyten befindet sich ein schmaler Saum unverkalkter Matrix. Die Nexus erlauben einen Austausch von Elektrolyten und kleineren Molekülen zwischen den Osteozyten und ermöglichen so einen Stofffluss von den Osteoblasten der Oberfläche, die an das perivaskuläre Bindegewebe grenzen, bis in die Peripherie der Osteone. Die Menge der Zellorganellen nimmt mit zunehmender Entfernung von den Osteoblasten der Oberfläche stetig ab. Vermutlich sind Osteozyten am langsamen Umbau der Matrix beteiligt. Vielleicht signalisieren sie auch Informationen über Zustand und Reparaturbedürftigkeit der verkalkten Matrix. Öfter enthalten sie Glykogenpartikel.

Osteoklasten

Im lebenslangen Prozess des Umbaus und Neuaufbaus von Knochenmatrix übernehmen die **Osteoklasten** (Abb. 3.2-43, 3.2-47, 3.2-48) die Aufgabe der Resorption der verkalkten Matrix. Sie sind bis ca. 150 µm große mehr- bis vielkernige Zellen, bis über 100 Kerne werden in einzelnen Osteoklasten gezählt. Die Osteoklasten liegen in flachen Höhlungen, den **Howship-Lakunen**, der Knochenoberfläche. Die Zellmembran bildet an Stellen, wo die Osteoklasten der Knochenmatrix anliegen, zahlreiche dicht aneinander liegende schmale Falten (Faltensaum, engl. ruffled border, Abb. 3.2-43). Diese Falten verändern im Gegensatz zum

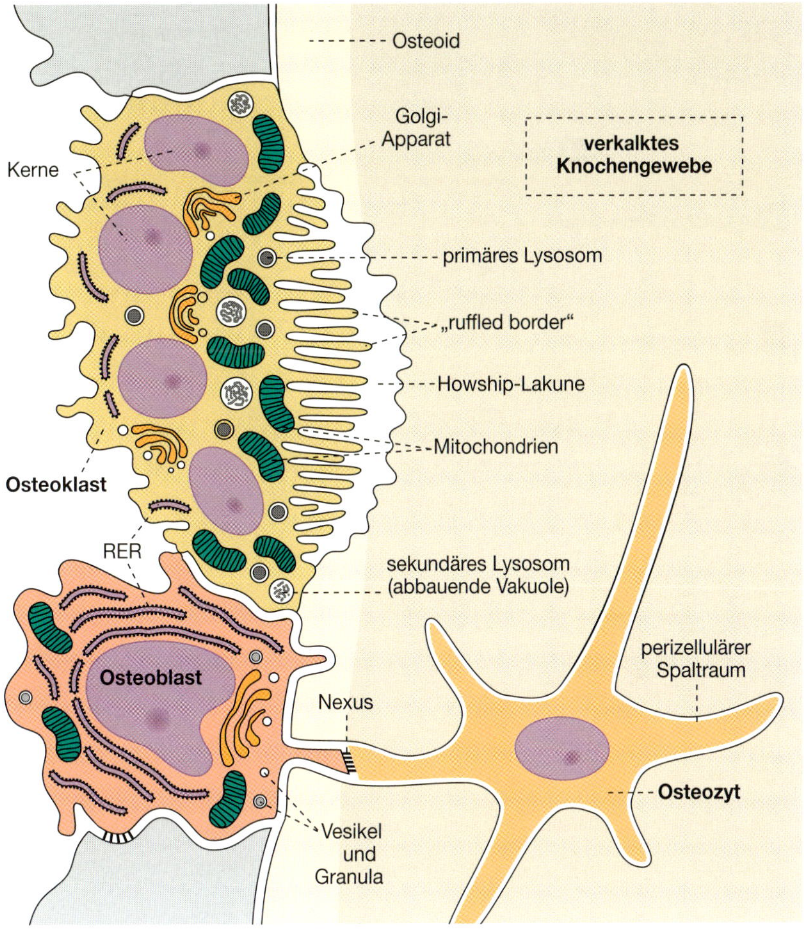

Abb. 3.2-43 Schematische Darstellung von Osteoblasten, Osteoklasten und Osteozyten.

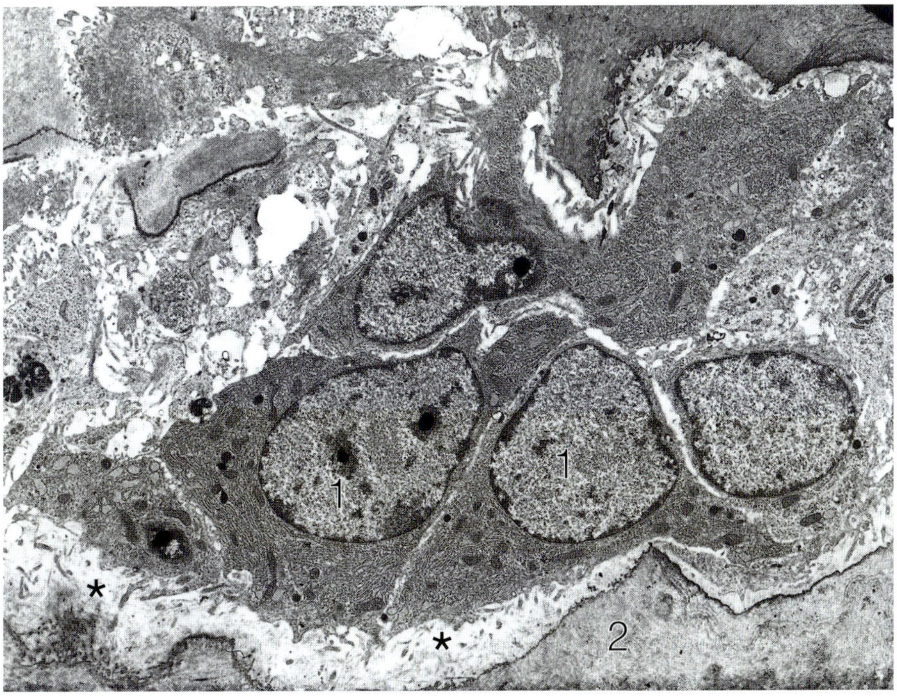

Abb. 3.2-44 Elektronenmikroskopische Aufnahme von Osteoblasten (1; Tibia, Ratte). **2** verkalkte Matrix; ✻ Osteoidsaum. Vergr. 3865fach.

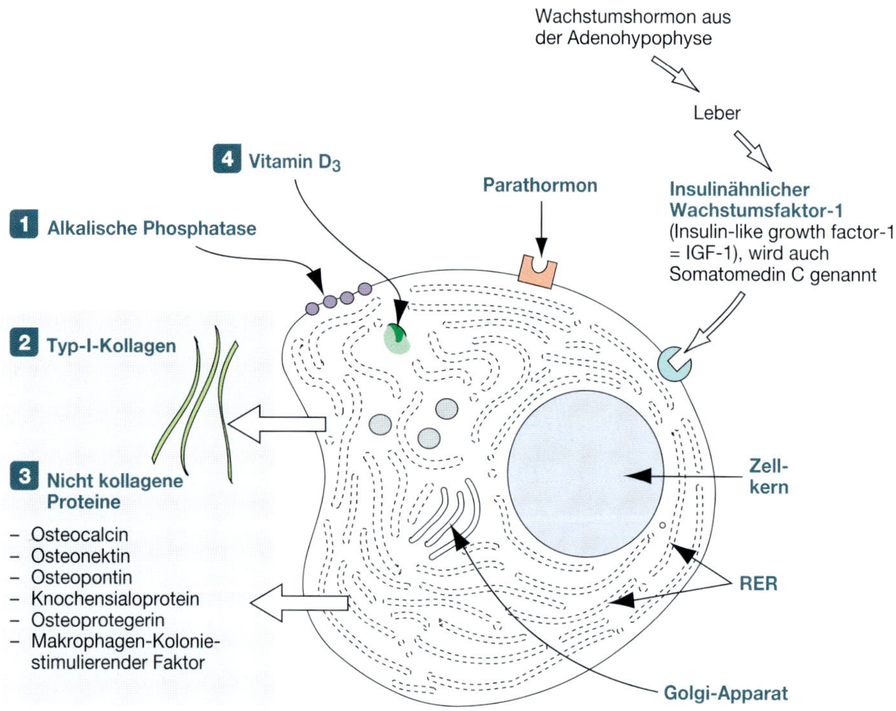

Osteoblasten

Osteoblasten leiten sich von Osteoprogenitor-(Knochenvorläufer-)Zellen her. **Osteozyten** sind die ausgereiften terminal differenzierten Zellen der osteoblastischen Zelllinie.

Osteoblasten synthetisieren die **organische Knochenmatrix**, das **Osteoid**, und kontrollieren die Mineralisierung der Matrix.

Ein **Osteoid** besteht aus Typ-I-Kollagen, Proteoglykanen (mit Chondroitinsulfat und Keratansulfat), Hyaluronsäure sowie einer Reihe spezifischer Proteine. Als proteinbildende Zellen sind Osteoblasten durch gut ausgebildetes raues endoplasmatisches Retikulum gekennzeichnet.

1 **Alkalische Phosphatase** ist ein **Oberflächenprotein**, das Monophosphatester bei hohem pH-Wert hydrolysiert. Dieses Enzym verschwindet, wenn die Zellen die Proteinsynthese einstellen und wenn sie in die mineralisierte Knochenmatrix eingebettet werden und sich zu Osteozyten umwandeln.

Die wesentlichen Proteine, die von den Osteoblasten gebildet werden, sind:

2 1. **Typ-I-Kollagen** (90 % der organischen Knochenmatrix),

3 2. mehrere, **nicht kollagene Proteine**, z.B.
a) das Protein = der Ligand RANKL für den Rezeptor RANK, der die Aktivierung des „nuclear factor kappa B“ vermittelt, der in den Osteoklastenvorläuferzellen vorkommt,
b) **Osteocalcin**, das für die Knochenmineralisierung erforderlich ist,
c) **Osteopontin**, das an der Bildung der Versiegelungszone der Osteoklasten beteiligt ist,
d) das **Knochensialoprotein**, das die Bindung der Osteoblasten an die Matrix durch Integrine vermittelt.

4 Vitamin D_3 (1α,25-Dihydroxycholecalciferol) reguliert die Expression von Osteocalcin, ein Protein mit hoher Bindungskraft für Hydroxylapatit.

Abb. 3.2-45 **Der Osteoblast.** (Aus [12])

Bürstensaum ständig ihre Gestalt und führen aktive Bewegungen aus. In Nähe dieses Faltensaums befinden sich viele Mitochondrien und Lysosomen. Am Rande des Faltensaums sind die Osteoklasten der Knochenmatrix besonders dicht angelagert, hier finden sich zahlreiche Aktinfilamente. Die Anheftung der Zellen erfolgt über ein besonderes Integrin der Zellmembran an Matrixkomponenten, insbesondere dem Osteopontin. Es entsteht hier eine Versiegelungszone (Abb. **3.2-48**), die den Raum unter dem Faltensaum auch funktionell abgrenzt (**subosteoklastisches Kompartiment** genannt), in ihm findet die Matrixresorption statt. Bei inaktiven Osteoklasten fehlt der Faltensaum.

Wesentlich für die Resorption ist die Sekretion von Protonen (H^+-Ionen) in das subosteoklastische Kom-

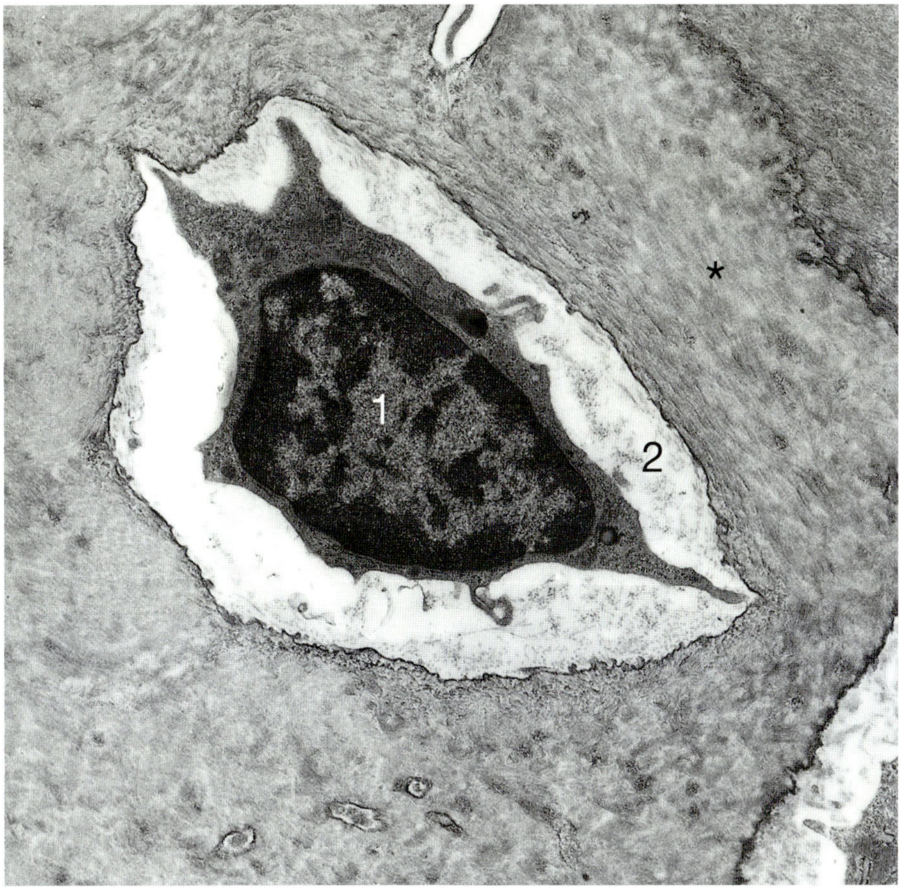

Abb. 3.2-46 Elektronenmikroskopische Aufnahme eines Osteozyten (**1**; Tibia, Ratte). **2** perizellulärer, nicht verkalkter Spaltraum; * verkalkte Matrix. Vergr. 11300fach.

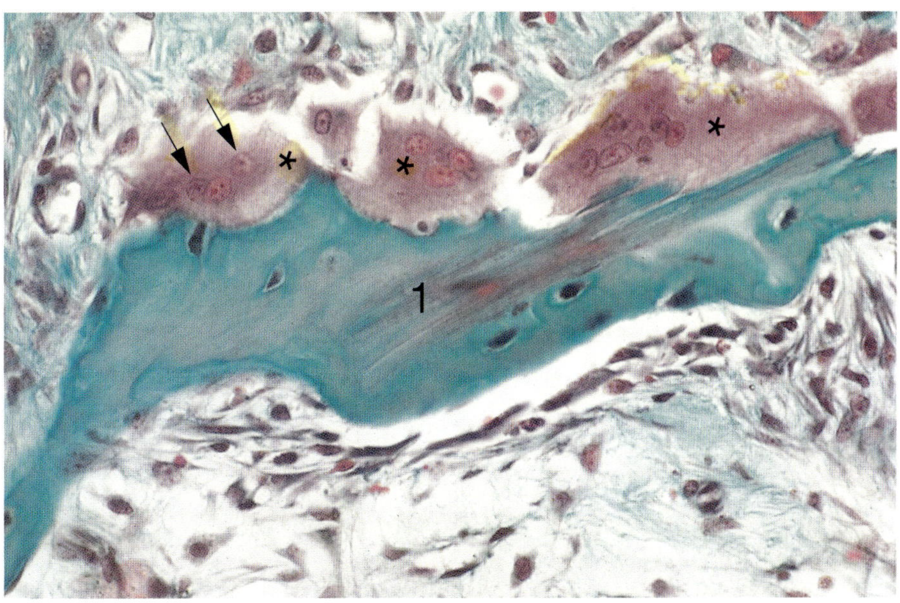

Abb. 3.2-47 Osteoklasten (*) an der Oberfläche eines Knochenbälkchens (**1**; Unterkiefer, Fetus, Mensch). In den drei großen Osteoklasten werden die Kerne in jeweils unterschiedlicher Anzahl angetroffen (➔). Bei den zwei linken Osteoklasten ist der Faltensaum („ruffled border") an der Grenze zum (grün gefärbten, entkalkten) Knochenbälkchen in etwa erkennbar. Färbung: Goldner; Vergr. 460fach.

partiment (Abb. **3.2-48**). In der Membran der Falten befinden sich eine Carboanhydrase und eine ATP-abhängige Protonenpumpe, beide sind wichtige Voraussetzungen für Abgabe der Protonen. Die Protonen bewirken einerseits die Auflösung der Kalziumsalze, und andererseits schaffen sie das saure Millieu für saure Hydrolasen. Nach Abgabe der Protonen in das subosteoklastische Kompartiment bekommen die Hydro-

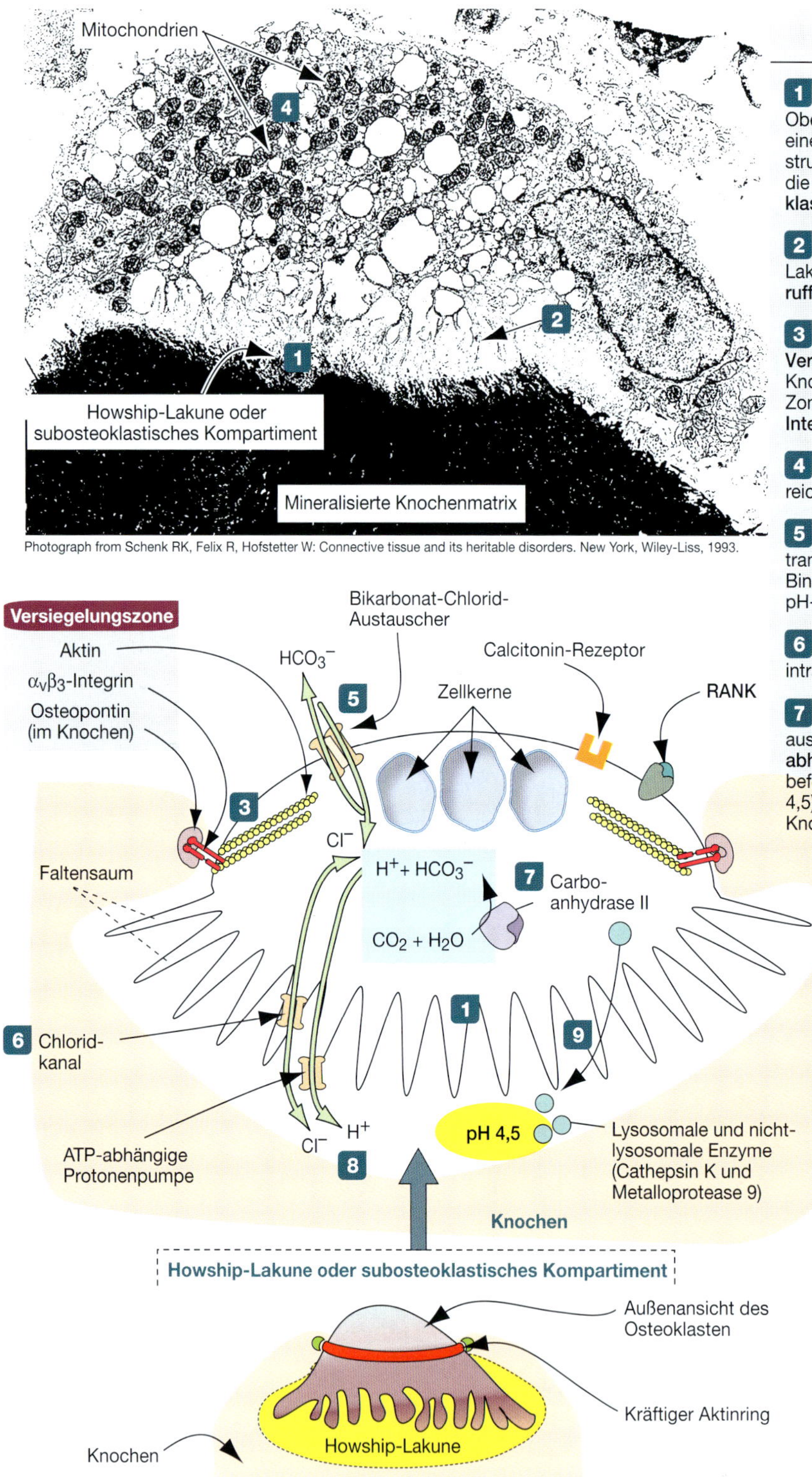

Osteoklast

1 Der **Osteoklast** ist eine große Zelle an der Oberfläche von Knochengewebe; er besitzt eine polare Differenzierung der Zytoplasmastruktur und liegt in einer flachen Einsenkung, die **Howship-Lakune oder subosteoklastisches Kompartiment** genannt wird.

2 Die aktive Zelloberfläche, die der Howship-Lakune anliegt, bildet einen Faltensaum (engl. **ruffled border**) aus.

3 Die Zelle ist mit Hilfe einer gürtelförmigen **Versiegelungszone** an der verkalkten Knochenmatrix befestigt. Im Bereich dieser Zone finden sich viele **Aktinfilamente**, **$\alpha_v\beta_3$-Integrin** und **Osteopontin**.

4 Osteoklasten sind vielkernige Zellen und reich an Mitochondrien und Lysosomen.

5 Ein **Bikarbonat-Chlorid-Austauscher** transportiert Bikarbonat in den Bindegewebsraum und ins Blut, was für pH-Neutralität im Zytoplasma sorgt.

6 Ein Chloridkanal sorgt dafür, dass der intrazelluläre pH-Wert nicht exzessiv ansteigt.

7 **Carboanhydrase II** generiert Protonen (H^+) aus CO_2 und H_2O. H^+ wird mit Hilfe einer **ATP-abhängigen Pumpe** in die Howship-Lakune befördert und schafft dort ein saures Milieu (pH 4,5), das zur Auflösung der mineralisierten Knochenmatrix führt.

8 Das gegen Bikarbonat (HCO_3^-) ausgetauschte Chlorid (Cl^-) wird durch den **Chloridkanal** in die Howship-Lakune transportiert.

9 **Lysosomale** (Proteasen und Phosphatasen) und **nicht-lysosomale** (Metalloproteasen) **Enzyme** werden in die Howship-Lakune abgegeben und bauen hier Kollagen, nicht-kollagene Proteine und Proteoglykane ab.

Abb. 3.2-48 Der Osteoklast. (Aus [12])

lasen erst ihre maximale Aktivität. Die Hydrolasen bauen die organische Matrix (v. a. Kollagen) ab.

Die Kerne der Osteoklasten liegen (wie in den Osteoblasten) auf der der Matrix abgewandten Seite der Zellen. In Nähe eines Kerns liegen ein Golgi-Apparat und ein Zentriolenpaar.

Die Osteoklasten entstehen aus Vorläuferzellen im Knochenmark, die mit Vorläuferzellen der Monozyten und Makrophagen verwandt sind und die an der Knochenoberfläche zu mehrkernigen Synzytien verschmelzen. (Ein Synzytium ist eine Riesenzelle mit vielen Kernen, die durch Verschmelzung kleinerer, einkerniger Zellen entsteht.) Die Differenzierung der Vorläuferzellen in Richtung Osteoklasten wird u.a. von Vitamin D beeinflusst. Osteoklasten sind langlebige Zellen, die unterschiedliche Aktivitätsphasen aufweisen können. In Ruhephasen bilden sie den Faltensaum zurück. Calcitonin, ein Polypeptid aus der Schilddrüse, unterdrückt die Osteoklastenaktivität, während sie durch osteoklastenaktivierende Zytokine der Osteoblasten aktiviert wird (siehe Kap. 11.6.2). Zahlreiche weitere Faktoren (Interleukin-1, Tumornekrosefaktor, Interferon-γ, koloniestimulierende Faktoren u.a.) kontrollieren den Aktivitätszustand.

Knochenbildung (Ossifikation)

Zwei verschiedene Wege bzw. Mechanismen führen zur Bildung von Knochengewebe:

- desmale Ossifikation,
- chondrale Ossifikation.

Beide Mechanismen weisen eine Reihe von grundlegenden Gemeinsamkeiten auf.

Desmale Ossifikation

Eine Reihe von flachen Schädelknochen und die Klavikula entstehen durch desmale Ossifikation. Bei der desmalen (= **direkten Knochenbildung**) entsteht Knochengewebe unmittelbar aus eigenen Mesenchymzellen, die sich an gefäßreichen sog. **Ossifikationspunkten** konzentrieren und sich hier kontinuierlich zu Osteoblasten differenzieren. Die Osteoblasten bilden flächige Verbände und sezernieren zunächst Osteoid, also noch unverkalkte Matrix, die v.a. Proteoglykane, Glykoproteine und Kollagen vom Typ I enthält. Anschließend kommt es zur Verkalkung, also zur Ausfällung von Kalziumphosphat in Form des Hydroxylapatits. An der Oberfläche jedes Knochengewebes bleibt stets ein schmaler Osteoidsaum erhalten. Es entsteht so ein Netzwerk feiner Knochenbälkchen (Trabekel), die parallel zum Gefäßnetz angeordnet sind (Abb. **3.2-49**).

Geflechtknochen Das entstehende Knochengewebe wird Geflechtknochen genannt. Es ist ein dreidimensionales Netzwerk aus Knochenbälkchen, in dem Kollagen ungeordnet verteilt vorliegt. Im histologischen Schnitt ist dieses Gewebe als Geflecht anastomosierender Knochenbälkchen zu erkennen (Abb. **3.2-50**). Das gefäßführende Bindegewebe zwischen den Knochenbälkchen wird **primäres Knochenmark** genannt. Im

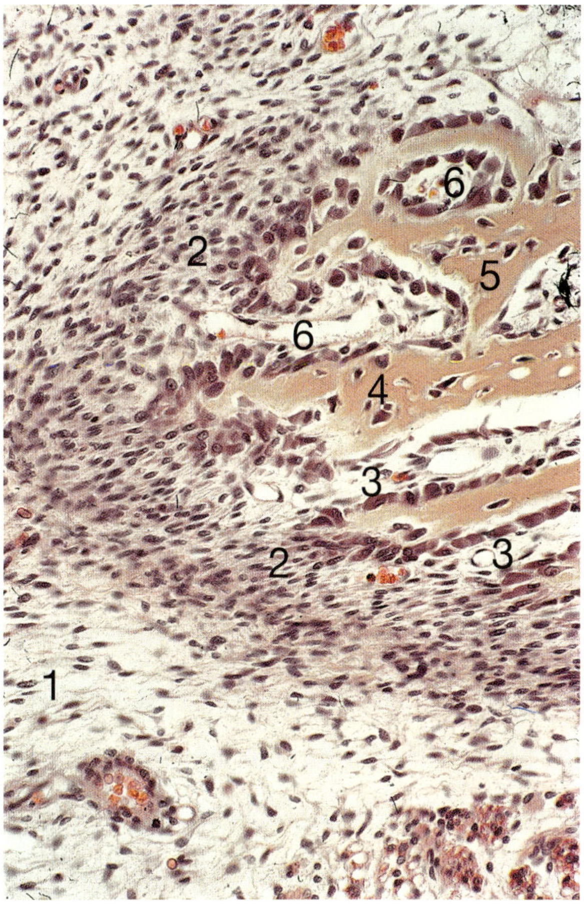

Abb. 3.2-49 Morphologisch erfassbare erste Schritte der desmalen Knochenbildung, Os parietale, Fetus (Mensch). **1** Mesenchymzellen; **2** Osteoprogenitorzellen; **3** Osteoblasten; **4** Osteozyten; **5** Knochenbälkchen; **6** Blutgefäße. Färbung: H.E.; Vergr. 250fach.

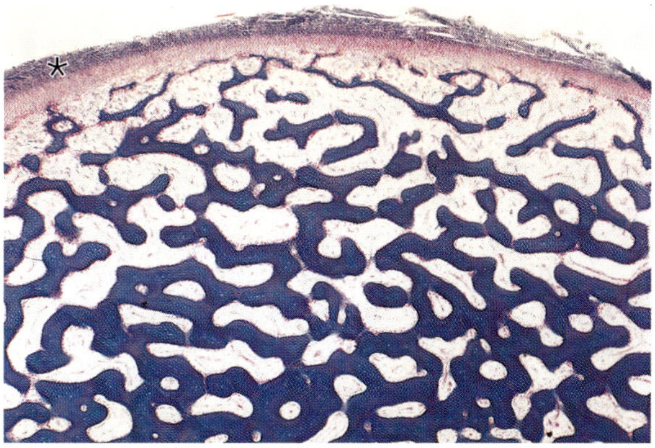

Abb. 3.2-50 Geflechtknochengewebe, Ausschnitt aus einer sich entwickelnden Rippe (Mensch). * Periost. Färbung: Azan; Vergr. 45fach.

Geflechtknochen finden rege Wachstums- und Umsowie Abbauprozesse statt. In Regionen des Zuwachses sind daher aktive Osteoblasten in epithelähnlichen

Verbänden aufgereiht, in Regionen des Abbaus sind viele Osteoklasten vorhanden, in weniger aktiven Bereichen sind die Osteoblasten abgeflacht. Sobald die Knochenbälkchen eine gewisse Dicke erreichen, werden in ihnen Osteoblasten eingemauert, die dann Osteozyten genannt werden. Die Osteozyten sind gleichmäßig verteilt, aber nicht einheitlich ausgerichtet und bleiben über ihre feinen Fortsätze mit der Oberfläche in Beziehung. Neue Osteoblasten werden aus Osteoprogenitorzellen der Umgebung des Knochenbälkchens rekrutiert. Jeder Geflechtknochen differenziert sich später in Lamellenknochen um. Das primäre Knochenmark wandelt sich dann in **sekundäres, blutzellbildendes Knochenmark** um.

Chondrale Ossifikation

Das Besondere der chondralen Knochenbildung ist, dass das zukünftige Skelettelement zuerst knorpelig angelegt wird. Dieses Knorpelstück wird dann in einem komplexen Prozess abgebaut und durch Knochengewebe ersetzt (**indirekte Knochenbildung**). Durch diesen Mechanismus entstehen die meisten Knochen des Körpers, z.B. die Extremitätenknochen und die Wirbel. Nach Anlage eines knorpeligen Skelettstücks erfolgt die chondrale Ossifikation in zwei Schritten:

1. perichondrale Ossifikation,
2. enchondrale Ossifikation.

Die chondrale Ossifikation wird in Kurspräparaten meist am Beispiel der Verknöcherung von Röhrenknochen der Extremitäten gezeigt.

Perichondrale Ossifikation Die perichondrale Ossifikation ist durch die Ausbildung einer Knochenmanschette um die Mitte des knorpeligen Schaftes (Diaphyse) des Skelettstückes gekennzeichnet (Abb. **3.2-51**, **3.2-52**). Diese Knochenmanschette entsteht streng genommen **außerhalb** des Knorpelstückes und ist daher eine desmale bzw. direkte Form der Verknöcherung. Sie wächst in die Länge und gibt dem dann abzubauenden Knorpelstück einen äußeren Halt. Im histologischen Aufbau ähnelt die Knochenmanschette dem Geflechtknochen.

Das von der Knochenmanschette umgebene Knorpelgewebe verändert sich, indem die Zellen groß und mitochondrienreich („hypertroph") werden. Es entsteht der sog. **Blasenknorpel** (peripher auch Säulenknorpel). Die Blasenknorpelzellen stoßen die Verkalkung der Matrix in ihrer Umgebung an, und in der Folge gehen die Blasenknorpelzellen zugrunde. Es dringen dann Blutgefäße in den verkalkten Blasenknorpel vor, womit der Prozess der enchondralen Ossifikation eingeleitet wird.

Enchondrale Ossifikation Mit den Gefäßen wandern knorpelabbauende Zellen in den Blasenknorpel ein, die zu mehrkernigen **Chondroklasten** (ähneln Osteoklasten) verschmelzen und Hohlräume schaffen, die dann von Gefäßen und Mesenchym besiedelt werden. Unter den einwandernden Mesenchymzellen befinden sich **Osteoprogenitorzellen**, die sich zu Osteoblasten differenzieren. Diese bilden in den freigelegten Knorpelhöhlen eine Tapete und scheiden Osteoid ab, das dann verkalkt. Die Höhlen werden so mit Geflechtknochen ausgefüllt, in dem dann auch bald Osteozyten zu erkennen sind. Die Knochenbälkchen können zuerst noch Reste des verkalkten Knorpels enthalten und verwachsen mit der perichondralen Knochenmanschette. Der Vorgang der enchondralen Verknöcherung der Diaphyse schreitet langsam voran, die freien Enden des Skelettstückes, die Epiphysen, bleiben zunächst knorpelig.

Die enchondrale Ossifikation der **Epiphysen** beginnt später und erfolgt ähnlich wie die der Diaphyse.

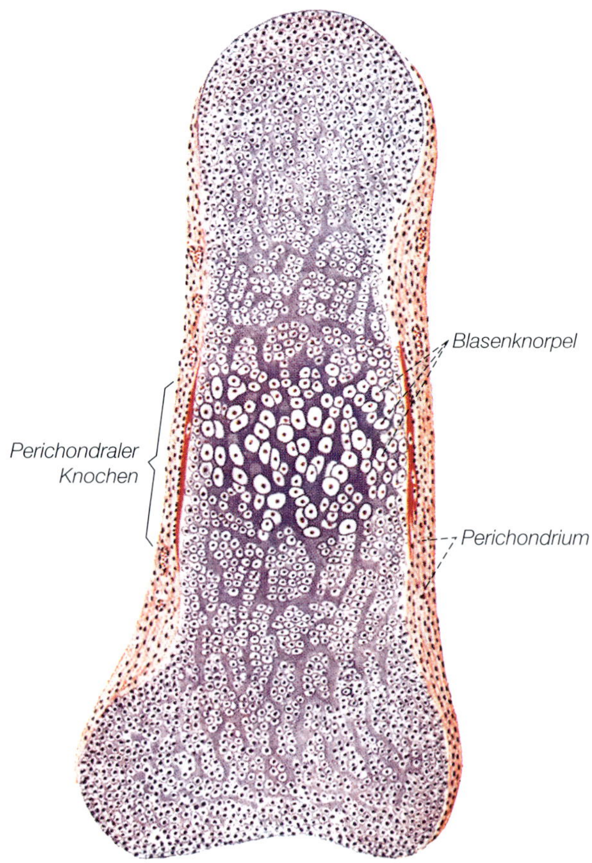

Abb. 3.2-51 Frühes Stadium der chondralen Knochenbildung (Fingerphalanx, Fetus Mens III, Mensch). Perichondral ist eine dünne Knochenmanschette entstanden. Im Innern der Diaphyse entsteht Blasenknorpel, und die Matrix verkalkt hier. Vergr. 80fach. (Aus [1])

In ihrer Mitte entsteht ein gefäßreiches Ossifikationszentrum (Knochenkern), das sich ausdehnt. Zum zukünftigen Gelenk hin bleibt stets ein schmaler Knorpelsaum erhalten, der Gelenkknorpel. Knorpel bleibt aber, solange das Wachstum anhält, auch in der Übergangszone zwischen Epi- und Diaphyse, der sog. **Metaphyse,** erhalten und bildet hier die **Epiphysenfuge** (Wachstumsfuge). Solange hier Knorpel proliferiert, kann Wachstum erfolgen. Es wird beendet, wenn diese Knorpelfuge verknöchert, was an den einzelnen Knochen zu einem unterschiedlichen Zeitpunkt erfolgt.

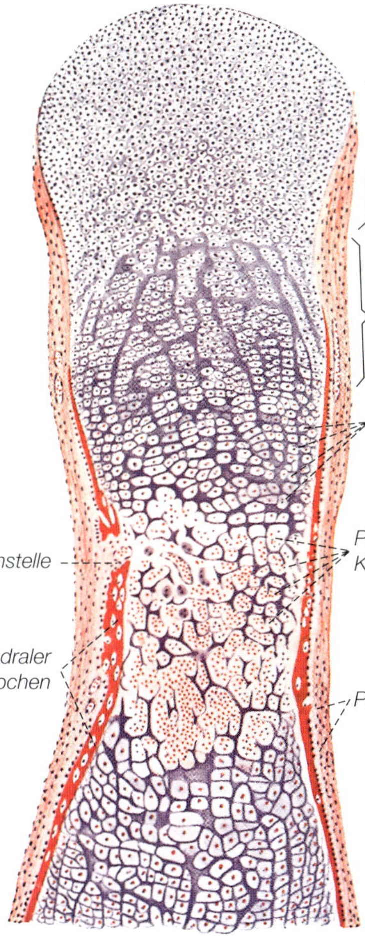

Abb. 3.2-52 Zweite Phase der chondralen Knochenbildung. Durch eine Einbruchstelle in der perichondralen Knochenmanschette dringt gefäßführendes Mesenchym in den primären Verknöcherungspunkt vor. Dort bauen Chondroklasten die verkalkte Knorpelgrundsubstanz bis auf wenige Reste ab, lösen die Knorpelzellen auf und schaffen damit ein wabenähnliches Hohlraumsystem, die primäre Markhöhle. Letztere ist von einem stark proliferierenden Mesenchym, dem primären Knochenmark, erfüllt. Aus diesem gehen u.a. Osteoblasten hervor, die sich an die stehen gebliebenen Reste der verkalkten ehemaligen Knorpelgrundsubstanz anlegen und hier mit der Produktion von Osteoid beginnen (enchondrale Knochenbildung). Färbung: H.E.; Vergr. 100fach. (Aus [1])

Dickenwachstum erfolgt vom Periost aus, dessen innerste Schicht stets Osteoprogenitorzellen behält.

Knorpel-Knochen-Grenze Im wachsenden verknöchernden Skelettstück lässt die Knorpel-Knochen-Grenze einen regelhaften Aufbau (Abb. **3.2-53, 3.2-54**) erkennen.

- Der Knorpel der (noch) nicht verknöcherten Epiphyse ist **fetaler Knorpel.**
- In Richtung auf die Verknöcherungszone folgt dann der **Säulenknorpel**, in dem die Knorpelzellen proliferieren und sich in Reihen (Saulen) anordnen; diese Knorpelzellen sind oft etwas abgeflacht.
- Es folgt dann die Zone des **Blasenknorpels** mit seinen großen mitochondrienreichen („hypertrophen“) Zellen, in deren Umgebung die Knorpelmatrix **verkalkt.**
- Es folgt die **Eröffnungszone,** die Front zur Zone der Knochenbildung, an der die Knorpelzellen abgebaut und die Knorpelhöhlen sowie die spießartig dazwischenliegende verkalkte Knorpelmatrix von Osteoblasten besiedelt werden, die mit der Abscheidung von Knochenmatrix beginnen.
- Der Eröffnungszone, in der auch die meisten **Chondroklasten** zu finden sind, schließt sich dann die sehr gefäßreiche **Zone mit Knochenbälkchen** an, die hier oft noch Reste verkalkter Knorpelmatrix enthalten und an denen auch schon Osteoklasten auftreten, als Zeichen für schon sofort beginnende Umbauvorgänge.

Epiphysenfugen

Die Epiphysenfugen bestehen aus vier Zonen, die von der Epiphyse zur Diaphyse aufeinander folgen und ohne scharfe Grenze ineinander übergehen (Abb. **3.2-55**).

☐ Zonen der Epiphysenfuge

1. Zone: An der Grenze zum Knochengewebe der Epiphyse befindet sich die Zone des **ruhenden Knorpels.** Hier erfolgt kein Wachstum. Der Knorpel dieser Zone dient vor allem dazu, das gesamte Knorpelgewebe der Epiphysenfuge an der knöchernen Epiphyse zu verankern. Zwischen diesem Knochengewebe und dem ruhenden Knorpelgewebe finden sich sehr viele Blutgefäße, die die gesamte Epiphysenfuge versorgen.
2. Zone: Es folgt eine Zone mit **proliferierenden Chondrozyten,** die die Knorpelzellen ersetzen, die an der diaphysären Seite der Wachstumsfuge verloren gehen. Die Chondrozyten bilden im Schnittpräparat oft charakteristische Reihen (Säulen; Abb. **3.2-55**).
3. Zone: Die folgende Zone besteht aus **ausdifferenzierten (hypertrophen) Knorpelzellen.** Sie sind

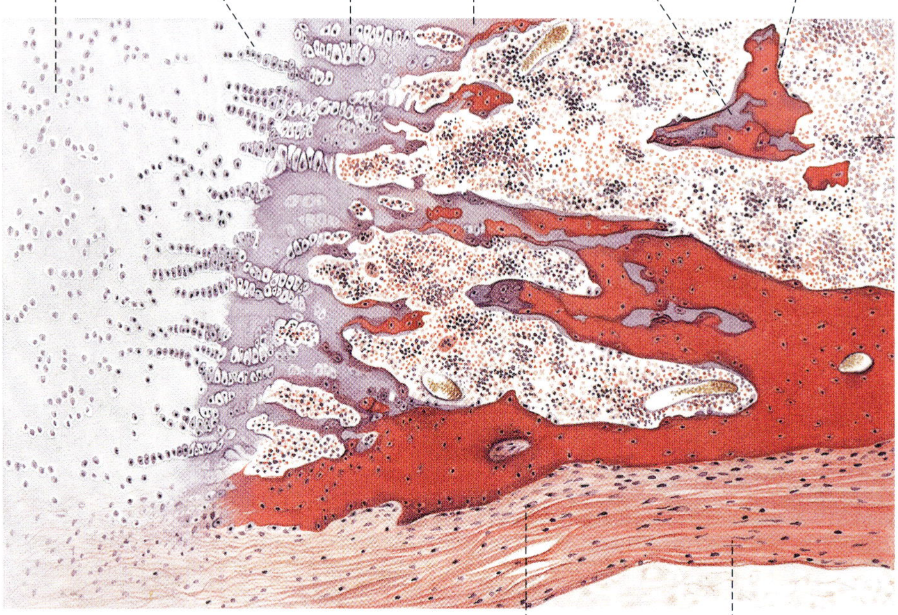

Abb. 3.2-53 Ausschnitt aus einer dritten, noch späteren Phase der Ersatzknochenbildung. Die diaphysäre Markhöhle hat sich in Richtung der beiden Epiphysen stark ausgedehnt und stößt an deren Hyalinknorpel, der entlang dieser Grenzlinie eine Verkalkung seiner Grundsubstanz (stärkere Anfärbbarkeit) sowie Blasenknorpel erkennen lässt (Knorpel-Knochen-Grenze). Reste verkalkter Knorpelgrundsubstanz dienen den Osteoblasten zu ihrer ersten Verankerung und fungieren damit als „Richtungssparren" der Verknöcherung, die auch noch eine Zeit lang in den Knochenbälkchen erhalten bleiben. Färbung: H. E.; Vergr. 80fach. (Aus [1])

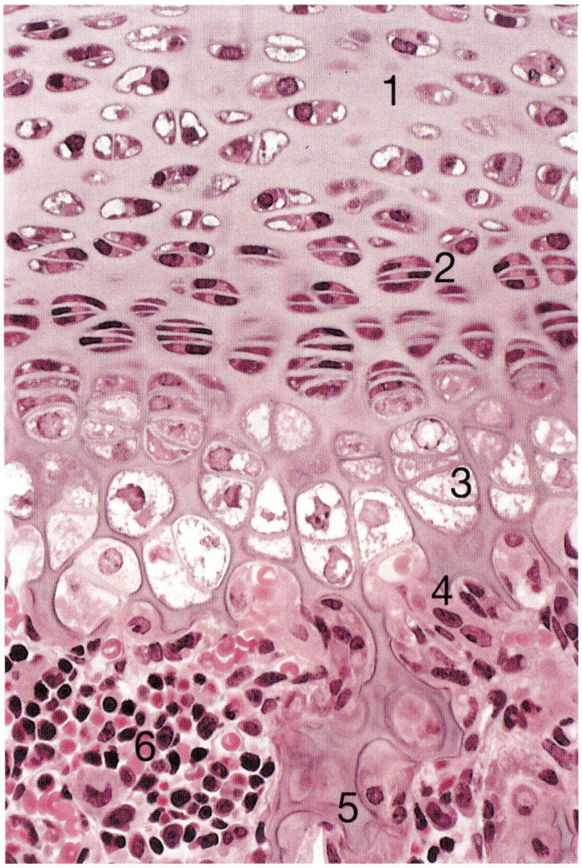

Abb. 3.2-54 Chondrale Verknöcherung (Wirbel, Maus). **1** fetaler hyaliner Knorpel; **2** Säulenknorpel; **3** Blasenknorpel; **4** Eröffnungszone; **5** Knochenbälkchen mit einem Kern aus verkalktem Knorpel; **6** blutzellbildendes Knochenmark. Plastikschnitt; Färbung: H. E.; Vergr. 460fach.

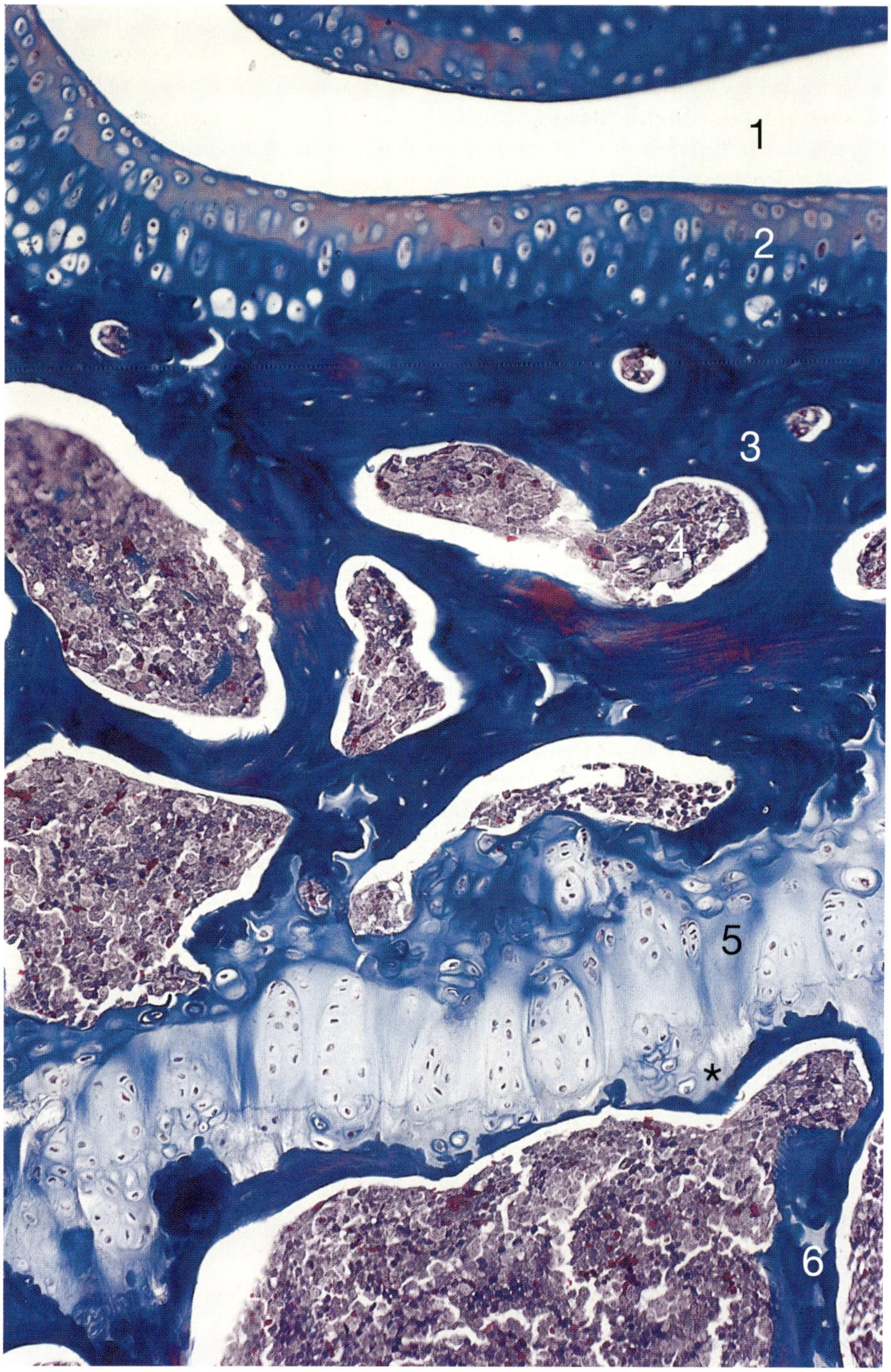

Abb. 3.2-55 Epiphyse und Epiphysenfuge der Tibia eines kleinen Säugetiers (Tenrek, *Echinops telfairi*). **1** Gelenkspalt; **2** Gelenkknorpel; **3** verknöcherte Epiphyse; **4** Blut bildendes Knochenmark; **5** Epiphysenfuge; ✻ verkalkter Knorpel; **6** Diaphyse. Färbung: Masson-Trichrom; Präparat H. Künzle, München, Vergr. 125fach.

groß und abgerundet und enthalten u. a. raues ER, Mitochondrien, Glykogen und Lipideinschlüsse sowie einen hellen, kugeligen Kern. Diese Knorpelzelltyp bildet in großen Mengen alkalische Phosphatase, ein Enzym, das die Verkalkung der Matrix fördert.

4. Zone: Es schließt sich diaphysenwärts die Zone aus **verkalktem Knorpel** an. Die Knorpelzellen sind hier zunächst noch intakt, gehen aber an der unmittelbaren Grenze zur knöchernen Diaphyse zugrunde. Die Verknöcherung erfolgt nur auf verkalktem Knorpel, der oft schlanke Septen bildet, auf denen sich Osteoblasten ansiedeln.

Epiphysenwachstum Die Anlagerung des neuen Knochengewebes und somit das Wachstum erfolgen also fast nur auf der diaphysären Seite der Epiphysenfuge. In die Lakunen, die durch die absterbenden Chondrozyten entstehen, wachsen zahlreiche, relativ weite Blutkapillaren ein. In dieser Region der diaphysären Seite der Epiphysenfuge entwickelt sich bevorzugt die Osteomyelitis (Knochenmarksentzündung) bei jugendlichen Menschen.

An den freien Enden der entstehenden Knochenbälkchen finden sich neben Osteoblasten auch oft schon Osteoklasten. In den Randregionen der diaphysären Seite der Wachstumsfuge geht das neu entstehende Knochengewebe in die Kompakta des Diaphysenschafts über, die aus Osteonen aufgebaut ist.

Klinik Bei einem Sturz eines Kindes kann sich die Epiphyse von der Diaphyse lösen (sog. **Epiphysenabriss**). Dies erfolgt entlang der mechanisch schwachen Zone des proliferierenden Knorpels. Das Schicksal der Epiphyse hängt weitgehend davon ab, ob die kleinen Blutgefäße, die seitlich in die Epiphyse eintreten und die auch die Epiphysenfuge versorgen, erhalten oder zerrissen sind. Wenn sie zerreißen, stirbt die Epiphyse ab. Es muss eine klinische Versorgung erfolgen, damit keine Wachstumsstörungen eintreten.

Chondrodysplasien sind angeborene Skelettstörungen, die Zwergwuchs, abnorme Körperproportionen sowie viele andere Symptome verursachen. Betroffen sind alle Bereiche des Skeletts (Skelettdysplasie), auch die Epiphysenfugen. Molekular sind inzwischen mehr als 150 Subtypen des Krankheitsbilds bekannt. Defekte finden sich u.a. in den Kollagentypen I, II, III, V und IX sowie am Rezeptor des Fibroblastenwachstumsfaktors 3.

Periost und Endost

Außen werden Knochen vom **Periost** umgeben, einem besonderen Bindegewebe, das osteogene Potenz besitzt, das also in der Lage ist, neues Knochengewebe zu bilden; sein Erhalt ist daher bei Knochenbrüchen besonders wichtig.

Die Binnenräume eines Knochens und der Havers-Kanäle werden von einer dünnen, ebenfalls osteogenen Gewebeschicht, dem **Endost**, ausgekleidet.

Periost (auch Knochenhaut genannt) unterscheidet sich in seinem Aufbau bei wachsenden und ausgereiften Knochen. Beim wachsenden Knochen lassen sich im Periost drei Schichten unterscheiden:

- eine außen gelegene, gefäßreiche, locker gebaute **Adventitia.** Die Gefäße speisen Volkmann- und Havers-Gefäße und versorgen das Knochenmark.
- eine mittlere, straff gebaute **Fibroelastika** (= Stratum fibrosum), deren Kollagenfasern und elastische Fasern vorwiegend längs ausgerichtet sind. Ein Teil der Kollagenfasern strahlt in die Kompakta des Knochens ein (Sharpey-Fasern), die eine feste Verbindung zwischen Periost und Knochen schaffen. Die Sharpey-Fasern verkalken oft.
- eine innere **Kambiumschicht** (= Stratum osteogenicum), die relativ zellreich ist. Drei Zelltypen lassen sich hier unterscheiden: mesenchymale Knochenstammzellen, Osteoprogenitorzellen und spindelförmige Präosteoblasten. Letztere wandeln sich in reife Osteoblasten um, die für das appositionelle Dickenwachstum verantwortlich sind. Unter appositionellem Dickenwachstum versteht man ein Wachstum, das durch Anlagerung von neuem Knochenmaterial an bereits bestehendes Knochengewebe erfolgt.

Beim ausdifferenzierten Knochen ist das Periost schmaler und zellärmer, die Kambiumschicht ist oft nur schwer abzugrenzen und enthält nur noch wenige Präosteoblasten. Aber auch das ausdifferenzierte Periost ist blut- und lymphgefäßreich und enthält viele Nervenfasern. Es ist bekanntlich sehr schmerzempfindlich.

Endost besteht aus flachen Knochendeckzellen (bone lining cells), unter denen sich mesenchymale Stammzellen, Osteoprogenitorzellen, ruhende Osteoblasten und inaktive Osteoklasten befinden. Im Endost können Lücken auftreten. Nur ca. 5% des Endosts sind „aktiv" und bestehen aus aktiven Osteoblasten und Osteoklasten. Endost kleidet auch die Havers-Kanäle aus und kann, z.B. bei Frakturen, schnell aktiviert werden.

Frakturheilung

Knochen ist ein dynamisches, ständig im Umbau begriffenes und reich durchblutetes Gewebe und bietet daher gute Voraussetzungen für die Heilung von Knochenbrüchen (Frakturen). Die Art dieser Heilung hängt von der Stellung der Frakturenden und von der mechanischen Stabilität des gebrochenen Knochens ab.

Primäre Frakturheilung

Bei stabiler, fester Apposition (Aneinanderlagerung) der Frakturenden, die durch die operative Osteosynthese mit Metallplatten sehr oft erreicht wird, kommt es zu **primärer Frakturheilung** mit mehr oder weniger direktem Durchbau durch neues Knochengewebe. Bei idealer Kontaktheilung stehen die Frakturenden unter Druck in direktem Kontakt. Aus eröffneten Havers-Kanälen, die aufgrund der Fraktur zerrissen waren, wachsen Kapillaren und Osteoklasten in die gegenüberliegende Bruchfläche und bilden größere Resorptionskanäle. Die Resorptionskanäle werden dann von Osteoblasten mit Knochengewebe ausgefüllt, das eine feste Brücke zwischen den Bruchenden aufbaut. Makrophagen sind an der Abräumung eventuell anfallender kleiner abgestorbener Bezirke beteiligt.

Sekundäre Frakturheilung

Sekundäre Frakturheilung erfolgt, wenn ein breiterer Frakturspalt vorliegt, der von einer Blutung (Frakturhämatom) ausgefüllt ist. Der Bluterguss wird zuerst in ein bis zwei Wochen durch ein zell- und kapillarreiches Reparationsgewebe (Granulationsgewebe) mit vielen Makrophagen und Fibroblasten ersetzt (Bindegewebskallus).

Bei stabilen Verhältnissen entsteht daraus desmaler Knochen, der dann später in Lamellenknochen umgebaut wird.

Bei instabilen Verhältnissen entsteht zwischen den Bruchenden faserreiches Bindegewebe und Knorpelgewebe, oft sterben auch größere Bezirke des Frakturendes ab. Nach vier bis sechs Wochen wird ein solcher Knorpelkallus dann aber oft knöchern umgewandelt. Die Bruchzone bleibt jedoch infolge der intensiven Umbauten längere Zeit mechanisch geschwächt. Bei starker Instabilität unterbleibt oft die knöcherne Überbrückung, und die Frakturenden werden nur durch straffes Bindegewebe verbunden (Pseudarthrose).

3.2.13 Fettgewebe

Fettgewebe ist eine Gewebeart, die energiereiche Lipide speichern kann. Es erfüllt damit eine biologisch wichtige Funktion. Bei der normalgewichtigen Frau bestehen ca. 25% des Körpergewichts aus Fettgewebe, bei sportlichen Männern sind es 10–15%. Fettzellen speichern nicht nur Lipide aus der Nahrung, sondern synthetisieren auch Lipide aus Kohlenhydraten. Fettgewebe ist in eine Fülle hormonaler und neuronaler Signale eingebunden (Abb. 3.2-56). Es gibt zwei Formen, die vermutlich auf eine gemeinsame Stammzelle zurückgehen:

- braunes Fettgewebe und
- weißes Fettgewebe.

Braunes Fettgewebe

Braunes Fettgewebe wird auch **plurivakuoläres Fettgewebe** genannt, da seine Zellen auch in ausdifferenzierter Form stets mehrere Fetteinschlüsse enthalten (Abb. 3.2-57, 3.2-58). Die bräunliche Farbe ist mit bloßem Auge zu erkennen und beruht auf einem hohen Gehalt an Zytochromen und auf der reichen Gefäßversorgung. Braunes Fettgewebe bildet läppchenförmige Strukturen und kommt beim Menschen insbesondere beim Neugeborenen (Schultergürtel, Achselhöhle, Nierenhilus u.v.a.) vor. Winterschläfer akkumulieren es vor der Winterruhe.

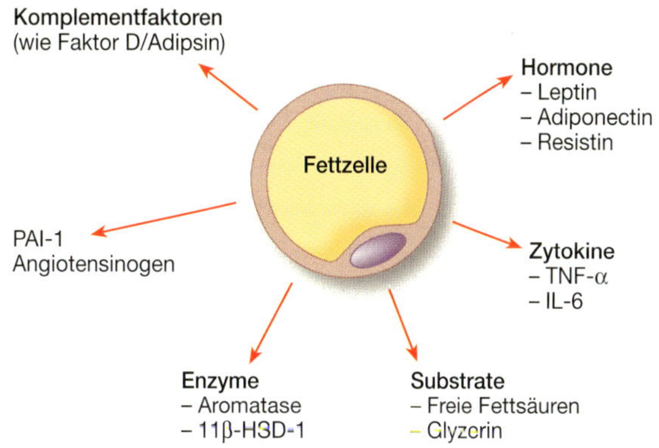

Abb. 3.2-56 Faktoren, die von Fettzellen abgegeben werden und die einen Einfluss auf andere Gewebe ausüben. Leptin ist ein Energiebilanz-regulierendes Hormon, das über den Hypothalamus u.a. Appetit, Thermogenese, neuroendokrine Funktionen, das Immunsystem und Langerhans-Inseln beeinflusst. Adiponectin erhöht die Insulinsensitivität und intensiviert die Lipidoxidation. Resistin kann Insulinresistenz induzieren. Zytokine wie Tumornekrosefaktor-α (TNF-α) und Interleukin-6 (IL-6) beeinflussen andere Zellen, insbesondere Zellen des Immunsystems. Die 11β-Hydroxysteroid-Dehydrogenase-1 (11β-HSD-1) wandelt Cortison in Cortisol um. PAI-1: Plasminogenaktivator-Inhibitor. (Modifiziert nach [14])

Die besondere Aufgabe des braunen Fettgewebes ist, Wärme zu bilden. Wärme entsteht bei der Fettsäureoxidation in den zahlreichen Mitochondrien (Abb. 3.2-58). Die innere Mitochondrienmembran besitzt das Protein Thermogenin, einen Protonentransporter, der die Funktion eines Entkopplers der oxidativen Phosphorylierung hat. Es bewirkt, dass die Energie der protonenmotorischen Kraft in Wärme umgewandelt wird. Braunes Fettgewebe ist reich innerviert. Es handelt sich um sympathische Nerven, die Noradrenalin freisetzen. Noradrenalin stößt den enzymatischen Abbau der Triglyzeride an, und als Folge entsteht Wärme. Diese Art der Wärmebildung erfolgt ohne Muskelzittern.

Struktur Braune Fettzellen entstehen über eigene Vorstufen, die morphologisch z.T. an Drüsenepithelzellen erinnern, aus dem Mesenchym. Sie werden von einer Basallamina umgeben. Sie sind kleiner als die weißen Fettzellen, und ihr rundlicher Kern liegt oft exzentrisch, aber nicht am Rande der Zellen. Das voluminöse Zytoplasma besitzt, neben den unterschiedlich großen Fetteinschlüssen, dicht gepackt rundliche Mitochondrien. Andere Zellorganellen treten an Menge deutlich zurück, vor allem ist kaum raues ER zu finden.

Vorkommen Insbesondere beim Neugeborenen (Schultergürtel, Achselhöhle, Nierenhilus u.v.a.).

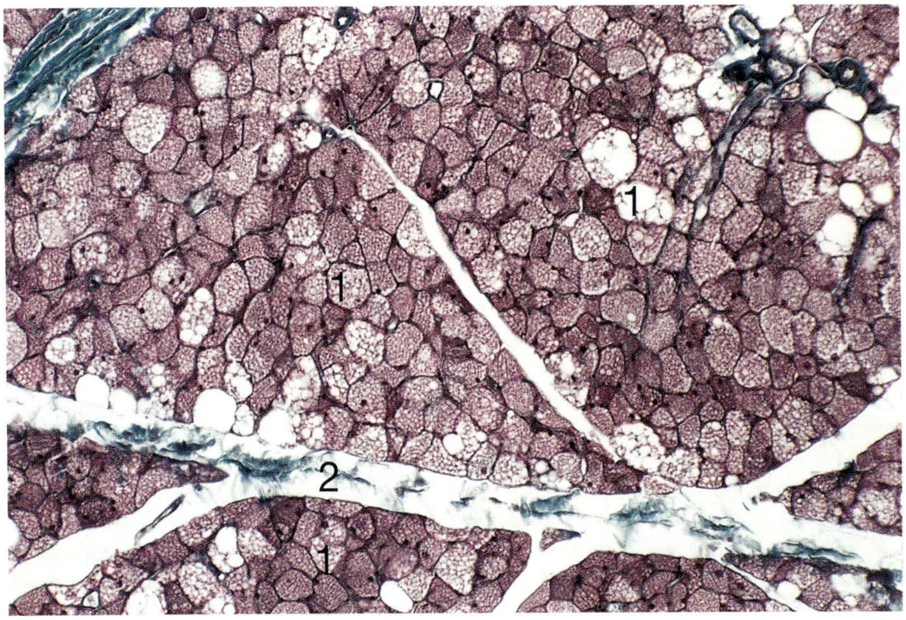

Abb. 3.2-57 Braunes (plurivakuoläres) Fettgewebe (1). In Läppchen gegliedertes braunes Fettgewebe eines Rhesusaffen. **2** Bindegewebsseptum. Färbung: Goldner; Vergr. 250fach.

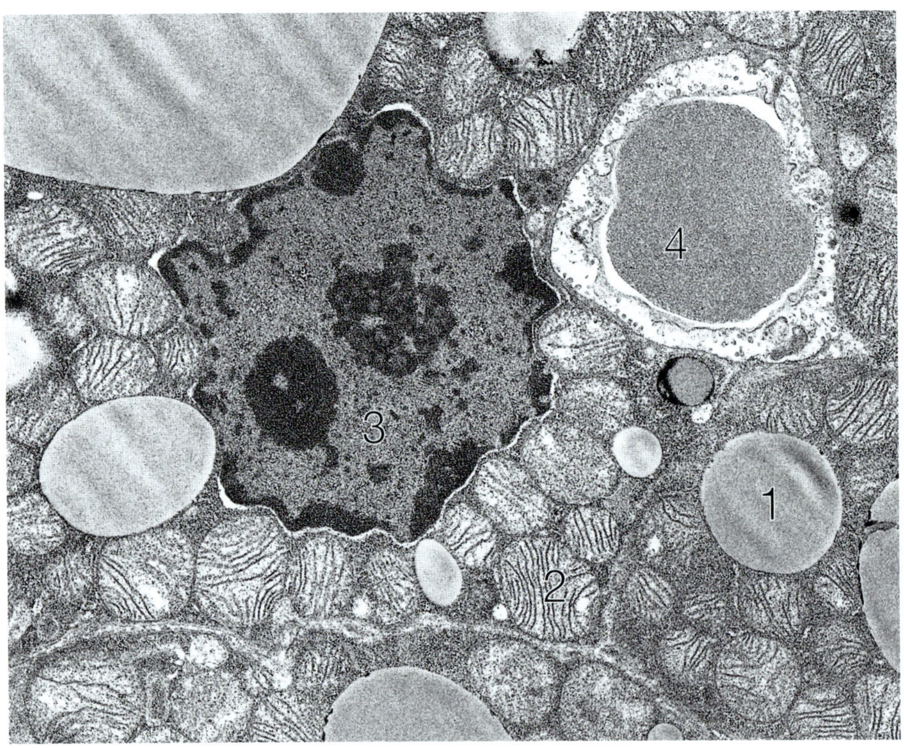

Abb. 3.2-58 Braune (plurivakuoläre) Fettzellen aus dem braunen Fett (Maus). Beachte neben den unterschiedlichen großen Fetteinschlüssen (**1**) die zahlreichen dicht gepackten Mitochondrien (**2**); **3** Zellkern; **4** Erythrozyt in einer Blutkapillare. Vergr. 12 800fach. (Aus [1])

Weißes Fettgewebe

Weißes Fettgewebe wird auch als **univakuoläres Fettgewebe** bezeichnet. Eine ausgereifte weiße Fettzelle besitzt einen riesigen Fetteinschluss, der das Zytoplasma und den Zellkern an den Rand der Zelle drängt. Das Zytoplasma bildet nur einen sehr schmalen Saum (Abb. 3.2-59). Während der Entwicklung jedoch, die über eigene Vorstufen aus dem Mesenchym erfolgt, besitzen die weißen Fettzellen mehrere Fetteinschlüsse (Abb. 3.2-60), ebenso nach Hungerperioden, wenn sie ihre Fettspeicher wieder auffüllen. Die Farbe dieser Fettgewebsform ist weißlich oder bei karotinoidreicher Nahrung (Karotten) auch gelblich.

Weißes Fettgewebe ist im Körper weit verbreitet, es gibt aber bei Kindern, Erwachsenen und alten Menschen beiderlei Geschlechts bevorzugte Lokalisationen. Bei Männern kann z. B. die Subkutis der Bauchhaut, bei Frauen z. B. Subkutis von Brust, Gesäß und

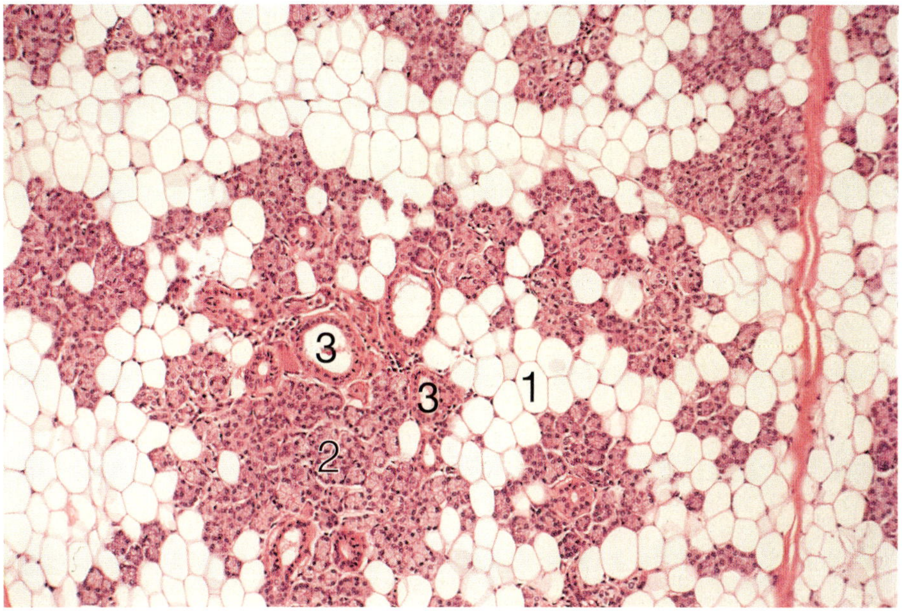

Abb. 3.2-59 Weißes (univakuoläres) Fettgewebe (1) in der Parotis (Mensch). Im histologischen Routinepräparat ist das Fett aus dem Gewebe herausgelöst, so dass die ganze Fettzelle wie eine große Vakuole aussieht. Das Zytoplasma bildet einen sehr schmalen Randsaum, in dem auch der platte Zellkern liegt, der jedoch wegen der Größe der Zellen nur selten angetroffen wird. **2** seröse Azini; **3** Streifenstücke. Färbung: H.E.; Vergr. 130fach.

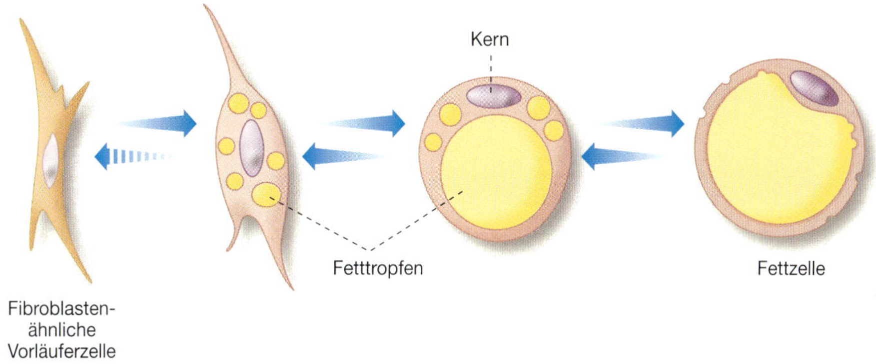

Abb. 3.2-60 Entwicklung einer weißen Fettzelle. Aus einer fibroblastenähnlichen Vorläuferzelle entsteht durch Produktion und Verschmelzung kleiner Fettkugeln eine reife Fettzelle mit einem großen Fetteinschluss. Der Prozess ist z.T. reversibel. Frühe und mittlere Entwicklungsstadien können sich teilen, die reife Fettzelle nicht. (Modifiziert nach [13])

Hüften ungewöhnlich viel Fett einlagern. An manchen Stellen besitzt weißes Fettgewebe auch mechanische, konstruktive Funktionen (Orbita, große Gelenke, Hand- und Fußsohlen u.a.) und wird hier auch bei Hungerperioden nicht leicht abgebaut.

Weiße Fettzellen sind auch wichtige sekretorische Zellen (siehe Abb. **3.2-56**, ein weiteres wichtiges Sekret ist die Lipoproteinlipase, die die Triglyzeride der VLDL und Chylomikronen spaltet). Ein interessantes Produkt ist das Proteohormon Leptin, das an der Regulation der Nahrungsaufnahme beteiligt ist. Gefüllte Fettspeicher gehen mit hohem Leptin-Blutspiegel einher, was zu verminderter Nahrungsaufnahme führt. Die Leptinrezeptoren liegen im Hypothalamus.

Struktur Weiße Fettzellen sind große Zellen und erreichen Durchmesser von über 100 µm. Im üblichen histologischen Schnitt ist der Fetteinschluss herausgelöst, so dass nur der sehr schmale periphere Zytoplasmasaum mit dem flachen dunklen Kern zu erkennen ist (Abb. **3.2-59**, **3.2-61**). Mit Hilfe von speziellen Techniken, z.B. Gefrierschnitten, bleibt aber das Fett erhalten und kann mit verschiedenen Färbungen (z.B. Ölrot, Sudanrot und Sudanschwarz) sichtbar gemacht werden (Abb. **3.2-62**). Die Fettzellen liegen dicht aneinander, was oft zu hexagonaler Konfiguration der Einzelzellen führt. Der Fetteinschluss ist nicht membranbegrenzt, wird aber vor allem in unreifen Zellen von Vimentinfilamenten umgeben. In der Zellperipherie finden sich Mitochondrien und kleine, glatte Vesikel, die wahrscheinlich sowohl bei der Aufnahme als auch bei der Abgabe von Triglyzeridbausteinen eine Rolle spielen. Außen liegt der Zelle eine besondere Basallamina an, die wiederum von

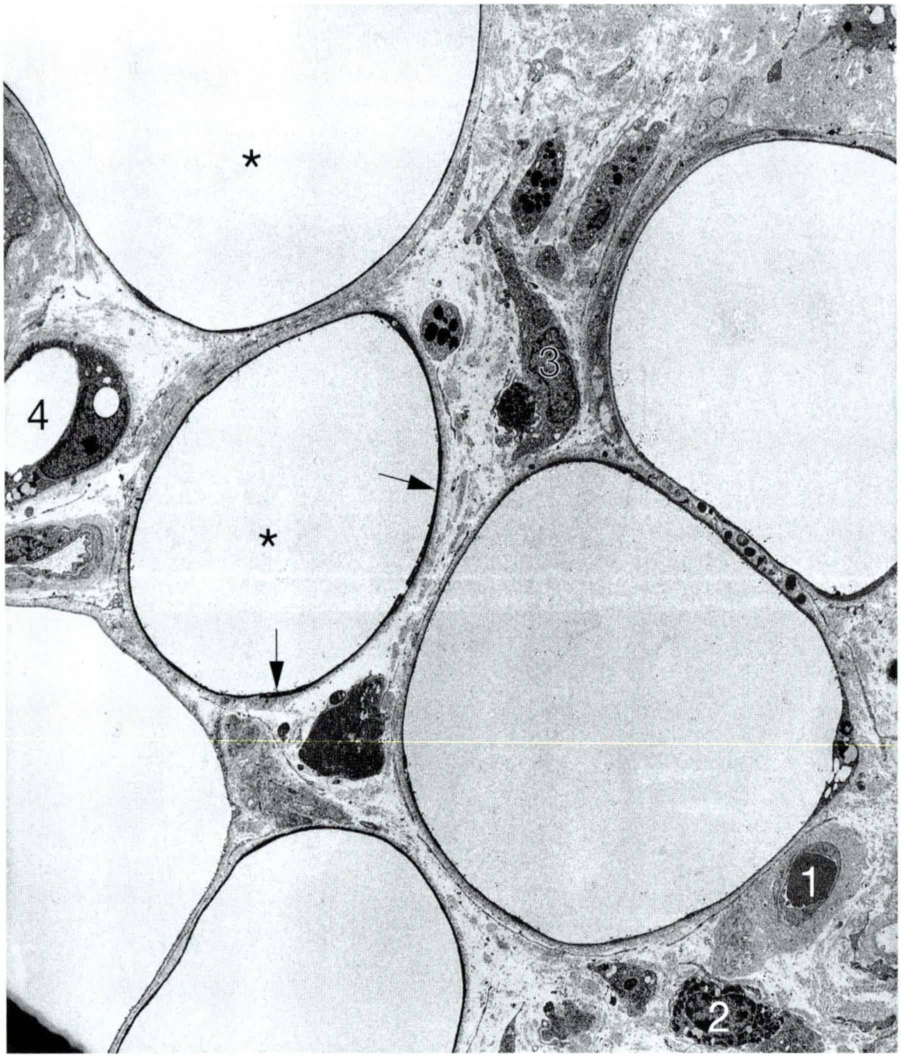

Abb. 3.2-61 Elektronenmikroskopische Aufnahme weißer Fettzellen in der Gl. submandibularis (Mensch). * intrazelluläre Lipidtropfen; → schmaler, dunkler Zytoplasmasaum der Fettzellen; **1** Blutkapillare mit einem Erythrozyten; **2** Mastzelle; **3** Fibrozyt; **4** junge wachsende Fettzelle.
Vergr. 1555fach. (Aus [1])

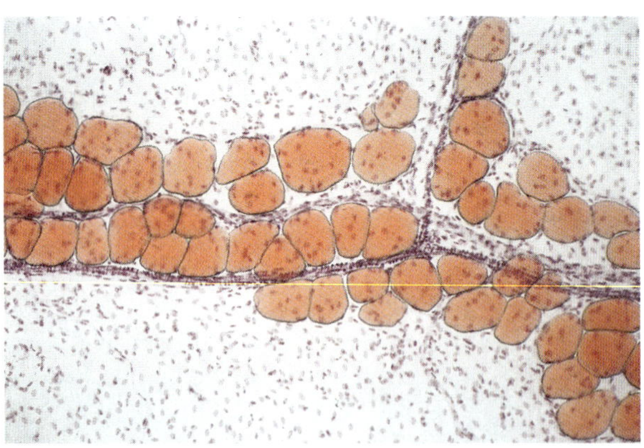

Abb. 3.2-62 Fetteinschluss univakuolärer Fettzellen. Gruppen von Fettzellen im Mesenterium (Mensch). Die großen Fetttropfen sind hier erhalten und mit dem Fettfarbstoff Sudan II rot angefärbt: Sie füllen jeweils die ganze Zelle aus. Häutchenpräparat; Kernfärbung: Hämalaun; Vergr. 100fach.

retikulären Kollagenfasern umgeben wird. Die zarte Basallamina enthält Typ-IV-Kollagen und Laminin (Abb. 3.2-63), aber keine immunhistochemisch nachweisbaren heparansulfathaltigen Proteoglykane. Eine Gruppe von Fettzellen wird jeweils durch Bindegewebsfasern zusammengehalten („Kissenpolsterung"), was ihre Funktion als Polsterungselemente verbessert. Fettgewebe ist recht gut mit kleinen Blutgefäßen versorgt, deren Endothel lumenseitig die im Fettgewebe gebildete Lipoproteinlipase besitzt, die Chylomikronen abbaut. Jede Fettzelle hat Kontakt mit mindestens einer Blutkapillare. Das gespeicherte Fett ist kontinuierlichem Umsatz unterworfen, das Speicherfett hat eine Halbwertszeit von ca. 8 Tagen.

Vorkommen Baufett, z.B. Orbita, große Gelenke, Hand- und Fußsohlen u.a., Speicherfett, z.B. Bauch, Gesäß, Kinn, Hals.

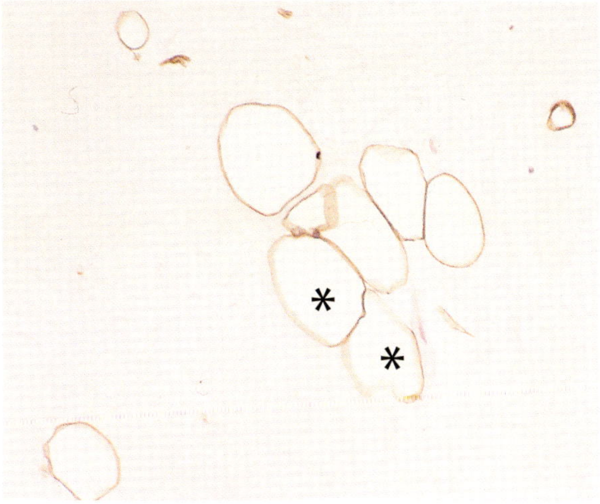

Abb. 3.2-63 Fettzellen (*) im Bindegewebe der Brust einer Frau. Immunhistochemischer Nachweis (Braunfärbung) des Laminins an der Oberfläche der Fettzellen. Laminin ist eine wesentliche Komponente der Basallamina. Vergr. 250fach.

Klinik Von großer Bedeutung für Gesundheit und Volkswirtschaft ist Übergewichtigkeit in den Wohlstandsgesellschaften. Übergewichtigkeit (**Adipositas**) ist durch übermäßige Vermehrung des Fettgewebes gekennzeichnet und ist ein Risikofaktor für Bluthochdruck, Typ-II-Diabetes und Wirbelsäulen- sowie Gelenkschädigungen. Ursache für Fettsucht sind vor allem genetische Disposition, Umweltfaktoren, psychische Bedingungen, Störungen der Physiologie der Fettzellen und manchmal auch Nebenwirkungen von Medikamenten, z.B. einigen Antidepressiva. Bei seltenen Lipodystrophien kommt es zu partiellem oder allgemeinem Schwund des Fettgewebes zusammen mit anderen Stoffwechselkrankheiten. Nicht ganz selten treten gutartige **Tumoren** ausgereifter Fettzellen auf, die von Bindegewebe begrenzt und Lipome genannt werden. Es können sogar bösartige Fettgewebsgeschwülste (Liposarkome) entstehen.

3.3 Muskelgewebe

Zur Orientierung

Fast alle Zellen besitzen die Eigenschaft der **Kontraktilität**, aber in **Muskelzellen (Myozyten)** steht diese Eigenschaft im Vordergrund aller Zellleistungen, und die gesamte Struktur der Muskelzellen ist auf diese Funktion hin ausgerichtet. In Muskelzellen wird chemische Energie in mechanische Arbeit umgewandelt, was Grundlage für Herzschlag, Darmperistaltik, die Bewegung der Extremitäten und viele andere Vorgänge ist. Der kontraktile Apparat baut sich in allen Muskelzellen aus filamentärem Aktin und Myosin sowie weiteren Proteinen auf. In **quergestreiften Muskelzellen** bilden die in hochgeordneter Weise zusammengelagerten kontraktilen Proteine Myofibrillen. In **glatten Muskelzellen** bilden die kontraktilen Filamente weniger regelmäßig aufgebaute Strukturen, ihnen fehlt das Phänomen der Querstreifung.

Es lassen sich drei Formen des Muskelgewebes unterscheiden:

- glattes Muskelgewebe (glatte Muskulatur),
- Herzmuskelgewebe (Herzmuskulatur),
- Skelettmuskelgewebe (Skelettmuskulatur).

} quergestreifte Muskulatur (Herzmuskelgewebe und Skelettmuskelgewebe)

Herz- und Skelettmuskulatur besitzen quergestreifte Myofibrillen, was die Grundlage für die Bezeichnung **quergestreifte Muskulatur** ist. Diese Zusammenfassung verdeckt aber vor allem physiologische und morphologische Übereinstimmungen zwischen Herz- und glatter Muskulatur und die vielen eigenständigen Merkmale der Herzmuskulatur. Die Tabelle **3.3-1** fasst wichtige Merkmale der verschiedenen Muskelzellen zusammen.

Tab. 3.3-1 Wichtige Unterscheidungsmerkmale der verschiedenen Muskelgewebe. (Aus [1])

Gewebeart	Bauelement	Kernzahl je Bauelement	Lage und Gestalt der Kerne	Fibrillen	Größe des Bauelements: Länge	Größe des Bauelements: Durchmesser
Skelettmuskulatur	vielkernige Zelle (Synzytium)	viele Hunderte bis Tausende	randständig; länglich, abgeflacht	quergestreift	wenige mm bis 10 cm	40–100 µm
Herzmuskulatur	i.Allg. einkernige Zelle	eine (selten zwei)	zentral in fibrillenfreiem Hof; plump, rund-oval	quergestreift	50–100 µm	10–20 µm
Glatte Muskulatur	einkernige Zelle	eine	zentral; länglich zigarrenförmig	keine Fibrillen, komplizierte Anordnung der Myofilamente	20–200 µm (im graviden Uterus bis 800 µm)	3–10 µm

Membransysteme der verschiedenen Muskelzellen	
Skelettmuskelzelle	Von Basallamina umgeben, Zellmembran bildet lange enge T-Tubuli (verlaufen an der Grenze zwischen A- und I-Bande); Triaden: Je 2 terminale glatte ER-Zisternen (Ca^{2+}-Speicher) grenzen an den T-Tubulus.
Herzmuskelzelle	Von Basallamina umgeben, die auch die relativ weiten T-Tubuli (verlaufen in Höhe der Z-Scheibe) auskleidet; Dyaden: Eine terminale glatte ER-Zisterne (Ca^{2+}-Speicher) grenzt an T-Tubulus. Einzelzellen über Glanzstreifen mechanisch verbunden (Desmosomen, Fasciae adhaerentes) und elektrisch gekoppelt (Nexus).
Glatte Muskelzellen	Von Basallamina umgeben, Zellmembran bildet rundliche Kaveolen, deren Membran Ca^{2+}-Pumpen enthält und die locker mit kurzen glatten ER-Zisternen (Ca^{2+}-Speicher) verbunden sind.

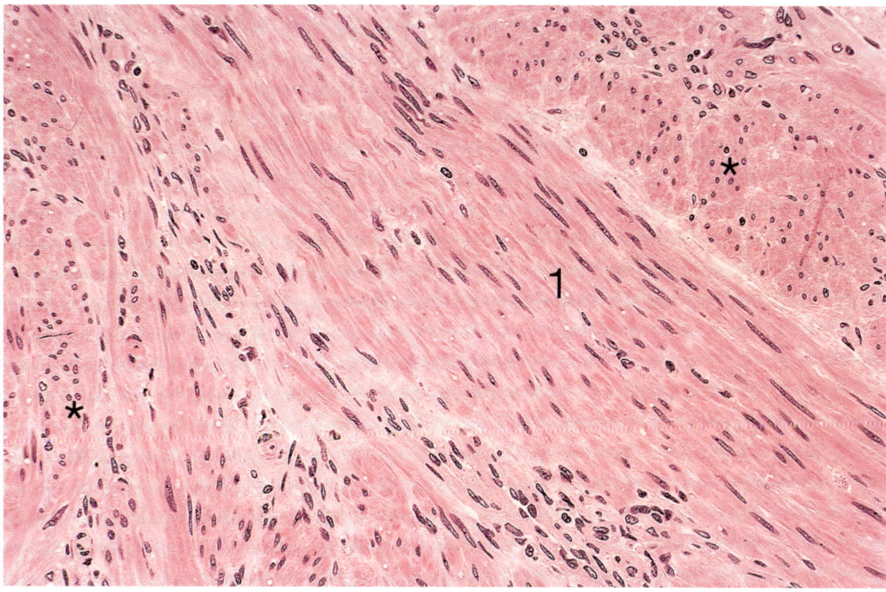

Abb. 3.3-1 Glatte Muskulatur, Übersicht (Uterus, Mensch). Viele der schlanken, spindelförmigen glatten Muskelzellen sind quer getroffen (*). In der Bildmitte verläuft schräg von links oben nach rechts unten ein längs getroffenes Bündel glatter Muskelzellen (**1**). Je nach Anschnitt sind die Kerne rundlich oder länglich. Das Zytoplasma ist homogen eosinophil. Färbung: H. E.; Vergr. 230fach.

3.3.1 Glatte Muskulatur

Glatte Muskulatur bildet die kontraktile Komponente in der Wand vieler Hohlorgane, wie z. B. des Magen-Darm-Traktes, der ableitenden Harnwege, der Geschlechtsorgane, der Blutgefäße und der Atemwege. Auch die Myoepithelzellen vieler exokriner Drüsen gehören zu diesem Gewebetyp. Glatte Muskulatur wird vom vegetativen (autonomen) Nervensystem innerviert, reagiert aber auch auf viele andere Einflüsse. Sie vermittelt relativ langsame Bewegungen, ermüdet aber nicht rasch und kann über längere Zeit hin große Kraft entwickeln, wie z. B. die Uterusmuskulatur im Verlaufe der Wehen.

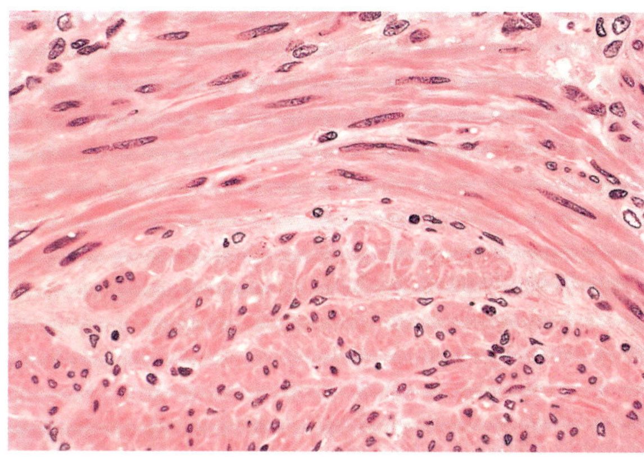

Abb. 3.3-2 Glatte Muskulatur, höhere Vergrößerung der längs (oben) und quer (unten) getroffenen Muskelzellbündel (Uterus, Mensch). Färbung: H. E.; Vergr. 320fach.

Glatte Muskelzelle

Die glatte Muskulatur besteht aus Schichten oder Bündeln unterschiedlich angeordneter einzelner glatter Muskelzellen, die wegen ihrer schlanken, spindelförmigen Gestalt (Abb. **3.3-1**, **3.3-2**) auch glatte Muskelfasern genannt werden. Selten treten auch drei- oder mehrstrahlige Muskelzellen auf, öfter sind sie verzweigt, z. B. im Endokard. Die Länge der glatten Muskelzellen liegt meistens zwischen 20 und 200 μm, ihre Dicke zwischen 3 und 10 μm.

Aufbau

In der Mitte der Zellen befindet sich der zigarrenförmige Zellkern. Er ist relativ hell und besitzt einen deutlich erkennbaren Nukleolus und randständige, kleinere Heterochromatinschollen. An den beiden Polen des Kerns sind die wichtigsten Zellorganellen (Golgi-Apparat, Mitochondrien, RER, Lysosomen) und auch Glykogen lokalisiert (Abb. **3.3-3**). In kontrahierten Zellen ist der Kern korkenzieherartig verformt. Die Masse des Zytoplasmas ist von kontraktilen Filamenten (Aktin und Myosin, Aktin überwiegt stark) ausgefüllt, die im Routinepräparat kein besonderes Anordnungsprinzip erkennen lassen, was Ursache für die Bezeichnung „glatte" Muskelzelle ist. Das Zytoplasma erscheint im H. E.-Präparat einheitlich („glatt") und ist rot gefärbt.

Am Rande der Zellen befinden sich einzelne glatte ER-Zisternen, die Kalzium speichern. Die Zellmembran bildet lokal Gruppen von Ω-förmigen Einsenkungen (Kaveolen, Abb. **3.3-4**), die funktionell einem einfachen T-System der anderen Muskelzellen entsprechen. Die Kaveolen sind in den glatten Muskelzellen weitgehend konstante Strukturen der Zellmem-

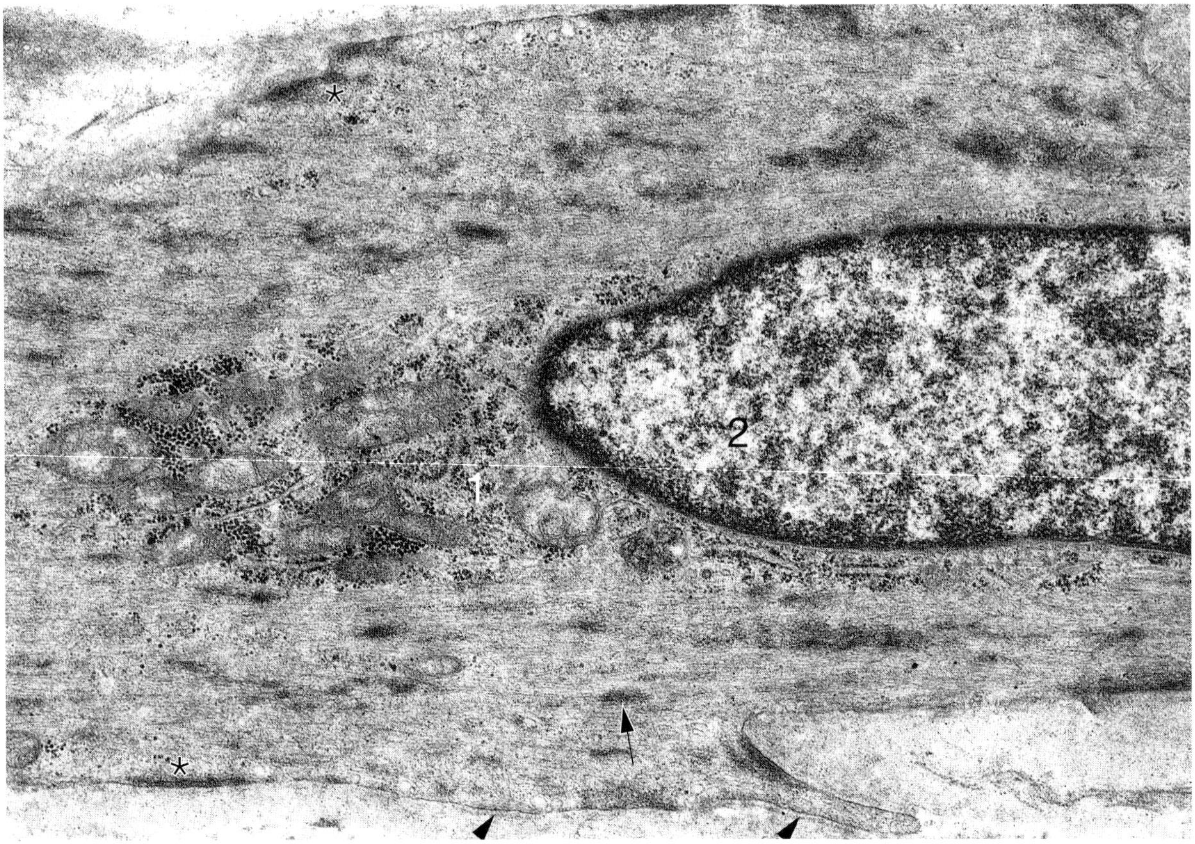

3.3-3

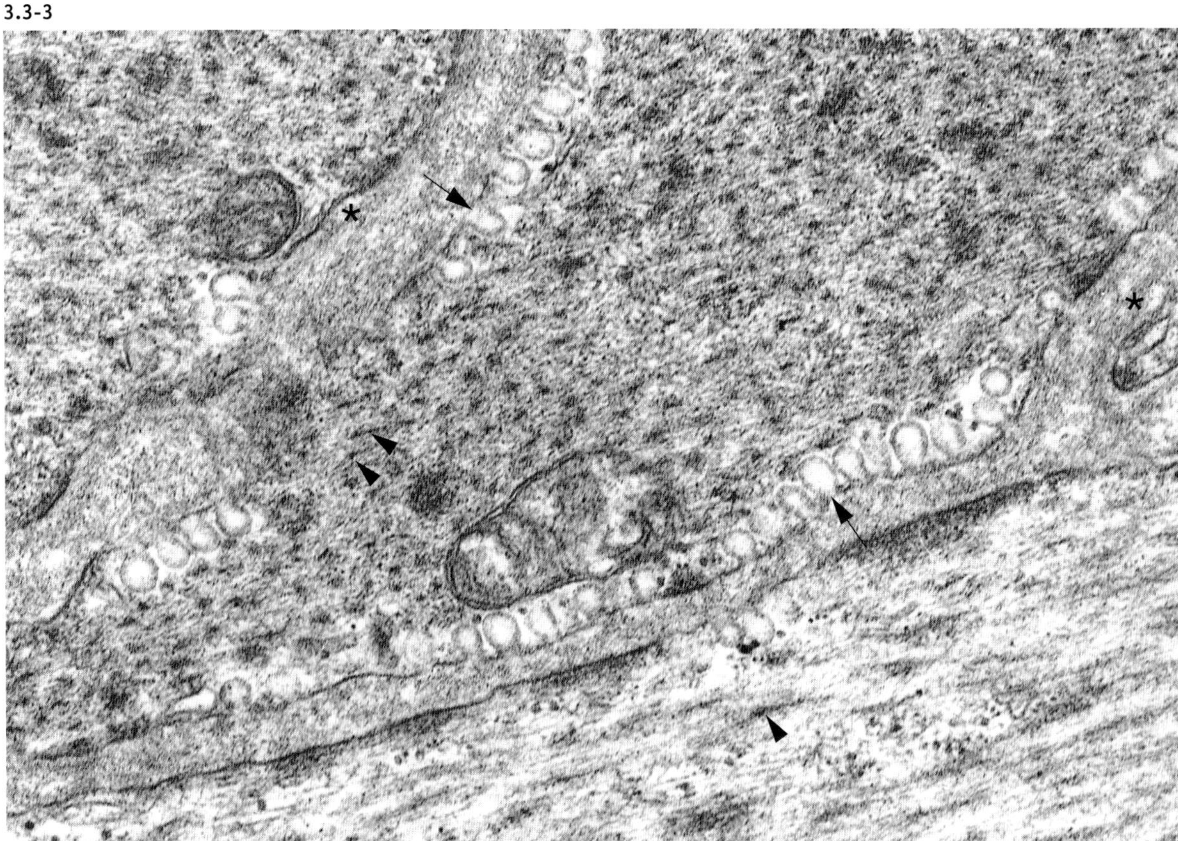

3.3-4

bran. Die Zellen sind von einer Basallamina umgeben (Abb. 3.3-3, 3.3-4), die eine wichtige strukturelle Rolle beim Einbau der Zellen in das Bindegewebe spielt. Wichtig ist die Verknüpfung mit den retikulären Kollagenfasern und Mikrofibrillen elastischer Fasern, mit denen sie in funktionellem Zusammenspiel stehen. In manchen Regionen (Mamille, Haarbalgmuskeln) und vielfach in den Gefäßwänden sind die glatten Muskelzellen mit kleinen elastischen Sehnen verbunden.

Kontraktiler Apparat der glatten Muskelzelle

Elektronenmikroskopisch und histochemisch lassen sich im kontraktilen Apparat der glatten Muskulatur (Abb. 3.3-5) 4–8 nm dicke **Aktinfilamente** und 15 nm dicke **Myosinfilamente** (aus Typ-II-Myosin) unterscheiden. Glatte Muskelzellen enthalten mehr Aktin als quergestreifte Muskelzellen. 13–14 Aktinfilamente sind einem Myosinfilament zugeordnet. Diese bilden gemeinsam ein kleines **Bündel**, das längs oder schräg in der Zelle angeordnet ist. Viele solcher Bündel liegen ohne klare Begrenzung in der Zelle nebeneinander. Es kommt nicht zum Aufbau von Myofibrillen. Die Aktinfilamente enden in einer kleinen Zytoplasmaverdichtung (Verdichtungszone, dense body), die einer Z-Linie in der quergestreiften Myofibrille entspricht und die α-Aktinin enthält. In der Zellperipherie sind die Filamente in Verdichtungen an der Membran (Anheftungsplaques), die aus Vinculin und Talin aufgebaut sind, verankert. Diese Proteine sind mit Integrinen der Zellmembran verbunden. Im Zytoplasma kommen des Weiteren 10 nm dicke Intermediärfilamente aus Desmin vor (in Gefäßmuskulatur aus Vimentin), die auch in die dense bodies und Anheftungsplaques einstrahlen und robuste Stützstrukturen für Zelle und kontraktilen Apparat aufbauen. Über Anheftungsplaques sind benachbarte glatte Muskelzellen auch mechanisch verbunden. Die besondere Art der Anordnung der kontraktilen Filamente erlaubt eine ausgeprägtere Verkürzung bei Kontraktion, als das bei quergestreiften Muskelzellen möglich ist.

Die Kontraktion der glatten Muskelzellen wird durch Ca^{2+} ausgelöst, wobei verschiedene Faktoren (Innervation, Hormone, Dehnung) den Kalziumanstieg im Zytosol bewirken. Das Kalzium strömt vor

Abb. 3.3-3 Aufbau einer glatten Muskelzelle (Bronchus, Mensch). Mitochondrien, Ribosomen und raues ER (**1**) sind vor allem an den Enden der lang gestreckten Zellkerne (**2**) konzentriert, im übrigen Zytoplasma überwiegen kontraktile Filamente. Diese sind in Zytoplasmaverdichtungen (Verdichtungszonen, entsprechen Z-Streifen der quergestreiften Muskelzelle, ➔) oder in Verdichtungen an der Zellmembran (Anheftungsplaques, ✻) verankert. ▶ Basallamina. Vergr. 20700 fach. (Aus [1])

Abb. 3.3-4 Glatte Muskelzellen, unten annähernd längs, oben schräg angeschnitten (Harnleiter, Mensch). Beachte die ovalen Einsenkungen der Zellmembran (Kaveolen, ➔), die Basallamina (✻) und im Zytoplasma die zahlreichen dünnen Aktinfilamente. Die gleichmäßig über die Schnittfläche verteilten länglichen, dickeren filamentären Strukturen entsprechen Myosin (▶). Des Weiteren treten im Zytoplasma und an der Innenseite der Zellmembran unscharf begrenzte größere Verdichtungen auf, die der Anheftung der Aktinfilamente dienen. Vergr. 50000fach. (Aus [1])

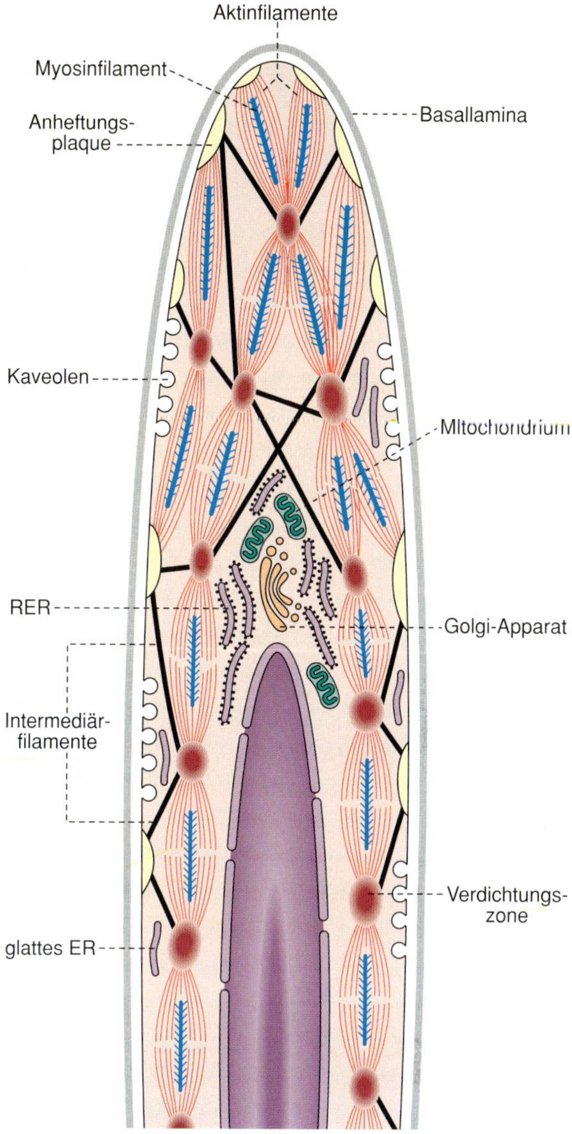

Abb. 3.3-5 Kontraktiler Apparat einer glatten Muskelzelle, hypothetische Darstellung. Die Verdichtungszonen entsprechen den Z-Linien der quergestreiften Muskulatur, in ihnen und in den bandförmigen Anheftungsplaques der Zellmembran sind die Aktinfilamente verankert. Intermediärfilamente sind wesentliche stützende Strukturen. (Aus [1])

allem aus dem Extrazellulärraum, aber auch aus den glatten ER-Schläuchen in das Zytosol. Der Einstrom erfolgt viel langsamer als bei den Skelettmuskelzellen. Den Aktinfilamenten ist das filamentstabilisierende Tropomyosin zugeordnet, Troponin fehlt aber in der glatten Muskulatur. Ein besonders aktinassoziiertes Protein des Aktins der glatten Muskulatur ist das Caldesmon, das im Ruhezustand das Aneinandervorbeigleiten der kontraktilen Filamente verhindert. Es gibt kein schnelles An- und Abschalten der Muskelkontraktion. Das eingeströmte Kalzium bindet an Calmodulin.

Calmodulin ist ein ubiquitäres zytosolisches Protein, das vier Kalziumionen bindet. Der Calmodulin-Ca^{2+}-Komplex bindet dann an viele Proteine und aktiviert sie, wodurch zahlreiche zelluläre Reaktionen ausgelöst werden, z.B. die Freisetzung von Hormonen und Glykogenabbau.

In glatten Muskelzellen führt der Calmodulin-Ca^{2+}-Komplex auf zwei funktionell zusammengehörenden Wegen zur Kontraktion:

- Er bindet an das Caldesmon des Aktins, das sich daraufhin vom Aktin-Tropomyosin löst, womit das Filamentgleiten eingeleitet wird.
- Er aktiviert eine Myosin-Leichtketten-Kinase, die dann die sog. regulatorische leichte Kette des Myosins phosphoryliert, wodurch der Myosinkopf für die Kontaktaufnahme aktiviert wird.

Innervation

Die glatte Muskulatur steht mehr oder weniger ausgeprägt unter dem Einfluss des vegetativen Nervensystems und lokaler Faktoren, sie kann aber auch durch Dehnung beeinflusst werden. Viele Neurotransmitter, Hormone und Gewebefaktoren koordinieren die Tätigkeit dieser Muskelzellen, z.B. Noradrenalin, Acetylcholin, Stickstoffmonoxid, Östrogen, Oxytocin, Histamin und Serotonin. Je nach Rezeptorbesatz werden die glatten Muskelzellen von den Neurotransmittern des vegetativen Nervensystems aktiviert oder gehemmt. Eine herausragende Rolle spielt das Noradrenalin. Die synaptischen Strukturen der vegetativen Nervenfasern erreichen die Oberfläche der glatten Muskelzellen nur selten direkt. Meistens bleiben die Nervenfasern 5–20 µm von der Muskelzelle entfernt und bilden in ihrem Verlauf mehrere sog. „En-passant-Synapsen" (Varikositäten).

In der glatten Muskulatur mancher Organe, z.B. des Uterus, der ableitenden Harnwege, des Magen-Darm-Trakts und vieler größerer Blutgefäße, sind größere Gruppen glatter Muskelzellen über Gap junctions verbunden (Abb. **3.3-6**) und damit funktionell gekoppelt und synchronisiert. Diese Form glatter Muskulatur wird glatte Muskulatur vom **Single-unit-Typ** genannt. In dieser Form der glatten Muskulatur gibt es Zentren mit spontaner Erregungsbildung durch Schrittmacherpotentiale. Die Aktivität solcher Zentren wird durch Dehnung verstärkt. Diese glatte Muskulatur ist relativ autonom und wird von der Innervation nur moduliert.

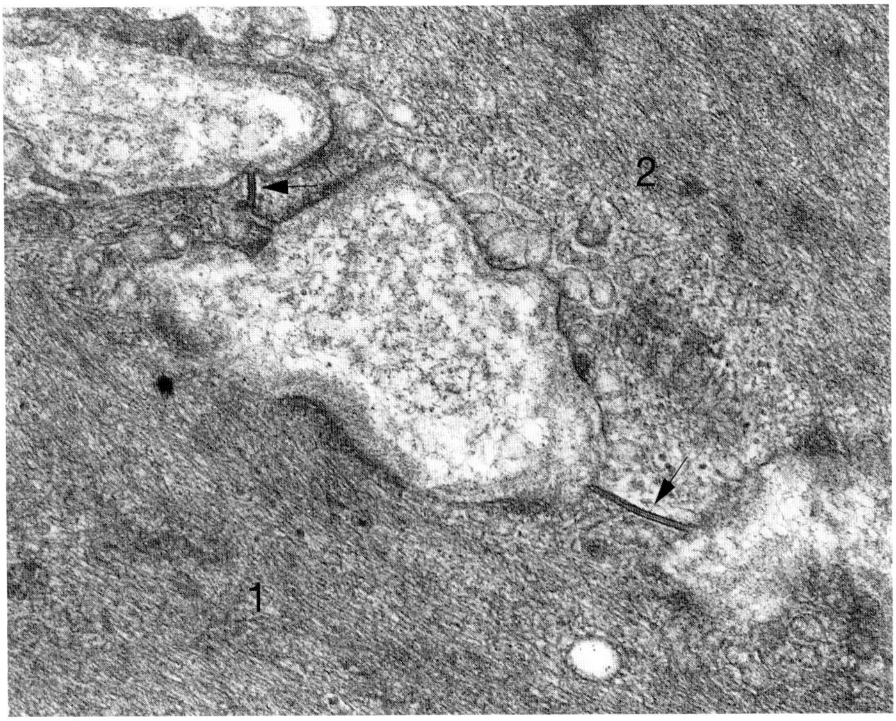

Abb. 3.3-6 **Gap junctions (→) zwischen benachbarten glatten Muskelzellen (1, 2)** in der Zitze einer Kuh. Vergr. 50000fach.

In anderen Organen, z. B. im Ziliarkörper und im Ductus deferens, sind die einzelnen glatten Muskelzellen voneinander getrennt und werden einzeln innerviert: **Multi-unit-Typ** der glatten Muskulatur.

Matrixproduktion durch glatte Muskelzellen, Myofibroblasten

Glatte Muskelzellen sind auch in der Lage, Kollagen, Laminin, Fibrillin, Elastin und Proteoglykane zu bilden, was z. B. in den Gefäßwänden gut untersucht wurde. Glatte Muskelzellen können aufgrund dieser Eigenschaft auch den stationären Bindegewebszellen zugeordnet werden. Zellen, die intermediäre Eigenschaften von glatten Muskelzellen und Fibrozyten besitzen, werden als **Myofibroblasten** bezeichnet. Sie finden sich an vielen Stellen im menschlichen Körper, z. B. unter dem Keimepithel der Hodenkanälchen, im Bandapparat des Uterus, im Alveolarseptum der Lunge, im Bindegewebe hinter dem Augenbulbus und im Narbengewebe.

Typische glatte Muskelzellen (kontraktile [K] Muskelzellen) haben auch die Fähigkeit, ihren ganzen Stoffwechsel und ihre Organisation auf Matrixproduktion (metabolische [M] Muskelzellen) umzustellen.

3.3.2 Skelettmuskulatur

Skelettmuskulatur bildet die aktive Komponente des Bewegungsapparats. Sie ist das, was man gemeinhin „Muskulatur" nennt. Die Skelettmuskulatur baut aber auch folgende Organe auf: Zunge, Gaumen, oberen Ösophagus, mimische Muskulatur, Zwerchfell, äußere Augenmuskeln u. a. Sie ist fast immer willkürlich innerviert und in der Lage, schnell für kurze Zeit große Kraft zu entwickeln; sie ermüdet rasch. Baueinheiten sind lange, vielkernige, quergestreifte Muskelzellen (Muskelfasern).

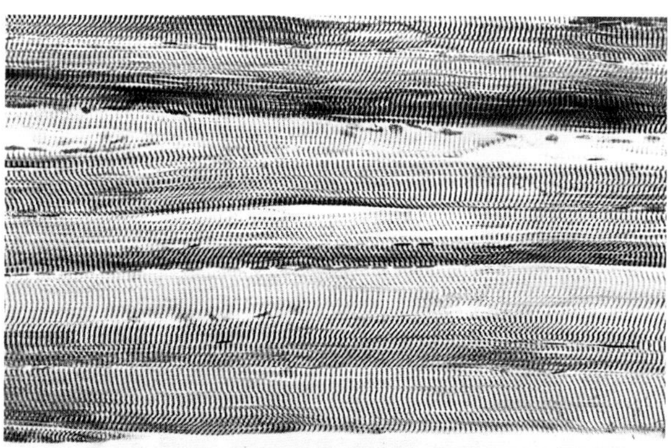

Abb. 3.3-7 Die Querstreifung von Skelettmuskelzellen tritt durch die Eisenhämatoxylinfärbung besonders deutlich hervor. Schon bei niedriger Auflösung lassen sich dunkle A- und helle I-Banden klar unterscheiden (Skelettmuskel, Mensch). Färbung: Eisenhämatoxylin; Vergr. 140fach.

Hierarchischer Aufbau der Skelettmuskulatur

Die Muskelzellen bilden zusammen mit dem kollagenfaserigen Bindegewebe in einem definierten Muskel komplexe und hierarchisch angeordnete Systeme. Eine Reihe von parallel verlaufenden Muskelfasern bildet die Funktionseinheiten des Muskels, die **Primärbündel**, die von einem Bindegewebsstrumpf, dem **Perimysium internum**, umhüllt werden. Die Einzelzellen des Primärbündels werden von feinen Bindegewebsfasern umsponnen, die auch benachbarte Muskelfasern verbinden und insgesamt das **Endomysium**, das zarte Bindegewebe innerhalb eines Primärbündels, aufbauen und vorwiegend aus retikulären Fasern bestehen. Gruppen von Primärbündeln bilden sog. **Sekundärbündel (Fleischfasern)**, die vom **Perimysium externum** umhüllt werden. Der Gesamtmuskel wird vom sog. **Epimysium** umgeben, dem sich nach außen hin noch die derbe **Faszie** anschließt, die den Muskel verschieblich in die Umgebung einbaut und teilweise Funktion als Ursprungsregion des Muskels haben kann.

Die Nerven und Blutgefäße dringen an bestimmten Stellen (**Areae nervovasculosae**) in einen Muskel ein, verzweigen sich und dringen über das Perimysium externum in die Tiefe. Im Endomysium liegt ein reich entwickeltes Kapillarnetz um die einzelnen Muskelfasern vor. Die Kapillaren bilden Schlingen, die Anpassungen an die unterschiedlichen Längenzustände des Muskels erlauben.

Skelettmuskelzelle

Die Baueinheiten der Skelettmuskulatur sind die z. T. zentimeterlangen und ca. 40–100 (seltener bis 500) µm dicken Muskelzellen (Muskelfasern). Eine solche Muskelfaser ist eine ungewöhnlich lange, vielkernige Zelle, die im Laufe der Entwicklung durch Verschmelzung aus einkernigen Vorläuferzellen, den **Myoblasten**, entsteht.

Querstreifung Das auffallendste Merkmal einer Skelettmuskelzelle ist die Querstreifung (**quergestreifte Muskulatur**, Abb. 3.3-7). Träger dieser Querstreifung sind Hunderte, dicht aneinander gelagerte, 0,5–1 µm dicke **Myofibrillen**, die das Zytoplasma, das in den Skelettmuskelzellen auch **Sarkoplasma** genannt wird, weitgehend ausfüllen und deren Querstreifungsmuster auf gleicher Höhe liegen, so dass die ganze Faser quergestreift erscheint (Abb. 3.3-8). Im Querschnitt durch eine Faser sind die Fibrillen auf einem lichtmikroskopischen Präparat oft als feine Punkte er-

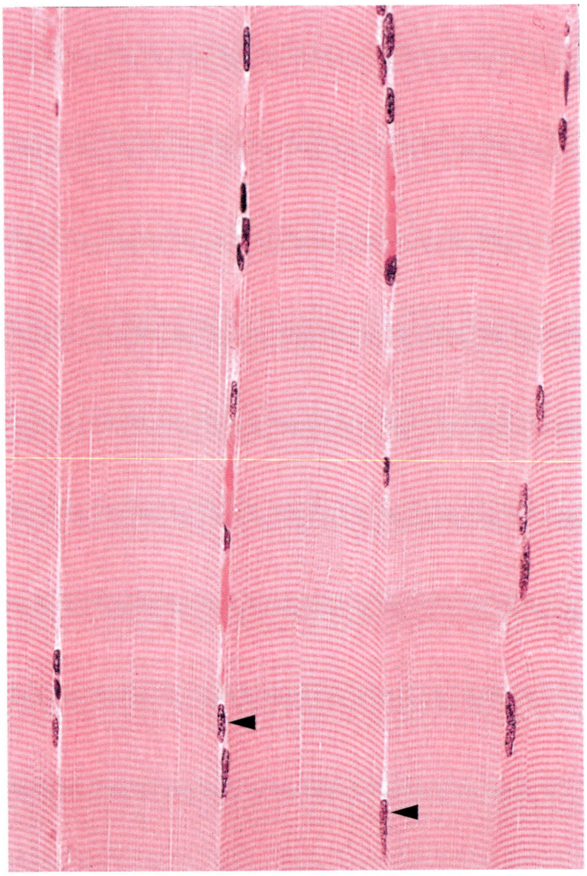

Abb. 3.3-8 Skelettmuskulatur im Längsschnitt (Mensch). ▶ Zellkerne. Färbung: H. E.; Vergr. 400fach.

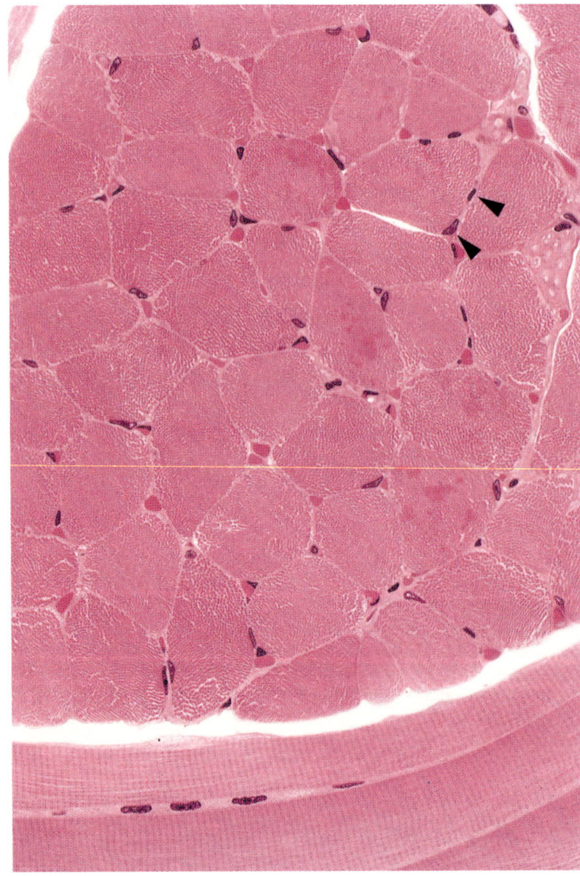

Abb. 3.3-9 Skelettmuskulatur im Querschnitt (Mensch). Skelettmuskelzellen enthalten viele Kerne (▶), die alle am Rande der Zellen liegen. Das eosinophile Zytoplasma besteht v. a. aus Myofibrillen und Mitochondrien. Erstere sind im Querschnitt z. T. als kleine Punkte erkennbar. Plastikschnitt; Färbung: H. E.; Vergr. 320fach.

kennbar (Abb. **3.3-9**). Diese Punkte können Gruppen bilden und sind durch fibrillenfreie netzförmige Bahnen getrennt (Cohnheim-Felderung, z. T. in gewissem Maße ein präparationsbedingtes Artefakt).

Zellkerne In der Zellperipherie liegen die länglichen Zellkerne (ca. 20–40 pro mm Zelllänge). Die Hunderten von Zellkernen sind relativ klein (Längsdurchmesser ca. 8–10 µm), oval und etwas abgeflacht. Sie besitzen ein feines Chromatinmuster und enthalten einen deutlichen Nukleolus.

Zellmembran Der Zellmembran (**Sarkolemm**) liegt außen eine Basallamina an. Auf der zytoplasmatischen Seite der Zellmembran befindet sich das Protein **Dystrophin** (400 kD), welches an der Stabilisierung der Zellmembran beteiligt ist (Abb. **3.3-10**). Dystrophin ist Teil eines umfangreichen Komplexes aus Proteinen und Glykoproteinen in und unmittelbar unterhalb der Zellmembran der Muskelzellen, der auch mit dem Laminin der Basallamina verbunden ist. Die Zellmembran bildet fingerförmige, tief in das Zytoplasma eingesenkte Einstülpungen, die Transversal(T)-Tubuli (s. Abb. **3.3-12**).

Klinik Bei der erblichen **Duchenne-Muskeldystrophie** fehlt das Dystrophin. Diese Muskelschwäche führt dazu, dass betroffene Kinder bereits im Alter von 10–12 Jahren nicht mehr gehen können. Muskelgewebe wird durch Fett- und Bindegewebe ersetzt. Diese Krankheit führt zum Tod.

Zellorganellen, Zelleinschlüsse In der Nähe des Zellkerns finden sich die typischen Zellorganellen. Mitochondrien mit dicht gestellten Cristae lagern sich in Reihen parallel zu den Myofibrillen (Abb. **3.3-11**) und können in Nähe der Zellmembran große Ansammlungen bilden. Kleine Golgi-Apparate treten in Vielzahl in Kernnähe auf. Ribosomen sind zahlreich. Hoch entwickelt ist das glatte ER. Das raue ER und Lysosomen sind nur vereinzelt anzutreffen. Glykogen kommt

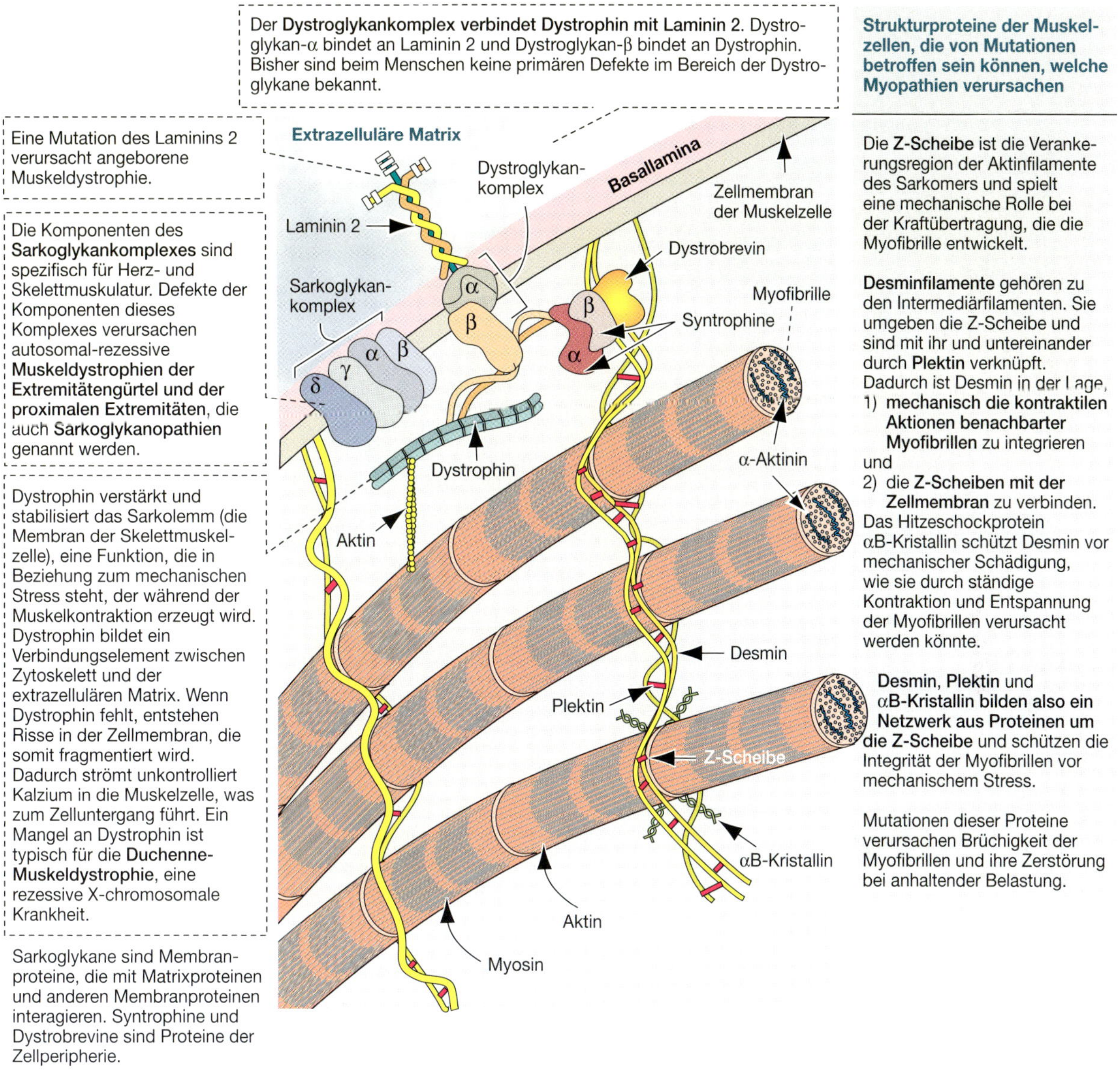

Abb. 3.3-10 Strukturproteine der Skelettmuskelzelle. Veränderungen dieser Proteine können Muskelerkrankungen (Myopathien) hervorrufen. (Aus [12])

im gesamten Zytoplasma vor. Fetttropfen treten in Kernnähe und zwischen den Myofibrillen auf.

Myoglobin Das Sauerstoff bindende Protein Myoglobin liegt gelöst im Zytoplasma vor. Es ist weitgehend für die bräunliche Färbung der Skelettmuskulatur verantwortlich. Als Sauerstoffspeicher ist es bei tauchenden Vögeln und Säugern in besonders reichem Maße vorhanden.

Ultrastruktureller Aufbau der Myofibrillen

Das Querstreifungsmuster beruht auf der regelmäßigen Folge heller und dunkler Streifen (Banden) entlang den Fibrillen (Abb. **3.3-8**). Die im lichtmikroskopischen Präparat dunklen Streifen verhalten sich im Polarisationsmikroskop doppelbrechend, also anisotrop, und leuchten hell auf; sie werden daher **A-Streifen** (A-Bande) genannt (Abb. **3.3-12**). Die hellen Streifen sind isotrop (einfachlichtbrechend). Man bezeichnet sie als **I-Streifen** (I-Bande). Diese I-Streifen verkürzen sich bei der Kontraktion, während die A-Streifen konstant bleiben. In der Mitte eines jeden I-Streifens verläuft ein dunkler, schmaler **Z-Streifen** (Zwischenstreifen, Z-Linie, Z-Scheibe).

In der Mitte jedes A-Streifens ist noch ein heller **H-Streifen** (Hensen-Streifen, H-Zone) erkennbar, in dessen Mitte wiederum ein schmaler, dunkler **M-Streifen** (M-Linie, Mittelstreifen) verläuft. Der M-Streifen besteht aus Proteinen (M-Linien-Protein, Myomesin, Kreatinkinase), die die Myosinfilamente verbinden.

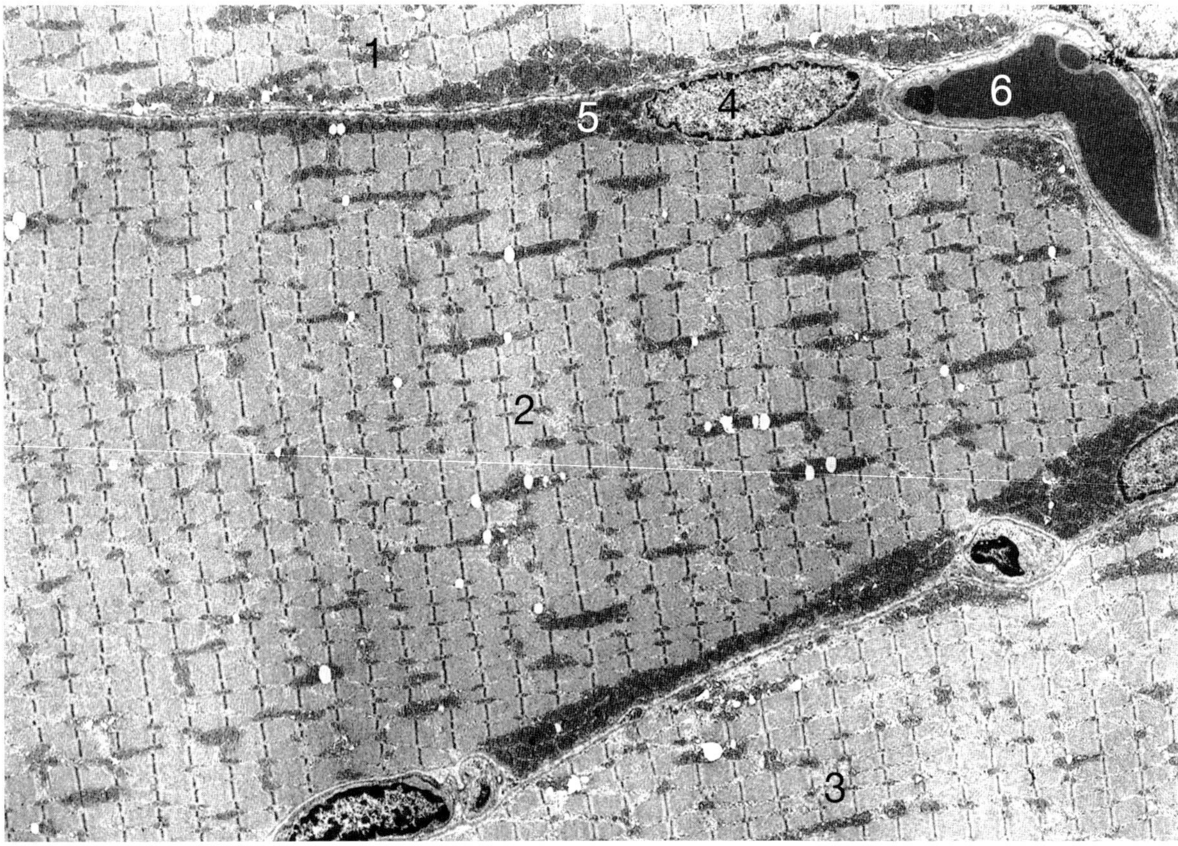

Abb. 3.3-11 Skelettmuskelzellen. Drei längs geschnittene Skelettmuskelzellen (**1**, **2**, **3**; Ratte) bei niedriger elektronenmikroskopischer Vergrößerung. Beachte die dicht gepackten Myofibrillen, deren Sarkomere in einer Zelle alle auf annähernd gleicher Höhe liegen. **4** Zellkern einer Muskelzelle; **5** Mitochondrienansammlungen; **6** Blutkapillare mit Erythrozyten. Vergr. 2800fach.

Das Segment einer Fibrille zwischen zwei Z-Streifen ist das **Sarkomer.** Das Sarkomer ist die funktionelle Einheit der Fibrillen, die aus Hunderten oder Tausenden solcher Sarkomere aufgebaut ist.

Sarkomer Im Elektronenmikroskop ist der Aufbau der Sarkomere besser zu analysieren als im Lichtmikroskop (Abb. 3.3-13). Ein Sarkomer wird im Wesentlichen aus regelmäßig angeordneten dünnen und dicken Filamenten aufgebaut (Abb. 3.3-12). Die **dünnen Filamente** (ca. 2000/Sarkomer) sind ca. 7 nm dick und ca. 1 µm lang und bestehen aus filamentärem Aktin sowie Tropomyosin und Troponin. Die **dicken Filamente** (ca. 1000/Sarkomer) sind aus Myosin II aufgebaut und sind ca. 15 nm dick und 1,5 µm lang. Das Myosin II liefert Kraft, die bei der Kontraktion von Muskeln oder z. B. bei der Zellteilung nötig ist.

Myosinfilamente Die **Myosinfilamente** sind Hauptbestandteil der A-Streifen. Sie verlaufen im Abstand von ca. 45 nm parallel zueinander. In der Mitte der A-Streifen (im M-Streifen) werden sie über Verbindungsproteine in Position gehalten.

I-Streifen bestehen überwiegend aus **Aktinfilamenten.** Aktinfilamente sind einerseits im Z-Streifen verankert und dringen andererseits zwischen den Myosinfilamenten in die A-Streifen ein bis an den Rand des H-Streifens. Der H-Streifen enthält keine Aktinfilamente, sondern ausschließlich Myosinfilamente. Im A-Streifen sind jeweils sechs Aktinfilamente um ein Myosinfilament angeordnet, wobei ein bestimmtes Aktinfilament nicht nur einem, sondern zwei benachbarten Myosinfilamenten zugeordnet ist, und auf Längsschnitten ist erkennbar, dass von den Myosinfilamenten kurze dornförmige Projektionen ausgehen, die eine Verbindung bzw. eine Brücke zu den Aktinfilamenten bilden können.

Die **Myosinfilamente** sind jeweils aus ca. 350 Myosinmolekülen aufgebaut (ein Einzelmolekül ist ca. 300 nm lang und 2–3 nm dick). Ein Myosinmolekül besteht aus zwei schweren und vier leichten Polypeptidketten. Die beiden schweren Ketten besitzen je einen langen Schwanzteil, wobei die zwei Schwanzteile umeinander gewunden sind, je einen biegsamen Halsteil und je ein globuläres Ende, den sog. Kopf. Dem Halsteil sind je zwei leichte Polypeptidketten (eine regulatori-

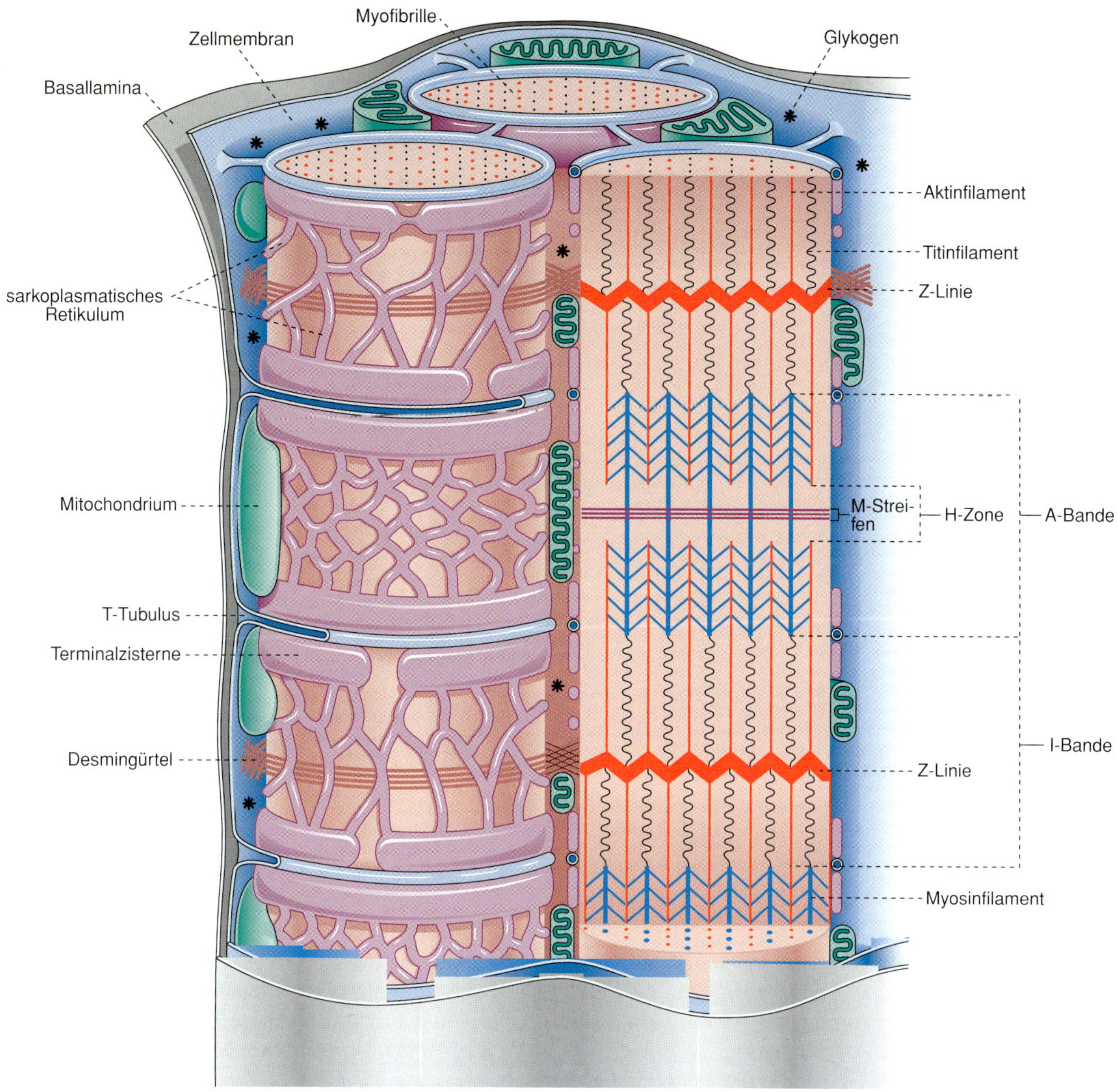

Abb. 3.3-12 Kontraktiler Apparat und Membranstrukturen der Skelettmuskelzelle, schematische Darstellung. Links: Außenansicht einer Myofibrille; rechts: zwei Myofibrillen längs geschnitten. Der Abschnitt zwischen zwei Z-Linien heißt Sarkomer. Die Myosinfilamente treten mittels der sog. Myosinköpfe mit den Aktinfilamenten in Kontakt. Die sehr dünnen Titinfilamente (Connektinfilamente) verbinden die Myosinfilamente mit den Z-Linien und verleihen den Myofibrillen elastische Eigenschaften. A-Bande = A-Streifen; I-Bande = I-Streifen; H-Zone = H-Streifen; Z-Linie = Z-Streifen. (Aus [1])

sche und eine essentielle) assoziiert. Die Köpfe stehen seitlich von der Längsachse der Schwanzteile ab und entsprechen den seitlichen Projektionen im Elektronenmikroskop. Der Kopfteil ist Ort der ATPase-Aktivität und bildet die Brücken zwischen Myosin und Aktin. Der Hals zwischen Kopf und Schwanz ist flexibel, so dass Konfigurationsveränderungen möglich sind (molekulare „Gelenkregion"). Durch Proteolyse kann das Myosinmolekül in **schweres Meromyosin** (Kopf und kurzer Teil der Schwanzregion) und **leichtes Meromyosin** (Hauptteil des Schwanzes) gespalten werden.

Die polar gebauten Myosinmoleküle sind im dicken Filament so angeordnet, dass der Schwanzteil zur Mitte des Filaments zeigt, der Kopfteil liegt dagegen an den Enden des Filaments. Die Packung der Myosinmoleküle ist dann so, dass die Köpfe spiralförmig von den beiden Enden des dicken Filaments abstehen, während seine Mitte keine Köpfe besitzt (H-Streifen).

Aktinfilamente Das **dünne Aktinfilament** besteht aus zwei Ketten von filamentärem Aktin (F-Aktin), die helikal umeinander gewunden sind. Dem Aktinfila-

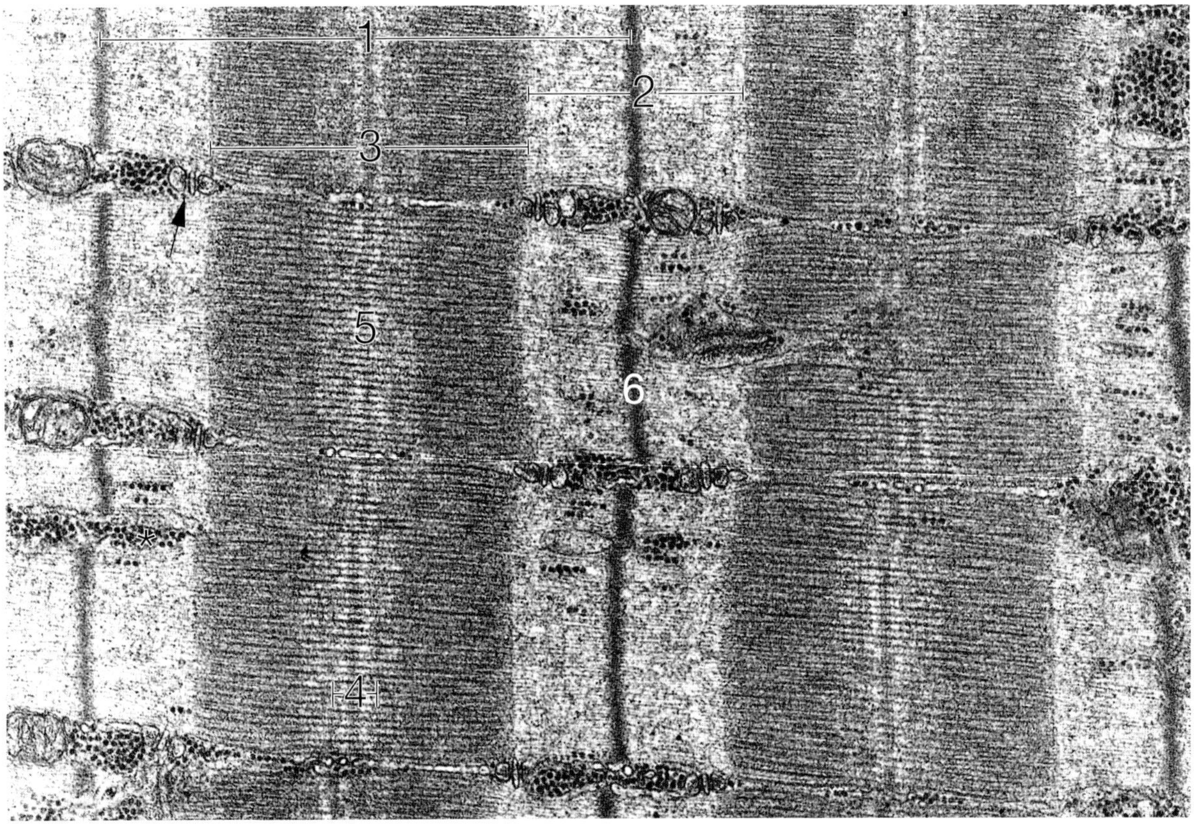

Abb. 3.3-13 Muskelfibrillen. Drei weitgehend erschlaffte Muskelfibrillen (= Myofibrillen) im Längsschnitt (M. gastrocnemius, Ratte). **1** Sarkomer zwischen zwei Z-Linien; **2** I-Streifen; **3** A-Streifen; **4** H-Streifen; **5** M-Linie; **6** Z-Linie; ➔ kaum sichtbare Triade; ✻ Glykogen. Vergr. 36600fach.

ment ist der Regulatorproteinkomplex Tropomyosin/Troponin zugeordnet. Das ca. 40 nm lange **Tropomyosin** verläuft in der Furche zwischen den zwei Aktinfilamenten. Dem Tropomyosin ist in regelmäßigen, 40 nm messenden Abständen ein Komplex aus drei Troponinpeptiden angelagert, die in der glatten Muskulatur fehlen:

- **Troponin T** bindet den Komplex an Tropomyosin.
- **Troponin C** kann Kalzium binden.
- **Troponin I** hemmt im Ruhezustand die Bindung der Myosinköpfe an das Aktin.

Titin, Nebulin Im Sarkomer kommen weitere fibrilläre Moleküle vor. Das myofibrilläre Protein **Titin** (= Connektin) ist die längste Polypeptidkette des menschlichen Körpers und hat elastische Eigenschaften. Es erstreckt sich vom M-Streifen bis zum Z-Streifen. Titin verbindet das Ende der Myosinfilamente mit dem Z-Streifen und verläuft im A-Streifen in einer Zahl von sechs Molekülen im dicken Filament. Es stabilisiert die dicken Myosinfilamente und verleiht den Myofibrillen die Elastizität. Eine ruhende Muskelzelle kann so weit gedehnt werden, dass sich Aktin- und Myosinfilamente nicht mehr überlappen. Wenn nicht mehr gedehnt wird, stellt sich mit Hilfe des Titins das normale Überlappungsmuster her. **Nebulin**, ein weiteres myofibrilläres Protein, hält die Aktinfilamente in Position. Capping-Proteine stabilisieren die Enden der Aktinfilamente und verhindern, dass während der Kontraktion Aktinuntereinheiten dissoziieren. Tropomodulin stabilisiert das Minusende des Aktinfilaments im Zentrum des Sarkomers, das Cap-Z-Protein stabilisiert das Plusende im Z-Streifen.

Z-Streifen Der Z-Streifen (dreidimensional: Z-Scheibe) ist ein komplexes Fasergitter, in dem die Plusenden der Aktinfilamente verankert sind. An dieser Verankerung ist eine Reihe von Proteinen beteiligt, darunter das α-Aktinin, das Aktin quer vernetzt und zu dickeren Bündeln verbinden kann. Ein weiteres Z-Streifen-Protein ist das Cap-Z-Protein. Es ist ein Capping-Protein, das die Depolymerisierung der Aktinfilamente am Plusende verhindert und sie wahrscheinlich mit anderen Proteinen des Z-Streifens verknüpft.

Intermediäre Filamente Intermediäre Filamente des Zytoskeletts (Dicke 10 nm) bestehen im Skelettmuskel aus Desmin und umspinnen die Myofibrillen (Abb.

3.3-10). Sie bilden in Höhe der Z-Streifen ringförmige Strukturen, die bei benachbarten Fibrillen durch weitere Zytoskelettfilamente verbunden sind. Unter der Zellmembran ist nicht nur Dystrophin zu finden, sondern hier befinden sich auch Verdichtungen mit dem Verankerungsprotein Vinculin, in das auch intermediäre Filamente einstrahlen.

Glattes endoplasmatisches Retikulum Das glatte endoplasmatische Retikulum (sarkoplasmatisches Retikulum) ist ungewöhnlich hoch differenziert und tritt in funktionelle und räumliche Beziehung mit schlanken schlauchförmigen Einstülpungen der Zellmembran, den Transversaltubuli. Das glatte ER wird in den Skelettmuskelzellen **sarkoplasmatisches Retikulum** (SR) und gelegentlich auch L-System genannt, da seine Schläuche überwiegend längs bzw. longitudinal, d. h. parallel zur Längsachse der Zellen, angeordnet sind. Das glatte ER ist ein System netzförmig miteinander verbundener glatter Membranschläuche, das die Myofibrillen umspinnt (Abb. 3.3-12, 3.3-14). Es speichert (sequestriert) in Ruhephasen Kalzium und setzt es bei Erregung der Zellen frei, was die Kontraktion der Myofibrillen auslöst. Im SR ist das Kalzium zu einem erheblichen Teil an zwei lösliche Proteine gebunden; freie Kalziumionen liegen hier nur in relativ geringer Konzentration vor. Es lassen sich verschiedene Zonen des sarkoplasmatischen Retikulums unterscheiden:

- Im Bereich des H-Streifens bildet sich ein besonders dichtes Netzwerk aus.
- Am Übergang vom A- zum I-Streifen finden sich zwei zirkulär um die Myofibrillen verlaufende sog. **Terminalzisternen** (junktionales Retikulum), in die die längs verlaufenden Schläuche (longitudinale Sarkotubuli) des sarkoplasmatischen Retikulums einmünden (Abb. 3.3-12, 3.3-14).

Zwischen den zwei Terminalzisternen befindet sich ein enger Schlauch, der **Transversal(T)-Tubulus**, der eine Einstülpung der Zellmembran ist. Die zwei Terminalzisternen und der T-Tubulus bilden einen Membrankomplex, der **Triade** (Abb. 3.3-13) genannt wird. Die Membran des sarkoplasmatischen Retikulums ist reich an Ca^{2+}-Mg^{2+}-ATPase, die nach der Erregung das zuvor freigesetzte Kalzium in das Lumen dieses Schlauchsystems zurückpumpt. T-Tubulus und die benachbarten Membranen der Terminaltubuli sind über die sog. **junktionalen Füßchen** (Abb. 3.3-13, 3.3-14) verbunden. Diese Strukturen bezeichnet man

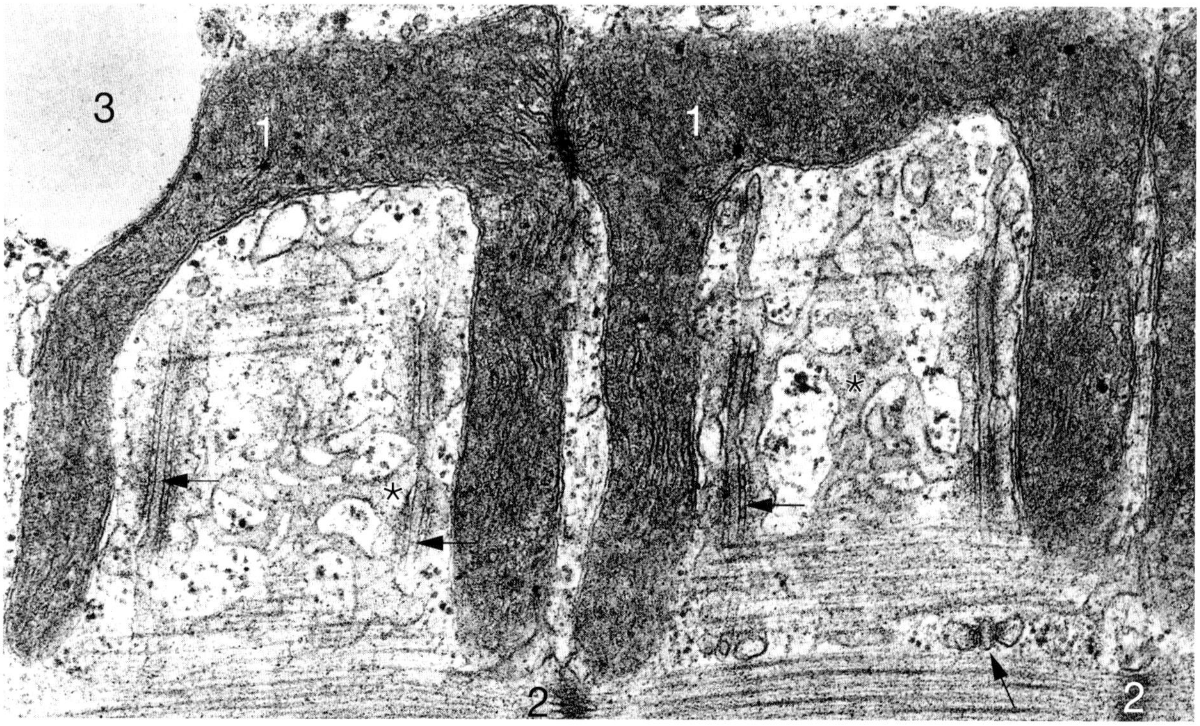

Abb. 3.3-14 Längsschnitt durch den peripheren Bereich einer Muskelfibrille, Skelettmuskel (M. rectus abdominis; Ratte). **1** große Mitochondrien; * glattes ER; → T-System. Zwischen T-System und Terminalzisterne des sarkoplasmatischen Retikulums sind als feine dunkle Punkte die junktionalen Füßchen erkennbar. Am unteren Bildrand ist eine Muskelfibrille angeschnitten mit gut erkennbaren Z-Linien (**2**), die eine räumliche Korrelation der T-Tubuli mit den Regionen eines Sarkomers ermöglichen; es kommen zwei T-Tubuli pro Sarkomer vor; die Sarkomere sind relativ stark kontrahiert. **3** Lipidtropfen. Vergr. 43 440fach. (Aus [1])

auch als Brückenproteine oder junktionale Kanalkomplexe. Die junktionalen Füßchen bestehen aus einem Proteinkomplex, der aus einem Rezeptor in der Zellmembran (Dihydropyridinrezeptor) und einem mit ihm verbundenen Rezeptor in der Membran des Terminaltubulus (Ryanodinfaktor, spezieller Kalziumkanal) aufgebaut ist. Änderung des Membranpotentials durch die Erregung eines Nervenimpulses verursacht nacheinander Konformationsänderung des Dihydropyridin- und des Ryanodinrezeptors, wodurch Ca^{2+}-Ionen aus dem sarkoplasmatischen Retikulum ins Zytosol gelangen.

Die junktionalen Füßchen sind also wesentliche Komponenten der Kopplung von Erregung und Kontraktion, die aus einer Folge chemischer und elektrischer Vorgänge (elektromechanische Kopplung) besteht und die an der motorischen Endplatte beginnt. Von dort breitet sich ein Aktionspotential über die Membran der Muskelzellen aus, das über die T-Tubuli in die Tiefe der Muskelzellen vordringt. Die junktionalen Füßchen im Bereich der Triaden zwischen T-Tubuli und Terminalzisternen werden aktiviert, was einen raschen Einstrom von Kalzium, das aus dem sarkoplasmatischen Retikulum freigesetzt wird, in Zytosol und die Myofibrillen zur Folge hat. Das freigesetzte Kalzium bindet an die Myofibrillen und setzt den Kontraktionsprozess in Gang. Wenn die Depolarisierung der Zellmembran zurückgeht, wird Kalzium aktiv in das Lumen des sarkoplasmatischen Retikulums zurückbefördert, was Relaxierung (Entspannung) der Myofibrillen bewirkt.

Kontraktionsmechanismus der Myofibrillen

Bei der Kontraktion gleiten die Aktin- und Myosinfilamente aneinander vorbei, die Sarkomere verkürzen sich dabei um 20–30% (**Gleitfasermodell** = sliding filament theory). Die kontraktilen Filamente selbst verkürzen sich also nicht. Die Aktinfilamente dringen bei dieser Gleitbewegung bis weit ins Zentrum des Sarkomers vor und können sich hier sogar überlappen, die Myosinfilamente nähern sich den Z-Streifen. In der kontrahierten Myofibrille sind also der I- und H-Streifen verkürzt, wohingegen der A-Streifen konstante Länge behält.

Der wesentliche Vorgang bei der **Kontraktion** ist das zyklische Zusammenwirken der Hunderten von Myosinköpfen des Myosinfilaments mit den umgebenden Aktinfilamenten. Ausgelöst wird die Kontraktion durch Einstrom von Kalzium in die Myofibrille. Das Kalzium wird durch einen Nervenimpuls aus dem glatten ER freigesetzt. Die chemische Energie von ATP, die durch Hydrolyse freigesetzt wird, wird in mechanische Arbeit umgesetzt. Die hydrolytische Spaltung des ATP wird durch die ATPase-Aktivität der Myosinköpfchen katalysiert, die Ruderbewegungen der Myosinköpfchen sind die mechanische Arbeit, die geleistet wird (Abb. **3.3-15**). Im entspannten Muskel ist ATP an die Myosinköpfchen gebunden, wodurch die Aktin- und Myosinfilamente voneinander getrennt bleiben. Hydrolyse des ATP durch die ATPase-Aktivität der Myosinköpfe aktiviert die Myosinköpfchen. Diese können aber im **Ruhezustand** des Muskels keinen Kontakt mit dem Aktinfilament knüpfen, da die hierfür erforderliche Kalziummenge im Zytosol zu niedrig ist und weil der Tropomyosin-Troponin-Komplex die Bindungsstellen für die Myosinköpfchen am Aktinfilament nicht freigibt. Ein Nervenimpuls führt zu Erhöhung der Kalziumkonzentration in den Myofibrillen, Kalzium bindet an das Troponin, und die Bindungsstellen werden freigegeben. Es kommt jetzt zur Bindung des Myosinköpfchens an das Aktinfilament, es entsteht also eine molekulare Querbrücke zwischen dem Myosin- und dem Aktinfilament. Sobald ATP vom Myosinköpfchen abdissoziiert, kommt es zur Kontraktion, weil die zu diesem Zeitpunkt fest an die Aktinfilamente gebundenen Myosinköpfchen um ca. 40–45° abkippen, wodurch die beteiligten Filamente aneinander vorbeigleiten. Die Verbindung zwischen Aktin und Myosin ist am Ende dieses kurzen Gleitvorgangs sehr stabil (entspricht dem Zustand der Totenstarre) und löst sich nur nach erneuter Bindung von ATP an die Myosinköpfchen. Nach der Loslösung richten sich die Myosinköpfchen wieder auf. Solange genügend Kalzium in der Myofibrille vorhanden ist, können zahlreiche neue Zyklen von Bindung, Kippung und Loslösen des Myosinköpfchens am bzw. vom Aktinfilament erfolgen. Während jedes Zyklus gleiten die Filamente um ca. 4 nm aneinander vorbei. Aufgrund ihrer Anordnung am Myosinfilament sind während einer Kontraktion ständig viele Myosinköpfchen in der Phase der Kippung (des „Ruderschlages"), während andere sich in der Phase des Abgelöstseins befinden.

Die Kontraktionszyklen werden beendet, wenn nicht mehr genügend Kalzium in der Fibrille vorliegt. Das Kalzium wird nach der Freisetzung sofort durch Kalzium-ATPasen aktiv in die Zisternen des glatten ER zurückgepumpt. Im lebenden Muskel ist dann das Myosinköpfchen in Ruhestellung, d.h., es hat ATP gebunden und ist nicht mit dem Aktinfilament verknüpft.

Klinik Bei der Totenstarre (Rigor mortis) ist ATP vollständig abgebaut, so dass sich die Aktin-Myosin-Komplexe nicht mehr lösen können.

Beim Muskelkater kann es offensichtlich zu Mikrotraumen in den Myofibrillen kommen.

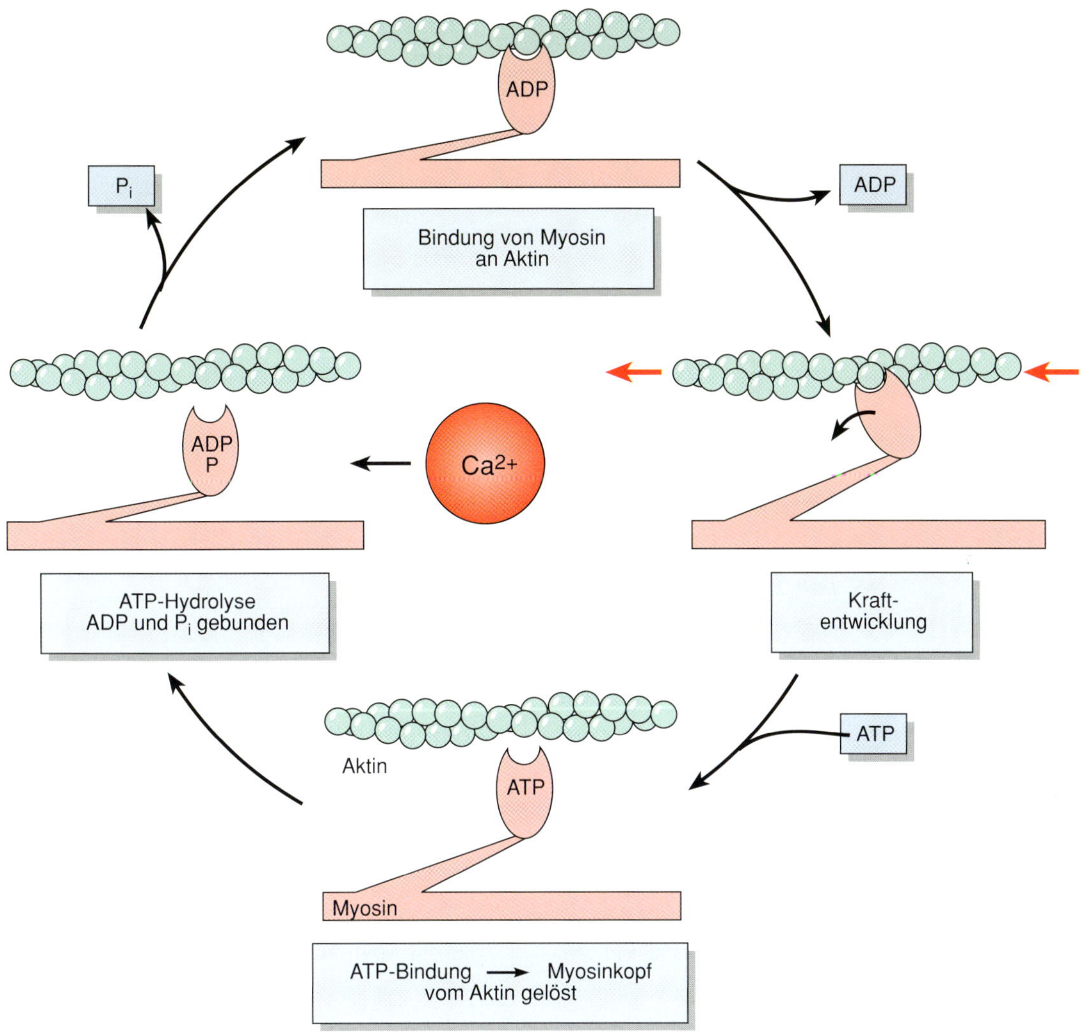

Abb. 3.3-15 Schematische Darstellung des molekularen Kontraktionszyklus in einer Skelettmuskelzelle. (Aus [5])

Fasertypen

Muskelfasern im Gesamtorganismus und in einem einzelnen Muskel sind nicht gleichartig, z.B. hinsichtlich ihrer Dicke, ihres Organellenbesatzes und ihrer physiologischen Merkmale. Beim Menschen werden unterschieden:

- Typ-I-Fasern (langsame Zuckungsfasern) = Typ-S-Fasern (s = slow)
- Typ-II-Fasern (schnelle Zuckungsfasern) = Typ-F-Fasern (f = fast).

Die schnellen Fasern kontrahieren sich auf ein Aktionspotential hin schnell nach dem **Alles-oder-Nichts-Gesetz.** Die langsamen Fasern benötigen zur Kontraktion mehrere Nervenimpulse, und ihre lang anhaltenden Kontraktionen verlaufen langsamer und fein abgestimmt. Beim Menschen und bei anderen Säugern kommen vor allem verschiedene Untertypen der schnellen Typ-II-Fasern vor. Langsame Fasern vom **Typ I** treten in den Augenbewegungsmuskeln, in den Muskeln des Mittelohrs und des oberen Ösophagus auf, sie sind wenig ermüdbar und relativ schmal, myoglobin- und mitochondrienreich.

Typ-II-Fasern Die schnellen Typ-II-Muskelfasern dienen schnellen Kontraktionen und sind relativ rasch ermüdbar. Sie lassen sich mit Hilfe histochemischer Methoden in drei Formen unterscheiden (Abb. 3.3-16):

- schnelle weiße Fasern,
- schnelle rote Fasern,
- intermediäre Fasern.

Schnelle weiße Fasern Schnelle weiße Fasern besitzen eine hellere Farbe und sind relativ dick. Sie besitzen relativ wenig Mitochondrien. Eine hoher Gehalt an

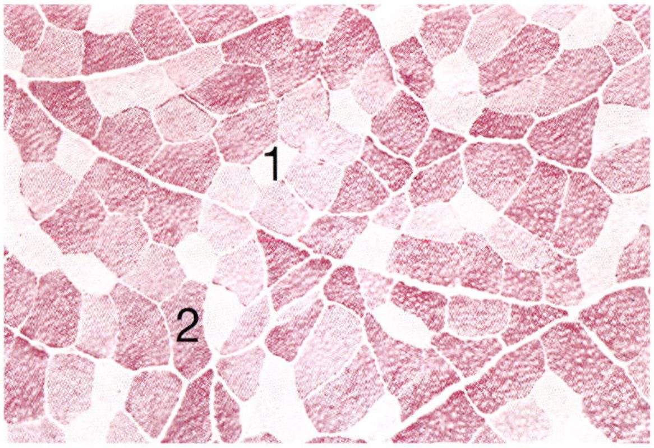

Abb. 3.3-16 Darstellung zweier verschiedener Typen von Skelettmuskelfasern. Aufgrund ihres unterschiedlichen Glykogengehalts erscheinen die sehr glykogenarmen „roten" Fasern hier fast ungefärbt (**1**), die glykogenreichen „weißen" Fasern rot-violett (**2**). Eine weitere Differenzierung ist mit anderen histochemischen Methoden möglich. M. tibialis anterior, Ratte. Färbung: PAS; Vergr. 120fach. (Aus [1])

Glykogen und alkalischer ATPase ist charakteristisch. ATP-Bildung erfolgt meist anaerob. Die Muskelfasern kontrahieren sich schnell, ermüden aber auch schnell. Sie werden von größeren Axonen innerviert und haben große, komplexe Endplatten. Ihre Versorgung mit Blutkapillaren ist relativ spärlich.

Schnelle rote Fasern Die schnellen roten Fasern haben rote Farbe und sind schlanker. Sie besitzen viele Mitochondrien und sind reich mit Kapillaren versorgt. Die schnellen roten Fasern enthalten weniger Glykogen als die schnellen weißen Fasern, jedoch relativ viel Triglyzerideinschlüsse. Ihr Gehalt an Myoglobin und saurer ATPase ist hoch. Sie kontrahieren sich langsamer als die weißen Fasern, ermüden aber nicht so schnell. ATP-Bildung erfolgt meist aerob. Sie werden von kleineren Nervenfasern innerviert und besitzen kleine und einfache Endplatten.

Intermediäre Fasern Intermediäre Fasern verhalten sich in vielen Merkmalen intermediär zwischen weißen und roten Fasern. Sie kontrahieren sich aber schnell.

Motorische Einheiten

Muskelfasern kontrahieren sich nicht einzeln, sondern in Gruppen, die von den Verzweigungen eines Axons innerviert und **motorische Einheiten** (motor units) genannt werden.

Kleine motorische Einheiten, z.B. in den kleinen Handmuskeln, bestehen aus 100–300 Muskelfasern, größere, z.B. Arm- oder Beinmuskeln, bestehen aus 600–1700 Fasern. Die einzelnen Fasern einer Einheit können relativ locker verteilt sein und im gleichen Gebiet wie Fasern mehrerer anderer Einheiten vorkommen. Das Verhältnis an verschiedenen Fasertypen in einem bestimmten Muskel ist ziemlich konstant, aber nicht unveränderlich. Rote Fasern können sich in weiße umwandeln, was offenbar vor allem von ihrer Innervation bestimmt wird. Experimentell kann der Austausch der Nerven zu einem langsamen morphologischen und funktionellen Umbau der Muskelfasern führen.

Regeneration von Skelettmuskelzellen

Skelettmuskulatur regeneriert generell schlecht, stark geschädigtes Muskelgewebe stirbt meist ab und wird durch bindegewebiges Narbengewebe ersetzt. Dies bringt zwangsläufig Funktionsverlust mit sich, auch nach operativer Durchtrennung von Muskeln. Geschädigte Muskelzellen können regenerieren, wenn Zellmembran und Basallamina intakt sind und die Blut- und Nervenversorgung nicht unterbrochen ist. Diese Regeneration oder Reparatur geht von den geschädigten Muskelzellen selbst und/oder von Satellitenzellen (Abb. **3.3-17**) aus. Satellitenzellen sind kleine Zellen, die der Oberfläche der Muskelzelle direkt anliegen. Sie befinden sich innerhalb der Basallamina der Muskelzelle.

3.3.3 Herzmuskulatur

Herzmuskulatur ist eine besondere Form der quergestreiften Muskulatur, die aus großen, 50–100 μm langen und 10–20 μm dicken, meist einkernigen Herzmuskelzellen (Kardiomyozyten) aufgebaut ist (Abb. **3.3-18**, **3.3-19**).

Kennzeichnend sind:

- Kontaktstrukturen, über die die Herzmuskelzellen an ihren Enden miteinander verknüpft sind und die Glanzstreifen genannt werden,
- dreidimensionale Verzweigungen der Herzmuskelzellen, wodurch insgesamt eine komplexe, räumliche Struktur der Herzmuskulatur aufgebaut wird,
- der in der Mitte der Zellen gelegene große Zellkern,
- die Verknüpfung der Herzmuskelzellen über Nexus (Gap junctions), welche im Bereich des Glanzstreifens liegen und die Herzmuskelzellen elektrisch miteinander koppeln,
- Erregung durch das Erregungsleitungssystem, das aus speziellen Herzmuskelzellen besteht (myogene Erregung).

Aufbau der Herzmuskelzellen

Im Zytoplasma sind die Myofilamente nicht in einheitlichen schlanken Myofibrillen angeordnet, sondern bilden z.T. zusammenhängende streifenförmige Gebilde. Zwischen den fibrillären Strukturen sind sehr große, cristareiche Mitochondrien, Glykogen und Li-

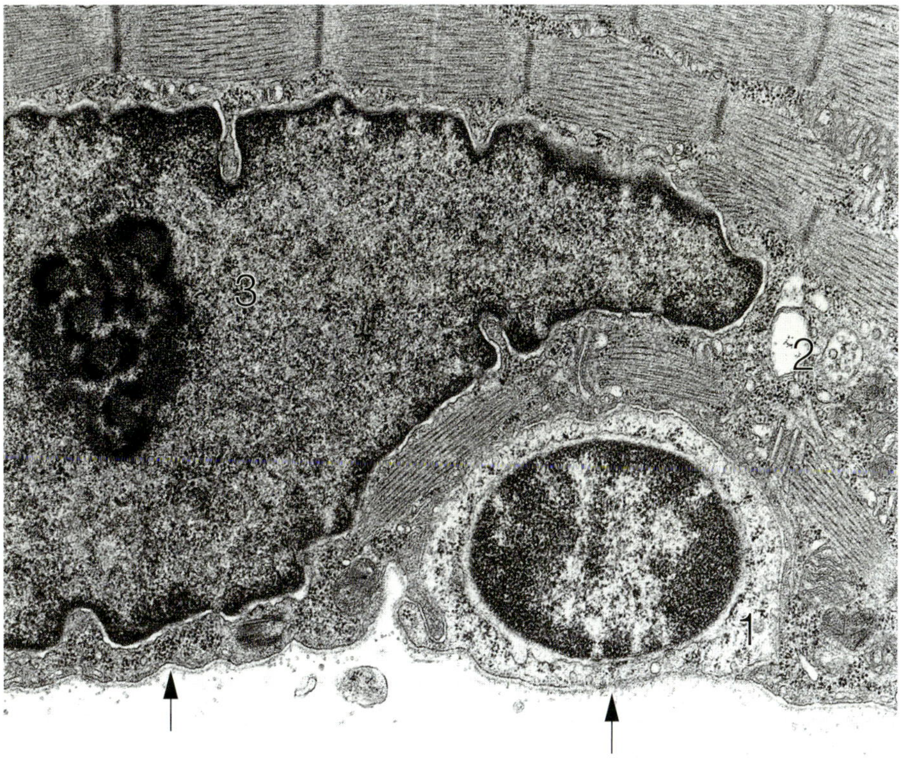

Abb. 3.3-17
Satellitenzelle (1) an einer Skelettmuskelzelle (**2**; Ratte). **3** Zellkern der Skelettmuskelzelle mit Nukleolus. ➔ Basallamina der Muskelzelle. Vergr. 20 700fach.

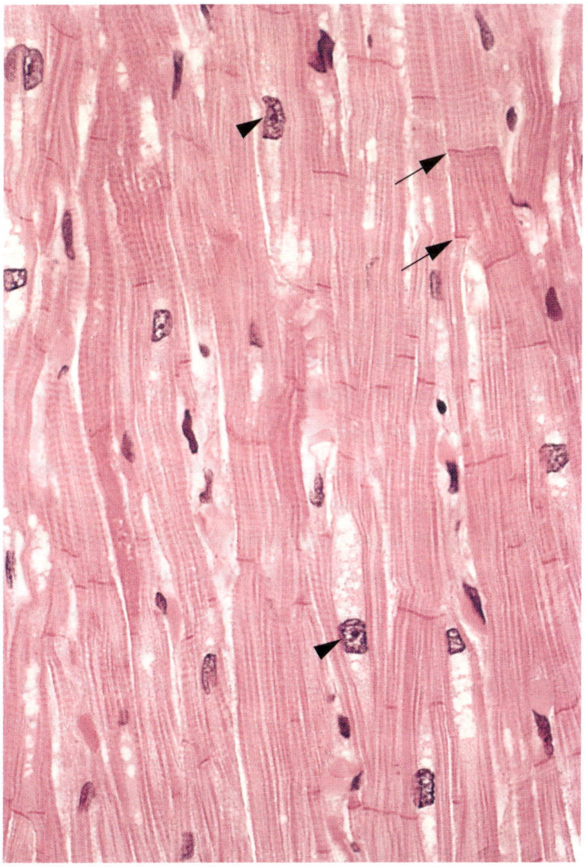

Abb. 3.3-18 Herzmuskulatur im Längsschnitt (Mensch). ➔ Glanzstreifen; ▶ Zellkern. Färbung: H.E.; Vergr. 300fach.

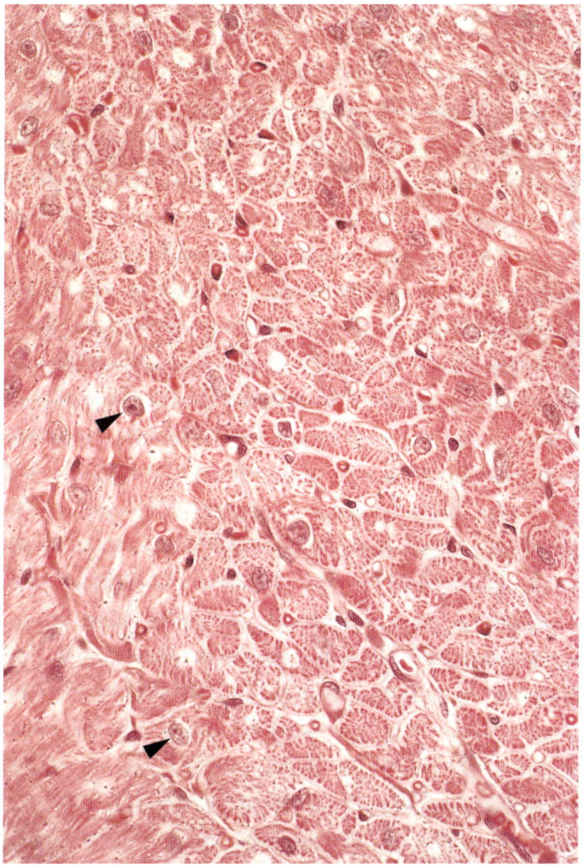

Abb. 3.3-19 Herzmuskulatur im Querschnitt (Mensch). ▶ Zellkern. Färbung: H.E.; Vergr. 300fach.

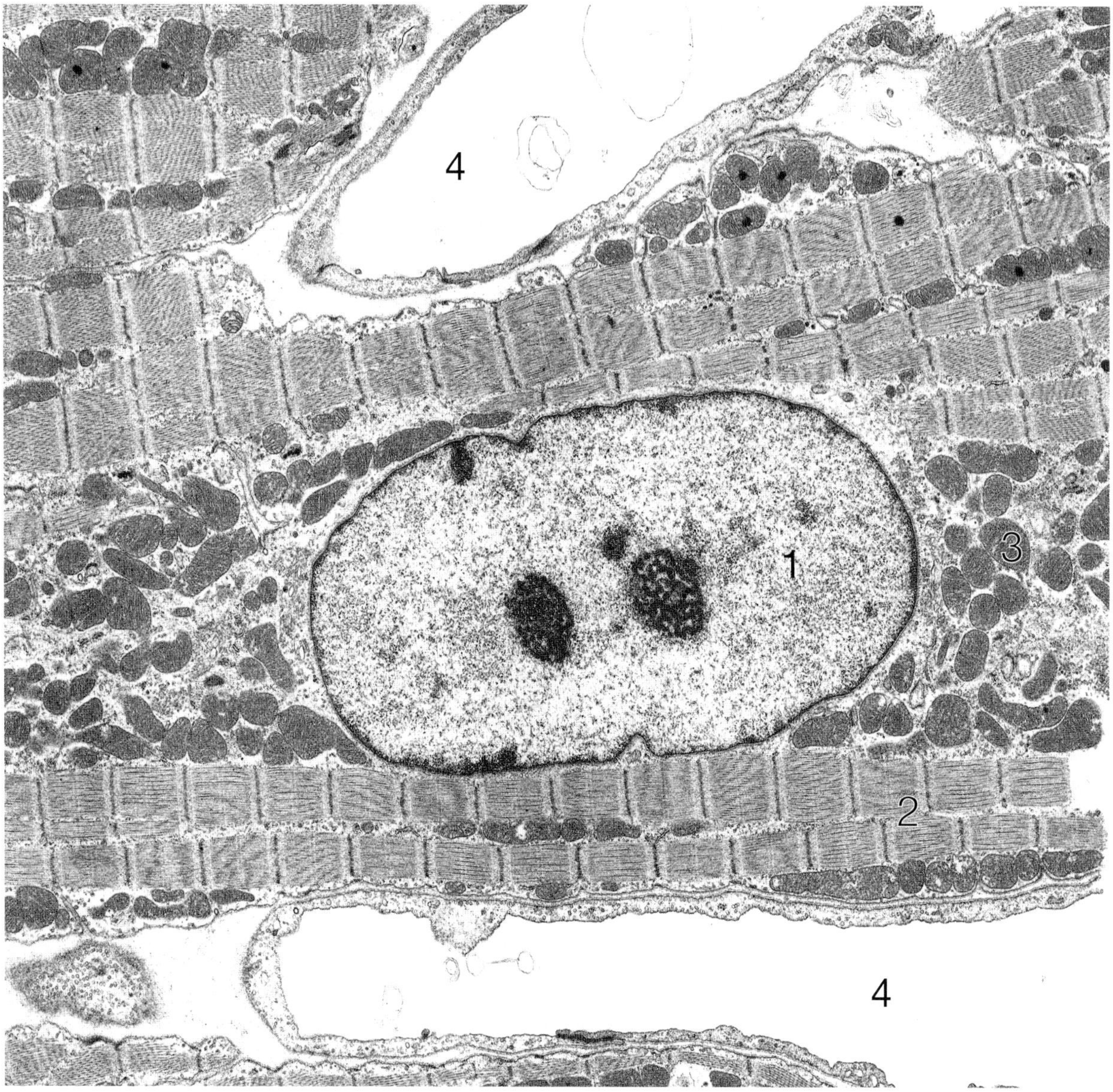

Abb. 3.3-20 Elektronenmikroskopische Aufnahme einer Herzmuskelzelle, Längsschnitt aus der Wand des linken Ventrikels (Meerschweinchen). **1** euchromatinreicher Zellkern mit 2 Nukleoli; **2** Myofibrillen; **3** Mitochondrien; **4** Blutkapillaren. Vergr. 6740fach.

pidtropfen eingelagert (Abb. **3.3-20**). Die Myofibrillen bilden Sarkomere, die denen der Skelettmuskulatur im Prinzip gleichen (Abb. **3.3-21**). Die relativ weiten, von der Zellmembran ausgehenden **T-Tubuli** werden von der Basallamina ausgekleidet und finden sich in Höhe der Z-Streifen, es gibt also nur einen T-Tubulus pro Sarkomer. Die T-Tubuli können auch längs verlaufende Zweige ausbilden (transversales axiales tubuläres System, TATS). Abbildung **3.3-22** weist auf funktionell besonders wichtige Komponenten (Rezeptoren Pumpen, Ionenkanäle) hin.

Sarkoplasmatisches Retikulum Das longitudinale sarkoplasmatische Retikulum (SR) ist in geringerem Ausmaß vorhanden und einfacher strukturiert als in den Skelettmuskelzellen (Abb. **3.3-21**). Es bildet unter der Zellmembran flache Schläuche und Zisternen und im Bereich des A-Streifens ein relativ dichtes Netzwerk. Typische Terminalzisternen und Triaden fehlen. Stattdessen treten einzelne erweiterte Zisternen an die T-Tubuli, und es entstehen **Dyaden**. Beide Membransysteme sind wie in der Skelettmuskulatur über Proteinrezeptormoleküle funktionell verbunden. Die Dihydropyridinrezeptoren der Muskelzellmembran sind in der Herzmuskelzelle eng mit einem spannungsgesteu-

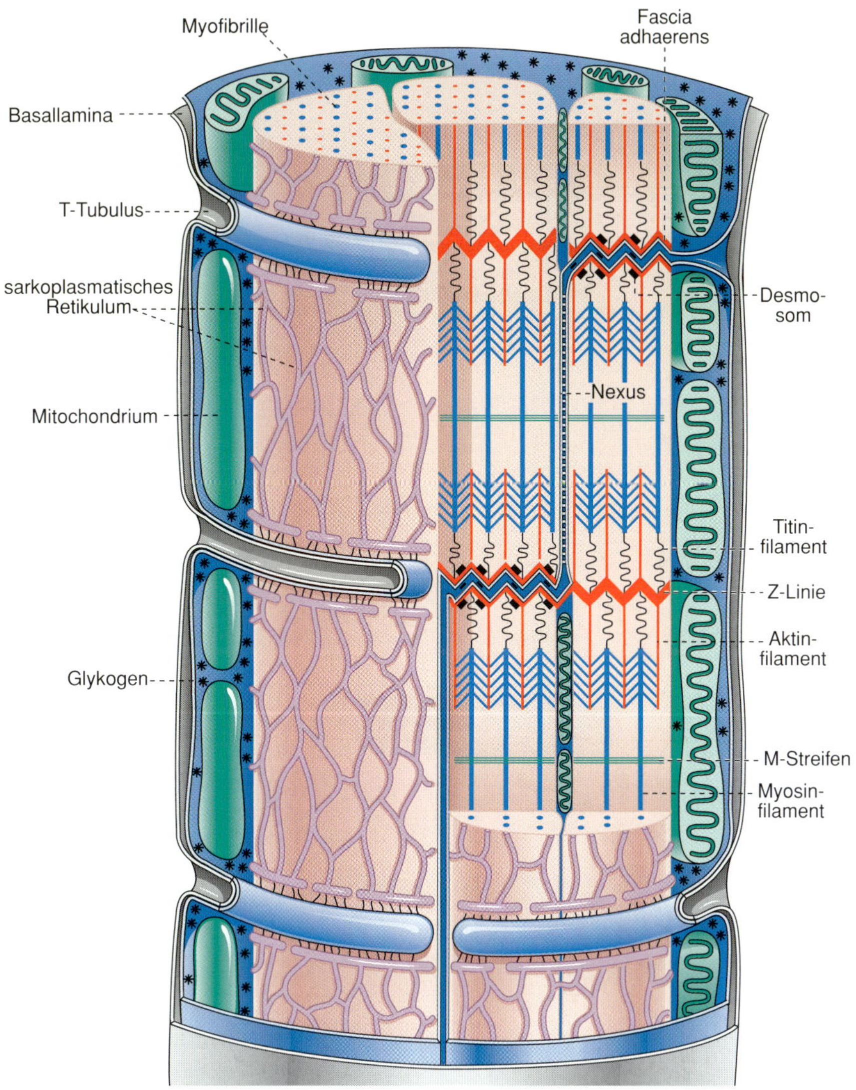

Abb. 3.3-21 Kontraktiler Apparat und Membranstrukturen der Herzmuskelzelle. Links: Außenansicht einer Fibrille; rechts: längs geschnittene Fibrillen und Teil eines Glanzstreifens. Die Gliederung der Myofibrillen entspricht im Wesentlichen der der Skelettmuskelzellen. Dort, wo zwei Herzmuskelzellen aneinander grenzen, bilden sich die stufenförmigen Glanzstreifen aus. In deren transversalen Anteilen befinden sich Fasciae adhaerentes, die jeweils halben Z-Linien entsprechen. In diesem Bereich sind die terminalen Aktinfilamente verankert. Außerdem kommen hier Desmosomen vor. In den longitudinalen Anteilen der Glanzstreifen liegen die Nexus, die der elektrischen Kopplung dienen. Das sarkoplasmatische Retikulum ist einfacher gebaut als in den Skelettmuskelzellen, die T-Tubuli sind relativ weit. (Aus [1])

erten Kalziumkanal verbunden, durch den bei Erregung infolge eines Aktionspotentials Kalzium in die Zelle einströmt. Dieses Kalzium öffnet die Ryanodinrezeptoren der Membran des sarkoplasmatischen Retikulums. In den Vorhöfen des Herzens sind die Herzmuskelzellen schlank und haben kaum T-Tubuli.

Zellkern Die Zellkerne liegen im Zentrum. Selten sind zwei Kerne vorhanden. Während des Wachstums und bei Hypertrophie der Herzmuskulatur sind sie oft polyploid. An den beiden Enden der Kerne finden sich myofilamentfreie Zytoplasmafelder, die Organellen, zahlreiche Glykogengranula und mit zunehmenden Alter immer mehr Lipofuszingranula (braunes Abnutzungspigment) enthalten.

Atriales natriuretisches Polypeptid (ANP) In den Herzmuskelzellen beider Herzvorhöfe (Atrien), vor allem im rechten und linken Herzohr (Auricula cordis), bilden die Herzmuskelzellen kleine, elektronendichte Sekretionsgranula (Abb. 3.3-23), die das atriale natriuretische Peptid (ANP = Atriopeptin) enthalten. Dieses Hormon spielt eine Rolle bei der Volumenregulation und wird sezerniert, wenn das Volumen des Extrazellulärraums anwächst und somit der Druck im Vorhof erhöht wird. Es fördert die renale Natriumausscheidung durch Erhöhung der Filtrationsfraktion und hemmt in den Sammelrohren die NaCl-Resorption. Die Filtrationsfunktion wird dadurch erhöht, dass der Widerstand im Vas efferens der Glomeruli erhöht und im Vas afferens gesenkt wird. ANP spielt auch eine wichtige Rolle im Flüssigkeitshaushalt des ZNS. Die Kammermuskulatur bildet das B-type natriuretic peptide (BNP), das dem ANP eng verwandt ist. Sein Blutspiegel ist der Richtwert für das Ausmaß einer Herzinsuffizienz.

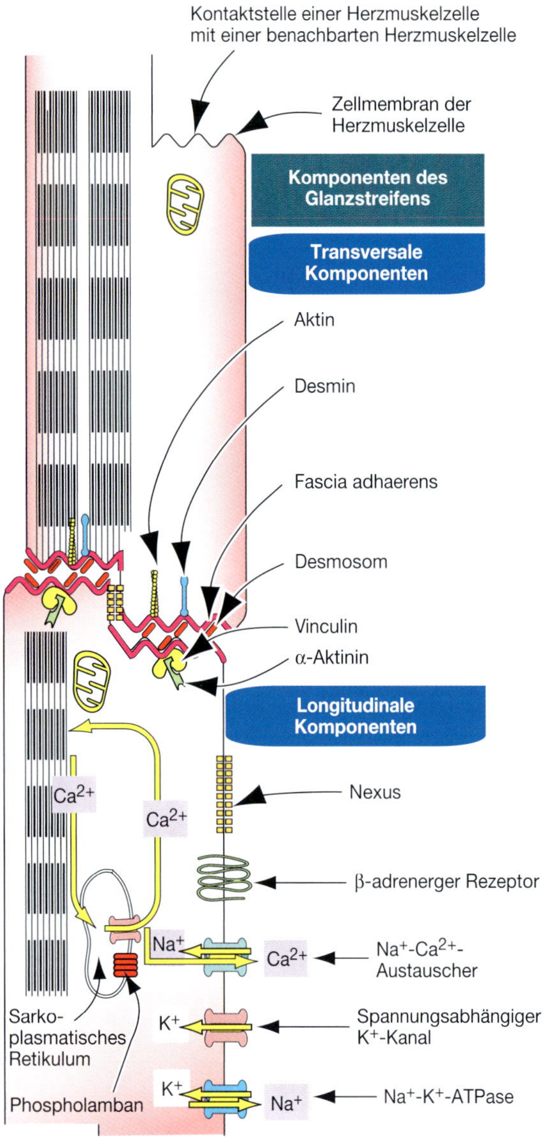

Ein Glanzstreifen verbindet Herzmuskelzellen und besteht aus stufenförmig angeordneten **transversalen und longitudinalen Komponenten.** Die transversalen Komponenten enthalten **Fasciae adhaerentes**, die **Z-Scheiben** entsprechen, da in ihnen mittels α-Aktinin und Vinculin die Aktinfilamente verankert sind. Ein weiteres transversales Element sind Desmosomen, die mit Desminfilamenten verbunden sind. **Gap junctions** (Nexus) sind die wesentlichen Strukturen der longitudinalen Komponente.

Abb. 3.3-22 Struktur der Herzmuskelzelle. (Aus [12])

Glanzstreifen Die Glanzstreifen (Disci intercalares) sind im Längsschnitt treppenförmig strukturiert. An den transversal verlaufenden Partien der Glanzstreifen enden die halben I-Streifen der letzten Sarkomere. Ihre Aktinfilamente sind hier in **Fasciae adhaerentes** verankert, die der Region eines Z-Streifens entsprechen (Abb. 3.3-24). Im schmalen Interzellulärraum finden sich Plakoglobin und andere Glykoproteine, die die Zellen miteinander verbinden. In den transversalen Abschnitten der Glanzstreifen liegen auch **Desmosomen** (Abb. **3.3-21, 3.3-22**), die zusätzlich der festen mechanischen Verbindung der Herzmuskelzellen dienen. Im Verlauf der longitudinalen Anteile der Glanzstreifen sind größere **Nexus** (Gap junctions) ausgebildet (Abb. **3.3-22, 3.3-24**), über die die Herzmuskelzellen elektrisch gekoppelt sind, so dass sich die elektrische Erregung verzögerungsfrei in der Herzmuskulatur ausbreiten kann.

Erregungsleitungssystem

Ablauf und **Koordination der Kontraktion** der Herzmuskulatur werden vom **Erregungsleitungssystem** gesteuert. Es besteht aus speziellen Herzmuskelzellen, die autonom Erregungen bilden (myogene Erregung). Die Frequenz des Erregungsleitungssystems wird vom Sympathikus beschleunigt und vom Parasympathikus verlangsamt. Die meisten Anteile dieses Systems liegen unter dem Endokard, also in der Innenschicht der Herzwand. Folgende Strukturen gehören dem Erregungsleitungssystem an (Abb. **3.3-25**):

- Sinusknoten (sinuatrialer Knoten, Keith-Flack-Knoten),
- atrioventrikulärer Knoten (AV-Knoten, Aschoff-Tawara-Knoten),
- His-Bündel (atrioventrikuläres Bündel),
- Kammerschenkel (Tawara-Schenkel),
- Purkinje-Fasern (Abb. **3.3-26**).

Der **Sinusknoten** ist der Schrittmacher der Herztätigkeit. Seine Erregungsleitungsfrequenz ist höher als die der anderen, nachgeordneten Stationen des Erregungsleitungssystems. Er liegt zwischen Einmündung der oberen Hohlvene in den rechten Vorhof und dem rechten Herzohr. Im Vorhof selbst ist kein Gewebe des Erregungsleitungssystem ausgebildet. Die Muskelzellen des Sinusknotens sind verzweigt und relativ mitochondrienreich, sie enthalten wenige, unregelmäßig angeordnete Myofibrillen (Abb. **3.3-27**) und sind über Nexus und Desmosomen untereinander und mit den Myokardzellen des rechten Vorhofs verbunden.

Der **AV-Knoten** liegt unter dem Endokard des Vorhofseptums, dicht an der Grenze zur Herzkammer.

Das **His-Bündel** leitet die Erregung aus dem Vorhofbereich durch das bindegewebige Herzskelett hindurch zu den Ventrikeln weiter.

Rechter und linker **Kammerschenkel** verzweigen sich, wobei der linke rasch zwei große Äste bildet. Auch die Kammerschenkel verlaufen unter dem Endokard.

Die zylindrischen Myozyten der Kammerschenkel und der **Purkinje-Fasern** bilden lange Ketten und sind

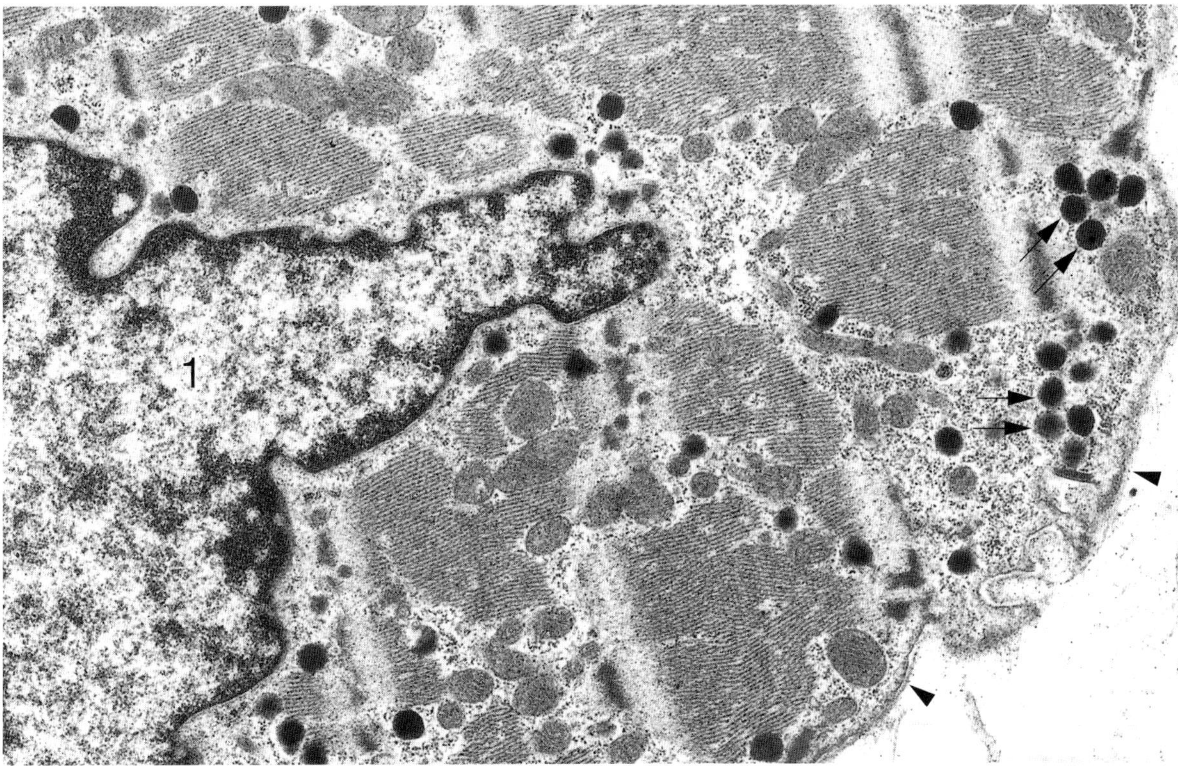

Abb. 3.3-23 Herzmuskelzelle mit zahlreichen dichten Granula (→) aus dem rechten Vorhof (Mensch). In diesen Sekretionsgranula ist das atriale natriuretische Peptid (ANP) gespeichert (endokrine Funktion der Herzmuskelzelle). **1** Zellkern; ▶ Basallamina. Vergr. 15 286fach. (Aus [1])

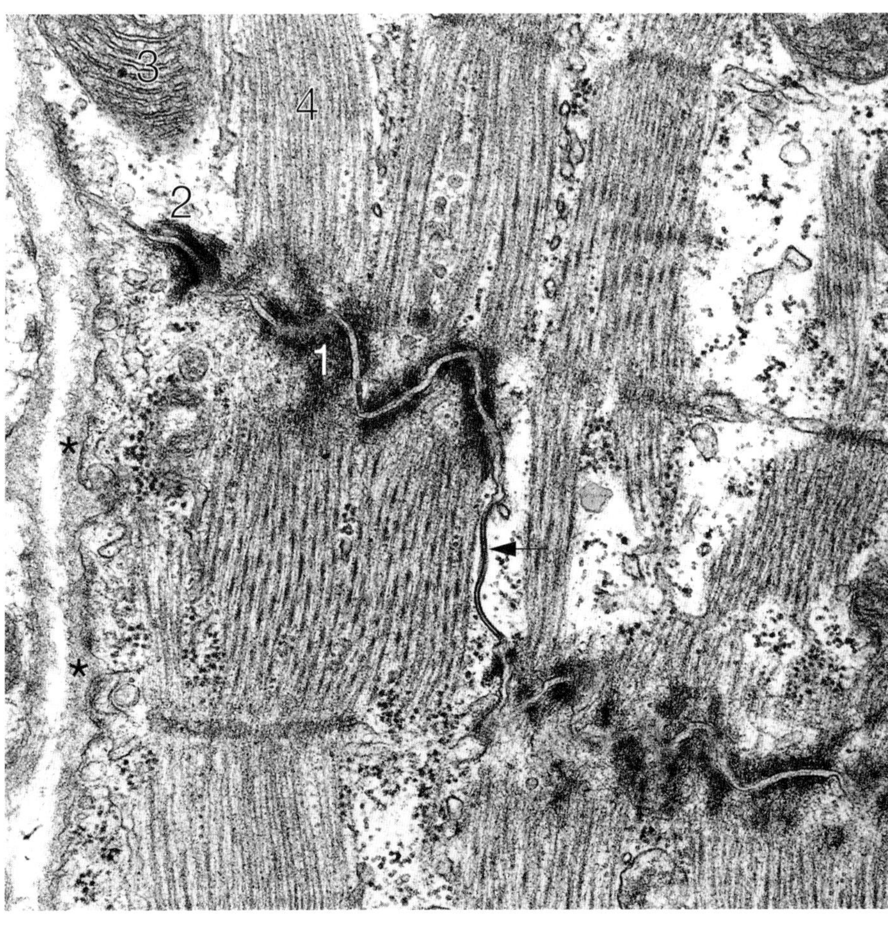

Abb. 3.3-24 Elektronenmikroskopische Aufnahme eines Glanzstreifens in der Herzmuskulatur (Ratte). **1** Fascia adhaerens; **2** Desmosom; **→** Nexus; **3** Mitochondrium;
4 Myofibrille; ✻ Basallamina der Muskelzelle. Vergr. 50 000fach.

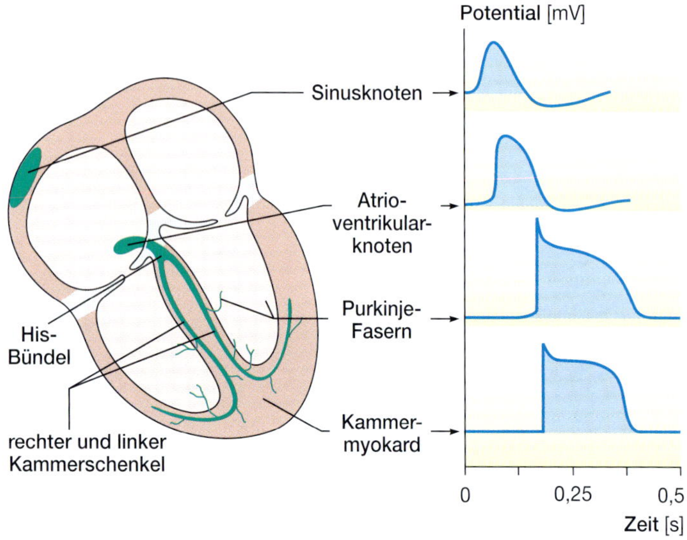

Abb. 3.3-25 Schematische Darstellung des erregungsbildenden und erregungsleitenden Systems des Herzens. Links: Topographie der erregungsbildenden und -leitenden Strukturen; der linke Kammerschenkel bildet zwei große Äste; rechts: elektrische Ableitungen. Die elektrische Verbindung zwischen Sinus- und Atrioventrikularknoten erfolgt über das Arbeitsmyokard des rechten Vorhofs. (Aus [5])

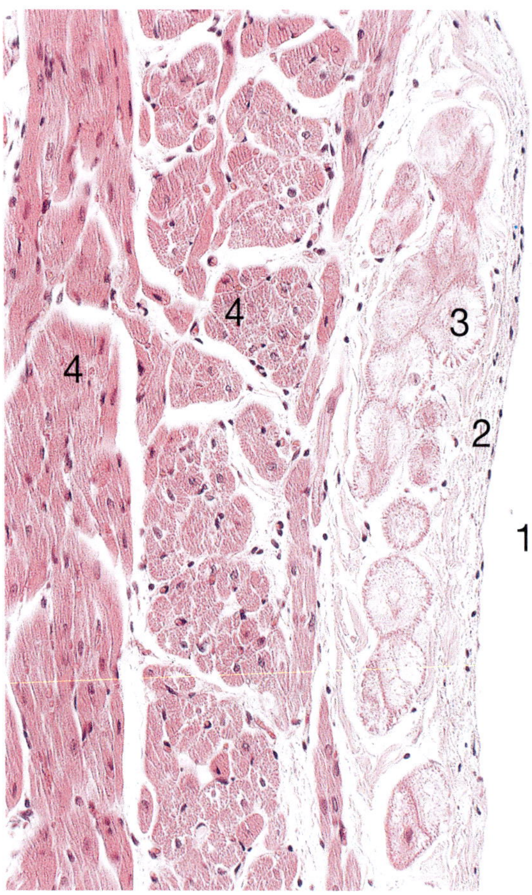

Abb. 3.3-26 Purkinje-Fasern (Herzmuskulatur, Ventrikelseptum, Schwein). Abgebildet ist der an das Ventrikellumen (**1**) grenzende Teil des Septums. An das Endokard (**2**) angrenzend befinden sich Anschnitte durch Teile des Erregungsleitungssystems (**3**, Purkinje-Fasern). Sie sind hell (glykogenreich) und enthalten nur spärlich periphere Myofibrillen. Es liegt immer nur ein Kern vor. Am linken Bildrand sind die kleineren eosinophilen normalen Herzmuskelzellen des Arbeitsmyokards (**4**) zu sehen. Beachte auch das flache Endokardendothel und die im Ventrikelbereich relativ dünne Bindegewebsschicht des Endokards. Färbung: H. E.; Vergr. 200fach (Aus [1])

über Nexus und Desmosomen verbunden. Sie werden auch **Purkinje-Myozyten** (Zellen der Purkinje-Fasern) genannt (Abb. **3.3-26**). Sie sind ca. 50 µm lang und ca. 30 µm dick, also kürzer und doppelt so dick wie die normalen myokardialen Myozyten. Purkinje-Fasern sind die Endverzweigungen des Erregungsleitungssystems, die schließlich die Erregung auf die Myokardzellen übertragen. Die Purkinje-Fasern sind über Desmosomen, kleine Fasciae adhaerentes und Nexus verbunden, aber typische Glanzstreifen werden nicht ausgebildet. Das Zytoplasma ist glykogenreich und arm an Myofibrillen, die vor allem in der

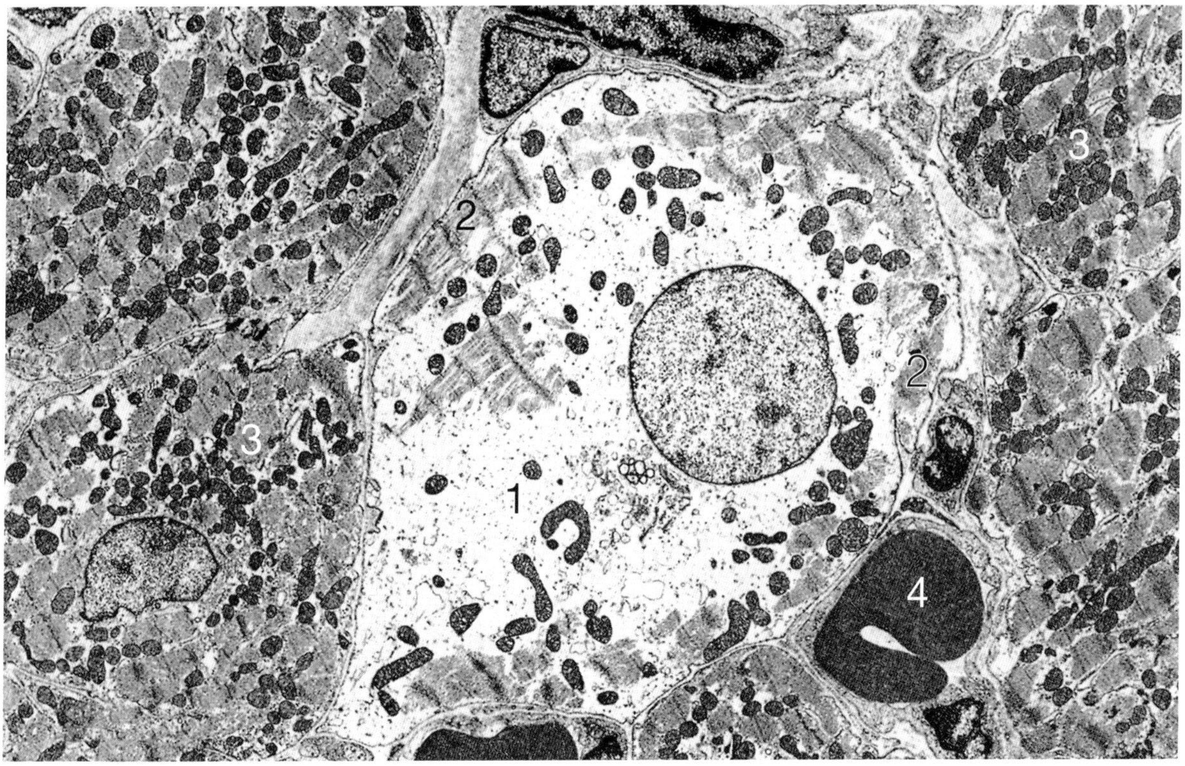

Abb. 3.3-27 Die Zellen der Purkinje-Fasern (M. papillaris, Meerschweinchen) fallen im elektronenmikroskopischen Bild auf durch ihren optisch hellen, plumpen Zellleib (**1**) sowie die mengenmäßig stark reduzierten und in die Peripherie verdrängten Myofibrillen (**2**), fehlende T-Tubuli u.a. **3** Herzmuskelzellen (Kardiomyozyten) der Arbeitsmuskulatur; **4** Erythrozyt in einer Blutkapillare. Vergr. 5000fach. (Aus [1])

Zellperipherie liegen (Abb. 3.3-27), und Mitochondrien.

Vor allem im AV-Knoten und im His-Bündel kommen auch Zellen mit Merkmalen vor, die zwischen normalen Myokardzellen und Purkinje-Myozyten vermitteln (Übergangszellen).

3.4 Nervengewebe

Zur Orientierung

Das wichtigste Kontroll- und Koordinationsorgan des Körpers des Menschen, das Gehirn, ist aus Nervengewebe aufgebaut. Mit der Biologie dieses Gewebes sind auch alle die Funktionen verbunden, die den Menschen speziell kennzeichnen, z. B. Intelligenz, Verantwortung, Urteilskraft, Moral, aber auch Bosheit und Fanatismus.
Typische Eigenschaften des Nervengewebes, insbesondere der Nervenzellen (Neurone), sind: elektrische Signale aufzunehmen, weiterzuleiten, zu verarbeiten, zu speichern und zu übertragen. Diese Eigenschaften kommen wohl grundsätzlich jeder Zelle zu, sie sind jedoch in Nervenzellen die Haupteigenschaften, die von diesen Zellen aufgrund ihrer speziellen Morphologie mit langen Fortsätzen besonders effektiv zur Koordination zahlreicher Körperfunktionen eingesetzt werden. Manche Nervenzellen können auch von sich aus Erregungen bilden.
Nervengewebe ist außerordentlich komplex strukturiert, besteht aber im Prinzip nur aus zwei Zelltypen, **Nervenzellen** und **Gliazellen**. An die Nervenzellen sind die typischen Leistungen des Nervengewebes gebunden. Die Gliazellen schaffen das Milieu, das für die Funktionen der Nervenzellen erforderlich ist. Von zentraler Bedeutung für die Funktionen des Nervengewebes sind die spezifischen Kontaktstellen, die **Synapsen**, die Nervenzellen untereinander und mit anderen Zellen verbinden. An diesen Synapsen werden Transmitterstoffe freigesetzt, die Signale von einer Zelle zur anderen übertragen. An die Vielfalt von Transmittern ist die Vielfalt der Leistungen der verschiedenen Nervenzellen gebunden.
Nervenzellen und Gliazellen entstammen dem Neuroektoderm und differenzieren sich entweder im Neuralrohr oder entwickeln sich aus der Neuralleiste.

3.4.1 Allgemeine neuroanatomische und neurohistologische Begriffe

Gliederung

Nervengewebe ist das spezifische Gewebe des Nervensystems. Das Nervensystem lässt sich einteilen in:
- zentrales und peripheres Nervensystem,
- animales und vegetatives Nervensystem.

Das **Zentralnervensystem** (ZNS) umfasst Gehirn und Rückenmark. Zum **peripheren Nervensystem** (PNS) gehören alle nervösen Strukturen außerhalb des ZNS, d. h. alle peripheren Nerven und Ganglien.

Das **animale Nervensystem** (somatisches Nervensystem) besteht aus allen Anteilen des Nervensystems, die die Beziehung des Organismus zu seiner Umwelt steuern und koordinieren. Das **vegetative** (autonome) **Nervensystem** steuert die Tätigkeit der Eingeweide. Animales und vegetatives Nervensystem sind sowohl im ZNS als auch im PNS repräsentiert.

Funktionelle Einteilung

Nach funktionellen Gesichtspunkten wird folgende Unterteilung getroffen:
- **Afferente Strukturen** des Nervensystems nehmen Reize aus der Umwelt oder aus den Eingeweiden auf und leiten sie zum ZNS. Sie sind **sensorisch** bzw. **sensibel**.
- **Efferente Strukturen** leiten Erregungen vom ZNS zu Zielzellen (Effektorzellen), die etwas bewirken, meist Muskelzellen. Sie sind **motorisch**.

Die begriffliche Unterscheidung sensorisch/sensibel ist historisch bedingt. Sensorisch werden Erregungen genannt, die in den schon lange bekannten großen Sinnesorganen – Auge, Innenohr, Riechschleimhaut der Nase, Geschmacksknospen der Zunge – entstehen. Sensibel heißen die Erregungen aus den „einfachen" Sinnesstrukturen der Haut und der Eingeweide. Die zugrunde liegenden physiologischen Prozesse sind im Prinzip gleich. Im Detail lassen sich **viszerosensible** (Erregungen aus den Eingeweiden) und **somatosensible** (Erregungen aus Haut und Bewegungsapparat) neuronale Strukturen definieren. Die Erregungen aus den großen Sinnesorganen (z. B. Auge und Innenohr) werden jeweils speziell benannt, z. B. optisch, akustisch oder olfaktorisch. Unter den motorischen Strukturen des Nervensystems werden **viszeromotorische** (Erregungen zu den Eingeweiden, vorwiegend zu deren glatter Muskulatur und Drüsenzellen) und **somatomotorische** (Erregungen zur Skelettmuskulatur, Willkürmotorik) Anteile unterschieden.

! Afferent: zu einem Bezugspunkt, meistens dem ZNS, hin, efferent: von einem Bezugspunkt, meistens dem ZNS, weg.

Kerngebiete

Im ZNS werden Regionen, die durch mehr oder weniger dichte Ansammlungen von Perikarya (Zellleibern, siehe Kap. 3.4.2) von Nervenzellen gekennzeichnet sind, Kerngebiete (Kerne) genannt. Solche Kerngebiete sind an der Oberfläche von End- und Kleinhirn flächenhaft ausgebreitet und bilden hier die jeweilige **Rinde (Kortex)**. In Kerngebiete laufen afferente Erregungen hinein, und aus ihnen laufen efferente Erregungen heraus. Die Kerngebiete sind bei Betrachtung mit bloßem Auge relativ dunkel und werden daher **graue Substanz** (Substantia grisea) genannt. Regionen im ZNS, die überwiegend aus Fortsätzen (Fasern) von Nervenzellen, also aus Leitungsbahnen, bestehen, erschienen mit bloßem Auge relativ hell und werden als **weiße Substanz** (Substantia alba) bezeichnet. Das komplexe Geflecht von Nervenfasern in der Nähe von Perikarya in der grauen Substanz oder in Ganglien wird **Neuropil** genannt.

Ganglien und Leitungsbahnen

Ansammlungen von **Perikarya** (Zellleibern der Nervenzellen, siehe Kap. 3.4.2) im PNS werden **Ganglien** genannt.

In **vegetativen Ganglien** (Ganglien des vegetativen Nervensystems) sind Nervenzellen über Synapsen (spezielle Kontaktstrukturen, siehe Kap. 3.4.5) verknüpft. **Spinalganglien** besitzen keine Synapsen. Dieser Unterschied hat physiologische und pharmakologische Konsequenzen. **Nerven** sind lange Bündel von Nervenzellfortsätzen (Nervenfasern) im PNS, die Erregung entweder zum ZNS leiten (sensible Nerven) oder vom ZNS weg leiten (motorische Nerven) oder die sowohl sensible als auch motorische Fortsätze enthalten (gemischte Nerven).

3.4.2 Zelltypen im Nervengewebe

Nervengewebe wird im Wesentlichen von zwei Zelltypen aufgebaut:
- Nervenzellen (Neuronen) und
- Gliazellen (Neurogliazellen).

Beide Zelltypen differenzieren sich aus dem Neuroektoderm. Bis auf Ausnahmen (Hippocampus, Bulbus olfactorius) entstehen nach der Geburt keine neuen Nervenzellen. Gliazellen behalten diese Eigenschaft in mäßigem Umfang zeitlebens bei.

Das Erscheinungsbild des Nervengewebes im histologischen Präparat ist stark von den eingesetzten Färbemethoden abhängig. Einige Beispiele sollen das verdeutlichen: Mit der Routinefärbemethode (Hämatoxylin/Eosin, Abb. **3.4-1**) lassen sich nur die Perikarya der Nervenzellen und die Zellkerne der Gliazellen erkennen, die Nervenfasern sind oft kaum klar erkennbare rötliche Linien oder Geflechte. Mit Silbernitratimprägnationsmethoden lässt sich die Morphologie ganzer Nerven- und Gliazellen bis in feinste Verzweigungen erkennen. Heute werden oft Fluoreszenzfarbstoffe wie z.B. Luzifer-Gelb in Nervenzellen mikroinjiziert, um die Gestalt einer ganzen Zelle erkennen zu können. Solche Farbstoffe breiten sich rasch in der Zelle bis in die Endäste aus. Die Nissl-Färbung hebt nur Zellkern und Stapel des rauen ER hervor. Fettfärbungen stellen die Myelinscheiden dar. Gliazellen lassen sich gut mit Silberimprägnations- und immunhistochemischen Methoden darstellen.

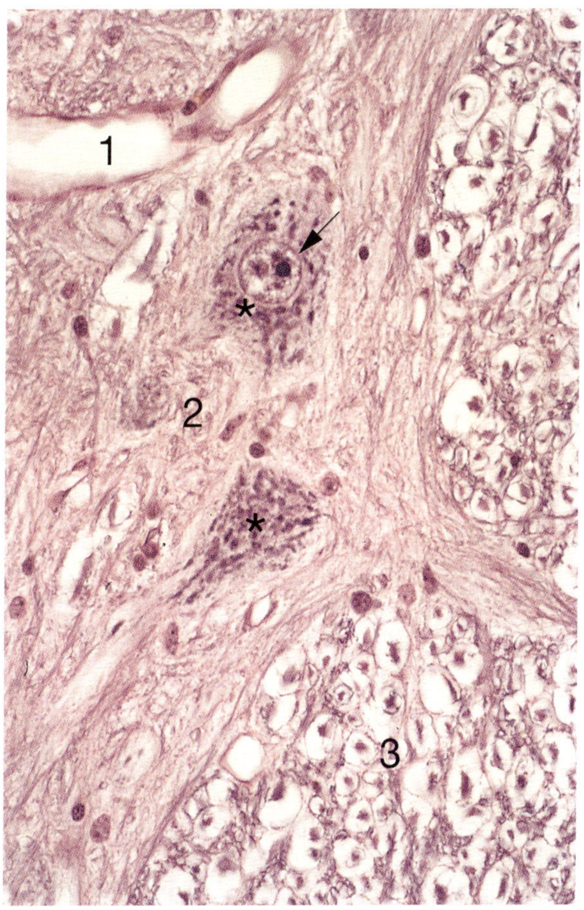

Abb. 3.4-1 Perikarya (Zellleiber) multipolarer Nervenzellen (*) aus dem Vorderhorn des Rückenmarks (Makak). Beachte den großen rundlichen Kern (→) mit dem dichten punktförmigen Nukleolus. Die nach ihrem Entdecker als Nissl-Substanz bezeichneten, stark basophil färbbaren, scholligen Flecken im Zytoplasma sind das lichtmikroskopische Äquivalent eines gut entwickelten rauen endoplasmatischen Retikulums. In der unteren großen Nervenzelle ist der Zellkern nicht angeschnitten. **1** Blutgefäß; **2** Neuropil der grauen Substanz; **3** quer geschnittene myelinisierte Nervenfasern der weißen Substanz. Färbung: H. E.; Vergr. 380fach.

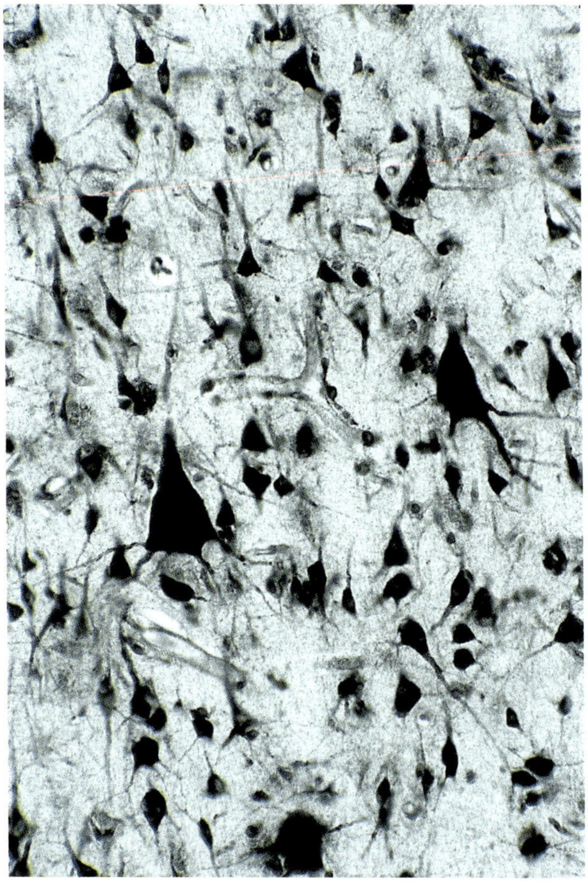

Abb. 3.4-2 Perikarya von Neuronen der Schicht V der motorischen Endhirnrinde (Ratte). Dargestellt sind vor allem große und kleine Pyramidenzellen. Färbung: modifiziert nach Golgi; Vergr. 250fach.

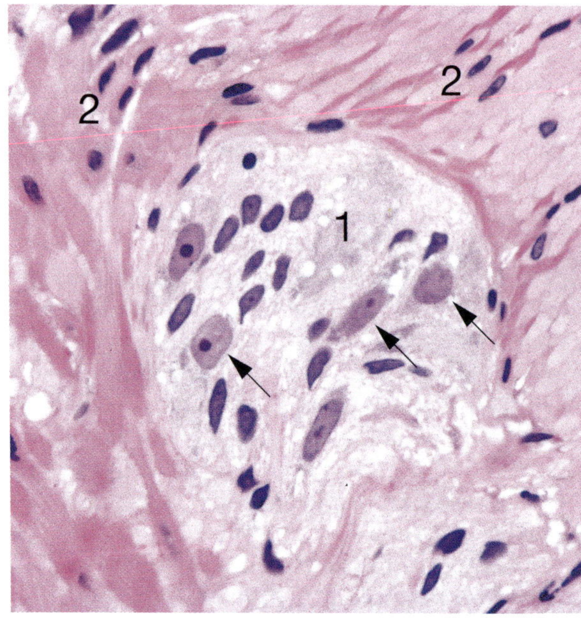

Abb. 3.4-3 Ganglion (1) im Auerbach-Plexus des Ileums (Mensch). Die ➔ weisen auf die Zellkerne von Neuronen; die kleineren, dunkleren Kerne im Ganglion gehören überwiegend Mantel- und Schwann-Zellen an. **2** glatte Muskulatur. Färbung: H. E.; Vergr. 960fach.

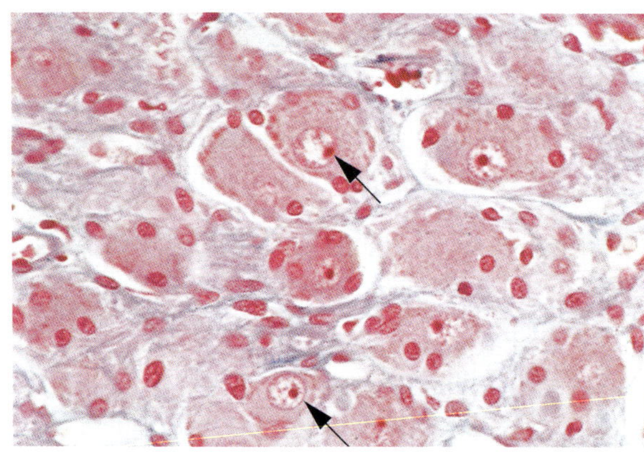

Abb. 3.4-4 Multipolare Nervenzellen in einem vegetativen Ganglion (Nebennierenmark, Mensch). Die rundlich-ovalen Perikarya enthalten einen großen, kugeligen Kern (➔) mit einem immer deutlichen Nukleolus (kräftig roter Punkt). Die Perikarya sind von einem Kranz aus Mantelzellen umgeben. Färbung: Azan; Vergr. 380fach. (Aus [1])

Nervenzellen

Nervenzellen kontrollieren und integrieren die Funktionen des Körpers. In dieser Hinsicht haben sie funktionelle Übereinstimmungen mit den Zellen des endokrinen und des Immunsystems. Sie nehmen Signale auf, integrieren sie und leiten sie elektrisch Zielzellen zu. Die Gesamtzahl der Neurone im Nervensystem des Menschen ist ungeheuer groß und wird auf ca. 10^{11}–10^{12} geschätzt. Unter diesen Zellen sind nur relativ wenige efferente und afferente Neurone vorhanden. Die Masse sind integrative Neurone oder Interneurone im ZNS, die die Fülle an Informationen verarbeiten und speichern und Reaktionen darauf steuern. Beim Menschen steht jedes Neuron mit mindestens 1000 anderen Neuronen in Kontakt. In der End(Groß-)hirnrinde ist jedes Neuron sogar mit über 5000 anderen Neuronen verknüpft. Es erscheint kaum möglich zu sein, ein derart komplexes Netzwerk vollständig zu verstehen.

Nervenzellen (Neurone) sind sehr vielgestaltige Zellen, und bestimmte Regionen des Nervensystems sind oft durch Neurone mit spezifischer Morphologie gekennzeichnet (Abb. **3.4-1**, **3.4-2**, **3.4-3**, **3.4-4**). So besitzen die Schichten III und V der Großhirnrinde Pyramidenzellen, die im Schnittpräparat spitz-dreieckig aussehen, und das Stratum ganglionare der Kleinhirnrinde spalierobstbaumähnliche Purkinje-Zellen. Die wesentlichen Merkmale einer Nervenzelle werden am Beispiel der großen multipolaren motorischen Nervenzellen im Vorderhorn des Rückenmarks beschrieben (Abb. **3.4-1**).

Aufbau

Die Nervenzelle ist gegliedert in (Abb. 3.4-5):

- **Perikaryon** (Soma, Zellleib) und
- **Fortsätze.**

Eine typische Nervenzelle besitzt als Fortsätze Dendriten und ein Axon.

Die rezeptiven Fortsätze werden **Dendriten** genannt. Sie nehmen Erregungen von anderen Nervenzellen und von Sinneszellen auf und leiten sie dem Perikaryon zu. Auch die Membran des Perikaryons kann Erregungen aufnehmen. Vom Perikaryon geht ein schlanker fortleitender (effektorischer) Fortsatz ab, der **Axon** genannt wird.

Dendriten und Axone unterscheiden sich auch in molekularen Strukturen ihrer Membran, z.B. Ionenkanälen und Zelladhäsionsmolekülen.

Der Begriff **Neurit** wird – etwas verwirrenderweise – sowohl als Synonym für Axon, als Oberbegriff für Axon und Dendrit als auch für die speziellen langen Fortsätze der (sensiblen) Spinalganglienzellen, die die Erregungen aus der rezeptiven Zone dieser Neurone in Richtung auf das Perikaryon leiten, gebraucht.

Die zwei Fortsatztypen Dendrit und Axon spiegeln die **fundamentale Polarität der Nervenzelle** wider; die Dendriten sind die Strukturen des Signaleingangs, das Axon ist die Struktur des Signalausgangs. Die Polarität in Bezug auf Struktur und Funktion teilen Nervenzellen mit Epithelzellen.

□ Perikaryon

Das Perikaryon enthält den großen, annähernd **kugeligen, euchromatinreichen Kern** mit relativ großem, klar begrenztem Nukleolus (Abb. **3.4-1**, **3.4-6**). Im perinukleären Zytoplasma liegen Stapel des **rauen ER** vor, die sich aufgrund ihres Reichtums an Ribosomen im lichtmikroskopischen, mit basischen Farbstoffen gefärbten Präparat als schollenförmige Strukturen, den **Nissl-Schollen** (auch Nissl-Substanz, Tigroidsubstanz Abb. **3.4-1**; Franz Nissl, 1860–1919, Psychiater in Heidelberg und München, klinischer Lehrer von Karl Jaspers), darstellen. Nissl-Schollen sind Ausdruck intensiver Proteinsynthese. Die morphologische Ausprägung der Nissl-Schollen ist in den einzelnen Nervenzelltypen verschieden, so dass ihr diagnostische Bedeutung zukommt. Bei bestimmten Krankheitsbildern kann sich das Bild der Nissl-Substanz verändern. Nissl-Schollen fehlen in der Region des Axonabgangs, des „Axonhügels", sind aber in den Ursprungsregionen der Dendriten zu finden.

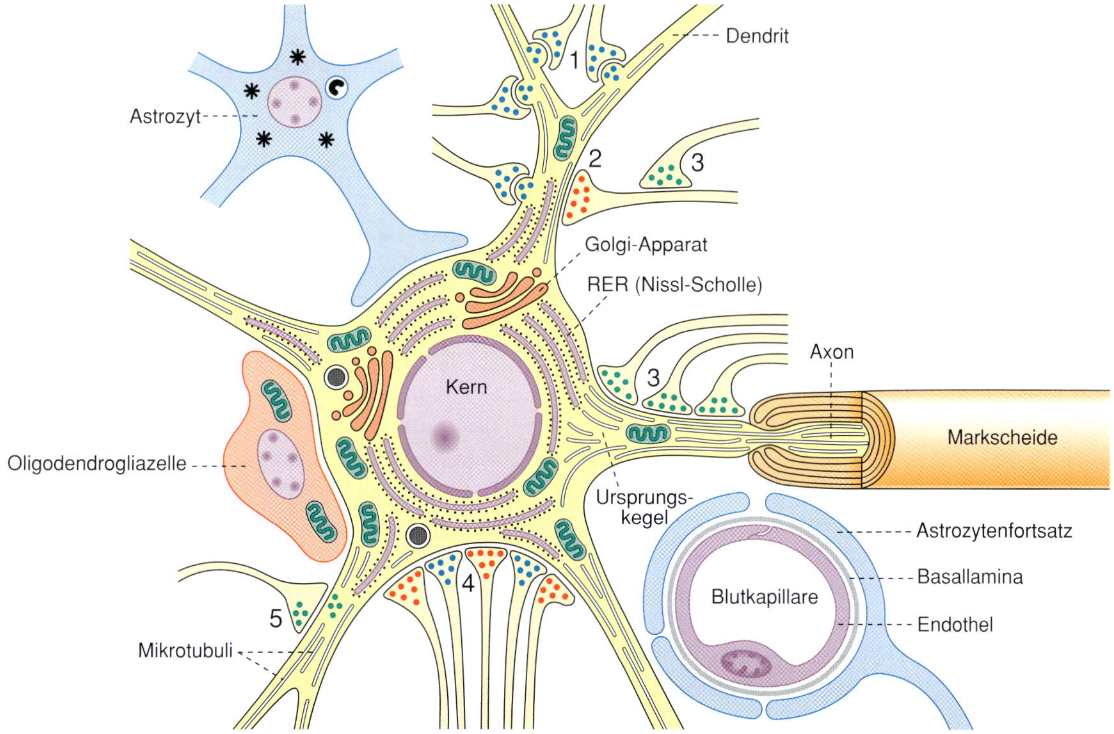

Abb. 3.4-5 Schematische Darstellung eines Neurons mit verschiedenen Synapsenformen und seinen Verbindungen mit Gliazellen. **1** Synapsen an dendritischen Dornen; **2** axodendritische Synapse; **3** axoaxonale Synapse; **4** axosomatische Synapsen; **5** reziproke Synapsen (Erregungsübertragung in beiden Richtungen). Die Blut-Hirn-Schranke wird vor allem vom Kapillarendothel (mit kontinuierlichen Zonulae occludentes), aber auch von Astrozytenfortsätzen aufgebaut, die die Membrana perivascularis gliae bilden. (Aus [1]).

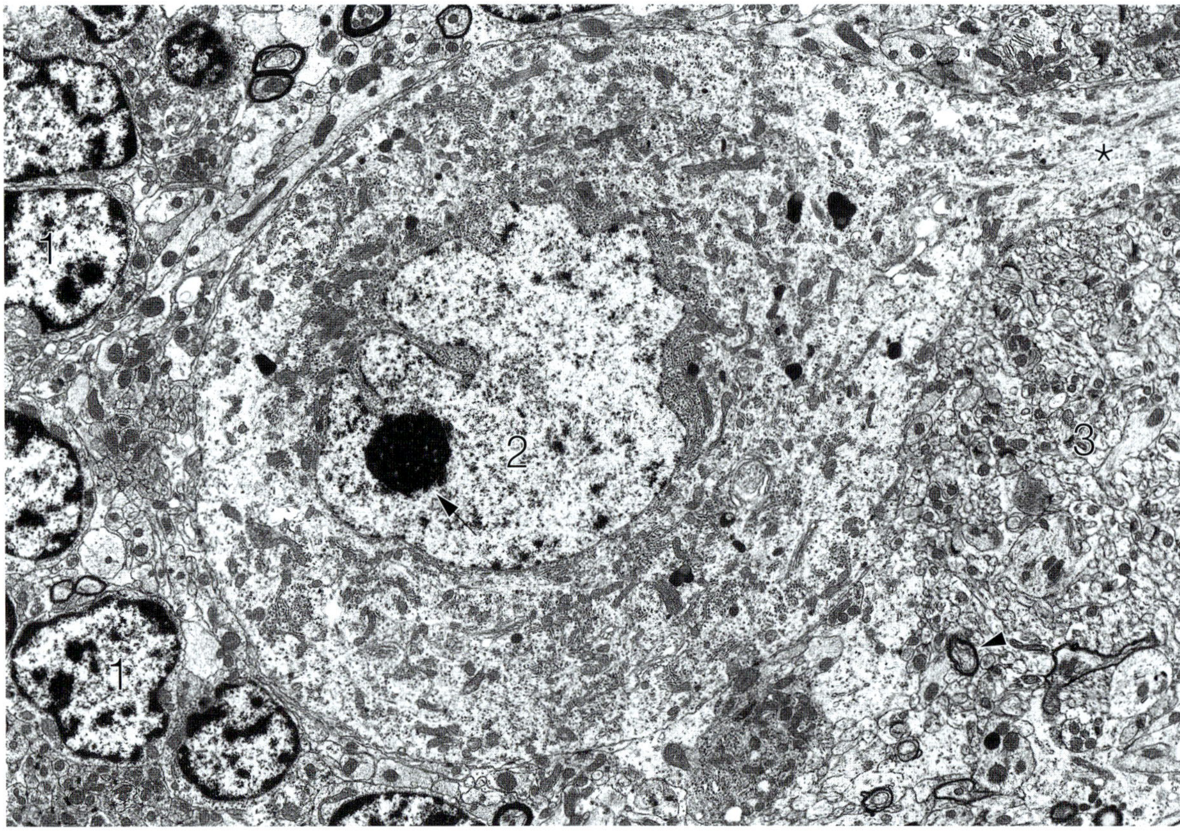

Abb. 3.4-6 Ultrastruktur von verschiedenen Neuronen (Kleinhirnrinde der Ratte). Kleine Körnerzellen (**1**) linker Bildrand; Perikaryon einer großen Purkinje-Zelle in der Bildmitte; Zellkern (**2**) der Purkinje-Zelle mit großem Nukleolus (➔). Im Zytoplasma zahlreiche Organellen (RER, Golgi-Apparate, Mitochondrien, Lysosomen); ✻ Hauptdendrit; **3** Neuropil mit einzelnen myelinisierten Fasern (▶). Vergr. 4430fach. (Aus [1])

Glattes ER ist weit verbreitet und steht mit dem rauen ER in Verbindung.

Zahlreiche kleinere **Golgi-Apparate** sind im gesamten Perikaryon verteilt (Abb. 2-49). Sie sind miteinander verknüpft und von überwiegend hellen Bläschen umgeben. Der Golgi-Apparat spielt eine Rolle bei der Bildung von Neurohormonen und Neurotransmittern sowie von Lysosomen und Membranen der Transmitterbläschen und auch von Anteilen der sich ständig umwandelnden und erneuernden Zellmembran.

Mitochondrien sind zahlreich vorhanden. Sie kommen auch in Dendriten und Axonen vor, in deren Terminalstrukturen sie besonders zahlreich sind.

Lysosomen kommen in ihren verschiedenen Differenzierungsphasen zahlreich vor und sind in den verschiedenen Nervenzelltypen in charakteristischer Weise verteilt.

Funktionelle Endstadien der Lysosomen bilden die sog. **Lipofuszingranula**, die eine gelblich braune Eigenfarbe haben (Abb. 2-66) und die in vielen Nervenzellen mit dem Alter zunehmen. Manche Neurone besitzen schon relativ früh viele Lipofuszingranula.

Glykogenpartikel und einzelne **Lipidtropfen** kommen regelmäßig vor. Einzelne Neurone enthalten **Melaningranula** (Substantia nigra, Locus coeruleus, Abb. 3.4-7) oder auch Granula mit eisenhaltigem Pigment (Nucleus ruber u. a.).

☐ Zytoskelett

Das Zytoskelett der Nervenzellen ist hoch differenziert. Es besteht aus:

- Mikrotubuli (**Neurotubuli**),
- intermediären Filamenten (**Neurofilamenten**, siehe Kap. 2.5.3) und
- **Mikrofilamenten.**

Mikrotubuli finden sich zahlreich im Perikaryon und in den Dendriten (hier v. a. mit dem mikrotubulusassoziierten Protein 2 [MAP 2]) sowie im Axon (hier mit bestimmten Formen des Tau-Proteins, einem anderen mikrotubulusassoziierten Protein). Tau-Protein spielt eine Rolle bei Aufbau und Stabilisierung der Mikrotubuli. Seine Bindung an die Mikrotubuli ist von der Zahl der Phosphatgruppen abhängig, die dieses Protein besitzt. Mikrotubuli erfüllen eine wichtige

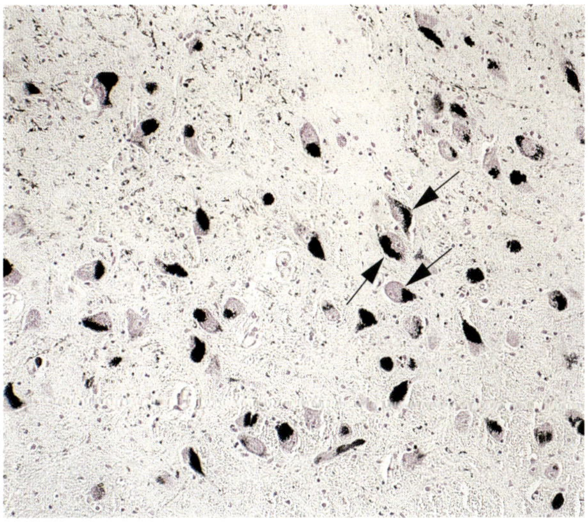

Abb. 3.4-7 Melaninhaltige Perikarya (→) von Neuronen in der Substantia nigra im Tegmentum des Mittelhirns (Mensch). Färbung: nach Nissl; Vergr. 130fach.

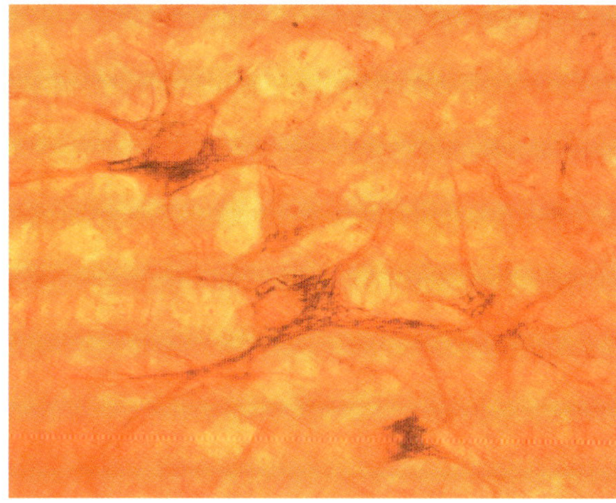

Abb. 3.4-8 Feines Netzwerk von Neurofibrillen (schwarz gefärbt) in Perikaryen und Fortsätzen von Neuronen in der Medulla oblongata des Menschen. Versilberungstechnik. Vergr. 450fach.

Aufgabe im Transport von Organellen und Vesikeln, sowohl im Perikaryon als auch im Axon.

Im Lichtmikroskop lassen sich Bündel von Neurofilamenten darstellen, die **Neurofibrillen** genannt werden (Abb. **3.4-8,** siehe auch Abb. **2-79**). Sie bestehen aus Neurofilamenten (Intermediärfilamenten), die vorwiegend aus dem Neurofilamentprotein aufgebaut sind.

Mikrofilamente bestehen auch in Nervenzellen aus Aktin und finden sich vor allem an der Zellmembran und in dendritischen Dornen.

Klinik Nissl-Schollen verändern sich morphologisch bei einer Reihe von Erkrankungen. Bei der spinalen **Kinderlähmung** lösen sie sich auf.

Beim **Morbus Alzheimer**, einer zu Demenz führenden neurodegenerativen Krankheit, kommt es insbesondere in Nervenzellen des Hippocampus, des temporalen Kortex und des Nucleus basalis:

1. zu vermehrtem Auftreten „seniler" Plaques, die Aggregate verschiedener natürlich vorkommender Proteine und Proteoglykane darstellen und deren Zentrum aus β-Amylopeptid besteht, das sich durch Proteolyse aus dem großen Transmembranprotein APP (engl. amyloid precursor protein) herleitet, dem neuroprotektive Funktion zugeschrieben wird, und
2. zur Entstehung von schlingenförmigen fibrillären Strukturen, die aus abnorm phosphoryliertem Tau-Protein bestehen.

Dendriten

Dendriten sind im Vergleich mit dem Axon oft relativ kurz und verzweigen sich mehrfach. Sie sind typischerweise nicht myelinisiert (siehe Kap. 3.4.3) und besitzen oft an ihrer Oberfläche winzige Fortsätze, die **Dornen** (spines) genannt werden und die spezialisierte Synapsenregionen darstellen (Abb. **3.4-9**, **3.4-10**). In den proximalen (perikaryonnahen) Anteilen ähnelt ihr Zytoplasma dem des Perikaryons. Die distalen Abschnitte des Dendriten besitzen relativ viele Mitochondrien, aber nur wenig Neurofilamente und Mikrotubuli. Große Nervenzellen, wie z. B. motorische Vorderhornzellen und die großen Pyramidenzellen der Endhirnrinde, haben dagegen in den distalen Abschnitten noch zahlreiche Neurofilamente.

An den Dendriten der motorischen Vorderhornzellen lassen sich ca. 10 000 Synapsen nachweisen, an den Dendriten der Purkinje-Zellen des Kleinhirns ca. 250 000. Die große Anzahl von Synapsen deutet auf die große integrative Funktion der Dendriten hin, die die große Zahl verschiedenartiger, auf das Neuron zukommender Erregungen bewerten und verarbeiten.

Die langen Dendriten der (sensiblen) Spinalnervenzellen werden auch **Neuriten** oder dendritische Axone genannt. Sie besitzen wie Axone eine Markscheide (siehe Kap. 3.4.3) und bilden Aktionspotentiale.

Axon

Das Axon entspringt an einem Vorsprung des Perikaryons, dem **Axonhügel** (= Ursprungskegel; Abb. **3.4-1**, **3.4-5**). Das Axon ist viel dünner und meistens länger als die Dendriten der gleichen Nerven-

Abb. 3.4-9 Dendritenverzweigungen. Purkinje-Zellen aus dem Kleinhirn (Hund) mit kandelaber- bzw. spalierobstartigen dichten Verzweigungen der rindenwärts ziehenden Dendriten (**1**). Das Axon der Purkinje-Zellen entspringt an der unteren Zirkumferenz des flaschenkürbisförmigen Zellleibes (➔). * Schmaler Bindegewebsraum (Sulcus) zwischen zwei Falten (Folien) der Kleinhirnoberfläche. Färbung: Silberimprägnation nach Golgi; Vergr. 240fach.

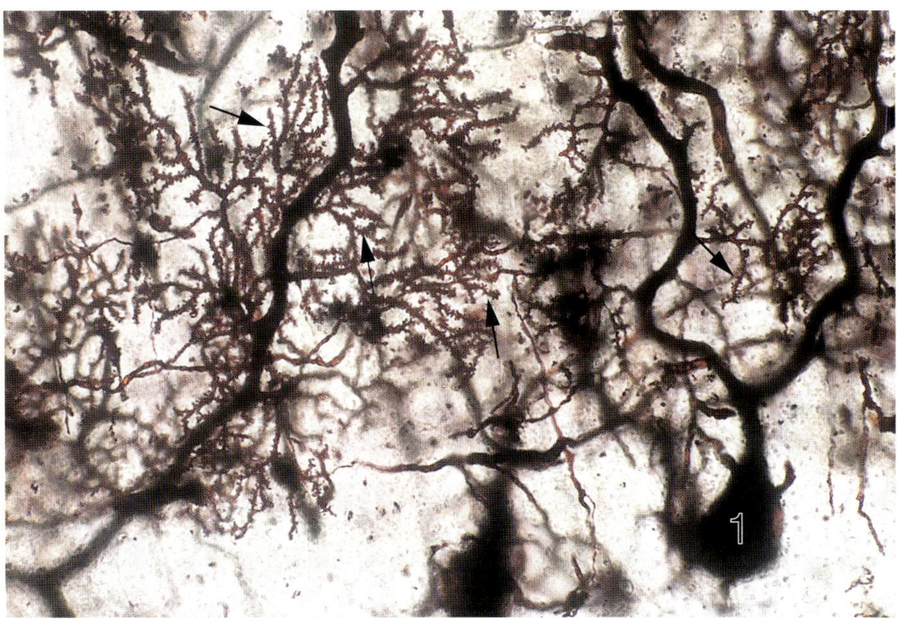

Abb. 3.4-10 Dendriten von Purkinje-Zellen aus dem Kleinhirn (Hund). Die Dendritenverzweigungen sind reich mit Dornen (➔) besetzt. **1** Perikaryon einer Purkinje-Zelle. Färbung: Silberimprägnation nach Golgi; Die Golgi-Methodik zeigt immer nur einzelne Zellen, also nie die Gesamtheit im Nervengewebe. Vergr. 460fach.

zelle. Es kann in Einzelfällen ca. 1 m lang werden und enthält kein raues ER, aber tubuläre Anteile des glatten ER und schlanke Mitochondrien. Es kommen viele, gleichmäßig verteilte Mikrotubuli und große Mengen an Neurofilamenten vor. Die Zahl der Neurofilamente ist größer als in ähnlich dimensionierten Dendriten.

Am Ursprung des Axons lässt sich ein **Initialsegment** mit Membranspezialisierungen unterscheiden. Im Initialsegment und im Axonhügel entsteht das fortgeleitete Aktionspotential. Im Anschluss an dieses Segment wird das Axon von einer Myelinscheide bedeckt. Das Axon leitet nicht nur elektrische Signale weiter, sondern spielt auch eine wichtige Rolle im Rahmen von trophischen Funktionen der Neurone und bei der Signalübertragung auf andere Neurone oder auf Muskelzellen. Bei der Signalübertragung auf andere Zellen erfüllt der sog. axonale Transport wichtige Aufgaben.

Axonaler Transport Beim axonalen (axoplasmatischen) Transport werden Stoffe und Strukturen innerhalb des Axons transportiert (Abb. 2-74). Dieser Transport ist wesentlich für alle Nervenzellfunktionen und spielt eine entscheidende Rolle für die Funktionen der Axonendigungen. Der axoplasmatische Transport erfolgt in zwei Richtungen:

- **anterograd:** vom Perikaryon zur Peripherie,
- **retrograd:** von der Peripherie zum Perikaryon.

Beim anterograden (orthograden) Transport werden ein schneller und ein langsamer Transport unterschieden. Vesikel mit Transmittermolekülen werden z.B. mit dem schnellen Transport befördert, während Zytoskelettelemente durch langsamen Transport fortbewegt werden. Der schnelle Transport variiert zwischen ca. 50 und 400 mm/Tag. Der langsame Transport bewegt sich mit einer Geschwindigkeit von 0,2 bis 5 mm/Tag. Das mikrotubulusassoziierte Protein **Kinesin** ist unter ATP-Verbrauch der Motor des schnellen anterograden Transports. Es verbindet sich einerseits mit einem zu transportierenden Vesikel und andererseits mit einem Mikrotubulus. Die molekulare Verbindung mit der Mikrotubuluswand macht zyklische Änderungen durch, die das Vesikel in 8-nm-Schritten und mit einer Geschwindigkeit von ca. 3 µm/s zum Plusende (zeigt zum distalen Ende des Axons) des Mikrotubulus bewegt.

Auch beim retrograden Transport werden eine schnelle und eine langsame Komponente unterschieden. Der schnelle retrograde Transport (ca. 250–300 mm/Tag) hängt vom Protein **Dynein** ab, das Vesikel z.B. mit Wachstumsfaktoren entlang den Mikrotubuli zum Perikaryon befördert. Dynein kann seine Fracht nicht allein transportieren, sondern benötigt dafür einen Komplex mikrotubulibindender Proteine. Die Mechanismen des langsamen Transports sind weniger gut bekannt. Mikrotubulibündel spielen auch eine wichtige Rolle beim **Wachstum** von Axonen.

Axone können sich verzweigen, es entstehen dabei **Axonkollateralen**, die Grundlage für das Prinzip der Divergenz. Axone spalten sich an ihrem Ende oft in viele sog. Axonterminalen auf, die insgesamt **Telodendron** (Endbäumchen) genannt werden. Am Ende des Axons sind auf jeden Fall **Synapsenstrukturen** ausgebildet, die Kontakt mit anderen Neuronen, Muskel- oder Drüsenzellen aufnehmen.

Klinik Über den retrograden Transport werden auch Tetanustoxin oder neurotrope Viren, wie Herpes-simplex-Viren oder Tollwutviren, direkt zu den Perikarya transportiert. Auch für die Identifikation der neuronalen Verknüpfungen im Nervensystem benutzen experimentelle Versuchsansätze den axonalen Transport (Farbstoffe, radioaktiv markierte Stoffe, mit Fluoreszenzfarbstoffen markierte Substanzen u.Ä.).

Klassifikation der Neurone

Neurone können nach ihrer Gestalt, nach ihrer Lage im ZNS, nach ihren Transmitterstoffen und nach dem Muster ihrer synaptischen Verknüpfung klassifiziert werden. Die morphologische Vielfalt der Neurone hat zu folgender Klassifikation geführt:

- multipolare Neurone,
- bipolare Neurone,
- unipolare Neurone,
- pseudounipolare Neurone,
- anaxonische Neurone.

Multipolare Neurone

Multipolare Neurone besitzen viele Dendriten und ein Axon (Abb. 3.4-1). Besitzen die Neurone ein langes Axon, werden solche Zellen auch **Golgi-Typ-I-Neurone** genannt. **Golgi-Typ-II-Neurone** dagegen haben ein kurzes Axon. Golgi-Typ-I-Neurone bilden längere Faserbahnen oder periphere Nerven und heißen auch **Projektionsneurone**. Golgi-Typ-II-Neurone (oft auch Stern- oder Körnerzellen genannt) sind typisch für die End- und Kleinhirnrinde, die sie nicht verlassen und in denen sie am Aufbau lokaler Schaltungssysteme beteiligt sind.

Bipolare Neurone

Bipolare Neurone besitzen zwei Fortsätze, die von den sich gegenüberliegenden Enden der spindelförmigen Perikarya abgehen. Sie sind selten und kommen z.B. im Ganglion spirale der Kochlea des Innenohrs vor.

Unipolare Neurone

Unipolare Neurone sind bei Säugetieren selten und besitzen nur einen Fortsatz, dem axonale, aber z.T. auch dendritische Funktionen zugeschrieben werden.

Pseudounipolare Neurone

Pseudounipolare Neurone entwickeln sich aus zunächst bipolar angelegten Zellen, deren zwei Fortsätze dann aber aufeinander zuwachsen und an den Abgangsstellen auf eine kurze Strecke miteinander verwachsen. Sie sind typisch für die Ganglien der Hirn- und Spinalnerven. Solche Neurone sind primäre sensible Neurone. Der meist etwas dickere rezeptive Fortsatz, der in die Körperperipherie zieht und hier oft mit verschiedenen rezeptiven Strukturen in Beziehung steht und Reize, wie z.B. Kälte oder Schmerzen, aufnimmt, ist myelinisiert. Der gemeinsame Stammfortsatz und der Fortsatz, der in das ZNS hineinzieht, sind auch von einer Myelinscheide umgeben. Oft werden daher alle Fortsätze dieser Neurone als Axone bezeichnet. Lediglich die terminalen, nichtmyelinisierten Endverzweigungen der peripheren Fortsätze werden dann dendritische Strukturen genannt. Die Erregung läuft zunächst am Perikaryon vorbei, erreicht dieses dann aber sekundär auch.

Anaxonische Neurone

Anaxonischen Neuronen fehlt das Axon. Sie sind selten und kommen unter den Neuronen des Bulbus olfactorius und in der Retina (amakrine Zellen) vor.

Weitere Bezeichnungen von Neuronen

Weitere Bezeichnungen existieren und beruhen auch auf morphologischen Merkmalen. Beispiele für bestimmte multipolare Nervenzellen:

- **Pyramidenzellen** besitzen einen spitz-dreieckigen Zellleib und kommen in der Endhirnrinde vor (Abb. **3.4-2**).
- **Mitralzellen** sind Neurone im Bulbus olfactorius, deren Perikaryon einer Mitra (Bischofsmütze, Kopfbedeckung altorientalischer Herrscher) ähnelt.
- **Sternzellen** besitzen kurze, recht gleichförmig verteilte Fortsätze und entsprechen oft den Golgi-Typ-II-Zellen. Es sind zumeist kleine Neurone, von denen man im Routinepräparat nur die Zellkerne sieht und die man daher auch **Körnerzellen** nennt.
- Die vermutlich am höchsten differenzierte Gestalt besitzen die großen **Purkinje-Zellen** (benannt nach J.E. Purkinje, Physiologe 1787–1869) der Kleinhirnrinde (Abb. **3.4-9**, **3.4-10**) mit ihrem komplexen Dendritenbaum an umschriebener Stelle, der einem „getrimmten Spalierobstbaum" ähnelt und ca. 300 µm weit, aber nur 15–20 µm dick ist. Durch das lange Axon der Purkinje-Zellen lassen sie sich auch als Golgi-Typ-I-Zelle klassifizieren.

Gliazellen

Die Gliazellen sind unabdingbare Hilfszellen der Nervenzellen, deren spezifische Funktionen von ihnen abhängig sind. Ihre Zahl ist noch größer als die der Nervenzellen und übertrifft sie um das 10fache. Sie besitzen Rezeptoren für viele Neurotransmitter und andere effektorische Moleküle. Gliazellen gibt es im zentralen und im peripheren Nervensystem. Im ZNS spricht man von zentraler Glia, im PNS von peripherer Glia. Alle Gliazellen entstammen, wie die Neurone, der ektodermalen Anlage des Nervensystems, nur die Mikroglia ist mesodermal. Die zentrale Glia entwickelt sich im Neuralrohr, die periphere Glia entsteht aus der Neuralleiste. Zu den zentralen Gliazellen werden gezählt (Abb. **3.4-11**):

- Astrozyten,
- Oligodendrozyten,
- Mikrogliazellen.

Oft werden auch die Ependymzellen den Gliazellen zugerechnet. All diese Zelltypen sind nur im ZNS zu finden.

Zur peripheren Glia zählen:

- Schwann-Zellen und
- Satellitenzellen.

Die Schwann-Zellen finden sich in den peripheren Nerven, die Satelliten-(Mantel-)Zellen umgeben die Perikarya von Nervenzellen in Spinal- und vegetativen Ganglien.

Klinik Die häufigsten Tumoren des ZNS gehen von Gliazellen, speziell von Astrozyten, aus und werden Gliome genannt. Dies hängt wahrscheinlich damit zusammen, dass alle Gliazellen ihre Teilungsfähigkeit beibehalten. Nach Verletzungen im ZNS können Narben entstehen, die aus Gliazellen aufgebaut sind und gelegentlich mit epileptischen Anfällen in Beziehung stehen.

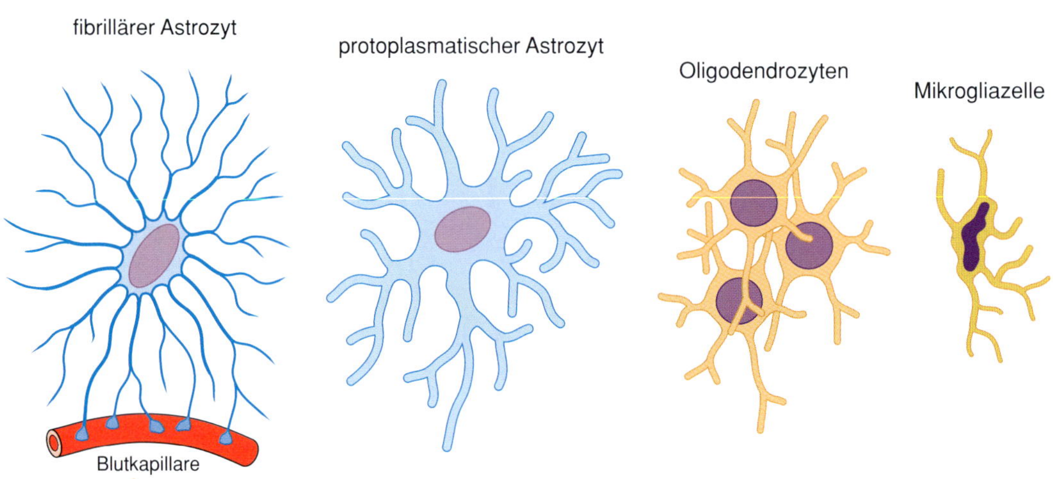

Abb. 3.4-11 Schematische Darstellung der verschiedenen Gliazellen im Zentralnervensystem.

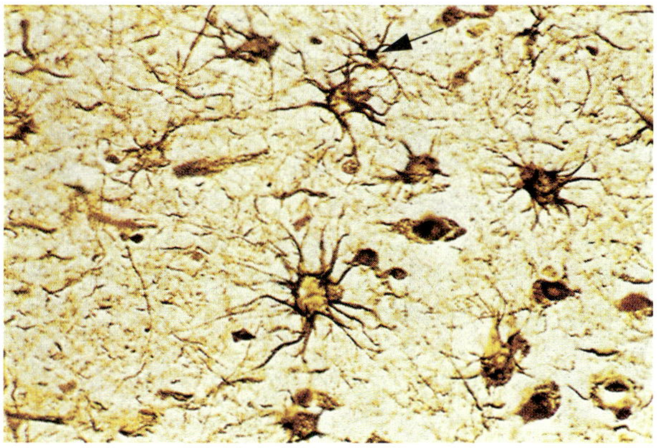

Abb. 3.4-12 Protoplasmatische Astrozyten aus der Großhirnrinde (Mensch). Diese besitzen einen relativ großen Zellleib und kurze, aber reich verzweigte Fortsätze. Am oberen Bildrand erkennt man einen der sehr viel kleineren und auch weniger verzweigten Oligodendrozyten (➔). Färbung: Imprägnierung nach Bielschowsky; Vergr. 380fach. (Aus [1])

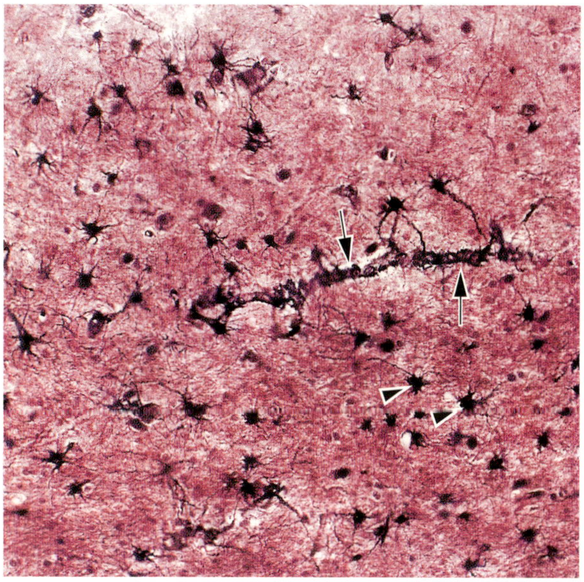

Abb. 3.4-13 Perivaskuläre Gliagrenzmembran. Astrozyten (▶) aus dem Großhirn (Mensch) umschließen mit den fußartig verbreiterten Enden ihrer Fortsätze dicht die Wände der intrazerebralen, kleineren Gefäße und bilden so eine perivaskuläre Gliagrenzmembran (= Gliascheide, ➔). Färbung: Versilberung; Vergr. 380fach.

Astrozyten

Astrozyten sind vielgestaltige, über Nexus verbundene sternförmige Gliazellen des ZNS, die in zwei Hauptformen auftreten):

- protoplasmatische Astrozyten (Abb. 3.4-12),
- fibrillenreiche Astrozyten (Abb. 3.4-14).

Protoplasmatische Astrozyten Protoplasmatische Astrozyten kommen vor allem in der grauen Substanz des ZNS vor. Sie sind über Nexus verbunden und besitzen viele verzweigte Fortsätze (Abb. 3.4-12), von denen manche an Blutgefäßen enden und hier eine Schicht aus Gliafüßchen aufbauen. Ihre Intermediärfilamente bestehen aus dem sauren Gliafibrillenprotein (gliafibrillar acidic protein, GFAP).

Andere, in Nähe der Oberfläche des gesamten ZNS gelegene protoplasmatische Astrozyten bilden mit ihren z. T. lamellenartigen Fortsätzen eine oberflächliche **Gliagrenzmembran** (Abb. 3.4-13). „Schleierartige" Fortsätze können in unterschiedlicher Ausprägung den Raum zwischen neuronalen Perikarya untergliedern und auch Bündel von Nervenzellfortsätzen umgeben.

Es lässt sich je nach Hirnregion eine ganze Reihe verschiedener, oft mit Eigennamen versehener Formen dieser Astrogliazellen unterscheiden. Der Kern ist rundlich und relativ hell. Im Zytoplasma sind Glykogengranula und Mitochondrien besonders auffallend. Mikrotubuli und intermediäre Filamente sind locker verteilt. Perikarya mancher Astrozyten liegen neuronalen Perikarya an. Die protoplasmatischen Astrozyten spielen eine wichtige Rolle in der Homöostase des ZNS. Recht gut ist ihre Funktion speziell für die Kalium- und Protonenhomöostase im Nervengewebe bekannt. Nervenzellen geben bei hochfrequenter Erregung Kalium in den Extrazellulärraum ab. Da ein Anstieg von Kalium im Extrazellulärraum zu nicht erwünschter Depolarisierung von Nervenzellen führt, nehmen Astrozyten Kalium auf und können es über die Nexus sogar auf benachbarte Astrozyten verteilen. Ähnlich verfahren sie mit Protonen und einigen Transmitterstoffen, wie Glutamat und γ-Aminobutyrat. Glutamat wird an Synapsen freigesetzt und kann hier von benachbarten Astrozyten aufgenommen werden. Intrazellulär wandeln sie das Glutamat zu Glutamin um und setzen es wieder frei. Benachbarte Nervenzellen nehmen dieses Glutamin auf und wandeln es erneut in Glutamat um (Recycling von Transmittern). Den Astrozyten kommt auch eine Funktion beim Kalziumgleichgewicht im Nervengewebe zu. Astrozyten speichern Energie in Form von Glykogen. Da sie nach Abbau des Glykogens Glukose an benachbarte Nervenzellen abgeben können, sorgen sie auch für das Stoffwechselgleichgewicht der Nervenzellen. In der Embryonalentwicklung leiten sie Nervenzellen in ihre Zielregion und beeinflussen durch Abgabe von Wachstumsfaktoren die Differenzierung von Nervenzellen.

Fibrillenreiche Astrozyten Fibrillenreiche Astrozyten finden sich vor allem in der weißen Substanz des ZNS (Abb. 3.4-14). Sie besitzen lange, dünne Fortsätze und

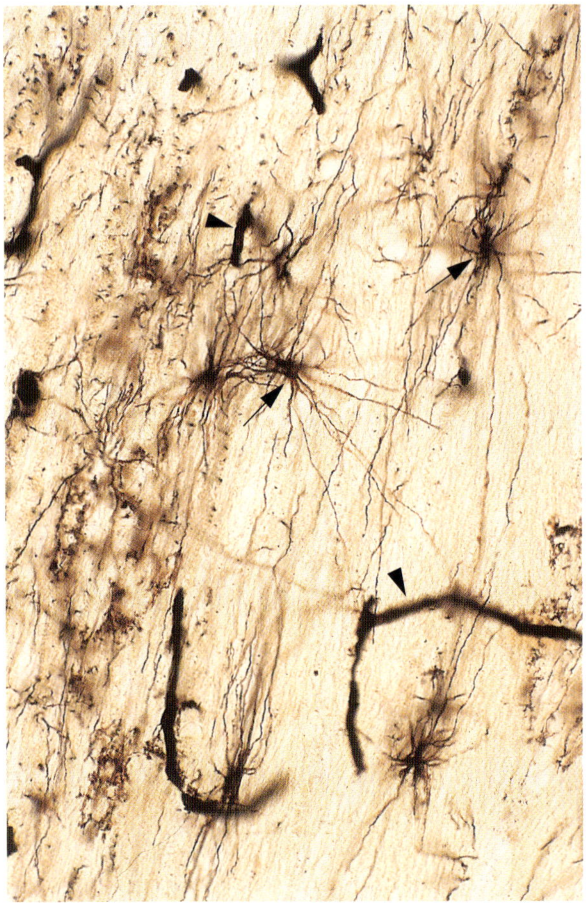

Abb. 3.4-14 Fibrillenreiche Astrozyten (➔) aus dem Mark des Kleinhirns (Hund). ▶ Blutgefäße. Färbung: nach Golgi; Vergr. 240fach.

erreichen oft auch Blutgefäße und die Oberfläche des ZNS. Die Fibrillen sind wie in den protoplasmatischen Astrozyten Bündel intermediärer Filamente, die nur ca. 8 nm dick sind und aus dem sauren Gliafibrillenprotein (gliafibrillar acidic protein, GFAP) bestehen.

In einigen Regionen gibt es besondere Astrozyten mit eigenen Bezeichnungen: die Müller-Zellen in der Retina, die Bergmann-Glia des Kleinhirns und die Pituizyten der Neurohypophyse.

Oligodendrozyten

Oligodendrozyten (Abb. 3.4-15) besitzen weniger Fortsätze als die Astrozyten, die zudem kaum verzweigt sind. Der Zellkörper ist kleiner als der der Astrozyten. Der Kern enthält mehr Heterochromatin als die Zellkerne der Astrozyten. Im dichten Zytoplasma sind das raue ER, freie Ribosomen, Mitochondrien und der Golgi-Apparat gut entwickelt. Oligodendrozyten bilden das Myelin zur Ausbildung der Markscheiden (siehe S. 189). Andere Oligodendrogliazellen liegen, wie auch manche Astrozyten, eng Perikarya von Neuronen an, ihre Funktion ist hier unbekannt. Sie enthalten kein saures Gliafibrillenprotein.

Mikrogliazellen

Mikrogliazellen (Abb. 3.4-16) sind kleine, dunkle, im gesamten ZNS verstreute Gliazellen von sehr variabler Gestalt. Sie besitzen einen länglichen Zellkern. Die Fortsätze sind kurz und gewunden. Ihre Intermediärfilamente sind aus Vimentin aufgebaut. Mikrogliazellen sind mesodermale Zellen und entstehen aus

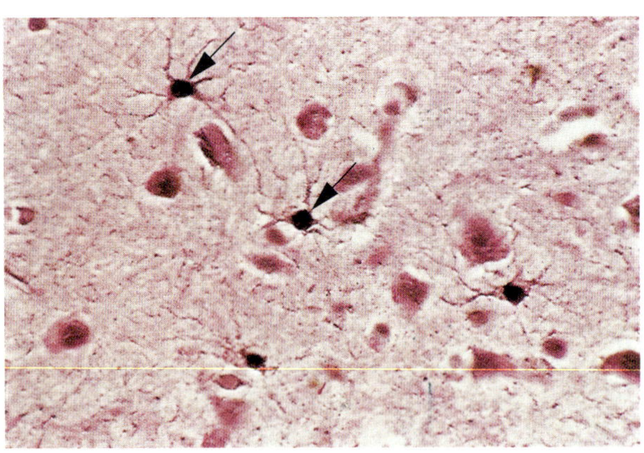

Abb. 3.4-15 Oligodendrozyten (➔, Großhirnrinde, Mensch) sind klein und besitzen einen rundlichen Kern, der ähnlich wie bei den Lymphozyten den Zellleib fast vollständig ausfüllt. Infolgedessen ist auch nur dieser bei Routinefärbungen zu erkennen, und daher sind diese Zellen schwer als solche zu identifizieren. Die Oligodendrozyten liegen häufig, wie auch in dieser Abbildung, als sog. Ammen- oder Trabantenzellen in unmittelbarer Nachbarschaft von Nervenzellen. Färbung: nach Cajal; Vergr. 380fach. (Aus [1])

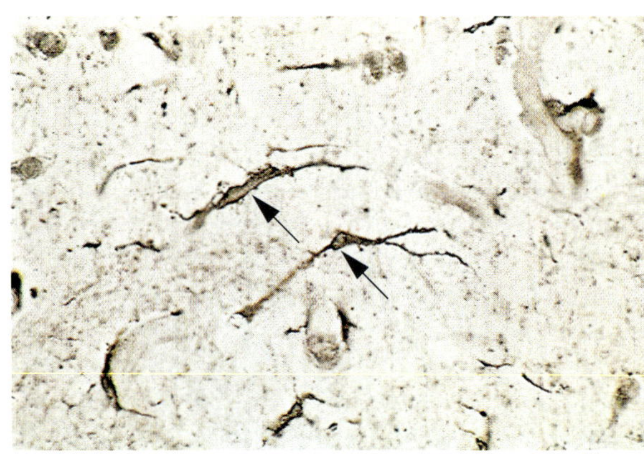

Abb. 3.4-16 Mikrogliazellen (➔; Großhirnrinde, Mensch) sind kleine, amöboid bewegliche und reich verzweigte Zellen, die nach ihrem Entdecker auch als Hortega-Zellen bezeichnet werden. Sie dienen wegen ihrer Phagozytose- und Speicherfähigkeit der Aufnahme und dem Abtransport von Zellzerfallsprodukten, wie sie z. B. bei krankhaften Hirnprozessen (Erweichungsherde nach einem Schlaganfall) entstehen können. Färbung: nach Hortega; Vergr. 380fach. (Aus [1])

monozytären Vorstufen. Dieser Zelltyp hat die Fähigkeit zu phagozytieren, was besonders deutlich in Regionen von verletztem Hirngewebe zu erkennen ist.

Ependymzellen

Das Ependym kleidet die Hirnventrikel und den Zentralkanal des Rückenmarks aus (Abb. 3.4-17). Es sind kubische oder prismatische Epithelzellen, die auch aus dem embryonalen Neuroepithel – wie Neurone sowie Astro- und Oligodendrogliazellen – hervorgehen, sich aber morphologisch nicht so auffallend differenzieren. Die Ependymzellen besitzen im Allgemeinen zahlreiche Kinozilien und sind nur durch Nexus und Zonulae adhaerentes verbunden. Zwischen ihnen hindurch ist ein Flüssigkeitsaustausch zwischen Hirngewebe und Ventrikellumen möglich. Im Bereich der zirkumventrikulären Organe besitzen die Ependymzellen lange basale Fortsätze, die bis an Blutgefäße oder Neurone, z. B. die neurosekretorischen Neurone im Hypothalamus, heranreichen können. Sie werden **Tanyzyten** genannt, sind über Zonulae occludentes verbunden und tragen apikal nur eine Kinozilie.

Spezielle Ependymzellen bilden das Epithel der Plexus choroidei (siehe S. 203) und spielen eine Rolle bei der Bildung des **Liquor cerebrospinalis** (Hirnwasser). Diese Plexusepithelzellen sind über Zonulae occludentes verbunden und tragen apikal zahlreiche, charakteristische Mikrovilli. Plexus choroidei entstehen dorsal im 3. und 4. Ventrikel sowie in den Seitenventrikeln.

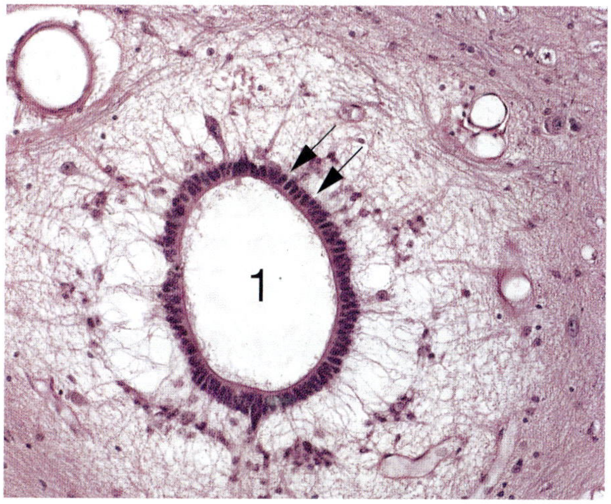

Abb. 3.4-17 Prismatische Ependymzellen (→) am Zentralkanal (**1**) des Rückenmarks (Mensch). Die Wand dieses Kanals wird von diesen prismatischen Ependymzellen aufgebaut. Die unmittelbare Umgebung des Zentralkanals ist aufgelockert (Substantia gelatinosa centralis). Färbung: H. E.; Vergr. 250fach.

☐ Blut-Hirn-Schranke

Zwischen Blut und Nervengewebe des ZNS ist eine Barriere ausgebildet, die vor allem den Übertritt von Stoffen aus dem Blut in das ZNS selektiv kontrolliert, aber auch umgekehrt die Passage von bestimmten Stoffen aus dem Nervengewebe in das Blut erlaubt. Diese Barriere wird Blut-Hirn-Schranke genannt. Paul Ehrlich (1854–1915) hat sie bei Experimenten mit Farbstoffen wie Trypanblau entdeckt, die Versuchstieren in das Blut injiziert wurden. Diese rasch im gesamten Kreislaufsystem verteilten Farbstoffe treten bald in den meisten Organen aus dem Blutraum aus und färben diese Organe dann entsprechend an. Nur das ZNS (Gehirn und Rückenmark) bleibt bis auf wenige Ausnahmen (Plexus choroidei, viele periventrikuläre Organe, folgender Abschnitt) ungefärbt. Diese Beobachtung war Anlass, die strukturelle Komponente der offensichtlich existierenden besonderen Barriere zwischen Gehirn sowie Rückenmark und dem Blut zu erforschen. Wesentliche morphologische Komponente der Barriere ist das Endothel der Kapillaren des ZNS, das kontinuierlich (siehe Kap. 5.1.2) ist und eine spezielle Enzymausstattung sowie Zonulae occludentes besitzt, die der Passage von Ionen und kleinen Molekülen Widerstand entgegensetzen. Der transendotheliale Transport mit Hilfe von Transport-(Pinozytose-)Vesikeln ist kaum ausgebildet. Außerhalb des Endothels befindet sich eine Schicht von Astrozytenfüßchen, die wohl auch eine Rolle in dieser Barriere spielen.

Das ZNS wird durch die Blut-Hirn-Schranke vor Schwankungen der Ionenkonzentration in seinem Interzellulärraum geschützt und ebenso von unkontrolliert einströmenden anderen Stoffen, die sich u. U. schädlich auf die Funktionen des ZNS auswirken können. Wichtige Stoffe z. B. für die Ernährung erreichen die Zellen des ZNS über Diffusion, so z. B. die Glukose, oder über spezielle Transportsysteme im Kapillarendothel (z. B. Aminosäuren oder auch Insulin).

☐ Zirkumventrikuläre Organe

Die zirkumventrikulären Organe (periventrikulären Organe) sind meistens unpaare, an die Ventrikel angrenzende, blutgefäßreiche, kleine Strukturen, die von Tanyzyten bedeckt sind. Die Tanyzyten sind durch Zonulae occludentes verbunden, was den Flüssigkeitsaustausch zwischen Hirngewebe und Ventrikel an dieser Stelle stark einschränkt. Die Blutkapillaren besitzen hier meistens keine Blut-Hirn-Schranke, sondern sind sogar fenestriert. Hier können Stoffe sowohl in den Blutstrom abgegeben werden, im Sinne von Neurohämalorganen, oder auch aus ihm austreten. **Neurohämalorgane** sind spezielle Bereiche im ZNS, in denen Hormone, die von Nervenzellen gebildet werden, ins

Blut abgegeben werden. Abgegeben werden z.B. die Neurohormone ADH und Oxytocin in der Neurohypophyse (Kap. 11.3.2). In anderen zirkumventrikulären Organen befinden sich Sensoren, die z.B. bei der Kontrolle des Flüssigkeitshaushalts eine Rolle spielen. Zu diesen Organen zählen: die Area postrema, das Subkommissuralorgan (bildet den Reissner-Faden), das Pinealorgan (Zirbeldrüse, siehe Kap. 11.4), die Plexus choroidei (s.u.), das Organon vasculosum laminae terminalis, das Subfornikalorgan, die Neurohypophyse und die Eminentia mediana.

Klinik Die Existenz der Blut-Hirn-Schranke muss bei allen medikamentösen Maßnahmen bedacht werden. Unglücklich, z.B. im Falle von bakteriellen entzündlichen Hirnerkrankungen, ist, dass viele Antibiotika die Blut-Hirn-Schranke nicht überwinden. Auch Dopamin kann die Schranke nicht überschreiten, was bei der Therapie des Morbus Parkinson ein Nachteil ist. Zum Teil kann man sich behelfen, indem die Therapeutika (z.B. Antibiotika) an Moleküle angeheftet werden, für die physiologische Transportmechanismen bestehen (z.T. Transferrin).

Schwann-Zellen

Die Schwann-Zellen begleiten Nervenzellfortsätze in peripheren Nerven (siehe Kap. 3.4.3). Sie können hier eine Myelinscheide (Markscheide) oder eine einfache Axonscheide aufbauen.

Wenn sie eine Myelinscheide bilden, befinden sich ihre abgeflachten ovalen Zellkerne im Zytoplasma außerhalb der Myelinscheide. Hier finden sich außerdem ein kleiner Golgi-Apparat und in mäßiger Anzahl RER-Zisternen und Mitochondrien sowie einzelne Lysosomen. Ihre Intermediärfilamente bestehen aus Vimentin. Vor allem in der Zellperipherie treten oft glatte und clathrinbedeckte Vesikel auf. Die Zellen sind von einer Basallamina bedeckt. Ihre Membran besitzt einer Vielzahl von spannungsaktivierten und ligandengesteuerten Ionenkanälen. Sie sezernieren u.a. Neureguline und Zytokine. Diese Substanzen beeinflussen den Durchmesser des Axons, die Phosphorylierung axonaler Neurofilamente und wahrscheinlich auch den axonalen Transport. Andererseits steuern die Axone Proliferation und Apoptose der Schwann-Zellen während der Entwicklung und die Expression verschiedener Proteine in diesen Zellen.

Im vegetativen Nervensystem bilden die Schwann-Zellen keine Myelinscheide, sondern eine einfache Axonscheide (siehe S. 190). Die Intermediärfilamente dieser Schwann-Zellen bestehen aus dem sauren Gliafibrillenprotein. Die Schwann-Zellen sind hier ca. 250–500 μm lang und ähneln funktionell Astrozyten.

Klinik Von den Schwann-Zellen kann die Bildung verschiedener Tumoren ausgehen, die **Schwannome** genannt werden. Diese Tumoren sind üblicherweise von einer Kapsel umgeben und können Melanosomen enthalten. **Neurofibrome** sind ebenfalls Tumoren peripherer Nerven, die aber aus verschiedenen Zelltypen aufgebaut werden, darunter Schwann-Zellen, Mastzellen und Perineuralzellen. Bei der Regeneration peripherer Axone bilden Schwann-Zellen eine Leitschiene für das auswachsende Neuron; sie fördern das Wachstum u.a. durch Sekretion von Wachstumsfaktoren.

3.4.3 Gliascheiden der Nervenzellfortsätze, Axonscheiden

Axone werden kurz hinter dem Ursprungskegel von einer Gliascheide umgeben. Die Gliazellen, die diese Scheide aufbauen, sind im ZNS die Oligodendrogliazellen, im PNS werden sie Schwann-Zellen genannt. Diese Scheide tritt in zwei Formen auf:

1. Jedes einzelne Axon wird entlang seinem Verlauf von zahlreichen hintereinander gelegenen Gliazellen umgeben, die um dieses Axon herum eine **Myelinscheide (Markscheide)** aufbauen. Die Myelinscheide besteht aus zahlreichen dünnen Lamellen. Es entsteht eine **markhaltige Nervenfaser** (markhaltiges, myelinisiertes Axon). Markhaltige Nervenfasern kommen im zentralen und peripheren Nervensystem vor.
2. Mehrere Axone (2–10) werden von nur einer Gliazelle umschlossen, ohne dass es zur Ausbildung einer Markscheide kommt. Am Aufbau einer solchen einfachen Gliascheide beteiligen sich insgesamt wieder zahlreiche hintereinander liegende Gliazellen. Ein solches Gebilde aus mehreren Axonen und den zugeordneten Gliazellen wird **marklose** (nicht-myelinisierte) **Nervenfaser** genannt. Solche Fasern kommen nur in der Peripherie vor und werden hier auch von den Schwann-Zellen gebildet.

Markhaltige Nervenfaser des peripheren Nervensystems

Ein Axon wird von zahlreichen hintereinander liegenden Schwann-Zellen bedeckt, die eine Myelinscheide (Markscheide) aufbauen. Ein Axon, das von einer Myelinscheide umwickelt ist, wird **markhaltige Nervenfaser** genannt.

Im Laufe der Entwicklung lagern sich die aus der Neuralleiste stammenden Schwann-Zellen dem Axon an und bilden zunächst zwei lappenförmige Ausläufer um das Axon (Abb. **3.4-23**); von einem von ihnen geht dann unter Verdrängung des Zytoplasmas die Bildung der Myelinscheide aus. Der genaue Mechanismus ist jedoch noch weitgehend unklar. Es entstehen je nach Neurontyp 3 bis ca. 50 Membranwicklungen. Nur Schwann-Zellen mit myelinassoziiertem Glykoprotein und anderen Membranproteinen bilden eine Myelinscheide aus.

Während das Axon ununterbrochen vom Perikaryon zur Zielzelle verläuft, ist die Markscheide regelmäßig durch feine Unterbrechungen gekennzeichnet, die Ranvier-Schnürringe.

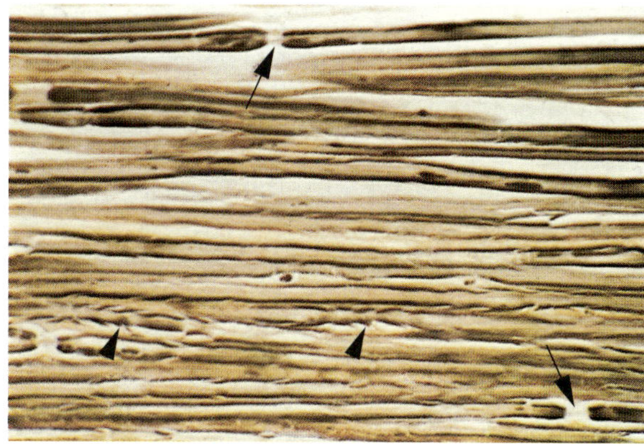

Abb. 3.4-18 Myelinscheide. Längsschnitt eines Nervs (N. ischiadicus, Kaninchen), dessen Markscheiden durch die Behandlung mit Osmiumsäure fixiert und gleichzeitig geschwärzt wurden. An der oberen und unteren Bildkante erkennt man je einen deutlichen Ranvier-Schnürring (= Unterbrechung der Myelinscheide des Neuriten, ➔); im unteren Bilddrittel zeigen einige Neuriten die sog. Schmidt-Lantermann-Einkerbungen (= schräg zu deren Längsachse ziehende pfeilspitzenähnliche Einkerbungen der Markscheide, ▶). Diese entsprechen Auflockerungen im System der konzentrisch geschichteten Protein-Lipoidlamellen, unterbrechen jedoch nicht die Kontinuität der Schwann-Zellen. Färbung: Fixierung mit OsO_4; Vergr. 240fach. (Aus [1])

Ranvier-Schnürringe

Ranvier-Schnürringe oder auch Ranvier-Nodien (Abb. **3.4-18**) sind Unterbrechungen in der Markscheide. Sie markieren die Grenzzone zwischen benachbarten Schwann-Zellen und zeigen deutlich, dass die Gliascheide aus zahlreichen hintereinander liegenden Gliazellen aufgebaut ist (Abb. **3.4-19**). Der Abschnitt zwischen den Ranvier-Nodien, der also der Ausdehnung einer Schwann-Zelle entspricht, wird als Internodium bezeichnet. Die Länge eines Internodiums schwankt je nach Nerv zwischen 200 µm und 1,5 mm. Je dicker das Axon ist, desto länger ist ein Internodium. Im Bereich der Ranvier-Schnürringe wird keine Myelinscheide aufgebaut, stattdessen bilden die benachbarten Schwann-Zellen hier nur locker ineinander greifende Zellausläufer (Abb. **3.4-19**). Die Axonmembran besitzt hier sehr viele Na^+-Kanäle.

Myelinscheide

Der Abschnitt einer Markscheide zwischen zwei Internodien wird immer nur von einer Schwann-Zelle gebildet. Der nach innen gerichtete Teil der Schwann-Zelle besteht aus einer unterschiedlich großen Zahl von Membranwicklungen, die die eigentliche Myelin-(Mark-)Scheide aufbauen. Die Dicke der Myelinscheide ist positiv mit dem Axondurchmesser und der Leitungsgeschwindigkeit korreliert. Der oft schmale periphere Teil der Schwann-Zelle, der nicht in die Membranwicklungen eingeht, enthält Zytoplasma und den Kern und wird auch **Schwann-Scheide** (= Neurolemm) genannt. Dieser periphere Teil der Schwann-Zellen ist von einer Basallamina umgeben, der dann Bindegewebe angelagert ist (siehe Kap. 3.4.4). Der Erhalt der Basallamina ist im Falle von Verletzungen von myelinisierten Axonen wichtig, da sie einem regenerierenden Nervenzellfortsatz den Weg zum Ziel weist.

Myelin besteht aus Lamellen, die aus der Zellmembran der Schwann-Zellen hervorgehen (s. u.). Die Lamellen bauen sich zu ca. 75% aus komplexen Lipiden und zu ca. 20% aus verschiedenen Proteinen (MBP: engl. myelin basic protein, PMPZZ: engl. peripherical

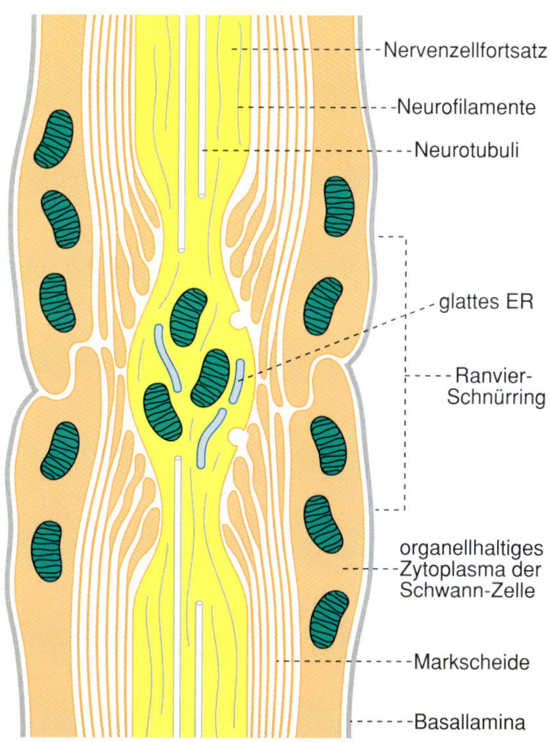

Abb. 3.4-19 Schematische Darstellung der Ultrastruktur eines Ranvier-Schnürringes.

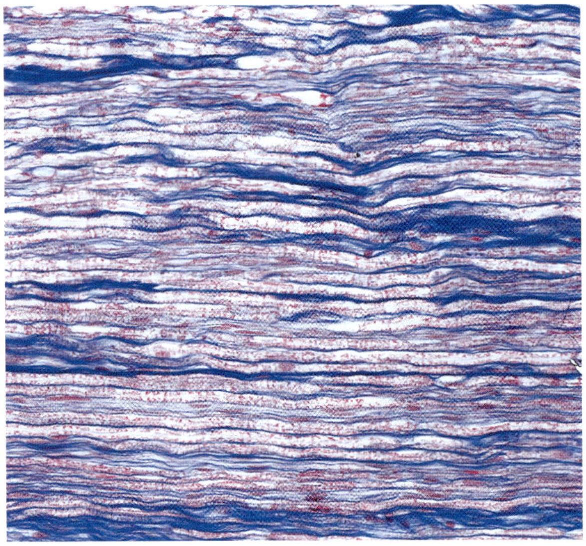

Abb. 3.4-20 Neurokeratingerüst, Längsschnitt durch einen großen peripheren Nerv (Mensch). Dessen Nervenfasern lassen infolge der Behandlung des Gewebes mit fettlösenden Mitteln wie z. B. Alkohol einen Zerfall der Markscheiden durch Herauslösen der Lipide erkennen. Übrig bleibt von der Markscheide eine Art Eiweißgerinnsel (rötlich), das sog. Neurokeratingerüst. Der Nervenzellfortsatz ist z. T. als hellbläuliche oder ganz helle Linie erkennbar. Die rund-ovalen Zellkerne gehören mehrheitlich zu den Schwann-Zellen, die abgeplatteten zu Fibrozyten des bindegewebigen Endoneuriums (blau gefärbte Linien im Präparat). Färbung: Azan; Vergr. 60fach. (Aus [1])

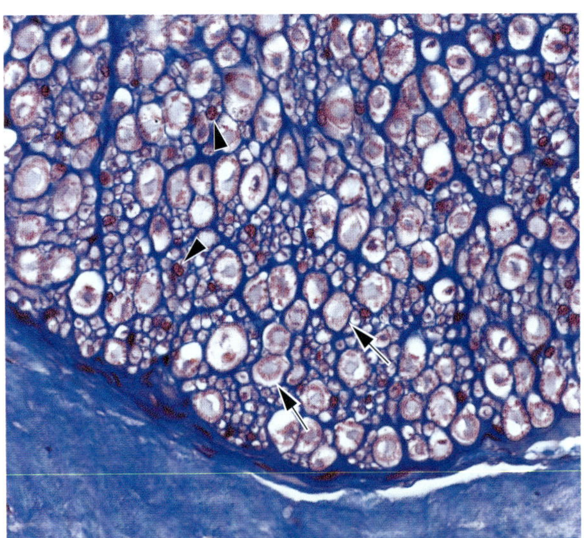

Abb. 3.4-21 Neurokeratingerüst, Querschnitt durch einen peripheren Nerv (Mensch). Die rötliche Markscheide (➔) der Nervenfasern ist wieder zerfallen, im Inneren der Markscheide ist der Nervenzellfortsatz oft als hell-bläulicher Punkt erkennbar. Die Nervenfasern sind in ein hier kräftig blau gefärbtes Endoneurium eingebettet. Die rundlichen Kerne (▶) gehören zu Schwann-Zellen. Am Rande des Nervenfaserbündels ist das Perineurium erkennbar (unterer Bildrand). Färbung: Azan; Vergr. 350fach. (Aus [1])

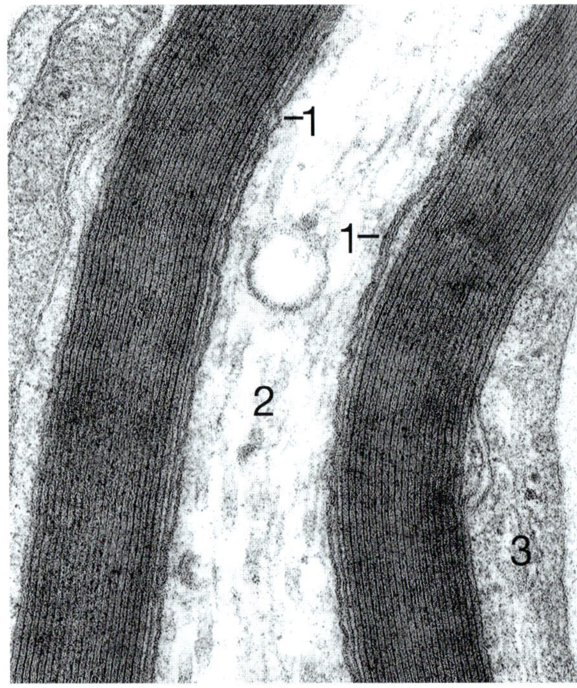

Abb. 3.4-22 Der typische Schichtenbau der Markscheide (myelinisiertes Axon im Längsschnitt, Kaninchen) zeigt eine Periodik von 12 nm. Die kräftige dunkle Linie ist die Hauptlinie (innere Anlagerungslinie = verschmolzene protoplasmatische Membranhälften); zwischen den Hauptlinien befindet sich die zarte Intermediärlinie (äußere Anlagerungslinie = eng aneinander gelagerte externe Membranhälften). Nach innen wird die Myelinscheide durch die Zellmembran (= Axolemm, **1**) vom Zytoplasma des Axons (**2**) getrennt; außen wird sie bedeckt vom Zytoplasma der Schwann-Zelle (**3**), das die Schwann-Scheide bildet. Vergr. 80 000fach. (Aus [1])

myelin protein ZZ, P_0: engl. protein zero, MAG: engl. myelin-associated protein, ein Connexin und das Zelladhäsionsprotein E-Cadherin) auf.

Im lichtmikroskopischen Präparat ist die **Myelinscheide** zumeist infolge ungenügender Fixierung und Behandlung mit stark fettlösenden Reagenzien artifiziell zerfallen. Die Proteinreste der Myelinscheide bilden ein sog. **Neurokeratingerüst** (Abb. **3.4-20**, **3.4-21**). In Gefrierschnitten lässt sich die Myelinscheide gut mit Fettfarbstoffen darstellen, da diese histologische Technik die Herauslösung von Fetten, auch von denen von Membranen, vermeidet. Der komplexe Bau der Myelinscheide wird erst im Elektronenmikroskop sichtbar (Abb. **3.4-22**).

Während der Entwicklung der Myelinscheide (Myelogenese, Markreifung) lassen sich die Prozesse der Umwicklung eines Axons gut nachvollziehen (Abb. **3.4-23**).

Die Myelinscheide besteht aus dicht gepackten, konzentrischen Lagen der Zellmembran der Schwann-

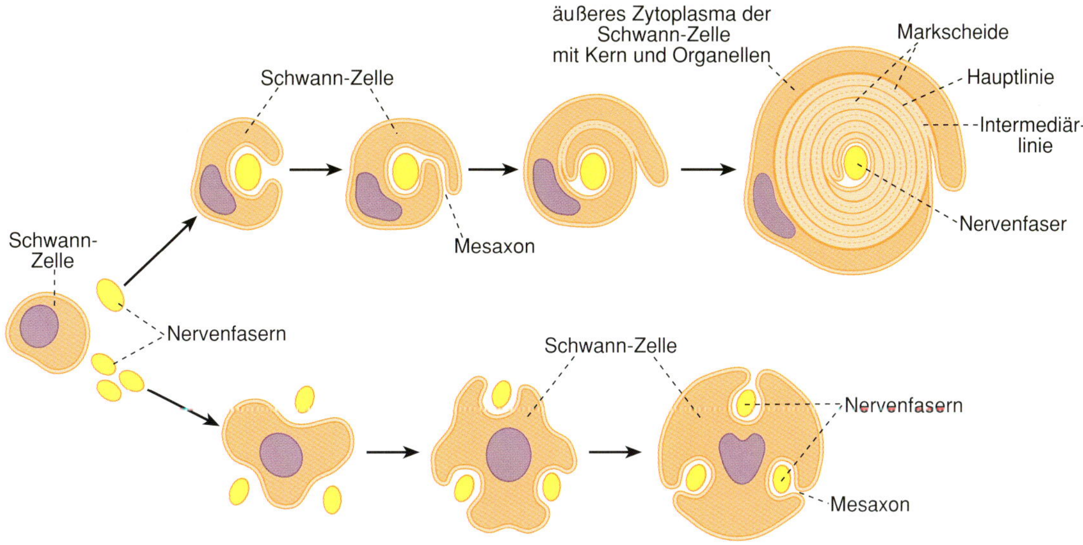

Abb. 3.4-23 Schematische Darstellung der Entwicklung von Nervenfaserscheiden. Oben: Entstehung einer Markscheide, die sich um ein Axon herumwickelt; unten: Entstehung einer Axonscheide ohne Markscheide (marklose bzw. markarme Nervenfasern). Die Zellmembran der Schwann-Zelle und der Nervenzellfortsätze ist doppelt gezeichnet, um die Linien der Markscheiden verständlich zu machen. Die Schwann-Zellen sind von einer Basallamina umgeben.

Zellen. Es lassen sich alternierend dichte und hellere Linien erkennen. In Abständen von 12 nm ist eine relativ dicke dunkle **Hauptlinie** (innere Anlagerungslinie) zu erkennen, die durch Verschmelzung von zwei protoplasmatischen (inneren) Blättern der Zellmembran der Schwann-Zelle entsteht. Hier liegt das Protein MBP. Die Hauptlinie der Myelinscheide enthält keine Zytoplasmareste. Eine Ausnahme sind die sog. **Schmidt-Lantermann-Einkerbungen,** die in jeder Myelinscheide eines Internodiums schräg verlaufende Linien darstellen. Diese Strukturen behalten auch im ausgereiften Myelin Zytoplasmareste, die über Nexus verbunden sind.

Zwischen den Hauptlinien ist eine schwache **Intermediärlinie** (äußere Anlagerungslinie) zu erkennen, die aus den aneinander gelagerten äußeren Blättern der Membran der Schwann-Zelle aufgebaut ist und die vor allem durch das Protein P_0 zusammengehalten wird. Hochauflösende elektronenmikroskopische Aufnahmen zeigen, dass in der Intermediärlinie die zwei äußeren Membranhälften durch einen extrem schmalen Extrazellulärspalt getrennt sind. In diesen Spalt können Stoffe eintreten. Er ist jedoch an einigen Stellen durch Tight junctions verschlossen, die größere Moleküle zurückhalten.

Erregungsleitung Die Myelinlamellen verleihen dem Axon einen hohen elektrischen Widerstand und eine geringe Kapazität. Das lipidreiche Myelin wirkt wie eine elektrische Isolationsschicht.

Während einer Erregungsleitung kommt es nur im Bereich der Ranvier-Schnürringe eines Axons zum Stromfluss über die Membran, d. h., nur hier kommt es zu einem Aktionspotential. Hier kommen in hoher Dichte spannungsgesteuerte Natriumkanäle und Na^+/K^+-ATPase vor. Der Impuls breitet sich sofort passiv zum nächsten Schnürring aus. Die Fortleitung der Erregung erfolgt also nicht kontinuierlich, sondern sprunghaft (saltatorisch). Die **saltatorische Erregungsausbreitung** ist schneller und erfordert weniger Energie als eine kontinuierliche Erregungsausbreitung. Ein Aktionspotential braucht in einem myelinisierten motorischen Nerv nur ca. 0,01 Sekunden, um vom Perikaryon zu einer motorischen Endplatte zu wandern, wo eine Muskelkontraktion ausgelöst wird. In einer nicht-myelinisierten Nervenfaser würde die Wanderung der Erregung deutlich langsamer erfolgen.

Markhaltige Nervenfaser des ZNS

Auch im ZNS findet man insbesondere in der weißen Substanz Myelinbildung. In langen Leitungsbahnen sind die Axone von einer dicken Myelinscheide umgeben, die auch Ranvier-Schnürringe und Schmidt-Lantermann-Einkerbungen aufweisen. Im Bereich der Schnürringe findet sich ein Astrozytenfüßchen, das in Kontakt zum Axon tritt. Hier kommen – wie in peripheren Nerven – auch konzentriert Na^+-Kanäle vor. Die Scheide wird im ZNS von **Oligodendrozyten** aufgebaut. Während eine Schwann-Zelle nur jeweils ein Axon umhüllt, sind Oligodendrozyten erstaunlicherweise in der Lage, mit peripheren Ausläufern Myelinscheiden um 10–50 Axone zu bilden. Neben weiteren

Besonderheiten ist hervorzuheben, dass die Oligodendrozyten keine Basallamina besitzen. Die Proteinzusammensetzung des Myelins im ZNS unterscheidet sich von der des PNS; ein wichtiges Protein des zentralen Myelins ist das PLP (engl. proteolipid protein). Es verbindet die äußeren Membranblätter der aneinander grenzenden Zellmembranen.

Marklose Nervenfaser im PNS

Wenn mehrere Axone gemeinsam von nur einer Schwann-Zelle umschlossen werden, ohne dass es zur Ausbildung einer Markscheide kommt, entsteht eine einfache Gliascheide. Ein solches Gebilde aus mehreren Axonen und den zugeordneten Gliazellen wird **marklose** (nicht-myelinisierte) **Nervenfaser** genannt (Abb. **3.4-24**). Solche Fasern kommen nur in der Peripherie vor. Den marklosen Fasern fehlen neben den Markscheiden auch die Ranvier-Schnürringe. Die genaue Beziehung zwischen Schwann-Zelle und den marklosen Axonen ist erst im Elektronenmikroskop erkennbar. Die Axone sind in röhrenförmige Rinnen in die Schwann-Zellen eingesenkt (Abb. **3.4-25**, **3.4-26**). Es bleibt stets ein schmaler, extrazellulärer Raum zwischen Axonmembran und Membran der Schwann-Zelle erhalten, der auch mit der Oberfläche kommuniziert. Dieser Spalt wird mit den begrenzenden Membranen der Schwann-Zelle **Mesaxon** genannt.

Zeitliche Abfolge des Myelinisierungsprozesses

Während der Entwicklung erfolgt die Myelinisierung in verschiedenen Regionen des Nervensystems zu unterschiedlichen Zeitpunkten und in unterschiedlicher Geschwindigkeit. Im ZNS erfolgt sie oft systemweise. Periphere motorische Nervenfasern sind z. B. zum Zeitpunkt der Geburt myelinisiert. Im Tractus corticospinalis ist die vollständige Myelinisierung erst nach ca. sieben Jahren abgeschlossen. Viele Funktionen des Körpers reifen parallel zum Myelinisierungsprozess.

Klinik Eine Reihe von neurologischen Krankheiten ist mit teilweisem oder völligem Verlust der Markscheide verbunden (demyelinisierende Krankheiten).

Bei der **multiplen Sklerose** (**MS**), einer Autoimmunkrankheit, die nur gegen zentrales Myelin gerichtet ist, fehlt größeren Axonabschnitten die Markscheide, was zunächst mit Verlangsamung und dann mit Ausfall der Erregungsleitung verbunden ist. Das klinische Bild hängt von der betroffenen Region ab. MS ist gekennzeichnet durch Autoantikörper gegen Oligodendrozyten-Myelin und durch autoreaktive T-Lymphozyten, die sich wahrscheinlich gegen das MBP zentraler Markscheiden richten.

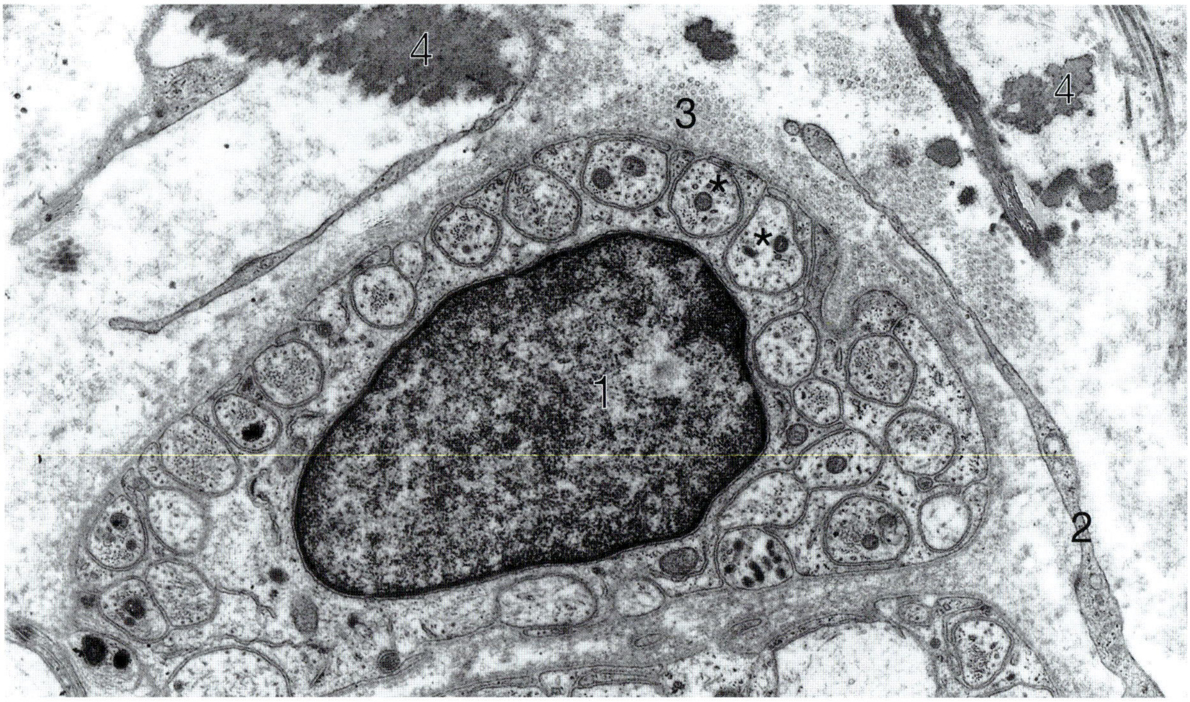

Abb. 3.4-24 **Nicht-myelinisierter Nerv** in der Submukosa des Magens (Mensch). **1** Kern der Schwann-Zelle, in deren Zytoplasma zahlreiche vegetative Axone (*) eingesenkt sind. **2** Perineuralscheide, die hier offen ist; **3** Kollagenfibrillen; **4** elastische Fasern. Vergr. 15 200fach.

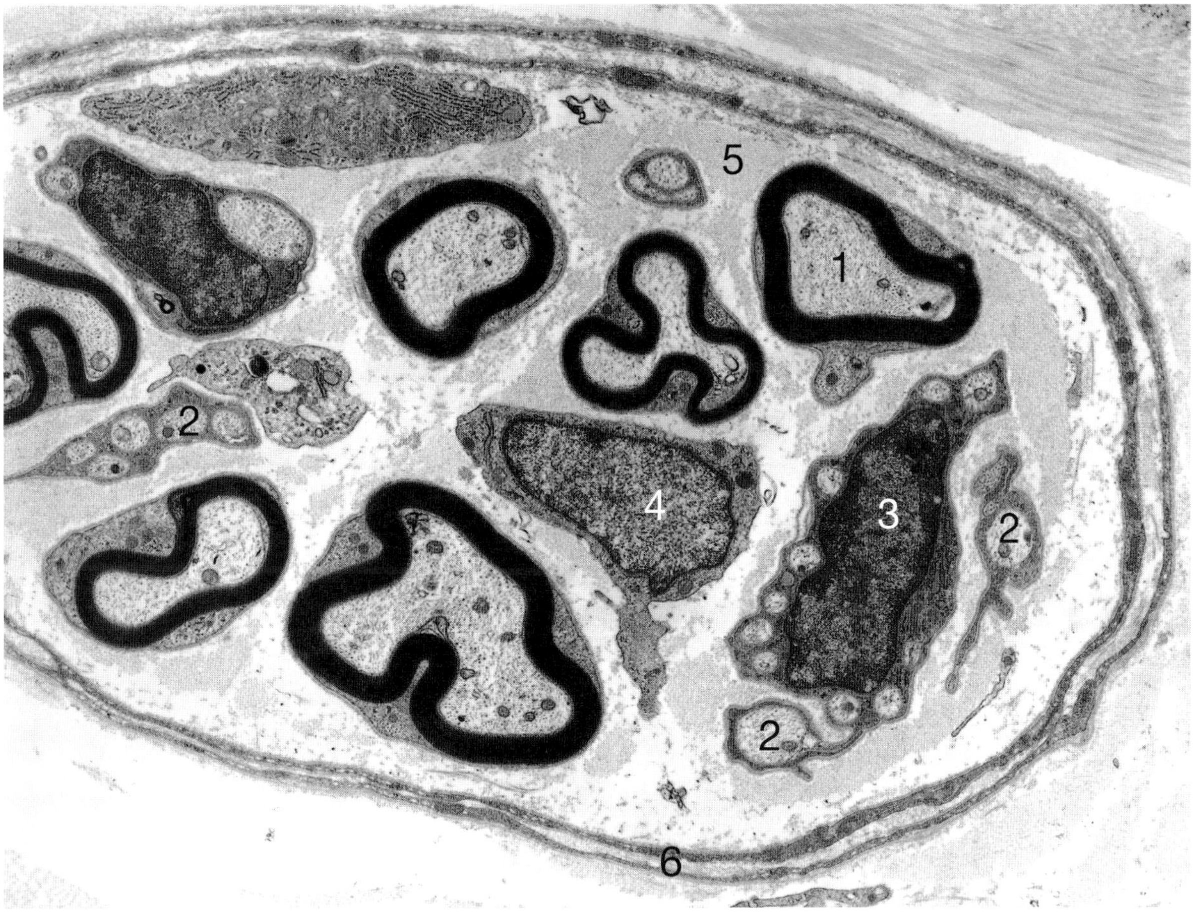

Abb. 3.4-25 Querschnitt durch einen kleinen Nerv aus der Dermis (Ratte) mit myelinisierten (**1**) und nicht-myelinisierten (**2**) Nervenfasern. **3** Schwann-Zelle der nicht-myelinisierten Nervenfasern; **4** Fibroblast; **5** Kollagenfibrillen des Endoneuriums; **6** Perineuralscheide. Vergr. 8900fach.

3.4.4 Periphere Nerven

Periphere Nerven bestehen aus Bündeln markloser und markhaltiger Nervenfasern (Abb. 3.4-27), deren Perikarya im ZNS oder in Ganglien liegen.

Rein **marklose** (markscheidenfreie) **periphere Nervenfasern** sind im lichtmikroskopischen Präparat z. T. etwas schwerer zu identifizieren als **myelinisierte**. Meist kommen in einem Nerven sowohl markhaltige als auch marklose Nervenfasern vor.

Bindegewebshüllen peripherer Nerven

Periphere Nerven bestehen nicht nur aus Nervenfasern und ihrer Gliahülle, sondern besitzen auch hier-

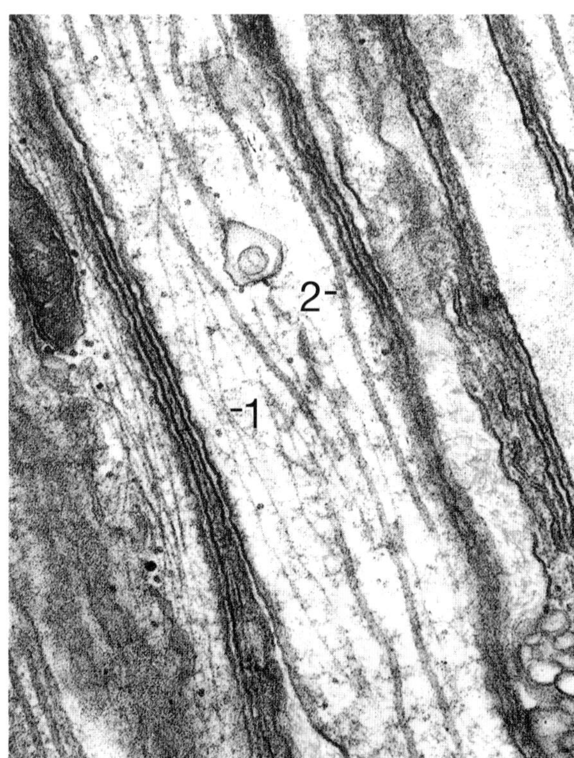

Abb. 3.4-26 Längsschnitt durch eine marklose Nervenfaser (vegetativer Nerv aus der Gl. submandibularis der Katze) mit deutlichen Neurofilamenten (**1**) und Neurotubuli (Mikrotubuli, **2**). Vergr. 54 000fach. (Aus [1])

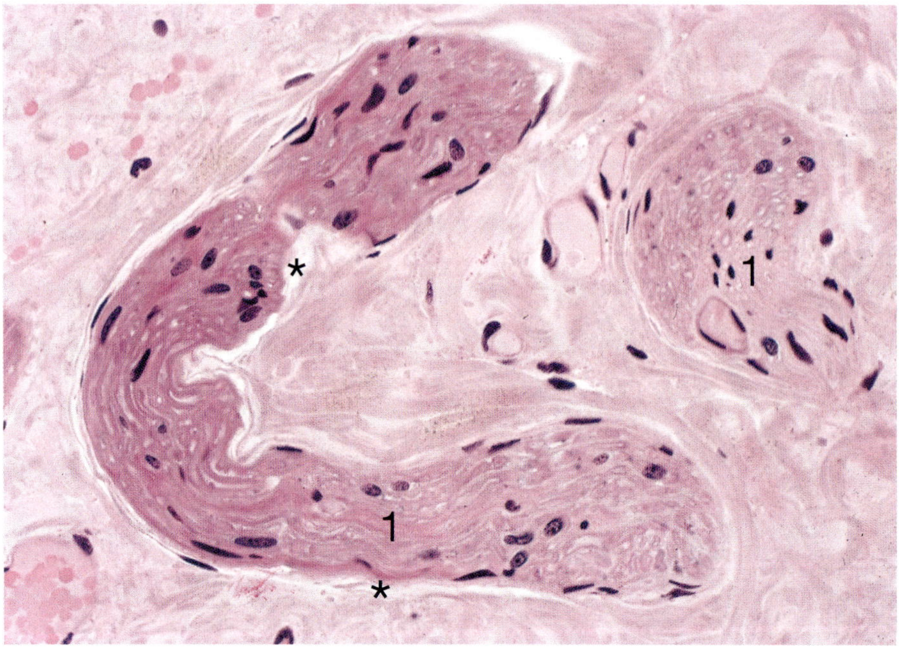

Abb. 3.4-27 Zwei kleine, vegetative Nerven (1) in der Kapsel der Nebenniere (Mensch). Die Nervenfasern sind infolge ihres gewellten Verlaufs in verschiedenen Richtungen angeschnitten. Die Zellkerne in den Nerven gehören ganz überwiegend zu Schwann-Zellen. Ein schmaler Schrumpfraum (*) zwischen dem dichten kollagenfaserreichen Bindegewebe und der Perineuralscheide der Nerven erleichtert oft das Erkennen der Nerven. Färbung: H. E.; Vergr. 450fach.

archisch **geordnete Bindegewebsstrukturen**, die von innen nach außen folgendermaßen bezeichnet werden (Abb. **3.4-28**, **3.4-29**):

- Endoneurium,
- Perineurium und
- Epineurium.

Endoneurium

Das Endoneurium ist ein zartes retikuläres Bindegewebe, das die einzelnen Nervenfasern umgibt und sich an die Basallamina der Schwann-Zellen anschließt. In diesem Bindegewebe treten Fibroblasten, Makrophagen, Mastzellen und Blutkapillaren auf. Der Interzellulärraum steht mit dem Liquor cerebrospinalis des Subarachnoidalraumes (siehe Kap. 3.4.7) in kontinuierlichem Zusammenhang, in ihm ist ein Flüssigkeitsstrom festzustellen, der von proximal nach distal läuft.

Perineurium

Unterschiedlich viele (ca. 10 bis einige 100) von einem Endoneurium umgebene Nervenfasern werden vom Perineurium umhüllt und zusammengefasst. Das Perineurium besteht aus einer außen gelegenen **Pars fibrosa**, die aus straffem Bindegewebe aufgebaut ist, und einer innen gelegenen **Pars epithelialis**, die aus wenigen abgeflachten fibroblastenähnlichen Zellen aufgebaut ist (Abb. **3.4-30**). Diese Zellen bilden einen epithelialen Verband. Die Kollagenfasern der Pars fibrosa verlaufen überwiegend flach spiralförmig, elastische Fasern sind verbreitet vorhanden. Das Perineuralepithel ist Abkömmling der weichen Hirnhaut (siehe Kap. 3.4.7). Es steht mit dem Neurothel der Arachnoidea in kontinuierlicher Verbindung und wird innen und außen durch eine Basallamina begrenzt. Die Einzelzellen des Perineuriums sind über Zonulae occludentes verbunden. Das Perineuralepithel bildet eine Barriere, die als Perineuralscheide bezeichnet wird, gegen den Durchtritt von größeren Molekülen oder Toxinen in den innerhalb des Perineuriums gelegenen Endoneuralraum, der gelegentlich auch perineurales Kompartiment genannt wird. Die Nervenfasern verlaufen innerhalb des Perineuriums leicht gewellt und schraubenförmig, wodurch eine leichte Verlängerung eines Nervs, z. B. bei Dehnung eines Gelenkes, möglich wird.

Klinik Die Perineuralscheide ist eine Barriere für Lokalanästhetika. Nur Lokalanästhetika bestimmter Molekülstruktur (amphiphile Substanzen) können diese passieren.

Epineurium

Mehrere vom Perineurium umhüllte Nervenfaserstränge werden untereinander und mit ihrer Umgebung durch ein straffes Bindegewebe zusammengehalten, das Epineurium genannt wird. Hier kommen neben Kollagen in größerem Umfang auch kräftige elastische Fasern vor. Fettzellen sind nicht selten, an Arteriolen und Venolen des Epineuriums treten öfter Mastzellen auf. Die Anordnung der Bindegewebskomponenten erlaubt einerseits in gewissem Umfang Verbiegung von Nerven, verhindert aber andererseits Überdehnung und damit Zerreißung der Nervenfasern.

Das Epineurium steht proximal mit der Dura mater des ZNS in Verbindung. Peripherwärts wird es zuneh-

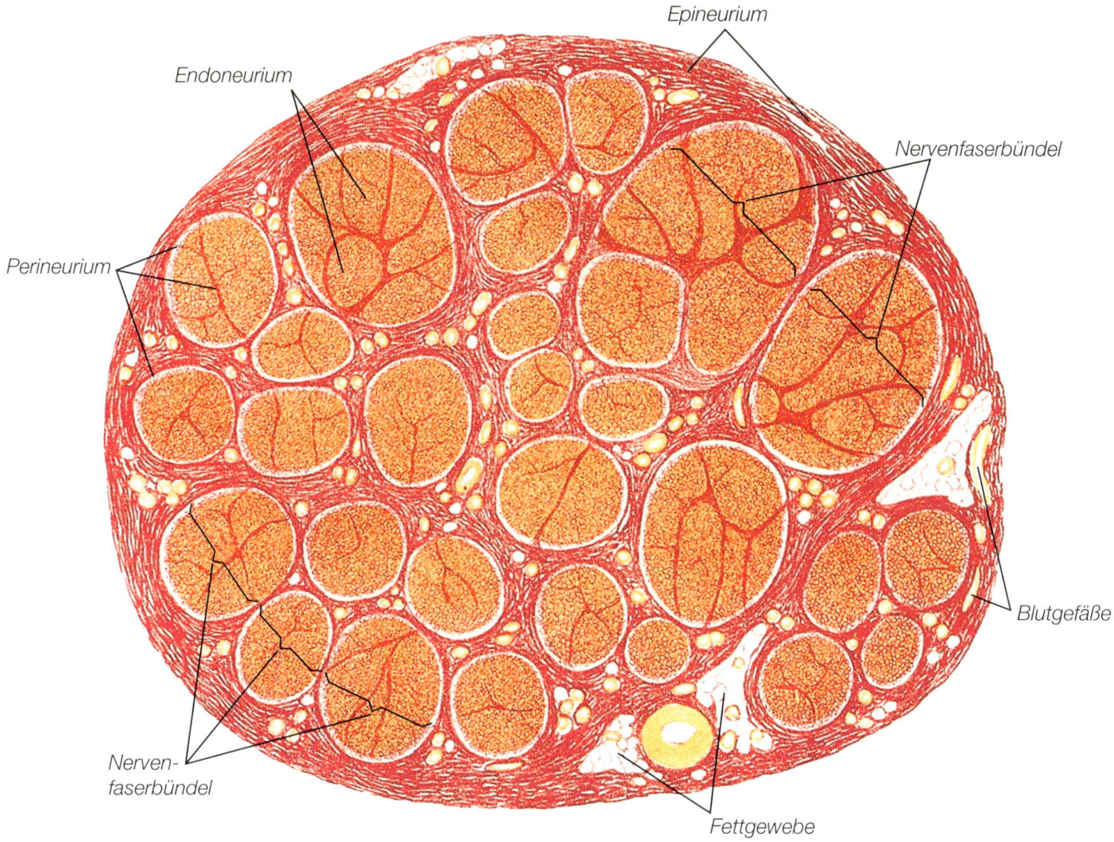

Abb. 3.4-28 Darstellung eines großen peripheren Nervs im Querschnitt. Beachte die deutliche Zusammenordnung der Nervenfasern zu Bündeln unterschiedlicher Größenordnungen. Die einzelne Nervenfaser und ihre Schwann-Zelle werden von einem zarten Kollagenfasergerüst (Endoneurium) umgeben. Bündel von Nervenfasern, deren Zahl bis in die Hunderte gehen kann, werden vom Perineurium umhüllt, das nicht nur aus dicht gepackten Kollagenfasern, sondern auch aus elastischen Fasern besteht. Das Epineurium schließlich verbindet die vom Perineurium umschlossenen Bündel, umhüllt sie insgesamt und verbindet den Nerv mit seiner Umgebung. Färbung: van Gieson; Vergr. 15fach. (Aus [1])

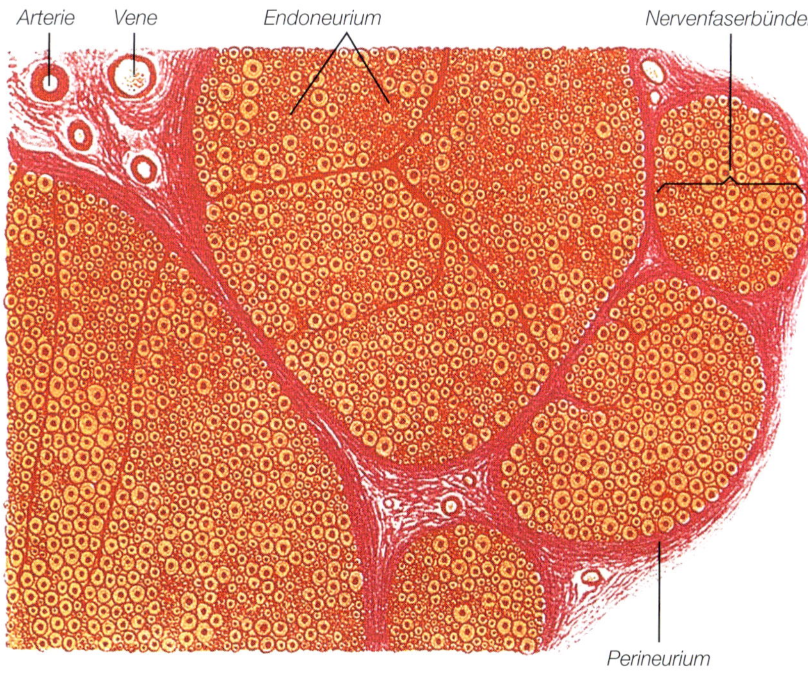

Abb. 3.4-29 Die Zeichnung einzelner Nervenfaserbündel in stärkerer Vergrößerung lässt die Axone deutlich als unterschiedlich dicke, rundliche Schnittprofile erkennen, in denen sich der zentral gelegene Achsenzylinder färberisch deutlich gegen die ihn umgebende hellere Markscheide abhebt. Das Perineurium besteht innen aus den durch Zonulae occludentes verbundenen flachen Perineuralepithelzellen. Es umhüllt Faserbündel; von ihm können sich Septen abspalten, die das Bündel weiter unterteilen.
Färbung: van Gieson;
Vergr. 50fach. (Aus [1])

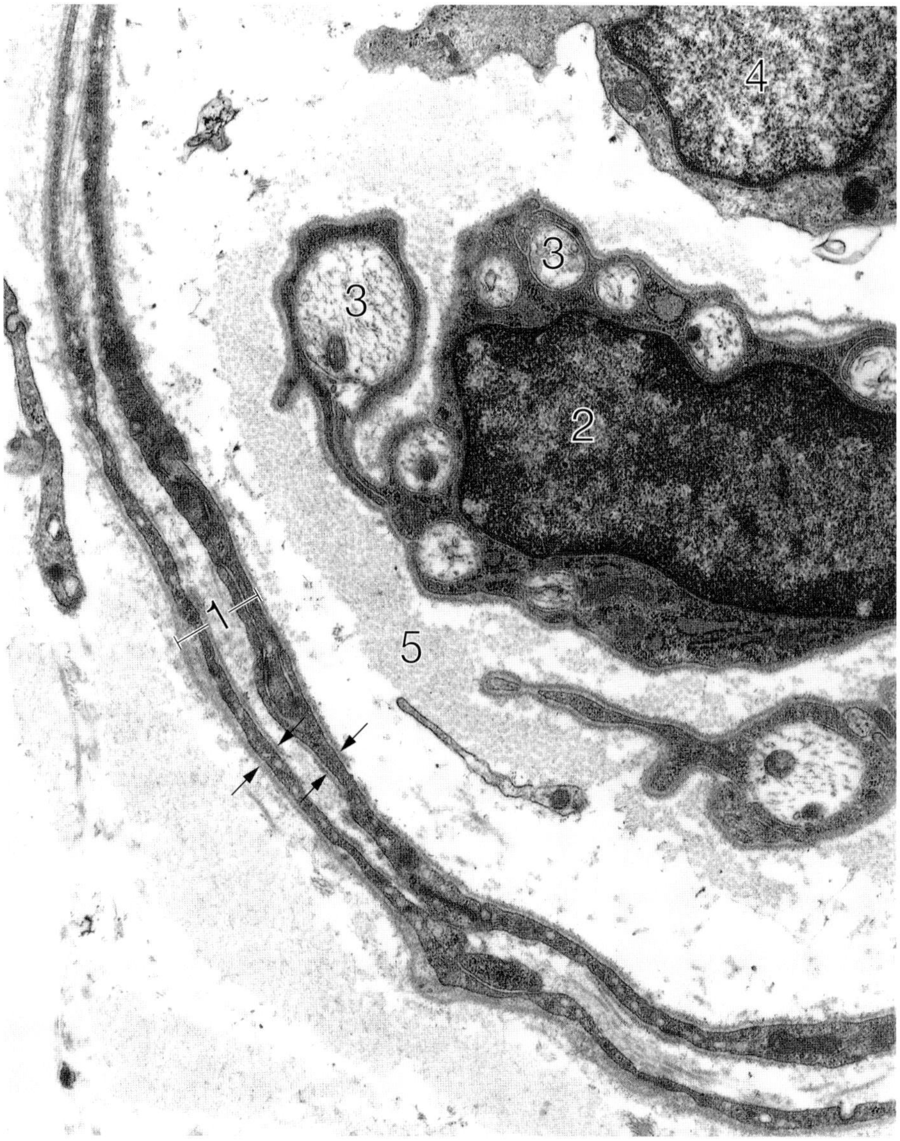

Abb. 3.4-30 Elektronenmikroskopische Abbildung des hier zweischichtigen Perineuralepithels (1) eines kleinen peripheren Nervs in der Dermis (Ratte). Das Perineuralepithel ist beidseitig von Basallamina bedeckt (→). **2** Schwann-Zelle mit vegetativen Nervenzellfortsätzen (**3**). **4** Kern eines Fibrozyten; **5** Kollagenfibrillen. Vergr. 20700fach.

mend dünner. Das Perineurium bleibt bis weit in die Peripherie nachweisbar, wird aber immer dünner und wird gegen Ende des Nervs in einzelne flache Zellen aufgelöst. Bis zur Nervenendigung bleibt dann nur die Hülle aus der Schwann-Zelle erhalten, an der Synapsenregion (siehe Kap. 3.4.5) ist nur noch deren Basallamina vorhanden.

Klassifikation der peripheren Nervenfasern

Die Klassifikation der peripheren Nervenfasern beruht vor allem auf Faserdurchmesser und damit korrelierter Leitungsgeschwindigkeit. Der Durchmesser schwankt zwischen 0,3 und 20 µm, die Leitungsgeschwindigkeit zwischen 0,5 und 120 m/s. Es existieren in der Literatur verschiedene Klassifikationen:

- Die Klassifikation nach Erlanger und Gasser benutzt Buchstaben (A, B, C) und umfasst die motorischen und sensorischen Fasern.
- Die Klassifikation nach Lloyd und Hunt verwendet römische Zahlen (I–IV), mit deren Hilfe sensorische Nervenfasern unterschieden werden.

Im folgenden Abschnitt wird die Klassifikation nach Erlanger und Gasser gebraucht.

Typ-A-Fasern

Typ-A-Fasern besitzen eine Markscheide und schwanken im Durchmesser von 3 bis 20 µm. Sie leiten Erregungen mit einer Geschwindigkeit von 15–120 m/s. Die Mehrzahl der Fasern gehört zu diesem Typ, deshalb erfolgt eine weitere Untergliederung, auf die aber hier nicht eingegangen wird.

Typ-B-Fasern

Typ-B-Fasern sind mit einer dünnen Myelinscheide versehen und variieren im Durchmesser zwischen 2 und 3 µm. Sie leiten Erregungen mit einer Geschwindigkeit von 2–10 m/s.

Vorkommen Präganglionäre vegetative Nerven, Afferenzen aus den Eingeweiden.

Typ-C-Fasern

Typ-C-Fasern sind marklos und haben einen Durchmesser von 0,5–1,5 µm. Sie leiten Erregungen mit einer Geschwindigkeit von 0,25–1,5 m/s. Dieser Fasertyp vermittelt z. B. dumpfe Schmerzempfindungen.

Vorkommen Postganglionäre vegetative Nerven, einige Hautafferenzen.

3.4.5 Synapsen

Neuronale Signale werden an speziellen Kontaktstellen, den Synapsen, unidirektional auf andere Zellen übertragen. Es lassen sich zwei grundsätzlich verschiedene Synapsenformen unterscheiden:

- elektrische Synapsen,
- chemische Synapsen.

Elektrische Synapse

Elektrische Synapsen sind Gap junctions (Nexus), mit deren Hilfe ein Aktionspotential direkt und ohne Verzögerung von einer präsynaptischen an eine postsynaptische Nervenzelle weitergegeben wird. Sie besteht aus Connexonen, die denen zwischen Epithel- oder Herzmuskelzellen im Prinzip ähneln (siehe Kap. 2.1.6). Elektrische Synapsen sind im ZNS des Menschen selten.

Chemische Synapse

Meistens ist die Übertragung von Signalen im Bereich einer Synapse indirekt, da die jeweiligen Zellen voneinander elektrisch isoliert sind. Die präsynaptische wird von der postsynaptischen Zelle durch den schmalen synaptischen Spalt, der ca. 20–30 nm weit ist, voneinander getrennt (Abb. **3.4-31**). Prä- und postsynaptische Membran sind durch eine Fülle spezifischer Proteine charakterisiert. Erregung der präsynaptischen Zelle führt an deren Ende (= Endkolben, Bouton, präsynaptische Struktur) zur Freisetzung von chemischen Signalmolekülen, die als **Neurotransmitter** bezeichnet werden. Solche Synapsen, die ihre Funktion mittels eines chemischen Stoffs erfüllen, werden **chemische Synapsen** genannt.

Die Neurotransmitter sind zumeist kleine Moleküle und befinden sich in sog. **synaptischen Bläschen** (Abb. **3.4-31**). Sie werden bei einem eintreffenden Aktionspotential über kalziumstimulierte Exozytose in den synaptischen Spalt freigesetzt. Sie diffundieren dann innerhalb einer Millisekunde zur postsynaptischen Membran, d. h. zur Membran der post-(= sub-) synaptischen Zelle, wo sie an transmitterspezifische Rezeptormoleküle – oft Ionenkanäle – binden, was wiederum zu einer elektrischen Veränderung der postsynaptischen Zelle führt. Der freigesetzte Transmitter wird rasch wieder enzymatisch abgebaut oder durch Wiederaufnahme in die präsynaptische Zelle oder in benachbarte Gliazellen beseitigt. Die rasche Beseitigung des Transmitters ist für die zeitliche und räumliche Präzision der Signalübermittlung wichtig.

Die Freisetzung des Transmitters ist ein komplex regulierter Prozess. In jedem synaptischen Bläschen befindet sich eine bestimmte Menge (Quantum) an Transmitterstoff, in der motorischen Endplatte sind es ca. 7000 Acetylcholinmoleküle. Das Aktionspotential führt in Abhängigkeit von seiner Frequenz zur Ausschüttung des Transmitters aus bis zu 500 synaptischen Vesikeln. Ein Teil der Vesikel ist schon im Ruhezustand innen an der präsynaptischen Membran angedockt („aktive Zone"). Kalzium wird über spannungsgesteuerte Kalziumkanäle ins Zytoplasma der präsynaptischen Region transportiert und führt zur Exozytose der synaptischen Bläschen. Diese besitzen in ihrer Membran einen „Kalziumsensor", das Protein Synaptogamin. Ein weiteres spezifisches Protein der präsynaptischen Region ist das Synapsin, das strangförmige, an Zytoskelettkomponenten erinnernde Strukturen bildet, die die synaptischen Vesikel miteinander verbinden. Auch von der präsynaptischen Membran strahlen Synapsinfasern ins Zytoplasma, wo sie an der Oberfläche von Vesikeln enden. Möglicherweise ist die Funktion des Synapsins, die Vesikel in der Nähe der präsynaptischen Membran zu halten. Vor der Fusion mit dieser Membran werden die synaptischen Vesikel von der Bindung an die Synapsinfasern durch Proteinkinasen befreit.

An der Fusion der Vesikelmembran mit der präsynaptischen Membran sind spezielle Membranproteine beteiligt. Bestimmte Gifte, z. B. Botulintoxine oder das Gift der Schwarzen Witwe, einer Spinne, wirken durch Bindung an die Vesikelmembran und verhindern die Exozytose.

Nach Fusion der Vesikelmembran mit der präsynaptischen Membran und nach erfolgter Exozytose erhält die Vesikelmembran einen Clathrinbelag und wird mittels eines Endozytosevorgangs ins Zytoplasma zurückverlagert („Membran-Recycling"). Es wird innerhalb einer Minute ein neues fusionskompetentes Vesikel regeneriert und mit Transmitter beladen.

Die chemische Synapse ist funktionell außerordentlich vielseitig und anpassungsfähig und daher auch der bei weitem häufigste Synapsentyp im Nervensystem (im ZNS des Menschen ca. 10^{14}). Chemische Synapsen sind keine einfachen passiven Übertragungsstrukturen von Nervenimpulsen, sondern können Impulse bahnen, hemmen sowie mit anderen Informationen verrechnen. Die Prozesse bei der Signalvermittlung sind im Bereich der chemischen Synapse modulierbar, ein Phänomen, das mit dem Namen „synaptische Plastizität" bezeichnet wird und u. a. im Rahmen von Lernen und Gedächtnis wichtig ist.

Die postsynaptische Membran besitzt Rezeptoren für die Neurotransmitter. Man unterscheidet Rezeptoren mit einem Ionenkanal, die Erregungen sehr schnell weiterleiten, von Rezeptoren, die mit heterotrimerem G-Protein verbunden sind und die Erregungen langsamer weiterleiten.

Neurotransmitter

Synapsen werden nach ihren Neurotransmittern benannt. Es sind bis heute 30–50 verschiedene Transmitter bekannt, die sich in sechs Gruppen unterteilen lassen:

- Acetylcholin,
- Aminosäuren und Aminosäurederivate (Glutamat, Aspartat, Glyzin, γ-Aminobuttersäure [GABA]),
- Monoamine (Serotonin, Dopamin, Noradrenalin),
- Neuropeptide (Opiate, Neuropeptid Y, Vasopressin, Somatostatin u. a.),
- Purine (Adenosin),
- Gase (NO).

Chemische Synapsen sind entweder exzitatorisch (erregend) oder inhibitorisch (hemmend), wobei für den jeweiligen Effekt die Eigenschaften des Rezeptors in der postsynaptischen Membran entscheidend sind (Abb. 3.4-31).

Exzitatorische Transmitter sind z. B. Acetylcholin,

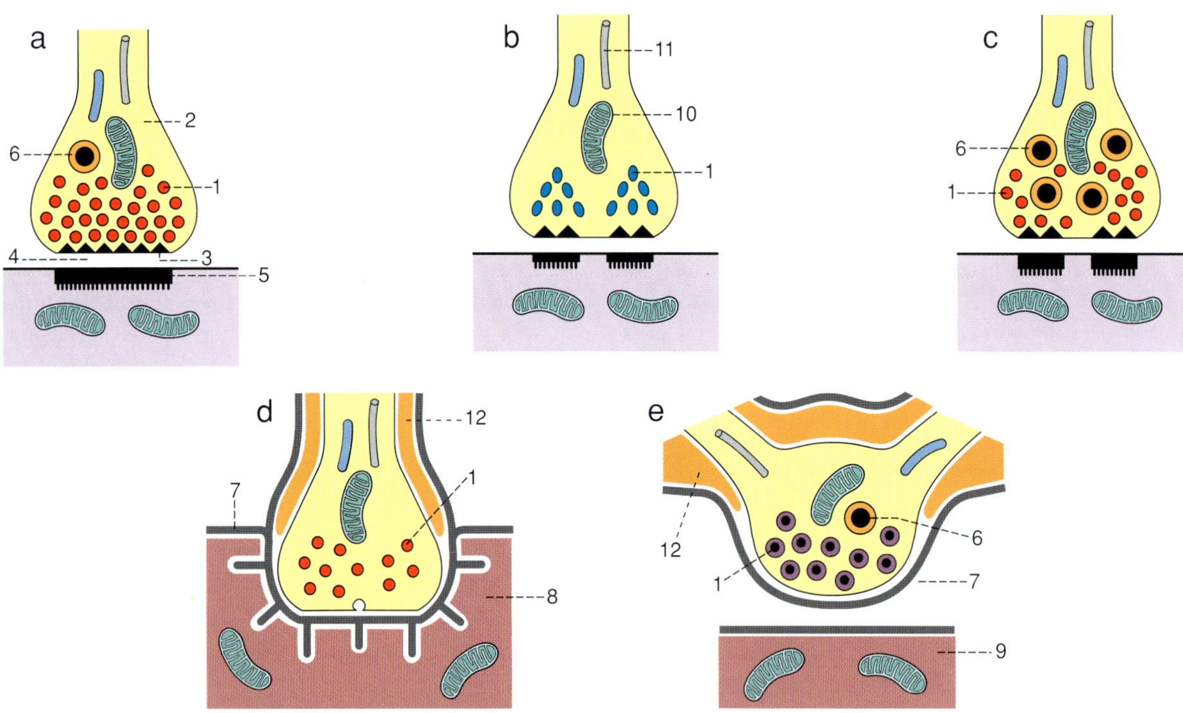

Abb. 3.4-31 Schematische Darstellung verschiedener Synapsentypen.
a) Exzitatorische Synapse, Typ Gray I (breite postsynaptische Verdichtung),
b) inhibitorische Synapse, Typ Gray II (schmale postsynaptische Verdichtung),
c) peptiderge Synapse,
d) myoneurale Synapse (motorische Endplatte),
e) Synapse eines vegetativen aminergen Neurons in der Nähe einer glatten Muskelzelle; diese Synapse entspricht einer Auftreibung (Varikosität) der Nervenfaser (Synapse en passant).
1 unterschiedlich geformte Transmitterbläschen mit unterschiedlichen Transmittersubstanzen; **2** kolbenförmig erweiterte präsynaptische Nervenfaserendigungen; **3** präsynaptische Membran mit Verdichtungen; **4** synaptischer Spalt; **5** postsynaptische Membran mit Verdichtungen; **6** peptidhaltige Granula; **7** Basallamina; **8** Skelettmuskelzelle; **9** glatte Muskelzelle; **10** Mitochondrium; **11** Mikrotubuli („Neurotubuli"). Die Nervenfaserendigungen sind in der Peripherie (d, e) bis auf die synaptische Region von Ausläufern der Schwann-Zellen bedeckt (**12**), die ihrerseits eine Basallamina besitzen. (Aus [1])

Glutamat und Serotonin. Sie öffnen mit dem Rezeptor verbundene Kanäle für Kationen und bewirken einen Natriumeinstrom, der die postsynaptische Membran so weit depolarisiert, dass ein Aktionspotential entsteht.

Zu den **inhibitorischen Transmitter** zählen z.B. γ-Aminobuttersäure (GABA) und Glyzin. Sie öffnen Chloridkanäle, was zu Hyperpolarisation der postsynaptischen Membran führt, so dass kein Aktionspotential entstehen kann.

Manche Neurotransmitter besitzen in Zielzellen verschiedener Organe **unterschiedliche Rezeptoren**, so dass ihre Wirkung unterschiedlich sein kann. Gut bekannt sind die Rezeptortypen des Noradrenalins (α- und β-Rezeptoren mit Untertypen) auf glatten Muskelzellen vieler Organe und auf Herzmuskelzellen. α-Rezeptoren vermitteln z.B. Vasokonstriktion, Dilatation der Darmmuskulatur und Pupillenerweiterung, β-Rezeptoren z.B. Vasodilatation, Zunahme der Herzfrequenz, Bronchodilatation. Ein eigener β-3-Rezeptor vermittelt Wärmebildung der braunen Fettzellen. Die α- und β-Rezeptoren sind übrigens Rezeptoren, die mit G-Proteinen verbunden sind. Acetylcholin besitzt nikotinische Rezeptoren und muskarinische Rezeptoren. Erstere finden sich z.B. in der postsynaptischen Membran der motorischen Endplatte, wo sie rasche Depolarisation der Muskelzellmembran vermitteln. Muskarinische Rezeptoren kommen in verschiedenen Subtypen vor. Im Herzmuskel aktivieren sie ein G-Protein, das Öffnung eines Kaliumkanals und eine Hyperpolarisation auslöst. Dies führt zu Verlangsamung des Herzschlags.

An Synapsen können auch verschiedene Peptide (**Neuropeptide**) freigesetzt werden, die an Rezeptoren binden, welche mit G-Proteinen oder Enzymen verbunden sind. Die Signalübertragung ist in diesen Fällen relativ langsam und führt eher zu komplexen und lang anhaltenden Wirkungen. Die transmitterabhängigen Ionenkanäle werden durch die Neuropeptide nur indirekt beeinflusst. Die Peptide werden daher auch **Neuromodulatoren** genannt. Es sind ca. 30 solcher Peptide bekannt: Endorphine, Enzephaline, Neuropeptid Y, Substanz P, Cholezystokinin u. v. a.

Neurotrophine

Nervenzellen setzen nicht nur Neurotransmitter frei, sondern auch Neurotrophine. Neurotrophine sind neurotrophe Proteine, die generell wachstumsfördernd sind und spezifische Leistungen der Neurone aktivieren. Sie werden im ZNS von Neuronen gebildet. Beispiele sind der Nervenwachstumsfaktor (NGF = nerve growth factor), Neutrophin 3 und der neurotrophe Faktor BDNF (brain-derived neurotrophine factor). Bei Mangel solcher Proteine kommt es zu verschiedenartigen Störungen und Funktionseinbußen.

Zentrale Synapsen

Die ganz überwiegende Zahl an Synapsen findet sich im ZNS und ist wesentliche Grundlage für dessen zahllose hoch differenzierte Leistungen. Im ZNS verlaufen prä- und postsynaptische Membran der zentralen Synapsen (Abb. **3.4-31**) parallel und oft leicht konvex, wobei die Konvexität zur **präsynaptischen Endigung** hin gerichtet ist. Die präsynaptische Endigung enthält synaptische Bläschen, die 40–60 nm groß sind und je nach Transmittertyp unterschiedliche Morphologie aufweisen können. Rundliche Vesikel enthalten exzitatorische Transmitter, ovale oder eher polymorphe Vesikel enthalten inhibitorische Transmitter. Im ZNS ist die Zahl der Transmitter größer als im PNS.

Die prä- und postsynaptischen Membranen besitzen an ihren Innenseiten angelagertes proteinhaltiges dichtes Material, eine Tatsache, die an Desmosomen erinnert und Anlass für die Hypothese ist, dass die chemischen Synapsen hoch spezialisierte Zellkontakte vom Typ der Macula adhaerens (siehe Kap. 2.1.6) sind. Im **synaptischen Spalt** (ca. 20–30 nm weit) befindet sich oft auch dichteres Material, das u. U. auch der mechanischen Stabilität der Synapsen dient.

Synapsen mit sehr kräftiger postsynaptischer Verdichtung und einem bis zu 30 nm weiten synaptischen Spalt werden auch asymmetrische Synapsen (**Synapsen vom Typ Gray I**) genannt. Sie sind exzitatorisch.

Synapsen, in denen prä- und postsynaptische Membranen in ähnlicher Weise mit angelagertem dichtem Material versehen sind, werden symmetrische Synapsen (**Synapsen vom Typ Gray II**) genannt. Sie sind fast immer inhibitorisch.

Motorische Endplatte

Ein motorisches Axon verzweigt sich peripher und innerviert mehrere Skelettmuskelzellen. Die Kontaktstelle zwischen motorischer Nervenfaserendigung und Skelettmuskelzelle wird motorische Endplatte (neuromuskuläre Junktion) genannt. Jede Endigung senkt sich in eine unregelmäßig gestaltete Grube oder Rinne an der Oberfläche der Muskelzelle ein (Abb. **3.4-32**, **3.4-33**). Die Endigung wird von einer Schwann-Zelle bedeckt, die hier keine Markscheide mehr aufbaut. Die präsynaptische Endigung enthält Mitochondrien und synaptische Bläschen mit Acetylcholin. Die postsynaptische Membran gehört zur Muskelzelle. Endigung und Muskelzelle sind durch den ca. 50 nm weiten synaptischen Spalt getrennt. In diesem Spalt befindet sich eine gemeinsame Basallamina von Muskel- und Schwann-Zelle. In der postsynaptischen Membran,

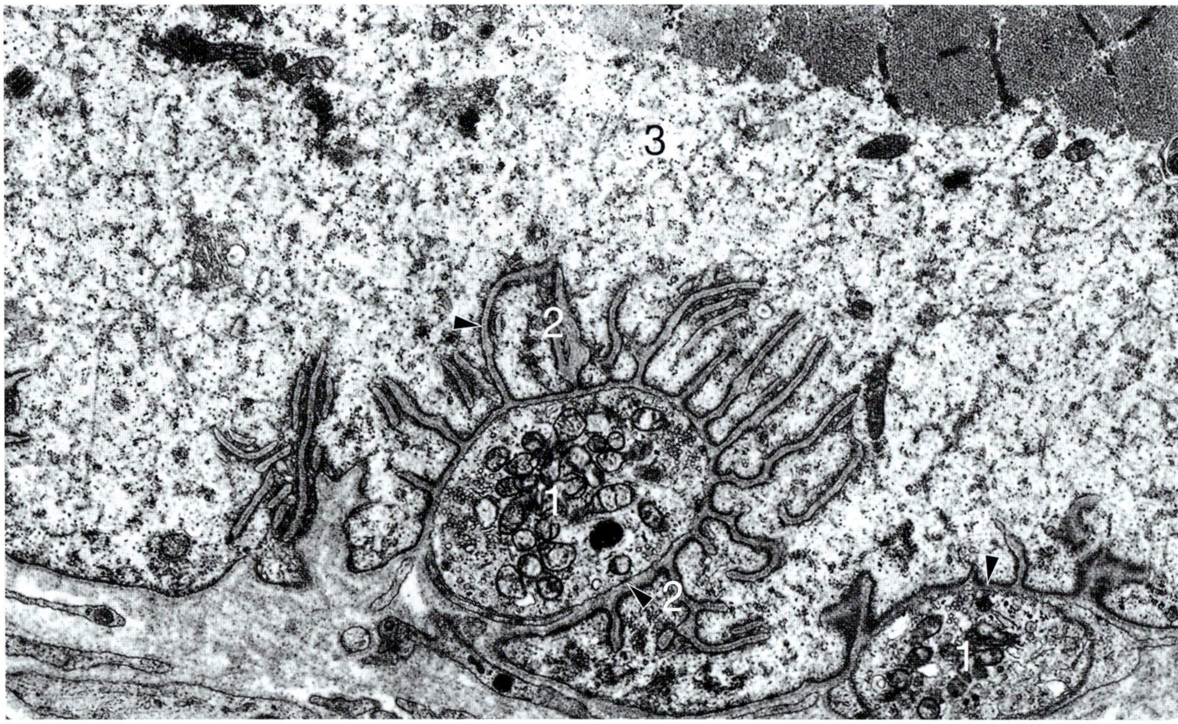

Abb. 3.4-32 Motorische Endplatten bestehen aus endständigen Anschwellungen (**1**) der letzten Axonverzweigungen, die dicht mit elektronenhellen synaptischen Bläschen und Mitochondrien gefüllt sind. Diese terminalen Axonauftreibungen liegen in flachen, gruben- oder wannenförmigen Vertiefungen des Sarkolemms einer Skelettmuskelzelle (**3**), das hier zahlreiche verästelte Einsenkungen (**2**) in das Innere der Muskelzelle vortreibt; deren Gesamtheit bildet das „subsarkolemmale Faltenfeld". In diese Falten setzt sich auch die Basalmembran fort, die den ganzen synaptischen Spalt durchzieht (▶) und so die Axonauftreibungen von der Muskelfaser trennt. Vergr. 11000fach. (Aus [1])

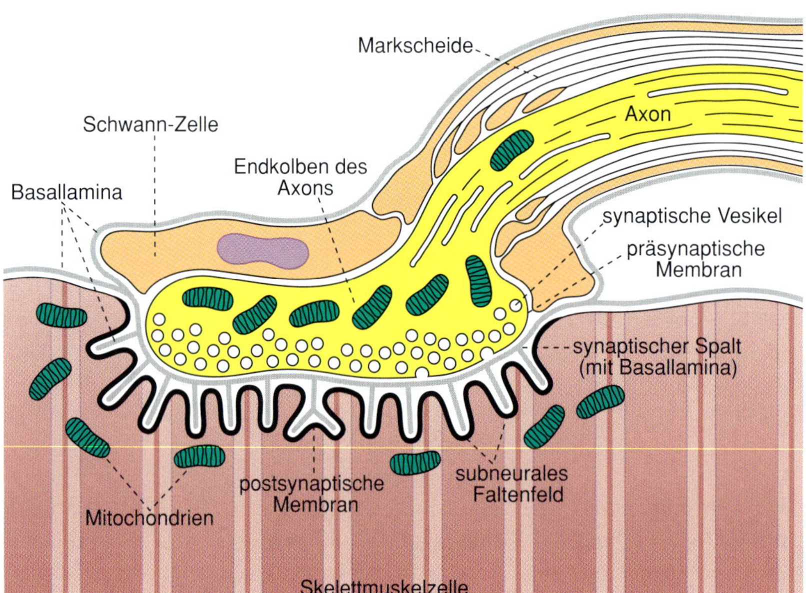

Abb. 3.4-33 Schematische Darstellung einer motorischen Endplatte.

die stark gefaltet ist, befinden sich bis zu 10 000 Acetylcholinrezeptoren/μm^2, die pentamere Transmembranproteine sind. Der Kanal dieses Rezeptors öffnet sich nach Acetylcholinbindung für eine Millisekunde und schließt sich dann wieder. Das Acetylcholin löst sich vom Rezeptor und wird von der Acetylcholinesterase abgebaut. Normalerweise lässt der Rezeptor Natrium, Kalium und in geringem Maße auch Kalzium passieren. Funktionell wichtig ist der Einstrom von Natrium (bis zu 30 000 Ionen pro Kanal pro Millisekunde), der schließlich zur Depolarisierung führt. Die molekulare Struktur der Acetylcholinrezeptoren unterscheidet sich an der motorischen Endplatte und im ZNS.

Die Acetylcholinesterase spaltet Acetylcholin in Acetat und Cholin und hebt dessen Signalwirkung in weniger als einer Millisekunde auf. Acetylcholinesterase tritt in verschiedenen Formen auf und kommt im Bereich der Basallamina und an der postsynaptischen Membran vor. Das Cholin wird in die präsynaptische Endigung aufgenommen und für die Synthese eines neuen Acetylcholinmoleküls wieder verwendet.

Die vielen verschiedenen Komponenten von Motoneuron und motorischer Endplatte sind Ziel vieler biologischer Gifte, die im Dienste des Beuteerwerbs und der Feindabwehr entwickelt wurden. Beispiele bieten Gifte von Schlangen, Skorpionen und Meeresschnecken *(Conus)*, Eisenhut und Bakterien.

Klinik Die transmitterabhängigen Ionenkanäle sind wesentliche Ziele psychoaktiver Medikamente und Drogen.

Curare blockiert den Acetylcholinrezeptor der motorischen Endplatte, aber nicht im ZNS.

Die meisten Medikamente gegen Schlaflosigkeit, Angst, Depression und Schizophrenie beeinflussen chemische Synapsen, und viele binden an die transmitterabhängigen Ionenkanäle (Rezeptoren).

Barbiturate und **Psychopharmaka** wie Diazepam binden an GABA-Rezeptoren und verstärken die inhibitorische Wirkung von GABA.

Kokain bewirkt die Hemmung der Wiederaufnahme von Dopamin in die präsynaptische Endigung.

Toxine wie Strychnin blockieren Glyzinrezeptoren, d.h. die glyzinabhängigen inhibitorischen Chloridkanäle, was zu Muskelkrämpfen und schließlich zum Tod führt.

Eine Vielzahl von Erkrankungen beruht auf Störungen der Transmittersysteme. Bei **Morbus Parkinson** sind die dopaminergen Neurone in der Pars compacta der Substantia nigra im Mittelhirn degeneriert. In Frühstadien der Krankheit kann Gabe der Dopaminvorstufe L-DOPA die Symptome für eine gewisse Zeit bessern. Die Hauptsymptome betreffen die Skelettmuskulatur: krankhaft gesteigerte Tonuserhöhung (Rigor), Zittern (Tremor) und Bewegungsarmut (Akinesie), auch der Gesichtsmuskulatur.

Weitere periphere Synapsenformen

Glatte Muskulatur und Herzmuskulatur werden von motorischen, nicht-myelinisierten, vegetativen Fasern innerviert (Abb. 3.4-34). Einzelne Nervenfasern nähern sich der Oberfläche dieser Muskelzellen und können hier in unterschiedlichen Abständen Anschwellungen (Varikositäten) mit Transmitterbläschen bilden. Diese Anschwellungen sind nur von der Basallamina der Schwann-Zelle bedeckt und bleiben durch einen Abstand von bis zu 2 µm von den Muskelzellen getrennt (**Synapsen en passant**, Abb. **3.4-31**, **3.4-35**).

Nur selten bilden vegetative Nervenfasern typische synaptische Kontakte mit glatten Muskelzellen.

3.4.6 Vegetatives Nervensystem

Das vegetative Nervensystem, das auch autonomes Nervensystem genannt wird, besteht aus drei Anteilen:

- sympathisches Nervensystem,
- parasympathisches Nervensystem,
- intramurale Plexus, v.a. im Magen-Darm-Trakt.

Im sympathischen und im parasympathischen Nervensystem sind jeweils zwei Neurone hintereinander geschaltet. Die Perikarya des zweiten Neurons liegen

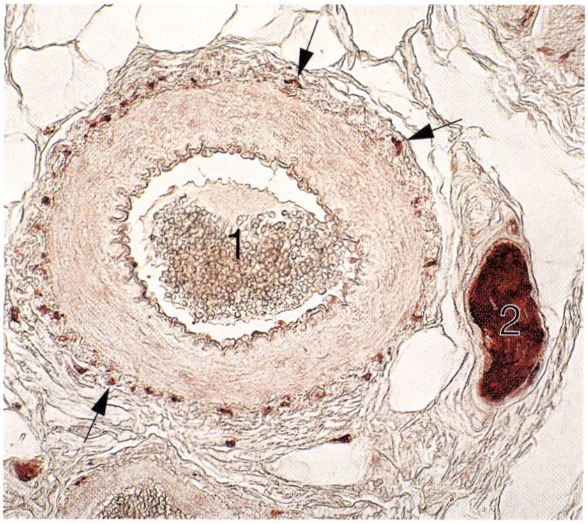

Abb. 3.4-34 Innervation einer muskulären Arterie (1) im Dünndarm (Schwein). Vegetative Nervenfasern und Varikositäten (➔) finden sich in großer Zahl am Außenrand der Media. **2** kleiner vegetativer Nerv in der Submukosa. Immunhistochemischer Nachweis (S-100-Protein); Vergr. 250fach.

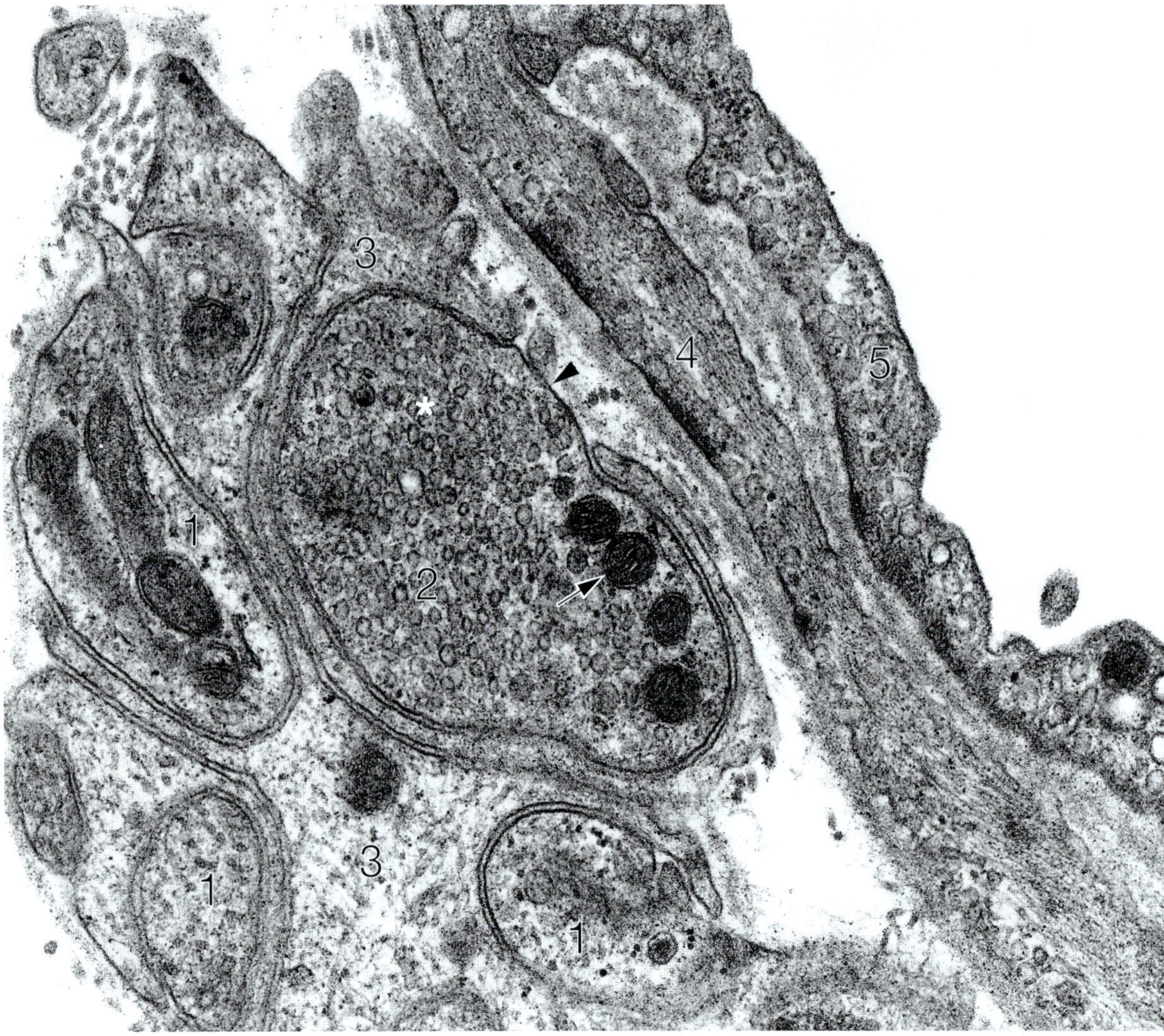

Abb. 3.4-35 Periphere vegetative Nervenfasern (1) und Varikosität (2) in Nähe der glattmuskulären Wand einer Vene (nahe der Schilddrüse, Ratte). Die Varikosität enthält zahlreiche synaptische Vesikel (✻) und kleine Mitochondrien (➔). **3** Zytoplasmalamelle der Schwann-Zelle. Diese fehlt im Bereich des funktionellen Kontaktes (▶) zwischen Varikosität und Muskelzelle (**4**). **5** Endothel der Vene. Vergr. 50 000fach.

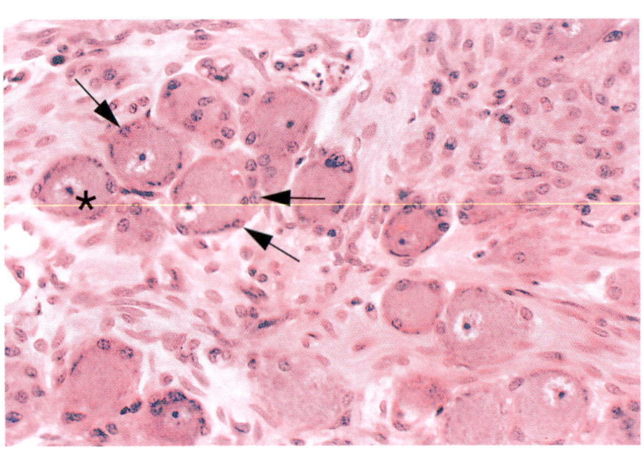

Abb. 3.4-36 Parasympathisches Ganglion in Nähe der Prostata (Mensch). ✻: Perikaryon einer Nervenzelle, ➔: Satelliten(Mantel-)zellen. Färbung: H. E. Vergr. 450fach.

in **vegetativen Ganglien.** Das erste Neuron wird als präganglionär, das zweite Neuron als postganglionär bezeichnet. In den vegetativen Ganglien sind die multipolaren Perikarya der postganglionären Neurone von Mantel(= Satelliten-)zellen umhüllt (Abb. 3.4-36). Zwischen den Perikarya finden sich Nervenfasern, die Erregungen in das Ganglion leiten oder von ihm weg leiten. Der Transmitter zwischen prä- und postganglionärem Neuron ist immer Acetylcholin.

Sympathisches Nervensystem

Im sympathischen Nervensystem (Sympathikus) sind zwei Neurone hintereinander geschaltet. Das **präganglionäre Neuron** besitzt ein Perikaryon im Seitenhorn der grauen Substanz des Rückenmarks. Das schwach myelinisierte Axon verlässt das Rückenmark über die ventrale Wurzel des Spinalnervs und endet in einem Ganglion der paravertebralen Ganglienkette (Grenzstrang) oder in den großen prävertebralen Ganglien (Ganglion coeliacum, oberes und unteres Ganglion mesentericum), wo seine terminalen Verzweigungen an mehreren Perikarya des großen multipolaren **postganglionären Neurons** enden. Der Transmitter bei der Erregungsübertragung vom präganglionären zum postganglionären Neuron ist Acetylcholin. Das Perikaryon ist von Mantelzellen umgeben.

Die Axone der postganglionären Neurone enden in der Nähe der Zielzellen, zumeist glatten Muskelzellen oder Drüsenzellen. Transmitter ist hier meistens Noradrenalin (Norepinephrin), das in spezifischen Vesikeln mit dichtem Inhalt gespeichert wird.

Parasympathisches Nervensystem

Das parasympathische Nervensystem (Parasympathikus) ist im Prinzip ähnlich strukturiert wie das sympathische Nervensystem. Die Perikarya des präganglionären Neurons liegen im ZNS in den Kernen der Hirnnerven III, VII, IX und X und im Sakralmark. Die Ganglien liegen in Nähe oder in der Wand der Zielorgane. Transmitter im Ganglion ist Acetylcholin und im postganglionären Neuron ebenfalls Acetylcholin.

Intramurale Plexus

Der intramurale Plexus ist im Magen-Darm-Trakt besonders gut ausgebildet (Abb. **3.4-37**). Er liegt in der Wand („intramural") des Magen-Darm-Kanals und bildet hier Netze und Ganglien in Form von zwei Plexus, die gemeinsam das enterische Nervensystem bilden:

- myenterischer (Auerbach) Plexus in der Tunica muscularis,
- submuköser (Meissner) Plexus in der Tela submucosa.

Das enterische Nervensystem arbeitet autonom, enthält aber modulierende Einflüsse von postganglionären Neuronen des Sympathikus und Parasympathikus. Es steuert die Peristaltik (Durchmischung des Darminhalts und Beförderung des Speisebreis in Richtung Anus) und enthält neben überwiegenden motorischen Neuronen auch sensible Anteile, die Störungen, die sich in Form von Schmerzen äußern, sogar bis in das Bewusstsein heben können.

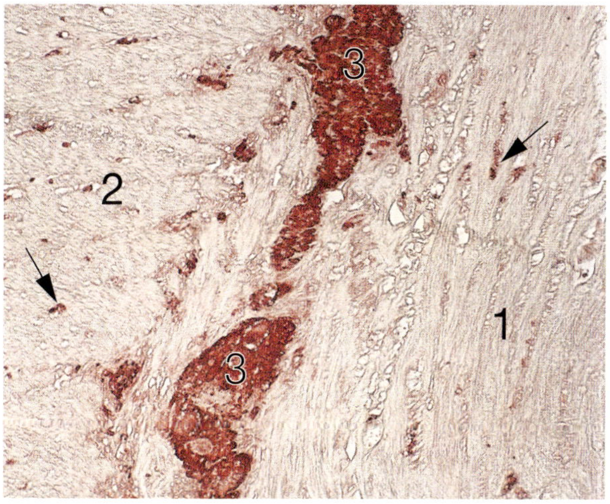

Abb. 3.4-37 Nervengewebe in der Muskularis des Dünndarms (Schwein). **1** Längsmuskulatur; **2** Ringmuskulatur. Neben zahlreichen kleinen einzelnen Nervenfaserbündeln (→) kommt es im Bereich zweier Ganglien (**3**) des Auerbach-Plexus zu starker Konzentration von Nervengewebe. Immunhistochemischer Nachweis (S-100-Protein); Vergr. 250fach.

3.4.7 Hirn- und Rückenmarkshäute

Das ZNS wird von drei speziellen Bindegewebsschichten (Häuten) umgeben, die jedoch strukturell und funktionell miteinander in Beziehung stehen:

- äußere Schicht: Dura mater (Dura, Pachymeninx, harte Hirnhaut),
- mittlere Schicht: Arachnoidea (Spinnwebhaut),
- innere Schicht: Pia mater (Pia).

Arachnoidea und Pia mater werden als Leptomeninx (weiche Hirnhaut) zusammengefasst (Abb. **3.4-38**, **3.4-39**, **3.4-40**).

Dura mater

Die Dura mater besteht aus straffem, kollagenfaserigem Bindegewebe mit relativ wenigen elastischen Fasern. Sie ist reich an sensiblen Nerven. Im Schädel verbindet sich die Dura mit dem inneren Periost der Schädelknochen. Im Wirbelkanal sind Dura und Periost der Wirbelknochen durch den **Epiduralraum**, der Venenplexus und Fettgewebe enthält, getrennt (Abb. **3.4-39**, **3.4-40**).

Im Schädel wird oft die gesamte äußere Schicht aus straffem Bindegewebe, also Dura mater und Periost, als Dura bezeichnet, dem dann zwei „Blätter" zugeschrieben werden, ein periostales äußeres und ein meningeales inneres. Das periostale Blatt ist zellreicher als das meningeale und nur relativ locker mit den Schädelknochen verbunden. Lediglich im Bereich der

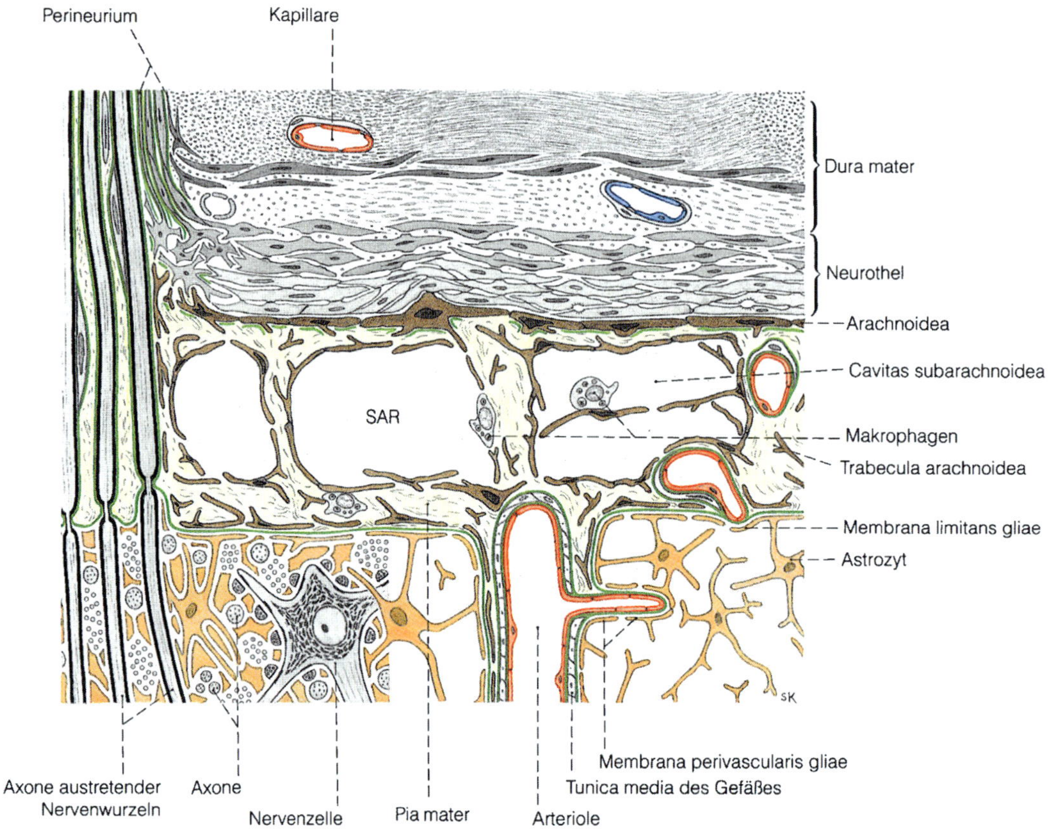

Abb. 3.4-38 Mikroskopische Anatomie der Hirnhäute: Leptomeninx (Pia mater und Arachnoidea), matt-gelblich; Subarachnoidalraum (SAR, Cavitas subarachnoidea), hell, mit Makrophagen; Dura mater und Neurothel, grau. Beachte die Beziehung der Hirnhäute zu den Nervenscheiden (linker Bildrand). Grün: Basallamina. Das Neurothel besteht aus einem ein- oder mehrschichtigen Verband dicht gepackter abgeflachter fibroblastenähnlicher Zellen, die über Desmosomen, Nexus und auch Tight junctions verbunden sind. Die braun gezeichneten Zellen in Arachnoidea und Pia werden auch Meningealzellen genannt; sie kleiden den liquorhaltigen Subarachnoidalraum aus; im Allgemeinen wird das gesamte Neurothel der Arachnoida zugezählt. Das Neurothel steht in Zusammenhang mit dem Perineurium. (Aus [4])

Suturen ist die Verbindung fester. Im Grenzbereich zur Arachnoidea kommen abgeflachte Fibroblasten, sog. **Grenzzellen**, vor.

Klinik Blutungen zwischen Schädelknochen und periostalem Blatt der Dura werden **epidurale Blutungen** genannt.

Arachnoidea

Die Arachnoidea ist eine locker gebaute Schicht, zu der der Subarachnoidalraum (Arachnoidalraum) gehört. Die vielgestaltigen Zellen der Arachnoidea heißen **Meningealzellen** und entsprechen modifizierten Fibroblasten. Der Subarachnoidalraum enthält Liquor cerebrospinalis und wird von zarten Bindegewebstrabekeln durchzogen (Abb. **3.4-38**, **3.4-40**). Er wird von flachen, über Desmosomen und Nexus verknüpften Meningealzellen ausgekleidet, die auch die Trabekel bedecken. Außen, zur Dura hin, besteht die Arachnoidea aus mehreren Lagen flacher Zellen (Abb. **3.4-38**, **3.4-40**). Diese Schicht wird **Neurothel** genannt und baut sich aus epithelähnlichen, über Tight junctions verbundenen flachen Zellen (Meningealzellen) auf, die eine Barriere gegen die Dura aufbauen, die den Liquorbereich der Arachnoidea begrenzt. Das Neurothel setzt sich im Bereich von Nervenaustrittsstellen in das Perineuralepithel fort und wird durch den Liquordruck gegen die Dura gepresst.

Klinik Bei Blutungen in der Arachnoidea kann das Neurothel von der Dura abgedrängt werden (**Subduralblutungen**), wobei die Blutung auf die Oberfläche des Gehirns drückt und je nach Lokalisation unterschiedliche Symptome auslöst. Es entsteht dann ein artifizieller Subduralraum (Abb. **3.4-40**).

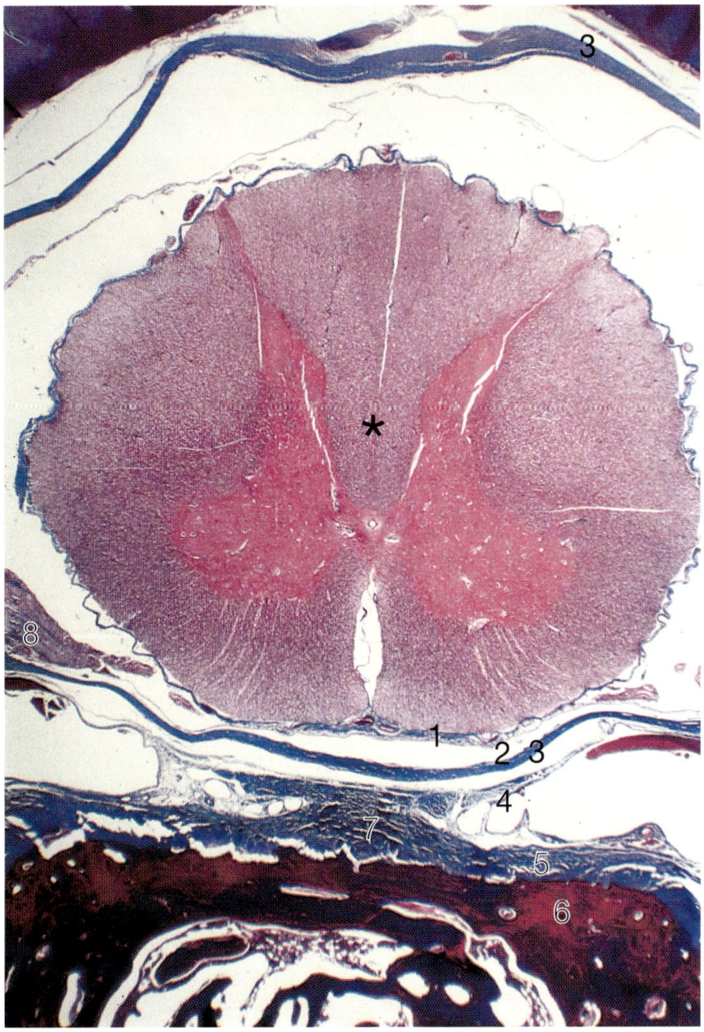

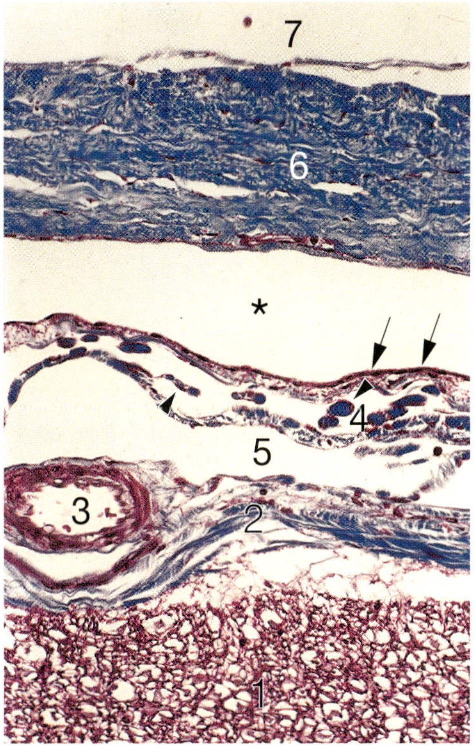

Abb. 3.4-40 Rückenmarkshäute (Pavian). **1** Nervengewebe des Rückenmarks (weiße Substanz); **2** Pia mater; **3** Arterie in der Pia mater; **4** Arachnoidea mit Subarachnoidalraum (**5**) und feinen Bindegewebstrabekeln (▶), die von flachen Meningealzellen (zarter roter Saum der blau gefärbten Trabekel) bedeckt werden. ➔ Neurothel; ✻ artifizieller Subduralraum; **6** Dura mater; **7** Epiduralraum. Färbung: Masson-Trichrom, Vergr. 250fach.

Abb. 3.4-39 Wirbelkanal mit Rückenmark (✻) und Rückenmarkshäuten (Pavian). **1** Pia mater; **2** Arachnoidea; **3** Dura mater; **4** Epiduralraum; **5** Periost am Wirbelkörper (**6**); **7** hinteres Längsband; **8** ventrale Spinalnervenwurzel. Im Bereich der Rückenmarkshäute sind präparativ bedingt einzelne Artefakte, v.a. Zerreißungen, aufgetreten. Färbung: Masson-Trichrom; Vergr. 5fach.

Liquor cerebrospinalis, Plexus choroideus

Der Liquor cerebrospinalis (siehe auch S. 185) wird insbesondere im Bereich der gefäßreichen Plexus choroidei gebildet und in die Ventrikelräume abgegeben (Abb. **3.4-41**). Ein Teil des Liquors entsteht auch durch Flüssigkeitsaustritt aus den Hirnkapillaren. Im Bereich der **Plexus choroidei** (Dach des 3. Ventrikels, Dach des 4. Ventrikels, Wand der Seitenventrikel) besteht die Hirnwand nur aus speziellen Ependymzellen, dem Plexusepithel, das gefäßreichen Falten und Zotten aufliegt (Abb. **3.4-42**). Das Epithel ist kubisch (Abb. **3.4-43**) und besitzt ein mitochondrienreiches Zytoplasma und eigenartige, keulenförmige, apikale Mikrovilli. Die Epithelzellen sind über Tight junctions verbunden. Basal ist ein basolaterales Labyrinth ausgebildet. Das Endothel der Plexuskapillaren ist sehr dünn und mit zahllosen Fenestrationen versehen. Das Plexusepithel produziert am Tag ca. 500 ml Liquor, wobei alle Ventrikelräume zusammen ca. 140 ml fassen. Das bedeutet, dass der Liquor pro Tag mehrfach ausgetauscht wird und entsprechend resorbiert werden muss. Wichtig bei der Liquorbildung ist der Aufbau eines Ionengradienten über Elektrolyte, dem Wasser folgt. Der Liquor enthält wenig Glukose (zwei Drittel der Blutglukose), kaum Eiweiß (20–40 mg/dl) und nur wenige Zellen.

Der Liquor fließt aus dem Ventrikelkompartiment über drei Poren im Dach des 4. Ventrikels in den Subarachnoidalraum und gelangt von hier aus vorwiegend über die **Arachnoidalzotten** (Pacchioni-Granulationen), die sich in das Lumen der Sinus in der Dura oder auch in Schädelvenen vorwölben (Abb. **3.4-44**)

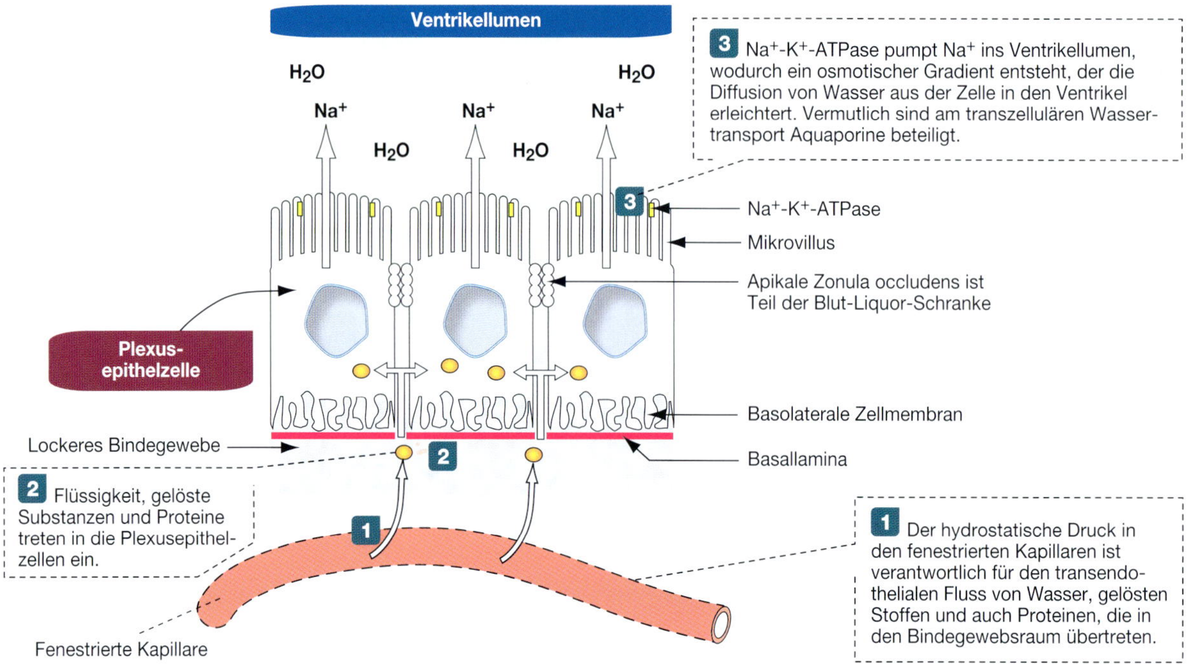

Abb. 3.4-41 Funktion der Zellen des Plexus choroideus. (Aus [12])

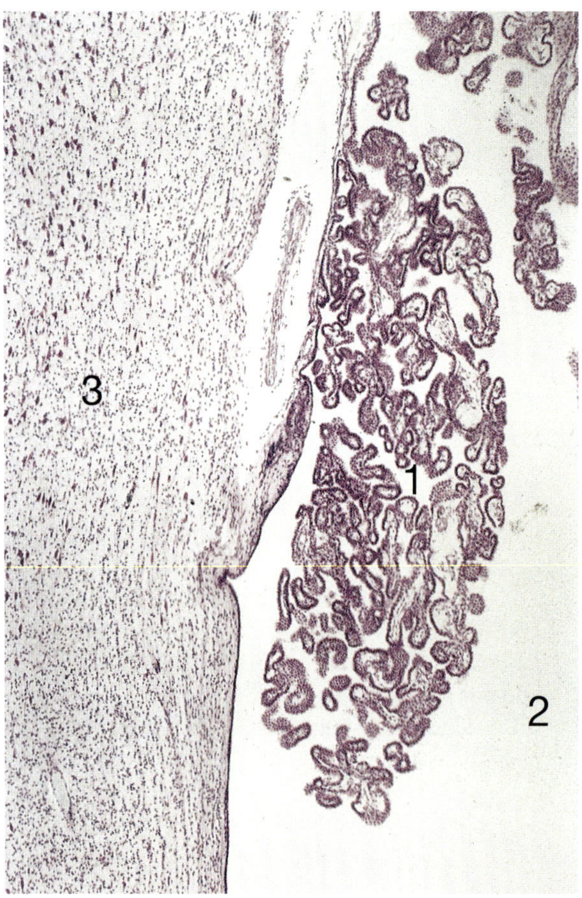

ins Blut. Der Abfluss über die selbst gefäßlosen Arachnoidalzotten erfolgt rasch. Farbstoffe, die in den Subarachnoidalraum gegeben werden, finden sich schon nach 10–30 Sekunden im Blut. Ein Teil des Liquors wird auch über Lymphbahnen außerhalb des Schädels und des Wirbelkanals resorbiert. Der Liquor gelangt hierher auf verschiedenen Wegen, vor allem über den Endoneuralraum der Hirn- und Spinalnerven. Weitere Liquorabflusswege werden diskutiert.

Klinik Bei Entzündungen sind Eiweiß und Zellen im Liquor vermehrt.

Abb. 3.4-42 Plexus choroideus (1), Seitenventrikel, Telenzephalon (Mensch). **2** Ventrikellumen; **3** Hirnwand. Färbung: H. E.; Vergr. 55fach.

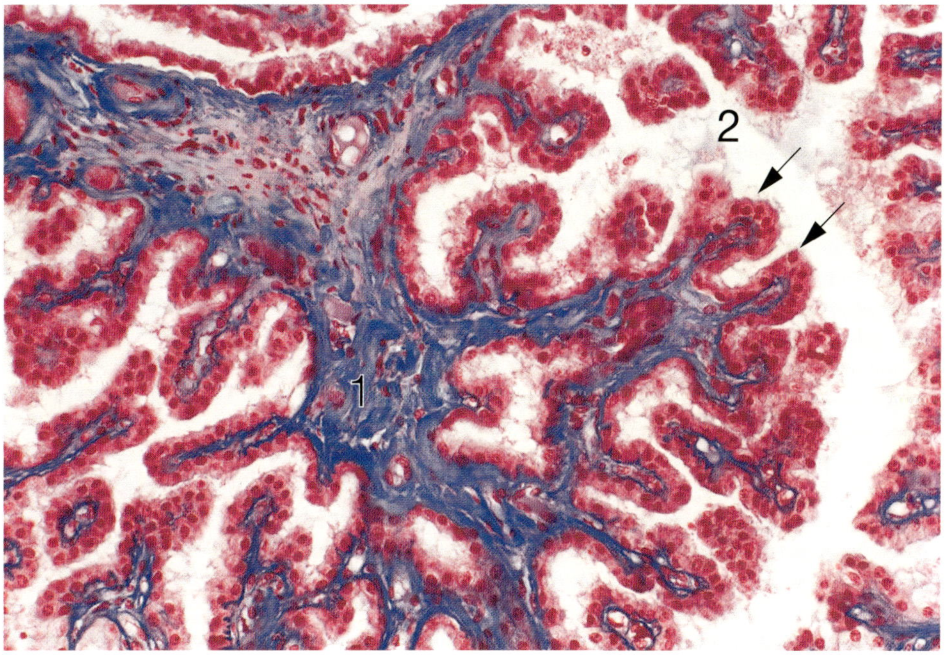

Abb. 3.4-43 Detail aus dem Plexus choroideus des dritten Ventrikels (Pferd). **1** gefäßreiches Bindegewebe; **➔** Plexusepithel; **2** Ventrikellumen. Färbung: Azan; Vergr. 450fach.

Pia mater

Die Pia mater liegt der Basallamina der Hirn- und Rückenmarksoberfläche auf und besteht aus flachen Meningealzellen, die abgeflachten Fibroblasten entsprechen und den Meningealzellen der Arachnoideatrabekel ähneln, die in der Pia verankert sind (Abb. **3.4-38**, **3.4-40**). Die Pia ist gefäßreich und begleitet in das ZNS eindringende Blutgefäße. An faserigen Matrixkomponenten sind feine Kollagenfasern und einzelne elastische Fasern ausgebildet. Makrophagen, Mastzellen und Lymphozyten sind regelmäßig zu finden.

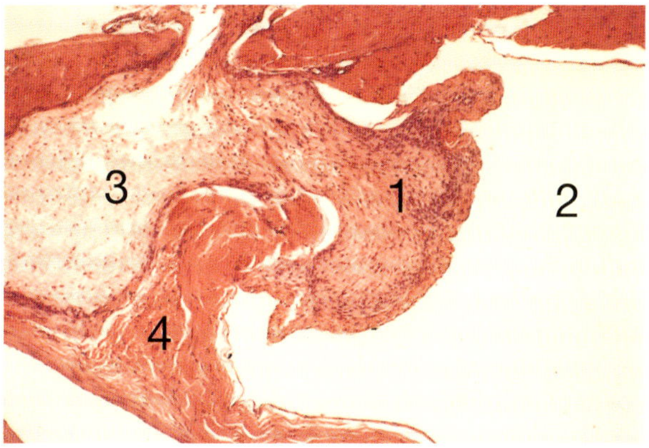

Abb. 3.4-44 Pacchioni-Granulation (1) in der Wand des Sinus sagittalis superior (**2**, Mensch). **3** Arachnoidea; **4** Dura. Färbung: van Gieson; Vergr. 130fach.

4 Blutzellen

Zur Orientierung

Blut ist ein besonderes Gewebe, das aus **Zellen**, und zwar Erythrozyten (roten Blutzellen) und Leukozyten (weißen Blutzellen) sowie Thrombozyten (Blutplättchen), und der **Blutflüssigkeit (Blutplasma)** besteht, in der die Zellen suspendiert sind. Blutplasma, dem Fibrin durch Gerinnung entzogen ist, heißt Blutserum. Beim Erwachsenen zirkulieren ca. 3,7 l (Frauen) bzw. 4,5 l (Männer) Blut im Herz-Kreislauf-System. Die Blutzellen entstehen im Knochenmark.

Hauptfunktionen des Blutes sind Transport:
- von **Sauerstoff** aus der Lunge zu den Geweben,
- von **Kohlendioxid** aus den Geweben zur Lunge,
- von **Nährstoffen** aus dem Darm zu allen anderen Organen,
- von stickstoffhaltigen **Stoffwechselendprodukten** zur Niere und zur Leber,
- von **Hormonen** zu den Zielzellen.

Des Weiteren hat das Blut wesentliche Funktionen bei der
- Abwehr von Krankheitserregern,
- Pufferung der Körperflüssigkeiten im physiologischen Bereich,
- Thermoregulierung,
- Blutstillung.

4.1 Allgemeines

Erythrozyten erfüllen ihre gesamten Funktionen im Blut, die **Leukozyten** erfüllen dagegen ihre wesentlichen Aufgaben außerhalb des Blutes im Bindegewebsraum, die **Thrombozyten** bilden bei Verletzungen der Gefäßwand einen Verschluss der Verletzungsstelle. In Tabelle **4-1** sind wichtige medizinische Daten zu Blut und Blutzellen zusammengefasst.

Färbung des Blutausstrichs Die Blutzellen werden im **Blutausstrich** nach Pappenheim (Abb. **4-1**) oder Wright gefärbt. Diese Färbelösungen enthalten saure und basische Farbstoffe. Die Pappenheim-Färbung ist eine Kombination der May-Grünwald-Färbung (Eosin, Methylenblau) und der Giemsa-Färbung (Azur, Eosin und Methylenblau).

Unter dem Begriff **Hämatokrit** (Hkt) versteht man das Verhältnis von Erythrozytenvolumen zu Gesamtblutvolumen. Bei Männern macht das Erythrozytenvolumen ca. 48%, bei Frauen ca. 43% des Gesamtblutvolumens aus. Bei Aufenthalt in großen Höhen steigt der Hämatokrit durch Stimulation der Hämatopoese infolge O_2-Mangels in der Luft an.

4.2 Erythrozyten

Erythrozyten (rote Blutkörperchen) entstehen wie andere Blutzellen im Knochenmark (siehe S. 225) und

Tab. 4-1 Tabellarische Angaben zu normalen Blutwerten erwachsener Menschen.

- **Zusammensetzung**
  Gesamtvolumen: 3,7 l (Frauen), 4,5 l (Männer)
  Anteil der Erythrozyten am Gesamtvolumen: 45% (Hämatokrit)
  Anteil der Leukozyten und Thrombozyten am Gesamtvolumen: 1%
  Anteil des Blutplasmas am Gesamtvolumen: 54%

- **Erythrozyten**
  Anzahl: 4,15–4,90 Millionen/mm³ (= µl)
  Gestalt: bikonkave Scheibe
  Durchmesser: 7,5 µm, Oberfläche: 140 µm²
  Gesamtoberfläche **aller** Erythrozyten: 3800 m² (2000-mal größer als die Körperoberfläche!)
  Lebensdauer: 90–120 Tage
  Hämoglobin: Männer 14–18 g/dl (140–180 g/l)
  Frauen 12–16 g/dl (120–160 g/l)

- **Leukozyten**
  Anzahl: 4500–11000/mm³ (= µl)
  Differentialblutbild der Leukozyten:
  segmentkernige Neutrophile 40–70%, absolut: 4000–7000/µl
  Stabförmige 0–10%, absolut: 0–100/µl
  Lymphozyten 22–44%, absolut: 2200–4400/µl
  Monozyten 4–10%, absolut: 400–1000/µl
  Eosinophile 0–7%, absolut: 0–700/µl
  Basophile 0–2%, absolut: 0–200/µl

- **Thrombozyten**
  150000–450000/mm³

sind als reife Zellen ganz anders als andere Zellen gebaut. Im gefärbten Blutausstrich sind sie kleine, bikonkave, rötliche Scheiben mit dunklem Rand und zentraler Aufhellung (Abb. 4-1). Der dunkle Rand bzw. die zentrale Aufhellung entsteht, weil die Zellen an ihrem Rand dicker sind als in der Mitte (Abb. 4-2, 4.3). Den ausgereiften Erythrozyten im Blut **fehlen** Zellkern und Organellen. Für die Gestalt der Erythrozyten sind spezielle, funktionell dem Zytoskelett zuzuordnende Proteine, insbesondere Spektrin und Aktin, die unmittelbar unter der Zellmembran liegen, verantwortlich (Abb. 2-6). Das Spektrin bildet an der Innenseite der Zellmembran ein polygonales Netz, das mit Hilfe spezifischer Proteine, dem Bande-4.1-Protein und dem Ankyrin, mit der Zellmembran verbunden ist. Dieser netzförmige Verband aus Spektrin, dem auch Aktin assoziiert ist, ist für die Form der Erythrozyten und auch für deren Verformbarkeit verantwortlich.

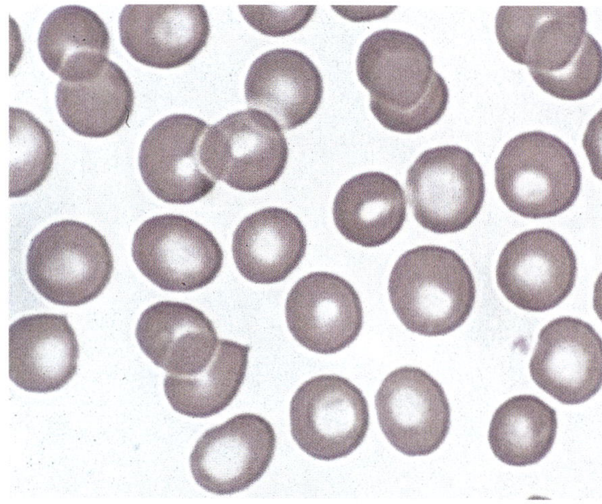

Abb. 4-1 Blutausstrich mit Erythrozyten des Menschen. Beachte das aufgehellte Zentrum, das dem dünnsten Bereich der bikonkaven scheibenförmigen Zellen entspricht. Färbung: Pappenheim; Vergr. 1250fach.

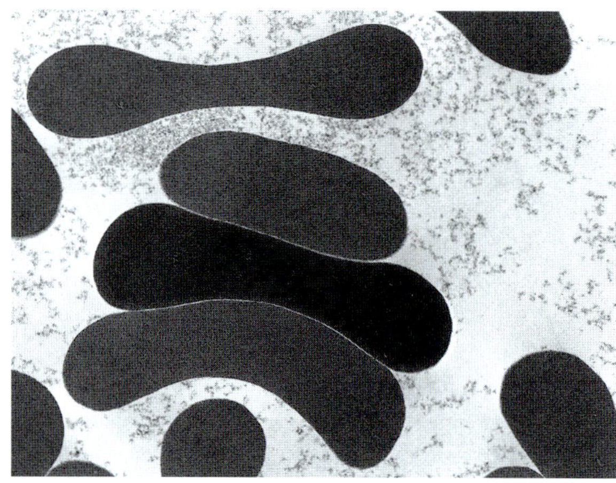

Abb. 4-2 Erythrozyten im elektronenmikroskopischen Präparat. Verschiedene Anschnitte durch Erythrozyten in einer Vene (Mensch). Die ausgereiften Erythrozyten sind homogen mit Hämoglobin gefüllt, Zellkern und Organellen fehlen. Die Zellmembran ist bei dieser Vergrößerung noch nicht erkennbar. Zwischen den Erythrozyten ausgefällte Bluteiweiße. Vergr. 8800fach. (Aus [1])

Abgebaut werden die Erythrozyten von Makrophagen in der Milz, bei Verlust der Milz überwiegend durch die v.-Kupffer-Zellen in der Leber. Die Faktoren, die zu Alterung der Erythrozyten führen, sind noch wenig bekannt. Ein mit der Alterung korreliertes Phänomen ist der Verlust an Membranflexibilität, was sie zunehmend behindert, durch enge Kapillaren zu schwimmen und v. a. auch die engen Schlitze in der Wand der Milzsinus zu passieren.

Hämoglobin Die Rotfärbung der Erythrozyten im Blutausstrich beruht auf dem hohen Gehalt an Hämoglobin (ca. 30 pg pro Erythrozyt; 140 g [Frauen] bzw. 160 g [Männer] pro Liter Blut). Das Hämoglobinmolekül ist ein Tetramer aus zwei α- und zwei β-Polypeptidketten. In jede Globinkette ist ein Hämmolekül eingebettet. Das Eisen des Häms trägt den Sauerstoff. Im Elektronenmikroskop verleiht ihnen das dicht gepackte Hämoglobin eine homogene, dichte Binnenstruktur (Abb. 4-2).

Retikulozyten Ein kleiner Teil (0,4–2%) der Erythrozyten enthält nach Färbung mit Brillant-Kresylblau ein feines basophiles Netzwerk, das auf Ribosomen zurückgeht (Retikulozyten). Es handelt sich um noch unreife Erythrozyten; ihre Zahl ist nach Blutverlust erhöht.

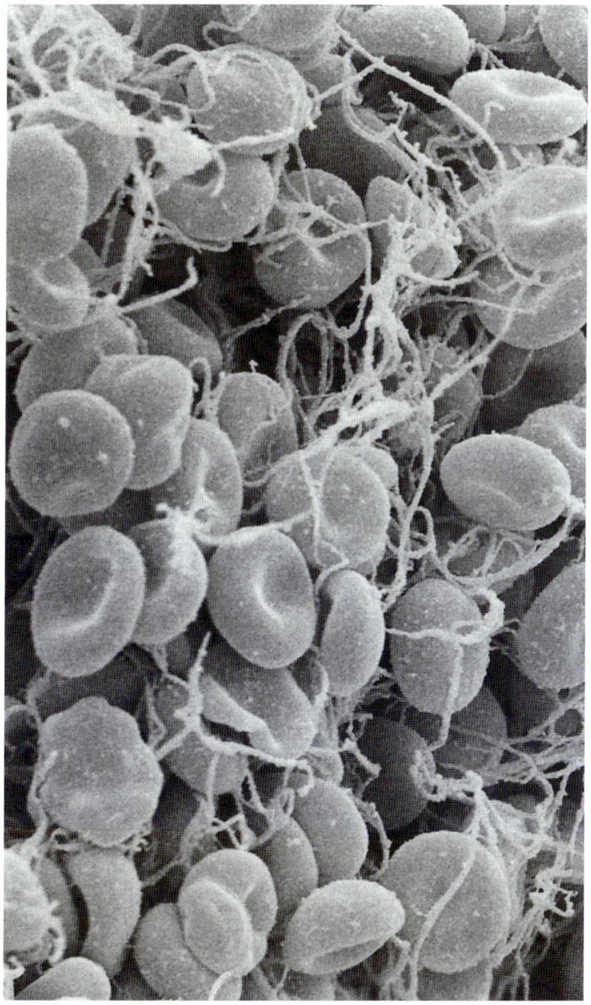

Abb. 4-3 Erythrozyten des Menschen mit einzelnen Fibrinfäden in einem frischen Blutgerinnsel. Vergr. 3400fach.

Klinik Es gibt eine ganze Reihe von Krankheiten, in denen die Gestalt der Erythrozyten verändert ist; sie können kleiner oder größer als im Normalfall sein (**Mikrozyten, Makrozyten**). Liegen unterschiedlich große Erythrozyten vor, spricht man von **Anisozytose.**

Gibt es unterschiedlich gestaltete Erythrozyten, spricht man von **Poikilozytose.** Diese gestaltlichen Veränderungen sind mit bestimmten Krankheitsbildern korreliert. Rundliche Erythrozyten heißen **Kugelzellen (Sphärozyten).** Die Kugelgestalt beruht auf unterschiedlichen genetischen Defekten der submembranösen Proteine des Zytoskeletts, die zu abnormer Zellgestalt führen; Kugelzellen werden intensiv in der Milz abgebaut (Kugelzellanämie).

Malaria ist eine Krankheit, die sich vor allem in den Erythrozyten abspielt und die durch Plasmodien (Protozoen) verursacht wird (Abb. 4-4). Eine Reihe von erythrozytären Krankheiten ist durch abnormes Hämoglobin gekennzeichnet (Hämoglobinopathien), z. B. die Sichelzellanämie (Abb. 4-5).

Eine **Anämie** ist durch zu geringe Erythrozytenzahl oder zu geringe Hämoglobinmenge charakterisiert. Ursache kann z. B. eine zu geringe Erythrozytenproduktion infolge Erythropoetinmangels sein, wie er für chronische Nierenerkrankungen oft typisch ist. Bei einer **Eisenmangelanämie** liegen z. B. relativ kleine, blasse Erythrozyten vor, man spricht von mikrozytärer, hypochromer Anämie.

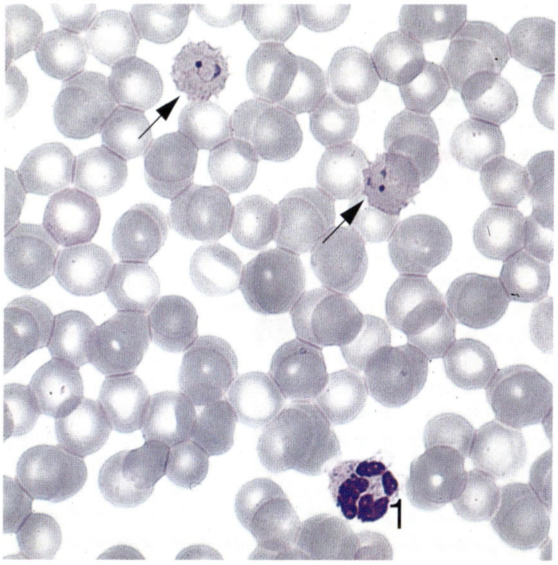

Abb. 4-4 Blutausstrich eines an Malaria erkrankten Menschen. Die Malaria wird durch einzellige Parasiten der Gattung *Plasmodium* verursacht (im vorliegenden Fall durch *Plasmodium vivax*). Auf der Abbildung enthalten zwei Erythrozyten Parasiten im Stadium der Siegelringform (➔). **1** Neutrophiler. Färbung: Pappenheim; Vergr. 750fach.

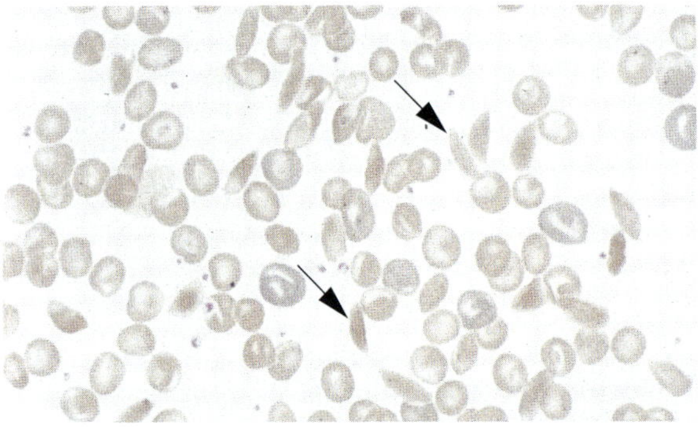

Abb. 4-5 Blutausstrich eines an Sichelzellanämie erkrankten Menschen. Beachte die generell blassen (hämoglobinarmen) Erythrozyten und deren oft atypische Gestalt (➔). Färbung: nach Wright; Vergr. 450fach.

! Erythrozyten sind 7,5 µm große, scheibenförmige Zellen mit beiderseitiger zentraler Eindellung. Diese spezifische Gestalt ist durch das submembranöse Netzwerk aus Spektrin und Aktin bedingt. Die Erythrozyten besitzen keinen Kern und keine Organellen. Ihr Zytoplasma enthält fast nur Hämoglobin.

4.3 Leukozyten

Leukozyten (weiße Blutzellen) sind die kernhaltigen Blutzellen. Pro mm^3 kommen normalerweise 4500 bis 11 000 Leukozyten vor. Sie machen nur 1% des Blutvolumens aus. Die Leukozyten werden unterteilt in:

- Granulozyten,
- Lymphozyten und
- Monozyten.

In der klinischen Hämatologie werden Lymphozyten und Monozyten wegen ihres nicht-segmentierten Kerns auch als **„mononukleäre Zellen"** zusammengefasst. In der klinischen Routine werden fünf Leukozytentypen unterschieden: neutrophile Granulozyten, eosinophile Granulozyten, basophile Granulozyten, Lymphozyten und Monozyten. Das Differentialblutbild erfasst den mengenmäßigen Anteil der einzelnen Leukozytentypen in Prozent, wobei die Gesamtzahl der Leukozyten 100% entspricht. Die Normalwerte der Leukozyten sind in Tabelle **4-1** zusammengefasst. Die Anzahl der Leukozyten kann sich bei Krankheiten verändern. Der Normalwert für neutrophile Granulozyten beträgt z.B. oft ca. 60% und verschiebt sich bei einem eitrigen Infekt oft auf über 80% der gesamten Leukozyten.

Leukozyten gehen, wie alle Blutzellen, auf Stamm- und Progenitorzellen im Knochenmark zurück (s. u.). Als ausgereifte Zellen erfüllen sie ihre Funktion zumeist außerhalb des Blutes, das für diese Zellen also im Wesentlichen Transportmedium ist. Das Verlassen des Blutstroms erfolgt über komplexe Vorgänge, unter denen die Interaktionen zwischen dem Endothel der postkapillären Venolen (hier verlassen die Leukozyten den Blutstrom) und den Leukozyten besonders wichtig sind. Auswanderung der Leukozyten aus dem Blutstrom wird Emigration oder Diapedese genannt. Nach Anhaften der Leukozyten am Endothel bilden sie feine Füßchen aus, die sich in das Endothel vorschieben. Ein Füßchen übernimmt dann die Führung, schafft sich eine größere Öffnung in Endothel und Basallamina und zieht schließlich die ganze Zelle durch das Endothel. Die Öffnung befindet sich oft im Zytoplasma der Endothelzelle, kann aber auch zwischen zwei Endothelzellen liegen, wobei dann die Zellkontakte geöffnet werden. Die Leukozyten verhalten sich beim Kriechen wie eine Amöbe; Motor der Bewegung sind Aktin und Myosin.

Funktion Die Leukozyten spielen eine wesentliche Rolle bei der Abwehr von Krankheitserregern (Einzelheiten sind bei den Subtypen der Leukozyten beschrieben).

CD-Klassifikation Eine moderne Klassifikation der Leukozyten beruht auf unterschiedlichen Oberflächenmolekülen dieser und verwandter Zellen und

Tab. 4-2 Auswahl von CD-Oberflächenmolekülen und den zugehörigen Leukozyten, die durch sie charakterisiert werden können.

Oberflächenmoleküle	Zelltypen
CD1	kortikale Thymozyten, Langerhans-Zellen
CD3	T-Lymphozyten
CD4	T-Helfer-Zellen
CD8	zytotoxische T-Zellen
CD14	Monozyten
CD19	B-Lymphozyten
CD20	B-Lymphozyten
CD21	reife B-Lymphozyten follikuläre dendritische Zellen
CD22	reife B-Lymphozyten
CD45	alle Leukozyten
CD57	NK-Zellen
CD68	Gewebemakrophagen Monozyten Neutrophile
CD74	B-Zellen (Abb. **4-6**)

wird CD-Klassifikation genannt. CD bedeutet „Cluster of Differentiation“: Nachweis eines CD-Oberflächenmoleküls weist auf einen bestimmten Leukozytentyp hin. Derzeit werden ca. 130 CD-Typen unterschieden. Eine Auswahl ist in Tabelle **4-2** zusammengestellt.

4.3.1 Granulozyten

Aufgrund des Färbeergebnisses im nach Pappenheim gefärbten Ausstrich unterscheidet man Granulozyten in:

- neutrophile Granulozyten,
- eosinophile Granulozyten und
- basophile Granulozyten.

! Man benutzt häufig die Kurzform für die verschiedenen Granulozytentypen: Neutrophile, Eosinophile und Basophile.

Der Name Granulozyten beruht auf der Existenz zahlreicher **Granula** im Zytoplasma. Diese färben sich entweder mit sauren Farbstoffen wie dem Eosin oder mit basischen Farbstoffen wie Methylenblau und Azur an. Die Granula der neutrophilen Granulozyten sind klein und färben sich sowohl mit dem sauren als auch mit dem basischen Farbstoff rosa oder violett an. Die relativ großen Granula der eosinophilen Granulozyten färben sich kräftig eosinrot an. Die ebenfalls relativ großen Granula der basophilen Granulozyten nehmen mit den basischen Farbstoffen eine tiefblauschwarze Farbe an.

Die Kerne der reifen Granulozyten sind dunkel und in unregelmäßiger Art und Weise in Segmente gegliedert, die durch schmale Kernanteile („Kernbrücken“) miteinander verbunden sind. Die Kerne der Neutrophilen besitzen meist 3–4 schlanke Segmente, die der Eosinophilen und Basophilen meist 2 plumpe Segmente. Die Kerne der Basophilen können auch abgerundet oder eingekerbt sein.

Neutrophile

Die ausgereiften Neutrophilen sind 8,5–10 μm große Zellen mit segmentierten Kernen und rosa bis zartviolettem Zytoplasma (Abb. **4-7**). Diese Anfärbung beruht im Wesentlichen auf den zahlreichen zytoplasmatischen Granula.

Die Kerne besitzen 3–4 Segmente, die über sehr dünne Kernabschnitte (Kernbrücken) verbunden sind (Abb. **4-8**, **4-9**). Wegen dieser segmentierten Kerne werden die ausgereiften Neutrophilen auch **Segmentkernige** genannt. Die Gestalt der Kerne ist im Detail bei jedem Neutrophilen etwas verschieden, weswegen sie auch **polymorphkernige Granulozyten** genannt werden.

Jugendliche Neutrophile besitzen einen dichten, band- bzw. stabförmigen Kern (**Stabförmige**), der noch nicht und nur angedeutet segmentiert ist. Ihre Zahl ist in Zeiten mit hohen Verlusten an ausgereiften Neutrophilen, wie bei vielen bakteriellen Entzündungen, im Blutstrom erhöht.

Das Chromatin der Kerne ausgereifter Neutrophiler ist überwiegend sehr dicht. Bei Frauen ist öfter das hy-

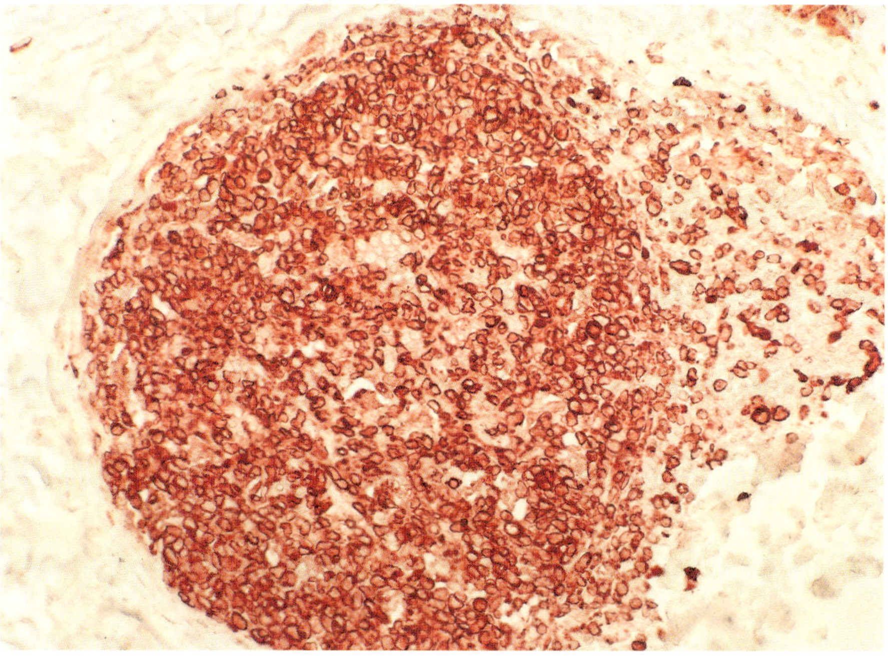

Abb. 4-6 Immunhistochemischer Nachweis des CD74-Proteins. Rotbraunfärbung in B-Lymphozyten des Menschen (Lymphfollikel in der Schleimhaut des Dickdarms). Vergr. 400fach.

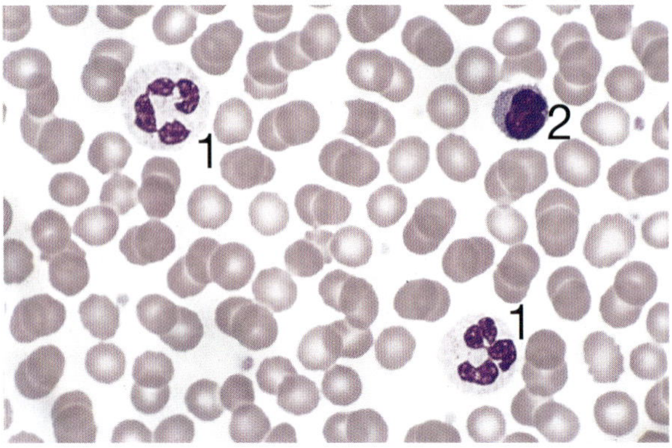

Abb. 4-7 Zwei segmentkernige Neutrophile (1) und ein relativ großer Lymphozyt (**2**) im Blutausstrich (Mensch). Färbung: Pappenheim; Vergr. 650fach.

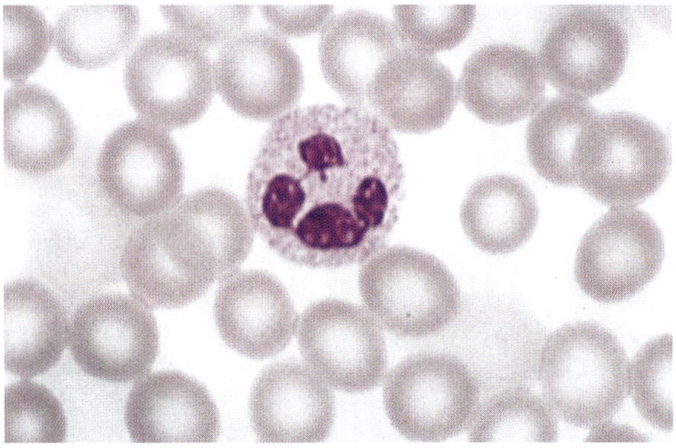

Abb. 4-8 Neutrophiler Granulozyt im Blutausstrich (Mensch), höhere Vergrößerung. Färbung: Pappenheim; Vergr. 1250fach

permethylierte X-Chromosom als kleiner trommelschlegelförmiger Anhang am Kern der Neutrophilen erkennbar („drum-stick", Trommelschlägel). Im Zytoplasma kommt neben den Granula viel Glykogen vor.

90% der Neutrophilen befinden sich in einem Speicherkompartment im Knochenmark, ungefähr 10% im Blut, einige im Gewebe. Im Blut halten sie sich zumeist nur 6–8 h auf.

Die im Zytoplasma in reichem Maße vorkommenden Granula färben sich mehrheitlich blassrosa bis zartviolett an. Unter diesen Granula sind zwei Typen zu unterscheiden (Abb. **4-9**):

- **azurophile** (= primäre) **Granula.** Diese färben sich mit dem Azurfarbstoff violett an und sind im Elektronenmikroskop dunkel und entsprechen Lysosomen. Sie enthalten u.a. Hydrolasen, Elastase, Myeloperoxidase, kationische Proteine, das bakterizide Protein, das beim Abtöten gramnegativer Bakterien eine wichtige Rolle spielt, und Defensine, Polypeptide mit breiter antimikrobieller Aktivität gegen Bakterien, Pilze und bestimmte Viren mit einer Hüllstruktur.
- **spezifische** (= sekundäre) **Granula.** Sie enthalten u.a. Laktoferrin, Vitamin-B_{12}-bindende Proteine, alkalische Phosphatase, NADPH-Oxidase für die Wasserstoffperoxidproduktion, Histaminase, Rezeptoren für Laminin und verschiedene Faktoren, die das Anheften der Zellen am Endothel fördern. Diese Granula sind im Elektronenmikroskop nur

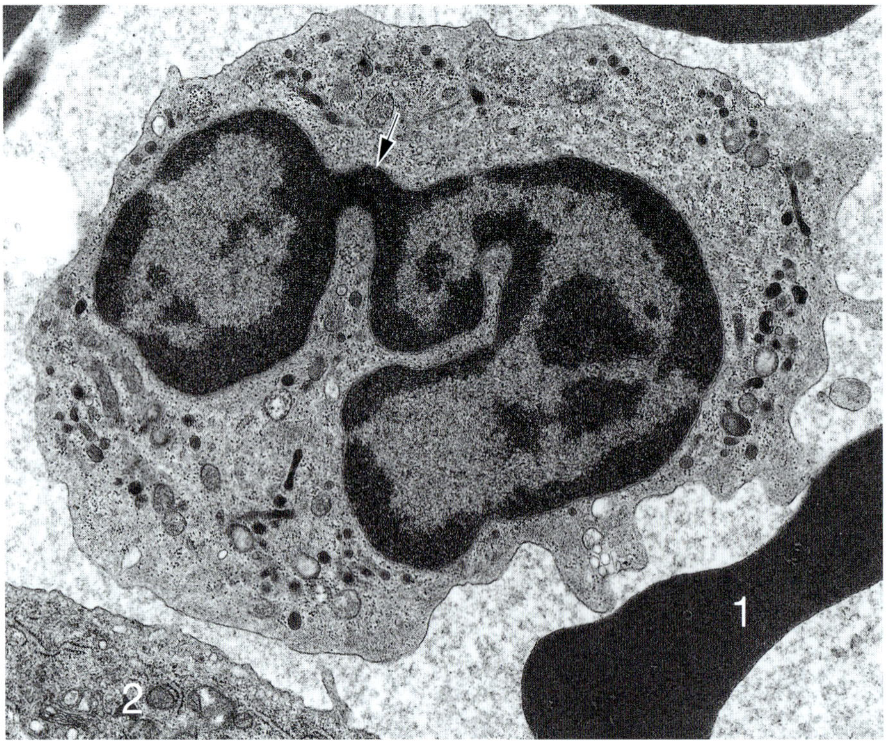

Abb. 4-9 Intravaskulärer neutrophiler Granulozyt im elektronenmikroskopischen Präparat (Mensch). Beachte den segmentierten Kern, dessen einzelne Segmente über dünne Kernabschnitte („Kernbrücken", →) verbunden sind. Im Zytoplasma sind außer den charakteristischen Granula typische Zellorganellen und relativ viele Glykogenpartikel erkennbar. **1** Erythrozyten; **2** Endothel der Gefäßwand. Vergr. 11 760fach. (Aus [1])

von mittlerer Dichte und länglich, ihre Zahl übertrifft die der primären Granula erheblich.

Unter den Neutrophilen im Blut sind zwei Gruppen zu unterscheiden:

- frei schwimmende Neutrophile und
- randständige (marginierte) Neutrophile.

Die **randständigen Neutrophilen** sind in Kontakt mit dem Endothel. Dieser Kontakt wird im großen Kreislauf durch spezifische Zelloberflächenmoleküle, die **Selektine,** vermittelt. Diese Glykoproteine kommen sowohl auf den Neutrophilen (L-Selektin = CD62L und Sialyl-LewisX = CD15S) als auch auf dem Endothel (E-Selektin = CD62E und P-Selektin = CD62P) vor. Die Selektine der Neutrophilen binden an die der Endothelzellen (Abb. **4-10**). Der Kontakt ist zunächst relativ locker („rolling"). Bei Verletzungen oder Entzündungen entstehen chemotaktische Stimuli, welche den Kontakt intensivieren. Als Folge „kleben" die Neutrophilen am Endothel, wobei dieser Kontakt durch granulozytäre **Integrine** (LFA-1 und Mac-1) und **endotheliale Adhäsionsmoleküle** (ICAM1 = CD54 und ICAM2 = CD102) vermittelt wird („stickiness", Abb. **4-10**). Die Neutrophilen durchwandern dann das Endothel, wobei sie zwischen den Zellen, aber auch durch das Zytoplasma hindurchwandern (Diapedese). Hierbei spielt ein Adhäsionsmolekül, das sowohl auf den Neutrophilen als auch auf dem Endothel exprimiert ist und PECAM1 (= CD31) genannt wird, eine Rolle. Im Bereich des kleinen (Lungen-)Kreislaufs sind aufgrund der Enge der Kapillaren (Durchmesser der Kapillaren und der Neutrophilen sind annähernd gleich groß) überwiegend physikalische Faktoren für die Margination (Randständigkeit) verantwortlich.

Funktion Die Neutrophilen spielen eine Schlüsselrolle bei der akuten Entzündungsreaktion. Ihre wichtigste Funktion ist die Phagozytose, v. a. von Bak-

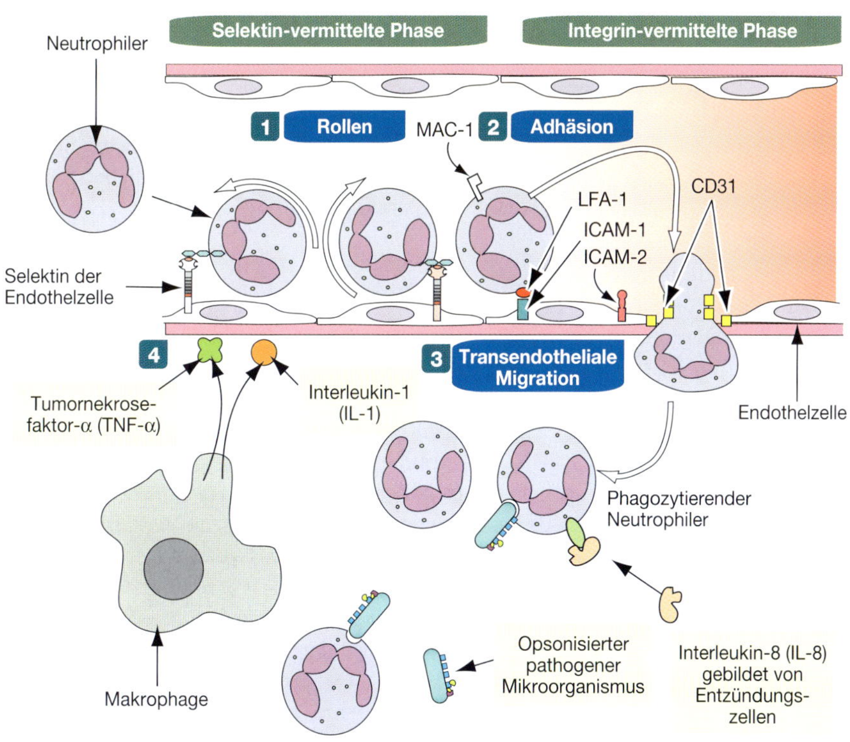

1 Rollen und Anlagern
Leukozyten (im Schema ein Neutrophiler) bauen zunächst einen noch reversiblen Kontakt zwischen Kohlenhydratliganden ihrer Oberfläche und **Selektinen** der Endotheloberfläche auf. Die Bindung ist relativ schwach und die Leukozyten rollen noch langsam an der Oberfläche des Endothels entlang.

2 Adhäsion (Anhaften)
Dieses Stadium ist durch eine feste Verbindung zwischen Leukozyt und Endothel gekennzeichnet. Die Verbindung wird durch die interzellulären Adhäsionsmoleküle **ICAM-1** und **ICAM-2** auf dem Endothel und durch **Integrine** (z. B. **LFA-1** [lymphocyte function associated antigen] und **Mac-1**) auf den Leukozyten etabliert. **ICAM-1** wird bei Entzündungen exprimiert.

3 Wanderung durch das Endothel (**transendotheliale Migration,** Diapedese). Unter Vermittlung weiterer Adhäsionsmoleküle zwängen sich die Leukozyten durch das Endothel (sowohl zwischen Endothelzellen als auch durch Poren im dünnen Zytoplasma der Endothelzellen, die sie sich schaffen). T-Lymphozyten wandern entlang einem IL-8-Konzentrationsgradienten. Auch **CD31** (kommt auf Leukozyten und auf dem Endothel vor) ist an der Diapedese beteiligt. Unterschiedliche Chemokine dirigieren unterschiedliche Leukozyten an den Ort der Entzündung.

4 Aktivierte Makrophagen sezernieren **TNF-α** und **IL-1**, die in Endothelzellen die Expression von Selektinen stimulieren.

Abb. 4-10 Durchtritt eines neutrophilen Leukozyten durch (intakte) Wand einer Blutkapillare (Diapedese). (Aus [12])

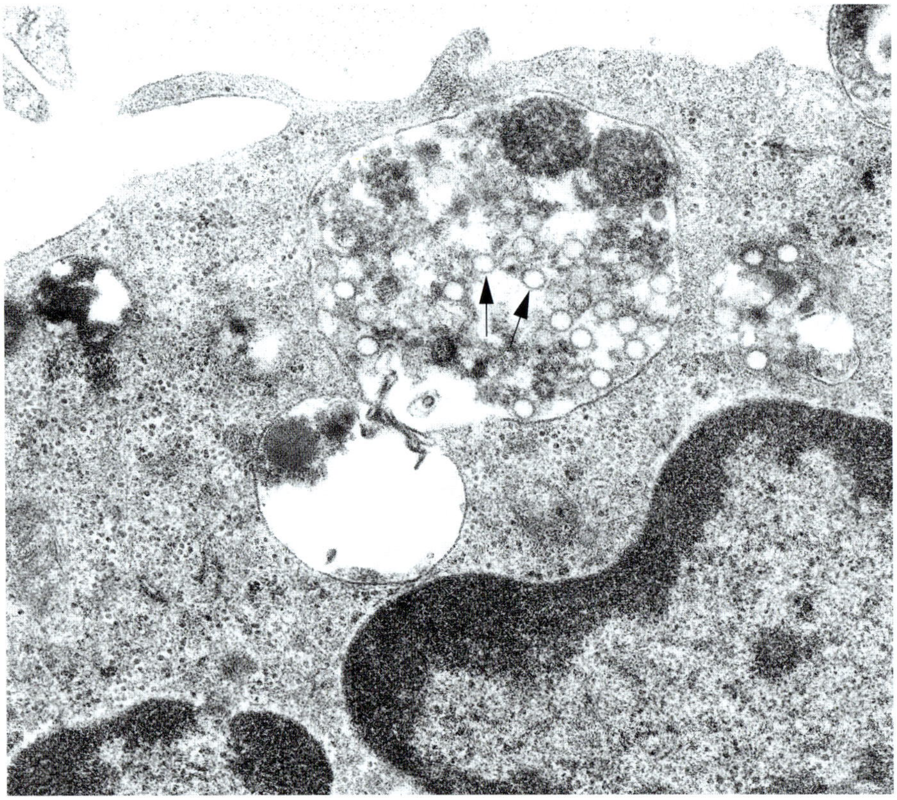

Abb. 4-11 Neutrophiler Granulozyt mit phagozytierten Herpesviren in der Haut (Pinselohräffchen). Die elektronenmikroskopische Aufnahme zeigt die zahlreichen in einem Phagosom eingeschlossenen Viruspartikel (→). Vergr. 36 600fach.

terien, aber auch von manchen Viren (Abb. **4-11**). Mittels Chemotaxis bahnen sie sich ihren Weg zum Krankheitsherd. Dabei helfen Enzyme wie z. B. Kollagenase und Elastase, die Bindegewebsmatrix abbauen und an der Schaffung von Abszesshöhlen beteiligt sind. Bei der Phagozytose kommt es zur Bildung von Superoxidanionen, die in Wasserstoffperoxid und andere toxische Sauerstoffverbindungen umgewandelt werden. Wasserstoffperoxid und Chlorid und Neutrophilenmyeloperoxidase bilden ein besonders toxisches System, das Hypochlorsäure, Hypochlorit und Chlor produziert. Diese Verbindungen, kationische Proteine und die Defensine beteiligen sich am Abtöten der Mikroorganismen.

Neutrophile sind Teil des entzündlichen Exsudats und des Eiters. Nach 1–4 Tagen im Gewebe sterben die Neutrophilen ab. Beim Gesunden verlassen die gealterten Neutrophilen den Körper durch das Epithel des Darmtraktes, in dessen Lumen sie zugrunde gehen, oder sie werden von Makrophagen in Lunge und Milz abgebaut.

Klinik Die Neutrophilen spielen eine wesentliche Rolle bei Abwehr und Entzündungsprozess, speziell bei bakteriellen Entzündungen. Leukämien der Neutrophilen (= myeloische Leukämien) sind bösartige Erkrankungen, die in akute und chronische myeloische Leukämien unterteilt werden.

Bei Vitamin-B_{12}- oder Folsäuremangel kommt es zu Übersegmentierung (mehr als fünf Kernsegmente). Zweilappige Kerne treten bei der erblichen Pelger-Huët-Anomalie auf.

Eosinophile

Die vor über 100 Jahren von Paul Ehrlich (1854–1915) entdeckten 11–14 µm großen Eosinophilen besitzen zumeist einen zweigelappten Kern und charakteristische eosinophile (rote), relativ große zytoplasmatische Granula (Abb. **4-12**), die generell Lysosomencharakter haben und im elektronenmikroskopischen Präparat ein kristallines Zentrum erkennen lassen (Abb. **4-13**). Dieses charakteristische Zentrum besteht aus einem argininreichen Protein mit Histaminaseaktivität („major basic protein"), das vermutlich eine wichtige Rolle bei der Abwehr von Parasiten (v. a. Würmern) spielt. Des Weiteren enthalten die Granula viele andere Enzyme, darunter eine Eosinophilenperoxidase, die die Oxidation mehrerer Substrate durch Wasserstoffperoxid katalysiert und dadurch am Abtöten von Mikroorganismen beteiligt ist. Dieses Enzym leitet auch die Sekretion der Mastzellgranula ein. Im Zytoplasma kommt auch das Charcot-Leyden-Kristallprotein vor, das im Sputum von Asthmapatienten zu finden ist, Lysophospholipaseaktivität besitzt und wahrscheinlich eine Rolle bei der Ent-

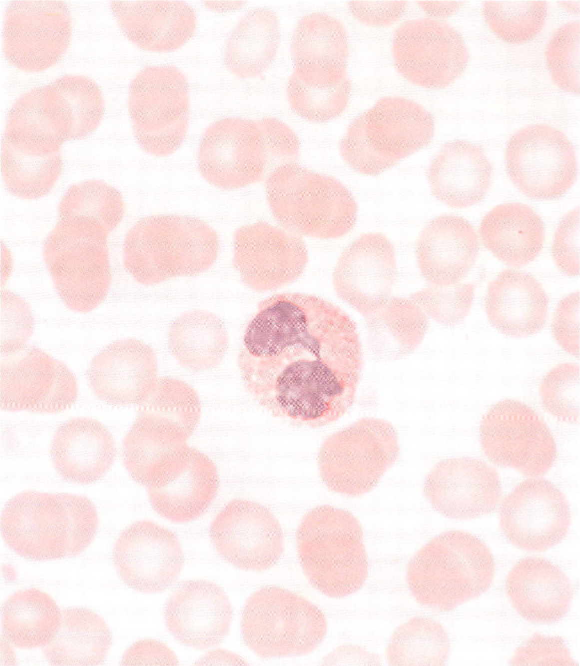

Abb. 4-12 Eosinophiler Granulozyt im Blutausstrich (Mensch). Der rote Farbton in den relativ großen eosinophilen Granula ist typischerweise ziegelrot, schwankt aber mit dem jeweils verwendeten Eosin. Färbung nach Wright. Vergr. 1150fach.

giftung von Lysophospholipiden spielt. Viele weitere Faktoren sind in Eosinophilen nachgewiesen, darunter ein sehr wirksames Neurotoxin. Die Rolle der Eosinophilen im normalen Organismus bietet noch viele offene Fragen. Sie können phagozytieren und sind viel langlebiger als die Neutrophilen. Sie können im Gegensatz zu Neutrophilen rezirkulieren. Eosinophile besitzen Fc-Rezeptoren, mit deren Hilfe sie sich an antikörperbedeckte (IgG und/oder IgE) Parasiten oder Parasitenlarven binden können, woraufhin sie diese abtöten können. Wenn sie z. B. auf *Schistosoma*larven treffen, lagern sie sich in großer Zahl und z. T. in mehreren Schichten auf deren Oberfläche an und setzen hier toxische Substanzen frei.

Klinik Die Zahl der Eosinophilen ist bei Wurmerkrankungen (Schistosomen, Hakenwürmer, Trichinen, Echinokokken, Zystizerki, Askariden u. a.), vielen **allergischen Reaktionen** (z. B. bei Allergien gegen bestimmte Medikamente, bei Asthma bronchiale und Ekzemen) und anderen Erkrankungen erhöht (**Eosinophilie**, mehr als 700 Eosinophile/mm^3[µl]). Ihre Zahl im Gewebe kann erhöht sein, ohne dass das im Blutbild nachweisbar ist. Bei schwerem Asthma bron-

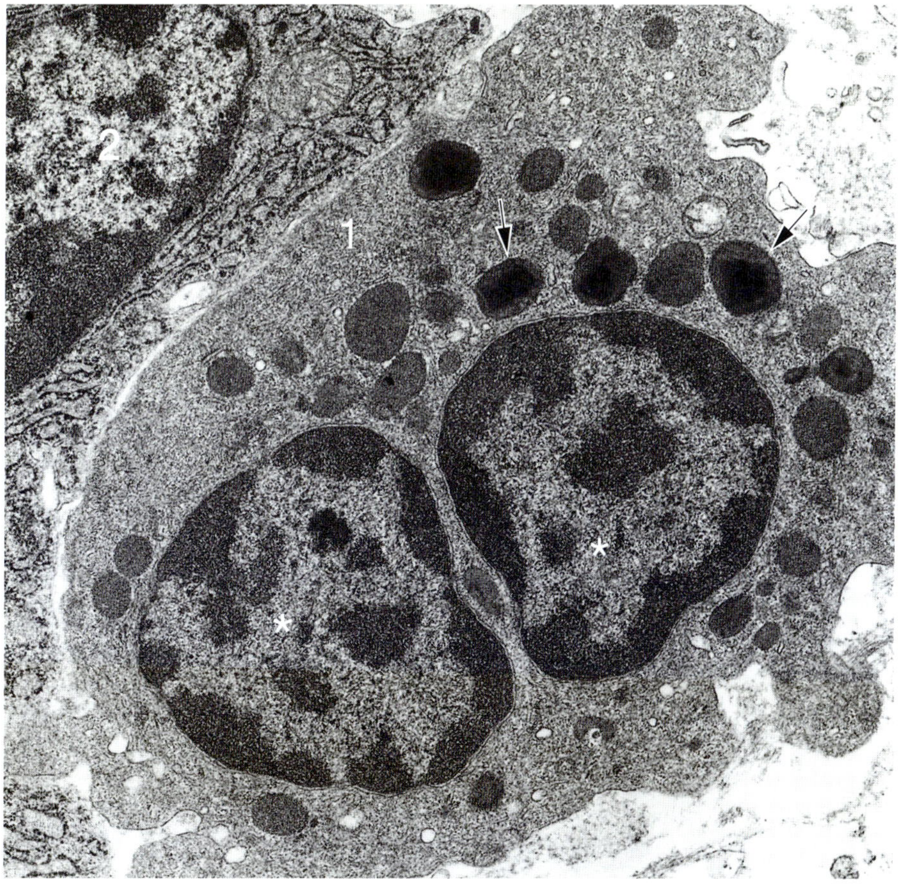

Abb. 4-13 Ultrastruktur eines eosinophilen Granulozyten (1) in der Lamina propria des Magens (Mensch). Die großen plumpen Granula besitzen vielfach ein dichtes Zentrum mit kristalloider Struktur (➔). Die Verbindung der zwei angeschnittenen Kernsegmente (*) liegt außerhalb der Schnittebene. **2** Anschnitt einer Plasmazelle. Vergr. 15 285fach. (Aus [1])

chiale wandern sie in größerer Zahl sogar in das Epithel der Atemwege ein und finden sich auch im Auswurf (Abb. 4-14).

Basophile

Die 8–11 µm großen Basophilen ähneln funktionell in vieler Hinsicht den Mastzellen. Sie besitzen einen relativ großen Kern, der unterschiedliche Gestalt besitzen kann. Er ist oft rundlich und wenig eingekerbt, kann aber auch zweilappig sein. Im Ausstrich wird er oft von den großen basophilen (blauen) Granula verdeckt (Abb. 4-15). Abbildung 4-16 zeigt die Ultrastruktur der Basophilengranula, die variable Größe besitzen, von einer Membran begrenzt sind und einen fein granulierten Inhalt besitzen. Die Granula enthalten u.a. Peroxidase (wie die anderen Granulozyten), Histamin und Heparin, Zytokine (IL-4), Mediatoren, eosino-

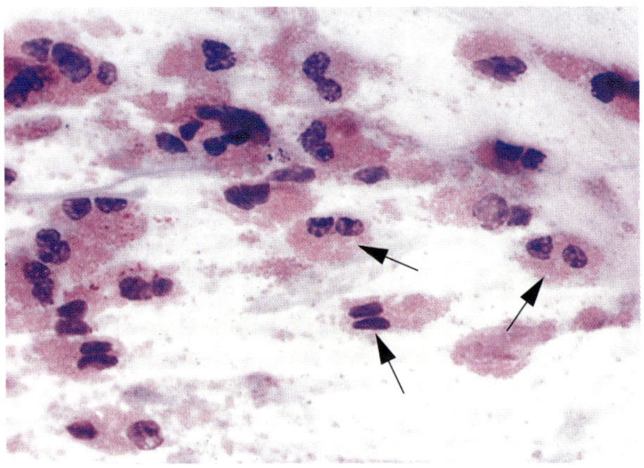

Abb. 4-14 Ausgehustetes Sputum eines chronisch allergisch erkrankten Menschen. Beachte die zahlreichen eosinophilen Granulozyten im Sputumausstrich (➔). Färbung: Pappenheim; Vergr. 650fach.

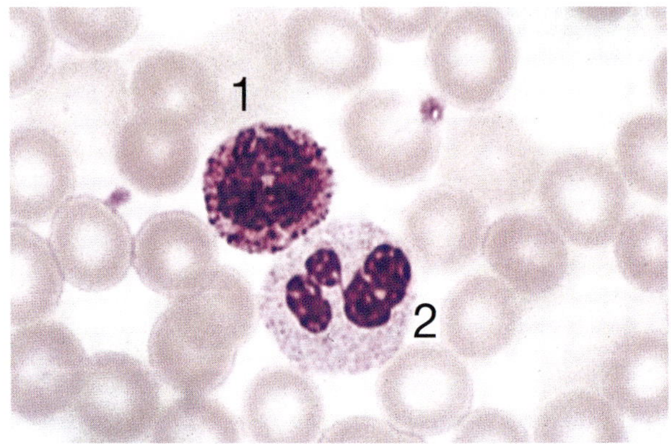

Abb. 4-15 Basophiler Granulozyt (1) im Blutausstrich (Mensch). Die basophile Granula überdeckt größtenteils den gelappten Kern. **2** neutrophiler Granulozyt. Färbung: Pappenheim; Vergr. 1250fach.

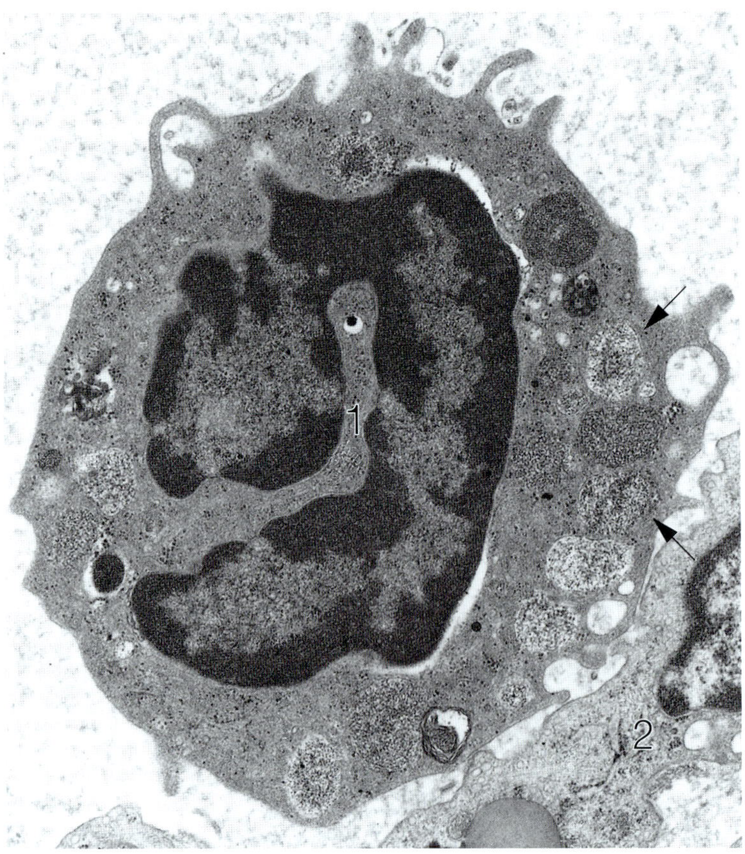

Abb. 4-16 Intravaskulärer basophiler Granulozyt (1) eines Menschen. Beachte die Kerngestalt und die großen Granula (➔) mit feingranulärem Inhalt in unterschiedlicher Packungsdichte. **2** Endothel der Gefäßwand. Vergr. 13000fach. (Aus [1])

philen chemotaktischen Faktor und neutrale Protease. Zur normalen Funktion dieser seltenen Zellen ist erst wenig bekannt. Sie besitzen manche funktionelle Übereinstimmungen mit den Mastzellen, z.B. haben sie an ihrer Oberfläche hochaffine IgE-Rezeptoren und setzen nach Vernetzung des gebundenen IgE durch Antigen Histamin frei.

4.3.2 Lymphozyten

Die Lymphozyten sind die spezifischen Zellen des Immunsystems (siehe Kap. 6), das durch eine noch nicht überschaubare Vielzahl an komplexen molekularen Mechanismen gekennzeichnet ist, die seine Differenzierung, Spezifität und Diversität sowie die Induktion und Aufrechterhaltung der Selbsttoleranz regulieren.

Zirka 22–44% der Blutleukozyten sind Lymphozyten, in absoluten Zahlen sind das ca. 2200–4400 Lymphozyten im mm³ Blut. Ihr Name bezieht sich auf die Tatsache, dass sie fast als einzige Leukozyten auch in der Lymphflüssigkeit vorkommen. Im Blutausstrich variiert ihre Größe von ca. 6 bis ca. 12 μm, selten können sie noch größer werden. Man spricht daher auch von kleinen, mittelgroßen und großen Lymphozyten. Die Ursachen für die Größenunterschiede sind in vieler Hinsicht noch unklar, aber wahrscheinlich sind die größeren Formen aktivierte Lymphozyten. Speziell Virusbefall aktiviert Lymphozyten.

Die Lymphozyten gehören zwei großen Klassen an, den B- und den T-Lymphozyten.

B-Lymphozyten sind die Träger der **humoralen Immunität**. Sie entstehen im Knochenmark oder, bei Vögeln, in der Bursa Fabricii.

Die **T-Lymphozyten** vermitteln die **zelluläre Immunität**, auch sie entstammen letztlich dem Knochenmark, wandern aber sehr früh in den Thymus und reifen hier aus. Beide Lymphozytentypen leiten sich ebenso wie alle anderen Blutzellen von einer gemeinsamen Stammzelle im Knochenmark her. Weitere wichtige Regulator- und Effektorzellen des Immunsystems sind die großen granulierten Lymphozyten (NK-Zellen), Monozyten und Makrophagen sowie die interdigitierenden dendritischen Zellen (siehe S. 266).

Unter humoraler Immunität versteht man den Teil der Immunmechanismen, der seine Funktionen mit Hilfe der Antikörper erfüllt. Diese werden von ausgereiften B-Lymphozyten, den Plasmazellen, produziert und befinden sich im Blut und in anderen Körperflüssigkeiten (griech. humor = Flüssigkeit).

Unter zellulärer Immunität versteht man den Teil der Immunmechanismen, der seine Funktionen mit Hilfe der T-Lymphozyten erfüllt. Diese können direkt in Kontakt mit als fremd erkannten Zellen oder virusbefallenen Zellen treten. Sie produzieren auch eine Reihe von Substanzen, die bei der Abwehr eingesetzt werden, aber nie Immunglobuline.

Im gefärbten Routine-Blutausstrich sind B- und T-Lymphozyten nicht voneinander zu unterscheiden, dies gelingt nur mit immunhistochemischen Methoden (Abb. **6-28**, **6-29**). Im Pappenheim-Präparat sind die meisten Lymphozyten 6–8 μm große Zellen mit rundlichem, recht dunklem Kern und ganz schmalem Zytoplasmasaum (Abb. **4-17**), in dem sich vor allem Ribosomen und einzelne Mitochondrien finden (Abb. **4-18**). Andere Organellen (Golgi-Apparat, RER und Lysosomen) sind nur spärlich vorhanden bzw. auffallend klein. Die Lymphozyten sind in der Lage, sich aktiv zu bewegen und z.B. durch Endothelien hindurchzuwandern.

Klinik Ein kleiner Teil der Lymphozyten ist mittelgroß oder groß. Bei diesen Zellen handelt es sich um aktivierte Lymphozyten. Besonders große, sog. monozytoide Lymphozyten erreichen einen Durchmesser von 15–18 μm. Bei ihnen handelt es sich mehrheitlich um CD8-positive T-Lymphozyten. Dies sind T-Lymphozyten mit einem speziellen Oberflächenprotein, das CD8 genannt wird. Sie heißen auch „Pfeiffer-Zellen" (benannt nach Emil Pfeiffer, 1846–1921, Internist und Pädiater in Wiesbaden). Man findet sie beim Pfeiffer-Drüsenfieber (infektiöse Mononukleose), einer vom Epstein-Barr-Virus verursachten Infektionskrankheit. Das Virus selbst befällt v.a. Epithelzellen und B-Lymphozyten. Oft sind die Tonsillen der Infektionsort. Die großen CD8-positiven T-Lymphozyten sind Teil der Immunreaktion, zu der auch die Bildung von Antikörpern gehört.

B-Lymphozyten (B-Zellen)

B-Lymphozyten entstehen kontinuierlich das ganze Leben lang im Knochenmark und machen ca. 20% der peripheren Blutlymphozyten und 50% der Milz-

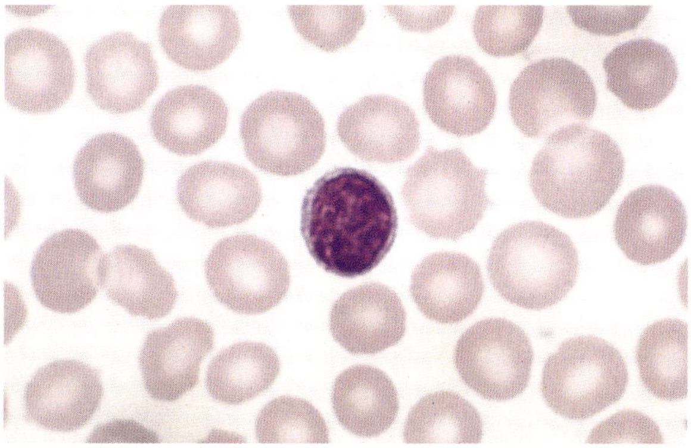

Abb. 4-17 Lymphozyt im Blutausstrich (Mensch) mit rundlichem, dunklem Kern und schmalem Zytoplasmasaum. Färbung: Pappenheim; Vergr. 1250fach.

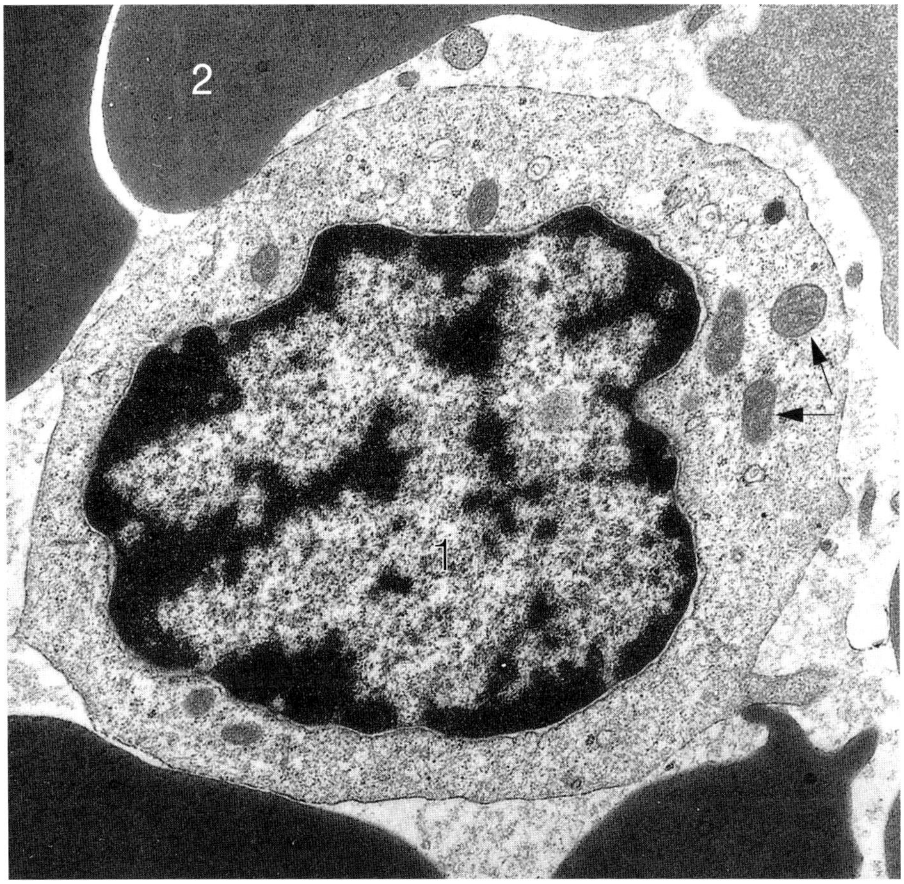

Abb. 4-18 Intravaskulärer kleiner Lymphozyt (Mensch). Beachte, dass das Zytoplasma nur wenig Organellen enthält (➔ Mitochondrien). Das Heterochromatin des Kerns (**1**) ist überwiegend in der Kernperipherie, aber auch im Kerninnern verteilt; **2** Erythrozyt. Vergr. 13500fach. (Aus [1])

lymphozyten aus. Sie exprimieren an ihrer Oberfläche Immunglobulinmoleküle (sIg = surface immunoglobulin), die als Antigenrezeptoren der B-Zellen fungieren. Diese Ig-Moleküle (insbesondere IgM-Moleküle) sind Teil eines Komplexes, dem noch α- und β-Signalmoleküle angehören, die Informationen in das Innere der Zelle weitergeben. B-Zellen können (wahrscheinlich nach einer Vorstimulation durch CD4-positive T-Helfer-Zellen) über die Ig-Moleküle direkt stimuliert werden, sie können also ein Antigen direkt erkennen und darauf reagieren. B-Zellen exprimieren weitere Oberflächenproteine, z. B. Zytokinrezeptoren und Rezeptoren für aktivierte Komplementkomponenten. Ihre primäre Funktion ist die Bildung von **Antikörpern**, diese erfolgt in den ausgereiften B-Zellen, den Plasmazellen. B-Lymphozyten können auch Antigene prozessieren und präsentieren. Unter Prozessieren versteht man Aufnahme und zelluläre Verarbeitung von Antigenen. Teile der Antigene werden dann wieder in die Plasmamembran eingebaut und zusammen mit MHC-II-Molekülen den T-Lymphozyten „präsentiert".

Die Entwicklung der B-Zellen erfolgt zunächst im primären lymphatischen Organ Knochenmark, unabhängig von Antigenen; die Entwicklung zur reifen, sIg-positiven B-Zelle erfolgt aber in Abhängigkeit von Antigenen. sIg interagiert mit einem Antigen, was zur Gedächtnisbildung, zum Umschalten auf eine andere Ig-Klasse und zur Plasmazellbildung führt. Plasmazellen sind also ausgereifte B-Lymphozyten. Sie besitzen keine Oberflächenimmunglobuline mehr. Die antigenabhängige Ausreifung erfolgt in den sekundären lymphatischen Organen, also vor allem in den Lymphknoten, der Milz sowie den Tonsillen und den Peyer-Platten. Die Vielfalt der antigenreaktiven, molekularen Konfigurationen der B-Lymphozyten ergibt sich durch weitere Änderungen der Ig-Gene nach Antigenkontakt, ein Vorgang, der somatische Mutation (somatische Hypermutation) genannt wird und der in den Keimzentren der Lymphfollikel stattfindet. Eine wichtige Funktion bei der Aktivierung der B-Zellen haben follikuläre dendritische Zellen (siehe S. 266) und T-Helfer-Zellen (siehe S. 267). Follikuläre dendritische Zellen sind die spezifischen antigenpräsentierenden Zellen der B-Lymphozyten.

Die Lebensspanne der Plasmazellen ist unterschiedlich lang. In Lymphknoten und Milz leben sie zumeist nur 2–3 Tage, in Schleimhäuten und Knochenmark können sie monate- und wahrscheinlich jahrelang am Leben bleiben.

Klinik Von B-Zellen können akute und chronische Leukämien (Abb. **4-19**) und bösartige Lymphome ausgehen. Lymphome sind vergrößerte Lymphknoten, wobei die Ursache der Vergrößerung meist gutartig ist und z. B. auf einem Infekt beruht.

T-Lymphozyten (T-Zellen)

T-Zell-Vorläuferzellen entstammen auch den hämatopoetischen Stammzellen im Knochenmark, verlassen dieses aber früh und besiedeln den Thymus, wo sie heranreifen (siehe S. 269). Sie verlassen dann den Thymus und wandern in die sekundären lymphatischen Organe. Von Antigenen angetrieben, reifen hier das ganze Leben naive T-Lymphozyten heran und entwickeln sich stetig zu sich selbst erneuernden Gedächtniszellen oder Effektorzellen.

Reife T-Lymphozyten machen 70–80% der Blutlymphozyten, 90% der Zellen im Ductus thoracicus, 30–40% der Lymphknotenzellen und 20–30% der Milzlymphozyten aus. In den Lymphknoten besiedeln sie die parakortikalen Zonen, in der Milz die periarteriolären Scheiden der weißen Pulpa.

T-Lymphozyten sind die Effektorzellen der **zellvermittelten** (= zellulären) **Immunität**. Sie bilden Untergruppen; ein Teil entwickelt sich zu zytotoxischen Zellen, die virusinfizierte oder fremde Zellen zerstören. Andere T-Lymphozyten sind die wesentlichen Regulatoren der Aktivitäten von zytotoxischen T-Zellen, von B-Lymphozyten sowie der Makrophagenfunktionen mittels Zytokinen oder direkten Kontakts. T-Zellen sind auch an der Erythrozytenreifung im Knochenmark beteiligt.

Die verschiedenen Reifungsstadien und die funktionellen Untergruppen der T-Zellen lassen sich mit Hilfe des CD-Systems in zwei große Gruppen gliedern:
- CD4-positive T-Lymphozyten und
- CD8-positive T-Lymphozyten.

CD4 und CD8 sind Co-Rezeptormoleküle der Oberfläche dieser Zellen.

CD4-positive T-Zellen induzieren u.a. B-Zell-Differenzierung und werden in dieser Funktion auch **T-Helfer-Zellen** genannt. Die CD4-positiven T-Lymphozyten erkennen an MHC Klasse II gebundene Antigene; sie gliedern sich funktionell zumindest in zwei gut charakterisierbare Gruppen:
- **T_H1-Zellen,** die Interleukin-2, Tumornekrosefaktor α, Interferon und andere Faktoren bilden. Sie spielen eine wichtige Rolle bei Entzündungsreaktionen, vor allem beim intrazellulären Abtöten verschiedener Krankheitserreger durch Interferon γ in Makrophagen. Sie helfen auch bei der Aktivierung von zytotoxischen T-Lymphozyten und reagieren auf Antigene, die zu verzögerter Hypersensitivität im Rahmen von Immunantworten gegen verschiedene intrazelluläre Mikroorganismen, z. B. Tuberkulosebakterien, führen.
- **T_H2-Zellen,** die Interleukin-3, -4, -5, -6, -10 und -13 bilden. Sie regulieren die humorale Immunität und aktivieren B-Lymphozyten. Sie sind die eigentlichen T-Helfer-Zellen. T_H2-Zellen können das Umschalten des einen Immunglobulintyps auf einen anderen („isotype switching") mit regulieren. Außerdem begrenzen sie die entzündungsunterhaltenden Funktionen der T_H1-Zellen. Sie sind auch bei allergischen Krankheiten aktiviert. Verschiedene Interleukine dirigieren die Immunantwort entweder bevorzugt in die T_H1- oder T_H2-betonte Richtung, jedoch sind üblicherweise sowohl T_H1- als auch T_H2-Zellen an einer Immunreaktion beteiligt.

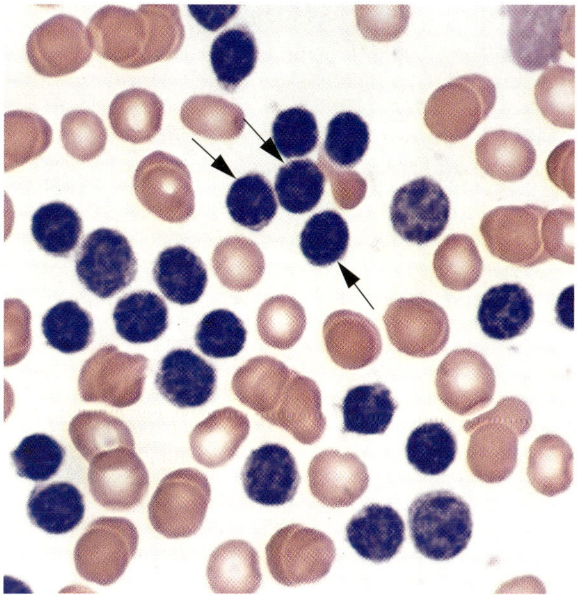

Abb. 4-19 Blutausstrich eines an chronisch lymphatischer Leukämie erkrankten Menschen. Beachte die stark vermehrten, relativ einheitlich erscheinenden Lymphozyten (➔). Färbung: Pappenheim; Vergr. 700fach.

CD8-positive T-Zellen erkennen an MHC Klasse I gebundene Antigene und sind (ebenso wie ein kleiner Teil der CD4-Zellen) zytotoxisch. Einem Teil der CD8-positiven Zellen wird „Killerzellaktivität" zugeschrieben, ein weiterer Teil bildet Zytokine und übernimmt immunregulatorische Aufgaben. Zytotoxische T-Lymphozyten richten sich insbesondere gegen intrazellulär gelegene Viren und Bakterien sowie manche parasitische Protozoen wie z. B. *Toxoplasma gondii. Toxoplasma* ist ein intrazellulärer Parasit, der Entzündungen in Lymphknoten, Auge, Gehirn, Lunge, Herz und anderen Organen verursachen kann.

Zellvermittelte Zytotoxizität führt nach direkter Anlagerung der T-Lymphozyten an die Zielzellen (Abb. 4-20) zu deren Lyse mittels Perforins (eines Proteins, das in der Zellmembran der Zielzellen Poren bildet), lytischer Enzyme und Zytokinen wie Tumornekrosefaktor oder Interferon. Einige zytotoxische T-Lymphozyten können sich mittels ihres Fc-Rezeptors an antikörperbedeckte Zielzellen binden und diese zerstören. Ein weiteres Produkt der zytotoxischen T-Lymphozyten sind Defensine und die Granzyme, Proteasen, die Apoptose der Zielzellen verursachen. Ein weiterer Mechanismus zytotoxischer CD8-Zellen (und einiger CD4-Zellen) beruht auf der Expression von Fas-Liganden in der Membran der zytotoxischen T-Lymphozyten, die, nach Bindung an Fas in der Zielzelle, Apoptose auslösen. Fas ist Mitglied der Tumornekroserezeptoren.

T-Zellen, die sich gegen körpereigene molekulare Konfigurationen (v. a. Peptide und Proteine) richten, werden noch im Thymus eliminiert.

T-Zell-Rezeptor Der T-Zell-Rezeptor (T-Zell-Antigenrezeptor, TCR) ist ein Molekülkomplex in der Zellmembran der T-Zellen, mit dessen Hilfe sie Antigene erkennen und der zwei Hauptkomponenten enthält:

- ein antigenbindendes Heterodimer aus entweder hochvariablen αβ-Ketten (TCRαβ) oder hochvariablen γδ-Ketten (TCRγδ) und
- fünf nicht-kovalent damit verbundene CD3-Untereinheiten.

Die meisten T-Zellen im Blut und in den peripheren lymphatischen Organen exprimieren TCRαβ (T-Zellen mit TCRαβ-Ketten) und differenzieren sich anschließend zu CD4-positiven oder CD8-positiven Zellen.

Die TCRγδ-Zellen (T-Zellen mit TCRγδ-Ketten) bilden nur eine kleine Population und spielen wahrscheinlich eine Rolle bei der Immunüberwachung an Epitheloberflächen und bei der Abwehr intrazellulärer

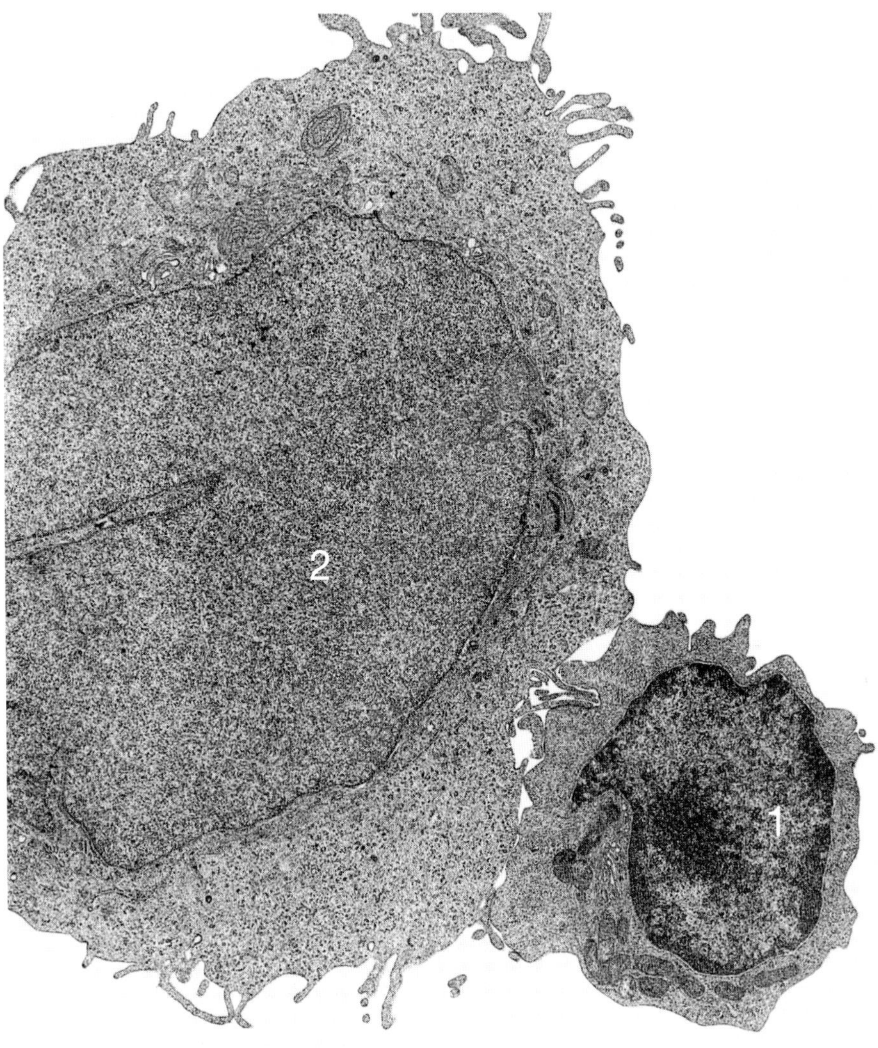

Abb. 4-20 Zytotoxischer T-Lymphozyt (1) in direktem Kontakt mit einer Krebszelle (2) in einer Zellkultur (Mensch). Vergr. 7780fach. (Präparat Frau Dr. med. S. Walz, München)

Bakterien, wie z.B. Mykobakterien (Tuberkuloseerreger). Der T-Zell-Rezeptor gehört zur Immunglobulin-Superfamilie, er hat konstante und variable Anteile.

T-Zellen haben eigene antigenpräsentierende Zellen, und zwar interdigitierende dendritische Zellen einschließlich verschiedener Vorstufen wie z.B. die Langerhans-Zellen der Epidermis.

! Kurz zusammengefasst sind die wesentlichen T-Zellen folgendermaßen gekennzeichnet:

CD4-positive T-Lymphozyten erkennen an MHC Klasse II gebundene Antigene und lassen sich im Wesentlichen zwei Untergruppen zuordnen, den T_H1- und den T_H2-Zellen. T_H1-Zellen sind durch Bildung spezifischer Interleukine gekennzeichnet und aktivieren im Rahmen von Entzündungen insbesondere Makrophagen, die dadurch befähigt werden, phagozytierte Bakterien abzutöten. T_H2-Zellen sind durch ein eigenes Zytokinmuster gekennzeichnet und stimulieren insbesondere B-Lymphozyten zur Antikörperbildung. Sie sind die T-Helfer-Zellen.

CD8-positive T-Lymphozyten sind überwiegend zytotoxische Zellen. Sie bilden Perforine, Granzyme, Fas-Liganden und andere Faktoren, mit deren Hilfe sie Zellen töten, in deren Zytoplasma Viren, Bakterien und Protozoen vorkommen. Dadurch wird diesen Erregern zumeist die Lebensgrundlage entzogen.

Klinik Auch von T-Zellen können bösartige Tumoren ausgehen: T-Zell-Leukämien, T-Zell-Lymphome. Bekannt sind T-Zell-Lymphome der Haut, z.B. Mycosis fungoides.

Natürliche Killerzellen

Die natürlichen Killerzellen (NK-Zellen) machen 5–10% der peripheren Blutlymphozyten aus. Sie besitzen große azurophile zytotoxische Granula und phagozytieren nicht (Abb. 4-21). Sie reifen im Knochenmark und besitzen sowohl antikörperabhängige zelluläre Zytotoxizität (ADCC) als auch NK-Aktivität (natürliche Killeraktivität).

Unter **zellulärer Zytotoxizität** versteht man die Bindung einer Fc-Rezeptor-tragenden Effektorzelle an eine antikörperbedeckte (opsonierte) Zielzelle, was zur Lyse der Zielzelle führt. Die Abkürzung Fc (engl. fragment cristalline) bezeichnet den Teil des Immunglobulinmoleküls, der vor allem für die Komplementbindung zuständig ist. Die Fähigkeit zu einer solchen Bindung besitzen die natürlichen Killerzellen, Monozyten, Makrophagen und Neutrophile.

Die **natürliche Killeraktivität** ist ein direkter Mechanismus, der zum Abtöten von virusinfizierten, transplantierten oder Tumorzellen führt.

Wie zytotoxische T-Zellen bilden die natürlichen Killerzellen **zytotoxische Moleküle**, z.B. Perforin und lysierende Enzyme. Diese Moleküle werden exozytotisch aus den Granula freigesetzt. Perforin bildet Poren in der Membran der Zielzellen, durch die lysierende Enzyme in das Zytoplasma dieser Zellen eindringen können, wo sie über eine Reihe von biochemischen Schritten eine Apoptose auslösen.

4.3.3 Monozyten/Makrophagen

Diese relativ großen (Durchmesser 15–20 µm) Zellen entstehen wie die anderen Leukozyten im Knochenmark und befinden sich meist nur 12–24 h im Blut, wo sie 2–8% der Leukozyten ausmachen. Sie wandern dann ins Bindegewebe, wo sie sich zu verschiedenen Typen von langlebigen **Makrophagen** entwickeln. Diese Makrophagen haben neben der Fähigkeit der Phagozytose zahlreiche weitere Funktionen (siehe S. 111). Blutmonozyten sind die größten Leukozyten im Blut und besitzen oft einen nierenförmigen, gelegentlich auch einen zweilappigen Kern mit „wolkiger" Struktur (Abb. 4-22). Das taubengraue Zytoplasma enthält einzelne azurophile Granula (Lysosomen). Die Ultrastruktur ist durch einen umfangreichen Golgi-Apparat sowie mäßige Mengen an Ribosomen, RER und Mitochondrien gekennzeichnet. Die Oberfläche bildet Falten und unregelmäßig gestaltete Fortsätze (Abb. 4-23).

Als Makrophagen sind sie wichtigster Bestandteil des mononukleären Phagozytensystems (siehe Kap. 6).

4.4 Thrombozyten

Die Thrombozyten (Blutplättchen) sind Teil des komplexen, blutstillenden (hämostatischen) Systems. Sie sind scheibenförmige, rundliche, 1–3 µm große, kern-

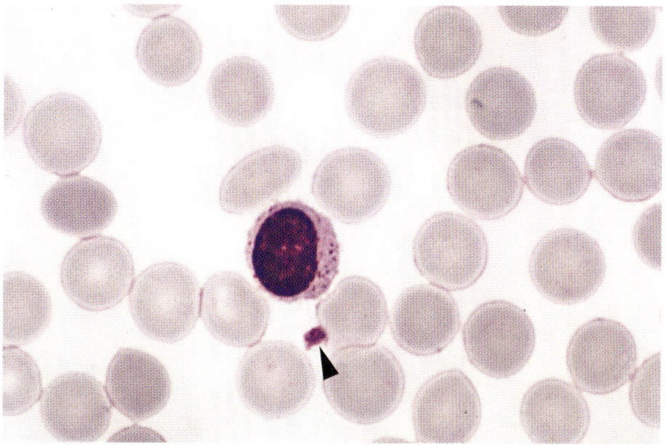

Abb. 4-21 Natürliche Killerzelle im Blutausstrich (Mensch). Im etwas breiteren Zytoplasmasaum sind große azurophile Granula sichtbar. ▶ Thrombozyt. Färbung: Pappenheim; Vergr. 1250fach.

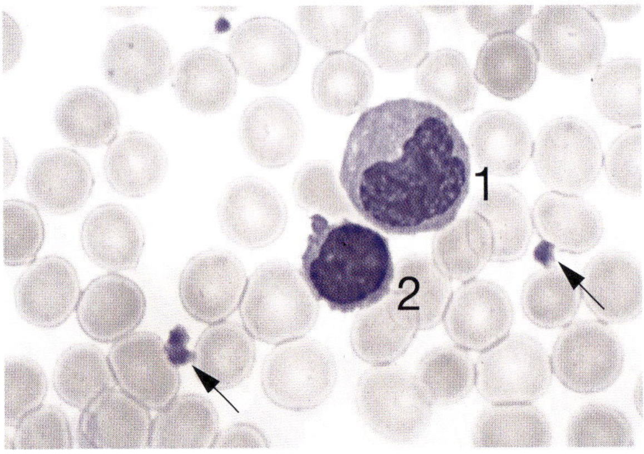

Abb. 4-22 Monozyt (1) mit nierenförmigem Kern und etwas kleinerer Lymphozyt (**2**) mit rundlichem Kern im Blutausstrich (Mensch). In der Umgebung der weißen Blutzellen einzelne, deutlich kleinere Thrombozyten (➔). Färbung: Pappenheim; Vergr. 1250fach.

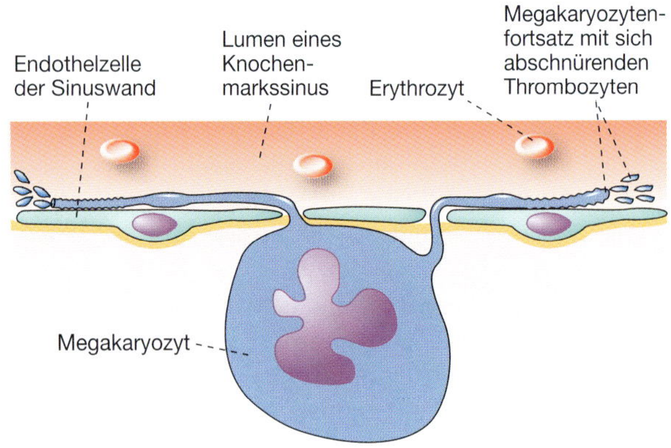

Abb. 4-24 Entstehung von Thrombozyten aus Megakaryozyten. Megakaryozyten sind sehr große, hoch polyploide Knochenmarkszellen, die jeweils ca. 10000 Thrombozyten (Blutplättchen) hervorbringen. Diese schnüren sich von oft langen Fortsätzen ab, die sich ins Lumen der Knochenmarkssinus vorschieben. (Modifiziert nach [13])

lose zytoplasmatische Gebilde mit geordneter Struktur (Abb. 4-22), die durch Abschnürung von Zellfortsätzen der **Megakaryozyten** des Knochenmarks entstehen (Abb. 4-24). Ein Drittel der Thrombozyten wird in der Milz gespeichert („sequestriert"), zwei Drittel zirkulieren im Blut. Ihre Lebensdauer im Blut beträgt 7–10 Tage. Sie werden von Makrophagen vor allem in der Milz abgebaut. Normalerweise kommen 150000–450000 Thrombozyten in einem mm^3 Blut vor. Bei Frauen sinkt ihre Zahl vor Beginn der Menstruation.

Aufbau Thrombozyten besitzen ein Zentrum mit verschiedenen Granulumtypen, Ribosomen, Glykogenpartikeln und einzelnen Mitochondrien, das **Granulomer**, und eine granulumfreie Peripherie, das

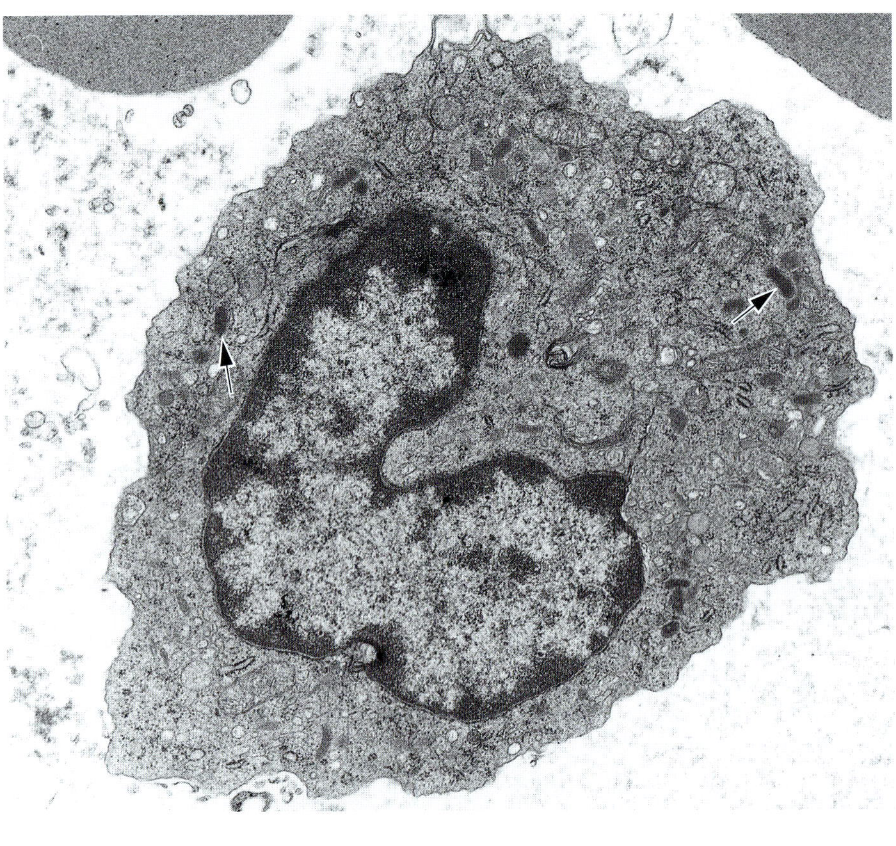

Abb. 4-23 Intravaskulärer Monozyt (Mensch). Monozyten sind die größten Leukozyten und besitzen oft einen kennzeichnenden nierenförmigen Kern. Die Organellen des Zytoplasmas, vor allem Golgi-Apparat, RER und Mitochondrien, sind gut entwickelt; im Golgi-Apparat entstehen längliche elektronendichte Granula (➔, azurophile Granula in der Lichtmikroskopie), die Lysosomen entsprechen. Die Monozyten entwickeln sich außerhalb der Blutbahn zu Makrophagen. Vergr. 12006fach. (Aus [1])

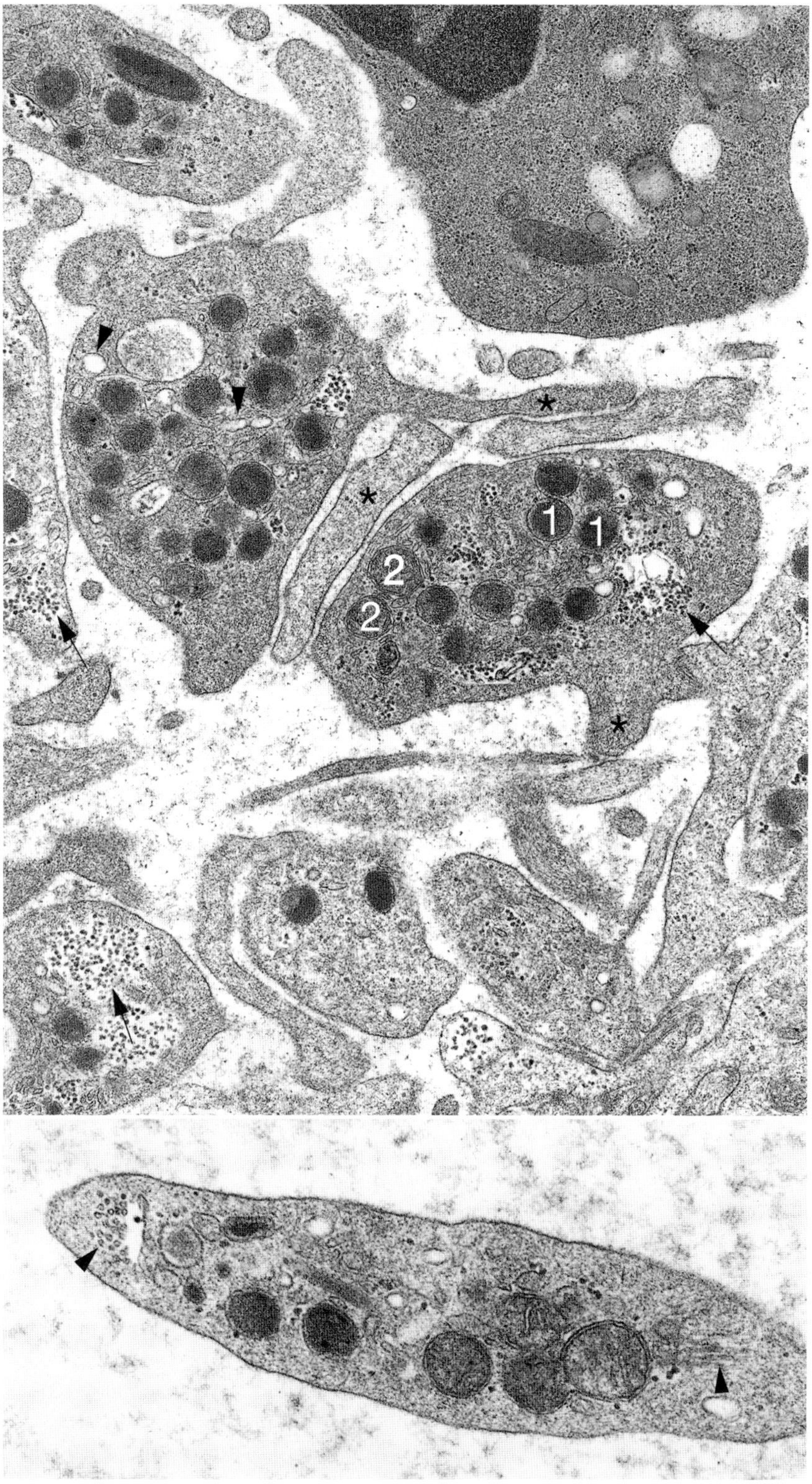

Abb. 4-25 Thrombozyten.

a) Aggregat von Thrombozyten (Blutplättchen) in einer Hirnvene (Mensch). Im Zentrum (= Granulomer) der Thrombozyten kommen verschiedene Granula (**1**) und Mitochondrien (**2**) sowie Glykogen (➔) vor. Der schmale periphere Zytoplasmasaum wird Hyalomer genannt; in ihm und im Granulomer finden sich schlauchförmige Einstülpungen der Zellmembran (▶). Die Anschnitte der Einstülpungen erscheinen auf der Abbildung mehrfach als helle Vesikel). Die aggregierten Thrombozyten bilden schlanke Füßchen aus, die kontraktile Elemente enthalten (✻). Vergr. 23 623fach. (Aus [1])

b) Quer getroffener intravaskulärer Thrombozyt (Mensch); in der Peripherie der scheibchenförmigen Thrombozyten verlaufen Mikrotubulibündel (▶). Vergr. 40 770fach. (Aus [1])

Hyalomer, das einen Ring aus 10–15 Mikrotubuli sowie kontraktile Filamente enthält (Abb. 4-25).

Zum Granulomer gehören Lysosomen (mit Endoglykosidasen und heparinspaltendem Enzym), dichte Granula (enthalten Kalzium, Serotonin und Adenosindiphosphat) und helle, sog. α-Granula (enthalten u.a. von-Willebrand-Faktor, Fibronektin, Thrombospondin, Blutplättchen-Wachstumsfaktor [PDGF, wichtig für Stimulation der Fibrozyten bei späteren Reparaturvorgängen] und ein heparinneutralisierendes Protein). Kennzeichnend ist außerdem ein tubuläres Membransystem, das mit der Oberfläche in Verbindung steht. Dieses Tubulussystem hat einen gewundenen und unregelmäßigen Verlauf, so dass es im elektronenmikroskopischen Präparat in Form von rundlichen oder ovalen oder „labyrinthartigen" Ausschnitten angetroffen werden kann. Über dieses System werden Sekretionsprodukte der Thrombozyten abgegeben.

Ein zweites Tubulussystem wird „dichtes" Tubulussystem genannt, weil sein Lumen feinflockiges Material enthält. Es steht nicht mit der Zelloberfläche in Verbindung und leitet sich möglicherweise vom endoplasmatischen Retikulum her. Es kann Kalziumionen konzentrieren und spielt vermutlich eine Rolle bei der Steuerung der Kontraktilität der Blutplättchen.

Funktion Bei einer Verletzung der Gefäßwand kommt es in Sekunden zu **Plättchenadhäsion** am freigelegten Kollagen über einen speziellen Kollagenrezeptor, der zur Integrinfamilie gehört. Diese Verbindung wird durch den **von-Willebrand-Faktor** stabilisiert, der sowohl von den Thrombozyten als auch von Endothelzellen gebildet wird und der normalerweise in einer Menge von 10 mg/l im Blut vorkommt. Die Plättchen setzen dann den Inhalt ihrer Granula frei. Weitere aktivierte Plättchen aggregieren an der verletzten Stelle (Abb. **4-25a**). Sie bilden dann rasch zusammen mit Fibrin und mehr oder weniger zahlreichen Erythrozyten einen an der Gefäßwand haftenden **Thrombus**, der die Verletzungsstelle abdichtet.

Klinik Ein Mangel an Blutplättchen (unter 150000/µl) heißt **Thrombo(zyto)penie**, was akute Blutungsgefahr bedeutet. Ursachen einer Thrombozytopenie sind Bildungsstörungen, vor allem infolge von Erkrankungen des Knochenmarks, pathologische Sequestierung in der Milz oder pathologisch beschleunigter Abbau, wie er bei einer ganzen Reihe von Krankheiten auftritt, z. B. bei viralen und bakteriellen Infektionen. Eine Reihe von Medikamenten kann zu Thrombozytopenie führen.

Ein Überschuss an Blutplättchen (über 450000/µl) wird **Thrombozytose** genannt. Zu einer Thrombozytose kommt es im Rahmen einer ganzen Reihe von Krankheiten, z. B. bei proliferativen Erkrankungen des Knochenmarks.

Bei den meisten Formen der **von-Willebrand-Krankheit** ist der von-Willebrand-Faktor erniedrigt, was zur Verlängerung der Blutungszeit führt. Dieser Faktor transportiert den Gerinnungsfaktor VIII, den antihämophilen Faktor, und ist an der Befestigung der Thrombozyten am freigelegten Bindegewebe im Fall von Gefäßverletzungen beteiligt.

! Thrombozyten sind 1–3 µm große Zytoplasmafragmente, die durch Abschnürung aus den Megakaryozyten des Knochenmarks entstehen. Sie besitzen ein zentral gelegenes Granulomer mit verschiedenen granulären und tubulären Strukturen und ein peripheres Hyalomer, in dem sich Mikrotubuli und kontraktile Proteine befinden. Sie haben eine wichtige Funktion bei der Blutgerinnung.

4.5 Blutzellbildung

Die reifen Blutzellen leben nur relativ kurze Zeit (Tage bis Monate), so dass sie ständig neu gebildet werden müssen. Es wird geschätzt, dass bei Erwachsenen täglich ca. 200 Milliarden Erythrozyten und ca. 70 Milliarden Neutrophile neu gebildet werden. Die Neubildung der Blutzellen und der Blutplättchen erfolgt beim Erwachsenen im **Knochenmark** und wird **Hämatopoese** genannt. Auch die Vorstufen der Lymphozyten entstehen im Knochenmark, verlassen dieses aber schon früh und reifen entweder im Thymus (T-Lymphozyten) oder in Lymphknoten und Milz (B-Lymphozyten). Die Ausreifung der Lymphozyten außerhalb des Knochenmarks heißt **Lymphopoese**.

4.5.1 Blutzellbildung während der Embryonalentwicklung

Erste Anzeichen der Blutzellbildung findet man schon in der 2. Schwangerschaftswoche, und zwar im Mesenchym von Dottersack und Körperstiel: **megaloblastische** (mesoblastische) Phase der Hämatopoese. Es entstehen in sog. Blutinseln erste Vorstufen der Erythrozyten, die sich zu primitiven Erythrozyten entwickeln, die noch einen Zellkern besitzen und Megaloblasten genannt werden.

Ab der 6. Schwangerschaftswoche findet Blutzellbildung in der Leber und kurze Zeit später auch in der Milz statt: **hepatolienale Phase** der Hämatopoese. Die hier entstehenden Erythrozyten sind schon kernlos. Granulozyten und Megakaryozyten sind eher spärlich anzutreffen.

Ab dem 5. Schwangerschaftsmonat beginnt die Blutzellbildung im Knochenmark, und mit ihr beginnt auch voll die Entstehung aller Leukozyten: **medulläre Phase** der Hämatopoese. Die Blutzellbildung in Leber und Milz geht dann langsam zurück, kann hier aber bei Knochenmarkserkrankungen und Leukämien wieder aufblühen. Bei vielen Säugetieren ist in der Milz das ganze Leben lang die Bildung von Blutzellen nachweisbar, was immer leicht an der Anwesenheit der Megakaryozyten erkennbar ist.

! Phasen der Hämatopoese: megaloblastische Phase, hepatolienale Phase, medulläre Phase.

4.5.2 Blutzellbildung im Knochenmark des Erwachsenen

Alle Blutzellen gehen auf eine Stammzelle im Knochenmark zurück. Bei der Differenzierung und Ausreifung der einzelnen Blutzelllinien spielen vor allem Zytokine eine wesentliche Rolle.

Einflussfaktoren der Blutzellbildung

Zytokine sind lösliche Proteine oder Peptide, die von zahlreichen hämatopoetischen und nicht-hämatopoetischen Zellen gebildet werden. Sie sind Signalpeptide bzw. regulatorische Mediatoren, die wichtige Funktionen bei Hämatopoese sowie Entwicklung und Aktivierung des Immunsystems und auch bei der Entzündungsreaktion haben. Zytokine sind hormonähnliche Faktoren und können autokrin (Zytokin wirkt auf die Zelle, die das Zytokin sezerniert hat, zurück), parakrin (Zytokin wirkt auf die Zellen der unmittelbaren Nachbarschaft) und auch endokrin (Zytokin wird im Blutstrom transportiert und wirkt auf weiter entfernte Zielzellen) aktiv werden. Im Bereich des Immunsystems und der Hämatopoese gehören ihnen die **Interleukine** und **koloniestimulierenden Faktoren** (CSF) an, z. B. der Granulozyten-Makrophagen-koloniestimulierende Faktor (GM-CSF). Der Name koloniestimulierender Faktor leitet sich von experimentellen Untersuchungen an Stamm- und verschiedenen Vorläuferzellen der Blutzellen her. Es handelt sich um Glykoproteine, manche haben Eigennamen wie das Erythropoetin.

Weitere Zytokine sind: Wachstumsfaktoren, transformierende Wachstumsfaktoren, Chemokine und Virokine. Die vielgestaltigen hochaffinen Zytokinrezeptoren werden derzeit fünf Zytokinrezeptorfamilien zugeordnet, z. B. der Immunglobulinsuperfamilie und der Rezeptorfamilie Zytokin-hämatopoetischer Wachstumsfaktoren.

Knochenmark

Das Knochenmark besteht aus retikulärem Bindegewebe, in dessen weiten Lücken sich die verschiedenen Blutzelltypen differenzieren (Abb. 4-26). Wesentlicher Bestandteil des Knochenmarks sind des Weiteren die zahlreichen Blutgefäße, vor allem die weitlumigen, kapillarähnlichen Sinusoide.

Das retikuläre Bindegewebe des Knochenmarks bietet den Stamm- und Progenitorzellen das „Mikroklima", sich zu differenzieren. An der Schaffung dieser „Mikroökologie" sind die (fibroblastischen) Retikulumzellen, das Endothel, die Makrophagen, die T-Lymphozyten und die Bindegewebsmatrix beteiligt. Die Glykosaminoglykane dieser Matrix können beispielsweise spezielle Wachstumsfaktoren für die Differenzierung der Blutzellen binden, und die Matrix enthält auch besondere Adhäsionsmoleküle. Das Knochenmark enthält hämatopoetische Stammzellen (HSC, siehe Abb. 4-28), die sich zu allen Blutzellen differenzieren können. Darüber hinaus kommen im Knochenmark mesenchymale Stammzellen vor (können sich zu Bindegewebs- und Muskelzellen weiterentwickeln) sowie eine weitere Stammzell-Art, die das Potential besitzt, sich zu Leber-, Endothel- und neuralen Zellen zu differenzieren.

Das Knochenmark füllt die Räume zwischen den Knochenbälkchen der Spongiosa und die röhrenförmigen Räume der großen Extremitätenknochen aus. Es umfasst ca. 5% des Körpergewichts. Während beim Neugeborenen das gesamte Knochenmark Blutzellen bildet, ist die Blutzellbildung beim Erwachsenen nur noch auf bestimmte Bereiche beschränkt: Wirbel, Rippen, Sternum, Ilium, proximale Enden von Humerus und Femur. In den übrigen Bereichen der Knochenhöhlen ist es durch Fettgewebe ersetzt. Blutzellbildendes Knochenmark heißt **rotes Knochenmark**, fettzellhaltiges Knochenmark heißt **gelbes Knochenmark** (Fettmark).

Histologischer Aufbau des Knochenmarks

Grundgewebe des Knochenmarks ist ein retikuläres Bindegewebe, das aus Kollagen-Typ-III produzierenden **Fibroblasten** (= fibroblastische Retikulumzellen) und **Fettzellen** besteht (Abb. 4-26). Die blassen, fibroblastischen Retikulumzellen mit länglichem, hellem Kern sind nur schwer im histologischen Präparat zu erkennen. Sie bilden die retikulären Fasern (Kollagen-Typ-III) und auch Wachstumsfaktoren für die Blutzellbildung. Viele dieser Fibroblasten liegen in Nähe der Wände der Blutsinus, deren Endothelzellen ebenfalls Zytokine und andere Faktoren zur Regulation der Hämatopoese produzieren.

Die Retikulumzellen können sich offensichtlich in fettspeichernde Zellen umwandeln, die strukturell Fettzellen des Bindegewebes anderer Zellen gleichen, sich aber von diesen in einer Reihe von biochemischen und Stoffwechselmerkmalen unterscheiden.

Makrophagen sind gleichmäßig im Stroma verteilt, manche sind stark abgeflacht und liegen unmittelbar unter dem Endothel der Sinus, oft liegen sie im Zentrum von Ansammlungen sich entwickelnder roter Blutzellen („Erythronen", Abb. 4-27). Sie phagozytie-

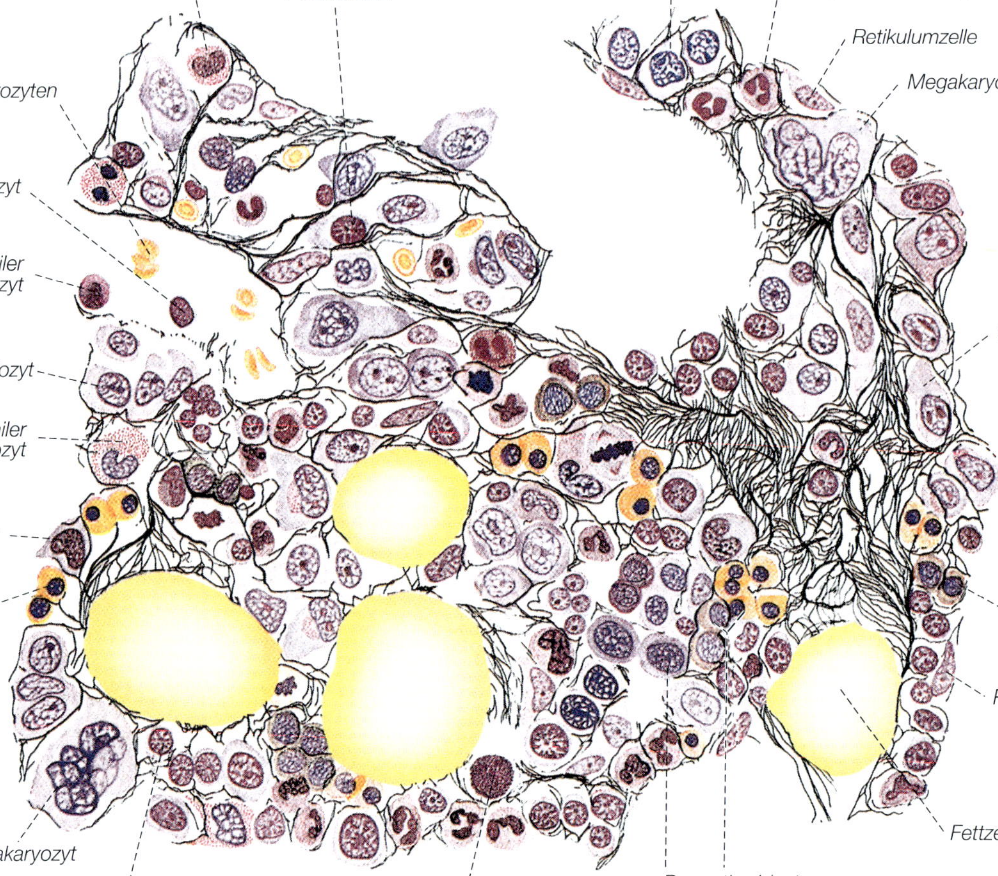

Abb. 4-26 Menschliches Knochenmark mit Gitterfasergerüst, schematisierende Zeichnung. Die Stammzellen (Hämozytoblasten) aller Blutzellen sind morphologisch nicht sicher identifizierbar, ähneln aber mittelgroßen Lymphozyten. Retikulumzellen und -fasern sind hier deutlich dargestellt. Färbung: H.E., kombiniert mit Versilberung; Vergr. ca. 1000fach. (Aus [8])

ren, bilden aber auch Zytokine und Wachstumsfaktoren.

In dieses Grundgewebe sind viele dünnwandige Blutgefäße, die **Knochenmarkssinus** genannt werden, eingelagert. Es handelt sich um weitlumige (Durchmesser ca. 30–75 µm), sinusoidale Kapillaren. Ihre Wand wird von einem unregelmäßig perforierten, sehr dünnen Endothel gebildet, das keine Basallamina besitzt. Dem Endothel sind basal lediglich einzelne retikuläre Fasern angelagert. Durch dieses Endothel wandern die ausgereiften Blutzellen in das Sinuslumen aus. Im Endothel entstehen dabei vorübergehend wenige µm weite Poren (Migrationsporen), die sich nach Durchtritt der Zelle wieder schließen.

4.5.3 Differenzierung der Blutzellen

Biologisch wichtigste Zellen des Knochenmarks sind die **Blutzellen**, deren verschiedene Entwicklungsstufen das histologische Bild des Knochenmarks beherrschen (Abb. 4-26). Sie füllen dicht gedrängt den Raum zwischen den Fibroblasten aus. Es ist schwer, die vielen Entwicklungsstufen der roten und weißen Blutzellen zu identifizieren (Schema siehe Abb. **4-28**). Zellen der **Erythropoese** bilden Ansammlungen, die an den dichten, runden Kernen der Normoblasten erkennbar sind. **Megakaryozyten** (s.u.) sind große zytoplasmareiche Zellen mit vielfältig gelappten, polyploiden Kernen. Sie liegen i.A. an der Wand der Sinus, in deren Lumen sie schlanke Fortsätze strecken, von denen sich die Thrombozyten abschnüren.

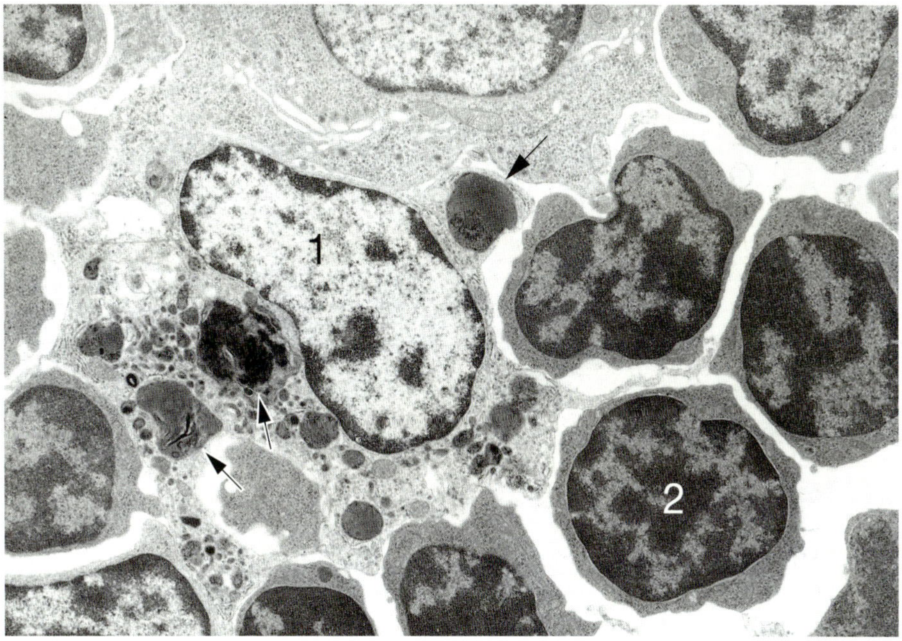

Abb. 4-27 Makrophage (1), umgeben von Normoblasten (2), im Knochenmark einer Ratte. → Erythrozytenbruchstücke in Phagolysosomen des Makrophagen. Vergr. 6530fach.

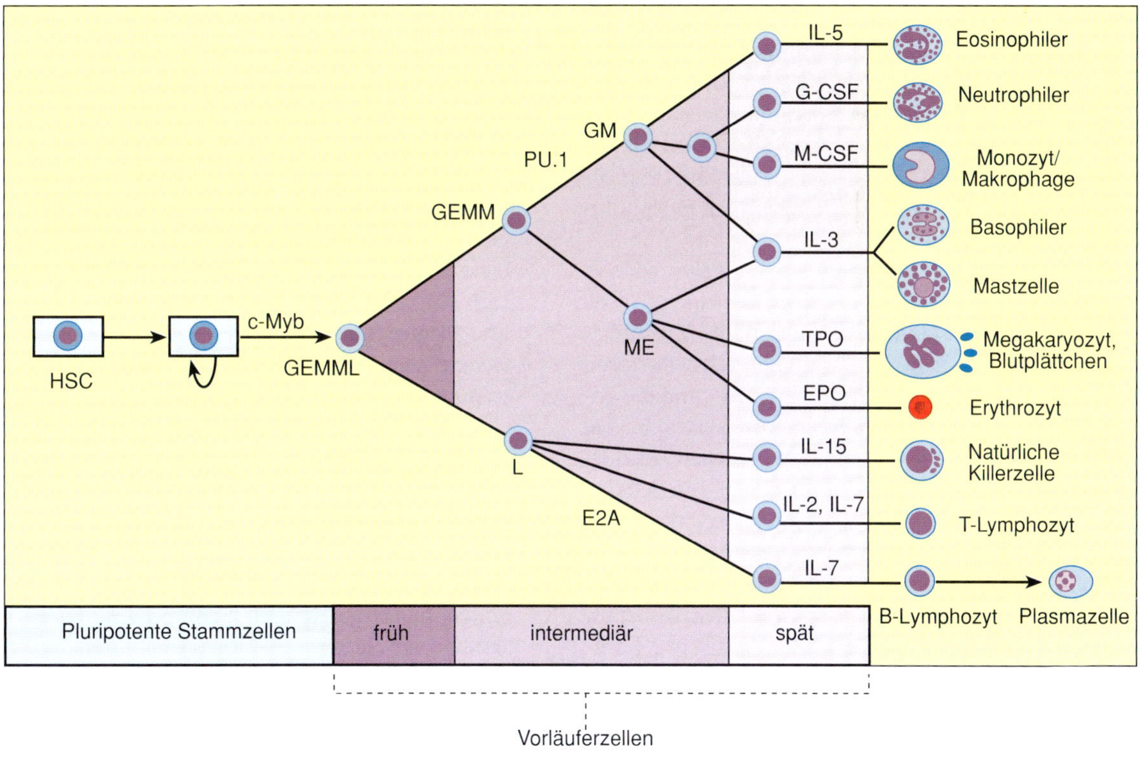

Abb. 4-28 Hämatopoese, schematische Darstellung. Die Entwicklung von den pluripotenten Stammzellen (links im Bild) verläuft über Vorläuferzellen, die in ihren Entwicklungsmöglichkeiten zunehmend eingeengt werden, bis zu den ausgereiften Blutzellen (rechts im Bild). Bei der Teilung der Stammzellen entstehen u. a. auch wieder Stammzellen. **HSC** hämatopoetische Stammzelle; **GEMML** Ursprungszelle für Granulozyten, Erythrozyten, Monozyten, Megakaryozyten und Lymphozyten; **GEMM** Ursprungszelle für Granulo-, Erythro-, Mono- und Megakaryozyten; **L** Ursprungszelle der Lymphozyten und natürliche Killerzelle; **GM** Ursprungszelle der Granulozyten und Monozyten; **ME** Ursprungszelle für Megakaryozyten und Erythrozyten. Die Entwicklung der Blutzellen wird zunächst durch die Expression verschiedener Transkriptionsfaktoren (z. B. c-Myb, PU.1, E2A) gesteuert. Sobald die Entwicklung zu bestimmten Blutzellen festgelegt ist, regulieren Zytokine (Interleukine) und koloniestimulierende Faktoren die weitere Differenzierung (IL-5, G-CSF, M-CSF, IL-3, TPO, EPO, IL-15, IL-2, IL-7).

Pluripotente Stammzellen

Die Bildung der Blutzellen geht auch beim Erwachsenen von einer nicht-determinierten, sog. **pluripotenten hämatopoetischen Stammzelle** (HSC, engl. hematopoietic stem cell) aus. Die Zahl dieser Stammzellen im Knochenmark ist gering, und die meisten von ihnen ruhen. Es gibt Berechnungen, wonach 400–500 aktive Stammzellen für die gesamte Hämatopoese ausreichen würden. Bei Mäusen kann eine einzige hämatopoetische Stammzelle das gesamte System aller Blutzellen wieder aufbauen. Die Stammzellen können nach Stimulation auch im peripheren Blut auftauchen. Stammzellen sind Zellen, die sich sowohl selbst erneuern als auch differenzieren können. Morphologisch handelt es sich um kleine (Durchmesser ca. 12 μm), rundliche Zellen mit unauffälligem, rundlichem Kern, der zwei oder mehr Nukleoli enthält, und schmalem, basophilem Plasmasaum. Sie ähneln also morphologisch in gewisser Hinsicht Lymphozyten.

Aus den Stammzellen gehen **Progenitorzellen** (Vorläuferzellen) hervor. Sie sind schon differenzierte und determinierte Zellen, die jedoch morphologisch zunächst noch nicht unterschieden werden können und strukturell den Stammzellen gleichen. Ihre Differenzierungspotenz schränkt sich dann über verschiedene Entwicklungsschritte zunehmend ein. Daher unterscheidet man frühe, intermediäre und späte Progenitorzellen. Letztere lassen sich zumeist auch morphologisch unterscheiden.

Wesentlich für die Hämatopoese sind Faktoren bzw. hormonähnliche Substanzen, die in geordneter Weise die verschiedenen Linien der Blutzellbildung stimulieren und hemmen. Zu den **stimulierenden Faktoren** gehören v.a. Interleukine (Zytokine, s.o.) und die koloniestimulierenden Faktoren, die von Makrophagen, Endothelzellen, Fibroblasten und T-Zellen gebildet werden (Abb. **4-28**). Die verschiedenen Interleukine und koloniestimulierenden Faktoren beeinflussen in komplexer Weise und in unterschiedlichen Kombinationen synergistisch die Proliferation der verschiedenen Differenzierungsformen der Blutzellen, wobei für Stamm- und Vorläuferzellen jeweils bestimmte Kombinationstypen kennzeichnend sind. Stimulierende Faktoren für spätere Stadien einzelner Zelllinien haben Eigennamen. **Thrombopoetin** (Bildungsstätte Leber und Niere) stimuliert die Blutplättchenbildung, **Erythropoetin** (EPO) treibt die Bildung roter Blutzellen an. Erythropoetin wird wie Thrombopoetin bei Erwachsenen in Leber und vor allem in der Niere gebildet. In der Niere entsteht es im peritubulären Bindegewebe im Grenzbereich zwischen Rinde und Mark.

Neben fördernden gibt es auch **hemmende Faktoren** der Blutzellbildung, z.B. Interferone, Tumornekrosefaktor, Makrophagenproteine. Die Familie der transformierenden Wachstumsfaktoren (TGFβ-Proteinfamilie) kann differenziert hemmende und fördernde Wirkung ausüben.

Ein einfaches Schema gibt einen Überblick über die derzeitigen Kenntnisse von Entwicklung und Differenzierung der Blutzellen (Abb. **4-28**). Ausgangszelle ist die pluripotente Stammzelle. Deren Proliferation wird vom Stammzellfaktor (SCF) angeregt und führt zur Bildung einer Progenitorzelle (GEMML = Progenitorzelle für Granulozyten, Erythrozyten, Megakaryozyten, Monozyten und Lymphozyten) für alle Blutzelltypen. Von dieser Zelle gehen vermutlich zwei große Entwicklungslinien aus:

- zu den 3 Lymphozytenformen (den T- und B-Lymphozyten sowie den natürlichen Killerzellen) und
- zu Erythrozyten, Megakaryozyten, Monozyten und Granulozyten (und den Mastzellen).

Die Beziehungen der Lymphozytenformen untereinander sind noch in vieler Hinsicht ungeklärt.

Granulozyten, Erythrozyten, Monozyten und Megakaryozyten besitzen eine gemeinsame Progenitorzelle (GEMM). Diese Zelle ist Ausgangspunkt für je eine Linie zu Megakaryozyten und Erythrozyten und eine für Monozyten und Granulozyten. Es wird vermutet, dass die Basophilen (und Mastzellen) von diesen beiden Linien ausgehen können. Die Linie zu Megakaryozyten und Erythrozyten trennt sich dann nach Durchlaufen eines weiteren Progenitorzellstadiums. Granulozyten und Monozyten besitzen eine Progenitorzelle (GM), von der aus Eosinophile und Basophile früh eine Eigenentwicklung einschlagen. Monozyten und Neutrophile bleiben vermutlich noch über eine weitere gemeinsame Progenitorzelle verbunden und trennen sich somit erst relativ spät.

Erythropoese

Unter Erythropoese versteht man die Differenzierung der Erythrozyten, der roten Blutzellen. Erythrozyten entstehen wie alle anderen Blutzellen aus den pluripotenten hämatopoetischen Stammzellen. Unter dem Einfluss verschiedener Wachstumsfaktoren und Interleukine entstehen eine Reihe zunehmend spezialisierter Progenitor- und Vorläuferzellen (Abb. **4-29**). Diese differenzieren sich unter dem speziellen Einfluss des **Erythropoetins**.

Die ersten dieser Vorläuferzellen der Erythrozyten sind die **Proerythroblasten** (E1, Abb. **4-26**), rundliche, ca. 15 μm große Zellen mit großem, hellem Kern, der zwei Nukleoli enthält, und zunehmend basophilem Zytoplasma. Sie teilen sich, es entstehen **basophile Erythroblasten** (E2). Diese besitzen ein stark basophiles Zytoplasma und einen etwas kleineren Kern mit etwas vermehrtem Heterochromatin. Elektronen-

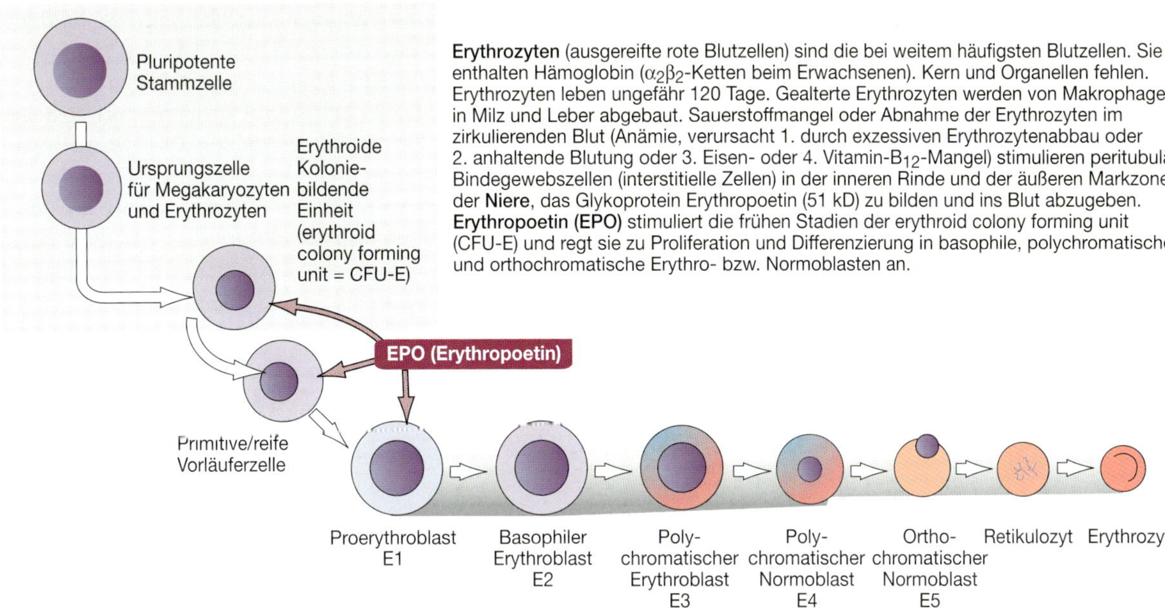

Erythrozyten (ausgereifte rote Blutzellen) sind die bei weitem häufigsten Blutzellen. Sie enthalten Hämoglobin ($\alpha_2\beta_2$-Ketten beim Erwachsenen). Kern und Organellen fehlen. Erythrozyten leben ungefähr 120 Tage. Gealterte Erythrozyten werden von Makrophagen in Milz und Leber abgebaut. Sauerstoffmangel oder Abnahme der Erythrozyten im zirkulierenden Blut (Anämie, verursacht 1. durch exzessiven Erythrozytenabbau oder 2. anhaltende Blutung oder 3. Eisen- oder 4. Vitamin-B_{12}-Mangel) stimulieren peritubuläre Bindegewebszellen (interstitielle Zellen) in der inneren Rinde und der äußeren Markzone der **Niere**, das Glykoprotein Erythropoetin (51 kD) zu bilden und ins Blut abzugeben. **Erythropoetin (EPO)** stimuliert die frühen Stadien der erythroid colony forming unit (CFU-E) und regt sie zu Proliferation und Differenzierung in basophile, polychromatische und orthochromatische Erythro- bzw. Normoblasten an.

Der **Proerythroblast (E1)** ist das erste Stadium des Entwicklungswegs (lineage) der roten Blutzellen, das im Präparat erkannt werden kann. Von diesem Stadium an dauert die Erythropoese ca. 8 Tage. Ab E5 teilen sich die Zellen nicht mehr. Proerythroblasten gehen aus einer reifen Vorläuferzelle hervor, die durch **Erythropoetin** stimuliert wurde. Sie sind groß, basophil (tiefblau) und besitzen einen großen, relativ hellen Kern mit zwei deutlichen **Nukleoli**. Die **Basophilie** beruht auf zahlreichen Polyribosomen, die mit der Hämoglobinsynthese beginnen. Die Zellen der folgenden Stadien werden zunehmend kleiner, der Kern wird dichter, die Organellen bilden sich zurück und das Zytoplasma nimmt schließlich (ab E5) rote Farbe an, die darauf beruht, dass das Zytoplasma fast ausschließlich Hämoglobin enthält. Die **polychromatisch** genannten Stadien besitzen blaurote Mischfarben. Am Ende des Stadiums E5 wird der dichte Kern ausgestoßen. Der Retikulozyt enthält noch Reste von Polyribosomen, die im Zytoplasma als feines Netzwerk z. B. mit Brillantkresylblau sichtbar gemacht werden können.

Abb. 4-29 Erythropoese. (Aus [12])

mikroskopisch enthalten sie zahllose freie Ribosomen (noch kein RER) und auch schon erste Hämoglobinpartikel im Zytoplasma.

Aus ihnen entstehen die kleineren **polychromatischen Erythroblasten** (E3), deren nukleolusloser Kern vermehrt Heterochromatin enthält und in deren Zytoplasma die Hämoglobinmenge zunimmt, was im gefärbten Ausstrichpräparat zu wechselnder Färbung, die von blaugrau bis zu olivgrün reicht, führt. Aus den polychromatischen Erythroblasten entstehen **polychromatische Normoblasten** (E4). Diese Zellen teilen sich noch einmal, und es entstehen **orthochromatische Normoblasten** (E5), die sich dann nicht mehr teilen, sondern nur noch ausdifferenzieren. Das Zytoplasma wird immer hämoglobinreicher, was sich an zunehmender Eosinophilie (Rotfärbung) ablesen lässt. Der Kern wird kleiner und immer dichter (Abb. **4-26, 4-30**); helles Euchromatin verschwindet völlig, ebenso alle Zellorganellen (Abb. **4-27**). Das gesamte Zytoplasma ist schließlich weitgehend mit Hämoglobin gefüllt. Der Kern wird ausgestoßen, womit der fast ausgereifte, kernlose **Erythrozyt** entstanden ist.

Die ganz jungen Erythrozyten, die für 2–3 Tage im Knochenmark verbleiben, enthalten noch Ribosomenaggregate, die mit Brillant-Kresylblau als feines

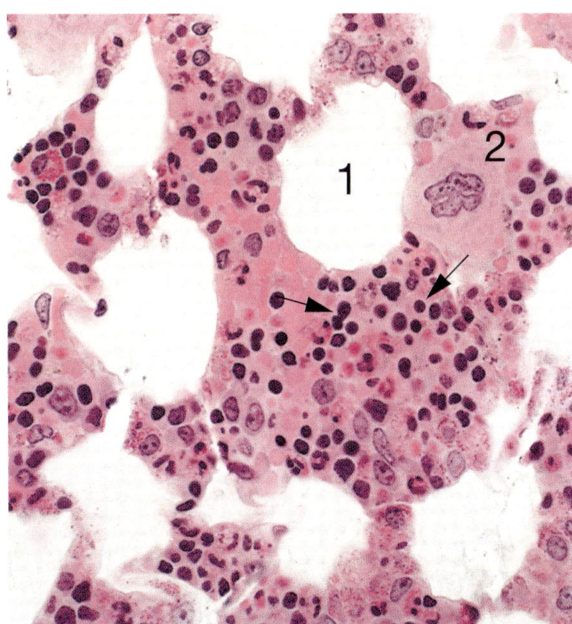

Abb. 4-30 Rotes Knochenmark mit unterschiedlich gestalteten Zellen (Maus). **1** Fettzellen; **2** Megakaryozyt; **➔** Stadien der Erythropoese (Normoblasten mit dichtem, rundem Kern). Retikulumfasern sind hier nicht angefärbt. Plastikschnitt; Färbung: H. E.; Vergr. 450fach.

Netzwerk erkannt werden können; solche Zellen heißen **Retikulozyten** und sind oft nach Blutverlust vermehrt.

Granulopoese

Unter Granulopoese versteht man die Differenzierung der Granulozyten. Diese leiten sich auch von den pluripotenten hämatopoetischen Stammzellen ab. Die drei Granulozytentypen durchlaufen morphologisch ähnliche Differenzierungsstufen (Abb. **4-31**). Die ersten Vorläuferzellen sind die **Myeloblasten**. Diese sind ca. 15 µm große Zellen mit großem, relativ hellem Kern, der viele Nukleoli enthält. Das Zytoplasma ist mäßig basophil und enthält noch keine Granula.

Sie teilen sich, und es entstehen relativ große (ca. 25 µm im Durchmesser) **Promyelozyten**, die in ihrem stark basophilen Zytoplasma azurophile Granula ent-

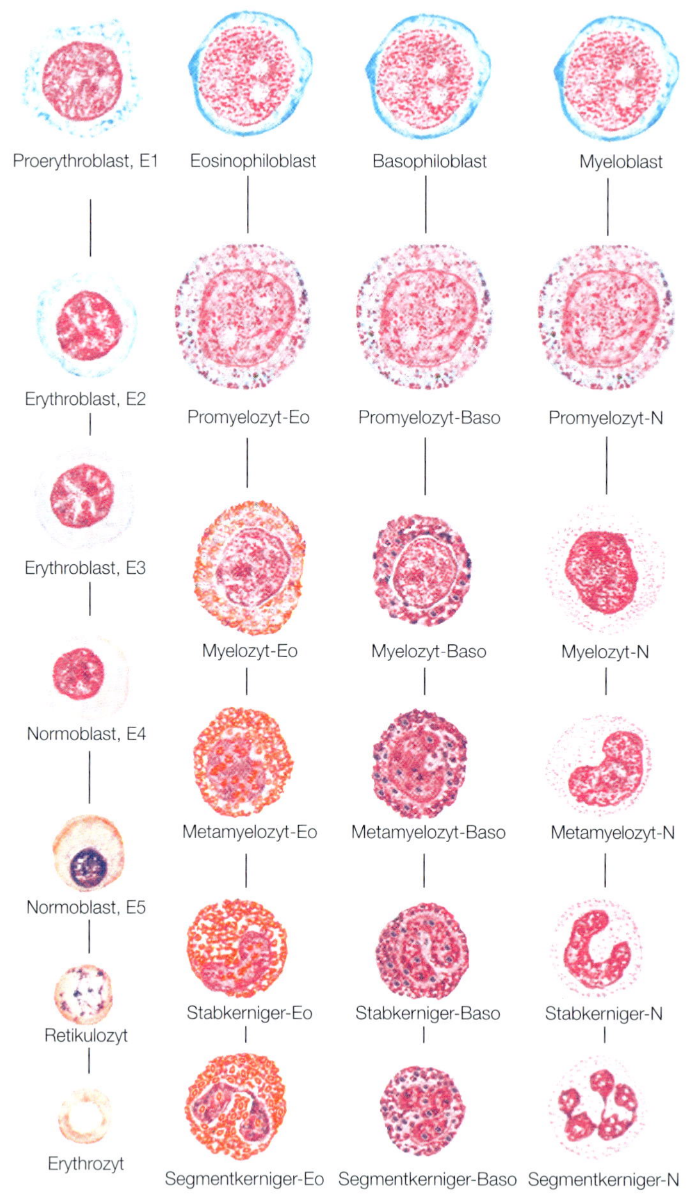

Abb. 4-31 Übersicht über die Vorläuferzellen der Granulozyten, Monozyten, Erythrozyten und Thrombozyten, die im Knochenmarksausstrich mit der Pappenheim-Färbung differenziert werden können. Die Ausgangsformen aller Granulozyten werden oft Myeloblasten genannt (neutrophiler, basophiler, eosinophiler Myeloblast). Die Ausgangsformen der Eosinophilen und Basophilen werden auch Eosinophiloblast und Basophiloblast genannt. (Aus [4])

halten. Der Kern ist eingekerbt und enthält v.a. zum Rand hin vermehrt Heterochromatin.

Sie teilen sich ein- oder zweimal, wobei sie kleiner werden und dann **späte Promyelozyten** genannt werden. Diese besitzen einen heterochromatinreichen Kern, die Zahl der azurophilen Granula nimmt etwas ab. Bis hierher sind die Entwicklungswege der Neutrophilen, Eosinophilen und Basophilen morphologisch nicht zu unterscheiden. Dies ist erst möglich, wenn die jeweils spezifischen Granula entstehen, was mit dem nächsten Differenzierungsstadium, dem **Myelozyten**, der Fall ist. Bei der weiteren Differenzierung müssen also neutrophile, eosinophile und basophile Myelozyten unterschieden werden. Sie können vor allem an ihren spezifischen Sekundärgranula erkannt werden.

Neutrophile Myelozyten Neutrophile Myelozyten sind kleiner als die Promyelozyten, ihr Kern ist heterochromatinreicher, und im Zytoplasma tauchen neben den azurophilen Granula die spezifischen Granula auf (siehe S. 212). Die azurophilen Granula sind spezielle Lysosomen (die u.a. Peroxidase enthalten) und im Elektronenmikroskop relativ dicht erscheinen. Die spezifischen Granula dagegen enthalten u.a. alkalische Phosphatase und Lysozym und sind im Elektronenmikroskop von mittlerer Dichte und länglich.

Die neutrophilen Myelozyten teilen sich nicht mehr, sondern differenzieren sich nur noch aus. Im **Metamyelozyten** sind die Kerne nierenförmig, die Zahl der spezifischen Granula nimmt zu, die der azurophilen nimmt ab. Der Kern verdichtet sich weiter und nimmt längliche Gestalt an, es entstehen die **Stabkernigen**. Diese wandeln sich zu den reifen **segmentkernigen Neutrophilen** um (siehe S. 211), deren Kern 3–4 Segmente aufweist (Abb. **4-7**, **4-8**).

Die Entwicklung der Neutrophilen dauert ca. 10 Tage, ihre Lebenszeit im Blut beträgt i. Allg. nur 6–8 h. Im Knochenmark verbleibt stets eine große Reserve an Metamyelozyten, Stabkernigen und reifen Neutrophilen, die bei Bedarf, z.B. einer bakteriellen Infektion, rasch mobilisiert werden.

Eosinophile Myelozyten In den eosinophilen Myelozyten tauchen neben den azurophilen Granula die spezifischen, großen, eosinophilen Granula auf. Typische Stabkernige fehlen in der Entwicklung der Eosinophilen. In den Metamyelozyten nehmen die spezifischen Granula die typische Morphologie mit dem kristallinen Kern an. In den reifen Eosinophilen ist der Kern meist zwei-, seltener dreilappig.

Basophile Myelozyten Die basophilen Myelozyten sind nur selten zu finden. Die großen spezifischen Granula sind metachromatisch. In den ausgereiften Basophilen ist der Kern zumeist rundlich kompakt oder zweilappig. Es gibt eine Hypothese, der zufolge sich aus den Basophilen unter dem Einfluss von Interleukin-3 und -4 Mastzellen entwickeln können.

Lymphopoese

Auch die Lymphozyten besitzen eine Stammzelle im Knochenmark. Die Progenitorzellen sind morphologisch kaum zu unterscheiden. Verschiedene Interleukine regulieren die Differenzierung zu B- und T-Lymphozyten sowie zu den natürlichen Killerzellen (Abb. **4-28**).

Die T-Lymphozyten verlassen auf einer frühen Differenzierungsstufe das Knochenmark und besiedeln als Pro-T-Lymphozyten die Thymusrinde, wo die weitere Entwicklung erfolgt. Reife T-Lymphozyten befinden sich dann im Thymusmark, von wo aus sie ins Blut übertreten.

Die B-Lymphozyten entwickeln sich über mehrere Differenzierungsstufen lebenslang im Knochenmark bis zu einem fast reifen Stadium mit Oberflächen-Immunglobulinen (sIg+). Bis zu diesem Stadium erfolgt die B-Zell-Differenzierung ohne Einfluss von Antigenen. Nach Verlassen des Knochenmarks besiedeln die B-Lymphozyten die Follikel der sekundären lymphatischen Organe (Lymphknoten, Milz, Tonsillen, Peyer-Plaques), wo sie sich unter dem Einfluss von Antigenen weiter differenzieren. Dieser Einfluss hat ständige Veränderung der Immunglobulingene – ein Prozess, der „somatische Mutation" genannt wird – zur Folge.

Die natürlichen Killerzellen differenzieren sich wahrscheinlich nicht nur im Knochenmark, sondern auch im Thymus.

Monopoese

Auch die **Monozyten** leiten sich von den Blutstammzellen her. Sie entwickeln sich anfangs gemeinsam mit den Granulozyten. Über Monoblasten und Promonozyten entstehen Monozyten. Die Entwicklung der Monozyten ab der Stammzelle dauert nur gut zwei Tage. Sie bleiben nur ca. 12–24 h im Blut und wandern dann ins Bindegewebe ein. Hier differenzieren sie sich unter Vermehrung der Lysosomen vor allem zu **Makrophagen** (siehe Kap. 3.2.3).

Thrombopoese

Mit dem Begriff Thrombopoese wird die Entstehung der **Blutplättchen** (Thrombozyten) bezeichnet. Die Blutplättchen bei Säugetieren und Mensch sind kleine, kernlose Zytoplasmastrukturen, die durch Abschnürungsprozesse aus den **Megakaryozyten** entstehen (Abb. **4-32**). Von diesen großen Zellen gehen

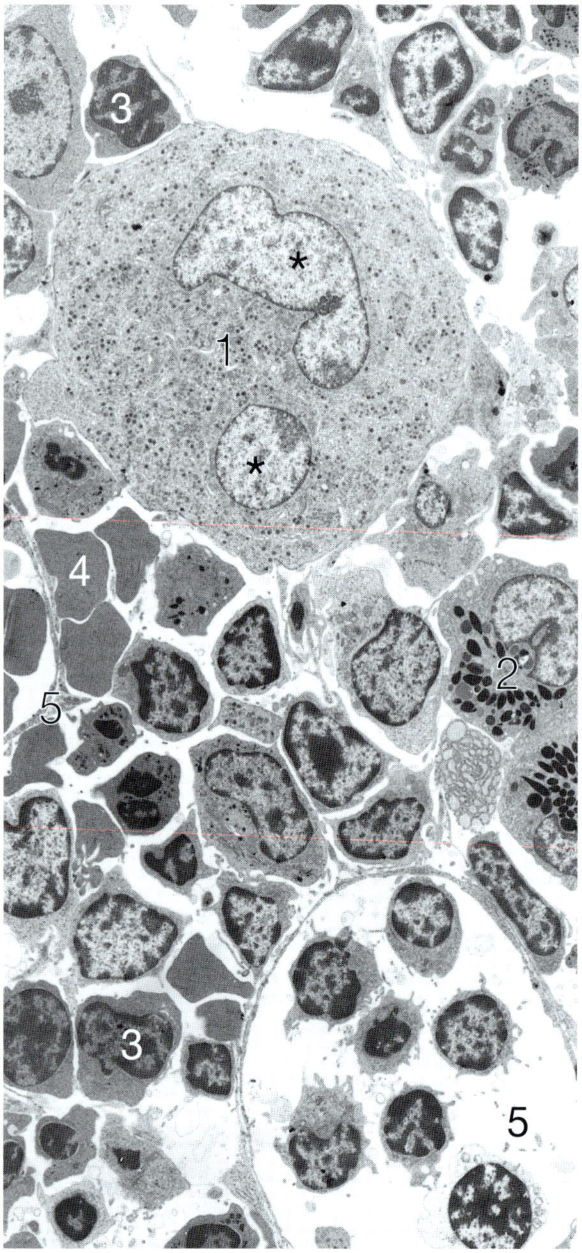

Abb. 4-32 Rotes Knochenmark im elektronenmikroskopischen Präparat (Ratte). **1** Megakaryozyt mit stark gelapptem Kern, der zweimal (✻) angeschnitten ist; aus dem Megakaryozyten gehen durch Abschnürung peripherer Zytoplasmateile die Thrombozyten hervor; **2** unreife eosinophile Granulozyten; **3** noch kernhaltige Zellen der Erythropoese; **4** weitgehend ausgereifte Erythrozyten ohne Kern; **5** Knochenmarksinus mit dünnem Epithel; im Lumen des Sinus Lymphozyten. Vergr. 2840fach. (Aus [1])

Fortsätze aus, die bis in das Lumen der Blutsinus reichen und von denen sich die Blutplättchen ablösen (Abb. **4-24**). Die Megakaryozyten entstehen unter Einfluss stimulierender Faktoren innerhalb von ca. 10 Tagen aus den hämatopoetischen Stammzellen. Die Thrombozytenbildung erfolgt unter dem Einfluss des Thrombopoetins, das in Leber und Niere gebildet wird und dessen Rezeptor (Mpl) auf der Membran der Megakaryozyten sitzt.

Megakaryozyten Megakaryozyten sind auffällige, 50–70 (gelegentlich bis 150) µm große Zellen im Knochenmark, die zumeist in Nähe der Sinus liegen (Abb. **4-32**). Der große Kern ist variabel gestaltet und bildet Lappen und Segmente aus (Abb. **4-30, 4-33**). Die Kerne reifer Megakaryozyten sind polyploid und enthalten 8, 16 oder noch mehr Chromosomensätze. Die Vermehrung der Chromosomen erfolgt durch eine Serie von **Endomitosen**, bei der der Kern größer wird, sich aber nicht teilt, auch die Zellteilung unterbleibt. Folgende Ploidiezahlen wurden ermittelt: 4n: 1,6% der Zellen, 8n: 10%, 16n: 71,2%, 32n: 17%, 64n: 0,1%. Je höher die Ploidiezahl, desto größer sind Zelle und Kern. Bei jeder Endomitose verdoppeln sich auch die Zentriolen. Nur die ausgereiften Megakaryozyten bilden Blutplättchen, und zwar in einer Anzahl von 4000–8000.

Durch sog. Demarkationskanäle werden weite Bereiche des Zytoplasmas der reifen Megakaryozyten in kleine Bezirke unterteilt, in deren Zentrum Granula (Abb. **4-34**) und wenige Organellen liegen und die Vorformen der Blutplättchen entsprechen. Diese De-

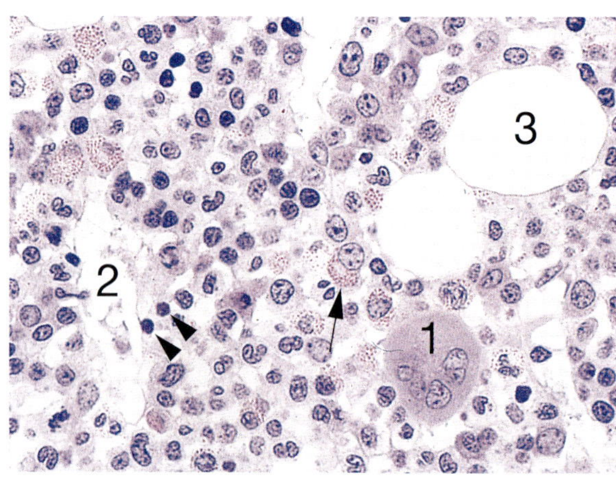

Abb. 4-33 Blutzellen bildendes Knochenmark (Mensch). Megakaryozyten (**1**) mit unregelmäßig gelappten, polyploiden Kernen. ▶ Normoblasten; ➔ eosinophiler Myelozyt; **2** Sinus; **3** Fettzelle. Die Giemsa-Färbung stellt die Kernstruktur besonders klar dar und wird deswegen in der hämatologischen Routinediagnostik verwendet. Vergr. 500fach. (Aus [1])

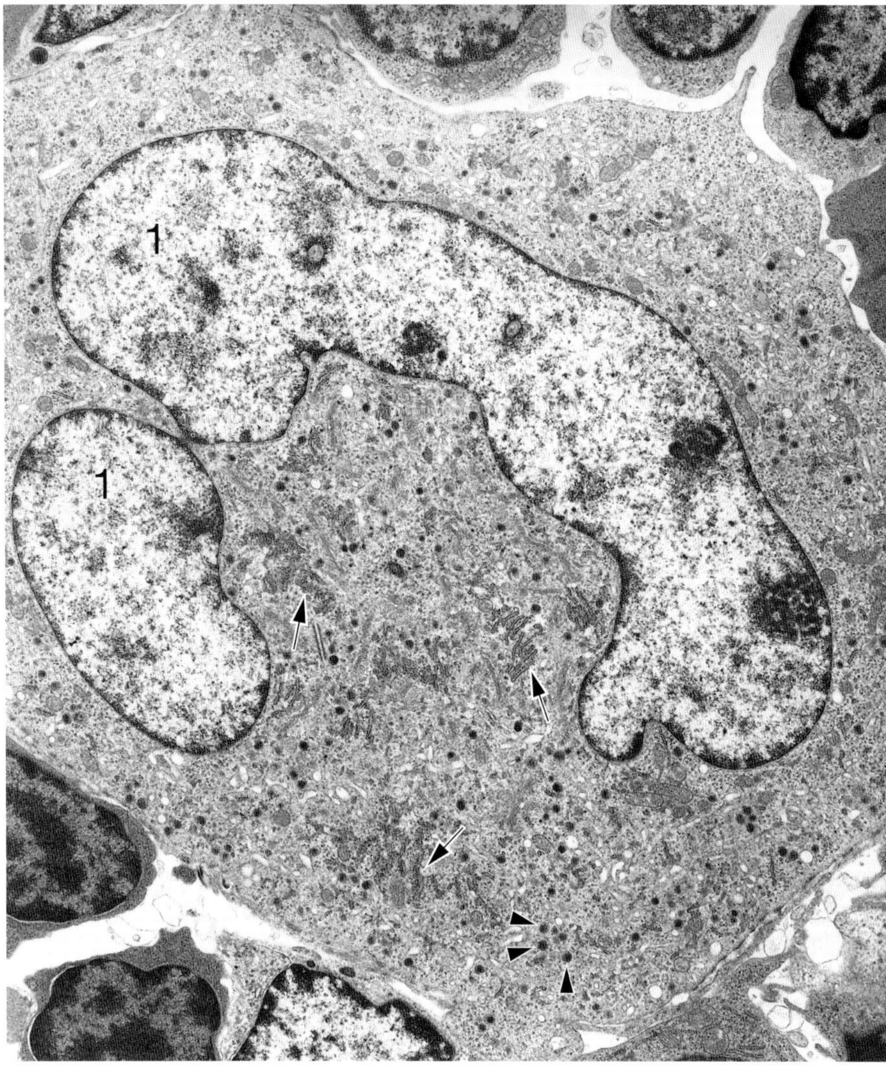

Abb. 4-34 Ultrastruktur eines Megakaryozyten im Knochenmark (Ratte). Der große Kern (**1**) ist zweimal getroffen. Beachte die zytoplasmatischen Granula (▶) und die Felder mit rauem ER (➔). Vergr. 6530fach.

markationskanäle entstehen nach verbreiteter Auffassung durch Verschmelzung intrazytoplasmatischer Vesikel, wodurch zunächst schlauchförmige und dann dreidimensionale Strukturen entstehen, die die zukünftigen Thrombozyten abgrenzen. Einer anderen Auffassung zufolge entstehen die Demarkationskanäle durch tiefe spaltenförmige Einsenkungen der Zellmembran.

Fortsätze, die viele solcher Plasmabezirke enthalten, erstrecken sich in das Lumen der Blutsinus. Hier zerfallen die Fortsätze und setzen so die Plättchen frei. Aus einem solchen Fortsatz entstehen bis zu 1200 Blutplättchen. Ein Megakaryozyt bildet in seinem Leben bis zu sechs solcher Fortsätze. Danach gehen die Megakaryozyten wahrscheinlich zugrunde. Vermutlich können sich die Blutplättchen auch ohne Fortsatzbildung aus der Zellperipherie ablösen, nachdem zuvor im peripheren Zytoplasma zahlreiche kleine Zytoplasmabezirke durch feine Kanäle demarkiert wurden. Nicht selten treten ganze Megakaryozyten ins Blut über, bleiben dann aber im Kapillarsystem der Lunge hängen und zerfallen hier.

5 Kreislauforgane und Lymphgefäße

Zur Orientierung

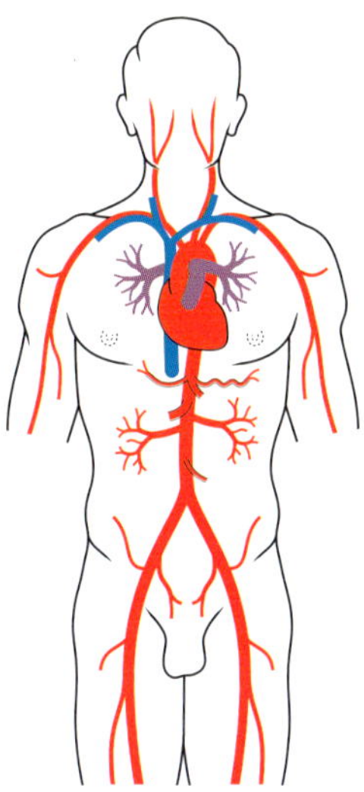

Die Zellen aller Organe sind einerseits auf stetige Zufuhr von Nährstoffen und andererseits auf ständigen Abfluss von Stoffwechselendprodukten angewiesen. Beide Aufgaben übernimmt das Kreislaufsystem. Es besteht aus einem geschlossenen komplexen System aus Blutgefäßen, in deren Verlauf eine Doppelpumpe, das Herz, eingeschaltet ist. Das Herz sorgt dafür, dass das Blut unidirektional gerichtet strömt. Das Blut fließt im Lumen der Blutgefäße und des Herzens und besteht aus Blutzellen und Blutflüssigkeit (siehe Kap. 4). In der Blutflüssigkeit sind Nährstoffe, Abfallstoffe des Stoffwechsels, Hormone, Proteine, Signalmoleküle des Immunsystems, Vitamine, Elektrolyte und auch Gase gelöst. Für all diese Substanzen und Blutzellen ist das Blut das Transportmittel, und die Blutgefäße sind der Transportweg.

Die Blutflüssigkeit ist ein Teil der gesamten Körperflüssigkeit, die sich insgesamt auf den Intrazellulärraum (enthält ca. 28 l bei einem 70 kg schweren Erwachsenen) und den Extrazellulärraum (ca. 18 l) verteilt. Die Blutflüssigkeit ist mit 3,6 l bei Frauen und 4,5 l bei Männern ein Teil der Extrazellulärflüssigkeit, zu der auch mit ca. 3 l die Lymphe und mit ca. 11 l die interstitielle Flüssigkeit (die Flüssigkeit zwischen den Zellen und in der Bindegewebsmatrix) gehören. Im Alter nimmt die Menge an Körperflüssigkeit generell ab.

Das Kreislaufsystem ist ein geschlossenes Röhrensystem, das aus zwei miteinander verbundenen Abteilungen besteht, an deren Schnittstelle das Herz liegt:

- dem kleinen Kreislauf (**Lungenkreislauf**), dessen Hauptfunktion zunächst darin besteht, das sauerstoffarme Blut aus der rechten Herzkammer in die Lunge zu leiten. Dort wird es mit Sauerstoff beladen (= oxygeniert), und dann wird das oxygenierte Blut wieder dem linken Herzen und somit den übrigen Organen zugeführt,
- dem großen (systemischen) Kreislauf (**Körperkreislauf**), der das sauerstoffreiche („arterialisierte", „arterielle") Blut aus der linken Herzkammer allen anderen Organen zuführt. Das sauerstoffarme („venöse") Blut wird aus ihnen gesammelt und in das rechte Herz zurückgeleitet.

Das Herz pumpt das Blut sowohl im großen wie auch im kleinen Kreislauf in die Arterien, die das Blut verteilen, sich sukzessiv verzweigen und dabei zunehmend enger werden. In den Arterien des großen Kreislaufs herrscht ein relativ hoher Druck (Hochdrucksystem). Die Endabschnitte der Arterien gehen in das Netzwerk der Blutkapillaren über, in deren Bereich der Stoffaustausch mit dem Gewebe stattfindet. Für diesen Stoffaustausch stehen hier ca. 1000 m^2 zur Verfügung.

Diesen Stoffaustausch zu ermöglichen ist die primäre Funktion des Kreislaufs, womit den Kapillaren eine zentrale und vielseitige Funktion zukommt. Das Blut sammelt sich dann in zunehmend größeren Venen, die das Blut zum Herzen zurückbringen. Die Venen haben ein großes Fassungsvolumen (Blutreservoir), in ihnen herrscht ein relativ niedriger Druck (Niederdrucksystem). Im Lungenkreislauf herrscht generell ein verhältnismäßig niedriger Blutdruck, so dass er funktionell oft dem Niederdrucksystem zugerechnet wird.

Das **Lymphgefäßsystem** ist kein Kreislaufsystem, sondern ein Drainagesystem, das mit blind endigenden Lymphkapillaren beginnt, die die interstitielle Flüssigkeit aufnehmen und sich zu zunehmend größeren Lymphgefäßen vereinigen, die die Lymphe dem Venensystem zuführen. In den Verlauf der Lymphgefäße sind die Lymphknoten eingeschaltet. Lymphgefäße und Venen gehören funktionell und in praktisch medizinischer Sicht (z.B. bei vielen Ödemen) eng zusammen.

5.1 Blutgefäße

Das Blutgefäßsystem besteht aus Arterien, Blutkapillaren und Venen. Definitionsgemäß sind Arterien die Blutgefäße, die Blut vom Herzen wegleiten, und Venen die Gefäße, die dem Herzen Blut zuführen. Arterien und Venen sind über die Blutkapillaren miteinander verbunden. Das Nervensystem und eine Reihe hormonaler Faktoren wirken auf die Gefäßwände ein und sind an der Regulation des Blutflusses beteiligt. Die wichtigsten Baumaterialien der Blutgefäße sind:

- eine Innenschicht aus einem dünnen Plattenepithel, dem Endothel,
- Kollagenfasern,
- elastische Fasern,
- Proteoglykane und
- glatte Muskelzellen.

Das Gefäßsystem ist ein Leben lang erheblichem mechanischem Stress ausgesetzt. Die Anforderungen an seine Leistungskraft wechseln im Laufe eines Tages ständig. Es ist daher nicht verwunderlich, dass die Wände der Blutgefäße älterer Menschen sehr oft Zeichen degenerativer Veränderungen zeigen, was zu Funktionseinbußen führt.

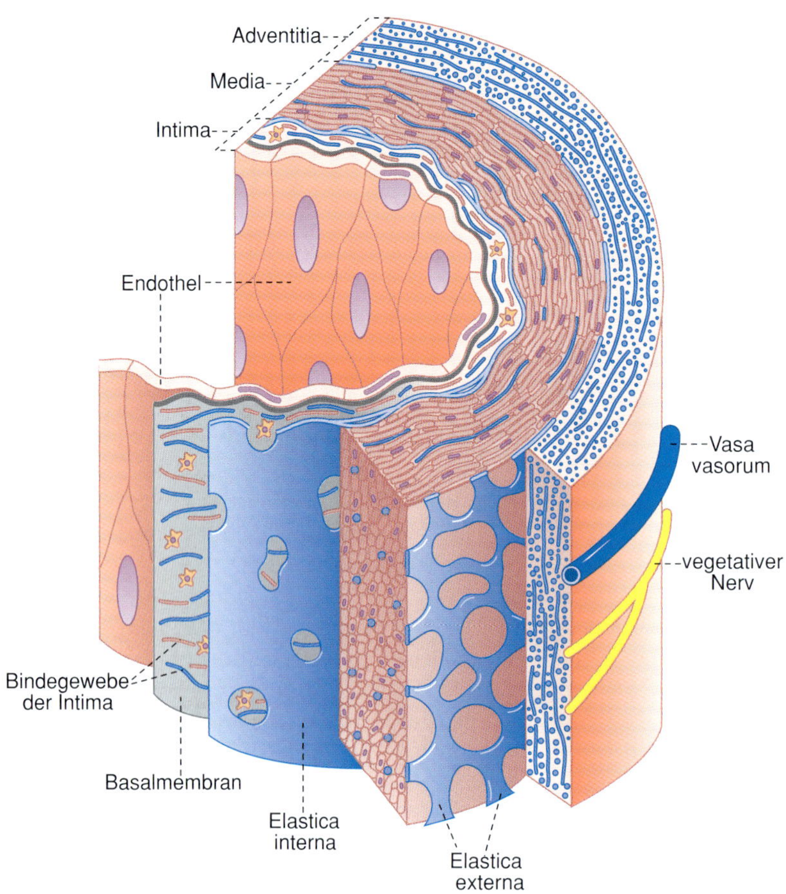

Abb. 5-1 Wandaufbau der Arterie. Schematische Darstellung einer Arterie vom muskulären Typ.

Die Flussgeschwindigkeit beträgt in den großen Arterien in Herznähe 30 cm/s, in Kapillaren 0,02 bis 0,1 cm/s und in größeren Venen 4–6 cm/s. Diese unterschiedlichen Flussgeschwindigkeiten beruhen auf dem unterschiedlichen Gesamtquerschnitt der einzelnen Gefäßregionen. Der Gesamtquerschnitt der Aorta beträgt ca. 5,3 cm^2, der der großen Arterien ca. 20 cm^2, der der Arteriolen ca. 500–700 cm^2, der der Blutkapillaren ca. 3500 cm^2, der der Venolen ca. 2600 cm^2 und der der großen Venen ca. 40 cm^2.

5.1.1 Arterien

Arterien sind die Gefäße, die das Blut vom Herzen wegführen. Im kleinen Kreislauf führen sie sauerstoffarmes, im großen Kreislauf sauerstoffreiches Blut.

Grundzüge des Wandaufbaus der Arterien

Die Wand einer Arterie besteht im Prinzip aus drei konzentrischen Schichten (Abb. 5-1):

- der innen gelegenen **Tunica intima** (Intima), deren Hauptbestandteile das an das Lumen grenzende Endothel sowie eine zarte subendotheliale Bindegewebsschicht und die Elastica interna sind,
- der in der Wandmitte gelegenen **Tunica media** (Media), die vor allem aus überwiegend zirkulär angeordneten glatten Muskelzellen und Bindegewebsfasern besteht,
- der außen gelegenen **Tunica adventitia** (Adventitia, Tunica externa), die überwiegend aus längs verlaufenden Kollagenfibrillen, zahlreichen elastischen Fasern sowie Fibroblasten besteht und die ohne scharfe Grenze in das benachbarte lockere Bindegewebe übergeht.

Die zur Intima zählende **Elastica interna** besteht aus ein oder z. T. zwei kräftigen elastischen Membranen; markiert die Grenze zwischen Intima und Media und ist am besten in mittelgroßen Arterien ausgebildet. An der Grenze zwischen Media und Adventitia ist in vielen Arterien eine weniger klar ausgeprägte **Elastica externa** ausgebildet.

Ein wesentliches Merkmal der **Endothelzellen** sind zahlreiche glattwandige Transzytosevesikel. Im Zyto-

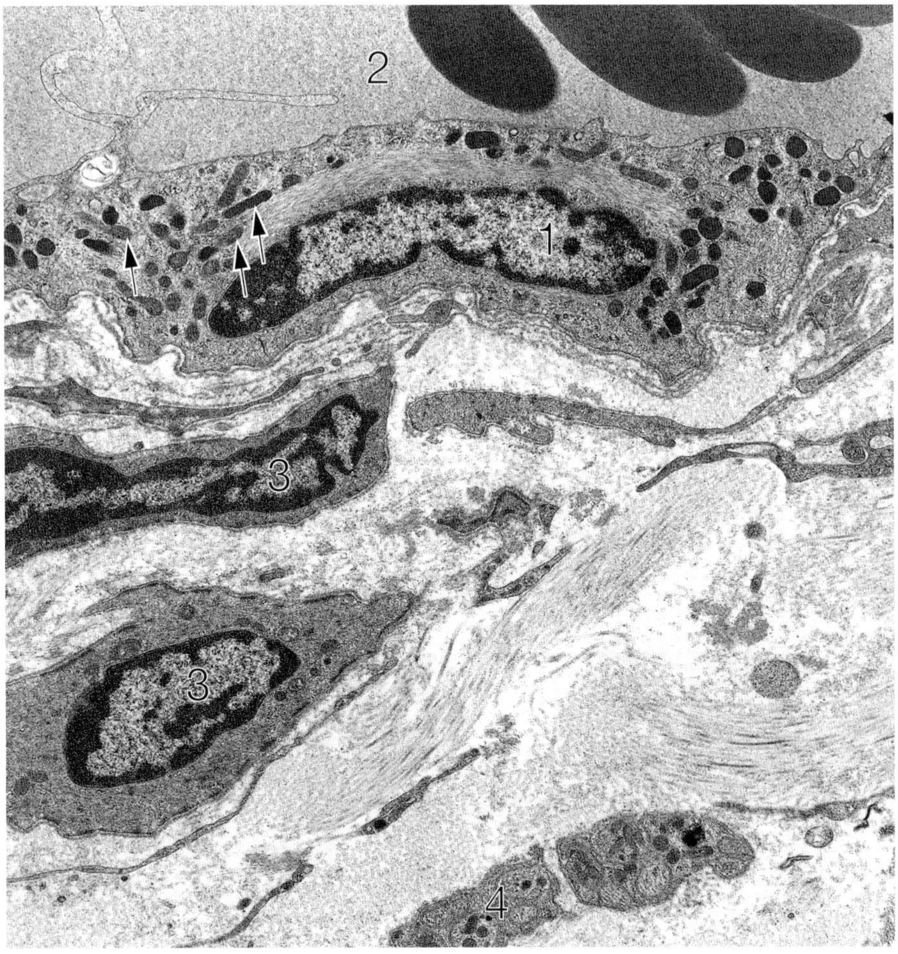

Abb. 5-2 Endothelzelle (1) einer Vene mit Weibel-Palade-Körpern (→) im elektronenmikroskopischen Präparat (Mensch). **2** Lumen des Gefäßes mit Erythrozyten; **3** glatte Muskelzellen; **4** vegetativer Nerv. Vergr. 12 000fach.

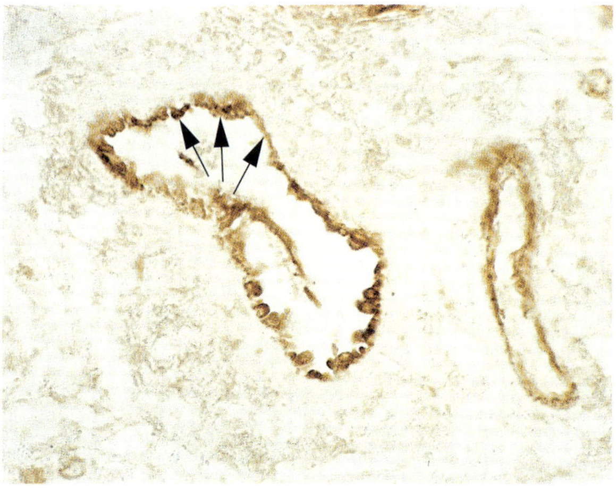

Abb. 5-3 von-Willebrand-Faktor (→) im Endothel zweier kleiner Venen (links mit Venenklappe) in der Wand der Trachea (Ratte). Immunhistochemischer Nachweis (Braunfärbung); Vergr. 450fach.

plasma vieler Endothelzellen von Arterien und Venen kommen **Weibel-Palade-Körper** vor (längliche Granula mit tubulären Binnenstrukturen, Abb. 5-2), die den **von-Willebrand-Faktor** enthalten. Dieser Faktor ist ein heterogenes multimeres Plasmaglykoprotein, das in allen Endothelien (Abb. 5-3) und Megakaryozyten gebildet, aber offenbar nicht immer in Granula gespeichert wird. Der von-Willebrand-Faktor transportiert im Blutplasma Faktor VIII und spielt eine wichtige Rolle bei der Aggregation von Blutplättchen und dem Verschluss einer Verletzungsstelle (siehe S. 224). Der Faktor fehlt bei der angeborenen von-Willebrand-Krankheit, die durch lange Koagulationszeit und lange Blutung nach Verletzungen gekennzeichnet ist.

Arterientypen

Arterien lassen sich aufgrund von Unterschieden der Funktion, der Größe und der Media drei großen Gruppen zuordnen:

- den großen, dem Herzen entspringenden, elastischen Arterien (conducting arteries),
- muskulären Arterien (distributing arteries) und
- Arteriolen.

Arterien vom elastischen Typ

Die großen Arterien vom elastischen Typ besitzen zahlreiche mit Lücken versehene Elastinlamellen in ihrer Wand (Abb. 5-4). Sie werden während der Systole des Herzens gedehnt. In der Diastole, also der Phase zwischen zwei Systolen, helfen die Rückstellkräfte des Elastins, das Blut gleichmäßig weiterzubefördern, so dass es zu keiner Unterbrechung des Blutflusses kommt (**Windkesselfunktion**). Ohne diesen Windkessel würde das Blut während der Diastole der Herzaktion zumindest verlangsamt, wenn nicht sogar zum Stillstand kommen. Dies ist physiologisch nachteilig, da Unregelmäßigkeiten im Blutfluss u. a. die Bildung von Blutgerinnseln fördern.

Das Gewebe der Wand der elastischen Arterien wird sowohl vom Lumen her ernährt als auch von eigenen kleinen Gefäßen, die von außen an die Arterienwand herantreten (Vasa vasorum). Letztere versorgen zumindest die äußere Hälfte der Arterienwand.

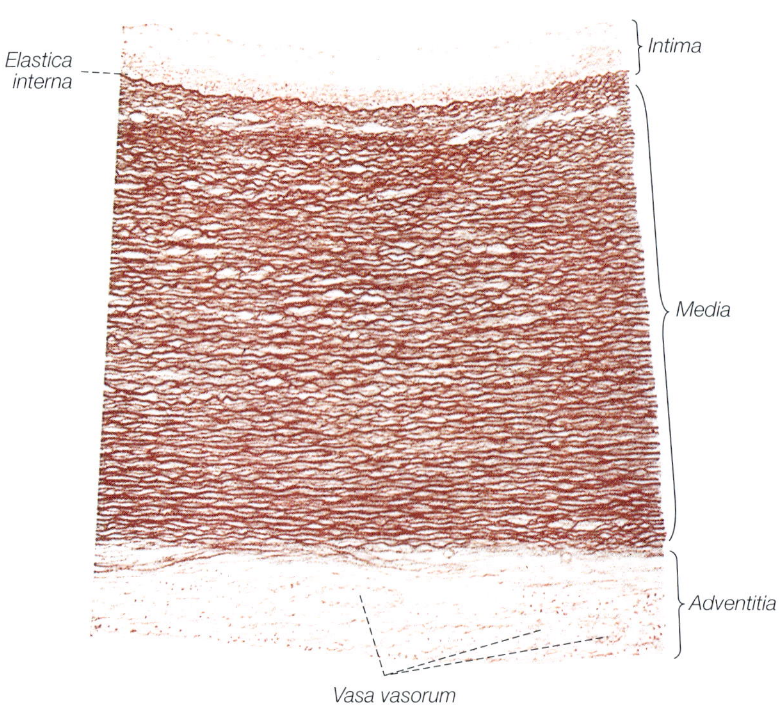

Abb. 5-4 Arterie vom elastischen Typ. Ausschnitt aus der Wand der Aorta thoracica (Mensch), mit einer Elastika-Färbung gefärbt. Intima, Media und die äußere, bindegewebige Adventitia sind gegeneinander abgrenzbar. Die Ausbildung der Elastica interna und Elastica externa ist weniger deutlich als bei Arterien vom muskulären Typ, da die gesamte Media dicht gepackt elastische Lamellen enthält. Die glatten Muskelzellen innerhalb der Media sind hier nicht gefärbt. Färbung: Orcein; Vergr. 60fach. (Aus [1])

Vorkommen Aorta, Anfangsabschnitt der A. pulmonalis, A. brachiocephalica, A. subclavia, A. iliaca communis.

▭ Wandaufbau

Intima Die Intima der elastischen Arterien besteht aus dem Endothel, dessen Basallamina und einer schmalen Schicht lockeren Bindegewebes mit Fibrozyten, einzelnen glatten Muskelzellen und dünnen Kollagenfasern sowie einzelnen zarten elastischen Fasern mit einem hohen Anteil an Mikrofibrillen (Abb. 5-5). Eine Elastica interna ist oft nur schwer von den anderen ähnlich dicken elastischen Membranen der Media abzugrenzen, sie ist die innerste dieser Membranen.

Oft ist die Intima infolge pathologischer Prozesse verändert und kann z.B. lipidbeladene Makrophagen enthalten. Die Endothelzellen (bis zu 50 µm lang, 10–15 µm weit, Längsachse parallel zur Längsachse des Gefäßes) sind über Zonulae occludentes und einzelne Gap junctions verbunden. Der Ersatz dieser Zellen erfolgt langsam. Die Intima der Aorta des Menschen ist relativ dick, bei anderen Säugern, z.B. beim Hund, ist sie deutlich dünner.

Media Die Media besteht aus vielen (in der Aorta thoracalis: 50, in der Aorta abdominalis: 30) mit Lücken versehenen Membranen aus Elastin und dazwischen liegenden, mehr oder weniger zirkulär angeordneten glatten Muskelzellen (Abb. 5-5) sowie Kollagenfibrillen und Proteoglykanen. Vereinzelt kommen längs verlaufende Muskelzellen vor.

Das System der elastischen Lamellen (Abb. 5-6) ist sehr komplex, ihre Lücken und Poren sind unterschiedlich weit, die Lamellen sind unterschiedlich geformt und durch feine elastische Fasern verbunden. Die Menge an glatter Muskulatur ist deutlich geringer als in den Arterien vom muskulären Typ. Die glatten Muskelzellen können verzweigt sein und sind sowohl mit dem Kollagen als auch mit dem elastischen System verknüpft. Sie sind nicht nur kontraktile Elemente, sondern auch die Produzenten des Elastins, des Kollagens und der Proteoglykane.

Die Textur der Media unterscheidet sich deutlich bei verschiedenen Säugern, z.B. Mensch, Rind und Hund. In Kurspräparaten liegen oft Aorten von Haustieren vor.

Adventitia Die Adventitia ist relativ dünn und setzt sich aus Fibroblasten, vorwiegend längs verlaufenden Kollagenfasern und einem lockeren Netz elastischer Fasern zusammen (Abb. 5-5).

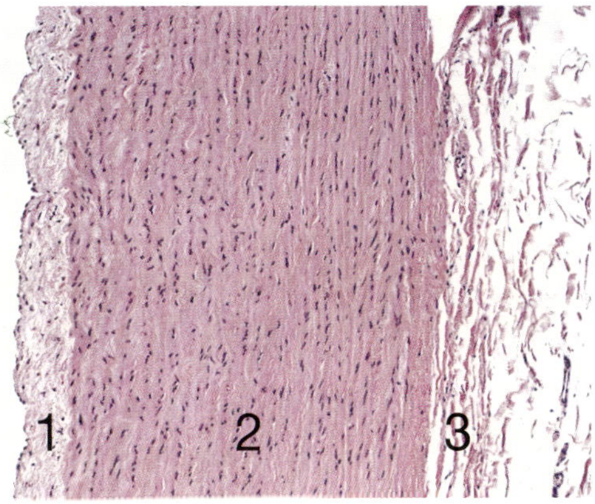

Abb. 5-5 Die relativ breite Intima (1) der Aorta (Mensch) trägt innen ein Endothel und enthält u.a. einzelne glatte Muskelzellen und freie Zellen. Die breite Media (**2**) erscheint bei niedriger Vergrößerung recht homogen und besteht vor allem aus glatter Muskulatur, elastischen Lamellen und elastischen Fasern, Kollagenfasern und Proteoglykanen. Die vielen Zellkerne der Media gehören den glatten Muskelzellen an. **3** Adventitia. Färbung: H.E.; Vergr. 100fach. (Aus [1])

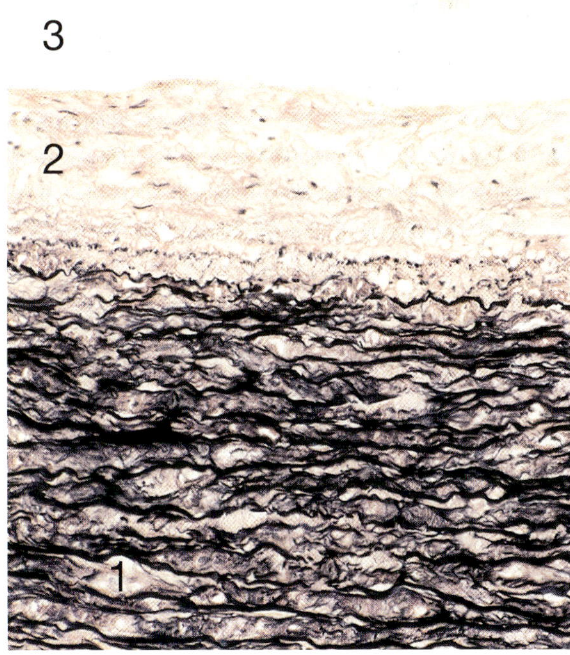

Abb. 5-6 Elastische Lamellen (schwärzlich) in der Media (**1**) der Aorta (Mensch). **2** Intima; **3** Gefäßlumen. Elastika-Färbung (nach Verhoeff); Vergr. 260fach.

Arterien vom muskulären Typ

Die Arterien vom muskulären Typ schließen sich ohne scharfe Grenze den Arterien des elastischen Typs an. Sie besitzen stets eine muskelzellreiche Media und machen die Menge der mittelgroßen und kleineren Körperarterien aus (Abb. 5-7, 5-8).

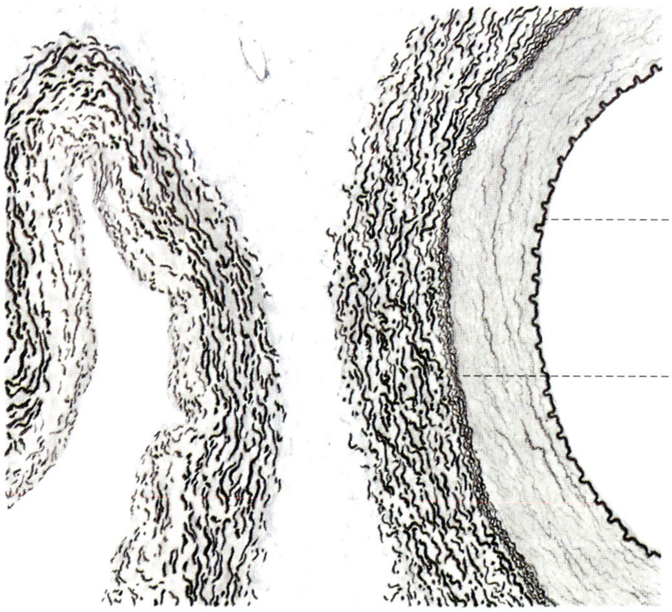

Abb. 5-7 Arterie vom muskulären Typ (rechts) und begleitende Vene (links) des Menschen, Elastika-gefärbt. Beachte die deutlich sichtbare Elastica interna. Färbung: (Resorcin-Fuchsin); Vergr. 65fach. (Aus [1])

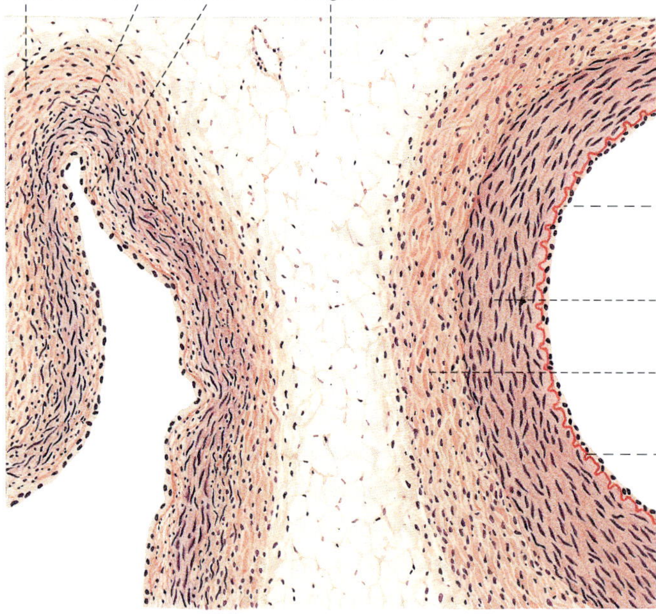

Abb. 5-8 Arterie vom muskulären Typ (rechts) und begleitende Vene (links), gleiches Gefäßpaar wie in Abbildung 5-7, im H.E.-Präparat. Beachte die zahlreichen angefärbten Muskelzellen der Media und die relativ breite Adventitia. Vergr. 65fach. (Aus [1])

Viele große Arterien, wie die A. carotis communis, nehmen hinsichtlich ihrer Wandstruktur eine intermediäre Stellung ein. In solchen Arterien ist die Zahl der elastischen Lamellen in der Media geringer als in der Media der Aorta. Die Zahl der glatten Muskelzellen in der Media ist dagegen größer als in der Media der Aorta. In der Adventitia kommen mehr elastische Fasern als in der Adventitia der Aorta vor.

Im Einzelnen herrscht auch bei den Arterien vom muskulären Typ eine deutliche Variabilität hinsichtlich des Wandaufbaus, die lokale physiologische Besonderheiten widerspiegelt und oft eine Beziehung zum Blutdruck erkennen lässt. So ist z. B. die Wand der Lungenarterien, in denen ein erheblich niedrigerer Druck herrscht als in den Arterien des großen Kreislaufs, relativ dünn. Im Anfangsbereich der Lungenarterien treten als Besonderheit Herzmuskelzellen auf.

Auch die Dura- und Hirnarterien sind relativ dünnwandig, wohingegen die Wand der Koronararterien verhältnismäßig dick ist. In Arterien, die häufigen Biegungen ausgesetzt sind, z. B. der A. poplitea und der A. axillaris, kommen in der Media vergleichsweise viele längs verlaufende glatte Muskelzellen vor.

Vorkommen Alle mittelgroßen und kleinen Arterien sind Arterien vom muskulären Typ.

Bei den größeren Arterien sind die distalen Anteile oft diesem Typ zuzuordnen.

☐ Wandaufbau

Intima Die Intima ist zumeist dünner als die der elastischen Arterien, aber ansonsten gleichartig gebaut. Die Elastica interna ist kräftig (ihre Dicke beträgt 2 bis 3 µm) und klar abgesetzt (Abb. 5-7). In den histologischen Routinepräparaten hat sie einen gewellten Verlauf, weil die Arterien in kontrahiertem Zustand fixiert wurden. Das Endothel kann Fortsätze durch Lücken der Elastica interna zu den Muskelzellen der Media entsenden. Endothel und Muskelzellen sind an solchen Kontakten über Gap junctions verbunden.

Media In der Media finden sich je nach Gefäßgröße zwischen 3 und 30 Schichten konzentrisch angeordneter, dicht gepackter glatter Muskelzellen, die über Nexus (gap junctions) verbunden sind (Abb. 5-8). Nicht selten sind einzelne längs oder steilspiralig verlaufende glatte Muskelzellen am Innen- und Außenrand der Media vorhanden. Die im Vergleich mit der glatten Muskulatur der Darmwand relativ schlanken und kurzen glatten Muskelzellen sind von einer Basallamina umgeben und über Gap junctions verbunden. Sie sind oft verzweigt und von zarten Kollagenfibrillen und Proteoglykanen umgeben, die ebenso wie wenige zarte elastische Fasern von den glatten Muskelzellen produziert werden. Die Elastica externa ist als weniger klar begrenzte, oft dünne, z. T. auch mehrlamellige Schicht erkennbar (Abb. 5-7). Die Lamellen besitzen zahlreiche Poren. Außen enden an ihr vegetative Nervenfasern, die nicht in die Media eindringen.

Adventitia Die Adventitia enthält Fibrozyten, viele überwiegend längs verlaufende elastische Fasern, kräftige Kollagenfasern, und sie kann dicker als die Media sein (Abb. 5-8).

Arteriolen

Die kleinsten Arterien, die Arteriolen, messen zwischen 20 und 120 µm im Durchmesser. Ihre Wand besitzt ein bis zwei geschlossene Muskelschichten (Abb. **5-9, 5-10**). Sie sind funktionell wichtig als Einrichtung der Regulation peripheren Widerstandes (**Widerstandsgefäße**), sie sind besonders reich innerviert.

Im Übergangsgebiet zu den Kapillaren lockert sich die verbliebene Schicht glatter Muskulatur auf (Metarteriolen); die Muskulatur hat hier Sphinkterfunktion, die die Durchblutung der Kapillaren beeinflusst.

Wandaufbau Die **Intima** besteht aus Endothel und sehr dünner subendothelialer Bindegewebsschicht mit einigen kollagenen und schlanken elastischen Fasern sowie der Elastica interna. Die Elastica interna bildet sich im Verlauf der Arteriolen zurück (Abb. **5-11**), sie fehlt also in den terminalen Arteriolen. Die **Media** besteht anfangs aus 2 (bis 3) Schichten glatter Muskulatur, am Ende nur noch aus einer Schicht dieser Muskelzellen, die jeweils das ganze Gefäß umfassen. Die dünne **Adventitia** besteht aus Kollagen und elastischen Fasern.

Klinik Ab dem mittleren Lebensalter nehmen in den größeren Arterien Kollagen und Proteoglykane zu. In der Intima vermehrt sich besonders der Gehalt an extrazellulären Matrixkomponenten, und glatte Muskelzellen werden häufiger. Diese physiologischen Vorgänge leiten zu pathologischen Prozessen über, die unter dem Namen **Arteriosklerose** (Verhärtung der Arterienwand durch Verkalkung) zusammengefasst werden.

Ein spezieller Prozess, die **Atherosklerose**, ist von ganz besonderer Bedeutung im Rahmen der Arteriosklerose. Hier kommt es zur Ausbildung von Intimaverdickungen, die durch extra- und intrazelluläre Lipidablagerungen (Plaquebildung) gekennzeichnet sind (Abb. 5-12). Schon im Alter von 15 Jahren treten bei „westlichem“ Lebensstil solche Fettablagerungen

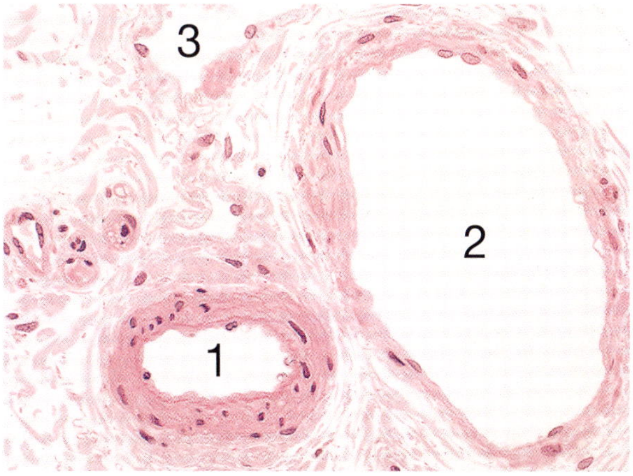

Abb. 5-9 Arteriole (1), begleitende Venole (**2**) sowie Lymphgefäß (**3**) aus der Dickdarmwand (Mensch). Die Arteriolenwand besteht aus wenigen Muskelschichten und Endothel. Die Wand der deutlich größeren Begleitvenole ist dagegen dünner und lockerer gebaut. Die Wand der kleinen Lymphgefäße besteht nur aus Endothel. Plastikschnitt; Färbung: H. E.; Vergr. 200fach. (Aus [1])

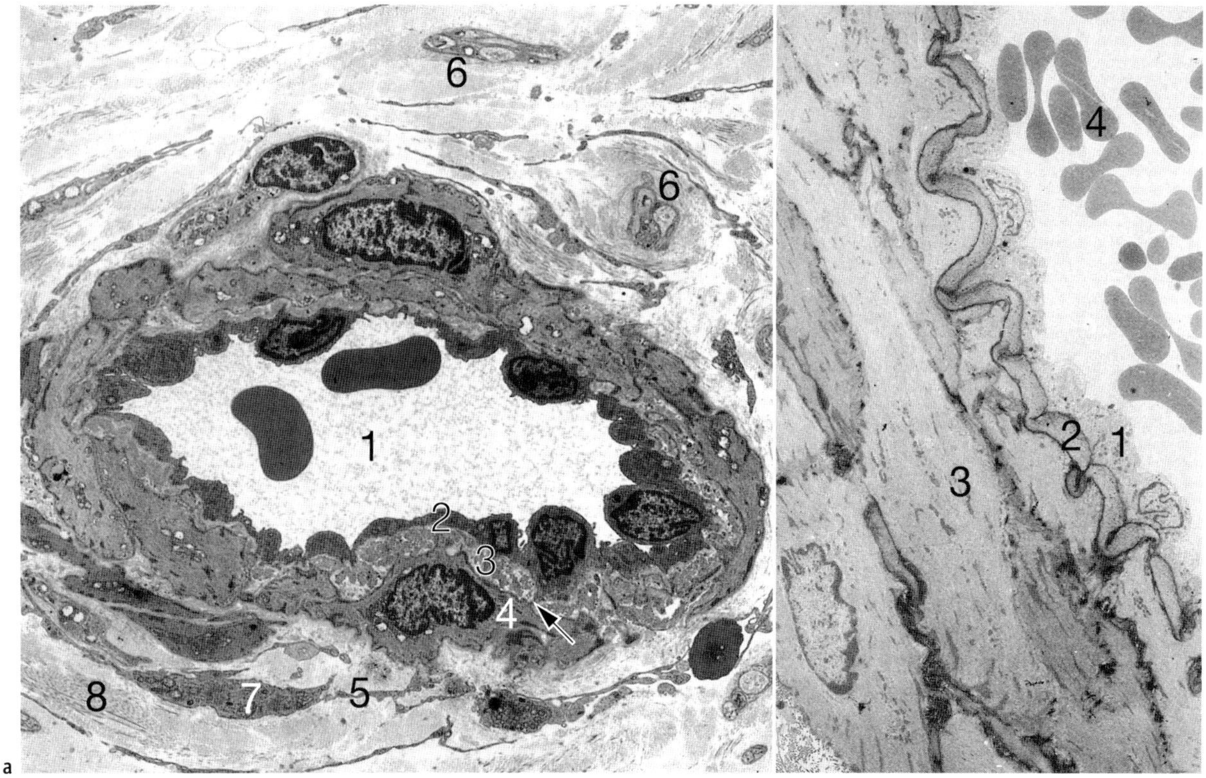

Abb. 5-10 Ultrastruktur einer Arteriole.
a) Querschnitt durch eine mäßig kontrahierte Arteriole in der Submukosa des Magens (Mensch). **1** Lumen mit zwei Erythrozyten; **2** Endothel; **3** Elastica interna; **4** glatte Muskulatur der Media; **5** Adventitia; **6** vegetative Nervenfasern; **7** Fibrozyten und Fibrozytenausläufer; **8** Kollagenfibrillen; ➔ myoendotheliale Kontakte. Vergr. 2800fach.
b) Endothel **(1)**, Elastica interna **(2)** und glatte Muskelzellen in der Media **(3)** einer Arteriole des Hamsters. **4** Erythrozyt im Gefäßlumen. Vergr. 2860fach.

(„fatty streaks") auf, v.a. in der Wand der Aorta. Im Alter von 25 Jahren können schon 30% oder mehr der Gefäßwand derart verändert sein. Man findet in solchen Regionen anfangs mit Lipiden beladene Makrophagen (Schaumzellen, Abb. 5-12) und dann auch extrazelluläre cholesterinreiche Ablagerungen. Es ist zu vermuten, dass am Beginn der krankhaften Prozesse sowohl Mikroverletzungen des Endothels als auch Veränderungen in der Zusammensetzung der Proteoglykane stehen. Bei älteren Menschen finden sich vor allem fibröse Plaques, die sich deutlich ins Lumen vorwölben und nicht nur Lipide, sondern auch reichlich proliferierte, aus der Media eingewanderte glatte Muskelzellen enthalten. Ausgelöst wird diese Proliferation durch Wachstumsfaktoren wie PDGF (platelet derived growth factor), der von Makrophagen und z.T. auch von Blutplättchen freigesetzt wird, die sich über dem geschädigten Endothel ansammeln. Das akkumulierte Fett stimuliert vermutlich die glatten Muskelzellen, vermehrt Fasern und Matrix zu bilden, was zur Verdickung der Intima beiträgt. Vielfach entstehen auch Verkalkungen. Bei weiterem Fortschreiten des Prozesses kommt es zu Zellnekrosen, zu Erosion des Endothels, zum Einreißen der Plaques, zur Aggregation von Blutplättchen und zur Bildung von Wandthromben, die das Gefäßlumen einengen oder verschließen können. Es wird vermutet, dass an der Atherosklerose auch chronisch entzündliche Komponenten (Chlamydien, Zytomegalieviren) beteiligt sind.

Wenn das Lumen einer Arterie, die eine bestimmte Organregion versorgt, verschlossen wird, so dass die Blutversorgung unterbrochen wird und das abhängige Gebiet abstirbt, spricht man von einem **Infarkt** (Hirninfarkt, Milzinfarkt, Myokard-(Herz-)Infarkt u.Ä.). In den USA erleiden pro Jahr ca. 1,5 Millionen Menschen einen Myokardinfakt, von denen ca. 30% akut daran sterben.

Risikofaktoren sind vor allem: Rauchen, Diabetes mellitus, Hypertonie, Hyperlipidämie und Bewegungsmangel. Eine vorausgehende Infektion der Gefäßwand, z.B. mit Herpesviren oder Chlamydien, fördert die Entstehung der Arteriosklerose. Seit ca. 1970 ist aufgrund der Veränderung der Ernährung und Lebensweise ein Rückgang der Myokardinfakte zu verzeichnen, dennoch bleibt der Myokardinfakt bei Männern und Frauen häufigste Todesursache.

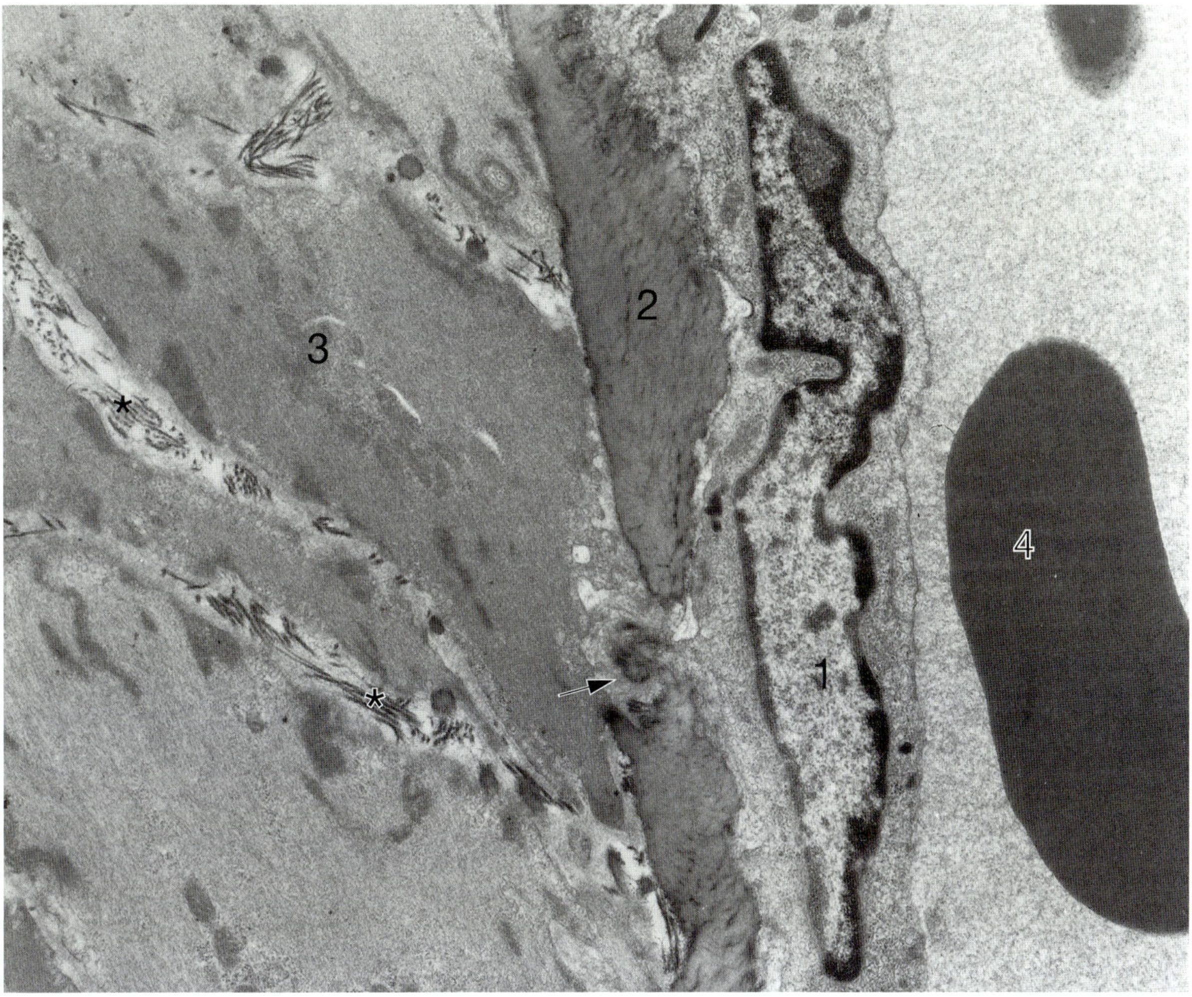

Abb. 5-11 Höhere Vergrößerung der Gefäßwand einer Arteriole des Hamsters. **1** Endothelzelle, **2** Elastica interna, **3** glatte Muskelzellen der Media, **4** Erythrozyt, ➔: Lücke in der Elastica interna. Sternchen: Kollagenfibrillen. Vergr. 15 285fach.

! In den Arterien des Körperkreislaufs herrschen hoher Druck und rasche Strömungsgeschwindigkeit, was mit einem kompakten Wandbau korreliert. Stets sind drei Wandschichten klar voneinander abgrenzbar: innen die **Tunica intima** (Endothel, subendotheliale schmale Bindegewebsschicht und Elastica interna), in der Mitte die **Tunica media** und außen die **Tunica adventitia.**

Es lassen sich zwei Arterientypen unterscheiden: Arterien vom elastischen Typ und Arterien vom muskulären Typ. Der Hauptunterschied besteht im Aufbau der Tunica media. In Arterien vom elastischen Typ besteht sie aus zahlreichen konzentrischen elastischen Lamellen sowie dazwischenliegender glatter Muskulatur. In Arterien vom muskulären Typ besteht sie ganz überwiegend aus dicht gepackter, mehr oder weniger zirkulär angeordneter glatter Muskulatur. Die Adventitia besteht überwiegend aus elastischen und kollagenen Fasern und enthält versorgende Blutgefäße und Nerven.

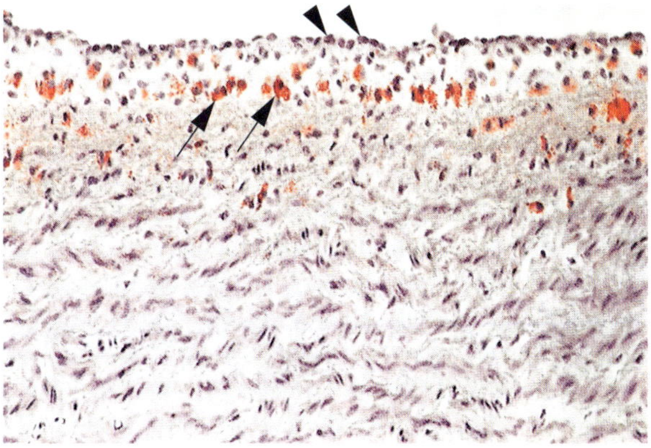

Abb. 5-12 Atherosklerose. Gefrierschnitt (quer) von einer A. carotis externa (Schwein) aus einer Versuchsserie zur Erfassung der Frühphasen der Atherosklerose. Die Intima ist verdickt und zellreicher als normal. Viele eingewanderte Makrophagen (Schaumzellen) haben orange gefärbte Lipidtröpfchen phagozytiert (➔). ▶: Endothel. Färbung: Sudan III und Hämatoxylin; Vergr. 150fach. (Aus [1])

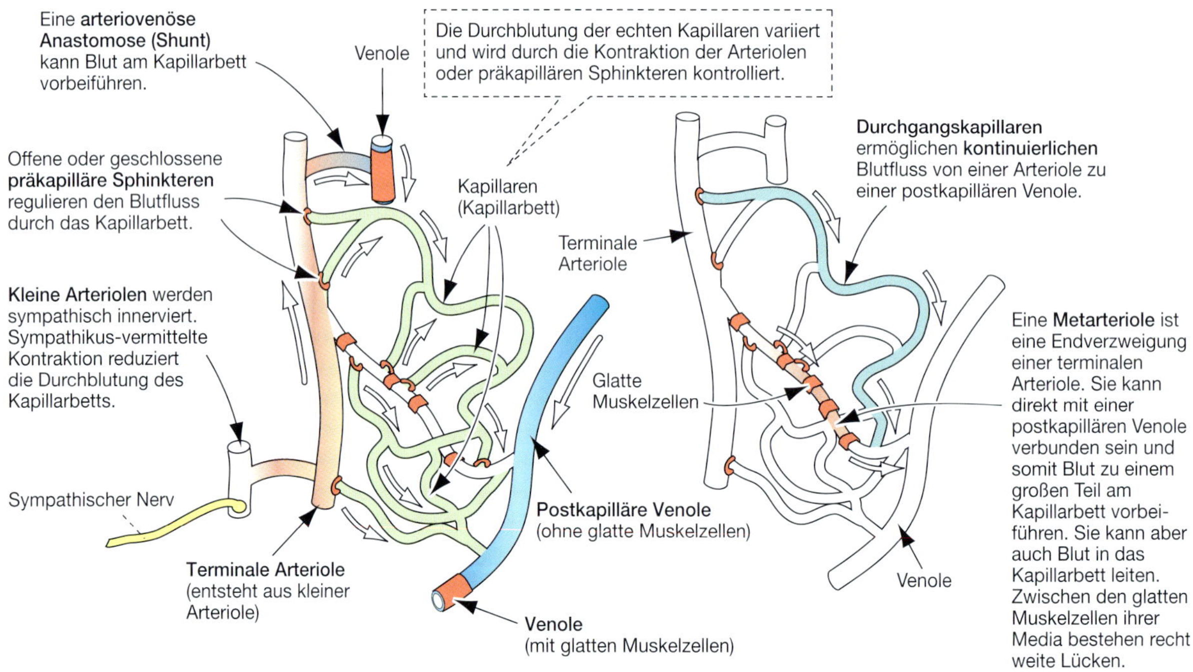

Abb. 5-13 Die Komponenten der Mikrozirkulation. (Aus [12])

5.1.2 Blutkapillaren

Die Kapillaren (Haargefäße) sind der funktionell wichtigste Abschnitt des Gefäßsystems, denn hier findet der größte Teil des Stoffaustauschs zwischen Blut und den Zellen der Gewebe statt. Die zuführenden Arteriolen, die Kapillaren und die abführenden postkapillären Venolen (in denen auch noch Stoffaustausch stattfindet) werden unter dem Begriff **„Mikrozirkulation"** zusammengefasst. Die einzelnen Komponenten der Mikrozirkulation (Abb. 5-13) sind in den verschiedenen Organen unterschiedlich ausgeprägt und in den verschiedenen Funktionsphasen eines Organs unterschiedlich durchblutet.

Die Kapillaren einer Region anastomosieren vielfältig und bilden dreidimensionale Netze, die in enge räumliche Beziehung zu den zu versorgenden Zellen treten (Abb. 5-14). Ihre Gesamtlänge beträgt Zehntausende von Kilometern. Normalerweise sind aber in einer Geweberegion nur ca. 25% der Kapillaren offen. Nur bei vermehrtem O_2- und Nährstoffbedarf öffnen sich mehr und mehr Kapillaren.

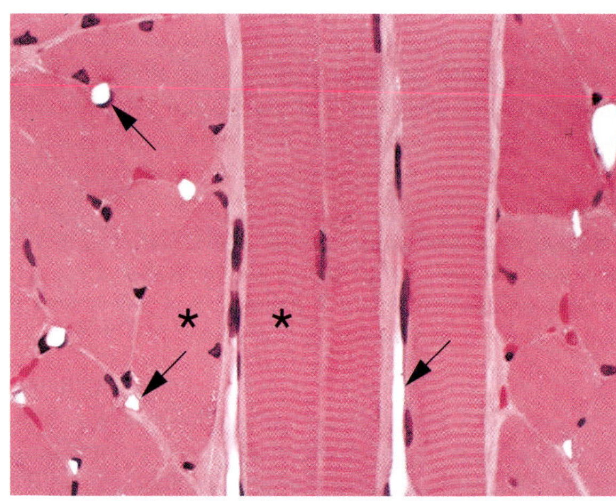

Abb. 5-14 Kapillaren (➔) in der Zungenmuskulatur (Rhesusaffe). ✻ quer und längs geschnittene Skelettmuskelzellen. Plastikschnitt; Färbung: H.E.; Vergr. 480fach.

Wandaufbau

Die Kapillaren sind 6–12 μm weite Gefäße, deren Wand nur noch aus sehr dünnen **Endothelzellen** (Dicke außerhalb der Kernregion oft nur 100–200 nm) und deren Basallamina (ca. 20–50 nm dick) sowie einem zarten Netz retikulärer Fasern und einzelnen Mikrofibrillenbündeln besteht (Abb. 5-15).

Den Kapillaren liegen eng die **Perizyten** an (Abb. 5-15c), deren Basallamina oft mit der der Endothelzellen verbunden ist. Zwischen Perizyten und Endothelzellen sind einzelne Gap junctions ausgebildet. Die Perizyten sind lang gestreckte Zellen, die jedoch zahlreiche schlanke Seitenfortsätze bilden, die die Kapillaren mehr oder weniger umgreifen. Die Perizyten sind kontraktile Zellen, die die Durchblutung der Kapillaren und postkapillärer Venolen beeinflussen. Nach Gewebeverletzungen können sie sich beim Neuaufbau

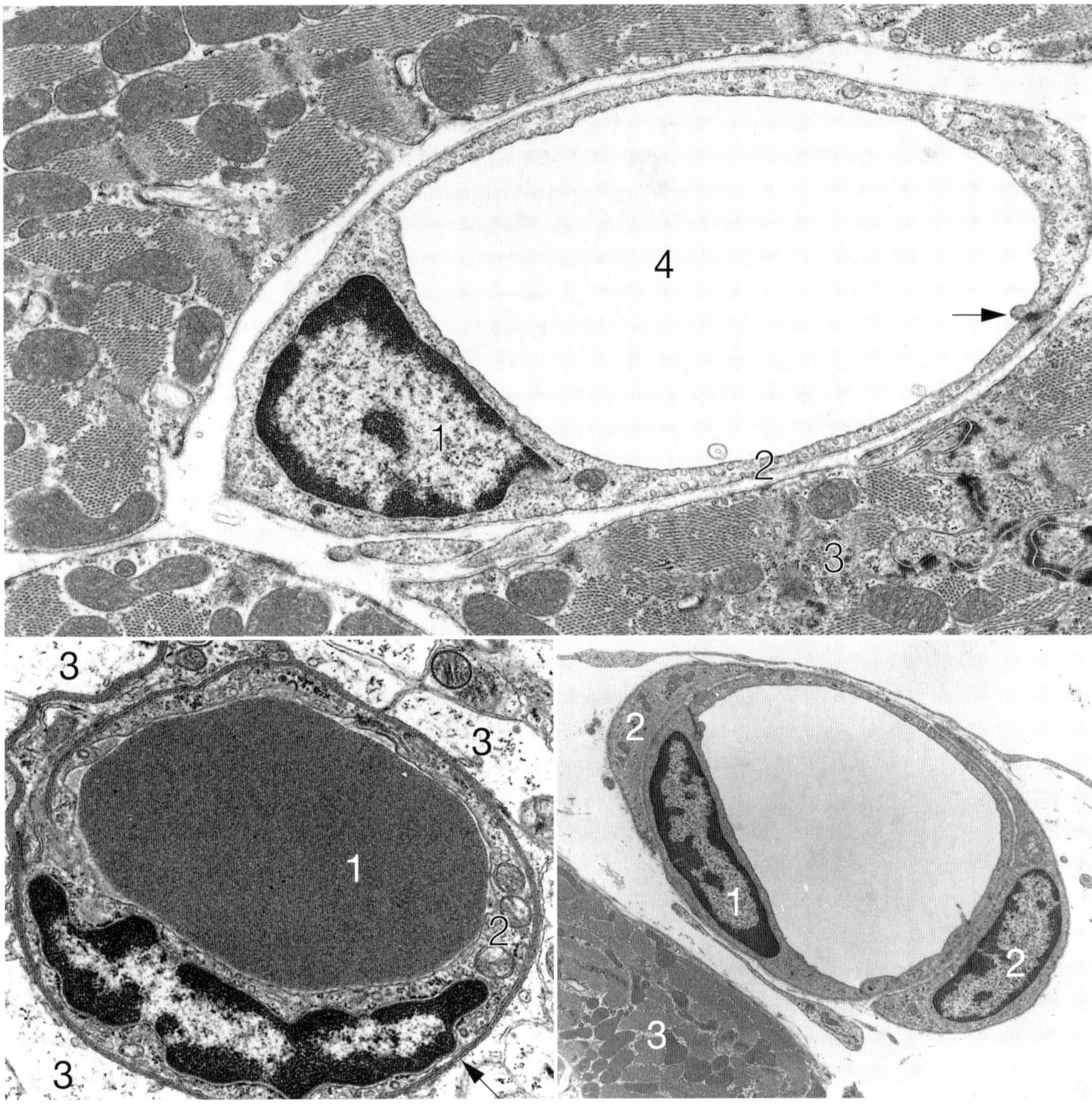

a b c

Abb. 5-15 Kapillaren vom kontinuierlichen Typ.

a) Kapillare in der Herzmuskulatur (Meerschweinchen). **1** Zellkern der Endothelzelle; **2** Zytoplasma der Endothelzelle mit vielen Pinozytosevesikeln; **→** Zellkontakt der Endothelzelle; **3** Herzmuskelzellen; **4** Kapillarlumen. Vergr. 15 300fach.

b) Kapillare der Großhirnrinde (Ratte). **1** Erythrozyt im Kapillarlumen; **2** Zytoplasma der Endothelzelle mit Mitochondrien; **3** Astrozytenfortsätze an der kräftigen Basallamina **→**. Vergr. 20 000fach.

c) Kapillare in der Herzmuskulatur (Meerschweinchen). **1** Endothel mit Perizyten (**2**); **3** Herzmuskelzelle. Vergr. 5200fach.

der kleinen Gefäße in glatte Muskelzellen der neu gebildeten Arteriolen und Venolen umwandeln.

In kleinen Kapillaren kann die ganze Wand von einer Endothelzelle gebildet werden (Abb. 5-15a), in größeren Kapillaren beteiligen sich zwei oder auch drei Endothelzellen am Aufbau der Wand. Die Endothelzellen sind außerhalb der Kernregion nur 0,2–0,4 µm dick. Die spärlichen Organellen finden sich in Kernnähe. Kennzeichnend sind zahlreiche helle Vesikel, sog. Transzytose- oder Pinozytosevesikel (-bläschen), die zeitweise mit der Zellmembran in Verbindung stehen (Abb. 5-15). In Bezug auf das Zytoskelett enthalten viele Endothelzellen Vimentinfilamente, andere Desminfilamente, wieder andere beide Filamenttypen. Im Allgemeinen sind die Zellmembranen fucosereich, so dass Kapillaren im Präparat aufgrund der Bindung des Lektins vom Stechginster *(Ulex europaeus)* nachgewiesen werden können. Benachbarte

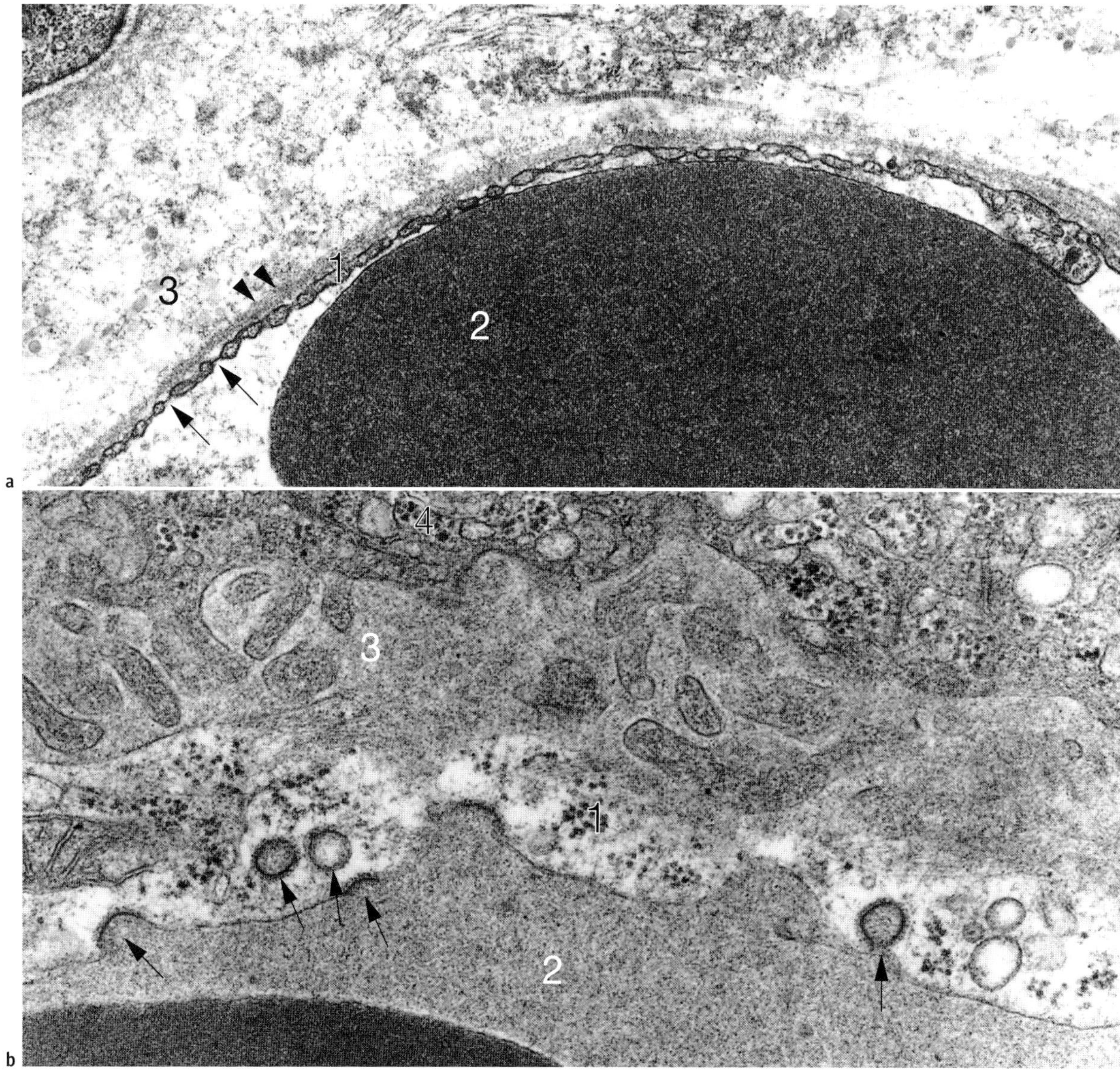

Abb. 5-16 Fenestrierte Kapillare (a) und rezeptorvermittelte Endozytose im diskontinuierlichen Endothel einer Kapillare (Lebersinusoid, b).

a) Fenestrierte Kapillare (Harnleiter, Mensch). **1** fenestriertes Endothel; ➔ Porendiaphragmen; ▶: Basallamina; **2** Erythrozyt; **3** perikapilläres Bindegewebe. Vergr. 29000fach.

b) Endozytoseprozesse im Endothel **(1)** eines Lebersinusoids der Ratte. ➔ Entstehung der Stachelsaumbläschen (coated vesicles) aus grübchenförmigen Einsenkungen (coated pits). Beachte den feinen Saum aus Clathrin auf der Außenseite dieser Endozytosevesikel. Am rechten Bildrand: zwei glattwandige Endozytosevesikel. **2** Kapillarlumen mit Erythrozyt; **3** Disse-Raum; **4** Leberepithelzelle mit Mikrovilli. Offene Poren sind in diesem Bild nicht angeschnitten. Vergr. 50000fach.

Endothelzellen sind über Zonulae occludentes, Nexus und Adhaerenskontakte verbunden.

Kapillartypen

Es lassen sich drei Kapillartypen unterschieden:

- **kontinuierliche Kapillaren;** hier bildet das Endothel eine einheitliche dünne Schicht ohne irgendwelche Unterbrechungen aus (Abb. 5-15). Die Endothelzellen sind – außer in den Hirnkapillaren – reich an Pinozytosevesikeln, mit deren Hilfe die meisten Transportvorgänge bewerkstelligt werden. Die endotheliale Zellmembran besitzt auch Aquaporine.
- **fenestrierte Kapillaren;** in ihrem Endothel finden sich größere Areale mit sog. Fenestrationen (Abb. 5-16a), die 20–100 nm weit sind und Poren ähneln. Sie sind jedoch nicht wie eine Pore offen, sondern durch ein Diaphragma verschlossen. Die Diaphragmen sind ca. 4 nm dick und bestehen aus feinfibrillärem Material, das von einem Zentrum aus-

gehend radiär angeordnet ist und ca. 5 nm weite Lücken freilässt. Durch diese Lücken können Wasser und in Wasser gelöste Stoffe leicht hindurchtreten. Auf ihrer luminalen Seite tragen Diaphragmen meistens elektrisch negative Ladungen, bedingt durch Muzine.

- **diskontinuierliche Kapillaren** (Kapillaren mit offenen Poren, Abb. **5-16b**); in den Nierenglomeruli (Abb. **12-9**) und in den weitlumigen Kapillaren (Sinusoiden) der Leber (Abb. **10-85**) sind die Endothelzellen durch offene Poren gekennzeichnet; Flüssigkeit tritt durch die Glomerulusendothelien 100-mal schneller hindurch als durch die Endothelien der kontinuierlichen Kapillaren.

Vorkommen

- **Kontinuierliche Kapillaren**: Lunge, Skelettmuskulatur, Herz, Bindegewebe, Nervensystem, exokrine Drüsen, Haut, Fettgewebe, Thymus.
- **Fenestrierte Kapillaren**: Niere, endokrine Organe, Darmschleimhaut, endokrines Pankreas, Fettgewebe, Nasenschleimhaut, Harnblase u. a.
- **Diskontinuierliche Kapillaren**: Leberläppchen, Nierenglomeruli.

Beispiele für besondere Kapillartypen Die **Kapillaren des Gehirns** weisen besondere funktionelle Eigenschaften auf und sind wesentlicher Bestandteil der Blut-Hirn-Schranke. Sie sind Kapillaren vom kontinuierlichen Typ, besitzen also keine Fenestrationen (Abb. **5-16b**). Des Weiteren besitzen sie kaum vesikuläre, transepitheliale Transportmechanismen. Ihre Tight junctions sind gut ausgebildet, Lysosomen sind relativ zahlreich. Dazu kommen einige molekulare Besonderheiten, die für die spezifisch selektiven Eigenschaften der Hirnkapillaren verantwortlich sind. Sie besitzen relativ zahlreiche Perizyten und sind von Endfüßchen der Astrozyten bedeckt.

Sinusoide sind weitlumige und variabel gestaltete kapillarähnliche Gefäße in den Leberläppchen, im Knochenmark und in einzelnen endokrinen Organen wie der Adenohypophyse; z. T. werden hierzu auch die Milzsinus(-sinusoide) gezählt.

Transportmechanismen im Kapillarsystem

Substanzen werden über die Kapillarwände mit Hilfe verschiedener Mechanismen transportiert. Kapillaren werden daher auch Austauschgefäße genannt.

Eine große Rolle beim Stoffaustausch durch die Kapillarwände spielt die **Diffusion.** O_2 und CO_2 werden z. B. mittels Diffusion über die Kapillarwände transportiert. Der hydrostatische Druck des fließenden Bluts führt zur **Filtration** von Flüssigkeit in der ersten Hälfte der Kapillaren. Alle kleineren Moleküle können so filtriert werden. Lediglich Blutzellen und Proteine sind nicht in der Lage, auf diese Weise das Kapillarendothel zu durchqueren. Im venennahen zweiten Kapillarabschnitt nimmt der kolloidosmotische (onkotische) Druck im Kapillarlumen zu, wohingegen der hydrostatische Druck deutlich abnimmt. Der kolloidosmotische Druck führt jetzt zur **Resorption** von Flüssigkeit und darin gelösten kleinen Molekülen aus der Umgebung der Kapillaren in das Kapillarlumen. Ein kleinerer Teil, ca. 10%, der perikapillären Flüssigkeit wird nicht über die Kapillaren (und Venolen), sondern über die Lymphkapillaren abgeführt.

Unter dem Begriff **Diapedese** versteht man den aktiven Durchtritt von weißen Blutzellen durch Gefäßwände. Dies erfolgt zumeist im Bereich der Venolen.

Der Mechanismus der **Transzytose** bedient sich der Transzytose-(Pinozytose-)Bläschen und transportiert in ihnen in Wasser gelöste neutrale, auch größere Substanzen über das Endothel. An die Vesikelmembran können Moleküle auch unspezifisch gebunden (adsorbiert) werden. Mitunter verschmelzen zwei oder mehr solcher Bläschen und bilden vorübergehend einen Kanal. Es wurde berechnet, dass in Kapillaren ca. 1000 Vesikel pro μm^2 vorkommen. Die Vesikel entstehen wohl nur z. T. ständig neu, indem sich – unter Anlagerung von Caveolin auf der zytoplasmatischen Seite – luminal Grübchen bilden, die sich zu Bläschen umformen, von der Membran abschnüren, durch die Zelle wandern, mit der basalen Membran verschmelzen und sich hier öffnen. Vermutlich existieren zusätzlich Bläschen, die dem Golgi-Apparat entstammen und die ständig hin- und herwandern, sich aber auch mit der Membran verbinden und öffnen und schließen. An Albumin gebundene Stoffe benötigen ca. 5 min, um durch das Kapillarendothel durchzutreten. Ein Teil der Transportvesikel ist mit einem Belag aus **Clathrin** bedeckt, solche Vesikel vermitteln spezifische rezeptorvermittelte Bindung und entsprechenden Transport, u. a. von Signalmolekülen und Proteinen (Abb. **5-16b**). Dieser Vorgang heißt **rezeptorvermittelte Transzytose**.

Kapillaren besitzen auch die Fähigkeit zur **Endozytose**, der Aufnahme von Stoffen in die Zelle (nicht durch die Zelle) mittels vesikulärer Mechanismen, die dann in der Zelle in Lysosomen aufgebaut werden.

Wichtig für den Transport durch das Endothel ist auch die **elektrische Ladung** der zu transportierenden Stoffe. Die luminale Membran des Endothels und die luminale Seite der Diaphragmen sind negativ geladen, wohingegen die Transportbläschen offenbar elektrisch neutral sind. Da Proteine elektrisch negative Ladungen tragen, werden sie von den negativen Ladungen der Endothelien abgestoßen, so dass sie normalerweise im Blut verbleiben oder nur mittels spezieller Mechanismen über die Kapillarwand transportiert werden können.

Funktionen des Endothels

Die Endothelien der Kapillaren und anderer Gefäßabschnitte besitzen neben ihrer Hauptfunktion im Stoffaustausch zwischen Blut und Gewebe zahlreiche weitere Funktionen, die sie jedoch nicht immer alle gemeinsam in einem bestimmten Gefäßabschnitt ausüben:

- Bildung antikoagulativer und antithrombotischer Faktoren (Prostazyklin, Thrombomodulin, Plasminogenaktivator, heparinähnliche Moleküle),
- Bildung prothrombotischer Faktoren (von-Willebrand-Faktor, Gewebefaktor, Hemmer des Plasminogenaktivators),
- Bildung von Matrixkomponenten (Kollagen IV, Proteoglykane, Laminin),
- Modulation des Blutflusses und der Gefäßreaktionen (Bildung von Vasokonstriktoren: Endothelin, ACE [angiotensin converting enzyme] und Vasodilatatoren: NO [Stickoxid] und Prostazyklin),
- Regulation von Entzündung und Immunität (Bildung von IL-1, IL-6, IL-8, Adhäsionsmolekülen und Histokompatibilitätsantigenen),
- Regulation des Zellwachstums (Bildung von wachstumsstimulierenden Faktoren: PDFG, CSF, FGF, und wachstumshemmenden Faktoren: Heparin, TGF-β),
- Oxidation von LDL (low density lipoprotein).

! Kapillaren sind sehr dünnwandige, 6–12 μm weite Blutgefäße, deren Wand nur aus Endothel, dessen Basallamina, sowie einzelnen Perizyten besteht. Es werden Kapillaren vom **kontinuierlichen, fenestrierten** und **diskontinuierlichen Typ** unterschieden. In ihrem Bereich erfolgt der Stoffaustausch zwischen Blut und den Zellen der Gewebe und Organe. Wichtige Mechanismen des Transports über die Kapillarwand sind **Diffusion, Filtration, Resorption** und **vesikulärer Transport.** Endothelzellen erfüllen auch zahlreiche weitere Funktionen, unter denen die Bildung von Wachstumsfaktoren, Interleukinen, Vasokonstriktoren, Vasodilatatoren und antikoagulativen und antithrombotischen Faktoren besonders wichtig ist.

Klinik Die krankhafte Vermehrung interstitieller Flüssigkeit wird **Ödem** genannt. Die Ursachen sind vielfältig. So führt z.B. bei Allergien vermehrte Mastzellaktivität (Histamin) zu Durchlässigkeit von Kapillaren und postkapillären Venolen. Bei Unterernährung liegt zu wenig Albumin im Blut vor. Dies führt zur Abnahme des onkotischen Drucks im Blutplasma, so dass Gewebeflüssigkeit nicht in die Kapillaren zurücktransportiert wird (Hungerödeme).

5.1.3 Venen

Venen führen das Blut aus den Kapillarnetzen zum Herzen zurück. Sie verlaufen im großen Kreislauf normalerweise parallel zu den Arterien (Abb. 5-8, 5-9). Das Venensystem hat eine viel größere Kapazität (Blutreservoir) als das der Arterien.

Wandaufbau

Venen sind zumeist dünnwandiger als Arterien, was vor allem an geringerer Entwicklung von Muskulatur und elastischen Membranen liegt. Die gesamte Textur der Venenwand ist lockerer, kollagenfaserreiche Bindegewebszüge treten deutlicher hervor als in Arterien. Die glatten Muskelzellen bilden eher Bündel als Schichten. Im Einzelnen ist der Wandbau der Venen sehr variabel, wobei es eine deutliche Korrelation a) zum Binnendruck und b) zu von außen einwirkenden Kräften gibt. Venen, die von Kopf und Hals dem Herzen Blut zuführen, besitzen dünnere und muskelärmere Wände als die Venen aus den Beinen, in denen ein höherer hydrostatischer Druck herrscht. Frei im lockeren Bindegewebe liegende Venen unterscheiden sich deutlich von fest in straffes Bindegewebe eingebauten Venen, wie, im Extrem, den Sinus der harten Hirnhaut, die keine Muskulatur in ihrer Wand besitzen.

Die Gliederung der Venenwände in Intima, Media und Adventitia bleibt öfter undeutlich, lässt sich aber im Prinzip durchführen (Abb. 5-17). Die **Intima** ist relativ dünn und besteht öfter nur aus Endothel und wenigen Fasern, unter denen elastische Fasern eine oft locker strukturierte Elastica interna formen können; die Hohlvenen älterer Menschen besitzen eine dickere Intima. Die **Media** ist im Vergleich mit der Media in parallel verlaufenden Arterien relativ dünn, und die glatte Muskulatur bildet Bündel, die meist zirkulär oder flach-spiralig angeordnet sind (Abb. 5-18). Zwischen den Bündeln aus Muskelzellen finden sich relativ breite Straßen aus Bindegewebe mit Kollagen- und elastischen Fasern, wodurch die Venenwand eine locker erscheinende Textur erhält. An Verzweigungen kann die Muskulatur Schlingen bilden. In größeren Venen ist die **Adventitia** die dickste Schicht. Sie besteht oft aus Längsmuskulatur (Abb. 5-18), viel kollagenfaserreichem Bindegewebe, vorwiegend längs ausgerichteten elastischen Netzen und Vasa vasorum.

Einteilung der Venen nach ihrer Größe

Je nach Venenabschnitt lassen sich Venolen und Venen verschiedener Durchmesser differenzieren.

Venolen und kleine Venen Die kleinen Gefäße, die das Blut unmittelbar aus dem Kapillarnetz sammeln, sind

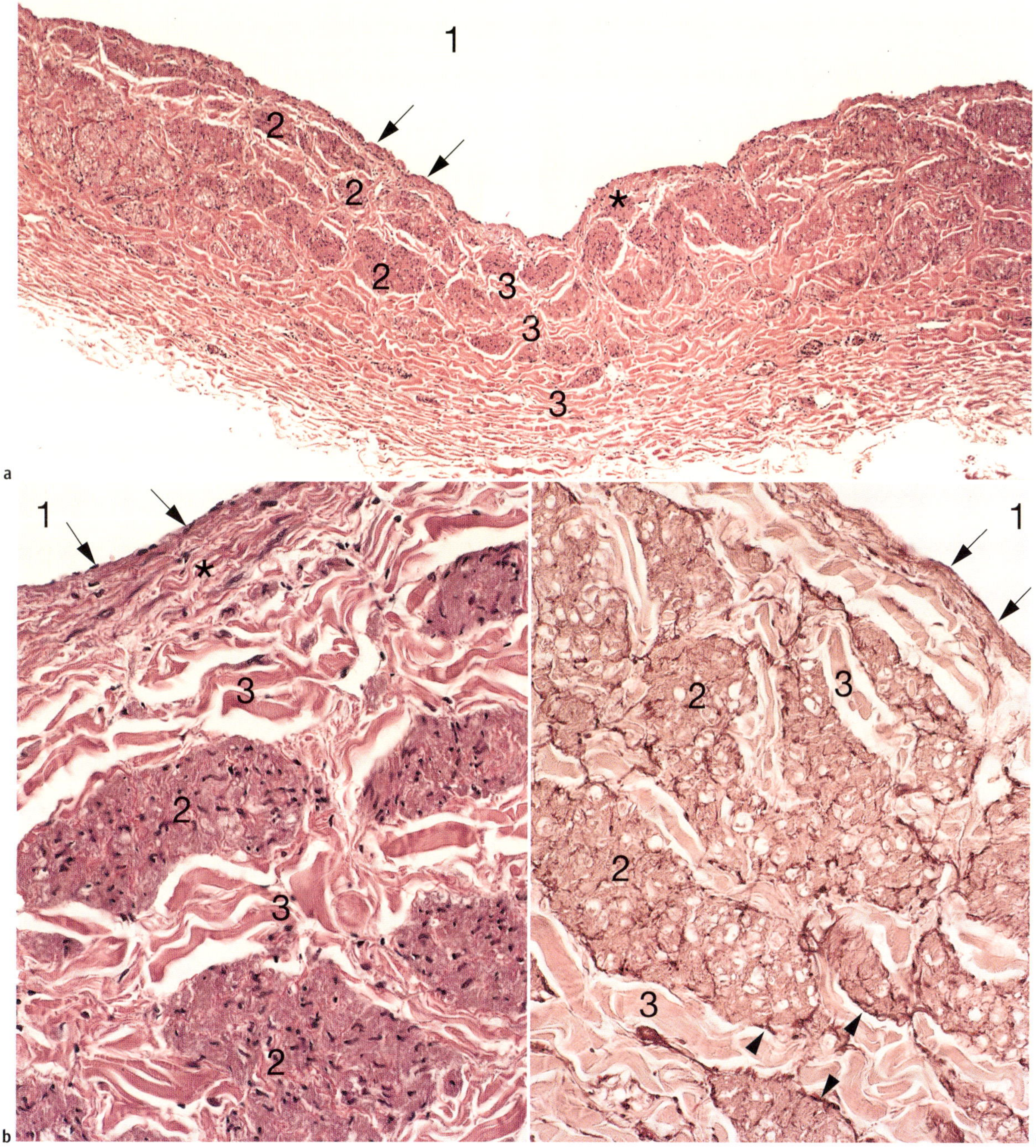

Abb. 5-17 Untere Hohlvene eines jungen Menschen, verschiedene Vergrößerungen und Färbungen (a–c). **1** Lumen. Wichtigste Komponenten dieser Venenwand sind Endothel (➔), überwiegend längs gerichtete Bündel glatter Muskulatur (**2**) und kräftige Kollagenfasern (**3**). Eine klare Gliederung in Intima, Media und Adventitia liegt nicht vor, die mittlere Zone mit den Bündeln glatter Muskulatur lässt sich jedoch als Media bezeichnen. Nach innen zu liegt dann die Intima ✻ und nach außen zu die kollagenfaserreiche und mit einzelnen Muskelzellbündeln versehene Adventitia. Die in Bild c schwarzviolett gefärbten elastischen Fasern (▶) befinden sich vor allem an der Oberfläche der Muskelzellbündel. Färbung: H.E. (a, b) bzw. Elastika (Resorcin-Fuchsin, c); Vergr. 45fach (a) bzw. 260fach (b, c).

ca. 15–25 µm weit und werden postkapilläre Venolen genannt (Abb. 5-19). Ihr Wandaufbau ähnelt noch dem der Kapillaren. Ihr Endothel besitzt oft Fenestrationen. Ihre Perizyten sind relativ stark verzweigt. Etwas größere Venolen von ca. 50 µm Durchmesser besitzen einen lockeren Belag von vorwiegend zirkulär angeordneten glatten Muskelzellen (muskuläre Venolen, Abb. 5-9). Mit zunehmender Größe der Venolen

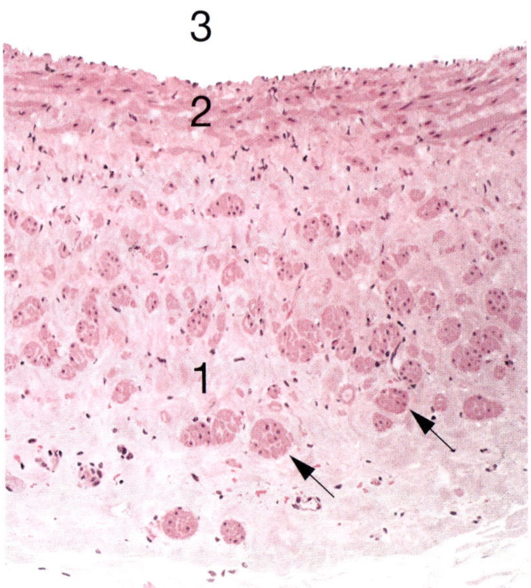

Abb. 5-18 Sektor der Wand einer größeren Beinvene des Menschen, Querschnitt. Beachte die breite Adventitia (**1**) mit quer geschnittenen, d. h. längs verlaufenden Muskelbündeln (➔). **2** Media; **3** Lumen. Plastikschnitt; Färbung: H. E.; Vergr. 150fach.

Abb. 5-19 Postkapilläre Venole in der Wand des Harnleiters (Mensch).

a) Übersicht. **1** Endothel; **2** am Endothel haftender neutrophiler Granulozyt (typische Emigrationsstelle); **3** Perizyt. Vergr. 3680fach.

b) Höhere Vergrößerung eines Wandabschnitts einer Venole, deren Endothel (**1**) Fenestrationen (➔) aufweist. **2** Perizyt. Vergr. 18 200fach.

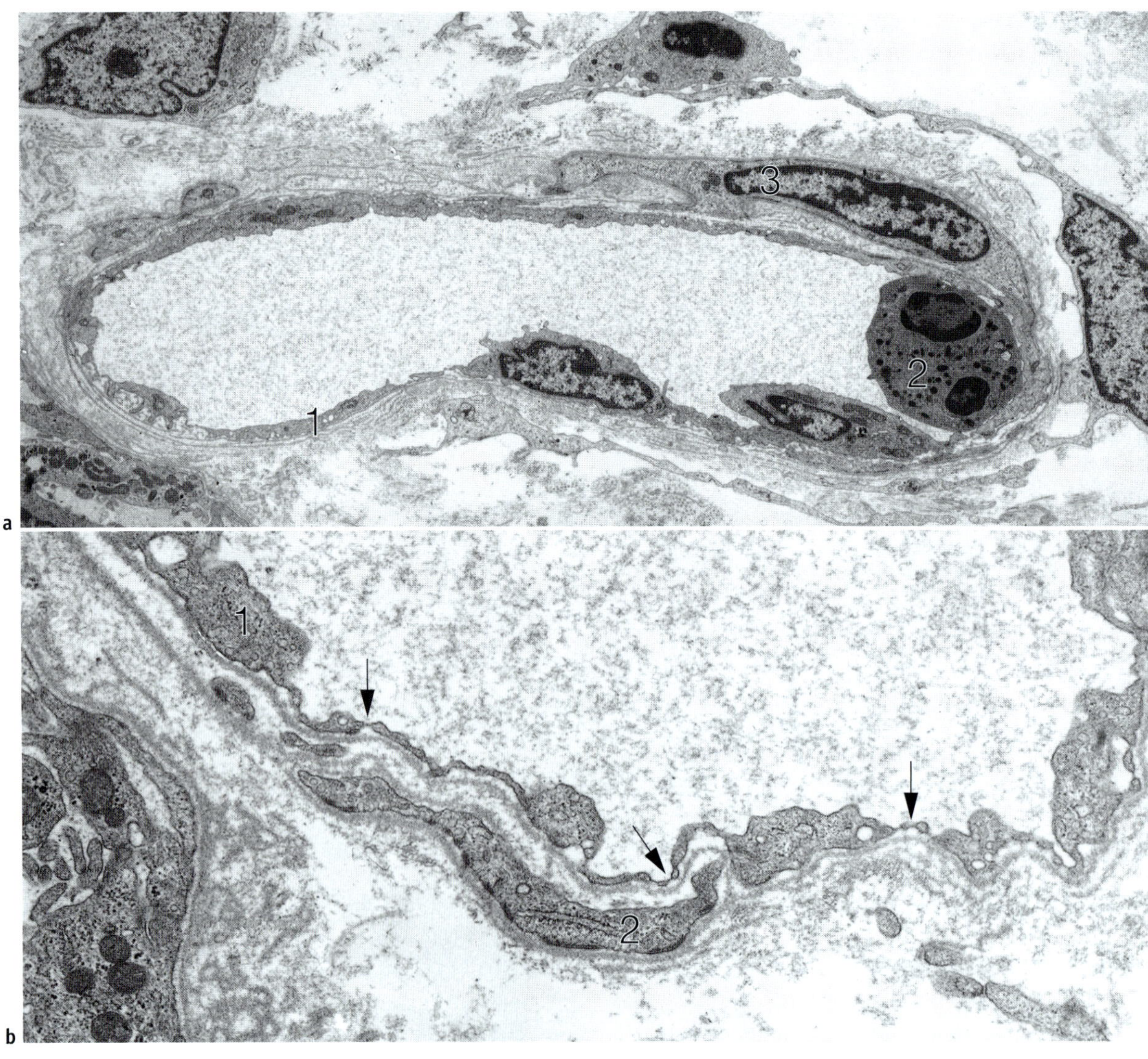

wird dieser Muskelzellmantel dichter. Bei entsprechenden Gefäßen von ca. 1–2 mm Durchmesser spricht man von kleinen Venen.

Die Wand der postkapillären Venolen ist besonders durchlässig, und hier wandern auch, besonders massiv bei Entzündungen, Leukozyten aus dem Blutstrom aus (Diapedese). Die Leukozyten können einerseits durch das Zytoplasma der Endothelzellen hindurchtreten, andererseits aber auch zwischen benachbarten Endothelzellen hindurchwandern. Zwischen Endothelzellen können bei Entzündungen bis zu 500 nm weite Lücken entstehen, durch die massiv Flüssigkeit austreten kann (Ödembildung). Substanzen, die die Gefäßdurchlässigkeit erhöhen, wie z. B. Histamin und Serotonin, üben ihren Effekt vor allem hier aus.

In Lymphknoten und den Tonsillen sowie in anderen schleimhautassoziierten lymphatischen Geweben besitzen die postkapillären Venolen ein dickeres Endothel als anderswo, z. T. ist es fast kubisch (**hochendotheliale Venolen**, Abb. 5-20). Diese Endothelzellen besitzen spezifische Oberflächenmoleküle, die von Lymphozyten erkannt werden können. Ein solcher Erkennungsmechanismus ist die Voraussetzung für die Auswanderung von Lymphozyten in den lymphatischen Organen (siehe S. 213, 279).

Mittelgroße Venen Mittelgroße Venen (Durchmesser 2–9 mm, Abb. 5-7, 5-8) bilden die Masse der Venen des Körpers. Die **Intima** besteht aus Endothel, einigen Kollagenfibrillen und elastischen Fasern. Zum Teil kann die Lage elastischer Fasern am Außenrand der Intima breiter sein, und in sie können Kollagenfasern und längs verlaufende glatte Muskelzellen eingelagert sein. Solche glatten Muskelzellzüge kommen z. B. in den Vv. poplitea, femoralis und cephalica sowie den Uterus- und Mesenterialvenen vor. Die **Media** besteht aus zirkulär oder spiralig verlaufenden Muskelfaserbündeln (Abb. 5-18), die in den Beinvenen besonders gut entwickelt sind, in manchen Venen sind ringförmig angeordnete Muskelzellen selten oder fehlen sogar. Nicht selten bildet die Media an der Elastica interna, wenn sie denn ausgeprägt ist, auch längs verlaufende Muskelzüge (Vv. poplitea, femoralis, iliaca u. a.). Die **Adventitia** schließt sich an die lockere Ringmuskelschicht an und kann recht dick werden. Sie enthält im Bindegewebe vorwiegend längs verlaufende Muskelzellen (Abb. 5-18). In manchen Venen ist die Längsmuskelschicht kräftig entwickelt (Vv. lienalis, renalis, iliaca externa, dorsalis penis u. a.). Elastische Fasern sind in unterschiedlichem Ausmaß vorhanden. Die Masse der elastischen Fasern verläuft längs. In großen Bein- und Armvenen und in der V. jugularis interna sind die elastischen Fasern und Fasernetze besonders kompakt. Das kollagene Grundgerüst ist in den mittelgroßen Venen reich entwickelt, bildet vielfach Fasernetze und verleiht den Venenwänden erhebliche Festigkeit.

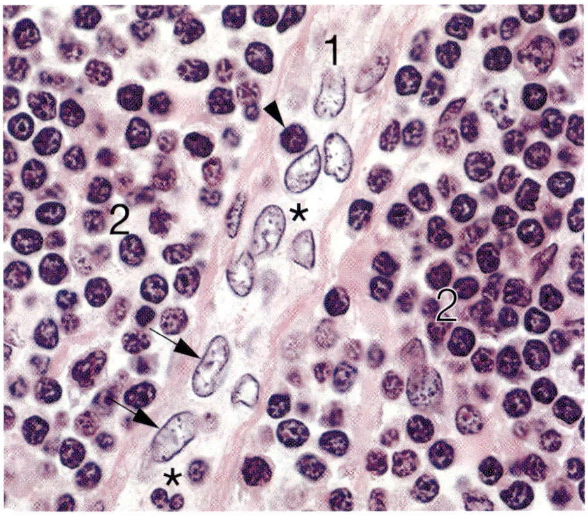

Abb. 5-20 Hochendotheliale Venole (1) aus einem Lymphknoten (Mensch), deren Lumen (*) hier weitgehend kollabiert ist. ➔ kennzeichnende helle Zellkerne der fast kubischen Endothelzellen dieser Gefäße; ▶ Lymphozyt, der aus dem Gefäß auswandert; **2** T-Lymphozyten in der Umgebung der hochendothelialen Venole. Plastikschnitt; Färbung: H. E.; Vergr. 680fach.

Große Venen Die Intima der großen Venen ähnelt der der mittelgroßen Venen, das subendotheliale Bindegewebe nimmt aber oft einen relativ breiten Raum ein. Die Zahl der glatten Muskelzellen ist oft gering. Die Adventitia ist die dickste Schicht dieser Gefäße und kann längs verlaufende Bündel glatter Muskelzellen enthalten. Die **obere Hohlvene** (V. cava superior) ist vor ihrer Einmündung in den rechten Vorhof noch mit einem Mantel aus Herzmuskelgewebe umgeben. Eine kräftige Elastica interna findet sich erst bei älteren Menschen, in deren oberer Hohlvene außerdem die Intima verdickt ist und längs verlaufende glatte Muskulatur enthält. Die Media besitzt locker verteilte Ring-, die Adventitia Längsmuskulatur.

Die **untere Hohlvene** (V. cava inferior) und die **Pfortader** (V. portae) besitzen in ihrer Wand eine breite Schicht längs verlaufender glatter Muskelzellen (Abb. 5-17). Dadurch kann die Längsspannung der Wand dieser Gefäße verändert werden und wechselnder Druckdifferenz zwischen Lumen und Umgebung der Gefäße Widerstand entgegensetzen. Das Lumen kann folglich auch bei Unterdruck offen gehalten werden.

Venenklappen

Viele mittelgroße Venen besitzen Klappen, die den Rückfluss des Blutes verhindern. Es liegen sich jeweils zwei halbmondförmige Klappenhälften (Klappensegel) gegenüber. Sie entsprechen dünnen Intimafalten und sind somit von Endothel bedeckt und besitzen im Innern eine stützende Lamelle aus Kollagen und feinen elastischen Fasern.

Klinik Venenerkrankungen spielen in der praktischen Medizin eine große Rolle.

Wichtig sind unter anderem **Thrombosen** (Blutgerinnselbildung mit anhaftendem Thrombus) infolge von Gefäßwandschäden, verlangsamter Blutströmung und veränderter Blutzusammensetzung (insbesondere gesteigerter Gerinnbarkeit). Gefährlich sind Thrombosen tiefer Venen, da sich ein Thrombus lösen kann und in der Lunge eine Lungenembolie und einen Lungeninfarkt verursachen kann. Thrombose der Venen wird auch Thrombophlebitis genannt. Sie kann sehr schmerzhaft sein und Zeichen einer Entzündung zeigen. Bakterielle Meningitis kann auf die Wände von Hirnvenen und Hirnsinus übergreifen. Da diese Gefäße keine Klappen besitzen, können sich solche Entzündungen der Hirnvenen und -sinus rasch ausbreiten.

Varizen sind knotenförmige, meist einseitige Aussackungen der Venenwände. Primäre Varizen sind zumeist auf das Gebiet der Vena saphena und ihrer Äste begrenzt. Ursache der primären Varikose ist oft eine Venenklappeninsuffizienz. Wenn Venen ihre Funktion hinsichtlich Abtransport von Gewebeflüssigkeit nicht erfüllen können, spricht man von venöser Insuffizienz. Ursachen können postthrombotisches Syndrom und primäre Varikose sein.

Venen mit besonderem Wandbau

Venen ohne Muskulatur finden sich in den Milztrabekeln, der Retina, verbreitet in der Pia mater und in der Dura mater (Sinus).

Venen mit muskelreicher Wand finden sich im Uterus schwangerer Frauen und im Plexus pampiniformis des Samenstrangs (Abb. 5-21). Auch die Nabelvene ist reich mit glatter Muskulatur ausgestattet.

Drosselvenen besitzen muskuläre sphinkterähnliche Einrichtungen, die das Blut in den stromaufwärts liegenden Regionen aufstauen können. Hierzu werden u.a. die Venen des Nebennierenmarks, die Venengeflechte in der Nasenschleimhaut (Abb. 5-22) und im Corpus spongiosum der Urethra gezählt. Auch in den Wänden der Lebervenen kommen Sphinkterstrukturen vor, die in Form längs oder spiralig verlaufender Bündel glatter Muskelzellen in der Adventitia auftreten.

! Venen bilden das **Niederdrucksystem** des Blutkreislaufs. Ihre relativ dünnen Wände sind sehr variabel gebaut. Die drei Schichten des Grundbauplans der Gefäßwände (Intima, Media, Adventitia) sind oft unscharf begrenzt. In den meisten Fällen ist der Wandbau locker, insbesondere die glatte Muskulatur bildet lockere Bündel, die durch breite Bahnen von Kollagenfasern getrennt sind. Elastische Fasern bauen Netze in der gesamten Venenwand auf. Die Intima bildet Klappen. Die Media der Venen der unteren Körperhälfte ist muskelzellreicher als die der Venen der oberen Körperhälfte.

5.1.4 Arteriovenöse Anastomosen

In vielen Regionen des Körpers (v.a. in der Haut und in den Akren) sind kleine Arterien und kleine Venen nicht nur über das Kapillarbett, sondern auch über direkte Verbindungen („Kurzschlüsse"), die sog. **arteriovenösen Anastomosen** (AVA), verbunden. Sie besitzen in ihrer Mitte einen speziellen kontraktilen Abschnitt, der relativ dick ist und aus einer Schicht plumper, längs verlaufender modifizierter glatter Muskelzellen zwischen Endothel und Media besteht. Diese Zellen werden wegen ihres Aussehens „epitheloide" Zellen genannt. Die Elastica interna fehlt hier. Die AVA haben einen großen Einfluss auf die Regulation der Durchblutung der zugehörigen Kapillarbetten, v.a. in der Haut, und somit auch eine Rolle bei der Thermoregulation. Sie arbeiten bei der Regulierung der peripheren Durchblutung mit präkapillären Sphinkteren zusammen. Die AVA können relativ einfache gestreckte Kanäle (Brückenanastomosen) sein oder in ihren mittleren Abschnitten geknäuelt (Knäuel- = Glomusanastomosen) verlaufen. Die kleinen Gefäßknäuel der Knäuelanastomosen werden Glomera (Sing. Glomus) oder Glomusorgane genannt (Abb. 5-23). Sie sind von einer Bindegewebskapsel umgeben und reich mit adrenergen, aber auch mit cholinergen Nervenfasern umgeben, die wahrscheinlich mit thermoregulatorischen Zentren im Gehirn in Beziehung stehen. Sie kommen vor allem in der Haut vor, wohingegen Brückenanastomosen in anderen Körperregionen vorherrschen.

Manche Arterien, z.B. Penisarterien, Arterien der Prostata und der Labia minora, Bronchialarterien, Arterien der tieferen Hautschichten und Nabelarterien, besitzen Intimapolster, die überwiegend aus längs gerichteten glatten Muskelzellen bestehen und die im Präparat den „epitheloiden" Zellen der AVA ähneln (Polsterarterien, Drosselarterien). Diese Polster dienen der Regulierung des Blutstroms und können das Gefäßlumen z.T. völlig verschließen.

5.1.5 Entstehung von Blutgefäßen

Der Vorgang der **Entstehung von Blutgefäßen** aus freien mesenchymalen Zellen **in der Embryonalzeit** wird **Vaskulogenese** genannt. Sie geht von Angioblasten aus, die Vorstufen von Endothelzellen sind. Es formieren sich schlanke, z.T. vernetzte Zellsäulen, die dann ein Lumen ausbilden. Zuerst entstehen Kapil-

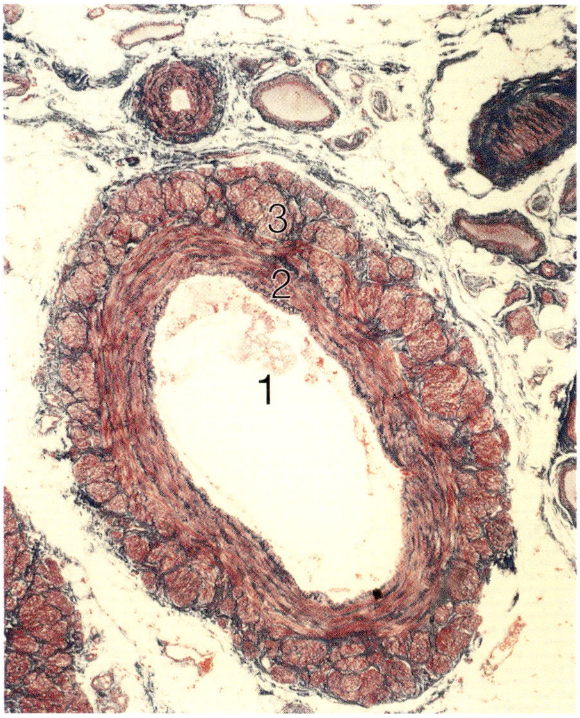

Abb. 5-21 Muskelreiche Vene des Plexus pampiniformis im Samenstrang (Mensch), Querschnitt. **1** Lumen der Vene; **2** Ringmuskulatur der Venenwand; **3** außen liegende, längs verlaufende Bündel glatter Muskulatur der Venenwand. Färbung: Azan; Vergr. 45fach.

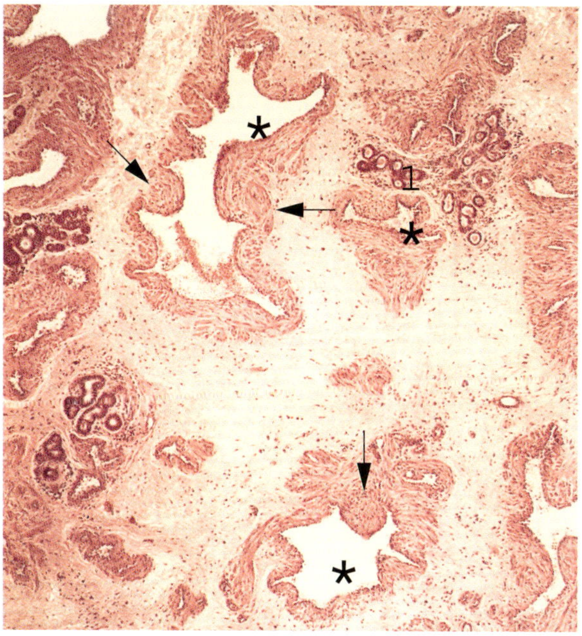

Abb. 5-22 Drosselvenen (*) in der Nasenschleimhaut (Mensch). Die Wandung dieser Venen weist unterschiedlich dicke Muskelschichten auf, die z.T. Sphinkterstrukturen bilden (→). **1** Drüsen. Färbung: H.E.; Vergr. 45fach.

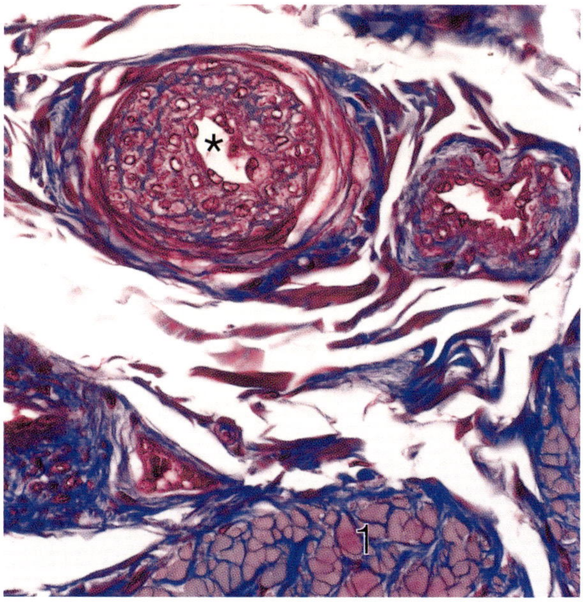

Abb. 5-23 Arteriovenöse Anastomose im Bereich der Ligamenta flava (Pavian). * Lumen eines Gefäßabschnitts der Anastomose mit dicker epitheloider Wandung. **1** elastische Fasern des Ligamentum flavum. Färbung: Masson-Trichrom; Vergr. 460fach.

laren, die sich aber zu größeren Gefäßen weiterentwickeln. Die ersten Gefäße entstehen im Dottersack und im Rumpf. Die Vaskulogenese wird durch spezifische Faktoren angeregt. Ein besonders wichtiger Faktor ist der vaskuläre endotheliale Wachstumsfaktor (VEGF), der von Mesenchymzellen gebildet wird. Er bindet an die vaskulären endothelialen Wachstumsfaktor-Rezeptoren VEGF-R2 an den Angioblasten und VEGF-R1 an der basalen Zellmembran der sich zu einem Rohr formierenden Endothelzellen.

Die **Bildung neuer Blutgefäße bei Erwachsenen,** die von bestehenden Gefäßen ausgeht, bezeichnet man als **Angiogenese.** Sie geht zumeist von Kapillaren aus. Dort, wo Gefäßsprossen entstehen, wird erst die Basallamina abgebaut. Die Proliferation von Endothelzellen wird durch die angiogenetischen Faktoren VEGF (s. o.) und Ang1 (Angiopoietin 1) stimuliert. Die Endothelzellen reifen aus und bilden ein Rohr. Dann entsteht eine Basallamina, und Perizyten (oder, bei größeren neu entstehenden Gefäßen, glatte Muskelzellen) besiedeln das Endothelrohr. Ang1 interagiert mit dem Endothelzellrezeptor Tie2 bei der Reifung der Gefäße und bei deren Besiedlung mit glatten Muskelzellen.

Wenn Ang2, ein weiteres Angiopoietin, die Effekte von Ang1 blockiert, führt das zu Umbauten in Endothelzellen oder zu deren Apoptose.

Bei der **Tumorangiogenese** produzieren Tumorzellen angiogenetische Peptide, die das Wachstum von Endothelzellen stimulieren. Eine reiche Gefäßversorgung ist für das Überleben der Tumorzellen wesentlich. Der Gefäßreichtum ist auch für die Metastasierung eine wichtige Voraussetzung. Zwei antiangiogenetische Peptide, Angiostatin und Endostatin, sind in Geweben gefunden worden, die bei Mäusen das Tumorwachstum hemmen oder behindern können, indem sie die Neubildung von Kapillaren verhindern.

Embryonale arterielle und venöse Endothelzellen unterscheiden sich molekular. Embryonale arterielle Endothelien exprimieren das Protein Ephrin-B2, venöse Ephrin-B4.

5.2 Lymphgefäße

Das Lymphgefäßsystem ist ein Drainagesystem, das aus blind endenden Lymphkapillaren und einem System von größeren Lymphgefäßen, deren größte Stämme in die Venen oberhalb des Herzens einmünden, besteht. Es nimmt Gewebeflüssigkeit auf und führt sie dem Blutkreislauf zu. Die Gewebeflüssigkeit entstammt zum größten Teil dem Blutkreislauf selbst und geht diesem v.a. im Bereich der Kapillaren verloren. Lymphkapillaren finden sich in fast allen Organen (Ausnahmen: Zentralnervensystem, Knochen und Thymus). In den Verlauf der Lymphgefäße sind die Lymphknoten eingeschaltet (siehe Kap. 6.3.2). Die Flüssigkeit der Lymphgefäße ist die Lymphe (v.a. Wasser, Elektrolyte, 2–4% Protein). An Zellen enthält die Lymphe nur Lymphozyten.

Lymphkapillaren Die Lymphkapillaren sind sehr variabel gestaltete, meist schlauch- oder spaltförmige, kleine Gefäße, die von einem dünnen Endothel begrenzt werden. Die Endothelzellen sind über lockere Kontaktstrukturen verbunden. Ihnen fehlt eine durchgehende Basallamina, diese wird durch kleine subendotheliale Areale aus basallaminaähnlichem Material repräsentiert, in dem 8–10 nm dicke Mikrofibrillen verankert sind (Abb. 5-24).

Lymphsinus Die Lymphgefäße des Lymphknotens sind die Lymphsinus (Abb. 5-25), deren Wände auch nur aus sehr dünnen Endothelzellen aufgebaut sind.

Lymphgefäße Größere Lymphgefäße besitzen subendotheliale elastische Fasern, denen ein bis zwei Lagen glatter Muskulatur folgen. Weiter außen befindet sich eine Adventitia aus Kollagenfasern und elastischen Fasern.

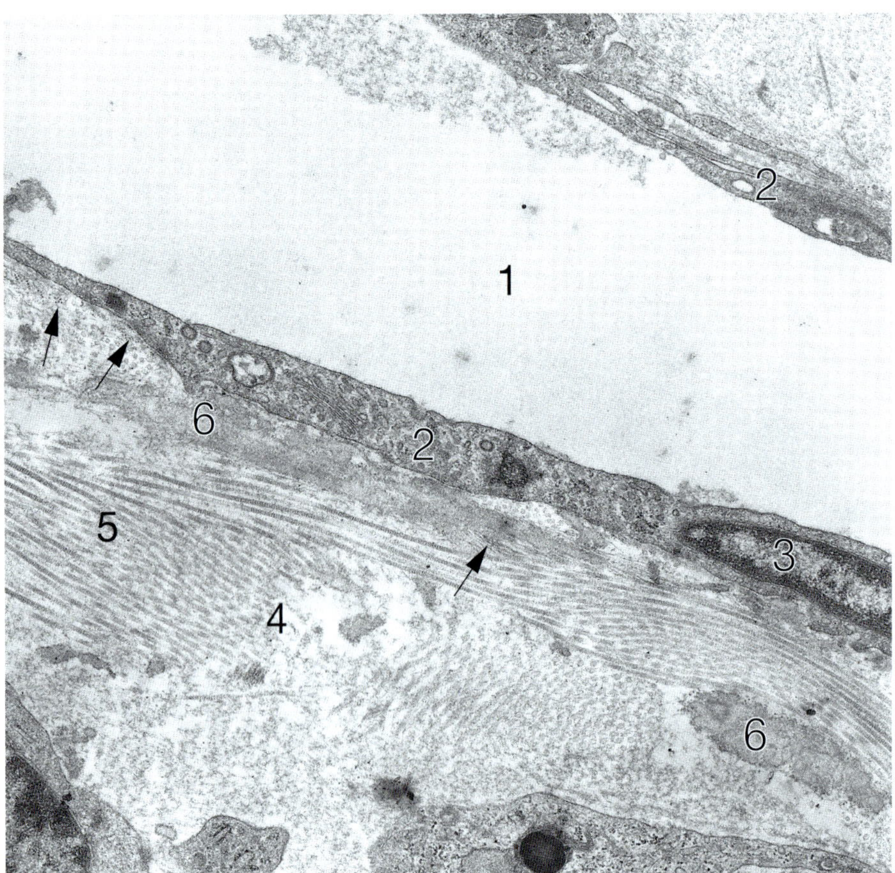

Abb. 5-24 Wand einer Lymphkapillare (Magen, Mensch) im elektronenmikroskopischen Präparat. **1** Lumen; **2** Endothel; **3** Kern der Endothelzelle; **4** lockere Bindegewebsmatrix in der Umgebung der Lymphkapillare mit Kollagenfibrillen (**5**) und feinen elastischen Fasern (**6**) sowie Mikrofibrillen (➔). Vergr. 20700fach.

Kleine (Abb. 5-26) und mittelgroße Lymphgefäße besitzen in relativ dichten Abständen Klappen (Abb. 5-27), die denen der Venen ähneln und außen von Endothel bedeckt sind. Innen befindet sich eine dünne Schicht Bindegewebe. Diese Klappen sind wesentlicher Bestandteil der Lymphgefäße und sichern den unidirektionalen Fluss der Lymphe, dessen „Motor" v.a. die Bewegungen der Muskulatur sind. Große Lymphgefäße weisen langsame Kontraktionen auf (2–3/min).

Klinik Aus verschiedenen Gründen kann der Lymphabfluss behindert werden, was zu Ödembildung (**Lymphödeme**) führt. Ursachen für solche Blockierungen des Lymphflusses sind z.B. wiederholte Entzündungen der Lymphgefäße (z.B. durch Streptokokken), der Befall mit Filarien (Nematoden) oder Tumorbildungen. Auch nach chirurgischen Eingriffen kann der Lymphabfluss gestört sein. Seltener ist ange-

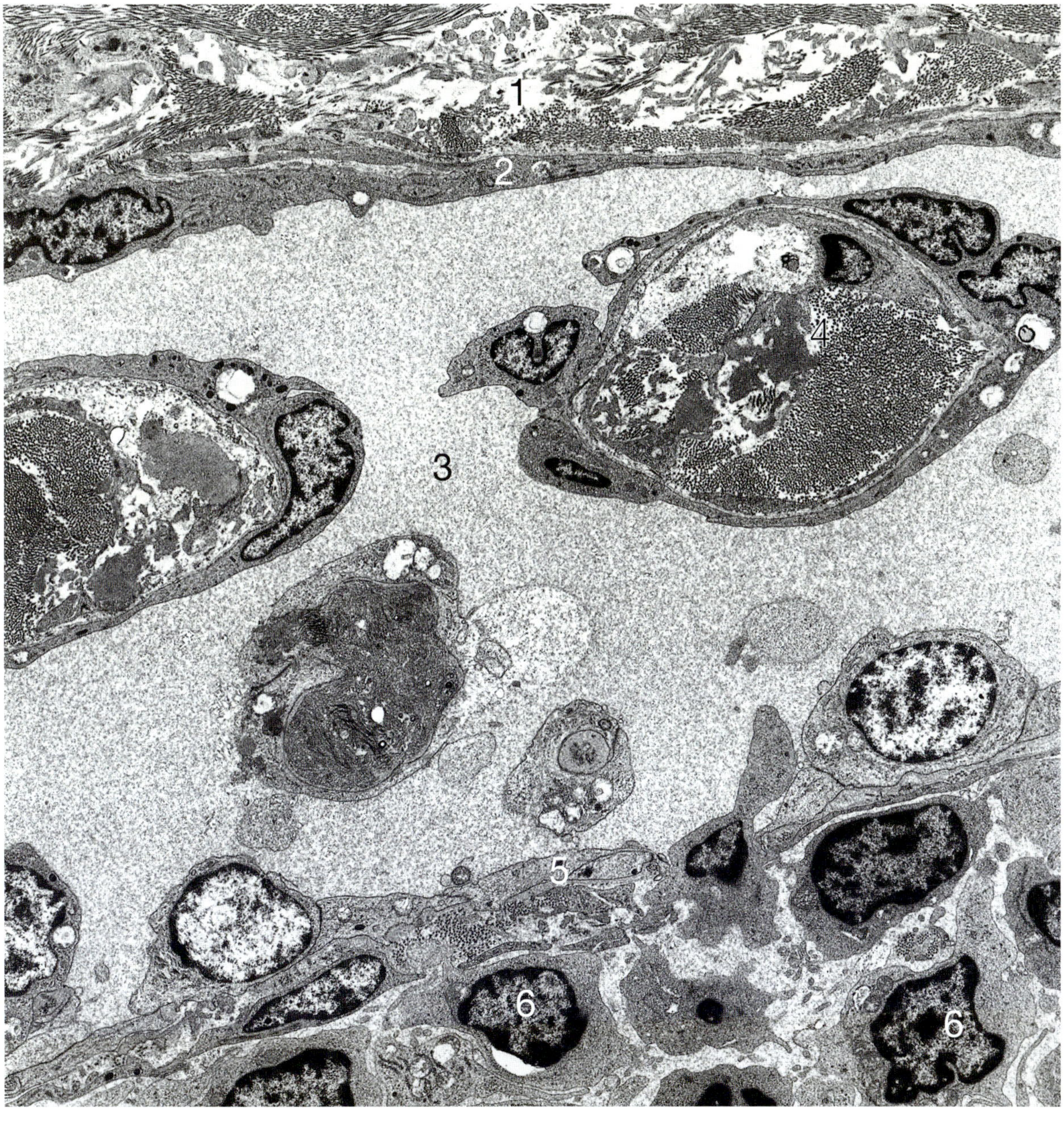

Abb. 5-25 Randsinus eines Mesenteriallymphknotens (Seehund). Die Sinus sind die im Lymphknoten verlaufenden Abschnitte des Lymphgefäßsystems. **1** Kapsel des Lymphknotens; **2** äußeres (parietales) Endothel des Sinus; **3** Lumen des Sinus; **4** von Endothel bedeckte Bindegewebstrabekel im Lumen des Sinus, kleinere Kollagenfibrillenbündel werden von Fortsätzen fibroblastischer Retikulumzellen umhüllt, die durch das Sinuslumen hindurchziehen; **5** inneres (viszerales) Endothel des Sinus, das z.T. Unterbrechungen aufweist; **6** Lymphozyten in der Rinde des lymphatischen Gewebes. Vergr. 3870fach.

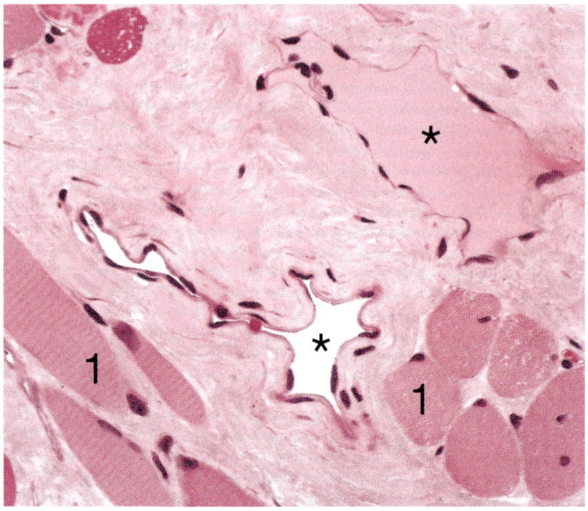

Abb. 5-26 Zwei größere Lymphgefäße (*) im Bindegewebe der Zunge eines Rhesusaffen. Das Lymphgefäß links unten ist z.T. kollabiert und enthält präparativ bedingt keine Lymphflüssigkeit (helles Lumen); das Lymphgefäß rechts oben enthält dagegen proteinreiche Lymphe, die hier rot gefärbt ist. Es wird deutlich, wie schwer auch größere Lymphgefäße im Präparat erkennbar sein können. **1** Skelettmuskelzellen. Plastikschnitt; Färbung: H.E.; Vergr. 450fach.

borener Mangel an Lymphgefäßen, z.B. gelegentlich beim Turner- oder Klinefelter-Syndrom.

5.3 Herz

Das Herz ist eine Druck-Saugpumpe, die für den Blutfluss im Herz-Kreislauf-System verantwortlich ist. Seine Wand besteht aus drei Schichten:

- Endokard (innere Schicht),
- Myokard (mittlere Schicht) und
- Epikard (äußere Schicht).

Diese Schichten entsprechen der Intima, Media und Adventitia der Blutgefäße.

5.3.1 Wandaufbau

Endokard Das Endokard besteht innen aus dem Endothel und einer ihm unmittelbar folgenden schmalen Schicht aus lockerem Bindegewebe mit Kollagenfasern und elastischen Fasern. Nach außen schließt sich eine dickere Schicht aus faserreichem Bindegewebe an, in das glatte Muskelzellen eingelagert sind. Weiter außen folgt eine gefäß- und nervenführende Schicht, die z.T. in das Myokard eindringt und die auch Faserbündel des Erregungsleitungssystem enthält (Abb. 3.3-26).

Vom Endokard geht auch die Bildung der **Herzklappen** aus. Diese sind besonders reich an Kollagenfasern, enthalten aber auch viele elastische Fasern und werden von Endothel überzogen (Abb. 5-28). Ihnen fehlen Muskulatur und Blutgefäße. Die Segelklappen (rechts Trikuspidalklappe, links Mitralklappe) sind die Verschlusseinrichtungen der Öffnungen zwischen Vorhöfen und Kammern. An ihrer Unterseite setzen die feinen Sehnen, die Chordae tendineae der Papillarmuskeln, an (Abb. 5-29). Die Taschenklappen finden sich am Ursprung von Aorta und Truncus pulmonalis. Sie bestehen beide aus jeweils drei Taschen, die wie Schwalbennester an der Innenwand der großen Gefäße hängen. Sie sind dünner als die Segelklappen und enthalten auf der ventrikulären Seite besonders viele elastische Fasern. In ihrem Bereich gibt es keine Chordae tendineae.

Myokard Das Myokard besteht aus komplex angeordneten Herzmuskelzellen (siehe Kap. 3), von denen einige endokrine Funktion besitzen (siehe Kap. 3). Das Myokard ist reich an Blutkapillaren, in denen das Blut fast nur während der Diastole fließen kann. Die myo-

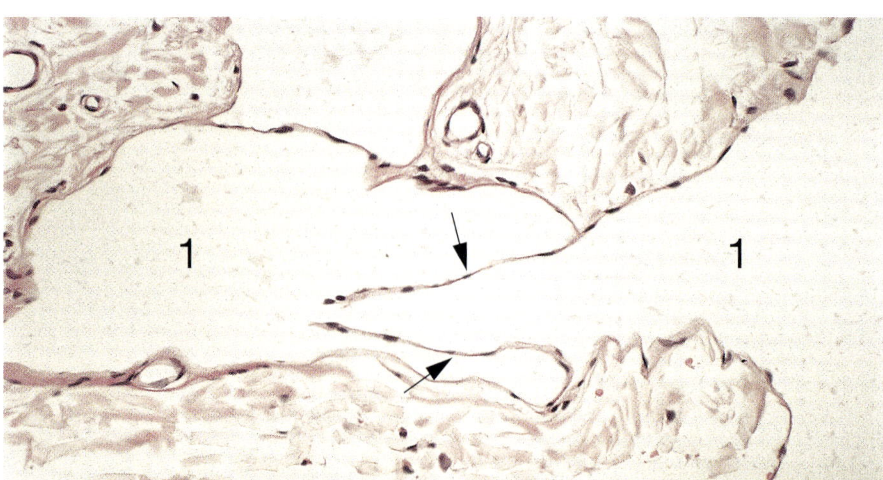

Abb. 5-27 Klappen (→) eines zum Lymphknoten führenden Lymphgefäßes (1) des Menschen. Färbung: H.E.; Vergr. 260fach.

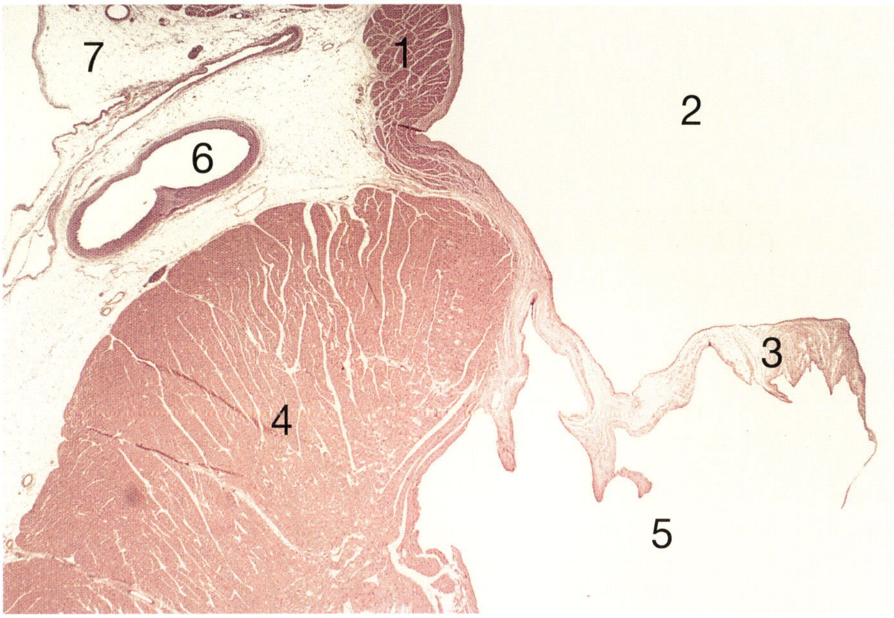

Abb. 5-28 Längsschnitt durch die linke Herzwand eines Rhesusaffen. **1** relativ dünnes Myokard des Atriums; **2** Lumen des Atriums; **3** Segel-(Mitral-) Klappe; **4** muskelstarkes Myokard des Ventrikels; **5** Lumen des Ventrikels; **6** Koronararterie im Epikard; **7** Fettgewebe im Sulcus coronarius. Färbung: H.E.; Vergr. 5fach.

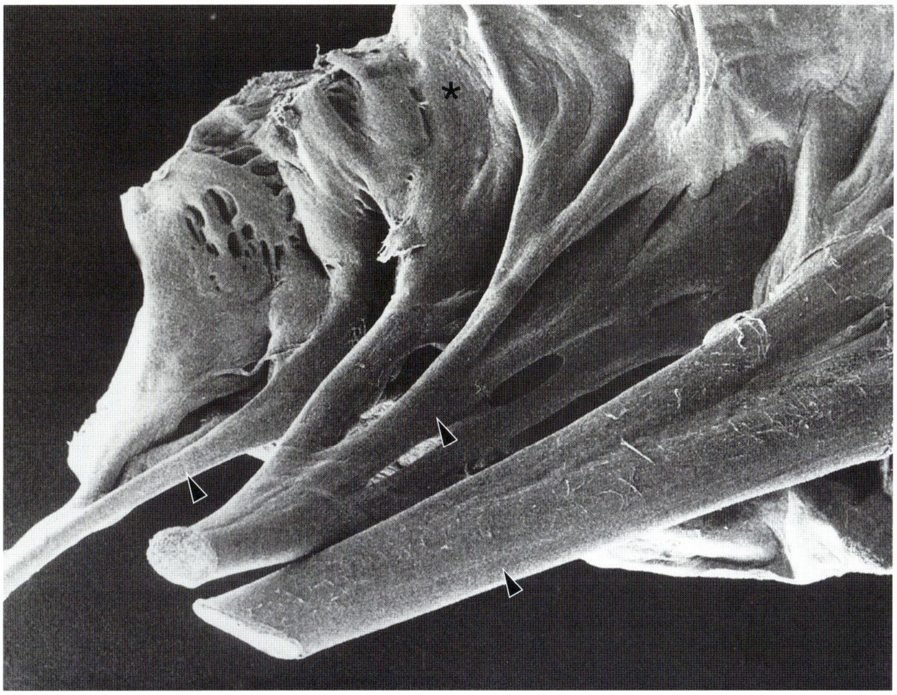

Abb. 5-29 Ansatz der Chordae tendineae (▶) an der Unterseite einer Bikuspidalklappe (✻) des Schweins. Präparat stud. med. Tobias Lahmer. Vergr. 43fach.

kardialen Arteriolen und epikardialen Arterien weisen vielfältige physiologische Besonderheiten auf und können die Durchblutung ideal dem Sauerstoffbedarf des Myokards anpassen.

Epikard Das Epikard ist eine außen dem Myokard anliegende Bindegewebsschicht, die von einem flachen Epithel (Mesothel) bedeckt wird. Das Epikard ist das viszerale Blatt des Herzbeutels (Lamina visceralis pericardii). Hier verlaufen die großen Blutgefäße, die i. Allg. von Fettgewebe umgeben sind (Abb. 5-28).

5.3.2 Herzskelett

Das Herzskelett trennt die Herzmuskulatur der Vorhöfe von der der Kammern, lediglich das His-Bündel überbrückt das Herzskelett. Es besteht aus straffem kollagenem Bindegewebe. In dieses Bindegewebe sind reifenförmige Züge von Kollagenfasern eingelagert, die **Anuli fibrosi,** an denen die Segelklappen entspringen (Abb. 5-28). Auch die Taschenklappen von Aorta und Truncus pulmonalis entspringen an je einem Faserring im Herzskelett. Die zwei Trigona

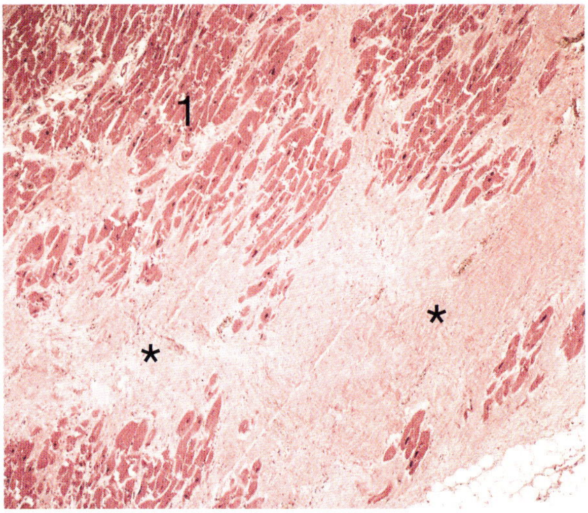

Abb. 5-30 Kollagenreiche Narbe (*) im Myokard des Menschen nach einem abgeheilten Myokard-(Herz-)Infarkt. **1** intaktes Herzmuskelgewebe. Der Verlust an Muskelgewebe schränkt die Herzleistung ein. Färbung: H. E.; Vergr. 45fach.

fibrosa sind Bindegewebszwickel, die dort entstehen, wo die Faserringe der Segelklappen mit dem der Aortenklappe zusammentreffen. In den Trigona fibrosa kommen faserknorpelartige Areale vor, Dieses insgesamt sehnige Herzskelett dient sowohl der Vorhof- als auch der Kammermuskulatur als Ursprungsort.

Klinik Erkrankungen der Herzkranzarterien (Koronararterien), vor allem Atherosklerose mit Verengung des Gefäßlumens, können die Sauerstoffversorgung des Herzmuskels behindern oder unterbrechen, was dann zu einem **Myokardinfarkt** führt. Da die Herzmuskulatur dann abstirbt und nicht regeneriert, wird der betroffene Bezirk durch kollagenfaserreiches Narbengewebe ersetzt, wenn der Infarkt überlebt wird (Abb. 5-30). Ursachen liegen in Bluthochdruck, Diabetes mellitus, Rauchen, Hyperlipidämie und genetischer Disposition. Wochen nach einem Racheninfekt mit β-hämolytischen Streptokokken der Gruppe A kann akut **rheumatisches Fieber** auftreten, das zu Entzündung der Herzmuskulatur (Myokarditis) und insbesondere auch der Herzklappen führen kann. Nach Abheilen können die Klappen vernarben und nicht mehr dicht schließen. Verschiedene **Kardiomyopathien** führen zu Dilatation oder Hypertrophie des Myokards, was schließlich zu Funktionseinschränkungen unterschiedlichen Ausmaßes führt, bis hin zum Herzversagen.

Angeborene Herzerkrankungen beruhen meist auf Fehlbildungen, z. B. persistierenden Öffnungen zwischen rechtem und linkem Herzen oder angeborenen Stenosen der Klappen.

5.3.3 Erregungsbildungs- und -leitungssystem

Im Herzen entwickelt sich aus spezialisierten Herzmuskelzellen (Kardiomyozyten) ein eigenes System, das spontan elektrische Impulse aussendet, die die Kontraktion des Arbeitsmyokards auslösen. Somit hat das Herz sein eigenes myogenes System (Erregungsautonomie des Herzens), das Erregungen bildet und weiterleitet. Es koordiniert die Kontraktion von linkem und rechtem Herzen und die Abfolge der Kontraktionen von Vorhöfen und Kammern. Die Kontraktionen der Skelettmuskulatur sind dagegen vom Nervensystem abhängig. Im Herzen moduliert das Nervensystem lediglich den autonomen Rhythmus mit seiner Frequenz von 60–70/min.

Das **Erregungsbildungs- und -leitungssystem** („Reizleitungssystem") besteht aus:

- Sinusknoten, Atrioventrikularknoten (AV-Knoten),
- His-Bündel (tritt durch das Herzskelett hindurch),
- rechtem und linkem Tawara-Schenkel (der linke Schenkel spaltet sich rasch in zwei große Faszikel) und den
- Purkinje-Fasern.

Der **Sinusknoten** liegt an der Einmündung der oberen Hohlvene in den rechten Vorhof und ist der Schrittmacher der Erregung des Herzens. Der Name Sinusknoten geht auf den embryonalen Sinus venosus zurück, in dessen Bereich dieser Knoten liegt. Sinusknoten und AV-Knoten sind nicht über Strukturen des erregungsbildenden Systems, sondern über das Arbeitsmyokard der Vorhöfe verbunden.

Die **Purkinje-Fasern** sind mit dem Arbeitsmyokard über Nexus (Gap junctions) verknüpft. Die Erregung der Purkinje-Fasern erreicht zuerst die Papillarmuskeln, die über die Chordae tendineae mit den Segelklappen verbunden sind, und dann das Myokard der Kammerwände. Die Zellen des Erregungsbildungs- und -leitungssystem sind untereinander auch über Nexus verbunden und sind im Sinus- und AV-Knoten schlanker, in den Purkinje-Fasern aber dicker als die Zellen des Arbeitsmyokards.

Sinus- und AV-Knoten werden besonders gut durchblutet. Das Gewebe von Sinus- und AV-Knoten ist reich an Bindegewebsfasern. Die Zellen sind durch ein besonders dichtes Geflecht von vegetativen Nervenfasern umsponnen, die die angeborene Herzfrequenz steigern (Sympathikus) oder herabsetzen (Parasympathikus) können.

Der zytologische und histologische Aufbau der myofibrillenarmen und glykogenreichen Zellen des Erregungsbildungs- und -leitungssystems sind in Kapitel 3.3.3 beschrieben.

6 Immunsystem (lymphatisches System)

Zur Orientierung

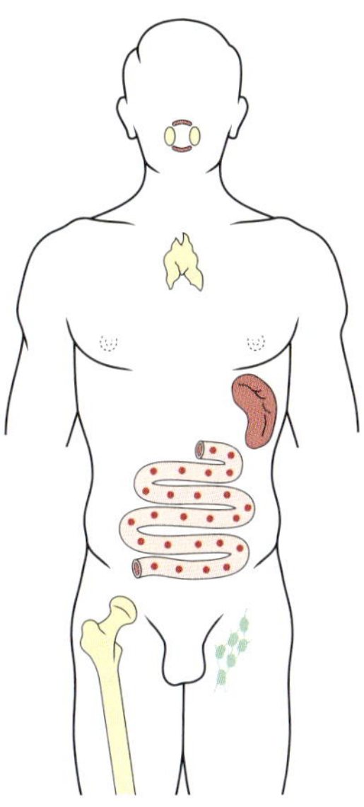

Das Immunsystem (Abwehrsystem) schützt den Menschen vor vielfältigen schädlichen Einwirkungen, die von der belebten, aber auch unbelebten Umwelt ausgehen können. Es erkennt potentielle Krankheitserreger (Bakterien, Viren, Pilze, Protozoen, Parasiten) und ihre toxischen Produkte (bakterielle Toxine) und leitet Maßnahmen zu ihrer Bekämpfung ein. Es begrenzt mithilfe von Entzündungsreaktionen den Schaden, den die Krankheitserreger anrichten, kann aber auch von diesen überrannt werden. Oft ist es so effektiv, dass gar keine Symptome auftreten. Das Immunsystem lässt sich in zwei Anteile untergliedern: das angeborene (unspezifische) und das erworbene (adaptive = spezifische) Immunsystem.

Das angeborene Immunsystem reagiert auf die o. g. Krankheitserreger stets, auch bei der Erstexposition, sehr schnell. Seine wichtigsten zellulären Komponenten sind Makrophagen, neutrophile und eosinophile Granulozyten und natürliche Killerzellen.

Die zellulären Komponenten des erworbenen Immunsystems, B- und T-Lymphozyten, erkennen und bekämpfen ganz spezifisch bestimmte Krankheitserreger. Das adaptive Immunsystem hat die Fähigkeit, „Selbst" und „Nicht-Selbst" zu unterscheiden. Das heißt, es kann Molekülkonfigurationen und Zellen des Individuums, in dem es agiert, von fremden Zellen oder Molekülen, die in dessen Körper eindringen oder seine inneren und äußeren Oberflächen besiedeln, unterscheiden. Jeder B- bzw. T-Lymphozyt kann durch ein spezifisches körperfremdes Molekül aktiviert werden, d. h. er wird zur Teilung und Differenzierung angeregt (klonale Selektion). B-Lymphozyten differenzieren sich zu Plasmazellen, die Antikörper produzieren (spezifische humorale Abwehr). T-Lymphozyten entwickeln sich zu CD8-positiven zytotoxischen T-Lymphozyten, die virus- oder bakterieninfizierte Zellen oder Tumorzellen erkennen und abtöten, oder zu CD4-positiven regulatorischen T-Lymphozyten, die andere Zellen des Immunsystems beeinflussen. T-Lymphozyten repräsentieren die spezifische zelluläre Abwehr.

Ein wesentliches Merkmal des erworbenen Immunsystems ist sein „Gedächtnis" in Form spezifischer, im Körper zirkulierender Gedächtniszellen, die durch Kontakt mit „ihrem" Molekül aktiviert werden und sich rasch vermehren. Da beim Erstkontakt mit einem der o. g. Organismen oder Toxine noch kein „Gedächtnis" besteht, reagiert das erworbene Immunsystem hier relativ langsam, bei allen folgenden Kontakten aber sehr schnell (daher „adaptiv").

Die Lymphozyten besitzen eigene Organe, die lymphatischen Organe (= Immunorgane), in denen sie heranwachsen oder wesentliche Funktionen erfüllen. Es werden primäre und sekundäre lymphatische Organe unterschieden. Primäre lymphatische Organe sind Thymus und Knochenmark. In ihnen erfolgen die ersten Differenzierungsschritte der T-Lymphozyten (im Thymus) und der B-Lymphozyten (im Knochenmark). Die sekundären lymphatischen Organe sind Lymphknoten, Milz und schleimhautassoziierte Organe des Immunsystems wie die Tonsillen und Peyer-Plaques. In den sekundären lymphatischen Organen besiedeln T- und B-Lymphozyten unterschiedliche Areale. Die B-Lymphozyten agieren in den Lymphfollikeln, die T-Lymphozyten in den parafollikulären Zonen oder in der periarteriellen Lymphozytenscheide (Milz).

Das Immunsystem schützt den Organismus, indem es potentielle Krankheitserreger (Bakterien, Viren, Pilze, Protozoen, Parasiten) und ihre toxischen Produkte (bakterielle Toxine) erkennt und Maßnahmen zu ihrer Bekämpfung einleitet.

Das Immunsystem lässt sich in zwei Anteile unterteilen:

- das angeborene (unspezifische) und
- das erworbene (adaptive = spezifische) Immunsystem.

6.1 Angeborenes (unspezifisches) Immunsystem

Das angeborene Immunsystem der Wirbeltiere ist spätestens ab der Geburt aktiv. Es richtet sich gegen ein breites Spektrum an Bakterien, Viren, Pilzen, Protozoen und Parasiten. Es reagiert sofort nach einer Infektion (das erworbene Immunsystem erst nach 4–7 Tagen), und seine Tätigkeit wird in Form einer Entzündungsreaktion erkennbar. Ihm stehen eine ganze Reihe von verschiedenartigen Abwehrmechanismen zur Verfügung, die am besten von Säugetieren und vom Menschen bekannt sind, zu einem erheblichen Teil aber bei allen Tieren vorkommen.

Zellen des angeborenen Immunsystems sind Makrophagen, neutrophile und eosinophile Granulozyten (= Neutrophile und Eosinophile) und natürliche Killerzellen (NK-Zellen) (Abb. **4-21, 6-1**).

- Makrophagen (siehe S. 111) und Neutrophile (siehe S. 211) phagozytieren und töten potentielle Krankheitserreger. Die Phagozytose wird dadurch erleichtert, dass beide Zellarten Fragmente von Komplementfaktoren (s. u.) erkennen und binden können, die sich an extrazelluläre Bakterien angelagert haben. Makrophagen sezernieren außerdem Zytokine und Chemokine (s. u.). Neben diesen Funktionen, die Teil der unspezifischen Immunantwort sind, leisten Makrophagen einen entscheidenden Beitrag zur spezifischen Immunantwort, indem sie T-Lymphozyten Antigen präsentieren und so die antigenspezifischen T-Lymphozyten aktivieren (siehe S. 267).
- Eosinophile (siehe S. 214) spielen eine Rolle bei der Abwehr von Protozoen, speziell von Würmern.
- NK-Zellen (siehe S. 221) töten vor allem virusinfizierte Zellen und Tumorzellen ab.

Die Zellen des angeborenen Immunsystems besitzen in ihrer Zellmembran Rezeptormoleküle, mit denen sie an Oberflächenmoleküle von Mikroorganismen binden können, insbesondere an solche Moleküle, die im Laufe der Evolution weitgehend unverändert geblieben und bei Mikroorganismen weit verbreitet sind. Bakterien, bei denen eine Kapsel die Zelloberfläche bedeckt, können allerdings nicht erkannt werden, ebenso wenig Viren, da sie ihre Oberflächenmoleküle häufig verändern oder Moleküle körpereigener Zellen auf der Oberfläche tragen. Beide Erregerarten können aber von den dendritischen Zellen des adaptiven Immunsystems aufgenommen werden (siehe S. 266).

Die **löslichen Komponenten des angeborenen Immunsystems** sind

- **Komplementfaktoren:** ein System von Plasmaproteinen, die eine Kaskade proteolytischer Reaktionen an der Oberfläche pathogener Krankheitserreger auslösen und diese zerstören. Bestimmte Fragmente der Plasmaproteine binden an die Oberfläche der Krankheitserreger und erleichtern deren Phagozytose (s. o.).
- **Zytokine:** kleine Proteine, die von Zellen abgegeben werden und das Verhalten anderer Zellen beeinflussen. Hierzu gehören die Interleukine, Interferon und Tumornekrosefaktor. Von Lymphozyten produzierte Zytokine werden Lymphokine, von Monozyten bzw. Makrophagen produzierte Zytokine Monokine genannt. Aber auch andere Zellen, z. B. Mastzellen, Fibroblasten und Nierenzellen, produzieren Zytokine: So bilden Nierenzellen Erythropoetin, das die Erythrozytenbildung stimuliert. Zytokine agieren auto-, para- und endokrin.
- **Chemokine:** Proteine, die die Wanderung und Aktivierung von Zellen, speziell phagozytierenden Zellen und Lymphozyten, stimulieren. Sie spielen eine wesentliche Rolle bei Entzündungsreaktionen und werden von Makrophagen, Fibroblasten, Endothelzellen, Thrombozyten, T-Lymphozyten u. a. Zellen

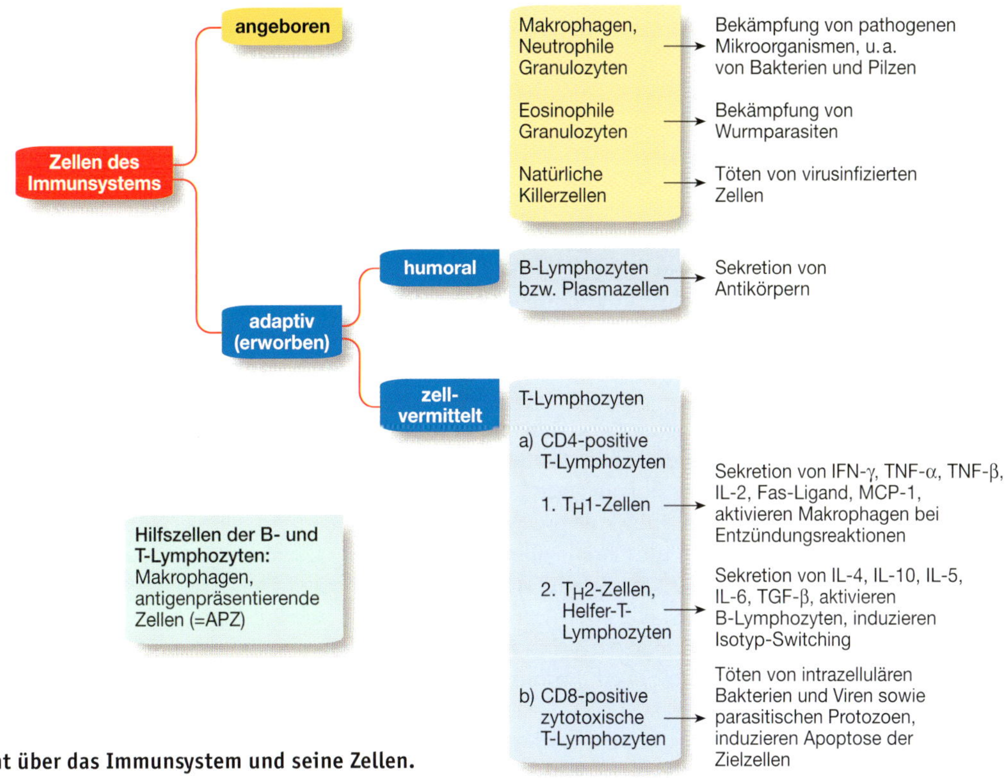

Abb. 6-1 Übersicht über das Immunsystem und seine Zellen.

abgegeben. Oft werden sie als spezielle Zytokine angesehen.

- **antibakterielle Moleküle:** Viele Epithelien und auch manche freie Zellen sezernieren antibakterielle Peptide, z. B. Defensine, Kathelicidine, Lysozym und Lactoferrin. Defensine werden z. B. sezerniert von Makrophagen und Neutrophilen (α-Defensine) und Epithelien wie dem Bronchial- und Darmepithel (β-Defensine). Auch Sauerstoffradikale wirken antibakteriell.

Weitere Abwehrmechanismen des angeborenen Immunsystems sind schützende Oberflächenstrukturen (z. B. die Hornschicht der Haut und die Glykokalyx an der Oberfläche von Epithelien), mukoziliäre Apparate, die Magensäure, saure Hydrolasen, NO u. v. a. m.

6.2 Erworbenes (adaptives = spezifisches) Immunsystem

Das adaptive Immunsystem richtet sich gegen Bakterien, Viren, Pilzen, Protozoen, Parasiten oder bakterielle Toxine. Die Auslöser einer adaptiven Immunreaktion werden als **Antigene** bezeichnet. Bei Erstkontakt mit einem Antigen reagiert das adaptive Immunsystem im Gegensatz zum angeborenen Immunsystem erst nach 4–7 Tagen – weil es erst aktiviert werden muss –, bei allen folgenden Kontakten mit diesem Antigen aber sehr schnell. Es entwickelt sich in der Kindheit, aber im Prinzip das ganze Leben lang in Anpassung an spezifische Antigene. Oft verleiht das adaptive Immunsystem lebenslangen Schutz (lebenslange Immunität) gegen Reinfektion mit einem Antigen.

Wesentliche Träger des Systems sind die Lymphozyten, insbesondere die beiden Haupttypen: die **B-Lymphozyten** und die **T-Lymphozyten.** Beide gehen auf eine gemeinsame Vorläuferzelle im Knochenmark zurück. Die Bezeichnung „B-Lymphozyt" bezieht sich auf die Bursa Fabricii der Vögel, wo die spezifische Funktion der B-Lymphozyten entdeckt wurde, und bone marrow (Knochenmark), wo sie bei Säugetieren entstehen. Die Bezeichnung „T-Lymphozyt" bezieht sich auf den Thymus, wo sich die T-Lymphozyten differenzieren. Beide Lymphozyten-Arten binden ihr spezifisches, körperfremdes Antigen mit Hilfe eines Antigenrezeptors. Lymphozyten, die körpereigene Antigene binden, werden vor Abschluss ihrer Reifung eliminiert (klonale Deletion).

Ein Charakteristikum des adaptiven Immunsystems ist sein „Gedächtnis", mit dessen Hilfe es Krankheitserreger bei einer Reexposition rasch wiedererkennt und bekämpft, so dass es nicht zu erneutem Krankheitsausbruch kommt (Immunität). Das Gedächtnis ist in spezifischen B-und T-Gedächtniszellen lokalisiert. Bei Reexposition vermehren sich die für dieses Antigen spezifischen Lymphozyten mittels klonaler Selektion innerhalb weniger Tage.

6.2.1 B- und T-Lymphozyten

Aussehen und Funktion

B-Lymphozyten (B-Zellen)

Aussehen

- **Naive B-Lymphozyten**, also solche, die noch keinen Antigenkontakt hatten, sind kleine, etwa 6–8 µm große Zellen mit rundlichem Kern, der von einem schmalen Zytoplasmasaum umgeben ist (Abb. **4-17, 4-18**).
- Durch Antigenkontakt **aktivierte B-Lymphozyten** sind größer und haben eine hellere Kernstruktur.

Funktion Aktivierte B-Lymphozyten differenzieren sich zu **Plasmazellen**, die **Antikörper (Immunglobuline**, Ig) **produzieren** und ins Blut abgeben (sie sezernieren bis zu 2000 Antikörpermoleküle pro Sekunde). Antikörper verbinden sich mit ihrem spezifischen Antigen und leiten seine Zerstörung ein (z. B. durch Anlagerung an Phagozyten oder Aktivierung des Komplementsystems). B-Lymphozyten sind somit die Träger der spezifischen humoralen Immunantwort (humor [griech.] = Flüssigkeit).

Antikörper bestehen aus einer Schwanzregion (Fc-Region), die je nach Antikörper-Klasse (s. u.) an Makrophagen oder andere Zellen oder Komplementfaktoren binden kann, und zwei gleichartigen Antigenbindungsstellen (Fab). Jedes der Y-förmigen Antikörpermoleküle enthält vier Polypeptidketten: zwei identische leichte Ketten (ca. 220 Aminosäuren) und zwei identische schwere Ketten (ca. 440 Aminosäuren) (Abb. **6-2**). Die vier Ketten werden durch nicht-kovalente und kovalente (Disulfid-)Bindungen zusammengehalten. Jede Kette setzt sich zusammen aus konstanten Regionen, die die Fc-Region bilden, und variablen Regionen, die die Antigenbindungsstellen bilden. Die Diversität der variablen Regionen ist zumeist auf drei kleine Stellen, die hypervariablen Regionen, beschränkt. Diese hypervariablen Regionen umfassen nur fünf bis zehn Aminosäuren. Daher sind auch die Antigendeterminanten, die ein Antikörper erkennt, relativ klein, und sie bestehen oft nur aus wenigen (bis gut 20) Aminosäuren an der Oberfläche eines globulären Proteins. Die variable Aminosäurezusammensetzung der hypervariablen Regionen ist die Ursache für die Vielzahl der Antigenbindungsstellen.

Es gibt zwei Typen leichter Ketten (λ, κ) und fünf Typen schwerer Ketten (α, δ, ε, γ und µ). Anhand des Typs der schweren Kette werden Antikörper in fünf Klassen eingeteilt:

- Antikörper der Klasse **IgA** finden sich in Sekreten, z. B. in der Tränenflüssigkeit, im Speichel, in den Sekreten des Darms und der Atemwege und in der Muttermilch. IgA wird von Plasmazellen im Bindegewebe gebildet und mit einem spezifischen Protein, der sekretorischen Komponente, durch das Epithel in das Lumen der Drüse bzw. des Darm- bzw. Atemtrakts transportiert.
- Antikörper der Klasse **IgD** finden sich als Antigenrezeptoren auf der Oberfläche reifer naiver B-Lymphozyten, die damit in die Lage versetzt werden, auf fremde Antigene zu reagieren.
- Antikörper der Klasse **IgE** binden mit ihrer Fc-Region an einen Fc-Rezeptor auf Mastzellen und Basophilen. Binden Antigene an IgE-Moleküle auf Mastzellen, werden diese Zellen aktiviert und sezernieren biologisch aktive Amine, speziell Histamin, und verschiedene Zytokine. Als Folge werden u. a. Venolen weit gestellt und durchlässig für Blutflüssigkeit (Ödembildung). Dies erleichtert Leukozyten, Antikörpern und Komplement in einer Entzündungsregion den Austritt in das Gewebe. Mastzellen sezernieren außerdem Faktoren, die Eosinophile anlocken. Diese Zellen haben auch Fc-Rezeptoren, die IgE binden, und töten Parasiten insbesondere, wenn diese mit IgE bedeckt sind.

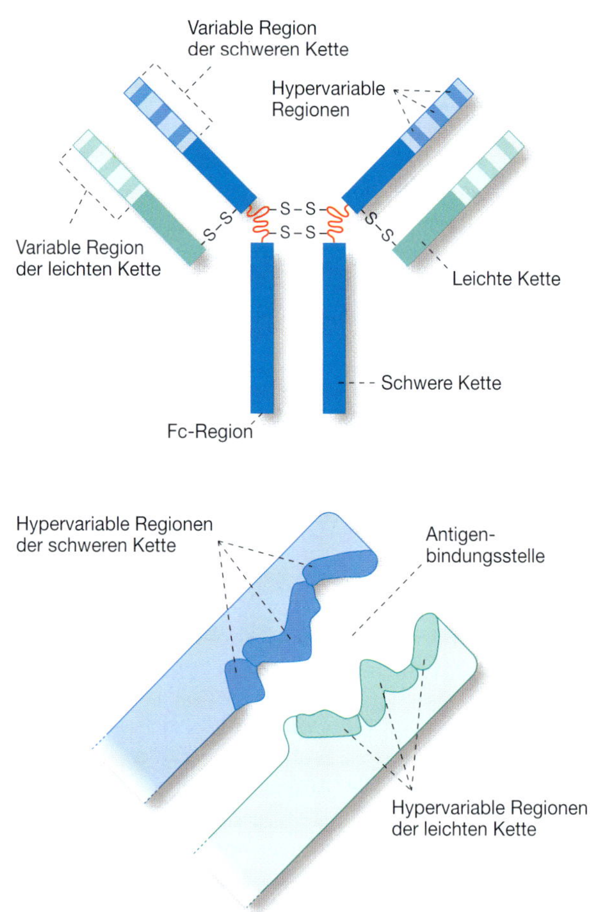

Abb. 6-2 Aufbau eines Antikörpers.

Das aus Mastzellen freigesetzte Histamin ist für die typischen Symptome einer Allergie verantwortlich, z. B. Hautjucken, -schwellung und -rötung, Schwellung der Nasenschleimhaut, Abgabe wässrigen Nasensekrets, Entzündung der Konjunktiva und Bronchialspasmus.

- Antikörper der Klasse **IgG** sind am häufigsten; sie werden von Plasmazellen in den sekundären lymphatischen Organen (Lymphknoten, Tonsillen, Peyer-Plaques im Darm, Milz) gebildet. Ihre Fc-Region bindet Komplement. IgG sind die einzigen plazentagängigen Antikörper. Sie sind auch in der Muttermilch enthalten, werden im Darm des Säuglings aufgenommen und schützen ihn gegen Infektionen.
- Antikörper der Klasse **IgM** finden sich als Antigenrezeptoren auf der Oberfläche unreifer naiver B-Lymphozyten. IgM ist die erste Antikörperklasse, die bei einer adaptiven Immunantwort produziert und sezerniert wird. Wie IgG- binden auch IgM-Antikörper Komplementfaktoren. Viele B-Zellen stellen die IgM-Bildung nach kurzer Zeit auf eine andere Antikörperklasse um (Antikörper-Switching).

T-Lymphozyten (T-Zellen)

Aussehen T-Lymphozyten ähneln morphologisch weitgehend den B-Lymphozyten, lassen sich aber von diesen gut mit immunhistochemischen Methoden unterscheiden (Abb. **4-6, 6-28, 6-29**).

Funktion Es gibt zwei Haupttypen von T-Lymphozyten: CD4- und CD-8-positive T-Lymphozyten (CD4 und CD8 sind Corezeptoren des T-Zell-Antigenrezeptors, siehe Abb. **6-5** und s. u.).

CD4-positive T-Lymphozyten (Abb. **6-3**) lassen sich in zwei Untergruppen einteilen, die beide Zellen des Immunsystems aktivieren:

- T_H1 („Entzündungs-T-Zellen") aktivieren Makrophagen und bewirken so die Abtötung phagozytierter Krankheitserreger.
- T_H2 („T-Helfer-Zellen") aktivieren
  - B-Lymphozyten und induzieren ihre Differenzierung zu Plasmazellen, die Antikörper produzieren,
  - CD8-positive T-Lymphozyten (s. u.).

CD8-positive T-Lymphozyten (Abb. **6-4**) töten vor allem virus-, seltener bakterieninfizierte Zellen. Sie werden deshalb auch als **zytotoxische T-Lymphozyten** bezeichnet.

T-Lymphozyten sind also die Träger der zellulären spezifischen Immunantwort.

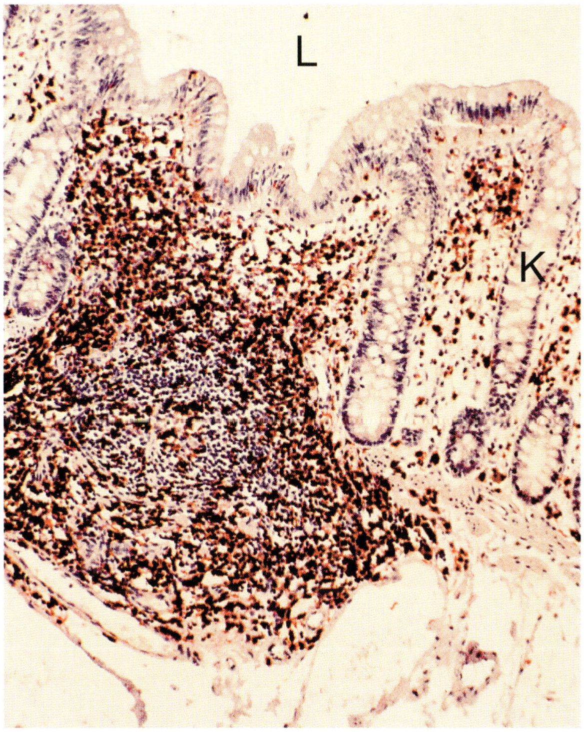

Abb. 6-3 Immunhistochemisches Präparat CD4-positiver T-Lymphozyten in einem kleinen Aggregat lymphatischer Zellen (mit Lymphfollikel in der Mitte) im Kolon des Menschen. Die spezifische Immunreagibilität ist durch die Braunfärbung sichtbar gemacht; die Zellkerne sind mit dem lila-blauen Farbstoff Hämalaun gegengefärbt. L: Darmlumen, K: Kolonkrypte. Präparat Prof. H. Kreipe, Hannover. Vergr. 120fach.

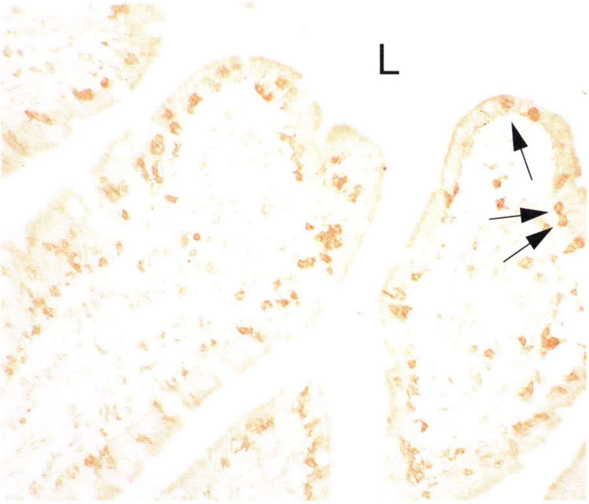

Abb. 6-4 Immunhistochemisches Präparat CD8-positiver T-Lymphozyten in Zotten des Jejunums des Menschen. Die CD8-positiven T-Lymphozyten (➔) sind in der Mukosa und auch im Epithel weit verbreitet. Die spezifische Immunreagibilität ist durch die Braunfärbung der Zelle – mit Ausnahme des Zellkerns – sichtbar gemacht. L: Darmlumen. Vergr. 250fach.

Antigenrezeptoren

Antigenrezeptoren befinden sich in der Plasmamembran von B- und T-Lymphozyten und binden mit ihrer Antigenbindungsstelle spezifische Antigene. Es gibt zahllose (bis zu 10^8 insgesamt) Varianten von Antigenbindungsstellen, so dass jedes körperfremde Antigen erkannt wird. Diese unglaubliche Vielfalt beruht auf einem einzigartigen genetischen Rearrangierungsmechanismus der molekularen Rezeptorstruktur.

B-Zell-Antigenrezeptor

Der B-Zell-Antigenrezeptor (B-Zell-Rezeptor, BCR) ist eine membranständige Form des Antikörpers, den die B-Zelle nach ihrer Aktivierung und Differenzierung zur Plasmazelle sezerniert. Daher wird der BCR auch als mIg bezeichnet.

T-Zell-Antigenrezeptor

Der Aufbau des T-Zell-Antigenrezeptors (T-Zell-Rezeptor, TCR) ähnelt entfernt dem der Immunglobuline. Der TCR besteht aus zwei unterschiedlichen, über eine Disulfidbrücke verbundenen Polypeptidketten (meist α und β, selten γ und δ). Beide Ketten weisen einen variablen, antigenbindenden und einen konstanten Anteil auf. Letzterer ist in der Membran des T-Lymphozyten verankert.

Die α- und die β-Kette (bzw. die γ- und die δ-Kette) des TCR bilden in der Membran des T-Lymphozyten eine funktionelle Einheit mit weiteren Polypeptiden:

- mit dem **CD3-Komplex,** der für die Signalübermittlung ins Innere der T-Zelle verantwortlich ist,
- je nach Differenzierung des T-Lymphozyten mit dem **CD4-** oder **CD8-Komplex** (siehe Abb. **6-5**). Diese Komplexe binden an MHC-Proteine, die bei der Antigenerkennung durch T-Lymphozyten eine wesentliche Rolle spielen (s. u.), und verstärken das Signal, das bei Antigenerkennung zur Aktivierung des T-Lymphozyten führt. Deshalb werden die beiden Komplexe als Corezeptoren bezeichnet.

Jeder T-Lymphozyt trägt an seiner Oberfläche ca. 30000 TCR.

6.2.2 Antigenpräsentation

Im Gegensatz zu B-Lymphozyten erkennen und binden T-Lymphozyten Antigene nicht direkt, sondern nur, wenn ihnen Bruchstücke davon auf der Oberfläche antigenpräsentierender Zellen (s. u.) präsentiert werden. Diese Zellen nehmen Antigen auf und zerlegen (= prozessieren) sie. Die Bruchstücke werden an sog. MHC-Proteine gebunden. Anschließend wird der Komplex aus MHC-Protein und Antigenfragment an die Zelloberfläche transportiert, dort in eine molekulare Furche eingebaut und den Lymphozyten präsentiert.

MHC-Proteine

Aufgabe der MHC-Proteine (MHC-Moleküle, beim Menschen = HLA-Antigene) ist es, Bruchstücke von Antigenpeptiden zu binden und diese auf der Zelloberfläche zu präsentieren. MHC-Proteine werden von einem Komplex zahlreicher Gene mit wiederum zahlreichen Allelen kodiert, der bei der Erforschung von Immunreaktionen gegen Transplantate entdeckt und Major Histocompatibility Complex (MHC) genannt wurde. Man nimmt an, dass die große Zahl an MHC-Genen und -allelen die Erkennung eines breiten Antigenspektrums ermöglichen soll.

Interessant ist bei Mensch und Tier die Korrelation bestimmter MHC-Muster mit der Vorliebe für Düfte oder Bevorzugung von Gerüchen, die von anderen Individuen ausgehen können. Bei einigen Säugetieren wurde beobachtet, dass Partner bevorzugt werden, die ein MHC-Muster besitzen, das deutlich vom eigenen abweicht, was z. B. bei Tieren, die in größeren Sozialverbänden leben, Inzucht vermeidet und die Heterozygotie optimiert.

Beim Menschen wurde festgestellt, dass Individuen für sich selbst bestimmte Duftstoffe, wie sie in Parfums oder Rasierwassern vorliegen, bevorzugen. Auch diese Bevorzugung ist mit bestimmten MHC-Mustern korreliert. Die bevorzugten Parfums verstärken den Eigengeruch und weisen somit auf das eigene MHC-Muster und den immungenetischen Status hin. Frauen bevorzugen im Allgemeinen den Geruch von Männern mit einem MHC-Muster, das stark von dem eigenen abweicht. Dies erhöht hinsichtlich der Nachkommen auch in diesem Fall Heterozygotie und Abwehrkräfte gegen pathogene Mikroorganismen und vermeidet Inzucht.

Es lassen sich **zwei Hauptgruppen von MHC-Molekülen** unterscheiden: MHC-Klasse-I- und MHC-Klasse-II-Proteine.

MHC-Klasse-I-Proteine finden sich auf allen kernhaltigen Körperzellen. **Sie binden Antigenpeptidbruchstücke,** die im Zytosol der Zelle an Proteasomen, einem zytosolischen Proteasekomplex, entstehen. Proteasomen bauen Proteine **intrazellulären Ursprungs** ab. Deshalb binden MHC-Klasse-I-Proteine zelleigene Peptide, die das „Selbst" repräsentieren, aber auch Fragmente von Viruspartikeln (Viren vermehren sich intrazellulär, siehe Abb. **6-9**). Das „Selbst" umfasst alle Peptide und Proteine, die in einer Zelle vorkommen. MHC-Klasse-I-Proteine und die gebundenen Peptidfragmente werden an die Zelloberfläche transportiert. Hier werden **MHC-Klasse-I-Proteine und Antigen-**

fragmente von CD8-positiven T-Lymphozyten erkannt, indem der CD8-Komplex das MHC-Klasse-I-Protein und der TCR das Antigen bindet (Abb. **6-5**). Als Folge werden **im Fall körperfremder Antigene** (z.B. Viruspartikel) die **CD8-positiven T-Lymphozyten aktiviert.** Pro Zelle finden sich 100000–200000 MHC-Klasse-I-Proteine. Sie können Tausende verschiedener Peptide präsentieren, die meisten davon sind natürlich „Selbst"-Peptide. Da Erythrozyten (kernlos!) keine MHC-Klasse-I-Proteine exprimieren, können mit dem Malariaerreger *Plasmodium* infizierte Erythrozyten nicht von CD8-positiven T-Lymphozyten erkannt werden.

MHC-Klasse-II-Proteine finden sich auf Zellen des Immunsystems (vor allem Makrophagen, dendritischen Zellen, B-Lymphozyten und Antigen-aktivierten T-Lymphozyten) sowie auf Epithel- und Endothelzellen, die durch Interferon aktiviert sind. Sie **binden Antigenpeptidbruchstücke,** die in vesikulären Zellkompartimenten (Lysosomen) der Zelle entstehen. Es handelt sich um Antigene **extrazellulären Ursprungs.** Sie werden aufgenommen und in Lysosomen fragmentiert, anschließend an MHC-Klasse-II-Proteine gebunden und an die Zelloberfläche transportiert. Hier werden **MHC-Klasse-II-Proteine und Antigenfragmente von CD4-positiven T-Lymphozyten erkannt,** indem der CD4-Komplex das MHC-Klasse-II-Protein und der TCR das Antigen bindet (Abb. **6-5**). Daraufhin werden die **CD4-positiven T-Lymphozyten aktiviert.**

Klinik Bei manchen Krankheiten exprimieren die Betroffenen pathologischerweise ein bestimmtes MHC-Protein (HLA-Antigen). Solche Erkrankungen sind die Entzündung der Choroidea (und nicht selten auch der Retina), Gelenkentzündungen nach Gonokokkeninfektion und insbesondere der Morbus Bechterew (eine Entzündung im Bereich des Iliosakralgelenks und des vorderen Längsbandes der Wirbelsäule), die Betroffenen sind oft HLA-B27-positiv.

Die Expression der MHC-Proteine wird durch Zytokine reguliert, speziell durch Interferone. Diese können sogar die Expression von MHC-Klasse-II-Proteinen auf Zellen induzieren, die normalerweise diese Proteine nicht exprimieren. Möglicherweise spielt dies eine Rolle bei der Entstehung von Autoimmunerkrankungen. Hierbei bilden die Betroffenen Antikörper, die sich gegen körpereigene Moleküle richten (Autoantikörper).

Antigenpräsentierende Zellen

Antigenpräsentierende Zellen binden Antigene an Moleküle auf ihrer Zelloberfläche und präsentieren sie den B- und vor allem den T-Lymphozyten. Zu den antigenpräsentierenden Zellen zählen:

- interdigitierende dendritische Zellen,
- plasmazytoide dendritische Zellen,
- follikuläre dendritische Zellen,
- Makrophagen,
- B-Lymphozyten.

Die interdigitierenden und die follikulären dendritischen Zellen entstammen Vorläuferzellen im Knochenmark, die zum Kreis der myeloiden Zellen (Granulozyten, Monozyten, Abb. **4-28**) gehören.

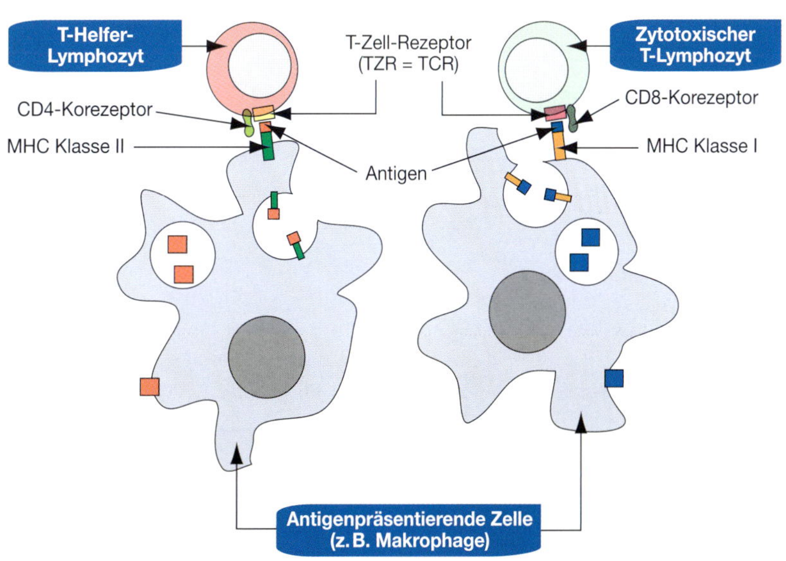

Abb. 6-5 Antigenpräsentation. In antigenpräsentierenden Zellen werden **Fragmente von Antigenpeptiden extrazellulären Ursprungs** an **MHC-Klasse-II-Proteine** gebunden und auf der Zelloberfläche präsentiert. Dort binden CD4-positive T-Lymphozyten (in der Abbildung ist eine T_H2-[T-Helfer]-Zelle dargestellt) mit ihrem CD4-Korezeptor an das MHC-Klasse-II-Protein, mit ihrem TCR das Antigenfragment. **Fragmente von Antigenpeptiden intrazellulären Ursprungs** werden von antigenpräsentierenden Zellen an **MHC-Klasse-I-Proteinen** auf der Zelloberfläche präsentiert. Dort binden CD8-positive T-Lymphozyten (zytotoxische T-Lymphozyten) mit ihrem CD8-Corezeptor an das MHC-Klasse-I-Protein, mit ihrem TCR das Antigenfragment. (Aus [12])

Interdigitierende dendritische Zellen

Interdigitierende dendritische Zellen (IDC, dendritische Zellen = Langerhans-dendritische Zellen) sind die **antigenpräsentierenden Zellen der naiven T-Lymphozyten.** Sie finden sich (z. T. in Vorstufen) im Blut, in den T-Lymphozyten-Regionen in Lymphknoten, Milz, Tonsillen, im Thymusmark, im Haut- und Darmepithel. Die Zellen besitzen einen gefurchten Kern und schleierartige Fortsätze (Abb. **6-6**) und lassen sich am besten immunhistochemisch nachweisen (Abb. **6-7**).

Unreife IDC besitzen noch wenige MHC-Proteine und können naive T-Lymphozyten noch nicht aktivieren. Sie nehmen pathogene Mikroorganismen durch Phagozytose auf und bauen sie in Lysosomen ab. Über afferente Lymphgefäße wandern sie in die regionalen Lymphknoten. Hier differenzieren sie sich zu reifen IDC, die eine große Zahl an MHC-Proteinen (Klasse I und II) exprimieren und nicht mehr phagozytieren. Für eine erfolgreiche Aktivierung naiver T-Lymphozyten sind über die Präsentation des Antigenbruchstücks am MHC-Molekül hinaus **kostimulierende Signale** erforderlich. Das bekannteste kostimulierende Molekül in der Zellmembran der IDC ist das Glykoprotein B7. Der Partner von B7 ist das CD28-Protein auf den T-Lymphozyten.

Klinik IDC können in Form einer „Impfung" (Zellvakzinierung) gegen bösartige Tumoren eingesetzt werden.

Plasmazytoide dendritische Zellen

Dies sind ebenfalls **antigenpräsentierende Zellen der naiven T-Lymphozyten.** Sie gehören wohl zur lymphoiden Zelllinie und kommen in den T-Lymphozyten-Regionen der Lymphknoten, Milz und der schleimhautassoziierten lymphatischen Organe (siehe Tab. **6-1**) vor. Sie sind die wichtigsten Produzenten des antiviralen Zytokins Interferon-α (IFN-α). Dieses stimuliert NK- und T_H1-Zellen, sich mit bakteriellen und viralen Infektionen auseinander zu setzen.

Follikuläre dendritische Zellen

Follikuläre dendritische Zellen (FDC, interstitielle dendritische Zellen) sind stark verzweigte Zellen mit langen Fortsätzen. Sie besiedeln die Lymphfollikel der sekundären lymphatischen Organe und bilden ein dichtes Netzwerk vor allem in den Keimzentren. Sie kommen außerdem im Blut und im Bindegewebe von Lunge, Herz und Nieren vor. Möglicherweise können sie auch in den T-Lymphozyten-Regionen lymphatischer Organe auftreten.

Sie spielen eine wesentliche Rolle bei der Bildung der Lymphfollikel. Sie stehen in **besonders enger Beziehung zu den B-Lymphozyten,** die sie mit ihren Fortsätzen eng umhüllen. Im Unterschied zu anderen antigenpräsentierenden Zellen prozessieren sie Antigene nicht, sondern binden sie lediglich in Form von Antigen-Antikörper-Komplexen (= Immunkomplexe) an ihre Zelloberfläche, z. T. monatelang. Sie ex-

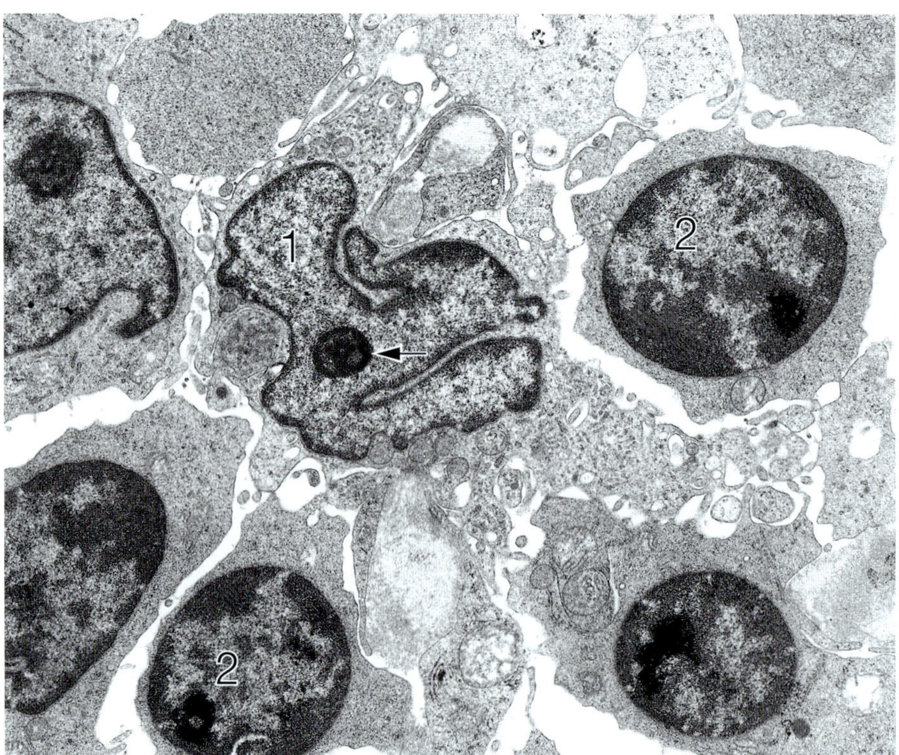

Abb. 6-6 Nukleolus (→) und randständiges Heterochromatin im zerklüfteten Kern **(1)** einer **interdigitierenden dendritischen Zelle** (Lymphknoten, Mensch). **2** glatte rundliche Kernanschnitte von T-Lymphozyten. Vergr. 7680fach.

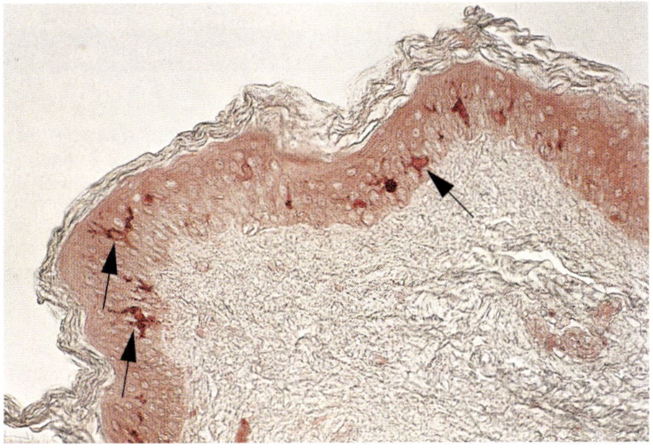

Abb. 6-7 Langerhans-Zellen (→) in der Haut des Menschen. Langerhans-Zellen sind noch nicht ausgereifte interdigitierende dendritische Zellen (IDC). Färbung: immunhistochemischer Nachweis des S-100-Proteins; Vergr. 250fach.

primieren keine MHC-Klasse-II-Proteine und phagozytieren nicht.

Klinik Das humane Immundefizienzvirus (HIV) wird von den FDC in großer Menge gebunden, wodurch die Lymphfollikel der sekundären lymphatischen Organe ein Reservoir für HIV und eine Quelle für die „Infektion" der CD4-positiven T-Lymphozyten werden, die hierher wandern, um Virusantigen-spezifische B-Lymphozyten zu aktivieren. Bei Fortschreiten der HIV-Infektion gehen die FDC zugrunde, was alle Immunreaktionen schwer beeinträchtigt.

Makrophagen

Makrophagen präsentieren insbesondere Antigenfragmente intra- und extrazellulärer pathogener Mikroorganismen, die von naiven T-Lymphozyten erkannt werden. Sie binden extrazelluläre Mikroorganismen mit Hilfe verschiedener Rezeptoren (Mannoserezeptor, Komplementrezeptor, „Scavenger-Rezeptor", „Toll-like-Rezeptoren") und phagozytieren sie. Anschließend beginnen sie, MHC-Klasse-I- und -Klasse-II-Proteine zu exprimieren. Fragmente der abgebauten Mikroorganismen werden an MHC-Klasse-II-Proteine gebunden und an der Zelloberfläche des Makrophagen präsentiert. Im Makrophagen induzieren die Fragmente die Expression des kostimulierenden B7-Proteins, das für die Auslösung der Immunreaktion besonders wichtig ist. Phagozytose körpereigenen Materials oder nicht-pathogener Substanzen führt nicht zur Expression von B7 und hat deshalb keine Immunreaktion zur Folge.

B-Lymphozyten

B-Lymphozyten kommen überall in lymphatischen Geweben und auch im Blut vor. Sie erkennen Antigene – vor allem lösliche Antigene (z.B. Toxine) und virale Antigene – auch ohne Hilfe antigenpräsentierender Zellen. Sie binden die Antigene an ihre Antigenrezeptoren, nehmen sie auf, prozessieren sie und präsentieren sie auf ihrer Oberfläche (an Antigenrezeptoren gebunden) naiven T-Lymphozyten.

6.2.3 Aktivierung der B- und T-Lymphozyten und Ablauf der Immunantwort

Lymphozyten werden durch folgende Kombination von Signalen aktiviert:

- 1. ein Signal, das vom Antigen ausgeht,
- 2. ein Signal, das von einer anderen Zelle ausgeht.

Bei einem B-Lymphozyten geht das 1. Signal von dem Antigen aus, das an den Antigenrezeptor gebunden ist, das 2. Signal von einer aktivierten T_H2-(T-Helfer)-Zelle.

Bei einem T-Lymphozyten geht das 1. Signal von einem Antigenfragment auf der Oberfläche einer antigenpräsentierenden Zelle (IDC oder Makrophage), das 2. Signal von derselben antigenpräsentierenden Zelle aus.

Im Anschluss an die Aktivierung beginnen sich die B- bzw. T-Lymphozyten zu teilen. So entsteht ein Klon identischer Zellen, deren Rezeptor das gleiche Antigen bindet (Theorie der klonalen Selektion). Die Zellen dieses Klons differenzieren sich

- im Fall von B-Lymphozyten zu Plasmazellen, die antigenspezifische Antikörper produzieren,
- im Fall von T-Lymphozyten zu T_H1- oder T_H2-Zellen (CD4-positiv) oder zu zytotoxischen T-Zellen (CD8-positiv). T_H1-Zellen aktivieren Makrophagen, T_H2-Zellen (= T-Helfer-Zellen) aktivieren B-Lymphozyten (Abb. **6-8**) und zytotoxische T-Zellen (in der Abbildung nicht dargestellt). Zytotoxische T-Zellen binden mit Hilfe des TCR bzw. CD8-Komplexes an den Komplex aus Virus- oder Bakterienpartikel und MHC-Klasse-II-Protein auf der Oberfläche einer infizierten Zelle. Dann setzen sie Proteine frei, die zum Absterben der infizierten Zelle führen: z.B. Perforin (Abb. **6-9**), Granzyme und Apoptose initiierende Faktoren. Außerdem sezernieren sie Zytokine (z.B. IL-2, Abb. **6-9**) und beeinflussen so sich selbst und andere Zellen des Immunsystems.

Ist das Antigen eliminiert, ist die Immunantwort beendet. Auch nach ihrem Ende bleiben B- und T-Gedächtniszellen bestehen, die bei erneutem Kontakt mit diesem Antigen sehr schnell proliferieren und das Antigen meist ohne Auftreten von Krankheitszeichen eliminieren.

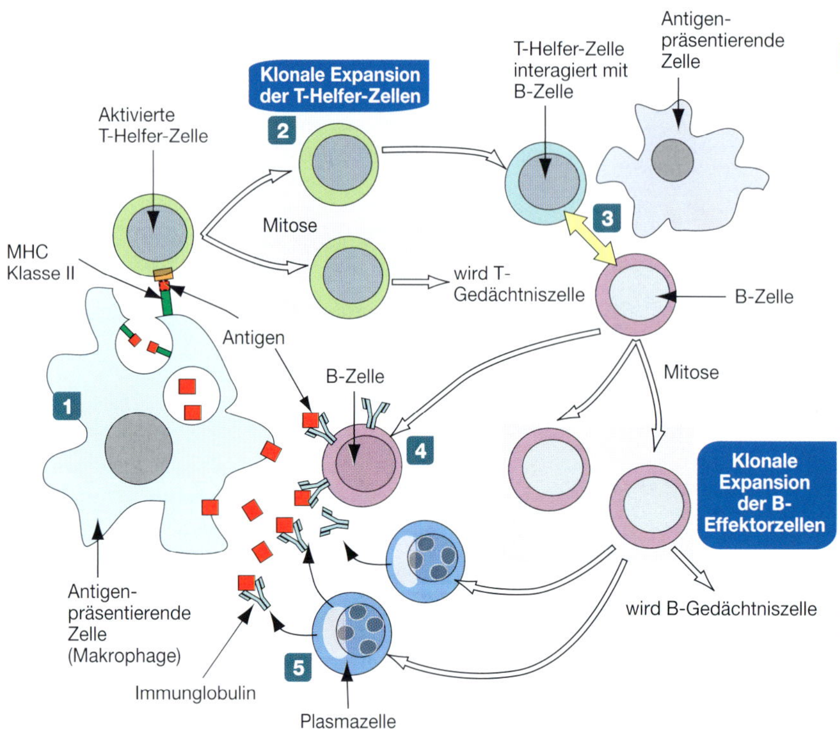

Wie T-Helfer-Zellen helfen

1 Ein Makrophage, der hier als antigenpräsentierende Zelle fungiert, prozessiert ein phagozytiertes Antigen (rote Vierecke), das dann an ein MHC-Klasse-II-Molekül gebunden und an seiner Zelloberfläche einer T-Helfer-Zelle präsentiert wird (zellvermittelte Immunität).

2 Eine aktivierte T-Helfer-Zelle teilt sich mitotisch und vergrößert rasch die Population gleichartiger T-Helfer-Zellen an der Stelle der Antigenpräsentation.

3 T-Helfer-Zellen interagieren mit B-Lymphozyten in Anwesenheit einer antigenpräsentierenden Zelle (follikuläre dendritische Zelle), um zu erreichen, dass die B-Zellen unmittelbaren Zugang zu freiem Antigen im extrazellulären Raum haben und dass die B-Lymphozyten proliferieren.

4 B-Lymphozyten mit spezifischen Immunglobulinen an ihrer Zelloberfläche treffen am antigenreichen Platz ein und neutralisieren freies Antigen.

5 B-Lymphozyten differenzieren sich zu Plasmazellen, die Immunglobuline sezernieren, um freies Antigen zu blockieren (humorale Immunität).

Abb. 6-8 Die Aktivierung einer T_H2-(T-Helfer)-Zelle und die Folgen. (Aus [12])

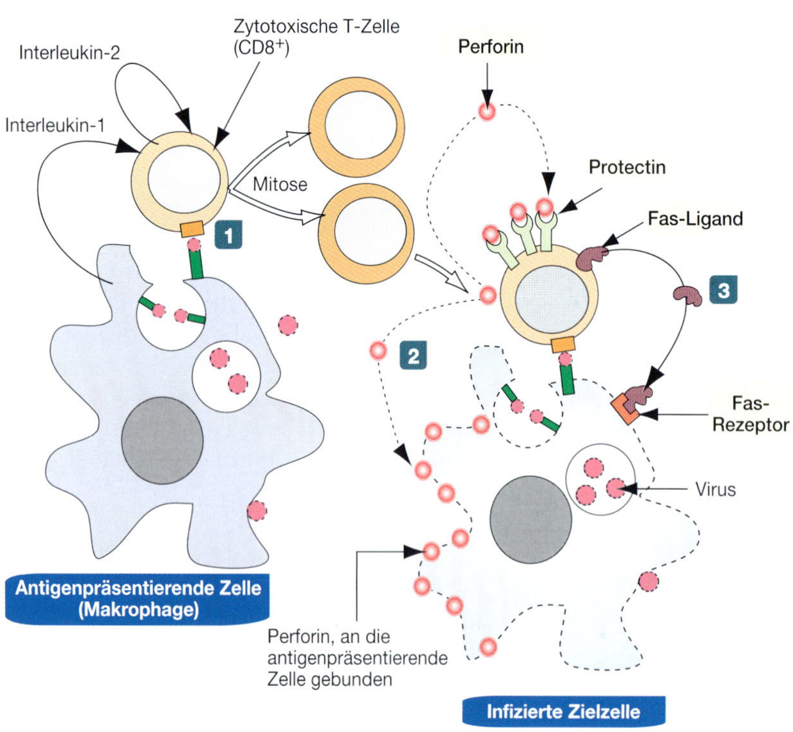

Wie zytotoxische (= zytolytische) T-Lymphozyten töten

1 Ein zytotoxischer T-Lymphozyt bindet an eine antigenpräsentierende Zelle und wird mittels zweier Mechanismen aktiviert
a) durch Interleukin-1, das von der antigenpräsentierenden Zelle abgegeben wird (parakriner Mechanismus) und
b) durch Interleukin-2, das von dem T-Lymphozyten selbst abgegeben wird (autokriner Mechanismus).
Die zytotoxischen T-Lymphozyten teilen sich mitotisch und vergrößern die Zellpopulation.

2 In Anwesenheit einer antigenpräsentierenden Zelle, die ein pathogenes Antigen, ein Virus, präsentiert, setzen zytotoxische T-Lymphozyten **Perforin** frei, um die infizierte Zelle, hier den antigenpräsentierenden Makrophagen selbst, zu töten. Die zytotoxische T-Zelle schützt sich selber mit **Protectin**, ein Zelloberflächenprotein, das Perforin bindet. Der infizierten antigenpräsentierenden Zelle fehlt Protectin, und sie wird durch das Perforin zerstört. Perforin verändert die Membranpermeabilität für Ionen, was zum Zelluntergang führt.

3 **Fas-Ligand**, der vom zytotoxischen T-Lymphozyten freigesetzt wird, bindet an den **Fas-Rezeptor** der Zielzelle (hier des Makrophagen) und zerstört sie mittels **Apoptose**.

Abb. 6-9 Die Aktivierung einer zytotoxischen (CD8-positiven) T-Zelle und die Folgen. (Aus [12])

6.3 Lymphatische Organe

Die Zellen des Immunsystems sind als Einzelzellen, z. B. Makrophagen und Lymphozyten, im ganzen Körper verbreitet. Sie bauen jedoch auch eigene Organe auf, die traditionell lymphatische Organe heißen, heute aber auch **Immunorgane** genannt werden. Sie sind stets besonders reich an Lymphozyten.

Lymphatische Organe können unterschieden werden in:

- primäre lymphatische Organe,
- sekundäre lymphatische Organe.

In Tabelle **6-1** sind alle primären und sekundären lymphatischen Organe zusammengestellt.

In den **primären lymphatischen Organen** differenzieren sich die Lymphozyten aus Stammzellen, vermehren sich und reifen heran. Die Stammzellen aller Blutzellen, auch der Lymphozyten, befinden sich im Knochenmark. Die T-Lymphozyten verlassen dieses sehr früh und reifen im Thymus.

Die B-Lymphozyten verbleiben länger im Knochenmark und machen hier einen ersten Abschnitt ihrer Entwicklung durch. Die Vögel besitzen ein eigenes Organ in der dorsalen Wand der Kloake, die **Bursa Fabricii**, in der die B-Lymphozyten heranreifen. Beim Menschen werden Thymus und Knochenmark als primäre lymphatische Organe bezeichnet. Die Lymphozyten erhalten hier spezifische Antigenrezeptoren, die es ihnen ermöglichen, auf Antigene zu reagieren. T-Lymphozyten erwerben im primären lymphatischen Organ die Fähigkeit, zwischen körpereigenen und körperfremden Antigenen zu unterscheiden („Selbst" und „Nicht-Selbst"). B-Lymphozyten erwerben diese Fähigkeit sowohl im primären als auch im sekundären lymphatischen Organ.

Sekundäre lymphatische Organe sind Lymphknoten, Milz und mit Schleimhäuten assoziiertes lymphatisches Gewebe (Tonsillen und Peyer-Plaques). Im Gewebe dieser Organe reagieren Lymphozyten mit Antigenen und kooperieren hier mit ihren Hilfszellen.

Tab. 6-1 Lymphatische Organe.

Primäre lymphatische Organe	Sekundäre lymphatische Organe
Thymus	Lymphknoten
Knochenmark	Milz
	mukosaassoziierte lymphatische Organe (MALT) ■ Tonsillen ■ Peyer-Plaques ■ bronchusassoziierte lymphatische Organe

6.3.1 Primäre lymphatische Organe

Thymus

Der Thymus (deutsch Bries) ist das primäre lymphatische Organ der T-Lymphozyten.

Entwicklung

Der Thymus befindet sich bei Kindern und Erwachsenen vorn über dem Herzen im Thorax. Er entsteht aus dem ventralen entodermalen Epithel der linken und rechten 3. Schlundtasche. Dieses Epithel lockert sich auf und bildet das epitheliale über Desmosomen verknüpfte Grundgerüst (Stroma) des Thymus, das ab dem 3. Embryonalmonat von T-Lymphozyten, die aus dem Knochenmark kommen, besiedelt wird. Auch Neuralleistenzellen beteiligen sich am Aufbau des Stromas, das bei der Entwicklung des Organs eine wichtige Rolle spielt. Das Organ wird durch Bindegewebssepten von der Oberfläche her zerklüftet, so dass im Schnittpräparat der Eindruck von Läppchen entsteht (Abb. **6-10**). Der Thymus ist jedoch ein einheitliches Organ. Auf dem Höhepunkt seiner Entwicklung, der Pubertät, wiegt der Thymus zwischen 35 und 50 g.

Kindlicher Thymus

Das Gewebe des kindlichen Thymus gliedert sich in eine äußere Rinde und ein innen gelegenes Mark (Abb. **6-10**). In der Rinde sind die T-Lymphozyten sehr dicht gepackt, im Mark sind sie verhältnismäßig locker verteilt.

Rinde Das Grundgewebe der Rinde besteht aus locker verteilten ektodermalen **Epithelzellen**, die Fortsätze ausbilden und desmosomal verknüpft sind („retikuläre" Epithelzellen) und an der Oberfläche des Organs eine epitheliale Grenzschicht bilden. Die Epithelzellen sind reich an Zytokeratinfilamenten und spielen eine Rolle bei der Differenzierung der T-Lymphozyten, die in großer Zahl die Räume zwischen ihnen besiedeln (Abb. **6-11**). Die Epithelzellen besitzen MHC-Klasse-I- und -Klasse-II-Proteine in ihrer Zellmembran und bilden die Hormone Thymopoetin und Thymosin. In der ganzen Rinde und auch im Mark finden sich zahlreiche Makrophagen. Sie sind an der Differenzierung der T-Lymphozyten beteiligt (s. u.). Oft sind sie in der Tiefe der Rinde konzentriert, wo auch schon dendritische Zellen auftreten. Im Thymus treten auch einzelne quergestreifte Muskelzellen auf, die aber oft Zeichen der Degeneration zeigen und deren Myosinfibrillen oft ungeordnet im

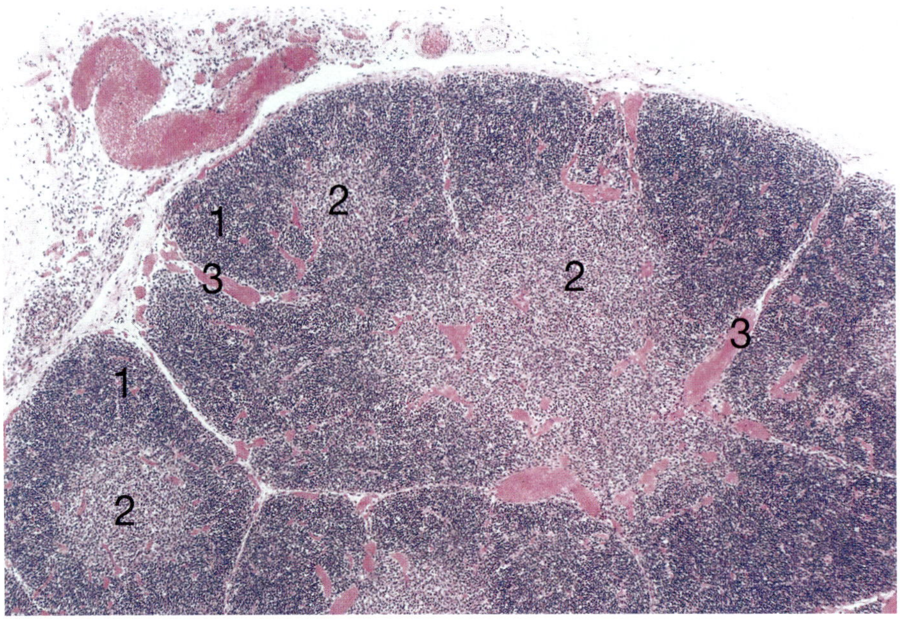

Abb. 6-10 Thymus eines Kindes mit deutlicher Gliederung in Rinde (**1**) und Mark (**2**). Größere Bindegewebsstraßen (**3**) mit Blutgefäßen trennen das Organ in Läppchenbezirke. Färbung: H.E.; Vergr. 45fach.

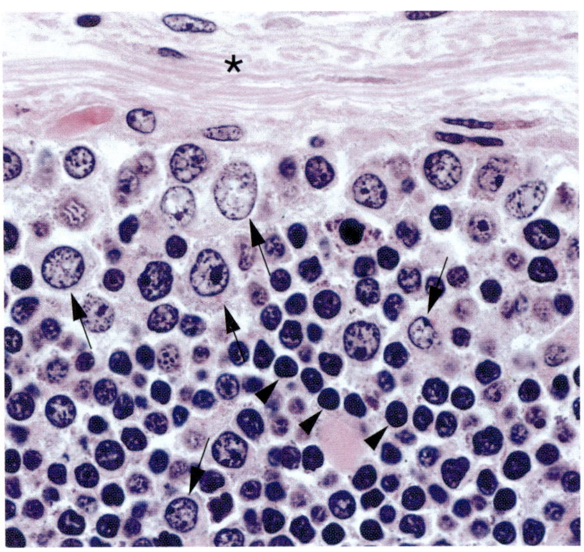

Abb. 6-11 Peripherie der Rinde des kindlichen Thymus. ➔ Thymusepithelzellen, deren große helle Kerne sich gut gegen die kleinen dunklen Kerne der T-Lymphozyten (▶) abgrenzen. ✻ Kapsel. Plastikschnitt; Färbung: H.E.; Vergr. 650fach.

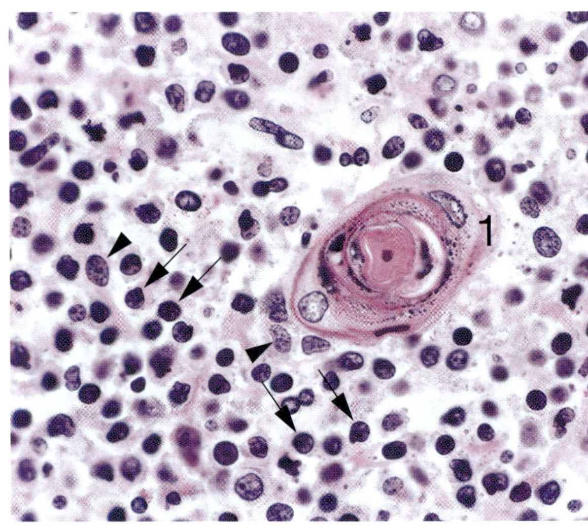

Abb. 6-12 Kleines Hassall-Körperchen im Thymusmark eines Kindes. Der Verhornungsprozess ist u.a. am Auftreten von Keratohyalingranula (**1**) gut erkennbar. Beachte auch die lockere Struktur des Thymusmarks. ▶ Epithelzellen; ➔ T-Lymphozyten. Plastikschnitt; Färbung: H.E.; Vergr. 500fach.

Zytoplasma liegen. Sie gehen möglicherweise aus den retikulären Epithelzellen oder den Neuralleistenzellen hervor. Im Thymus von Reptilien und Vögeln sind solche Muskelzellen häufig zu finden.

Mark Das Mark enthält ausgereifte T-Lymphozyten, dendritische Zellen, Makrophagen und entodermale Epithelzellen. Letztere neigen im Mark dazu, Gruppen zu bilden und sich in Form von Spiralen zusammenzulagern (Abb. **6-12**). Solche Zellgruppen werden **Hassall-Körperchen** genannt. Sie sind unterschiedlich groß und bestehen im Innern aus Zusammenballungen verhornter degenerierender Epithelzellen. Bei Kindern sind die Hassall-Körperchen relativ klein, bei Erwachsenen sind sie deutlich größer. Ihre Funktion ist nicht bekannt.

Blutgefäße Größere Blutgefäße ziehen in Bindegewebssepten in die Tiefe des Organs bis zur Mark-Rinden-Grenze (Abb. **6-10**), von wo sie in geringer Zahl unter Verzweigungen in das Mark eindringen und sowohl das Mark als auch die Rinde versorgen. An der

Mark-Rinden-Grenze finden sich auch Venolen, über die Lymphozyten in das Thymusgewebe eindringen oder aus ihm austreten.

Blut-Thymus-Schranke Die sog. Blut-Thymus-Schranke ist insbesondere im Rindenbereich ausgebildet und behindert das Eindringen von Fremdantigenen. Die Schranke besteht aus dem Endothel der Gefäßwände, einer dünnen perivaskulären Hülle aus Bindegewebe sowie einer geschlossenen Schicht aus Thymusepithelzellen, die mit der geschlossenen Schicht aus Thymusepithelzellen an der Oberfläche des Organs in kontinuierlicher Verbindung steht. Kapillaren und Venolen des Marks sind für Antigene aus dem Blut durchlässig.

T-Zell-Differenzierung

Die Außenzone der Thymusrinde wird früh in der Entwicklung von Vorläuferzellen der T-Lymphozyten besiedelt, die dem Knochenmark entstammen und noch keinen T-Zell-Rezeptorkomplex exprimieren (dem neben dem Antigenrezeptor auch CD3 und CD4 bzw. CD8 angehören, siehe Kap. 6.2.1). Ihre Reifung erfolgt unter dem Einfluss der kortikalen (ektodermalen) Thymusepithelzellen (Abb. **6-13**), die sowohl MHC-Klasse-I- als auch MHC-Klasse-II-Proteine exprimieren. Die Signalpeptide und Wachstumsfaktoren der kortikalen Thymusepithelzellen führen zu einer raschen Vermehrung der Vorläuferzellen. Sie entwickeln sich in der mittleren Zone der Thymusrinde zu relativ großen Zellen (Blasten), die sowohl CD4- als auch CD8-positiv (doppelt positiv) sind (Abb. **6-13**) und beginnen, den T-Zell-Rezeptor (mit einer Vielzahl unterschiedlicher Antigenbindungsstellen) zu exprimieren. Diese Zellen lernen nun, „Selbst" und „Nicht-Selbst" zu unterscheiden. Sie sollen also lernen, das „Selbst" (mithilfe von MHC-Klasse-I-Proteinen präsentierte körpereigene Molekülkonfigurationen) zu erkennen, es aber nicht anzugreifen. Dazu werden sie einem komplizierten, zweischrittigen Selektionsprozess unterworfen:

- Beim ersten Schritt überleben die T-Lymphozyten, die MHC-Proteine erkennen; alle anderen werden durch Apoptose eliminiert. Bei dieser **positiven Selektion** spielen die kortikalen Thymusepithelzellen (Rindenepithelzellen) eine wichtige Rolle.
- Im zweiten Schritt werden die T-Lymphozyten, die gegen „Selbst" (= an MHC-Klasse-I-Proteine gebundene „Selbst"peptide) reagieren, d. h. diese angreifen, durch Apoptose und anschließende Phagozytose durch Makrophagen eliminiert. Bei dieser **negativen Selektion** spielen die dendritischen Zellen eine wichtige Rolle.

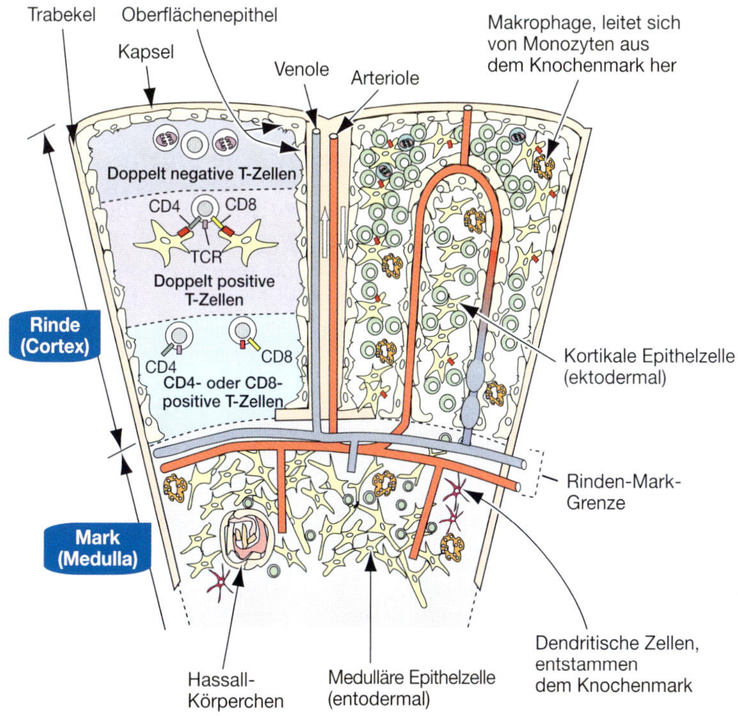

Funktionelle Histologie des Thymus

Der Thymus besteht aus zwei wesentlichen Zellpopulationen: den **Thymusepithelzellen** (manchmal auch Stromazellen genannt) und den **Thymuslymphozyten** (T-Zellen, oft auch Thymozyten genannt). Zu den Thymusepithelzellen zählen
1) die **Epithelzellen**, die die Oberfläche des Organs – einschließlich der Begrenzung der Trabekel und der perivaskulären Räume – aufbauen,
2) die im Organinnern gelegenen **kortikalen Epithelzellen**, die ektodermalen Ursprungs sind,
3) die im Mark befindlichen **medullären Epithelzellen**, die entodermalen Ursprungs sind und sich zu **Hassall-Körperchen** umwandeln können.
4) Weitere wichtige Zellen im Thymus sind **Makrophagen** und dendritische Zellen. Makrophagen finden sich in Rinde und Mark, sie räumen Thymus-Lymphozyten ab, die bei der klonalen Selektion mittels Apoptose eliminiert werden. **Dendritische Zellen** entstammen dem Knochenmark und kommen im Mark vor.

Die Thymuslymphozyten kommen in unterschiedlichen Ausreifungsstadien vor. Unreife T-Zellen – **doppelt negative T-Zellen** – gelangen über das Blut in die Thymusrinde und proliferieren in einer oberflächennahen Zone. **Doppelt** (CD4 + CD8) **positive T-Zellen** finden sich in der mittleren Zone der Thymusrinde, wo sie in Kontakt mit Rindenepithelzellen kommen, die an ihrer Oberfläche MHC-I- und MHC-II-Moleküle tragen, die bei der klonalen Selektion eine entscheidende Rolle spielen. Zellen, die nur noch entweder CD4- oder CD8-positiv sind (**single positive T-cells**), finden sich in der Innenzone der Rinde und im Mark. 80–85 % der T-Zellen befinden sich in der Rinde, 15–20 % im Mark. **Apoptotische T-Zellen** finden sich in der Rinde.

Abb. 6-13 Funktionelle Histologie des Thymus. (Aus [12])

Die überlebenden T-Lymphozyten (ca. 10%) reagieren nicht auf „Selbst"antigene (**Selbsttoleranz**) und sind entweder CD4- oder CD8-positiv; sie finden sich in der Innenzone der Rinde (Abb. **6-13**) und im Thymusmark. Sie sind immunkompetent und können exportiert werden.

Nach der Pubertät geht die T-Lymphozyten-Produktion im Thymus zurück.

Thymus des Erwachsenen

Der Thymus der Erwachsenen ist zu erheblichem Teil zurückgebildet (atrophiert). Die Rückbildung beginnt mit der Pubertät und hält das ganze Leben über an. Die Ursache der „pubertären" Atrophie ist nicht bekannt. Die Rückbildung steht im Zusammenhang mit dem Anstieg der Geschlechtshormone. Die Rinde verschwindet langsam. Es bleiben aber stets Reste des Marks und meist auch der Rinde erhalten (Abb. **6-14**). Das Mark besteht im Alter oft nur aus epithelialen Zellsträngen. Der Raum, der durch die Altersatrophie frei wird, wird durch Fettgewebe ersetzt (Thymusfettkörper).

Klinik Thymus-T-Lymphozyten sind sehr empfindlich gegen Kortikosteroide. Stress fördert den Untergang der T-Zellen. Infektionen, Vergiftungen, chronische Erkrankungen und Unterernährung reduzieren ebenfalls die Zahl der Lymphozyten in der Thymusrinde.

Entwicklungsstörungen des Thymus führen zu schweren Defekten des Immunsystems (Di-George-Syndrom). Das Di-George-Syndrom beruht auf Fehlentwicklung der Organe der 3. und 4. Schlundtasche infolge mangelhafter Interaktion zwischen Epithel und neuroektodermalem Mesenchym; u.a. fehlt ein normaler Thymus.

Die **Myasthenia gravis** ist eine schwere Autoimmunerkrankung, die sich gegen quergestreifte Muskulatur richtet. Die Autoantikörper richten sich gegen den Acetylcholinrezeptor auf den Muskelzellen. Vermutlich spielt der Thymus, speziell seine quergestreiften Muskelzellen, eine Rolle bei der Entstehung dieser Krankheit. Die Thymusstruktur ist bei der großen Mehrzahl der Patienten stark verändert. Eine therapeutische Maßnahme besteht in der operativen Entfernung des Thymus, was oft zur Besserung führt.

! Das Grundgewebe des Thymus besteht aus epithelialen Zellen, in deren Zwischenräumen T-Lymphozyten eingelagert sind. Beim Kind ist der Thymus deutlich in Rinde und Mark gegliedert. Die Rinde ist besonders lymphozytenreich, in ihr differenzieren sich die T-Lymphozyten. Im Mark finden sich reife CD4- bzw. CD8-positive T-Lymphozyten und die diagnostisch wichtigen Hassall-Körperchen. Mit der Pubertät bildet sich der Thymus langsam zurück.

Knochenmark

Das Knochenmark ist das primäre lymphatische Organ der B-Lymphozyten, die sich hier unter dem Einfluss verschiedener Faktoren der Stromazellen (der speziellen Fibroblasten) und ohne Antigenstimulation entwickeln. B- und T-Lymphozyten gehen auf die pluripotente Blutstammzelle zurück. Zur Morphologie des Knochenmarks siehe Kapitel 4.

6.3.2 Sekundäre lymphatische Organe

Nach ihrer Bildung in den primären lymphatischen Organen besiedeln die Lymphozyten die sekundären lymphatischen Organe. Zu diesen gehören gut ab-

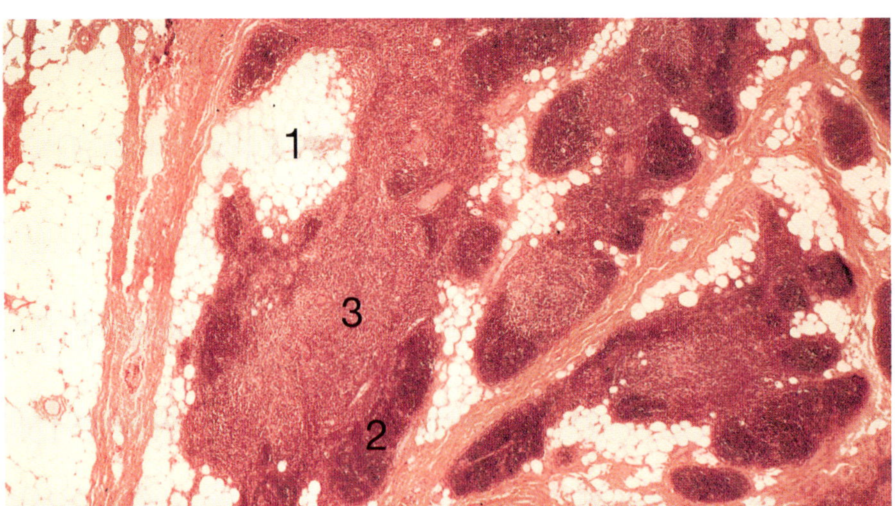

Abb. 6-14 Thymus eines Erwachsenen. **1** Fettgewebe (Thymusfettkörper); **2** Rindenbezirke; **3** strangförmige Markanteile des Thymusgewebes. Färbung: H.E.; Vergr. 45fach.

gegrenzte, von einer Kapsel umgebene Organe wie die **Milz** und die **Lymphknoten.** An verschiedenen Stellen im Körper sind des Weiteren Ansammlungen lymphatischen Gewebes lokalisiert, die mehr oder minder scharf von ihrer Umgebung abgegrenzt sind und sich oft an Oberflächen von Schleimhäuten befinden (**mukosaassoziiertes lymphatisches Gewebe** = mucosa-associated lymphoid tissue = MALT).

Gemeinsam ist den sekundären lymphatischen Organen, dass in ihnen sowohl T-Zell-vermittelte zelluläre als auch humorale (mittels Antikörpern) Abwehrmechanismen angesiedelt sind. Die **Milz** ist im Wesentlichen für Antigene und Krankheitserreger zuständig, die im **Blut** zirkulieren, die **Lymphknoten** reagieren vor allem gegen Antigene, die in Gewebe eingedrungen sind und sich über **Lymphgefäße** ausbreiten (Tab. **6-2**). Das sekundäre lymphatische Gewebe der **Schleimhäute** (MALT) schützt gegen Antigene, die durch die **Oberfläche** der Schleimhäute in den Körper eindringen. Lymphatisches Gewebe findet sich in der Schleimhaut des Rachens, des Darmtrakts (gut-associated lymphoid tissue = GALT), der Atemwege (bronchus-associated lymphoid tissue = BALT) und des Urogenitaltrakts. Ein wichtiger Abwehrmechanismus in diesen schleimhautassoziierten lymphatischen Geweben ist auch die Sekretion von IgA (Immunglobuline vom Typ A) auf die Oberfläche der Schleimhäute. Kleinere Ansammlungen lymphatischen Gewebes sind oft auch in anderen Organen wie exokrinen Drüsen (z. B. Tränendrüse) zu finden.

Tab. 6-2 Funktion der sekundären Immunorgane.

Sekundäres Immunorgan	Funktion: Reaktion auf pathogene Mikroorganismen aus der/dem
MALT (z. B. Tonsillen)	Umwelt, Nahrung
Lymphknoten	Lymphe
Milz	Blut

Milz

Die Milz ist ein annähernd faustgroßes intraperitoneales Organ im linken Oberbauch. Ihr Normalgewicht beträgt 150–200 g. Die Milz ist mit großen Gefäßen in das **Blutkreislaufsystem** eingebaut und besitzt komplex angeordnete Blutgefäße, enthält aber auch in geringem Ausmaß Lymphgefäße, vor allem in der Kapsel und den Trabekeln, aber auch in der weißen Pulpa.

Aufbau

Die Milz wird von einer kräftigen Bindegewebskapsel umgeben, von der aus sich verzweigende Trabekel (Balken) in das Organinnere ziehen und hier ein stützendes Gerüst aufbauen (Abb. **6-15**).

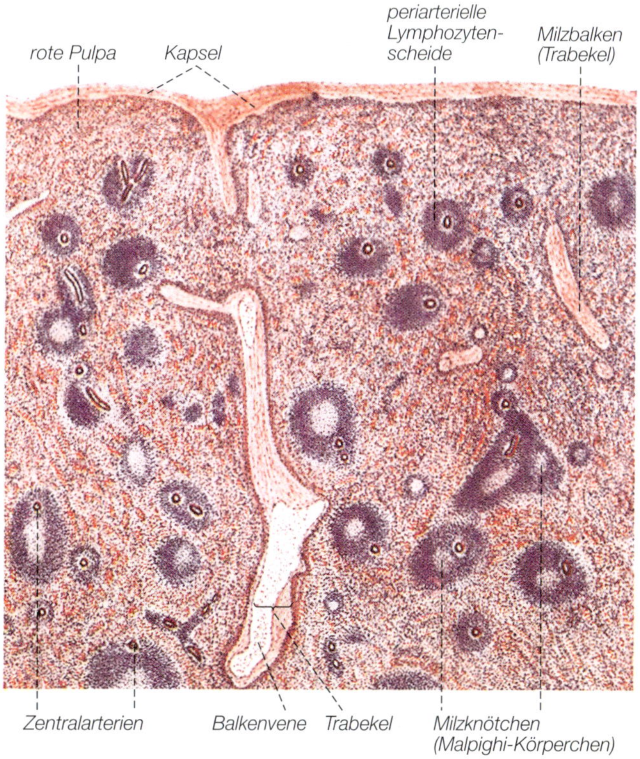

Abb. 6-15 Kapselnaher Bereich der Milz (Mensch), Übersicht. Die bindegewebige Kapsel setzt sich in Form der gefäßführenden Trabekel allseits in das Organinnere fort. Milzknötchen (= Malpighi-Körperchen) und periarterielle Lymphozytenscheiden (PALS) bilden in ihrer Gesamtheit die weiße Pulpa. Die erythrozytenreiche rote Pulpa enthält Milzsinus und Pulpastränge. Färbung: Hämalaun-Chromotrop; Vergr. 24fach. (Aus [1])

Kapsel und **Trabekel** bestehen aus straffem kollagenem Bindegewebe mit einem gut entwickelten System elastischer Fasern (Dehnungsfähigkeit, Anpassung an Volumenschwankungen). Folgende Zellen kommen hier hauptsächlich vor: Fibroblasten, einige Myofibroblasten und wenige glatte Muskelzellen. In Kapsel und Trabekeln von Hund und Katze sind dagegen glatte Muskelzellen in reichem Maße vorhanden. Daher ergibt sich bei ihnen die ausgeprägte Fähigkeit zur Kontraktion, wodurch in der Milz gespeichertes Blut rasch in den Kreislauf abgegeben werden kann (Milz vom Blutspeichertyp). Den Trabekeln sind größere Arterien und Venen zugeordnet.

Milzpulpa Das Innere der Milz wird von der Milzpulpa ausgefüllt, die das Organparenchym repräsentiert und der Kapsel und Trabekeln unmittelbar anliegt (es fehlt der Randsinus der Lymphknoten!). Die Pulpa gliedert sich in zwei Bereiche (Abb. **6-15**):
- rote Pulpa und
- weiße Pulpa.

Beide Bereiche besitzen ein Grundgerüst aus retikulärem Bindegewebe und repräsentieren die zwei Hauptfunktionen der Milz: Die rote Pulpa ist eine Art Blutfilter, die weiße Pulpa enthält die Zellen des Immunsystems.

Die **rote Pulpa** (75% der Pulpa) ist vor allem für den Abbau alter Erythrozyten und Thrombozyten zuständig. Sie besteht aus den Pulpasträngen und den Milzsinus. Die Milzsinus sind spezielle dünnwandige und weitlumige Blutgefäße (Abb. **6-16**). Zwischen ihnen bildet die rote Pulpa Gewebestränge (Pulpastränge, Milzstränge, Billroth-Stränge; Theodor Billroth, 1829–1894, Chirurg und Arzt in Zürich und Wien, Freund von Johannes Brahms) aus retikulären Fibrozyten, retikulären Fasern, Nestern aus Plasmazellen und zahlreichen Makrophagen. In diese Pulpastränge ergießt sich aus offenen kapillären Gefäßen Blut. Diese offene Gefäßstrecke in den Pulpasträngen ist eine einzigartige Besonderheit des Gefäßsystems der Milz. Die Makrophagen erkennen gealterte Erythrozyten und auch gealterte Blutplättchen und bauen sie ab. Sie enthalten meist ein eisenhaltiges braunes Pigment, das auf den Erythrozytenabbau zurückgeht. In dem direkten Kontakt zwischen Blutbestandteilen und Milzmakrophagen liegt offenbar der biologische Sinn der offenen Gefäßstrecke in der roten Pulpa. Die gesunden Erythrozyten stehen in den Pulpasträngen vor der Aufgabe, wieder in das Blutgefäßsystem zurückzukehren. Sie müssen also von außen durch die Wand der Sinus hindurchtreten. Der Übertritt der gesunden Erythrozyten von außen durch die Wand der Milzsinus wird durch mehrere Eigenschaften erleichtert:
- die gestaltliche Verformbarkeit der noch nicht gealterten Erythrozyten,
- die Schlitze zwischen den länglichen Sinusendothelzellen, die Reduktion der Sinusbasallamina auf schmale Streifen, denen regelmäßig schmale Fortsätze von fibroblastischen Retikulumzellen und oft einzelne feine Kollagenfibrillen (Typ-III-Kollagen) angelagert sind.

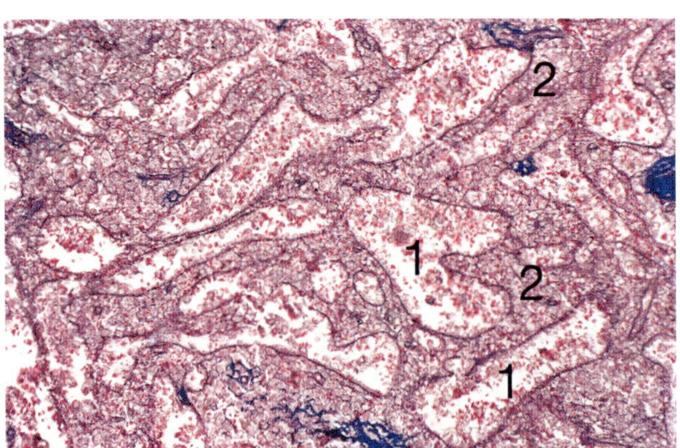

Abb. 6-16 Rote Pulpa der Milz (Mensch). Beachte die zahlreichen, sich z. T. verzweigenden Milzsinus (**1**), in deren Lumen Erythrozyten (rot gefärbt) erkennbar sind. Zwischen den Sinus liegen zellreiche Pulpastränge (**2**) retikulären Bindegewebes. Färbung: Azan; Vergr. 200fach. (Aus [1])

Die **weiße Pulpa** (25% der Pulpa) besteht aus der periarteriellen Lymphozytenscheide (T-Zell-Region) und den Milzknötchen (Malpighi-Knötchen), bei denen es sich um Lymphfollikel, also B-Zell-Regionen, handelt. In der weißen Pulpa befinden sich dichte Ansammlungen von Lymphozyten, die für Abwehr und immunologische Reaktionen zuständig sind.

Blutgefäße Das Verständnis von Struktur und Funktion der Milz setzt Kenntnis der Architektur des Blutgefäßsystems in diesem Organ voraus (Abb. **6-17**).

Die Äste der Milzarterie treten am Hilum in die Milz ein und spalten sich in die **Trabekelarterien** auf. Diese dringen in die Pulpa vor und werden dann **Zentralarterien** genannt, da sie im Zentrum einer Hülle (Scheide) aus Lymphozyten liegen. Diese **periarterielle Lymphozytenscheide** (PALS) ist recht homogen und besteht aus T-Lymphozyten (Abb. **6-18**). Stellenweise sind in diese Scheide primäre und sekundäre Lymphfollikel (Milzknötchen) eingelagert, die die B-Lymphozyten-Regionen der Milz repräsentieren (Abb. **6-19**). Von der sich verzweigenden Zentralarterie gehen seitlich zahlreiche Äste zur Marginalzone und zu den Milzknötchen ab.

Terminal spalten sich die Zentralarterien in mehrere (bis zu 50) sog. **Pinselarteriolen** (Penicilli) auf, die noch von einer dünnen Schicht weißer Pulpa ummantelt werden und ca. 1 mm lang sind. Diese Pinselarteriolen spalten sich in 2–3 kapilläre Gefäße auf, von denen eine ganze Reihe von einer sog. „Hülse" (= „Spindel" = „Schweigger-Seidel-Hülse" = „Ellipsoid") umgeben wird (Hülsenkapillaren). Die Hülsen sind bei Hunden und Katzen viel größer als beim Menschen und bestehen aus Myofibroblasten, retikulären Fasern und Makrophagen (Abb. **6-20**). Zwischen den Endothelzellen der Hülsenkapillaren bestehen Lücken, die Basallamina ist unvollständig. Die Makrophagen phagozytieren hier austretende Partikel, gealterte Erythrozyten und Blutplättchen. Diese Kapillaren enden mehrheitlich frei in der roten Pulpa oder gehen ohne Unterbrechung in die **Milzsinus** über. Die sich frei in die rote Pulpa öffnenden Kapillaren zeigen eine einzigartige Strecke im Blutgefäßsystem des Menschen an, nämlich einen offenen Kreislaufabschnitt, in dem also Blut vorübergehend frei im Interstitium der Pulpastränge fließt. Aus den Interzellulärräumen der roten Pulpa (Abb. **6-16, 6-17**) tritt das Blut in die Milzsinus über. Deren Lumen erreichen die Blutzellen von außen durch Spalten zwischen den lang gestreckten Endothelzellen (Abb. **6-21**). Die Weite dieser Spalten kann reguliert werden. Die Sinus sind variabel gestaltet und messen ca. 40 µm im Durchmesser. Viele Säugetiere besitzen keine Sinus in der roten Pulpa (z. B. Katze, Maus, Pferd und Rind), wohingegen der Mensch, andere Primaten, Ratte und Igel ein gut entwickeltes Sinussystem besitzen. Aus den Milzsinus fließt das Blut über **Pulpa-** und **Trabekelvenen** zum Milzhilum zurück. Die **Milzvene** führt das Blut der Leberpfortader zu.

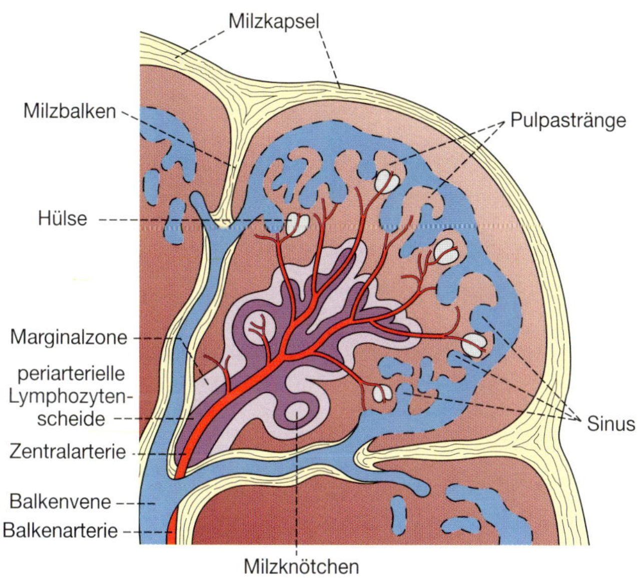

Abb. 6-17 Blutgefäße in der Milz (Mensch), schematische Darstellung. Das arterielle Blut fließt über Milz- und Balkenarterien in die Zentralarterien der weißen Pulpa. Die Zentralarterien verzweigen sich terminal zu Pinselarteriolen. Den kapillären Endabschnitten der Penicilli liegen z. T. sog. Hülsen an. Die Endkapillaren münden offen in die rote Pulpa oder z. T. auch direkt in die Milzsinus. Diese sammeln sich in Pulpavenen, die über die Balkenvenen die Milz verlassen. Seitenzweige der Zentralarterien münden ebenfalls offen in die Marginalzone. (Aus [1])

Die **Marginalzone** ist verhältnismäßig locker strukturiert und gefäßreich und lagert der PALS und den Milzknötchen außen an (Abb. **6-18**). Sie besitzt T- und B-Lymphozyten, Plasmazellen sowie spezielle Makrophagen. Außen liegt der Marginalzone noch eine oft

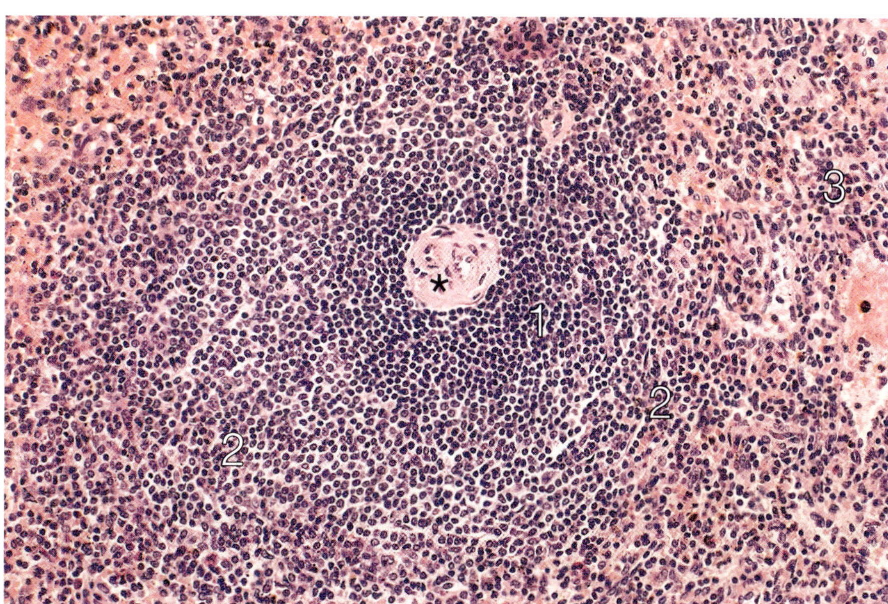

Abb. 6-18 Periarterielle Lymphozytenscheide (1) mit Zentralarterie (*, im Präparat sind zwei dieser Arterien angetroffen – eine Verzweigungsstelle) in der Milz (Mensch). **2** Marginalzone; **3** rote Pulpa. Plastikschnitt; Färbung: H. E.; Vergr. 250fach.

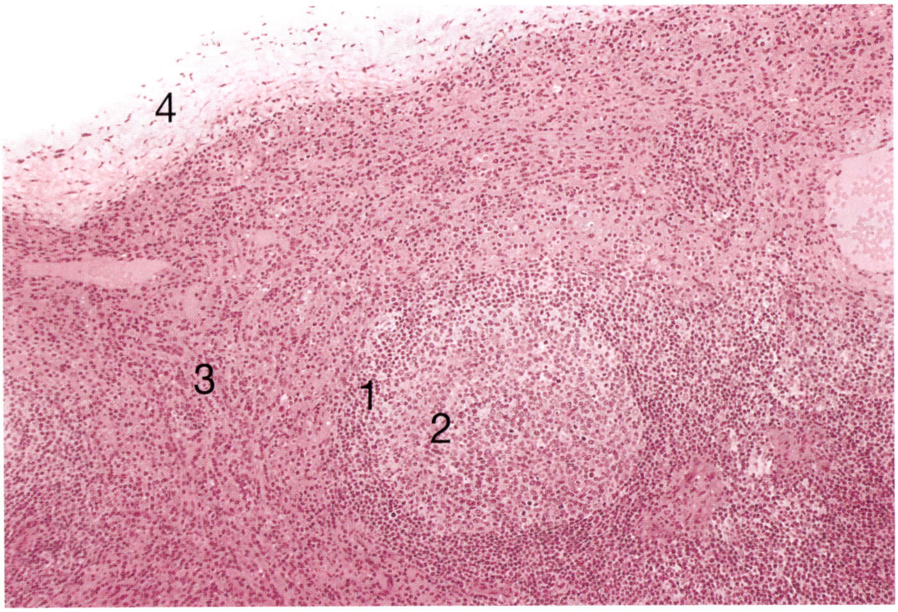

Abb. 6-19 Milzknötchen (= Malpighi-Körperchen) in der Milz (Rhesusaffe). Beachte die Gliederung der Knötchen in Randwall (**1**) und Keimzentrum (**2**); **3** rote Pulpa; **4** Kapsel. Plastikschnitt; Färbung: H. E.; Vergr. 150fach.

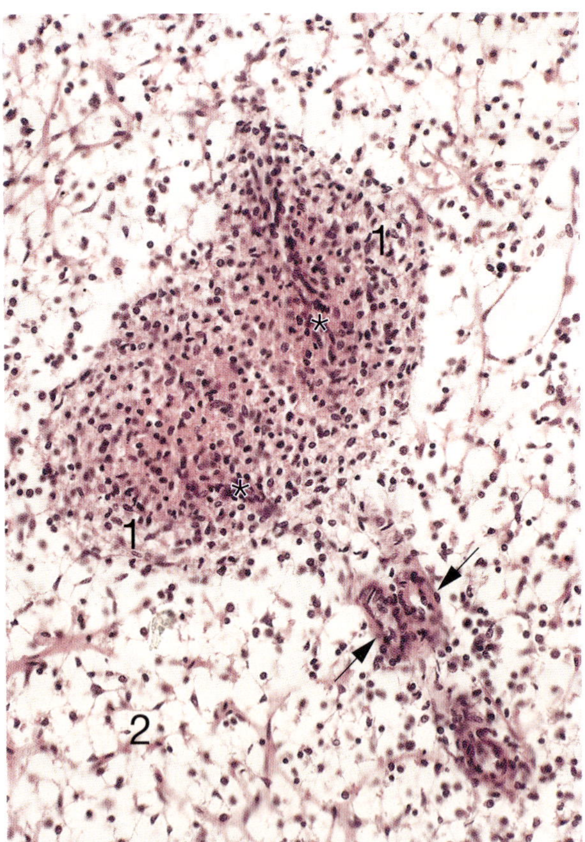

Abb. 6-20 Zwei Hülsen (1) in der gespülten Milz (Katze). * kapilläre Gefäße im Zentrum der Hülsen; → Arteriolen des Penicillus; **2** rote Pulpa mit deutlich erkennbaren retikulären Retikulumzellen (die Erythrozyten und andere Blutzellen wurden vor der Einbettung herausgespült). Färbung: H.E.; Vergr. 250fach.

schwer abgrenzbare perifollikuläre Zone an. Sie ist besonders gefäßreich und hier enden viele Arteriolen und Kapillaren offen. Hier kommen B-Lymphozyten vor, die besonders rasch Antikörper gegen Bakterien bilden können. Diese Zone ist der Übergangsbereich von weißer zu roter Pulpa. Die Gefäße der Marginal- und der perifollikulären Zone entstammen den Zentralarterien.

In der weißen Pulpa finden sich abführende (efferente) Lymphgefäße, die auf Lymphknoten am Milzhilum zulaufen.

Funktion

Wichtigste Funktion der roten Pulpa der Milz ist der Abbau gealterter Erythrozyten und Thrombozyten. Die weiße Pulpa hat wichtige Aufgaben im Rahmen des Immunsystems. Das Immunsystem der Milz reagiert vor allem auf Krankheitserreger, die in die Blutbahn eingebrochen sind und über diese verbreitet werden, wenn also die Gefahr einer Sepsis besteht. In gewissem Ausmaß dient die Milz als Blutspeicher. Vor der Geburt entstehen in der Milz Blutzellen.

Klinik **Splenomegalie** ist eine Milzvergrößerung auf über 350 g und stellt einen wichtigen klinischen Befund dar (Kreislaufstörungen, Entzündungen, Stoffwechselstörungen wie Lipidosen und Mukopolysaccharidosen, neoplastische Systemerkrankungen u.a.).

Bei der **Kugelzellanämie**, einer angeborenen Erkrankung der Erythrozyten, die durch mehr oder weniger kugelige Erythrozyten gekennzeichnet ist (siehe Kap. 4), vermögen die Erythrozyten nur schlecht durch die Spalten der Milzsinuswände hindurchzutreten. Sie werden dann auch in nicht-gealtertem Zu-

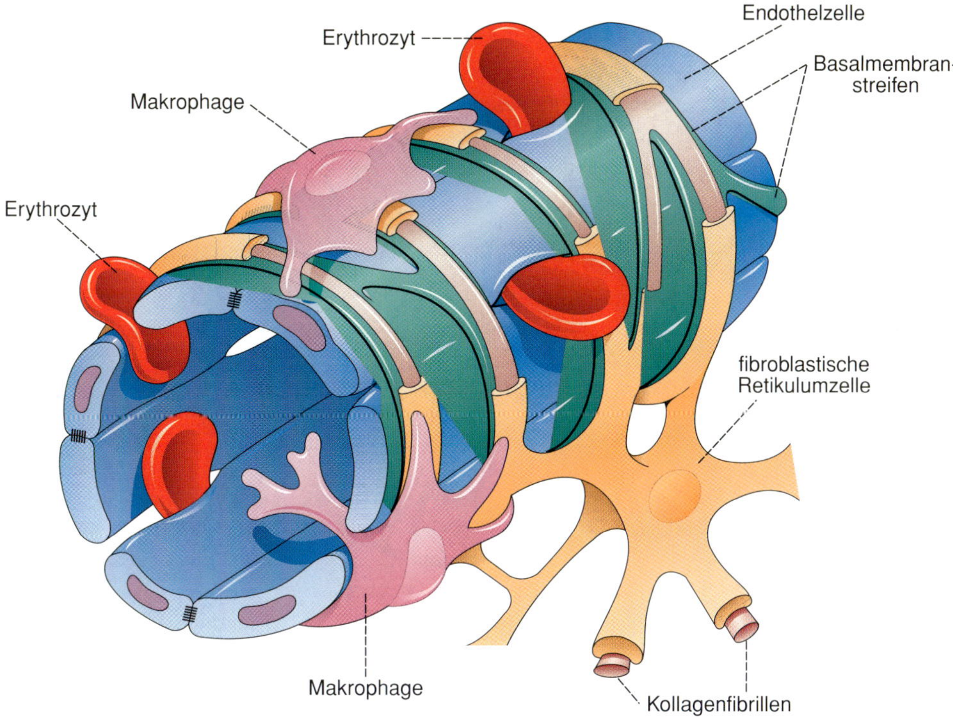

Abb. 6-21 Milzsinus, schematische Darstellung. Die Wand besteht aus längs verlaufenden Endothelzellen, zwischen denen Lücken auftreten. Durch die Lücken wandern intakte Erythrozyten aus dem Bindegewebe der Pulpastränge in den Blutstrom zurück. Außen bedecken Basalmembranstreifen die Endothelzellen. Diesen Basalmembranstreifen liegen Fortsätze von fibroblastischen Retikulumzellen und z.T. auch Kollagenfibrillen an, die ansonsten im retikulären Bindegewebe der Pulpastränge ein Maschenwerk aufbauen. (Aus [1])

stand vermehrt abgebaut, was zu einer so schweren Anämie führen kann, dass die Milz operativ entfernt werden muss.

Die Milz ist oft bei **neoplastischen hämatologischen Krankheiten** betroffen. Bei manchen Anämieformen, Leukämien und manchen Vergiftungserkrankungen kann die Milz des erwachsenen Menschen wieder Blutzellen bilden (myeloide Metaplasie). Damit nimmt sie eine Funktion wieder auf, die sie als Normalfunktion in der Embryonalzeit geleistet hat. Bei gesunden Kindern und Erwachsenen erfolgt die Blutzellbildung aber nur im Knochenmark.

Bei vielen Säugetieren behält die Milz auch im Normalzustand die Fähigkeit zur Blutzell- und Blutplättchenbildung; dies erfolgt jedoch in viel geringerem Ausmaß als im Knochenmark.

! Die Milz wird von einer Bindegewebskapsel umgeben. Das Organparenchym grenzt direkt an die Kapsel und wird Milzpulpa genannt, die in rote und weiße Pulpa gegliedert ist. Die rote Pulpa umfasst die Pulpastränge und die Milzsinus. Die weiße Pulpa ist in periarterielle Lymphozytenscheide und Malpighi-Knötchen gegliedert. In den Pulpasträngen ist das Blutgefäßsystem weitgehend offen.

Lymphknoten

Es gibt beim Menschen ca. 600–700 Lymphknoten, die oft rundlich oder nierenförmig gestaltet und in das System der **Lymphgefäße** eingeschaltet sind. Größere Ansammlungen finden sich vor allem in der Leistengegend, im Hals, in der Achselhöhle, im Mediastinum, paraaortal und in den Mesenterien.

Lymphknoten sind ca. 2–20 mm groß und filtern die Lymphe der verschiedenen Körperregionen, die durch sie unidirektional hindurchfließt. Sie besitzen ein Hilum, an dem Blutgefäße ein- und austreten (Abb. **6-22**). Am Hilum findet sich auch ein (selten zwei oder mehr) austretendes (efferentes) Lymphgefäß. Die typischen zuführenden (afferenten) Lymphgefäße treten in größerer Zahl an verschiedenen Stellen der Oberfläche in die Lymphknoten ein. Die histologische Struktur der Lymphknoten eines Individuums variiert erheblich und spiegelt Alter sowie überstandene oder akute Krankheiten wider.

Aufbau

Das Organ wird von einer **Kapsel** umgeben, von der aus sich verzweigende **Trabekel** ins Innere ziehen, die den Lymphknoten unvollständig in kammerartige Kompartimente untergliedern. Kapsel und Trabekel

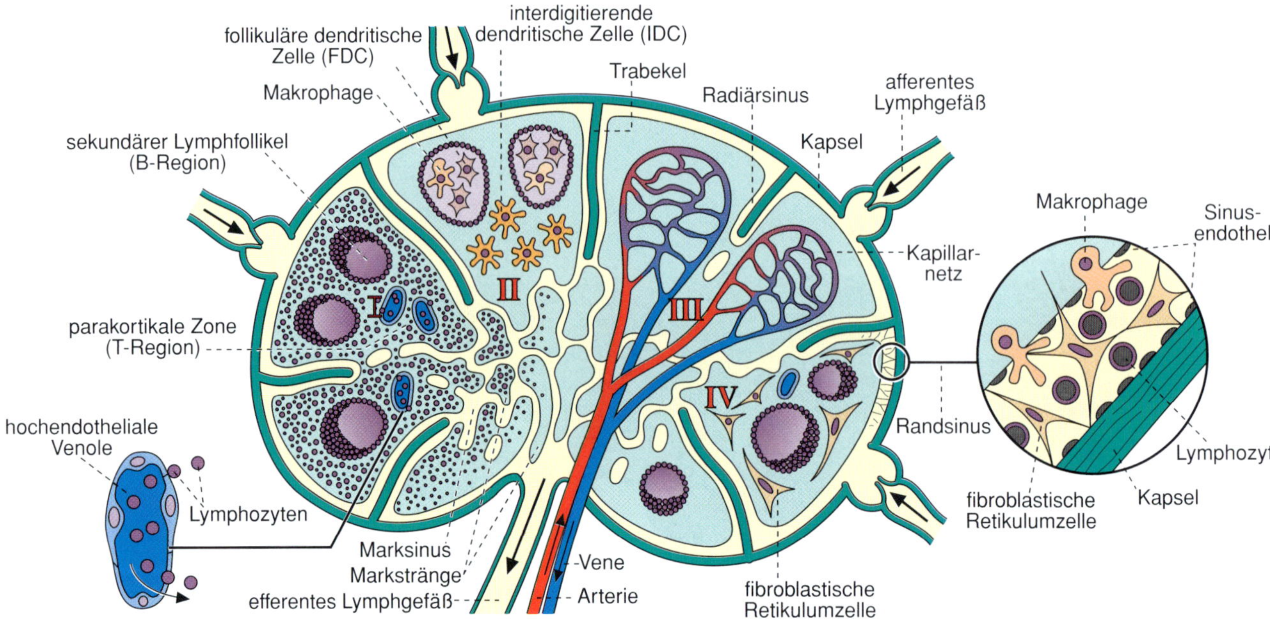

Abb. 6-22 Lymphknoten, schematisch in 4 Sektoren (I–IV) gegliedert, deren Komponenten aber im ganzen Lymphknoten in gleicher Weise entsprechend verteilt sind. **I** mit B- und T-Lymphozyten assoziierte Strukturen; **II** Makrophagen und antigenpräsentierende Zellen (APC): Follikuläre dendritische Zellen (FDC) präsentieren den B-Lymphozyten, interdigitierende dendritische Zellen (IDC) den T-Lymphozyten die Antigene; **III** Mikrozirkulation; **IV** Follikel und fibroblastische Retikulumzellen. In den hochendothelialen Venolen emigrieren Lymphozyten aus dem Blutstrom. (Aus [1])

bestehen aus straffem kollagenem Bindegewebe (Typ-I-Kollagen) mit Fibroblasten und elastischen Fasern. Das Innere der Lymphknoten wird von einem retikulären Bindegewebe (die retikulären Fasern bestehen aus Typ-III-Kollagen) ausgefüllt, in das unterschiedliche Formationen von Lymphozyten und deren Differenzierungsstufen eingelagert sind. In der Randzone der Lymphknoten sind die Lymphozyten dichter gelagert als im Zentrum (Abb. 6-23), dementsprechend unterscheidet man in Rinde (Kortex) und Mark (Medulla). Die Grenze zwischen beiden ist unscharf.

Wichtig für das Verständnis der Funktion der Lymphknoten ist das System der **Sinus**, die im Lymphknoten spezielle Bahnen für die **Lymphe** bilden, die über die afferenten Lymphgefäße in die Lymphknoten fließt. Unter der Kapsel befindet sich der **Randsinus** (Abb. 6-22), der die afferente Lymphe aufnimmt und

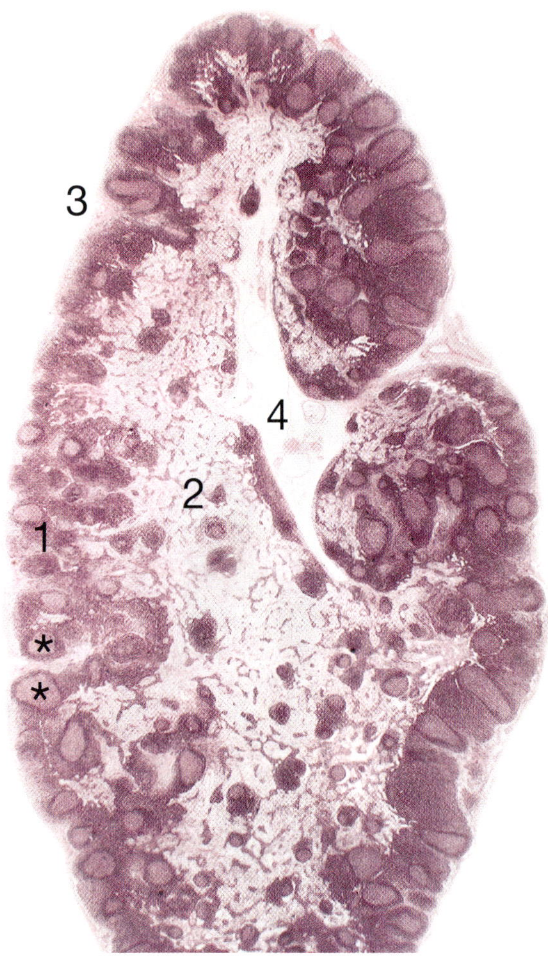

Abb. 6-23 Lymphknoten (Mensch), Übersicht. **1** Rindenregion; ✻ Lymphfollikel in der Rindenregion, umgeben von den parakortikalen (= parafollikulären) Regionen; **2** Mark mit Marksträngen und Marksinus; **3** Kapsel; **4** Hilum. Färbung: H. E.; Vergr. 5fach.

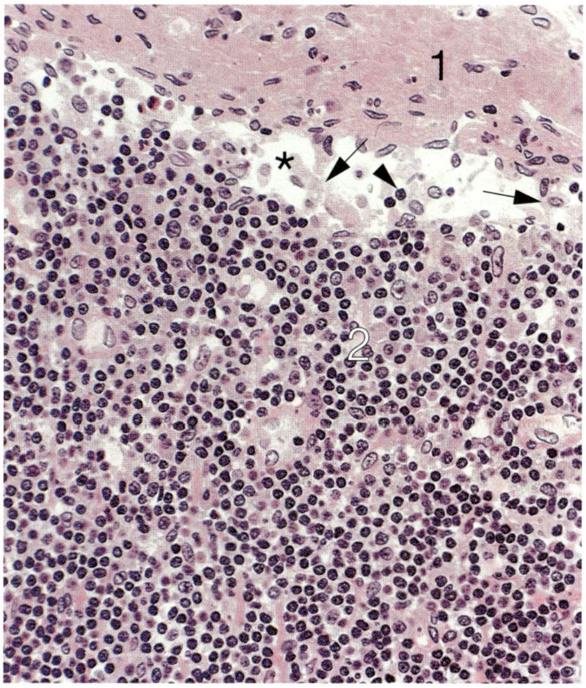

Abb. 6-24 Randsinus (✻) eines Lymphknotens (Mensch), dessen Lumen von fibroblastischen Retikulumzellen und feinen Kollagenfasern (retikulären Fasern) durchzogen wird (➔); im Lumen einzelne Lymphozyten (▶); **1** Kapsel; **2** T-Region der Rinde des Lymphknotens. Plastikschnitt; Färbung: H. E.; Vergr. 250fach.

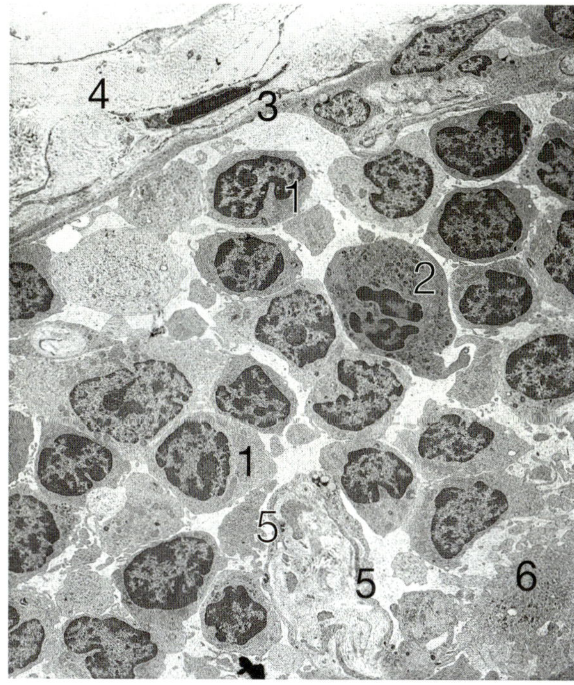

Abb. 6-25 Ultrastruktur des Randsinus im Lymphknoten eines infektiös erkrankten Menschen. Das Lumen des Sinus ist mit zahlreichen Lymphozyten (**1**) und einzelnen Neutrophilen (**2**) weitgehend ausgefüllt. **3** äußeres, der Kapsel (**4**) anliegendes Sinusendothel; **5** inneres Sinusendothel; **6** Makrophage in einer Lücke des inneren Sinusendothels. Vergr. 3060fach.

von dem aus sie in die **Radiärsinus** (Intermediärsinus) übertritt, die parallel zu den Trabekeln ins Innere verlaufen. Im Zentrum nehmen die zahlreichen, miteinander anastomosierenden **Marksinus** die Lymphe auf, aus ihnen fließt sie in das efferente Lymphgefäß und verlässt den Lymphknoten.

Struktur der Sinus Die Sinus sind von flachen Endothel- bzw. endothelähnlichen Zellen begrenzt (Abb. **6-24**, **6-25**), denen sogar auf der Seite der Sinus, die an Kapsel oder Trabekel grenzt, eine durchgehende Basallamina unterliegt. Auf der Seite der Sinus, die an das Parenchym grenzt, ist das Endothel lockerer gefügt, die Basallamina ist vielfach unvollständig. In den Lücken des Endothels liegen Fortsätze von Makrophagen. Das Lumen wird von Retikulumfasern durchquert, die von Fortsätzen der fibroblastischen Retikulumzellen ummantelt werden (Abb. **6-22**, **6-24**). Oft ziehen Bindegewebsstränge mit Retikulumzellen durch das Lumen der Sinus (siehe Abb. 5-25). Sie stehen in Verbindung mit dem Bindegewebe außerhalb der Sinus.

Blutgefäße Die Blutgefäße (Abb. **6-22**) dienen der Versorgung des Parenchyms. In einem besonderen Gefäßabschnitt, den hochendothelialen Venolen (HEV) in der parakortikalen Zone (Abb. **6-26**), kön-

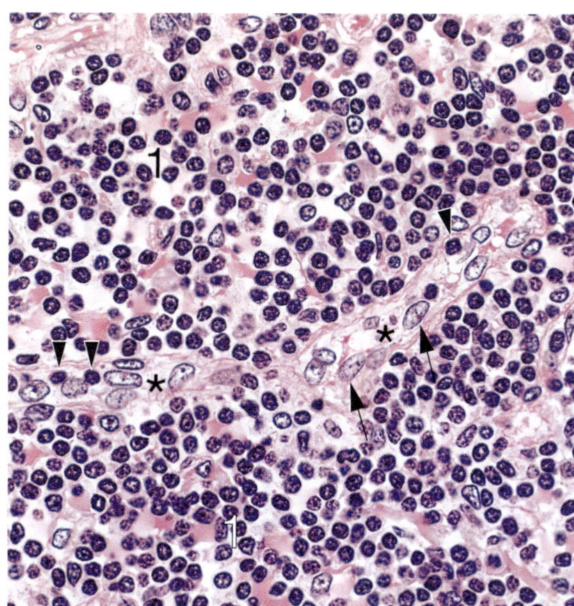

Abb. 6-26 Hochendotheliale Venole (HEV) in der parakortikalen Zone (= T-Region, 1) eines Lymphknotens (Mensch). ✻ Lumen; ➔ ovale helle Kerne der Endothelzellen; ▶ emigrierende Lymphozyten im Endothel. Plastikschnitt; Färbung: H. E., Vergr. 450fach.

nen die Lymphozyten den Blutstrom verlassen und in das Parenchym übertreten. Die hochendothelialen Venolen, die es auch in Tonsillen und Peyer-Plaques gibt, binden Lymphozyten und sind eine wichtige Station auf der Wanderung dieser Zellen durch den Körper. Ihr Endothel besitzt eine spezifische Glykokalyx mit dem CD34-Molekül und einem spezifischen Adhäsionsmolekül (GlyCAM-1). Es exprimiert außerdem bestimmte Adhäsionsmoleküle der Immunglobulin-Superfamilie (z.B. ICAM-1 und -2 sowie VCAM) und der Selektin-Familie (z.B. ELAM-1 und P-Selektin). Auf der Seite der Lymphozyten spielen Membranproteine wie z.B. L-Selektin, G-Protein-gekoppelte Rezeptoren und Integrin LFA-1, eine wichtige Rolle beim anfänglichen lockeren Rollen und Anhaften sowie schließlich beim Festhaften an den endothelialen Adhäsionsmolekülen. Nach der Adhäsion treten die Lymphozyten durch das Endothel hindurch (Abb. **6-27**).

Lymphfollikel

Im **Kortex** befinden sich einerseits **Lymphfollikel**, in denen die B-Lymphozyten angesiedelt sind (Abb. **6-23**, **6-28**). Zwischen den Follikeln und unterhalb von ihnen liegt andererseits die sog. **parakortikale** (= **parafollikuläre**) **Zone**, die dem T-Zell-Areal entspricht (Abb. **6-23**, **6-29**). Die Follikel können differenziert sein als:

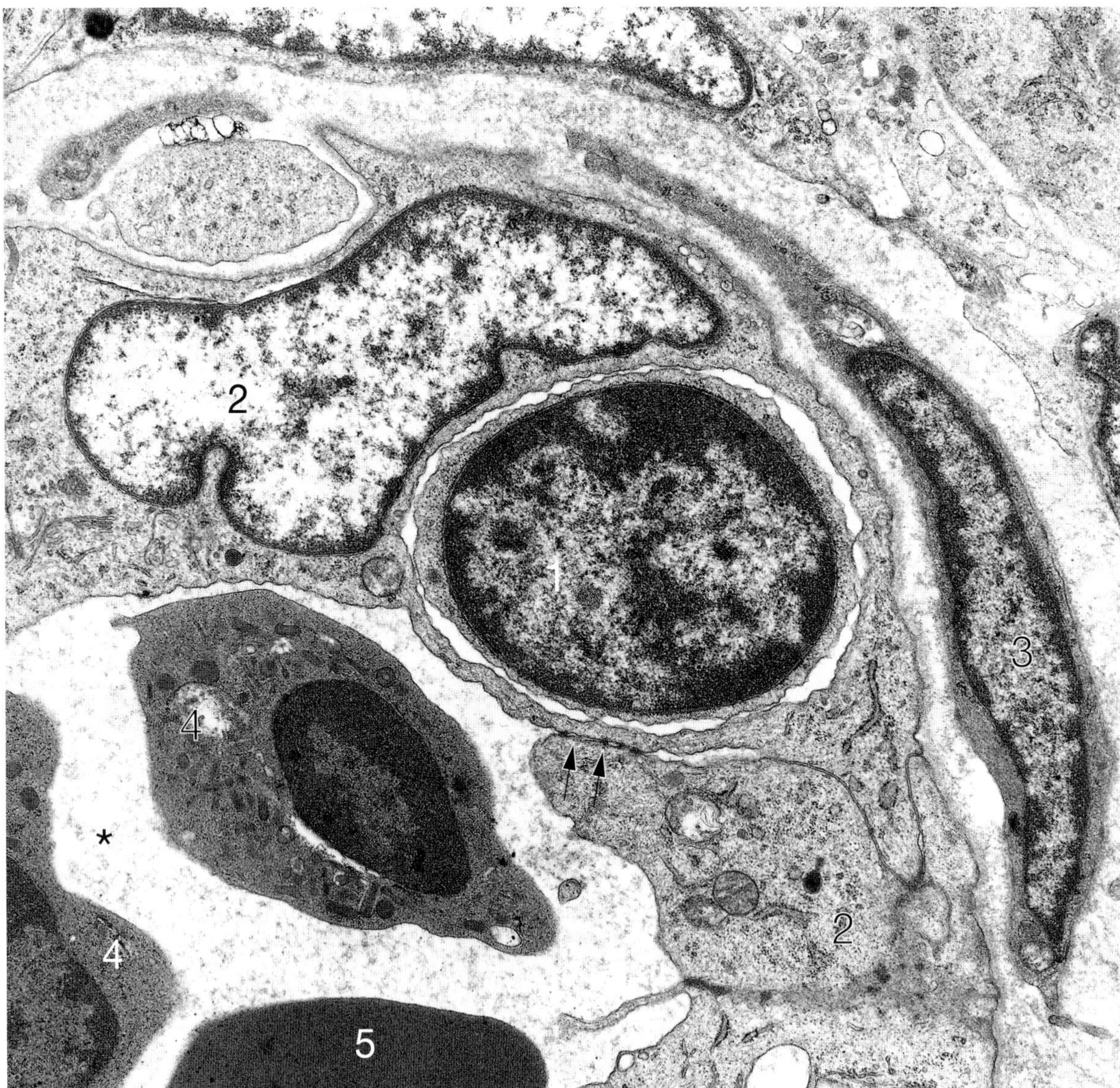

Abb. 6-27 Emigrierender Lymphozyt (1) im Endothel (**2**) einer hochendothelialen Venole. Elektronenmikroskopische Aufnahme in der T-Zell-Region eines Lymphknotens (Hund). Die Auswanderung des Lymphozyten erfolgt oft durch das Zytoplasma neben dem Zellkontakt (➔). **3** glatte Muskelzelle; **4** Neutrophile; **5** Erythrozyt; * Lumen der Venole. Vergr. 15300fach.

- Primärfollikel,
- Sekundärfollikel,
- Tertiärfollikel, zugrunde gehende Follikel.

Primärfollikel Die Primärfollikel sind einheitliche Ansammlungen von reifen, aber noch naiven B-Lymphozyten. Die B-Lymphozyten sind also noch nicht mit Antigenen in Kontakt gekommen, so dass sie weder proliferieren noch in einen komplexen Differenzierungsprozess eingetreten sind. An Aufbau und Organisation der Follikel sind sowohl fibroblastische Retikulumzellen als auch follikuläre dendritische Zellen beteiligt. Letztere sind über Desmosomen verbunden.

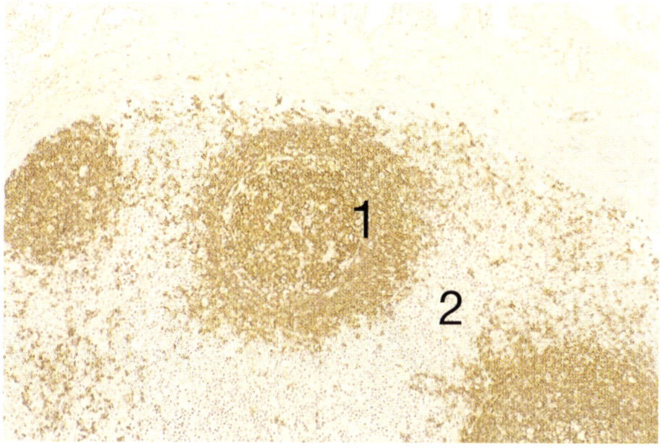

Abb. 6-28 B-Lymphozyten im Kortex eines Lymphknotens (Mensch). Die B-Lymphozyten kommen vorwiegend in den Lymphfollikeln (**1**) vor; **2** parafollikuläre (= parakortikale) Region. Färbung: immunhistochemischer Nachweis (CD20-Protein). Vergr. 100fach. (Aus [1])

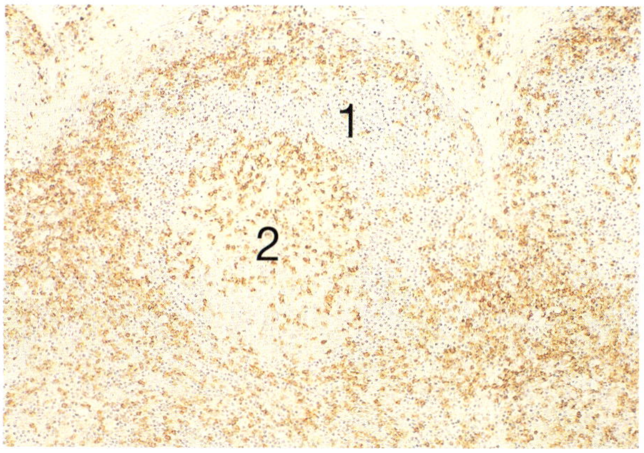

Abb. 6-29 T-Lymphozyten im Kortex eines Lymphknotens (Mensch). Die T-Lymphozyten sind zwischen den Follikeln (parafollikuläre Region) sowie im Reaktionszentrum der Follikel nachweisbar. Die T-Zellen im Reaktionszentrum sind T_H2-Zellen (T-Helfer-Zellen). **1** Randwall; **2** Reaktionszentrum. Färbung: immunhistochemischer Nachweis (CD45-RO-Protein). Vergr. 100fach. (Aus [1])

Sekundärfollikel In den auffälligen Sekundärfollikeln lässt sich ein dichter peripherer Saum (Follikelmantel, Randwall) aus kleinen Lymphozyten mit Oberflächenantikörpern der IgM- und IgD-Klasse von einem helleren Zentrum, dem Keim- oder Reaktionszentrum, unterscheiden (Abb. **6-22**, **6-23**, **6-30**). Das Grundgerüst bilden fibroblastische Retikulumzellen und retikuläre Fasern. Die Zellen des Randwalls sind ruhende naive Zellen (so wie ca. 60% aller B-Lymphozyten im Blut), d.h., sie sind noch nicht antigenstimuliert. Der Follikelmantel ist oft an der zur Kapsel weisenden Seite verdickt und bildet hier eine sog. Kappe.

Keimzentren In den Keimzentren machen die B-Lymphozyten wichtige Veränderungen durch: somatische Mutationen (Hypermutationen), Affinitätsreifung (selektiert B-Lymphozyten mit hoher Antigenaffinität) und Umschaltung auf verschiedene Immunglobulin-Isotypen, was die Feinabstimmung der Antikörperbildung für verschiedene Funktionen erlaubt.

Die Keimzentren sind Orte der B-Zell-Proliferation und -Differenzierung sowie des Absterbens von B-Lymphozyten und lassen eine helle Zone (nach außen weisend) von einer dunklen Zone (nach innen weisend) unterscheiden (Abb. **6-30**). Die dunkle Zone enthält vor allem Zentroblasten, die helle Zone vor allem Zentrozyten, beide entsprechen verschiedenen Differenzierungsformen der B-Zellen.

Die **Zentroblasten** sind eine relativ große, frühe Differenzierungsphase (Abb. **6-31**). Sie entstehen ca. 4 Tage nach Antigenkontakt aus aktivierten B-Zellen, die in den Primärfollikel eingewandert sind und ihren Bestand an membranständigen Immunglobulinen

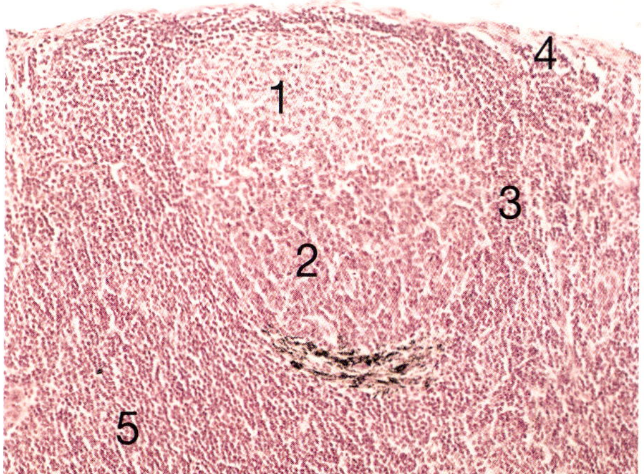

Abb. 6-30 Sekundärfollikel in der Rindenregion eines Lymphknotens (Mensch). Keimzentrum mit heller (**1**) und dunkler Zone (**2**); **3** Randwall; **4** Randsinus; **5** parakortikale Region mit T-Lymphozyten. Einzelne Makrophagen am Randwall sind mit Pigment beladen (Braunfärbung). Färbung: H.E.; Vergr. 150fach. (Aus [1])

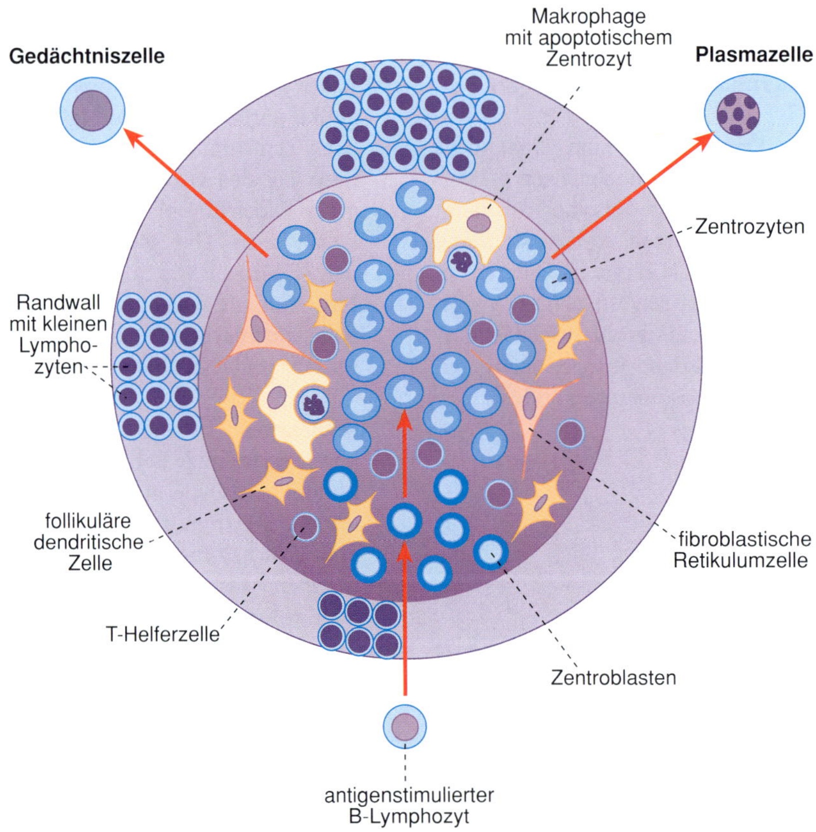

Abb. 6-31 Struktur und z.T. hypothetische Funktionen des Lymphfollikels. Ein antigenstimulierter reifer B-Lymphozyt unterliegt im Keimzentrum genetischen Rekombinations- und Differenzierungsprozessen, so dass er sich nach Durchgang durch das Stadium des Zentroblasten und Zentrozyten entweder zu einer Gedächtniszelle oder zu einer Plasmazelle entwickeln kann. Der Randwall besteht aus naiven B-Zellen. Zugrunde gegangene Zentrozyten werden durch Makrophagen eliminiert.

(speziell IgD) drastisch reduziert haben. Die Zentroblasten teilen sich schnell, und bei ihnen kommt es im Bereich der variablen Region der Immunglobuline zu somatischen Mutationen. Dadurch steigert sich die Affinität der Immunglobulinrezeptoren der B-Zellen gegenüber dem jeweiligen Antigen. Die Zentroblasten entwickeln sich in Kontakt mit den follikulären dendritischen Zellen zu den kleineren **Zentrozyten** weiter. Die Zentrozyten besitzen einen eingekerbten Kern und lamellenförmige Zellfortsätze. Sie tragen an ihrer Oberfläche viele membranständige Immunglobuline und können auch proliferieren. Die follikulären dendritischen Zellen sind in der hellen Keimzentrumszone besonders zahlreich. Sie sind stark verzweigt, besitzen einen hellen ovalen Kern und tragen an ihrer Oberfläche Komplementrezeptoren, mit denen sie über lange Zeit Antigen-Antikörper-Komplementkomplexe binden („antigen-trapping"). Das Fremdantigen wird den B-Zellen im Keimzentrum, vor allem auf dem Entwicklungsstadium der Zentrozyten, präsentiert. Zentrozyten, die das präsentierte Antigen nicht oder nur schwach binden (90% aller Zentrozyten!), werden in der hellen Zone durch Apoptose eliminiert (negative Selektion). Es überleben diejenigen Zentrozyten, deren Immunglobulinrezeptoren eine hohe Affinität zum präsentierten Antigen aufweisen. Solche Zentrozyten entwickeln sich zu langlebigen Plasmazellen oder zu Gedächtnis-B-Zellen weiter (Abb. **6-31**). Letztere können bei neuem Kontakt mit demselben Antigen rasch reagieren. Die Plasmazellen bilden zuerst IgM, später IgG oder IgA (Isotyp-Switching). Die letzten Schritte der Gedächtniszell- und Plasmazellbildung erfolgen außerhalb der Sekundärfollikel.

Außerdem kommen im Keimzentrum (Abb. **6-29**) eine Unterform der T-Helfer-Zellen (CD4-positive T_H2-Zellen, siehe S. 263) und Makrophagen vor. Die T-Helfer-Zellen machen ca. 10% der Lymphozyten des Keimzentrums aus und sind für die B-Lymphozyten-Differenzierung unentbehrlich. Die Makrophagen sind an der Elimination der apoptotischen Zentrozyten beteiligt (Abb. **6-31**). Die Zone, die sich unmittelbar außerhalb des Follikelmantels befindet, wird Marginalzone genannt. Die Marginalzone ist besonders reich an B-Gedächtniszellen. Die langlebigen Plasmazellen wandern bevorzugt in das Knochenmark und in die Darmschleimhaut.

Parakortikale Zone

In der parakortikalen Zone (Parakortex, T-Region) sind die T-Lymphozyten relativ homogen verteilt (Abb. **6-29, 6-30**). Hier finden sich interdigitierende dendritische Zellen und hochendotheliale Venolen.

Die aus den hochendothelialen Zellen austretenden B-Lymphozyten durchwandern meist rasch die parakortikale Zone auf dem Weg zu den Follikeln. Sie können auch auf ein spezifisches Antigen stoßen und es binden. Dadurch werden sie in der T-Zell-Zone aufgehalten und können mit antigenspezifischen T_H2-Zellen interagieren. Es entsteht unmittelbar ein kleiner **„Primärfokus“**, der eine erste Immunantwort gibt und nach einigen Tagen zugrunde geht. Einige Plasmazellen aus diesem Primärfokus wandern in die Markstränge des Lymphknotens oder bis in die Pulpastränge der Milz. B-Lymphozyten aus einem solchen Primärfokus können auch Primärfollikel erreichen und sich hier vermehren, so dass Sekundärfollikel entstehen, wo es dann zu anhaltender intensiver Immunantwort kommt.

Mark

Im Mark bildet das Lymphknotengewebe anastomosierende Stränge (Markstränge) zwischen den Marksinus (Abb. **6-32**). In ihnen verlaufen kleine Blutgefäße, und sie enthalten viele Lymphozyten, Makrophagen und auch Plasmazellen sowie in Mesenterialymphknoten oft auch Mastzellen. Die Makrophagen können verbreitet auch in den Marksinus vorkommen (Abb. **3.2-15**), was besonders auffällt, wenn sie Kohlenstaub phagozytiert haben (Anthrakose, Abb. **6-33**).

Klinik Infektionen der Lymphknoten werden **Lymphadenitis** genannt. Kennzeichen sind Vergrößerung und oft auch Druckschmerz. Dabei können u. a. die Sinus erweitert und zellreich oder auch die parafollikuläre Zone verbreitert sein.

Bösartige Vergrößerungen und Veränderungen der Lymphknoten (**maligne Lymphome**) gehen meistens von B- und nur selten von T-Lymphozyten aus. Die heutige hoch differenzierte Systematik kann solche Lymphome histologisch bewerten und die verschiedenen Differenzierungsformen der Lymphozyten erfassen.

! Die Lymphknoten sind von einer Kapsel umgeben. Sie besitzen ein hoch entwickeltes System lymphatischer Sinus, das aus **Randsinus, Radiärsinus** und **Zentralsinus** besteht. Das Parenchym ist in Rinde und Mark gegliedert. In der Rinde befinden sich **Lymphfollikel** (B-Zell-Region) und die **parakortikale Zone** (T-Zell-Region).

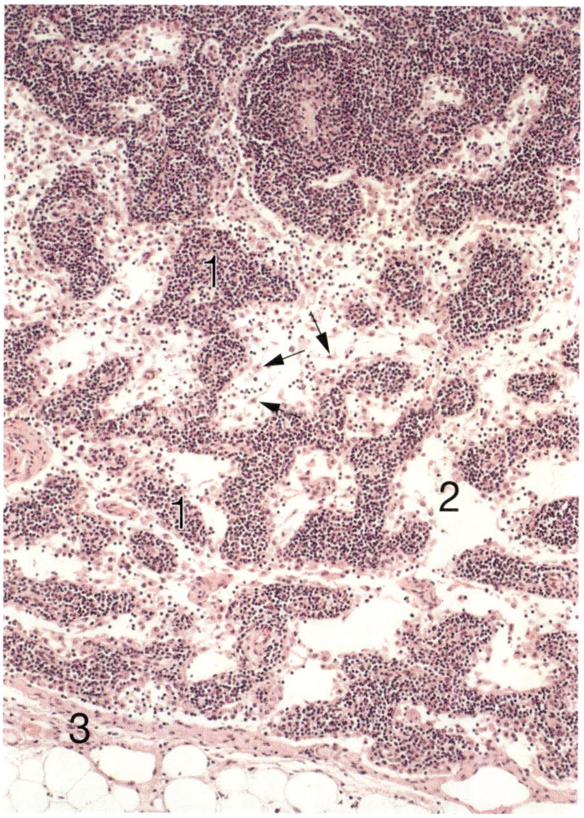

Abb. 6-32 Markregion eines Lymphknotens (Mensch). **1** Markstränge; **2** Marksinus, in denen ein Netzwerk fibroblastischer Retikulumzellen (➔) vorkommt, die parallel zu ihren Fortsätzen retikuläre Fasern abscheiden. **3** Kapsel. Färbung: H. E.; Vergr. 10fach.

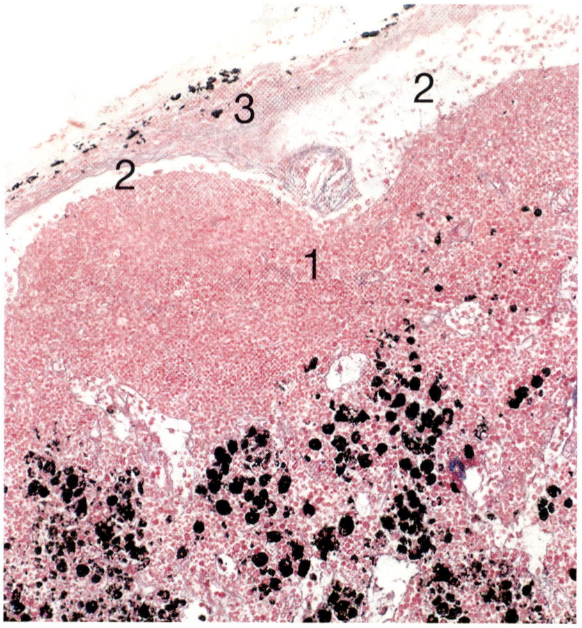

Abb. 6-33 Kohlenstaubbeladener Lymphknoten (Mensch). Die schwarzen Rußpartikel sind in Makrophagen der Markregion abgelagert. **1** Rinde; **2** Randsinus; **3** Kapsel. Färbung: Azan; Vergr. 150fach.

Mukosaassoziierte lymphatische Organe

Die mukosaassoziierten lymphatischen Organe und Gewebe werden vielfach auch lymphoepitheliale Gewebe und Organe genannt, da in ihnen **Oberflächenepithelien** eine funktionell wichtige Rolle spielen. Sie finden sich insbesondere in Schleimhäuten von Organen, die mit der Umwelt eng in Kontakt stehen und damit ständig Infektionserregern ausgesetzt sind. Solche Epithelien, die lymphatisches Gewebe bedecken, werden auch Follikel-assoziierte Epithelien (FAE) genannt.

Tonsillen

Die Tonsillen sind mehr oder weniger eingekapselte Ansammlungen lymphatischen Gewebes am Eingang in den Rachen (Pharynx) und sind Teil des **Waldeyer-Rachenrings.** Es lassen sich unterscheiden:

- Tonsilla palatina (Gaumenmandel),
- Tonsilla lingualis (Zungenbälge),
- Tonsilla pharyngea (Rachenmandel) und
- lymphatisches Gewebe der seitlichen Rachenwand (Seitenstrang) mit der Tonsilla tubaria am Eingang der Tuba auditiva.

Die Oberfläche der Tonsillen ist durch tiefe Einsenkungen (Krypten) und Aufwölbungen unruhig gestaltet und zerklüftet. In den Krypten ist das Epithel von Lymphozyten und anderen Leukozyten durchsetzt und oft nur noch mit Mühe erkennbar. Das Lumen der Krypten enthält oft „Pfröpfe" aus abgestoßenem Epithel, Schleim und Leukozyten. Unter dem Epithel befinden sich Lymphfollikel (B-Zell-Region) und parafollikuläres Gewebe (T-Zell-Region) mit hochendothelialen Venolen. Die Sekundärfollikel können sehr groß sein und bilden zum Oberflächenepithel hin oft eine auffallende halbmondförmige Kappe aus. Aus den Tonsillen führen efferente Lymphgefäße Lymphe zu den tieferen Lymphknoten. Gegen die Umgebung sind die Tonsillen durch eine Bindegewebskapsel abgegrenzt, aus der sie operativ herausgeschält werden können.

Tonsilla palatina Die zwei Tonsillae palatinae entstehen im Bereich der 2. Kiementasche und liegen links und rechts am Eingang in den Rachen in der Fossa tonsillaris zwischen vorderem und hinterem Gaumenbogen. Ihre Oberfläche wird von mehrschichtigem unverhorntem Plattenepithel überzogen, das auch die z.T. gut 1 cm tiefen Krypten auskleidet (Abb. **6-34**). In den Krypten ist das Epithel wie in allen Tonsillen von Lymphozyten durchsetzt und z.T. kaum erkennbar (Abb. **6-35**, **6-36**). Die kräftige Kapsel entsendet Bindegewebssepten in die Tonsille und unterteilt deren Gewebe in Läppchen. In der Nähe der Tonsillen liegt die Skelettmuskulatur des oberen Schlundschnürers. In der Nähe der Kapsel kommen auch muköse Spei-

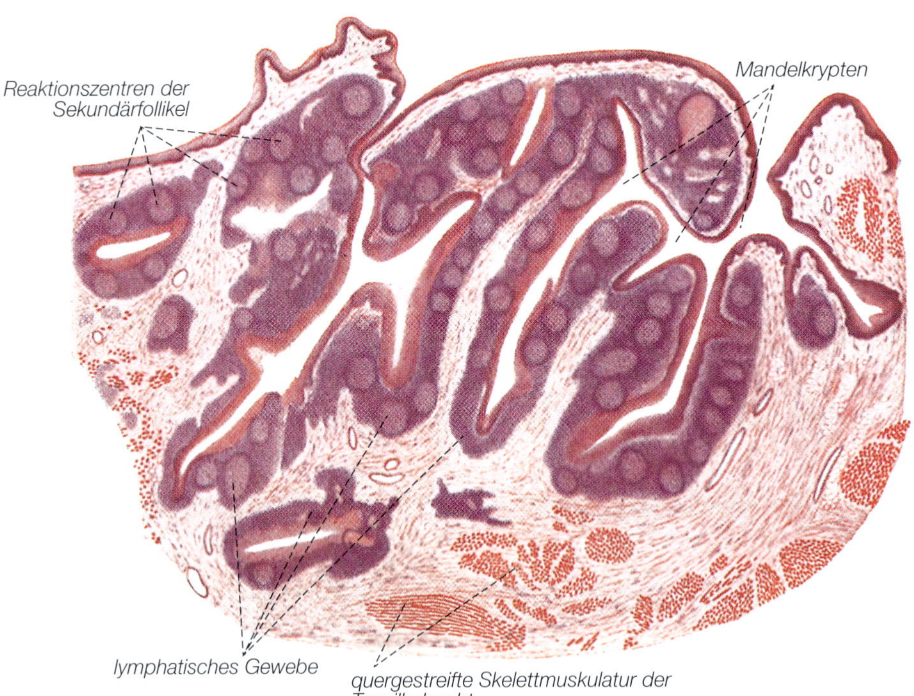

Abb. 6-34 Tonsilla palatina (Mensch), Übersicht. Das mehrschichtige unverhornte Plattenepithel bildet tiefe, verzweigte Einsenkungen (= Krypten). Diese werden von lymphatischem Gewebe mit zahlreichen lymphatischen Sekundärfollikeln unterlagert. Färbung: H.E.; Vergr. 8fach. (Aus [1])

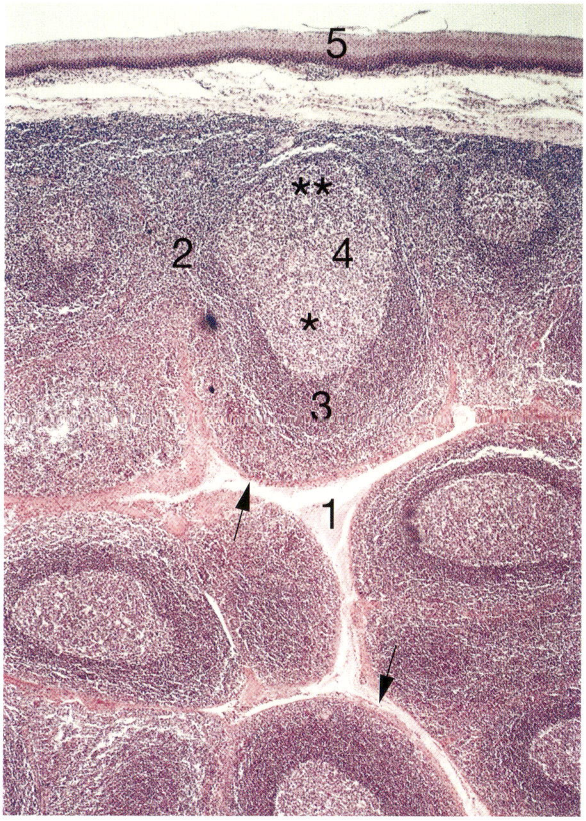

Abb. 6-35 Tonsilla palatina (Mensch). Das mehrschichtige unverhornte Plattenepithel der Krypten (**1**) ist als zusammenhängender Zellverband auf z.T. zwei bis drei dünne Zelllagen (➔) reduziert. Infolge einer Durchsetzung mit Lymphozyten ist das Epithel zu einem lockeren, netzförmigen epithelialen Zellverband transformiert worden. Unter diesem Epithel erkennt man im lymphatischen Gewebe (**2**), Anschnitte von Sekundärfollikeln mit Randwall (**3**) und Reaktionszentrum (**4**). Letzteres ist hier gut erkennbar in helle (✻) und dunkle (✻✻) Zone gegliedert; **5** Oberflächenepithel. Färbung: H.E.; Vergr. 60fach.

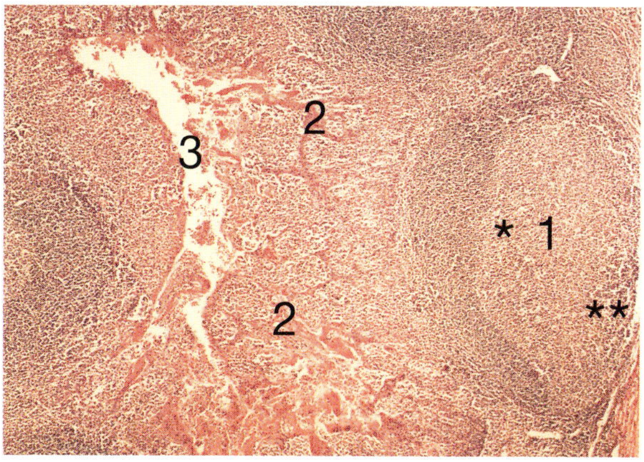

Abb. 6-36 Tonsilla palatina (Mensch). **1** Lymphfollikel mit zur Oberfläche gerichteter Kappe in der Wand einer Krypte. Im Reaktionszentrum des Follikels sind die dunkle (✻✻) und helle (✻) Zone gut erkennbar. In das mehrschichtige unverhornte Kryptenepithel sind zahlreiche Lymphozyten eingedrungen, so dass vom Epithel nur ein grob netzförmiger Rest erkennbar ist (**2**). **3** Lumen der Krypte. Färbung: Azan; Vergr. 96fach.

cheldrüsen vor, die neben der Tonsille (außerhalb der Kapsel) an der Oberfläche ausmünden.

Tonsilla lingualis Sie liegt in der Schleimhaut des Zungengrundes und wird auch von mehrschichtigem unverhorntem Plattenepithel bedeckt. Die Krypten sind relativ kurz. In der Tiefe der Krypten münden muköse Drüsen (Gll. linguales posteriores). Die kraterförmigen Mündungen der Krypten befinden sich auf kleinen linsenförmigen Schleimhauthöckern. Jeder größeren Krypte ist lymphatisches Gewebe mit Follikeln und parafollikulären Zonen zugeordnet (Abb. 6-37). Ein solches Aggregat mit einer zentralen Krypte wird Zungenbalg genannt, ihm entspricht der

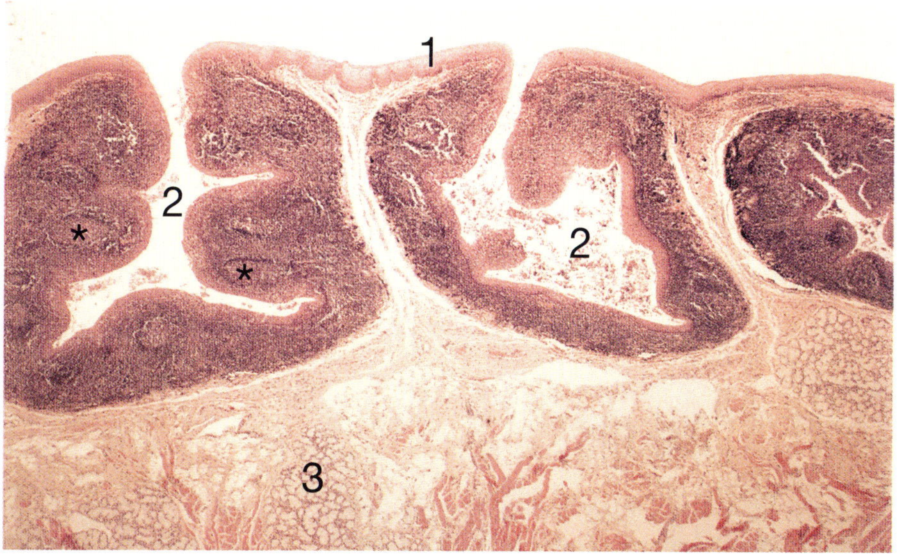

Abb. 6-37 Tonsilla lingualis (Mensch), Übersicht. **1** Oberflächenepithel; **2** Krypten; ✻ Lymphfollikel; **3** muköse Drüsen. Färbung: H.E.; Vergr. 25fach. (Aus [1])

an der Oberfläche erkennbare linsenförmige Höcker. Zwischen den einzelnen Zungenbälgen sind oft breitere Bindegewebsstraßen ausgebildet, die in der Tiefe mit der Kapsel in Verbindung stehen. Alle Zungenbälge zusammen bilden die Tonsilla lingualis.

Tonsilla pharyngea Die Tonsilla pharyngea ist unpaar und liegt in der Schleimhaut des Daches der oberen Rachenetage. Sie wird von mehrreihigem Flimmerepithel mit Becherzellen (respiratorisches Epithel) bedeckt, das von Lymphozyten durchsetzt ist (Abb. **6-38**). Lokal finden sich regelmäßig Inseln von mehrschichtigem unverhorntem Plattenepithel im Oberflächenepithel. Typische Krypten fehlen, stattdessen bildet die Oberfläche unregelmäßige Falten und Buchten. Das lymphatische Gewebe bildet nur eine ungefähr 2 mm dicke Schicht. Die Kapsel enthält viele elastische Fasern. Unter der Kapsel liegen gemischt seromuköse Drüsen, die an der Oberfläche dieser Tonsille ausmünden.

Klinik Die Tonsillen als „vorgeschobene Posten" des Immunsystems müssen sich häufig mit Krankheitserregern (Bakterien, Viren) auseinander setzen, und es kommt daher oft zu Entzündungen (Tonsillitis, Mandelentzündung). Dabei kann das Oberflächenepithel massiv mit Neutrophilen infiltriert (eitrige bakterielle Entzündungen) oder sowohl mit Lymphozyten als auch Neutrophilen durchsetzt sein. Bei eitriger **Tonsillitis** finden sich auch im Oberflächenschleim zahllose Neutrophile.

Vom lymphatischen Gewebe der Tonsillen können auch bösartige **Lymphome** ausgehen.

! Die Tabelle **6-3** fasst die Unterscheidungskriterien der Tonsillen zusammen.

Tab. 6-3 Kriterien zur Unterscheidung der Tonsillen.

	Tonsilla palatina	**Tonsilla lingualis**	**Tonsilla pharyngea, Tonsilla tubaria**
Oberflächen-epithel	mehrschichtiges unverhorntes Plattenepithel	mehrschichtiges unverhorntes Plattenepithel	respiratorisches Epithel, z.T. lokal auch mehrschichtiges unverhorntes Plattenepithel
Krypten	tief, verzweigt, stehen relativ dicht	relativ flach, wenig verzweigt, stehen relativ weit auseinander	keine typischen Krypten, nur unregelmäßige Falten und Buchten
Besonderheiten	außerhalb der kräftigen Kapsel befinden sich einzelne muköse Drüsen, die meist neben der Tonsille münden, z.T. sind außen einzelne Skelettmuskelzellen im Präparat sichtbar (Pharynxmuskulatur)	am Grund der Krypten münden muköse Gll. linguales, in der Umgebung befindet sich Zungenmuskulatur, Kapsel weniger gut abgrenzbar	unter der Tonsille liegen gemischte Drüsen die an der Oberfläche münden, Tonsilla pharyngea am Periost befestigt

Lymphatisches Gewebe im Darmtrakt

Die **Peyer-Plaques** (Folliculi lymphatici aggregati) sind 2–5 (bis 20) cm große Verdickungen der Mukosa und Submukosa des terminalen Ileums. Ähnliche Strukturen kommen im ganzen Dünndarm, in der Appendix und manchmal auch im Kolon vor.

Die Verdickungen („Platten", Plaques) werden durch zahlreiche Lymphfollikel (B-Zell-Region) und para-(inter-)follikuläres Gewebe (T-Zell-Region) hervorgerufen, die sich gegenüber dem Mesenterialansatz bilden (Abb. **6-39**). In den parafollikulären T-Zell-Regionen liegen hochendotheliale Venolen und efferente Lymphgefäße.

Über den Lymphfollikeln bildet das Darmepithel flache Vorwölbungen, in deren Nachbarschaft durchaus typische Zotten und Krypten vorkommen (Abb. **10-63**, **10-64**). Das flach gewölbte Oberflächenepithel (Abb. **6-40**) wird auch Domepithel genannt und ist in Hinsicht auf Immunfunktionen spezialisiert. Es wird als besonderes Follikel-assoziiertes Epithel (FAE) angesehen. Es enthält spezielle Zellen, die **M-Zellen,** die Antigene durch das Epithel schleusen. Becherzellen sind selten oder fehlen (Abb. **6-40**). Die Enterozyten dieses Epithels sind nur in geringem Maße resorbierend aktiv und bauen aufgenommene Antigene in Lysosomen ab.

M-Zellen entstehen aus Stammzellen in benachbarten Krypten. Ihre Oberfläche bildet schlanke Mikrofalten aus, ihre Glykokalyx ist nur spärlich entwickelt. Sie besitzen basolateral weite Taschen, in denen Lymphozyten (vor allem B-Lymphozyten), aber auch Makrophagen und dendritische Zellen vorkommen. Der apikale Zellteil ist meistens relativ dünn. M-Zellen transportieren mittels eines Transzytoseprozesses Antigen aus dem Lumen durch ihr Zytoplasma hindurch (Abb. **6-41**). Die Antigene werden in speziellen Protease-(Cathepsin-B-)haltigen Vesikeln transportiert und in die basolateralen Taschen entleert. Hier werden die Antigene insbesondere immunkompetenten B-Zellen präsentiert. Die Antigene erreichen aber auch antigenpräsentierende Zellen, also Makrophagen und dendritische Zellen. Dendritische Zellen errei-

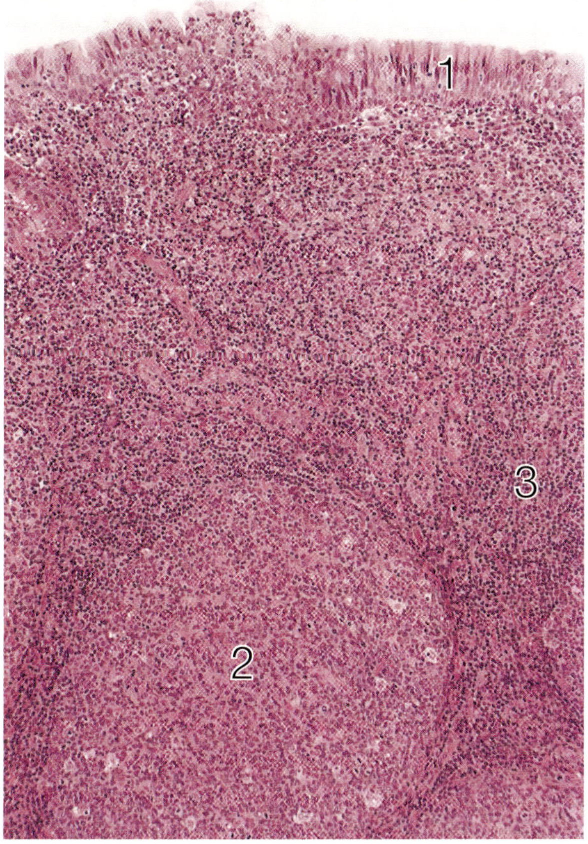

Abb. 6-38 Tonsilla pharyngea (Mensch). **1** Oberflächenepithel mit Kinozilien und Becherzellen; **2** sekundärer Lymphfollikel (mit hellen Makrophagen); **3** parafollikuläres Gewebe. Im Oberflächenepithel sind viele Lymphozyten erkennbar. Färbung: H. E.; Vergr. 130fach.

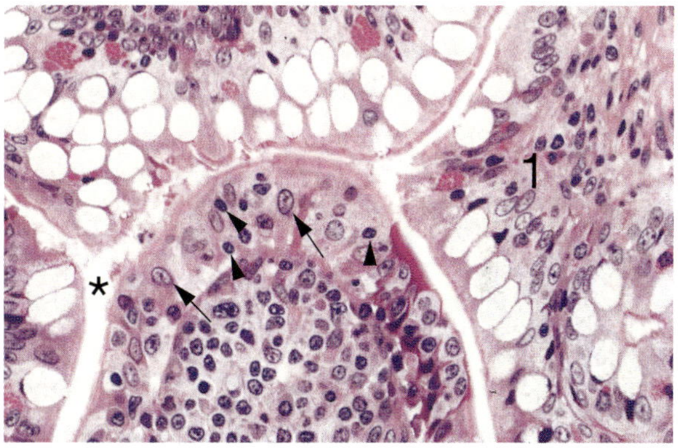

Abb. 6-40 Domepithel im Bereich der Peyer-Plaques (Ileum, Mensch) mit M-Zellen (➔) und intraepithelialen Lymphozyten (dunkle kleine Kerne, ▶). Beachte den Reichtum an freien Zellen – vor allem Lymphozyten – unter dem Epithel. **1** normale Darmzotte mit Becherzellen; ✻ Darmlumen. Plastikschnitt; Färbung: H. E.; Vergr. 450fach.

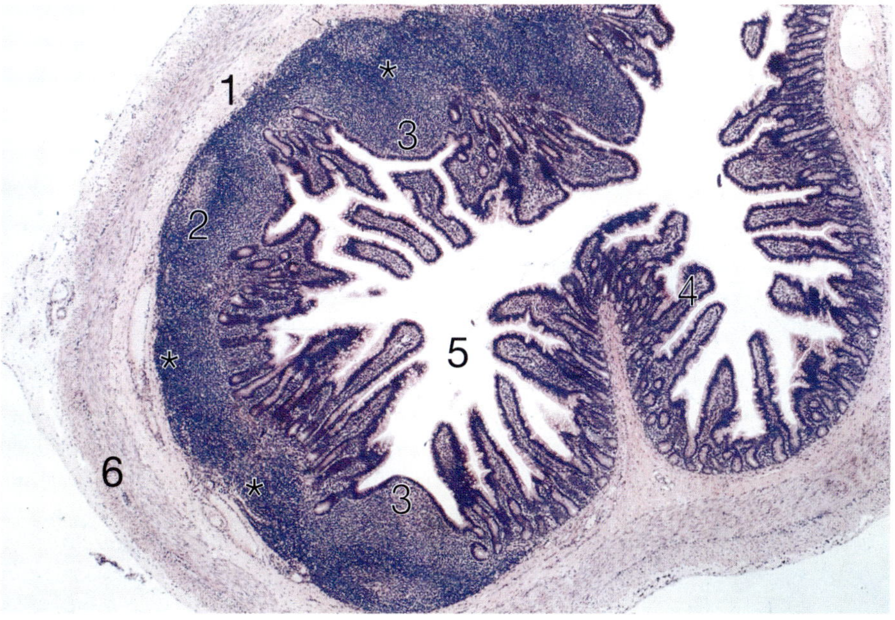

Abb. 6-39 Peyer-Plaques im Ileum (Rhesusaffe). Dichtes lymphatisches Gewebe (✻) besiedelt hier gegenüber vom Mesenterialansatz (nicht im Bild) vor allem die Mukosa, kann aber auch in die Submukosa (**1**) vordringen. **2** Lymphfollikel; **3** Dom; **4** normale Darmzotten; **5** Darmlumen; **6** Muskularis. Färbung: H. E.; Vergr. 45fach.

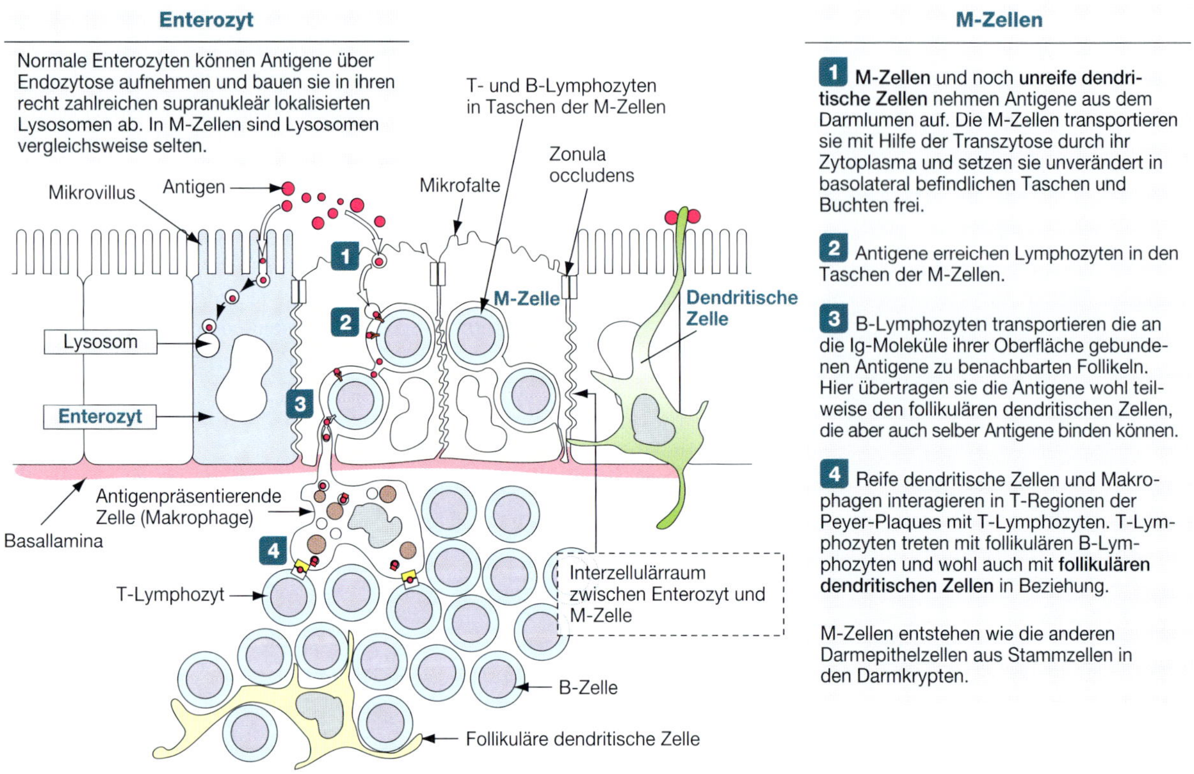

Abb. 6-41 Funktionelle Histologie der Peyer-Plaques. (Aus [12])

chen Antigene aber auch, indem sie Fortsätze bis ins Darmlumen vorschieben (Abb. **6-41**).

Zwischen dem Domepithel und dem Follikel liegt ein schmaler, B-Lymphozyten-reicher Gewebestreifen der Lamina propria, der Dom genannt wird und auch Makrophagen, dendritische Zellen, Plasmazellen und T-Lymphozyten enthält. Domepithel und Dom werden auch als Domareal zusammengefasst.

Die stimulierten Immunzellen wandern in Follikel (B-Zell-Region) und parafollikuläres Gewebe (T-Zell-Region). In den Follikeln entstehen Vorstufen der Plasmazellen, die sich außerhalb der Follikel ausdifferenzieren und die ganze Darmschleimhaut, die Schleimhäute anderer Organe und alle exokrinen Drüsen besiedeln. Hier bilden sie IgA-Dimere, die an den sog. Poly-Immunglobulin-Rezeptor benachbarter Epithelzellen binden. Der Rezeptor besitzt eine extrazelluläre Domäne, die sekretorische Komponente, an die das IgA-Dimer gebunden wird. Der ganze Komplex wird transzytotisch durch die Epithelien all dieser Organe geschleust. An der Oberfläche des Organs wird das IgA-Dimer zusammen mit der sekretorischen Komponente vom Rezeptor abgespalten. Die sekretorische Komponente schützt das IgA vor dem Abbau.

Klinik M-Zellen nehmen auch pathogene Bakterien, z. B. Salmonellen und Staphylokokken, sowie Viren, z. B. Rotaviren und Polioviren, auf. Sie sind daher für die Erforschung bzw. Weiterentwicklung oral applizierbarer Impfstoffe von Interesse.

Speziell im Dünndarm treten zytotoxische T-Lymphozyten auch in das Darmepithel ein.

In der Appendix (Abb. **6-42**) verdrängt das reich entwickelte lymphatische Gewebe oft die Krypten der Mukosa; im Oberflächenepithel kommen auch hier M-Zellen vor.

In den Schleimhäuten der Atemwege und der ableitenden Harnwege kommen beim Gesunden Follikel und parafollikuläres Gewebe relativ selten vor. Einzelne B- und T-Lymphozyten sind jedoch im ganzen Lungengewebe häufig zu finden.

Klinik Bei Entzündungen des Darms (**Enteritiden**) reagieren die Peyer-Plaques mit Vergrößerung und Aktivierung des lymphatischen Gewebes. Dies trifft besonders für schwere Infektionen wie Typhus zu. Die M-Zellen sind Ziel mancher pathogener Mikroorganismen im Darm, möglicherweise auch für HIV. Auch vom mukosaassoziierten lymphatischen Gewebe des Magen-Darm-Trakts können maligne **Lymphome** ausgehen.

! Die Peyer-Plaques befinden sich im terminalen Ileum und bestehen aus Lymphfollikeln und parafollikulärem Gewebe in der Mukosa und Submukosa. Sie repräsentieren wesentliche Bereiche des Immunsystems des Darmtrakts.

Im Darmepithel über den Follikeln (Domepithel) kommen M-Zellen vor.

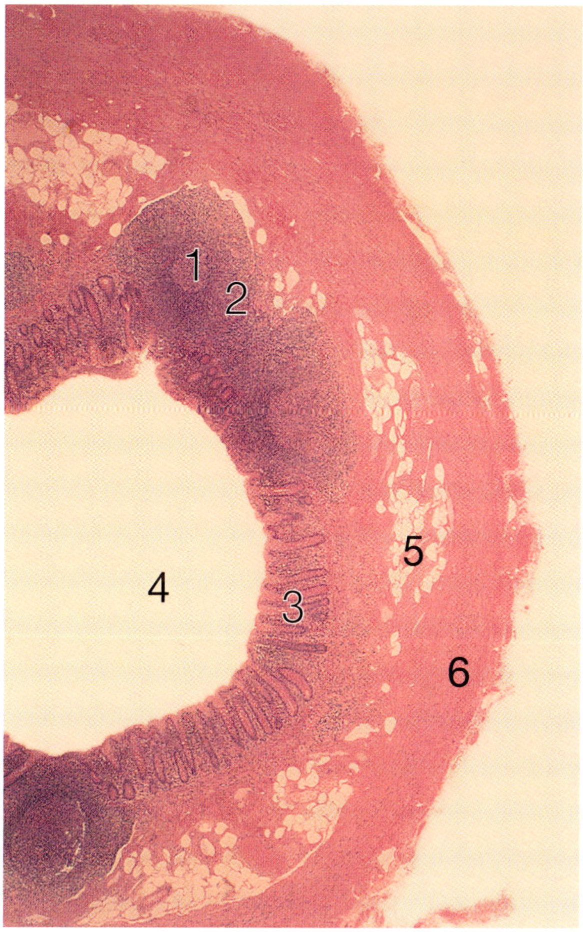

Abb. 6-42 Lymphatisches Gewebe in der Appendix vermiformis (Mensch). Das lymphatische Gewebe ist weitgehend auf die Mukosa beschränkt. **1** Follikel; **2** parafollikuläre Regionen; **3** Krypten der Mukosa; **4** Lumen; **5** Submukosa; **6** Muskularis. Färbung: H. E.; Vergr. 25fach.

7 Bewegungsapparat

Zur Orientierung

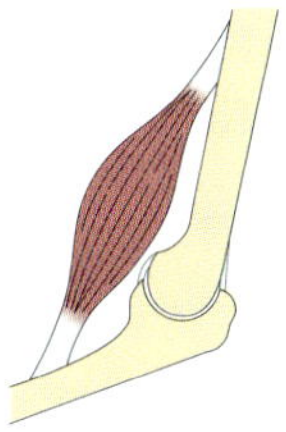

Der Bewegungsapparat umfasst einen **passiven Teil**, der aus unterschiedlichen Typen des Binde- und Stützgewebes aufgebaut ist, und einen **aktiven Teil**, der aus Skelettmuskulatur besteht. Beiden Teilen stehen „Hilfsorgane" zur Seite, darunter v.a. das Gefäß- und Nervensystem, Sinnesstrukturen und das endokrine System.

Die histologischen Grundkomponenten des Bewegungsapparats, z.B. Bindegewebe, Knorpel-, Knochen- und Muskelgewebe, sind in Kapitel 3 dargestellt. Im Folgenden soll der Schwerpunkt auf ausgewählte, funktionell wichtige Anteile des Bewegungsapparats gelegt werden, die besonders häufig erkranken und daher im ärztlichen Alltag eine Rolle spielen:

- Gelenke,
- Sehnen,
- Zwischenwirbelscheiben.

7.1 Gelenke

Gelenke sind Verbindungen zwischen knöchernen und/oder knorpeligen Skelettelementen. Es lassen sich zwei große Gruppen an Gelenken unterscheiden:

- Diarthrosen (Spaltgelenke, Articulationes synoviales, „echte" Gelenke), die Skelettelemente sind diskontinuierlich verbunden,
- Synarthrosen, die Skelettelemente sind kontinuierlich verbunden.

7.1.1 Diarthrosen

Diarthrosen erlauben freie, unterschiedlich weite Bewegungen zwischen zwei Skelettelementen, die durch einen Gelenkspalt getrennt sind. Das Gelenk besteht aus knorpeligen Gelenkflächen, Gelenkhöhle und Gelenkkapsel (Abb. 7-1, 7-2).

Gelenkknorpel Der Gelenkknorpel besteht aus hyalinem Knorpelgewebe (siehe Kap. 3), selten aus Faserknorpel (Kiefergelenk, Sternoklavikulargelenk). Die Oberfläche ist glatt. Die Dicke variiert in Abhängigkeit von der Beanspruchung, an Fingergelenken ist der Gelenkknorpel ca. 1 mm, am Hüftgelenk ca. 2–3 mm dick. Kennzeichnend ist der arkadenförmige Verlauf der 5–200 nm dicken Kollagenfibrillen (aus Kollagen vom Typ II), was zusammen mit einigen anderen Kriterien Basis für die Gliederung des Gelenkknorpels in vier Schichten ist (Abb. 7-3):

- **Schicht I**, oberflächlich; Tangentialfaserschicht. Die Kollagenfibrillen verlaufen annähernd parallel zur Oberfläche oder bilden bogenförmige Strukturen mit einem Scheitelpunkt, der zur Oberfläche weist. Die Fibrillen sind zahlreich und dünn. Die Chondrozyten sind oft spindelförmig und verlaufen pa-

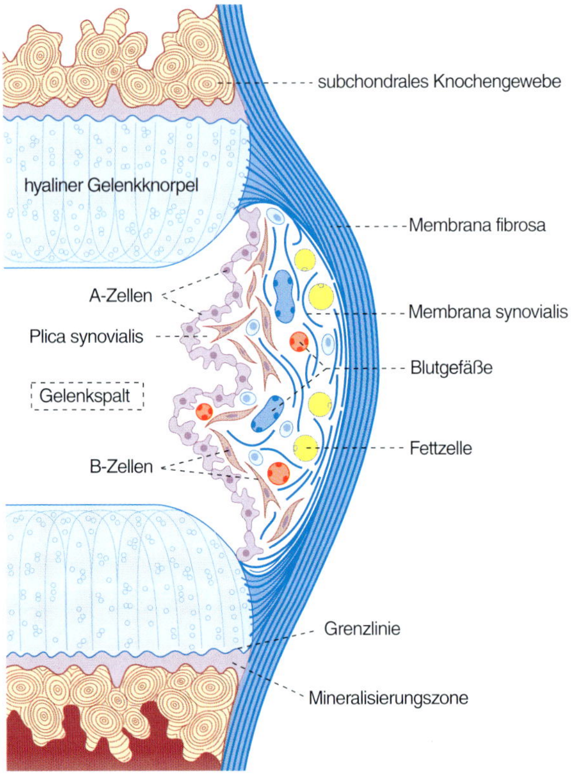

Abb. 7-1 Typisches Gelenk (Diarthrose), schematische Darstellung. Im Gelenkknorpel Andeutung des arkadenförmigen Verlaufs der Kollagenfibrillen; Membrana fibrosa und Membrana synovialis bilden die Gelenkkapsel. Die locker aneinander gefügten A-Zellen (= M-Zellen) sind spezielle Makrophagen, die B-Zellen (= F-Zellen) sind aktive Fibroblasten, die neben Kollagen und Proteoglykanen u.a. auch die Hyaluronsäure der Synovia bilden. Im Gelenkspalt befindet sich Synovia (Gelenkflüssigkeit). Mineralisierungszone = Verkalkungszone des Gelenkknorpels. (Aus [1])

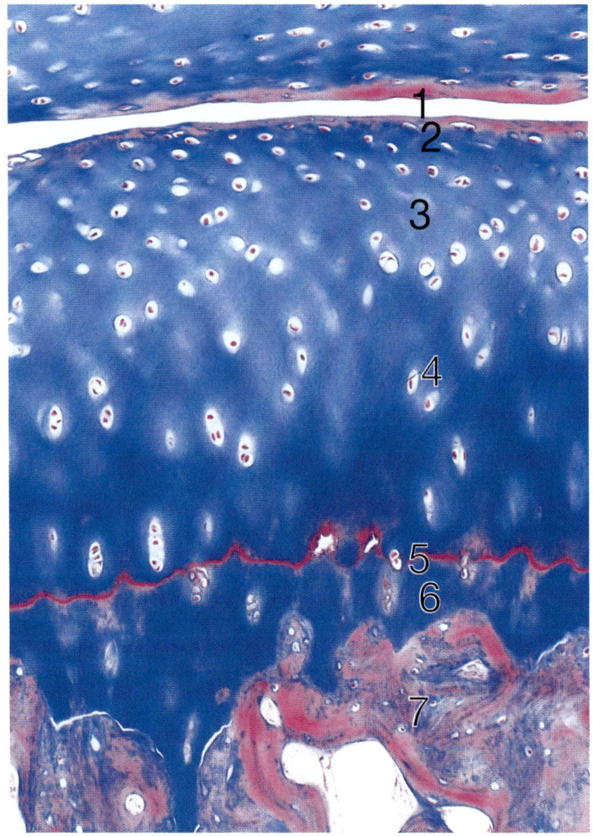

Abb. 7-3 Gelenkknorpel eines Fingergelenks (Mensch), höhere Vergrößerung. **1** Gelenkspalt; **2** Tangentialzone; **3** Übergangszone; **4** Radiärzone; **5** Grenzlinie (tide mark); **6** Zone des verkalkten Knorpels; **7** subchondraler Lamellenknochen. Färbung: Masson-Trichrom; Vergr. 250fach.

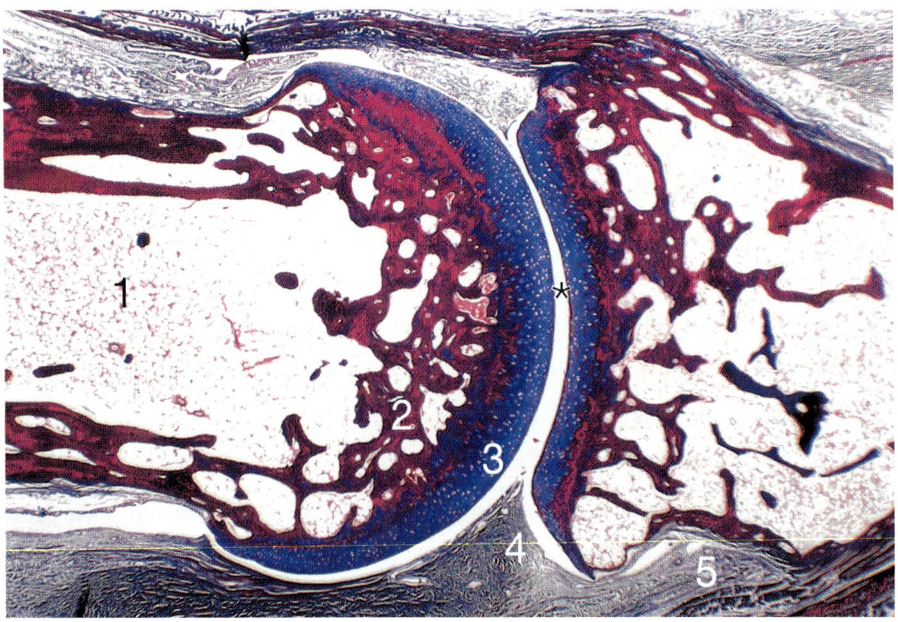

Abb. 7-2 Kleines Fingergelenk (Mensch), Übersicht. **1** Markhöhle in der Diaphyse; **2** subchondraler Knochen; **3** Gelenkknorpel; * Gelenkspalt; **4** Synovialzotte; **5** Gelenkkapsel. Färbung: Masson-Trichrom; Vergr. 5fach.

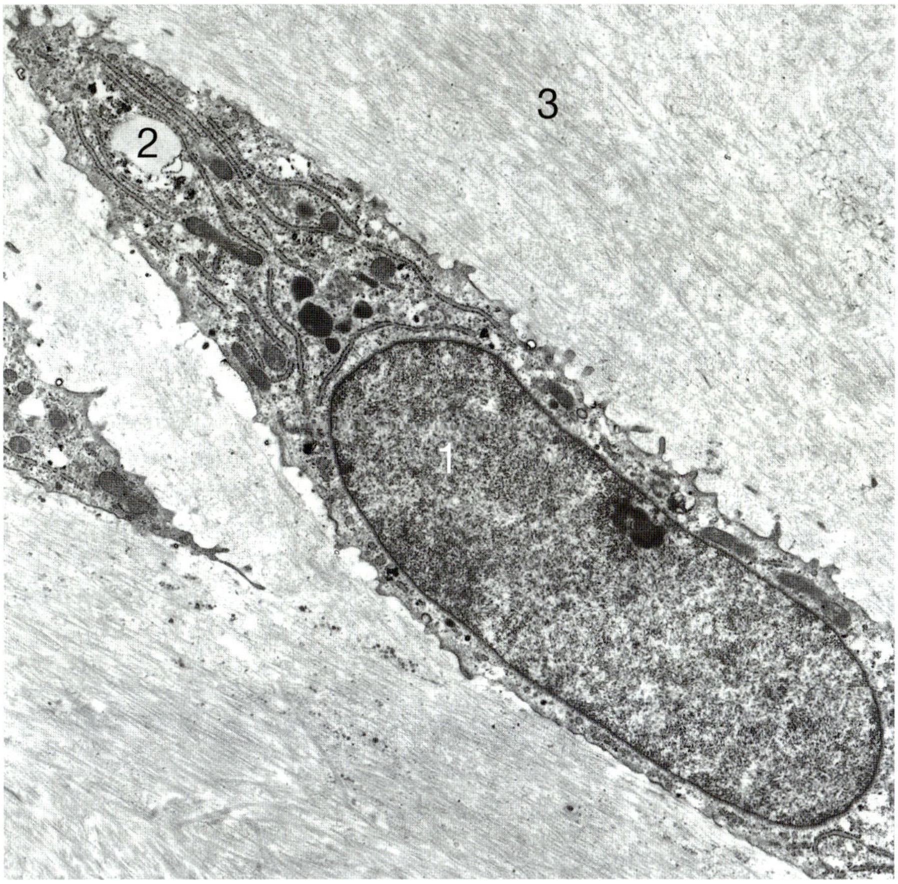

Abb. 7-4 Ultrastruktur eines Chondrozyten in der Oberflächenschicht des Gelenkknorpels, proximale Gelenkfläche der Tibia (Ratte). **1** Zellkern; **2** Lipideinschluss; **3** Kollagenfibrillen. Vergr. 8880fach.

rallel zur Oberfläche (Abb. 7-3, 7-4). Von hier geht während des Wachstums der Nachschub an Knorpelgewebe aus.

- **Schicht II**, Übergangszone. Die Chondrozyten liegen oft einzeln oder treten in Paaren auf. Die Kollagenfibrillen kreuzen sich hier.
- **Schicht III**, Radiärzone. Kollagenfibrillen laufen annähernd senkrecht zur Oberfläche, sind lockerer verteilt und dicker als an der Oberfläche. Die Chondrozyten dieser breiten Schicht bilden überwiegend längliche, isogene Zellgruppen, die parallel zu den radiären Kollagenfibrillen angeordnet sind. Die Chondrozyten sind hier reich an RER und besitzen einen aktiven großen Golgi-Apparat. Sie enthalten viel Glykogen.
- **Schicht IV**, mineralisierter Knorpel, der dem subchondralen Knochen aufliegt. Er besitzt verhältnismäßig wenige und z.T. abgestorbene Chondrozyten. Diese Schicht hat eine Funktion bei der Druckübertragung und verhindert offenbar Abscherung des Knorpels vom Knochen. An der Knorpel-Knochen-Grenze bilden sich ausgeprägte Verzahnungen der beiden Gewebe, deren Kollagenfasern aber nicht vom einen zum anderen Gewebe übertreten. Bei Kindern findet hier enchondrales Knochenwachstum statt. Auch nach Beendigung des Wachstums kann es in Schicht IV zu Um- und Neubildung von Knochen kommen.

Zwischen Schicht III und IV befindet sich die Grenzlinie (tide mark; Abb. 7-1, 7-3), die 2–5 µm dick und besonders kalziumreich ist. Bei älteren Menschen ist diese Linie oft doppelt, bei Kindern fehlt sie; ihre Funktion ist nicht bekannt.

Menisken und ähnliche Gebilde bestehen aus Faserknorpel (siehe Kap. 3), z.T. mit erheblichen Beimengungen von straffem Bindegewebe.

Klinik Im Alter kommt es oft zu Verlust der amorphen Matrixanteile, vorwiegend der Proteoglykane, und damit zu Wasser- und Elastizitätsverlust und Demaskierung der Kollagenfibrillen mit Auffaserung und Spaltenbildung der Oberfläche (Fibrillation). Es resultiert daraus der Beginn einer **Arthrose** (degenerative Gelenkveränderung). Die Regenerationskraft des Gelenkknorpels wird verschieden beurteilt, wobei Alter und Belastung eine Rolle spielen. Es ist immer wieder gezeigt worden, dass nach Umstellungsoperationen neues Knorpelgewebe an der Gelenkfläche entsteht, jedoch offenbar stets nur in Form von Faserknorpel.

Die **chronische Arthrose** verläuft in ca. 4 Stadien. Zuerst kommt es zu oberflächlichem Proteoglykanverlust und feinen Knorpeleinrissen. Diese vertiefen sich, und der Knorpel reagiert sowohl mit Proliferation (Brutkapseln) als auch mit Degeneration. Dann brechen Stücke aus dem Gelenkknorpel heraus und liegen frei in der Gelenkhöhle. Dies wirkt als Fremdkörperreiz, der zu einer Entzündung der Gelenkkapsel führt. Der Gelenkknorpel schwindet schließlich, der verdickte subchondrale Knochen liegt frei, Gefäße wachsen aus der Tiefe in den Defekt ein.

Gelenkkapsel Die Gelenkkapsel besteht aus der außen gelegenen **Membrana fibrosa** (Stratum fibrosum) aus straffem Bindegewebe und aus der inneren **Membrana synovialis** (Stratum synoviale).

Die Membrana fibrosa ist kontinuierlich mit dem straffen Bindegewebe des Periosts verbunden und dient der Stabilität des Gelenks.

Die Membrana synovialis bildet vielgestaltige, in den Gelenkraum ragende Falten und Zotten (Abb. 7-5) und baut sich aus der inneren synovialen Intima (synovialen Deckschicht) und der äußeren subintimalen (subsynovialen) Schicht auf. Die **synoviale Intima** ist durch 1–4 Schichten synovialer Deckzellen (Synoviazyten) gekennzeichnet, die aber keine Epithelzellen sind und somit auch kein Epithel bilden. Sie sind unterschiedlich gestaltet und bilden keine Basallamina. Es werden zwei Zelltypen unter den Synoviazyten unterschieden (Abb. 7-6):

- **makrophagenähnliche Zellen** (A-Zellen = M-Zellen [M = Makrophagen]), die phagozytieren können und bei Erwachsenen überwiegen, und
- **fibroblastenähnliche Zellen** (B-Zellen = F-Zellen [F = Fibroblasten]), die reich an rauem ER sind und Sekretionsgranula enthalten können. Diese Zellen bilden sowohl typische Bindgewebsmatrix mit Kollagenfibrillen als auch die Synovialflüssigkeit.

Das subintimale Gewebe ist reich an Blut- und Lymphgefäßen und enthält viele Fettzellen sowie vegetative Nervenfasern und auch einzelne Sinneskörper. Neben Kollagenfibrillen kommen hier auch elastische Fasern vor, die verhindern, dass synoviale Falten zwischen den Gelenkflächen eingeklemmt werden. An Stellen, an denen die Gelenkkapsel unter Druck steht, ist das subintimale Gewebe nur sehr schmal und enthält keine Fettzellen.

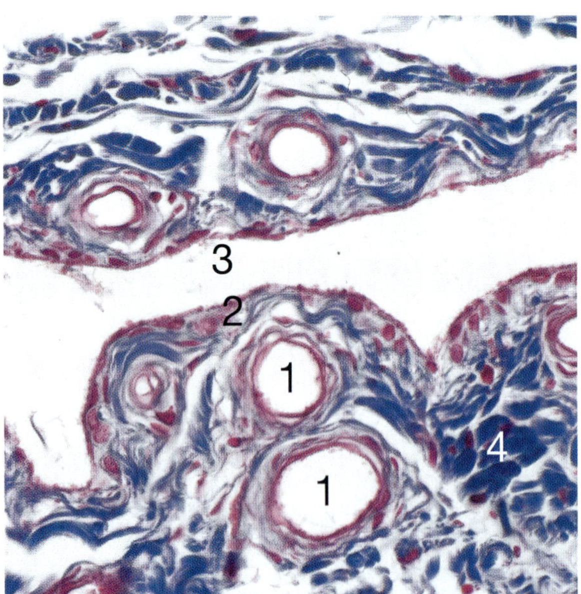

Abb. 7-5 Oberfläche von Synovialzotten, Fingergelenk (Mensch). **1** Blutgefäße; **2** an den Gelenkspalt grenzende Zellschicht; **3** Gelenkspalt; **4** Kollagenfasern. Färbung: Masson-Trichrom; Vergr. 450fach.

Klinik Bei der chronisch **rheumatoiden Arthritis**, bei der meist mehrere Gelenke (chronische Polyarthritis) befallen sind, ist die Membrana synovialis geschwollen und entzündlich infiltriert, zunächst mit Neutrophilen und im späteren Verlauf mit T-Lymphozyten, Plasmazellen, Makrophagen und Mastzellen. Die Synoviazyten, v.a. wohl die M-Zellen, sind groß und vermehrt. Die Zotten sind ödematös und gefäßreich. Das entzündlich veränderte Gewebe wächst auf den Gelenkknorpel vor (Pannus), was zu dessen Schädigung führt. Vom Entzündungsprozess, dessen Ursache noch unbekannt ist, werden auch Gelenkknorpel, Knochen, Sehnen und Muskeln der Umgebung erfasst, was zu großen Schmerzen, Fehlstellungen und Funktionsverlust führt. Im Gelenkknorpel kommt es u.a. zu Veränderungen des Kollagens und Rückgang des Proteoglykangehalts, wodurch die physikalischen Eigenschaften des Knorpels beeinträchtigt werden. In der Gelenkflüssigkeit finden sich neben Neutrophilen später auch T-Lymphozyten sowie Immunglobuline, darunter Rheumafaktoren: Autoantikörper, die gegen den Fc-Teil von (körpereigenem) IgG gerichtet sind. Rheumafaktoren sind für die rheumatoide Arthritis nicht hochspezifisch, sondern treten auch ohne diese Erkrankung auf, und zwar bei 10–20% aller Menschen über 65 Jahre.

Gelenkhöhle Die Gelenkhöhle enthält die klare, fadenziehende **Synovialflüssigkeit** (Synovia), die sowohl Dialysat des Blutplasmas als auch Sekretionsprodukt der Synoviazyten, vorwiegend der fibroblastischen

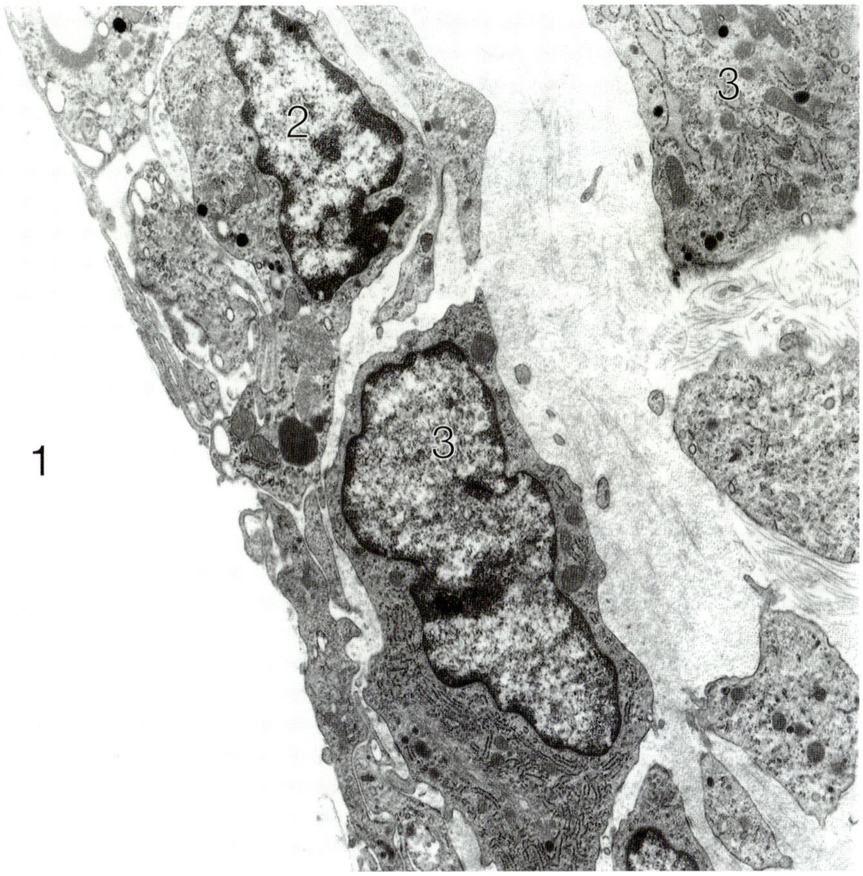

Abb. 7-6 Ultrastruktur der synovialen Intima des Kniegelenks (Ratte).
1 Gelenkspalt;
2 makrophagenähnliche Synoviazyten mit vielen Lysosomen (M-Zellen);
3 fibroblastenähnliche Synoviazyten mit viel RER (F-Zellen).
Vergr. 10 440fach.

F-Zellen, ist. Sie enthält v.a. Proteine, Hyaluronsäure, Glukose und Wasser, hat Schmier- und Stoßdämpferfunktion und ernährt den Gelenkknorpel. Ein von den fibroblastischen Synoviazyten gebildetes schleimähnliches Glykoprotein, das Lubricin, erhöht an der Oberfläche des Gelenkknorpels dessen Gleitfähigkeit. Vereinzelt treten in der Synovia Zellen auf, v.a. Lymphozyten. Die Ernährung des Gelenkknorpels erfolgt über die Gelenkflüssigkeit. Bewegung mit Druck und Schub auf den Gelenkknorpel fördert seine Versorgung mit Nährstoffen.

Vorkommen Die meisten Gelenke des Bewegungsapparats sind Diarthrosen, z.B. Fingergelenke, Sprunggelenke, Knie- sowie Hüftgelenk.

7.1.2 Synarthrosen

Die Skelettelemente sind durch ein kontinuierliches Füllgewebe (Bindegewebe oder Knorpelgewebe) verbunden, so dass in ihrem Bereich nur geringe Bewegungen möglich sind. Ist das Füllgewebe straffes Bindegewebe, spricht man von Syndesmosen, besteht es aus Faserknorpel, von Synchondrosen.

Syndesmosen sind z.B. die Schädelnähte. Sie bilden sich zumeist mit zunehmendem Alter zurück und werden durch Geflechtknochen ersetzt. Es entstehen somit Synostosen.

Ein typisches Beispiel für eine **Synchondrose** ist die Schambeinfuge. Die Schambeinknochen sind hier von hyalinem Knorpel überzogen. Im Innern der Fuge finden sich bogenförmige, kräftige Kollagenfaserzüge, die in das Knochengewebe einstrahlen und zwischen denen sich Nester aus Chondronen befinden. Im Alter treten in der Schambeinfuge oft Spalten und flüssigkeitsgefüllte Räume auf. Während der Schwangerschaft kommt es zu einer hormonbedingten Lockerung der Fuge.

7.2 Sehnen

7.2.1 Aufbau

Sehnen sind primär **zugfeste** Strukturen, die Muskulatur und Skelett verbinden. Sie besitzen ganz unterschiedliche Form und Länge und bauen sich aus straffem kollagenfaserigem (Kollagen Typ I) Bindegewebe auf (Abb. 7-7). Proteoglykane und elastische Fasern treten dagegen deutlich zurück.

Eine Sehne setzt sich aus vielen Kollagenfaserbündeln zusammen, die jeweils von lockerem Bindegewebe, dem **Peritendineum internum,** umgeben werden. Es enthält Nervenfasern und kleine Blutgefäße. Außen wird die Sehne insgesamt vom **Peritendineum externum** umhüllt, das kontinuierlich in das Perimysium übergeht. Sehnen werden auf unterschiedliche Art und Weise von geschlängelten Blutgefäßen versorgt.

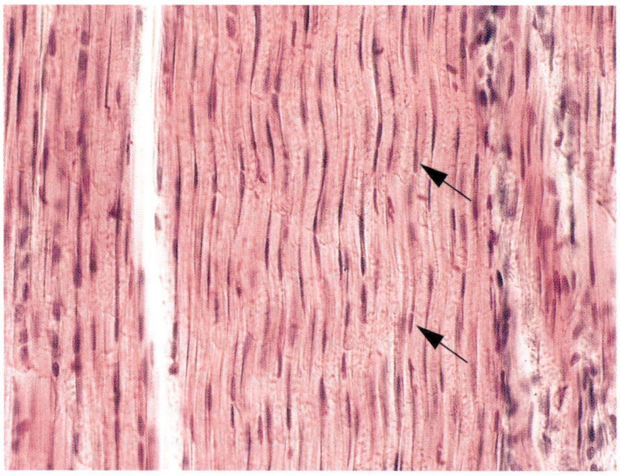

Abb. 7-7 Sehne, längs geschnitten (Mensch). Die Pfeile (➔) weisen auf die abgeflachten Kerne der Sehnenzellen (Fibrozyten der Sehne = Tenozyten) zwischen den leicht gewellt verlaufenden Kollagenfasern der Sehne. Färbung: H.E.; Vergr. 250fach.

Die **Kollagenfasern** bestehen aus unterschiedlich dicken Kollagenfibrillen, die zwei Kategorien angehören: ca. 60 nm dicke und ca. 170 nm dicke Fibrillen. Die jeweilige Menge dieser verschieden dicken Fibrillen wechselt sowohl in einer Sehne als auch in verschiedenen Sehnen. Die Kollagenfasern sind generell in Zugrichtung angeordnet (Abb. 7-7, Abb. **7-8**), die einzelnen Faserbündel verlaufen in Schraubentouren mit unterschiedlichem Steigungswinkel, was bei der Analyse des histologischen Querschnittspräparats deutlich wird. Dadurch und durch geringen Elastingehalt besitzt eine Sehne eine geringe, begrenzte Dehnbarkeit, und es kommt zu einer gedämpften, „weichen" Kraftübertragung zwischen Sehne und Muskel.

Die **Sehnenzellen** (Tenozyten, Abb. 7-7, **7-9**) sind flache Fibroblasten mit feinen, flügelförmigen Zellfortsätzen (Flügelzellen); sie enthalten wie andere Fibroblasten Aktin und Myosin.

Gleitsehnen enthalten dort, wo sie um ein Widerlager (Hypomochlion) herumziehen, **Knorpelzellen.**

Abb. 7-8 Bündel von Kollagenfibrillen in einer Sehne (Chorda tendinea, Herz, Schwein). Präparat stud. med. Tobias Lahmer und Claudia Köhler. Vergr. 2100fach.

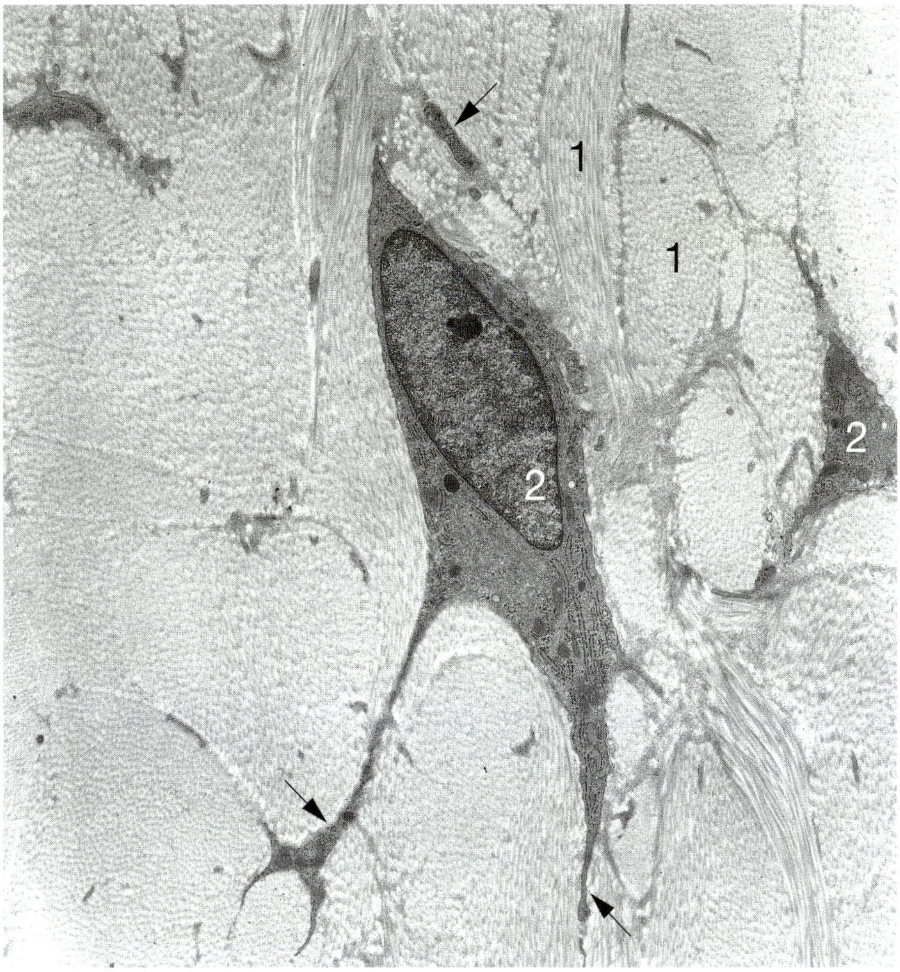

Abb. 7-9 Ultrastruktur einer Sehne, quer geschnitten (Ratte). **1** Bündel von Kollagenfibrillen, die überwiegend quer getroffen sind; **2** Sehnenzelle (Tenozyt) mit schlanken Fortsätzen (→). Vergr. 7680fach.

Myotendinale Verbindung Die myotendinale Verbindung zwischen Sehne und Skelettmuskulatur besitzt eine komplexe Morphologie (Abb. 7-10), die erst im Elektronenmikroskop deutlich wird (Abb. 7-11). Die Muskelzellen besitzen an ihrem Ende eine zerklüftete Oberfläche mit vielen spalt- oder fingerförmigen Einstülpungen, in die auch die Basallamina hineinzieht. Innerhalb der Muskelzellmembran setzen an einer proteinreichen Verdickung (Anheftungsplaque) – praktisch einem halben Z-Streifen – die Aktinfilamente des ersten Sarkomers der Myofibrillen an. In die Einstülpungen ziehen die Kollagenfibrillen der Sehne hinein und verflechten sich hier mit den feinen Kollagenfibrillen vom Typ III, die die gesamte Muskelfaser umspinnen (Abb. 7-11) und mit der Basallamina verbunden sind. Auf molekularer Ebene trägt die Muskelzellmembran außen viele **Integrine**, also Rezeptoren für Laminin, Fibronektin und Kollagen. Hierdurch wird auf der Außenseite der Membran eine Verbindung zum Kollagen der Sehne aufgebaut. Intrazellulär sind die Integrine über verschiedene Proteine in der

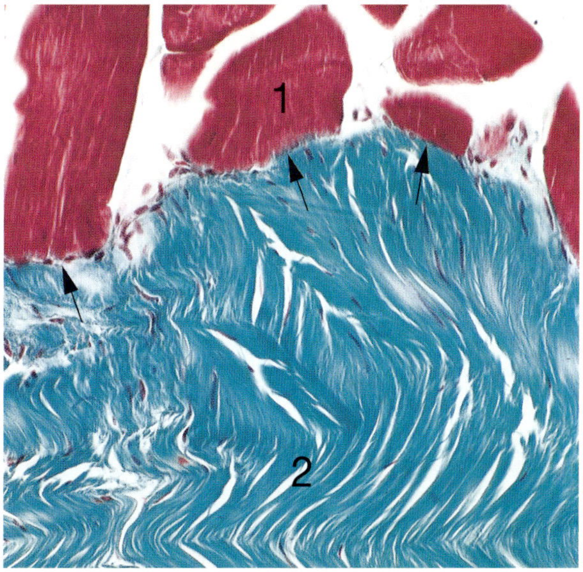

Abb. 7-10 Myotendinale Junktion (→), Unterarmsehne (Pavian). **1** Muskelzellen; **2** Sehne. Färbung: Goldner; Vergr. 450fach.

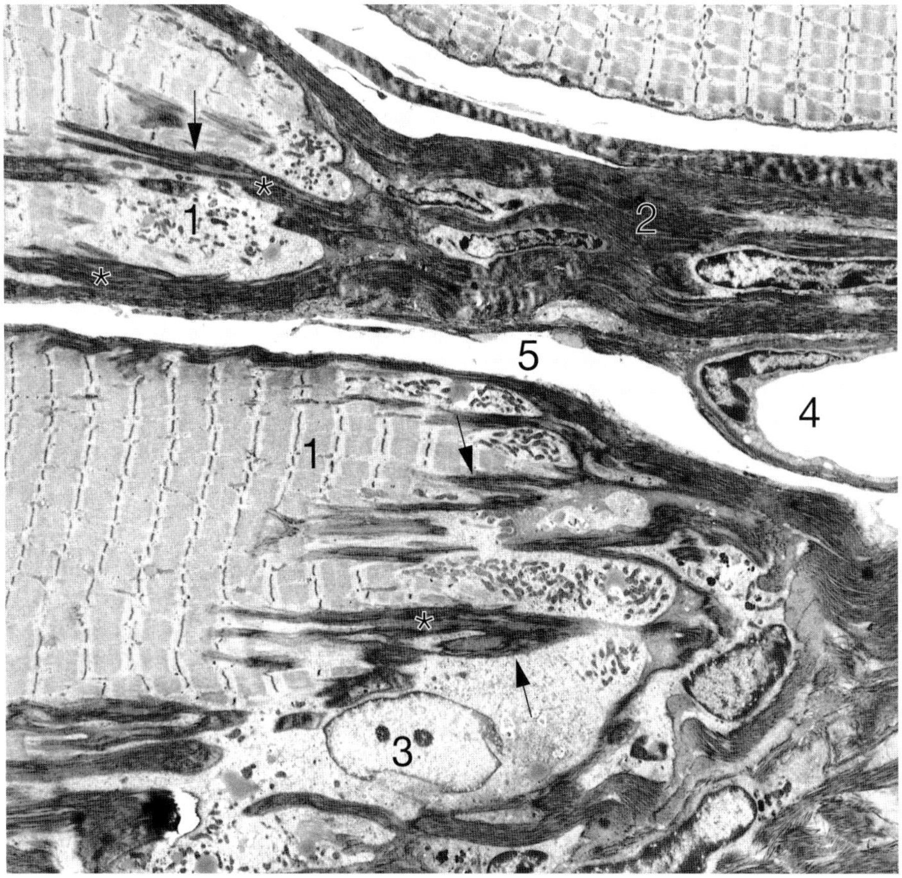

Abb. 7-11 Myotendinale Junktion im elektronenmikroskopischen Präparat (Unterschenkel, Ratte). Die Skelettmuskelzelle (**1**) bildet am Zellende tiefe Einstülpungen der Zellmembran (➔), in die Kollagenfibrillen (✻) der Sehne (**2**) ziehen. **3** Kern der Skelettmuskelzelle; **4** Venole; **5** artifizieller Spaltraum. Vergr. 3360fach.

Anheftungsplaque (α-Aktinin, Vinculin, Talin) mit den Aktinfilamenten verbunden.

Sehnenansatz Der Sehnenansatz am Skelett weist auch Besonderheiten auf. Im Ansatzbereich ist die Sehne in Faserknorpel eingebettet, der unmittelbar am Knochen mineralisiert. Die Kollagenfasern strahlen bis in den Knochen ein (Sharpey-Fasern). Am mazerierten Knochen findet man daher am Sehnenansatz eine raue Oberfläche mit Grübchen. Von ihrem Ansatz aus erfolgt das Wachstum der Sehne.

7.2.2 Sehnenscheiden und Schleimbeutel

Sehnenscheiden Sehnenscheiden *(Vaginae tendinum)* treten an Stellen auf, wo die Verlaufsrichtung der Sehne umgelenkt wird oder wo sie unmittelbar einem Knochen aufliegt. Sie kennzeichnen die langen Sehnen von Händen, Fingern, Füßen und Zehen. Sehnenscheiden sind doppelwandige Röhren, deren innere Wand mit dem Peritendineum externum der Sehne verwachsen ist und ihrer Bewegung folgt. Die äußere Wand der Sehnenscheide ist mit dem Bindegewebe der Umgebung verknüpft. Am Ende der Röhre geht die innere Wand in die äußere über (Sehnenscheidenpforten). Der Raum zwischen innerer und äußerer Wand wird von Synovia ausgefüllt, die der Gelenkflüssigkeit ähnelt und die Reibung der Sehne bei Bewegungen herabsetzt.

Beide Wände der Sehnenscheiden bestehen aus einem äußeren **Stratum fibrosum** aus straffem Bindegewebe und einem inneren **Stratum synoviale.** Letzteres ist oft vergleichsweise zellreich und enthält Blutgefäße. Es bildet Falten und Zotten, die in den synoviahaltigen Spaltraum hineinragen. Zwischen innerer und äußerer Wand kann ein Mesotendineum, eine längs verlaufende schmale bindegewebige Verbindung, ausgebildet sein, besonders dort, wo eine Sehne einem Knochen anliegt. An Fingern und Zehen ist das Mesotendineum auf schmale Brücken reduziert. Oft fehlt ein Mesotendineum generell. An den Sehnenscheidenpforten ist eine Verschiebeschicht ausgebildet, die bei Kontraktion der Muskulatur eine Verlagerung bzw. Verschiebung der Sehne (z.T. einige Zentimeter) unter Ausbildung einer Einstülpung der Sehnenscheidenwand zulässt.

Schleimbeutel Schleimbeutel (Bursae) sind mit Synovia gefüllte Säcke, deren Wand wiederum aus Stra-

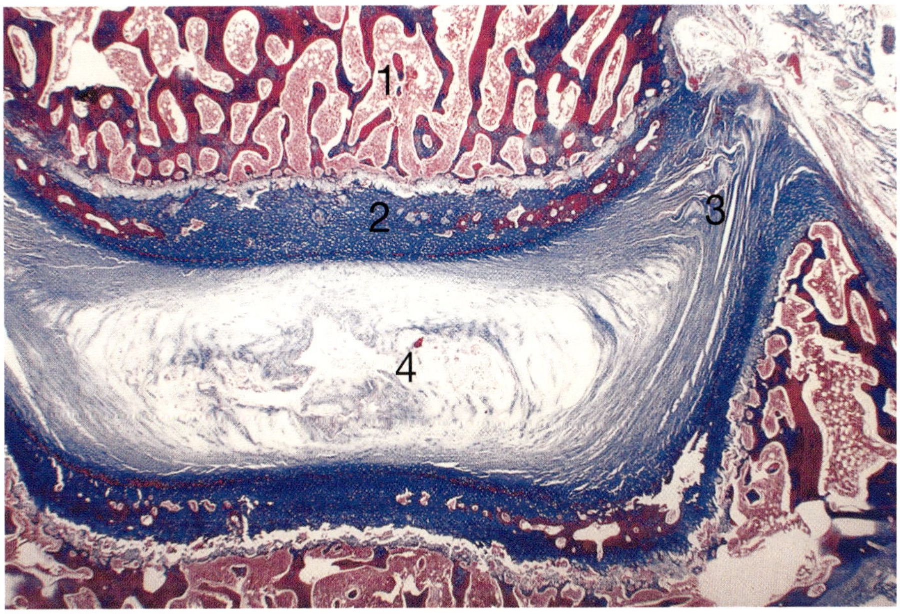

Abb. 7-12 Halswirbelsäule mit Bandscheibe (Pavian), Übersicht.
1 Wirbelkörper; **2** knorpelige Deckplatten (z.T. mit Verkalkungs- oder Verknöcherungsbezirken); **3** Anulus fibrosus; **4** Nucleus pulposus. Färbung: Masson-Trichrom; Vergr. 5fach.

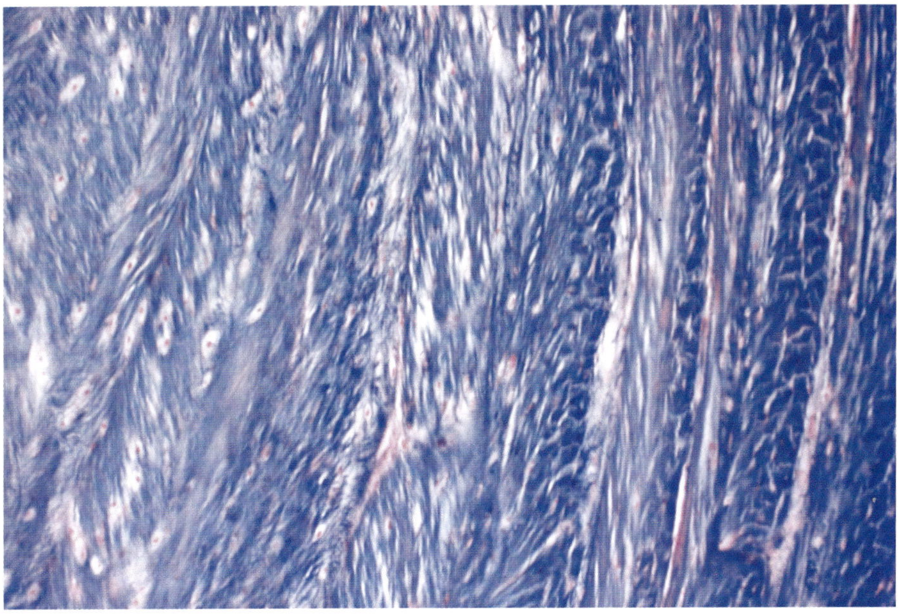

Abb. 7-13 Anulus fibrosus der Bandscheibe im BWS-Bereich eines Rhesusaffen, Längsschnitt. Gut erkennbar sind die Lamellen aus Kollagenfasern (blau gefärbt). Die Ausrichtung der Kollagenfasern ist innerhalb einer Lamelle einheitlich, in den benachbarten Lamellen aber unterschiedlich. Oft überkreuzen sich die Kollagenfasern in benachbarten Lamellen spitzwinklig, wobei sich im Schnittpräparat oft das so genannte Fischgrätenmuster ergibt. Färbung Masson-Trichrom. Vergr. 120fach.

tum synoviale und Stratum fibrosum besteht. Schleimbeutel finden sich vor allem in Gelenknähe oder zwischen Sehnen und Knochen. In Gelenknähe können sie mit der Gelenkhöhle kommunizieren.

Klinik Sehnen heilen nach Durchtrennung relativ rasch durch Bildung einer bindegewebigen Narbe. Die neuen Kollagenfibrillen sind zunächst unregelmäßig verteilt, ordnen sich aber bald in Längsrichtung an. Die Regeneration der Sehnen geht vom Peritendineum aus. Die typische Sehnenstruktur wird aber in der Narbe nicht wieder erreicht.

7.3 Zwischenwirbelscheiben

Zwischenwirbelscheiben (Bandscheiben, Disci intervertebrales) sind Synchondrosen und Teil eines Bewegungssegmentes der Wirbelsäule.

Ein Bewegungssegment besteht aus:

- zwei benachbarten Wirbeln mit der sie verbindenden Zwischenwirbelscheibe,
- den Wirbelbogengelenken (Diarthrosen),
- dem zugehörigen Bandapparat,
- den zugehörigen Muskeln und
- dem Inhalt des Wirbelkanals und der Zwischenwirbellöcher.

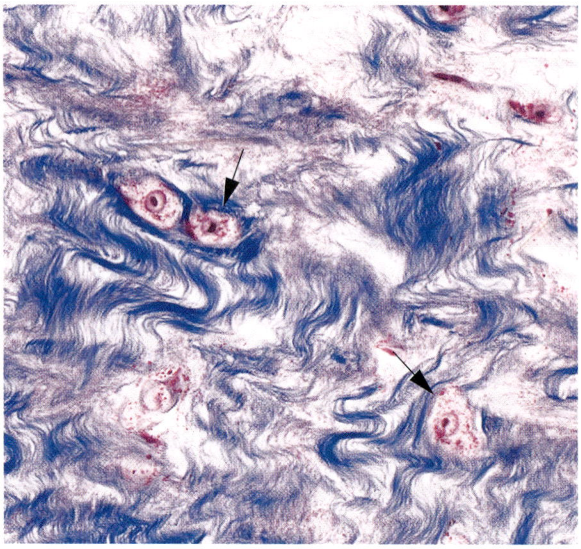

Abb. 7-14 Innenzone des Anulus fibrosus (Lendenwirbelsäule eines älteren Menschen). Faserknorpel mit verstreut liegenden Chondrozyten (➔) und noch zahlreichen gewellt verlaufenden Kollagenfasern (Typ-I-Kollagen). Färbung: Masson-Trichrom; Vergr. 450fach.

Strukturell und funktionell zeigt die Region zwischen zwei Wirbelkörpern – also im Bereich der Zwischenwirbelscheibe – durchaus Ähnlichkeiten mit einem Gelenk. Der wasserreiche Binnenraum dieser Region, der Nucleus pulposus, ist weich und verformbar, enthält jedoch Gewebestrukturen.

Aufbau

Die Zwischenwirbelscheiben (Abb. 7-12) entstehen gemeinsam mit den Wirbelanlagen. Sie bestehen aus:

- dem Anulus fibrosus (Faserring),
- dem Nucleus pulposus (Gallertkern) und
- den hyalinen Knorpeldeckplatten an der Oberfläche der Wirbelkörper.

Anulus fibrosus Der Anulus fibrosus (Abb. 7-13) liegt in der Peripherie des Discus intervertebralis und nimmt Schubkräfte auf. Er besteht außen aus dicht gelagerten Lamellen straffen Bindegewebes (Außenzone), das vorwiegend aus Typ-I-Kollagen und einigen

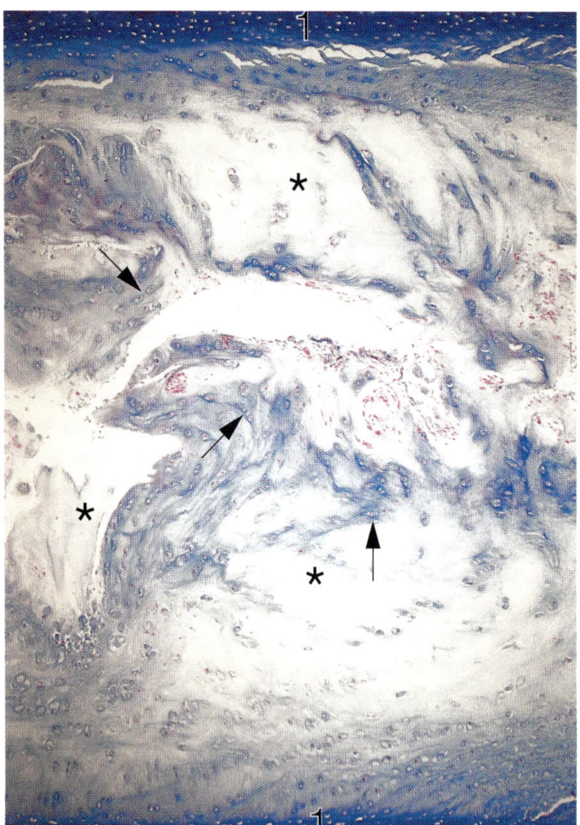

Abb. 7-15 Region des Nucleus pulposus (Lendenwirbelsäule eines älteren Menschen). Es dominiert hier wasserreiche amorphe Matrix (✻, ungefärbt). ➔ Regionen mit Chondrozyten; **1** hyaliner Knorpel der Deckplatten. Zum Teil kommen klar begrenzte flüssigkeitshaltige Räume vor. Färbung: Masson-Trichrom; Vergr. 45fach.

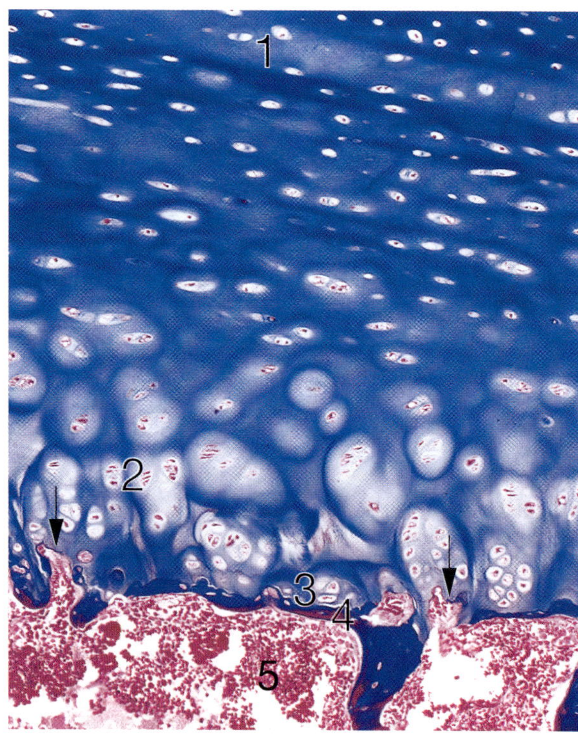

Abb. 7-16 Hyaline Knorpeldeckplatte eines Lendenwirbelkörpers (Mensch). Beachte die breite Knorpelschicht, in der die Umwandlung von typischem hyalinem Knorpel (**1**) zu Säulenknorpel (**2**) und Blasenknorpel (**3**) erkennbar ist. Die subchondrale knöcherne Schicht (**4**) ist sehr dünn und an einzelnen Stellen unterbrochen (➔), was ein Zeichen für degenerative Veränderungen ist. **5** rotes Knochenmark. Zum Übergang zum Nucleus pulposus siehe Abb. 7-15. Färbung: Masson-Trichrom; Vergr. 250fach.

elastischen Fasern aufgebaut ist. Innen ist er aus faserknorpeligem Gewebe mit Typ-I- und Typ-II-Kollagen (Innenzone) gebildet, das ohne scharfe Grenze in das Gewebe des Nucleus pulposus übergeht.

Die Kollagenfasern laufen in einer Lamelle der **Außenzone** parallel zueinander. Der Richtungssinn der Fasern wechselt aber von Lamelle zu Lamelle. Sie schneiden sich spitzwinklig und sind in den Randleisten der Wirbelkörper verankert. Die einzelnen Lamellen sind über verbindende Fasern verknüpft. In der **Innenzone** aus Faserknorpel sind die Lamellen zunächst noch erkennbar, aber breiter und lockerer gebaut und weniger scharf begrenzt. Sie sind im hyalinen Knorpel der Deckplatten verankert. In Richtung zum Zentrum verschwinden die Lamellen aus Kollagenfasern und werden durch locker verteilte Fasern ersetzt. Parallel zur Rückbildung der Lamellen nimmt die proteoglykanreiche Matrix zu, und es treten zunehmend Chondrozyten auf (Abb. 7-14).

Nucleus pulposus Der gallertige Nucleus pulposus (Abb. 7-15) enthält locker verteilt Kollagen vom Typ II und in reichem Maße Glykosaminoglykane (in der Jugend Chondroitin-6-Sulfat und Keratansulfat, im Alter Dermatansulfat). Im Alter nehmen das Kollagen zu und die Glykosaminoglykane ab. Die Glykosaminoglykane binden viel Wasser, so dass der Nucleus pulposus eine Art Wasserkissen darstellt.

Das morphologische Erscheinungsbild des Nucleus pulposus ist sehr variabel. In der Jugend enthält er zarte Kollagenfasern und locker verteilte Zellen, darunter einzeln liegende Chondrozyten, aber auch Zellen, die am ehesten an Fibrozyten erinnern. Beim Erwachsenen kann er im Innern, wie eine Gelenkhöhle, weitgehend zellfreie Abschnitte enthalten und besteht hier nur aus gallertiger Matrix. Im Alter finden sich häufig Areale, die aus Geweberesten und Kalksalzen aufgebaut sind. Sie sind Ausdruck degenerativer Vorgänge. Bei Kindern können im Nucleus pulposus noch epitheliale Reste der Chorda dorsalis vorkommen. Zentrischer Druck auf den Nucleus pulposus überträgt sich gleichmäßig auf den Anulus fibrosus und die Deckplatten. Bei einseitiger Belastung weicht der Nucleus pulposus zur weniger stark belasteten Seite der Zwischenwirbelscheibe aus.

Hyaline Knorpeldeckplatten Die hyalinen Knorpeldeckplatten (Abb. 7-16) sind entwicklungsgeschichtlich Teil der knorpelig angelegten Wirbelkörper. Sie ähneln dem Gelenkknorpel eines typischen Gelenks, bilden aber keine freie Oberfläche, sondern gehen ziemlich abrupt oder auch mehr kontinuierlich in das Gewebe des Nucleus pulposus oder des Anulus fibrosus über (Abb. 7-12, 7-15). In der Grenzzone zum Knochengewebe der Wirbelkörper bilden die Knorpelzellen oft Säulenstrukturen. Die Knorpelmatrix ist hier verkalkt. Oft zeigen der Knorpel der Deckplatten und die subchondrale Knochenschicht Verwerfungen und Degenerationszeichen.

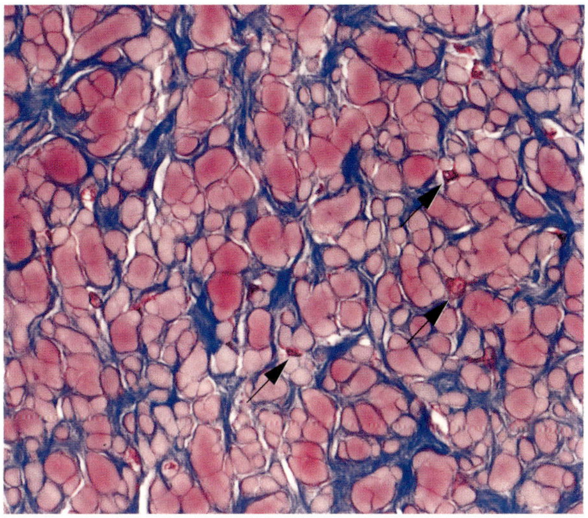

Abb. 7-17 Ligamentum flavum (Wirbelsäule des Menschen), Querschnitt. Die zahllosen dicht gepackten, dicken elastischen Fasern sind rot, die Kollagenfasern blau gefärbt. ➔ Fibrozyten. Färbung: Masson-Trichrom; Vergr. 450fach.

Klinik Zwischenwirbelscheiben (Bandscheiben, Disci intervertebrales) sind beim modernen, oft übergewichtigen und unsportlichen Menschen der westlichen Industrienationen oft Anlass für Beschwerden und Schmerzen.

Bei einer Schädigung des Anulus fibrosus dringt der Nucleus pulposus bis in die Peripherie vor und kann sie sogar durchbrechen. Durchbruch durch den Anulus fibrosus wird **Bandscheibenvorfall** (Prolaps) genannt. Das Material kann Rückenmark und (häufiger) Spinalnervenwurzeln komprimieren, was sehr schmerzhaft ist. Der Schmerz wird durch eine akute Entzündungsreaktion, die durch den Vorfall ausgelöst wird, verstärkt. Durchbrüche durch die Deckplatten sind die Schmorl-Knötchen, wie sie im Röntgenbild bei **Morbus Scheuermann** erkennbar sind.

Im Alter kommt es generell zur Abnahme des Wassergehalts der Bandscheiben und zu einer Zunahme des Kollagens. Blutgefäße sind bei Kleinkindern im Bereich der Außen- und Innenzone des Anulus fibrosus recht gut ausgebildet. Ab dem 2. Lebensjahr bilden sich die Gefäße zurück. Parallel dazu verliert der Nucleus pulposus Wasser, und seine Spannkraft nimmt ab. Des Weiteren kommt es zur Einlagerung von Kalksalzen und von Knorpelzellnestern. Auch in die Knorpeldeckplatten wird Kalk eingelagert, sie werden brüchig. Durch die Spalten können Blutgefäße aus der Spongiosa der Wirbelkörper vordringen, sie kön-

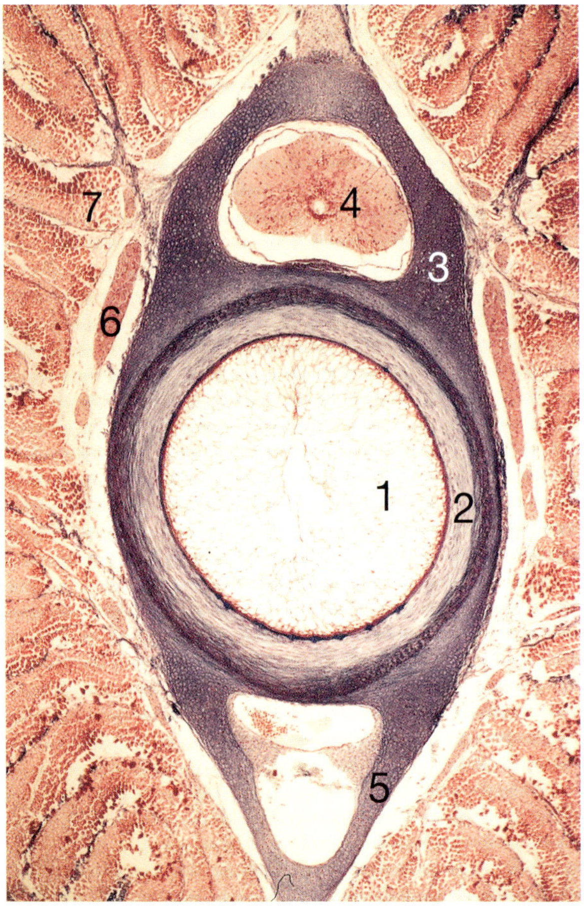

Abb. 7-18 Chorda dorsalis (1), Querschnitt durch die Wirbelsäule in der Schwanzregion eines Katzenhais. Das Zentrum der Chorda wird von den Chordaepithelzellen ausgefüllt. Diese enthalten jeweils eine große helle Vakuole und sind untereinander durch Desmosomen und Nexus verbunden; **2** Chordascheide; **3** Knorpel des dorsal gelegenen Wirbelbogens (Neuralbogen); **4** Rückenmark; **5** ventral gelegener Hämalbogen; **6** Spinalganglion; **7** Skelettmuskulatur. Färbung: Azan; Vergr. 45fach.

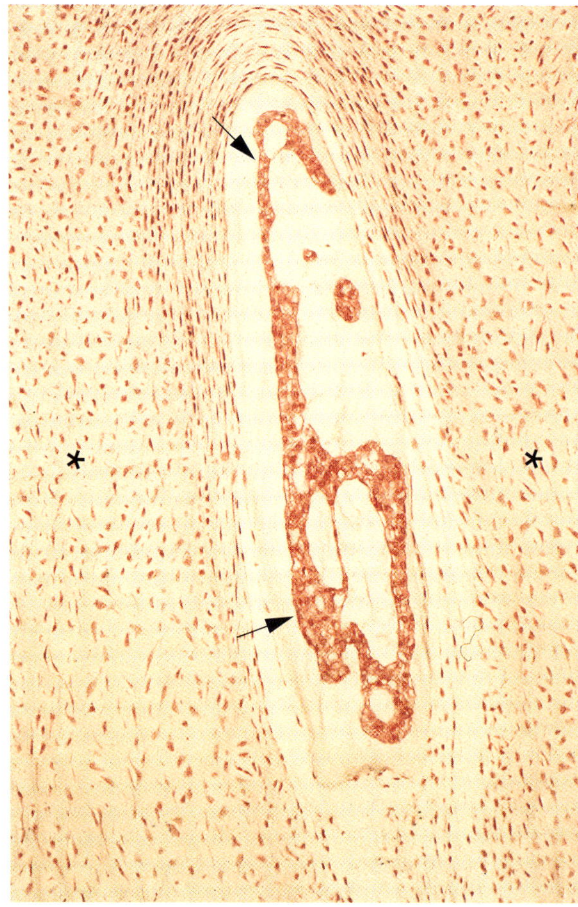

Abb. 7-19 Chordaretikulum. Reste der Chordaanlage (➔) in der Zwischenwirbelscheibe eines Menschen im 4. Schwangerschaftsmonat. Abgesehen von der epithelialen Chordaanlage ist das Gewebe der Zwischenwirbelscheibe weitgehend mesenchymal (✻). Färbung: Azan; Vergr. 120fach.

nen auch durch Narbengewebe gefüllt werden. Auch von der Peripherie her können Blutgefäße in geschädigte Bandscheiben einwachsen. Als Folge können Wirbelkörper sogar knöchern zusammenwachsen.

Unkovertebralgelenke In der Halswirbelsäule bilden sich lateral in den Zwischenwirbelscheiben Spalten, die tief in die Zwischenwirbelscheibe eindringen und sie schließlich in zwei Hälften zerlegen. Diese Spalten bilden sich zu gelenkähnlichen Strukturen um und werden Unkovertebralgelenke genannt.

7.4 Bandapparat der Wirbel

Zwischen den Wirbelbögen befinden sich die Ligamenta flava, Bänder, die ganz überwiegend aus elastischen Fasern aufgebaut sind (Abb. 7-17). Vorderes und hinteres Längsband der Wirbelkörper sind dagegen weitgehend aus Kollagenfasern aufgebaut (Abb. 3.4-39).

Klinik Im Bereich des vorderen Längsbandes spielen sich beim **Morbus Bechterew** entzündliche Prozesse ab, die nach Ausheilen in Narbengewebe übergehen, was mit Verkrümmung der Wirbelsäule einhergeht. Das hintere Längsband kann verkalken oder verknöchern und Druck auf Rückenmark und Spinalnerven ausüben.

7.5 Chorda dorsalis

Die Chorda dorsalis ist das primäre Achsenorgan der Wirbeltiere (Abb. 7-18), das als ungegliederter Gewebestab von Hypophyse bis zum Schwanzende zieht. Es wird dann in der Phylogenese zunehmend von den Wirbeln ersetzt, ein Vorgang, der in der Embryonalentwicklung der Säuger nachvollzogen wird.

Die Chorda beteiligt sich nicht am Aufbau der Zwischenwirbelscheibe, sondern ist allenfalls ein „Platzhalter" des Nucleus pulposus. Sie ist primär ein epitheliales Gewebe und erfüllt in der Embryonalentwicklung wichtige induktive Funktionen bei der Entwicklung des Neuralrohres.

In der Embryonalentwicklung ist die Chorda zuerst ein durchgehender Strang blasenförmiger Zellen. Mit Ausdehnung der mesodermalen Anlage der Wirbelkörper wird sie auf kompakte sog. Chordasegmente in den Zwischenwirbelscheiben begrenzt, die sich alsbald in das **Chordaretikulum**, einen lockeren, netzförmigen Verband von Epithelzellen, umwandeln (Abb. 7-19). Das Chordaretikulum löst sich schließlich auf.

8 Atmungsorgane

Zur Orientierung

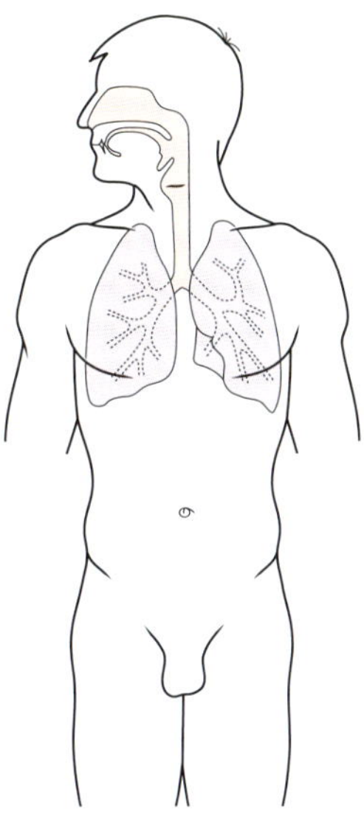

Das Atmungsorgan des Menschen ist die Lunge. Sie erfüllt die Aufgabe des Gasaustauschs zwischen der Luft und dem Blut. Dieser Gasaustausch findet im Bereich der luftgefüllten Alveolen im Innern der Lunge statt, deren Gesamtheit den Alveolarraum bildet. Zwischen der Luft und dem Blut befindet sich eine sehr dünne Gewebeschranke, die Blut-Luft-Schranke, an deren Aufbau vor allem das Alveolarepithel und das Endothel der Blutkapillaren beteiligt sind. Die Atemwege führen dem Alveolarraum während der Inspiration sauerstoffreiche Luft zu, während der Exspiration übernehmen sie den Abtransport der kohlendioxidangereicherten Luft. Die Atemwege feuchten und wärmen außerdem die eingeatmete Luft an. Zu den Atemwegen zählen: Nasenhöhle, Nasennebenhöhlen, Rachen, Kehlkopf, Luftröhre, Bronchien, Bronchiolen und Bronchioli respiratorii. Die Wandung typischer Atemwegsabschnitte, wie die der Luftröhre und der Bronchien, besteht aus an das Lumen grenzendem respiratorischem Epithel, subepithelialen Drüsen, Bindegewebe, glatter Muskulatur und Knorpelstücken. Das Epithel dient vor allem der Abwehr eingeatmeter Staubpartikel oder Krankheitserreger. Diese bleiben an einem nach außen wandernden Schleimfilm haften, der die Oberfläche des Epithels bedeckt und mit Hilfe von Kinozilien bewegt wird. Das Bindegewebe der Lunge ist besonders reich an elastischen Fasern.

In der **Lunge** findet der Austausch der Atemgase Sauerstoff (O_2) und Kohlendioxid (CO_2) statt. Dieser Gasaustausch in der Lunge wird **äußere Atmung** genannt. Ihr gegenüber steht die **innere Atmung**, die Gewebeatmung, worunter O_2-Verbrauch und CO_2-Bildung der Zellen verstanden werden.

Der **Gasaustausch** erfolgt im Innern der Lungen über eine im Mittel nur gut 2 µm dicke Gewebeschranke (Blut-Luft-Schranke) durch Diffusion zwischen ca. 300–400 Millionen luftgefüllten Lungenbläschen (Lungenalveolen) und einem sehr dichten Netz aus Blutkapillaren. Um an die Stelle des Gasaustausches zu gelangen, benötigen die Atemgase konvektive (luftleitende) Systeme, die Atemwege.

Die **Lunge** ist ein paarig angelegtes Organ mit linker und rechter Lunge, diese werden auch linker und rechter Lungenflügel genannt. Sie bestehen vornehmlich aus Bronchien mit ihren Verzweigungen, Alveolen und Blutgefäßen. Die beiden Lungenflügel nehmen zusammen den größten Teil des Brustraums ein und werden durch das Mediastinum getrennt. Jede Lunge ist in äußerlich abgrenzbare Lappen (rechts drei, links zwei) gegliedert. Weitere Kategorien der anatomischen Untergliederung der Lunge sind: Lungensegmente, Lungenläppchen (Durchmesser ca. 1–2 cm) und Lungenazini (Durchmesser 1–2 mm).

Die Lungen sind beweglich in der spaltförmigen **Pleurahöhle** eingeschlossen, die vom Pleuraepithel ausgekleidet ist. Die Bewegungen und Veränderungen der Lungen hinsichtlich Volumen und Gestalt während der Atmung werden durch den dünnen Flüssigkeitsfilm in der Pleurahöhle ermöglicht.

Auf der medialen Seite der Lunge befindet sich der **Lungenhilus**, der Gewebestiel. Dieser enthält die Versorgungsstrukturen der Lunge, also die großen Stammbronchien, die Lungenarterien und -venen, Lymphgefäße und vegetative Nerven.

Die tiefen Abschnitte der **Atemwege** befinden sich intrapulmonal (Bronchien [außer dem größten Teil der Stammbronchien] und Bronchiolen), die übrigen Abschnitte liegen im Bereich von Kopf, Hals und oberem Mediastinum. Die Luftröhre teilt sich in zwei Stammbronchien, die in die Lungen eintreten. Da alle Alveolen mit den Bronchien und Bronchiolen intrapulmonal liegen, ist die Lunge also ein Organ, das weitgehend aus luftgefüllten Räumen besteht. Beide Lungen fassen beim Erwachsenen maximal 6 l Luft (Totalkapazität). Das nach maximaler Exspiration eingeatmete Luftvolumen beträgt ca. 4,5 l und wird Vitalkapazität genannt. Das bei einem gewöhnlichen Atemzug eingeatmete Volumen (Atemzugvolumen) beträgt nur ca. 0,5 l Luft.

Die Lunge hat ein so geringes spezifisches Gewicht, dass ein Stück Lungengewebe auf der Wasseroberfläche schwimmt. Dies ist in gerichtsmedizinischem Zusammenhang von Interesse, wenn es darum geht, abzuklären, ob ein neugeborenes Kind nach der Geburt gelebt hat oder tot geboren wurde. Luft tritt nämlich erst nach der Geburt in die Alveolen ein.

Die Epithelien der Atemwege und der Alveolen bilden das **Parenchym** der Lunge. Das Bindegewebe in den Alveolarsepten und in der Wand der Atemwege entspricht dem **Stroma** der Lunge. Es ist sehr reich an elastischen Fasern, die bei der Inspiration gedehnt werden und bei der Exspiration helfen, das Lungenvolumen zu verkleinern und die Luft aus der Lunge herauszubefördern. Das Stroma enthält auch die Vasa publica und die Vasa privata der Lunge.

8.1 Atemwege

Die Atemwege dienen der Leitung, Erwärmung und Befeuchtung der Atemluft und ihrer Reinigung von Schmutzpartikeln. Sie führen während der Inspiration sauerstoffreiche Luft in die Alveolen und während der Exspiration kohlendioxidreiche Luft nach außen. Das Lumen der Atemwege bildet den lungenphysiologisch bedeutsamen „Totraum". Die Atemwege gliedern sich in:

- **obere Luftwege:** Nasenhöhle, Nasennebenhöhlen, Rachen und Kehlkopf,
- **untere Luftwege:** Luftröhre, Bronchien, Bronchiolen und Bronchioli respiratorii.

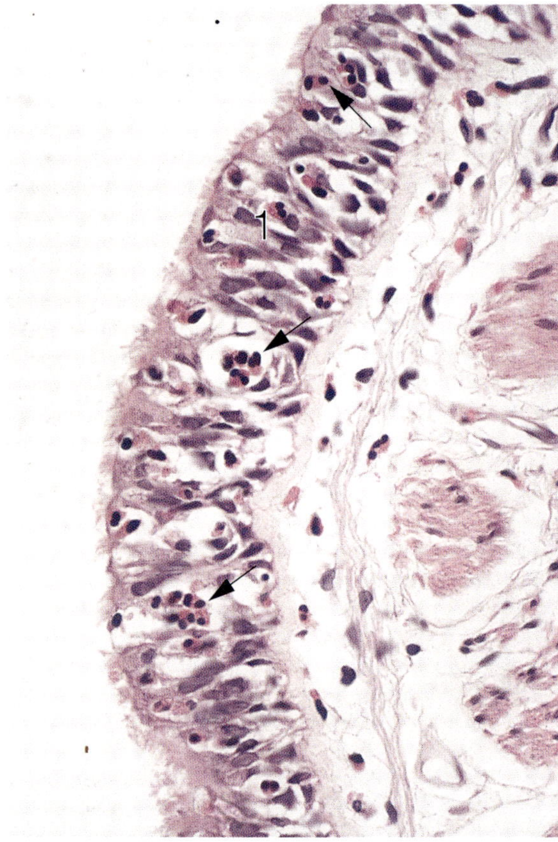

Abb. 8-1 Respiratorisches Epithel (1) der Atemwege (Bronchus, Mensch). ➔ in das Epithel sind zahlreiche Eosinophile vorgedrungen, wie es bei Allergikern der Fall ist. Färbung: H.E.; Vergr. 450fach.

Grundzüge des Wandaufbaus der Atemwege Die meisten Abschnitte der Atemwege haben einen typischen Wandaufbau. An das Lumen grenzt eine **Schleimhaut** mit respiratorischem Epithel (mehrreihiges prismatisches Epithel mit Flimmer-, Becher- und Basalzellen, Abb. **3.1-3, 3.1-14, 8-1, 8-11, 8-15**). Lediglich in den distalen Abschnitten, den Bronchiolen, ist das Epithel einschichtig prismatisch. Unter dem Epithel findet sich eine Lamina propria (Schleimhautbindegewebe), die mit Ausnahme der distalen Abschnitte seromuköse Drüsen enthält.

Unter der Schleimhaut findet sich zumeist in verschiedener Ausgestaltung Binde-, Stütz- und Muskelgewebe: **Tunica fibro-musculo-cartilaginea.** Das Stützgewebe ist im Kopfbereich Knochengewebe, im Hals und innerhalb der Lungen ist es Knorpelgewebe. Manchmal wird in den unteren Atemwegen die Muskulatur einer eigenen „Tunica muscularis" zugeordnet. Binde- und Stützgewebe können dann auch „Tunica fibro-cartilaginea" genannt werden. Funktionell sind aber Stütz-, Binde- und Muskelgewebe besonders in Trachea und Bronchien immer eng verbunden. Die Muskulatur ist über elastische Sehnen mit

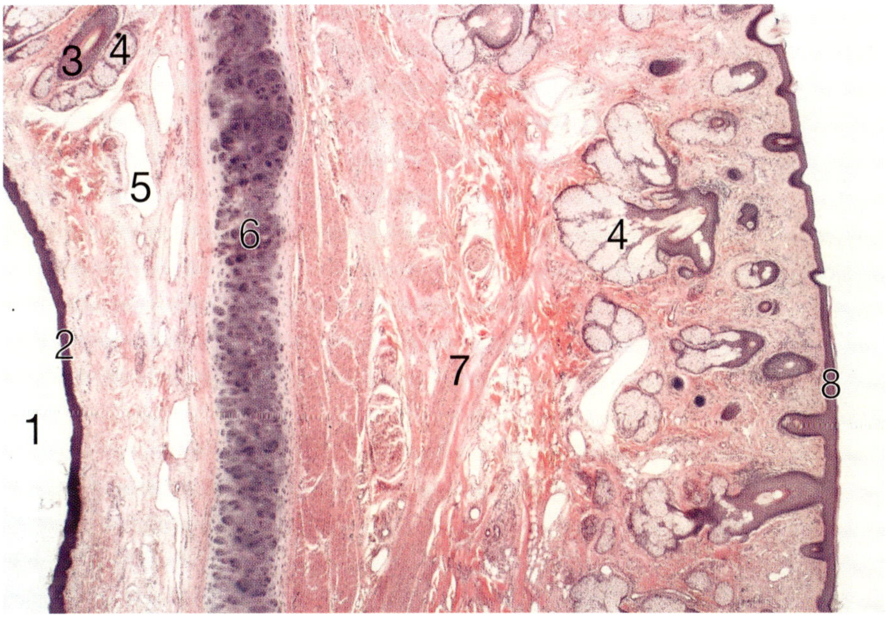

Abb. 8-2 Nasenflügel (Mensch). **1** Vestibulum nasi; **2** mehrschichtiges Plattenepithel des Vestibulums; **3** Wurzelbereich einer Vibrisse; **4** Talgdrüsen; **5** Venengeflecht; **6** hyaliner Knorpel; **7** Skelettmuskulatur; **8** Epidermis. Färbung: H.E.; Vergr. 25fach.

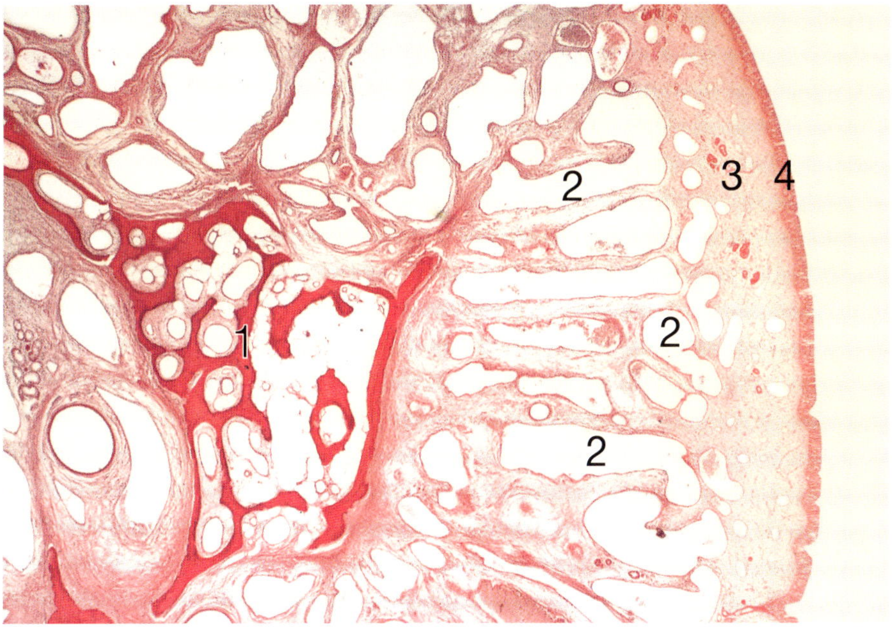

Abb. 8-3 Schleimhaut einer Nasenmuschel (Mensch). **1** knöcherne Nasenmuschel (dunkelrot); **2** weit gestellter Venenplexus; **3** Drüsen; **4** respiratorisches Epithel. Das knöcherne Gerüst der Nasenmuschel ist nach Entkalkung (Freilegung der Kollagenfibrillen) kräftig rot gefärbt. Färbung: H.E.; Vergr. 25fach.

dem Knorpelgewebe verbunden. Die Muskulatur ist in den Bronchien zirkulär bzw. netzförmig (scherengitterförmig) angeordnet. Im Bereich der mittleren und kleinen Bronchien findet sich zwischen Muskulatur und Knorpelstücken ein gut abgrenzbarer Venenplexus. Die Muskulatur ist im Kehlkopf quergestreift, ansonsten glatt. Die Drüsen gehören zwar primär der Lamina propria an, können aber bis zwischen die Knorpelstücke vordringen und sogar außerhalb dieser zu finden sein. Das Bindegewebe der unteren Atemwege ist auffallend reich an elastischen Fasern.

8.1.1 Obere Luftwege

Zu den oberen Luftwegen zählen:
- Nasenhöhle mit Nasenvorhof,
- Nasennebenhöhlen,
- Rachen und
- Kehlkopf.

Nasenvorhof

Der Eingang in die eigentliche Nasenhöhle erfolgt durch den Nasenvorhof (Vestibulum nasi), dessen seitliche Wand vom Nasenflügel (Abb. 8-2) gebildet

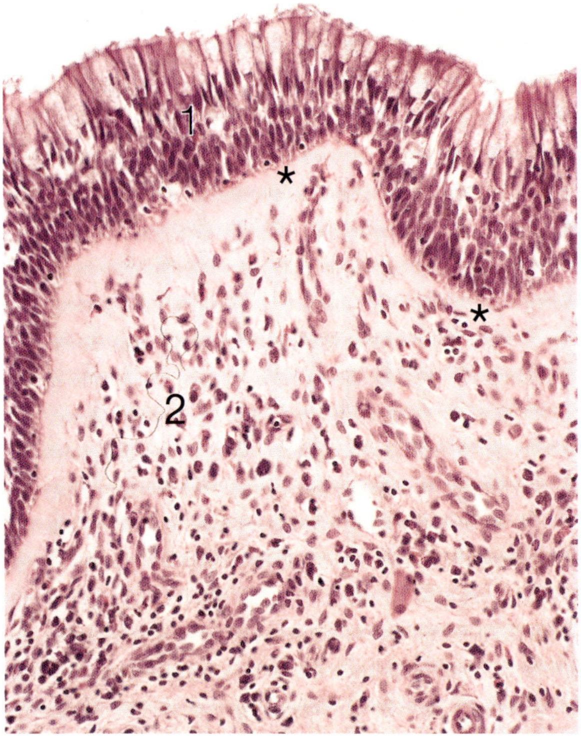

Abb. 8-4 Regio respiratoria der Nasenschleimhaut (mittlere Nasenmuschel, Mensch). Unter dem mehrreihigen respiratorischen Epithel (**1**) liegen eine auffallend breite Basalmembran (*) und zellreiches Bindegewebe (**2**) mit kleinen Blut- und Lymphgefäßen. Im Epithel einzelne Lymphozyten. Färbung: H.E.; Vergr. 250fach.

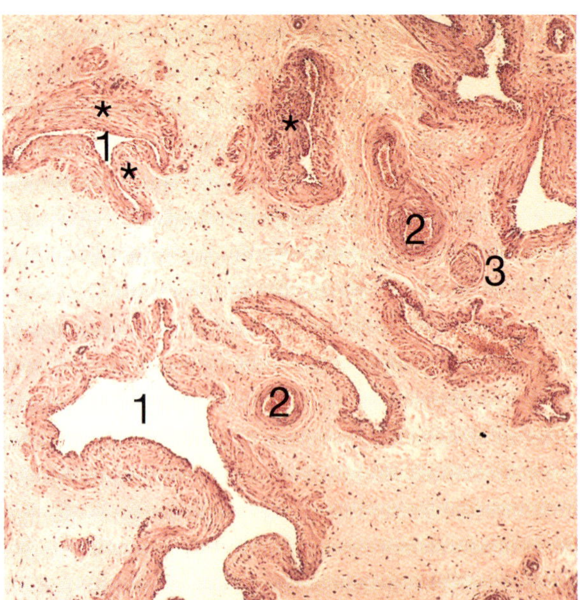

Abb. 8-5 Venenplexus (1) in der Nasenschleimhaut (Mensch). Beachte die relativ dicke und unregelmäßig ausgerichtete glatte Muskulatur der Venenwände (*). **2** Arterien; **3** Nerv. Färbung: H.E.; Vergr. 45fach.

wird. Der Nasenflügel wird von hyalinem Knorpel gestützt, an dem quergestreifte Skelettmuskulatur ansetzt. Außen wird der Nasenflügel von Epidermis bedeckt, mit der einzelne feine Haare, umfangreiche Talgdrüsen und einzelne ekkrine Schweißdrüsen in Verbindung stehen. Der Nasenvorhof wird vorn von der Epidermis und weiter hinten von unverhorntem Plattenepithel ausgekleidet. An Drüsen finden sich holokrine Talgdrüsen und einzelne apokrine Drüsen. Die Nasenlöcher werden innen von kräftigen Haaren (Vibrissen) umstellt, die eine grobe Reuse gegen Schmutz bilden.

Nasenhöhle

In der Nasenhöhle (Cavum nasi) liegt die Mukosa (Abb. 8-3) auf dem Knochengewebe der Nasenmuscheln und dem Knochen- und Knorpelgewebe des Nasenseptums.

Funktionen der Nasenschleimhaut

An der Nasenschleimhaut lassen sich eine Regio respiratoria und eine Regio olfactoria unterscheiden.

Die **Regio respiratoria**, zu der der weitaus größte Teil der Nasenschleimhaut gehört, dient der Erwärmung und dem Anfeuchten der Atemluft und dem Abfangen von Schmutzpartikeln aus der eingeatmeten Luft.

Die **Regio olfactoria** ist ein kleiner Bereich auf der oberen Nasenmuschel (siehe S. 605). Sie enthält Riechsinneszellen und dient der Wahrnehmung von Gerüchen.

Aufbau der Nasenschleimhaut

Die **Regio respiratoria** besitzt (Abb. **8-4**)

- ein hohes **respiratorisches Oberflächenepithel** mit einer Schlagfrequenz der Zilien von 10–20/s und einzelne endoepitheliale muköse Drüsen (Abb. **3.1-20**),
- eine **Lamina propria,** die zellreich ist und gemischte **seromuköse Drüsen** enthält,
- ein komplexes **Gefäßsystem** mit einem speziellen Venenplexus als Besonderheit, der die Funktion eines Schwellkörpers besitzt.

Respiratorisches Oberflächenepithel Im respiratorischen Epithel der Nasenschleimhaut finden sich, wie in anderen Regionen der Atemwege (Abb. **8-3**, **8-4**), regelmäßig Leukozyten (Lymphozyten, Eosinophile [v. a. bei Allergikern], Neutrophile [bei bakteriellen Entzündungen] und auch Mastzellen [bei Allergikern]). Die Oberfläche des Epithels ist von einem Schleimfilm bedeckt, der von den Kinozilien der Flimmerzellen rachenwärts bewegt wird. Auf dem Schleimfilm bleiben eingeatmete Schmutzpartikel und Krankheitserreger haften. Die Basalmembran des Epithels ist oft auffallend dick (Abb. **8-4**).

Lamina propria Im Bindegewebe der Lamina propria sind freie Zellen, vor allem Plasmazellen, Mastzellen, Makrophagen und Lymphozyten, häufig. Bei Allergikern sind außer den Mastzellen auch eosinophile Granulozyten zahlreich. Speziell bei dunkelhäutigen Menschen kommen im Epithel und in der Lamina propria auch Melanozyten vor. Das Bindegewebe besitzt auffallend zahlreiche elastische Fasern. Sensible Nervenendigungen des N. maxillaris vermitteln Schutzreflexe wie den Niesreflex und den reflektorischen Verschluss der Stimmritze.

Gefäßsystem Das Gefäßsystem der Nasenschleimhaut besitzt eine komplizierte Architektur und ist folgendermaßen aufgebaut:

Am Periost liegen kräftige **Arterien,** deren abzweigende Seitenäste zur Epitheloberfläche verlaufen und sich hier arkadenförmig weiter verzweigen. Es entwickelt sich hieraus ein dichtes, oberflächlich gelegenes **Kapillarnetz** mit zahllosen Fenestrationen im Endothel. Das kapilläre Blut sammelt sich in kurzen absteigenden Venolen, die bald in einen weitlumigen **Venenplexus** (venöse „Lakunen“) übergehen (Abb. **8-3**, **8-5**). Dieser Plexus dient der Erwärmung der inhalierten Luft und hat auch die Funktion eines Schwellkörpers. Diese Funktion wird in klinischer Hinsicht bei Entzündungen besonders relevant. Die Plexusvenen besitzen z.T. dicke, spiralig verlaufende Muskelbündel in ihrer Wand. Diese haben Sphinkterfunktion und können Blut stauen, was zur Verdickung der Schleimhaut führt. Diese Gefäße nehmen einen großen Teil der Schleimhaut ein und sind auf den Nasenmuscheln besonders gut entwickelt (Abb. **8-3**). Die venösen Schwellkörper beeinflussen die Luftströmung durch die Nase und helfen bei der Erwärmung der Atemluft. Eine weitere Besonderheit sind zahlreiche geknäuelt verlaufende **arteriovenöse Anastomosen**, die zum Teil auch in den Venenplexus einmünden. Das venöse Blut des Plexus sammelt sich in größeren **Venen** in der Tiefe. Außer den vielgestaltigen Blutgefäßen kommen auch Lymphgefäße und vegetative Nervenfasern verbreitet vor.

Zum Aufbau der **Regio olfactoria** siehe S. 605.

Klinik Behinderte Nasenatmung mit **Schwellung der Schleimhaut** ist ein sehr häufiger Befund bei Erkrankungen der oberen Atemwege. Ursachen sind verschiedenartige akute oder chronische **virale** oder **bakterielle Entzündungen**, allergische Rhinitis u.v.a. Die Schwellung der Nasenschleimhaut führt oft zu Verlegung der Öffnungen der Nasennebenhöhlen und daraus resultierender Abflussbehinderung.

Bei der **allergischen Rhinitis,** die zu bestimmten Jahreszeiten auftreten kann, spielen bei den Krankheitssymptomen Mastzellen eine wichtige Rolle (siehe Kap. 3.2.3). Auch hier sind die Schleimhäute geschwollen und hyperämisch. Das Bindegewebe ist ödematös und reich an Eosinophilen. Kapillaren von Schleimhaut und Oberflächenepithel werden relativ durchlässig. Als Folge entstehen wässrig-klare „Nasentropfen“. Die Riechfähigkeit ist bei einer Rhinitis oft eingeschränkt.

Nasenbluten kann durch mechanische Verletzung eines Kapillar- und Venenplexus am Nasenseptum (Locus Kiesselbachi), aber auch durch Infektionen, z.B. Typhus, angeborene Gefäßanomalien, Gerinnungsstörungen u.a. verursacht werden. Der Locus Kiesselbachi ist zusätzlich durch besonders zahlreiche Drüsen gekennzeichnet.

Nasennebenhöhlen

Die Nasennebenhöhlen (Sinus paranasales) werden wie die Nasenhöhle von respiratorischem Epithel ausgekleidet, das aber relativ niedrig ist und weniger Becherzellen enthält. Seromuköse Drüsen sind selten, die Mukosa ist relativ dünn. Der von den Flimmerhaaren bewegte Schleimstrom ist auf die natürlichen Öffnungen der Nebenhöhlen (Ostien) gerichtet und wandert mit einer Geschwindigkeit von ca. 1 cm/min auf diese zu.

Klinik Entzündungen der Nasennebenhöhlen (**Sinusitiden**) sind häufige Erkrankungen. Betroffen sind vorwiegend die Kieferhöhlen (Sinus maxillares), seltener die Siebbeinzellen (Cellulae ethmoidales), die Stirnhöhlen (Sinus frontales) und die Keilbeinhöhlen (Sinus sphenoidales). Die relativ kleinen Ostien schwellen bei den Entzündungen oft zu, was das Abheilen einer Sinusitis erschwert. Viruserkrankungen können zu vermehrter Schleimbildung führen und die Flimmerzellen schädigen, wodurch die Transportgeschwindigkeit des mukoziliären Apparats herabgesetzt wird. Auch allergische Rhinitis führt oft zu Verlegung der Ostien. Initialen viralen Entzündungen folgen oft bakterielle (eitrige) Sinusitiden. Bei chronischer Sinusitis kommt es zur Dysfunktion des Epithels und zur Herabsetzung der Reinigungskraft der Kinozilien. Zu beachten sind die verschiedenen anatomischen Strukturen in der Umgebung der Nasennebenhöhlen, z.B. der Orbita oder der Hirnhäute, die miterkranken können.

Kiefer- und Keilbeinhöhle sind bei der Geburt als erst wenige mm große Taschen angelegt. Die Stirnhöhle ist erst ab dem 6.–10. Lebensjahr so weit entwickelt, dass darin eine Entzündung entstehen kann.

Bei Kleinkindern erkranken nur Siebbeinzellen und/oder die Kieferhöhle, vor dem 1. Lebensjahr nur die Siebbeinzellen (Sinusitis ethmoidalis).

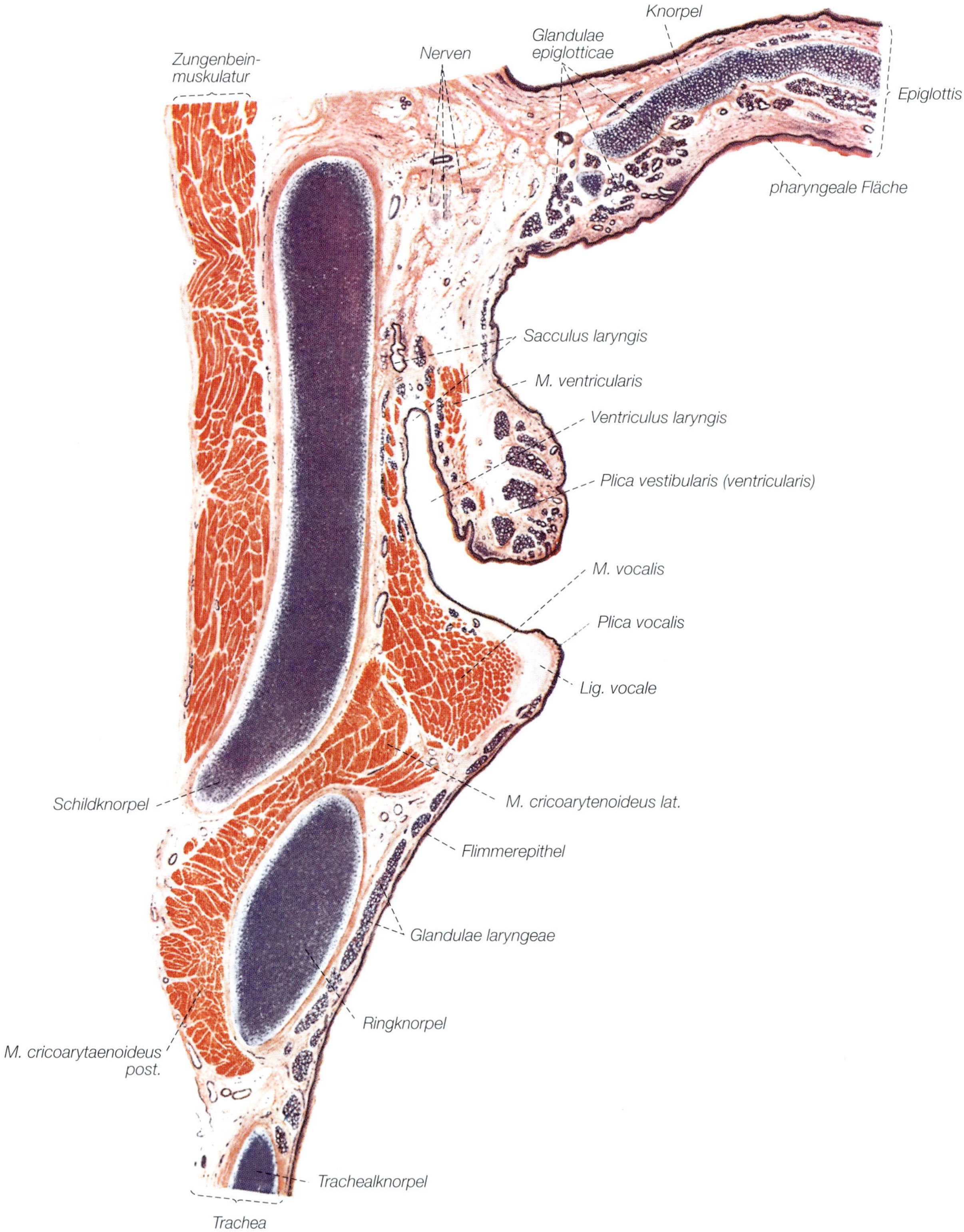

Abb. 8-6 Kehlkopfhälfte (Mensch), Frontalschnitt. Im Kehlkopf lassen sich folgende Etagen unterscheiden: 1) **Supraglottis** (Epiglottis, Plica vestibularis und Ventriculus laryngis), 2) **Glottis** (Plica vocalis), 3) **Subglottis** (Region unter der Plica vocalis bis zum Unterrand des Ringknorpels [Cricoid]). Das Lig. vocale ist in der H.E.-Färbung oft kräftiger rot gefärbt als auf der vorliegenden Abbildung. Färbung: H.E.; Vergr. 4,5fach. (Aus [1])

Rachen

Im Rachen (Schlund, **Pharynx**) kreuzen sich Speise- und Atemwege. Er gliedert sich in drei Etagen:

- Epipharynx (obere Etage),
- Mesopharynx (mittlere Etage) und
- Hypopharynx (untere Etage)

In der Wand des Rachens lassen sich drei Schichten unterscheiden: Schleimhaut, Muskelhaut, Adventitia.

Im **Epipharynx** trägt die Schleimhaut ein respiratorisches Epithel, im **Meso-** und **Hypopharynx** ein mehrschichtiges unverhorntes Plattenepithel. In der Schleimhaut ist lymphatisches Gewebe verbreitet, sowohl in Form von Tonsillen als auch in Form von einzelnen Lymphfollikeln (siehe S. 284). Die Schleimhaut enthält überwiegend muköse Drüsen. Die Muskulatur ist quergestreift. Die Adventitia ist relativ locker gebaut.

Klinik In der Rachenschleimhaut kommt es häufig zu einer Entzündung (**Pharyngitis**). Virale und bakterielle Rachenentzündungen gehören zu den häufigsten Krankheiten überhaupt. Da über Nase und Mund leicht Krankheitserreger in den Körper eindringen können, ist das reich entwickelte lymphatische Gewebe (siehe S. 284) an dieser Eingangspforte in den Körper biologisch sinnvoll.

Kehlkopf

Der Kehlkopf (**Larynx**) liegt an der Grenze zwischen oberen und unteren Luftwegen. Eine besonders wichtige Funktion im Rahmen des Soziallebens liegt in der Erzeugung von Lauten und Tönen, der Larynx ist untrennbar mit Sprache und Gesang verbunden. Außerdem schützt er die unteren Atemwege. Eingedrungene Partikel oder Essensbestandteile lösen sofort einen Hustenreiz aus, mit dessen Hilfe sie wieder aus dem Kehlkopf entfernt werden können.

Der Larynx ist ein komplexes Organ, in dem Knorpelstücke und vom N. vagus innervierte quergestreifte Muskulatur eine wesentliche Rolle spielen. Die Schleimhaut des Kehlkopfes (Abb. **8-6**) ist von respiratorischem Epithel bedeckt und enthält seromuköse Drüsen und z. T. auch Lymphfollikel. Sie bildet in der Tiefe des Kehlkopfvorhofs zwei **Taschenfalten** (Plicae vestibulares), die ins Lumen vorspringen und eine Schutzfunktion haben. Sie begrenzen einen sagittal gestellten Spalt. Unter den Taschenfalten befindet sich der **Ventriculus laryngis** (Morgagni-Tasche), eine Erweiterung des Luftraumes, die unterschiedlich tiefe Aussackungen (Sacculi laryngis) ausbildet. Solche Aussackungen können bei manchen Tierprimaten große, schallverstärkende Säcke bilden.

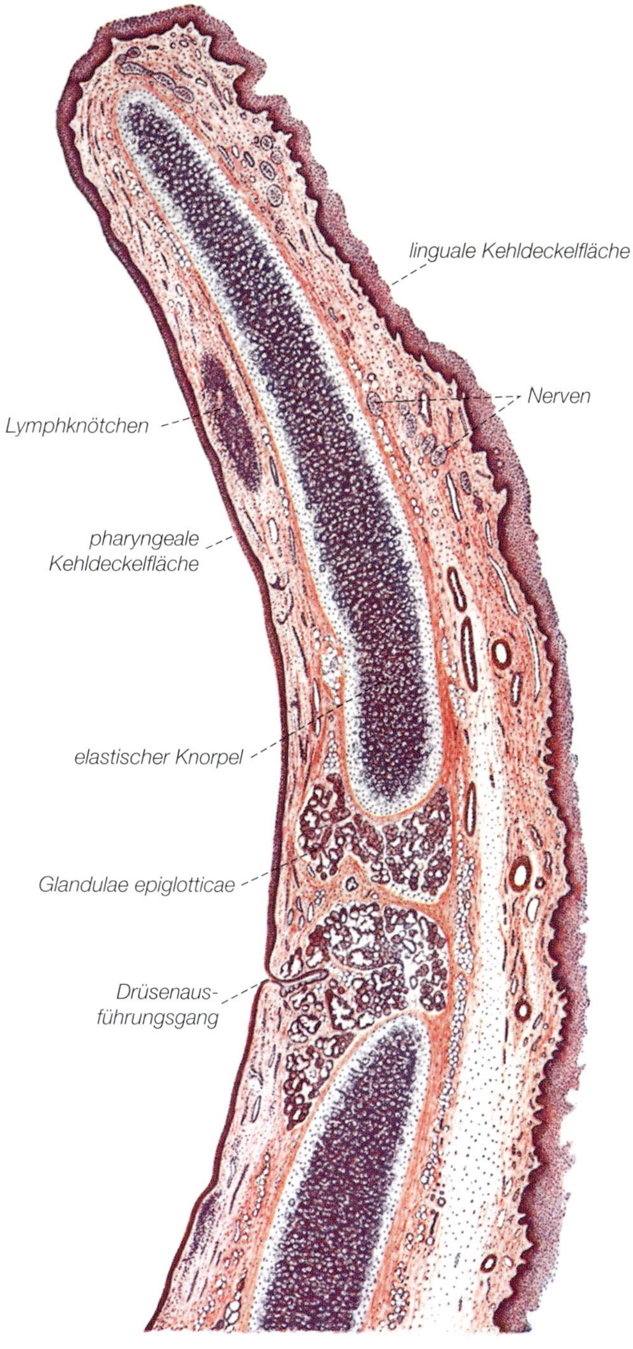

Abb. 8-7 **Epiglottis** (Mensch), Längsschnitt. Die freien Oberflächen werden von einem mehrschichtigen unverhornten Plattenepithel unterschiedlicher Höhe bedeckt. An der dem Kehlkopf zugewandten (pharyngealen) Fläche befindet sich der Übergang in das respiratorische Epithel. Der Übergang erfolgt niemals an der Spitze der Epiglottis, sondern oft erst so weit in der Tiefe, dass er, wie auch in diesem Fall, nicht mehr vom Schnitt erfasst wird. Der zentrale Gewebssockel wird vor allem von elastischem Knorpel eingenommen. Färbung: H. E.; Vergr. 16,5fach. (Aus [1])

Kehldeckel Der Eingang in den Kehlkopf wird von dem beweglichen Kehldeckel (Epiglottis) bedeckt. Die Epiglottis (Abb. 8-7) besteht aus einem löffelartigen Stück elastischen Knorpels, der größere Poren aufweist und von Schleimhaut bedeckt ist. Die Schleimhaut trägt auf der lingualen (oralen) Oberfläche des Kehldeckels und auch über weite Strecken der pharyngealen Oberfläche ein mehrschichtiges unverhorntes Plattenepithel. Daneben findet sich auf der pharyngealen Seite in individuell unterschiedlichem Ausmaß respiratorisches Epithel. In der Lamina propria lagern seromuköse Drüsen.

Stimmfalten Am Boden des Ventriculus wird der Luftweg erneut durch zwei Falten, die **Stimmfalten** (Plicae vocales), zu einem sagittal gestellten schlitzförmigen Spalt, der **Stimmritze** (Rima glottidis), eingeengt. Als **Glottis** werden in HNO-ärztlichem Sprachgebrauch alle stimmbildenden, die Stimmritze begrenzenden Wandteile des Kehlkopfs zusammengefasst.

Die **Stimmfalte** selbst (Abb. 8-6) ist von mehrschichtigem unverhorntem Plattenepithel bedeckt. Unter diesem Epithel befindet sich das Lig. vocale (Stimmband), das ganz überwiegend aus elastischen Fasern und nur einzelnen Kollagenfasern besteht. Der schmale Raum zwischen dem Plattenepithel der Stimmfalten und dem elastischen Stimmband wird **Reinke-Raum** genannt. Er enthält unterschiedlich dichtes Bindegewebe und nur einzelne Blutkapillaren, Lymphkapillaren fehlen. Karzinome des Epithels breiten sich hier daher nur langsam aus, und pathologische Flüssigkeitsansammlungen (Ödeme) fließen hier nur langsam ab.

Das **Stimmband** (Abb. 8-6) bedeckt den M. vocalis, der den medialen Teilen des M. thyroarytenoideus entspricht. Dieser Muskel füllt den größten Teil der Stimmfalten aus. Unterhalb der Stimmfalten setzen sich die elastischen Fasern des Stimmbandes in den röhrenförmigen Conus elasticus fort, der am Oberrand des Ringknorpels (Cartilago cricoidea) endet.

Kehlkopfknorpel In der Tiefe der Lamina propria der Kehlkopfschleimhaut verdichten sich elastische Fasernetze zu einer Membran (**Membrana fibroelastica laryngis**). Außerhalb dieser Membran finden sich die Skelettelemente des Kehlkopfs und die dazugehörige Skelettmuskulatur. Schild- (Cartilago thyroidea) und Ringknorpel (Cartilago cricoidea) bestehen aus hyalinem Knorpel, der bei Erwachsenen verknöchert. Die Epiglottis, die paarige Cartilago corniculata und die paarige Cartilago cuneiformis bestehen aus elastischem Knorpel. Der paarige Stellknorpel (Cartilago arytenoidea) ist überwiegend hyalin, sein Processus vocalis besteht aus elastischem Knorpel und ist mit dem elastischen Lig. vocale unmittelbar verbunden. Die Cartilago triticea ist hyalin oder faserknorpelig.

Klinik **Heiserkeit** ist ein häufiges Syndrom von Erkrankungen des Kehlkopfes, ebenso **Husten**. Chronische Exposition von Reizstoffen (z. B. Zigarettenrauch) führt zu parakeratotischen Bezirken mit untypischer Verhornung an der Oberfläche des Epithels der Stimmfalten.

Bei chronischen **Ödemen** können sich Knoten und Polypen auf den Stimmfalten bilden. Häufig sind Entzündungen die Ursache.

Kehlkopfkrebs ist bei Männern 10-mal häufiger als bei Frauen und entsteht an den Stimmfalten oder in deren Umgebung.

! Die oberen Luftwege bestehen aus Nasenhöhle, Nasennebenhöhlen, Rachen und Kehlkopf. Die Schleimhaut der Nasenhöhle trägt ein respiratorisches Epithel, das vor allem Reinigungsfunktion hat und auch zur Befeuchtung der Atemluft beiträgt. Die Lamina propria baut einen venösen Schwellkörper auf, der eine Rolle bei der Erwärmung der Atemluft und der Regulation der Luftströmung und des Atemluftvolumens spielt. Sensible Nervenendigungen vermitteln Schutzreflexe. Die kleine Regio olfactoria dient der Prüfung der Nahrung und Orientierung in der Umwelt.

Im Rachen kreuzen sich Speise- und Atemwege; der obere Rachen besitzt viel lymphatisches Gewebe.

Der Kehlkopf dient dem Schutz der unteren Atemwege und mittels der Stimmfalten dem Sprach- und Gesangsvermögen.

8.1.2 Untere Luftwege

Zu den unteren Luftwegen zählen die unterhalb des Kehlkopfs gelegenen Abschnitte der Luftwege:

- Luftröhre,
- Bronchien,
- Bronchiolen und
- Bronchioli respiratorii.

In Tabelle **8-1** sind wesentliche Merkmale der unteren Luftwege zusammengefasst.

Luftröhre und Bronchien besitzen einen ähnlichen Wandaufbau der Schleimhaut mit respiratorischem Epithel, subepithelialem Bindegewebe und Bronchialdrüsen. Das respiratorische Epithel von Trachea und Bronchien entspricht dem respiratorischen Epithel der oberen Luftwege. Die Bronchiolen dagegen besitzen ein einschichtiges prismatisches Epithel, das vor allem Flimmerzellen und Clara-Zellen enthält. In den Bronchioli respiratorii ist das Epithel meistens kubisch. In seinen Verlauf sind schon kleine Alveolen eingeschal-

Tab. 8-1 Histologische Merkmale verschiedener Abschnitte der unteren Luftwege.

Abschnitt der Luftwege	Merkmale
Luftröhre	Durchmesser ca. 1,5 cm, Mukosa mit respiratorischem Epithel und seromukösen Trachealdrüsen, ventrolateral ca. 20 hufeisenförmige hyaline Knorpelspangen, dorsal Paries membranaceus mit glatter Muskulatur
Typische mittelgroße und kleinere Bronchien	Durchmesser ca. 10–2 mm, Mukosa mit respiratorischem Epithel und seromukösen Bronchialdrüsen, unter der gesamten Mukosa Schlauch von netzförmig und zirkulär angeordneten Bündeln glatter Muskelzellen, die auch in die weiter außen liegende Schicht mit einzelnen hyalinen Knorpelstücken einstrahlen
Bronchiolen	Durchmesser ca. 1–0,4 mm, einschichtiges prismatisches Epithel mit Flimmer- und Clara-Zellen, subepitheliales Bindegewebe mit netz- und ringförmig angeordneten glatten Muskelzellen, keine subepithelialen Drüsen, keine Knorpelstücke
Bronchioli respiratorii	Durchmesser ca. 0,2–0,15 mm, einschichtiges prismatisches bis kubisches Epithel mit vielen zilienlosen Epithelzellen, dazwischen Clara-Zellen, einzelne Flimmerzellen und Pneumozyten II, in der Wand bereits einzelne Alveolen vorhanden, subepitheliales Bindegewebe mit netz- und ringförmig angeordneten glatten Muskelzellen, keine subepithelialen Drüsen, keine Knorpelstücke

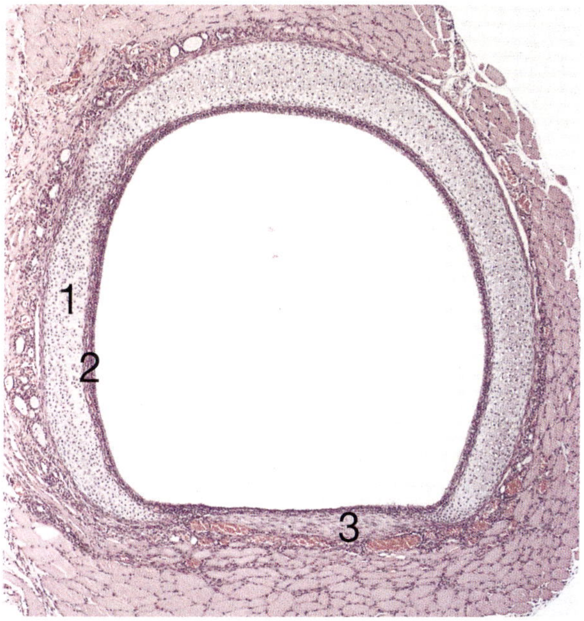

Abb. 8-8 Trachea (junge Ratte), Querschnitt. **1** hufeisenförmige hyaline Knorpelspange; **2** Mukosa (Schleimhaut); **3** glatte Muskulatur des M. trachealis dorsal zwischen den Knorpelspangen. Färbung: H.E.; Vergr. 45fach.

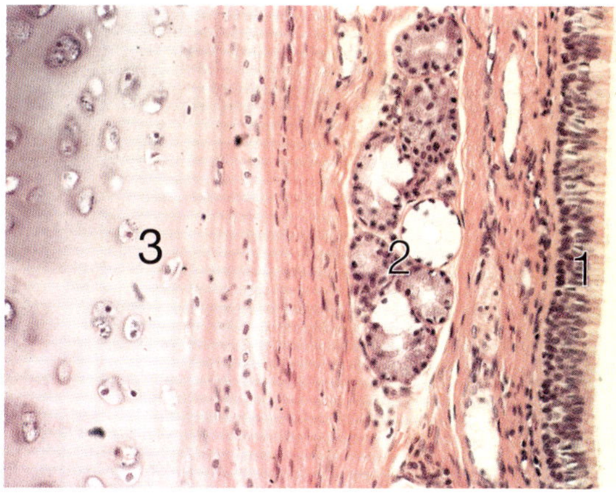

Abb. 8-9 Die Schleimhaut der Trachealwand (Mensch) besteht aus mehrreihigem respiratorischem Epithel (**1**) mit Flimmerzellen, Becherzellen und Basalzellen und aus einer subepithelialen Lamina propria, die in reichem Maße Kollagen- und elastische Fasern enthält. Subepithelial sind die seromukösen Trachealdrüsen (**2**) zu finden, die auch zwischen die Knorpelspangen vordringen. Der angrenzende Knorpel (**3**) ist hyalin. Färbung: H.E.; Vergr. 200fach. (Aus [1])

tet. Vereinzelt finden sich im Epithel der respiratorischen Bronchiolen Pneumozyten II. Alle Abschnitte der unteren Luftwege besitzen in ihrer Wand glatte Muskulatur. Diese wird sowohl von sympathischen als auch parasympathischen Nervenfasern innerviert, welche die Weite der unteren Luftwege regulieren. Dies ist besonders im Bereich der Bronchien von Bedeutung.

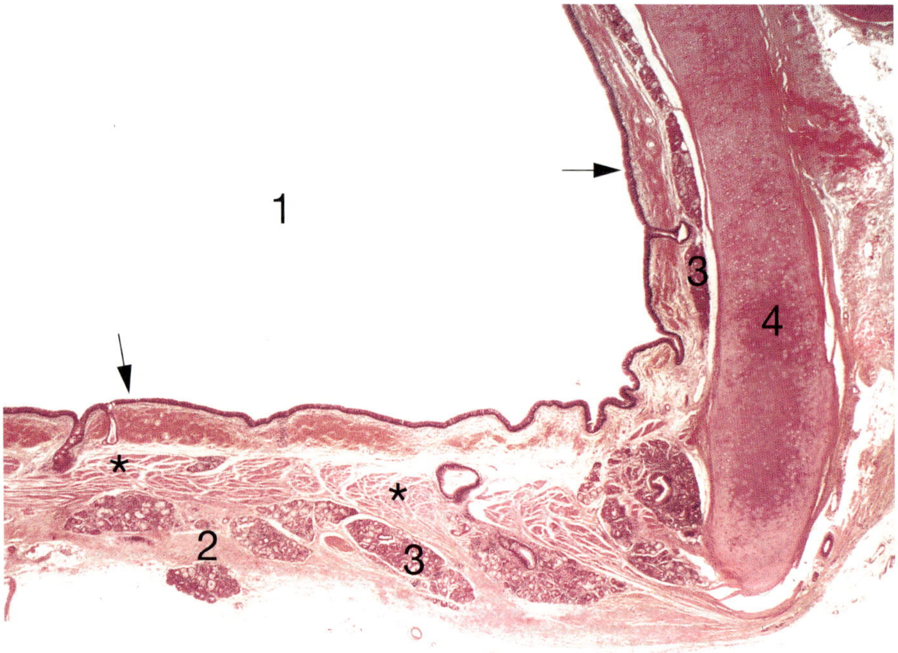

Abb. 8-10 Dorsale und laterale Anteile der Trachealwand (Mensch). **1** Tracheallumen; **➔** Trachealepithel; **2** Paries membranaceus; **3** Trachealdrüsen; **✻** glatte Muskulatur (M. trachealis); **4** Knorpelspange. Färbung: H.E.; Vergr. 5fach.

Luftröhre

Die Luftröhre (Trachea) ist eine vor dem Ösophagus verlaufende ca. 12 cm lange und ca. 1,5 cm weite Röhre (Abb. **8-8**). Die Wand der Trachea besteht aus:

- einer **Tunica mucosa** mit respiratorischem Epithel, subepithelialem Bindegewebe und seromukösen Gll. tracheales (Abb. **8-9**) und
- einer **Tunica fibro-musculo-cartilaginea**, deren wichtigste Elemente ventrolateral ca. 20 hufeisenförmige hyaline Knorpelspangen und dorsal der M. trachealis sind. Die Knorpelspangen festigen die Wand und verhindern ein Kollabieren des Lumens beim Atmen, speziell beim Einatmen.

Die freien Enden dieser Knorpelspangen werden durch überwiegend quer (außen auch längs) verlaufende glatte Muskulatur (**M. trachealis**) und Bindegewebe verbunden (**Paries membranaceus**, Abb. **8-10**). Die Paries membranaceus enthält in reichem Maße elastische Fasern, die sich in die bindegewebige Bedeckung der Außenseite des Knorpels fortsetzen. Zwischen den benachbarten Knorpelspangen findet sich straffes Bindegewebe, das auch viele, überwiegend längs ausgerichtete elastische Fasern enthält und die sog. **Ligg. anularia** bildet. Das Baumaterial der Trachea erlaubt erhebliche Veränderungen ihrer Länge und Weite. Die Länge ändert sich z.B. beim Zurückneigen des Kopfes. Die Weite kann durch den M. trachealis aktiv um ca. ein Viertel vermindert werden. Beim Schlucken großer Speisebrocken wird die Luftröhre passiv von hinten eingedellt. Der Knorpel ist bei älteren Menschen in unterschiedlichem Ausmaß verkalkt.

Respiratorisches Epithel In Trachea und Bronchien befinden sich im respiratorischen Epithel außer Flimmer-, Becher- und Basalzellen einzelne Bürstenzellen (Epithelzellen mit kräftigen, ca. 2 µm langen Mikrovilli), die möglicherweise die Funktion von Sinneszellen haben, sowie einzelne seröse und endokrine Zellen. Die Basalzellen sind die Stammzellen des Epithels.

Abbildung **8-11** verdeutlicht die Ultrastruktur einer Flimmer- und einer Becherzelle in der Trachea. Die Basalzellen sind Vorläuferzellen für Flimmer- und Becherzellen, spielen aber auch eine Rolle bei der Befestigung des Epithels an der dicken Basalmembran. Des Weiteren können im Epithel Lymphozyten und mastzellähnliche Zellen auftreten.

Mukoziliärer Apparat Die Schleime der Tracheal- und Bronchialdrüsen und der Becherzellen bilden zusammen mit den Kinozilien des respiratorischen Epithels den mukoziliären Apparat (Abb. **8-11**). Eingeatmete Schmutzpartikel bleiben am Schleim haften und werden gemeinsam mit diesem von den Kinozilien in Richtung Rachen befördert, wo sie verschluckt oder ausgespuckt werden können.

Der Schleim bildet eine förderbandähnliche Schicht, an deren Unterseite sich die Zilien reversibel anheften. Die Zilien schlagen 12–20-mal pro Sekunde und

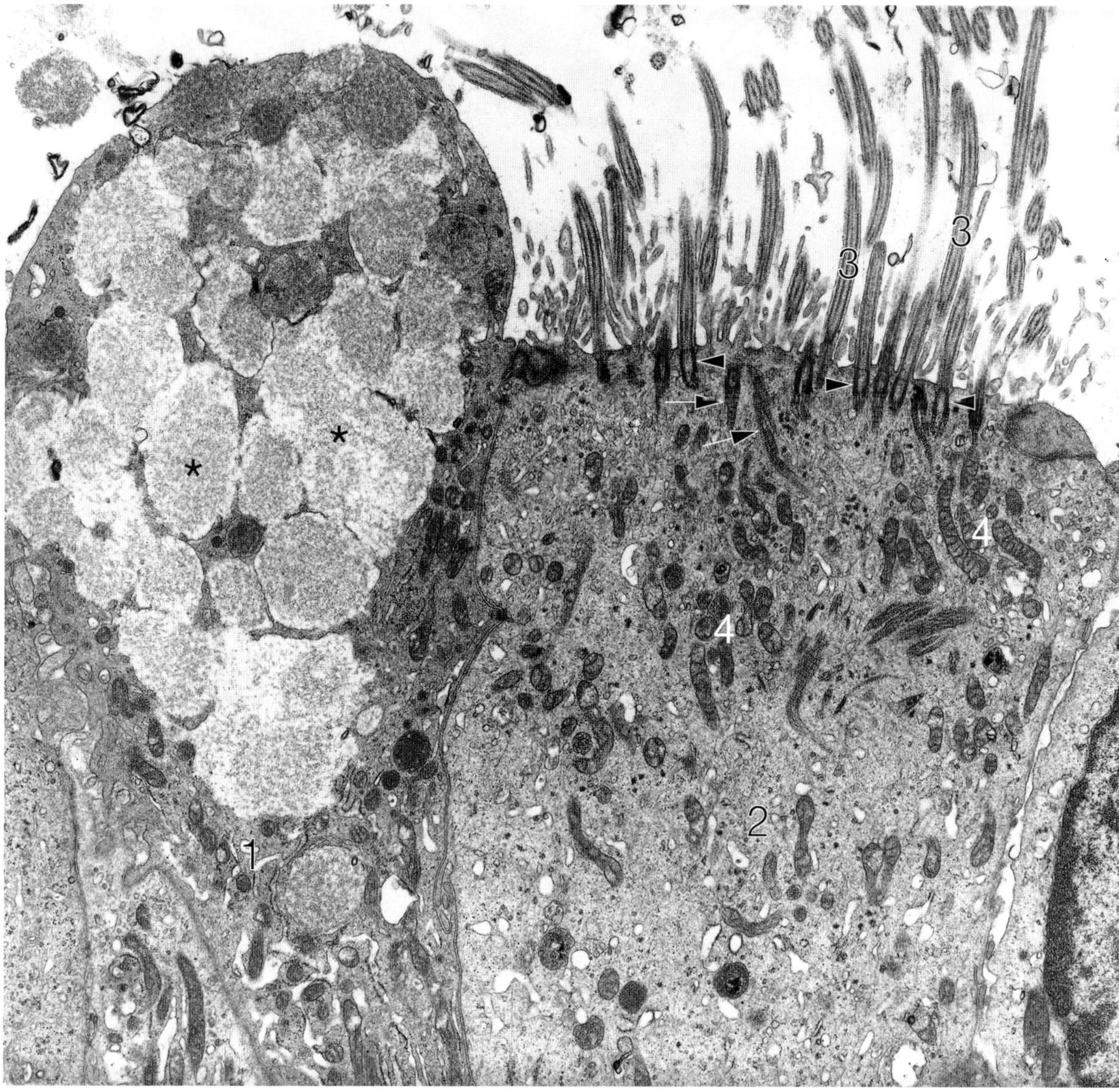

Abb. 8-11 Respiratorisches Epithel im elektronenmikroskopischen Präparat (Trachealepithel, Mensch). **1** Becherzelle mit Schleimgranula (*, enthalten das Muzin MUC 2); **2** Flimmerzelle; **3** Kinozilien; ▶ Basalkorn; ➔ Zilienwurzeln. Beachte auch die zahlreichen Mitochondrien (**4**). Vergr. 10 450fach.

bewegen den Schleimfilm mit einer Geschwindigkeit von ca. 1 cm/min rachenwärts. Die Menge an produziertem Schleim wechselt in Abhängigkeit von inneren und äußeren Reizen. Die oral gerichtete Schlagrichtung der Zilien ist angeboren. Sie schlagen in einem wässerigen Flüssigkeitsraum unter dem Schleim, der sog. Hypophase. Am Wassertransport in diesem Raum sind Aquaporine beteiligt.

Bronchien

Die Bronchien bilden ein System sich wiederholt teilender, enger werdender Röhren (Abb. 8-12). Die Trachea teilt sich in zwei **Stammbronchien** (Durchmesser rechts ca. 14 mm, links ca. 12 mm), denen die **Lappen-** und **Segmentbronchien** folgen. Die sich daran anschließenden Bronchien werden oft **Subsegmentbronchien** oder **kleinere Bronchien** (Abb. 8-13) genannt. Diese bilden 6–12 Teilungsgenerationen, wobei sich ihr Durchmesser auf ca. 1 mm verringert. Die Teilungen sind zumeist dichotom, die jeweils entstehenden zwei Tochterbronchien sind ähnlich groß. Bei kleinsten Bronchien und Bronchiolen ist aber oft einer der zwei Teilungsäste jeweils deutlich größer als der andere (Verhältnis 2/3 zu 1/3).

Wandaufbau Die Bronchien besitzen einen ähnlichen Wandaufbau (Abb. 8-13) wie die Trachea, wobei die Bezeichnung der einzelnen Wandschichten (Abb. 8-14) recht uneinheitlich gehandhabt wird.

Innen liegt die **Schleimhaut** (Tunica mucosa) mit respiratorischem Epithel, subepithelialem Bindegewebe (Lamina propria) und seromukösen Drüsen (Bronchialdrüsen). Der Schleimhaut folgt eine schlauchförmige **Muskelschicht** (Tunica muscularis) mit zirkulär und schraubenförmig verlaufenden glatten Muskelzellen. Diese Muskelzellen bilden Bündel, die oft in entgegengesetzten Schraubentouren verlaufen und zwischen sich Lücken freilassen. Innerhalb und außerhalb der Muskulatur bilden die Bronchialvenen Venenplexus, von denen der äußere – zwischen Muskulatur und Knorpelschicht – der umfangreichere ist.

Der Muskelschicht schließt sich ein Mantel aus **Knorpelstücken** und Bindegewebsfasern an. Die kleinen, unregelmäßig geformten Knorpelstücke (hufeisenförmige Spangen sind nur in den Stammbronchien zu finden, Abb. 8-12) sind über Bindegewebe verbunden, das reich an elastischen Fasern ist. Der Knorpel ist hyalin, enthält aber weiter distal auch elastische Anteile, die dann in den Knorpelstücken der kleinen peripheren Bronchien dominieren. Außen liegt dem Stützgerüst aus Knorpel und straffem Bindegewebe eine lockere Bindegewebsschicht an, die Gefäße und Nerven enthält und in die z. T. die Bronchialdrüsen vordringen können.

Muskelschicht und Knorpelfasermantel werden auch in den Bronchien oft als **Tunica fibro-musculocartilaginea** zusammengefasst.

Flimmerepithelzellen Im respiratorischen Epithel der Bronchien trägt jede Flimmerepithelzelle gut 200 Kinozilien. Diese sind ca. 5–7 µm lang, schlagen ca. 25-mal pro Sekunde (ca. 1500-mal pro Minute, in der Trachea schlagen sie ca. 12–20-mal pro Sekunde) und bewegen den oberflächlichen Schleimfilm rachenwärts (mukoziliärer Apparat). Die Flimmerepithelzellen sind gut über das Zytokeratin 8 zu identifizieren.

Basalzellen (Abb. 8-15) Dies sind die Stammzellen des Epithels. Sie enthalten das Zytokeratin 14 und machen ca. 30% der Bronchialepithelzellen aus.

Endokine Zellen Regelmäßig sind einzelne endokrine Zellen im Epithel zu finden. In ihnen wurden Serotonin und verschiedene Peptide nachgewiesen, z. B. Calcitonin, Somatostatin und antidiuretisches Hormon. **Neuroepitheliale Körper** bestehen aus bis zu 80 endokrinen Zellen, die reich afferent innervierte Strukturen bilden und sich oft an Verzweigungen von Bronchiolen finden. In ihnen wurden Serotonin und endokrine Polypeptide gefunden. Sie sind sauerstoffsensible Chemorezeptoren, die an der Regulation der Lungendurchblutung und der Atemwegsmuskulatur beteiligt sind. Von ihnen können Karzinome (kleinzelliges Bronchialkarzinom) und das potentiell maligne Karzinoid ausgehen.

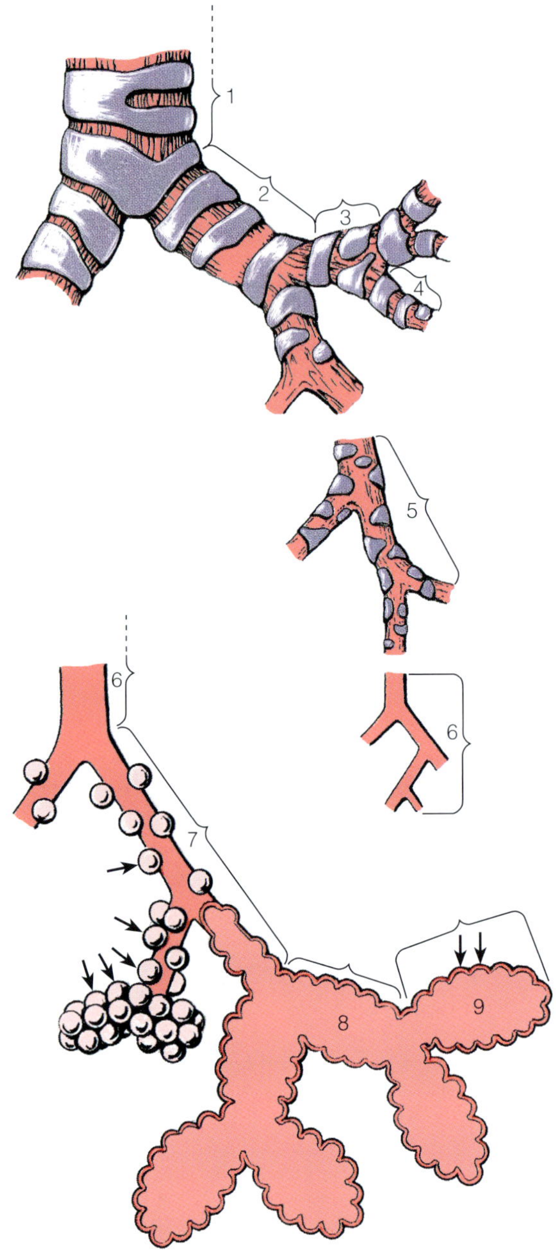

Abb. 8-12 Bronchialsystem (Mensch), vereinfachte Darstellung. **1** Trachea; **2** Stammbronchus; **3** Lappenbronchus; **4** Segmentbronchus; **5** kleiner Bronchus; **6** Bronchiolus; **7** Bronchiolus respiratorius; **8** Ductus alveolaris; **9** Sacculus alveolaris; ➔ Alveolen (links in der Ansicht von außen, rechts im Schnittpräparat. Blau gefärbt: Knorpelspangen oder Knorpelstücke in der Wand der Atemwege).

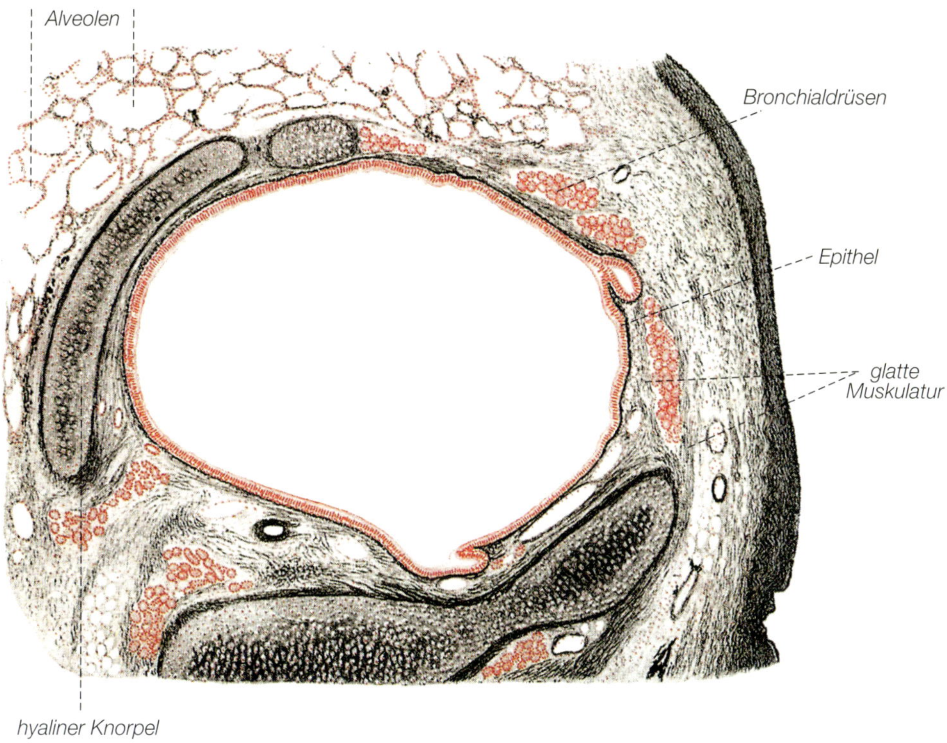

Abb. 8-13 Kleiner Bronchus (Mensch) mit hyalinen Knorpelstücken in seiner Wand im Querschnitt. Färbung: Elastika-Kernechtrot; Vergr. 30fach. (Aus [1])

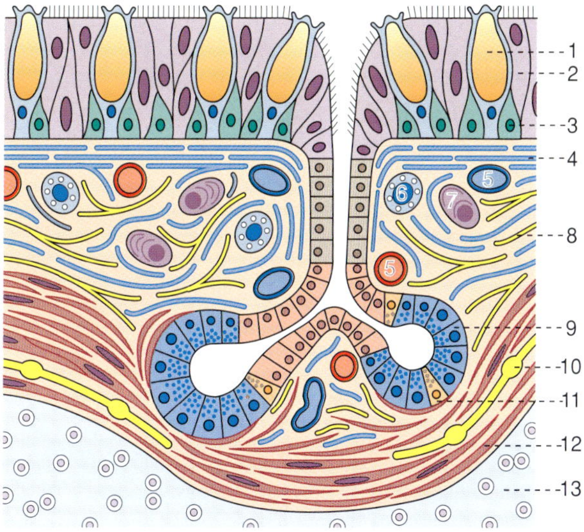

Abb. 8-14 Wandschichten eines Bronchus, schematische Darstellung funktionell wesentlicher Anteile. Oberflächenepithel mit Becherzellen (**1**), mit Flimmerzellen (**2**) und mit Basalzellen (**3**); **4** Kollagenfibrillen; **5** Blutgefäße; **6** Mastzelle; **7** Plasmazelle; **8** elastische Fasern; **9** seromuköse Drüse, die auch endokrine Zellen (**11**) enthält; **10** autonomer Nerv; **12** glatte Muskulatur; **13** hyaliner Knorpel. (Aus [1])

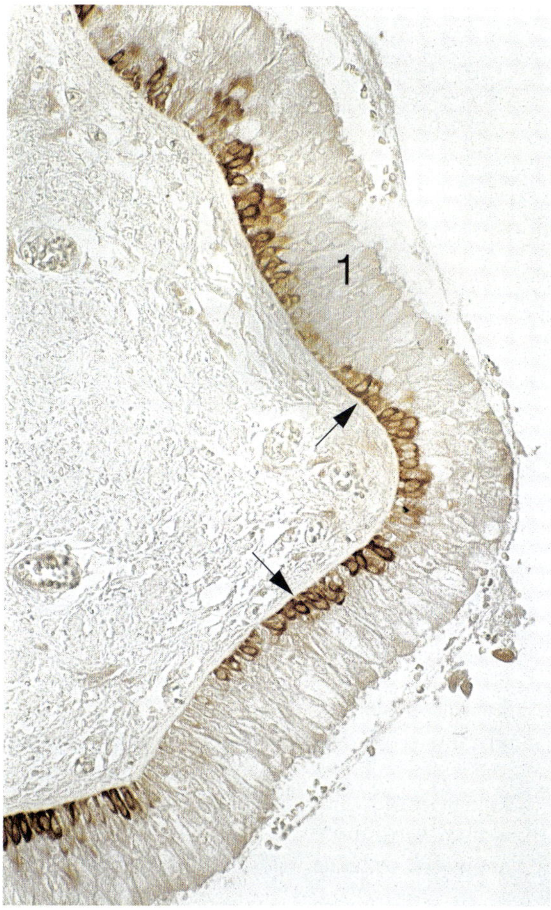

Abb. 8-15 Basalzellen (→) im respiratorischen Epithel (**1**) eines Bronchus (Mensch). Immunhistochemischer Nachweis von CK14 (Braunfärbung); Vergr. 250fach.

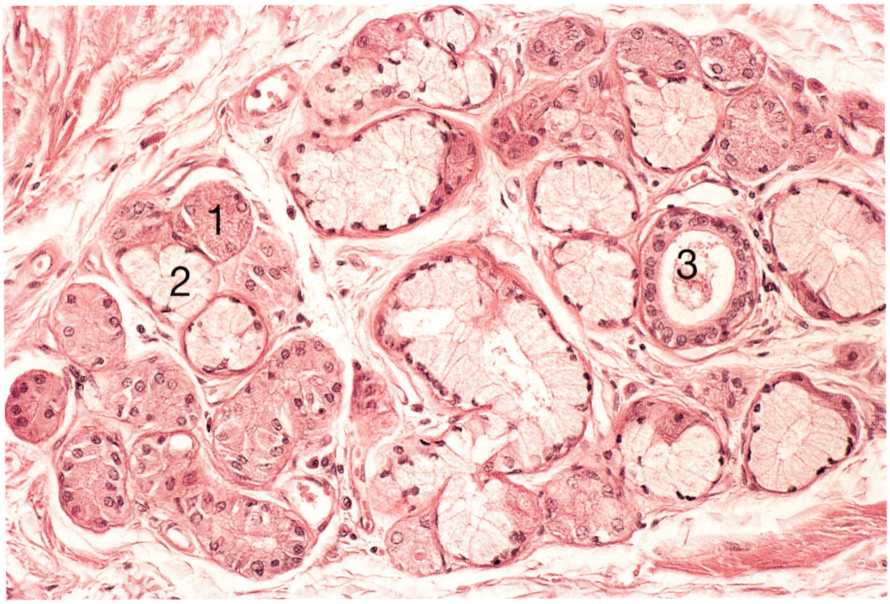

Abb. 8-16 Bronchialdrüsen (Mensch). **1** seröse Drüsenzellen; **2** muköse Drüsenzellen; **3** Gang mit eosinophilen mitochondrienreichen Zellen. Färbung: H.E.; Vergr. 250fach.

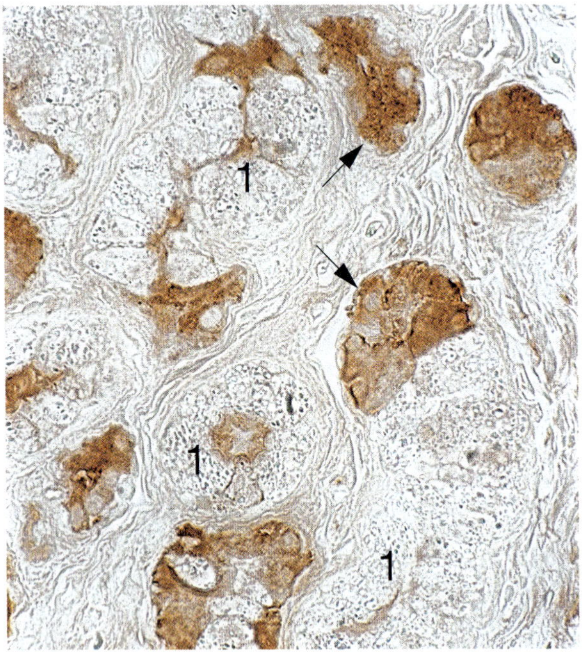

Abb. 8-17 Bronchialdrüsen (Mensch). Immunhistochemischer Nachweis des Lysozyms (Braunfärbung, →) in den serösen Drüsenzellen. Die mukösen Zellen (**1**) bilden kein Lysozym. Vergr. 450fach.

Bronchialdrüsen In allen Wandschichten können seromuköse Bronchialdrüsen (Abb. **8-16**) auftreten, nicht selten finden sie sich sogar außerhalb der Knorpelstücke. In den Bronchialdrüsen liegen die serösen Azini distal, wie generell in den Drüsen der Atemwege, wohingegen die mukösen Tubuli proximal liegen. In den Gängen kommen mitochondrienreiche, eosinophile Epithelzellen vor, die vermutlich Flüssigkeit transportieren. Im Epithel der gemischten Tracheal- und Bronchialdrüsen kommen Myoepithelzellen vor.

Die Bronchialdrüsen bilden u.a. Schleime und antibakterielle Enzyme. Im Sekret ihrer serösen Drüsenzellen ist z.B. das antibakterielle Lysozym nachgewiesen (Abb. **8-17**). In den serösen Drüsenzellen (und im respiratorischen Epithel) werden auch Defensine (Polypeptide mit breiter antimikrobieller Wirksamkeit) gebildet. In den mukösen Zellen von Tracheal- und Bronchialdrüsen und den Becherzellen des Oberflächenepithels lassen sich (sekretorische) Blutgruppenantigene des AB0-Systems nachweisen. Diese kommen auch in den Basalzellen vor.

In Atemwegsepithelien des Menschen wurden zusätzlich die Expression und die Sekretion von Zytokinen, Wachstumsfaktoren und Adhäsionsmolekülen nachgewiesen.

Bronchusassoziiertes lymphatisches Gewebe In der Schleimhaut der Bronchien treten lokale Ansammlungen von lymphatischem Gewebe auf (bronchusassoziiertes lymphatisches Gewebe = BALT, Abb. **8-18**). Es besteht aus Einzelfollikeln oder kleinen Gruppen solcher Follikel sowie einfachen Lymphozytenansammlungen, vielen Plasmazellen und einzelnen Lymphozyten, unter denen letztere bis in das Bronchialepithel vordringen können. Die Mehrzahl der Einzellymphozyten sind **T-Lymphozyten**. Klinisch wichtig (Allergien) sind IgE bildende **Plasmazellen**. Beim Gesunden bilden die Plasmazellen vor allem IgA. Dieses wird anschließend von den Epithelzellen der Bronchien und Bronchialdrüsen aufgenommen, mit der sog. sekreto-

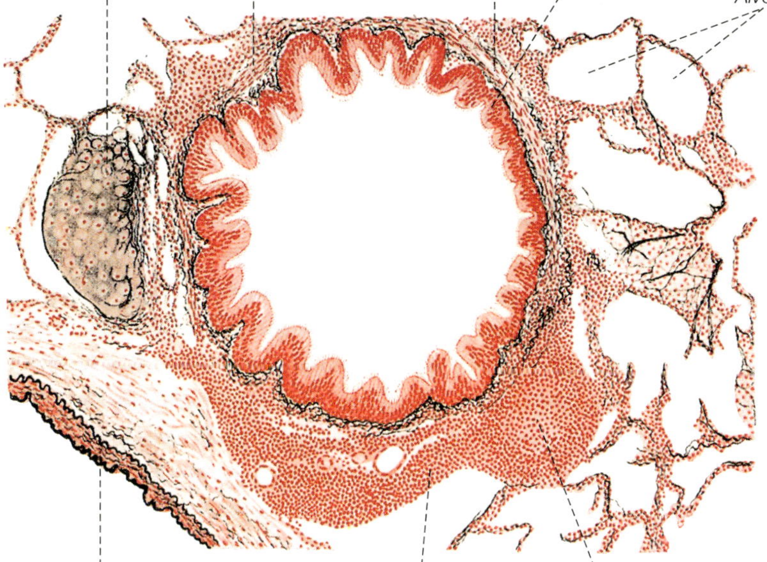

Abb. 8-18 Brochusassoziiertes lymphatisches Gewebe (BALT). Endverzweigung eines kleinen Bronchus (Mensch) mit kleinem Knorpelstück und lymphatischem Gewebe mit kleinem Follikel in der Schleimhaut. Der zahnradartige Querschnitt erinnert bereits an einen Bronchiolus. Färbung: Elastika-Kernechtrot; Vergr. 60fach. (Aus [1])

rischen Komponente gekoppelt und durch das Epithel ins Bronchiallumen transportiert.

Die Follikel, die nur relativ selten Keimzentren enthalten, nehmen mit dem Alter an Zahl zu und sind öfter an Verzweigungsstellen der Bronchien zu finden. Zwischen den Follikeln befinden sich unterschiedlich ausgedehnte Felder mit T-Lymphozyten. In Regionen mit T-Lymphozyten kommen auch hochendotheliale Venolen vor. In den mittleren und kleineren Bronchien ist das Epithel über dem lymphatischen Gewebe abgeflacht und relativ dünn und enthält M-Zellen oder Äquivalente dieser Zellen.

Innervation Die Bronchial- und Trachealmuskulatur ist sympathisch (erweitert die Luftwege) und parasympathisch (stellt die Luftwege enger) innerviert, was im Rahmen von Stress- oder Fluchtreaktionen biologisch sinnvoll ist. Bei einer akut auftretenden Gefahr unterstützt die Weitstellung der Bronchien die Fluchtreaktion durch vermehrte Versorgung der Lungen mit Luft. Dadurch kann der erhöhte Sauerstoffbedarf der Muskulatur befriedigt werden. Auch über das Blut transportiertes Adrenalin wirkt über β_2-Rezeptoren auf die Bronchialmuskulatur, und zwar, wie der Sympathikus, bronchienerweiternd. Bei pathologischer Engstellung werden daher Sympathomimetika gegeben, die die Funktion des Sympathikus verstärken.

Klinik Die Bronchien erkranken relativ häufig, daher besitzt die chronische Bronchitis eine erhebliche volkswirtschaftliche Dimension. Eine **Bronchitis** geht mit vermehrter Schleimproduktion in Becherzellen und Bronchialdrüsen einher. Abbildung **8-19** zeigt

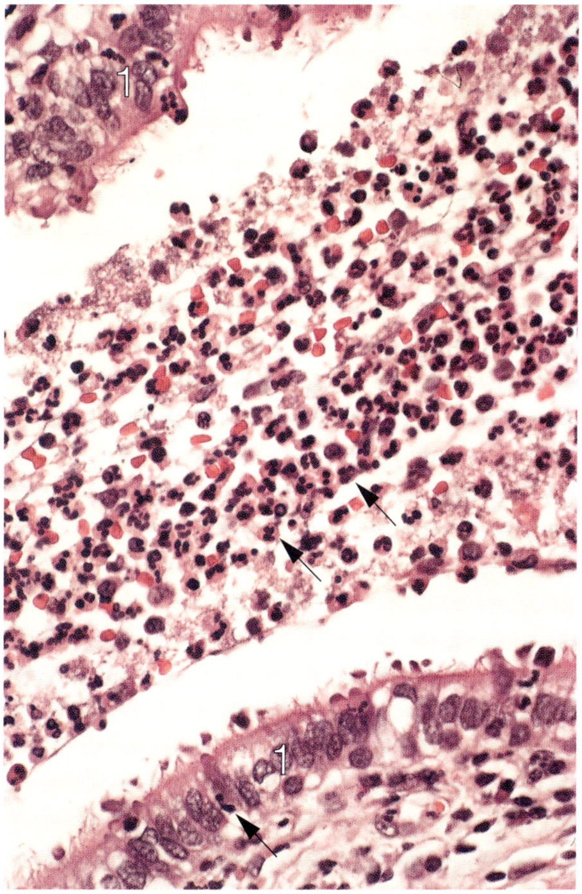

Abb. 8-19 Kleiner Bronchus bei schleimig-eitriger Bronchitis. Das Lumen ist weitgehend mit Eiter und Schleimmasse gefüllt. Zelluläre Komponente dieses eitrigen Schleims sind vor allem zahllose Neutrophile (→). **1** Epithel. Färbung: H.E.; Vergr. 450fach.

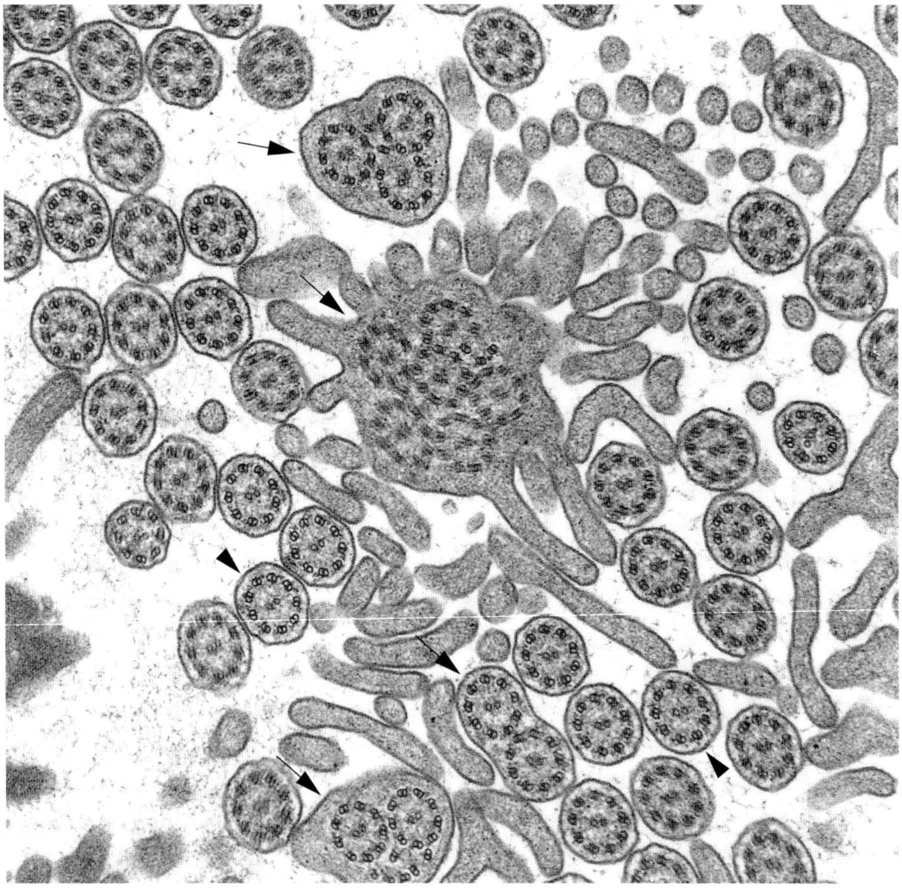

Abb. 8-20 Angeborene Ziliendefekte. Elektronenmikroskopische Aufnahme normaler (▶) und fehlgebildeter (➔) Kinozilien (Bronchialepithel, Mensch). Hier ist es mehrfach zu Vervielfältigung der Mikrotubulusansätze gekommen. Vergr. 50000fach.

einen kleinen Bronchus bei schleimig-eitriger Bronchitis, dessen Lumen zahllose neutrophile Granulozyten enthält.

Lungenkrebs ist in 95% der Fälle ein Karzinom des Bronchialepithels. Wichtig ist die klare Korrelation zwischen Bronchialkarzinom und dem Rauchen. Wie andere Karzinome entstehen Bronchialkarzinome auf der Basis genetischer Veränderungen, die Onkogene und Tumorsuppressorgene betreffen. Beim kleinzelligen Bronchialkarzinom sind z.B. verschiedene Onkogene verändert und die myc-Onkogene erheblich vermehrt. Bei diesem Karzinom existieren auch Deletionen des kurzen Arms von Chromosom 3, wo bestimmte Tumorsuppressorgene lokalisiert sind. Bekannt ist, dass beim kleinzelligen Bronchialkarzinom die Tumorsuppressorgene p53 und Rb durch Mutationen inaktiviert sind. Das Expressionsverhalten dieser Gene und die Funktionen der Endprodukte beeinflussen vermutlich das Ausmaß des bösartigen Verhaltens und den Verlauf des jeweiligen Karzinoms. Asbest kann Bronchial- und auch Pleurakarzinome (Mesotheliom) verursachen.

Beim **Asthma bronchiale** liegt einerseits ein chronisch-entzündlicher Prozess, andererseits eine erhöhte Reaktionsbereitschaft der Bronchialmuskulatur auf verschiedene, meist in der Luft transportierte Stimuli vor. Hierzu zählen allergene, pharmakologische, aus der Umwelt (Luftverschmutzung!) oder aus dem beruflichen Umfeld (Stäube, Waschmittel, Mehl usw.) stammende oder infektiöse Reize. Begleitende Emotionen, z.B. Angst, können den Zustand verschlimmern. Es kommt zur Verengung (Obstruktion) der Atemwege infolge Kontraktion der Muskulatur, was zu Luftnot führt. Die Kontraktion wird zumindest zu einem erheblichen Teil durch Mastzellmediatoren (siehe S. 114) ausgelöst, die durch die Interaktion eines Antigens mit mastzellgebundenem IgE aus den Mastzellen freigesetzt werden. Weitere Merkmale sind eine ödematöse Schleimhaut und die Sekretion eines dicken, zähen Schleims, in dem reichlich Eosinophile vorkommen (Abb. 4-11).

Rauchen setzt die Zilienschlagfrequenz herab, damit kommt es zu Leistungsminderung des mukoziliären Apparats. Angeborene Defekte der Zilien, **Syndrome der immotilen Zilien**, führen zu oft schweren chronischen Bronchitiden. Abbildung **8-20** zeigt fehlgebildete Zilien im elektronenmikroskopischen Präparat.

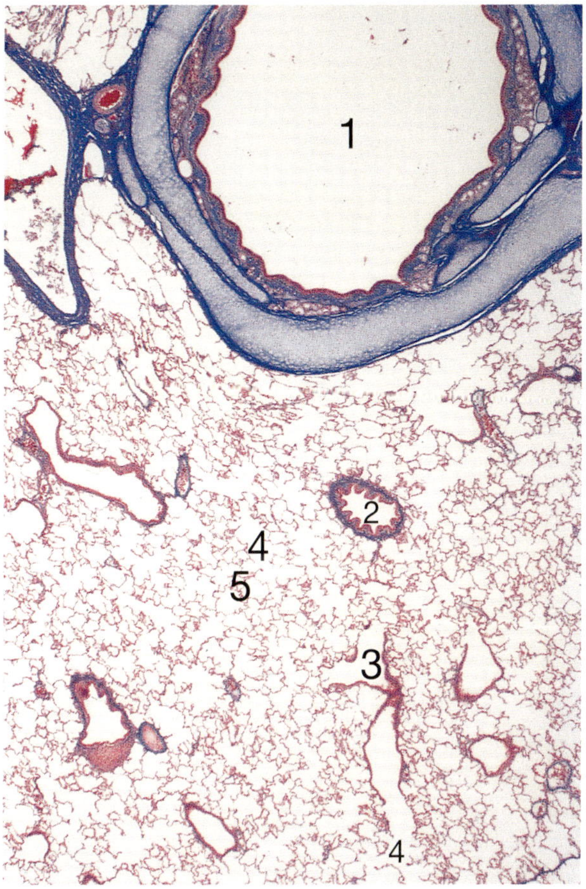

Abb. 8-21 Lungengewebe (Schwein), Übersicht. **1** Bronchus; **2** Bronchiolus; **3** Bronchiolus terminalis, der in Bronchioli respiratorii übergeht; **4** Ductus alveolaris; **5** Alveolen. Färbung: Azan; Vergr. 20fach. (Aus [1])

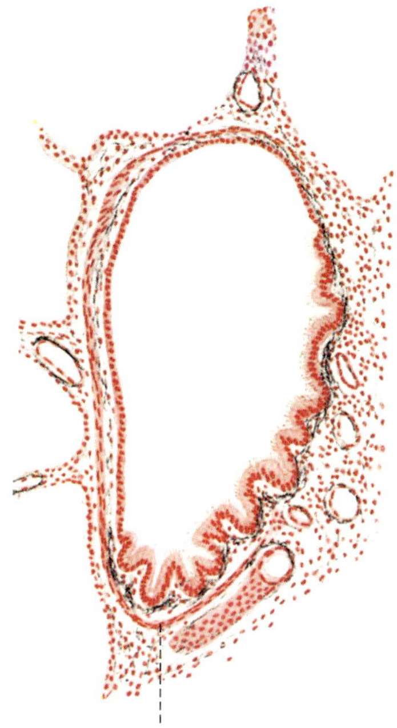

Abb. 8-22 Bronchiolus mit schräg bis zirkulär angeordneter glatter Muskulatur, fehlendem Knorpelgerüst und fehlenden Drüsen. Färbung: Elastika-Kernechtrot; Vergr. 60fach. (Aus [1])

Bronchiolen

Den Bronchien folgen die Bronchiolen (Bronchioli). Das Lungengewebe, das von einem Bronchiolus versorgt wird, heißt **Lungenläppchen**. Ein solches Läppchen ist durch unvollständige Bindegewebssepten begrenzt und misst 1–2 cm im Durchmesser. Die letzte Teilungsgeneration der Bronchiolen wird terminaler Bronchiolus (**Bronchiolus terminalis**) genannt. Das Lungengewebe, das von einem solchen terminalen Bronchiolus versorgt wird, wird als **Lungenazinus** (Durchmesser 1–2 mm) bezeichnet.

Aufbau Bronchioli (Abb. 8-21, 8-22) besitzen einen Durchmesser von ca. 1–0,4 mm und bilden die 12.–15. Generation des sich verzweigenden Baums der Atemwege (Abb. 8-12). Den Bronchioli fehlen Knorpel und Drüsen. Das prismatische Epithel ist einschichtig oder gelegentlich zweireihig und enthält vor allem Flimmerzellen und Clara-Zellen (Abb. 8-23); daneben kommen vereinzelt endokrine und seröse Zellen vor.

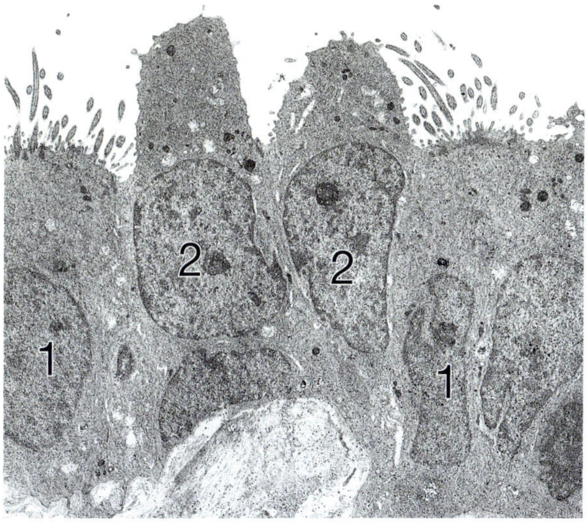

Abb. 8-23 Epithel eines Bronchiolus (Mensch). Das einschichtige prismatische Epithel enthält Flimmer-(Wimper-) Zellen (**1**) und Clara-Zellen (**2**). Vergr. 3800fach. (Aus [1])

Becherzellen sind selten und fehlen über weite Strecken. Vor allem an Verzweigungen der Bronchiolen treten auch einzelne neuroepitheliale Körper auf, die wohl vor allem die Wandmuskulatur beeinflussen. Die glatte Muskulatur bildet ein lockeres Netzwerk oft

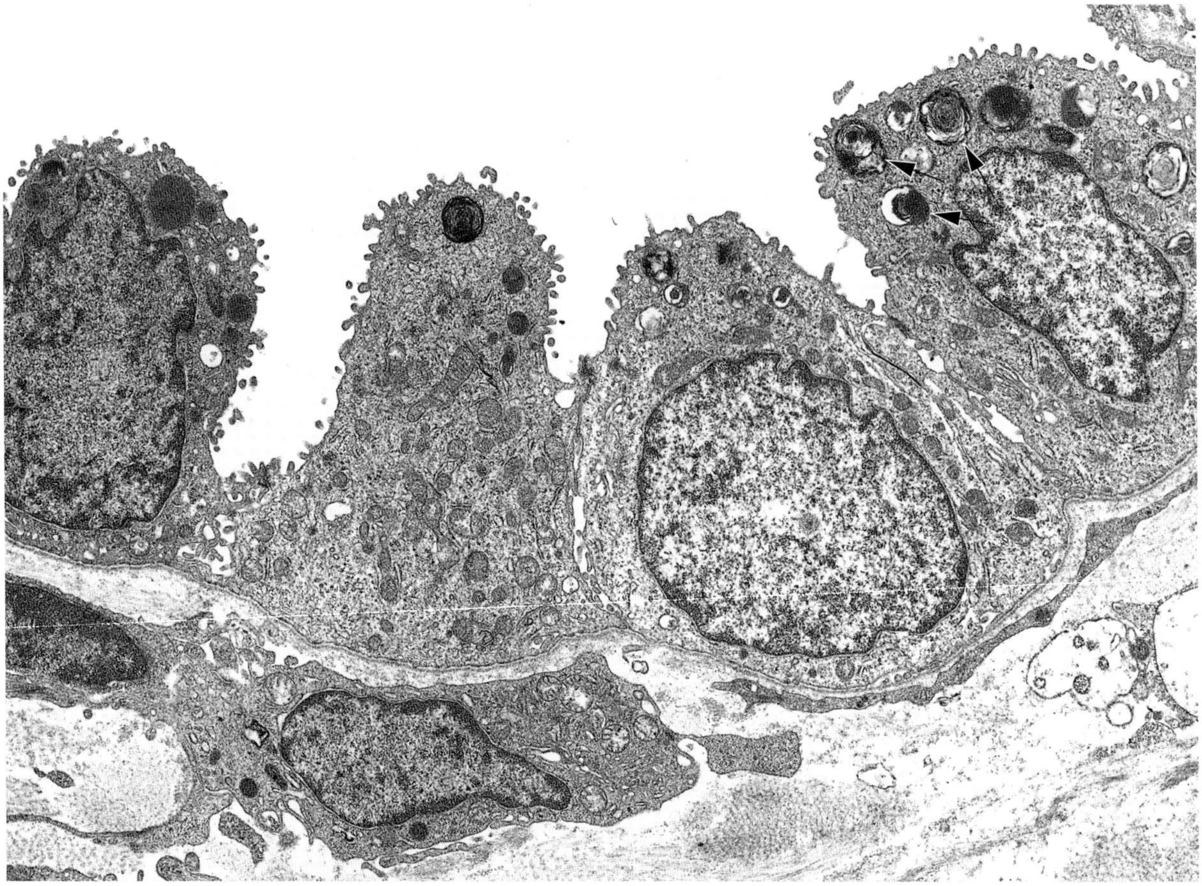

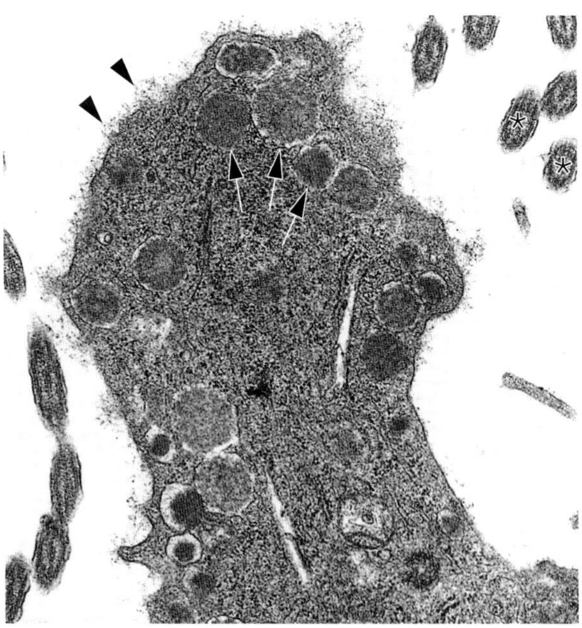

Abb. 8-25 Typischer Apex einer Clara-Zelle (Mensch). Der hoch aufgewölbte Zellapex trägt einzelne Mikrovilli, ist von einer relativ dichten Glykokalyx (▶) bedeckt und enthält glykoproteinhaltige Sekretionsgranula (➔). * Anschnitte von Kinozilien benachbarter Flimmerepithelzellen. Vergr. 13000fach. (Aus [1])

Abb. 8-24 Bronchiolus respiratorius (Mensch). Eine Besonderheit des einschichtigen prismatischen bis kubischen Epithels der Bronchioli respiratorii sind die oft weit ins Lumen vorgewölbten Zellapices. Links: Clara-Zelle; rechts: Zelle mit Merkmalen eines Pneumozyten II (Lamellenkörper, ➔); Bildmitte: Manche Epithelzellen zeigen Merkmale sowohl der Clara-Zellen als auch der Pneumozyten II. Vergr. 6700fach. (Aus [1])

recht kräftiger schraubenförmiger, sich z. T. überkreuzender Bündel aus. Bei der Einatmung entspannt sie sich, bei der Ausatmung kontrahiert sie sich leicht. Wenn diese Kontraktion pathologischerweise anhält, wie bei einem Asthmaanfall, kann die Luft nur mühsam den Alveolarraum verlassen.

Clara-Zellen Die Clara-Zellen des Bronchiolarepithels (benannt nach dem Südtiroler Arzt und Anatomen Max Clara, 1899–1966) sind prismatisch und durch einen weit ins Lumen vorgewölbten zilienfreien Zellapex gekennzeichnet (Abb. 8-23, 8-24, 8-25), der beim Menschen Sekretionsgranula enthält. Die Ultrastruktur und vermutlich auch die Funktion der Clara-Zellen sind bei den einzelnen Säugetierarten sehr verschieden und in vielen Einzelheiten noch nicht sicher

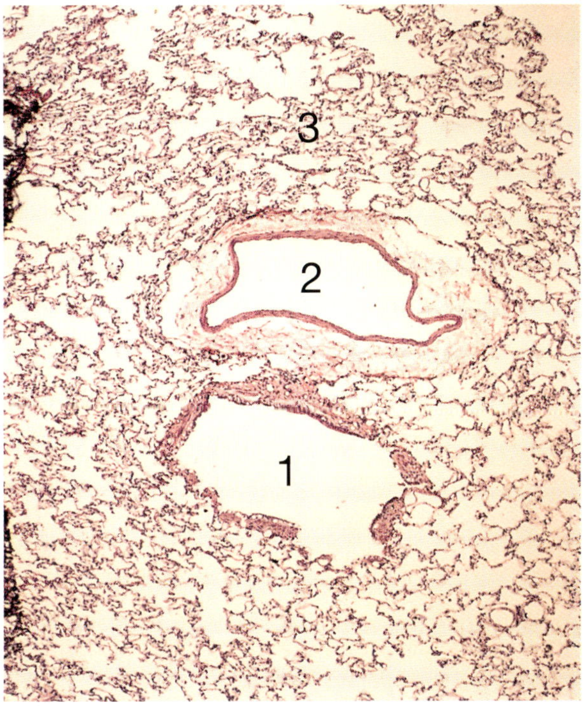

Abb. 8-26 Bronchiolus respiratorius (1). **2** begleitende A. pulmonalis. Beachte die gleiche Größe dieser zwei Strukturen. **3** Alveolen. Färbung: H.E.; Vergr. 45fach.

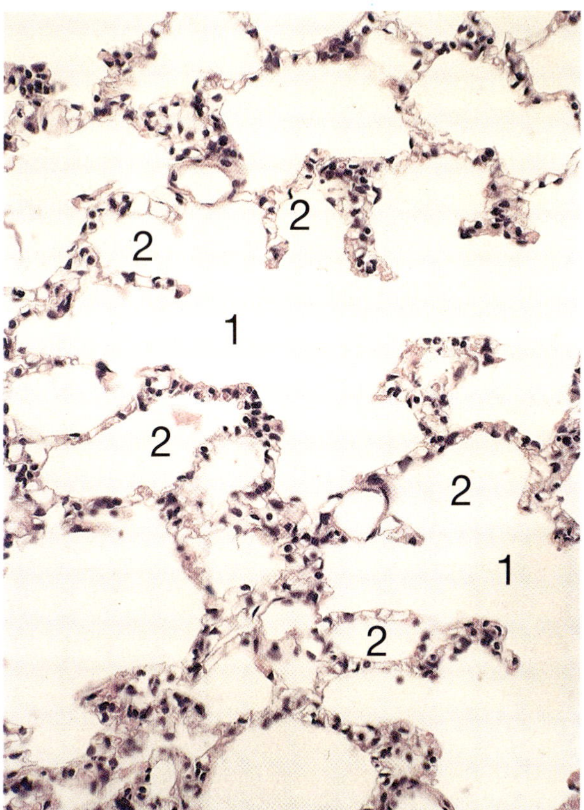

Abb. 8-27 Ductus alveolaris (**1**) mit Alveolen (**2**) in der Lunge (Rhesusaffe). Färbung: H.E.; Vergr. 250fach.

bekannt. Bei Katzen enthalten sie z.B. ein reich entwickeltes glattes ER. Sie sezernieren beim Menschen ein nicht-klebriges, glykoproteinhaltiges Produkt, das u.U. behilflich ist, die engen Bronchiolen offen zu halten. Es wird außerdem vermutet, dass sie an der Regulation des Transports von Chloridionen beteiligt sind, dass sie Surfactant bilden und Vorläuferzellen für andere Bronchiolarzellen sind.

! Die unteren Luftwege bestehen aus vielen Generationen sich dichotom teilender Bronchien und Bronchiolen. Die Wand der Bronchien ist aus respiratorischem Epithel, Bronchialdrüsen, Kollagenfasern, elastischen Fasern, Knorpel und glatter Muskulatur aufgebaut. Die Wand der Bronchiolen besteht aus einem nur einschichtigen prismatischen Epithel mit Flimmer- und Clara-Zellen, aus Bindegewebsfasern und glatter Muskulatur.

Bronchioli respiratorii

Dem terminalen Bronchiolus folgt der Bronchiolus respiratorius (Abb. **8-12**, **8-21**, **8-24**, **8-26**), eine Übergangsregion zwischen den Atemwegen und dem Alveolarraum. Die Bronchioli respiratorii sind nur ca. 0,15 bis 0,2 mm weit und ca. 1–2 mm lang und bilden beim Menschen i. Allg. drei Teilungsgenerationen. Ihr Epithel ist prismatisch und am Ende kubisch; hier treten viele unbewimperte Epithelzellen, darunter typische Clara-Zellen, auf. Außerdem kommen einzelne Flimmerzellen, seröse Zellen und bereits Pneumozyten II (Abb. **8-24**) vor, die typischerweise in den Alveolen zu finden sind. In den Verlauf dieses Epithels sind dünnwandige Aussackungen eingeschaltet, die Alveolen genannt werden und in deren Bereich schon ein Gasaustausch erfolgt. Die Muskulatur ist noch recht kräftig.

Der Übergangsbereich zwischen Bronchioli respiratorii und Ductus alveolares ist unterschiedlich strukturiert. Es gibt abrupte Übergänge zwischen prismatischem Epithel und Plattenepithel, der Übergang kann aber auch allmählich erfolgen (Abb. **8-21**). Häufig kommen in diesem Übergangsbereich größere Mengen an kubischen Pneumozyten II vor (Abb. **8-24**).

8.2 Alveolarraum

Der Alveolarraum ist die Region des Austauschs der Atemgase O_2 und CO_2.

8.2.1 Ductus alveolares

Aus dem letzten Bronchiolus respiratorius gehen die Ductus alveolares hervor (Abb. **8-12**, **8-21**, **8-27**), die

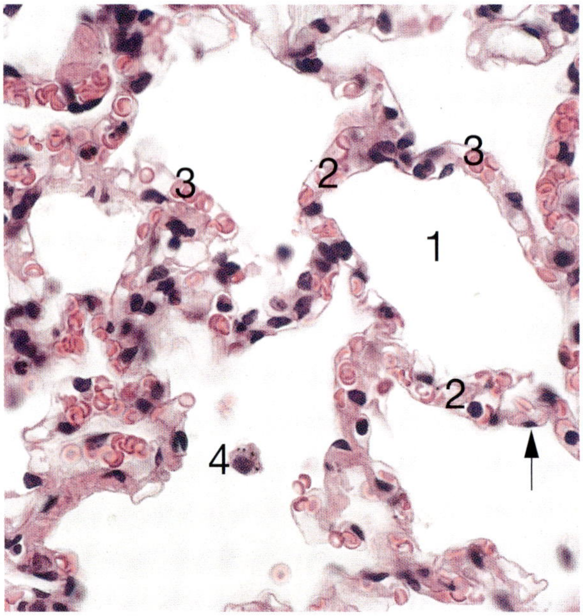

Abb. 8-28 Alveolen (1) und Alveolarsepten (2) in der Lunge (Rhesusaffe). **3** Blutkapillaren (oft mit Erythrozyten) in den Alveolarsepten; **4** Alveolarmakrophage; ➔ Kern eines Pneumozyten I. Färbung: H.E.; Vergr. 460fach.

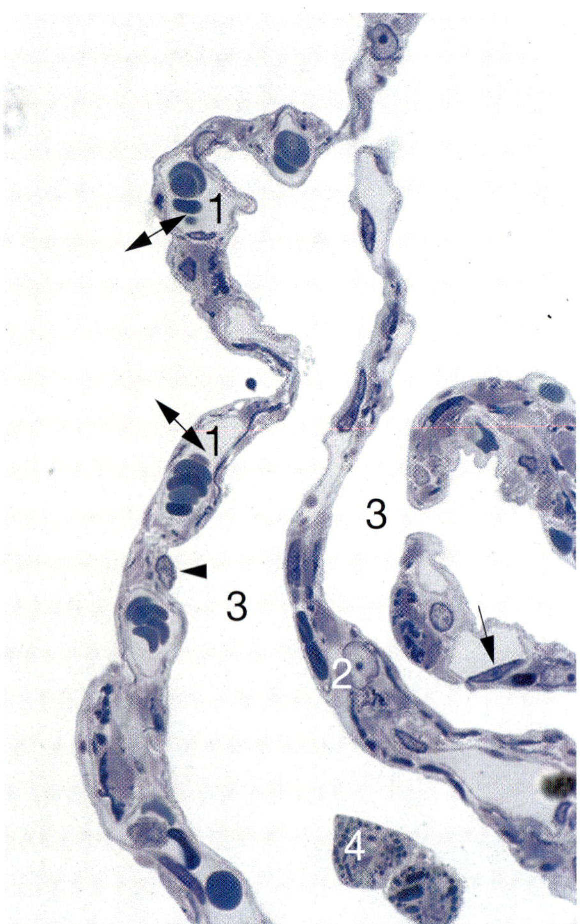

sich 2- oder 3-mal verzweigen und deren Lumen mit den weiten Öffnungen der dicht nebeneinander liegenden Alveolen kommuniziert. Eine eigene Wand existiert kaum, wird aber durch die freien Kanten der Septen zwischen benachbarten Alveolen (Alveolarsepten) repräsentiert. Die Ductus alveolares enden blind mit einer Gruppe von Alveolen, dem **Alveolarsack.** Ein Ductus alveolaris mit seinen Alveolen ist im Prinzip (abgesehen von den Dimensionen) mit einem Maiskolben zu vergleichen: Die Maiskörner wären die Alveolen, der faserige Strunk der Ductus alveolaris. Benachbarte Alveolen werden durch ein Alveolarseptum getrennt (Abb. **8-27**, **8-28**). Das freie Ende der Alveolarsepten trägt einzelne Bronchiolarepithelzellen, unter denen zarte Bündel glatter Muskulatur und elastische Fasern liegen.

8.2.2 Alveolen

In den bläschenförmigen Alveolen, die den Ductus alveolares seitlich ansitzen, findet der Gasaustausch (Aufnahme von O_2 und Abgabe von CO_2) statt. Eine einzelne Alveole ist rundlich oder polygonal und misst 200–300 µm im Durchmesser. Die Anzahl der Alveolen in beiden Lungen wird beim erwachsenen Menschen auf 300–400 Millionen berechnet, was eine Fläche von 80–140 m^2 für den Gasaustausch bereitstellt.

Wandaufbau

Benachbarte Alveolen werden durch das schmale Alveolarseptum (Abb. **8-28**, **8-29**), getrennt; es ist beidseitig von Alveolarepithel bedeckt. In den Septen können sich ca. 8 µm große Poren befinden, die benachbarte Alveolen direkt miteinander verbinden. Das subepitheliale Bindegewebe der Septen wird auch **Lungeninterstitium** genannt. Es enthält einzelne Fibroblasten, Kollagenfasern und elastische Fasern sowie Proteoglykane, aber vor allem in reichem Maße Blutkapillaren mit kontinuierlichem Endothel. Die **Fibroblasten** (interstitielle Zellen) besitzen lange Fortsätze, in denen Bündel von Aktinfilamenten vorkommen. Es wird angenommen, dass sie kontraktile Eigenschaften haben (Myofibroblasten). Diese Zellen können den Blutfluss beeinflussen und ihn z. B. in krankhaft nicht belüfteten Lungenpartien erheblich herabsetzen. Dadurch wird

Abb. 8-29 Alveolarsepten in der Lunge (Mensch). **1** Blutkapillaren mit Erythrozyten; ➔ Zellkern im Kapillarendothel; **2** Kern eines aktiven Fibroblasten; ▶ Kern eines Pneumozyten I; ◀▶ Blut-Luft-Schranke; **3** Alveolarlumen; **4** Alveolarmakrophagen. Semidünnschnitt; Färbung: Methylenblau-Azur II; Vergr. 700fach.

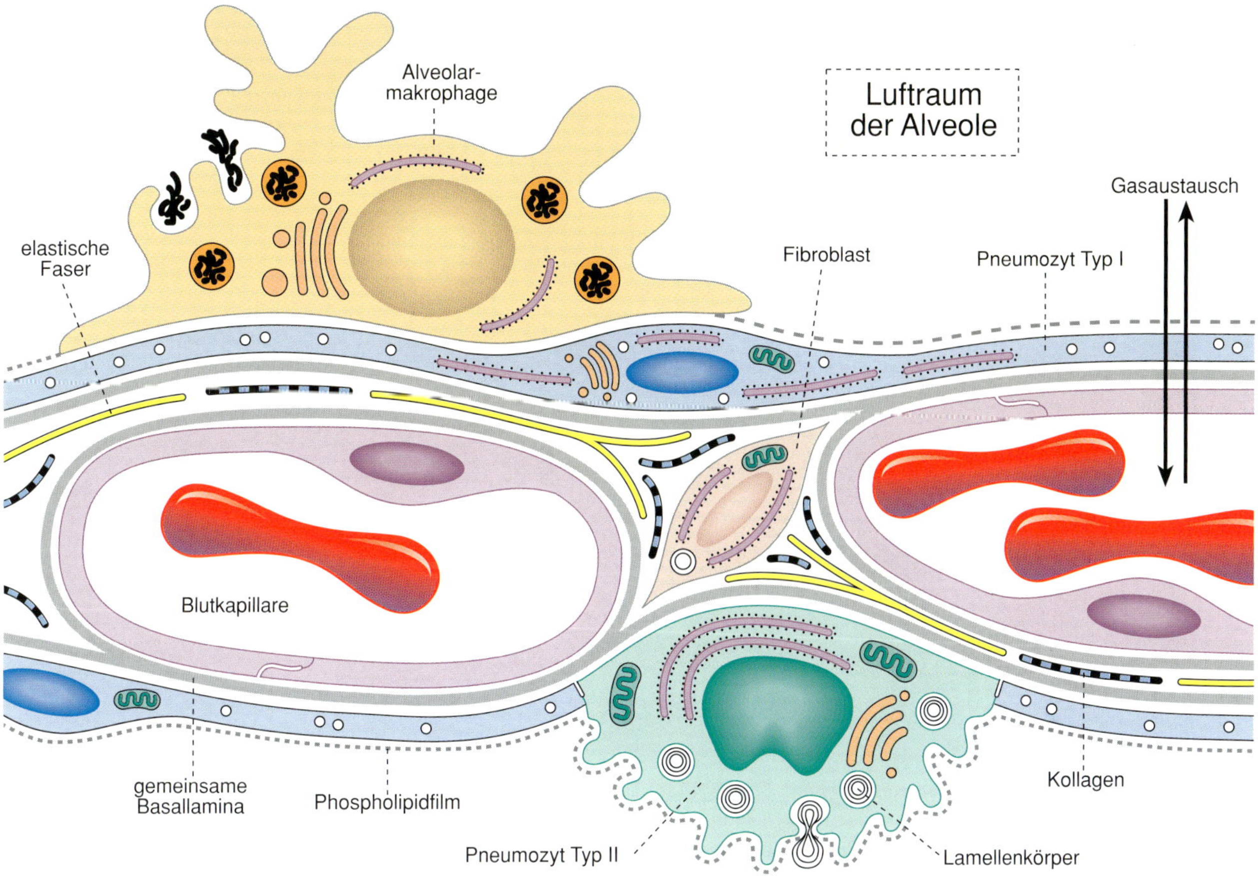

Abb. 8-30 Feinstruktur eines Alveolarseptums, schematische Darstellung. Die Pneumozyten II bilden in ihren Lamellenkörpern den Phospholipidfilm (Surfactant), der die Alveolen auskleidet. Die Blut-Luft-Schranke (Durchmesser an dünnen Stellen 0,2 µm) besteht aus dem Endothel der Kapillaren, den dünnen Pneumozyten I und deren gemeinsamer Basallamina. (Aus [1])

verhindert, dass sauerstoffarmes Blut in größerem Umfang in den großen Kreislauf zurückfließt.

Das Alveolarepithel besteht aus zwei Zelltypen (Abb. **8-30, 8-31**):

- flachen Pneumozyten vom Typ I (= **Pneumozyten I** = Alveolarzellen vom Typ I) und
- kissenförmigen oder kubischen Pneumozyten vom Typ II (= **Pneumozyten II** = Alveolarzellen vom Typ II).

Alle Pneumozyten sind untereinander mit Zonulae occludentes verbunden und liegen einer Basallamina auf.

Die stark abgeflachten **Pneumozyten I** sind ca. 0,2 µm dick und nehmen ca. 90% der Alveolaroberfläche ein, ihre Gesamtzahl in einer Alveole ist aber kleiner (40%) als die der Pneumozyten II (60%). Sie besitzen in Nähe des abgeflachten Kerns einige Zellorganellen. In den weiten peripheren Anteilen des Zytoplasmas treten vor allem zahlreiche Pinozytosevesikel auf. Hier finden sich des Weiteren Mikrotubuli und Mikrofilamente.

Die Gestalt der **Pneumozyten II** wechselt von kissenförmig bis kubisch, sie nehmen ca. 10% der Oberfläche einer Alveole ein und tragen apikal einige Mikrovilli. Der Kern der Pneumozyten II ist rundlich. Das Zytoplasma enthält große Mengen von Zytokeratin (Abb. **8-32**), einen umfangreichen Golgi-Apparat, gut entwickeltes raues ER und zahlreiche Mitochondrien. Charakteristisch sind **Lamellenkörper** (Abb. **8-30, 8-31**), die vermutlich aus multivesikulären Körpern entstehen und dicht gepackt lamelläres phospholipidreiches Material enthalten.

Bei Verletzungen des Alveolarepithels können Pneumozyten II proliferieren und sich zu Pneumozyten I differenzieren. Die Pneumozyten I sind ausdifferenzierte Zellen, die sich nicht mehr teilen können.

Surfactant Die Lamellenkörper der **Pneumozyten II** enthalten den alveolären Surfactant (Anti-Atelektase-

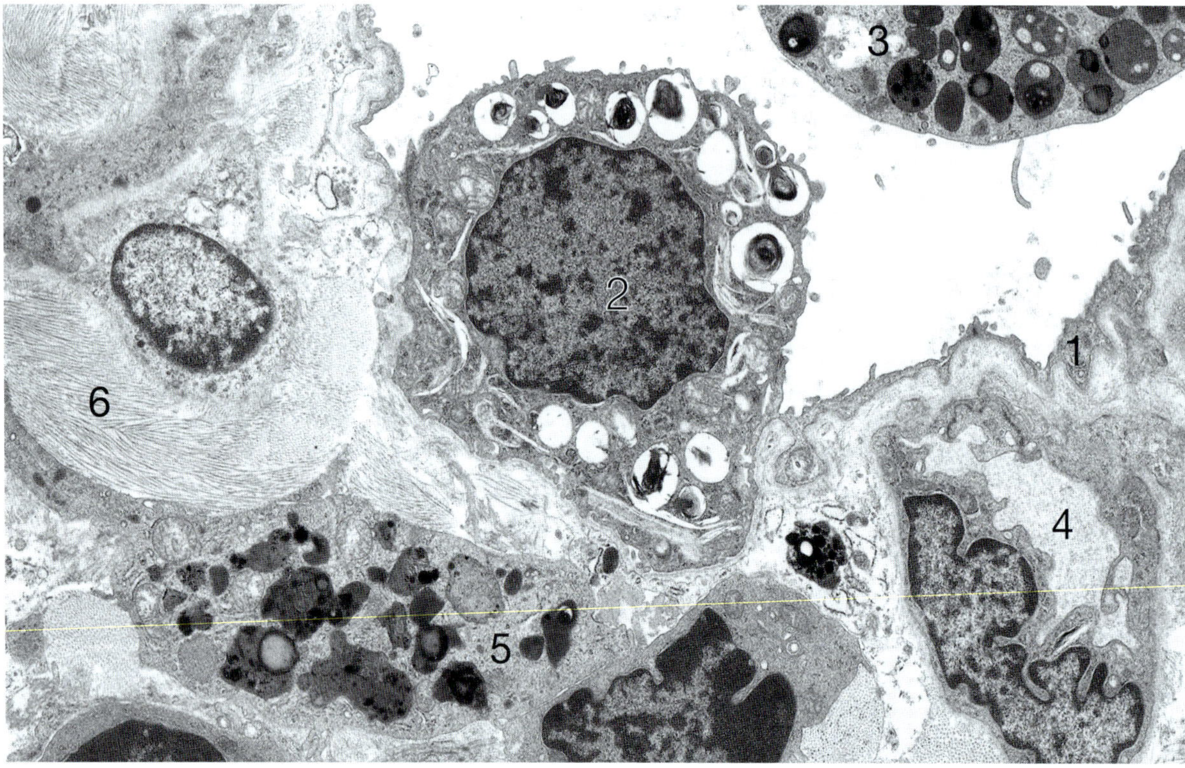

Abb. 8-31 Teil eines Alveolarseptums mit Blutkapillare (Mensch). Die Kapillare legt sich dem Alveolarepithel von innen eng an. **1** Pneumozyt I; **2** Pneumozyt II, dessen Zytoplasma Lamellenkörper enthält (Surfactantbildung). **3** Teil eines intraalveolär gelegenen Alveolarmakrophagen; **4** Blutkapillare; **5** im Bindegewebe gelegener Makrophage; **6** Kollagen (hier krankhaft vermehrt). Vergr. 6740fach. (Aus [1])

Faktor) und geben ihn mittels Exozytose in das Alveolarlumen ab. Dort breitet er sich als monomolekularer Film über der dünnen Flüssigkeitsschicht (Hypophase) auf den Pneumozyten aus. Nach der Exozytose bildet der Inhalt der Lamellenkörper in der Hypophase zunächst einen Lipoproteinkomplex, der **tubuläres Myelin** genannt wird. Tubuläres Myelin ist eine Art Reserve für den Oberflächenfilm. Es bildet Röhrenstrukturen, die je nach Bedarf in den Surfactantfilm eingebaut oder bei Verkleinerung der Oberfläche aus ihm herausgenommen werden.

Surfactant setzt die Oberflächenspannung der wässrigen Oberfläche des Epithels herab. Er reduziert die Kollapsneigung der Alveolen am Ende der Exspiration und erleichtert die Wiederausdehnung der Alveolen bei der Inspiration. Ohne Surfactant könnten sich kollabierte Alveolen nur schwer wieder öffnen, da die feuchten Oberflächen benachbarter Alveolarsepten aneinander kleben würden.

Surfactant besteht zu 80–90% aus Phospholipid (hauptsächlich Dipalmitoyl-Phosphatidylcholin [DPPC] und Cholesterin) und zu ca. 10% aus Protein. Die wichtigsten Proteinkomponenten sind ein hydrophiles Glykoprotein (SP-A) und zwei hydrophobe Proteine (SP-B, SP-C). Letztere sind u. a. an der Stabilisierung des Phospholipidfilms beteiligt. Der Surfactantfilm erstreckt sich vermutlich bis in die Bronchiolen, wo er in den dortigen Oberflächenfilm übergeht. Ein Teil des Surfactantfilms wird wohl von den Alveolarmakrophagen phagozytiert.

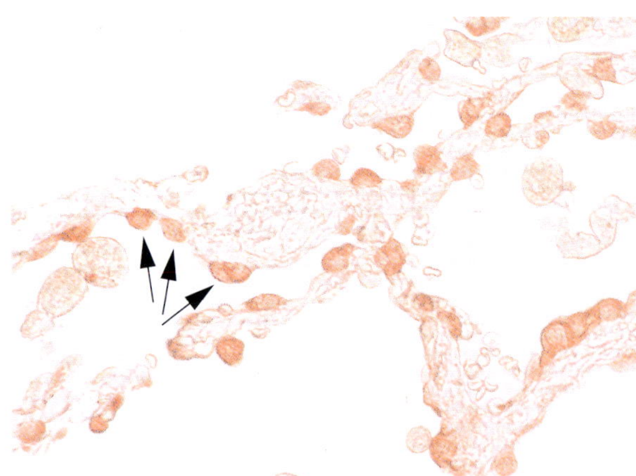

Abb. 8-32 Immunhistochemischer Nachweis des Zytokeratins 19 (Braunfärbung) in Pneumozyten II (→) in den Lungenalveolen des Menschen. Vergr. 450fach.

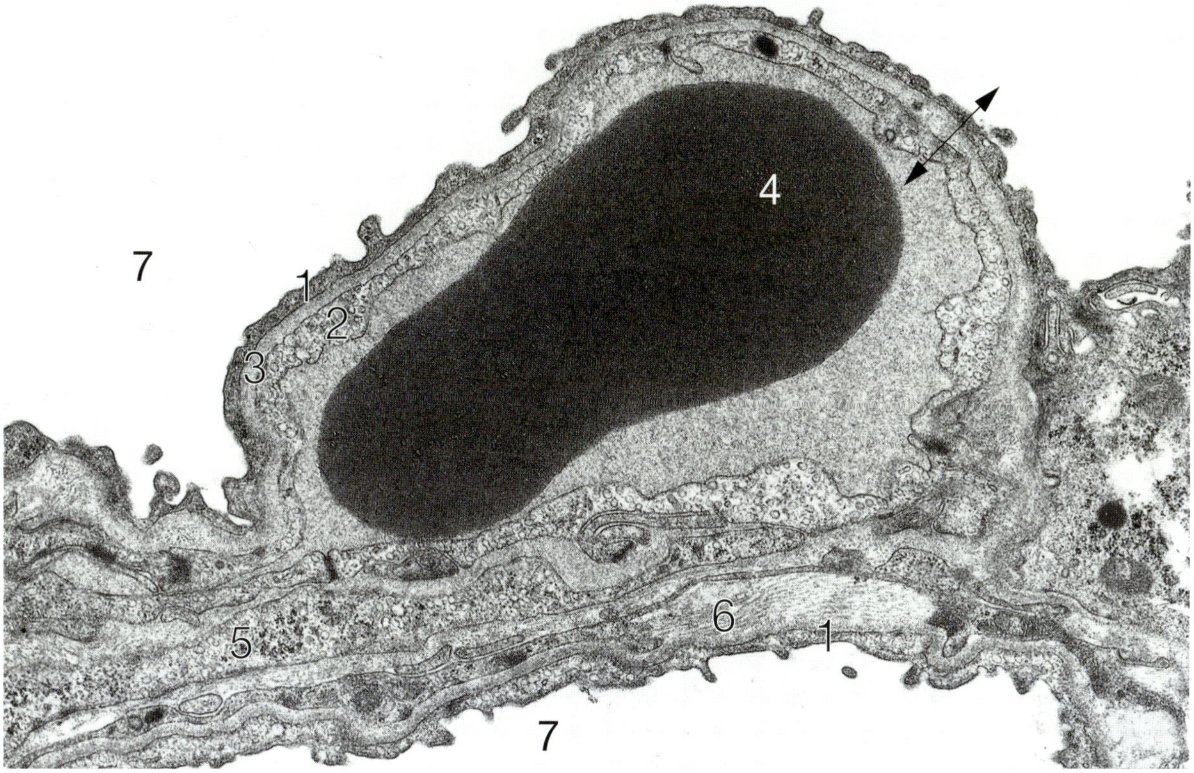

Abb. 8-33 Blut-Luft-Schranke. Teil eines Alveolarseptums (Mensch) mit Blutkapillare, die sich dem Alveolarepithel von innen eng anlegt. Hier bilden Alveolarepithel (**1**), Kapillarendothel (**2**) und die gemeinsame Basallamina (**3**) die Blut-Luft-Schranke (◀▶); **4** Erythrozyt in der Kapillare; **5** Fibrozyt; **6** Kollagenfibrillen; **7** Luftraum der Alveolen. Vergr. 9400fach. (Aus [1])

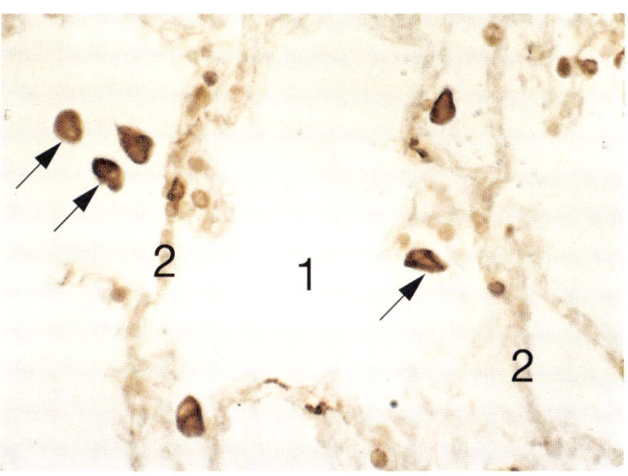

Abb. 8-34 Alveolarmakrophagen (→) in der Lunge (Rhesusaffe). Immunhistochemischer Nachweis von CD68 (Braunfärbung). **1** Alveolarlumen; **2** Alveolarsepten. Vergr. 450fach.

Klinik Bei Frühgeborenen ist das **Surfactant-System** noch nicht ausgereift. Kollabierte Alveolen öffnen sich daher nur mit großer Mühe unter intensiver Zuhilfenahme der Atemmuskulatur (Atemnotsyndrom der Frühgeborenen). Therapeutisch wird versucht, einen Surfactant-Ersatz in die Lunge einzubringen. Ähnliche Symptome gibt es in der Veterinärmedizin, z.B. bei frühgeborenen Fohlen.

Beim Atemnotsyndrom der Erwachsenen kommt es bei verschiedenen Grunderkrankungen sekundär auch zu einer Minderung der Surfactant-Produktion.

Blut-Luft-Schranke Die **Blutkapillaren** der Alveolarsepten sind vom kontinuierlichen Typ. Sie nähern sich regelmäßig der epithelialen Oberfläche, so dass hier die Basallaminae von Epithel und Endothel zu einer gemeinsamen Basallamina verschmelzen.

Das Epithel der Pneumozyten I und das Endothel der Kapillaren sind zusammen mit ihren Basallaminae die Hauptkomponenten der **Blut-Luft-Schranke** (Abb. **8-29**, **8-30**, **8-33**), die im Mittel 2,2 ± 0,2 μm dick ist. Durch diese dünne Gewebeschranke diffundieren die Atemgase. Die Dicke der Blut-Luft-Schranke ist nicht einheitlich. Dort, wo die Kapillaren unmittelbar unter dem Epithel liegen, ist sie dünner als in Regionen, in denen zwischen Epithel und Endothel eine schmale Bindegewebsschicht liegt. Besonders dünne Partien der Schranke sind nur 0,2 μm dick.

Vor allem über die Blut-Luft-Schranke gehen in der Lunge täglich ca. 800 ml Wasser verloren.

Alveolarmakrophagen

In den Alveolen sind regelmäßig Makrophagen anzutreffen, die Alveolarmakrophagen genannt werden (Abb. **8-29**, **8-31**, **8-34**). Sie phagozytieren z. B. Staubpartikel oder Bakterien, die bis in die Alveolen vorgedrungen sind. Sie haben daher oft eine bräunliche Eigenfarbe und besitzen lange finger- und lamellenförmige Fortsätze. Im Zytoplasma sind Lysosomen besonders zahlreich. Die Makrophagen vermehren sich nicht nur bei manchen Herzerkrankungen, sondern auch bei regelmäßigem Amphetamingenuss, wo sie in reichem Maße lamelläres Material enthalten. Auch bei Zigarettenrauchern sind sie vermehrt vorhanden.

Die Alveolarmakrophagen gehen aus Blutmonozyten hervor. Sie sind durch Expression von CD68 (Abb. **8-34**) und CD74 gut gekennzeichnet und haben einen recht hohen Umsatz; es wird vermutet, dass sie sich auch mitotisch teilen können. Zum Teil werden zugrunde gegangene Makrophagen über den bronchialen Schleimfilm abtransportiert und über das Sputum ausgeschieden. Bei Katzen wurde festgestellt, dass 2×10^6 Alveolarmakrophagen pro Stunde auf diesem Wege eliminiert werden. Möglicherweise wandern einzelne Makrophagen in das Interstitium zurück. Im Bindegewebe der Lunge, z. B. unter der Oberfläche der viszeralen Pleura oder in der Wand von Bronchien, können in erheblichem Maße Makrophagen vorliegen, die Kohlestaub enthalten.

! Die Lungenalveolen sind die strukturellen und funktionellen Einheiten des Austauschs der Atemgase Sauerstoff und Kohlendioxid zwischen der Luft und dem Blut. Das Alveolarepithel besteht aus flachen Pneumozyten I und annähernd kubischen Pneumozyten II. Benachbarte Alveolen sind durch Alveolarsepten getrennt, die ein dichtes Netz aus Blutkapillaren enthalten. Die Luft in den Alveolen und das Blut sind durch die Blut-Luft-Schranke getrennt, die im Wesentlichen aus dem Endothel der Kapillaren und den Pneumozyten I besteht. Die Pneumozyten II bilden den Surfactant. Den Alveolarepithelzellen liegen intraalveolär Makrophagen an.

8.3 Abwehrsystem der Lunge

Die wichtigsten Abwehrmechanismen der Lunge sind:

- Hustenreflexe,
- mukoziliäre Clearance,
- Sekretion verschiedener antimikrobieller Proteine (z. B. Lysozym) und Peptide (z. B. Defensine),
- Sekretion von IgA, schützt insbesondere gegen Viren,
- Sekretion von IgG, schützt gegen Bakterien und Viren, kann auch Parasiten schwächen,
- Alveolarmakrophagen,
- Bronchialepithelzellen, die z. B. folgende Mediatormoleküle freisetzen können: Interleukin-1, -6, -8 und -10 sowie Tumornekrosefaktor α (TNF-α) und transforming growth factor β (TGF-β). Hierdurch wird deutlich, dass das Atemwegsepithel eine aktive Rolle bei vielen Entzündungsprozessen und immunologischen Reaktionen in der Lunge spielt.

Klinik Die Alveolen können von einer Fülle von Krankheiten befallen werden.

Bei **Lungenentzündungen** (Pneumonien) ist der Bereich des gasaustauschenden Gewebes durch verschiedenartige Bakterien, Viren, Pilze oder Parasiten entzündet, was die Atemfunktion der Lunge massiv beeinträchtigen kann. Oft sind sowohl die Bronchien als auch der Alveolarbereich entzündet (Bronchopneumonie).

Einen schleichenden Verlauf nehmen **fibrotische Lungenerkrankungen.** Diese gehen mit einer Bindegewebsvermehrung in den Alveolarsepten einher, was die Diffusionsbarriere verdickt und somit die respiratorische Leistung der Lunge herabsetzt.

Bei kardiologischen und nicht-kardiologischen Erkrankungen kann sich ein **Lungenödem** entwickeln. Bei manchen Herzerkrankungen steigt der Druck in den Lungenvenen. Es können sich dann die relativ schwachen Zonulae occludentes der Endothelien der Alveolarkapillaren öffnen und Makromoleküle und Wasser in das Bindegewebe der Alveolarsepten übertreten. Es entsteht ein Ödem im Bindegewebsraum, ein **interstitielles Ödem.** Steigt der Druck in den Blutgefäßen weiter an, öffnen sich auch die dichteren Zonulae occludentes der Alveolarepithelien. Zusätzlich tritt Flüssigkeit, oft zusammen mit Erythrozyten, in den Alveolarraum über (**alveoläres Ödem**). Der hohe Wassergehalt in Alveolarsepten und Alveolen behindert dann die Sauerstoffaufnahme; die intraalveolären Erythrozyten locken z. T. erhebliche Mengen von intraalveolären Makrophagen an (Herzfehlerzellen).

Anthrakose ist die Belastung der Lunge mit Kohlestaubpartikeln. Die Alveolarmakrophagen (Staubzellen) phagozytieren diesen Staub und werden mit ihm zum großen Teil abgehustet. Es können aber auch Stäube im Bindegewebe, speziell der Pleura visceralis, abgelagert werden. Andere Formen der Staublunge werden durch andere Stäube verursacht und können z. T. mit bestimmten Berufen assoziiert sein.

Emphysem ist durch permanente Erweiterung der Lufträume distal der Bronchioli terminales mit Zer-

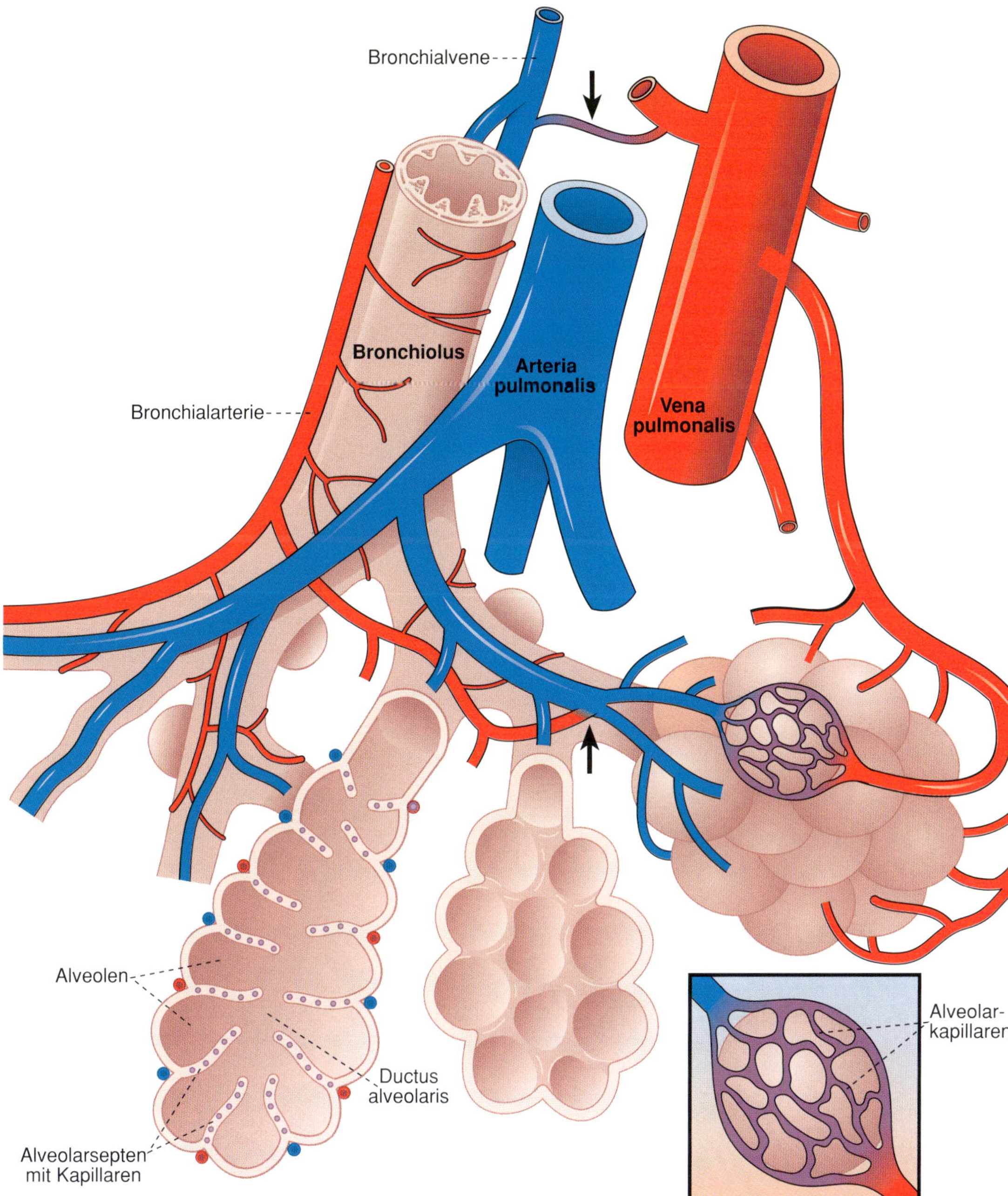

Abb. 8-35 Terminale Luftwege. Schematische Darstellung der Alveolen und der Endabschnitte des Blutgefäßsystems in der Lunge. Beachte die Anastomosen (→) zwischen Bronchial- und Pulmonalvenen bzw. Bronchial- und Pulmonalarterien. Die Alveolen sind mit einem feinen Netz aus Alveolarkapillaren überzogen. Links unten: Schnitt durch die Alveolarsepten; rechts unten: Ansicht von außen. Die Farbe der Blutgefäße kennzeichnet ihren Sauerstoffgehalt. Rot: sauerstoffreich; blau: sauerstoffarm.

störung und Abbau von Alveolarsepten gekennzeichnet. Dies verursacht eine verminderte Perfusion im Verhältnis zur Ventilation in den betroffenen Regionen, was zu reduzierter Sauerstoffaufnahme und zu verminderter körperlicher Leistungskraft führt.

Emphysem und chronische Bronchitis sind die Hauptkennzeichen **chronisch obstruktiver Lungenerkrankungen.** Verschiedene Inhalationsnoxen führen hier zu chronischer Entzündung der Atemwege und auch von Alveolarsepten und Blutgefäßen. Hinweis auf solche Veränderungen sind vermehrte Schleimbildung und Husten. Aktivierte Entzündungszellen setzen Mediatoren frei, die zur Zerstörung der Lungenstruktur führen. Dabei spielen Proteinasen, die z.B.

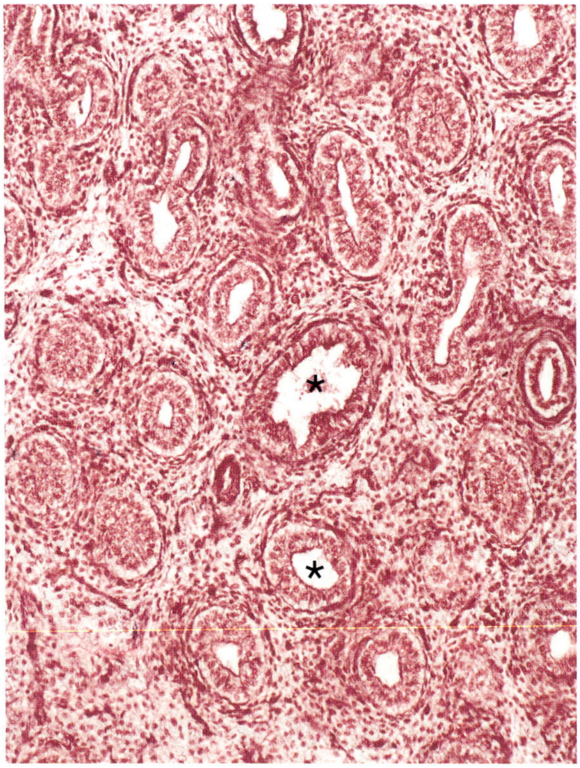

Abb. 8-36 Fetale Lunge des Menschen. * Anlage von Atemwegen und Alveolen, von prismatischem Epithel ausgekleidet. Färbung: H.E.; Vergr. 150fach.

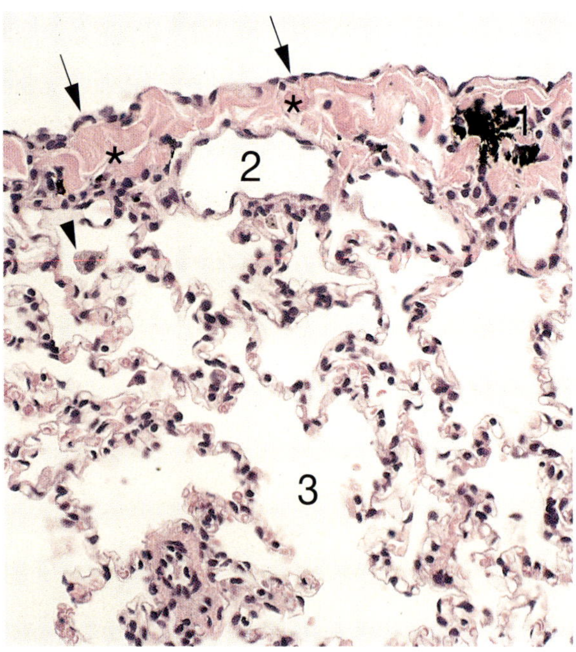

Abb. 8-37 Pleura visceralis (*) eines Rhesusaffen. → Epithel der Pleura visceralis (= Mesothel); **1** Ablagerung von Kohlestaub; **2** Alveolen; **3** Ductus alveolaris; ▶ Alveolarmakrophage. Färbung: H.E.; Vergr. 250fach.

aus Neutrophilen freigesetzt werden, eine wesentliche Rolle. In Gang gesetzt werden diese Prozesse vor allem durch Inhalation von Zigarettenrauch. Der Rauch behindert den Zilienschlag und aktiviert Makrophagen. Diese und zytotoxische T-Lymphozyten aktivieren weitere Entzündungszellen. Schleim bildende Drüsenzellen nehmen an Zahl und Aktivität zu. Schon bei jungen Rauchern wird oft eine Obstruktion der kleinen Luftwege beobachtet.

8.4 Blutversorgung der Lunge

Die **A. pulmonalis** und ihre Äste sind die **Vasa publica** der Lunge, sie bringen sauerstoffarmes Blut (5 L/min) aus dem rechten Herzen in die Lunge. Sie begleiten Bronchien und Bronchiolen (Abb. 8-35), im Bereich der Ductus alveolares entstehen terminale Arteriolen. Diese gehen in den Alveolarsepten in ein außerordentlich dichtes Kapillarnetz über, das dem Gasaustausch dient (Abb. 8-35). Das abfließende sauerstoffreiche Blut sammelt sich in Venolen, die zu kleinen Venen zusammentreten, welche in den Bindegewebssepten zwi-

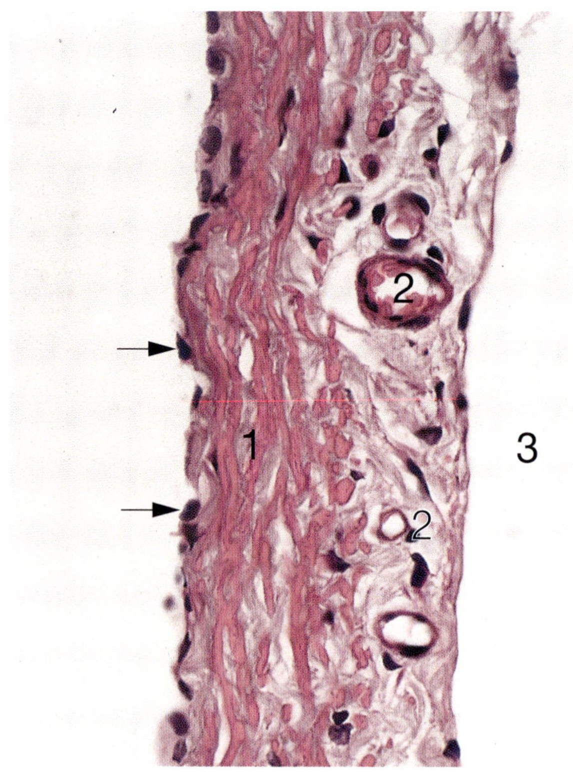

Abb. 8-38 Pleura visceralis eines älteren Menschen mit Lungenemphysem. → Pleuraepithel; **1** Kollagenfasern; **2** kleine Blutgefäße. Die Pleura liegt hier einem pathologisch stark erweiterten, luftgefüllten Alveolarraum (**3**) auf. Färbung: H.E., Vergr. 450fach.

schen Läppchen und Segmenten der Lunge und auch in der Pleura verlaufen. In Nähe des Lungenhilus nähern sich die Lungenvenen den Lungenarterien und großen Bronchien. Morphologisch sind die kleineren Äste von Lungenarterien und -venen oft nur schwer voneinander zu unterscheiden.

Die Äste der **Bronchialarterien** entspringen der Aorta und den oberen Interkostalarterien und bilden mit den Bronchialvenen die **Vasa privata** der Lunge. Die Bronchialarterien verlaufen vor allem in der Wand der Bronchien, aber auch in den Bindegewebssepten sowie in der Pleura. In ihrer Nähe sind die Bronchialvenen zu finden, deren Blut in die V. azygos und V. hemiazygos fließt.

Es gibt viele Anastomosen zwischen den terminalen Ästen der Lungen- und Bronchialarterien sowie auch zwischen Lungen- und Bronchialvenen. Die Anastomosen zwischen Lungen- und Bronchialvenen haben zur Folge, dass der in der Lunge zunächst erreichte Sättigungsgrad mit Sauerstoff wieder geringgradig herabgesetzt wird.

8.5 Fetale Lunge

Die fetale Lunge ähnelt oberflächlich einer exokrinen Drüse. Alle Epithelien, die die Anlagen von Atemwegen und Alveolarraum auskleiden, entstehen aus dem Entoderm am Ende des Schlunddarms. Sie haben eine prismatische oder kubische Form (Abb. **8-36**). Das Gewebe zwischen den epithelialen Strukturen ist ein faserarmes, zellreiches, mesenchymähnliches Bindegewebe, in das Blutgefäße eingebettet sind. Falls schon ein Knorpel angelegt ist, erscheint dieser in Form von embryonalem Blasenknorpel.

8.6 Pleurahöhle, Pleura

Die Lungen werden von der spaltförmigen **Pleurahöhle** umgeben, die ca. 10 ml klare Flüssigkeit enthält und ihnen Bewegungen bei Ein- und Ausatmung erlaubt. In dieser Höhle herrscht ein negativer Druck. Die Wand der Pleurahöhle wird von parietaler (**Rippenfell**) und viszeraler Pleura (**Lungenfell**) gebildet, die durch Pleuraflüssigkeit verschieblich aneinander haften.

Zur Bildung und Resorption von Pleuraflüssigkeit gibt es ein Modell, dem zufolge die Flüssigkeit als Transsudat der Blutkapillaren vor allem in der parietalen, aber auch in der viszeralen Pleura gebildet wird, die Resorption aber nur im Bereich der parietalen Pleura erfolgt.

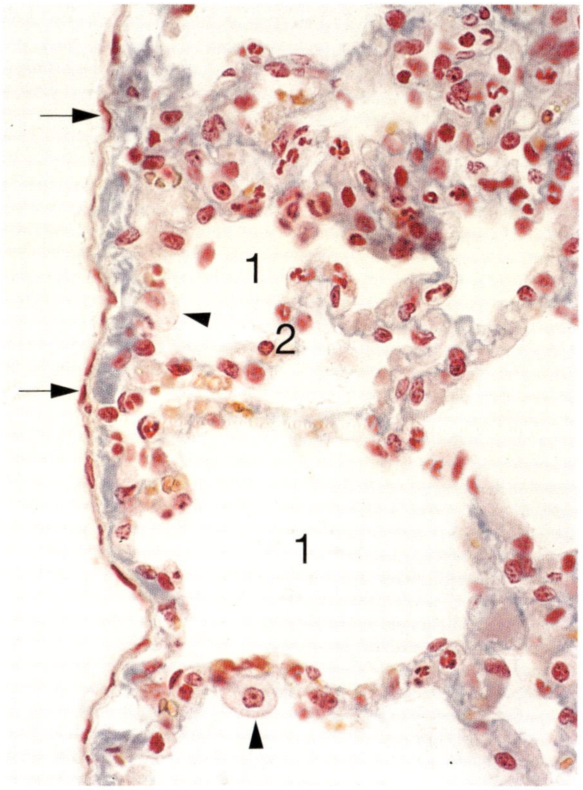

Abb. 8-39 **Pleura visceralis** (Katze). ➔ Pleuraepithel; **1** Alveolarlumen; **2** Alveolarseptum. ▶ Pneumozyten II. Färbung: Azan; Vergr. 450fach.

8.6.1 Rippenfell

Die parietale Pleura (Rippenfell) kleidet weite Teile der Thoraxhöhle aus und bedeckt seitlich das Mediastinum sowie die kraniale Oberfläche des Zwerchfells. Sie besteht aus einem dünnen Epithel (**Mesothel**) und einer gut entwickelten Bindegewebsschicht mit Blutkapillaren und Lymphgefäßen. Bei Reizzuständen ist das Epithel kubisch und trägt dann auch viele Mikrovilli. Die parietale Pleura kann Staubbestandteile, Flüssigkeit und auch Luft aus der Pleurahöhle resorbieren.

8.6.2 Lungenfell

Die viszerale Pleura (Lungenfell) ist ähnlich der parietalen Pleura aufgebaut, aber relativ dick (Abb. **8-37**, **8-38**). Sie enthält auch Blut- und Lymphgefäße. Elastische Fasern kommen verbreitet vor und bilden insbesondere eine kräftige äußere submesotheliale (Abb. **9-4**) Schicht. Das Kollagen (Abb. **8-38**) des Pleurabindegewebes bildet zwei Schichten, die sich recht- oder spitzwinklig überkreuzen. Dies erleichtert Gewebeverschiebungen in der Pleura bei Ein- und Ausatmung. Glatte Muskulatur ist spärlich entwickelt.

Sensible Endknäuel finden sich vor allem an den Lappenrändern. Die Dicke der viszeralen Pleura ist bei den einzelnen Säugern recht verschieden (Abb. **8-37–8-39**).

Klinik **Ergüsse** im Pleuraspalt treten auf, wenn die Resorptionsleistung der Lymphgefäße in der parietalen Pleura überfordert ist. Häufige Ursache ist Linksherzversagen. Exsudative Ergüsse können Lungenentzündungen begleiten oder bei Karzinomerkrankungen in der Lunge auftreten.

Ein bösartiger Tumor des Pleuraepithels, das **Pleuramesotheliom**, ist mit Asbestexposition korreliert. Gestörte Resorption eines Entzündungsexsudats kann zu Verwachsung von parietaler und viszeraler Pleura führen.

! Die Pleurahöhle wird vom dünnen Pleuraepithel ausgekleidet. Zusammen mit einer dünnen Bindegewebsschicht bildet dieses Epithel die Pleura, die entweder die Lunge bedeckt (viszerale Pleura) oder die Thoraxhöhle auskleidet (parietale Pleura). Die blut- und lymphkapillarreiche Pleura bildet wenige Milliliter Pleuraflüssigkeit, die die Atembewegungen der Lunge ermöglicht.

9 Seröse Häute

Zur Orientierung

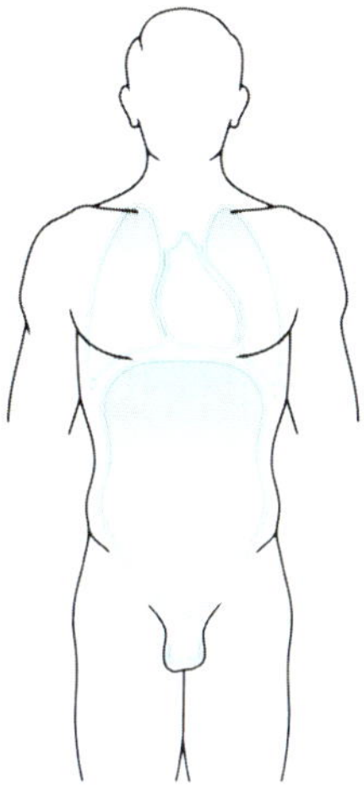

Die großen Körperhöhlen (Pleurahöhlen, Perikardhöhle, Abdominalhöhle = Peritonealhöhle) werden von einer serösen Haut (Serosa, seröse Membran) ausgekleidet, deren Oberfläche glatt und feucht ist und von einem Plattenepithel gebildet wird. Auch eine der Hodenhüllen, Tunica vaginalis testis, ist eine solche Höhle; sie ist eine Abspaltung der Abdominalhöhle. Die Organe, die in diesen Höhlen liegen, besitzen ebenfalls eine glatte, feuchte Oberfläche. Bei den Körperhöhlen handelt es sich um geschlossene Spaltensysteme, die eine Verschiebung von Organen oder von Organteilen in der Höhle und gegen die Wand der Höhle möglich machen. Innerhalb der Abdominalhöhle haften die intraabdominalen Organe (Milz, Magen, Darm und Leber) über Kapillarkräfte verschieblich aneinander, an der Wand der Höhle und am Zwerchfell, so dass die kapilläre Adhäsion dem Eigengewicht der Organe entgegenwirkt. Auch bei physiologischer Verkleinerung von Organen (z. B. im Falle der Harnblase) entstehen in der Bauchhöhle keine „freien" Räume.

Die Körperhöhlen leiten sich alle vom embryonalen Zölom ab.

9.1 Serosa

Die Serosa kleidet die großen Körperhöhlen aus und besitzt jeweils ein viszerales und ein parietales Blatt. Das viszerale Blatt bedeckt die Oberfläche des in der Höhle gelegenen Organs (Abb. **9-1**). Das parietale Blatt kleidet die außen gelegene Wand der Höhle aus (Abb. **9-2**). Beide Blätter sind im Bereich von Umschlagfalten oder an der Wurzel eines „Meso" kontinuierlich miteinander verbunden. Ein „Meso" ist eine Serosaduplikatur, eine dünne, von Mesothel bedeckte Bindegewebsplatte, in der die Versorgungsstrukturen für die in der Körperhöhle gelegenen Organe verlaufen. Die jeweiligen Höhlen sind keine weiten Räume, sondern sehr schmale, flüssigkeitshaltige Spalträume, die Bewegungen und Verschieblichkeit von Lungen, Herz und Magen-Darm-Trakt ermöglichen. Die Körperhöhlen enthalten eine geringe Menge klarer, proteinarmer, aber relativ kohlenhydratreicher Flüssigkeit (im Falle der Pleurahöhle ca. 10 ml).

Die spiegelglatte, feuchte Serosa (Abb. **9-2**) besteht aus dem **Serosaepithel** und einer **subepithelialen** (submesothelialen) **Bindegewebsschicht**. Beide gehen aus dem Mesoderm hervor, das Epithel wird daher auch Mesothel genannt.

Klinik Bei verschiedenen Krankheiten, v. a. bei Entzündungen, ist diese Flüssigkeit vermehrt. Man spricht dann von einem „Erguss". Zu einem serösen Erguss kommt es auch bei Mangelzuständen der Ernährung, v. a. bei Hypalbuminämie. Bei einem fibrinhaltigen Exsudat kann es zu Verklebung von viszeralem und parietalem Blatt der Serosa kommen.

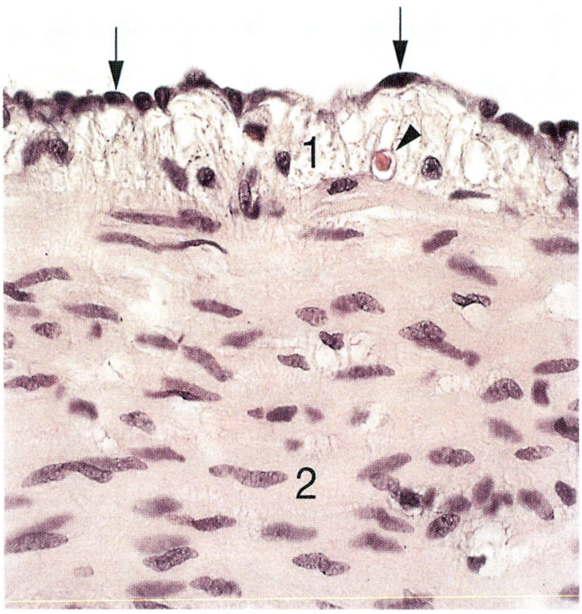

Abb. 9-1 Serosa (1). Viszerales Peritoneum des Colon transversum (Rhesusaffe). ➔ Peritonealepithel; ▶ Blutkapillare; **2** Tunica muscularis des Kolons. Färbung: H.E.; Vergr. 450fach.

9.1.1 Serosaepithel

Die Epithelzellen sind flach oder kubisch (Abb. **3.1-3**, **9-1**, **10-31**, **13-43**) und liegen auf einer Basallamina. Sie enthalten sowohl Vimentin- als auch Keratinfilamente und tragen apikal locker angeordnete, relativ lange Mikrovilli (Abb. **9-2**), an deren Spitzen Adhäsionsmoleküle vorkommen. Das raue ER ist reichlich in der Zelle zu finden. Mitochondrien können recht zahlreich sein. Der Golgi-Apparat ist gut entwickelt. Pinozytosebläschen sind häufig (Abb. **9-3**), und größere Vakuolen finden sich regelmäßig. Die Epithelzellen sind über Tight junctions, Gap junctions und Zonulae adhaerentes verbunden. Vom Peritonealepithel ist bekannt, dass in diesem Epithel Lücken auftreten können.

9.1.2 Subepitheliales Bindegewebe

Das subepitheliale Bindegewebe ist relativ arm an Fibroblasten und besteht vorwiegend aus Kollagenfasern (Typ I und Typ III), elastischen Fasern, Hyaluronsäure, Proteoglykanen und Glykoproteinen. Sowohl Epithelzellen als auch Zellen des subepithelialen Bin-

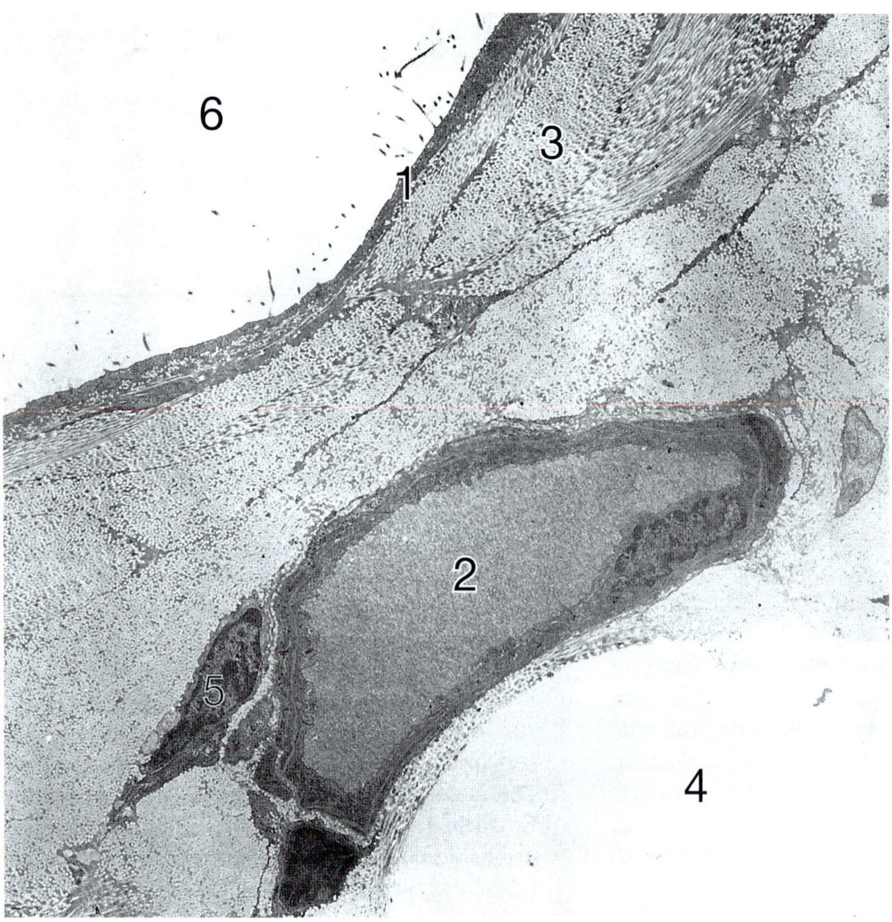

Abb. 9-2 Serosa im Elektronenmikroskop. Parietales Peritoneum der Abdominalhöhle (Mensch). **1** Peritonealepithel mit einzelnen relativ langen Mikrovilli; **2** postkapilläre Venole; **3** subepitheliales Bindegewebe; **4** Fettzelle; **5** Fibrozyt; **6** Lumen der Abdominalhöhle. Vergr. 3770fach.

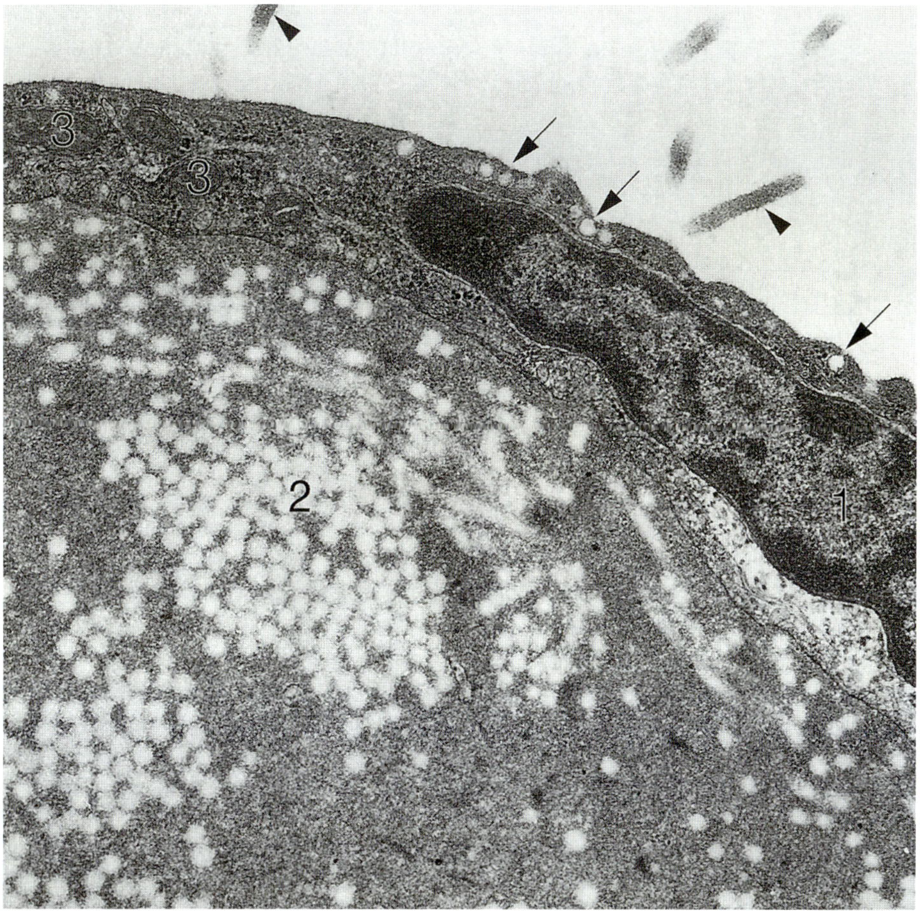

Abb. 9-3 Serosaepithel im Elektronenmikroskop. Parietales Peritonealepithel der Abdominalhöhle (Mensch). ➔ Pinozytosebläschen; **1** Zellkern; **2** Kollagen (hat hier keinen Kontrast); **3** Mitochondrien; ▶ Anschnitte durch Mikrovilli. Vergr. 36 600fach.

degewebes reagieren rasch auf verschiedene Stimuli und können schnell proliferieren. Der Ersatz beschädigter Epithelzellen erfolgt wohl durch andere unverletzte Epithelzellen. Zum subepithelialen Bindegewebe gehören auch freie Zellen, z.B. Makrophagen und Mastzellen, sowie Blutkapillaren, die in unterschiedlicher Häufigkeit vorkommen.

In verschiedenen Bereichen der einzelnen Körperhöhlen herrschen deutliche Unterschiede hinsichtlich des Aufbaus der subepithelialen Bindegewebsschicht, die funktionellen Anpassungen entsprechen. In den parietalen Bereichen ist das Bindegewebe faserreicher als in den viszeralen. Bei manchen Organen, z.B. Milz und Leber, ist ein eigenes viszerales Bindegewebe kaum abgrenzbar. Unter der Faserschicht insbesondere der parietalen Serosaschichten treten vielfach Fettzellen auf.

Eine typische Verteilung von elastischen Fasern im viszeralen Blatt der Serosa der Pleurahöhle (= viszerale Pleura) des Menschen verdeutlicht die Abbildung **9-4**. Dicke und Struktur der Pleura visceralis (und auch anderer seröser Häute) sind bei den einzelnen Säugetieren recht unterschiedlich. Auch im Bindegewebe der

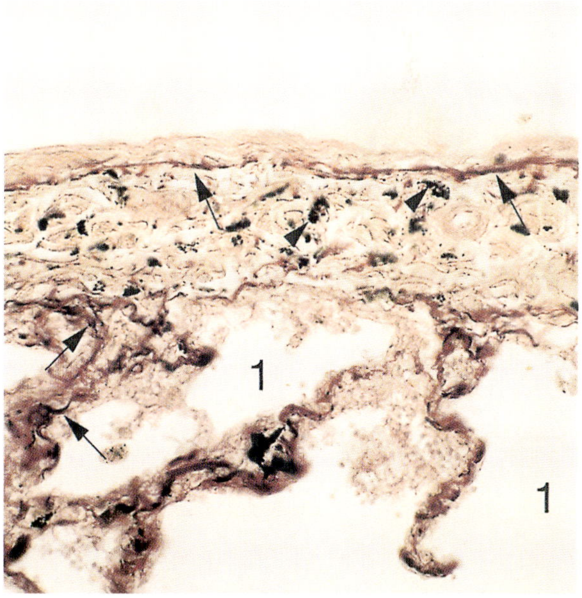

Abb. 9-4 Viszerale Pleura. Viszerales Blatt der Serosa der Pleurahöhle (Mensch). ➔ elastische Fasern; ▶ Makrophagen mit Kohlestaub in der Kollagenfaserschicht; **1** Alveolen der Lunge. Färbung: Elastika; Vergr. 250fach.

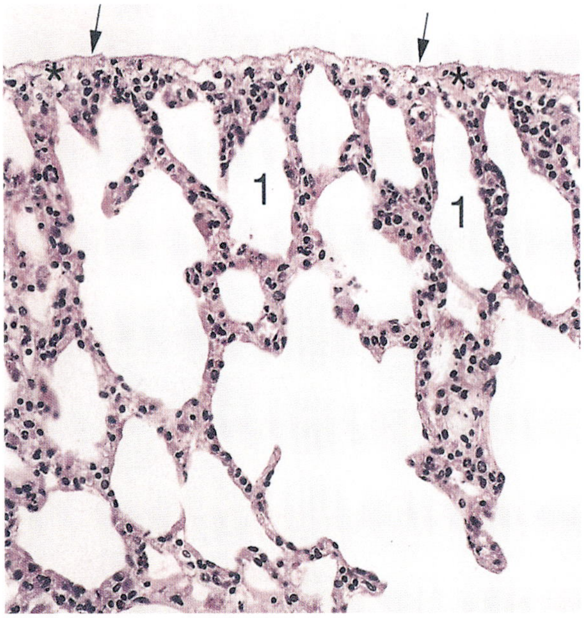

Abb. 9-5 Viszerale Pleura (*) einer Katze. Beachte die geringe Dicke und relativ einfache Strukturierung der Pleura im Vergleich mit der Pleura visceralis des Menschen. ➔ Pleuraepithel; **1** Alveolen. Färbung: H.E., Vergr. 250fach.

viszeralen Serosa von Darm und Herz sind elastische Fasern reich entwickelt. Die Abbildung **9-5** zeigt die relativ dünne Pleura visceralis einer gesunden adulten Katze. Weitere Besonderheiten der Pleura visceralis sind in Kapitel 8.4 beschrieben.

9.2 Versorgung mit Blut- und Lymphgefäßen

Wichtig für das Verständnis der Funktion der serösen Membranen ist die Kenntnis ihrer Versorgung mit Blut- und Lymphgefäßen. Sowohl viszerale als auch parietale Serosa besitzen nicht-fenestrierte Blutkapillaren und Venolen. Beiden Kapillarnetzen entstammt mittels eines Transsudationsprozesses die Flüssigkeit der jeweiligen Körperhöhle. Diese Flüssigkeit wird im Falle der gut untersuchten Pleurahöhlen ganz überwiegend über Lymphgefäße der parietalen Serosa abgeführt, in deren Epithel 2–12 µm große Stomata beschrieben worden sind, über die Ab-, aber auch Zufluss von Flüssigkeit möglich ist. Auch im Peritonealepithel kommen solche Stomata vor, über die Lymphkapillaren mit der Bauchhöhle kommunizieren. Produktion und Rückresorption dieser Flüssigkeiten stehen im Gleichgewicht. In den Membranen des Serosaepithels kommen Aquaporine vor. Die parietale Serosa ist sensibel innerviert, die viszerale auch, aber ihre Schmerzempfindlichkeit ist viel geringer. In der Peritonealhöhle kommen verbreitet Makrophagen vor.

! Die großen Körperhöhlen (Pleurahöhlen, Perikardhöhle und Abdominalhöhle) sind von einer Serosa ausgekleidet. Diese besteht aus flachem Serosaepithel und subepithelialem Bindegewebe mit vielen Blut- und Lymphgefäßen. Die Serosa produziert Flüssigkeit, die Bewegungen und Verschiebungen der Organe, die in diesen Höhlen liegen, ermöglicht. Das Serosaepithel kann auch die produzierte Flüssigkeit resorbieren. Flüssigkeitsproduktion und -resorption stehen normalerweise im Gleichgewicht.

10 Verdauungsorgane

Zur Orientierung

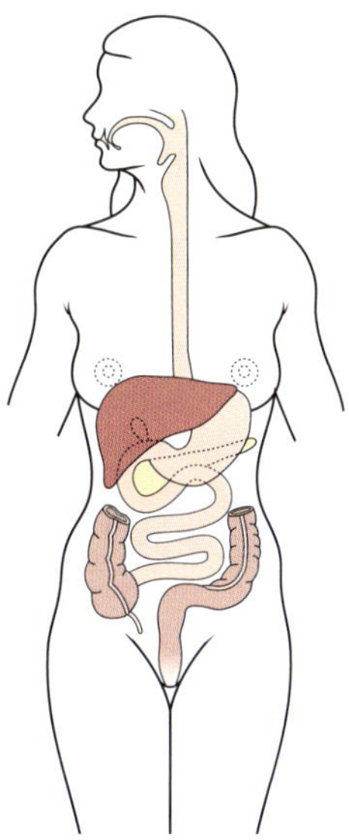

Die Verdauungsorgane bilden ein komplexes System von nerval, endokrin und psychisch koordinierten Einzelorganen, die alle der Ernährung dienen. Es lassen sich die folgenden großen Abschnitte unterscheiden: Kopfdarm, Rumpfdarm und die großen Darmdrüsen Pankreas und Leber.

Im **Kopfdarm** erfolgen die Zerkleinerung der Nahrung mit Hilfe der Zähne, die Prüfung auf Verträglichkeit und Geschmack mit Hilfe sensibler Nervenendigungen und der Geschmacksknospen, die Einspeichelung mit dem Sekret der großen und kleinen Speicheldrüsen und der Schluckvorgang. Die Tonsillen am Eingang in den Rachen sind Abwehrorgane.

Dem **Rumpfdarm** werden Speiseröhre, Magen, Dünndarm, Dickdarm und Analkanal zugezählt. Die Speiseröhre leitet die aufgenommene Nahrung in den Magen. Im Magen wird die Nahrung gespeichert, und es erfolgen hier die ersten Schritte der Verdauung. Das stark saure Milieu tötet Keime ab und schafft die Voraussetzung für die Aktivität der Verdauungsenzyme im Magen, die an das saure Milieu angepasst sind. Im Dünndarm finden die eigentlichen Funktionen des Verdauungssystems statt: Verdauung, d. h. chemischer Abbau der Nährstoffe, und Resorption über das Dünndarmepithel in die Blut- und Lymphbahnen der Darmwand, womit die resorbierte Nahrung dem ganzen Körper zur Verfügung gestellt wird. In den Anfangsteil des Dünndarms münden Pankreasgang, Gallengang und die Ausführungsgänge der Brunner-Drüsen ein. Besonders aufwendig ist die Resorption der Fette, an der auch Komponenten der Galle beteiligt sind. Im Endteil des Dünndarms befindet sich ein großes Organ des Immunsystems, die Peyer-Plaques. Der Dickdarm nimmt die unverdaulichen und nicht-resorbierten Anteile des Speisebreis auf und entzieht ihm Wasser. Er beherbergt eine eigene physiologische Bakterienflora. Am Ende des Dickdarms erfolgt über den Anus die kontrollierte Abgabe der auszuscheidenden Anteile der Nahrung und auch einer Reihe von Stoffwechselendprodukten.

Das **Pankreas** enthält zwei Anteile, das exokrine und das endokrine Pankreas. Das exokrine Pankreas sezerniert Verdauungsenzyme in den Dünndarm, das endokrine Pankreas, die Langerhans-Inseln, bildet Hormone, die in enger Beziehung zum Stoffwechsel der resorbierten Nährstoffe stehen.

Die **Leber** erfüllt eine große Zahl an verschiedenartigen Funktionen. Sie produziert ein Sekret, die Galle, die über den Gallengang in den Dünndarm geleitet wird. Dieses Sekret enthält u.a. Gallensäuren, die für die Fettresorption verantwortlich sind, und auszuscheidende Substanzen, wie das Bilirubin. In dieser Funktion ist sie eine exokrine Darmdrüse. Über die Leberpfortader wird ihr die große Mehrzahl der resorbierten Nährstoffe direkt zugeleitet. Sie kann diese dem Blut entziehen und speichern und bei Bedarf dem Gesamtorganismus wieder zur Verfügung stellen. Sie kann des Weiteren Substanzen entgiften und viele Stoffe synthetisieren, die für den Gesamtorganismus wichtig sind, z. B. Blutgerinnungsfaktoren. Sie ist das zentrale Stoffwechselorgan.

Hauptfunktion des Verdauungssystems ist die Aufnahme von Nährstoffen und Wasser, worauf der Körper zur Aufrechterhaltung seines Stoffwechsels angewiesen ist. Im Detail ist diese Nährstoffaufnahme ein sehr differenzierter Prozess von der Zerkleinerung der Nahrung durch die Zähne bis hin zu ihrer Verdauung und Resorption. Darüber hinaus erfüllen die Organe des Verdauungstrakts vielfältige sekretorische Funktionen und leisten die Aufgabe der kontrollierten und gerichteten Weiterbewegung des Speisebreis, dessen nicht verdaute und nicht resorbierte Anteile über den Endabschnitt des Verdauungssystems aus dem Körper eliminiert werden. Diese vielfältigen Einzelfunktionen werden durch das vegetative Nervensystem und ein außerordentlich vielgestaltiges System endokriner Zellen gesteuert. Zusätzlich spielt der Verdauungstrakt eine wichtige Rolle im Immunsystem, für manche Abbauprodukte hat er die Funktion eines Ausscheidungsorgans. Die Funktionen der Ausscheidung sind vor allem in der Leber lokalisiert, die sich onto- und phylogenetisch aus der Anlage des Darms entwickelt und mit ihm über den Gallengang stets strukturell und funktionell eng verbunden bleibt.

Das System der Verdauungsorgane wird folgendermaßen gegliedert:

- Kopfdarm: Lippen, Mundhöhle (mit Zunge und Zähnen), Speicheldrüsen, Mandeln und Rachen,
- Rumpfdarm: Speiseröhre, Magen, Dünndarm, Dickdarm und Analkanal,
- Leber und Gallenwege,
- Bauchspeicheldrüse.

10.1 Kopfdarm

Der Kopfdarm umfasst Lippen, Mundhöhle (mit Zunge und Zähnen), Speicheldrüsen, Mandeln und Rachen. Hier wird die aufgenommene Nahrung grob zerkleinert, eingespeichelt, auf ihre Verträglichkeit geprüft und mit dem Immunsystem in Kontakt gebracht. Letzteres ist biologisch sinnvoll, da die Nahrung verschmutzt sein und Krankheitskeime enthalten kann.

10.1.1 Mundhöhle

Die Mundhöhle gliedert sich in das Vestibulum oris (Mundvorhof, zwischen Lippen und Zähnen) und die Cavitas oris propria (eigentliche Mundhöhle). Vorn wird sie von den Lippen, seitlich von den Wangen begrenzt. Wichtige Bestandteile der Mundhöhle sind Zähne, Zunge und Gaumen.

Schleimhaut

Die Schleimhaut der Mundhöhle trägt ein mehrschichtiges unverhorntes Plattenepithel. Dieses kann jedoch lokal, z. B. am harten Gaumen und am Zahnfleisch, unvollkommene Zeichen der Verhornung aufweisen. Das Epithel enthält Melanozyten, Langerhans-Zellen und Merkel-Zellen.

Die Lamina propria besitzt Meissner-Tastkörperchen und seromuköse oder überwiegend muköse Drüsen. An manchen Stellen (z. B. Wangen, Lippen, Gaumensegel) ist in der Tiefe quergestreifte Muskulatur anzutreffen.

Klinik Verletzungen der Mundschleimhaut heilen ungewöhnlich rasch und gut. Die Regeneration des Epithels dauert ca. 12 Tage.

Bei Frauen kann in Abstrichen des Epithels leicht das Geschlechtschromatin (innen an der Kernmembran) nachgewiesen werden.

Lippen

Das mehrschichtige Plattenepithel der Lippen (Abb. **10-1**) verändert sich von außen nach innen kontinuierlich. Außen ist es verhornt und ist eine typische Epidermis. Im Bereich des Lippenrots nimmt die Verhornung ab, Melanozyten werden seltener, und in die hohen Bindegewebspapillen dringen bis in die Spitze Blutkapillaren ein. Vereinzelt treten Talgdrüsen (ohne Haare) auf. Auf der Innenseite der Lippen ist das Epithel unverhornt, und die Lamina propria enthält seromuköse Drüsen (Gll. labiales), die Bindegewebspapillen sind flacher. In der Tiefe der Lippen liegt der quergestreifte M. orbicularis oris mit der Pars labialis.

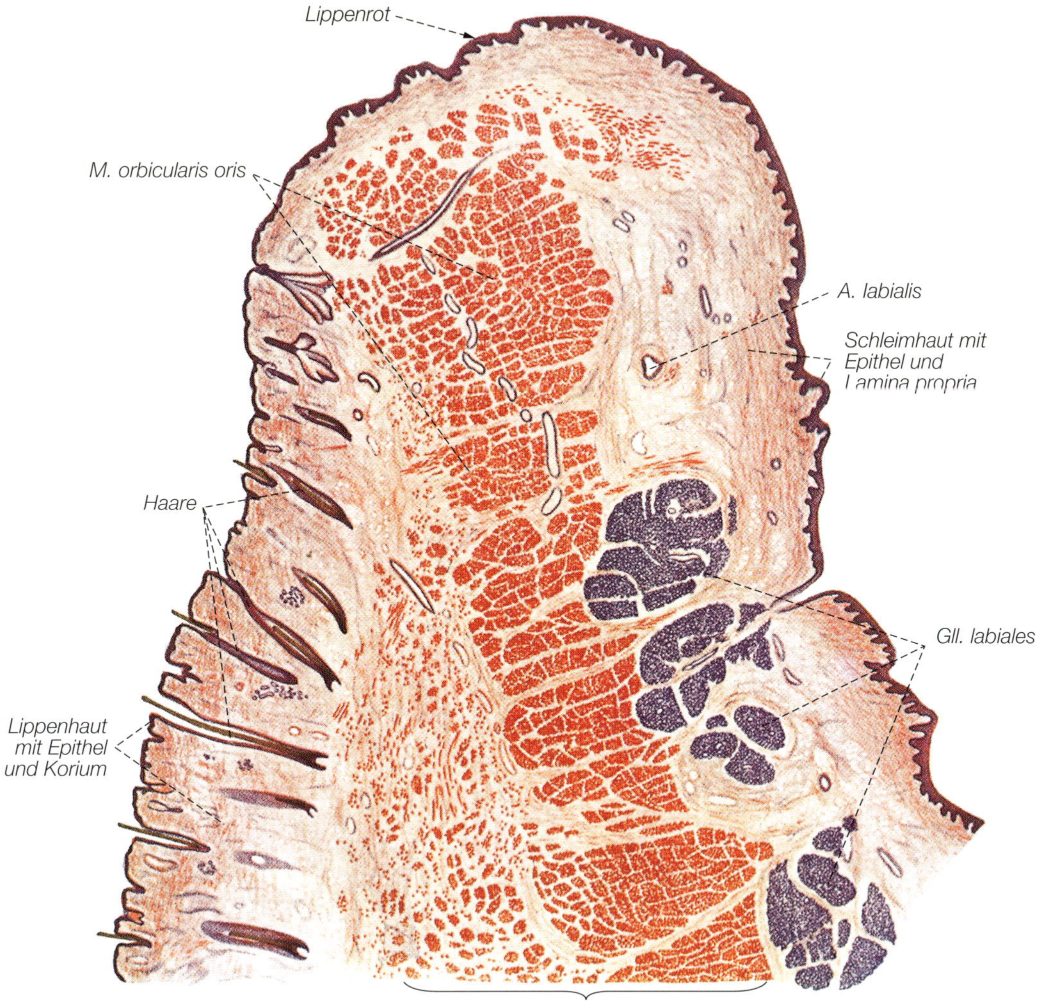

Abb. 10-1 Lippe (Mensch), Sagittalschnitt. Charakteristisch für die Lippe ist u.a. der Wechsel ihres Oberflächenepithels. Das typische Hautepithel (Epidermis) mit Anhangsgebilden wie Haaren, Schweiß- und Talgdrüsen wechselt im Bereich des Lippenrots in ein drüsenfreies mehrschichtiges unverhorntes Plattenepithel. Mundhöhlenwärts schließt sich ein von Drüsenpaketen (Gll. labiales) unterlagertes mehrschichtiges unverhorntes Plattenepithel an. Den zentralen Gewebssockel der Lippe bilden zum großen Teil die Skelettmuskelfasern des M. orbicularis oris. Färbung: H.E.; Vergr. 8fach. (Aus [1])

Gaumen

Am harten Gaumen ist die Schleimhaut mit ihrem mehrschichtigen, normalerweise unverhornten Plattenepithel fest am Periost verwachsen. Die Gaumenleisten sind Epithelleisten, die von sehr dichtem Bindegewebe unterlegt sind. Bei chronischer Beanspruchung kann das Epithel verhornen.

Am weichen Gaumen (Gaumensegel, Abb. **10-2**) ist die orale Seite mit mehrschichtigem unverhorntem Plattenepithel bedeckt und enthält viele weitgehend muköse Drüsen. Auf der dem Rachen zugewandten Seite findet sich am freien Ende des Gaumensegels ebenfalls unverhorntes Plattenepithel in unterschiedlicher Ausdehnung, das aber nasal in respiratorisches Epithel mit seromukösen Drüsen übergeht.

Zunge

Die Zunge ist eine vielseitig bewegliche muskulöse Struktur am Boden der Mundhöhle. Sie wird von einer Schleimhaut mit verschiedenen Papillen bedeckt. Im Innern (Zungenkörper) besteht sie aus quergestreifter Muskulatur. Die Muskelzellen sind in vertikalen, longitudinalen und transversalen Bündeln in charakteristischer Art und Weise senkrecht zueinander angeordnet und verflochten (Abb. **10-3**). Muskelspindeln sind regelmäßig anzutreffen. Zwei straffe Bindegewebsstrukturen dienen Teilen der Muskulatur als Ursprung, das Septum und die Aponeurosis linguae. Das Septum linguae in der Zungenmitte teilt die Zunge in eine linke und rechte Hälfte. Die Aponeurosis linguae befindet sich im Zungenrücken unter der Schleimhaut. Diese

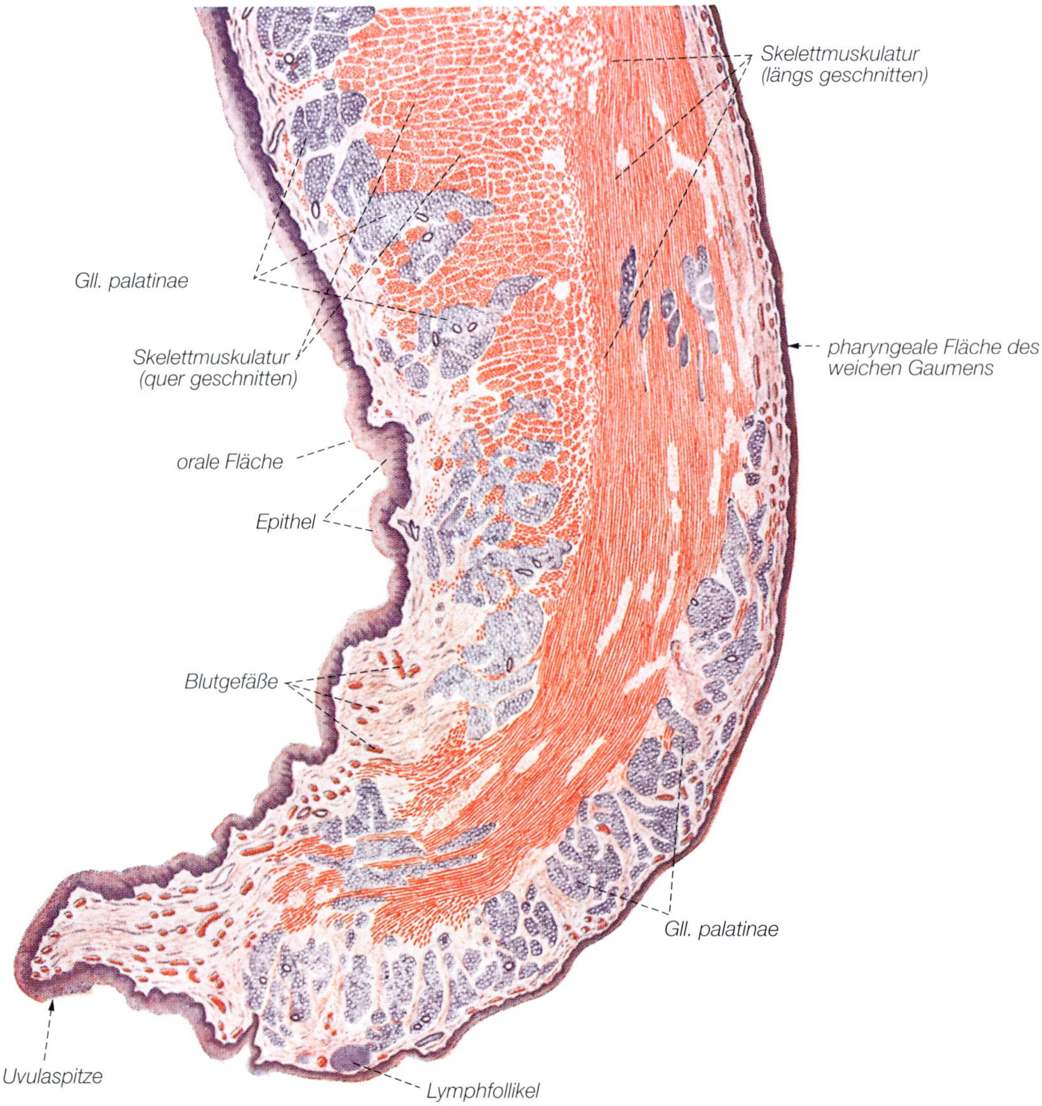

Abb. 10-2 Gaumensegel (weicher Gaumen) mit Zäpfchen (Mensch), Längsschnitt. Die Skelettmuskulatur bildet wie bei der Lippe die Hauptmasse des zentralen Gewebssockels. Sowohl an der oralen (= palatinalen) als auch an der pharyngealen Oberfläche des Gaumensegels findet sich ein mehrschichtiges unverhorntes Plattenepithel, das jedoch auf der oralen Seite sehr viel höher ist. Auf der pharyngealen Seite geht dieses Epithel in das respiratorische Epithel der Nasenhöhle über. Der Übergang ist u. U. so weit nach nasal verschoben, dass er (wie auch in diesem Fall) gar nicht mehr vom Schnitt erfasst wird. Färbung: H. E.; Vergr. 7,5fach. (Aus [1])

ist mit der Aponeurose unverschieblich verbunden. Auf der Unterseite der Zunge liegt der N. hypoglossus. An der Zungenspitze befinden sich größere Pakete gemischter, überwiegend muköser Drüsen. Im Zungengrund liegt die Tonsilla lingualis (siehe S. 285).

Zungenpapillen Folgende Typen der Zungenpapillen lassen sich unterscheiden:

- **Papillae filiformes:** Sie bilden auf dem Zungenrücken schlanke, spitze, schlundabwärts gerichtete Epithelzapfen, denen bindegewebigen Papillen mit verhornten Spitzenanteilen aufsitzen (Abb. **10-4**). Sie erfüllen mechanische Aufgaben.
- Verschiedene Formen der **Geschmackspapillen:** Papillae fungiformes auf dem Zungenrücken, Papillae foliatae an den Zungenseiten und Papillae (circum)vallatae am Zungengrund (Abb. **10-5**). Die Geschmackspapillen sind ausführlich in Kapitel 17 dargestellt.

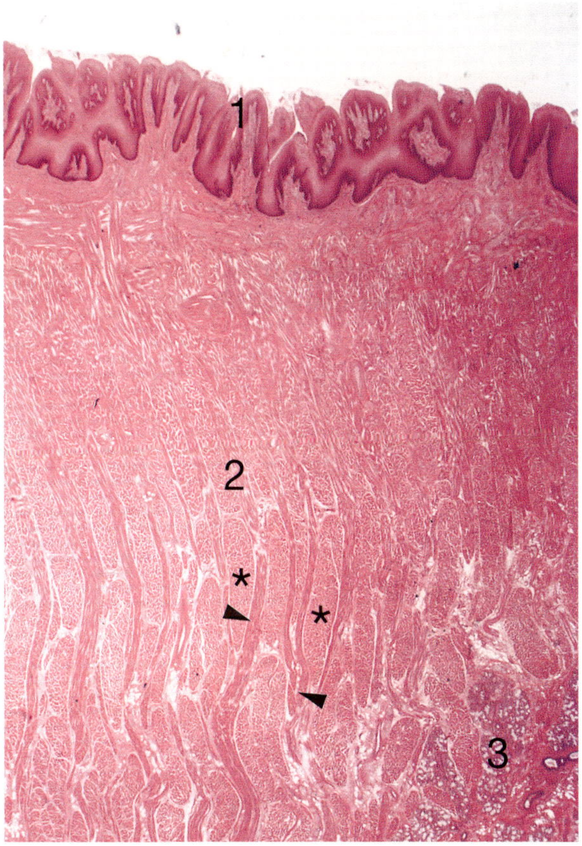

Abb. 10-3 Zungenspitze (Mensch), Längsschnitt. **1** Papillae filiformes des Zungenrückens; **2** Bündel der quergestreiften Zungenmuskulatur, quer (✻) und längs (▶) getroffen; **3** gemischte Drüse in der Zungenspitze. Färbung: H. E.; Vergr. 15fach.

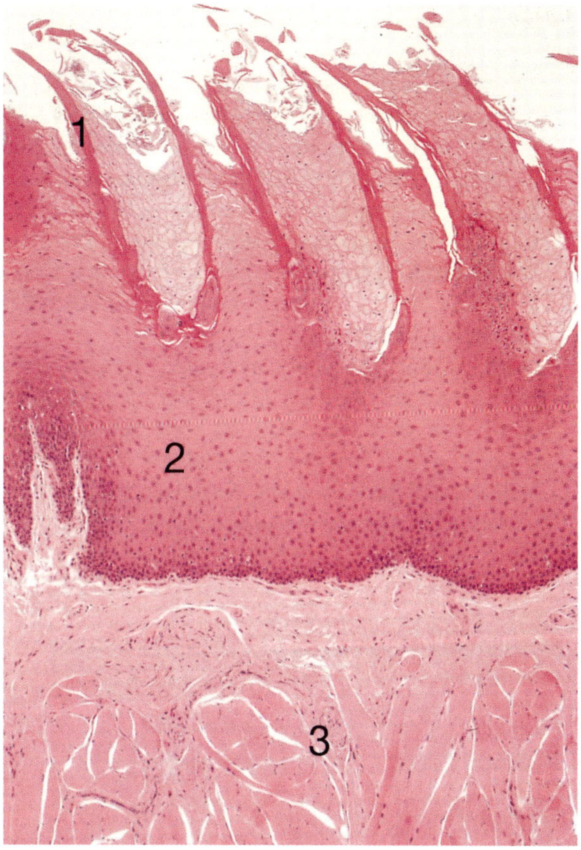

Abb. 10-4 Papillae filiformes (1) mit rachenwärts gekrümmten, spitzen verhornten Epithelkegeln (Zungenrücken, Mensch). Die Papillae filiformes haben mechanische Funktionen; ihre reiche Innervation deutet auch auf stereognostische Fähigkeiten. **2** Zungenepithel, **3** Zungenmuskulatur (längs und quer getroffen). Plastikschnitt; Färbung: H. E.; Vergr. 500fach. (Aus [1])

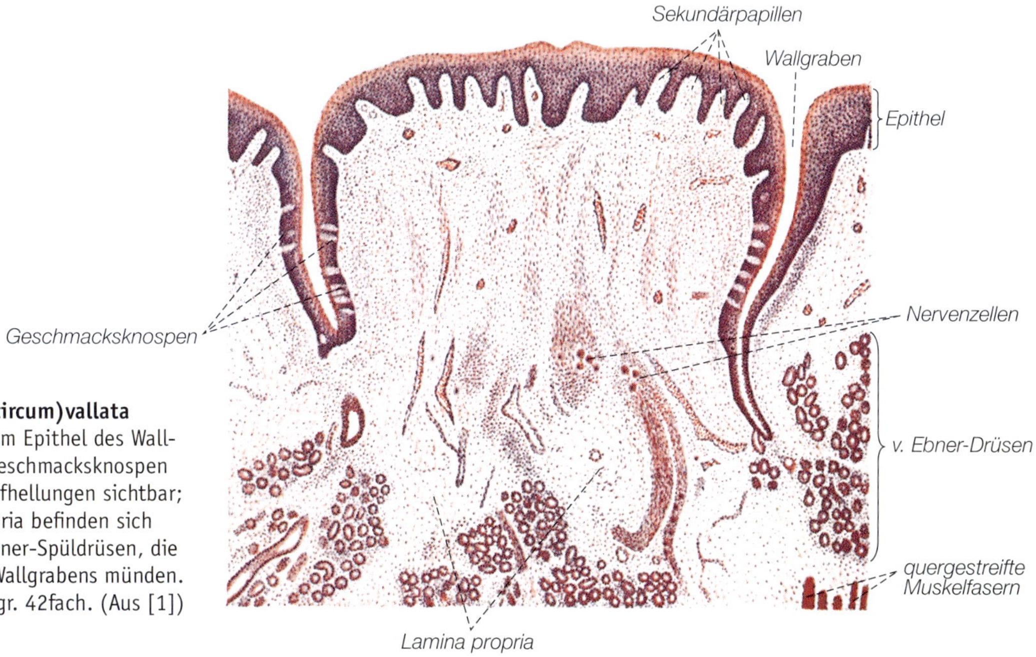

Abb. 10-5 Papilla (circum)vallata (Zunge, Mensch). Im Epithel des Wallgrabens sind die Geschmacksknospen als kleine ovale Aufhellungen sichtbar; in der Lamina propria befinden sich die serösen von Ebner-Spüldrüsen, die in den Grund des Wallgrabens münden. Färbung: H. E.; Vergr. 42fach. (Aus [1])

10.1.2 Zähne

Zähne dienen der Zerkleinerung der Nahrung. Schon 6 Monate nach der Geburt erscheinen die ersten Zähne des Milchgebisses, das ab dem 6. Lebensjahr vom bleibenden Gebiss abgelöst wird. Dieses muss dann das ganze Leben in Funktion bleiben. Im Gebiss gibt es verschiedene Zahntypen (Inzisiven, Canini, Prämolaren, Molaren). Tabelle **10-1** gibt einen kurzen Überblick über die Zahnzahlen, Zahntypen und Daten der Zahnentwicklung.

Die Zähne bestehen aus drei verschiedenen Hartsubstanzen: Schmelz, Dentin und Zement. Jeder Zahn wird in Krone, Hals und Wurzel gegliedert (Abb. **10-6**). Die **Krone** ist der sichtbare, von Schmelz bedeckte Teil des Zahns. Die **Wurzel** steckt in den Alveolen der Kiefer, sie wird von Zement bedeckt. Der **Zahnhals** ist morphologisch die schmale Linie, an der Krone und Wurzel aneinander grenzen. In der Zahnmedizin umfasst dieser Begriff das erweiterte Grenzgebiet zwischen Krone und Wurzel und ist von großer praktisch-klinischer Bedeutung, da sich hier oft Krankheitsprozesse abspielen.

Die Spitze der Wurzel wird **Apex** genannt. Die Wurzel wird mittels des Bindegewebes der **Wurzelhaut** (**Desmodontium**) in der Alveole verankert. Im Innern des Zahns befindet sich die **Zahnpulpa**.

Tab. 10-1 Zähne im Überblick.

Zahnzahl	
Milchgebiss	20 (5 pro Kieferhälfte)
Bleibendes Gebiss	32 (8 pro Kieferhälfte)
Zahntypen	
Milchgebiss	2 Inzisiven, 1 Caninus, 2 Milchmolaren (pro Kieferhälfte)
Bleibendes Gebiss	2 Inzisiven, 1 Caninus, 2 Prämolaren, 3 Molaren (pro Kieferhälfte)
Zahngenerationen	
1. Zahngeneration	Milchgebiss und die Molaren des bleibenden Gebisses
2. Zahngeneration	nur die Inzisiven, Canini und Prämolaren des bleibenden Gebisses
Zahnentwicklung*	
6. Monat	Durchbruch des 1. Zahns (meist untere zentrale Schneidezähne) des Milchgebisses
2½ Jahre	alle 20 Milchzähne sind durchgebrochen
6 Jahre	Durchbruch der 1. Molaren des bleibenden Gebisses
17–22 Jahre	alle 32 bleibenden Zähne sind durchgebrochen

* Der Zeitpunkt des Zahndurchbruchs kann individuell stark variieren.

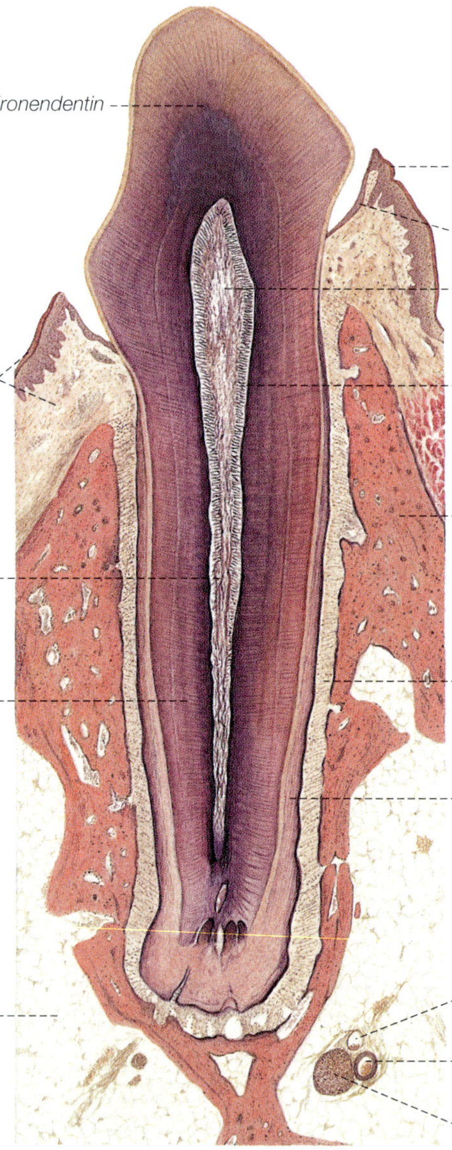

Abb. 10-6 Längsschnitt durch einen Schneidezahn in situ (Katze) mit Zahnkrone, Zahnhals (= Grenzgebiet zwischen Schmelz und Zement) und Zahnwurzel. Der Schmelz ist durch die Entkalkung des Präparates völlig entfernt worden; das v.a. im Bereich des Dentins und des Alveolarkamms durch die Entkalkung freigelegte Kollagen ist rot angefärbt. Färbung: H.E.; Vergr. 18fach. (Aus [1])

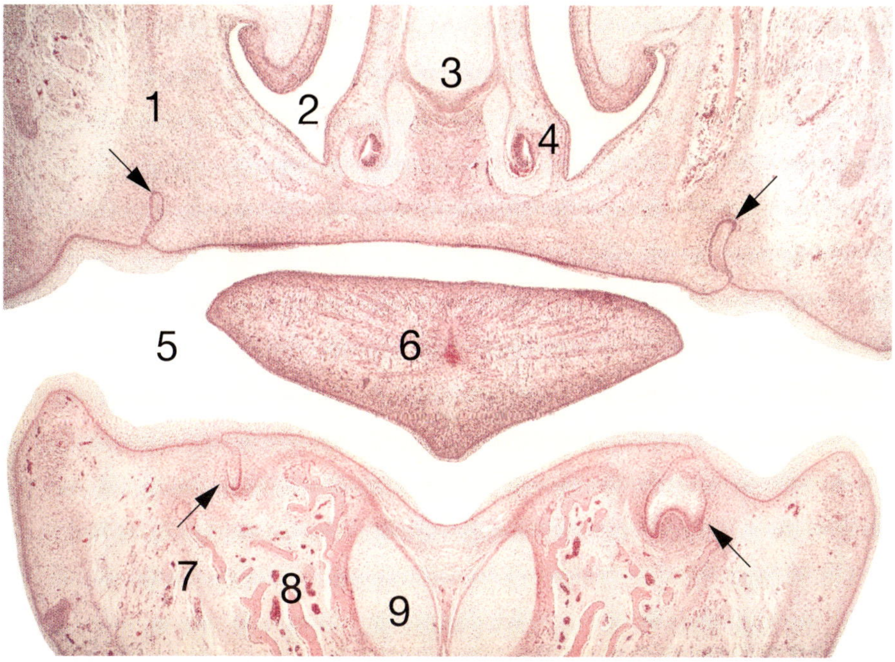

Abb. 10-7 Zahnleiste und Zahnanlagen (→). Querschnitt durch die Anlage von Ober- und Unterkiefer (Schweinefetus). **1** Oberkiefer; **2** Nasenhöhle; **3** Nasenseptum; **4** Vomeronasalorgan; **5** Mundhöhle; **6** Zunge; **7** Unterkiefer, **8** Anlage der knöchernen Mandibula; **9** Meckel-Knorpel. Rechts unten: Zahnanlage mit früher Zahnglocke. Färbung: H. E.; Vergr. 25fach.

Zahnentwicklung

Die **Zähne** entwickeln sich im Zusammenspiel zwischen dem Ektoderm der Mundhöhle und dem darunter liegenden speziellen Mesenchym, das der Neuralleiste entstammt und Ektomesenchym genannt wird. Erster Hinweis auf die Zahnentwicklung ist Ende der 5. Schwangerschaftswoche zunächst die Entstehung einer bogenförmigen Epithelverdickung im Mundhöhlenepithel (odontogenes Epithel) und dann einer bogenförmigen ektodermalen **Zahnleiste** (Abb. **10-7**), die in das Mesenchym der Anlage von Ober- und Unterkiefer vorwächst (Abb. **10-8**). Am freien Rand der Zahnleiste entstehen zwischen der 8. und 17. Schwangerschaftswoche pro Kieferhälfte jeweils fünf Anlagen der **Milchzähne** (Inzisiven, Canini und Milchmolaren) und entwickeln sich in diesem Zeitraum vom Knospen- bis zum Glockenstadium. An der Zahnleiste entstehen außerdem schon früh die Anlagen des bleibenden Gebisses. Zu den bleibenden Zähnen werden die Zuwachszähne und die Ersatzzähne gezählt. Die **Zuwachszähne** sind die drei Molaren des bleibenden Gebisses. Sie entstehen hinter den Milchzahnanlagen, nachdem sich die Zahnleiste weiter nach hinten verlängert hat. Sie gehören zur gleichen Zahngeneration wie die Milchzähne, brechen nur sehr viel später durch. Diese Generation der Milch- und Zuwachszähne ist insgesamt die erste Zahngeneration. **Ersatzzähne** sind die Zähne, die die Milchzähne ersetzen. Sie umfassen die Schneide- und Eckzähne sowie die Prämolaren des bleibenden Gebisses und stellen die zweite Zahngeneration dar. Ihre Anlagen entstehen lingual (Unterkiefer) bzw. palatinal (Oberkiefer) von den Milchzahnanlagen und bilden sich an einer leistenförmigen Verlängerung der ursprünglichen Zahnleiste, die auch Ersatzzahnleiste genannt wird.

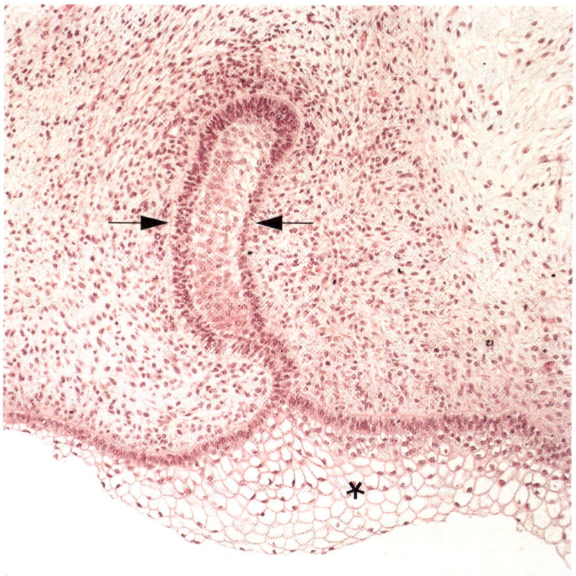

Abb. 10-8 Die Zahnleiste (Schweinefetus; →) entsteht als Einsenkung des Mundhöhlenepithels (*). Beachte die Verdichtung des Mesenchyms in der Umgebung der Leiste. Färbung: H. E.; Vergr. 125fach.

Eine Zahnknospe differenziert sich über das Zahnkappenstadium zur **Zahnglocke** mit **äußerem** und

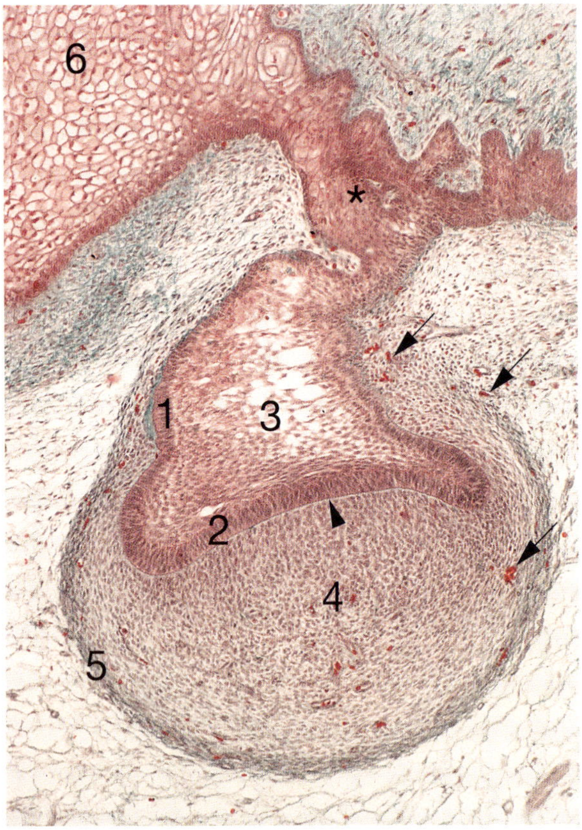

Abb. 10-9 Noch in Bildung begriffene Zahnglocke (menschlicher Fetus, 4. Monat). **1** äußeres Schmelzepithel; **2** inneres Schmelzepithel; **3** Schmelzpulpa; **4** Zahnpapille; **5** Zahnsäckchen; ▶ Membrana praeformativa; * Zahnleiste mit Verbindung zu Zahnglocke und Mundhöhlenepithel (**6**). ➔ Blutgefäße; Färbung: Goldner; Vergr. 125fach.

innerem Schmelzepithel (Abb. **10-9**, **10-10**). Die frühe Glocke ist über einen epithelialen Gewebestrang, die dentale Lamina, mit dem Oberflächenepithel verbunden. Im späten Glockenstadium löst sich die Zahnanlage von der Zahnleiste ab. Im Innern der Zahnglocke, zwischen innerem und äußerem Schmelzepithel, bildet das Ektoderm einen lockeren retikulären Zellverband, die sog. **Schmelzpulpa** (Schmelzretikulum). Die gesamte Zahnglocke ist von einer Basallamina umgeben, d. h., sie ist außen von einer Basallamina bedeckt und innen von ihr ausgekleidet. Diese Basallamina entspricht der Basallamina des Mundhöhlenepithels. Das Mesenchym in der Umgebung der Zahnglocke verdichtet sich zum **Zahnsäckchen** und im Innern der Zahnglocke zur **Zahnpapille**. Aus dem Zahnsäckchen entstehen Alveolarknochen, Wurzelhaut und Zement. Aus der Zahnpapille geht die Zahnpulpa hervor, deren peripher gelegene Zellen die **Odontoblasten** bilden. Diese formieren sich zu einem epithelähnlichen Verband und liegen unmittelbar einwärts des inneren Schmelzepithels. Zwischen diesen beiden Zellschichten liegt die Basallamina des inneren Schmelzepithels (**Membrana praeformativa**), der feine Kollagenfibrillen angelagert sind (Abb. **10-9**). Die Odontoblasten sind die Dentinbildner. Die Zellen des inneren Schmelzepithels differenzieren sich zu den **Ameloblasten** (Adamantoblasten), den Schmelzbildnern.

Der erste Anstoß zur Zahnbildung geht vom Ektomesenchym aus, auch die Formgebung wird von diesem Mesenchym bestimmt. Activin βA und das knochenmorphogenetische Protein 4, die vom neuroektodermalen Mesenchym gebildet werden, induzie-

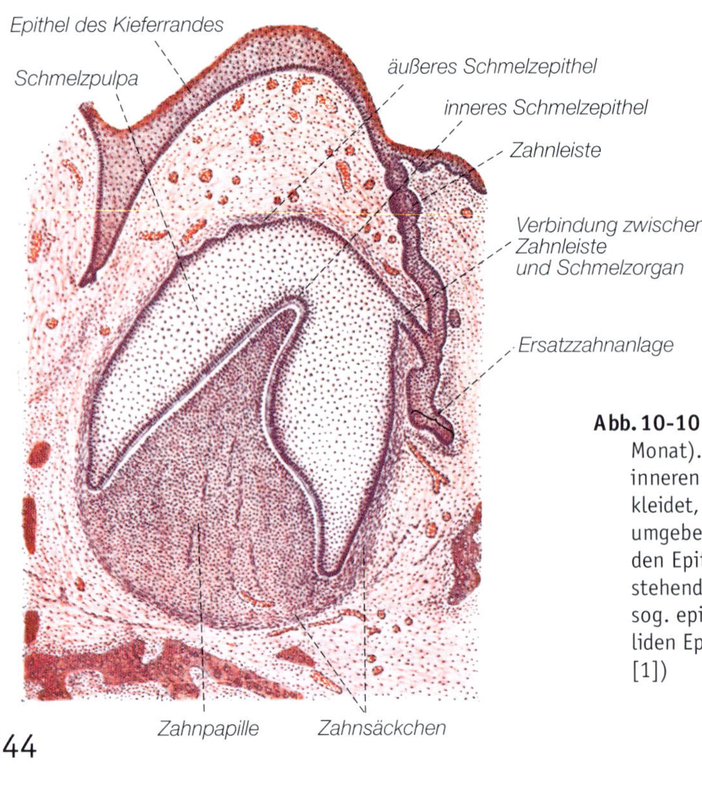

Abb. 10-10 Glockenstadium (menschlicher Fetus, 4. bis 5. Monat). Das glockenförmige Schmelzorgan wird innen vom inneren Schmelzepithel (der Zahnpapille zugewandt) ausgekleidet, außen wird es vom äußeren Schmelzepithel (an das umgebende Mesenchym grenzend) bedeckt. Zwischen beiden Epithelien befindet sich die aus verzweigten Zellen bestehende Schmelzpulpa. Bei dieser handelt es sich um ein sog. epitheliales Retikulum, das aus einem ursprünglich soliden Epithel hervorgeht. Färbung: H. E.; Vergr. 40fach. (Aus [1])

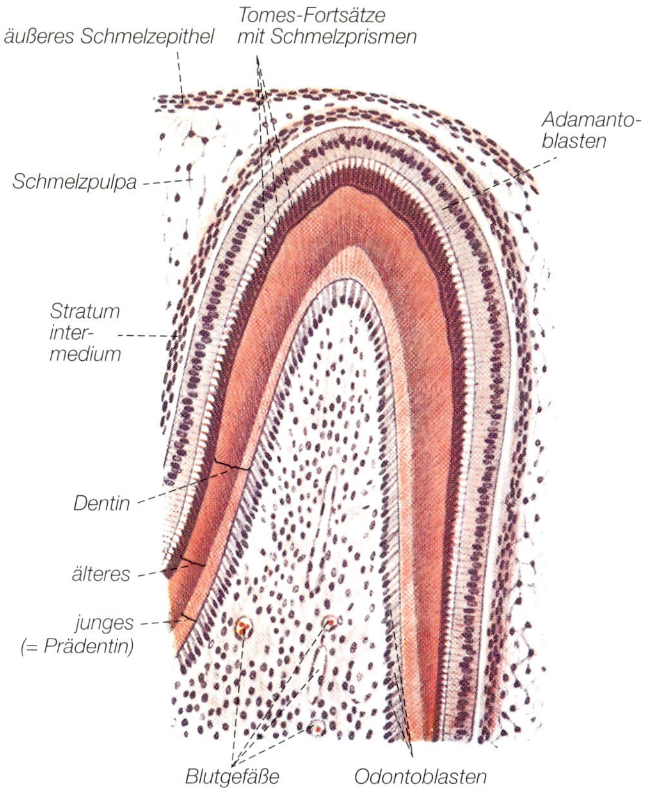

Abb. 10-11 Spitze einer Zahnanlage (menschlicher Fetus, 6. Monat), Beginn der Schmelz- und Dentinbildung. Die Odontoblasten bilden ein zunächst unverkalktes Prädentin, das später verkalkt (Dentin). Die Adamantoblasten besitzen nur einen kurzen Tomes-Fortsatz (hell), in dessen Bereich die Schmelzprismen (dunkel) abgeschieden werden. (Aus [1])

ren das frühe Glockenstadium. Die epitheliale Zahnknospe bildet den Fibroblasten-Wachstumsfaktor 4 und die knochenmorphogenetischen Proteine 2, 4 und 7, die die Form des Zahns beeinflussen. Frühe Adamantoblasten induzieren die Differenzierung der Odontoblasten. Interessant ist, dass im Experiment die Kombination der Zahnpapille einer Ratte mit dem Ektoderm der Mundhöhle eines Huhns zur Bildung von Zähnen führt (Vögel haben seit der Kreidezeit keine Zähne mehr).

In der Tiefe der Schmelzglocke, der zukünftigen Zahnspitze, entsteht im inneren Schmelzepithel eine knotenförmige Verdickung, der primäre Schmelzknoten. Es sind dessen Zellen, die eine Reihe von Faktoren für die Zahnentwicklung bilden, darunter auch das Protein Sonic hedgehog (Shh), ein Signalmolekül, das bei einer Reihe von verschiedenen Entwicklungsprozessen eine Rolle spielt. Wenn die verschiedenen Faktoren nicht mehr gebraucht werden, sterben die Zellen des Schmelzknotens ab.

Dentinbildung

Die **Odontoblasten** (Abb. **10-11, 10-12, 10-13**) bilden zunächst das noch nicht mineralisierte **Prädentin**, das v.a. aus Kollagen Typ I, Proteoglykanen und Glykoproteinen aufgebaut ist. Die **Mineralisierung** zum definitiven **Dentin** erfolgt durch Ablagerung von **Apatitkristallen**. Dabei entstehen zunächst kugelförmige Gebilde (Kalkosphäriten); die Zwickel zwischen diesen Kalkkugeln verkalken etwas später. Im Bereich der Zahnhälse unterbleibt in der Außenzone des Dentins vielfach diese Verkalkung der Kugelzwischenräume (Interlobulärräume), wodurch die sog. **Tomes-Kör-**

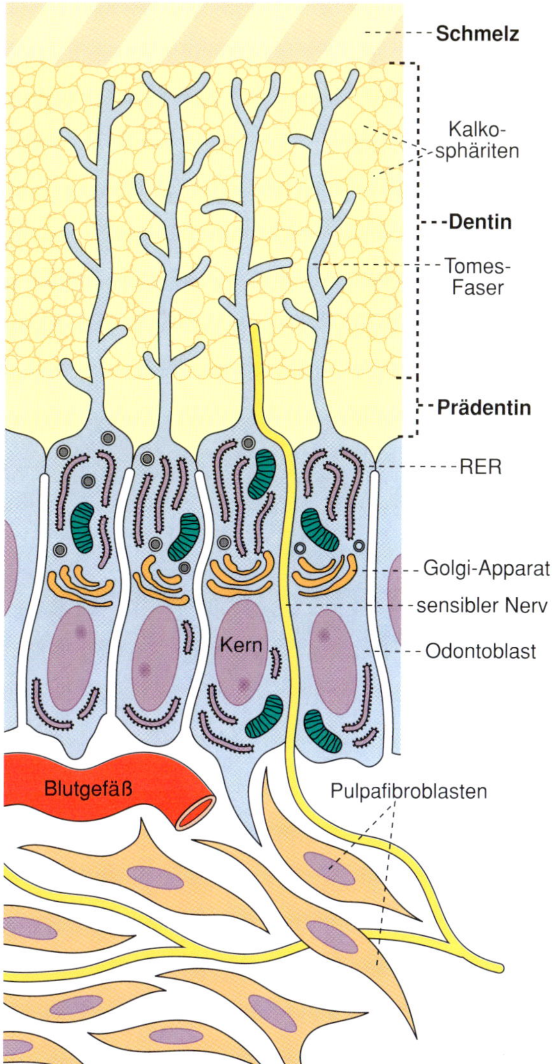

Abb. 10-12 Odontoblasten und Dentinbildung, einfache Darstellung. Odontoblasten bilden die organischen Anteile des Dentins und sind über Zellkontakte verbunden. Die sensiblen Anteile der vegetativen Nerven steigen parallel zu den Tomes-Fasern von der Pulpa bis in die Zone des verkalkten Dentins auf.

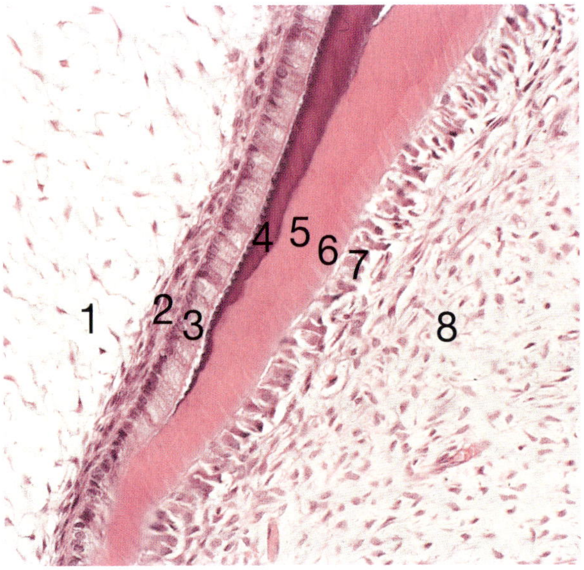

Abb. 10-13 Zahnentwicklung (Mensch), Detailvergrößerung. **1** Schmelzpulpa; **2** Stratum intermedium; **3** Adamantoblasten (inneres Schmelzepithel); **4** Schmelz; **5** Dentin; **6** Prädentin; **7** Odontoblasten; **8** Zahnpapille (frühe Zahnpulpa). Färbung: H.E.; Vergr. 245fach.

nerschicht entsteht. Sie ist im Schliffpräparat als kleinkörnige Struktur erkennbar und entspricht dem nicht-mineralisierten „Interglobulardentin" (vgl. Abb. 10-20). Die Mineralisierung des Dentins beginnt vor der des Schmelzes. Mit zunehmender Dentinbildung ziehen sich die Zellkörper der Odontoblasten von der Basalmembran der Adamantoblasten (inneres Schmelzepithel) in Richtung Pulpa zurück. Sie bilden dabei einen schlanken Fortsatz aus, die **Tomes-Faser**, die mit der Basalmembran (Membrana praeformativa) in Verbindung bleibt und durch das ganze Dentin hindurchzieht. Der kernhaltige Teil der Odontoblasten liegt am Innenrand des Dentins. Die Dentinbildung kann das ganze Leben erfolgen.

Schmelzbildung

Die Zellen des **inneren Schmelzepithels** werden **Ameloblasten (Adamantoblasten)** genannt (Abb. **10-9**, **10-11**, **10-13**). Sie sind die Produzenten des **Schmelzes.** Ihre morphologische Basis (an ihrer Basallamina, die die Grenze zur Zahnpapille markiert) wird funktionell zum sog. Apex. Im funktionell basalen Zytoplasma (Region, die an die Schmelzpulpa grenzt) liegen zahl-

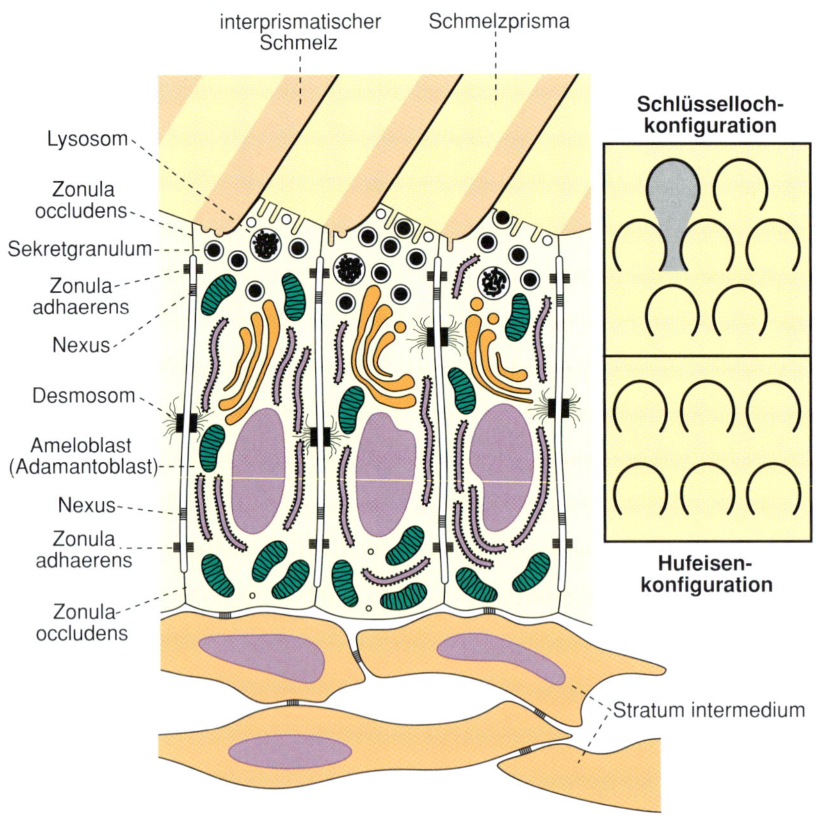

Abb. 10-14 Ameloblasten (Adamantoblasten) und Schmelzbildung, schematische Darstellung. Der dachförmig gezeichnete Tomes-Fortsatz enthält vor allem Sekretionsgranula, Lysosomen und helle Vesikel. Seine Oberfläche kann schmale Einsenkungen ausbilden. Auf der nach rechts geneigten Fläche des Tomes-Fortsatzes erfolgt die Bildung des Schmelzprismas. Rechts (umrandet): unterschiedliche Erscheinungsformen der Schmelzprismen.

reiche Mitochondrien, die aber auch in anderen Zellbezirken verbreitet sind, und der längliche helle Kern (Abb. **10-11**, **10-14**). Oberhalb des Kerns befinden sich besonders viele raue ER-Zisternen und ein ausgedehnter, fast röhrenförmiger Golgi-Apparat. Apikal (distal) und basal (proximal) findet sich je ein terminales Netz (Zonulae adhaerentes), in dessen Nähe weitere Typen von Zellkontakten vorkommen (Nexus, Tight junctions und Desmosomen). Der Apex enthält zahlreiche Sekretionsgranula sowie Lysosomen und bildet einen plumpen Fortsatz, den **Tomes-Fortsatz**. Die Granula werden exozytotisch entleert und beteiligen sich an der Bildung der organischen Schmelzmatrix. In diese werden rasch Apatitkristalle eingelagert, die sich zu einem 4–5 µm dicken **Schmelzprisma** (Prismenstab) und zu **interprismatischem Schmelz** formieren (Abb. **10-14**). Die Länge eines Schmelzprismas ist schwer zu bestimmen, da es in Windungen verläuft und die Schmelzdicke der Krone unterschiedlich ist. Die Prismen können aber eine Länge von ca. 2–3 mm erreichen.

Die Oberfläche der Ameloblasten mit ihrem Tomes-Fortsatz lässt sich funktionell in verschiedene Bezirke oder Flächen gliedern. Der Tomes-Fortsatz besitzt eine zur Nachbarzelle geneigte Fläche, die den Prismenstab bildet. Die anderen Flächen des Tomes-Fortsatzes bilden keinen Schmelz. Die z. T. leicht eingesenkte Oberfläche in der Umgebung des Tomes-Fortsatzes bildet den interprismatischen Schmelz (Abb. **10-14**). Zwischen Prismenstab und interprismatischem Schmelz bildet sich die relativ matrixreiche Prismenscheide.

Der Prozess der Schmelzbildung verläuft nicht kontinuierlich, sondern (wie das Wachstum eines Baumes) schubweise, was die Erklärung für das Auftreten von individuell kennzeichnenden Streifen im Schmelz, den **Retzius-Streifen** (Abb. **10-15**), ist. Während der Sekretion ziehen sich die Ameloblasten zurück. Dabei bewegen sie sich in bestimmter Art und Weise hin und her, was dazu führt, dass der abgeschiedene Schmelz gewellt verläuft (**Hunter-Schreger-Streifung**, Abb. **10-15**) und im Querschnitt in unterschiedlichen Mustern erscheint (Schlüssellochkonfiguration und Hufeisenkonfiguration, Abb. **10-14**). Nach anderer Theorie entstehen die unterschiedlichen Querschliffmuster durch Bewegungen des Tomes-Fortsatzes selbst.

Die Gestalt der Ameloblasten und deren Organellenbestand sowie die Zellkontakte variieren in verschiedenen Funktionsphasen. Anfangs sind die Zellen apikal flach und sezernieren eine homogene, ca. 3 µm dicke Schmelzschicht. Dann entstehen die Tomes-Fortsätze und mit ihnen die Prismen und der interprismatische Schmelz. Die zunächst sezernierte Matrix enthält bis zu 30% Protein und wird vor allem gegen Ende des aktiven Lebens der Zellen weitgehend rückresorbiert (apikale Vesikel und Einsenkungen, Lysosomen). Zuletzt, vor ihrer Rückbildung, produzieren die nun wieder apikal flachen Ameloblasten erneut eine 20–80 µm dicke homogene Schicht Schmelz.

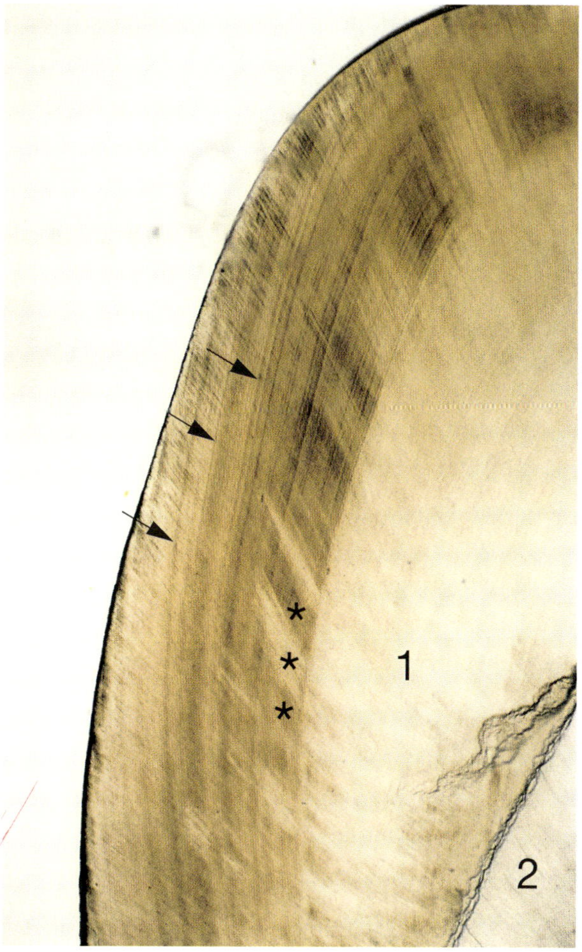

Abb. 10-15 Zahnschliff (Mensch), Längsschnitt durch einen nicht-entkalkten Zahn. **1** Schmelz mit fast parallel zur Oberfläche verlaufenden Retzius-Streifen (➔) und mehr radiär verlaufender Hunter-Schreger-Streifung (*); **2** Dentin. Vergr. 150fach.

Die Ameloblasten sind mit den anderen Zellen der Schmelzpulpa vor allem durch Nexus verbunden. Dadurch entstehen funktionell zusammenarbeitende Zellgruppen. Die basal der Ameloblasten gelegenen Zellen der Schmelzpulpa bilden einen besonders dichten Zellverband, der Stratum intermedium genannt wird (Abb. **10-13**, **10-14**). Die Kalziumzufuhr in den Schmelz erfolgt transzellulär, wobei eine Kalzium-ATPase in der Membran der Ameloblasten eine wichtige Rolle spielt. Die abgeflacht-hexagonalen Mikrokristalle des Schmelzes bestehen (wie im Dentin) aus Kalziumphosphat vom Apatit-Typ und sind ca. 20–60 nm dick, 30–90 nm breit und sehr lang, möglicherweise so lang wie ein Schmelzprisma. Im Prisma sind die Kristalle weitgehend parallel zur Längsachse ausgerichtet, im interprismatischen Schmelz nehmen sie andere Ausrichtungen ein. An der Schmelzbildung sind verschiedene Proteine beteiligt, zu Anfang spielen die Amelogenine (Wasser bindende Proteine) und später die Enameline (saure glykosylierte Proteine) eine besondere Rolle, zu der aber im Detail noch relativ wenig bekannt ist. In der Matrix tritt nie Kollagen auf. Da die Ameloblasten nach Abschluss der Schmelzbildung zugrunde gehen, kann Schmelz nicht nachgebildet werden.

Zahnwurzelbildung

Nach Bildung der Krone wächst der Rand der Schmelzglocke mit äußerem und innerem Schmelzepithel in die Tiefe und bildet die sog. **epitheliale Wurzelscheide** (Hertwig-Wurzelscheide). Sie induziert das Wurzeldentin und löst sich dann auf. Die inneren Anteile des Zahnsäckchens bilden dann das Zement, die mittleren Anteile das Parodontium und die äußeren den Alveolarknochen.

Hartsubstanzen des fertig ausgebildeten Zahns

Am Aufbau des Zahns sind drei Hartsubstanzen beteiligt:
- Schmelz,
- Dentin (Zahnbein) und
- Zement.

Die Merkmale der Hartsubstanzen sind in Tabelle **10-2** zusammengefasst. Die Hartsubstanzen können am **Zahnschliff** (Abb. **10-15**) und im Raster-EM (Abb. **10-16**, **10-17**) betrachtet werden. Zahnschliffe sind dünne Scheiben des **nicht-entkalkten** Zahns. Im **entkalkten Schnitt** bieten die Hartsubstanzen wenig. Der Schmelz ist völlig herausgelöst (Abb. **10-6**), im Bereich des Dentins bleibt das Kollagen enthalten und färbt sich je nach eingesetztem Farbstoff z. B. rot (H. E.) oder blau (Azan) an; ähnlich wie das Dentin verhält sich das Zement.

Schmelz Der völlig zellfreie Schmelz besitzt eine Dicke, die zwischen wenigen µm am Zahnhals und bis zu 2,5 mm an den Spitzen der Zahnhöcker schwankt. Er zeigt im Schliff das Phänomen der Hunter-Schreger- und der Retzius-Streifung. Die **Hunter-Schreger-Streifung** beruht darauf, dass die gewellt verlaufenden Schmelzprismen (Abb. **10-16**) abwechselnd quer (Diazonien, im Durchlicht hell) und längs (Parazonien, im Durchlicht dunkel) getroffen sind. Die Hunter-Schreger-Streifung hat eine Periodik von ca. 50 µm und verläuft im Längsschliff flach-radiär zur Oberfläche (Abb. **10-15**). Die **Retzius-Streifen** entsprechen Wachstumslinien in den Schmelzprismen, die bei jedem Menschen ein individuelles Muster zeigen und daher kriminaltechnisch zu verwerten sind. Sie verlaufen im Längsschliff steil zur Oberfläche (Abb. **10-15**), im Querschliff oberflächenparallel. Die Streifen sind im Durchlicht bräunlich und besitzen unterschiedliche Dicke. Der Abstand zwischen benachbarten Streifen schwankt zwischen 5 und 150 µm.

Dentin Das Dentin zeigt im Schliff eine dichte, leicht gewellte, feine schwarze Streifung, die auf der Existenz der Dentinkanälchen (Abb. **10-17**) beruht. In diesen verlaufen beim lebenden Zahn die **Tomes-Fasern** (Abb. **10-12**, **10-17**). Die Verlaufsrichtung ist radiär von der Pulpa zur Oberfläche des Dentins, die von Schmelz bzw. Zement bedeckt ist. Die Außenbereiche des Dentins zeigen am Zahnhals die **Tomes-Körnerschicht**, schwarze körnige Strukturen (vgl. Abb. **10-20**), die Regionen nicht-verkalkten Interglobulardentins entsprechen und die relativ leicht zum Ausgangspunkt von Kariesherden werden können.

Tab. 10-2 Hauptmerkmale der Zahnhartgewebe.

Hartgewebe	Bestandteile (Gewichtsprozent)	Bildner	Sonstiges
Schmelz	95% anorganisch 1% organisch (kein Kollagen) 4% Wasser	Ameloblasten (= Adamantoblasten)	wird nur während der Zahnentwicklung angelegt (wird nicht regeneriert), Prismenstruktur, nur im Bereich der Krone
Dentin	70% anorganisch 20% organisch (v. a. Kollagen und Proteoglykane) 10% Wasser	Odontoblasten	kann zeitlebens gebildet werden, wird von Tomes-Fasern durchsetzt
Zement	61% anorganisch 27% organisch (v. a. Kollagen und Proteoglykane) 12% Wasser	Zementoblasten	kann zeitlebens gebildet werden, knochenähnliches Gewebe, azelluläres und zelluläres Zement, nur im Bereich der Wurzel

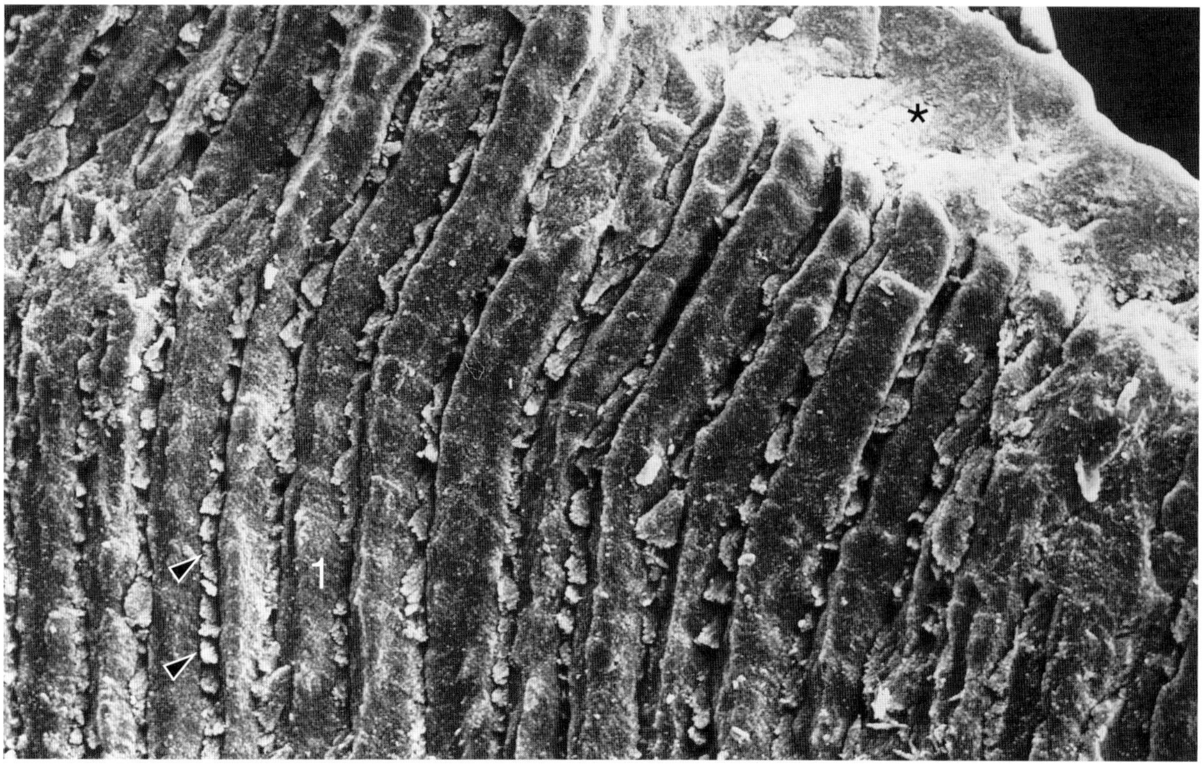

Abb. 10-16 Zahnschmelz eines Molaren des Menschen. **1** Schmelzprisma, ▶ interprismatischer Schmelz, ✻ Schmelzoberfläche. Beachte, dass die oberste Schmelzschicht nicht in Form von Prismen strukturiert, sondern homogen aufgebaut ist. Vergr. 1850fach.

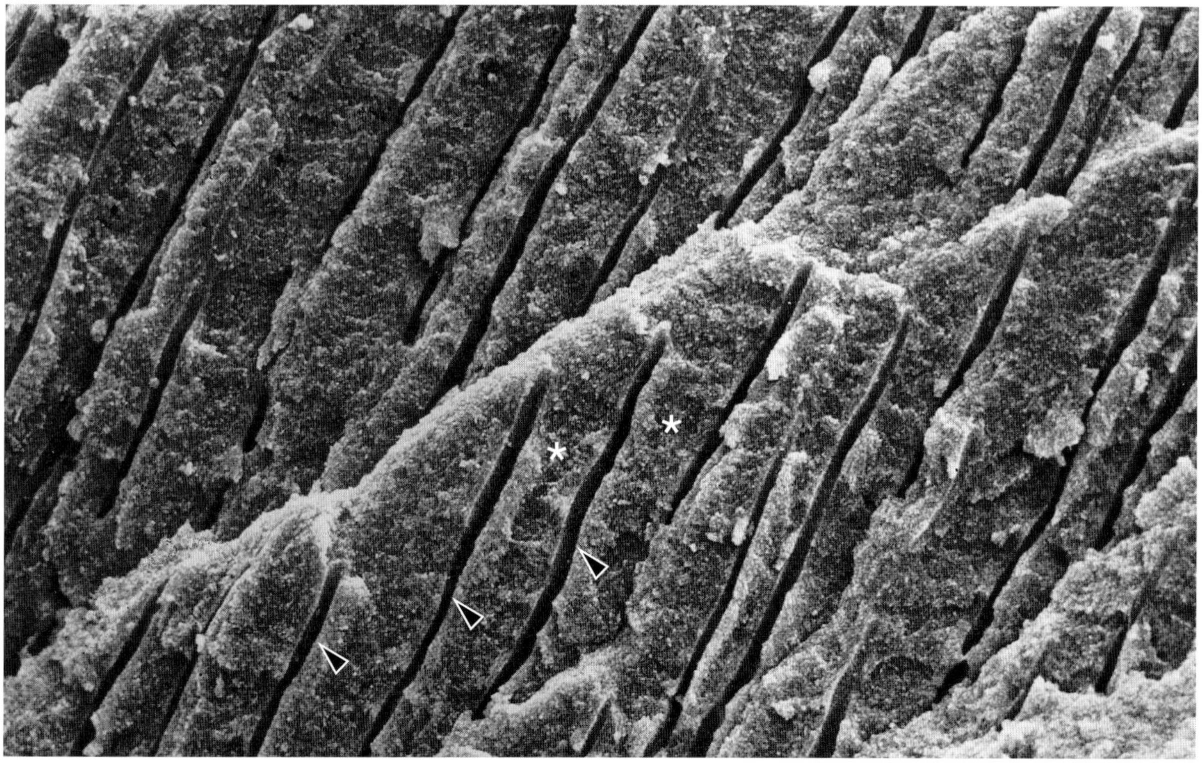

Abb. 10-17 Dentin eines aufgebrochenen Molaren des Menschen. Beachte die zahlreichen Dentinkanälchen (▶), in denen im lebenden Zahn die Tomes-Fasern liegen. Das Dentin (✻) ist kompakt gebaut, Kollagenfibrillen sind im Apatit des Dentins eingebacken und hier nicht erkennbar. Vergr. 2600fach.

Zement Das Zement (Abb. 10-6) ist eine knochenähnliche Substanz. Die verkalkte Matrix besteht aus Kollagenfibrillen vom Typ I und Proteoglykanen. In die dicken Partien des Zements, z. B. am Wurzelapex, können Zementozyten eingelagert sein (zelluläres Zement). Die Lakunen der Zementozyten ähneln denen der Osteozyten. Die Zementbildungszellen liegen – ähnlich wie Osteoblasten – an der Oberfläche des Zements. Wenn das Zement nur eine dünne Bedeckung der Zahnwurzeln bildet, fehlen die eingelagerten Zellen (azelluläres Zement). Im Alter nimmt die Dichte des Zements generell zu, es können dann sogar Blutgefäße in ihn einwachsen und Havers-Systeme auftreten.

Zahnpulpa

In der Zahnpulpa befindet sich mesenchymähnliches, zell-, proteoglykan- und wasserreiches Bindegewebe, das auch gallertiges Bindegewebe genannt wird und ein Netzwerk feiner Kollagenfibrillen enthält (Abb. 10-13). In dieses Gewebe eingebettet sind Blutgefäße und sensible Nerven. Letztere können sogar in die Dentinkanälchen vordringen (Abb. 10-12). Arteriovenöse Anastomosen sind häufig.

Die periphere Zellschicht der Zahnpulpa wird von den **Odontoblasten** gebildet, die einen epithelähnlichen Verband bilden (Abb. 10-12, 10-13). Die Odontoblasten teilen sich nach der Geburt nicht mehr, sind aber zeitlebens aktive Zellen. Sie sind reich an rauem ER und besitzen einen großen Golgi-Apparat. Dieser Zelltyp bildet einen langen Fortsatz mit Seitenverzweigungen, die sog. **Tomes-Faser**, die sich tief in das Dentin erstreckt bis zur Dentin-Schmelz-Grenze. Die Tomes-Fasern bilden zahlreiche kurze Seitenäste, über die benachbarte Fasern miteinander in Verbindung stehen. Unterhalb des Abganges dieses Fortsatzes sind ein terminales Netz und Zellkontakte ausgebildet. Die Odontoblasten entsprechen trotz ihres epithelähnlichen Aussehens speziellen Fibroblasten. Sie produzieren die Matrix des Dentins (Kollagen, Proteoglykane). Am Fuß der Tomes-Faser bleibt stets eine schmale Zone unverkalkten Prädentins erhalten (Abb. 10-12, 10-13). Im verkalkten Dentin erscheint die Anordnung der Kollagenfibrillen ungeordnet, lediglich an der Tomes-Faser verlaufen sie parallel, so dass die Wand der Dentinkanälchen (Neumann-Scheide) sich farblich etwas abhebt. Dies beruht zusätzlich auf einem hohen Gehalt an Glykoproteinen und Proteoglykanen.

Odontoblasten können das ganze Leben lang Dentin bilden und so z. B. den Verlust durch Abkauung kompensieren. Durch das stetige geringe Wachstum des Dentins verkleinert sich die Zahnpulpa bei älteren Menschen erheblich.

Klinik Die Hartsubstanzen der Zähne werden durch Säure aufgelöst. Regelmäßig eingenommene saure Speisen oder Getränke können zu kleinen Erosionen führen. Säurebildende Bakterien, die z. B. in Zahnfleischtaschen oder zwischen kulissenförmig stehenden Zähnen leben und sich vermehren, führen zum Krankheitsbild der Karies. Diese wird durch Zucker (ein günstiges Substrat solcher Bakterien) noch gefördert. Die Säure führt zu Bildung von „Löchern" in Schmelz und Dentin und dehnt sich bis zur Pulpa aus. Dies führt zu Entzündung, Schmerz und Absterben der Pulpa und damit des Zahns. Die Einnahme von Fluorid führt zu Bildung eines härteren und weniger säureanfälligen Apatits im Schmelz.

Zahnhalteapparat

Dem Zahnhalteapparat (Parodontium) werden zugezählt:

- Zement,
- Wurzelhaut (Desmodontium, Lig. periodontale),
- Alveolarknochen,
- Zahnfleisch (Gingiva), soweit es im Kontakt mit den oben genannten Strukturen steht.

Zement Das Zement bildet eine dünne knochenähnliche Bedeckungsschicht der Zahnwurzel (s. o.). Im Zement inserieren kollagene Faserbündel (Sharpey-Fasern), die durch den **Periodontalspalt** (Raum zwischen Zement und Alveolarknochen) ziehen.

Wurzelhaut Die sog. Wurzelhaut (Desmodont) füllt den Periodontalspalt (Breite 0,15–0,2 mm) aus und bildet dort zwei Kompartimente (Abb. 10-18, 10-19). Das eine besteht aus Bündeln dicht gelagerter, gewellter Kollagenfasern (**Sharpey-Fasern**), zwischen denen einige feine elastische Fasern und Oxytalanfasern ver-

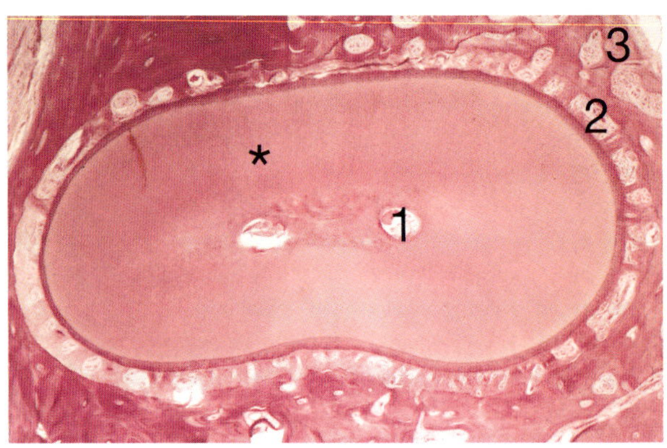

Abb. 10-18 Desmodont, Querschnitt der Wurzel eines Prämolaren (Mensch). * Dentin; **1** Wurzelkanal; **2** Desmodont (Wurzelhaut); **3** Alveolarknochen. Färbung: H. E.; Vergr. 25fach.

laufen. Sharpey-Fasern verlaufen zwischen dem Alveolarknochen und dem Zement überwiegend schräg abwärts Richtung Wurzelspitze und befestigen so den Zahn federnd in der Alveole. Die Fasern stehen in Kontakt zu sensiblen Nervenendigungen, die den Kaudruck regulieren. Das andere Kompartiment ist ein lockeres Bindegewebe. Hier finden sich Fibrozyten, Zementoblasten, Osteoprogenitorzellen, Osteoblasten und Osteoklasten sowie Blutgefäße und sensible vegetative Nerven.

Schmerzen und Druck werden über freie sensible Endigungen sowie eingekapselte Endigungen wahrgenommen. Das Druckempfinden ist ungewöhnlich fein. Es existiert ein Reflexbogen zur Kaumuskulatur und zur Zungenmuskulatur.

Alveolarknochen Der Alveolarknochen ist der Teil des Kieferknochens, in dessen Höhlungen (Alveolen) die Zahnwurzeln stecken. Er ist aus Lamellenknochen mit Havers-Systemen aufgebaut. Bei Ausfall von Zähnen oder fehlender Knochenbelastung kann sich der Alveolarknochen rasch zurückbilden. Im Alveolarknochen inserieren die kollagenen Sharpey-Fasern.

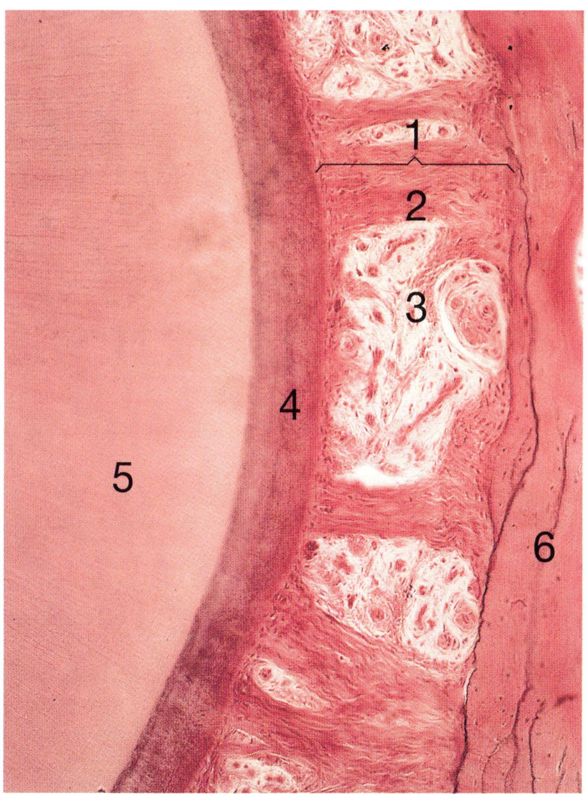

Abb. 10-19 Kompartimente des Desmodonts (1), höhere Vergrößerung eines Zahnwurzelquerschnitts (Mensch). **2** Straffe Kollagenfaserbündel (Sharpey-Fasern); **3** zell- und gefäßreiche Partien; **4** Zement; **5** Dentin; **6** Alveolarknochen. Färbung: H.E.; Vergr. 150fach.

Gingiva Die Alveolarfortsätze der Kiefer, in denen die Zähne verwurzelt sind, werden von der Gingiva (Zahnfleisch) bedeckt. Sie ist ein besonders fester, rosafarbiger Teil der Mundschleimhaut, der fest mit dem Periost des Alveolarknochens verwachsen ist (Abb. 10-20). Das mehrschichtige Plattenepithel zeigt apikal regelmäßig Hinweise auf unvollständige Verhornung. Das Stratum granulosum ist sehr dünn. Im Epithel der Gingiva kommen Langerhans-, Merkel-Zellen und Melanozyten vor. Unmittelbar am Zahn ist die Schleimhaut der Gingiva lockerer am Knochen befestigt (freie Gingiva) und von der Basis der Zahnkrone durch den **Sulcus gingivalis** getrennt. Das mehr-

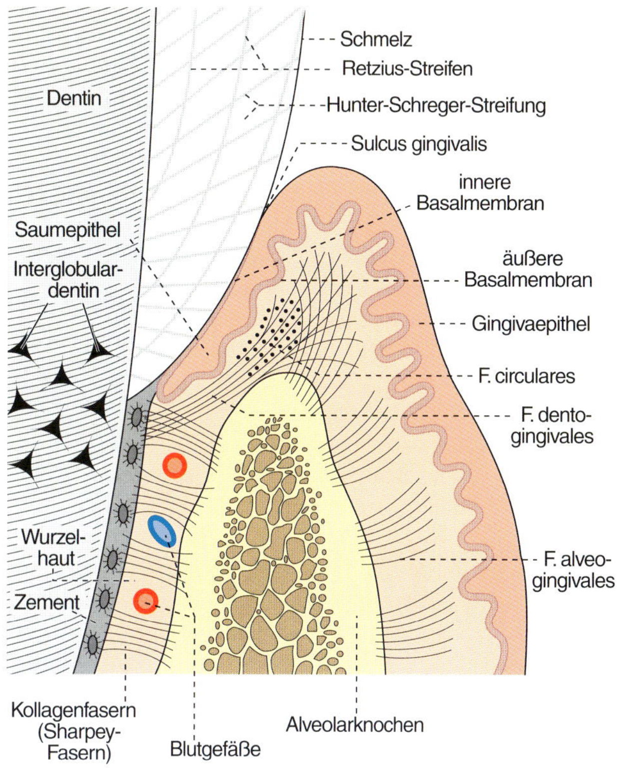

Abb. 10-20 Zahnhalteapparat und Zahnfleisch (Mensch). Das Zahnfleisch (Gingiva) haftet dem Alveolarknochen fest an (Pars fixa gingivae) und bildet oberhalb der Alveolen den Zahnfleischsaum (Pars libera gingivae). Das Gingivaepithel ist ein unverhorntes Plattenepithel. Das Saumepithel ist der Teil des Gingivaepithels, der (über die innere Basalmembran) die Anheftung an den Schmelz übernimmt. Das nichtverkalkte Interglobulardentin bildet die Tomes-Körnerschicht. Hunter-Schreger-Streifung: Wechsel von längs und quer getroffenen Schmelzprismenbündeln; Retzius-Streifen: Wachstumslinien. Im Dentin: Dentinkanälchen mit Tomes-Fasern. Beachte die verschiedenen Kollagenfasersysteme: Fibrae (F.) alveogingivales, dentogingivales und circulares sowie Bündel der Wurzelhaut (Desmodont[ium], Lig. periodontale), die Zement und Alveolarknochen in Form von Sharpey-Fasern verbinden. (Aus [1])

schichtige Plattenepithel der Gingiva, das den Sulcus ringförmig umgibt, wird **Saumepithel** genannt. Es ist relativ dünn und nicht verhornt. Seine Basallamina nimmt einen besonderen Verlauf. Sie folgt dem Epithel in die Tiefe, schlägt hier um und befindet sich dann zwischen Epithel und Schmelzoberfläche. Somit wird die Basallamina zur wichtigsten Befestigungsstruktur zwischen Gingivaepithel und Kronenbasis und verhindert normalerweise ein Eindringen von Bakterien in das tiefer gelegene Gewebe. Nach einer anderen Hypothese schmiegt sich die Oberfläche des Sulkusepithels dem Schmelz der Kronenbasis eng an und sezerniert hier eine basallaminaähnliche Schicht. In der Lamina propria sind im Bereich des Sulcus viele freie Zellen zu finden, die Abwehrfunktionen haben.

Klinik Wenn die versiegelnde Basallamina beschädigt ist, z. B. infolge mangelhafter Zahnpflege, kommt es zu anhaltender **Gingivitis** und schließlich auch zum Rückzug des Zahnfleischs und zur Freilegung der Zahnhälse.

Die Zähne werden rasch von Bakterien der Mundhöhle bedeckt (**Plaquebakterien**). Der Bakterienbelag sollte am besten nach jeder Mahlzeit entfernt werden. Die Plaqueschicht kann durch Kontakt mit dem Ionenmilieu des Speichels in eine feste, verkalkte Schicht umgewandelt werden, die **Zahnstein** genannt wird. Dies kann zu Zahnfleischtaschen und Entzündungen des Zahnfleischs führen.

Bei **Zahnausfall** kommt es zu rascher Resorption des Alveolarknochens, was beim Verlust mehrerer Zähne zur Einziehung von Mund und Wangen führt.

! Die Zähne bestehen aus der Zahnpulpa und Hartsubstanzen. Die Pulpa befindet sich im Innern des Zahns und ist aus einem mesenchymähnlichen Bindegewebe aufgebaut, in das Blutgefäße und sensible Nerven eingelagert sind. Die Zellen in der Peripherie der Pulpa sind die Odontoblasten, die das Dentin bilden und einen langen Fortsatz, die Tomes-Faser, besitzen, der durch das Dentin bis zur Schmelz- oder bis zur Zementgrenze zieht. Es finden sich in einem Zahn drei Typen von Hartsubstanzen: Schmelz, Dentin und Zement. Der Schmelz wird nur während der Zahnentwicklung von den Ameloblasten gebildet und besteht zu ca. 95% aus anorganischen Komponenten, vor allem aus dem Hydroxylapatit, dessen wichtigste Bestandteile Kalzium und Phosphat sind. Strukturell ist Schmelz in Prismen und interprismatischen Schmelz gegliedert. Schmelz bildet die Außenbedeckung der Zahnkrone. Dentin kann zeitlebens von den Odontoblasten gebildet werden und besteht zu 70% aus anorganischem Hydroxylapatit. Wichtigster organischer Bestandteil ist Kollagen vom Typ I. Zement bedeckt die Zahnwurzeln und besteht aus knochenähnlichem Gewebe mit ca. 60% anorganischer Substanz (wiederum aus Hydroxylapatit). Die Wurzelhaut (Desmodontium) gehört zum Zahnhalteapparat (Parodontium), dem außerdem Zement und Alveolarknochen angehören. Die Wurzelhaut besteht aus Bindegewebe und verbindet die Zahnwurzel mit dem Alveolarknochen.

10.1.3 Speicheldrüsen

Die Speicheldrüsen sezernieren am Tag ca. 0,75–1,0 l hyposmotischen und leicht alkalischen Speichel, der Wasser, anorganische Ionen, Schleime, Enzyme, Wachstumsfaktoren und Immunglobuline enthält. Die Drüsen münden in die Mundhöhle ein und werden in zwei Gruppen gegliedert:

- kleine Speicheldrüsen und
- große Speicheldrüsen.

Die **kleinen Speicheldrüsen** liegen in der Mukosa der Mundschleimhaut und sind entweder rein serös (Spüldrüsen der Geschmackspapillen), seromukös (Lippen, Wangen) oder überwiegend bis rein mukös (Gaumen, Rachen), siehe auch Kapitel 3.

Große Speicheldrüsen

Zu den großen Speicheldrüsen (Abb. **10-21**) werden gezählt:

- Gl. parotis (Ohrspeicheldrüse, Abb. **10-22**, **10-23**),
- Gl. submandibularis (Unterkieferdrüse, Abb. **10-24**) und
- Gl. sublingualis (Unterzungendrüse, Abb. **10-25**).

Das Drüsengewebe ist in **Läppchen** gegliedert, die durch Bindegewebssepten getrennt sind. Die großen Speicheldrüsen besitzen ein komplexes Ausführungsgangsystem sowie seröse und muköse sekretorische Zellen (siehe S. 104). Im Bereich der serösen Azini kommen stets Myoepithelzellen vor, die kontraktil sind und sich auch am Aufbau der Basalmembran beteiligen.

Ausführungsgangsystem Das Gangsystem besteht aus drei Abschnitten, die ohne scharfe Grenzen ineinander übergehen:

- Schaltstück (schließt sich den sekretorischen Anteilen an),
- Streifenstück und
- Ausführungsgang.

Schalt- und Streifenstücke liegen intralobulär, die Ausführungsgänge extralobulär. Die **Schaltstücke** sind die kleinsten Gangabschnitte (Abb. **10-23**, **10-26**). Sie verzweigen sich zwei- bis dreimal. Ihre Wand besteht aus

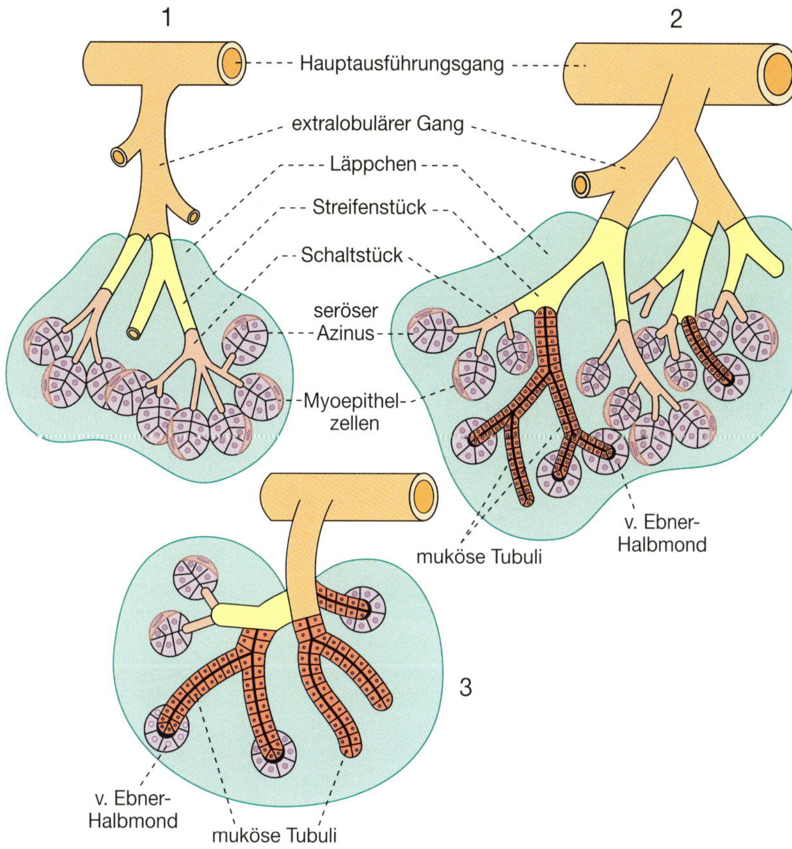

Abb. 10-21 Große Speicheldrüsen der Mundhöhle, schematische Darstellung. **1** Gl. parotis (rein serös); **2** Gl. submandibularis (gemischt seromukös); **3** Gl. sublingualis (gemischt mukoserös).

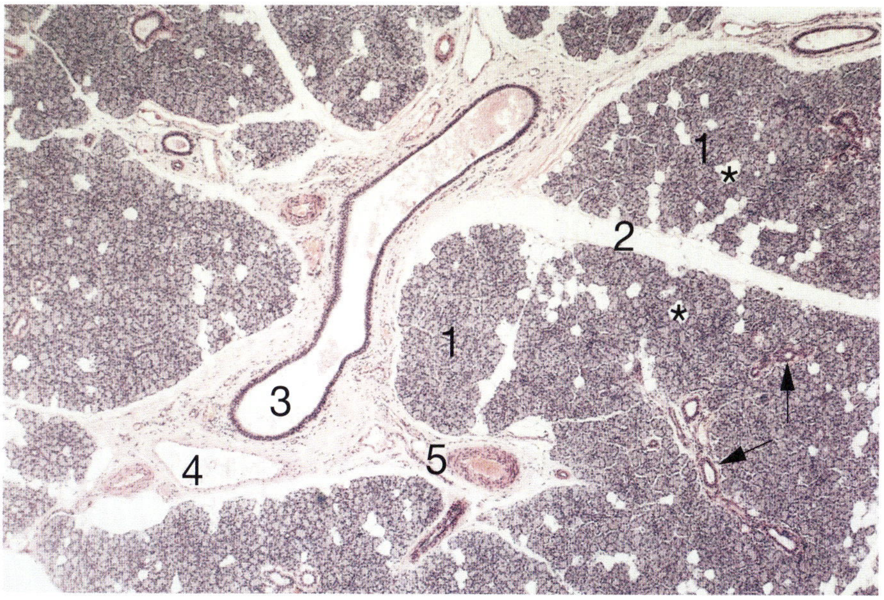

Abb. 10-22 Gl. parotis (Mensch), Übersicht. **1** Drüsenläppchen; * Fettzellen; → Streifenstücke; **2** Bindegewebsseptum (mit artifiziellen Zerreißungen) zwischen zwei Läppchen; **3** interlobulärer Ausführungsgang; **4** Vene; **5** Arterie. Färbung: H.E.; Vergr. 45fach.

annähernd kubischem Epithel und einzelnen Myoepithelzellen, die einen Rückfluss von Sekret in die Endstücke verhindern sollen. Die Epithelzellen der Schaltstücke bilden u.a. die antibakteriellen Proteine Lysozym und Laktoferrin. Möglicherweise enthalten sie auch Stammzellen.

Die Epithelien der Schaltstücke wandeln sich in der Entwicklung oft in **muköse Drüsenzellen** um. Die mukösen sekretorischen Anteile sind also umgewandelte Schaltstücke und daher auch tubulär.

Streifenstücke besitzen ein einschichtiges eosinophiles prismatisches Epithel (Abb. **10-23**, **10-26**). Die

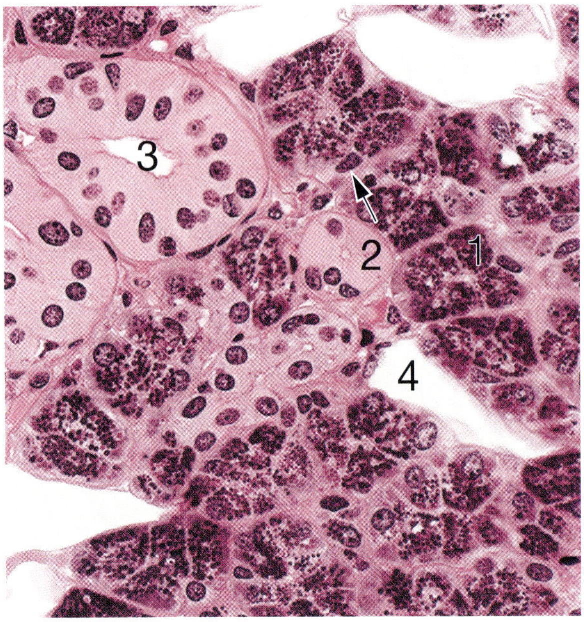

Abb. 10-23 Gl. parotis (Mensch), Drüsengewebe. **1** seröse Azini; **2** Schaltstück; **3** Streifenstück; **4** Fettzelle. Die Schaltstücke verbinden Azini und Streifenstücke. Ihre Weite variiert, ihr Epithel ist annähernd kubisch oder leicht abgeflacht. Basal im Drüsenepithel gelegene flache Kerne gehören Myoepithelzellen an (➔). Plastikschnitt; Färbung: H. E.; Vergr. 500fach.

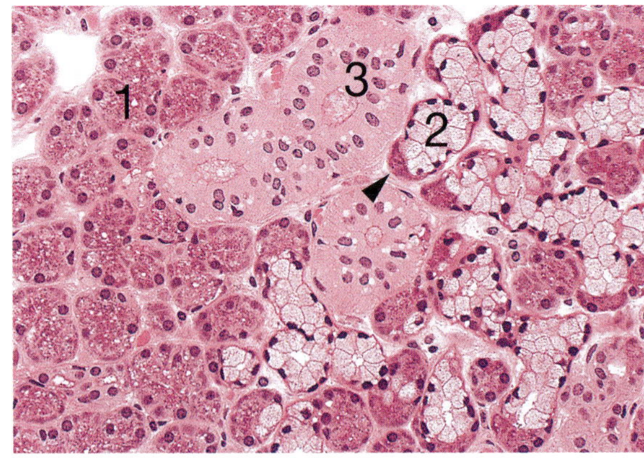

Abb. 10-24 Gl. submandibularis (Mensch). Region mit serösen Azini (**1**) und mukösen tubulären Endstücken (**2**), denen distal seröse Halbmonde (v. Ebner- = Gianuzzi-Halbmonde, ▶) ansitzen; **3** Streifenstück. Im H.E.-Schnitt ist das Zytoplasma der hohen mukösen Drüsenzellen blass; der relativ dunkle Zellkern liegt flach an der Basis der Zellen. Das Lumen der mukösen Tubuli ist weiter als das der Azini. Plastikschnitt; Färbung: H. E.; Vergr. 200fach. (Aus [1])

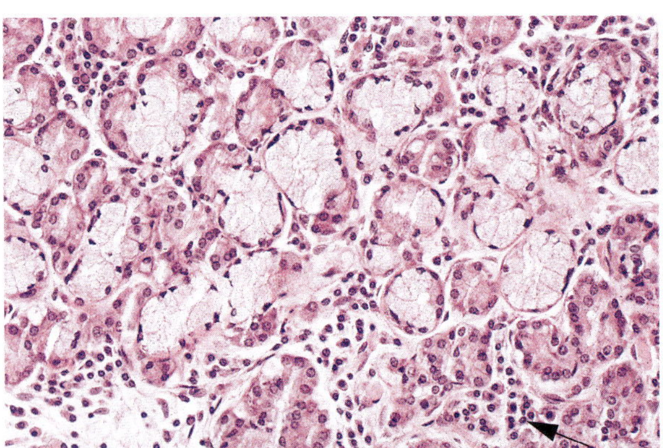

Abb. 10-25 Gl. sublingualis (Mensch). Die blassen mukösen tubulären Endstücke überwiegen stark gegenüber serösen Azini und Halbmonden. Streifenstücke sind ebenfalls relativ selten. Im vorliegenden Präparat enthält das Bindegewebe recht zahlreich Lymphozyten und Plasmazellen (➔). Färbung: H. E.; Vergr. 200fach. (Aus [1])

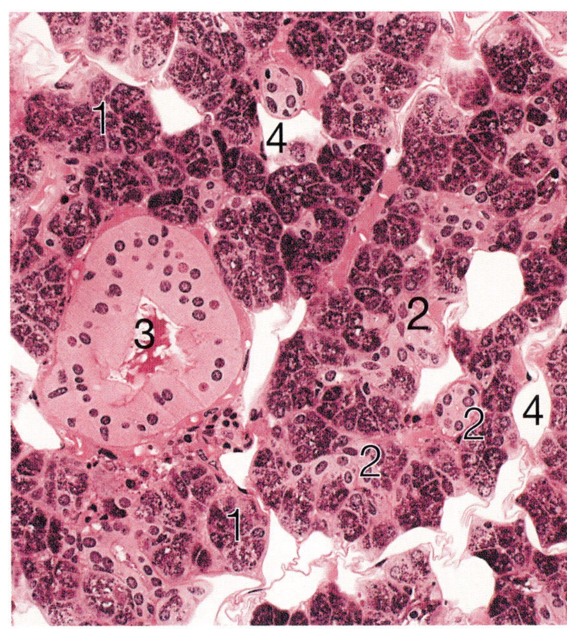

Abb. 10-26 Gl. parotis (Mensch). Drüsenläppchen mit serösen Azini (**1**) und mehreren Schaltstücken (**2**), die durch ihr helleres Zytoplasma unmittelbar auffallen; **3** Streifenstück; **4** Fettzellen. Plastikschnitt; Färbung: H. E.; Vergr. 300fach.

Epithelzellen sind durch ein basales Labyrinth mit länglichen Mitochondrien gekennzeichnet, die eine Anpassung an den gesteigerten Elektrolyttransport darstellen. Typisch sind auch hohe Aktivitäten der Enzyme Carboanhydrase, ATPase und Bernsteinsäurehydrogenase. Sie sezernieren das Peptid Kallikrein sowie auch Muzine.

Die **interlobulären Ausführungsgänge** (Abb. 10-27) sind weitlumig und von einem Bindegewebsmantel umgeben. Anfangs besitzen sie ein einschichtiges prismatisches, weiter distal ein zweireihiges oder zweischichtiges prismatisches Epithel mit einzelnen Becherzellen. Sie werden zunehmend größer und münden in den zweischichtigen prismatischen **Haupt-**

ausführungsgang der Drüsen ein. Von den Hauptausführungsgängen kann die Regeneration von Drüsengewebe ausgehen.

Sekretorische Zellen Die **serösen Zellen** sind in Form von basophilen Azini angeordnet oder sitzen als „**Halbmonde**" (v. Ebner- bzw. Gianuzzi-Halbmonde) mukösen Tubuli auf. Sie besitzen einen rundlichen Kern in der unteren Zellhälfte und sind reich an rauem ER. Dieser Zelltyp ist ausgestattet mit einem großen Golgi-Apparat, aus dem Sekretionsgranula (Abb. 10-28) hervorgehen, die exozytotisch ausgeschleust werden. Die Granula besitzen Zonen unterschiedlicher Dichte, was verschiedenen Inhaltsstoffen entspricht. Typisch sind interzelluläre Sekretionskanälchen, fingerförmige Einstülpungen, die vom Lumen des Azinus ausgehen, ca. 5 µm in das Epithel eindrin-

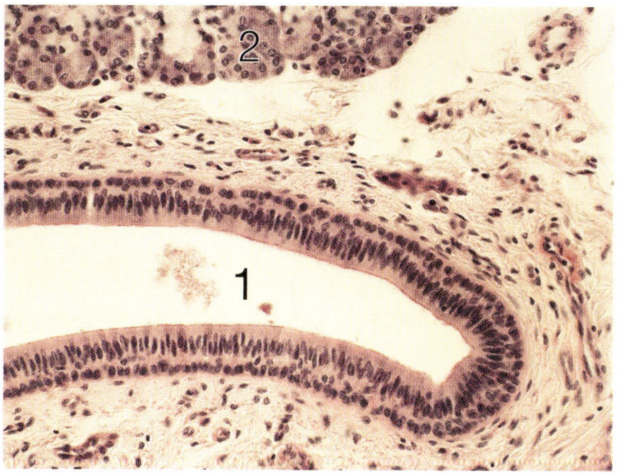

Abb. 10-27 Gl. submandibularis (Mensch). **1** größerer interlobulärer Ausführungsgang mit zweischichtigem Epithel; **2** Azini. Färbung: H. E.; Vergr. 250fach.

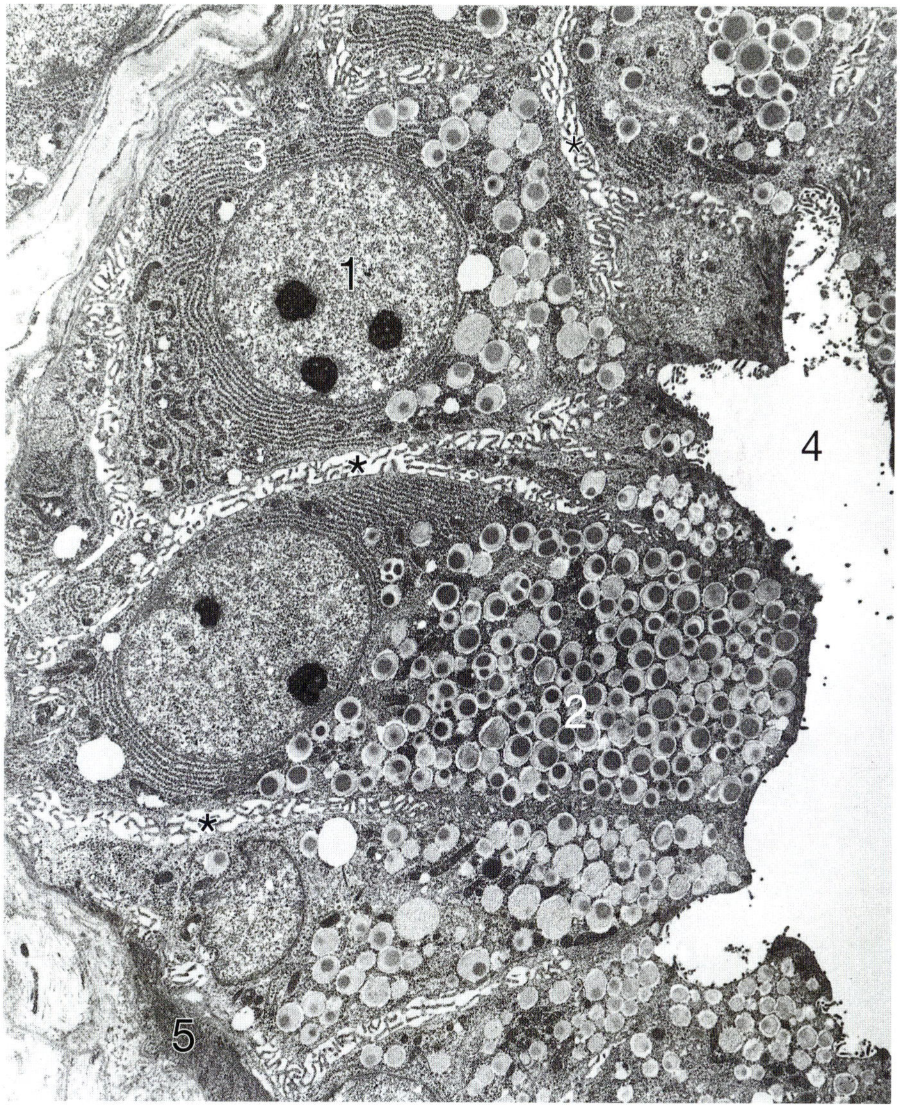

Abb. 10-28 Ultrastruktur seröser Drüsenzellen in der Parotis (Mensch). **1** Zellkern mit 3 Nukleoli; **2** Sekretionsgranula mit dichtem Zentrum und aufgelockerter Peripherie; **3** raues ER; **4** Lumen des Azinus; **5** Myoepithelzelle; ***** Interzellulärraum mit Mikrovilli und Mikrofalten (Transportprozesse). Vergr. 4500fach.

gen und die apikale Oberfläche vergrößern. Produkte der serösen Zellen sind z. B. α-Amylase, Lysozym, Laktoferrin, Peroxidase, die Wachstumsfaktoren NGF und EGF und bei Säuglingen auch Lipase.

Die **mukösen sekretorischen Zellen** enthalten basal einen relativ dunklen und abgeflachten Kern, der von den wesentlichen Zellorganellen umgeben ist. Der große Golgi-Apparat liegt supranukleär. Der größte Teil des Zytoplasmas enthält Schleimgranula, die im H.E.-Präparat hell erscheinen (Abb. **10-29**), mit der PAS-Reaktion dagegen purpurrot sind (Abb. **1-6**). Die mukösen Zellen produzieren im Wesentlichen Schleime (Muzine).

Speichel Insgesamt hat der Speichel verschiedene Aufgaben:
- Er enthält „Schmierstoffe" (Muzine), die das Kauen und Schlucken erleichtern,
- er ist Lösungsmittel für Nahrungsbestandteile, die erst so geschmeckt werden können,
- er hält die Mundhöhle sauber und verhindert Infektionen,
- er enthält Verdauungsenzyme, v. a. α-Amylase, und Wachstumsfaktoren.

In den Endstücken wird zunächst ein isoosmotischer Primärspeichel gebildet (Abb. **10-30**). Der Motor dieser Speichelbildung ist der transzelluläre Transport von Cl^--Ionen, dem parazellulär Na^+-Ionen und schließlich auch Wasser folgen. Im Gangsystem – vor allem im Bereich der Streifenstücke – wird der Primärspeichel zum endgültigen hypoosmotischen Sekundärspeichel umgewandelt. Die Modifikation besteht darin, dass in den Gängen Na^+- und Cl^--Ionen resorbiert werden, aber kaum Wasser diesen Elektrolyten folgen kann. Des Weiteren werden hier kleinere Mengen von K^+- und HCO_3^--Ionen sezerniert. Die Speichelsekretion erfolgt reflektorisch und ist nerval gesteuert. Die Speicheldrüsen sind sympathisch und parasympathisch innerviert. Der Sympathikus fördert die Bildung eines viskösen wasserarmen Speichels, der Parasympathikus die eines wässrigen eiweißreicheren Speichels. Die nervale Stimulation fördert den Einstrom von Ca^{2+}-Ionen, was über verschiedene Zwischenstufen nicht nur den Cl^--Strom durch die Zelle, sondern auch die Freisetzung der Proteine und Muzine bewirkt. Die Myoepithelzellen werden vom Parasympathikus innerviert.

Tabelle **10-3** gibt differentialdiagnostische Kriterien für das Erkennen der großen Speicheldrüsen im histologischen Präparat. Zum Vergleich ist das Pankreas (Bauchspeicheldrüse) mit aufgeführt.

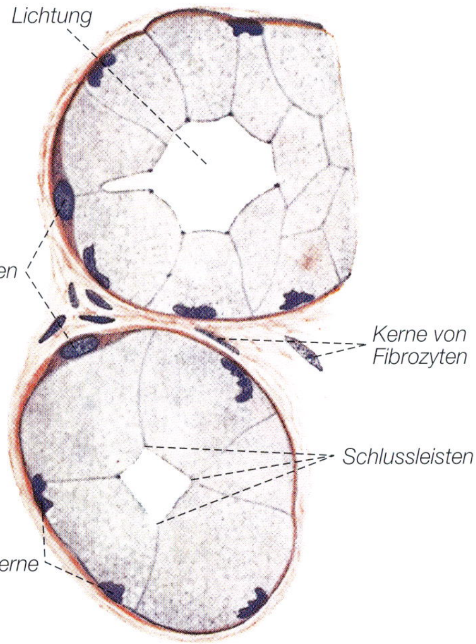

Abb. 10-29 Muköse Endstücke in der Gl. sublingualis (Mensch). Kerne basal und abgeplattet, Zytoplasma blass. Die Korbzellen (Myoepithelzellen) helfen beim Auspressen des Sekrets. Färbung: H. E.; Vergr. 750fach. (Aus [1])

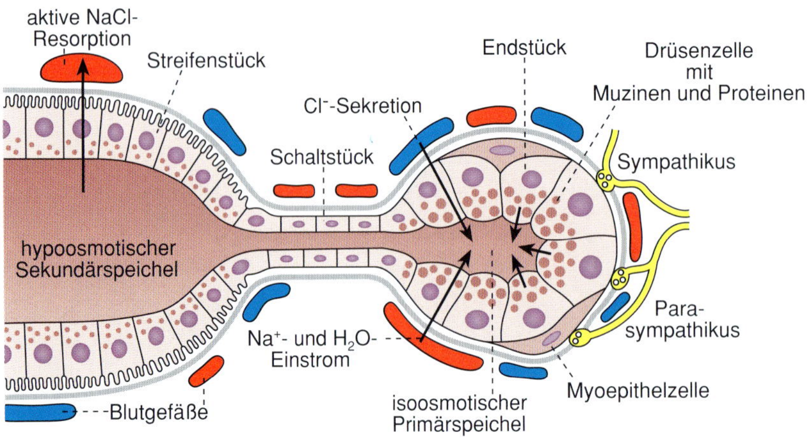

Abb. 10-30 Histophysiologie einer serösen Speicheldrüse. Die Endstücke bilden den (zum Blut isoosmotischen) Primärspeichel, der insbesondere in den Streifenstücken zum hypoosmotischen Sekundärspeichel modifiziert wird. (Vereinfacht nach [3])

Tab. 10-3 Differentialdiagnostische Kriterien für das Erkennen der großen Speicheldrüsen und der Tränendrüse im histologischen Präparat. (Alle genannten Drüsen besitzen interlobuläre Ausführungsgänge.)

Drüse	Endstücke	Schaltstücke	Streifenstücke	Sonstiges
Gl. parotis	Azini, rein serös mit Myoepithelzellen	lang, zahlreich	zahlreich	Talgdrüsen, selten an intralobulären Gängen, Plasmazellen im Stroma
Gl. submandibularis	Azini und Tubuli, seromukös (überwiegend seröse Drüsenzellen), einzelne seröse Halbmonde	relativ kurz, recht häufig	recht häufig	relativ häufig kleine vegetative Ganglien, Plasmazellen im Stroma
Gl. sublingualis	Tubuli und wenige Azini, seromukös (überwiegend muköse Drüsenzellen)	selten	selten	seröse Halbmonde nur auf einem Teil der tubulösen (mukösen) Endstücke
Pankreas	Azini, rein serös, zentroazinäre Zellen, keine Myoepithelzellen	zahlreich	fehlen	Langerhans-Inseln
Gl. lacrimalis	verzweigte Tubuli, serös, Lumen relativ weit	fehlen	fehlen	im Bindegewebe Ansammlungen freier Zellen, besonders Plasmazellen

Klinik Im Bindegewebe der großen Speicheldrüsen kommen normalerweise einzelne univakuoläre Fettzellen vor. Ihre Zahl nimmt im Alter zu und kann bei Unterernährung und Alkoholsucht ein gewaltiges Ausmaß annehmen. Bei Obstruktion der Gänge (Steine, Tumoren) atrophiert das distal gelegene Drüsengewebe.

Tumoren treten am häufigsten in der Gl. parotis auf.

Mumps (Ziegenpeter) ist eine ansteckende Entzündung der Parotis, die durch ein Paramyxovirus (RNA-Virus) verursacht wird.

10.1.4 Rachen

Der Rachen gehört sowohl den Luftwegen (siehe Kap. 8) als auch den Speisewegen an, die sich im mittleren Teil des Rachens kreuzen. Er wird in drei Etagen gegliedert:

- Epipharynx (obere Etage),
- Mesopharynx (mittlere Etage) und
- Hypopharynx (untere Etage).

Der Epipharynx wird von respiratorischem Epithel, Meso- und Hypopharynx von unverhorntem mehrschichtigem Plattenepithel ausgekleidet. Die Schleimhaut des Epipharynx enthält in reichem Maße lymphatisches Gewebe und steht über die Choanen mit der Schleimhaut der Nasenhöhle in Verbindung. Unter der Schleimhaut des Rachens befinden sich eine Muskelhaut (Tunica muscularis) und eine Schicht straffen Bindegewebes (Tunica adventitia).

10.2 Rumpfdarm

10.2.1 Wandaufbau

Die verschiedenen Abschnitte des Rumpfdarms besitzen einen einheitlichen Wandaufbau, der stets vier Schichten erkennen lässt (Abb. **10-31**). Von innen (lumenseitig) nach außen lassen sich unterscheiden:

- **Schleimhaut (Tunica mucosa, Mukosa)** mit den Unterschichten: Lamina epithelialis (Oberflächenepithel), Lamina propria (Schleimhautbindegewebe), Lamina muscularis mucosae (Muskelschicht der Schleimhaut),
- **submuköse Bindegewebsschicht (Tela submucosa, Submukosa)**,
- **Muskelhaut (Tunica muscularis, Muskularis)** mit der inneren Ringmuskelschicht und der äußeren Längsmuskelschicht,
- **Tunica serosa (Serosa)** mit Epithelschicht (Mesothel) und Serosabindegewebe. Eine Tunica serosa findet sich in Darmabschnitten, die intraperitoneal liegen. In Darmabschnitten, die extraperitoneal liegen, z. B. im Ösophagus, wird die Serosa durch eine **Tunica adventitia (Adventitia)**, eine Bindegewebsschicht, ersetzt.

Mukosa Die an das Lumen des Rumpfdarms angrenzende Schleimhaut (Mukosa) hat in den einzelnen Darmabschnitten unterschiedliche Funktionen und unterscheidet sich daher besonders hinsichtlich des

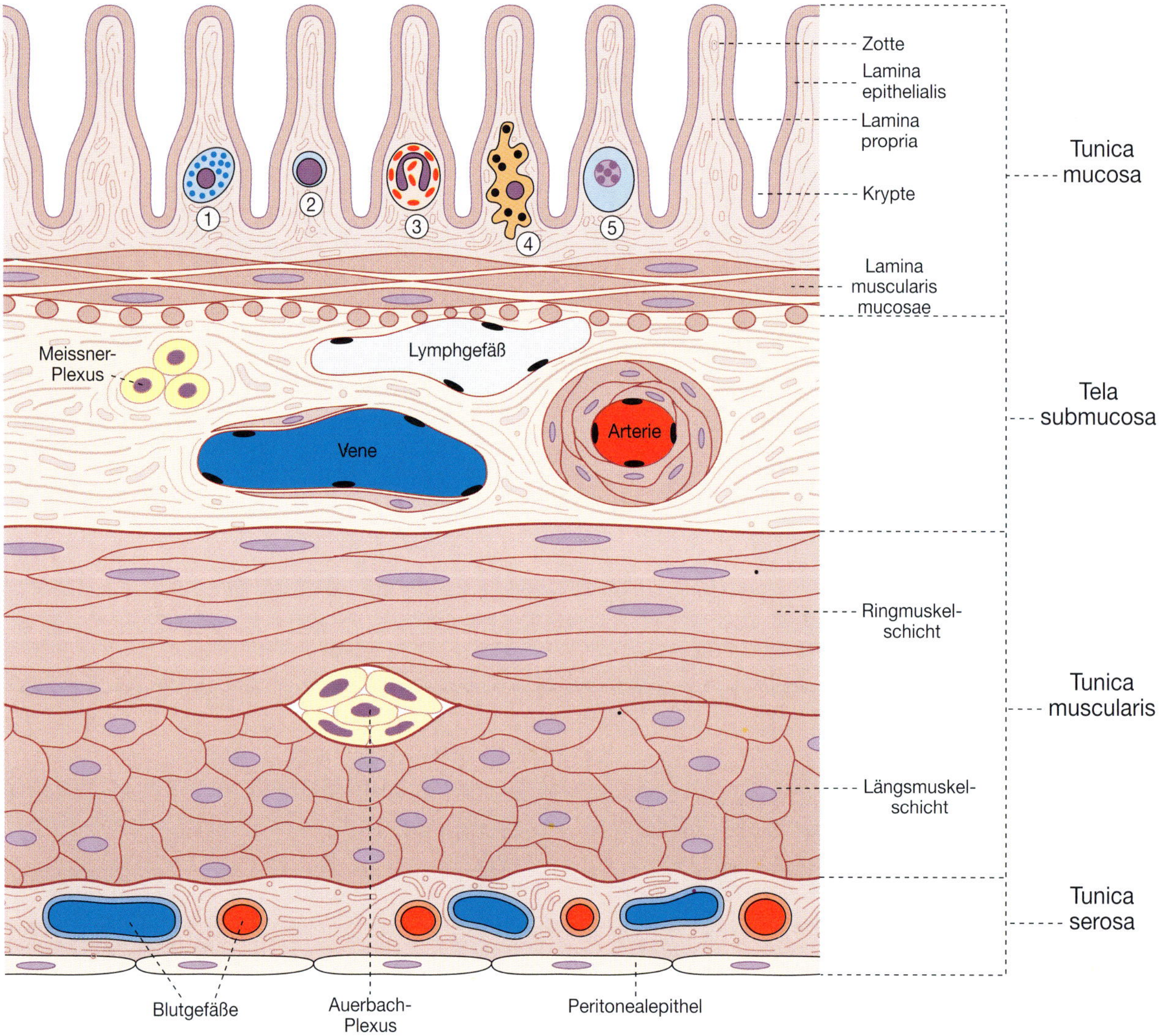

Abb. 10-31 Aufbau der Wand des Magen-Darm-Trakts am Beispiel eines Querschnitts des Dünndarms, schematische Darstellung. Die Lamina propria ist besonders reich an freien Bindegewebszellen (vergrößert dargestellt von links nach rechts: Mastzellen (**1**), Lymphozyten (**2**), Eosinophile (**3**), Makrophagen (**4**), Plasmazellen (**5**). Die Lamina muscularis mucosae besitzt innen zirkulär, außen längs verlaufende glatte Muskelzellen. (Aus [1])

Epithels (Lamina epithelialis) von Darmabschnitt zu Darmabschnitt erheblich, was für die Diagnostik besonders wichtig ist. Die **Lamina propria** ist ein lockeres Bindegewebe mit zahlreichen kleinen Blutgefäßen und lokalen Ansammlungen lymphatischen Gewebes, vielen Makrophagen, Plasmazellen, Lymphozyten und Eosinophilen. Diese Zelltypen stehen im Dienste der Abwehr. Die **Lamina muscularis mucosae** besteht aus glatten Muskelzellen, die innen zirkulär und außen längs angeordnet sind und die der Mukosa eigene Motilität und Konturveränderungen erlauben.

Submukosa Die Submukosa ist reich an kleineren und mittelgroßen Blutgefäßen sowie an Lymphgefäßen. Außerdem liegt hier der **Meissner-Plexus**, ein Nervenplexus, der die Motilität der inneren Wandschichten des Darms steuert. Drüsen sind nur in der Submukosa des Ösophagus und des Duodenums (Brunner-Drüsen) zu finden.

Muskularis Die Muskularis besteht im Prinzip aus zwei Schichten glatter Muskulatur, der inneren Ring- und der äußeren Längsmuskulatur. Zwischen beiden Muskelschichten befindet sich ein weiterer Nervenplexus, der **Auerbach-Plexus**, der die Peristaltik der Muskularis steuert.

Serosa Die Serosa wird von einem flachen bis kubischen Epithel (**Mesothel**, Abb. **9-1**) bedeckt. Das Mesothel ist das viszerale Epithel der Bauchhöhle (Peritonealhöhle, Leibeshöhle). Über das Mesothel der Mesenterien steht dieses viszerale Epithel mit dem parietalen Epithel der Leibeshöhle (innen an der Rumpfwand) in Verbindung. Die Mesothelzellen liegen auf einer Basallamina und tragen Mikrovilli (Abb. **9-2**). Sie sind über Zonulae occludentes verbunden und besitzen ein gut entwickeltes Zytoskelett. Die Mesothelzellen haben ein ausgeprägtes Regenerationsvermögen. Sie sind an der Bildung der Peritonealflüssigkeit beteiligt (siehe S. 333). Das Serosabindegewebe enthält viele Blutkapillaren und Lymphgefäße. Bisweilen wird das Bindegewebe, das unmittelbar an die Muskularis grenzt, als **Tela subserosa** abgegrenzt.

Nervenplexus **Auerbach-Plexus** (Plexus myentericus) und **Meissner-Plexus** (Plexus submucosus) sind zwei Nervenplexus in der Wand des Rumpfdarms. Beide bestehen aus Ganglien und verbindenden Faserbündeln. Die Ganglien des Auerbach-Plexus liegen zwischen Ring- und Längsmuskulatur der Tunica muscularis (Abb. **10-32**). Die Ganglien oder Einzelperikarya des Meissner-Plexus sind in der Submukosa zu finden. Beide Plexus bilden das intramurale enterische Nervensystem und besitzen motorische und sensorische Neurone. Sie können zwar eigenständig ohne von außen kommende Einflüsse arbeiten, werden aber regelmäßig vom Parasympathikus (präganglionäre erregende Fasern) und vom Sympathikus (postganglionäre hemmende Fasern) beeinflusst. Die Plexus steuern die Peristaltik und können auch sekretorische Funktionen der Darmepithelien beeinflussen. Im Auerbach-Plexus treten verschiedene Neurone auf, die entweder **cholinerg** sind und die Muskularis aktivieren sowie die Zellen des Meissner-Plexus stimulieren oder **peptiderg** sind und Muskularis und Meissner-Plexus hemmen. Sowohl die erregenden als auch die hemmenden Neurone des Auerbach-Plexus werden vom Parasympathikus (im größten Teil des Rumpfdarms also vom N. vagus) stimuliert. Der Sympathikus hemmt erregende motorische Neurone in beiden Plexus. Erregende Plexusneurone besitzen z.B. opioide Peptide als Transmitter oder die Substanz P. Hemmende Plexusneurone enthalten z.B. das Peptid VIP (vasoaktives intestinales Peptid). Die Perikarya der sensiblen Fasern in der Darmwand liegen entweder in den prävertebralen sympathischen Ganglien, z.B. dem Ganglion coeliacum, oder den Spinalganglien.

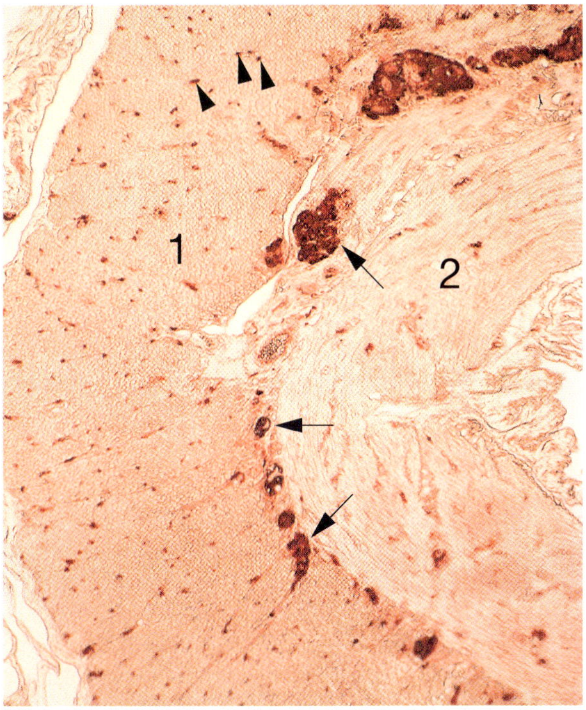

Abb. 10-32 Auerbach-Plexus (→) in der Tunica muscularis des Dünndarms (Schwein). Beachte nicht nur die Ganglien des Auerbach-Plexus (→), sondern auch die zahlreichen Nervenfasern in der Muskulatur (▶). **1** Längsmuskelschicht; **2** Ringmuskelschicht. Immunhistochemischer Nachweis des S-100-Proteins (Braunfärbung), das in Schwann-Zellen vorkommt. Vergr. 45fach.

Klinik Bei der **Peritonealdialyse**, wie sie bei Niereninsuffizienz eingesetzt werden kann, dienen Mesothel und Kapillarendothel im Serosabindegewebe als natürliche Dialysemembran. Die Bauchhöhle wird für einige Stunden mit einer Dialyseflüssigkeit gefüllt. Mittels Diffusion und Ultrafiltration können so kleine Moleküle, Ionen und Wasser ausgetauscht werden. Eine hohe Harnstoff- und Kreatininkonzentration im Blut des niereninsuffizienten Patienten kann dadurch gesenkt werden, da diese harnpflichtigen Substanzen in die Dialyseflüssigkeit übertreten.

10.2.2 Speiseröhre

Die ca. 25 cm lange Speiseröhre (Ösophagus) leitet die Speise aus Mundhöhle und Rachen in den Magen und verhindert den Rückfluss von Magensaft. Die Distanz von den Schneidezähnen bis zum Mageneingang beträgt ca. 40 cm. Der Ösophagus besitzt einen oberen und einen unteren Sphinkter und ist außer beim Schlucken (und Erbrechen) tonisch kontrahiert. Der Tonus des unteren Sphinkters kann durch fettreiches Essen, Rauchen, Kaffee, Tee und Cola herabgesetzt werden. Abbildung **10-33** zeigt einen typischen Querschnitt der Speiseröhre.

Wandaufbau

Mukosa Die Mukosa bildet typische Längsfalten und besitzt ein mehrschichtiges unverhorntes Plattenepithel (Abb. **10-34**), dessen oberen Zellen sehr gly-

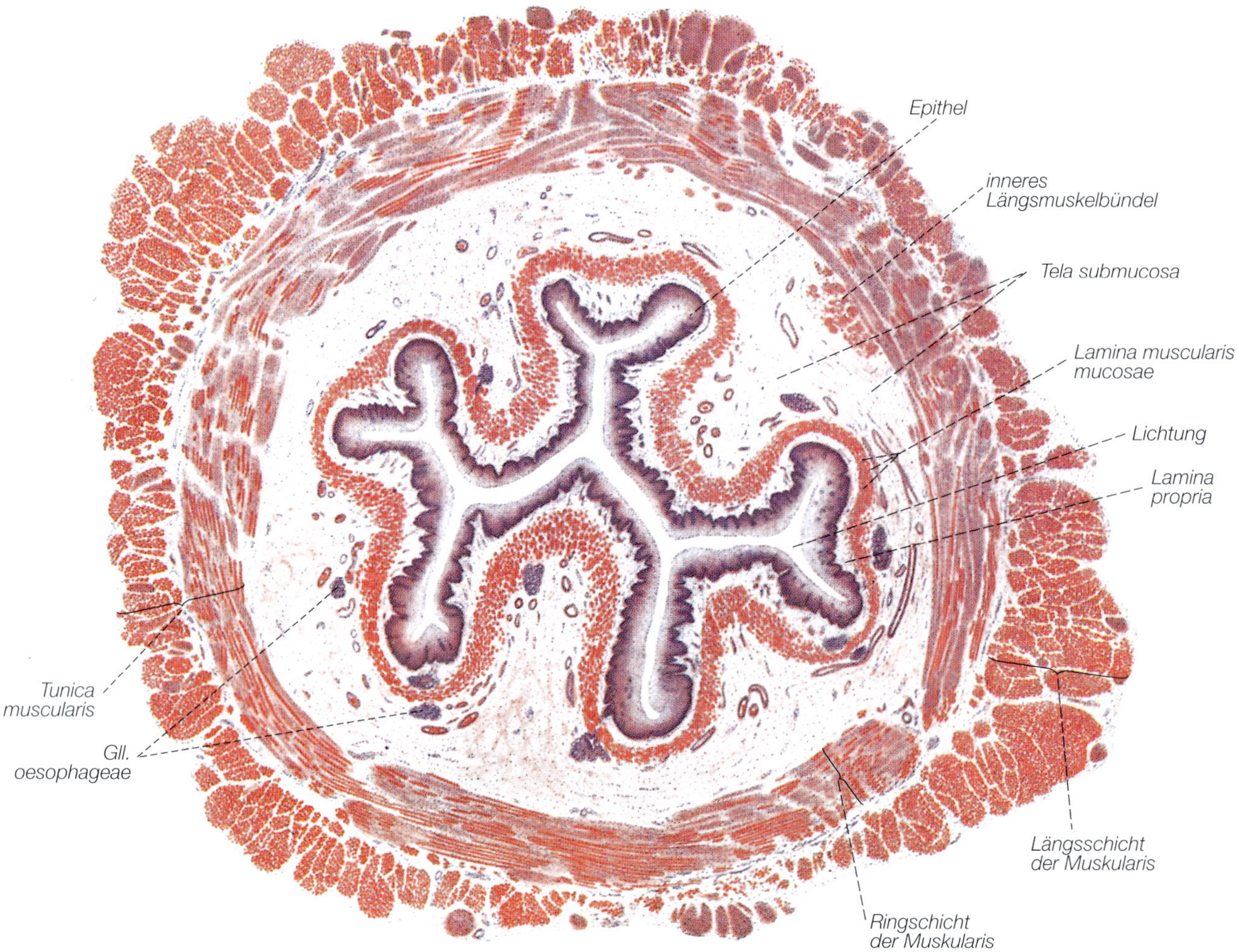

Abb. 10-33 Obere Speiseröhre (Mensch), vollständiger Querschnitt. Die typische Schichtengliederung der Wand kommt prinzipiell in allen Rohrabschnitten des Magen-Darm-Kanals in gleicher Weise vor: Mukosa (mit Epithel, Lamina propria und Muscularis mucosae), Submukosa (Tela submucosa) und Muskularis (Tunica muscularis mit Ring- und Längsmuskelschicht). Der Muskularis des Ösophagus schließt sich außen eine bindegewebige Adventitia an, die den Ösophagus mit seiner Umgebung im Mediastinum verbindet. Ösophagusdrüsen sind relativ selten und finden sich nicht in jedem Schnittpräparat. Färbung: H. E.; Vergr. 11fach. (Aus [1])

kogenreich sind. Mitunter finden sich in den obersten 1–2 Zellschichten Andeutungen einer Verhornung. Bei Nagetieren und Antilopen, die z. T. harte pflanzliche Nahrung fressen, ist das Epithel stark verhornt. Basal können im Epithel endokrine Zellen und Melanozyten vorkommen. Auch Langerhans-Zellen treten vereinzelt auf. In der Lamina propria, die zahlreiche elastische Fasern enthält, finden sich am Ende des Ösophagus oft schleimbildende Drüsen, die den Drüsen des ersten Magenabschnitts, der Kardia, entsprechen. Die Muscularis mucosae ist auffallend dick und besitzt vorwiegend längs verlaufende glatte Muskelzellen; diese bilden ein dichtes Netzwerk von Muskelbündeln, zwischen denen auch elastische Fasern vorkommen.

Submukosa Die Submukosa ist reich an Blutgefäßen. Funktionell wichtig ist ein Venengeflecht, das Blut über die obere Hohlvene zum Herzen führt und Anastomosen mit den Magenvenen bildet. Bei Leberzirrhose entstehen hier gestaute Venen (Ösophagusvarizen), die reißen und zum Tod durch Verbluten führen können. Submuköse Drüsen (Gll. oesophageae, Abb. 10-35) mit ausschließlich mukösem Anteil sind vor allem am Anfang und am Ende des Ösophagus zu finden und bilden vorwiegend Schleime, aber auch Proteine wie Lysozym.

Muskularis Die Muskularis besteht in den oberen 5 cm des Ösophagus aus quergestreifter Skelettmuskulatur. Es folgt dann eine Zone, in der gemeinsam Skelettmuskulatur und glatte Muskulatur vorkommen

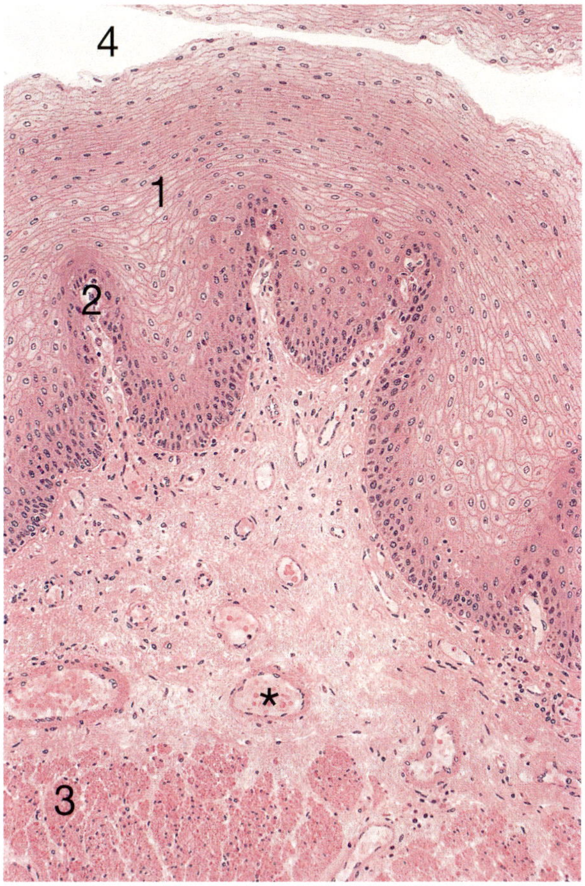

Abb. 10-34 Mukosa des Ösophagus (Mensch). Das mehrschichtige Plattenepithel (**1**) ist unverhornt und sitzt Bindegewebspapillen (**2**) der Lamina propria auf. ✻ Vene in Lamina propria. Die Lamina muscularis mucosae (**3**) ist relativ dick und komplex gebaut, die Ausrichtung ihrer glatten Muskelzellen ist uneinheitlich. **4** Lumen. Plastikschnitt; Färbung: H. E.; Vergr. 100fach. (Aus [1])

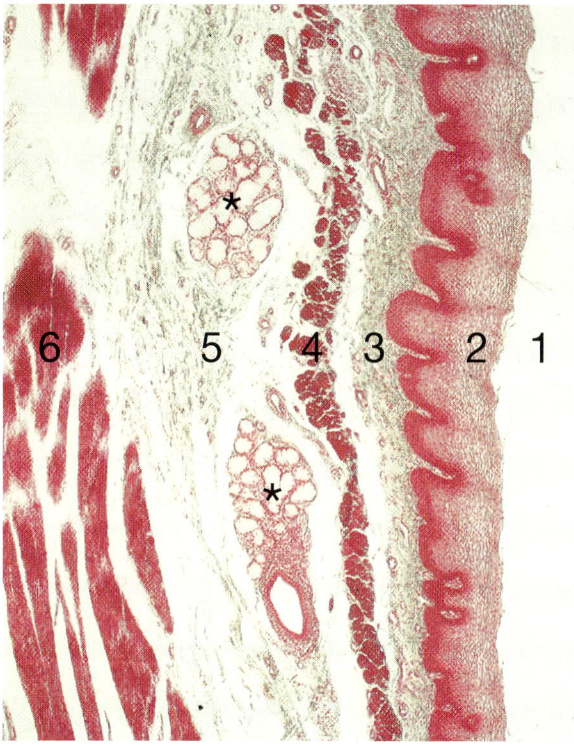

Abb. 10-35 Mukosa und Submukosa des Ösophagus (Mensch). Die an das Lumen (**1**) grenzende Tunica mucosa besteht aus Epithel (**2**), Lamina propria (**3**) und Muscularis mucosae (**4**). ✻ Drüsen in der Tela submucosa (**5**); **6** Ringmuskulatur. Färbung: Goldner, modifiziert. Vergr. 45fach.

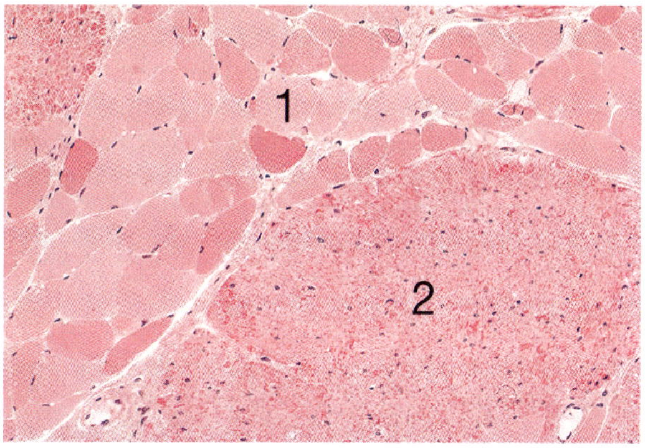

Abb. 10-36 Detail aus der Tunica muscularis (mittleres Ösophagusdrittel, Mensch). Beachte, dass hier Bündel sowohl von quergestreiften Skelettmuskelzellen (**1**) als auch von glatten Muskelzellen (**2**) vorkommen. Plastikschnitt; Färbung: H. E.; Vergr. 100fach. (Aus [1])

(Abb. **10-36**), wobei die glatte Muskulatur überwiegt. Die untere Hälfte des Ösophagus besteht allein aus glatter Muskulatur. Es finden sich relativ viele schräg verlaufende Muskelfaserbündel, so dass die Gliederung in Ring- und Längsmuskulatur undeutlich sein kann. Der Auerbach-Plexus ist in den mittleren und unteren Teilen des Ösophagus sehr hoch entwickelt und besitzt größere Ganglien. Der Meissner-Plexus ist gering entwickelt. Außerhalb der Muskularis ist eine deutliche Adventitia ausgebildet.

Ösophagussphinkter

Oberer und unterer Ösophagussphinkter sind makroskopisch kaum abgrenzbare Strukturen. Mikroskopisch-anatomisch sind sie kompliziert aufgebaut und werden neurophysiologisch in komplexer Art und Weise gesteuert. Der **obere Sphinkter** besteht aus quergestreifter Muskulatur unter funktioneller Beteiligung elastischer Fasern. Er ist tonisch geschlossen und öffnet sich reflektorisch beim Schluckakt. Der ebenfalls tonisch geschlossene untere Sphinkter besteht aus glatter Muskulatur und wird sowohl von erregenden als auch von hemmenden parasympathischen Nervenfasern innerviert. Beide Arten von Parasympathikusfasern erreichen ihren Effekt nicht direkt, sondern über erregende oder hemmende Ganglienzellen des Plexus myentericus. Transmitter der erregenden Ganglienzellen des Plexus sind Acetylcholin, Substanz P und andere Substanzen; Transmitter der hemmenden Fasern, die zur Öffnung des unteren Sphinkters führen, sind u.a. vasoaktives intestinales Peptid (VIP) und Stickoxid. Der **untere Sphinkter** wird durch die quergestreifte Muskulatur des Zwerchfells unterstützt.

Klinik Verschiedenartige Störungen können einen Rückfluss (Reflux) von Magensaft in die Speiseröhre verursachen. Dies kann harmlos sein, wenn es gelegentlich erfolgt und ein kurzfristiges Ereignis ist. Bei **chronischem Reflux** schädigt der saure Magensaft die Ösophagusschleimhaut, und es kommt zur gastroösophagealen Refluxkrankheit mit Ösophagitis (Sodbrennen).

Bei chronischem Reflux kann sich das Plattenepithel in schleimbildendes prismatisches Epithel vom Magen- oder Darmtyp umwandeln (**Barrett-Ösophagus**), mit erhöhtem Entartungsrisiko. Die Säure von Magenschleimhautinseln kann zu Ösophagitis und Ulkusbildung führen.

Bei immungeschädigten Patienten treten vermehrt Virus- und Candida-(Hefepilz-)Infektionen des Ösophagus auf.

Unter **Achalasie** versteht man eine motorische Störung der unteren Ösophagusmuskulatur, die sich beim Schlucken nicht ausreichend erweitert. Dies wird durch Verlust an VIP- und Stickoxidsynthase-positiven Ganglienzellen verursacht. Die Symptome sind vielseitig, u.a. gehören Dysphagie, Brustschmerzen und Erbrechen dazu.

Ösophagusvarizen (Stauungen der Ösophagusvenen) treten bei Pfortaderstauung infolge Leberzirrhose auf.

10.2.3 Magen

Die Hauptfunktionen des Magens (Gaster) sind:

- Speicherung, Durchknetung und Durchmischung der aufgenommenen Nahrung,
- Sekretion des Magensaftes, der vor allem Salzsäure (HCl), proteolytische Enzyme (Pepsin, Beginn der Proteinverdauung) und den Intrinsic-Faktor (notwendig für Vitamin-B_{12}-Resorption im Dünndarm) enthält.

Die Salzsäure schafft einen optimalen pH-Wert für die Andauung der Nahrungsproteine und tötet auch aufgenommene Keime ab. Die Magenmotorik ist von großer funktioneller Bedeutung und wird sehr komplex reguliert. Der proximale Magen hat relativ gleich bleibende Wandspannung und besitzt vor allem Speicherfunktion. Der motorisch viel aktivere distale Magen besitzt in seiner Muskularis ein Schrittmacherzentrum und hat vor allem Durchmischungs- und Aufbereitungsfunktionen. Der Schließmuskel des Magenausgangs, der Magenpförtner (Pylorus, M. sphincter pylori), wird eigenständig kontrolliert und gibt den Magenbrei intermittierend zur Verdauung und Resorption in den Dünndarm ab.

Mikroskopisch-anatomisch gliedert sich der Magen in:

- Kardia (Mageneingang),
- Korpus (Magenkörper) und Fundus (Magenkuppel),
- Pars pylorica (Antrum pyloricum, Antrum).

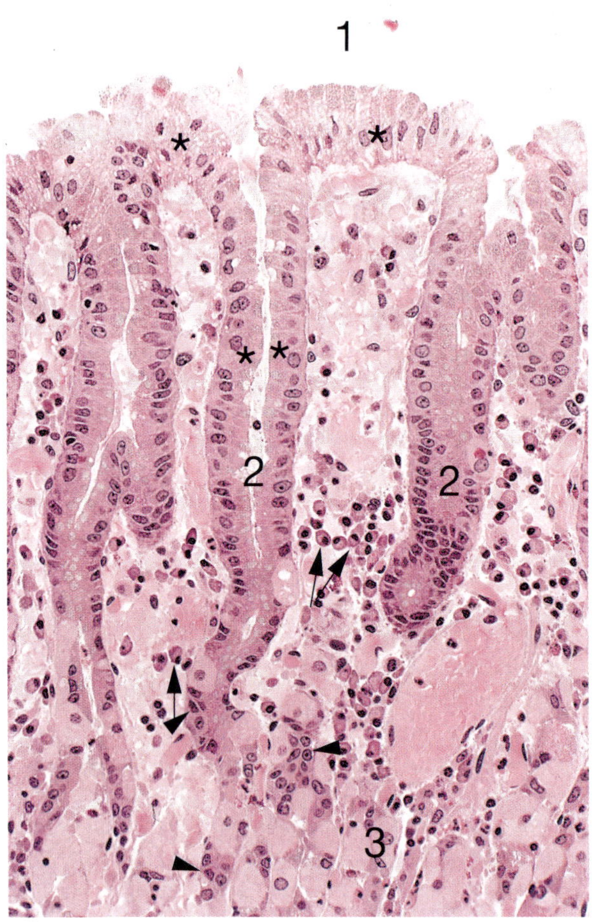

Abb. 10-37 Oberflächenepithel (*) im Magenfundus (Mensch). **1** Magenlumen. Das Oberflächenepithel bedeckt nicht nur die unmittelbare Magenoberfläche, sondern kleidet auch die Foveolae gastricae (**2**) aus. **3** Magendrüsen mit ovalen, großen, hellen Belegzellen und kleinen eosinophilen Nebenzellen (▶); ▶ Nebenzellen → Plasmazellen. Plastikschnitt; Färbung: H.E.; Vergr. 450fach.

Wandaufbau

Die Mukosa des gesamten Magens besitzt ein Mikrorelief mit kleinen Einsenkungen, den Magengrübchen (Foveolae gastricae). Deren jeweilige Tiefe ist im mikroskopischen Präparat differentialdiagnostisch wichtig. Die gesamte Oberfläche, einschließlich der der Foveolae, wird von einem einschichtigen prismatischen schleimbildenden Oberflächenepithel gebildet. Unter dem Oberflächenepithel befinden sich dicht gepackt die tubulären Magendrüsen, die in der Tiefe der Foveolae nach außen münden und sich bis zur Muscularis mucosae erstrecken. Diese Drüsen besitzen in den drei Hauptabschnitten des Magens unterschiedlichen Aufbau.

Das **Oberflächenepithel** (Abb. **10-37**) ist von großer funktioneller Bedeutung. Die schlanken Epithelzellen enthalten in ihrer oberen Zellhälfte Schleimgranula (Abb. **10-38**, im lichtmikroskopischen H.E.-Präparat hell) und sind über ausgedehnte Zonulae occludentes und andere Zellkontakte verbunden. Der Schleim wird normalerweise reguliert per Exozytose freigesetzt und bildet auf der Oberfläche eine ca. 0,2 mm dicke zähe Schicht. Der Schleim schützt die Mukosa vor Verletzung durch aufgenommene Nahrungsbestandteile und Salzsäure und vor Selbstverdauung durch die Pepsine im Magensaft. Er besteht vor allem aus Wasser (95%) und den Muzinen MUC 5AC und MUC 6, die durch spezielle Proteine (Trefoil-Faktor-Peptide) verbunden werden. Die Muzine enthalten bei ca. 75% der Menschen auch die Antigendeterminanten der AB0-Blutgruppensubstanzen. Das zusätzlich im Schleim befindliche Bikarbonat puffert die in den Schleim eindringende Salzsäure ab. Das Bikarbonat wird von den Oberflächenepithelzellen sezerniert unter dem stimulierenden Einfluss von Kalzium, Prostaglandinen, Acetylcholin und Ansäuerung der Schleimoberfläche. Auch das Pepsin ist im Schleim inaktiv, es hat sein Aktivitätsmaximum im sauren Milieu. Im Magenschleim wird dadurch ein Gradient aufgebaut von pH 6–7, in der Tiefe, bis zu pH 1–2 an der Oberfläche. Eine weitere wichtige Komponente des Magenschleims sind Phospholipide, die dem Schleim auch hydrophobe Ei-

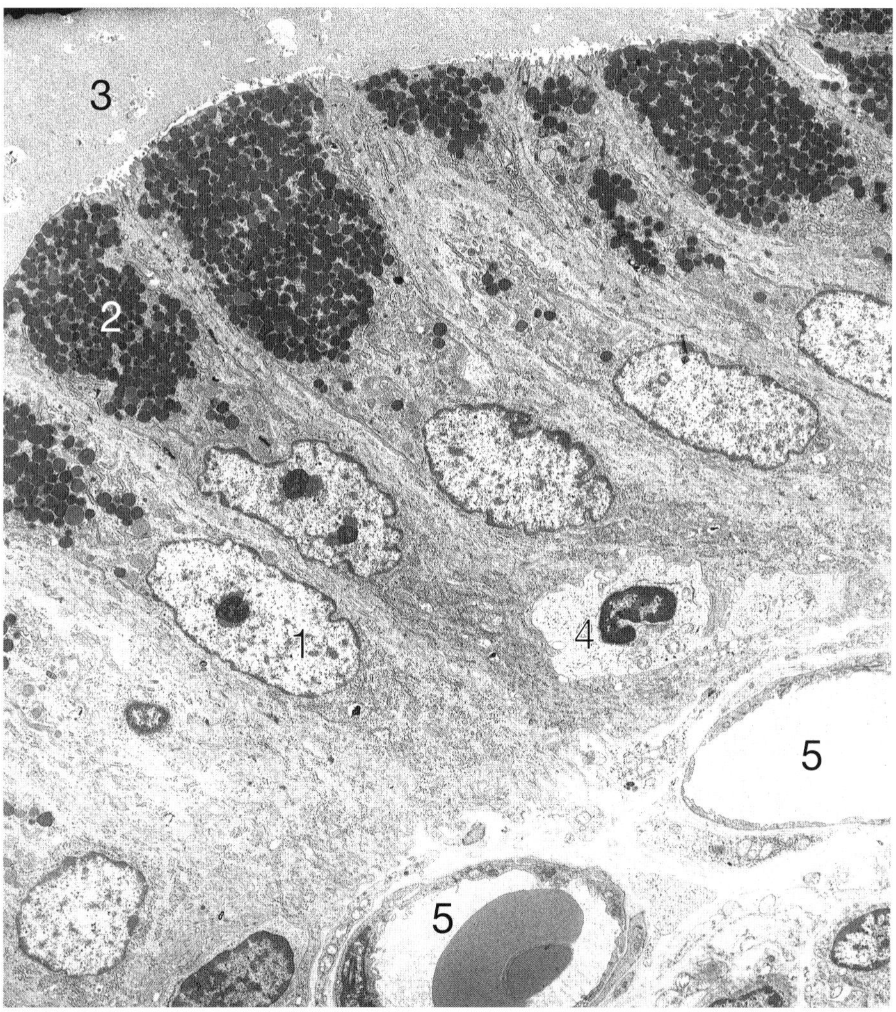

Abb. 10-38
Ultrastruktur des Oberflächenepithels im Magen (Mensch). **1** Zellkern einer Epithelzelle; **2** Sekretionsgranula; **3** Schleimschicht auf der Epitheloberfläche, **4** Lymphozyt im Epithel, **5** Blutkapillaren. Vergr. 3865fach.

genschaften verleihen, sie werden ebenfalls von den Oberflächenepithelzellen sezerniert.

Das Oberflächenepithel besitzt die erstaunliche Fähigkeit, kleinere Epithelverletzungen innerhalb sehr kleiner Zeiträume (Minuten bis 1 h) zu heilen. Die benachbarten Epithelzellen vermögen sowohl zur Läsion zu wandern als auch rasch unter dem Einfluss von Wachstumsfaktoren und anderen Signalmolekülen zu proliferieren.

Klinik Das Oberflächenepithel mit seiner Schleimschicht repräsentiert die „protektiven" Komponenten der Magenschleimhaut, wohingegen Salzsäure und Pepsine die „aggressiven" Faktoren des Magens sind (Abb. **10-39**). Zu den protektiven Kräften zählen außerdem die intakte Durchblutung der Mukosa, die Regenerationskraft des Oberflächenepithels und die Bildung von Prostaglandinen in der Mukosa. Die protektiven Mechanismen können geschwächt werden, z.B. durch Durchblutungsstörungen, Schock, verzögerte Magenentleerung und duodenogastralen Reflux. Die aggressiven Faktoren werden verstärkt z.B. durch Infektion mit *Helicobacter pylori*, Einnahme von Acetylsalicylsäure und von nicht-steroidalen Entzündungshemmern, Alkohol, Zigarettenrauchen, Störungen der Regulation der Magensaftbildung und auch durch schwere Stressbelastungen.

Wenn die oberflächliche Schutzschicht durchbrochen ist und die Verletzungen (Läsionen) nur die Schleimhaut betreffen, spricht man von **Erosionen.** Dehnen sich die Verletzungen auch bis in die Submukosa aus, bezeichnet man sie als **Ulzera.**

Kardia

Die Kardia nimmt beim Menschen nur eine 1–3 cm breite Zone ein (beim Schwein dagegen ca. $^1/_3$ des Magens). Die Foveolae sind relativ tief und nehmen ca. $^1/_3$ der Schleimhautdicke ein. Die Schleimhautdrüsen sind relativ weitlumig, gewunden und verzweigt (Abb. **10-40**). Das Drüsenepithel bildet, wie das Oberflächenepithel, Schleime. Diese sind alkalisch und können die Magensäure neutralisieren und somit die Ösophagusschleimhaut vor eventuell eindringender Säure schützen. Vereinzelt treten im Drüsenepithel endokrine Zellen auf.

Korpus und Fundus

Korpus und Fundus nehmen den größten Teil des Magens ein und sind histologisch nicht zu unterscheiden. Sie gehören funktionell eng zusammen, da beide Regionen durch salzsäurebildende (oxyntische) Magendrüsen gekennzeichnet sind.

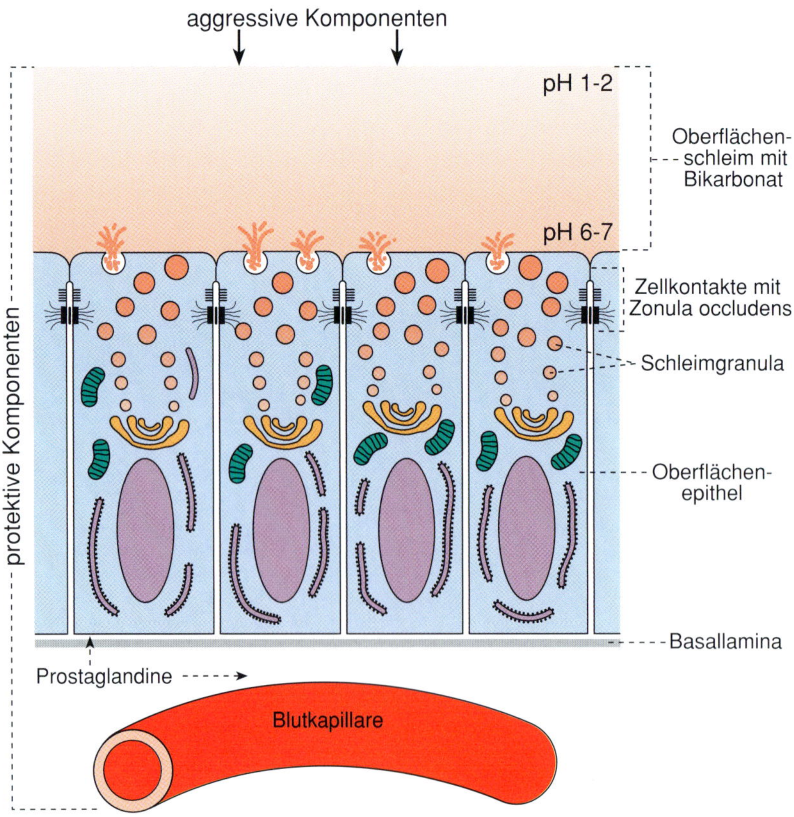

Abb. 10-39 Einfluss protektiver und aggressiver Faktoren auf das Oberflächenepithel des Magens, schematische Darstellung. Zu den protektiven Faktoren gehören insbesondere intaktes Oberflächenepithel, Bikarbonat und ausreichende Menge an Oberflächenschleim. Zu den aggressiven Faktoren zählen vor allem HCl, Pepsin, Medikamente, Alkohol, Nikotin und psychischer Stress.

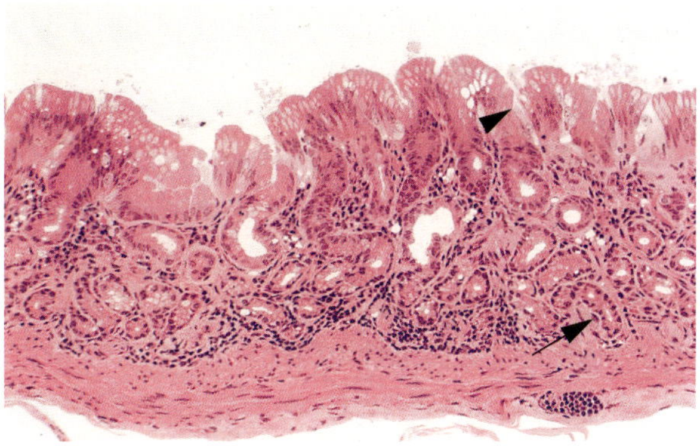

Abb. 10-40 **Mukosa der Kardia** (Magen, Mensch). Die Mukosa ist relativ dünn. Die Foveolae gastricae (▶) sind grübchenförmige Einsenkungen des Oberflächenepithels, sie nehmen in der Kardia etwa ein Drittel bis die Hälfte der Schleimhaut ein. In der Tiefe der Foveolae münden die schleimbildenden Kardiadrüsen (➔) aus. Plastikschnitt; Färbung: H. E.; Vergr. 100fach. (Aus [1])

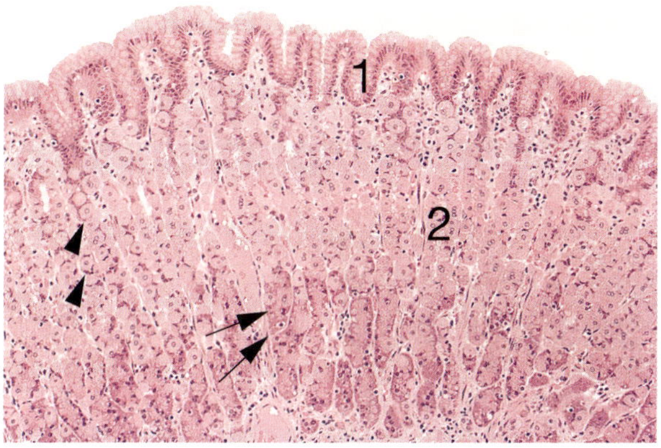

Abb. 10-41 **Mukosa des Fundus** (Magen, Mensch). Das Oberflächenepithel bedeckt die Oberfläche des gesamten Magens und kleidet die Foveolae gastricae (**1**) aus. Die Foveolae nehmen $1/5-1/4$ der relativ dicken Schleimhaut ein. Die nur leicht geschlängelt verlaufenden, z.T. verzweigten Drüsen (**2**) besitzen einen apikalen Abschnitt (Isthmus, Hals), einen Mittelteil und einen in der Tiefe der Mukosa befindlichen Abschnitt. Vor allem im Hals und in der Mitte der Drüsen fallen die großen (hier blassen) azidophilen Belegzellen (▶) auf, die Salzsäure bilden. Das untere Ende der Drüsen wird vorwiegend von basophilen Hauptzellen (➔) eingenommen, die eiweißspaltende Enzyme bilden. Zahlreiche endokrine Einzelzellen des Drüsenepithels sind im H. E.-Präparat nicht erkennbar. Plastikschnitt; Färbung: H. E.; Vergr. 100fach. (Aus [1])

Die Foveolae sind mäßig tief und nehmen ca. $1/5-1/4$ der Schleimhautdicke ein (Abb. **10-41**). Im Grund jeder Foveola entspringen bis zu 7 Magendrüsen, von denen ca. 15 Millionen beim Menschen existieren. Sie sind dicht gepackt und verlaufen gewunden (v. a. in der Tiefe) bis zur Muscularis mucosae. Der oberste Bereich der Drüsen wird als Hals oder Isthmus bezeichnet.

Eine Magendrüse im Korpus-Fundus-Bereich enthält fünf Zelltypen (Abb. **10-42**, Tab. **10-4**):

- Nebenzellen,
- Stammzellen,
- Belegzellen,
- Hauptzellen und
- endokrine Zellen.

Nebenzellen Die Nebenzellen (Abb. **10-43**) bilden Schleime und kommen im Isthmus und zwischen den Belegzellen in tieferen Regionen der Drüsen vor. Sie bilden einen speziellen sulfatierten Schleim, dessen genaue Funktion noch unbekannt ist.

Stammzellen Im oberen Drüsenhals treten auch morphologisch unauffällige Stammzellen auf, von denen die Erneuerung des Drüsen- und Oberflächenepithels ausgeht. Die Zellen des Oberflächenepithels werden ca. alle 4–8 Tage, die Nebenzellen alle 7 Tage

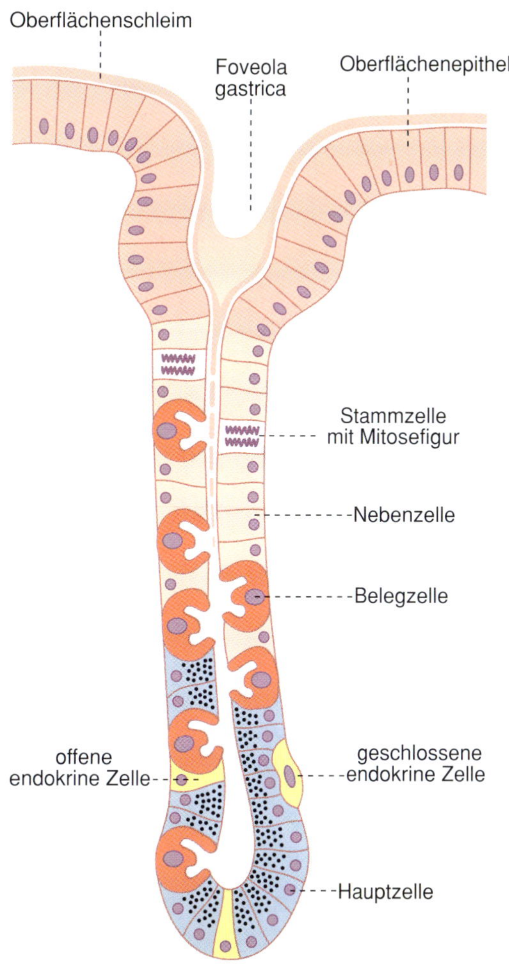

Abb. 10-42 **Magendrüse im Fundus,** schematische Darstellung.

Tab. 10-4 Kennzeichen der Drüsenzellen im Korpus-Fundus-Bereich.

	Morphologie	Sekret
Oberflächenepithel	hochprismatisch	Magenschleim bei 75% der Menschen auch Antigendeterminanten des AB0-Blutgruppensystems
Nebenzellen	schlank oft zwischen Belegzellen „eingezwängt"	Komponente des Magenschleims
Stammzellen	ähneln z. T. Nebenzellen liegen vereinzelt im Drüsenhals	–
Belegzellen	groß, eosinophil mitochondrienreich apikal schlauchförmige Einstülpungen	HCl, Intrinsic-Faktor
Hauptzellen	prismatisch basal reich entwickeltes raues ER (Basophilie) apikal gelegene Sekretionsgranula	v. a. Pepsine der Gruppe I (Proteasen)
Endokrine Zellen	basal gelegene Sekretionsgranula	Peptidhormone, Serotonin, Histamin

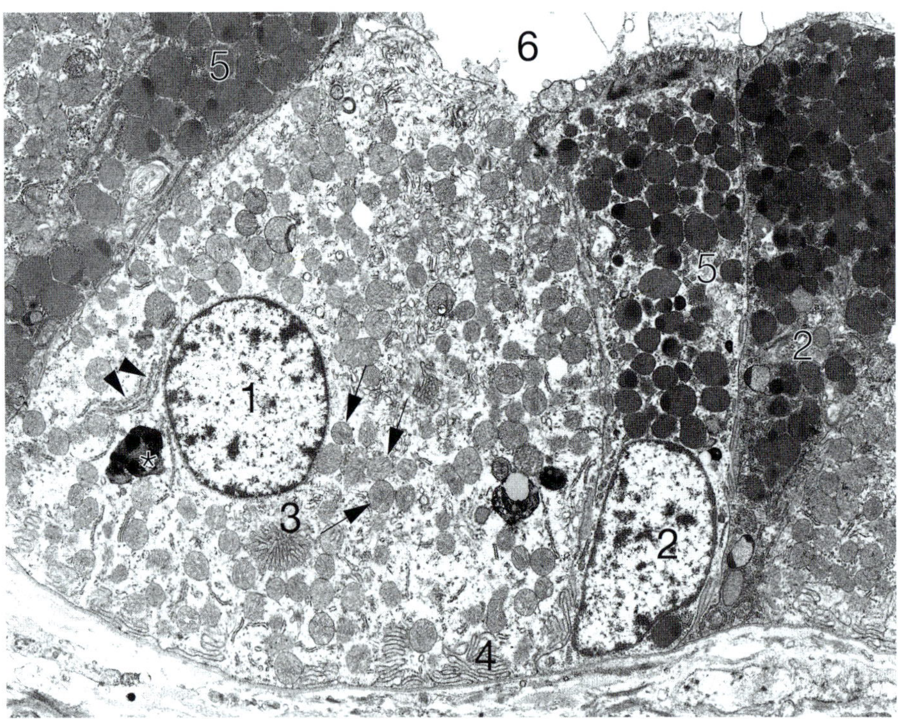

Abb. 10-43 Ultrastruktur einer Belegzelle (1) und von Nebenzellen (2) im Fundus (Magen, Mensch). Die Belegzelle enthält zahlreiche Mitochondrien (➔) sowie einzelne raue ER-Zisternen (▶) und Lysosomen (✻). **3** Querschnitt durch ein Sekretionskanälchen, dessen Lumen weitgehend von Mikrovilli ausgefüllt ist; **4** basale Einfaltungen der Zellmembran; **5** Sekretionsgranula der Nebenzelle; **6** Drüsenlumen. Vergr. 5100fach.

ersetzt. Der Ersatz der Beleg- und Hauptzellen erfolgt sehr viel langsamer, vermutlich nur alle 1–2 Jahre.

Belegzellen Die Belegzellen bilden die Salzsäure. Sie sind große eosinophile Zellen der oberen und mittleren Zone der Magendrüsen (Abb. **10-42–10-44**). Im Präparat haben sie oft eine ovale oder plump-pyramidenförmige Gestalt, die Spitze zeigt zum Drüsenlumen, die konvexe Basis wölbt sich ins Bindegewebe vor. An ihrer epithelialen Oberfläche stülpt sich ein feines anastomosierendes Kanälchensystem ein (Sekretionskanälchen), das in aktiven Zellen von Mikrovilli gesäumt wird und gut mit dem enzymhistochemischen Carboanhydrasenachweis sichtbar gemacht werden kann. Das Zytoplasma ist dicht mit relativ großen Mitochondrien angefüllt (bis 40% des Zellvolumens, Abb. **10-43**, **10-45**), alle anderen Organellen treten hinter ihnen zurück. Vereinzelt finden sich Lysosomen, raue ER-Zisternen treten einzeln oder in kleinen Gruppen im gesamten Zytoplasma auf, der Golgi-Apparat ist relativ klein.

Unmittelbar an der apikalen Membran (auch der der Sekretionskanälchen) der Belegzellen tritt ein System tubulärer membranbegrenzter Strukturen auf (**Tubulovesikel, tubuläres System**). Bei unvollkommener Fixierung haben diese auch die Form von Vesikeln. In aktiven Zellen sind die Sekretionskanälchen weit und tief und die Mikrovilli lang und zahlreich. Das tubuläre System ist in solchen aktiv säuresezernierenden Zellen deutlich reduziert. Umgekehrt verhalten sich die genannten Strukturen in inaktiven Zellen. Das Zytoskelett (v.a. Aktin) spielt beim Umbau des tubulären Systems eine wichtige Rolle. Das tubuläre System ist ein Reservesystem, das bei Bedarf in die apikale Membran eingebaut wird.

Die apikale Membran und die Membran des tubulären Systems enthalten in sehr reichem Maße eine spezifische H^+-K^+-ATPase, eine Protonenpumpe, die H^+-Ionen (Protonen) im Austausch gegen K^+-Ionen und unter Hydrolyse von ATP in das Lumen der Magendrüsen befördert (Abb. **10-46**). Diese Protonenpumpe spielt eine wesentliche Rolle bei der **Säureproduktion**, für die die Mitochondrien die Energie liefern.

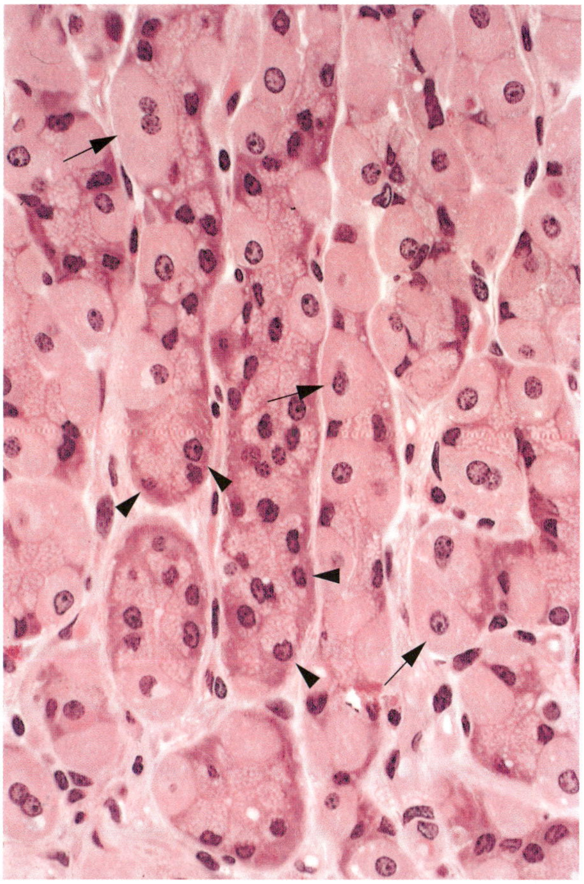

Abb. 10-44 Tiefe Region der Magenschleimhaut (Fundus, Rhesusaffe). ➔ Belegzellen (blassrosa), die vereinzelt zwei Zellkerne besitzen; ▶ Hauptzellen mit basalem basophilem Zytoplasma und hellen apikalen Sekretionsgranula. Färbung: H.E.; Vergr. 450fach.

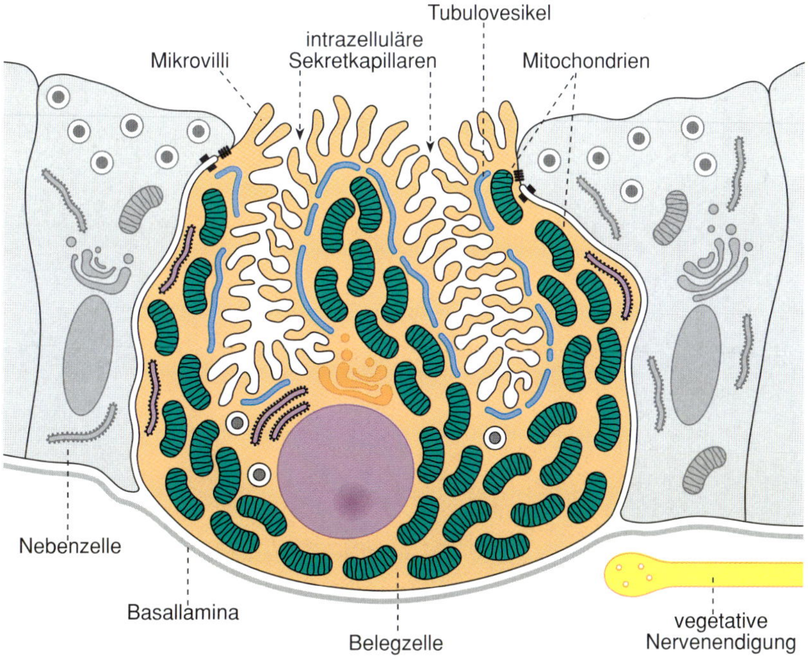

Abb. 10-45 Ultrastruktur einer Belegzelle und benachbarter Nebenzellen in einer Fundusdrüse des Magens (Mensch), schematische Darstellung. Intrazelluläre Sekretkapillaren sind tiefe Einstülpungen der apikalen Zellmembran. Tubulovesikel sind schlauchförmige Membranreservestrukturen. Sie enthalten H^+-K^+-ATPase in ihrer Membran und werden bei Zellstimulation in die apikale Zellmembran eingebaut. Es gibt eine basale HCl-Sekretion mit zirkadianem Rhythmus (Höhepunkt nachts) und eine stimulierte Sekretion z.B. unter dem Stimulus von Geruch und Geschmack.

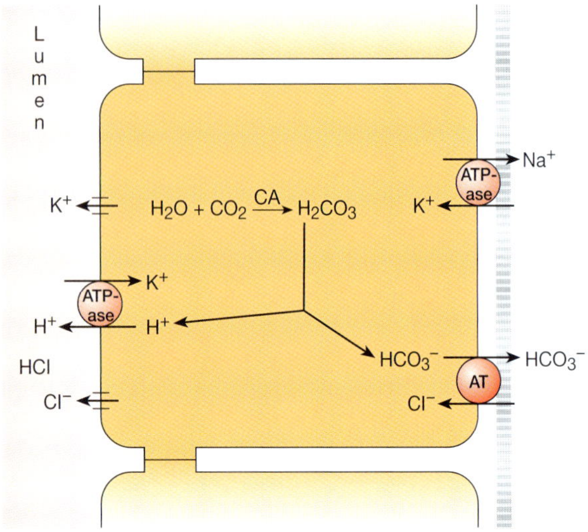

Abb. 10-46 Mechanismus der Protonensekretion durch Belegzellen. AT: Anionentransporter, CA: Carboanhydrase.

Außerdem kommen hier ein Chloridkanal und auch ein Kaliumkanal vor. Pro sezerniertes H^+-Ion gelangt ein Cl^--Ion ins Lumen der Drüse. H^+ und Cl^- verbinden sich dann zu Salzsäure. Für jedes sezernierte H^+-Ion verlässt ein HCO_3^--Ion basal die Zelle.

Die Belegzellen sezernieren nicht nur Salzsäure, sondern auch den **Intrinsic-Faktor**, ein Glykoprotein, das für die Resorption von Vitamin B_{12} erforderlich ist. Nach Magenoperationen muss Vitamin B_{12} injiziert werden, um eine Anämie zu vermeiden. Die basolaterale Zellmembran der Belegzellen bildet unregelmäßig gestaltete Einfaltungen aus.

Hauptzellen Die Hauptzellen sind basophile Zellen im unteren Viertel oder Drittel der Magendrüsen (Abb. **10-44**). Es sind typische seröse Drüsenzellen mit gut entwickeltem basalem rauem ER, großem supranukleärem Golgi-Apparat und apikalen Sekretionsgranula (Abb. **10-47**). Das Produkt der Hauptzellen sind die **Pepsine,** die zunächst als inaktive Pepsinogene sezerniert werden. Stimulation dieser Zellen erfolgt durch Acetylcholin, Gastrin und Histamin 2, Hemmung durch Somatostatin.

Endokrine Zellen In der gesamten Magenschleimhaut kommen recht zahlreich endokrine Zellen vor. Diese Zellen unterschieden sich auch morphologisch und bilden im Magen verschiedene Hormone, z. B. Somatostatin, Serotonin, Histamin, Gastrin, pankreatisches Polypeptid und andere Peptide.

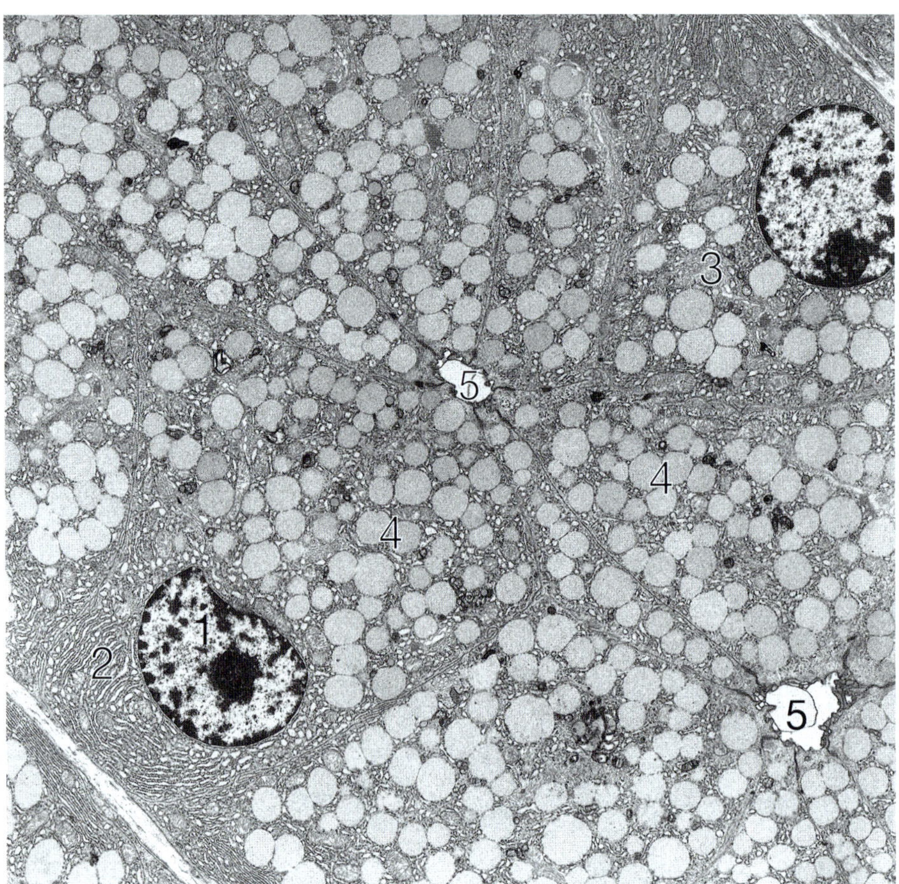

Abb. 10-47 Hauptzellen in einer Fundusdrüse (Magen, Mensch), Ultrastruktur. **1** Zellkern; **2** raues ER; **3** Golgi-Apparat; **4** Sekretionsgranula, **5** zweimal angeschnittenes Drüsenlumen. Vergr. 5100fach.

Magensaftsekretion Die Sekretion des Magensaftes wird sehr komplex gesteuert. Es gibt verschiedene stimulierende und hemmende Mechanismen. Man unterscheidet bei der stimulierten Sekretion eine zephale, eine gastrische und eine intestinale Phase der Magensaftsekretion. Von besonderem klinischem Interesse ist die Steuerung der Säuresekretion (Abb. **10-48**). Diese erfolgt vor allem über den N. vagus (Acetylcholin), Histamin (aus den endokrinen ECL[enterochromaffin-like]-Zellen, wirkt über den H_2-Rezeptor der Belegzellen) und Gastrin (aus den endokrinen G-Zellen der Pylorusdrüsen). Die drei Mechanismen sind miteinander verknüpft. Acetylcholin und Histamin sind insbesondere für die basale Sekretion verantwortlich.

Klinik Bei vielen Magenerkrankungen wird über eine große Zahl verschiedenster Medikamentengruppen versucht, die Säuresekretion zu reduzieren, beispielsweise mit Antazida, H_2-Rezeptor-Blockern, Anticholinergika, Prostaglandinanaloga und Protonenpumpenhemmern.

Pars pylorica

Die letzten 4–5 cm des Magens, die Pars pylorica, sind mit einer Schleimhaut ausgekleidet, die durch tiefe Foveolae und gewundene, verzweigte Schleimhautdrüsen gekennzeichnet ist. Die Drüsen bilden vor allem **Schleime** (Abb. **10-49**). Die Zone der Foveolae kann $^2/_5$ bis die Hälfte der Schleimhaut einnehmen. Außer Schleimen produzieren die kubischen bis niedrig prismatischen Drüsenzellen auch **Proteine** wie Pepsin und das antibakterielle Lysozym. Ihre Sekretionsgranula besitzen ein dichtes Zentrum und eine locker strukturierte Peripherie, was auch auf verschiedene Inhaltsstoffe hindeutet. Regelmäßig sind in der Schleimhaut Lymphfollikel zu finden. Eine wichtige endokrine Drüsenzelle des Epithels der Pars pylorica ist die **G-Zelle,** die das Gastrin produziert, das an der Stimulation der Belegzellen beteiligt ist (Abb. **10-48**).

! Die innere Oberfläche des gesamten Magens wird von schleimproduzierendem Oberflächenepithel gebildet. Das gleiche Epithel kleidet die Magengrübchen aus. Die Tiefe der Magengrübchen unterschei-

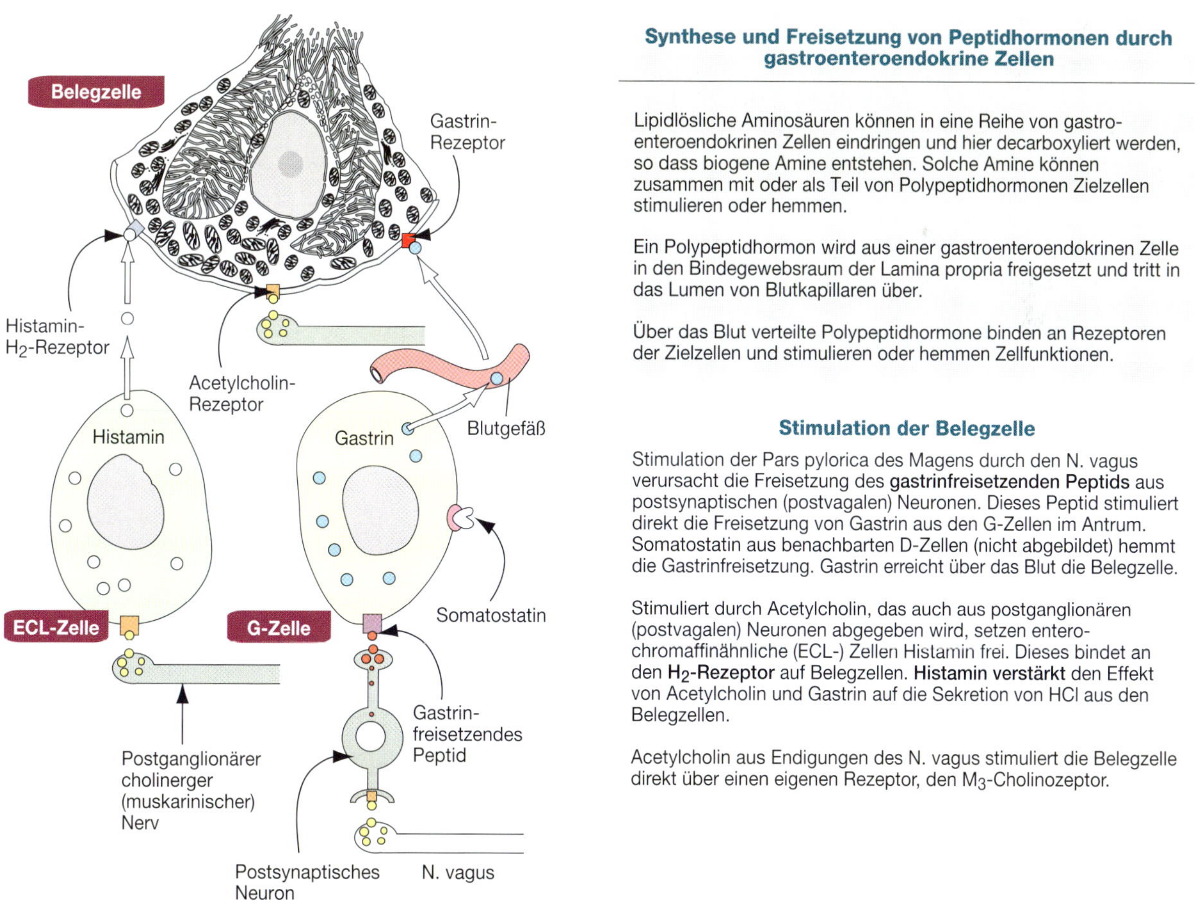

Abb. 10-48 Steuerung der Säuresekretion. (Aus [12])

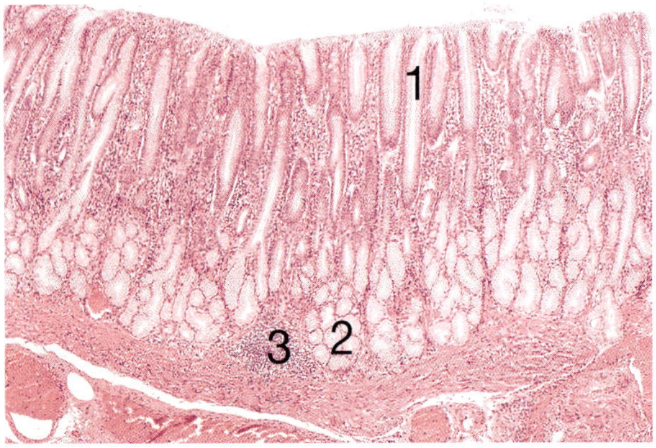

Abb. 10-49 Mukosa der Pars pylorica (Magen, Mensch). Die tiefen Foveolae gastricae (**1**) nehmen ca. die Hälfte der Höhe der Mukosa ein. Die geknäuelten, verzweigten tubulösen Drüsen (**2**) bilden vor allem Schleime und enthalten viele endokrine Zellen, darunter die Gastrin bildenden Zellen. In der Schleimhaut der Pars pylorica treten relativ häufig Lymphfollikel (**3**) auf. Färbung: H.E.; Vergr. 100fach. (Aus [1])

det sich in Kardia, Korpus/Fundus und Pars pylorica. Sie beträgt in der Kardia gut $^1/_3$, im Korpus-Fundus $^1/_5$–$^1/_4$ und in der Pars pylorica $^2/_5$–$^1/_2$ der Schleimhautdicke. Alle Drüsen des Magens enthalten endokrine Zellen und Stammzellen.

Das Epithel der Kardiadrüsen ist aus schleimbildenden Zellen aufgebaut.

In der Wand der Drüsen des Korpus/Fundus kommen Nebenzellen (Schleimbildung), Belegzellen (Bildung von Salzsäure und Intrinsic-Faktor) und Hauptzellen (Bildung von Proteinasen) vor.

Die Drüsen der Pars pylorica sind aus mukösen Epithelzellen aufgebaut, die aber nicht nur Schleime, sondern auch Proteine wie z. B. Pepsin produzieren.

10.2.4 Dünndarm

Der Dünndarm ist beim Erwachsenen ca. 3 m lang und hat insbesondere die Funktion der Nährstoffresorption (Nährstoffabsorption). Diese Funktion wird wesentlich durch die Sekrete von Pankreas und Leber unterstützt, die mit dem Dünndarm über Gangsysteme verbunden sind. Die Funktion des Dünndarms wird durch das Nervensystem und eine riesige Zahl verschiedener epithelialer endokriner Zellen unterstützt. Zählt man alle endokrinen Zellen des Dünndarms zusammen, so ist er das größte endokrine Organ des Körpers.

Der Dünndarm wird in drei nicht scharf voneinander getrennte Abschnitte gegliedert, die einen ähnlichen histologischen Aufbau besitzen:

- Duodenum (Zwölffingerdarm),
- Jejunum (Leerdarm),
- Ileum (Krummdarm).

Wandaufbau

Allen drei Dünndarmabschnitten ist gemeinsam, dass die Oberfläche ihrer Mukosa durch Falten (Plicae circulares, Kerckring-Falten), Zotten (Villi) und Mikrovilli stark vergrößert ist.

Die bis ca. 10 mm hohen **Kerckring-Falten** vergrößern die Oberfläche um das Dreifache auf ca. 0,6–1 m^2. Die **Zotten** sind 0,5–1 mm lang und vergrößern die Oberfläche um das 6- bis 14fache auf ca. 10 m^2. Die **Mikrovilli** sind 1–1,4 µm lang und vergrößern die Oberfläche um das 20- bis 35fache auf ca. 200 m^2.

An der Bildung der Kerckring-Falten sind Submukosa und Mukosa beteiligt (Abb. **10-50**). Die Zotten sind allein Bildungen der Mukosa (Abb. **10-51**).

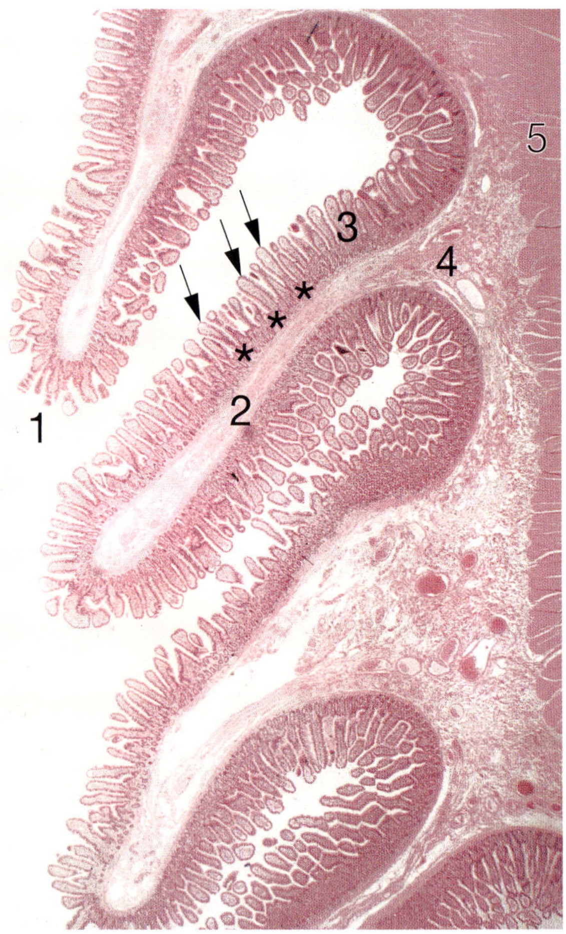

Abb. 10-50 Kerckring-Falten (Jejunum, Mensch), Übersichtsaufnahme eines Längsschnitts. **1** Darmlumen; **2** Kerckring-Falte, **3** Mukosa mit Zotten (→) und Krypten (*); **4** Submukosa; **5** Muskularis. Plastikschnitt; Färbung; H.E.; Vergr. 15fach.

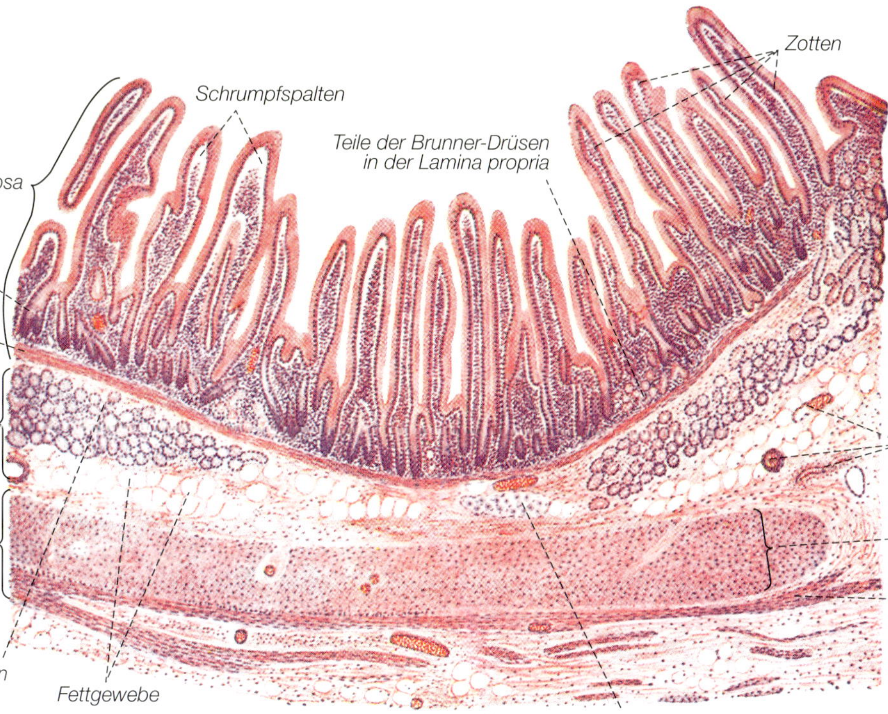

Abb. 10-51 Wandschichten des Duodenums (Mensch). Die Mukosa besitzt Zotten und Krypten. Kennzeichnend für das Duodenum sind die Brunner-Drüsen in der Submukosa. Färbung: H.E.; Vergr. 50fach. (Aus [1])

Die Mikrovilli sind winzige fingerartige Ausstülpungen der Apikalmembran der resorbierenden Darmzellen (Abb. **10-52,** siehe auch S. 23).

Mukosa Die Schleimhaut des Dünndarms bildet **Zotten** und **Krypten** aus. Die Zotten sind ins Darmlumen hineinragende Ausstülpungen der Mukosa, die Krypten sind tubuläre Einsenkungen der Mukosa. Die Zotten sind von einschichtigem prismatischem resorbierendem Epithel bedeckt, die Krypten sind von einschichtigem prismatischem, z. T. drüsigem Epithel ausgekleidet. Die Lamina propria ist außerordentlich reich an Abwehrzellen und enthält Blut- und Lymphkapillaren, die die resorbierte Nahrung aufnehmen.

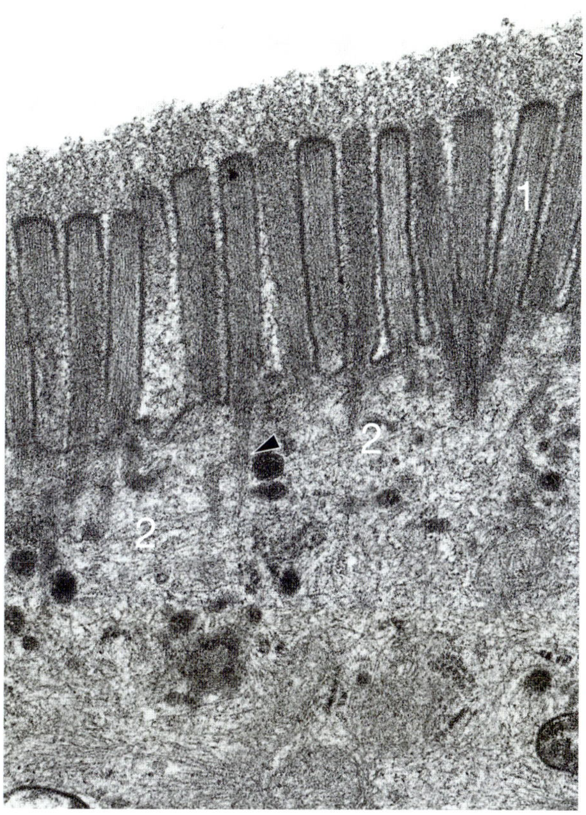

Abb. 10-52 Mikrovilli (Jejunum, Mensch). Im elektronenmikroskopischen Präparat wird deutlich, dass der Bürstensaum der Darmepithelzellen (Enterozyten) aus einzelnen gleichartig geformten Mikrovilli (**1**) besteht, die die apikale resorbierende Zelloberfläche enorm vergrößern. Die Membran der Mikrovilli trägt eine gut entwickelte Glykokalyx (✻). Der Glykokalyx lagert sich Schleim aus den Becherzellen an, so dass die Mikrovilli insgesamt von einer glykoprotein- und muzinreichen Schicht bedeckt werden, die viel Wasser bindet. Im Innern der Mikrovilli parallel ausgerichtete Aktinfilamente, die in das terminale Netz (**2**) einstrahlen (▶), Vergr. 5800fach.

Die Muscularis mucosae besteht aus einer überwiegend zirkulär angeordneten Innenschicht und einer lockeren, vorwiegend längs ausgerichteten Außenschicht.

Submukosa Das Bindegewebe der Submukosa enthält scherengitterartig angeordnete Kollagenfasern, die Verlängerung und Erweiterung des Darmrohres möglich machen. Die Submukosa ist besonders reich an Blut- und Lymphgefäßen.

Muskularis Die Muskularis besteht, wie generell im Verdauungstrakt, aus **innerer Ring-** und **äußerer Längsmuskelschicht.** Die Längsmuskulatur ist schwächer als die Ringmuskulatur. Die Ringmuskulatur ist nicht homogen aufgebaut, sondern besteht aus flachen Ringen, die sich dachziegelartig überlappen und durch Bindegewebe getrennt sind. Dieses Bindegewebe steht mit dem Scherengitter der Kollagenfasern in der Submukosa und mit dem Bindegewebe der Längsmuskulatur in der Serosa in kontinuierlicher Verbindung.

Serosa Der Dünndarm ist primär intraperitoneal gelegen und besitzt daher eine Serosa mit Peritonealepithel. Lediglich der größte Teil des Duodenums liegt sekundär retroperitoneal. Das Bindegewebe der Serosa ist scherengitterartig angeordnet.

Zotten

Die Zotten (Abb. **10-51**, **10-53**) sind finger-, zungen- oder blattförmige Gebilde, die von einem einschichtigen prismatischen Oberflächenepithel bedeckt sind. Dieses ist kontinuierlich mit dem einschichtigen prismatischen Epithel verbunden, das die Krypten auskleidet. Manche Zotten besitzen zwei oder mehr Spitzen. Sie scheinen sich mitunter teilen zu können. Die Lamina propria besteht aus lockerem Bindegewebe, in das eingebettet sind:

- kleine Blutgefäße (Abtransport resorbierter Aminosäuren und Kohlenhydrate) und Lymphgefäße (Abtransport resorbierter Triglyzeride, die aus langkettigen Nahrungstriglyzeriden stammen),
- glatte Muskelzellen (verlaufen parallel zur Längs-

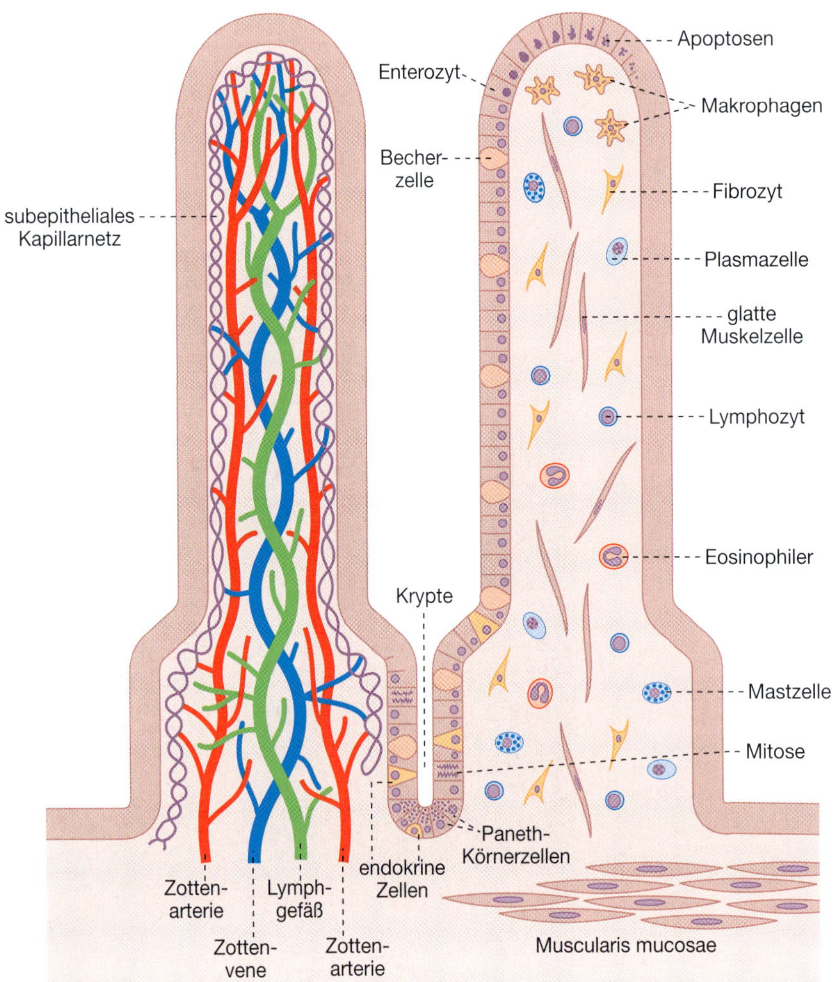

Abb. 10-53 Dünndarmzotten, schematische Darstellung. Links: mit Blut- und Lymphgefäßen; rechts: mit Fibrozyten, glatten Muskelzellen und freien Bindegewebszellen. In den Krypten liegen die Stammzellen des Zottenepithels (Mitosen!).

achse der Zotten und können die Zotten verkürzen, „Zottenpumpe"),

- freie Zellen (vor allem Makrophagen, Plasmazellen, Eosinophile, Lymphozyten und Mastzellen). Diese Zellen beteiligen sich an der Abwehr von pathogenen Mikroorganismen, die mit der Nahrung in den Darm gelangt sind. Die Plasmazellen bilden sekretorisches IgA.

Zottengefäße

Im Zentrum oder am Rande der Zotte steigen eine oder zwei Arteriolen zur Zottenspitze auf. In der Zottenspitze entsteht ein Kapillarnetz mit fenestriertem Endothel, das sich unter dem Zottenepithel ausbreitet (Abb. **10-53**, **10-54**) und das im Zentrum der Zotten in eine zentrale abführende Vene übergeht. Es gibt Varianten mit zwei abführenden Venen. Subepitheliale Lymphkapillaren sammeln sich in einem zentralen Lymphgefäß (Chylusgefäß).

Oberflächenepithel der Zotten

Das ca. 20–25 μm hohe Oberflächenepithel der Zotten (Abb. **10-55**) besteht aus **resorbierenden Saumzellen, Becherzellen** und **endokrinen** (enteroendokrinen) **Zellen.**

Enterozyten Die Enterozyten (= resorbierende Saumzellen) sind prismatisch (Höhe 20–25 μm, Dicke 7–8 μm) und durch ihren apikalen Bürstensaum gekennzeichnet. Sie besitzen einen in den unteren zwei Dritteln der Zelle gelegenen länglich-ovalen Kern. Basal kommen u.a. raues ER und Mitochondrien vor. Oberhalb des Kerns befinden sich der Golgi-Apparat, Lysosomen, Mitochondrien und nebeneinander raues und glattes ER (Abb. **10-56**). Im Zellapex ist ein horizontales terminales Netz ausgespannt, das seitlich in der Zonula adhaerens befestigt ist. Unterhalb des terminalen Netzes kommen Vesikel, tubuläre Strukturen und vermehrt glatte ER-Schläuche vor. Oberhalb des Netzes treten nur noch einzeln vesikuläre Strukturen auf.

Die Apikalmembran der Enterozyten bildet einen Bürstensaum aus dicht stehenden gleichartigen **Mikrovilli** aus (Abb. **10-52**, **2-14**). Pro Zelle kommen ca. 3000 Mikrovilli vor, die die resorbierende Oberfläche der Zelle um das ca. 30fache vergrößern. Ein Mikrovillus ist im Durchschnitt 1–1,4 μm lang und ca. 0,1 μm dick. Er besitzt zentral ein Bündel aus ca. 20–30 Aktinfilamenten. Diese sind einerseits in der Spitze verankert, strahlen andererseits basal in das Zytoplasma ein und sind hier im terminalen Netz verankert. Im Mikrovillus sind die Aktinfilamente durch die Proteine Fimbrin und Villin quer vernetzt und an der seitlichen Zellmembran durch Proteinbrücken aus einem Calmodulin-Bürstensaum-Myosin-I-Komplex befes-

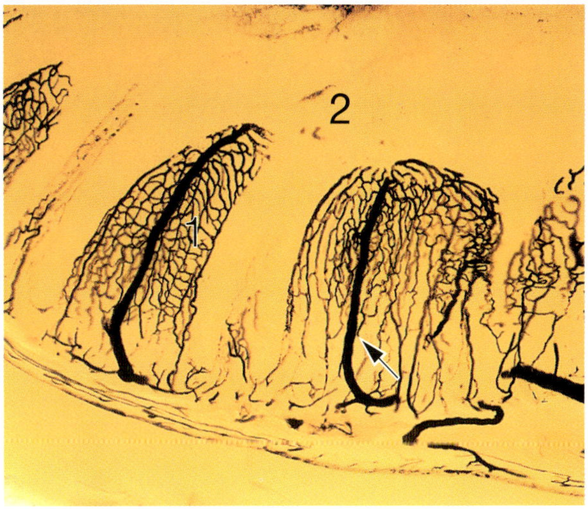

Abb. 10-54 Blutgefäße in den Zotten der Dünndarmschleimhaut (Hund). Darstellung mithilfe einer Tuscheinjektion in die Gefäße. ➔ ableitende Hauptvene der Darmzotten; **1** Kapillarnetz in den Zotten; **2** Darmlumen. Vergr. 45fach.

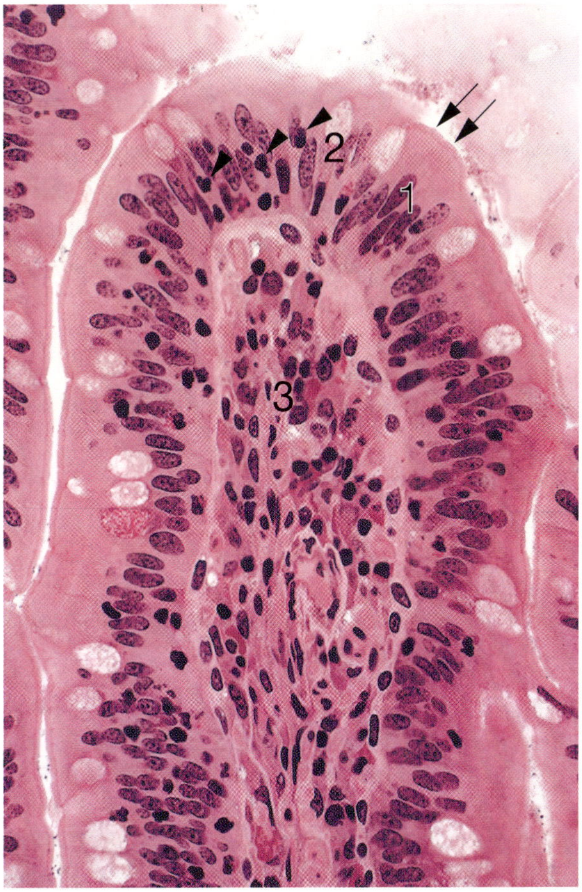

Abb. 10-55 Zottenepithel (Jejunum, Rhesusaffe). **1** resorbierende Epithelzellen; **2** Becherzelle; ➔ Bürstensaum; ▶ Kerne apoptotischer Epithelzellen; **3** Lamina propria u.a. mit Makrophagen, Mastzellen und Lymphozyten. Plastikschnitt; Färbung: H.E.; Vergr. 450fach.

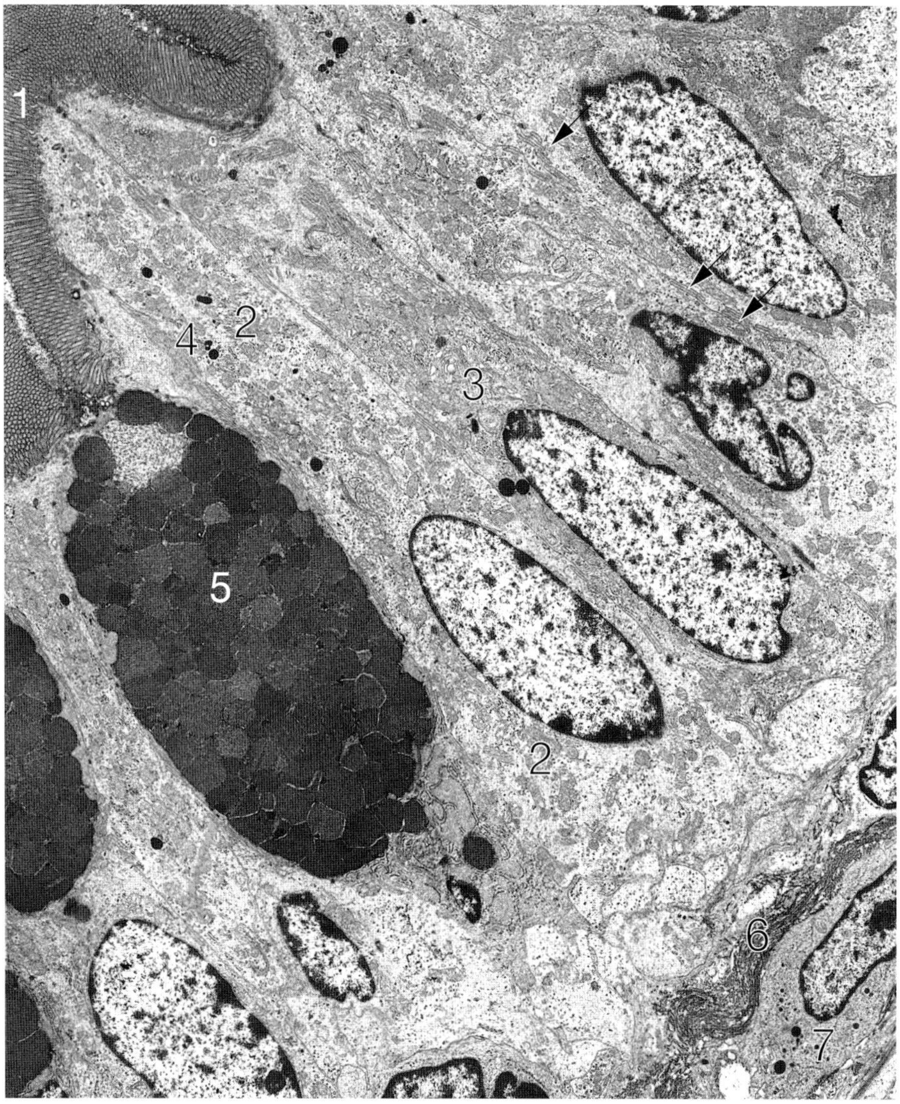

Abb. 10-56 Ultrastruktur resorbierender Saumzellen (Dünndarm, Mensch). **1** Mikrovillisaum; **2** Mitochondrien; **3** Golgi-Apparat; **4** Lysosomen. Beachte den geschlängelten Verlauf des Interzellulärraumes (→). **5** Schleimgranula einer Becherzelle; **6** Kollagenfibrillen in der Lamina propria; **7** Makrophage. Vergr. 4430fach.

tigt. Das terminale Netz besteht aus transversal ausgerichteten filamentären Makromolekülen (insbesondere Spektrin, Myosin II und Zytokeratinen). Das Vorkommen von Aktin ist auf die unmittelbar an die Zonula adhaerens angrenzende Region beschränkt, in der auch Myosin II vorkommt.

Der Membran der Mikrovilli ist vor allem apikal eine 0,3–0,5 μm hohe und komplexe **Glykokalyx** angelagert. Diese besteht im Prinzip aus Glykoproteinen und Glykolipiden und schützt den Bürstensaum. Sie enthält aber auch einzelne Enzyme wie Peptidasen, alkalische Phosphatasen, ATPasen und Disaccharidasen. Der Glykokalyx lagern sich Schleime der Becherzellen an. Beide binden erhebliche Mengen an Wasser, so dass auf der Oberfläche eine konstante wässrige Schicht aufgebaut ist, die bei allen Resorptionsvorgängen passiert werden muss.

Resorption in den Saumzellen Die resorbierenden Epithelzellen des gesamten Darms transportieren täglich 7–8 l Flüssigkeit aus dem Darmlumen in den Körper. Die Flüssigkeit setzt sich aus Getränken und Speisen (1–2 l) und den Flüssigkeiten aus Speichel, Magen, Galle, Pankreas und Dünndarm (6–7 l) zusammen. Das meiste Wasser (ca. 80%) wird in Jejunum und Ileum, ein kleinerer Teil (ca. 20%) im Dickdarm resorbiert. Der Wassertransport folgt entweder einem osmotischen Gradienten, der von Na^+/K^+-ATPasen in der basolateralen Zellmembran aufgebaut wird, durch die Tight junctions hindurch, oder er erfolgt durch Aquaporine, die in den Mikrovilli und der basolateralen Zellmembran vorkommen. Die spezifische Resorption der Nährstoffe erfolgt durch die Enterozyten des Dünndarms. In Symport-Carriern (transportieren in der Membran der Mikrovilli zwei verschiedene Moleküle in gleiche Richtung) wird der nach innen gerichtete Natriumtransport mit der Resorption von Glukose, Galaktose, Aminosäuren, Phosphat, Vitaminen und anderen Stoffen gekoppelt. Kalzium tritt passiv in die Enterozyten ein und wird durch sie hindurch mit Hilfe eines Kalziumbindungsproteins transportiert. Die Kalzium-ATPase oder ein Natrium-Kalzium-Antiport schleust im weiteren Verlauf Kalzium durch die basolaterale Zellmembran.

Abbildung **10-57** fasst schematisch wichtige Details zur Protein- und Kohlenhydratresorption zusammen.

Aus den Triglyzeriden entstehen im Darmlumen durch die Fettverdauung freie Fettsäuren und Monoglyzeride. Diese zwei Komponenten bilden im Darmlumen gemeinsam mit Gallensalzen, Cholesterin, Phospholipiden und apolaren Lipiden (darunter fettlöslichen Vitaminen) sog. **Mizellen.** Das weitere Schicksal der Mizellen ist in Abbildung **10-58** zusammengefasst.

Becherzellen Die Becherzellen sind schleimbildende Zellen, die einzeln zwischen den Enterozyten zu finden sind (Abb. **10-55, 10-56, 10-59**). Im fixierten Präparat sind die oberen zwei Drittel der Zellen angeschwollen. Hier kommen hydrophile, MUC 2 enthaltende Schleimgranula vor, die bei der präparativen Gewebeverarbeitung Wasser aufnehmen. Die Basis der Zellen erscheint schmal und enthält den oft relativ dichten Zellkern. Der Schleim wird kontinuierlich mittels Exozytose freigesetzt. Sein Volumen expandiert enorm durch Wasseraufnahme und bildet eine gelähnliche Schicht auf der Glykokalyx der Mikrovilli. Bei einigen Säugetieren treten 2 Typen von Becherzellen auf, einer, der

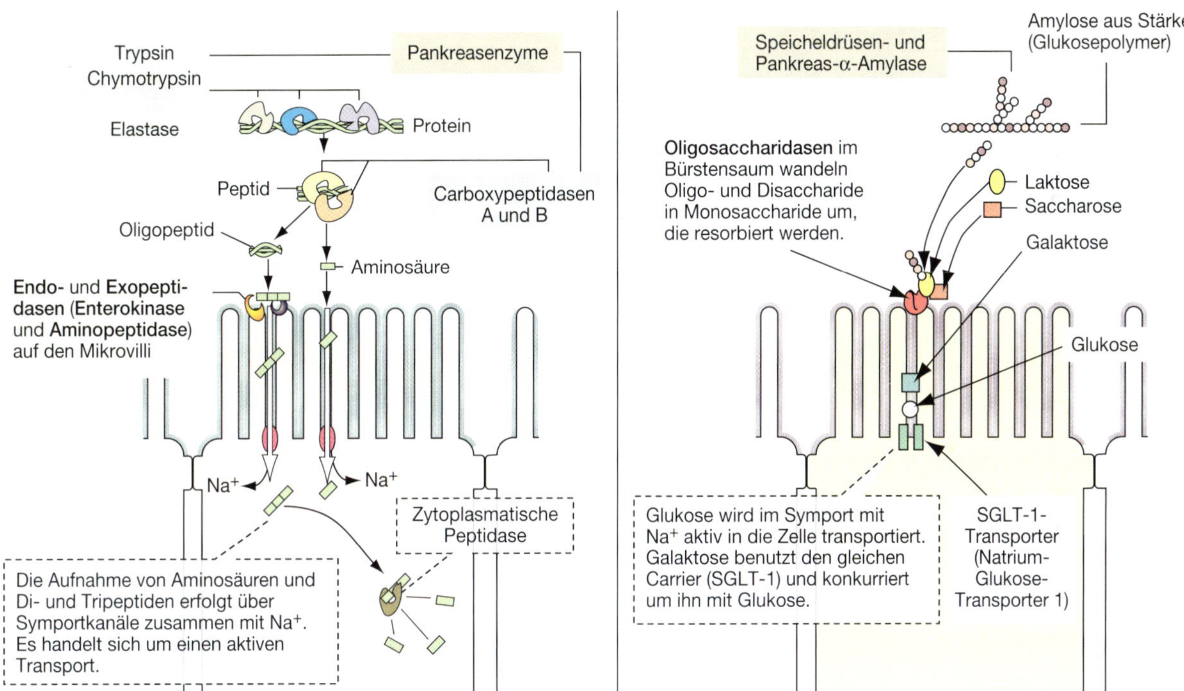

Die Proteinverdauung beginnt im Magen. Hier bilden die Hauptzellen Pepsinogen, die Vorstufe des Pepsins, eines eiweißspaltenden Enzyms (einer Protease). Pepsin ist nur im sauren Milieu des Magens aktiv, im alkalischen Milieu des Duodenums wird es inaktiviert. Der Eiweißabbau (Proteolyse) wird im Dünndarm fortgesetzt und zwar durch pankreatische Proteasen, die als inaktive Vorstufen im Pankreas sezerniert werden und erst im Darm aktiviert werden. **Endopeptidasen** spalten hydrolytisch Peptidbindungen im Inneren der Peptidketten, **Exopeptidasen** spalten von den Peptidketten hydrolytisch endständige Aminosäuren ab. **Trypsinogen** wird zunächst durch die Enterokinase (ist auf den Mikrovilli der Enterozyten lokalisiert) zu **Trypsin** aktiviert. Aktives Trypsin aktiviert dann das weitere Trypsinogen im Darmlumen. **Chymotrypsinogen** und **Proelastase** werden zu Chymotrypsin und Elastase aktiviert. Die Carboxypeptidasen A und B entstehen aus den Vorstufen Procarboxypeptidase A und B. Trypsin spielt bei Aktivierung (und auch Inaktivierung) der pankreatischen Proenzyme eine wesentliche Rolle. Tripeptide im Zytosol der Enterozyten werden von zytoplasmatischen Peptidasen in einzelne Aminosäuren zerlegt.

Stärke, Saccharose, Laktose und **Maltose** sind die wesentlichen Kohlenhydrate der Nahrung. Stärke besteht aus Amylose (einem Glukosepolymer) und Amylopektin (einem pflanzlichen hochmolekularen Polysaccharid). **Saccharose** (= Sucrose) ist ein Glukose-Fruktose-Disaccharid. **Laktose** ist ein Galaktose-Glukose-Disaccharid. **Maltose** ist ein Glukosedimer.
Der Kohlenhydratabbau beginnt in der Mundhöhle durch α-Amylase im Speichel. Pankreatische α-Amylase setzt die Stärkeverdauung im Dünndarm fort. Andere Zucker in der Nahrung werden von **Oligosaccharidasen** (Sucrase, Laktase, Isomaltase) auf den Mikrovilli der Enterozyten abgebaut. Das verbreitet vorkommende Kohlenhydrat Zellulose kann im menschlichen Darm nicht abgebaut werden, da er keine Zellulase besitzt.
Zellulose entspricht den unverdaulichen Faseranteilen in pflanzlicher Nahrung.

Abb. 10-57 Verdauung und Resorption von Proteinen und Kohlenhydraten. (Aus [12])

1 Eine Emulsion aus Lipidtröpfchen wird von der Pankreaslipase in Gegenwart von Gallensalzen zu Fettsäuren und Monoglyzeriden abgebaut. Fettabbauprodukte verbinden sich mit den Gallensalzen und bilden ca. 2 nm große **Mizellen**. Für die Resorption der Lipide ist die Bewegung der Darmzotten wichtig. Diese Bewegungen beruhen vor allem auf der Kontraktion der glatten Muskulatur der Lamina propria und werden vom Meissner-Plexus gesteuert.

2 Fettsäuren und Monoglyzeride diffundieren – an **fettsäurebindende Proteine (FABPs)** gebunden – in die Mikrovilli und das apikale Zytoplasma der Enterozyten. Hier werden sie im **glatten ER** wieder zu Triglyzeriden verestert. In den Membranen des glatten ER sind die Enzyme (**Acyl-CoA-Synthase** und **Acyltransferasen**) für die Resynthese der Triglyzeride vorhanden.

3 Resynthetisierte Triglyzeride werden zum **Golgi-Apparat** transportiert und zu **Chylomikronen**, einem **Apoprotein-Lipid-Komplex**, weiterverarbeitet.

4 Im Golgi-Apparat werden die Chylomikronen von einer Membran umgeben. Diese Vesikel sind in der Lage, mit der basolateralen Zellmembran zu verschmelzen.

5 Chylomikronen werden in den Interzellulärspalt abgegeben und über das zentral in der Darmzotte gelegene **Lymphgefäß** abtransportiert.

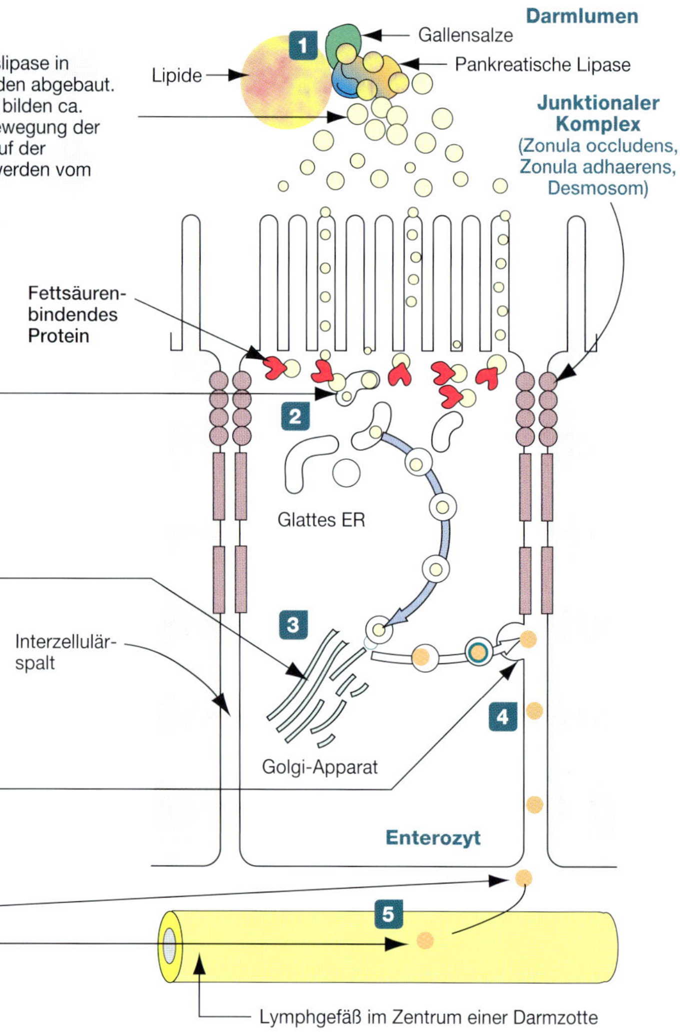

Abb. 10-58 Verdauung und Resorption der Lipide. (Aus [12])

nur Schleimgranula enthält, und ein anderer mit Granula, deren Zentrum verdichtet ist („granuläre" Becherzellen). Dies deutet auf eine besondere, nichtmuköse Komponente im Schleim dieser Zellen hin.

Endokrine Zellen Im **Darmepithel** kommen zahllose endokrine Einzelzellen vor, die in verschiedenen Typen auftreten und verschiedene Peptidhormone synthetisieren (siehe Kap. 11). Die Mehrzahl dieser Zellen befindet sich in den Krypten und an der Basis der Zotten (Abb. **11-34**). Die enteroendokrinen Zellen können entweder basal zwischen den anderen Darmzellen liegen, ohne die Epitheloberfläche zu erreichen (geschlossener Typ), oder sie sind schlanke Zellen, die mit einem schmalen Apex die Epitheloberfläche erreichen (offener Typ, Abb. **11-35**). Die sekretorischen Granula sind elektronendicht, und ihr Inhalt wird basal per Exozytose freigesetzt. Der Zellapex der „offenen" endokrinen Zellen hat wahrscheinlich sensorische Funktion. Folgende Peptide sind in diesen Zellen u.a. nachgewiesen: Cholezystokinin, Sekretin, Somatostatin, GIP, Gastrin sowie das biogene Amin Serotonin. Die Wirkung dieser Peptidhormone ist meist auf Magen, Darm, Pankreas und Gallenwege beschränkt.

Bürstenzellen Ein seltener Zelltyp des Magens, Dünndarms und Dickdarms sind die Bürstenzellen. Sie besitzen lange, kräftige Mikrovilli, deren Aktinfilamentbündel weit ins Zytoplasma hineinziehen. Ihre Funktion ist nicht sicher bekannt (Sinneszellen?).

Lymphozyten Zwischen den Epithelzellen finden sich regelmäßig verschiedenartige Lymphozyten. Die Zahl dieser Zellen nimmt bei manchen Darmkrankheiten zu (z.B. glutensensitive Enteropathie). Die Lymphozyten dienen der Abwehr, z.T. handelt es sich wahrscheinlich um zugrunde gehende Zellen, die über das Darmepithel eliminiert werden.

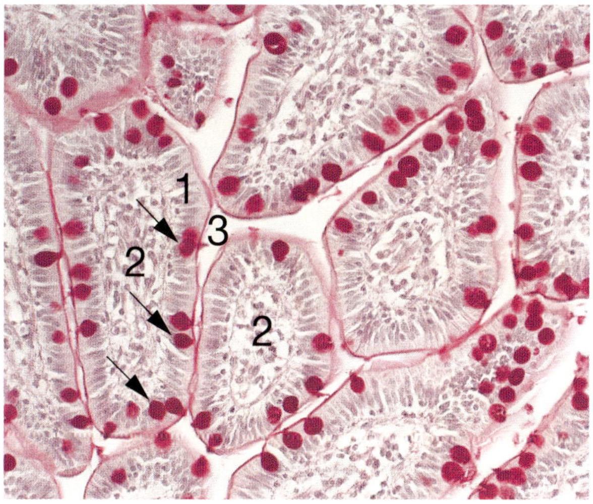

Abb. 10-59 Querschnitte durch Dünndarmzotten (Duodenum, Mensch). Die hier verwendete PAS-Färbung stellt den supranukleären Schleim (➔) in den Becherzellen sowie den Schleimfilm auf der Oberfläche des Darmepithels (**1**) rotviolett dar. **2** Zentrum der Zotten; **3** Darmlumen. Vergr. 250fach.

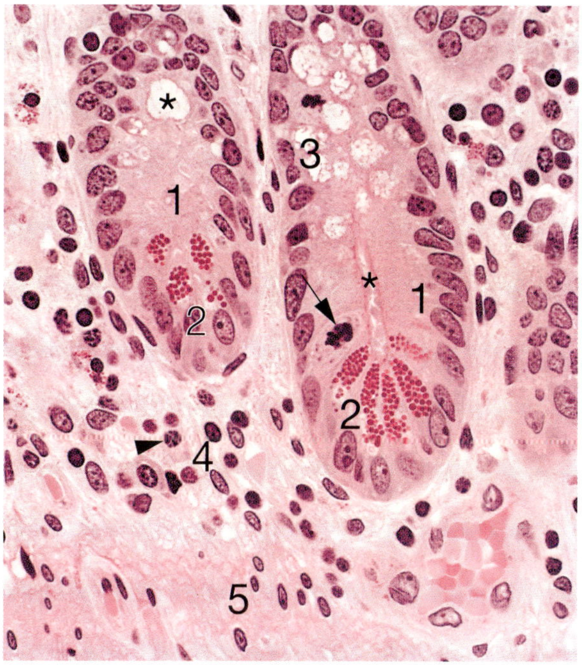

Abb. 10-60 Dünndarmkrypten (**1**, Jejunum, Mensch). ✻ Kryptenlumen; **2** Paneth-Körnerzellen (mit supranukleären rot gefärbten Granula; **3** Becherzellen; ➔ Mitosefigur, **4** Lamina propria mit vielen freien Zellen; ▶ Plasmazelle (Radspeichenkern); **5** Muscularis mucosae. Plastikschnitt; Färbung: H.E.; Vergr. 450fach.

Krypten

Außer den Zotten bildet die Schleimhaut des Dünndarms auch Krypten (Lieberkühn-Krypten, Abb. **10-51**). Dabei handelt es sich um schlauchförmige, kurze, 100–250 µm tiefe Drüsen, die bis zur Muscularis mucosae ziehen und auch als Gll. intestinales bezeichnet werden. In der Tiefe der Krypten liegen in kleinen Gruppen spezifische sekretorische Zellen, die **Paneth-Körnerzellen**, deren Sekretionsgranula im H.E.-Präparat stark eosinophil sind (Abb. **10-60**). Sie spielen eine Rolle bei der Bekämpfung pathogener intestinaler Mikroorganismen. In den Paneth-Zellen sind immunhistochemisch z.B. Defensine und Lysozym nachgewiesen worden. Sie sind auch relativ reich an Lysosomen und können phagozytotisch aktiv sein. Das ganze Spektrum ihrer physiologischen Funktionen ist noch unbekannt (z.B. die unklare Bedeutung der hohen Zinkkonzentrationen). Paneth-Zellen sind bei vielen Pflanzenfressern (z.B. Mäusen) hoch entwickelt, bei manchen Karnivoren fehlen sie jedoch angeblich.

Epithelregeneration

Das Zottenepithel erneuert sich in 5–6 Tagen komplett. Im Kryptenepithel erfolgt aus Stammzellen die Regeneration der Enterozyten, Becherzellen, Paneth-Zellen und wohl auch der endokrinen Zellen. Man findet daher hier regelmäßig Mitosefiguren (Abb. **10-60**) und unreife Zottenzellen. Normal ist eine Zahl von 1–12 Mitosefiguren pro Krypte. Die neu gebildeten Epithelzellen wandern auf der Basallamina aus den Krypten auf die Zotten und hier bis zur Zottenspitze. Die absterbenden Zellen werden an den Zottenspitzen ausgestoßen, ohne dass Lücken im Epithel auftreten. Man findet an den Zottenspitzen daher vorwiegend apoptotische Zellen (Abb. **10-55**). Über den „Motor" der Zellbewegung ist noch nicht viel bekannt, vermutlich gibt es passive und aktive Mechanismen, die an der Wanderung beteiligt sind.

Duodenum

Das Duodenum ist der erste, ca. 15 cm lange Abschnitt des Dünndarms. Er hat die höchsten und am dichtesten stehenden Kerckring-Falten (sie fehlen aber in den ersten 3–4 cm dieses Darmabschnitts), und auch die besonders dicht stehenden Zotten sind hier am höchsten (Abb. **10-51**). Falten und Zotten nehmen dann an Menge und Höhe kontinuierlich in Richtung Jejunum/Ileum ab. Gegenläufig werden die Krypten vom Duodenum zum Ileum tiefer. Nach einer Dünndarmresektion zeigen sich die Zotten des verbleibenden Dünndarmabschnitts etwas verlängert. Die Schleimhaut ist eine typische Dünndarmschleimhaut mit resorbierenden Saumzellen. Endokrine Zellen sind besonders zahlreich.

Brunner-Drüsen Die Brunner-Drüsen in der Submukosa (auch der der Kerckring-Falten) sind ein spezifisches Kennzeichen des **Duodenums** des Menschen. Die

Drüsen erstrecken sich bis zur Flexura duodenojejunalis. Sie bestehen aus gewundenen und verzweigten Tubuli, deren Wand aus einem einschichtigen kubischen Epithel aufgebaut ist (Abb. **10-61**). Die Drüsenepithelzellen bilden ein alkalisches bikarbonat- und schleimhaltiges Sekret, das den sauren Magensaft neutralisiert und die Duodenumschleimhaut schützt. Zellhöhe, Zellstruktur und Kernmorphologie variieren in Abhängigkeit vom jeweiligen Funktionszustand. In hohen sekretreichen Zellen sind z. B. die Kerne abgeflacht (Abb. **3.1-34**), während sie in Zellen, die ihr Sekret abgegeben haben, eher flach oval oder kugelig sind. Die Feinstruktur unterscheidet sich deutlich von der der Becherzellen. Das raue ER ist umfangreich. Der Golgi-Apparat ist ausgedehnt, und die Sekretgranula sind im elektronenmikroskopischen Präparat relativ dicht. Im Zytoplasma ist ein weiteres Sekret gefunden worden, eine Form des epidermalen Wachstumsfaktors (EGF). Dieses erfüllt offensichtlich eine ganze Reihe von Funktionen und beeinflusst u. a. wahrscheinlich die Proliferationsrate in den Lieberkühn-Krypten.

Jejunum

Das Jejunum ist der längste Dünndarmabschnitt und besitzt auch den typischen Wandaufbau des Dünndarms (Abb. **10-62**). Es leistet den wesentlichen Anteil bei der Resorption der Nahrungsbestandteile. Brunner-Drüsen und Peyer-Plaques fehlen. In der Mukosa finden sich aber regelmäßig lymphatische Einzelfollikel. Zwischen Jejunum und Ileum besteht eine lange Übergangszone ohne scharfe Grenze.

Ileum

Das Ileum ist der terminale Dünndarmabschnitt. Es enthält speziell in seinen Endabschnitten nur noch wenige und niedrige Kerckring-Falten und relativ kurze und locker angeordnete Zotten. Sein besonderes Kennzeichen sind die **Peyer-Plaques** (Peyer-Platten, Folliculi lymphatici aggregati, Abb. **10-63**). Die Peyer-Plaques sind 2–5 (bis 20) cm lange und ca. 1 cm breite Erhebungen, die in reichem Maße lymphatisches Gewebe enthalten (siehe auch Kap. 6). In der Kindheit ist die Zahl der Plaques deutlich größer (ca. 300) als im Erwachsenenalter (ca. 40). Sie liegen gegenüber der

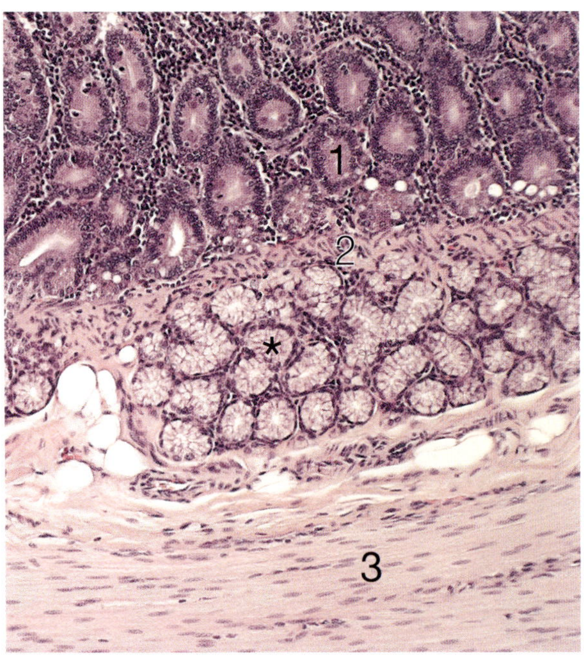

Abb. 10-61 Brunner-Drüsen (*) in der Submukosa des Duodenums (Rhesusaffe). **1** Krypten der Mukosa; **2** Muscularis mucosae; **3** Tunica muscularis. Färbung: H. E.; Vergr. 150fach.

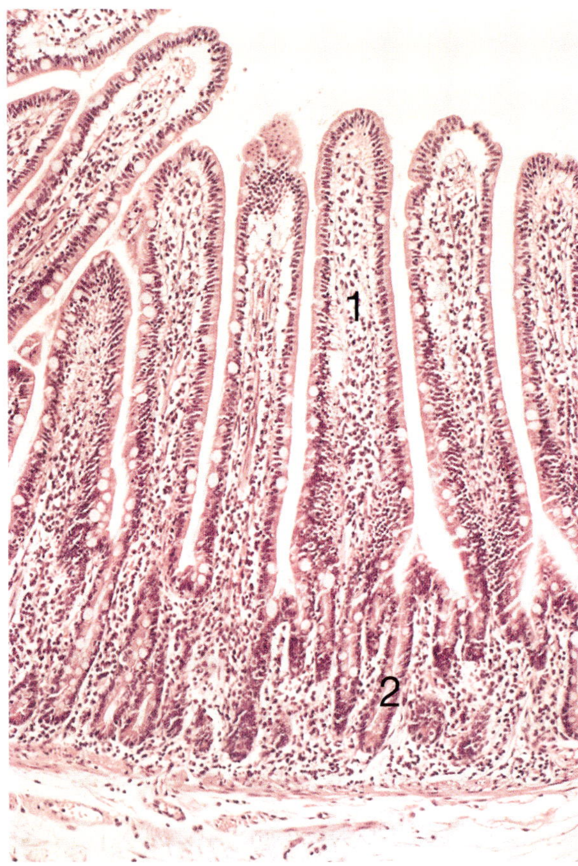

Abb. 10-62 Mukosa des Jejunums (Mensch). Die Schleimhaut bildet finger- oder blattförmige Zotten (**1**) aus, die in das Darmlumen vorspringen, und ist außerdem durch tubuläre Krypten (**2**) gekennzeichnet. Das Zottenepithel besteht aus resorbierenden Saumzellen (Enterozyten) und Becherzellen. In der Tiefe des Kryptenepithels kommen Paneth-Körnerzellen (rote apikale Granula) vor. Im lockeren Bindegewebe der Lamina propria sind zahlreiche freie Zellen, glatte Muskelzellen und verschiedene Gefäßanschnitte zu unterscheiden. Färbung: H. E.; Vergr. 110fach.

Ansatzstelle des Mesenteriums. Das lymphatische Gewebe der Peyer-Plaques liegt in der Mukosa und reicht gelegentlich bis in die Submukosa. Die Muscularis mucosae ist hier stark aufgelockert, und Krypten sind selten. Eine Plaque besteht aus ca. 300 zusammengelagerten („aggregierten") Lymphfollikeln (B-Zell-Regionen) und parafollikulären Zonen (T-Zell-Regionen) (siehe Kap. 6.3.2). Der Teil des Follikelrandwalles, der zum Darmlumen zeigt, ist verdickt (Kappe). Oberhalb eines Follikels wölbt sich lymphozytenreiches Gewebe der Lamina propria kuppelförmig vor, der sog. **Dom** (Abb. **10-64**), das vom

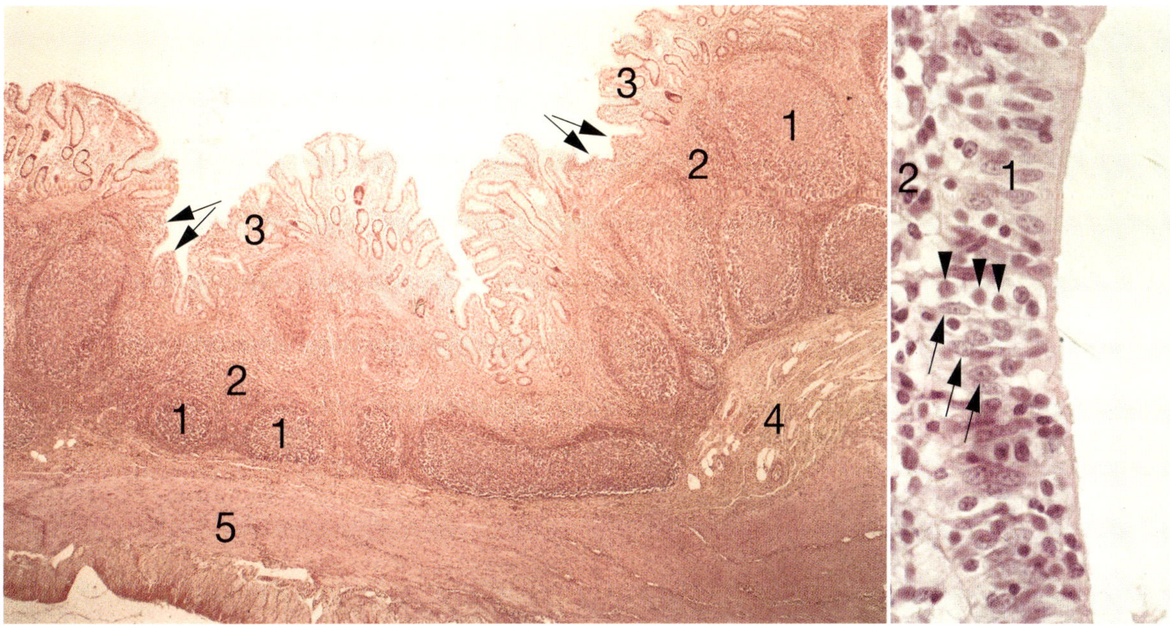

a b

Abb. 10-63 Ileum (Schwein), Längsschnitt mit Folliculi aggregati in einer Peyer-Plaque (in der Mukosa).

a) Niedrige Vergrößerung mit mehreren Lymphfollikeln (**1**) und parafollikulärem lymphatischem Gewebe (**2**), das weite Bereiche der Lamina propria einnimmt. **3** normale Dünndarmzotten; ➔ abgeflachte Zotten mit Follikeln und kuppelförmig vorgewölbtem Gewebe der Lamina propria (Dome); **4** Tela submucosa; **5** Tunica muscularis. Vergr. 25fach.

b) Stärkere Vergrößerung von Domepithel (**1**) und subepithelialem Gewebe der Lamina propria im Dombereich (**2**). Im Domepithel sind die Epithelzellen (➔), darunter viele M-Zellen, am blassen länglichen Kern gut von den zahlreichen intraepithelialen Lymphozyten zu unterscheiden, die in Taschen der M-Zellen sitzen und einen rundlichen dunklen Kern (▶) besitzen. Färbung: H. E.; Vergr. 460fach.

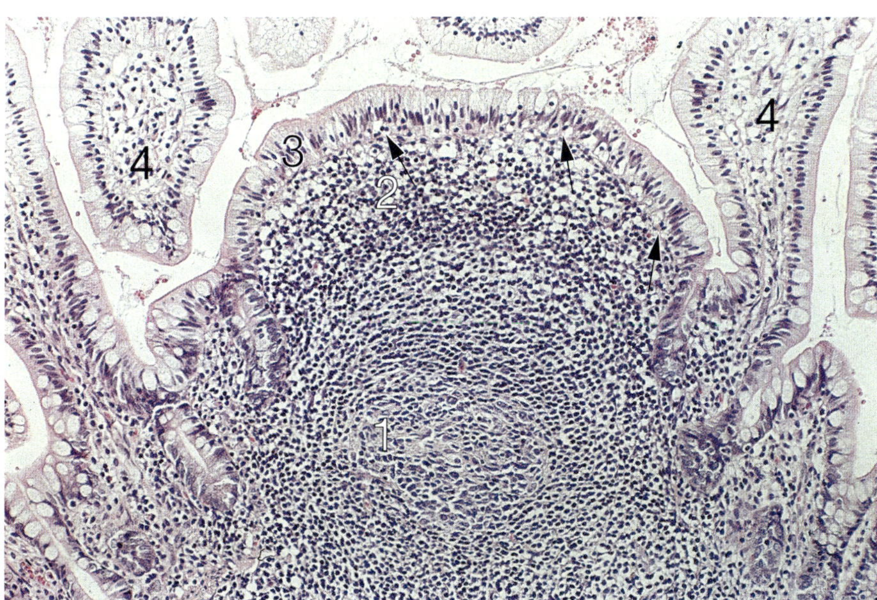

Abb. 10-64 Region der Peyer-Plaques (Ileum, Mensch). **1** Lymphfollikel; **2** abwehrzellenreiches Gewebe der Lamina propria oberhalb des Follikels (Dom); **3** Domepithel (2 und 3 bilden zusammen das Domareal). ➔ intraepitheliale Lymphozyten, die sich in Taschen von M-Zellen befinden. Becherzellen sind im Domepithel über dem Domgewebe selten. **4** normale Darmzotten. Färbung: H. E.; Vergr. 250fach.

Darmepithel, hier Domepithel genannt, bedeckt wird. Im Domepithel kommen **M-Zellen** (Abb. **10-63b, 6-41**) vor, Becherzellen sind hier selten. Dom und Domepithel lassen sich als Domareal zusammenfassen. Die M-Zellen nehmen Antigene mittels eines vesikulären Transports aus dem Darmlumen auf und schleusen sie durch die Zellen hindurch. In den großen basolateralen Taschen enthalten sie B- und T-Lymphozyten (Abb. **6-41**). Unter dem Domepithel kommen neben vielen B- und T-Lymphozyten antigenpräsentierende dendritische Zellen und Makrophagen vor. Selten treten Peyer-Plaques auch im Jejunum und sogar im Duodenum auf.

! Der Dünndarm gliedert sich in drei Abschnitte: Duodenum, Jejunum und Ileum. Alle Abschnitte besitzen eine Schleimhaut mit Zotten und Krypten. Die **Zotten** sind von einschichtigem prismatischem Epithel bedeckt. In diesem Epithel kommen resorbierende Zellen mit einem Bürstensaum und schleimbildende Becherzellen vor. In den **Krypten** findet die Epithelerneuerung statt. Außerdem befinden sich hier Paneth-Zellen, die antimikrobielle Substanzen bilden.

Duodenum: hufeisenförmiges Anfangsstück des Dünndarms, nur ca. 15 cm lang; hohe Kerckring-Falten, dichter Besatz mit Darmzotten, Brunner-Drüsen in der Submukosa; gemeinsame Einmündung von Gallen- und Pankreasgang.

Jejunum: Hauptabschnitt des Dünndarms; keine Brunner-Drüsen; anfänglich hohe Kerckring-Falten und dicht stehende Darmzotten; ab der Mitte des Jejunums werden die Kerckring-Falten langsam niedriger, und die Zotten stehen etwas lockerer; solitäre lymphatische Follikel.

Ileum: distaler Teil des Dünndarms; Kerckring-Falten, niedrig und durch weite Abstände getrennt; Zotten relativ niedrig und locker angeordnet; Peyer-Plaques, in der Schleimhaut gelegene große Aggregate von Lymphfollikeln gegenüber dem Mesenterialansatz.

Klinik Von den vielen Krankheitsbildern des Dünndarms seien die Folgenden kurz dargestellt:

Bei 6–15% der westlichen Bevölkerung entsteht im Bulbus duodeni, also in den ersten 3–4 cm des Duodenums, ein Gewebsdefekt, der bis in die Subkumosa reicht: ein **Ulcus duodeni.** Es kann multipel auftreten und rezidiviert sehr oft („chronisches Ulcus duodeni"). Der Durchmesser ist meist kleiner als 1 cm. Der Defekt ist meist scharf begrenzt, der Boden kann im Bereich der Tunica muscularis liegen. Die Ursache ist nicht definitiv geklärt, jedoch gibt es Korrelationen zur Existenz des Magenbakteriums *Helicobacter pylori,* zu verminderter Bikarbonatsekretion, zu erhöhter Säurebildung bei Tag und bei Nacht (die Zahl der Belegzellen soll auf ca. das Doppelte erhöht sein [von ca. 1 Milliarde auf ca. 1,9 Milliarden]), zu erhöhter Gastrinbildung, zu Medikamenteneinnahme (vor allem nichtsteroidalen Entzündungshemmern) und zu weiteren Parametern. Die Rolle psychischer Faktoren ist umstritten. Magen- und Duodenalulzera werden zu einem Krankheitsbild „Ulkuskrankheit" (engl. peptic ulcer disease = PUD) zusammengefasst.

Absorptionskrankheiten sind durch eine Störung der Absorption eines oder mehrerer Nahrungsbestandteile charakterisiert (Malabsorption). Beim Krankheitsbild der **einheimischen Sprue (glutensensitive Enteropathie,** bei Kindern: **Zöliakie)** z.B. ist die Absorption aller Nahrungsbestandteile gestört. Die Ursache dieser Krankheit ist nicht bekannt, aber genetische und immunologische Faktoren sowie Unverträglichkeit von Nahrungsbestandteilen sind wichtig. Die Dünndarmschleimhaut reagiert abnorm auf Gliadin, die alkohollösliche Fraktion des Proteins Gluten, das in Weizen, Gerste, Reis und in geringerem Maß auch in Hafer vorkommt. Es findet sich u.a. eine Rückbildung der Dünndarmzotten. Symptome sind sehr vielgestaltig und mit der Malabsorption von Nährstoffen korreliert, z.B. Diarrhoe (Durchfall), Steatorrhoe (Fettstuhl), Gewichtsverlust, Anämie und Knochenschmerzen bzw. bei Kindern Wachstumsstörungen (Vitamin-D-Mangel!).

Der **Morbus Crohn** ist eine chronisch-granulomatöse Entzündung, die den gesamten Darmtrakt befallen kann, aber bevorzugt im terminalen Ileum auftritt, meist im Rahmen einer Ileokolitis. Charakteristisch ist eine Entzündung einzelner Darmsegmente (segmentaler Befall), die alle Schichten der Darmwand betrifft. Oft sind die Entzündungszeichen in den tiefen Wandschichten stärker ausgeprägt als in Mukosa und Submukosa. Die Ursache der Erkrankung ist nicht bekannt, aber genetische, immunologische und Umweltfaktoren spielen eine Rolle.

Weltweit fallen jährlich ca. 5 Millionen Menschen, überwiegend Kinder, **infektiösen Darmerkrankungen mit Diarrhoe** zum Opfer. Ca. 1 Milliarde Menschen erkranken jährlich an solchen Krankheiten, die von Salmonellen, *Vibrio cholerae, Escherichia coli,* Shigellen, *Entamoeba, Giardia* u.a. verursacht werden. Das Choleratoxin, das von *Vibrio cholerae* gebildet wird, stimuliert nach Bindung an die Membran der Mikrovilli der Enterozyten anhaltend die Adenylatzyklase im Zytoplasma, was zum Anstieg des zyklischen AMP (cAMP) in den Darmepithelzellen führt. cAMP fördert die Chloridsekretion und mindert die Natriumresorption, was zu massivem (unbehandelt oft tödlichem) Flüssigkeitsverlust führen kann.

Bei der **bakteriellen Nahrungsmittelvergiftung** liegen bakterielle Toxine in den Nahrungsmitteln vor, was zu Übelkeit, Erbrechen, Durchfall, Abdominalkrämpfen u.a. führen kann. Enterotoxine von *Staphylococcus aureus* können in 1–6 Stunden entsprechende Symptome verursachen, die dann meist weniger als 12 Stunden andauern. *Staphylococcus-aureus*-Vergiftungen können vor allem in Gemeinschaftsküchen, Restaurants usw. auftreten. Ursachen sind oft durch Personal kontaminierte Kartoffel- oder Eiersalate, Geflügel, Schinken, Mayonnaise oder Schlagsahnezubereitungen.

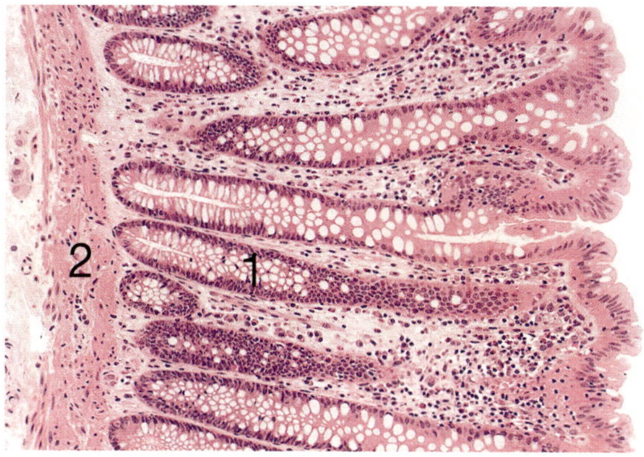

Abb. 10-65 Schleimhaut des Kolons (Mensch), Längsschnitt. Im Kolon fehlen Zotten, die Schleimhaut enthält nur einfache tubulöse Drüsen (Krypten, **1**) mit zahlreichen Becherzellen und mitochondrienreichen (Flüssigkeitsresorption) Enterozyten. Die Krypten sind vielfach tangential angeschnitten, so dass ihr Lumen nur teilweise angetroffen wird. **2** Muscularis mucosae. Plastikschnitt; Färbung: H.E.; Vergr. 200fach. (Aus [1])

10.2.5 Dickdarm

Hauptfunktionen des Dickdarms (Kolon) sind die Weiterleitung des eingedickten Darminhalts (Faeces) und dessen zeitweise Speicherung sowie die Resorption von NaCl und Wasser. Kalium kann sezerniert und reabsorbiert werden. Der größte Teil des Wassers im Darmlumen (ca. 6–7 l) wird schon im Dünndarm resorbiert. Im Dickdarm selbst wird täglich ca. 1 l Wasser reabsorbiert. Die Resorption von Na^+ und die Sekretion von K^+ werden von Aldosteron kontrolliert. Die Weiterleitung der Faeces wird durch Absonderung einer dicken Schleimschicht auf der Oberfläche der Mukosa erleichtert.

Der ca. 1,4 m lange Dickdarm besitzt folgende Abschnitte:

- Zökum mit Appendix vermiformis,
- Kolon (mit Colon ascendens, Colon transversum und Colon descendens),
- Sigma (Colon sigmoideum),
- Rektum und
- Analkanal.

Wandaufbau des Dickdarms

Im gesamten Dickdarm kommen auf der Mukosa keine Zotten vor. Von der relativ glatten Oberfläche der Schleimhaut ziehen dicht gestellte, tiefe Krypten bis zur Muscularis mucosae (Abb. **10-65**). Das Oberflächen- und Kryptenepithel enthält hochprismatische resorbierende Zellen und viele Becherzellen. Die Becherzellen sind in den Krypten besonders zahlreich, im Oberflächenepithel dagegen viel seltener (Abb. **10-66**). Die resorbierenden Zellen tragen recht lange Mikrovilli und sind auffallend mitochondrienreich (Abb. **10-67**). Ihre wesentliche Funktion ist die Reabsorption von Wasser. Durch diese Eigenschaft können in den Dickdarm eingebrachtes Wasser und über Suppositorien applizierte Medikamente von der Schleimhaut des Rektums reabsorbiert werden. Die resorbierenden Epithelzellen besitzen in den Krypten apikal kleine sekretorische Granula. Im Kryptenepithel sind auch viele enteroendokrine Zellen zu finden; Paneth-Zellen fehlen. Die Lamina propria enthält zahlreiche Makrophagen, Plasmazellen, Eosinophile, Lymphozyten und Mastzellen (die Eosinophilen sind bei Wurmerkrankungen stark vermehrt). Zellerneuerung findet in der Tiefe der Krypten statt (Abb. 2-85).

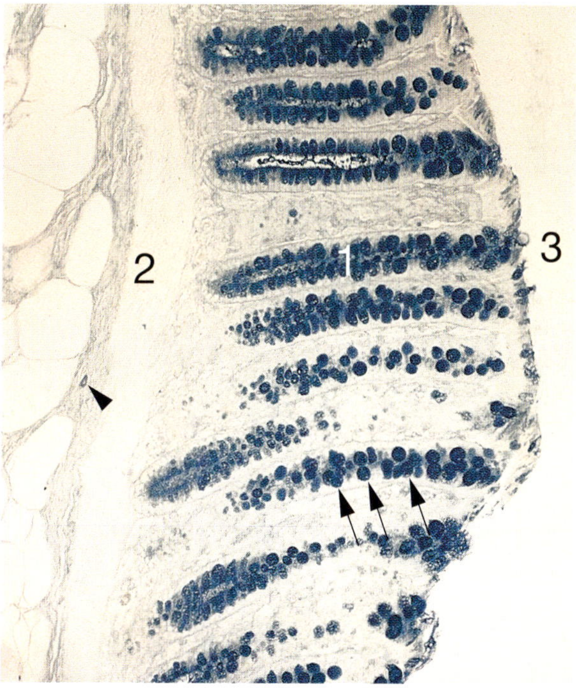

Abb. 10-66 Nachweis saurer Muzine (→) in den Becherzellen von Kolonkrypten (Mensch, **1**). **2** Muscularis mucosae; ▶ Mastzelle; **3** Darmlumen. Färbung: Alcianblau bei pH 2,5; Vergr. 150fach.

In der Submukosa sind regelmäßig Fettzellen zu finden. Die Muskularis besitzt eine kräftige geschlossene Ringmuskulatur, wohingegen die Längsmuskulatur

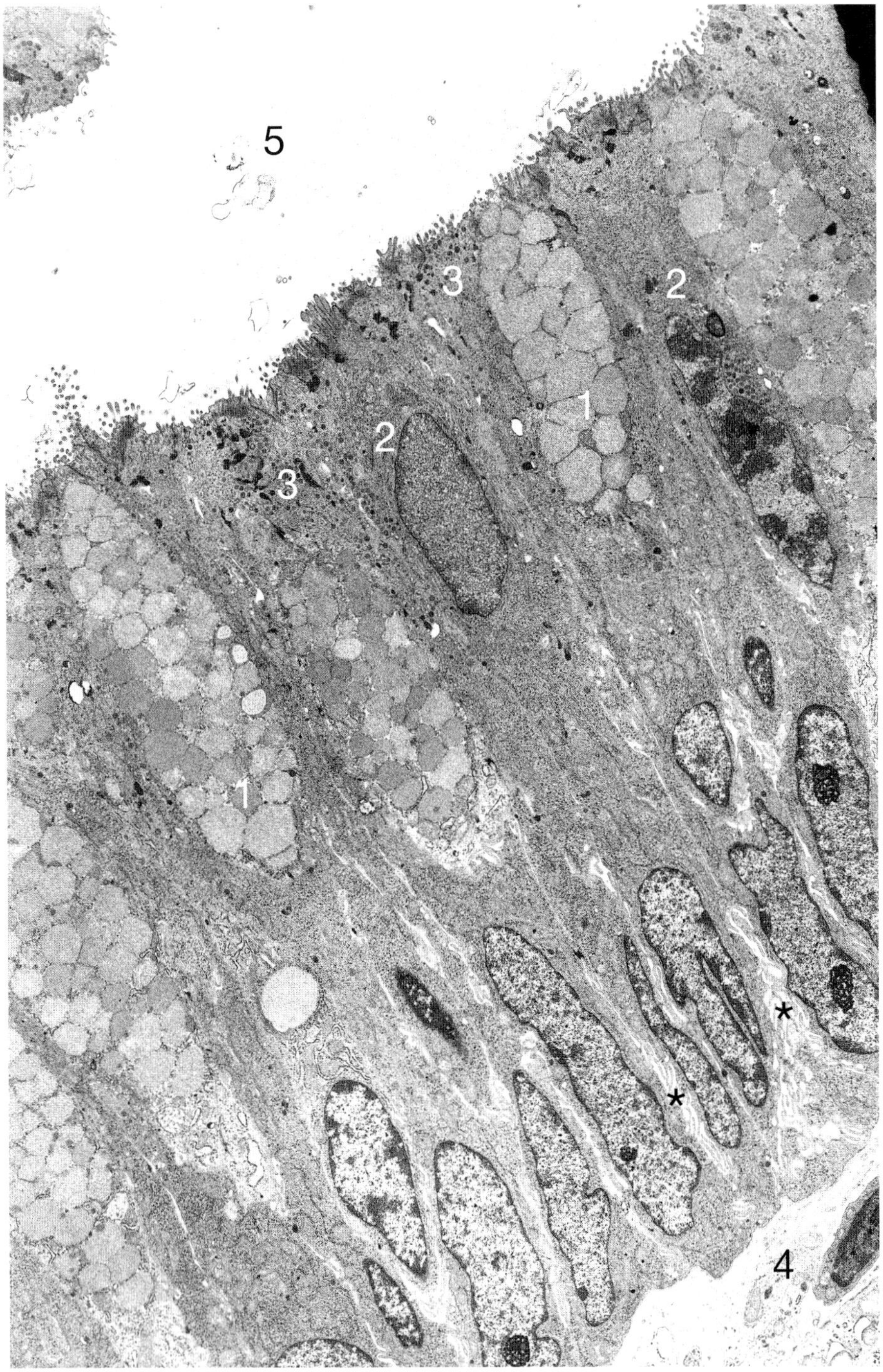

Abb. 10-67 Ultrastruktur des Epithels einer Kolonkrypte (Mensch). **1** Becherzellen; **2** resorbierende Zellen; **3** apikale Sekretionsgranula in den resorbierenden Zellen. * Interzellulärraum mit Mikrofalten der lateralen Zellmembran (Flüssigkeitstransport), **4** Lamina propria; **5** Darmlumen. Der Schnitt verläuft nicht exakt senkrecht zur Epitheloberfläche, sondern leicht schräg. Daher sind basal nicht die gleichen Epithelzellen wie apikal angeschnitten. Vergr. 3865fach.

drei kräftige Bündel (**Tänien**) bildet. Zwischen den Tänien ist die Längsmuskulatur nur schwach oder gar nicht ausgebildet. Im Colon transversum besitzt diese Muskulatur einen Schrittmacher.

Typische Strukturen des Kolons sind quer gestellte Falten (**Plicae semilunares,** können verstreichen), die halbkreisförmig in das Darmlumen vorspringen und an deren Bildung sich die Muskularis beteiligt. Die Ausbuchtungen zwischen zwei Falten heißen **Haustren**. In der Serosa können größere Mengen an Fettzellen eingebaut werden, die säckchenförmige Ausstülpungen bilden (**Appendices epiploicae**).

Der eingedickte Speisebrei des Kolons enthält eine physiologische, zumeist anaerobe bakterielle Darmflora *(Bacteroides, Bifidus)*, auf deren Tätigkeit Fäulnis, Gärung und Gasbildung im Lumen des Dickdarms zurückgehen. Die Bakterien können Zellulose abbauen, für die der Mensch keine abbauenden Enzyme besitzt. Sie sind außerdem in der Lage, Vitamin K zu bilden. Pro ml Stuhl kommen $10^{11}-10^{12}$ Bakterien vor.

Klinik Zu den häufigen Darmkrankheiten zählt das **Syndrom des irritablen Kolons**, das vor allem durch Leibschmerzen und veränderte Stuhlgewohnheiten (Verstopfung, Durchfälle oder abwechselnd Verstopfung und Durchfälle, Abgang von Schleimen) gekennzeichnet ist. Da keine morphologischen, biochemischen oder infektiösen Ursachen zu finden sind, werden die Schmerzen und Beschwerden als funktionell bezeichnet. Es scheint eine gestörte motorische und sensorische Funktion vorzuliegen.

Kolonkarzinome gehören zu den häufigen bösartigen Tumoren des Menschen und treten meist nach dem 50. Lebensjahr auf. Es gibt offensichtlich genetische und ernährungsbedingte Ursachen.

Die **Colitis ulcerosa** ist eine chronisch rezidivierende entzündliche Krankheit der Schleimhaut des Kolons. Sie beginnt meist im Rektum und breitet sich evtl. kontinuierlich in die oral gelegenen Kolonabschnitte aus. Typische Symptome sind blutig-schleimige Durchfälle. Auch außerhalb des Darms können Entzündungen auftreten, z. B. in Gelenken, in den Gallenwegen oder an den Augen. Nach langjährigem Verlauf kann sich, bedingt durch die chronische Entzündung der Kolonschleimhaut, ein Kolonkarzinom entwickeln. Die Ursache der Erkrankung ist nicht bekannt, aber genetische, immunologische und Umweltfaktoren spielen eine Rolle.

Nicht selten sind verschiedene **Divertikelbildungen**. Eine häufige Form der Divertikel im Kolon besteht aus Aussackungen der Mukosa durch die Muskularis, die sich entzünden können (Divertikulitis).

Appendix vermiformis

Die Appendix vermiformis (Wurmfortsatz) ist Anhang des Zökums und somit Teil des Dickdarms. Der Schleimhaut fehlen Zotten. In der Schleimhaut ist in reichem Maße lymphatisches Gewebe mit Lymphfollikeln und para-(inter-)follikulärem Gewebe eingelagert (Abb. **10-68, 10-69**). Die Krypten der Schleimhaut sind im Bereich der Lymphfollikel oft verdrängt

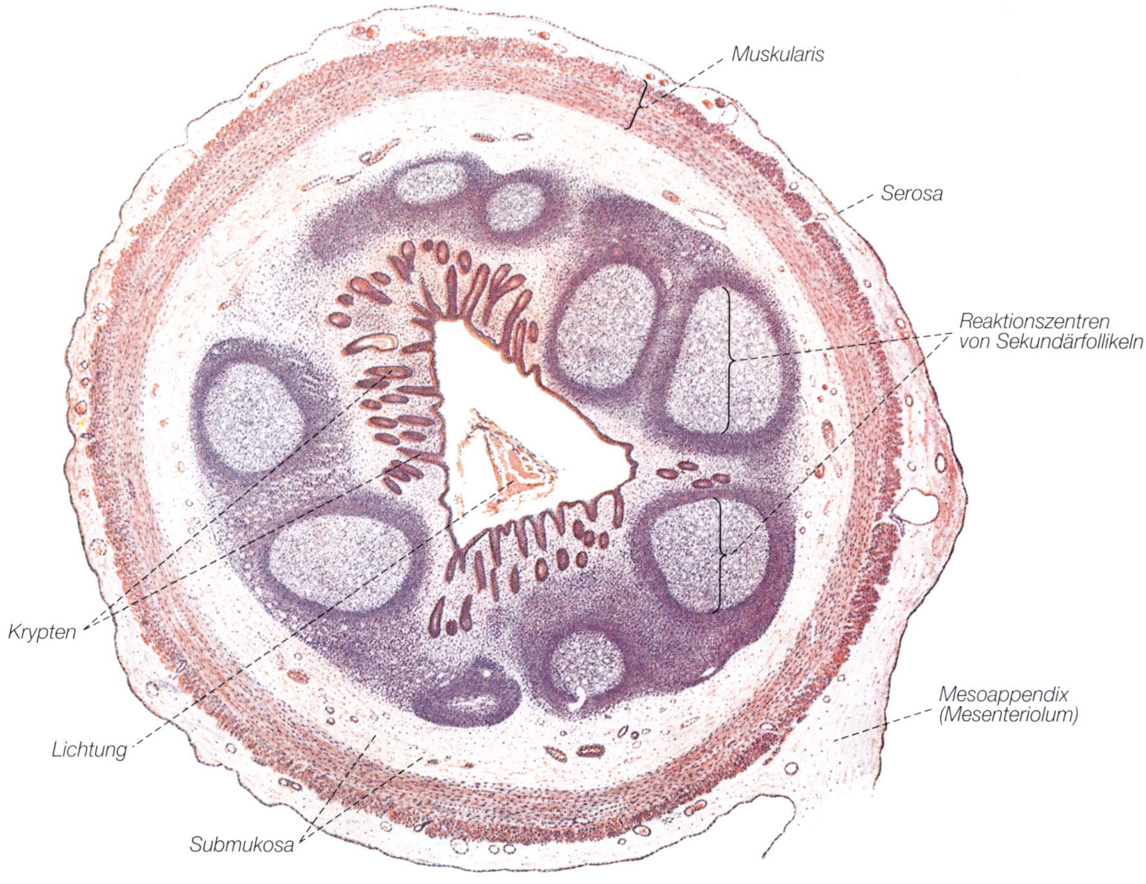

Abb. 10-68 Appendix vermiformis (Mensch), idealisiert gezeichneter Querschnitt. Auffallend sind die zahlreichen, in der gesamten Lamina propria verteilten Sekundärfollikel, die bis in die Submukosa reichen können und sowohl die Krypten als auch die Muscularis mucosae mehr oder weniger stark verdrängen können. Färbung: H. E.; Vergr. 22fach. (Aus [1])

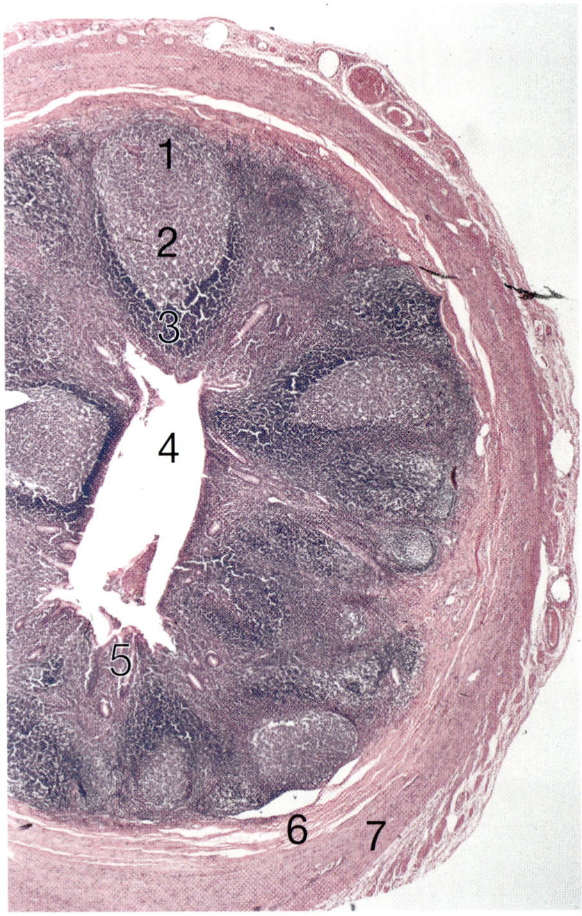

Abb. 10-69 Appendix vermiformis (Mensch). Lymphfollikel, bestehend aus Keimzentrum mit dunkler (**1**) und heller (**2**) Zone sowie Lymphozytenrandwall (**3**); **4** Lumen; **5** Krypten; **6** Submukosa; **7** Muskularis. Färbung: H.E.; Vergr. 25fach.

(Abb. **10-68**). Auch die Muscularis mucosae fehlt abschnittsweise. Im Oberflächen- und Kryptenepithel kommen Becherzellen und mikrovillibesetzte resorbierende Zellen sowie auch M-Zellen vor. Im Lumen können öfter Speisereste, Granulozyten (bei Entzündungen) und auch Nematoden *(Enterobius)* vorkommen. In der Muskularis sind eine geschlossene Ring- und eine geschlossene Längsmuskelschicht ausgebildet.

Klinik Häufigstes Krankheitsbild der Appendix vermiformis ist die **akute Appendizitis,** die im 2. und 3. Lebensjahrzehnt auftritt. Interessant ist, dass diese Krankheit in unterentwickelten Ländern (besonders in Afrika) und unteren sozioökonomischen Gruppen relativ selten ist.

Die akute Appendizitis ist meistens mit einer Ulzeration der Schleimhaut und oft mit einem Verschluss des Lumens verbunden. Die unmittelbare Ursache der Ulzeration bleibt unbekannt. Vermutet wird, dass dabei vor allem Yersinien (oder andere Bakterien), aber auch Viren eine Rolle spielen. Das Lumen der Appendix kann durch Kotkonkremente, Würmer (z. B. *Enterobius*) oder Tumoren verschlossen werden. Durch den Verschluss des Lumens steigt bei vermehrter Schleimbildung der intraluminale Druck, und es kommt zu Stauung und Schädigung der Blutgefäße in der Wand der Appendix. Schließlich sterben Gewebeteile der Wand der Appendix ab, was Perforation und Peritonitis zur Folge hat.

Analkanal

Im Analkanal (Canalis analis) geht die Kolonschleimhaut des Rektums in die Epidermis der Haut über (Abb. **10-70**, **10-71**). Es lassen sich mehrere Epithelzonen unterscheiden:

- **kolorektale Zone** mit Kolonschleimhaut, mitunter sind die Krypten hier recht kurz und unregelmäßig strukturiert,
- **anale Übergangszone** (Zona intermedia), eine Zone, in der in variabler Anordnung verschiedene Epitheltypen vorkommen,
- **Zone der perianalen Haut** (Zona cutanea) mit verhorntem mehrschichtigem Plattenepithel.

Typischerweise kommt in der analen Übergangszone ein mehrschichtiges unverhorntes Plattenepithel in 4–9 Zellschichten vor (**Zona alba**). Die Oberflächenzellen können proximal auch kubisch oder prismatisch sein. Letztere sind sekretorisch aktiv. Lokal kann eine Verhornung auftreten. Ganz vereinzelt finden sich hier noch Krypten. Diese Zone ist reich sensibel innerviert.

Der proximale Teil der Übergangszone bildet bis zu 10 längs verlaufende, 1 cm lange Wülste (Columnae anales) aus, in denen sich arteriell versorgte Gefäßknäuel befinden. Diese Zone heißt auch (innere) **Zona haemorrhoidalis.** Die Columnae anales werden durch quer gestellte Falten (Valvulae semilunares) verbunden. So entstehen proximal dieser Falten zwischen den Columnae taschenartige Vertiefungen, die Analsinus. Von den Sinus und den Columnae gehen schlauchförmige Epithelgänge aus, die auch **Proktodealdrüsen** genannt werden. Diese Epithelgänge erreichen die glatte Muskulatur des M. sphincter ani internus, selten den quergestreiften M. sphincter ani externus. Das Drüsenepithel ähnelt dem der proximalen Übergangszone. Oft findet sich mehrschichtiges prismatisches, sekretorisch aktives Epithel. Im Epithel sind oft kleine Zysten lokalisiert, vereinzelt sogar Becherzellen. Basal im Epithel kommen Myoepithelzellen vor. In ihrer Umgebung lagern vermehrt Lymphozyten. Diese Drüsenstrukturen sind sehr wahrscheinlich ein phylogenetisches Relikt aktiver Drüsen. Sie

Abb. 10-70 Mikroskopische Anatomie des menschlichen Analkanals, schematische Darstellung. Spezielle Epithelabschnitte sind vergrößert herausgezeichnet. Die in der Tiefe der Analsinus entspringenden analen Drüsen werden auch Proktodealdrüsen genannt und sind individuell unterschiedlich ausgebildet. Von ihnen können schmerzhafte Analfisteln ausgehen. Die mit unverhorntem Plattenepithel bedeckte Übergangszone heißt auch Zona alba. An der Linea anocutanea geht das unverhornte in das verhornte Plattenepithel über. Der Musculus corrugator ani geht aus der glatten Längsmuskulatur des Rektums hervor. Er steht auch mit dem Musculus levator ani in Beziehung. Das Corpus cavernosum recti bildet insgesamt einen Schwellkörper.

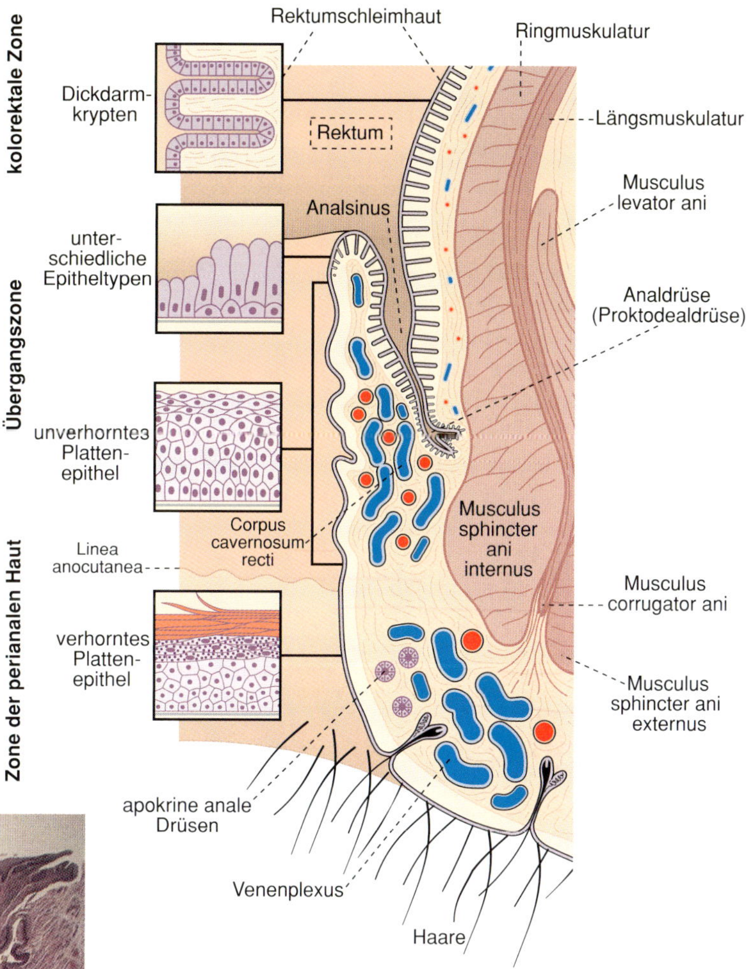

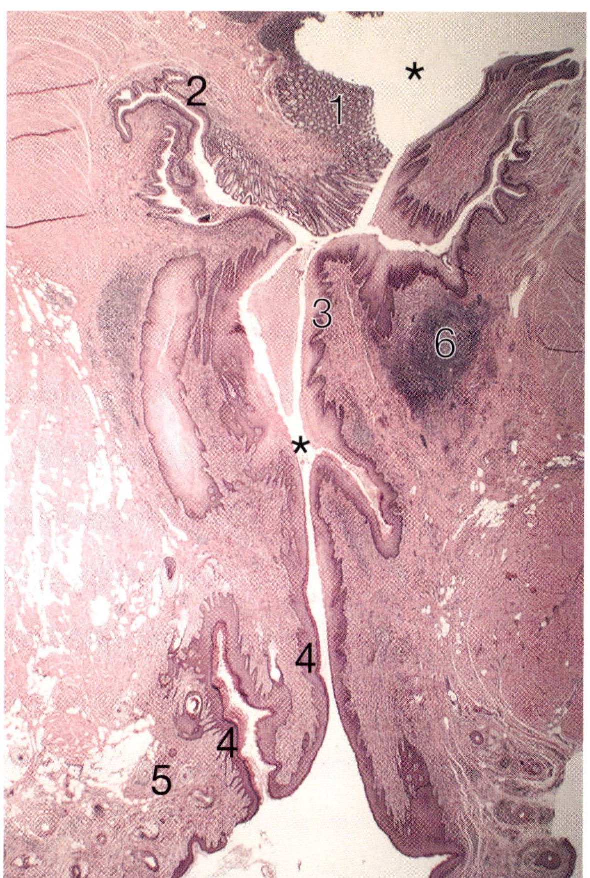

sind an der Entstehung von Analfisteln beteiligt. Der distale Teil der Übergangszone wird auch Zona intermedia genannt. Er wird von unverhorntem oder schwach verhorntem mehrschichtigem Plattenepithel bedeckt und enthält viele elastische Fasern und kleine haarlose Talgdrüsen.

Im gesamten Bereich des Analkanals tritt oft lymphatisches Gewebe auf, das in das Epithel einwandern kann und Follikel sowie parafollikuläre Formationen aufbauen kann (Abb. 10-72).

In der perianalen Haut kommen Schweißdrüsen, Talgdrüsen und apokrine Drüsen sowie Haare vor.

Abb. 10-71 Analkanal (Rhesusaffe), Längsschnitt, Übersicht. * Das mehrfach angeschnittene Lumen erscheint infolge der kontrahierten Muskulatur des Analkanals spaltenförmig. **1** Rektumschleimhaut mit Krypten; **2** proximale Übergangszone mit zwei- bis dreischichtigem prismatischem Epithel; **3** distale Übergangszone mit mehrschichtigem unverhorntem Plattenepithel; **4** Region mit mehrschichtigem verhorntem Plattenepithel, **5** Haare; **6** größere Ansammlung lymphatischen Gewebes. Färbung: H. E.; Vergr. 15fach.

Gefäße der analen Schleimhaut Die längs verlaufenden Columnae anales enthalten Gefäßknäuel (Glomeruli rectales, Abb. 10-73), die von kleinen Ästen anorektaler Arterien gespeist werden und insgesamt das Corpus cavernosum ani („recti") bilden. Es kann stark mit Blut gefüllt werden und spielt somit eine wesentliche Rolle beim Verschluss des Darmausgangs. Bei übermäßiger Blutstauung gehen von den Gefäßknäueln die inneren Hämorrhoiden aus, aus denen es hellrot bluten kann (arterielles Blut). Distal der Zona haemorrhoidalis bis hin in den Bereich der perianalen Haut finden sich unter dem Epithel Venengeflechte, die bei Stauungen oder Verletzungen auch bluten können (äußere Hämorrhoiden, venöses Blut).

! Die Schleimhaut des Dickdarms bildet keine Zotten, sondern nur dicht stehende tubuläre Einsenkungen, die Krypten, aus. Das Epithel der Oberfläche und der Krypten besteht aus schleimbildenden Becherzellen, resorbierenden Zellen (Wasser und andere Stoffe) und endokrinen Zellen. Die Lamina propria ist besonders reich an freien Zellen, z. B. Plasmazellen, Lymphozyten, Makrophagen und Eosinophilen. Die Muskularis besteht aus einer kräftigen Ringmuskulatur und drei Bündeln (Tänien) von Längsmuskulatur. Die Schleime der Mukosa erhöhen die Gleitfähigkeit des eingedickten Darminhalts. Im Lumen kommt eine physiologische Bakterienflora vor.

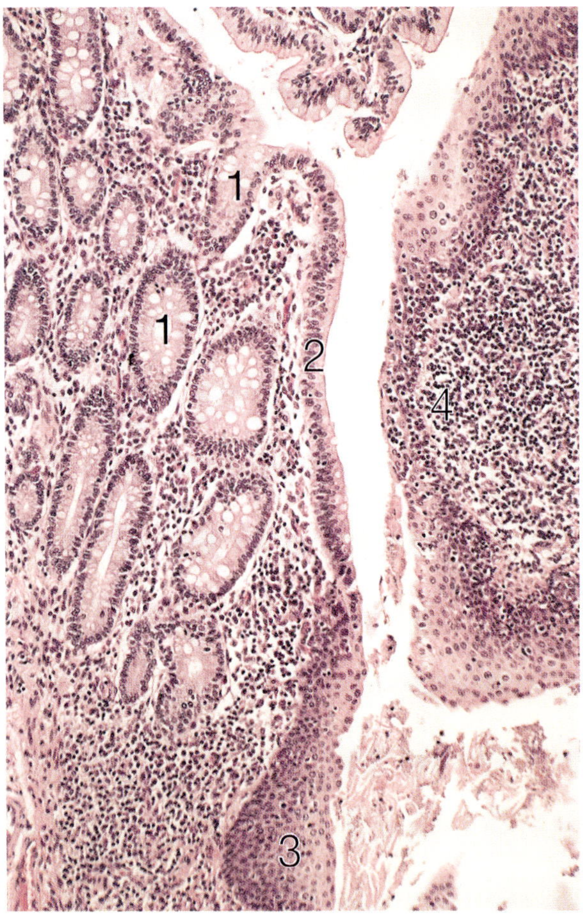

Abb. 10-72 Lymphatisches Gewebe im Bereich des Analkanals (Rhesusaffe). Übergang der Rektumschleimhaut mit becherzellreichen Krypten (**1**) zur analen Übergangszone mit anfangs mehrschichtigem prismatischem bzw. kubischem Epithel (**2**). Dieses geht dann seinerseits in mehrschichtiges unverhorntes Plattenepithel (**3**) über. **4** Lymphozytenansammlung (ein Teil der Lymphozyten dringt ins Epithel ein). Färbung: H. E.; Vergr. 250fach.

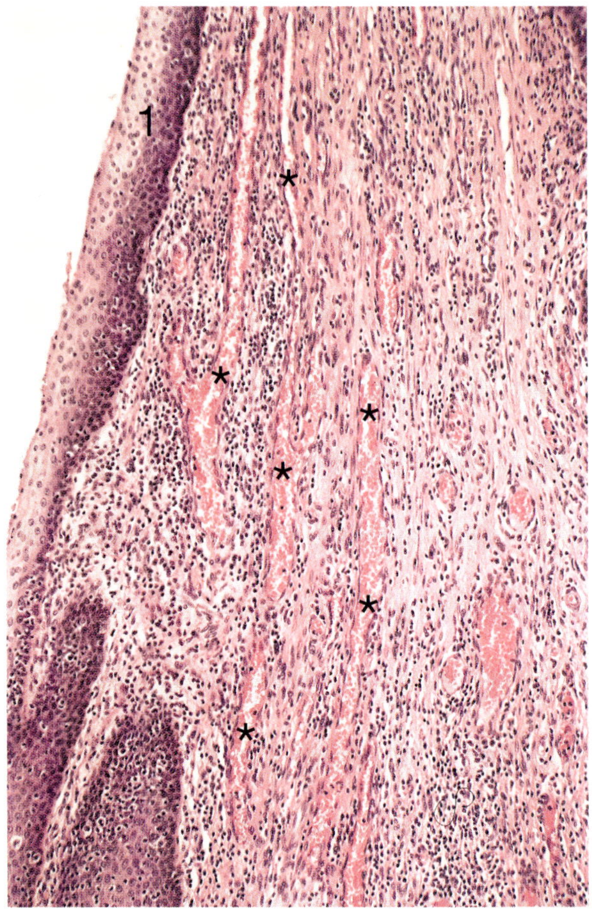

Abb. 10-73 Columnae anales (Rhesusaffe), Längsschnitt. * mehrere Gefäßanschnitte („Hämorrhoidalzone"); **1** mehrschichtiges unverhorntes Plattenepithel. Färbung: H. E.; Vergr. 150fach.

10.3 Leber und Gallenwege

10.3.1 Leber

Die Leber differenziert sich in der Embryonalentwicklung aus der primitiven Darmwand. Sie ist bei ursprünglichen Wirbeltieren im Wesentlichen eine große exokrine Darmdrüse, die aber auch von Anfang an die Funktion eines Speichers von energiereichen Verbindungen hat (Lebertran aus der Leber mancher Fische). Bei Säugetieren und beim Menschen behält sie den Charakter einer exokrinen Drüse, was die Existenz eines Sekrets (der Galle) und eines Ausführungsgangs (des Gallengangs) belegt. Die Leber hat jedoch zahllose weitere Funktionen erworben und ist das zentrale Stoffwechselorgan des Körpers. Sie ist ca. 1,5 kg schwer und wird von einer dünnen, aber festen Kapsel (Glisson-Kapsel) umhüllt, die außen ein Peritonealepithel bedeckt.

Wichtige Funktionen der Leber sind:

- Produktion der Galle,
- Aufrechterhaltung des Stoffwechselgleichgewichts,
- Speicherung von Glykogen,
- Entgiftungs- und Ausscheidungsfunktion,
- Produktion von lebensnotwendigen Substanzen, z. B. die Bildung von Albumin, Globulinen, Fibrinogen, Prothrombin, Lipoproteinen, Glukose,
- Sekretion von IgA in die Galle und damit auch in den Dünndarm,
- endokrine Funktionen.

Die Leber spielt eine sehr große Rolle in der klinischen Medizin. Zum Verständnis von Lebererkrankungen sind makroskopisch- und mikroskopisch-anatomische, ultrastrukturelle und zellbiologische Kenntnisse erforderlich. Besonders wichtig ist die doppelte Versorgung der Leber mit Blut durch die **Leberarterie** (A. hepatica propria, bringt sauerstoffreiches Blut) und die **Leberpfortader** (V. portae). Die Pfortader sammelt das abfließende Blut aus den unpaaren Organen der Bauchhöhle und führt es in die Leber, die in diesem Zusammenhang eine Art Filter- und Kontrollstation ist. Die Leber kann dem Pfortaderblut z. B. energiereiche Stoffe wie Glukose entziehen und speichern. Mit dem Blut können aber auch resorbierte toxische Substanzen vor allem aus dem Darm in die Leber gelangen, was oft zu sekundären Erkrankungen der Leber führt. Sie wird oft zum Absiedelungsorgan für Tumormetastasen. In Abbildung **10-74** ist die Gefäßversorgung der Leber schematisch dargestellt. Die Abbildung zeigt zugleich das Gallengangsystem. Die überwiegende Zahl der Leberfunktionen wird ausschließlich von einem Zelltyp, den Leberepithelzellen (Hepatozyten), erfüllt.

Bauplan, Baueinheiten

Es gibt verschiedene Möglichkeiten, das Gewebe der Leber in Baueinheiten einzuteilen. Neben der Einteilung in **klassische Leberläppchen** („klassisch", weil schon seit vielen Jahrzehnten anerkannt) gibt es zwei weitere Gliederungsmöglichkeiten:

- Leberazinus,
- Portalvenenläppchen.

Die drei Gliederungsmöglichkeiten schließen sich nicht aus, sondern ergänzen sich, speziell in funktioneller Hinsicht. In diesem Text wird das klassische Leberläppchen zugrunde gelegt, da es eine generell anerkannte Bezeichnung ist und konzeptuell gut damit gearbeitet werden kann.

Klassisches Leberläppchen

Die Leber besteht aus kleinen Baueinheiten, den klassischen Leberläppchen (= **Zentralvenenläppchen**, Abb. **10-75, 10-77a**). Ihre Zahl beträgt ca. 1–1,5 Millionen. Ein Läppchen ist ein 0,7–2 mm großer, länglicher Körper mit wenig zugespitzten Enden. Die Läppchen sind eng ineinander verschachtelt und beim Menschen durch nur wenig Bindegewebe voneinander getrennt. Beim Schwein sind dagegen die Bindegewebsgrenzen deutlich ausgebildet (Abb. **10-76**). Daher erleichtert die Schweineleber dem histologischen Anfänger das Verständnis der Leberstruktur. Die Gestalt der Läppchen ist etwas variabel, ebenso deren räumliche Zuordnung. Man findet deshalb in den histologischen Präparaten recht unterschiedliche Anschnittfiguren der Läppchen vor. Im Schema sind die Anschnittfiguren sechseckig (Abb. **10-77a**).

Wesentliche Bestandteile des klassischen Leberläppchens sind:

- Leberepithelzellen (Parenchym),
- vaskuläre Elemente,
- Bindegewebe,
- Anteile des Gallengangsystems.

Im Läppchen gibt es keine Lymphgefäße.

Parenchym Das klassische Leberläppchen enthält radiär angeordnete Platten aus Leberepithelzellen (Hepatozyten), die die spezifischen Leberfunktionen erfüllen und somit das Leberparenchym repräsentieren (Abb. **10-77b**). Die Platten sind ganz überwiegend eine Zellschicht dick, anastomosieren und bauen eine komplexe dreidimensionale Struktur auf. Jeder Hepatozyt grenzt mit zwei Seiten an die Sinusoide (weitlumige Blutkapillaren), so dass Sinusoide und Leberzellplatten parallel verlaufen. Über Poren in den Platten können benachbarte Sinusoide kommunizieren. Aus didaktischen Gründen, vor allem um die Gallenkanälchen und den Gallefluss einsichtig darzustellen, wer-

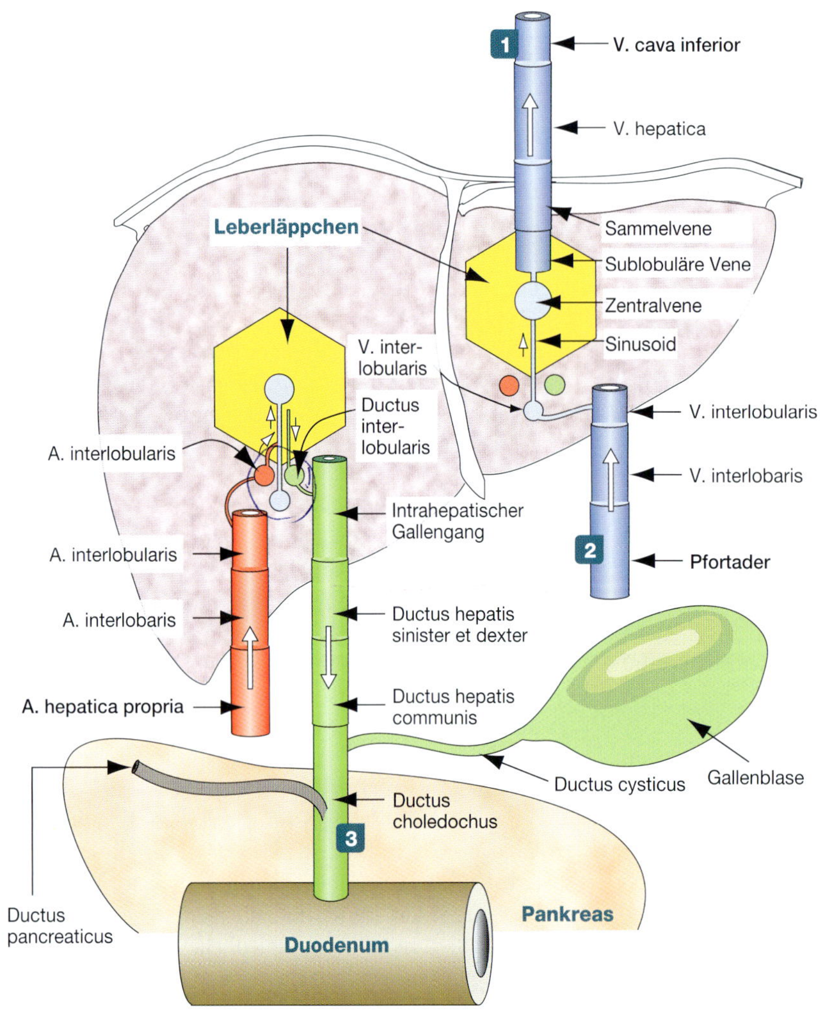

Klinische Bedeutung der morphologischen Strukturen

1 Herzinsuffizienz mit Rückwärtsversagen

Die V. cava inferior (untere Hohlvene) und die Vv. hepaticae (Lebervenen) besitzen keine Klappen. Die Zunahme des zentralen Venendrucks – wie bei Herzinsuffizienz mit Rückwärtsversagen – verursacht Blutstau vor dem Herzen und damit auch in der Leber.

2 Portale Hypertension

Behinderung des Blutflusses in der Leber, wie sie bei einer Leberzirrhose auftritt, führt zusammen mit herabgesetzter Albuminproduktion der Leberzellen zu **portaler Hypertension.** Im Rahmen dieses krankhaften Zustands steigt der Druck in der Pfortader und in ihren intrahepatischen Ästen an. Dies führt zu Austritt von Flüssigkeit aus den Gefäßen, die sich schließlich in der Bauchhöhle ansammelt (**Ascites**). Der Flüssigkeitsverlust wird durch den reduzierten onkotischen Druck in den Gefäßen gefördert, der vor allem auf dem verminderten Gehalt an Albumin und anderen Plasmaproteinen beruht. Zirrhose kann sich z. B. bei chronischer Hepatitis und alkoholischer Lebererkrankung entwickeln.

3 Pankreaskarzinom

Ein Karzinom im Pankreaskopf (60 % aller Pankreaskarzinome) behindert durch Kompression den Abfluss der Galle (und des Pankreassaftes) durch die Papilla duodeni major (Vater-Papille).

Abb. 10-74 Schematische Darstellung der Gefäßversorgung der Leber und der Gallenwege. Darüber hinaus ist die klinische Bedeutung dieser Strukturen dargestellt. (Aus [12])

den die Leberzellplatten oft „zweischichtig" gezeichnet (Abb. **10-77b**).

Am Rande eines Läppchens bilden die Hepatozyten eine geschlossene Zellschicht (Lamina hepatica limitans), durch die die Blutgefäße in das Läppchen eindringen.

Vaskuläre Elemente In dem Zwickel, in dem drei Leberläppchen aneinander grenzen, ist oft ein sog. Periportalfeld (Abb. **10-75**, **10-77b**, **10-78**) ausgebildet. In diesem finden sich Anschnitte der Endverzweigungen der Leberarterie und der Pfortader (A. interlobularis und V. interlobularis, Abb. **10-74**). Außerdem kommen im Periportalfeld Anschnitte durch kleine Gallengänge und Lymphgefäße vor. Die beiden Blutgefäße versorgen benachbarte Leberläppchen, indem sie beide vom Periportalfeld aus Seitenäste in den schmalen Raum zwischen zwei aneinander grenzende Läppchen abgeben (Abb. **10-77b**). Von den Seitenästen der Blutgefäße gehen zahlreiche terminale Zweige rechtwinklig ab und treten in ein Läppchen ein (Abb. **10-77b**). Die Endverzweigungen der Pfortader und der Leberarterie verschmelzen schon in der Peripherie der Läppchen, so dass das Läppchen von einem Mischblut durchströmt wird, dessen Sauerstoffgehalt in der Läppchenperipherie höher ist als im Läppchenzentrum. In den Läppchen fließt das Blut in weitlumigen Kapillaren (Sinusoide), die annähernd radiär und parallel zu den Leberzellbalken auf die im Zentrum liegende Zentralvene zulaufen (Abb. **10-75**, **10-77b**). Die Zentralvene ist morphologisch ein wichtiges, leicht zu erkennendes Merkmal der klassischen Leberläppchen (Zentralvenenläppchen). Aus der Zentralvene fließt das Blut letztlich zu Lebervenen und unterer Hohlvene.

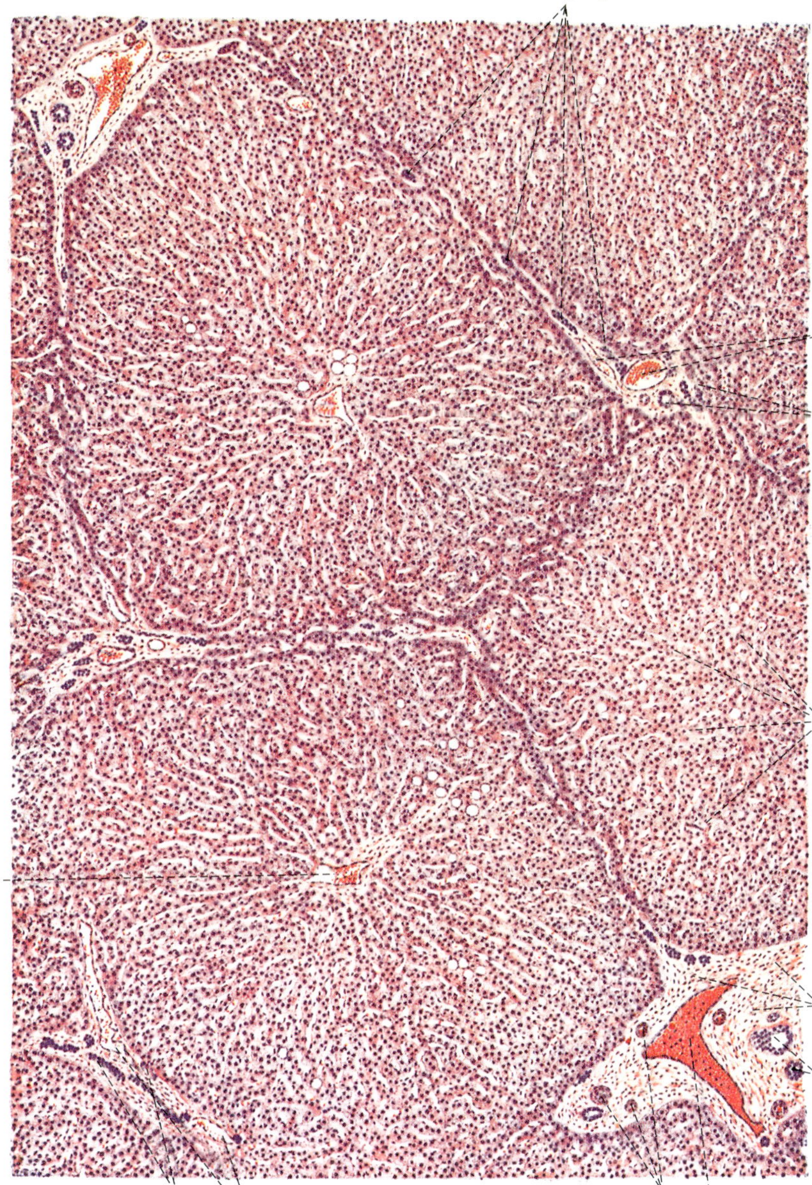

Abb. 10-75 **Leber** (Mensch), zeichnerische Darstellung. Die Gliederung in sog. Zentralvenenläppchen ist hier aus didaktischen Gründen etwas deutlicher hervorgehoben, als sie oft an Material des Menschen zu erkennen ist. Im Schnitt handelt es sich dabei um mehr oder weniger sechseckige, eng aneinander grenzende Baueinheiten. Diese bestehen aus radiär auf ein zentral gelegenes Gefäß (V. centralis) zustrebenden Strängen, Balken oder Platten von Leberzellen und den zwischen ihnen verlaufenden sinusoiden Blutkapillaren (Sinusoiden). In den bindegewebigen Zwickeln (den periportalen Feldern) zwischen Läppchen finden sich regelmäßig die Anschnitte von Ästen der V. portae (Vv. interlobulares), der A. hepatica propria (Aa. interlobulares), der kleinen Gallengänge (Ductuli interlobulares) sowie eines Lymphgefäßes. Arterie, Vene und Gallengang bilden die „Glisson-Trias". Färbung: H. E.; Vergr. 70fach. (Aus [1])

Bindegewebe Das Bindegewebe bildet eine zarte und unvollständige Begrenzung der Läppchen, ist aber in den Periportalfeldern etwas umfangreicher. Spärliche Bindegewebsfasern (retikuläre Fasern, Typ-III-Kollagen) finden sich in dem schmalen Bindegewebsraum zwischen Leberzellen und Sinusoiden (**Disse-Raum**, Abb. **10-77c**, **10-79**).

Gallenwegssystem Das Gallenwegssystem im Läppchen ist nur in Spezialpräparaten (Abb. **10-80**) und im

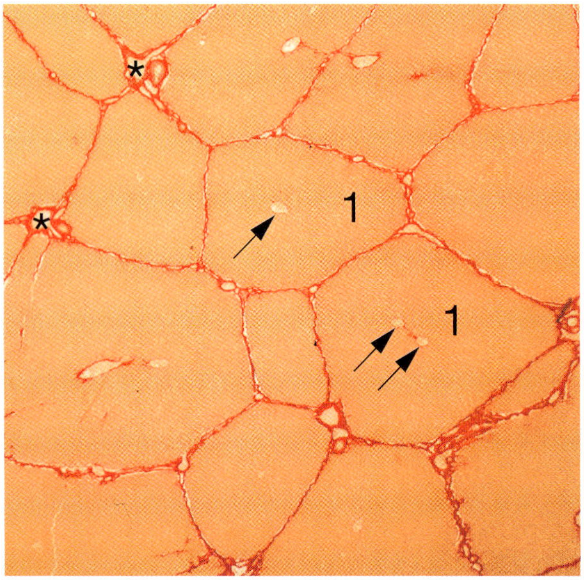

Abb. 10-76 Leber (Schwein), Übersichtsvergrößerung. Die einzelnen Zentralvenenläppchen (**1**) sind durch hier rot gefärbtes kollagenes Bindegewebe gegeneinander abgegrenzt. * Periportalfelder; ➔ Zentralvene, die aus zwei kurzen Zuflüssen entstehen kann. Färbung: van Gieson; Vergr. 25fach.

Elektronenmikroskop (Abb. **10-81**) zu erkennen. Die Gallenwege bilden nur im Bereich der Läppchen feine Gänge (Gallenkanälchen, Gallenkapillaren, Gallencanaliculi) zwischen den Leberzellen. Es sind besonders ausgestaltete feine Interzellulärlücken, die nicht von einem eigenen Epithel ausgekleidet werden (Abb. **10-82**). Die Gallenkanälchen erhalten erst in der äußersten Peripherie der Läppchen ein eigenes flaches Epithel (Hering-Kanäle, Abb. **10-77b**), aus denen dann rasch kleine Gallengänge mit kubischem Epithel entstehen, wie sie in den Periportalfeldern zu sehen sind (Abb. **10-78**). Die Gallenkanälchen bilden ein komplexes, vielfach anastomosierendes, z. T. zickzackförmig verlaufendes System zwischen den Leberzellen. Sie transportieren die Galle vom Zentrum in die Peripherie des Läppchens.

Leberazinus

Dem Leberazinus gehören Teile zweier benachbarter klassischer Läppchen an (Abb. **10-77a**). Seine zentrale Achse wird von den Ästen der interlobulären Vene und Arterie gebildet. Beide Gefäße verlaufen gemeinsam im zarten Bindegewebe zwischen zwei klassischen Läppchen (Abb. **10-77b**). Von diesen Gefäßen gehen rechtwinklig links und rechts terminale Gefäßzweige ab, die dann in die klassischen Läppchen eindringen. In der Achse verlaufen auch ein kleinerer Gallengang, Lymphgefäße und vegetative Nerven. Der Azinus hat im Anschnitt eine rhombische Gestalt. Seine spitzen Enden werden jeweils durch die Zentralvene in den benachbarten Läppchen markiert. Im Azinus werden drei Zonen unterschieden, die durch unterschiedlichen Sauerstoffgehalt im Blut und andere funktionelle Parameter gekennzeichnet sind:

- **Zone 1:** spindelförmige Zone im Zentrum des Azinus (relativ hoher Nährstoff- und Sauerstoffgehalt),
- **Zone 2:** intermediäre Zone (weniger Sauerstoff und Nährstoffe als Zone 1),
- **Zone 3:** periphere Zone (Sauerstoffgehalt entspricht dem Blut einer Vene, wenig Nährstoffe, schon viele Metaboliten im Blut, besonders anfällig für Schädigungen).

In Zone 3 erfolgt auch der wesentliche Anteil der Entgiftung von Alkohol und Drogen. Die Zone 3 mehrerer benachbarter Azini entspricht dem Zentrum der klassischen Leberläppchen.

Portalvenenläppchen

Beim Portalvenenläppchen (Abb. **10-77a**) steht das Periportalfeld im Zentrum. Dem Periportalfeld gehören Anteile von drei klassischen Läppchen an. Die äußere Grenze ist durch eine Linie mit drei Ecken, die jeweils in einer Zentralvene liegen, markiert. Funktionell steht im Portalvenenläppchen das Gallenwegssystem und somit der exokrine Drüsencharakter im Vordergrund. Das Konzept der Portalvenenläppchen ist kaum noch gebräuchlich.

Periportalfeld

Das Periportalfeld besteht aus lockerem Bindegewebe, in das die A. interlobularis und V. interlobularis, ein kleiner Gallengang und ein Lymphgefäß sowie kleine sympathische und parasymphatische Nerven eingebettet sind (Abb. **10-78**). Als Variante können zwei Aa. interlobulares und zwei Gallengänge vorkommen.

Das Bindegewebe des Periportalfeldes enthält überwiegend Kollagen vom Typ I. Freie Zellen sind vereinzelt zu finden, beim Gesunden jedoch keine Granulozyten.

Die V. interlobularis (ein Ast der Pfortader) ist der bei weitem größte Gefäßanschnitt im Periportalfeld. Das Lumen ist im Präparat oft dicht mit Erythrozyten gefüllt. Die Gefäßwand ist dünn, und vereinzelt sind in ihr schmale glatte Muskelzellen zu erkennen.

Die A. interlobularis (ein Ast der A. hepatica) ist relativ klein und besitzt 2–3 Schichten glatter Muskelzellen in ihrer Wand.

Die Lymphgefäße sind nur von dünnem Endothel begrenzt und enthalten keine Erythrozyten.

Die kleinen interlobulären Gallengänge besitzen ein kubisches bis niedrig prismatisches Epithel (Abb. **10-78**). Sie haben keine Muskulatur in ihrer Wand und sind von einem Blutkapillarnetz umsponnen.

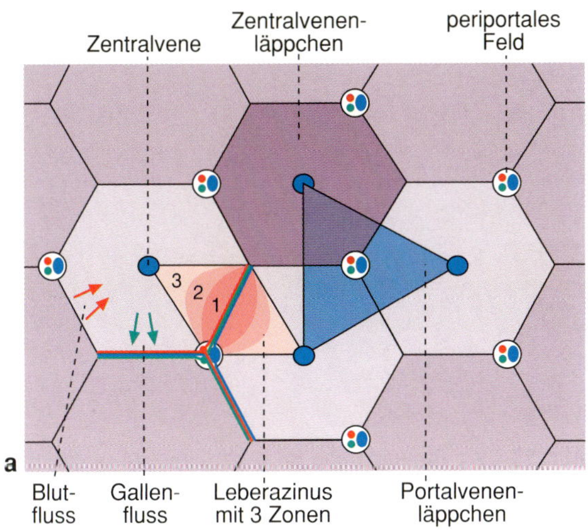

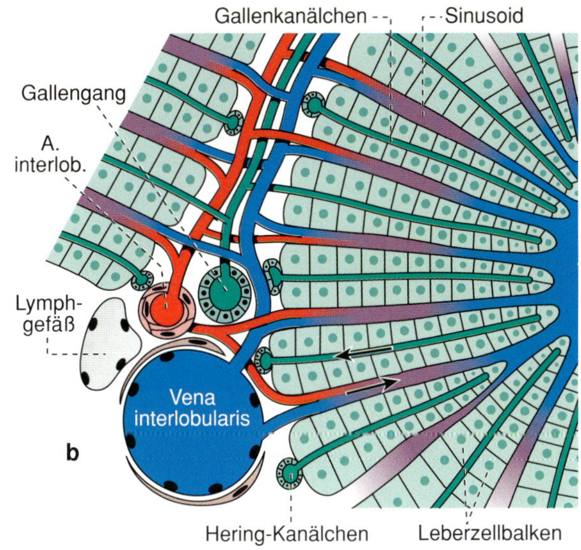

Abb. 10-77 Funktionell wichtige Regionen der Leber, schematische Darstellung.

a) Unterschiedliche Möglichkeiten der Gliederung des Lebergewebes in morphologische und funktionelle Baueinheiten. Im Zentrum des im Schema sechseckigen **Zentralvenenläppchens** (= klassisches Leberläppchen) verläuft die Zentralvene. Im Zentrum des **Portalvenenläppchens** liegt ein periportales Feld mit Glisson-Trias (Betonung der exokrinen Drüsenfunktion [Gallenproduktion] der Leber). Die zentrale Achse eines **Leberazinus** wird von Seitenzweigen der Blutgefäße im periportalen Feld gebildet; Seitenäste der in dieser Achse verlaufenden Zweige dringen in die Leberläppchen ein, es entstehen 3 Zonen unterschiedlich guter O_2-Versorgung; Zone 1 erhält am meisten, Zone 3 am wenigsten O_2.

b) Schematische Darstellung der mikroskopischen Anatomie eines Periportalfeldes und eines Ausschnittes eines Leberläppchens. Die A. interlobularis (A. interlob.) ist ein Ast der A. hepatica propria, die V. interlobularis ist ein Ast der V. portae. Am Rande des Läppchens fließen sauerstoffreiches Blut der Arterie (25–30%) und sauerstoffärmeres Blut der Pfortader (70–75%) zusammen. Die Anfangsabschnitte der Gallengänge am Läppchenrand heißen Hering-Kanälchen.

c) Hepatozyten (Leberepithelzellen) mit Wand eines Sinusoids, Disse-Raum und Gallenkanälchen. Dem intensiven Austausch zwischen Hepatozyten und Blutstrom entsprechen morphologische Anpassungen: Dem Endothel und den Hepatozyten fehlt eine Basallamina, die basale Zellmembran der Hepatozyten bildet Mikrovilli, die Endothelporen sind nicht durch Diaphragmen verschlossen, der Disse-Raum enthält nur wenige Kollagenfibrillen. Die Ito-Zellen enthalten Vitamin-A-reiche Fetttropfen. Ito-Zellen und Fibroblasten werden heute vielfach als unterschiedliche Funktionsphasen eines Zelltyps, der „hepatischen Sternzelle", angesehen. Die Kupffer-Zellen (von-Kupffer-Sternzellen) sind Makrophagen. Beachte den polaren Bau der Hepatozyten (Blut- und Gallepol) und die kontraktilen Filamente in Nähe des Gallenkanälchens; ➔ Strömungsrichtung der Galle und des Blutes. (Aus [1])

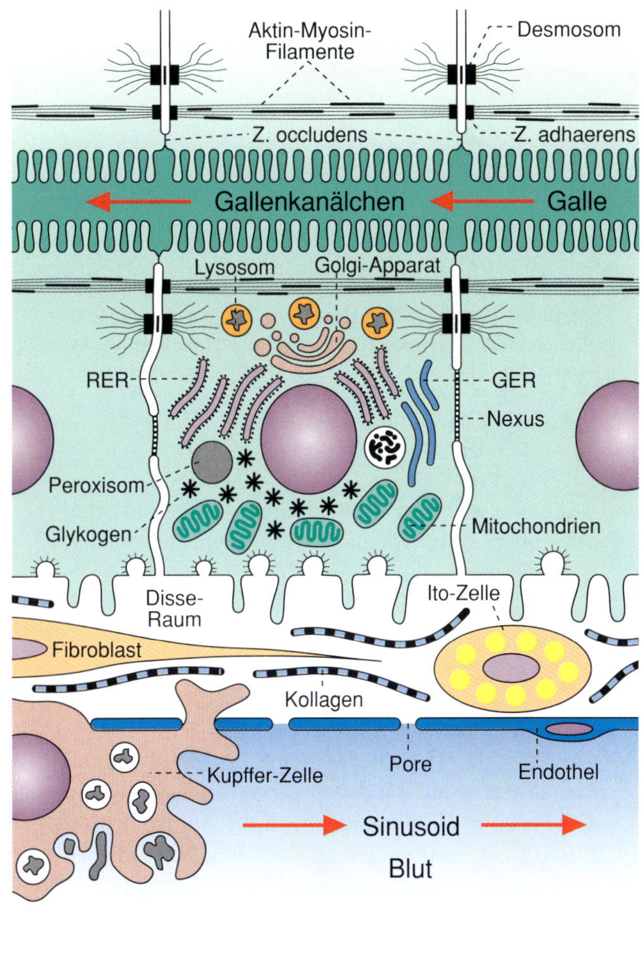

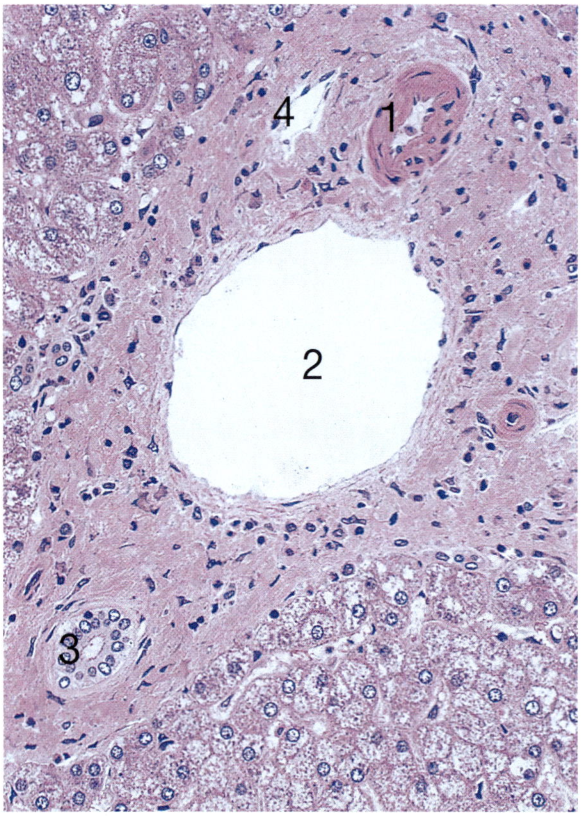

Abb. 10-78 Periportalfeld in der Leber (Mensch). **1** Ast der A. hepatica propria (A. interlobularis); **2** Ast der Leberpfortader (V. interlobularis); **3** kleiner Gallengang; **4** Lymphgefäß. Die genannten Strukturen können in einem histologischen Präparat jeweils auch in der Mehrzahl auftreten. Am Rande der Läppchen bilden die Hepatozyten eine abschließende Schicht, die Grenzplatte. Plastikschnitt; Vergr. 200fach. (Aus [1])

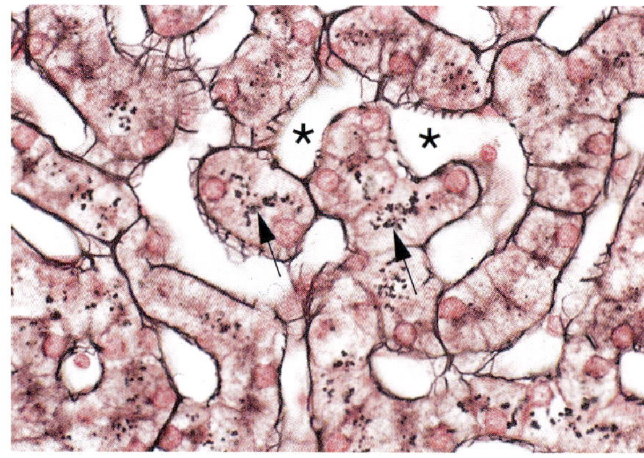

Abb. 10-79 Bindegewebe im Leberläppchen des Menschen. Ausschnitt mit Darstellung der schwarz gefärbten retikulären Fasern (aus Typ-III-Kollagen) im Disse-Raum, der an die Sinusoide (✻) grenzt. Ebenfalls schwarz angefärbt sind granuläre Organellen (➔), vor allem Lysosomen, am Gallepol der Hepatozyten. Färbung: Silberimprägnation, Kernechtrot; Vergr. 500fach. (Aus [1])

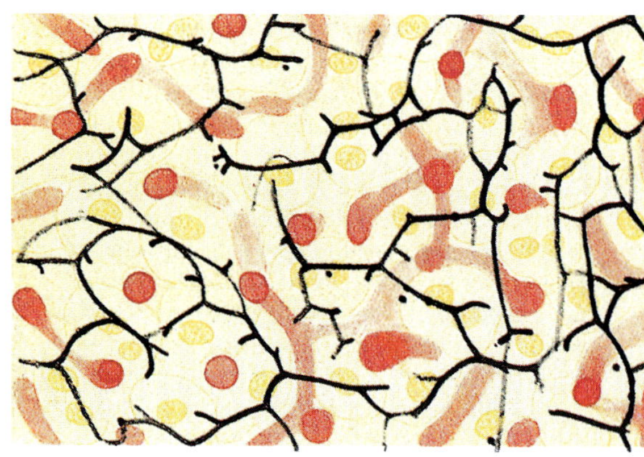

Abb. 10-80 Raumnetz der Gallenkanälchen (Mensch). Zeichnerische Darstellung der Gallenkanälchen (Gallenkapillaren, schwarz) und der Sinusoide (rot). Technik: Gallenkanälchen und Sinusoide mit unterschiedlich gefärbten Gelatinelösungen injiziert. Kerne der Leberzellen: gelb durch die Pikrinsäure im Fixierungsmittel. Vergr. 380fach. (Aus [1])

Die drei auffälligsten Strukturen des Periportalfeldes – Interlobularvene und -arterie sowie interlobulärer Gallengang – werden als **Glisson-Trias** bezeichnet.

Hepatozyten

Die **Leberzellplatten** der gesunden Erwachsenen sind eine Zellschicht dick und bestehen aus den Leberepithelzellen, den **Hepatozyten** (Abb. **10-79, 10-83**). Bei Kleinkindern sind die Zellplatten z.T. zwei Zellreihen dick. Was im histologischen Schnitt wie ein Balken aussieht, ist bei Betrachtung der dreidimensionalen Struktur ein Schnitt durch eine Platte (Abb. **10-82**).

Der rundliche, helle Zellkern der Hepatozyten liegt im Zentrum der Zelle (Abb. **10-84**). Die Kerngröße schwankt. Die Kerne sind meist diploid oder tetraploid. In unterschiedlicher Häufigkeit kommen zwei endomitotisch entstandene Kerne in einer Zelle vor. Besonders große Kerne sind oktoploid (manchmal über 30% der Zellen), besonders bei älteren Menschen. Leberzellen leben relativ lange und teilen sich nur relativ selten mitotisch. Die Lebensdauer beträgt wohl mindestens 150 Tage. Das Zytoplasma enthält:

- Stapel des rauen ER, anastomosiert oft mit dem glatten ER,
- freie Ribosomen,
- in unterschiedlicher Menge glattes ER, das dreidimensionale Netzwerke anastomosierender Tubuli bildet,
- zahlreiche längliche oder ovale Mitochondrien (ihre Zahl beträgt 800–1000 pro Zelle),
- einen umfangreichen Golgi-Apparat, der aus bis zu 50 Einzelfeldern besteht,
- Lysosomen inkl. Lipofuszingranula,

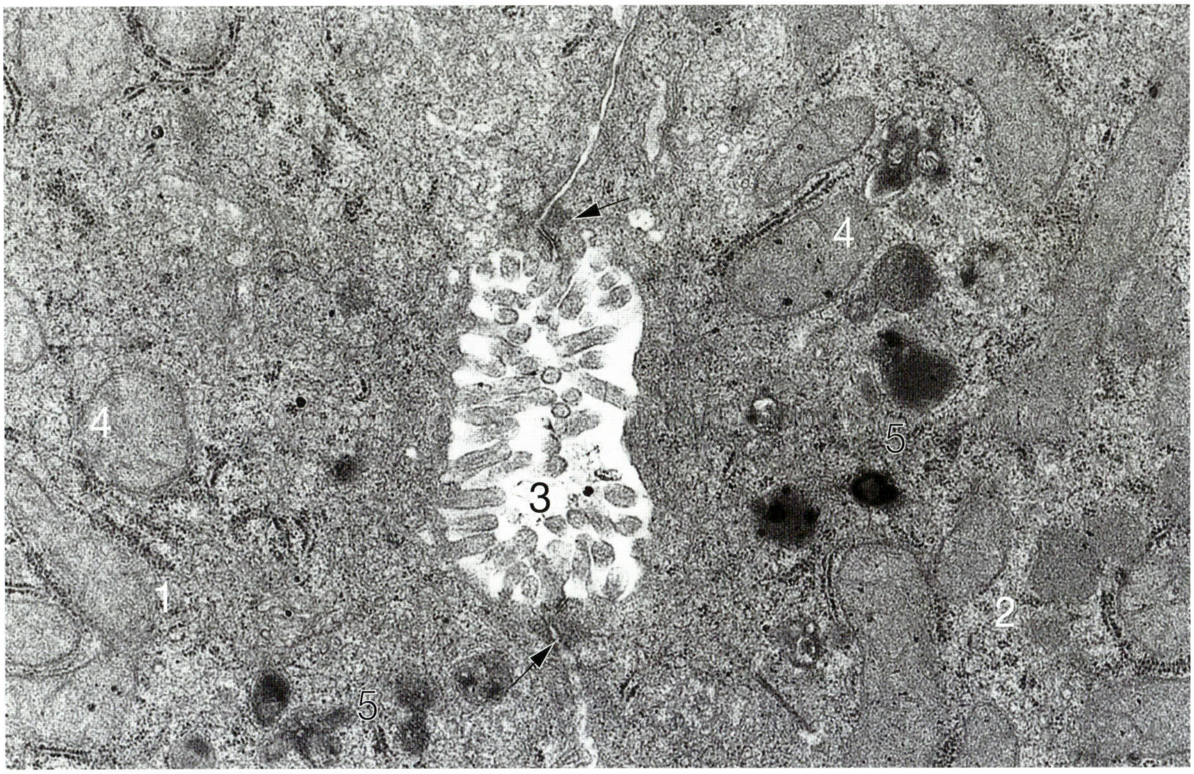

Abb. 10-81 Gallepol von zwei Leberepithelzellen (1, 2; Mensch). ➔ Zellkontakte (Zonula occludens, Zonula adhaerens); **3** Gallenkanälchen, in das Mikrovilli hineinragen; **4** Mitochondrien; **5** lysosomale Körper mit Gallepigmenten. Vergr. 18 000fach. (Aus [1])

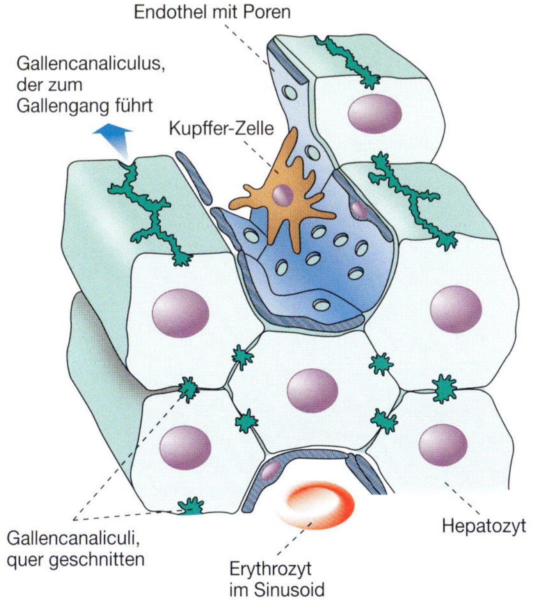

Abb. 10-82 Schematische Darstellung der wesentlichen Komponenten eines Leberläppchens. Die Leberzellen grenzen breitflächig an die Wand der Sinusoide, deren Endothel Poren besitzt, was den Stoffaustausch zwischen Blut und Leberzellen intensiviert. Die Gallencanaliculi bilden ein durch Tight junctions abgedichtetes feines Röhrensystem zwischen zwei Leberzellen, das einem lokal erweiterten Interzellulärraum entspricht und das die von den Hepatozyten lokal sezernierte Galle aufnimmt. (Modifiziert nach [13])

- Peroxisomen,
- sekretorische Vesikel,
- Vesikel mit Lipoproteinkomplexen,
- unterschiedlich große Felder mit α-Glykogen-Partikeln,
- einzelne Lipidtropfen,
- ein gut entwickeltes Zytoskelett.

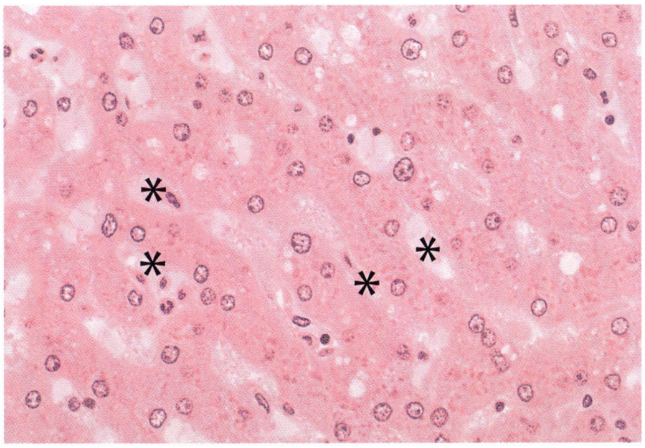

Abb. 10-83 Schnitt durch die einschichtigen Leberzellplatten im Leberläppchen des Menschen. Beachte, dass die Leberzellen i. A. an zwei Seiten an die Sinusoide (*) grenzen. H. E.-Färbung. Vergr. 450fach.

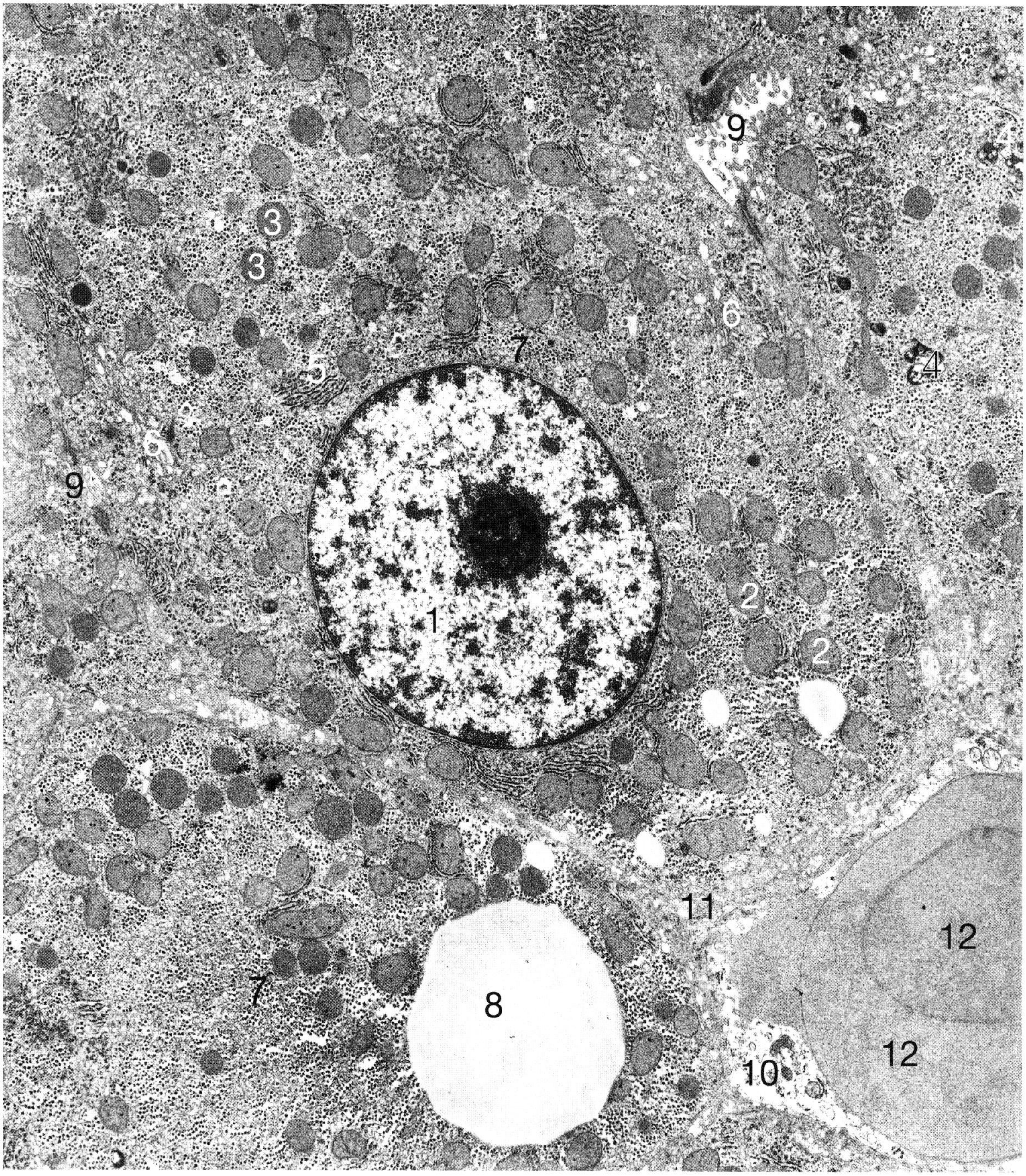

Abb. 10-84 Ultrastruktur eines Hepatozyten (Mensch), Leberbiopsat. **1** Zellkern; **2** Mitochondrien; **3** Peroxisom; **4** Lysosom; **5** raues ER; **6** Golgi-Apparat, **7** Glykogenpartikel; **8** Lipidtropfen, **9** Gallenkanälchen; **10** Endothel eines Sinusoids; **11** Disse-Raum; **12** zwei Erythrozyten im Sinusoid. Vergr. 8830fach.

Die Menge an Glykogen zeigt tageszeitliche Schwankungen, hängt auch von der Ernährungsweise ab. Glykogen kann auch intranukleär auftreten. Da Glykogen im histologischen Präparat herausgewaschen worden sein kann und sich im H. E.-Präparat nicht anfärbt, ergibt sich im histologischen Präparat das Bild von Vakuolen im Kern. Solche Kernvakuolen sind bei Diabetikern regelmäßig zu finden. Dem lysosomalen System sind auch Lipofuszingranula (Abb. **10-79**, **10-81**) zuzuzählen, die eine bräunliche Eigenfarbe besitzen. Sie sind im Gallepol konzentriert.

Die polygonalen Hepatozyten haben einen Durchmesser von ca. 25 µm und sind polar gebaut. Sie besitzen einen schmalen Gallepol, der an das Gallenkanälchen grenzt, und einen breiten Blutpol, der an ein Sinusoid grenzt (Abb. 10-77c). Zwischen zwei Gallepolen benachbarten Leberzellen befindet sich immer ein enges, extrazelluläres Gallenkanälchen (Abb. 10-81, 10-82).

Der **Gallepol** entspricht morphologisch dem Apex und nimmt ca. 15% der Zellmembran ein. Er trägt Mikrovilli und sezerniert die Galle. In seinem Bereich finden sich typische Zellkontakte, darunter Zonulae occludentes und Zonulae adhaerentes, und lateral weiter in der Tiefe auch ausgedehnte Nexus. Die Zonulae occludentes verhindern den Rückfluss der Galle in die Sinusoide. Die apikale Membran benachbarter Hepatozyten begrenzt die ca. 1 µm weiten Gallenkanälchen (Abb. **10-80, 10-81**), die sich mitunter in die Hepatozyten einstülpen können. In Nähe der apikalen Membran findet sich ein System aus Aktin- und Myosinfilamenten (Abb. 10-77c), die offensichtlich ein Motor für die Fortbewegung der Galle in den Gallenkanälchen sind. Das Gift des Knollenblätterpilzes inaktiviert das kontraktile System der Hepatozyten.

Auch der **Blutpol** der Hepatozyten trägt in reichem Maße Mikrovilli, die sich z. T. auch noch im Bereich der Lateralmembran finden. Obwohl dieser Pol der morphologischen Basis entspricht, bildet er beim Menschen und manchen Säugetieren keine Basallamina. Hier befindet sich die außerordentlich aktive Austauschfläche mit dem Blut. Der Austausch erfolgt sowohl von der Leberzelle ins Blut als auch vom Blut in die Leberzelle. Der intensive Austausch wird durch folgende morphologische Gegebenheiten gefördert:

- Oberflächenvergrößerung der Zellmembran durch Mikrovilli,
- Fehlen einer Basallamina der Hepatozyten,
- sehr schmaler Bindegewebsraum zwischen Hepatozyten und den Sinusoiden mit nur wenigen retikulären Fasern,
- weite Poren im Endothel der Sinusoide (ohne Diaphragmen),
- Fehlen einer Basallamina unter den Poren des Endothels.

Funktionen der Hepatozyten

Die Hepatozyten sind an zahlreichen Stoffwechselreaktionen beteiligt und haben wichtige Funktionen. Sie spielen eine wichtige Rolle bei der Entgiftung vieler endo- und exogener Substanzen. Dabei führen sie zahlreiche Umwandlungs- und Konjugationsreaktionen durch. Bei der **Desaminierung von Aminosäuren** entsteht die giftige Substanz Ammoniak, den die Hepatozyten zu Harnstoff umwandeln. Dieser ist weniger toxisch und wird leicht über die Nieren ausgeschieden. Auch Steroidhormone und Alkohol werden in den Leberzellen metabolisiert. Ebenso werden Drogen (Heroin) oder bestimmte Medikamente (z. B. Barbiturate) in der Leberzelle abgebaut, insbesondere im glatten ER. Dieses ist bei chronischem Missbrauch vermehrt.

Bilirubin ist das potentiell toxische Endprodukt des Häm-Abbaus. Es wird unkonjugiert und an Albumin gebunden im Blut in die Leber transportiert. Es dringt in den Disse-Raum ein und bindet an die basale Membran der Hepatozyten. Hier wird es vom Albumin getrennt und in die Zelle aufgenommen. Im Zytoplasma erfolgt die Konjugation des Bilirubins mit Glukuronsäure. Es wird dann als Bilirubin-Monoglukuronid oder -Diglukuronid aktiv über die apikale Zellmembran in die Gallenkanälchen transportiert. An Glukuronsäure gekoppelt können auch Medikamente und Hormone über die Galle ausgeschieden werden.

Hepatozyten können aus dem Pfortaderblut **Glukose** aufnehmen und sie bei Bedarf wieder in den Blutstrom abgeben. In der Leberzelle wird Glukose zu Glukose-6-Phosphat phosphoryliert. Aus dieser Form kann rasch das energiereiche ATP synthetisiert oder unter dem Einfluss von Insulin als Glykogen gespeichert werden. Glukose-6-Phosphat kann auch in einigen Stoffwechselschritten (über Pyruvat und Acetyl-CoA) zu der Speicherform der Triglyzeride umgebaut werden. Leberzellen bauen auch aus bestimmten Aminosäuren oder aus Glyzerin Glukose auf (Glukoneogenese). Der Abbau des Glykogens und die Abgabe der Glukose ins Blut werden vom Glukagon stimuliert.

Die Leber spielt außerdem ein zentrale Rolle im **Lipidstoffwechsel**. Sie synthetisiert z. B. Fettsäuren, verestert sie und gibt sie in Form von VLDL (very low density lipoproteins) ins Blut ab. Ebenso ist die Leber Hauptsyntheseort des Cholesterins.

Leberzellen synthetisieren zahlreiche exportierbare **Proteine**. Beispiele sind Albumin, Gerinnungsproteine und Blutglobuline. Sie bilden außerdem Angiotensinogen, ein Vorläufermolekül des Angiotensins II, und Somatomedine. Sie können auch IgA aufnehmen und zusammen mit der sekretorischen Komponente, die sie selbst synthetisieren, in die Galle abgeben.

Sinusoide

Die ca. 0,5–0,6 mm langen Sinusoide sind weitlumige Kapillaren, die das Blut von der Peripherie der Läppchen ins Läppchenzentrum leiten. Die Wand der Sinusoide wird von dünnen Endothelzellen gebildet, deren Zytoplasma von Feldern mit unterschiedlich großen offenen Poren (Siebplatten, Abb. **10-85**) durchsetzt wird. Besonders große Poren haben einen Durchmesser von ca. 1 µm. Die Basallamina ist zart und netzförmig ausgebildet und fehlt unter den Poren. Beim Menschen wurde in ihrem Bereich immunhistochemisch Kollagen Typ IV, aber kein Laminin und keine Proteoglykane nachgewiesen. Bei Ratten fehlt die Ba-

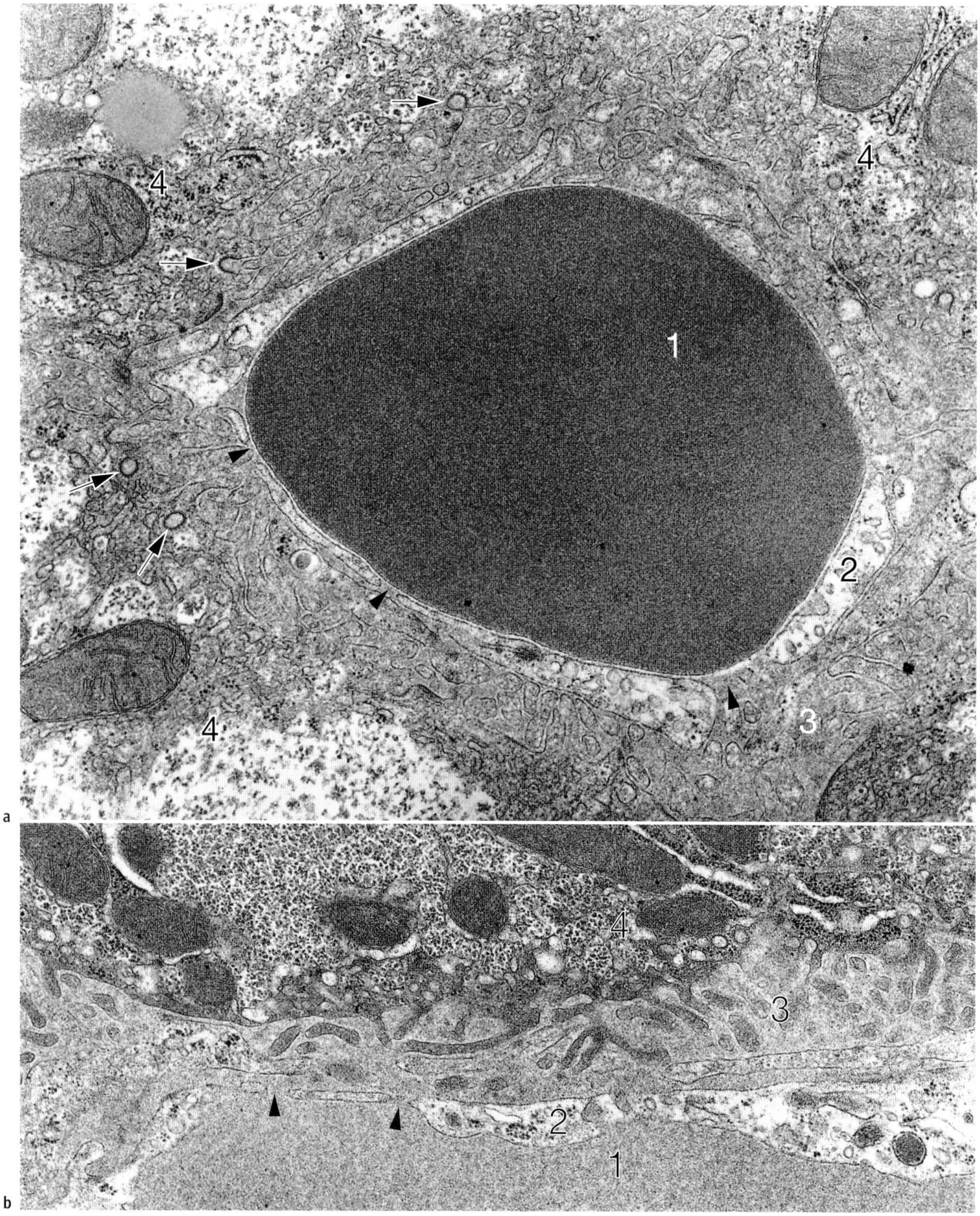

Abb. 10-85 Sinusoide (Kapillaren in der Leber, Ratte).

a) Querschnitt eines Sinusoids. **1** Erythrozyt im Lumen; **2** Endothel mit Poren (▶); **3** Disse-Raum; **4** Leberepithelzellen. ➔ Stachelsaumbläschen (rezeptorvermittelte Endozytose). Vergr. 27 000fach.

b) Längsschnitt durch die Wand eines Sinusoids. **1** Lumen; **2** Endothel mit Poren (▶); **3** Disse-Raum mit Mikrovilli der Leberepithelzelle (4). Vergr. 20 000fach.

sallamina vollständig, bei Huftieren (z. B. dem Schaf) ist eine normale durchgehende Basallamina vorhanden. Die Sinusoidendothelien sind insgesamt außerordentlich durchlässig, lediglich die Blutzellen werden zurückgehalten.

Ein weiterer Zelltyp ist Teil der Wand der Sinusoide, die **v.-Kupffer-Sternzellen** (Kupffer-Zellen = Lebermakrophagen, Karl v. Kupffer, 1829–1902). Sie sind reich an Lysosomen und phagozytieren intensiv Partikel und Mikroorganismen, die über das Blut in das Leberläppchen gelangen (Abb. **10-77c**, **10-86**). Im Histologiekurs werden oft Kupffer-Zellen gezeigt, die schwarze Tuschepartikel aus dem Blutstrom eines Versuchstieres aufgenommen haben und daher gut erkennbar sind.

Bei Verlust der Milz übernehmen die Kupffer-Zellen weitgehend den Abbau der gealterten Erythrozyten. Die Kupffer-Zellen liegen dem Endothel auf, durchsetzen es aber mit einzelnen Fortsätzen. Ein Teil der Fortsätze erstreckt sich weit in das Lumen der Sinusoide, z. T. bis zur gegenüberliegenden Wand; das hilft ihnen, Partikel abzufangen.

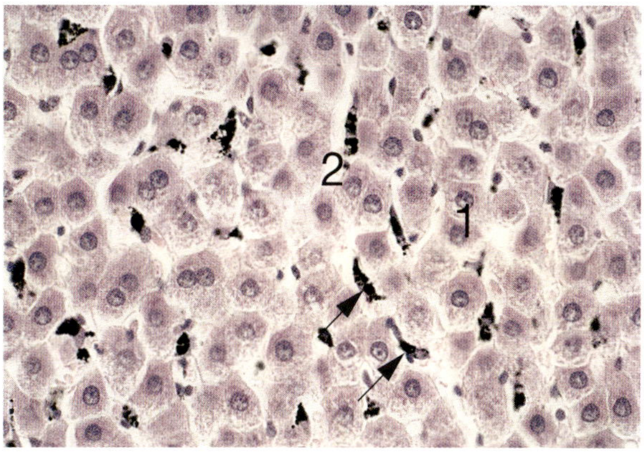

Abb. 10-86 von-Kupffer-Sternzellen (Kaninchen). Die im Endothel der Sinusoide gelegenen und zum mononukleären phagozytierenden System gehörenden von-Kupffer-Sternzellen (→) lassen sich lichtmikroskopisch u. a. nach experimenteller Phagozytose von Kohlestaub- oder Farbstoffen erkennen. **1** Hepatozyten; **2** Sinusoid (Kapillare). Färbung: H. E.; Vergr. 380fach.

Disse-Raum

Der Disse-Raum (Joseph Disse, 1852–1912) ist ein schmaler Bindegewebsraum zwischen den Leberzellplatten und den Sinusoiden, der vor allem dem Stoffaustausch dient. Lichtmikroskopisch ist er kaum erkennbar, kann aber aufgrund seines Gehaltes an locker verteilten retikulären Fasern (Kollagen Typ III) erkannt werden (Abb. **10-77c**, **10-79**, **10-85**). Der Disse-Raum steht mit einer dünnen Bindegewebsmanschette der Zentralvene und dem Bindegewebe der Läppchengrenzen und des Periportalfeldes in Verbindung.

Es ist noch umstritten, welche Zelltypen im Disse-Raum normalerweise vorkommen. Nach aktuellem Wissensstand handelt es sich um einen Zelltyp, der als **hepatische Sternzelle (perisinusoidale Zelle, Ito-Zelle)** bezeichnet wird. Dieser Zelltyp repräsentiert spezielle Fibroblasten und kann unterschiedliche Funktionen erfüllen. Das morphologische Erscheinungsbild ist daher variabel. „Ruhend" ist die Zelle abgerundet, in ihrem Zytoplasma kommen Vitamin-A-haltige Lipidtropfen vor (Abb. **10-77c**, **10-87**). Die Zelle produziert das spärliche Bindegewebe des Disse-Raums. Unter pathologischen Umständen („aktiviert") wandelt sie sich zu einer myofibroblastenähnlichen, fortsatzreichen Zelle um, die kaum Lipidtropfen enthält, aber intensiv Proteoglykane und Kollagenfibrillen bildet. Diese Substanzen füllen weitgehend den Disse-Raum aus und behindern den Stoffaustausch. Eine solche Aktivierung erfolgt im Rahmen mancher Lebererkrankungen, die mit einer Fibrose und Zirrhose einhergehen, z. B. bei chronischer Alkoholintoxikation. Unter pathologischen Bedingungen wandeln sich die hepatischen – oder ein Teil von ihnen – Sternzellen vermutlich sogar in aktive Blutzell-Stammzellen um.

Klinik Die Leber kann auf ungewöhnlich vielfältige Art und Weise erkranken, wobei oft die normale histologische Struktur in typischen Mustern verändert ist. Die besondere Gefäßarchitektur in der Leber ist für die Erklärung vieler Schädigungsmuster ausschlaggebend.

Im Rahmen von Vergiftungen können folgende hepatische Veränderungen auftreten:

- **Zelluntergänge** (Nekrosen), die sich je nach Toxin entweder mehr am Läppchenrand (z. B. gelber Phosphor) oder überwiegend im Läppchenzentrum (z. B. Tetrachlorkohlenstoff, Trichlorethylen) finden. 10 mg der hepatotoxischen Oktapeptide des grünen Knollenblätterpilzes *(Amanita phalloides)* sind tödlich; sie führen zu massiven Zelluntergängen, eine spezielle Schädigung betrifft das Aktinsystem an den Gallencanaliculi.
- **Leberzellverfettung,** die durch Einlagerung kleiner oder großer Fetttropfen gekennzeichnet ist. Große Fetttropfen sind z. B. für die alkoholische Fettleber typisch (Abb. **10-88**).
- **Abflussstörung der Galle** in den Gallenkanälchen (Cholestase). In diesen treten sog. Gallenthromben auf, deren Entstehung auf verschiedene Gifte oder Medikamente (z. B. orale Kontrazeptiva) zurückgehen kann.
- Veränderungen, die durch **Medikamente** oder z. B. Anästhetika (Halothan) hervorgerufen werden. Diese ähneln in ihren histologischen Veränderungen denen der Virushepatitis.

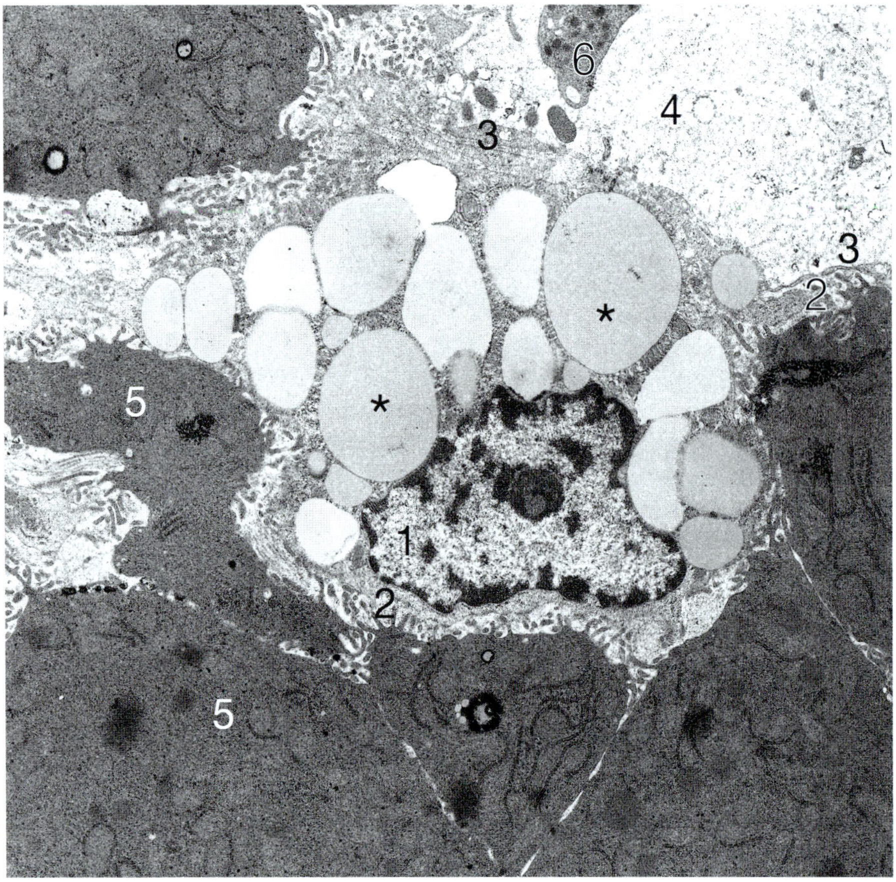

Abb. 10-87 Ultrastruktur einer hepatischen Sternzelle (Ito-Zelle, Leber, Mensch). **1** Zellkern; ✻ Lipideinschlüsse; **2** Disse-Raum; **3** Endothel; **4** Lumen eines Sinusoids; **5** Hepatozyt; **6** Thrombozyt im Sinusoid. Vergr. 7680fach.

Die ständige Einnahme von Alkohol ist hepatotoxisch. Die alkoholische Lebererkrankung verläuft über Jahre in drei Stadien. Zuerst entsteht eine **Fettleber**, es folgen **alkoholische Hepatitis** und **Leberzirrhose**. Die Entwicklung dieser Krankheit verläuft bei Frauen schneller als bei Männern. Fettleber (Fetteinlagerung in den Hepatozyten) und alkoholische Hepatitis (Degeneration, Neutrophileninfiltration, beginnende Fibrose) sind noch reversibel, eine Leberzirrhose ist irreversibel.

Bei der **alkoholischen Hepatitis** kommt es zu Zelluntergängen, ballonierten Zellen und einem Infiltrat von Neutrophilen und Lymphozyten. Geschädigte Leberzellen können intrazytoplasmatische Einschlüsse (**Mallory-Körper**) enthalten, die sich aus Ansammlungen intermediärer Filamente aufbauen. Um die Zentralvenen, in den Periportalfeldern und den Disse-Räumen kommt es häufig zu erheblicher Ablagerung von Kollagen, wobei das typische Kollagen Typ III mehr und mehr von Kollagen Typ I ersetzt wird.

Eine **Leberzirrhose** kann nicht nur durch chronischen Alkoholmissbrauch, sondern u. a. auch durch chronische Virushepatitis B und C entstehen. Sie ist durch ausgedehnte Bildung von Kollagen Typ I in den Disse-Räumen und im Periportalfeld, durch Zerstörung der Läppchenstruktur und der Gefäßarchitektur und durch Entstehung von knotenförmigen Arealen regenerierender Leberepithelzellen gekennzeichnet (Abb. **10-89**). Die hepatischen Sternzellen in den Disse-Räumen wandeln sich in Myofibroblasten um und produzieren das Kollagen Typ I und Proteoglykane. In den Knoten kommt es immer wieder zu Regenerationsprozessen, aber insgesamt überwiegt die Zerstörung. Das vermehrte kollagene Bindegewebe behindert zunehmend die Durchblutung des Organs (Pfortaderstauung), was schwerwiegende Konsequenzen für den ganzen Organismus hat. Mit fortschreitender Zerstörung der Hepatozyten und zunehmender Kollagenbildung schrumpft die Lebergröße, und das Organ wird hart und knotig.

! Die Leber ist das zentrale Stoffwechselorgan. Zu ihren Funktionen zählen u. a. Gallebildung, Entgiftung und Ausscheidung von endo- und exogenen toxischen Substanzen, Bildung von Proteinen und Lipoproteinen des Blutplasmas, Speicherung und Freisetzung von Glukose. Die Leber wird von der Leberpfortader und der A. hepatica propria mit Blut versorgt. Baueinheiten der Leber sind die ca. 1–2 mm großen klassischen Leberläppchen (Zentralvenenläppchen). Im Läppchen finden sich radiär auf die Zentralvene zulaufende epitheliale Leberzellbalken, zwischen denen weitlumige Kapillaren (Sinusoide) Blut von der Läppchenperipherie zur Zentralvene leiten. Die Leberepithelzellen (Hepatozyten) erfüllen alle wesentlichen Leberfunktionen. Sie grenzen einerseits an die Gallenkanälchen (Gallepol), die schmalen Interzellulärkanälchen entsprechen und die die von den Leberzellen gebildete Galle aufnehmen und kleinen Gallengängen zuführen. Andererseits grenzen die Leberzellen an die Sinusoide (Blutpol). Zwischen dem Endothel der Sinusoide und den Leberzellen findet sich ein schmaler Bindegewebsraum, der Disse-Raum, der dem Stoffaustausch zwischen Blut und Leberzelle dient. Dieser Austausch ist sehr intensiv und wird durch folgende morphologische Besonderheiten begünstigt: offene Poren im Endothel der Sinusoide, fehlende oder unvollständige Basallamina des Endothels, nur spärliche Kollagenfibrillen im Disse-Raum, fehlende Basallamina der Leberzellen, Mikrovilli an der basalen Zellmembran der Leberzellen. Dem Endothel der Sinusoide liegen luminal die v.-Kupffer-Zellen an, Makrophagen, die partikuläre Substanzen aus dem Blut aufnehmen und abbauen. Das Blut in den Sinusoiden ist Mischblut aus der Pfortader und der Leberarterie. Die Läppchenperipherie wird besser mit Sauerstoff versorgt als das Läppchenzentrum. Zwischen drei Läppchen befindet sich ein Bindegewebsraum (Periportalfeld) mit einem kleinen Ast der Pfortader (V. interlobularis), einem Ast der Leberarterie (A. interlobularis), einem kleinen Gallengang und einem Lymphgefäß. Vene, Arterie und Gallengang bilden die Glisson-Trias.

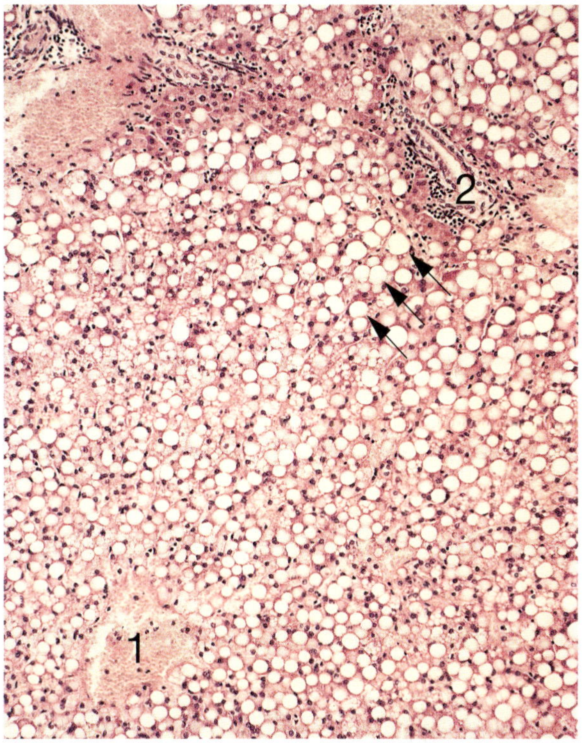

Abb. 10-88 Leberverfettung (Mensch). In fast alle Hepatozyten sind große Lipidtropfen eingelagert (➔). **1** Zentralvene; **2** Gallengang. Färbung: H.E.; Vergr. 250fach.

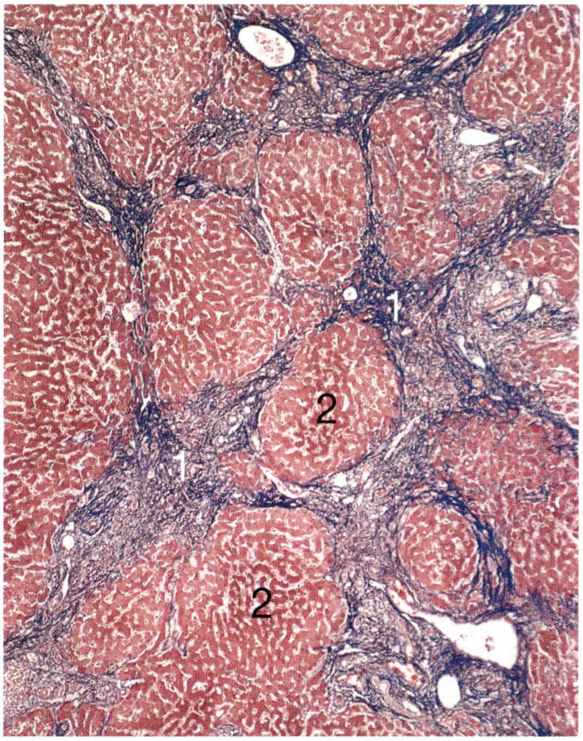

Abb. 10-89 Leberzirrhose (Mensch). Das blau gefärbte kollagenfaserhaltige Bindegewebe (**1**) hat sich auf Kosten des Parenchyms (hier rot gefärbt) der Leberläppchen (**2**) stark ausgedehnt. Färbung: Azan; Vergr. 45fach.

10.3.2 Galle, Gallenwege, Gallenblase

Hauptbestandteile der Galle sind Wasser (82%), Gallensäuren (12%), Lecithin und andere Phospholipide (4%), nicht-verestertes Cholesterin (0,7%). Weitere Bestandteile sind konjugiertes Bilirubin, Proteine, Elektrolyte und Muzine. Auch Steroidhormone und manche Medikamente werden über die Galle ausgeschieden. Täglich werden ca. 500–600 ml Galle gebildet.

Die **Gallensäuren** spielen eine wesentliche Rolle bei der Mizellenbildung im Rahmen der Fettresorption. Im Ileum werden die Gallensäuren wieder resorbiert, nachdem die Mizellenbildung erfolgt ist. Dieser Vorgang erfolgt im Symport mit Natrium. Die Gallensäuren werden dann der Leber wieder zugeführt und erneut (6–10-mal täglich) über die Galle ausgeschieden (**enterohepatischer Kreislauf**).

Die **Gallenblase (Vesica fellea)** ist ein Speicherorgan für Galle. Die Galle wird hier vor allem zwischen den Mahlzeiten gespeichert. Sie wird durch energieabhängige Resorption von Elektrolyten und Wasser in der

Gallenblase konzentriert. Die Gallenblase fasst ca. 30–75 ml Galle.

Produktionsstätte der Galle sind die Leberepithelzellen (Hepatozyten). Die Galle wird über die Gallenkanälchen der Leberläppchen und das intrahepatische System der Gallengänge abgeführt. Es entstehen linker und rechter Ductus hepaticus, die sich außerhalb der Leber zum gemeinsamen Ductus hepaticus communis vereinigen. Von ihm zweigt der Ductus cysticus ab, der zur Gallenblase führt. Unterhalb der Abzweigung wird der Gallengang Ductus choledochus genannt. Er mündet (sehr oft gemeinsam mit dem Hauptpankreasgang) an der Papilla Vateri in das Duodenum.

Wandaufbau der Gallenblase

Die Wand der Gallenblase (Abb. **10-90**) lässt sich in drei Schichten gliedern (von außen nach innen):

- **Tunica serosa**, Peritonealepithel und subepitheliales, z.T. relativ dichtes Bindegewebe mit Kollagen und vielen elastischen Fasern, Blut- und Lymphgefäßen sowie vegetativen Nerven. Im Bereich der Verwachsung der Gallenblase mit der Leber ist die Tunica serosa durch eine Tunica adventitia ersetzt.
- **Tunica muscularis**, eine kräftige Schicht glatter Muskulatur, die wohl der Tunica muscularis des Darmrohrs entspricht. Die Bündel der Muskulatur bilden ein lockeres Netzwerk. Man findet daher im Schnitt längs, quer und schräg angeschnittene Muskelbündel, zwischen denen recht breite Bindegewebssepten mit Kollagen und elastischen Fasern vorkommen. In dem scherengitterartigen Netzwerk der Muskulatur sind die einzelnen Bündel so angeordnet, dass sich die Wand des birnenförmigen Organs optimal kontrahieren und verkleinern kann. Die Kontraktion der Muskulatur wird durch Cholezystokinin und Acetylcholin (Parasympathikus) ausgelöst.
- **Tunica mucosa**, die aus dem Oberflächenepithel und der Lamina propria aufgebaut ist. Die Mukosa bildet ein komplexes System von anastomosierenden Falten, die je nach Dehnungszustand der Wand ein unterschiedliches Bild bieten. In der kontrahierten Blase sind sie dicht gepackt und verlaufen weitgehend parallel, in der gedehnten Blase bilden sie ein netzartiges System breiter und schmalerer niedriger Falten, dabei können auch kleine Rezessus entstehen. Das Bild der Falten ist daher im Schnittpräparat sehr variabel. Öfter findet man verzweigte Falten und sog. Schleimhautbrücken, die die Spitzen benachbarter Falten verbinden. Das überbrückte, eingeschlossene Lumen kommuniziert außerhalb der Schnittebene mit dem Hauptlumen der Gallenblase.

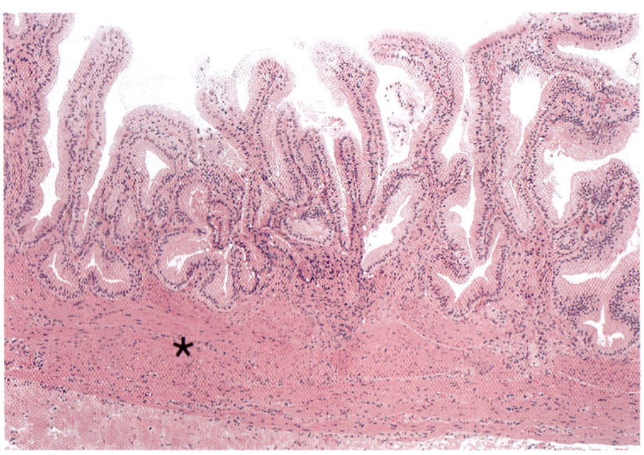

Abb. 10-90 Schleimhaut der Gallenblase (Mensch). Die Schleimhaut bildet unregelmäßig gestaltete, netzartig zusammenhängende schmale Falten aus. Auf einem Schnitteffekt beruhen die oft zu sehenden „Brückenbildungen" der Schleimhautfalten. Die Muskulatur der Gallenblasenwand ist komplex aufgebaut (*) und besteht nur aus einer Tunica muscularis. Plastikschnitt. Färbung: H.E.; Vergr. 40fach. (Aus [1])

Oberflächenepithel

Das **Oberflächenepithel** (Abb. **10-91**) ist einschichtig hochprismatisch (20–25 µm hoch) und besteht im Wesentlichen aus einem Zelltyp, den **Hauptzellen.** Becherzellen fehlen, vereinzelt kommen enteroendokrine Zellen, vor allem vom geschlossenen Typ, vor. Bei manchen Säugetieren sind im Gallenblasenhals und im Ductus cysticus Bürstenzellen (siehe S. 376) zu finden.

▭ Hauptzellen

Die Hauptfunktion der **Hauptzellen** ist die Konzentrierung (Eindickung) der zunächst isotonen Lebergalle durch Wasserentzug. Der Motor der Galleeindickung ist die Resorption von NaCl, die durch parallel arbeitende Na^+/H^+- und Cl^-/HCO_3^--Antiporter in der apikalen Membran erfolgt. Wasser folgt dem entstehenden osmotischen Gradienten. Die Hauptzellen tragen Mikrovilli, die im Vergleich mit denen des Dünndarms lockerer stehen und auch kürzer sind. Die Zellen sind über gut entwickelte junktionale Komplexe (mit Zonulae occludentes) verbunden. Oberhalb des Kerns besitzen sie zahlreiche Mitochondrien und einen umfangreichen Golgi-Apparat. In der unteren Hälfte des Epithels sind die Zellen durch einen zunehmend breiter werdenden Interzellulärraum getrennt, was besonders deutlich im Zustand der aktiven Wasserresorption aus der Galle ist. Die Membran der Epithelzellen bildet im Bereich des erweiterten Interzellulärspaltes zahlreiche Falten aus. Der Zellkern ist längs oval und liegt vorwiegend in der unteren Zellhälfte. Die Hauptzellen sind auch sekretorisch aktiv. Apikal sind Sekretionsgranula nachweisbar, die Schleime enthalten, welche einen apikalen Schutzfilm gegen die aggressiven Gallenkomponenten bilden.

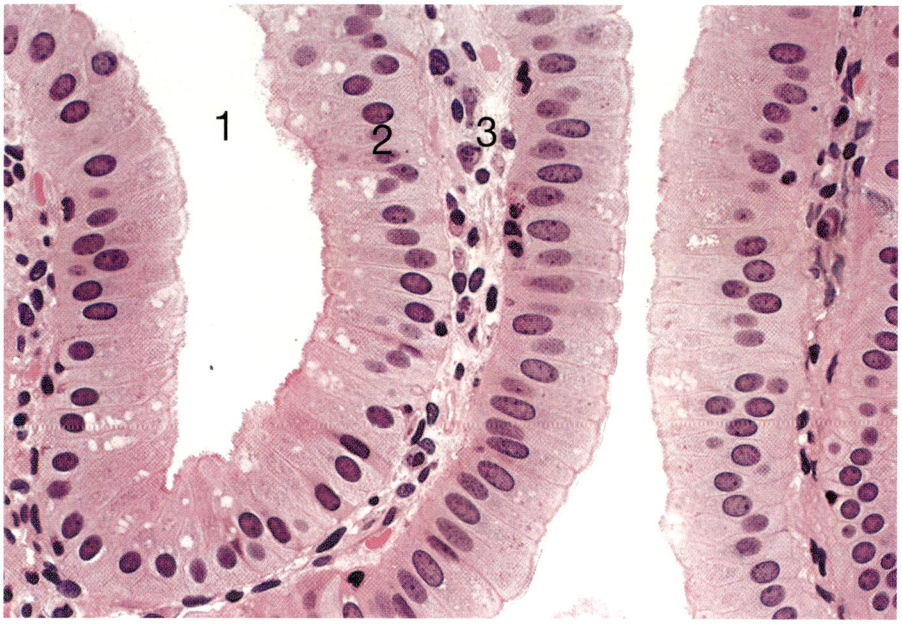

Abb. 10-91 Epithel der Gallenblase (Mensch). **1** Lumen der Gallenblase; **2** Epithel; **3** Lamina propria. Plastikschnitt; Färbung: H. E.; Vergr. 250fach.

Drüsen

Im Hals der Gallenblase kommen einfache tubuloalveoläre Drüsen vor, die Muzine bilden. Ihre rundlichen Kerne liegen basal. In chronisch entzündeten Gallenblasen können in der ganzen Schleimhaut metaplastische Epithelbezirke (ähneln den Foveolae des Magens oder dem Dünndarmepithel) auftreten.

Bei entzündlich veränderten, aber auch in normalen Gallenblasen können Schleimhauteinstülpungen mit normalem Oberflächenepithel bis in die Muskulatur und in das Bindegewebe der Serosa vordringen (Rokitansky-Aschoff-Sinus).

Muskulatur

Die Kontraktion der Gallenblase führt zur Austreibung der eingedickten Galle. Die glatte Muskulatur bildet ein Scherengitter spiralig verlaufender Muskelzüge. Am Hals der Gallenblase ist der Steigungswinkel der Muskelspiralen niedrig, im Bereich des Fundus nimmt die Steighöhe zu. Innen bildet die Muskelschicht auch längs verlaufende Bündel. In den Lücken zwischen den Muskelbündeln befindet sich Bindegewebe mit vielen elastischen Fasern. Das Hormon Cholezystokinin und Fasern des N. vagus lösen die Kontraktion der Muskulatur an der Wand der Gallenblase aus. Insbesondere Fette im Darmlumen stimulieren die Freisetzung des Cholezystokinins.

Ductus choledochus

Das Epithel des Ductus choledochus ist einschichtig prismatisch, Becherzellen fehlen. In der Wand treten kleine muköse Drüsen auf. Im subepithelialen Bindegewebe sind in individuell unterschiedlichem Ausmaß einzelne glatte Muskelzellen zu finden. Der Gallengang ist zwischen den Mahlzeiten und in der Nacht fest durch den Sphinkter Oddi in der Papilla duodeni major (der Einmündungsstelle des Gallen- und Pankreasganges in das Duodenum) verschlossen, so dass die Galle, die mehr oder weniger kontinuierlich in der Leber gebildet wird, nur in die Gallenblase abfließen kann.

Klinik **Gallensteine** sind eine häufige Erkrankung in der westlichen Welt. Die Mehrzahl der Steine besteht aus Cholesterinmonohydrat (zu ca. 70%), Kalziumsalzen, Gallensäuren, Gallenpigmenten, Proteinen, Fettsäuren und Phospholipiden. Sog. Pigmentsteine sind seltener und bestehen vor allem aus Kalziumbilirubinat. Galle mit hohem Cholesteringehalt führt bevorzugt zu Steinbildung. Fettsucht und entsprechende Fehlernährung, aber auch zahlreiche andere Faktoren können die Steinbildung begünstigen, darunter übertrieben rasche Gewichtsreduktion und auch Östrogene. Die Steine verursachen eine Entzündung der Gallenblase und die Obstruktion des Galleabflusses in den Gallenwegen, was oft mit akuten starken (kolikartigen) Schmerzen einhergeht.

In Ost- und Südostasien (selten auch in Europa) besiedeln bestimmte Trematoden nicht selten die Gallenwege, z. B. der große Leberegel (*Fasciola hepatica* und *Clonorchis sinensis*). Leberegel oder ihre Eier verursachen chronisch eitrige Entzündungen, oft mit Abszessbildung. Es können Vernarbungen entstehen, die, ebenso wie die Tiere selbst, zu Abflussbehinderungen führen können.

Die Galle wird von den Leberzellen gebildet und fließt über ein komplexes intra- und extrahepatisches Gangsystem in das Duodenum. Den extrahepatischen Gängen ist die Gallenblase beigeordnet. Sie ist ein Speicherorgan für die Galle und dickt die hepatische Galle durch Wasserentzug ein. Die Wand der Gallenblase besteht aus Mukosa, Muskularis und Serosa. Die Mukosa bildet ein Relief netzartig verbundener, unterschiedlich hoher Falten. Das Epithel, das diesen Falten aufliegt und an das Lumen grenzt, ist einschichtig hochprismatisch. Die apikale Membran der Epithelzellen trägt Mikrovilli; der Golgi-Apparat ist umfangreich und bildet Muzingranula; oberhalb des Zellkerns kommen zahlreiche Mitochondrien vor, die Energie für Elektrolyt- und Wassertransport bereitstellen.

10.4 Bauchspeicheldrüse

Die Bauchspeicheldrüse (Pankreas) ist eine sekundär retroperitoneal gelegene große Drüse im Oberbauch. Sie ist 14–18 cm lang und erstreckt sich zwischen Duodenum und Milz. Die Bauchspeicheldrüse hat **exokrine und endokrine Funktionen.** Als exokrine Drüse bildet sie täglich 1500–3000 ml isoosmotische, alkalische (pH > 8) Flüssigkeit und alle wichtigen Verdauungsenzyme (Abb. **10-92**). Der Pankreassaft wird über ein Gangsystem in das Duodenum geleitet. Der ca. 2 mm dicke Hauptausführungsgang, der Ductus pancreaticus, läuft längs durch das Organ.

Der größte Teil des Pankreas und des Pankreasgangs entsteht aus der dorsalen Pankreasanlage. Die Ausmündung an der Papilla duodeni major wird aber vom Gang der ventralen Pankreasanlage gebildet; auch der untere Teil des Pankreaskopfes entsteht aus der ventralen Organanlage. Nicht selten bleibt auch der Ausmün-

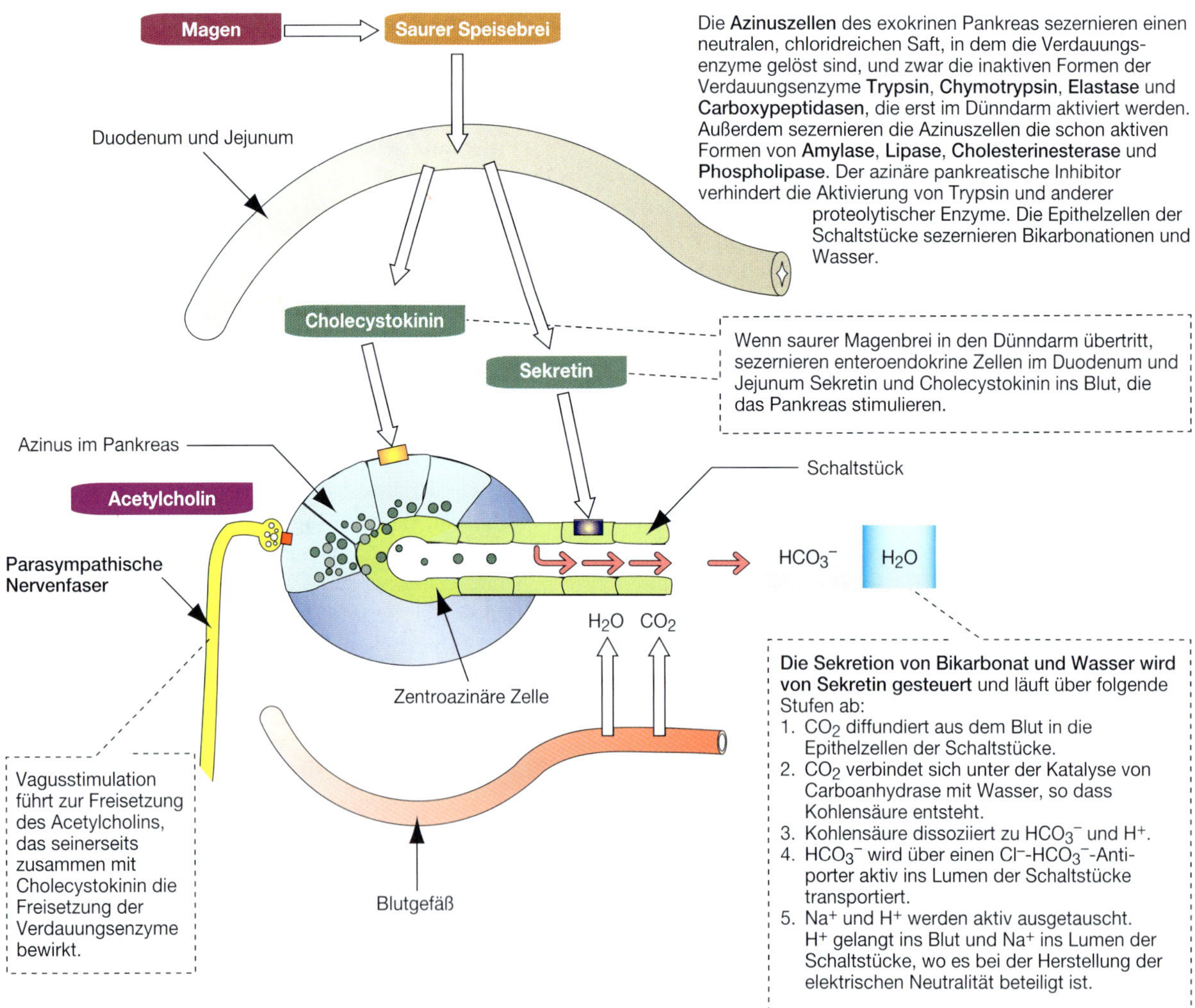

Abb. 10-92 Funktionen des exokrinen Pankreas. (Aus [12])

dungsbereich des Ganges der dorsalen Anlage erhalten und mündet dann an der Papilla duodeni minor aus.

Das Gewebe der Bauchspeicheldrüse ist in dicht gepackte **Läppchen** gegliedert, die von einer dünnen Bindegewebsschicht umhüllt werden (Abb. **10-93**). In den Läppchen ist das Bindegewebe nur spärlich entwickelt. Lediglich die größeren Gänge sind von einer kräftigen stützenden Bindgewebsschicht umgeben. Regelmäßig treten einzelne Vater-Pacini-Körperchen auf. Das Pankreas wird von einer dünnen Kapsel bedeckt, der vorn eine Serosa aufliegt.

10.4.1 Endokrines Pankreas

Repräsentanten der endokrinen Funktion sind die **Langerhans-Inseln** (Abb. **10-93, 11-37**), die mehrere Hormone (Insulin, Glukagon, Somatostatin, pankreatisches Polypeptid) bilden. Sie erfüllen wesentliche Aufgaben im Kohlenhydrat-, Fett- und auch Proteinstoffwechsel (siehe Kap. 11.8.2). Exokriner und endokriner Anteil sind funktionell und mit besonderen Gefäßanpassungen verbunden. Glukagon hat z. B. einen hemmenden Einfluss auf die Enzymsekretion.

10.4.2 Exokrines Pankreas

Das exokrine Pankreas ist eine rein seröse Drüse, die aus tubuloazinären Endstücken (meist einfach Azini genannt) und einem umfangreichen Gangsystem bestehen. Die Azini stehen unter neuronalem und vor allem hormonalem Einfluss. Sie sezernieren amylolytische (Amylase), lipolytische (Lipase, Phospholipase A, Cholesterinesterase), nukleinsäurespaltende (Ribonuklease, Desoxyribonuklease) und mehrere proteolytische Enzyme. Zu letzteren gehören Endopeptidasen (Trypsin, Chymotrypsin) sowie Exopeptidasen (Carboxypeptidasen, Aminopeptidasen und Elastase). Das Sekret enthält auch Kallikreine. Alle Pankreasenzyme haben Verdauungsfunktionen und besitzen ihr pH-Optimum im alkalischen Bereich.

Trypsin, Chymotrypsin und Carboxypeptidasen werden als noch inaktive Proteine sezerniert. Außerdem wird ein Proteaseinhibitor abgegeben, der verhindert, dass die genannten proteolytischen Enzyme im Pankreas aktiviert werden. Andere Enzyme wie Lipase, Amylase, Cholesterinesterase und Phospholipase werden als aktive Enzyme sezerniert.

Cholezystokinin Das Hormon Cholezystokinin (CCK) stimuliert die Bildung der Pankreasenzyme (und auch die Abgabe der Gallenflüssigkeit aus der Gallenblase, Abb. **10-92**). Dieses Hormon wird in endokrinen Einzelzellen (siehe S. 441) in Duodenum und Jejunum produziert und unter dem Einfluss langkettiger Fettsäuren, essentieller Aminosäuren und auch Magensäure im Dünndarm freigesetzt.

Sekretin Eine weitere wichtige Funktion des exokrinen Pankreas ist die Abgabe eines bikarbonatreichen alkalischen Pankreassaftes. Diese Pankreasflüssigkeit neutralisiert den sauren Magenbrei und entsteht unter dem Einfluss des Hormons Sekretin (Abb. **10-92**), eines Hormons des Dünndarms, dessen Freisetzung durch Magensäure stimuliert wird.

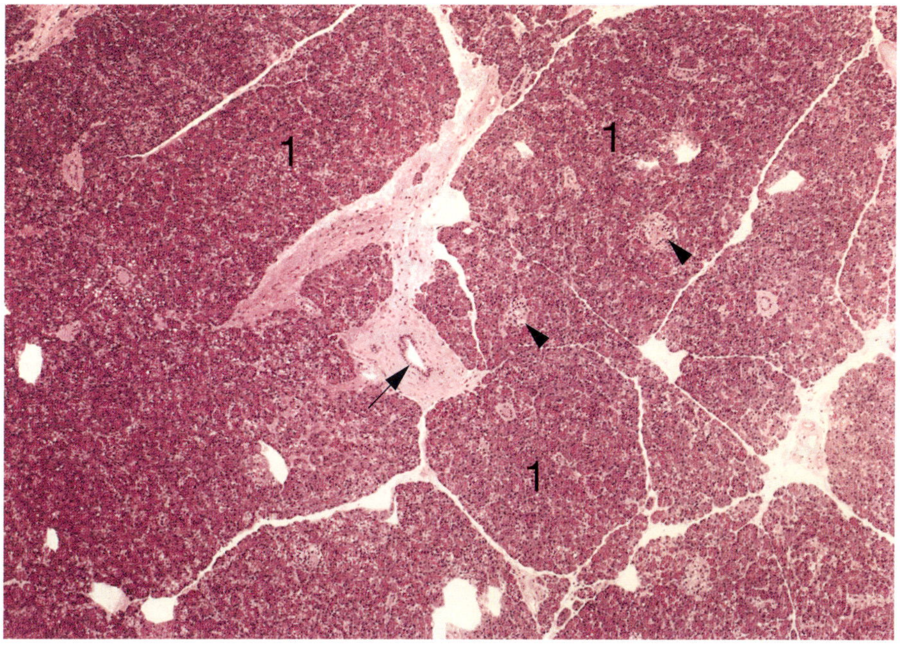

Abb. 10-93 Pankreas (Mensch), Übersicht. **1** Drüsenläppchen; ▶ Langerhans-Insel; ➔ interlobulärer Ausführungsgang. Färbung: H. E.; Vergr. 45fach.

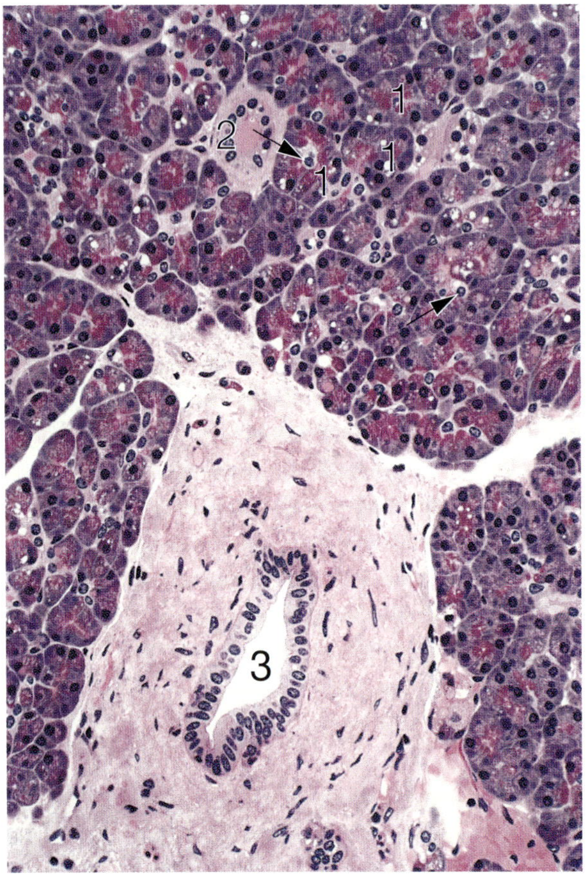

Abb. 10-94 Pankreas (Mensch) mit Azini (**1**), kleinem intralobulärem Gang (**2**) und interlobulärem Gang (**3**). Beachte die Basophilie (Blauviolettfärbung) der Azinuszellen und die Rotfärbung der Sekretionsgranula im Zellapex dieser Zellen. ➔ zentroazinäre Zellen. Plastikschnitt; Färbung: H.E.; Vergr. 150fach.

Aufbau des exokrinen Pankreas

Die **Endstücke** (= Azini) haben variable Gestalt, z.T. sind sie azinös, z.T. tubulär, z.T. sind Zwischenformen zu beobachten oder eigentümliche einseitige Anordnung der sekretorischen Zellen an einem Schaltstück.

Die Azini sind aus typischen proteinsezernierenden Drüsenzellen (großer, aktiver Kern, reich an rauem ER, großer supranukleärer Golgi-Apparat, apikale Sekretionsgranula, Abb. **10-94**, **10-95**, **10-96**) aufgebaut. Myoepithelzellen kommen in den Azini nicht vor. Kennzeichnend für das exokrine Pankreas ist, dass sich Zellen der Schaltstücke in das Lumen der Azini vorstülpen (zentroazinäre Zellen, Abb. **10-95**, **10-97**). Diese intraazinären **Schaltstückzellen** haben ein auffallend helles Zytoplasma und sind daran leicht zu erkennen. Sie haben unregelmäßige Gestalt und sind untereinander und mit den sekretorischen Zellen über Zellkontakte verknüpft. Das Sekret der Drüsenzellen wird z.T. in kanälchenförmige Extrazellulärräume zwischen den Azinuszellen („Sekretkapillaren") abgegeben und erreicht das Lumen der Azini zwischen den Fortsätzen der zentroazinären Zellen.

Das **Gangsystem** beginnt mit einem recht langen System von zunehmend größer werdenden Schaltstücken. Die für Speicheldrüsen typischen Streifenstücke fehlen. Die Schaltstücke münden in anfänglich kleine Ausführungsgänge ein, die zunächst kubisches und dann in größeren Gängen prismatisches Epithel besitzen. In der Wand der großen Gänge befinden sich kleine schleimbildende Drüsen.

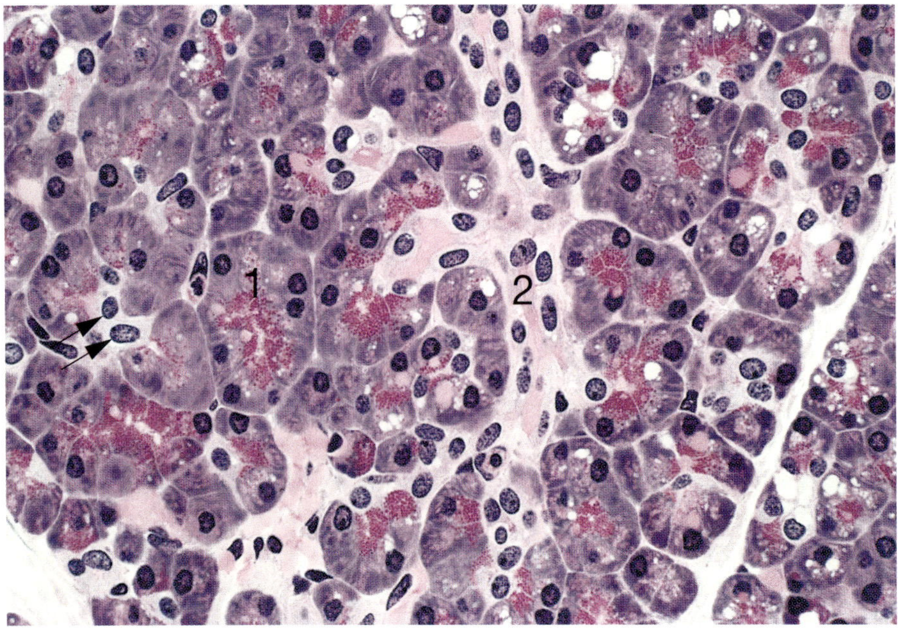

Abb. 10-95 Azini (**1**), zentroazinäre Zellen (➔) und längs getroffene Schaltstücke (**2**) im Pankreas (Mensch). Plastikschnitt; Färbung: H.E.; Vergr. 260fach.

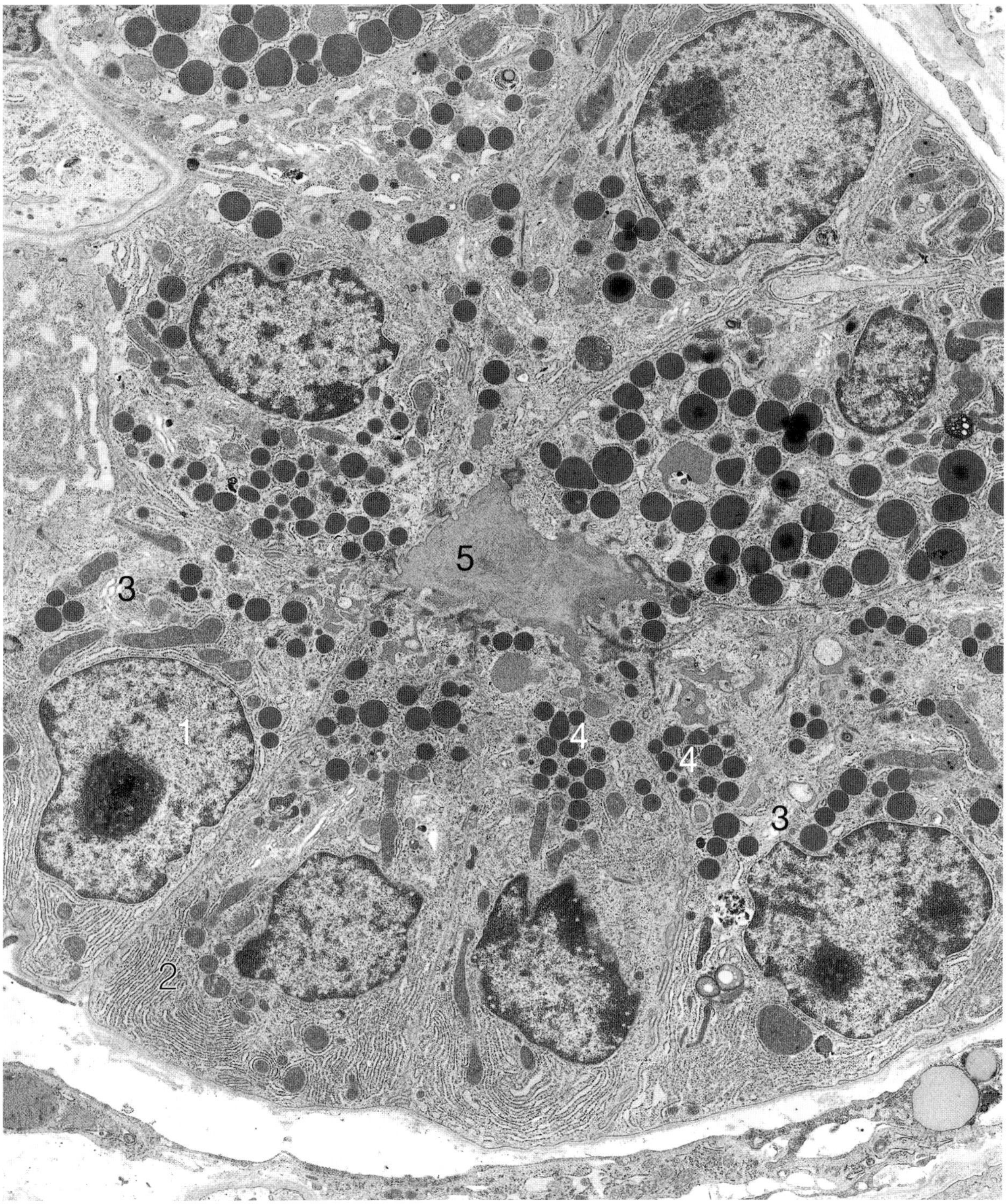

Abb. 10-96 Ultrastruktur eines Azinus im Pankreas (Mensch). **1** Zellkern einer Azinuszelle; **2** raues ER; **3** Golgi-Apparat, **4** Sekretionsgranula, **5** Lumen des Azinus (zentroazinäre Zellen sind nicht angeschnitten, siehe Abb. **3.1-17**). Die Zellen sind über einen apikalen Junktionskomplex und Nexus verbunden. Letztere koordinieren die Tätigkeit der Azinuszellen. Vergr. 7530fach.

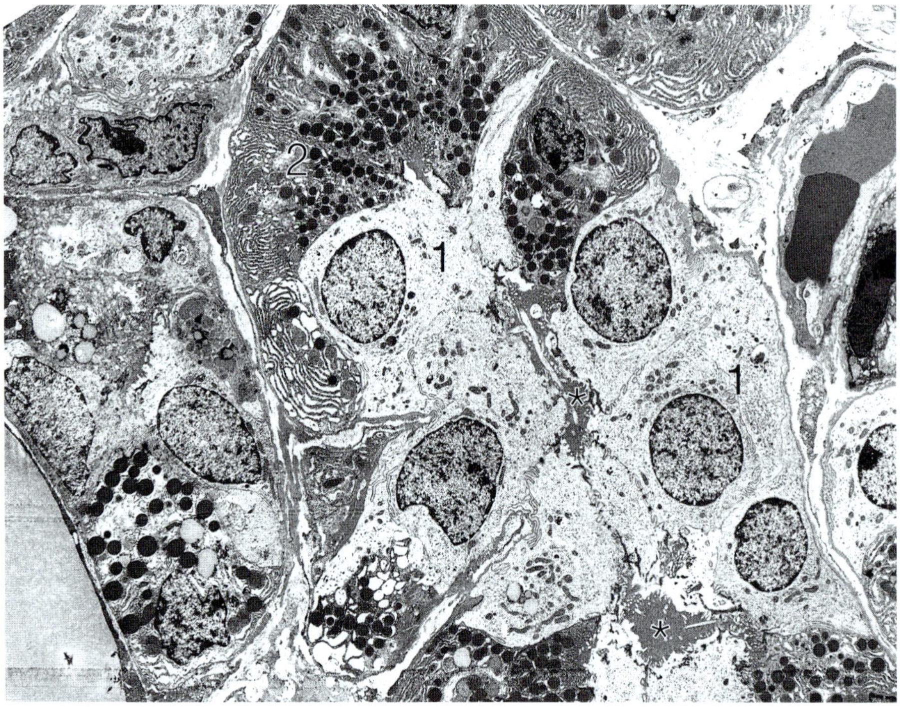

Abb. 10-97
Initialer Anteil eines Schaltstücks im Pankreas eines Kindes. Das Schaltstück besteht aus hellen Epithelzellen (**1**) und stülpt sich distal in das Lumen des Azinus ein. **2** Azinuszellen; * Lumen des Schaltstücks. Elektronenmikroskopisches Präparat; Vergr. 2500fach.

Klinik Relativ häufige Erkrankungen des Pankreas sind akute und chronische **Pankreatitis.** Bei der sehr schmerzhaften und gefährlichen akuten Pankreatitis werden Pankreasenzyme noch in der Drüse, u. U. sogar in den Azinuszellen selbst, aktiviert und beginnen, das Pankreasgewebe zu verdauen (Autodigestionstheorie). Diverse Ursachen sind für diese Erkrankung möglich: Alkohol, Gallensteine, Virusinfektionen, bestimmte Medikamente u. v. a. Diagnostisch wichtig ist der Nachweis erhöhter Lipase- und Pankreas-Isoamylasen-Werte im Blut.

Chronische Pankreatitis verläuft variabel und kann bei weitgehender, langsam verlaufender Zerstörung des Pankreasgewebes zu Malabsorptionssyndromen führen. Chronischer Alkoholmissbrauch ist eine häufige Ursache für chronische Pankreatitis. Weitere Ursachen, die nicht ganz selten sind, sind die zystische Fibrose und das Pancreas divisum.

Beim **Pancreas divisum** verbinden sich dorsale und ventrale Pankreasanlagen nicht oder nur sehr unvollkommen. Der Hauptabfluss des Pankreassekrets erfolgt dann über den Ductus Santorini (Gang der dorsalen Pankreasanlage; Giovanni Santorini, 1681–1737, Pisa) und die akzessorische Pankreaspapille. Der Wirsung-Gang, der Gang des ventralen Pankreas, bleibt klein (Johann Wirsung, 1600–1643, geb. in Bayern, tätig in Augsburg und Padua).

Das **Pankreaskarzinom** gehört derzeit zu den häufigeren Karzinomformen, es ist zuallermeist eine tödliche Krankheit.

! Das Pankreas ist eine Drüse mit endokrinen und exokrinen Anteilen. Der endokrine Teil wird durch die Langerhans-Inseln repräsentiert. Der exokrine Teil bildet alle wichtigen Verdauungsenzyme und bikarbonatreiche Flüssigkeit, die über den Pankreasgang in das Duodenum geleitet werden. Pankreasgang und Gallengang münden gemeinsam an der Papilla duodeni major in das Duodenum. Baueinheiten des exokrinen Pankreas sind seröse Azini, verzweigte, lange Schaltstücke und Ausführungsgänge. Streifenstücke fehlen. Die Azini sind durch helle zentroazinäre Zellen gekennzeichnet, die in das Azinuslumen vorgedrungenen Zellen der Schaltstücke entsprechen.

11 Endokrine Organe

Zur Orientierung

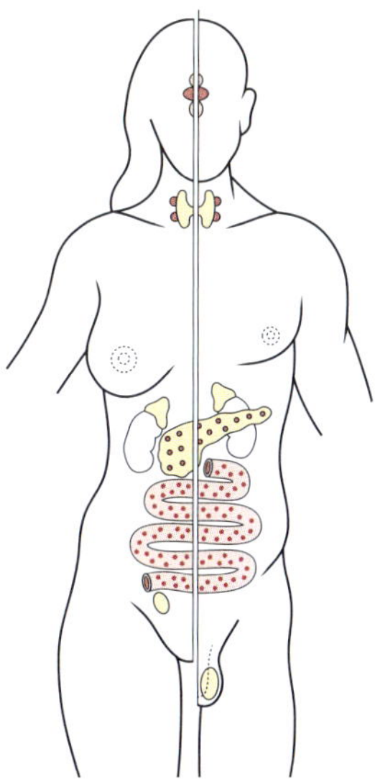

Endokrine Organe sind Drüsenorgane. Sie geben ihr Sekret nach „innen", d.h. in den Blutstrom, ab. Dieser verteilt sie im Körper. Das Sekret der endokrinen Organe sind die Hormone, die sich in ihren Zielzellen an molekulare Rezeptoren binden. Diese Rezeptoren erkennen jeweils ein spezifisches Hormon und aktivieren nach dessen Bindung spezifische Bereiche des Stoffwechsels. Hormone steuern viele Körperfunktionen, z.B. Wachstum, Stoffwechsel und Fortpflanzung. Die Mehrzahl der Hormone sind Proteine bzw. Polypeptide oder Steroide.

Hormone werden nicht nur in endokrinen Organen, sondern auch in Zellgruppen oder Einzelzellen anderer Organe gebildet. Typische endokrine Organe sind die Adenohypophyse, die Schilddrüse, die Epithelkörperchen und die Nebenniere. Die Keimdrüsen (Ovar und Hoden) sind wichtige endokrine Drüsen, die auf S. 476 und S. 500 dargestellt werden. Besonders viele und verschiedenartige endokrine Einzelzellen kommen im Epithel des Magen-Darm-Trakts vor. Manche endokrinen Drüsen bilden hierarchische Systeme, so steuert die Adenohypophyse die Aktivität von Schilddrüse, Nebenniere und Keimdrüsen. Der Hypophyse ist der Hypothalamus mit aktivierenden und hemmenden Hormonen übergeordnet. Solche hierarchischen Systeme sind zumeist über negative Rückkopplung miteinander verbunden. Die Freisetzung einiger Hormone wird direkt vom Blutspiegel der Substanz reguliert, die konstant gehalten werden muss (z.B. Kalzium oder Glukose). Die protein- bzw. polypeptidbildenden endokrinen Zellen sind durch spezifische dichte Sekretionsgranula gekennzeichnet. Die endokrinen Zellen, die Steroidhormone produzieren, besitzen viel glattes ER, tubuläre Mitochondrien und Lipideinschlüsse, aber keine Sekretionsgranula.

Das endokrine System ist ebenso wie das Nervensystem und das Immunsystem ein System, das mit Hilfe von Signalmolekülen die Funktionen der verschiedenen Organe des Körpers koordiniert und reguliert. Die Signalmoleküle des endokrinen Systems werden **Hormone** oder Botenstoffe genannt. Sie werden ins Blut abgegeben und erreichen auf diesem Weg ihre Zielzellen. Sie steuern zahlreiche grundlegende Funktionen des Körpers wie z. B. Stoffwechselprozesse, Wasser- und Elektrolythaushalt, Reifung, Wachstum und Fortpflanzung.

Die Nervenzellen sind phylogenetisch die ältesten Zellen, die endokrine Signalstoffe bilden. Auch beim Menschen bilden Neurone des Hypothalamus noch eine Reihe von Hormonen (Neurohormone). Es ist daher nicht verwunderlich, dass endokrines System und Nervensystem z. T. identische Signalmoleküle bilden.

Endokrines System, Nervensystem und Immunsystem arbeiten nicht unabhängig nebeneinander, sondern kooperieren und beeinflussen sich gegenseitig.

11.1 Organe und Zellen des endokrinen Systems

11.1.1 Endokrine Organe

Endokrine Organe sind Drüsen, die Hormone bilden. Diese werden in den Blutstrom abgegeben, um auf diesem Weg zu ihren Zielzellen zu gelangen. Diese Form der Sekretion wird „innere" Sekretion (endokrine Sekretion) genannt und steht im Gegensatz zur Sekretion exokriner Drüsen, die ihr Produkt in Gänge abgeben, die es an innere oder äußere Oberflächen leiten.

Zu den endokrinen Organen zählen:

- Hypophyse,
- Epiphyse,
- Schilddrüse,
- Nebenschilddrüsen,
- Nebennieren,
- Ovar (S. 500), Hoden (S. 476).

Die Epiphyse nimmt eine Sonderstellung ein, da sie primär keine Drüse, sondern ein hormonbildendes Lichtsinnesorgan ist, das sich aus dem Zwischenhirn entwickelt hat. Sie ist nicht epithelial gebaut und lässt ihre neuronale Herkunft noch klar erkennen.

In den großen endokrinen Organen sind die hormonbildenden Zellen dicht gelagert. Sie bilden oft Zellstränge, -knäuel oder Follikel (Schilddrüse), die von einer Basallamina begrenzt werden. Die benachbarten endokrinen Zellen sind über Desmosomen und Nexus verbunden, die Schilddrüsenzellen zusätzlich über Zonulae occludentes. Die Gefäßversorgung der endokrinen Organe ist ungewöhnlich reich entwickelt und weist organspezifische Besonderheiten auf. Die Blutkapillaren sind fenestriert.

11.1.2 Endokrine Zellgruppen und endokrine Einzelzellen

Bei den Organen mit endokrinen Zellgruppen oder endokrinen Einzelzellen stehen nicht-endokrine Funktionen im Vordergrund, oder sie besitzen neben der endokrinen Funktion noch wesentliche andere Aufgaben. Solche endokrinen Einzelzellen sind entweder locker in den Epithelien der entsprechenden Organe verteilt (disseminierte endokrine Zellen, z. B. im Epithel des Magen-Darm-Trakts) oder bilden Gruppen in ihnen, wie die Langerhans-Inseln im Pankreas oder die Granulosazellen und die Theca-interna-Zellen im Ovar. Hormone wie Angiotensin I und II entstehen aus Vorstufen im Blut. Auch in Thymus, Herz und Niere werden Hormone gebildet.

Struktur endokriner Zellen Endokrine Zellen sind meist **Epithelzellen**. Zu unterscheiden sind proteo- bzw. peptidhormonbildende Zellen und steroidhormonbildende Zellen, die jeweils spezifische morphologische Kennzeichen haben.

Die **proteo- bzw. peptidhormonbildenden Zellen** besitzen ein gut entwickeltes raues ER (RER) und einen aktiven Golgi-Apparat, aus dem die kennzeichnenden, kleinen Sekretionsgranula hervorgehen. Die Granula enthalten neben dem Hormon oft auch Trägerproteine, beide werden exozytotisch aus der Zelle ausgeschleust. Gegen die Hormone vieler peptidhormonbildender Zellen existieren heute Antikörper, so dass sie mit immunhistochemischen Methoden dargestellt werden können.

Steroidhormonbildende Zellen sind durch glattes ER (GER), meist tubuläre Mitochondrien und Lipideinschlüsse gekennzeichnet.

11.2 Hormone – Aufgaben und Wirkung

Hormone besitzen wesentliche, für das Überleben des Organismus und der Arten notwendige Funktionen. Die folgenden beispielhaften Hinweise sollen das illustrieren: Hormone regulieren Wachstum, Fortpflanzung und Entwicklung. Sie passen den Organismus an wechselnde Bedingungen an und spielen außerdem essentielle Rollen im Stoffwechsel und bei der Regelung von Homöostase, Ernährung sowie Wasser- und Mineralhaushalt.

11.2.1 Endokrine, parakrine und autokrine Signalgebung

Die typischen endokrinen Organe (z.B. Adenohypophyse und Schilddrüse) geben die Hormone in den Blutstrom ab, mit dessen Hilfe sie im Körper verbreitet werden. Diese Verbreitungsform der Hormone heißt **endokrin** im engeren Sinne (Abb. 11-1a), manchmal auch **hämokrin**. Auch Nervenzellen können Hormone bilden und ins Blut abgeben. Diesen Vorgang bezeichnet man als **neuroendokrine** Sekretion.

Von **parakrinem** Mechanismus (parakriner Sekretion, parakriner Signalgebung) spricht man, wenn Hormone auf dem Wege der Diffusion durch das Bindegewebe ihre in der Nähe gelegenen Zielzellen erreichen (Abb. 11-1b, c). Die Signalmoleküle der parakrinen Kommunikation werden z.T. auch **(lokale) Mediatoren** oder Gewebehormone genannt. Beispiele für parakrine Signalmoleküle sind Zytokine, Histamin und physiologisch aktive Metaboliten der Arachidonsäure (z.B. Prostaglandine und Thromboxane). Ein weiteres Beispiel ist Somatostatin, das in den Langerhans-Inseln gebildet wird und die Sekretion von Insulin und Glukagon in benachbarten endokrinen Zellen hemmt. Zellen, die solche Wirkstoffe abgeben können, sind u.a. Makrophagen, Lymphozyten, Endothelzellen und glatte Muskelzellen.

Wenn Signalmoleküle auf dieselbe Zelle zurückwirken, die sie produziert hat, spricht man von **autokriner** Signalgebung. In der Embryonal- und Fetalentwicklung sorgen autokrine Signale dafür, dass eine Zelle eine einmal eingeschlagene Differenzierungsrichtung beibehält. Dies wird besonders effektiv, wenn sich Gruppen von Zellen in derselben Weise differenzieren. Bei erwachsenen Menschen gehören Prostaglandine und manche Zytokine zu den Mediatoren mit autokrinem Wirkmechanismus. Auch Wachstumsfaktoren wie der Insulin-ähnliche Wachstumsfaktor I (IGF I) können auf die Zelle, die sie sezerniert hat (z.B. Chondrozyten), zurückwirken.

Zwischen den drei genannten Mechanismen existieren keine klaren zell- und molekularbiologischen Grenzen. Typische Hormone wie das Insulin können zugleich endo-, para- und autokrin aktiv werden.

Typische endokrine Zellen sind Epithelzellen. Para- und autokrine Mechanismen spielen sich dagegen vor allem im Bindegewebe ab. Para- und autokrine Signalmoleküle spielen bei der Regulation verschiedener Prozesse wie Gewebedifferenzierung (z.B. im Knochenmark), Gewebewachstum, Immunmechanismen und Entzündungsreaktionen eine wichtige Rolle.

11.2.2 Chemie der Hormone

Die Hormone gehören unterschiedlichen Substanzklassen an, und zwar ganz überwiegend

- Proteinen bzw. Peptiden oder Peptidderivaten,
- Steroiden und
- Aminosäurederivaten (Schilddrüsenhormone, Dopamin, Adrenalin, Serotonin).

Viele **Proteo- bzw. Peptidhormone** werden zunächst als große Proteinvorläuferhormone (Prohormone) synthetisiert, die dann noch intra- und/oder extrazellulär zur aktiven Wirkstoffform umgewandelt werden. Besonders aufwändig sind die Prozessierungsschritte der Schilddrüsenhormone Thyroxin und Triiodthyronin.

Bei den **Steroidhormonen** ist das Cholesterin das Ausgangsmolekül, das in mehreren enzymatisch katalysierten Schritten zum aktiven Hormon umgeformt wird. So sind beispielsweise mindestens sechs Enzyme und somit sechs Gene erforderlich, um Cholesterin zu Östradiol umzubilden.

Bei den **Aminosäurederivaten** sind Aminosäuren die Ausgangsverbindungen, die enzymatisch umgebaut werden. Tyrosin ist z.B. der Vorläufer für Adrenalin und Noradrenalin.

Stickstoffmonoxid Ein ganz ungewöhnlicher Botenstoff ist Stickstoffmonoxid (NO), das aus L-Arginin mit Hilfe des Enzyms NO-Synthase (NOS) gebildet wird. Stickstoffmonoxid wurde zunächst als vasodilatierender Faktor entdeckt, der in Endothelzellen gebildet wird. Es wird zwischen drei Isoformen der NO-Synthase unterschieden:

- neuronale NOS (nNOS) in Gliazellen und Neuronen,
- induzierbare NOS (iNOS) in Monozyten, Makrophagen, glatten Muskelzellen, Endothelzellen kleiner Blutgefäße, Fibroblasten, Herzmuskelzellen, Leberzellen, Megakaryozyten, Lymphozyten und Neutrophilen und
- endotheliale NOS (eNOS) in Endothelzellen vor allem größerer Gefäße, z.B. Hirngefäßen, an deren Tonusregulierung auch die nNOS beteiligt ist.

Die Halbwertszeit von Stickstoffmonoxid beträgt nur wenige Sekunden. Die physiologischen Wirkungen sind sehr vielfältig und betreffen vor allem Herz- und glatte Muskelzellen (inhaliertes Stickstoffmonoxid relaxiert die Bronchialmuskulatur). NO aktiviert die zytoplasmatische Guanylatzyklase, die GTP in zyklisches GMP umwandelt. GMP aktiviert die Proteinkinase G, die Kalzium intrazellulär absenkt, was zur Vasodilatation führt.

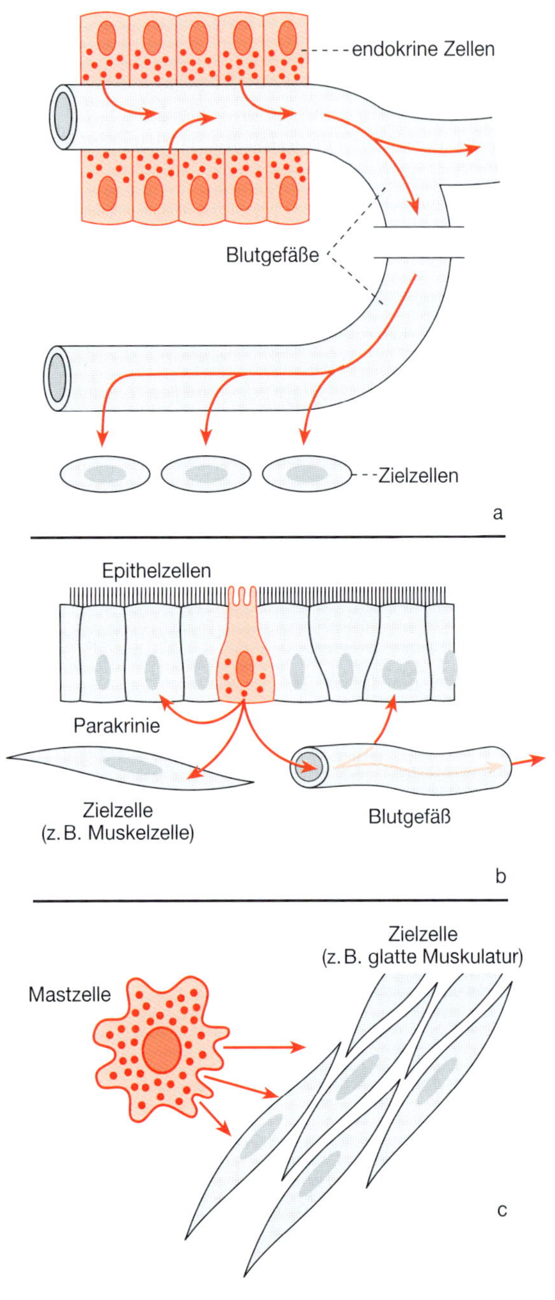

Abb. 11-1 Schematische Darstellung der verschiedenen Formen der Hormonsekretion.

a) Endokrinie im engeren Sinne (= Hämokrinie). Die typischen endokrinen Zellen geben ihr Produkt, die Hormone, in die Blutgefäße ab (rote Pfeile). Mit dem Blutstrom erreichen die Hormone ihre Zielzellen.

b) Parakrinie von endokrinen Epithelzellen. Die Hormone werden basal von einer Epithelzelle abgegeben und erreichen mittels Diffusion durch das Bindegewebe die in der Nähe gelegenen Zielzellen. Im Rahmen der Parakrinie kann das Hormon über kurze Strecken auch im Blut transportiert werden.

c) Parakrinie in Binde- und Muskelgewebe. Sekretion von Gewebshormonen am Beispiel der Mastzelle. Die Wirkstoffe werden vor Ort in Nähe der Zielzelle sezerniert.

Klinik Seit über 100 Jahren wird Nitroglyzerin therapeutisch bei **Angina-pectoris-Anfällen** zur Erweiterung der Herzarterien eingesetzt. Bis vor kurzem war jedoch die physiologische Rolle des dabei frei werdenden Stickstoffmonoxids unbekannt.

Die **Peniserektion** wird durch eine NO- und GMP-vermittelte Dilatation der Arterien und Lakunen des Corpus cavernosum erreicht. Die Erektion kann therapeutisch verlängert werden, wenn der Abbau des GMP (z. B. durch Sildenafilcitrat) verzögert wird.

11.2.3 Hormonspeicherung

Endokrine Zellen bzw. Organe haben nur begrenzte Kapazität, Hormone zu speichern. Die Hormonspeicherung erfolgt im Falle der Proteo- und Polypeptidhormone in zytoplasmatischen **Sekretgranula**, die den steroidhormonbildenden Zellen fehlen. Diese speichern ihre Hormone in **nicht-granulärer** Form im Zytoplasma. Der Hoden enthält z. B. nur $^{1}/_{15}$ der täglich produzierten Menge an Testosteron. Der Ausfall von lebenswichtigen endokrinen Organen wie beispielsweise der Nebenschilddrüse oder den Langerhans-Inseln führt daher zu akut lebensbedrohlichen Symptomen. Eine Ausnahme bildet die Schilddrüse, die ihr Hormon für ca. zwei Wochen speichern kann.

11.2.4 Hormonfreisetzung

Die in intrazelluläre Granula verpackten Proteo- und Peptidhormone (z. B. Calcitonin, Insulin und Prolaktin) werden per **Exozytose** freigesetzt.

Steroidhormone werden nicht in Granula verpackt und verlassen die Zelle durch einen **Diffusionsprozess.** Synthese und Freisetzung sind oft funktionell gekoppelt. Die Schilddrüsenhormone T3 und T4 werden erst nach intralysosomaler Proteolyse des Thyreoglobulins durch einen Diffusionsprozess freigesetzt.

Bei manchen Hormonen erfolgt die Hormonabgabe in Beziehung zum Tagesrhythmus, zu Wach-Schlaf-Rhythmus, zu Rhythmen der Nahrungsaufnahme, zu Hell-Dunkel-Zyklen, zu Entwicklungsphasen oder zu anderen Rhythmen. Besitzen solche Rhythmen eine Periodik von 24 h, werden sie **zirkadiane (diurnale) Rhythmen** genannt. Ein typischer zirkadianer Rhythmus mit dem Höhepunkt der Sekretion in den frühen Morgenstunden liegt beim Cortisol vor.

Manche Hormone werden in Minuten- oder Stundenrhythmus freigesetzt. Der Beginn eines solchen Rhythmus ist jeweils durch massive Hormonfreisetzung gekennzeichnet. Beim Insulin liegt ein 12- bis 15-minütiger Freisetzungsrhythmus vor. Erfolgt die Hormonfreisetzung in solch kurzfristigem Rhythmus, spricht man von pulsatiler Freisetzung. Neben kurzen

Rhythmen gibt es auch langfristige Rhythmen, z.B. Monatsrhythmen (Menstruationszyklus) und Jahresrhythmen (saisonale Rhythmen).

11.2.5 Hormontransport

Viele Peptidhormone und biogene Amine werden in gelöster Form im Blutplasma transportiert, was ihre kurze Halbwertszeit erklärt (3–7 min). Manche Hormone wie Schilddrüsen- oder Steroidhormone lösen sich nur schwer oder gar nicht in Wasser und werden im Blut ganz überwiegend an Proteine gebunden. Die Hormone sind entweder an spezifische Transportproteine oder an Albumin gekoppelt. Nur ca. 5% des Cortisols liegt im Blut frei (d.h. nicht an Proteine gebunden) vor. Nur die „freien Hormone" sind physiologisch aktiv.

11.2.6 Hormonabbau

Peptidhormone werden in ihren Zielorganen durch Proteasen abgebaut. Schilddrüsen- und Steroidhormone werden in mehreren Schritten mit dem Ziel abgebaut, sie in eine wasserlösliche Form zu überführen, um sie über den Urin oder die Galle ausscheiden zu können. Der Abbau der Steroidhormone erfolgt in der Leber über Reduktion und Hydroxylierung. Als Endprodukt entsteht ein wasserlösliches Glukuronid- oder Sulfatkonjugat.

11.2.7 Hormonrezeptoren

Die Zielzellen der Hormone sind mit spezifischen Rezeptormolekülen ausgestattet, die den Effekt der Hormone vermitteln. Diese Rezeptoren liegen entweder intrazellulär (im Zytoplasma oder im Zellkern) oder in der Zellmembran vor.

Zytoplasmatische und nukleäre Rezeptoren

Hormone mit zytoplasmatischem oder nukleärem Rezeptormolekül sind überwiegend Steroidhormone, die aufgrund ihrer Lipidlöslichkeit die Zellmembran leicht durchqueren und den Rezeptor durch Diffusion erreichen. Es entsteht entweder ein Hormon-Rezeptor-Komplex im Zytoplasma (wie bei Cortisol, Testosteron und den weiblichen Geschlechtshormonen), der dann in den Kern wandert, oder der Hormonrezeptor befindet sich ausschließlich im Kern selbst (wie bei den Schilddrüsenhormonen, Vitamin D und Retinsäure). In beiden Fällen bindet der Hormon-Rezeptor-Komplex an die spezifischen regulatorischen Sequenzen der DNA, was entweder zur Transkription bestimmter Gene oder zur Hemmung der Transkription führt. Auf molekularer Ebene weisen alle intrazellulären Rezeptoren Ähnlichkeiten auf und werden der Steroidhormon-Rezeptor-Superfamilie (intrazelluläre Rezeptor-Superfamilie) zugerechnet. Intrazelluläre Rezeptoren sind Proteine mit einer DNA-Bindungsdomäne, einer Hormonbindungsdomäne und einer

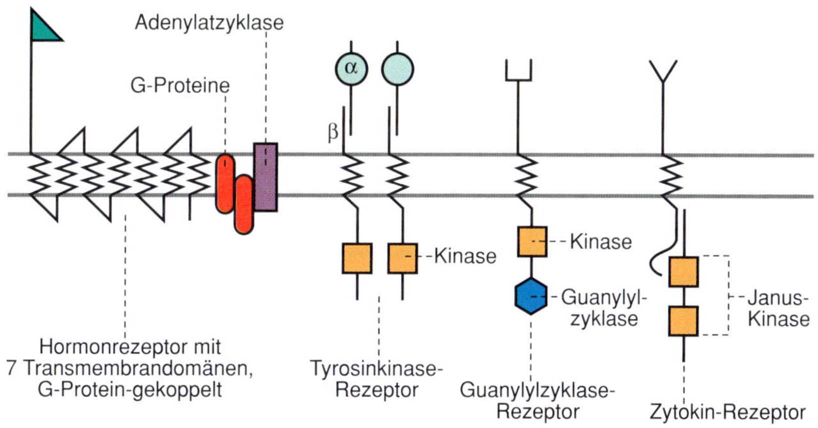

Abb. 11-2 Molekulare Struktur verschiedener Hormonrezeptoren in der Zellmembran, schematische Darstellung. Die hormonbindende Region der Rezeptormoleküle weist nach außen (im Bild oben). Zahlreiche Hormone besitzen einen Rezeptor vom Typ der G-Protein-gekoppelten Rezeptoren mit 7 Transmembrandomänen. Ein Beispiel für die Tyrosinkinaserezeptoren ist der weit verbreitete Insulinrezeptor. Er ist ein Tetramer und besteht aus zwei α- und zwei β-Untereinheiten, die über Sulfhydrylgruppen verbunden sind. Alle Kinasen bzw. kinaseähnlichen Enzyme sind als ockerfarbige Kästchen gezeichnet. Ein Hormon, das an einen Guanylylzyklaserezeptor bindet, ist das atriale natriuretische Peptid (ANP). Beim Zytokinrezeptor spielt die intrazelluläre Januskinase eine wichtige Rolle. Sie ist nicht direkt Teil des Zytokinrezeptors, bildet aber eine funktionelle Einheit mit ihm. An einen Zytokinrezeptor bindet z.B. das Wachstumshormon (GH).

transkriptionsaktivierenden Domäne. Die Bindung an die DNA führt oft innerhalb von ca. 30 min zu einer schnellen Primärantwort, der dann nach Stunden eine länger andauernde Sekundärantwort folgt. Manche Steroidhormone, z.B. Östrogene und Glukokortikoide, besitzen nicht nur Rezeptoren, die an DNA binden, sondern beeinflussen auch DNA-unabhängig zytoplasmatische Signalwege, so dass eine funktionelle Brücke (engl: „cross talk") zwischen Kern- und Membranrezeptoren entsteht.

Rezeptoren in der Zellmembran

Hormonrezeptoren in der Zellmembran können vier großen Gruppen zugeordnet werden:

- Rezeptoren mit sieben Transmembrandomänen,
- Tyrosinkinase-Rezeptoren,
- Serinkinase-Rezeptoren,
- Zytokin-Rezeptoren und
- Guanylylzyklase-Rezeptoren.

Rezeptoren mit sieben Transmembrandomänen (Abb. 11-2) sind funktionell mit den **G-Proteinen** (Abb. **11-3**) sowie einem weiteren Membranprotein mit Enzymfunktion verbunden und besitzen intrazelluläre second messenger (z.B. zyklisches AMP). Hormonbindung an diese Rezeptoren kann aber auch Phospholipase C aktivieren, was zu Zunahme freien, zytosolischen Kalziums führt und Proteinkinase C aktiviert. Folgende Hormone besitzen diesen Rezeptortyp: luteinisierendes Hormon (LH = Lutropin), thyroideastimulierendes Hormon (TSH = Thyreotropin), Parathormon, Calcitonin, Adrenalin, Noradrenalin, Somatostatin, Vasopressin, Glukagon, Angiotensin II, Prostaglandine und Serotonin.

Tyrosinkinase-Rezeptoren sind komplexe Rezeptormoleküle mit extrazellulärer glykosylierter hormonbindender Domäne und intrazellulärer Tyrosinkinase-Domäne. Hierher gehören der Insulinrezeptor und Wachstumsfaktorrezeptoren. Der Insulinrezeptor ist ein Tetramer mit zwei extrazellulären α-Untereinheiten, die das Insulin binden, und zwei β-Untereinheiten, die eine Transmembrandomäne und insulinabhängige Tyrosinkinase-Aktivität besitzen. Autophosphorylierung der Tyrosinreste des Rezeptors setzt die intrazelluläre Signalkaskade in Gang.

Die Familie der **Zytokin-Rezeptoren** besitzt selbst keine Kinaseanteile, jedoch sind mit ihr Tyrosinkinasen (sog. Januskinasen) assoziiert. Die Bindung des Hormons an den Rezeptor führt sowohl zu Phosphorylierung von Tyrosinresten des Rezeptors selbst als auch zu Phoshorylierung zellulärer Zielproteine. Bei diesen Phosphorylierungsvorgängen spielen die zytoplasmatischen Januskinasen eine wesentliche Rolle. Neben diesem Signalweg existieren noch andere Signalwege. An Vertreter dieser Rezeptorfamilie binden das Wachstumshormon, Prolaktin, Erythropoetin und viele Zytokine.

Serinkinase-Rezeptoren vermitteln die Wirkung von Aktivin, transforming growth factor (TGF)-β, knochenmorphogenetischen Proteinen (BMPs) und anderen Hormonen bzw. Faktoren.

Guanylylzyklase-Rezeptoren sind Rezeptormoleküle mit einer intrazellulären Guanylylzyklase (= Guanylatzyklase), die aus GTP zyklisches Guanosin-3′,5′-Monophosphat (cGMP) synthetisiert. Das cGMP ist dann second messenger des entsprechenden Hormons. Das atriale natriuretische Peptid (ANP) ist ein Hormon mit einem Guanylyl-Rezeptor, der in der Membran von Nierenzellen und glatten Muskelzellen der Gefäßwände vorkommt.

Second messenger Eine Hormon-Rezeptor-Bindung bewirkt sehr oft die Freisetzung eines second messenger (eines zweiten Botenstoffs) im Inneren der Zelle, der das Signal der Hormone aufnimmt und weitergibt

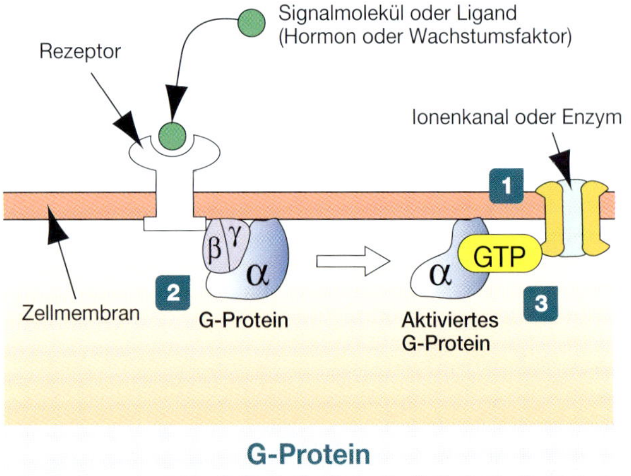

1 Das G-Protein überträgt das Signal vom Rezeptor zu einem **Zielprotein** (**Adenylatzyklase** oder **Ionenkanal**).

2 Das G-Protein besteht aus drei Untereinheiten (α, β und γ). Die α-Untereinheit reguliert die G-Proteinaktivität. Im Ruhezustand ist GDP an die α-Untereinheit gebunden, die mit der β- und γ-Untereinheit einen Komplex bildet.

3 Hormonbindung stimuliert die Freisetzung von GDP und seinen Austausch durch GTP. Die aktivierte und GTP-tragende α-Untereinheit ist eine GTPase, löst sich von den anderen Untereinheiten und interagiert mit einem Zielprotein (Ionenkanal oder Enzym [Adenylatzyklase]), was weitere zelluläre Reaktionen bis hin zur Genaktivierung herbeiführt.

Abb. 11-3 G-Protein-gekoppelte Rezeptoren. (Aus [12])

(Abb. 11-4). Verschiedene Hormone können sich des gleichen second messenger bedienen. Beispiele für second messenger sind zyklisches Guanosinmonophosphat (cGMP) und Kalzium. Die gesamte Abfolge von molekularen Prozessen – die Signalkette von der Bindung des Hormons an den Rezeptor bis zum Effekt – wird Signaltransduktion genannt.

11.2.8 Regulation der Hormonbildung

Rückkopplungskontrolle, sowohl negative als auch (selten) positive, ist ein grundlegendes Merkmal endokriner Systeme.

Die Bildung einiger peripherer Hormone (Schilddrüse, Nebennierenrinde, Gonaden) wird von bestimmten Hormonen der Adenohypophyse, den glandotropen Hormonen, reguliert. Die glandotropen Hormone wiederum unterstehen der Kontrolle hypothalamischer Neurohormone. Periphere endokrine Drüse und Hypothalamus/Adenohypophyse sind über meist negative Rückkopplungsmechanismen verbunden, so dass die peripheren Hormone ihre eigene Sekretionsrate regulieren können. Sinkt z.B. der periphere Schilddrüsenhormonspiegel, steigt die Menge an adenohypophysärem glandotropem Hormon (thyroideastimulierendes Hormon, TSH) im Blut an, um so die Konzentration an Schilddrüsenhormon wieder zu erhöhen.

Ähnlich wird die Sekretion von Parathormon oder Insulin durch Rückkopplungssignale der Serumkalzium- und Serumglukosespiegel kontrolliert. Ein Beispiel für positive Rückkopplung bietet die Stimulation der LH-Freisetzung durch Östradiol vor der Ovulation.

Die meisten Rückkopplungsmechanismen setzen sich innerhalb von Minuten oder Stunden in Gang, so dass eine Anpassung an geänderte Stoffwechselerfordernisse rasch erfolgen kann und die Homöostase aufrechterhalten wird.

Umwelteinflüsse und nicht-hormonale Faktoren können negative und positive Rückkopplungskontrollmechanismen ändern.

Klinik Die pathologische Erhöhung eines Hormonspiegels kann auf eine **Hormonresistenz** der Zielzellen hindeuten. Die Ursachen für das eingeschränkte oder mangelhafte Ansprechen der Zielorgane können unterschiedlich sein, z.B. können Rezeptordefekte vorliegen. Eine solche Resistenz muss nicht in allen Zielorganen gleich stark ausgeprägt sein, so kann Schilddrüsenhormonresistenz auf die Adenohypophyse beschränkt sein. Viele typische endokrine Krankheiten beruhen auf pathologischer Über- oder Unterfunktion endokriner Organe, siehe z.B. Funktionsstörungen der Schilddrüse auf S. 431.

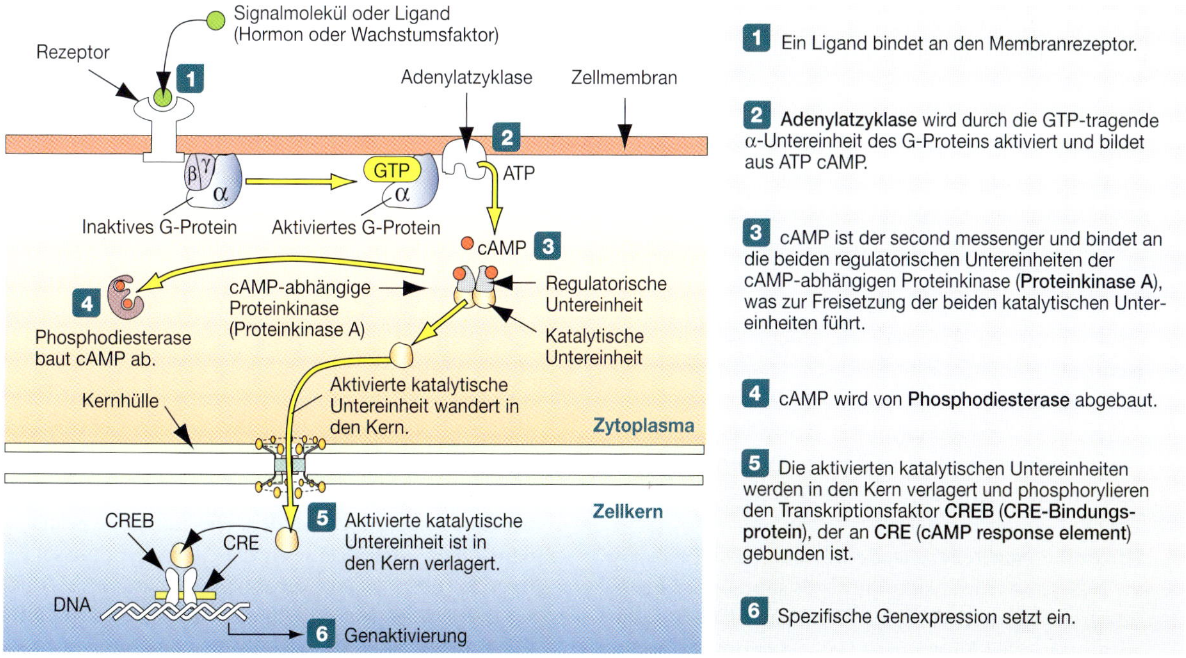

Abb. 11-4 Der Signaltransduktionsweg G-Protein-gekoppelter Rezeptor – Adenylatzyklase – cAMP – Proteinkinase A. (Aus [12])

11.3 Hypothalamus-Hypophysen-System

Der Hypothalamus ist ein übergeordnetes Zentrum des endokrinen Systems und auch des vegetativen Nervensystems (Abb. 11-5). Er selbst empfängt Informationen aus der Umwelt, aus dem Innern des Körpers und vielen Regionen des Gehirns. Er ist eine Brücke zwischen ZNS und endokrinem System, insbesondere zwischen ZNS und der Adenohypophyse. Diese Funktion wird durch sog. **Steuerhormone** repräsentiert, welche die Hormonbildung der Adenohypophyse regulieren. Außerdem beeinflusst der Hypothalamus einige Organfunktionen direkt durch sog. **Effektorhormone**, z.B. die Rückresorption von Wasser aus den Sammelrohren der Niere.

11.3.1 Hypothalamus

Der Hypothalamus ist der Boden des Zwischenhirns. Er bildet eine ventrale trichterförmige Ausstülpung, das **Infundibulum** (Hypophysenstiel), dessen terminaler Anteil **Neurohypophyse** genannt wird. Den größten Teil der Wand des Infundibulums nimmt die **Eminentia mediana** ein. Sie ist wie die Neurohypophyse eine neurohämale Region, die in reichem Maße knäuelförmige Blutkapillaren besitzt. An ihnen enden die Axone von kleinen periventrikulären Neuronen, die hier die Steuerhormone der Adenohypophyse abgeben. Aus diesen Kapillaren führen venöse Pfortadergefäße in die Adenohypophyse, die sich dort in ein dichtes und weitlumiges zweites Kapillarnetz aufspalten (Abb. 11-6).

Aus groß- und kleinzelligen Neuronen zweier hypothalamischer Kerngebiete, des **Ncl. supraopticus** und des **Ncl. paraventricularis**, formieren sich Bündel von Axonen, die nicht an den Kapillaren der Eminentia mediana enden, sondern in die Neurohypophyse ziehen, wo sie die Effektorhormone des Hypothalamus abgeben (Abb. 11-6). Die hormonbildenden Neurone des Hypothalamus werden zusammen auch als neuroendokrine Neurone bezeichnet, ihre Hormone als Neurohormone.

Die Neurone der Ncll. paraventricularis und supraopticus werden traditionell auch **neurosekretorische Neurone** genannt. Diese Kerngebiete sind besonders gut kapillarisiert.

Aufgrund der Funktion ihrer Hormone lassen sich zwei Gruppen neuroendokriner hypothalamischer Neurone unterscheiden.

Effektorhormonproduzierende Neurone Die Perikarya im Ncl. paraventricularis und Ncl. supraopticus produzieren die zwei Effektorhormone **Oxytocin** und **antidiuretisches Hormon** (ADH = **Arginin-Vasopressin** = AVP).

Im Ncl. paraventricularis überwiegt die Oxytocinproduktion, im Ncl. supraopticus wird überwiegend ADH gebildet. Die Hormone werden an Trägerproteine (Neurophysine) gebunden und in 100–300 nm große elektronendichte Granula verpackt. Sie wandern mittels axoplasmatischen Transports in die Neurohypophyse, wo sie in den Blutstrom abgegeben werden. Die Neurohypophyse ist also eine Region, in der Neurohormone ins Blut abgegeben werden, d.h. eine **Neurohämalregion**. Hier werden keine Hormone hergestellt.

Oxytocin ist ein Nonapeptid und steht im Dienste der Reproduktionsbiologie, es stimuliert das Auspressen der Milch aus den Milchdrüsen der Brust und bewirkt Kontraktionen der Gebärmutter (Wehen) unter der Geburt.

ADH ist auch ein Nonapeptid und erfüllt seine Aufgaben vor allem in der Niere, wo unter seinem Einfluss die Wasserrückresorption im Sammelrohr und in den Endabschnitten des gewundenen distalen Nierentubulus stattfindet. Es dient also der Harnkonzentrierung und hat somit einen antidiuretischen (Anti-Harnfluss-)Effekt. Molekular bewirkt es den Einbau von Aquaporinen in die luminale Zellmembran. Das durch diese Aquaporin-2-Moleküle aufgenommene Wasser strömt dann mittels der Aquaporine 3 und 4 in der basolateralen Membran ins Interstitium ab.

Die ADH-Neurone werden von Osmorezeptorzellen in ihrer Nähe hemmend oder stimulierend beeinflusst. Es handelt sich um Neurone, die außerordentlich empfindlich auf Veränderungen der Plasmakonzentration des Natriums ansprechen.

Des Weiteren stimuliert ADH die Kontraktion der Gefäßmuskulatur (daher das Synonym Vasopressin).

Klinik ADH-Mangel führt zum Krankheitsbild **Diabetes insipidus**, das durch Ausscheiden großer Mengen (zwischen 3,5 l und maximal 40 l) an verdünntem Urin gekennzeichnet ist.

Steuerhormonproduzierende Neurone Kleinere Perikarya verschiedener hypothalamischer Kerne, auch solche des Ncl. paraventricularis, bilden die **Releasing-** (Liberine) oder **Inhibiting-Hormone** (Statine) für adenohypophysäre Hormone, d.h., sie fördern bzw. hemmen die Sekretion der Hormone in der Adenohypophyse. Die Releasing- und Inhibiting-Hormone werden axonal in die Eminentia mediana transportiert, wo sie in die oben beschriebenen speziellen Blutkapillaren abgegeben werden. Die Hormone gelangen dann über Portalgefäße in die Adenohypophyse, wo ihre Zielzellen liegen (Abb. 11-6).

Ein Beispiel für ein Steuerhormon ist das TRH (Thyrotropin-Releasing-Hormon), ein Tripeptid (zyklo-Glu-His-Pro-NH_2), das die Thyrotropin(= TSH)-

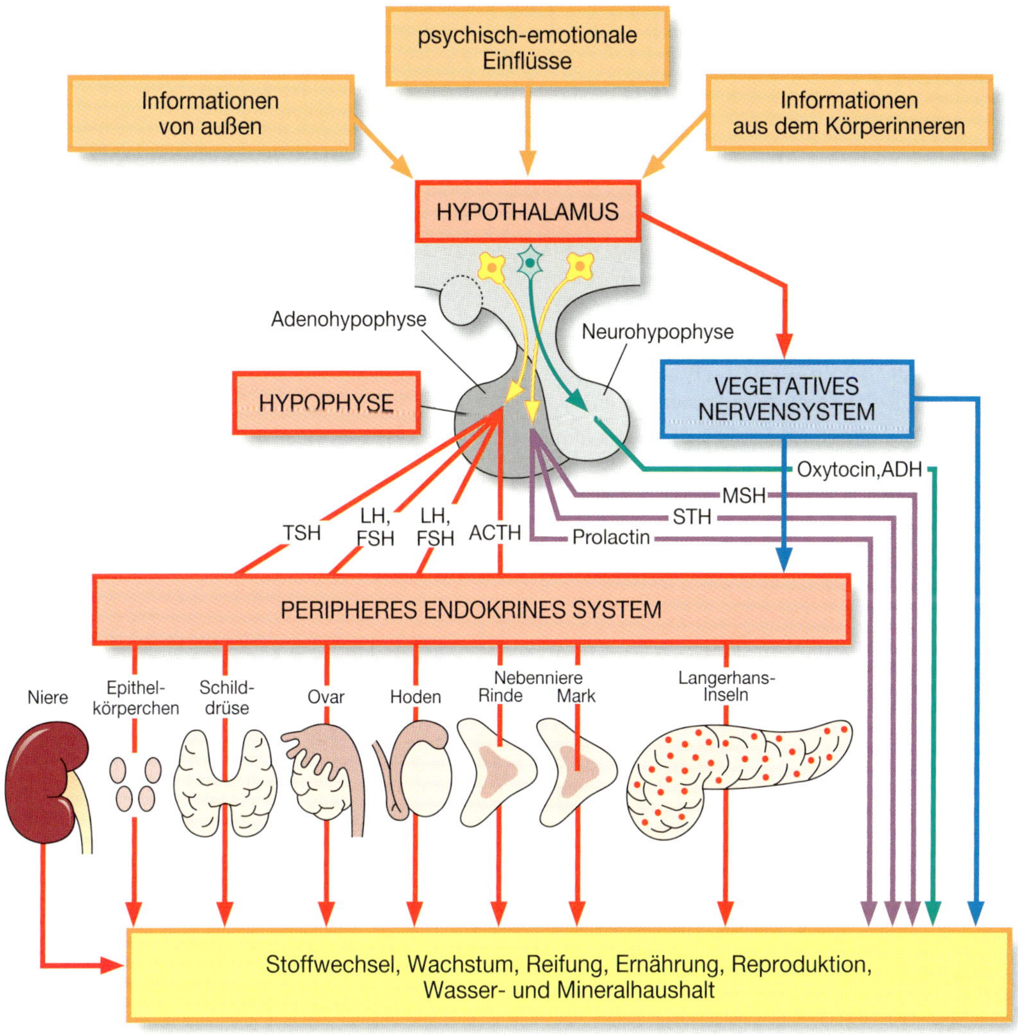

Abb. 11-5 Endokrines System, schematische Übersicht über Hierarchie und Komponenten. Beachte die Verknüpfung mit dem vegetativen Nervensystem. Ovar und Hoden werden auf S. 500 und S. 476 besprochen. (Aus [1])

Abgabe, aber auch die Prolaktinsekretion in der Adenohypophyse stimuliert.

11.3.2 Hypophyse

Die Hypophyse ist ein annähernd haselnussgroßes Organ in der Sella turcica des Os sphenoidale (Keilbein), wo sie in einem besonderen Kompartiment zwischen innerem und äußerem Blatt der Dura mater gelagert ist. Sie liegt unmittelbar unter dem Hypothalamus, mit dem sie strukturell und funktionell eng verbunden ist (Abb. 11-7). Die Hypophyse besitzt eine komplexe Gefäßversorgung: links und rechts je eine obere und untere Hypophysenarterie und spezielle Pfortadergefäße aus der Eminentia mediana (Hypophysenstiel).

Die Hypophyse besteht aus zwei Teilen mit ganz unterschiedlicher Struktur und Entwicklung:

- Adenohypophyse (Hypophysenvorderlappen [HVL] = Lobus anterior),
- Neurohypophyse (Hypophysenhinterlappen [HHL] = Lobus posterior).

Adenohypophyse

Die Adenohypophyse (Hypophysenvorderlappen) entsteht embryonal aus der **Rathke-Tasche** des ektodermalen Rachendachs, die pluripotente Stammzellen enthält. Ausgereift besteht sie aus dicht gelagerten endokrinen Drüsenzellen.

Die Adenohypophyse wird in drei unscharf begrenzte Regionen gegliedert (Abb. 11-7):

- **Pars distalis** (vorn, größter Teil),
- **Pars intermedia** (Grenzgebiet zur Neurohypophyse, Mittellappen),
- **Pars tuberalis** (Trichterlappen, legt sich dem Hypophysenstiel an).

In allen Regionen kommen unregelmäßig gestaltete knäuel- oder strangförmige Gruppen endokriner Zellen vor, die von einer Basallamina und zartem retikulärem Bindegewebe umgeben sind und in einem Netzwerk weiter sinusoidaler Kapillaren von Blut umspült sind. Wie in den anderen endokrinen Organen sind die Kapillaren sehr dünnwandig und fenestriert.

Unter den dicht gepackten endokrinen Zellen der Adenohypophyse werden lichtmikroskopisch drei Zellgruppen unterschieden:

- **azidophile Zellen,**
- **basophile Zellen** und
- **chromophobe Zellen.**

Die Begriffe azidophil und basophil beziehen sich hier auf Färbeeigenschaften der zytoplasmatischen hormonhaltigen **Sekretionsgranula** (Abb. **11-8a**). Den azido- und basophilen Zellen gehören unterschiedliche hormonbildende Zellen an, die heute spezifisch mit immunhistochemischer Methodik dargestellt werden können (Abb. **11-8b, c**).

Azidophile, basophile und chromophobe Zellen können überall in der Adenohypophyse gefunden werden. Die zahlreich vorhandenen Azidophilen kommen lateral und in den hinteren Abschnitten der Adenohypophyse besonders häufig vor. Die z.T. recht großen Basophilen sind zentral und vorn konzentriert. Die gonadotropen Zellen, die zu den Basophilen gehören, sind lateral relativ häufig. Oft dringen Basophile in die Neurohypophyse ein (Basophileninvasion).

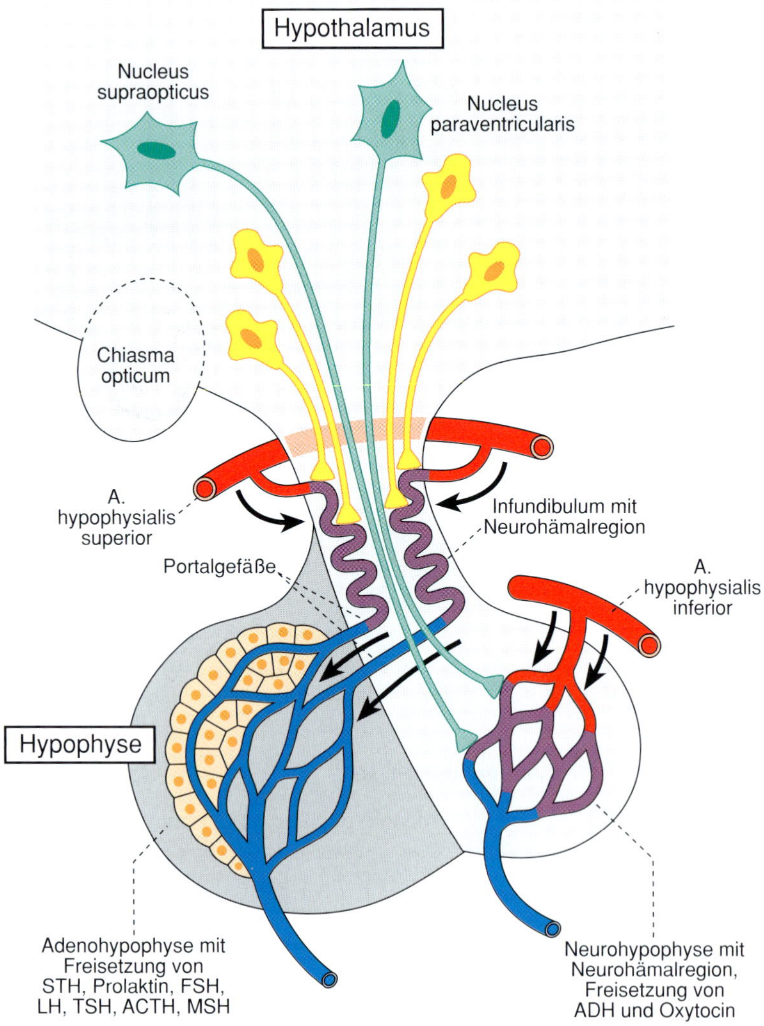

Abb. 11-6 Verknüpfung von Hypothalamus und Hypophyse, schematische Darstellung. Im Hypothalamus treten einerseits große neurosekretorische Perikarya (grün) im Ncl. supraopticus und Ncl. paraventricularis auf, und andererseits kommen hier in verschiedenen Kernen kleinere neuroendokrine Perikarya (gelb) vor.

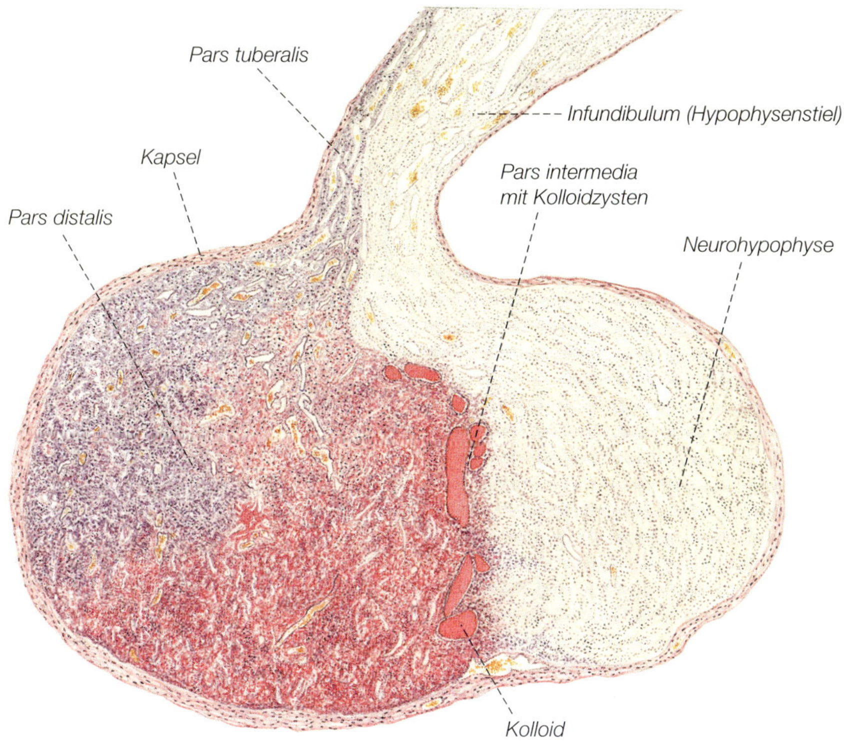

Abb. 11-7 **Hypophyse** (Mensch), Sagittalschnitt. Pars distalis, tuberalis und intermedia bilden zusammen die Adenohypophyse. Zeichnung nach H.E.-Färbung; Vergr. 10fach. (Aus [1])

Azidophile Zellen

Die Mehrheit der endokrinen Zellen stellen azidophile Zellen dar (mit sauren Farbstoffen anfärbbar). Das Zytoplasma enthält Granula, die sich mit Eosin, Phloxin und anderen Farbstoffen rot anfärben (Abb. **11-8a**). Die azidophilen Zellen lassen sich funktionell unterscheiden in:

- laktotrope Zellen und
- somatotrope Zellen.

Die laktotropen Zellen machen 20% der Adenohypophysenzellen aus und sezernieren **Prolaktin**. In der Schwangerschaft steigt ihre Zahl – durch Östrogen induziert – auf bis zu 70% der Adenohypophysenzellen an.

Prolaktin, Wachstumshormon und plazentares laktogenes Hormon weisen molekulare Homologien auf und gehen auf ein gemeinsames Vorläufermolekül zurück. Prolaktin kommt bei Männern und Frauen vor. Seine Funktion bei Männern ist weniger klar als bei Frauen, bei denen es die Milchbildung in der Milchdrüse induziert. Es unterdrückt sexuelle und reproduktive Funktionen während der Aufzucht des Kleinkindes. Es fördert fürsorgliches Verhalten bei Eltern und stimuliert den Appetit. Es fördert die Kalziumresorption im Darm und mobilisiert Knochenkalzium, was während des Stillens biologisch sinnvoll ist, da das Kalzium über die Milch dem wachsenden Kind zur Verfügung gestellt wird.

Der Prolaktinspiegel steigt nach Mahlzeiten, körperlicher Tätigkeit und bei akutem Stress.

Prolaktin wird pulsatil freigesetzt. Es hat höchste Plasmaspiegel zwischen 4 und 6 Uhr morgens. Die Freisetzung erfolgt insbesondere während der REM-Schlaf-Perioden. Dopamin hemmt die Freisetzung von Prolaktin.

Die somatotropen Zellen bilden das **Wachstumshormon** (Somatotropin, somatotropes Hormon [STH] = growth hormone [GH]). Sie machen ca. 50% der Adenohypophysenzellen aus (Abb. **11-8b**). Die GH-Sekretion und auch die Proliferation der GH-Zellen wird durch GHRH (growth hormone-releasing hormone) des Hypothalamus stimuliert. Somatostatin (SRIF) des Hypothalamus hemmt die GH-Sekretion. Somatostatin wird auch in extrahypothalamischen Zellen gebildet und hemmt generell die Hormonsekretion, z. B. von Insulin und Glukagon.

Die GH-Sekretion erfolgt stoßweise (pulsatil). Die GH-Konzentration im Blut ist nachts größer als am Tag. Die Sekretion lässt im Alter nach, beim normalen Erwachsenen macht die GH-Bildung nur noch 15% der eines Jugendlichen aus. Bei adipösen Menschen ist die GH-Sekretion vermindert. GH wird vermehrt abgegeben bei körperlicher Arbeit, akutem Stress, bei Trauma und Sepsis. Die GH-Sekretion wird außerdem von Nährstoffen beeinflusst, z. B. durch hohe Glukosespiegel gehemmt.

GH hat viele Stoffwechseleffekte, es stimuliert z. B. die Proteinsynthese und Lipolyse. Es fördert, oft in komplexem Zusammenspiel mit Wachstumsfaktoren, das Knochenwachstum. Außerdem fördert es die Differenzierung der Vorläuferzellen der epiphysealen Knorpelzellen.

Basophile Zellen

Bei den basophilen Zellen färben sich die zytoplasmatischen Sekretionsgranula mit Hämatoxylin, Chromalaun u. a. dunkelviolett-blau (Abb. **11-8a**). Zu den basophilen Zellen gehören:

- gonadotrope Zellen (ca. 10% der Zellen),
- thyreotrope Zellen (ca. 5% der Zellen),
- kortikotrope Zellen (ca. 20% der Zellen).

Gonadotrope Zellen produzieren **Gonadotropine**, d. h. Hormone, welche die Keimdrüsenfunktionen steuern. Zu diesen Hormonen zählen follikelstimulierendes Hormon (FSH = Follitropin) und luteinisierendes Hormon (LH = Lutropin). Beide werden oft gemeinsam in einem Zelltyp gebildet, einzelne Zellen bilden jeweils nur eines der beiden Hormone. FSH und LH ähneln molekular dem TSH (s. u.) und dem hCG. Es sind Glykoproteine, die je eine α- und β-Untereinheit besitzen. Die α-Untereinheit ist bei all diesen Hormonen gleich, die Spezifität liegt in der β-Untereinheit. Hypothalamisches Gonadotropin-Releasing-Hormon (GnRH) steuert Synthese und Sekretion der Gonadotropine. GnRH wird pulsatil alle 60 bis 120 Minuten freigesetzt, was zu Gonadotropin-Pulsen führt. Auch Östrogene und Testosteron beeinflussen auf hypothalamischer und hypophysärer Ebene die Gonadotropinsekretion (siehe S. 502). Die Freisetzung von FSH wird zusätzlich durch die Gonadenpeptide Inhibin (hemmt) und Aktivin (stimuliert) beeinflusst. Inhibin und Aktivin sind Angehörige der Transforming-growth-factor β(TGF-β)-Familie.

Bei Frauen reguliert FSH die Entwicklung der ovariellen Follikel und stimuliert die Östrogenbildung; bei Männern stimuliert dieses Hormon die Entwicklung der Tubuli seminiferi und reguliert die Spermatogenese. LH veranlasst Ovulation und Aufrechterhaltung des Corpus luteum und die Testosteronsynthese in den Leydig-Zellen.

Die thyreotropen Zellen bilden das **thyroideastimulierende Hormon** (TSH = Thyrotropin). TSH ist ein Glykoprotein, dessen Synthese und Sekretion durch das hypothalamische Tripeptid Thyrotropin-Releasing-Hormon (TRH) stimuliert wird. Schilddrüsenhormone, Dopamin und Glukokortikoide können TRH überspielen und unterdrücken die TSH-Sekretion. Die Schilddrüsenhormone beeinflussen die TSH-Sekretion mittels negativer Rückkopplung. TSH wird pulsatil freigesetzt. Die Pulse besitzen eine relativ niedrige Amplitude und TSH hat eine relativ lange Halbwertszeit. Es stimuliert die Synthese und Freisetzung der Schilddrüsenhormone.

Kortikotrope Zellen sezernieren **adrenokortikotropes Hormon** (ACTH = Kortikotropin, Abb. **11-8c**) und **melanozytenstimulierendes Hormon** (MSH).

ACTH ist ein Polypeptidhormon. Es entsteht aus dem Vorläufermolekül Proopiomelanocortin (POMC), aus dem auch andere Peptide mit Hormonwirkung hervorgehen: β-Lipotropin, β-Endorphin, Met-Enkephalin, melanozytenstimulierendes Hormon (MSH). Die ACTH-Sekretion ist pulsatil und zeigt einen typischen zirkadianen Rhythmus mit höchster Sekretionsrate morgens um 6 Uhr und Sekretionstiefpunkt um Mitternacht. Die ACTH-Sekretion wird durch das (Adreno-)Corticotropin-Releasing-Hormon (CRH) und Arginin-Vasopressin (AVP = antidiuretisches Hormon, ADH) stimuliert. Glukokortikoide hemmen die ACTH-Sekretion.

ACTH stimuliert in der Nebennierenrinde die Bildung der Steroidhormone. Die ACTH-Zellen spielen eine wesentliche Rolle in der Stoffwechsel-Homöostase und bei der neuroendokrinen Stressreaktion.

MSH stimuliert Melanozyten, wodurch die Haut stärker pigmentiert wird.

Im Elektronenmikroskop weisen die endokrinen Zellen der Adenohypophyse insgesamt ein recht einheitliches Bild auf. Sie unterscheiden sich aber vor allem hinsichtlich Größe und Verteilung der Sekretionsgranula (Abb. **11-9**).

Die Durchmesser der typischen elektronendichten Sekretionsgranula schwanken zwischen 100–150 nm (TSH-bildende Zellen) und 700 nm (prolaktinbildende Zellen).

Chromophobe Zellen

Chromophobe Zellen können mit keinem der gebräuchlichen Farbstoffe angefärbt werden, da ihnen die Granula fehlen, die eine Farbreaktion eingehen (Abb. **11-8a**). Sie sind unscharf definiert. Ihnen gehören vermutlich vor allem erschöpfte, degranulierte endokrine Zellen, aber auch Stammzellen und die Sternzellen an.

Sternzellen Die Sternzellen kommen einzeln zwischen den endokrinen Drüsenzellen vor, können aber auch kleine follikuläre Strukturen aufbauen. Sie enthalten keine Sekretionsgranula. Die Sternzellen bilden lange Fortsätze zwischen den Drüsenzellen aus; die Fortsätze grenzen auch an Blutgefäße und erreichen die Oberfläche der Adenohypophyse. Sie werden z. T.

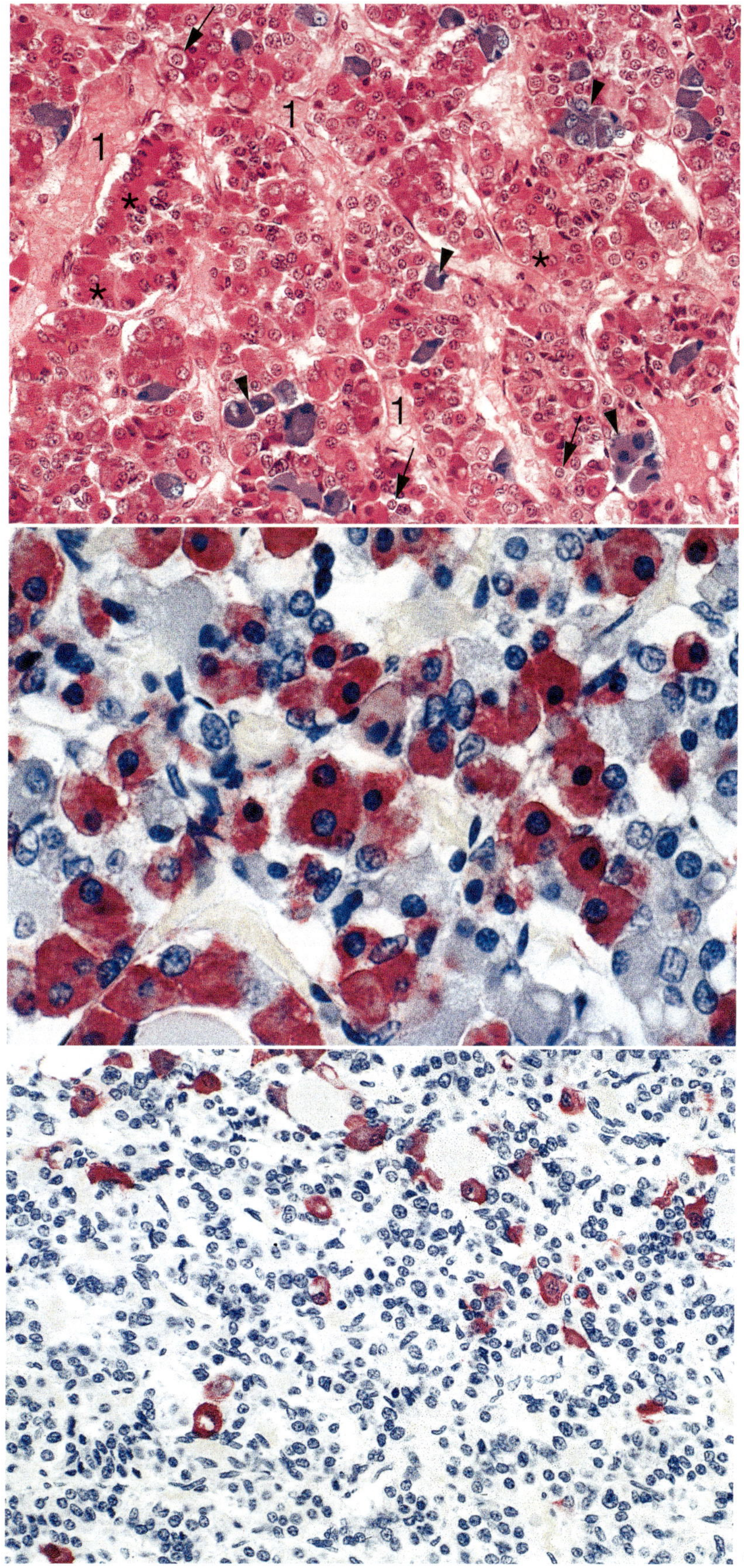

Abb. 11-8 Adenohypophyse (Mensch), lichtmikroskopische Präparate.

a) H.E.-Färbung mit azidophilen (rot, ✻) und basophilen (violett-blau, ▶) Zellen; einzelne chromophobe Zellen (ungefärbt, ➔); **1** sinusoidale Kapillaren. Vergr. 260fach.

b) Immunhistochemischer Nachweis von Wachstumshormon (Rotfärbung positiv reagierender Zellen). Vergr. 450fach.

c) Immunhistochemischer Nachweis von ACTH (Rotfärbung positiv reagierender Zellen). Vergr. 280fach.

a

b

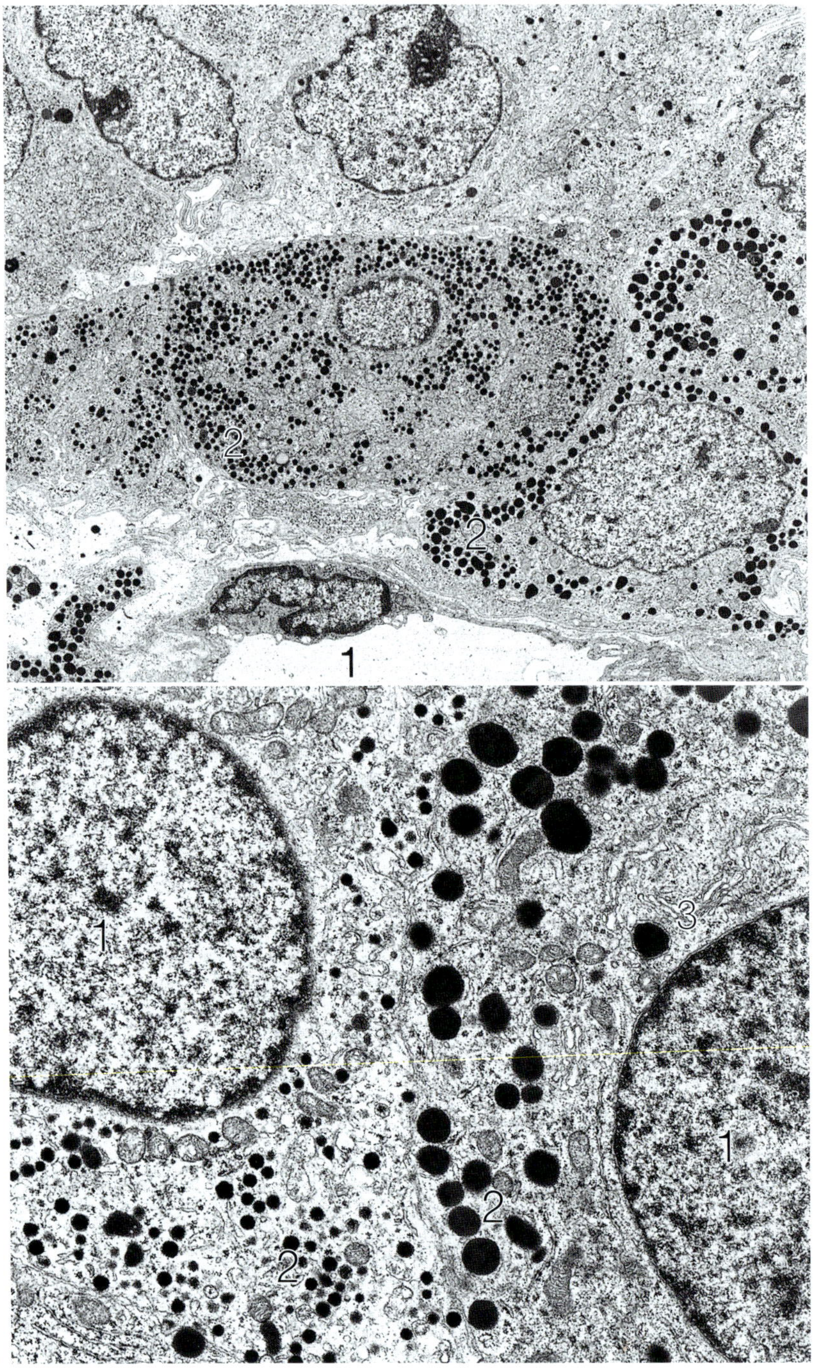

Abb. 11-9 Zellen des Hypophysenvorderlappens (Mensch), transmissionselektronenmikroskopische Darstellung.

a) Übersicht mit Kapillare (**1**). Beachte die unterschiedliche Größe und Menge der Sekretionsgranula (**2**) in den einzelnen endokrinen Zellen. Vergr. 3850fach.

b) Höhere Vergrößerung zwei unterschiedlicher Zelltypen. Links: kortikotrope Zelle mit 110 nm großen Granula; rechts: vermutlich eine somatotrope Zelle mit 320 nm großen Granula; **1** Zellkerne der endokrinen Zellen; **2** Sekretionsgranula; **3** Golgi-Apparat. Vergr. 12 000fach.

mit Gliazellen verglichen und reagieren positiv mit dem S-100-Antigen, das auch mit Gliazellen reagiert.

Pars distalis

Die Pars distalis bietet das typische Bild der Adenohypophyse mit dicht gepackten Knäueln oder gewundenen Strängen endokriner Zellen. Hier kommt die Masse der hormonbildenden Zellen vor.

Pars intermedia (Mittellappen)

Im Mittellappen der Adenohypophyse findet man neben Nestern basophiler, vorwiegend MSH-bildender Zellen auch unterschiedlich große follikuläre oder zystische Strukturen (Abb. **11-10**). Die Zysten, die sehr groß werden können, enthalten ein „Kolloid"-ähnliches, proteinhaltiges Material. In ihrer unterschiedlich gebauten epithelialen Wand kommen zilientragende Zellen vor. Die Zysten werden als Reste der Rathke-Tasche angesehen.

Pars tuberalis

Die Pars tuberalis besteht aus wenigen Zellschichten azido- und basophiler Zellen, die sich dem Hypophysenstiel außen anlegen.

Klinik In der Adenohypophyse können sich gutartige (Adenome) oder bösartige (Karzinome) Tumoren entwickeln. Adenome der azidophilen Zellen können vermehrt somatotropes Hormon bilden, was bei Kindern zu Riesenwuchs und bei Erwachsenen zur sog. **Akromegalie** (grobe Gesichtszüge, Prognathie, große Hände, große Füße, vergrößerte Zunge, in weitem Abstand stehende Zähne u.a.) führt. Akromegalie ist selten und entwickelt sich sehr langsam. Die Patienten fühlen sich in der Regel müde und schwach. Der Stoffwechselgrundumsatz ist erhöht, was u.a. zu vermehrtem Schwitzen führt. Bei Kindern entwickeln sich Tumoren häufig aus Resten der Rathke-Tasche. Die **Hypophysentumoren** verursachen viele Symptome durch Verdrängung benachbarter Strukturen, sowohl von Hypophysenzellen selbst (Ausfall vieler Hormone) als auch von Strukturen außerhalb der Hypophyse, wie des Chiasma opticum oder der Augenbewegungsnerven. Die Tumoren werden meistens chirurgisch entfernt, die fehlenden Hormone können heute vielfach durch synthetische Hormone ersetzt werden.

Neurohypophyse

Die Neurohypophyse ist Teil des Hypothalamus und besteht folglich aus Nervengewebe. Sie ist über den Hypophysenstiel (Infundibulum) mit dem Hypothalamus direkt verbunden.

Das Gewebe der Neurohypophyse besteht aus einzelnen Gliazellen (Pituizyten) sowie Massen von Nervenzellfortsätzen, deren Perikarya im Hypothalamus (Ncl. supraopticus und Ncl. paraventricularis) liegen. Die Nervenzellfortsätze (Axone) enthalten in 100–300 nm großen Granula die Neurohormone ADH oder Oxytocin, die in den Perikarya synthetisiert werden. Die Axone enden in großer Zahl an fenestrierten weiten Kapillaren. Die Freisetzung der Hormone erfolgt exozytotisch und ist abhängig von lang andauernden Aktionspotentialen und Kalzium. Die Trägerproteine (Neurophysine) der Hormone lassen sich in den Axonen lichtmikroskopisch u.a. mit Aldehydfuchsin und Chrom-Hämatoxylin (Abb. 11-11) oder spezifisch mit immunhistochemischer Methodik darstellen. Die Hormongranula können lokal in den Axonen angestaut werden, was zu Anschwellungen in den Axonen führt, die Herring-Körper genannt werden.

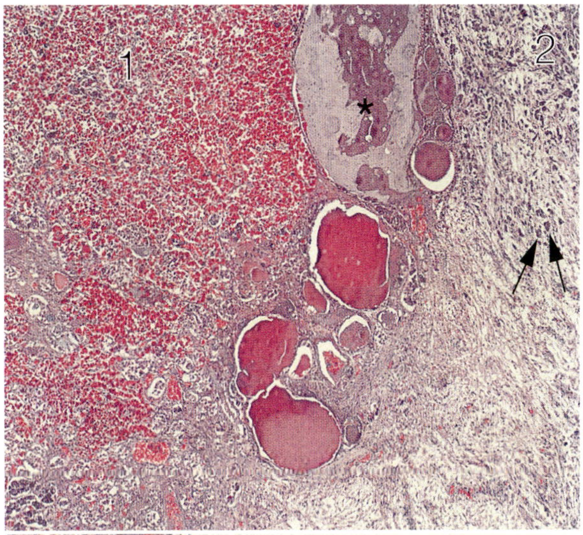

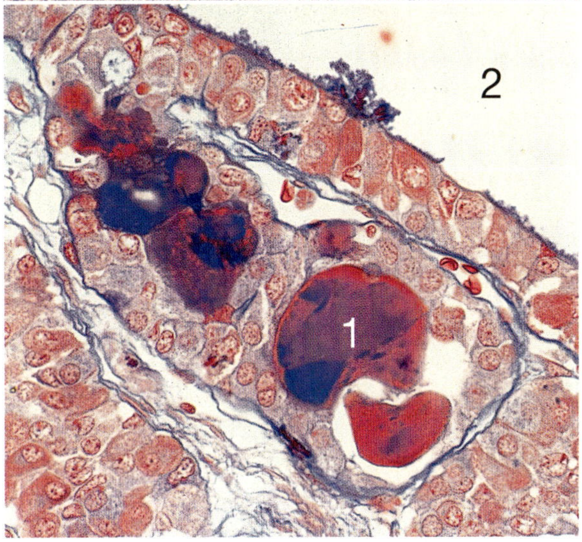

Abb. 11-10 Mittellappen der Hypophyse (Mensch).
a) Übersicht über die Pars intermedia mit größeren Zysten (*). **1** Pars distalis des Vorderlappens; **2** Hinterlappen, in den Basophile eingewandert sind (→). Färbung: Chromhämatoxylin-Phloxin; Vergr. 110fach.
b) Detailvergrößerung. **1** Kolloid in kleinerem Follikel; **2** Zyste. Färbung: Azan; Vergr. 450fach. (Präparat Prof. B. Romeis, München)

Klinik Verminderte Ausschüttung von ADH (z.B. durch traumatische Zerstörung des Hypophysenstiels mit dem Tractus hypothalamohypophysialis) verursacht **Diabetes insipidus**, eine Krankheit, bei der es durch ADH-Mangel zu vermehrter Wasserausscheidung kommt.

! Die Hypophyse besteht aus zwei verschiedenen Anteilen, der Adenohypophyse und der Neurohypophy-

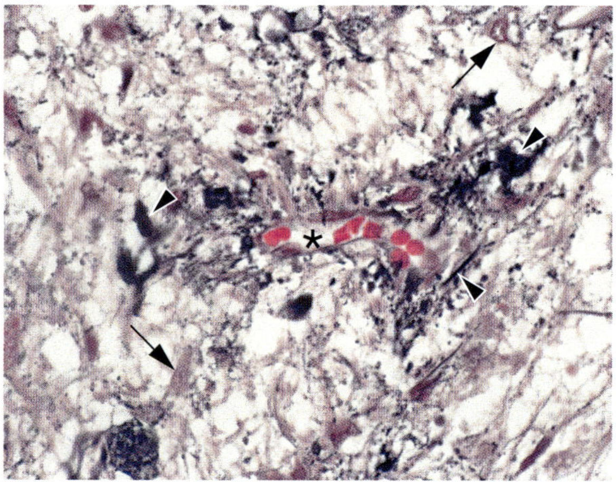

Abb. 11-11 Neurohypophyse (Mensch). Darstellung des feinen Geflechts quer und längs geschnittener neurosekretorischer Fasern (tiefblau gefärbt, ▶). Einige dieser Fasern sind stellenweise verdickt, hier stauen sich die Neurosekrete. Erythrozyten in Blutgefäßen sind rot gefärbt (✻); Zellkerne (➔) gehören den Gliazellen (Pituizyten) der Neurohypophyse an. Vergr. 460fach.

se. Die Adenohypophyse ist aus Epithelzellen aufgebaut, die sich drei Zelltypen zuordnen lassen, den azidophilen Zellen (rot gefärbt, Mehrheit der Zellen, bilden Prolaktin und Wachstumshormon), den basophilen Zellen (blau-violett gefärbt, bilden die Hormone ACTH, MSH, TSH, LH und FSH) und den chromophoben Zellen (ungefärbt, vermutlich zumeist erschöpfte, inaktive Zellen). Die hormonbildenden Zellen bilden kleine Gruppen und werden von einem dichten Netz weitlumiger Kapillaren umgeben. Sie werden von den Steuerhormonen des Hypothalamus stimuliert oder gehemmt.

Die Neurohypophyse ist aus Nervengewebe aufgebaut. In ihr enden Axone neurosekretorischer Neurone des Hypothalamus, die hier Oxytocin und antidiuretisches Hormon ins Blut abgeben.

11.4 Epiphyse

Die Epiphyse (Zirbeldrüse, Pinealorgan, Corpus pineale, Epiphysis cerebri) ist eine kompakte, ca. 1 cm lange ovoide Ausstülpung in der Mittellinie am hinteren Ende des Zwischenhirndachs. Sie besteht aus Pinealozyten, interstitiellen Zellen (Gliazellen), zahllosen Nervenfasern und Blutkapillaren. Außen ist sie von Leptomeninx bedeckt, vom 3. Ventrikel können schmale Spalträume in das Organ eindringen. Das Corpus pineale ist primär ein lichtrezeptives und hormonbildendes Organ, das bei vielen Tieren die Gonadenaktivität mit dem Rhythmus der Jahreszeiten abstimmt.

Auch beim Menschen ist das Hauptprodukt der Zirbeldrüse das **Melatonin**, ein Hormon, das sich vom Serotonin herleitet und von den Pinealozyten gebildet wird. Dunkelheit führt zu vermehrter Melatoninbildung, das also in der Nacht in höheren Blutkonzentrationen als am Tag vorliegt. Höhere Melatoninspiegel unterdrücken auch die Gonadenaktivität. Das Organ wird in einem zirkadianen Rhythmus gesteuert und steht auch mit dem Nucleus suprachiasmaticus (SCN) im Hypothalamus, dem „zentralen Zeitgeber" der zirkadianen Periodik, in neuronaler Verbindung. Der SCN ist außerdem monosynaptisch mit der Retina verbunden (Retina-hypothalamischer Trakt). Bei vielen Säugetieren und Vögeln der nördlichen Regionen wird mit zunehmendem Licht im Frühjahr der hemmende Einfluss des Melatonins auf die Gonaden aufgehoben. Melatonin ist außerdem ein Antioxidans, das vor Sauerstoffradikalen schützt.

Pinealozyten Das aus den Pinealozyten und Gliazellen bestehende Parenchym bildet Zellnester und -stränge (Abb. **11-12a**). Diese werden durch netzartige Bindegewebsformationen mit zahlreichen Blutgefäßen, die aus der Pia mater kommen, getrennt. Zum Teil enthält die Epiphyse unterschiedlich geformte kalkhaltige Konkremente (Abb. **11-12b**).

Die Pinealozyten sind große blasse Zellen mit hellem Kern und längeren Fortsätzen, die in der Nähe von fenestrierten oder geschlossenen Kapillaren enden. Der Kern weist einen unregelmäßigen Umriss auf und besitzt einen großen Nukleolus (Abb. **11-13a, 11-14**). Im Zytoplasma sind alle Organellen vorhanden. Auffallend sind flache, membranbegrenzte, kalziumspeichernde Zisternen unter der Zellmembran (subsurface cisterns) und 100–200 nm große dichte Sekretionsgranula, die am Ende der Fortsätze konzentriert sein können. Zwischen den Granula treten 40–100 nm große helle Vesikel auf. In Membrannähe treten wie in den Lichtrezeptoren der Retina synaptische Bänder auf (synaptic ribbons, Abb. **11-13b, 11-14**). Oft ist eine Zilie vom „9 + 0"-Typ nachweisbar, sehr wahrscheinlich der Rest eines ehemals lichtrezeptiven Fortsatzes.

Interstitielle Zellen Die Pinealozyten sind umgeben von interstitiellen Zellen (Gliazellen), die als besondere Form von Astrozyten angesehen werden und die in ihren Fortsätzen dicht gelagerte intermediäre Filamente enthalten (Abb. **11-14**). Mit zunehmendem Alter können größere Areale mit Gliazellen, Zysten und kalkhaltigen Konkrementen entstehen (Hirnsand, Abb. **11-12b**). Diese unregelmäßig gestalteten Konkremente haben ein organisches Grundgerüst. Sie sind auf Röntgenaufnahmen erkennbar und zeigen die Lage der Epiphyse an, die auf der Mittellinie des Gehirns liegt.

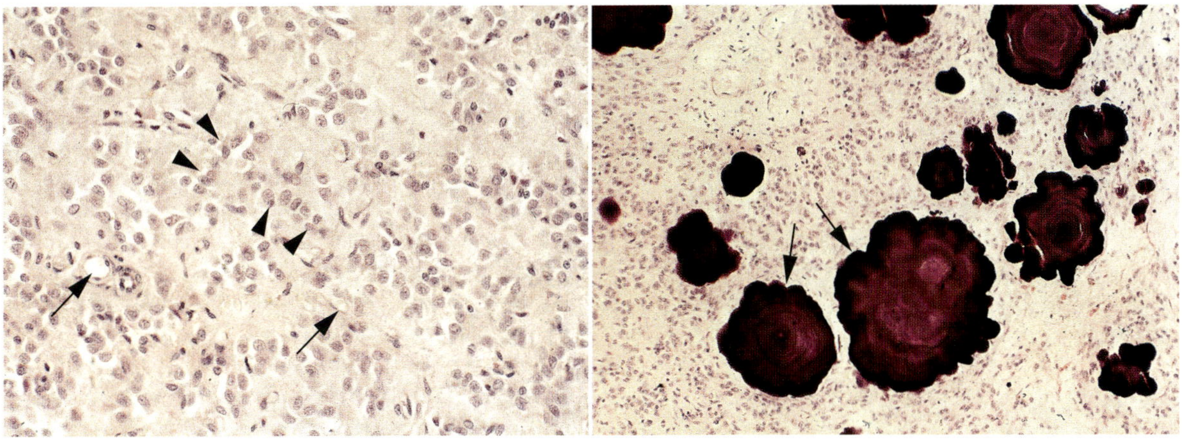

Abb. 11-12 Epiphyse (Mensch), lichtmikroskopische Darstellung.
a) Normale Region mit spezifischen Zellsträngen (▶) und Blutgefäßen (➔). Färbung: H.E.; Vergr. 480fach.
b) Region mit Konkrementen (Hirnsand, Acervulus; ➔). Färbung: H.E.; Vergr. 280fach.

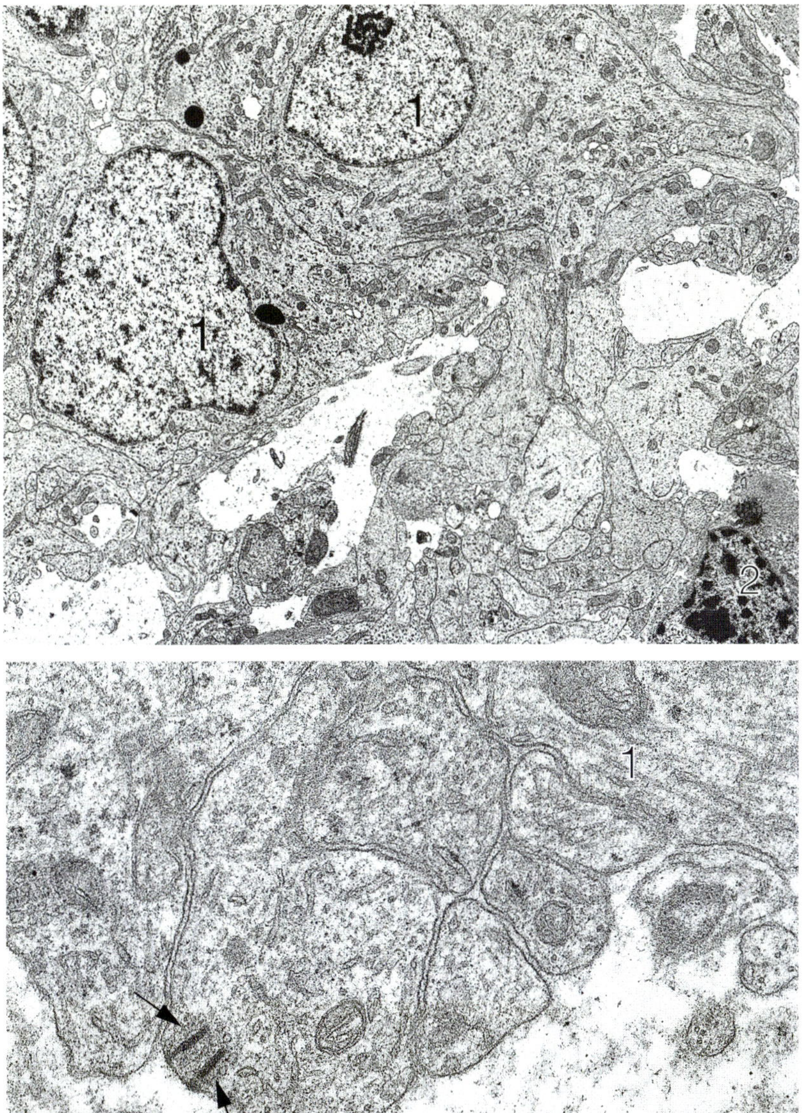

Abb. 11-13 Zellen der Epiphyse (Mensch), transmissionselektronenmikroskopische Aufnahmen.

a) **1** Pinealozyten; **2** Gliazellen. Vergr. 5100fach.

b) Fortsätze von Pinealozyten. **1** Mikrotubuli; ➔ synaptische Bänder. Vergr. 36 600fach.

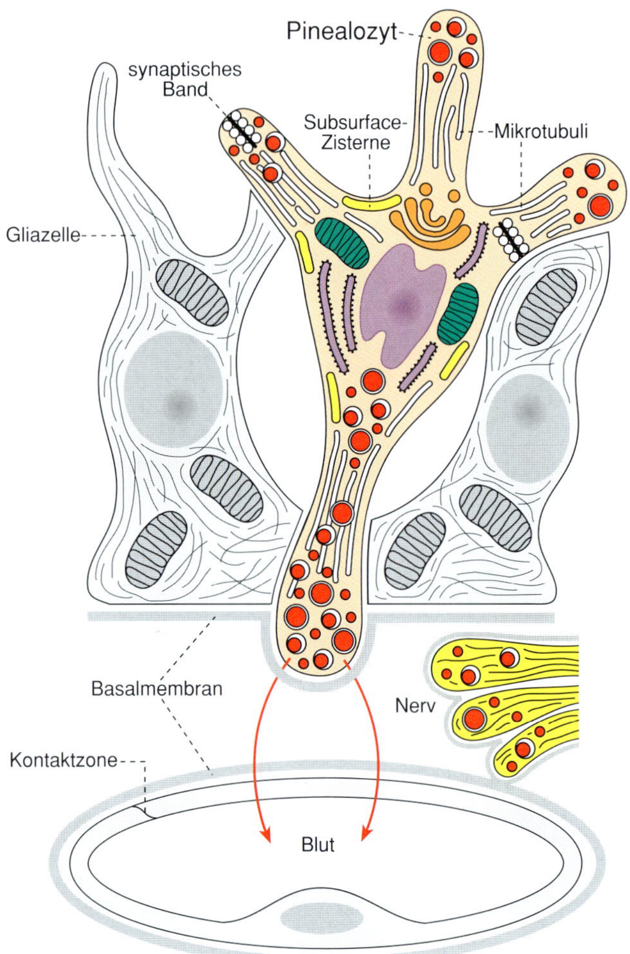

Abb. 11-14 Zelluläre Komponenten der Epiphyse (Mensch), schematische Darstellung.

Klinik Die Verlagerung der im Röntgenbild erkennbaren Epiphyse nach einer Seite lässt auf Tumoren der anderen Seite des Gehirns oder der Hirnhäute schließen. Bösartige Tumoren der Epiphyse selbst treten typischerweise bei Kindern und jungen Erwachsenen auf.

! Die Epiphyse ist ein ca. 1 cm großer, in der Mittellinie gelegener Anhang am Ende des Zwischenhirndaches, der aus Pinealozyten besteht. Diese sind phylogenetisch gesehen primär typische Lichtrezeptorzellen und bilden das Hormon Melatonin. Sie werden von interstitiellen Zellen (= astrozytären Gliazellen) umgeben. Im Alter kommt es zur Ablagerung größerer verkalkter Konkremente (Hirnsand).

11.5 Schilddrüse

Die Schilddrüse (Gl. thyroidea) nimmt unter den endokrinen Organen zellbiologisch und entwicklungsgeschichtlich eine Sonderstellung ein. Sie entstammt dem entodermalen Epithel des Rachenbodens. Die epitheliale Anlage verlässt am Ende des 1. Embryonalmonats die oberflächliche Lage, wandert nach kaudal in die Tiefe und bildet am Übergang vom Kehlkopf zur Trachea ein individuell gestaltetes zweilappiges Organ. Beim Erwachsenen liegen die Seitenlappen seitlich an der Trachea und werden über ein unpaares Mittelstück, den Isthmus, verbunden. Der spitze obere Pol der 3–4 cm hohen Seitenlappen reicht bis in Höhe des Schildknorpels. Der Isthmus liegt der 2.–3. knorpeligen Trachealspange ventral an.

11.5.1 Schilddrüsenfollikel

Die spezifischen strukturellen und funktionellen Einheiten der ausgebildeten Schilddrüse sind die variabel gestalteten Schilddrüsenfollikel. Es handelt sich dabei um geschlossene sackförmige Gebilde (Durchmesser 50–500 µm, oft um 200 µm), die im Schnittpräparat vielfach einen rundlichen Umriss zeigen (Abb. **11-15**). Die Wand der Follikel besteht aus einem einschichtigen, oft kubischen Epithel, dessen Zellen der Produktionsort der iodhaltigen Schilddrüsenhormone sind. Das weite Lumen der Follikel enthält eine homogene zähflüssige Masse, das Kolloid. Es enthält die Speicherform des Schilddrüsenhormons, das Glykoprotein **Thyreoglobulin.**

Das Follikelepithel wird außen von einer Basallamina begrenzt. Ein dichtes Netz fenestrierter Blutkapillaren umspinnt die Schilddrüsenfollikel (Abb. **11-16**). Oft wölben sich Kapillaren ins Epithel vor. Auch Lymphkapillaren sind häufig in Nähe der Follikel zu finden. Sie liegen ebenso wie die Blutkapillaren in schmalen Bindegewebssepten zwischen den Follikeln.

11.5.2 Follikelepithelzellen

In den Follikelepithelzellen fällt im lichtmikroskopischen H. E.-Präparat einer normalen Schilddrüse eines Erwachsenen ein großer, rundlicher, euchromatinreicher Zellkern auf. Das Zytoplasma ist basolateral oft basophil und apikal hellrosa gefärbt. Ultrastrukturell (Abb. **11-17**) deuten basolateral z. T. weitlumige Zisternen des rauen ER, ein großer supranukleärer Golgi-Apparat und eine beträchtliche Anzahl von großen Mitochondrien auf intensive Synthesetätigkeit hin. Die apikale Zellmembran bildet in mäßiger Zahl Mikrovilli und eine einzelne abortive Kinozilie aus. Die basolateralen Zellmembranen bilden Interdigitationen und Einfaltungen. Apikal sind zwischen den Zellen eine Zonula occludens, eine Zonula adhaerens und oft sehr große Desmosomen ausgebildet. Lateral sind des Weiteren Nexus (Gap junctions) zu beobachten.

Vorwiegend im apikalen Zytoplasma sind zahlreiche unterschiedlich große Granula und Vesikel vorhanden. Unter den kleinen hellen Vesikeln finden sich einerseits Transportbläschen vom rauen ER zum Golgi-Apparat und vom Golgi-Apparat zum Follikellumen und andererseits Transportbläschen, die Material aus den Follikellumen in die Zelle transportieren. In einer aktivierten Drüse können auch große Vesikel Kolloidmaterial in die Drüsenzellen mittels eines phagozytoseähnlichen Prozesses aufnehmen, die dann **Kolloidtropfen** genannt werden.

Unter den elektronendichten Granula finden sich vor allem Lysosomen in unterschiedlichen Funktionsphasen. Größere Einschlüsse mit heteromorphem Inhalt entsprechen Verschmelzungsprodukten von apikalen Endozytosevesikeln oder Kolloidtropfen und Lysosomen, in denen die aktiven Schilddrüsenhormone (überwiegend T4) aus dem Thyreoglobulin des Kolloids enzymatisch freigesetzt werden.

Physiologische Prozesse in den Follikelepithelzellen

Die Follikelepithelzellen der Schilddrüse bilden zwei eng verwandte Hormone:

- Thyroxin (T4) und
- Triiodthyronin (T3).

Beide Moleküle bestehen aus zwei iodierten Tyrosinresten, T4 besitzt vier, T3 drei Iodatome. Die Schilddrüse gibt vorwiegend T4 ins Blut ab. Die wesentliche Wirkform des Hormons ist aber T3, welches im Zielgewebe aus T4 entsteht. Die Rezeptoren in den Kernen der Erfolgszellen haben eine 10- bis 15fach höhere Affinität für T3 als für T4, was auch zur höheren Wirksamkeit des T3 beiträgt. T3 und T4 werden im Blut ganz überwiegend an Plasmaproteine (Thyroxin-bindendes Globulin, Albumine) gebunden und so transportiert. Nur ein kleiner Teil liegt frei vor, und nur dieser Teil steht dem Zielgewebe zur Verfügung. Die Schilddrüsenhormone wirken stoffwechselsteigernd und spielen eine wichtige Rolle bei Wachstum und Entwicklung speziell des Nervensystems. Der tägliche Iodbedarf liegt in Deutschland bei 200 µg.

Die zellbiologisch wichtigen Merkmale und Prozesse in den Follikelepithelzellen der Schilddrüse fasst Abbildung **11-18** zusammen. Die Zellen besitzen basolateral Rezeptoren für das thyroideastimulierende Hormon (TSH), das alle wichtigen Funktionen des Follikelepithels stimuliert. TSH wird seinerseits durch das TRH freigesetzt. Iodid wird im Symport mit Natrium durch die basale Zellmembran geschleust und ins Kolloid transportiert, wo es durch das Enzym Thyroperoxidase oxidiert wird und sich so mit den Tyrosinresten des Thyroglobulins verbinden kann. Das Protein Thyroglobulin wird im rauen ER gebildet, es stellt eine Art Prohormon dar. Thyroglobulin wird im Golgi-Apparat glykosyliert, mittels Vesikeln nach apikal transportiert und exozytotisch in das Kolloid abgegeben („exokriner" Anteil der Sekretion). Ebenfalls durch die Thyroperoxidase erfolgt an der Grenze vom Epithel zum Kolloid die Iodierung der Tyrosinreste (ca. 25 Tyrosinreste pro Thyroglobulinmolekül). Bei Bedarf wird Thyroglobulin resorbiert und in Lysosomen abgebaut. Dabei frei werdendes T4 und T3 gelangt ins Zytoplasma und diffundiert aus der Zelle in die Blutbahn („endokriner" Anteil der Sekretion). Die Struktur der Follikel und Follikelepithelzellen variiert mit unterschiedlichen Funktionszuständen. In Phasen ausgeprägter Hormonbildung (z.B. in der Kindheit) sind die Epithelzellen kubisch oder sogar prismatisch, die Follikel sind eher klein und enthalten relativ wenig Kolloid. Im Alter werden relativ große Mengen an Hormon gespeichert. Das Epithel ist eher niedrig, und die Follikel sind groß. Oft zeigen in einer Drüse unterschiedliche Follikel unterschiedliche Morphologie. Kalte Temperaturen aktivieren die Drüse, Wärme hat eher einen inaktivierenden Effekt. Während der Schwangerschaft ist die Drüse allgemein vergrößert, und die Epithelien sind aktiviert. Die T3- und T4-Rezeptoren (TR) liegen im Zellkern. Es gibt dort zwei nukleäre Rezeptoren: TRα und TRβ, die in unterschiedlichem Verhältnis zueinander in den Zielgeweben vorliegen. TRα ist z.B. in Gehirn und Niere in besonders reichem Maße vorhanden.

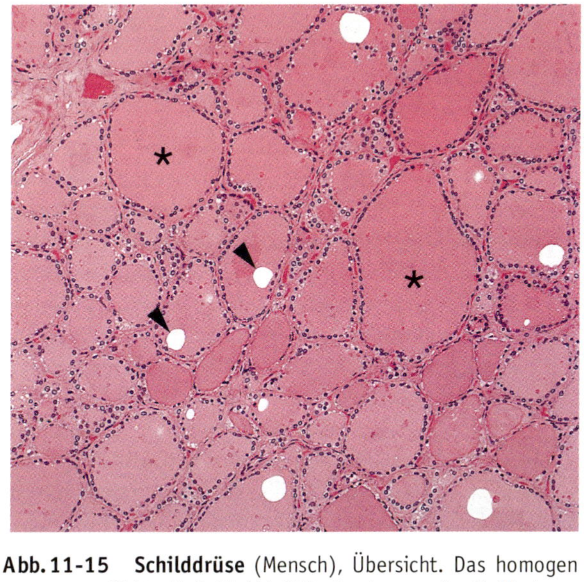

Abb. 11-15 Schilddrüse (Mensch), Übersicht. Das homogen rosa gefärbte Kolloid (✻) füllt das Lumen der Follikel aus und ist im vorliegenden Präparat z.T. punktförmig herausgelöst (▶). Färbung: H.E.; Vergr. 180fach.

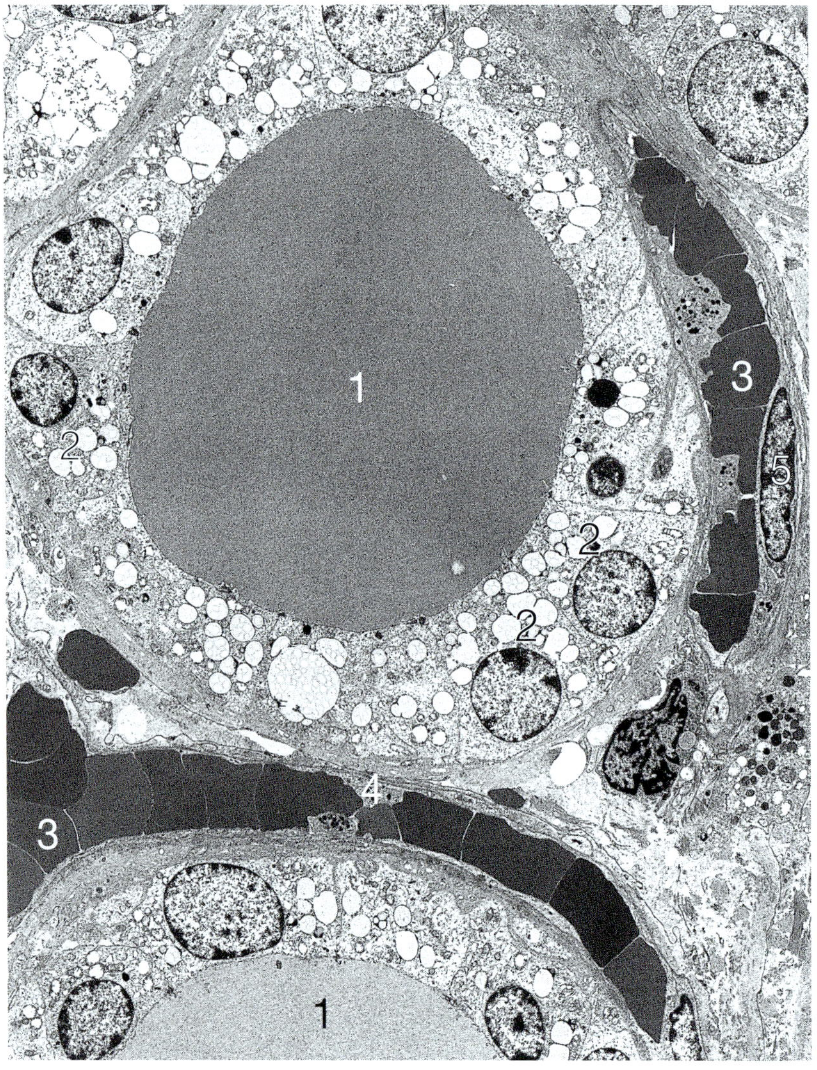

Abb. 11-16 Zwei kleine Follikel der Schilddrüse (Mensch), transmissionselektronenmikroskopische Übersichtsaufnahme. Beachte das homogen feinkörnige Kolloid (**1**) im Follikellumen. **2** Follikelepithelzellen mit hier relativ großen vakuolären Einschlüssen; **3** Blutkapillaren mit Erythrozyten und einzelnen Thrombozyten (**4**); **5** Endothelzelle. Vergr. 2850fach.

11.5.3 C-Zellen

Während der Embryonalzeit wandern beim Menschen und bei anderen Säugetieren neuroektodermale Zellen der Neuralleiste über die Anlage des **Ultimobranchialkörpers** in die Schilddrüse ein. Sie differenzieren sich hier zu einem eigenen endokrinen Zelltyp, den C-Zellen bzw. parafollikulären Zellen. Die Anlage des Ultimobranchialkörpers bildet sich vor der Geburt zurück (bei den Nicht-Säugern bleibt der Ultimobranchialkörper als eigene endokrine Drüse bestehen).

Die C-Zellen bilden das Polypeptidhormon **Calcitonin**, den physiologischen Antagonisten zum Parathormon. Calcitonin fördert den Einbau von Kalzium in den Knochen und senkt den Blutkalziumspiegel vorwiegend durch Hemmung der Osteoklasten und Stimulation der renalen Kalziumausscheidung. Im Gehirn vermitteln calcitoninbindende Rezeptoren Schmerzlinderung.

Die C-Zellen sind beim Menschen relativ selten. Sie lassen sich lichtmikroskopisch vor allem mit immunhistochemischen Methoden (Abb. 11-19) oder mit der Cholinesterasereaktion nachweisen. Sie lagern basal im Schilddrüsenepithel, ohne das Follikellumen zu erreichen. Sie können vereinzelt auch außerhalb der Schilddrüse (z.B. in den Epithelkörperchen und im Thymus) vorkommen. Sie besitzen wie andere peptidhormonbildende Zellen eine spezielle Ultrastruktur, die durch zahlreiche kleine elektronendichte Sekretionsgranula (Abb. 11-20) gekennzeichnet ist.

Bei manchen Säugetieren enthalten die C-Zellen auch Somatostatin und das biogene Amin Serotonin. Die Freisetzung des Hormons durch Exozytose wird über Kalziumsensoren reguliert. Hyperkalzämie fördert die Freisetzung von Calcitonin. Bei niedrigem Kalziumspiegel ist im Blut fast kein Calcitonin nachweisbar.

Klinik Eine **Hypothyreose** (Unterfunktion der Schilddrüse) kann durch Iodmangel in der Nahrung verursacht werden. Dieser Mangel führt zur Vergrößerung der Schilddrüse (**Struma**) infolge vermehrter Stimulation durch TSH. Eine Hypothyreose ist generell durch Stoffwechselunterfunktion, u.a. mit auffallenden Veränderungen der Haut (Myxödem) und der Haare, gekennzeichnet. Extreme Formen führen zu Kretinismus. Eine Struma kann auch andere Ursachen als Iodmangel in der Nahrung haben. Eine relativ häufige Ursache einer hypothyreoten Struma (v.a. bei Frauen mittleren Alters) ist die **Hashimoto-Krankheit**, eine chronische Schilddrüsenentzündung, bei der Autoantikörper gegen die Schilddrüse eine wesentliche Rolle spielen (mitunter ist diese Krankheit auch mit einer Überfunktion der Schilddrüse verbunden). Unterfunktion kann auch Entwicklungsstörungen der Schilddrüse zur Ursache haben. Selten kann sie völlig fehlen (Schilddrüsenaplasie). Jede Form einer Struma kann andere Strukturen in Hals und Mediastinum einengen. Bei der Trachea führt dies zu einer Atmungsbehinderung.

Eine Struma kann nicht nur mit Unterfunktion, sondern auch mit normaler Funktion oder **Hyperthyreose** (Überfunktion) einhergehen. Schilddrüsenüberfunk-

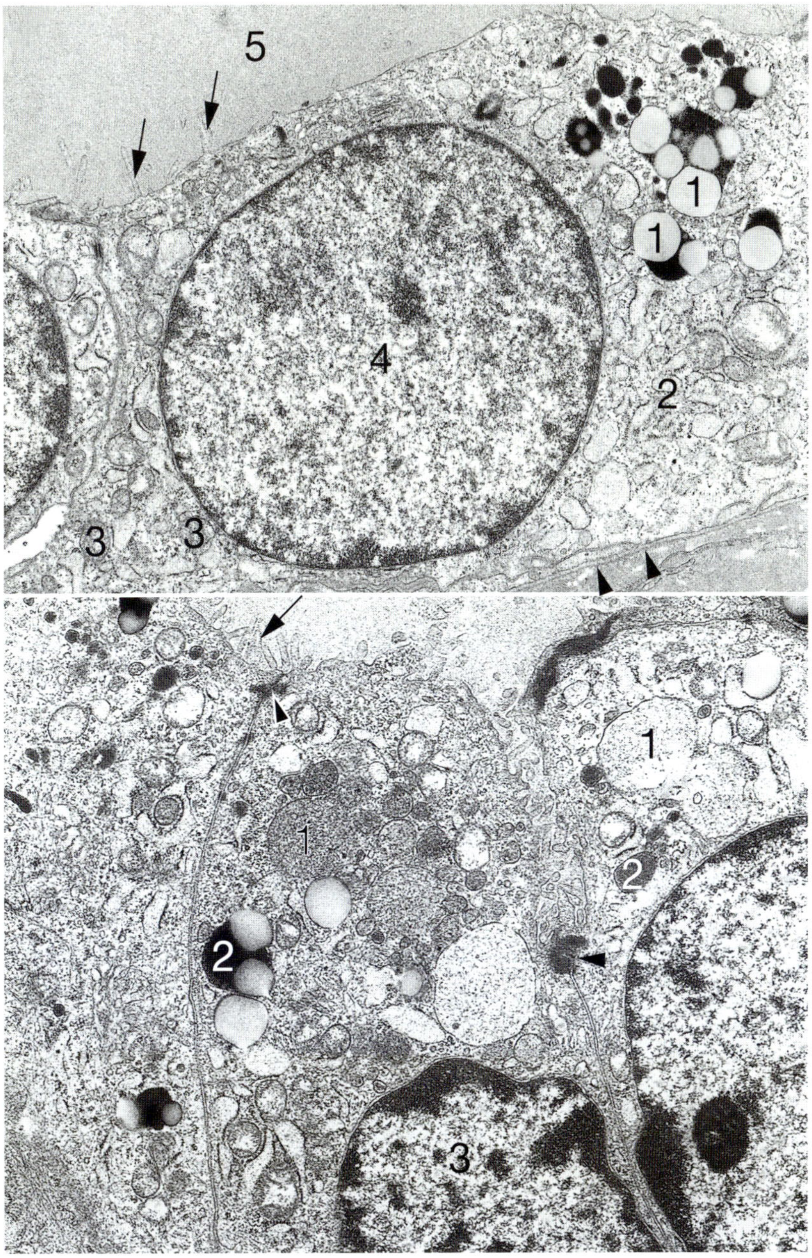

Abb. 11-17 Schilddrüse (Mensch), transmissionselektronenmikroskopische Aufnahme.

a) Zwei annähernd kubische, funktionell eher ruhige Epithelzellen. **1** apikale lysosomale Einschlüsse; **2** raues ER; **3** Mitochondrien; **4** Zellkern; **5** Follikellumen; ▶ Basallamina; ➔ Mikrovilli. Vergr. 8830fach.

b) Relativ hohe, aktive Follikelepithelzellen mit Vakuolen, die resorbiertes Kolloid enthalten (**1**). **2** lysosomale Einschlüsse; ▶ Zellkontakte; **3** Zellkern, apikal Anschnitte von Mikrovilli (➔). Vergr. 1200fach.

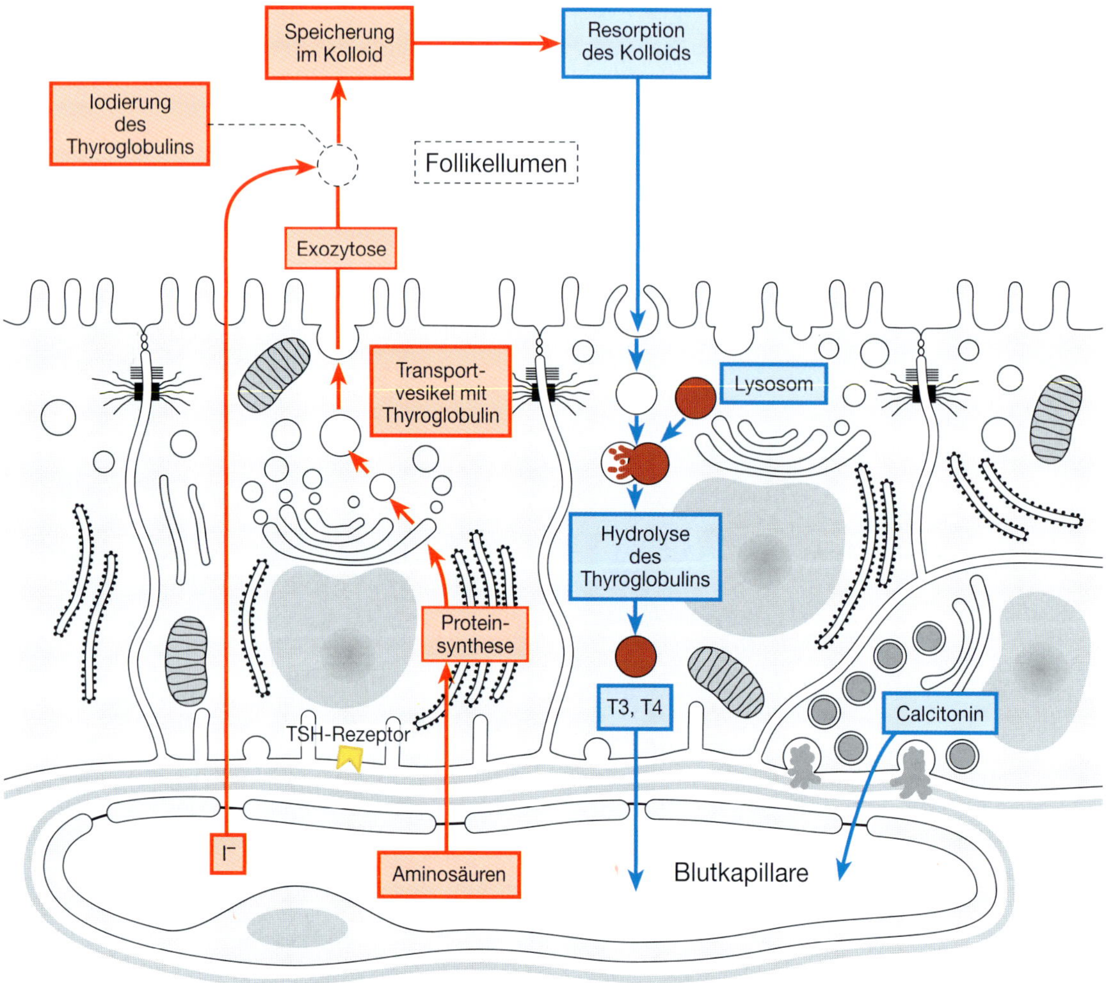

Abb. 11-18 Hormonbildung und -freisetzung in der Schilddrüse. Schematische Darstellung wichtiger Schritte der Synthese des Thyroglobulins (linke Bildhälfte) und der Resorption des thyreoglobulinhaltigen Kolloids sowie der Freisetzung von T3 und T4 (rechte Bildhälfte). Der TSH-Rezeptor liegt in der basalen Zellmembran der Follikelepithelzellen. Rechts unten Calcitonin bildende C-Zelle.

tion tritt vor allem bei der **Basedow-Krankheit** auf, deren eigentliche Ursache noch unbekannt ist. Hierbei kommt es zur Bildung von IgG-Antikörpern, die sich an die TSH-Rezeptoren der Follikelepithelzellen binden und diese stimulieren. Bei Überfunktion kommt es zu Überaktivierung des Stoffwechsels mit Wärmegefühl, Herzjagen, Übernervosität u.a.

Schilddrüsenadenome (gutartige Neoplasien) bestehen meist aus überaktivem autonomem Gewebe („warme" oder „heiße" Knoten).

Bei den sehr bösartigen **Schilddrüsenkarzinomen** ist die Schilddrüsenfunktion normal. Sie können vermehrt nach einer Strahlungsexposition (z.B. nach Reaktorunfällen oder Atombombenexplosionen) auftreten. Auch die C-Zellen können Karzinome bilden (**medulläre Schilddrüsenkarzinome**).

Synthetisches Calcitonin kommt bei Osteoporose zur Anwendung. Es hat oft analgetischen Effekt bei Knochenschmerzen. Das therapeutisch verwendete Calcitonin (v.a. bei Osteoporose) ist das Calcitonin des Lachses.

! Die Baueinheit der Schilddrüse sind die Schilddrüsenfollikel. Sie bestehen aus dem Follikelepithel und dem im Inneren des Follikels gelegenen Kolloid. Die Follikelepithelzellen bilden das Thyroglobulin und transportieren dieses Protein in das Kolloid. Hier werden viele seiner Tyrosinreste jodiert. Das Iod entstammt der Nahrung und wird unter dem Einfluss von TSH in das Kolloid transportiert. Bei Bedarf wird jodiertes Thyroglobulin aus dem Kolloid zurück in die Follikelzellen transportiert und in Lysosomen aufgenommen. Hier werden aus dem großen Thyroglobulinmolekül die jodhaltigen Schilddrüsenhormone Thyroxin (T4) und Triiodthyronin (T3) freigesetzt und gelangen ins Blut. Die Schilddrüse gibt vor allem T4 ab, das wirksamere T3 entsteht oft erst im Zielgewebe.

Eine eigene Zellpopulation der Schilddrüse sind die C-Zellen. Sie bilden das Polypeptidhormon Calcitonin, das bei erhöhtem Blutkalziumspiegel direkt ins Blut abgegeben wird und den Kalziumspiegel senkt.

11.6 Nebenschilddrüse (Epithelkörperchen)

Der Mensch besitzt vier weizenkorngroße Epithelkörperchen (Nebenschilddrüse, Gll. parathyroideae), die der Schilddrüse in paariger Anordnung angelagert sind. Ein Paar findet sich in variabler Lage dorsal am unteren Schilddrüsenpol. Das zweite Paar liegt an variabler Stelle dorsolateral an den Schilddrüsenlappen oder an deren oberem Pol. Die Epithelkörperchen liegen oft innerhalb der Schilddrüsenkapsel, können aber auch außerhalb von ihr vorkommen. Nicht selten kommen Epithelkörperchen in atypischer (**ektopischer**) Lage vor.

Das untere Epithelkörperchenpaar entstammt dem Entoderm der 3., das obere Paar dem Entoderm der 4. Schlundtasche.

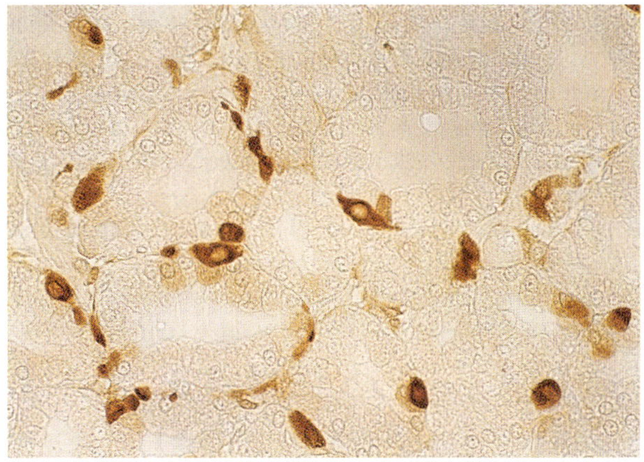

Abb. 11-19 Immunhistochemischer Nachweis des Calcitonins in den C-Zellen der Schilddrüse einer Ratte. Der positive Nachweis (Braunfärbung) hebt die Population der C-Zellen, die im H.E.-Präparat kaum sicher erkannt werden kann, sehr klar im Follikelepithel hervor. Vergr. 500fach. (Präparat Dr. T. Jeziorowski, München)

11.6.1 Morphologie

Das Epithelkörperchen weist lichtmikroskopisch im H.E.-Präparat eine einfache Struktur auf (Abb. 11-21). Dicht gelagerte kleine bis mittelgroße Epithelzellen bilden unregelmäßige Stränge und Knäuel, die durch zarte Bindegewebssepten begrenzt werden. Fenestrier-

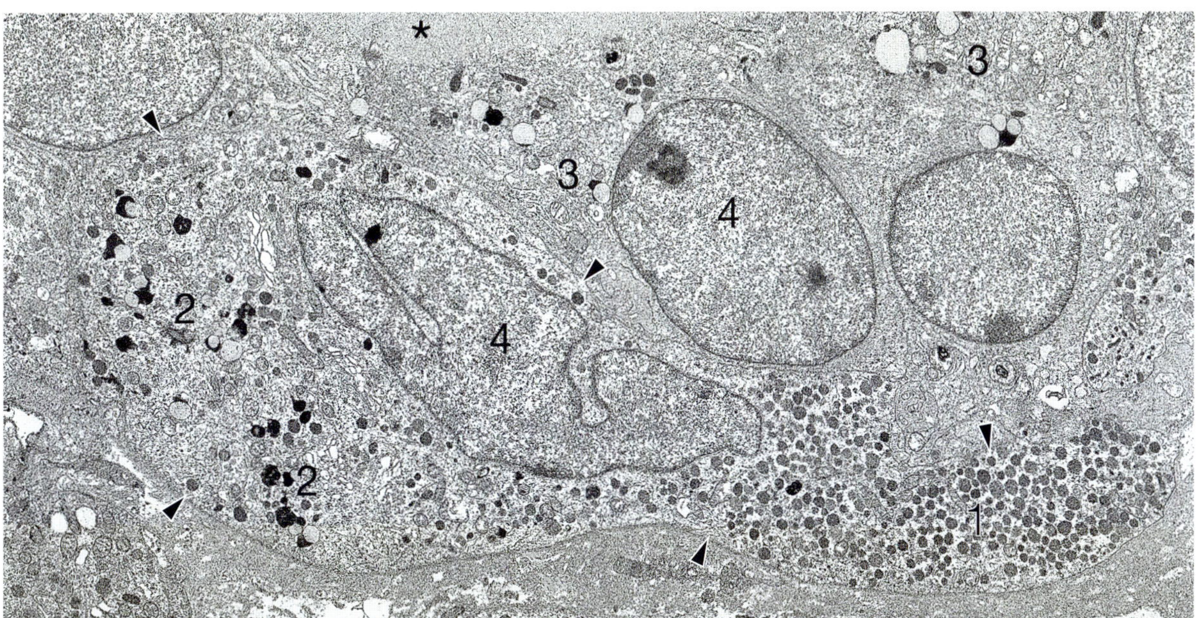

Abb. 11-20 Ultrastruktur der C-Zelle (Schilddrüse, Mensch). ▶ Zellgrenzen (unten im Bild an die Basallamina des Follikels grenzend); **1** zahlreiche typische kleine Sekretionsgranula; **2** Lysosomen; **3** Follikelepithelzellen; **4** Zellkerne (links in der C-Zelle, rechts in einer Follikelepithelzelle); ✻ Kolloid. Vergr. 3800fach.

te Kapillaren sind zahlreich. Mitunter findet man kleine follikelähnliche Formationen. Ab der Pubertät treten mit fortschreitendem Alter mehr und mehr univakuoläre Fettzellen im Drüsengewebe auf. Im Parenchym der Epithelkörperchen lassen sich Haupt- und oxyphile Zellen unterscheiden.

Die große Mehrheit der Zellen sind die **Hauptzellen** (Abb. 11-21, 11-22), die einen polygonalen Umriss haben und einen rundlichen, oft recht dichten Kern aufweisen. Man findet helle und dunkle Hauptzellen, die den funktionellen Phasen eines Zelltyps entsprechen. Helle Hauptzellen sind relativ glykogenreich und können auch kleine Lipidtropfen enthalten. Glykogen und Lipid gehen meist beim Einbettungsprozess verloren, daher vor allem das helle Aussehen des Zytoplasmas. Die dunklen Hauptzellen enthalten mehr Zellorganellen als die hellen und werden daher als die aktiveren Zellen angesehen. Dichte rundliche Sekretionsgranula (Durchmesser 200–400 nm) sind aber insgesamt relativ selten und kommen vor allem in der Zellperipherie vor. Bei normalen Erwachsenen sind 70–80% der Hauptzellen helle (ruhende) Zellen.

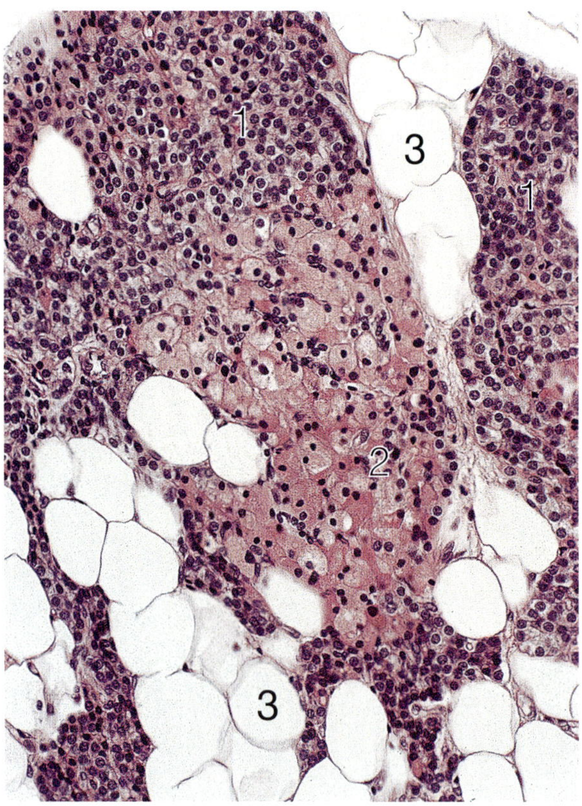

Abb. 11-21 Epithelkörperchen eines älteren Menschen, mittlere lichtmikroskopische Vergrößerung. Hauptzellen (**1**) umgeben eine Region mit oxyphilen Zellen (**2**), Fettzellen (**3**) sind zahlreich. Färbung: H.E.; Vergr. 280fach.

Die recht großen **oxyphilen Zellen** (Abb. 11-21, 11-23) besitzen im H.E.-Präparat ein rötliches (azido- = oxyphiles) Zytoplasma und einen dichten kleinen Kern. Die Azidophilie entspricht hier einem hohen Gehalt an Mitochondrien, dessen Ursache und biologischer Sinn unklar sind. Diese Zellen treten erst in der späten Kindheit auf und machen weniger als 3% der Epithelzellen aus.

Ultrastrukturelle und experimentelle Untersuchungen haben gezeigt, dass alle möglichen Zwischenformen zwischen Haupt- und oxyphilen Zellen vorkommen. Daraus lässt sich schließen, dass in den Epithelkörperchen nur ein Zelltyp vorherrscht, der verschiedene funktionelle Phasen durchlaufen kann.

11.6.2 Parathormon

Die Epithelzellen der Gll. parathyroideae bilden und sezernieren das Parathormon (PTH, Parathyrin). Das Parathormon ist ein relativ großes Polypeptid aus 84 Aminosäuren, die aber nicht alle für die biologische Wirksamkeit des Hormons erforderlich sind. Das Parathormon hebt den Blutkalziumspiegel an, wenn dieser unter den Normalwert absinkt (Abb. 11-24). Hormonsynthese und -ausschüttung werden von der Konzentration an ionisiertem Kalzium im Blut gesteuert. Die PTH-bildenden Zellen besitzen in ihrer Zellmembran einen Kalziumsensor. Der Kalziumsensor ist ein komplexes Protein mit extrazellulärer kalziumbindender Komponente, sieben Transmembrankomponenten und einem intrazellulären Anteil, der über G-Protein und Phospholipase C die PTH-Bildung steuert. Wenn der Blutkalziumspiegel absinkt, ist der Sensor weniger aktiv, und die Hemmung der PTH-Sekretion lässt nach, d.h., es wird mehr PTH sezerniert. Die Wirkungen von PTH auf die Knochenbildung sind komplex und noch nicht in jeder Hinsicht geklärt. PTH bindet sich an Osteoblasten, da diese (und nicht die Osteoklasten) PTH-Rezeptoren besitzen (Abb. 11-25). Die Osteoblasten bilden dann Faktoren, die die Osteoklasten aktivieren.

In der Niere fördert PTH die Rückresorption von Kalzium und die Ausscheidung von Phosphat. Zusammen mit Calcitonin und dem Vitamin-D-Hormon regelt es den Blutkalziumspiegel (Abb. 11-24).

Der PTH-Rezeptor der Zielzellen weist große extrazelluläre Domänen, sieben Transmembrankomponenten und umfangreiche intrazelluläre Domänen auf. Der Rezeptor bildet einen Komplex mit Adenylatzyklase und G-Protein. Interessanterweise gibt es wesentliche Übereinstimmungen zwischen PTH- und Calcitonin-Rezeptor. Ähnliche Rezeptoren besitzen u.a. auch Glukagon, Sekretin und vasoaktives intestinales Peptid.

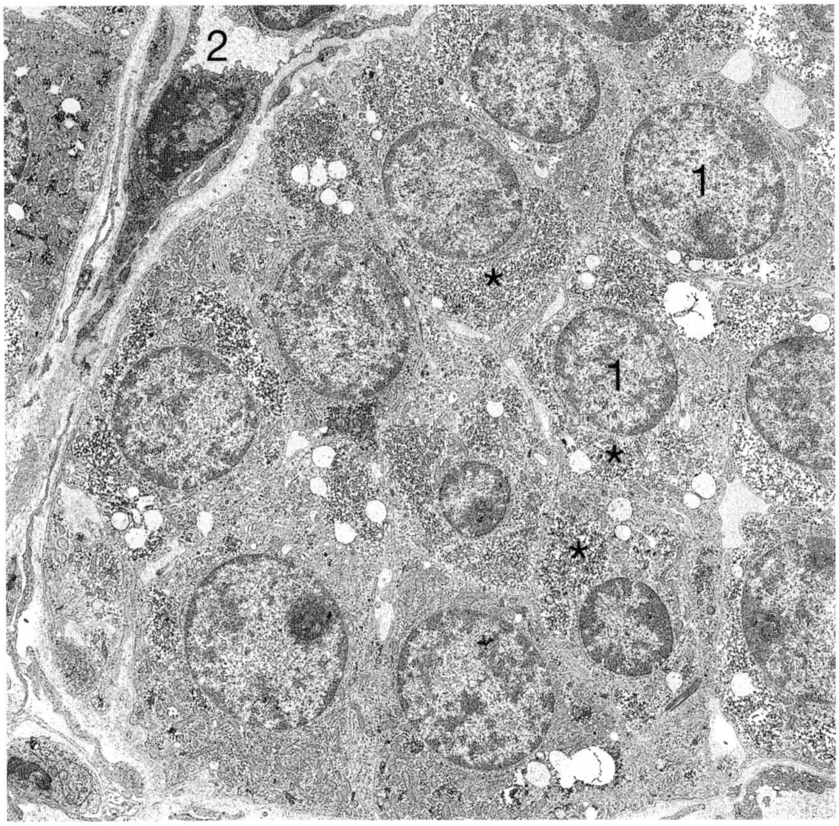

Abb. 11-22 Epithelkörperchen (Mensch), transmissionselektronenmikroskopische Übersicht einer Gruppe von Hauptzellen. Die Hauptzellen (**1**) sind reich an Glykogen (✻); **2** Kapillare. Vergr. 2800fach.

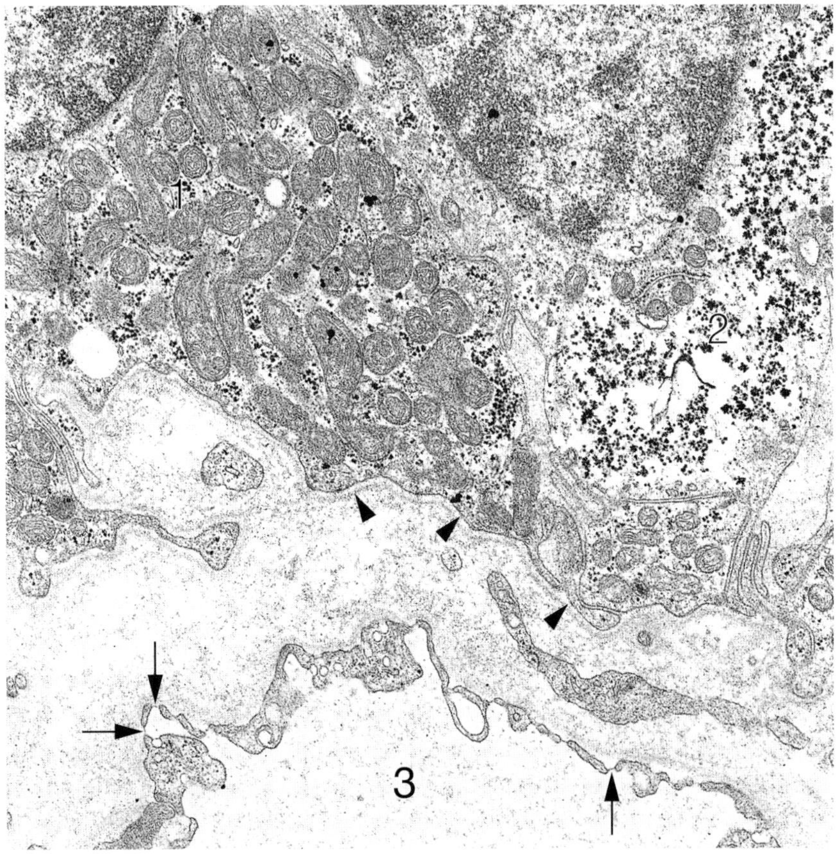

Abb. 11-23 Zellen des Epithelkörperchens (Mensch) in der Nähe einer fenestrierten Kapillare. **1** mitochondrienreiche oxyphile Zelle; **2** glykogenreiche Hauptzelle eines Epithelkörperchens; **3** fenestrierte Kapillare; ➔ Fenestrationen der Kapillare; ▶ Basallamina der endokrinen Zellen. Vergr. 15 300fach.

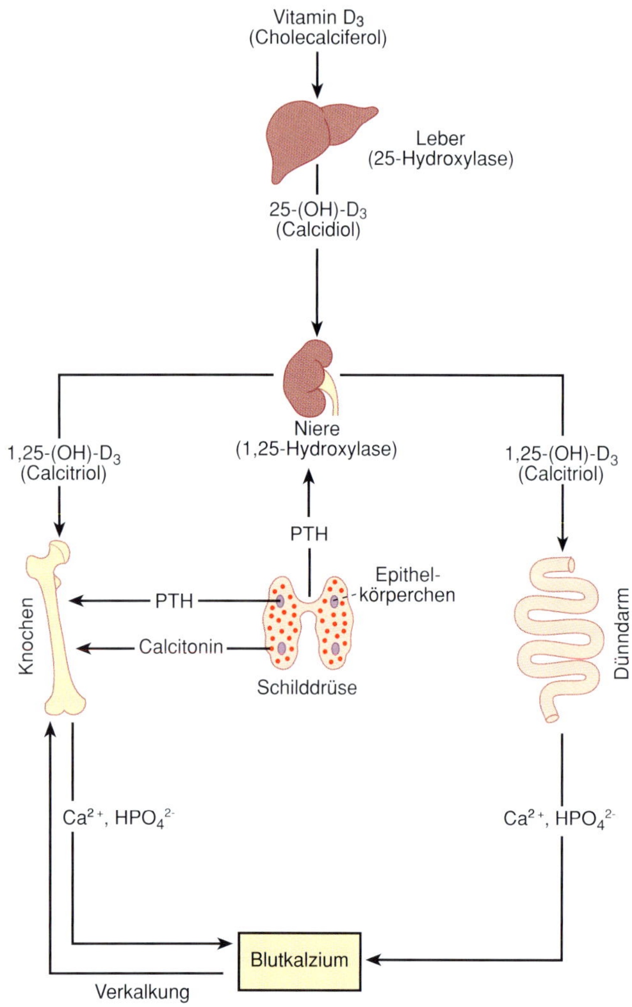

Abb. 11-24 Am Kalziumstoffwechsel wesentlich beteiligte Hormone und Organe, schematische Darstellung. Dem Parathormon (PTH) kommt eine besonders wichtige Rolle zu. Wenn der Blutkalziumspiegel unter den Normalwert sinkt, wird PTH vermehrt sezerniert, das Kalzium aus dem Knochen mobilisiert. PTH fördert auch die Bildung von 1,25-Dihydroxy-Vitamin-D_3 in der Niere, was die Kalziumaufnahme in den Dünndarm und den Einbau von Kalzium in den Knochen stimuliert. Auch Calcitonin fördert die Verkalkung des Knochens.

Klinik **Hypoparathyroidismus**, d.h. Mangel an PTH, führt zu Hypokalzämie und tetanischen Krämpfen, z.T. auch zu psychischen Symptomen (z.B. Reizbarkeit und depressive Stimmung). Bei chronischem Hypoparathyroidismus können Skelettveränderungen (Hyperostosen mit abnormer Knochendichte) auftreten. **Hyperparathyroidismus**, d.h. Überschuss an PTH, kann durch gutartige Tumoren (Adenome) verursacht werden und führt zu Hyperkalzämie, Hyperkalzurie, Hypophosphatämie und Hyperphosphaturie. Hyperparathyroidismus verursacht oft schwere Symptome, z.B. Muskelschwäche, mentale Symptome wie Lethargie, Ablagerung von Kalziumsalzen im Nierengewebe, Knochenresorption, Ulcus duodeni, Pankreatitis. Beim **Pseudohypoparathyroidismus**, einer genetischen Erkrankung, sprechen die Zielzellen unzureichend auf PTH an. Die Symptome ähneln denen des Hypoparathyroidismus.

! Die Epithelkörperchen bestehen aus dicht gelagerten Knäueln von Epithelzellen, die das Parathormon bilden. Die Epithelzellen lassen sich einem Zelltyp zuordnen, den Hauptzellen. Diese sind beim Erwachsenen überwiegend nur mäßig aktiv und besitzen relativ viel Glykogen im Zytoplasma. Sie werden helle Hauptzellen genannt. Aktive Hauptzellen sind durch reicher entwickelte Zellorganellen gekennzeichnet, besitzen ein dunkleres Zytoplasma und werden daher dunkle Hauptzellen genannt. Eine seltenere Variante der Hauptzellen sind die großen mitochondrienreichen oxyphilen Zellen. Parathormon verhindert ein Absinken des Blutkalziumspiegels und fördert den Anstieg des Kalziumspiegels durch indirekte Stimulierung der Osteoklasten.

11.7 Nebenniere

Linke und rechte Nebenniere (Gl. suprarenalis) liegen kappenförmig am oberen Pol in der Fettkapsel der Nieren. Sie werden ungewöhnlich gut mit Blutgefäßen versorgt (jeweils drei getrennte zuführende Arterien). Jede Nebenniere ist ca. 1 cm dick und misst in der größten Ausdehnung von medial nach lateral mehrere cm.

Die Nebennieren bestehen aus zwei entwicklungsgeschichtlich und funktionell unterschiedlichen Anteilen, der **Nebennierenrinde** und dem **Nebennierenmark** (Abb. 11-26, 11-27). Diese zwei Anteile bilden bei vielen sog. niederen Wirbeltieren getrennte Organe. Aus folgenden Gründen erscheint die enge räumliche Nähe, wie sie bei Mensch und Säugetieren vorliegt, vorteilhaft: Funktionell arbeiten Rinde und Mark bei der „Stressreaktion" eng zusammen. Glukokortikoide der Rinde induzieren möglicherweise im Mark die Entstehung der Adrenalin bildenden (A-)Zellen aus Noradrenalin bildenden (NA-)Zellen. Steroide der Nebennierenrinde halten offenbar die endokrine Natur der Markzellen aufrecht, die sich ohne Glukokortikoide in fortsatztragende Neurone umwandeln. Die Rinde (Kortex) macht ca. 80% des Organs aus und ist in vivo aufgrund ihres Lipidreichtums von gelblicher Farbe. Der kleinere Markanteil (Medulla) ist von graurötlicher Farbe.

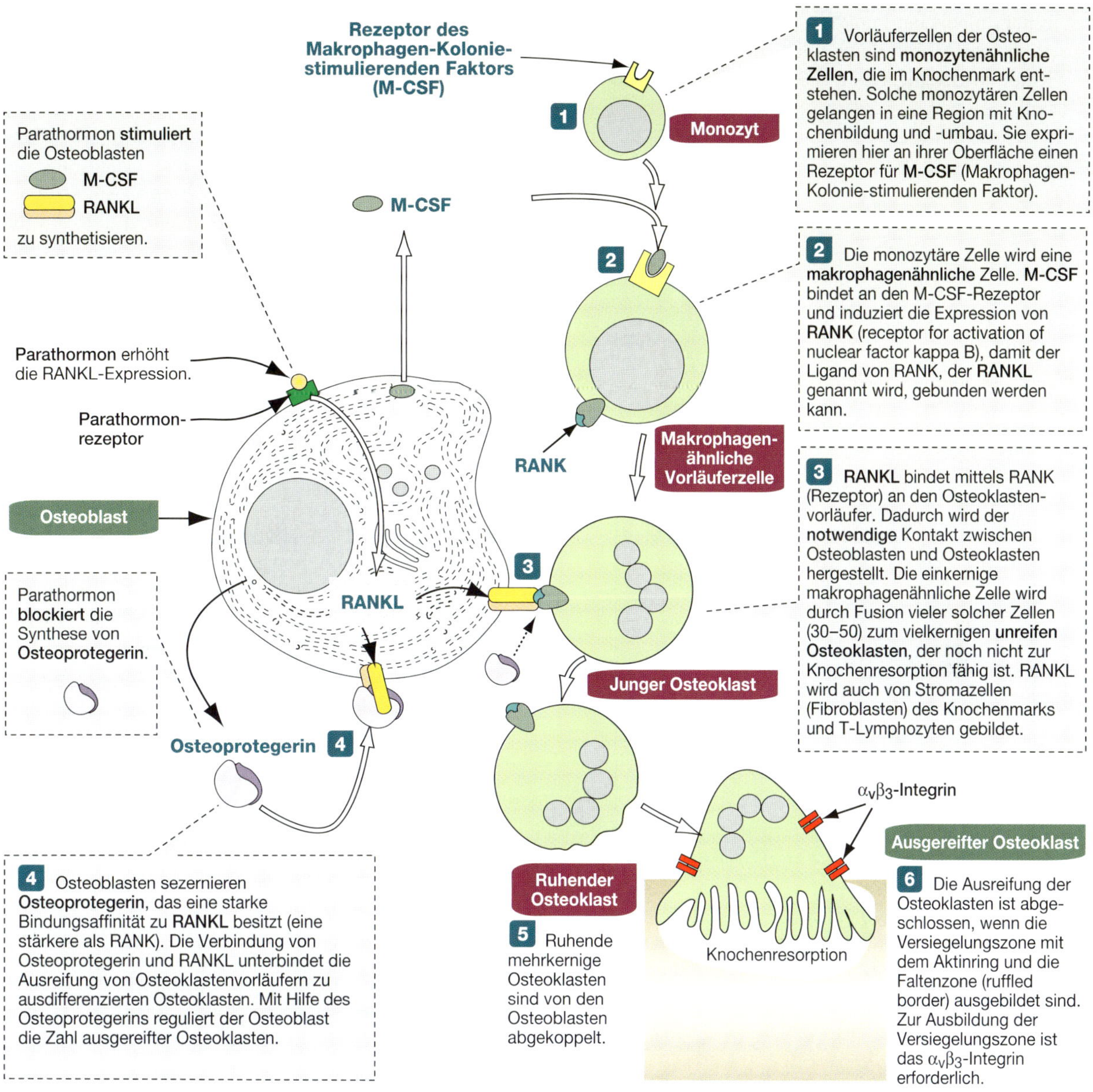

Abb. 11-25 Mechanismus der Osteoklasten-aktivierenden Wirkung von Parathormon. (Aus [12])

Die Rinde entsteht am Ende des 1. Embryonalmonats aus dem Zölomepithel der dorsalen Abdominalhöhle. Die Vorläufer des Marks entstammen der Neuralleiste und entsprechen Vorstufen sympathischer Neurone, die im 2. Embryonalmonat in die Nebenniere einwandern. Die Nebennierenrinde durchläuft vor und nach der Geburt ausgeprägte Umwandlungsprozesse. Ihr größtes relatives Gewicht hat sie im 4. Embryonalmonat. Im höheren Alter werden Außen- und Innenzone der Rinde auffallend dünn. Rinde und Mark sind reich mit fenestrierten Blutkapillaren versehen, an die jede hormonbildende Zelle direkt angrenzt.

11.7.1 Nebennierenrinde

Die Nebennierenrinde wird von einer Kapsel bedeckt, von der aus zarte gefäßreiche und nervenfaserführende Bindegewebssepten in die Tiefe ziehen. Die Rinde wird in die drei Zonen gegliedert, die kontinuierlich ineinander übergehen (Abb. 11-26, 11-27, 11-28):

- Zona glomerulosa,
- Zona fasciculata und
- Zona reticularis.

In allen drei Zonen werden aus der Ausgangssubstanz **Cholesterin** chemisch verwandte **Steroidhormone** unterschiedlicher Funktion gebildet, was sich in einer ähnlichen Morphologie aller endokrinen Zellen der Rinde widerspiegelt. Die Zellkerne sind groß und hell.

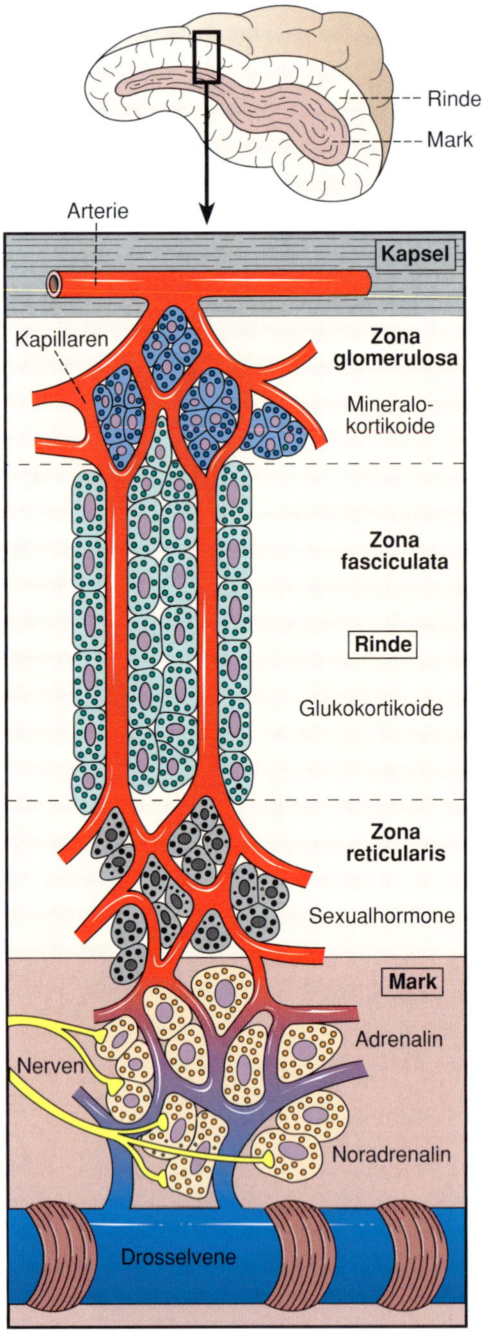

Abb. 11-26 Nebenniere des Menschen, schematische Darstellung des Aufbaus. Die Media größerer Markvenen bildet unterschiedlich dicke Wülste glatter Muskulatur, die Drosseleinrichtungen darstellen. Diese Muskulatur ist nicht nur zirkulär, sondern auch spiralig und sogar längs angeordnet.

Zona glomerulosa

Die außen gelegene **Zona glomerulosa** ist relativ schmal. Die endokrinen Zellen bilden knäuel- oder bogenförmige Formationen (Abb. 11-28). Unmittelbar unter der Kapsel sind die Zellen relativ klein und entsprechen z.T. Stammzellen. Die Zellen sind im H.E.-Präparat überwiegend azidophil (Rotfärbung). Sie enthalten relativ wenig Lipidtropfen und sind oft mitochondrienreich (Abb. 11-29). In der Zona glomerulosa entsteht das **Mineralokortikoid Aldosteron,** dessen Hauptfunktion darin besteht, vor allem in der Niere Natriumverluste auszugleichen. Aldosteron steht nur zu einem geringen Teil unter dem Einfluss des ACTH (siehe S. 422), es bildet mit Angiotensin II und Renin eine funktionelle Einheit.

Zona fasciculata

Die breite mittlere **Zona fasciculata** besteht aus radiär angeordneten polygonalen oder ovalen Zellen (Abb. 11-28, 11-30). Alle Zellen besitzen Lipidtropfen und ein reich entwickeltes glattes ER (Abb. 11-31a). Die Mitochondrien sind vom tubulären Typ (Abb. 11-31b). Verbreitet kommen auch Lysosomen vor. Golgi-Apparat und raues ER sind relativ klein bzw. gering entwickelt. Der Reichtum an hellen Vakuolen, die durch Herauslösen der Fetttropfen bei der Einbettung entstehen, ist für den „schaumigen" Eindruck im lichtmikroskopischen Routinepräparat verantwortlich.

Die Zellen der Zona fasciculata bilden **Glukokortikoide** mit **Cortisol** (= **Hydrocortison**) als Hauptrepräsentanten. Diese haben vielfältige Funktionen, die auch in Wechselwirkung mit den Katecholaminen des Marks erfolgen. Dies ist z.B. im Rahmen der Stressreaktion wichtig. Sie mobilisieren den Energiehaushalt, steigern die Herztätigkeit und Magensaftbildung und unterdrücken die Entzündungsreaktion. Die Glukokortikoidbildung wird von ACTH gesteuert.

Zona reticularis

Die innen gelegene **Zona reticularis** grenzt an das Mark. Ihre Zellen bilden verzweigte Stränge und besitzen ein ausgeprägt azidophiles Zytoplasma (Abb. 11-27, 11-28, 11-30). Die Zahl der Lipidtropfen ist klein; Lipofuszingranula (Endformen der Lysosomen) sind zahlreich; die Kerne sind oft sehr dicht und zeigen Zeichen der Degeneration. In der Zona reticularis entstehen neben Glukokortikoiden auch **anabole Androgene** (z.B. **Androsteron**).

Klinik Eine Überfunktion der Nebennierenrinde kann durch Adenome oder Karzinome verursacht werden. Die exzessive Bildung der einzelnen Hormone führt

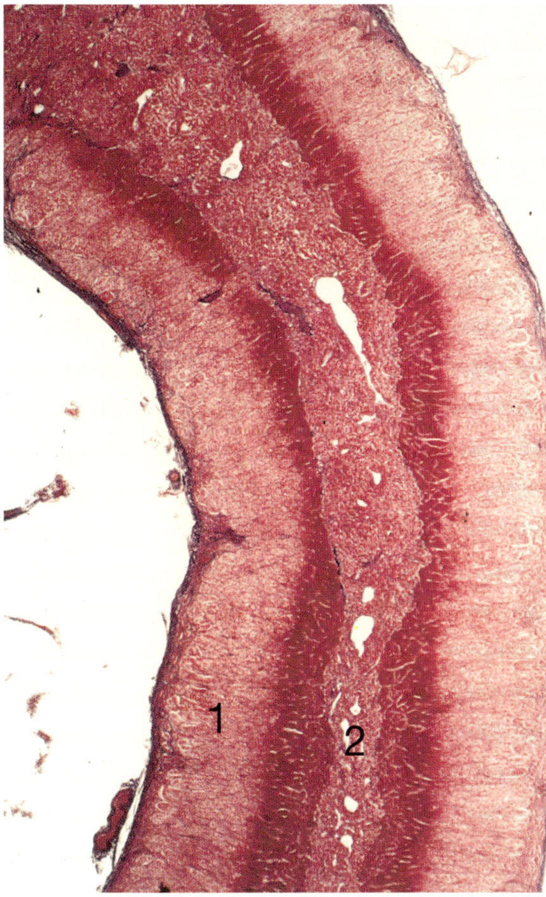

Abb. 11-27 Nebenniere des Menschen, Übersicht. **1** Rinde; **2** Mark. Färbung: Azan; Vergr. 15fach.

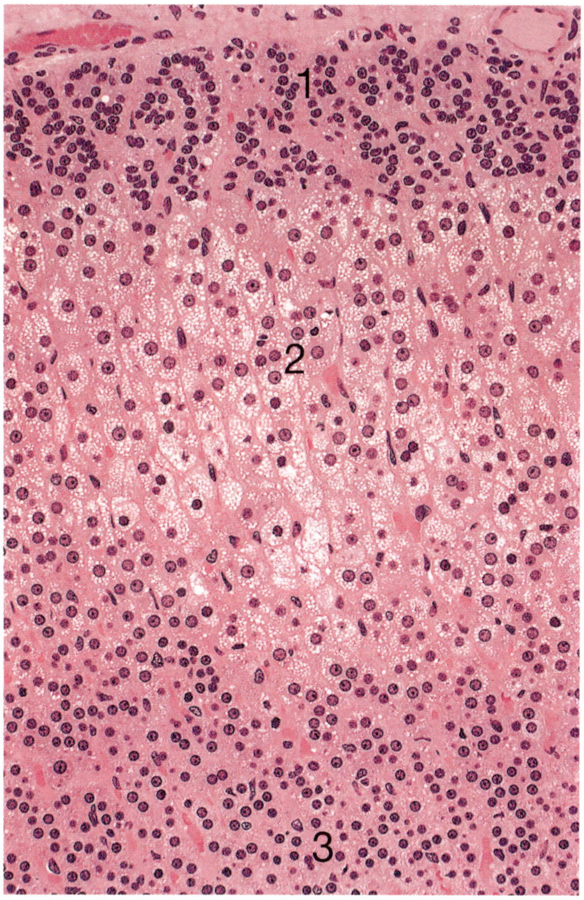

Abb. 11-28 Nebennierenrinde (Makak). Mittlere lichtmikroskopische Vergrößerung der in drei Zonen gegliederten Rinde. **1** Zona glomerulosa; **2** Zona fasciculata; **3** Zona reticularis. Färbung: H.E.; Vergr. 230fach.

zu Cushing-Syndrom (Cortisol), Aldosteronismus (Aldosteron), adrenalem Virilismus bzw. Vermännlichung (adrenokortikale Androgene).

Beim klassischen **Morbus Cushing** wird die Überproduktion von Glukokortikoiden und Hyperplasie der Nebennierenrinde infolge eines basophilen Hypophysentumors verursacht. Typische Symptome sind Stammfettsucht, Bluthochdruck, Osteoporose u.a. Ähnliche Symptome können andere Ursachen haben, z.B. lang andauernde medikamentöse Einnahme von Glukokortikoiden.

Aldosteronismus wird üblicherweise durch ein Aldosteron bildendes Adenom verursacht (Conn-Syndrom).

In der Kindheit tritt öfter eine angeborene **Nebennierenhyperplasie** auf. Ursache sind meist Enzymdefekte der Steroidsynthese auf genetischer Basis. Die Symptome reichen von Vermännlichung bei Mädchen bis zu Verweiblichung bei Jungen. Der häufige Defekt der C21-Hydroxylierung führt zu Vermännlichung mit oder ohne Salzverlust.

Eine Unterfunktion der Nebennierenrinde wird erst erkennbar, wenn mehr als 90% des Gewebes zerstört sind (primäre adrenokortikale Insuffizienz, **Addison-Krankheit**). Ursachen können z.B. Tuberkulose oder Kryptokokkose sein, häufig auch eine Atrophie aufgrund eines Autoimmunprozesses. Die Patienten leiden an Anorexie, Schwäche, Übelkeit, Überpigmentierung der Haut, niedrigem Blutdruck u.a.

11.7.2 Nebennierenmark

Das Nebennierenmark baut sich aus modifizierten sympathischen Neuronen auf. Sie bilden die Hormone **Adrenalin** und **Noradrenalin**, die in den Sekretionsgranula der Markzellen gespeichert werden. In den menschlichen Markzellen sind zusätzlich verschiedene Neuropeptide nachgewiesen. Des Weiteren enthalten die Sekretionsgranula der Zellen Kalzium, Adeninnukleotide und Chromogranin. Adrenalin steigert u.a. die Herzfrequenz, fördert den Abbau von Glykogen und die Freisetzung von Fettsäuren. Dadurch werden für die Energiegewinnung geeignete Substrate bereitgestellt. Hungergefühl wird unterdrückt. Die Markzellen werden von präganglionären cholinergen sympathischen Neuronen innerviert und können als endokrine Variante eines sympathischen Ganglions angesehen werden.

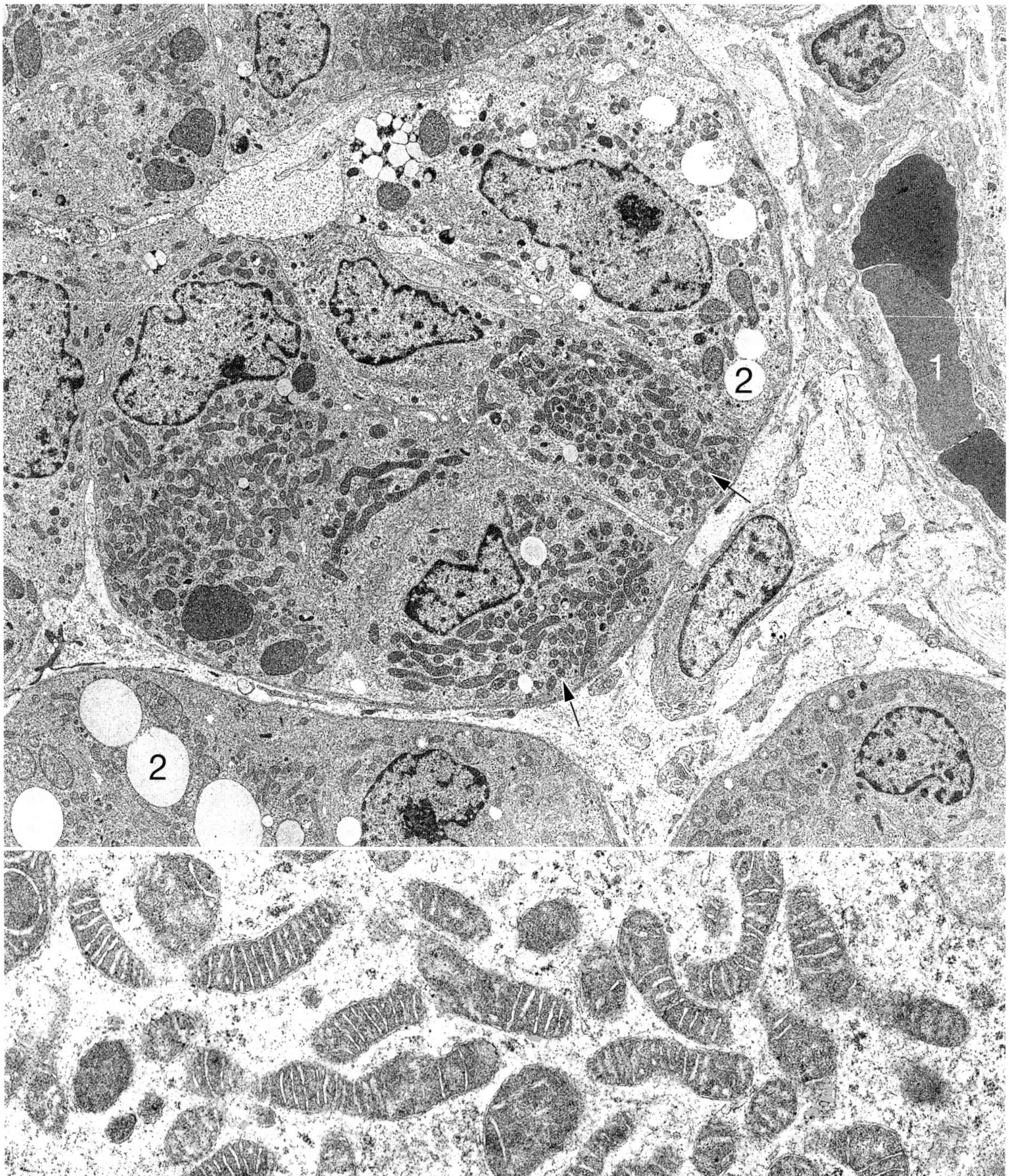

a
b

Abb. 11-29 Ultrastruktur der Zona glomerulosa (Nebennierenrinde, Mensch).
a) Übersicht, **1** Kapillare mit Erythrozyten. Die endokrinen Epithelzellen sind oft klein und mitochondrienreich (→), Lipideinschlüsse (**2**) sind seltener. Vergr. 2500fach.
b) Die Mitochondrien der steroidbildenden Zellen der Zona glomerulosa sind i. Allg. vom Crista-Typ. Vergr. 8000fach.

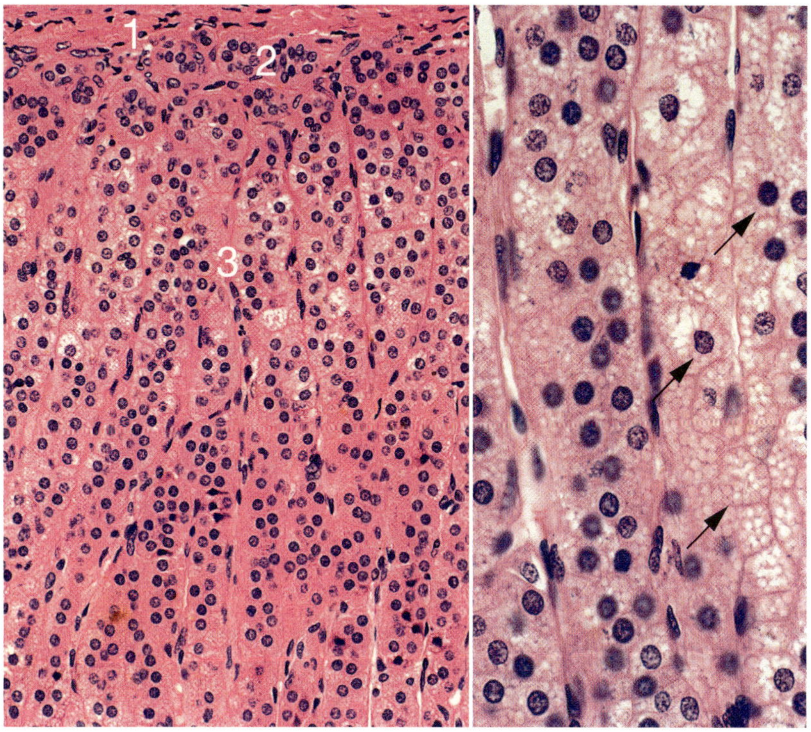

Abb. 11-30 Nebennierenrinde (Mensch).
a) **1** Kapsel; **2** Zona glomerulosa; **3** Zona fasciculata. Färbung: H. E.; Vergr. 250fach.
b) Höhere Vergrößerung der Zona fasciculata mit lipidtropfenreichen endokrinen Zellen („Schaumzellen", ➔). Färbung: H. E.; Vergr. 480fach.

Eine vaskuläre Besonderheit sind die weiten **Drosselvenen** des Marks, deren Media auffallende, unterschiedlich dicke Stränge glatter Muskelzellen besitzt (Abb. **11-26**, **11-32**).

Nebennierenmarkzellen

Die dicht gelagerten polygonalen und oft länglichen Markzellen bilden unregelmäßige strangförmige Strukturen (Abb. **11-33a**). Im H. E.-Präparat ist das Zytoplasma oft feingranulär und blassviolett gefärbt. Die Kerne sind euchromatinreich. Nach Fixierung mit Kaliumbichromat sind die Markzellen gelblich braun gefärbt. Diese Fixierungsform ist ein Nachweis für Katecholamine (Adrenalin, Noradrenalin), die durch das Bichromat oxidiert werden. Die Zellen bezeichnet man daher auch als **chromaffine Zellen** (so wie die serotoninhaltigen enterochromaffinen Zellen des Magen-Darm-Trakts). Im Mark lassen sich mit speziellen histochemischen Färbungen **Adrenalin (A)** und **Noradrenalin (NA) bildende Zellen** feststellen, Erstere machen ungefähr $^3/_4$, letztere $^1/_4$ der endokrinen Markzellen aus. Im Elektronenmikroskop enthalten beide Zellen zahlreiche elektronendichte Granula (Durchmesser 150–300 nm, Abb. **11-33b**). Die NA-haltigen Granula sind relativ klein und dichter als die der A-haltigen Granula. In den NA-haltigen Granula ist der Inhalt im glutaraldehydfixierten elektronenmikroskopischen Präparat oft exzentrisch gelagert.

Weitere Zellen im Nebennierenmark Im Mark kommen regelmäßig kleine Gruppen **multipolarer Ganglienzellen** vor (Abb. **11-33a**).

Selten sind im Mark die **klein-granulären chromaffinen Zellen** zu finden, die Zwischenformen zwischen Neuronen und A- sowie NA-Zellen sind.

Zwischen den verschiedenen chromaffinen Zellen treten schmale Zellen (**sustentakuläre Zellen**) auf, welche die Gliakomponente des Nebennierenmarks repräsentieren.

Klinik Tumoren, die Katecholamine sezernieren, heißen **Phäochromozytome**. Sie leiten sich oft vom Nebennierenmark her, können aber auch anderswo entstehen, in weniger als 10% der Fälle sind sie bösartig. Ein häufiges Symptom ist erhöhter Blutdruck.

! Die Nebennieren bestehen aus zwei entwicklungsgeschichtlich, strukturell und funktionell verschiedenen Anteilen, Rinde und Mark. Die Rinde ist aus drei Zonen aufgebaut, in denen die Zellen unterschiedlich angeordnet sind und in denen verschiedenartige Steroidhormone gebildet werden. Die Rindenzellen sind durch Lipidtropfen, glattes ER und tubuläre Mitochondrien gekennzeichnet. In der äußeren Zone (Zona glomerulosa) bilden die Zellen Knäuel oder Arkaden und synthetisieren das Mineralokortikoid Aldosteron. In der breiten mittleren Zone (Zona fasciculata) bilden die Zellen radiär angeordnete ge-

a
b
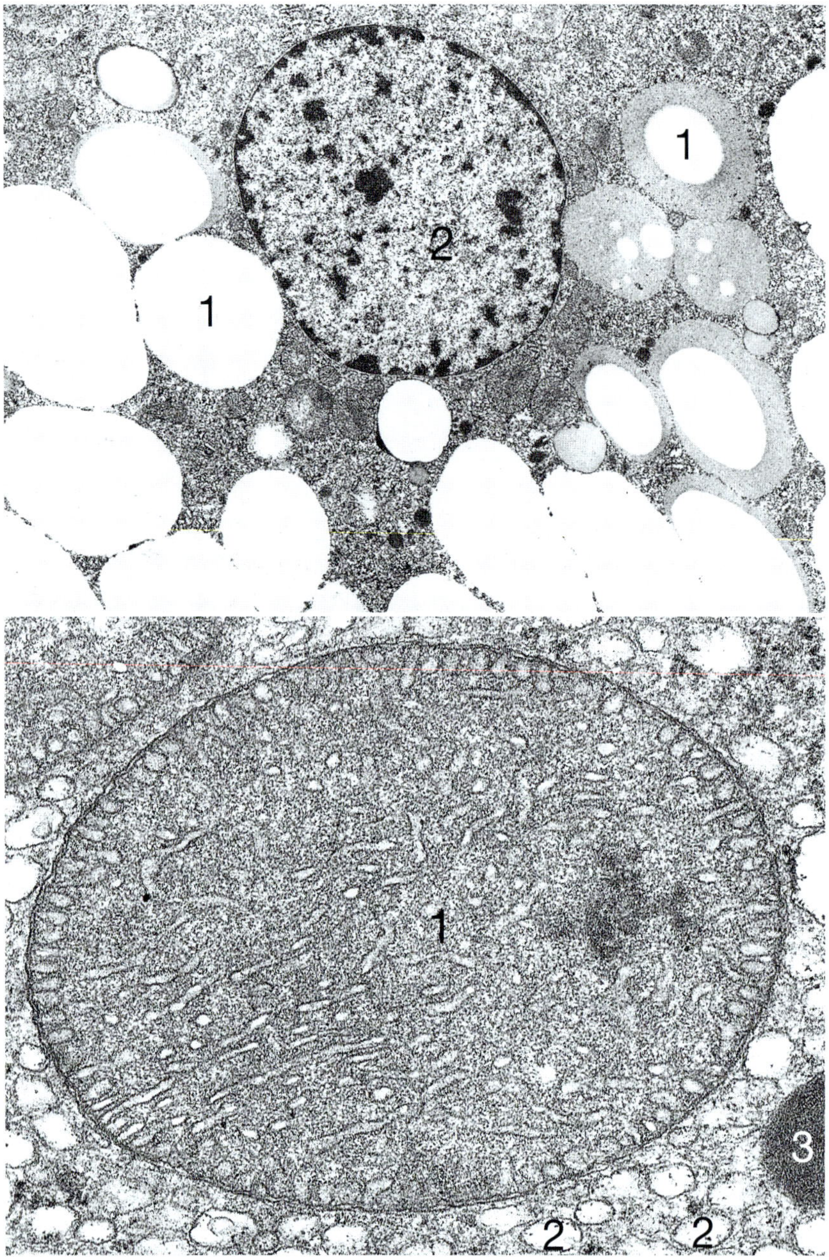

Abb. 11-31 Ultrastruktur der Zona fasciculata (Nebennierenrinde, Mensch).
a) Übersicht über eine ganze Zelle mit zahlreichen Lipideinschlüssen (**1**), **2** Zellkern. Vergr. 6740fach.
b) Tubuläres Mitochondrium (**1**), vesikuläres glattes ER (**2**), **3** Lysosom. Vergr. 36 600fach.

rade Stränge, die Glukokortikoide produzieren. Die Innenzone (Zona reticularis) besteht aus verzweigten Zellsträngen, die neben Glukokortikoiden auch Androgene bilden.

Das Nebennierenmark besteht aus fortsatzlosen modifizierten Sympathikusneuronen, die zwei Zelltypen zugeordnet sind. Die Mehrzahl der Zellen produziert Adrenalin, eine kleinere Zahl Noradrenalin. Im Nebennierenmark kommen Drosselvenen vor.

11.8 System der disseminierten gastro-entero-pankreatischen endokrinen Zellen

Im Epithel mancher Organsysteme gibt es zahlreiche einzelne („disseminierte") endokrine Zellen, die Polypeptidhormone mit lokaler Wirkung bilden. Solche Zellen kommen im Atmungs-, Urogenital- und vor allem im Verdauungstrakt vor (Abb. 11-34). Nur das System der disseminierten gastro-entero-pankreatischen endokrinen Zellen im Verdauungstrakt soll hier kurz besprochen werden.

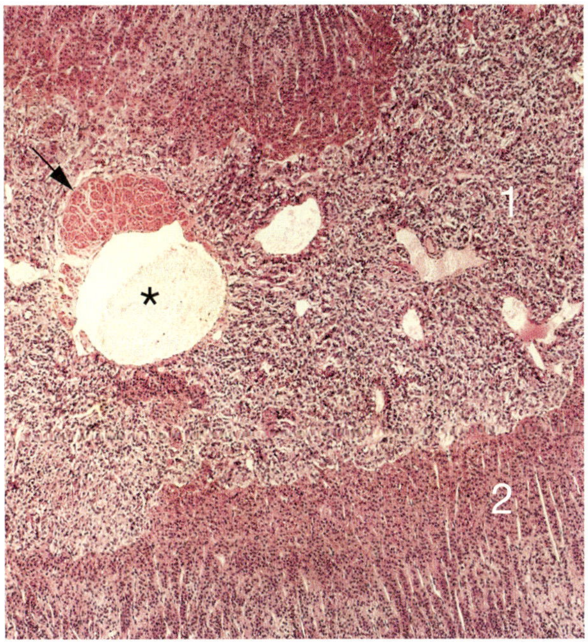

Abb. 11-32 Nebennierenmark (**1**; Mensch) mit einer größeren Drosselvene (✻), in deren Wand ein kräftiger Strang glatter Muskulatur angetroffen ist (➔). **2** Rinde. Färbung: H.E.; Vergr. 45fach.

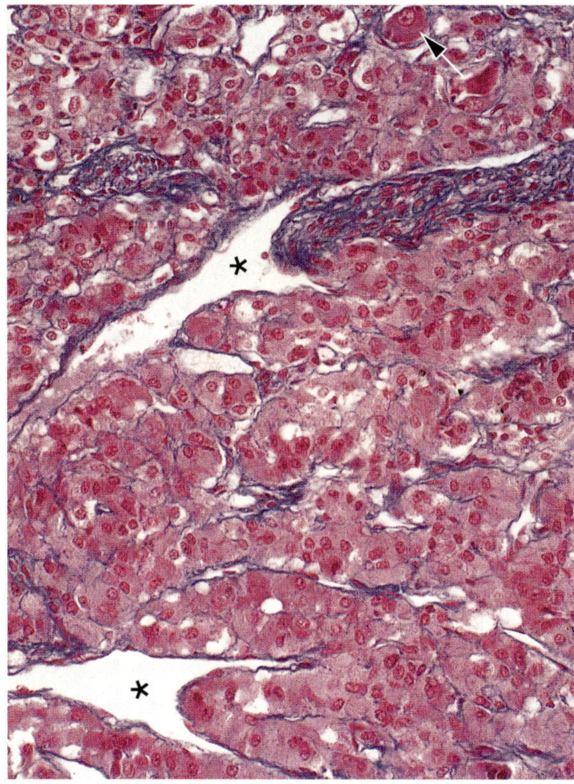

a

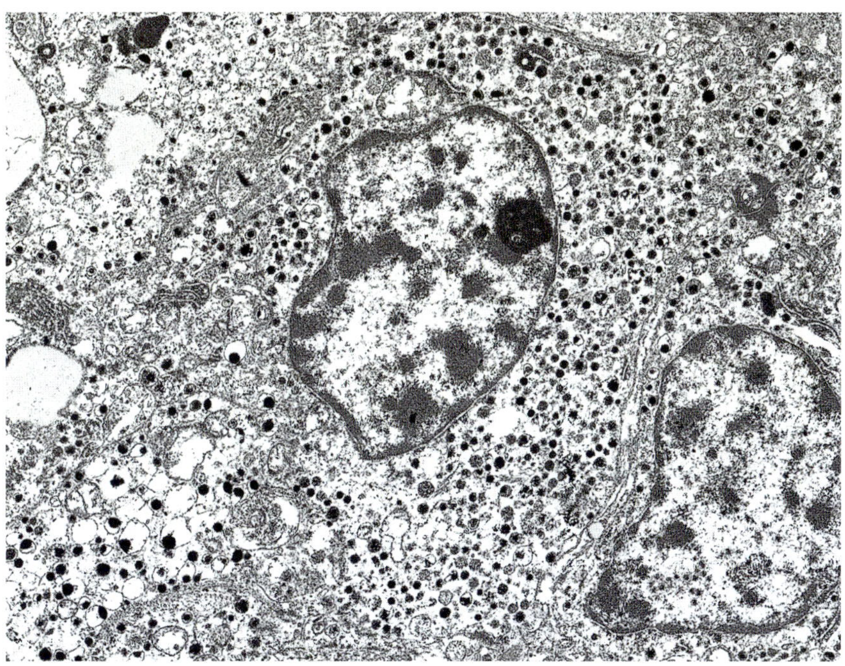

b

Abb. 11-33 Nebennierenmark (Mensch).

a) Die Nebennierenmarkzellen sind oft polygonal länglich gestaltet und azidophil, das Zytoplasma ist oft etwas aufgelockert, was z. T. auf seine rasche Auflösung nach der Gewebeentnahme zurückzuführen ist. Verschiedene endokrine Zelltypen sind im Routinepräparat meistens nicht zu unterscheiden. Das Mark ist von einem Venenplexus (✻) durchsetzt; größere Venen besitzen Wülste glatter Muskulatur (Drosselvenen, siehe Abb. **11-32**). ➔ Perikaryon einer Ganglienzelle. Färbung: Azan; Vergr. 280fach.

b) Ultrastruktur der Nebennierenmarkzelle des Menschen. Beachte den Reichtum an katecholaminhaltigen Sekretionsgranula; typisch für die Ultrastruktur glutaraldehydfixierten Gewebes ist die meist exzentrische Lagerung des elektronendichten Inhalts in den Granula. Vergr. 6750fach.

11.8.1 Endokrine Zellen im Magen-Darm-Trakt

Im Oberflächen- und Drüsenepithel von Magen, Dünn- und Dickdarm, Gallenwegen und Pankreasgängen kommen verstreut zahllose (schätzungsweise 3 Milliarden) endokrine Zellen vor, deren Gesamtheit das **gastro-entero-pankreatische (GEP) endokrine System** bilden (Abb. 11-34). Es handelt sich um das größte endokrine System des Körpers. Hierzu werden aus entwicklungsgeschichtlichen und funktionellen Gründen auch die Langerhans-Inseln im Pankreas gezählt. Dem System gehören nach derzeitigem Wissen ca. 20 verschiedene Zelltypen an, die Polypeptidhormone bilden. Mehrheitlich sind die Hormone lokal aktiv und regulieren die Verdauungstätigkeit. Die Hormone Insulin und Glukagon der Langerhans-Inseln wirken jedoch im gesamten Körper. Das Hormon Sekretin des Duodenums und des Jejunums benutzt für seinen Transport von den Bildungszellen im Dünndarm zu den Zielzellen in Pankreas, Leber und Magen über weitere Strecken auch das Blutgefäßsystem. Eini-

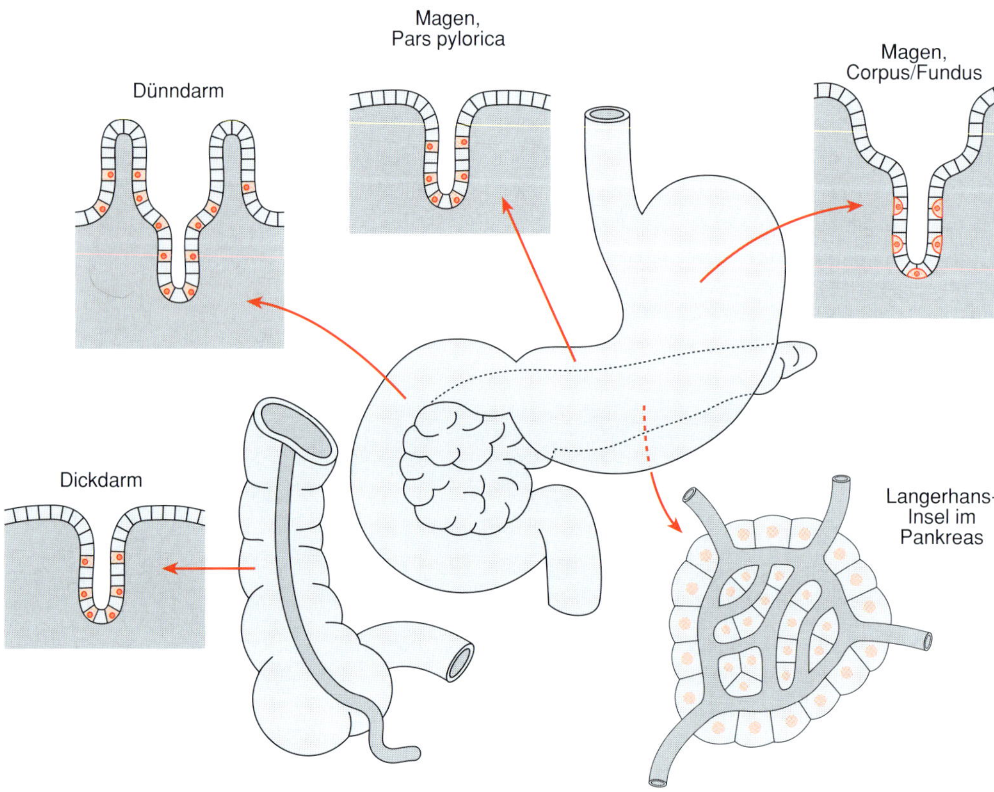

Abb. 11-34 Disseminierte endokrine Zellen des gastro-entero-pankreatischen Systems. Schematische Übersicht über Vorkommen und Verteilung. (Nach [9])

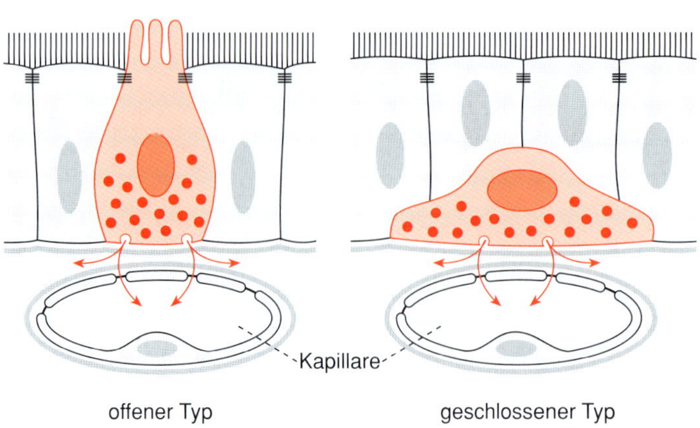

Abb. 11-35 Endokrine Zellen im Epithel des Magen-Darm-Trakts. Schematische Darstellung „offener“ (links) und „geschlossener“ (rechts) endokriner Zellen (rot gezeichnet). (Nach [9])

ge Hormone des GEP-Systems können auch in Neuronen gebildet werden. Die physiologische Funktion dieser Hormone ist noch nicht in allen Fällen sicher aufgeklärt.

Die Hormone des Magen-Darm-Trakts sind von besonderem Interesse, sie sind in Tabelle 11-1 aufgeführt.

Neurotransmitter des Magen-Darm-Trakts Die Transmitter mancher Neurone des Magen-Darm-Trakts ähneln den Hormonen der endokrinen Zellen des Verdauungstraktes und beeinflussen Motilität und Sekretion. Beispiele sind: Motilin, Substanz P und Bombesin. Einzelne Peptide, z.B. das Somatostatin, werden sowohl aus Nervenendigungen als auch aus endokrinen Zellen, den D-Zellen der Magen- und Darmschleimhaut und der Langerhans-Inseln, freigesetzt.

Einteilung nach Gestalt Die endokrinen Zellen des Magen-Darm-Trakts treten in zweierlei Gestalt (Abb. 11-35) auf.

Die **„offenen"** endokrinen Zellen erreichen mit einem mikrovillibesetzten sensorischen Pol das Darmlumen, während die **„geschlossenen"** Zellen basal im Epithel lagern. Beide enthalten kennzeichnende elektronendichte Sekretionsgranula, die basal exozytotisch ihren Inhalt abgeben. Die Zellen lassen sich im lichtmikroskopischen H.E.-Präparat nur undeutlich erkennen. Sie werden heute oft immunhistochemisch nachgewiesen. Die elektronenmikroskopisch erkennbaren Sekretionsgranula besitzen in den unterschiedlichen Zelltypen verschiedene Gestalt (Abb. 11-36).

Einteilung nach anderen Kriterien Die Bezeichnung der einzelnen endokrinen Zelltypen bezieht sich idea-

Tab. 11-1 Hormone des Magen-Darm-Trakts.

Hormon	Bildungsort	Wirkort	Wirkung
Gastrin	Pylorus des Magens, Duodenum, Jejunum (G-Zellen)	Magen	stimuliert (z.T. indirekt) die Säuresekretion der Belegzellen und das Wachstum der Schleimhaut
Sekretin	oberer Dünndarm (S-Zellen)	Pankreas, Brunner-Drüsen, Gallenblase, Gallenwege	stimuliert die Bildung elektrolyt- und v.a. bikarbonatreicher Flüssigkeit, die den sauren Magenbrei im oberen Dünndarm neutralisiert
GIP*	ganzer Dünndarm (GIP-Zellen)	Pankreas	fördert die Insulinfreisetzung
		Magen	hemmt die Säurebildung
Cholezystokinin (CCK)	ganzer Dünndarm (I-Zellen)	Pankreas	fördert die Sekretion der Verdauungsenzyme und steigert die Sekretinwirkung
		Magen	fördert die Pepsinsekretion
		Gallenblase	fördert die Entleerung
Somatostatin	Magen, Dünndarm, Dickdarm (D-Zellen)	andere endokrine Zellen, Beleg- und Hauptzellen im Magen, Azinuszellen im Pankreas	hemmt sekretorische Vorgänge in endo- und exokrinen Zellen des Verdauungstrakts
Enteroglukagon	terminales Ileum, Kolon (A-Zellen)	Pankreas	fördert die Insulinsekretion
Histamin	Korpus und Fundus des Magens (ECL-[H-]Zellen)	Magen	fördert die Sekretion der Magensäure und des Pepsins (die Abgabe des Histamins aus den ECL-Zellen wird wahrscheinlich von Gastrin stimuliert)
Serotonin	Magen, Dünn- und Dickdarm (EC-Zellen)	Magen, Dünn- und Dickdarm	stimuliert die Motilität der Wände und Blutgefäße des Magen-Darm-Trakts

* glucose-dependent insulinotropic peptide = gastric inhibitory polypeptide

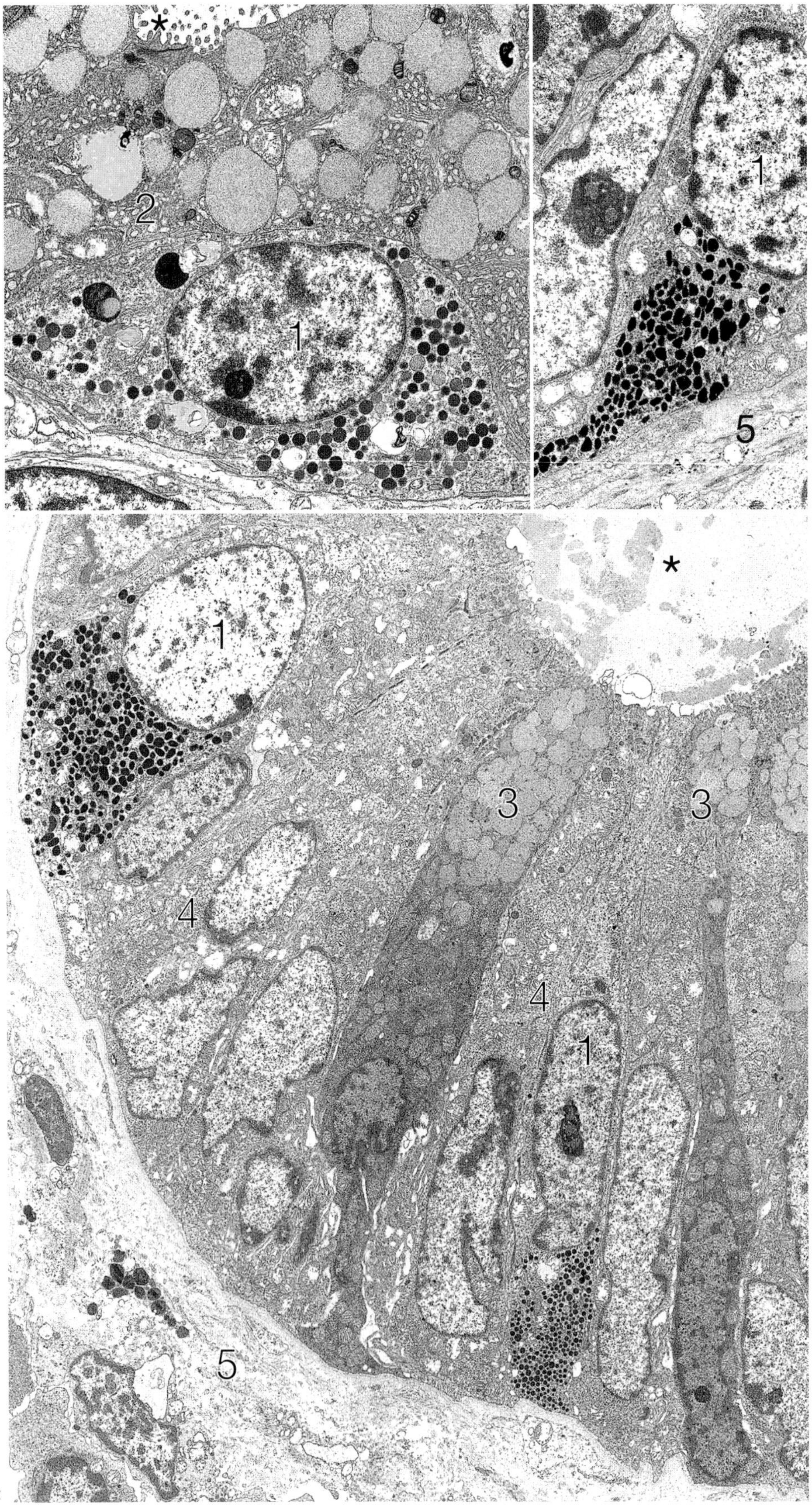

a b c

Abb. 11-36 Ultrastruktur verschiedener endokriner Zellen (1) im Magen-Darm-Trakt (Mensch). Beachte die unterschiedliche Morphologie der Granula, der unterschiedliche Hormone entsprechen. **2** Hauptzelle einer Magendrüse mit rauem ER und großen Sekretionsgranula; **3** Becherzellen; **4** resorbierende Epithelzellen in Kolonkrypten; **5** Bindegewebe; * Lumen.

a) Korpus des Magens. Geschlossener endokriner Zelltyp. Vergr. 6740fach.

b) Duodenum. Offener endokriner Zelltyp. Vergr. 6740fach.

c) Kolon. Zwei verschiedene offene endokrine Zelltypen (**1**). Vergr. 3860fach.

lerweise auf das gebildete Hormon (Gastrin bildende Zellen = G-Zellen). In anderen Fällen werden auch traditionell bestehende Abkürzungen gebraucht, die aber nicht das Produkt der Zellen widerspiegeln. So bilden die Enterochromaffin-like cells (ECL) das Histamin, sie werden neuerdings auch H-Zellen genannt. Schon lange bekannt sind serotoninhaltige, sog. enterochromaffine Zellen (EC-Zellen), die vom Pylorus bis zum Kolon verbreitet sind.

Klinik Von den endokrinen Zellen des GEP-Systems können gut- und bösartige Tumoren ausgehen. Deren Sekrete können zu Symptomen führen, die durch exzessiv abgegebenes Hormon oder Stenosebildungen gekennzeichnet sind. Bekannt sind z.B. Gastrin bildende Tumoren, die vor allem die HCl-Sekretion anregen und zu nicht heilenden Ulkusbildungen im Magen und Duodenum führen.

Karzinoide sind meistens serotoninhaltige endokrine Tumoren, die aber auch andere hormonale Faktoren bilden und die nur langsam infiltrierend und metastasierend wachsen. Sie verursachen verschiedenartige Symptome, darunter unregelmäßig einschießende Hautrötungen und Hypermotilität des Darms mit Krämpfen, Erbrechen und Durchfällen.

11.8.2 Langerhans-Inseln

Die Langerhans-Inseln (Inselorgan) wurden 1869 vom 20-jährigen Paul Langerhans im Rahmen seiner Doktorarbeit beschrieben. Ihre endokrine Funktion wurde 1886 von Minkowski und Mehring entdeckt. Die wichtigsten Hormone der Langerhans-Inseln sind Insulin und Glukagon. Beide stehen in Beziehung zum Kohlenhydratstoffwechsel. **Insulin** senkt den Blutglukosespiegel und wird vor allem während oder nach einer Mahlzeit, die zu einem erhöhten Blutzuckerspiegel führt, ausgeschüttet. Es fördert die Aufnahme und Verwertung von Glukose durch Leber-, Fett- und Muskelzellen. Des Weiteren beeinflusst es den Fettstoffwechsel, unterstützt den Aufbau von Eiweiß und fördert das Wachstum. Insgesamt hat es anabole Wirkung und führt zur Speicherung von Nährstoffen. **Glukagon** hat in der Peripherie in erster Linie insulinantagonistische Wirkungen. Es erhöht den Blutzuckerspiegel durch Förderung des Glykogenabbaus in der Leber. Glukagon stimuliert jedoch in den Langerhans-Zellen die Insulinsekretion.

Aufbau

Die Langerhans-Inseln entsprechen dem **endokrinen** Anteil des Pankreas. Sie sind kleine, im Durchmesser oft 100–200 μm messende Zellansammlungen, die aus 2000–3000 endokrinen Zellen verschiedenen Typs zusammengesetzt sind. Die Zahl der Inseln liegt vermutlich bei 1–2 Millionen, sie machen ca. 1–3% der Masse des Pankreasgewebes aus. Die Langerhans-Inseln sind im Schwanzanteil des Pankreas häufiger als im Kopfbereich. Die Inseln liegen meistens in einem Pankreasläppchen (Abb. **11-37**), selten liegen sie extralobulär im Bindegewebe.

Zelltypen der Langerhans-Inseln

Es lassen sich vier endokrine Inselzelltypen mit jeweils eigenem Hormon unterscheiden. Diese lassen in den Langerhans-Inseln des Menschen kein ganz konstantes Anordnungsprinzip erkennen (Abb. **11-38**), meist sind jedoch A-Zellen peripher und B-Zellen zentral konzentriert:

- A-Zellen (α-Zellen),
- B-Zellen (β-Zellen),
- D-Zellen (δ-Zellen) und
- PP-Zellen (pankreatisches Polypeptid bildende Zellen).

Lichtmikroskopisch sind die Zellen der Langerhans-Insel relativ ähnlich (Abb. **11-37**). Immunhistochemisch lassen sich die unterschiedlichen Zelltypen deutlich herausstellen (Abb. **11-39**, **11-40**). Im elektronenmikroskopischen Präparat zeigen sie unterschiedliche Granula (Abb. **11-41**, **11-42**).

A-Zellen Die oft peripher konzentrierten A-Zellen bilden das **Glukagon** und umfassen ca. 20% der Inselzellen (Abb. **11-39**). Sie sind größer als die B-Zellen und leicht azidophil. Ihre Granula sind im elektronenmikroskopischen Präparat rund mit homogenem dichtem Inhalt, der von der Granulummembran durch einen kennzeichnenden hellen Ring getrennt ist (Abb. **11-41c**, **d**).

B-Zellen Die meist zentral konzentrierten B-Zellen produzieren das **Insulin**. Sie machen ca. 70% des Inselgewebes aus. Sie bleiben im H.E.-Präparat blass (Abb. **11-37**), lassen sich aber mit Aldehydfuchsin oder (wie die anderen Inselzellen) immunhistochemisch selektiv darstellen (Abb. **11-40**). Im Elektronenmikroskop enthalten sie typische Sekretionsgranula mit unregelmäßig gestaltetem kristallinem Zentrum (Abb. **11-41a**, **b**). Die Halbwertszeit des Insulins im Blut beträgt nur 6–8 min, was auf eine hohe Syntheserate in den B-Zellen hinweist. Abbildung **11-43** zeigt die Synthese und Freisetzung von Insulin. Abbildung **11-44** zeigt die Wirkung des Insulins an einer seiner Zielzellen, einer weißen Fettzelle. Ein Mangel an Insulin, wie beim Diabetes mellitus (siehe S. 447), führt dazu, dass weniger Glukosetransporter gebildet und in die Plasmamembran eingebaut werden und Glukose

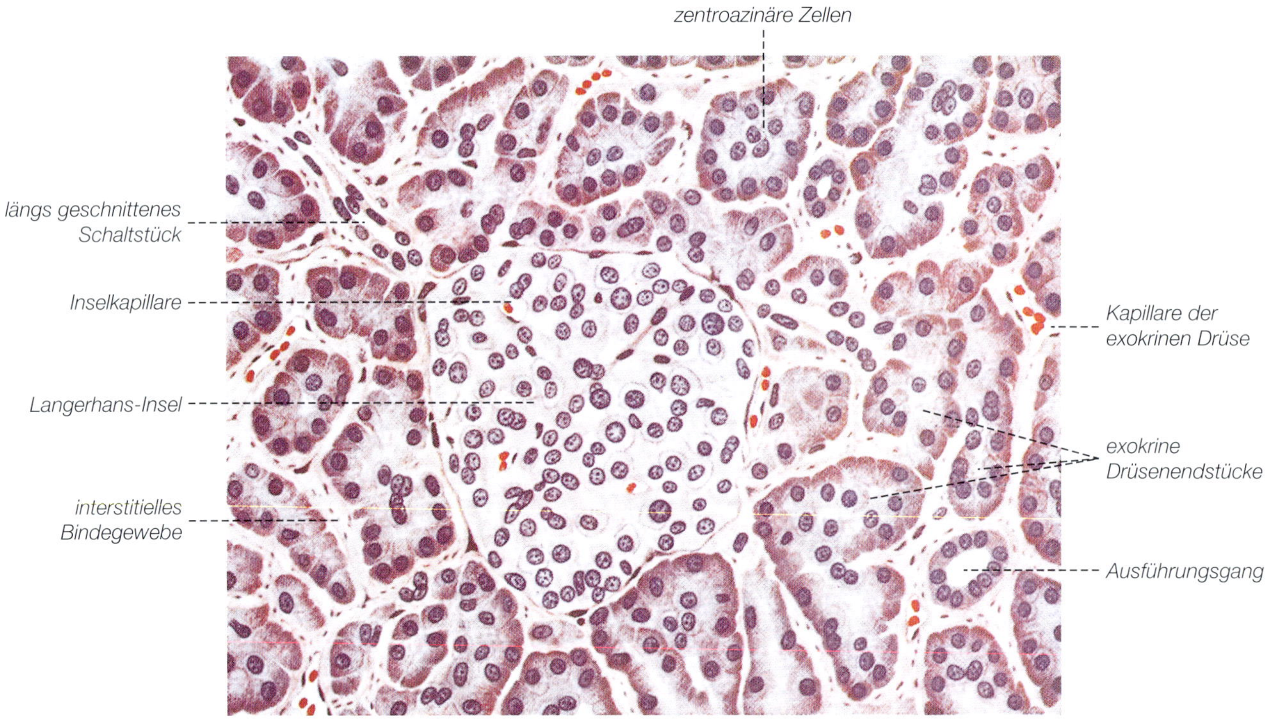

Abb. 11-37 **Langerhans-Insel** im Pankreas des Menschen, Zeichnung. Im H. E.-Präparat sind die A-Zellen oft etwas größer und azidophiler als die B-Zellen. Vergr. 700fach. (Aus [1])

nicht mehr in ausreichender Menge in die Zelle transportiert werden kann.

D-Zellen Die D-Zellen machen 10% der Inselzellen aus. Sie bilden **Somatostatin**. Ihre Granula sind relativ groß und von mittlerer Elektronendichte (Abb. **11-42**). Somatostatin hemmt die Sekretion von Insulin und Glukagon.

PP-Zellen Die PP-Zellen machen 1–2% der Inselzellen aus. Sie finden sich überwiegend im Pankreaskopf und produzieren das **pankreatische Polypeptid (PP)**. Die Funktion des PP ist noch nicht sicher bekannt, vermutlich hemmt es die Sekretion des Pankreas. PP-Zellen kommen einzeln auch in den Azini und den Pankreasgängen vor.

Interaktionen zwischen den Inselzellen Zwischen den verschiedenen Inselzellen finden sich Nexus und Desmosomen. Cholinerge und adrenerge Synapsen treten regelmäßig in den Inseln auf. Bei manchen Säugern enthalten die Inseln regelmäßig Perikarya vegetativer Neurone. Insulin, Glukagon und Somatostatin beeinflussen sich in den Inseln gegenseitig. Somatostatin hemmt die Freisetzung von Insulin und Glukagon (und auch von Somatostatin selbst). Insulin hemmt die Abgabe von Glukagon, und Glukagon fördert die

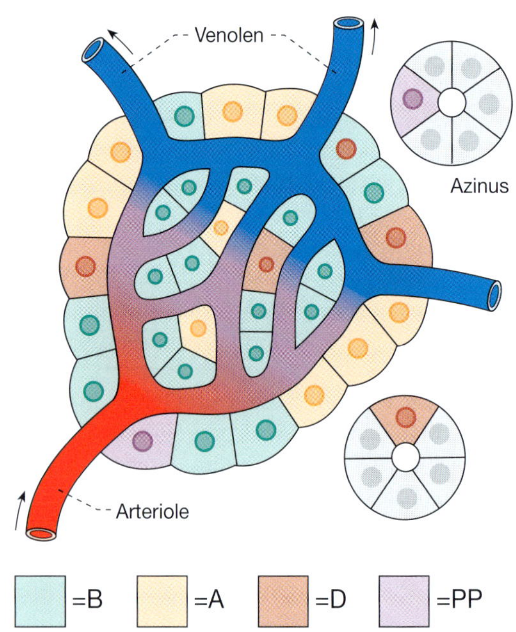

Abb. 11-38 **Langerhans-Insel** mit den vier unterschiedlichen Zelltypen und der Mikrozirkulation (Mensch), schematische Darstellung. Rechts oben und unten: Azini mit einzelnen endokrinen Zellen. Die abführenden Venolen sind insuloazinäre Portalgefäße. (Nach [9])

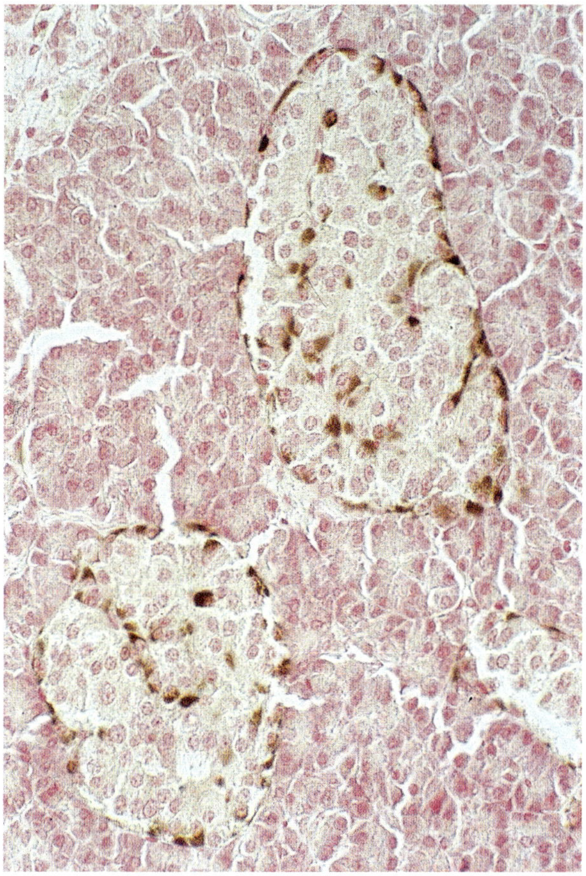

Abb. 11-39 A-Zellen der Langerhans-Inseln (Mensch). Immunhistochemische Darstellung des Chromogranins in A-Zellen. Die braun gefärbten A-Zellen sind oft am Rande der Insel konzentriert, kommen aber auch im Innern der Inseln vor. Vergr. 280fach. (Präparat: Prof. D. Grube, Hannover)

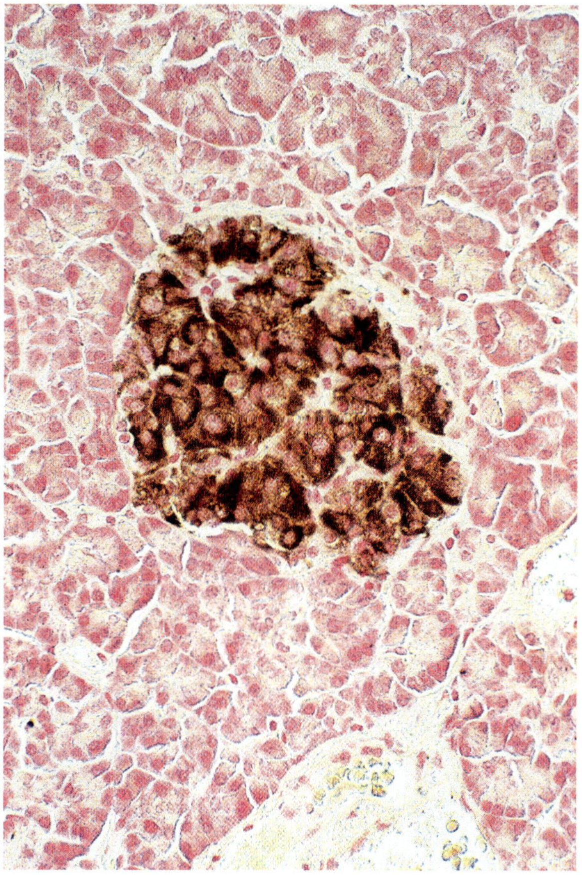

Abb. 11-40 B-Zellen der Langerhans-Inseln (Mensch). Immunhistochemische Darstellung des Insulins. Die braun gefärbten B-Zellen bilden die große Mehrheit der Inselzellen. Vergr. 280fach. (Präparat: Prof. D. Grube, Hannover)

Freisetzung von Insulin. Die Insulinabgabe wird durch Fasern des N. vagus gefördert und durch sympathische Fasern gehemmt. Die Glukagonfreisetzung wird dagegen über β-Rezeptoren des Sympathikus gefördert.

Gefäßversorgung

Die Inseln sind reich vaskularisiert. Die Inselgefäße sind sinusoidale (weitlumige) fenestrierte kapilläre Gefäße. Ein bis drei afferente Gefäße (Inselarteriolen) versorgen eine Insel. Diese Gefäße können sich schon in der Inselperipherie oder erst im Inselzentrum in Kapillaren aufspalten, so dass die Inselzellen von der Oberfläche oder aus der Tiefe der Insel versorgt werden. Es ist bisher nicht klar, ob die allgemeine Regel auch beim Menschen zutrifft, dass zuerst die A- und D-Zellen und dann erst die B-Zellen mit Blut versorgt werden. Von den peripheren Kapillaren gehen zahlreiche abführende Gefäße aus, die sog. **insuloazinären Portalgefäße**, die in das Kapillarnetz der Azinuszellen einmünden. Damit wird den Azini hormonreiches Blut zugeführt, wodurch vermutlich die Sekretion der Azinuszellen beeinflusst wird. Das venöse Blut des Pankreas fließt in die V. portae und somit zunächst in die Leber. Die Pfortader hat daher immer einen höheren Gehalt an Inselhormonen als andere Gefäßabschnitte.

Klinik Eine der häufigsten Krankheiten des Menschen (speziell in der Wohlstandsgesellschaft der westlichen Welt) ist der **Diabetes mellitus** (Zuckerkrankheit), der vor allem durch Insulininsuffizienz gekennzeichnet ist. Klinisch macht sich dies durch erhöhte Blutzuckerspiegel (Hyperglykämie) und in schweren Fällen auch durch Zucker im Urin (Glukosurie) bemerkbar. Die Krankheit kann mehrere Ursachen haben, vor allem Insulinmangel und verminderte Insulinwirkung. Sekundäre Komplikationen ergeben sich aus atherosklerotischen Veränderungen der Wände klei-

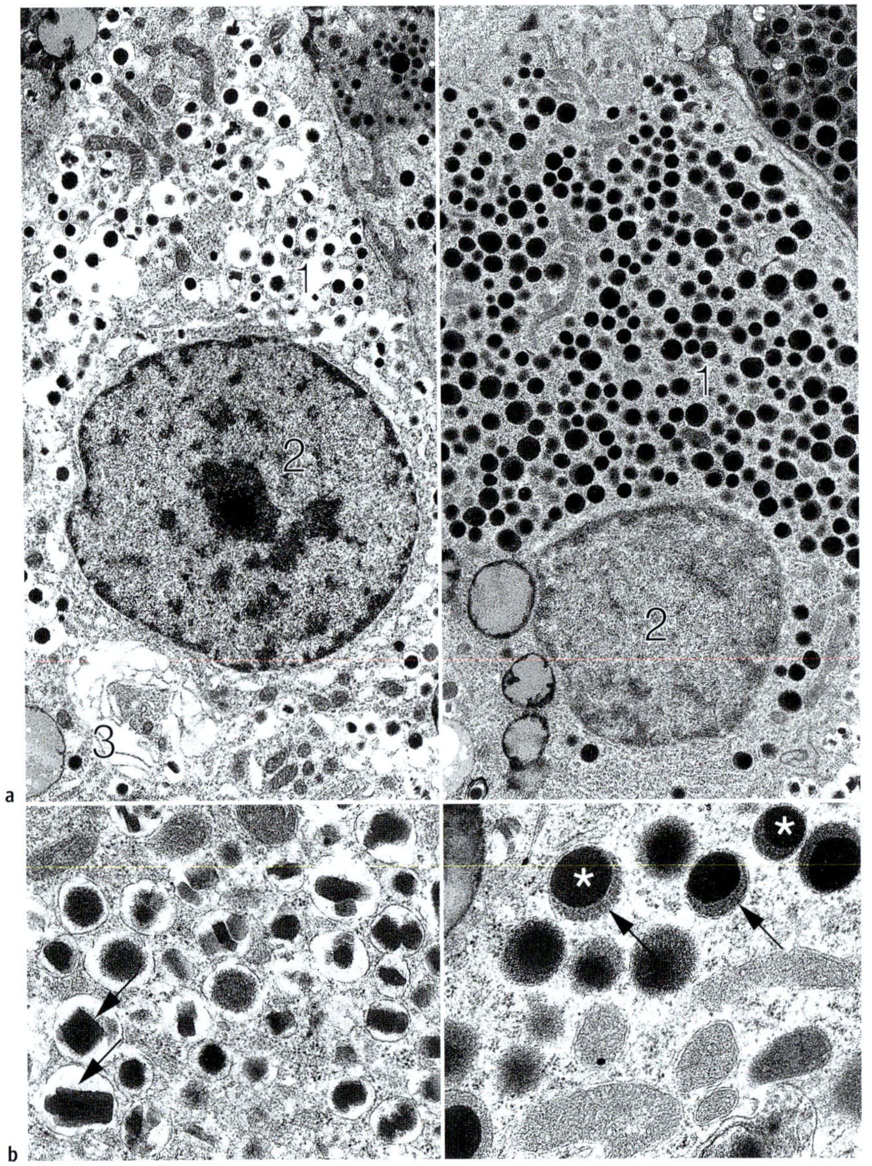

Abb. 11-41 Ultrastruktur der B- und A-Zellen in den Langerhans-Inseln (Mensch).
a) B-Zelle, Übersicht. **1** Sekretionsgranula; **2** Zellkern; **3** Golgi-Apparat. Vergr. 12 000fach.
b) B-Zelle, hohe Vergrößerung der insulinhaltigen Granula. Beachte die kristalline Gestalt des Inhalts vieler Granula (➔). Vergr. 36 600fach.
c) A-Zelle, Übersicht. **1** Sekretionsgranula; **2** Zellkern. Vergr. 12 000fach.
d) A-Zelle, hohe Vergrößerung der glukagonhaltigen Granula (➔) mit dichtem Zentrum (✻) und hellerer Peripherie. Vergr. 36 600fach.

ner und großer Arterien in verschiedenen Organen, welche zu Perfusionsstörungen und damit zu Funktionsausfällen führen. Oft sind Retina, Nervensystem mit peripheren Nerven, Nieren und untere Extremitäten betroffen.

Hyperinsulinämie kann auf Insulin bildende Tumoren zurückgehen. Neugeborene Kinder diabetischer Mütter sind oft übergewichtig und haben oft mehr und größere Langerhans-Inseln als Normalkinder.

Patienten mit **Typ-I-Diabetes** (juvenilem Diabetes) benötigen extern zugeführtes Insulin. Ihre B-Zellen sind durch Autoimmunprozesse zerstört.

Bei Patienten mit **Typ-II-Diabetes** (Altersdiabetes) sind die B-Zellen „erschöpft“. Diese Patientengruppe wird mit Tabletten behandelt und ist meist nicht von Insulinspritzen abhängig.

! Die Langerhans-Inseln kommen im Pankreas in einer Zahl von 1–2 Millionen vor. Sie sind aus vier verschiedenen endokrinen Zelltypen und einem dichten Kapillarnetz aufgebaut. Die endokrinen Zellen werden mit Buchstaben bezeichnet und bilden folgende Hormone: Die B-Zellen (60–70% der Inselzellen) bilden Insulin, die A-Zellen (25% der Inselzellen) Glukagon, die D-Zellen (10% der Inselzellen) Somatostatin und die PP-Zellen (nur 1–3% der Inselzellen, nur im unteren Pankreaskopf) das pankreatische Polypeptid.

Insulin und Glukagon spielen u. a. eine wesentliche Rolle im Glukosestoffwechsel und verhalten sich wie Antagonisten.

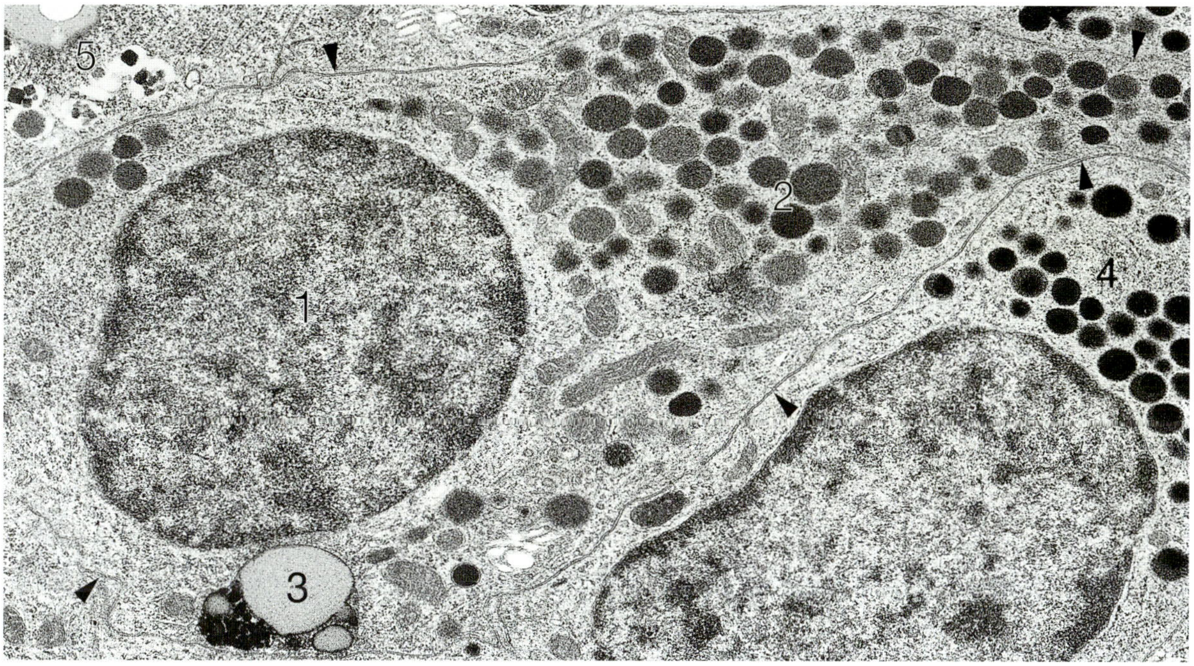

Abb. 11-42 Ultrastruktur einer D-Zelle (▶ Zellgrenzen) in einer Langerhans-Insel des Menschen. **1** Zellkern; **2** Sekretionsgranula; **3** Lysosom; **4** A-Zelle; **5** B-Zelle. Vergr. 12 000fach.

1 **Präproinsulin** wird im rauen endoplasmatischen Retikulum gebildet und besitzt eine Signalsequenz. Durch Abspaltung der Signalsequenz noch im RER entsteht Proinsulin. **Proinsulin** wird in den Golgi-Apparat verlagert. Es besteht aus A- und B-Ketten, die durch das C-Peptid verbunden sind und durch Disulfidbrücken zusammengehalten werden.

2 **Proinsulin** wird zusammen mit einer **Protease** in Sekretgranula eingeschlossen. Die Protease entfernt das C-Peptid. **Reifes Insulin** bildet in **Anwesenheit von Zink** eine dichte kristalloide Struktur, die von C-Peptid umgeben wird.

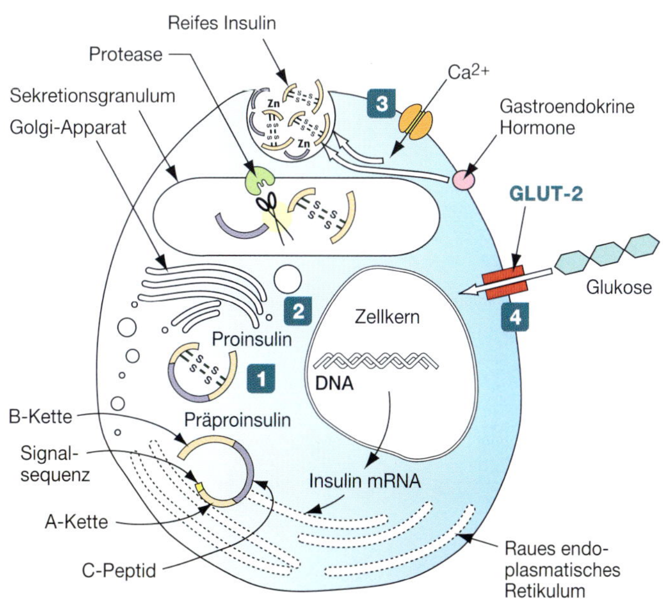

3 In Abhängigkeit von Energie und Kalzium verschmilzt das Sekretionsgranulum mit der Zellmembran, so dass Insulin freigesetzt wird und ins Blut übertritt. Auch gastroendokrine Hormone beeinflussen die Freisetzung des Insulins.

4 Glukose gelangt durch das **insulinunabhängige Glukose-Transporter-Protein-2 (GLUT-2)** in die B-Zelle und löst die sofortige Freisetzung von Insulin aus. Glukose aktiviert auch die Expression des Insulingens. **Glukose löst also sowohl Freisetzung als auch Synthese des Insulins aus.**

Abb. 11-43 Synthese und Sekretion von Insulin durch B-Zellen einer Langerhans-Insel. (Aus [12])

Wirkung des Insulins in einer Fettzelle

1 Insulin bindet an die α-Untereinheit des Insulinrezeptors und aktiviert die Autophosphorylierung (**Tyr-P**) der benachbarten β-Untereinheit (eine Tyrosinkinase).

2 Der aktivierte Insulinrezeptor stimuliert u.a. die Proteinsynthese und die Verlagerung von **Glukose-Transporter-Protein-4** (GLUT-4) aus dem Golgi-Apparat in die Zellmembran.

3 GLUT-4 erleichtert die Aufnahme von Glukose in die Zelle. Insulin stimuliert in vielen Zellen, z.B. in Fettzellen, die Bildung von GLUT-4.

4 Dieser Mechanismus macht deutlich, dass bei Diabetikern der Mangel an Insulin die **Aufnahme von Glukose** in die Fett- (und andere Ziel-)zellen herabsetzt und den Blutzuckerspiegel anhebt.

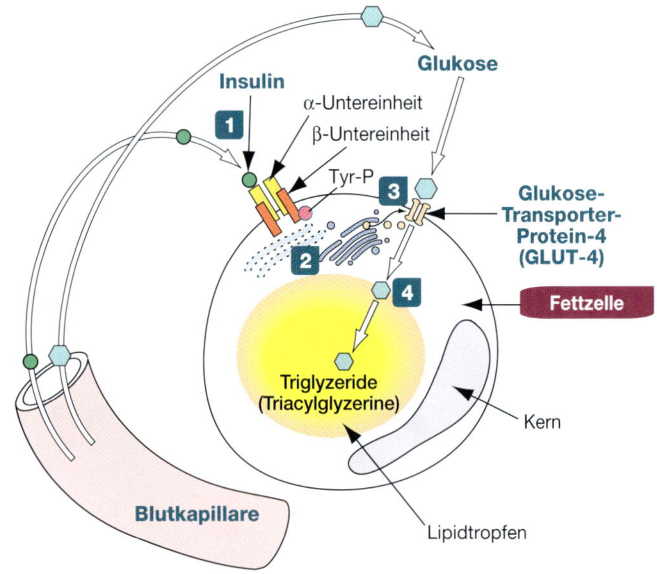

Abb. 11-44 Wirkung des Insulins auf eine weiße Fettzelle. (Aus [12])

12 Harnorgane

Zur Orientierung

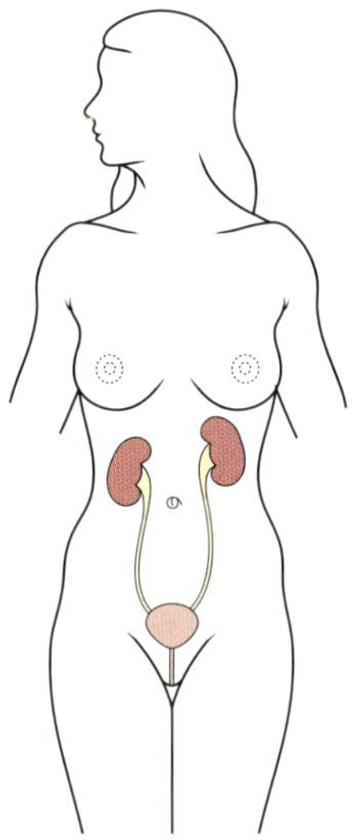

Zu den Harnorganen gehören die Nieren und die ableitenden Harnwege. Die wichtigsten Funktionen der Nieren sind erstens die Ausscheidung von Stoffwechselendprodukten und Fremdstoffen, zweitens übernehmen die Nieren die Kontrolle des Elektrolyt- und Wasserhaushalts sowie des Säure-Basen-Gleichgewichts. Außerdem spielen sie eine wichtige Rolle bei der Regulation des Blutdrucks. Die spezifische Baueinheit der Niere ist das Nephron, das in einer Zahl von ca. 1 Million in jeder Niere vorliegt. Eine zweite, mit den Nephronen direkt verbundene Strukturkomponente der Niere ist das Sammelrohrsystem. Ein Nephron besteht aus Nierenkörperchen (mit einem Kapillarknäuel und den Podozyten), das die Funktion der Ultrafiltration und Primärharnbildung übernimmt, sowie einem Tubulussystem, das die Aufgaben der Rückresorption und Sekretion erfüllt. Im Sammelrohrsystem wird über die Zusammensetzung des definitiven Harns unter Berücksichtigung der Bedürfnisse des Gesamtorganismus entschieden. Wasser wird hier unter dem Einfluss des antidiuretischen Hormons (ADH) rückresorbiert. Die ableitenden Harnwege leiten den Endharn aus der Niere nach außen, wobei die Harnblase ein Harnsammel- und -speicherorgan ist, das die Harnabgabe auf 3–4 kurze Perioden am Tag beschränkt. Die Menge des Endharns beträgt ca. 1,5 l am Tag. Er ist hyperton und enthält u. a. Harnstoff, Harnsäure und Kreatinin.

Zu den Harnorganen gehören die Nieren als harnbereitende Organe und Harnleiter, Harnblase und Harnröhre, die zusammen die **ableitenden Harnwege** bilden. Harn- und Geschlechtsorgane entwickeln sich partiell gemeinsam, speziell in Hinsicht auf die Harn- und Geschlechtswege, und werden daher auch als **Urogenitalorgane** zusammengefasst. Die Nieren sind zentral lebenswichtige Organe, die ableitenden Harnwege haben lediglich die Aufgabe, den definitiven Harn aus der Niere abzuleiten, zu sammeln und zeitweise zu speichern.

12.1 Niere

Die Niere (Ren) nimmt viele wichtige Funktionen wahr:

- Kontrolle des Wasser- und Salzhaushalts, so dass Volumen und Osmolarität des Extrazellulärraumes konstant bleiben,
- Überwachung und Steuerung des Säure-Basen-Haushalts,
- Ausscheidung von Endprodukten des Protein-, Purin- und Stickstoff-Stoffwechsels (z. B. Harnstoff und Harnsäure) oder Fremdstoffen (z. B. von Medikamenten bzw. deren Metaboliten),
- Funktionen im Stoffwechsel (z. B. Argininsynthese aus Citrullin),

- Bildung von Hormonen und Gewebefaktoren (Erythropoetin, Angiotensin II, Calcitriol und Prostaglandine),
- Kontrolle des arteriellen Blutdrucks.

Diese Aufgaben kann die Niere nur aufgrund ihrer außerordentlich reichen Durchblutung und aufgrund ganz spezieller geweblicher Anpassungen erfüllen. Zu letzteren gehören die Existenz eines **Ultrafilters** und eines aufwendigen **Tubulussystems**. Über den Ultrafilter filtrieren beide Nieren am Tag ca. 140–180 l Primärharn. Die Niere geht bei der Filtration so vor, dass sie zunächst eine große Menge an Flüssigkeit und praktisch alle niedermolekularen Stoffe aus dem Blut abfiltert. Während der Passage durch das Tubulussystem werden 99% der Flüssigkeit rückresorbiert und dem Organismus wieder zugeführt. So werden nur die Stoffe mit dem endgültigen Harn ausgeschieden, die aufgrund ihrer Toxizität oder ihrer im Überschuss vorhandenen Menge eliminiert werden müssen.

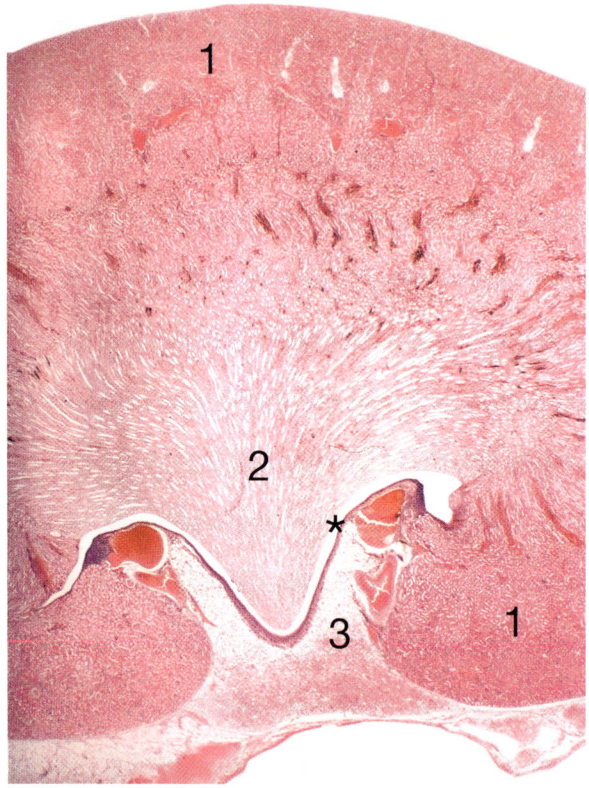

Abb. 12-2 Schnitt durch die Niere (Ratte), Übersichtsvergrößerung. **1** Rindenregion; **2** Markpyramide; * Kelch des Nierenbeckens; **3** Sinus renalis. Im Gegensatz zur Niere des Menschen besitzt die Rattenniere nur eine Pyramide. Färbung: H. E.; Vergr. 12fach. (Aus [1])

12.1.1 Allgemeine Strukturmerkmale

Die paarig angelegten Nieren des Menschen sind jeweils ca. 10 cm lang, 5 cm breit und 4 cm dick und wiegen 120–300 g. Die Nieren liegen retroperitoneal.

Bereits mit bloßem Auge lässt sich ein 6–10 mm breiter Streifen der dunkel gefärbten **Rinde** (Cortex renalis) vom innen gelegenen helleren **Mark** (Medulla renalis) unterscheiden (Abb. 12-1). Medial umgreifen Rinde und Mark eine Höhlung, den **Sinus renalis**. Er enthält das System der Nierenkelche, das Nierenbecken, Fettgewebe und große Blutgefäße. Am Eingang in den Sinus liegt das **Nierenhilum**.

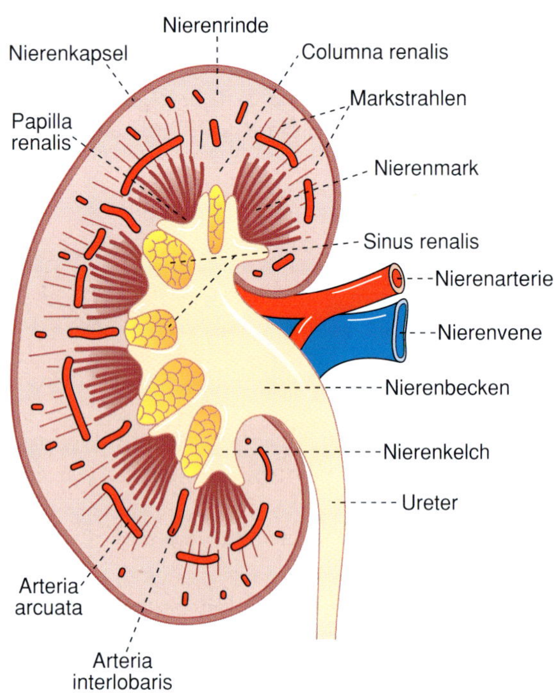

Abb. 12-1 Niere des Menschen im Längsschnitt, schematische Darstellung.

Nierenrinde Die Nierenrinde bildet die bis zu 10 mm dicke Außenzone der Niere, die unmittelbar unter der Organkapsel liegt. Sie wird durch die Markstrahlen des Nierenmarks in kleine Bezirke gegliedert. Diese zwischen den Markstrahlen gelegene Rindensubstanz wird **Nierenlabyrinth** genannt. In Form der **Nierensäulen** (Bertini-Säulen = Columnae renales) reicht das Rindengewebe bis an den innen gelegenen Sinus renalis heran. Der Begriff Nierensäulen geht auf den Eindruck zurück, den das Schnittbild vermittelt. Dreidimensional gesehen umgibt das Gewebe der Nierensäulen die Markpyramiden mit einem dicken Mantel aus Rindensubstanz.

Nierenmark Das Mark gliedert sich in 7–9 **Markpyramiden**, die von Rindensubstanz umgeben sind. Die Basis dieser Pyramiden ist nach außen gerichtet

(Abb. 12-2), die Spitze (**Papilla renalis**) zeigt nach innen und wird von einem **Nierenkelch** umfasst. Mitunter bilden 2 oder sogar 3 Pyramiden eine gemeinsame, dann leistenförmige Papille. Innerhalb jeder Pyramide lassen sich eine Innen- und Außenzone unterscheiden, was durch die Struktur und Anordnung der verschiedenen Nierentubuli bedingt ist. Von der Basis der Pyramiden ziehen sog. **Markstrahlen** (Bündel von Sammelrohren und gestreckt verlaufenden Tubulusabschnitten) in die Rinde und unterteilen diese in Rindenlabyrinthe (Abb. 12-3). Die Markstrahlen können recht dicht an die Organkapsel herantreten.

Viele Säugetiere, z.B. das Rind, haben eine äußerlich gelappte Niere. Jeder Lappen besitzt eine eigene Pyramide, insgesamt kann deren Zahl in einer Niere gut 40 betragen. Kleine Säugetiere haben i. Allg. nur eine Markpyramide (Abb. 12-2).

Blutgefäße Die Niere ist ungewöhnlich reich mit Blutgefäßen versorgt. Sie erhält mit 1,2 l/min 20–25% des Herzminutenvolumens. Das gesamte Blutvolumen fließt alle 4–5 min durch die Niere. Die renale Durchblutung ist über komplexe Mechanismen autoreguliert.

Das komplexe Blutgefäßsystem der Niere (Abb. 12-4) ist unmittelbar mit den Nierenfunktionen verknüpft. An jede Niere tritt am Hilum eine Nierenarterie heran, die sich oft schon vor Eintritt in das Nierengewebe verzweigt. In der Niere bildet sie aufsteigende **Aa. interlobares**, die zwischen den Pyramiden in den Nierensäulen verlaufen. An der Basis der Pyramiden teilen sich die Aa. interlobares in **Aa. arcuatae**, die bogenförmig im Bereich der Mark-Rinden-Grenze verlaufen. Anastomosen zwischen benachbarten Aa. arcuatae gibt es ebenso wenig wie zwischen Aa. interlobares, so dass bei einem Niereninfarkt jeweils ein recht scharf begrenztes Nierengebiet abstirbt. Von den Aa. arcuatae gehen mehr oder weniger senkrecht zur Oberfläche der Niere ziehende **Aa. interlobulares** ab. Von diesen durch die Rinde ziehenden Gefäßen zweigen nach allen Seiten die **Arteriolae afferentes** ab. Endäste der Aa. interlobulares versorgen auch die Nierenkapsel. Die Arteriolae afferentes verzweigen sich in dünne Äste, die in das Ka-

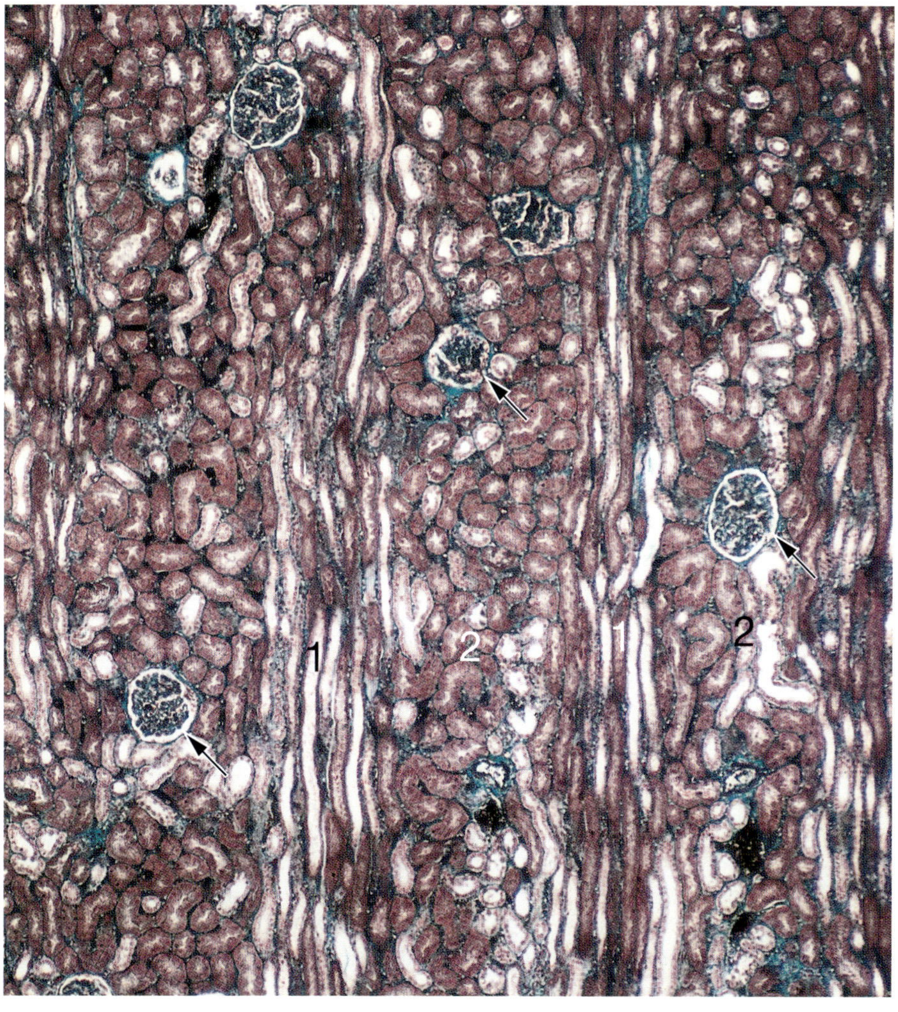

Abb. 12-3 Markstrahlen **(1)** mit gestreckt verlaufenden Tubuli und Sammelrohren (Niere, Mensch). **2** Nierenlabyrinth mit geknäuelten proximalen (dunkelbraun) und distalen (hellbraun) Tubuli sowie mit den Glomeruli (➔). Färbung: Goldner; Vergr. 45fach.

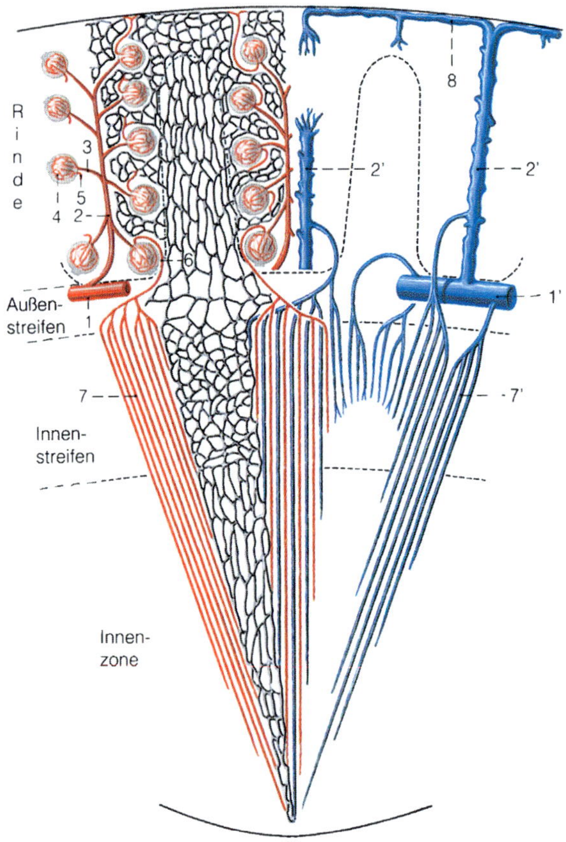

Abb. 12-4 Gefäßversorgung des Nierengewebes, Schema. Die arteriellen Gefäße sind rot, die Kapillaren grau, die venösen Gefäße blau. In der Rinde sind die Markstrahlen durch die gestrichelte Linie markiert. **1** (**1'**) A. und V. arcuata; **2** (**2'**) A. und V. interlobularis; **3** Arteriola afferens; **4** Glomerulus; **5** Arteriola efferens; **6** Arteriola efferens eines juxtamedullären Nierenkörperchens; **7** (**7'**) arterielle und venöse Vasa recta; **8** V. stellata. (Aus [4])

pillarknäuel des **Glomerulus** übergehen. Vor Eintritt in den Glomerulus zweigt sich i. Allg. ein feiner Ast zur teilweisen Versorgung der Nierentubuli der Rinde ab. Der Hauptanteil des Blutes passiert aber die Glomeruli, an deren Ende sich jeweils eine **Arteriola efferens** formiert, die im Wesentlichen die Tubuli der Rinde versorgt. Aus den Arteriolae efferentes, insbesondere denen der marknahen Glomeruli, entspringen auch die Gefäße, die das Mark versorgen. Es bilden sich aus der Arteriola efferens Büschel gestreckt verlaufender, feiner arterieller Gefäße, die **Vasa recta** genannt werden und die das Nierenmark versorgen. Diese Gefäße bilden ein weitmaschiges kapilläres Netzwerk und kapilläre Schlingen, die die Henle-Schleifen und die Sammelrohre des Marks begleiten. Aus diesen Gefäßen sammeln sich venöse Vasa recta, die in **Vv. arcuatae** einmünden. Diese Venen, die parallel zu den Aa. arcuatae verlaufen, nehmen aus der Rinde Vv. interlobulares auf, die das venöse Blut aus den Rindenkapillaren sammeln. Die Vv. arcuatae gehen dann in **Vv. interlobares** über, die am Hilum die Nierenvene bilden.

Lymphgefäße Das System der Lymphgefäße beginnt mit intralobulären Lymphkapillaren der Rinde. Diese gehen in größere Stämme über, die parallel zu den großen Blutgefäßen verlaufen. Das Nierenmark enthält nur relativ wenig Lymphkapillaren. Mit den Lymphkapillaren anastomosieren Lymphgefäße in und außerhalb der Nierenkapsel. Die großen interlobulären Lymphstämme ziehen zu Lymphknoten, die an der Aorta gelegen sind.

12.1.2 Nephrone und Sammelrohre

Die klassische Baueinheit der Niere ist das **Nephron** (Abb. 12-5), das sich aus Nierenkörperchen und den unverzweigten Nierentubuli zusammensetzt. 1,2 Millionen Nephrone sind pro Niere zu finden. Sie entstehen im metanephrogenen Gewebe der Nierenanlage.

Eine weitere röhrenförmige Baueinheit der Niere ist das **Sammelrohr**, das insbesondere die Markregion der Niere kennzeichnet. Sammelrohre haben eine eigene Entwicklungsgeschichte, sie entstehen aus der distalen Anlage des Ureters. Sie sind tubuläre Strukturen, die sich mit den Tubuli der Nephrone verbinden.

Nephron

Ein Nephron besteht aus folgenden Einheiten:

- **Nierenkörperchen** (Malpighi-Körperchen, Corpusculum renale), es setzt sich zusammen aus:
  - Bowman-Kapsel mit innerem und äußerem Blatt,
  - Glomerulus (Kapillarknäuel),
  - Mesangium.
- **Nierenröhrchen (Nierentubulus)**, es besteht aus folgenden Abschnitten:
  - proximalem Tubulus mit Pars convoluta und Pars recta,
  - intermediärem Tubulus mit Pars descendens und Pars ascendens
  - distalem Tubulus mit Pars recta und Pars convoluta,
  - Verbindungstubulus.

Pars recta des proximalen Tubulus, intermediärer Tubulus und Pars recta des distalen Tubulus bilden die **Henle-Schleife** (Abb. 12-5).

Es lassen sich subkapsuläre Nephrone (liegen unter der Nierenkapsel), juxtamedulläre Nephrone (liegen marknah) und dazwischen mediokortikale Nephrone unterscheiden. Nur die juxtamedullären Nephrone besitzen lange, tief in das innere Mark eintauchende Henle-Schleifen (Abb. 12-5).

Die Verteilung der Nephrone und deren einzelner Abschnitte in der Niere besitzt eine geordnete Architektur und ist für das makroskopische bzw. lupenoptische Bild des typischen Nierenanschnitts mit Rinde, Bertin-Säulen, Mark und Markstrahlen verantwortlich (Abb. 12-1, 12-5).

Nierenkörperchen

Die Nierenkörperchen (Malpighi-Körperchen, ihre Zahl wird auf bis zu 2,4 Millionen in beiden Nieren geschätzt) liegen am Beginn des Nephrons. In den Nierenkörperchen erfolgt die Ultrafiltration des Blutes. Lediglich Blutzellen und Proteine verbleiben im Blut, Wasser und alle anderen gelösten Stoffe werden hier bis zu einem Molekulargewicht von ca. 5 kD frei filtriert. Pro Tag werden in den Nieren ca. 140–180 l Flüssigkeit abfiltriert, d.h., die Extrazellulärflüssigkeit passiert 10-mal, das Blutplasmavolumen fast 60-mal am Tag die Nierenkanälchen. Die täglich filtrierte Flüssigkeit geht nicht verloren, sondern wird in den Tubuli zu 99% rückresorbiert.

Das Nierenkörperchen (Abb. 12-6, 12-7) besteht aus der **Bowman-Kapsel** und einem Blutkapillarknäuel, dem **Glomerulus**, der sich in die Kapsel einstülpt. Die Kapsel gliedert sich dadurch in ein viszerales (inneres) und ein parietales (äußeres) Blatt. Das **viszerale Blatt** liegt dem Kapillarknäuel auf und besteht aus Podozyten. Das **parietale Blatt** bildet die äußere Begrenzung der Nierenkörperchen. Zwischen den beiden Blättern befindet sich der Kapselraum (Filtrationsraum, Harnraum), der das Ultrafiltrat, das auch Primärharn genannt wird, aufnimmt.

Die Doppelwandigkeit entsteht dadurch, dass sich in eine ursprünglich ballonartige Struktur – einen kleinen epithelial begrenzten Zölomraum – an einer Stelle ein Blutgefäßknäuel, der Glomerulus, einstülpt. Im Bereich der Einstülpungsstelle gehen inneres und äußeres Blatt ineinander über.

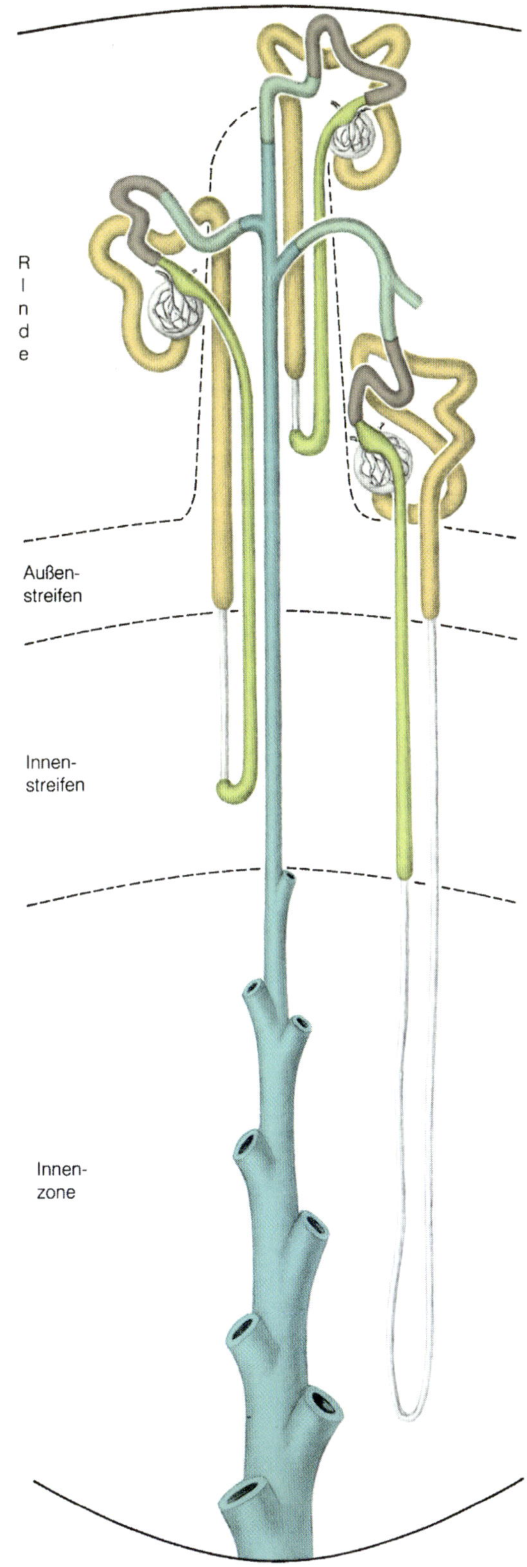

Abb. 12-5 Drei Nephrone mit unterschiedlich langen Schleifen, schematische Darstellung. Am Nierenkörperchen beginnt jeweils der proximale Tubulus (ocker) mit Pars convoluta und Pars recta; es folgt der intermediäre Tubulus (weiß) mit Pars descendens und – bei langen Schleifen – Pars ascendens. Der distale Tubulus setzt sich aus der Pars recta (gelbgrün), die zum Nierenkörperchen zurückläuft und hier die Macula densa bildet, und der Pars convoluta (braun) zusammen. Es schließt sich der Verbindungstubulus (grünlich) an, der in das Sammelrohr (blaugrün) einmündet. Partes rectae der proximalen und distalen Tubuli sowie der Intermediärtubulus bilden die Henle-Schleife. Das Nierenmark lässt sich aufgrund der unterschiedlichen Gliederung der 3 dargestellten Nephrontypen in Außen- und Innenstreifen (bilden gemeinsam die Außenzone) sowie Innenzone gliedern. (Aus [4])

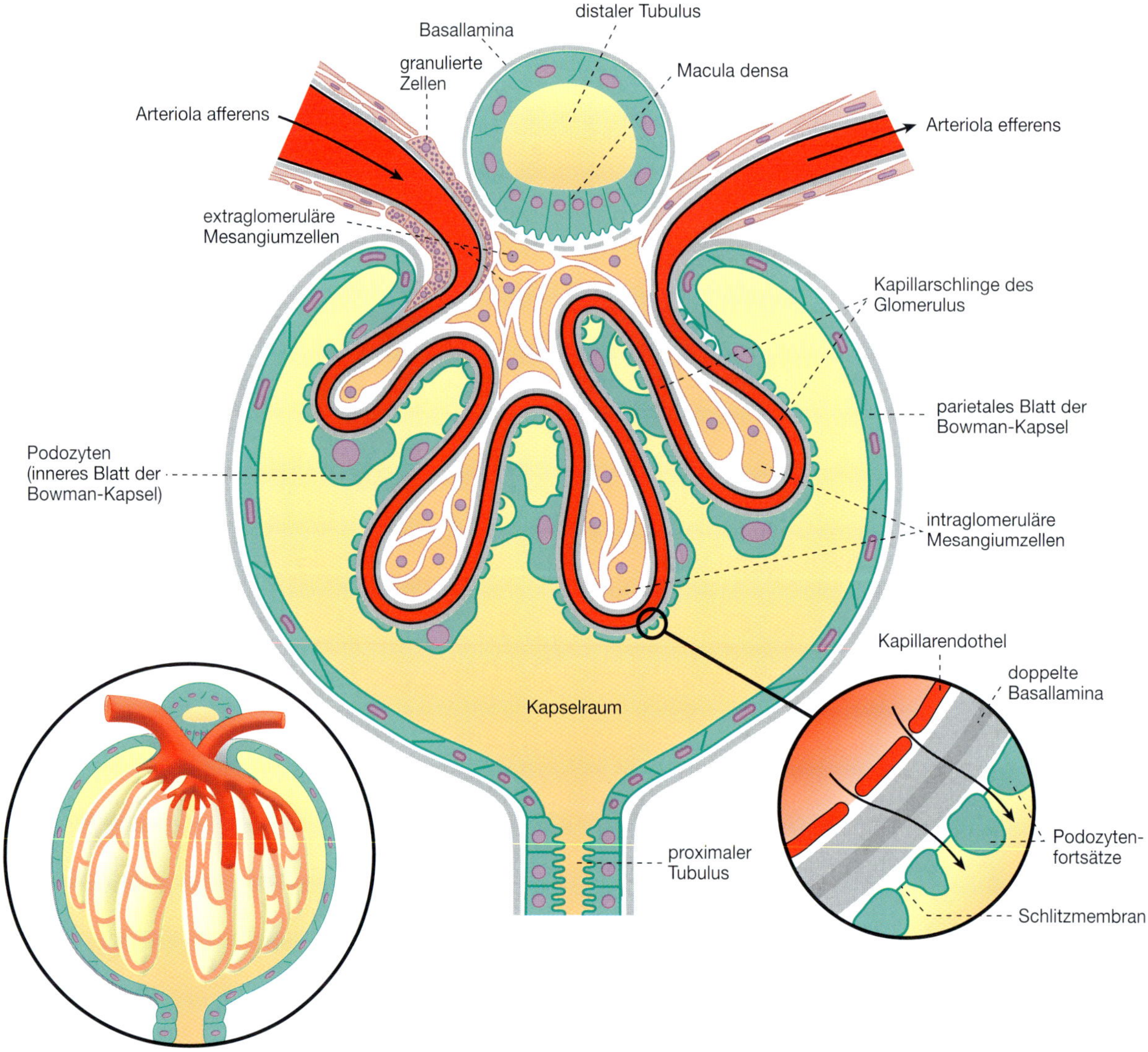

Abb. 12-6 Nierenkörperchen, schematische Darstellung. Links unten: dreidimensionale Darstellung der Kapillarschlingen des Glomerulus. Rechts unten: strukturelle Komponenten der Blut-Harn-Schranke, ➔ Richtung des Filtrationsprozesses.

Äußeres und inneres Blatt sind einschichtige Epithelien, die einer Basallamina aufliegen. Die Basallamina des äußeren Blattes ist nach außen gerichtet, die des inneren Blattes ist gegen die Blutkapillaren des Glomerulus gewandt. Gegenüber der Einstülpungsstelle des Glomerulus, dem **Gefäßpol**, öffnet sich das äußere Blatt der Kapsel und geht hier am sog. **Harnpol** in den proximalen Tubulus über, so dass Kapselraum und Lumen der Harnröhrchen miteinander verbunden sind (Abb. 12-6). Das äußere Blatt besteht aus einem einfachen Plattenepithel (Abb. 12-7).

Podozyten Die Epithelzellen des inneren Blattes differenzieren sich zu **Podozyten** (Epizyten, Deckzellen), die eine wichtige Aufgabe bei der Ultrafiltration übernehmen. Es sind sternförmige Zellen, deren Fortsätze die **Glomeruluskapillaren** umgreifen. Von den kräftigen primären Fortsätzen der Podozyten gehen zahlreiche feinere sekundäre Fortsätze aus (Abb. 12-8), die Pedicellen oder Füßchenfortsätze genannt werden. Die **Füßchenfortsätze** sind mit den entsprechenden Fortsätzen benachbarter Podozyten verzahnt. Sie lassen zwischen sich aber einen schmalen, 20–30 nm weiten Spaltraum frei, so dass insgesamt ein hochkomplexer, im Dienste der Ultrafiltration stehender Interzellulärraum entsteht. Der Spalt zwischen den einzelnen Füßchen wird von einer ca. 5 nm dicken extrazellulären Schicht, der **Schlitzmembran**, überspannt (Abb. 12-9), die negativ geladene Proteoglykane, Nephrin und P-Cadherin enthält und in der ca. 2–5 nm weite Poren zu finden sind (Abb. **12-10**). Alle Fortsätze der Podozyten liegen einer Basallamina auf. Podozyten sind Zellen, die sich nach ihrer Ausdifferenzierung nicht mehr teilen können. Sie können nach einer Schädigung, die zu ihrem Absterben führt, nicht mehr ersetzt werden.

Die Podozyten besitzen ein gut entwickeltes Zytoskelett mit Aktin und Meromyosin in den sekundären Fortsätzen, insbesondere dort, wo sie der Basallamina aufsitzen. Im Zytoplasma dieser Zellen befinden sich unterhalb des Kerns ein großer Golgi-Apparat, viele Lysosomen und zahlreiche Zisternen des rauen und glatten endoplasmatischen Retikulums. Die Membran der Podozytenfortsätze ist durch eine elektrisch stark negativ geladene Glykokalyx gekennzeichnet, in der das Sialoglykoprotein „Podocalyxin" vorkommt. Die Eigenschaften dieser Glykokalyx beeinflussen die Filtrationseigenschaften des Raumes zwischen den sekundären Podozytenfortsätzen mit.

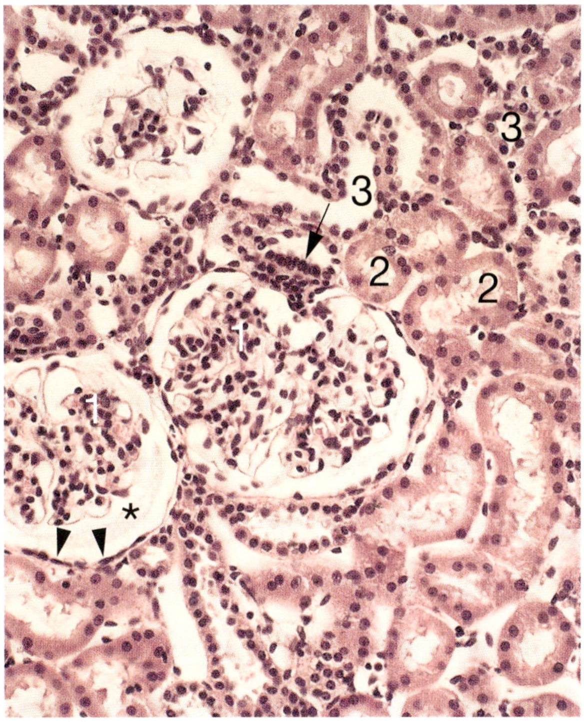

Abb. 12-7 Nierenkörperchen (Rhesusaffe). **1** Glomerulus; ✻ Kapselraum; ▶ äußeres Blatt der Bowman-Kapsel; **2** proximaler Tubulus; **3** distaler Tubulus; ➔ Macula densa. Färbung: H. E.; Vergr. 250fach.

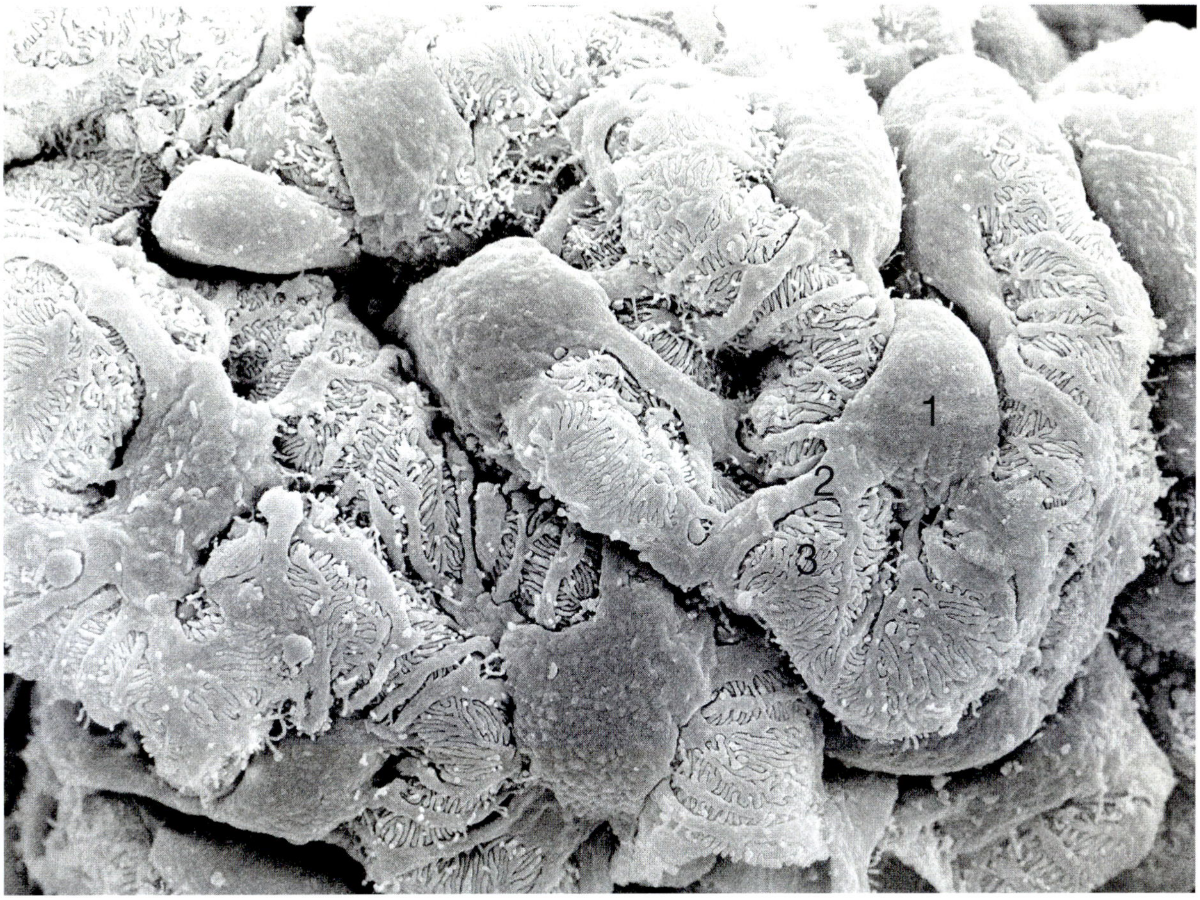

Abb. 12-8 Aufsicht auf die Podozyten im Glomerulus der Niere der Ratte. **1** Soma eines Podozyten; **2** primärer Fortsatz; **3** sekundäre Fortsätze. Vergr. 3600fach.

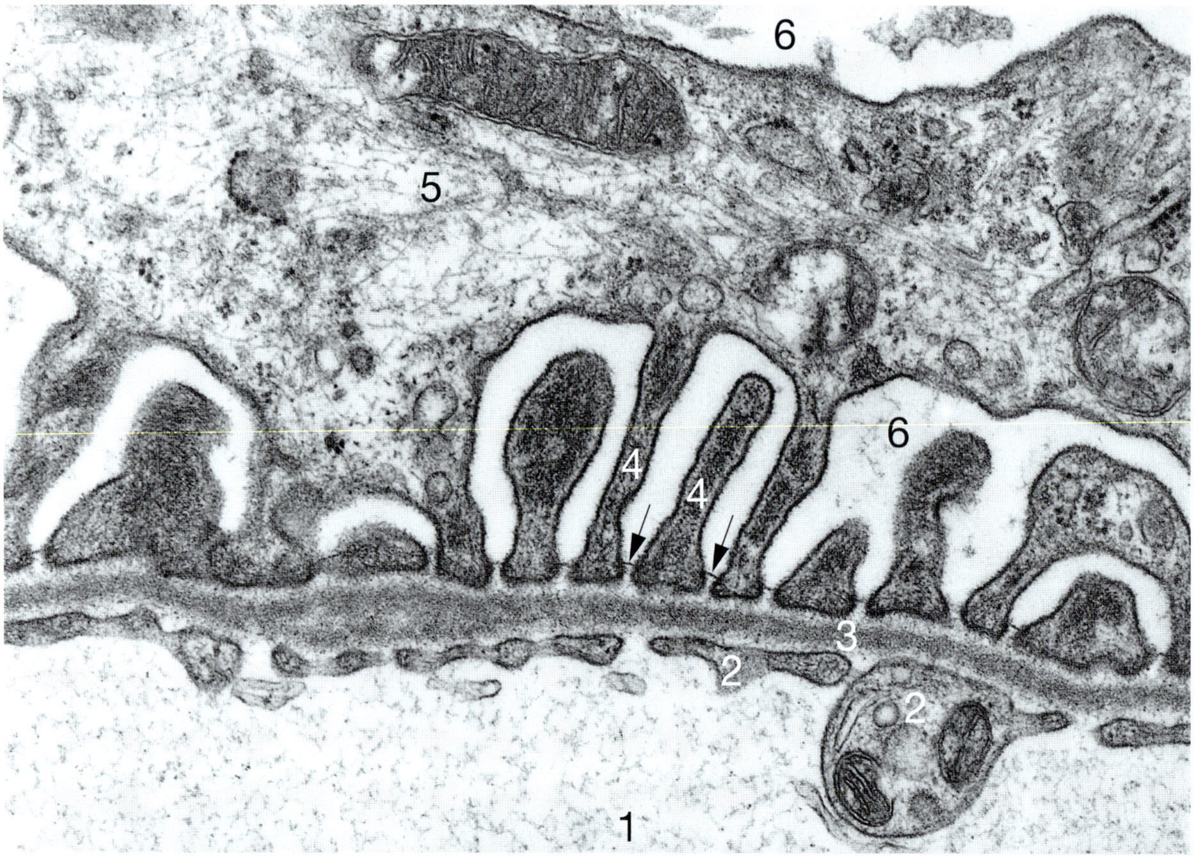

Abb. 12-9 Ultrastruktur der Blut-Harn-Schranke (Mensch). **1** Lumen einer Blutkapillare; **2** Kapillarendothel mit Poren; **3** gemeinsame Basallamina von Endothel und Podozyten; **4** schlanke Podozytenfortsätze, die über Schlitzmembranen (➔) verbunden sind; **5** großer Podozytenfortsatz; **6** Filtrationsraum des Nierenkörperchens. Vergr. 40 000fach.

Die Basallamina der Podozyten verschmilzt mit der der Endothelzellen der Glomeruluskapillaren, so dass eine gemeinsame ca. 200 nm dicke Basallamina mit Lamina rara externa (an den Podozyten), Lamina densa (in der Mitte) und Lamina rara interna (am Endothel) entsteht (Abb. **12-9**). Diese funktionell und auch medizinisch wichtige Basallamina ist der wesentliche Anteil des glomerulären Ultrafilters, in dem Kollagen Typ IV, Laminin, Heparansulfat und Fibronektin in charakteristischer Weise verteilt sind. Das elektrisch negativ geladene Heparansulfat ist die wichtigste Komponente der elektrostatischen Barriere des glomerulären Ultrafilters. Die Basallamina hat eine relativ langsame Umsatzzeit von ca. einem Jahr.

Das Endothel der glomerulären Kapillaren ist von 70–100 nm weiten Poren (keine Diaphragmen) durchbrochen (Abb. **12-9**). Diese Poren halten lediglich Blutzellen zurück.

Die wichtigsten Strukturen der Podozyten, der (gemeinsamen) Basallamina und des Endothels sind in Abbildung **12-6** schematisch gezeigt; sie bilden gemeinsam die sog. Blut-Harn-Schranke.

Mesangium Der Raum zwischen den Kapillaren wird vom Mesangium eingenommen, einem schmalen Bindegewebsraum mit Mesangiumzellen und einer speziellen Matrix. Diese enthält Mikrofibrillen, Kollagen vom Typ IV, V und VI, Proteoglykane und Fibronektin. Das Mesangium hilft den Kapillarwänden des Glomerulus, dem recht hohen intrakapillären Druck standzuhalten (Abb. **12-11**).

Die **Mesangiumzellen** sind spezielle perizytenähnliche Zellen, die kontraktil sind und auch intensiv phagozytieren können. Sie sezernieren außerdem biologisch aktive Substanzen wie Prostaglandine. Sie können den Blutfluss durch den Glomerulus beeinflussen. Vermutlich sind sie durch ihre Phagozytoseleistungen am Umsatz der Basallamina und der in ihr haftenden Reststoffe, die hier im Verlauf des Filtrationsprozesses hängen bleiben, beteiligt. Sie enthalten Lysosomen und oft Lipofuszingranula. Des Weiteren sind die Mesangiumzellen die Produzenten der mesangialen Matrix. Die Mesangiumzellen können bei bestimmten chronischen Entzündungen der Nierenkörperchen (Glomerulonephritiden) stark proliferieren.

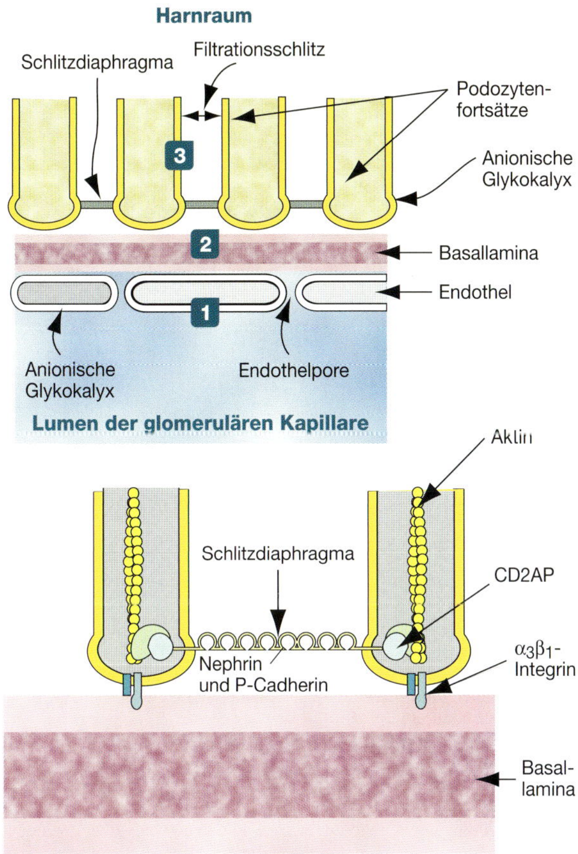

Komponenten der Filtrationsbarriere

1 Das **Endothel** der glomerulären Blutkapillaren besitzt **offene Poren** und ist durchlässig u. a. für Wasser, Natrium, Harnstoff und kleine Proteine. Die Endothelzellen sind mit **negativ geladenen Proteoglykanen** (enthalten Heparansulfat) bedeckt, die die Filtration großer anionischer Proteine einschränken.

2 Die umfangreiche **Basallamina**, die von Endothel und Podozyten gebildet wird, enthält Typ-IV-Kollagen, Laminin, Fibronektin und Proteoglykane, die in reichem Maße aus Heparansulfat bestehen, das die Filtration anionischer Proteine verhindert.

3 Die schlanken Sekundärfortsätze (Füßchenfortsätze) der Podozyten bedecken die Basallamina und tragen auch negativ geladene Membranproteoglykane. Der Raum zwischen den Füßchenfortsätzen wird **Filtrationsschlitz** genannt. Ein **Schlitzdiaphragma** verbindet benachbarte Fußfortsätze und bildet hier eine eigene Barriere, die aus P-Cadherin und Nephrin aufgebaut ist, einem Zelladhäsionsmolekül der Ig-Superfamilie. Nephrin ist intrazellulär im Protein **CD2AP** verankert, das mit Aktinfilamenten im Füßchenfortsatz verbunden ist. Eine Mutation des Gens, das Nephrin kodiert, verursacht das **angeborene nephrotische Syndrom**, das durch massive Proteinurie (Albumin leckt durch die Filtrationsbarriere und findet sich im Harn) und Ödeme gekennzeichnet ist.

Abb. 12-10 Komponenten der Filtrationsbarriere. (Aus [12])

Ultrafiltration Die Glomeruli beider Nieren produzieren mit Hilfe ihrer Filterstrukturen pro Minute ca. 125 ml Primärharn. Die Basallamina ist die wesentliche Barriere für Proteine, nicht nur wegen der Porengröße, sondern auch wegen ihrer negativen elektrischen Ladungen. Frei filtriert werden nur Stoffe mit einem Molekülradius von 1,6–1,8 nm, was einer Molekülmasse von ca. 6–15 kD entspricht. Diesen Anforderungen entspricht z. B. das hydrophile Polysaccharid Inulin, das ein Molekulargewicht von ca. 5 500 D besitzt und zur Messung der glomerulären Filtrationsrate herangezogen werden kann. Moleküle, die unwesentlich größer sind, werden – in unterschiedlichem Ausmaß – teilweise filtriert. Kalzium kann wegen seiner Proteinbindung nur zu ca. 60% filtriert werden. Das stark an Protein gebundene Medikament Digitoxin wird nur sehr langsam in der Niere filtriert und ausgeschieden. Ungeladene oder positiv geladene Moleküle werden leichter filtriert als negativ geladene. Das negativ geladene Albumin (Radius ca. 3,55 nm, 69 kD) kann die Basalmembran nicht passieren.

Klinik Bei **Nierenerkrankungen**, z. B. Entzündungen der Nierenkörperchen, die mit einem Verlust der elektrischen Ladungen der Basallamina einhergehen, kommt es zu einer massiven Albuminurie, d. h., Albumin passiert den Filter und wird zu einem erheblichen Teil mit dem Harn ausgeschieden.

Nierentubuli

Die Tubuli der Nephrone beginnen am Harnpol der Malpighi-Körperchen und füllen den größten Teil der Niere aus (Abb. **12-12**, **12-13**).

☐ Proximaler Tubulus

Der proximale Tubulus (Tubulus proximalis, Abb. **12-12**) ist der längste Abschnitt des Nephrons. Der Durchmesser schwankt zwischen 50 und 60 µm, sein Lumen ist oft verhältnismäßig eng. Er hat einen geknäuelten (Pars convoluta) und gestreckten (Pars recta) Abschnitt. Der Tubulus besitzt ein kubisches bis niedrig-prismatisches eosinophiles Epithel mit einem dichten und hohen Bürstensaum, der von einer hohen Glykokalyx bedeckt ist (Abb. **12-13a**). Die Zellhöhe beträgt im Paraffinschnitt 15–20 µm. Der Kern ist hell und rundlich. Unter den Organellen fallen vor allem zahlreiche lange Mitochondrien in der unteren Zellhälfte auf, die parallel zur apikal-basalen Zellachse angeordnet sind und oft zwischen tiefen basolateralen Einfaltungen der Zellmembran liegen (basolaterales Labyrinth). Lysosomen und Peroxisomen treten vor allem apikal auf. Zwischen den Basen der Mikrovilli finden sich schlanke Invaginationen der apikalen Zellmembranen (**apikale Canaliculi**). In deren Umgebung finden sich zahllose Membranvesikel und Vakuolen, darunter viele clathrinbedeckte Vesikel und Endosomen als Ausdruck intensiver Resorptionsvorgänge mittels Endozytose (Abb. **12-13b**).

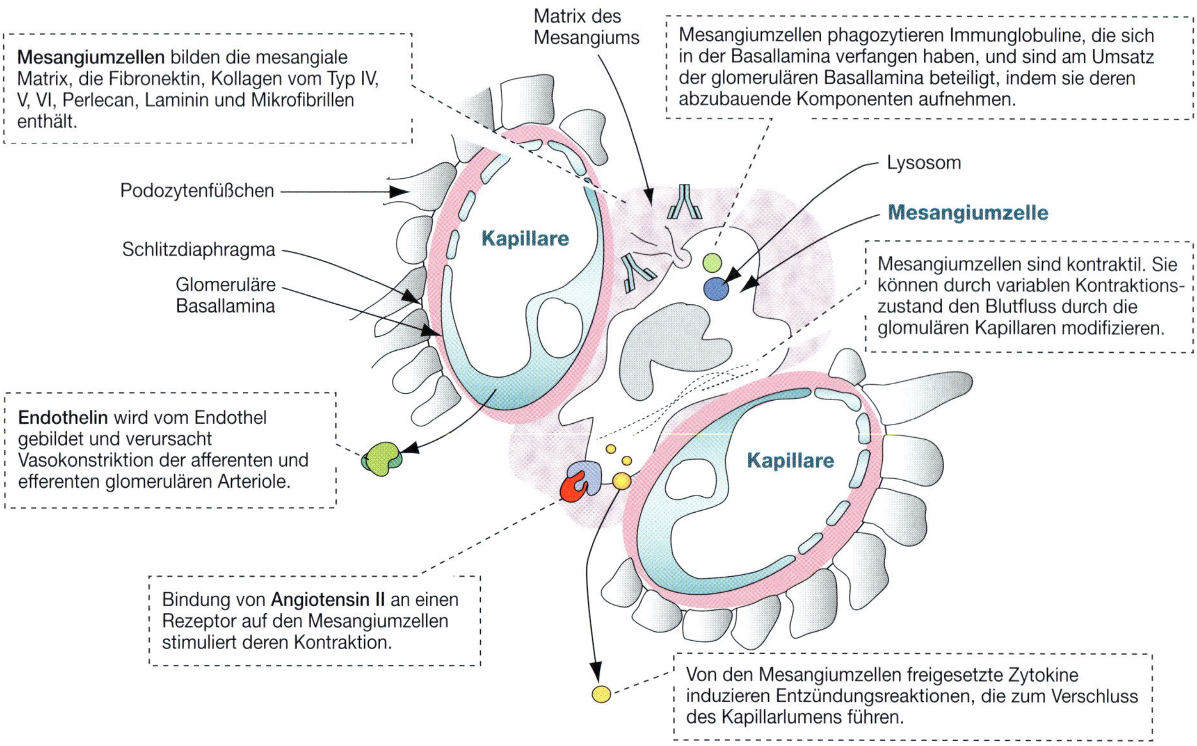

Abb. 12-11 Funktion und Struktur des Mesangiums. (Aus [12])

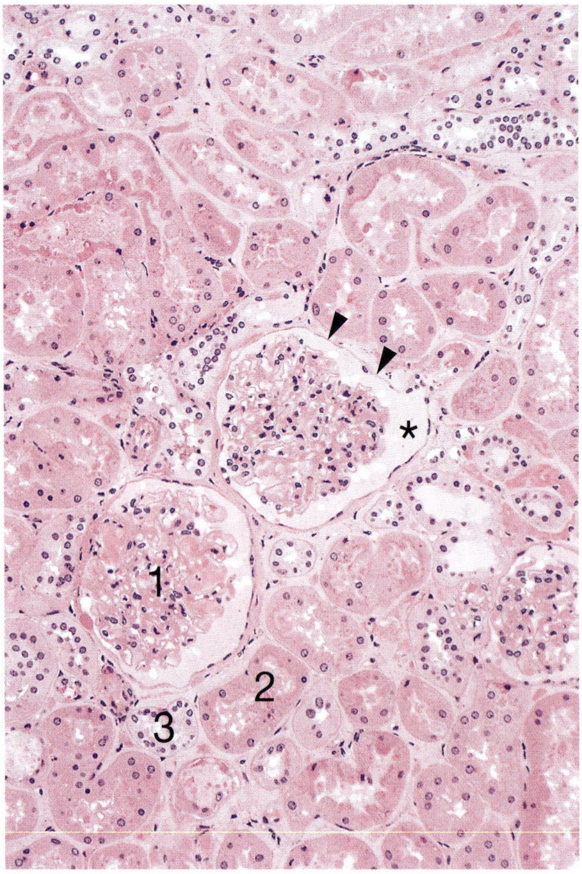

Abb. 12-12 Ausschnitt aus der Nierenrinde (Mensch) mit Glomerulus (**1**), proximalem (**2**) und distalem (**3**) Tubulus. ▶ äußeres (parietales) Blatt der Bowman-Kapsel; ✻ Kapselraum. Beachte das eosinophile Zytoplasma, den apikalen Bürstensaum und die kaum erkennbaren lateralen Zellgrenzen in den proximalen Tubuli. Die distalen Tubuli sind heller, der zelluläre Aufbau ist besser erkennbar, der Bürstensaum fehlt. Plastikschnitt; Färbung: H. E.; Vergr. 100fach. (Aus [1])

Abb. 12-13 Ultrastruktur von Nierentubuli und Sammelrohr.

a) Proximaler Tubulus (Niere einer Ratte): Epithelzellen mit hohem Bürstensaum (**1**) und zahlreichen Mitochondrien (**2**). **3** dicht gestellte Einfaltungen der basalen Zellmembran; **4** Basallamina. Vergr. 6750fach.

b) Proximaler Tubulus (Niere einer Ratte), höhere Vergrößerung: Zellapex einer Epithelzelle. An der Basis der Mikrovilli (**1**) finden sich zahllose schlauchförmige Einsenkungen und Vesikel (➔) sowie einzelne Vakuolen als Ausdruck intensiver Rückresorption. Vergr. 20700fach.

c) Intermediärer Tubulus (Niere eines Menschen): flache Epithelzelle (**1**); **2** Lumen. Die Basallamina (✻) ist hier pathologisch etwas verdickt. Vergr. 5100fach.

d) Distaler Tubulus (Niere einer Ratte): Epithelzelle mit nur vereinzelten kurzen apikalen Mikrovilli (**1**) und gut ausgeprägtem basalem Labyrinth (**2**). Vergr. 8800fach.

e) Sammelrohr (Niere einer Ratte): Epithelzellen (Hauptzellen) mit relativ wenig Zellorganellen und gering ausgeprägten basalen Membraneinfaltungen (**1**). ➔ Zellkontakte. Vergr. 3800fach. ▶

Lateral sind benachbarte Zellen vielfältig miteinander verzahnt, was zur Bildung eines hochkomplexen Interzellulärraumes führt. Im Lichtmikroskop sind die lateralen Begrenzungen der Zellen kaum zu erkennen. Apikal liegt eine durchlässige Zonula occludens, die oft nur aus einer versiegelnden Verschlussleiste besteht.

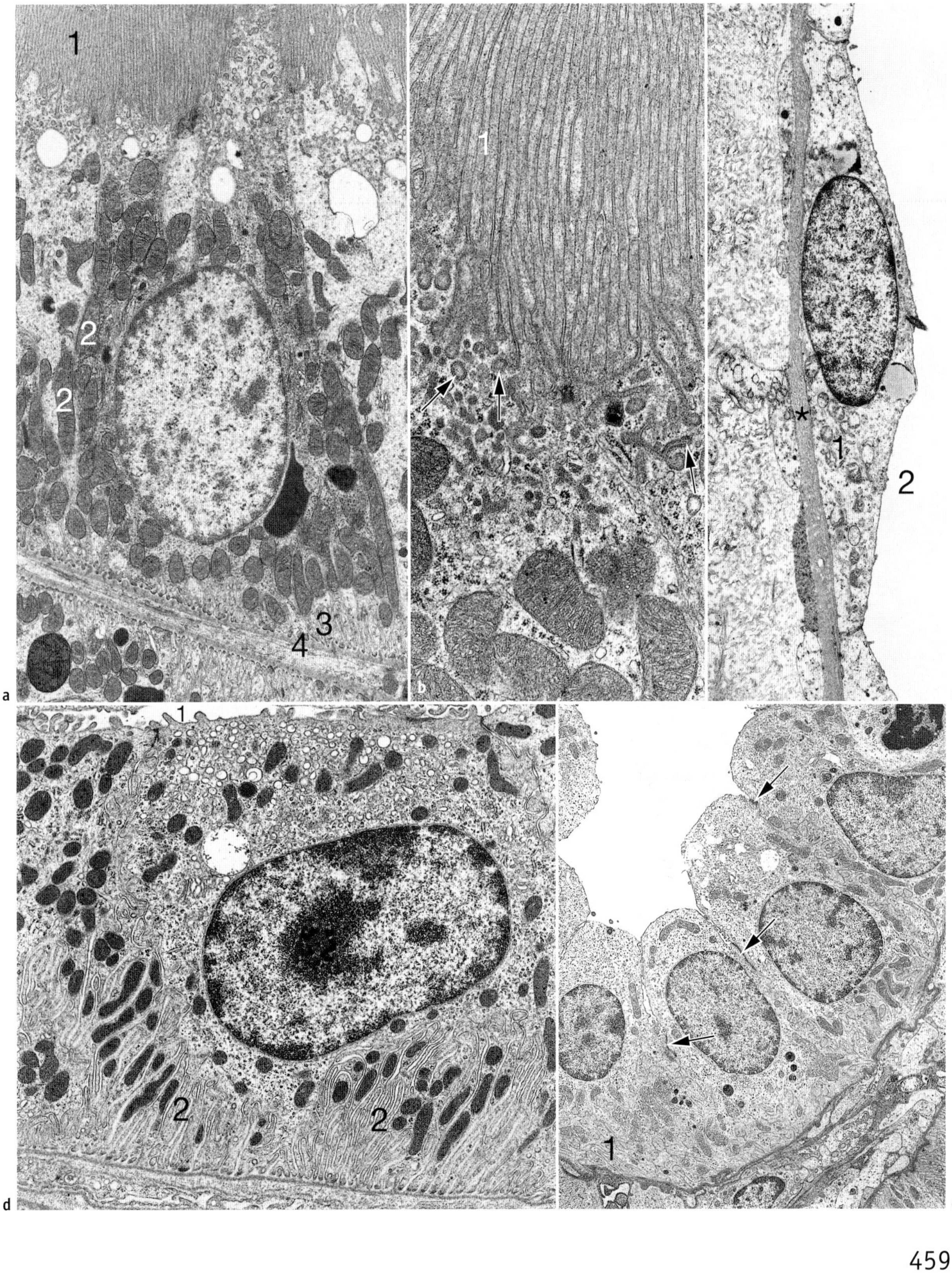

Rückresorption In den proximalen Tubuli werden 70–80% des filtrierten Wassers und Natriums **rückresorbiert**. Hier wird fast die gesamte Menge der filtrierten Glukose und der Aminosäuren dem Primärharn wieder entzogen. Wichtige Pumpen finden sich in der basolateralen Membran (z.B. die Na^+-K^+-ATPase, Abb. 12-14). Die Rückresorption kann beim Versuchstier mit Hilfe des Farbstoffs Trypanblau sichtbar gemacht werden. Der Farbstoff wird nach der Filtration in den proximalen Tubuli mittels Endozytose rückresorbiert und in ihnen abgelagert (Abb. 12-15).

Sekretion Im proximalen Tubulus erfolgen auch **sekretorische** Mechanismen, mit deren Hilfe organische Säuren (z.B. Urat und Oxalat) und organische Kationen (z.B. Atropin und Morphin) ausgeschieden werden. Penicillin wird hier rasch sezerniert. Viele Stoffe werden vor der Sekretion an Sulfat, Gluku-

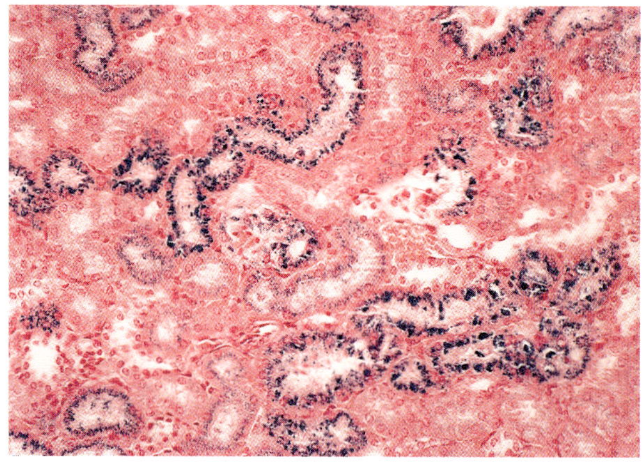

Abb. 12-15 Nierenrinde (Ratte). Deutliche blaue Markierung der gewundenen Abschnitte der proximalen Tubuli durch Rückresorption und Speicherung des Vitalfarbstoffs Trypanblau, der zuvor filtriert wurde. Färbung: Kernechtrot; Vergr. 150fach.

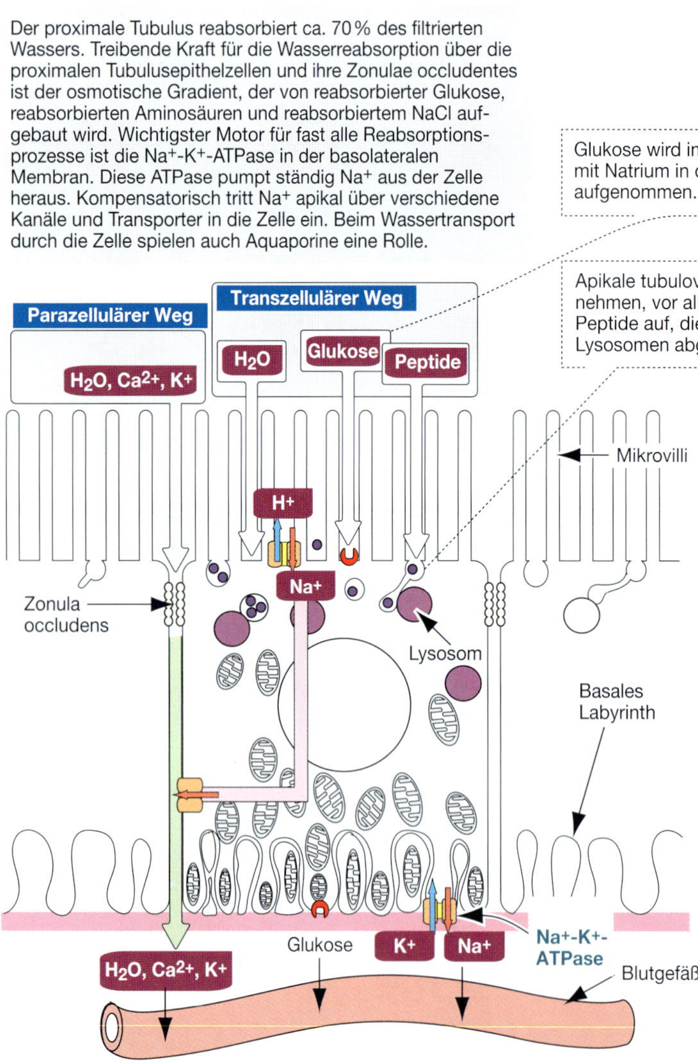

Abb. 12-14 Mechanismus der Rückresorptionsprozesse im proximalen Tubulus. (Aus [12])

ronsäure u.a. gekoppelt. Pars recta und Pars convoluta unterscheiden sich nicht grundsätzlich. Es gibt aber quantitative Unterschiede in Hinsicht auf funktionelle Leistungen und Organellenbestand. So nimmt z.B. der Gehalt an Peroxisomen von proximal nach distal zu.

☐ Intermediärer Tubulus

Im dünnen intermediären Tubulus (Tubulus intermedius, Durchmesser ca. 12–15 μm) ist das Wandepithel flach (im Paraffinschnitt ca. 1,0–2,0 μm dick) und besitzt keinen Bürstensaum (Abb. **12-13c**, **12-16**). Der Tubulus entspricht dem dünnen Segment der Henle-Schleife (Abb. **12-17**). In vielen kortikalen Nephronen ist der intermediäre Tubulus nur ein Teil des absteigenden Schenkels der Henle-Schleife. In den marknahen Nephronen mit langer Henle-Schleife lassen sich mehrere Abschnitte unterscheiden. Anfänglich sind die flachen Epithelzellen noch miteinander verzahnt und besitzen basale Einfaltungen, apikal befindet sich eine durchlässige Zonula occludens mit nur einer Leiste. Weiter distal bestehen die absteigenden Anteile der intermediären Tubuli aus kaum noch miteinander verzahnten Zellen. Im aufsteigenden Schenkel sind die Zellen wieder stärker verzahnt, besitzen aber keine basalen Einfaltungen. Die funktionelle Bedeutung dieser Unterschiede ist in ihren Einzelheiten noch wenig bekannt.

☐ Distaler Tubulus

Der distale Tubulus (Tubulus distalis) besteht aus einer **Pars recta**, die den wesentlichen Teil des aufsteigenden Schenkels der Henle-Schleife bildet, und einer **Pars convoluta**. Am Übergang der zwei Abschnitte liegt die **Macula densa**. Der distale Tubulus besitzt ein kubisches helles Epithel (Abb. **12-12**), dessen Höhe etwas variiert. Zu Beginn der Pars recta ist es ca. 10–13 μm hoch und verliert in Richtung Macula densa dann an Höhe. Parallel zu der Höhenabnahme nimmt die Zahl der Mikrovilli zu. Nach der Macula densa nimmt die Epithelhöhe wieder zu, die Mikrovilli stehen recht dicht, und der Zellapex wölbt sich oft mit dem Kern ins Lumen vor. Weiter distal nimmt die Zellhöhe dann wieder etwas ab. Die Zonula occludens ist im distalen Tubulus wasserundurchlässig (Abb. **12-18**) und besteht aus mehreren Verschlussleisten. Das Lumen ist oft weiter als das der proximalen Tubuli und hat einen Durchmesser zwischen 30 und 45 μm. Ein Bürstensaum fehlt, jedoch sind in variabler Menge und Form Mikrovilli vorhanden (Abb. **12-13d**). Oft ist ein kurzes Kinozilium ausgebildet. Apikale Vesikel sind spärlich vorhanden, und clathrinbedeckte Vesikel fehlen weitgehend. Zwischen tiefen basolateralen Einfaltungen, deren Membranen eine magnesiumabhängige Na^+-K^+-ATPase besitzen, befinden sich lange Mitochondrien. Benachbarte Zellen sind meist weniger intensiv

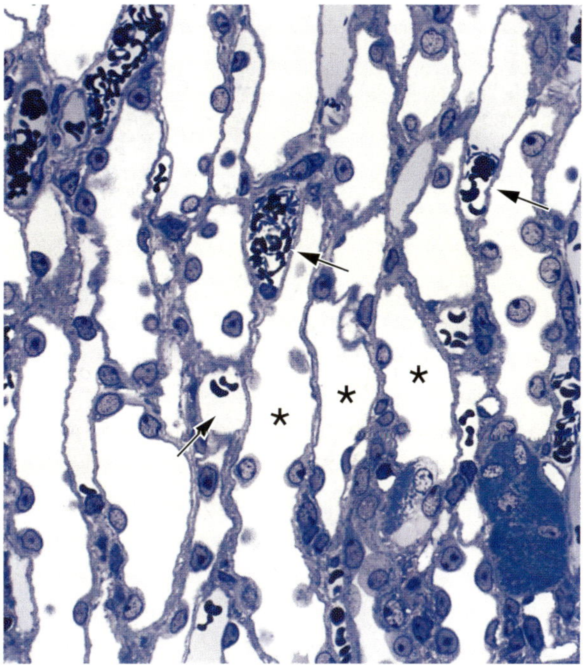

Abb. 12-16 Innenzone des Nierenmarks (Rhesusaffe) mit zahlreichen längs geschnittenen Intermediärtubuli (*). Beachte die hellen und rundlich-ovalen Epithelzellkerne. ➔ Blutkapillaren mit Erythrozyten. Semidünnschnitt; Färbung: Toluidinblau; Vergr. 450fach.

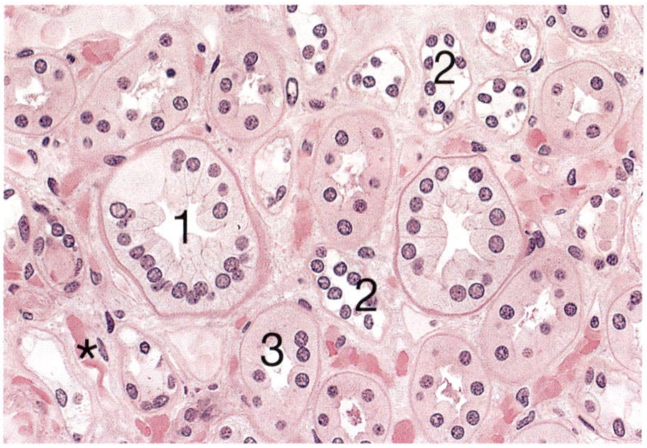

Abb. 12-17 Nierenmark (Mensch). **1** Sammelrohr; **2** intermediärer Tubulus (dünner Teil der Henle-Schleife); **3** distaler Tubulus; * kleines Blutgefäß. Plastikschnitt; Färbung: H.E.; Vergr. 200fach. (Aus [1])

miteinander verzahnt als im proximalen Tubulus. Lysosomen und Peroxisomen sind deutlich seltener als im proximalen Tubulus. Die Unterschiede zwischen Pars recta und Pars convoluta des distalen Tubulus sind vor allem quantitativer Art, können sich aber in einigen molekularen Mechanismen wesentlich unterscheiden, wie z.B. in den Transportmechanismen für Natrium über die apikale Zellmembran. Besonders intensive Transportleistungen erbringt der erste Teil

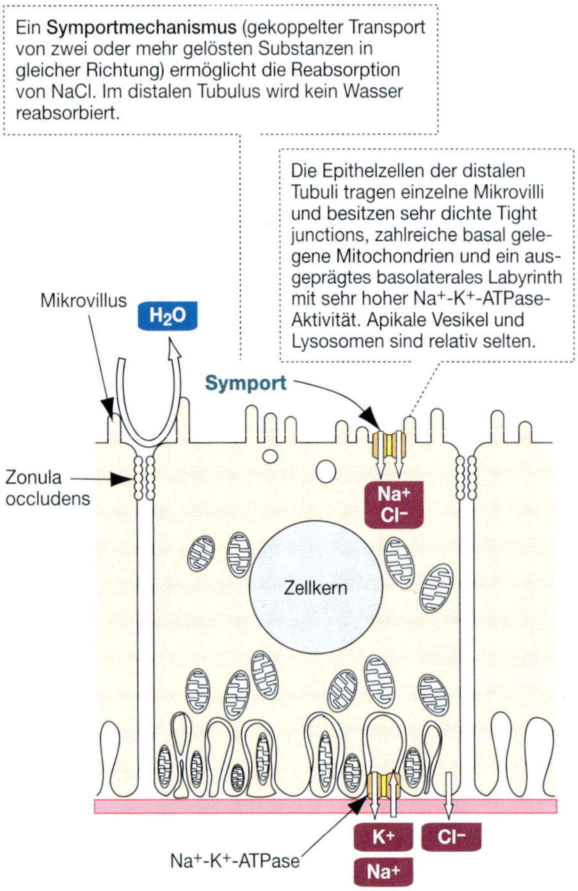

Abb. 12-18 Funktionelle Histologie des distalen Tubulus. (Aus [12])

der Pars convoluta, der hohe Na^+-K^+-ATPase-Aktivität, besonders viele Mitochondrien, ausgedehnte laterale Verzahnungen, dicht stehende Mikrovilli und eine besonders dichte Zonula occludens aufweist.

Am Übergang von Pars recta zu Pars convoluta nimmt der distale Tubulus mit seinem Glomerulus am Gefäßpol Kontakt auf und bildet hier die **Macula densa** (Abb. **12-6, 12-7**), eine plaqueartige Stelle aus 20–30 dicht stehenden hohen transportierenden Epithelzellen (siehe Kap. 2.1.4). Die Macula densa ist Teil des juxtaglomerulären Apparats (s. u.)

Im aufsteigenden Teil des distalen Tubulus wird fast kein Wasser rückresorbiert. Es findet hier jedoch u. a. eine intensive Rückresorption von Natrium und Chlorid statt. Der Tubulusharn ist hier hypoton.

Klinik Das Tamm-Horsfall-Protein wird in einer Menge von ca. 50 mg am Tag vom aufsteigenden Schenkel des distalen Tubulus sezerniert, seine Bedeutung ist nicht bekannt. Bei einigen Nierenkrankheiten beteiligt es sich am Aufbau von sog. Zylindern, die das Lumen verstopfen können.

□ Verbindungstubulus

Ein kurzes Verbindungsstück (**Tubulus reuniens**) befindet sich zwischen distalem Tubulus und Sammelrohr. Das Epithel weist Übergangsmerkmale zwischen distalen Tubuli und kortikalen Sammelrohren auf. Typisch sind Epithelzellen mit tiefen basolateralen Membraneinfaltungen. Hier treten zum ersten Mal Schalt-(Zwischen-)Zellen auf.

Sammelrohr

Das System der Sammelrohre beginnt mit kortikalen Sammelrohren, in die jeweils ca. 10 Verbindungsstücke einmünden. Weiter distal entstehen die äußeren medullären Sammelrohre und schließlich die inneren medullären Sammelrohre. Die Sammelrohre verlaufen in den Markstrahlen gestreckt in Richtung Nierenmark und Nierenpapille (Abb. **12-19**). Im inneren Mark verbinden sie sich in spitzem Winkel. Insgesamt kommt es ca. 7-mal hintereinander zu einem Zusammenfluss von zunehmend größer werdenden Sammelrohren, bis schließlich die 100–200 µm weiten **papillären Sammelrohre** (Ductus papillares, Bellini-Gänge) entstehen. Die großen Sammelrohre (insgesamt ca. 200–700 Stück pro Niere) münden an den Spitzen der Nierenpapillen (Abb. **12-19**).

Das helle Epithel der Sammelrohre ist kubisch oder weiter distal prismatisch (Abb. **12-17, 12-20**). Alle Zellgrenzen sind gut sichtbar. Alle Zellen sind über relativ dichte Zonulae occludentes (mit ca. 10 Verschlussleisten) verbunden. Bei aktivem Wassertransport sind die Interzellulärräume erweitert. Ultrastrukturell, histochemisch und physiologisch lassen sich zwei Zelltypen unterscheiden, die Schalt- und Hauptzellen, wobei bei den einzelnen Säugetieren eine beachtliche Variabilität besteht.

Schaltzellen Die Schalt-(Zwischen-)Zellen sind eher dunkel. Im Elektronenmikroskop ist erkennbar, dass sie apikal Mikrofalten tragen und im apikalen Zytoplasma viele helle Vesikel enthalten (Abb. **12-21**). Im Zytoplasma sind kurze, plumpe Mitochondrien mit dicht stehenden Cristae zahlreich. Basolaterale Einfaltungen sind kaum ausgebildet. Funktionell werden Typ-A- und Typ-B-Schaltzellen unterschieden. Typ-A-Zellen besitzen im aktivierten Zustand einen mit Mikrofalten besetzten vorgewölbten Zellapex und sezernieren hier mittels einer H^+-K^+-ATPase und einer H^+-ATPase Protonen ins Sammelrohrlumen (Abb. **12-22**). Die H^+-K^+-ATPase sezerniert nicht nur aktiv H^+, sondern resorbiert auch K^+. Basal transportieren diese Zellen Bikarbonat ins Blut. Die selteneren Typ-B-Schaltzellen sezernieren bei alkalotischer Stoffwechsellage Bikarbonat ins Lumen des Sammelrohrs. Diese Zellen können wahrscheinlich apikal Chlorid re-

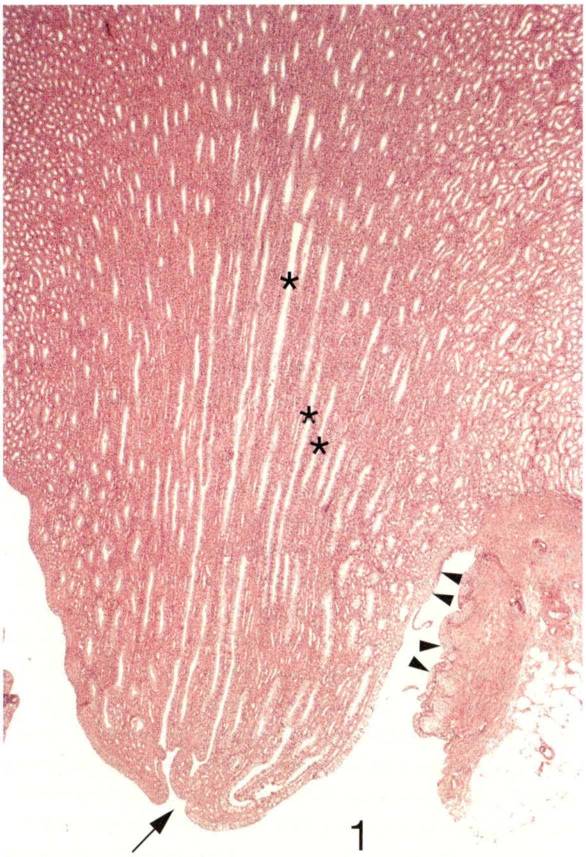

Abb. 12-19 Nierenpapille (Rhesusaffe). Die zahlreichen Sammelrohre (*) verlaufen fast parallel. → Öffnung eines großen Sammelrohres in den Nierenkelch (**1**), der schon von Übergangsepithel ausgekleidet ist (▶). Färbung: H. E.; Vergr. 25fach.

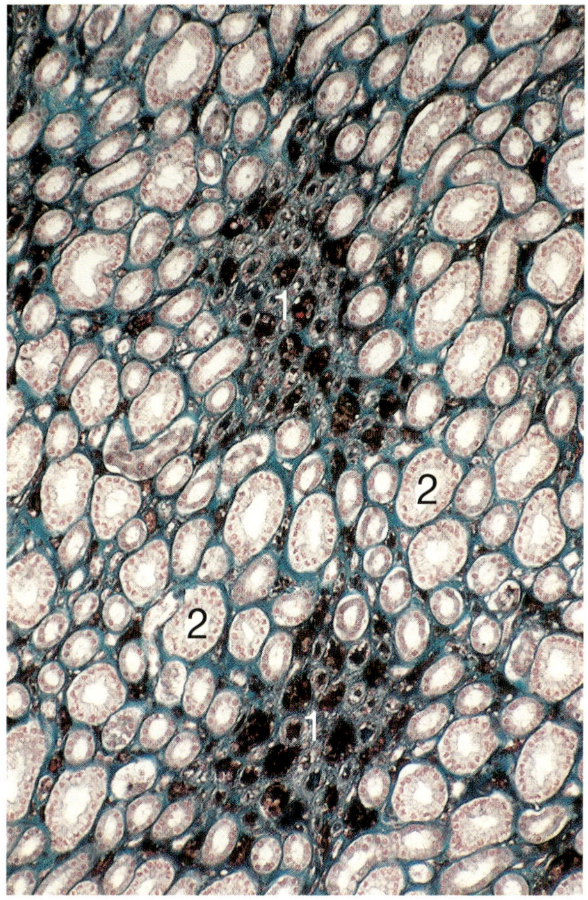

Abb. 12-20 Nierenmark (Mensch). Querschnitt ungefähr in Höhe der Grenze Innenstreifen-Innenzone mit zwei Gefäßbüscheln aus auf- und absteigenden Vasa recta (**1**), die von Sammelrohren (**2**) und den gestreckt verlaufenden Abschnitten der proximalen und distalen Tubuli umgeben werden. Färbung: Goldner; Vergr. 150fach.

sorbieren und geben basal Protonen ins Blut ab. In den Sammelrohren des inneren Marks fehlen die Schaltzellen, hier kommen nur noch Hauptzellen vor.

Hauptzellen Die Hauptzellen (Abb. 12-13e) tragen kurze kräftige Mikrovilli und ein einzelnes Kinozilium. Die kleinen Mitochondrien sind wahllos verteilt, der Zellapex enthält nur wenige Vesikel. Die basale Zellmembran bildet Einfaltungen aus, die unterschiedlich tief sind. Proximal sind sie viel tiefer und komplexer als distal. Unter dem Einfluss von Aldosteron resorbieren die Hauptzellen apikal Natrium und sezernieren hier Kalium. Sie besitzen weiter basal eine Na^+-K^+-ATPase, die Natrium ins Blut befördert und Kalium in die Zelle aufnimmt (Abb. 12-22).

Weitgehend unabhängig vom Natrium erfolgt im Sammelrohr die Resorption von Wasser. Ist erhöhte Wasserrückresorption notwendig, öffnet das antidiuretische Hormon (ADH = Adiuretin = Vasopressin) Wasserkanäle (**Aquaporine**). Ohne ADH sind die Sammelrohre „wasserdicht". Die Wasserkanäle können bei Bedarf in Sekundenschnelle in die apikale Membran eingebaut werden. Das Wasser strömt dann ins hypertone Interstitium des Nierenmarks ab, so dass im Harn die Osmolalität erheblich zunimmt (bis 1200 mosmol/l H_2O). Die Aquaporine sind bei Nicht-Bedarf in der Membran der apikalen Vesikel gespeichert. Bei Bedarf wandern diese Vesikel nach apikal und werden in die Zellmembran eingebaut.

Aquaporine sind eine Gruppe von Proteinmolekülen, die auch in anderen Organen vorkommen (z. B. in der Kornea, in der Gallenblase, in Endothelzellen, in Schweißdrüsen, im Magen und in den Plexus choroidei). Das durch ADH induzierbare Aquaporin der Sammelrohre wird AQP2 genannt.

Die Wasserrückresorption erfolgt typischerweise zu ca. 70–80% im proximalen Tubulus und zu ca. 30–20% im Sammelrohrsystem. Nur in den Sammel-

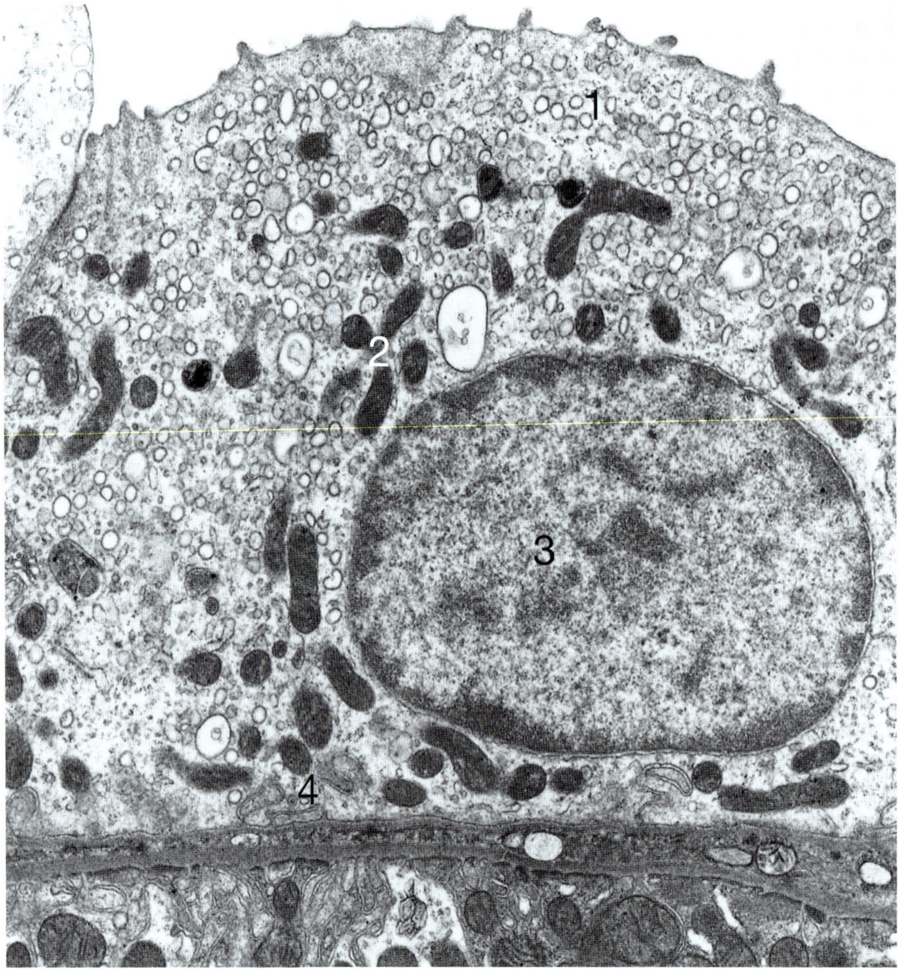

Abb. 12-21 Ultrastruktur einer Schaltzelle (Sammelrohr, Ratte). **1** apikale Vesikel; **2** Mitochondrien; **3** Zellkern; **4** vereinzelte basale Membraneinfaltungen. Vergr. 12 000fach.

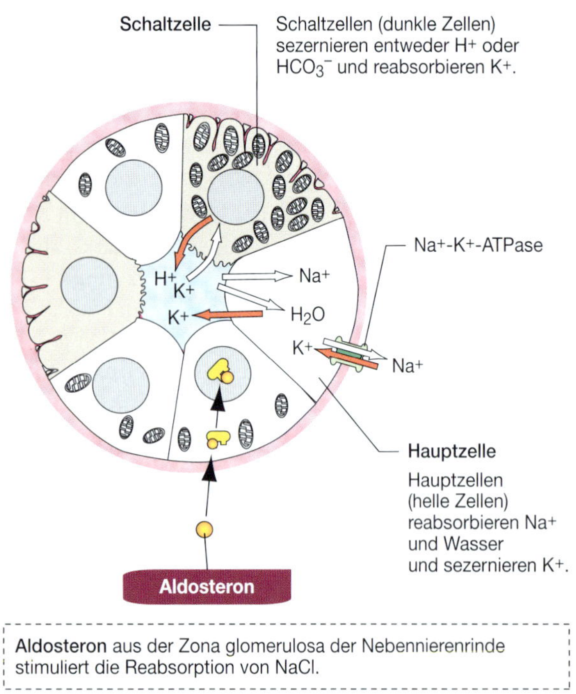

Abb. 12-22 Funktionelle Histologie der Zellen des Sammelrohrs. (Aus [12])

rohren ist die Rückresorption ADH-abhängig. Hier erfolgt die Feinregulation der Wasserrückresorption und -ausscheidung, die den physiologischen Bedürfnissen angepasst ist. Bei übermäßiger Flüssigkeitsaufnahme kann rasch eine beträchtliche Wassermenge wieder ausgeschieden werden, so dass das Flüssigkeitsvolumen im Körper konstant bleibt. Bei Wassermangel wird von den Nieren entsprechend nur wenig Wasser ausgeschieden.

Klinik Beim **Diabetes insipidus** kommt es zu vermehrter Wasserausscheidung. Ursache ist meist ADH-Mangel, z. B. infolge von Blutungen in der Hypophyse, die auch die Neurohypophyse betreffen (zentraler Diabetes insipidus). Dann kann nur in vermindertem Maß oder sogar gar kein Wasser im Sammelrohrsystem rückresorbiert werden. Eine erbliche Form des nephrogenen Diabetes insipidus geht auf eine Mutation des AQP2-Gens zurück.

> ! Tabelle 12-1 fasst wichtige strukturelle und physiologische Merkmale der Nierentubuli und der Sammelrohre zusammen.

12.1.3 Interstitium

Das renale Interstitium nimmt den Raum zwischen den Nierentubuli und Sammelrohren ein. Sein Volumen ist im Mark größer als in der Rinde. Es ist ein besonders ausgeprägtes Bindegewebe mit speziellen Fibroblasten, relativ wenigen Kollagenfibrillen und einer wasserreichen Proteoglykanmatrix. Im Mark enthalten die Fibroblasten öfter Lipidtropfen und sind den Tubuli außen angelagert. Diese peritubulären Zellen bilden das **Erythropoetin**, das eine wesentliche Voraussetzung für die Bildung roter Blutzellen ist. Sie bilden außerdem Prostaglandine, Bradykinine und andere Faktoren, die an der Regulation der Nierendurchblutung beteiligt sind.

Weitere endokrine Faktoren der Niere sind: Calcitriol (der wirksame Metabolit des Vitamins D), Thrombopoetin und vor allem das Renin, das zwar eigentlich ein Enzym ist, aber funktionell direkt mit dem Angiotensin verbunden ist.

12.1.4 Juxtaglomerulärer Apparat

Im Bereich des Gefäßpols der Nierenkörperchen findet sich der juxtaglomeruläre Apparat, der aus tubulären, vaskulären und mesangialen Anteilen besteht:

- Macula densa,
- granulierte juxtaglomeruläre Zellen,
- extraglomeruläre Mesangiumzellen (= Goormaghtigh-Zellen).

Dieser Apparat vermittelt auf komplexe Art und Weise über Reninproduktion die Bildung von **Angiotensin II**. Dieses Hormon beeinflusst den Blutdruck des Gesamtorganismus und damit auch die Durchblutung der Niere, was sich auf die Filtrationsleistung auswirkt. Angiotensin II stimuliert auch die Aldosteronausschüttung, und **Aldosteron** fördert die Natriumretention im Organismus. Die Ausschüttung von Renin erfolgt vermutlich sowohl vermittels Druckrezeptoren in der Wand der Arteriola afferens als auch über Chemorezeptoren, die die Natriummenge im distalen Tubulus überwachen. Diese Rezeptoren sind wohl unter den extraglomerulären Mesangiumzellen zu suchen. Auch das sympathische Nervensystem beeinflusst die afferente Arteriole und die reninbildenden Zellen. Des Weiteren sind auch zirkulierende Faktoren, wie z.B. Kalium und atriales natriuretisches Peptid, an der Re-

Tab. 12-1 Histologische Unterschiede proximaler, intermediärer und distaler Nierentubuli und Sammelrohre.

	Epithelzellen	Funktion
Proximaler Tubulus Durchmesser ca. 50–60 µm, Lumen oft relativ eng	Zellform kubisch bis niedrig-prismatisch, kugeliger Kern, eosinophiles Zytoplasma, basales Labyrinth gut entwickelt, zahlreiche Peroxisomen und Lysosomen, apikaler hoher Bürstensaum, seitliche Zellgrenzen stark miteinander verzahnt	starke Endozytosetätigkeit, massive Rückresorption (Glukose, Aminosäuren, Bikarbonat, Kalzium, Phosphat, Salze und Wasser), Ausscheidung (organische Säuren), Sekretion (organische An- und Kationen, Medikamente und Konjugate)
Intermediärer Tubulus Durchmesser ca. 12–15 µm	Zellform flach, Kerne wölben sich oft ins Lumen vor, Zytoplasma ist etwas dicker als das von Blutkapillaren	Rückresorption (Wasser und NaCl)
Distaler Tubulus Durchmesser ca. 30–45 µm, Lumen oft relativ weit	Zellform kubisch, kugeliger Kern, helles Zytoplasma, basales Labyrinth gut entwickelt, laterale Zellgrenzen oft erkennbar	aktiver Ionentransport, wasserundurchlässig
Sammelrohr Durchmesser 50 µm (proximal) bis 300 µm (distal)	Zellform proximal kubisch und distal prismatisch, kugeliger Kern, kein apikaler Bürstensaum, kleine basale Membraneinfaltungen, zwei Zelltypen: Hauptzellen (hell) und Schaltzellen (dunkel, mitochondrienreich)	ADH-abhängiger Wassertransport, Aquaporine in den Membranen, aldosteronabhängige Natriumrückresorption und Kaliumsekretion, Sekretion (Protonen und Bikarbonat)

gulation der Reninsekretion beteiligt. Die funktionelle Rückkopplung zwischen Tubulus und Glomerulus eines Nephrons, wie sie im Bereich des juxtaglomerulären Apparats erfolgt, wird tubuloglomeruläre Rückkopplung genannt.

Macula densa

Die Macula densa gehört zum distalen Tubulus und entspricht einem kleinen Epithelbereich aus 20–30 relativ hohen und schmalen Zellen. Die Zellgruppe ist dort lokalisiert, wo der distale Tubulus mit der Arteriola afferens des Glomerulus in Kontakt tritt (Abb. **12-6**). Die Stelle ist im Lichtmikroskop vor allem an den dicht und z.T. übereinander gelagerten Zellkernen (Abb. **12-7**) zu erkennen. Die Epithelzellen besitzen viele Mikrovilli sowie ein Kinozilium. Ein basales Labyrinth fehlt weitgehend. Die Mitochondrien sind regellos verteilt, und der Golgi-Apparat liegt in der basalen Zellhälfte. Die Basallamina ist dünn und weist Unterbrechungen auf, z.T. sind Zellausläufer in Richtung granulierte Zellen beschrieben. Ob die Epithelzellen der Macula densa selbst sensorische Funktion haben, z.B. hinsichtlich der Messung des Natrium- oder auch Chloridgehalts im distalen Tubulus, ist umstritten. Sicher ist jedoch, dass sie transportierende Epithelzellen sind. Die eigentlichen Rezeptorzellen sind möglicherweise die extraglomerulären Mesangiumzellen.

Granulierte Zellen

Die granulierten juxtaglomerulären Zellen finden sich in wechselnder Zahl in der Wand der Arteriola afferens (Abb. **12-6**). Es handelt sich um spezialisierte glatte Muskelzellen, die in unterschiedlicher Menge Sekretionsgranula enthalten. Der Gehalt an Myofilamenten variiert erheblich. Die Granula enthalten das **Renin**, eine Protease, die im Blut die Spaltung von Plasmaangiotensinogen zu **Angiotensin I** katalysiert.

Angiotensin I wird während der Passage durch die Lunge durch ein **„angiotensin converting enzyme"** (ACE) der pulmonalen Kapillarendothelzellen in **Angiotensin II** umgewandelt. Angiotensin II ist ein wirksamer Vasokonstriktor, der generell den Blutdruck anhebt und indirekt auch die Nierendurchblutung beeinflusst. Renin hat auch einen lokalen Einfluss auf die Niere, indem es an der Regulierung der glomerulären Filtrationsrate beteiligt ist. In den glomerulären granulierten Zellen konnten neben Renin mit histochemischen Methoden auch Angiotensin I, ACE und Angiotensin II identifiziert werden. Lokal freigesetztes Angiotensin II könnte vor allem die mesangialen Zellen zur Kontraktion bringen und so durch unterschiedliche Weitstellung der glomerulären Blutkapillaren die Filtrationsrate modulieren (Autoregulation der Niere). Die Erhöhung der intraluminalen NaCl-Konzentration an der Macula densa senkt die Filtrationsrate im dazugehörigen Glomerulus. Ein zu starkes Absinken der glomerulären Filtrationsrate wird auch durch Kontraktion der Arteriola efferens verhindert.

Extraglomeruläre Mesangiumzellen

Die extraglomerulären Mesangiumzellen sind über Gap junctions untereinander und mit den glomerulären Mesangiumzellen sowie auch den granulierten Zellen und den glatten Muskelzellen der Arteriola afferens und auch der Arteriola efferens verbunden. Möglicherweise kommt den extraglomerulären Mesangiumzellen eine wichtige funktionelle Bedeutung zu, da sie vermutlich den Natriumgehalt des distalen Tubulus perzipieren, über dessen Höhe sie durch die Tätigkeit der Macula-densa-Zellen informiert werden. Die Aktivierung wird über die Gap junctions an die Nachbarzellen weitergegeben.

12.1.5 Harnbildung

Die Harnbildung ist ein sehr komplexer Prozess, an dem im Detail sehr vielfältige Prozesse der Ultrafiltration, Sekretion und Rückresorption beteiligt sind (Abb. **12-23**). Im Bereich der Nierenkörperchen entsteht in großer Menge (ca. 180 l am Tag) der **Primärharn**, die Menge an endgültig ausgeschiedenem Harn ist aber viel geringer (ca. 1,5 l am Tag), außerdem ist der **definitive Harn** auch ganz anders zusammengesetzt als der Primärharn. Der definitive Harn ist i. Allg. hyperton.

Voraussetzung für die Möglichkeit, Harn zu konzentrieren, sind die **Gegenstromaustauschsysteme** im Nierenmark. Ein Gegenstromaustauschsystem entsteht, wenn in zwei parallel angeordneten Röhren die Flussrichtung des Inhalts entgegengesetzt ist und über die Wände der Röhren hinweg ein Austausch z.B. an Wärme oder Substanzen möglich ist. Im Nierenmark existieren zwei solche Systeme: In den haarnadelförmigen Schleifen der Vasa recta fließt Blut im Gegenstrom, in den Tubuli der Henle-Schleife Harn. In der Henle-Schleife liegt speziell ein Gegenstrommultiplikatorsystem vor; hier kommt es zusätzlich zum Gegenstrom zum aktiven Transport von Na^+, Cl^- und K^+ entlang dem aufsteigenden Schenkel der Henle-Schleife, der für Wasser nicht durchlässig ist. Dieser Ionentransport bewirkt, dass das umgebende Bindegewebe und die Vasa recta hyperton werden; er ist hier Motor für die Wasserrückresorption aus dem absteigenden Teil der Henle-Schleife und aus den Sammelrohren. Somit ist die Grundlage für die Harnkonzentration gegeben. In der Tiefe des Marks hat Harnstoff die Rolle eines

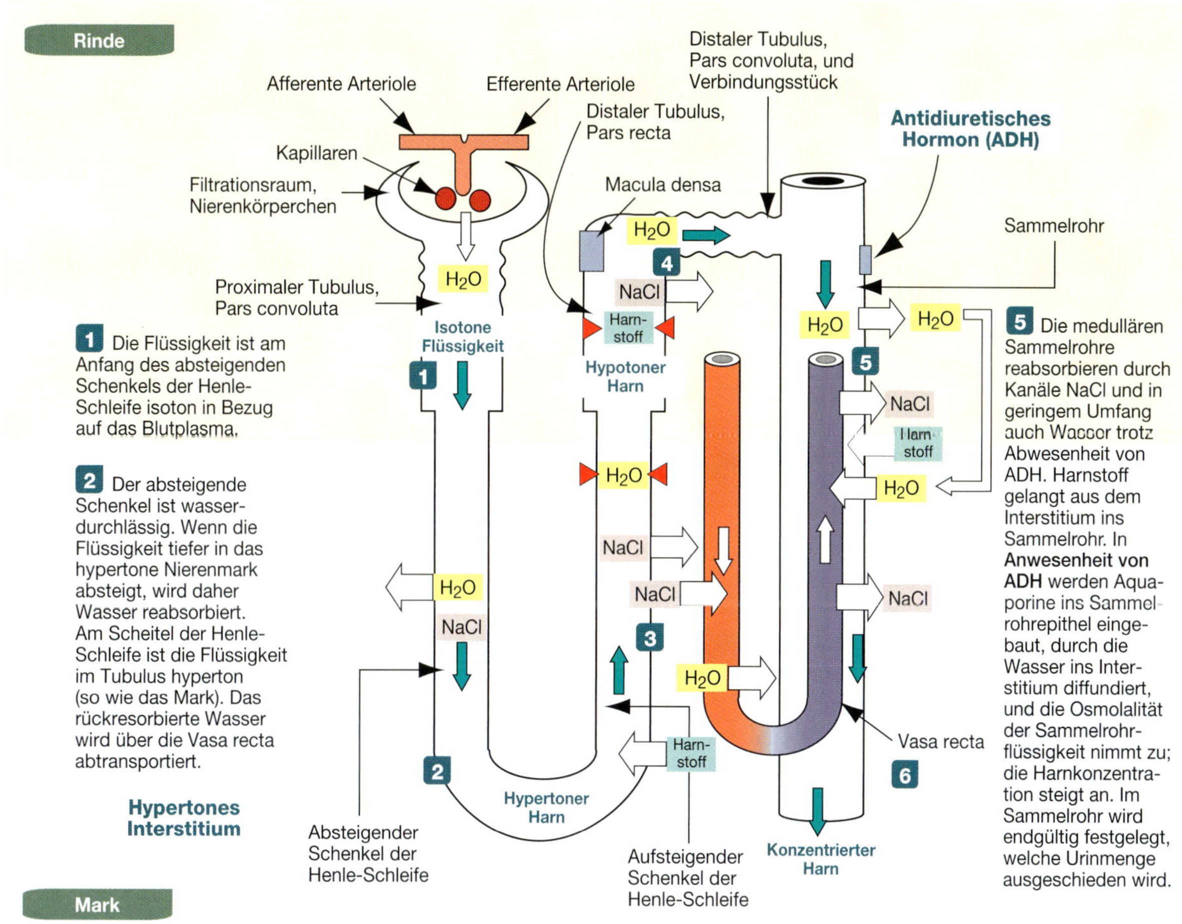

3 Der aufsteigende Schenkel ist wasserundurchlässig, aber durchlässig für NaCl und Harnstoff. NaCl wird im dünnen Teil (intermediärer Tubulus) des aufsteigenden Tubulus passiv reabsorbiert (die Konzentration von NaCl ist im Tubuluslumen größer als im interstitiellen Bindegewebe). In der Pars recta des distalen Tubulus (dicker Teil des aufsteigenden Schenkels der Henle-Schleife) wird NaCl aktiv aus dem Lumen ins Interstitium transportiert. Harnstoff diffundiert aus dem Interstitium ins Tubuluslumen. Der aktive NaCl-Transport im aufsteigenden distalen Tubulus, dessen Epithel durch sehr hohe Na^+-K^+-ATPase-Aktivität gekennzeichnet ist, trägt wesentlich zur hohen Osmolarität im Interstitium des Nierenmarks bei und ist Hauptmotor für den Konzentrierungsmechanismus der Niere. Die hohe Osmolalität im Mark ist auch für den Wasserentzug aus dem Sammelrohr entscheidend, der durch ADH hochreguliert wird. Es kommt im distalen Tubulus zu Verdünnung der Tubulusflüssigkeit und der Harn wird schrittweise hypoton in Bezug auf das Blutplasma.

4 Der gewundene Teil des distalen Tubulus und Teile des Sammelrohrsystems reabsorbieren NaCl unter dem Einfluss von Aldosteron. Wasser folgt im Verbindungsstück bei Anwesenheit von ADH. Bei **Fehlen von ADH** (antidiuretischem Hormon = Vasopressin) sind Verbindungsstück und die Sammelrohre undurchlässig für Wasser (NaCl wird ohne Wasser reabsorbiert). Der Harn wird im gewundenen distalen Tubulus langsam isoton (osmotischer Ausgleich mit dem Rindeninterstitium, relativ hoher Harnstoffgehalt).

6 Die Vasa recta sind ein besonderes Kapillarsystem, die überschüssiges Wasser und gelöste Stoffe abtransportieren (in flussabhängiger Art und Weise), wie sie kontinuierlich aus den verschiedenen Nephronsegmenten ins Interstitium gelangen.

Abb. 12-23 Der Prozess der Harnbildung. (Aus [12])

Motors. Harnstoff wandert von den papillären Sammelrohren in das Interstitium des Marks und von hier in das Lumen der intermediären Tubuli, von wo er durch die harnstoffundurchlässigen distalen Tubuli und proximalen Sammelrohre transportiert wird. Ein nicht unerheblicher Teil des Harnstoffs kreist also ständig zwischen den genannten Bereichen hin und her.

Insgesamt baut sich ein Osmolaritätsgradient im Bindegewebe von der Rinde bis zur Papillenspitze auf, der ab der Rinden-Mark-Grenze erheblich zunimmt.

Der definitive hypertone Harn hat einen pH-Wert von ca. 5,5 und enthält vor allem die Stoffwechselendprodukte Harnstoff, Harnsäure, NH_4^+ und Kreatinin.

Klinik Erkrankungen der Niere sind sehr vielfältig, haben oft einen schweren Verlauf und gehen mit ganz unterschiedlichen Symptomen einher.

Chronische Nierenerkrankungen sind oft mit Anämie verbunden. Auch Bluthochdruck ist oft Ausdruck von Nierenkrankheiten.

Ein ganzer Komplex von Nierenkrankheiten ist durch eine reduzierte glomeruläre Filtrationsrate und damit erhöhte Werte stickstoffhaltiger Ausscheidungsprodukte (**Azotämie**) gekennzeichnet. Dadurch entsteht eine **Niereninsuffizienz**, die viele Symptome mit sich bringt.

Entzündliche Erkrankungen der Glomeruli werden **Glomerulonephritiden** (Sing. Glomerulonephritis) genannt. Sie sind mit Proteinurie (Protein im Urin), Hämaturie (Blut im Urin) und Störungen der Natriumausscheidung mit Bluthochdruck und Ödemen verbunden. Die Podozyten können z. T. ihre Füßchen zurückbilden, was die (pathologische) Filtration von Albumin stark fördert. Bei manchen Glomerulonephritiden ist entweder im Glomerulus die Zellzahl vermehrt oder die Basalmembran verdickt oder die Glomeruli sind vernarbt. Um die pathologischen Veränderungen richtig einschätzen zu können, ist die Kenntnis des normalen histologischen Bilds der Niere wichtig.

Andere Erkrankungen der Niere betreffen Nierentubuli und Niereninterstitium. Hierbei kommt es u. a. zu Nekrosen der Tubuli, Verdickung ihrer Basalmembran, interstitiellen Ödemen und Infiltration des Interstitiums mit Leukozyten, v. a. Neutrophilen bei akuten Erkrankungen. Ursachen können u. a. Vergiftungen mit exogenen Toxinen (Blei und andere Schwermetalle) oder Schmerzmitteln, Ciclosporinen und Lithium sein.

! Die Niere erfüllt viele Aufgaben, darunter solche im Dienste der Ausscheidung, des Wasserhaushalts, des Elektrolythaushalts, des Säure-Basen-Gleichgewichts und der Blutdruckkontrolle. Baueinheit ist das Nephron, das aus Nierenkörperchen und Tubulussystem besteht. In den Nierenkörperchen bilden Podozyten, Kapillarendothelien und deren gemeinsame Basalmembran den Filter für die Primärharnbildung. Die Tubuli dienen der Rückresorption und Sekretion. Die Sammelrohre dienen u. a. der Feinregulation der Ausscheidung des Wassers, die hier unter dem Einfluss des antidiuretischen Hormons steht. Für das Verständnis der Niere sind nicht nur Anordnung, Struktur und Funktion der Nephrone und Sammelrohre, sondern auch die Architektur der Blutgefäße wesentlich.

12.2 Ableitende Harnwege

Die ableitenden Harnwege bilden in morphologischer, funktioneller und klinischer Hinsicht eine Einheit und umfassen folgende Organe bzw. Organabschnitte:

- Nierenbecken,
- Harnleiter,
- Harnblase und
- Harnröhre.

Es handelt sich um ein System von Hohlorganen, die den definitiven Harn aufnehmen, z. T. zeitweise speichern und nach außen leiten. Die männliche Harnröhre dient zusätzlich der Ableitung der Spermien (**Harn-Samen-Röhre**).

Die Wandung der ableitenden Harnwege besteht aus einer Schleimhaut (**Tunica mucosa**) mit Übergangsepithel (siehe Kap. 3.1.2), das sich leicht unterschiedlichen Füllungszuständen anpassen kann (Harnröhre nur im Anfangsteil mit diesem Epithel), einem subepithelialen Schleimhautbindegewebe, einer Muskelschicht (**Tunica muscularis**), die aus glatter Muskulatur aufgebaut ist, und einer äußeren Bindegewebsschicht (**Tunica adventitia**).

Klinik Erkrankungen der ableitenden Harnwege betreffen vor allem Fehlbildungen, Stenosen, Harnwegsinfekte und Tumoren.

12.2.1 Nierenbecken

Das Nierenbecken (Pelvis renalis, Abb. **12-1**, **12-2**) sammelt den aus den Sammelrohren austretenden Harn und fasst ca. 4–6 ml.

Die Wandung des Nierenbeckens besitzt alle typischen Gewebekomponenten der Harnwege. Die Muskulatur bildet am Anfang des Ureters einen sphinkterartigen Wulst.

Klinik Eine Erweiterung des Nierenbeckens bei Harnrückstau nennt man **Hydronephrose**. Sie ist oft durch Harnsteine verursacht.

Die **Pyelitis** ist meist eine bakterielle Entzündung des Nierenbeckens. Sie kommt oft zusammen mit Nierenentzündung vor und wird dann **Pyelonephritis** genannt.

12.2.2 Harnleiter

Der Harnleiter (Ureter) des Erwachsenen ist ein paariges Organ und ca. 20–30 cm lang und 5–7 mm dick. Er geht kontinuierlich aus dem Nierenbecken hervor und mündet in die Harnblase. Sein Lumen ist bei kontrahierter Muskulatur sternförmig (Abb. **12-24**).

Das Epithel ist ein typisches Übergangsepithel (Urothel, Abb. **3.1-15**, **3.1-16**, **12-25**). Die Muskelschicht besteht im Wesentlichen aus flach oder steil verlaufenden spiralig angeordneten Bündeln glatter Muskelzellen, die sich im oberen Teil des Harnleiters außen zu einer kräftigen Ringmuskelschicht und innen zu einer schmaleren Längsmuskelschicht formieren. Im unteren Teil des Harnleiters bildet sich zusätz-

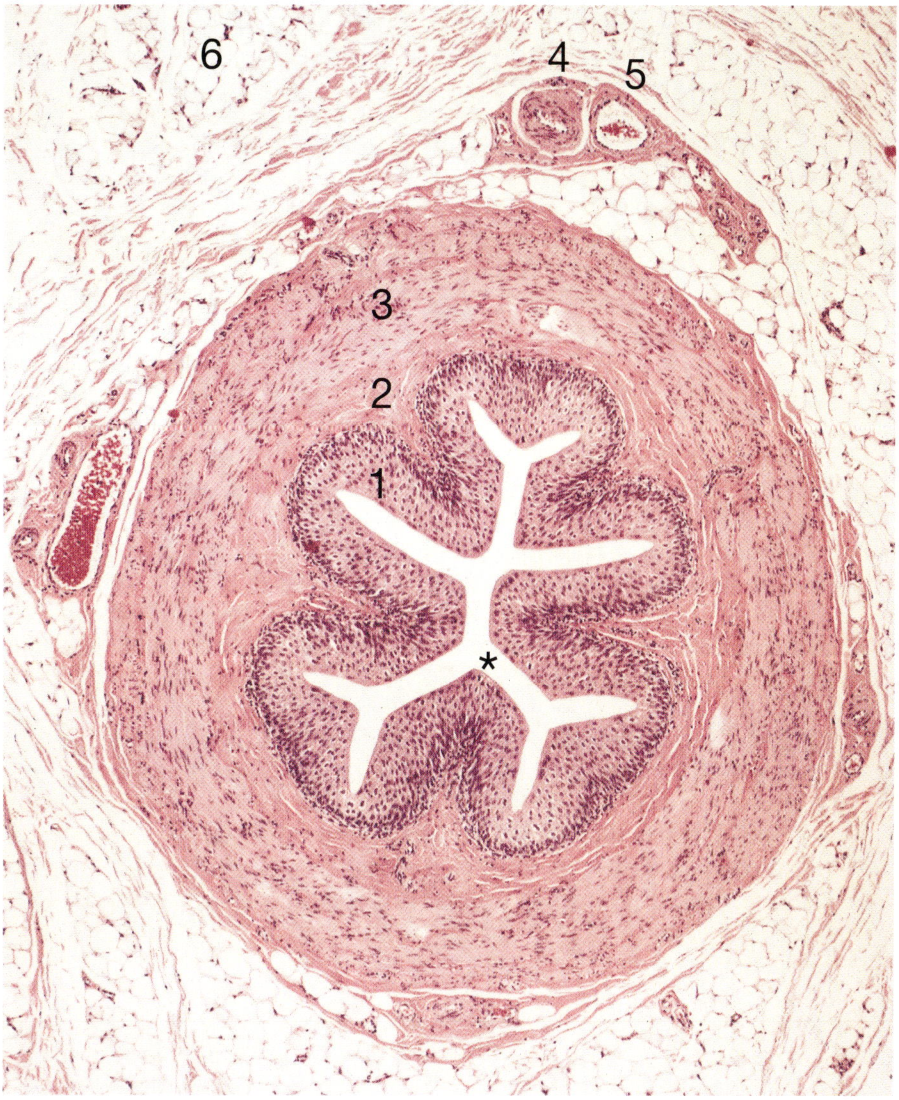

Abb. 12-24 Ureter (Rhesusaffe) mit sternförmig eingeengtem Lumen (*) im Querschnitt. 1 Übergangsepithel; **2** subepitheliales Bindegewebe; **3** Tunica muscularis; **4** begleitende kleine Arterie; **5** begleitende kleine Vene; **6** Fettgewebe. Plastikschnitt; Färbung: H. E.; Vergr. 45fach.

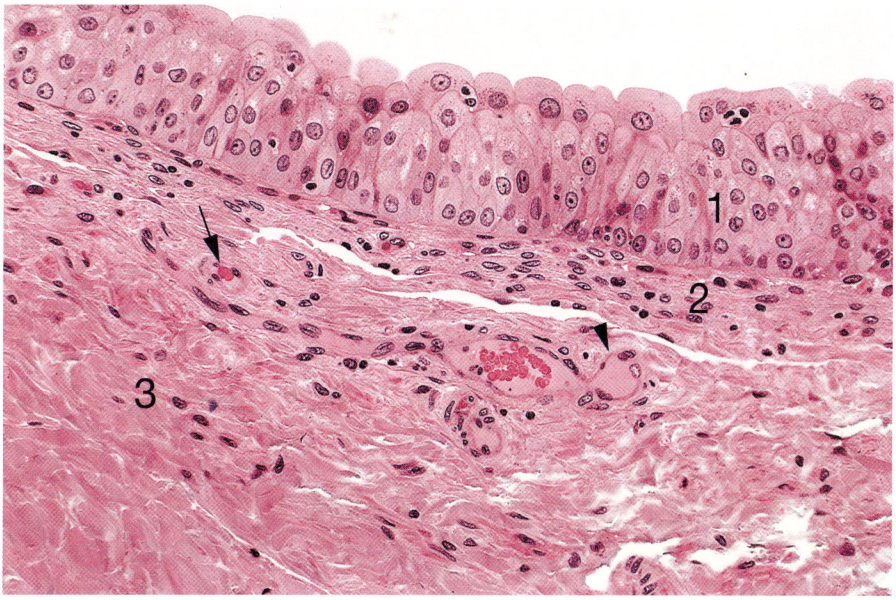

Abb. 12-25 Übergangsepithel (1) des Ureters (Rhesusaffe). 2 subepitheliales Bindegewebe; **3** Tunica muscularis; ➔ kleine Arterie; ▶ kleine Vene. Plastikschnitt; Färbung: H. E.; Vergr. 300fach.

lich eine äußere Längsmuskelschicht aus. Zwischen den Schichten und Bündeln der Muskulatur sind kräftige Bindegewebssepten ausgebildet.

Klinik Angeborene **Fehlbildungen** sind z. B. Doppelbildung, Divertikel und Klappen.

Beim **Hydroureter** kommt es zu einer Erweiterung des Harnleiters bei Rückstau. Sie tritt i. Allg. zusammen mit Hydronephrose auf. Ursache eines Hydroureters können Steine oder Stenosen des Harnleiters oder auch Vernarbungen nach Entzündungen sein.

12.2.3 Harnblase

Die Harnblase (Vesica urinaria) ist ein eiförmiges Hohlorgan. Sie ist bei Männern ca. 14 cm hoch und 10,5 cm breit, bei Frauen 11,5 cm hoch und 9 cm breit. Die Harnblase ist ein Harnsammel- und -speicherorgan, das die Harnabgabe auf 3–4 kurze Perioden am Tag beschränkt. Bei ca. 350 ml Urin in der Blase besteht Harndrang, bis zu 500 ml kann man ihn willkürlich gerade noch unterdrücken.

Bei kontrahierter Harnblase ist die Schleimhaut in Falten gelegt, und das Übergangsepithel ist dann beim Menschen 5–10 Schichten hoch (Abb. **3.1-15, 12-26**). Im gedehnten Zustand sind Epithel und alle anderen Anteile der Blasenwand abgeflacht. Die Bindegewebsschicht der Schleimhaut ist relativ breit und enthält unter dem Epithel fenestrierte Blutkapillaren; entzündliche Infiltrate sind nicht selten. Die Muskelschicht ist kräftig und baut sich aus drei mehr oder weniger gut erkennbaren Schichten glatter Muskulatur auf (Abb. **12-26**). Die Muskulatur besteht außen und innen aus längs gerichteten Muskelbündeln, dazwischen liegt eine Schicht überwiegend zirkulär angeordneter Bündel. Sie beteiligt sich am Sphinkter des Blasenausgangs. In der Muskelschicht kommen in reichem Maße elastische Fasern vor. Am Blasenausgang treten einzelne tubulomuköse Drüsen auf.

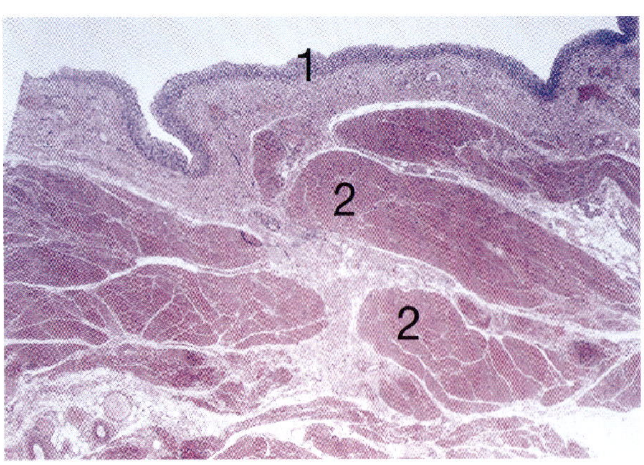

Abb. 12-26 Ausschnitt aus der Wand einer Harnblase (Mensch). Die Schleimhaut bildet Falten, die von einem hohen Übergangsepithel (**1**) bedeckt werden. **2** Muskulatur. Färbung: H. E.; Vergr. 25fach.

Klinik In der Harnblase kann es während der Entwicklung zu Fehlbildungen kommen, z. B. zu inkompletter Verdoppelung oder Septenbildungen.

Harnblasenkarzinome machen ca. 3% aller Karzinome aus und treten bei Männern deutlich häufiger auf als bei Frauen. Das Karzinom kommt gehäuft bei Exposition gegen aromatische Amine (z. B. bei Zigarettenrauchern, Beschäftigten in Farbstoff-, Chemie- und Gummiindustrie) vor.

Plattenepithelkarzinome kommen bei chronischem Befall mit *Schistosoma haematobium* (Bilharziose) vor. Wichtiges Symptom ist Blut im Urin.

12.2.4 Harnröhre

Die Harnröhre (Urethra) leitet den Harn nach außen. Sie ist bei Frauen 3–4 cm, bei Männern 20–25 cm lang.

Der einige Millimeter lange Anfangsteil der Harnröhre ist mit Übergangsepithel ausgekleidet. Der relativ lange Mittelteil besitzt ein mehrschichtiges prismatisches Epithel, der Ausmündungsbereich mehrschichtiges unverhorntes Plattenepithel. Bei der Frau ist die Harnröhre auf einer kurzen Anfangsstrecke von Übergangsepithel und danach weitgehend von mehrschichtigem Plattenepithel ausgekleidet.

Im mehrschichtig prismatischen Epithel des Mittelteils kommen in reichem Maße sensible intraepitheliale Nervenendigungen vor, die Substanz P und Calcitonin-Gen-verwandtes Peptid enthalten. Zusätzlich kommen im Epithel beider Geschlechter verzweigte serotoninhaltige Zellen vor, die an Nervenzellen erinnern. Ein Fortsatz dieser Zellen erreicht wahrscheinlich die Epitheloberfläche. Möglicherweise registrieren diese Zellen den Harnfluss oder eine besondere Harnkomponente und geben daraufhin basal Serotonin ab. Serotonin stimuliert in der Urethra die Schleimsekretion und die Kontraktion der glatten Muskulatur und erhöht die vaskuläre Durchlässigkeit.

Die Schleimhaut bildet Buchten (**Lacunae urethrales**) und meist längs verlaufende Falten und enthält tubuläre Schleimdrüsen (**Gll. urethrales**). Im Schleimhautbindegewebe ist ein umfangreicher Schwellkörper aus zahlreichen Venen ausgebildet (Abb. 12-27), der dem Verschluss der Harnröhre dient. Die Muskulatur dieser Venen bildet im Anschnitt unregelmäßig erscheinende und unterschiedlich dicke Polster. Das System dieser Schwellkörpervenen bildet beim Mann das **Corpus spongiosum** des Penis (Abb. **12-28, 12-29**, siehe auch Kap. 13). In Nähe des Abganges aus der Harnblase bilden v. a. Abspaltungen der Blasenmuskulatur

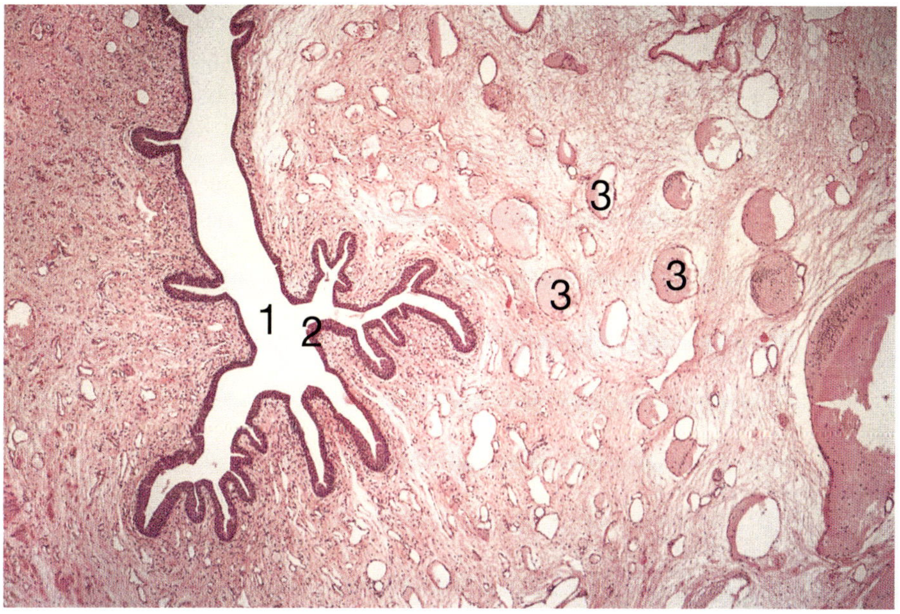

Abb. 12-27 Urethra einer Frau. **1** Lumen der Urethra; **2** Epithel; **3** Venenplexus. Färbung: H. E., Vergr. 45fach.

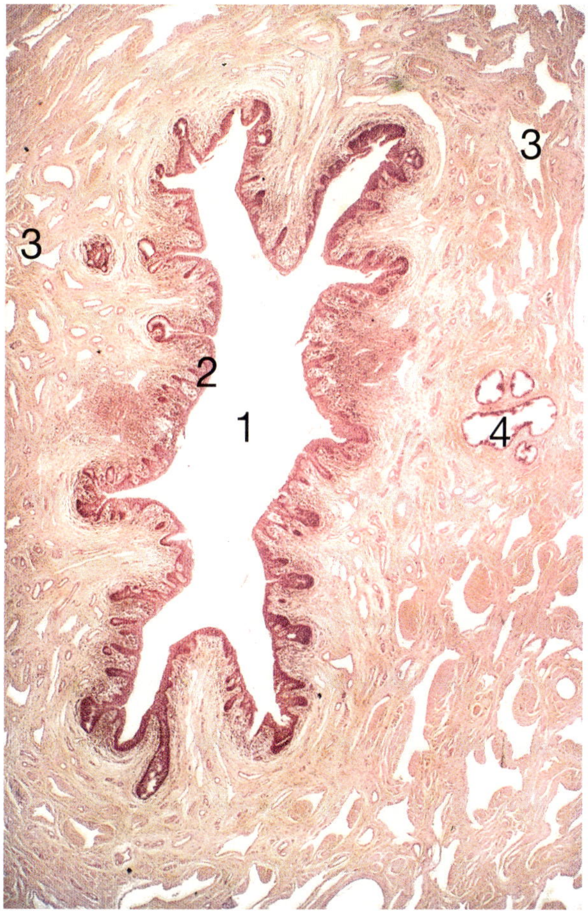

Abb. 12-28 Urethra eines Mannes. **1** Lumen der Urethra; **2** mehrschichtiges prismatisches Epithel; **3** Venenplexus des Corpus spongiosum; **4** Urethraldrüsen. Färbung: H. E.; Vergr. 25fach. (Aus [1])

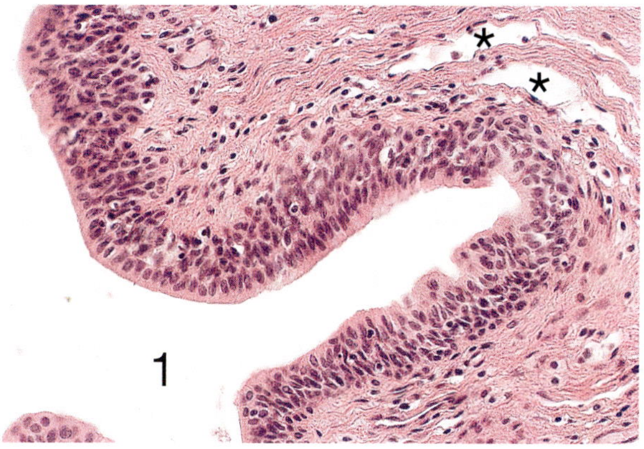

Abb. 12-29 Schnitt durch die Urethra eines Mannes mit mehrreihigem prismatischem Urethralepithel (oberste Epithelzellschicht prismatisch). **1** Lumen; ✻ Venen des Corpus spongiosum. Färbung: H.E.; Vergr. 200fach. (Aus [1])

den **unwillkürlichen Blasenschließmuskel**. Der **willkürliche Blasenschließmuskel** (M. sphincter urethrae) ist bei Frauen und Männern ein Abkömmling des quergestreiften M. transversus perinei profundus.

Klinik Entzündungen (Urethritis), darunter solche bei Geschlechtskrankheiten (z. B. Gonorrhö, Syphilis und Trichomoniasis) kommen in der Harnröhre nicht selten vor. Sie können auch durch *Escherichia (E.) coli* verursacht werden.

Fehlbildungen (Klappen, Striktur) und Tumoren können den Harnabfluss behindern. Besonders häufig sind solche Abflussstörungen bei Prostatatumoren.

! Den ableitenden Harnwegen gehören Nierenbecken, Harnleiter, Harnblase und Harnröhre an. Kennzeichnend ist das Übergangsepithel, das Volumenschwankungen ermöglicht und nur in den meisten Abschnitten der Harnröhre fehlt. Die glatte Muskulatur von Harnleiter und Harnblase bilden komplizierte längs und zirkulär verlaufende Systeme, die den Motor für Austreibung des Endharns bilden.

13 Geschlechtsorgane

Zur Orientierung

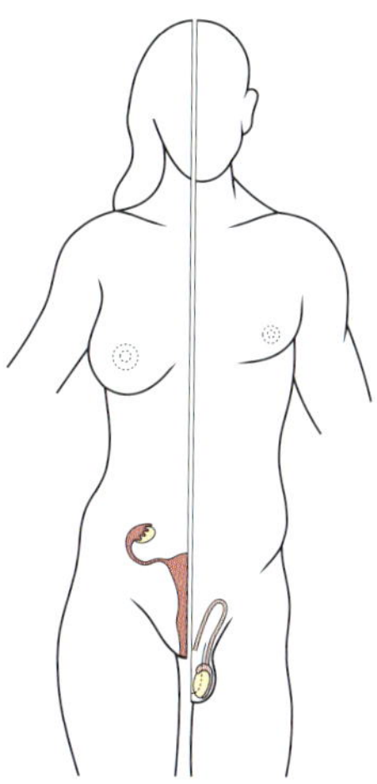

Die Geschlechtsorgane haben wichtige Funktionen, die alle primär im Dienste der Reproduktion stehen. Zu den männlichen Geschlechtsorganen zählen Hoden, Samenwege (mit den akzessorischen Geschlechtsdrüsen) und Penis. Zu den weiblichen Geschlechtsorganen zählen Ovarien, Tubae uterinae, Uterus, Vagina, kleine und große Schamlippen und Klitoris. Hoden und Ovarien werden auch als männliche und weibliche Gonaden bezeichnet. Im Hoden entstehen und reifen die männlichen Keimzellen, die Spermien, im Ovar reifen die weiblichen Geschlechtszellen, die Eizellen. Die ausgereiften Keimzellen werden auch Gameten genannt. Sie sind haploid und entstehen als Endprodukt der Meiose. Hoden und Ovarien sind außerdem wichtige endokrine Drüsen, die die männlichen und weiblichen Geschlechtshormone bilden. Die Bildung der Spermien erfolgt nach der Pubertät kontinuierlich, die Entstehung der reifen Eizelle erfolgt nach der Pubertät in einem komplexen, endokrin geregelten Monatszyklus. Bei einer Schwangerschaft bieten die weiblichen Geschlechtsorgane dem heranwachsenden neuen Organismus Schutz und schaffen die Voraussetzungen für sein Wachstum in den 9 Monaten bis zur Geburt.

Die Geschlechtsorgane dienen der Fortpflanzung und besitzen zwei große, funktionell verbundene Funktionsbereiche:

- Bildung von Keimzellen,
- Produktion von Geschlechtshormonen (siehe S. 476, 502).

In den weiblichen Geschlechtsorganen findet außerdem die ca. 9 Monate dauernde vorgeburtliche Entwicklung des Menschen statt, die willkürlich in zwei Perioden gegliedert wird, die Embryonalperiode (bis zur 10. Schwangerschaftswoche) und die Fetalperiode (ab der 10. Schwangerschaftswoche).

Es werden innere und äußere Geschlechtsorgane unterschieden.

Zu den **inneren Geschlechtsorganen** zählen die Keimdrüsen (Hoden und Eierstöcke), die Geschlechtswege und deren Anhangsdrüsen.

Zu den **äußeren Geschlechtsorganen** gehören beim Mann Penis und Skrotum, bei der Frau vor allem Klitoris, kleine und große Schamlippen.

13.1 Geschlechtsentwicklung

Das Geschlecht wird bereits in der Zygote chromosomal bestimmt. Das sog. chromosomale Geschlecht ist bei männlichen Individuen XY, bei weiblichen Individuen XX. Die Entwicklung der Geschlechtsorgane verläuft jedoch in den ersten 40 Tagen der Embryonalentwicklung bei beiden Geschlechtern gleichartig (**indif-**

ferente Anlagen). Erst danach nimmt sie jeweils eine Eigenentwicklung (Abb. 13-1). Dabei steht zuerst die Differenzierung der indifferenten Keimdrüse (Gonade) zu Hoden oder Eierstock im Vordergrund (**gonadale Geschlechtsentwicklung**). Für die Entwicklung zur männlichen Keimdrüse ist ein Transkriptionsfaktor, der Testis-bestimmende Faktor (testis determining factor, TDF), wesentlich. Er wird von einem Gen kodiert, das in der geschlechtsbestimmenden Region des Y-Chromosoms (SRY) liegt. Die endgültige **phänotypische Geschlechtsdifferenzierung** erfolgt v. a. unter dem Einfluss der jeweiligen Geschlechtshormone, die schon in den fetalen Gonaden gebildet werden.

Die Differenzierung der **inneren Geschlechtswege** geht für beide Geschlechter von den zunächst gemeinsam vorkommenden Wolff-Gängen und Müller-Gängen aus. Beim Mann entwickeln sich aus den Wolff-Gängen Epididymis, Vas deferens und Samenblasen, und die Müller-Gänge verschwinden. Bei der Frau bilden sich dagegen aus den Müller-Gängen Tuba uterina, Uterus und obere Vagina. Die Wolff-Gänge (diese werden bei der Frau auch Gartner-Gänge genannt) bilden sich zurück.

Die **äußeren Geschlechtsorgane** entwickeln sich bei beiden Geschlechtern aus Sinus urogenitalis, Geschlechtshöcker, -falten und -wülsten.

In der Embryonalentwicklung treten die ersten Keimzellen, die Urkeimzellen, extraembryonal auf, und zwar in der Wand des Dottersacks in der 4. Embryonalwoche. Von hier wandern sie mit Hilfe amöboider Bewegungen zunächst in den Enddarm und dann in die Genitalleiste in der dorsalen Rumpfwand. Wanderung und Vermehrung dieser frühen Keimzellen sind abhängig vom Zusammenspiel des Kit-Proteins, eines Transmembranrezeptors der Keimzellen, mit dem sog. „Steel-Factor", einem Protein, das von somatischen Zellen entlang dem Wanderweg der frühen Keimzellen gebildet wird.

Die strangförmigen Vorläufer der Samenkanälchen werden von Sertoli-Zellen gebildet, Epithelzellen, die sich vom Zölomepithel herleiten. Diese Stränge werden dann von den Urkeimzellen besiedelt. Die embryonalen Sertoli-Zellen sezernieren ein Hormon, das verhindert, dass sich die Anlage der Müller-Gänge zu einem uterovaginalen Primordium weiterentwickelt. Dieses Hormon heißt Anti-Müller-Hormon (AMH). Schon in der 8. Schwangerschaftswoche bilden die Leydig-Zellen Testosteron, was für die weitere Differenzierung der männlichen Geschlechtsorgane wichtig ist. Die Entwicklung der weiblichen Gonaden erfolgt – soweit bisher bekannt – in Abwesenheit von TDF und anderer spezifischer Faktoren. Den Sertoli-Zellen der männlichen Gonade entsprechen in der weiblichen Gonade die Follikelzellen, die sich auch vom Zölomepithel herleiten. Abbildung **13-2** zeigt die strukturellen und funktionellen Übereinstimmungen und Unterschiede der männlichen und weiblichen Gonaden.

Klinik Bei der Geschlechtsentwicklung gibt es vielfältige Störungen.

Fehlen von c-kit-Rezeptor oder Stammzellfaktor führt zur Bildung von Gonaden ohne Urkeimzellen.

Störungen des **chromosomalen Geschlechts** finden sich z. B. beim Klinefelter-Syndrom (XXY- oder XXXY-Kombination der Geschlechtschromosomen, männ-

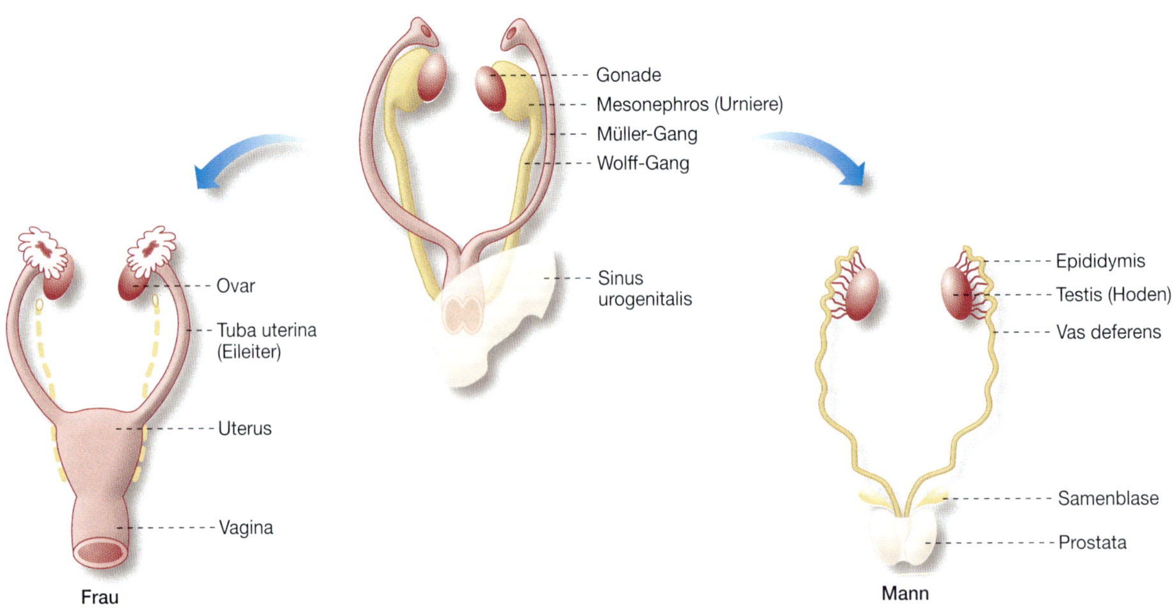

Abb. 13-1 Schema der normalen Entwicklung der inneren Geschlechtsorgane. (Modifiziert nach [14])

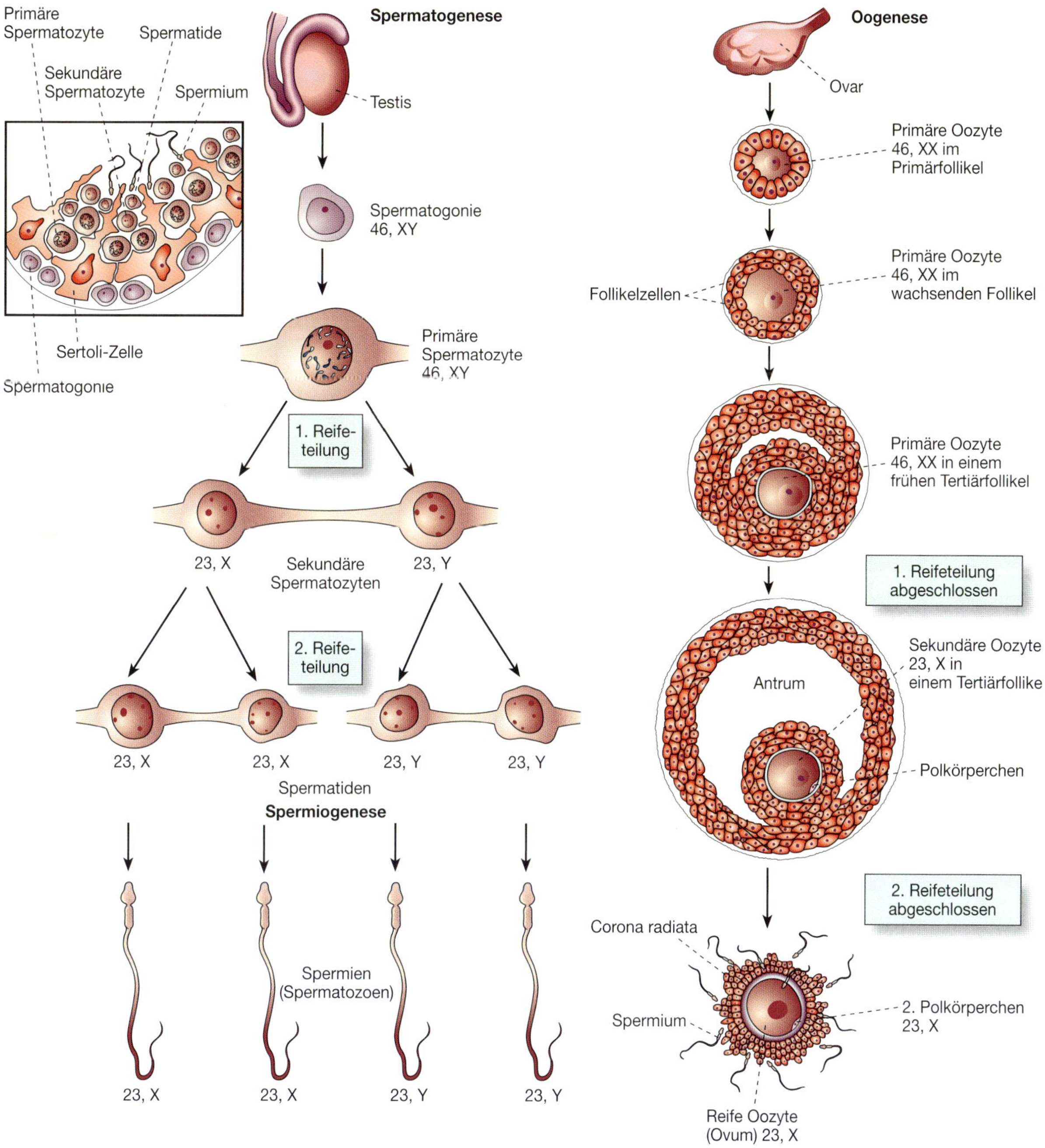

Abb. 13-2 Vergleich von Spermatogenese und Oogenese. Bei jedem Differenzierungsstadium ist die Zahl der Chromosomen (arabische Zahlen) angegeben, daneben die Geschlechtschromosomen (XY, XX). Spermato- und Oogonien vermehren sich mitotisch. Im Zuge der 1. Reifeteilung wird der diploide Chromosomensatz (beim Menschen 46 Chromosomen) auf den haploiden Satz (23 Chromosomen) reduziert. Aus einer primären Spermatozyte (Spermatozyte I) entstehen vier Spermien (Spermatozoen); aus einer primären Oozyte (Oozyte I) entsteht nur eine reife Oozyte (Eizelle, Ovum). Die Polkörperchen sind sehr kleine Eizellen, die nicht am Reproduktionsprozess beteiligt sind. Die reife Eizelle ist eine der größten Zellen des Körpers, wohingegen die Spermien sehr kleine Zellen sind. Die von einer proliferierenden Spermatogonie abstammenden Tochterzellen sind über Zytoplasmabrücken verbunden. In Spermato- und Oozyten I und II besteht jedes Chromosom aus zwei Chromatiden. (Aus [15])

licher Phänotyp, Hodenatrophie), beim Syndrom der XX-Männer und beim Turner-Syndrom (nur ein X-Chromosom, weiblicher Phänotyp).

Bei Störungen des **gonadalen Geschlechts** ist das chromosomale Geschlecht normal, die Differenzierung der Gonaden ist aber fehlgelaufen.

Es gibt viele Störungen des **phänotypischen Geschlechts** mit zwei großen Gruppen, dem weiblichen und männlichen Pseudohermaphroditismus. Hier liegen vielfach biochemische Defekte in der Synthese weiblicher und männlicher Geschlechtshormone vor.

13.2 Männliche Geschlechtsorgane

Im **Hoden** (Testis, männliche Keimdrüse) werden die männlichen Fortpflanzungszellen (**Spermien**) gebildet. Über ein aufwendiges, vielgestaltiges System ableitender **Samenwege** (Epididymis [Nebenhoden], Ductus deferens [Samenleiter], Abb. **13-3**, und Ductus ejaculatorius), denen verschiedene exokrine Drüsen (Samenblasen, Prostata und Cowper-Drüsen) zugeordnet sind, werden die Spermien abtransportiert. Der Ductus ejaculatorius mündet unterhalb der Harnblase in die **Urethra**, die von Spermien und Harn gemeinsam genutzt wird, also ein **Harn-Samen-Leiter** ist. Der Penis, in dem die Urethra verläuft, ist das Begattungsorgan.

13.2.1 Hoden

Allgemeiner Aufbau

Die Hoden (Testes) sind paarig angelegt. Jeder Hoden liegt in einem jeweils eigenen Fach im **Hodensack** (Skrotum). Er wird von einer spaltförmigen serösen Höhle umgeben, die sich aus der Peritonealhöhle entwickelt. Diese Höhle liegt innerhalb der Tunica vaginalis testis, einer der **Hodenhüllen**. Im Hoden werden im Keimepithel die Spermien und in den Leydig-Zellen das männliche Geschlechtshormon (Testosteron) gebildet. Der Hoden hat sowohl reproduktive als auch endokrine Funktion.

Zu den **Hodenhüllen** gehören von außen nach innen neben der **Tunica dartos** in der Skrotalhaut (mit glatten Muskelzellen), dem M. cremaster und der Fasciae spermaticae externa und interna auch die Tunica vaginalis testis. Die **Tunica vaginalis testis** umfasst mit ihrer parietalen (**Periorchium**) und viszeralen Wand (**Epiorchium**) die spaltförmige seröse Höhle (Cavum serosum testis). Die Umschlagfalte von viszeraler zu parietaler Wand, die zugleich den Hoden an der Skrotalhaut befestigt, wird **Mesorchium** genannt.

Der eiförmige Hoden (Längsdurchmesser ca. 4 bis 4,5 cm, Querdurchmesser ca. 3 cm) wird außen von einer kräftigen Bindegewebsschicht (**Tunica albuginea**) bedeckt, mit der das Epiorchium mit seinem dünnen äußeren Plattenepithel fest verwachsen ist (Abb. **13-4**). Die Tunica albuginea enthält viele glatte Muskelzellen, die einen Tonus aufrechterhalten, und entsendet septenartige Bindegewebsplatten (Septula testis) ins Organinnere. Dadurch wird das Hodengewebe in ca. 350 Läppchen (Lobuli) gegliedert. In jedem dieser Läppchen befindet sich das spezifische Hodengewebe (Parenchym), die **Samenkanälchen.** Jedes Läppchen kann 2–4 Samenkanälchen enthalten, insgesamt gibt es pro Hoden also gut 1000 solcher Kanälchen.

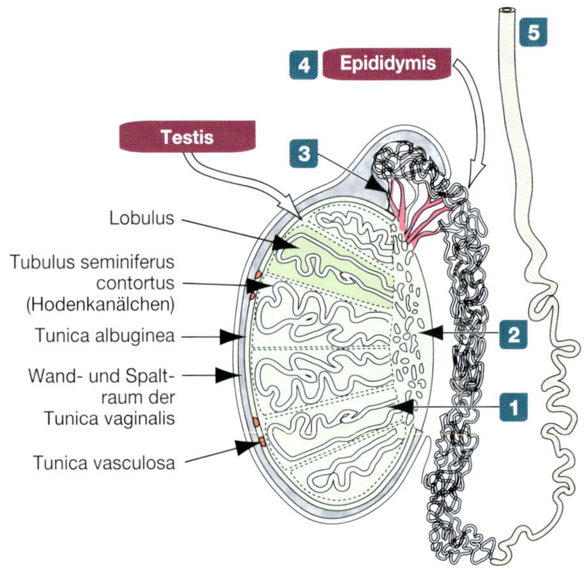

1 **Tubulus rectus** – verbindet die Tubuli seminiferi mit dem Rete testis.

2 **Rete testis** – anastomosierende epithelausgekleidete Spalträume im Bindegewebe des sog. Mediastinums des Hodens. Verbindet Tubuli recti und Ductuli efferentes.

3 **Ductuli efferentes.** Aus dem Rete testis gehen ca. 12 spiralig verlaufende Ductuli efferentes hervor.

4 **Epididymis** (Nebenhoden). Die Ductuli efferentes verbinden sich zum stark aufgeknäuelten Nebenhodengang (Ductus epididymidis). Der obere Teil des Nebenhodens (mit den Ductuli efferentes) wird Caput, der mittlere Teil Corpus, der distale Teil Cauda des Nebenhodens genannt.

5 **Ductus deferens** (Vas deferens, Samenleiter) – dickwandiger, muskelzellreicher Gang, der aus dem Nebenhodengang hervorgeht. Peristaltische Kontraktionen der Muskulatur befördern die Spermien im Samenleiter.

Abb. 13-3 Hoden, Nebenhoden und Samenleiter. (Aus [12])

Hormonale Steuerung der Hodenfunktionen

Die wesentlichen Funktionen des Hodens werden hormonal reguliert.

Während der Pubertät steigt der Testosteronspiegel steil an. 95% des Testosterons im Blut entstammen den

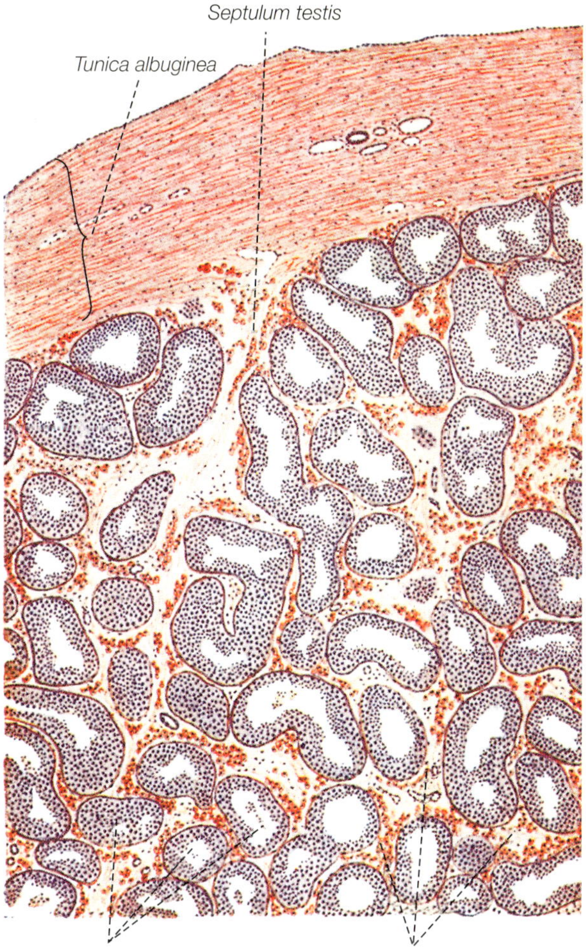

Abb. 13-4 Randpartie eines reifen menschlichen Hodens. Die sehr derbe Tunica albuginea wird außen vom mesothelialen Epiorchium bedeckt. Zwischen den Anschnitten der Tubuli contorti erkennt man die locker gruppierten, stärker azidophilen Leydig-Zellen (Hodenzwischenzellen). Färbung: H. E.; Vergr. 40fach. (Aus [1])

Leydig-Zellen, 5% der Nebennierenrinde. Im Blut ist Testosteron an Geschlechtshormon-bindendes Globulin (SHBG) und andere Proteine gebunden. In manchen Zielgeweben wird es durch 5-Reduktase zu Dihydrotestosteron umgewandelt. Testosteron kann in manchen Geweben, z. B. in Fettgewebe, zu Östrogenen aromatisiert werden. LH und Prolaktin regulieren die Funktion der Leydig-Zellen. Prolaktin reguliert die Expression des LH-Rezeptors, LH ist für die Testosteronbildung verantwortlich. Hyperprolaktinämie drosselt die Gonadotropinsekretion und hemmt so die männliche Reproduktion.

Ausgangssubstanz für das Testosteron ist – wie bei allen Steroiden – Cholesterin, das aus dem Blut aufgenommen, im Zytoplasma verestert und hier in Lipidtropfen gespeichert wird. Cholesterin kann auch am glatten ER in den Leydig-Zellen selbst aus Fettsäuren aufgebaut werden. Cholesterin wird dann aus den Lipidtropfen durch StAR (akutes steroidogenes Regulationsprotein) zu den Mitochondrien transportiert, wo es zu Pregnenolon umgewandelt wird. Diese Substanz wird am glatten ER über Progesteron zu Testosteron umgebaut. Testosteron wird in den Samenkanälchen und Samenwegen an das Androgen-bindende Protein gebunden, das von den Sertoli-Zellen nach Stimulation durch FSH gebildet wird. Zwei weniger potente Androgene der Leydig-Zellen sind Adrostendion und Dehydroepiandrosteron (DHEA).

Funktion der Androgene:

1. beim männlichen Embryo und Fetus: Regulation der Differenzierung der männlichen Geschlechtsorgane, Stimulation von Wachstum, Entwicklung und Funktion der männlichen Geschlechtsorgane
2. beim erwachsenen Mann: Stimulation der Ausbildung des männlichen Behaarungstyps, Stimulation der Talgdrüsensekretion, Induktion des Einsetzens und Aufrechterhaltung der Spermatogenese, Aufrechterhaltung der sekretorischen Funktion der Geschlechtsdrüsen (Samenblasen und Prostata), Stimulation der Libido.

Fetale Leydig-Zellen sind zwischen der 8. und 18. Schwangerschaftswoche hormonell aktiv. Die gebildeten Androgene sind entscheidend wichtig für die Entwicklung der männlichen Geschlechtsorgane. 2–3 Wochen nach der Geburt ist der Hoden des Neugeborenen noch einmal hormonell aktiv. Die Hormonbildung geht dann aber stark zurück, bis zur Pubertät. Zu diesem Zeitpunkt wird die Androgenbildung durch LH wieder aktiviert und kann in individuell unterschiedlicher Weise bis ins höhere Alter andauern.

Aufbau und Funktion der Samenkanälchen

Die gewunden verlaufenden, ca. 30–70 cm langen Samenkanälchen (Hodenkanälchen, Tubuli seminiferi contorti) sind die dominanten Strukturen im histologischen Hodenpräparat (Abb. **13-4, 13-5**). Sie sind in allen möglichen Ebenen angeschnitten. Ihr Durchmesser beträgt ca. 150–250 µm. Die Höhe ihres Epithels (**Keimepithel**) schwankt und kann ca. 80 µm erreichen. Das Lumen ist meistens frei, kann aber einzelne Spermien enthalten. Im Keimepithel finden sich **Keimzellen** und **Stützzellen** (Sertoli-Zellen). Die Keimzellen vermehren sich in diesem Epithel, machen die Meiose durch und differenzieren sich zu Samenzellen (Abb. **13-5, 13-6**).

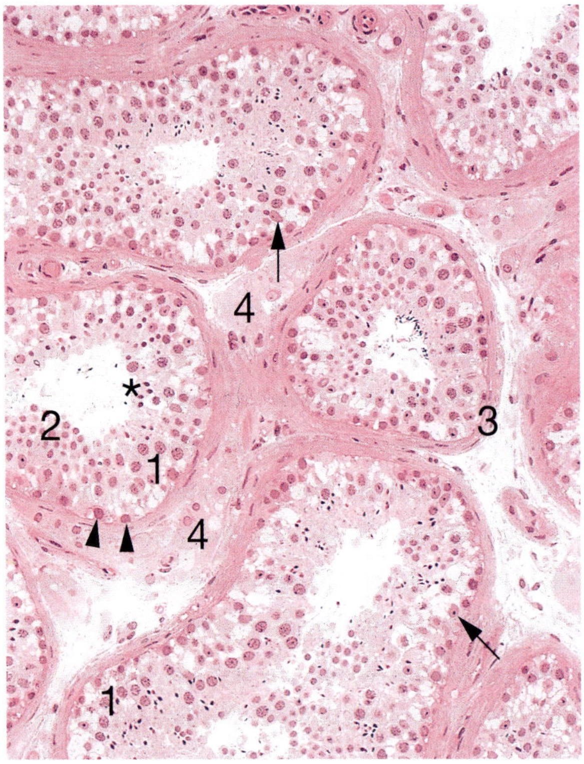

Abb. 13-5 Hodengewebe (Mensch) mit mehreren Tubuli seminiferi, die aus Sertoli-Zellen (helle Kerne mit deutlichem Nukleolus basal im Epithel) und den verschiedenen Zellformen der Spermatogenese aufgebaut sind. ▶ basal gelegene Spermatogonien; **1** große Spermatozyten 1. Ordnung (je nach Phase der 1. Reifeteilung unterschiedliche Kernstruktur); **2** kleinere Spermatiden (kommen v.a. im lumennahen Bereich vor); ✻ schon spermienähnliche Spermatiden, erscheinen als kleine dunkle Punkte in den apikalen Taschen der Sertoli-Zellen (➔). Die Tubuli seminiferi sind von einer eosinophilen Bindegewebsschicht umgeben, die v.a. von schlanken Myofibroblasten (**3**) aufgebaut wird. Im Bindegewebe zwischen den Tubuli finden sich Leydig-Zellen (**4**). Plastikschnitt; Färbung: H.E.; Vergr. 120fach. (Aus [1])

Sertoli-Zellen

Die Sertoli-Zellen sind hohe prismatische Epithelzellen, die u.a. Stützfunktion für die Keimzellen haben. Sie erstrecken sich von der Basallamina bis zum Lumen der Samenkanälchen. Die Sertoli-Zellen bilden seitlich und apikal Taschen, in denen sich Keimzellen befinden (Abb. **13-6**, **13-7**). Lamellenartige Fortsätze können über diese Taschen hinausgehen und alle Räume zwischen den Keimzellen ausfüllen. Der kennzeichnend strukturierte Zellkern (Abb. **13-8**) ist länglich und besitzt eine oder zwei Einkerbungen. Er enthält fast nur Euchromatin sowie einen sehr scharf hervorstechenden Nukleolus, der seitlich von zentromerem Heterochromatin begleitet wird. Längliche Mitochondrien sind zahlreich zu finden. Der Golgi-Apparat ist umfangreich. Glattes ER ist reichlich, raues ER dagegen nur spärlich vorhanden. Das Zytoskelett ist hoch entwickelt, es ist sowohl an gestaltlichen Veränderungen der Keimzellen als auch an ihrer Wanderung von basal nach apikal beteiligt. Die zahlreichen Lysosomen spielen eine Rolle beim Abbau von Zytoplasmaanteilen der reifenden Spermatiden. Es finden sich eigenartige, kristalloide Einschlüsse, die sog. Charcot-Böttcher-Kristalle (Abb. **13-6**), deren Funktion unbekannt ist. Lipidtropfen sind regelmäßig zu finden.

In der Nähe der Zellbasis sind die benachbarten Sertoli-Zellen über Zonulae occludentes verbunden. Dadurch entstehen im Keimepithel zwei Kompartimente mit unterschiedlichen funktionellen Eigenschaften:

- **basales Kompartiment** unterhalb der Zonula occludens und
- **adluminales Kompartiment** oberhalb der Zonula occludens.

Die Zonula occludens der Sertoli-Zellen bildet eine Barriere im Epithel, die **Blut-Hoden-Schranke** genannt wird.

Das basale Kompartiment kommuniziert in geringem Maße mit dem Milieu des Matrixraumes des subepithelialen Bindegewebes. Im adluminalen Kompartiment herrscht dagegen ein (v.a. in immunologischer Hinsicht) abgeschlossenes Milieu, in dem die Keimzellen ausreifen. Die vielfältigen Funktionen der Sertoli-Zellen sind kurz zusammengefasst:

- Stützfunktion für die Keimzellen,
- Ernährungsfunktion für die Keimzellen,
- Hilfe bei der Wanderung der Keimzellen von basal nach apikal,
- Bildung der Blut-Hoden-Schranke,
- Phagozytose und Abbau von Zytoplasma der Spermatiden,
- Freisetzung der reifen Spermatiden ins Lumen der Tubuli,
- Rezeptoren für FSH und Testosteron: FSH ist für die Ausreifung der Keimzellen wichtig. Sie wandeln Testosteron in Östradiol und Dihydrotestosteron um, was für die Entwicklung der Keimzellen wichtig ist,
- Bildung der Peptidhormone Inhibin (hemmt über negative Rückkopplung die FSH-Freisetzung) und Aktivin (fördert über positive Rückkopplung die FSH-Sekretion).
- Sekretion des Androgen-bindenden Proteins, das in den Samenkanälchen und Samenwegen hohe Testosteronspiegel aufrechterhält.

Keimzellen

Im **Keimepithel** des Hodens durchlaufen die Keimzellen verschiedene Entwicklungsstadien:

- Spermatogonien,

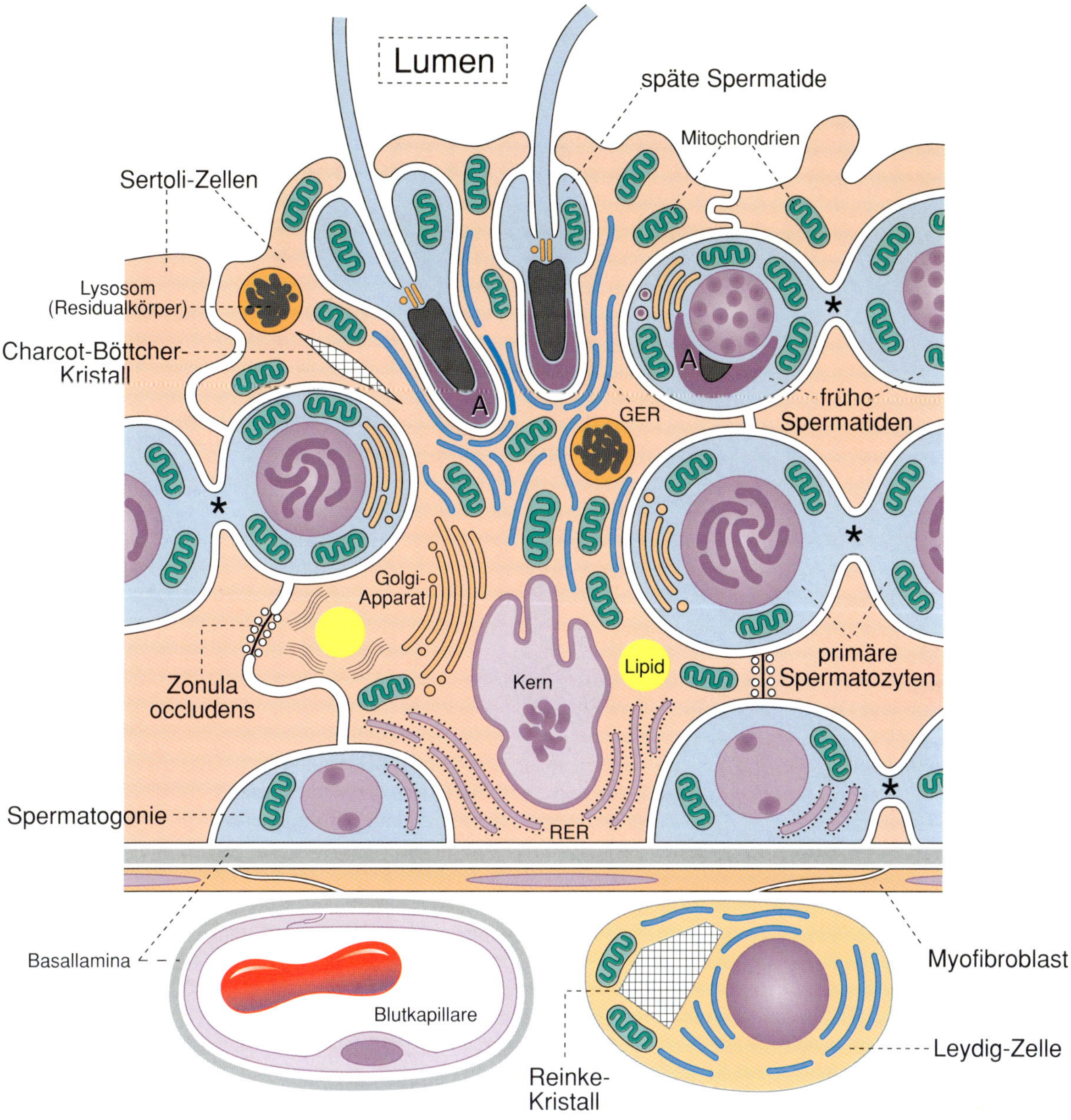

Abb. 13-6 Keimepithel des Hodens, schematische Darstellung mit Sertoli- und Keimzellen sowie Anteilen des interstitiellen Bindegewebes. Die speziellen Zonulae occludentes zwischen den Sertoli-Zellen bilden die sog. Blut-Hoden-Schranke, die das basale und das adluminale Kompartiment des Keimepithels trennt. Der helle Kern der Sertoli-Zellen ist gelappt und besitzt einen auffallenden Nukleolus; in den Lysosomen werden die Teile des Zytoplasmas der Spermatiden abgebaut, die während ihrer Ausreifung abgestoßen werden (Residualkörper). **RER** raues ER; **GER** glattes ER; ✻ Zytoplasmabrücken zwischen Keimzellen in verschiedenen Reifestadien; **A** Akrosom. Die Leydig-Zellen bilden Testosteron. (Aus [1])

- Spermatozyten 1. Ordnung (primäre Spermatozyten, Spermatozyten I),
- Spermatozyten 2. Ordnung (sekundäre Spermatozyten, Spermatozyten II),
- Spermatiden und
- Spermatozoen.

Spermatogenese

Der gesamte Prozess der Keimzellentwicklung (**Spermatogenese**) kann in 3 Abschnitte unterteilt werden:

- Vermehrungsperiode,
- Reifungsperiode (Phase der Meiose),
- Spermiogenese (Differenzierungsperiode).

Die ideale Temperatur für die Spermatogenese beträgt

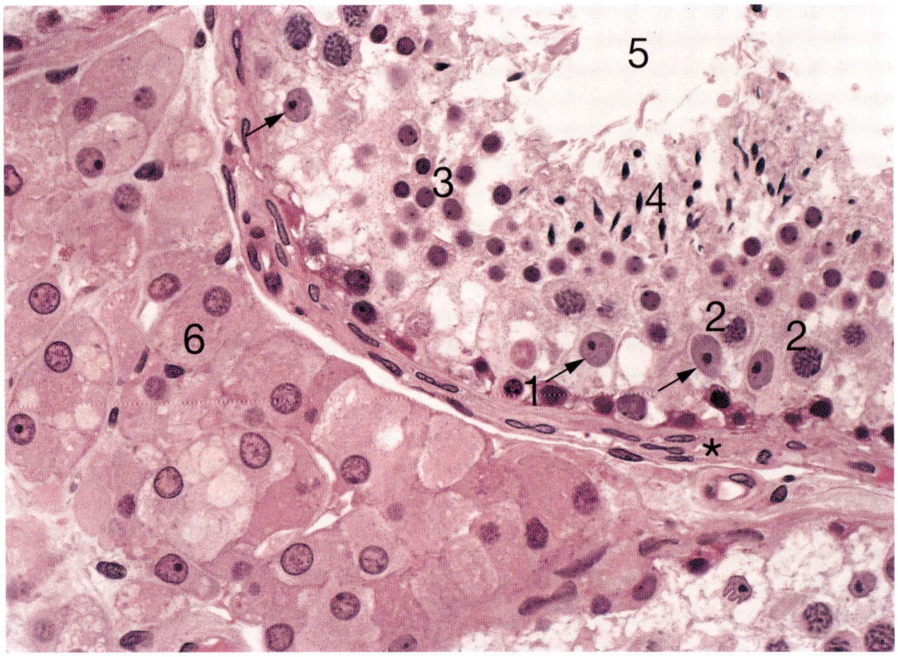

Abb. 13-7 Keimepithel (Hoden, Mensch) mit Sertoli-Zellen (➔). **1** Spermatogonien; **2** Spermatozyten 1. Ordnung; **3** frühe Spermatiden; **4** weitgehend ausdifferenzierte Spermatiden; **5** Lumen des Tubulus seminiferus; **6** Leydig-Zellen; ✻ Myofibroblasten. Plastikschnitt; Färbung: H.E.; Vergr. 450fach.

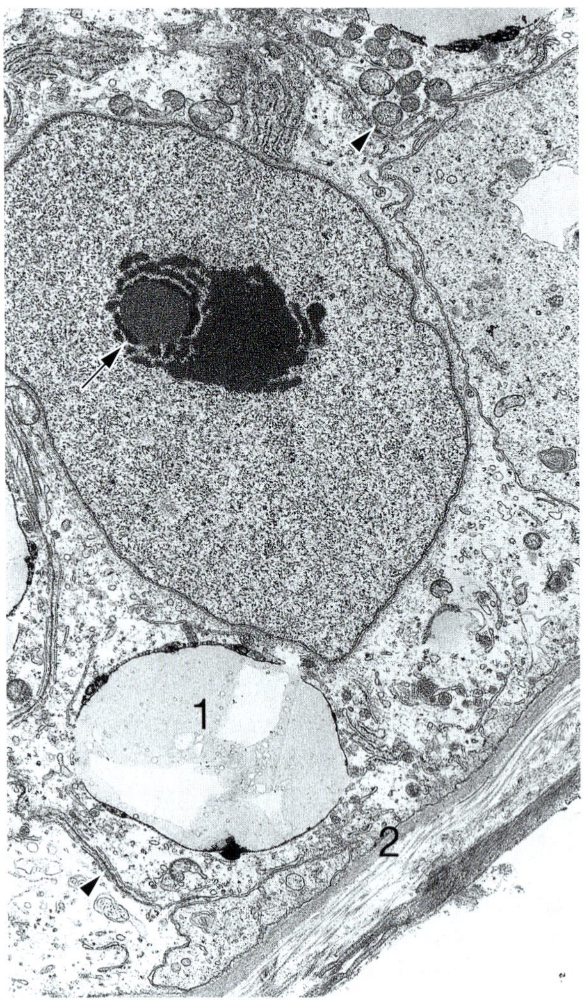

35 °C. Diese Temperatur wird mit Hilfe des wärmeaustauschenden Plexus pampiniformis erzielt, der die Wärme des Blutes aus der A. spermatica aufnimmt und nach außen abgibt. Sinkt die Temperatur, kontrahieren sich der M. cremaster im Funiculus spermaticus und die glatte Muskulatur der Tunica dartos im Skrotum. Dadurch werden die Hoden dichter an den Körper gebracht und die Temperatur erhöht sich wieder. Bei Kryptorchismus (nicht abgestiegene Hoden) bleibt der Hoden im Inguinalkanal oder in der Bauchhöhle. Hier verhindert die normale Körpertemperatur (37–38 °C) die Spermatogenese, was – wenn Kryptorchismus beiderseits vorliegt – zu Sterilität führt.

Keimzellen, die aus einer Spermatogonie entstehen, bleiben über schmale Zytoplasmabrücken verbunden und bilden einen Klon (genetisch homogene Gruppe von Zellen, die von einer gemeinsamen Ursprungszelle abstammen). Im histologischen Präparat ist zu beobachten, dass die Zellen eines Stadiums der Keimzellentwicklung, also z. B. Spermatozyten 1. Ordnung oder Spermatogonien, jeweils kleine Gruppen bilden. Dieses Phänomen beruht darauf, dass die aufeinander folgenden Entwicklungsstadien in Form eines schraubenförmigen Zellstreifens im Keimepithel des Tubulus seminiferus angeordnet sind. Mehrere solcher Spiralen liegen

Abb. 13-8 Ultrastruktur einer Sertoli-Zelle (Hoden, Mensch) mit dem kennzeichnenden euchromatinreichen Kern. ➔ Nukleolus mit assoziiertem Heterochromatin; **1** Lipideinschluss; ▶ Zonula occludens; **2** Basallamina des Keimepithels. Vergr. 6530fach.

nebeneinander, sie bauen ein komplexes System gegeneinander versetzter Schraubenstrukturen auf. In jedem dieser schraubenförmig angeordneten Zellstreifen wandern die sich differenzierenden Keimzellen von der Epithelbasis zur luminalen Oberfläche. An ihrer Basis liegen die Spermatogonien, und an ihrer Spitze liegen die weitgehend ausdifferenzierten Keimzellen. Die Dauer dieses Differenzierungsweges beträgt ca. 75 Tage.

Vermehrungsperiode Die Vermehrungsperiode ist die erste Phase der Spermatogenese, sie betrifft vor allem die Spermatogonien.

Die **Spermatogonien** sind kleine Zellen mit rundlichem Kern, die basal im Keimepithel liegen (Abb. **13-6, 13-9, 13-10**). Sie sind wie alle anderen Zellen des Körpers diploid, d.h., ihre Kerne enthalten sowohl den mütterlichen als auch den väterlichen Chromosomensatz. Der DNA-Gehalt beträgt 2n (siehe Kap. 2.2.2).

Es lassen sich zwei Typen von Spermatogonien unterscheiden: A- und B-Spermatogonien. Die **A-Spermatogonien** besitzen entweder helles oder dunkles Zytoplasma. Sie sind die eigentlichen Stammzellen des Keimepithels und teilen sich mitotisch, wobei eine Tochterzelle A-Spermatogonie bleibt, während die an-

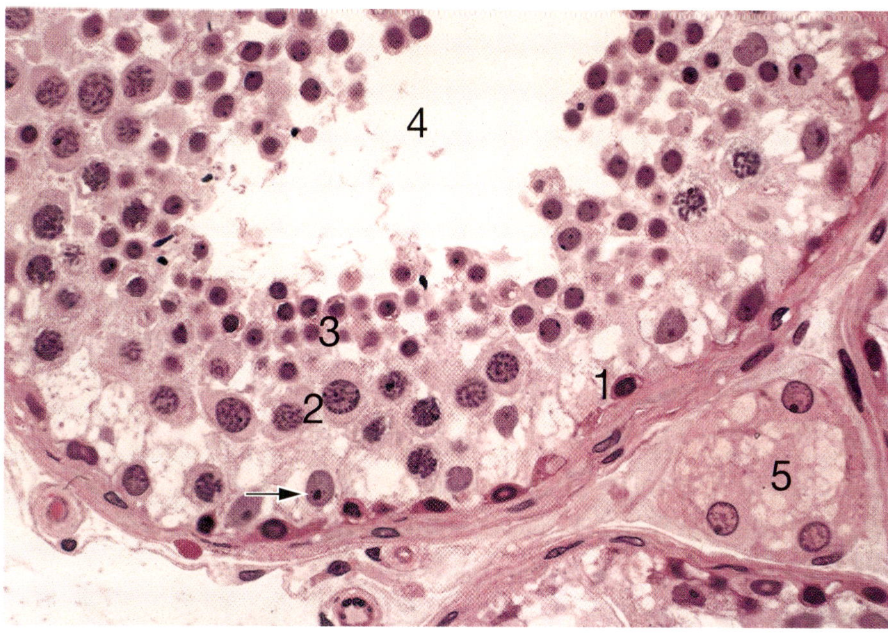

Abb. 13-9 Keimepithel (Hoden, Mensch). **1** Spermatogonien; **2** Spermatozyten 1. Ordnung; ➔ Sertoli-Zellen; **3** zahlreiche frühe Spermatiden; **4** Lumen; **5** Leydig-Zellen. Plastikschnitt; Färbung: H.E.; Vergr. 450fach.

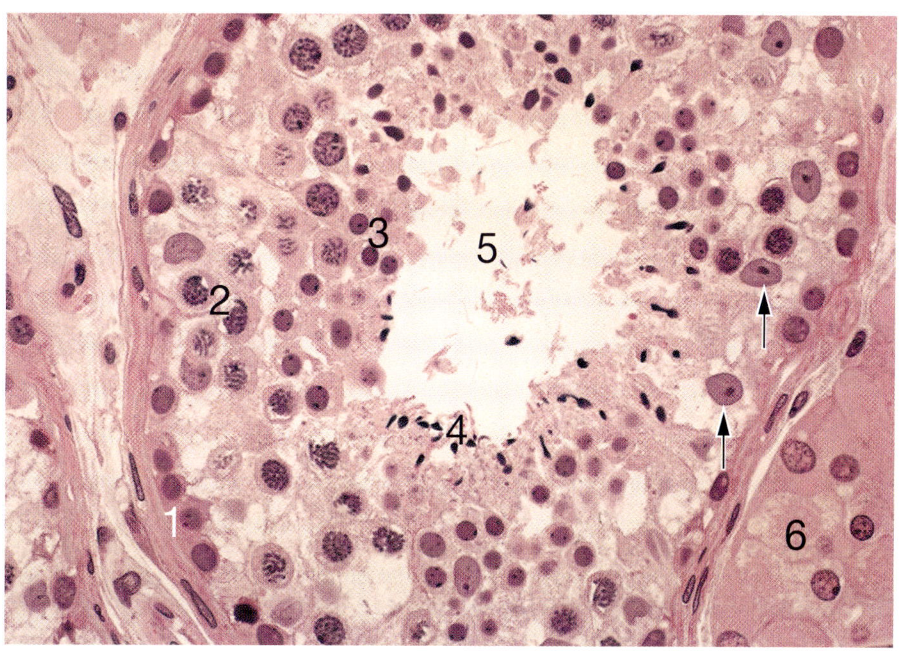

Abb. 13-10 Keimepithel (Hoden, Mensch), Ausschnitt. **1** deutlich erkennbare Spermatogonien; **2** Spermatozyten 1. Ordnung; **3** frühe Spermatiden; **4** späte Spermatiden; ➔ Sertoli-Zellen; **5** Lumen; **6** Leydig-Zellen. Plastikschnitt; Färbung: H.E.; Vergr. 450fach.

dere sich über mehrere mitotische Teilungen zu B-Spermatogonien entwickelt. Mit den **B-Spermatogonien** beginnt die Reifungsperiode. Aus jeder B-Spermatogonie gehen durch Mitose zwei Spermatozyten I hervor. Alle aus einer bestimmten Spermatogonie hervorgehenden Keimzellen bleiben über Zytoplasmabrücken verbunden, sie bilden einen sog. Zellklon (Abb. **13-2**).

Reifungsperiode Die Reifungsperiode ist die Phase der Meiose. Aus den Zellen mit diploidem Chromosomensatz entstehen haploide Zellen. Zunächst entstehen aus den B-Spermatogonien die **Spermatozyten I** (Abb. **13-6**, **13-9**, **13-10**). Diese Spermatozyten verdoppeln ihren DNA-Gehalt (4n) und beginnen mit der **1. Reifeteilung** (Reduktionsteilung), aus der zwei **Spermatozyten II** hervorgehen. Die Spermatozyten II besitzen einen haploiden Chromosomensatz (22 Autosomen mit entweder X-Chromosom oder Y-Chromosom). Der DNA-Gehalt beträgt 2n. Die Spermatozyten II teilen sich nach kurzer Zeit erneut (**2. Reifeteilung**), wobei aus ihnen die **Spermatiden** (DNA-Gehalt: 1n) entstehen. Zur Meiose siehe auch Kap. 2.

1. Reifeteilung Die **Prophase** der 1. Reifeteilung verläuft sehr langsam (ca. 20 Tage). Die Prophase durchläuft mehrere Stadien, die am Chromatinmuster der großen Kerne in den Spermatozyten erkannt werden können (Abb. **13-9**, **13-10**):

- **Leptotän:** Die Prophase beginnt mit dem Leptotän. In diesem Stadium werden die Chromosomen langsam als kleine Fäden sichtbar und beginnen ihr Chromatin zu kondensieren. Die homologen väterlichen und mütterlichen Chromosomen haben ihren DNA-Gehalt verdoppelt und bestehen je aus zwei Chromatiden. Sie nähern sich einander an. Die zusammengehörigen Chromosomenpaare (mit verdoppelter DNA) werden Bivalente genannt.
- **Zygotän:** Homologe Chromosomen lagern sich eng aneinander (Chromosomenpaarung, Konjugation). Zwischen den Chromosomen bilden sich sog. synaptonemale Komplexe (Abb. **13-11**). Da jedes Chromosom aus zwei Chromatiden besteht, liegen insgesamt Gebilde aus 4 Chromatiden (Tetraden) vor.
- **Pachytän:** Die Chromosomen verkürzen und verdicken sich; sie sind nun vollständig durch den synaptonemalen Komplex verbunden.
- **Diplotän:** Der synaptonemale Komplex löst sich schrittweise. Die Chromosomen bleiben aber an Überkreuzungspunkten, den Chiasmata, verbunden. An diesen Stellen liegen besondere Protein-RNA-Komplexe, die sog. Rekombinationsknötchen, hier entstehen in den Chromatiden Brüche und hier werden Segmente der mütterlichen und väterlichen Chromatiden gegeneinander ausgetauscht. Die elterlichen Gene werden so durchmischt, und somit entstehen neue Genkombinationen.

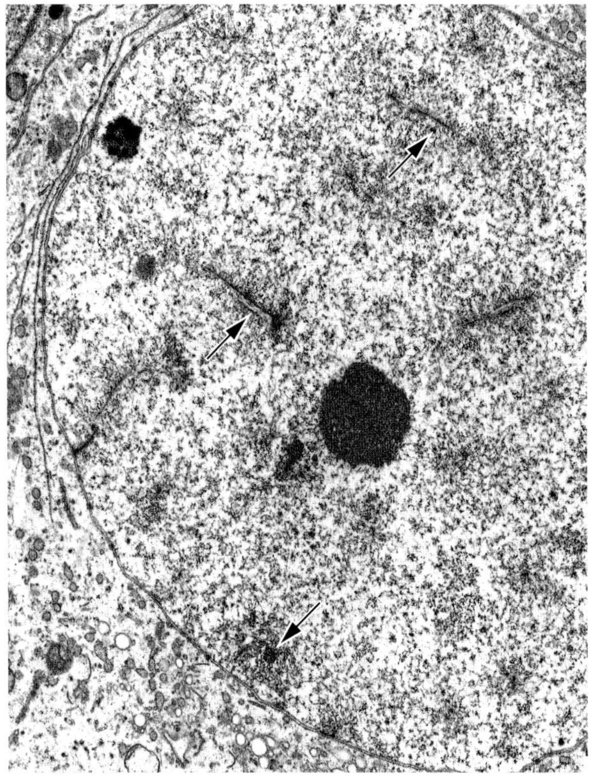

Abb. 13-11 Ultrastruktur einer Spermatozyte 1. Ordnung im Keimepithel (Hoden, Mensch). ➔ synaptonemale Komplexe im Zellkern. Vergr. 8880fach.

Am Ende der Prophase (**Diakinese**) löst sich die Kernmembran auf, und die Tetraden bilden eine **Metaphasenplatte** in der Zellmitte. In der **Anaphase** werden die homologen Chromosomen getrennt und wandern auf entgegengesetzte Zellpole, und es entstehen zwei Tochterzellen (Spermatozyten II). Die Spermatozyten II besitzen nur einen haploiden Chromosomensatz, ihre Chromosomenzahl ist also auf die Hälfte (23) reduziert. Jedes Chromosom besteht aus zwei Chromatiden, der DNA-Gehalt ist also 2n. Wichtig ist, dass DNA-Sequenzen ausgetauscht wurden.

2. Reifeteilung Die **Spermatozyten II** haben nur eine kurze Lebensdauer und sind deshalb selten im Präparat anzutreffen. Sie sind etwas größer als die Spermatiden. Der helle Kern hat ein feines Chromatinmuster. Sie teilen sich nach wenigen Stunden erneut (2. Reifeteilung, Äquationsteilung), ohne dass es zu DNA-Verdoppelung kommt (keine S-Phase). Die Chromatiden trennen sich wie bei einer Mitose und werden auf die Tochterzellen, die sog. **Spermatiden**, verteilt. Der Chromosomensatz der Spermatiden ist (wie bei den Spermatozyten II) haploid, der DNA-Gehalt beträgt aber nur 1n. Aus zwei Spermatozyten II, die über Zytoplasmabrücken verbunden sind, entstehen nach der 2. Reifeteilung vier über Zytoplasmabrücken verbundene Spermatiden. Die zwei Spermatozyten II sind aber wiederum mit weiteren Spermatozyten II über Zytoplasmabrücken verbunden, so dass ab dem B-Spermatogonien-Stadium zunehmend länger werdende Ketten von Keimzellen (Klone) generiert werden.

Spermiogenese Unter Spermiogenese versteht man die Umwandlung der **Spermatiden** in **Spermatozoen**. Es kommt zu keinen Teilungen mehr. Die Zellen gestalten sich lediglich um, und die Zytoplasmabrücken lösen sich während dieses Prozesses auf.

Der anfänglich noch helle Zellkern der **Spermatiden** (Abb. **13-6**, **13-9**, **13-10**, **13-12**) kondensiert sich zunehmend und wandert in die Peripherie. Die Kondensation des Kerns ist dadurch gekennzeichnet, dass somatische Histone durch arginin- und lysinreiche Protamine ausgetauscht werden. Durch diesen Austausch wird die genomische DNA des Spermiums stabilisiert und geschützt. Der Golgi-Apparat schiebt sich zwischen Zellmembran und Kern und bildet schließlich ein Vesikel, das **Akrosom**. Das Akrosom entspricht einem speziellen Lysosom und lagert sich dem Kern an (Abb. **13-13**). Es enthält lokal dicht kondensierte hydrolytische Enzyme (Proteasen, saure Phosphatase, Hyaluronidase, Neuraminidase u.a.). Die Enzyme werden bei der Befruchtung freigesetzt und erleichtern dem Spermium den Weg durch Corona radiata und Zona pellucida in die Eizelle. Die Mitochondrien werden in die Zellperipherie verlagert, und die Zentriolen

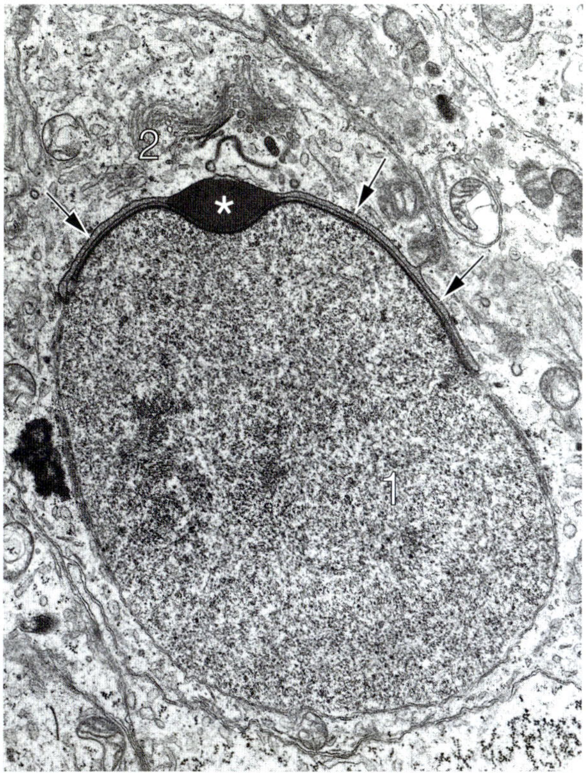

Abb. 13-12 Ultrastruktur einer noch relativ frühen Spermatide (Hoden, Mensch). Das Akrosombläschen (➔) ist bereits abgeflacht und hat sich über den noch relativ locker strukturierten Kern (**1**) ausgebreitet. Im Zentrum des Akrosombläschens lagert dichtes Material (Enzyme, ✻). **2** Golgi-Apparat. Vergr. 15 300fach.

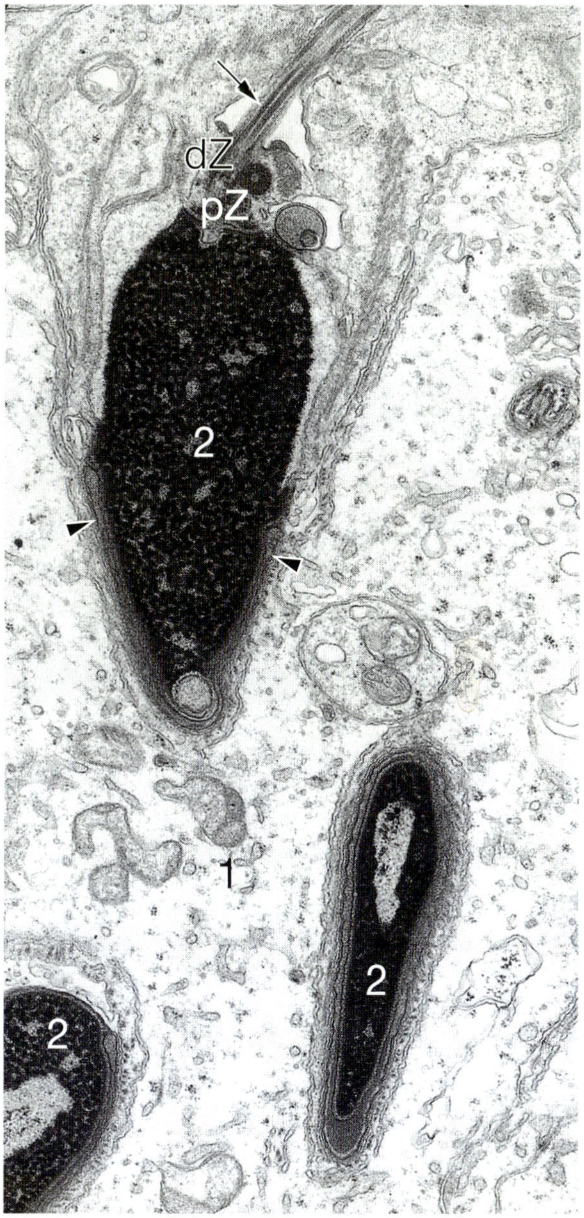

Abb. 13-13 Ultrastruktur schon weitgehend spermienähnlicher Spermatiden (Hoden, Mensch) in apikalen Taschen einer Sertoli-Zelle (**1**). Beachte den dichten Kern (**2**) der fast ausgereiften Spermatiden. dZ: distales Zentriol, pZ: proximales Zentriol. ➔ Kinozilie, die dem distalen Zentriol entspringt; ▶ kappenförmiges Akrosom. Vergr. 15 290fach.

wandern auf den dem Akrosom entgegengesetzten Zellpol. Das akrosomale Vesikel flacht sich seitlich ab und bildet eine Kappe auf dem Kern, die einer flachen Zisterne vergleichbar ist. Der Kern wird immer dichter und flacher. Aus dem distalen Zentriol wächst der Schwanzfaden aus, der primär einem Kinozilium („9×2+2"-Muster) entspricht, sich aber in komplexer Weise ausdifferenziert (Abb. 13-13). Die Mitochondrien gruppieren sich um den Anfangsteil des Ziliums. Größere Zytoplasmabereiche mit den meisten Organellen werden nach hinten verlagert, hier abgestoßen und von den Sertoli-Zellen phagozytiert.

Spermatozoon Das ausgereifte Spermatozoon (Spermium, männliche Samenzelle, Abb. 13-14) ist beim Menschen ca. 60 µm lang und wird in Kopf und Schwanz gegliedert (Abb. 13-15).

Der ca. 5 µm lange **Kopf** enthält den Kern und das Akrosom, dessen hydrolytische Enzyme dem Spermatozoon den Weg durch die Eihülle (Corona radiata und Zona pellucida) bahnen. Sie werden exozytotisch freigesetzt (akrosomale Reaktion).

Der **Schwanz** besteht aus Hals (Verbindungsstück), Mittel-, Haupt- und Endstück. Der nur ca. 2 µm lange **Hals** enthält das proximale Zentriol und das zum Basalkorn umgewandelte distale Zentriol und Faserstrukturen. Das **Mittelstück** ist ca. 6 µm lang und enthält zentral den Anfangsteil der Kinozilie, der von einer Manschette aus Mitochondrien umgeben ist. Die Mikrotubulusstrukturen der Kinozilie („9+2"-Muster) sind von 9 kräftigen äußeren Fasern umgeben, die

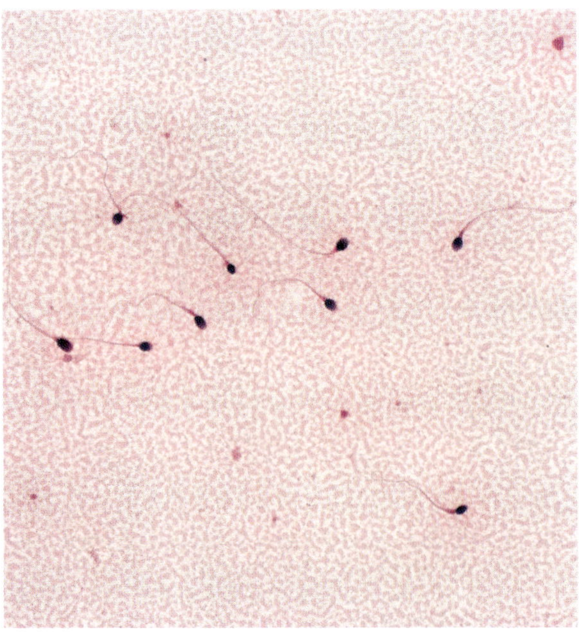

Abb. 13-14 Spermien (Mensch), Ausstrichpräparat. Färbung: H.E.; Vergr. 450fach.

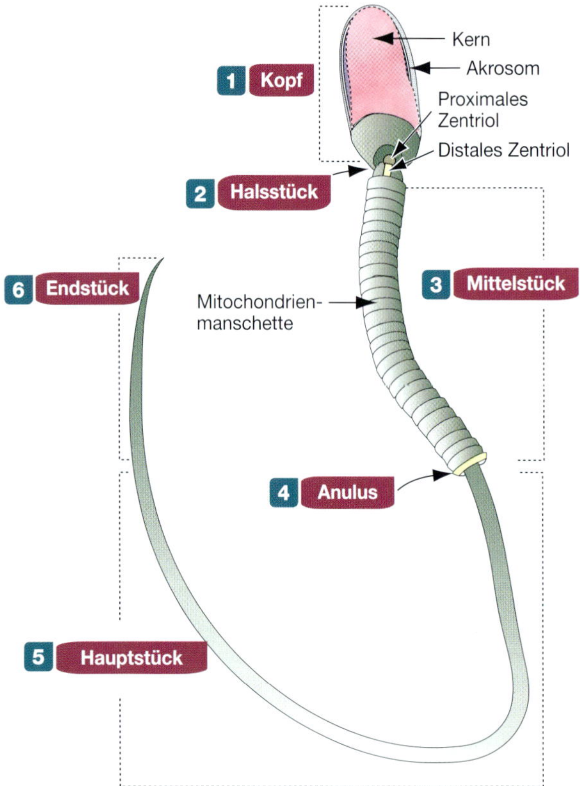

1 Der **Kopf** des Spermiums (Spermatozoons) besteht aus dem abgeflachten, kondensierten Kern und dem Akrosom. Das Akrosom bedeckt kappenartig den Kern.

2 Der Schwanz besteht aus **Halsstück** (Verbindungsstück), Mittelstück, Hauptstück und Endstück. Das Halsstück enthält das **proximale Zentriol**, das dem Kern anliegt, und das **distale Zentriol**, von dem das **Axonem** ausgeht.

3 Das **Mittelstück** folgt dem Halsstück und ist durch eine Manschette **zirkulär** (**bis helikal**) angeordneter Mitochondrien gekennzeichnet. Im Innern befindet sich das Axonem, das das typische 9+2-Mikrotubulusmuster von Kinozilien zeigt. Zwischen Mitochondrien und Axonem befinden sich 9 kräftige sog. **dichte Fasern**, die zum großen Teil aus Keratin aufgebaut sind.

4 Dem letzten Mitochondrium folgt der **Anulus**, ein Ring aus dichtem Material; er markiert das Ende des Mittelstücks.

5 Dem **Hauptstück**, das dem Mittelstück folgt, fehlt die Mitochondrienmanschette. Es besteht (von außen nach innen) aus:
1) der keratinhaltigen Faserscheide, die aus dicht gelagerten konzentrischen Rippen und zwei longitudinalen **Säulen** aufgebaut ist, in der die Rippen verankert sind,
2) **sieben** äußeren dichten Fasern und
3) dem innen gelegenen Axonem.
Gegen das spitz zulaufende Ende des Schwanzes hin werden Rippen, longitudinale Säulen und äußere dichte Fasern dünner und verschwinden schließlich ganz.

6 Das Endstück enthält nur noch das von der Zellmembran umgebene Axonem.

Abb. 13-15 Struktur des Spermiums: Kopf- und Schwanzkomponenten. (Aus [12])

überwiegend aus Keratin bestehen. Das **Hauptstück** ist ca. 45 µm lang und 1–0,5 µm dick. Es besteht aus dem Kinozilium, den 9 äußeren Fasern und einer weiteren umhüllenden Struktur, der faserigen Scheide. Das ca. 5–7 µm lange **Endstück** ist nur noch 0,25 µm dick und enthält nur noch die Mikrotubuli der Kinozilie, deren Anordnung gegen das Ende zu unregelmäßig wird und deren Zahl sich reduziert. Die Kinozilie mit ihren Mikrotubuli ist der Motor der Spermienschwanzbewegung, deren molekulare Basis die Dynein-Motorproteine sind. Dynein-Motorproteine nutzen die Energie aus der ATP-Hydrolyse, um die Mikrotubuli gegenseitig zu verschieben.

Die Gesamtheit von Spermatozoen und den diversen Sekreten (v.a. der Prostata, der Samenblasen und der Bulbourethraldrüsen) wird **Sperma** (Samen, Semen) genannt. Der flüssige Anteil wird Seminalplasma genannt und ist schwach alkalisch, erst in ihm werden die Spermatozoen beweglich. In einem Ejakulat, dessen Volumen ca. 4 ml beträgt, befinden sich 200–300 Millionen Spermatozoen.

Endgültig befruchtungsfähig werden die Spermien erst im weiblichen Genitaltrakt. Sie erlangen die Befruchtungsfähigkeit (Kapazitation) erst in der Tuba uterina (siehe S. 521).

Klinik **Erkrankungen des Hodens** sind nicht selten, ca. 5% aller Männer sind unfruchtbar. Das Klinefelter-Syndrom (XXY) kommt bei einem von 500 Männern vor. Verschiedene Formen des Hypogonadismus sind verbreitet und können durch Hormonsubstitution behandelt werden. Hodenkarzinome gehen ganz überwiegend (95%) von Urkeimzellen aus und werden meist im Alter von 20–40 Jahren entdeckt und kommen bei Kaukasiern deutlich häufiger als bei anderen Ethnien vor. Sie sprechen meistens recht gut auf Bestrahlung und auf Chemotherapie an. In der Untergruppe der Nichtseminome ist das Karzinomgewebe in unterschiedlicher Weise in verschiedene embryonale und adulte Gewebe differenziert.

Rete testis

Die Tubuli seminiferi contorti gehen in die gestreckten Tubuli seminiferi recti über, die in das **Rete testis** einmünden. Es handelt sich dabei um ein System von untereinander verbundenen Gängen und abgeflachten Räumen, die von einem einschichtigen flachen oder kubischen Epithel ausgekleidet werden (Abb. **13-16**). Im Anschluss an das Rete testis beginnen die eigentlichen Samenwege.

Interstitielles Hodengewebe

Das zwischen den **Tubuli seminiferi** gelegene Bindegewebe wird interstitielles Gewebe genannt. Die Tubuli werden von einer Schicht aus Myofibroblasten und Fibrozyten umhüllt. Die rhythmischen Kontraktionen der Myofibroblasten bewegen die Spermien im Lumen der Tubuli seminiferi in Richtung Nebenhoden.

Im übrigen Bereich des Hoden-Interstitiums findet sich ein lockeres Bindegewebe mit Blutgefäßen, Lymphgefäßen und Nerven.

Leydig-Zellen Wichtigste Komponente des interstitiellen Gewebes sind die großen Leydig-Zellen (Ley-

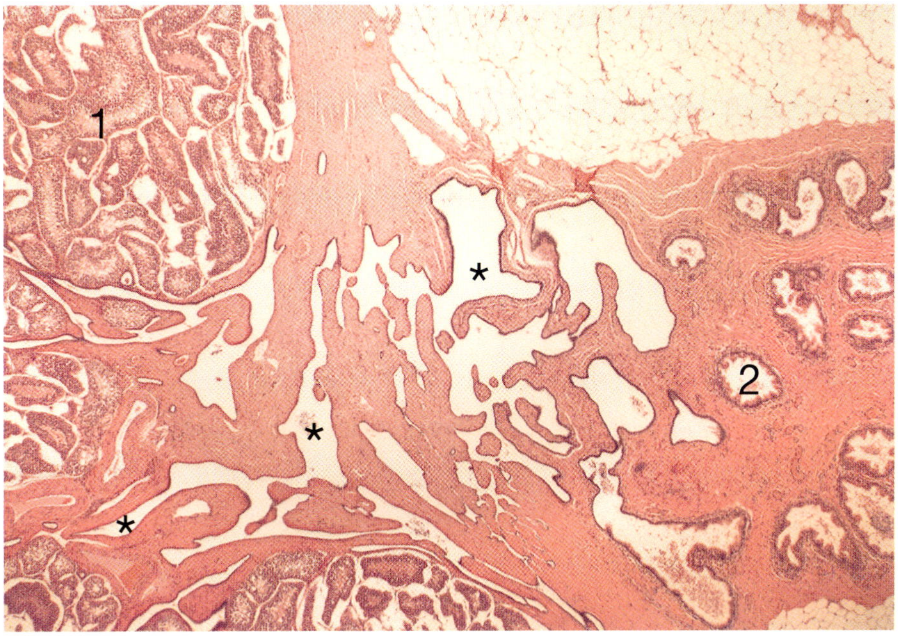

Abb. 13-16 Rete testis (Hoden, Rhesusaffe). * Anschnitte durch das irregulär gestaltete Lumen des Rete testis; **1** Tubuli seminiferi; **2** Ductulus efferens. Färbung: H.E.; Vergr. 110fach.

dig-Zwischenzellen nach Franz Leydig, 1821–1908). Es sind große, azidophile Zellen (Abb. **13-6, 13-17, 13-18**) mit rundlichem, hellem Kern. Im Zytoplasma fallen das reich entwickelte glatte ER sowie längliche Mitochondrien auf, die sowohl Tubuli als auch Cristae bilden. Es enthält des Weiteren Lipidtropfen, Lipofuszingranula und Reinke-Kristalle (Abb. **13-18**).

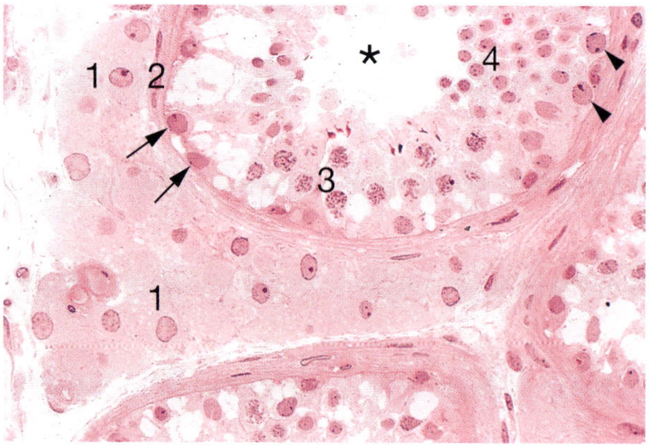

Abb. 13-17 Hodenbindegewebe mit einer Gruppe Leydig-Zellen (1) zwischen den Tubuli seminiferi (Mensch). Beachte die erhebliche Zellgröße, das zart eosinophile Zytoplasma (viel glattes ER) und den rundlichen Kern. **2** Myofibroblast; ➔ Spermatogonien; **3** Spermatozyten 1. Ordnung; **4** Spermatiden; ▶ Sertoli-Zellen; ✻ Lumen. Plastikschnitt; Färbung: H. E.; Vergr. 200fach. (Aus [1])

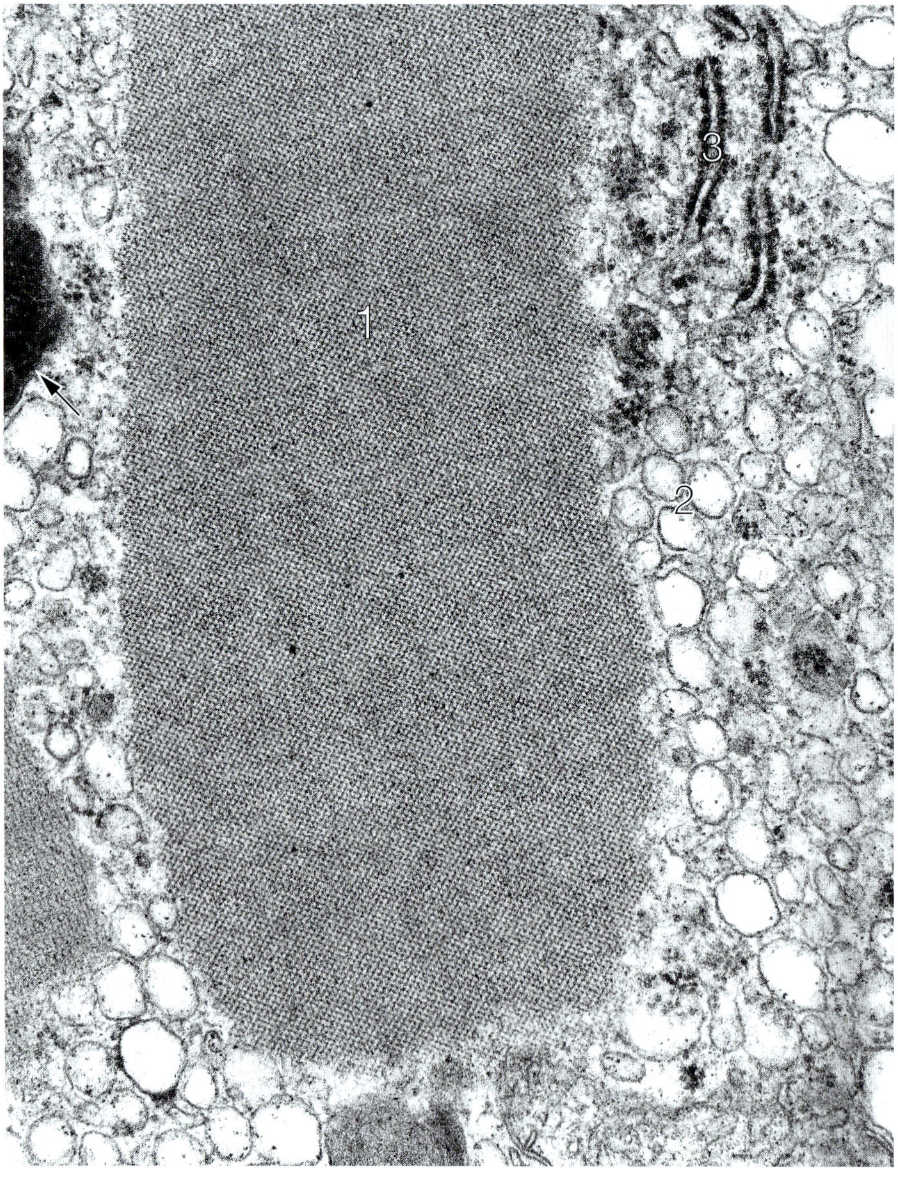

Abb. 13-18 Ultrastruktur eines Reinke-Kristalls (1) in einer Leydig-Zelle (Hoden, Mensch). **2** glattes ER; **3** raues ER; ➔ Pigmentgranulum. Die Reinke-Kristalle bestehen aus regelmäßig zusammengelagerten Proteinen; ihre Funktion ist unbekannt. Vergr. 50000fach.

Die Leydig-Zellen bilden das männliche Geschlechtshormon (**Testosteron,** siehe S. 476). Die Sekretion dieses Hormons wird durch LH und z. T. auch Prolaktin und FSH reguliert (Abb. **13-19**). Testosteron seinerseits reguliert die Gonadotropinsekretion, die Spermatogenese und die Differenzierung der Wolff-Gänge. Es gibt tageszyklische Schwankungen des Testosteronspiegels, er ist frühmorgens deutlich höher als nachmittags. Testosteron dringt passiv durch Diffusion in die Zielzellen ein und kann hier zu Dihydrotestosteron umgewandelt werden. Sowohl Testosteron als auch Dihydrotestosteron werden an ein intrazelluläres Androgenrezeptorprotein gebunden. Dihydrotestosteron ist für die Entwicklung des männlichen Phänotyps verantwortlich und prägt die sog. „männlichen" Verhaltensmuster. Weitere von den Leydig-Zellen gebildete Peptide sowie FSH beeinflussen die Sertoli-Zellen, die ihrerseits parakrin mit den Leydig-Zellen kommunizieren und die Testosteronproduktion steigern.

13.2.2 Samenwege, akzessorische Geschlechtsdrüsen

Die Samenwege beginnen mit dem Nebenhoden und setzen sich in den Samenleiter fort, der in die Harnröhre mündet. Den Samenwegen sind die sog. akzessorischen Geschlechtsdrüsen (Samenblase, Prostata und Cowper-Drüsen) zugeordnet.

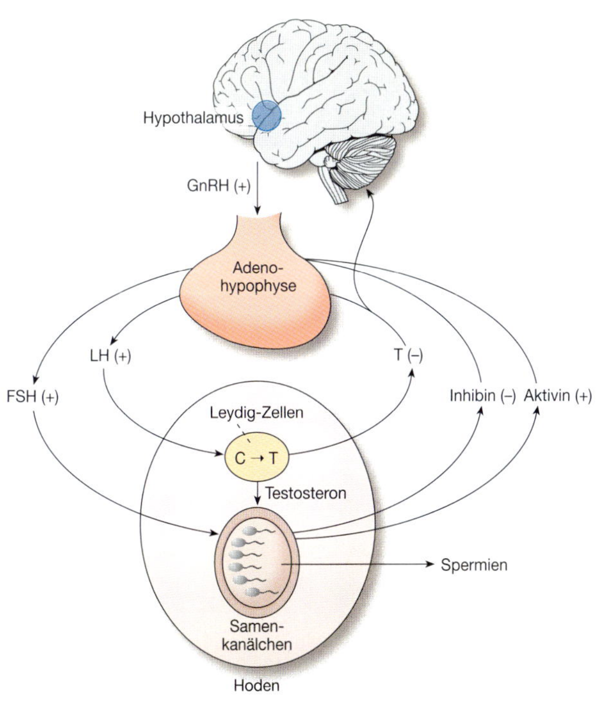

Abb. 13-19 Hormonelle Regulation der Testosteronsekretion. C: Cholesterin, T: Testosteron.

Nebenhoden

Der Nebenhoden (Epididymis) ist ein Speicher für Spermatozoen, in dem sie funktionell weiter ausreifen.

Der Anfangsteil des Nebenhodens wird von den 12–20 **Ductuli efferentes** gebildet, die aus dem Rete testis herausführen und in den Nebenhodengang übergehen (Abb. **13-20**). Das Epithel der Ductuli efferentes ist abwechselnd einschichtig kubisch, einschichtig prismatisch oder mehrreihig prismatisch. Im Querschnitt ist daher ihr Lumen wellig begrenzt (Abb. **13-20**). In den niedrigeren Epithelabschnitten kommen überwiegend Mikrovilli tragende, vermutlich sekretorisch und insbesondere resorptiv tätige Zellen vor. Auf den höheren Epithelabschnitten kommen Zellen vor, die Kinozilien tragen und einen Flüssigkeitsstrom verursachen. Unter dem Epithel ist ein lockeres Netz glatter Muskelzellen vorhanden (Abb. **13-21**).

Nebenhodengang

Der Nebenhodengang (Ductus epididymidis) ist ca. 6 m lang und liegt stark aufgeknäuelt im 4–5 cm langen Nebenhoden. Man findet im Präparat alle möglichen Anschnittsprofile. Sein Lumen nimmt von proximal nach distal zu und enthält oft die noch immobilen Spermien. Das Epithel des Nebenhodenganges

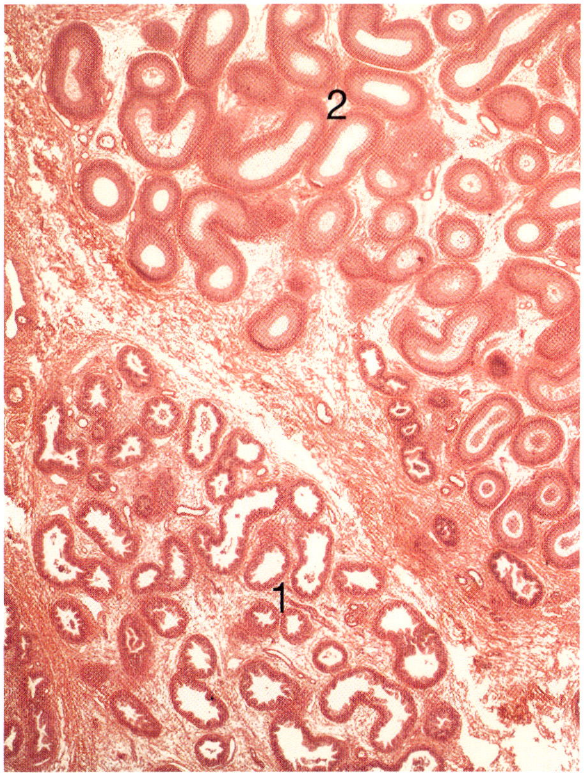

Abb. 13-20 Nebenhoden (Mensch) mit Ductuli efferentes (**1**) und Nebenhodengang (Ductus epididymidis, **2**). Färbung: H. E.; Vergr. 25fach.

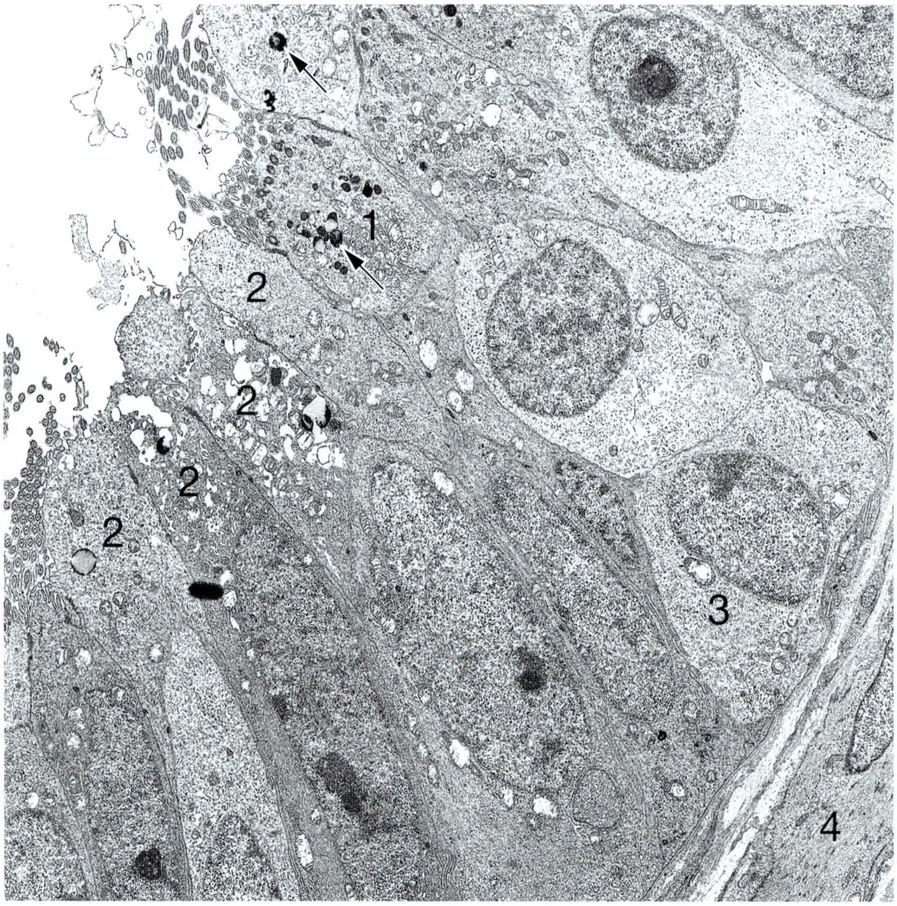

Abb. 13-21 Ultrastruktur eines Ductulus efferens (Nebenhoden, Mensch). **1** Kinozilien tragende Zellen; **2** Zellen mit mehr oder weniger gut ausgebildeten Mikrovilli; **3** Ersatzzellen; **4** glatte Muskelzellen; ➔ Pigmentgranula. Die Mikrovilli tragenden Zellen enthalten öfter große, helle Vakuolen. Vergr. 3770fach.

schwankt in der Höhe zwischen 30 und 80 µm und ist zweireihig hochprismatisch (kleine Basalzellen und schlanke hohe Zellen). Die apikal liegenden Stereozilien der hochprismatischen Zellen (Abb. 13-22, 13-23) sind an den intensiven resorptiven Vorgängen beteiligt (sie nehmen ca. 90% der im Hoden gebildeten Flüssigkeit auf, in der die Spermien suspendiert sind). Außerdem sind sie an einer Reihe von sekretorischen Prozessen beteiligt. Es wird hier u.a. ein leicht saures Sekret abgegeben (pH 6,5), das die Spermatozoen unbeweglich macht (Säurestarre). Die hohen Epithelzellen besitzen sehr lange schlanke Mikrovilli (Abb. 13-22, 13-23), einen sehr großen Golgi-Apparat, viele Mitochondrien, viele apikale Lysosomen, Phagosomen und multivesikuläre Körper. Die kleinen Basalzellen sind Ersatzzellen. Unter dem Epithel finden sich einzelne glatte Muskelzellen. Die Spermien werden im Laufe von ca. 10–14 Tagen durch den Nebenhodengang transportiert.

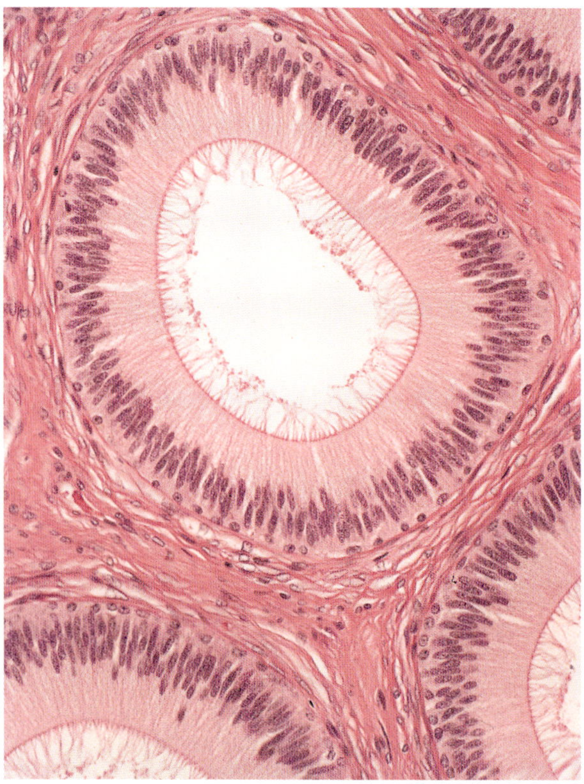

Abb. 13-22 Querschnitt durch den Nebenhodengang (Mensch). Beachte das zweireihige Epithel mit hohen apikalen z.T. artefiziell verklebten Mikrovilli (Stereozilien). Färbung: H.E.; Vergr. 250fach.

Samenleiter

Der Samenleiter verbindet Nebenhodengang und Harnröhre. Er ist die auffälligste Struktur im Samenstrang (Abb. 13-24), sein Endabschnitt wird **Ductus ejaculatorius** genannt.

Der Samenleiter (Ductus deferens, Vas deferens) ist ein ca. 30 cm langer und 2,5–3 mm dicker muskelstarker Schlauch, dessen Wand in Tunica mucosa und Tunica muscularis gegliedert ist (Abb. 13-25). Das Epithel der Mukosa verläuft im Präparat oft flach ge-

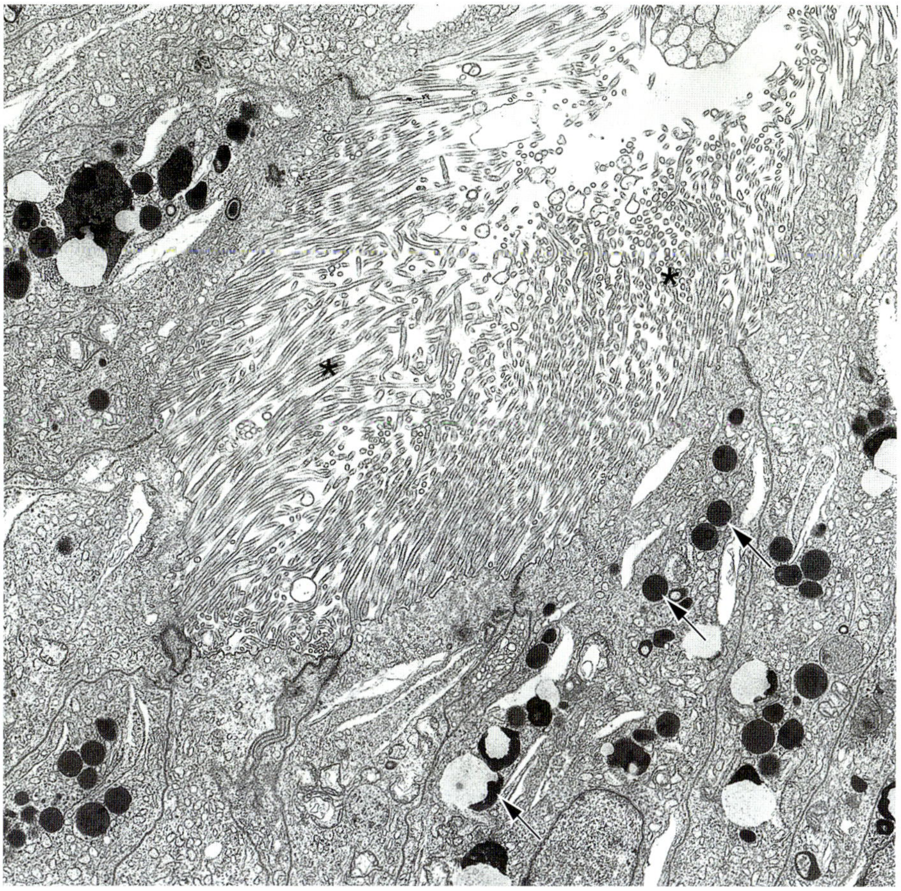

Abb. 13-23 Ultrastruktur der Zellapices von prismatischen Epithelzellen des Nebenhodengangs (Mensch). * reich entwickelte, verzweigte, schlanke Mikrovilli; → lysosomale Strukturen. Vergr. 4500fach.

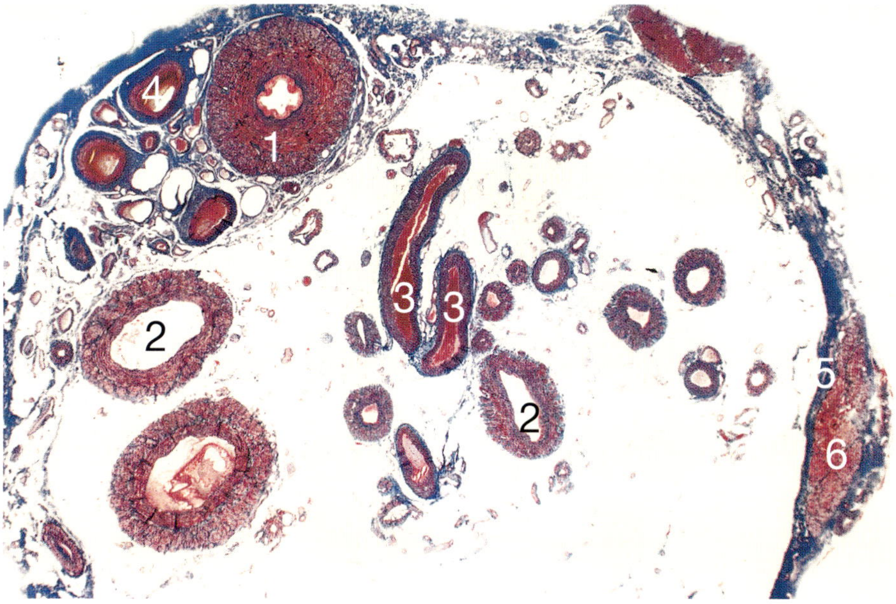

Abb. 13-24 Samenstrang (Mensch), Übersichtsvergrößerung. **1** Samenleiter; **2** Vene des Plexus pampiniformis; **3** A. testicularis; **4** A. ductus deferentis; **5** Fascia spermatica interna; **6** Bündel des M. cremaster. Färbung: Azan; Vergr. 5fach.

wellt, da die Mukosa infolge Muskelkontraktion längs verlaufende Falten bildet. Das Epithel ist im Prinzip wie im Nebenhodengang ausgebildet, die Hauptzellen sind jedoch niedriger, die hohen Schöpfe aus Stereozilien sind nur anfänglich zu finden. Die Stereozilien werden dann kürzer und spärlicher und verschwinden schließlich ganz. Die Zahl der Basalzellen ist relativ groß. Im Bindegewebe unter dem Epithel, das auch als Lamina propria bezeichnet wird, treten elastische Fasern und Kollagenfasern hervor. Der dickste Wandbestandteil ist die glattmuskuläre Tunica muscularis, die in 3 Schichten untergliedert ist:

- **äußere Längsmuskelschicht**, in der die Muskelzüge in steilen, sich überkreuzenden Schraubentouren verlaufen,
- **mittlere Ringmuskelschicht** (flache Schraubenzüge) und
- **innere Längsmuskelschicht** mit steilen Schraubentouren.

Außen folgt eine Adventitia, in der zahlreiche vegetative, insbesondere adrenerge Nerven vorkommen. Das Zusammenwirken von Nerven und Muskulatur spielt eine wesentliche Rolle für den Transport der Spermatozoen vom Nebenhoden in die Urethra während der Einleitungsphase der Ejakulation (Emission).

Akzessorische Geschlechtsdrüsen des Mannes

Samenblase

Jedem Samenleiter ist eine ca. 5 cm lange Samenblase (Vesicula seminalis bzw. Bläschendrüse, Gl. vesiculosa) zugeordnet. Sie enthält einen ca. 15 cm langen, gewundenen weiten Gang. Die Oberfläche der Tunica mucosa bildet ein kompliziertes Relief (Abb. **13-26**, **13-27**) mit Drüsenkammern, die durch schmale, sich verzweigende Wände getrennt sind. Solche Trennwände können im Präparat über schmale „Schleimhautbrücken" (siehe Kap. 10.3.2) verbunden sein. Das

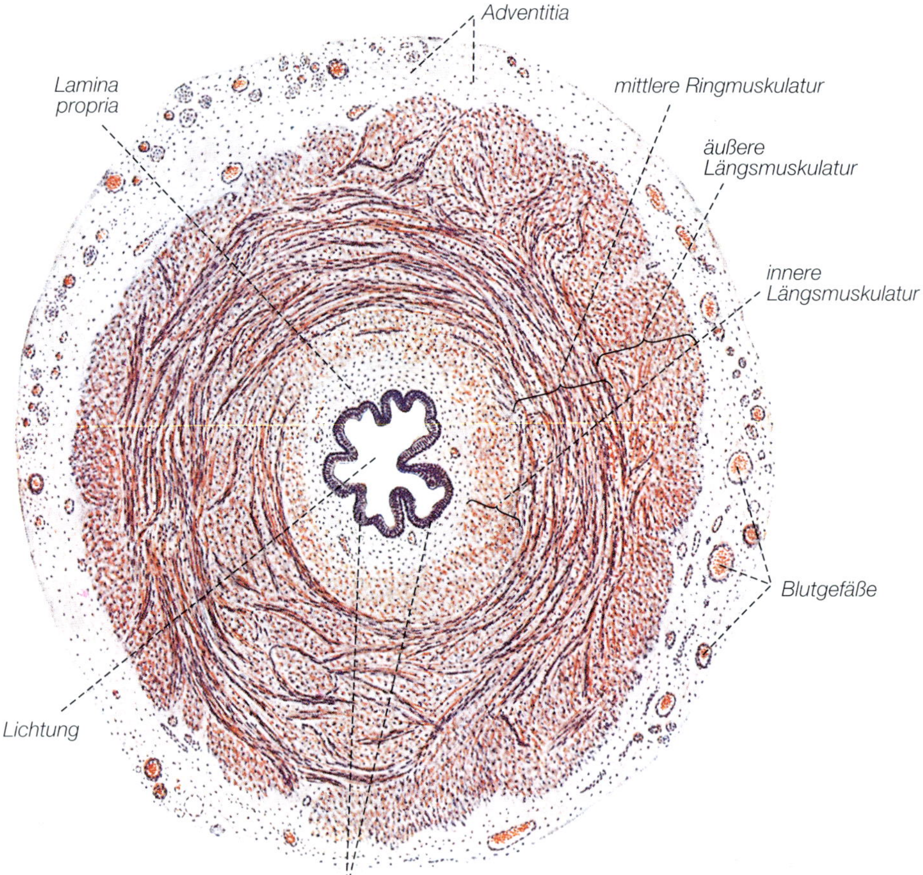

Abb. 13-25 Samenleiter (Mensch). Charakteristisch ist eine dicke, deutlich in drei Schichten gegliederte Muskularis, die aus kontinuierlichen Zügen glatter Muskelzellen besteht. Diese verlaufen außen steil, in der Mittelschicht zirkulär und innen wieder steil, so dass im Querschnitt eine äußere Längs-, mittlere Ring- und innere Längsmuskulatur vorliegen. Das Epithel ist zweireihig prismatisch mit Stereozilien, die gegen Ende des Samenleiters fehlen. Die Lichtung ist durch die Kontraktion der Muskulatur sternförmig eingeengt. Färbung: H.E.; Vergr. 53fach. (Aus [1])

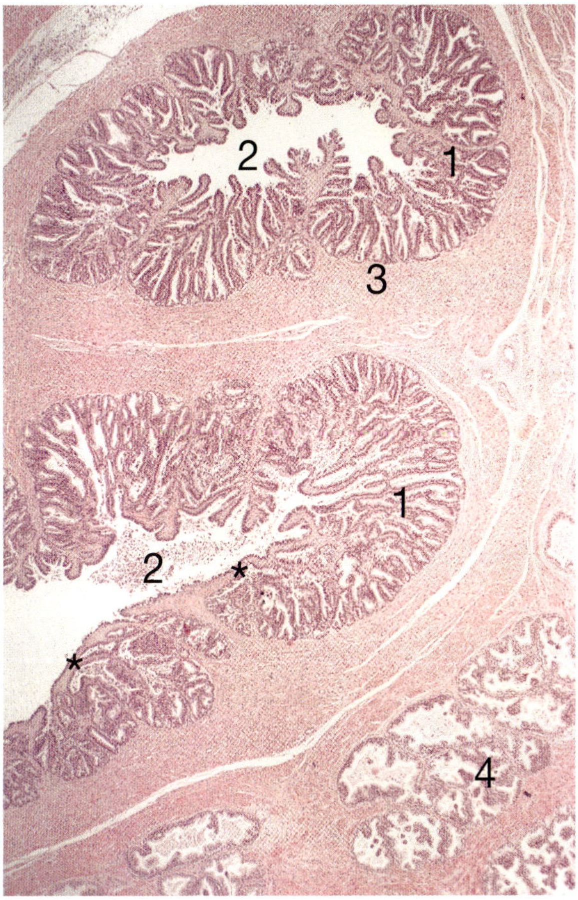

Abb. 13-26 Schleimhaut (1) der Samenblase (Mensch) mit ihrer komplexen Faltenstruktur. * „Schleimhautbrücke"; **2** Lumen (mehrfach angetroffen); **3** Muskularis; **4** Prostata. Färbung: H.E.; Vergr. 25fach.

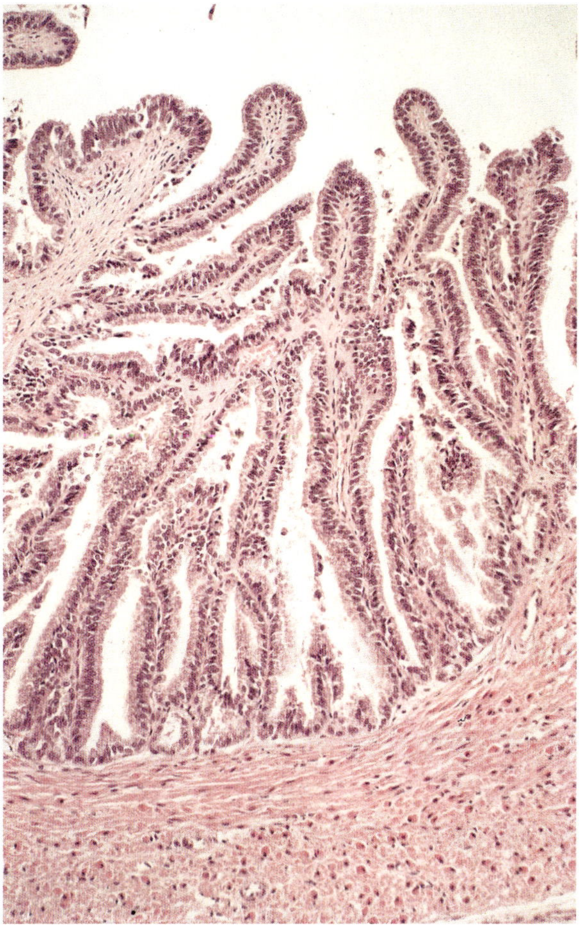

Abb. 13-27 Schleimhautfalten der Samenblase (Mensch). Färbung: H.E., Vergr. 150fach.

sekretorisch aktive Oberflächenepithel ist einschichtig prismatisch oder zweireihig prismatisch. Im Zytoplasma treten Sekretgranula und Lipofuszinkörnchen auf (Abb. **13-28**). Selten finden sich einzelne Kinozilien. Die Sekretion erfolgt per Exozytose und mittels apokriner Mechanismen und wird vom männlichen Geschlechtshormon Testosteron reguliert. Das leicht alkalische Sekret enthält u.a. Proteine und Fruktose als Nährstoffe für die Spermatozoen und macht ca. 60–80% des Ejakulats aus. Im Alter sind die Drüsen verkleinert, und das Epithel ist abgeflacht.

Prostata

Die Prostata (Vorsteherdrüse) ist ein unpaares Drüsenorgan unterhalb der Harnblase, mit der sie verwachsen ist, und hat die Form und Größe einer Kastanie. Durch sie hindurch läuft der Anfangsteil der Urethra (Pars prostatica urethrae, Abb. **13-29**). Von hinten oben dringen die Ductus ejaculatorii (die terminalen Samenleiter) in die Prostata ein. Aufgrund des sehr typischen hohen Gehalts an glatter Muskulatur im Stroma ist sie relativ fest. Sie kann bei der klinischen Untersuchung vom Rektum aus getastet werden.

Die Drüse besteht aus 40–50 tubuloalveolären Einzeldrüsen, die über 15–30 Ausführungsgänge am Samenhügel (Colliculus seminalis) in den Sinus prostaticus der Urethra ausmünden. Der Sinus prostaticus ist eine Erweiterung der Urethra im Innern der Prostata. Die Urethra macht hier einen leichten Knick nach ventral und wird dadurch in einen proximalen und einen distalen Teil gegliedert (Abb. **13-29**). Auch die Endabschnitte der Samenleiter dringen in die Prostata ein und haben ihre Ausmündung auf dem Colliculus seminalis. Das recht kompakte Gewebe der Drüse wird oft in 3 Zonen gegliedert (Abb. **13-29**):

- eine schmale **periurethrale Mantelzone** um die Harnröhre herum, die der Mukosa der Urethra entspricht, nur im proximalen Bereich der prostatischen Urethra,
- eine **Innenzone**, die die terminalen Samenleiter einschließt und einen mittleren Bereich der Drüse

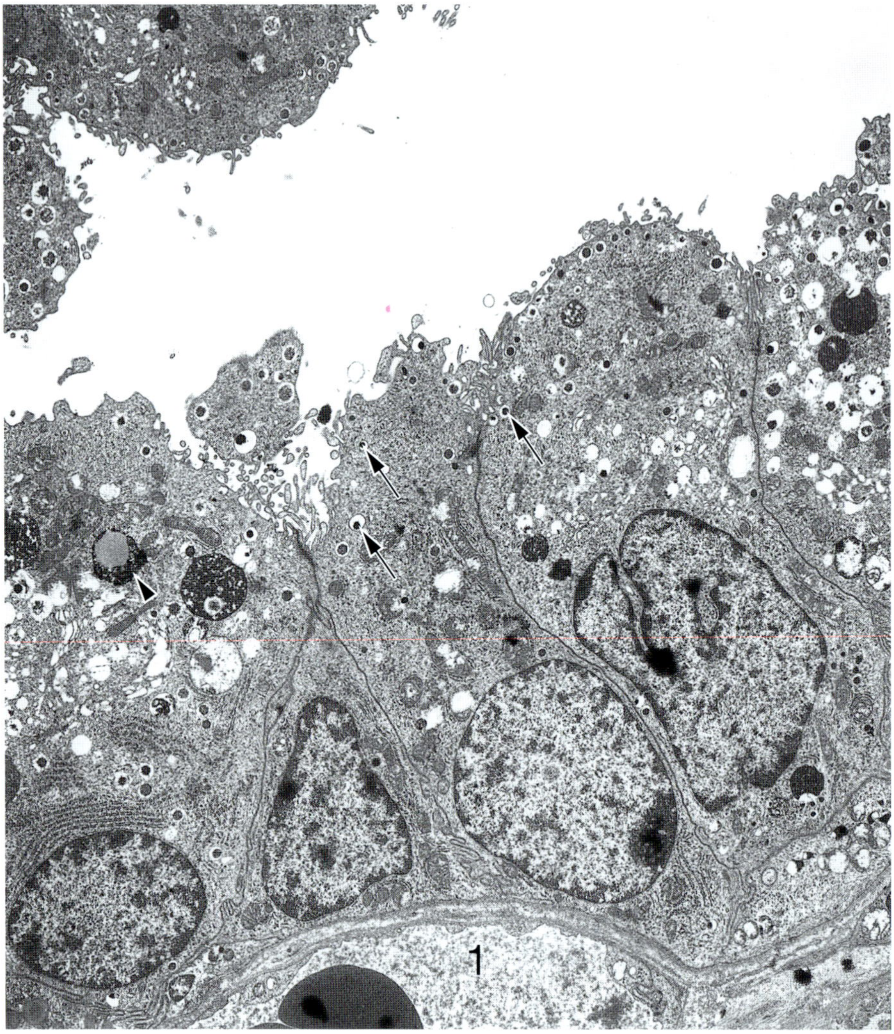

Abb. 13-28 Ultrastruktur des Epithels der Samenblase (Mensch). In den Epithelzellen finden sich u.a. Sekretionsgranula (→) und Lipofuszinkörnchen (▶). **1** Blutkapillare. Vergr. 3840fach.

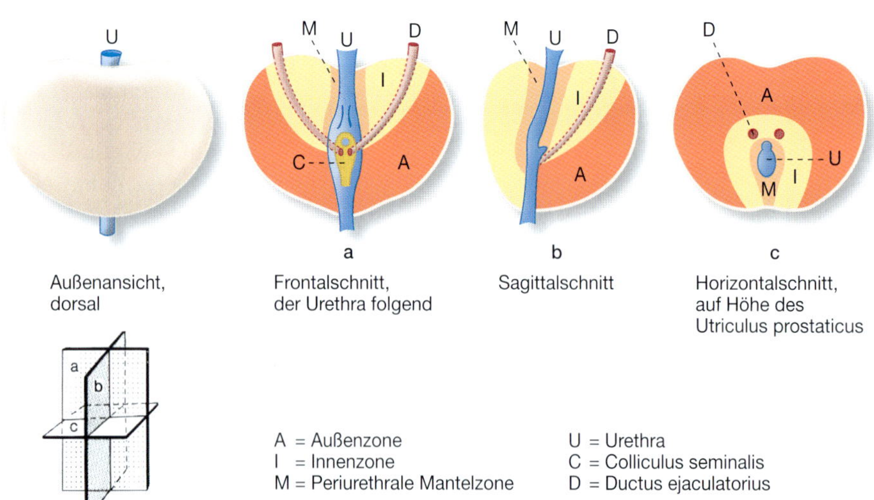

Abb. 13-29 Gliederung der Prostata. (Aus [3])

einnimmt, reicht trichterförmig von kranial bis zum Colliculus seminalis,
- eine **Außenzone**, die umfangreich ist und die anderen Zonen umgreift.

In allen Zonen kommen Drüsen und Bindegewebsgerüst mit glatten Muskelzellen vor.

Drüsenendstücke und Drüsengänge sind in der ganzen Prostata sehr ähnlich gebaut. In der Innenzone sind die Endstücke oft relativ eng und das Epithel bildet oft Auffaltungen. In der Außenzone sind die Endstücke i.A. relativ weit und das Epithel verläuft überwiegend glatt. Die periurethralen Drüsen sind klein und besitzen oft winzige Endstücke.

Die tubuloalveolären Einzeldrüsen verlaufen geschlängelt und besitzen ein zumeist zweireihiges prismatisches Epithel (Abb. **13-30**). Die Epithelhöhe ist vom Aktivitätszustand abhängig, in aktiven Drüsen bildet das prismatische Epithel meistens unregelmäßige Falten (Abb. **13-31**), in wenig aktiven Drüsen kann das Epithel kubisch oder sogar flach sein. In den hellen Epithelzellen liegen die Kerne in unterschiedlicher Höhe, apikal kommen Sekretgranula vor. Einzelne Sekretkomponenten werden auch mittels apokriner Sekretion freigesetzt (Abb. **13-32, 13-33**).

Im Epithel finden sich basal gelegene Stammzellen, von denen die Epithelerneuerung ausgeht. Außerdem treten im Epithel endokrine Einzelzellen auf, die ganz überwiegend Serotonin bilden. Diese Zellen sind wahrscheinlich in der Lage, sowohl Reize aufzunehmen als auch effektorisch aktiv zu sein. Vermutlich hat das Serotonin kontrahierende Wirkung auf die glatte Muskulatur der Prostata.

Die Epithelzellen sind auf molekularer Ebene durch Expression des Androgenrezeptors, der Zytokeratine 8 und 18 und des Zelloberflächenmarkers CD57 gekennzeichnet. Die Stammzellen exprimieren das antiapoptotische Protein Bcl2, die Zytokeratine 5 sowie CD44. Das Sekret der Prostata macht 15–30% des Ejakulats aus und enthält z.B. Zitronensäure, Prostaglandine, saure Phosphatase, Proteasen, das Polyamin Spermin, Immunglobuline und Zink. Unter den Proteasen spielt eine Serin-Protease, das prostataspezifische Antigen (PSA, Abb. **13-34**), in der Diagnostik von Prostatakrankheiten eine wichtige Rolle. Physiologischerweise dienen diese Proteasen der Verflüssigung des Prostatasekrets. Bei der Aufklärung von Sexualverbrechen haben eingetrocknete Sperminkristalle eine rechtsmedizinische Bedeutung.

Prostatasteine (Abb. **13-30**) finden sich gelegentlich im Drüsenlumen als kleine eosinophile Körper mit

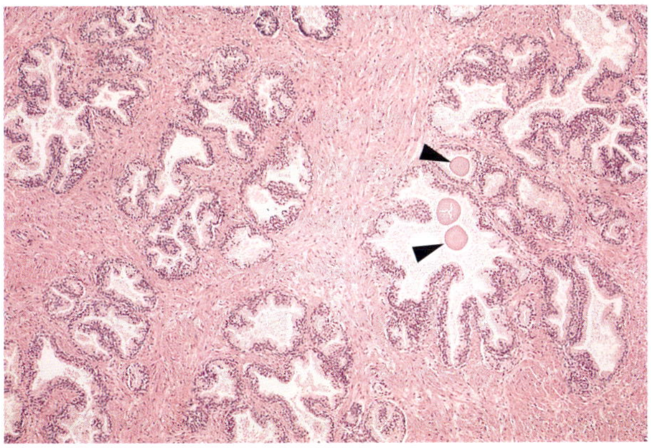

Abb. 13-30 Prostata (Mensch), Übersicht. Die Drüsenschläuche dieser tubuloalveolären Drüse sind unterschiedlich weit. Ihre Wand bildet vielgestaltige Falten, z.T. finden sich „Prostatasteine" (▶) im Lumen. Zwischen den Drüsenschläuchen finden sich unterschiedlich weite Bindegewebsstraßen mit Zügen glatter Muskelzellen, Kollagen- und elastischen Fasern. Färbung: H.E.; Vergr. 40fach. (Aus [1])

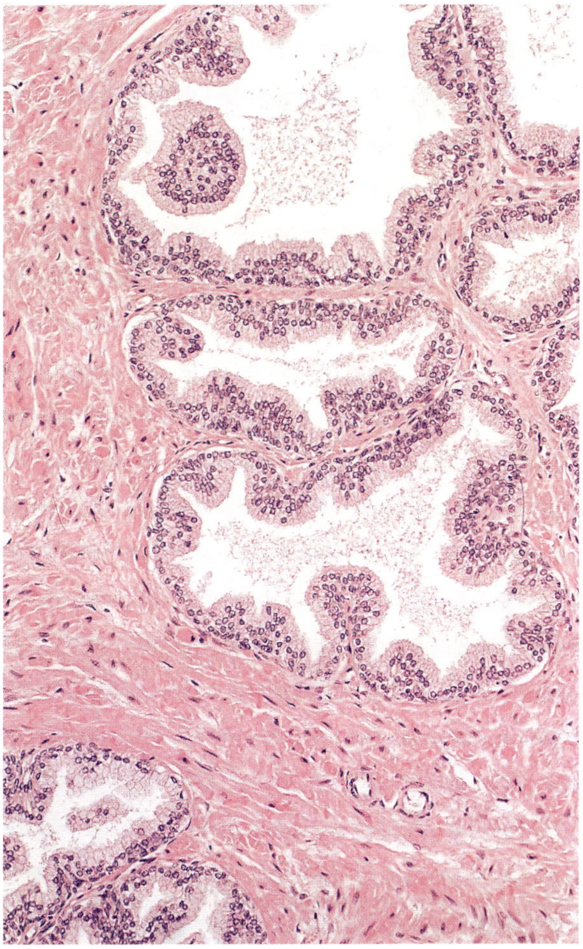

Abb. 13-31 Prostata (Mensch). Die Epithelhöhe des Drüsenepithels variiert in Abhängigkeit vom Androgenspiegel. Sie ist hier i.Allg. hochprismatisch und z.T. mehrreihig. Im Stroma viele glatte Muskelzellen, die quer und längs getroffen sind. Färbung: H.E.; Vergr. 100fach. (Aus [1])

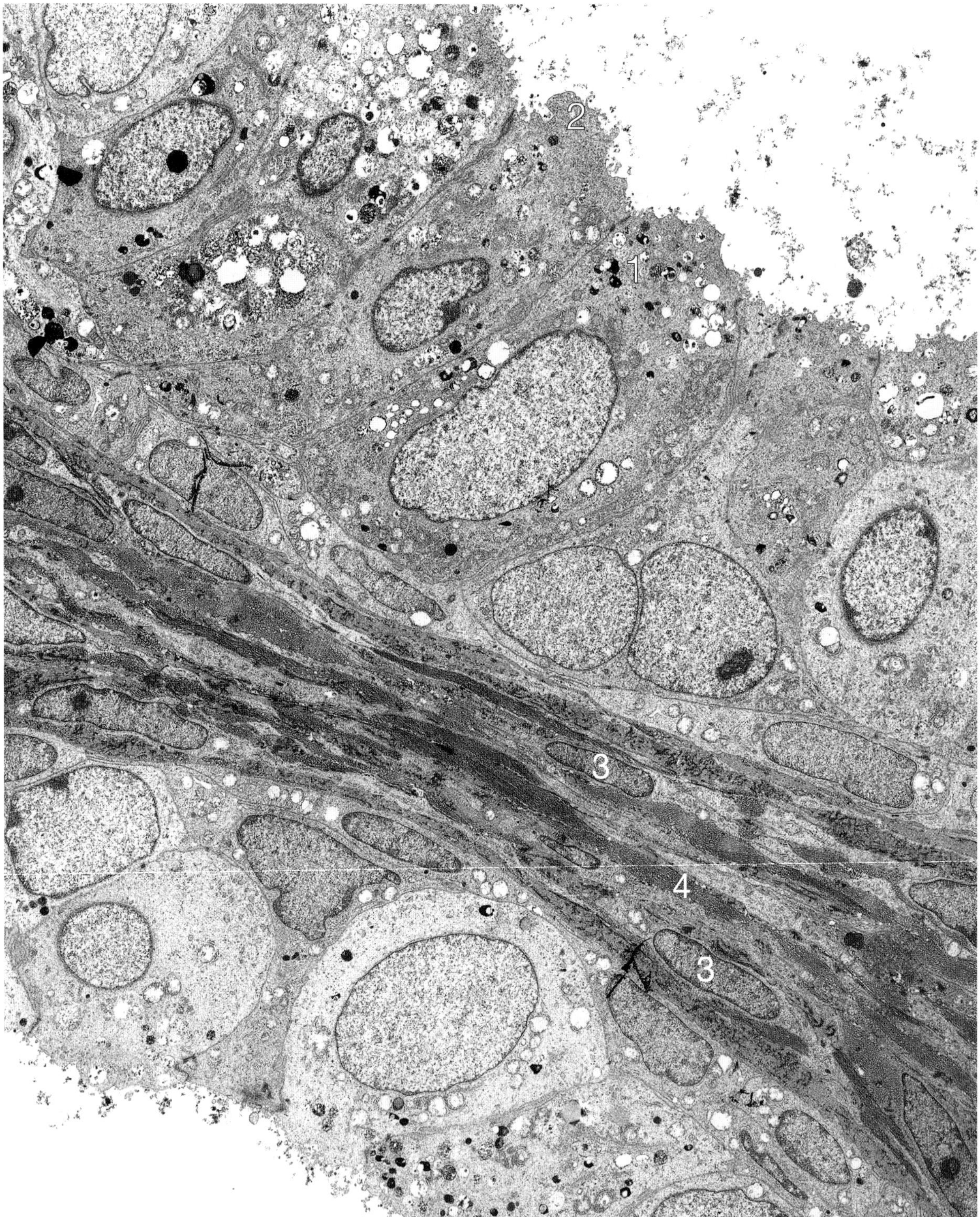

Abb. 13-32 Ultrastruktur des Prostataepithels und des subepithelialen Stromas (Mensch). Im Epithel finden sich vielfach Sekretionsgranula (**1**) und z.T. apokrine apikale Sekretionsfiguren (**2**), im Stroma glatte Muskulatur (**3**) und Kollagenfibrillen (**4**). Vergr. 3870fach.

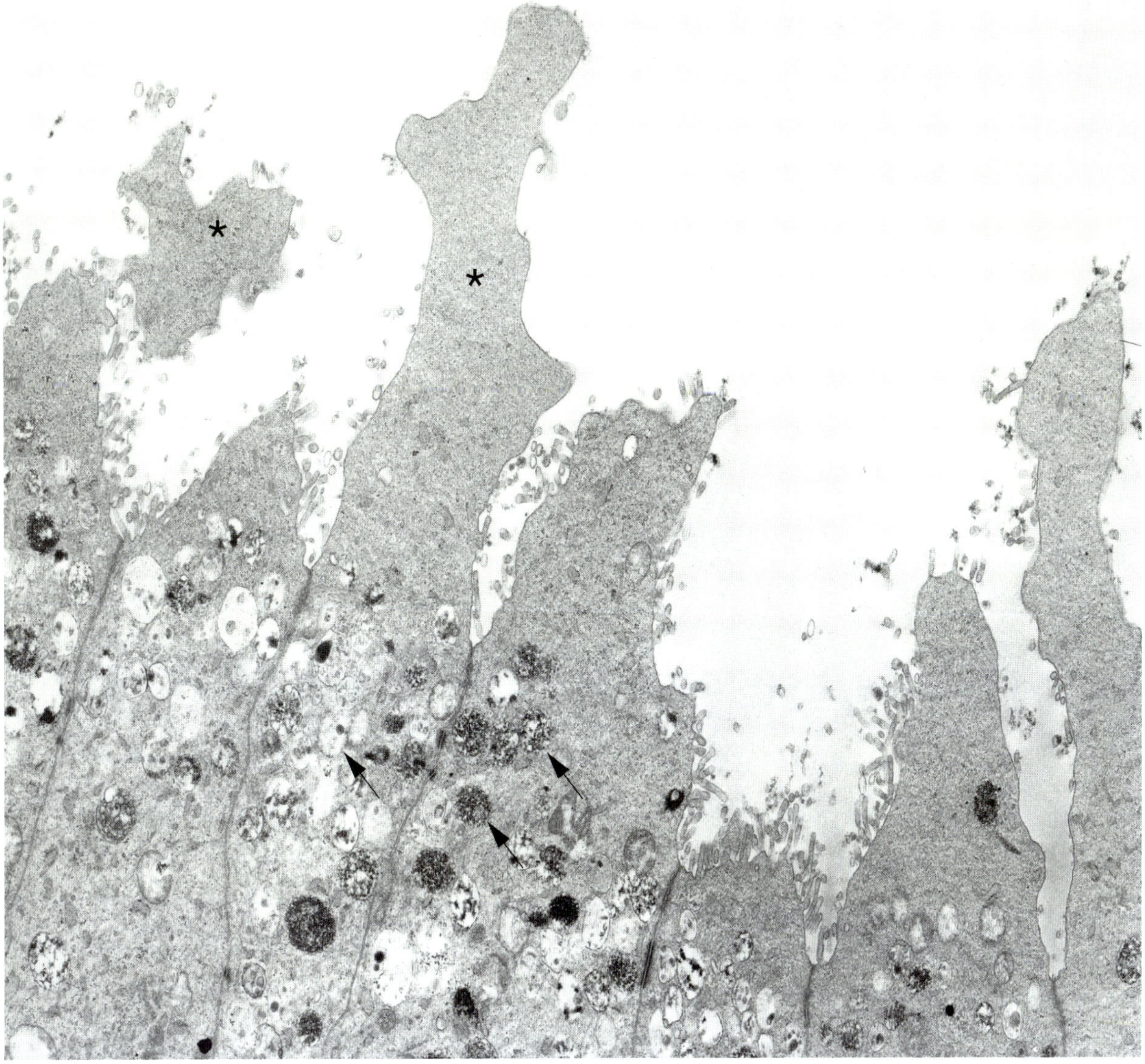

Abb. 13-33 Apex sekretorisch aktiver Epithelzellen der Prostata des Menschen. Beachte einerseits die Sekretionsgranula (→), die ihren Inhalt per Exozytose freisetzen und andererseits organellfreie apikale Zellfortsätze (*), die abgeschnürt werden: apokrine Sekretion. Die abgeschnürten Zellapices werden Prostasomen genannt. Vergr. 12000fach.

konzentrischer Schichtungsstruktur. Sie bestehen aus eingedicktem Drüsensekret. Sowohl Drüsenepithel als auch das muskelzellreiche bindegewebige Stroma (Abb. 13-35) sind hormonsensitiv, ihre Aktivität und ihr Wachstum sind abhängig von endogenen Geschlechtshormonen. Es herrscht ein enges Zusammenspiel zwischen Epithel- und Stromazellen in der Prostata (Abb. 13-36). Beide besitzen Androgen-(Testosteron-)Rezeptoren, aber nur die Stromazellen besitzen 5α-Reduktase, mit deren Hilfe das aktive Di-

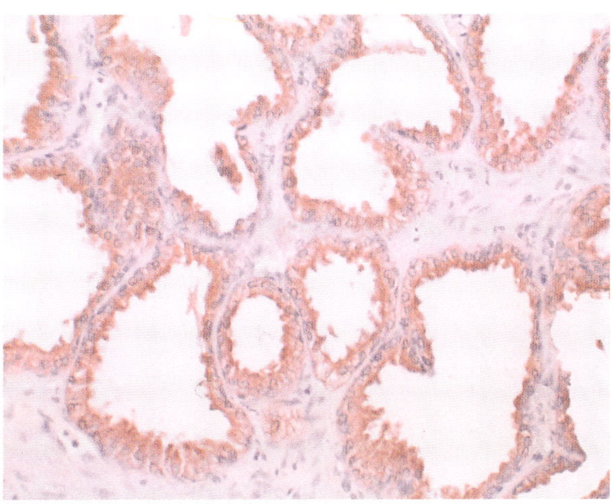

Abb. 13-34 Immunhistochemischer Nachweis (Braunfärbung) des prostataspezifischen Antigens (PSA) in der Prostata eines älteren Mannes. Gegenfärbung der Kerne mit Hämalaun. Vergr. 110fach.

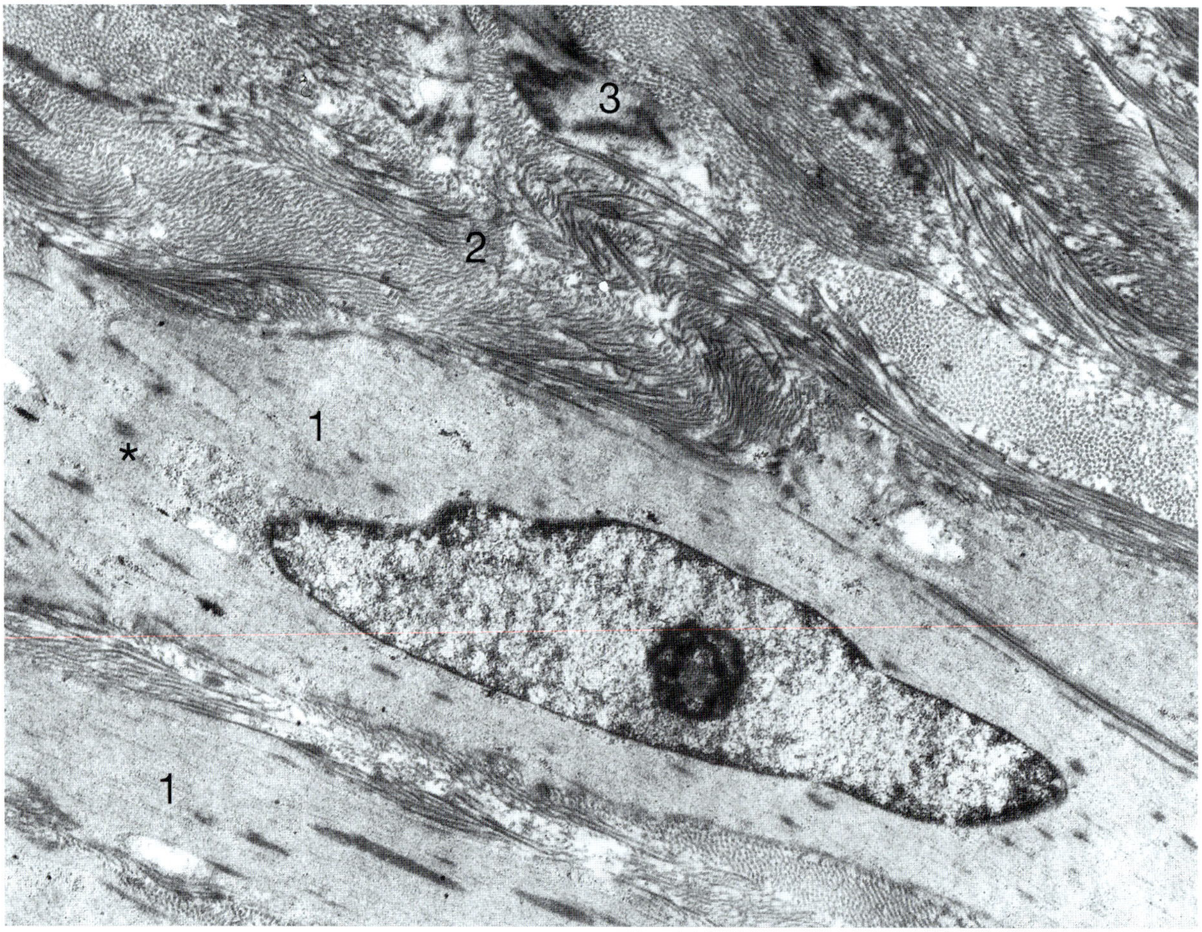

Abb. 13-35 Stroma der Prostata des Menschen mit dicht gepackten glatten Muskelzellen (1). **2** Kollagenfibrillen; **3** elastische Faser. Vergr. 12 000fach.

Da in der Prostata nur Stromazellen (glatte Muskelzellen und Fibrozyten) mit Hilfe der 5α-Reduktase Dihydrotestosteron (DHT) bilden können, sind sie die DHT-Hauptquelle für die benachbarten Drüsenepithelien der Prostata. Das Testosteron entstammt vorwiegend dem Hoden.

1 DHT wirkt parakrin auf die Drüsenepithelien.

2 DHT stimuliert die Bildung **mitogener Wachstumsfaktoren**, die ihrerseits die Proliferation von Stroma- und Epithelzellen anregen.

3 Therapie mit **Hemmern** der 5α-Reduktase reduziert die Produktion von DHT sowie die Synthese mitogener Wachstumsfaktoren und setzt damit die Größe hyperplastischer Knoten herab, wodurch die Harnflussbehinderung gemildert wird.

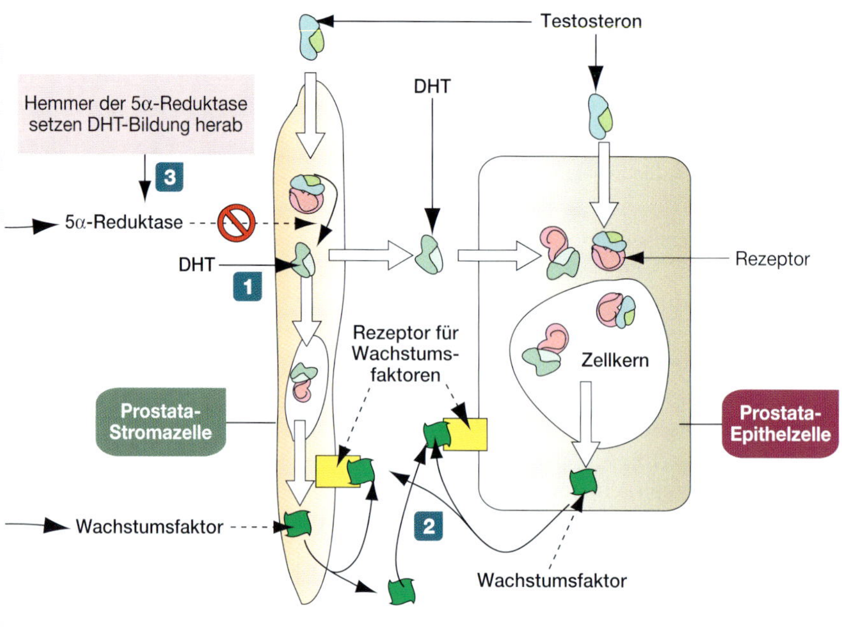

Abb. 13-36 Interaktion zwischen Stroma- und Epithelzellen in der Prostata. (Aus [12])

hydrotestosteron (DHT) entsteht. Unter „Stromazellen" sind Fibrozyten und glatte Muskelzellen zu verstehen.

Klinik Mit zunehmendem Alter erkranken Männer oft an gutartiger knotenförmiger Vergrößerung der Prostata (**Prostataadenom**). Die Knoten sind durch besonders reich entwickeltes Drüsen- und Bindegewebe in der Innenzone gekennzeichnet (gutartige knotige Hyperplasie der Prostata). Hauptsymptom ist die Abflussstörung des Harns aus der Harnblase. Ursächlich sind an dieser Erkrankung vermutlich sowohl Androgene als auch Östrogene beteiligt. Männer, die vor der Pubertät kastriert wurden, entwickeln weder eine gutartige Hyperplasie noch ein Karzinom der Prostata, was darauf hindeutet, dass Androgenen eine besondere Bedeutung bei der Entstehung dieser Krankheiten zukommt.

Das **Prostatakarzinom** entwickelt sich bevorzugt in der Außenzone des Drüsengewebes, das ansonsten im Alter atrophiert. Es ist ein häufiger bösartiger Tumor des älteren Manns. Ursächlich für die Entstehung dieses Karzinoms werden altersbedingte Veränderungen im Verhältnis der Steroidhormone zueinander (Abnahme von Testosteron und relative Zunahme von Östrogen) diskutiert, auch genetische Faktoren und, recht spekulativ, Umwelteinflüsse. Der PSA-Wert ist beim Prostatakarzinom erhöht. Karzinomverdächtig sind Werte > 4,7 ng/ml.

Cowper-Drüsen

Die paarigen kleinen Cowper-Drüsen (Bulbourethraldrüsen, Gll. bulbourethrales) liegen dorsal der Pars membranacea der Urethra an und münden über einen mehrere Zentimeter langen Gang in den Anfangsbereich der Pars spongiosa urethrae ein. Es handelt sich um eine Schleim bildende, tubulöse Drüse, die bei sexueller Erregung ein klares, muzinhaltiges Sekret abgibt. Das Sekret ist schwach alkalisch. Es neutralisiert die Harnreste in der Harnröhre und bereitet die Harnröhre für die Passage des Spermas vor.

13.2.3 Penis

Gemeinsam mit dem Skrotum gehört der Penis zu den äußeren Geschlechtsorganen. Der Penis (männliches Glied) ist das männliche Begattungsorgan. Ein spezielles erektiles Schwellkörpergewebe, das in Form der zwei Penisschwellkörper (Corpora cavernosa) vorliegt, dient seiner reproduktionsbiologischen Funktion. Der unpaare Harnröhrenschwellkörper (Corpus spongiosum) hat dagegen keine spezielle erektile Funktion. Die Harnröhre ist ebenfalls ein Teil des Penis (Abb. 13-37).

Die Haut des Penis ist dünn, fettfrei, verschieblich und reich an sensorischen Nerven und Sinnesstrukturen. Bemerkenswert ist das Vorkommen glatter Muskulatur in der Haut des Penisschaftes mit äußeren zirkulär angeordneten und inneren längs verlaufenden Muskelzellen. An der inneren Umschlagfalte des Prä-

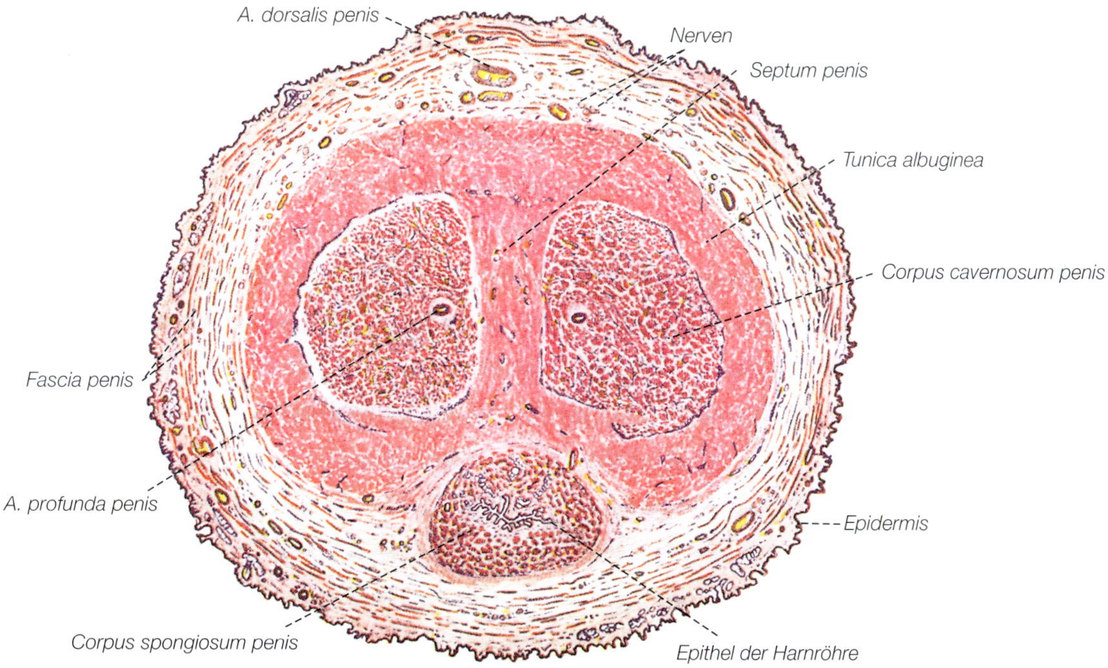

Abb. 13-37 Penisquerschnitt (Mensch). Färbung: H.E.; Vergr. 4fach. (Aus [1])

putiums (Vorhaut) treten die Präputialdrüsen, spezielle Talgdrüsen, auf, die zusammen mit abschilfernden Epithelzellen der Eicheloberfläche an der Bildung des Smegmas (weißlich gelbe talgige Masse) beteiligt sind.

Schwellkörper des Penis

Die paarigen **Corpora cavernosa** nehmen ungefähr die dorsalen zwei Drittel des Penisschaftes ein. Zwischen ihnen befindet sich das unvollständige Septum penis. Dorsal liegen Aa., Vv. und Nn. dorsales penis. Die Aa. profundae penis verlaufen in den Corpora cavernosa. Ventral der Corpora cavernosa liegt das **Corpus spongiosum** mit der **Urethra**. Das Corpus spongiosum erweitert sich vorn in der Glans penis und bildet deren gewebliche Grundlage. Die Corpora cavernosa und das Corpus spongiosum sind jeweils von einer kollagenfaserigen **Tunica albuginea** umgeben, die im Fall des Corpus cavernosum sehr kräftig, im Fall des Corpus spongiosum dagegen relativ dünn ist. Alle 3 Schwellkörper werden von der kollagenfaserigen Fascia penis umhüllt.

Corpus cavernosum

Das Corpus cavernosum ist ein schwammähnliches System aus dicht gelagerten und anastomosierenden Bluträumen (Kavernen, Abb. **13-38**), in die arterielles Blut über die Rankenarterien (Aa. helicinae, Äste der A. profunda penis) hineinfließt und aus denen Venen, die die Tunica albuginea durchbrechen, das Blut abführen (Abb. **13-38**).

Die paarige A. profunda penis verläuft jeweils medial im Corpus cavernosum (Abb. **13-37**). Die von ihr abzweigenden, reich parasympathisch innervierten Aa. helicinae weisen terminal Intimapolster mit glatter Muskulatur auf, die im erschlafften Penis verschlossen sind (nur einzelne dieser Arterien bilden zur Ernährung des Schwellkörpergewebes Kapillaren aus). Die Aa. helicinae besitzen Klappen. Die glatten Muskelzellen der Intimapolster sind groß und werden, wie in arteriovenösen Anastomosen, auch epitheloide Muskelzellen genannt.

Die Kavernen sind von einem Endothel ausgekleidet und durch sog. Trabekel (Abb. **13-38**) voneinander getrennt. Die Trabekel enthalten Bündel glatter Muskulatur. Im erschlafften Penis bilden die Kavernen schmale Spalträume, im erigierten Zustand haben sich die Intimapolster der Rankenarterien unter dem Einfluss erotischer Reize geöffnet, und die Kavernen sind prall mit Blut gefüllt. Die Kontraktion der Trabekelmuskulatur trägt zur Verfestigung bei. Die abführenden Venen werden komprimiert. Bei der Öffnung und Erweiterung der Rankenarterien im Rahmen der Erektion spielen Parasympathikus und Stickstoffmonoxid (NO) eine wesentliche Rolle.

Das komplexe Blutgefäßsystem des Penis verfügt zusätzlich über arteriovenöse Anastomosen zwischen den Aa. profundae penis und abführenden Venen.

Corpus spongiosum

Das Corpus spongiosum ist im Prinzip ein dichtes Venengeflecht in der Wand der Urethra (Abb. **13-37**, **13-39**), wie es auch in der Wand der weiblichen Urethra vorkommt. Dieses venöse Geflecht findet sich auch im vordersten Anteil des Corpus spongiosum, in der Eichel. Im Bulbus penis, also an der Wurzel des Penis, kommen auch größere Kavernen vor. Die Wand der Plexusvenen weist von glatter Muskulatur unterlegte Intimapolster auf, die überwiegend längs verlaufen (Abb. **13-40**). Auch im Bindegewebe zwischen diesen Venen treten feine Züge glatter Muskulatur auf, die vielfach an die Muskelwand der Venen herantreten, sowie kleine Rankenarterien, die den Venen Blut zuführen. Im Gegensatz zu den Kavernen der Corpora cavernosa wird der Venenplexus des Corpus spongiosum auch im erschlafften Penis gut durchblutet.

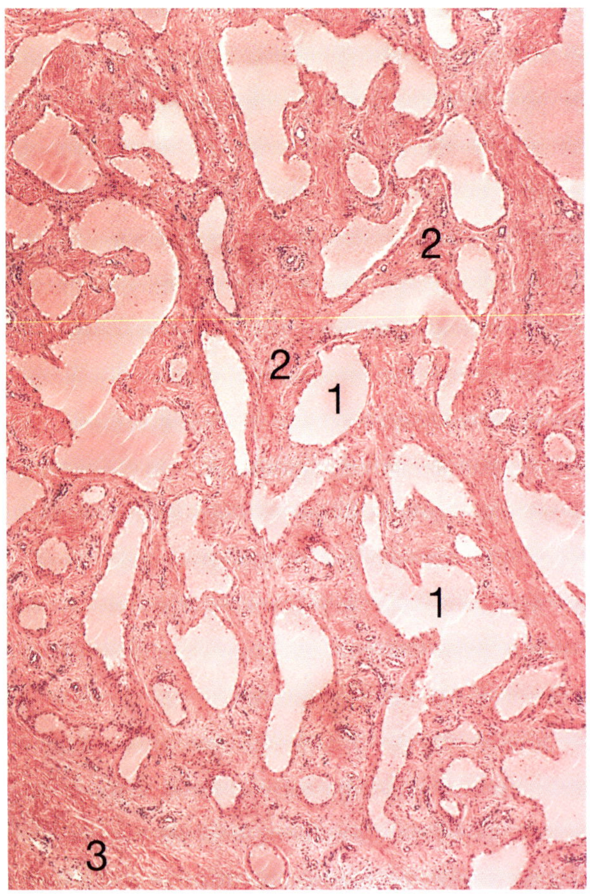

Abb. 13-38 Ausschnitt aus dem Corpus cavernosum (Mensch). **1** Kavernen; **2** Trabekel; **3** Tunica albuginea. Färbung: H.E.; Vergr. 45fach.

Während der Erektion erhöht sich der Druck im Corpus spongiosum jedoch nicht so stark, dass die Urethra fest verschlossen würde, so wird die Ejakulation der Spermien nicht blockiert.

Harnröhre

Die Harnröhre (Urethra) bildet im Präparat einen quer stehenden Spalt. Sie wird von prismatischem mehrschichtigem Epithel ausgekleidet (siehe Kap. 12.2.4). In die Urethra münden flache Schleim bildende, endoepitheliale Drüsen und lange sog. Littré-Drüsen (Urethraldrüsen) ein, deren Sekret das Urethralepithel vor dem Harn schützt.

! Die männlichen Geschlechtsorgane bestehen aus Hoden, Nebenhoden, Samenleiter, akzessorischen männlichen Geschlechtsdrüsen (Samenblase, Prostata und Cowper-Drüse) und Penis.

Der Hoden hat zwei Funktionen, die Bildung männlicher Keimzellen, der Spermien, und die Produktion männlicher Geschlechtshormone. Die Keimzellen differenzieren sich im Keimepithel der Tubuli seminiferi, das außerdem die Sertoli-Zellen enthält, die verschiedene Funktionen haben und die Blut-Hoden-Schranke aufbauen.

Im Nebenhoden werden Spermien einerseits gespeichert, und andererseits reifen sie hier weiter aus. Das Epithel des Nebenhodenganges ist ebenso wie das des Vas deferens zweireihig prismatisch und trägt Stereozilien.

Der Samenleiter besitzt eine sehr kräftige Längs- und Ringmuskulatur in seiner Wand.

Die akzessorischen Geschlechtsdrüsen stehen unter dem Einfluss des Testosterons und bilden die Samenflüssigkeit. Unter ihnen ist die Prostata aus klinischer Sicht besonders wichtig, da sie speziell im Alter oft gut- oder bösartige Tumoren bildet. Der Penis enthält im Innern die Urethra. Diese wird vom Corpus spongiosum umgeben, das einem dichten venö-

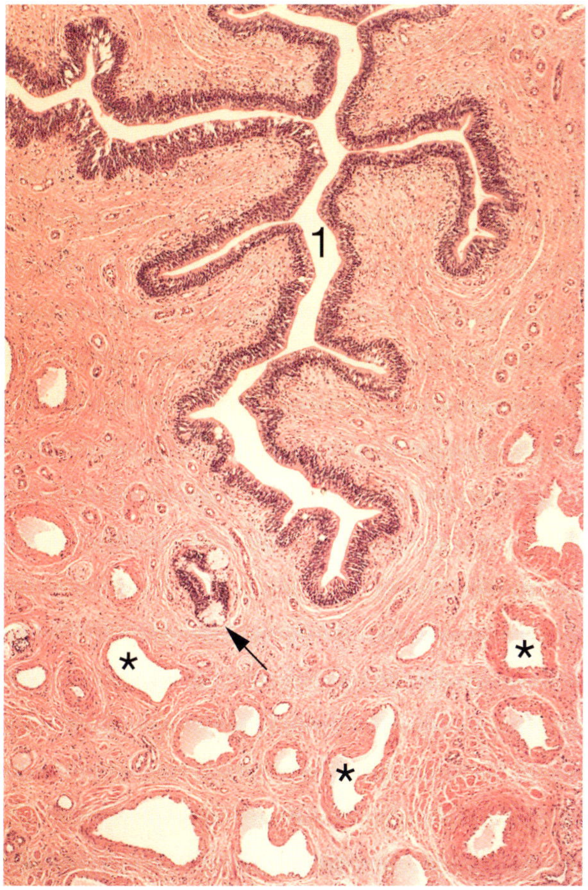

Abb. 13-39 Corpus spongiosum (*). Urethra (Mann) mit Anschnitten durch Gefäße des Corpus spongiosum mit unterschiedlicher Wanddicke. **1** Lumen; ➔ endoepitheliale Urethraldrüsen. Färbung: H. E.; Vergr. 45fach.

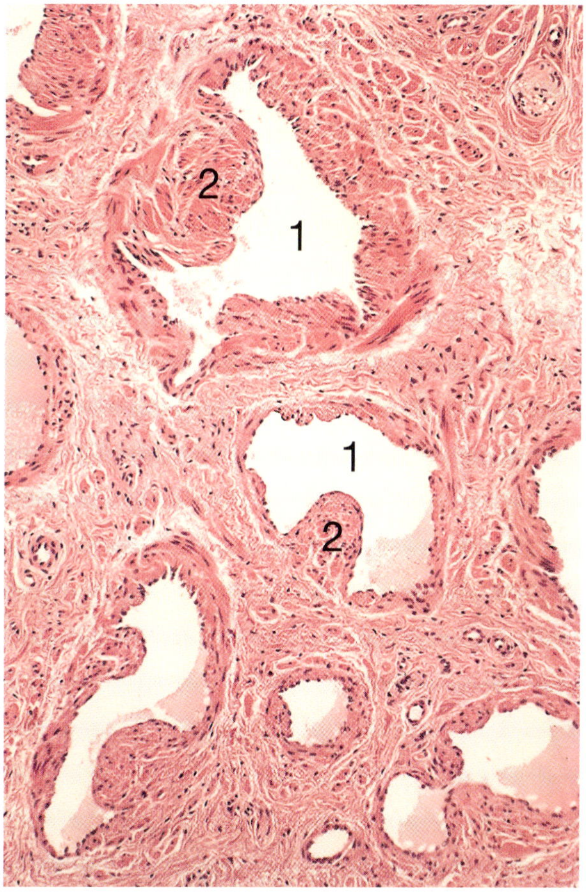

Abb. 13-40 Plexusvenen (1) des Corpus spongiosum (Frau). Beachte die variable Wanddicke und den wechselnden Verlauf der glatten Muskulatur. **2** typische Wülste (wie bei Drosselvenen) mit längs verlaufender Muskulatur. Färbung: H. E.; Vergr. 120fach.

sen Netzwerk entspricht. Außerdem enthält der Penis zwei Corpora cavernosa, Schwellkörper, welche die Voraussetzung für die Erektion sind.

13.3 Weibliche Geschlechtsorgane

Auch das weibliche Reproduktionssystem umfasst innere und äußere Geschlechtsorgane. Den **inneren Geschlechtsorganen** gehören folgende Organe an:

- Ovar (Eierstock),
- Tuba uterina (Eileiter),
- Uterus (Gebärmutter) und
- Vagina (Scheide).

Zu den **äußeren Geschlechtsorganen** werden folgende Organe bzw. Strukturen gezählt:

- Vulva (Scheidenvorhof),
- Klitoris,
- Labia pudendi (Schamlippen),
- Gll. vestibulares (Vorhofdrüsen).

Im weiteren Sinn wird auch die weibliche Brust zu den Geschlechtsorganen gerechnet (siehe Kap. 15).

13.3.1 Reproduktionsbiologische Entwicklungsphasen der Frau

Die Entwicklung der weiblichen Geschlechtsorgane ist erst in der Pubertät (im Alter von ungefähr 13 Jahren) abgeschlossen.

Folgende Begriffe sind in der Entwicklung der Geschlechtsorgane eines Mädchens von klinischer Wichtigkeit:

- Menarche: erste Monatsblutung,
- Thelarche: Entwicklung der weiblichen Brust,
- Pubarche: Entwicklung der Schamhaare,
- Adrenarche: Entwicklung der Achselhöhlenbehaarung (erfolgt unter dem Einfluss von Androgenen der Nebennierenrinde).

Zwischen Beginn der Brustentwicklung und der Menarche liegen i. A. 2 Jahre. Der Zeitpunkt der Menarche ist variabel und hängt von verschiedenen, auch sozioökonomischen Faktoren ab, er liegt in der westlichen Welt derzeit bei 12–13 Jahren. Nach der Menarche finden die Monatsblutungen (Menses) oft noch unregelmäßig statt.

Während des gesamten reproduktiven Lebensabschnitts kommt es zu sich ständig wiederholenden, ca. 28 Tage dauernden **Menstruations-(Monats- = Sexual-)Zyklen**, die im Alter von ungefähr 50 Jahren aufhören. Die letzte Menstruationsblutung ist die **Menopause**. Der Zeitraum vor der Menopause mit z. T. schon unregelmäßigen Blutungen heißt **Klimakterium**. Der Zeitraum nach der Menopause wird **Postmenopause** genannt.

13.3.2 Ovar (Eierstock)

Das paarig angelegte, ca. 3–5 cm lange und 0,5–1 cm dicke Ovar ist die weibliche Keimdrüse, in der sich sowohl die weiblichen Keimzellen (Eizellen) vermehren und differenzieren als auch die weiblichen Geschlechtshormone gebildet werden.

Das Ovar liegt intraperitoneal und ist an Mesovar und Bändern befestigt.

Das Organ ist in eine zelldichte **Rinde** und ein locker gebautes **Mark** gegliedert (Abb. **13-41**). An seiner Oberfläche wird das Ovar von flachem bis kubischem und z. T. sogar prismatischem **Peritonealepithel**, das auch Keimepithel genannt wird, bedeckt. Dieses Epithel kann Krypten und Zysten bilden, von denen pathologische Prozesse ausgehen können. Unter dem Epithel befindet sich eine dichte Bindegewebsschicht, die Tunica albuginea.

In das sehr zellreiche, speziell differenzierte Bindegewebe (**spinozelluläres Bindegewebe**, Kap. 3.2.9) der Rinde sind die Ovarialfollikel (Eifollikel) eingelagert, die verschiedene Differenzierungsformen unterscheiden lassen:

- Primordialfollikel,
- Primärfollikel,
- Sekundärfollikel,
- Tertiärfollikel,
- Gelbkörper und
- atretische Follikel.

Diese verschiedenen Follikelformen spiegeln die Entwicklung und Ausreifung der Eizellen (Oogenese) wider.

Das **Mark** des Ovars besteht aus lockerem Bindegewebe und zahlreichen Blut- und Lymphgefäßen. Die Blutgefäße verlaufen stark geschlängelt. Die Wand der Arterien ist bei älteren Frauen oft umgewandelt und enthält homogenes eosinophiles Material.

Oogenese und Follikelbildung

Die ersten Eizellen – Oogonien („Urkeimzellen") – entstehen schon in der 3. Schwangerschaftswoche im entodermalen Dottersackepithel. Sie wandern in die Genitalleiste, bilden hier zunächst Stränge und Ballen, werden von Follikelzellen, die sich vom Peritonealepithel (Zölomepithel) herleiten, umgeben und vermehren sich hier mitotisch. Zwischen 10. und 11. Woche beginnen Oogonien sich zu primären Oozyten zu entwickeln. Zwischen 5. und 6. Monat existieren in beiden Ovarien ca. 7 Millionen Eizellen (primäre Oozyten). Danach geht ihre Zahl durch Atresie zurück.

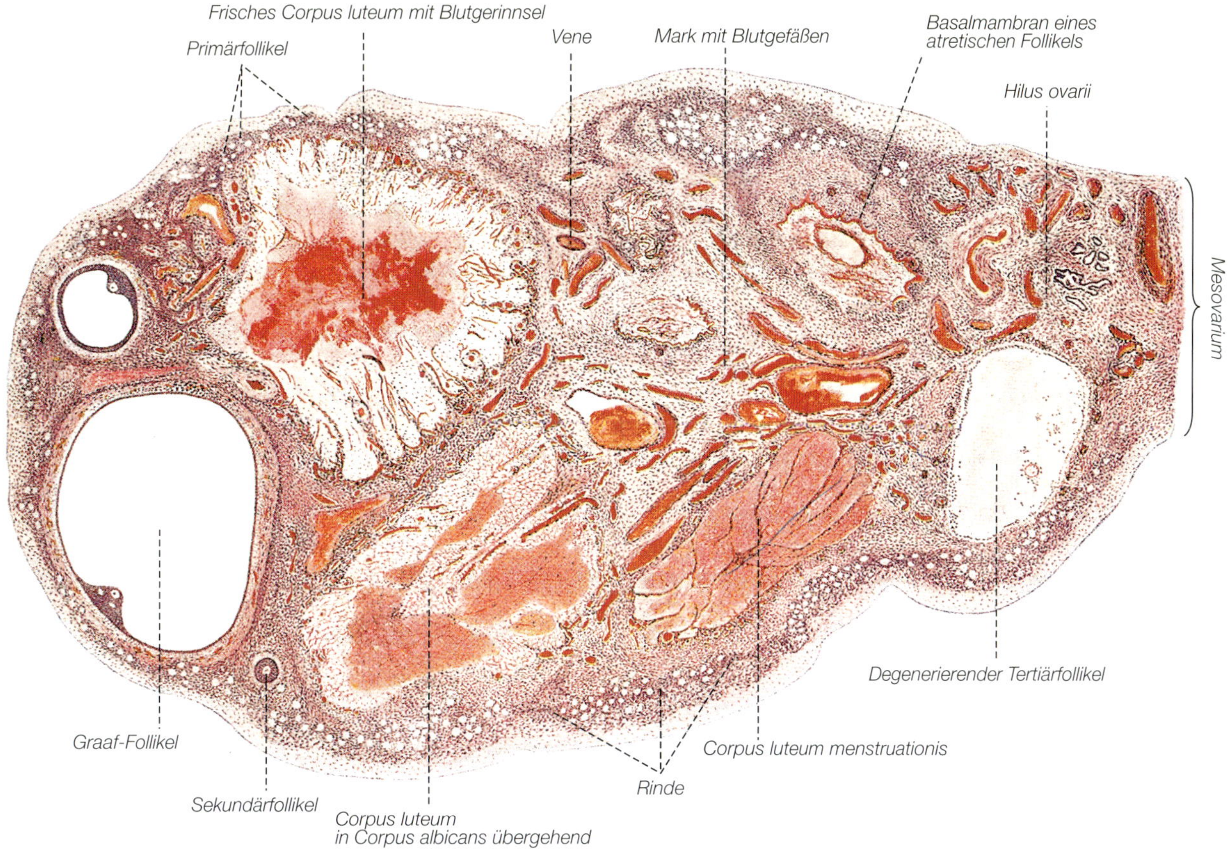

Abb. 13-41 Menschliches Ovar. Etwas schematisierende und aus mehreren Einzelanschnitten zusammengestellte Zeichnung eines vollständigen Querschnitts (zu erkennen am Mesovarium). Das frische Corpus luteum wird auch Corpus rubrum genannt. Färbung: H. E.; Vergr. 15fach. (Aus [8])

Bei der Geburt existieren ca. 1 Million Eizellen, bei der Menarche ca. 400 000. Die einzelnen Eizellen sind immer von Follikelzellen umhüllt.

Nach Beendigung der Proliferation der Oogonien beginnt schon die Meiose. Diese schreitet aber nur bis zum Diktyotänstadium in der Prophase der ersten Reifeteilung fort und verharrt in diesem Stadium viele Jahre, z. T. Jahrzehnte, bis zum Zeitpunkt der Ovulation. Das Diktyotän ist ein spezielles Ruhestadium der Eizellen, das möglicherweise durch einen Faktor der Follikelzellen aufrechterhalten wird.

Ab dem 5. Monat des Fetallebens befindet sich eine Oozyte in einem Primordialfollikel. Dieser besteht aus der Oozyte, die im Zustand des Diktyotäns der ersten Reifeteilung verharrt, und einer einfachen Schicht von flachen Follikelzellen. Der Primordialfollikel ist, wie auch alle anderen Stadien der späteren Follikelentwicklung, durch eine Basallamina vom Stroma des Ovars abgegrenzt.

Die Weiterentwicklung der Ovarialfollikel erfolgt erst ab der Pubertät. Die ersten Wachstumsschritte der Follikel erfolgen in Wellen unabhängig von den gonadotropen Hypophysenhormonen. Die weitere Follikelentwicklung wird von zwei Hormonen der Adenohypophyse, FSH und LH, gesteuert, die ihrerseits vom hypothalamischen GnRH gesteuert werden. Die ovarialen Funktionen werden zusätzlich durch Hormone des Ovars selbst – Inhibin und Aktivin (siehe S. 503) – und ovarielle Wachstumsfaktoren beeinflusst.

Diese kurze Schilderung zeigt, dass es viele Entsprechungen, aber auch deutliche Unterschiede in der Entwicklung männlicher und weiblicher Keimzellen gibt (vgl. Abb. 13-2).

Im ausgereiften Ovar (Abb. 13-41) entstehen ständig verschiedene Entwicklungsstadien der Follikel, die auf Seite 503 genauer beschrieben werden.

Unter dem Einfluss des FSH wird zu Beginn des Monatszyklus eine Gruppe von Primärfollikeln rekrutiert (aktiviert), die sich über Sekundärfollikel zu Tertiärfollikeln weiterentwickeln. Ab dem 6.–8. Tag des Monatszyklus wird einer dieser Tertiärfollikel dominant. Dieser Prozess ist durch beschleunigte Vermehrung der Granulosazellen und deutliche Vergrößerung des Antrums gekennzeichnet. Der dominante Follikel besitzt die meisten FSH-Rezeptoren und wächst unter FSH-Stimulation besonders schnell, sein Antrum vergrößert sich auf einen Durchmesser von ca. 15–25 mm, er liegt direkt an der Oberfläche des Ovars und wölbt sich nach außen vor. Dieser Follikel wird Graaf-Follikel genannt. Nur er kommt zur Ovulation, die anderen rekrutierten Follikel gehen durch Atresie zugrunde. Kurz vor der Ovulation setzt sich die Meiose (s. S. 78) in der Eizelle des dominanten Follikels fort und die erste Reifeteilung führt zur Bildung einer großen sekundären Oozyte, die sich weiterentwickelt, und des ersten Polkörpers, einer kleinen, reduzierten Eizelle, die oft zugrunde geht.

Die Ovulation erfolgt 16–23 Stunden nach dem LH-Peak (siehe S. 508), die Follikelwand platzt (rupturiert) im Bereich einer dünnen hellen Stelle (des „Stigmas"). Die Eizelle verliert dabei den Zusammenhang mit dem Follikelepithel und verlässt zusammen mit unmittelbar umgebenden Granulosazellen (der Corona radiata) den Follikel und das Ovar und tritt in die Tuba uterina über. Die Ruptur erfolgt mit Hilfe proteolytischer Enzyme, die vermutlich unter der Kontrolle von Prostaglandinen stehen.

Die zweite Reifeteilung erfolgt nach Befruchtung der Eizelle durch ein Spermium. Der entstehende zweite Polkörper wird ausgestoßen. Ohne Befruchtung geht die Eizelle rasch zugrunde. Der ovulierte Follikel entwickelt sich zum Gelbkörper weiter. Dieser geht nach 14 ± 2 Tagen zugrunde und wird durch Narbengewebe (Corpus albicans) ersetzt. Im Falle einer Schwangerschaft bleibt das Corpus luteum erhalten und entwickelt sich zum Corpus luteum graviditatis weiter.

Die Chromosomensätze und der DNA-Gehalt der Eizellen ähneln denen der Spermatozyten:

- primäre Oozyte vor der 1. Reifeteilung (Oozyte I): 44 Autosomen und zwei Gonosomen (44XX), diploid,
- sekundäre Oozyte (Oozyte II): 22 Autosomen und ein Gonosom (22X), haploid,
- befruchtete Oozyte: 44 Autosomen und zwei Gonosomen (44XX oder 44XY), wieder diploid.

Wie schon erwähnt und in Abbildung **13-50** dargestellt, durchlaufen Ovar und Uterus bei der geschlechtsreifen Frau typische monatszyklische Veränderungen. Ein Monatszyklus dauert 28 ± 3 Tage. Diese Veränderungen erlauben es, den Monatszyklus in zwei Phasen einzuteilen: die Follikelphase und die Lutealphase. Vor der Beschreibung der histologischen Veränderungen im Ovar und der dazugehörenden Follikelstadien sollen kurz die beteiligten Hormone charakterisiert werden.

Ovarialhormone

Steroidhormone

Die Steroidhormone des Ovars leiten sich wie alle anderen Steroidhormone vom Cholesterin ab. Das Ovar kann Cholesterin sowohl selber bilden als auch aus dem Blut aufnehmen und dann weiterverarbeiten. Die Thekazellen bilden vor allem die Androgene Androstendion und Testosteron, die Granulosazellen die Östrogene Östradiol und Östron. Beide Östrogene entstehen durch Aromatisierung der genannten Androgene, Östradiol aus Testosteron, Östron aus Androstendion. Östron wird überwiegend in Östradiol umgewandelt. Das Corpus luteum bildet Progesteron.

Die ersten Schritte der Steroidbildung werden von LH reguliert. LH steuert insbesondere den Transport des Cholesterins in die Mitochondrien durch das steroidogene akut regulatorische Protein (StAR). Weiterhin steuert LH die Umwandlung des Cholesterins zu Pregnenolon. Die Aromatisierung der Androgene (Testosteron und Androstendion) zu Östrogenen reguliert FSH. LH stimuliert also den Substratfluss und die Bildung von Androgenen und Progesteron, ohne die Anwesenheit von FSH zu benötigen. Die Wirkung des FSH wird aber behindert, wenn LH fehlt, weil dann nicht genug Substrat für die Östrogenbildung vorliegt.

Östrogene Das wichtigste Östrogen ist das Östradiol. Die Östrogene fördern die Entwicklung der sekundären Geschlechtsmerkmale der Frau, fördern das Uteruswachstum, die Verdickung der Vaginalschleimhaut, Verflüssigung des Zervixschleims, die Entwicklung der Brustdrüse. Sie helfen kardiovaskuläre Erkrankungen zu verhindern. Die Östrogenrezeptoren befinden sich im Zytoplasma; sie unterscheiden sich in molekular-funktioneller Hinsicht in den einzelnen Organen.

Progesteron Dieses Hormon dominiert die 2. Zyklushälfte. Es bereitet den Uterus für die Implantation einer befruchteten Eizelle vor. Es fördert die Sekretion der Uterusdrüsen, induziert die Deziduareaktion des Endometriums und hemmt Uteruskontraktionen. Progesteron erhöht die Viskosität des Zervixschleims, verstärkt die Drüsenentwicklung der Brust und erhöht die basale Körpertemperatur.

Androgene Zu den Androgenen des Ovars zählen Testosteron und Androstendion. Sie werden in Theka- und Stromazellen gebildet. Das wichtigste Androgen ist das Androstendion, das z. T. ins Blut abgegeben, z. T. von den Granulosazellen zu Östrogen umgewandelt wird; es kann auch in peripheren Geweben zu Testosteron und Östrogen umgewandelt werden. Die Umwandlung zu Östrogen erfolgt – außerhalb des Ovars – vor allem im Fettgewebe. Nur Testosteron und Dihydrotestosteron sind echte Androgene, die bei einer Frau virilisierend (vermännlichend) wirken.

Andere Hormone

Inhibin wird in zwei Formen (Inhibin A und B) vom Follikel gebildet und hemmt die Freisetzung von FSH. Die zwei Inhibine haben keineswegs identische Funktion.

Aktivin wird auch vom Follikel gebildet, stimuliert die FSH-Bildung und kann die ovarielle Steroidsynthese beeinflussen. Follistatin bindet Aktivin und kann seine Wirkung beeinträchtigen.

Das Ovar bildet **weitere Hormone,** z. B. Relaxin, Oxytocin, Vasopressin, Follikel-regulatorisches Protein (FRP), Oozytenreifungshemmer (OMI), Meiose-induzierende Substanz (MIS), Wachstumsfaktoren (z. B. insulin-like growth factors), deren vermutete Funktionen sich z. T. aus den Namen ergeben und über die z. T. noch wenig Spezifisches bekannt ist.

Follikelstadien

Die Reifung eines Follikels (Abb. **13-42**) kennzeichnet die erste Hälfte des Menstruationszyklus, die daher auch Follikelphase (follikuläre Phase) genannt wird. Es lassen sich formal folgende Follikelstadien unterscheiden:

Primordialfollikel Im Primordialfollikel wird der primäre Oozyt (Durchmesser ca. 20 µm) umgeben von einer Schicht platter Follikelepithelzellen (Abb. **13-43, 13-44**), die sich vom Oberflächenepithel der Anlage des Ovars herleiten, und von einer Basallamina (Abb. **13-45**). Der Durchmesser des Primordialfollikels beträgt ca. 35–40 µm.

Primärfollikel Primärfollikel besitzen ein einschichtiges kubisches bis niedrig-prismatisches Epithel (Abb. **13-43, 13-44**). Die primären Oozyten haben sich vergrößert (Durchmesser ca. 50–75 µm). Die Follikelzellen sind untereinander und mit der Eizelle über Nexus verbunden und werden außen von einer Basallamina umhüllt. Der Durchmesser des Primärfollikels beträgt ca. 80–100 µm.

Sekundärfollikel In den Sekundärfollikeln vermehren sich die Follikelepithelzellen lebhaft. Sie besitzen ein zwei- bis fünfschichtiges, z. T. prismatisches Follikelepithel. Der primäre Oozyt vergrößert sich weiter (Durchmesser ca. 80 µm). Zwischen Oozyt und Follikelepithelzellen beginnt die Ablagerung einer glykoproteinreichen, extrazellulären Schicht, der **Zona pellucida,** die vorwiegend von den Follikelepithelzellen gebildet wird. Die Zona pellucida besteht aus drei großen Glykoproteinen (ZP1, ZP2, ZP3), die miteinander verbunden sind (siehe S. 522). Im umgebenden Bindegewebe beginnt sich die Theca folliculi (s. u.) zu differenzieren. Der Durchmesser des Sekundärfollikels beträgt ca. 150–200 µm.

Tertiärfollikel Der Tertiärfollikel ist zunächst dadurch gekennzeichnet, dass sich im Follikel, zwischen den Follikelepithelzellen, ein flüssigkeitshaltiger Raum bildet, das **Antrum folliculi,** der sich rasch vergrößert (Abb. **13-46,** antraler Follikel). Die Flüssigkeit heißt Liquor folliculi und enthält u.a. Hyaluronat, Steroide, Wachstumsfaktoren und Gonadotropine. Der primäre Oozyt liegt randständig in einer Verdickung des Epithels, dem **Cumulus oophorus.** Die Follikelzellen der unmittelbaren Umgebung der Eizelle bilden die sog.

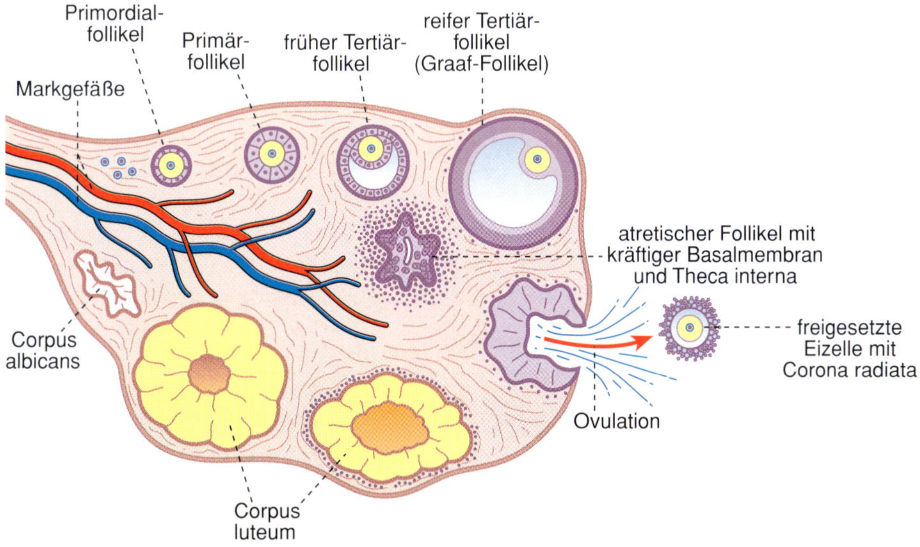

Abb. 13-42 Follikelentwicklung (Ovar, Mensch), schematische Darstellung.

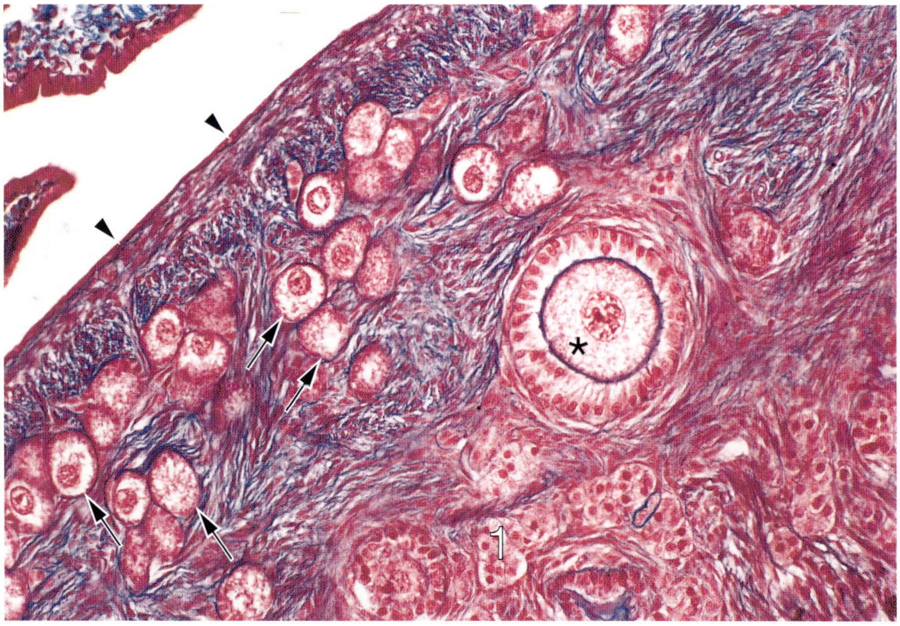

Abb. 13-43 Primordial- (→) und Primärfollikel (*) im Ovar einer Katze. ▶ Peritonealepithel; **1** Theca-interna-Zellen. Färbung: Azan; Vergr. 250fach.

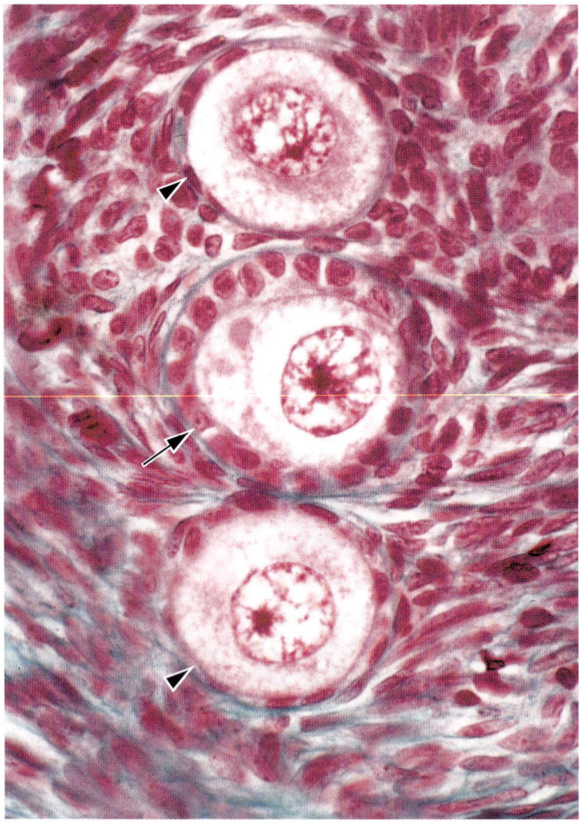

Abb. 13-44 Primordial- (▶) und Primärfollikel (→) im Ovar (Mensch). Beachte auch das zellreiche spinozelluläre Bindegewebe. Färbung: Säurefuchsin-Lichtgrün; Vergr. 450fach.

Corona radiata. Die Follikelepithelzellen werden jetzt **Granulosazellen** genannt. Die Tertiärfollikel wachsen unter dem Einfluss von FSH weiter heran. Nur ein Tertiärfollikel reift aus und kommt zur Ovulation (siehe S. 505). Er wird dominanter oder Graaf-Follikel genannt. Sein Durchmesser beträgt ca. 15–25 mm, seine Eizelle ist ungefähr 140 μm groß. Die Zona pellucida (Abb. **13-47**) ist ca. 20–25 μm dick und gut erkennbar. Sie wird von Mikrovilli vor allem der Granulosazellen, aber auch der Eizelle durchsetzt. Die Mikrovilli der Eizelle und der Granulosazellen sind durch Gap junctions verbunden. In einem Ovar einer erwachsenen Frau finden sich immer mehrere Tertiärfollikel. Die Flüssigkeit der Tertiärfollikel wird Liquor folliculi genannt. Sie ist ein Plasmafiltrat, das den reich entwickelten Blutkapillaren entstammt, die den Follikel umgeben.

Theca folliculi In der bindegewebigen Umgebung des Tertiärfollikels hat sich die **Theca folliculi** definitiv ausgebildet. Sie ist eine spezielle Bindegewebshülle um den Follikel und reich an Blutgefäßen. Sie besteht aus zwei Schichten, der (inneren) Theca interna und der (äußeren) Theca externa.

Die epithelähnlichen Zellgruppierungen der **Theca interna** bestehen aus kleinen hellen, über Nexus verbundenen Zellen mit kugeligem Kern (Abb. **13-48**), die sich aus dem spinozellulären Bindegewebe differenzieren und die Steroidhormone bilden (Abb. **13-49**). Wichtigstes Hormon dieser Zellen, die den Leydig-Zellen im Hoden entsprechen, ist das Androgen Androstendion, das unter LH-Einfluss gebildet wird. Das Androstendion wird freigesetzt, von den Granulosazellen des Tertiärfollikels aufgenommen

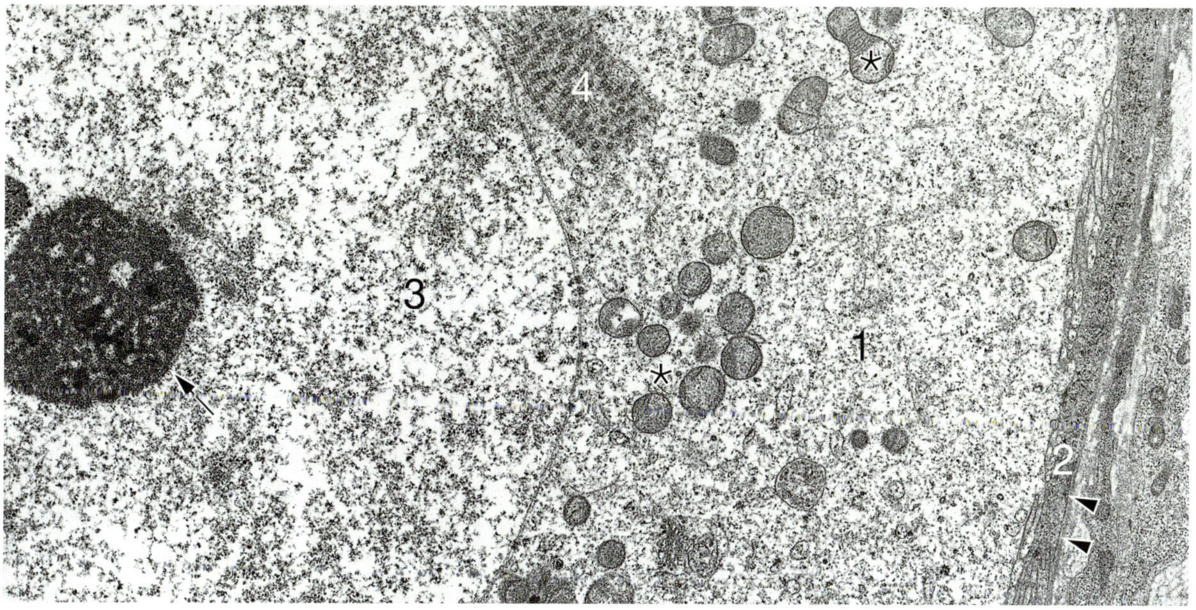

Abb. 13-45 **Primordialfollikel** (Ovar, Mensch). Ultrastruktur des Zytoplasmas einer Eizelle (**1**) und einer dünnen Follikelepithelzelle (**2**) eines Primordialfollikels. Beachte im Kern (**3**) der Eizelle den großen Nukleolus (➔) und im Zytoplasma zahlreiche Ribosomen sowie mäßige Mengen an Mitochondrien (✻); **4** annulierte Lamellen; ▶ Basallamina des Follikels. Vergr. 8830fach. (Aus [1])

und hier unter FSH-Einfluss durch Aromatisierung in Östrogene umgewandelt (Abb. **13-49**). Besonders aktive Theca-interna-Zellen finden sich in der zweiten Zyklushälfte. Sie enthalten kleine Lipidtropfen (Theka-Luteinzellen). Theca-interna-Zellen finden sich nicht nur in der Umgebung der Follikel, sondern sie können locker in der Rinde verstreut sein (besonders ausgeprägt z. B. im Ovar der Katze).

Eine besondere Gruppe von Theca-interna-Zellen sind die **Hiluszellen**, die mit der Pubertät am Hilum des Ovars erscheinen und auch bei Frauen nach der Postmenopause vorhanden sind. Sie treten in variabler Zahl und Lokalisation auf und ähneln den Leydig-Zellen in besonderem Maße (Reinke-Kristalle, Lipofuszin u. a.). Die Hiluszellen bilden Androstendion, Östrogen und Progesteron.

Die Zellen der kollagenfaserreichen **Theca externa** sind Myofibroblasten, die eine Rolle bei der **Ovulation** spielen.

Ovulation

In der Mitte des Menstruationszyklus (Abb. **13-50**) öffnet sich ein reifer, prall mit Flüssigkeit gefüllter Graaf-Follikel und setzt eine Eizelle frei (Follikelsprung, Ovulation), ein Vorgang, der nur wenige

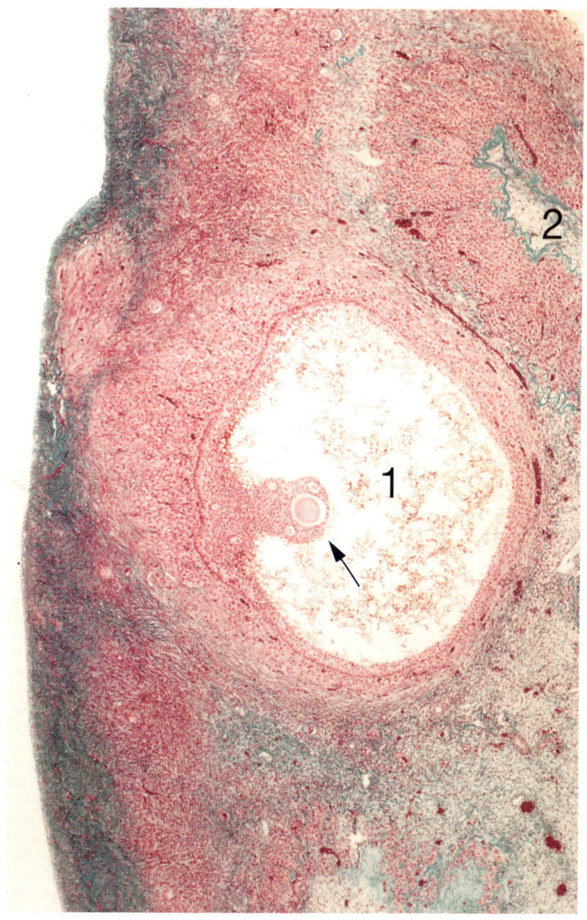

Abb. 13-46 **Tertiärfollikel (1)** im Ovar (Mensch). ➔ Cumulus oophorus mit Eizelle; **2** atretischer Follikel. Färbung: Säurefuchsin-Lichtgrün; Vergr. 250fach.

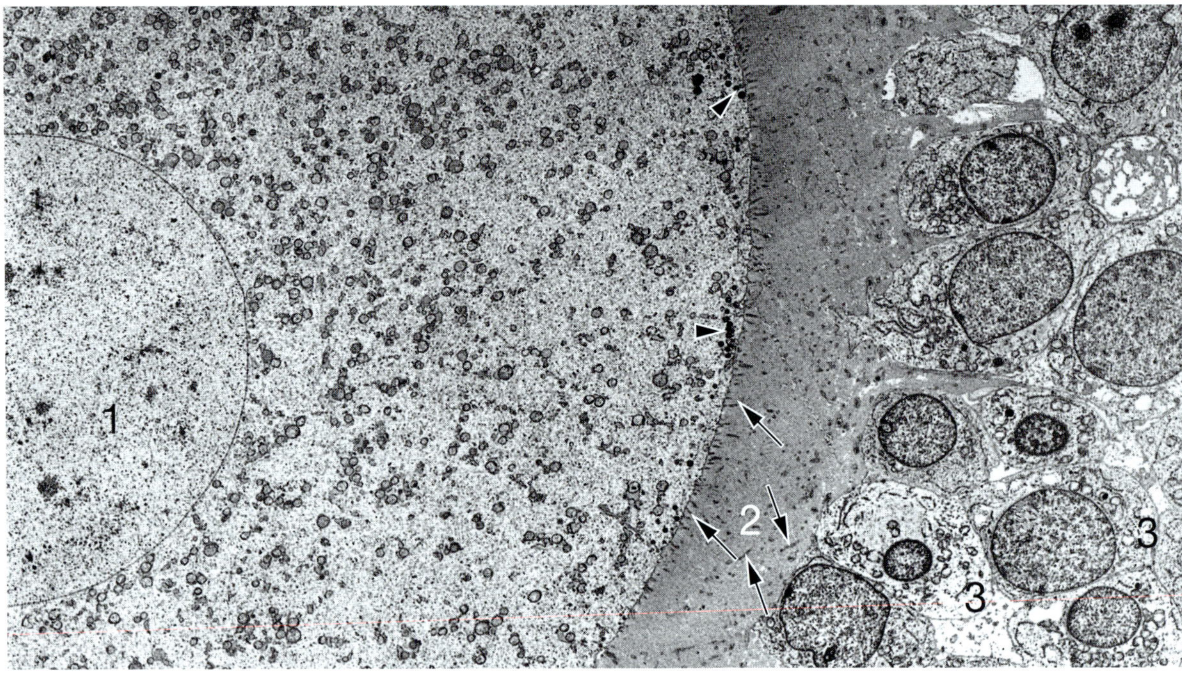

Abb. 13-47 Eizelle und Granulosazellen eines frühen Tertiärfollikels (Mensch). Im Zytoplasma der Eizelle finden sich zahlreiche kleine Mitochondrien. **1** Zellkern der Eizelle; **2** Zona pellucida, in die Mikrovilli (➔) der Eizelle und vor allem der Granulosazellen hineinragen; ▶ Granula in der Peripherie der Eizelle; **3** Granulosazellen. Vergr. 2100fach. (Aus [1])

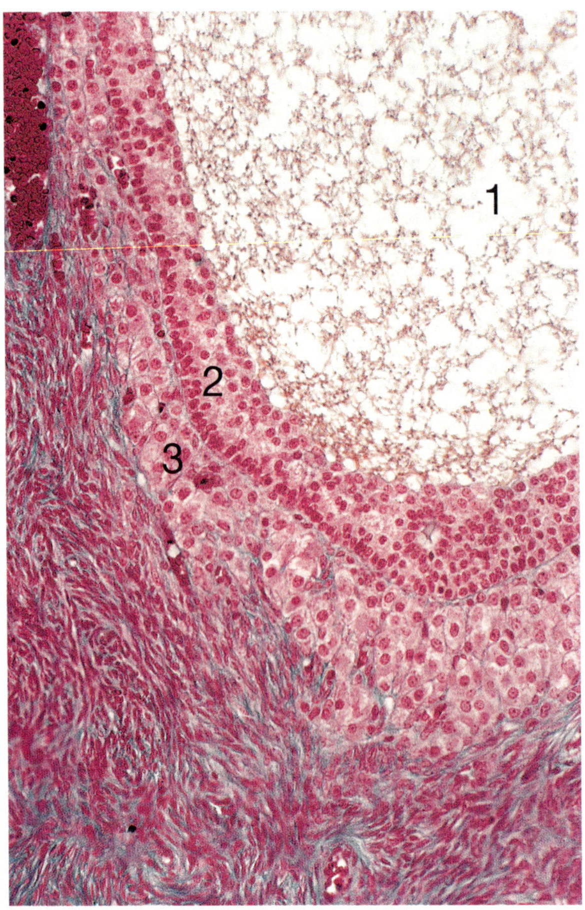

Minuten dauert. Zur Ovulation ist derjenige Tertiärfollikel gelangt, der die meisten FSH-Rezeptoren und den größten Östrogengehalt besitzt (Follikelselektierung), er wird auch dominanter Follikel genannt. Die Follikelwand platzt an einer sehr dünnen, blassen Stelle, dem Stigma.

Vor der Ovulation steigt der LH-Gehalt rasch stark an (LH-Peak). Die Öffnung des dominanten Tertiärfollikels erfolgt ca. 16–23 Stunden nach dem höchsten LH-Wert, um die Eizelle (sekundärer Oozyt) mit Corona radiata zu entlassen. Schon präovulatorisch beginnt im Follikel die Progesteronkonzentration anzusteigen, was zur Zunahme der Konzentration proteolytischer Enzyme führt. Proteolytische Enzyme, Prostaglandine, der erhöhte Flüssigkeitsdruck im Follikel und wahrscheinlich die Kontraktionen der Theca externa führen zum Platzen der Follikelwand. Androgene leiten die Rückbildung der nicht-selektierten Follikel ein. Die FSH-Ausschüttung der Adenohypophyse geht nach der Ovulation zurück, wozu das follikuläre Inhibin (entspricht dem Inhibin der Sertoli-Zellen, siehe S. 478) des selektierten Follikels neben dem erhöhten Östrogenspiegel beiträgt.

Abb. 13-48 Tertiärfollikel (Ovar, Mensch). **1** Lumen; **2** Follikelepithel (Follikelepithelzellen = Granulosazellen); **3** Theca interna. Färbung: Säurefuchsin-Lichtgrün; Vergr. 250fach.

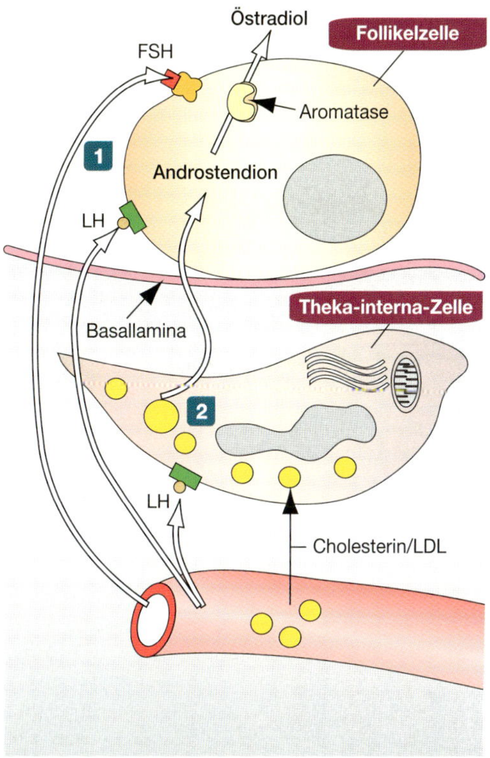

Funktionelles Zusammenwirken zwischen Follikel- und Theka-interna-Zellen in Tertiärfollikel

1 In Primär-, Sekundär- und frühen Tertiärfollikeln besitzen die Follikelzellen FSH-Rezeptoren. Im Graaf-Follikel erscheinen zusätzlich LH-Rezeptoren. **Die LH-Rezeptoren sind Voraussetzung der Luteinisierung des rupturierten Follikels nach der Ovulation.**

2 Östradiol ist das Hauptsteroid, das durch Stimulation der Follikelzellen durch FSH gebildet wird. **Die Follikelzellen sind jedoch auf die Zufuhr von Androstendion aus Theka-interna-Zellen angewiesen, um Östradiol bilden zu können.** Den Follikelzellen fehlen die Enzyme, die für die Bildung der Östradiolvorstufen erforderlich sind. Östradiol entsteht über Östron durch Aromatisierung des Androgens Androstendion in den Follikelzellen. Die Theka-interna-Zellen werden durch LH reguliert.

Abb. 13-49 Funktionelles Zusammenwirken zwischen Follikel- und Theca-interna-Zellen im Tertiärfollikel. (Aus [12])

Die Eizelle tritt zusammen mit ihrer Zona pellucida und Corona radiata vom Ovar in die Tuba uterina über, wo eine Befruchtung erfolgen kann.

Gelbkörper

Nach der Ovulation wandelt sich der Follikel in den Gelbkörper (Corpus luteum) um. Der Gelbkörper dominiert die 2. Hälfte des Menstruationszyklus (luteale Phase), er bildet Östrogene und insbesondere Progesteron (Abb. 13-51). Progesteron ist v.a. für die Umwandlung der Uterusschleimhaut verantwortlich, die die Implantation einer befruchteten Eizelle ermöglicht (siehe S. 522).

Der nach der Ovulation erschlaffte Follikel füllt sich mit Blut (**Corpus rubrum**, Abb. 13-52), das gerinnt und langsam durch einwachsendes Bindegewebe ersetzt wird. Die Follikelwand des Gelbkörpers ist in Falten geworfen (Abb. 13-52). Die Granulosazellen (Follikelepithelzellen des Tertiärfollikels) wachsen unter LH-Einfluss rasch heran und lagern Lipide und das gelbe Pigment Lutein ein (Luteinisierung). Die stimulierten Granulosazellen heißen jetzt **Granulosa-Luteinzellen.** Die Wand verdickt sich, der Gelbkörper wird ein ca. 2 cm großes gelbliches Organ. Die Basallamina zwischen Gelbkörper und Theka wird abgebaut. Von außen wächst Bindegewebe mit Blut- und Lymphgefäßen vor und dringt in die Wand des Gelbkörpers ein (Abb. 13-53). Auch die (kleineren) Theca-interna-Zellen werden luteinisiert (Theka-Luteinzellen). Sie finden sich in Gruppen in den Bindegewebssepten oder an der Außenseite der Gelbkörper. Beim Menschen treten in den Granulosa-Luteinzellen nur relativ selten größere Lipidtropfen auf. Dagegen sind bei manchen Säugetieren in den Gelbkörpern häufig Lipidtropfen anzutreffen (Abb. 13-54).

Es werden zwei Formen von Gelbkörpern unterschieden:

- Corpus luteum menstruationis,
- Corpus luteum graviditatis.

Corpus luteum menstruationis Das Corpus luteum menstruationis existiert nur ca. 14 Tage in der 2. Zyklushälfte. Es bildet sich zurück, wenn keine Befruchtung erfolgt. Progesteron- und Östrogenspiegel beginnen am 22. Zyklustag abzufallen, die LH-Stimulation geht zurück. Der Gelbkörper geht zugrunde. Daraufhin steigt der Spiegel des hypothalamischen Gonadotropin stimulierenden Hormons (gonadotropin releasing hormone = GnRH) an, was nach der Menstruation eine neue Follikelphase einleitet.

Corpus luteum graviditatis Das Corpus luteum graviditatis (Gelbkörper der Schwangerschaft) entsteht, wenn es zur Befruchtung gekommen ist. Es vergrößert sich unter dem Einfluss des humanen Choriongonadotropins (hCG) auf ca. 2,5 cm und bleibt ca. 4 Monate aktiv, danach bildet es sich langsam zurück. Seine Funktionen werden dann von der Plazenta übernommen.

Corpus albicans Der sich zurückbildende Gelbkörper wird in kollagenfaserreiches Narbengewebe umgewandelt (Abb. 13-55). Dieses Narbengewebe kann sogar verkalken, selten auch verknöchern, es wird Corpus albicans genannt.

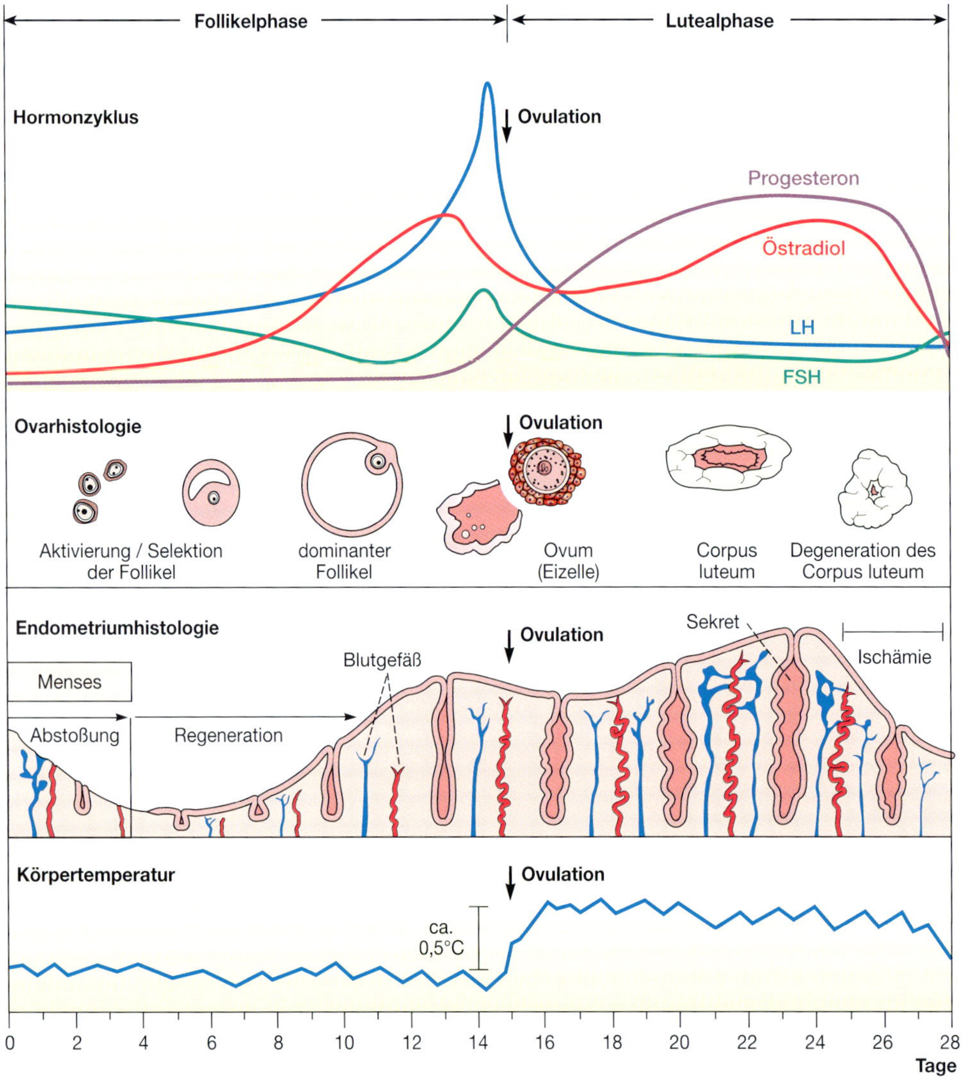

Abb. 13-50 Weiblicher Monatszyklus, schematische Darstellung. Die Uterusschleimhaut (Endometrium) durchläuft vor der Ovulation die Proliferationsphase und befindet sich nach der Ovulation in der Sekretionsphase. (Aus [5])

Atretische Follikel

Follikel können sich in jedem Entwicklungsstadium zurückbilden und werden als solche atretische Follikel genannt, da sie sich niemals eröffnen. Von den bei der Menarche vorhandenen 400 000 Primordialfollikeln (Abb. 13-55) gehen ca. 99% in Form von atretischen Follikeln zugrunde.

Der Prozess der Atresie beruht auf Apoptose der Follikelzellen und der Eizelle. Größere atretische Follikel sind auch im histologischen Präparat gut zu erkennen. Sie schrumpfen, und in ihr Epithel wandern Makrophagen und Fibroblasten ein. Das Antrum füllt sich mit Bindegewebe. Kennzeichnend ist eine Verdickung der Basallamina, die Glashaut genannt wird und wellenförmig verläuft (Abb. **13-46, 13-55**). Die Zona pellucida bleibt lange als homogen gefärbtes Band erkennbar. Parallel dazu vermehren sich die Theca-interna-Zellen („Aufblühen des Theka-Organs"). Sie bilden vor allem Östrogene und sind somit eine wichtige Östrogenquelle des Organismus. Manche atretischen Tertiärfollikel persistieren lange Zeit und können bis zu 3 cm große Zysten bilden (follikuläre Zysten). Schließlich gehen die atretischen Follikel zugrunde, es bleibt eine kleine Bindegewebsnarbe.

Klinik Am Ovar können nicht selten verschiedenartige **gut-** und **bösartige Tumorbildungen** auftreten, die meist epithelial sind und vom Peritonealepithel an der Oberfläche des Organs ausgehen. Eigentümlich sind Tumoren der Keimzellen mit Geweben aller Keimblätter, Hautstrukturen, Zähnen, Knochengewebe u.a. (**Teratome**, Dermoidzysten).

Des Weiteren kommt es zu verschiedenartigen **Zystenbildungen.** Erwähnenswert ist das ursprünglich von Stein und Leventhal beschriebene sog. **polyzystische Ovar** mit vielen ähnlich großen (Durchmesser ca. 1 cm) Follikelzysten ohne Granulosazellen, aber mit

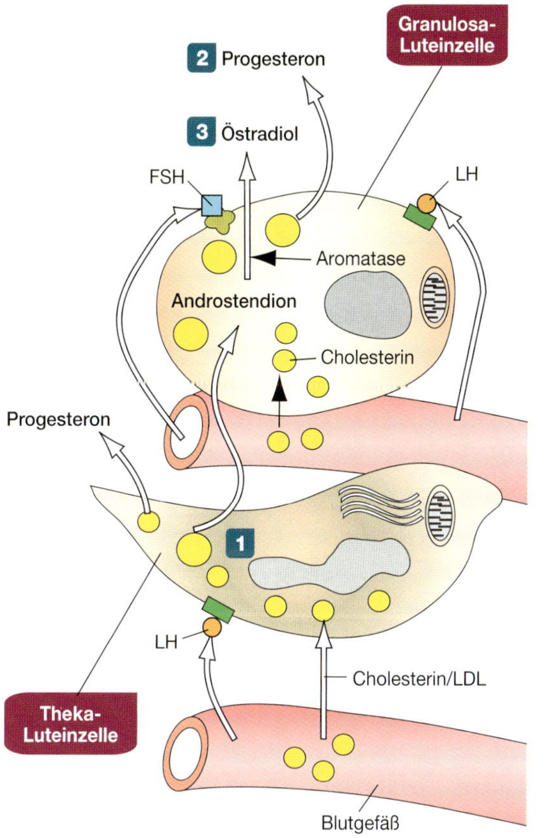

Zelluläre Kooperation zwischen Granulosa-Luteinzellen und Theka-Luteinzellen im Corpus luteum

1 Theka-Luteinzellen nehmen unter dem Einfluss von LH Cholesterin oder LDL (oder beides) aus dem Blut auf. Vom Cholesterin geht die Bildung der Steroidhormone aus. Das Steroid Androstendion wird in die Granulosa-Luteinzellen transportiert. Die Theka-Luteinzellen bilden in geringem Maß auch Progesteron.

2 Granulosa-Luteinzellen stehen unter dem Einfluss von FSH und LH. Diese Zellen können auch Cholesterin aus dem Blut aufnehmen und speichern. Sie verwenden es zur Synthese des Progesterons.

3 Das Steroid Androstendion wird in die Granulosa-Luteinzellen transportiert und hier über Östron zu Östradiol aromatisiert.

Abb. 13-51 Zelluläre Kooperation zwischen Granulosa-Luteinzellen und Theka-Luteinzellen im Corpus luteum. (Aus [12])

hypertropher Theca interna. Die Tunica albuginea ist verdickt. Ovulationen bleiben aus (Anovulation), und es entstehen keine Gelbkörper. Der Spiegel an Androgenen ist erhöht. Frauen mit polyzystischen Ovarien sind unfruchtbar, vermehrt behaart, übergewichtig und haben keine oder selten Monatsblutungen. Der erhöhte Androgenspiegel, der wohl initial auf Überfunktion der Zona reticularis der Nebennierenrinde beruht, führt zu deutlich vermehrter Östrogenbildung im Fettgewebe (Aromatisierung der Androgene [speziell Androstendion] zu Östrogen in den Fettzellen). Östrogen wirkt stimulierend auf die LH-Sekretion. Vermehrtes LH führt zu Überfunktion der Theca interna, was wiederum zu vermehrter Androgenbildung führt. Dadurch wird vermehrt Östrogen gebildet usw. Es liegt ein Circulus vitiosus vor. Je stärker die Adipositas, desto stärker die Östrogenbildung. Das verminderte FSH hat zur Folge, dass die Follikel nicht ausreifen: chronische Anovulation. Therapie: Antiöstrogen, Gewichtsreduktion, Stimulation der FSH-Bildung.

Anovulation kann auch Folge von psychisch-traumatischem Stress, rigorosem Sport und extremen Diäten sein.

Verschiedene genetische Störungen können u.a. zu fehlgebildeten Ovarien führen. Bekannt sind z.B. die verschiedenen Formen des **Turner-Syndroms** mit Defekten des X-Chromosoms.

13.3.3 Tuba uterina (Eileiter)

Die Tuben nehmen die ovulierte Eizelle auf, ernähren sie und leiten sie in den Uterus. Die Wanderung der Eizelle durch die Tube dauert ca. 4–5 Tage. Die Tuben sind in der Regel der Ort der Befruchtung.

Hauptbestandteil der Tuben sind ihre **Ampullen**, die distal trichterförmige Gestalt besitzen (**Infundibulum**). Der freie Rand der Ampulle trägt bewegliche bewimperte Fortsätze (**Fimbrien**), die sich dem Ovar anlegen, so dass beim Eisprung die Eizelle normalerweise in das Lumen der Tube und nicht in die Leibeshöhle gelangt. Der mittlere Tubenanteil ist enger und wird **Isthmus** genannt. Der letzte Teil führt durch die Uteruswand, er heißt intramuraler Teil.

Wandaufbau

Die Wand der Tuben (Abb. 13-56) wird gegliedert in:

- Tunica mucosa,
- Tunica muscularis,
- Tela subserosa und
- Tunica serosa.

Tunica mucosa Die Tunica mucosa (Abb. 13-57) besitzt zahlreiche sich verzweigende, längs verlaufende Falten, die im Schnitt eine labyrinthartige Strukturierung ergeben und ein einschichtiges prismatisches Epithel aufweisen. In diesem Epithel, das in der Ampulle am höchsten ist, treten Kinozilien tragende (**Wimperzellen**) und sekretorische (nicht-bewimperte) Zellen auf. Der Zilienschlag ist zum Uterus hin gerichtet und erzeugt einen Flüssigkeitsstrom, der den aufsteigenden Spermatozoen eine Orientierungshilfe ist. Die Zahl der Wimperzellen ist speziell im Bereich der Ampulle vor und zum Zeitpunkt der Ovulation am größten. Die Wimperzellen sind dann bis zu 30 µm hoch. Während der Sekretionsphase des

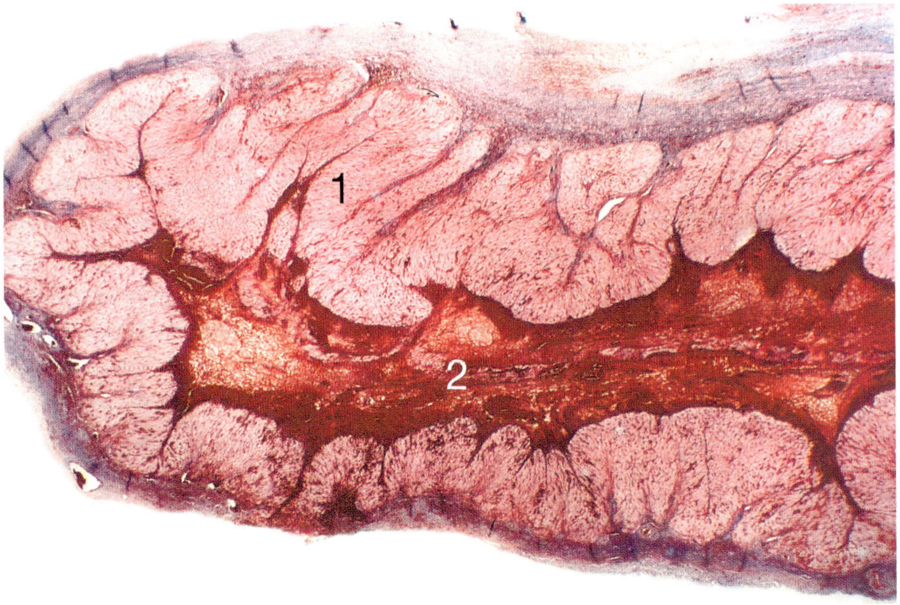

Abb. 13-52 Früher Gelbkörper (Ovar, Mensch), Übersicht. **1** gefaltete Wand des Gelbkörpers; **2** Lumen des Gelbkörpers mit Fibrin und Blutresten. Färbung: Azan; Vergr. 5fach.

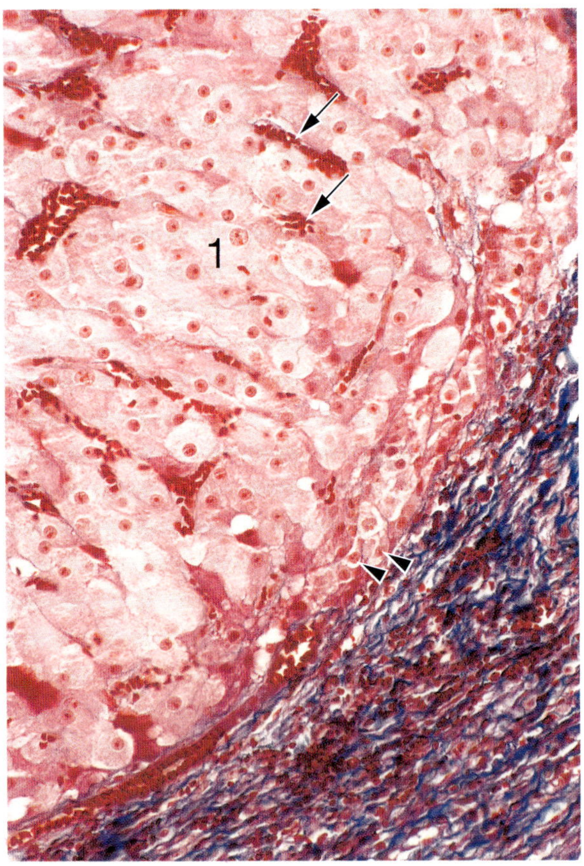

Abb. 13-53 Wand eines Gelbkörpers (Ovar, Mensch) mit großen Granulosa-Luteinzellen (**1**), zwischen denen mehrere Blutkapillaren (➔) erkennbar sind. Außerhalb der Basalmembran des zum Gelbkörper umgewandelten Tertiärfollikels sieht man einige kleine Theka-Luteinzellen (▶). Färbung: Azan; Vergr. 250fach.

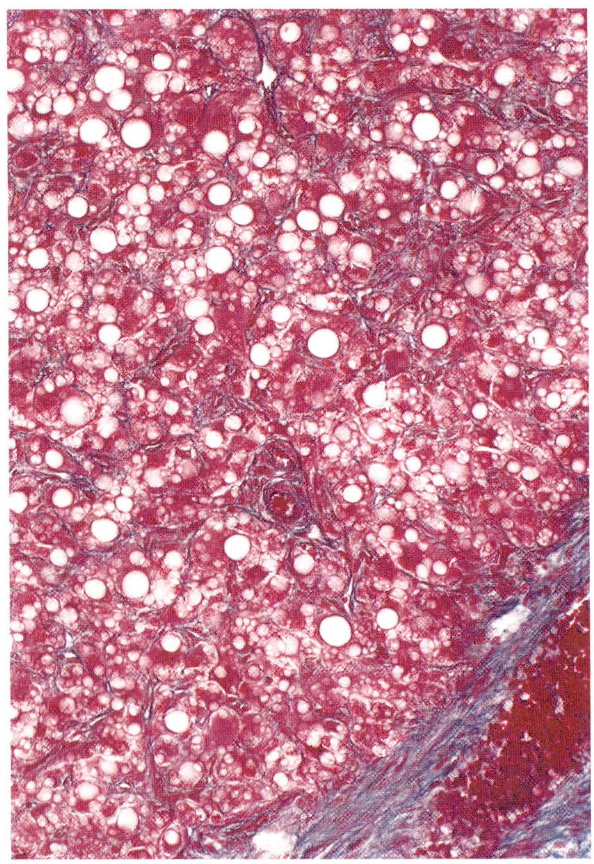

Abb. 13-54 Wand des Gelbkörpers (Ovar, Katze) mit z.T. großen Lipidtropfen in den Granulosa-Luteinzellen. Färbung: Azan; Vergr. 250fach.

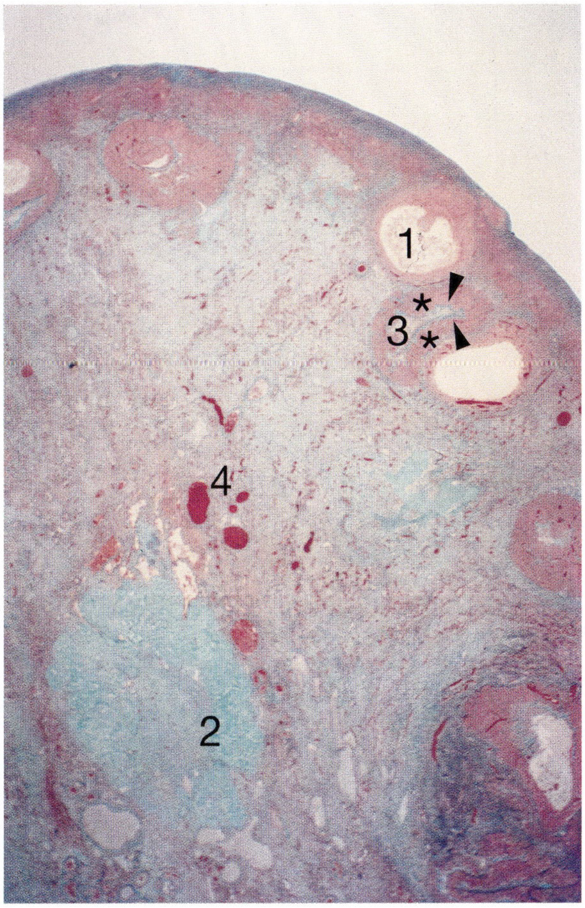

Abb. 13-55 **Ovar** (ältere Frau). **1** Tertiärfollikel; **2** Corpus albicans (Bindegewebsnarbe); **3** atretischer Follikel; **4** Mark mit vielen Blutgefäßen. Die Theca interna (*) des atretischen Follikels ist kräftig entwickelt, die Basalmembran des weitgehend abgebauten Follikelepithels ist verdickt (gewundenes grünes Band, ▶). Färbung: Säurefuchsin-Lichtgrün; Vergr. 15fach.

Menstruationszyklus (siehe S. 508) sind sie niedriger (15 µm), und ihre Zahl geht deutlich zurück. Stattdessen nehmen die **sekretorischen Zellen** zu. Diese enthalten Sekretionsgranula, die Nährstoffe für die Eizelle enthalten, und wohl auch Komponenten, die bei der Kapazitation der Spermatozoen eine Rolle spielen. Vermutlich bilden sie auch einen Oberflächenschleim. Absterbende sekretorische Zellen sind schmal und dunkel und werden vermutlich aus dem Epithel ausgestoßen (Stiftchenzellen). Zur Neubildung von Epithelzellen kommt es wahrscheinlich in jedem Zyklus, jedoch sieht man nur selten Mitosen. Typische Basalzellen fehlen. Es ist bekannt, dass sich die Epithelzellen rasch umdifferenzieren. So bilden sich unter Östrogeneinfluss in der follikulären Phase intensiv Zilien aus, während das Progesteron eher den Zilienabbau fördert. Die Lamina propria ist schmal und enthält Kollagenfasern und verschiedene freie Zellen.

Tunica muscularis Die Tunica muscularis besteht aus glatter Muskulatur, die unscharf gegeneinander begrenzte Schichten aufbaut:

- **innere** Längs- und Ringmuskulatur (die eigentliche Tunica muscularis der Tube),
- **mittlere** locker-ringförmige Muskulatur,
- **außen** liegende Schicht lockerer, spiralförmig verlaufender Muskelbündel.

Die äußere Muskelschicht ist für Bewegungen der Fimbrien verantwortlich, die innere für Bewegungen des Tubeninhalts.

Tela subserosa Die Tela subserosa ist eine außen gelegene, unterschiedlich breite, lockere Bindegewebsschicht. Sie ist reich an Blutgefäßen, besonders auffallend ist ein Venenplexus. Hier sind oft Reste des Gartner-Ganges (entspricht dem Wolff-Gang) zu finden, die mitunter zystisch erweitert und von kubischem Epithel ausgekleidet sind. Große Gartner-Zysten können das Tubenlumen komprimieren und eine Ursache für eine ausbleibende Schwangerschaft sein.

Tunica serosa Die Tunica serosa besteht aus Peritonealepithel und einer dünnen Bindegewebslage, die nicht von der Tela subserosa abgesetzt ist.

Im Isthmus sind die Mukosafalten niedriger und einfacher strukturiert als in der Ampulle. Im intramuralen Tubenabschnitt sind die Mukosafalten flach und kaum verzweigt.

Die Muskularis wird in Richtung Uterus zunehmend dicker.

Klinik Selten kann – meist in Folge mechanischer Hindernisse in der Tuba uterina – eine **Tubenschwangerschaft** entstehen, die die Gefahr einer Tubenruptur mit hohem Blutverlust birgt. Oft bilden sich diese Tubenschwangerschaften von allein zurück, ohne dass klinische Symptome auftreten. Auch in der Bauchhöhle kann es ausnahmsweise zur Implantation einer befruchteten Eizelle kommen (**Bauchhöhlenschwangerschaft**). Sowohl im Peritoneum als auch in der Tube können in diesen Fällen plazentare Strukturen aufgebaut werden.

13.3.4 Uterus (Gebärmutter)

Die Gebärmutter ist ein unpaares, dickwandiges, muskuläres, ca. 7,5 cm langes Organ im kleinen Becken. Sie besitzt die biologische Aufgabe, die befruchtete Eizelle aufzunehmen, den sich entwickelnden Keim zu implantieren und zu ernähren (Fruchthalterfunktion). Bei der Geburt übernimmt die Uterusmuskulatur die Austreibung des Kindes.

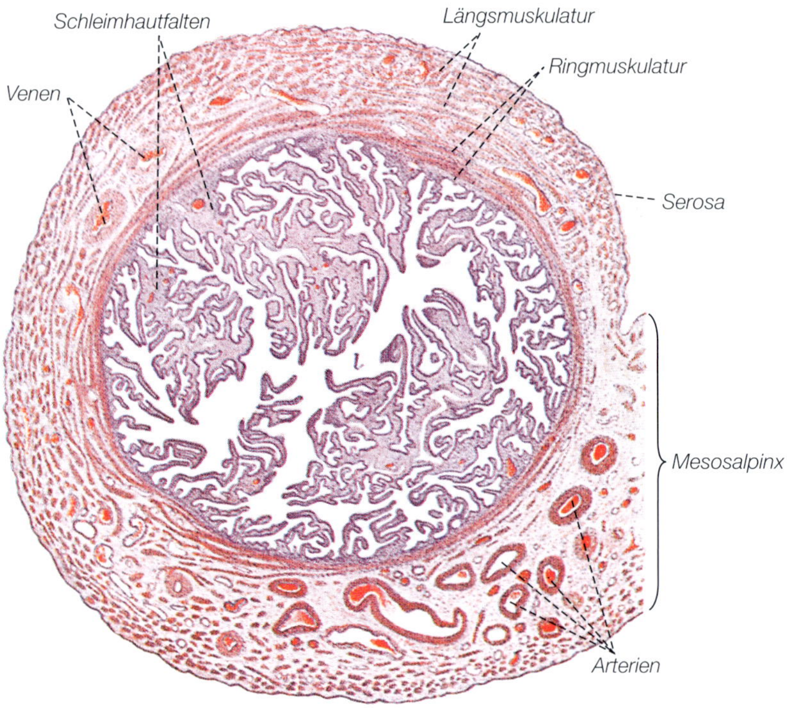

Abb. 13-56 Tuba uterina in Höhe ihrer Ampulle (Mensch), Querschnitt. Charakteristisch sind vor allem die zarten, reich verzweigten Schleimhautfalten sowie die locker gefügte, nicht streng in Schichten gegliederte Tunica muscularis, die bis unter die Serosa reicht. Färbung: H.E.; Vergr. 22fach. (Aus [1])

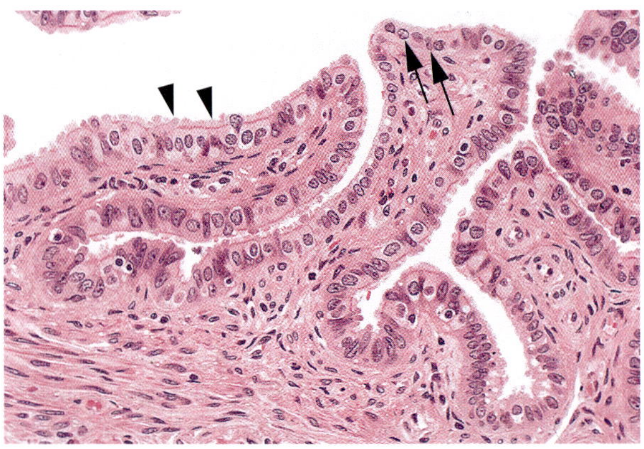

Abb. 13-57 Schleimhautfalten der Tuba uterina (Mensch) im Bereich der Ampulle. Das einschichtige prismatische Epithel besteht aus kinozilienbesetzten Flimmerzellen (▶) und Drüsenzellen (➔). Deren jeweilige Menge, Morphologie und Funktion schwanken zyklusabhängig erheblich. Plastikschnitt; Färbung: H.E.; Vergr. 200fach. (Aus [1])

Der Uterus besteht im Wesentlichen aus dem **Corpus uteri** (Uteruskörper) und der **Cervix uteri** (Uterushals), zwischen denen ein kurzer Isthmusabschnitt vermittelt. Der innere Eingang in den zervikalen Anteil heißt innerer Muttermund, die äußere Öffnung der Zervix zur Vagina wird äußerer Muttermund genannt. Der Teil der Zervix, der sich in die Vagina vorwölbt, wird als Portio vaginalis cervicis bezeichnet.

Corpus uteri

Die Wand des Corpus wird in 3 Schichten gegliedert:

- Endometrium,
- Myometrium und
- Perimetrium.

Der seitlich am Uterus liegende Bindegewebsraum wird Parametrium genannt.

Endometrium

Das Endometrium (Tunica mucosa, Corpusschleimhaut; Abb. **13-58**) sitzt unmittelbar auf dem Myometrium und besteht aus dem Oberflächenepithel, tubulären Drüsen und einem speziellen, zellreichen und faserarmen Bindegewebe (Lamina propria, Stroma).

Funktionell wichtig ist die Gliederung des Endometriums in **Stratum basale** (Basalis, in der Tiefe am Myometrium, ca. 1 mm dick) und **Stratum functionale** (Funktionalis, oberflächlich, ca. 5–8 mm dick).

Am Stratum functionale spielen sich die typischen Veränderungen des Menstruationszyklus ab, und nur dieser Anteil des Endometriums wird am Ende des Zyklus abgestoßen. Das Stratum functionale wird seinerseits in ein oberflächliches zelldichtes **Stratum compactum** und ein tiefer gelegenes, locker gebautes **Stratum spongiosum** gegliedert.

Das Zyklusgeschehen wird in erster Linie vom Verlauf ovarieller Hormone und hypophysärer Gonadotropine bestimmt (Abb. **13-50**, siehe auch S. 502). Zum Verständnis der zyklischen Veränderungen der

Uterusschleimhaut sind außerdem Kenntnisse über die Architektur des Endometriumstromas einschließlich seiner Blutgefäße wichtig.

Das Endometrium wird von aufsteigenden Arteriolen versorgt, die im Bereich des Stratum basale gestreckt, im Bereich des Stratum functionale dagegen stark geschlängelt verlaufen (Spiralarteriolen, Spiralarterien, Abb. 13-59). Seitenzweige dieser Spiralarterien versorgen die Uterusdrüsen. Unter dem Oberflächenepithel entsteht ein Kapillarplexus mit lakunären Erweiterungen, der das Stratum compactum versorgt. Das sauerstoffarme Blut fließt über ebenfalls geschlängelte Endometriumvenen ab. Die Blutgefäße des Stratum functionale sind wie alle seine Strukturen hormonsensitiv, sie de- und regenerieren während jedes Zyklus. Der Zeitgeber für die zyklischen Veränderungen des Endometriums sind die ovariellen Steroidhormone (Abb. 13-50). Das Oberflächenepithel des Endometriums besteht aus prismatischen Epithelzellen, die vereinzelt Kinozilien tragen. Die Mehrzahl der Zellen ist unbewimpert und bildet ein proteinreiches Sekret, das einen Oberflächenbelag aufbaut. Sie können auch Ionen und Flüssigkeit transportieren. In den Drüsen finden sich überwiegend sekretorische und vereinzelte Flimmerzellen. Die Zusammensetzung des Drüsensekrets ändert sich mit den Zyklusphasen. Das Sekret schafft das Milieu für die Kapazitation der Spermien und für die Implantation der befruchteten Eizelle. In den Drüsenanteilen des Stratum basale treten Stamm- und Vorläuferzellen auf, die das Drüsenepithel regenerieren können.

In der **Postmenopause** wird das Endometrium niedrig und enthält nur noch vereinzelte einfache Drüsen, die flaches bis kubisches Epithel aufweisen und lokal zystisch erweitert sein können. Das Stroma besteht aus dicht gelagerten, spindelförmigen Fibroblasten.

Myometrium

Das Myometrium (Tunica muscularis, Muskelschicht) ist bis zu 2 cm dick und besteht aus ineinander verwobenen Bündeln glatter Muskulatur, die durch eine dicke, elastische Fasern enthaltende Bindegewebsschicht getrennt sind. Das Strukturprinzip, nach dem die glatte Muskulatur im Myometrium angeordnet ist, ist sehr komplex. Es werden oft drei nur unscharf gegeneinander abgrenzbare Schichten unterschieden: außen und innen je eine relativ dünne Schicht mit längs und schräg angeordneten Muskelfasern und in der Mitte eine relativ dicke Schicht mit überwiegend zirkulär angeordneten Muskelfasern und vielen Blutgefäßen.

Zwischen den glatten Muskelzellen finden sich auch Myofibroblasten, die in der 2. Zyklushälfte aus Fibroblasten hervorgehen. Die glatten Muskelzellen sind im ruhenden Uterus ca. 20 µm lang, während der Schwangerschaft können sie bis zu 600 µm lang werden. In der Schwangerschaft vergrößern sich die glatten Muskelzellen nicht nur (Hypertrophie), sondern ihre Zahl

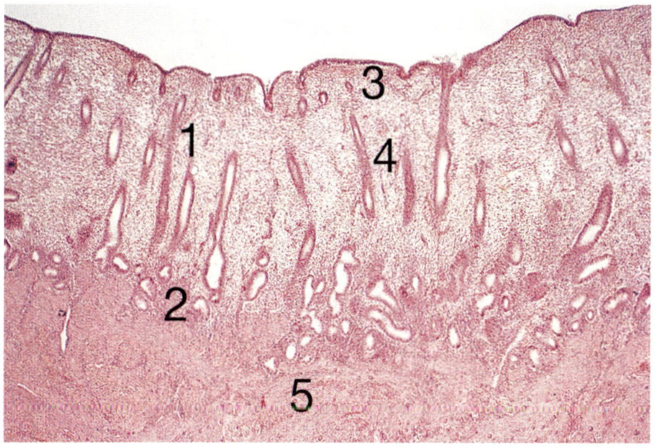

Abb. 13-58 Endometrium (Uterus, Mensch), relativ früher Zeitpunkt der Proliferationsphase. Die Drüsen der Funktionalis (**1**) des Endometriums verlaufen gerade, die Drüsenschläuche der Basalis (**2**) sind geknäuelt. **3** Stratum compactum; **4** Stratum spongiosum; **5** Myometrium. Plastikschnitt; Färbung: H. E.; Vergr. 20fach. (Aus [1])

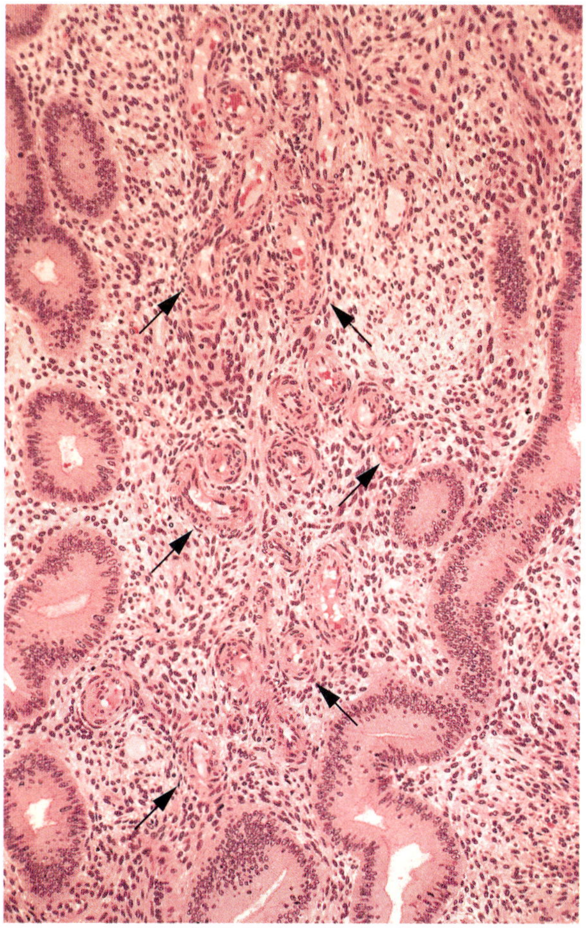

Abb. 13-59 Anschnitte durch eine Spiralarterie (→) im Endometrium (Uterus, Mensch). Färbung: H. E.; Vergr. 150fach.

vermehrt sich auch (Hyperplasie). In der Schwangerschaft kommt es zusätzlich zur Einlagerung von Wasser in das Bindegewebe des Myometriums, was Veränderungen im Gewebegefüge während des Wachstums von Embryo bzw. Fetus erleichtert. Das Gewicht des Uterus nimmt im Laufe der Schwangerschaft von 100 g zu Beginn auf ca. 1000 g bei der Geburt zu.

Das Myometrium ist sehr reich an Blutgefäßen. Die Arterien und Venen verlaufen stark geschlängelt. Der geschlängelte Verlauf der Gefäße wird als Anpassung an die Dehnungsfähigkeit der Uteruswand während der Schwangerschaft angesehen. Die muskelstarken Wände der Arterien erlauben eine starke Kontraktion nach der Geburt und während der Abstoßung der Plazenta, was die nachgeburtlichen Blutungen in Grenzen hält.

Perimetrium

Das Perimetrium (Peritonealepithel mit schmaler Bindegewebsschicht) bildet die äußere Oberfläche des Uterus und besteht aus einer Serosa mit Peritonealepithel und einer dünnen Bindegewebsschicht. Seitlich setzt sich die Serosa auf dem linken und rechten Lig. latum fort. Das Bindegewebe der Ligg. lata enthält Netze aus glatter Muskulatur, die aus der oberflächlichen Schicht des Myometriums hervorgehen, kollagene und elastische Fasern, Nerven sowie viele Blut- und Lymphgefäße.

Klinik Treten außerhalb der Uterusschleimhaut ektrope Inseln von Gebärmutterschleimhaut auf, bezeichnet man dieses Phänomen als **Endometriose**. Solche versprengten Schleimhautareale sind hormonabhängig, sie machen zyklische Veränderungen mit, was zu schweren Schmerzen führen kann. Sie kommen z.B. im Myometrium, im Perimetrium, im Ovar, im Dickdarm, in der Harnblase, aber auch in der Lunge und in den Extremitäten vor.

Das **Endometriumkarzinom** ist wohl der häufigste bösartige Tumor der weiblichen Geschlechtsorgane. **Myome** sind gutartige, kugelige Geschwülste unterschiedlicher Größe des Myometriums, die aus glatter Muskulatur und Bindegewebe bestehen. Ihr Wachstum ist an ovarielle Hormone gebunden, u.U. liegt ein Übergewicht des Östrogens vor.

Die Myomzellen weisen oft Chromosomenanomalien auf. Myome zeigen sich an unterschiedlichen Symptomen: Blutungsstörungen, Schmerzen, Druck und Verdrängung der Nachbarorgane.

Cervix uteri

Die Schleimhaut (Endometrium) der Cervix uteri (Zervix) besitzt eine sehr unregelmäßige Oberfläche mit z.T. verzweigten Falten (Plicae palmatae) und Spalten (Abb. **13-60**), deren tiefe Anteile oft Drüsen genannt werden. Das Epithel der Oberfläche und der Spalten ist gleichartig. Es besteht aus hochprismatischen, Schleim bildenden Zellen (Abb. **13-61**). Neben Schleim bilden die Drüsenepithelien noch Lysozym und andere antibakterielle Proteine. Vereinzelt treten Flimmerzellen auf. Das Sekret der Zervixepithelien bildet einen Schleimpfropf zum Schutz gegen aufsteigende Infektionen. Seine Viskosität und sein pH-Wert ändern sich im Laufe des Zyklus. Während der Ovulation ist der Schleim alkalisch, wasserreich und wenig viskös, was den Durchtritt der Spermatozoen begünstigt. Er ist zu diesem Zeitpunkt glasklar und fadenziehend (spinnbar). Auf einem Objektträger bildet der eingetrocknete Schleim während dieser Phase aufgrund seines hohen Gehalts an Natrium-, Kalium- und Chloridionen farnkrautähnliche Figuren (Farnkrautphänomen). Nach der Ovulation ist der Schleim sauer und sehr viskös. Das Endometrium der Zervix selbst verändert sich während des Menstruationszyklus nicht.

Die drüsige Zervixschleimhaut (Abb. **13-61**) wächst nach der Menarche in die Umgebung des äußeren Muttermundes vor und bildet hier ein rötliches Feld (**Ektropionierung**). Dieses Drüsenfeld wird bei älteren Frauen von Plattenepithel bedeckt, wobei die Drüsen zunehmend verschlossen werden und infolge Sekretstaus zu Zysten anschwellen können (Ovula Nabothi, benannt nach dem Chirurgen Martin Naboth, Leipzig, 1675–1721, der sie für die Eier des Menschen hielt).

Das Myometrium der Cervix uteri ist viel muskelzellärmer und bindegewebsreicher als das des Corpus uteri. Ein Perimetrium besitzt die Zervix nicht.

Portio vaginalis Die Portio vaginalis wird überwiegend von unverhorntem Plattenepithel bedeckt, das am äußeren Muttermund abrupt in das prismatische

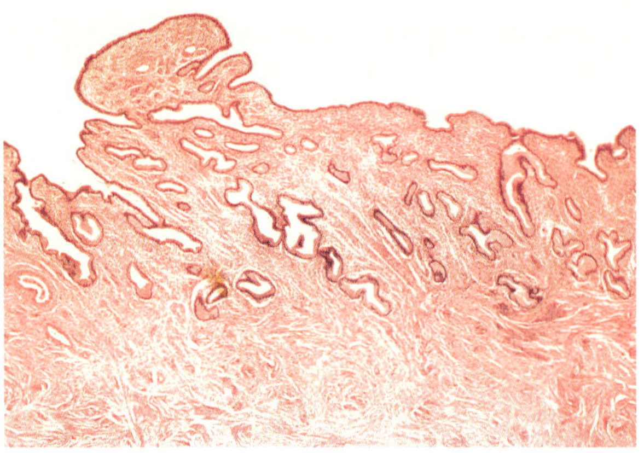

Abb. 13-60 Schleimhaut der Zervix (Uterus, Mensch), Längsschnitt. Färbung: H.E.; Vergr. 20fach.

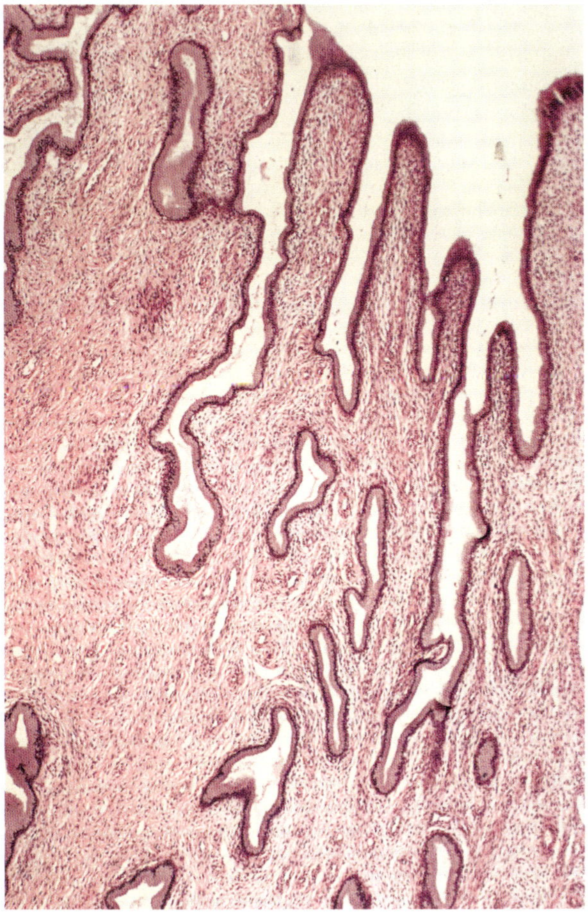

Abb. 13-61 Ausschnittsvergrößerung des Zervixkanals (Uterus, Mensch) mit zahlreichen intensiv verzweigten tubulösen Drüsen. Diese werden von einem hohen prismatischen Epithel ausgekleidet, dessen Zellen genau wie die Zellen an der freien Oberfläche Schleime bilden. Letztere findet sich auch in den Lichtungen der Drüsen und im Zervixkanal. Färbung: H. E.; Vergr. 45fach.

Epithel des Zervixkanals übergeht (Abb. **13-62**). Diese Übergangszone wird auch Transformationszone genannt. Der unmittelbare Kontaktbereich der zwei verschiedenen Epithelien heißt squamoprismatische Junktion.

Klinik In der Transformationszone der Portio vaginalis entwickeln sich relativ häufig Karzinome. Bei der **Krebsvorsorge** werden hier Abstriche gewonnen und nach Papanicolaou gefärbt (Abb. **13-63**). Diese Färbung benutzt ein komplexes Farbstoffgemisch, welches die Differenzierung der Abstrichzellen erlaubt. Das **Zervixkarzinom** ist dank besserer Vorsorge in Europa seltener geworden. Dieses Karzinom gilt als Beispiel für eine virale Karzinogenese beim Menschen (Papillomaviren).

Menstruationszyklus

Im Endometrium des Corpus uteri spielen sich im fortpflanzungsfähigen Alter einer Frau monatlich periodische Veränderungen ab, die parallel zu den ovariellen Veränderungen (Abb. **13-50**) stattfinden und die äußerlich an der alle 4 Wochen (26–30 Tage) auftretenden Regelblutung erkennbar sind. Die Blutung markiert den Beginn des Zyklus und dauert normalerweise 3–4 Tage. Der ganze Zyklus der monatlich auftretenden Veränderungen heißt Menstruationszyklus. Die Veränderungen des Endometriums lassen sich in 3 Phasen einteilen:

- Desquamationsphase (1.–4. Zyklustag),
- Proliferationsphase (5.–14. Zyklustag),
- Sekretionsphase (15.–28. Zyklustag).

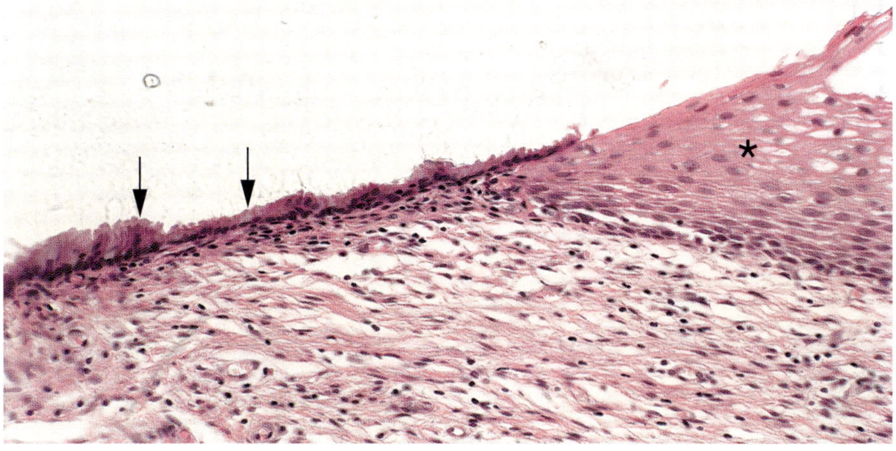

Abb. 13-62 Übergang von der Zervix zur Vagina (Mensch). ➔ prismatisches Drüsenepithel der Zervix; ✱ unverhorntes vaginales Plattenepithel. Färbung: H. E.; Vergr. 250fach.

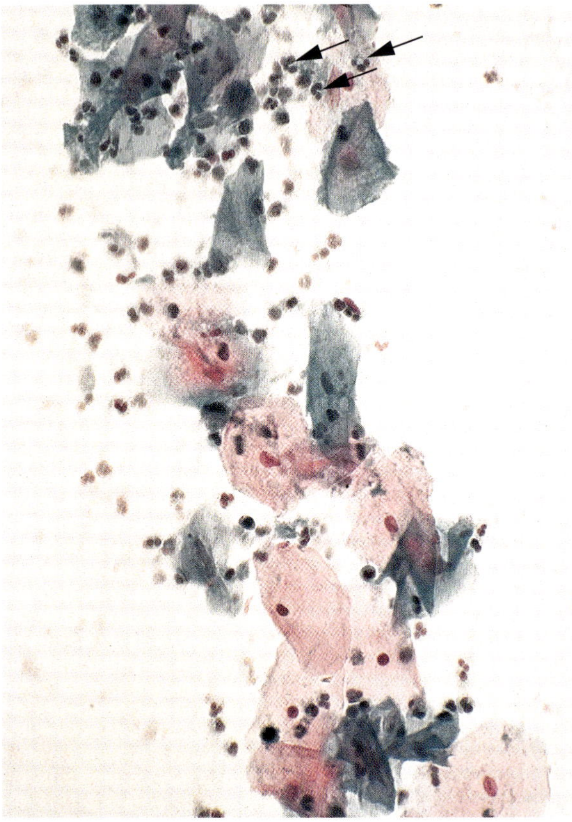

Abb. 13-63 Nach Papanicolaou gefärbtes Abstrichpräparat des Scheidengewölbes in der Lutealphase des Ovars (Mensch). Erkennbar sind azidophile (rot) und basophile (blau) Plattenepithelzellen, deren jeweiliger Anteil sich im Laufe des Monatszyklus verändert. In der frühen Follikelphase liegen azido- und basophile Zellen in ausgeglichenem Verhältnis zueinander vor. In der späten Follikelphase herrschen die azidophilen Zellen vor. In der Lutealphase dominieren die basophilen Zellen, die oft zusammengeknittert sind. Die Epithelzellen liegen in Gruppen zusammen, ihre Zellränder sind vielfach eingerollt oder gefaltet. Neutrophile (➔) treten verbreitet auf. Vergr. 250fach.

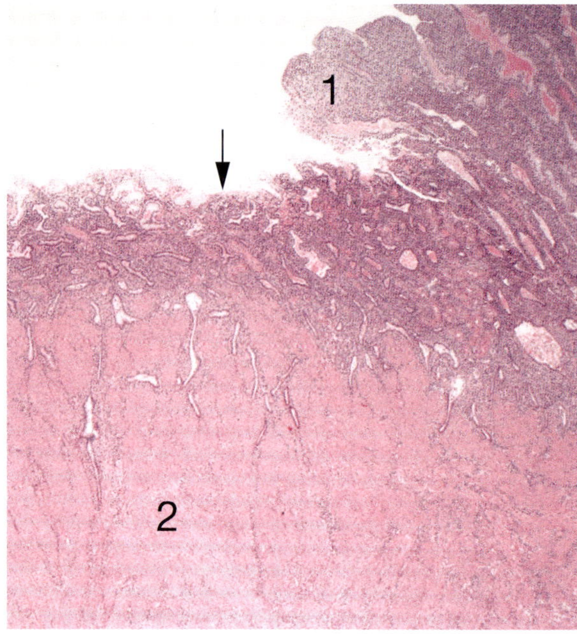

Abb. 13-64 Desquamationsphase (Uterus, Mensch). **1** in Abstoßung befindliche Funktionalis; ➔ offen liegende Basalis; **2** Myometrium. Färbung: H. E.; Vergr. 25fach.

Desquamationsphase

Die Desquamationsphase (Menstruationsphase, Abb. 13-64) wird bestimmt durch das Absinken des Östrogen- und des Progesteronspiegels. Durch diesen Hormonentzug wird der Prozess der Abstoßung des Stratum functionale mit allen seinen Komponenten eingeleitet, was in Form der Regelblutung („Entzugsblutung") sichtbar wird. Ungefähr einen Tag vor dem Beginn der Blutung kontrahieren sich die Spiralarteriolen intermittierend und werden brüchig. Das Stratum functionale schrumpft und wird ischämisch (Ischämiephase). Die Ischämie (Unterbrechung der Durchblutung) schädigt das Gewebe nachhaltig. Makrophagen, Eosinophile, Neutrophile und Lymphozyten wandern in das Stroma ein. Es wird von proteolytischen Enzymen, die z. T. den Stromazellen entstammen, abgebaut. Auch Prostaglandine spielen bei der Desquamation eine wichtige Rolle. Das Menstruationsblut ist auffallend reich an Prostaglandinen. Das komplexe Zusammenspiel der Faktoren, welche die Blutung fördern, und solchen, die die Blutung schließlich beenden, ist noch nicht vollständig bekannt. Das Menstruationsblut (die Menge schwankt individuell) ist nur in sehr geringem Maß gerinnungsfähig, da auch die Gerinnungsfaktoren proteolytisch abgebaut werden. Der stark absinkende Progesteronspiegel führt zu einem Überwiegen des Östrogens, was zu z. T. schmerzhaften spontanen Kontraktionen der Uterusmuskulatur führen kann. Die Schmerzen, die während der Menstruation auftreten können (**Dysmenorrhö**), sollen auch durch Prostaglandine mit verursacht werden. Das Stratum basale ist nicht von der Gewebeabstoßung betroffen. Die in ihm gelegenen tiefen Anteile der Drüsen bleiben erhalten.

Proliferationsphase

Der Desquamationsphase folgt die Proliferationsphase, in der unter dem Einfluss der Östrogene der Neuaufbau des Stratum functionale stattfindet. Das Oberflächenepithel bildet sich rasch neu aus. Die Drüsen proliferieren vom Stratum basale ausgehend unter lebhafter mitotischer Tätigkeit (Abb. 13-65) und haben zunächst einen gestreckten (Abb. 13-58), dann aber zunehmend geschlängelten Verlauf. Die Kerne der Drüsenzellen liegen oft in unterschiedlicher Höhe (Pseudostratifizierung). Das antiapoptotische Protein

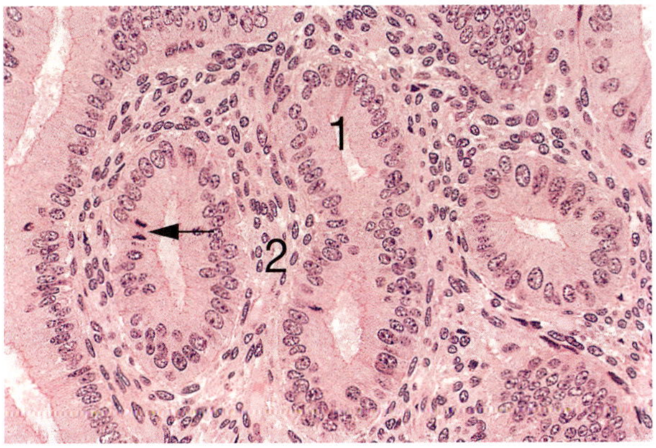

Abb. 13-65 Proliferationsphase (Uterus, Mensch). **1** schräg und quer getroffene Drüsen; **2** zellreicher Bindegewebsraum (Stroma). Sowohl im Stroma als auch im Drüsenepithel finden sich vielfach Mitosen (➔). Plastikschnitt; Färbung: H. E.; Vergr. 200fach. (Aus [1])

bcl-2 wird insbesondere am Ende der Proliferationsphase intensiv im Drüsenepithel exprimiert. In der Sekretionsphase verschwindet es. Auch im Stroma findet man Mitosen. Die Spiralarterien entstehen neu. Im Stroma beginnt schließlich auch die Neubildung retikulärer Fasern.

Sekretionsphase

Die Sekretionsphase setzt nach der Ovulation ein und steht unter dem Einfluss insbesondere des Progesterons. Die Drüsen nehmen zunehmend eine kennzeichnende gezackte, sägeblattartige Gestalt an (Abb. 13-66). Das Lumen wird weiter als in der Proliferationsphase und enthält Sekret. Die Drüsenzellen tragen viele Mikrovilli und werden intensiv sekretorisch tätig. Sie geben exozytotisch Proteine und Schleimsubstanzen ab. In der Zellbasis sammeln sie in den ersten 6 Tagen dieser Phase viel Glykogen an. Im histologischen Präparat, in dem das Glykogen ausgewaschen ist, führt dies zum Phänomen der retronukleären Vakuole (Abb. 13-67), worunter das helle, basale Zytoplasma zu verstehen ist.

In der 2. Hälfte der Sekretionsphase bildet die Wand der jetzt relativ weiten Drüsen zahllose Falten aus. Die Epithelzellen nehmen weiter an Höhe zu und besitzen jetzt apikal viel Glykogen. Das basale Glykogen ist verschwunden, der Zellkern verlagert sich weit in den basalen Zellteil. Apikal bilden sich glykogen- und sekretionsgranulahaltige Zytoplasmaprotrusionen, die sich mittels apokriner Mechanismen abschnüren können (Abb. 13-68). Am Ende der Sekretionsphase schrumpfen die Drüsenzellen. Die Kerne verdichten sich, und die Zellorganellen beginnen zu zerfallen.

Im Stroma wandeln sich im Laufe der Sekretionsphase insbesondere im Stratum compactum und in der Umgebung der Arteriolen die Fibroblasten in

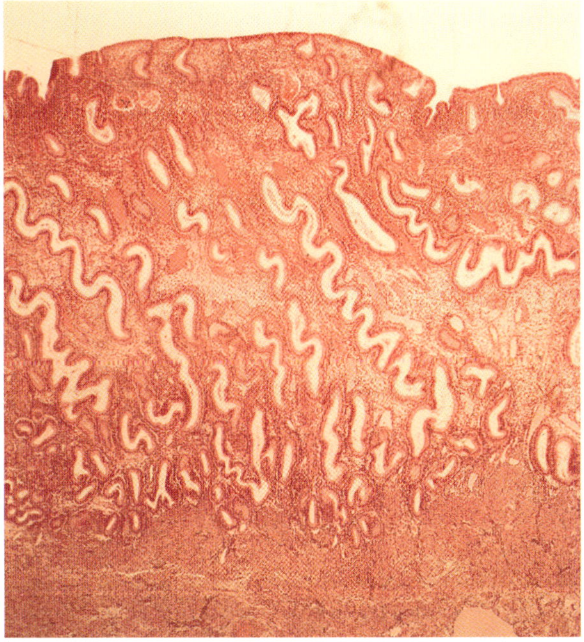

Abb. 13-66 Sekretionsphase (Uterus, Mensch), geschlängelt verlaufende Uterusdrüsen.

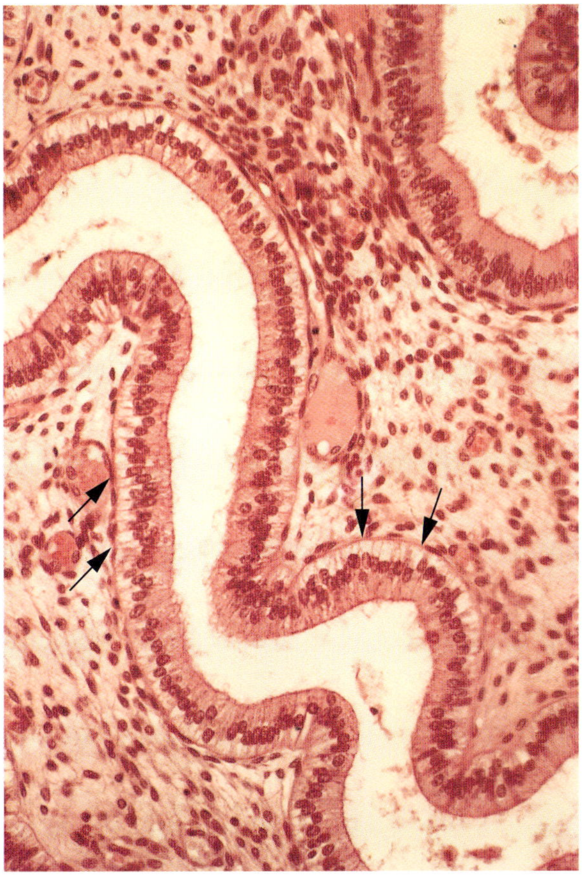

Abb. 13-67 Frühe Sekretionsphase (Endometrium, Mensch). ➔ Drüsenepithelzellen mit retronukleärer Vakuole. Färbung: H. E.; Vergr. 250fach.

große, dicht gelagerte Zellen, sog. **Prä-(Pseudo-)deziduazellen** um (Abb. 13-69). Diese Zellen sind reich an dilatierten rauen ER-Zisternen und können durch Nexus verbunden sein. Sie bilden Bindegewebsmatrix, Zytokine, Proteaseinhibitoren und Prostaglandine. Sie werden von einer Basallamina umhüllt und können sogar phagozytieren. Ein weiterer Zelltyp, der regelmäßig im Stroma zu finden ist, sind **Stromagranulozyten**, die vermutlich einer speziellen T-Zell-Population oder besonderen Makrophagen entsprechen. Das Stroma lagert anfangs viel Wasser ein und erscheint daher ödematös. Gegen Ende der Sekretionsphase kommt es erneut zu Veränderungen der Matrix. Retikuläre Fasern bilden sich. Der vermehrte Wassergehalt geht zurück. Im Laufe der ersten Kontraktionen der Spiralarteriolen treten weitere Leukozyten (Makrophagen, Neutrophile, Eosinophile und Lymphozyten) im Stroma auf.

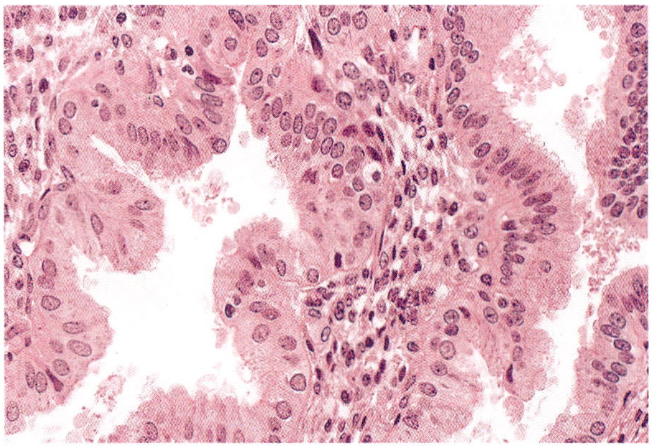

Abb. 13-68 Späte Sekretionsphase (Endometrium, Mensch). Die Drüsenzellen bilden aktiv Schleime, der Apex ist oft vorgewölbt. Plastikschnitt; Färbung: H. E.; Vergr. 200fach. (Aus [1])

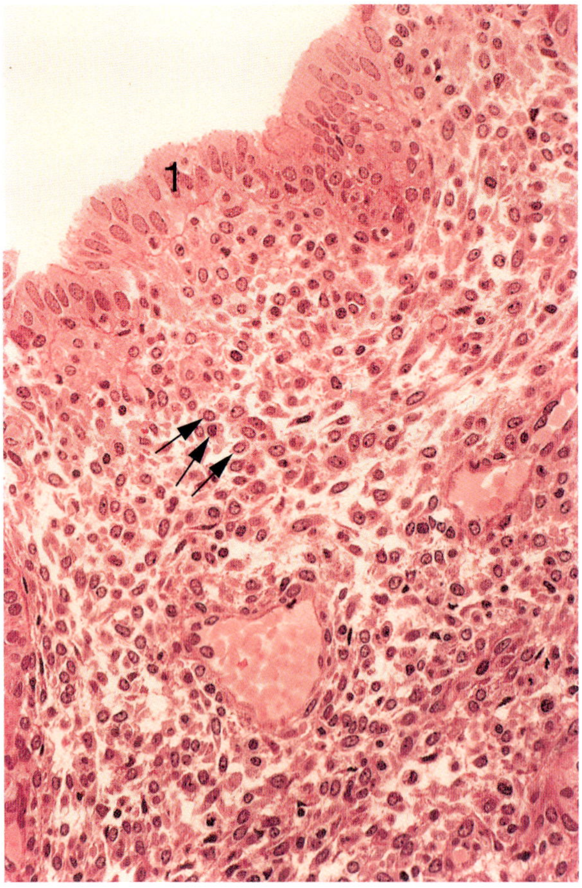

Abb. 13-69 Sekretionsphase (Endometrium, Mensch). → dicht gelagerte Prä-(Pseudo-)deziduazellen im Stroma; **1** Oberflächenepithel. Plastikschnitt; Färbung: H. E.; Vergr. 250fach.

13.3.5 Vagina (Scheide)

Die Scheide ist ein 8–9 cm langer, bindegewebig-muskulärer Schlauch, der in Funktionsruhe weitgehend kollabiert ist. Ihre Wand ist in Tunica mucosa, Tunica muscularis und Tunica adventitia gegliedert.

Die Mukosa setzt sich aus mehrschichtigem unverhorntem Plattenepithel (150–200 µm dick) und einer Lamina propria zusammen, deren Bindegewebe reich an Kollagen- und elastischen Fasern ist (Abb. 13-70).

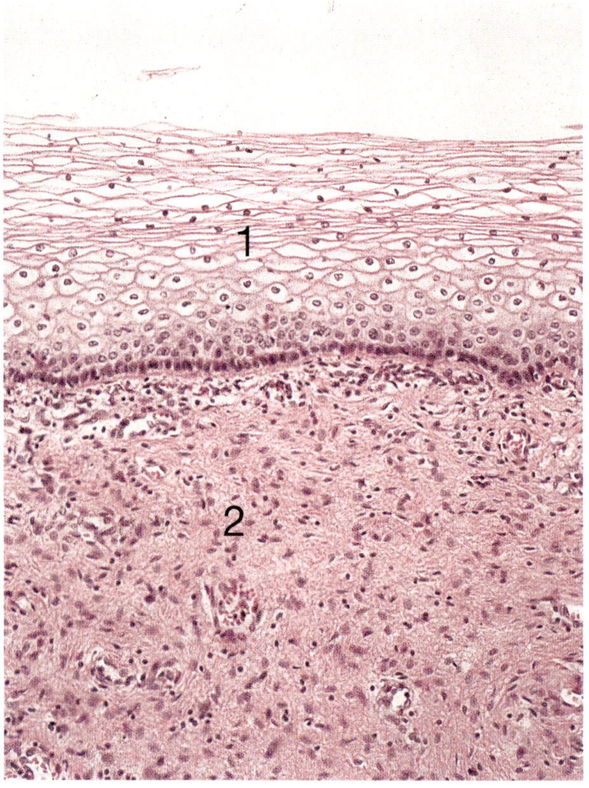

Abb. 13-70 Vaginalepithel (Mensch). **1** unverhorntes Plattenepithel; **2** Lamina propria. Färbung: H. E.; Vergr. 150fach.

Das Epithel ist glykogenreich (Abb. 13-71) und in der follikulären Phase deutlich höher als in der lutealen. Mitunter sind in den obersten Zellschichten Keratohyalingranula erkennbar. Die Zellkerne bleiben aber immer erhalten, so dass es nicht zu einer echten Verhornung kommt. Zwischen den obersten Zellen findet sich im Interzellulärraum lipidhaltiges Material, das ihn versiegelt. Drüsen fehlen in der Wand der Vagina. Die auf der Oberfläche vorhandenen Schleime entstammen vermutlich der Zervix. Ob eine Transsudation von Flüssigkeit aus Kapillaren unter dem Vaginalepithel ins Vaginallumen hinein stattfindet, ist umstritten. Die oberflächlichen Epithelzellen schilfern ständig ab, in der lutealen Phase mehr als in der follikulären Phase. Das Glykogen der abschilfernden Zellen wird von den Döderlein-Bakterien *(Lactobacillus vaginalis)* zu Milchsäure abgebaut. Die Milchsäure ist für den relativ niedrigen pH-Wert von 4,0 im Vaginalmilieu verantwortlich. Der saure pH-Wert ist ein Schutzfaktor, der die Besiedelung mit pathogenen Mikroorganismen einschränkt. Bei Anstieg des pH-Wertes, wie er bei Östrogenmangel zu beobachten ist, treten vermehrt pathogene Keime, aber auch Protozoen, wie *Trichomonas vaginalis,* auf. Die Differenzierung des Plattenepithels steht vor allem unter dem Einfluss von Östrogen. Unter seinem stimulierenden Einfluss entstehen die ausdifferenzierten Zellen, die in nach Papanicolaou gefärbten Abstrichpräparaten rot (azidophil) sind. Sie sind vor und während der Ovulation besonders zahlreich. Nach der Ovulation geht unter Progesteroneinfluss die Zahl der reifen Plattenepithelzellen zurück, es überwiegen dann blaue (basophile) Zellen, zwischen denen auch Neutrophile und Lymphozyten auftreten (Abb. 13-63). So gibt dieser Abstrich Auskunft über Östrogen- und Progesteronspiegel.

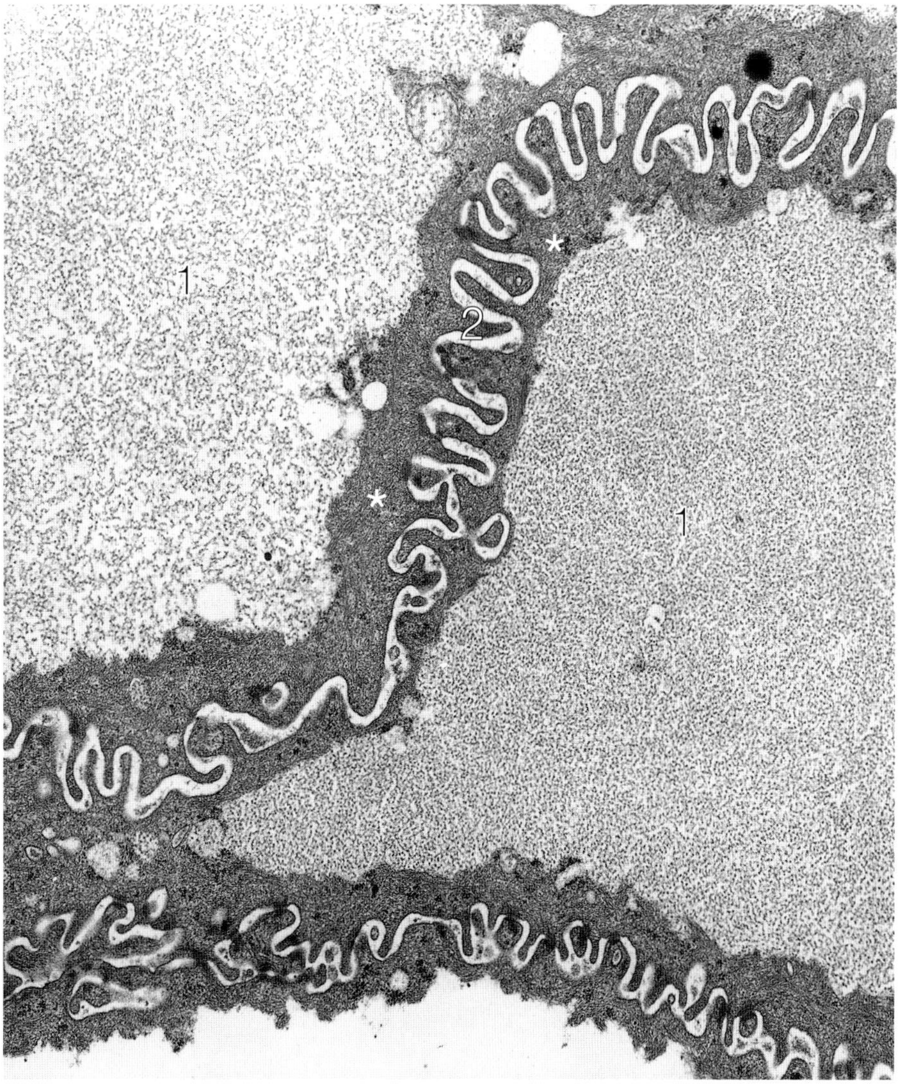

Abb. 13-71 Ultrastruktur des Vaginalepithels (Mensch). Ultrastruktur von drei aneinander grenzenden oberflächlichen Plattenepithelzellen. Beachte, dass die Zellen in ihrem Innern weitgehend mit Glykogenpartikeln (**1**) und in der Zellperipherie mit Intermediärfilamenten (*) ausgefüllt sind. Die benachbarten Zellen sind durch zahlreiche feine Fortsätze und Falten miteinander verzahnt (**2**). Vergr. 15 300fach.

Die schwache vaginale Muskelschicht besteht aus sich überkreuzenden Zügen glatter Muskelzellen, die vielfach mit den elastischen Fasern der Mukosa in Verbindung stehen.

13.3.6 Äußere weibliche Geschlechtsorgane

Zu den äußeren Geschlechtsorganen gehören die Vulva, die Schamlippen, die Bartholin-Drüsen und die Klitoris. Die Vulva bildet den Scheidenvorhof, sie wird hier nicht näher erläutert.

Schamlippen

Die **großen Schamlippen** (Labia majora pudendi) sind fettzellreiche Hautwülste mit relativ stark pigmentierter Epidermis. Sie sind außen behaart und enthalten apokrine Duftdrüsen, ekkrine Schweißdrüsen und holokrine Talgdrüsen. Zwischen den Fettzellen kommen glatte Muskelzellen vor. Behaarung und Fettgehalt werden ab der Pubertät von Östrogenen reguliert.

Die tiefer liegenden **kleinen Schamlippen** (Labia minora pudendi) sind gefäßreich und enthalten kein Fettgewebe. Sie tragen ein außen schwach und innen unverhorntes mehrschichtiges Plattenepithel. Vor allem innen kommen sehr viele Talgdrüsen vor, die hier jedoch nicht mit Haaren in Beziehung stehen (Abb. 13-72). In der Zone zwischen großen und kleinen Labien kommen größere apokrine Drüsen vor. In beiden Labien sind Sinneskörper häufig. Einwärts der kleinen Labien findet sich das Vestibulum vaginae (Scheidenvorhof).

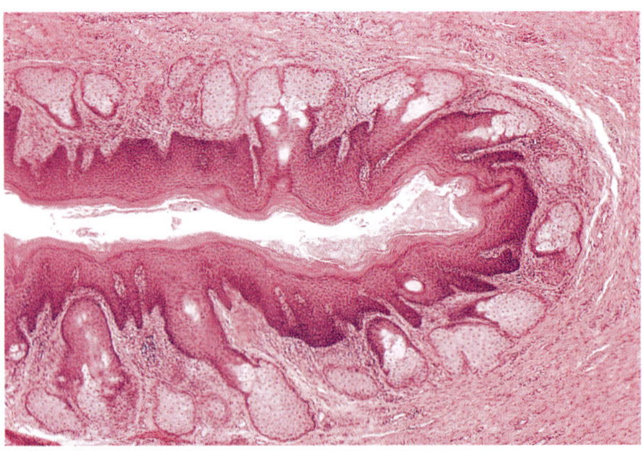

Abb. 13-72 Labium minus pudendi (Mensch). Zu sehen ist eine Einsenkung der Oberfläche, die von gering oder nicht verhorntem mehrschichtigem Plattenepithel bedeckt ist. Talgdrüsen sind zahlreich, Haare, Schweißdrüsen und Fettzellen fehlen. In der Subkutis befindet sich ein Venengeflecht, das dem Corpus spongiosum penis ähnelt. Plastikschnitt; Färbung: H.E.; Vergr. 40fach. (Aus [1])

Glandulae vestibulares

In den Scheidenvorhof münden die zwei erbsgroßen **Bartholin-Drüsen** (**Gll. vestibulares majores,** benannt nach Caspar Bartolin, 1655–1738, Anatom in Kopenhagen) und die ähnlich gebauten kleineren **Gll. vestibulares minores** ein. Die Bartholin-Drüsen sind tubuloalveolär aufgebaut und bestehen aus hohen mukösen Drüsenzellen. Die Gänge sind von mehrschichtigem prismatischem Epithel ausgekleidet. Das Sekret aller Vorhofdrüsen ist schleimartig und feuchtet insbesondere bei geschlechtlicher Erregung den Eingang in die Vagina an.

Klitoris

Die Klitoris liegt über der Urethralöffnung vorn zwischen den kleinen Schamlippen und ist dem Penis des Mannes homolog. Sie ist erektil und enthält auch Schwellkörpergewebe vom Typ der Corpora cavernosa. Zwei weitere Schwellkörper vom Typ des Corpus spongiosum werden Bulbi vestibuli genannt und liegen in der Basis der kleinen Schamlippen.

! Zu den weiblichen Geschlechtsorganen zählen: Ovar, Tuba ovarii, Uterus und Vagina. Das Ovar hat zwei Funktionen: Bildung der weiblichen Geschlechtshormone und der weiblichen Geschlechtszellen, der Eizellen, die in Follikeln heranreifen. Zum Follikel gehören nicht nur Follikelepithel und Eizelle, sondern auch Thecae interna und externa. Die erste Hälfte des Monatszyklus wird follikuläre Phase, die zweite luteale Phase genannt. Letztere wird vom Gelbkörper dominiert. In der Mitte des Zyklus kommt es zur Ovulation.

Die Tube ist mit Flimmerepithel ausgekleidet und dient der Leitung der Eizelle in den Uterus.

Der Hauptteil des Uterus, das Corpus uteri, ist aus 3 Schichten aufgebaut, dem Endo-, Myo- und Perimetrium. Das Endometrium enthält tubuläre Drüsen und macht ausgeprägte monatszyklische Veränderungen durch, an deren Anfang die Abstoßung der oberen Gewebeschichten steht, die als Menstruationsblutung auch äußerlich erkennbar ist. Die Cervix uteri ist von Schleim bildenden Epithelzellen ausgekleidet und geht am äußeren Muttermund in die Vagina über.

Die Vagina ist von unverhorntem Plattenepithel ausgekleidet, dessen obere Zellen glykogenreich sind. Bei Zerfall dieser Zellen bildet die physiologische Vaginalflora aus dem Glykogen Laktat, wodurch im Lumen der Vagina ein saurer pH-Wert vorherrscht. Dies ist ein Schutzmechanismus gegen das Eindringen von Krankheitserregern.

14 Befruchtung, Implantation, Plazenta

Zur Orientierung

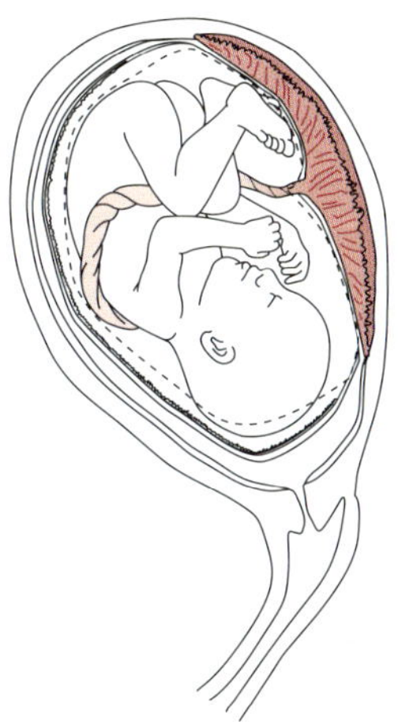

Die Befruchtung findet in der Tuba uterina statt. Ihr gehen die letzten Schritte der Ausreifung der Spermien voraus, zu denen insbesondere die Kapazitation gehört. In einem komplexen molekularen Zusammenspiel kommt es zur Inkorporation des haploiden Spermienkerns in die haploide Eizelle und zur Verschmelzung der zwei Genome, so dass eine diploide Zygote entsteht. Implantation und Plazentabildung erfolgen im Corpus uteri. Die Plazenta ist ein während der Schwangerschaft im Uterus entstehendes großes Organ, das für die ca. 9 Monate vor der Geburt dem Stoffaustausch zwischen Mutter und heranwachsendem Kind dient. Am Aufbau der Plazenta sind mütterliche und kindliche Gewebe beteiligt. Der Stoffaustausch erfolgt durch die Wand der Plazentazotten hindurch, die ganz aus kindlichem Gewebe bestehen und in mütterlichem Blut flottieren (hämochoriale Plazenta). Die Wand der Plazentazotten bildet die Schranke zwischen kindlichem und mütterlichem Blut (Plazentarschranke) und besteht aus dem Zottenepithel (Synzytiotrophoblast und Zytotrophoblast), einem schmalen Bindegewebsraum unter dem Epithel und dem kontinuierlichen Endothel der Zottenkapillaren.

14.1 Befruchtung

Die Spermatozoen (Spermien) verbleiben ca. 2 Wochen im Nebenhoden und verhalten sich hier die meiste Zeit bewegungslos. Sie durchlaufen hier einen Reifungsprozess, an dessen Ende sie die Fähigkeit erlangt haben, sich gerichtet vorwärts zu bewegen, eine wichtige Voraussetzung für eine erfolgreiche Befruchtung. Zuvor, als sie aus den Samenkanälchen des Hodens in den Nebenhoden eintraten, haben sie sich nur langsam kreisförmig bewegt.

Nach einer Ejakulation wandern die Spermatozoen im Uterus mit einer Geschwindigkeit von 3–3,5 mm/min in Richtung Tuba uterina, wohin jedoch nur einige hundert gelangen. Sie bleiben hier 2–4 Tage befruchtungsfähig. Sie müssen die Tube erreichen, weil nur hier – 24 bis 48 Stunden nach der Ovulation – die Befruchtung stattfindet.

Der Befruchtungsvorgang umfasst drei Schritte:

1. die Akrosomreaktion,
2. die Bindung des Spermatozoons an die Zona pellucida und
3. die Fusion von Spermatozoon und Eizelle.

Akrosomreaktion Sie ist der wesentliche Bestandteil der **Kapazitation.** Hierunter versteht man den terminalen Reifungsprozess der Spermatozoen in den weiblichen Geschlechtswegen, der für das Durchdringen der Hüllen um die Eizelle erforderlich ist. Die Akrosomreaktion erfolgt nur bei Spermatozoen, die in der Tube (zumeist in der Pars ampullaris) Kontakt mit der Corona radiata und der Eizelle aufnehmen. Der Akrosomreaktion geht ein Anstieg der Kalziumkonzentration im Spermatozoon voraus. Bei der Reaktion verschmilzt die äußere Membran des Akrosoms mit der eng benachbarten Zellmembran des Spermatozoenkopfes. In dieser besonderen verdoppelten Membran entstehen Öffnungen, die sich stetig vergrößern. Vorn am Kopf des Spermatozoons wird diese Membran langsam zurückgebildet. Dabei werden die hydrolytischen Enzyme des Akrosoms, zunächst insbesondere Hyaluronidase, freigesetzt. Die Hyaluronidase und andere Enzyme bauen die Interzellularsubstanz und Zellkontakte der Coronazellen ab.

Bindung des Spermatozoons an die Zona pellucida Die Membran des Spermatozoenkopfes besitzt sog. Spermienrezeptoren, die Verbindung zur Zona pellucida aufbauen. Die Zona pellucida besteht aus drei Glykoproteinen: ZP (Zona pellucida-Protein)1, ZP2 und ZP3. ZP2 und ZP3 bilden lange filamentäre Strukturen, die in regelmäßigen Abständen durch ZP1-Dimere verknüpft werden. Diejenigen Spermatozoen, in denen eine Akrosomreaktion abgelaufen ist, binden mithilfe ihrer Spermienrezeptoren an ZP3. Diese Bindung führt zur vermehrten Freisetzung einer akrosomalen, trypsinähnlichen Protease, des Acrosins, das dem Spermatozoenkopf die Durchdringung der Zona pellucida erleichtert.

Fusion von Spermatozoon und Eizelle Das erste Spermium, das die Zona pellucida durchquert hat, verschmilzt mit der Membran der Eizelle. Dies löst die kalziumabhängige Freisetzung des Inhalts (z.T. Proteasen) der Kortikalgranula aus, was das Eindringen weiterer Spermien in die Eizelle verhindert. Die Fusion der Membranen von Spermium und Eizelle wird durch das Protein Fertilin in der Zellmembran des Spermatozoons induziert, das zur Familie der Disintegrine gehört. Fertilin ist ein $\alpha\beta$-Heterodimer und besitzt drei Domänen, eine Metalloprotease-Domäne, eine Fusionspeptid-Domäne und eine Disintegrin-Domäne. Fertilin bindet an ein Eizell-Integrin. Hierzu ist die Anwesenheit eines weiteren Proteins in der Eizellmembran erforderlich: Das CD9, ein Tetraspanin-Protein, muss mit dem Integrin in der Eizellmembran verbunden sein. Die Metalloprotease-Domäne des Fertilins führt zur lokalen Zerstörung der Eizellmembran. Der Kern des Spermiums dringt in die Eizelle ein. Interessant ist, dass damit auch ein Zentriol in die Eizelle eindringt, denn die Eizelle besitzt keine Zentriolen. Das Zentriol des Spermiums verdoppelt sich und ist dann in der befruchteten Eizelle, der **Zygote,** am Aufbau der Teilungsspindel beteiligt.

14.2 Von der Befruchtung zur Implantation

Aus der befruchteten Eizelle, der Zygote, entsteht noch in der Tube ein kleiner kugelförmiger Zellhaufen, die **Morula.** Sie repräsentiert den ganz frühen Embryo und ist noch von der Zona pellucida umgeben. Sie gelangt 2–3 Tage nach der Befruchtung in das Uteruslumen.

Nach ca. 72 Stunden im Uterus „schlüpft" der Embryo, der sich hier zur **Blastozyste** weiterentwickelt hat, aus der Zona pellucida. Die Blastozyste ist eine blasenförmige Struktur mit einem Lumen und einer sog. inneren Zellmasse (Embryoblast), die sich an einer Stelle innen an der Wand der Blastozyste befindet.

14.3 Implantation

Die Implantation beginnt 6–7 Tage nach der Befruchtung. Die Blastozyste legt sich der Uterusschleimhaut an. Die Wand der Blastozyste wird Trophoblast genannt, sobald sie Kontakt mit der Uterusschleimhaut aufnimmt. Dann bilden sich an der Oberfläche füßchenförmige Gebilde aus Zellen der Blastozystenwand (Trophoblastenzellen), die in die Uterusschleimhaut eindringen.

10 Tage nach der Befruchtung ist die Blastozyste völlig in die Uterusschleimhaut eingebettet. Die Empfängnisbereitschaft (= Rezeptivität) der Uterusschleimhaut ist am größten an den Tagen 20–24 eines normalen 28-tägigen Menstruationszyklus. Diese Rezeptivität beruht auf

- einem reich vaskularisierten und ödematösen Endometrium,
- aktiv sezernierenden Endometriumsdrüsen,
- der Kontaktaufnahme von kleinen Fortsätzen (Pinopoden) des Oberflächen-Schleimhautepithels mit der Blastozyste.

Weitere molekulare Kontakte zwischen Uterusepithel und Blastozyste kommen über einen Wachstumsfaktor (HB-EGF) in der Membran des Uterusepithels und einen entsprechenden Wachstumsfaktor-Rezeptor sowie Heparansulfat-Proteoglykane auf der Blastozyste zustande.

Die epitheliale Wand der Blastozyste, der **Trophoblast,** manchmal auch Trophoektoderm genannt, differenziert sich beim Eindringen in die Uterusschleimhaut in eine innere Zellschicht, den **Zytotrophoblasten,** und eine äußere synzytiale Schicht, den **Synzytiotrophoblasten.**

Teile des Synzytiotrophoblasten dringen sowohl in das Stroma des Endometriums vor (interstitielle Invasion) als auch in Schleimhautgefäße ein (endovaskuläre Invasion).

Die utero-plazentale Blutzirkulation ist aufgebaut, wenn der Synzytiotrophoblast in direkten Kontakt mit mütterlichem Blut kommt.

14.4 Plazenta

Funktionen

Die Plazenta ist ein Organ, das Ernährung und Wachstum von Embryo und Fetus in den vorgeburtlichen Entwicklungsphasen im Schutze des mütterlichen Körpers gewährleistet.

Der Fetus entspricht einem Allo-Transplantat, also einem Gewebe, das von einem Individuum auf ein anderes Individuum der gleichen Art übertragen wird. Allo-Transplantate werden üblicherweise abgestoßen. Warum der Fetus nicht abgestoßen wird, dafür gibt es noch keine allseits befriedigende Hypothese, aber ein paar Beobachtungen helfen, die ausbleibende wirksame Immunreaktion der mütterlichen T-Lymphozyten zu verstehen:

1. Der an das mütterliche Gewebe angrenzende Trophoblast exprimiert keine klassischen MHC-I- (und auch keine MNC-II-)Proteine, wodurch er gegen den Angriff mütterlicher T-Lymphozyten gut geschützt ist. Er bleibt aber angreifbar durch NK-Zellen. Diesem Angriff begegnet der Trophoblast dadurch, dass er seltene, „nicht klassische" MHC-Ib-Proteine exprimiert: HLA-C, HLA-E und HLA-G. Diese MHC-Moleküle sind einerseits nur in geringem Maße polymorph und rufen kaum eine T-Zellreaktion hervor. Andererseits bindet sich das sowohl lösliche als auch membranständige HLA-G-Protein an zwei wichtige Killer-Immunoglobulin-ähnliche Rezeptoren (KIR2D und KIR3D) in der Membran der NK-Zellen und macht so ihre Angriffe unwirksam.
2. In der Grenzregion Mutter–Fetus bewirkt das plazentare Enzym Indolamin-2,3-Deoxygenase (IDO) einen Mangel an Tryptophan, was die Funktion mütterlicher T-Zellen einschränkt.
3. In der genannten Grenzregion werden Zytokine sezerniert, z. B. TGF-β, IL-4 und IL-10, die die Aktivität mütterlicher T_H1-Zellen unterdrücken.
4. Bei Mäusen ist während der Trächtigkeit der T-Zellrezeptor vermindert exprimiert. Dies ist vermutlich auch beim Menschen so.
5. Die Plazenta bildet immunsuppressive Hormone: humanes Choriongonadotropin (hCG), Kortikosteroide und Östrogen.

Entwicklung der Plazenta

Am Aufbau der Plazenta beteiligen sich Mutter und Kind, sie entsteht in einem komplizierten Entwicklungsprozess.

Blastozyste

Die befruchtete Eizelle entwickelt sich rasch zur Blastozyste. Die Blastozyste ist ein blasenförmiges Gebilde, das aus der Wand, dem **Trophoblasten**, einem Lumen und einer inneren Zellmasse, dem **Embryoblasten**, besteht. Die Blastozyste nistet sich in der 2. Schwangerschaftswoche im Endometrium ein, welches sich, ebenso wie die Blastozyste, am Aufbau der Plazenta beteiligt. Die Prädeziduazellen des endometrialen Bindegewebes bilden sich jetzt zu glykogenreichen Deziduazellen um.

Die Deziduazellen (Abb. **14-7**) erfüllen vielfältige Funktionen (Abb. **14-1**):

- Sie stellen dem frühen Embryo Nährstoffe zur Verfügung (sie enthalten Glykogen, Lipidtropfen und Proteine).
- Sie beeinflussen die Invasion des Trophoblasten.

Deziduazellen entstehen aus **Stromazellen** (den ortsständigen Fibrozyten) des Endometriums und bilden epithelähnliche Formationen. Die Entstehung der Deziduazellen erfolgt als Reaktion auf die Implantation des Embryos („Dezidualreaktion").
Deziduazellen **modulieren die Invasion der Trophoblastenzellen.**
Deziduazellen stellen auch Nährstoffe für den sich entwickelnden Embryo bereit.
Zusammen mit Trophoblastenzellen **verhindern die Deziduazellen die immunologische Abstoßung** des Embryos, der sich ja genetisch von der Mutter unterscheidet.
Deziduazellen spielen eine **endokrine Rolle**. Sie bilden **Dezidua-Prolaktin**, das dem Prolaktin der Adenohypophyse ähnelt und einen trophischen Effekt auf das **Corpus luteum** ausübt.

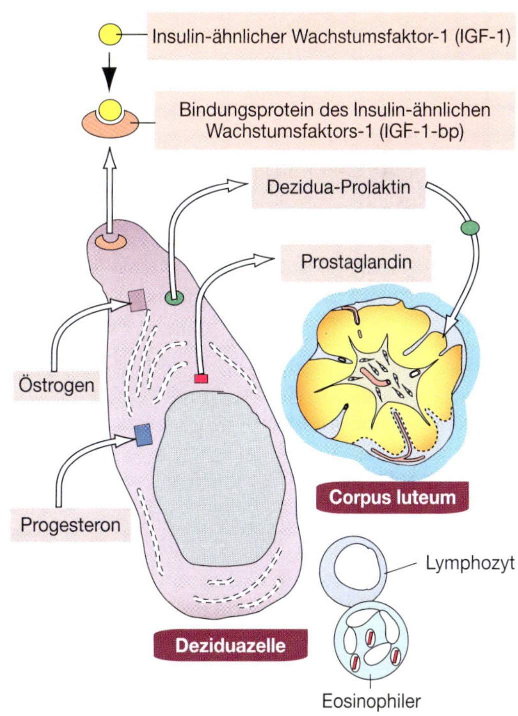

Deziduazellen bilden außer **Prolaktin Prostaglandine** und **Relaxin**. Sie besitzen Rezeptoren für **Östrogene** und **Progesteron**. Sie sezernieren außerdem **IGF-1-Bindungsprotein** (IGF-1-bp), um Proliferationsprozesse der Endometriumsdrüsen zu hemmen.

Abb. 14-1 Funktion der Deziduazellen. (Aus [12])

- Zusammen mit den Trophoblastenzellen hemmen sie immunologische Abwehrreaktionen gegen den Embryo.
- Sie haben endokrine Funktionen: Sie bilden Prolaktin, das einen stimulierenden Effekt auf das Corpus luteum ausübt, Prostaglandine und Relaxin. Sie haben Östrogen- und Progesteronrezeptoren und sezernieren Proteine, die den insulin-like growth factor 1 (IGF-1) binden, wodurch dessen proliferative Wirkung auf die Endometriumszellen gehemmt wird.

Die implantierte Blastozyste differenziert rasch Strukturen, die die Ernährung des sich entwickelnden Keimes sichern.

Trophoblast

Die Trophoblastzellen dringen invasiv in das mütterliche Gewebe ein. Der Trophoblast besteht aus einem zweischichtigen Epithel, das innen zellulär aufgebaut ist (**Zytotrophoblast, Langhans-Schicht**), während außen durch Verschmelzung von Zellen eine vielkernige Zellmasse, d.h. ein Synzytium, entsteht (**Synzytiotrophoblast,** Abb. 14-2). Im Synzytium, treten Lakunen auf, in die mütterliches Blut aus arteriellen Gefäßen, deren Wand zerstört wurde, einfließt. Über eröffnete Venen fließt dieses Blut ab. Die Blutlakunen vergrößern sich und werden durch das balkenförmige Relief des Synzytiotrophoblasten untergliedert. In diese Balken (Trabekel) wächst dann der Zytotrophoblast ein. Die einwärts des Trophoblasten liegende Höhle der Blastozyste wird daraufhin durch das **Chorionmesoderm** ausgekleidet und somit zur **Chorionhöhle.** Der Trophoblast wird durch die ihm innen anliegende Mesodermschicht zum **Chorion**. Der Zytotrophoblast wächst besonders intensiv, dringt an die Oberfläche des Synzytiotrophoblasten und bildet peripher eine geschlossene Zellschicht, die sog. Zytotrophoblastschale, die das Gewebe des Embryos gegen das der Mutter abgrenzt und für die Verankerung der Frucht im Endometrium große Bedeutung hat.

Chorionzotten

Im weiteren Verlauf der Entwicklung dringt das Chorionmesoderm in die Trophoblastenbalken ein. Es entstehen **Chorionzotten**, in denen in der 4. Schwangerschaftswoche erste embryonale Blutgefäße auftreten, die vom Blut des Embryos durchströmt werden. Die Chorionzotten sind an der ganzen Oberfläche des Keimes zu finden, radiär angeordnet und verzweigen sich. Die Hauptstämme der Zotten wachsen am Endometrium an (**Haftzotten**), die kleineren Zotten flottieren in den mit mütterlichem Blut gefüllten Lakunen.

Zur Nomenklatur der Zottenstrukturen des Trophoblasten:

- **primäre Zotten:** rein epitheliale Aussprossungen (Zytotrophoblast und Synzytiotrophoblast) des Trophoblasten (2. Woche, Abb. 14-2),
- **sekundäre Zotten:** Extraembryonales Mesoderm dringt in die primären Zotten ein (3. Woche, Abb. 14-2).
- **tertiäre Zotten:** Im extraembryonalen Mesoderm entstehen Blutkapillaren, die arterio-kapilläre Netzwerke bilden, die zum Herzen des Embryos führen (ab 4. Woche).

In der 4. Schwangerschaftswoche besitzt der Embryo leistungsfähige Zellstrukturen an seiner Oberfläche. Der Gas- und Stoffaustausch zwischen mütterlichem und embryonalem Blut erfolgt schon, wie später in der reifen Plazenta, über folgende Strukturen:

- Endothel der embryonalen Gefäße in den Chorionzotten,
- Bindegewebsraum der Chorionzotten,
- Zytotrophoblastenschicht,
- Synzytiotrophoblastenschicht.

Die Schichten aus Zytotrophoblasten und Synzytiotrophoblasten bilden die epitheliale Bedeckung der Zotten. Der Synzytiotrophoblast ist besonders stoffwechselaktiv und bildet an der Oberfläche Mikrovilli aus, die an das mütterliche Blut grenzen. Die Zotten entspringen der verdickten Bindegewebsschicht, die an die Chorionhöhle grenzt und als **Chorionplatte** bezeichnet wird.

Ab der 10. Schwangerschaftswoche bilden sich die Chorionzotten am abembryonalen Pol, der zum Uteruslumen gerichtet ist, langsam zurück (Chorion laeve), während sie sich am embryonalen Pol, also an der zur Uteruswand gerichteten Seite, vergrößern, wachsen und weiter verzweigen (Chorion frondosum). Diese Seite wird zur **Plazenta.** Die Chorionhöhle obliteriert, da sich die Amnionhöhle stark vergrößert und mit ihrer Wand dem Chorionmesoderm anlegt. Auch das Cavum uteri verschließt sich. Der schmale Schleimhautsaum über dem „Implantat" verwächst mit der Schleimhaut der gegenüberliegenden Uteruswand.

Für die verschiedenen Bereiche der Uterusschleimhaut existiert nach der Implantation eine eigene Nomenklatur:

- **Decidua capsularis:** schmaler Teil zwischen Blastozyste und Uteruslumen,
- **Decidua basalis:** unter der Blastozyste liegender, dem Myometrium zugewandter Teil,
- **Decidua parietalis:** außerhalb des implantierten Keims gelegene Bereiche.

Deciduae capsularis und parietalis verwachsen, so dass das Uteruslumen verschwindet.

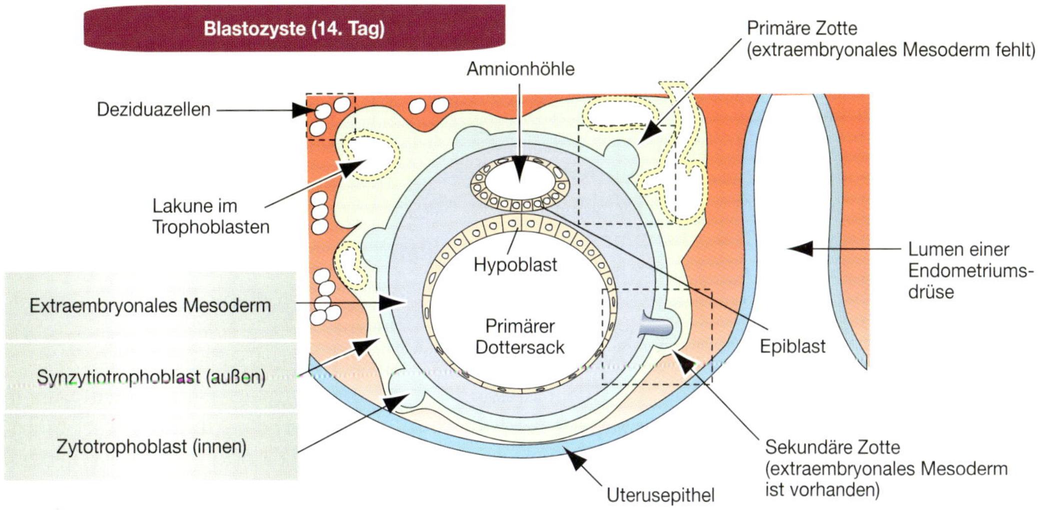

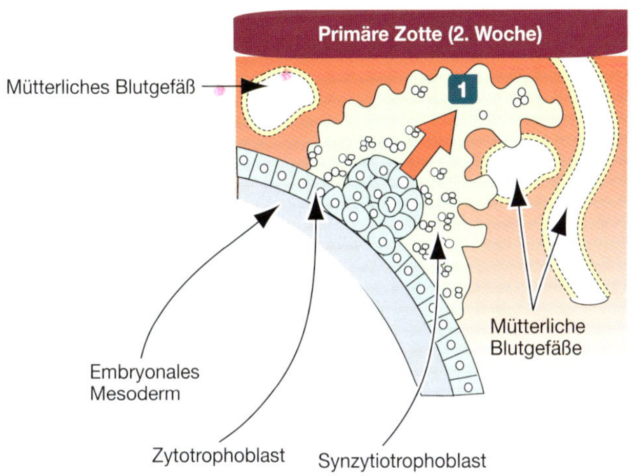

Primäre Zotte

Der **Synzytiotrophoblast** bildet ein Netzwerk anastomosierender Stränge, die in das Endometrium vordringen und die mütterlichen Kapillaren erodieren, so dass konfluierende Räume entstehen, die **Trophoblasten-Lakunen** genannt werden. Diese Lakunen entwickeln sich zum **intervillösen Raum** nach Entstehung der ausgereiften (tertiären) Zotten.

1 **Zytotrophoblastenzellen** wandern in das Synzytiotrophoblasten-Netzwerk ein.

Eine primäre Zotte besteht aus einem Kern von Zytotrophoblastenzellen, der vom vielkernigen Synzytiotrophoblasten bedeckt ist.

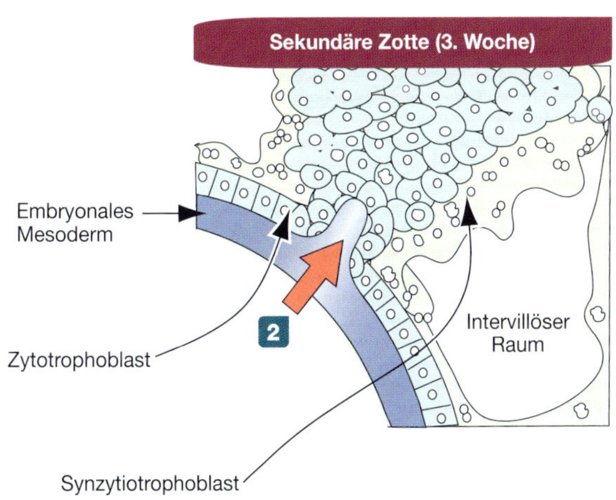

Sekundäre Zotte

2 Das extraembryonale Mesoderm dringt in die primären Zotten ein, die dadurch zu **sekundären Zotten** werden.

Eine sekundäre Zotte besteht aus
(1) einem inneren Kern aus extraembryonalem Mesoderm,
(2) einer mittleren Zytotrophoblastenschicht und
(3) einer außen gelegenen Synzytiotrophoblastenschicht.

Die sekundären Zotten wachsen weiter ins Endometrium vor, das jetzt Decidua basalis genannt wird. Die Zytotrophoblastenformationen durchwandern an der Spitze der Zotten den Synzytiotrophoblasten, breiten sich seitwärts aus und bilden eine zusammenhängende Zytotrophoblastenschale, die den Keim außen umgibt. Die **Zytotrophoblastenschale** verankert die Zotten im Endometrium.

Abb. 14-2 Entwicklung der primären und sekundären Chorionzotten. (Aus [12])

Amnionhöhle

Die Amnionhöhle wird von einschichtigem kubischem Epithel ausgekleidet, das einer schmalen Bindegewebsschicht aufgelagert ist. Das Amnionepithel bedeckt auch die Nabelschnur, nicht aber Embryo bzw. Fetus. Die Amnionepithelzellen besitzen apikal Mikrovilli und sind lediglich durch Desmosomen verknüpft. Sie enthalten in mäßigem Ausmaß Zellorganellen und

Glykogen. Zwischen den Zellen, die lateral ausgeprägte Interdigitationen bilden, befinden sich Kanälchenstrukturen, die vermutlich Transportprozessen dienen. Die Zellen lagern auf einer Basallamina. Die Amnionhöhle enthält das **Fruchtwasser**, eine klare Flüssigkeit, die Nährstoffe und kindliche Abfallstoffe enthält. Ihre Menge beträgt in der 38. Schwangerschaftswoche 1000 – 1500 ml, bis zur 40. Woche nimmt sie bis auf ca. 800 – 1000 ml ab. Das Fruchtwasser ist während der Schwangerschaft isoton, ganz zum Schluss wird es hyperton. Seine Erneuerung dauert ca. 3 h. Zusammensetzung und Osmolarität der Amnionflüssigkeit sind streng reguliert, fetales Prolaktin und Cortisol spielen dabei eine Rolle, viele Details sind aber noch unbekannt. Der Fetus schluckt einerseits das Fruchtwasser, andererseits wird sein Harn in diese Flüssigkeit abgegeben.

Klinik Einige Entwicklungsstörungen können durch die direkte Beurteilung des Fruchtwassers mit Hilfe der Amnioskopie aufgedeckt werden (z. B. Grünfärbung = vorzeitige Mekoniumausscheidung, Braunfärbung = Hämolyse im Fetus, Fleischwasserfarbe = intrauteriner Fruchttod).

Durch **Amniozentese** kann Fruchtwasser entnommen werden. Die gewonnenen Zellen werden anschließend kultiviert und können auf Chromosomenaberrationen untersucht werden (z. B. Trisomie 21).

Reife Plazenta

In der 13. Schwangerschaftswoche ist die **ausgereifte Plazenta** ausgebildet (Abb. **14-3**, **14-4**), die aus folgenden Anteilen besteht:

- bindegewebige **Chorionplatte**, der innen (zum Embryo hin) das Amnionepithel anliegt,
- von der Chorionplatte ausgehende **Zottensysteme**, die in den **intervillösen Raum** ragen und von mütterlichem Blut umspült werden,
- **Basalplatte** (mütterliche Seite).

Die Basalplatte besteht aus dem Rest des endometrialen Stratum compactum (jetzt Dezidua genannt) und des stark komprimierten Stratum spongiosum mit

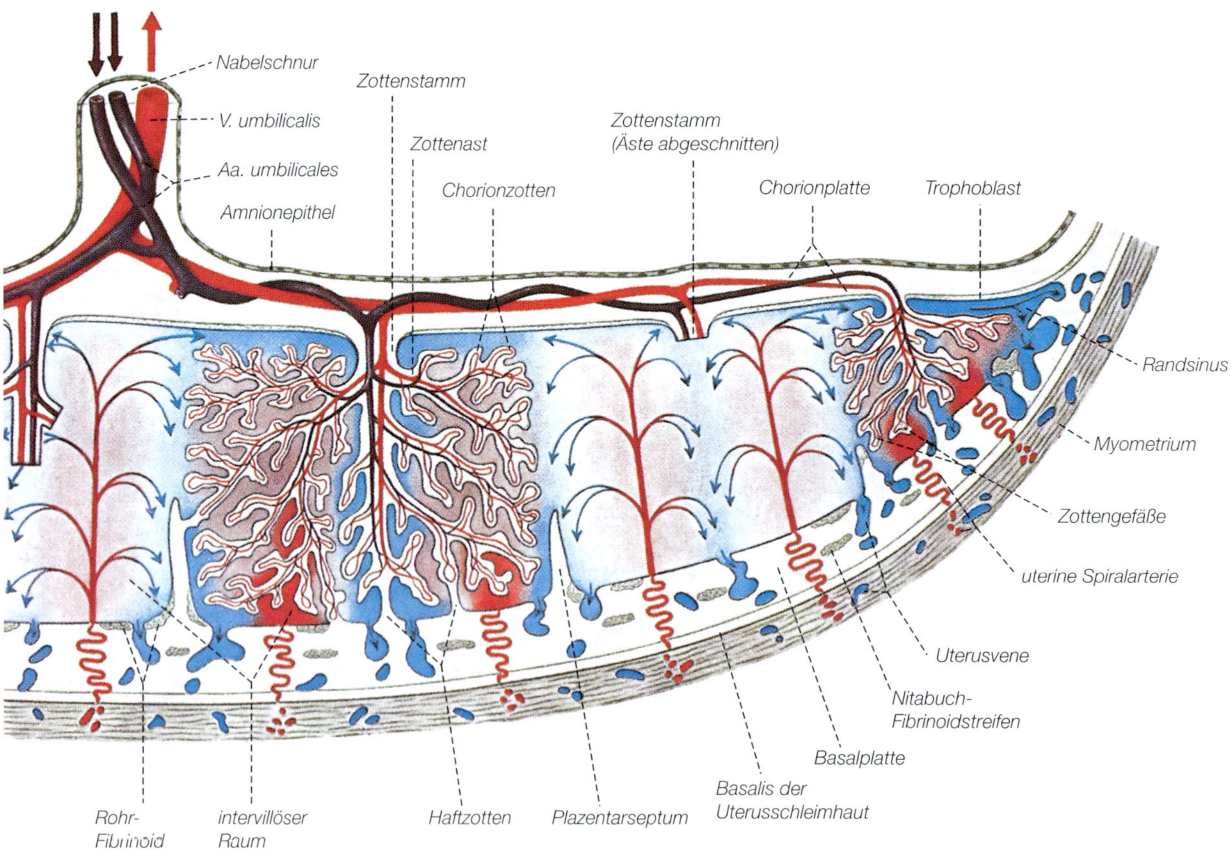

Abb. 14-3 Plazentakreislauf, schematische Darstellung. Das aus den Spiralarterien der Basalplatte unter hohem Druck in den intervillösen Raum einschießende Blut steigt zunächst zur Chorionplatte auf. Von dort strömt es zurück und umspült die Plazentazotten, um schließlich über die Uterusvenen wieder abgeleitet zu werden. (Aus [1])

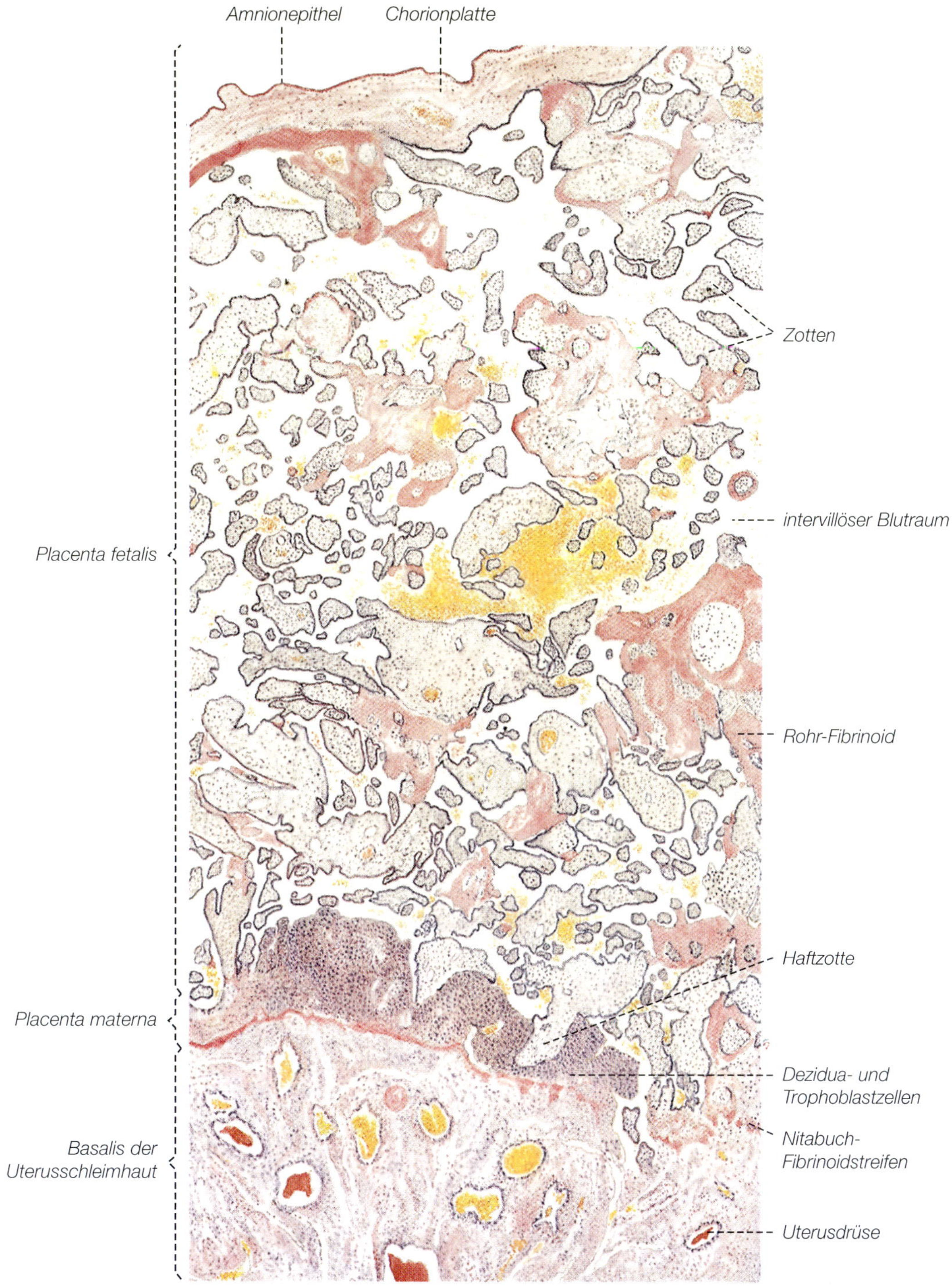

Abb. 14-4 Gezeichnete Übersicht eines vollständigen Plazentapräparats. Der fetale Teil der Plazenta besteht 1. aus der Chorionplatte mit dem sie bedeckenden kubischen Amnionepithel und 2. aus den von der Chorionplatte ausgehenden und sich stark verästelnden Zottenbäumen (Kotyledonen), die stellenweise durch sog. Haftzotten mit dem mütterlichen Plazentaanteil der Gegenseite verankert sind. Der maternale Teil der Plazenta besteht 1. aus der Basalplatte, die aus Resten der Decidua basalis gebildet wird, und 2. aus den davon ausgehenden Plazentarsepten, die unvollständige Trennwände zwischen den einzelnen Kotyledonen bilden. Färbung: H.E.; Vergr. 27,5fach. (Aus [1])

einzelnen Drüsenresten sowie einem weitgehend intakten Stratum basale. Über die Basalplatte strömt Blut in den intervillösen Raum ein und auch ab.

Die reife Plazenta ist ca. 2–3 cm dick, misst ca. 20 cm im Durchmesser und wiegt ca. 500 g.

Chorionplatte

Die Chorionplatte (Abb. 14-5) wird vom kubischen **Amnionepithel** bedeckt, dessen Zellen seitlich miteinander verzahnt und über Desmosomen verbunden sind. Recht häufig findet man ein verändertes Amnionepithel, und zwar kann sich dieses in ein mehrschichtiges Plattenepithel umwandeln (Metaplasie). Das Bindegewebe unmittelbar unter dem Amnionepithel gehört dem ursprünglichen Amnion an. Es ist gefäßfrei und geht ohne scharfe Grenze in das Bindegewebe des Chorions über.

Hauptbestandteil der Chorionplatte sind große Gefäße (Äste der Aa. umbilicales und der V. umbilicalis), die in Bindegewebe eingebettet sind. An der Grenze zum Zottenraum befindet sich ein durchgehender Synzytiotrophoblast. Der Zytotrophoblast ist hier auf Einzelregionen beschränkt.

Zottensysteme und Plazentasepten

Von der Chorionplatte gehen ca. 30–50 dicke Stammzotten (Primärzotten) aus (Abb. **14-3**), welche sich zu umfangreichen und sehr dicht gelagerten Intermediär- und Terminalzotten (Abb. **14-6**) verzweigen. Insgesamt bilden sie eine Oberfläche von 10–14 m^2. Einige dieser Zweige, die Haftzotten, sind an der Basalplatte angewachsen. Von der Basalplatte selbst gehen sog. **Plazentasepten** aus, die topfförmige, oben offene Räume, die **Plazentome,** bilden. Die Plazentasepten sind unterschiedlich hoch, z. T. unvollständig und erreichen mindestens die mittlere Höhe des intervillösen Raums. Sie sind nie an der Chorionplatte angewachsen. Die Zotten, die sich im Raum eines Plazentoms befinden, werden auch unter dem Begriff Lappen zusammengefasst. Ein Lappen besteht aus mehreren Kotyledonen, von denen jeder aus einer Stammzotte und ihren Verzweigungen aufgebaut ist.

Basalplatte

Die Haftzotten sind primär durch eine Grenzschicht aus Zytotrophoblastzellen begrenzt und mit ihr am mütterlichen Gewebe der Basalplatte befestigt (Abb. **14-7**). In der Basalplatte dominieren neben einzelnen Fibroblasten und Lymphozyten die glykogen- und lipidreichen großen Deziduazellen (Abb. **2-60, 14-7**). Zu den Funktionen der Deziduazellen siehe S. 523. In der Matrix der Basalplatte kommt viel Kollagen vom Typ IV, aber auch vom Typ I, III und V vor. Auch Laminin, Fibronektin und Heparansulfat treten verbreitet auf. Im Laufe der Schwangerschaft kommt es vielfach zu einer Auflockerung in der Kontaktzone. Zytotrophoblastzellen wandern in die Basalplatte ein, wo sie mehrkernige, stark basophile Zellen, z. T. mehrkernige Riesenzellen, bilden können. Diese Zytotrophoblastzellen werden auch X-Zellen genannt und können auch in die Chorionplatte einwandern. X-Zellen enthalten das plazentare Hormon Laktogen (s. u.).

Durchblutung des intervillösen Raums

Am Boden jedes Plazentoms entspringt mindestens eine Spiralarterie, deren sauerstoffreiches Blut sich in den intervillösen Raum ergießt, aufsteigt und sich zwischen den Zotten verteilt. Das Blut wird überwiegend seitwärts gelenkt und fließt in der Peripherie der Kotyledonen nach basal, hier wird es von mehreren Öffnungen der Venen der Uteruswand aufgenommen und abgeleitet. Über die freie Kante der Plazentar-

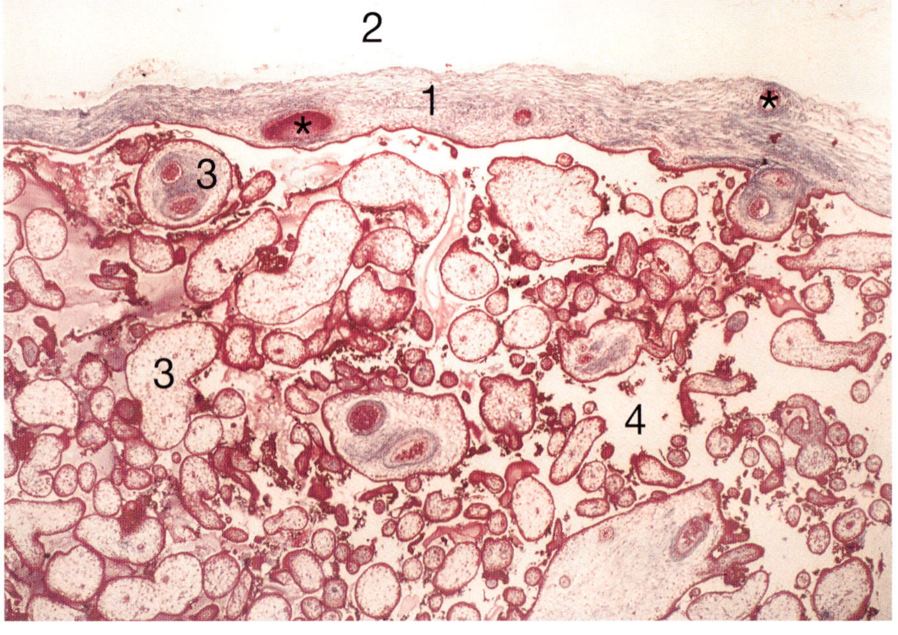

Abb. 14-5 Chorionplatte **(1)** der reifen Plazenta (Mensch). **2** Amnionhöhle; * größere fetale Blutgefäße in der Chorionplatte; **3** Zotten; **4** intervillöser Blutraum. Färbung: Azan; Vergr. 25fach.

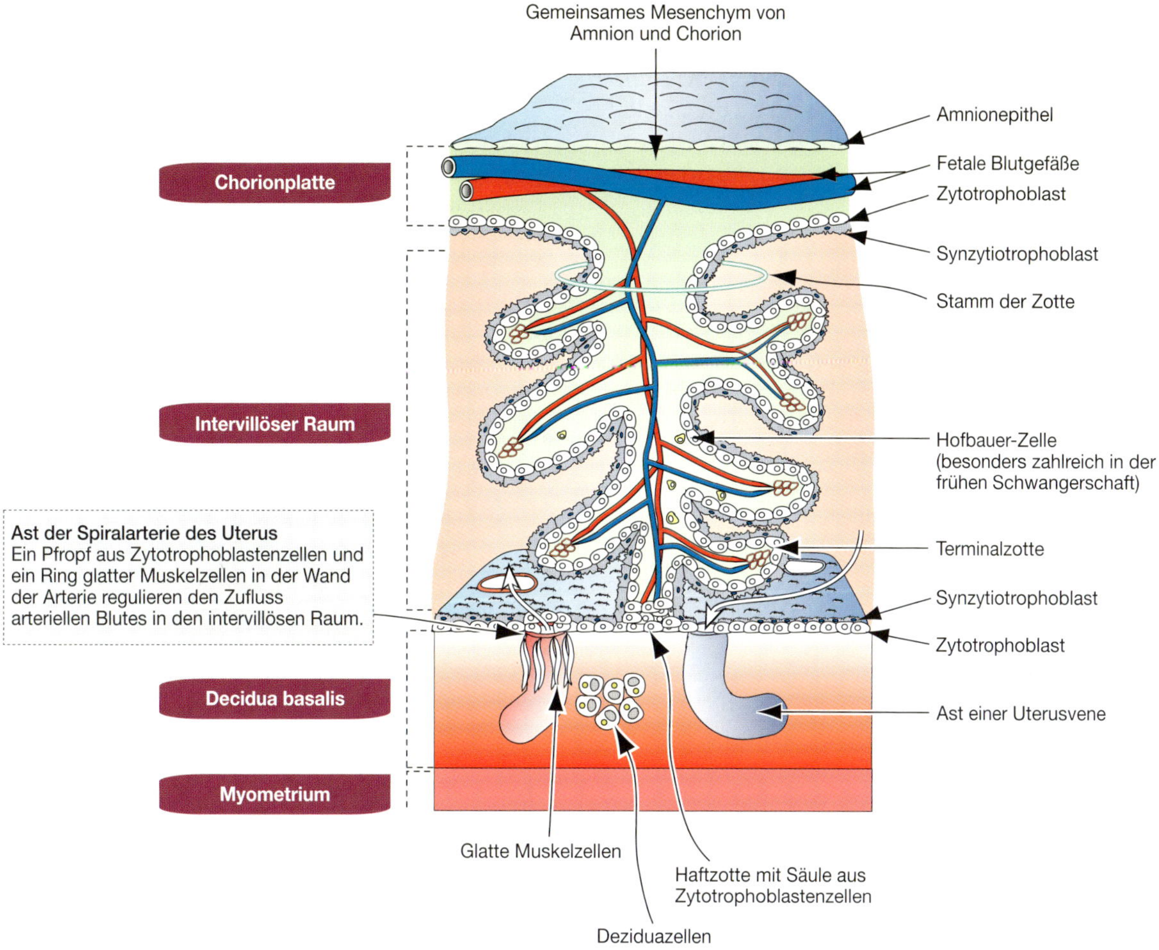

Abb. 14-6 Mikroskopische Anatomie einer ausgereiften Plazentazotte. (Aus [12])

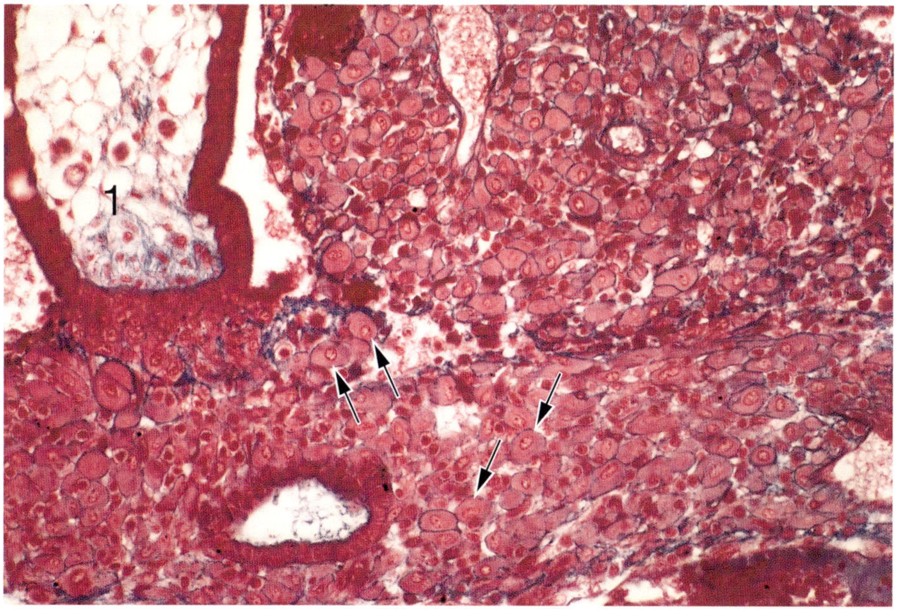

Abb. 14-7 Basalplatte einer reifen menschlichen Plazenta (Mensch) mit großen, meist ovalen Deziduazellen (➔), die epithelähnliche Verbände bilden. **1** Haftzotte. Färbung: Azan; Vergr. 250fach.

septen hinweg erfolgt ein Blutaustausch zwischen benachbarten Plazentomen. Es wird vermutet, dass das sauerstoffreiche Blut der Spiralarterien das Wachstum der Zotten besonders anregt und somit für die Gliederung in Kotyledonen verantwortlich ist. Offensichtlich sind in einem Plazentom die Zotten zahlreicher als über den Plazentarsepten.

Zottenstruktur

Der Aufbau der Plazentazotten verändert sich im Laufe der Schwangerschaft erkennbar, die wesentlichen Funktionen bleiben aber dieselben. Die Plazentazotten werden bis zum Ende des 4. Schwangerschaftsmonats von einem durchgehend zweischichtigen, auf einer Basallamina liegenden Epithel bedeckt, dessen basale Schicht aus **Zytotrophoblastzellen** (Langhans-Zellen) und dessen obere Schicht aus dem **Synzytiotrophoblasten** besteht (Abb. **14-8**). Die Zytotrophoblastzellen teilen sich mitotisch. Aus ihnen geht der Synzytiotrophoblast hervor, der eine postmitotische Zellmasse darstellt. Unter dem Epithel findet sich primitives, embryonales Gewebe, das zuerst faserarm, später aber mit vielen Kollagenfasern (Kollagen Typ I, III, VI u.a.) durchsetzt ist. In diesem Gewebe lagern neben Fibroblasten und Myofibroblasten makrophagenartige, lysosomenreiche Zellen, die **Hofbauer-Zellen.** Diesen Zellen werden zahlreiche, ganz unterschiedliche Funktionen zugeschrieben: Phagozytose, Immunfunktion, Regulation des Wassergehaltes in den Zotten u.a. Wesentlicher Bestandteil des Bindegewebskerns sind von einer Basallamina umhüllte, kontinuierliche **Blutkapillaren**, die im Laufe der Schwangerschaft größer werden.

Die kindlichen Erythrozyten sind in der frühen Plazenta noch kernhaltig, in der ausgereiften Plazenta aber nicht mehr (Abb. **14-8**).

Ab dem 5. Schwangerschaftsmonat bildet sich der Zytotrophoblast zunehmend zurück, so dass man in der normalen Plazenta, die nach der Geburt des Kindes ausgestoßen wird, nur noch einzelne Zytotrophoblastzellen findet. Die Zottenoberfläche wird dann also vorwiegend von einer unterschiedlich dicken Synzytiotrophoblastenschicht mit reich entwickelten Zellorganellen und Mikrovillibesatz gebildet (Abb. **14-9**). Über den weiten Kapillaren, die sich an der Oberfläche vorwölben, ist der Synzytiotrophoblast sehr dünn, was dem steigenden Sauerstoff- und Nährstoffbedarf des Kindes förderlich ist. Die apoptotischen oder präapoptotischen Kerne des Synzytiotrophoblasten sind oft pyknotisch und hyperchromatisch (also klein und dunkel) und sind z.T. lokal konzentriert, z.T. liegen sie in knospenförmigen Protrusionen des Synzytiotrophoblasten (Kernknospen, Abb. **14-10**, **14-11**). Gruppen von Kernen werden regelmäßig mit etwas Zytoplasma abgestoßen und in der Lunge der Mutter phagozytiert.

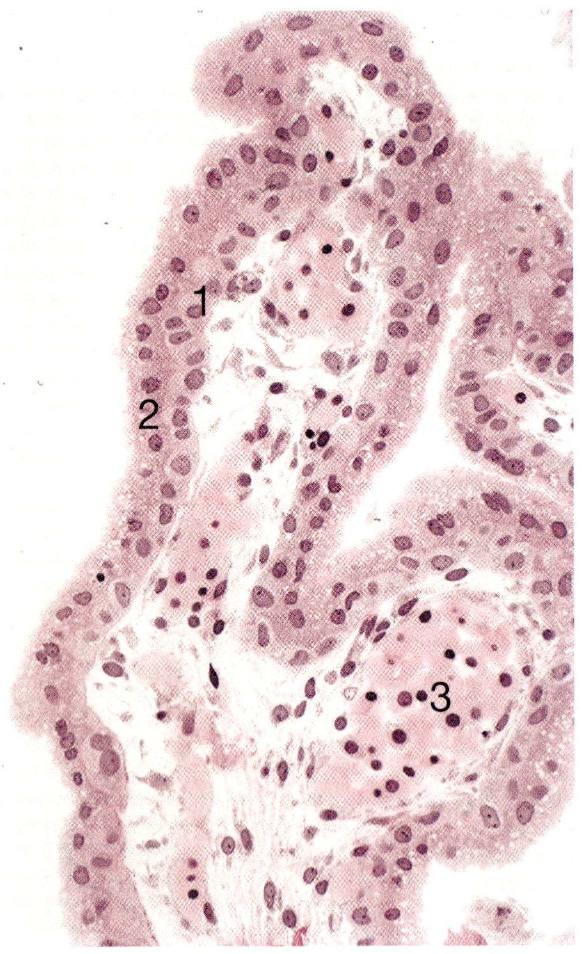

Abb. 14-8 Plazentazotten, 2. Schwangerschaftsmonat (Mensch). Zottenquerschnitt mit deutlich zweischichtigem Epithel (**1** Zytotrophoblastenschicht, **2** Synzytiotrophoblastenschicht). **3** Blutgefäße des Embryos mit noch kernhaltigen Erythrozyten. Färbung: H.E.; Vergr. 240fach.

Klinik An dünnen Stellen des Synzytiotrophoblasten können embryonale Erythrozyten in das mütterliche Blut gelangen, was bei Rhesus(Rh)-Unverträglichkeit zu einer mütterlichen Sensibilisierung führt, die dann bei einer 2. Schwangerschaft Zerstörung der roten Blutzellen beim Embryo auslösen kann.

Plazentaschranke

Die Plazentaschranke (Plazentabarriere), d.h. die Gewebeschicht zwischen dem mütterlichen Blut im intervillösen Raum und dem embryonalen Blut in den Kapillaren der Zotte, besteht aus folgenden Komponenten (ähnlich wie schon in den frühen Chorionzotten):

- durchgehende Synzytiotrophoblastenschicht,
- lokale Zytotrophoblastenzellen,

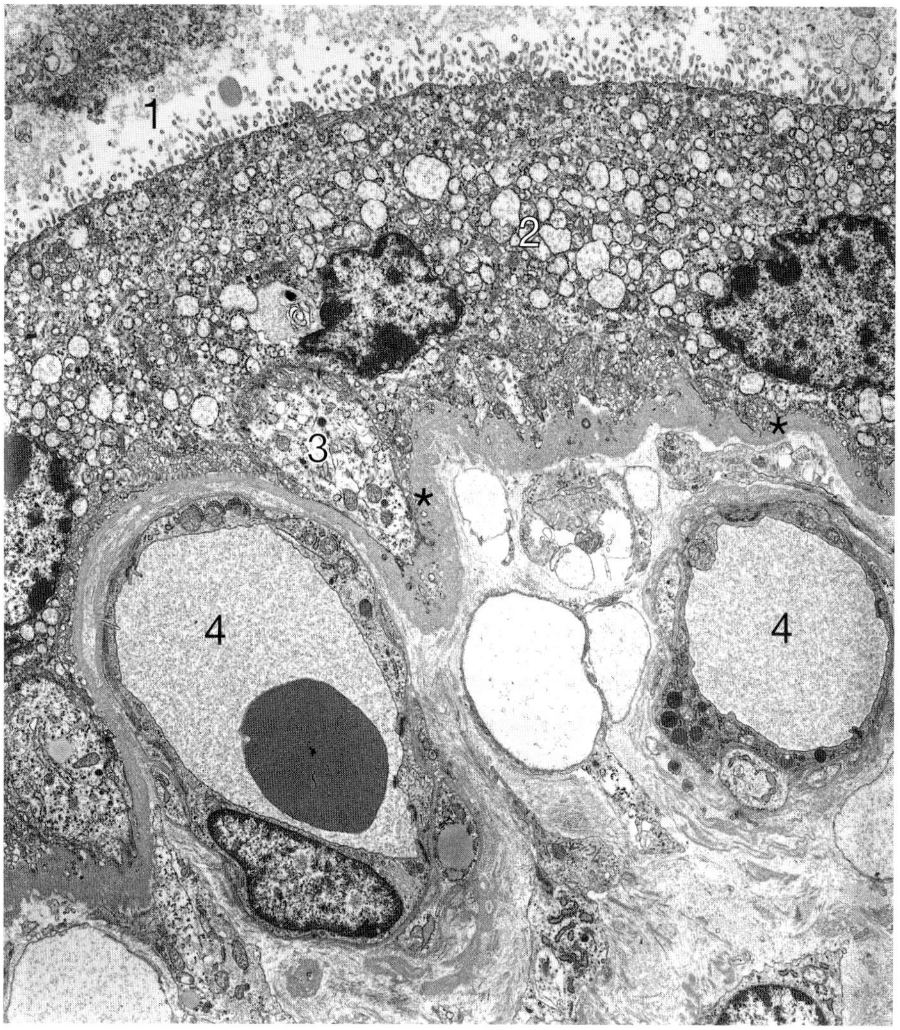

Abb. 14-9 Ultrastruktur der Zottenoberfläche einer reifen menschlichen Plazenta. **1** intervillöser Raum; **2** Synzytiotrophoblastenschicht mit Mikrovilli und drei Kernanschnitten; **3** angeschnittene Zytotrophoblastenzelle; * sehr dicke Basallamina; **4** fetale Blutkapillaren. Vergr. 4480fach.

- Basallamina des Trophoblasten,
- faserarmes Bindegewebe der Zotten,
- Basallamina der Kapillarendothelien,
- Endothelzellen der Zottenkapillaren.

Eine solche Plazenta wird **hämochorial** genannt. Die Plazentaschranke ist bei vielen Säugetieren anders als bei Mensch und höheren Primaten gebaut. Die Gewebeschichten, die mütterliches und kindliches Blut trennen, sind dann umfangreicher, weil sich die Gewebe der mütterlichen Seite nicht zurückbilden.

Die Plazentaschranke ist eine verhältnismäßig dichte Barriere, weil im Synzytiotrophoblasten jegliche Interzellularspalten fehlen. Dennoch können viele Medikamente, Alkohol und andere Gifte durch diese Schranke hindurchtreten, was jede schwangere Frau bedenken sollte.

Die Stoffwechselleistungen des Trophoblasten, speziell des Synzytiotrophoblasten, sind vielfältig, besonders wichtig sind Transportprozesse und Syntheseleistungen. Folgende Substanzen bzw. Partikel können die Plazentaschranke passieren:

- Der Austausch der Atemgase O_2 und CO_2 erfolgt durch einfache Diffusion. Das Gleiche trifft für Kohlenmonoxid zu. Anästhesie mit Di-Stickstoffoxid (wie z. T. in der Zahnnmedizin) sollte während der Schwangerschaft unterbleiben.
- Mütterliche **Immunglobuline der Klasse IgG** werden vom Synzytiotrophoblasten per rezeptorvermittelter Endozytose aufgenommen und an die fetalen Kapillaren weitergegeben (passive Immunisierung). Andere Immunglobulin-Klassen können die Plazentaschranke nicht passieren.
- Mütterliche **Antikörper gegen das Rhesus-D-Antigen** dagegen sind plazentagängig. Ist eine rhesusnegative Frau erstmals mit einem rhesuspositiven Kind schwanger, bildet sie Anti-Rhesus-D-Antikörper. Diese können bei einer 2. Schwangerschaft mit einem rhesuspositiven Fetus die Plazentaschranke passieren, das Rhesus-D-Antigen auf den fetalen

Erythrozyten binden, Komplement aktivieren und die Erythrozyten so zerstören (Hämolyse, in diesem Fall als Erythroblastosis fetalis bezeichnet).

- Aktiver **Ionen**transport erfolgt durch ATP-abhängige Ionenkanäle in der Membran des Synzytiotrophoblasten. Glukose wird mit Hilfe eines Glukosetransporters durch die Plazentaschranke geschleust (erleichterte Diffusion). Fetale Blutzuckerspiegel sind mit dem mütterlichen Blutzuckerspiegel korreliert.
- **Alkohol** passiert die Plazentaschranke leicht und kann die mentale Entwicklung des Fetus behindern, außerdem kann Alkohol kraniofaziale Fehlbildungen verursachen. Alkohol wirkt direkt toxisch, kann aber auch über seinen Metaboliten Acetaldehyd indirekt toxisch wirken.
- **Rötelnviren, Zytomegalieviren, Herpes-simplex-Viren, HIV-1, Treponema pallidum** (Syphilisbakterien) und **Toxoplasmen** können die Plazentaschranke überwinden und zur Erkrankung des Fetus führen. Rötelnviren können in den ersten 3 Schwangerschaftsmonaten einen Spontanabort oder schwere Schäden wie Herzfehler, geistige Behinderung, Taubheit und Katarakt verursachen.

Endokrine Plazenta

Die Plazenta ist ein großes endokrines Organ. Sie produziert im Synzytiotrophoblasten **humanes Choriongonadotropin** (hCG), ein Glykoprotein, das LH ähnelt und die Progesteronsekretion im Corpus luteum stimuliert. Es ist bereits eine Woche nach der Befruchtung im Blut der Mutter nachweisbar (Schwangerschaftsnachweis).

Außerdem bildet die Plazenta **Progesteron** und **Östrogen**. Das plazentare Progesteron übernimmt im Laufe der Schwangerschaft zunehmend die Aufgaben des Gelbkörper-Progesterons und ist für die Aufrechterhaltung der Schwangerschaft wesentlich. Es hemmt bis zum Ende der Schwangerschaft Kontraktionen des Uterusmuskels. Der Trophoblast entnimmt den Baustein Cholesterin für die Steroidhormonsynthese aus dem mütterlichen Blut. Die Östrogenbildung des Trophoblasten geht von Androgenen aus, die in mütterlicher und fetaler Nebenniere gebildet werden.

Weitere plazentare Hormone sind das plazentare Laktogen (humanes Plazenta-Laktogen [hPL], Somatomammotropin), das eine Rolle bei der Bereitstellung mütterlicher Glukose und Fettsäuren für den Fetus spielt, Prostaglandine, Chorionthyrotropin u. a. Parathormon-verwandtes Protein (PTH-RP) wird in großer Menge von der Plazenta gebildet und dirigiert den transplazentaren Kalziumtransport.

Hormonelle Veränderungen für die Geburt

Eine wichtige Rolle für die Einleitung der Geburt spielt das **corticotropin releasing hormone** (CRH) des Hypothalamus, das in der Schwangerschaft beim Menschen in größeren Mengen in der Plazenta gebildet wird. Auch fetales CRH unterstützt den Geburtsvorgang.

CRH bewirkt in der fetalen Hypophyse die Freisetzung von ACTH (Kortikotropin, siehe Kap. 11.3), was die Cortisolbildung in der fetalen Nebennierenrinde

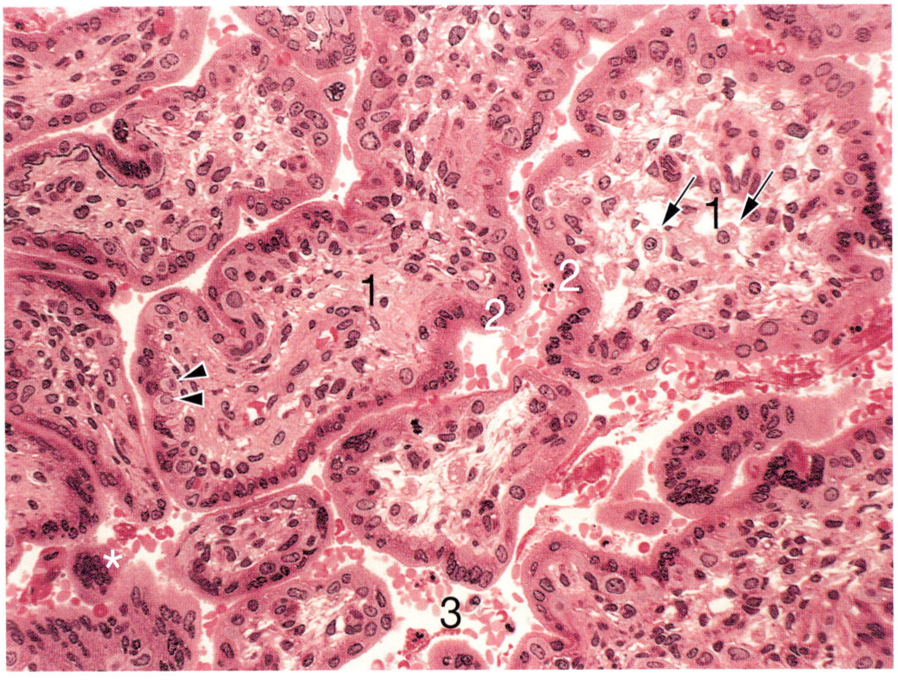

Abb. 14-10 Reife Plazenta (Mensch) mit verschiedenen großen Zottenanschnitten (**1**). Im Bindegewebe (Stroma) der Zotten relativ viele Fibroblasten und Hofbauer-Zellen (➔). Beachte die homogen rot gefärbte Synzytiotrophoblastenschicht (**2**) mit etwas uneinheitlich gelagerten Zellkernen. ▶ Zytotrophoblastenzellen; **3** intervillöser Raum; ✻ „Kernknospe". Plastikschnitt; Färbung: H. E.; Vergr. 250fach.

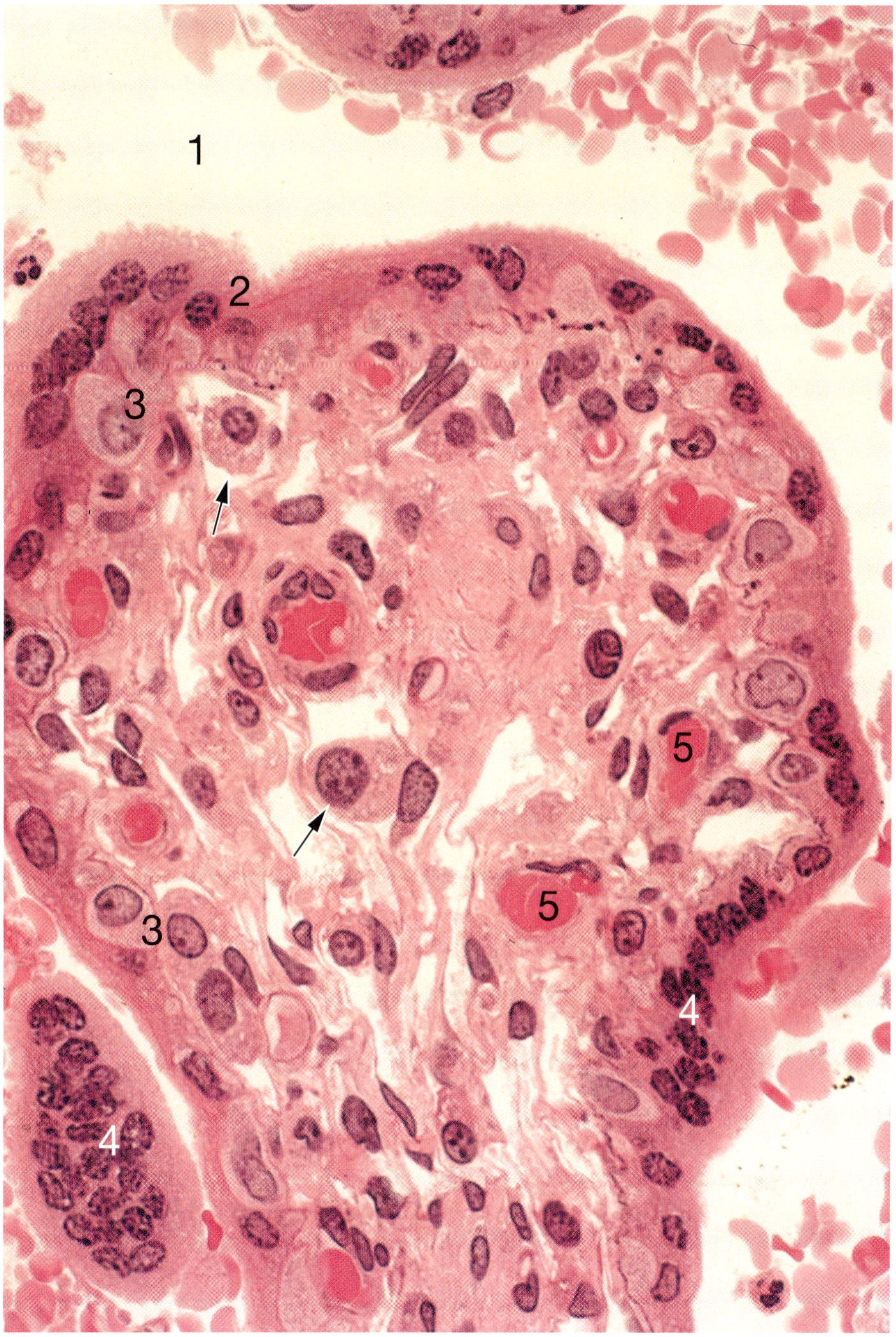

Abb. 14-11 Zottenanschnitt einer reifen Plazenta (Mensch), hohe Vergrößerung. **1** intervillöser Raum; **2** Synzytiotrophoblastenschicht; **3** Zytotrophoblastenzellen; **4** „Kernknospen"; **5** fetale Blutkapillaren; **➔** Hofbauer-Zellen. Plastikschnitt; Färbung: H. E.; Vergr. 600fach.

stimuliert. Cortisol fördert die Reifung der Lunge und hält die CRH-Bildung aufrecht. Das fetale ACTH stimuliert aber die fetale Nebenniere, um nicht nur Cortisol, sondern auch Dehydroepiandrosteronsulfat (DHEA-S) zu bilden. DHEA-S wird in der Plazenta zu Östrogen umgewandelt, das seinerseits in das Blut der Mutter übertritt. Hohe Östrogenspiegel leiten die Geburt ein. Die Uterusmuskulatur wird in die Lage versetzt, mit den Wehen zu beginnen (Oxytocinrezeptoren und Nexus entstehen). Östrogen fördert auch die Bildung von Prostaglandinen in den Embryonalhäuten, die wiederum im Zervixgewebe die Enzymproduktion induzieren. Diese Kollagen abbauenden Enzyme bewirken, dass das Zervixgewebe beim Geburtsvorgang weicher und verformbar wird.

Fibrinoidablagerung

Im Laufe der Schwangerschaft kommt es in der Plazenta zu zunehmender Ablagerung von extrazellulärem eosinophilem **Fibrinoid**, das aus Fibrin, Immunglobulinen, toten Trophoblastenzellen und vermutlich anderen Komponenten besteht. Zum Teil werden ganze Zotten durch Fibrinoid ersetzt. Man unterscheidet:

- Langhans-Fibrinoid (Chorionplatte) (Abb. **14-4**),
- Rohr-Fibrinoid, an der Oberfläche von Basalplatte und Zotten (Abb. **14-4**),
- Nitabuch-Fibrinoid, in der Basalplatte, wo sich mütterliches und fetales Gewebe durchdringen, aber oberhalb des Stratum basale (Abb. **14-3, 14-4**).

Es lassen sich zwei Fibrinoidtypen unterscheiden, die zusammen vorkommen können und sich färberisch sehr ähnlich verhalten:

- Fibrintyp-Fibrinoid: Es entsteht durch Gerinnung mütterlichen Blutes dort, wo der Synzytiotrophoblast geschädigt wurde. Es ersetzt diesen in seiner Barrierefunktion und bindet mütterliche Antikörper.
- Matrixtyp-Fibrinoid: Es setzt sich aus extrazellulärer Matrix zusammen, die an basallaminaähnliches Material erinnert und von Trophoblastenzellen sezerniert wird, die von der Zottenoberfläche auswandern.

Am Ende der Schwangerschaft kommt es in einzelnen Bereichen der Plazenta zu Gefäßverschlüssen, die sog. „weiße Infarkte" bewirken. Die Plazenta löst sich 15–30 Minuten nach der Geburt im Bereich des Nitabuch-Fibrinoids. Nach Abstoßung der Plazenta regeneriert das Endometrium vom Stratum basale aus.

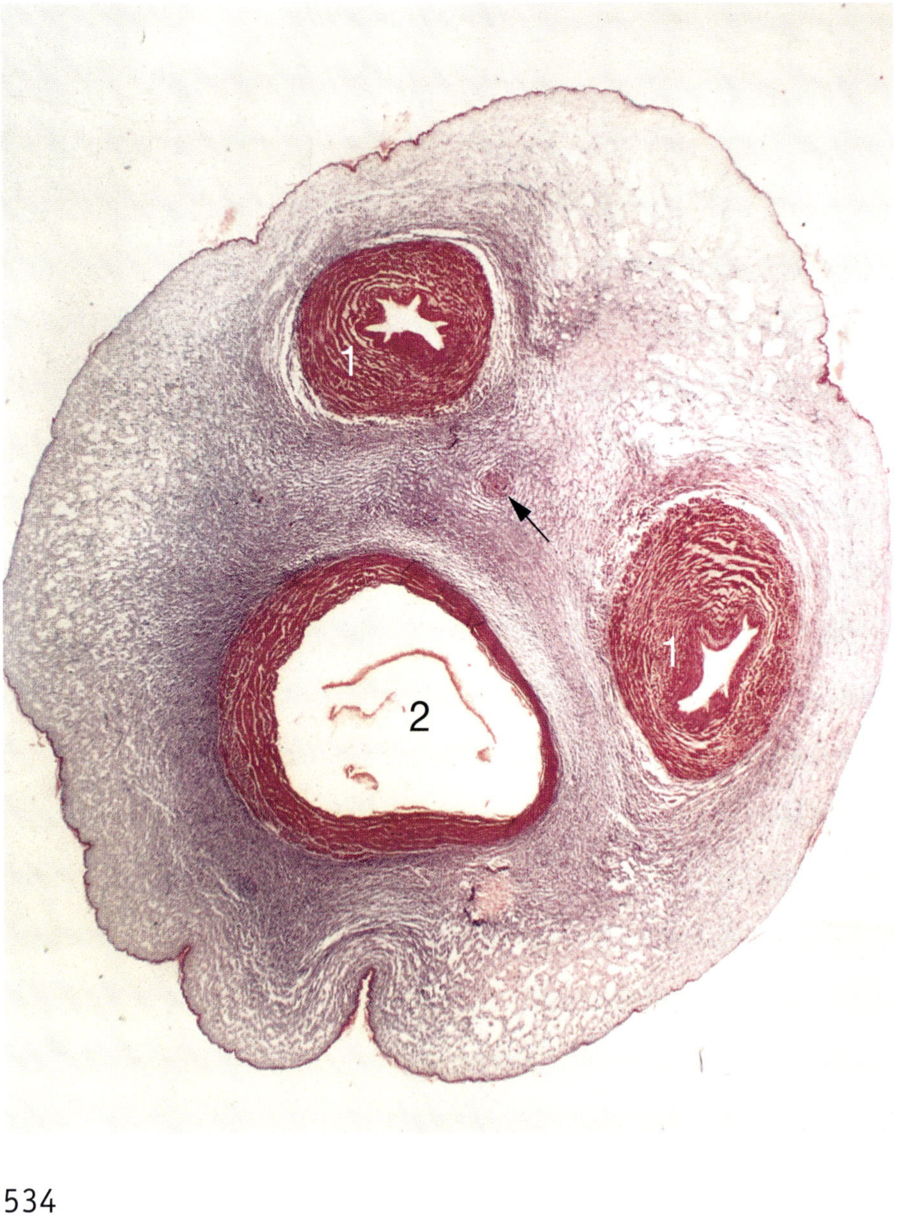

Abb. 14-12 Querschnitt durch eine reife Nabelschnur (Mensch).
1 Aa. umbilicales, besitzen keine Elastica interna; **2** V. umbilicalis, besitzt eine gut ausgebildete Elastica interna; **➔** Rest des Allantoisganges. Nach der Geburt ist das Lumen der Arterien durch Ausbildung von Längswülsten weitgehend verschlossen. Färbung: Azan; Vergr. 5fach.

! Die Plazenta ist ein Organ, das in der Schwangerschaft entsteht und den Stoffaustausch zwischen Mutter und Embryo bzw. Fetus bewerkstelligt. Mütterliches und embryonales Blut sind in der Plazenta durch die Plazentaschranke getrennt. Diese besteht in der ausgereiften Plazenta aus embryonalen bzw. fetalen Strukturen, die im Bereich der Plazentazotten lokalisiert sind: Synzytiotrophoblast (und lokal zusätzlich Zytotrophoblast), Bindegewebe und Endothel der Zottenkapillaren. Mütterliche Gewebeschranken werden abgebaut, so dass das mütterliche Blut die embryonalen bzw. fetalen Plazentazotten direkt umspült. Die Plazenta ist außerdem ein endokrines Organ.

Nabelschnur

Die 50–60 cm lange Nabelschnur verbindet Plazenta und Leibesfrucht und hat Versorgungs- und Entsorgungsfunktion. Sie besteht aus einem Strang gallertigen Bindegewebes, der vom Amnionepithel bedeckt wird und in dem die zwei Aa. umbilicales und die V. umbilicalis verlaufen (Abb. **14-12**). Die Vena umbilicalis führt O_2-reiches Blut, die zwei Umbilikalarterien leiten O_2-armes Blut aus dem Embryo bzw. Fetus in die Plazenta. Der in den ersten Schwangerschaftsmonaten noch gut ausgebildete Allantoisgang ist in der reifen Nabelschnur weitgehend zurückgebildet. Die Allantois ist die rudimentäre embryonale Harnblase. Bei Reptilien und Vögeln ist ihre kapillarreiche Wand auch Atemorgan, das der Eischale innen anliegt. Der primäre Kapillarreichtum der Allantois befähigt dieses Organ in besonderem Maße, zu Plazentastrukturen beizutragen. Die Bindegewebsmatrix enthält Bündel feiner Kollagenfibrillen (Abb. **14-13**) und in reichem Maße Hyaluronsäure und Proteoglykane. Die Fibroblasten sind noch in der reifen Nabelschnur sehr aktive, große Zellen. Blutkapillaren fehlen in der Nabelschnur.

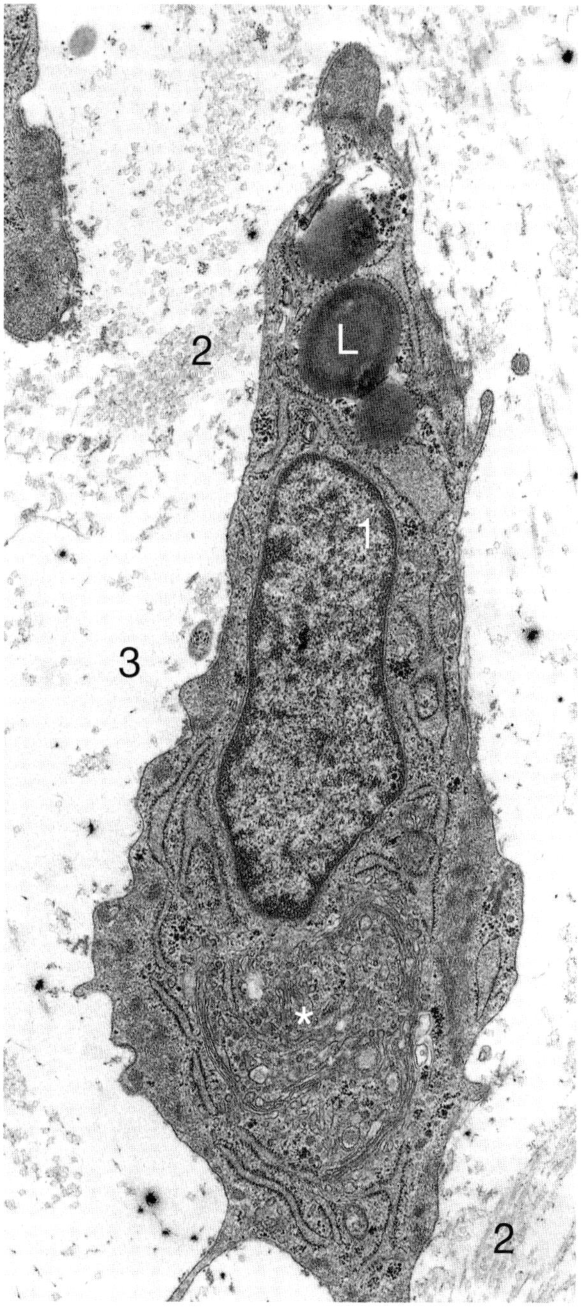

Abb. 14-13 Ultrastruktur des gallertigen Bindegewebes in der reifen Nabelschnur (Mensch). **1** aktiver Fibroblast mit sehr großem Golgi-Apparat (*) und viel rauem ER; **L** Lipidtropfen; **2** spärliche Kollagenfibrillen; **3** umfangreiche amorphe Matrix. Vergr. 6500fach.

15 Weibliche Brust und Brustdrüse

Zur Orientierung

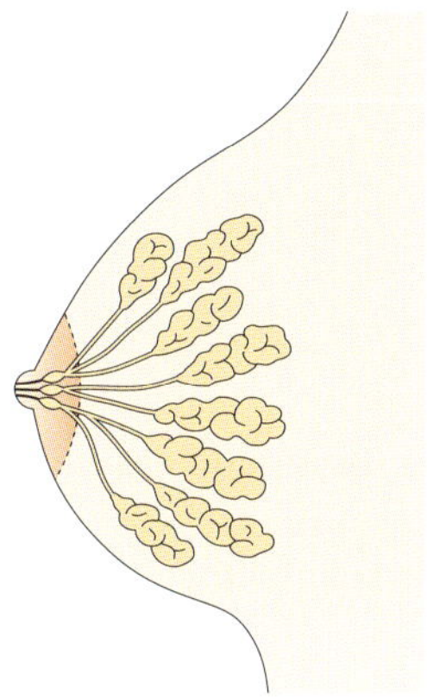

Die weibliche Brust-(Milch-)Drüse ist die größte Hautdrüse. Ihr Sekret ist die natürliche Nahrung von Neugeborenem und Säugling. Sie ist in jeder Brust aus 12–20 Lappen (Lobi) aufgebaut. Die Lappen bestehen jeweils aus einem umfangreichen Gangsystem und Läppchen (Lobuli), die in ein straffes Bindegewebe eingebettet sind. Die Morphologie der Läppchen in nicht-laktierender und laktierender Drüse ist sehr unterschiedlich. In der nicht-laktierenden Drüse sind die Läppchen klein und bestehen aus engen Baueinheiten, den Tubuloalveoli; in der laktierenden Drüse dagegen sind die Läppchen groß und aus weiten Alveolen aufgebaut. Das Epithel der laktierenden Drüse bildet die Milch, die vor allem Proteine, Milchzucker und Fett enthält. Das Fett wird über Apokrinie, Proteine und Zucker werden per Exozytose aus der Zelle ausgeschleust. Die Brustdrüse unterliegt einer hormonalen Steuerung. In der Schwangerschaft wird die Differenzierung des Epithels besonders von Östrogen, Progesteron, Prolaktin und plazentarem Laktogen beeinflusst; während der Laktation stimuliert vor allem Prolaktin die Milchbildung und Oxytocin fördert das Auspressen der Milch aus den Drüsen.

Brust (Mamma) und Brustdrüse (Milchdrüse, Gl. mammaria) sind Strukturen, die bei beiden Geschlechtern gleichartig angelegt werden. Nur bei der Frau erfährt die Brust nach der Pubertät eine weitere Entwicklung.

In medizinisch-biologischer Hinsicht kommt der weiblichen Brustdrüse auf dreierlei Weise eine wichtige Bedeutung zu:

- Sie bildet die Milch, die für den Säugling in den ersten Lebensmonaten alle erforderlichen Nährstoffe enthält.
- Die weibliche Brust besitzt im Verhalten zwischen den Geschlechtern Signal- und Auslöserfunktion.
- Von der Brustdrüse geht bei der Frau die häufigste bösartige Geschwulst aus, das Mammakarzinom.

Das epitheliale Drüsengewebe entwickelt sich aus der embryonalen Epidermis unter dem Einfluss mütterlichen Prolaktins und Östrogens und plazentaren Progesterons. Beim männlichen Fetus bildet sich das Drüsengewebe bis auf einzelne Milchgänge unter dem Einfluss von Testosteron zurück.

15.1 Drüsenkörper

Wesentlicher Bestandteil der Mamma ist der Drüsenkörper (Corpus mammae), der sich aus **Binde-** und **Fettgewebe** sowie den **epithelialen Drüsenstrukturen** zusammensetzt. Ursprünglich sind in jeder Mamma 12–20 Einzeldrüsen (**Drüsenlappen**) angelegt, die aber bei der erwachsenen Frau kaum noch als Einzelstrukturen zu unterscheiden sind. Jeder Drüsenlappen zeigt aber seine Eigenständigkeit dadurch, dass er mit einem eigenen Ausführungsgang an der Oberfläche der Mamille ausmündet.

Das epitheliale Drüsengewebe eines Drüsenlappens differenziert sich in ein ausgedehntes **Gangsystem** und **Drüsenläppchen** (Abb. 15-1).

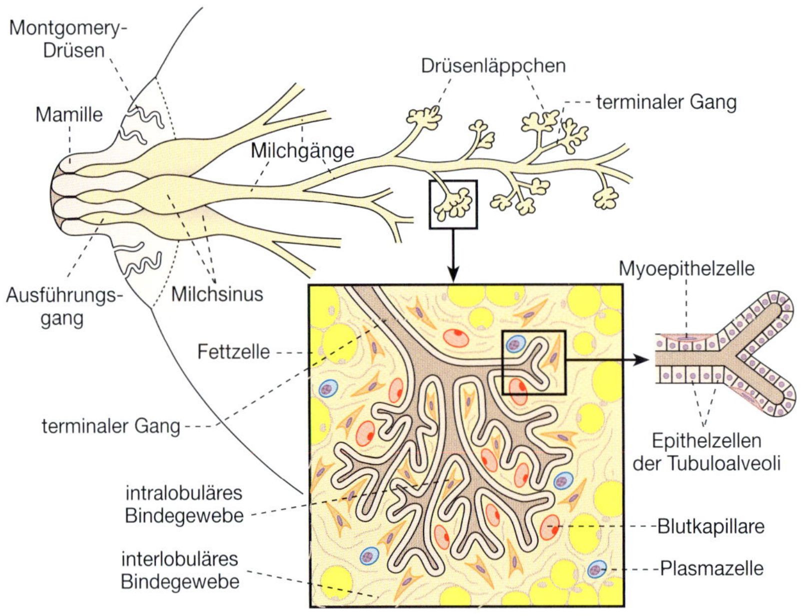

Abb. 15-1 Drüsenstrukturen in der nicht-laktierenden Brust-(Milch-)Drüse, schematische Darstellung.

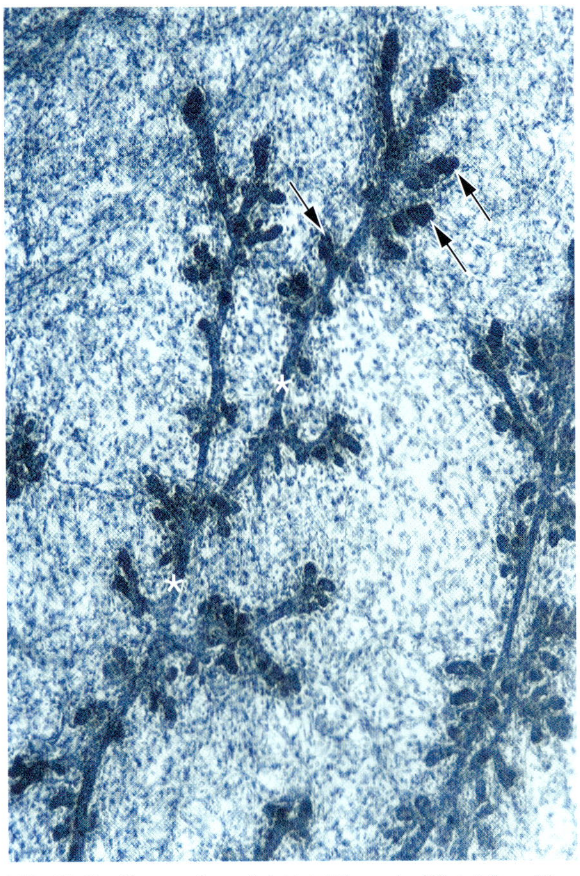

Abb. 15-2 Gangsystem (nicht-laktierende Milchdrüse, Rhesusaffe). ✻ kleinerer Ast der Milchgänge; ➔ Tubuloalveoli in Drüsenläppchen. Häutchenpräparat; Färbung: Hämatoxylin; Vergr. 20fach.

15.1.1 Gangsystem

Der Hauptabschnitt des Gangsystems sind die verzweigten **Milchgänge** (Ductus lactiferi). Kleinere Milchgänge werden auch **interlobuläre** Gänge genannt, sie sind mit den zarten **terminalen** Gängen und den **Endstücken** der Drüsenläppchen verbunden (Abb. 15-2). Die terminalen Gänge dringen bis in die Drüsenläppchen vor, wo sie in der nicht-laktierenden Drüse nicht scharf gegen die Endstücke abgegrenzt sind. Distal bilden die Milchgänge kurz vor ihrer Ausmündung im basalen Bereich der Brustwarze eine Erweiterung, den **Milchsinus** (Sinus lactiferus). Der Milchsinus setzt sich in den **Ausführungsgang** (Ductus excretorius, Ductus papillaris) fort, der in der Brustwarze verläuft und an ihrer Spitze ausmündet. Im histologischen Präparat finden sich meist mehrere Anschnitte der Milchgänge unterschiedlichen Durchmessers im straffen Bindegewebe zwischen den Drüsenläppchen. Die Milchgänge können ins Lumen vorspringende Falten bilden und sind dicht von elastischen Fasern umsponnen. Ihre Wand wird von einem zweischichtigen kubischen Epithel aufgebaut, dessen basale Schicht aus Myoepithelzellen besteht (Abb. 15-3). Die apikale Zellschicht ist reich an Keratinfilamenten. Sie ist in geringem Maße sekretorisch aktiv und trägt apikal eine gut ausgebildete Glykokalyx.

Klinik Bösartige Veränderungen in der Brust (**Brustkrebs, Mammakarzinom**) entstehen meist durch ungehemmte Proliferation der Gangepithelien oder, viel seltener, der Tubuloalveoli der Läppchen. Brustkrebs

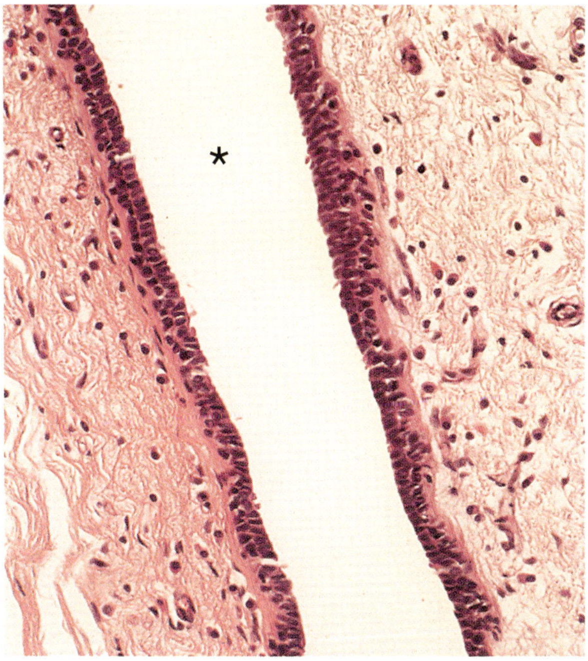

Abb. 15-3 Milchgang (nicht-laktierende Milchdrüse, Mensch) mit zweischichtigem Epithel, * Lumen. Färbung: H.E.; Vergr. 250fach.

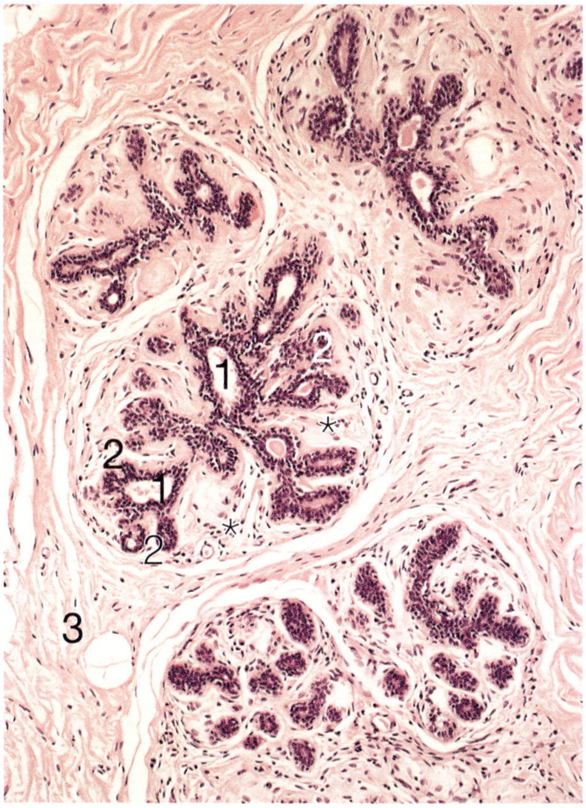

Abb. 15-4 Drüsenläppchen (nicht-laktierende Milchdrüse, Mensch). **1** intralobuläre terminale Gänge, denen Tubuloalveoli (**2**) ansitzen; * zellreiches Mantelgewebe der Läppchen (intralobuläres Bindegewebe); **3** interlobuläres Bindegewebe. Färbung: H.E.; Vergr. 150fach.

ist eine klonale Erkrankung, die auf eine transformierte Zelle zurückgeht und sich über eine lange Zeit unbemerkt entwickelt. Vorsorge und frühe Diagnose sind daher besonders wichtig. Bei der Entstehung von Brustkrebs haben genetische Faktoren, Hormone (siehe Kap. 15.3) – insbesondere Östrogene – und vermutlich auch Umweltfaktoren einen Einfluss. Brustkrebs ist die häufigste Krebserkrankung bei Frauen. In Deutschland kommt es im Jahr zu ca. 42 000 Neuerkrankungen und ca. 10 000–15 000 Todesfällen. Die Inzidenz ist steigend. In Ostasien erkranken Frauen viel seltener an Brustkrebs als in Mitteleuropa. Sie weisen niedrigere Östrogen- und Progesteronspiegel auf als Frauen in den USA und Europa. Hinsichtlich der Prognose sind mehrere Variablen wichtig, z. B. Tumorgröße, Lymphknotenbefall und Nachweis von Tumorzellen in den Mikrogefäßen. Tumoren, die Östrogen- und Progesteronrezeptoren exprimieren, sprechen im Durchschnitt besser auf hormonale Therapie an und haben statistisch eine bessere Prognose als Tumoren ohne Rezeptornachweis. Das Mammakarzinom metatasiert zunächst über Lymphbahnen in die regionalen Lymphknoten (meist in der Achselhöhle), dann hämatogen in Knochen, Haut, Lunge, Leber und Gehirn. Brustkrebs tritt selten auch bei Männern auf.

15.1.2 Drüsenläppchen

Die Struktur der **epithelialen Läppchenstrukturen** unterscheidet sich bei nicht-laktierenden und laktierenden Drüsen erheblich.

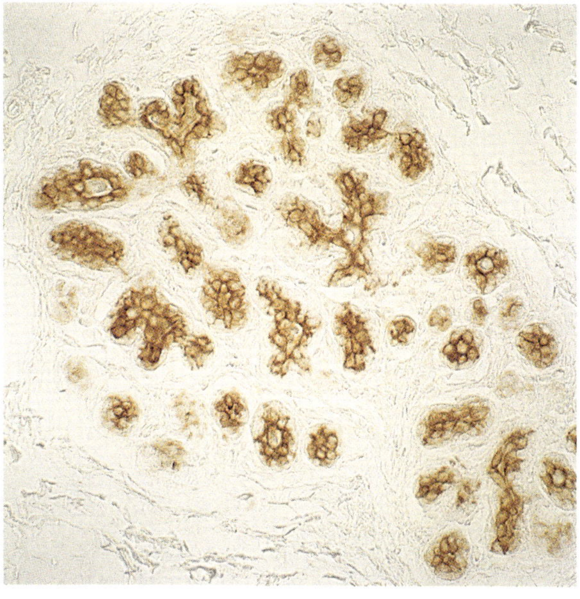

Abb. 15-5 Epithelzellen eines Drüsenläppchens (nicht-laktierende Milchdrüse, Mensch). Immunhistochemischer Nachweis von Zytokeratin 19 (CK19). Vergr. 250fach.

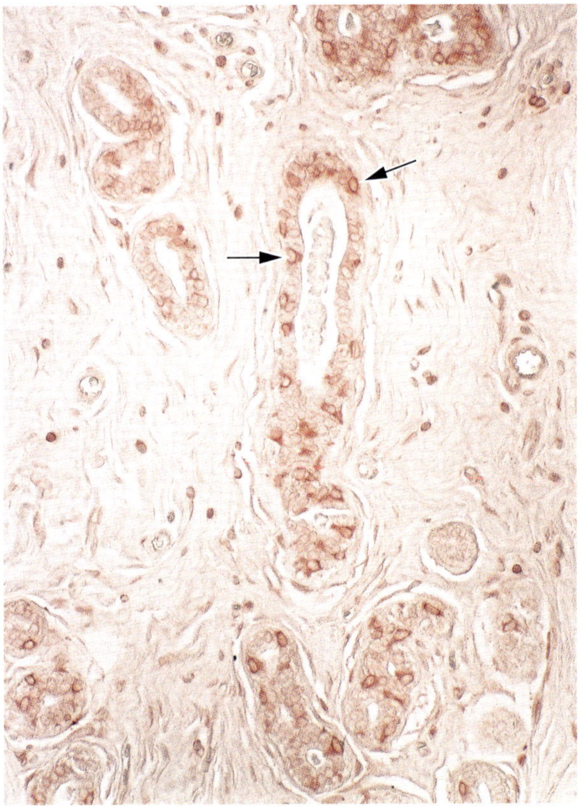

Abb. 15-6 Drüsenläppchen (nicht-laktierende Milchdrüse, Mensch). Immunhistochemischer Nachweis des Proteins bcl-2, das Zellen vor der Apoptose schützt. → bcl-2-positive Zellen. Vergr. 250fach.

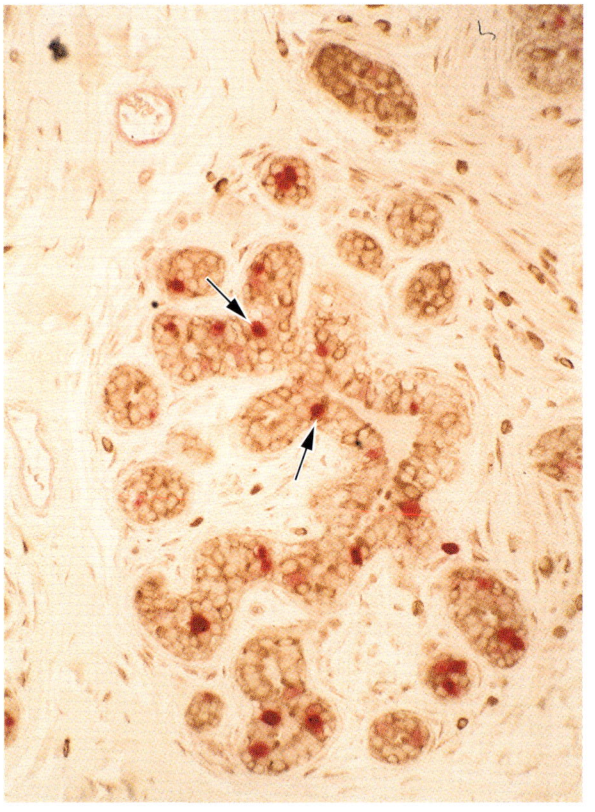

Abb. 15-7 Drüsenläppchen (nicht-laktierende Milchdrüse, Mensch). Immunhistochemischer Nachweis des antiapoptotischen bcl-2-Proteins (Braunfärbung) und Nachweis proliferierender Zellen mit dem Ki-67-Antikörper (Rotfärbung, →). Beachte, dass in jedem Läppchen eine erhebliche Anzahl proliferierender Zellen vorkommt. Vergr. 240fach.

a

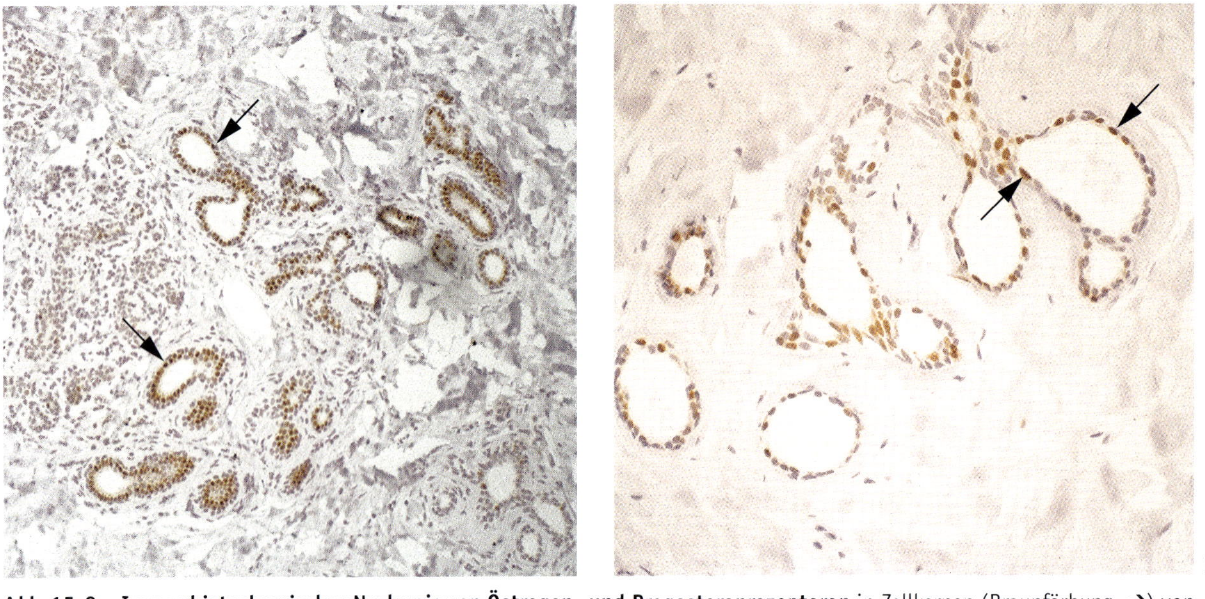

b

Abb. 15-8 Immunhistochemischer Nachweis von Östrogen- und Progesteronrezeptoren in Zellkernen (Braunfärbung, →) von Endstücken und terminalen Gängen der nicht-laktierenden Brustdrüse des Menschen.
a) Nachweis von Östrogenrezeptoren. Vergr. 150fach.
b) Nachweis von Progesteronrezeptoren. Vergr. 250fach.

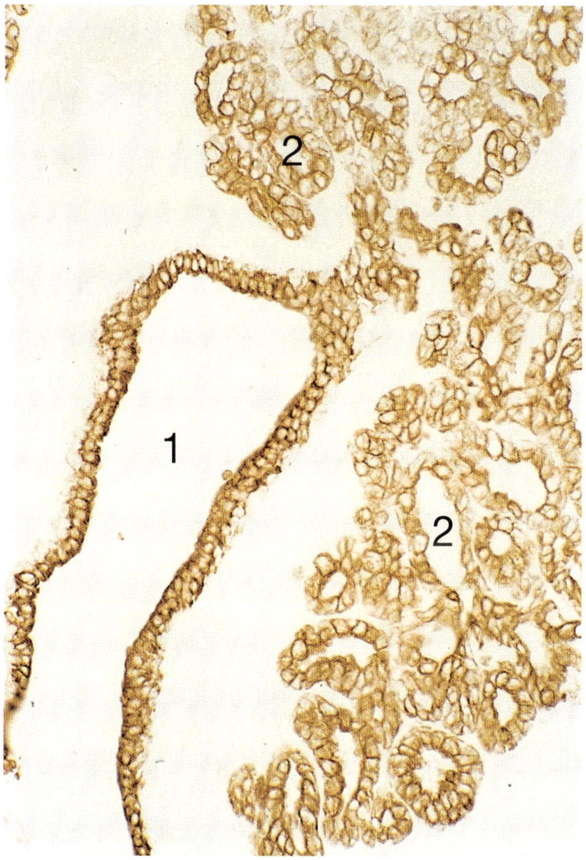

Abb. 15-9 Laktierende Milchdrüse (Mensch). Immunhistochemischer Nachweis von Zytokeratin 7 (CK7) in einem kleinen Milchgang (**1**) und in Alveolen (**2**). Vergr. 250fach.

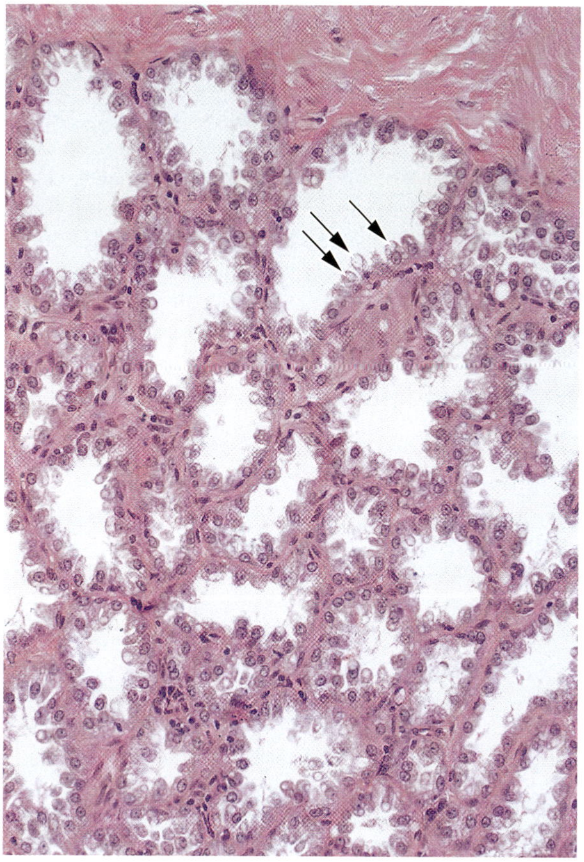

Abb. 15-10 Laktierende Milchdrüse (Mensch). Die Endstücke der tubuloalveolären Milchdrüse bestehen aus kubischen bis prismatischen Epithelzellen, die apikal oft weit in das Lumen ragende Vorwölbungen ausbilden (→). In den Vorwölbungen liegen bis zu 5 µm große Lipidtropfen, die apokrin sezerniert werden. Färbung: H. E.; Vergr. 200fach. (Aus [1])

Nicht-laktierende Drüse

In der nicht-laktierenden („ruhenden") Drüse sind nur die verzweigten Milchgänge, kleinere interlobuläre Gänge sowie terminale Gänge und ihnen zugehörige kleine, einfache Läppchen ausgebildet (Abb. 15-2, 15-4). Diese Läppchen bauen sich aus wenig verzweigten tubulusähnlichen Endstücken (sog. **„Tubuloalveoli"**, heute oft auch Azini genannt) auf, die aus prismatischen zytokeratinreichen Epithelzellen (Milchdrüsenepithelzellen, Abb. 15-5) und einzelnen Basalzellen bestehen. Letztere sind meist gering oder mäßig ausdifferenzierte Myoepithelzellen. In den Tubuloalveoli kommt es im Laufe eines Monatszyklus zu proliferativen, apoptotischen und sekretorischen Prozessen

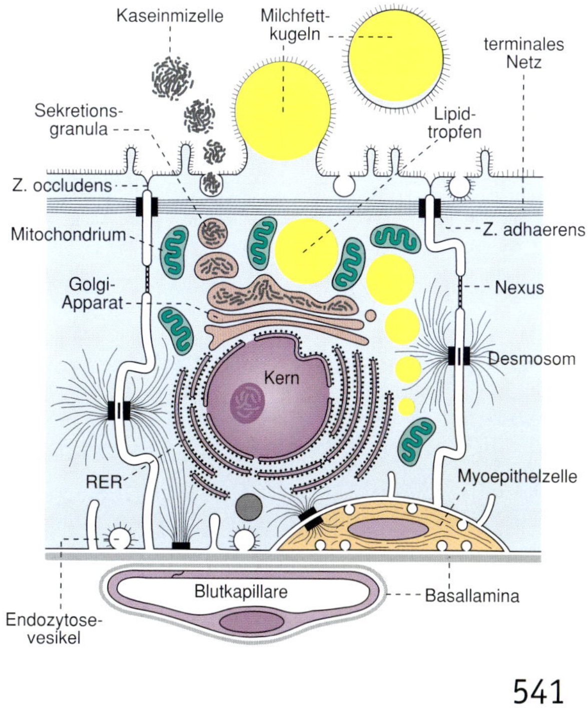

Abb. 15-11 Feinstruktur laktierender Milchdrüsenzellen, schematische Darstellung. Das Milchfett wird mittels apokriner Mechanismen sezerniert, die Milchfettkugeln tragen einen dichten Besatz negativ geladener Muzine. Milcheiweiße (z. B. Kasein), Milchzucker u. a. werden exozytotisch aus Sekretionsgranula freigesetzt. (Aus [1])

(Abb. 15-6, 15-7). Eine variable Zahl von Epithelzellen exprimiert in ihren Kernen Östrogen- und Progesteronrezeptoren (Abb. 15-8). Das Lumen der Tubuloalveoli ist eng und im Lichtmikroskop oft nicht erkennbar. Die Tubuloalveoli münden in den unscharf abgesetzten Anfangsabschnitt der terminalen Gänge ein, der aus dem Läppchen austritt und sich mit einem kleinen interlobulären Gang verbindet. In den intralobulären Anteilen der terminalen Gänge kommen epitheliale Stammzellen der Drüsen vor (siehe auch Abb. 15-7).

Laktierende Drüse

Während der Schwangerschaft wandelt sich die nichtlaktierende Drüse zur laktierenden Drüse um. Die Laktation beginnt zum Zeitpunkt der Geburt des Kindes.

In der laktierenden Drüse gehen die intralobulären Endverzweigungen des Gangsystems kontinuierlich in die jetzt gut abgrenzbaren weitlumigen, dicht nebeneinander liegenden **alveolären Endstücke** über (Abb. 15-9). Die Wand der sezernierenden Endstücke (laktierende Alveolen) besteht aus einer einschichtigen

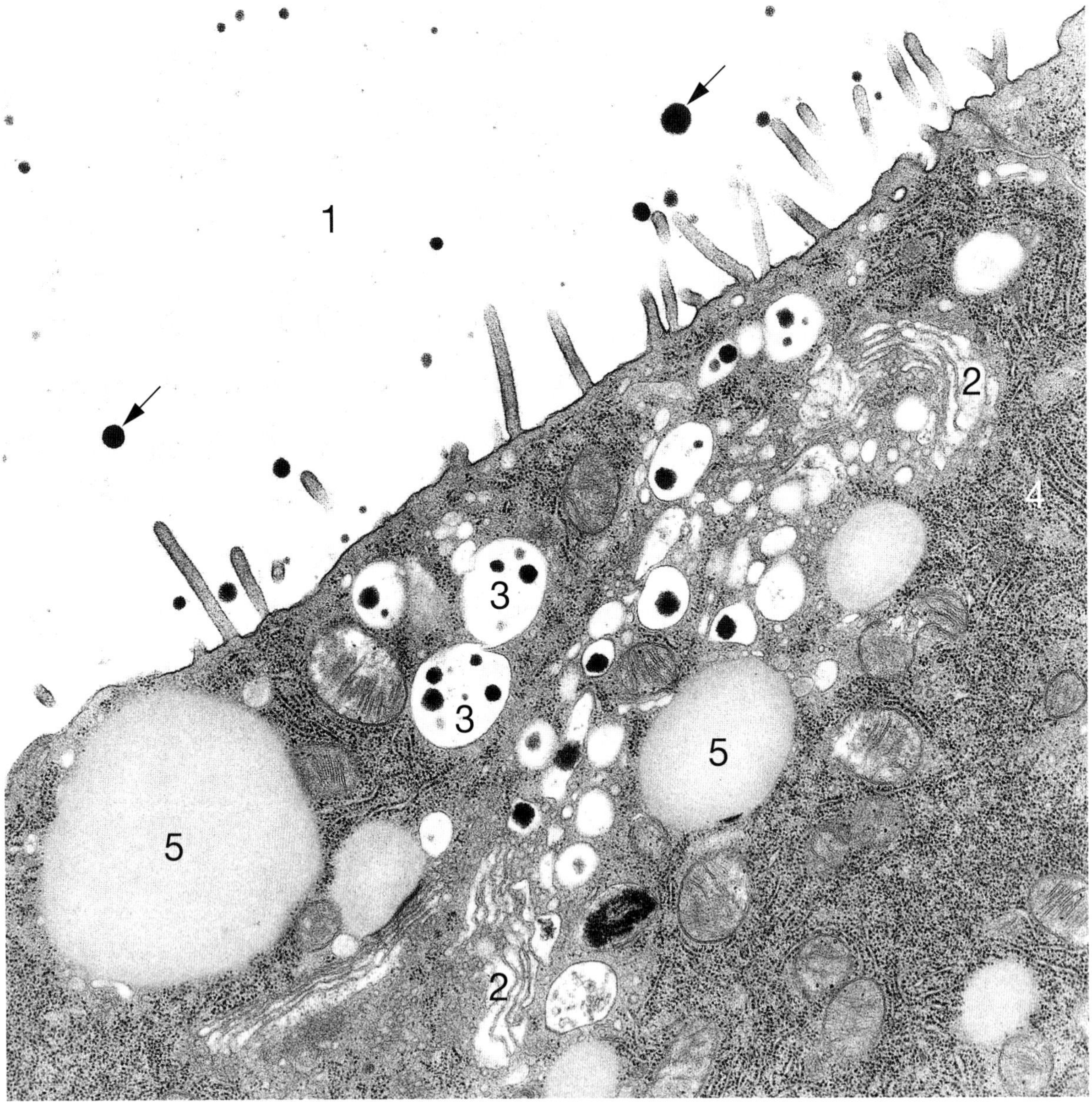

Abb. 15-12 Apikales Zytoplasma einer laktierenden Milchdrüsenzelle (Ratte), elektronenmikroskopische Aufnahme. **1** Lumen der Alveole; **2** Golgi-Apparat; **3** Sekretionsgranula mit Kaseinmizellen. ➔ Kaseinmizellen im mit Milch gefüllten Lumen; **4** raues ER; **5** Lipidtropfen. Vergr. 20700fach.

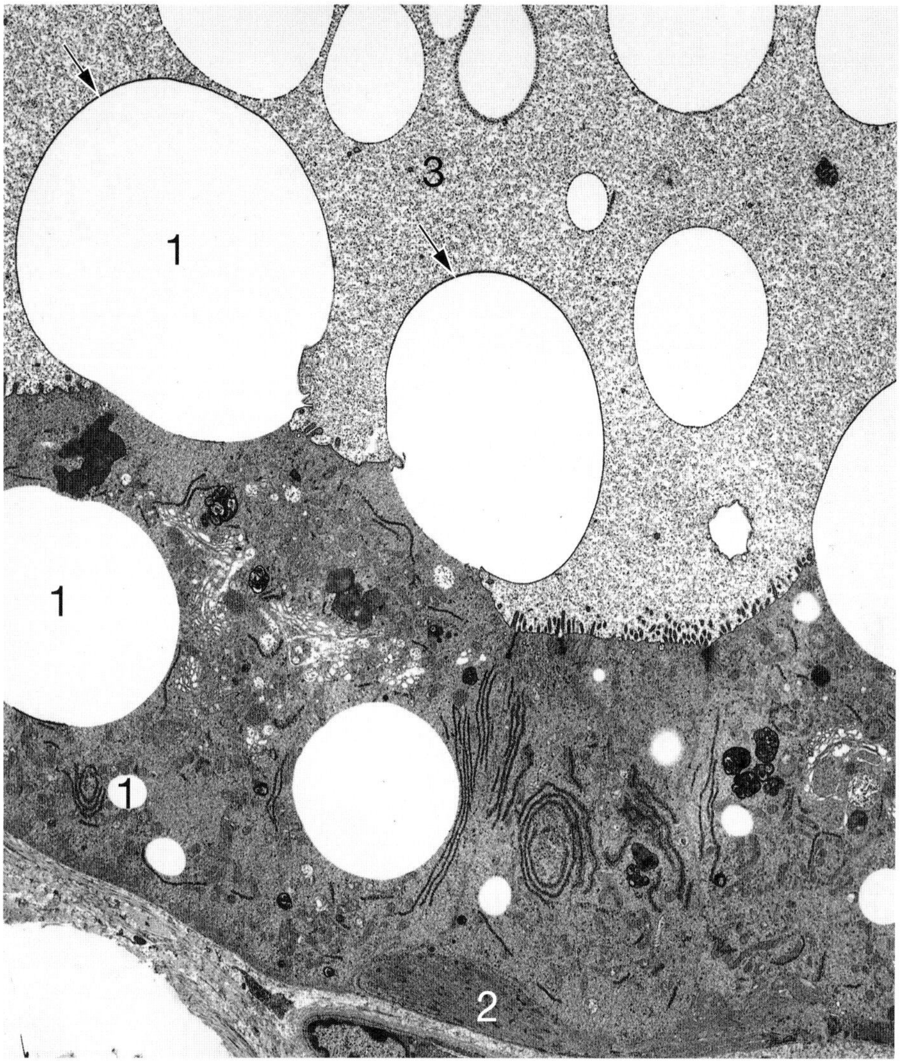

Abb. 15-13 Lipidtropfen (1) in einer laktierenden Milchdrüsenzelle (afrikanischer Elefant). ➔ Lipidtropfen, die im Begriff sind, apikal ins Lumen abgeschnürt zu werden. **2** Myoepithelzelle; **3** Lumen der Alveole. Vergr. 3760fach.

Lage von kubischen und prismatischen Epithelzellen (Milchdrüsenepithelzellen, Mammaepithelzellen, Laktozyten) und Myoepithelzellen sowie einer Basallamina (Abb. **15-10**).

Milchdrüsenepithelzellen Die Drüsenepithelzellen sind über Zonulae occludentes (Tight junctions), Zonulae adhaerentes, Maculae adhaerentes und Nexus (Gap junctions) verbunden (Abb. **15-11**). Ausdehnung und Konfiguration der Zonulae occludentes verändern sich vor und während der Laktation erheblich. Unmittelbar vor der Geburt sind die Tight junctions recht durchlässig, was die Ähnlichkeit der Vormilch (Kolostrum) mit dem Blutplasma erklärt. In den ersten Tagen nach der Geburt nimmt die Durchlässigkeit stark ab. Die meisten Transportprozesse erfolgen dann während der Laktation transzellulär. Das Zytoskelett (Aktin- und Keratinfilamente, Mikrotubuli) der Zellen ist stark entfaltet. Die Drüsenepithelzellen besitzen in der Laktationsphase ein reich entwickeltes raues endoplasmatisches Retikulum, in dem die Milcheiweiße und das Milchfett synthetisiert werden. Der supranukleäre Golgi-Apparat ist sehr umfangreich. Aus dem Golgi-Apparat gehen große sekretorische Vesikel (Granula) hervor, die u. a. Milcheiweiße (z. B. Kasein, Laktoferrin, Laktalbumin) enthalten. In diese Vesikel wird auch der Milchzucker (Laktose) eingeschlossen, was zu einem erheblichen Einstrom von Wasser, Ionen und kleinen Molekülen führt, um die osmotische Balance aufrechtzuerhalten. Das Kasein bildet spezielle Aggregate (Mizellen). Kalzium, Phosphat und Zitrat werden überwiegend an die Kaseinmizellen gebunden. Der Inhalt der Vesikel wird exozytotisch ausgeschleust (Abb. **15-12**). Die Drüsenzellen – auch die der nichtlaktierenden Brustdrüse – bilden eine ganze Reihe antimikrobieller Peptide, z. B. Defensine, Lysozym und Transferrin. Interessant ist, dass das laktierende Drüsenepithel erhebliche Mengen an Parathormon-ver-

Tab. 15-1 Bestandteile der Milch im Vergleich.

Gehalt (je 100 ml)	Mensch	Kuh
Energie (kcal)	69	66
Protein (g)	0,9–1,2	3,3
Verhältnis Molke-Protein zu Kasein	80:20	20:80
Fett (g)	3,8	3,7
Linolsäure (% des Gesamtfetts)	13	4
Laktose (g)	7	4,5
Mineralstoffe (Asche in g)	0,2	0,7
Kalzium (mg%)	30	125
Phosphor (mg%)	15	95

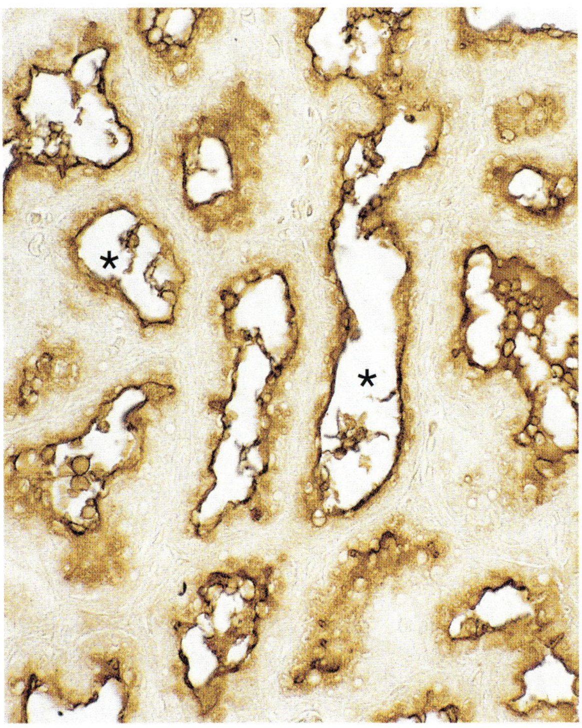

Abb. 15-14 Apikale Zellmembran laktierender Milchdrüsenenepithelzellen (afrikanischer Elefant). Nachweis von Bindungsstellen des Erdnusslektins (PNA, engl. peanut agglutinin, Braunfärbung). * Lumen der Drüsenalveolen. Die positive PNA-Reaktion findet sich nur in sekretorisch aktiven Drüsen. Auch die abgeschnürten Milchfettkugeln besitzen eine PNA-positive Membran (z. B. links, untere Bildhälfte). Vergr. 150fach.

wandtem Protein (PTH-RP) bildet. Dies Protein ist strukturell und funktionell dem Parathormon verwandt, vermutlich beeinflusst es den Kalziumtransport.

Das **Milchfett** (Triglyzeride) sammelt sich in der Zelle in Form von bis zu 4–5 µm großen Tropfen, die apokrin abgegeben werden (Abb. **15-13**). Dies bedeutet, dass die abgeschnürten Milchfettkugeln in der Milch von einer Plasmamembran umhüllt sind. Die Membran der Milchfettkugeln trägt beim Menschen eine komplexe Glykokalyx aus verschiedenen Glykoproteinen, darunter Muzinen mit negativen Ladungen. Wahrscheinlich spielt diese Glykokalyx eine Rolle bei der Infektabwehr im Darm des Neugeborenen. Des Weiteren kommen in der Milchfettkugelmembran Proteine vor, darunter Xanthinoxidase und Butyrophilin, ein Protein der Immunglobulin-Superfamilie.

Tabelle **15-1** gibt einen Überblick über die wichtigsten Bestandteile der Milch von Mensch und Kuh. Eine gesunde Frau bildet ca. einen Liter Milch pro Tag.

Milch – auch die des Menschen – enthält Immunglobuline (vor allem dimeres IgA), wobei die Vormilch (**Kolostrum**) mehr von diesen Molekülen enthält als die reife Milch. Weiteres Merkmal des recht dickflüssigen gelblichen Kolostrums sind die in variabler Menge auftretenden Leukozyten (darunter Neutrophile, Eosinophile und Lymphozyten), unter denen die sog. Kolostrumkörperchen besonders auffallen. Bei diesen handelt sich um fettbeladene phagozytierende Zellen monozytären Ursprungs.

In der laktierenden Drüse bieten die sezernierenden Endstücke (Alveolen) der einzelnen Läppchen ein variables Bild. Sie sind in unterschiedlichem Ausmaß mit Milch gefüllt, und die Höhe des laktierenden Epithels variiert erheblich. Laktierende Milchdrüsenepithelzellen exprimieren an ihrer apikalen Zellmembran spezielle Kohlenhydrate, die sich mit Hilfe von Lektinen, insbesondere dem Erdnusslektin (PNA = peanut agglutinin), nachweisen lassen (Abb. **15-14**).

Myoepithelzellen Die Myoepithelzellen entsprechen in ihrem Aufbau glatten Muskelzellen. Sie sind in den kleineren Gängen spindelförmig und relativ dicht gepackt und bilden im Epithel der Alveolen basal gelegene verzweigte Zellen. Die Myoepithelzellen bauen hier ein korbähnliches Geflecht auf und sind über Desmosomen und Gap junctions untereinander verknüpft. In den Alveolen und den Drüsengängen spielen sie eine wesentliche Rolle beim Auspressen der Milch aus der Drüse und besitzen Rezeptoren für das in der Neurohypophyse freigesetzte Hormon Oxytocin, das sie stimuliert.

Involution

Nach Abschluss der Laktationsphase (Ende der Stillperiode) kommt es zur Rückbildung (Involution) der Drüsenepithelien. Die Milchsekretion versiegt, wenn die Brust nicht mehr vollständig entleert wird. Gestautes Sekret wird von Makrophagen phagozytiert, die Alveolen zerfallen, und es bleiben nur die Gänge erhalten. Beim Abbau der Alveolen spielen TGF-β 3-indu-

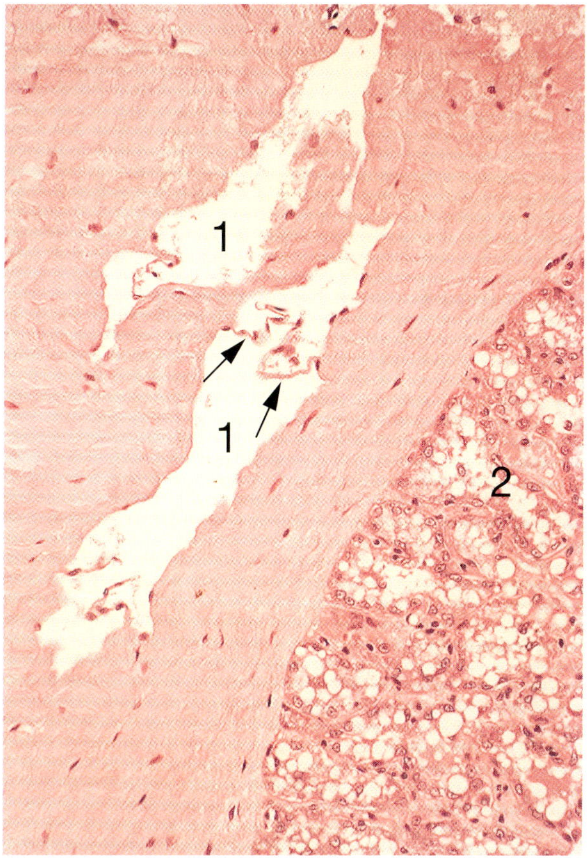

Abb. 15-15 Interlobuläres Bindegewebe in der laktierenden Mamma (afrikanischer Elefant). **1** Lymphgefäße mit Klappen (➔). **2** Läppchen mit laktierenden Drüsenzellen. Färbung: H.E.; Vergr. 250fach.

zierte Apoptosevorgänge und Makrophagen eine erhebliche Rolle, auch der Abbau der Basallamina ist von wesentlicher Bedeutung bei der Involution.

Im Laufe des Klimakteriums erfolgt unter Erlöschen der Ovarialfunktion die sog. **senile Involution** der Milchdrüse. Die Drüsenläppchen bilden sich in ihrer Gesamtheit zunehmend zurück. Es bleibt nur ein Rest des Gangsystems erhalten. Im Epithel der Gänge können Unregelmäßigkeiten mit Zellvermehrung auftreten.

15.1.3 Binde- und Fettgewebe

Das Bindegewebe des Drüsenkörpers zwischen den Läppchen (**interlobuläres straffes Bindegewebe,** Abb. **15-1, 15-4, 15-15**) ist kollagenfaserreich, relativ zellarm und enthält unterschiedlich große Areale mit univakuolären Fettzellen. Das Fettgewebe nimmt mit dem Alter zu. Größere Blutgefäße sowie Lymphgefäße (Abb. 15-15) sind häufig anzutreffen.

Das Bindegewebe der Läppchen zwischen den Endstücken (**intralobuläres Bindegewebe, Mantelgewebe**) ist dagegen faserarm, proteoglykanreich, zellreich und reich an kleinen Blutgefäßen. Es enthält nicht nur aktive Fibrozyten, sondern auch Plasmazellen, Lymphozyten und Makrophagen. Mastzellen treten vereinzelt im Mantelgewebe und in großer Zahl im straffen Bindegewebe zwischen den Läppchen auf. Dem Mantelgewebe kommt bei Wachstums- und Rückbildungsprozessen der epithelialen Drüsenstrukturen eine besondere Bedeutung zu. Seine Proteoglykane binden nicht nur Wasser, sondern auch Proteasen, Inhibitoren von Proteasen und Signalmoleküle (z.B. Wachstumsfaktoren: EGF, TGF-β, IGF). Die Wachstumsfaktoren werden über die Milch vom Neugeborenen aufgenommen. Sie spielen eine Rolle beim Wachstum des kindlichen Verdauungstrakts.

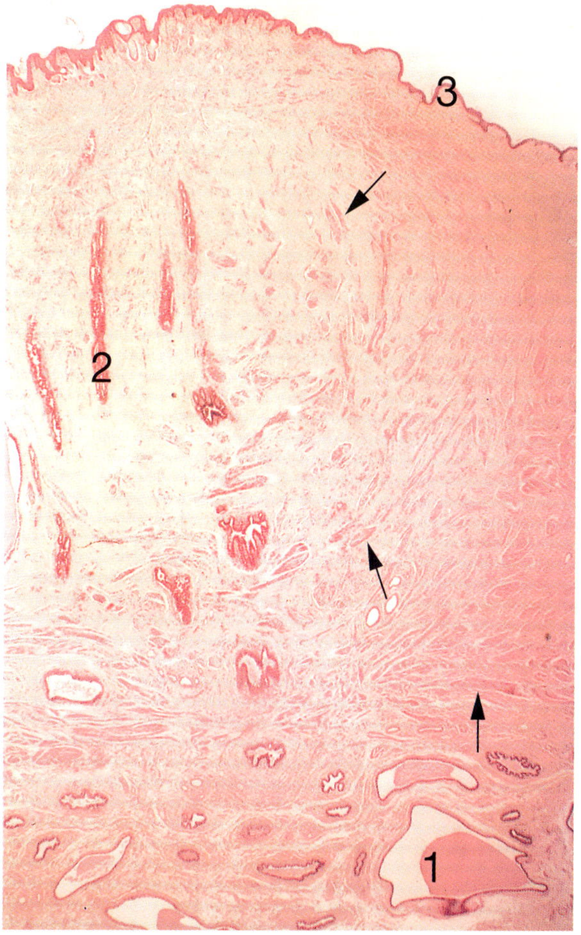

Abb. 15-16 Mamille (Mensch), Übersichtsvergrößerung. **1** Milchsinus; **2** längs angeschnittener Ductus papillaris (insgesamt sind 4 Ductus papillares angeschnitten); **3** Epidermis; ➔ Bündel glatter Muskelzellen. Färbung: H.E.; Vergr. 12fach.

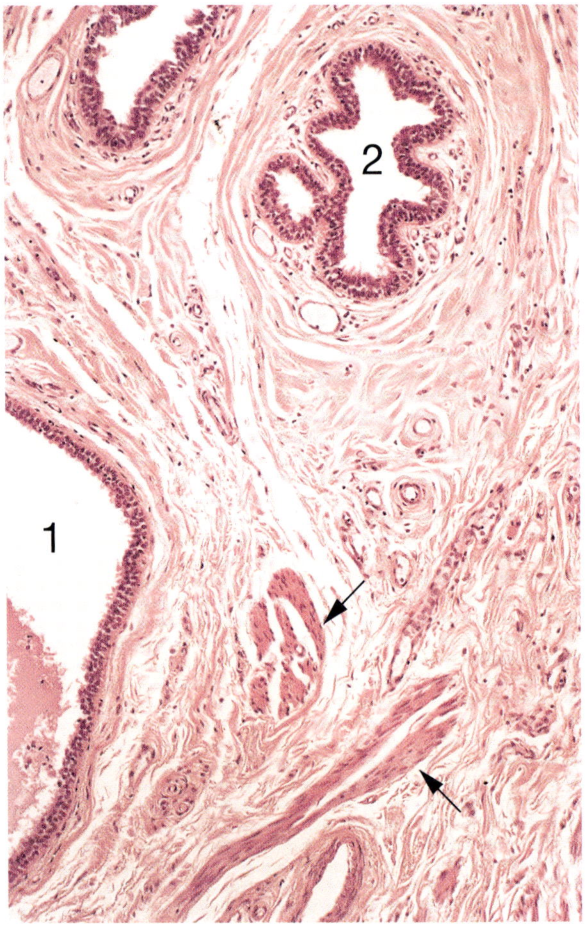

Abb. 15-17 Basale Region der Mamille (Mensch). **1** Milchsinus; **2** Ductus papillaris; ➔ glatte Muskulatur. Färbung: H.E.; Vergr. 150fach.

Klinik Eine Vergrößerung der männlichen Brust wird **Gynäkomastie** genannt. Diese kann pathologisch oder physiologisch sein. Unter pathologischer Gynäkomastie versteht man eine vergrößerte Brust aufgrund vermehrten Drüsengewebes und proliferierenden Stromagewebes bei Männern. Viele Ursachen können zugrunde liegen, z. B. Defekte der Testosteronsynthese oder überschießende Östrogenbildung. Letztere ist die Ursache für die Gynäkomastie bei chronischen schweren Lebererkrankungen, bei denen die Leber den Östrogenabbau nicht mehr bewältigt. Häufig wird pathologische Gynäkomastie durch Medikamente, z. B. Antidepressiva, Kalziumkanalblocker, ACE-Hemmer und Diazepam, verursacht. Eine sog. physiologische Gynäkomastie besteht oft bei Neugeborenen beiderlei Geschlechts, in der Pubertät und im hohen Alter bei Männern.

Gutartige Veränderungen der Brust treten in großer Vielzahl vor allem bei Frauen auf, und zwar im Bereich des Drüsenepithels oder des Bindegewebes, oft sogar gleichzeitig in beiden Gewebeformen. Meistens handelt es sich um sog. fibrozystische Veränderungen mit kleinen Zysten und Hyperplasie von Drüsenepithel und Bindegewebe. Wenn die Hyperplasien atypisch sind, besteht ein erhebliches Risiko, an Brustkrebs zu erkranken.

15.2 Warzenhof und Brustwarze

Im Warzenhof (Areola) und in der Brustwarze (Mamille) kommt reichlich sympathisch innervierte glatte Muskulatur vor (Abb. **15-16**, **15-17**), die sich durch mechanische Reizung (z. B. durch den Mund des Säuglings) kontrahieren kann. Dadurch kommt es zur Verfestigung und Erektion der Brustwarze. Das komplexe System der glatten Muskulatur steht mit feinen verzweigten elastischen Sehnen in Zusammenhang, die v. a. in der Dermis und der Epidermis der Brustwarze verankert sind (elastisch-muskulöses System). In der Mamille finden sich 12–20 **Ductus papillares** (Abb. **15-16**), die aus den weitlumigen Milchsinus hervorgehen.

Der Warzenhof enthält 20–30 geknäuelte tubuläre **Montgomery-Drüsen**, die in ihrer histologischen Struktur apokrinen Duftdrüsen entsprechen. Die sekretorischen Endstücke bestehen aus basalen Myoepithelzellen und den sezernierenden Epithelzellen, deren Höhe je nach Funktionszustand variiert. Der Ganganteil ist zweischichtig kubisch. Das Sekret der Montgomery-Drüsen ist gelblich-orange gefärbt und dient der luftdichten Verbindung zwischen der Mamille und den Lippen des Säuglings während des Trinkvorgangs.

Des Weiteren kommen im Warzenhof viele kleine Talgdrüsen (ohne Beziehung zu Haaren) und einzelne Schweißdrüsen vor. In der Epidermis des Warzenhofs und der Mamille finden sich viele Melanozyten und zahlreiche Pigmentkörnchen in den Keratinozyten.

15.3 Hormonale Steuerung der Brustdrüse

In der Kindheit unterliegt die Brustdrüse keinem hormonellen Einfluss. In der Pubertät wird das Wachstum von Brust und Brustdrüse vor allem durch Östrogene reguliert. In der Schwangerschaft wächst und differenziert sich die Drüse insbesondere unter der synergistischen Kontrolle von Östrogenen, Progesteron, Prolaktin und plazentarem Laktogen. Während der Laktation steuert das Prolaktin der Adenohypophyse die Synthese der Milch im Drüsenepithel. Während der Laktation besteht die Adenohypophyse zu 60–80%

aus prolaktinbildenden Zellen. Oxytocin, welches in neurosekretorischen Zellen des Zwischenhirns gebildet und in der Neurohypophyse freigesetzt wird, ist verantwortlich für die Kontraktion der Myoepithelzellen und das Auspressen der Milch. An den meisten der genannten Funktionen sind auch Insulin, Thyroxin, Glukokortikoide und Wachstumshormone beteiligt.

Klinik Unter **Galaktorrhö** versteht man pathologische Milchsekretion aufgrund fehlgesteuerter Prolaktinsekretion bei Frauen und Männern. Dem liegt ein Versagen der hypothalamischen Hemmung der Prolaktinsekretion durch Dopamin zugrunde. Auch zahlreiche Medikamente, die das Zentralnervensystem beeinflussen (psychotrope Substanzen, Antiemetika, Methyldopa), führen zu vermehrter Prolaktinsekretion.

16 Haut

Zur Orientierung

Die Haut (Kutis) bildet die Körperoberfläche, sie ist das größte Organ des Körpers. Ihre Fläche beträgt ca. 2 m^2. Die Haut ist in zwei Schichten gegliedert: Epidermis (Oberhaut) und Dermis (Lederhaut). Die fettzellreiche Subkutis (Unterhaut) ist strukturell und funktionell eng mit der darüber liegenden Dermis verknüpft. Kutis und Subkutis bilden das Integumentum commune (Hautdecke). Die Epidermis ist ein mehrschichtiges verhorntes Plattenepithel, dessen Zellen sich im Laufe von 4 Wochen erneuern. Neben den verhornenden Epithelzellen (Keratinozyten) kommen in der Epidermis Merkel-Zellen (Tastsinneszellen), Langerhans-Zellen (Zellen des Immunsystems) und Melanozyten (Pigmentzellen) vor. Die Dermis ist reich an Kollagenfasern, elastischen Fasern und Blutgefäßen. Sie enthält freie sensible Nervenendigungen, die in die Epidermis eindringen können, Meissner-Tastkörperchen und andere Rezeptorstrukturen. Die Subkutis besteht vor allem aus univakuolärem Fettgewebe und besitzt auch Sinneskörperchen, z. B. die Vater-Pacini-Lamellenkörperchen. Haare, Nägel und Drüsen sind die sog. Anhangsgebilde der Haut.

Die Haut besitzt vielfältige Aufgaben:
- Schutz vor mechanischen, thermischen und chemisch-toxischen Schäden und vor Krankheitserregern aus der äußeren Umwelt,
- Schutz vor Wasserverlust,
- Absorption von Strahlung,
- Temperaturregulation,
- Sinneswahrnehmung,
- Signale an die Umwelt,
- immunologische Überwachung,
- Bildung von Vitamin D unter dem Einfluss von Sonnenlicht.

Eine gesunde Haut vermittelt Wohlgefühl und spricht intensiv die Sinne an. Viele Krankheiten machen sich durch Veränderungen der Haut bemerkbar.

Im praktisch-klinischen Sprachgebrauch werden alle Schichten der Körperoberfläche Haut genannt. In der anatomischen Nomenklatur hingegen werden nur die beiden oberen Schichten
- **Epidermis** (Oberhaut) und
- **Dermis** (Corium = Lederhaut)

als Haut (= **Kutis**) bezeichnet. Die unter dieser Kutis befindliche Schicht ist die **Subkutis** (**Hypodermis** = Unterhaut). Kutis und Subkutis zusammen bilden die **Hautdecke (Integumentum commune)**.

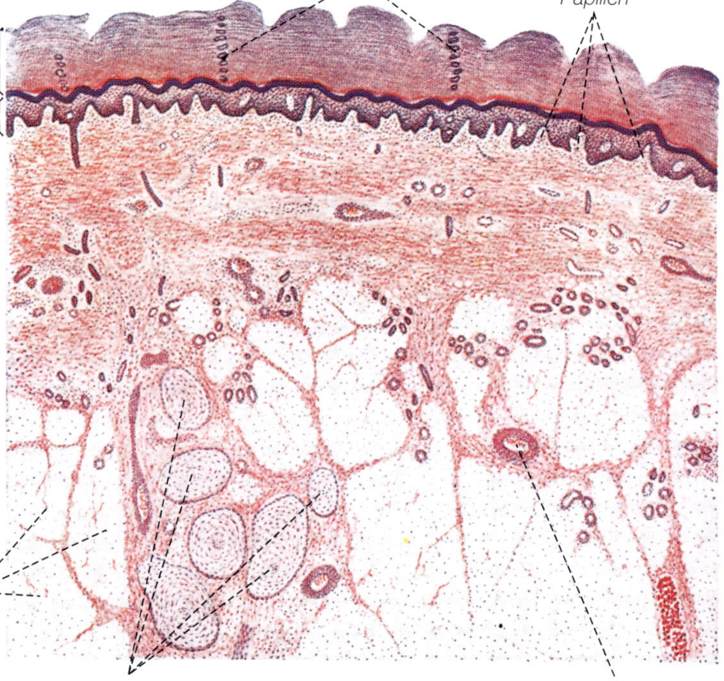

Abb. 16-1 Schichtengliederung der Hautdecke (Hohlhand, Mensch). Die Schichtengliederung in Epidermis, Dermis und Subkutis zeigt sich besonders deutlich in den stark verhornten Hautbezirken der Hohlhand und der Fußsohle. Die Epidermis (Oberhaut, Epithel der Haut) gliedert sich grob in die oberflächliche Hornschicht (Stratum corneum) und die darunter gelegenen Zellschichten (Stratum basale, Stratum spinosum, Stratum granulosum), die aus lebenden Zellen aufgebaut sind. Die bindegewebige Dermis (Lederhaut, Corium) ist durch ihre Papillen (Stratum papillare) mit der Epidermis verzahnt, das tiefer gelegene, sehr derbfaserige Stratum reticulare der Dermis enthält an seiner Grenze zur Subkutis die Hauptmasse der Drüsen und Blutgefäße. Die Subkutis (Unterhaut, Hypodermis) enthält überwiegend Fettgewebe, in das einzelne Sinneskörper (Vater-Pacini-Körperchen) eingelagert sind. Färbung: H.E.; Vergr. 18fach. (Aus [1])

Der Haut gehören nicht nur das kräftige verhornte Plattenepithel der Epidermis und komplexe Bindegewebsstrukturen an, sondern auch Nerven, Sinneskörperchen, Blut- und Lymphgefäße. Die ebenfalls zur Haut gehörenden Haare, Nägel und Drüsen werden als Anhangsgebilde der Haut bezeichnet. An den Hand- und Fußsohlen bildet die Oberfläche der Haut ein spezifisches Leistenmuster aus, die Haut wird hier **Leistenhaut** genannt. An allen anderen Stellen des Körpers bildet sie eine feine Felderung und wird **Felderhaut** genannt. Haare gibt es nur auf der Felderhaut.

16.1 Epidermis

Die Epidermis (Oberhaut) bildet die direkte Oberfläche des Körpers und seine Grenze gegen die Umwelt. Sie besteht aus mehrschichtigem verhorntem Plattenepithel (Abb. **16-2**), das sich überwiegend aus den Keratinozyten zusammensetzt. Diese spezifischen Epithelzellen der Epidermis sind über zahlreiche Desmosomen miteinander verknüpft. Die Epithelzellen erneuern sich im Laufe von 4 Wochen. Die Epidermis der Leistenhaut ist auffällig dick (0,4–0,6 mm), wohingegen sie in der Felderhaut verhältnismäßig dünn (75–150 μm) ist. Die Epidermis enthält zusätzlich Melanozyten, Langerhans-Zellen und Merkel-Zellen, die locker verteilt in ihren tieferen Schichten vorkommen.

16.1.1 Schichtung

Die Epidermis besteht aus lebenden und toten Epithelzellen und lässt sich in fünf Schichten gliedern (Abb. **16-2**, **16-3**):

- Stratum basale,
- Stratum spinosum,
- Stratum granulosum,
- Stratum lucidum (nur in der Leistenhaut) und
- Stratum corneum.

Stratum basale, spinosum und granulosum bestehen aus lebenden Epithelzellen. Stratum basale und spinosum werden auch als **Stratum germinativum** zusammengefasst, da hier Zellteilungen stattfinden. Stratum lucidum und Stratum corneum sind aus toten Epithelzellen aufgebaut.

Die Epidermis lagert auf einer kräftigen Basalmembran (dermal-epidermale Junktion), an der sich oft spezifische Krankheitsprozesse abspielen.

Stratum basale Die basale Epithelschicht (Stratum basale, Basalschicht) besteht aus kubischen oder prismatischen Keratinozyten. Diese bilden feine basale Fortsätze („Füßchen") zum Bindegewebe hin aus, die zur Verankerung des Epithels dienen (Abb. 16-3). Unter den Basalzellen befinden sich die ständig teilungsfähigen Stammzellen. Diese besitzen keine oder nur kurze Füßchen und liegen v. a. über den Papillen der Dermis (Abb. 16-2). Die basale Zellmembran der

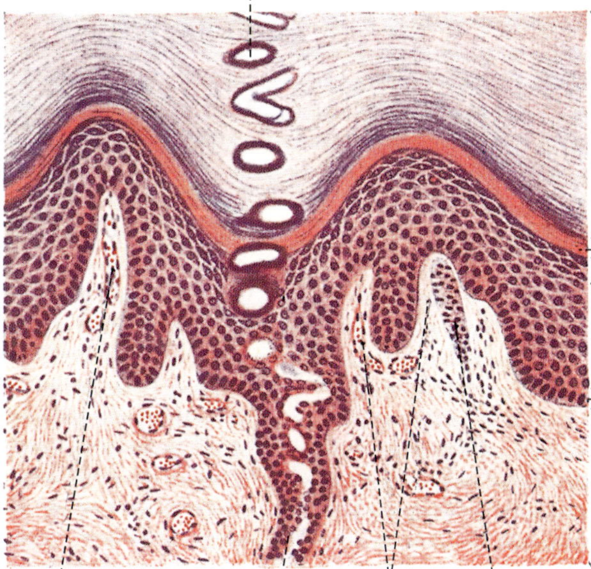

Abb. 16-2 Die stärkere Vergrößerung der Epidermis (Mensch) lässt mehrere Schichten innerhalb des Epithels unterscheiden: Zuunterst liegt das aus zylindrischen Zellen bestehende einschichtige Stratum basale, das zusammen mit dem oberflächenwärts folgenden Stratum spinosum das Stratum germinativum bildet. Nach oben schließt sich das Stratum granulosum an, das durch Einlagerung der intensiv färbbaren Keratohyalinkörnchen stets deutlich hervortritt. Diesem liegt in der Leistenhaut das Stratum lucidum, eine homogene, stark lichtbrechende Schicht, auf. Im Stratum corneum bestehen die Zellen nur noch aus Keratinfilamenten und einer Matrix sowie einer verdickten Zellmembran. Färbung: H.E.; Vergr. 170fach. (Aus [1])

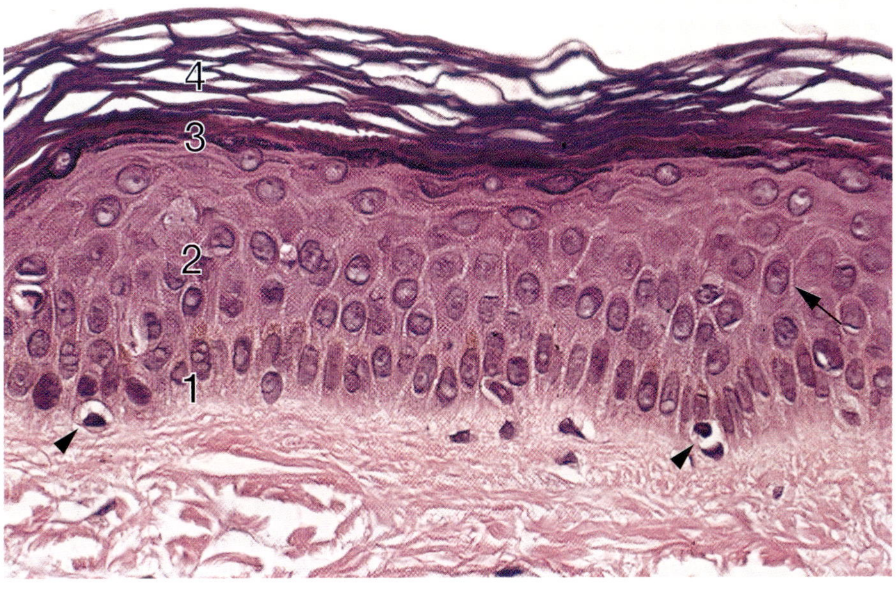

Abb. 16-3 Schichten der Epidermis (Unterarm-Beugeseite, Mensch). **1** Stratum basale (öfter mit supranukleärem Pigment); **2** Stratum spinosum; **3** Stratum granulosum; **4** Stratum corneum; ▶ Melanozyten (im H.E.-Schnitt bei Hellhäutigen häufig mit hellem, balloniertem Zytoplasma); ➔ feine Zytoplasmafortsätze mit Desmosomen, über die die Epidermiszellen verknüpft sind. Färbung: H.E.; Vergr. 450fach.

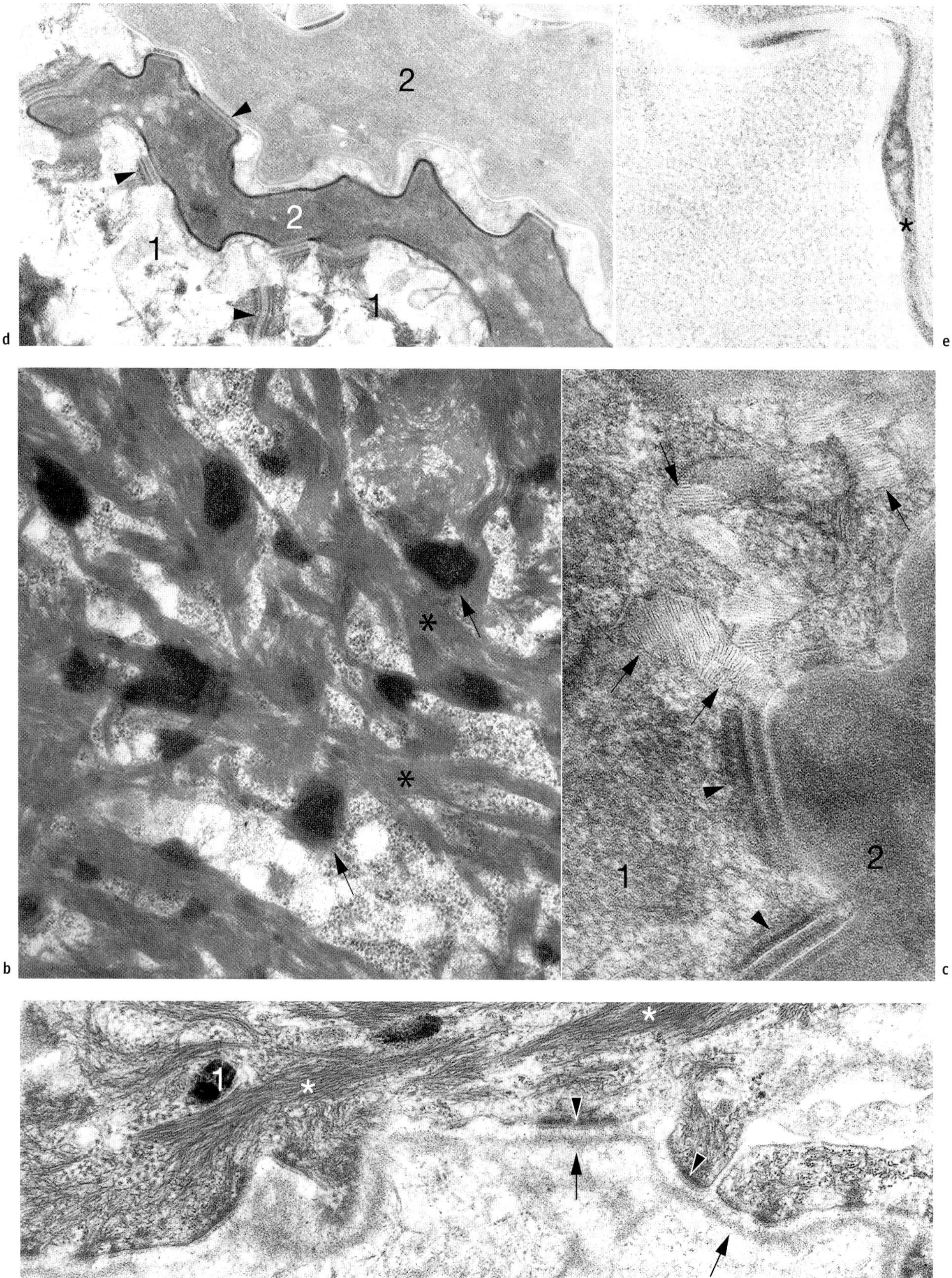

Abb. 16-4

Abb. 16-4 Ultrastrukturelle Details der Epidermis (Mensch).
a) Basis der Epidermis. Im Zytoplasma der Basalzellen zahlreiche Ribosomen und Intermediärfilamente (Keratinfilamente, Tonofilamente), die dichte Bündel bilden (✻). **1** Melaningranulum; ▶ Hemidesmosomen; ➔ Basallamina. Vergr. 49 960fach. (Aus [1])
b) Stratum granulosum mit Keratohyalingranula (➔), die dichtem proteinhaltigem Material entsprechen (siehe Text), das in Tonofilamentbündel (✻) eingelagert wird. Vergr. 20 100fach.
c) Lamellenkörper (➔) in Keratinozyten am Übergang des Stratum granulosum (1) zum Stratum corneum (2). ▶ Desmosomen. Vergr. 66740fach.
d) Übergang von den Zellen des Stratum granulosum (**1**) zu den Zellen des Stratum corneum (**2**). ▶ Desmosomen. Die Membran der Zellen des Stratum corneum ist verdickt, ihr Zytoplasma enthält nur noch Matrix und Tonofilamente. Vergr. 18270fach. (Aus [1])
e) Hohe Vergrößerung einer verhornten Zelle. Man sieht zahllose Anschnitte dicht gepackter heller Tonofilamente, die in eine etwas dichtere Matrix eingebettet sind. Im Interzellulärraum (✻) befinden sich spezifische Lipide aus den Lamellenkörpern. Vergr. 49 960fach. (Aus [1])

Stammzellen exprimiert in hohem Ausmaß die β1-Untereinheit des Integrins. Die Basalschicht ist über Hemidesmosomen an der Basallamina befestigt (Abb. **16-4a**). Das Zytoplasma der Keratinozyten ist durch zahlreiche Bündel aus Keratinfilamenten (Tonofilamenten) und freie Ribosomen, Polysomen und einige kurze Zisternen des rauen ER gekennzeichnet. Der Keratintyp, aus dem die Tonofilamente bestehen, verändert sich von der basalen zu den höher gelegenen Epidermisschichten.

Stratum spinosum Der Basalschicht folgt die mehrere Zelllagen dicke Stachelzellschicht (Stratum spinosum). Hier sind die Keratinozyten voluminöser und polygonal. Jede Zelle bildet an ihrer Oberfläche feine stachelförmige Fortsätze aus, die mit gleichartigen Fortsätzen der Nachbarzellen (auch denen aus der Basalschicht) Kontakt aufnehmen. Den Kontakt stellen kräftige Desmosomen her, die am Ende der feinen Fortsätze liegen (Abb. **16-3**). Keratinfilamentbündel sind in reichem Maß vorhanden. Der Interzellulärraum ist relativ weit und enthält, wie die Matrix vieler Bindegewebe, Hyaluronsäure.

Stratum granulosum Die abgeflachten Zellen der 1–3 Zelllagen dicken Körnerschicht (Stratum granulosum) enthalten basophile Granula (Abb. **16-3**, **16-4b**, **16-5**), die aus Keratinfilamenten und Keratohyalin bestehen (**Keratohyalingranula**) und nicht von einer Membran begrenzt sind. Das Keratohyalin enthält eine Vorstufe des Proteins Filaggrin. Die Zellen bilden des Weiteren 0,1–0,3 µm große membranbegrenzte **Lamellenkörper** (membrane coating granules), die Proteine (saure Hydrolasen) und verschiedene Lipide (u.a. das Glykolipid Acylglucosylceramid) enthalten. Sie geben ihren lipidhaltigen Inhalt in den Interzellulärraum ab, von wo sich die Lipide zumindest bis in die Interzellulärspalten des unteren Stratum corneum ausbreiten. Auf diese Weise entsteht eine wasserabweisende Barriere in der Epidermis, und außerdem wird ein Wasserverlust und ein Austrocknen des Körpers verhindert.

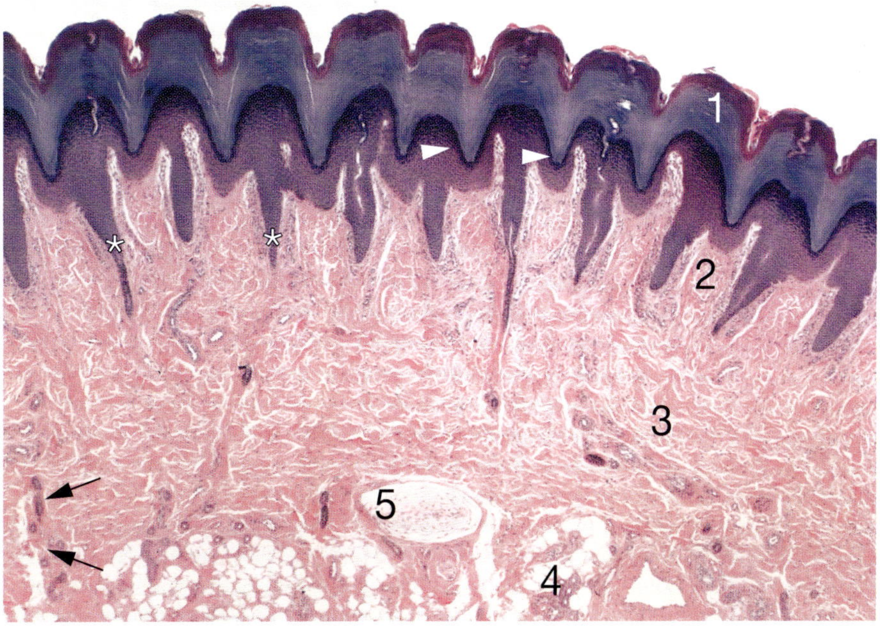

Abb. 16-5 Übersicht über die Haut der Fingerbeere (Mensch). Die dicke Epidermis (**1**) bildet außen ein Wellenmuster aus (entspricht dem Leistensystem der Hautoberfläche). Die Hornschicht ist sehr dick, im unteren Drittel ist das schwärzlich gefärbte, stark basophile Stratum granulosum (▶) erkennbar. **2** Stratum papillare der Dermis; **3** Stratum reticulare der Dermis; **4** Subkutis mit Fettzellen; **5** Vater-Pacini-Lamellenkörperchen. ✻ Reteleisten. Schweißdrüsen (➔) sind vorwiegend zwischen den Fettläppchen der Subkutis zu finden. Färbung: H. E.; Vergr. 45fach.

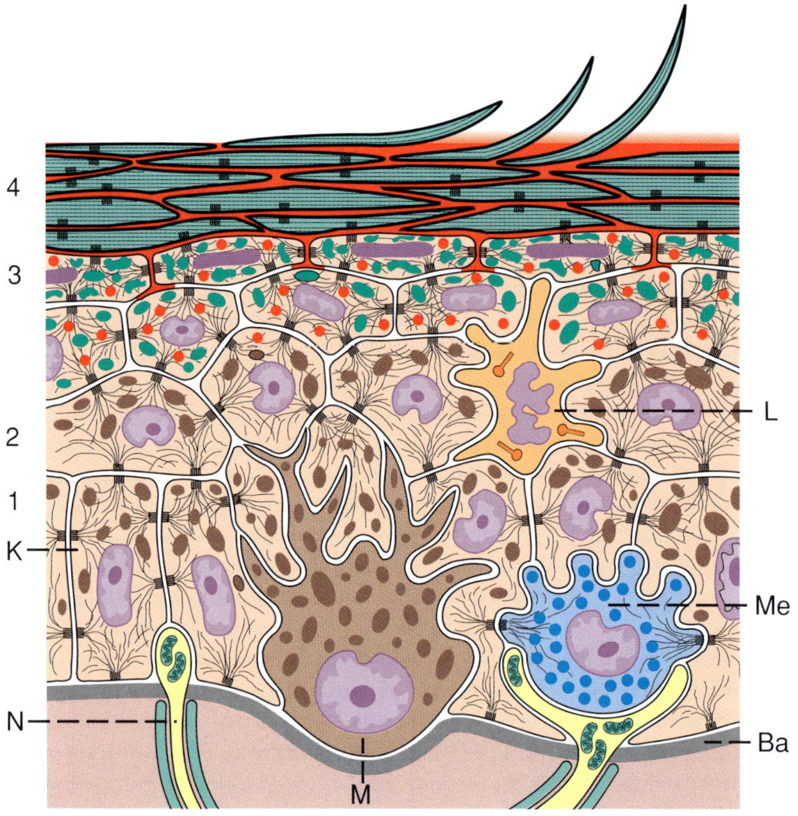

Abb. 16-6 Zelltypen der Epidermis, schematische Darstellung. Die Keratinozyten (**K**) bilden die Masse der Epithelzellen. Sie lassen von basal nach apikal eine kennzeichnende Umwandlung erkennen, die in der Schichtenbildung zum Ausdruck kommt: **1** Stratum basale; **2** Stratum spinosum; **3** Stratum granulosum; **4** Stratum corneum. Im Stratum granulosum treten die Keratohyalingranula (grün) als erster Hinweis für die Verhornung auf. Die Zellen produzieren des Weiteren Lamellenkörper (rot), deren Lipide den Interzellulärraum versiegeln. Die Melanozyten (**M**) bilden in unterschiedlicher Menge dunkelbraune Melanosomen, die auch in die Keratinozyten übertragen werden. Die Merkel-Zellen (**Me**) sind innervierte Rezeptorzellen, die aber vermutlich auch lokal aktive Faktoren produzieren. Die Langerhans-Zellen (**L**) sind antigenpräsentierende Zellen. Freie Nervenendigungen (**N**) dringen in die unteren Epidermisschichten ein (**Ba** = Basallamina). (Aus [1])

Stratum lucidum Auf das Stratum granulosum folgt in der Leistenhaut eine eosinophile Übergangsschicht (Stratum lucidum). Sie ist unterschiedlich klar ausgeprägt und markiert den Übergang der tiefen Schicht lebender Zellen zu den toten verhornten Zellen. Das Stratum lucidum kann im ungefärbten Schnitt bei verstelltem Kondensor stark aufleuchten, daher kommt der Name (Abb. **16-2**). In dieser Schicht gehen Zellkern und Organellen rasch zugrunde, ein Prozess, an dem viele Enzyme beteiligt sind und der einer besonderen Form der Apoptose entspricht.

Stratum corneum Das Stratum corneum (Hornschicht) ist die äußere Schicht der Haut, die aus mehreren Lagen toter verhornter Zellen aufgebaut ist. Sie bildet eine äußere Barriere, die den Körper gegen die Außenwelt schützt und hilft, das innere Milieu aufrechtzuerhalten.

Im Stratum corneum verlieren die kern- und organelllosen Zellen (Hornzellen, Korneozyten) 50 bis 80% Wasser und bestehen vorwiegend (ca. 80%) aus Keratin, das in eine Matrix eingebettet ist (Abb. **16-4d, e**). Das Protein Filaggrin ist eine Hauptkomponente der Matrix und verbindet sich mit peripheren Keratinfilamenten. Der Komplex aus Filaggrin und Keratinfilamenten wird innen an die Zellmembran angelagert und verstärkt sie hier. Die flachen, schuppenförmigen Zellen bleiben über Desmosomen verknüpft. Der Interzellulärraum ist mit dem lipidhaltigen Material der

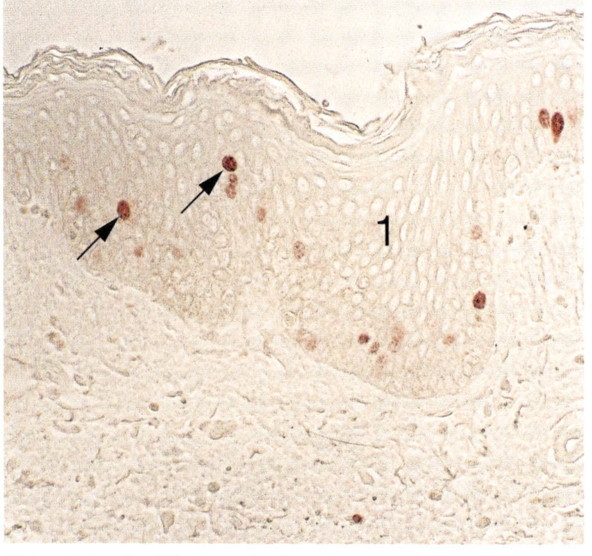

Abb. 16-7 Proliferierende Keratinozyten in Stratum basale und spinosum der Epidermis (**1**, Mensch). Immunhistochemischer Nachweis (Ki67-Antikörper) proliferierender Zellen (Braunfärbung der Kerne, ➔). Vergr. 250fach.

Lamellenkörper (Abb. **16-4e**) versiegelt und ist wasserundurchlässig. Die Lipide im Interzellulärraum verbinden sich mit dem Protein Involucrin, das schon Teil der Zellhülle ist. Die ursprüngliche Zellmembran der Keratinozyten wird in eine verdickte Zellhülle umgewandelt, der der Filaggrin-Keratin-Komplex, verschiedene spezifische Proteine und außen das mit den Lipiden der Lamellenkörper verbundene Involucrin angehören. Lipidlösliche Substanzen, darunter auch Medikamente in Salben, können in die Epidermis eindringen. Die Leistenhaut besitzt ein besonders dickes Stratum corneum (Abb. **16-5**). An der Oberfläche der Epidermis schilfern die Hornzellen ab. Sie dienen den Hausstaubmilben als Nahrung.

Dynamik der Zellerneuerung in der Epidermis Neubildung, Differenzierung und Abschilferung der Keratinozyten stehen im Gleichgewicht. In der Basalschicht neu entstandene Zellen benötigen beim Menschen ca. 2 Wochen, um sich zu Zellen des Stratum corneum zu entwickeln. In dieser Schicht wandern sie im Verlauf von ca. 2 weiteren Wochen an die Oberfläche der Epidermis, wo sie durch Ablösung aus dem Epithelverband verloren gehen. Insgesamt bleiben die Zellen ca. 4 Wochen im Epithel.

Die Stammzellen der Epidermis liegen über den Papillen der Dermis. Von hier wandern sie unter mitotischen Teilungen (transit amplifying cells) in der Basalschicht nach lateral und differenzieren sich dann, wobei sie zur Epitheloberfläche wandern. Ziel des Differenzierungsweges ist die tote verhornte Zelle des Stratum corneum.

Die Neubildung der Epidermis erfolgt unter dem Einfluss vieler Faktoren und Hormone, deren Expression bei der Wundheilung der Epidermis gesteigert ist. Beispiele sind: epidermaler Wachstumsfaktor (EGF, Abb. **16-8**), Keratinozyten-Wachstumsfaktor und Retinsäure (retinoic acid), ein Derivat des Vitamins A. Bei der Wundheilung spielen auch Basallamina und Matrix der Dermis eine wichtige Rolle.

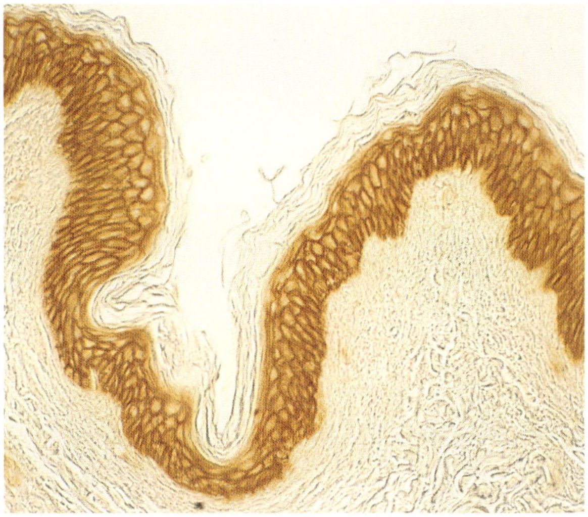

Abb. 16-8 Immunhistologischer Nachweis des Rezeptors des epidermalen Wachstumsfaktors (EGFR-P) in den kernhaltigen Zellen der Epidermis (Mensch). Vergr. 250fach.

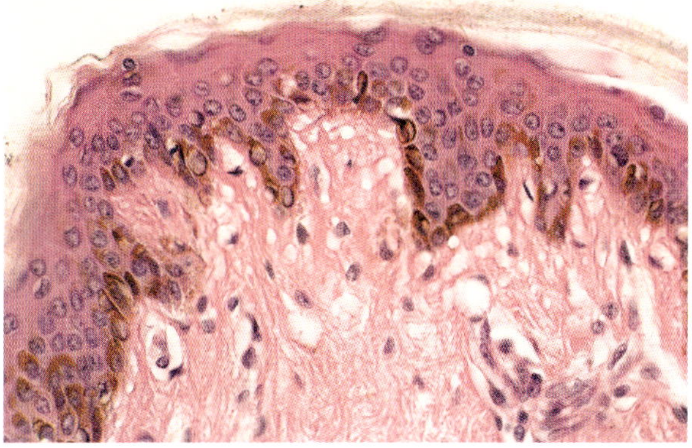

Abb. 16-9 Haut eines dunkelhäutigen Menschen mit reich entwickeltem braunem Melaninpigment in den basalen Zellschichten der Epidermis. Das Pigment ist sowohl in den Melanozyten (Pigmentproduktion) als auch in den Keratinozyten zu finden. Färbung: H.E.; Vergr. 100fach.

16.1.2 Zelltypen der Epidermis

Die Epidermis besteht größtenteils aus Keratinozyten. Daneben enthält sie weitere Zelltypen, die meistens sekundär in der Epidermis eingewandert sind.

Keratinozyten

Die Keratinozyten (Abb. **16-6**) sind die Epithelzellen der Epidermis. Die Schichtenfolge der Epidermis spiegelt unterschiedliche Differenzierungsformen dieser Zellen wider, die in Kapitel 16.1.1 bereits beschrieben wurden. In der Basalschicht befinden sich Stammzellen und ihre Tochterzellen, die sich z.T. lebhaft teilen und auch im Stratum spinosum zu finden sind. Von diesen Zellen sind Vermehrung und Differenzierung der Keratinozyten abhängig (Abb. **16-7**).

Die Differenzierung ist genetisch programmiert. Sie beginnt mit dem postmitotischen Keratinozyten und endet mit einer kernlosen verhornten Zelle. Zur Differenzierung gehören: Synthese und Modifikation von Strukturproteinen (v.a. Keratinen), Bildung, Umwandlung und Abbau von Zellorganellen, Apoptose, Veränderungen der Zellgestalt, Veränderungen der Zellmembran und Wasserverlust.

In den lebenden Epithelzellen der Epidermis werden Wachstumsfaktoren (Abb. **16-8**) und zahlreiche Zytokine exprimiert, die nicht nur regulierend in den Differenzierungsprozess eingreifen, sondern auch in die Dermis diffundieren und hier zelluläre Prozesse beeinflussen.

In den verschiedenen Epidermisschichten treten unterschiedliche Keratinmoleküle auf, die die jeweiligen Schichten kennzeichnen. In den basalen Zellen treten z.B. niedermolekulare Keratine (Keratine K5 und K14) auf, die mit der Proliferation assoziiert sind. Die oberen Epidermiszellen exprimieren K1 und K10, an Hand- und Fußflächen findet sich K19.

Klinik Übermäßige Lichtexposition führt zu Zellatypien, Atrophie, Nekrosen und Blasenbildung.

Verhornungsstörungen (Hyperkeratose = überschießende Verhornung; Parakeratose = mangelhafte Verhornung) kennzeichnen eine Reihe von Hautkrankheiten.

Mutationen der Keratine K5 und K14 führen zu erblichen blasenbildenden Krankheiten (Epidermolysis bullosa simplex).

Die **Psoriasis** ist durch überschießende Proliferation der Epidermiszellen gekennzeichnet. Der Zellumsatz dauert bei dieser Hautkrankheit nur 1 Woche anstelle der 4 Wochen in normaler Epidermis.

Warzen werden durch das humane Papillomavirus verursacht. Sie bilden sich meistens spontan nach 6–24 Monaten zurück.

Die häufig auftretenden **Karzinome** (v.a. Basaliome) sind oft mit chronischer Sonnenexposition korreliert. Bei unzureichender Ozonschicht (Feuerland, z.T. Patagonien und Australien) treten solche Basaliome vermehrt auf.

Scabies (Krätze) ist eine Hautkrankheit, die durch die Krätzmilbe *(Sarcoptes scabiei)* verursacht wird. Befruchtete Weibchen bohren Gänge in das Stratum corneum (z.B. der Handgelenksbeuge und der Fingerseiten) und legen hier Eier ab. Starker Juckreiz, eitrige Entzündung, Ekzembildung u.a. kennzeichnen das Krankheitsbild.

Melanozyten

Die Melanozyten bilden braune Pigmente (Abb. **16-9**). Sie befinden sich in der basalen Epithelschicht und bilden schlanke Zellfortsätze, die sich zwischen den Keratinozyten ausbreiten (Abb. **16-6**). Sie bilden keine Desmosomen aus.

Melanozyten entstammen der Neuralleiste und entwickeln sich aus Melanoblasten unter Kontrolle des Stammzellfaktors, der mit dem c-Kit-Rezeptor, einer membranständigen Tyrosinkinase der Melanoblasten, interagiert.

Die Melanozyten synthetisieren in eigenen Organellen (Melaningranula, Melanosomen, Abb. **16-4a**) Melanin (siehe auch Kap. 2), wobei das entscheidende Enzym die Tyrosinkinase ist. Dieses dunkle Pigment wird oft paketweise in die Keratinozyten übertragen, die es selbst nicht synthetisieren können (Abb. **16-10**). Die Melanosomen entstehen im Golgi-Apparat und weisen Zeichen der Verwandtschaft mit Lysosomen auf (saurer pH-Wert, einige saure Hydrolasen u.a.). Die Keratinozyten konzentrieren häufig das Melanin kappenförmig über ihrem Kern (Schutz der DNA vor Licht). Ein Melanozyt versorgt ca. 35 Keratinozyten mit Pigment (epidermale Melanineinheit).

Die Zahl der Melanozyten ist bei allen Ethnien des Menschen gleich. Unterschiede bestehen jedoch hinsichtlich der Menge an gebildetem Melanin, bei dun-

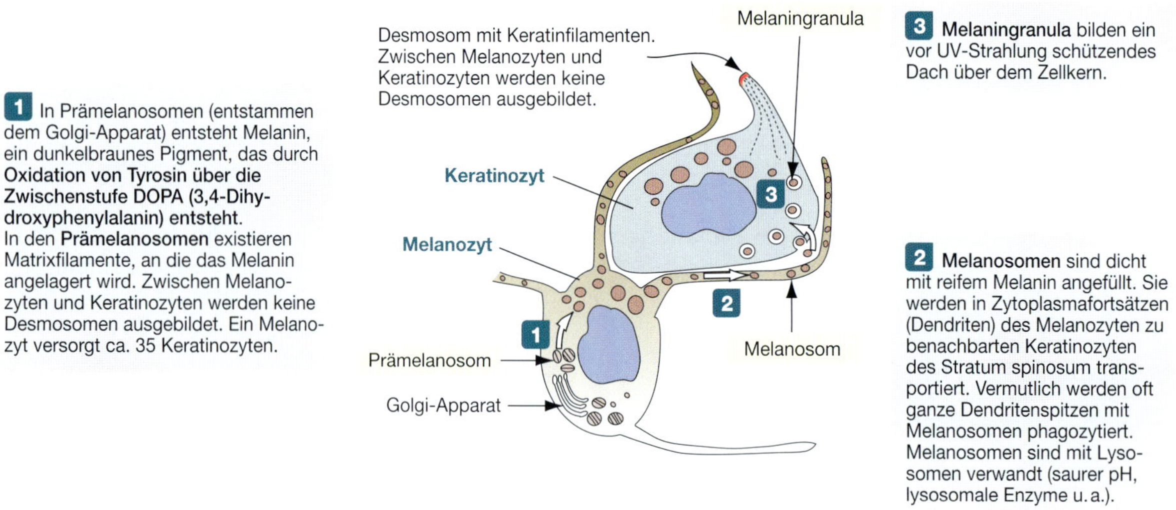

Abb. 16-10 Melaninsynthese und Transport der schwarzbraunen Melaningranula von Melanozyten zu Keratinozyten. (Aus [12])

kelhäutigen Ethnien sind alle Zellen, also auch die Keratinozyten, speziell in den basalen Epithelschichten dicht mit Melaningranula angefüllt (Abb. **16-9**). In der Dermis findet man teilweise Makrophagen, die Melanin phagozytiert haben (Melanophagen).

Klinik Solare **Lentigines** (Leberflecken) sind gutartige Hautveränderungen und bestehen aus hyperplastischen Melanozyten, die vermehrt Melanin bilden. Sie entstehen besonders an sonnenexponierten Hautstellen.

Das Fehlen von Enzymen (v.a. der Tyrosinase) führt zu mangelhafter Pigmentbildung, im Extremfall zu **Albinismus**.

Bei bösartigem Wachstum der Melanozyten entstehen **Melanome**.

Langerhans-Zellen

Langerhans-Zellen (benannt nach dem Pathologen, Arzt und Biologen Paul Langerhans, 1847–1888) befinden sich vorwiegend im Stratum spinosum und besitzen einen unregelmäßig gestalteten Kern (Abb. **16-6**). Sie bilden viele Fortsätze aus und sind nicht über Desmosomen mit ihren Nachbarzellen verbunden (Abb. **16-11**). Am besten lassen sie sich immunhistochemisch (CD1, S-100-Protein) oder enzymhistochemisch (ATPase, α-Naphthylacetat-Esterase) nachweisen. Auf elektronenmikroskopischer Ebene sind spezifische längliche Granula (Birbeck-Granula) kennzeichnend.

Langerhans-Zellen sind noch unausgereifte antigenpräsentierende dendritische Zellen (siehe S. 265). Sie entstammen einer Zelllinie des Knochenmarks (verwandt mit der Zelllinie der Makrophagen) und sind in die Epidermis eingewandert. Die Langerhans-Zellen können Antigene, die in die Epidermis eingedrungen sind, aufnehmen. Nach Antigenaufnahme wandern sie in die lymphatischen Organe (z.B. Tonsillen oder Lymphknoten), wo sie zu reifen antigenpräsentierenden interdigitierenden dendritischen Zellen heranwachsen und T-Lymphozyten aktivieren.

Lymphozyten

Einzelne Lymphozyten lassen sich regelmäßig in den tieferen Epidermisschichten finden. Wie in anderen Epithelien handelt es sich hierbei oft um CD8-positive T-Lymphozyten.

Merkel-Zellen

Die Merkel-Zellen (benannt nach dem Anatomen Friedrich Merkel, Göttingen, 1845–1919) entstammen der Neuralleiste und liegen in den tieferen Anteilen der Epidermis. Sie enthalten Zytokeratine, kleine dichte Granula (Durchmesser 80–100 nm, enthalten Neuropeptide) und kräftige, kurze Fortsätze, die etwas an Sinneshaare erinnern. Sie sind über Desmosomen mit Nachbarzellen verknüpft. An ihrer Oberfläche finden sich sensible Nervenendigungen. Sie sind Mechano-(Druck-)Rezeptoren, wahrscheinlich sind sie aber auch neurosekretorisch aktiv (siehe S. 609).

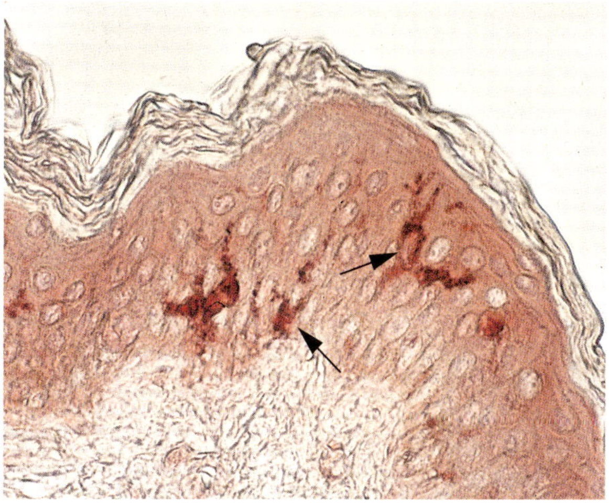

Abb. 16-11 Kräftig rotbraun gefärbte Langerhans-Zellen (→) in der Epidermis (Mensch). Immunhistochemischer Nachweis (Antikörper gegen das S-100-Protein). Vergr. 450fach.

16.2 Dermis

Die Dermis (Lederhaut, Corium) ist das spezielle Bindegewebe der Haut und macht ca. 15–20% des Körpergewichts aus. Wichtige Funktionen sind der Schutz vor Verletzungen und die Speicherung von Wasser. Außerdem verleiht sie der Haut Festigkeit und Elastizität. Die Dermis besteht aus Kollagen, elastischen Fasern, Mikrofibrillen, Hyaluronsäure, Dermatansulfat, Fibronektin, Nerven und Gefäßen. In der Dermis sind verschiedene Zelltypen wie Fibroblasten, Makrophagen, Lymphozyten und Mastzellen zu finden.

Zwei Schichten lassen sich von außen nach innen in der Dermis unterscheiden (Abb. **16-1**, **16-5**):

- Stratum papillare und
- Stratum reticulare.

16.2.1 Stratum papillare

Das Stratum papillare liegt unter der Epidermis und bildet die primären und sekundären Bindegewebspapillen, die mit den Reteleisten der Epidermis verzahnt sind. Diese locker gebaute Schicht enthält mehr Kollagen vom Typ III als vom Typ I. Sie besitzt zahlreiche Blutkapillaren, die der Ernährung der Epidermis dienen. In vielen Bindegewebspapillen, speziell in der Leistenhaut, befinden sich Meissner-Tastkörperchen.

16.2.2 Stratum reticulare

Das Stratum reticulare stellt die tiefere Dermisschicht dar. Sie besteht aus dichtem, unregelmäßig angeordnetem Bindegewebe, in dem das Kollagen Typ I überwiegt. Des Weiteren kommen hier dicke elastische Fasern vor (Abb. 3.2-17).

Klinik Übermäßige Lichtexposition löst die Schädigung und Fragmentierung der elastischen Fasern in der Dermis (Elastose) aus, besonders bei weißhäutigen Menschen. Auch im Alter verändern sich die elastischen Fasern. Licht schädigt auch das Kollagen, das sich in erheblichem Maße zurückbilden kann.

16.2.3 Gefäße

Die Arterien der Haut zweigen aus den Gefäßen der Muskulatur ab und laufen durch die Subkutis zur Oberfläche. Sie bilden im Grenzbereich Subkutis-Dermis ein arterielles Gefäßnetz, parallel dazu läuft ein venöses Gefäßnetz. Einige abzweigende Arterienäste ziehen zurück zum subkutanen Fettgewebe und versorgen auch die Endstücke der Schweißdrüsen in der Subkutis und die Haarwurzeln. Andere, aufsteigende Äste bilden einen Plexus unter den Papillen des Stratum papillare. Aus diesem Plexus entspringen die schlingenförmigen Kapillaren in den Bindegewebspapillen, die die Epidermis versorgen. Das kapilläre Blut sammelt sich in einem subpapillären Venenplexus, dessen Durchblutung die Wärmeabgabe beeinflusst. Aus diesem Plexus fließt das Blut in den tieferen Plexus an der Dermis-Subkutis-Grenze, der auch Venen aus der Subkutis aufnimmt. Der weitere Abfluss erfolgt über größere Venen außerhalb der Körperfaszie. Zahlreiche arteriovenöse Anastomosen können das arterielle Blut unter Umgehung der papillären Kapillaren direkt in den subpapillären Venenkomplex leiten.

Lymphgefäße bilden einen subpapillären Plexus sowie einen größeren Plexus an der Dermis-Subkutis-Grenze. Aus diesem Plexus entspringen Lymphgefäße, die epifasziale regionale Lymphknoten erreichen oder die auch mit subfaszialen Lymphgefäßen kommunizieren.

Klinik Bei Durchblutungsstörungen der Haut, wie sie z. B. bei lange Bettlägerigen im Bereich der auf der Unterlage aufliegenden Haut entstehen, können Geschwüre (**Dekubitus**) entstehen.

! Die Haut besteht aus Epidermis und Dermis. Die **Epidermis** ist ein mehrschichtiges verhorntes Plattenepithel. Die Epithelzellen der Epidermis (Keratinozyten) differenzieren sich in einem vierwöchigen Umwandlungsprozess zu toten, kern- und organelllosen schuppenförmigen Zellen, die an der Oberfläche abgeschilfert werden. Die Epidermis bietet u. a. Schutz vor mechanischen, thermischen, chemischen Einflüssen und vor Krankheitserregern. Außer den Keratinozyten enthält die Epidermis Melanozyten, Langerhans-Zellen und Merkel-Zellen.

Die **Dermis** besteht aus Bindegewebe und bildet zwei Schichten, das kapillarreiche Stratum papillare und das kollagenreiche Stratum reticulare.

16.3 Subkutis

Die Subkutis liegt unter der Dermis. Der wesentliche Bestandteil der Subkutis ist Fettgewebe, das durch schmale Septen lockeren Bindegewebes unterteilt wird und läppchenartige Strukturen bildet. Die Gesamtheit dieses Fett- und Bindegewebes wird Panniculus adiposus genannt. An den Fußsohlen und an anderen Körperpartien hat das Fettgewebe strukturelle Funktionen (Baufett), an anderen Stellen (z. B. Bauchhaut) ist es Depotfett. Das Fett der Subkutis ist ein Wärmeisolator und ein Druckpolster. In den Bindegewebssepten finden sich auch Blut- und Lymphgefäße sowie Nerven, die die Dermis und Epidermis versorgen. In der Subkutis liegen außerdem die Vater-Pacini-Lamellenkörperchen, die Druck und Vibrationen wahrnehmen. Auch die Follikel der Terminalhaare liegen in der Subkutis (s. Abb. **16-16**).

16.4 Hautdrüsen

In der Haut kommen – in unterschiedlicher Ausprägung und Häufigkeit – drei Typen von Hautdrüsen vor:

- ekkrine Schweißdrüsen,
- apokrine Duftdrüsen und
- holokrine Talgdrüsen.

Zusätzlich kommen selten gemischte und ausnahmsweise auch muköse Drüsen vor. Auch die Brustdrüse ist eine Hautdrüse. Aufgrund ihrer biologischen Sonderstellung und großen klinischen Bedeutung ist sie in Kapitel 15 gesondert dargestellt.

16.4.1 Ekkrine Schweißdrüsen

Ekkrine Schweißdrüsen sind weit verbreitet vorkommende, unverzweigte, geknäuelt verlaufende tubuläre

Drüsen mit engem Lumen. Sie reichen oft bis in die Subkutis hinab (Abb. **16-12, 16-22**).

Die **Ausführungsgänge** besitzen ein zweischichtiges Epithel. Der Durchmesser ist kleiner als der der sekretorischen Anteile (Abb. **16-12**). Die Gänge treten an den Reteleisten in die Epidermis ein, durch die sie geschlängelt zur Oberfläche der Haut verlaufen (Abb. **16-2**). In den Gängen werden aus dem Schweiß Natrium und Chlorid rückresorbiert, so dass der normale Schweiß eine hypotone Flüssigkeit ist.

In den **Endstücken** finden sich helle und dunkle Drüsenepithelzellen sowie reich cholinerg versorgte Myoepithelzellen. Alle Epithelzellen der Endstücke sind reich an Zytokeratinen (Abb. **16-13**).

Die **dunklen Drüsenepithelzellen** (nur in Spezialpräparaten sicher zu erkennen) bilden v.a. Glykoproteine, die in PAS-positiven Granula gespeichert und exozytotisch abgegeben werden. Ein spezielles Produkt der dunklen Zellen sind antimikrobielle Defensine. Die Zellen besitzen einen relativ breiten Apex und eine schlanke Basis.

Die **hellen Drüsenepithelzellen** geben Wasser und Elektrolyte ab. Sie besitzen eine breite Basis und einen schlanken Apex, sind mitochondrienreich und enthalten Glykogen sowie einzelne, meist helle, kleine, vermutlich sekretorische Vesikel. Lateral bilden sie dicht gepackte Mikrovilli und Mikrofalten aus. Zwischen benachbarten hellen Zellen entstehen kanalartige Erweiterungen des Interzellulärraumes, die „Sekretkapillaren" genannt werden und in das Drüsenlumen münden.

Schwitzen und Schweiß Über 1 Million ekkrine Schweißdrüsen bilden den typischen Schweiß. Thermisches Schwitzen spielt eine wichtige Rolle bei der Kontrolle der Körpertemperatur und kommt gleichmäßig am ganzen Körper verteilt vor. Emotionales Schwitzen erfolgt besonders reichlich an den Hand- und Fußsohlen, der Stirn und in den Achselhöhlen, hier sind auch die apokrinen Duftdrüsen am Schwitzen beteiligt.

Das Schwitzen ist ein Mechanismus, der den Körper bei hohen Außentemperaturen vor Überhitzung schützt. Der Wärmeentzug entsteht durch Verdunstung von Wasser durch die oberen Hautschichten und die Schleimhäute von Mund, Nase und den unteren Atemwegen. Eine gesteigerte Hautdurchblutung fördert zusätzlich die Verdunstung. Zu einem deutlich geringeren Anteil kann Wasser durch die Schweißdrüsen abgegeben werden, was ebenfalls zu Wärmeabgabe führt. Pro Liter insgesamt verdunsteten Wassers werden dem Körper ca. 2400 kJ Wärme entzogen. Der Schweiß wird von den mitochondrienreichen hellen Zellen der Schweißdrüsen aktiv in einem speziellen Sekretionsprozess, der durch cholinerge sympathische

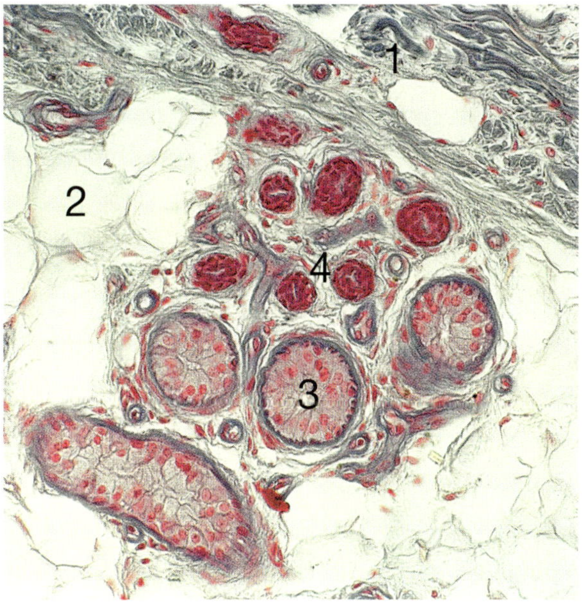

Abb. 16-12 Ekkrine Schweißdrüse (Haut, Mensch) an der Grenze zwischen Dermis (**1**) und Subkutis mit Fettzellen (**2**); **3** Endstücke der Schweißdrüse; **4** Gangabschnitt der Schweißdrüse. Färbung: Azan; Vergr. 250fach.

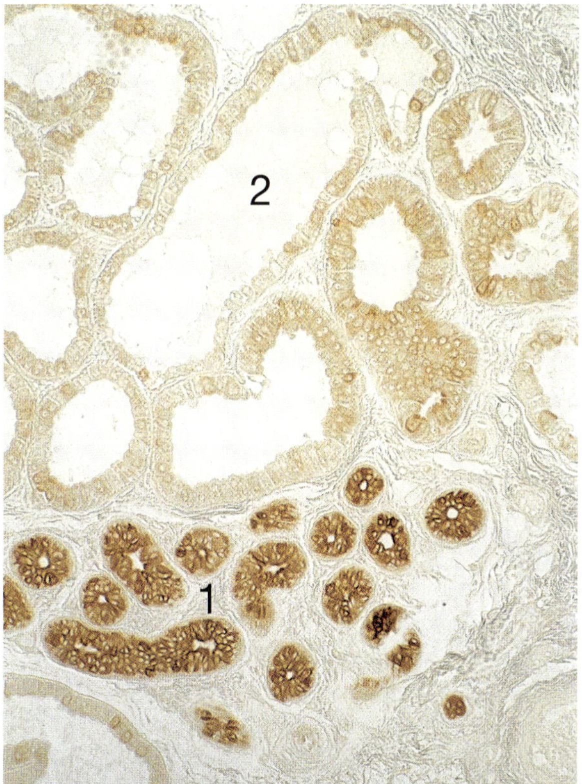

Abb. 16-13 Zytokeratinnachweis (CK19) in der Achselhöhlenhaut (Mensch). **1** Endstücke ekkriner Schweißdrüsen (kräftige immunhistochemische Färbung); **2** apokrine Duftdrüsen (variable, schwächere Reaktion). Vergr. 150fach.

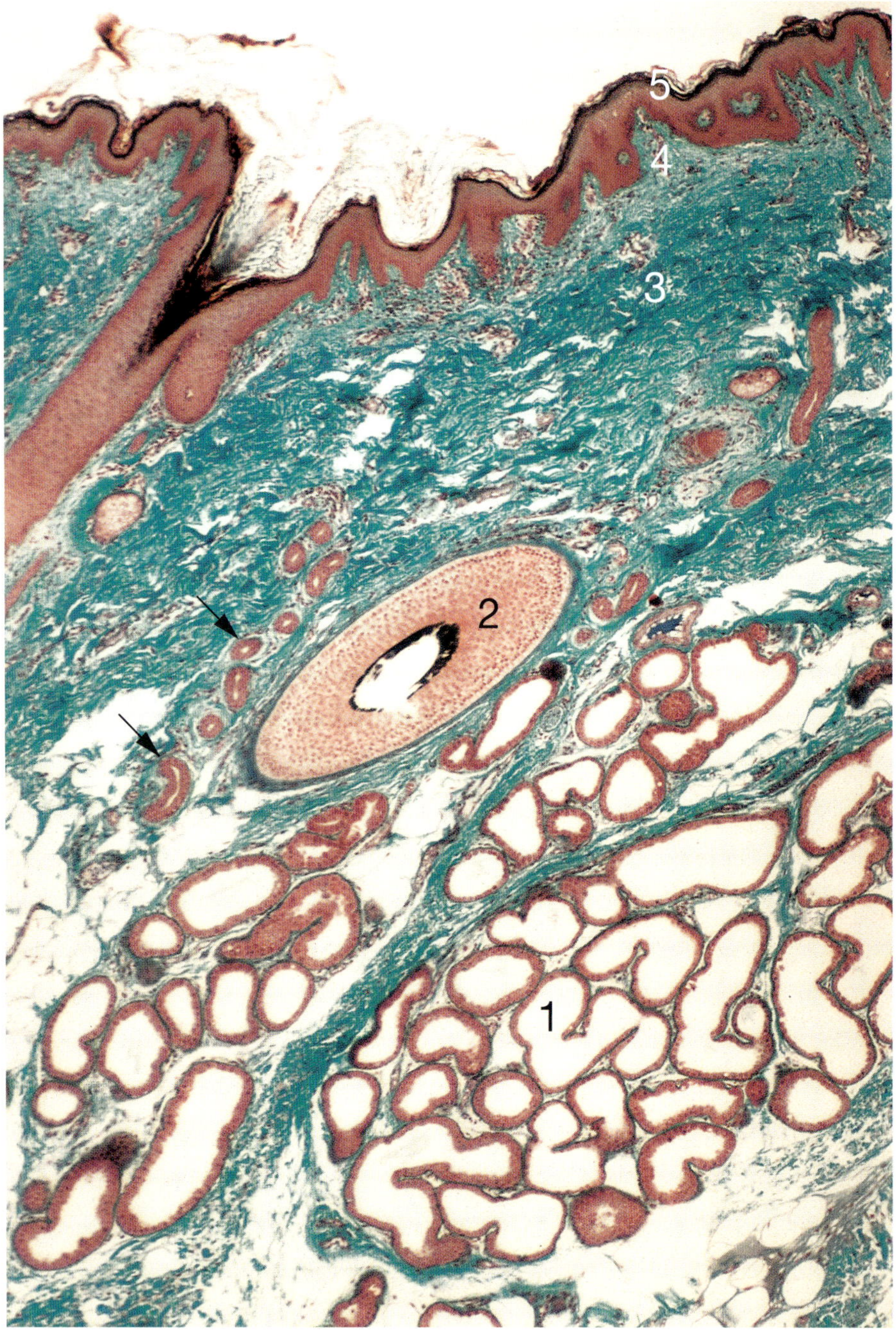

Abb. 16-14 Apokrine Drüsen (1) der Achselhöhlenhaut (Mensch). Auffallend sind das weite Lumen der dicht gepackten Drüsenschläuche und das wechselnd hohe Drüsenepithel. ➔ Ausführungsgänge der apokrinen Drüsen; **2** Haar; **3** Stratum reticulare der Dermis; **4** Stratum papillare der Dermis; **5** Epidermis. Färbung: Goldner; Vergr. 45fach.

Nervenfasern ausgelöst wird, abgegeben. Eine wichtige Rolle bei der Schweißsekretion spielt die stark gefaltete basolaterale Membran der hellen Drüsenepithelzellen, die Ionen und Wasser transportiert. In dieser Membran finden sich eine Na^+-K^+-ATPase und ein Na^+-K^+-$2Cl^-$-Symporter. Cl^- akkumuliert in der Zelle und wird durch einen Chloridkanal in das Drüsenlumen transportiert. Na^+ strömt parazellulär durch die relativ durchlässige Zonula occludens, und Wasser folgt passiv durch das Zytoplasma der Zelle. Schweiß besteht aus Wasser und 0,2- bis 0,3%igem NaCl sowie geringen Mengen organischer Stoffe, wie z.B. Muzinen. Er enthält auch sehr kleine Mengen Harnstoff, Harnsäure und Ammoniak. In der Drüse ist der Schweiß zunächst isoton, im Drüsengang wird ihm unter dem Einfluss von Aldosteron Na^+ aktiv entzogen (Cl^- folgt passiv), so dass der definitive Schweiß hypoton ist.

Klinik Bei der zystischen Fibrose (**Mukoviszidose**) können die Gänge der Schweißdrüsen kein NaCl rückresorbieren. Ein Defekt im Chloridkanal der Gangepithelien verhindert die Rückresorption. Charakteristisch für die Mukoviszidose ist der erhöhte Chloridgehalt im Schweiß (>70 mmol/l im Schweißtest).

16.4.2 Apokrine Duftdrüsen

Die apokrinen Duftdrüsen (manchmal auch apokrine große Schweißdrüsen genannt) bilden weitlumige, geknäuelte, tubuläre und z.T. verzweigte Endstücke (Abb. **16-14**). Die **Ausführungsgänge** sind ähnlich gebaut wie die der ekkrinen Drüsen, münden aber immer in Haartrichter. Die **Endstücke** sind adrenerg innerviert und besitzen zahlreiche basal gelegene **Myoepithelzellen** sowie nur einen **Drüsenzelltyp**, der jedoch morphologisch ein variables Bild bietet. Die Zellhöhe wechselt von platt bis hochprismatisch. Typisch für die prismatischen Zellen ist die Ausbildung eines ins Lumen vorgewölbten Zellapex. Die Sekretion der Zellen ist komplex, ein Teil des Sekrets wird in Granula verpackt und exozytotisch abgegeben (siehe S. 28, 102). Die Granula enthalten u.a. antibakterielle Komponenten (z.B. Adrenomedullin und Defensine) sowie Duftstoffe. Andererseits können die Zellen auch den ganzen Zellapex abschnüren und ins Lumen abgeben (apokrine Sekretion). Der abgeschnürte Apex enthält vermutlich Proteine, die nicht in Granula verpackt werden, da ihnen die entsprechende Signalsequenz fehlt (siehe S. 103). Ein typischer Bestandteil der Drüsenepithelzellen sind die heterogenen Lipofuszingranula. Die apokrinen Duftdrüsen sind bei Frauen zumeist besser entwickelt als bei Männern. Sie werden nach der Pubertät aktiv und werden von Geschlechtshormonen beeinflusst. Ihr Sekret enthält Geruchsstoffe, die bei Säugetieren eine Rolle in der olfaktorischen Kommunikation spielen. Die freigesetzten Stoffe werden an der Hautoberfläche im flüssigen Schweiß ausgebreitet, von Bakterien enzymatisch gespalten, wobei die Geruchskomponenten freigesetzt werden. Die apokrinen Moll-Drüsen (Augenlider) und Zeruminaldrüsen (äußerer Gehörgang) sind schon im Kleinkindalter aktiv und bilden wohl ganz überwiegend antimikrobielle Stoffe bzw. Substanzen, die Arthropoden abwehren.

Vorkommen Achselhöhle, Brustwarzenhof (Montgomery-Drüsen), Leistenbeuge, Umgebung des Afters, große Schamlippen, Mons veneris, Vestibulum nasi, Augenlidrand (Moll-Drüsen) und äußerer Gehörgang (Zeruminaldrüsen).

Klinik Schweißdrüsenabszesse der Achselhöhlenhaut gehen auf bakterielle Entzündungen der apokrinen Drüsen zurück.

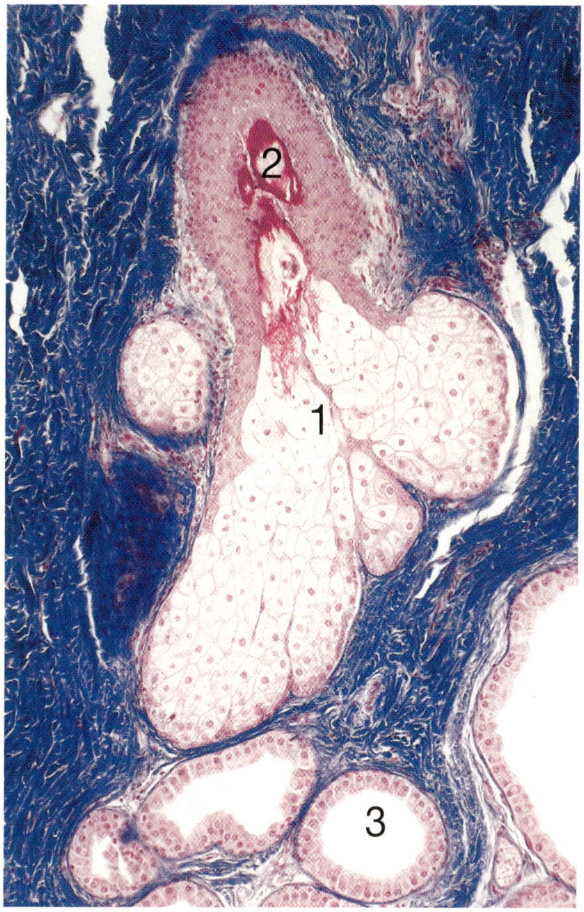

Abb. 16-15 Holokrine Talgdrüse (1) der Achselhöhlenhaut (Mensch) mit Haarwurzel (**2**). **3** apokrine Drüsen. Färbung: Masson-Trichrom; Vergr. 150fach.

16.4.3 Holokrine Talgdrüsen

Holokrine Talgdrüsen sind Hautdrüsen mit weiten (alveolären) Endstücken, die aber kein Lumen ausbilden, und einem undeutlich abgegrenzten Gang, der zumeist in Haartrichter einmündet (Abb. **16-15**). Meist liegen mehrere unvollständig voneinander getrennte Endstücke (Talgkolben) vor. Am Rand der Endstücke befinden sich platte bis kubische Epithelzellen, die sich mitotisch teilen können (Ersatzzellen). Es folgen nach innen größere Zellen, deren Zytoplasma mit Lipid-(Talg-)Tröpfchen angefüllt ist. Das Innere der Endstücke enthält völlig mit Lipidkugeln angefüllte Zellen, die hier zugrunde gehen (die Kerne verdichten sich und zerfallen). Diese Zellen lösen sich im Drüsengang aus dem Drüsenepithel und bilden so das Sekret (holokrine Sekretion, siehe S. 104). Myoepithelzellen fehlen. Talgdrüsen bilden einen Lipidfilm an der Oberfläche der Haut, was offenbar die Wasserdurchlässigkeit herabsetzt. Sie kommen weit verbreitet vor, fehlen aber in der Leistenhaut der Hand- und Fußflächen. Freie

Talgdrüsen, die keine Beziehung zu den Haarfollikeln haben, sind in Abbildung 13-72 dargestellt.

Klinik Die Haartrichter und die Ausführungsgänge der Talgdrüsen können von speziellen lipophilen Bakterien *(Propionibacterium acnes)* besiedelt werden, was ein wichtiger Faktor bei der Entstehung des Krankheitsbilds der **Acne vulgaris** ist. Akne ist eine entzündliche Hauterkrankung, die durch Bildung freier Fettsäuren infolge bakterieller Aktivität entsteht. Die Entzündung findet in Zysten (Komedonen) im Haarfollikel und im umliegenden Bindegewebe statt. Die ausgeprägte Aktivität der Talgdrüsen in der Pubertät fördert das Krankheitsbild. Der Befall der Haartrichter mit Haarbalgmilben *(Demodex folliculorum)* hat oft keinen Krankheitswert.

16.4.4 Gemischte Drüsen

Die gemischten Drüsen weisen morphologisch intermediäre Merkmale zwischen ekkrinen und apokrinen Drüsen auf. Sie kommen z.B. in der Achselhöhlenhaut vor und sind bei Schwarzafrikanern häufiger als bei Weißen.

! Es lassen sich drei unterschiedliche Arten von Hautdrüsen unterscheiden, die sich insbesondere durch ihre Funktion und ihren Sekretionsmodus unterscheiden. Die ekkrinen Hautdrüsen bilden Schweiß, die apokrinen Hautdrüsen Duftstoffe, die holokrinen Hautdrüsen (Talgdrüsen) ein fettreiches Sekret.

16.5 Haare

Haare sind schräg in der Haut steckende epidermale Gebilde und entsprechen feinen Zylindern aus verhornten Epithelzellen (Abb. **16-16**). Bei Erwachsenen unterscheidet man **Vellushaare** (fein, weich, ohne Mark, kurz, unpigmentiert) und **Terminalhaare** (fest, dick, mit Mark, lang, oft pigmentiert, unterscheiden sich meist deutlich bei den verschiedenen Ethnien des Menschen). Vellushaare bilden die feine Behaarung von Rumpf und Extremitäten. Terminalhaare bilden

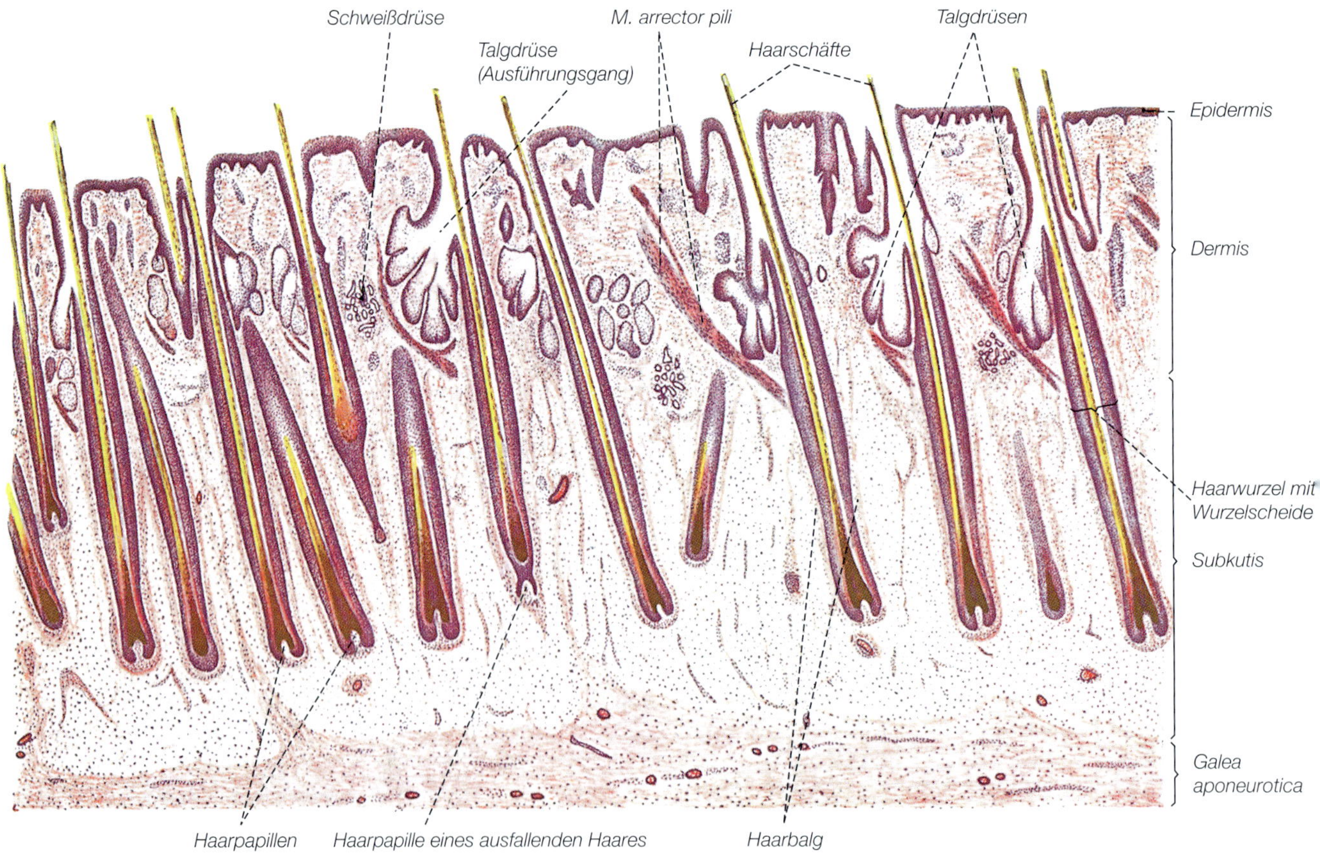

Abb. 16-16 Bei Längsschnitten durch die Haare (Kopfhaut, Mensch) erkennt man deren frei über das Epithel herausragenden Schaft sowie die in einer reagenzglasförmigen, epithelialen Scheide steckende Wurzel. Diese ist außer von der epithelialen Wurzelscheide auch noch von einer bindegewebigen Hülle, dem Haarbalg, umgeben. Färbung: H.E.; Vergr. 40fach. (Aus [1])

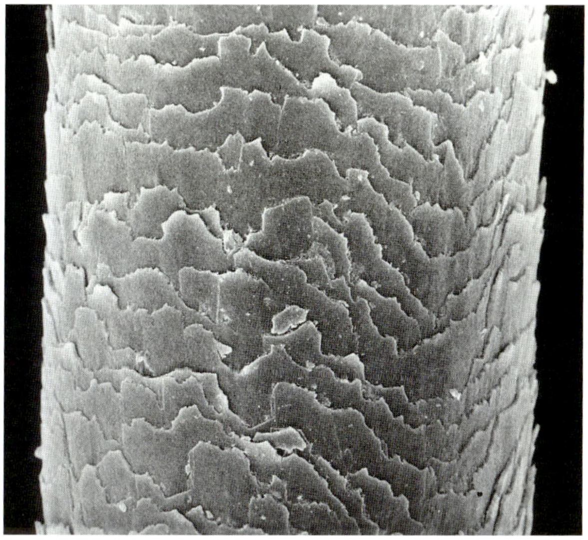

Abb. 16-17 Terminalhaar der Kopfhaut einer jungen Frau. Zu sehen ist die außen gelegene Haarkutikula. Die Ränder der verhornten Zellen der Haarkutikula sind z.T. etwas angegriffen. Vergr. 2200fach.

die Kopf-, die Scham-, die Achselhöhlen- und die Bartbehaarung sowie die Wimpern. Haare stehen meist allein, können aber auch in Büscheln an der Oberfläche erscheinen.

16.5.1 Aufbau der Haare

Am Haar lassen sich der aus der Haut herausragende **Haarschaft (Scapus)** aus hartem, verhorntem Keratin und der **Haarfollikel** unterscheiden. Beide sind rein epitheliale Strukturen.

Haarschaft

Der Haarschaft ist das, was man naiv das Haar nennt. Sein Hauptbestandteil ist eine dicke **Rinde** aus dicht gelagerten verhornten Zellen, die im Wesentlichen aus hartem Keratin bestehen. Die Rinde ist außen von der **Haarkutikula** (Abb. **16-17**) bedeckt, die aus flachen, verhornten Zellen besteht, die sich wie Dachpfannen überdecken. Nur im Innern von Terminalhaaren kommt ein dünner Strang aus größeren verhornten Zellen und luftgefüllten Räumen vor, das **Mark**. Im Alter nimmt oft die Zahl an Luftbläschen zu, was zur Graufärbung der Haare führt.

Beim Menschen gibt es auf genetischer Basis drei Typen von Terminalhaaren:

- gerade kräftige Haare (z.B. bei Ostasiaten, Abb. **16-17**),
- gewellte feine Haare (bei vielen Europäern),
- kurze krause Haare (z.B. bei Afrikanern südlich der Sahara).

Haarfollikel

Der Haarfollikel ist eine schlauchförmige Einstülpung der Epidermis, die für das Wachstum des Haares sowie seine Erneuerung verantwortlich ist. Der Haarfollikel besteht aus (Abb. **16-18**)

- dem **Haarbulbus,**
- der **inneren Wurzelscheide,** die aus drei rasch verhornenden Schichten weichen Keratins besteht,
- der **äußeren Wurzelscheide,** die erst oberhalb der Einmündung der Talgdrüsen verhornt. Zum Haarfollikel zählen auch die aus dem Haarbulbus hervorgehenden und noch nicht oder erst z. T. verhornten Anteile des Haarschaftes, die man auch **Haarwurzel** nennt. Als Haartrichter bezeichnet man den Teil des Follikels, mit dem er an der Hautoberfläche ausmündet und der als freier, den Haarschaft umgebender Raum erst oberhalb der Talgdrüseneinmündung abzugrenzen ist.

Haarbulbus

Der Haarbulbus (Haarzwiebel) ist der verdickte Endabschnitt des Follikels, der in der Dermis (Vellushaare) oder der Subkutis (viele Terminalhaare) steckt. In den Haarbulbus stülpt sich von unten eine **Bindegewebspapille (dermale Papille)** mit Blutkapillaren ein (Abb. **16-18, 16-19**). Die Fibroblasten der Bindegewebspapille steuern die Teilungsaktivität der Matrixzellen. Basale Epithelzellen des Bulbus proliferieren und bilden Haarschaft und innere epitheliale Wurzelscheide (Abb. **16-18**). Die tiefe Region des Bulbus, die dem Stratum basale bzw. germinativum der Epidermis vergleichbar und durch die proliferierenden Zellen gekennzeichnet ist, heißt auch **Matrix** oder Zone mit Matrixzellen. Im Matrixbereich kommen auch stark verzweigte Melanozyten vor, die den verhornenden Zellen des Haarschafts Melanin mitgeben. Blonde Haare besitzen wenig Melanin; das spezielle Melanin roter Haare, Phäomelanin, besitzt rundliche Melanosomen, die typischen Melaningranula brauner und schwarzer Haare sind elliptisch (Abb. **2-59**).

Wurzelscheiden

Oberhalb des Haarbulbus wird der sich differenzierende Haarschaft von der inneren und der äußeren epithelialen Wurzelscheide umgeben. Außen wird der Follikel von einer bindegewebigen Wurzelscheide umhüllt.

Innere epitheliale Wurzelscheide Sie liegt dem Haar direkt an und entsteht auch aus der Matrixregion. Sie umgibt das wachsende Haar und befindet sich zwischen ihm und der äußeren epithelialen Wurzelscheide. Die innere epitheliale Wurzelscheide endet in mittlerer Höhe des Haarfollikels, dort, wo die Talgdrüsen in den Follikel einmünden und wo der Haartrichter beginnt. Sie differenziert sich schnell in drei Schichten, die zunächst aus lebenden Zellen bestehen und dann rasch verhornen. Von innen nach außen lassen sich unterscheiden:

- die Scheidenkutikula,
- die Huxley-Schicht und
- die Henle-Schicht.

Die dünne Scheidenkutikula ist mit der ähnlich gebauten Haarkutikula, der äußersten Schicht der Haarwurzel, schwach verzahnt. Die einander gegenüberliegenden, schuppenartigen, verhornten Zellen beider Kutikulae greifen ineinander. Die Huxley-Schicht ist die breiteste Schicht der inneren epithelialen Wurzelscheide und enthält eosinophile Trichohyalingranula, die den – ansonsten basophilen – Keratohyalingranula entsprechen. Die Henle-Schicht ist flach und verhornt schnell.

Äußere epitheliale Wurzelscheide Diese entspricht der reagenzglasförmigen Einsenkung der Epidermis, in deren Tiefe das Haar entspringt. Sie ist in den oberen Bereichen wie die Epidermis aufgebaut, verliert aber unter der Einmündung der Talgdrüsen Stratum granulosum und Stratum corneum. Sie wird zunehmend dünner und geht am Boden des Follikels in die Matrixzone der Haarwurzel über. Oberhalb der Einmündung der Talgdrüsen in den Haarfollikel ist die äußere epitheliale Wurzelscheide vom Haar durch einen freien Raum, den Haartrichter, getrennt. Unterhalb der Einmündung der Talgdrüsen ist die äußere mit der inneren epithelialen Wurzelscheide verbunden.

Eine besonders wichtige Region der äußeren Wurzelscheide ist der **Wulst.** Es handelt sich um eine Verdickung dieser Scheide unter der Einmündung der Talgdrüsen. Hier befinden sich Stammzellen, die sich in verschiedene Richtungen ausbreiten können:

- Ein Teil wandert den Haartrichter aufwärts und besiedelt das Stratum basale der in der Nähe liegenden Epidermis.
- Ein weiterer Teil wandert abwärts in die Matrixregionen des Bulbus, wo Abkömmlinge der Stammzellen weiter proliferieren und Haarschaft und innere Wurzelscheide bilden.
- Aus Stammzellen des Wulstes können auch Talgdrüsen hervorgehen. Am Wulst setzt außen der M. arrector pili an.

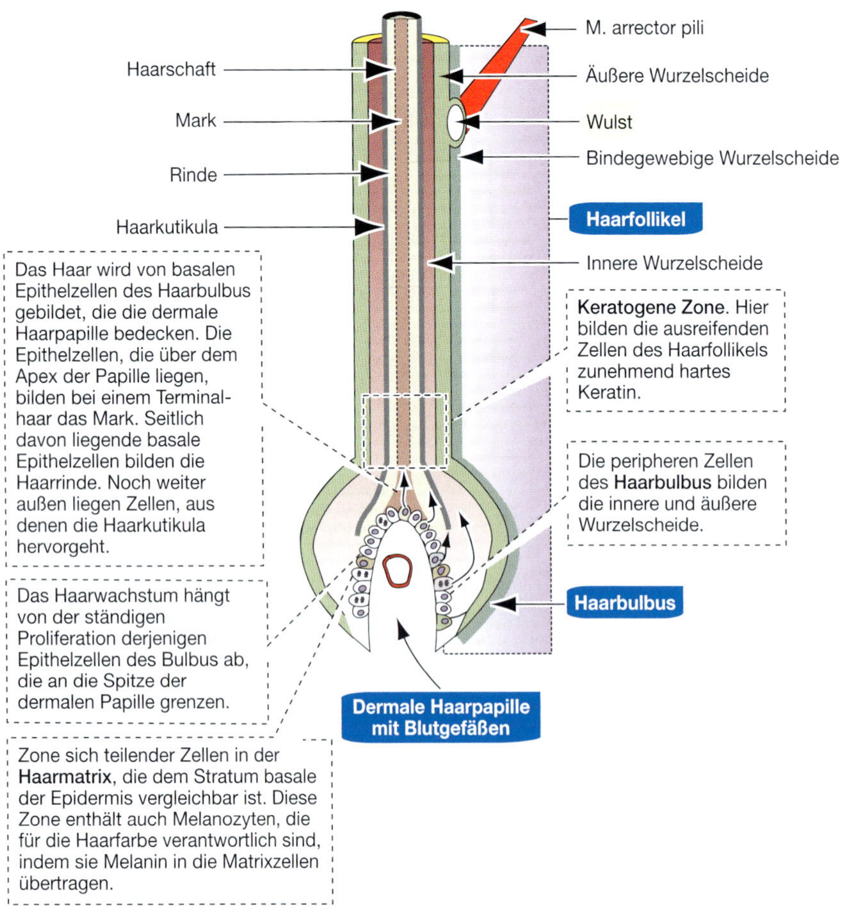

Abb. 16-18 Aufbau eines Haarfollikels. Die innere Wurzelscheide endet im Bereich der Einmündung der Talgdrüsen in den Haartrichter. (Aus [12])

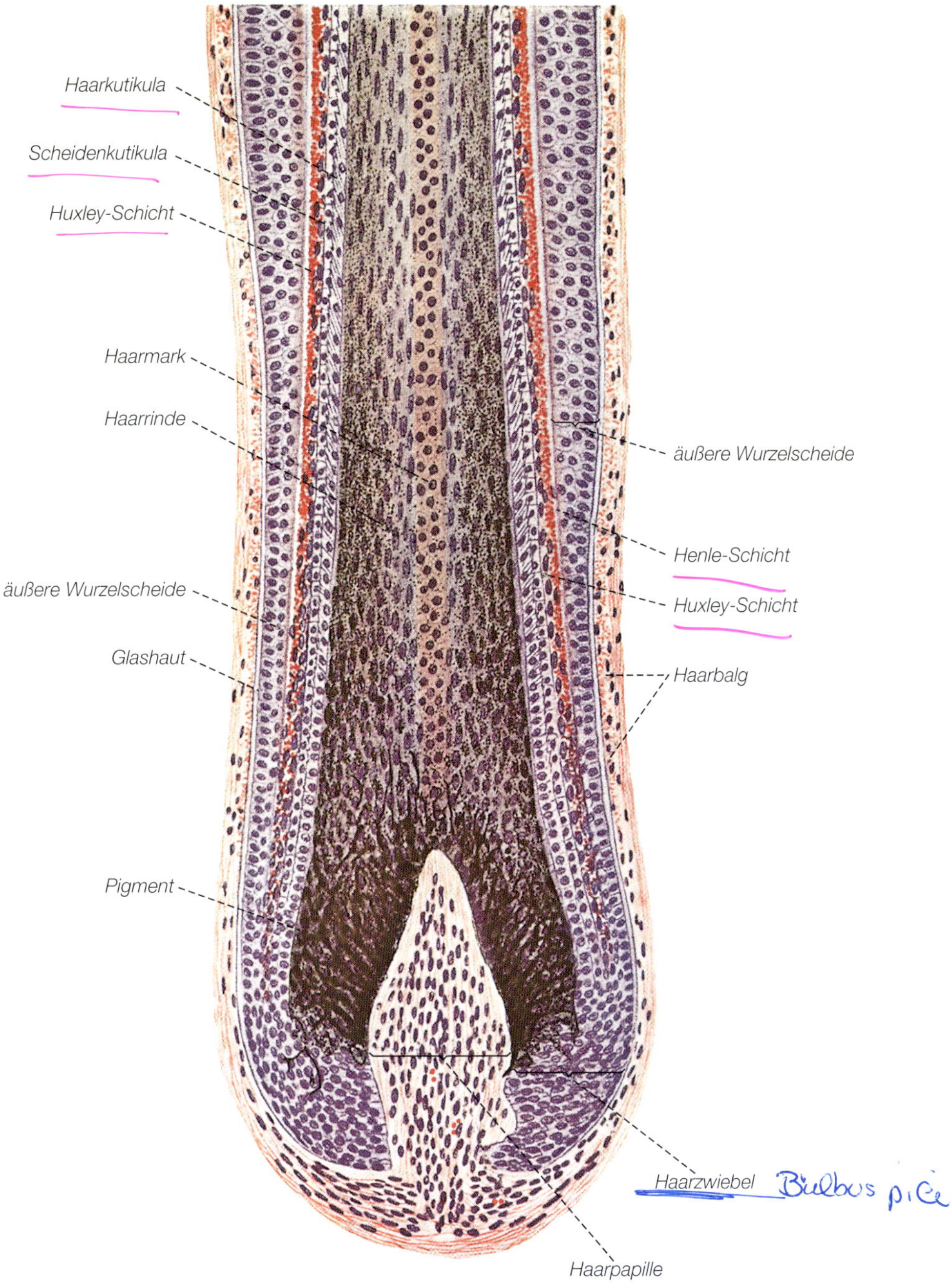

Abb. 16-19 Haarfollikel, Längsschnitt (Kopfhaut, Mensch). Bei höherer Vergrößerung zeigen die epithelialen Wurzelscheiden eine komplizierte Schichtengliederung in eine äußere und eine dreischichtige innere epitheliale Wurzelscheide. Letztere beginnt innen mit der Scheidenkutikula, die durch Verzahnung mit der Haarkutikula der Befestigung der Haarwurzel in der Scheide dient. Es folgen nach außen die ein- oder zweischichtige Huxley- und die sehr niedrige Henle-Zell-Schicht. Die äußere epitheliale Wurzelscheide ist ein mehrschichtiges Epithel, das in Höhe der Einmündung der Talgdrüsen in das Stratum germinativum des Haartrichters übergeht. Zur Grenze gegen die bindegewebige Wurzelscheide (Haarbalg) liegt eine Glashaut, eine kräftige Basalmembran. Färbung: H. E.; Vergr. 200fach. (Aus [1])

Bindegewebige Wurzelscheide (Haarbalg) (Abb. 16-19, 16-20) Hier finden sich zahlreiche sensible Nervenfasern. Zwischen Dermis und Haarwurzel verlaufen die Mm. arrectores pili, aus glatten Muskelzellen gebildete feine Muskeln, die die Haare aufrichten können (Gänsehaut).

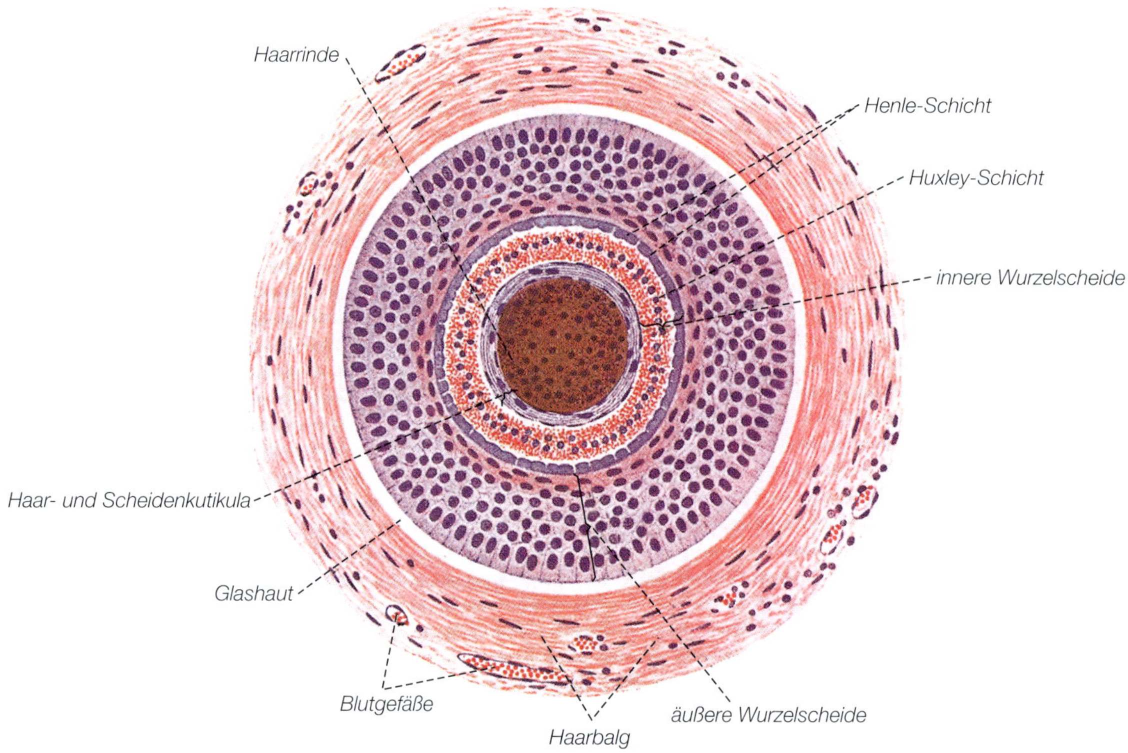

Abb. 16-20 Querschnitt durch einen Haarfollikel (Mensch) (vgl. Abb. **16-19**). Färbung: H. E.; Vergr. 300fach. (Aus [1])

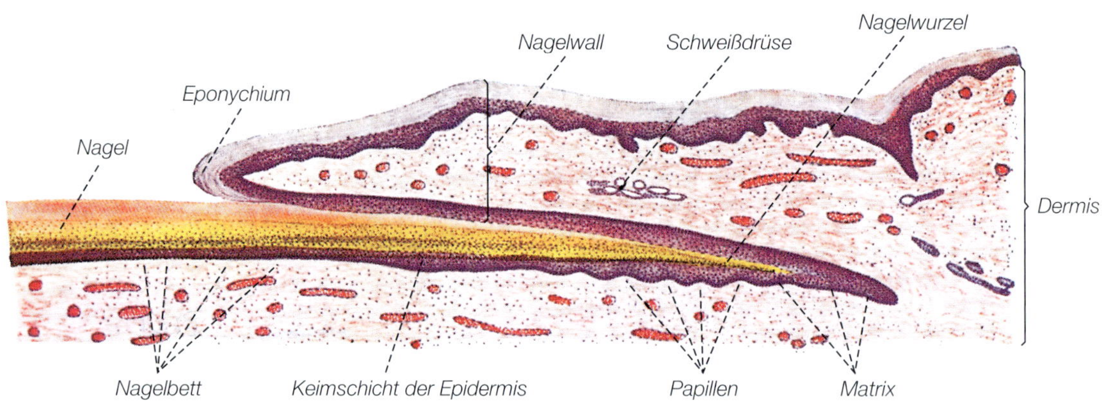

Abb. 16-21 Nagel, Nagelbett und Nagelwall eines Neugeborenen (Mensch), Längsschnitt. Korium = Dermis. Färbung: H. E.; Vergr. 30fach. (Aus [1])

16.5.2 Wachstum der Haare

Das Wachstum der Haare geht vom Haarbulbus aus, wo die mitotisch aktiven Zellen (Matrixzellen) vorkommen (Abb. **16-18**). Kopfhaare wachsen im Monat ca. 1 cm und haben eine Lebensdauer von 2–6 Jahren.

Das Haarwachstum ist zyklisch, Wachstums- und Ruhephasen wechseln einander ab. In der **Wachstumsphase** (dem **Anagen**), die bei den einzelnen Haaren unterschiedlich lang sein kann (Monate bis zu 8 Jahre), wächst das Haar. Das Kopfhaar einer Frau kann dabei deutlich länger als 50 cm werden. Vereinzelt wurde z. B. bei Frauen in Nordamerika und Ostasien 2–3 m langes Kopfhaar festgestellt, das offenbar ständig in der Wachstumsphase blieb. Der Wachstumsphase folgt eine **Rückbildungsphase** (das **Katagen**), die ca. 3 Wochen andauert und in der der Haarbulbus beginnt sich zurückzubilden. Es schließt sich eine ca. 3 Monate andauernde **Ruhephase** (das **Telogen**) an, in der sich Bulbus und erhebliche Teile des Follikels weiter zurückbilden, der untere Teil des Follikels verschwindet bis in Höhe des Wulstes, das Haar fällt aus. Es werden in dieser Phase aber Stammzellen im Wulst aktiv, die einen neuen Bulbus mit Matrixzellen aufbauen, von dem dann ein neues Haar gebildet wird. Die Stammzellen aktivieren auch Fibroblasten, die eine Papille bilden und dann ihrerseits die Matrixzellen beeinflussen. Während der Wachstumsphase sind die Stammzellen im Wulst relativ ruhig und der Wulst fällt als Struktur in dieser Phase oft nicht besonders auf. Mitunter findet man in einem Follikel sowohl

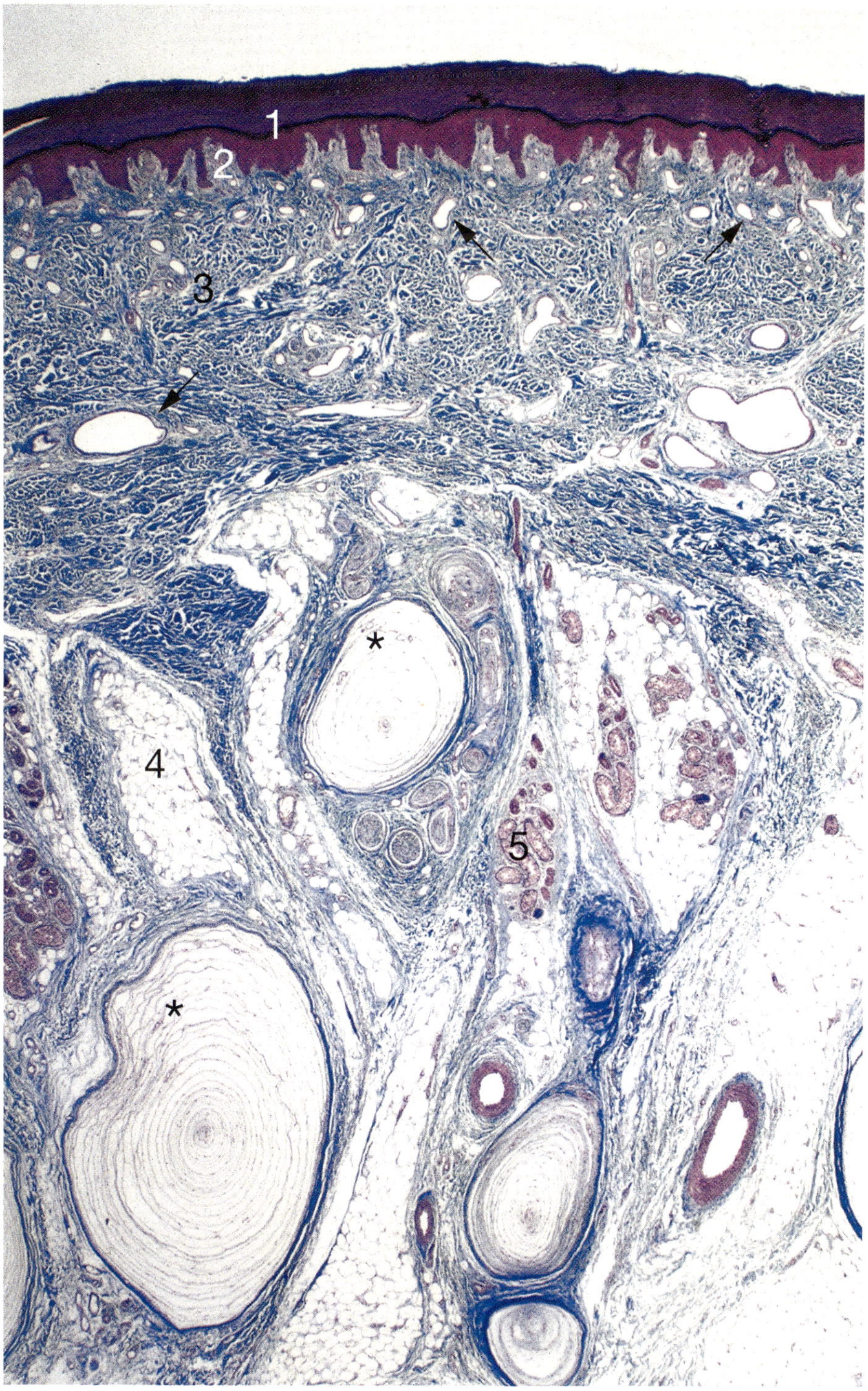

Abb. 16-22 Haut der Fingerkuppe (Mensch) mit mehreren Vater-Pacini-Lamellenkörpern (✻) in der Subkutis; **1** Epidermis; **2** Stratum papillare; **3** Stratum reticulare; **4** Fettgewebe in der Subkutis; **5** ekkrine Schweißdrüsen. Beachte den Reichtum an Blutgefäßen (➔) in der Dermis. Färbung: Masson-Trichrom; Vergr. 25fach.

noch das alte Haar als auch schon ein auswachsendes neues. Beim Kopfhaar sind i. A. gut 90% der Haare in der Wachstumsphase.

16.6 Nägel

Auch die Nägel der Finger und Zehen sind Epidermisbildungen (Abb. **16-21**). Während der Entwicklung schiebt sich die Epidermis der terminalen Finger- und Zehenglieder in die Dermis vor und bildet proximal die **Nageltasche** und seitlich den **Nagelfalz**. Am Boden der Tasche entsteht eine Matrixregion, von der aus die Zellen proliferieren und gemeinsam die verhornte **Nagelplatte** bilden. Der Anfangsteil der Nagelplatte wird auch Nagelwurzel genannt. Die ausgereifte Nagelplatte besteht aus sehr hartem Keratin. Die Region der Matrix entspricht ungefähr der **Lunula**, dem hellen halbmondförmigen Gebilde an der Basis des Nagels. Die Epidermis, über die die Nagelplatte wächst, wird **Nagelbett** genannt und besteht aus Stratum basale und Stratum spinosum. Das Nagelbett ist mit der äußeren epithelialen Wurzelscheide der Haare vergleichbar. Am Rand des Nagels entsteht der hufeisenförmige Nagelwall. Das helle Häutchen, das aus der Nageltasche vorwächst, besteht aus verhornten Zellen und heißt **Eponychium**.

Nägel wachsen ungefähr einen halben Millimeter pro Woche, wobei Fingernägel schneller wachsen als Zehennägel. Wenn eine Nagelplatte verletzt oder entfernt wird, wächst ein neuer Nagel, solange die Matrix intakt bleibt.

16.7 Sinnesstrukturen der Haut

Sinnesorgane sind in der Haut weit verbreitet, insbesondere Lamellenkörper wie die Vater-Pacini-Körperchen (Abb. **16-22**) in der Subkutis oder die Meissner-Tastkörperchen im Stratum papillare. Haare sind basal von sensiblen Nervenendigungen umsponnen und können so die Funktion von Tastorganen erfüllen.

Die Sinneszellen und sensible Nervenendigungen in der Haut sind wesentliche Voraussetzungen, um die Haut als Sinnesorgan zu verstehen. In Kapitel 17 werden diese Sinnesstrukturen ausführlicher dargestellt.

17 Sinnesorgane

Zur Orientierung

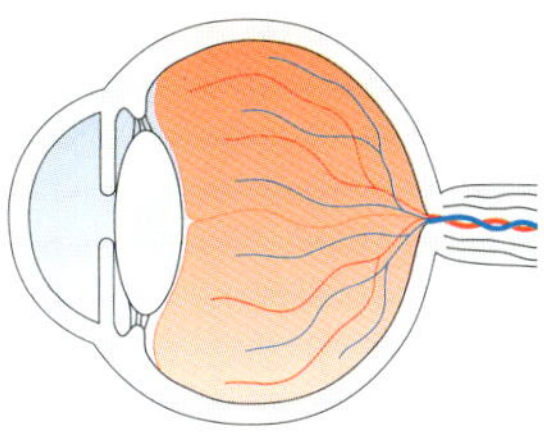

Die Sinnesorgane vermitteln dem Zentralnervensystem (speziell dem Gehirn) Informationen über Umwelt sowie Funktionen und Befindlichkeiten im Körperinnern. Bei den Sinnesorganen unterscheidet man einfache Endigungen sensibler Nervenzellen und Sinneskörperchen sowie hoch komplexe Organe. Zu höheren Sinnesorganen zählen traditionell das Gleichgewichts- und Gehörorgan, das Sehorgan, das Geschmacksorgan und das Geruchsorgan.

In den Sinnesorganen befinden sich die reizaufnehmenden Rezeptorzellen, die Sinneszellen. Sie liegen in großer Zahl im Innern des komplexen Sinnesorgans, das zusätzlich verschiedene Hilfseinrichtungen enthält. Die Sinneszellen besitzen unterschiedlich komplexe Membranspezialisierungen, z.B. Sinneshaare oder modifizierte Kinozilien. Die Reize werden durch unterschiedliche Mechanismen ins Innere der Zelle weitergeleitet, z.B. durch Ionenkanäle oder G-Protein-gekoppelte Rezeptoren, werden moduliert und lösen eine breit abgestufte Abfolge von intrazellulären Reaktionen aus. Dadurch können die Sinnesorgane ein hoch komplexes und sehr differenziertes Bild der Umwelt vermitteln.

Die Sinnesorgane nehmen mit Hilfe spezieller Sinneszellen optische, mechanische, chemische und thermische Reize aus der Umwelt oder dem Körperinnern auf und wandeln sie in elektrische Erregungen um, die dem Zentralnervensystem zur Verarbeitung zugeleitet werden. Sie beeinflussen alle Aktivitäten des Organismus und ermöglichen die biologisch erforderlichen Anpassungen an inneres und äußeres Milieu.

Die **großen Sinnesorgane** sind alle Organe, die dem Organismus Informationen aus der Umwelt zuleiten (siehe S. 174):

- Gleichgewichts- und Gehörorgan,
- Sehorgan,
- Geschmacksorgan und
- Geruchsorgan.

Die einfachen kleinen **Sinneskörperchen** und sog. **freien Nervenendigungen** nehmen unterschiedliche einfachere Reize (z.B. Druck oder Hitze) sowohl aus der Umwelt als auch aus dem Körperinnern auf (siehe S. 174).

Sinnesorgane oder Endigungen sensibler Nervenzellen reagieren jeweils auf einen spezifischen Reiz, den sog. adäquaten Reiz.

Sinneszellen, die einen Reiz selbst aufnehmen und weiterleiten, nennt man **primäre Sinneszellen**. Da diese oft spezielle Nervenzellen sind, heißen sie auch **Sinnesnervenzellen**. Ein Beispiel hierfür sind die Riechsinneszellen. Eng verwandt mit ihnen sind sensible Neurone, die einen einfachen rezeptiven Fortsatz (mit **freien Nervenendigungen**) besitzen, der spezifische Reize wie den Schmerz aufnimmt. Eine solche sensible Nervenzelle besitzt nicht nur einen signalaufnehmenden Fortsatz, sondern hat zusätzlich ein ableitendes Axon. Der signalaufnehmende Fortsatz besitzt oft eine Myelinscheide und wird auch dendritisches Axon, rezeptiver Fortsatz oder rezeptives Axon genannt.

Sind die Sinneszellen Epithelzellen, welche basal synaptisch mit einer sensiblen Nervenzelle verknüpft sind, heißen sie **sekundäre Nervenzellen**. In diesem Fall ist noch ein spezieller Transmitter in den Erregungsfluss eingeschaltet. Ein Beispiel sind die Haarzellen im Innenohr.

Sinneszellen, die Reize aus der Umwelt aufnehmen, nennt man **Exterozeptoren**: Die Reize aus dem Körperinnern nehmen sog. **Interozeptoren** auf.

Die Reize treffen auf spezialisierte Membranregionen der Sinneszellen, wo sie physikalische und chemische Vorgänge auslösen, die dann von den Zellen zu bioelektrischen Signalen (= Erregungen) umgewandelt werden. Bei der Umwandlung des Reizes in die elektrische Erregung (Transduktion) entsteht ein Rezeptorpotential. Der Transduktionsprozess beruht auf verschiedenen biochemischen und biophysikalischen Mechanismen. Die Erregungen werden über Zwischenstationen der sensorischen Endhirnrinde zugeleitet und hier interpretiert.

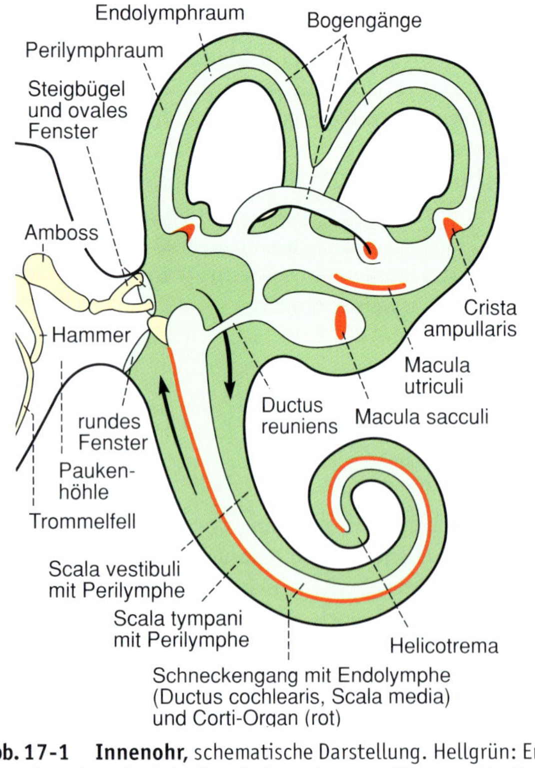

Abb. 17-1 Innenohr, schematische Darstellung. Hellgrün: Endolymphe; dunkelgrün: Perilymphe; rot: Sinnesepithelien; gelb: Gehörknöchelchen. (Aus [5])

17.1 Gleichgewichts- und Gehörorgan

Die Sinnesorgane für Gleichgewicht und Gehör sind eng miteinander verwandt, das lässt sich an der histologischen und elektronenmikroskopischen Struktur, den Funktionsmechanismen sowie der onto- und phylogenetischen Entwicklung klar erkennen. Beide Sinnesorgane befinden sich beim Menschen im Innenohr (Abb. 17-1). Das Gehörorgan hat sich aus dem phylogenetisch älteren Gleichgewichtsorgan entwickelt.

Das **Gehörorgan** dient der Aufnahme sowie der ersten Analyse akustischer Reize aus der Umwelt und ihrer Weiterleitung zum Zentralnervensystem. Es hat wesentliche Funktionen beim Sozialverhalten (z. B. hinsichtlich Sprachverständnis und Sprechen) und bei der Orientierung in der Umwelt.

Das **Gleichgewichtsorgan** vermittelt Informationen über Lage, Stellung und Bewegung im Raum. Phylogenetisch stammt das Gleichgewichtsorgan von den Strömungsrezeptoren der Haut der Fische ab.

17.1.1 Aufbau des Ohres

Das Ohr unterteilt man in:
- äußeres Ohr,
- Mittelohr und
- Innenohr.

Das äußere Ohr und das Mittelohr sind für Schallaufnahme und Schallleitung verantwortlich. Im Innenohr befindet sich der kompliziert aufgebaute sensorische Apparat des Gleichgewichts- und Gehörorgans.

Äußeres Ohr

Das äußere Ohr besteht aus:
- Ohrmuschel (Auricula) und
- äußerem Gehörgang (Meatus acusticus externus).

Ohrmuschel Das Stützgewebe der Ohrmuschel ist ein elastischer Knorpel, an dem Muskeln der mimischen Muskulatur ansetzen. Diese Muskeln sind beim Menschen im Vergleich zu vielen Säugetieren erheblich reduziert. Dennoch sind Bewegungen der Ohrmuschel möglich und begleiten viele Gemütsbewegungen.

Äußerer Gehörgang Der äußere Gehörgang ist ca. 25 mm lang und 8 mm weit. In den äußeren zwei Drit-

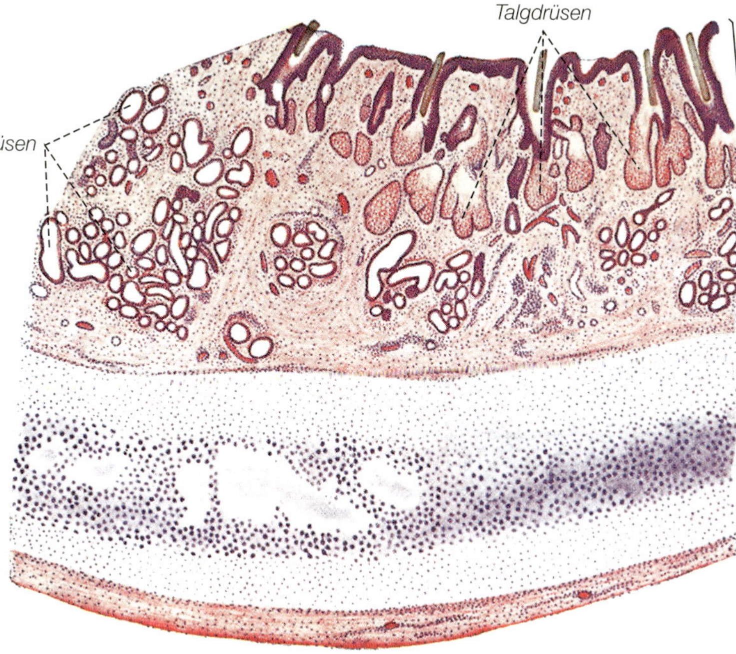

Abb. 17-2 Knorpeliger Teil (Pars cartilaginea) des äußeren Gehörganges (Mensch), Sektor eines Querschnittes. Der Gehörgang wird von Haut ausgekleidet, in der sich neben Haaren mit Talgdrüsen zahlreiche Anschnitte der apokrinen Ohrschmalzdrüsen (Gll. ceruminosae) finden. Färbung: H.E.; Vergr. 16fach. (Aus [1])

teln ist er durch elastischen Knorpel (Abb. 17-2) verstärkt. Der innere Anteil ist von Knochengewebe umgeben.

In die Dermis des äußeren Gehörgangs sind neben Haaren auch Talg- und apokrine Knäueldrüsen (Gll. ceruminosae, Zeruminaldrüsen, Ohrschmalzdrüsen) eingelagert (Abb. 17-2). Das Drüsenepithel der apokrinen Drüsen ist aus sekretorischen Epithelzellen und dicht gelagerten Myoepithelzellen aufgebaut.

Die Sekrete beider Drüsentypen ergeben gemeinsam das **Zerumen** (Ohrschmalz), eine bräunliche, bitter schmeckende, fettige Substanz. Es schützt den Gehörgang und auch das Trommelfell vor Austrocknung und hat protektive Wirkung gegen Insekten.

Trommelfell Das Trommelfell (**Membrana tympani**) liegt an der Grenze zwischen äußerem Ohr und Mittelohr. Es ist mit seinem verdickten Rand aus Faserknorpel in den knöchernen Sulcus tympanicus eingelassen. Auf seiner Außenseite ist es von einer dünnen Epidermis und auf seiner Innenseite vom einschichtigen, hier meist flachen Epithel des Mittelohrs bedeckt. Im Innern besteht das Trommelfell überwiegend aus Kollagen- und elastischen Fasern. Die elastischen Fasern befinden sich v.a. subepithelial. Die Kollagenfasern des Trommelfells sind zum Rand hin überwiegend radiär, im Innern dagegen zirkulär angeordnet. In die Faserschicht sind kleine Blut- und Lymphgefäße sowie sensible Nervenfasern eingelagert.

Beim Trommelfell lässt sich ein größerer unterer, straff gespannter Anteil (**Pars tensa**) von einem kleineren oberen, schlaffen Anteil (**Pars flaccida**) unterscheiden. Die Pars tensa ist mit dem Hammer an dessen Griff verwachsen und ca. 100 µm dick. An der unteren Spitze des Hammergriffs bildet das Trommelfell eine nabelförmige Einziehung (Umbo).

Mittelohr

Der Raum des Mittelohrs wird auch **Paukenhöhle** genannt. Er wird lateral vom Trommelfell begrenzt. Unten medial findet sich der Abgang der **Tuba auditiva**, die eine Verbindung zum Rachen herstellt. An der medialen Wand befinden sich das runde und das ovale Fenster. Das runde Fenster grenzt an die Scala tympani, im ovalen Fenster liegt die Steigbügelplatte (Abb. 17-1). In der oberen Etage der Paukenhöhle finden sich die Zugänge zu den luftgefüllten Räumen des Warzenfortsatzes.

Das Mittelohr enthält die **Gehörknöchelchen**:

- Hammer (Malleus),
- Amboss (Incus) und
- Steigbügel (Stapes).

Am Hammergriff setzt der M. tensor tympani und am Steigbügelköpfchen der M. stapedius an.

Das Mittelohr wird von einem überwiegend einschichtigen flachen oder kubischen Epithel ausgekleidet. In individuell unterschiedlichem Ausmaß kommt lokal respiratorisches Epithel vor (Abb. 17-3). Dieses findet sich v.a. am Abgang der Tuba auditiva. Die relativ dünne, zarte Lamina propria enthält einen weitmaschigen Blutkapillarplexus und viele Lymphkapillaren.

Tuba auditiva Die Tuba auditiva (Tuba Eustachii) ist ein ca. 4 cm langer Kanal, der Mittelohr und Pharynx verbindet. Im äußeren, dem Mittelohr benachbarten Teil wird die Wand der Tube von Knochen gestützt. In den medialen zwei Dritteln befindet sich in der Wand ein seitlich offenes Rohr aus elastischem Knorpel und Faserknorpel. Der „offene" Teil des rinnenförmigen Tubenknorpels wird von straffem Bindegewebe bedeckt. Dort setzt der M. tensor veli palatini an, der für die Belüftung des Mittelohrs wichtig ist.

Im knöchernen Teil wird die Tube von einer dünnen Schleimhaut mit einschichtigem Flimmerepithel ausgekleidet. Die inneren zwei Drittel besitzen eine dickere Mukosa mit respiratorischem Epithel, seromukösen Drüsen und Lymphfollikeln.

In Nähe der Einmündung der Tube in den Pharynx befindet sich lymphatisches Gewebe, die sog. **Tonsilla tubaria.**

Innenohr

Das Innenohr (**Labyrinth**) entsteht aus der Ohrplakode. Diese bildet ein Bläschen (Otozyste), das von Zellen der Neuralleiste umhüllt wird und sich unter dem Einfluss des Pax-2-Gens in eine dorsale (vestibuläre) und eine ventrale (kochleäre) Region gliedert. Das Innenohr ist in Knochenkanäle eingeschlossen. Es umfasst schlauchförmige, flüssigkeitsgefüllte epitheliale und bindegewebige Anteile (Abb. 17-4). Es lässt sich gliedern in:

- Gleichgewichts-(Vestibularis-)Organ und
- Gehörorgan (Kochlea).

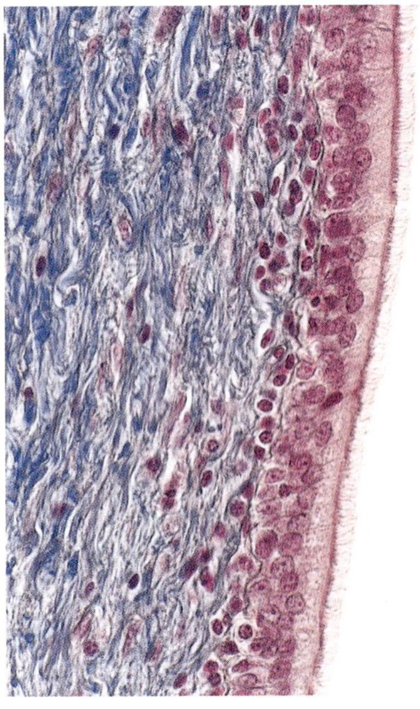

Abb. 17-3 Mittelohr (Weddell-Robbe), an die Paukenhöhle grenzendes Flimmerepithel und subepitheliales Bindegewebe. Färbung: Masson-Trichrom; Vergr. 450fach.

Diese beiden Organe stehen über einen kurzen Gang (**Ductus reuniens**) miteinander in Verbindung. Ihre Sinnes-(Rezeptor-)Zellen sind nach dem gleichen Bauprinzip strukturiert. Die von den Sinneszellen aufgenommenen Umweltreize werden in spezifische Flüssigkeitsbewegungen transformiert, die dazu führen, dass die apikalen haarförmigen Fortsätze (Sinneshärchen) der Sinneszellen mechanisch bewegt werden. Die durch diese Bewegungen entstehenden spezifischen Rezeptorpotentiale der sekundären Sinneszellen werden auf sensible Nervenendigungen übertragen, mit denen diese Sinneszellen synaptisch verknüpft sind.

Aufbau des Innenohrs Das Innenohr umfasst drei Bereiche:

- **knöchernes Labyrinth:** ein komplexes System unterschiedlich gestalteter Räume und Kanäle im Felsenbein,
- **häutiges Labyrinth (Endolymphraum):** liegt im knöchernen Labyrinth. Alle Anteile (Abb. 17-4) sind von Epithel ausgekleidet, das einer Basallamina aufliegt, und enthalten Endolymphe. Ein nicht in Abbildung 17-4 gezeigter Bestandteil ist der Ductus endolymphaticus. Er entspringt dem Verbindungsgang zwischen Utriculus und Sacculus und endet in der Dura blind in einer Erweiterung, dem endolymphatischen Sack.
- **Perilymphraum:** ein schmaler, faserarmer Bindegewebsraum zwischen dem knöchernen und dem häutigen Labyrinth, der Perilymphe und mitunter einzelne Melanozyten unbekannter Funktion enthält. Er steht über den feinen Ductus perilymphaticus an der Hinterseite des Felsenbeins mit dem Subarachnoidalraum in Verbindung.

Die Flüssigkeiten im Innenohr Die Flüssigkeit im Innern des häutigen Labyrinths, die **Endolymphe,** ähnelt in ihrer Zusammensetzung der Intrazellulärflüssigkeit: Sie ist kaliumreich und natriumarm.

Die Flüssigkeit im Perilymphraum, die **Perilymphe,** entspricht in ihrer Zusammensetzung der Extrazellulärflüssigkeit: Sie zeichnet sich durch hohen Natrium- und niedrigen Kaliumgehalt aus. Der Gehalt an freiem Kalzium, Chlorid und Bikarbonat ist viel höher

Bestandteile des häutigen Labyrinths

1 Zwei kleine Säcke: **Utriculus** und **Sacculus**.

2 Drei **Bogengänge** öffnen sich zum Utriculus. Die **Ampullen** sind Erweiterungen, die die Endabschnitte der Bogengänge mit dem Utriculus verbinden.

3 In jeder Ampulle findet sich eine **Crista ampullaris**. Rezeptorzellen auf der leistenförmigen Crista ampullaris registrieren die Stellung des Kopfes und generieren Nervenimpulse, die notwendig sind, um die Position des Körpers korrigieren zu können.

4 Die **Cochlea**.

Sinneszellen im häutigen Labyrinth finden sich in folgenden Sinnesfeldern: den **Cristae ampullares** in der Ampulle jedes Bogenganges, der **Macula utriculi** im Utrikel, der **Macula sacculi** im Sacculus und im **Corti-Organ** der Schnecke. Der **Ductus reuniens** verbindet den Sacculus mit der Cochlea in Nähe des **Caecum vestibulare**, das das eine blinde Ende des Ductus cochlearis bildet. Das entgegengesetzte blinde Ende an der Spitze der Cochlea wird **Caecum cupulare** genannt.

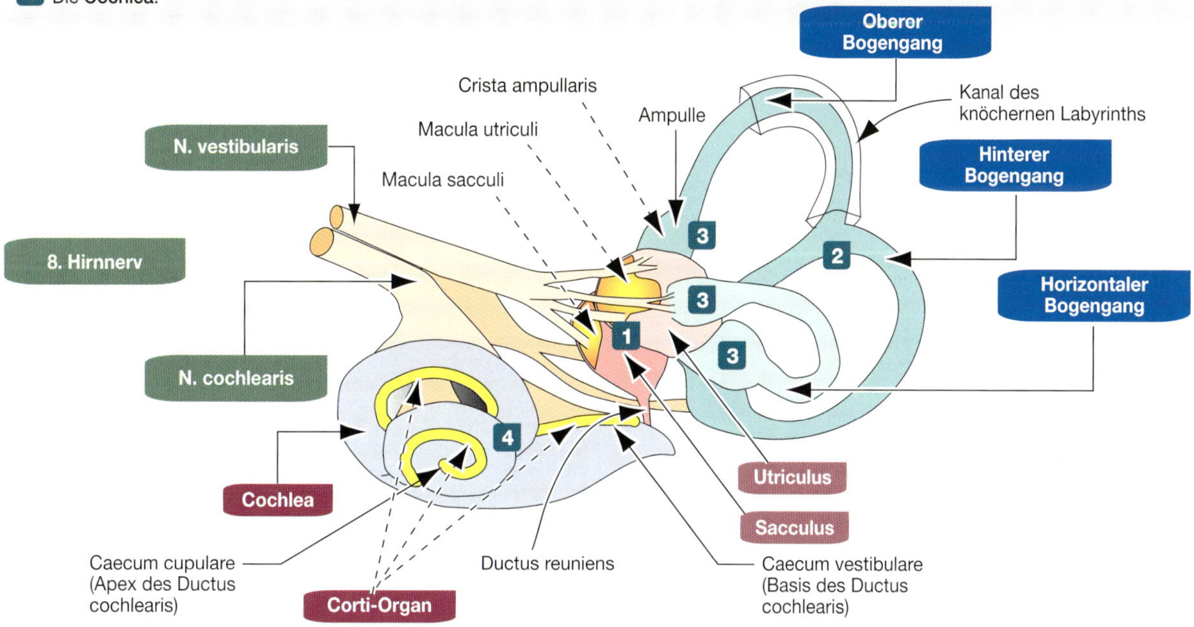

Abb. 17-4 Bestandteile des häutigen Labyrinths. (Aus [12])

als in der Endolymphe. Die funktionelle Bedeutung der unterschiedlichen Zusammensetzung von Endo- und Perilymphe zeigt Abbildung 17-5.

17.1.2 Gleichgewichtsorgan

Das Gleichgewichtsorgan (**Vestibularisorgan**) nimmt Lage und Bewegungen des Körpers im Raum wahr. Es besteht aus den 3 **Bogengängen** (**Ductus semicirculares**), dem **Sacculus** und dem **Utriculus** (Abb. 17-1). Die Bogengänge sowie Sacculus und Utriculus sind epithelial ausgekleidete, flüssigkeitsgefüllte Schläuche bzw. sackförmige Erweiterungen.

Bogengänge

Die 3 Bogengänge – der obere, der seitliche und der hintere Bogengang – beginnen und enden am Utriculus (Abb. 17-1). Am Utriculus besitzt jeder Bogengang eine Erweiterung, die **Ampulle.** In jeder Ampulle befindet sich eine epithelbedeckte Leiste (**Crista ampullaris**, Abb. 17-6). Im Epithel der Cristae liegen Sinnes- und Stützzellen. Die Sinneszellen tragen Sinneshaare (Stereozilien) und ein Kinozilium und reagieren auf Rotationsbewegungen des Kopfes. Der Crista ist ein Kamm aus gallertigem, extrazellulärem Material aufgelagert, die sog. **Cupula**, in die die Stereozilien und das Kinozilium eingebettet sind. Die ca. 1 mm hohe Cupula erreicht das gegenüberliegende Epithel der Ampulle und ist hier befestigt. Die Cupula kann durch die Strömung der Endolymphe zur Seite gebogen bzw. wie ein Segel ausgebuchtet werden. Die Bewegung der Cupula verändert die Lage der Stereozilien der Sinneszellen, was – bei Bewegung auf das Kinozilium zu – zum Einstrom von Kaliumionen und zur Erregung der Zelle führt (Abb. 17-7).

Ein weiterer Zelltyp der Crista ampullaris sind die **Stützzellen.** Sie tragen keine Zilien und sind vermutlich für die Abscheidung der glykoproteinreichen Cupula verantwortlich. Der Kern liegt basal im Zytoplasma. Stütz- und Sinneszellen sind über Zonulae occludentes und adhaerentes verbunden.

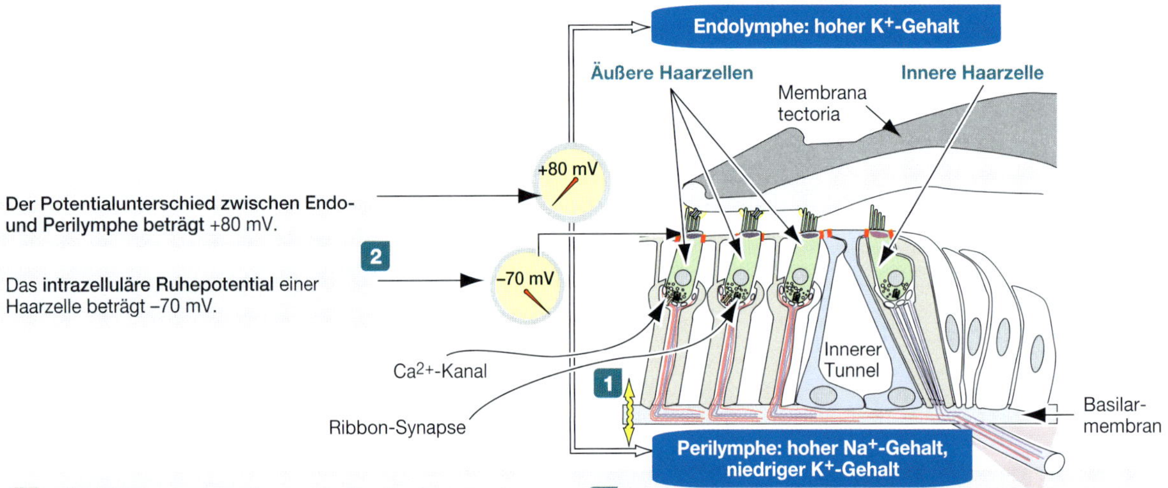

1 Die **Basilarmembran** bewegt sich auf- und abwärts (Wanderwelle) als Reaktion auf die Bewegung der Perilymphe in der Scala tympani. Dabei werden die Stereozilien der **äußeren Haarzellen** gegen die Membrana tectoria verschoben und periodisch in entgegengesetzte Richtung abgekippt. Dieser Vorgang verursacht abwechselnd Öffnen und Schließen von Kaliumkanälen an den Spitzen der Stereozilien. K^+-Ionen strömen bei Öffnung der Kanäle in die Haarzellen, die daraufhin depolarisiert werden. Werden die genannten Kanäle geschlossen, repolarisieren die Zellen wieder. Zu diesem Zweck öffnen sich lateral gelegene kalziumgesteuerte Kaliumkanäle, über die Kalium in den Extrazellulärraum abfließt.

2 Die abwechselnde De- und Repolarisierung der **äußeren Haarzellen** bewirkt rasch aufeinander folgende aktive Längenveränderungen dieser Zellen, die mit der Frequenz des Tones korreliert sind, was – lokal eng umschrieben – die Wanderwelle der Basilarmembran verstärkt (amplifiziert). Wahrscheinlich wird hierdurch der Endolymphstrom verstärkt, was die Stereozilien der **inneren Haarzellen** abkippt und in ähnlicher Weise wie die äußeren Haarzellen erregt. Die große Potentialdifferenz zwischen der Endolymphe und dem Innern der äußeren Haarzellen (150 mV) verstärkt die Zellantwort, die durch die mechanische Stellungsveränderung der Stereozilien ausgelöst wurde. Die inneren Haarzellen setzen nach Depolarisation basal einen Neurotransmitter (wahrscheinlich Glutamat) frei, der afferente Nervenfasern des N. cochlearis depolarisiert. Ein Aktionspotential wandert entlang dem Hörnerv zum Gehirn.

Abb. 17-5 Funktionelle Aspekte der unterschiedlichen Zusammensetzung von Endo- und Perilymphe. (Aus [12])

Im Bindegewebskern der Cristae finden sich zahlreiche myelinisierte Nervenfasern des vestibulären Anteils des 8. Hirnnervs und viele Blutkapillaren.

Die Epithelzellen der Bogengänge außerhalb der Crista sind flach.

Sinneszellen der Crista ampullaris

Basal stehen die Sinneszellen der Crista ampullaris mit den afferenten (sensorischen) Neuronen des 8. Hirnnervs (N. vestibulocochlearis), aber auch mit efferenten cholinergen Nervenendigungen in synaptischem Kontakt. Transmitter der afferenten Synapsen sind Glutamat und Aspartat. Im Bereich des synaptischen Kontakts besitzen die Sinneszellen **synaptische Stäbchen**, denen kleine Bläschen angelagert sind. Die Stereozilien sind an ihrer Basis schmaler als weiter distal

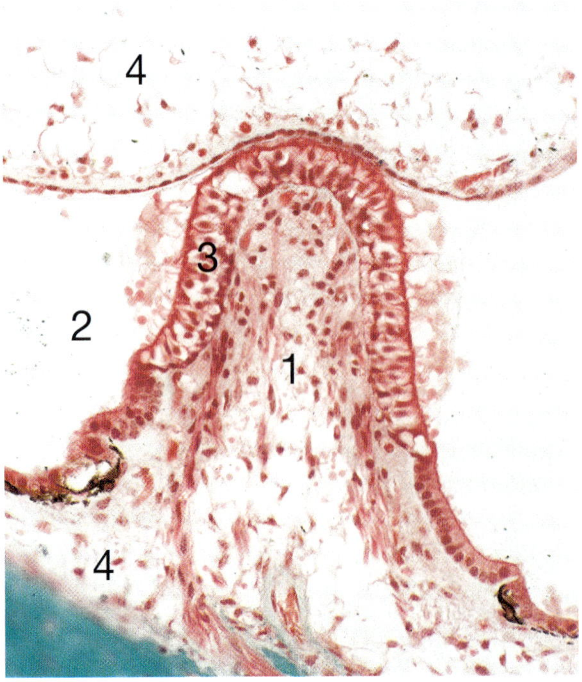

Abb. 17-6 Crista ampullaris (1) im Innenohr (Meerschweinchen). **2** Lichtung der Ampulle des Bogengangsystems. Das dem Sinnesepithel (**3** Sinneszellen, hell) aufgelagerte gallertige Material (Cupula) ist im vorliegenden Präparat artifiziell deformiert, so dass hier das Sinnesepithel fast das gegenüberliegende Ampullenepithel erreicht. Die Cupula ist normalerweise ca. 1 mm hoch. **4** Perilymphraum. Färbung: Goldner; Vergr. 250fach.

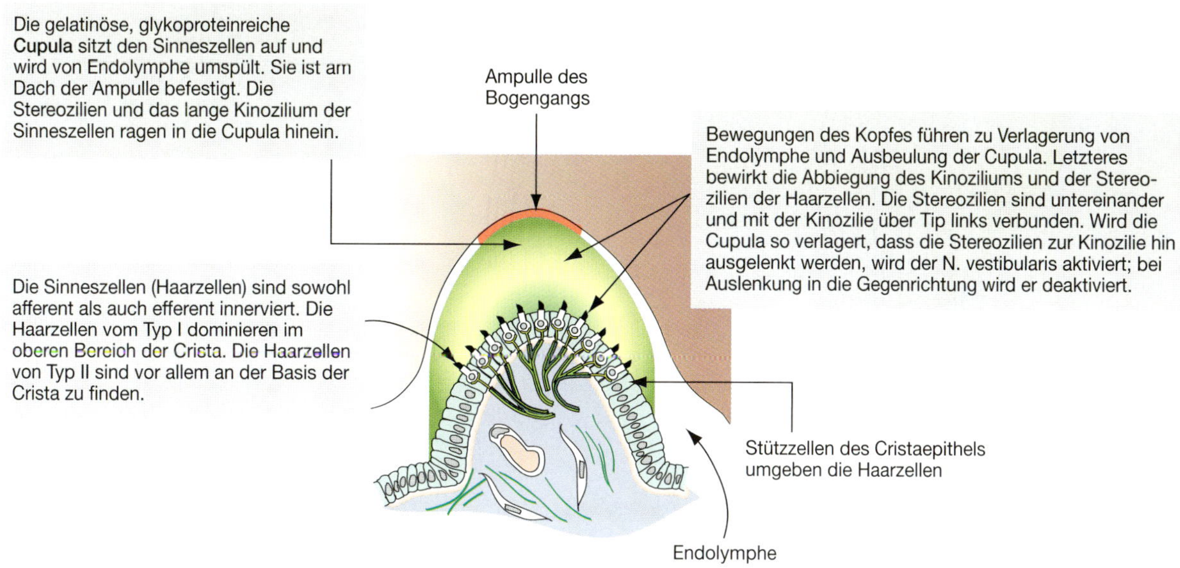

Abb. 17-7 Struktur der Crista ampullaris. (Aus [12])

und enthalten zentral ein Bündel aus Aktinfilamenten. Das Bündel ragt in eine apikale Verdichtung der Sinneszellen (Kutikularplatte, fehlt unter der Kinozilie) hinein, die einem sehr dichten terminalen Netz entspricht. Aufgrund feinstruktureller Merkmale werden 2 Typen von Sinneszellen unterschieden (Abb. **17-8**):

- Typ-I-Sinneszelle und
- Typ-II-Sinneszelle.

Der funktionelle Unterschied zwischen den zwei Zelltypen ist noch unklar.

Typ-I-Sinneszelle Die Typ-I-Sinneszelle besitzt ein ca. 50 µm langes, nur passiv bewegliches Kinozilium. In dessen Nähe stehen ca. 80 hohe Stereozilien, die in 5 oder 6 Reihen angeordnet sind. Direkt am Kinozilium sind die Stereozilien 35–40 µm lang. Mit zunehmender Entfernung vom Kinozilium verlieren die Stereozilien rasch an Höhe. Die Stereozilien benachbarter Reihen sind über Fäden extrazellulären Materials (Tip links, Abb. **17-13**) verbunden. Die Zellen haben die Gestalt einer bauchig aufgetriebenen Flasche und werden von einer großen kelchförmigen afferenten Synapse umfasst. Diese große Synapse ist ihrerseits mit efferenten Synapsen verknüpft.

Typ-II-Sinneszelle Die Typ-II-Sinneszelle besitzt ebenfalls ein ca. 50 µm langes, nur passiv bewegliches Kinozilium. Die Stereozilien sind generell relativ kurz (5–10 µm). Auch sie verlieren stufenweise mit zunehmender Entfernung vom Kinozilium an Höhe. Die Gestalt der Zelle ist zylindrisch. Die Typ-II-Sinneszellen sind schlanker als die Typ-I-Zellen und besitzen zahlreiche glatte ER-Zisternen. An der Basis finden sich mehrere kleine efferente und afferente Synapsen. Ob die Cupula unmittelbar auf dem Apex der Sinnes- und Stützzellen liegt und auch unmittelbar die Zilien berührt, ist umstritten. Die Cupula ist auf der gegenüberliegenden Seite der Ampullenwand befestigt.

Erregungsmechanismus Ein spezifischer Reiz für beide Sinneszelltypen ist die Abbiegung der Stereozilien durch Bewegung der Endolymphe. In den einzelnen Zellen erhöht die Abbiegung der Stereozilien zur jeweiligen Kinozilie hin die Leitfähigkeit für Kationen. Die Kinozilie wird etwas in den Zellapex eingestaucht. Kationenkanäle in der Membran der Stereozilien öffnen sich. Es strömen Kalium, Kalzium und Natrium ein. Dadurch kommt es zu Depolarisierung der Zellen, die die Freisetzung von Glutamat und Aspartat und die Entstehung eines Aktionspotentials in der ableitenden sensiblen Nervenfaser bewirkt. Die Abbiegung der Stereozilien vom Kinozilium weg führt zu leichter Anhebung der Kinozilie: Hyperpolarisation = Hemmung. Die efferente Innervation beeinflusst die Empfindlichkeit der Sinneszellen.

Utriculus und Sacculus

Die Sinneszellen von Utriculus und Sacculus sind in ca. 2 mm langen fleckförmigen Arealen, den sog. **Maculae staticae**, konzentriert. Wie auf den Cristae ampullares sind auch in den Maculae die Sinneszellen Mechanorezeptoren. Ihre Stereozilien werden durch Flüssigkeitsbewegungen zur Seite gelenkt, was den spezifischen Reiz für diese Zellen ausmacht. Die Sin-

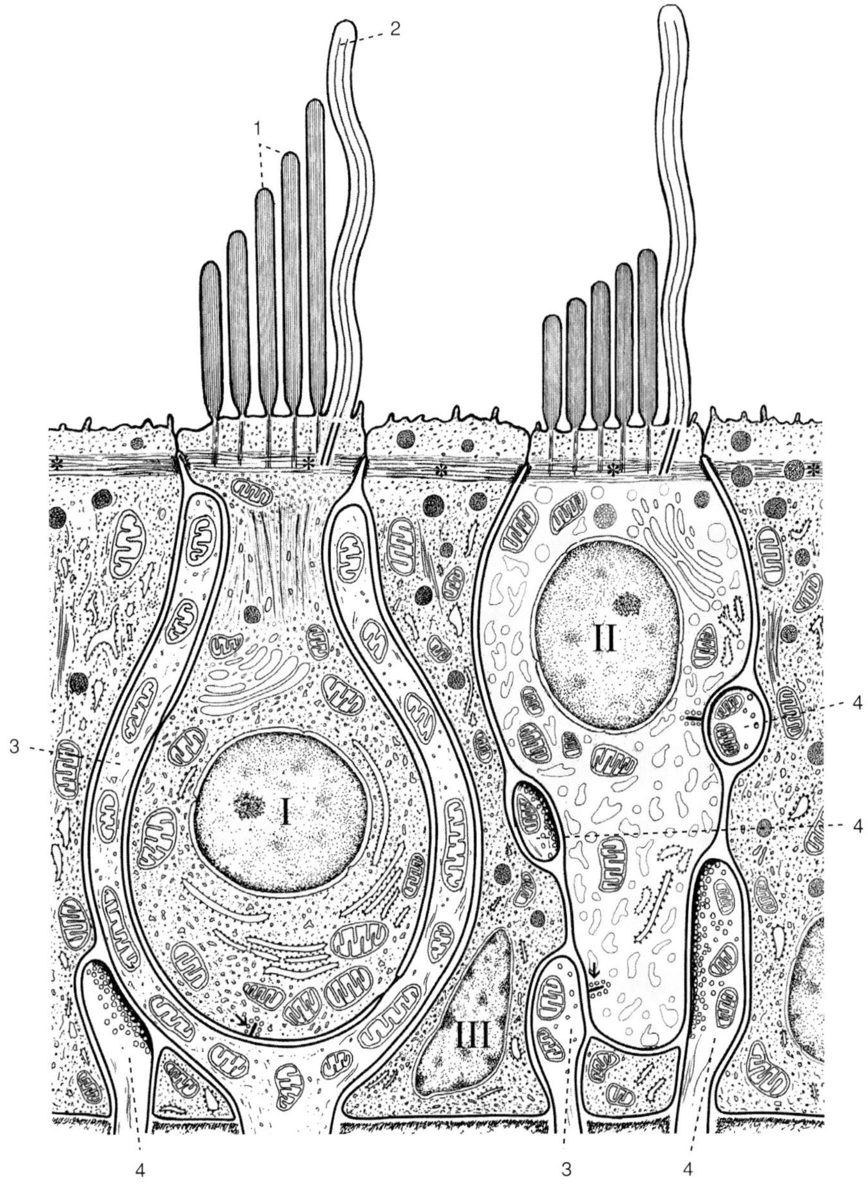

Abb. 17-8 Sinneszellen des Gleichgewichtsorgans im Innenohr, schematische Darstellung. Ultrastruktur der zwei Sinneszelltypen (Typ I und Typ II) in den Maculae von Utriculus und Sacculus im Innenohr.
I Typ-I-Sinneszelle; **II** Typ-II-Sinneszelle; **III** Stützzelle; **1** Stereozilien, sind durch Tip links verbunden; **2** Kinozilium; **3** afferente Synapse; **4** efferente Synapse; ▶ Nexus; ➔ synaptische Stäbe; ✻ terminales Netz. (Verändert nach [10])

neszellen der Maculae sprechen auf lineare Gravitationsbeschleunigungen (Erdbeschleunigungen) an. In der Macula utriculi registrieren sie horizontale und in der Macula sacculi vertikale Bewegungen. In diesen Maculae kommen, wie auf den Cristae ampullares, Typ-I- und Typ-II-Sinneszellen und Stützzellen vor (Abb. 17-8).

Die Maculae werden von der gallertigen **Otolithenmembran** und Kristallen aus Kalziumkarbonat (in Form des Kalzits) bedeckt, den sog. **Oto-** oder **Statolithen**. Die Otolithen sind in der Mitte der Maculae kleiner, so dass hier eine flache Rinne (**Striola**) entsteht. Die Sinneszellen werden dadurch auf zwei sich gegenüberliegende Felder verteilt. In der Macula utriculi sind die Kinozilien der Sinneszellen beider Felder zur Striola – also zu Mitte hin – orientiert, in der Macula sacculi dagegen nach außen. Die spezifische Anordnung der Maculae in Sacculus und Utriculus und die unterschiedliche Ausrichtung der Kino- und Stereozilien auf den Sinneszellen ermöglichen das Erkennen minimaler linearer Beschleunigung.

17.1.3 Gehörorgan

Die **Schnecke (Kochlea)** stellt im Wesentlichen das Gehörorgan dar. Der Mensch hört Schallwellen mit Frequenzen zwischen 16 und 16000 Hertz (Hz). Die endolymphhaltigen epithelialen Strukturen bilden den gewundenen **Schneckengang (Ductus cochlearis, Scala media)**. Dieser ist von den Perilymphräumen

(**Scala vestibuli** und **Scala tympani**) und Knochengewebe (knöcherne Schnecke) umgeben (Abb. 17-1, 17-9). Der Schneckengang beginnt basal am Verbindungsgang (Ductus reuniens) mit dem Sacculus und endet blind an der Spitze (Apex) der Schnecke. Die Achse der Schnecke verläuft ungefähr parallel zur Erdoberfläche und weist von der sagittalen Mittellinie des Kopfes etwas nach außen. Am Boden des ca. 3 cm langen Schneckenganges befindet sich ein streifenförmiges Sinnesorgan mit Sinneszellen, das **Corti-Organ**. Schneckengang und Corti-Organ bilden beim Menschen $2^1/_2$ Windungen um einen zentralen Knochenzapfen, den **Modiolus**.

Der **Perilymphraum** ist in die obere **Scala vestibuli** (beginnt am ovalen Fenster) und die untere **Scala tympani** (endet am runden Fenster) gegliedert. Beide Strukturen begleiten den Schneckengang (Abb. 17-10) und sind an der Spitze der Schnecke über das **Schneckenloch** (Helicotrema) miteinander verbunden. Die Bezeichnung „obere" Scala vestibuli und „untere" Scala tympani bezieht sich auf die Orientierung im histologischen Längsschnitt, der parallel zum Modiolus durch die Kochlea führt (Abb. 17-9). Scala vestibuli und Scala tympani werden von flachem Mesothel, das Lücken aufweisen kann, ausgekleidet. Der endolymphhaltige **Ductus cochlearis** wird von sehr unterschiedlich differenzierten Epithelzellen ausgekleidet, die alle durch Tight junctions verbunden sind. Diese bilden eine Barriere zwischen Endo- und Perilymphraum. Der Ductus cochlearis hat im Anschnitt eine keilförmige Gestalt, wobei die Spitze des Keils zum Modiolus zeigt. Das Dach des Ductus cochlearis wird von der dünnen **Reissner-Membran** gebildet. Sie besteht aus 2 flachen Epithelien und einer dazwischenliegenden zarten Bindegewebslamelle. Lateral ist der Ductus cochlearis über Bindegewebe mit dem Knochengewebe verbunden. Das Epithel der lateralen Wand bildet die sog. **Stria vascularis**. Der funktionell besonders interessante Boden des Ductus cochlearis mit dem **Corti-Organ** ist komplex aufgebaut:

- Innen (medial) existiert eine Knochenleiste (**Lamina spiralis ossea**),
- in der Mitte, unter dem Hauptteil des Corti-Organs, befindet sich die **Basilarmembran**,
- außen (lateral) ist das fächerförmige **Lig. spirale** ausgespannt (Abb. 17-10).

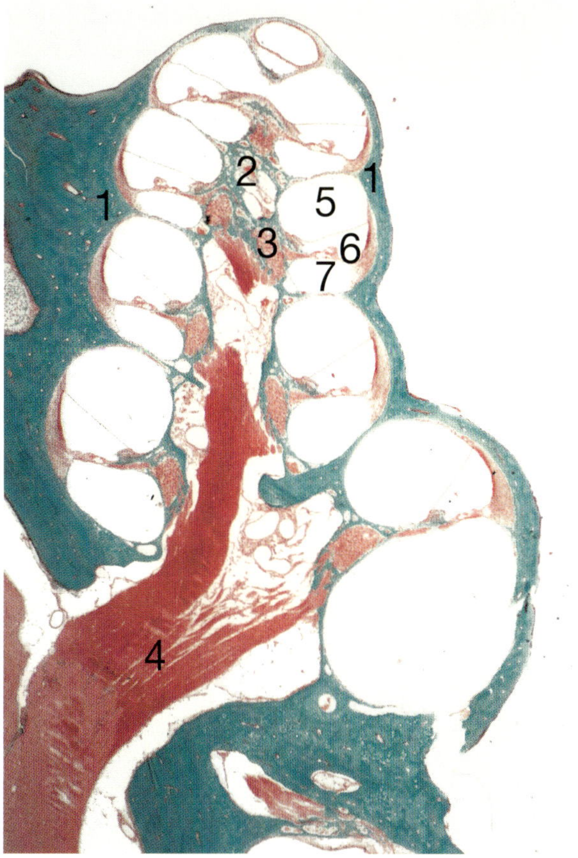

Abb. 17-9 Gehörgangsschnecke (Meerschweinchen), Längsschnitt. **1** knöcherne Schnecke; **2** Modiolus; **3** Ganglion spirale; **4** N. acusticus; **5** Scala vestibuli; **6** Ductus cochlearis; **7** Scala tympani. Färbung: Goldner; Kurspräparat Anatom. Inst. Univ. Kiel; Vergr. 25fach.

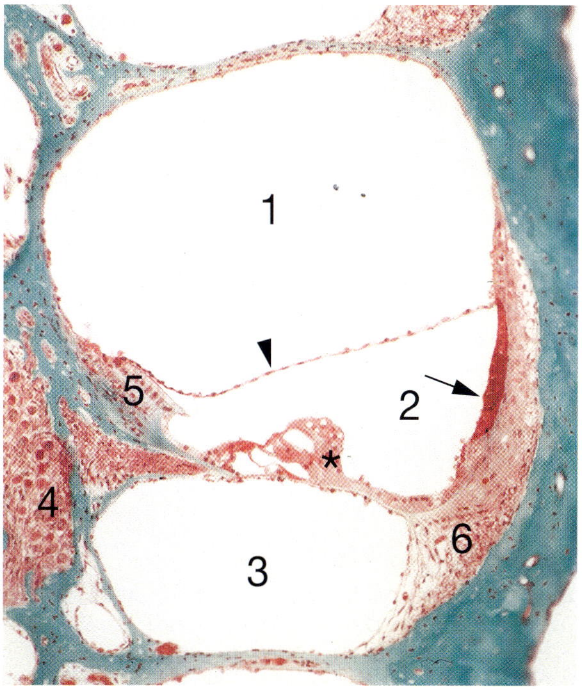

Abb. 17-10 Innenohr (Meerschweinchen). **1** Scala vestibuli; **2** Ductus cochlearis; **3** Scala tympani; **4** Ganglion spirale; **5** Limbus spiralis mit den Interdentalzellen (bilden die hier kaum erkennbare Membrana tectoria); **6** Lig. spirale; ▶ Reissner-Membran; ✻ Corti-Organ (lagert auf der Basilarmembran); ➔ Stria vascularis. Färbung: Goldner; Kurspräparat Anatom. Inst. Univ. Kiel; Vergr. 150fach.

In der Achse des Modiolus verlaufen das spiralig angeordnete **Ganglion spirale** und dessen myelinisierte Nervenfaserbündel, die den N. cochlearis bilden. Die bipolaren, bei vielen Säugetieren leicht myelinisierten Perikarya (beim Menschen sind sie nicht myelinisiert) des Ganglion spirale liegen in einer Höhlung am Fuße der Lamina spiralis ossea (Abb. **17-9**, **17-11**). Vom Ganglion aus ziehen rezeptive Nervenfasern zum Corti-Organ. Der freie Rand der Lamina spiralis ossea liegt ungefähr in Höhe der inneren Haarzelle.

Corti-Organ

Das Corti-Organ ist eine komplexe epitheliale Struktur aus Stütz- (Pfeiler- und Phalangenzellen) und Sinnes-(Haar-)Zellen. In seinem Epithel treten tunnelförmige flüssigkeitsgefüllte Lücken auf (Abb. **17-10**, **17-12**), die miteinander kommunizieren und drei auffallende Tunnelstrukturen bilden:

- den inneren Tunnel (Corti-Tunnel),
- den Nuël-Raum und
- den äußeren Tunnel.

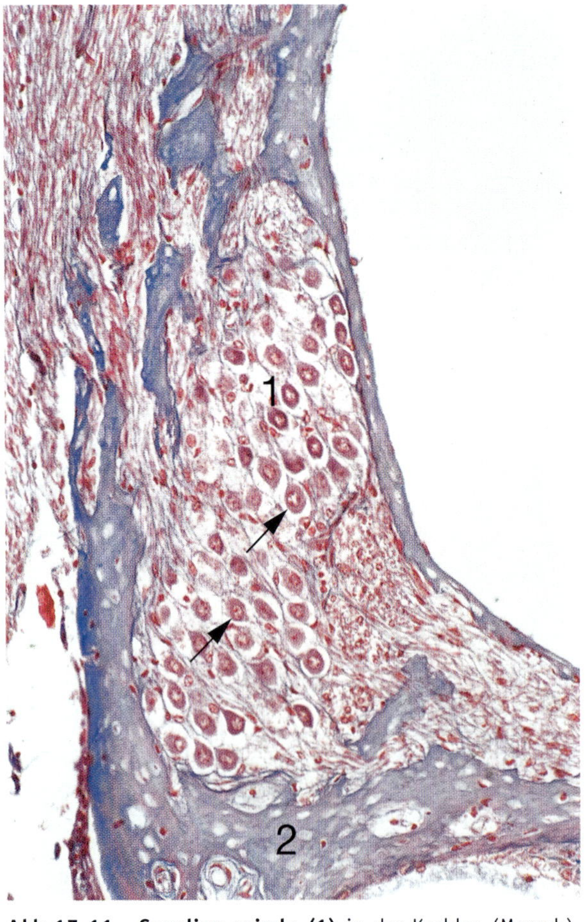

Abb. 17-11 Ganglion spirale (1) in der Kochlea (Mensch). ➔ ovale Perikarya der bipolaren Neurone des Ganglions; **2** Knochengewebe des Modiolus. Färbung: Azan; Vergr. 250fach.

Diese Tunnel enthalten Corti-Lymphe, die in ihrer Zusammensetzung der Perilymphe ähnelt (hoher Natrium-, niedriger Kaliumgehalt).

Der Corti-Tunnel befindet sich zwischen den Pfeilerzellen und stellt quasi den Mittelpunkt des Corti-Organs dar. Das Erkennen des Corti-Tunnels ist wichtig für die Orientierung im histologischen Präparat. Die Strukturen, die sich zwischen diesem Tunnel und dem Modiolus befinden, liegen „innen", die in Richtung Stria vascularis gelegenen Strukturen befinden sich „außen".

Innere und äußere Pfeilerzellen Der Corti-Tunnel ist begrenzt von den inneren und den äußeren Pfeilerzellen (innen = medial, außen = lateral des Tunnels). Es handelt sich dabei um 2 große Stützzellen. Ihre breiten Füße bilden den Boden und ihre Köpfe das Dach des Corti-Tunnels. Diese Stützzellen besitzen ein hoch entwickeltes Zytoskelett. In diesem dominieren mächtige Bündel aus Mikrotubuli, die v.a. den säulenförmigen, schlanken Mittelteil dieser ca. 70 µm (innere Pfeilerzelle) bis 85 µm (äußere Pfeilerzelle) hohen Zellen stützen. Der Kern liegt basal. Es gibt ca. 5600 innere Pfeilerzellen, jedoch nur 3800 äußere.

Innere Phalangenzellen Medial der inneren Pfeilerzellen befindet sich eine längs verlaufende Reihe innerer Phalangenzellen (**Deiters-Stützzellen**, Abb. **17-12**), denen die inneren Haarzellen aufsitzen. Die medial an die inneren Phalangenzellen grenzende Stützzelle wird auch **innere Grenzzelle** genannt.

Interdentalzellen Medial der inneren Grenzzelle verliert das Epithel rasch an Höhe und kleidet den **inneren Sulcus spiralis** aus. Dieser grenzt an den **Limbus spiralis**, der sich über der **Lamina spiralis ossea** erhebt und von den birnenförmigen, sog. Interdentalzellen bedeckt wird (Abb. **17-10**, **17-12**).

Membrana tectoria Die Interdentalzellen sezernieren die Membrana tectoria. Diese bedeckt das Corti-Organ und steht mit den Spitzen der Stereozilien der äußeren Haarzellen in Kontakt. Die Membrana tectoria ist eine zellfreie Masse, die u. a. verschiedene Kollagene (II, V, IX, XI) und die Proteine α- und β-Tectorin enthält. Sie ist speziell über vernetzt-fädige Strukturen an den Grenzzellen befestigt. Nur die Stereozilien der äußeren Haarzellen stehen mit der Membrana tectoria in Verbindung.

Innere Haarzellen Die relativ organellenarmen birnenförmigen inneren Haarzellen sind die eigentlichen

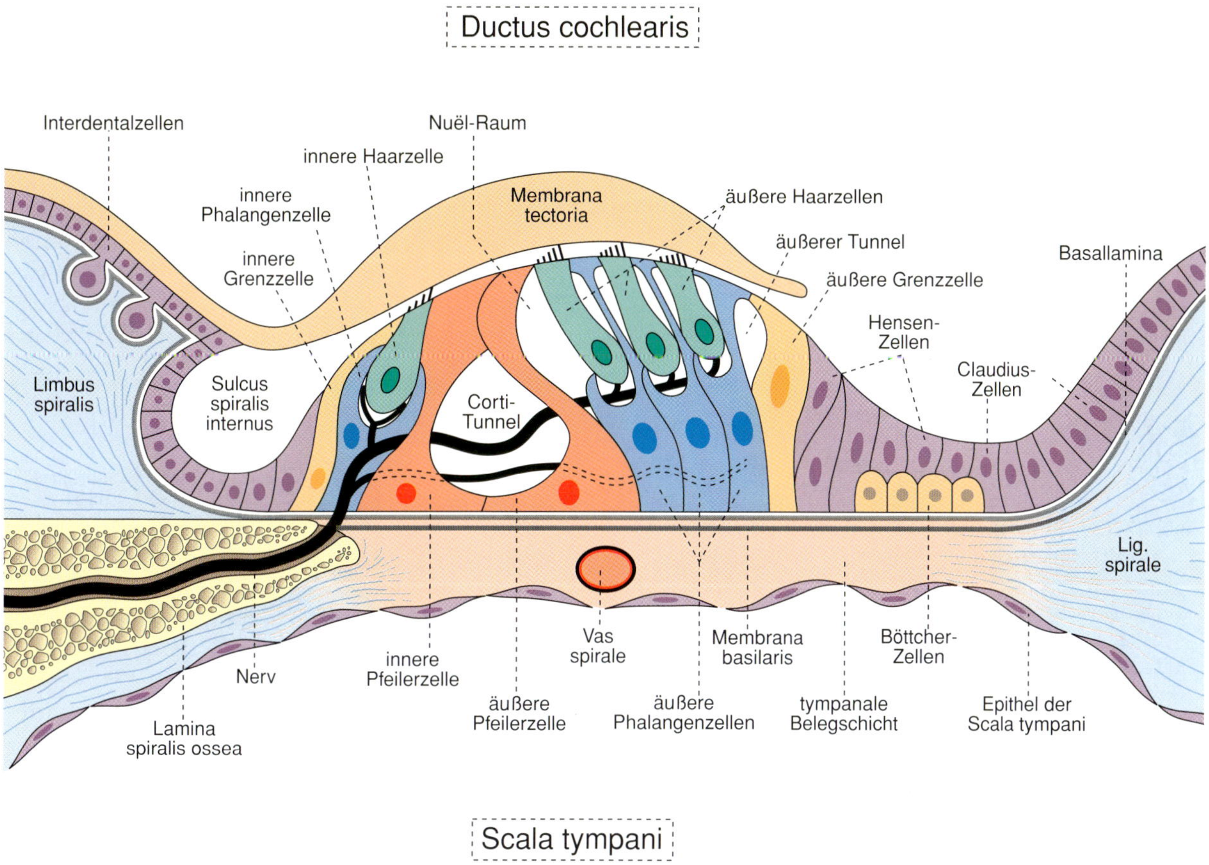

Abb. 17-12 Corti-Organ im Innenohr, schematische Darstellung. Die komplexe afferente und efferente Innervation der Haarzellen ist sehr vereinfacht dargestellt. (Aus [1])

Schallsensoren. Sie bilden entlang dem Corti-Organ (Abb. 17-12) eine Zellreihe, die aus insgesamt 3500 Zellen besteht. Die einzelnen Haarzellen sitzen auf der Schulter der **inneren Phalangenzelle.** Mit ihrem Apex erreichen sie die Oberfläche des Epithels. An ihrer Zelloberfläche tragen sie mehrere Reihen fester und ca. 200 nm dicker Stereozilien (insgesamt 40–45 pro Zelle): 4 Reihen an der unteren Windung der Kochlea (Basalwindung) und 2–3 Reihen an der oberen Windung (Spitzenwindung). In diesen Reihen sind die Stereozilien unterschiedlich hoch. Die Reihe mit den höchsten (ca. 10 μm langen) Stereozilien zeigt immer zur **Stria vascularis.** Sie sind untereinander über feinfädiges extrazelluläres Material (Tip links) verbunden (Abb. 17-13). An ihrer Basis sind die Stereozilien relativ schmal.

Die dicht gepackten Aktinfilamente der Stereozilien der inneren Haarzellen sind in einem dichten terminalen Netz, das überwiegend aus Aktin und Spektrin aufgebaut ist, verankert, der sog. **Kutikularplatte.** Das Zentrum der Stereozilien besteht aus dicht gepackten Aktinfilamenten, und ihre Basis ist auffallend schmal. Die Stereozilien enden frei im schmalen Endolymphraum unter der **Membrana tectoria.** Die geringste mechanische Abbiegung der Stereozilien öffnet Kationenkanäle (mechanosensitive Transduktionskanäle) für den Einstrom von Kalium. Dadurch kommt es zur Depolarisierung der Haarzelle, was basal zum Einstrom von Kalzium und zur Freisetzung des Transmitters Glutamat und zu Erregungsweiterleitung führt. Im Zytoplasma liegt vor den höchsten Stereozilien ein Zentriol. Generell sind die Stereozilien an der Schneckenbasis kürzer als an der Schneckenspitze. Basal enthalten die inneren Haarzellen synaptische Stäbchen, denen hier zahlreiche afferente und efferente Synapsen anliegen. Es überwiegt stark die afferente Innervation.

Äußere Phalangenzellen Lateral vom Corti-Tunnel befinden sich die schlanken äußeren Phalangenzellen, deren säulenförmige Körper die **äußeren Haarzellen** tragen (Abb. 17-12). Die äußeren Phalangenzellen bilden 3 Reihen in der unteren und 5 Reihen in der oberen Schneckenwindung. Sie besitzen in mittlerer Höhe eine Schulter, auf der die Haarzellen sitzen. Von der Schulter zieht ein schmaler, halsförmiger Ausläufer an die Epitheloberfläche. Dort ist er über einen schmalen,

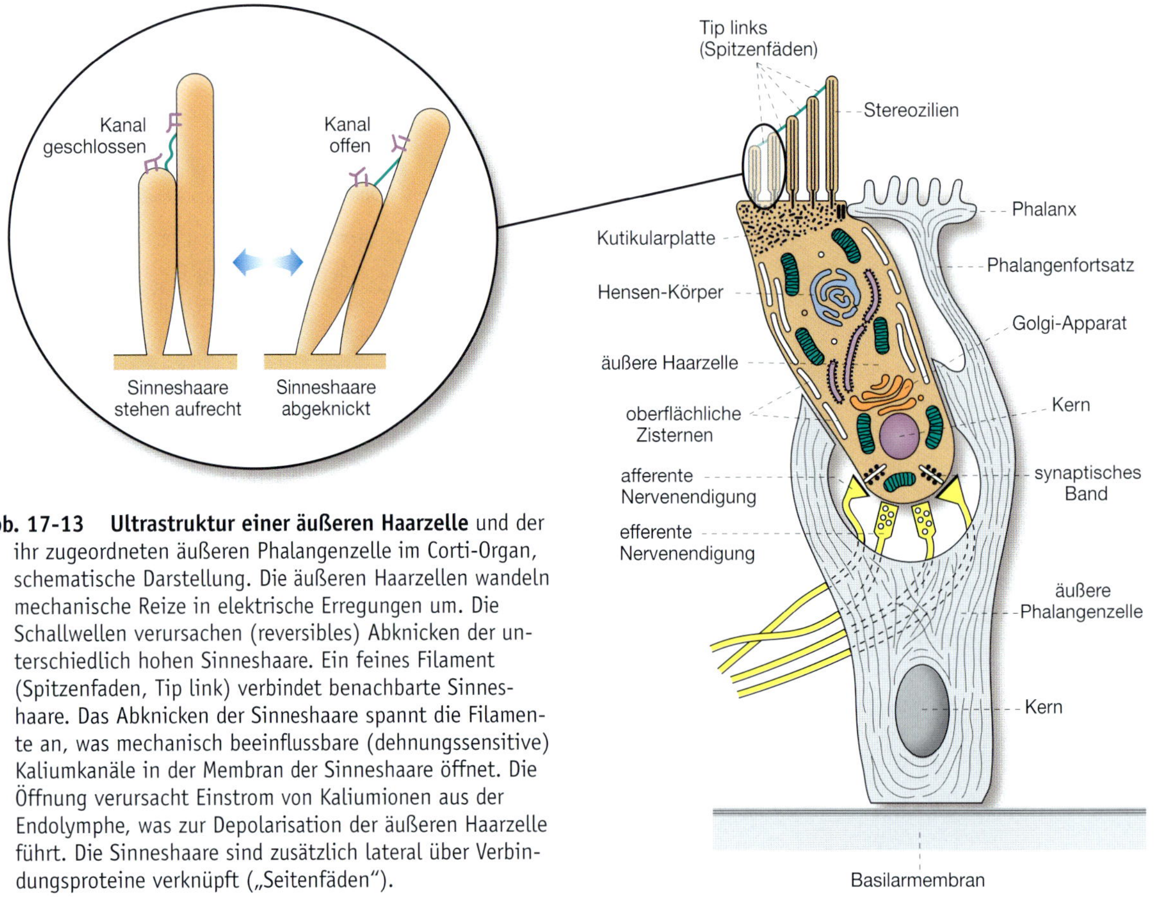

Abb. 17-13 Ultrastruktur einer äußeren Haarzelle und der ihr zugeordneten äußeren Phalangenzelle im Corti-Organ, schematische Darstellung. Die äußeren Haarzellen wandeln mechanische Reize in elektrische Erregungen um. Die Schallwellen verursachen (reversibles) Abknicken der unterschiedlich hohen Sinneshaare. Ein feines Filament (Spitzenfaden, Tip link) verbindet benachbarte Sinneshaare. Das Abknicken der Sinneshaare spannt die Filamente an, was mechanisch beeinflussbare (dehnungssensitive) Kaliumkanäle in der Membran der Sinneshaare öffnet. Die Öffnung verursacht Einstrom von Kaliumionen aus der Endolymphe, was zur Depolarisation der äußeren Haarzelle führt. Die Sinneshaare sind zusätzlich lateral über Verbindungsproteine verknüpft („Seitenfäden").

flügelartigen, apikalen Kopfteil über Zellkontakte mit dem Apex mehrerer Haarzellen verknüpft. Ebenso ist die Gesamtheit der Apices von Pfeiler-, Phalangen- und Haarzellen fest über Zonulae occludentes und Zonulae adhaerentes verbunden und bildet insgesamt die **Membrana reticularis.** Die unmittelbar an die äußerste Phalangenzelle grenzende Zelle wird auch als **äußere Grenzzelle** bezeichnet.

Äußere Haarzellen Die ca. 12 000 äußeren Haarzellen (Abb. 17-12, 17-13) sind kochleäre Verstärkerelemente, die den inneren Haarzellen vorgeschaltet sind. Sie sind kontraktil und besitzen apikal einen eigentümlichen rundlichen Körper aus glattem ER (**Hensen-Körper**) und ein gut entwickeltes System glatter Membranzisternen unter der Zellmembran (**subsurface cisterns**). Apikal tragen sie ca. 100 Stereozilien (kein Kinozilium!). Die Stereozilien bilden mehrere Reihen und sind in einer M-förmigen Formation angeordnet. Die Stereozilien sind untereinander durch Tip-links und an ihren Spitzen mit der Unterseite der **Membrana tectoria** verbunden. In der Basalwindung der Kochlea stehen 3, in der mittleren 4 und in der Spitzenwindung 5 Reihen mit äußeren Haarzellen nebeneinander. Durch die Wanderwelle in der Scala tympani wird die Basilarmembran bewegt, was dazu führt, dass die Stereozilien gegen die Membrana tectoria abgebogen werden. Dadurch öffnen sich auf den Stereozilien Kaliumkanäle (Transduktionskanäle). Das einströmende Kalium führt zu Depolarisierung und zu Verkürzung der Haarzellen. Die Depolarisierung führt zum Einstrom von Kalzium in die basale Zellregion, was die Freisetzung des Transmitters aus den äußeren Haarzellen bewirkt. Werden die Transduktionskanäle durch Gegenbewegung der Stereozilien wieder geschlossen, repolarisieren die Zellen. Dies wird dadurch erreicht, dass sich seitlich in der Zellmembran gelegene Kaliumkanäle öffnen, durch die Kalium aus der Zelle in die kaliumarme Umgebung abfließt. Die Repolarisierung hat eine Verlängerung der Zellen zur Folge. Die äußeren Haarzellen werden so durch die Schallwellen zu oszillierenden Längenveränderungen veranlasst, was die Schwingungen der Basilarmembran verstärkt. Für die Längenveränderungen dieser Zellen ist möglicherweise das Protein Prestin an der lateralen Zellmembran verantwortlich.

Im apikalen Zytoplasma liegt vor den höchsten Stereozilien ein Zentriol. Die äußeren Haarzellen besitzen basal in Synapsennähe synaptische Stäbchen mit angelagerten hellen Vesikeln, die vermutlich Transmitter enthalten. Sie sind basal afferent innerviert. Es überwiegt aber die efferente Innervation. Die Teilungsfähigkeit der Haarzellen geht ab dem 4. Schwangerschaftsmonat verloren.

Hensen-, Claudius- und Böttcher-Zellen Den äußeren Phalangenzellen schließen sich seitlich die äußere Grenzzelle und die **Hensen-Zellen** an. Sie verlieren rasch an Höhe und gehen in kubische Zellen über. Diese bilden den Boden des **äußeren Sulcus spiralis** und setzen sich in das lateral gelegene Epithel der Stria vascularis fort. Im Boden des äußeren Sulcus spiralis lassen sich z.T. die **Claudius**- und **Böttcher-Zellen** unterscheiden (Abb. 17-12). Sie sind bei manchen Säugetieren deutlicher abzugrenzen als beim Menschen. Das Meerschweinchen hat besonders gut erkennbare, dunkel gefärbte kleine Böttcher-Zellen im Epithel des äußeren Sulcus spiralis.

Basilarmembran

Das Corti-Organ liegt auf der Basilarmembran (Abb. 17-10, 17-12). Die Basilarmembran besteht aus:

- der Basallamina der Stützzellen des Corti-Organs,
- einer Lage amorpher extrazellulärer Substanz,
- einer Schicht aus 8–10 nm dicken mikrofibrillären Strukturen, die möglicherweise aus Kollagen bestehen und Hörstränge (auditory strings) genannt werden,
- einer weiteren Lage amorpher Substanz,
- 1–3 Schichten länglicher Fibroblasten,
- einer Schicht lockeren Bindegewebes und
- einer epithelähnlichen Schicht aus Fibroblasten, jedoch mit deutlichen Lücken. Diese Schicht bildet die Begrenzung der Scala tympani.

Die Steife der Basilarmembran nimmt vom Stapes bis zum Helikotrema deutlich ab. Es findet sich für jede Anregungsfrequenz eine Stelle mit optimaler Schwingungsfähigkeit bzw. jeder Frequenz ist ein bestimmter Ort der Basilarmembran zugeordnet.

Stria vascularis

Die laterale Wand des Ductus cochlearis wird von der Stria vascularis gebildet (Abb. 17-14), einer Epithelverdickung, der ein besonders dichtes Kapillarnetz unterlagert ist. Perizytenbedeckte Kapillarschlingen dieses Netzes dringen in das Epithel der Stria ein. Das Kapillarendothel ist kontinuierlich. Das mehrreihige Epithel der Stria ist nicht nur an der Bildung der Endolymphe beteiligt, sondern auch am Stoffwechsel des Corti-Organs. Es besteht aus 3 Epithelzelltypen:

- Marginalzellen,
- Intermediärzellen und
- Basalzellen.

Die **Marginalzellen** bilden die Epitheloberfläche, wo sie über einen gut entwickelten junktionalen Komplex mit Zonulae occludentes verbunden sind. Die Zellen sind mitochondrienreich und bauen ein sehr komplexes basales Labyrinth mit eng miteinander verflochtenen Fortsätzen der verschiedenen Zelltypen auf.

Die **Intermediärzellen** erreichen die Oberfläche nicht und sind vermutlich noch nicht ausdifferenzierte Marginalzellen.

Die kleinen **Basalzellen** bilden v.a. flache laterale Fortsätze aus, die sich mit entsprechenden Fortsätzen von benachbarten Epithelzellen, aber auch mit solchen von Fibroblasten vermischen. Eine typische Basallamina unter dem Epithel der Stria vascularis ist

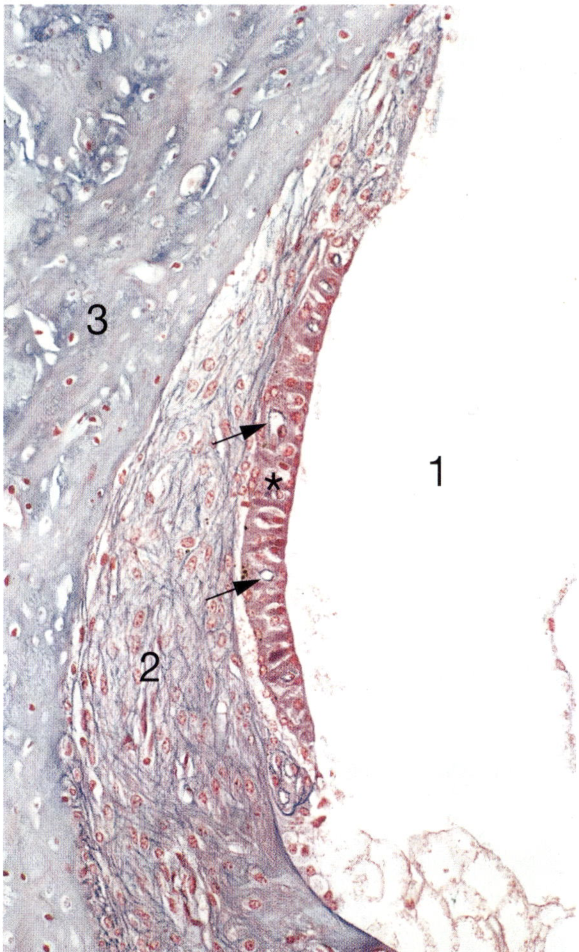

Abb. 17-14 Stria vascularis (*) in der Kochlea (Mensch). ➔ Blutkapillaren im Epithel der Stria vascularis; **1** Ductus cochlearis; **2** Lig. spirale; **3** Gewebe der knöchernen Schnecke. Färbung: Azan; Vergr. 250fach.

anders als bei Kindern bei Erwachsenen nicht ausgebildet.

Für die Funktion der Stria vascularis sind vermutlich im subepithelialen Bindegewebe vorkommende Melanozyten wichtig. Pigmentierungsstörungen können mit angeborener Taubheit verbunden sein (Waardenburg-Syndrom).

17.1.4 Hörvorgang

Schallweiterleitung Der Hörvorgang beginnt mit der Luft- und Knochenleitung akustischer Signale. Die Schallwellen erreichen das Trommelfell und versetzen dieses in Schwingungen. Die Schwingungen lösen ihrerseits Bewegungen der Gehörknöchelchen (Hammer, Amboss und Steigbügel) im Mittelohr aus. Die Bewegung der Fußplatte des Steigbügels im ovalen Fenster führt zu Druckveränderungen der Perilymphe im Innenohr. Dies bewirkt die Entstehung einer Wanderwelle entlang der Basilarmembran der Kochlea von der Basis der Schnecke zu ihrer Spitze. Durch die Wanderwelle werden die Sinneshaare der Sinneszellen im Corti-Organ abgebogen. Diese Sinneshaare stehen bei den äußeren Haarzellen in Kontakt mit der Unterseite der **Membrana tectoria.** Im Falle der inneren Haarzellen enden sie frei im Subtektorialraum. Die Sinneshaare werden durch die Wanderwelle bewegt. Dies geschieht bei den inneren Haarzellen durch Schwingungen der Endolymphe selbst, bei den äußeren Haarzellen, die ja mit der Membrana tectoria verbunden sind, durch die geringe Verschiebung um ca. 0,3 mm der Membrana tectoria gegen die Basilarmembran (Abb. 17-5). Die Abbiegung der Sinneshaare ist der adäquate Reiz für die Haarzellen. Das Ausmaß der Endolymphschwingung bzw. der Abbiegung wird von der Frequenz des stimulierenden Tons bestimmt. Hochfrequente Töne verursachen eine maximale Verformung der Basilarmembran an der Basis der Schnecke. Wenn die Frequenz des stimulierenden Tones abnimmt, wandert der Punkt der maximalen Verformung zur Spitze der Kochlea. Die Abbiegung der Stereozilien hat die Öffnung von Kationenkanälen zur Folge, was zu Depolarisierung der Zellen führt. Die inneren Haarzellen setzen daraufhin den Transmitter Glutamat frei, der die Erregung auf die Fasern des N. acusticus überträgt.

Innervationsmuster Die inneren und äußeren Haarzellen des Corti-Organs sind ähnlich strukturierte Mechanorezeptorzellen, haben aber unterschiedliche Innervationsmuster. Die inneren Haarzellen, die eigentlichen **Schallsensoren,** sind ganz überwiegend afferent innerviert. Die äußeren Haarzellen, die als **Verstärkerelemente** den inneren Haarzellen vorgeschaltet sind, sind dagegen v.a. efferent innerviert. Das Corti-Organ reagiert nicht nur auf akustische Reize, sondern produziert auch akustische Energie, die sich mit Spezialmikrofonen am Trommelfell messen lässt. Diese otoakustischen Emissionen (OAEs) entstehen in den äußeren Haarzellen, sie treten spontan und nach akustischer Reizung auf.

Die äußeren Haarzellen können auf chemische, mechanische und elektrische Reize ihre Gestalt verändern. Die Motilität der äußeren Haarzellen ändert die Mikromechanik der inneren Haarzellen. Dies führt zu einer kochleären Verstärkung, die für die außerordentliche Empfindlichkeit und Frequenzselektivität der Kochlea wesentlich ist. Die aktiven Bewegungen der äußeren Haarzellen verstärken die mechanischen Veränderungen an der Basilarmembran.

Ein Ruhepotential, das **endokochleäre Potential,** existiert im Ductus cochlearis und an der Spitze der Stereozilien der Haarzellen. Es wird von der Stria vascularis produziert und hat eine Größe von 80 mV. Es ist zu vergleichen mit einem intrazellulären Potential.

Klinik Manche Formen der **Schwerhörigkeit** sind mit Veränderungen und Verlust der Haarzellen korreliert. Im Alter sind vorwiegend die äußeren Haarzellen betroffen. Sie atrophieren und gehen zugrunde, z.T. entstehen ungewöhnlich große Riesenstereozilien. Dies geht mit dem Verlust der Fähigkeit, hohe Töne zu hören, einher. Haarzellen können durch Lärm, Virusinfektionen, ototoxische Substanzen (z.B. Aminoglykoside, Chinin, Furosemid und Cisplatin) und andere Ursachen meist irreparabel geschädigt werden. Daher sind u.a. Lärmschutzmaßnahmen besonders wichtig. Mutation des α-Tectorin-Gens führt zu Taubheit. Mutation des Gens für Connexin 26, das Teil der Nexus in den Phalangenzellen ist, führt ebenfalls zu Taubheit. Störungen im Aufbau des Kaliumkanals der Marginalzellen der Stria vascularis führen zur Degeneration des Corti-Organs.

! Das Gleichgewichts- und Gehörorgan befinden sich im Innenohr. Die Sinneszellen sind in beiden Organen ähnlich gebaute Mechanorezeptorzellen (Haarzellen) mit apikalen Stereozilien, deren spezifischer Reiz die durch Endolymphbewegung ausgelöste Abbiegung ist. Die Haarzellen sind epitheliale sekundäre Sinneszellen, die afferent und efferent innerviert werden. Das Gleichgewichtsorgan besteht aus den Bogengängen, Sacculus und Utriculus, die Sinneszellen liegen in spezifischen Sinnesfeldern. Im Gehörorgan liegen die Sinneszellen zusammen mit einem komplexen Stützzellapparat im Corti-Organ auf der Basilarmembran am Boden des Ductus cochlearis. Die inneren Haarzellen sind die eigentlichen Rezeptorzellen für Töne und Geräusche, die äußeren Haarzellen, bilden einen Verstärkerapparat.

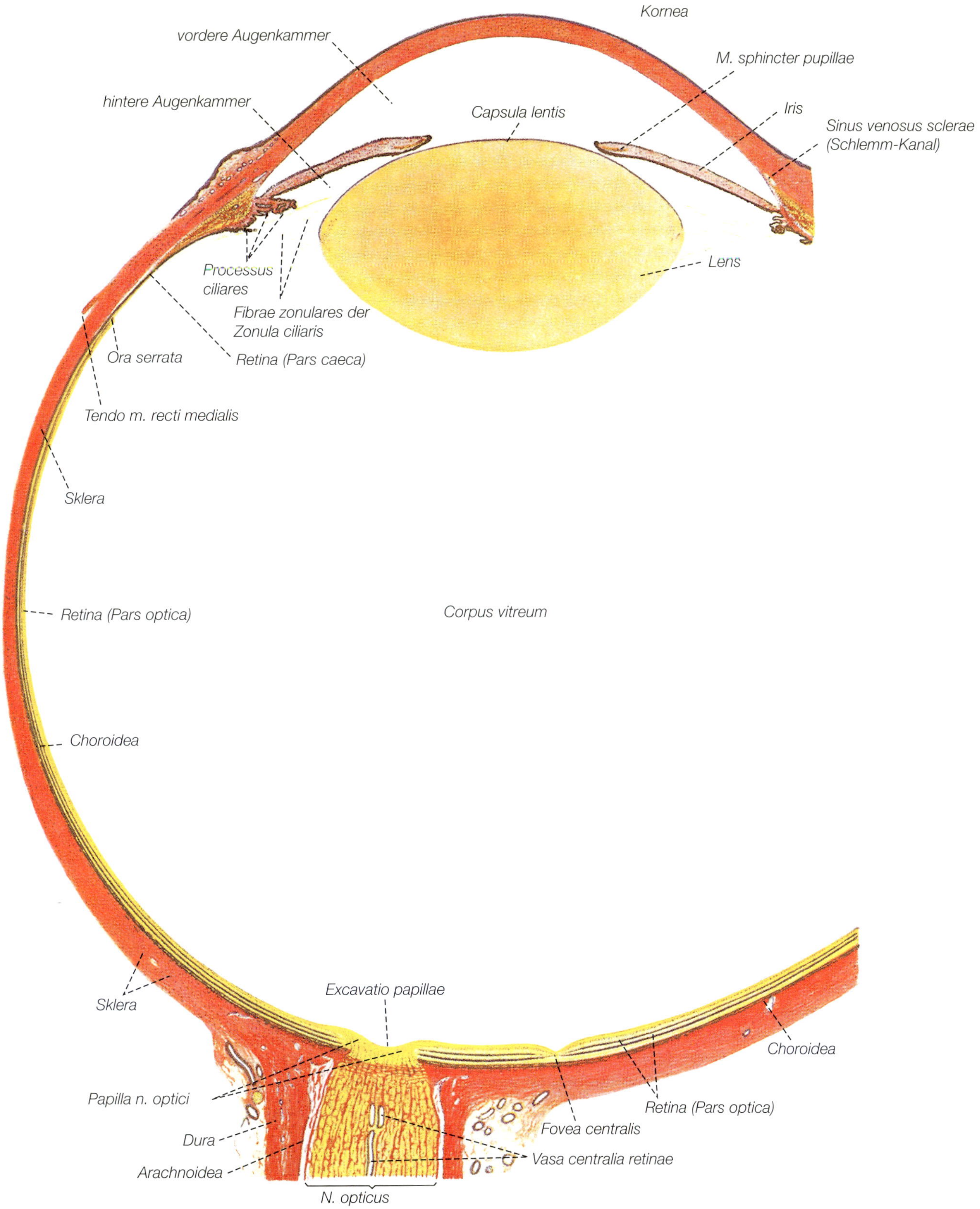

Abb. 17-15 Augapfel (Mensch), Zeichnung des Horizontalschnittes. Papilla (Discus) n. optici. Färbung: van Gieson; Vergr. 7fach. (Aus [1])

17.2 Sehorgan

Das Auge vermittelt hoch effizient reale optische Informationen aus der Umwelt. Das ist eine wesentliche Voraussetzung für alle Aspekte des Verhaltens und für das Verständnis der Umwelt.

17.2.1 Aufbau des Auges

Das Auge ist das paarig ausgebildete Sehorgan des Menschen. Es besteht aus dem **Augapfel** (Bulbus oculi) und verschiedenen Hilfs- und Schutzorganen (v.a. dem Augenlid).

Der Augapfel ist annähernd kugelig und hat einen Durchmesser von ca. 2,4 cm. Seine Wand lässt sich in 3 Schichten gliedern (Abb. 17-15):

- **äußere Augenhaut** (Tunica fibrosa bulbi), die aus der weißlichen Lederhaut (Sklera) bzw. der Hornhaut (Kornea) besteht,
- **mittlere Augenhaut** (Tunica vasculosa bulbi, Uvea), die die Gefäßschicht (Aderhaut, Choroidea) sowie den Ziliarkörper und das Irisstroma umfasst,
- **innere Augenhaut** (Tunica interna bulbi, Retina, Netzhaut), die sich aus dem Zwischenhirn entwickelt und aus 2 Blättern besteht.

Der Augapfel wird weitgehend vom gallertigen **Glaskörper** (Corpus vitreum) ausgefüllt. Zwischen Pupille und Vorderrand des Glaskörpers liegt die Linse (Abb. 17-15). Im vorderen Teil des Auges befinden sich außerdem 2 mit **Kammerwasser** gefüllte Räume, die **vordere Augenkammer** (Vorderkammer) und die **hintere Augenkammer** (Hinterkammer). Die beiden Augenkammern stehen über die Pupille in Verbindung. Im Innern des Augenbulbus herrscht ein Druck von 15–18 mmHg (Augenbinnendruck). Die Höhe des Augenbinnendrucks entspricht der Balance zwischen der Geschwindigkeit, mit der das Kammerwasser gebildet wird, und dem Widerstand, der sich seinem Abfluss im Kammerwinkel entgegenstellt.

Aus praktischen Gründen wird das Auge oft in vordere und hintere Augenhälfte gegliedert.

Klinik Ein Augenbinnendruck, der höher als 20 bis 22 mmHg ist, wird als pathologisch angesehen. Anhaltende Erhöhung dieses Drucks führt zum **grünen Star** (Glaukom), der häufig Ursache einer Blindheit ist. Zu unphysiologischem Absinken des Drucks kommt es z.B. im diabetischen Koma und nach schweren Entzündungen im Augapfel.

17.2.2 Vordere Augenhälfte

In der vorderen Augenhälfte (Abb. 17-16) sind im Wesentlichen die Augenkammern sowie die lichtbrechenden Strukturen (Hornhaut, Linse) und deren Hilfsapparate untergebracht. Zu diesen Hilfsapparaten zählen v.a. Ziliarmuskel (Akkommodation) und Iris (Blendenapparat).

Hornhaut

Die Hornhaut (Kornea, Abb. 17-17) ist ein rundliches transparentes Feld (Durchmesser ca. 11 mm) in der äußeren Augenhaut. Sie ist stärker gekrümmt als die Sklera. Die Kornea stellt ein wichtiges lichtbrechendes Medium dar, ihre Brechkraft ist größer als die der Linse. Die Brechkraft der Kornea ist konstant, die der Linse dagegen variabel.

Die Kornea ist ca. 1 mm dick (in der Mitte 0,8–0,9 mm, am Rand 1,1–1,2 mm). Sie besteht aus mehreren Schichten:

- außen gelegenes (vorderes) Kornealepithel (Epithelium anterius), einem 5–7-schichtigen unverhornten Plattenepithel (Abb. 17-17),
- bindegewebiges, gefäßfreies Stroma (Substantia propria) und
- innen gelegenes (hinteres) Kornealendothel, ein

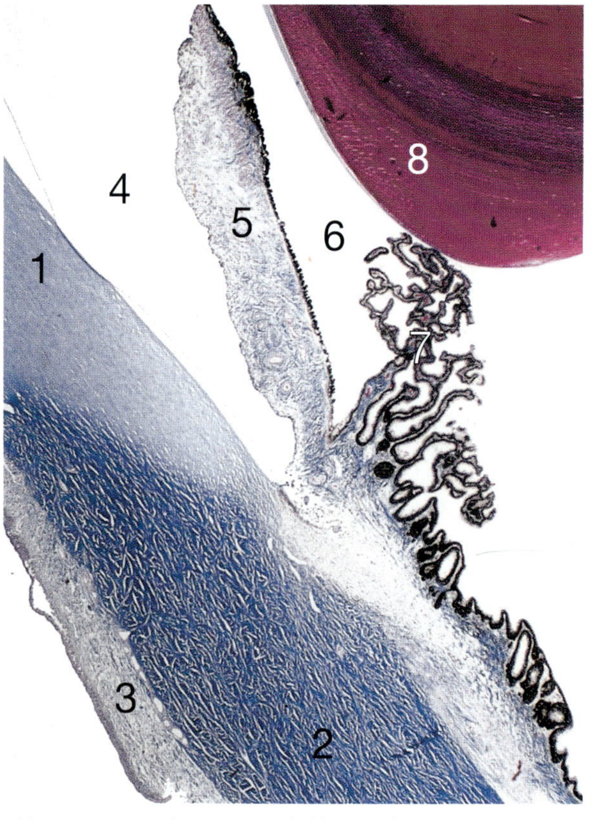

Abb. 17-16 Vordere Augenhälfte (Schwein). **1** Kornea; **2** Sklera; **3** Konjunktiva; **4** vordere Augenkammer; **5** Iris; **6** hintere Augenkammer; **7** Ziliarzotten; **8** Linse. Färbung: Masson-Trichrom; Vergr. 25fach.

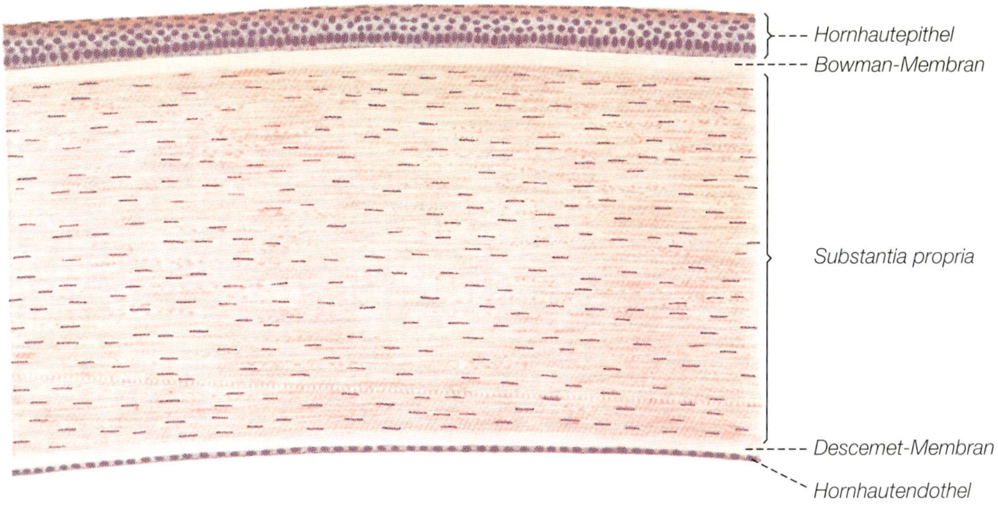

Abb. 17-17 Hornhaut (Kornea) des Auges bei höherer Vergrößerung (Mensch). Die Kornea ist gefäßfrei, und ihr Stroma (Substantia propria) besteht aus Kollagenfibrillenlamellen, zwischen denen nur die Kerne der reich verzweigten Hornhautfibrozyten (Hornhautkörperchen) erkennbar sind. Zeichnerische Darstellung eines H.E.-Präparats; Vergr. 80fach. (Aus [1])

einschichtiges, flaches Plattenepithel (Endothelium corneale, inneres [hinteres] Kornealepithel).

Das (vordere) **Kornealepithel** sitzt einer Basallamina und einer ca. 10 μm dicken Bindegewebsschicht auf, der **Bowman-Membran**. Diese besteht aus dünnen, ungeordnet verteilten Kollagenfibrillen. Das Kornealepithel geht in das Epithel der Conjunctiva bulbi (vgl. Abb. 17-19) über.

Das (hintere) **Kornealendothel** lagert auf einer speziell strukturierten 5–10 μm dicken Basallamina, der **Descemet-Membran.** Beide Epithelien der Kornea spielen eine wesentliche Rolle bei der Regulation des Wassergehalts des Korneastromas. Dies ist für die Transparenz der Kornea von entscheidender Bedeutung.

Der Kornea liegt außen der Tränenfilm auf, der aus mehreren Schichten besteht: Muzinen und Glykoproteinen (innen), Wasser (Mitte) und Lipiden (außen). Ferner hat er Abwehrfunktion, was sich im Vorkommen von Lysozym und sekretorischem IgA widerspiegelt.

Am Rand (**Limbus corneae**) geht die Kornea in die undurchsichtige, weiße Sklera über (Abb. 17-15). Die Sklera bildet hier 2 Ausläufer, die den Rand der Kornea außen und innen umfassen. Der innere Ausläufer wird Sklerasporn genannt.

Stroma Das Stroma der Kornea besteht aus Kollagenfibrillen, Proteoglykanen, Wasser, vereinzelt elastischen Fasern, abgeflachten Fibrozyten und sensiblen Nervenfasern (1. Ast des N. trigeminus). Die Kollagenfibrillen bilden ca. 50 dünne Schichten (Lamellen). Die Fibrillen sind in jeder einzelnen Schicht parallel ausgerichtet, in den aufeinander folgenden Schichten wechselt die Ausrichtung der Fibrillen um jeweils ca. 90°. In den peripheren Schichten des Stromas, die gut mit Sauerstoff versorgt wird, sind die Proteoglykane reich an Chondroitinsulfat, in den mittleren Schichten kommt v. a. Keratansulfat vor. Für die Transparenz der

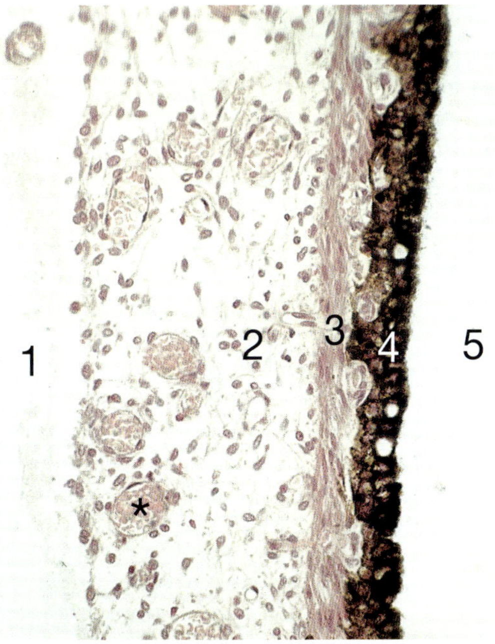

Abb. 17-18 Iris (Mensch). **1** vordere Augenkammer; **2** Irisstroma; * Blutgefäß im Irisstroma; **3** M. dilatator pupillae; **4** zweilagiges pigmentiertes Irisepithel; **5** hintere Augenkammer. Färbung: H.E.; Vergr. 110fach.

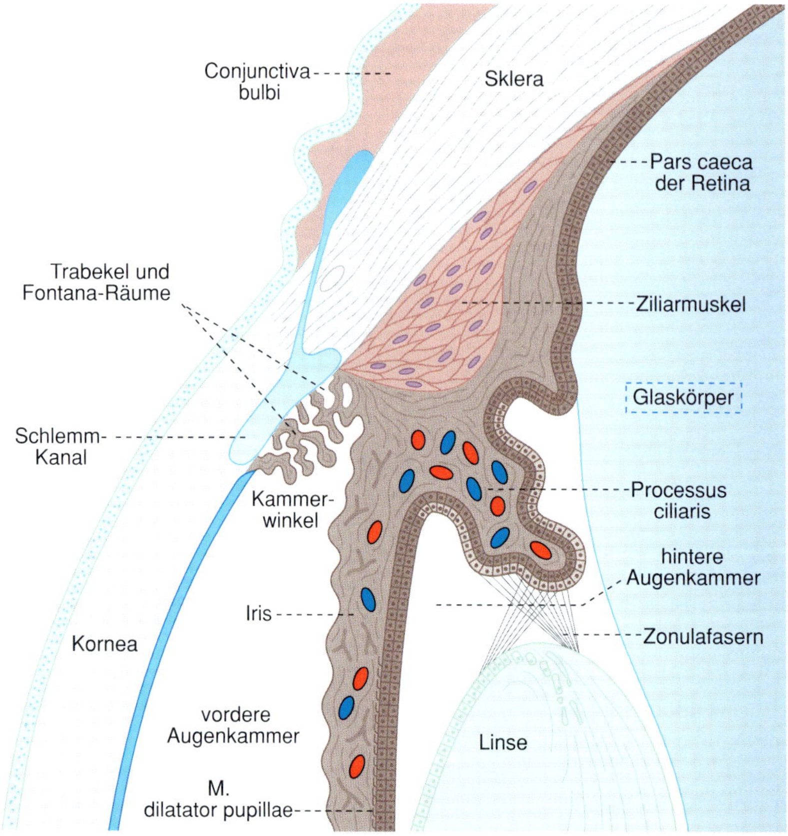

Abb. 17-19 Funktionell wesentliche Komponenten in der vorderen Augenhälfte, schematische Darstellung.

Kornea sind die regelhafte Anordnung der Kollagenfibrillen und der konstante Wassergehalt wichtig. Strömt z.B. von der vorderen Augenkammer bei Endothelverletzung Wasser in das Stroma ein, quillt es auf und wird trüb. Die Zellen des äußeren Epithels, v.a. die mitochondrienreichen Zellen in der apikalen Schicht, die über Zonulae occludentes verbunden sind, pumpen ständig Wasser nach außen (K^+-Na^+-ATPasen, Carboanhydrasen).

Klinik Die Kornea ist aufgrund ihrer exponierten Lage vielen Gefährdungen ausgesetzt: direkten Verletzungen, Austrocknung, Strahlungsenergie, infektiösen Mikroorganismen wie Bakterien und Viren (Herpes-simplex- und Herpes-zoster-Viren), Pilzen und Parasiten.

Eine Entzündung der Kornea wird **Keratitis** genannt. Sie ist oft von Entzündungen der mittleren Augenhaut (**Uveitis**) begleitet.

Stoffwechselkrankheiten können zu **Hornhauttrübungen** führen. Beispiele sind Ablagerungen von Kalziumphosphat und Kalziumkarbonat bei Störungen des Kalziumstoffwechsels, von Zystinkristallen bei Zystinose, von Cholesterinestern bei Hypercholesterinämie oder von Kupfer bei hepatolentikulärer Degeneration.

Iris

Die Iris (Regenbogenhaut) bildet den Blendenapparat des optischen Systems. Sie liegt vor der Linse und besitzt im Zentrum ein Loch, die **Pupille**. Der Durchmesser der Pupille kann zwischen 1,5 und 8 mm schwanken.

Die Iris besteht aus zwei Anteilen, dem vorn (außen) gelegenen Stroma und dem hinten (innen) gelegenen **Irisepithel.** Das **Stroma** gehört zur mittleren Augenhaut (Uvea). Das Irisepithel besteht aus zwei epithelialen Zelllagen. Diese gehen aus dem ehemaligen Augenbecher hervor und werden daher von zwei Basallaminae begrenzt: zum einen auf der Seite, die an die hintere Augenkammer grenzt, zum anderen auf der Seite, die an das Irisstroma grenzt. Die beiden Zelllagen sind pigmentiert (Abb. **17-16, 17-18, 17-19**) und repräsentieren den am weitesten peripher gelegenen Teil der Retina (Pars iridica retinae, Stratum pigmenti iridis). Dieses auf der Rückseite der Iris gelegene Epithel wird auch neuroepitheliale innere Oberfläche der Iris genannt.

Muskulatur In räumlich enger Beziehung zum Pigmentepithel der Iris findet sich die Irismuskulatur (Abb. 17-18). Es handelt sich um glatte Muskulatur, die in Form von schlanken Fortsätzen der äußeren pigmentierten Irisepithelzellen (nach außen zur vorderen Augenkammer weisend) oder in Form von isolierten glatten Muskelzellen auftreten kann. Am Rand der Pupille finden sich die konzentrisch angeordneten Muskelzellen des M. sphincter pupillae, der parasympathisch innerviert wird. Die Muskelzellen des M. dilatator pupillae verlaufen vor dem Epithel radiär und werden sympathisch innerviert. Die Hemmung des Parasympathikus, z.B. durch Atropin (Alkaloid aus dem Nachtschattengewächs *Atropa belladonna*), führt zu weiten Pupillen. Dieser Effekt war zeitweise Mode („bella donna"), in der Medizin wird er zur Untersuchung des Augenhintergrunds ausgenutzt. Die Iris bietet also die Möglichkeit, die Wirkung von Sympathikus und Parasympathikus direkt zu beobachten.

Stroma Das Stroma der Iris besteht v.a. aus Fibrozyten und zarten Kollagenfaserbündeln, die eine bogengitterartige Anordnung besitzen. Diese Anordnung der Kollagenfasern ermöglicht die variable Weitstellung der Pupillen. In unterschiedlicher Menge kommen im Stroma verzweigte melaninhaltige, lichtabsorbierende Pigmentzellen (Melanozyten) vor. Die Anzahl der Pigmentzellen ist für die Augenfarbe verantwortlich: Viele Pigmentzellen ergeben „braune" Augen, wenige Pigmentzellen „grüne", „graue" oder „blaue" Augen. Fehlt das Pigment Melanin generell (Albinos), sind die Augen rötlich. Die Vorderseite der Iris wird von abgeplatteten Fibrozyten des Irisstromas gebildet, zwischen denen weite Lücken klaffen können.

Das Stroma enthält ein ungewöhnlich reich und komplex ausgebildetes Blutgefäßsystem, das für die Ernährung und Versteifung der Iris sowie der Temperierung des Kammerwassers verantwortlich ist.

Klinik Ungleiche Pupillenweite (**Anisokorie**) ist meist Ausdruck von Läsionen der sympathischen oder parasympathischen Innervation des Auges.

Entzündungen der Iris (**Iritis**) treten im Rahmen von systemischen Erkrankungen (z.B. rheumatischen Erkrankungen) auf.

Vordere Augenkammer

Die vordere Augenkammer (Camera anterior) wird von der Rückseite der Kornea und von der Vorderseite der Iris begrenzt. Der Winkel zwischen der Kornea und der Iriswurzel ist der sog. **Kammerwinkel** (Angulus iridocornealis, Abb. 17-16, 17-19). Hier erfolgt der Abfluss des Kammerwassers. Das Gewebe des Kammerwinkels ist stark aufgelockert und enthält ein Maschenwerk aus Bindegewebstrabekeln. Zwischen den Trabekeln findet sich ein System flüssigkeitsgefüllter Kanälchen und Räume (**Fontana-Räume**), das mit der vorderen Augenkammer kommuniziert. In der Tiefe verläuft am Vorderrand dieses Maschenwerks ringförmig der **Schlemm-Kanal** (Abb. 17-19, 17-20), der das Kammerwasser aufnimmt und über intra- und episklerale Venennetze abführt. Der Schlemm-Kanal ist von einer geschlossenen Endothelschicht ausgekleidet, die Basallamina ist unvollständig. Die Endothelzellen bilden ultrastrukturell erkennbare Kanälchensysteme, die sich den Abflussverhältnissen anpassen können. Bei hohem Augenbinnendruck entstehen im Endothel bis zu 20 µm große Vesikel, die sich sowohl nach außen als auch zum Lumen des Schlemm-Kanals hin öffnen können. Über den Schlemm-Kanal fließen gut 80% des Kammerwassers ab; der Rest sickert in das lockere Bindegewebe ein, das die Muskelzellen des Ziliarkörpers umgibt (uvoskleraler Abfluss).

Klinik Behinderung des Kammerwasserabflusses führt zu Erhöhung des Augenbinnendrucks und somit zu Schädigung von Retina und Sehnerv, Sehfeldausfällen, grünlichen Reflexen der Linse, z.T. starkem

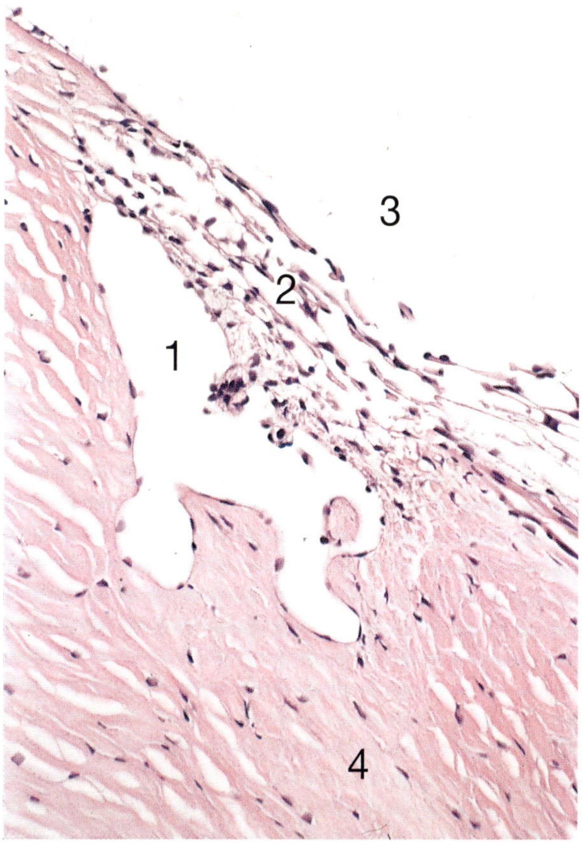

Abb. 17-20 Schlemm-Kanal (1) und Bindegewebstrabekel (**2**) des Kammerwinkels (**3**). **4** Sklera. Rhesusaffe. Färbung: H.E.; Vergr. 250fach.

Schmerz u.a. Das Krankheitsbild wird **grüner Star** (Glaukom) genannt.

Verschiedene Glaukomtypen werden unterschieden, z.B. **Weitwinkelglaukom** (normale Weite des Kammerwinkels, aber obstruktive Veränderungen im trabekulären Maschenwerk und im Schlemm-Kanal, oft altersbedingt) oder **Engwinkelglaukom** (infolge Einengung des Kammerwinkels, verschiedene Ursachen, kann akut oder chronisch auftreten). Beim Weitwinkelglaukom kann der Kammerwasserabfluss durch Parasympathomimetika und zusätzlich Betablocker gebessert werden.

Beim Engwinkelglaukom sind chirurgische Maßnahmen oder im Anfall schnelle Notfallmaßnahmen erforderlich.

Linse

Die Linse (Lens) ist neben der Kornea ein weiteres lichtbrechendes Organ im Auge. Sie dient dem Fokussieren des Lichts. Sie entsteht aus einem ektodermalen epithelialen Bläschen. Dessen anfangs vorhandener zentraler Raum wird im Laufe der Entwicklung von den in die Länge wachsenden Zellen der Hinterwand des Bläschens ausgefüllt. Die Linse ist vorn in geringerem Maß gekrümmt als hinten. Sie ist von einer speziellen kräftigen Basallamina mit elastischen Eigenschaften umgeben (**Linsenkapsel**). In der Linsenkapsel, die vorn ca. 20 µm und hinten ca. 5 µm dick ist, inserieren die **Zonula-Fasern**.

Das Epithel der Linsenvorderseite ist einschichtig und kubisch (Abb. **17-19**, **17-21**). Die langen Zellen der Rückwand sind kompliziert zusammengelagert. Sie werden **Linsenfasern** genannt. Am Äquator der Linse ist das allmähliche Verschwinden der Kerne in jedem histologischen Präparat gut zu beobachten (Abb. **17-19**).

Linsenfasern Die Linsenfasern (Fibrae lentes) sind transparente, ca. 7–10 mm lange, 8–12 µm weite und ca. 2 µm dicke, sechseckige, prismatische zelluläre Strukturen, die über viele Nexus und einzelne Desmosomen verbunden sind. Sie enthalten keinen Zellkern und kaum Organellen. Wesentliche Bestandteile sind die sehr stabilen linsenspezifischen Proteine Kristallin α, β und γ sowie Filensin. Kristalline sind reichlich vorhanden und erhöhen den Brechkraftindex der Linse. Sie sind lösliche Proteine. Filensin bildet zusammen mit Phakinin linsenspezifische Intermediärfilamente, die mit den Kristallinen verbunden sind. Linsenfasern bleiben zeitlebens erhalten. In geringem Maße proliferieren ständig Linsenzellen am Linsenäquator, so dass die Linse sehr langsam, aber stetig wächst. Dieses Wachstum wird zu einem erheblichen Teil dadurch kompensiert, dass im Innern die Linsenfasern etwas schrumpfen und sich verdichten, wodurch hier der sog. Alterskern entsteht. Hauptmetabolit der Linse ist Glukose.

Klinik Eine Trübung der Linse wird als **grauer Star** (Katarakt) bezeichnet. Hierbei verlieren die Kristalline die Eigenschaft der Löslichkeit und werden unlöslich. Eine Katarakt kann angeboren (Röteln-, Herpes-simplex- oder Syphilis-Infektion während der Schwangerschaft) oder erworben sein. Erworbene Formen sind altersbedingt oder Begleiterkrankungen bei Diabetes mellitus, Bestrahlung, Galaktosämie und Hypokalzämie. Eine Dauertherapie mit Cortison fördert die Entstehung subkapsulärer posteriorer Katarakte.

Mit dem Alter wird die Linse zunehmend starrer und verliert zunehmend ihre Akkommodationskraft (**Altersweitsichtigkeit**, Presbyopia senilis).

Bei Linsenersatz, z.B. bei Katarakt, erhält man weitgehend die Linsenkapsel als Lager für die Kunststofflinse.

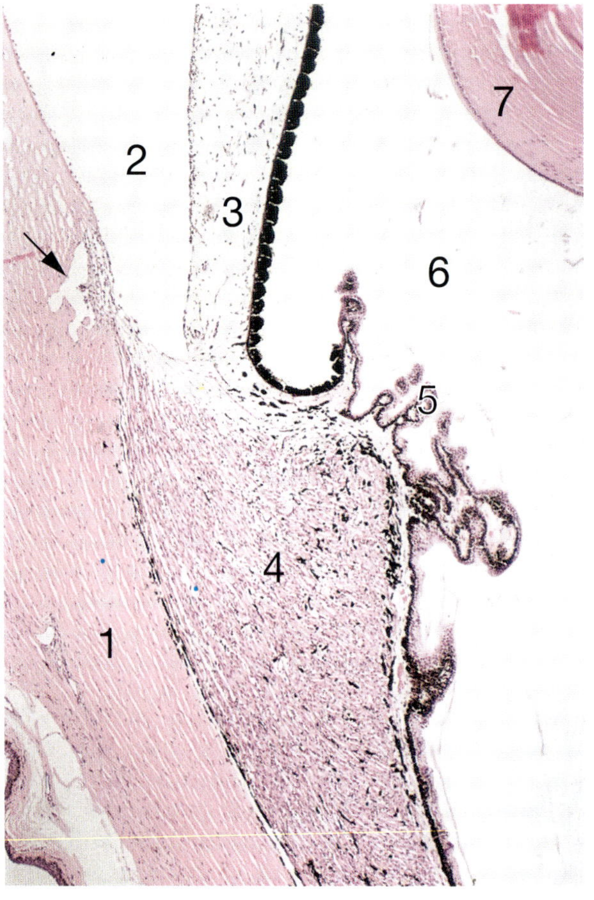

Abb. 16-21 Ziliarkörper (Rhesusaffe). **1** Sklera; ➔ Schlemm-Kanal; **2** vordere Augenkammer; **3** Iris; **4** Ziliarmuskel; **5** Ziliarzotten; **6** hintere Augenkammer; **7** Linse mit vorderem Linsenepithel. Färbung: H.E.; Vergr. 45fach.

Ziliarkörper

Der Ziliarkörper (Strahlenkörper, Corpus ciliare) dehnt sich von der Ora serrata bis zur Iriswurzel ringförmig um die inneren Wandbereiche des Augenbulbus aus (Abb. 17-15, 17-19, 17-21). Seine wesentlichen Funktionen sind Akkommodation und Bildung des Kammerwassers.

Ziliarmuskel Der Ursprung des Ziliarmuskels (M. ciliaris) sind der Sklerasporn und die Descemet-Membran des Kornealendothels; den Ansatz bilden die elastischen Fasern der sog. Bruch-Membran, der Grenzschicht zwischen Aderhaut und Retina. Die elastischen Fasern sind gleichzeitig die Antagonisten des Ziliarmuskels.

Der Ziliarmuskel erscheint im Schnittpräparat durch die vordere Augenhälfte flach dreieckig. Er besteht aus einem komplex angeordneten Maschenwerk glatter Muskelzellen, die außen überwiegend längs (**Meridionalfasern**, **Brücke-Muskel**) und innen vorwiegend zirkulär (**Müller-Muskel**) angeordnet sind. In der Mitte verlaufen die Muskelfasern schräg bzw. netzförmig (retikulär).

Akkommodation Bei Akkommodation (Naheinstellung) des optischen Hilfsapparats kontrahiert sich der ganze Ziliarmuskel. Die mittleren retikulär angeordneten Muskelzellen lagern sich um. Sie nehmen eine annähernd zirkuläre Ausrichtung an und unterstützen so die zirkulären Muskelzellen. Funktionell dominiert das zirkuläre System. Dieses verlagert sich bei der Kontraktion auch etwas nach vorn. Es entsteht dabei ein nach innen vorspringender Wulst (Muskelkante). Dadurch entspannen sich v.a. die vorderen Zonulafasern, was die Spannung der Linsenkapsel herabsetzt. Die Linsenkrümmung nimmt daraufhin aufgrund ihrer Eigenelastizität zu. Dies bewirkt die Erhöhung der Brechkraft und ermöglicht die Nahsicht.

Bei **Nahsicht** kommt es zu folgenden Veränderungen im Akkommodationsapparat:

- Kontraktion der Ziliarmuskulatur, wobei die Funktion der zirkulären Muskulatur besonders zum Tragen kommt,
- Dehnung der elastischen Bruch-Membran,
- Entspannung der Zonulafasern,
- Abrundung der Linse.

Bei **Weitsicht** sind der Ziliarmuskulatur und die Bruch-Membran entspannt. Die Zonulafasern werden dadurch angespannt, und die Linse flacht ab.

Ziliarzotten Nach innen entspringen am Ziliarkörper längs verlaufende Wülste und Zottenstrukturen (Ziliarzotten, Processus ciliares). Die Ziliarzotten sind reich an Blutgefäßen (Abb. 17-21, 17-22), darunter befinden sich viele Kapillaren mit fenestriertem Endothel. Sie werden von einem zweischichtigen Zottenepithel bedeckt, das der Retina angehört (Pars ciliaris retinae). Die außen gelegene Epithelschicht heißt Stratum pigmenti corporis ciliaris und ist pigmentiert. Die nach innen weisende Epithelschicht ist mitochondrienreich und nicht pigmentiert, zwischen ihren Zellen sind Zonulae occludentes ausgebildet (Abb. 17-23). Der Bezugspunkt für die Begriffe „außen" und „innen" ist im Auge immer das Zentrum des Augenbulbus. Beide Epithelschichten besitzen an ihrer morphologischen Basis eine Basallamina, die des äußeren Pigmentepithels liegt an der Grenze zum Bindegewebe der Ziliarzotten, die der inneren Epithelschicht liegt an der Grenze zur hinteren Augenkammer. An dieser Basallamina inserieren die Zonulafasern, die zur Lin-

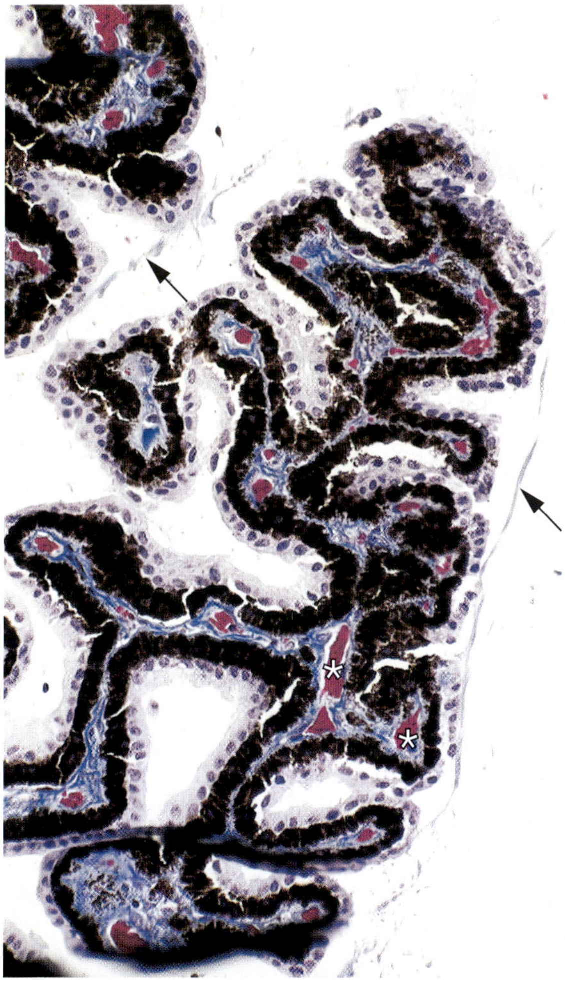

Abb. 17-22 Ziliarzotten (Weddell-Robbe) mit zahlreichen kleinen Blutgefäßen (*) und zweischichtigem Epithel: außen (an das Bindegewebe grenzend) pigmentiert, innen nicht pigmentiert. ➔ Zonulafasern. Färbung: Masson-Trichrom; Vergr. 450fach.

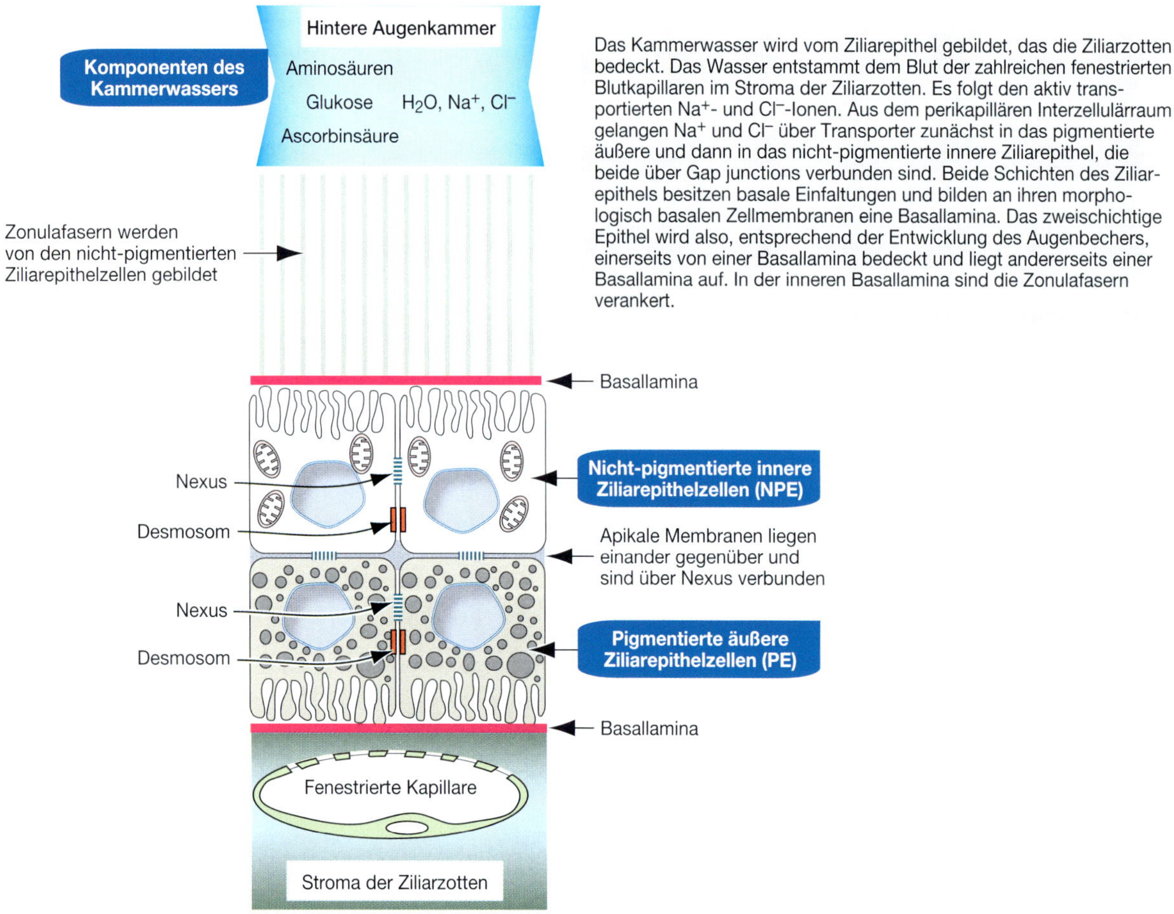

Abb. 17-23 Struktur des Ziliarepithels und Sekretion des Kammerwassers. (Aus [12])

senkapsel ziehen und aus Fibrillinfibrillen (siehe S. 122) bestehen. Sie setzen vor und hinter dem Linsenäquator an, wobei zwischen den in die Linsenkapsel einstrahlenden Fasern ein im Schnittbild dreieckiger „Kanal" (**Petit-Kanal**) frei bleibt.

Das Epithel der Ziliarzotten sezerniert das eiweißarme wasserklare Kammerwasser, das Kornea und Linse ernährt und den Augenbinnendruck aufrechterhält (Abb. 17-23). Das Epithel ist wesentlicher Teil der Blut-Kammerwasser-Schranke, die die unkontrollierte Diffusion von Flüssigkeit aus den Kapillaren in die hintere Augenkammer verhindert und die spezifische Zusammensetzung des Kammerwassers aufrechterhält. An der Kammerwasserbildung sind Carboanhydrase und aktiver Transport von Ionen beteiligt. Kammerwasserbildung und -resorption stehen im Gleichgewicht. Das Kammerwasser wird stündlich ersetzt.

Klinik Die Kammerwasserbildung kann z. B. durch Carboanhydrasehemmer vermindert werden.

Glaskörper

Der gallertig-weiche, wasserklare Glaskörper (Corpus vitreum) besteht überwiegend aus Wasser (98 %) und Hyaluronsäure sowie einzelnen Fibrozyten (Hyalozyten), vereinzelten Makrophagen und einem feinen Netz aus 8–15, z. T. bis 30 nm dicken Kollagenfibrillen (Kollagen Typ II), das sich an seiner Oberfläche etwas verdichtet (Membrana vitrea) und den Glaskörper innen an der Retina befestigt. Diese Befestigung ist besonders fest an der Ora serrata und an der Sehnervenpapille. Der Glaskörper wird von den nicht-pigmentierten Zellen der Pars caeca (Pars plana) der Retina und von den Hyalozyten gebildet.

Klinik Der Glaskörper unterliegt physikalischen und biochemischen Altersveränderungen. Es kommt oft zu gutartigen Trübungen (**mouches volantes**), die als dunkle Flecken empfunden werden, die sich mit den Augenbewegungen bewegen.

Blutungen aus Retinagefäßen und Membranbildungen treten z. B. bei **diabetischer Retinopathie** auf.

Zahlreiche andere Krankheiten, z. B. Amyloidose, können zu Ablagerungen im Glaskörper führen.

In der vorderen Augenhälfte liegen die wesentlichen Hilfsstrukturen für die Lichtrezeptorzellen im Augenhintergrund. Zu diesen Hilfsstrukturen zählen die Kornea und die Linse als transparente lichtbrechende Medien, die Iris als Blendenapparat und der Ziliarkörper, der sowohl der Akkommodation (Ziliarmuskel) als auch der Kammerwasserbildung (Ziliarzotten) dient. Die Kammerwasserproduktion erfolgt in den Ziliarzotten, die Resorption des Kammerwassers findet im Kammerwinkel statt.

17.2.3 Hintere Augenhälfte

In der hinteren Augenhälfte befinden sich die typischen Wandschichten der Augenhäute:

- außen die Lederhaut,
- in der Mitte die Aderhaut und
- innen v.a. der lichtrezeptive Teil der Netzhaut.

Außerhalb der Lederhaut liegt ein kollagenfaserarmer Gleitraum, der an der Grenze zum Fettgewebe der Orbita eine kapselähnliche Grenzschicht aufbaut, die sog. **Tenon-Kapsel.** In dem Spaltraum kann sich der Bulbus oculi wie ein Gelenkkopf in einer Gelenkpfanne bewegen.

Lederhaut

Die Lederhaut (Sklera) bildet gemeinsam mit der Kornea die äußere Augenhaut. Sie besteht aus einem Geflecht dicht gepackter Kollagenfaserbündel, die meridional, longitudinal und schräg verlaufen (Abb. **17-16**). Elastische Fasern sind relativ selten. Mitunter finden sich in der Sklera auch Pigmentzellen. Die feste Sklera leistet dem inneren Augendruck Widerstand, und an ihr setzen die äußeren Augenmuskeln an.

Im Übergangsbereich von der Sklera zur Kornea lagern sich die Kollagenfibrillen um (Abb. **17-16**) und nehmen in der Kornea eine hoch geordnete Ausrichtung an, des Weiteren nimmt der Gehalt an Proteoglykanen zu. Die Dicke der Sklera entspricht ungefähr der der Kornea. Im Durchschnitt ist sie etwas dünner (ca. 0,8–1 mm), nur hinten im Bereich des Abgangs des Sehnervs ist sie bis zu 1,5 mm dick.

Klinik Angeborene Kurz- und Weitsichtigkeit gehen mit abweichender Faserarchitektur der Sklera einher. Bei der **Kurzsichtigkeit** (Myopie) ist das Auge zu lang, und weit entfernte Strukturen werden vor der Retina scharf abgebildet. Bei der **Weitsichtigkeit** (Hyperopie) ist das Auge zu kurz, Strukturen werden außerhalb der Retina scharf abgebildet. Dies kann durch vermehrte Akkommodation z.T. kompensiert werden, aber das Auge verliert die Fähigkeit, nahe gelegene Gegenstände oder Buchstaben in einem Buch in normalem Leseabstand scharf darzustellen.

Aderhaut

Die gefäßreiche Aderhaut (Choroidea) bildet mit dem Ziliarkörper und der Iris die mittlere Augenhaut. Sie untergliedert sich in 3 Schichten:

- außen gelegene **Suprachoroidea** (Gefäße und Nerven),
- breites mittleres **Stratum vasculare** und
- innen gelegene **Choriocapillaris** (Kapillarschicht), die an das Pigmentepithel der Retina angrenzt.

Die Blutgefäße sind in ein lockeres Bindegewebe mit zahlreichen Melanozyten eingebettet (Abb. **17-24**). Wichtigste Funktion der Choroidea ist die Versorgung des Pigmentepithels und v.a. der Sinneszellen der Retina. Die dicht gepackten Kapillaren besitzen ein fenestriertes Endothel. Zwischen den Kapillaren und dem

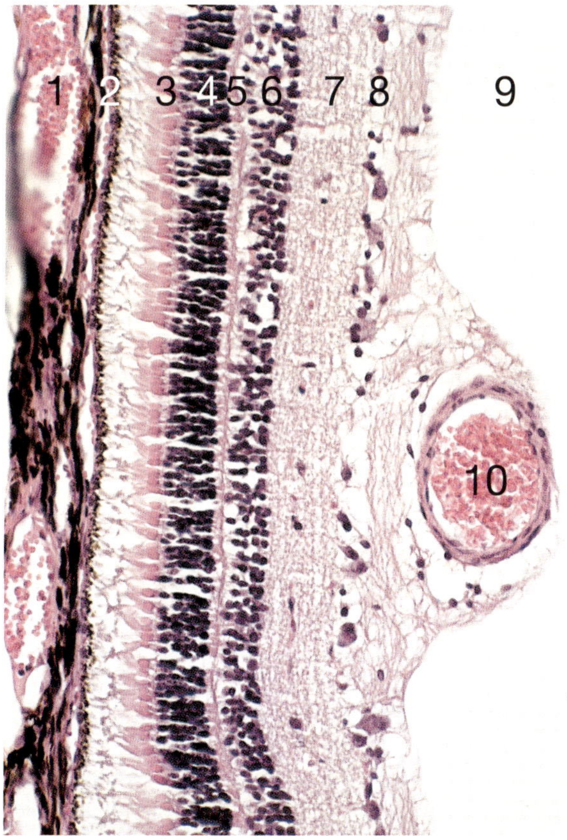

Abb. 17-24 Retina (Schwein), Übersicht. Von außen nach innen: **1** Choroidea; **2** Pigmentepithel; **3** Innen- und Außensegmente der Photorezeptorzellen; **4** äußere Körnerschicht; **5** äußere plexiforme Schicht; **6** innere Körnerschicht; **7** innere plexiforme Schicht; **8** Schicht der Ganglienzellen; **9** Glaskörper; **10** kleine Arterie. Färbung: H.E.; Vergr. 250fach.

Pigmentepithel befindet sich die gut 2 µm dicke **Bruch-Membran**. Ihr gehören die Basallamina des Pigmentepithels und insbesondere dichte Netze elastischer Fasern an (Antagonist des Ziliarmuskels).

Klinik Die Bruch-Membran kann bei Erkrankungen des elastischen Fasersystems degenerieren, wodurch es zu Gefäßbrüchen kommen kann.

Der häufigste Primärtumor des Auges ist das **Melanom** der Choroidea.

Netzhaut

Die Netzhaut (Retina) bildet die innere Augenhaut. Sie besteht aus 2 Blättern, dem **äußeren Retinablatt** (Stratum pigmenti, Pigmentepithel) und dem **inneren Retinablatt** (Stratum nervosum). Inneres und äußeres Blatt der Retina entstehen während der Entwicklung aus dem sog. Augenbecher; zwischen den beiden Blättern bleibt stets ein kapillärer Spalt (**Sehventrikel**) erhalten, so dass sich die 2 Retinablätter leicht voneinander ablösen können. Der Begriff Retina bezeichnet oft ausschließlich das innere Blatt der Retina.

Die Retina lässt sich in 2 Regionen unterteilen, die hinten gelegene **Pars optica** und die vorn gelegene **Pars caeca**. Die Pars optica enthält Lichtsinneszellen und Nervengewebe. Die Pars caeca besteht lediglich aus 2 Epithelschichten, die überwiegend pigmentiert sind und keine Lichtsinneszellen enthalten. Sie bedeckt die Hinterwand der Iris (**Pars iridica retinae**) und den Ziliarkörper (**Pars ciliaris retinae**). Kurz hinter dem Ziliarkörper und noch deutlich vor dem Äquator des Augenbulbus geht die Pars caeca in die deutlich dickere Pars optica über. Der Übergang der beiden Retinaregionen wird **Ora serrata** genannt, da er einen gezackten Verlauf nimmt. Der Abschnitt der Pars caeca zwischen Ziliarkörper und Ora serrata heißt Pars plana der Pars caeca.

Äußeres Retinablatt

Das äußere Retinablatt (Stratum pigmenti, Pigmentepithel) ist im Bereich sowohl der Pars caeca retinae als auch der Pars optica retinae stets nur ein einschichtiges pigmentiertes Epithel. Es ist ein kubisches Epithel, das mit seiner Basallamina der Bruch-Membran aufliegt. Die Zellen des Pigmentepithels (Pigmentzellen) sind reich an glattem ER, und v.a. apikal enthalten sie ovale Pigmentkörnchen (vgl. Abb. 17-27). Mit schlanken Ausläufern legen sie sich den Lichtsinneszellen, den Stäbchen und Zapfen, an. Die Pigmentzellen phagozytieren die Spitzen der Lichtsinneszellen, die im Rahmen der ständigen Membranerneuerung an der Basis der Außensegmente zugrunde gehen. Deshalb enthält das Zytoplasma der Pigmentzellen auch viele Lysosomen. Die basale Zellmembran weist dicht gestellte Einfaltungen auf, lateral sind sie über Kontakte, darunter Zonulae occludentes, verbunden. Dem Pigmentepithel kommen neben dem Abbau der Stäbchen und Zapfen mehrere andere Funktionen zu. Es bildet v.a. eine wichtige Barriere zwischen dem Blut der Aderhaut und den Rezeptorzellen.

Inneres Retinablatt

Das innere Retinablatt (Stratum cerebrale, Stratum nervosum) ist ein in die Peripherie verlagerter Hirnteil. Er weist wie viele andere Hirnregionen einen im Prinzip epithelähnlichen Schichtenbau auf. Dieser komplexe Schichtenbau ist nur in der Retina der hinteren Augenhälfte, in der sie Lichtrezeptorzellen enthält (Pars optica retinae), vorhanden. Dagegen ist der Aufbau vor der Ora serrata stark vereinfacht.

Schichten der Retina

Insgesamt lassen sich in der Retina 10 Schichten unterscheiden (Abb. **17-24, 17-25**). Die 1. Schicht ent-

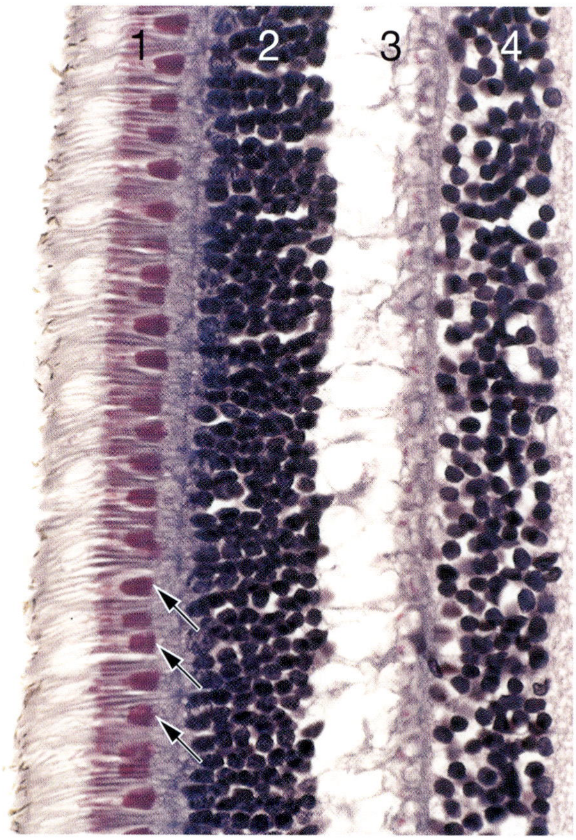

Abb. 17-25 Retina (Rhesusaffe). **1** Schicht der Stäbchen und Zapfen (nach außen weisende Fortsätze der Lichtrezeptorzellen mit Innen- und Außensegmenten). Die Innensegmente der Zapfenzellen fallen durch ihre plumpe Gestalt (→) besonders auf. **2** äußere Körnerschicht (Kerne der Rezeptorzellen); **3** äußere plexiforme Schicht; **4** innere Körnerschicht. Färbung: Masson-Trichrom; Vergr. 450fach.

spricht dem äußeren Retinablatt. Die Schichten 2–9 bilden das innere Retinablatt. Diesem liegen im Wesentlichen die verschiedenen Strukturen von 3 hintereinander geschalteten Neuronen zugrunde (Abb. **17-26, 17-28**). Die Zählweise der einzelnen Schichten erfolgt von außen nach innen. Sie wird aber in der Literatur nicht ganz einheitlich gehandhabt:

1. Pigmentepithel,
2. Schicht der Stäbchen und Zapfen,
3. äußere Gliagrenzmembran,
4. äußere Körnerschicht (Perikarya der Sinneszellen),
5. äußere plexiforme Schicht,
6. innere Körnerschicht (Perikarya der Bipolaren),
7. innere plexiforme Schicht,
8. Schicht der Optikus-Ganglienzellen,
9. Optikus-Nervenfaserschicht,
10. innere Gliagrenzmembran.

☐ 1. Neuron

Das 1. Neuron ist eine permanente **Lichtrezeptorzelle** (Lichtsinneszelle) und kann als primäre Sinneszelle angesehen werden. Die Lichtrezeptorzellen treten in 2 Typen auf, die sich in Hinsicht auf ihre nach außen gerichteten Fortsätze, die sog. Stäbchen und Zapfen, unterscheiden. Das 1. Neuron (Abb. **17-25**) bildet mit seinem Zellfortsatz (Stäbchen bzw. Zapfen) die äußerste Schicht des inneren Retinablatts (= 2. Schicht der Retina) und liegt direkt dem Pigmentepithel an. Die Bezeichnungen Stäbchen und Zapfen verwendet man jedoch nicht nur für diese mit rezeptiven Eigenschaften versehenen Fortsätze, sondern auch für die ganze Zelle, also das 1. Neuron insgesamt. Auch der Begriff Rezeptor wird sowohl für den rezeptiven Fortsatz als auch für die ganze Sinneszelle gebraucht.

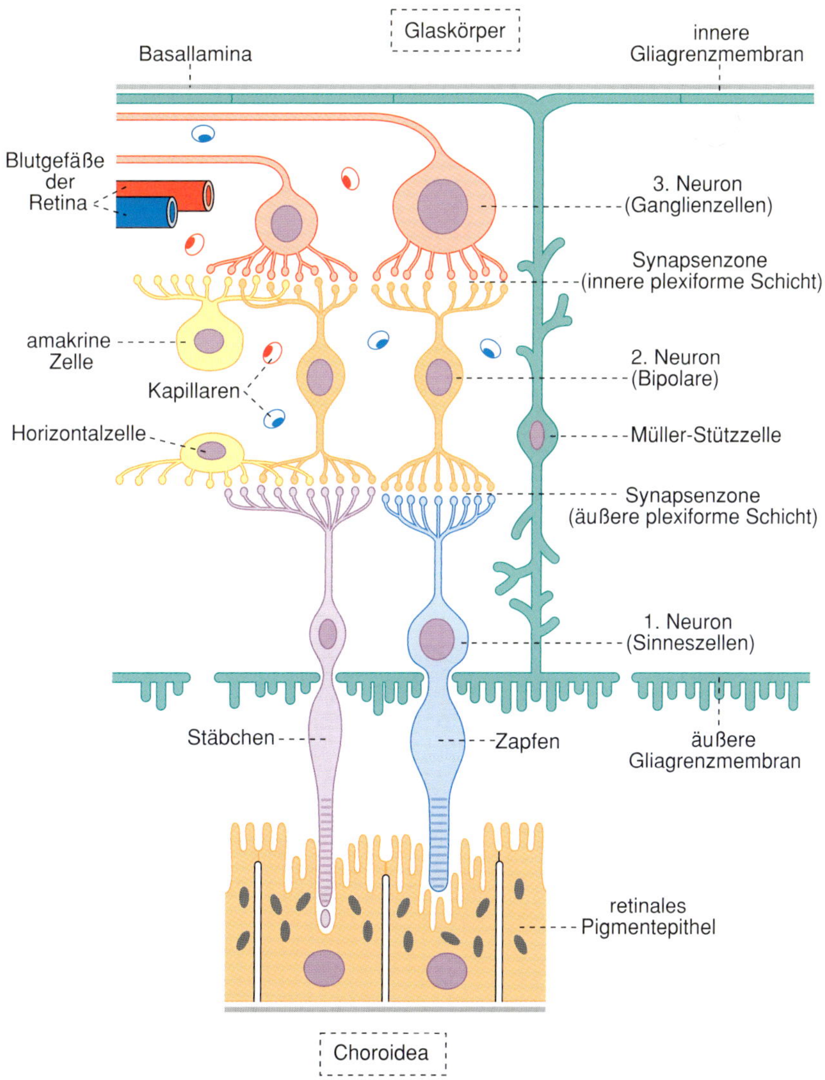

Abb. 17-26 Neuronale Elemente der Retina (Mensch), schematische Darstellung.

Photorezeptoren Die **Stäbchen** sind schlanke Fortsätze für das Hell-Dunkel-Sehen, die **Zapfen** sind plumpere Fortsätze für das Farbensehen (Abb. 17-27). Diese Fortsätze werden jeweils in ein Innensegment (Innenglied) und ein Außensegment (Außenglied) gegliedert. Letzteres enthält Sehpigmente, die mit den Einheiten des Lichts, den Photonen, reagieren. Die Stäbchen sind Hell-Dunkel-Rezeptoren. Sie reagieren bereits auf geringe Lichtintensitäten (skotopische Bedingungen), unterscheiden jedoch relativ schlecht Bildstrukturen. Die Zapfen reagieren bei hellem Licht (photopische Bedingungen) und Bewegungen. Sie lösen strukturelle Details gut auf und sind für das Farbensehen verantwortlich.

An der Basis der Außensegmente sowohl von Stäbchen- als auch von Zapfenzellen erneuern sich die Membranscheiben bzw. die Membraneinfaltungen ständig. Sie werden an der Spitze abgestoßen und vom Pigmentepithel phagozytiert.

In der Retina des Menschen gibt es 120 Millionen Stäbchen und 6 Millionen Zapfen. Die Zapfen sind im Zentrum der Retina (Macula lutea, siehe S. 596) besonders zahlreich, nach peripher nimmt ihre Zahl ab. Die Stäbchen fehlen dagegen im Zentrum der Macula lutea (= Fovea centralis, siehe S. 597) weitestgehend. Sie erreichen ihre höchste Dichte bei ca. 20° außerhalb der Fovea und nehmen dann zur Peripherie, d.h. zur Ora serrata hin, stetig ab.

Stäbchenzellen Die Stäbchenzellen sind schlanke, ca. 90 µm lange Zellen, die unterschiedlich differenzierte Abschnitte erkennen lassen (Abb. 17-27).

Das **Außensegment** ist gut 20 µm lang und 2 µm dick. Es grenzt an das Pigmentepithel und wird von der Zellmembran umgeben. Es enthält ca. 800–900 flache Membranscheiben, in denen der Sehfarbstoff Rhodopsin lokalisiert ist. Der lichtempfindliche Teil der Rezeptorzellen ist also dem Licht abgewandt.

Das Außensegment ist über eine Einschnürung (modifizierte Kinozilie) mit dem **Innensegment** (Innenglied) verbunden, das wiederum in 2 Bereiche gegliedert ist: das außen liegende mitochondrienreiche

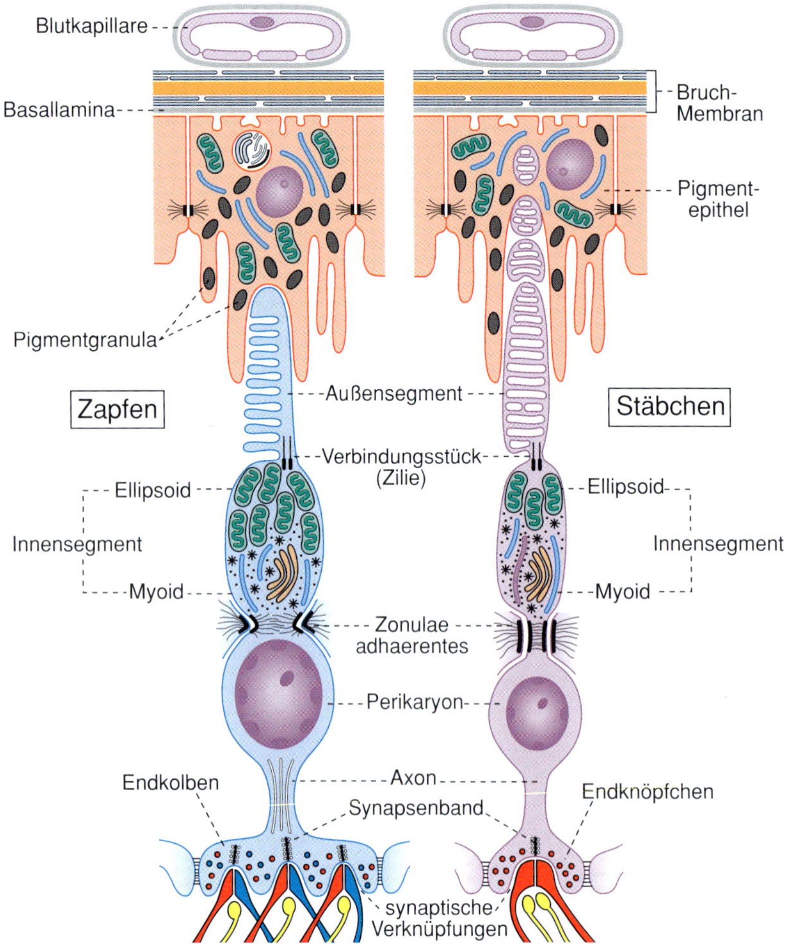

Abb. 17-27 Rezeptorzellen. Schematische Darstellung einer Zapfenzelle (links) und einer Stäbchenzelle (rechts) sowie des Pigmentepithels. Die nach außen gerichteten Fortsätze der Rezeptorzellen werden Zapfen bzw. Stäbchen genannt und jeweils in ein Innen- und ein Außensegment gegliedert. Das Pigmentepithel phagozytiert die abgestoßenen Teile der Außensegmente. Zwischen den Sinneszellen und den Müller-Stützzellen bilden sich Zonulae adhaerentes aus, deren Gesamtheit der Membrana limitans externa entspricht. Die ca. 2 µm dicke zellfreie Bruch-Membran besteht aus Basallamina, Kollagenfibrillen und einem dichten Netz elastischer Fasern; ihr liegen fenestrierte Kapillaren an. (Aus [1])

Ellipsoid und das weiter innen liegende **Myoid**, das v.a. durch den Golgi-Apparat, glattes und raues ER gekennzeichnet ist.

Das Myoid ist mit dem weiter innen liegenden kernhaltigen Teil der Zelle über einen relativ schlanken Zellabschnitt verbunden, die sog. **Außenfaser**. Die Kerne der Rezeptorzellen bilden die **äußere Körnerschicht** (= 4. Schicht der Retina). Vom Kern erstreckt sich die schlanke sog. Innenfaser, die eigentlich dem Axon der Zelle entspricht, bis in die aufgetriebene Synapsenregion der Zelle, in der neben zahllosen hellen synaptischen Bläschen synaptische Stäbchen (synaptic ribbons) vorkommen.

Zapfenzellen Die Gestalt und Feinstruktur der Zapfenzellen (Abb. 17-27) ähneln grundsätzlich denen der Stäbchenzellen.

Das **konische Außensegment** ist jedoch etwas kürzer (knapp 20 µm) und dicker, v.a. an seiner Basis. Viele der Membranscheiben im Außensegment sind mit der Zellmembran verbunden. Ihr Lumen öffnet sich nach außen, so dass die Membranstapel eigentlich dicht gepackten Membraneinfaltungen entsprechen. **Innensegment**, **Außenfaser** und **Innenfaser** sind auch dicker als bei den Stäbchenzellen.

Sehpigmente Das Sehen beginnt mit dem Erfassen von Bildern. Diese werden von Kornea und Linse fokussiert und auf die lichtempfindliche Membran, die Retina, im Augenhintergrund projiziert. Dort registrieren die Photorezeptoren der Retina, die Stäbchen und Zapfen, das Licht. Das Licht wird durch die **Photopigmente** in Membranscheiben der lichtempfindlichen Fortsätze beider Photorezeptorzellen absorbiert. Das Photopigment der Stäbchen ist das Rhodopsin. Das Photopigment der Zapfen (Zapfenopsin) ähnelt dem Rhodopsin stark und unterscheidet sich im Opsinanteil nur hinsichtlich einiger Aminosäuren.

Rhodopsin besteht aus dem Glykoprotein Opsin und dem 11-cis-Retinal, einem Derivat von Vitamin A. Opsin ist ein 7-Transmembranhelix-Protein, das an ein G-Protein (Transducin) gekoppelt ist. Die Opsin-Retinal-Komplexe sind in der Membran der Membranscheiben außerordentlich dicht gepackt. Diese Membranen zählen deshalb zu den proteinreichsten Membranen des Organismus. Sehr bemerkenswert ist, dass Opsin nicht durch ein anderes Molekül, sondern durch Photonen aktiviert wird. Es entscheidet, welche Wellenlänge vom Retinal absorbiert wird. Dieses wandelt sich bei Absorption von Lichtquanten (Photonen) in Pikosekunden vom 11-cis-Retinal zum all-trans-Retinal um. Dieses wird dann aus den Rezeptorzellen in das Pigmentepithel transportiert. Hier wird es zunächst zum all-trans-Retinol umgewandelt, das dann zum 11-cis-Retinal regeneriert und in die Lichtrezeptorzelle zurücktransportiert wird. Dort verbindet es sich erneut mit Opsin. Die Umwandlung von 11-cis-Retinal in all-trans-Retinal bewirkt, dass Opsin das Transducin aktiviert. Transducin seinerseits aktiviert daraufhin die cGMP-Phosphodiesterase, die cGMP zu GMP abbaut. Dieser Abbau bewirkt, dass cGMP-gesteuerte Natrium-Ionenkanäle in der Zellmembran geschlossen werden. Natrium kann also nicht mehr in die Rezeptorzelle einströmen. Dies hat zur Folge, dass die Zellmembran hyperpolarisiert ist. Die Hyperpolarisation wird also durch Licht ausgelöst. Die Folge der Hyperpolarisation ist, dass die Rezeptorzellen keinen Transmitter freisetzen. Wenn das Rhodopsin sich wieder regeneriert, normalisiert sich die Natriumpermeabilität der Zellmembran, wobei auch erneut cGMP synthetisiert wird und sich die speziellen Natriumkanäle wieder öffnen.

Unter den Zapfen, deren Photopigment aus dem Zapfenopsin und 11-cis-Retinal besteht, lassen sich 3 Klassen mit Sehpigmenten unterschiedlicher Sensitivität unterscheiden, und zwar für langwelliges rotes (Wellenlänge 560 nm), mittelwelliges grünes (Wellenlänge 530 nm) und kurzwelliges blaues (Wellenlänge 430 nm) Licht. Dementsprechend werden R-Zapfen (rot), G-Zapfen (grün), und B-Zapfen (blau) unterschieden.

Klinik Die Gene für rote und grüne Zapfenpigmente sind auf dem X-Chromosom lokalisiert, das Gen für blaue Zapfenpigmente auf Chromosom 7. Mutationen der roten und grünen Pigmente verursachen bei 3% der Männer die angeborene **X-Chromosom-Farbenblindheit**. Solche Menschen sind nicht wirklich farbenblind. Sie nehmen die Farben anders wahr und kombinieren das monochromatische Licht andersartig.

Bei Vitamin-A-Mangel wird allmählich weniger Sehfarbstoff produziert, was sich insbesondere auf die Stäbchen nachteilig auswirkt. Es entsteht **Nachtblindheit**.

Äußere Gliagrenzmembran Am Übergang vom Innensegment zur Außenfaser sind die Rezeptorzellen über Zonulae adhaerentes mit den Apices der Müller-Gliazellen verbunden. Die Kette der benachbarten Zonulae adhaerentes bildet im histologischen Präparat eine feine Linie, die der äußeren Gliagrenzmembran (= 3. Schicht der Retina) entspricht.

Äußere plexiforme Schicht Die Zone, in der die Lichtrezeptorzellen mit dem 2. Neuron synaptisch verbunden sind, ist komplex strukturiert und wird äußere plexiforme Schicht genannt. Wesentliche Komponenten dieser Schicht (= 5. Schicht der Retina) sind die Endkolben und -knöpfchen der Rezeptorzellen.

2. Neuron

Das 2. Neuron (Abb. **17-25**, **17-26**) ist typischerweise eine **bipolare Nervenzelle**. Es verknüpft die Rezeptorzellen (= 1. Neuron) und die Ganglienzellen (= 3. Neuron). Es lassen sich morphologisch und funktionell verschiedene Typen von bipolaren Zellen unterscheiden:

- In der Fovea centralis kann z.B. eine bipolare Zelle eine Rezeptorzelle mit einer Ganglienzelle verbinden.
- Außerhalb der Fovea centralis können z.B. mehrere Stäbchenzellen mit einer bipolaren Zelle und mehrere bipolare Zellen mit einer Ganglienzelle verknüpft sein usw.

Die Kerne der bipolaren Zellen sind Hauptbestandteil der **inneren Körnerschicht** (= 6. Schicht der Retina). In dieser Schicht liegen die Kerne der **Müller-Gliazellen**, der **Horizontalzellen** (verknüpfen die Rezeptorzellen) und der **amakrinen Zellen** (bilden Synapsen sowohl mit Dendriten der Ganglienzellen als auch mit Axonen der bipolaren Zellen).

Die Synapsenzone zwischen den bipolaren Zellen (= 2. Neuron) und den Ganglienzellen (= 3. Neuron) bildet die **innere plexiforme Schicht** (= 7. Schicht der Retina).

Müller-Gliazellen Die Müller-Gliazellen (Abb. **17-26**) sind schlanke Gliazellen mit zahllosen lateralen Fortsätzen, die sich von der äußeren bis zur inneren Gliagrenzmembran der Retina erstrecken. Ihre inneren Füßchen ruhen auf einer Basallamina, die die Grenze zum Glaskörper markiert. In den inneren Retinaschichten finden sich auch Astrozyten und v.a. Blutgefäße (Verzweigungen der A. und V. centrales retinae).

3. Neuron

Dem 3. Neuron entsprechen die **Ganglienzellen** (Abb. **17-24**, **17-25**, **17-26**, **17-28**). Man kann verschiedene morphologische und funktionelle Typen unterscheiden, deren Axone die Optikus-Nervenfaserschicht (= 9. Schicht der Retina) und schließlich den N. opticus (Tractus opticus) aufbauen.

Die Perikarya der Ganglienzellen sind multipolare Neurone mit großem hellem Kern und organellreichem Zytoplasma. Es lassen sich 2 große Gruppen von Ganglienzelltypen unterscheiden:

- **A-Zellen** (M-Zellen, phasisch), projizieren auf die sog. magnozellulären Schichten im Corpus geniculatum laterale und sprechen auf Kontrast und Bewegung an;
- **kleine Ganglienzellen** (C-Zellen = P-Zellen, tonisch), projizieren auf die sog. parvozellulären Schichten im Corpus geniculatum laterale und verarbeiten chromatische Reize.

Besondere Areale der Retina

Macula lutea Die für das Sehen besonders wichtige Macula lutea (gelber Fleck) ist ein ca. 1,5 mm weites, gelbliches Feld (Karotinoide) in der Mitte des

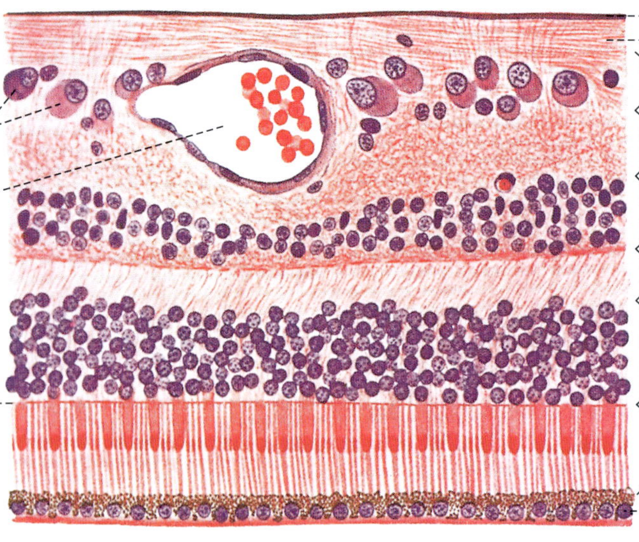

Abb. 17-28 Netzhaut (Retina) des Menschen, zeichnerische Darstellung. Dem komplizierten Schichtenbau liegen drei hintereinander geschaltete Neurone mit ihren Perikarya, Fortsätzen und Verknüpfungen zugrunde. Die beiden Körnerschichten sowie die Ganglienzellschicht enthalten die Perikarya 1. von Stäbchen und Zapfen (äußere Körnerschicht), 2. von bipolaren Ganglienzellen (innere Körnerschicht) und 3. von Ganglienzellen des N. opticus (Ganglienzellschicht). Die beiden plexiformen Schichten enthalten die Fortsätze und Synapsen der ihnen jeweils benachbarten Nervenzellen. Färbung: H.E.; Vergr. 400fach. (Aus [1])

Augenhintergrunds, ca. 4 mm lateral der Papilla n. optici.

In der Tiefe der Macula lutea befindet sich eine Einsenkung, die **Fovea centralis** (Durchmesser 0,5 mm, Abb. 17-29), die Stelle des schärfsten Sehens. Hier befinden sich ausschließlich Zapfenzellen, deren Zapfen ungewöhnlich schlank sind. Es wurde berechnet, dass ca. 110000 Zapfenzellen in der Fovea centralis vorkommen. Sie sind hier vielfach 1:1:1 mit Bipolaren und Ganglienzellen verknüpft, deren Perikarya an dieser Stelle mehrheitlich zur Seite gedrängt sind.

Papilla n. optici In der Papilla n. optici (Discus n. optici, Durchmesser ca. 1,5 mm) laufen alle Axone der Ganglienzellen zusammen und verlassen die Retina hier (Abb. 17-30). An dieser Stelle finden sich keine lichtempfindlichen Neurone, und sie wird daher auch als **blinder Fleck** bezeichnet. Im Sehnerv treten hier A. und V. centrales retinae in die Retina ein und verzweigen sich in zahlreiche Äste. Das Zentrum der Papille ist eingesenkt (**Excavatio papillae**).

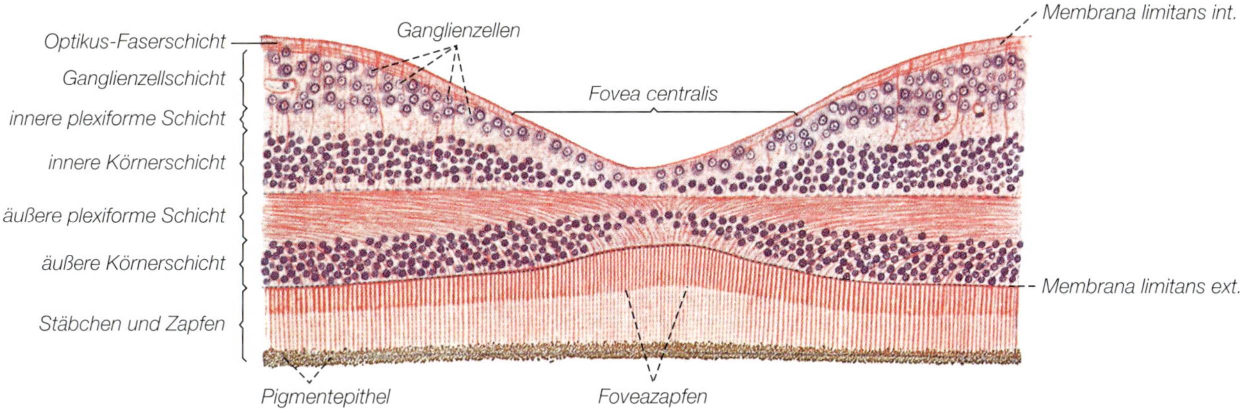

Abb. 17-29 Fovea centralis (Mensch) der gelblichen, ca. 2 mm weiten Macula lutea (Stelle des schärfsten Sehens). Die Retinaschichten sind hier stark abgeflacht und die Zapfenzellen monosynaptisch verschaltet. Zeichnerische Darstellung eines H.E.-Präparats; Vergr. 175fach. (Aus [1])

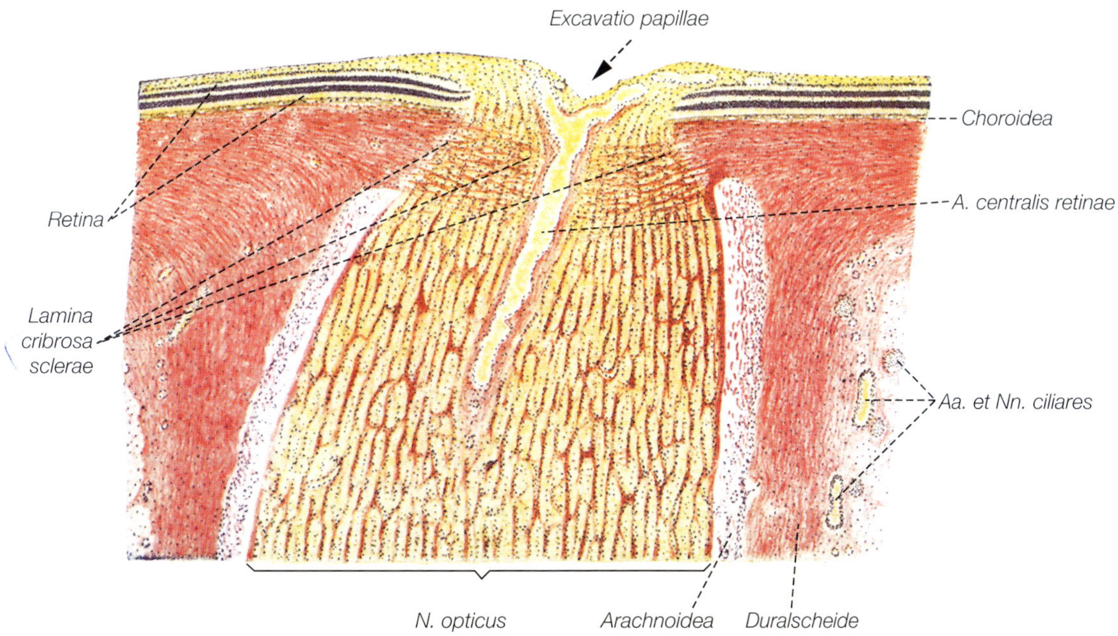

Abb. 17-30 Papilla (Discus) n. optici (= blinder Fleck der Retina) mit der zentralen Excavatio papillae, Längsschnitt durch den Sehnerv (Mensch). Färbung: van Gieson; Vergr. 20fach. (Aus [1])

Erregungsleitung der Retina

Die 3 Neurone der Retina stehen funktionell in Zusammenhang: Die Photorezeptoren (= 1. Neuron) werden durch Licht hyperpolarisiert und aktivieren bipolare (= 2. Neuron), horizontale und amakrine Neurone in der inneren Körnerschicht. Im Fall der Stäbchen ist bekannt, dass bei Dunkelheit Kationenkanäle für Natrium und Kalzium in der Membran geöffnet sind. Der Einstrom von Natrium und Kalzium bewirkt die Depolarisierung der Zelle und in der Folge die Abgabe des Transmitters Glutamat. Bei einem Lichtreiz schließen sich die Kationenkanäle, es kommt zur Hyperpolarisierung der Zelle. Dadurch wird wiederum die Glutamatausschüttung gehemmt. Dies führt in den nachgeschalteten Neuronen zu Potentialveränderungen, d. h. zu einem elektrischen Impuls. Die Zapfen besitzen ähnliche Mechanismen, sind aber 100-mal lichtunempfindlicher als die Stäbchen. Die 3 Zapfentypen absorbieren nur das Licht der Wellenlänge, für das sie empfindlich sind.

Der Signalfluss kann von den Stäbchen unterschiedliche Wege nehmen, z. B. über sog. On- oder Off-Bipolaren zu On- oder Off-Ganglienzellen. Teilweise sind amakrine Zellen in den Signalweg eingeschaltet. On-Neurone sind lichterregte Neurone, Off-Neurone lichtgehemmte Neurone. Ein Lichtreiz löst in einer On-Ganglienzelle Aktionspotentiale aus. Der Signalfluss von den Zapfen zu den Ganglienzellen ist direkter und läuft entweder über On- oder Off-Bipolare zu On- oder Off-Ganglienzellen.

Durch die Verknüpfung der Retinazellen bauen sich rezeptive Felder mit einem Zentrum und einer Peripherie („Umfeld") auf. Diese Felder sind die wesentlichen funktionellen Baueinheiten der Retina. Nach Verarbeitung der Photorezeptorerregung und -antwort durch diesen hoch differenzierten neuronalen Komplex in der Retina konvergiert der Fluss der Information auf die Ganglienzellen der Retina. Speziell am Rand der Retina herrscht eine erhebliche Konvergenz der Informationen. Tausende von Stäbchenzellen beeinflussen eine Ganglienzelle. Im Bereich des foveomakulären Feldes, das dem zentralen Sehen dient, herrscht dagegen nur eine geringe Konvergenz, z. T. sind hier Zapfen, bipolare Zellen und Ganglienzellen im Verhältnis 1 : 1 : 1 verknüpft.

Die Ganglienzellen übersetzen das visuelle Bild, das auf die Retina auftrifft, in eine kontinuierlich wechselnde Frequenz von Aktionspotentialen, die entlang der primären optischen Wegstrecke zu den visuellen Zentren im Gehirn geleitet werden. In jedem Auge gibt es 1 Million Ganglienzellen und somit auch 1 Million Nervenfasern in jedem Optikusstrang. Die Hälfte dieser Fasern hat ihren Ursprung in der Macula lutea und deren unmittelbarer Umgebung.

N. opticus

Der N. opticus (Abb. **17-30**, **17-31**) entspricht einem in die Peripherie verlagerten Hirnteil und verbindet den Augenbulbus mit dem Gehirn. Er besteht aus ca. 1 Million Axonen der retinalen Ganglienzellen.

Die Nervenfasern des N. opticus werden von Hirnhäuten umgeben. Außen liegt die Dura mater, die im Bulbus in die Sklera übergeht. Es folgen nach innen die Arachnoidea mit Subarachnoidalraum (hier auch Vaginalraum genannt) und die Pia mater. An der Oberfläche der Nervenfasern befinden sich eine astrozytäre Membrana limitans gliae externa sowie die dazugehörige Basallamina. Von der schmalen Pia mater ausgehende sehr schlanke Bindegewebssepten trennen die Nervenfaserbündel und führen kleine Blutgefäße. Die Axone werden unmittelbar nach dem Verlassen der Retina von Oligodendrozyten in unterschiedlichem Ausmaß myelinisiert und zu Bündeln zusammengefasst. A. und V. centrales retinae treten 1–1,5 cm vor dem Bulbus in den N. opticus ein.

! In der hinteren Augenhälfte finden sich von innen nach außen Netzhaut, Aderhaut und Lederhaut. Die Netzhaut ist ein Derivat des Zentralnervensystems. In ihr finden sich 3 Neurontypen, die hintereinander geschaltet sind. Das 1. Neuron repräsentiert die Lichtrezeptoren, das 2. Neuron die Bipolaren, das 3. die Ganglienzellen. Es gibt 2 Typen von Lichtrezeptorzellen: Stäbchenzellen und Zapfenzellen. Diese Rezeptorzellen sind ähnlich aufgebaut. Sie besitzen einen nach außen gerichteten lichtrezeptiven Fortsatz mit dicht gepackten Membranstapeln, in denen die Sehfarbstoffe lokalisiert sind. Außen liegt den Stäbchen und Zapfen das Pigmentepithel an. Es baut u. a. die sich ständig regenerierenden Membranstapel der Rezeptorzellen ab, beeinflusst die Lichtmenge, die die Rezeptorzellen erreicht, und regeneriert auch die Sehfarbstoffe.

17.2.4 Augenlider, Bindehaut, Tränendrüse

Augenlider

Das Augenlid (Abb. **17-32**) wird außen von zarter Haut mit verhornter Epidermis und lockerer Dermis bedeckt. Es finden sich hier vereinzelt sehr feine Haare mit Talgdrüsen und kleine Schweißdrüsen. Einwärts folgt die Pars palpebralis des quergestreiften M. orbicularis oculi.

In das obere Augenlid tritt von oben kommend die Sehne des quergestreiften Lidhebermuskels (M. levator palpebrae) ein. Sie steht in enger Beziehung zum M. orbicularis oculi und zum Tarsus der Fascia palpebralis. Die Sehne spaltet sich in viele einzelne Faserbündel auf, die den Ringmuskel durchsetzen und in

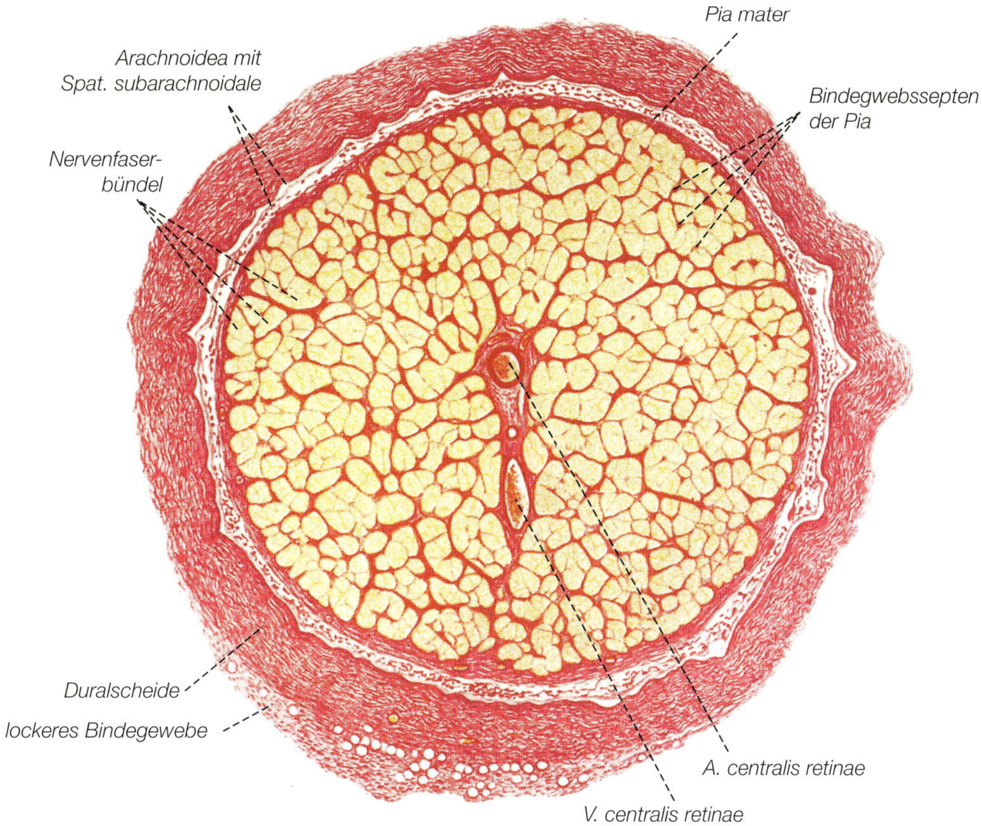

Abb. 17-31 N. opticus (Mensch), Querschnitt. Als Hirnteil wird er von sämtlichen drei Hirnhäuten umgeben, zwischen denen auch ein schmaler, mit Liquor gefüllter Subarachnoidalraum erhalten bleibt. Die für dieses Präparat oft als charakteristisch angegebenen Anschnitte der erst 1 cm (!) vor dem Bulbus in den Sehnerv eintretenden A. und V. centrales retinae fehlen jedoch immer dann, wenn der N. opticus proximal von dieser Eintrittstelle geschnitten wird. Sie stellen damit also kein unbedingt erforderliches differentialdiagnostisches Kriterium dar. Färbung: van Gieson; Vergr. 22fach. (Aus [1])

der Dermis enden. Andere Faserzüge dieser Sehne setzen am Tarsus an, der die innere Partie des Augenlids ausfüllt.

Der **Tarsus** ist eine feste Gewebeplatte aus dichtem kollagenfaserigem Bindegewebe im oberen Augenlid. Bei Krokodilen ist der Tarsus verknöchert. In den Tarsus sind 20–25 **Meibom-Drüsen** eingelagert. Die Meibom-Drüsen sind verzweigte holokrine Talgdrüsen, die jeweils aus zahlreichen Endstücken (Alveolen) und einem zentralen Gang bestehen. Die Gänge münden in einer Reihe an der freien Kante der Lider aus und haben keine Beziehung zu Haaren. Das lipidreiche Sekret bildet einen Film über der Tränenflüssigkeit und verhindert dadurch das Austrocknen der Kornea.

Am oberen und unteren Tarsus setzen jeweils der obere bzw. untere M. tarsalis an. Er ist aus glatter Muskulatur aufgebaut und sympathisch innerviert. Sein Tonus hält das Auge im Wachzustand offen.

Der Aufbau des unteren Augenlids gleicht dem des oberen, es fehlt nur die Sehne des M. levator palpebrae.

Wimpern, Zeis- und Moll-Drüsen Die Wimpern sind große, dicke Haare am Lidrand. Sie werden alle 100–150 Tage gewechselt.

Die Drüsen in der Wimpernregion heißen Zeis- und Moll-Drüsen. Die Zeis-Drüsen sind kleine Talgdrüsen, die in die Haartrichter einmünden. Die Moll-Drüsen (Abb. 17-33) sind apokrine Drüsen, die v. a. im Dienste der Abwehr stehen und antimikrobielle Peptide bilden.

Bindehaut

Die Bindehaut (Konjunktiva) ist eine schleimhautähnliche Schicht, die Augenlid und Augenbulbus (unter Freilassung der Hornhaut) zu einer beweglichen Einheit verbindet. Die Bindehaut ist transparent und zartrosa. Ihre großen Blutgefäße sind rot und leicht zu verschieben. Sie ist glatt und feucht glänzend und lässt sich in 3 Abschnitte gliedern:

- Conjunctiva palpebralis,
- Conjunctiva fornicis und
- Conjunctiva bulbi.

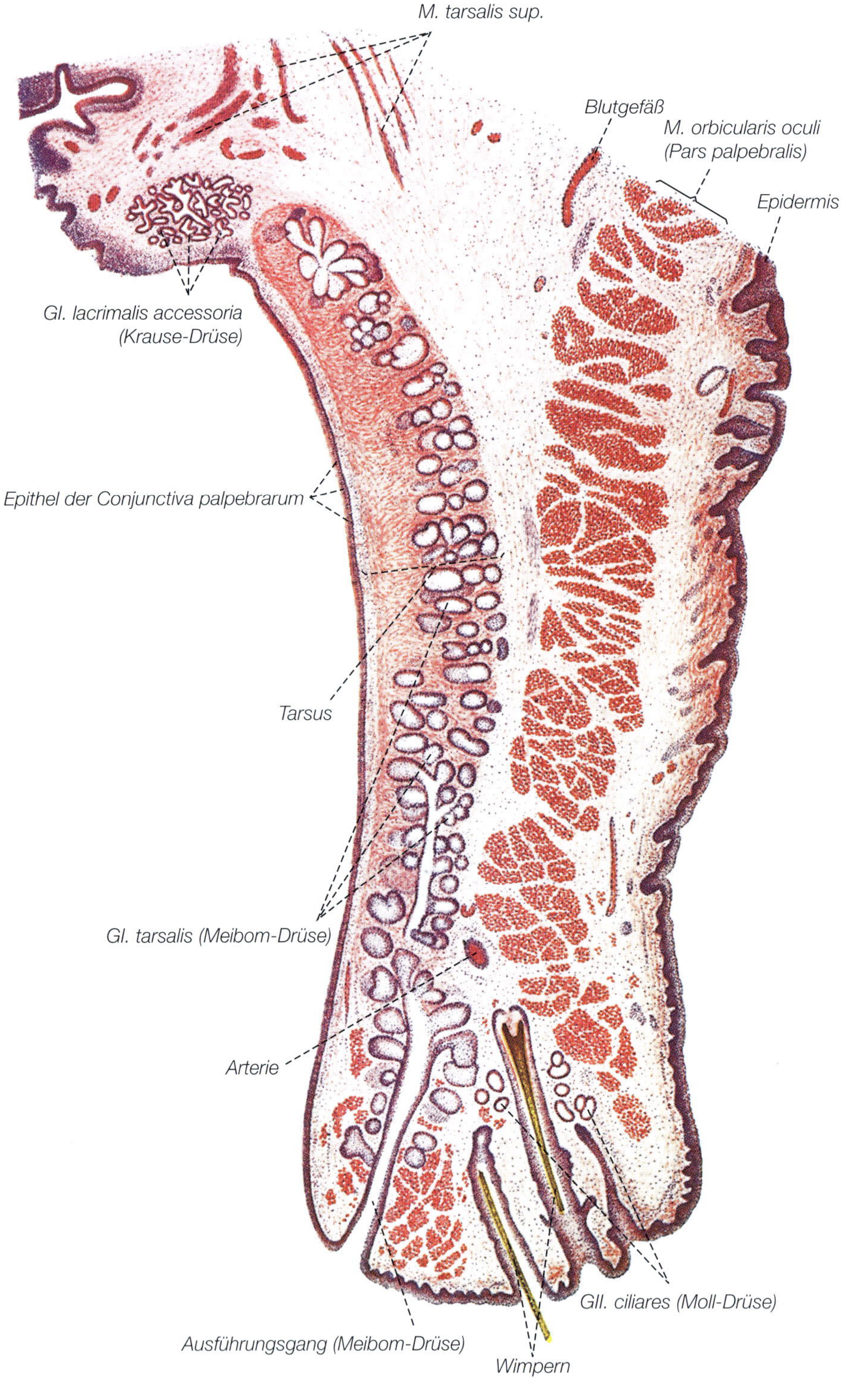

Abb. 17-32 Oberes Augenlid (Mensch), Sagittalschnitt. Der plattenförmige, aus dicht gelagerten Kollagenfasern aufgebaute Tarsus bildet das Skelett des Lids, in das die in einer Reihe angeordneten länglichen Meibom-Drüsen (Gll. tarsales) eingelagert sind. Diese Talgdrüsen stehen nicht in Beziehung zu den Wimpern (Zilien), die eigene kleine Talgdrüsen (Zeis-Drüsen) besitzen. In Nähe der Wimpern finden sich die apokrinen Moll-Drüsen (Gll. ciliares). An der Oberkante des Tarsus setzt der glattmuskuläre M. tarsalis superior an, der durch seinen Tonus die Lidspalte offen hält. Der M. orbicularis oculi verengt und verschließt die Lidspalte. Färbung: H.E.; Vergr. 17fach. (Aus [1])

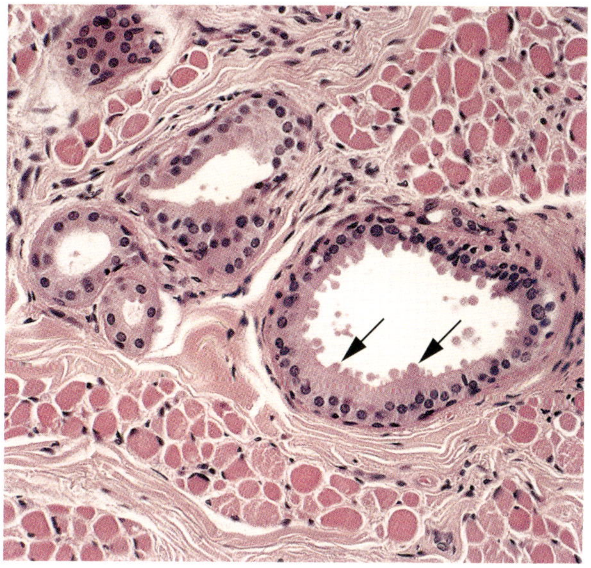

Abb. 17-33 Moll-Drüsen (Augenlid, Mensch). Beachte die unterschiedliche Epithelhöhe, z.T. sind apokrine Abschnürungsfiguren erkennbar (➔). Färbung: H.E.; Vergr. 250fach. (Präparat PD Dr. M. Stöckelhuber, München)

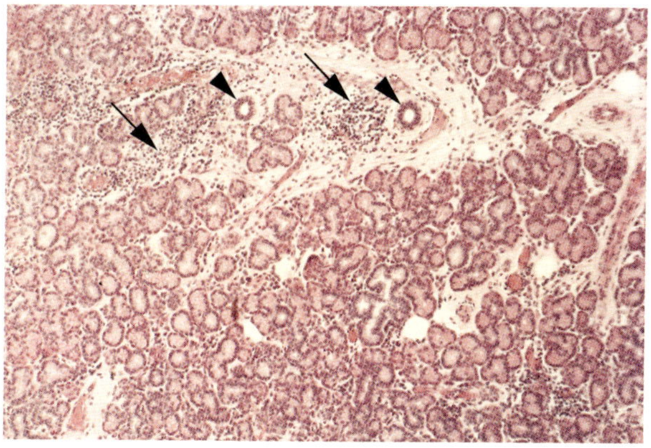

Abb. 17-34 Die sezernierenden Zellen der Endstücke der Tränendrüse besitzen stets rundliche Kerne (ähnlich denen der azinösen Endstücke der Parotis), basal im Epithel treten Myoepithelzellen auf. ▶ kleine Gänge. Im zellreichen interstitiellen Bindegewebe finden sich zahlreiche Lymphozyten (➔) und Plasmazellen, von denen letztere oft in kleinere Gruppen zusammengeordnet sind. Färbung: Azan; Vergr. 150fach.

Die **Conjunctiva palpebralis** (Bindehaut der Lider) bedeckt innen das Augenlid, mit dessen Tarsus sie fest verwachsen ist. Sie besteht aus einer lockeren, gefäßreichen Bindegewebsschicht (Lamina propria) und einem 2–5-schichtigen Epithel. Dieses Epithel ist unverhornt und enthält v.a. nasal und im unteren Lid Becherzellen.

Die **Conjunctiva fornicis** (Bindehaut der Übergangsfalten) ist eine faltenreiche Tasche, in deren Bereich Conjunctiva palpebralis und Conjunctiva bulbi ineinander übergehen. Dieser Übergangsbereich wird **Fornix conjunctivae** genannt. Hier finden sich viele Becherzellen und stellenweise sogar mehrschichtiges prismatisches Epithel.

Die **Conjunctiva bulbi** (Bindehaut des Augapfels) liegt der Sklera auf und endet an der Kornea. Sie ist mit der Sklera nur locker verbunden und unterblutet leicht.

Im Epithel aller Bindehautbereiche können regelmäßig Lymphozyten beobachtet werden. Subepithelial finden sich vereinzelt kleine Aggregate lymphatischen Gewebes. In der Lamina propria der Conjunctiva palpebralis treten öfter Melanozyten sowie akzessorische Tränendrüsen auf.

Klinik Entzündung der Meibom-Drüsen verursacht ein **inneres Gerstenkorn** (Hordeolum internum).

Eine Entzündung der Zeis- oder Moll-Drüsen bildet ein **äußeres Gerstenkorn** (Hordeolum externum). Erreger bei beiden Entzündungen sind zumeist Staphylokokken.

Ein **Hagelkorn** (Chalazion) ist eine chronische schmerzlose, granulomatöse Entzündung der Meibom-Drüsen.

Tränendrüse

Die paarige Tränendrüse (Gl. lacrimalis) liegt im äußeren oberen Bereich der Augenhöhle (Orbita). Sie bildet die Tränenflüssigkeit. Jede Drüse hat 8–12 getrennte Ausführungsgänge, die lateral in den oberen Fornix münden. Die Endstücke der Drüsen sind verzweigt tubuloalveolär, ihr Lumen ist relativ weit (Abb. **17-34**). Die prismatischen Drüsenzellen der Endstücke sind vom serösen Typ und apikal über typische junktionale Komplexe verbunden. Das Zytoplasma enthält gut entwickeltes basales raues ER. Aus dem umfangreichen supranukleären Golgi-Apparat gehen die Sekretionsgranula hervor, die über Exozytose ausgeschleust werden. Die Zellen sind relativ mitochondrienreich und enthalten öfter einzelne Fetttropfen. Der Zellapex enthält Sekretionsgranula. Basal treten an die Drüsenzellen parasympathische und sympathische Nervenfasern heran. Zwischen den Drüsenzellen lagern basal kleine, schwer erkennbare Myoepithelzellen sowie eingewanderte Lymphozyten. Auch im Bindegewebe zwischen den Endstücken befinden sich oft Lymphozyten und Plasmazellen. In den Ausführungsgängen können Schleim bildende Zellen auftreten. Hier kommen regelmäßig Myoepithelzellen vor.

Die Tränendrüse sezerniert die Tränenflüssigkeit auf ähnliche Weise wie eine Speicheldrüse den Primärspeichel. Die Tränenflüssigkeit ist farblos und steril. Die Basis ist Wasser, in dem NaCl, IgA und bakterizide Enzyme (v.a. Lysozym und Lactoferrin) vorkommen. Täglich werden ca. 0,5 ml Tränenflüssigkeit gebildet. Die Flüssigkeit schützt die Kornea vor der Austrocknung. Sie schwemmt kleine Schmutzpartikel weg, dient der Abwehr von Krankheitserregern und bildet einen Schmierfilm für die Augenlider. Die Tränenflüssigkeit wird über 2 Tränengänge im medialen Augenwinkel abgeleitet. Die Tränengänge beginnen an den Tränenpünktchen und münden in den Tränensack. Von dort leitet der Tränennasengang die Tränenflüssigkeit in die Nasenhöhle ab.

! Die Augenlider sind bewegliche Schutzeinrichtungen der vorderen Augenhälfte. Sie bestehen aus Muskelgewebe (M. orbicularis oculi, M. tarsalis und im oberen Augenlid die Sehne des M. levator palpebrae), straffem Bindegewebe mit Stützfunktion (Tarsus), Wimpern und Drüsengewebe. Die große Meibom-Drüse ist eine holokrine Talgdrüse ohne Beziehung zu Haaren, die Moll-Drüse ist eine apokrine Duftdrüse, und die kleinen Zeis-Drüsen sind die Talgdrüsen der Wimpern.

Die Tränendrüse ist eine seröse Drüse, deren Sekret die Oberfläche der Kornea bedeckt und vor Austrocknung schützt. Die Flüssigkeit gleicht zusätzlich kleinste Unebenheiten der Oberfläche der Kornea aus und optimiert so die Bildentstehung. Die Tränenflüssigkeit enthält antimikrobielle Proteine.

17.3 Geschmacksorgan

Der Geschmack wird durch Chemosensoren (Chemorezeptoren, Geschmackssinneszellen) vermittelt. Die **Geschmackssinneszellen** sind gemeinsam mit dem Geruchssinn und anderen Rezeptoren in der Mundhöhle für die Geschmacksempfindung verantwortlich. Sie überprüfen die Nahrung auf ihre Bekömmlichkeit und lösen Speichel- und Magensaftsekretion aus.

Die Geschmackszellen befinden sich auf der Zunge im mehrschichtigen Epithel der **Geschmackspapillen** (Papillae fungiformes, Papillae foliatae und Papillae vallatae). Selten kommen sie auch einzeln im Rachen, auf der Epiglottis, im Gaumen, im Kehlkopf und sogar im Ösophagus vor. In den Papillen bilden jeweils Gruppen von 60–80 Sinneszellen gemeinsam mit sekretorischen Stützzellen und Basalzellen die sog. **Geschmacksknospen.** Bei den Geschmackssinneszellen handelt es sich um sekundäre Sinneszellen, die an ihrer Basis jeweils mit dem rezeptiven Fortsatz einer Nervenzelle synaptisch verknüpft sind (vgl. Abb. 17-37).

17.3.1 Geschmacksknospen

Die Geschmacksknospen sind kleine, zwiebelförmige Strukturen. An ihrer Oberfläche bilden sie eine kleine Grube (Pore, Geschmacksporus, Porus gustatorius), in die die Mikrovilli der Stütz- und Rezeptorzellen hineinragen (Abb. 17-35, 17-37).

Die Geschmacksknospen der vorderen 2 Zungendrittel werden über die Chorda tympani vom N. facia-

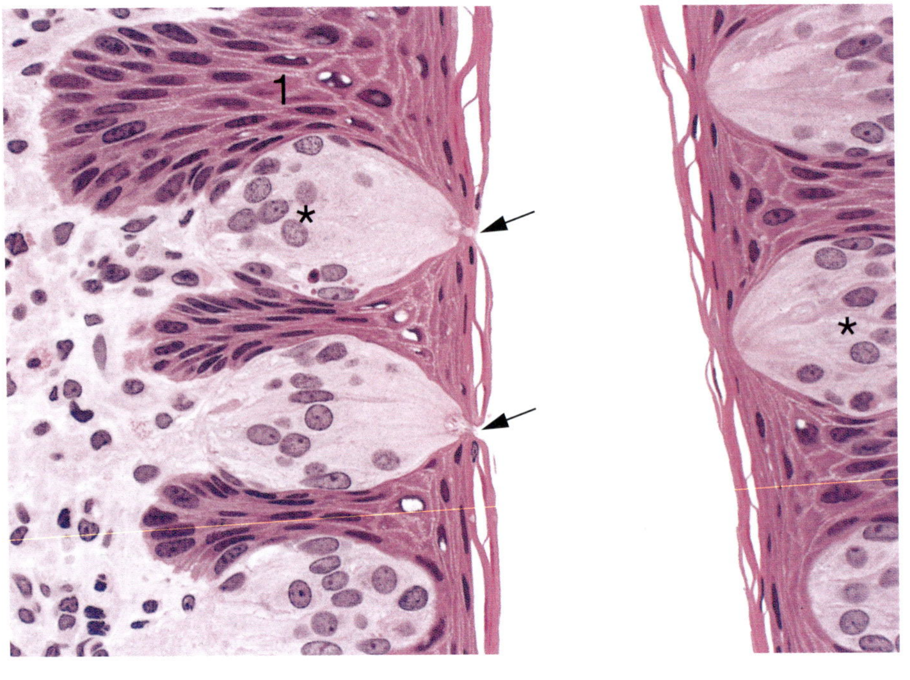

Abb. 17-35 Geschmacksknospen (*) aus den Papillae foliatae (Rhesusaffe). ➔ Geschmacksporus; **1** unverhorntes Plattenepithel der Zunge. Der Geschmacksporus der Geschmacksknospen auf der rechten Bildseite liegt außerhalb der Schnittebene. Plastikschnitt; Färbung: H.E.; Vergr. 450fach.

lis (VII), die des hinteren Zungendrittels vom N. glossopharyngeus (IX) und die tiefer liegenden Einzelknospen vom N. vagus (X) versorgt.

Die Sinnes- und Stützzellen der Geschmacksknospen sind im lichtmikroskopischen Präparat schwer voneinander abgrenzbar. Beide Zelltypen sind schlank und ziehen von der Basis bis zum **Geschmacksporus.** Die **Sinneszellen** erscheinen hell, während die Stützzellen eher dunkel sind. Der schlanke Zellapex der Sinneszellen trägt lange Mikrovilli, die in den Geschmacksporus hineinragen. Die Membran der Mikrovilli enthält molekulare Strukturen, Ionenkanäle oder Rezeptorproteine, die die Geschmacksempfindung vermitteln (Abb. 17-36). Die Sinneszellen besitzen relativ wenige Zellorganellen, das filamentäre Zytoskelett ist dagegen gut entwickelt. Apikal liegen in den **Stützzellen** Sekretgranula (Abb. 17-37), die Muzine enthalten. Diese werden apikal ausgeschleust und füllen den Geschmacksporus aus. Auch die Stützzellen besitzen Mikrovilli, die in den Geschmacksporus hineinragen.

Die zelluläre Zusammensetzung der Geschmacksknospen unterscheidet sich bei den einzelnen Säugetieren und ist in manchen Details umstritten. Zum Text wird vermutet, dass es unterschiedliche Sinneszellen gibt, z.T. werden die Stützzellen als unreife Sinneszellen angesehen.

Die Geschmackssinneszellen unterliegen einem stetigen Umsatz. Sie leben ca. 10 Tage und werden ständig aus **Basalzellen** neu gebildet.

17.3.2 Geschmackspapillen

Die Geschmackspapillen sind unterschiedlich gestaltete, meist wenige mm große Gebilde auf der Oberfläche der Zunge. In der Tiefe der Geschmackspapillen kommen seröse Spüldrüsen (v. Ebner-Drüsen) vor, die wohl ähnlich wie die Bowman-Drüsen der Riechschleimhaut auch Proteine bilden, die Geschmacksstoffe binden.

Papillae fungiformes Die Papillae fungiformes sind plumpe pilzförmige Strukturen (Abb. 17-38), deren Geschmacksknospen im Oberflächenepithel liegen. Bei Erwachsenen sind die Papillen v.a. am Zungenrand, auf dem Zungenrücken dagegen nur noch vereinzelt vorhanden. Die Zahl der Geschmacksknospen ist im Vergleich zu Neugeborenen und Kindern bei Erwachsenen spärlich.

Papillae foliatae Die Papillae foliatae sind beim Menschen v.a. am mittleren Zungenrand zu finden. Es sind Schleimhautfalten, die undeutlich ausgebildet sind und deren Ausprägung individuell variiert. Die Geschmacksknospen liegen in den Falten. Die Papillae foliatae enthalten in ihren Falten zahlreiche Geschmacksknospen (Abb. 17-39). Es sind jedoch weniger Geschmacksknospen als bei vielen anderen Säugern einschließlich der nicht-humanen Primaten.

Papillae vallatae Die 7–12 Papillae (circum)vallatae (Abb. 17-40) liegen in V-förmiger Anordnung im Zungengrund. Die Geschmacksknospen sind seitlich an den Papillen auf der Innenseite des um die Papille herumlaufenden Grabens lokalisiert; bei Neugeborenen finden sie sich auch auf der Oberseite. Beim Menschen kommen 100–200 Geschmacksknospen pro Papille vor, beim Hund ca. 800.

17.3.3 Geschmacksstoffe

Die Geschmacksstoffe erreichen die Geschmacksrezeptorzellen über den Geschmacksporus. Sie müssen in Wasser gelöst sein, um wahrgenommen zu werden.

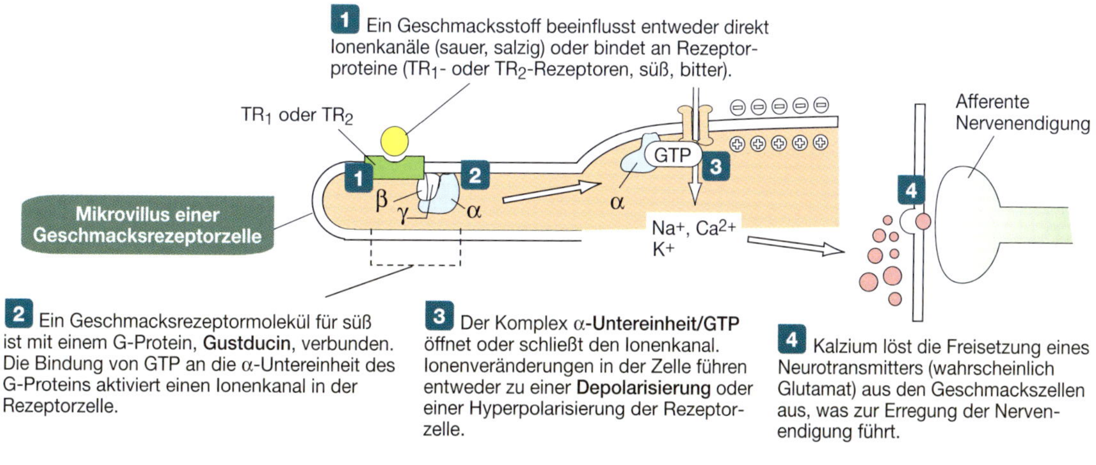

Abb. 17-36 Signaltransduktion in den Sinneszellen der Geschmacksknospen. (Aus [12])

Man unterscheidet 5 Hauptklassen an Geschmacksstoffen: süß, salzig, sauer, bitter und umami, der Geschmack von (Mono-)Natriumglutamat.

Ob die verschiedenen Geschmacksstoffe jeweils eigene Rezeptorzellen ansprechen, ist unklar. Möglicherweise hat ein Rezeptorzelle verschiedene Transduktionsmöglichkeiten. So können anscheinend die verschiedenen Varianten der bitteren Geschmacksqualität von der gleichen Zelle wahrgenommen werden. Die verschiedenen Geschmacksvarianten lösen am Re-

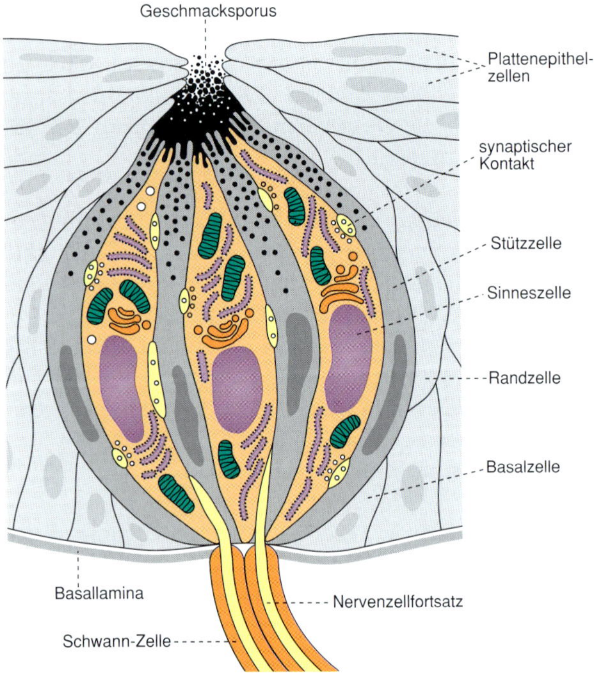

Abb. 17-37 Ultrastruktur einer Geschmacksknospe, schematische Darstellung. Der Geschmacksporus ist mit dem Wasser bindenden Sekret (den Muzinen) der Stützzellen gefüllt. Alle Zellen, die den Geschmacksporus erreichen, sind über Tight junctions verbunden.

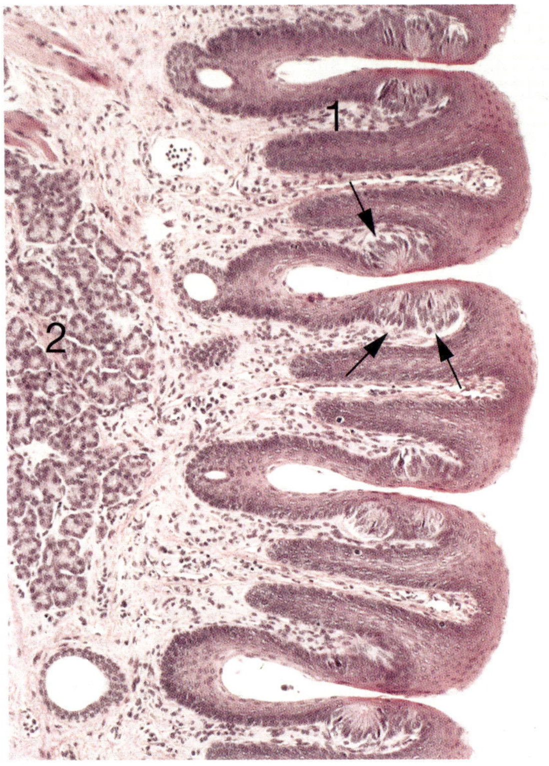

Abb. 17-39 Papillae foliatae (**1**, Kaninchen). ➔ Geschmacksknospen; **2** seröse Spüldrüsen (v. Ebner-Drüsen). Färbung: H.E.; Vergr. 120fach.

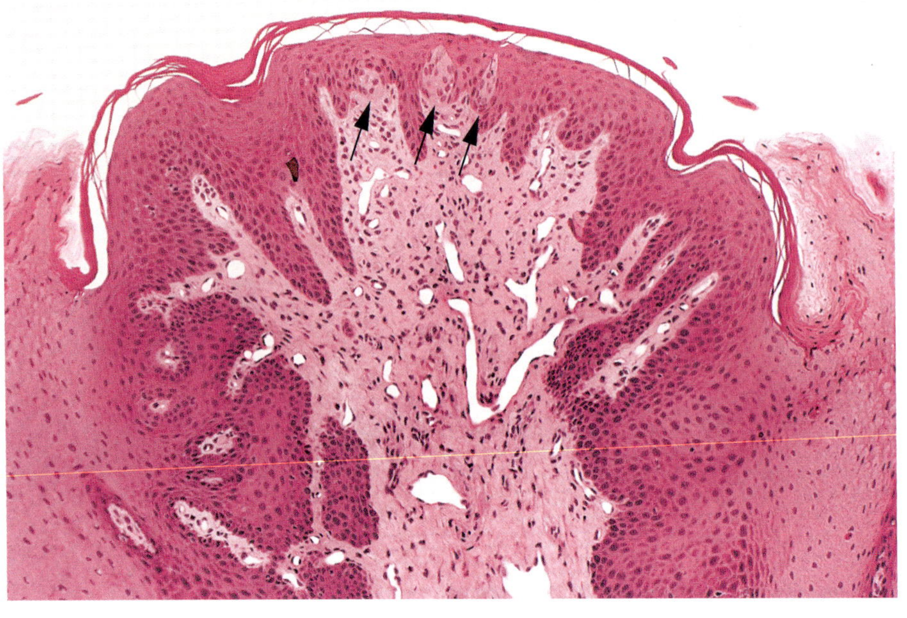

Abb. 17-38 Papilla fungiformis eines erwachsenen Menschen mit nur noch wenigen Geschmacksknospen (➔). Plastikschnitt; Färbung: H.E.; Vergr. 120fach.

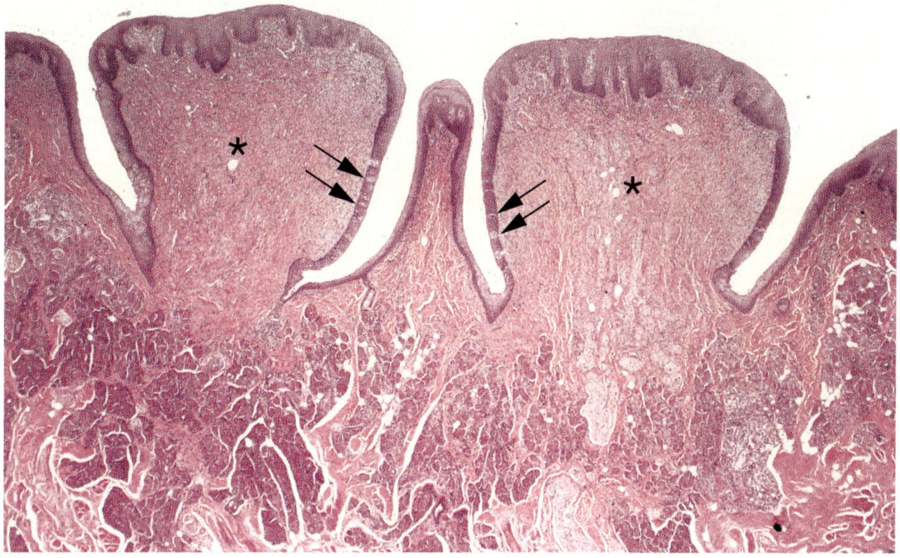

Abb. 17-40 Papillae vallatae (✻, Mensch). ➔ Geschmacksknospen. Plastikschnitt; Färbung: H.E.; Vergr. 25fach.

zeptor unterschiedliche Reaktionen aus. Bei salzig schmeckenden Stoffen strömt Natrium in die Zelle und depolarisiert sie. Bei der durch H^+-Ionen ausgelösten Empfindung „sauer" schließen sich die apikalen Kaliumkanäle, was zur Depolarisierung führt. Die Empfindung „bitter" wird mit Hilfe einer großen Zahl von bitterstoffbindenden Proteinen wahrgenommen. Diese Proteine sind mit einem Signalweg, zu dem G-Proteine gehören, verbunden. Süße Geschmacksstoffe binden ebenfalls an Rezeptorproteine der Apikalmembran. Zucker aktiviert z.B. ein Signalsystem, dem auch G-Proteine angehören und das den Verschluss basolateraler Kaliumkanäle und damit die Depolarisierung der Zelle bewirkt. Die verschiedenen Mechanismen setzen einen Transmitter frei, der die Geschmacksinformation auf ein afferentes Axon überträgt. Die Schwelle für das Erkennen von Geschmacksstoffen ist unterschiedlich hoch. Für süße Stoffe ist sie deutlich höher als für bittere, die daher auch in geringer Menge erkannt werden.

Klinik Der Verlust des Geschmackssinns kann verschiedene Ursachen haben. So können etwa Geschmacksstoffe die Sinneszellen nicht erreichen. Beispiele hierfür sind Störungen der Schleim- und Flüssigkeitsbildung der Mund- und Speicheldrüsen oder die dichte Besiedlung der Geschmacksporen mit Mikroorganismen. Die Sinneszellen können bei chronisch entzündlichen oder degenerativen Erkrankungen der Mundhöhle zugrunde gehen. Auch bei Schwermetallvergiftungen ist der Geschmackssinn eingeschränkt. Die Neubildung der Sinneszellen kann durch Medikamente, die Zellteilungen unterdrücken, unterbleiben. Geschmacksknospen gehen bei Zerstörung der Geschmacksfasern (z.B. Durchtrennung der Geschmacksnerven) zugrunde.

! Der Geschmackssinn ist in den chemorezeptiven Geschmackssinneszellen der Geschmacksknospen lokalisiert. Diese befinden sich im Epithel verschiedener Geschmackspapillen, die überwiegend auf der Zunge vorkommen. Die Geschmackssinneszellen besitzen apikal Mikrovilli, in deren Membran geschmackswahrnehmende molekulare Strukturen wie Ionenkanäle oder Rezeptorproteine vorkommen. Die Geschmackssinneszellen sind sekundäre Sinneszellen.

17.4 Geruchsorgan

Der Geruchssinn ist in den chemorezeptiven primären Sinneszellen der Nasenschleimhaut lokalisiert. Er prüft Geruch und Verträglichkeit der Nahrung. Zusammen mit Trigeminus-, Glossopharyngeus- und Vagusafferenzen überwacht er auch die inhalierte Luft auf giftige Substanzen sowie Wärme und Kälte. Geruchs- und Geschmackssinn arbeiten funktionell eng zusammen.

17.4.1 Olfaktorisches Epithel

Das Geruchsorgan des Menschen befindet sich in einem kleinen, ca. 5 cm^2 großen Schleimhautbereich im Dach der Nasenhöhle (**Regio olfactoria**). Die Chemorezeptoren der Nasenschleimhaut liegen im mehrreihigen prismatischen, hellbräunlich pigmentierten Riechepithel (**olfaktorisches Epithel**). Dieses Epithel ist bis zu 60 µm dick und somit erkennbar dicker als im übrigen Bereich der Schleimhaut der Nasenhöhle (Abb. 17-41). Das olfaktorische Epithel enthält weder Becherzellen noch Flimmerepithelzellen. Die typischen Zellen sind:

- Riechsinneszellen,
- Mikrovilluszellen,
- Stützzellen und
- Basalzellen.

Die obere Schicht des Epithels enthält fast keine Kerne und fällt daher als helles Band auf.

Unter dem Riechepithel finden sich tubulös verzweigte, seröse Bowman-Spüldrüsen (**Gll. olfactoriae**), die ein auffallend weites Lumen besitzen. Das Sekret ist sowohl Spülmittel als auch Lösungsmedium für Geruchsstoffe. Die Drüsen bilden auch spezielle Geruchsstoff-Bindungsproteine (odorant binding proteins, OBP, Abb. 17-43).

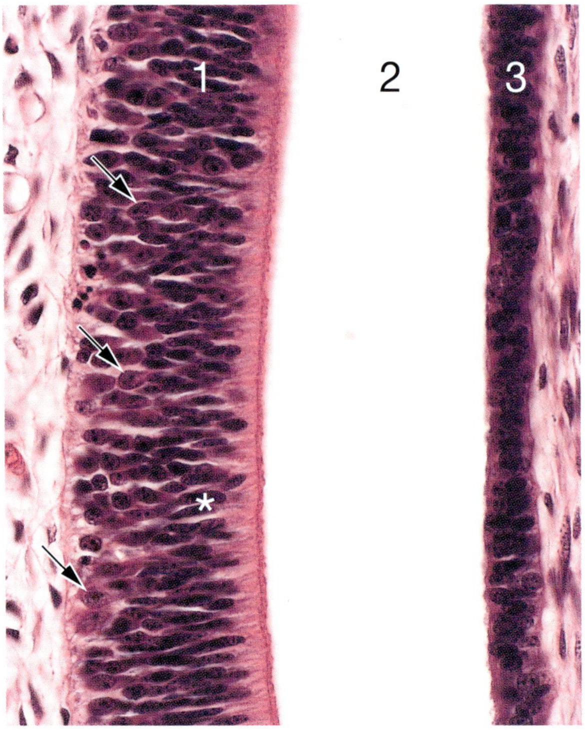

Abb. 17-41 Olfaktorisches Epithel (**1**; Mensch, 4 Monate). ➔ Kerne der Riechsinneszellen; ✻ Kerne der Stützzellen; **2** Lichtung der Nasenhöhle; **3** unreifes respiratorisches Epithel. Färbung: H. E.; Vergr. 450fach.

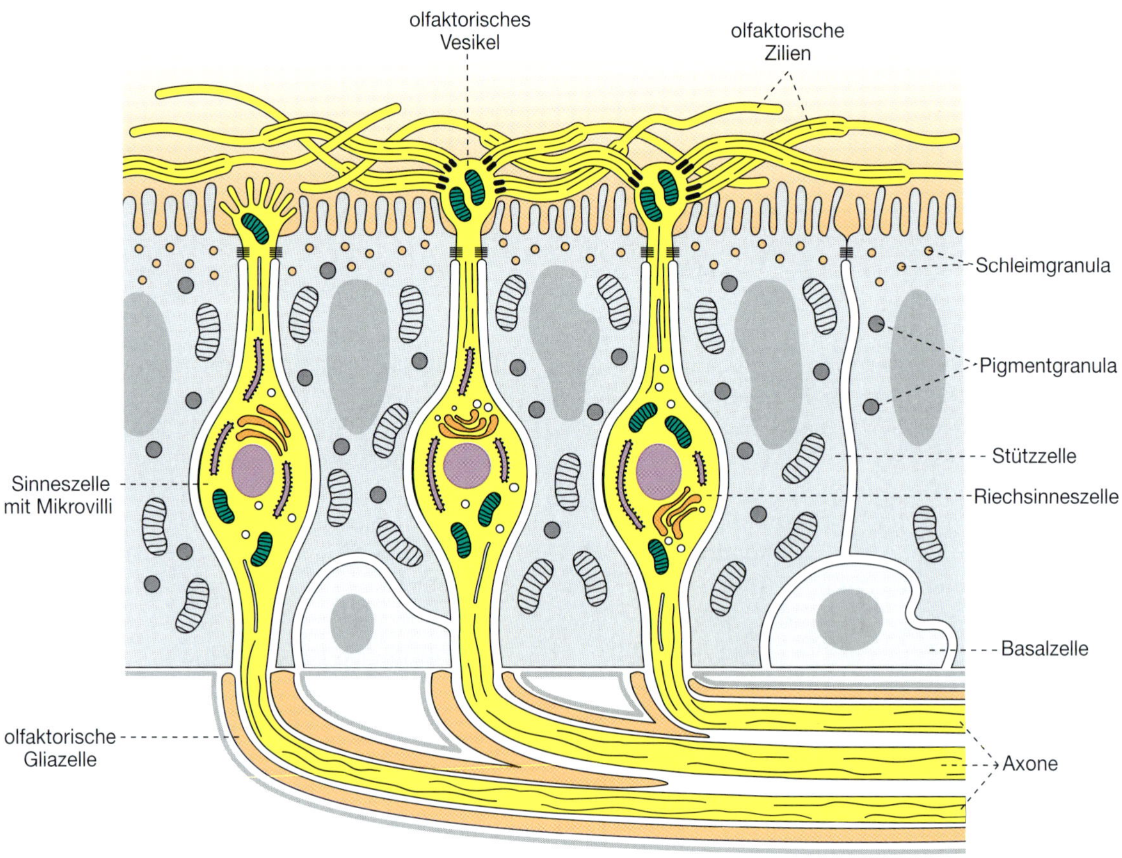

Abb. 17-42 Ultrastruktur des Riechepithels, schematische Darstellung. Olfaktorisches Vesikel = Riechbläschen.

Riechsinneszellen

Die 10^7 Riechsinneszellen (Abb. 17-42) sind bipolar gebaut und besitzen einen schlanken, an die Epitheloberfläche ziehenden dendritischen Fortsatz. Der Fortsatz ist terminal kolbenförmig aufgetrieben und wird olfaktorisches Vesikel (Riechbläschen, **Bulbus dendriticus**) genannt. Hier gehen seitlich und parallel zur Epitheloberfläche 6–8 (bei anderen Säugern oft mehr) olfaktorische Zilien aus, die sich nicht aktiv bewegen. Die Binnenstruktur gleicht in einem kurzen Anfangsstück der Struktur von Kinozilien. Sie enthalten jedoch in dem dünneren Endabschnitt nur noch unterschiedlich geordnete und in unterschiedlicher Zahl auftretende Mikrotubuli. Die Basalkörper dieser Zilien liegen im Bulbus dendriticus. Die Zilien sind beim Menschen nur wenige µm lang, können aber bei Säugetieren mit besserem Riechvermögen bis zu 80 µm lang werden. Sie sind nur passiv beweglich, in eine Schleimschicht eingebettet und tragen in ihrer Membran Rezeptoren für Geruchsstoffe.

Die Kerne der Sinneszellen bilden im Epithel mehrere Reihen. Basal entsenden die Sinneszellen ein dünnes Axon, das die dünne Basallamina durchbricht und mit benachbarten Axonen nicht-myelinisierte Faserbündel bildet. Die Riechsinneszellen werden durch Teilung von Basalzellen alle 30–50 Tage ersetzt, wobei jedes Mal die zentrale Verbindung im Bulbus olfactorius neu aufgebaut wird.

Die subepithelialen Bündel der Riechzellaxone bestehen z. T. aus Hunderten von Axonen. Sie werden von schlanken, blattartigen Fortsätzen einer besonderen peripheren Gliaform umhüllt, die **olfaktorische Glia** genannt wird. Einzelne Ausläufer dieser Gliazellen können die Faserbündel noch unterteilen. Diese Gliazellen besitzen Eigenschaften von Schwann-Zellen (sie können im Experiment und nach Verletzung Myelinscheiden bilden) und von Astrozyten. Sie produzieren u. a. regenerationsfördernde Faktoren und sind Leitschienen neu auswachsender Axone. Mehrere solcher Bündel bilden die Fila olfactoria, die durch die Lamina cribrosa zum Bulbus olfactorius ziehen.

Geruchsstoffe Geruchsstoffe werden im Oberflächenschleim gebunden und diffundieren zu den Rezeptorproteinen (Sensorproteinen) der Zilien, wo sie reversibel gebunden werden (Abb. **17-43**). Die Rezeptorproteine sind an G-Proteine gekoppelt, die mit Adenylatzyklase verbunden sind. Der Prozess der Geruchsstoffbindung löst eine Kette von biochemischen Prozessen aus. Dies führt zur Öffnung der Kationenkanäle für Natrium und Kalzium, was schließlich die Bildung eines Aktionspotentials zur Folge hat. Eine ungewöhnlich große Familie von 600–2000 Rezeptor-

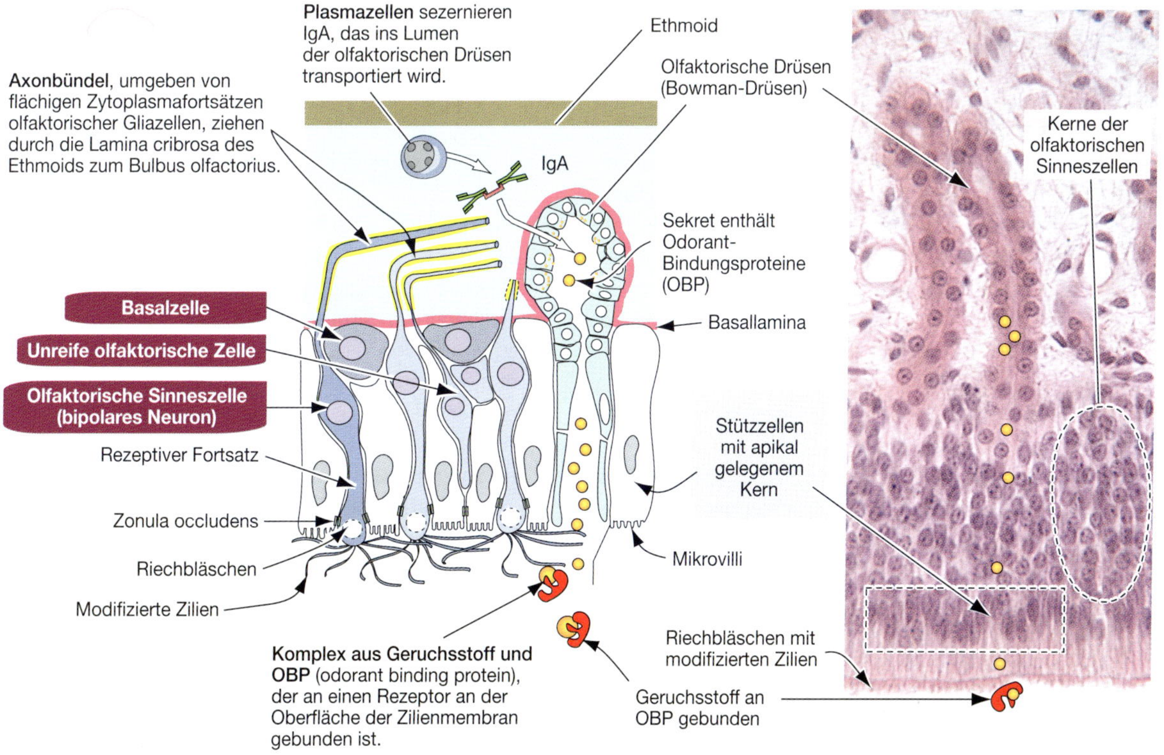

Abb. 17-43 Funktionelle Histologie des olfaktorischen Epithels. (Aus [12])

genen lässt vermuten, dass für jeden Geruchsstoff spezifische Rezeptoren existieren. Man vermutet, dass ca. 200–400 verschiedene Rezeptorproteine vorkommen. Alle Rezeptorneurone, die ein bestimmtes Rezeptorprotein in ihrer Membran besitzen, projizieren ihre Axone in ein oder zwei Glomeruli des Bulbus olfactorius.

Mikrovilluszellen

Die Mikrovilluszellen kommen im Riechepithel viel seltener als die Riechsinneszellen vor. Sie sind bipolare Sinneszellen. Ihr apikaler Fortsatz bildet an der Oberfläche des Epithels einige relativ hohe, filamentreiche und dicke Mikrovilli aus, Zilien fehlen. Der schlanke basale Fortsatz verlässt das Epithel und läuft mit den Fila olfactoria zum Gehirn.

Stützzellen und Basalzellen

Die Stützzellen des Riechepithels besitzen apikal zahlreiche schlanke Mikrovilli, die etwas kürzer als die der Mikrovilluszellen sind. Sie enthalten viele Mitochondrien und andere Organellen sowie einzelne Pigmentgranula (bräunlich goldene Farbe des Riechepithels) und bilden schleimhaltige Sekretgranula. Sie sind über apikale Zellkontakte (Zonulae occludentes und adhaerentes) mit den Riechzellen verbunden.

Die Basalzellen liegen als kleine Elemente an der Basallamina. Sie können sich teilen und sind Vorläuferzellen der anderen Zellen des Epithels.

Jacobson-Organ Den Mikrovilluszellen vergleichbare zilienlose Chemorezeptoren treten auch im Jacobson-Organ (Vomeronasalorgan) auf, einem chemorezeptiven Organ in der Nasenscheidewand vieler Säugetiere. Mit ihm prüfen z. B. männliche Tiere den Gehalt an Geschlechtshormonen bei weiblichen Tieren, um den Zeitpunkt für eine erfolgreiche Befruchtung festzustellen („Flehmen"). Dieses Organ ist beim Menschen nur in der Embryonalzeit nachweisbar.

Klinik Störungen des Geruchssinns können durch Behinderung des Zugangs der Geruchsstoffe zu den Rezeptorzellen bedingt sein, z. B. bei entzündlich bedingten Schwellungen der Nasenschleimhaut. Die Rezeptorzellen können durch Virusentzündungen, Tumoren, chronische Inhalation toxischer Chemikalien, Bestrahlung oder Medikamente, die die Zellteilung unterdrücken, zugrunde gehen. Eine weitere Ursache für den Verlust des Geruchssinns können Erkrankungen zentraler olfaktorischer Strukturen sein, wie z. B. beim Morbus Parkinson. Ein gravierender Vitamin-B_{12}-Mangel oder die Anwendung neurotoxischer Substanzen kann ebenfalls den Geruchssinn irritieren oder sogar zerstören. Olfaktorische Gliazellen werden therapeutisch bei Schädigungen des ZNS, z. B. des Rückenmarks nach Bestrahlungsschäden eingesetzt. Sie fördern die Re-Myelinisierung.

! Das Geruchsorgan befindet sich in einem ca. 5 cm^2 großen Areal der Nasenschleimhaut im Dach der Nasenhöhle, der Regio olfactoria. Die Riechsinneszellen sind primäre Sinneszellen, die einen rezeptiven Fortsatz zur Epitheloberfläche und einen ableitenden Fortsatz zum Bulbus olfactorius des Gehirns senden. Der rezeptive Fortsatz der allermeisten Rezeptorzellen trägt an der Epitheloberfläche lange Zilien, die parallel zur Oberfläche verlaufen und keine Bewegungen ausführen. In ihrer Membran befinden sich zahlreiche verschiedene Rezeptorproteine.

17.5 Sinneskörperchen, freie Nervenendigungen

Zusätzlich zu den großen Sinnesorganen versorgt eine große Fülle an freien Nervenendigungen und einfach gebauten Sinneskörperchen das Zentralnervensystem ständig mit wichtigen Informationen, z. B. über Temperatur, Schmerz, Druck, Berührung und Vibrationen. Die sensiblen Strukturen lassen sich folgendermaßen einteilen:

- Organe der Oberflächensensibilität (Exterozeptoren),
- Organe der Tiefensensibilität (Propriozeptoren) und
- Organe der Eingeweidesensibilität (Viszerozeptoren).

Oberflächen- und Tiefensensibilität werden auch als somatische Sensibilität zusammengefasst.

Die Empfindungsmodalitäten dieser morphologisch vielgestaltigen Sinnesstrukturen sind vielfältig. Die Reize werden von verschiedenen Rezeptoren wahrgenommen, die in allen Sinneskörperchen und natürlich auch bei den freien Nervenendigungen durch sensible Nervenfasern repräsentiert werden. Es lassen sich 4 Haupttypen der Rezeptoren unterscheiden:

- Mechanorezeptoren reagieren auf mechanische Einwirkungen, z. B. Druck,
- Chemorezeptoren reagieren auf chemische Reize, z. B. O_2- oder CO_2-Partialdruckwerte,
- Thermorezeptoren reagieren auf Hitze und Kälte und
- Nozirezeptoren (Schmerzrezeptoren) reagieren auf gewebeschädigende schmerzauslösende Verletzungen.

Die Schmerzfasern sind meist polymodal, d.h., sie reagieren auf verschiedenartige Reize (z.B. Hitze, große Kälte, mechanische Einwirkungen und starke chemische Reize, die dann als Schmerz empfunden werden).

Opiate setzen die Empfindungsschwelle der Rezeptoren herab, Prostaglandine und Bradykinin (Substanzen, die bei der Entzündungsreaktion freigesetzt werden) sind dagegen erregungsfördernd.

Freie Nervenendigungen finden sich im ganzen Körper verbreitet. Sie sind Endabschnitte sensibler Nervenfasern, die nur noch stellenweise von Schwann-Zellen bedeckt sind. An freien Stellen sind sie oft knotenförmig verdickt und enthalten viele Mitochondrien. Sie sind Temperatur-, Schmerz-, Chemo- und auch Mechanorezeptoren.

Die **Sinneskörperchen** sind komplizierter gebaut und besitzen zusätzlich zur sensiblen Nervenfaser Hilfseinrichtungen, die von Glia- und Bindegewebszellen aufgebaut werden.

17.5.1 Komponenten der Sinneskörperchen

Generell gehören den Sinneskörperchen 3 Komponenten an:

- neurale Komponente,
- gliale Komponente und
- bindegewebige Komponente.

Neurale Komponente

Die neurale Komponente ist repräsentiert durch eine sensible Nervenfaser (sensibles Axon), deren Perikaryon im Spinalganglion liegt. Die Endigung dieser Nervenfaser ist etwas aufgetrieben. Sie enthält viele Mitochondrien und außerdem entweder helle Vesikel oder kleine Granula.

Gliale Komponente

Der gliale Anteil wird von den terminalen Schwann-Zellen repräsentiert. Diese bilden unterschiedliche Hüllstrukturen um die Nervenfaserendigung, meist in Form von dünnen, zytoplasmatischen Lamellen, und sind von einer Basallamina bedeckt.

Bindegewebige Komponente

Die bindegewebige Komponente bildet eine Kapsel um neurale und gliale Komponenten. Sie entstammt dem Endo-, dem Peri- sowie dem Epineurium und baut die Sinneskörper in ihre Umgebung ein.

17.5.2 Typen von Sinneskörperchen

Exterozeptive Sinneskörperchen

Exterozeptive Sinneskörperchen liegen in der Haut und den Schleimhäuten und vermitteln Informationen über die Umwelt.

Funktionell sind sie Schmerz-, Temperatur-, Chemo- und Mechanorezeptoren. Proximal der Nervenfaserendigungen finden sich die afferenten myelinisierten oder nicht-myelinisierten Axone.

Merkel-Zellen

Merkel-Zellen kommen einzeln oder in kleinen Gruppen in der Epidermis und in den mehrschichtigen unverhornten Plattenepithelien vor. Sie sind an berührungsempfindlichen Stellen, z.B. den Finger- und Zehenspitzen, besonders zahlreich. An ihnen enden große, flache Nervenendigungen, die reich an Mitochondrien und Granula sind (siehe auch S. 557). Werden mehrere Merkel-Zellen von einer sensiblen Faser versorgt, spricht man von einer **Merkel-Tastscheibe.**

Merkel-Zellen (Abb. 17-44) haben mechanorezeptive Funktion und registrieren Druck und Geschwindigkeit der Druckänderung. Sie haben gelappte Kerne und bilden kurze, plumpe mikrovillusartige Fortsätze aus und sind über Desmosomen mit benachbarten Epithelzellen verbunden. Sie enthalten Zytokeratine und kennzeichnende ca. 80–100 nm große Granula mit verschiedenen Neuropeptiden (z.B. Met-Enke-

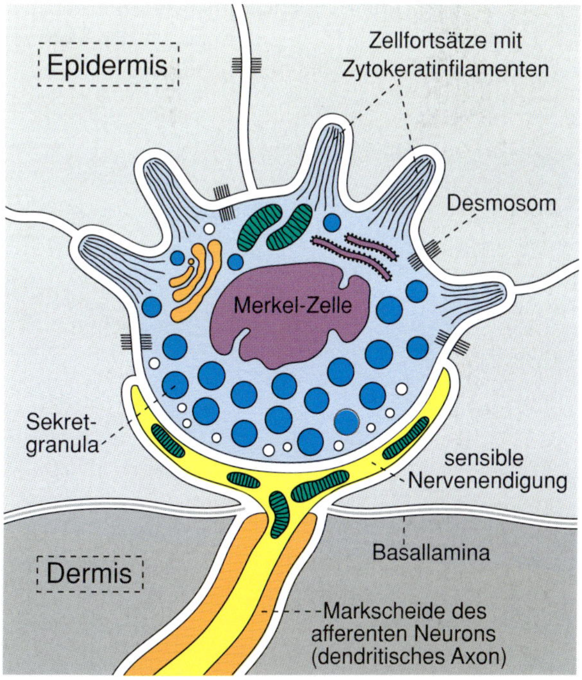

Abb. 17-44 Merkel-Zelle in der Epidermis, schematische Darstellung. Die Zytokeratine in den Zellfortsätzen unterscheiden sich von denen benachbarter Epidermisepithelzellen.

phalin und Bombesin), deren genaue Funktion noch unbekannt ist. Möglicherweise repräsentieren sie eine parakrine Funktion dieser Zellen.

Lamellenkörper

Die bekannteste Gruppe der Sinneskörperchen sind die Lamellenkörper, die auch im histologischen Präparat gut zu erkennen sind, z.B. in Haut, Pankreas und Gelenkkapseln. Es lassen sich 2 Gruppen unterscheiden:

- Lamellenkörper ohne bzw. mit einfacher perineuraler Kapsel und
- Lamellenkörper mit hoch differenzierter perineuraler Kapsel.

Lamellenkörper ohne bzw. mit einfacher perineuraler Kapsel

Lamellenkörper ohne oder mit nur sehr einfacher und fragmentarisch ausgebildeter perineuraler Kapsel sind v.a. die länglich ovalen **Meissner-Tastkörperchen**. Es sind mittelschnell adaptierende Druckrezeptoren. Sie bestehen aus schraubenförmig angeordneten Endverzweigungen von 1–7 sensiblen Axonen, die terminal verdickt sind und von Lamellenstapeln mehrerer terminaler Schwann-Zellen (Lamellenzellen) umhüllt werden (Abb. 17-45, 17-46). Die Zellkerne, die im Präparat im Meissner-Körperchen erkennbar sind, gehören diesen Schwann-Zellen an. In den unteren Bereichen werden die Meissner-Körperchen von 1–2 flachen Perineuralzellen umgeben. Zwischen die Lamellen dringen feine Kollagenfibrillen vor, die auch mit der Basallamina der Epidermis verknüpft sind. Die Kollagenfibrillen spielen eine Rolle bei der Übertragung des Drucks auf die Nervenendigungen.

Vorkommen Bindegewebspapillen des Stratum papillare der Leistenhaut (Abb. 17-45), subepitheliales Bindegewebe des Anus, des Penis und der Mundschleimhaut.

An Haaren treten spezielle **Pilo-Ruffini-Komplexe** auf, die keine perineurale Hülle besitzen. Die Endstrukturen sind zirkulär im Bindegewebe des Haarbalgs verankert und reagieren auf Biegung des Haarschaftes. Sie bestehen aus einer abgeflachten, mitochondrienreichen Nervenendigung, die an den flachen Seiten von jeweils einer Schwann-Zelle bedeckt ist. Zwischen den Schwann-Zellen bleibt ein schmaler Spaltraum frei, an dem die rezeptive Membran der Nervenfaser an die Oberfläche tritt und durch Bewegungen des Haares erregt wird.

In der **Zahnwurzelhaut** verzweigen sich die sensiblen Nervenendigungen ohne Kapsel zwischen den Kollagenfasern und registrieren den Kaudruck.

Lamellenkörper mit hoch differenzierter perineuraler Kapsel

Lamellenkörper mit einer sehr differenzierten perineuralen Kapsel treten in erheblicher morphologischer Vielfalt auf. Sie bestehen aus:

- einer (seltener 2) sensiblen, mitochondrienhaltigen **Nervenendigung**, die verzweigt sein und gestreckt oder auch gewunden verlaufen kann,
- aus dicht gepackten zytoplasmatischen Lamellen einer oder weniger terminaler Schwann-Zellen, die den sog. **Innenkolben** bilden, und
- aus einer unterschiedlichen Zahl konzentrischer Schichten flacher Lamellenzellen, die zusammen

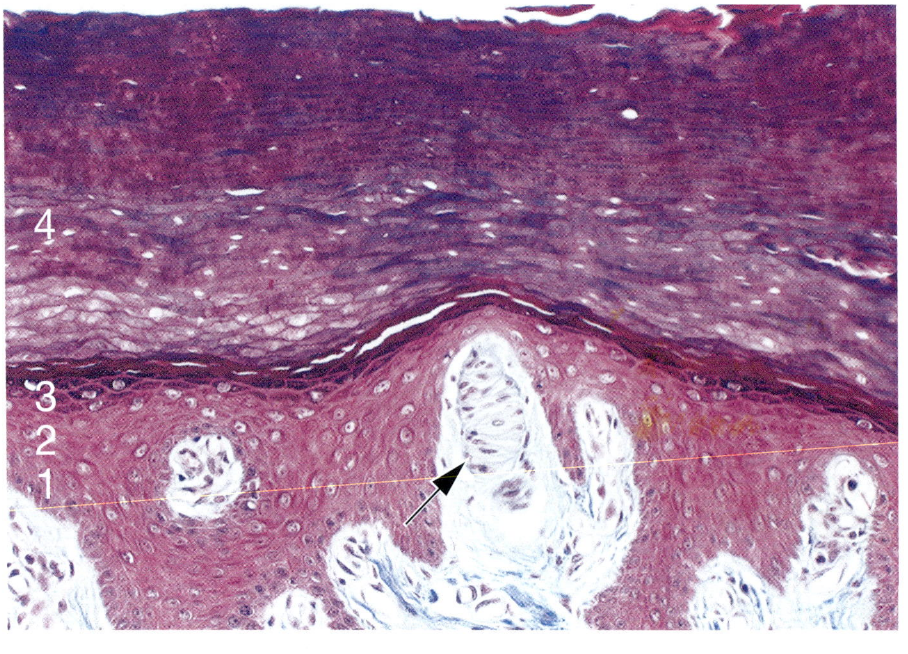

Abb. 17-45 Meissner-Tastkörperchen (→; Haut, Mensch) in einer Papille des Stratum reticulare der Dermis; **1** Stratum basale; **2** Stratum spinosum; **3** Stratum granulosum; **4** Stratum corneum. Färbung: Masson-Trichrom; Vergr. 250fach.

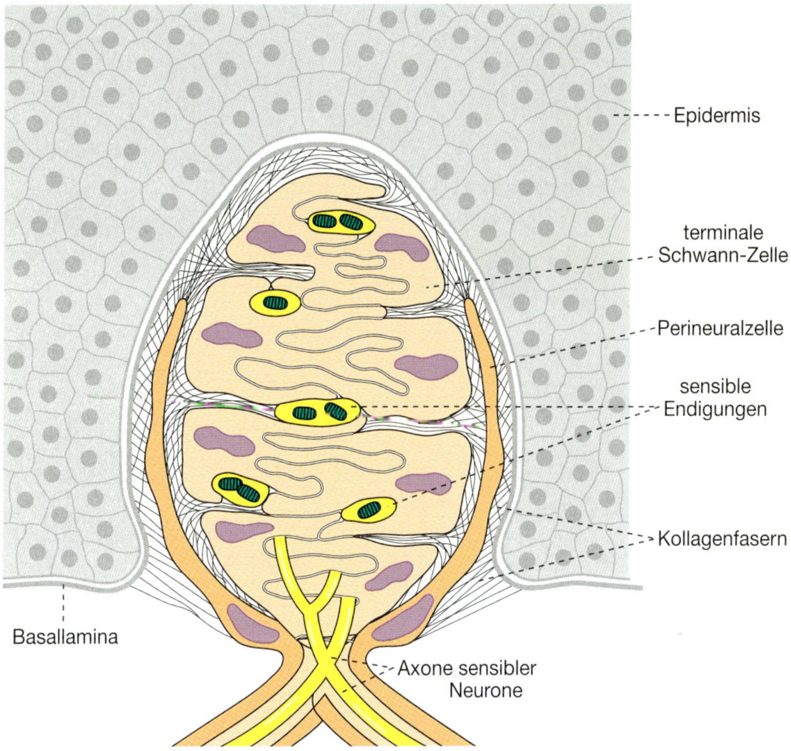

Abb. 17-46 Meissner-Tastkörperchen, schematische Darstellung. Die terminalen Schwann-Zellen sind eng miteinander verzahnt. Zwischen ihren Fortsätzen verzweigen sich die Endigungen sensibler Nervenfasern. Das Tastkörperchen ist über Kollagenfasern mit Epidermis und Umgebung verknüpft.

mit ihrer Bindegewebsmatrix aus dem Perineurium hervorgehen (**äußere Lamellenschicht**).

Die sehr flachen äußeren (perineuralen) Lamellenzellen sind innen und außen von einer Basallamina bedeckt. Zwischen den Lamellenzellen befinden sich Kollagenfibrillen, Wasser bindende Proteoglykane und auch einzelne Blutgefäße. Viele der kleineren, einfacheren Lamellenkörper reagieren auf Druck und adaptieren schnell (RA-Rezeptoren, RA: rapidly adapting).

Vater-Pacini-Körperchen Die größten Lamellenkörper sind die Vater-Pacini-Körperchen (Abb. 17-47, 17-48). Sie können vereinzelt über 2 mm groß werden. Die Zahl der Lamellen beträgt im Innenkolben bis über 50 und in der äußeren Lamellenschicht z. T. auch 50. Lamellenkörper mit 2 oder mehr Innenkolben werden auch **Golgi-Mazzoni-Körperchen** genannt.

Vater-Pacini-Körperchen sind Mechanorezeptoren, die große rezeptive Felder besitzen, Geschwindigkeitsveränderungen eines mechanischen Reizes wahrnehmen, rasch adaptieren und besonders gut auf Vibrationen reagieren.

Vorkommen Tiefere Schichten der Dermis und der Subkutis, Mesenterien, Pankreas, Harnblase, Vagina, Septen zwischen Muskelbündeln und Periost.

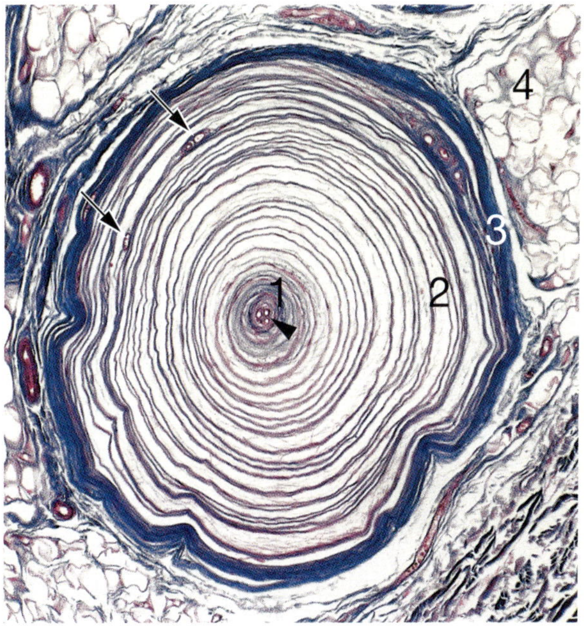

Abb. 17-47 Vater-Pacini-Körperchen (Unterhautbindegewebe, Mensch) Querschnitt. Im Zentrum liegt die Nervenfaser (▶). **1** Innenkolben; **2** äußere Lamellenschicht (perineurale Lamellen); **3** Kapsel; **➔** kleine Blutgefäße; **4** Fettzellen im Unterhautbindegewebe. Färbung: Masson-Trichrom; Vergr. 110fach.

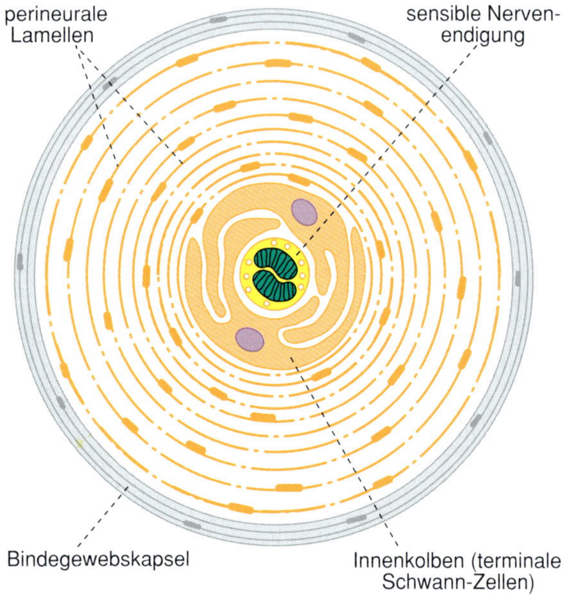

Abb. 17-48 Vater-Pacini-Körperchen, schematische Darstellung.

Ruffini-Körperchen Die vielgestaltigen Ruffini-Körperchen sind langsam adaptierende Rezeptoren (SA-Rezeptoren, SA: slowly adapting), die Dehnungen und Scherkräfte im Bindegewebe perzipieren, mit dessen Kollagenfasern sie immer strukturell und funktionell verbunden sind. In der Dermis besitzen sie eine an beiden Enden offene, zylinderförmige Kapsel, die einem Perineurium gleicht. Im Innern befinden sich Kollagenfasern, die an den Enden ein- bzw. austreten. Ein sensibles (afferentes) Axon tritt seitlich oder an einem Ende der zylinderförmigen Struktur in dessen Inneres ein und verzweigt sich hier. Die Endstrukturen der Nervenfaser sind mit den Kollagenfasern verknüpft.

In den Gelenkkapseln kommen Ruffini-Körperchen mit und ohne Kapsel vor, darunter solche, die an Golgi-Sehnenorgane erinnern. Manche dieser Körperchen in Gelenkkapseln sind verzweigt und enthalten Kollagenfasern, die in unterschiedlicher Richtung angeordnet sind.

Vorkommen Haut, Gelenkkapseln und Wurzelhaut der Zähne.

Propriozeptive Nervenendigungen

Die propriozeptiven Nervenendigungen liefern Informationen über Stellung und Bewegung der Gelenke, Tonus der Muskulatur, Spannung von Sehnen u. Ä. Sie zählen zum Kraft-, Stellungs- und Bewegungssinn des Bewegungsapparats.

Vorkommen Muskulatur, Gelenkkapseln und Sehnen.

Golgi-Sehnenorgane

Golgi-Sehnenorgane (Sehnenspindeln) sind eingekapselte sensorische Nervenendigungen, die am Übergang von Skelettmuskulatur zu Sehnen oder Aponeurosen auftreten (Abb. 17-49). Sie perzipieren Veränderungen des Spannungszustands der Muskeln und der Sehne. Sie werden bei aktiver und passiver Dehnung aktiviert und liegen in Serie mit der Skelettmuskulatur (Muskulatur und Sehnenorgane liegen hintereinander). Die Sehnenorgane arbeiten funktionell mit den Muskelspindeln zusammen. Im Fall einer starken

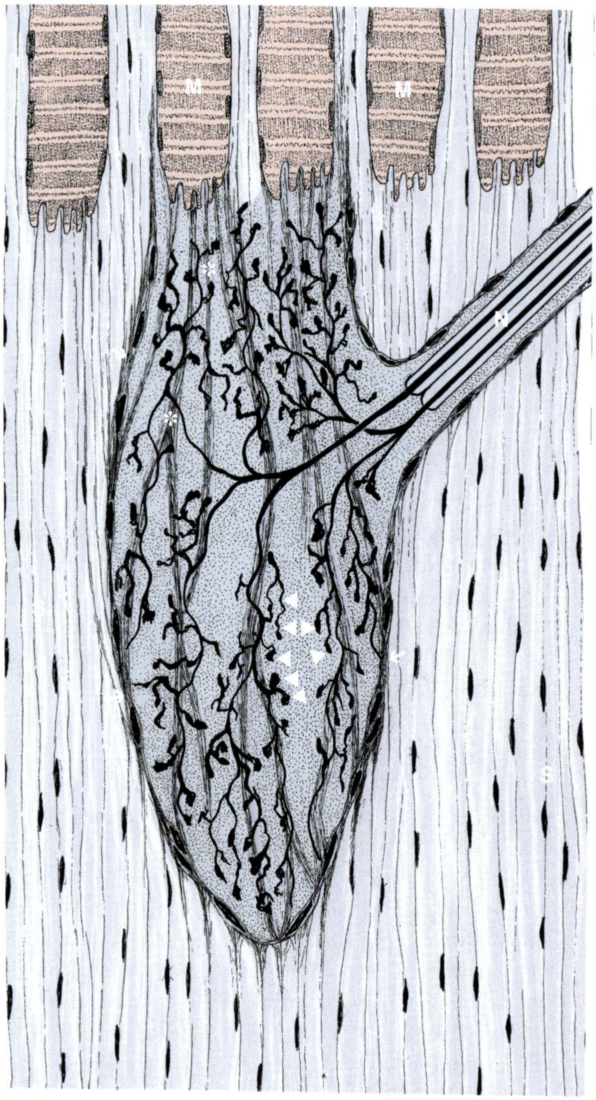

Abb. 17-49 Golgi-Sehnenorgan (Sehnenspindel), einfache schematische Darstellung. **M** Skelettmuskelzellen; **S** normale Sehnenfasern; ➔ Kapsel der Sehnenspindel; ✻ gewellt verlaufende feine Kollagenfaserbündel, die mit den zahlreichen Endformationen (▶) von zumeist 1–4 sensiblen Nervenfasern (**N**) eng verknüpft sind. Außerhalb der Spindel sind die sensiblen Nervenfasern myelinisiert. Die Spindel ist relativ reich an amorpher Matrix und kann gekammert sein.

Muskelkontraktion üben die Sehnenspindeln eine hemmende Funktion auf die Motoneurone aus. Die spindelförmigen Strukturen sind sehr variabel gestaltet und können bis zu 1,5 mm lang und bis zu 120 µm dick sein. Sie sind von einer Kapsel aus platten Perineuralzellen umgeben und enthalten mehrere schlanke Bündel aus Kollagenfasern. Diese sind einerseits mit der Skelettmuskulatur und andererseits mit der inneren Kapselwand verknüpft. Außen ist die Kapsel mit den normalen Sehnenfasern verbunden, so dass der Innenraum der Spindel und ihre Umgebung strukturell eng verknüpft sind.

Seitlich treten in die Kapsel meist mehrere myelinisierte, sensible (afferente) Ib-Axone ein, die sich im Innern des Sehnenorgans unter Verlust der Markscheide verzweigen. Die Verzweigungen sind von einer Schwann-Zelle bedeckt. Sie breiten sich zwischen den Kollagenfasern im Innern des Sehnenorgans aus und ranken sich um diese herum. In ihrem Verlauf treten Verdickungen mit Mitochondrien auf, die terminalen Strukturen entsprechen und die z.T. nur von einer Basallamina, z.T. aber von sehr flachen Ausläufern der Schwann-Zellen bedeckt werden. Diese rezeptiven Endstrukturen sind über die Basallamina der Schwann-Zellen mit den Kollagenfasern im Golgi-Sehnenorgan verknüpft.

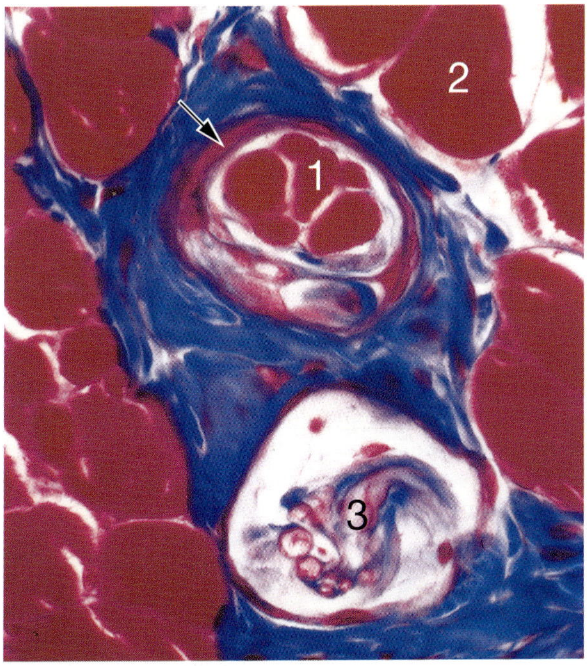

Abb. 17-50 Querschnitt durch eine Muskelspindel (→; Kehlkopfmuskulatur, Mensch). Beachte den geringen Durchmesser der intrafusalen Muskelfasern (**1**) und den Einbau in das kollagene Bindegewebe (blau gefärbt), das auch eng mit extrafusalen Muskelfasern (**2**) verbunden ist. **3** Nerv. Färbung: Azan; Vergr. 450fach.

Muskelspindeln

Die Muskelspindeln sind 1–7 mm lange und in der Mitte 100–200 µm dicke, spindelförmige Dehnungsrezeptororgane. Sie messen und kontrollieren die Länge des Muskels.

Adäquater Reiz für die Rezeptorendigungen ist eine Verlängerung der mittleren („äquatorialen") Abschnitte der speziellen Muskelzellen. Sie bilden (wie die Sehnenorgane) bei aktiver und passiver Dehnung der Muskulatur Impulse. Die Muskelspindeln sind in den Muskelzellverband eines Skelettmuskels eingebaut und verlaufen parallel zu diesem (Abb. **17-50**). Die Muskelspindeln bestehen aus 3–10 speziellen dünnen Muskelzellen, die **intrafusale Muskelfasern** genannt werden. Die umgebenden normalen Muskelzellen heißen **extrafusale Muskelfasern**, beide sind über Bindegewebe und die Kapsel der Muskelspindeln verknüpft.

Die Spindeln sind von einer äußeren perineuriumähnlichen Kapsel aus straffem Bindegewebe umgeben, die mit dem Endo- und Perimysium der extrafusalen Fasern und auch dem Perineurium der eintretenden Nerven verbunden ist. Die im Innern befindlichen intrafusalen Muskelfasern (Abb. **17-50**) werden von einem eigenen Endomysium umgeben, das auch die Nervenendigungen umgibt und **Spindelkapsel** (Spindelscheide) genannt wird.

Den intrafusalen Muskelfasern gehören 2 Typen an (Abb. **17-51**):

- Kernkettenfasern und
- Kernsackfasern.

In den **Kernkettenfasern** liegen die Zellkerne in den mittleren Faserabschnitten (Äquator) in einer Reihe. In den **Kernsackfasern** befinden sie sich dagegen haufenförmig in einer Auftreibung in der Mitte der Fasern. Die Kernkettenfasern sind kürzer und zahlreicher vorhanden (2–10) als die Kernsackfasern (1–4).

Die Myofibrillen der intrafusalen Fasern sind nur in den Enden der Muskelzellen vorhanden. In der kernhaltigen Mitte (Äquator) fehlen sie, diese Region ist also nicht kontraktil. Beide Muskelfasertypen sind mit ihren Enden über Kollagenfibrillen mit extrafusalen Muskelfasern und der Kapsel verbunden.

Motorische Endigungen Die intrafusalen Fasern sind sehr komplex sensorisch und motorisch innerviert. Die motorischen Endigungen gehören sowohl zu dynamischen als auch zu statischen motorischen γ-Neuronen (Fusimotoneuronen) und finden sich an den myofibrillenhaltigen Abschnitten der intrafusalen Fasern. Die motorische Innervation dient dazu, durch Kontraktion der intrafusalen Muskelfaser deren Empfindlichkeit auf Dehnungsreize zu erhöhen. Dynamische γ-Motoneurone setzen v.a. an Kernsackfasern an

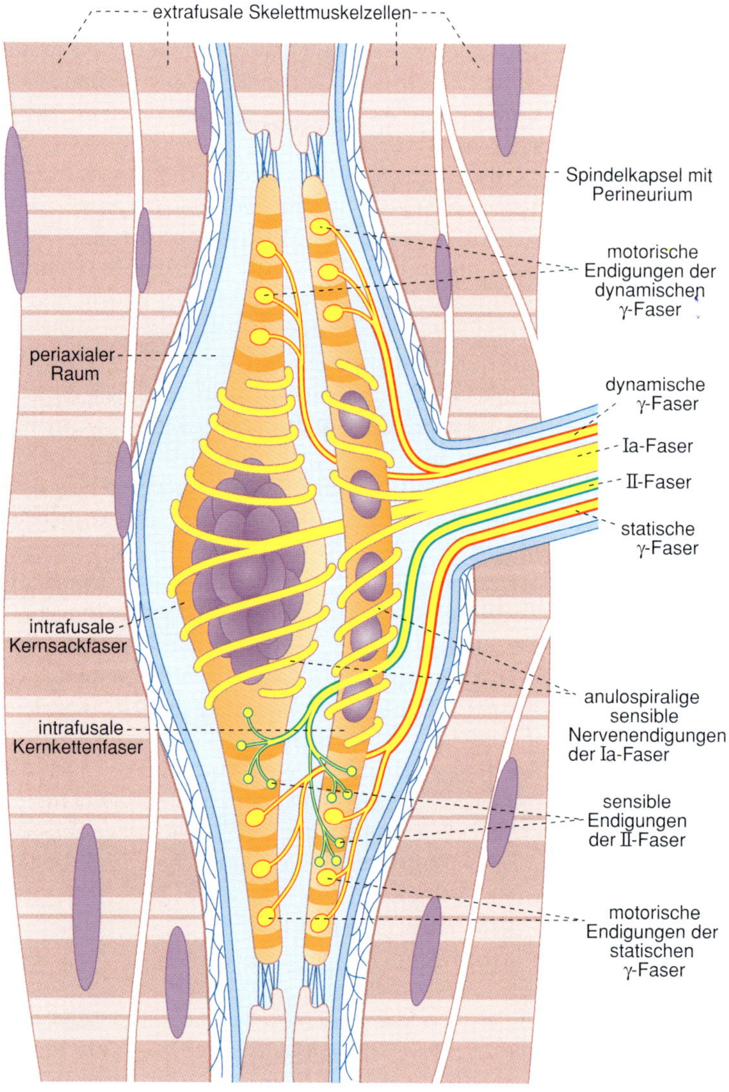

Abb. 17-51 Muskelspindel, schematische Darstellung. Alle intrafusalen Muskelfasern (orange) werden an ihren Endabschnitten motorisch innerviert, und zwar durch γ-Fasern. Diese sind überwiegend statischer, z. T. aber auch dynamischer Natur. Alle intrafusalen Muskelfasern werden außerdem sensibel durch primäre (anulospiralige) Ia-Fasern versorgt. Des Weiteren versorgen sensible II-Fasern die Kernsackfasern (mit Blütendoldenendigungen) und die Kernkettenfasern (z. T. mit anulospiraligen Endigungen). Extrafusale Fasern: braun.

und erhöhen die Empfindlichkeit für dynamische Prozesse, v. a. für Längenveränderungen. Statische γ-Motoneurone innervieren v. a. die Kernkettenfasern und registrieren v. a. statische Messfunktionen, z. B. die absolute Muskellänge.

Sensorische Endigungen Unter den sensorischen Endigungen lassen sich 2 Typen unterscheiden:

- primäre Endigungen
- sekundäre Endigungen.

Die **primären Endigungen** (anulospiralige Endigungen) sind spiralig um den kernhaltigen mittleren Bereich sowohl der Kernkettenfasern als auch der Kernsackfasern gewunden.

Die **sekundären Endigungen** (Blütendoldenendigungen) innervieren ober- und unterhalb der primären Endigungen die Kernkettenfasern. Sekundäre Endigungen können sowohl ein blütendoldenähnliches als auch spiralförmiges Aussehen annehmen.

Beide Endigungsformen gehören myelinisierten Axonen an, die primären Endigungen den Ia-Fasern und die sekundären Endigungen den II-Fasern. Die sensiblen Endigungen der Muskelspindeln werden durch passive Dehnung und auch durch fusimotorische Impulse erregt.

Eingeweidesensibilität

Die Organe der Eingeweidesensibilität umfassen die **freien Nervenendigungen**, die zum großen Teil zum N. vagus gehören und deren zugehörige Nervenfasern oft nicht myelinisiert sind. Sie registrieren v. a. mechanische und chemische Reize, umfassen aber auch Schmerz- und Thermorezeptoren.

Paraganglien (Glomera) sind wenige Millimeter

große, gut durchblutete, chemorezeptive Organe, die mehrheitlich in der Wand von Blutgefäßen vorkommen. Am bekanntesten sind das Karotiskörperchen, das im Bereich der Karotisgabelung liegt, und die sehr ähnlichen Paraganglien am Aortenbogen (Paraganglia aortica).

Karotiskörperchen

Das Karotiskörperchen (Glomus caroticum, Abb. 17-52) besteht aus Hauptzellen, Stützzellen, sensiblen Nervenendigungen und zahlreichen Blutkapillaren mit fenestriertem Epithel.

Die **Hauptzellen** (Abb. 17-53) leiten sich aus der Anlage des Sympathikus, d.h. der Neuralleiste, her. Sie bilden Nester und Stränge heller, ovaler Zellen mit großem, hellem Kern. Sie enthalten zahlreiche dichte Granula (Durchmesser 60–200 nm), in denen Dopamin, aber auch Noradrenalin, Serotonin und Enkephaline vorliegen. Die Anwesenheit der biogenen Amine verleiht ihnen – wie dem Nebennierenmark – die Eigenschaft der Chromaffinität. Die Hauptzellen sind über Nexus verknüpft und reich innerviert, und zwar

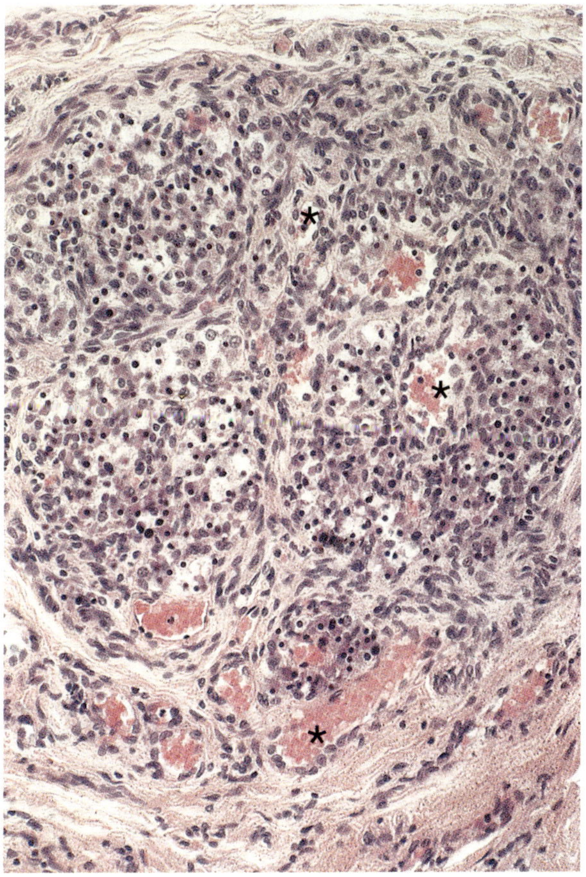

Abb. 17-52 Karotiskörperchen (Mensch). Die einzelnen Zelltypen des Glomus sind im Routinepräparat kaum voneinander zu unterscheiden. * Blutgefäße. Färbung: H.E.; Vergr. 250fach.

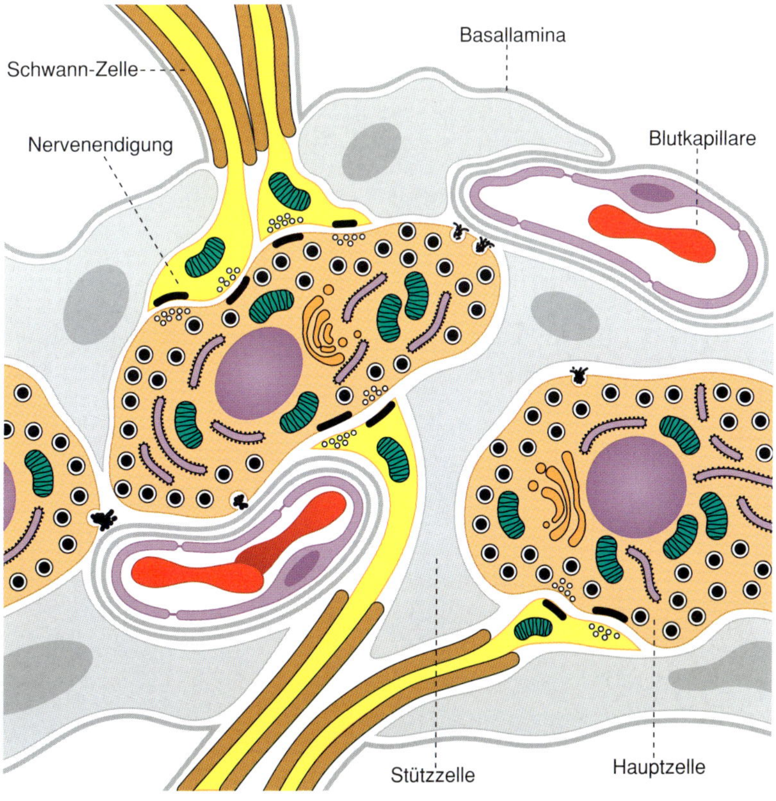

Abb. 17-53 Ultrastruktur eines Karotiskörperchens, schematische Darstellung der wichtigsten Zellelemente. Die Hauptzellen sind überwiegend afferent, aber auch efferent innerviert. Afferente Nervenfasern werden durch Dopamin, das aus den Hauptzellen freigesetzt wird, erregt. (Nach [9])

überwiegend afferent. Die afferenten Fasern gehören zum N. glossopharyngeus. Die Hauptzellen sind periphere Chemorezeptoren. Sie registrieren Abnahme des arteriellen O_2-Partialdrucks, aber auch Zunahme des arteriellen CO_2-Partialdrucks und Abnahme des pH-Wertes.

Die schlanken **Stützzellen** entsprechen den Schwann-Zellen und besitzen dunklere, längliche Kerne. Sie umhüllen mit schlanken Fortsätzen die Hauptzellen.

Mechanorezeptoren

In der Nähe der Karotiskörperchen liegen in der Wand des Karotissinus Mechanorezeptoren (Baro-[Presso-] Rezeptoren), die den Druck im Gefäß perzipieren. Es sind freie Nervenendigungen, die auch zum N. glossopharyngeus gehören. Die Media der Karotis ist hier relativ dünn und dehnbar. Die Rezeptoren befinden sich in der Adventitia und werden durch die Dehnung der Sinuswand gereizt. Auch im Aortenbogen und in den Vorhöfen befinden sich Dehnungsrezeptoren, die eine Rolle bei der Regelung des Blutdrucks spielen. Lungendehnungsrezeptoren sind an der Regelung der Atemtiefe beteiligt. Mechanorezeptoren im Magen-Darm-Trakt regulieren Peristaltik und Entleerungsfrequenz im Rektum. Sie vermitteln Informationen zum Füllungszustand vom Magen und Darm.

Schmerzrezeptoren

Schmerzrezeptoren finden sich v.a. in der Wand von Hohlorganen. Sie sind verantwortlich für die Schmerzempfindung, die z.B. durch krampfartige Kontraktion der glatten Muskulatur (Koliken) verursacht wird. Schmerzrezeptoren in der Wand von Blutgefäßen registrieren Organschäden infolge von Mangeldurchblutung (z.B. die Rezeptoren der Koronararterien bei Angina pectoris).

! Die verschiedenen Sinneskörperchen besitzen zusätzlich zu einer in ihrem Innern gelegenen sensiblen Nervenendigung Hilfseinrichtungen, die die Reize verstärken. Diese Hilfseinrichtungen sind meist lamelläre Hüllen, die sowohl von den Schwann-Zellen als auch vom Bindegewebe aufgebaut werden. Bei den Mechanorezeptoren ist auch die Verbindung von sensibler Nervenendigung mit Kollagenfasern der Umgebung wichtig. Die Sinneskörperchen sind überwiegend Mechano- und Chemorezeptoren. Freie Nervenendigungen sind im ganzen Körper verbreitet und vermitteln v.a. Schmerz- und Temperaturempfindungen, aber auch Empfindungen aufgrund von mechanischen und chemischen Einwirkungen. Sie sind oft mitochondrienreiche Endigungen sensibler Neurone, deren Bedeckung mit Schwann-Zellen Lücken aufweist.

18 Zentralnervensystem, Spinalganglien

Zur Orientierung

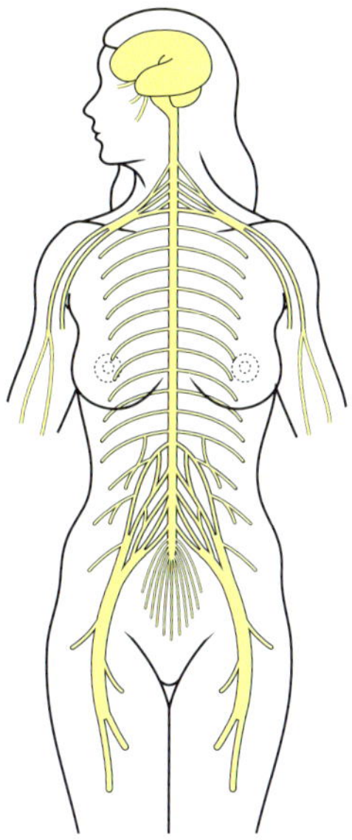

Das Nervensystem wird in Zentralnervensystem und peripheres Nervensystem gegliedert. Zum Zentralnervensystem (ZNS) zählen Gehirn und Rückenmark, zum peripheren Nervensystem (PNS) die peripheren Nerven und Ganglien. Die dem PNS zuzählenden Spinalganglien liegen in enger Nachbarschaft zum Rückenmark und sind mit ihm strukturell und funktionell sehr eng verbunden.

Das ZNS nimmt über die Sinnesorgane alle Informationen auf, die aus der Umwelt oder dem Körperinnern (z.B. den inneren Organen und dem Bewegungsapparat) kommen. Es bearbeitet und beantwortet diese Informationen zielgerichtet durch unterschiedliche Signale, die es einem ausführenden Zielorgan, z.B. dem Bewegungsapparat, zusendet. Somit ermöglicht das ZNS dem Organismus ein biologisch sinnvolles Reagieren auf die soziale und biologische Umwelt und hilft ihm zu überleben. Die höheren Zentren des ZNS können auch aktiv Aktionen auslösen und überlegte Handlungen einleiten. Alle höheren Leistungen des Menschen sind Ausdruck der Aktivität des Gehirns.

Das Gewebe des ZNS ist in graue und weiße Substanz gegliedert. Die graue Substanz enthält die Perikarya von Neuronen und auch Nervenfasern, die weiße Substanz zumeist myelinisierte Fortsätze der Neurone. Die graue Substanz bildet an der Oberfläche von End-(Groß-) und Kleinhirn die Rinde und in der Tiefe, eingebettet in die weiße Substanz, umschriebene Gebiete, die Kerngebiete. Im Rückenmark liegt die graue Substanz im Zentrum. Die weiße Substanz repräsentiert in End- und Kleinhirn das Mark, im Rückenmark umgibt sie die innen liegende graue Substanz.

Die Zahl der Nervenzellen ist ungeheuer groß, sie beträgt allein in der Endhirnrinde 12–15 Milliarden. Besonders im Gehirn sind die Neurone unvorstellbar komplex untereinander verknüpft. Das Zusammenspiel der Neurone ist einerseits die Grundlage für reflektorische neuronale Abläufe und andererseits die Voraussetzung für Bewusstsein, Gedächtnis, Verständnis, Sprache und ähnliche Leistungen.

Das Nervensystem ist das größte und höchstentwickelte Koordinationsorgan des Körpers. Es nimmt alle Informationen aus der Umwelt und aus dem Körperinnern auf, verarbeitet sie und antwortet mit lebenserhaltenden Aktionen. So ermöglicht es das kurz- und langfristige Überleben des Organismus. Es arbeitet besonders schnell und kann auf bedrohliche Situationen in Bruchteilen von Sekunden reagieren. Es bedient sich für seine Aktionen elektrischer Erregungen und eines hoch differenzierten Systems von Signalmolekülen, den Neurotransmittern. Das Nervensystem ist aber nicht das einzige Koordinationsorgan des Körpers. Ihm stehen das endokrine System und das Immunsystem zur Seite. Diese Systeme reagieren langsamer, arbeiten aber auch mit Signalmolekülen, die bei Nerven- und endokrinem System sogar identisch sein können (z. B. Somatostatin und Serotonin). Das Gehirn reagiert aber nicht nur auf Reize, sondern kann auch Aktionen einleiten und baut das Gedächtnis auf, auf dessen Grundlage es nicht nur Aktionen initiiert, sondern auch unterlässt.

Die Gliederung des Nervensystems in Zentralnervensystem und peripheres Nervensystem (periphere Nerven und Ganglien) hat praktische Gründe. Funktionell gehören beide eng zusammen. Viele Neurone haben im Rückenmark (also im ZNS) ihr Perikaryon, und ihr Axon beteiligt sich am Aufbau peripherer Nerven. Andere Neurone besitzen ihr Perikaryon im (peripheren) Spinalganglion, und ihr Axon dringt in das Rückenmark ein und beteiligt sich hier am Aufbau von Bahnen.

Im vorliegenden Kapitel wird nur der histologische Aufbau einiger Regionen des Zentralnervensystems (Rückenmark, Kleinhirnrinde, Endhirnrinde) und der den peripheren Nervensystem zuzählenden Spinalganglien dargestellt. Diese Auswahl richtet sich nach den histologischen Präparaten, die üblicherweise in den Histologiekursen gezeigt werden. In Kapitel 3.4 wird das Nervengewebe mit seinen zwei wesentlichen Zelltypen, den Nerven- und Gliazellen, dargestellt. Außerdem sind dort die wichtigsten Strukturen des peripheren Nervensystems beschrieben und abgebildet.

Das Zentralnervensystem hat einen extrem komplexen Aufbau, der aber erst bei mikroskopisch-anatomischer und physiologischer Analyse sichtbar wird. Makroskopisch ist das Gewebe von Gehirn und Rückenmark in graue und weiße Substanz gegliedert. Die **graue Substanz** (Substantia grisea) enthält die Perikarya von Neuronen und auch Nervenfasern, die sowohl myelinisiert als auch nicht myelinisiert sind. Die Mehrheit der Fasern in der grauen Substanz ist nicht myelinisiert. An der Oberfläche von End- und Kleinhirn bildet die graue Substanz die **Rinde** (Kortex). Umschriebene Gebiete der grauen Substanz, die unter der Rinde in weiße Substanz eingebettet liegen, nennt man **Kerngebiete** (Nuclei, Sing. Nucleus). Im Rückenmark liegt die graue Substanz im Zentrum. Die **weiße Substanz** (Substantia alba) besteht aus Bündeln zumeist myelinisierter Fortsätze von Neuronen, die längere Bahnen aufbauen. Sie bildet in End- und Kleinhirn das **Mark** (Medulla) und baut im Rückenmark die peripheren Zonen auf. Die Verteilung von grauer und weißer Substanz wechselt von Region zu Region, ebenso die Verteilung und die Morphologie der Perikarya.

Histologische Methoden Beim Studium der mikroskopisch-anatomischen Struktur des Nervensystems kommen neben den üblichen Techniken (siehe Kap. 1.3.3, 5.6) spezielle Färbemethoden zum Einsatz:

- Färbungen, die Kern und Zytoplasma des Perikaryons hervorheben, veranschaulichen die sog. **Zytoarchitektur.** Beispiele für solche Färbungen sind die Färbung nach Nissl (vgl. Abb. **18-20, 18-22, 18-24**) und die H. E.-Färbung (vgl. Abb. **18-2**).
- Färbungen der Myelinscheide (Markscheidenfärbungen) verdeutlichen die sog. **Myeloarchitektur.** Beispiele sind Färbungen, die Lipide der Myelinscheiden darstellen (vgl. Abb. **18-5, 18-18, 18-20**).
- Färbungen der Lipofuszinpigmente zeigen die sog. **Pigmentarchitektur** (vgl. Abb. **18-20**).
- Silberimprägnationen nach Golgi (vgl. Abb. **18-4, 18-16, 18-20**) zeigen die komplexe **Morphologie von einzelnen Neuronen.**
- Weitere spezielle Färbungen, histochemische und immunhistochemische Nachweise können die **Verteilung von Einzelsubstanzen,** z. B. von lysosomalen Enzymen oder Transmittern, darstellen.
- Färbung nach Bodian (vgl. Abb. **18-13**) färbt **feine Nervenfasern und Neurofibrillen,** die durch Silbersalze imprägniert werden.
- Retrograd oder anterograd applizierte Tracer stellen **Bahnverbindungen** dar.
- Intrazellulär injizierte Marker können **ein Neuron mit all seinen Fortsätzen** hervorheben.

18.1 Rückenmark

Das zum Zentralnervensystem gehörende Rückenmark (Medulla spinalis) liegt im Wirbelkanal. Es ist ca. 45 cm lang, beginnt ohne scharfe Grenze am Ende der Medulla oblongata und endet in Höhe des 1. oder 2. Lendenwirbels. Das Rückenmark ist ein Reflexorgan und weist in mancher Hinsicht einen relativ einfachen und ursprünglichen Aufbau auf, der in allen seinen Abschnitten (Zervikal-, Thorakal-, Lumbal- und Sakralmark) prinzipiell gleichartig ist. Es finden sich immer innen die graue und außen die weiße Substanz. Mikroskopisch sind jedoch in den einzelnen Rückenmarksabschnitten Unterschiede hinsichtlich der Verteilung der grauen Substanz zu erkennen. An zwei Stellen kommt es zu Verdickungen des Rückenmarks, die **Intumeszenzen** genannt werden. Im Bereich der Intumescentia cervicalis (C3–Th2) befindet sich die neuronale Versorgung für Schulter und Arme, im Bereich der Intumescentia lumbosacralis (L5–S2) die für Beckengürtel und Beine.

Aus dem Rückenmark treten segmental Nervenfasern aus, die sich dorsal zu den Hinterwurzeln und ventral zu den Vorderwurzeln der Spinalnerven vereinigen. In der dorsalen Wurzel liegt das sensible **Spinalganglion,** das zum peripheren Nervensystem gehört (siehe Kap. 18.2).

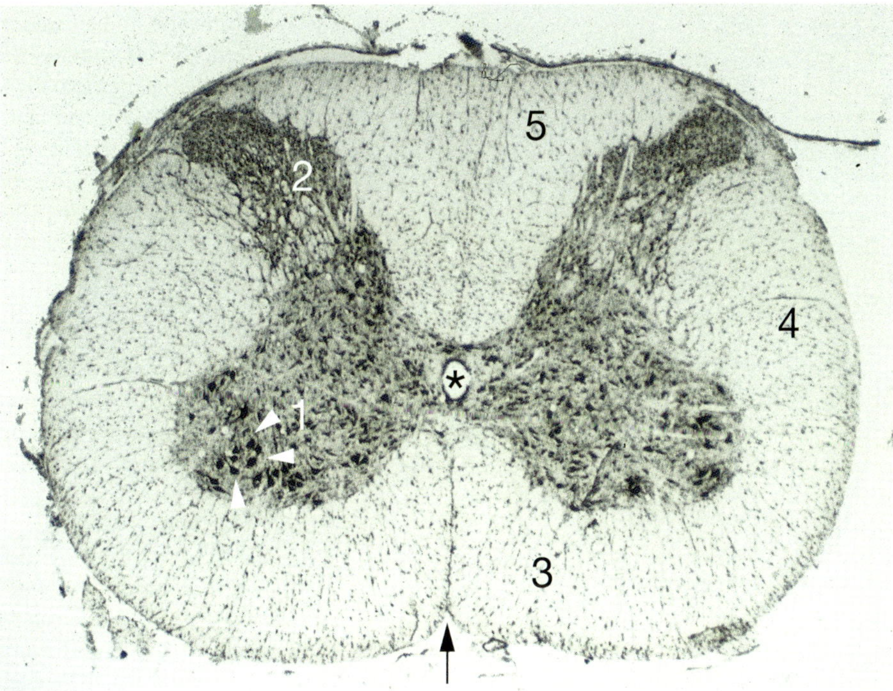

Abb. 18-1 Allgemeiner Aufbau des Rückenmarks (Ratte), Übersicht. Die im Innern des Organs gelegene schmetterlingsförmige graue Substanz ist deutlich in Vorder- (**1**) und Hinterhorn (**2**) gegliedert. Die außen liegende weiße Substanz unterteilt sich in Funiculus ventralis (**3**), Funiculus lateralis (**4**) und Funiculus dorsalis (**5**). ▶ Motoneurone; ✻ Zentralkanal; ➔ Fissura mediana ventralis. Färbung: nach Golgi; Vergr. 25fach.

18.1.1 Aufbau

Das Rückenmark ist bilateral symmetrisch strukturiert. Im Innern befinden sich der **Zentralkanal** und die **graue Substanz**. Außen liegt die **weiße Substanz** (Abb. 18-1). Dorsal befindet sich der Sulcus medianus dorsalis, ventral die Fissura mediana ventralis. Die **hintere (dorsale) sensible Spinalnervenwurzel** tritt dorsal in das Rückenmark ein, ventral tritt die **vordere (ventrale) motorische Spinalnervenwurzel** aus. Die beiden Wurzeln vereinigen sich im Foramen intervertebrale zum nur 1 cm langen Spinalnerv. Es gibt insgesamt 31 Paare von Spinalnerven. Diese regelmäßig austretenden Rückenmarksnerven vermitteln den Eindruck einer Segmentierung, die aber nur äußerlich ist. Dennoch wird oft der Begriff „Rückenmarkssegment" gebraucht, um eine bestimmte Etage des Rückenmarks zu beschreiben. Die Austritts- bzw. Eintrittsstellen der Nervenwurzeln werden im dünnen Schnittpräparat nur relativ selten angetroffen.

Graue Substanz

Im Querschnitt ist die graue Substanz (Substantia grisea) in der typischen Schmetterlingsform zu sehen. Sie bildet ein **Vorderhorn** (Cornu ventrale = Cornu anterius, Abb. 18-2) und ein **Hinterhorn** (Cornu dorsale = Cornu posterius). Ein zusätzliches großes **Seitenhorn** (Cornu laterale) kommt im Brustmark und in dessen Übergangsbereichen zum Hals- und Lendenmark vor. Diese „Hörner" sind Querschnittsfiguren von längs verlaufenden Leisten oder Säulen (Co-

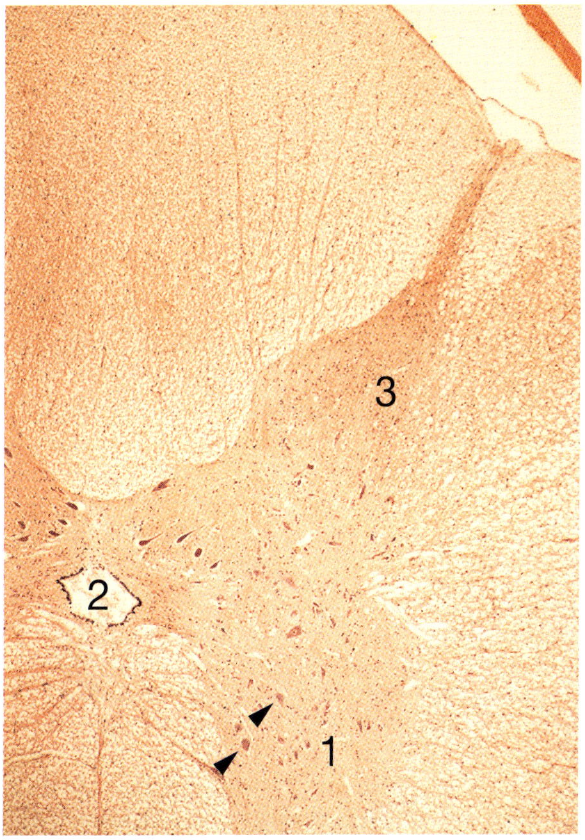

Abb. 18-2 Rückenmark, Ausschnitt (Mensch), niedrige Vergrößerung. **1** Vorderhorn; **2** Zentralkanal; **3** Hinterhorn; ▶ motorische Vorderhornzellen. Beachte den im Detail komplizierten strukturellen Aufbau des Hinterhorns (vgl. Abb. **18-5**). Färbung: H. E.; Vergr. 45fach.

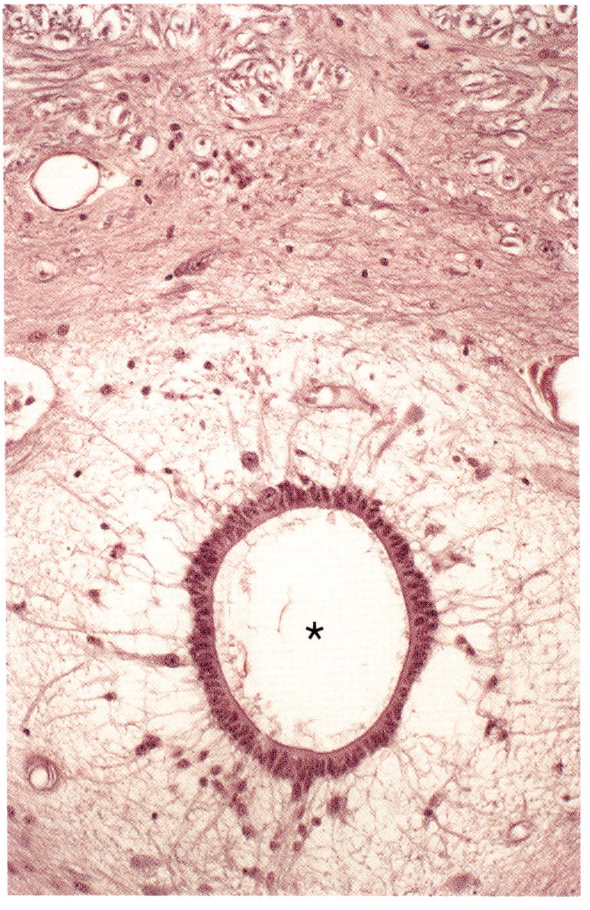

Abb. 18-3 Rückenmark (Mensch). ✻ Zentralkanal mit ependymaler Wandung. Der Zentralkanal ist von der Substantia intermedia centralis umgeben. Färbung: H. E.; Vergr. 250fach.

lumna anterior, Columna posterior und Columna lateralis).

Um den (oft obliterierten) Zentralkanal (Abb. 18-3) herum findet sich die **Substantia intermedia centralis**, der sich seitlich die **Substantia intermedia lateralis** anschließt. Vor der der grauen Substanz zugehörigen Substantia intermedia centralis, die auch Commissura grisea genannt wird, befindet sich die Commissura alba, die aus myelinisierten Fasern besteht, die von einer Seite des Rückenmarks auf die andere kreuzen.

Außen im Hinterhorn befindet sich die locker strukturierte **Substantia gelatinosa** (Abb. 18-2, 18-4), die überwiegend peptiderge kleine Neurone enthält. Im Winkel zwischen Hinterhorn und Seitenhorn liegt die **Formatio reticularis** des Rückenmarks (Abb. 18-2, 18-4), ein Gebiet, in dem der Grenzbereich zwischen grauer und weißer Substanz aufgelockert ist.

Die graue Substanz des Rückenmarks wird in die **Laminae I–X** (nach Rexed, Abb. 18-4) gegliedert, in denen verschiedene Kerngebiete funktionell und morphologisch zu unterscheiden sind. Die dazugehörigen Neurone sind entweder Wurzelzellen oder Binnenzellen. Die Substantia gelatinosa entspricht z. B. der Lamina II, in der Fasern der Schmerz- und Tastempfindung enden. In den Laminae I–III enden generell verschiedene Schmerzfasern (stechender oder dumpfer Schmerz), die hier u. a. die Substanz P freisetzen. Substanz P ist ein sog. Kotransmitter, der die Wirkung eines eigentlichen Transmitters, z. B. Acetylcholin, moduliert.

Nervenzellen der grauen Substanz

Die Nervenzellen der grauen Substanz werden nach dem Verhalten ihrer Axone unterschieden in:

- Wurzelzellen und
- Binnenzellen.

☐ Wurzelzellen

Die Wurzelzellen sind motorische Neurone, deren Axone das Rückenmark über die vordere Wurzel verlassen. Man unterscheidet somatomotorische Wurzelzellen (Innervation der Skelettmuskulatur) und viszeromotorische Wurzelzellen (Innervation der Eingeweidemuskulatur). Die Perikarya aller motorischen Neurone liegen im ventralen Anteil in der grauen Substanz (d. h. im Vorder- und Seitenhorn).

Die großen multipolaren **somatomotorischen Wurzelzellen (motorische Vorderhornzellen,** α-Motoneurone) sind die größten Nervenzellen des Rückenmarks (Durchmesser 40–80 μm). Sie besitzen große, kugelige, helle Kerne mit großem Nukleolus (Abb. **3.4-1, 18-1, 18-2**). Im Zytoplasma und in den Anfangsregionen der Dendriten befinden sich grobe **Nissl-Schollen** (Stapel rauer ER-Zisternen), die nur im Abgangsbereich des Axons (Ursprungskegel) fehlen. Zahlreiche Golgi-Apparate, Mitochondrien und Lysosomen sind relativ gleichmäßig im Zytoplasma verteilt. An diesen großen Neuronen finden sich einige tausend hemmende und erregende synaptische Kontakte anderer Neurone. Sie liefern Informationen aus der Peripherie, aus anderen Segmenten des Rückenmarks, aus der Endhirnrinde, aus dem Kleinhirn und aus dem Hirnstamm. Diese zahllosen Informationen werden von den Motoneuronen verarbeitet und führen zu einer biologisch sinnvollen Antwort.

Die **viszeromotorischen Wurzelzellen** sind kleiner (Größe 15–50 μm), aber auch multipolar. Die Wurzelzellen des **Sympathikus** liegen im Seitenhorn des Brust- und oberen Lendenmarks. Sie enden in den sympathischen Ganglien des Grenzstranges. Die Wurzelzellen des **Parasympathikus** liegen im Sakralmark im Nucleus intermediolateralis und intermediomedialis.

☐ Binnenzellen

Die ebenfalls multipolaren Binnenzellen gehören zu den afferenten Leitungsbahnen. Sie bleiben mit ihren

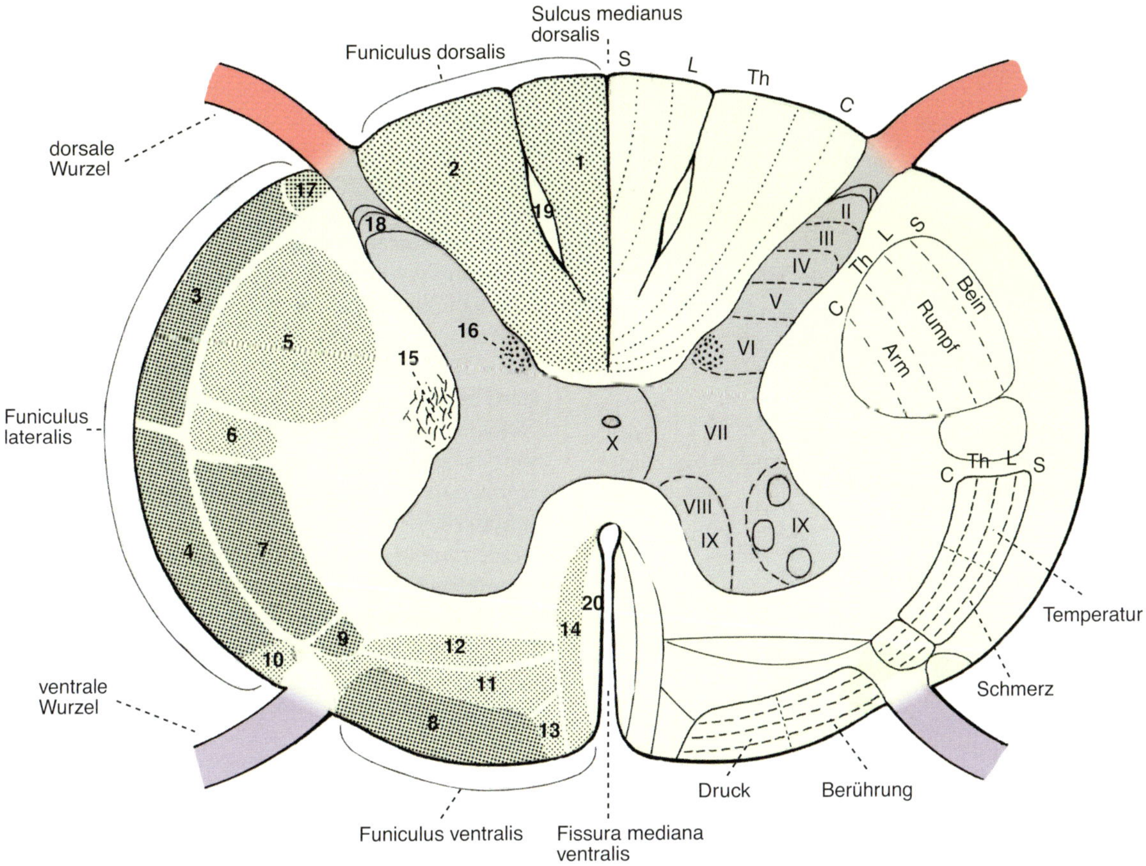

Abb. 18-4 Funktioneller Aufbau des Rückenmarks, schematische Darstellung. **S** sakral; **L** lumbal; **Th** thorakal; **C** zervikal; **I–X** Laminae der grauen Substanz nach Rexed. Die Fasciculi bzw. Tractus in den Funiculi der weißen Substanz sind vereinfacht dargestellt: links topographisch, rechts mit einigen funktionellen Angaben. **1** Fasciculus gracilis; **2** Fasciculus cuneatus (1 und 2 Leitung epikritischer und tiefensensibler Informationen); **3** Tractus spinocerebellaris posterior; **4** Tractus spinocerebellaris anterior (3 und 4 Afferenzen aus dem Bewegungsapparat zum Kleinhirn); **5** Tractus corticospinalis lateralis (Willkürmotorik; gekreuzter Faserverlauf); **6** Tractus rubrospinalis und reticulospinalis (extrapyramidale Motorik); **7** Tractus spinothalamicus lateralis (Schmerz, Temperatur); **8** Tractus spinothalamicus anterior (Druck, Berührung); **9** Tractus spinotectalis; **10** Tractus olivospinalis und spinoolivaris; **11** Tractus vestibulospinalis; **12** Tractus reticulospinalis; **13** Tractus tectospinalis; **14** Tractus corticospinalis anterior; **15** Formatio reticularis; **16** Nucleus thoracicus; **17** Tractus dorsolateralis; **18** Substantia gelatinosa; **19** Tractus semilunaris; **20** Fasciculus sulcomarginalis. (Verändert nach [11])

Axonen in der grauen Substanz und lassen sich in Zellen des Eigenapparats des Rückenmarks und in Strangzellen untergliedern. Die Binnenzellen empfangen Impulse von den in das Rückenmark eintretenden Axonen der Neurone in den Spinalganglien. Je nach Zelltyp geben sie diese Impulse an unterschiedliche Neurone weiter.

Zellen des Eigenapparats Die Zellen des Eigenapparats sind in scheinbar segmentalen Einheiten organisiert. Sie verbinden als **Schaltzellen** gleichseitige Neurone innerhalb eines „Segments" (einer Etage) oder als **Kommissurenzellen** gegenseitige Neurone in einem „Segment" oder als **Assoziationszellen** Neurone verschiedener Segmente auf einer Seite des Rückenmarks. Die Perikarya der Zellen des Eigenapparats finden sich verstreut an verschiedenen Stellen der grauen Substanz.

Strangzellen Die Strangzellen bilden Bahnen, die zum Gehirn aufsteigen. Ihre Perikarya liegen in Kernen des Hinterhorns. Ihre Axone verlaufen in der weißen Substanz (s.u.) in den **Vorder-** und **Seitensträngen** der gleichen oder der gegenüberliegenden Seite.

Weiße Substanz

Die weiße Substanz (Substantia alba) besteht aus überwiegend myelinisierten Nervenfasern (vgl. Abb. **18-5**).

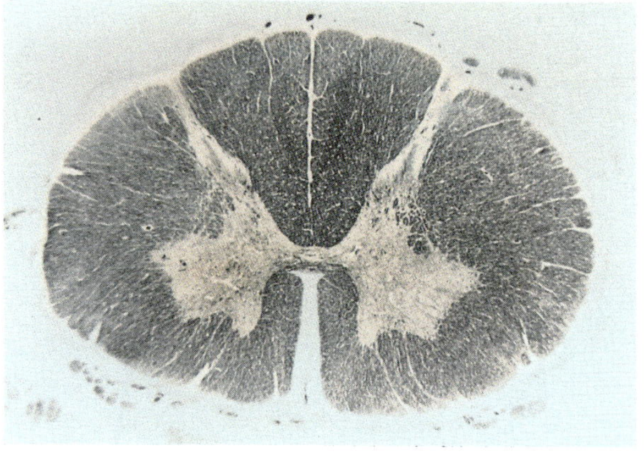

Abb. 18-5 Halsmark (Mensch), Querschnitt. Graue Substanz hell, breite Vorderhörner; die weiße Substanz ist hier durch eine Markscheidenfärbung dunkel dargestellt. Vergr. 6fach.

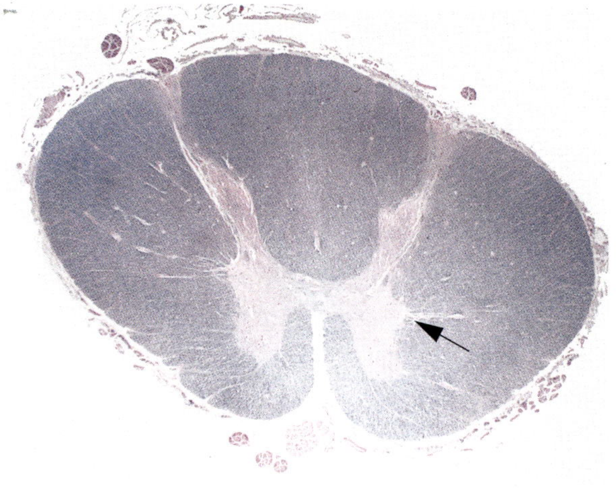

Abb. 18-6 Oberes Thorakalmark (Mensch), Querschnitt. Die Querschnittsform des Rückenmarks ist hier artifiziell etwas verändert. ➔ Seitenhorn. Graue Substanz rosa; die weiße Substanz ist hier durch eine andere Markscheidenfärbung graublau gefärbt. Vergr. 6fach.

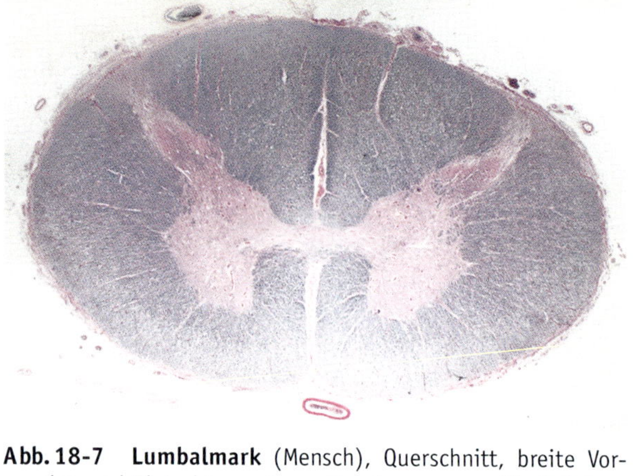

Abb. 18-7 Lumbalmark (Mensch), Querschnitt, breite Vorder- und Hinterhörner. Graue Substanz rosa; weiße Substanz graublau. Markscheidenfärbung; Vergr. 6fach.

Diese bilden beidseits symmetrisch den Vorderstrang (**Funiculus ventralis** [**anterior**]), den Seitenstrang (**Funiculus dorsalis** [**lateralis**]) und den Hinterstrang (**Funiculus posterior**). In den Strängen werden jeweils verschiedene Tractus oder Fasculi mit verschiedenen Funktionen unterschieden (Abb. **18-1**, **18-4**). So finden sich z.B. in den Vorder- und Seitensträngen die Axone der Strangzellen. In den **Hintersträngen** des Rückenmarks verlaufen Axone der Spinalganglienzellen, die erst in der Medulla oblongata umgeschaltet werden.

Die Perikarya der Nervenfasern der weißen Substanz befinden sich im Gehirn oder Rückenmark. Die Nervenfasern, deren Perikarya im Gehirn liegen, werden **absteigende Fasern** genannt. Sie leiten Erregungen vom Gehirn zum Rückenmark. Die Nervenfasern, deren Perikarya im Rückenmark liegen, werden **aufsteigende** Fasern genannt. Sie leiten Erregungen vom Rückenmark zum Gehirn. Ein Teil der auf- und absteigenden Fasern gehört zum Eigenapparat des Rückenmarks. Diese Fasern verlaufen in den sog. Grundbündeln, die direkt der grauen Substanz anliegen. Sie bleiben innerhalb des Rückenmarks.

Rückenmarksquerschnitte

Die Anordnung von grauer und weißer Substanz zeigt in Hals-, Brust-, Lenden- und Sakralmark Unterschiede hinsichtlich Umfang, Umriss und Binnenstruktur.

Den größten Rückenmarksquerschnitt weist die Halsmarkanschwellung (**Intumescentia cervicalis**, C3–Th2) auf, die zudem eine elliptische Querschnittsfigur besitzt. In diesem Bereich ist das Vorderhorn sehr umfangreich.

Im **Halsmark** (Abb. **18-5**) sind die Vorderhörner verhältnismäßig groß und breit, die Hinterhörner sind schlank, die Hinterstränge sind in medialen und lateralen Strang unterteilt. Im obersten Halsmark sind die Vorderhörner relativ schmal.

Das typische **Brustmark** besitzt eine grazile Querschnittsfigur der grauen Substanz mit schlankem, fast senkrecht stehendem Vorder- und Hinterhorn sowie mit deutlichem Seitenhorn, in dem viszeromotorische Perikarya des Sympathikus liegen (Abb. **18-6**). In der **Lendenmarkanschwellung** (**Intumescentia lumbosacralis**, L5–S2) sind die Vorder- und Hinterhörner kräftig ausgebildet (Abb. **18-7**, **18-8**).

Im relativ kleinen **Sakralmark** sind die plumpen Vorder- und Hinterhörner breit verbunden (Abb. **18-9**). Der Zentralkanal ist im ganzen Rückenmark häufig abschnittsweise obliteriert.

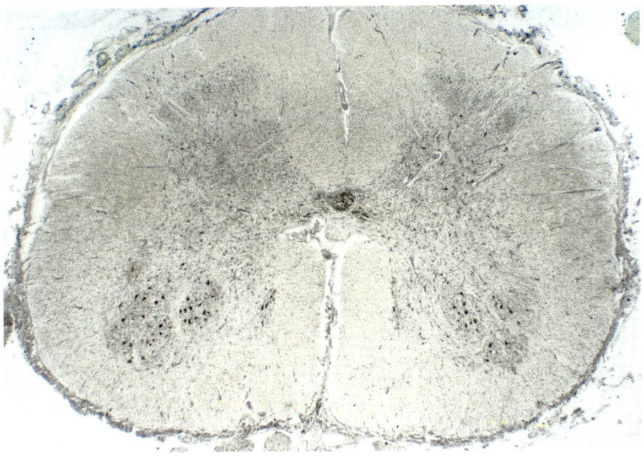

Abb. 18-8 Lumbalmark (Mensch), Querschnitt. Beachte die breiten Vorder- und Hinterhörner und die Perikarya der Motoneurone im Vorderhorn. Färbung: nach Golgi; Vergr. 6fach.

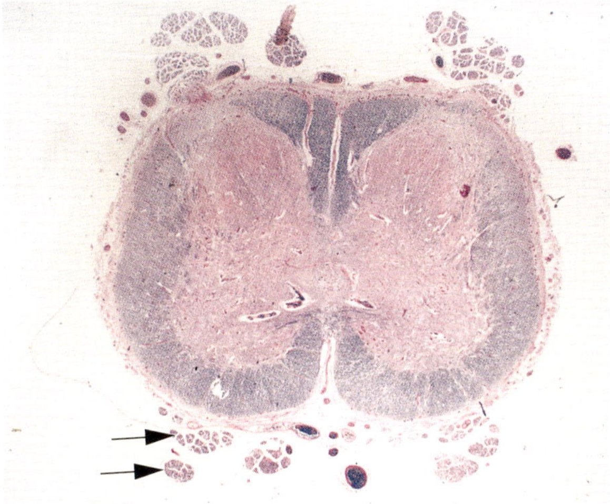

Abb. 18-9 Sakralmark (Mensch), Querschnitt. ➔ Spinalnervenwurzeln. Graue Substanz rosa; weiße Substanz graublau. Markscheidenfärbung; Vergr. 6fach. (oben)

18.2 Spinalganglion

Das Spinalganglion (Abb. **18-10**) ist Bestandteil des peripheren Nervensystems, befindet sich aber in enger Nachbarschaft zum Zentralnervensystem. Es liegt im Verlauf der dorsalen (hinteren) Spinalnervenwurzel und wird von einer Ausstülpung der Rückenmarkshäute kapselähnlich umschlossen. Im Innern des Spinalganglions findet sich zartes Bindegewebe, das einem Endoneurium entspricht und in das zahlreiche Perikarya und Fortsätze sensibler Neurone sowie Blutkapillaren eingelagert sind. Diese Neurone gehören alle zum **pseudounipolaren Typ**: Vom Perikaryon geht ein kurzes, stark geschlängeltes Nervenfasersegment aus, das sich dann in einen zentralwärts gerichteten (**neuritisches Axon**) und in einen in die Peripherie laufenden Fortsatz (**dendritisches Axon**) teilt. Die Perikarya (Abb. **18-11**) sind von einer Schicht sog. **Satellitenzellen** (Mantelzellen, Lemnozyten) umgeben, die peripheren Gliazellen (Schwann-Zellen) entsprechen. Es lassen sich große und kleinere Perikarya unterscheiden. Die großen (Durchmesser ca. 100 µm) gehören schnell leitenden, mechanorezeptiven Fasern an, sie machen ca. 80% der Perikarya aus. Die kleineren (ca. 20%) enthalten oft Substanz P und gehören vielfach zu den Schmerzfasern. Alle Perikarya enthalten feine, gleichmäßig verteilte Nissl-Substanz, z.T. auch gelbbraunes Lipofuszin (Abb. **2-66**); sie können auch virale Einschlusskörper beinhalten (Abb. **18-11**).

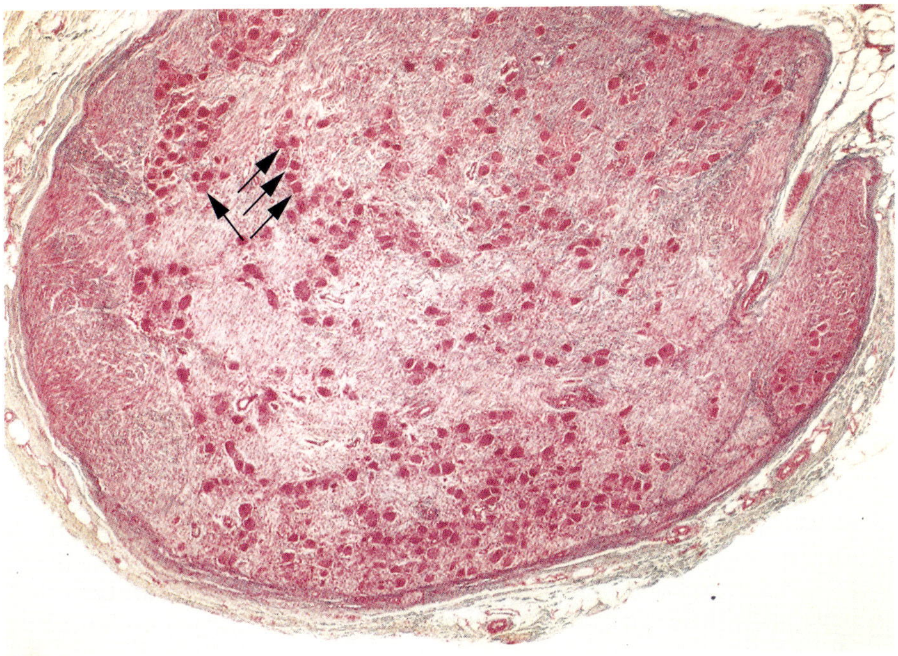

Abb. 18-10 Spinalganglion (Mensch), Übersicht. ➔ Perikarya des Ganglions. Färbung: Azan; Vergr. 45fach. (rechts)

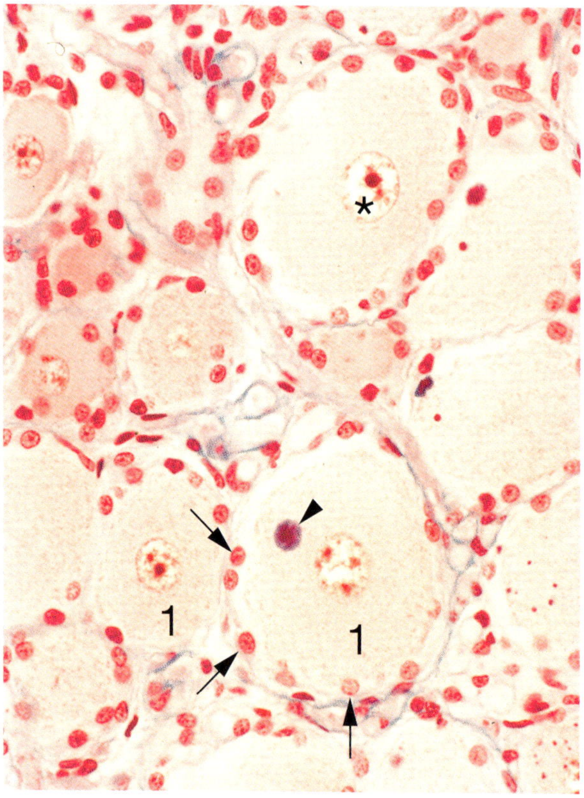

Abb. 18-11 Spinalganglion (Mensch) mit kleinen und großen Perikarya. Jedes Perikaryon (**1**) wird mantelartig von Satellitenzellen (Mantelzellen, ➔) umhüllt. Häufig trennt ein Schrumpfspalt die umhüllenden Satellitenzellen von den Perikarya. ✻ Kern mit großem, rot gefärbtem Nukleolus einer Ganglienzelle; ▶ viraler Einschluss. Färbung: Azan; Vergr. 150fach.

! Das bilateral symmetrisch gebaute Rückenmark ist ein Reflexorgan. Die graue Substanz liegt innen, die weiße Substanz liegt außen. Die graue Substanz bildet eine schmetterlingsförmige Querschnittsfigur, deren Konfiguration sich in Hals-, Brust-, Lenden- und Sakralmark unterscheidet. Vom Rückenmark gehen die dorsalen sensiblen und die ventralen motorischen Spinalnervenwurzeln aus. Im Verlauf der dorsalen Wurzel befindet sich das Spinalganglion.

18.3 Gehirn

Das Gehirn ist phylo- und ontogenetisch primär in zwei große Abschnitte gegliedert, das vorn gelegene **Prosenzephalon** und das hinten gelegene **Rhombenzephalon.** Letzteres geht ohne scharfe Grenze in das Rückenmark über.

Das Prosenzephalon gliedert sich in das vorn befindliche **Telenzephalon** (Endhirn, beim Menschen oft Großhirn genannt) und das weiter hinten gelegene **Dienzephalon** (Zwischenhirn), dem ventral die Hypophyse und dorsal die Epiphyse aufsitzen.

Das Rhombenzephalon (Rautenhirn) besitzt ventral einen primär einheitlichen, äußerlich nicht gegliederten Aufbau. Dieser ventrale Bereich wird **Tegmentum** genannt und hat einen grundsätzlich ähnlichen Aufbau wie das Rückenmark. Dorsal bildet das Rhombenzephalon dagegen verschiedene Differenzierungen aus. Man kann daher das Rhombenzephalon von vorn nach hinten in Mesenzephalon, Metenzephalon und Myelenzephalon gliedern. Das **Mesenzephalon** (Mittelhirn) besteht aus dem dorsalen Tectum opticum (Vierhügelplatte) und dem ventralen mesenzephalen Tegmentum, das **Metenzephalon** (Hinterhirn) aus dem dorsalen Cerebellum (Kleinhirn), dem metenzephalen Tegmentum und dem ventralen Pons (Brücke). Das **Myelenzephalon** (Nachhirn) entspricht der Medulla oblongata (verlängertes Mark = Bulbus medullae spinalis) und bildet den Übergang vom Gehirn zum Rückenmark.

Die Medulla oblongata, die Brücke (Pons) und das Mesenzephalon werden oft **Hirnstamm** genannt.

Molekularbiologische Untersuchungen zur Expression homöotischer Gene (Gene, die die Identität von Körpersegmenten bestimmen) haben ältere Vorstellungen bestätigt, wonach das embryonale Rhombenzephalon eine innere Segmentierung aufweist. Die sich wiederholenden 7 Module dieser Region nennt man **Rhombomere.** Aus dem Neuralleistenmaterial, das aus den Rhombomeren hervorgeht, entstehen die Ganglien der Kopfnerven und die Kiemenbögen. Auch das embryonale Prosenzephalon zeigt modularen Aufbau (Prosomeren).

Neben der strukturellen Gliederung lässt das Gehirn funktionell zusammengehörige Anteile oder Systeme erkennen, z.B. in das optische oder das motorische System, die klassische anatomische Grenzen überschreiten können.

Im vorliegenden Buch wird nur die mikroskopische Anatomie des Kleinhirns und der Endhirnrinde dargestellt, da in den Histologiekursen zumeist nur von diesen Hirnarealen Präparate gezeigt werden. Die Darstellung dieser Areale erlaubt zumindest einen Einblick in morphologische Bauprinzipien des Nervengewebes und in die wesentlichen Strukturen des menschlichen Gehirns.

18.3.1 Kleinhirn

Das Kleinhirn ist zuständig für Koordination und Feinabstimmung der Körperbewegungen und beeinflusst den Tonus der Muskulatur. Es beeinflusst auch motorisches Lernen und kognitive Leistungen.

Das Kleinhirn kann nach anatomischen oder funktionellen Gesichtspunkten gegliedert werden. Beides ist für vertieftes Verständnis der Kleinhirnfunktionen und ihrer Störungen wichtig. Hier ist eine knappe, funktionell begründete Gliederung sinnvoll. Es lassen sich drei große Bereiche unterscheiden:

- Das **Vestibulocerebellum** besteht aus dem Lobus flocculonodularis. Es ist mit Kernen des Gleichgewichtssinns verbunden und zuständig für die Gleichgewichtsmotorik. Es ist der phylogenetisch älteste Teil des Kleinhirns.
- Das **Spinocerebellum** umfasst den Mittelteil (Wurm = Vermis) des Kleinhirns sowie angrenzende Teile der beiden Kleinhirnhemisphären. Es erhält Informationen über die spinozerebellaren Bahnen, die ihrerseits Informationen über den Anspannungszustand der Muskeln und Sehnen vermitteln. Es ist zuständig für Stütz- und Haltemotorik.
- Das **Cerebrocerebellum** (auch Neocerebellum genannt) nimmt den größten Teil der Kleinhirnhemisphären ein. Es erhält über die Brückenkerne Eingänge aus dem motorischen und prämotorischen Kortex des Endhirns und ist für Feinmotorik und deren glatten Ablauf zuständig.

Die Eingänge ins Kleinhirn laufen über zwei Fasersysteme, die Moos- und Kletterfasern. Die **Moosfasern** entstammen verschiedenen Kerngebieten des ZNS (z. B. der Brücke, der Formatio ventricularis, den vestibulären Kernen, dem Tectum und dem Rückenmark) und vermitteln Informationen über Stellung von Kopf und Körper und den Zustand von Muskeln, Sehnen und Gelenken. Die **Kletterfasern** haben ihren Ursprung in der mittleren Olive, die ihrerseits Eingänge aus dem Rückenmark, der Medulla oblongata und der Brücke (und damit aus der Endhirnrinde) erhält.

Die Kleinhirnrinde hat nur einen Ausgang, der durch die hemmenden Axone der Purkinje-Zellen repräsentiert ist. Diese Axone erreichen die in der Tiefe des Kleinhirns gelegenen Kleinhirnkerne. Nach Umschaltung auf exzitatorische und inhibitorische Projektionsneurone erreicht die Information u. a. Vestibulariskerne, Nucleus ruber, Nucleus ventralis lateralis des Thalamus und die motorische Endhirnrinde.

Unter **Somatotopik** versteht man, dass in vielen Hirnanteilen, z. B. der Klein- und Endhirnrinde, jeweils ein kleines umschriebenes Gebiet für die Versorgung einer bestimmten Körperregion oder eines bestimmten Muskels oder einer bestimmten Muskelgruppe zuständig ist. Anders ausgedrückt, bestimmte Körperregionen sind an bestimmter Stelle im Gehirn repräsentiert.

Kleinhirnrinde

Die nervenzellreiche Rinde des Kleinhirns (vermutlich bis zu 20^{10} Neurone) ist ca. 1 mm dick und überall

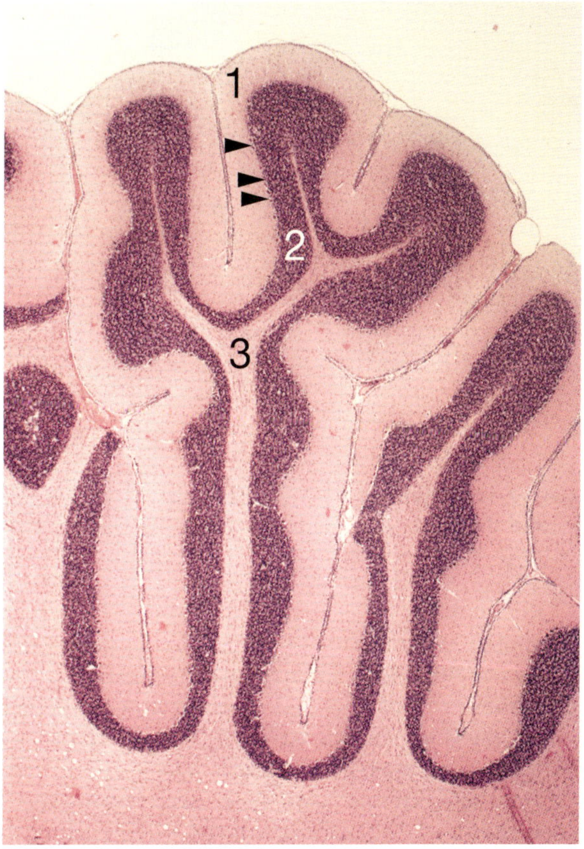

Abb. 18-12 Kleinhirn (Mensch). Die dreischichtige Rinde besteht aus der Molekularschicht (**1**), der Purkinje-Zell-Schicht (▶) und der Körnerschicht (**2**). **3** Mark. Die Rinde ist stark gefaltet (Folien). Färbung: H. E.; Vergr. 25fach.

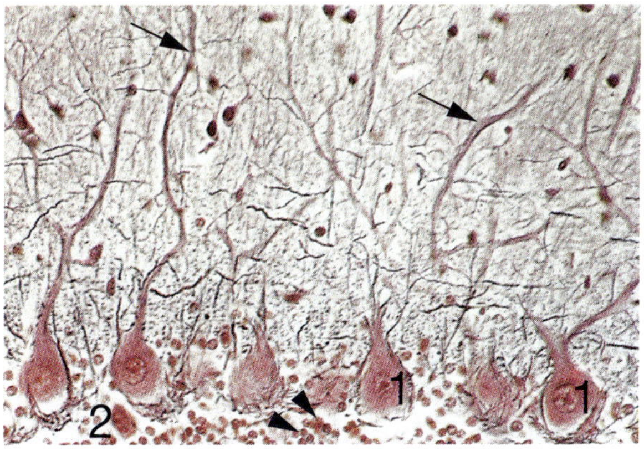

Abb. 18-13 Kleinhirnrinde (Pavian). **1** Perikarya der Purkinje-Zellen (Purkinje-Zell-Schicht); ➔ die Dendriten der Purkinje-Zellen verlaufen in der Molekularschicht. Ihre Verzweigungen erreichen z. T. die Kleinhirnoberfläche. Der am unteren Zellpol entspringende Neurit zieht durch das Stratum granulosum in das Mark und endet in einem der Kleinhirnkerne. Beachte die schwarz gefärbten, korbartig um die Perikarya der Purkinje-Zellen angeordneten Axonverzweigungen der Korbzellen. **2** Golgi-Zelle; ▶ Körnerzellen. Färbung: Silberimprägnation nach Bodian; Vergr. 240fach. (Aus [1])

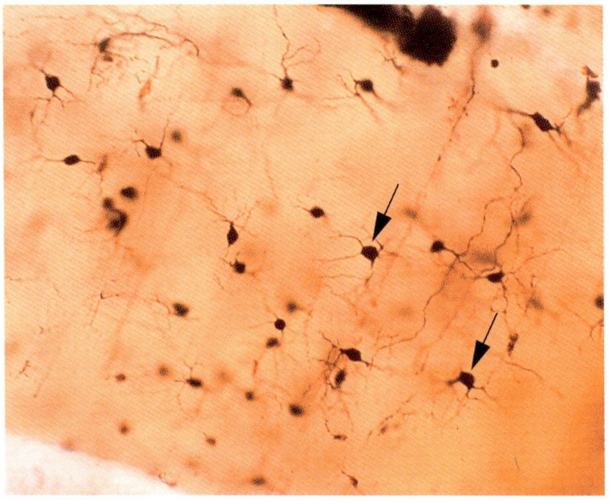

Abb. 18-14 Sternzellen (→) in der Molekularschicht der Kleinhirnrinde des Menschen. Silberimprägnation nach Golgi. Vergr. 250fach.

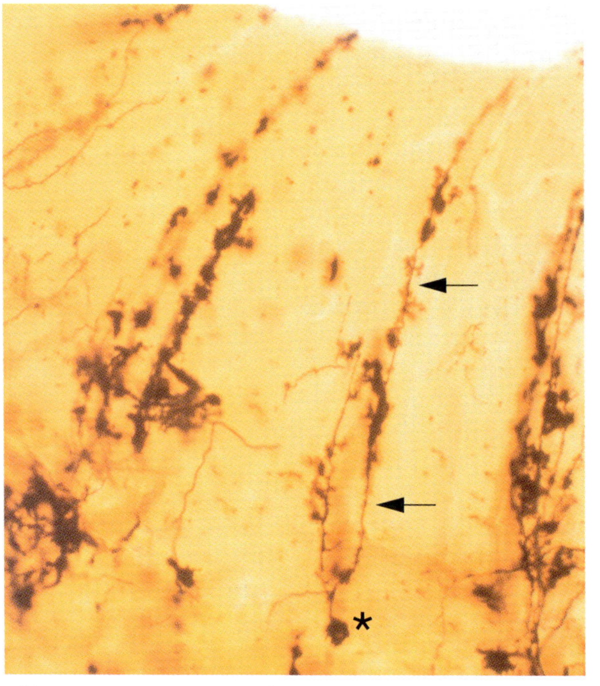

Abb. 18-15 Lang gestreckte Bergmann-Gliazellen in der Molekularschicht der Kleinhirnrinde des Menschen. Vom Perikaryon dieser Zellen (*), das in Höhe der Purkinje-Zell-Perikarya liegt, zieht ein langer Fortsatz (→) mit seitlichen Lamellenbildungen zur Rindenoberfläche. Silberimprägnation nach Golgi. Vergr. 250fach.

ähnlich strukturiert (Abb. **18-12**). In ihr sind relativ wenige Neuronentypen miteinander verschaltet, die in Schichten angeordnet sind. Zwei afferente Fasersysteme, die **Moos-** und **Kletterfasern**, leiten der Kleinhirnrinde Erregungen zu. Histologisch ist die Kleinhirnrinde in 3 Schichten (von außen nach innen) gegliedert:

- Molekularschicht (Stratum moleculare),
- Purkinje-Zell-Schicht (Stratum ganglionare = Stratum gangliosum) und
- Körnerschicht (Stratum granulosum).

Der Körnerschicht schließt sich weiter innen die weiße Substanz (Medulla, Mark) an.

Molekularschicht

Die faserreiche Molekularschicht (Stratum moleculare) bildet die Oberfläche der Kleinhirnrinde (Abb. **18-12**, **18-13**). In ihr verlaufen die reich verzweigten Dendriten der Purkinje-Zellen, die Kletter- und die Parallelfasern (vgl. Abb. **18-19**). Zusätzlich befinden sich hier auch Gliazellen sowie Perikarya und Fortsätze der Sternzellen (Abb. **18-14**) und Korbzellen. Die Korbzellen und die Sternzellen sind inhibitorische Interneurone, die von den Parallelfasern (Axonverzweigungen der Körnerzellen) erregt werden (Transmitter: Glutamat). Die Korbzellen erreichen mit ihren Axonverzweigungen (Transmitter: GABA) die Perikarya der Purkinje-Zellen, die sie korbartig umspinnen. Die Sternzellen (Transmitter: GABA) erreichen die Dendriten der Purkinje-Zellen.

Neben den für das gesamte Gehirn typischen Astro- und Oligodendrozyten sowie Mikrogliazellen kommen in der Kleinhirnrinde besondere Astrozyten vor, die **Bergmann-Gliazellen**. Ihre Perikarya liegen im Bereich der Purkinje-Zell-Perikarya und ihre Fortsätze, die sog. **Bergmann-Gliafasern**, ziehen durch die Molekularschicht an die Oberfläche des Kleinhirns und bilden hier die **Gliagrenzmembran** (Abb. **18-15**). Seitlich geben sie lamelläre Fortsätze ab, die u.a. alle synapsenfreien Regionen der Purkinje-Zellen bedecken.

Dendritenbaum der Purkinje-Zellen Die Purkinje-Zellen bilden einen kurzen, in die Molekularschicht gerichteten Hauptdendriten. Dieser teilt sich oft in zwei kräftige Äste auf, die sich dann vielfach verzweigen. Dieser **Dendritenbaum** durchsetzt die Molekularschicht bis zur Oberfläche (Abb. **18-13**, **18-16**). Er ist nicht gleichmäßig im Raum verteilt, sondern flach ausgebreitet, ähnlich einem Spalierobstbaum, und steht quer zur Kleinhirnwindung. Die Dendriten einer Purkinje-Zelle besitzen ca. 180 000 Dornen. An diesen kleinen Vorsprüngen bilden distal die Parallelfasern erregende Synapsen (Dornsynapsen). Überwiegend proximal bilden die Kletterfasern ihre (erregenden) Synapsen an stummelförmigen Dornen der Dendriten der Purkinje-Zellen.

Dieser Dendritenbaum erhält also verschiedene Erregungen (vgl. Abb. **18-19**):

- exzitatorische Erregungen von den Kletterfasern aus der kontralateralen unteren Olive. Die Kletterfasern sind Verzweigungen olivozerebellarer Neurone, die sich in der Rinde in ca. 10 Äste aufzweigen, die jeweils eine Purkinje-Zelle erreichen und hier ihre erregende Synapsen (Transmitter: Glutamat) bilden. Andere Verzweigungen dieser Axone erreichen die Kleinhirnkerne und auch die Körnerzellschicht.

- exzitatorische Erregungen (Transmitter: Glutamat) von **Parallelfasern**, parallel zur Oberfläche in Längsrichtung der Folia cerebelli verlaufenden Axonverzweigungen der Körnerzellen. Die Parallelfasern, die von Moosfasern erregt werden, versorgen Dendritenbäume von ca. 450 Purkinje-Zellen. Insgesamt laufen ca. 250000 Parallelfasern durch den Dendritenbaum der Purkinje-Zellen und ca. ein Drittel davon bildet hier synaptische Kontakte. Diese Kontakte finden sich an den Dornen der kleinen Dendritenverzweigungen.
- inhibitorische Erregungen (Transmitter: GABA) von **Korb-** und **Sternzellen.**

Purkinje-Zell-Schicht

Die Purkinje-Zell-Schicht (Stratum ganglionare = Stratum gangliosum) ist eine schmale Schicht zwischen Körner- und Molekularschicht (Abb. **18-12**). Sie enthält die Perikarya von Millionen von Purkinje-Zellen, die die Hauptkomponente des Stratum gangliosum darstellen. Die **Purkinje-Zellen** sind die wichtigsten und größten Zellen der Rinde. Ihre ca. 30 µm

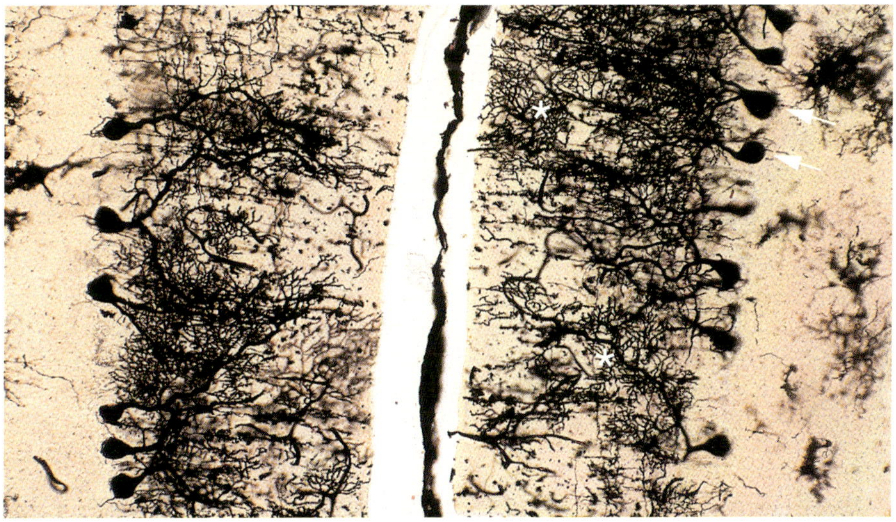

Abb. 18-16 Kleinhirnrinde (Hund). Die Silberimprägnation nach Golgi stellt die Purkinje-Zellen mit ihrem großen Dendritenbaum gut dar; ➔ Perikarya der Purkinje-Zellen; ✻ Dendritenbaum in der Molekularschicht. Vergr. 250fach.

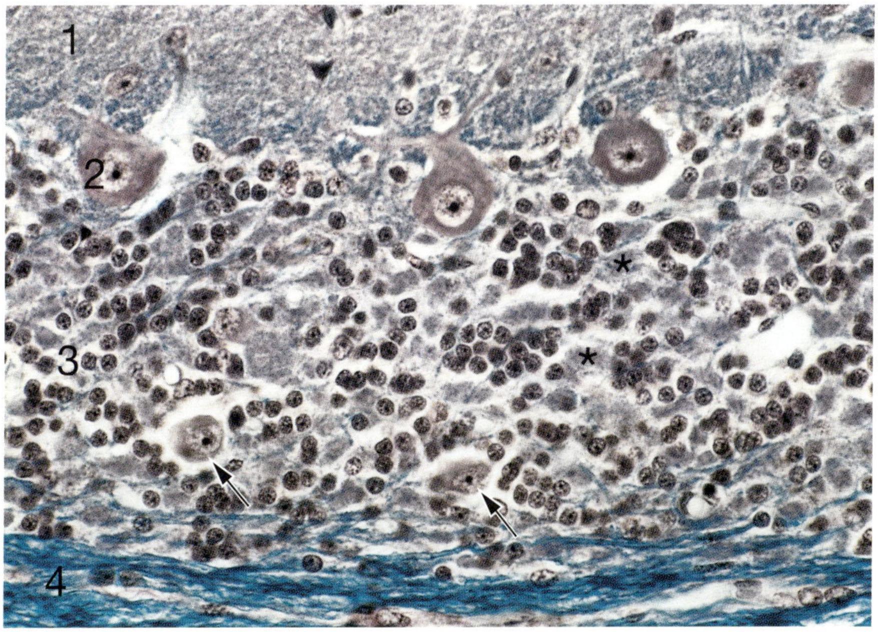

Abb. 18-17 Kleinhirnrinde (Katze). **1** Molekularschicht; **2** Purkinje-Zelle; **3** Körnerschicht. Beachte die kernfreien Areale (Glomeruli cerebellares, ✻), die komplexen Synapsenregionen zwischen Moosfasern und Dendriten der Körnerzellen entsprechen. ➔ Golgi-Zellen; **4** Markregion. Die myelinisierten Nervenfasern (blau gefärbt) sind im Mark die dominanten Strukturen, treten aber auch in der Körnerschicht auf und bauen sogar einen relativ dichten Plexus in der Tiefe der Molekularschicht auf. Markscheidenfärbung mit Luxol Fast Blue sowie modifizierte Goldner-Färbung als Gegenfärbung. (Präparat Prof. Dr. K. Fleischhauer, Bonn)

großen zwiebelförmigen Perikarya (Abb. **18-13, 18-16, 18-17**) enthalten mittelgroße Nissl-Schollen und sind reich mit Mitochondrien versehen. Sie besitzen mehrere Golgi-Felder und viele Lysosomen. Ihr kurzer Hauptdendrit verzweigt sich in der Molekularschicht weiter zum Dendritenbaum.

Die Axonverzweigungen der in der Molekularschicht gelegenen inhibitorischen Korbzellen erreichen die Perikarya der Purkinje-Zellen, die sie korbartig umspinnen.

Das Axon der Purkinje-Zelle ist zum Mark hin gerichtet, wo es v.a. die Kleinhirnkerne mit hemmenden (GABA) Synapsen erreicht. In geringem Ausmaß erreichen die Axone auch Nuclei vestibulares. Weiterhin bilden die Axone rekurrente Kollateralen zu benachbarten Purkinje-, Korb- und Golgi-Zellen.

Körnerschicht

Die unterste Rindenschicht, die Körnerschicht (Stratum granulosum), besteht aus Körner- und Golgi-Zellen (Abb. **18-12, 18-17**, vgl. **18-19**). In ihr enden die Moosfasern. Die Kletterfasern und die Axone der Purkinje-Zellen ziehen durch sie hindurch.

Die Körnerschicht ist durch die dicht gepackten kleinen **Körnerzellen** mit ihren relativ dunklen Zellkernen gekennzeichnet. Der Mensch besitzt ca. 5×10^{10} Körnerzellen. Ihre 3–5 kurzen Dendriten bleiben in der Körnerschicht und bilden umfangreiche komplexe Synapsen (**Glomeruli cerebellares**) mit den exzitatorischen Moosfasern, die das Hauptkontingent der Kleinhirnafferenzen bilden. Diese Synapsen entsprechen den kleinen, hellen Feldern zwischen den Kernen der Körnerzellen (Abb. **18-17**). Das Axon der Körnerzelle steigt in die Molekularschicht auf, teilt sich und bildet dort zwei **Parallelfasern**. Diese erreichen mit ihren erregenden Synapsen die Dendriten der Purkinje-Zellen.

Ebenfalls in der Körnerschicht liegen vereinzelt die relativ großen **Golgi-Zellen**. Sie fungieren als hemmende Interneurone. Ihre Dendriten werden von **Parallel-** und auch von **Kletterfasern** aktiviert und dringen in die Molekularschicht vor und erreichen z.T. sogar die Oberfläche der Rinde. Das Axon ist vielfach verzweigt und v.a. in den Glomeruli cerebellares mit den Dendriten der Körnerzellen verbunden (Abb. **18-17**). Die Golgi-Zellen hemmen also die Körnerzellen und können somit den Moosfasereingang abschalten.

Ein weiterer Nervenzelltyp der Körnerschicht sind die monodendritischen Neurone, die nur im Vestibulocerebellum vorkommen und die nur einen Dendriten besitzen, der sich am Ende bürstenförmig aufsplittert. Sie erregen Körnerzellen und Glomeruli cerebellares.

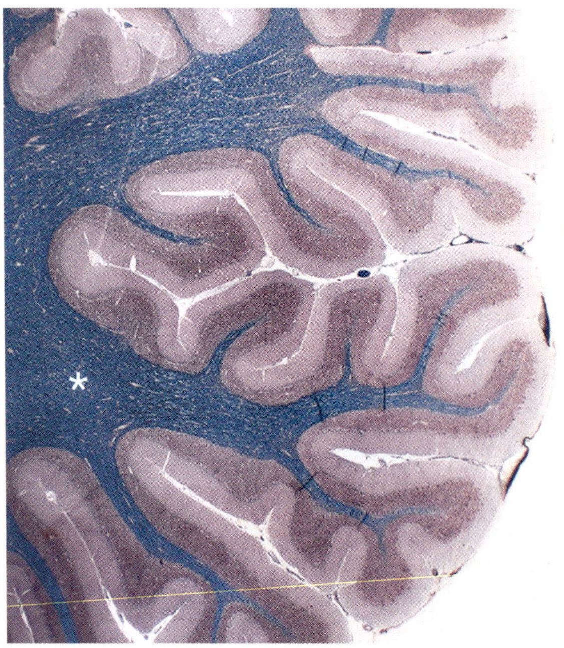

Abb. 18-18 Kleinhirnmark (Mensch). Die Markscheidenfärbung mit Luxol Fast Blue hebt das sich verästelnde Marklager des Kleinhirns (blau gefärbt, ✱) hervor. Vergr. 8fach.

Kleinhirnmark

Das Kleinhirnmark (Abb. **18-12, 18-18**) besteht vor allem aus Nervenfasern. In der Tiefe des Marklagers befinden sich die Kleinhirnkerne. Diese werden durch die Axone der Purkinje-Zellen, die aus der Rinde in das Mark hineinreichen, gehemmt und durch Axone der Kletter- und Moosfasern erregt.

Die Kleinhirnkerne erhalten somit ebenso wie die Rinde ständig Informationen von den erregenden, afferenten Moos- und Kletterfasern über deren Kollateralen (vgl. Abb. **18-19**).

Funktionsabläufe im Kleinhirn Die Kleinhirnkerne erhalten ständig erregende Impulse aus dem motorischen System, die ihnen über Kollateralen der Moos- und Kletterfasern zugeleitet werden (Abb. **18-19**). Sie können diese Impulse aber nicht weitergeben, da sie stark von den Axonen der Purkinje-Zellen gehemmt werden. Die Purkinje-Zellen werden ebenfalls direkt (Kletterfasern) oder indirekt (Moosfasern; geben ihre Impulse an die Parallelfasern weiter) erregt, was die Hemmwirkung auf die Kleinhirnkerne aufrechterhält. Nur wenn die Purkinje-Zellen durch die inhibitorischen Interneurone gehemmt werden, fällt ihre inhibitorische Wirkung auf die Kleinhirnkerne weg, so dass diese Kerne Erregungen weiterleiten können. Sie projizieren auf motorische Zentren im Hirnstamm und in der Endhirnrinde.

Klinik Bei Störungen des Kleinhirns ist der glatte Bewegungsablauf nicht mehr gegeben. Die Motorik wird in ihre Einzelkomponenten zerlegt. Es entstehen Feh-

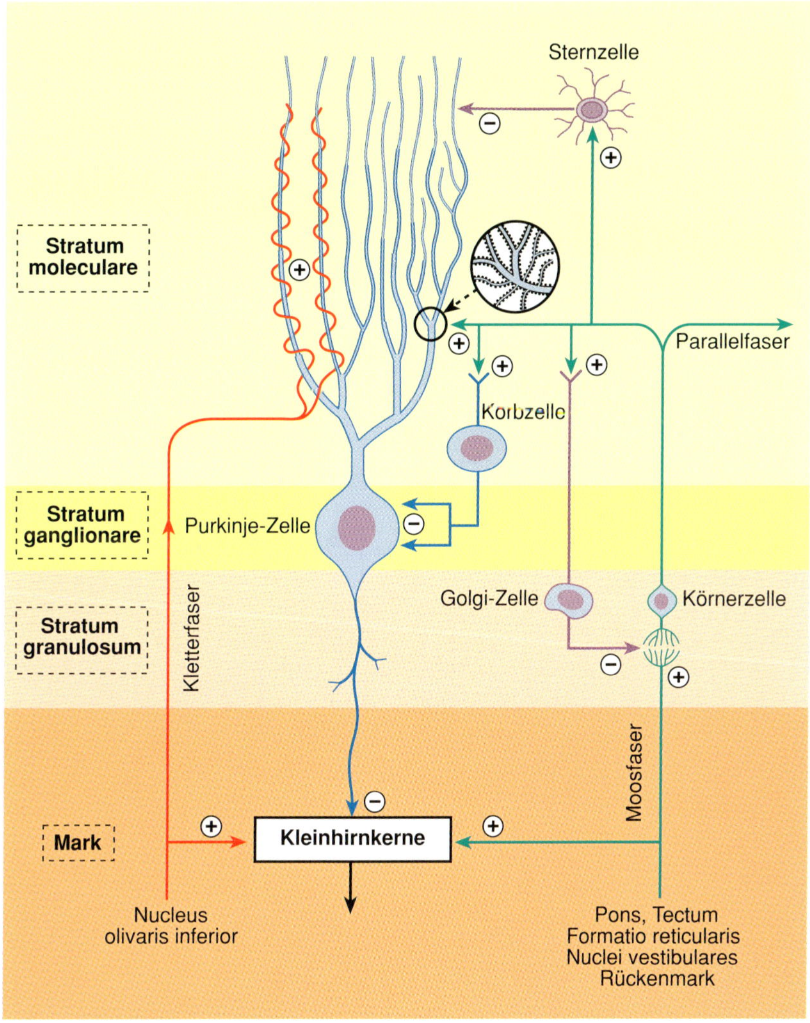

Abb. 18-19 Neurone und Faserverknüpfungen in der Kleinhirnrinde, schematische Darstellung. ⊕ erregende Synapsen; ⊖ hemmende Synapsen. Erregender Transmitter ist Glutamat (bei verschiedenen Rezeptoren), hemmender Transmitter ist GABA. Die Kletter- und Moosfasern erregen sowohl die Kleinhirnkerne als auch die Kleinhirnrinde. Die Parallelfasern erregen die Purkinje-Zellen. Die Stern-, Korb- und Golgi-Zellen hemmen direkt oder indirekt die Purkinje-Zellen. Die aktivierten Purkinje-Zellen hemmen die Kleinhirnkerne.

ler bei Bewegungen hinsichtlich Richtung, Kraft, Beschleunigung und Amplitude. Die Koordination antagonistisch wirkender Muskeln ist gestört. Es resultieren daraus ungenaue Korrekturbewegungen (**Intentionstremor**). Die sichere Beherrschung von Körperhaltung und Gang geht verloren. Der Körper schwankt, und der Gang erfolgt ungeordnet (**Ataxie**).

! Das Kleinhirn steuert die Koordination von Körperbewegungen und beeinflusst den Muskeltonus. Histologisch besteht es aus einer relativ dünnen Rinde und dem Mark. Die Rinde besteht aus 3 Schichten (von außen nach innen: Molekularschicht, Purkinje-Zell-Schicht und Körnerschicht). Die Purkinje-Zelle ist die Hauptzelle der Rinde, die durch erregende Fasern (Kletterfasern, Parallelfasern) und hemmende Interneurone (Sternzellen, Korbzellen, Golgi-Zellen) direkt oder indirekt beeinflusst wird. Die Purkinje-Zelle selbst entsendet ein hemmendes Axon zu den Kleinhirnkernen, die auch von erregenden Kollateralen der Moos- und Kletterfasern erreicht werden. Die Kleinhirnkerne befinden sich im Mark.

18.3.2 Endhirn

Das Endhirn (Großhirn) besteht aus zwei Hemisphären, die dorsal durch die Fissura longitudinalis cerebri getrennt werden. Sie sind jedoch nicht völlig voneinander getrennt, sondern über **Kommissuren** verbunden, von denen die größte Kommissur der Balken (Corpus callosum) ist. Wie auch das Rückenmark und das Kleinhirn untergliedert sich das Nervengewebe im Endhirn in graue und weiße Substanz. Die nervenzellreiche **graue Substanz** besteht aus Endhirnkernen und der Endhirnrinde (Cortex cerebri). Die Prozesse, die sich in der Endhirnrinde abspielen, ermöglichen die spezifischen kognitiven Denkleistungen des Menschen, die wesentlich zu seiner Persönlichkeit beitragen. Die nervenfaserreiche **weiße Substanz**, die das Endhirnmark bildet, besteht aus Nervenfasern, die In-

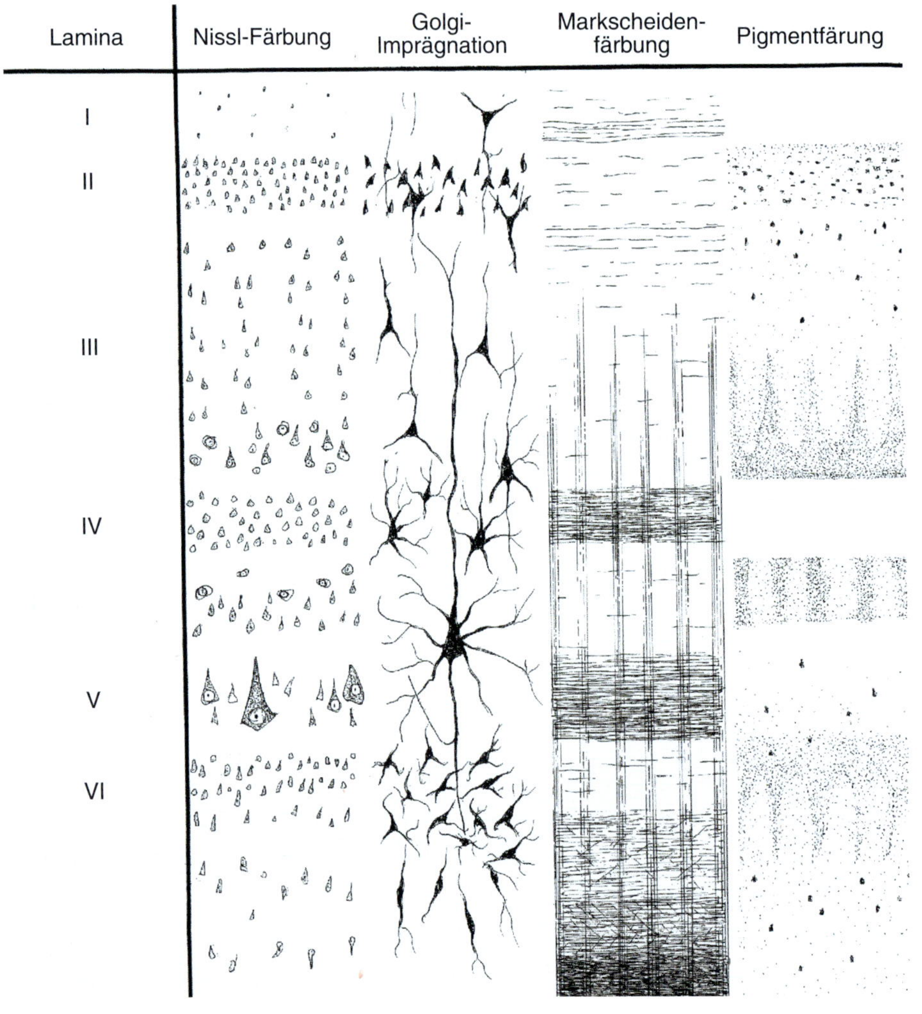

Abb. 18-20 Isokortex der Endhirnrinde (Mensch). Schematische Darstellung im mikroskopischen Präparat bei Anwendung verschiedener Techniken. Die Dendriten vieler Pyramidenzellen reichen bis in die oberste Lamina. (Verändert nach [4])

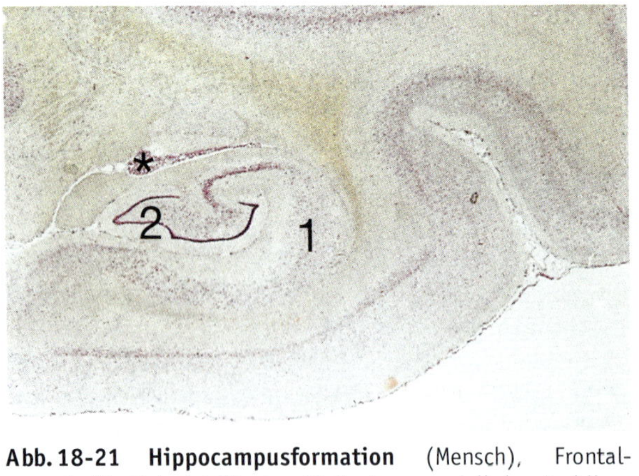

Abb. 18-21 Hippocampusformation (Mensch), Frontalschnitt. Beispiel für den Allokortex, speziell den Archikortex. **1** Rinde des Hippocampus; **2** Gyrus dentatus; * Plexus choroideus im Unterhorn des Seitenventrikels. Im vorliegenden Schnitt entsprechen die Hirnbasis dem unteren und die mediale Hemisphärenfläche dem linken Bildrand. Der Gyrus dentatus lässt sich leicht an seiner intensiv gefärbten Körnerschicht erkennen. Färbung: nach Nissl; Vergr. 6fach. (Aus [1])

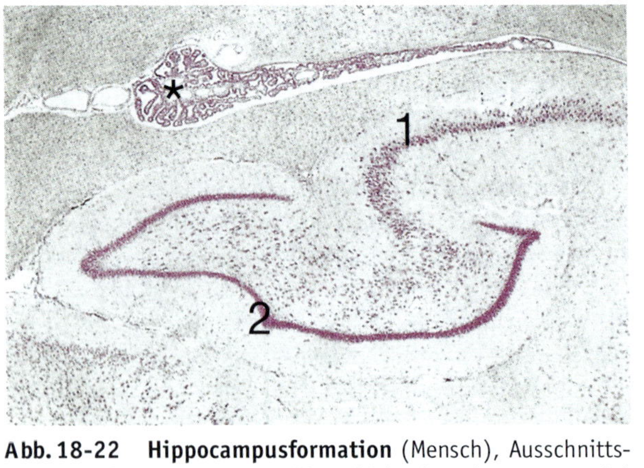

Abb. 18-22 Hippocampusformation (Mensch), Ausschnittsvergrößerung. Die Pyramidenschicht des Hippocampus (**1**) löst sich in eine Gruppe locker verteilter Zellen auf, die von der Körnerschicht des Gyrus dentatus (**2**) umschlossen wird. * Plexus choroideus. Färbung: nach Nissl; Vergr. 20fach. (Aus [1])

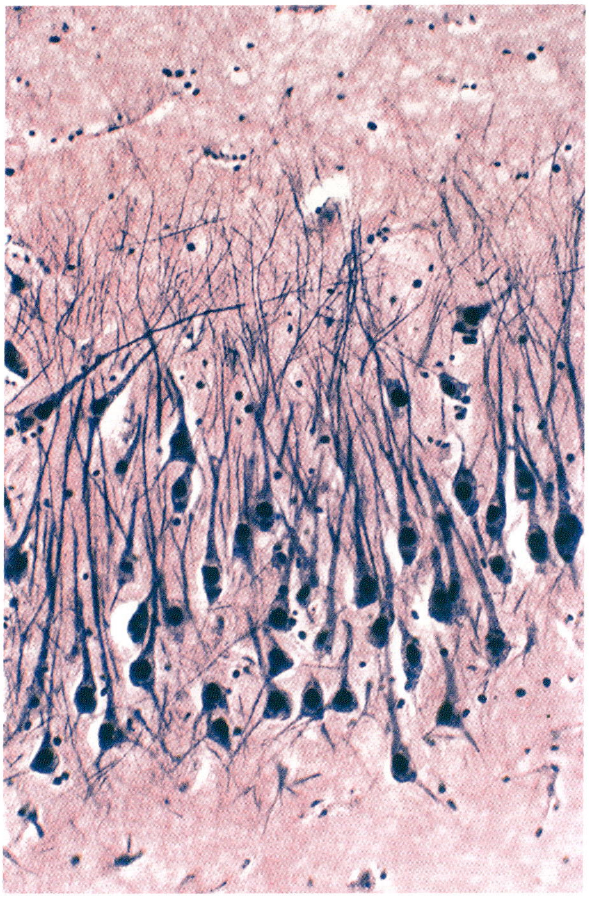

Abb. 18-23 Archikortex (Hippocampus, Cornu ammonis, Feld CA2) des Menschen. Versilberungstechnik nach Romeis (Schwarzfärbung) zur Darstellung der Pyramidenzellen. Vergr. 250fach.

formationen in das Endhirn bringen, aus Nervenfasern, die Informationen in andere Hirnregionen leiten, und aus Nervenfasern, die verschiedene Areale der Endhirnrinde (gleichseitig oder in der anderen Hemisphäre) verbinden.

Es überschreitet den Rahmen eines kurzen Histologiebuchs, die Organisation der Endhirnrinde des Menschen detailliert darzustellen, die überdies in verschiedenen Regionen unterschiedlich ausgeprägt ist. Die folgende Darstellung ist daher erheblich vereinfacht und beschränkt sich weitgehend auf den sechsschichtigen sog. Isokortex des Gyrus prae- und postcentralis.

Endhirnrinde

Die Endhirnrinde des Menschen hat eine Dicke von 2–5 mm. Die Zahl ihrer Neurone ist unvorstellbar groß und beträgt ca. 12–15 Milliarden. Dazu kommt eine noch 10-mal größere Zahl an Gliazellen. Die meisten der Gliazellen sind Astrozyten.

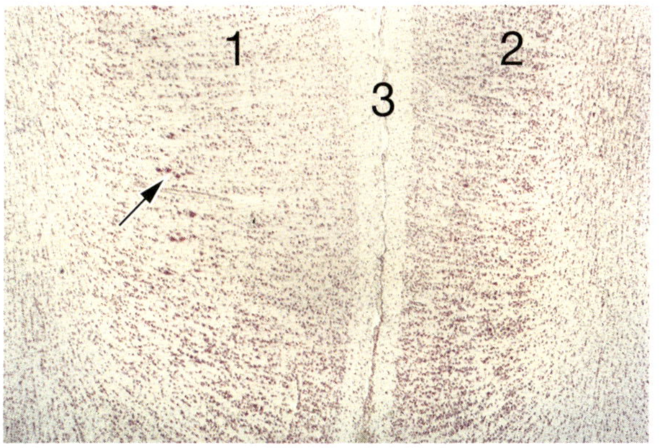

Abb. 18-24 Gyrus prae- (1) und postcentralis (2) im Endhirn (Mensch). Hier ist in unterschiedlicher Ausprägung ein sechsschichtiger Isokortex ausgebildet. Die beiden Gyri sind durch den Sulcus centralis (**3**) getrennt. ➔ große Pyramidenzellen. Färbung: nach Nissl; Vergr. 10fach.

In der Endhirnrinde lassen sich zwei Differenzierungstypen unterscheiden:

- Isokortex und
- Allokortex.

Beim **Isokortex** handelt es sich um phylogenetisch neuere Rindengebiete. Diese machen ca. 95% der Endhirnrinde beim Menschen aus, den Rest nimmt der Allokortex ein. Der Isokortex ist sechsschichtig und relativ einheitlich gebaut, jedoch ergeben sich je nach eingesetzter Färbemethode unterschiedliche Erscheinungsbilder (Abb. **18-20**).

Der **Allokortex** ist verschiedenartig strukturiert und nicht sechsschichtig. Er findet sich in phylogenetisch alten Rindengebieten (Paläokortex und Archikortex) und wird hier nur kurz berücksichtigt. Abbildungen **18-21** bis **18-23** zeigen am Beispiel des Hippocampus den Archikortex und den Periarchikortex, die Übergangszone zum Isokortex. Im Hippocampus dominieren optisch die großen Pyramidenzellen (Abb. 18-23).

Isokortex

Grob kann man den Isokortex zwei großen Funktionsbereichen zuordnen, der Motorik und der Sensorik. Der frontal vor dem Sulcus centralis gelegene Kortex dient der Motorik. Er ist durch den Sulcus centralis vom parietal, okzipital und lateral gelegenen sensorischen Kortex äußerlich getrennt (Abb. **18-24** bis **18-26**). In beiden Bereichen gibt es sowohl Regionen, die mit spezifischen Einzelregionen des Körpers verbunden sind, als auch ausgedehnte übergeordnet assoziierende Areale. Im Isokortex ist auch das Bewusstsein lokalisiert, das in jedem Menschen eine gewissermaßen virtuelle Welt aufbaut.

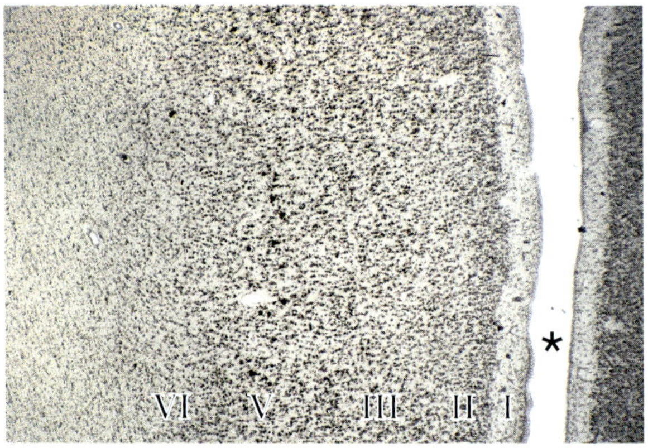

Abb. 18-25 Motorischer Kortex des Gyrus praecentralis (Area 4, Mensch). Bei höherer Vergrößerung kann man eine Schichtung in sog. Laminae erkennen, deren Zählung von außen nach innen erfolgt: **I** Molekularschicht; **II** äußere Körnerschicht; **III** äußere Pyramidenschicht; **V** innere Pyramidenschicht (mit auffallend großen pyramidenförmigen Perikarya, Betz-Riesenpyramidenzellen); **VI** Spindelzellschicht (multiforme Schicht). Die Schicht IV (innere Körnerschicht) ist in dieser Region reduziert und nur schwer abgrenzbar; hier sind die Körnerzellen zum großen Teil durch Pyramidenzellen ersetzt. ✻ Sulcus centralis. Färbung: modifiziert nach Golgi; Vergr. 20fach.

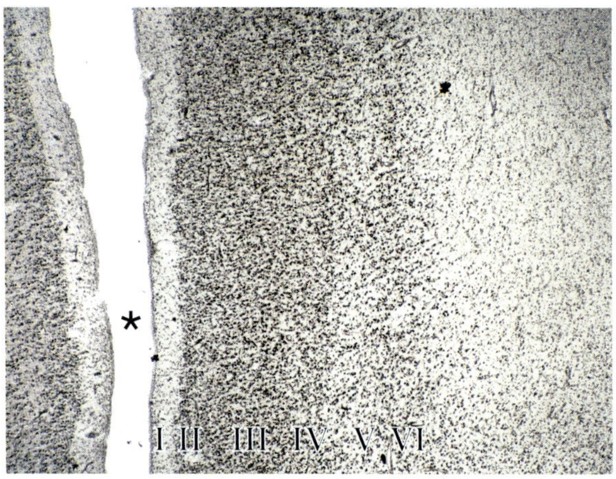

Abb. 18-26 Somatosensorischer Kortex des Gyrus postcentralis (Mensch), höhere Vergrößerung. Dieser Kortex wird auch als granulär bezeichnet, da granuläre Neurone (Körnerzellen) überwiegen. Auch hier liegt ein sechsschichtiger Kortex vor (**I**–**VI**). Das Erkennen aller Schichten ist aber – wie auch im motorischen Kortex – oft schwer. Die Grenze zum Mark ist relativ scharf. ✻ Sulcus centralis. Färbung: modifiziert nach Golgi; Vergr. 20fach.

☐ Neurone des Isokortex

Die Neurone des Isokortex sind zu ca. 85% Pyramidenzellen (und modifizierte Pyramidenzellen) und zu 15% sog. Nicht-Pyramidenzellen (Interneurone).

Pyramidenzellen Der Zellleib der Pyramidenzellen hat annähernd die Gestalt einer schmalen Pyramide.

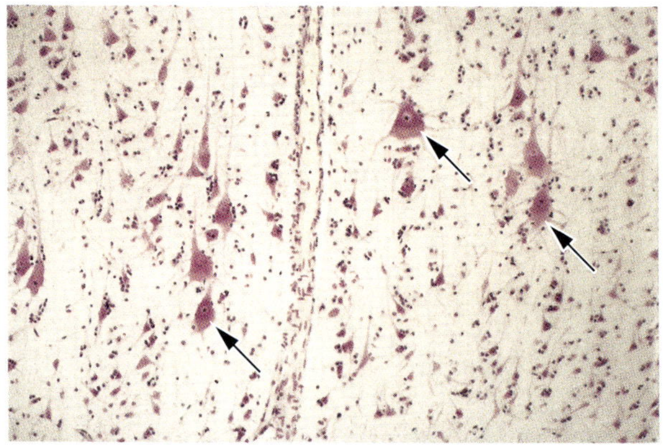

Abb. 18-27 Große Pyramidenzellen (➔) aus der Lamina V der motorischen Rinde (Mensch). Färbung: Kresylviolett; Vergr. 240fach.

Von seiner Spitze entspringt ein kräftiger sog. Apikaldendrit, der zur Hirnoberfläche gerichtet ist (Abb. **18-27**, **18-28**). Basal gehen die mehr horizontal verlaufenden Basaldendriten ab. Die Dendriten verzweigen sich in unterschiedlichem Ausmaß und tragen alle Dornen (spines). Diese Dornen sind kleine Aussprossungen der Dendriten und entsprechen postsynaptischen Strukturen, an denen vielfach mehrere präsynaptische Endigungen von Axonen anderer Neurone ansetzen. Die Dendriten wachsen zu Beginn des Lebens recht intensiv und können ihre Wachstumstätigkeit bis ins hohe Alter beibehalten. Ihre terminalen Verzweigungen erreichen die äußerste Rindenschicht.

Der Alterungsprozess führt i. Allg. nicht zu dramatischen Verlusten an Neuronen der Endhirnrinde. Es kommt jedoch zu Funktionseinschränkungen durch den Verlust an Dornen oder ganzen Dendriten. Das in den Perikarya gelegene Lipofuszin (Abb. **18-28**) nimmt im Alter dagegen zu.

Die Gestalt der Pyramidenzellen kann erheblich variieren, von Miniaturformen bis zu Riesenformen. Ein Beispiel für sehr große Pyramidenzellen sind die **Betz-Riesenpyramidenzellen** im primären motorischen Kortex vor dem Sulcus centralis (Abb. **18-25**, **18-27**, **18-31**).

Die langen Axone der Pyramidenzellen laufen senkrecht in die subkortikale weiße Substanz. Sie bilden dort oft zahlreiche, z. T. recht weit ausstrahlende Kollateralen. Die Axone ziehen in andere Rindenregionen (auch der gegenüberliegenden Endhirnhemisphäre, Assoziations- und Kommissuralneurone) oder zu subkortikalen Kerngebieten (Projektionsneurone). Der Transmitter der Pyramidenzellen ist Glutamat.

Nicht-Pyramidenzellen Unter den Nicht-Pyramidenzellen (morphologisch Körner- = Sternzellen) lassen sich ganz verschiedene Typen unterscheiden (z. B. Korbzellen, Kandelaberzellen, Doppelbuschzellen, Bi-

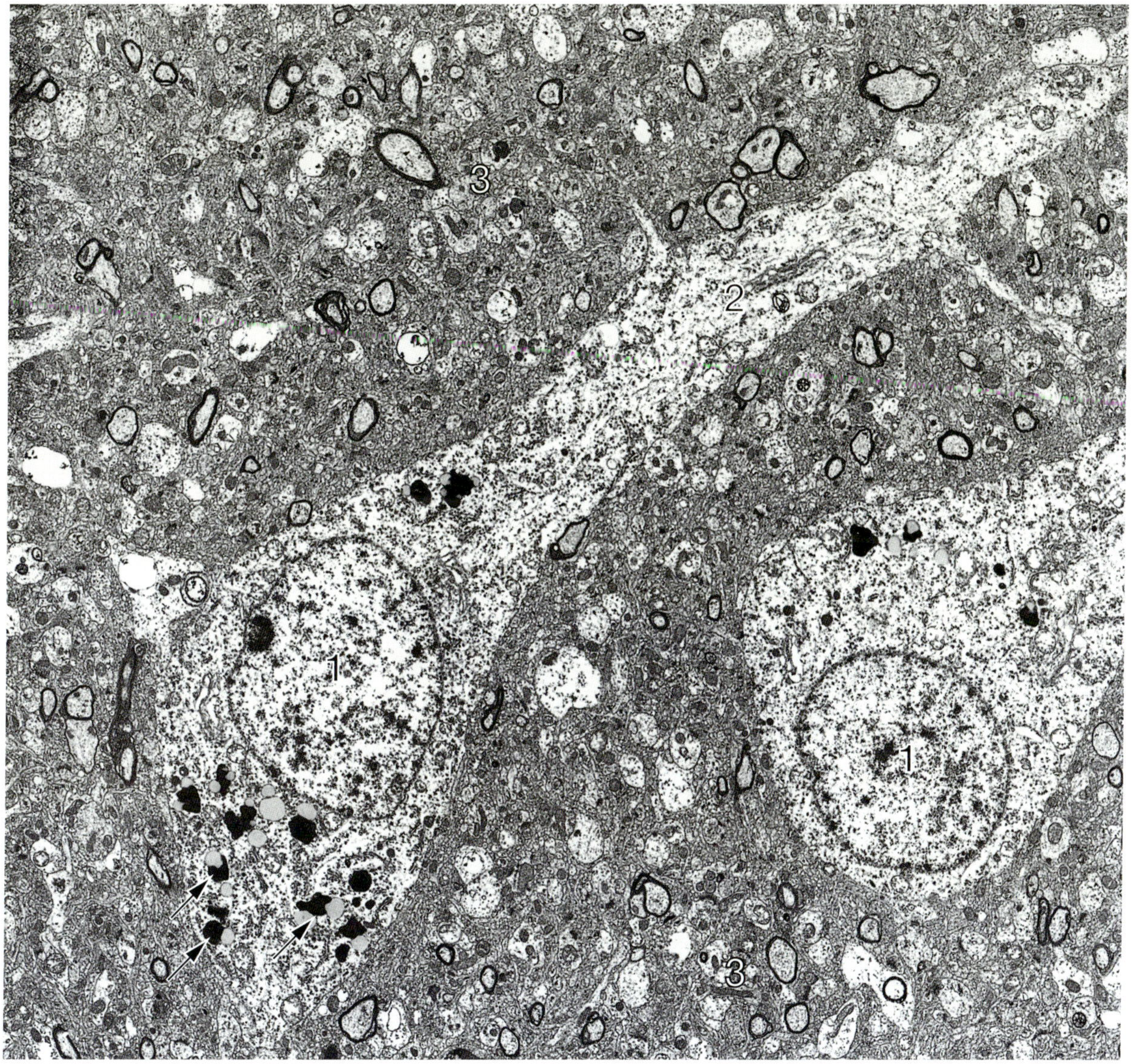

Abb. 18-28 Ultrastruktur einer kleineren Pyramidenzelle aus Schicht III der motorischen Rinde eines älteren Menschen. **1** Zellkern; **2** Apikaldendrit; ➔ Lipofuszingranula; **3** Neuropil. Vergr. 3360fach.

polarzellen). Gemeinsam ist ihnen, dass sie kurze Axone haben und meist keine Dornen an den Dendriten tragen. Sie verlassen mit ihren Axonen die Rinde nicht und fungieren als Interneurone (Schalt- = Zwischenneurone), die hemmend (GABA) oder erregend wirken (verschiedene Peptide, z. B. Cholezystokinin und vasointestinales Peptid) und innerhalb der Rinde Neurone verknüpfen.

☐ Horizontale Schichten des Isokortex

Die Neurone des Isokortex sind nicht gleichmäßig über die Rinde verteilt, sondern lassen eine Anordnung in horizontale Schichten (**laminäre Gliederung**) erkennen (Abb. **18-20**, **18-24** bis **18-26**, **18-29**).

Die laminäre Gliederung wird insbesondere durch die Anordnung der Pyramidenzellen hervorgerufen und ist am besten in Präparaten zu erkennen, die senkrecht zur Hirnoberfläche geschnitten und nach Nissl oder H. E.-gefärbt sind (Abb. **18-24**, **18-31**).

Beginnend an der Oberfläche des Endhirns werden folgende mit römischen Ziffern bezeichnete Schichten (Laminae) unterschieden (Abb. **18-29**, **18-31**); in allen Schichten kommen die Fortsätze der Pyramidenzellen vor:

- **Lamina molecularis (Lamina I)**: vereinzelt oberflächenparallel ausgerichtete kleine Neurone. Ganz außen liegt die sog. Membrana limitans gliae superficialis. Hierbei handelt es sich um eine Schicht aus Astrozytenfortsätzen, die über Nexus verbunden und von einer Basallamina bedeckt sind.

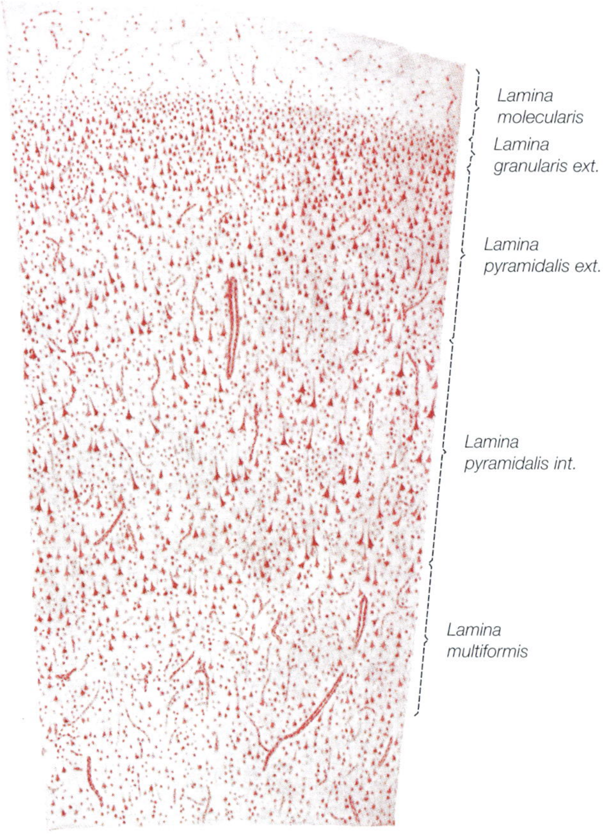

Abb. 18-29 Zellschichten der motorischen Rinde (Mensch), Zeichnung. In der motorischen Rinde der Präzentralregion ist die innere Körnerschicht (Schicht IV) reduziert, so dass die beiden Pyramidenschichten das Bild beherrschen (agranulärer Rindentyp). Färbung: Karmin; Vergr. 50fach. (Aus [1])

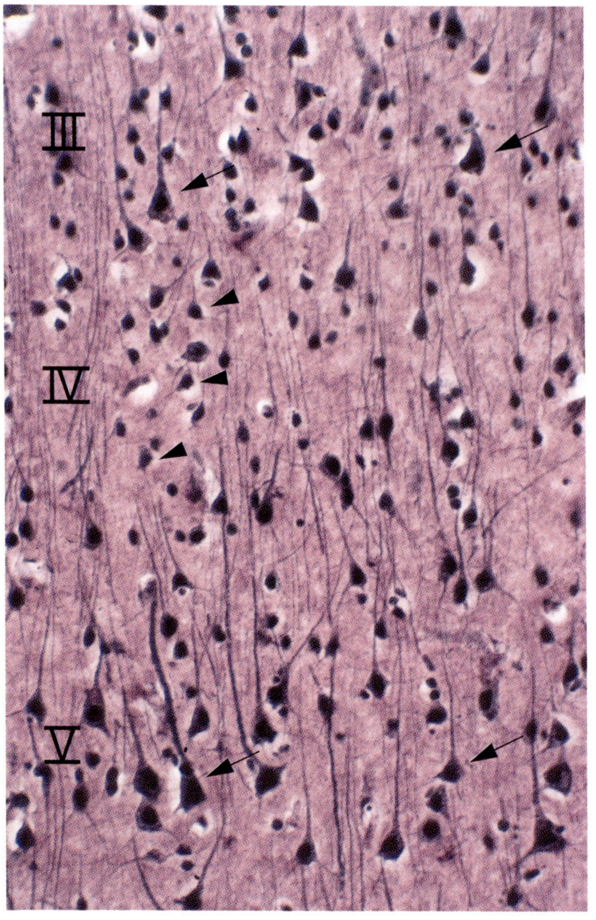

Abb. 18-30 Isokortex des Menschen (Gyrus parahippocampalis). Pyramiden- (➔) und Körnerzellen (▶) in den tiefen Rindenschichten (V, IV und III). Versilberungstechnik nach Romeis (Schwarzfärbung). Vergr. 250fach.

- **Lamina granularis externa (Lamina II)**: dicht gedrängte kleine Körnerzellen (Interneurone) und kleine Pyramidenzellen.
- **Lamina pyramidalis externa (Lamina III)**: vorwiegend locker verteilte Pyramidenzellen, die von außen nach innen an Größe zunehmen.
- **Lamina granularis interna (Lamina IV)**: vorwiegend Körnerzellen (Interneurone, Abb. 18-30).
- **Lamina pyramidalis interna (Lamina V, Lamina ganglionaris)**: viele unterschiedlich große Pyramidenzellen (Abb. 18-30) im primären motorischen Kortex (Gyrus praecentralis) mit Riesenpyramidenzellen (Betz-Pyramidenzellen). Letztere sind besonders große Pyramidenzellen, deren Axone bis an das Ende des Rückenmarks ziehen können.
- **Lamina multiformis (Lamina VI)**: viele Interneurone und modifizierte Pyramidenzellen.

Bei Morbus Alzheimer und Morbus Pick (neurodegenerativen Erkrankungen) unterliegen die mittleren und äußeren Bereiche der Lamina III besonders schweren Veränderungen.

Es gibt regionale Unterschiede in der Endhirnrinde. Beispielsweise ist im **motorischen Kortex des Gyrus praecentralis** die Schicht IV reduziert (Abb. **18-29**). Die Pyramidenzellen der Schichten V und III dehnen sich hier auf Kosten der Körnerzellen der Schicht IV aus, so dass diese Schicht nicht mehr als eigene Schicht abgegrenzt werden kann (Abb. **18-25**, **18-29**, **18-31**). Besonderheiten liegen auch in der **Sehrinde** (Area striata, Abb. **18-32**, **18-33**) vor. In den vorn gelegenen Anteilen des Frontallappens des Endhirns dominieren Körnerzellen (granuläre Rinde). Hier liegen die Regionen, in denen wesentliche Teile der Persönlichkeitsstruktur lokalisiert sind.

Vertikale Einheiten des Isokortex

Zusätzlich ist im Isokortex eine Differenzierung in vertikale Einheiten (**Module**, **Kolumnen**) ausgeprägt (Abb. **18-31**), die man besonders deutlich in somatomotorischen (Abb. **18-31**), -sensorischen Regionen und in der Sehrinde erkennen kann. Die Baueinheiten bilden sowohl strukturell als auch funktionell eine Einheit. Es handelt sich um säulenartige Strukturen mit einem Durchmesser von ca. 200–500 µm, die von der Basis der Rinde durch alle Schichten hindurch bis an die Oberfläche reichen. In einem solchen Modul sind ca. 2000–3000 Neurone (im primären visuellen Kortex bis zu 10000) zu einer Verarbeitungseinheit zusammengefasst. Durch hemmende Interneurone (Korbzellen) werden die Module am Rand unvollständig abgegrenzt und in gewisser Weise isoliert, denn diese GABAergen Neurone erreichen die Pyramidenzellen benachbarter Kolumnen. Mehrere Module können zu größeren Einheiten zusammengefasst werden. Insgesamt ist der Isokortex aus ca. 4 Millionen Kolumnen zusammengesetzt.

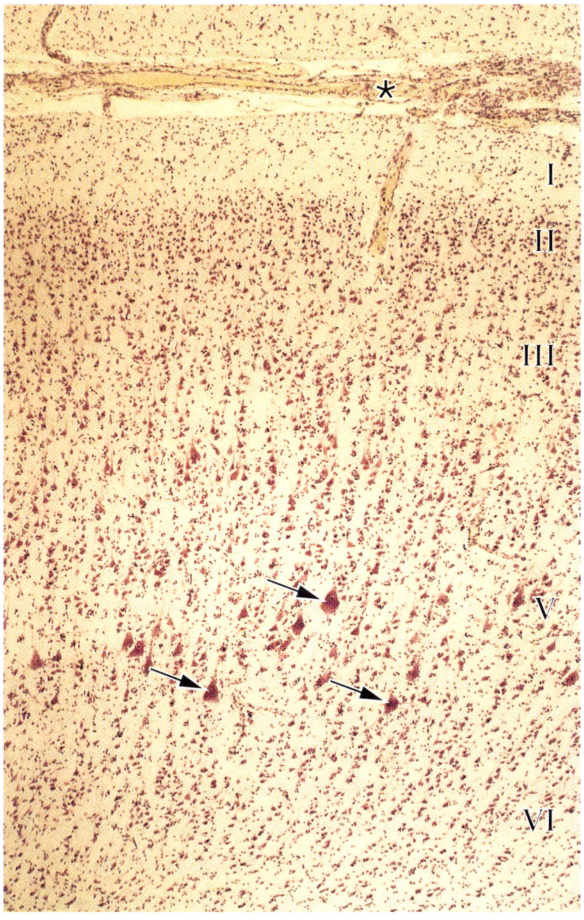

Abb. 18-31 Rinde des Gyrus praecentralis (Mensch). In diesem Präparat ist die vertikale Säulengliederung und die laminäre Gliederung der Neurone erkennbar. ✻ Leptomeninx; **I** Molekularschicht; **II** äußere Körnerschicht; **III** äußere Pyramidenschicht; **V** innere Pyramidenschicht mit einzelnen Riesenpyramidenzellen (**→**); **VI** multiforme Schicht. Die innere Körnerschicht (IV) ist hier reduziert. Der Übergang der Rinde zum Mark ist fließend. Färbung: H. E.; Vergr. 160fach.

Jede Kolumne besitzt ihre eigenen afferenten und efferenten Strukturen (Abb. **18-34**). Die Axone der Pyramidenzellen stellen die efferenten Strukturen dar. Diese ziehen zu tiefer gelegenen, subkortikalen Kerngebieten (z. B. ins Striatum oder ins Rückenmark) oder zu anderen Kolumnen. So kommt es zu Verknüpfungen mit entfernten Kolumnen insbesondere in der gegenüberliegenden Hemisphärenhälfte, aber auch zu benachbarten Kolumnen in der gleichen Hemisphärenhälfte. Afferenzen erhält eine Kolumne sowohl durch Axone anderer Kolumnen als auch durch Axone aus dem Thalamus, die sensible und sensorische Informationen in die Kolumne einbringen. Diese aus dem Thalamus kommenden Fasern gehören dem spezifischen (Sinnesorgane u. a.) und dem unspezifischen (Formatio reticularis u. a.) System an. Sie besitzen ganz verschiedene Transmitter, z. B. Noradrenalin, Dopamin, Serotonin, Histamin und Acetylcholin.

Klinik Das Gehirn kann von zahlreichen Erkrankungen betroffen sein, die zu einer verwirrenden Vielfalt von Symptomen führen können. Viele Gehirnerkrankungen sind mit Bewusstseinsveränderungen verbunden. Relativ häufig sind **Hirninfarkte**. Durch den Verschluss einer Hirnarterie kommt es schlagartig zum Ausfall der von der betroffenen Arterie versorgten Hirnregion („Schlaganfall“).

Eine weitere häufige Erkrankung ist die **Migräne**, die mit Kopfschmerzen und anderen Symptomen einher-

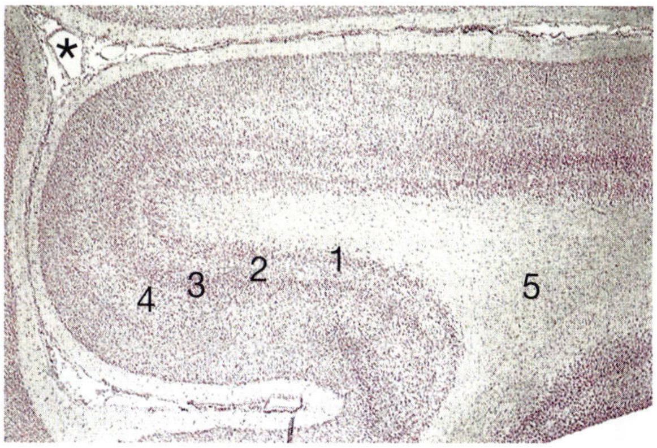

Abb. 18-32 Primäre Sehrinde (Area striata) aus dem Bereich des Sulcus calcarinus (Mensch). Direkt an die weiße Substanz (**5**) grenzt die Lamina VI (**1**), die durch ihren Zellreichtum hervortritt. Es folgt nach außen die zellärmere, daher hellere Lamina V (**2**). Daran schließt sich wiederum die zellreichere Lamina IVc (**3**) an, dann die breite Lamina IVb (= Gennari-Streifen, **4**) und die schmale, dunklere (zellreichere) Lamina IVa. Die Laminae III und II nehmen den Raum zwischen der Lamina IVa und der äußersten, fast ungefärbten Lamina I ein, sind aber kaum gegeneinander abzugrenzen. ✻ Vene in der Pia mater des Sulcus calcarinus. Färbung: nach Nissl; Vergr. 16fach. (Aus [1])

Abb. 18-33 Primäre Sehrinde (Area striata; Mensch) bei stärkerer Vergrößerung und anderer Färbung. Die zellärmere Schicht V und die charakteristische faserreiche Schicht IVb sind gut erkennbar. Die Schicht IVb enthält markhaltige Nervenfasern und ist oft mit bloßem Auge erkennbar (Gennari-Streifen). Färbung: modifiziert nach Golgi; Vergr. 40fach. (Aus [1])

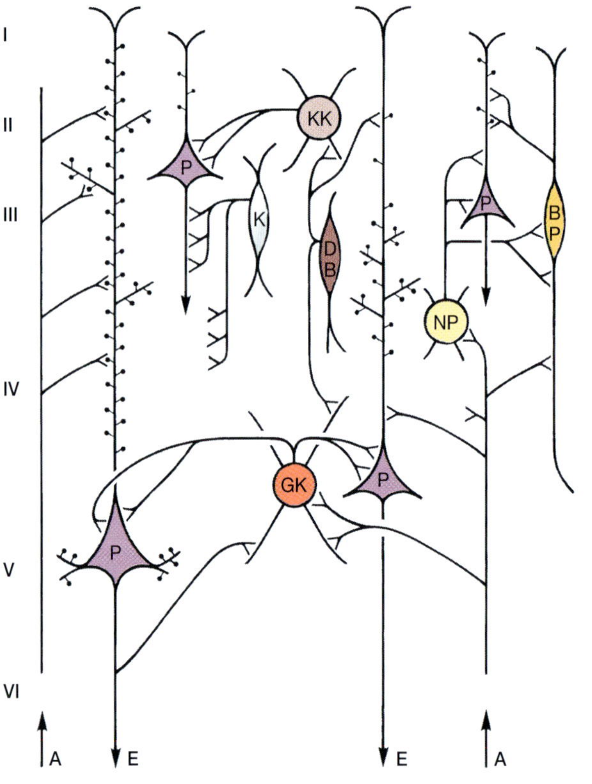

Abb. 18-34 Schematische Darstellung möglicher isokortikaler Verschaltungen. A = extrinsische Afferenzen, BP = bipolare Zelle, DB = Doppelbuschzelle, E = Efferenzen, GK = große Korbzelle, K = Kandelaberzelle, KK = kleine Korbzelle, P = Pyramidenzelle, NP = Nicht-Pyramidenzelle. (Aus [4])

geht und der vermutlich mehrere Ursachen zugrunde liegen (pathologische Kontraktion und Dilatation von Hirnarterien, Überaktivität eines wahrscheinlich serotoninergen „Trigger"-Systems im Tegmentum des Mittelhirns und Freisetzung von vasoaktiven Peptiden, z.B. Substanz P). Diese Peptide stammen aus Neuronen des kaudalen Trigeminuskerns, deren Axone Arterien versorgen.

Epileptische Anfälle treten in verschiedenen Formen auf und beruhen im Einzelnen auf verschiedenen Mechanismen. Generell ist jedoch die Balance zwischen erregenden und hemmenden Aktivitäten im Gehirn gestört.

Ein Beispiel für **neurodegenerative Krankheiten** ist der **Morbus Alzheimer** (siehe auch Kap. 3.4.2), der mit Verfall von Gedächtnis und Persönlichkeit einhergeht. Es kommt zu massiver Atrophie der Endhirnrinde. Gleichzeitig entstehen amyloidhaltige Ablagerungen (Plaques) und neurofibrilläre Knäuel. Letztere bestehen aus abnorm phosphoryliertem Tau-Protein. Die Bildung verschiedener Proteine und Neurotransmitter, insbesondere Acetylcholin, in der Hirnrinde ist vermindert. An der Entstehung dieser Krankheit sind wohl auch unterschiedliche genetische Komponenten beteiligt.

Der **Morbus Parkinson** ist durch verschiedene Symptome gekennzeichnet, darunter Tremor und Muskelrigor sowie verlangsamte und gestörte Bewegungsabläufe. Später kommen oft Depressionen und eingeschränkte kognitive Fähigkeiten hinzu. Zugrunde liegt der Verlust der pigmentierten dopaminergen Neurone (Abb. 3.4-7) in der Substania nigra des Mittelhirns, die insbesondere das Striatum beeinflussen.

! Der Isokortex nimmt den allergrößten Teil der Endhirnrinde ein, ist ca. 2–5 mm dick und besteht aus ca. 12–15 Milliarden Nervenzellen. Der Isokortex ist sowohl in horizontale Schichten als auch in vertikale Säulenstrukturen gegliedert. Es werden 6 horizontale Schichten unterschieden, in denen Pyramidenzellen und Interneurone unterschieden werden. Die Pyramidenzellen besitzen lange Axone, die die Rinde verlassen, und umfangreiche bedornte Dendriten. Die vielgestaltigen Interneurone sind erregende oder hemmende Zellen mit kurzen Axonen; sie verlassen die Rinde nicht. Die vertikalen Säulen entsprechen funktionellen Baueinheiten. Sie besitzen einen Durchmesser von 200–500 µm. Ihre efferenten Strukturen sind die Axone der Pyramidenzellen, an Afferenzen erhalten sie Impulse aus anderen Säulen, die auf der gleichen oder der gegenüberliegenden Hemisphärenhälfte liegen, sowie spezifische und unspezifische Impulse aus dem Thalamus, der Informationen aus der gesamten Sensorik in den Kortex leitet.

Quellenhinweise

[1] Sobotta, J.: Atlas Histologie. Zytologie, Histologie und Mikroskopische Anatomie. Hrsg. v. Welsch, U. 7. Auflage. Elsevier, München – Jena 2005.

[2] Sobotta, J.: Histologie. Farbatlas der Zytologie, Histologie und Mikroskopischen Anatomie des Menschen. Hrsg. v. Welsch, U. 5. Auflage. Urban & Schwarzenberg, München – Wien – Baltimore 1997.

[3] Benninghoff, A./Drenckhahn, D.: Anatomie. Makroskopische Anatomie, Embryologie und Histologie des Menschen, Bd. 1. 16. Auflage. Urban & Fischer, München – Jena 2002.

[4] Benninghoff, A./Drenckhahn, D.: Anatomie. Makroskopische Anatomie, Embryologie und Histologie des Menschen, Bd. 2. 16. Auflage. Urban & Fischer, München – Jena 2004.

[5] Deetjen, P./Speckmann, E./Hescheler, J.: Physiologie. 5. Auflage. Elsevier, München – Jena 2004.

[6] Ham, A.W./Leeson, T.S.: Histology. 4. Auflage. Pitman Medical Publishing Co. Ltd., London 1961.

[7] Harrison, T.R.: Harrisons Innere Medizin, Bd. 2. Hrsg. v. Schmailzl, K.J.G. 13. Auflage. Blackwell Wiss. Verl., Berlin – Wien 1995.

[8] Patzelt, V.: Histologie. 3. Auflage. Urban & Schwarzenberg, Wien 1948.

[9] Fujita, T./Kanno, T./ Kobayashi, S.: The paraneuron. Springer, Berlin – Heidelberg – New York – Tokyo 1988.

[10] Krstic, R.V.: Human Microscopic Anatomy. Springer, Berlin – Heidelberg – New York – Tokyo 1991.

[11] Duus, P.: Neurologisch-topische Diagnostik. 6. Auflage. Thieme, Stuttgart – New York 1995.

[12] Kierszenbaum, A.: Histology and Cell Biology. 1. Auflage. Mosby, 2002.

[13] Alberts, B. et al.: Molecular Biology of the Cell. 4. Auflage. Garland Science, 2002.

[14] Kasper, D.L. et al.: Harrison's Principles of Internal Medicine. 16. Auflage. McGraw Hill, 2004.

[15] Moore, K.L./Persaud, T.V.N.: The Developing Human. 7. Auflage. Saunders, 2003.

Grafiken

Michael Budowick: Abb. 2-1, 2-6, 2-14, 2-16, 2-21, 2-26, 2-28, 2-36, 2-51, 2-80, 2-89, 3.1-1, 3.1-3, 3.1-21, 3.1-26, 3.2-14, 3.2-43, 3.3-5, 3.3-12, 3.3-21, 3.4-5, 3.4-11, 3.4-19, 3.4-23, 3.4-31, 3.4-33, 4-28, 5-1, 6-17, 6-21, 6-22, 6-31, 7-1, 8-14, 8-30, 8-35, 10-12, 10-14, 10-20, 10-21, 10-30, 10-31, 10-39, 10-42, 10-45, 10-53, 10-70, 10-77, 11-1, 11-2, 11-5, 11-6, 11-14, 11-18, 11-24, 11-26, 11-34, 11-35, 11-38, 12-1, 12-6, 13-6, 13-42, 15-1, 15-11, 16-6, 17-12, 17-13, 17-19, 17-26, 17-27, 17-37, 17-42, 17-44, 17-46, 17-48, 17-51, 17-53, 18-19; Kapitelvignetten

Stefan Elsberger: Kapitelvignette Kapitel 14

Henriette Rintelen: Abb. 1-1

Horst Ruß: Abb. 2-35, 8-12, 17-8, 17-49, 18-4, 18-20

Register

B

C

E

F

G

H

I

J

K

L

M

N

O

P

Q

R

S

T

U